DEUXIÈME SUPPLÉMENT

AU

DICTIONNAIRE DE CHIMIE

PURE ET APPLIQUÉE

23781. — PARIS, IMPRIMERIE LAHURE
9, rue de Fleurus, 9

DEUXIÈME SUPPLÉMENT

AU

DICTIONNAIRE DE CHIMIE

PURE ET APPLIQUÉE

DE AD. WURTZ

PUBLIÉ SOUS LA DIRECTION

DE CH. FRIEDEL

Membre de l'Institut (Académie des Sciences)
Professeur à la Faculté des Sciences de Paris

AVEC LA COLLABORATION DE MM.

P. Adam — A. Arnaud — A. Béhal — G. de Bechi — A. Bigot — L. Bourgeois — L. Bouveault
E. Burcker — C. Chabrié — P.-T. Cleve — Ch. Cloëz — A. Combes — C. Combes
A. Étard — Ad. Fauconnier — H. Gall — A. Gautier — H. Gautier — E. Grimaux — G. Griner
Ph.-A. Guye — A. Haller — M. Hanriot — L. Hugounenq
E. Lambling — L. Lindet — L. Maquenne — J. Meunier — P. Miquel
H. Moissan — E. Nœlting — F. Reverdin — Richard et Dépierre — L. Roux — O. Saint-Pierre
G. Salet — P. Schützenberger — C. Vincent — G. Vogt — E. Willm

---

PREMIÈRE PARTIE

A — B

PARIS

LIBRAIRIE HACHETTE ET CIE

79, BOULEVARD SAINT-GERMAIN, 79

1892

DICTIONNAIRE

DE CHIMIE

PURE ET APPLIQUÉE

DEUXIÈME SUPPLÉMENT

A

AAKÉRITE ou **AKÉRITE** (Min.). — Variété de spinelle bleu.

AARITE ou **ARITE** (Min.). — Variété de nickéline bismuthifère Ni [As, Sb].

ABIÉTÈNE. — Sous ce nom, M. Wenzel a décrit un hydrocarbure tout différent des abiétènes de Maly [Dict., **1**, 2]. Il se produit dans la distillation de l'essence brute du *Pinus sabiniana*. Il bout vers 101° et possède une odeur qui rappelle celle de l'orange. Sa densité à 16°,5 est 0,694. Il se dissout dans 5 parties d'alcool concentré ; il est sans action à froid sur l'iode et sur le brome, tandis que le chlore l'attaque vivement, avec dégagement d'acide chlorhydrique. Le corps ainsi formé a la consistance de la glycérine et se décompose à la distillation vers 260° [Wenzel, *Chem. Centralblatt*, **3**, 712].

D'après M. Thorpe, ce composé n'est autre que l'heptane normal. Il bout à 98°,4 et a pour densité de vapeur 50,4, la théorie exigeant 49,9 pour la formule C^7H^{16}. Sa densité à 0° est 0,70057 ; à l'ébullition, 0,61393. Son indice de réfraction est $[n]_D = 1{,}3879$. Il possède un pouvoir rotatoire de $+6°,9'$ pour une longueur de 20 centimètres [Thorpe, *Chem. Soc.*, **35**, 297 ; *Bull. Soc. Chim.*, **34**, 691].

Il faut remarquer que l'existence du pouvoir rotatoire est en contradiction avec la formule admise par M. Thorpe.

M. Venable a préparé quelques dérivés de cet hydrocarbure, et les a identifiés avec les produits obtenus par Schorlemmer au moyen de l'heptane des pétroles d'Amérique.

Le *dérivé bromé*, $C^7H^{15}Br$, s'obtient par l'action du brome sur l'hydrocarbure à l'ébullition. Il se décompose partiellement à la distillation ; chauffé avec de l'iodure de potassium, il donne l'*iodure d'heptyle*, $C^7H^{15}I$ [Venable, *D. chem. G.*, **13**, 1650 ; *Bull. Soc. Chim.*, **36**, 78]. O. Saint-Pierre.

ABIÉTIQUE (ACIDE) (voyez Dict., **1**, 1 et Suppl., **1**, 1). — Pour isoler cet acide de la résine, M. Emmerling traite à plusieurs reprises la colophane par l'alcool à 70°, et dissout le résidu dans l'acide acétique à l'ébullition. Par refroidissement, il se fait une croûte cristalline, que l'on dissout dans l'alcool chaud ; par l'addition d'eau, l'acide abiétique se précipite sous la forme de paillettes cristallines.

Il a été aussi trouvé par M. Kelbe dans l'huile brute de résine. Il suffit d'épuiser cette huile par la soude caustique et d'ajouter du sel marin à la solution pour précipiter le sel de sodium, sous la forme d'un savon résineux qu'on lave à l'éther et que l'on purifie par cristallisation dans l'alcool.

L'acide libre fond à 139° (Emmerling), à 165° (Kelbe) ; mais déjà vers 120° il semble perdre de l'eau et se colore en jaune. Il cristallise dans le système triclinique en cristaux possédant quatre paires de faces *abcd*, faisant entre elles les angles suivants : $ab = 133°$, $bc = 94°$, $cd = 114°$, $ad = 111°30'$, $bd = 138°$.

L'anhydride acétique est sans action sur l'acide abiétique. En ajoutant du brome à une solution sulfocarbonique de cet acide, on obtient un *dérivé dibromé*, $C^{44}H^{62}Br^2O^5$, qui se présente sous la forme d'une poudre rouge, fusible à 134°.

Distillé avec du chlorure de zinc, l'acide abiétique fournit un liquide que l'on n'a pas réussi à purifier, mais qui réagit vivement sur l'acide iodhydrique, en donnant de l'iodure d'heptyle bouillant vers 170°.

Chauffé avec de l'acide iodhydrique en tube scellé, il perd simplement de l'eau et donne son anhydride, la *colophane*.

La potasse en fusion ne l'attaque pas sensiblement.

Les produits que l'on obtient dans l'oxydation de l'acide abiétique diffèrent absolument selon la nature de l'oxydant. Avec le permanganate, il se fait uniquement des acides gras (acétique et formique) en même temps que de l'anhydride carbonique, tandis que par l'acide chromique on obtient en outre de l'acide trimellique [Emmerling, *D.*

chem. G., **12**, 1441; *Bull. Soc. Chim.*, **34**, 313. — Kolbe, *D. chem. G.*, **13**, 888; *Bull. Soc. Chim.*, **35**, 531). O. Saint-Pierre.

ABRIACHANITE (Min.) (Heddle). — Substance argileuse bleue, renfermant silice, oxyde ferrique, magnésie, soude, dans les roches granitiques d'Abriachan, comté d'Inverness (Écosse).

ACÉNAPHTÈNE,

$$C^{12}H^{10} = C^{10}H^6 \langle \begin{matrix} CH^2 \\ | \\ CH^2 \end{matrix}$$

Préparation et propriétés. — Voyez Dict., **1**, 1651; Suppl., **1**, 1.

Picrate d'acénaphtène (voyez Dict., **1**, 1651). — Ce picrate fond à 161-162° (Behr et van Dorp).

Dérivés chlorés. — Par l'action prolongée du chlore sur l'acénaphtène, on obtient un liquide jaunâtre, extrêmement visqueux, qui se décompose à la distillation et dont on n'a pu extraire aucun produit cristallisé [J. T. Kleber et T. H. Norton, *Am. Journ.*, **10**, 217].

Tétrabromoacénaphtène, $C^{12}H^6Br^4$. — Ce composé, qui se forme par l'action du brome sur le bromure d'acénaphtylène, est en lamelles cristallines fusibles à 161-162° [T. Ewan et J. B. Cohen, *Chem. Soc.*, **55**, 578].

DÉRIVÉS NITRÉS (voyez Dict., **1**, 1651) [F. Quincke, *D. chem. G.*, **20**, 609; **21**, 1454; *Bull. Soc. Chim.*, **50**, 188. — Jandrier, *C. R.*, **104**, 1858]. — En traitant l'acénaphtène (80 grammes) dissous dans de l'acide acétique (1000 grammes) par de l'acide nitrique exempt de vapeurs nitreuses (50 centimètres cubes) et ajouté goutte à goutte, on obtient un mélange de nitro- et de dinitroacénaphtène, corps qu'on peut séparer l'un de l'autre par la ligroïne.

Mononitroacénaphtène, $C^{12}H^9(AzO^2)$. — Le dérivé mononitré est en aiguilles fusibles à 101-102°.

L'acide chromique, le permanganate de potassium et mieux encore l'acide nitrique d'une densité de 1,2 le transforment en *nitronaphtoquinone* et *acide nitronaphtalique* (Quincke).

Dinitroacénaphtène, $C^{12}H^8(AzO^2)^2$. — Le dérivé dinitré, purifié par cristallisation dans l'alcool ou dans l'acide acétique, fond à 206° en se décomposant.

DÉRIVÉS AMIDÉS. — AMIDOACÉNAPHTÈNE,

$$C^{12}H^9(AzH^2).$$

— Le dérivé amidé s'obtient en réduisant le mononitroacénaphtène soit par le sulfhydrate d'ammoniaque en solution alcoolique (à 100°, en tubes scellés), soit par l'étain et l'acide chlorhydrique, à la température du bain-marie. La réaction terminée, on rend le liquide faiblement alcalin et on distille dans un courant de vapeur d'eau. Le produit ainsi obtenu renfermant un peu d'acénaphtène qui en abaisse le point de fusion, on le dissout dans l'acide chlorhydrique et on enlève l'hydrocarbure par la vapeur d'eau. On précipite enfin l'amidoacénaptène par la potasse.

L'amidoacénaphtène est en aiguilles incolores, fusibles à 108° et se colorant peu à peu sous l'influence de l'air. Il se combine avec l'acide picrique en donnant un *picrate*,

$$C^{12}H^9(AzH^2), C^6H^2(AzO^2)^3(OH),$$

qui est en aiguilles jaunes extrêmement peu solubles.

Les sels de l'amidoacénaphtène sont peu solubles, même dans les acides concentrés. Le *chlorhydrate*, $C^{12}H^9 . AzH^2 . HCl$, est en fines aiguilles.

Le *chloroplatinate*, $2(C^{12}H^9 . AzH^2 . HCl)PtCl^4$, est en aiguilles jaune-rouge.

Le *chlorostannite*, $(C^{12}H^9 . AzH^2 . HCl)SnCl^2$, est en cristaux prismatiques brun-rougeâtre.

Dérivé monoacétylé, $C^{12}H^9 . AzH(C^2H^3O)$. — On l'obtient en chauffant l'amidoacénaphtène avec un excès de chlorure d'acétyle, lavant à l'eau chaude et faisant cristalliser dans l'alcool; il est en lamelles jaune foncé, fusibles à 176°.

Dérivé diacétylé, $C^{12}H^9 . Az(C^2H^3O)^2$. — On le prépare en chauffant l'amidoacénaphtène avec un excès d'anhydride acétique. Cristallisé dans l'alcool, il est en paillettes brunâtres, fusibles à 122°.

Dérivé benzoylé, $C^{12}H^9 . AzH(C^7H^5O)$. — On l'obtient en chauffant l'amidoacénaphtène avec du chlorure de benzoyle ou de l'anhydride benzoïque. Ce sont des aiguilles jaunâtres, fusibles à 210°.

Sulfo-urée, $CS(AzH . C^{12}H^9)^2$. — Ce composé, qui se forme lorsqu'on chauffe l'amidoacénaphtène avec du sulfure de carbone, cristallise dans le toluène en aiguilles jaunâtres ou violettes, fusibles à 192°. Traité par l'acide chlorhydrique concentré, il se transforme en un *sénévol* correspondant,

$$C^{12}H^9 . AzCS,$$

qui cristallise dans l'alcool en lamelles brunes, fusibles à 96°.

DIAMIDOACÉNAPHTÈNE, $C^{10}H^8(AzH^2)^2$. — Le diamidoacénaphtène s'obtient en réduisant le dinitroacénaphtène soit par l'étain et l'acide chlorhydrique, soit par l'acide iodhydrique et le phosphore (à 100° en tube scellé).

C'est un composé très instable et qu'il est impossible d'isoler à l'état de pureté. Ses *sels* (*chlorhydrate, iodhydrate, chloroplatinate*) sont également peu stables. Le diamidoacénaphtène se combine avec l'acide picrique [Quincke, *loc. cit.*].

TÉTRAHYDROACÉNAPHTÈNE, $C^{12}H^{14}$. — On dissout l'acénaphtène dans l'alcool amylique et on traite la solution par 1 fois et demie ou 2 fois la quantité théorique de sodium. Le liquide encore chaud étant versé dans l'eau, il se sépare à la surface une couche liquide, qu'on décante. On sèche sur du carbonate de potassium fondu, on chasse l'alcool amylique et on distille le résidu.

Le tétrahydroacénaphtène est un liquide incolore, visqueux, bouillant à 249°,5 sous la pression de 719 millimètres [E. Bamberger et W. Lodter, *D. chem. G.*, **20**, 3073; *Bull. Soc. Chim.*, **49**, 551].

Dibromure de dihydroacénaphtène, $C^{12}H^{12}Br^2$. — Quand on traite, à la température de — 10°, le tétrahydroacénaphtène en solution chloroformique par une solution chloroformique de brome, on observe un vif dégagement d'acide bromhydrique. Le chloroforme étant chassé, le résidu est formé par une masse cristalline, imprégnée d'un produit huileux. Les cristaux, débarrassés de l'huile qui les accompagne, sont purifiés par cristallisation dans la benzine. Ils se présentent alors sous la forme de tables épaisses ou de prismes courts appartenant au système clinorhombique et répondant à la formule $C^{12}H^{12}Br^2$.

Ce dibromure fond à 138°. Il est très soluble dans la benzine, l'éther et le chloroforme, ainsi que dans l'alcool chaud. Il est peu soluble dans l'alcool froid. Chauffé avec de la potasse alcoolique, il se dédouble en acide bromhydrique et acénaphtène [E. Bamberger et W. Lodter, *D. chem. G.*, **21**, 836; *Bull. Soc. Chim.*, **50**, 335].

PERHYDRURE D'ACÉNAPHTÈNE, $C^{12}H^{20}$. — L'acénaphtène, chauffé pendant 15 heures à 250-260° avec son poids de phosphore rouge et 5 fois son poids d'acide iodhydrique (d = 1,7), se transforme en perhydrure $C^{12}H^{10} . H^{10}$, liquide bouillant à 235-236° [C. Liebermann et L. Spiegel, *D. chem. G.*, **22**, 779; *Bull. Soc. Chim.*, (3), **2**, 561].

OXYDATION DE L'ACÉNAPHTÈNE. — En oxydant l'acénaphtène par le dichromate de potassium et l'acide sulfurique, MM. Behr et Van Dorp ont obtenu l'acide naphtalique (Suppl., 1, 1070). D'après M. Graebe, il se produit en même temps un composé $C^{24}H^{14}O^2$, fusible à 260°, peu soluble dans la plupart des réactifs, et qu'on peut purifier en le dissolvant dans le chloroforme et en le précipitant par l'alcool. Soumis à l'action de la chaleur, ce corps se décompose en grande partie et donne un sublimé d'aiguilles rouges, fusibles à 269°, ayant l'aspect de l'alizarine.

Lorsqu'on oxyde l'acénaphtène par l'acide chromique en solution acétique, on obtient un composé qui cristallise dans l'acide acétique en aiguilles rougeâtres, fusibles à 230°, et donnant à l'analyse des nombres intermédiaires entre ceux exigés par les deux formules $C^{12}H^6O^2$ et $C^{12}H^6O^3$. Oxydé par le permanganate, ce composé donne de l'acide naphtalique [Graebe, *D. chem. G.*, **20**, 657; *Bull. Soc. Chim.*, **48**, 573].

CHALEUR DE COMBUSTION. CHALEUR DE FORMATION. — Pour $C^{12}H^{10} = 154$ grammes, la chaleur de combustion $= 1519^{cal},8$ (à volume constant) et $1251^{cal},2$ (à pression constante). On en déduit que la chaleur de formation à partir des éléments $= -48^{cal},1$. La formation à partir de la naphtaline et de l'acétylène dégagerait $+ 22$ cal. [Berthelot et Vieille, *Bull. Soc. Chim.*, **47**, 865].

CONSTITUTION DE L'ACÉNAPHTÈNE. — M. Ekstrand a montré [*D. chem. G.*, **18**, 2881] que l'acide nitronaphtoïque, fusible à 215°, est un dérivé $\alpha_1\alpha_1$ (1,8) de la naphtaline :

AzO^2 CO^2H (positions 8 et 1 ; noyau numéroté 1 à 8)

MM. Bamberger et Philip ont transformé cet acide en acide amidonaphtoïque et ce dernier, par la réaction de Sandmeyer (transformation en composé diazoïque, et traitement par le sulfate de cuivre et le cyanure de potassium), en acide cyanonaphtoïque. Cet acide cyanonaphtoïque donne par saponification un acide naphtalinedicarbonique, fusible à 265-266°, identique avec celui qui avait été obtenu par MM. Behr et Van Dorp par oxydation de l'acénaphtène.

Il en résulte que l'acénaphtène est un dérivé $\alpha_1\alpha_1$ ou 1.8 de la naphtaline et par suite sa formule de constitution peut être représentée par le schéma

$CH^2 - CH^2$

[Bamberger et Philip, *D. chem. G.*, **20**, 237; *Bull. Soc. Chim.*, **47**, 795]. Léon Roux.

ACÉNAPHTÈNE-CARBONIQUE (ACIDE), $C^{13}H^{10}O^2 = C^{12}H^9\text{-}CO^2H$. — On obtient l'amide de cet acide en faisant réagir, en présence du chlorure d'aluminium, le chlorure de carbamyle sur l'acénaphtène :

$$C^{12}H^{10} + AzH^2.COCl = C^{12}H^9.CO.AzH^2 + HCl.$$

A cet effet, on introduit le chlorure (1 partie) dans un mélange d'acénaphtène (1 partie) et de sulfure de carbone (3 parties), et on ajoute du chlorure d'aluminium (1 partie) finement pulvérisé. La réaction s'établit d'elle-même; mais, pour la terminer, il est bon de chauffer légèrement.

L'*amide*, $C^{12}H^9.CO.AzH^2$, est en lamelles fusibles à 198°.

Cette amide, étant chauffée dans un appareil à reflux avec une solution concentrée de potasse alcoolique, se transforme en *acide acénaphtène-carbonique*, $C^{12}H^9\text{-}CO^2H$, qui est en aiguilles fusibles à 217°.

Dans cet acide le groupe CO^2H est probablement en position para par rapport à l'un des deux groupes CH^2 de l'acénaphtène [L. Gattermann, *Ann. Chem.*, **244**, 58; *Bull. Soc. Chim.*, (3), **1**, 196].

ACÉNAPHTYL-BENZYL-CÉTONE,

$$C^{20}H^{16}O = C^{12}H^9\text{-}CO\text{-}CH^2.C^6H^5.$$

— Cette acétone s'obtient en faisant réagir sur l'acénaphtène, en présence du chlorure d'aluminium, le chlorure de phénylacétyle,

$$C^6H^5.CH^2.COCl.$$

Après avoir fait cristalliser le produit de la réaction dans l'alcool, on enlève l'excès d'acénaphtène par un courant de vapeur d'eau.

L'acénaphtyl-benzyl-cétone cristallise dans l'alcool en grandes lames, fusibles à 114°, très solubles dans l'alcool chaud, peu solubles dans l'alcool froid.

Traitée en solution alcoolique par l'éthylate de sodium et le chlorure de benzyle, elle fournit un *dérivé benzylé*, l'*acénaphtyl-bibenzyl-cétone*,

$$C^{27}H^{22}O = C^{12}H^9.CO.\underset{\displaystyle CH^2.C^6H^5}{\underset{|}{CH}}.C^6H^5$$

La réaction terminée, on traite par l'eau et on enlève l'excès de chlorure de benzyle par la vapeur d'eau. On obtient ainsi une huile qui se solidifie à la longue et qu'on purifie par cristallisation dans l'alcool étendu.

L'acénaphtyl-bibenzyl-cétone est en belles aiguilles, fusibles à 104° [V. Paepcke, *D. chem. G.*, **21**, 1331; *Bull. Soc. Chim.*, (3), **2**, 120]

ACÉNAPHTYLÈNE. — Voyez Suppl., 1, 2.

ACÉNAPHTYLÈNE-GLYCOL,

$$C^{12}H^{10}O^2 = C^{10}H^6\left\langle\begin{array}{l}CHOH\\|\\CHOH\end{array}\right.$$

— On fait bouillir au bain-marie, pendant 2 ou 3 heures, l'acénaphtylène-glycol monoacétique (1,6 partie) avec de la potasse caustique (1 partie) en solution dans l'acool méthylique. Le glycol se sépare par refroidissement.

Purifié par cristallisation dans l'alcool méthylique, l'acénaphtylène-glycol se présente sous la forme de longues aiguilles incolores, peu solubles dans l'alcool méthylique froid ou dans l'eau chaude, fusibles à 266-267°.

Le permanganate de potassium en solution alcaline le transforme en acide naphtalique.

Chauffé à 150° avec de l'éthylate de sodium, l'acénaphtylène-glycol perd les éléments de 1 molécule d'eau et fournit un composé qui cristallise dans l'alcool en aiguilles jaunes, fusibles à 119°, et qui paraît être l'*acénaphtène-cétone*,

$$C^{10}H^6\left\langle\begin{array}{l}CH^2\\|\\CO\end{array}\right.$$

Dérivé monoacétique,

$$C^{10}H^6\left\langle\begin{array}{l}CH.OH\\|\\CH.OC^2H^3O\end{array}\right.$$

— On chauffe dans un appareil à reflux du dibromure d'acénaphtylène (2 parties) avec de l'acide acétique (7 à 8 parties) additionné de potasse caustique (2 parties); on traite par l'eau, on neutralise par la soude, on filtre et on fait cristalliser dans l'alcool le produit ainsi obtenu.

L'acénaphtylène-glycol monoacétique est en aiguilles jaunâtres, fusibles à 122°, assez solubles dans l'alcool, très solubles dans l'éther et dans l'acide acétique.

Dérivé diacétique,

$$C^{10}H^{6}\left\{\begin{array}{l}CH.OC^{2}H^{3}O\\ |\\ CH.OC^{2}H^{3}O\end{array}\right.$$

— On chauffe à reflux le composé précédent avec de l'anhydride acétique et on verse dans l'eau le produit de la réaction. Quand l'excès d'anhydride acétique est décomposé, on recueille le résidu insoluble, on le lave à l'eau et on le fait cristalliser dans l'alcool méthylique.

L'acénaphtylène-glycol diacétique est une substance cristalline, jaunâtre, fusible à 130°.

Dérivé monobenzoïque,

$$C^{6}H^{10}\left\{\begin{array}{l}CH.OH\\ |\\ CH.OC^{7}H^{5}O\end{array}\right.$$

— Ce corps, qu'on obtient en traitant par le benzoate d'argent le dibromure d'acénaphtylène en solution dans l'éther, est en lamelles incolores, fusibles à 190° [T. Ewan et J. B. Cohen, *Chem. Soc.*, **55**, 578]. L. Roux.

ACÉTALAMINE. — L'acétalamine

$$AzH^{2}.CH^{2}-CH<\begin{array}{l}OC^{2}H^{5}\\ OC^{2}H^{5}\end{array}$$

a été obtenue pour la première fois par M. A. Wohl dans l'action de l'ammoniaque alcoolique sur le monochloracétal [*D. chem. G.*, **21**, 616; *Bull. Soc. Chim.*, **50**, 343]. Il chauffait le mélange en tubes scellés pendant 14 heures à 140-150°. Il ne put obtenir que le chloroplatinate de la nouvelle base.

M. L. Wolff a réussi à l'obtenir à l'état de pureté, ainsi que la diacétalamine

$$AzH\left(CH^{2}-CH<\begin{array}{l}OC^{2}H^{5}\\ OC^{2}H^{5}\end{array}\right)^{2}$$

[*D. chem. G.*, **21**, 1481; *Bull. Soc. Chim.*, **50**, 283]. On chauffe en tubes scellés à 130-140°, pendant 12 ou 14 heures, un mélange de chloracétal et de 4 ou 5 volumes d'ammoniaque aqueuse saturée à 0°. On étend d'eau le contenu des tubes et on agite avec de l'éther, qui dissout l'excès de chloracétal et la diacétalamine. La liqueur aqueuse, additionnée de carbonate de potassium, abandonne l'acétalamine, qu'on sépare et qu'on sèche sur la baryte anhydre. On la rectifie ensuite.

Propriétés. — L'acétalamine forme un liquide incolore, très soluble dans l'eau, l'alcool, l'éther et le chloroforme, absorbant l'acide carbonique de l'air. Elle possède une odeur extrêmement désagréable et bout sans décomposition à 163°.

Sa solution aqueuse a une réaction fortement alcaline; elle donne avec le chlorure mercurique un précipité blanc floconneux.

Le *chloroplatinate* cristallise dans l'eau bouillante ou dans l'alcool sous la forme de petites lames jaunes, qui fondent en se décomposant.

Le *picrate* forme de belles aiguilles jaunes, peu solubles dans l'alcool et fondant à 142-143°.

Action de l'acide sulfurique étendu. — L'acide sulfurique, même étendu, décompose l'acétalamine à l'ébullition; la liqueur obtenue réduit le nitrate d'argent.

Action des sénévols. — L'acétalamine forme avec le phénylsénévol un produit d'addition, l'*acétalylphénylsulfo-urée*,

$$CSAzC^{6}H^{5}+AzH^{2}-CH^{2}-CH(OC^{2}H^{5})^{2}$$
$$=CS<\begin{array}{l}AzH.C^{6}H^{5}\\ AzH-CH^{2}-CH(OC^{2}H^{5})^{2}\end{array}$$

[A. Wohl et W. Marckwald, *D. chem. G.*, **22**, 568]. Le mélange des deux corps abandonné à lui-même ne tarde pas à se solidifier. On fait cristalliser le nouveau corps dans l'alcool étendu; on obtient des aiguilles blanches, fusibles à 96°, solubles dans l'éther, la benzine, le chloroforme, l'alcool chaud, insolubles dans l'eau et dans la ligroïne.

Quand on soumet l'acétalylphénylsulfo-urée à l'action de l'acide sulfurique à 30 0/0 bouillant, il se forme un produit de condensation, suivant l'équation

$$C^{13}H^{20}Az^{2}SO^{2}=2C^{2}H^{6}O+C^{9}H^{8}Az^{2}S.$$

La condensation se fait de la manière suivante :

$$CS\left\langle\begin{array}{l}AzH.C^{6}H^{5}\quad CH<\begin{array}{l}OC^{2}H^{5}\\ OC^{2}H^{5}\end{array}\\ AzH\text{———}CH^{2}\end{array}\right.$$

$$=2C^{2}H^{6}.OH+HS.C\left\langle\begin{array}{l}Az.C^{6}H^{5}\text{—}CH\\ \|\\ Az\text{———}CH\end{array}\right.$$

Le nouveau corps est un dérivé de la glyoxaline ou β-pyrazol, et nous le décrirons, ainsi que ses dérivés, avec ceux de la glyoxaline.

Si, au lieu d'employer l'acide sulfurique étendu et bouillant, on introduit avec précaution la sulfo-urée dans l'acide sulfurique concentré et refroidi, on obtient une substance cristallisant en fines aiguilles blanches, fusibles à 94°. Elle a pour constitution

$$CS<\begin{array}{l}AzH-C^{6}H^{5}\\ AzH-CH^{2}-CH<\begin{array}{l}OH\\ OC^{2}H^{5}\end{array}\end{array}$$

Ce corps est une base faible, qui se dissout dans l'acide chlorhydrique; le *chloroplatinate* est un précipité jaune cristallin, ayant pour formule

$$(C^{11}H^{16}Az^{2}SO^{2}.HCl)^{2}PtCl^{4}.$$

Le *picrate* est peu soluble dans l'alcool bouillant; il cristallise en aiguilles et fond à 190°, en se décomposant.

Le méthylsénévol se combine également avec l'acétalamine quand on mélange les solutions alcooliques des deux corps. On obtient ainsi l'*acétalylméthylsulfo-urée*, sous la forme d'une huile qui cristallise assez lentement.

Cette substance, traitée par l'acide sulfurique à 70 0/0, subit une condensation analogue à celle que nous venons de décrire et donne un dérivé de la glyoxaline :

$$HS.C\left\langle\begin{array}{l}Az.CH^{3}\text{—}CH\\ \|\\ Az\text{———}CH\end{array}\right.$$

[A. Wohl et W. Marckwald, *D. chem. G.*, **22**, 1353].

DIACÉTALAMINE,

$$AzH\left(CH^{2}-CH<\begin{array}{l}OC^{2}H^{5}\\ OC^{2}H^{5}\end{array}\right)^{2}$$

— Cette base se forme en même temps que l'acétalamine; nous avons vu plus haut comment on la sépare de la première [L. Wolff, *D. chem. G.*, **21**, 1481; *Bull. Soc. Chim.*, **50**, 383]. On l'extrait par distillation de la solution éthérée où elle se trouve mélangée avec le chloracétal inaltéré.

La diacétalamine forme un liquide incolore, d'une odeur forte, bouillant à 250-260° à la pression ordinaire en se décomposant légèrement, à 173-174° sous une pression de 5 centimètres de mercure. Elle se mêle en toutes proportions avec l'alcool, l'éther et le chloroforme. Elle se dissout dans 6 ou 8 volumes d'eau froide et donne une solution fortement alcaline qui se trouble par un léger échauffement.

Son *chloroplatinate* cristallise dans l'eau bouillante sous la forme de tables orangées anhydres, fondant à 190°. L. Bouveault.

ACÉTALS (voyez Dict. 1, 5 et Suppl., 1, 2). — Acétal [Syn. *Diéthylacétal*],

$$CH^3-CH(OC^2H^5)^2$$

— Aux procédés de préparation qui ont été précédemment indiqués, il faut ajouter le suivant : L'acétal se produit quand on fait agir l'hydrogène phosphoré PH^3 sur un mélange d'alcool absolu et d'aldéhyde, refroidi à — 21° [Engel et de Girard, *Bull. Soc. Chim.*, **33**, 457].

Réaction. — On peut rechercher des traces d'acétal par le procédé suivant [M. Grodzki, *D. chem. G.*, **16**, 512] : Une solution aqueuse étendue d'acétal, traitée par les solutions normales d'iode et de soude, donne une liqueur parfaitement limpide; il n'y a aucune formation d'iodoforme; mais si, avant d'ajouter les solutions d'iode et de soude, l'on a acidifié la solution d'acétal par quelques gouttes d'acide chlorhydrique, on obtient alors un précipité d'iodoforme; la réaction est très sensible.

PRODUITS DE SUBSTITUTION.

Monochloracétal. — Le monochloracétal se prépare par l'action de l'éther dichloré sur l'éthylate de sodium [Natterer, *Mon. f. Chem.*, **2**. 444]; il se produit également quand on chauffe de l'aldéhyde monochlorée avec de l'alcool [Natterer, *Mon. f. Chem.*, **5**, 597].

L'éthylate de sodium réagissant sur l'acétal monochloré fournit l'éthoxacétal,

$$CH^2(OC^2H^5)-CH(OC^2H^5)^2;$$

mais si au lieu d'éthylate de sodium on emploie le sodium, il se forme de l'éther vinyléthylique, $CH^2=CH-OC^2H^5$. Dans la réaction précédente cet éther accompagne toujours l'éthoxacétal, dont il dérive vraisemblablement [Wislicenus, *Ann. Chem.*, **192**, 106].

Traité par le brome dans un appareil à reflux à 100°, le monochloracétal donne du *chlorobromal*, $CClBr^2-CHO$, bouillant à 148-149°; densité à 15° = 2,279. Le chlorobromal donne un hydrate fusible à 51-52° et un alcoolate fusible à 46°; traité par la potasse, cet hydrate donne du chlorobromoforme, liquide bouillant à 123-125°, dont la densité à 15° est 2,445 [O. Jacobsen et R. Neumeister, *D. chem. G.*, **15**,600].

Le monochloracétal, traité par la triméthylamine, donne un éther de la *muscarine* (voyez ce mot) :

$$CH^2Cl-CH\begin{cases}OC^2H^5\\OC^2H^5\end{cases}+Az(CH^3)^3$$

$$=(CH^3)^3Az\begin{cases}Cl\\CH^2-CH\begin{cases}OC^2H^5\\OC^2H^5\end{cases}\end{cases}$$

[Berlinerblau, *D. chem. G.*, **17**, 1139].

Dichloracétal. — D'après M. Pinner [*Ann. Chem.*, **179**, 34], le dichloracétal est entièrement décomposé par l'acide sulfurique concentré; il ne donne avec l'acide nitrique que de l'acide acétique et pas d'acide dichloracétique.

Traité comme le monochloracétal par le brome à chaud, il fournit du bromochloral $CCl^2Br-CHO$, distillant à 126°; celui-ci donne un alcoolate fusible à 43° et un hydrate bien cristallisé. Traité par la potasse, le bromochloral donne du bromochloroforme bouillant à 91-92°, et ayant à 15° une densité de 1,925 [O. Jacobsen et Neumeister, *loc. cit.*].

HOMOLOGUES DE L'ACÉTAL.

Les homologues de l'acétal peuvent s'obtenir par le procédé général qui consiste à chauffer de l'aldéhyde avec un alcool.

Le *diméthylacétal*

$$CH^3-CH\begin{cases}OCH^3\\OCH^3\end{cases}$$

a déjà été décrit.

Le *méthylpropylacétal*

$$CH^3-CH\begin{cases}OCH^3\\OC^3H^7\end{cases}$$

se produit en petite quantité quand on chauffe du diméthylacétal et de l'alcool propylique à 120° [Bachmann, *Ann. Chem.*, **218**, 46]. Il bout à 103-105°.

L'*éthylpropylacétal*

$$CH^3-CH\begin{cases}OC^2H^5\\OC^3H^7\end{cases}$$

s'obtient de la même manière et bout à 124-126° [Bachmann, *loc. cit.*].

Le *dipropylacétal*

$$CH^3-CH\begin{cases}OC^3H^7\\OC^3H^7\end{cases}$$

s'obtient par l'action de l'hydrogène phosphoré sur un mélange d'aldéhyde et d'alcool propylique fortement refroidi [de Girard, *loc. cit.*]. C'est un liquide incolore, insoluble dans l'eau, bouillant à 146-148°; il réduit facilement le nitrate d'argent ammoniacal; il n'est pas attaqué par la potasse caustique à l'ébullition; il est décomposé par l'acide sulfurique.

Méthylisobutylacétal. — S'obtient comme le méthylpropylacétal; il bout à 125-127° [Bachmann, *loc. cit.*].

Diisobutylacétal,

$$CH^3-CH\begin{cases}OC^4H^9\\OC^4H^9\end{cases}$$

— Obtenu par M. de Girard au moyen de l'action de l'hydrogène phosphoré sur un mélange d'aldéhyde et d'alcool isobutylique; il bout à 168-170°.

Méthylisoamylacétal,

$$CH^3-CH\begin{cases}OCH^3\\OC^5H^{11}\end{cases}$$

— Il bout à 141-144° [Bachmann, *loc. cit.*].

Les aldéhydes homologues de l'aldéhyde éthylique peuvent également s'unir avec perte d'eau aux alcools pour donner des combinaisons analogues aux acétals : tels sont le *méthylal*

$$CH^2\begin{cases}OCH^3\\OCH^3\end{cases}$$

qui donne de l'aldéhyde formique; le dipropylacétal propylique

$$C^2H^5-CH\begin{cases}OC^3H^7\\OC^3H^7\end{cases}$$

qui donne de l'aldéhyde propylique et de l'alcool propylique. Ces diverses combinaisons seront décrites en même temps que les aldéhydes auxquelles elles se rattachent.

Acétals sulfurés ou mercaptals (voyez ce mot). — Les aldéhydes forment avec les mercaptans des combinaisons très stables, d'une constitution tout à fait semblable à celle des acétals; on les obtient par l'action du gaz chlorhydrique sec sur un mélange d'une aldéhyde et d'un mercaptan [Baumann, *D. chem. G.*, **18**, 883] :

$$R-CHO+2R'-SH=R-CH(SR')^2+H^2O$$

Acétals des glycols. — Les aldéhydes peuvent également se combiner avec les alcools polyatomiques, pour donner des composés doués des propriétés générales des acétals.

La première de ces combinaisons, l'*oxyde d'éthylène-éthylidène*,

$$CH^3-CH\genfrac{}{}{0pt}{}{\diagup O-CH^2}{\diagdown O-CH^2}$$

a été obtenue il y a longtemps par Wurtz, par l'action de l'aldéhyde sur le glycol à 100°.

M. A. de Gramont [*Bull. Soc. Chim.*, **41**, 361] a fait connaître depuis la combinaison dérivée de l'aldéhyde et du propylène-glycol primaire-secondaire :

$$CH^3-CH\genfrac{}{}{0pt}{}{\diagup O-CH-CH^3}{\diagdown O-CH^2}$$

C'est un liquide bouillant à 93°, qu'on obtient en chauffant le mélange d'aldéhyde et de glycol à 160°; il est facilement décomposé par l'eau en aldéhyde et propylène-glycol.

M. Lochert [*Ann. Chim. Phys.*, (6), **12**, 26] a étendu cette réaction à quelques glycols et aldéhydes. Le mode de préparation est le même pour tous ces composés.

Combinaison de l'aldéhyde propylique et du glycol (oxyde d'éthylène-propylidène),

$$CH^3-CH^2-CH\genfrac{}{}{0pt}{}{\diagup OCH^2}{\diagdown OCH^2}$$

— Ce corps se prépare en chauffant au bain-marie pendant 6 ou 7 jours un mélange de 1 molécule d'aldéhyde et de 2 molécules de glycol. Liquide incolore, bouillant à 106° sous la pression de 753 millimètres, soluble dans 5 fois son volume d'eau. soluble en toutes proportions dans l'alcool et dans l'éther; le chlorure de calcium le sépare de sa solution aqueuse.

Combinaison de l'aldéhyde isobutylique et du glycol (oxyde d'éthylène-isobutylidène),

$$(CH^3)^2=CH-CH\genfrac{}{}{0pt}{}{\diagup OCH^2}{\diagdown OCH^2}$$

— Liquide incolore, bouillant à 125° sous la pression de 747 millimètres, soluble dans 10 volumes d'eau.

Combinaison de l'aldéhyde isoamylique et du glycol (oxyde d'éthylène-isoamylidène),

$$(CH^3)^2=CH-CH^2-CH\genfrac{}{}{0pt}{}{\diagup OCH^2}{\diagdown OCH^2}$$

— Il est nécessaire de chauffer à 130° pendant 5 ou 6 jours; on obtient ainsi un liquide incolore, bouillant à 145°; il est peu soluble dans l'eau.

Combinaison de l'aldéhyde œnanthylique et du glycol (oxyde d'éthylène-œnanthylidène),

$$C^6H^{13}-CH\genfrac{}{}{0pt}{}{\diagup OCH^2}{\diagdown OCH^2}$$

— On ajoute au mélange d'aldéhyde et de glycol un peu d'acide acétique et on chauffe à 180°; l'acétal obtenu bout à 200° environ.

Les propriétés générales de ces combinaisons sont les suivantes :

Action de l'eau et des alcalis. — L'eau saponifie facilement ces combinaisons en régénérant l'aldéhyde et le glycol; cette réaction, facile 100°, est très rapide à 125-130° :

$$R-CH\genfrac{}{}{0pt}{}{\diagup OCH^2}{\diagdown OCH^2}+H^2O$$

$$=R-CHO+CH^2OH-CH^2OH.$$

Les alcalis caustiques secs sont sans aucune action sur ces composés; en dissolution aqueuse ils agissent comme l'eau.

L'azotate d'argent ammoniacal est sans action sur ces acétals à l'ébullition; mais si on prolonge cette ébullition, il y a saponification et réduction du nitrate d'argent.

Action des acides. — Les acides étendus font subir avec une très grande rapidité à ces combinaisons le même dédoublement que l'eau; secs, ils dédoublent également la molécule en mettant l'aldéhyde en liberté; l'acide acétique par exemple, réagissant sur l'acétal, donne de l'aldéhyde et la diacétine du glycol (Wurtz).

Action du perchlorure de phosphore. — En traitant molécule à molécule ces combinaisons par le perchlorure de phosphore, on met l'aldéhyde en liberté, et on obtient en même temps du chlorure d'éthylène :

$$R-CH\genfrac{}{}{0pt}{}{\diagup OCH^2}{\diagdown OCH^2}+PCl^5$$

$$=POCl^3+RCHO+C^2H^4Cl^2.$$

Acétals du propylène-glycol normal. — *Combinaison éthylique*,

$$CH^3-CH\genfrac{}{}{0pt}{}{\diagup O-CH^2}{\diagdown O-CH^2}\ (CH^2)$$

— Obtenue par les mêmes procédés que les combinaisons précédentes; liquide incolore, bouillant à 112°.

Combinaison isoamylique,

$$C^4H^9-CH\genfrac{}{}{0pt}{}{\diagup O-CH^2}{\diagdown O-CH^2}\ (CH^2)$$

— Bout à 165°.

Combinaison œnanthylique,

$$C^6H^{13}-CH\genfrac{}{}{0pt}{}{\diagup O-CH^2}{\diagdown O-CH^2}\ (CH^2)$$

— Bout de 215 à 217°.

Ces combinaisons possèdent exactement les mêmes propriétés que les acétals du glycol ordinaire.

Des expériences faites sur le glycol isobutylénique

$$\genfrac{}{}{0pt}{}{CH^3}{CH^3}\!>C(OH)-CH^2.OH$$

et la pinacone il semblerait résulter que les glycols contenant 1 ou 2 oxhydryles tertiaires ne fournissent pas d'acétals dans les conditions précédentes.

Par l'action du brome sur les acétals des glycols biprimaires, on obtient des composés monobromés, dont la saponification donne les aldéhydes bromées; l'action de la potasse alcoolique peut donner naissance à un acétal-alcool, et à un acétal non saturé dans la molécule de l'aldéhyde; par exemple, dans le cas de la combinaison bromoisobutylique du glycol, on a les deux composés

$$\genfrac{}{}{0pt}{}{CH^3}{CH^3}\!>C=C\genfrac{}{}{0pt}{}{\diagup OCH^2}{\diagdown OCH^2}$$

bouillant à 150°, et

$$\genfrac{}{}{0pt}{}{CH^3}{CH^3}\!>C(OH)-CH\genfrac{}{}{0pt}{}{\diagup OCH^2}{\diagdown OCH^2}$$

bouillant à 165-170°.

Acétals des alcools polyatomiques. — Aux combinaisons que nous venons de décrire se rattachent les corps obtenus par M. J. Meunier [*C. R.*, **106**, 1425 et 1732] avec plusieurs aldéhydes, particulièrement avec l'aldéhyde benzoïque, et les alcools du groupe de la mannite; leur stabilité vis-à-vis des alcalis et leur facile décomposition par les acides les rapprochent en effet nettement des acétals. Ces combinaisons seront décrites en détail avec les alcools auxquels elles se rapportent. A. Combes.

ACÉTALYLE. — MM. A Wohl et W. Marckwald donnent ce nom au radical univalent

$$-CH^2-CH(OC^2H^5)^2$$

[*D. chem. G.*, **22**, 569].

ACÉTAMIDE, $C^2H^5AzO = CH^3-CO.AzH^2$ (voyez Dict., **1**, 7 et Suppl., **1**, 4).

Préparation. — On sature l'acide acétique cristallisable par le gaz ammoniac et on termine la saturation par l'ammoniaque aqueuse. On chauffe le produit ainsi obtenu à 230° en vases clos et on distille. Le rendement est de 86 0/0. Cette opération ne peut s'effectuer dans des autoclaves en fer, car le sel ammoniacal les attaque fortement. Pour se procurer de grandes quantités d'acétamide, il vaut donc mieux employer le procédé de préparation à l'aide de l'éther acétique [A. W. Hofmann, *D. chem. G.*, **15**, 977; *Bull. Soc. Chim.*, **38**, 399].

Propriétés. — L'acétamide est en cristaux hexagonaux [Bodewig, *Zeit. Krist.*, **5**, 554], fusibles à 82-83° (Hofmann); densité = 1,159.

Saponification par les acides. — L'hydratation de l'acétamide par l'eau seule est assez lente [Menchoutkine, *Bull. Soc. Chim.*, **45**, 246]; l'hydratation par les acides est plus rapide. M. Ostwald a étudié la vitesse de saponification par différents acides. En chauffant ensemble à 65° et à 100° deux solutions renfermant l'une 2 molécules d'acétamide par litre, l'autre la quantité équivalente d'acide, les temps nécessaires pour saponifier la *moitié* de l'acétamide sont représentés par les nombres suivants :

	à 65°. m.	Vitesse relative.	à 100°. m.	Vitesse relative.
Acide chlorhydrique..	72,1	1,000	4,98	1,000
— bromhydrique..	74	0,974	5,14	0,969
— nitrique........	75,2	0,959	5,35	0,933
— sulfurique......	180	0,428	14,1	0,353
— oxalique........	1516	0,051	118,6	0,042
— phosphorique...	—	—	3880	0,0013

[W. Ostwald, *J. prakt. Chem.*, (2), **27**, 1; *Bull. Soc. Chim.*, **42**, 6].

Action des réducteurs. — L'acétamide, traitée par l'amalgame de sodium, donne une petite quantité d'alcool. Avec le couple zinc-cuivre, il se forme un peu d'alcool et un peu d'aldéhyde [J. Essner, *Bull. Soc. Chim.*, **42**, 98].

Action du chlore et du brome. — Le chlore dirigé dans l'acétamide fondue donne de l'acétochloramide.

L'acétamide se dissout dans le brome, en formant probablement un produit d'addition instable. Si l'on emploie molécules égales de brome et d'acétamide, et si l'on traite ensuite par la potasse ou par la soude étendue, on obtient l'acétobromamide. Avec une solution concentrée de soude, on obtient le sel sodique du dibromure d'acétobromamide. En employant 1 molécule de brome et 2 molécules d'acétamide, et en traitant peu à peu par la soude à 10 0/0, on obtient l'*ab*-méthylacétylurée :

$$2CH^3-CO-AzH^2 + BrONa$$
$$= H^2O + NaBr + CO \begin{cases} AzH-CH^3 \\ AzH-C^2H^3O \end{cases}$$

[A. W. Hofmann, *D. chem. G.*, **14**, 2725 et **15**, 407; *Bull. Soc. Chim.*, **37**, 500 et **38**, 193].

Action de l'anhydride acétique. — En chauffant l'acétamide avec de l'anhydride acétique, avec ou sans addition d'acétate de sodium, on obtient surtout de l'acétonitrile, en même temps qu'une très petite quantité de diacétamide [A. Franchimont, *Rec. P.-B.*, **2**, 344].

Action de l'éthylate de sodium. — Lorsqu'on chauffe l'acétamide à 170-200° avec de l'éthylate de sodium, il se forme de l'éthylamine [Seifert, *D. chem. G.*, **18**, 1355; *Bull. Soc. Chim.*, **45**, 600].

Action de l'éther acétylacétique. — En chauffant l'acétamide avec de l'éther acétylacétique, sous une légère pression de mercure et en présence d'une petite quantité de chlorure d'aluminium, on obtient de l'éther acétylimidobutyrique :

$$\begin{matrix} CH^3 \\ C^2H^5.CO^2.CH^2 \end{matrix} > C=Az-CO-CH^3$$

[Canzoneri et Spica, *Gazz. Chim. ital.*, **14**, 491; *Bull. Soc. Chim.* **45**, 660.]

Action de l'hydroxylamine. — L'hydroxylamine réagit sur l'acétamide en donnant de l'éthénylamidoxime (méthylcarbamidoxime) :

$$CH^3.C \begin{cases} AzOH \\ AzH^2 \end{cases}$$

[C. Hofmann, *D. chem. G.*, **20**, 2204; *Bull. Soc. Chim.*, **48**, 655].

Action de la phénylhydrazine. — En chauffant à 150° l'acétamide avec de la phénylhydrazine, on obtient de l'acétylphénylhydrazine

$$C^6H^5.Az^2H^3 + CH^3.CO.AzH^2$$
$$= AzH^3 + C^6H^5.Az^2H^2.CO.CH^3$$

[F. Just., *D. chem. G.*, **19**, 1201; *Bull. Soc. Chim.*, **46**, 390].

COMBINAISONS MÉTALLIQUES. — *Combinaison zincique*, $(CH^3.CO.AzH)^2Zn$. — C'est une poudre amorphe, qui se forme par l'action du zincéthyle sur l'acétamide et que l'eau décompose en régénérant l'acétamide [Frankland, *Jahresb.*, 1857, 419].

Combinaison mercurique, $(CH^3.CO.AzH)^2Hg$ (voyez Dict., **1**, 7). — Cette combinaison, qui s'obtient en ajoutant de l'oxyde de mercure à une solution aqueuse d'acétamide, cristallise dans l'alcool en prismes hexagonaux, fusibles à 195° [Markownikoff, *Jahresb.*, 1863, 325].

Combinaison argentique, $CH^3.CO.AzHAg$ (voyez Dict., **1**, 7). — Ce composé cristallise en écailles.

COMBINAISONS AVEC LES CHLORURES MÉTALLIQUES. — L'acétamide peut se combiner avec un certain nombre de chlorures ou de bromures métalliques. A cet effet, on dissout l'acétamide dans l'alcool absolu, on ajoute peu à peu, en chauffant légèrement, le chlorure métallique, on filtre et on évapore dans le vide. L'addition d'éther facilite la cristallisation du composé métallique. On a préparé ainsi les composés suivants :

$(CH^3.CO.AzH^2)^2.CuCl^2$. Cristaux en mamelons verts, qui perdent de l'acétamide quand on les chauffe vers 100°.

$(CH^3.CO.AzH^2)^2.CdCl^2$. Dépôt cristallin.

$(CH^3.CO.AzH^2)^4.NiCl^2, 2H^2O$. Précipité cristallin vert.

$(CH^3.CO.AzH^2)^4.CoCl^2, 2H^2O$. Précipité cristallin bleu, fusible vers 62°.

$(CH^3.CO.AzH^2)HgCl^2$ (?), composé cristallin, fusible à 125°, et $(CH^3.CO.AzH^2)^3HgCl^2$ (?); mais ce dernier corps n'a pu être obtenu qu'une seule fois [G. André, *C. R.*, **102**, 115].

COMBINAISONS AVEC LES ACIDES (voyez Dict., **1**, 7). — *Chlorhydrate*, $(CH^3.CO.AzH^2)HCl$. — L'acétonitrile (1 molécule), additionné d'eau (1 molécule), fixe de l'acide chlorhydrique (1 molécule) et se prend en une masse cristalline de chlorhydrate d'acétamide [A. Pinner et P. Klein, *D. chem. G.*, **10**, 1889; *Bull. Soc. Chim.*, **30**, 273].

Nitrate, ($CH^3 . CO . AzH^2$)AzO^3H (voyez Dict., 1, 7). — Ce sont des cristaux fusibles à 98°, décomposables par l'action de la chaleur [A. Franchimont, *Rec. P.-B.*, **2**, 94].

1. DÉRIVÉS PAR SUBSTITUTION DANS LE GROUPE AzH^2.

ACÉTOCHLORAMIDE,

$$C^2H^4ClAzO = CH^3 . CO . AzHCl.$$

— On l'obtient en traitant l'acétobromamide par l'acide chlorhydrique, ou en faisant agir le chlore sur l'acétamide fondue. L'acétochloramide est en cristaux, fusibles à 110°, solubles dans l'éther. L'action prolongée de l'acide chlorhydrique la convertit en acétamide et chlore (A. W. Hofmann, *D. chem. G.*, **15**, 407; *Bull. Soc. Chim.*, **39**, 193].

ACÉTOBROMAMIDE,

$$C^2H^4BrAzO = CH^3 . CO . AzHBr.$$

— L'acétamide se dissout dans le brome sans dégagement d'acide bromhydrique. On ajoute 1 molécule de brome à 1 molécule d'acétamide; on traite ensuite par la potasse; on obtient ainsi un liquide à peu près incolore, qui se prend par le refroidissement en une bouillie cristalline. On épuise par l'éther. Celui-ci abandonne par évaporation de longues tables cristallines, renfermant 1 molécule d'eau de cristallisation. Les cristaux perdent lentement cette eau dans le vide; rapidement à 50°. Hydratés, ils fondent à 70-80°; anhydres, à 108°.

L'eau bouillante transforme l'acétobromamide en acétamide :

$$CH^3 . CO . AzHBr + H^2O$$
$$= CH^3 . CO . AzH^2 + BrOH.$$

L'ammoniaque réagit énergiquement sur l'acétobromamide; il se forme de l'acide bromhydrique, de l'acétamide et de l'azote :

$$3\,CH^3 . CO . AzHBr + 2\,AzH^3$$
$$= 3\,HBr + 3\,CH^3 . CO . AzH^2 + Az^2.$$

L'aniline donne lieu à une réaction extrêmement violente, qui peut aller jusqu'à l'explosion; il se forme de l'acétamide et des dérivés bromés de l'aniline, principalement de la tribromaniline. Avec le phénol, on obtient du tribromophénol et de l'acétamide.

La soude dissout à froid l'acétobromamide. Si elle est concentrée, elle abandonne un sel sodique en cristaux déliés. Si l'on chauffe lentement à 60-70° de l'acétobromamide avec de la soude en solution moyennement étendue, la décomposition suivante se produit :

$$CH^3 . CO . AzHBr + NaOH$$
$$= NaBr + CO^2 + CH^3 . AzH^2.$$

Cette réaction a lieu en deux phases : il se forme d'abord du cyanate de méthyle, qui se dédouble ensuite sous l'influence de l'eau. Si l'on remplace la soude par le carbonate d'argent, on peut isoler le cyanate de méthyle.

Lorsqu'on chauffe molécules égales d'acétamide et d'acétobromamide avec une solution de soude, on obtient l'*ab*-méthylacétylurée.

Dibromure d'acétosodiumbromamide,

$$CH^3 . CO . AzNaBr . Br^2 . H^2O.$$

— On l'obtient, soit en traitant par une solution concentrée de soude un mélange d'acétamide et de brome :

$$CH^3 . CO . AzH^2 + 2\,Br^2 + 2\,NaOH$$
$$= CH^3 . CO . AzNaBr . Br^2 . H^2O + H^2O + NaBr$$

soit en ajoutant du brome à une solution d'acétobromamide additionnée de la quantité équivalente de soude.

Ce dibromure cristallise en lames rectangulaires, solubles dans l'eau, mais se décomposant rapidement en bromure de sodium et acétodibromamide [A. W. Hofmann, *loc. cit.*].

ACÉTODIBROMAMIDE,

$$C^2H^3Br^2AzO = CH^3 . CO . AzBr^2.$$

— Ce corps se dépose en aiguilles ou en lamelles jaune d'or, fusibles à 100°, solubles dans l'eau tiède, l'éther et l'alcool, quand on ajoute de la potasse à de l'acétobromamide en solution aqueuse et additionnée d'une quantité équivalente de brome. On l'obtient aussi par la décomposition du dibromure précédent.

L'eau bouillante transforme successivement l'acétodibromamide, d'abord en monobromamide, puis en acétamide. L'acide chlorhydrique la transforme en monochloramide, en même temps qu'il se dégage du brome. L'acétamide la réduit en monobromamide [A. W. Hofmann, *loc. cit.*].

MÉTHYLACÉTAMIDE,

$$C^3H^7AzO = CH^3 . CO . AzH . CH^3.$$

— On l'obtient en chauffant en vase clos à 150° l'éther acétique avec une solution aqueuse concentrée de méthylamine. Elle prend encore naissance, avec d'autres produits, dans la distillation sèche de la méthylacétylurée.

La méthylacétamide cristallise en longues aiguilles, fusibles à 28°, et bout à 206° [A. W. Hofmann, *D. chem. G.*, **14**, 2725; *Bull. Soc. Chim.*, **37**, 500].

Nitrate, $C^3H^7AzO . AzO^3H$. — Ce sel est en grands cristaux, fusibles à 58°. L'acide nitrique (densité = 1,52), le décompose conformément à l'équation

$$C^3H^7AzO . AzO^3H + AzO^3H$$
$$= Az^2O + AzO^3 . CH^3 + C^2H^4O^2 + H^2O$$

[A. Franchimont, *Rec. P.-B.*, **2**, 329].

DIMÉTHYLACÉTAMIDE,

$$C^4H^9AzO = CH^3 . CO . Az(CH^3)^2.$$

— On l'obtient en traitant le chlorure d'acétyle par la diméthylamine en solution dans un excès d'éther.

La diméthylacétamide est un liquide bouillant à 165°,5 et d'une densité de 0,9405 à 20°. L'acide nitrique (densité = 1,52) l'attaque très lentement à froid et la transforme en acide acétique et nitrodiméthylamine [A. Franchimont, *Rec. P.-B.*, **2**, 121 et 329; *Bull. Soc. Chim.*, **40**, 541].

ÉTHYLACÉTAMIDE,

$$C^4H^9AzO = CH^3 . CO . AzH(C^2H^5)$$

(voyez Dict., 1, 7). — *Dérivé chloré*,

$$C^4H^8ClAzO = CH^3 . CO . AzCl(C^2H^5).$$

— On l'obtient en chlorant l'éthylacétamide fortement refroidie. C'est un liquide assez fluide, soluble dans l'eau, l'alcool, l'éther, se décomposant à la distillation et s'altérant spontanément au bout de quelques jours [T. Norton et J. Tcherniak, *Bull. Soc. Chim.*, **30**, 105].

DIÉTHYLACÉTAMIDE,

$$C^6H^{13}AzO = CH^3 . CO . Az(C^2H^5)^2.$$

— C'est un liquide bouillant à 185-186°, d'une densité de 0,9248 à 8°,5 [O. Wallach, *Ann. Chem.*, **214**, 235].

DIACÉTAMIDE, $C^4H^7AzO^2 = (CH^3 . CO)^2AzH$ (voyez Suppl., 1, 5). — On l'obtient aussi en traitant l'*ab*-méthylacétylurée par l'anhydride acétique. A cet effet, on dissout la méthylacétylurée dans l'anhydride acétique, on fait bouillir pendant

10 heures et l'on distille. On recueille d'abord vers 192° de la méthyldiacétamide, puis vers 210° de la diacétamide [A. W. Hofmann, *D. chem. G.*, **14**, 2725; *Bull. Soc. Chim.*, **37**, 500].

Elle cristallise dans l'éther en aiguilles fusibles à 82°, très solubles dans l'eau, l'éther et la ligroïne. Elle ne se combine pas avec les acides.

MÉTHYLDIACÉTAMIDE,

$$C^5H^9AzO^2 = (CH^3 . CO)^2Az . CH^3.$$

— Ce composé prend naissance, en même temps que la diacétamide, dans l'action de l'anhydride acétique sur l'*ab*-méthylacétylurée (voyez plus haut). C'est un liquide bouillant à 192°, miscible à l'eau [Hofmann, *loc. cit.*].

ÉTHYLDIACÉTAMIDE,

$$C^6H^{11}AzO^2 = (CH^3 . CO)^2Az . C^2H^5.$$

— Voyez Dict., **1**, 7.

TRIACÉTAMIDE, $C^6H^9AzO^3 = (CH^3 . CO)^3 \equiv Az$ — Voyez Suppl., **1**, 5.

TRIACÉTODIAMIDE,

$$C^6H^{12}Az^2O^3 = (CH^3 . CO)^3Az^2H^3.$$

— Ce composé se forme quand on chauffe l'acétamide dans un courant d'acide chlorhydrique [Strecker, *Ann. Chem.*, **103**, 327], ou lorsqu'on chauffe à 200° le propionitrile avec un excès d'acide acétique :

$$2\,C^2H^5 . CAz + 3\,CH^3 . CO^2H + H^2O$$
$$= (CH^3 . CO)^3Az^2H^3 + 2\,CH^3 . CH^2 . CO^2H$$

[A. Gautier, *C. R.*, **67**, 1255].

La triacétodiamide bout à 212-217°. Elle cristallise en aiguilles solubles dans l'eau et dans l'éther. Chauffée avec les alcalis, elle se décompose en acide acétique et ammoniaque.

La triacétodiamide peut être considérée comme une combinaison d'acétamide et de diacétamide : traitée en solution éthérée par l'acide chlorhydrique, elle se décompose en chlorhydrate d'acétamide et diacétamide.

II. DÉRIVÉS PAR SUBSTITUTION DANS LE GROUPE $CH^3 . CO$.

CHLORACÉTAMIDE,

$$C^2H^4ClAzO = CH^2Cl . CO . AzH^2$$

(voyez Dict., **1**, 7 et Suppl., **1**, 5). — La chloracétamide se forme quand on sature par l'ammoniaque sèche l'éther acétylacétique chloré [H. Bauer, *Ann. Chem.*, **229**, 165].

DICHLORACÉTAMIDE,

$$C^2H^3Cl^2AzO = CHCl^2 . CO . AzH^2$$

(voyez Suppl., **1**, 5). — La dichloracétamide prend naissance dans l'action de l'ammoniaque aqueuse ou alcoolique sur l'acétone pentachlorée (Cloëz), dans l'action de l'ammoniaque sur le cyanhydrate de chloral (voy. Suppl., **1**, 450). On peut la préparer en chauffant avec du cyanure de potassium une solution alcoolique de chloral-ammoniaque [Schiff et Speciale, *Gazz. Chim. ital.*, **9**, 338].

Le perchlorure de phosphore réagit sur la dichloracétamide et fournit un corps bien cristallisé, mais très instable, répondant à la formule $CHCl^2 . CCl = Az . POCl^2$ [O. Wallach, *Ann. Chem.*, **184**, 28].

Éthyldichloracétamide,

$$C^4H^7Cl^2AzO = CHCl^2 . CO . AzH(C^2H^5).$$

— On l'obtient en chauffant l'éther acétique dichloré avec une solution aqueuse concentrée d'éthylamine.

L'éthyldichloracétamide est en cristaux fusibles à 59°, solubles dans l'eau, l'alcool, l'éther et le chloroforme. Elle bout à 225-227°.

En la traitant par le perchlorure de phosphore, on obtient les deux chlorures :

$$CHCl^2 . CCl^2 . Az(C^2H^5)POCl^2,$$

liquide bouillant à 140-150°, et

$$CHCl^2 . CCl = Az(C^2H^5),$$

liquide bouillant à 161-164° [O. Wallach, *Ann. Chem.*, **214**, 223].

TRICHLORACÉTAMIDE,

$$C^2H^2Cl^3AzO = CCl^3 . CO . AzH^2$$

(voyez Dict., **1**, 8 et Suppl., **1**, 5).

Trichloracétochloramide (*tétrachloracétamide*), $C^2HCl^4AzO = CCl^3 . CO . AzHCl$ (voyez Dict., **1**, 8). — On l'obtient en ajoutant de la trichloracétamide à de l'eau de chlore, agitant et saturant de nouveau la liqueur par le chlore jusqu'à ce qu'elle cesse de se décolorer.

La trichloracétochloramide est en cristaux fusibles à 121°, distillables avec la vapeur d'eau.

Chauffée avec de l'ammoniaque, elle se transforme en trichloracétamide. Traitée par la potasse alcoolique, elle donne un sel de potassium bien cristallisé répondant à la formule

$$CCl^3 . CO . AzKCl$$

[A. Steiner, *D. chem. G.*, **15**, 1606; *Bull. Soc. Chim.*, **39**, 68].

Méthyltrichloracétamide,

$$C^3H^4Cl^3AzO = CCl^3 . CO . AzH(CH^3).$$

— On l'obtient en chauffant l'éther acétique trichloré avec un léger excès d'une solution aqueuse de méthylamine.

La méthyltrichloracétamide est en cristaux fusibles à 105-106°, peu solubles dans l'eau, solubles dans l'éther [A. Franchimont et E. Klobbie, *Rec. P.-B.*, **6**, 234].

Diméthyltrichloracétamide,

$$C^4H^6Cl^3AzO = CCl^3 . CO . Az(CH^3)^2.$$

— On ajoute peu à peu une solution éthérée de chlorure de trichloracétyle à une solution éthérée de diméthylamine. En chassant l'éther, on obtient la diméthyltrichloracétamide. C'est un liquide bouillant à 230-233°, en se décomposant partiellement, d'une densité de 1,441 à 15°, et se solidifiant dans un mélange d'acide carbonique et d'éther [A. Franchimont et E. Klobbie, *loc. cit.*].

Éthyltrichloracétamide,

$$C^4H^6Cl^3AzO = CCl^3 . CO . AzH(C^2H^5).$$

— On l'obtient en chauffant l'éther acétique trichloré avec une solution aqueuse d'éthylamine.

L'éthyltrichloracétamide est en grandes tables carrées, fusibles à 74°, insolubles dans l'eau froide, facilement solubles dans l'acool, l'éther et le chloroforme. Elle bout, en se décomposant partiellement, à 229-230°.

Traitée par le perchlorure de phosphore, elle fournit le composé $CCl^3 . CCl = Az(C^2H^5)$, que l'eau décompose en régénérant l'éthyltrichloracétamide [O. Wallach, *Ann. Chem.*, **214**, 225].

Diéthyltrichloracétamide,

$$C^6H^{10}Cl^3AzO = CCl^3 . CO . Az(C^2H^5)^2.$$

— Ce composé, qui se prépare avec la diméthyltrichloracétamide, est un liquide qui, après quelques distillations dans le vide, finit par se prendre en gros cristaux fusibles à 27° [A. Franchimont et E. Klobbie, *loc. cit.*].

BROMACÉTAMIDE,

$$C^2H^4BrAzO = CH^2Br . CO . AzH^2.$$

— On l'obtient en agitant le monobromacétate d'éthyle avec de l'ammoniaque aqueuse et en refroidissant de temps en temps le mélange à zéro. Ce sont des cristaux fusibles à 165°, très solubles dans l'eau, moins solubles dans l'alcool, insolubles dans l'éther [F. Kessel, *D. chem. G.*, **11**, 2115; *Bull. Soc. Chim.*, **32**, 406].

DIBROMACÉTAMIDE,

$C^2H^3Br^2AzO = CHBr^2 . CO . AzH^2.$

— Voyez Dict., **1**, 8 et Suppl., **1**, 5.

TRIBROMACÉTAMIDE,

$C^2H^2Br^3AzO = CBr^3 . CO . AzH^2.$

— Ce composé prend naissance, en même temps que la dibromacétamide, quand on traite par le brome l'asparagine en suspension dans l'eau; on épuise par l'éther et on fait cristalliser le produit obtenu dans l'eau bouillante. La tribromacétamide se dépose en premier lieu; l'eau mère, additionnée d'ammoniaque, abandonne ensuite de la dibromacétamide [J. Guareschi, *D. chem. G.*, **9**, 1435; *Bull. Soc. Chim.*, **28**, 25].

On obtient aussi la tribromacétamide en traitant par le gaz ammoniac sec l'hexabromacétone [H. Weidel et M. Gruber, *D. chem. G.*, **10**, 1137; *Bull. Soc. Chim.*, **29**, 254].

La tribromacétamide est en lamelles fusibles à 120-121°, facilement solubles dans l'alcool chaud et dans l'éther, peu solubles dans la benzine et dans le chloroforme froids, très peu solubles dans l'eau, sublimables sans décomposition.

La potasse la décompose en donnant de l'acide carbonique, de l'ammoniaque et du bromoforme.

CHLOROBROMACÉTAMIDE,

$C^2H^3ClBrAzO = CHClBr . CO . AzH^2.$

— Ce composé se prépare au moyen du chlorobromacétate d'éthyle et de l'ammoniaque aqueuse. Il cristallise en longues aiguilles fusibles à 126° [C. Cech, et A. Steiner, *D. chem. G.*, **8**, 1174; *Bull. Soc. Chim.* **25**, 264].

CHLORODIBROMACÉTAMIDE,

$C^2H^2ClBr^2AzO = CClBr^2 . CO . AzH^2.$

— On la prépare au moyen du chlorodibromacétate d'éthyle, qu'on traite à froid par l'ammoniaque concentrée. Elle cristallise dans l'alcool en petites tables quadratiques, fusibles à 125°, insolubles dans l'eau, peu solubles dans l'alcool, très solubles dans l'éther [R. Neumeister, *D. chem. G.*, **15**, 602].

DICHLOROBROMACÉTAMIDE,

$C^2H^2Cl^2BrAzO = CCl^2Br . CO . AzH^2.$

— Ce composé se prépare comme le précédent, au moyen du dichlorobromacétate d'éthyle. Il cristallise dans l'alcool en tables rectangulaires, fusibles à 139°, très solubles dans l'éther, solubles dans l'alcool, insolubles dans le chloroforme; il bout en se décomposant partiellement à 253-255° (R. Neumeister).

IODACÉTAMIDE, $C^2H^4IAzO = CH^2I . CO . AzH^2$ (voyez Suppl., **1**, 5). — L'iodacétamide fond à 157° [L. Henry, *J. prakt. Chem.*, (2), **31**, 128].

DIIODACÉTAMIDE,

$C^2H^3I^2AzO = CHI^2 . CO . AzH^2.$

— On l'obtient, soit en traitant par l'ammoniaque le diiodacétate d'éthyle, soit en ajoutant de l'iode à la diazoacétamide en solution alcoolique :

$$Az^2{=}CH . CO . AzH^2 + I^2$$
$$= CHI^2 . CO . AzH^2 + Az^2.$$

La diiodacétamide cristallise en prismes, fusibles à 201° en se décomposant, très peu solubles dans l'alcool chaud. C'est un corps très stable : l'acide chlorhydrique bouillant l'attaque à peine; la potasse concentrée et chaude le décompose très lentement, en dégageant de l'ammoniaque [T. Curtius, *D. chem. G.*, **18**, 1283; *Bull. Soc. Chim.*, **45**, 901].

THIOACÉTAMIDE, $CH^3 - CS . AzH^2$. — Voyez Suppl., **1**, 1547.

NITROTHIOACÉTAMIDE, $AzO^2 . CH^2 . CS . AzH^2$ (voyez Suppl., **1**, 841). — Ce corps se prépare par l'action de l'acide sulfhydrique sec[1] sur le fulminate de mercure.

SULFODIACÉTAMIDE, $SO^2 = (CH^2 . CO . AzH^2)^2$. — On l'obtient en traitant par l'ammoniaque concentrée le sulfodiacétate d'éthyle. Ce sont des lamelles peu solubles dans l'eau froide, très solubles dans l'eau chaude, se décomposant vers 200° sans fondre [J. Lovén, *D. chem. G.*, **17**, 2817].

AMIDOACÉTAMIDE ET DÉRIVÉS. — Voyez GLYCOCOLLE.

CYANACÉTAMIDE. — Voyez ACIDE CYANACÉTIQUE.

SULFOCYANACÉTAMIDE. — Voyez Suppl., **1**, 1486.

DIAZOACÉTAMIDE. — Voyez ACIDE DIAZOACÉTIQUE.

III. COMBINAISONS DE L'ACÉTAMIDE AVEC LES ALDÉHYDES.

ALDÉHYDE-ACÉTAMIDE,

$(CH^3 . CO . AzH)^2CH . CH^3.$

— Voyez Suppl., **1**, 5.

CHLORAL-ACÉTAMIDE,

$CH^3 - CO . AzH . CH(OH) - CCl^3$

(voyez Suppl., **1**, 5). — La chloral-acétamide, traitée par le cyanure de potassium en solution alcoolique, fournit un composé fusible à 120°, répondant à la formule $C^{14}H^{18}Cl^6Az^4O^5$ [R. Schiff et Speciale, *Gazz. Chim. ital.*, **9**, 335].

Dérivé acétylé (acétylchloral-acétamide),

$CH^3 . CO . AzH . CH(OC^2H^3O) . CCl^3.$

— Ce composé, qu'on prépare en chauffant à 120° la chloral-acétamide avec du chlorure d'acétyle, est en prismes fusibles à 117-118; l'eau chaude le décompose en acide acétique et chloral-acétamide [R. Schiff, *D. chem. G.*, **10**, 165; *Bull. Soc. Chim.*, **28**, 259].

Dérivé chloré,

$CHCl^2 - CO . AzH . CH(OH) - CCl^3.$

— On l'obtient au moyen du chloral et de la dichloracétamide. Il cristallise dans l'eau en gros prismes, fusibles à 105°, solubles dans l'alcool et dans l'éther (Schiff et Speciale, *loc. cit.*).

BROMAL-ACÉTAMIDE,

$CH^3 - CO . AzH . CH(OH) - CBr^3.$

— Ce composé, qu'on prépare au moyen du bromal et de l'acétamide, est en cristaux fusibles à 160°, facilement solubles dans l'alcool et dans l'éther [R. Schiff et Tassinari, *D. chem. G.*, **10**, 1783; *Bull. Soc. Chim.*, **30**, 257].

CHLOROBROMAL-ACÉTAMIDE,

$CH^3 . CO . AzH . CH(OH) . CClBr^2.$

— On l'obtient au moyen du chlorobromal et de l'acétamide. Elle cristallise dans l'alcool en lamelles fusibles à 158° [O. Jacobsen et R. Neumeister, *D. chem. G.*, **15**, 601].

BUTYLCHLORAL-ACÉTAMIDE,

$CH^3 . CO . AzH . C^4H^5Cl^3O.$

— On la prépare, soit au moyen du chloral butylique et de l'acétamide [Pinner, *Ann. Chem.*, **179**, 40], soit au moyen de butylchloral-ammoniaque et de l'anhydride acétique [Schiff et Tassinari, *loc. cit.*]. Ce sont des lamelles, solubles dans l'alcool, presque insolubles dans l'eau, fusibles à 158° (S. et T.), à 170° (P.).

LÉON ROUX.

1. Et non *acide sulfurique*, comme il est indiqué dans le Suppl., 1, 841, par suite d'une erreur typographique.

ACÉTAMIDINE,

$C^2H^6Az^2 = CH^3 . C(AzH)(AzH^2)$.

— Voyez Amidines.

ACÉTATES (voyez Dict., **1**. 8). — Les acétates métalliques en solution dans l'eau froide se conservent sans altération sensible. Cependant quelques-uns d'entre eux, tels que les acétates de plomb ou de sesquioxyde de fer, éprouvent une décomposition partielle, avec mise en liberté d'acide acétique et dépôt d'oxyde ou de sel basique. A l'ébullition, la décomposition devient plus générale et plus rapide, et on trouve pour les quantités dissociées à la température d'ébullition :

Acétate de sodium	0,14 0/0
Acétate d'argent	0,72 0/0
Acétate de plomb	5,00 0/0
Acétate d'ammoniaque	7,6 0/0

[Debbits, *D. chem. G.*, **5**, 800; *Bull. Soc. Chim.*, **18**, 490].

Chauffées à une température plus élevée, à 175°, les solutions subissent une altération plus profonde : il se forme de l'acide acétique libre et des oxydes métalliques. C'est ainsi que les acétates de manganèse, de nickel, de cobalt, de fer, de zinc sont déjà décomposés après 4 ou 5 heures de chauffe. Si l'oxyde formé peut être réduit par l'acide acétique, il se sépare du métal et il se dégage de l'acide carbonique : c'est ainsi que l'acétate de cuivre et celui d'argent se décomposent en donnant de l'oxydule de cuivre et de l'argent cristallisé [J. Riban, *C. R.*, **93**, 1140].

Les solutions aqueuses d'acétates peuvent dissoudre des quantités notables de sels insolubles ou peu solubles : les acétates de sodium, de manganèse, de nickel, de cuivre dissolvent des proportions assez considérables de sulfate de plomb; une solution à 41 0/0 d'acétate de sodium peut dissoudre 11 0/0 de sulfate de plomb [Debbits, *Bull. Soc. Chim.*, **20**, 258]. Une solution d'acétate de sodium, très légèrement acidifiée par l'acide acétique, dissout jusqu'à 12 0/0 d'iodure de plomb [D. Tommasi, *Ann. Chim. Phys.*, (4). **25**, 168]. Les solutions d'acétate mercurique dissolvent le chlorure et le bromure d'argent : 10 centimètres cubes d'une solution normale d'acétate mercurique, renfermant $0^{gr},1$ de mercure, dissolvent à 15° $0^{gr},0189$ de chlorure d'argent [Stas, *Ann. Chim. Phys.*, (5), **3**, 182, 184, 186, 309].

Les solutions aqueuses de certains acétates sont décomposées partiellement par un courant d'acide carbonique. Avec les sels de baryum, de plomb, de zinc, il se forme un dépôt abondant de carbonates, en même temps qu'il reste en dissolution de l'acide acétique. Mais on n'observe rien de pareil avec les sels de calcium ou de strontium [Mohr, *Ann. Chem.*, **185**, 286; *Bull. Soc. Chim.*, **28**, 256].

Acétates acides. — Les acétates neutres peuvent se combiner avec une ou plusieurs molécules d'acide acétique, pour donner des sels acides dans lesquels on peut admettre que l'acide en excès joue le rôle d'eau de cristallisation. Ces sels sont généralement peu stables : ils se décomposent sous l'action de la chaleur ou se dissocient par dissolution dans l'eau.

Acétates d'ammonium (voyez Dict., **1**, 10). — *Acétate acide*,

$$2(C^2H^3O^2 . AzH^4) . 3C^2H^4O^2, H^2O.$$

— Ce sel, qui cristallise en belles et longues aiguilles brillantes, s'obtient en dissolvant l'acétate d'ammoniaque du commerce dans son poids d'acide acétique cristallisable [Berthelot, *Bull. Soc. Chim.*, **24**, 107].

Combinaisons de l'acétate d'ammonium avec l'ammoniaque. — M. Troost a obtenu deux combinaisons de l'acide acétique avec le gaz ammoniac, qu'il considère comme des combinaisons de l'acétate d'ammonium avec l'ammoniaque. Elles cristallisent à très basse température en lames minces, rhomboïdales. La première a pour formule $C^2H^3O^2 . AzH^4, 3AzH^3$. Elle fond vers — 18° et peut rester en surfusion jusque vers — 40°. La seconde répond à la formule $C^2H^3O^2 . AzH^4, 6AzH^3$. Elle fond à — 32°; mais elle peut rester en surfusion et ne se solidifie plus que vers — 50° [L. Troost, *C. R.*, **94**, 789; *Bull Soc. Chim.*, **38**, 184].

Acétate d'hydroxylamine, $C^2H^3O^2 . AzH^3O$. — Ce sel cristallise dans l'alcool absolu en prismes fusibles à 87-88° [Lossen, *Ann. Chem.*, *Suppl.*, **6**. 231].

Acétate d'argent, $C^2H^3O^2Ag$ (voyez Dict., **1**, 10). — L'acétate d'argent a pour densité 3,1281. Il est soluble à 14° dans 98 fois son poids d'eau.

Lorsqu'on chauffe à 175°, en vase clos, une solution d'acétate d'argent, il se fait de l'acide acétique, de l'acide carbonique, de l'argent cristallisé et de l'argent filiforme. Après 50 heures de chauffe, il reste encore de l'acétate d'argent non décomposé [J. Riban, *C. R.*, **93**, 1140].

Le chlore agit énergiquement sur l'acétate d'argent : il se forme, en même temps que du chlorure d'argent, du chlorure de chloracétyle résultant de l'action du chlore sur l'anhydride acétique qui prend d'abord naissance [Krutwig, *Jahresb.*, 1882, 816]. L'iode à chaud agit énergiquement sur l'acétate d'argent; indépendamment de l'iodure d'argent, il se forme de l'acétate de méthyle, de l'acide acétique, de l'acide carbonique, de l'acétylène et de l'hydrogène [Birnbaum, *Ann. Chem.*, **152**, 111].

L'acétate d'argent peut fixer $2AzH^3$ pour donner le composé $C^2H^3O^2Ag, 2AzH^3$. Ce corps s'obtient en chauffant l'acétate d'argent dans un courant de gaz ammoniac sec : l'absorption du gaz est très rapide et accompagnée d'un dégagement de chaleur. Le même composé prend encore naissance lorsqu'on chauffe l'acétate d'argent avec de l'alcool ammoniacal et qu'on ajoute de l'éther à la solution filtrée. Ce sel perd facilement de l'ammoniaque [A. Reychler, *D. chem. G.*, **17**, 47; *Bull. Soc. Chim.*, **42**, 452].

Acétates de baryum (voyez Dict., **1**, 10). — *Acétate neutre*, $(C^2H^3O^2)^2Ba$.

Densités des solutions d'acétate de baryum à 17°,5.

Quantités de sel anhydre 0/0..	5	10	15	20
Densités.......	1,0436	1,0758	1,1120	1,1522
Quantités de sel anhydre 0/0..	25	30	35	40
Densités.......	1,1952	1,2402	1,2954	1,3558

[B. Frantz, *J. prakt. Chem.*, (2). **5**, 296].

Acétates acides. — On dissout l'acétate neutre dans 3 parties d'acide acétique étendu de deux tiers d'eau. La solution reste facilement sursaturée et se prend brusquement en une masse cristalline, composée d'aiguilles soyeuses répondant à la formule $(C^2H^3O^2)^2Ba . C^2H^4O^2 . 2H^2O$.

En dissolvant l'acétate neutre de baryum cristallisé dans l'acide acétique cristallisable, on obtient un sel qui se présente en filaments soyeux et qui paraît répondre à la formule

$$(C^2H^3O^2)^2Ba . 2C^2H^4O^2, 2H^2O;$$

mais ce sel est très instable [A. Villiers, *Bull. Soc. Chim.*, **30**. 175].

Acétate de bismuth (voyez Dict., **1**. 10). — Lorsqu'on traite le bismuthate de potassium par l'acide acétique étendu et qu'on chasse par la distillation l'excès du dissolvant, on obtient des lamelles brillantes répondant à la formule

$$C^2H^3O^2 . BiO$$

[C. Hoffmann, *Ann. Chem.*, **223**, 117].

ACÉTATE DE CADMIUM, $(C^2H^3O^2)^2Cd, 3H^2O$ (voyez Dict., **1**, 11). — Cristaux clinorhombiques. Densité de l'acétate cristallisé = 2,009; de l'acétate privé d'eau = 2,341 [Schroeder, *D. chem. G.*, **14**, 1607].

ACÉTATES DE CALCIUM (voyez Dict., **1**, 10). — *Acétate neutre*, $(C^2H^3O^2)^2Ca, H^2O$.

Densités des solutions aqueuses à 17°,5.

Quantités de sel anhydre 0/0..	5	10	15
Densités.	1,0330	1,0492	1,0666
Quantités de sel anhydre 0/0..	20	25	30
Densités.	1,0874	1,1130	1,1426

[B. Frantz, *J. prakt. Chem.*, (2), 5, 296].

Acétate acide, $(C^2H^3O^2)^2Ca . C^2H^4O^2, H^2O$. — On l'obtient en mélangeant des volumes égaux d'acide acétique cristallisable et d'une solution saturée d'acétate neutre de calcium. Au bout de 2 ou 3 jours, il se forme des cristaux très brillants, paraissant orthorhombiques, s'effleurissant très rapidement à l'air [A. Villiers, *Bull. Soc. Chim.*, **30**, 175].

ACÉTATES DE CÉRIUM (voyez Dict., **1**, 11). — *Acétate neutre*, $(C^2H^3O^2)^6Ce^2, 3H^2O$ [Czudnowicz, *Jahresb.*, 1861, 187].

Suivant M. Erk [*Jahresb.*, 1870, 324], on obtient, pendant la séparation du cérium par la méthode de Popp, un précipité jaune clair, soluble dans l'eau, insoluble dans l'acétate de sodium et répondant à la formule $(C^2H^3O^2)^2Ce^3O^3(OH)$.

ACÉTATES DE CHROME (voyez Dict., **1**, 11) — *Acétate chromique*, $(C^2H^3O^2)^6Cr^2, 2H^2O$. — M. Reinitzer le prépare en traitant le sulfate neutre de chrome par un léger excès d'acétate neutre de plomb. On sépare le sulfate de plomb et on élimine les dernières traces de plomb par l'acide sulfhydrique, qu'on chasse à son tour par l'acide carbonique. La solution, évaporée dans le vide, laisse l'acétate de chrome sous la forme d'une masse amorphe, cassante, d'un gris violacé lorsqu'elle est en poudre. Ce corps se dissout dans l'eau en la colorant en violet pourpre. Par l'ébullition, la coloration passe au vert, et la liqueur, évaporée au bain-marie, fournit une masse vert émeraude, soluble dans l'eau en vert. Les solutions violettes ne précipitent pas à froid par les alcalis ou par les carbonates alcalins [Reinitzer, *Mon. f. Chem.*, 3, 252; *Monit. Quesneville*, 1882, 941].

Acétonitrates :

$(C^2H^3O^2)^4(AzO^3)^2Cr^2, 6H^2O$. — On l'obtient en mélangeant deux solutions d'acétate et de nitrate neutres en quantités correspondant à la formule et évaporant dans le vide [Scheurer-Kestner, *C. R.*, **66**, 814].

$(C^2H^3O^2)^4(AzO^3)Cr^2OH, H^2O$. — M. Schützenberger le prépare en ajoutant une solution renfermant 1 molécule d'azotate neutre à une solution renfermant 4 ou 5 molécules d'acétate neutre, puis concentrant la liqueur par l'ébullition. Le sel cristallise en feuillets verts ou en grains, solubles dans l'acide acétique et répondant, après avoir été séchés à 110°, à la formule indiquée.

$(C^2H^3O^2)^5(AzO^3)Cr^2, 2H^2O$ (voyez Dict., **1**, 11). — Quand on chauffe ce sel à 350°, il se produit une réaction vive, accompagnée d'un dégagement gazeux, et il reste une poudre verte répondant à la formule $(C^2H^3O^2)^3Cr^2O(OH)$. Vers 400°, il perd encore de l'acide acétique et à la température d'ébullition du soufre il ne reste plus que de l'oxyde de chrome anhydre mêlé de charbon [P. Schützenberger, *C. R.*, **66**, 84; *Bull. Soc. Chim.*, **4**, 86].

Acétochromate de chrome,

$$[(C^2H^3O^2)^5Cr^2]^2O . 2CrO^3, 8H^2O$$

— On chauffe en vase clos, à 100°, 3 parties d'acide acétique et 1 partie d'acide chlorochromique. Le sel cristallise facilement. Ses solutions sont vertes. Comme elles contiennent le chrome sous deux états, à l'état acide et à l'état basique, elles donnent avec le nitrate d'argent du dichromate d'argent et du pentacétonitrate de chrome [A. Étard, *C. R.*, **84**, 127; *Bull. Soc. Chim.*, **27**, 249].

ACÉTATE DE COBALT, $(C^2H^3O^2)^2Co, 4H^2O$ (voyez Dict., **1**, 11). — Ce sont des cristaux clinorhombiques [Rammelsberg, *Jahresb.*, 1855]; densité = 1,7031 à 15°,7 [Stallo, *D. chem. G.*, **11**, 1505].

ACÉTATES DE CUIVRE (voyez Dict., **1**, 12). — *Acétate neutre*, $(C^2H^3O^2)^2Cu, H^2O$. — L'acétate neutre est soluble dans 13,4 parties d'eau froide, 5 parties d'eau bouillante, 14 parties d'alcool bouillant. Le sel cristallisé a pour densité 1,882, le sel anhydre 1,930 (Schroeder).

Acétate acide, $(C^2H^3O^2)^2Cu . C^2H^4O^2, H^2O$. — On dissout à chaud l'acétate neutre dans l'acide acétique. Le sel acide se sépare par le refroidissement en cristaux grenus vert foncé [A. Villiers, *Bull. Soc. Chim.*, **30**, 175].

Acétate double de cuivre et de potassium

$$(C^2H^3O^2)^2Cu . 4C^2H^3O^2K, 12H^2O.$$

— On l'obtient en faisant cristalliser ensemble, dans les rapports indiqués par la formule, des solutions d'acétate neutre de cuivre et d'acétate de potassium. Ce sont des cristaux bleus, quadratiques [Rammelsberg, *Jahresb.*, 1855].

Acétate de cupricoammonium,

$$(C^2H^3O^2)^2Cu(AzH^3)^2, 2H^2O.$$

— Ce composé a été préparé par Coulon [*Ann Chim. Phys.*, (1), **96**, 327] en dissolvant l'acétate neutre de cuivre dans l'ammoniaque et en évaporant la liqueur. M. H. Schiff, qui a fixé sa composition, l'a obtenu par le même procédé ou par double échange en traitant le sulfate de cupricoammonium par l'acétate de baryum [Schiff, *Ann. Chem.*, **123**, 43; *Répert. de Chim. pure*, 1862, 8; *C. R.*, **53**, 410]. L'acétate de cupricoammonium est en petits octaèdres bleus, efflorescents, appartenant au système clinorhombique [C. Friedel, *Bull. Soc. Chim.*, 1861, 113].

ACÉTATE DE DIDYME. — Voyez Suppl., **1**, 644.

ACÉTATE D'ERBIUM. — Voyez Dict., **3**, 752.

ACÉTATE D'ÉTAIN (voyez Dict., **1**, 13). — D'après M. Ditte, on obtient un acétate défini en dissolvant l'oxyde d'étain hydraté dans l'acide acétique étendu de 7 ou 8 volumes d'eau. On filtre et on évapore dans le vide sur l'acide sulfurique. Il se sépare ainsi des cristaux enchevêtrés répondant à la formule

$$(C^2H^3O^2)^2Sn . 2C^2H^4O^2, 2H^2O.$$

Ce sel, soumis à l'action de la chaleur, fond en un liquide jaune clair qui se prend par le refroidissement en une masse cristalline. Chauffé plus fortement, il se décompose en perdant de l'acide acétique. L'eau froide le dédouble en acide acétique et en un sous-sel blanc répondant à la formule

$$(C^2H^3O^2)^2Sn . 5SnO^2.$$

Ce dernier corps, bouilli avec de l'eau, se décompose en donnant de l'oxyde stanneux anhydre, noir et cristallisé [Ditte, *Ann. Chim. Phys.*, (5), **27**, 155].

Acétates de fer (voyez Dict., **1**, 13). — *Acétate ferreux*, $(C^2H^3O^2)^2Fe, 4H^2O$. — Ce sel cristallise en aiguilles appartenant au système clinorhombique; il est isomorphe avec l'acétate de nickel [Marignac, *Jahresb.*, 1855, 502].

Acétate ferrique. — D'après M. Mayer, ce sel se déposerait de ses solutions concentrées et fortement refroidies en cristaux brillants, rouge-brun, renfermant $4H^2O$ [E. Mayer, *Jahresb.*, 1856, 487].

Acétate de gallium. — Voyez Suppl., **1**, 856.

Acétate de glucinium. — Ce sel est très soluble et forme une masse amorphe et gommeuse.

Acétate d'indium. — Voyez Dict., **2**, 110.

Acétate de lanthane. — Voyez Suppl., **1**, 977.

Acétates de lithium (voyez Dict., **1**, 16). — *Acétate acide*, $C^2H^3O^2Li . C^2H^4O^2$. — Une dissolution d'acétate neutre de lithium dans l'acide acétique abandonne ce sel par évaporation spontanée; ce sont des cristaux en trémies, déliquescents, fusibles à 99° [H. Lescœur, *Bull. Soc. Chim.*, **24**, 517].

Acétate de magnésium (voyez Dict. **1**. 16). — *Acétate neutre*, $(C^2H^3O^2)^2Mg, 4H^2O$. — On le prépare en saturant par de l'hydrocarbonate de magnésium de l'acide acétique dilué. On l'a décrit d'abord comme un sel gommeux et déliquescent [Wengel, voyez Gmelin, *Handb. organ. Chem.*]. Mais on peut l'obtenir en cristaux par le refroidissement très lent de sa solution concentrée, ou mieux encore en abandonnant celle-ci sous une cloche renfermant de l'acide sulfurique. L'acétate de magnésium est en beaux cristaux transparents, clinorhombiques, déliquescents à l'air humide, efflorescents à l'air sec, très solubles dans l'eau et dans l'alcool et perdant à 100° leur eau de cristallisation [Hauer, *Jahresb.*, 1855, 501].

D'après M. Kubel, on obtient un acétate basique en faisant digérer la solution aqueuse du sel neutre avec de la magnésie ou du carbonate basique de magnésium [W. Kubel, *D. chem. G.*, **15**, 684; *Bull. Soc. Chim.*, **38**, 477].

Les solutions d'acétate de magnésium constituent un antiseptique énergique (Kubel).

Acétates de manganèse (voyez Dict. **1**, 16). — *Acétate neutre*, $(C^2H^3O^2)^2Mn, 4H^2O$. — L'acétate neutre de manganèse est en cristaux clinorhombiques (densité $= 1,589$ à l'état cristallisé, et 1,745 à l'état anhydre) (Schrœder). Ce sel abandonne toute son eau dans le vide à froid.

L'ozone produit un précipité brun dans les solutions neutres d'acétate de manganèse et une coloration brune dans celles qui sont acides: cette dernière paraît due à la formation d'acétate de peroxyde de manganèse [L. Maquenne, *C. R.*, **94**, 796]. Schœnbein [*Répert. Chim. pure*, 1859, 85] dit avoir obtenu ce dernier composé par double échange à l'aide de l'acétate de peroxyde de plomb et du sulfate de manganèse.

Acétate acide, $(C^2H^3O^2)^2Mn . C^2H^4O^2, 2H^2O$. — On l'obtient en dissolvant à chaud de l'acétate de manganèse cristallisé dans l'acide acétique cristallisable. Ce sel est en cristaux rosés, grenus et mamelonnés [A. Villiers, *Bull. Soc. Chim.*, **30**, 175].

Acétate manganique, $(C^2H^3O^2)^6Mn^2 . 4H^2O$. — On traite 4 ou 5 grammes d'hydrate mangano-manganique par 150 ou 200 centimètres cubes d'acide acétique cristallisable. Au bout de 6 ou 8 jours on chauffe la liqueur à 100°, on filtre et on abandonne au repos. Il se dépose bientôt des cristaux bruns, qu'on lave à l'acide acétique et qu'on sèche sur la potasse. L'acétate manganique est en cristaux soyeux, décomposables par l'eau, les acides, les alcalis et même par l'alcool chaud [O.-T. Christensen, *J. prakt. Chem.*, (2), **28**, 1; *Bull. Soc. Chim.*, **41**, 644].

Acétate de nickel, $(C^2H^3O^2)^2Ni . 4H^2O$ (voyez Dict., **1**, 16). — Ce sont des cristaux clinorhombiques (densité $= 1,747$). L'acétate anhydre a pour densité 1,798 (Schrœder).

Chauffé avec de l'eau, en vase clos, à 175°, l'acétate de nickel se décompose partiellement en acide acétique et hydrate vert de nickel [J. Riban, *C. R.*, **93**, 1140].

Acétates de plomb (voyez Dict. **1**, 16). — *Acétate neutre*, $(C^2H^3O^2)^2Pb, 3H^2O$. — L'électrolyse des solutions d'acétate de plomb, additionnées d'acide acétique, fournit du bioxyde de plomb au pôle positif et du plomb métallique au pôle négatif.

Densités des solutions d'acétate de plomb à 14°.

Quantités de sel cristallisé 0/0.	1	10	20	30
Densités.......	1,0057	1,0659	1,1399	1,2248

[Oudemans, *Jahresb.*, 1868, 29].

Acétates basiques (voyez Dict. **1**, 17). — Par le traitement prolongé de l'acétate neutre par l'alcool, on obtient un sel basique cristallisé en petites tables hexagonales brillantes et répondant à la formule $(C^2H^3O^2)^3Pb^2 . OH$. Ce sel se dissout facilement dans l'eau froide et dans l'alcool chaud, difficilement dans l'alcool froid. Quand on veut le faire cristalliser dans l'eau, il se décompose en donnant de l'acétate neutre et un autre sel plus basique [I. Plœchl, *D. chem. G.*, **13**, 1645; *Bull. Soc. Chim.*, **36**, 76].

Acétoformiate de plomb,

$$(C^2H^3O^2)^3(CHO^2)Pb^2, 2H^2O.$$

— Ce sel se prépare en dissolvant dans aussi peu d'eau chaude que possible 3 parties d'acétate et 1 partie de formiate de plomb; il se sépare sous la forme d'aiguilles groupées en masses sphéroïdales. Il ne perd pas son eau de cristallisation à l'air sec, mais il l'abandonne facilement à 50° dans un courant d'acide carbonique [Plœchl, *loc. cit.*].

Acétate de plomb et de sodium,

$$(C^2H^3O^2)^2Pb . 2C^2H^3O^2Na, 3H^2O.$$

— Ce sel se prépare en faisant cristalliser ensemble deux solutions d'acétate de plomb et d'acétate de sodium [Rammelsberg, *Jahresb.*, 1855, 503].

Chloracétate de plomb et de sodium,

$$2(C^2H^3O^2)^2Pb . PbCl^2 . 2C^2H^3O^2Na . 2NaCl + 2H^2O (?).$$

— Ce sel s'obtiendrait, suivant Nicklès, en ajoutant du chlorure de sodium à une solution concentrée et chaude d'acétate de plomb et en abandonnant à la cristallisation [Nicklès, *C. R.*, **56**, 388].

Acétate double de plomb et de potassium. — Si l'on ajoute à une solution bouillante d'acétate neutre de plomb une solution de potasse ($d = 1,06$), il ne se produit d'abord aucun précipité, mais la liqueur finit par se prendre brusquement en une bouillie d'acétate double répondant à la formule

$$(C^2H^3O^2)^2Pb . 2PbO . 4C^2H^3O^2K$$

[Taddei, *Jahresb.*, 1847-48, 548].

Iodacétate de plomb et de potassium. — On ajoute peu à peu 2 molécules d'acétate de potassium dissous dans l'eau bouillante 1 molécule d'iodure de plomb. On maintient l'ébullition jusqu'à dissolution complète. La liqueur se prend par le refroidissement en une masse amorphe jaune-paille. Celle-ci, dissoute dans 12 fois son poids d'alcool absolu bouillant, donne par le refroidissement des lamelles blanches, nacrées, brillantes, répondant à la formule

$$2C^2H^3O^2PbI . C^2H^3O^2K, 3H^2O.$$

Ce sel est décomposé par l'eau froide en acétate de potassium, acétate de plomb et iodure de plomb [D. Tommasi, *Ann. Chim. Phys.*, (4), **25**, 168].

Acétates de potassium (voyez Dict., **1**, 18). — *Acétate acide* (*triacétate*), $C^2H^3O^2K . 2C^2H^4O^2$. — On dissout à chaud 5 parties d'acétate de potassium sec dans 8 parties d'acide acétique cristallisable. Le triacétate de potassium se sépare par refroidissement en belles lames, qui se dessèchent facilement sans perdre leur transparence. Leur densité est 1,47. Elles fondent à 112° et se décomposent vers 170°, en perdant de l'acide acétique [Lescœur, *C. R.*, **78**, 1044].

Acétate de rhodium. — Voyez Dict., **2**, 1357.

Acétate de samarium. — Voyez Suppl., **1**, 1414.

Acétates de sodium (voyez Dict. **1**, 19). — *Acétate neutre*. — L'acétate neutre cristallisé a pour densité 1,420 (Buignet), 1,453 (Schrœder). Le sel anhydre a pour densité 1,5285 (Schrœder).

Densités à 17°,5 des solutions d'acétate de sodium.

Quantités de sel anhydre 0/0..	5	10	15
Densités	1,0292	1,0538	1,0802
Quantités de sel anhydre 0/0..	20	25	30
Densités	1,1074	1,1374	1,1706

La solution saturée a pour densité 1,1842 [B. Frantz, *Jahresb.*, 1872, 51].

Un mélange d'acétate de sodium anhydre et d'azotate de potassium fond vers 300° en un liquide transparent et incolore. Mais si l'on porte la température au delà de 350°, il se produit une très violente explosion [H. Violette, *Ann. Chim. Phys.*, (4), **23**, 306].

Lorsqu'on fait passer un courant de gaz carbonique dans une solution saturée et refroidie d'acétate de sodium, il se dépose du bicarbonate de sodium; mais si l'on porte la liqueur à l'ébullition, l'acétate primitif se reforme [Setschenoff, *D. chem. G.*, **8**, 540].

L'acétate de sodium cristallisé exigeant pour sa fusion 4 fois la quantité de chaleur nécessaire pour porter un volume d'eau équivalent à la même température et, en outre, abandonnant très lentement cette chaleur, a été proposé et employé pour le chauffage des wagons.

Diacétate, $C^2H^3O^2Na . C^2H^4O^2$. — On dissout à chaud 2 parties d'acétate de sodium sec dans 2 parties d'acide acétique étendu de 2 à 3 parties d'eau. Par le refroidissement, le diacétate se dépose en gros cristaux cubiques, quelquefois allongés et souvent réunis en trémies [A. Villiers, *Bull. Soc. Chim.*, **29**, 153 et **30**, 175].

Triacétate, $C^2H^3O^2Na . 2C^2H^4O^2$. — Ce sel, obtenu d'abord par M. Berthelot [*Ann. Chim. Phys.*, (4), **30**, 475 et 528], se prépare en dissolvant 1 partie d'acétate neutre fondu dans 6 parties d'acide acétique cristallisable bouillant. La liqueur se prend par le refroidissement en une masse feutrée de longues aiguilles flexibles, d'une densité de 1,34 et fusibles à 127° [H. Lescœur, *C. R.*, **78**, 1044; *Bull. Soc. Chim.*, **22**, 156].

D'après M. Villiers, on obtient un hydrate répondant à la formule $C^2H^3O^2Na . 2C^2H^4O^2 , H^2O$ en faisant cristalliser 1 partie d'acétate neutre sec dans 3 parties d'acide acétique et 1 partie d'eau. Cet hydrate est en grosses aiguilles brillantes appartenant au système clinorhombique [A. Villiers, *Bull. Soc. Chim.*, **29**, 153].

Autres acétates acides. — M. Villiers a décrit en outre les composés suivants :

$4C^2H^3O^2Na . C^2H^4O^2 , 11H^2O$. — On l'obtient en dissolvant à chaud 9 parties d'acétate neutre sec dans 7 parties d'acide acétique cristallisable et 13 parties d'eau. Ce sel se présente sous la forme de petits prismes déliés, efflorescents.

$5C^2H^3O^2Na . 2C^2H^4O^2 . 13H^2O$. — Ce sel se sépare par le refroidissement d'une solution chaude de 2 parties d'acétate neutre dans 1 partie d'acide acétique et 3 parties d'eau.

$5C^2H^3O^2Na . 4C^2H^4O^2 , 6H^2O$. — Ce sont de petits prismes aplatis, efflorescents, qu'on obtient en dissolvant 1 partie d'acétate neutre dans 1 partie d'acide acétique et 2 parties d'eau [A. Villiers, *Bull. Soc. Chim.*, **29**, 153].

Acétoformiate de sodium,

$$C^2H^3O^2Na . CHO^2Na , 2H^2O.$$

— On dissout à chaud 1 partie de formiate de sodium dans 5 parties d'acide acétique. L'acétoformiate se sépare par le refroidissement en cristaux bien définis [A. Fitz, *D. chem. G.*, **13**, 1312. — H. Lescœur, *Bull. Soc. Chim.*, **23**, 259].

Acétates de strontium, (voyez Dict. **1**, 19). — *Acétates acides :*

$(C^2H^3O^2)^2Sr . C^2H^4O^2 , 2H^2O$. — Ce sel se dépose en gros cristaux d'une solution d'acétate neutre dans 3 parties d'acide acétique étendu des deux tiers de son volume d'eau. On l'obtient aussi en fines aiguilles en mélangeant des solutions saturées d'acétate neutre dans l'eau et dans l'acide acétique cristallisable.

$3(C^2H^3O^2)^2Sr . 4C^2H^4O^2 , 6H^2O$. — On obtient ce sel sous la forme de courtes aiguilles soyeuses en ajoutant, à basse température, son volume d'acide acétique à une solution saturée d'acétate neutre.

On obtient un autre hydrate, ne renfermant que $2H^2O$, en abandonnant au refroidissement une solution saturée à chaud d'acétate neutre dans l'acide acétique cristallisable. Ce sel est en petits prismes efflorescents.

$2(C^2H^3O^2)^2Sr . 3C^2H^4O^2 , 1,5H^2O$. — On le prépare en dissolvant de l'acétate neutre sec dans de l'acide acétique contenant quelques centièmes d'eau [A. Villiers, *Bull. Soc. Chim.*, **30**, 175].

Acétates de thallium (voyez Dict. **1**, 20). — *Acétate acide*, $C^2H^3O^2Tl . C^2H^4O^2$. — Ce sel se sépare lorsqu'on abandonne à l'évaporation spontanée une dissolution d'acétate de thallium dans l'acide acétique cristallisable. Il est légèrement efflorescent et fusible à 64° [H. Lescœur, *Bull. Soc. Chim.*, **24**, 516].

Acétates d'uranium (voyez Dict. **1**, 20). — *Sels doubles*. — *Préparation* (voyez Dict. **1**, 20) [Wertheim, *Ann. Chim. Phys.*, (3), **11**, 49. — Weselsky, *Répert. Chim. pure*, 1859, 177. — Rammelsberg, *Pogg. Ann.*, **58**, 34, **145**, 158; *Bull. Soc. Chim.*, **17**, 266; *D. chem. G.*, **17**, *Ref.* 470; *Handbuch der Krystal. Chem.*, **2**, 93].

Sel de potassium,

$$(C^2H^3O^2)^2UO^2 . C^2H^3O^2K , H^2O$$ [1].

— Prismes quadratiques, isomorphes avec le sel d'argent, facilement solubles dans l'eau froide, perdant à la longue leur transparence. Ce sel commence à se décomposer vers 265°. Soumis à la calcination, il se transforme en uranate de potassium, rouge-orangé (Wertheim, Rammelsberg).

Sel de sodium, $(C^2H^3O^2)^2UO^2 . C^2H^3O^2Na$. — Ce sel, qui ne contient pas d'eau de cristallisation, est en tétraèdres réguliers présentant les faces du dodécaèdre rhomboïdal. Sa densité est 2,55. A l'état solide, il dévie le plan de polarisation de la lumière de 4°, pour une épaisseur de 2mm,256 [Marbach, *Pogg. Ann.*, **94**, 422].

Sel d'ammonium, $(C^2H^3O^2)^2UO^2 . C^2H^3O^2AzH^4$. — D'après Wertheim, ce sel cristallise, lorsqu'on évapore sa solution jusqu'à consistance sirupeuse, en aiguilles jaunes, minces et soyeuses renfermant $3H^2O$. D'après M. Rammelsberg, en faisant cristalliser ensemble molécules égales des deux

1. U = 240.

acétates, on obtient ce sel en prismes orthorhombiques, ne renfermant pas d'eau de cristallisation.

Sel de lithium,

$$(C^2H^3O^2)^2UO^2 . C^2H^3O^2Li, 3H^2O.$$

— Petits cristaux jaunes indéterminables (Rammelsberg). Cristaux clinorhombiques (Wyrouboff). Ce sel se dépose lorsqu'on fait cristalliser ses solutions à une température supérieure à 15°. Au-dessous de 15°, on obtient un autre hydrate renfermant $5H^2O$, également clinorhombique [G. Wyrouboff, *Bull. Soc. Min.*, **8**, 115; *Bull. Soc. Chim.*, **44**, 52].

Sel d'argent, $(C^2H^3O^2)^2UO^2 . C^2H^3O^2Ag . H^2O$. — Beaux prismes quadratiques, jaune-verdâtre, facilement solubles dans l'eau froide, décomposables par l'eau bouillante avec formation d'uranate d'argent rouge (Wertheim, Rammelsberg).

Sel de thallium,

$$2(C^2H^3O^2)^2UO^2 . C^2H^3O^2Tl, 2H^2O$$

(Rammelsberg).

Sel de calcium, $2(C^2H^3O^2)^2UO^2 . (C^2H^3O^2)^2Ca$. — Cristaux jaunes appartenant au système orthorhombique et renfermant $8H^2O$ (Weselsky), ou $6H^2O$ (Rammelsberg).

Sel de baryum,

$$2(C^2H^3O^2)^2UO^2 . (C^2H^3O^2)^2Ba, 6H^2O.$$

— Paillettes jaunes, soyeuses, très solubles, commençant à se décomposer vers 275° et laissant par calcination un résidu brunâtre d'uranate de baryum (Wertheim).

Sel de strontium,

$$(C^2H^3O^2)^2UO^2 . (C^2H^3O^2)^2Sr, 6H^2O$$

— Cristaux quadratiques (Weselsky).

Sel de magnésium. — Ce sel peut cristalliser avec des proportions d'eau différentes. Mitscherlich a signalé un hydrate renfermant $8H^2O$. D'après M. Rammelsberg, à une température voisine de 0°, ou par évaporation à température moyenne, on obtient le sel

$$2(C^2H^3O^2)^2UO^2 . (C^2H^3O^2)^2Mg, 12H^2O \text{ (Sel I)},$$

cristaux orthorhombiques, fortement efflorescents et fluorescents (Weselsky, Rammelsberg); par concentration à chaud des solutions saturées, on obtient le sel

$$2(C^2H^3O^2)^2UO^2 . (C^2H^3O^2)^2Mg, 7H^2O \text{ (Sel II)},$$

cristaux orthorhombiques (Wertheim, Rammelsberg).

Sel de zinc,

$$2(C^2H^3O^2)^2UO^2 . (C^2H^3O^2)^2Zn, 7H^2O.$$

— Cristaux orthorhombiques, isomorphes avec le sel II de magnésium (Weselsky, Rammelsberg). Wertheim a décrit un sel renfermant seulement $3H^2O$ (?).

Sel de cadmium,

$$(C^2H^3O^2)^2UO^2 . (C^2H^3O^2)^2Cd, 6H^2O.$$

— Prismes orthorhombiques, fluorescents, isomorphes avec le sel II de magnésium (Weselsky, Rammelsberg).

Sel de glucinium,

$$(C^2H^3O^2)^2UO^2 . (C^2H^3O^2)^2Gl, 2H^2O$$

(Rammelsberg).

Sel de nickel,

$$2(C^2H^3O^2)^2UO^2 . (C^2H^3O^2)^2Ni, 7H^2O.$$

— Cristaux verts, orthorhombiques, inaltérables à l'air (Weselsky, Rammelsberg).

Sel de cobalt,

$$2(C^2H^3O^2)^2UO^2 . (C^2H^3O^2)^2Co, 7H^2O.$$

— Petits cristaux orthorhombiques, jaune-brun (Weselsky, Rammelsberg).

Sel de fer,

$$2(C^2H^3O^2)^2UO^2 . (C^2H^3O^2)^2Fe, 7H^2O.$$

— Cristaux orthorhombiques, isomorphes avec le sel II de magnésium (Rammelsberg).

Sels de manganèse. — On connaît deux sels de manganèse.

Sel I, $2(C^2H^3O^2)^2UO^2 . (C^2H^3O^2)^2Mn, 12H^2O$. — Il cristallise d'une solution résultant du mélange des deux acétates en cristaux jaunes, efflorescents, appartenant au système orthorhombique et isomorphes avec le sel I de magnésium (Weselsky, Rammelsberg).

Sel II, $(C^2H^3O^2)^2UO^2 . (C^2H^3O^2)^2Mn, 6H^2O$. — Les eaux mères du sel précédent abandonnent ce second sel sous la forme de petits cristaux jaunes, inaltérables à l'air, appartenant au système orthorhombique (Rammelsberg).

Sel de plomb, $(C^2H^3O^2)^2UO^2 . (C^2H^3O^2)^2Pb$. — Ce sel cristallise avec $6H^2O$ (Wertheim), avec $4H^2O$ (Rammelsberg).

Sel de cuivre,

$$2(C^2H^3O^2)^2UO^2 . (C^2H^3O^2)^2Cu, 4H^2O.$$

— Cristaux verts, hexagonaux (Rammelsberg). Si l'on mélange deux solutions d'acétate d'urane et d'acétate de cuivre et si l'on ajoute ensuite de l'acétate de sodium, de façon qu'il y ait dans le mélange 1 atome de cuivre et 1 atome de sodium pour 3 atomes d'uranium, on obtient des cristaux vert émeraude appartenant au système rhomboédrique et répondant à la formule

$$3(C^2H^3O^2)^2UO^2 . (C^2H^3O^2)^2Cu . C^2H^3O^2Na, 9H^2O$$

(Rammelsberg).

ACÉTATES DE ZINC (voyez Dict., **1**, 20). — *Acétate neutre*. — D'après M. Franchimont, l'acétate neutre de zinc, obtenu par le refroidissement des solutions concentrées aussi bien que par évaporation, renferme seulement $2H^2O$ et non $3H^2O$, comme on l'indique généralement. Ce sel perd son eau à 100°, en même temps qu'un peu d'acide acétique, de telle sorte que le sel séché à 100° ne se redissout plus intégralement dans l'eau. L'acétate de zinc ne fond pas dans son eau de cristallisation; seulement l'eau, avant de se dégager, fournit une solution saturée de sel qui baigne le reste de la masse solide. En tubes capillaires, le sel hydraté fond à 235-237° et le sel anhydre à 241-242°. A cette température, il se sublime de l'acétate anhydre. L'acétate anhydre peut du reste être sublimé sans décomposition si l'on abaisse la pression à 150 millimètres [N. Franchimont, *D. chem. G.*, **12**, 11; *Bull. Soc. Chim.*, **32**, 511].

Les solutions d'acétate neutre à 5 0/0, chauffées en vase clos à 175°, se décomposent en acide acétique et oxyde de zinc anhydre [J. Riban, *C. R.*, **93**, 1140].

Acétate neutre anhydre. — On sèche à 150° de l'acétate ordinaire cristallisé. On ajoute au sel sec 8 ou 10 fois son poids d'acide acétique rigoureusement exempt d'eau et on maintient pendant 1 heure à une faible ébullition. On filtre bouillant et on recueille le liquide dans un flacon que l'on bouche ensuite et qu'on abandonne à un refroidissement lent. Le flacon se tapisse d'un dépôt de cristaux octaédriques d'acétate anhydre $(C^2H^3O^2)^2Zn$ [J. Peter et O. de Rochefontaine, *Bull. Soc. Chim.*, **42**, 573].

Acétate basique. — Suivant M. Schindler, on obtient un acétate basique en dissolvant de l'oxyde de zinc dans de l'acétate neutre. C'est un précipité gélatineux dont la composition n'a pas été fixée.

Acétate de zinc ammoniacal,

$(C^2H^3O^2)^2Zn . AzH^3, H^2O$ (?).

— D'après M. Lutschak, l'acétate de zinc, séché à 100° et renfermant encore 1 molécule d'eau (?), absorbe 1 molécule de gaz ammoniac sec et fournit de l'acétate de zinc ammoniacal, décomposable par l'eau avec mise en liberté d'oxyde de zinc [Lutschak, *D. chem. G.*, 5, 30; *Bull. Soc. Chim.*, **17**, 161].

ACÉTATE DE VANADIUM. — Suivant Berzélius, l'acide acétique concentré dissout l'hydrate vanadique, mais la dissolution verdit par l'évaporation et laisse une poudre grenue, composée de cristaux microscopiques d'un vert foncé, affectant la forme de cubes ou de prismes rectangulaires courts et se dissolvant très lentement dans l'eau en donnant une liqueur verte [Berzélius, *Traité de Chimie*]. Léon Roux.

ACÉTÉNYLBENZINE [Syn. *Phénylacétylène*], $C^8H^6 = C^6H^5 . C{\equiv}CH$. — Voyez Dict., 2, 834 et Suppl., 1, 9 et 1186.

Préparation. — On transforme l'éthylbenzine en bromure de styrolène et ce dernier, à l'aide de la potasse alcoolique, en styrolène bromé. Le styrolène bromé est chauffé en tubes scellés à 130° pendant 7 heures avec de la potasse alcoolique. On traite par l'eau et on distille le produit obtenu [C. Friedel et M. Balsohn, *Bull. Soc. Chim.*, **35**, 54].

D'après M. Hollemann, pour obtenir l'acéténylbenzine, il suffit de chauffer au réfrigérant ascendant le bromure de styrolène avec une solution très concentrée de potasse, tenant de la potasse pulvérisée en suspension [A. F. Hollemann, *D. chem. G.*, **20**, 3080; *Bull. Soc. Chim.*, **49**, 976].

Constantes physiques. — L'acéténylbenzine bout à 141°,6. Sa densité à 0° est 0,94658; à 141°,6 elle est 0,80832. Son volume à la température t est donné par la relation

$$V_t = 1 + 0,0_3 97275\, t + 0,0_5 10587\, t^2 + 0,0_8 31491\, t^3$$

[Weger, *Ann. Chem.*, **221**, 70].

Dérivé iodé, $C^6H^5 . C{\equiv}CI$. — On traite la combinaison cuivreuse de l'acéténylbenzine par de l'iode en solution dans l'iodure de potassium. Le dérivé iodé est un liquide jaune-brun, qui se décompose par l'action de la chaleur; il donne une combinaison argentique quand on le traite par le nitrate d'argent ammoniacal (Hollemann, *loc. cit.*).

Dérivé nitré (para), $(AzO^2)C^6H^4{-}C{\equiv}CH$. — Le dérivé p-nitré se forme lorsqu'on fait bouillir avec de l'eau l'acide p-nitrophénylpropiolique :

$$(AzO^2)C^6H^4 . C{\equiv}C . CO^2H = CO^2 + (AzO^2)C^6H^4 . C{\equiv}CH$$

[C. L. Muller, *Ann. Chem.*, **212**, 133; *Bull. Soc. Chim.*, 38, 437. — V. B. Drewsen, *Ann. Chem.*, **212**, 158; *Bull. Soc. Chim.*, **38**, 439].

Ce corps cristallise dans l'eau bouillante en fines aiguilles fusibles à 149° (M.), à 132° (D.), solubles dans l'alcool, l'éther, la benzine, l'eau bouillante, peu solubles dans l'eau froide. Il distille avec la vapeur d'eau. Il donne avec les solutions de chlorure cuivreux ammoniacal un précipité rouge brique qui détone violemment à chaud.

Dérivé amidé (ortho), $(AzH^2)C^6H^4 . C{\equiv}CH$ (voyez Suppl., 1, 1186). — L'acide sulfurique étendu le transforme en o-amidoacétylbenzine [A. Baeyer et F. Bloem, *D. chem. G.*, **15**, 2147; *Bull. Soc. Chim.*, 39, 340]. Léon Roux.

ACÉTIQUE (ACIDE), $CH^3{-}CO^2H$ (voyez Dict., 1, 24 et Suppl., 1, 9).

Constantes physiques. — D'après M. Zander, l'acide acétique a pour densité à 0° 1,0701; son volume à $t°$ est donné par la formule

$$V_t = 1 + 0,0_2 1063\, t - 0,0_6 12636\, t^2 + 0,0_7 10876\, t^3$$

[Zander, *Ann. Chem.*, **224**, 61].

Point d'ébullition, 118°,1 (corr.) (Linnemann), 118°,1-118°,2 (Zander).

Points d'ébullition sous pression variable.

Pressions	1160mm	960mm	760mm	560mm
Points d'ébullition	132°	126°	119°	109°
Pressions	360mm	160mm	60mm	30mm
Points d'ébullition	96°	73°	48°	31°

[Landolt, *Ann. Chem.*, *Suppl.*, **6**, 157].

Tensions de vapeur à température variable.

Températures	0°			20°
Tensions en m/m	2.02 (solide), 3.5 (liquide)			11.8
Températures	40°	60°	80°	100°	117°.5
Tensions en m/m	34.0	88.3	202	416.5	717.9

[W. Ramsay et S. Young, *Chem. Soc.*, **47**, 42].

Température critique, 321°,5 [Pawlewsky, *D. chem. G.*, **16**, 2634].

Chaleur spécifique moyenne. — Entre 26 et 96°, $c = 0,522$ (Berthelot); entre 0 et 100°, $c = 0,497$ (Petterson).

Chaleur spécifique de l'acide acétique gazeux. — La chaleur spécifique de l'acide acétique gazeux varie avec la température. Rapportée à 1 molécule (= 60 grammes), elle est représentée par les nombres suivants :

Températures	118–140°	140–180°	180–220°
Chaleur spécifique	90°,1	76°,2	57°,0
Températures	220–260°	260–300°	
Chaleur spécifique	38°,2	28°,5	

[Berthelot et Ogier, *Ann. Chim. Phys.*, (5), **30**, 400].

Action de l'effluve. — L'acide acétique est décomposé par l'effluve : il se forme de l'acide carbonique, de l'oxyde de carbone, du méthane, etc... [Maquenne, *Bull. Soc. Chim.* **39**, 60].

Décomposition de l'acide acétique. — Une solution aqueuse d'acétate de calcium, préalablement stérilisée par la chaleur, puis ensemencée avec de la vase de rivière, fournit un dégagement régulier de gaz. La décomposition est complète et s'effectue conformément à l'équation

$$(C^2H^3O^2)^2Ca + H^2O = 2\,CH^4 + CO^2 + CO^3Ca.$$

Dans cette expérience, la matière organique introduite avec la vase augmente si peu, qu'il est impossible de conclure de cette augmentation à un développement des micro-organismes qu'elle renferme [F. Hoppe-Seyler, *Zeit. Physiol. Chem.*, 1887, 561; *Bull. Soc. Chim.*, **49**, 137].

DÉRIVÉS PAR SUBSTITUTION DE L'ACIDE ACÉTIQUE.

I. ACIDES BROMACÉTIQUES.

— Voyez Dict., 1, 26 et Suppl., 1, 11.

ACIDE MONOBROMACÉTIQUE,

$$C^2H^3BrO^2 = CH^2Br{-}CO^2H.$$

— On obtient cet acide lorsqu'on traite, à la température du bain-marie, le bromure d'éthylène par 2 fois et demie son poids d'acide nitrique fumant [J. Kachler, *Mon. f. Chem.*, **2**, 558; *Bull. Soc. Chim.*, **37**, 212].

D'après M. Michaël, le mode de préparation le plus avantageux est celui qui consiste à chauffer dans un appareil à reflux, et jusqu'à ce qu'il ne se dégage plus d'acide bromhydrique, un mélange équimoléculaire d'acide acétique et de brome, avec addition d'un peu de sulfure de carbone. On purifie l'acide par distillation fractionnée [A. Michaël, *Am. Journ.*, **5**, 202; *J. prakt. Chem.*, (2), **35**, 92; *Bull. Soc. Chim.*, **41**, 649 et **48**, 361].

Sels, $(C^2H^2BrO^2)^2UO^2 . C^2H^2BrO^2Na$. — Petits groupes étoilés d'un jaune pâle [Clarke et Owens, *D. chem. G.*, **14**, 35; *Bull. Soc. Chim.*, **36**, 441].

Éther éthylique (voyez Dict., **1**, 26). — Lorsqu'on chauffe en tube scellé à 280° le bromacétate d'éthyle avec du bromure d'éthyle, on obtient de l'éthylène et de l'acide bromacétique [L. Aronstein, *D. chem. G.*, **14**, 606; *Bull. Soc. Chim.*, **36**, 564].

Dérivé chloré,

$$C^4H^6ClBrO^2 = CH^2Br . CO^2 . CH^2 . CH^2Cl.$$

— On l'obtient lorsqu'on traite le chloracétate d'éthyle chloré par le bromure de potassium en solution alcoolique. C'est un liquide bouillant à 213-215°, en se décomposant partiellement. Sa densité est 1,65. Par saponification, il donne de l'acide bromacétique [L. Henry, *Bull. Soc. Chim.*, **42**, 260].

Dérivés bromés. — Voyez Acétate d'éthyle, *dérivés bromés.*

Acide dibromacétique,

$$C^2H^2Br^2O^2 = CHBr^2\text{-}CO^2H.$$

— Cet acide prend naissance par oxydation à l'air de l'éthylène tribromé $CHBr{=}CBr^2$ (Demole) (voyez Suppl., **1**, 11, acide monobromacétique).

Sel d'argent. — Ce sel se décompose comme le dichloracétate d'argent (Beckurts et Otto) (voyez plus loin Dichloracétate d'argent).

Éther éthylique. — Il peut être préparé à partir du bromal comme le dichloracétate d'éthyle à partir du chloral [Remi, *Beilstein Handb. organ. Chem.*, 2e édit., **1**, 452].

Acide tribromacétique,

$$C^2HBr^3O^2 = CBr^3 - CO^2H.$$

— M. Petrieff l'a obtenu en chauffant avec du brome une solution aqueuse d'acide malonique [*D. chem. G.*, **8**, 730].

II. Acides chloracétiques.

Acide monochloracétique,

$$C^2H^3ClO^2 = CH^2Cl - CO^2H$$

(voyez Dict., **1**, 27 et Suppl., **1**, 12).

Préparation. — Le procédé de préparation le plus avantageux est le suivant : On introduit dans un ballon surmonté d'un réfrigérant ascendant de l'acide acétique cristallisable (2 molécules) et du soufre (1 molécule); on chauffe et on dirige dans le mélange, qu'on maintient à l'ébullition, un courant de chlore. L'absorption du gaz est complète. Dans ces conditions il se fait presque exclusivement de l'acide monochloracétique, mélangé d'un peu de chlorure d'acétyle. On pèse le ballon de temps en temps; on arrête l'opération lorsqu'une quantité suffisante de chlore a été fixée et on distille. Après une rectification, le produit obtenu est très pur.

Avec 800 grammes d'acide acétique on obtient ainsi en 12 heures 1 kilogramme d'acide monochloracétique [V. Auger et A. Béhal, *Bull. Soc. Chim.*, (3), **2**, 144].

Propriétés. — D'après M. Tollens, l'acide monochloracétique pur fond à 62,5-63°,2. Si on le chauffe quelque temps vers 70°, il fond après solidification à 52-52°,5. Mais si, avant qu'il se solidifie, on vient à toucher l'acide chauffé à 70° avec une trace d'acide non encore fondu, le point de fusion reste situé à 63°. M. Tollens admet que l'acide monochloracétique existe sous deux modifications : l'une stable, fusible à 63°; l'autre instable, fusible à 52° [B. Tollens, *D. chem. G.*, **17**, 664; *Bull. Soc. Chim.* **44**, 527].

Chauffé pendant 2 jours avec un excès de perchlorure de phosphore, l'acide monochloracétique donne de l'éthylène perchloré et probablement du tétra- et du pentachlorométhane [A. Michaël, *J. prakt. Chem.*, (2), **35**, 95; *Bull. Soc. Chim.*, **48**, 362].

Action sur les alcoolates et phénates alcalins [Heintz, voyez Dict., **1**, 27. — P. Giacosa, *Bull. Soc. Chim.*, **34**, 163. — L. Saarbach, *Bull. Soc. Chim.*, **36**, 512].

Sel de potassium, $K\bar{A}, 1,5H^2O$.

Sel acide de potassium, $K\bar{A} + C^2H^3ClO^2$.

Sel de baryum, $Ba\bar{A}^2 + H^2O$ (voyez Dict., **1**, 27).

Sel double d'uranium et de sodium,

$$(C^2H^2ClO^2)^2UO^2 . C^2H^2ClO^2Na, 2H^2O.$$

— On l'obtient en dissolvant de l'uranate de sodium dans l'acide chloracétique. Il cristallise sous la forme de grands prismes jaunes, d'une densité de 2,748 [Clarke et Owens, *D. chem. G.*, **14**, 35; *Bull. Soc. Chim.*, **36**, 441].

Sel d'argent, $Ag\bar{A}$. — Ce sel cristallise en petites écailles, peu solubles dans l'eau froide, assez solubles dans l'eau chaude. Le sel sec se décompose à 70-80° en déflagrant et en donnant principalement du chlorure d'argent et de la glycolide. Chauffé avec un peu d'eau, il se décompose en chlorure d'argent et acide glycolique [H. Beckurts et R. Otto, *D. chem. G.*, **14**, 576; *Bull. Soc. Chim.*, **36**, 444].

Éther méthylique, $CH^2Cl\text{-}CO^2 . CH^3$. — On l'obtient en saturant par l'acide chlorhydrique une solution d'acide chloracétique dans l'alcool méthylique [L. Henry, *D. chem. G.*, **6**, 743]. C'est un liquide bouillant à 129-130°, ayant une densité de 1,22 à 15° [Scheiner, *Ann. Chem.*, **197**, 8. — P. Meyer, *D. chem. G.*, **8**, 1152].

Éther éthylique, $CH^2Cl\text{-}CO^2 . C^2H^5$ (voyez Dict., **1**, 27 et Suppl., **1**, 12). — On l'obtient aussi en chauffant pendant 6 heures au bain-marie de l'acide chloracétique (200 grammes) avec de l'alcool (120 grammes) et de l'acide sulfurique (25 grammes) [Conrad, *Ann. Chem.*, **188**, 218].

Le chloracétate d'éthyle a pour densité 1,1749 à 0° [Pribram et Handl, *Mon. f. Chem.*, **2**, 696], 1,1585 à 20° [Brühl, *Ann. Chem.*, **203**, 209], 0,9925 à 144°,5 [R. Schiff, *Ann. Chem.*, **220**, 108].

Le chloracétate d'éthyle, traité par l'éther oxalique, en présence de zinc en poudre, donne l'acide céto-adipique ou kétipique [R. Fittig et C. Daimler, *D. chem. G.*, **20**, 202; *Bull. Soc. Chim.*, **48**, 353].

Chauffé avec de l'aniline, l'éther chloracétique fournit du dihydroxindol [C. A. Bischoff, *D. chem. G.*, **16**, 1040; *Bull. Soc. Chim.*, **41**, 58].

En traitant l'éther chloracétique par le sodium en présence d'éther anhydre, on obtient le composé $C^8H^{13}ClO^4$, liquide bouillant à 157° sous la pression de 45 millimètres, et auquel on peut assigner l'une des deux formules

$$CH^2(OC^2H^5) - CO - CHCl - CO^2 . C^2H^5$$

$$\text{ou}\quad CH^2Cl - CO - CH(OC^2H^5) - CO^2 . C^2H^5.$$

L'hydrogénation par l'acide acétique et la poudre de zinc fournit en effet le composé $C^8H^{14}O^4$, liquide bouillant à 106° sous la pression de 14 millimètres, et qui, chauffé avec de l'acide chlorhydrique, se décompose conformément à l'équation

$$C^8H^{14}O^4 + H^2O = C^5H^{10}O^2 + CO^2 + C^2H^6O.$$

Or le composé $C^5H^{10}O^2$ ainsi obtenu paraît être identique avec l'acétone monoxéthylée

$$CH^3.CO.CH^2(OC^2H^5)$$

décrite par M. Henry [*C. R.*, **93**, 421] [R. Fittig, *D. chem. G.*, **21**, 2138 et 2647; *Bull. Soc. Chim.*, (3), **1**, 253 et 254].

Dérivés chlorés. — Voyez ACÉTATE D'ÉTHYLE, *dérivés chlorés*.

Éther propylique, $CH^2Cl-CO^2.C^3H^7$. — C'est un liquide bouillant à 161°. Sa densité est 1,1096. L'iodure de potassium alcoolique le transforme en iodacétate de propyle [Schreiner, *Ann. Chem.*, **197**, 8. — L. Henry, *J. prakt. Chem.*, (2), **31**, 127].

Éther butylique normal, $CH^2Cl-CO^2.C^4H^9$. — Liquide bouillant à 175°; densité = 1,103 à 0° et 1,081 à 15° [G. Gehring, *Bull. Soc. Chim.*, **46**, 146].

Éther amylique, $CH^2Cl-CO^2.C^5H^{11}$. — Il a été préparé au moyen de l'alcool amylique bouillant à 132°. Liquide insoluble dans l'eau, bouillant à 190°; densité = 1,063 à 0° [L. Hugounenq, *Bull. Soc. Chim.*, **45**, 328].

Éther octylique, $CH^2Cl-CO^2.C^8H^{17}$. — Il a été préparé au moyen de l'alcool octylique dérivé de l'huile de ricin. C'est une huile incolore, bouillant à 234°; densité = 0,9904 à 10° [G. Gehring, *C. R.*, **104**, 1000].

Éther benzylique, $CH^2Cl-CO^2.C^7H^7$. — Liquide insoluble dans l'eau, soluble dans l'alcool et dans l'éther; densité = 1,2223 à 4°; point d'ébullition 147°,5 sous la pression de 9 millimètres [K. Seubert, *D. chem. G.*, **21**, 281].

ACIDE DICHLORACÉTIQUE,

$$C^2H^2Cl^2O^2 = CHCl^2-CO^2H$$

(voyez Dict. **1**, 27 et Suppl. **1**, 12). — L'acide dichloracétique se forme en petite quantité quand on chauffe l'acide trichlorolactique ou ses éthers avec un excès de soude ou de baryte [A. Pinner, *D. chem. G.*, **18**, 757].

Lorsqu'on fait bouillir, en solution aqueuse, l'acide dichloracétique avec du malonate d'argent, il se dégage de l'acide carbonique, il se sépare du chlorure d'argent et la solution renferme de l'acide fumarique [T. Komnenos, *Ann. Chem.*, **218**, 145; *Bull. Soc. Chim.* **40**, 470].

En chauffant l'acide dichloracétique avec de la p-toluidine, on obtient la p-crésyl-p-méthylimésatine [P. Meyer, *D. chem. G.*, **16**, 2261; *Bull. Soc. Chim.*, **41**, 510. — C. Duisberg, *D. chem. G.*, **18**, 190; *Bull. Soc. Chim.*, **45**, 586].

Sel de potassium, KĀ. — Il cristallise dans l'alcool en lamelles (Wallach). Par la distillation sèche, il se décompose en donnant de l'acide monochloracétique :

$$2CHCl^2-CO^2K = 2KCl + CH^2Cl.CO^2H + C + CO^2$$

[R. Friedrich, *Ann. Chem.*, **206**, 254; *Bull. Soc. Chim.*, **36**, 448].

Sel de calcium, $CaĀ^2 + 3H^2O$. — Il cristallise dans l'eau avec 3 molécules d'eau et dans l'alcool en petites aiguilles anhydres [P. Beckurts et R. Otto, *D. chem. G.*, **14**, 576; *Bull. Soc. Chim.*, **36**, 444].

Sel double d'uranium et de sodium,

$$(C^2HCl^2O^2)^2UO^2.C^2HCl^2O^2Na$$

— Petits cristaux jaunes [F. W. Clarke et M. E. Owens, *D. chem. G.* **14**, 35; *Bull. Soc. Chim.* **36**, 441].

Sel d'argent, AgĀ. — Cristaux prismatiques peu solubles dans l'eau froide. Le dichloracétate d'argent sec se décompose vers 80° en chlorure d'argent et anhydride mixte dichloracétique-glyoxylique. Chauffé avec un peu d'eau, il donne du chlorure d'argent, de l'acide glyoxylique et de l'acide dichloracétique (H. Beckurts et R. Otto).

Éther méthylique, $CHCl^2-CO^2.CH^3$. — Voyez Dict., **1**, 28.

Éther éthylique, $CHCl^2-CO^2.C^2H^5$ (Dict. **1**, 28 et Suppl., **1**, 12). — On obtient le dichloracétate d'éthyle en mélangeant des quantités équivalentes de cyanhydrate de chloral et d'acétate de sodium sec, ajoutant une certaine quantité d'alcool, chauffant au bain-marie et, la réaction terminée, distillant dans un courant de vapeur d'eau [O. Wallach, *D. chem. G.*, **10**, 2120; *Bull. Soc. Chim.*, **31**, 131].

Le dichloracétate d'éthyle a pour densité 1,2821 à 20° (Brühl) et 1,0915 à 157°,7 (R. Schiff).

L'argent à 200°, ou le sodium à la température ordinaire et en présence d'éther, transforment le dichloracétate d'éthyle en éther maléique [S. Tanatar, *D. chem. G.*, **12**, 1563; *Bull. Soc. Chim.*, **34**, 252].

Chauffé avec du cyanure de potassium en solution alcoolique, le dichloracétate d'éthyle se transforme en dichloracétate de potassium, qui se décompose ensuite en donnant de l'acide oxalique et de l'acide acétique [A. Claus et R. Weiss, *D. chem. G.*, **11**, 496; *Bull. Soc. Chim.*, **30**, 350].

Chauffé avec de la potasse en solution alcoolique étendue, le dichloracétate d'éthyle donne de l'acide glycolique et de l'acide oxalique [A. Claus, *D. chem. G.*, **14**, 1066].

Dérivés chlorés. — Voyez ACÉTATE D'ÉTHYLE, *dérivés chlorés*.

Éther butylique normal, $CHCl^2-CO^2.C^4H^9$. — On l'obtient en saturant par l'acide chlorhydrique un mélange de dichloracétate de potassium et d'alcool butylique normal. C'est un liquide bouillant à 184°-186°; densité = 1,182 à 0° et 1,169 à 15° [G. Gehring, *Bull. Soc. Chim.*, **46**, 146].

Éther isobutylique, $CHCl^2-CO^2.C^4H^9$. — C'est un liquide bouillant à 182°-184° [Wallach, *Ann. Chem.*, **173**, 300].

Éther octylique, $CHCl^2-CO^2.C^8H^{17}$. — Liquide bouillant à 244° [G. Gehring, *C. R.*, **104**, 1000].

Éther benzylique, $CHCl^2-CO^2.C^7H^7$. — C'est un liquide insoluble dans l'eau, soluble dans l'alcool et dans l'éther, bouillant à 179° sous la pression de 60 millimètres (densité = 1,3130 à 4°) [K. Seubert, *D. chem. G.*, **21**, 281].

ACIDE TRICHLORACÉTIQUE,

$$C^2HCl^3O^2 = CCl^3-CO^2H$$

(voyez Dict., **1**, 28 et Suppl., **1**, 12). — L'acide trichloracétique fond à 55° et bout à 195° [A. Clermont, *Ann. Chim. Phys.*, (6), **6**, 135].

Chauffé en tube scellé à 100° avec de l'acide iodhydrique concentré, il se transforme en acide acétique (A. Clermont).

Action des alcalis (voyez Dict., **1**, 28). — Le cyanure de potassium agit sur l'acide trichloracétique comme un alcali et le transforme en chloroforme [E. Bourgoin, *Bull. Soc. Chim.*, **37**, 403].

Chauffé avec les bases tertiaires, l'acide trichloracétique se scinde en acide carbonique et chloroforme [H. Silberstein *D. chem. G.*, **17**, 2660; *Bull. Soc. Chim.*, **45**, 530].

Chauffé avec du sulfite de potassium, il se transforme en acide sulfochloracétique

$$SO^3H-CHCl-CO^2H$$

[Rathke, *Ann. Chem.*, **161**, 166].

Éther éthylique (voyez Dict., **1**, 29). — Sa densité est 1,3826 à 20° (Brühl) et 1,16505 à 167° (R. Schiff).

Chauffé avec du cyanure de potassium en solution dans l'alcool absolu, il se décompose en acide carbonique et chloroforme.

Dérivés chlorés. — Voyez ACÉTATE D'ÉTHYLE, *dérivés chlorés.*

Éther propylique, $CCl^3-CO^2.C^3H^7$. — On l'obtient en traitant par l'acide sulfurique un mélange à molécules égales d'alcool propylique et d'acide trichoracétique, puis en précipitant par l'eau. C'est un liquide bouillant à 167° [A. Clermont, *Bull. Soc. Chim.*, **40**. 302].

Éther isoamylique, $CCl^3-CO^2.C^5H^{11}$. — On le prépare comme l'éther propylique. C'est un liquide bouillant à 217° (A. Clermont).

Éther octylique, $CCl^3-CO^2.C^8H^{17}$. — Liquide bouillant vers 260° [G. Gehring, *C. R.*, **104**, 1000].

Éther benzylique, $CCl^3-CO^2.C^7H^7$. — C'est un liquide insoluble dans l'eau, soluble dans l'alcool et dans l'éther, bouillant à 178°,5 sous la pression de 50 millimètres et d'une densité de 1.3887 à 4° [K. Seubert, *D. chem. G.*, **21**, 281].

Anhydride trichloracétique. — Voyez ANHYDRIDE ACÉTIQUE.

III. ACIDES CHLOROBROMACÉTIQUES.

ACIDE CHLOROBROMACÉTIQUE,

$$C^2H^2ClBrO^2 = CHClBr-CO^2H.$$

— On l'obtient en chauffant à 160° l'acide chloracétique avec du brome et distillant le produit de la réaction. C'est un liquide incolore, très caustique, bouillant à 201°, qu'on n'a pu obtenir sous la forme solide. Ses sels sont solubles, y compris le *sel d'argent*, qui cristallise en aiguilles.

Éther éthylique, $CHClBr-CO^2.C^2H^5$. — Il se forme lorsqu'on soumet à une ébullition prolongée la solution alcoolique de l'acide chlorobromacétique. C'est un liquide limpide, possédant une odeur de menthe et bouillant à 160°-163° [O. Cech et A. Steiner, *D. chem. G.*, **8**, 1174; *Bull. Soc. Chim.*. **25**. 264].

ACIDE CHLORODIBROMACÉTIQUE,

$$C^2HClBr^2O^2 = CClBr^2-CO^2H.$$

— On l'obtient en chauffant à 100° pendant une heure l'aldéhyde chlorodibromée avec 2 fois son poids d'acide azotique fumant. L'acide chlorodibromacétique se sépare par refroidissement de la liqueur.

Il cristallise dans l'acide nitrique concentré en lamelles rhombiques, fusibles à 89°; il possède une odeur irritante; il est vésicant; il bout, en se décomposant partiellement, à 232°-234°.

La potasse le décompose à froid en donnant du chlorodibromométhane. Le zinc le transforme en acide monochloracétique.

Les sels de l'acide chlorodibromacétique cristallisent bien; ils se décomposent quand on fait bouillir leurs solutions aqueuses.

Sel de potassium, $K\bar{A}+2H^2O$. — Cristaux prismatiques, médiocrement solubles dans l'eau et dans l'alcool; ils perdent leur eau de cristallisation à 90°.

Sel de plomb, $Pb\bar{A}^2+H^2O$. — Aiguilles groupées en mamelons, peu solubles dans l'eau froide.

Éther éthylique, $CClBr^2-CO^2.C^2H^5$. — On l'obtient en saturant par l'acide chlorhydrique gazeux une solution d'acide chlorobromacétique dans l'alcool éthylique. C'est un liquide incolore, bouillant à 203° sans se décomposer [R. Neumeister, *D. chem. G.*, **15**, 602; *Bull. Soc. Chim.*, **38**, 187].

ACIDE DICHLOROBROMACÉTIQUE,

$$C^2HCl^2BrO^2 = CCl^2Br-CO^2H.$$

— On chauffe l'aldéhyde bromodichlorée à 100° pendant une heure avec 2 fois son poids d'acide azotique fumant. L'acide dichlorobromacétique se sépare par refroidissement de la liqueur.

Il cristallise dans l'acide azotique concentré en beaux prismes à quatre pans, fusibles à 64°; il possède une odeur piquante et irrite la peau; il est très soluble dans l'eau et dans l'alcool; ses cristaux sont déliquescents; il bout à 215°, en se décomposant légèrement.

Chauffé avec les alcalis, il se décompose en acide carbonique et bromodichlorométhane. Il dissout le zinc, en donnant de l'acide dichloracétique.

Sauf les *sels de baryum et de calcium*, les sels de l'acide dichlorobromacétique cristallisent bien.

Sel de sodium, $Na\bar{A}+5H^2O$. — Grandes tables, très solubles dans l'eau et dans l'alcool, notablement solubles dans l'éther.

Sel de potassium, $K\bar{A}+3H^2O$. — Prismes rhombiques, solubles dans l'eau et dans l'alcool.

Sel d'ammonium. — Longues et fines aiguilles, déliquescentes.

Sel de plomb, $Pb\bar{A}^2+H^2O$. — Cristaux prismatiques, insolubles dans l'alcool froid, peu solubles dans l'eau froide.

Éther éthylique, $CCl^2Br-CO^2.C^2H^5$. — Liquide incolore, bouillant à 188°-189° [R. Neumeister, *D. chem. G.*, **15**, 602; *Bull. Soc. Chim.*, **38**, 187].

IV. ACIDES IODACÉTIQUES.

ACIDE MONOIODACÉTIQUE,

$$C^2H^3IO^2 = CH^2I-CO^2H$$

(voyez Dict., **1**, 29). — L'acide monoiodacétique prend naissance quand on décompose par la chaleur, en présence d'un excès d'anhydride acétique, le composé $I(C^2H^3O^2)^2Cl$ [1] :

$$I(C^2H^3O^2)^2Cl + (C^2H^3O)^2O$$
$$= C^2H^3IO^2 + C^2H^3OCl + C^2H^3O^2.CH^3 + CO^2$$

Mais le mode de préparation le plus avantageux consiste à chauffer un mélange d'anhydride acétique, d'acide iodique et d'iode dans les proportions exigées par l'équation

$$5(C^2H^3O)^2O + I^2O^5 + I^8 = 10\,C^2H^3IO^2.$$

On introduit l'acide iodique et l'anhydride acétique dans un ballon à long col que l'on chauffe doucement en remuant, tandis que l'on ajoute l'iode par petites portions. Ce dernier corps disparait rapidement. La réaction terminée, le liquide se prend par le refroidissement en une masse cristalline d'acide iodacétique qu'on purifie en le faisant dissoudre dans la benzine bouillante, d'où il se sépare par refroidissement en beaux cristaux nacrés [P. Schützenberger, *C. R.*, **66**, 1340 et *Traité de Chim. génér.*, **4**, 491].

Éther méthylique, $CH^2I-CO^2.CH^3$. — Il s'obtient en chauffant dans un appareil à reflux pendant quelques heures une solution alcoolique de chloracétate de méthyle et d'iodure de potassium. C'est un liquide bouillant à 169-171°.

Chauffé à 320°, il se décompose en acétate de méthyle, iode, acide acétique, charbon, etc.

L'iodure de méthyle n'agit pas sur lui [L. Aronstein et J. Kramps, *D. chem. G.*, **14**, 604; *Bull. Soc. Chim.*, **36**, 563].

Éther éthylique, $CH^2I-CO^2.C^2H^5$ (voyez Dict., **1**, 29). — On le prépare comme l'éther méthylique au moyen du chloracétate d'éthyle et de l'iodure de potassium (Aronstein et Kramps).

1. C'est le composé en aiguilles qui se forme d'abord dans la préparation de l'anhydride hypoiodacétique (voyez Dict., 1, 31. ACÉTATE D'IODE).

C'est un liquide bouillant à 178-180° [Boutleroff, *D. chem. G.*, 5, 479].

Chauffé avec de l'iodure d'éthyle à 200°, il se décompose en éther acétique et iodure d'éthylène [L. Aronstein et J. Kramps, *D. chem. G.*, 13, 489; *Bull. Soc. Chim.*, 34, 565].

Dérivé chloré, $CH^2I-CO^2.CH^2.CH^2Cl$. — Il s'obtient en traitant par l'iodure de potassium en solution alcoolique l'éther chloracétique chloré $CH^2Cl-CO^2.CH^2.CH^2Cl$. C'est un liquide épais (densité = 1,954) [L. Henry, *Bull. Soc. Chim.*, 42, 260].

Éther propylique, $CH^2I-CO^2.C^3H^7$. — Il se prépare comme les composés précédents. Liquide bouillant à 198-200° [L. Henry, *J. prakt. Chem.*, (2), 31, 128].

V. ACIDE CYANACÉTIQUE.

Voyez CYANACÉTIQUE (ACIDE).

VI. ACIDES NITRO- ET NITROSO-ACÉTIQUE.

ACIDE NITROACÉTIQUE,

$$C^2H^3AzO^4 = CH^2(AzO^2)-CO^2H.$$

— L'acide nitroacétique n'est pas connu à l'état libre; on obtient en effet seulement ses produits de décomposition, lorsqu'on cherche à le préparer en faisant réagir le nitrite de potassium sur l'acide monochloracétique :

$$CH^2Cl-CO^2H + AzO^2K = KCl + CH^2(AzO^2)-CO^2H$$

et $CH^2(AzO^2)-CO^2H = CO^2 + CH^3(AzO^2)$
Nitrométhane.

Éther éthylique,

$$C^4H^7AzO^4 = CH^2(AzO^2)-CO^2.C^2H^5.$$

— On obtient le nitroacétate d'éthyle lorsqu'on fait réagir le nitrite d'argent sur le bromacétate d'éthyle, placé dans un ballon chauffé au bain d'huile et muni d'un réfrigérant ascendant. L'attaque est presque instantanée et très violente. On peut la modérer en ajoutant à l'azotite d'argent son volume de sable siliceux. La réaction terminée, on distille et on recueille ce qui passe vers 150°.

Le nitroacétate d'éthyle est un liquide incolore, bouillant à 151-152°, en se décomposant légèrement. Sa densité est 1,133 à 0°.

L'étain et l'acide chlorhydrique le transforment en acide amidoacétique [R. de Forcrand, *Bull. Soc. Chim.*, 31, 536].

Par l'action prolongée de la chaleur, le nitroacétate d'éthyle se détruit en donnant principalement de l'oxalate d'éthyle, de l'acide carbonique et du bioxyde d'azote [A. Steiner, *D. chem. G.*, 15, 1604; *Bull. Soc. Chim.*, 38, 388].

ACIDE NITROSOACÉTIQUE (*Acide oximidoacétique*), $C^2H^3AzO^3 = AzOH=CH.CO^2H$ (?). — On ne connaît pas cet acide à l'état de liberté, mais seulement à l'état d'éther éthylique.

Éther éthylique,

$$C^4H^7AzO^3 = C^2H^2AzO^3.C^2H^5.$$

— Ce composé prend naissance dans l'action de l'acide nitrique fumant sur l'éther acétylacétique. La réaction est extrêmement violente; aussi l'acide nitrique doit-il être ajouté goutte à goutte. On verse ensuite le produit dans l'eau : il se sépare une huile jaunâtre qu'on reprend par l'éther. On lave la solution éthérée à l'eau, qui enlève de l'acide oxalique, et on chasse finalement l'éther.

On obtient ainsi le nitrosoacétate d'éthyle sous la forme d'une huile jaune qui ne peut être distillée, ni dans le vide, ni par entraînement à l'aide de la vapeur d'eau. Insoluble dans l'eau, le nitrosoacétate d'éthyle se dissout facilement dans l'alcool, l'éther et la benzine.

Chauffé avec de l'acide chlorhydrique, il se transforme en acide oxalique, hydroxylamine et chlorure d'éthyle. La potasse en solution le décompose peu à peu, même à froid, en alcool, acide cyanhydrique et acide carbonique :

$$C^2H^2AzO^3.C^2H^5 = C^2H^5.OH + CO^2 + CAzH.$$

Les agents de réduction (amalgame de sodium, zinc et acide chlorhydrique, zinc en poudre et acide acétique) ne le transforment pas en acide amidoacétique.

Il possède une réaction acide et peut donner naissance à des sels.

Sel de sodium, $C^4H^6AzO^3Na, \frac{1}{2}H^2O$. — On l'obtient sous la forme d'un précipité volumineux quand on ajoute de l'éthylate de sodium à une solution alcoolique de nitrosoacétate d'éthyle. Insoluble dans l'éther et dans la benzine, ce sel est soluble dans l'eau. Par évaporation lente, il se sépare de sa solution aqueuse sous forme d'aiguilles. Le sel sec déflagre lorsqu'on le chauffe.

Sel de potassium. — Il est déliquescent.

Sel d'ammonium, $C^4H^6AzO^3(AzH^4), H^2O$. — On l'obtient en ajoutant de l'ammoniaque alcoolique à une solution de nitrosoacétate d'éthyle dans l'alcool. Il se présente en fines aiguilles, solubles dans l'eau, peu solubles dans l'alcool, insolubles dans l'éther.

Dérivé chloré, $C^4H^6ClAzO^3$. — Il prend naissance quand on traite l'éther chloracétylacétique par l'acide nitrique fumant. Le produit de la réaction étant versé dans l'eau, il se sépare une huile, qui, reprise par l'éther, cristallise par évaporation de ce dissolvant en prismes brillants, fusibles à 80°, solubles dans l'alcool et dans l'éther.

Chauffé avec de l'eau, le chloronitrosoacétate d'éthyle se décompose en donnant de l'alcool, de l'acide oxalique et du chlorhydrate d'hydroxylamine :

$$CCl(AzOH).CO^2.C^2H^5 + 3H^2O = C^2H^2O^4 + AzH^3O.HCl + C^2H^5.OH.$$

L'éther dichloracétylacétique n'est pas attaqué par l'acide nitrique fumant [M. Prœpper, *Ann. Chem.*, 222, 46; *Bull. Soc. Chim.* 42, 466].

VII. DÉRIVÉS SULFURÉS DE L'ACIDE ACÉTIQUE.

Les dérivés sulfurés de l'acide acétique sont :

1° Les acides thiacétiques;
2° Les acides sulfacétiques;
3° Les acides sulfocyanacétiques.

1° *Acides thiacétiques*.

Nous considérons comme *acides thiacétiques* :

1° L'acide thiacétique proprement dit,

$$CH^3-CO.SH;$$

2° L'acide thiodiglycolique, $S=(CH^2.CO^2H)^2$;

3° L'acide dithioglycolique, $\begin{matrix} S-CH^2-CO^2H \\ | \\ S-CH^2-CO^2H; \end{matrix}$

4° Les composés désignés sous le nom de *téthiniques*, du type $\begin{matrix}(R')^2 \\ OH\end{matrix} > S-CH^2-CO^2H$.

ACIDE THIACÉTIQUE, $C^2H^4OS = CH^3-CO.SH$. — Voyez Dict., 3, 392 et Suppl., 1, 1546.

ACIDE THIODIGLYCOLIQUE,

$$C^4H^6O^4S = S < \begin{matrix} CH^2-CO^2H \\ CH^2-CO^2H \end{matrix}$$

— Voyez Dict., 3, 76.

Préparation. — On dissout de l'acide chloracétique dans l'eau, on sature par le carbonate de calcium, on ajoute un grand excès de sulfhydrate de calcium (obtenu en saturant un lait de chaux par l'acide sulfhydrique) et on fait bouillir le tout pendant 8 heures, en dirigeant dans le mélange un courant lent d'acide sulfhydrique. L'opération terminée, on décompose l'excès de sulfure de calcium par un courant d'acide carbonique, on évapore à sec la liqueur filtrée, on reprend par l'alcool pour dissoudre le chlorure de calcium et on fait cristalliser le résidu dans l'eau. On obtient ainsi du thiodiglycolate de calcium, avec lequel on peut facilement préparer l'acide thiodiglycolique [G. Schreiber, *J. prakt. Chem.*, (2), **13**, 472; *Bull. Soc. Chim.*, **27**, 177].

Suivant M. Andreasch, on peut traiter le chloracétate de potassium par une solution de sulfure de potassium, évaporer à sec et reprendre par l'alcool bouillant [R. Andreasch, *D. chem. G.*, **12**, 1390].

D'après M. Lovén, le mode de préparation le plus avantageux est le suivant : On mélange une solution aqueuse, aussi concentrée que possible, de monochloracétate de sodium avec une solution refroidie et très concentrée renfermant la quantité correspondante de monosulfure de sodium. La réaction s'établit d'elle-même, avec une production considérable de chaleur. On laisse refroidir, on traite par l'acide sulfurique et on extrait l'acide thiodiglycolique en agitant à plusieurs reprises avec de l'éther. Il convient de n'employer pour le premier traitement qu'une quantité assez faible d'éther, afin d'enlever tout d'abord les impuretés. Les traitements ultérieurs fournissent ensuite un produit absolument pur [J. M. Lovén, *D. chem. G.*, **17**, 2817].

Sel de calcium, $C^4H^4O^4SCa$. — Petits cristaux microscopiques, solubles à 21° dans 48,6 parties d'eau. un peu plus solubles dans l'eau bouillante (Schreiber, *loc. cit.*).

Acide dithioglycolique,

$$C^4H^6O^4S^2 = \begin{array}{l} S-CH^2-CO^2H \\ | \\ S-CH^2-CO^2H \end{array}$$

— Cet acide se forme par l'oxydation de l'acide thioglycolique.

On le prépare aisément en ajoutant de l'iode jusqu'à coloration persistante à une solution de thioglycolate de potassium. On acidule ensuite par l'acide sulfurique et on épuise par l'éther privé d'alcool.

L'acide dithioglycolique est en cristaux fusibles à 100°.

Il ne donne pas de coloration avec les sels de fer; il précipite par l'acétate de plomb et par le nitrate d'argent. Le permanganate de potassium le transforme en acide sulfacétique.

Le *sel de potassium*, $C^4H^4O^4S^2K^2, H^2O$, cristallise dans l'alcool bouillant en aiguilles très solubles dans l'eau.

Le *sel de baryum*, $C^4H^4O^4S^2Ba, 4H^2O$, se sépare, lorsqu'on ajoute de l'alcool à sa solution aqueuse, sous la forme d'un précipité amorphe qui devient cristallin au bout de quelque temps.

L'éther éthylique, $C^4H^4O^4S^2(C^2H^5)^2$, qui s'obtient en saturant par l'acide chlorhydrique une solution alcoolique de l'acide, est un liquide plus lourd que l'eau, possédant une odeur nauséabonde et bouillant à 280° en se décomposant partiellement. L'ammoniaque alcoolique le transforme au bout de quelque temps en une *amide*, corps cristallisé fusible à 155° [P. Claësson, *D. chem. G.*, **14**, 409; *Bull. Soc. Chim.*, **36**, 351].

Composés thétiniques. — Voyez Suppl., **1**. 1546.

2° *Acides sulfacétiques.*

Acide sulfacétique,

$$C^2H^4O^5S = SO^3H-CH^2-CO^2H$$

(voyez Dict., **3**, 75). — Indépendamment des modes de formation déjà indiqués, on obtient l'acide sulfacétique :

1° Lorsqu'on chauffe à 140° le produit de la réaction de l'acide acétique sur l'acide chlorosulfurique SO^3HCl [Baumstark, *Ann. Chem.*, **140**. 81].

2° Lorsqu'on traite l'anhydride acétique (2 molécules) par l'acide sulfurique (1 molécule) [Franchimont, *C. R.*, **92**, 1054].

3° Lorsqu'on oxyde l'acide iséthionique

$$SO^3H-CH^2-CH^2.OH$$

par l'acide chromique en solution aqueuse et à la température du bain-marie. On traite par l'eau de baryte qui précipite l'oxyde de chrome et on évapore la solution filtrée [F. Carl. *D. chem. G.*, **14**, 63; *Bull. Soc. Chim.*, **36**, 337].

L'acide sulfacétique fond à 68°-72° (Carl), à 75° [Franchimont, *Rec. P.-B.*, **7**, 25].

Sel acide de potassium, $C^2H^3O^5SK$. — Tables hexagonales très solubles dans l'eau froide [Andreasch, *D. chem. G.*, **13**, 1425].

Sel de baryum, $C^2H^2O^5SBa, H^2O$ (voyez Dict., 3, 76). — Lamelles clinorhombiques très peu solubles dans l'eau [Haushofer, *Zeit. Kryst.*, **6**, 137].

Sel de calcium, $C^2H^2O^5SCa.H^2O$. — Sel difficilement cristallisable [Franchimont, *Rec. P.-B.*, **7**. 25].

Éther diéthylique,

$$SO^3(C^2H^5).CH^2.CO^2(C^2H^5).$$

— On le prépare facilement en traitant le sulfoacétate d'argent par l'iodure d'éthyle. C'est un liquide jaunâtre, non distillable sans décomposition [R. Manzelius, *D. chem. G.*, **21**, 1550; *Bull. Soc. Chim.*, (3) **1**, 53].

Acide sulfochloracétique (*acide chloracétique sulfonique*), $C^2H^3ClO^5S = (SO^3H).CHCl.CO^2H$. — On obtient son sel de potassium quand on chauffe l'acide trichloracétique avec du sulfite de potassium [Rathke, *Ann. Chem.*, **161**, 166).

L'acide sulfochloracétique se prépare plus facilement en chauffant un mélange d'acide monochloracétique et d'acide chlorosulfurique, d'abord au bain-marie, puis à 140-150°, tant qu'il se dégage de l'acide chlorhydrique. On reprend par l'eau, on sature par le carbonate de baryum et on filtre le liquide bouillant. L'évaporation de la liqueur fournit du sulfochloracétate de baryum, qui permet d'obtenir facilement l'acide sulfochloracétique.

L'acide sulfochloracétique est un liquide sirupeux, qui finit par cristalliser, dans le vide, en aiguilles confuses, hygroscopiques.

Sel de potassium, $C^2HClO^5SK^2, 1,5H^2O$. — Grands cristaux octaédriques, extrêmement solubles dans l'eau.

Sel d'ammonium, $C^2HClO^5S(AzH^4)^2$. — Aiguilles incolores, très solubles dans l'eau.

Sel de baryum, $C^2HClO^5SBa.H^2O$. — Poudre blanche, cristalline, peu soluble dans l'eau froide, insoluble dans l'alcool.

Sel de plomb, C^2HClO^5SPb. — Fines aiguilles blanches.

Sel d'argent, $C^2HClO^5SAg^2.0.5H^2O$. — Petits cristaux prismatiques [R. Andreasch, *Mon. f. Chem.*, **7**, 158; *Bull. Soc. Chim.*, **46**, 658].

Acide sulfodiacétique,

$$C^4H^6O^6S = SO^2 \begin{array}{l} \diagup CH^2.CO^2H \\ \diagdown CH^2.CO^2H \end{array}$$

— A une solution d'acide thiodiglycolique

$$S\begin{cases}CH^2.CO^2H\\CH^2.CO^2H\end{cases}$$

neutralisée par le carbonate de sodium, on ajoute peu à peu et en refroidissant une solution à 5 0/0 de permanganate de potassium. On filtre, on concentre, on acidule par l'acide sulfurique et on épuise par l'éther.

L'acide sulfodiacétique est en tables rhombiques, fusibles à 182°, très solubles dans l'eau et dans l'alcool, moins solubles dans l'éther et dans l'acide sulfurique étendu. Il se décompose, quand on le chauffe à 200°, en acide carbonique et diméthylsulfone $SO^2(CH^3)^2$.

Sel de baryum, $C^4H^4O^6SBa, 5H^2O$. — Ce sont de fines aiguilles, peu solubles dans l'eau, qu'on obtient en saturant par l'hydrate de baryte une solution d'acide sulfodiacétique. Ce sel perd de l'eau à la température ordinaire et se transforme en un hydrate $C^4H^4O^6SBa, H^2O$, très peu soluble dans l'eau. Il se décompose à 150°.

Éther éthylique,

$$C^8H^{14}O^6S = SO^2\begin{cases}CH^2-CO^2.C^2H^5\\CH^2-CO^2.C^2H^5\end{cases}$$

— On le prépare en chauffant pendant quelque temps l'acide sulfodiacétique avec de l'alcool et de l'acide sulfurique et en précipitant ensuite par l'eau.

Le sulfodiacétate d'éthyle est une huile épaisse, qui se décompose à la distillation.

Traité en solution alcoolique par l'éthylate de sodium, il donne, après addition d'éther, un précipité amorphe de sel disodique $C^8H^{12}O^6SNa^2$ [J. Lovén, *D. chem. G.*, **17**, 2817].

3° *Acides sulfocyanacétiques.*

Voyez Suppl., **1**, 1391, ACIDE RHODANIQUE, et 1485, ACIDE SULFOCYANACÉTIQUE.

VIII. ACIDE DIAZOACÉTIQUE.

Voyez DIAZOACÉTIQUE (ACIDE). Léon ROUX.

ACÉTIQUE (ALDÉHYDE). — Voyez ÉTHYLIQUE (ALDÉHYDE).

ACÉTIQUE (ANHYDRIDE),

$$C^4H^6O^3 = \begin{matrix}CH^3-CO\\CH^3-CO\end{matrix}\!\!>O.$$

— Voyez Dict., **1**, 29 et Suppl., **1**, 13.

Dérivé chloré,

$$C^4Cl^6O^3 = \begin{matrix}CCl^3-CO\\CCl^3-CO\end{matrix}\!\!>O$$

(*anhydride trichloracétique*). — L'anhydride trichloracétique se forme en petite quantité, en même temps que le chlorure de trichloracétyle, par l'action prolongée à chaud du trichlorure de phosphore sur l'acide trichloracétique [E. Buckney et A. Thomsen, *D. Chem. G.*, **10**, 698; *Bull. Soc. Chim.*, **28**, 370].

On l'obtient aussi en traitant l'acide trichloracétique successivement par l'anhydride phosphorique et par le chlorure de trichloracétyle [A. Clermont, *C. R.*, **86**, 337; *Bull. Soc. Chim.*, **30**, 505].

L'anhydride trichloracétique est un liquide bouillant à 222-224°, très facilement décomposable par l'eau.

ACÉTIQUES (ÉTHERS). — Comme dans le Dictionnaire (voyez **1**, 20), nous n'indiquerons ici que les éthers dérivés des alcools $C^nH^{2n+2}O$. Les autres éthers seront décrits avec leurs alcools respectifs.

ACÉTATES D'AMYLE, $C^7H^{14}O^2$. — *Acétate d'amyle normal*,

$$C^2H^3O^2.CH^2.CH^2.CH^2.CH^2.CH^3.$$

— Liquide bouillant à 148°,4 sous la pression de 737 millimètres; $d_0 = 0,8963$; $d_{20} = 0,8792$; $d_{40} = 0,8645$ [Lieben et Rossi, *Ann. Chem.*, **159**, 74].

Acétate d'isoamyle,

$$C^2H^3O^2.CH^2.CH^2.CH(CH^3)^2$$

(voyez Dict., **1**, 21). — Liquide bouillant à 138,5-139° sous la pression de 758,6 millimètres [R. Schiff, *Ann. Chem.*, **220**, 110]; $d_0 = 0,8837$; $d_{15} = 0,8762$ [Mendelejeff, *Jahresb.*, 1860, 7]; $d_{138,7} = 0,7429$ (Schiff).

Acétate du méthylpropylcarbinol,

$$C^2H^3O^2.CH\begin{cases}CH^3\\CH^2.CH^2.CH^3\end{cases}$$

— Liquide bouillant à 133-135° (Wurtz), à 134-137° [Schorlemmer, *Ann. Chem.*, **161**, 269]; $d_0 = 0,9222$ (Wurtz).

Le *dérivé trichloré*,

$$C^2H^3O^2.CH(CH^3).CCl^2.CHCl.CH^3,$$

qui se prépare au moyen du chlorure d'acétyle et du méthyltrichloropropylcarbinol, est un liquide bouillant à 227°, sous la pression de 726 millimètres; densité = 1,3048 à 11°,5 [Garzarolli, *Ann. Chem.*, **223**, 151].

Acétate du méthylisopropylcarbinol,

$$C^2H^3O^2.CH\begin{cases}CH^3\\CH(CH^3)^2\end{cases}$$

— C'est le composé décrit au Dict., **1**, 238.

Acétate du diéthylcarbinol,

$$C^2H^3O^2.CH(CH^2.CH^3)^2.$$

— Liquide bouillant à 132° sous la pression de 741 millimètres; $d = 0,909$ [Wagner et Saytzeff, *Ann. Chem.*, **175**, 366].

Acétate du diméthyléthylcarbinol,

$$C^2H^3O^2.C\begin{cases}(CH^3)^2\\CH^2.CH^3\end{cases}$$

— Liquide bouillant à 124-125° sous la pression de 749 millimètres; $d_0 = 0,8909$; $d_{19} = 0,8738$ [Flawitsky, *Ann. Chem.*, **179**, 348].

ACÉTATES DE BUTYLE, $C^6H^{12}O^2$. — *Acétate de butyle normal*, $C^2H^3O^2.CH^2.CH^2.CH^2.CH^3$ (voyez Suppl., **1**, 377). — D'après MM. Pribram et Handl [*Mon. f. Chem.*, **2**, 693], l'acétate de butyle normal bout à 121-123° sous la pression de 739 millimètres. Sa densité à 0° est 0,7695.

Le *dérivé trichloré*,

$$C^2H^3O^2.CH^2.CHCl.CCl^2.CH^3,$$

qu'on obtient en traitant par le chlorure d'acétyle l'alcool butylique trichloré, est un liquide bouillant à 131-132° sous la pression de 70 millimètres, et à 217°,5 sous la pression de 730 millimètres. Sa densité à 8°,5 est 1,3440 [Garzarolli, *Ann. Chem.*, **213**, 373].

Acétate d'isobutyle, $C^2H^3O^2.CH^2.CH(CH^3)^2$ (voyez Dict., **1**, 21 et Suppl., **1**, 377). — Il bout à 112,7-113° [R. Schiff, *Ann. Chem.*, **220**, 109].

Points d'ébullition sous pression réduite.

Pressions........	11mm,8	24mm,8	37mm,9
Points d'ébullition.	20°,6	30°,3	37°,7
Pressions........	56mm,2	80mm,0	760mm
Points d'ébullition.	45°,0	49°,7	112°

(Kahlbaum). — Sa densité à 0° est 0,8921 [Elsaesser, *Ann. Chem.*, **218**, 325]. Sa densité au point d'ébullition est $d_{112,7} = 0,7589$ (R. Schiff).

Acétate de butyle secondaire,

$$C^2H^3O^2.CH\begin{cases}CH^3\\CH^2.CH^3\end{cases}$$

(voyez Dict., **1**, 677). — Sa densité à 0° est 0,892 [Lieben, *Ann. Chem.*, **150**, 112].

Acétate de butyle tertiaire, $C^2H^3O^2 . C(CH^3)^3$. — Voyez Dict., **3**, 512.

ACÉTATE DE CÉTYLE (*hexadécyle*),

$$C^{18}H^{36}O^2 = C^2H^3O^2 . C^{16}H^{33}$$

(voyez Dict., **1**, 21). D'après M. Krafft, l'acétate de cétyle est en aiguilles peu solubles dans l'alcool froid, fusibles à 22-23° : il bout à 199,5-200°,5 sous la pression de 15 millimètres [F. Krafft, *D. chem. G.*, **16**, 1714; *Bull. Soc. Chim.*, **42**, 23].

ACÉTATES DE DÉCYLE,

$$C^{12}H^{24}O^2 = C^2H^3O^2 . C^{10}H^{21}.$$

— *Acétate décylique normal.* — A une dissolution d'aldéhyde caprique normale (1 p.) dans l'acide acétique (10 p.) on ajoute peu à peu du zinc en poudre (3 ou 4 p.); on maintient le mélange à l'ébullition pendant 8 jours et on précipite par l'eau. Le produit obtenu est rectifié sous pression réduite.

Cet acétate bout à 125-126° sous la pression de 15 millimètres. Il se prend en une masse cristalline quand on le refroidit énergiquement [F. Krafft, *D. chem. G.*, **16**, 1714; *Bull. Soc. Chim.*, **42**, 23].

Acétate isocaprique. — Voyez Suppl., **1**, 400.

Acétate décylique dérivé de l'isovalérate d'amyle. — Liquide bouillant à 228-235° [Lourenço et d'Aguiar, *Zeit. f. Chem.*, 1870, 404].

ACÉTATE DE DODÉCYLE NORMAL,

$$C^{14}H^{28}O^2 = C^2H^3O^2 . C^{12}H^{25}.$$

— C'est un liquide bouillant à 151° sous la pression de 15 millimètres, et qui se solidifie dans un mélange réfrigérant [F. Krafft, *D. chem. G.*, **16**, 1714; *Bull. Soc. Chim.*, **42**, 23].

ACÉTATE DE CÉRYLE,

$$C^{29}H^{58}O^2 = C^2H^3O^2 . C^{27}H^{55}.$$

— Voyez Suppl., **1**, 446.

ACÉTATE D'ÉTHYLE (*éther acétique*),

$$C^4H^8O^2 = C^2H^3O^2 . CH^2 . CH^3.$$

— Voyez Dict., **1**, 21.

Préparation. — La préparation de l'acétate d'éthyle peut être rendue continue en faisant réagir l'acide acétique sur l'acide éthylsulfurique [Markownikoff, *D. chem. G.*, **6**, 1177].

On introduit dans une cornue un mélange de 50 centimètres cubes d'acide sulfurique concentré et de 50 centimètres cubes d'alcool; on porte à 140° au bain de paraffine, puis on laisse couler lentement dans la cornue au moyen d'un entonnoir à robinet effilé un mélange d'alcool et d'acide acétique (1 litre de chacun). Au début il passe un peu d'éther sulfurique, puis un liquide contenant régulièrement 85 0/0 d'éther acétique. La réaction commence à 130-135°; lorsque la température atteint 145°, il se dégage de l'acide sulfureux. On lave à l'aide d'une solution de carbonate de sodium, on sèche sur le chlorure de calcium fondu et on rectifie [Pabst, *Bull. Soc. Chim.*, **33**, 350].

Propriétés physiques. — L'acétate d'éthyle bout à 75°,5 [R. Schiff., *Ann. Chem.*, **220**, 107]. Sa densité à 0° est 0,9239 [Elsaesser, *Ann. Chem.*, **218**, 316]. Sa densité au point d'ébullition est 0,8300 (Schiff).

Densités et tensions de vapeur à différentes températures.

Températures.	0°,0	12°,8	29°,4	50°,3	73°,7
Densités	0,9227	0,9076	0,8875	0,8613	0,8309
Températures.	36°,8	49°,3	60°,5	71°,6	76°,8
Tensions de vapeur en m/m.	172,3	293,2	450,1	661,6	783,0

[A. Naccari et S. Pagliani, *Jahresb.*, 1882, 63].

L'éther acétique est soluble dans 17 parties d'eau à 17°,5; 28 parties d'éther dissolvent 1 partie d'eau.

Action de la chaleur. — Dirigé en vapeur à travers un tube de fer chauffé au-dessous du rouge, l'acétate d'éthyle se dédouble assez nettement en acide acétique et éthylène. Au rouge sombre la décomposition est plus compliquée, par suite de la destruction de l'acide acétique [A. Oppenheim et H. Precht, *D. chem. G.*, **9**, 325; *Bull. Soc. Chim.*, **26**, 357].

Action du brome. — Quand on mélange l'acétate d'éthyle avec du brome, on observe une élévation de température. Le produit conserve la couleur du brome et ne cristallise pas par le refroidissement. Par la distillation, on obtient un liquide bouillant à 40-45° dans le vide et répondant à la formule $(C^4H^8O^2)^2 . Br^3$.

Si l'on dirige un courant d'air sec à travers un mélange en proportions quelconques d'éther acétique et de brome, celle des deux substances qui se trouve en excès est enlevée et le résidu répond à la formule $C^4H^8O^2 . Br^2$. C'est un liquide qui, chauffé en vase clos à 140-150°, se décompose en donnant du bromure d'éthyle, de l'acide bromhydrique et de l'acide bromacétique [P. Schützenberger, *D. chem. G.*, **6**, 71].

Si l'on chauffe à 150° l'acétate d'éthyle (1 mol.) avec du brome (1 mol.), on obtient du bromure d'éthyle et de l'acide bromacétique :

$$C^2H^3O^2 . C^2H^5 + Br^2 = C^2H^5Br + C^2H^3BrO^2$$

[J.-M. Crafts, *C. R.*, **56**, 707].

Si l'on emploie une quantité de brome plus considérable, il se forme de l'acide dibromacétique, du bromure d'éthyle bromé et une petite quantité d'acétate d'éthyle pentabromé [Carius, *D. chem. G.*, **3**, 336. — Steiner, *D. chem. G.*, **7**, 506. — Urech, *D. chem. G.*, **13**, 1690].

Action du sodium. — Voyez ACÉTYLACÉTIQUE (ÉTHER).

Action de la chaux. — En chauffant l'acétate d'éthyle avec de la chaux à 250-280°, on obtient principalement de l'acide butyrique. En réagissant sur l'acétate d'éthyle, la chaux donnerait naissance à de l'acétate et à de l'éthylate de calcium dont la réaction mutuelle engendrerait l'acide butyrique [Lubavine, *Bull. Soc. Chim.*, **34**, 679].

Action du chlorure de calcium. — Liebig a indiqué depuis longtemps que l'éther acétique se combine avec le chlorure de calcium. D'après M. A. Le Canu [*C. R.*, **100**, 110], cette combinaison aurait pour formule $(C^4H^8O^2)^2 . CaCl^2$.

Action du chlorure de titane. — L'acétate d'éthyle s'unit au chlorure de titane en donnant naissance aux trois composés suivants :

$$(TiCl^4)^2 . C^4H^8O^2; \quad TiCl^4 . C^4H^8O^2;$$
$$TiCl^4 (C^4H^8O^2)^2.$$

Le premier de ces composés se forme lorsqu'on ajoute goutte à goutte à du chlorure de titane de l'éther acétique en proportion calculée. Il se présente sous la forme de petits cristaux jaunes groupés en sphères. On obtient le second en dissolvant le premier dans un poids calculé d'éther acétique; c'est un corps cristallisé. Le troisième, qui s'obtient de même, cristallise en aiguilles.

Ces corps sont décomposés par l'eau. Soumis à l'action de la chaleur, ils se détruisent avant de fondre [E. Demarçay, *Bull. Soc. Chim.*, **20**, 127].

Action de l'éther oxalique et du sodium. — En traitant l'acétate d'éthyle par l'éther oxalique et le sodium, on obtient de l'éther oxalacétique :

$$\begin{array}{l} CO - CH^2 - CO^2 . C^2H^5 \\ | \\ CO^2 . C^2H^5 \end{array}$$

[Wislicenus, *D. chem. G.*, **19**, 3225; **20**, 589; *Bull. Soc. Chim.*, **47**, 961; **48**, 143].

DÉRIVÉS CHLORÉS. — Le chlore réagit vivement sur l'acétate d'éthyle et fournit des dérivés chlorés (voyez Dict., **1**, 22), qui ont été étudiés d'abord par Malaguti, puis par Leblanc. Mais les produits ainsi obtenus sont des mélanges d'un grand nombre de dérivés et il est impossible d'en extraire des composés définis. Le seul produit net de cette réaction est l'acétate d'éthyle perchloré.

On connaît aujourd'hui un grand nombre de dérivés chlorés de l'acétate d'éthyle : 3 dérivés monochlorés, 4 dérivés dichlorés, 5 dérivés trichlorés, 4 dérivés tétrachlorés, 2 dérivés pentachlorés, 1 dérivé hexachloré, 1 dérivé octochloré, en tout 20 dérivés (sur les 48 que prévoit la théorie). Tous ces corps, à part le dernier, ont été obtenus indirectement.

1° L'action de l'alcool sur les acides mono-, di- et trichloracétique, soit directement, soit en présence de l'acide chlorhydrique ou de l'acide sulfurique, fournit les trois composés :

$CH^2Cl.CO^2.CH^2.CH^3$
Monochloracétate d'éthyle.

$CHCl^2.CO^2.CH^2.CH^3$
Dichloracetate d'éthyle.

$CCl^3.CO^2.CH^2.CH^3$
Trichloracétate d'éthyle.

(voyez ACIDES CHLORACÉTIQUES).

2° En traitant l'alcool monochloré (monochlorhydrine du glycol) par le chlorure d'acétyle et par les chlorures d'acétyle mono-, di- et trichloré, on obtient les quatre dérivés :

$CH^3.CO^2.CH^2.CH^2Cl$
Acétate d'éthyle β-chloré.

$CH^2Cl.CO^2.CH^2.CH^2Cl$
Chloracétate d'éthyle β-chloré.

$CHCl^2.CO^2.CH^2.CH^2Cl$
Dichloracétate d'éthyle β-chloré.

$CCl^3.CO^2.CH^2.CH^2Cl$
Trichloracétate d'éthyle β-chloré.

Acétate d'éthyle β-chloré. — C'est l'acétochlorhydrine éthylénique (voyez Dict., **1**, 1610). Liquide bouillant à 145°.

Chloracétate d'éthyle β-chloré. — Ce composé, signalé par MM. Mulder et Bremer [*D. chem G.*, **11**, 1958] comme prenant naissance dans l'action de l'acide hypochloreux sur l'éthylène, se prépare facilement à l'aide du chlorure d'acétyle chloré et du glycol monochlorhydrique. C'est un liquide incolore, un peu épais, insoluble dans l'eau, bouillant sans décomposition à 197-198°.

Traité par le bromure ou par l'iodure de potassium en solution alcoolique, il se transforme en bromacétate ou en iodacétate d'éthyle chloré [L. Henry, *C. R.*, **97**, 1308; *Bull. Soc. Chim.*, **42**, 260].

Dichloracétate d'éthyle β-chloré. — On mélange peu à peu, et en refroidissant, des quantités équivalentes de monochlorhydrine du glycol et de chlorure de dichloracétyle, puis on chauffe au bain-marie et on précipite par l'eau. Le dichloracétate d'éthyle β-chloré est un liquide possédant une odeur agréable et aromatique, bouillant à 209-212°; sa densité est 1,200 à 15° [M. Delacre, *Bull. Soc. Chim.*, **48**, 706].

Trichloracétate d'éthyle β-chloré. — Ce corps se prépare comme le précédent, à l'aide du chlorure de trichloracétyle et de la monochlorhydrine du glycol. C'est un liquide bouillant à 217°; densité = 1,251 à 15° (Delacre).

3° Au moyen du chlorure d'acétyle ou des chlorures d'acétyle chlorés et de l'alcool dichloré $CH^2OH.CHCl^2$ [Delacre, *C. R.*, **104**, 1184], on obtient les composés :

$CH^3.CO^2.CH^2.CHCl^2$
Acétate d'éthyle β-dichloré.

$CH^2Cl.CO^2.CH^2.CHCl^2$
Chloracétate d'éthyle β-dichloré.

$CHCl^2.CO^2.CH^2.CHCl^2$
Dichloracétate d'éthyle β-dichloré.

$CCl^3.CO^2.CH^2.CHCl^2$
Trichloracétate d'éthyle β-dichloré.

Acétate d'éthyle β-dichloré. — Liquide possédant une odeur aromatique, bouillant à 166-168°.

Chloracétate d'éthyle β-dichloré. — Liquide d'odeur aromatique, bouillant à 215°; $d_{15} = 1,216$.

Dichloracétate d'éthyle β-dichloré. — Liquide possédant une odeur agréable qu'il perd à la distillation, bouillant à 223°; $d_{15} = 1,260$.

Trichloracétate d'éthyle β-dichloré. — Liquide bouillant à 230°, ne se solidifiant pas par le refroidissement [M. Delacre, *Bull. Soc. Chim.*, **48**, 706].

4° L'action des chlorures d'acétyle sur l'alcool trichloré $CH^2OH.CCl^3$ [Garzarolli, *Ann. Chem.*, **210**, 63] fournit les composés :

$CH^3.CO^2.CH^2.CCl^3$
Acétate d'éthyle β-trichloré.

$CH^2Cl.CO^2.CH^2.CCl^3$
Chloracétate d'éthyle β-trichloré.

$CHCl^2.CO^2.CH^2.CCl^3$
Dichloracétate d'éthyle β-trichloré.

$CCl^3.CO^2.CH^2.CCl^3$
Trichloracétate d'éthyle β-trichloré.

On les obtient en chauffant à une douce chaleur pendant 2 jours des quantités équivalentes de chlorure d'acide et d'alcool trichloré.

Acétate d'éthyle β-trichloré. — Liquide incolore, possédant une forte odeur de menthe, bouillant sans décomposition à 170°; densité = 1,189 à 15° [Garzarolli, *loc. cit.* — Delacre, *loc. cit.*].

Chloracétate d'éthyle β-trichloré. — Liquide bouillant à 220°; $d_{15} = 1,250$.

Dichloracétate d'éthyle β-trichloré. — Liquide bouillant à 230-231°, en se décomposant très légèrement; $d_{15} = 1,267$.

Trichloracétate d'éthyle β-trichloré. — Liquide bouillant à 236° en se décomposant très légèrement. Il cristallise par le refroidissement en beaux cristaux fusibles à 24-26° (Delacre).

5° En traitant l'aldéhyde et les aldéhydes mono-, di- et trichlorées par le chlorure d'acétyle, on obtient les composés :

$CH^3.CO^2.CHCl.CH^3$
Acétate d'éthyle α-chloré.

$CH^3.CO^2.CHCl.CH^2Cl$
Acétate d'éthyle α-β-dichloré.

$CH^3.CO^2.CHCl.CHCl^2$
Acétate d'éthyle α-mono-β-dichloré.

$CH^3.CO^2.CHCl.CCl^3$
Acétate d'éthyle α-mono-β-trichloré.

Acétate d'éthyle α-chloré (acétochlorhydrine éthylidénique). — Ce corps a été obtenu par Wurtz dans l'action du chlore sur l'aldéhyde (voyez Dict., **1**, 41), par M. Maxwell Simpson dans l'action du chlorure d'acétyle sur l'aldéhyde (Dict., **1**, 41). C'est un liquide bouillant à 122° en se décomposant légèrement. Sa densité à 15° est 1,114 [Franchimont, *Rec. P.-B.*, **1**, 246]. Il est décomposé par l'eau et par la potasse.

Acétate d'éthyle α-β-dichloré. — On l'obtient en traitant à froid par le chlorure d'acétyle l'hydrate d'aldéhyde monochlorée. C'est un liquide bouillant, en se décomposant, à 160-165° [Natterer, *Mon. f. Chem.*, **3**, 442; *Bull. Soc. Chim.*, **38**, 274].

Acétate d'éthyle α-mono-β-dichloré. — On le prépare en traitant par le chlorure d'acétyle l'aldéhyde dichlorée anhydre. C'est un liquide possédant une odeur de fruit et bouillant à 185° (Delacre, *loc. cit.*). Ce même corps se formerait quand on fait agir le chlore, à 120° et en présence d'iode, sur l'acétate d'éthyle α-chloré [F. Kessel, *D. chem. G.*, **10**, 1994; *Bull. Soc. Chim.*, **30**, 540].

Acétate d'éthyle α-mono-β-trichloré. — On le prépare en faisant réagir le chlorure d'acétyle sur le chloral anhydre ou sur l'hydrate de chloral. C'est un liquide bouillant à 188-189°; sa densité est 1,4761 à 17° [Meyer et Dulk, *Ann. Chem.*, **171**, 67].

L'action des chlorures d'acétyle chlorés sur les aldéhydes chlorées, examinée par M. Delacre (*loc. cit.*), ne conduit pas à des résultats nets.

6° *Acétate d'éthyle perchloré*,

$$CCl^3 . CO^2 . CCl^2 . CCl^3.$$

— Voyez Dict., **1**, 23.

DÉRIVÉS BROMÉS. — 1° Par l'action des acides bromacétiques sur l'alcool, on obtient les composés

$$CH^2Br . CO^2 . CH^2 . CH^3$$
Monobromacétate d'éthyle.

$$CHBr^2 . CO^2 . CH^2 . CH^3$$
Dibromacétate d'éthyle.

$$CBr^3 . CO^2 . CH^2 . CH^3$$
Tribromacétate d'éthyle.

(voyez ACIDES BROMACÉTIQUES).

2° En traitant le glycol monoacétique

$$CH^3 . CO^2 . CH^2 . CH^2OH$$

par l'acide bromhydrique à 100°, on obtient l'*acétate d'éthyle β-bromé* (*acétobromhydrine éthylénique*),

$$CH^3 . CO^2 . CH^2 . CH^2Br.$$

C'est un liquide peu soluble dans l'eau, bouillant à 161-163° [Demole, *Ann. Chem.*, **173**, 121].

3° En traitant par le chlorure d'acétyle l'alcool dibromé $CH^2OH . CHBr^2$ (qui résulte de l'action de l'acide hypobromeux sur l'éthylène bromé), on obtient l'*acétate d'éthyle β-dibromé*,

$$CH^3 . CO^2 . CH^2 . CHBr^2.$$

C'est un liquide bouillant à 193-195°; densité = 1,98 à 0° [Demole, *D. chem. G.*, **9**, 51].

4° L'action du bromure d'acétyle sur l'aldéhyde fournit l'*acétobromhydrine éthylidénique*

$$CH^3 CO^2 . CHBr . CH^3.$$

C'est un liquide très instable, bouillant à 135-145° en se décomposant [Tawildaroff, *Ann. Chem.*, **176**, 21].

5° En chauffant avec du brome à 100° l'acétate d'éthyle α-chloré (acétochlorhydrine éthylidénique), M. Kessel a obtenu le *bromacétate d'éthyle α-bromé*, $CH^2Br . CO^2 . CHBr . CH^3$, liquide bouillant à 130-135° sous la pression de 360 millimètres; $d_{17} = 1,962$.

En chauffant ce corps avec des quantités croissantes de brome, on a obtenu successivement les composés

$$CH^2Br . CO^2 . CHBr . CH^2Br \text{ (?)},$$

$$CH^2Br . CO^2 . CHBr . CHBr^2 \text{ (?)},$$

$$CH^2Br . CO^2 . CBr^2 . CHBr^2 \text{ (?)},$$

liquides bouillant à 175-177°;

$$CH^2Br . CO^2 . CBr^2 . CBr^3,$$

liquide bouillant à 195-198°.

Ce sont des liquides huileux, décomposables par l'eau et par l'alcool [Kessel, *D. chem. G.*, **11**, 1916].

DÉRIVÉS IODÉS. — *Iodacétate d'éthyle*,

$$CH^2I . CO^2 . CH^2 . CH^3$$

— Voyez ACIDE IODACÉTIQUE.

Acéto-iodhydrine éthylénique,

$$CH^3 . CO^2 . CH^2 . CH^2I.$$

— Voyez Dict., **1**, 1610.

DÉRIVÉS CHLOROBROMÉ ET CHLORO-IODÉ. — *Bromacétate d'éthyle β-chloré*,

$$CH^2Br . CO^2 . CH^2 . CH^2Cl.$$

— Voyez ACIDE BROMACÉTIQUE.

Iodacétate d'éthyle β-chloré,

$$CH^2I . CO^2 . CH^2 . CH^2Cl.$$

— Voyez ACIDE IODACÉTIQUE.

ACÉTATES D'HEPTYLE (*œnanthyle*)

$$C^9H^{18}O^2 = C^2H^3O^2 . C^7H^{15}.$$

— Voyez Dict., **1**, 24 et Suppl., **1**, 910-911.

Acétate du pentylméthylcarbinol. — Liquide bouillant à 169-171° [Schorlemmer, *Ann. Chem.*, **188**, 254].

Acétate de l'éthylisobutylcarbinol. — Liquide bouillant à 162-164° [E. Wagner, *D. chem. G.*, **16**, *Ref.*, 314].

Acétate du tétrabromodiallycarbinol. — Voyez Suppl., **1**, 624.

ACÉTATES D'HEXYLE, $C^8H^{16}O^2 = C^2H^3O^2 . C^6H^{13}$. — Voyez Dict., **1**, 21; **2**, 22, 24 et 1025; Suppl., **1**, 915 et 916.

Acétate de l'éthylpropylcarbinol (*dérivé chloré*), $C^2H^3O^2 . CH(C^3H^7)(CHCl-CH^3)$. — On le prépare en traitant par le chlorure d'acétyle l'éthylpropylcarbinol chloré. C'est un liquide bouillant à 188-190°. Sa densité à 6° est 1,04 [L. Henry, *Bull. Soc. Chim.*, **41**, 363].

Acétate du méthylpropylcarbine-carbinol (*méthylpropyléthol*),

$$C^2H^3O^2 . CH^2 . CH(CH^3)(C^3H^7).$$

— C'est un liquide bouillant à 162° sous la pression de 746 millimètres. Sa densité à 25° est 0,8717 [Lieben et Zeisel, *Mon. f. Chem.*, **4**, 33; *Bull. Soc. Chim.*, **40**, 39].

ACÉTATE DE MÉTHYLE, $C^3H^6O^2 = C^2H^3O^2 . CH^3$. — Voyez Dict., **1**, 23.

L'acétate de méthyle bout à 55-55°,1 sous la pression de 754 millim. (Schiff). Sa densité à 0° est 0,95774 [Elsaesser, *Ann. Chem.*, **218**, 312]. Sa densité à 55° est 0,88255 [R. Schiff, *Ann. Chem.*, **220**, 107 et **223**, 76].

ACÉTATES DE NONYLE,

$$C^{11}H^{22}O^2 = C^2H^3O^2 . C^9H^{19}.$$

— Voyez Dict., **2**, 576.

Acétate nonylique dérivé de l'isovalérate d'amyle. — Liquide bouillant à 207-213° [Lourenço et d'Aguiar, *Zeit. f. Chem.*, 1870, 404].

Acétate de l'éthylhexylcarbinol,

$$C^2H^3O^2 . CH(C^2H^5)(C^6H^{13}).$$

— Liquide bouillant à 210-211°, sous la pression de 749 millimètres; $d_0 = 0,878$; $d_{20} = 0,861$ [E. Wagner, *D. chem. G.*, **16**, *Ref.*, 314].

ACÉTATE D'OCTODÉCYLE,

$$C^{20}H^{40}O^2 = C^2H^3O^2 . C^{18}H^{37}.$$

— Cet acétate est en cristaux fusibles à 31°; il bout à 222-223° sous la pression de 15 millimètres

[F. Krafft, *D. chem, G.*, **16**, 1714; *Bull. Soc. Chim.*, **42**, 23].

ACÉTATES D'OCTYLE (*capryle*),

$$C^{10}H^{20}O^2 = C^2H^3O^2 . C^8H^{17}.$$

— Voyez Dict., **1**, 21; **2**, 597 et 691.

ACÉTATES DE PROPYLE,

$$C^5H^{10}O^2 = C^2H^3O^2 . C^3H^7.$$

Acétate de propyle normal,

$$C^2H^3O^2 . CH^2 . CH^2 . CH^3$$

(voyez Dict., **1**, 24). — Il bout à 100°,8 sous la pression de 760 millimètres (Schumann); à 101°,8-102°,2 sous la pression de 759 millimètres (Schiff).

Points d'ébullition sous pression réduite.

Pressions	17mm,3	30mm,0	41mm,3	50mm,0
Points d'ébullition	14°,8	24°,8	30°,7	33°,8
Pressions	76mm,1	97mm,0	760mm	
Points d'ébullition	39°,4	41°,8	100°,8	

(Kahlbaum); d_0=0,910 (Pierre et Puchot); d_0=0,909 [Elsaesser, *Ann. Chem.*, **218**, 320]; d_{15}=0,8992 (Linneman); $d_{101\text{-}8}$=0,7917 [R. Schiff, *Ann. Chem.*, **220**, 109 et **223**, 77].

L'acétate de propyle se dissout à 16° dans 60 fois son volume d'eau (Linnemann).

Acétate d'isopropyle, $C^2H^3O^2 . CH(CH^3)^2$ (voyez Dict., **2**, 158). — L'acétate d'isopropyle bout à 89-91° sous la pression de 734 millimètres; d_0=0,9166 [Pribam et Handl, *Mon. f. Chem.*, **2**, 686].

ACÉTATES DE TÉTRADÉCYLE,

$$C^{16}H^{32}O^2 = C^2H^3O^2 . C^{14}H^{29}.$$

Acétate de tétradécyle normal. — Voyez Suppl., **1**, 1530.

Acétate de l'amylheptyléthol,

$$C^2H^3O^2 . CH^2 . CH(C^5H^{11})(C^7H^{15}).$$

— Liquide bouillant à 275-280°; d_{15}=0,8559; d_{30}=0,8476 [Perkin, *D. chem. G.*, **15**, 2811; *Chem. Soc.*, **43**, 77]. LÉON ROUX.

ACÉTOLS. — L'acétol ou *acétylcarbinol* est le premier terme de la série des alcools-acétones qui contiennent dans leur molécule, en même temps qu'un groupement alcoolique, un ou plusieurs groupes carbonyle. Leurs propriétés sont à la fois celles des alcools et celles des acétones : comme les premiers, ils donnent des éthers; comme les acétones, ils se combinent avec le bisulfite de sodium et avec l'hydroxylamine pour donner des oximes.

Ils peuvent également s'unir avec 1 molécule de phénylhydrazine, pour donner une *hydrazone*; mais ce composé peut encore réagir sur la phénylhydrazine, et fixer un second reste hydrazinique pour se transformer en *osazone*; cette propriété rapproche les acétols des différents sucres, dont plusieurs appartiennent peut-être à cette série. Nous allons décrire les principaux termes de cette classe de composés.

ACÉTOL (*acétylcarbinol*), $CH^3-CO-CH^2 . OH$.

Préparation. — L'alcool allylique α-chloré,

$$CH^2{=}CCl-CH^2 . OH,$$

se dissout dans l'acide sulfurique avec dégagement d'acide chlorhydrique. La solution distillée avec de l'eau donne un liquide renfermant de l'acétylcarbinol [Henry, *C. R.*, **95**, 849].

On peut encore l'obtenir par l'action du carbonate de potassium sur la monobromacétone [Emmerling et Wagner, *Ann. Chem.*, **204**, 27], ou par l'action de la potasse sur la glucose ou sur le sucre de canne en fusion [Emmerling et Loges, *D. chem. G.*, **16**, 837].

M. W. H. Perkin junior a donné récemment un procédé qui permet de préparer l'acétylcarbinol à l'état de pureté.

On verse peu à peu 25 grammes de monochloracétone dans 200 grammes d'eau contenant en suspension un excès de carbonate de baryum fraîchement précipité, et chauffée à l'ébullition pendant toute la durée de l'opération. Dès que la monochloracétone s'est dissoute et que le dégagement d'acide carbonique a cessé, le liquide est filtré et la solution incolore distillée; on répète sur le produit de la distillation les mêmes opérations jusqu'à ce qu'on ait employé 150 grammes de monochloracétone. La solution modérément concentrée est sursaturée par le carbonate de potassium et épuisée par l'éther 50 fois au moins. On dessèche la solution éthérée sur le carbonate de potassium. Après évaporation de ce dissolvant, on obtient un liquide incolore, dont la majeure partie distille entre 140 et 150° : la portion comprise à un second fractionnement entre 145 et 150° est de l'acétylcarbinol sensiblement pur [W. H. Perkin junior, *Chem. Soc.*, Abstract of the proceedings, 1889-1890, 156].

L'oxydation au bain-marie des éthers acétique ou benzoïque de l'acétol au moyen de l'oxyde de cuivre précipité donne de l'acide lactique [A. Breuer et Zincke, *D. chem. G.*, **13**, 635]; par une oxydation complète, on obtient de l'acide carbonique et de l'acide acétique.

La solution d'acétol, comme du reste celle de tous les alcools-acétones qui contiennent le groupe $-CO-C.R.R'.OH$, réduit énergiquement la liqueur de Fehling à froid et le nitrate d'argent ammoniacal.

Éther acétique, $CH^3-CO-CH^2 . OC^2H^3O$. — On obtient l'éther acétique de l'acétol par l'action de l'acétate de potassium en solution alcoolique sur l'acétone monochlorée, ou par l'action de l'éther acétique de l'alcool propargylique sur l'eau et le chlorure mercurique [Henry, *D. chem. G.*, **5**, 966].

C'est un liquide bouillant à 172-172°,5 sous la pression de 745 millimètres; poids spécifique à 11° = 1,053. On ne peut en retirer l'acétol par saponification.

L'éther benzoïque, $CH^3-CO-CH^2 . OC^7H^5O$, s'obtient de la même manière; il fond à 23°,5 et bout à 263-264° en se décomposant partiellement [Breuer et Zincke, *loc. cit.*].

L'éther éthylique, $CH^3-CO-CH^2 . OC^2H^5$, s'obtient en hydratant l'éther propargylique correspondant, au moyen de l'eau et du bromure mercurique; il bout à 128°; densité à 18° = 0,99 [Henry, *D. chem. G.*, **14**, 2272].

Hydrazone et osazone. — La solution aqueuse d'acétol, traitée par le chlorhydrate de phénylhydrazine et l'acétate de sodium en solution aqueuse bouillante, laisse précipiter une huile qui est l'hydrazone de l'acétol; cette hydrazone, traitée en solution dans l'alcool étendu par un excès d'acétate de phénylhydrazine et chauffée au bain-marie pendant quelques heures, laisse déposer par refroidissement l'osazone cristallisée [H. Laubmann, *Ann. Chem.*, **243**, 244]. Cette osazone fond à 145° (Perkin).

HOMOLOGUES DE L'ACÉTOL.

Propionylcarbinol, $CH^3-CH^2-CO-CH^2 . OH$. — Son éther éthylique est seul connu; il s'obtient au moyen de l'éther éthoxyméthylacétylacétique,

$$C^2H^5O . CH^2-CO-CH(CH^3)-CO^2C^2H^5;$$

il bout de 100 à 105° [Isbert, *Ann. Chem.*, **234**, 195].

Butyrylcarbinol,

$$CH^3-CH^2-CH^2-CO-CH^2.OH.$$

— S'obtient comme le précédent, en partant de l'éther éthoxacétylacétique éthylé. Il bout à 112-115° (Isbert).

Acétyltriméthylcarbinol [Syn. *Diacétonalcool*], $CH^3-CO-CH^2-C(OH)(CH^3)^2$. — Voy. Suppl., 1, 24.

Méthyléthylacétol,

$$\frac{CH^3}{C^2H^5} > CH-CO-CH^2.OH$$

[James, *Ann. Chem.*, **231**, 235]. — L'éther méthylique s'obtient en traitant par le méthylate de sodium l'éther diéthylacétylacétique monochloré,

$$CH^2Cl-CO-C(C^2H^5)^2-CO^2C^2H^5.$$

C'est un liquide incolore, bouillant à 132°; densité à 20° = 0.855. Il ne se combine pas avec les bisulfites.

L'éther diéthylacétylacétique dichloré donne la *diéthyldiméthoxyacétone*,

$$(CH^3O)^2CH-CO-CH(C^2H^5)^2,$$

quand on le traite de la même manière.

Benzoylcarbinol [Syn. *Oxyacétophénone*] (voyez Acétylbenzine). — On ne connaît qu'un seul alcool-acétone qui possède une double fonction alcoolique : c'est la *dioxyacétone*, qui dérive théoriquement de la glycérine par oxydation du groupe alcool secondaire :

$$\begin{array}{l} CH^2.OH \\ | \\ CH.OH \\ | \\ CH^2.OH \end{array} + O = \begin{array}{l} CH^2.OH \\ | \\ CO \\ | \\ CH^2.OH \end{array} + H^2O.$$

Son *éther diéthylique* a été obtenu par MM. Grimaux et Lefèvre [*Bull. Soc. Chim.*, (3), **1**, 11], en partant de l'éther acétylacétique dioxéthylé,

$$(C^2H^5O)CH^2-CO-CH(OC^2H^5)-CO^2C^2H^5,$$

qu'on dédouble en le laissant digérer à froid pendant 24 heures avec la quantité théorique de potasse très étendue, à environ 2,5 0/0; on neutralise ensuite par l'acide sulfurique et on épuise par l'éther.

L'acétone dioxéthylée ainsi obtenue bout à 195°; elle possède un pouvoir réducteur très énergique; par hydrogénation, elle reproduit la diéthyline de la glycérine.

Nous avons mentionné plus haut la formation de l'éther diéthylique de la dioxyacétone diéthylée non symétrique $(C^2H^5)^2CH-CO-CH(OH)^2$ par l'action de l'éthylate de sodium sur l'éther diéthyldichloracétylacétique,

$$CHCl^2-CO-C(C^2H^5)^2-CO^2C^2H^5;$$

c'est un liquide limpide, bouillant à 134° (James, *loc. cit.*).

Enfin on connaît un alcool-dicétone qui contient un groupe alcoolique et deux groupes carbonyles : c'est l'*acétylacétol*,

$$CH^3-CO-CH^2-CO-CH^2.OH.$$

Son éther acétique s'obtient en traitant l'acétylacétone monochlorée, en solution alcoolique bouillante, par l'acétate de sodium sec. C'est un liquide incolore, bouillant vers 80° dans le vide, et possédant un pouvoir réducteur considérable; il réduit à froid la liqueur de Fehling et le nitrate d'argent ammoniacal [A. Combes, *Obs. inédite*].

A. Combes.

ACÉTONALCAMINES. — Voyez Acétonamines.

ACÉTONALOXYBUTYRIQUE (ACIDE) [C. Willgerodt, *D. chem. G.*, **15**, 2308 et **20**, 2445. — R. Engel, *C. R.* **104**, 688]. — Quand on traite l'acétone-chloroforme, mélangé à de l'acétone dans les proportions de 2 molécules du premier pour 1 molécule du second, par de la potasse caustique solide, que l'on ajoute peu à peu jusqu'à ce que l'on ait employé 8 molécules de cette base, en chauffant longtemps au bain-marie, on obtient le sel de potassium d'un acide $C^{11}H^{20}O^6$, que l'eau dédouble à chaud en acide oxybutyrique tertiaire. C'est l'acide acétonaloxyisobutyrique, dont la constitution doit, d'après la réaction précédente, être représentée par la formule

$$\begin{array}{l} HO^2C-C-O-C-O-C-CO^2H \\ \quad\quad\;\; \| \quad\;\; \| \quad\;\; \| \\ \quad\; (CH^3)^2 \; (CH^3)^2 \; (CH^3)^2 \end{array}$$

La réaction qui lui donne naissance est alors la suivante :

$$\begin{array}{l} CCl^3-C(OH) + CO + (OH)C-CCl^3 + 8KOH \\ \quad\quad\;\; \| \quad\quad\quad\; \| \quad\quad\quad\; \| \\ \quad\; (CH^3)^2 \quad (CH^3)^2 \quad (CH^3)^2 \\ = KO^2C-C-O-C-O-C-CO^2K + 6KCl + 5H^2O \\ \quad\quad\quad\; \| \quad\;\; \| \quad\;\; \| \\ \quad\quad (CH^3)^2 (CH^3)^2 (CH^3)^2 \end{array}$$

L'acide libre bout à 197°.

Le *sel de baryum* cristallise par évaporation lente de sa solution aqueuse avec une demi-molécule d'eau.

Le *sel de plomb* n'a pu être obtenu cristallisé.

Le *sel de zinc*, $C^{11}H^{18}O^6Zn, H^2O$, qu'on obtient en saturant par le carbonate de zinc une solution aqueuse de l'acide, cristallise par évapoporation de cette solution; il retient 1 molécule d'eau de cristallisation.

Le *sel de calcium*, $C^{11}H^{18}O^6Ca, \frac{1}{2}H^2O$, cristallise en jolies petites aiguilles.

D'après M. Engel [*Bull. Soc. Chim.*, **47**, 500], le sel de plomb cristallise seulement par évaporation dans le vide de la solution aqueuse de l'acide saturée par l'oxyde de plomb; il contient alors 2 molécules d'eau de cristallisation et a pour formule $C^{11}H^{18}O^6Pb, 2H^2O$.

Le sel de zinc a également pour formule

$$C^{11}H^{18}O^6Zn, 2H^2O;$$

est cristallin.

On peut facilement préparer des quantités considérables d'acide acétonaloxyisobutyrique en employant le procédé décrit par M. R. Engel, qui consiste à modifier la préparation de l'acétone-chloroforme; on obtient alors, non plus comme produit accessoire, mais comme produit principal, l'acide acétonaloxybutyrique.

A un mélange équimoléculaire d'acétone et de chloroforme on ajoute son volume d'alcool absolu refroidi à 0°, puis on traite le tout par une solution de potasse alcoolique refroidie à 0° et contenant environ 2 fois plus de potasse qu'il n'est théoriquement nécessaire pour enlever tout le chlore du chloroforme; la température ne tarde pas à s'élever, et il faut refroidir s'il se fait un dégagement gazeux trop rapide; vers la fin au contraire on chauffe à 60-70°; pendant toute la durée de la réaction, il se dégage de l'oxyde de carbone.

Le dégagement gazeux terminé, on ajoute un léger excès d'acide chlorhydrique, on sépare par filtration le chlorure de potassium formé et on le lave à l'alcool; on ajoute de l'eau au liquide filtré et on agite avec de l'éther; après distillation du dissolvant, il reste un liquide aqueux, qui contient l'acide cherché; on neutralise par l'oxyde de plomb et on fait cristalliser.

A. Combes.

ACÉTONAMINES. — On a donné le nom d'*acétonamines* à tous les produits basiques qui se forment par l'action de l'ammoniaque ou des amines grasses sur l'acétone ordinaire (voyez Suppl., 1, 17).

On a appelé *diacétonamine* le produit de l'action de 1 molécule d'ammoniaque sur 2 molécules d'acétone; *triacétonamine* celui de 1 molécule d'ammoniaque sur 3 molécules d'acétone; *triacétonediamine* celui de 2 molécules d'ammoniaque sur 3 molécules d'acétone, etc.

Certaines acétonamines peuvent, sous des influences réductrices, fixer H^2 et changer un groupement acétonique en un groupement d'alcool secondaire; les produits ainsi obtenus prennent le nom d'*alcamines;* ainsi on connaît la *triacétonalcamine.*

Les acétonamines peuvent, sous l'influence des déshydratants, perdre 1 molécule d'eau; les corps qui se forment dans ces conditions portent le nom de *déhydroacétonamines.*

Enfin, les *acétonalcamines* peuvent également perdre 1 molécule d'eau en se transformant en *acétonines.*

Mulder avait décrit autrefois (voyez Suppl., **1**, 17), sous le nom d'*acétonine*, un produit qui se formait d'après lui dans la préparation de la diacétonamine. Heintz, qui a repris la question [*Ann. Chem.*, **201**, 102; *Bull. Soc. Chim.*, **34**, 644], a démontré que la soi-disant acétonine était un mélange de diacétonamine et de triacétonamine.

Jusqu'à ces dernières années, les constitutions de la *diacétonamine*, de la *triacétonamine* et de leurs dérivés étaient incomplètement connues : ce qui avait conduit à décrire ces corps à la suite des dérivés de l'acétone; mais actuellement l'on sait que la diacétonamine a une formule en chaîne longue et que la triacétonamine est un dérivé de la pipéridine; il n'y a plus d'intérêt à décrire ces composés côte à côte; aussi ferons-nous pour chacune d'elles un article spécial. Nous décrirons ici seulement les produits plus ou moins complexes résultant de l'action de l'ammoniaque sur l'acétone et sur ses dérivés simples et dont la constitution n'est pas encore éclaircie.

Base acétonique sulfurée, $C^9H^{18}Az^2S$ [W. Heintz, *Ann. Chem.*, **203**, 236, 336; *Bull. Soc. Chim.*, **35**, 572 et 573]. — Cette base a été obtenue dans l'action de l'ammoniaque sur l'acétone en présence du sulfure de carbone. On abandonne le mélange pendant un mois à la température ordinaire. On transforme le tout en oxalate acide et l'on reprend par l'alcool pour se débarrasser de la diacétonamine; l'eau mère alcoolique, fortement refroidie, abandonne de petits cristaux incolores qui constituent l'éthyloxalate de la nouvelle base.

Pour mettre en liberté cette base, qui paraît assez altérable, on traite la solution alcoolique par la chaux, on évapore à sec, et l'on reprend par l'alcool éthéré. La solution, additionnée de chlorure de platine, abandonne des cristaux microscopiques jaunes, constituant le *chloroplatinate* de la nouvelle base et ayant pour formule

$$(C^9H^{18}Az^2S \,.\, HCl)^2PtCl^4.$$

L. Bouveault.

ACÉTONE [Syn. *Diméthylcétone*] (voyez Dict., **1**, 31 et Suppl., **1**, 14). — Aux réactions déjà signalées fournissant l'acétone, il convient d'ajouter les suivantes :

1° Le méthylchloracétol en solution dans l'alcool absolu, chauffé pendant 26 heures à 100° avec de l'acétate d'argent, fournit de l'éther acétique, de l'acide acétique, de l'anhydride acétique et de l'acétone. En remplaçant l'acétate d'argent par le thiacétate, on obtient un liquide insoluble dans l'eau, bouillant à 180-185°, et qui paraît être la thiacétone [W. Spring, *D. chem. G.*, **14**, 758].

2° La décomposition par les alcalis de l'acétylacétone [A. Combes, *C. R.*, **104**, 920].

3° L'action de la potasse sur la diméthylpyrone fournit de l'acétone pure (C. Combes) et de l'acide acétique.

Ces deux dernières réactions sont quantitatives.

Dérivés chlorés, bromés et iodés de l'acétone. — Monochloracétone. — La monochloracétone réagit facilement à froid sur le gaz ammoniac sec; on obtient un produit d'addition solide, blanc, très instable, qui ne tarde pas à se liquéfier en noircissant; la solution alcoolique, qui est moins altérable, laisse déposer du chlorhydrate d'ammoniaque, et il reste un composé

$$CH^2(AzH^2)-CO-CH^3$$

que la potasse dédouble en méthylamine et acétate de potassium [C. Cloëz, *Thèse Fac. Sc. de Paris*, 1886].

La triméthylamine s'unit aussi avec la monochloracétone pour donner du chlorure de coprine $C^6H^{14}AzOCl$ (voyez Coprine) [Niemilowicz, *Mon. f. Chem.*, 7, 241].

L'acétate de potassium en solution dans l'alcool absolu transforme la monochloracétone en éther acétique de l'acétol (voyez ce mot).

Action du sulfocyanate d'ammonium [T.-H. Norton et J. Tcherniak, *C. R.*, **88**, 484 et **96**, 494 et 587]. — Le sulfocyanate d'ammonium en solution alcoolique réagit sur l'acétone monochlorée; la réaction se passe en deux phases : il y a d'abord substitution du groupe CAzS au chlore; puis le sulfocyanate, réagissant sur le groupe carbonyle, donne le sulfocyanate de la base, $C^4H^6Az^2S$; ce sel fond à 114°.

La base qui prend naissance dans cette réaction, la *sulfocyanopropimine*

$$CH^2(SCAz)-C{=}(AzH)-CH^3,$$

peut être mise en liberté par la potasse concentrée; on épuise la solution par l'éther et on distille dans le vide; on obtient ainsi un solide fusible à 42° et bouillant à 136° dans le vide. Son *dérivé acétylé* fond à 134°, et l'*iodométhylate* à 157°,5. Si, au lieu d'employer le sulfocyanate d'ammonium, on emploie celui de baryum, la réaction s'arrête à la première phase.

Voici comment il convient d'opérer : 175 grammes de sulfocyanate dissous dans 525 grammes d'alcool sont additionnés de 100 grammes de monochloracétone; on laisse digérer à froid, puis on filtre à la trompe et on lave à l'alcool. Par évaporation du dissolvant, on obtient un sirop qu'on fait bouillir avec 10 fois son poids d'eau; on filtre et on évapore, puis on lave encore et on sèche sur l'acide sulfurique dans le vide. On obtient ainsi la *sulfocyanacétone*,

$$CH^2(SCAz)-CO-CH^3.$$

C'est un liquide indistillable, peu soluble dans l'alcool et dans l'éther, qui ne se combine pas avec les bisulfites alcalins.

D'après MM. Hantzsch et J. Weber [*D. chem. G.*, **20**, 3118], la sulfocyanopropimine aurait la constitution suivante :

```
CH³-C — Az
    ‖    ‖
   HC   C-AzH²
     \ /
      S
```

et deviendrait le *méso-amidométhylthiazol*; la sulfocyanacétone aurait ainsi pour constitution

```
CH³-C — Az
    ‖    ‖
   HC   C(OH)
     \ /
      S
```

et serait par conséquent le *méso-oxyméthylthiazol* (voyez THIAZOLS).

Action de la diphénylsulfo-urée [Pawlewski, *D. chem. G.*, **21**, 401]. — Si l'on traite 2 molécules d'acétone monochlorée par 1 molécule de phénylsulfo-urée à 120°, il se forme une masse brune, qu'on purifie par cristallisation dans le chloroforme. On obtient alors de belles aiguilles fusibles à 230-232°, de chlorhydrate d'*a*-phénylacétonyl-*b*-phénylsulfo-urée

$$CS \begin{matrix} \diagup AzH.C^6H^5 \\ \diagdown Az(CH^2-CO-CH^3)C^6H^5 \end{matrix}$$

qui donne un chloroplatinate insoluble dans l'eau et dans l'alcool; on met la base en liberté en traitant son chlorhydrate par la potasse caustique. C'est un solide bien cristallisé, fusible à 139-140°, soluble dans l'alcool bouillant, d'où il se dépose par refroidissement, en longues aiguilles jaunes.

DICHLORACÉTONES. — 1° *Dichloracétone non symétrique*, $CHCl^2-CO-CH^3$. — La dichloracétone non symétrique peut se préparer à l'état de pureté en traitant l'éther acétylacétique dichloré par l'acide chlorhydrique étendu, à l'ébullition, ou bien en chauffant le même éther avec de l'eau à 180° [V. Meyer et Janny, *D. chem. G.*, **15**, 1164. — M. Conrad, *Ann. Chem.*, **186**, 235]. Son point d'ébullition est 120-121°; sa densité à 0° = 1,234. Elle se combine avec le bisulfite de sodium pour donner le sel $C^3H^4Cl^2O.SO^3Na,3H^2O$ [Cloëz, *Ann. Chim. Phys.*, (6), **9**, 145].

Action de l'ammoniaque. — L'ammoniaque réagit vivement sur la dichloracétone pour donner le composé $CH^3-CO-CHCl(AzH^2)$, qui, traité par la potasse, fournit de la méthylamine [C. Cloëz, *loc. cit.*]

Acide acétoximique (*méthylbicarboxime*). — L'hydroxylamine réagit à la fois sur le groupe $CHCl^2$ et sur le groupe carbonyle de cette acétone, et fournit l'acide acétoximique

$$\begin{matrix} CH^3-C & — & CH \\ \| & & | \\ AzOH & & AzOH \end{matrix}$$

identique avec celui qu'on obtient en traitant la nitrosoacétone par l'hydroxylamine.

Voici comment il convient d'opérer : On dissout dans l'eau 6 molécules de chlorhydrate d'hydroxylamine, et on ajoute la quantité équivalente de soude caustique, puis 1 molécule de dichloracétone. Après 24 heures, on acidule et on épuise par l'éther; l'évaporation de l'éther abandonne des cristaux d'acide acétoximique, fusibles à 153°, peu solubles dans l'eau froide, facilement solubles dans l'eau chaude.

Il fonctionne comme acide monobasique. Son *sel d'argent*, $C^3H^5Az^2O^2Ag$, est presque insoluble.

L'éther diacétique

$$\begin{matrix} CH^3-C-CH-AzOC^2H^3O \\ \| \\ AzOC^2H^3O \end{matrix}$$

fond à 56°.

Ce même acide acétoximique prend naissance quand on abandonne pendant une semaine une solution potassique d'acétylacétate d'éthyle et de nitrite de sodium, qu'on acidule par l'acide sulfurique [Treadwell et Westenberger, *D. chem. G.*, **15**, 2786].

2° *Dichloracétone symétrique* [O. Walker, *Ann. Chem.*, **92**, 89]. — Quand on traite la diiodacétone symétrique par le chlorure d'argent, on obtient la dichloracétone symétrique, fusible à 42-43°; inversement cette dichloracétone se transforme en diiodacétone par l'action de l'iodure de potassium.

Pseudodichloracétone. — Le composé précédent a été considéré comme identique avec celui qu'on obtient par l'oxydation de la dichlorhydrine de la glycérine, $CH^2Cl-CHOH-CH^2Cl$, et qu'on prépare de la manière suivante : On mélange dans un ballon de 2 à 3 litres, bien refroidi, 200 grammes de dichlorhydrine et 160 grammes de dichromate de potassium; puis on ajoute peu à peu un mélange fait à l'avance et bien refroidi de 240 grammes d'acide sulfurique ordinaire et de 300 grammes d'eau. On laisse reposer pendant 12 heures et on épuise par l'éther. Le produit de l'évaporation de l'éther, traité par le bisulfite de sodium, donne une combinaison cristalline qui, lavée et purifiée, fournit la pseudodichloracétone par l'action du carbonate de sodium [Grimaux et Adam, *Bull. Soc. Chim.*, **36**, 18], ou mieux par l'action de l'acide phosphorique en présence d'éther (C. Cloëz).

C'est un corps solide, fusible à 43-44°, et bouillant à 170°.

D'après M. Cloëz, ce composé ne serait pas la dichloracétone symétrique, mais bien son isomère l'épichlorhydrine chlorée :

$$\begin{matrix} CH^2Cl & & \\ | & & \\ CH & \diagdown & \\ | & & O \\ CHCl & \diagup & \end{matrix}$$

Il ne fournit pas en effet, par l'action successive du brome et du chlorure mercurique, de tétrachloracétone, mais seulement un isomère.

Cyanhydrine de la pseudodichloracétone [Grimaux et Adam, *loc. cit.*]. — L'action de l'acide cyanhydrique sur la pseudodichloracétone fournit la cyanhydrine,

$$\begin{matrix} CH^2Cl-C(OH)-CH^2Cl \\ | \\ CAz \end{matrix}$$

qui, par l'action de l'acide chlorhydrique, donne l'acide correspondant :

$$\begin{matrix} CH^2Cl-C(OH)-CH^2Cl \\ | \\ CO^2H \end{matrix}$$

Cet acide fond à 91-92°. On peut le transformer en acide citrique par le cyanure de potassium et l'acide chorhydrique (Grimaux et Adam).

TRICHLORACÉTONES. — Dans l'action du chlore sur l'acétone on n'obtient pas seulement la trichloracétone $CCl^3-CO-CH^3$, mais en même temps son isomère $CHCl^2-CO-CH^2Cl$. On ne peut les séparer complètement (C. Cloëz).

L'action de l'ammoniaque sur ce mélange donne un produit brun qui, traité par la potasse, dégage des vapeurs ammoniacales; celles-ci, recueillies dans l'acide chlorhydrique, et traitées par le chlorure de platine, donnent un chloroplatinate dont la base serait $CHCl^2(AzH^2)$, ce qui prouverait bien la présence dans le mélange de l'acétone $CHCl^2-CO-CH^2Cl$.

L'acétone trichlorée $CCl^3-CO-CH^3$ fournit seulement, par l'ammoniaque, du chloroforme et de l'acétamide.

Cette acétone prend aussi naissance dans le dédoublement de l'acétylacétone hexachlorée symétrique [A. Combes, *Ann. Chim. Phys.*, (6), **12**, 199].

ACÉTONES TÉTRACHLORÉES, $C^3H^2Cl^4O$. — *Acétone tétrachlorée dissymétrique.* — Cette acétone se produit dans l'action du chlore sur l'acétone; elle bout à 180-182°, et son poids spécifique est 1,482 à 19°; son hydrate fond à 39°. Par l'action de la potasse et de l'aniline, on obtient de la phénylcarbylamine [Bischoff, *D. chem. G.*, **8**, 1336]. L'ammoniaque la dédouble en donnant du chloroforme et de la monochloracétamide,

$$CCl^3-CO-CH^2Cl + AzH^3$$
$$= CHCl^3 + CH^2Cl-CO.AzH^2,$$

ce qui établit sa constitution.

Tétrachloracétone symétrique. — On prépare cette acétone en traitant à 100° en tubes scellés la solution alcoolique de la dichlorodibromacétone par le chlorure mercurique en excès; elle bout à 179-181°; sa densité est la même que celle de la tétrachloracétone non symétrique. Elle se combine facilement avec le bisulfite de sodium et donne un hydrate $C^3H^2Cl^4O,4H^2O$ fusible à 47-48°. Elle ne fournit pas de chloroforme quand on la traite par l'ammoniaque [C. Cloëz].

PENTACHLORACÉTONE, $CCl^3-CO-CHCl^2$. — L'acétone pentachlorée prend naissance dans l'action du chlore sur l'acétone à la lumière solaire; mais le procédé de préparation le plus commode est le suivant : Une solution concentrée d'acide citrique (100 parties d'acide pour 150 parties d'eau) coule goutte à goutte sur de la ponce placée dans une allonge en verre plongée dans l'eau bouillante; on dispose un flacon qui permet de faire arriver le chlore par la partie inférieure de cette allonge, et en même temps de recueillir le liquide qui s'écoule; on obtient ainsi une huile qui, lavée au carbonate de sodium étendu, et puis à l'eau, bout à 192° sous une pression de 753 millimètres. Son poids spécifique est 1,576 à 14°; elle se dissout à 0° dans 10 fois son poids d'eau, et s'en sépare de nouveau à 50-60°. Elle fournit un hydrate cristallisé, fondant à 15°, qui se présente sous la forme de tables rhomboïdales ayant pour formule $C^3HCl^5O,4H^2O$.

L'ammoniaque scinde ce corps en chloroforme et dichloracétamide.

Lorsqu'on traite par le chlore à la lumière solaire la pseudodichloracétone symétrique provenant de l'oxydation de la dichlorhydrine de la glycérine, on obtient un composé isomérique et non identique avec la pentachloracétone; c'est un liquide qui bout à 185° et a pour densité 1,61 à 8°. L'action de l'ammoniaque ne donne pas de chloroforme, mais fournit très nettement la trichloracétamide; ce fait ne peut s'expliquer qu'en admettant, comme nous l'avons fait plus haut, que la pseudodichloracétone dérive de l'épichlorhydrine. Le produit qu'on obtient en chlorant de l'oxyde de propylène chloré est également isomérique avec la pentachloracétone; il se dédouble en présence de l'ammoniaque en donnant de la trichloracétamide, ce qui permettrait peut-être de l'identifier avec la pseudopentachloracétone.

Le chloranile en suspension dans l'eau donne, par l'action du chlore en présence de l'iode, un produit huileux qui serait l'acétone pentachlorée mélangée d'acétone tétrachlorée [S. Lévy et K. Jedlicka, *D. chem. G.*, **21**, 318].

ACÉTONE HEXACHLORÉE. — La préparation de cette acétone se fait facilement de la manière suivante : On place dans un grand flacon une solution concentrée d'acide citrique, puis on le remplit de chlore et on l'expose au soleil. On recommence cette opération tant que le chlore est absorbé; on peut encore opérer de la même manière avec de l'acétone.

L'acétone perchlorée bout à 202-204° sans décomposition, et se solidifie à —2°. C'est un liquide très fluide, dont la densité est 1,744. Elle donne avec l'eau un hydrate cristallisé C^3Cl^6O, H^2O, très peu soluble dans l'eau.

L'ammoniaque décompose l'acétone perchlorée en chloroforme et trichloracétamide.

ACÉTONE MONOBROMÉE, $CH^3-CO-CH^2Br$. — S'obtient par l'action du brome sur l'acétone bien refroidie. C'est une huile lourde qui ne distille pas sans décomposition, mais qu'on peut entraîner par la vapeur d'eau. Peu soluble dans l'eau, facilement soluble dans l'alcool et dans l'acétone. Poids spécifique = 1,99. Elle se combine avec le bisulfite de sodium en donnant un composé cristallin; traitée par le carbonate de potassium, elle fournit l'acétol [Emmerling et Wagner, *Ann. Chem.*, **204**, 27. — Sokolowsky, *D. chem. G.*, **9**, 1688].

ACÉTONE DIBROMÉE. — Les deux isomères sont connus.

$CH^3-CO-CHBr^2$. — M. Sokolowsky [*loc. cit.*] l'obtient par l'action du brome sur l'acétone. Poids spécifique = 2,5.

$CH^2Br-CO-CH^2Br$. — Se prépare, comme le composé dichloré correspondant, par l'action du bromure mercurique sur la diiodacétone. C'est un corps solide, fusible à 24° [Wölker, *Ann. Chem.*, **192**, 97].

TÉTRABROMACÉTONE, $C^3H^2Br^4O$. — On prépare cette acétone en traitant à froid 1 partie d'acétone par 15 parties de brome.

Elle cristallise avec 2 molécules d'eau et fond à 42-43°. Il se produit en même temps de l'acétone pentabromée [Mulder, *Jahresbericht*, 1864, 330].

ACÉTONE PENTABROMÉE. $CHBr^2-CO-CBr^3$. — S'obtient par l'action du brome sur l'acétone (Mulder), sur l'acide citrique [Cahours, *Ann. Chem.*, **64**, 350]; en chauffant avec de l'alcool la phlorobromine C^6HBr^5O. C'est un corps solide, fusible à 76°; l'ammoniaque le dédouble en donnant de la dibromacétamide [Benedikt, *Ann. Chem.*, **189**, 168].

ACÉTONE PERBROMÉE, C^3Br^6O. — On l'obtient par l'action du brome en excès sur le chlorhydrate de triamidophénol [Weidel et Gruber, *D. chem. G.*, **10**, 1145]; l'action se fait en présence de l'eau à 100°, ou en tubes scellés à 180°.

C'est un composé solide, fusible à 107-109°, qui cristallise en prismes clinorhombiques. Rapport des axes = 0,8019 : 1 : 0,7165; inclinaison des axes 64°,23; faces observées : $h^{1/2}$, p, g^4, h^3.

La soude donne du bromoforme et du carbonate de sodium. L'ammoniaque fournit du bromoforme et de la tribromacétamide.

L'acétone perbromée est insoluble dans l'eau, facilement soluble dans le sulfure de carbone, le chloroforme, la benzine et l'éther; elle se dissout avec décomposition dans l'alcool.

Quand on chauffe l'acétone perbromée avec de l'urée ou du biuret à 150-180°, il se forme deux acides cyanuriques qui paraissent différents [Herzig, *D. chem. G.*, **12**, 170].

MONOCHLORACÉTONE MONOBROMÉE. — Theegarten [*Jahresb. für Chem.*, 1873, 419] a obtenu, en traitant l'épichlorhydrine par l'acide bromhydrique, la chlorobromhydrine de M. Reboul; en l'oxydant par le dichromate de potassium, il a obtenu un composé solide, fusible à 34-35° et bouillant à 177-180°. Peu soluble dans l'eau, ce composé se combine au bisulfite de sodium. Il peut avoir pour formule

$$CH^2Cl-CO-CH^2Br, \text{ ou } CH^2Cl-CH-CHBr.$$
$$\diagdown O \diagup$$

MONOCHLORACÉTONE TRIBROMÉE, $C^3H^2ClBr^3O$. — Il existe plusieurs composés possédant cette formule.

1° En traitant la dichlorhydrine par le brome et l'eau, à froid, on obtient au bout de quelque temps de beaux cristaux prismatiques fondant à 50° et ne contenant pas d'eau de cristallisation [Claus et Lindhorst, *Jahresb. für Chem.*, 1880, 608].

En traitant l'épichlorhydrine par le brome à 100°, MM. Grimaux et Adam [*Bull. Soc. Chim.*, **33**,

257] ont obtenu un corps ayant la même formule; il donne un hydrate fusible à 55°, soluble dans l'alcool.

Ces deux composés ne sont pas réellement des acétones : mais on peut préparer un corps dérivant directement de l'acétone et admettant la même formule. On l'obtient en faisant agir le brome à 100° sur l'acétone monochlorée. Il se présente sous la forme d'un liquide bouillant à 130° sous la pression de 25 millimètres et à 215° sous la pression normale; sa densité est 2,270; il donne un hydrate cristallin $C^3H^2ClBr^3O, 4H^2O$ qui se dissocie à l'air. L'ammoniaque, en réagissant sur ce composé, donne du bromoforme et de la chloracétamide, ce qui assigne au composé la constitution $CBr^3-CO-CH^2Br$ [Cloëz, *loc. cit.*].

Acétones chlorobromées contenant 2 atomes de chlore. — 1° Par l'action du brome sur la pseudodichloracétone symétrique de Markownikoff, il se produit un liquide qui se solidifie à — 14° et bout à 135° sous la pression de 40 millimètres. Ce corps donne un hydrate à 4 molécules d'eau, fusible à 53-54°. Il a pour constitution

$$CH^2Cl-CO-CBr^2Cl$$

[Claus et Lindhorst, *D. chem. G.*, **13**, 1209]

ou

$$\begin{array}{c} CHBrCl-CH-CBrCl \\ \diagdown \ \diagup \\ O \end{array}$$

[Cloëz, *loc. cit.*].

Par l'action du brome sur la dichlorhydrine, MM. Grimaux et Adam [*Bull. Soc. Chim.*, **32**, 18] ont obtenu un corps dont l'hydrate fond à 55-56°; il paraît différent du précédent et aurait pour constitution, d'après M. Cloëz,

$$\begin{array}{c} CBr^2Cl-CH-CHCl \\ \diagdown \ \diagup \\ O \end{array}$$

La dichloracétone dissymétrique, attaquée par le brome à 100°, donne la dichloracétone dibromée $CHCl^2-CO-CHBr^2$, qui peut être transformée en tétrachloracétone symétrique (Cloëz). Cette acétone donne un hydrate cristallin, mais peu stable, contenant 4 molécules d'eau.

Acétone bromotrichlorée. $C^3H^2Cl^3BrO$. — Elle s'obtient en traitant la trichloracétone par le brome à 100°. Comme les composés précédents, elle donne un hydrate cristallin à 4 molécules d'eau qui fond à 48° et ne se décompose qu'à 75°. L'acétone elle-même bout à 190°.

Toutes les acétones tétrasubstituées que nous venons de décrire donnent un hydrate de même formule à $4H^2O$. Chaque substitution d'un atome de brome à un atome de chlore élève le point de fusion d'environ 10° (Cloëz).

IODACÉTONES. — Monoiodacétone,

$$CH^2I-CO-CH^3$$

[De Clermont et Chautard, *C. R.*, **100**, 745]. — Pour préparer l'iodacétone, on place dans un ballon de 3 litres environ 200 grammes d'acétone pure du bisulfite, 100 grammes d'iode et 40 grammes d'acide iodique. Au bout de 8 jours, on chauffe au réfrigérant ascendant pendant 2 ou 3 heures, puis on ajoute 500 grammes d'eau. Il se sépare une huile lourde qu'on dessèche sur le chlorure de calcium, puis dans le vide à l'obscurité.

Liquide incolore, qui brunit rapidement et ne peut être distillé même dans le vide. Densité $= 2,17$. Réduit la liqueur de Fehling et n'est attaqué que par la potasse concentrée.

Les acides concentrés la transforment en diiodacétone symétrique, fusible à 61°.5.

Diiodacétone, $CH^2I-CO-CH^2I$ [Wölker, *Ann. Chem.*, **192**, 189]. — Se prépare par l'action du chlorure d'iode sur l'acétone :

$$2ICl^3 + 3CH^3-CO-CH^3$$
$$= CH^2I-CO-CH^2I + 2CH^3-CO-CH^2Cl + 4HCl.$$

Petites aiguilles fusibles à 61,5-62°, facilement solubles dans la benzine, l'éther et l'acétone, moins solubles dans le chloroforme et dans le sulfure de carbone. Se transforme en acétone dichlorée symétrique par l'action du chlorure d'argent.

Acétones fluorées et fluoborées. — L'acétone absorbe le fluorure de bore avec énergie; il y a élévation de température et on obtient un liquide dense dont on peut retirer :

1° De l'*acétone fluoborique* α,

$$C^3H^6O \, . \, Bo^4Fl^3O^4H^2,$$

liquide mobile et limpide, distillant de 120 à 122°.

2° De l'*acétone fluoborique* β, présentant la même composition, mais bouillant à 90-92° et cristallisant facilement en petites lamelles brillantes qui fondent à 36°.

3° De l'*acétone borique*, $C^3H^6O \, . \, Bo^2O^2H^2$, liquide limpide, mobile, distillant vers 50° et ne se solidifiant pas.

Ces trois composés présentent quelques caractères communs : l'eau les décompose immédiatement en donnant de l'acide borique et des produits volatils. Indépendamment de ces corps, il se forme dans la réaction du fluorure de bore sur l'acétone, des hydrocarbures dont le plus abondant distille à 162-165° comme le mésitylène, mais a pour composition C^9H^{14}.

L'*acétone monofluorhydrique*, $C^3H^6O \, . \, HFl$, bout à 155°.

L'*acétone difluorhydrique*, $C^3H^6O \, . \, 2HFl$, est gazeuse à la température ordinaire, et bout à 12-15°. Ces deux composés s'obtiennent par l'action de l'eau sur les acétones fluoborées [Landolph, *C. R.*, **89**, 173].

Le travail de M. Landolph n'a pas été contredit; il est néanmoins bien singulier de voir des composés présentant les formules des acétones fluoboriques α et β bouillir à des températures aussi peu élevées.

Dérivés phosphorés de l'acétone. — Par l'action du trichlorure de phosphore et du chlorure d'aluminium sur l'acétone, M. Michaelis [*D. chem. G.*, **18**, 698] a obtenu un composé $C^6H^{10}O^2PCl$, qu'il considère comme possédant la constitution suivante :

$$\begin{array}{l} (CH^3)^2=C - O \\ \qquad\qquad\ \ | \quad\ \ | \\ CH^3-CO-CH-P-Cl \end{array}$$

Cette constitution est appuyée sur le dédoublement que subit par l'eau le produit d'addition que fournit ce corps avec le brome ou le chlore : il se produit de l'acide bromhydrique, de l'acide chlorhydrique, de l'acide phosphorique et de l'oxyde de mésityle :

$$\begin{array}{l} (CH^3)^2=C - O \\ CH^3-CO-CH-P-Cl \end{array} + Br^2$$

$$= \begin{array}{l} (CH^3)^2=C-O-PBrCl \\ CH^3-CO-CHBr \end{array}$$

$$\begin{array}{l} (CH^3)^2=C-O-PBrCl \\ CH^3-CO-CHBr \end{array} + 3H^2O$$

$$= \begin{array}{l} (CH^3)^2=C \\ \qquad\qquad\ \ \| \\ CH^3-CO-CH \end{array} + 2HBr + HCl + PO^4H^3.$$

Pour préparer le chlorure acétonylphosphoreux, on ajoute à un mélange de chlorure phosphoreux (1 volume) et d'acétone (2 volumes à 2,5 volumes) du chlorure d'aluminium (1/6 du poids du trichlorure employé); il se dégage d'énormes quantités d'acide chlorhydrique. On refroidit soigneusement jusqu'à ce que la réaction soit calmée. On chauffe alors vers 130° jusqu'à ce que le dégagement d'acide chlorhydrique soit terminé, et on épuise par l'éther de pétrole. Le résidu contient de l'acide diacétonylphosphinique (voyez plus loin).

L'éther de pétrole abandonne un liquide huileux qui, après distillation, se prend en une masse solide.

Le chlorure diacétonylphosphoreux fond à 35-36° et bout à 235°; il est soluble dans l'éther et dans la ligroïne. Il se dissout dans l'alcool absolu en donnant un éther.

Il fixe Cl^2 pour donner un trichlorure

$$\begin{array}{c}(CH^3)^2 = C - OPCl^2 \\ CH^3 - CO - CHCl\end{array}$$

fusible à 115°, qui, chauffé avec du nitrate d'argent en solution aqueuse, donne du chlorure d'argent, de l'acide phosphorique et de l'oxyde de mésityle.

Avec le brome, on obtient le chlorobromure correspondant

$$\begin{array}{c}(CH^3)^2 = C - OPBrCl \\ | \\ CH^3 - CO - CHBr\end{array}$$

qui fond à 142° et se dédouble comme le précédent.

Acide diacétonylphosphinique (isopropylacétonylphosphinique),

$$(CH^3)^2 = CH - CH \begin{matrix} \diagup PO(OH)^2 \\ \diagdown CO - CH^3 \end{matrix}$$

— Il se produit par l'action de l'eau sur le chlorure diacétonylphosphoreux :

$$\begin{array}{c}(CH^3)^2 = C - O \\ | \quad\quad | \\ CH^3 - CO - CH - PCl\end{array} + 2H^2O$$

$$= HCl + \begin{array}{c}(CH^3)^2 = CH \\ | \\ CH^3 - CO - CH - PO(OH)^2\end{array}$$

C'est un acide bibasique énergique; très soluble dans l'eau et dans l'alcool, plus difficilement soluble dans l'éther; il se présente sous la forme de fines aiguilles fusibles à 63°.

Sels d'ammonium. — $C^6H^{11}OPO^3HAzH^4$. Cristaux incolores. Il existe un second sel qui répond à la formule

$$[C^6H^{11}OPO^3]^2H(AzH^4)^3, 2H^2O.$$

Sels de potassium. — Il y a également deux sels de potassium :

1° $C^6H^{11}OPO^3KH$, qui n'est pas cristallisé.

2° $C^6H^{11}OPO^3KH + C^6H^{11}OPO^3H^2$, qui cristallise en fines aiguilles.

Sels de baryum. — Les deux sels de baryum sont tous les deux bien cristallisés. Le premier, $C^6H^{11}OPO^3Ba, 6H^2O$, se présente sous la forme de petits cristaux rhombiques, difficilement solubles dans l'eau froide.

Le second, $(C^6H^{11}OPO^3)^2BaH^2, 2H^2O$, est formé de petites aiguilles très solubles dans l'eau.

Sel de magnésium, $C^6H^{11}OPO^3Mg, 6H^2O$. — Paillettes nacrées.

Sels de plomb,

$$C^6H^{11}OPO^3Pb \quad \text{et} \quad C^6H^{11}OPO^3Pb, \tfrac{1}{2}PbO.$$

— Précipités blancs amorphes, insolubles dans l'eau.

Sel d'argent, $C^6H^{11}OPO^3Ag^2$. — Précipité blanc amorphe, insoluble.

Le chlorhydrate d'hydroxylamine réagit sur l'acide diacétonylphosphinique et donne le *dérivé nitrosé*

$$(CH^3)^2 = CH - CH \begin{matrix} \diagup PO(OH)^2 \\ \diagdown C(AzOH) - CH^3 \end{matrix}$$

C'est un solide cristallisé, fusible à 169-170°, facilement soluble dans l'eau et dans l'alcool, peu soluble dans l'éther; c'est un acide bibasique énergique. On ne peut obtenir de dérivé dinitrosé.

L'oxydation de l'acide diacétonylphosphinique au moyen de l'acide nitrique fumant donne l'acide isopropylphosphine-carbonique

$$CH - \begin{matrix} \diagup CH^3 \\ CH^2PO(OH)^2 \\ \diagdown COOH \end{matrix}$$

suivant l'équation

$$C^6H^{13}PO^4 + O^7 = C^4H^9PO^5 + 2H^2O + 2CO^2.$$

C'est un acide tribasique; son *sel de baryum* répond à la formule $(C^4H^6PO^5)^2Ba^3$, et son *sel d'argent* a pour composition $C^4H^6PO^5Ag^3$.

Acide diacétonylphénylphosphinique

$$(CH^3)^2 = CH - CH \begin{matrix} \diagup PO \begin{matrix} \diagup C^6H^5 \\ \diagdown OH \end{matrix} \\ \diagdown CO - CH^3 \end{matrix} + H^2O$$

[Michaelis, *D. chem. G.*, 19, 1009]. — Cet acide s'obtient en faisant agir l'anhydride phosphorique sur un mélange d'acétone et de chlorure phénylphosphoreux, et en traitant ensuite par l'eau :

$$2C^3H^6O + C^6H^5PCl^2$$
$$= C^6H^{10}(C^6H^5)POCl^2 + H^2O,$$
$$C^6H^{10}(C^6H^5)POCl^2 + 2H^2O$$
$$= C^6H^{12}(C^6H^5)PO^3 + 2HCl.$$

Il se présente sous la forme de longues aiguilles très fines, fusibles à 86°, peu solubles dans l'eau froide et dans l'éther, facilement solubles dans l'eau chaude et dans l'alcool; il est monobasique. Son *sel d'argent* est $C^6H^{11}(C^6H^5)PO^3Ag$.

Il existe un homologue de cet acide, obtenu en remplaçant le chlorure phénylphosphoreux par le chlorure p-crésylphosphoreux :

$$(CH^3)^2 = CH - CH \begin{matrix} \diagup PO \begin{matrix} \diagup C^6H^4 - CH^3 \\ \diagdown OH \end{matrix} \\ \diagdown CO - CH^3 \end{matrix}$$

Il fond à 102-103° et est monobasique, comme le précédent.

L'iodure de phosphonium donne avec l'acétone un mélange huileux qui contient

$$(C^3H^6O)^2PH^4I \quad \text{et} \quad (C^3H^6O)^3PH^4I.$$

DÉRIVÉS SULFURÉS DE L'ACÉTONE. — Le pentasulfure de phosphore réagit facilement à froid sur l'acétone; il est cependant utile de chauffer au bain-marie pour terminer la réaction. La portion insoluble dans l'eau contient un composé qui possède la composition de la thiacétone C^3H^6S [Wislicenus, *Zeit. f. Chem.*, 1869, 324]. D'après M. W. Spring [*Bull. Soc. Chim.*, 40, 66], il répond à la formule $[C^3H^6S]^2$. C'est un liquide jaune, bouillant de 183 à 185°. Sa solution alcoolique donne avec le chlorure mercurique un précipité blanc. L'amalgame de sodium le transforme en isopropylmercaptan $(CH^3)^2 = CH.SH$.

D'après M. Claus [*D. chem. G.*, 8, 532], l'isopropylmercaptan, oxydé par le mélange chromique, reproduit la dithiacétone.

En même temps que la dithiacétone, on obtient de l'oxythiacétone $C^3H^6S.C^3H^6O$. Cette combinaison est peu stable, et se décompose à la distillation en acétone et dithiacétone (Spring).

Les mercaptans se combinent avec l'acétone;

l'éthylmercaptan donne, par exemple, la réaction suivante :

$$(CH^3)^2 = CO + 2C^2H^5.SH$$
$$= (CH^3)^2CS(C^2H^5)^2 + H^2O.$$

Ces combinaisons sont désignées sous le terme général de *mercaptols* (voyez ce mot).

DÉRIVÉS NITROSÉS ET ISONITROSÉS DE L'ACÉTONE. — NITROSOACÉTONE, $CH^3-C(AzOH)-CH^3$ [Syn. *Acétoxime, diméthylcarboxime*]. — L'hydroxylamine réagit sur l'acétone, pour donner l'acétoxime; ce composé est complètement décrit à l'article ACÉTOXIME.

ISONITROSOACÉTONE (*acétylcarboxime*),

$$CH^3-CO-CH(AzOH).$$

— MM. V. Meyer et Zublin [*D. chem. G.*, **11**, 320] ont obtenu ce composé par l'action de l'acide azoteux sur l'éther acétylacétique. On prépare beaucoup plus commodément l'isonitrosoacétone par l'action de l'acide azoteux sur l'acétone. On se sert, pour fournir l'acide azoteux, du nitrite d'amyle.

Un mélange d'acétone et de nitrite d'amyle est additionné d'acide chlorhydrique; il convient de n'ajouter le nitrite d'amyle que petit à petit; le produit de la réaction est traité par la soude étendue, et épuisé à l'éther pour séparer l'alcool amylique formé; puis on acidifie pour mettre l'isonitrosoacétone en liberté, et on épuise de nouveau par l'éther [L. Claisen, *D. chem. G.*, **20**, 252].

L'isonitrosoacétone se présente sous la forme de petites tables ou de petits prismes blancs qui fondent à 65°; on ne peut la distiller; cependant elle se sublime en petites aiguilles blanches [Treadwell et Steiger, *D. chem. G.*, **15**, 1059]; elle est très soluble dans l'eau et dans l'éther. La solution dans les alcalis a une couleur jaune très vive. Quand on la chauffe avec de l'acide chlorhydrique étendu, à 140°, elle se dédouble en acide acétique, acide formique et ammoniaque. La réduction par l'étain et l'acide chlorhydrique fournit une base $C^6H^8Az^2$, appelée *kétine* (voyez ce mot) [Treadwell et Steiger, *loc. cit.*].

L'isonitrosoacétone fonctionne comme un acide monobasique. Son *sel d'argent*,

$$CH^3-CO-CH=AzOAg,$$

est un précipité jaune d'or, qui s'obtient par l'action d'une solution aqueuse d'isonitrosoacétone sur une solution ammoniacale de nitrate d'argent. Son éther méthylique et son éther éthylique s'obtiennent facilement par l'action des iodures de méthyle et d'éthyle sur une solution alcoolique de 1 atome de sodium et de 1 molécule d'isonitrosoacétone.

L'*éther méthylique* bout à 115-116° en se décomposant partiellement; il est peu soluble dans l'eau, miscible en toutes proportions avec l'alcool [Ceresole, *D. chem. G.*, **16**, 833].

L'*éther éthylique* bout à 130°.

L'isonitrosoacétone se transforme facilement par l'action des déshydratants (par exemple l'anhydride acétique au bain-marie), en cyanure d'acétyle $CH^3-CO-CAz$ ou nitrile pyruvique; par l'action de l'acide chlorhydrique sur ce nitrile, on obtient l'amide de l'acide pyruvique. Cette réaction est générale et s'applique aux isonitrosocétones de la forme $R-CO-CH=AzOH$:

$$R-CO-CH-AzOH - H^2O = R-CO-CAz$$

[L. Claisen, *D. chem. G.*, **20**, 2196].

Isonitrosochloracétone, $C^3H^4ClAzO^2$ [Barbaglia, *D. chem. G.*, **6**, 321]. — A été obtenue par l'action de l'acide azotique fumant sur la monochloracétone. L'action de l'anhydride azoteux sur l'acétone fournit une huile qui, traitée par l'acide chlorhydrique, donne l'isonitrosochloracétone [Matthews et Hodgkinson, *D. chem. G.*, **15**, 2679], fondant à 110°.

L'hydroxylamine réagit sur ce composé pour donner une oxime fusible à 171°.

DIISONITROSOACÉTONE (*cétodicarboxime*),

$$(CH=AzOH)^2=CO$$

[D. Pechmann et Wehsarg, *D. chem. G.*, **19**, 2465]. — Lorsqu'on fait agir un azotite sur de l'acide acétone-dicarbonique pur, il se produit une vive réaction et il se dépose des cristaux incolores de diisonitrosoacétone :

$$CO{<}^{CH^2-CO^2H}_{CH^2-CO^2H} + 2AzO^2Na$$
$$= CO^3Na^2 + CO^2 + H^2O$$
$$+ CH(AzOH)-CO-CH(AzOH).$$

La préparation se fait facilement de la manière suivante : On emploie l'acide acétone-dicarbonique contenant encore de l'acide sulfurique; on en dissout 50 grammes dans 100 grammes d'eau, et on ajoute à la solution bien refroidie 40 grammes de nitrite de sodium en solution saturée; quand la réaction est terminée, on ajoute de l'acide azotique étendu tant qu'il se forme un précipité. On purifie ensuite par cristallisation. La diisonitrosoacétone fond à 143-144°; elle est très soluble dans l'alcool et dans l'éther, peu soluble dans l'eau froide, le chloroforme, la benzine et la ligroïne. L'action de la chaleur sur sa solution aqueuse fournit de l'acide cyanhydrique, de l'acide carbonique et de l'eau :

$$CO=(CH.AzOH)^2 = CO^2 + 2CAzH + H^2O.$$

Les acides donnent lieu à la même réaction et à la formation d'hydroxylamine. Avec les alcalis, elle donne des sels bien cristallisés. L'action de l'hydroxylamine la transforme en *triisonitrosopropane* :

$$CH(AzOH)-C(AzOH)-CH(AzOH).$$

Pour préparer ce corps, on mélange la diisonitrosoacétone avec 7 ou 8 fois son poids d'eau, et on ajoute les quantités théoriques de chlorhydrate d'hydroxylamine et d'acétate de sodium; puis on chauffe pendant 1 ou 2 heures à 50-60°. La trioxime se dépose lentement par refroidissement; on la purifie par cristallisation dans l'eau, après décoloration au noir animal.

Le triisonitrosopropane fond à 171°, et se décompose vivement quand on le chauffe sur la lame de platine. Il est peu soluble dans l'éther, mais facilement soluble dans l'alcool, d'où il cristallise en fines aiguilles. Dans l'eau chaude, il se dissout lentement, mais en grande quantité; la solution aqueuse peut être bouillie sans qu'il y ait décomposition, mais l'intervention d'un acide étendu décompose le triisonitrosopropane [Pechmann, *D. chem. G.*, **21**, 2989].

La diisonitrosoacétone, chauffée avec un acide étendu, se dédouble rapidement, en dégageant de l'acide cyanhydrique :

$$CH(AzOH)-CO-CH(AzOH)$$
$$= CH(AzOH)-CO^2H + CAzH.$$

Enfin, traitée par la phénylhydrazine, la diisonitrosoacétone donne une hydrazone,

$$CH(AzOH)-C(Az^2HC^6H^5)-CH(AzOH),$$

qui fond à 145°.

HYDRAZONE DE L'ACÉTONE,

$$(CH^3)^2=C=Az-AzHC^6H^5.$$

— L'acétone et la phénylhydrazine s'unissent à froid pour donner un composé $C^9H^{12}Az^2$. Cette réaction de l'acétone est très sensible; c'est en solution faiblement acétique que la préparation se fait le plus facilement. L'hydrazone de l'acétone est un liquide bouillant à 165°, sous une pression de 91 millimètres; elle est soluble dans l'éther et dans les acides dilués; les acides chauds la dédoublent en ses composants.

L'acide nitreux la décompose en diazobenzolimide et acétone.

COMBINAISONS DE L'ACÉTONE AVEC LES ALDÉHYDES. — L'acétone s'unit facilement à certaines aldéhydes avec élimination d'eau [L. Claisen et Claparède, *D. chem. G.*, **14**, 349 et 2460], en présence des acides sulfurique ou chlorhydrique, et mieux encore en présence de la soude étendue [L. Claisen, *D. chem. G.*, **14**, 2468].

Avec l'aldéhyde benzylique, on obtient la monobenzylidène-acétone

$$CH^3-CO-CH=CH-C^6H^5$$

et la dibenzylidène-acétone

$$(C^6H^5-CH)=CH-CO-CH=(CH-C^6H^5).$$

MONOBENZYLIDÈNE-ACÉTONE [Syn. *Benzalacétone*]. — On peut obtenir ce corps en chauffant à 100° pendant 8 jours un mélange de 1 molécule d'acétone, 1 molécule d'aldéhyde benzylique et 2 molécules d'anhydride acétique avec addition d'un peu de chlorure de zinc; on lave ensuite à l'eau et on fractionne d'abord dans le vide et ensuite à la pression ordinaire; la benzylidène-acétone bout à 259-262° et fond à 41-42°.

La préparation se fait beaucoup plus facilement de la manière suivante : On ajoute 20 parties d'une solution de soude caustique à 10 0/0 à un mélange de 28 parties d'aldéhyde benzylique et 40 parties d'acétone, qu'on agite avec 1800 parties d'eau; il se sépare peu à peu un produit d'abord huileux, qui est la monobenzylidène-acétone.

Ce corps est soluble dans l'alcool, l'éther, la benzine, le pétrole bouillant, d'où il se dépose par refroidissement.

Mise en contact avec de l'aldéhyde benzylique et de l'acide sulfurique, la monobenzylidène-acétone se transforme en dibenzylidène-acétone; traitée par le brome, elle donne un *dibromure* fusible à 124-125° [L. Claisen et A. Ponder, *Ann. Chem.*, **223**, 137].

DIBENZYLIDÈNE-ACÉTONE, $CO(CH=CH-C^6H^5)^2$ [Syn. *Dibenzalacétone*]. — La dibenzylidène-acétone peut s'obtenir par l'action de l'acide sulfurique ou de l'acide chlorhydrique sur un mélange d'aldéhyde benzylique et d'acétone; mais il est préférable d'opérer comme pour la monobenzylidène-acétone. On emploie 10 parties d'aldéhyde benzylique pour 3 parties d'acétone et 200 d'eau, 150 d'alcool et 20 de soude à 10 0/0. On obtient surtout de la dibenzylidène-acétone.

C'est un solide fusible à 112°, soluble dans le chloroforme, peu soluble dans l'éther froid, et encore moins dans l'alcool.

La dibenzylidène-acétone donne avec le brome un *tétrabromure* $C^{17}H^{14}OBr^4$, fusible à 208-209°.

La formation de la benzylidène-acétone peut servir à caractériser l'acétone dans l'alcool méthylique : par exemple 0gr,02 dans 2 centimètres cubes d'alcool; l'addition d'une goutte d'aldéhyde benzylique et d'une goutte de soude provoque le dépôt de lamelles jaunes.

CUMINALACÉTONE, $C^3H^4O(C^{10}H^{12})$. — Huile épaisse, bouillant à 150° sous une pression de 23 millimètres.

DICUMINALACÉTONE, $C^3H^2O(C^{10}H^{12})^2$. — Cristallise dans l'alcool bouillant en prismes jaunes, fusibles à 106-107°.

Le *méthylbenzoyle* et l'*acétone* s'unissent également sous l'influence de la soude diluée.

FURFUROL ET ACÉTONE [L. Claisen, *D. chem. G.*, **14**, 2468]. — On obtient la *furfural-acétone*,

$$CH^3-CO-CH=CH-C^4H^3O$$

en dissolvant 20 grammes de furfurol et 30 centimètres cubes d'acétone dans 1 litre d'eau et en ajoutant 30 centimètres cubes de soude faible; on attend 24 heures; il se sépare une huile, qu'on purifie par distillation dans le vide (135-137° sous une pression de 33 millimètres); elle cristallise en aiguilles fusibles à 39-40°. Elle est soluble dans l'alcool, l'éther, le chloroforme, peu soluble dans l'éther de pétrole. A la lumière, elle se colore peu à peu. L'acide sulfurique la dissout en rouge et le chlorure d'acétyle en vert.

Difurfural-acétone, $(C^4H^3O-CH=CH)^2CO$. — On l'obtient comme la précédente, mais en employant un excès de furfurol; elle cristallise dans le pétrole léger en prismes aplatis, jaunes, brunissant à la lumière, et fusibles à 60-61°; elle se dissout en rouge foncé dans l'acide sulfurique et dans le chlorure d'acétyle.

Benzalfural-acétone,

$$C^6H^5-CH=CH-CO-CH=CH-C^4H^3O.$$

— Elle se produit avec la soude faible, soit au moyen de la monobenzylidène-acétone et du furfurol, soit de la furfural-acétone et de l'aldéhyde benzylique.

ALDÉHYDES NITROBENZYLIQUES ET ACÉTONE. — L'aldéhyde o-nitrobenzylique, en présence de la soude faible, s'unit à l'acétone pour donner l'*o-nitrobenzylidène-acétone* :

$$C^6H^4 \begin{cases} CH=CH-CO-CH^3 \\ AzO^2 \end{cases}$$

Il se forme d'abord un aldol (Baeyer) :

$$C^6H^4 \begin{cases} CHOH-CH^2-CO-CH^3 \\ AzO^2 \end{cases}$$

Sous l'influence de la soude, ce composé se transforme en indigo :

$$2\,C^6H^4(AzO^2)CHOH-CH^2-CO-CH^3$$
$$= C^{16}H^{10}Az^2O^2 + 2\,C^2H^4O^2 + 2\,H^2O.$$

L'aldéhyde p-nitrobenzylique s'unit également à l'acétone, mais ne fournit pas d'indigo.

ALDÉHYDES AMIDOBENZYLIQUES. — L'aldéhyde o-amidobenzylique, en présence de la soude, s'unit à l'acétone et fournit l'α-méthylquinoléine, bouillant à 240° [Friedländer et Gehring, *D. chem. G.*, **16**, 1833] :

$$C^6H^4 \begin{cases} CHO \\ AzH^2 \end{cases} + \begin{matrix} CH^3 \\ | \\ CO \\ | \\ CH^3 \end{matrix} = \begin{matrix} & CH & & CH & \\ CH & & C & & CH \\ CH & & C & & C-CH^3 \\ & CH & & Az & \end{matrix} + 2H^2O$$

ACTION DES AMINES AROMATIQUES. — Lorsqu'on chauffe à haute température (201°) un mélange de chlorhydrate d'aniline et d'acétone, on obtient l'αγ-diméthylquinoléine (voyez QUINOLÉINES MÉTHYLÉES) [P. Riehm, *Ann. Chem.*, **238**, 1-30]. En général les amines aromatiques contenant un groupe AzH^2 réagissent facilement sur le carbonyle de l'acétone; par l'action d'une température élevée, les anilides obtenues se transforment en dérivés quinoléiques.

D'après M. Schestopal [*D. chem. G.*, **20**, 2506], en partant d'une diamine aromatique, la benzidine par exemple, on obtient un dérivé diquinolylique; la présence d'un grand excès d'acide chlorhydrique concentré facilite beaucoup la réaction.

Ces réactions doivent être rattachées à celle de M. C. Beyer, qui obtient ces mêmes bases en faisant agir un mélange d'aldéhyde et d'acétone saturé d'acide chlorhydrique sur la base aromatique; par exemple, l'aniline, l'aldéhyde et l'acétone donnent l'αγ-diméthylquinoléine :

$$C^6H^5.AzH^2 + CH^3-CHO + CH^3-CO-CH^3 = C^6H^4 \left\langle \begin{array}{l} C-CH^3 \\ CH \\ C-CH^3 \end{array} \right\rangle Az + 2H^2O + H^2.$$

Dans le cas où l'on n'emploie que de l'acétone, il se dégage du méthane.

Les amines tertiaires, comme la diméthylaniline, peuvent encore en présence du chlorure de zinc et à très haute température réagir sur l'acétone pour lui enlever son oxygène; mais dans ce cas ce serait le noyau benzénique qui fournirait l'hydrogène. L'acétone et la diméthylaniline donnent le ***bisdiméthylamidophényl-propane***,

$$(CH^3)^2 = C[C^6H^4-Az(CH^3)^2]^2,$$

fusible à 76°.

COMBINAISONS DE L'ACÉTONE AVEC LE PYRROL. — En présence du chlorure de zinc, ou d'une trace d'acide chlorhydrique, l'acétone peut se combiner au pyrrol avec élimination d'eau; mais les produits sont différents, suivant qu'on opère avec l'un ou l'autre de ces réactifs.

Avec le chlorure de zinc, on obtient un *isopropyl-pyrrol*, $C^7H^{11}Az$, bouillant à 173-175°.

Avec l'acide chlorhydrique, on obtient un composé déjà décrit par M. Baeyer [*Bull. Soc. Chim.*, **47**, 640], qui a pour formule $C^{14}H^{16}Az^2$ et se forme suivant l'équation

$$2C^3H^6O + 2C^4H^5Az = 2H^2O + C^{14}H^{16}Az^2 + H^2.$$

La distillation sèche de ce composé fournit un composé $C^{10}H^{13}Az$, qui serait un *diisopropyl-pyrrol* :

$$(CH^3)^2 = C \left\langle \begin{array}{ccc} C & - & C \\ \| & & \| \\ C & & C \end{array} \right\rangle C = (CH^3)^2 \quad \text{(C et C liés à AzH)}$$

[Dennstedt et Zimmermann, *D. chem. G.*, **20**, 850 et 2449].

COMBINAISONS DÉRIVÉES DE L'ACÉTONE ET DU CHLOROFORME. — ACÉTONE-CHLOROFORME,

$$C^4H^7Cl^3O = CH^3-\underset{CCl^3}{\overset{OH}{C}}-CH^3.$$

— Lorsqu'on traite par les alcalis caustiques finement pulvérisés un mélange de chloroforme et d'acétone, on obtient un corps cristallisé dont la composition répond à l'addition de 1 molécule d'acétone à 1 molécule de chloroforme. La meilleure manière de préparer ce composé est la suivante : Un mélange de 500 grammes d'acétone et de 100 grammes de chloroforme est peu à peu additionné de 300 ou 350 grammes d'hydrate de potasse en poudre fine; l'addition de la potasse demande 2 jours et demi; le mélange doit être refroidi pendant tout ce temps par un courant d'eau froide. On abandonne la masse à elle-même pendant encore 1 jour et demi, puis on décante le liquide et on le soumet à la distillation fractionnée. La partie solide renferme les sels de potassium des acides qui accompagnent l'acétone-chloroforme.

La distillation fournit d'abord de l'acétone et du chloroforme non attaqués, puis vers 170° l'acétone-chloroforme, et à 180° un liquide épais qui paraît être l'*hexachlorure acétonal-oxyisobutyrique*, $[CCl^3-C(CH^3)^2-O]^2 = C = (CH^3)^2$.

L'acétone-chloroforme peut se présenter sous deux états différents, soit liquide, soit solide, et ces deux modifications paraissent répondre à deux isomères chimiquement différents. L'acétone-chloroforme liquide bout à 170°; mis en contact avec l'eau, il se transforme en son isomère solide.

Ce dernier fond à 96° et bout à 167°. Quand on le distille avec la vapeur d'eau, ou qu'on le chauffe à 180° en tubes scellés avec de l'eau, il se transforme en acide oxyisobutyrique fusible à 79°; l'acétone-chloroforme est donc le trichlorure correspondant à cet acide. La réaction qui lui donne naissance et sa constitution sont exprimées par l'équation suivante :

$$CH^3-CO-CH^3 + CHCl^3 = \begin{array}{l} CH^3 \\ CH^3 \end{array} > COH-CCl^3.$$

L'acétone-chloroforme solide cristallise avec une demi-molécule d'eau $[(CH^3)^2=COH-CCl^3]^2 + H^2O$ et fond alors à 80-81°; mis en contact avec les dissolvants anhydres, tels que le chloroforme, la ligroïne, la benzine, il abandonne son eau de cristallisation et fond alors à 96°.

C'est un corps neutre au papier, qui se décompose rapidement quand on le soumet à une température de 280 à 300°.

Son isomère liquide, au contraire, est une huile incolore, bouillant à 170°; enfermé dans des tubes scellés à l'abri de l'air et de la lumière il se conserve indéfiniment; mais à la lumière il noircit rapidement, en se polymérisant. Sa réaction est acide; il attaque rapidement les matières organiques et est un toxique énergique; une température de 315° ne l'altère pas. Au contact de l'eau, la transformation en acétone-chloroforme solide se fait rapidement. On pourrait expliquer cette isomérie en admettant que l'acétone-chloroforme solide répond à la formule

$$\begin{array}{l} CH^3 \\ CH^3 \end{array} > C(OH)-CCl^3$$

donnée plus haut, et l'autre à la suivante :

$$\begin{array}{l} CH^3 \\ CH^3 \end{array} > \overset{OCl}{C}-CHCl^2$$

[C. Willgerodt et Ad. Genieser, *J. prakt. Chem.*, (2), **37**, 361].

L'acétone-chloroforme liquide ne réagit que très lentement sur la benzine en présence du chlorure d'aluminium; à la température du bain-marie, la réaction n'est complète qu'au bout de 3 semaines; le produit principal est l'*alcool diphénylmonochloropseudobutylique*,

$$\begin{array}{l} CH^3 \\ CH^3 \end{array} > C(OH)-CCl(C^6H^5)^2,$$

liquide incolore et huileux, bouillant à 239°.

L'acétone-chloroforme solide réagit beaucoup plus vite que son isomère et donne naissance au même produit, en même temps qu'il se forme les composés suivants :

L'*alcool phényldichloropseudobutylique*,

$$\begin{array}{l} CH^3 \\ CH^3 \end{array} > C(OH)-CCl^2-C^6H^5,$$

liquide incolore, bouillant vers 217°;

L'*alcool triphénylpseudobutylique*

$$\begin{array}{l} CH^3 \\ CH^3 \end{array} > C(OH)-C(C^6H^5)^3,$$

bouillant vers 260°;

Et enfin le *tétraphénylisobutane*,

$$\begin{array}{l} CH^3 \\ CH^3 \end{array} > C(C^6H^5)-C(C^6H^5)^3 \ ?$$

La réaction du toluène sur les deux modifications de l'acétone-chloroforme donne naissance à des produits analogues, qui sont l'alcool *crésyldichloropseudobutylique* et l'alcool *dicrésylchloropseudobutylique*. La réaction est encore plus lente qu'avec la benzine.

Le p-xylène réagit plus facilement, en donnant naissance dans les deux cas à l'*alcool trixylyl-pseudobutylique* :

$$\genfrac{}{}{0pt}{}{CH^3}{CH^3}\!>\!C(OH)-C(C^8H^9)^3.$$

L'action du perchlorure de phosphore sur les deux modifications de l'acétone-chloroforme est très différente; si on prend l'acétone-chloroforme solide, il se produit : 1° l'*oxyde de a-diméthyl-b-trichloro-éthyle*,

$$\begin{array}{ccc} CH^3 \diagdown & & \diagup CH^3 \\ CCl^3-C & -O- & C-CCl^3 \\ CH^3 \diagup & & \diagdown CH^3 \end{array}$$

liquide bouillant vers 156°, qui distille avec la vapeur d'eau et n'est décomposé qu'à température élevée. On obtient en même temps le *trichlorure de l'acide chlorisobutyrique tertiaire*,

$$\genfrac{}{}{0pt}{}{CH^3}{CH^3}\!>\!CCl-CCl^3,$$

corps solide, d'une odeur forte, qui fond et distille à peu près à la même température : 167°; il distille facilement avec la vapeur d'eau sans décomposition [C. Willgerodt et C. Dürr, *D. chem. G.*, 20, 539].

L'acétone-chloroforme liquide, traité dans les mêmes conditions par le perchlorure de phosphore, donne un liquide qui perd de l'acide chlorhydrique à la distillation; après plusieurs rectifications, on obtient un liquide incolore, bouillant à 151°, et dont la formule est $C^4H^6Cl^2O$. C'est un corps insoluble dans l'eau, qui est sans action sur lui, même à 240°; traité par l'oxyde d'argent, il ne perd pas son chlore.

Composés qui prennent naissance en même temps que l'acétone-chloroforme. — Dans la préparation de l'acétone-chloroforme, il se sépare un mélange de corps solides qui se compose principalement de chlorure de potassium, mais qui contient également les sels de potassium des acides suivants : acide oxyisobutyrique tertiaire, acide acétone-oxyisobutyrique et acide acétonal-oxyisobutyrique. Les équations suivantes montrent comment ces corps peuvent prendre naissance :

$$CH^3-CO-CH^3+CHCl^3=\genfrac{}{}{0pt}{}{CH^3}{CH^3}\!>\!C(OH)-CCl^3,$$

$$2(CH^3-CO-CH^3)+CHCl^3=OH-\underset{\underset{\displaystyle CH^3}{|}}{\overset{\overset{\displaystyle CH^3}{|}}{C}}-O-\underset{\underset{\displaystyle CH^3}{|}}{\overset{\overset{\displaystyle CH^3}{|}}{C}}-CCl^3$$

Biacétone-chloroforme.

$$\underset{\text{Acétone-chloroforme.}}{2C^4H^7Cl^3O} + \underset{\text{Biacétone-chloroforme.}}{2C^7H^{13}Cl^3O^2} + 16KOH$$

$$= \underset{\text{Oxyisobutyrate de potassium.}}{C^4H^7O^3K} + \underset{\text{Acétone-oxyisobutyrate de potassium.}}{C^7H^{13}O^4K}$$

$$+ \underset{\text{Acétonal-oxyisobutyrate de potassium.}}{C^{11}H^{18}O^6K^2} + 12KCl + 9H^2O.$$

La formation de l'acide acétonal-oxyisobutyrique a été réalisée par M. Willgerodt [*D. Chem. G.*, 20, 2445] en partant de l'acétone-chloroforme et de l'acétone par l'action de la potasse sèche :

$$CCl^3-\underset{\underset{\displaystyle (CH^3)^2}{|}}{C}OH + \underset{\underset{\displaystyle (CH^3)^2}{\|}}{C}O + HO\underset{\underset{\displaystyle (CH^3)^2}{\|}}{C}-CCl^3 + 8KOH$$

$$=KO^2C-\underset{\underset{\displaystyle (CH^3)^2}{\|}}{C}-O-\underset{\underset{\displaystyle (CH^3)^2}{\|}}{C}-O-\underset{\underset{\displaystyle (CH^3)^2}{\|}}{C}-CO^2K+6KCl+5H^2O$$

mais il est préférable d'employer la méthode proposée par M. Engel (voyez ACIDE ACÉTONAL-OXYBUTYRIQUE).

PRODUITS DE CONDENSATION DE L'ACÉTONE (voyez OXYDE DE MÉSITYLE, MÉTACÉTONE, PHORONE, XYLITONE). — Sous l'influence de l'acide chlorhydrique, l'acétone donne de nombreux produits de déshydratation. Lorsqu'on abandonne de l'acétone saturée d'acide chlorhydrique pendant 8 ou 15 jours, on obtient une huile insoluble dans l'eau [Baeyer, *Bull. Soc. Chim.*, 8, 52], d'où l'on peut retirer, par un traitement à la potasse, de l'oxyde de mésityle $C^6H^{10}O$ et de la phorone; mais il y a un grand nombre de produits intermédiaires. M. Pinner [*D. chem. G.*, 14, 1070; 15, 576; 16, 1727] a repris cette étude. L'acétone saturée d'acide chlorhydrique est abandonnée à elle-même pendant 8 jours; le produit brut est lavé à la soude, puis traité par le cyanure de potassium en solution alcoolique, à l'ébullition. La solution alcoolique filtrée abandonne deux acides : l'*acide mésitonique* $C^7H^{12}O^3$ et un acide déjà signalé par M. Simpson [*Bull. Soc. Chim.*, 11, 487], l'*acide mésitylique* $C^8H^{13}AzO^3$.

L'acide mésitonique paraît résulter de la saponification du cyanure provenant de l'action de l'acide cyanhydrique sur l'oxyde de mésityle, et il aurait pour constitution

$$\genfrac{}{}{0pt}{}{CH^3}{CH^3}\!>\!C=CH-\underset{\underset{\displaystyle CO^2H}{|}}{C}(OH)-CH^3.$$

Il fond à 90° et distille à 230-240°.

Cette constitution est du reste établie par l'existence du dérivé acétylé du mésitonate d'éthyle, dérivé que l'on obtient en traitant cet éther par le chlorure d'acétyle; c'est un liquide bouillant 205-207°, qui a pour composition

$$(CH^3)^2C=CH-C(OC^2H^3O)\!<\!\genfrac{}{}{0pt}{}{CH^3}{CO^2C^2H^5}$$

La distillation de l'acide mésitonique fournit une huile neutre distillant à 167°, qui se solidifie par refroidissement en grands prismes transparents fusibles à 24°; ce corps est l'anhydride de l'acide mésitonique :

$$(CH^3)^2C=CH-\underset{\underset{\displaystyle O-CO}{\wedge}}{C}-CH^3.$$

Cet anhydride régénère l'acide par l'action de la potasse; il donne avec le brome un produit d'addition $C^7H^{10}Br^2O^2$.

Les sels de l'acide mésitonique sont tous très solubles dans l'eau (voyez ACIDE MÉSITONIQUE).

L'*acide mésitylique*, $C^8H^{13}AzO^3$, cristallise dans l'eau en prismes aplatis contenant 1 molécule d'eau de cristallisation, qu'ils perdent à 100°; l'acide anhydre fond à 174°, et peut distiller sans décomposition.

Les acides minéraux ne l'attaquent pas; il n'est pas oxydé par le permanganate de potassium en solution alcaline, mais il l'est facilement en solution acide. Ses sels, comme ceux de l'acide mésitonique, sont tous solubles. Son *éther*, peu soluble dans l'eau, cristallise en prismes incolores, fusibles à 90°. L'acide paraît avoir pour constitution

$$\genfrac{}{}{0pt}{}{CH^3}{CH^3}\!>\!\underset{|}{C}-CH^2-\underset{|}{C}\!<\!\genfrac{}{}{0pt}{}{CH^3}{CO^2H}$$
$$CO \text{———} AzH$$

(voyez ACIDE MÉSITYLIQUE).

Le produit solide séparé de la solution alcoolique qui contient ces deux acides est un cyanure qui répond à la formule $C^{11}H^{18}Az^2O^2$ et qui fond à 320°. L'acide chlorhydrique fumant le transforme à chaud en *acide phoronique*, $C^{11}H^{18}O^5$, qui fond à 184° (voyez ACIDE PHORONIQUE).

Enfin dans l'action de l'acide chlorhydrique sur l'acétone, il se produit d'après M. Pinner un composé ayant pour formule $C^{12}H^{18}O$ et qu'il appelle *xylitone* (voyez ce mot).

PRODUITS DE DÉCOMPOSITION DE L'ACÉTONE PAR L'ACTION DE LA CHALEUR. — En présence de poudre de zinc chauffée à 300°, on obtient de l'acétylène, de l'oxyde de carbone et de l'hydrogène; dans d'autres conditions, on obtient du propylène, de l'hydrogène et de l'oxyde de carbone [H. Jahn, *D. chem. G.*, **13**, 2107]. D'après MM. Roux et Barbier [*Bull. Soc. Chim.*, **46**, 269], le dédoublement de l'acétone sous l'influence de la chaleur est exprimé par l'équation suivante :

$$2[(CH^3)^2 = CO] = 2CO + 2CH^4 + C^2H^4.$$

Il y a formation de méthane et d'éthylène; il y a toujours production d'hydrogène, mais sa présence est facilement explicable par l'action de la chaleur sur l'éthylène et le méthane. Il n'y a jamais formation d'eau. Le groupe carbonyle est donc éliminé en nature. La température à laquelle a été soumise l'acétone dans ces expériences est d'environ 1000°; les auteurs n'ont pas pu trouver trace d'éthane, ce qu'explique facilement la température élevée.

D'après M. Maquenne [*Bull. Soc. Chim.*, **40**, 63], la vapeur d'acétone soumise à la température du rouge sombre et au-dessus fournit de l'oxyde de carbone, de l'éthylène, de l'éthane, de l'hydrogène, et pas de méthane; les expériences plus récentes de MM. Barbier et Roux infirment ce résultat.

Sous l'influence de l'effluve électrique, le dédoublement subi par l'acétone serait le même, et il y aurait toujours production d'un peu d'acide carbonique.

A. Combes.

ACÉTONE-DICARBONIQUE (ACIDE). — L'acide acétone-dicarbonique se prépare en chauffant au bain-marie un mélange d'acide citrique bien sec et d'acide sulfurique concentré. Il se dégage de l'oxyde de carbone, et l'on arrête l'action au moment où ce gaz est mélangé de quantités notables d'acide carbonique. Par refroidissement, il se dépose des aiguilles incolores, solubles dans l'éther, qui constituent l'acide acétone-dicarbonique $C^5H^6O^5$:

$$\begin{array}{l} CH^2-CO^2H \\ \vert \\ C \begin{smallmatrix} \swarrow CO^2H \\ \searrow OH \end{smallmatrix} \\ \vert \\ CH^2-CO^2H \end{array} = HCO^2H + \begin{array}{l} CH^2-CO^2H \\ \vert \\ CO \\ \vert \\ CH^2-CO^2H \end{array}$$

Cet acide fond vers 130°; sous l'action de la chaleur, des acides, des alcalis et même de l'eau bouillante, il se décompose en acétone et acide carbonique.

Il donne avec le perchlorure de fer une coloration violette [H. von Pechmann, *D. chem. G.*, **17**, 2542].

L'*acétone-dicarbonate d'éthyle* est un liquide huileux, non distillable sous la pression normale. Comme l'acétylacétate et comme le malonate d'éthyle, il renferme des atomes d'hydrogène remplaçables par du sodium ou par du cuivre et fournit ainsi des composés bien cristallisés. Les dérivés disubstitués sont toujours symétriques; ils sont liquides ou cristallisés, assez stables, et le plus souvent distillables sous pression réduite [von Pechmann et Dünschmann, *D. chem. G.*, **18**, 2289].

Cet éther, traité par l'ammoniaque, donne de l'alcool et du *β-oxyamidoglutamate d'éthyle* :

$$C(OH)(AzH^2) \begin{smallmatrix} \swarrow CH^2-CO.AzH^2 \\ \searrow CH^2-COOC^2H^5 \end{smallmatrix}$$

[Pechmann et Stokes, *D. chem. G.*, **18**, 2290].

Traité par l'hydrazobenzine à 120°, il donne une base cristallisée en aiguilles blanches, fusibles à 122° et qui semble répondre à la formule

$$C^{16}H^{14}Az^2O$$

[von Perger, *Mon. f. Chem.*, **7**, 192].

Sous l'action de l'hydrazotoluène, il se transforme en *crésylméthyloxyquinizine-carbonate d'éthyle*. Cet éther est saponifié par les alcalis et transformé en un acide que la chaleur dédouble en acide carbonique et *crésylméthyloxyquinizine* [von Perger, *D. chem. G.*, **19**, 2140].

En présence du perchlorure de phosphore, l'acétone-dicarbonate d'éthyle se transforme en *β-chloroglutaconate d'éthyle* [Burton et Pechmann, *D. chem. G.*, **20**, 145].

Pour obtenir ce composé, on traite au bain-marie 50 grammes d'acétone-dicarbonate d'éthyle par 160 grammes de perchlorure de phosphore; en versant le produit dans l'eau, on voit se séparer une huile brune, que l'on rassemble par addition d'éther et que l'on purifie par distillation.

Par l'action du bromure de triméthylène sur l'acétone-dicarbonate d'éthyle, on obtient un éther

$$\begin{array}{l} COOC^2H^5.CH^2-C - O - CH^2 \\ \qquad\qquad\qquad\quad \Vert \qquad\quad \vert \\ COOC^2H^5.CH-CH^2-CH^2 \end{array}$$

qui forme une huile incolore, bouillant à 238-240° sous une pression de 150 millimètres. Si l'on saponifie cet éther, on obtient d'abord un éther acide fusible à 114°, puis un acide dicarbonique fusible à 185-190°, que l'eau bouillante décompose en acide carbonique et alcool acétylbutylique [W. H. Perkin, *D. chem. G.*, **19**, 2557].

Enfin l'acétone-dicarbonate d'éthyle, traité par le sodium à 120°, se transforme en dioxyphénylacétodicarbonate triéthylique [Cornelius et Pechmann, *D. chem. G.*, **19**, 1448] :

$$C^6H \begin{smallmatrix} \swarrow CH^2.COOC^2H^5_{(1)} \\ = (OH)^2_{(3\cdot5)} \\ \searrow (COOC^2H^5)^2_{(2\cdot4)} \end{smallmatrix}$$

(voyez ACIDE DIOXYPHÉNYLACÉTODICARBONIQUE).

Ch. Cloëz.

ACÉTONE-OXALIQUE (ACIDE). — Voyez ACÉTYLPYRUVIQUE

ACÉTONES [Syn. *Cétones*] (voyez Dict., **1**, 36 et Suppl., **1**, 25). — Nous ne décrirons ici que les propriétés des acétones à fonction simple, c'est-à-dire ne renfermant qu'un seul groupe carbonyle, renvoyant pour ce qui concerne les polycétones à l'article DICÉTONES.

Nomenclature. — La nomenclature défectueuse qui consistait à désigner un composé à fonction acétonique par le nom des restes hydrocarbonés liés au carbonyle, suivi du mot *acétone* (par exemple *méthylpropyl-acétone* pour désigner le composé $CH^3-CO-C^3H^7$), est actuellement complètement abandonnée. Elle avait été modifiée par la substitution du mot *carbonyle* au mot acétone : le composé précédent devenait alors le *méthylpropyl-carbonyle*. L'emploi du mot carbonyle qui désigne le groupe CO peut encore prêter à ambiguïté, et surtout il suppose un dérivé produit par addition, tandis que la nomenclature ordinaire vise la substitution dans un groupement primitif. C'est pourquoi, sur la proposition de M. Friedel, le Congrès international de Chimie réuni à Paris en août 1889 a décidé de lui substituer le terme *cétone* : le méthylpropyl-carbonyle devient alors la méthylpropyl-cétone; et le terme *cétone* devient caractéristique des fonctions qui renferment un ou plusieurs groupes CO; on dira les cétones, les acides cétoniques, les dicétones.

Méthodes générales de préparation. — Aux nombreux procédés déjà décrits dans cet ouvrage sont venus s'ajouter les suivants :

1° Action du sodium sur un mélange d'un iodure alcoolique et d'un chlorure d'acide [G. de Bechi, *D. chem. G.*, **12**, 463].

2° Dédoublement des dicétones de la forme

$$CH^3-CO-C(C^nH^{2n})-CO-CH^3$$

par les alcalis étendus à l'ébullition [A. Combes *C. R.*, **104**, 920], suivant l'équation

$$CH^3-CO-CH^2-CO-CH^3+KOH$$
$$=CH^3-CO-CH^3+CH^3-COOK.$$

3° Action des anhydrides sur les sels. Cette réaction paraît être générale dans la série grasse; ainsi, si l'on chauffe du butyrate de sodium avec de l'anhydride butyrique, à la température d'ébullition pendant 36 heures, on obtient de la butyrone ou dipropylcétone [W.-H. Perkin, *Chem. Soc.*, **49**, 317].

4° Action du perchlorure de fer anhydre sur les chlorures d'acides gras. Il se forme un composé organo-métallique que l'eau détruit avec dégagement d'acide carbonique; on obtient ainsi la propione, la butyrone et l'œnanthylone ou dihexylcétone, en employant les chlorures des acides propionique, butyrique et heptylique [J. Hamonet, *Bull. Soc. Chim.*, **50**, 357].

Oxydation des acétones. — On sait que M. Popoff avait énoncé la proposition suivante : L'oxydation scinde les acétones de telle façon que le groupe carbonyle reste fixé au reste hydrocarboné le plus simple : l'éthylpropylcétone, par exemple, donnerait uniquement de l'acide propionique :

$$C^2H^5-CO-C^3H^7+O^3=C^2H^5-CO^2H+C^3H^6O^2.$$

D'après M. E. Wagner, la loi de Popoff est inexacte; ainsi, contrairement à l'énoncé, l'éthylpropylcétone fournit de l'acide butyrique et de l'acide acétique, mais pas d'acide propionique; de même l'éthylisobutylcétone fournit les acides acétique et isovalérianique [*Bull. Soc. Chim.*, **38**, 264]. Le même auteur a fait une série de recherches systématiques sur l'oxydation des acétones [*Bull. Soc. Chim.*, **43**, 248]; il a employé les composés suivants :

$$C^2H^5-CO-C^3H^7$$
$$C^3H^7-CO-CH^2-CH\left<\begin{matrix}CH^3\\CH^3\end{matrix}\right.$$
$$C^2H^5-CO-CH^2-CH\left<\begin{matrix}CH^3\\CH^3\end{matrix}\right.$$
$$C^2H^5-CO-CH\left<\begin{matrix}CH^3\\CH^3\end{matrix}\right.$$
$$CH^3-CO-CH^2-CH\left<\begin{matrix}CH^3\\CH^3\end{matrix}\right.$$
$$CH^3-CO-CH^2-CH^2-CH\left<\begin{matrix}CH^3\\CH^3\end{matrix}\right.$$
$$CH^3-CO-C^2H^5$$
$$CH^3-CO-CH(CH^3)-C^2H^5$$

et les a soumis à l'oxydation par le mélange chromique. Il paraît résulter de ses recherches :

1° Que chaque molécule d'une acétone (renfermant des radicaux saturés ou aromatiques) ne s'oxyde qu'en un point. La possibilité d'une oxydation en plusieurs points n'a pas encore été constatée.

2° Lorsque les 2 atomes de carbone unis au carbonyle sont hydrogénés, l'un d'eux s'oxyde de préférence à l'autre : d'où résulte la rupture de la molécule de l'acétone à la liaison d'un carbone avec le carbonyle. Le radical qui se détache du carbonyle fournit, suivant sa constitution, une molécule d'un acide, ou bien une nouvelle acétone, tandis que le radical qui reste uni au carbonyle donne toujours un acide.

3° Les molécules d'une acétone qui renferme des radicaux inégaux ne s'oxydent pas toutes de la même manière; c'est pourquoi une acétone fournit au moins quatre produits d'oxydation.

Le nombre des molécules s'oxydant dans une direction n'est jamais égal à celui des molécules qui s'oxydent dans l'autre direction; car tous les atomes de carbone hydrogénés sont aptes à s'oxyder, mais possèdent cette aptitude à des degrés différents. C'est pourquoi, lors de l'oxydation d'une acétone, deux réactions se produisent : l'une, principale, est celle par laquelle le carbonyle en s'oxydant reste lié au radical le moins oxydable; la seconde consiste en ce que ce carbonyle reste uni au radical le plus apte à l'oxydation. Plus l'aptitude d'un des atomes de carbone à s'oxyder l'emporte sur l'aptitude de l'autre, plus une des réactions prédomine sur l'autre.

L'aptitude relative à s'oxyder des atomes de carbone unis au carbonyle est déterminée par le nombre des atomes d'hydrogène qui y sont unis et par les propriétés des radicaux unis au carbonyle.

Parmi les radicaux hydrogénés, le méthyle est celui qui possède la plus grande stabilité; de sorte que le remplacement de 1 ou de 2 atomes d'hydrogène du méthyle par un radical quelconque contribue au décroissement de la résistance du carbone de ce méthyle.

Le moins grand décroissement dans cette résistance est dû au remplacement de l'hydrogène par le phényle; ensuite par le méthyle, le radical normal, l'isoradical, et enfin par le radical secondaire; l'influence du radical tertiaire est inconnue.

Le méthyle dans lequel 2 atomes d'hydrogène sont remplacés par des radicaux semblables, s'oxyde plus facilement que celui qui n'a subi qu'une seule substitution; seulement le remplacement du second atome d'hydrogène cause un moindre décroissement dans la résistance du carbone que le remplacement du premier.

Lorsque les radicaux substitués sont différents, le carbone du méthyle peut devenir moins apte à l'oxydation que dans le cas de la substitution d'un seul atome d'hydrogène de ce méthyle.

Plus le radical uni au carbone est compliqué, plus l'aptitude à s'oxyder du carbone lié au carbonyle diminue. La valeur du décroissement de cette aptitude diminue avec l'introduction de chaque nouvel atome de carbone dans le radical.

La constitution des radicaux influe plus sur la constance des carbones que leur complication.

Les atomes de carbone qui ne sont pas du tout hydrogénés ne s'oxydent pas immédiatement; leur oxydation est toujours accompagnée de la décomposition du radical dans lequel ils entrent.

C'est pourquoi, dans les acétones où les 2 atomes de carbone unis au carbonyle ne sont pas hydrogénés, ce ne sont pas ces carbones qui s'oxydent par l'action du mélange chromique, mais les atomes qui ne sont pas unis au carbonyle. Ainsi ces acétones s'oxydent en conservant l'intégrité de la molécule et en formant des acides acétoniques, ou bien elles se décomposent de manière que le carbonyle s'oxyde en restant uni à l'un des radicaux, tandis que l'autre radical se décompose en plusieurs produits d'oxydation.

Par la même raison, les acétones dans lesquelles un des atomes de carbone unis au carbonyle n'est pas hydrogéné, se scindent au point d'union du carbonyle avec le carbone hydrogéné.

Les acétones non saturées s'oxydent non seulement aux points d'union des carbones au carbonyle, mais aussi aux points des liaisons multiples.

MM. K. Buchka et P.-H. Irish [*D. chem. G.*, **20**, 386 et 1762] ont réussi, en oxydant la méthylphénylcétone par le ferricyanure de potassium en solution alcaline, à obtenir de l'acide phénylglyoxylique $C^6H^5-CO-CO^2H$, et, en partant de la méthyl-p-crésylcétone $C^6H^4.CH^3{}_{(1)}.CO_{(4)}.CH^3$, à obtenir un acide crésylglyoxylique :

$$C^6H^4.CH^3{}_{(1)}.CO_{(4)}.CO^2H.$$

La méta- et l'orthocrésylméthylcétone fournissent également des acides α-cétoniques. On pourrait donc toujours, par l'action d'oxydants convenablement choisis, transformer les acétones aromatiques en acides α-cétoniques.

Action de l'acide sulfurique. — Les acétones aromatiques, chauffées avec de l'acide sulfurique ordinaire, fournissent un acide gras et un acide sulfonique. Ainsi la méthylbenzylcétone

$$C^6H^5-CH^2-CO-CH^3$$

donne de l'acide acétique et un acide

$$C^6H^5-CH^2-SO^3H;$$

cependant, si on n'élève la température que très lentement, ou si on opère à froid avec de l'acide fumant, il y formation d'un acide sulfoconjugué :

$$C^6H^4 \begin{array}{l} \diagup CH^2-CO-CH^3 \\ \diagdown SO^3H \end{array}$$

[Krekeler, *D. chem. G.*, **19**, 2623. — Claus, *ibid.*, 2879].

Action de la chaleur. — L'action de la chaleur sur les acétones a été étudiée par MM. Barbier et L. Roux [*Bull. Soc. Chim.*, **46**, 268]; ils ont étudié les termes les plus simples des séries principales :

La diméthylcétone......	$(CH^3)^2CO$,
La diphénylcétone......	$(C^6H^5)^2CO$,
La méthylphénylcétone..	$C^6H^5-CO-CH^3$.

Les vapeurs des corps mis en expérience étaient dirigées dans un tube en cuivre porté à une température d'environ 1000° sur une longueur de 1 mètre. Il résulte de leurs expériences :

1° Que l'action de la chaleur rouge détermine la séparation du groupe carbonyle en nature ;

2° Que les groupements hydrocarbonés devenus libres se soudent simplement entre eux, ou bien subissent pour leur compte particulier l'action de la chaleur rouge, donnant ainsi naissance à leurs produits habituels de condensation et de déshydrogénation.

Action de l'acide nitreux; isonitrosoacétones. — L'acide nitreux à l'état naissant transforme facilement les acétones en nitrosoacétones. La réaction se fait facilement au moyen du nitrite d'amyle et de l'acide chlorhydrique ; c'est ainsi que l'acétone ordinaire mélangée avec du nitrite d'amyle et un peu d'acide chlorhydrique donne lieu au bain-marie à une vive réaction dont le produit principal est l'isonitrosoacétone (acétylcarboxime) ·

$$CH^3-CO-CH=AzOH$$

[L. Claisen, *D. chem. G.*, **20**, 252].

On peut encore faire agir sur une acetone le nitrite d'amyle en présence d'éthylate de sodium ; par exemple, la phénylméthylcétone donne lieu à la réaction suivante :

$$C^6H^5-CO-CH^3+AzO^2C^5H^{11}+C^2H^5ONa$$
$$=C^5H^{12}O+C^2H^6O+C^6H^5-CO-CH=AzONa$$

[L. Claisen, *D. chem. G.*, **20**, 2194].

Dans le cas d'une acétone complexe, c'est toujours le groupe CH^2 ou CH^3 voisin du carbonyle qui est attaqué; c'est ainsi que la diéthylcétone $(C^2H^5)^2CO$ donne le composé isonitrosé

$$C^2H^5-CO-C(AzOH)-CH^3.$$

Sous l'influence d'un excès de nitrite d'amyle, il se dégage du protoxyde d'azote et il y a formation d'une α-dicétone; dans le cas actuel, d'acétylpropionyle :

$$C^2H^5-CO-C(AzOH)-CH^3+AzO^2C^5H^{11}$$
$$=C^2H^5-CO-CO-CH^3+Az^2O+C^5H^{11}OH$$

[O. Manasse, *D. chem. G.*, **21**, 2176].

Combinaisons des aldéhydes et des acétones [Schmidt, *D. chem. G.*, **14**, 1459. — L. Claisen et Claparède, *ibid.*, **14**, 349, 2460. — Claisen et Ponder, *Ann. Chem.*, **223**, 137]. — Les aldéhydes, et particulièrement l'aldéhyde benzylique, se combinent facilement aux acétones avec élimination d'eau; cette action a été signalée pour la première fois par MM. L. Claisen et Claparède. L'élimination d'eau se fait entre le groupe aldéhydique et les radicaux hydrocarbonés directement unis au carbonyle dans l'acétone; c'est pourquoi l'acétone ordinaire peut fixer 2 molécules d'aldéhyde benzylique, tandis que l'oxyde de mésityle et la méthylphénylcétone ne peuvent en prendre qu'une seule.

Les autres aldéhydes, sauf le furfurol (voyez ce mot), ne donnent pas de résultats bien nets. M. Ponder [*Chem. News.*, **48**, 211] a obtenu avec une cétone du type

$$\begin{array}{l} R-CH^2 \diagdown \\ R-CH^2 \diagup \end{array} CO,$$

la diéthylcétone, un produit de condensation fusible à 107°, qui résulte de l'union de 2 molécules d'aldéhyde benzylique avec 1 molécule d'acétone.

Ces réactions se font facilement sous l'influence des acides chlorhydrique ou sulfurique, mais mieux encore en présence de la soude étendue (L. Claisen et Ponder).

Action des mercaptans; mercaptols (voyez ce mot). Les mercaptans réagissent facilement sur les acétones [E. Baumann, *D. chem. G.*, **18**, 883]. Sous l'influence de l'acide chlorhydrique, on obtient des combinaisons désignées sous le nom de *mercaptols*; c'est ainsi que l'acétone ordinaire donne le composé

$$(CH^3)^2=C=(SC^2H^5)^2.$$

L'acide thioglycolique réagit également sur les acétones en présence d'acide chlorhydrique ou d'un excès de chlorure de zinc et fournit des composés de la formule générale

$$\begin{array}{l} R \diagdown \\ R' \diagup \end{array} C \begin{array}{l} \diagup SCH^2-CO^2H \\ \diagdown SCH^2-CO^2H \end{array}$$

L'acide isopropyldithioglycolique fond à 133-134°.

L'acide méthylphénylcarbine-dithioglycolique fond à 138-139°.

Action du sulfure d'ammonium. — Le sulfure d'ammonium jaune réagit sur les acétones, mais les produits de la réaction varient suivant la teneur en soufre du sulfure et la température de la réaction [C. Willgerodt, *D. chem. G.*, **20**, 2467 et **21**. 534]. L'acétone ordinaire fournit à froid une dithioacétone double $[(CH^3)^2=CS^2]^2$; mais en général à haute température les acétones CH^3-CO-R fournissent les amides des acides $R-CO^2H$.

Chaleur de combustion. — M. Louguinine a étudié la chaleur de combustion de diverses acétones [W. Louguinine, *C. R.*, **98**, 94], et a constaté que deux acétones isomériques dégagent dans leur combustion sensiblement la même quantité de chaleur, et que dans la combustion des acétones homologues il y a pour chaque CH^2 ajouté à la formule une augmentation d'environ 158 calories dans la chaleur dégagée. Voici les nombres observés par M. Louguinine sur les acétones suivantes :

		Calories.
Diéthylcétone.........	$\frac{C^2H^5}{C^2H^5} > CO$	736,9
Dipropylcétone.........	$\frac{C^3H^7}{C^3H^7} > CO$	1053,9
Diisopropylcétone......	$\frac{C^3H^7}{C^3H^7} > CO$	1045,7
Méthylhexylcétone......	$\frac{C^6H^{13}}{CH^3} > CO$	1211,8

Diagnose des acétones au moyen de l'acide nitrique. — Il existe des acétones isomériques dont la détermination ne peut être faite au moyen de l'oxydation, par exemple les acétones suivantes :

$$\frac{C^nH^{2n+1}}{C^nH^{2n+1}} > CO \quad \text{et} \quad \frac{C^{n+1}H^{2n+3}}{C^{n-1}H^{2n-1}} > CO,$$

séries auxquelles appartiennent la butyrone et l'éthylbutylcétone :

$$\frac{C^3H^7}{C^3H^7} > CO, \qquad \frac{C^2H^5}{C^4H^9} > CO.$$

On pourra dans un certain nombre de cas recourir à la réaction suivante : Si on traite par l'acide nitrique une acétone

$$\frac{C^nH^{2n+1}}{C^nH^{2n+1}} > CO,$$

on obtiendra un acide alcoylnitreux répondant à la formule générale

$$C^nH^{2n}Az^2O^4 = C^{n-1}H^{2n-1} - CAz^2O^4H,$$

tandis que l'acétone

$$\frac{C^{n+1}H^{2n+3}}{C^{n-1}H^{2n-1}} > CO$$

donnera l'acide

$$C^{n+1}H^{2n+2}Az^2O^4 = C^nH^{2n+1} - CAz^2O^4H.$$

Les propriétés physiques et l'analyse de ces acides permettront de constater avec netteté celui auquel on a affaire [G. Chancel, *C. R.*, **99**, 1055].

M. Chancel a montré que la propione donne l'acide éthylnitreux $CH^3 - CAz^2O^4H$, tandis que la méthylpropylcétone donne l'acide propylnitreux

$$C^2H^5 - CAz^2O^4H.$$

RÉACTIFS DES ACÉTONES. — *Hydroxylamine* (voyez ACÉTOXIMES). — L'hydroxylamine réagit sur tous les composés renfermant un ou plusieurs groupements cétoniques [V. Meyer et Janny, *D. chem. G.*, **15**, 1324 et 2278]; dans le cas des acétones simples il y a formation d'une acétoxime, suivant l'équation

$$R - CO - R' + AzH^2OH$$
$$= R - C(AzOH) - R' + H^2O.$$

Cette réaction est absolument générale et peut servir à caractériser une acétone.

Phénylhydrazine. — Un réactif plus sensible encore est la phénylhydrazine [E. Fischer, *D. chem. G.*, **17**, 572], avec laquelle il y a formation d'une hydrazone (voyez ce mot), suivant l'équation

$$R - CO - R' + C^6H^5 - AzH - AzH^2$$
$$= R - C = (Az - AzH.C^6H^5) - R' + H^2O.$$

Il faut seulement remarquer que la phénylhydrazine ne réagit pas toujours sur les groupes carbonyle; c'est ainsi que dans le cas où le carbonyle est directement relié à un atome d'azote, comme dans le groupe de l'indol, il n'y a pas de réaction; en second lieu, les groupes $(CBr^2)''$ agissent comme les carbonyles sur la phénylhydrazine.

A. Combes.

ACÉTONINES. — Voyez ACÉTONAMINES.

ACÉTONIQUE (ACIDE). — Voyez ACIDE OXYBUTYRIQUE.

ACÉTONIQUES (ACIDES). — Voyez ACIDES CÉTONIQUES.

ACÉTONYLACÉTONE,

$$CH^3 - CO - CH^2 - CH^2 - CO - CH^3$$

[C. Paal, *D. chem. G.*, **17**, 2765; **18**, 58 et 2252; **19**, 558 et 3156]. — L'acétonylacétone est la seule dicétone grasse connue dont les carbonyles soient en position γ. On la prépare, en chauffant en vase clos pendant une demi-heure 1 partie d'acide pyrotritarique avec 5 ou 6 parties d'eau :

$$CH^3 - C = CH - \overset{\displaystyle CO^2H}{\overset{|}{C}} = C - CH^3 + H^2O \quad (\text{pont } O \text{ entre les deux } C)$$
$$= CH^3 - CO - CH^2 - CH^2 - CO - CH^3 + CO^2.$$

On la sépare de sa solution aqueuse au moyen du carbonate de potassium; le rendement est théorique.

On peut encore préparer cette dicétone en saponifiant, par l'eau à 160°, l'éther acétonylacétylacétique :

$$CH^3 - CO - \underset{\displaystyle CH^2 - CO - CH^3}{\underset{|}{CH}} - CO^2C^2H^5$$

Mais le rendement est mauvais.

M. Knorr [*D. chem. G.*, **22**, 2100] prépare l'acétonylacétone au moyen de l'éther diacétylsuccinique; on dissout cet éther dans une solution très étendue (3 0/0) de soude caustique, et on abandonne le mélange à la température de 20 ou 25° pendant 5 ou 6 jours; au bout de ce temps, on peut séparer l'acétonylacétone par le carbonate de potassium :

$$C^{12}H^{18}O^6 + 2NaOH + 2H^2O$$
$$= C^6H^{10}O^2 + 2C^2H^6O + 2CO^3NaH.$$

Il faut éviter soigneusement un excès d'alcali. On peut alors se contenter de chauffer pendant quelques heures au bain-marie; le rendement est presque théorique.

L'éther diacétylsuccinique, chauffé avec 15 ou 20 fois son poids d'eau, à 150-170°, pendant 12 heures, se dédouble exactement en acide carbonique, alcool et acétonylacétone :

$$C^{12}H^{18}O^6 + 2H^2O = 2C^2H^6O + 2CO^2 + C^6H^{10}O^2.$$

L'acétonylacétone forme un liquide incolore, mobile, d'odeur agréable, bouillant sans décomposition à 187-188°; elle est soluble en toutes proportions dans l'alcool, l'eau et l'éther, insoluble dans les alcalis et dans les carbonates alcalins.

Acétonyldioxime. — L'hydroxylamine réagit sur les deux carbonyles de l'acétonylacétone, pour donner le dérivé

$$CH^3 - C = (AzOH) - CH^2 - CH^2 - C = (AzOH) - CH^3.$$

On traite une solution aqueuse d'acétonylacétone par la quantité théorique de chlorhydrate d'hydroxylamine et de bicarbonate de sodium; on fait recristalliser le produit dans l'eau. C'est un solide bien cristallisé, fusible à 134-135°, facilement soluble dans l'eau chaude, l'alcool et l'éther, difficilement soluble dans la benzine.

Action de la phénylhydrazine. — La phénylhydrazine réagit également sur les deux carbonyles de l'acétonylacétone; l'hydrazone obtenue cristallise en lamelles fusibles à 120° :

$$\begin{array}{c} CH^3 - C - CH^2 - CH^2 - C - CH^3 \\ \| \qquad\qquad\qquad\qquad \| \\ C^6H^5 - HAz - Az \qquad\qquad Az - AzH - C^6H^5 \end{array}$$

Ce corps est assez instable, et se résinifie rapidement à l'air.

Si l'on emploie la phénylhydrazine et l'acétonylacétone molécule à molécule, et qu'on chauffe au bain-marie en présence d'acide acétique, on obtient le *diméthylamidophénylpyrrol*, d'après l'équation suivante :

$$\begin{matrix} CH^2-CO \diagup CH^3 \\ | \\ CH^2-CO \diagdown CH^3 \end{matrix} + H^2Az-AzH.C^6H^5$$

$$= \begin{matrix} CH=C \diagup CH^3 \\ | \quad\quad \diagdown \\ \quad\quad \diagup Az-AzH.C^6H^5 \\ CH=C \diagdown CH^3 \end{matrix} + 2H^2O$$

[L. Knorr, *D. chem. G.*, **22**, 170].

Transformation de l'acétonylacétone en composés du groupe du thiophène et du pyrrol [C. Paal, *D. chem. G.*, **18**, 2251]. — L'action du pentasulfure de phosphore transforme l'acétonylacétone en *diméthylthiophène* ou *thioxène* (voyez ce mot) :

$$CH^3-CO-CH^2-CH^2-CO-CH^3 + H^2S$$

$$= 2H^2O + \begin{matrix} CH = CH \\ CH^3-C \quad\quad C-CH^3 \\ \diagdown \; S \; \diagup \end{matrix}$$

Le séléniure de phosphore fournit le *sélénoxène* correspondant. L'action se fait en tubes scellés à 180°.

L'ammoniaque alcoolique à 150° transforme l'acétonylacétone en *diméthylpyrrol* (voyez Pyrrol) :

$$\begin{matrix} CH^2-CH^2 \\ | \quad\quad | \\ CH^3-CO \quad CO-CH^3 \end{matrix} + AzH^3$$

$$= 2H^2O + \begin{matrix} CH-CH \\ \| \quad\quad \| \\ CH^3-C \quad\quad C-CH^3 \\ \diagdown \; AzH \; \diagup \end{matrix}$$

Les amines réagissent d'une manière tout à fait analogue. Ainsi l'o-amidophénol se combine à froid avec l'acétonylacétone pour donner l'*o-diméthylpyrrylphénol* :

$$\begin{matrix} CH=C \diagup CH^3 \\ | \quad\quad \diagdown \\ \quad\quad \diagup Az-C^6H^4.OH \\ CH-C \diagdown CH^3 \end{matrix}$$

L'acide m-amidobenzoïque donne l'*acide diméthylpyrrylbenzoïque* :

$$\begin{matrix} CH=C \diagup CH^3 \\ | \quad\quad \diagdown \\ \quad\quad \diagup Az-C^7H^5O^2 \\ CH=C \diagdown CH^3 \end{matrix}$$

Les diamines réagissent sur 2 molécules d'acétonylacétone pour donner des dérivés dipyrroliques; par exemple, l'éthylène-diamine réagit de la manière suivante :

$$2C^6H^{10}O^2 + C^2H^4(AzH^2)^2$$

$$= \begin{matrix} CH=C \diagup CH^3 \\ | \quad\quad \diagdown \\ \quad\quad \diagup Az-CH^2-CH^2-Az \diagdown \\ CH=C \diagdown CH^3 \end{matrix} \begin{matrix} CH^3 \diagdown C=CH \\ \quad\quad | \\ CH^3 \diagup C=CH \end{matrix} + 2H^2O$$

Ces divers composés seront étudiés et décrits à l'article Pyrrol. A. Combes.

ACÉTONYL-BENZYLIDÈNE-PHÉNOXYACÉTIQUES (ACIDES),

$$C^6H^4 \begin{matrix} \diagup OCH^2.CO^2H \\ \diagdown CH=CH-CO-CH^3 \end{matrix}$$

[Th. Elkan, *D. chem. G.*, **19**, 3050]. — Ces acides prennent naissance lorsqu'on ajoute de l'acétone à des solutions sodiques étendues et neutres des acides aldéhydo-phénoxyacétiques correspondants. On achève la réaction en chauffant le mélange au bain-marie pendant une demi-heure, puis on précipite par l'acide sulfurique et on fait recristalliser dans l'eau bouillante.

L'acide *ortho* fond à 108°.

L'acide *méta* fond à 122°.

L'acide *para* fond à 177-178°.

ACÉTOPHÉNONE. — Voyez Acétylbenzine.

ACÉTOPHÉNONE - ACÉTYLACÉTIQUE (ACIDE) [Syn. *Phénacylacétylacétique, acétophénone-acétone-carbonique*],

$$C^6H^5-CO-CH^2-CH \begin{matrix} \diagup CO-CH^3 \\ \diagdown CO^2H \end{matrix}$$

[C. Paal, *D. chem. G.*, **16**, 2865 et **17**, 913]. — L'éther éthylique de cet acide se prépare de la manière suivante : On mélange des quantités équivalentes de bromacétylbenzine et d'éther acétylacétique sodé en solutions alcooliques; il se dépose du bromure de sodium; la réaction est terminée en quelques minutes. Au liquide filtré on ajoute de l'eau, qui précipite une huile presque complètement insoluble dans l'eau, et qu'on purifie facilement par quelques lavages. Ce liquide est soluble dans l'éther, mais ne peut être distillé, même dans le vide, sans décomposition : il constitue l'éther phénacylacétylacétique,

$$C^6H^5-CO-CH^2-CH \begin{matrix} \diagup CO-CH^3 \\ \diagdown CO^2C^2H^5 \end{matrix}$$

On peut en retirer l'acide en dissolvant l'éther dans la potasse très diluée (2 0/0) et laissant en contact pendant quelque temps à froid; on acidifie ensuite par de l'acide sulfurique étendu; il se dépose peu à peu des cristaux fusibles de 130 à 140°, qui se décomposent lentement à froid, et très rapidement à chaud en perdant de l'acide carbonique.

Dédoublements de l'éther acétophénone-acétylacétique. — *Acétophénone-acétone (phénacylacétone)* [C. Paal, *loc. cit.*; *D. chem. G.*, **17**, 2756],

$$C^6H^5-CO-CH^2-CH^2-CO-CH^3.$$

— Quand on opère la saponification de l'éther acétophénone-acétylacétique par la potasse étendue à froid, il se produit un composé $C^{11}H^{12}O^2$ qui est une dicétone; c'est un liquide huileux, insoluble dans l'eau froide et dans les alcalis, soluble dans l'eau bouillante, qui l'altère à la longue.

Traitée à froid par l'hydroxylamine, la phénacylacétone donne facilement un dérivé mononitrosé $C^{11}H^{12}O(AzOH)$, qui se présente en longues aiguilles blanches, fusibles à 122-123°, solubles dans les acides et dans les alcalis.

Lorsqu'on mélange la dicétone à un excès de phénylhydrazine, il se produit une vive réaction, qu'on termine en chauffant légèrement; le produit de la réaction est solide; on le purifie par cristallisation dans l'alcool et dans la benzine. Il se présente sous la forme de lamelles jaunes, brillantes, fusibles à 154-155°, et possède la formule $C^{17}H^{16}Az^2$; c'est donc un dérivé du pyrrol formé d'après l'équation

$$C^{11}H^{12}O^2 + C^6H^8Az^2 = C^{17}H^{16}Az^2 + 2H^2O.$$

Mais si l'on emploie de la phénacylacétone diluée dans l'éther, et à laquelle on ajoute peu à peu de la phénylhydrazine, on obtient de beaux prismes solubles dans l'éther et dans la benzine, peu solubles dans l'éther de pétrole; ils fondent à 105° et sont très instables; leur constitution est exprimée par l'une des deux formules

$$\begin{array}{l} C^6H^5-\underset{\displaystyle \overset{\|}{Az^2H.C^6H^5}}{C}-CH^2-CH^2-CO-CH^3 \end{array}$$

ou

$$\begin{array}{l} C^6H^5-CO-CH^2-CH^2-\underset{\displaystyle \overset{\|}{Az^2H.C^6H^5}}{C}-CH^3 \end{array}$$

Il paraît exister un isomère de la phénacylacétone, car M. Weltner [*D. chem. G.*, **17**, 66] a obtenu, en faisant bouillir l'éther phénacylacétylacétique avec de l'acide chlorhydrique étendu, un liquide qui distille avec la vapeur d'eau, et dont la composition paraît être $C^{11}H^{12}O^2$.

L'acétophénone-acétone perd facilement une molécule d'eau. Le meilleur procédé pour obtenir cette élimination d'eau consiste à chauffer la dicétone avec son poids d'anhydride acétique, au bain-marie, pendant plusieurs heures; on traite ensuite par un excès de soude, et on distille dans un courant de vapeur d'eau. On obtient dans ces conditions deux composés isomériques répondant à la formule $C^{11}H^{10}O$.

L'un d'eux, très soluble dans l'alcool, l'acide acétique, l'éther de pétrole et le sulfure de carbone, cristallise dans l'alcool en longues aiguilles fusibles à 41-42° et distillant sans décomposition à 235-240°. Il ne fixe pas de brome.

Le second, qui est peu soluble dans le sulfure de carbone, ce qui permet de le séparer du précédent, cristallise en fines aiguilles efflorescentes, fusibles à 82-83°, et à 85° quand elles ont perdu leur eau de cristallisation. Ce composé fixe le brome très facilement.

Ce dernier corps est la *déhydroacétophénone-acétone*, qui possède l'une des trois formules :

$$\begin{array}{l} C^6H^5-C\equiv C-CH^2-CO-CH^3, \\ C^6H^5-CO-CH^2-C\equiv C-CH^3, \\ C^6H^5-CO-CH^2-CH^2-C\equiv CH. \end{array}$$

Ce composé réagit sur la phénylhydrazine en donnant un dérivé $C^{17}H^{16}Az^2$, identique avec le corps que donne à chaud l'acétophénone-acétone. Son isomère ne réagit ni sur la phénylhydrazine, ni sur l'hydroxylamine : ce n'est donc ni une aldéhyde, ni une acétone. L'anhydride acétique et le chlorure d'acétyle ne l'attaquent pas; il ne contient donc pas de groupe hydroxyle. Traité par le sodium en solution alcoolique, il fixe 4 atomes d'hydrogène; les acides minéraux le résinifient à température élevée; il constitue le *phénylméthylfurfurane* (voyez FURFURANE) :

$$\begin{array}{l} C^6H^5-\underset{\displaystyle OH}{\underset{|}{C}}=CH-CH=\underset{\displaystyle OH}{\underset{|}{C}}-CH^3 - H^2O \\ \qquad\qquad CH-CH \\ = C^6H^5-C\!-\!O\!-\!C-CH^3 \end{array}$$

Acides déhydroacétophénone-carbonique et phénylméthylfurfurane-carbonique [C. Paal, *D. chem. G.*, **17**, 913 et 2756]. — L'action de la potasse alcoolique sur l'éther phénacylacétylacétique donne un acide $C^{12}H^{10}O^3$, très soluble dans l'alcool chaud, l'éther, l'acide acétique, la benzine, peu soluble dans le sulfure de carbone; il cristallise de sa solution alcoolique en fines aiguilles, fusibles à 115-120° lorsqu'elles ont perdu leur eau de cristallisation. En solution acétique cet acide fixe du brome. Il dérive de l'acide acétophénone-acétylacétique par perte d'une molécule d'eau; c'est l'*acide déhydroacétophénone-carbonique*.

Bien que cet acide ne contienne qu'un seul groupe carbonyle, il peut cependant réagir sur 2 molécules d'hydroxylamine, avec élimination de 2 molécules d'eau; le composé résultant brunit à 150° et fond à 172° avec un vif dégagement gazeux et a pour formule $C^{12}H^{12}Az^2O^3$. La préparation se fait en solution aqueuse chaude, qu'on abandonne pendant 4 ou 5 jours à la température ordinaire. On neutralise ensuite par l'acide chlorhydrique et on fait cristalliser dans l'alcool; on obtient ainsi de jolis feuillets nacrés, qui se dissolvent difficilement dans l'eau, mais facilement dans les acides, les alcalis, l'éther, l'alcool et la benzine.

La phénylhydrazine se combine également avec l'acide déhydroacétophénone-carbonique, mais réagit seulement sur le groupement acétonique. L'hydrazone formée a pour formule

$$C^{18}H^{16}Az^2O^2.$$

L'acide déhydroacétophénone-carbonique est monobasique; son *sel de potassium*, $C^{12}H^9O^3K$, cristallise de sa solution aqueuse en aiguilles enchevêtrées, qui perdent leur eau de cristallisation à l'air et se décomposent à 100°.

Le *sel d'ammonium*, $C^{12}H^9O^3AzH^4$, s'obtient en dissolvant l'acide dans de l'ammoniaque en excès; il est très peu soluble dans ce réactif, et cristallise en grosses houppes qui ne renferment pas d'eau de cristallisation.

Les *sels de calcium*, *strontium* et *baryum* s'obtiennent en précipitant une solution du sel de potassium par les chlorures de ces métaux; ils sont insolubles dans l'eau et se décomposent très facilement par la chaleur.

L'*éther*, $C^{12}H^9O^3C^2H^5$, s'obtient par l'action de l'acide chlorhydrique sur une solution de l'acide dans l'alcool absolu; on peut le distiller par petites portions sans qu'il se décompose.

L'acide déhydroacétophénone-carbonique est peu stable, et si on le fait bouillir avec une solution d'un acide minéral, par exemple l'acide chlorhydrique, il se transforme en un isomère, l'*acide méthylphénylfurfurane-carbonique*, dont la production au moyen du précédent s'explique facilement par une hydratation suivie d'une déshydratation :

$$\begin{array}{l} C^6H^5-C\equiv C-\overset{\displaystyle CO^2H}{\overset{|}{CH}}-CO-CH^3 + H^2O \\ = C^6H^5-\underset{\displaystyle OH}{\underset{|}{C}}=CH-\overset{\displaystyle CO^2H}{\overset{|}{C}}=\underset{\displaystyle OH}{\underset{|}{C}}-CH^3 \\ C^6H^5-\underset{\displaystyle OH}{\underset{|}{C}}=CH-\overset{\displaystyle CO^2H}{\overset{|}{C}}=\underset{\displaystyle OH}{\underset{|}{CH}}-CH^3 - H^2O \\ \qquad\qquad CH-C-CO^2H \\ = C^6H^5-C\!-\!O\!-\!C-CH^3 \end{array}$$

C'est probablement par le même mécanisme que la déhydroacétophénone se transforme en phénylméthylfurfurane.

L'acide phénylméthylfurfurane-carbonique cristallise en belles aiguilles brillantes, fondant à 180-181°; il est facilement soluble dans l'éther, l'alcool, la benzine, le chloroforme et le sulfure de carbone; peu soluble dans l'éther de pétrole; il se sublime déjà vers 100°.

La phénylhydrazine ne se combine pas avec cet

acide; par oxydation au moyen du permanganate de potassium en solution alcaline, on obtient de l'acide benzoïque. L'amalgame de sodium ne l'attaque pas. Chauffé en tube scellé à 240-250°, il perd de l'acide carbonique et donne le méthylphénylfurfurane.

Le *sel de potassium* est très soluble dans l'eau, et cristallise de ses solutions très concentrées en grosses lames qui ne renferment pas d'eau de cristallisation.

Le *sel d'ammonium* cristallise en longues aiguilles; maintenu longtemps dans l'air sec sur l'acide sulfurique, il perd complètement son ammoniaque.

Le *sel de calcium* s'obtient en précipitant le sel de potassium par le chlorure de calcium; il se présente sous la forme de fines aiguilles blanches, qui se dissolvent difficilement à froid et un peu plus facilement à chaud dans l'eau.

Le *sel d'argent* est une poudre cristalline blanche, difficilement soluble dans l'eau bouillante.

HYDROGÉNATION DE L'ÉTHER PHÉNACYLACÉTYLACÉTIQUE [Weltner, *D. chem. G.*, **17**, 66]. — Traité en solution alcoolique par l'amalgame de sodium, cet éther se transforme en une oxylactone ayant la formule

$$C^6H^5-C\begin{cases}CH^2-CH-CHOH-CH^3\\ \quad\quad\ \ |\\ O\ ——\ CO\end{cases}$$

C'est une huile épaisse, jaune, incristallisable.

L'action de l'acide chlorhydrique sur le même éther fournit l'acide méthylphénylfurfurane-carbonique.

L'éther acétophénone-acétylacétique se transforme facilement en dérivés du pyrrol [C. Paal, *D. chem. G.*, **19**, 3156].

L'éthylène-diamine et l'éther acétophénone-acétylacétique réagissent vivement l'un sur l'autre, en donnant une masse solide qui, purifiée par cristallisation, fond à 197° :

$$C^2H^4(AzH^2)^2$$
$$+ 2\left[C^6H^5-CO-CH^2-CH\begin{matrix}CO^2C^2H^5\\CO-CH^3\end{matrix}\right]$$

$$\begin{matrix}CO^2C^2H^5 & CH^3 & & & CH^3 & CO^2C^2H^5\\ | & / & & & | & |\\ C & = C\diagdown & & & \diagup C = & C\\ = | & & Az-CH^2-CH^2-Az & & & |\\ CH & = C\diagup & & & \diagdown C = & CH\\ & | & & & | & \\ & C^6H^5 & & & C^6H^5 & \end{matrix}$$

c'est l'éther *Az-éthylène-α-diméthyldiphényldipyrrol-β-dicarbonique.*

Saponifié par la potasse alcoolique, cet éther fournit l'acide correspondant qui fond à 181°; chauffé au-dessus de son point de fusion, cet acide perd de l'acide carbonique et abandonne le dipyrrol correspondant.

Le glycocolle, les diamines, les composés amidoazoïques donnent lieu à des réactions analogues (voyez PYRROL). A. Combes.

ACÉTOPHÉNONE - CARBONIQUE (ACIDE). — Voyez ACÉTYLBENZOÏQUE (ACIDE).

ACÉTOPHÉNONE-OXALIQUE (ACIDE). — Voyez ACIDE BENZOYL-PYRUVIQUE.

ACÉTOXIME [Syn. *Isonitrosopropane, diméthylcarboxime*]. [V. Meyer et Janny, *D. chem. G.*, **15**, 1324 et 1529. — Janny, *D. chem. G.*, **16**, 170. — Pechmann, *D. chem. G.*, **20**, 2542.] — Ce corps est le premier terme d'une série (voyez ALDOXIMES) dont la découverte est due à MM. V. Meyer et Janny. Il répond à la formule C^3H^7AzO et sa constitution peut être représentée par le schéma suivant :

$$\begin{matrix}CH^3-C-CH^3\\ \|\\ Az-OH.\end{matrix}$$

Préparation. — On mélange à froid une solution aqueuse d'hydroxylamine (obtenue en décomposant le chlorhydrate correspondant par la quantité théorique de carbonate de sodium) avec l'acétone ordinaire. On abandonne pendant 24 heures; l'odeur d'acétone disparaît; on agite la solution avec de l'éther qui, décanté et évaporé, laisse cristalliser l'acétoxime.

Propriétés. — C'est un corps blanc, cristallisant en prismes, très volatil et possédant une odeur faible de chloral; il fond à 59-60° et bout à 134°,8 sous 728 millimètres. Il est soluble dans l'eau, l'alcool, l'éther. C'est un corps neutre; l'éther ne l'enlève pas aux solutions aqueuses alcalines ou acides.

Le chlorure d'acétyle et l'anhydride acétique l'attaquent avec violence; il se forme un produit huileux, qui se décompose par distillation dans le vide et qui se saponifie facilement en donnant de l'acétoxime et de l'acide acétique. L'acide chlorhydrique concentré le dédouble rapidement à chaud en acétone et hydroxylamine. Le perchlorure de phosphore réagit presque avec explosion. Les agents de réduction alcalins (l'éthylate de sodium, la poudre de zinc et la soude) ne le décomposent pas; mais en solution acide il y a dédoublement en acétone et hydroxylamine. L'amalgame de sodium à 2,5 0/0 donne, avec la diméthylcarboxime en solution alcoolique et acétique, l'isopropylamine,

$$(CH^3)^2 = C = Az.OH + H^4$$
$$= H^2O + (CH^3)^2-CH.AzH^2$$

[Goldschmidt, *D. chem. G.*, **20**, 728].

Le bisulfite de sodium dissout l'acétoxime avec un grand dégagement de chaleur. Cette solution, traitée par un peu d'alcool et d'acide acétique, laisse déposer une huile lourde qui ne tarde pas à cristalliser. Cette combinaison est décomposée par les acides dilués en acétone, acide sulfurique, acide sulfureux et ammoniaque.

L'acétoxime se combine avec les alcalis et avec les acides. Traitée à froid par une solution d'éthylate de sodium, elle laisse précipiter par addition d'éther de fines houppes cristallines, répondant à la formule $C^3H^6AzONa + C^2H^6.OH$.

Ce produit est soluble dans l'eau et dans l'alcool, insoluble dans l'éther.

Si l'on traite par un courant de gaz chlorhydrique une solution d'acétoxime dans l'éther absolu, on obtient une poudre blanche répondant à la formule $C^3H^6AzOH.HCl$. Elle fond à 98-101° et est décomposée à une température un peu plus élevée en acétoxime et acide chlorhydrique. Ce corps est soluble dans l'eau et dans l'alcool, insoluble dans l'éther. Il se décompose rapidement en chlorhydrate d'hydroxylamine et acétone. Il ne se combine point avec le chlorure de platine.

L'acide hypochloreux, ajouté à une solution aqueuse et saturée de diméthylcarboxime, produit un trouble; le mélange laisse déposer des gouttelettes huileuses d'un bleu intense, qu'un excès d'acide hypochloreux peut décolorer. Le produit lavé et séché constitue l'éther hypochloreux de l'acétoxime $(CH^3)^2 = C = AzOCl$.

ÉTHER HYPOCHLOREUX. — C'est une huile soluble dans l'éther et dans l'alcool, solidifiable au contact d'un mélange d'acide carbonique solide et d'éther. Ce composé détone si on le chauffe brusquement, mais on peut le distiller en opérant avec précaution; il bout à 134°.

Cet éther décompose à chaud les acides iodhydrique et chlorhydrique en mettant de l'iode ou du chlore en liberté [R. Möhlau et C. Hofmann, *D. chem. G.*, 20, 1504].

L'acide nitreux réagit sur la diméthylcarboxime en solution éthérée en donnant le pseudonitrol correspondant $CH^3-C(AzO)(AzO^2)-CH^3$ [Scholl, *D. chem. G.*, 21, 506].

ACÉTOXIME BENZOYLÉE, $(CH^3)^2=CAzO.OC^7H^5$. — On mélange peu à peu molécules égales de chlorure de benzoyle et d'acétoxime. La masse devient solide. On la fait digérer au bain-marie pour chasser l'acide chlorhydrique, puis on agite avec de l'eau. On traite l'huile épaisse et lourde qui se sépare par une solution très diluée de soude pour enlever l'acide benzoïque. On reprend l'huile par de l'éther, qui, évaporé, donne des croûtes que l'on fait recristalliser dans l'éther.

Ce corps se présente en petites tables incolores transparentes, fusibles à 41-42°. Il est soluble dans l'alcool et un peu dans l'eau chaude. Les alcalis et les acides bouillants le saponifient.

ACÉTOXIME BENZYLÉE, $(CH^3)^2=C=AzO.C^7H^7$. — On mélange molécules égales d'acétoxime et d'éthylate de sodium en solution dans l'alcool absolu, on ajoute le chlorure de benzyle en léger excès et on laisse digérer pendant quelques heures au bain-marie. Il se sépare du chlorure de sodium. On ajoute de l'eau et l'on distille dans un courant de vapeur d'eau. On agite le liquide distillé avec de l'éther et on évapore la solution éthérée.

L'acétoxime benzylée distille vers 190° en se décomposant fortement. Elle ne distille pas dans le vide sans décomposition. Chauffée avec de l'acide chlorhydrique concentré, elle se décompose et donne naissance à de l'acétone et à de la benzylhydroxylamine :

$$\begin{matrix} CH^3 \\ CH^3 \end{matrix} \!\!>\! CAzO.C^7H^7 + HCl + H^2O$$
$$= CH^3.CO.CH^3 + H^2AzO.C^7H^7,HCl.$$

Béhal.

ACÉTOXIMES. — Voyez ALDOXIMES.

ACÉTURIQUE (ACIDE) [Syn. *Acétylglycocolle*] (voyez Suppl., 1, 28). — M. Curtius [*D. chem. G.*, 17, 1663] a précisé les conditions dans lesquelles il convient de se placer pour préparer ce composé.

La meilleure méthode de préparation consiste à faire réagir l'anhydride acétique (60 grammes) dilué dans la benzine (250 grammes) sur le glycocolle (40 grammes) bien desséché et pulvérisé, dans un appareil muni d'un réfrigérant ascendant et chauffé au bain-marie. On doit élever très lentement la température, et refroidir le produit lorsque la réaction devient trop vive (vers 70°). Après 4 heures d'ébullition, on distille la benzine au bain-marie, et on fait cristalliser le résidu dans l'alcool bouillant en présence du noir animal. Ce procédé donne uniquement naissance à l'acide acéturique.

On peut aussi opérer d'après la méthode de MM. Kraut et Hartmann (action du chlorure d'acétyle sur le glycocolle argentique) ; il convient toutefois de diluer le chlorure, non dans l'éther comme l'ont indiqué ces auteurs, mais dans la benzine, afin d'effectuer la réaction à une température un peu plus élevée. Au bout de quelques heures d'ébullition, on chasse au bain-marie la benzine et le chlorure d'acétyle en excès; on reprend le résidu par l'alcool faible à l'ébullition; on traite la solution alcoolique bouillante par l'hydrogène sulfuré, puis on la décolore au noir animal et on la filtre encore bouillante : l'acide acéturique se dépose par refroidissement. Les rendements sont moins bons que par la méthode précédente : il se forme en effet, en même temps que l'acide acéturique, un autre acide plus complexe, moins soluble, et fusible vers 260°; ce composé, qui n'a pas été analysé, présente la réaction colorée du biuret; on doit probablement l'envisager comme un acide acétylacéturique.

Quel que soit le mode de préparation employé, l'acide acéturique se présente en cristaux incolores, anhydres, groupés en étoiles, et fusibles sans altération à 206°. Il est presque insoluble dans l'éther, la benzine, le toluène, l'acétate d'éthyle, le chloroforme, l'acétone, l'acide acétique; 100 grammes d'eau en dissolvent 2^{gr},676 à 14°,5 et 2^{gr},713 à 15°; il se dissout abondamment dans l'eau bouillante et dans l'alcool chaud.

L'ébullition avec les alcalis ou avec les acides minéraux dédouble l'acide acéturique en glycocolle et acide acétique.

Le chlorure ferrique le colore en rouge; le phénol, en présence des hypochlorites, donne une coloration bleue.

Le *chlorhydrate* d'acide acéturique cristallise en petites aiguilles, que l'eau froide dédouble immédiatement; il ne paraît pas pouvoir se combiner avec le chlorure platinique.

Le *sulfate* forme de longs prismes transparents; il se décompose au contact de l'eau froide.

L'*acéturate d'argent* $C^2H^3O.AzH.CH^2.CO^2Ag$ cristallise en houppes brillantes, assez solubles dans l'eau, insolubles dans l'alcool.

Le *sel d'ammonium*,

$$C^2H^3O.AzH.CH^2.CO^2AzH^4, H^2O,$$

forme des aiguilles brillantes ou des lamelles clinorhombiques; il se déshydrate à 110° et se décompose à 117° en ammoniaque et acide acéturique.

Le *sel de baryum*,

$$(C^2H^3O.AzH.CH^2.CO^2)^2Ba, 5H^2O,$$

se présente en aiguilles déliquescentes; il fond vers 200° et se décompose totalement à 250-260°.

Le *sel de cuivre*,

$$(C^2H^3O.AzH.CH^2.CO^2)^2Cu, 4,5H^2O,$$

cristallise en petits prismes orthorhombiques, d'un bleu céleste; il se dissout dans l'alcool en donnant un liquide vert.

Le *sel de thallium* forme de petits cristaux paraissant contenir 2 molécules d'eau, qui se dégagent à 112°.

Les *sels de nickel, de magnésium, de plomb* et *de mercure* (au minimum) sont également cristallisés.

L'*éther méthylique*,

$$C^2H^3O.AzH.CH^2.CO^2CH^3,$$

préparé au moyen du sel d'argent et de l'iodure de méthyle, forme des tables incolores, fusibles à 58°,5, très solubles dans l'alcool, le chloroforme, la benzine, l'eau, et paraissant appartenir au système clinorhombique; il bout sans altération à 254° sous une pression de 712 millimètres.

L'*éther éthylique*,

$$C^2H^3O.AzH.CH^2.CO^2C^2H^5,$$

cristallise en lames transparentes, d'aspect orthorhombique, fusibles à 48°; il bout à 260° sous 712 millimètres. Traité en solution alcaline par le chlore, il se transforme en *acétylglycolate d'éthyle*, d'après l'équation

$$2C^2H^3O.AzH.CH^2.CO^2C^2H^5 + 3Cl^2 + 2H^2O$$
$$= Az^2 + 6HCl + 2C^2H^3O.OCH^2.CO^2C^2H^5.$$

L'*acéturamide*, $C^2H^3O.AzH.CH^2.COAzH^2$, préparée par l'action de l'ammoniaque aqueuse sur l'acéturate d'éthyle, cristallise dans l'eau en lamelles rhomboédriques, fusibles à 137°, insolubles dans l'éther, très solubles dans l'alcool et dans l'eau. Ad. Fauconnier.

ACÉTYLACÉTIQUE (ACIDE) (voyez Dict., **1**, 22 et 134; **2**, 407; Suppl., **1**, 128). — L'acide acétylacétique $CH^3-CO-CH^2-CO^2H$, et tous les homologues qui en dérivent par substitution d'un ou de deux groupements hydrocarbonés aux atomes d'hydrogène du chaînon CH^2, sont très instables et se dédoublent facilement en donnant de l'acide carbonique et une acétone :

$$CH^3-CO-CH^2-CO^2H = CO^2 + CH^3-CO-CH^3.$$

On peut cependant isoler ces acides et préparer leurs sels par le procédé suivant [Ceresole, *D. chem. G.*, **15**, 1326 et 1872] : L'éther éthylique de l'acide est traité à froid par un peu plus d'une molécule de potasse en solution aqueuse très étendue (2.5 0/0); on abandonne la solution pendant 24 heures; puis on acidule par l'acide sulfurique et on épuise par l'éther. Ce dissolvant est alors évaporé à basse température, et le résidu broyé avec de l'eau et du carbonate de baryum; l'éther en excès se sépare et l'acide se dissout à l'état de sel barytique. La solution barytique est purifiée par un épuisement à l'éther, puis décomposée par l'acide sulfurique. Il ne reste plus qu'à épuiser à l'éther, et, par évaporation, on obtient l'acide acétylacétique à l'état de pureté.

C'est un liquide incolore, à réaction très acide, miscible à l'eau en toutes proportions; il donne avec le chlorure ferrique une coloration violette très intense. Il est extrêmement instable. Une température de 100° suffit pour le décomposer en acétone et acide carbonique. L'acide nitreux le convertit en nitrosoacétone.

Le même procédé permet la préparation des homologues suivants :

Acide méthylacétylacétique,

$$CH^3-CO-CH(CH^3)-CO^2H;$$

Acide diméthylacétylacétique,

$$CH^3-CO-C(CH^3)^2-CO^2H;$$

Acide benzylacétylacétique,

$$CH^3-CO-CH(C^7H^7)-CO^2H,$$

qui tous se dédoublent facilement en donnant de l'acide carbonique et l'acétone correspondante, et se transforment, par l'action de l'acide nitreux, en une nitrosoacétone avec production d'acide carbonique.

Sels. — *Sel de baryum,*

$$(CH^3-CO-CH-COO)^2Ba, H^2O.$$

— Sa préparation a été décrite plus haut; il faut avoir soin d'évaporer la solution aqueuse dans le vide à basse température. Elle se décompose déjà pendant la préparation en acétone et carbonate de baryum; à chaud la décomposition est extrêmement rapide.

Les *sels d'argent et de cuivre* sont encore plus instables que le sel de baryum, et n'ont pu être obtenus à l'état de pureté.

Le *sel de cuivre*

$$(CH^3-CO-CH^2-COO)^2Cu, 2H^2O$$

cristallise avec 2 molécules d'eau [Jaksch, *Zeit. Physiol. Chem.*, **3**, 487].

Acide isonitrosoacétylacétique,

$$CH^3-C(AzOH)-CH^2-CO^2H.$$

— S'obtient au moyen de l'éther isonitrosoacétylacétique, qui se prépare lui-même au moyen de l'hydroxylamine et de l'acétylacétate d'éthyle; c'est un corps solide, incolore, peu soluble dans l'eau, l'alcool et l'éther; il fond à 140°.

Son *sel d'argent* est blanc, assez stable et répond à la formule $C^4H^6AzO^3Ag$ [Westenberger, *D. chem. G.*, **16**, 2991].

Action du chlore et du brome. — Le chlore réagit facilement sur une solution refroidie d'acide acétylacétique; mais, en même temps, il se dégage de l'acide carbonique et on obtient seulement de l'acétone monochlorée :

$$CH^3-CO-CH^2-COH^2 + Cl^2$$
$$= CH^3-CO-CH^2Cl + HCl + CO^2.$$

L'action du brome donne exactement le même résultat [R. Otto, *D. chem. G.*, **21**, 93].

ÉTHERS ACÉTYLACÉTIQUES.

Celui de ces éthers qui est de beaucoup le plus employé est l'éther éthylique; sa préparation, qui a été décrite (Suppl., **1**, 28), est facile et donne de bons rendements. En traitant de la même manière les éthers méthylique, isobutylique et isoamylique de l'acide acétique, on obtient toute une série d'éthers de l'acide acétylacétique; toutes les réactions qui seront décrites à propos de l'éther acétylacétique s'appliquent à ces composés, dont nous ne ferons que signaler l'existence et la préparation.

Acétylacétate de méthyle,

$$CH^3-CO-CH^2-CO^2CH^3.$$

— Se prépare au moyen de l'acétate de méthyle et du sodium; liquide incolore, bouillant à 169-170°; poids spécifique à 9° = 1,037; il se colore en rouge cerise par le chlorure ferrique. Les acides et les alcalis le dédoublent en acétone, acide carbonique et alcool méthylique. Son *dérivé sodé* $CH^3-CO-CHNa-CO^2CH^3$, est peu soluble dans l'éther, facilement soluble dans l'alcool.

Son dérivé métallique le plus caractéristique est son *sel de cuivre*, $(C^5H^7O^3)^2Cu, 2H^2O$, qui s'obtient en précipitant par l'acétate de cuivre une solution alcoolique de l'éther; il se présente sous la forme de cristaux vert pâle, peu solubles dans l'eau, insolubles dans l'alcool [Brandes, *Zeit. f. Chem.*, 1866, 454].

Acétylacétate d'isobutyle,

$$CH^3-CO-CH^2-CO^2C^4H^9.$$

— Obtenu au moyen de l'acétate d'isobutyle et du sodium; liquide incolore, bouillant à 202-206°; poids spécifique à 0° = 0,979 [Emmerling et Oppenheim, *D. chem. G.*, **9**, 1097].

Acétylacétate d'isoamyle,

$$CH^3-CO-CH^2-CO^2C^5H^{11}.$$

— Préparé au moyen de l'acétate d'amyle et du sodium; liquide incolore, bouillant à 223°; poids spécifique à 10° par rapport à l'eau à 17°,5 = 0,954. Le chlore l'attaque vivement en donnant l'*éther dichloré*, $C^9H^{14}Cl^2O^3$, liquide huileux incristallisable [Conrad, *Ann. Chem.*, **186**, 243].

Acétylacétate d'éthyle. — La préparation de cet éther a été décrite précédemment (Suppl., **2**, 28) et n'a subi aucune modification.

L'éther acétylacétique prend encore naissance quand on détruit par l'alcool la combinaison de chlorure d'aluminium et de chlorure d'acétyle $C^8H^{14}O^6Al^2Cl^8$; il provient alors de la décomposition de l'éther diacétylacétique :

$$\begin{matrix} CH^3-CO \\ CH^3-CO \end{matrix} > CH-CO^2C^2H^5;$$

mais si la température est un peu élevée, il est le produit principal de la réaction [A. Combes, *Ann. Chim. Phys.*, (6), **12**, 199].

D'après MM. Mathews et Hodgkinson [*D. chem. G.*, **15**, 2679], l'éther acétylacétique prendrait naissance dans la réaction de la cyanacétone sur l'alcool en présence d'acide chlorhydrique; mais ce fait a été contredit par M. W. James [*Ann. Chem.*, 231, 245].

DÉRIVÉS MÉTALLIQUES DE L'ÉTHER ACÉTYLACÉTIQUE. — Voyez Suppl., 1, 30.

DÉRIVÉS CHLORÉS ET BROMÉS DE L'ÉTHER ACÉTYLACÉTIQUE. — *Éthers monochlorés*, $C^6H^9ClO^3$. — L'éther monochloré peut exister sous deux modifications isomériques,

$$CH^2Cl-CO-CH^2-CO^2C^2H^5$$

et $$CH^3-CO-CHCl-CO^2C^2H^5.$$

Le second de ces éthers, le dérivé α-chloré, se prépare par l'action du chlorure de sulfuryle sur l'éther acétylacétique; il a été décrit dans le cours de cet ouvrage (Suppl., 1, 30).

Quand on fait passer un courant de chlore dans de l'éther acétylacétique bien refroidi, en ayant soin de rectifier de temps en temps pour enlever les produits chlorés à mesure qu'ils se produisent, on obtient un mélange qui contient surtout le premier de ces composés, le dérivé γ-chloré [Genvresse, *Bull. Soc. Chim.*, (3), 1, 402].

Il se dédouble facilement par l'action des acides dilués, à l'ébullition, en acétone monochlorée, alcool et acide carbonique.

Traité par le cyanure de potassium, puis par l'alcool chlorhydrique et ensuite par l'acide cyanhydrique, et de nouveau par l'alcool chlorhydrique, il donne un éther triéthylique qui, par saponification, fournit un acide présentant les réactions de l'acide citrique [Haller et Held, *Bull. Soc. Chim.*, (3), 1, 403]. Cette dernière réaction établit la constitution de ce composé.

Ces éthers donnent, comme l'éther acétylacétique lui-même, des dérivés métalliques quand on les traite par la solution ammoniacale d'un sel. Les dérivés métalliques de l'éther α-chloré ont été étudiés par M. Allihn [*D. chem. G.*, 12, 1298].

Le *sel de cuivre*, $(C^6H^8ClO^3)^2Cu$, cristallise dans le sulfure de carbone en tables quadrangulaires vertes et brillantes; ce sel est insoluble dans l'eau, soluble dans l'alcool, l'éther, la benzine et le sulfure de carbone.

Les *sels de magnésium, de nickel, de cobalt* s'obtiennent aussi facilement, mais sont peu stables.

Éthers dichlorés. — Par l'action de 2 molécules de chlorure de sulfuryle sur 1 d'éther acétylacétique, on obtient un dérivé dichloré dont les 2 atomes de chlore sont unis au carbone du chaînon CH^2, comme le montre bien l'absence de tout dérivé métallique de cet éther; on doit donc lui donner la formule

$$CH^3-CO-CCl^2-CO^2C^2H^5$$

[Allihn, *D. chem. G.*, 2, 567]. La saponification de cet éther donne de l'acétone dichlorée non symétrique.

Par l'action directe du chlore, au contraire, on obtient l'éther dichloré, dont la constitution est exprimée par la formule

$$CHCl^2-CO-CH^2-CO^2C^2H^5,$$

ainsi que le prouve sa transformation par l'action prolongée du chlore en éther trichloré

$$CHCl^3-CO-CH^2-CO^2C^2H^5$$

[Genvresse, *C. R.*, 107, 687]; il donne comme le précédent de l'acétone dichlorée non symétrique.

Éther trichloré, $C^6H^7Cl^3O^3$ [Mewes, *Ann. Chem.*, 245, 60. — Genvresse, *C. R.*, 107, 687]. — On l'obtient en faisant agir directement le chlore sur l'éther acétylacétique à la lumière solaire jusqu'à ce qu'il n'y ait plus absorption; il bout à 223-225° et est insoluble dans l'eau. Saponifié par l'acide chlorhydrique étendu à 170°, il donne de l'acétone trichlorée [Genvresse, *loc. cit.*],

$$CCl^3-CO-CH^3,$$

ce qui permet de lui donner la constitution

$$CCl^3-CO-CH^2-CO^2C^2H^5.$$

Éther tétrachloré, $C^6H^6Cl^4O^3$ [Mewes, Genvresse, *loc. cit.*]. — Cet éther, comme tous les autres dérivés chlorés de l'éther acétylacétique, s'obtient par l'action directe du chlore, à chaud et au soleil; il bout de 229 à 231° à l'air, mais en se décomposant partiellement, et à 153-157° sous une pression de 40 millimètres. Il se dédouble comme les précédents par l'action de l'acide chlorhydrique dilué et donne de l'acétone tétrachlorée $CCl^3-CO-CH^2Cl$.

Éther pentachloré, $C^6H^5Cl^5O^3$. — Il s'obtient comme le précédent, et bout de 240 à 244° en se décomposant; sous une pression de 35 millimètres il bout à 164-168°; il fournit, par l'action de l'acide chlorhydrique, de l'acétone pentachlorée (Genvresse).

Éthers sept fois et neuf fois chlorés. — On les obtient en faisant passer dans de l'éther acétylacétique du chlore pendant une dizaine de jours, et en chauffant pendant la réaction, vers 200°.

L'éther heptachloré bout à 270-272°.

L'éther neuf fois chloré bout à 225-230° sous la pression de 40 millimètres.

Ils sont tous les deux liquides et légèrement colorés.

Monobromacétylacétate d'éthyle [Conrad, *Ann. Chem.*, 196, 232. — Duisberg, *D. chem. G.*, 15, 1378]. — Ce composé a d'abord été obtenu par M. Conrad, puis a été étudié par M. Duisberg, qui a préparé tous les autres dérivés bromés.

On l'obtient par l'action de 2 atomes de brome sur 1 molécule d'éther acétylacétique. C'est un liquide huileux, d'une densité de 1,511 à 22°; il se décompose très facilement par la chaleur en perdant de l'acide bromhydrique. Ses solutions donnent avec le chlorure ferrique une coloration rouge cerise, et avec l'acétate de cuivre un précipité cristallin vert, peu soluble dans l'eau, très soluble dans l'alcool, l'éther et le sulfure de carbone, ayant pour formule $(C^6H^8BrO^3)^2Cu$.

Dibromacétylacétate d'éthyle, $C^6H^8Br^2O^3$. — Le procédé de préparation est le même. On emploie seulement 2 fois plus de brome; c'est un liquide peu soluble dans l'eau, ayant pour densité 1,854 à 25°; il donne des dérivés métalliques. Son *sel de cuivre* a pour formule $(C^6H^7Br^2O^3)^2Cu$, et est très soluble dans l'alcool, l'éther et le sulfure de carbone. La constitution de cet éther est certainement

$$CHBr^2-CO-CH^2-CO^2C^2H^5.$$

Tribromacétylacétate d'éthyle, $C^6H^7Br^3O^3$. — On le prépare en ajoutant à une solution chloroformique d'acétylacétate d'éthyle 6 atomes de brome, goutte à goutte; on distille ensuite le chloroforme et on obtient un liquide à peine coloré (densité = 2,144 à 22°); il est à peine soluble dans l'eau, et donne avec l'acétate de cuivre un dérivé métallique instable.

Tétrabromacétylacétate d'éthyle, $C^6H^6Br^4O^3$. — Liquide rougeâtre, insoluble dans l'eau; densité = 2,401 à 17°. Ses solutions se colorent en rouge par le perchlorure de fer; il donne encore un dérivé cuprique au moyen de l'acétate de cuivre.

Pentabromacétylacétate d'éthyle, $C^6H^5Br^5O^3$. — Le tribromacétylacétate d'éthyle, chauffé à 60° avec un excès de brome à la lumière solaire, fournit un liquide brun clair ayant cette composition.

D'après M. Wedel [*Ann. Chem.*, 219, 71], ces

deux derniers éthers seraient seulement un mélange de l'éther tribromé et de l'éther perbromé $C^6Br^{10}O^3$, parce que le dérivé pentabromé préparé par le procédé de M. Duisberg donne un dérivé métallique ayant pour formule $(C^6H^6Br^3O^3)^2Cu$.

Éther perbromacétylacétique [Wedel, *loc. cit.*], $C^6Br^{10}O^3$. — On obtient cet éther par l'action d'un excès de brome sur l'éther acétylacétique à 60-80°. C'est un corps solide, inaltérable à l'air et fondant à 69-70°; il ne donne de réaction ni avec le chlorure ferrique, ni avec l'acétate de cuivre. Il y a toujours en même temps formation d'un dérivé tribromé qui donne un précipité avec l'acétate de cuivre.

Dérivés chlorobromés [W. Mewes, *Ann. Chem.*, **245**, 58]. — En traitant l'éther acétylacétique monochloré par le brome, on obtient successivement :

L'éther monochloré monobromé.	$C^6H^8ClBrO^3$,
L'éther monochloré dibromé....	$C^6H^7ClBr^2O^3$,
L'éther monochloré tribromé...	$C^6H^6ClBr^3O^3$.

En partant de l'éther dichloré, on peut préparer, par l'action du brome :

L'ether dichloré monobromé...	$C^6H^7Cl^2BrO^3$,
L'éther dichloré dibromé......	$C^6H^6Cl^2Br^2O^3$.

et enfin, au moyen de l'éther trichloré, le dérivé bromotrichloré $C^6H^6Cl^3BrO^3$. Tous ces composés sont liquides, et indistillables.

Action de l'éthylate de sodium sur les éthers acétylacétiques chlorés et bromés. — L'éthylate de sodium, réagissant sur l'éther acétylacétique monochloré α donne de l'acide acétique et de l'éthylglycolate d'éthyle; la réaction ne se fait pas à froid, et il faut pour la commencer chauffer un peu.

Dans les mêmes conditions, l'éther dichloré donne de l'acétate et du dichloracétate d'éthyle.

L'éther trichloré fournit du chloracétate et du dichloracétate d'éthyle; mais le monochloracétate est en très petite quantité; il est donc probable que l'éther acétylacétique trichloré est un mélange contenant un peu du composé répondant à la formule

$$CHCl^2-CO-CHCl-CO^2C^2H^5.$$

L'éther tétrachloré fournit, d'après M. Mewes, les mêmes résultats; aussi cet auteur considère-t-il l'éther tétrachloré comme un mélange d'éther trichloré et d'éther perchloré.

L'éther monobromacétylacétique, traité par l'éthylate de sodium, donne du succinylsuccinate d'éthyle [Wedel, *Ann. Chem.*, **219**, 71]. Cette réaction fournit d'après M. Mewes (*loc. cit.*) un excellent moyen de préparation de cet éther; il suffit pour cela de modérer la réaction en diluant l'éther bromé et l'éthylate de sodium dans l'alcool absolu; le rendement est de 57 0/0 de la théorie.

M. Wedel a montré également que le sodium ou l'éthylate de sodium, réagissant sur l'éther acétylacétique dibromé, donne une certaine quantité d'éther *quinone-hydrodicarbonique*; on obtient en même temps du bromacétate d'éthyle; l'éthylate de sodium agit donc toujours pour enlever 1 molécule d'acide bromhydrique, mais l'élimination se fait entre 2 molécules d'éther :

$$\begin{array}{l} CH^2Br-CO-CH^2CO^2C^2H^5 \\ CO^2C^2H^5-CH^2-CO-CH^2Br \end{array}$$

$$+ 2NaOC^2H^5 = 2NaBr + 2C^2H^6O$$

$$+ \begin{array}{l} CH^2-CO-CH-CO^2C^2H^5 \\ \quad | \\ CO^2C^2H^5-CH-CO-CH^2 \end{array}$$

et

$$\begin{array}{l} CHBr^2-CO-CH^2-CO^2C^2H^5 \\ C^2H^5CO^2-CH^2-CO-CHBr^2 \end{array}$$

$$+ 4NaOC^2H^5 = 4NaBr + 4C^2H^6O$$

$$+ \begin{array}{l} CH-CO-C-CO^2C^2H^5 \\ \| \qquad\quad \| \\ C^2H^5CO^2-C-CO-CH \end{array}$$

C'est encore ce dernier éther qui prend naissance quand on traite l'éther acétylacétique chlorobromé par l'éthylate de sodium, mais en petite quantité; on obtient du bromure d'éthyle, du bromacétate d'éthyle et seulement du bromure de sodium, et un résidu goudronneux. Avec l'éther monochloré dibromé, on obtient encore de l'éther chlorobromacétique.

L'éther chlorotribromé fournit du chlorodibromacétate d'éthyle.

Avec l'éther dichlorobromé, on obtient l'éther dichloracétique; avec l'éther dichlorodibromé, le dichlorobromacétate d'éthyle. Enfin l'éther trichlorobromé donne naissance aux éthers chloracétique et dichloracétique. Dans toutes ces réactions, il y a production de bromure de sodium à l'exclusion du chlorure.

Dérivés nitrosés. — Le produit de l'action de l'acide azoteux sur l'acétylacétate d'éthyle est l'*éther nitrosoacétylacétique* :

$$\begin{array}{l} CH^3-CO-C-CO^2C^2H^5 \\ \qquad\qquad \| \\ \qquad\quad AzOH \end{array}$$

qui a été décrit (Suppl., **1**, 31).

La réaction indiquée par M. V. Meyer pour ce composé et ses homologues (coloration rouge avec l'aniline et l'acide acétique) n'existe pas en réalité.

L'éther nitrosoacétylacétique, laissé en digestion à froid avec un excès de potasse étendue, se dédouble en donnant la *nitrosoacétone*, fusible à 65°; on la retire de sa solution potassique où elle est à l'état de sel, en acidifiant par l'acide acétique et épuisant par l'éther.

Lorsqu'on abandonne pendant une semaine une solution potassique d'acétylacétate d'éthyle après l'avoir additionnée de nitrite de sodium et avoir acidulé le mélange par l'acide sulfurique, on peut retirer par un épuisement à l'éther de l'*acide acétoximique* :

$$CH^3-C(AzOH)-CH(AzOH).$$

La formation de ce composé s'explique par la formation de nitrosoacétone $CH^3-CO-CH(AzOH)$ pendant la première phase de la réaction, formation d'hydroxylamine par l'action de l'acide sulfurique sur cette nitrosoacétone et enfin réaction de l'hydroxylamine ainsi formée sur la nitrosoacétone [Treadwell et Westenberger, *D. chem. G.*, **15**, 2786].

On obtient des composés analogues à ceux que fournit l'acide nitreux réagissant sur l'éther acétylacétique, quand on fait agir sur cet éther l'hydroxylamine, par le procédé ordinaire. On obtient une huile indistillable, qui est le *β-isonitrosobutyrate d'éthyle* :

$$CH^3-C(AzOH)-CH^2-CO^2C^2H^5.$$

L'*acide* correspondant se présente en cristaux, peu solubles dans l'eau, l'alcool et l'éther; il est solide et fond à 140°.

Son *sel d'argent* est blanc, assez stable, et répond à la formule $C^4H^6AzO^3Ag$.

Action de l'acide azotique fumant. — L'acide azotique fumant versé goutte à goutte dans l'éther acétylacétique produit une réaction très violente; en traitant par l'eau le résidu de la réaction, on obtient une huile jaunâtre, soluble dans l'eau, l'alcool et l'éther [Pröpper, *Ann. Chem.*, **222**, 46]. Ce produit ne distille pas, et se décompose quand on le distille avec la vapeur d'eau; il possède la composition de l'*éther oximidoacétique*

$$CH(AzOH)-CO^2C^2H^5.$$

Il présente une réaction nettement acide et s'unit aux bases pour donner des sels.

Le *sel de sodium*, $C^4H^6AzO^3Na, \frac{1}{2}H^2O$, est un précipité volumineux qu'on obtient en ajoutant une solution d'éthylate de sodium à l'éther oximidoacétique; il est insoluble dans l'éther et dans la benzine, mais cristallise facilement par évaporation de sa solution aqueuse; chauffé, il se décompose brusquement.

Le *sel de potassium*, $C^4H^6AzO^3K$, s'obtient de la même manière que le sel de sodium, mais il est déliquescent.

Le *sel d'ammonium*, $C^4H^6AzO^3AzH^4, H^2O$, se précipite en fines aiguilles solubles dans l'eau, peu solubles dans l'alcool et insolubles dans l'éther; il s'obtient en traitant par une solution alcoolique d'ammoniaque une solution alcoolique de l'éther.

Le *sel d'argent*, $C^4H^6AzO^3Ag$, est un précipité jaune amorphe.

Les agents hydrogénants ne convertissent pas l'éther oximidoacétique en éther amidoacétique.

Quand on dissout l'éther oximidoacétique dans un excès de potasse, on obtient une solution rouge. On abandonne ensuite cette solution pendant 2 ou 3 jours et on acidule; il se dégage de l'acide carbonique et la solution redevient incolore. En étendant d'eau et distillant, on obtient de l'acide cyanhydrique; il se forme sans doute de l'*oximidométhane*, qui se décompose ensuite en acide cyanhydrique et eau. La réaction est exprimée par les équations suivantes :

$$\begin{array}{l} CH(AzOH) \\ | \\ CO^2C^2H^5 \end{array} + 2KOH = CO^3K^2 + CH^2AzOH,$$

$$CH^2AzOH = H^2O + CAzH.$$

L'acide chlorhydrique bouillant donne naissance à du chlorure d'éthyle, de l'acide oxalique et de l'hydroxylamine; il est probable qu'il se forme d'abord de l'acide glyoxylique :

$$\begin{array}{l} CH(AzOH) \\ | \\ CO^2C^2H^5 \end{array} + H^2O + HCl$$

$$= AzH^3O.HCl + C^2H^5Cl + \begin{array}{l} CHO \\ | \\ CO^2H \end{array}$$

L'éther acétylacétique monochloré α, traité par l'acide azotique fumant, donne l'*éther chloroximidoacétique*,

$$CCl(AzOH)-CO^2C^2H^5,$$

qui est solide et fusible à 80°; il est soluble dans l'alcool, et décomposable par l'eau, qui à l'ébullition donne de l'acide oxalique, de l'hydroxylamine et de l'alcool :

$$\begin{array}{l} CCl-AzOH \\ | \\ CO^2C^2H^5 \end{array} + 3H^2O$$

$$= \begin{array}{l} COOH \\ | \\ COOH \end{array} + AzH^3O.HCl + C^2H^6O.$$

Acide diazobenzine-acétylacétique,

$$C^{10}H^{10}Az^2O^3.$$

— La préparation de ce composé a été décrite (Suppl., **1**, 31).

Le *sel de potassium*, $C^{10}H^9Az^2O^3K$, s'obtient en mélangeant des solutions alcooliques de potasse et de l'acide; on obtient des lamelles jaune clair, qui se décomposent complètement à 190°.

Le *sel d'argent*, $C^{10}H^9Az^2O^3Ag$, se précipite quand on ajoute un sel d'argent à une solution aqueuse du sel de potassium; c'est une poudre d'un jaune clair, que la chaleur décompose facilement.

L'*éther*, $C^{10}H^9Az^2O^3C^2H^5$, s'obtient sous la forme d'une résine rouge dans la préparation de l'acide; on le purifie par cristallisation dans l'alcool et on obtient une substance cristalline fusible à 59°,5. Sa saponification par la potasse donne l'*acide azobenzine-acétylacétique*, fusible à 154-155°.

Acide p-azotoluène-acétylacétique. — En remplaçant le nitrate de diazobenzine par celui de p-diazotoluène, on obtient, comme dans le cas précédent, à la fois l'acide et l'éther p-azotoluène-acétylacétique

$$C^6H^4 \begin{array}{l} \diagup CH^3 \\ \diagdown Az^2-CH \begin{array}{l} \diagup CO-CH^3 \\ \diagdown CO^2C^2H^5 \end{array} \end{array}$$

L'acide cristallise dans l'alcool en aiguilles d'un jaune orangé, fusibles à 188-190°. L'*éther* fond à 74° [Zublin, *D. chem. G.*, **11**, 1417].

Les chlorures d'imides, réagissant sur l'éther acétylacétique en solution potassique, permettent également l'introduction de 1 ou de 2 radicaux azotés dans la molécule de l'éther acétylacétique; par exemple,

$$\begin{array}{l} CH^3-CO \\ \quad | \\ \quad CHK \\ \quad | \\ \quad CO^2C^2H^5 \end{array} + C^6H^5-CCl=Az-C^6H^5$$

$$= KCl + \begin{array}{l} CH^3-CO \\ \qquad | \\ \qquad CH-C \begin{array}{l} \diagup C^6H^5 \\ \diagdown Az-C^6H^5 \end{array} \\ \qquad | \\ \qquad CO^2C^2H^5 \end{array}$$

et le composé ainsi obtenu est susceptible d'une seconde substitution semblable [Just, *D. chem. G.*, **18**, 319].

Action de l'ammoniaque sur l'éther acétylacétique (voyez Suppl., **1**, 32) [Norman Collie, *Ann. Chem.*, **226**, 294. — Kuckert, *D. chem. G.*, **16**, 618. — Conrad et Epstein, *ibid.*, **20**, 3054. — Peters, *ibid.*, **20**, 3323]. — Le gaz ammoniac réagit facilement sur l'éther acétylacétique et sur ses homologues. Ainsi, quand on fait passer un courant de gaz ammoniac dans de l'éther acétylacétique fortement refroidi, on voit le liquide se prendre en une masse de cristaux fusibles à 27°, mais qui se décomposent déjà à cette température en perdant de l'eau et en donnant un composé $C^6H^{11}AzO^2$ fusible à 34°, et que M. Duisberg [*D. chem. G.*, **15**, 1378] appelle *p-amidoacétylacétate d'éthyle*. Il l'avait obtenu en traitant l'éther acétylacétique par l'ammoniaque aqueuse.

Le composé fusible à 27° est un produit d'addition, dont la formule est sans doute

$$CH^3-C(OH)(AzH^2)-CH^2-CO^2C^2H^5$$

(Norman Collie). Son produit de déshydratation peut avoir l'une ou l'autre des deux formules :

$$\text{I} \quad \begin{array}{l} CH^3-C-CH^2-CO^2C^2H^5. \\ \qquad \| \\ \qquad AzH \end{array}$$

$$\text{II.} \quad \begin{array}{l} CH^3-C=CH-CO^2C^2H^5. \\ \qquad | \\ \qquad AzH^2 \end{array}$$

Il peut être distillé sous pression réduite; mais à la pression ordinaire il bout en se décomposant à 210°; il cristallise en gros prismes clinorhombiques peu solubles dans l'eau, facilement solubles dans l'alcool et dans l'éther.

L'amidoacétylacétate d'éthyle réagit sur les solutions métalliques en précipitant l'oxyde métallique et régénérant l'éther acétylacétique; les acides libres, même faibles, comme l'acide acétique, régénèrent également l'éther acétylacétique.

En faisant agir 1 molécule d'azotite de sodium et de l'acide acétique, on obtient non pas une nitroso-imide, mais l'*éther nitrosoacétylacétique* :

$$CH^3 - CO - C(AzOH)CO^2C^2H^5.$$

Cette réaction conduit à préférer la formule II pour l'éther amidoacétylacétique.

Du reste M. Kuckert a montré que, si on sature l'éther acétylacétique refroidi à 0° par la méthylamine, on obtient, comme avec l'ammoniaque, un produit d'addition qui, par perte d'une molécule d'eau, donne l'*éther méthylamidoacétylacétique*,

$$CH^3 - \underset{\displaystyle AzH . CH^3}{C} = CH - CO^2C^2H^5,$$

liquide bouillant à 133° dans le vide et à 215° sous la pression normale.

La même réaction se produit quand on abandonne un mélange de diéthylamine et d'éther acétylacétique; le produit résultant bout à 160-163°; il ne peut avoir que la formule

$$CH^3 - \underset{\displaystyle Az(C^2H^5)^2}{C} = CH - CO^2C^2H^5;$$

mais il faut remarquer que la réaction est très lente et difficile à réaliser complètement, et qu'on ne peut par conséquent pas affirmer que la réaction avec l'ammoniaque et la méthylamine ne se passe pas suivant l'équation

$$CH^3 - CO - CH^2 - CO^2C^2H^5 + CH^3 . AzH^2$$
$$= CH^3 - \underset{\displaystyle \| \atop \displaystyle Az . CH^3}{C} - CH^2 - CO^2C^2H^5$$

L'éther amidoacétylacétique et ses homologues préparés au moyen des amines grasses, chauffés avec une aldéhyde, donnent naissance à des produits identiques avec ceux que M. Hantzsch a obtenus par l'action des aldéhydes-ammoniaques sur les éthers acétylacétiques (voyez plus loin).

Lorsqu'on chauffe l'éther amidoacétylacétique avec de l'anhydride acétique à 160°, et puis qu'on distille, on obtient un composé fusible à 43° et distillant à 231-232°, qui est sans doute l'éther acétylimidé, l'*éther β acétamido crotonique* :

$$CH^3 - \underset{\displaystyle AzH . C^2H^3O}{C} = CH - CO^2C^2H^5$$

[Norman Collie, *Ann. Chem.*, **226**, 294].

La distillation de l'éther amidoacétylacétique lui fait perdre de l'alcool et de l'ammoniaque, en donnant l'éther d'un acide hydroxylutidine-monocarbonique :

$$2C^6H^{11}AzO^2 = C^{10}H^{13}AzO^3 + C^2H^5OH + AzH^3.$$

En faisant passer un courant d'acide chlorhydrique dans une solution éthérée d'éther amidoacétylacétique, on obtient un produit d'addition $C^6H^{11}AzO^3 . HCl$ solide, qui, chauffé à 130°, mousse fortement et donne du chlorhydrate d'ammoniaque et un composé $C^{10}H^{13}AzO^3$, isomérique avec le précédent. Ce composé est très stable; il fond à 137°. Traité par le carbonate de potassium, il perd de l'alcool et donne un acide fusible à 300°, qui perd à cette température de l'acide carbonique, et donne le *pseudolutidostyrile*, fusible à 176° et bouillant à 306° :

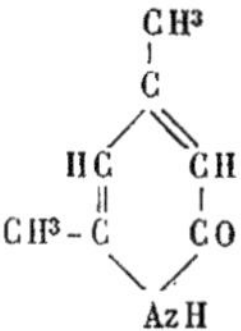

[Norman Collie, *Ann. Chem.*, **226**, 294; *D. chem. G.*, **20**, 445; *Bull. Soc. chim.*, **45**, 194; **48**, 519].

Traité par l'iodure d'éthyle à 100°, l'éther amidoacétylacétique est dédoublé en iodure d'ammonium et éther éthylacétylacétique. Il se produit en même temps une base qui paraît être une *éthyloxylutidine* $C^9H^{13}AzO$.

Le brome attaque très vivement l'éther amidoacétylacétique; mais si l'on a soin d'opérer à très basse température (— 18°), il paraît se former un produit d'addition $C^6H^{11}Br^2AzO^3$ très instable.

Par l'action du gaz ammoniac sec sur l'acétylacétate de méthyle, MM. Conrad et Epstein ont obtenu l'*amidoacétylacétate de méthyle* :

$$CH^3 - \underset{\displaystyle AzH^2}{C} = CH - CO^2CH^3$$

Il convient d'opérer dans une solution éthérée soigneusement refroidie; après évaporation de l'éther et dessiccation, c'est une masse blanche, fusible à 85° [Conrad et Epstein, *D. chem. G.*, **20**, 3054].

Les éthers monosubstitués réagissent également sur l'ammoniaque, mais il n'en est pas de même de l'éther diéthylacétylacétique,

$$CH^3 - CO - C(C^2H^5)^2 - CO^2C^2H^5,$$

que l'ammoniaque n'attaque pas; ce fait parait établir la formule

$$CH^3 - \underset{\displaystyle AzH^2}{C} = CH - CO^2C^2H^5$$

pour l'éther amidoacétylacétique; de plus, MM. Conrad et Epstein n'ont pu obtenir de dérivés métalliques avec les dérivés amidés des éthers acétylacétiques monosubstitués.

Les éthers amidés et substitués présentent dans leurs points de fusion une singulière anomalie : pour l'acétylacétate de méthyle, le point de fusion baisse à mesure que la molécule se complique :

$CH^3 - C(AzH^2) = CH - CO^2CH^3$	fond à	85°
$CH^3 - C(AzH^2) - C(CH^3) - CO^2CH^3$	—	59°
$CH^3 - C(AzH^2) = C(C^2H^5) - CO^2CH^3$	—	37°
$CH^3 - C(AzH^2) - CH - CO^2C^2H^5$	—	37°
$CH^3 - C(AzH^2) - C(CH^3) - CO^2C^2H^5$	—	52°
$CH^3 - C(AzH^2) - C(C^2H^5) - CO^2C^2H^5$	—	60°

L'action de l'ammoniaque aqueuse sur les éthers acétylacétiques substitués fournit, en même temps que les éthers amidés, les amides des acides alcoyl-acétylacétiques : ainsi l'éther méthylacétylacétique, additionné de 3 ou 4 volumes d'ammoniaque aqueuse concentrée à la température ordinaire, donne à la fois l'éther amidé

$$CH^3 - \underset{\displaystyle AzH^2}{C} = C(CH^3) - CO^2C^2H^5$$

et l'amide $CH^3 - CO - CH(CH^3) - COAzH^2$; cette réaction paraît générale.

Par l'action du chlorure de zinc ammoniacal sur l'éther acétylacétique en tubes scellés à 100°, ou encore par l'action de la formiamide et du chlorure de zinc, MM. Canzoneri et Spica [*Gazz. Chim. ital.*, 14, 448] ont obtenu l'*éther lutidine-monocarbonique*, bouillant à 260-265°, dont l'acide fond à 220°. Ils ont obtenu dans la même réaction une base fusible à 77° et bouillant vers 300°, qui serait formée d'après l'équation

$$2\,C^6H^{10}O^3 + AzH^3 = 4\,H^2O + C^{12}H^{15}AzO^2$$

et pour laquelle ils admettent la constitution

$$C^2H^3O\,.\,C \lessgtr {C \atop CH^2} \gtrless C-AzH-C \lessgtr {C \atop CH^2} \gtrless C.OC^2H^5.$$

Cette base ne se forme pas quand on chauffe l'éther amidoacétylacétique avec du chlorure de zinc et de l'éther acétylacétique.

En se servant d'acétamide et de chlorure de zinc ou d'aluminium, MM. Canzoneri et Spica ont obtenu l'*éther β-acétyl-amidobutyrique*,

$$CH^3-CO-AzH-C(CH^3)-CH^2-CO^2C^2H^5,$$

fusible à 64-65°.

MM. Ladenburg et Rügheimer [*D. chem. G.*, 12, 951], en mélangeant à froid l'o-crésylène-diamine $C^6H^3(CH^3)_{(1)}(AzH^2)^2_{(3\cdot4)}$ avec de l'éther acétylacétique, ont obtenu un composé cristallin fusible à 82° et répondant à la formule

$$CH^3-C^6H^3 {< AzH \atop < AzH} {> \atop >} C {< CH^3 \atop < CH^2-CO^2C^2H^5}$$

Quand on chauffe ce corps au bain d'huile vers 110-120°, il se sépare de l'éther acétique et le résidu est un composé bien cristallisé qui, après purification par cristallisation dans l'eau, fond à 198-199°, et qui est l'*éthényl-crésylène-diamine* :

$$CH^3-C^6H^3 {< Az \atop < AzH} \gtrless C-CH^3.$$

Action des chlorures, bromures et iodures alcooliques sur l'acétylacétate d'éthyle sodé (voyez Suppl., 1, 38). — Les chlorures, bromures et iodures alcooliques réagissent sur l'acétylacétate d'éthyle sodé, d'après l'équation suivante :

$$CH^3-CO-CHNa-CO^2C^2H^5 + RX$$
$$= CH^3-CO-CHR-CO^2C^2H^5 + NaX,$$

et le produit de la réaction est capable de réagir une seconde fois de la même manière; mais, cette seconde substitution étant faite, on ne peut aller plus loin : ce qui se comprend aisément, les 2 atomes d'hydrogène que peut déplacer le sodium n'existant plus dans la molécule. La constitution de ces dérivés est bien certainement celle que nous avons écrite, car le dédoublement par la potasse étendue des éthers acétylacétiques substitués donne naissance aux acétones substituées

$$CH^3-CO-CH^2R \quad et \quad CH^3-CO-CHRR'.$$

La meilleure manière d'opérer ces réactions a été indiquée précédemment (Suppl., 1, 29). Les produits de la substitution de 1 ou 2 radicaux alcooliques aux atomes d'hydrogène du groupe CH^2 seront décrits dans des articles séparés.

L'action des chlorures et bromures correspondant aux glycols fournit des résultats particulièrement intéressants, dont nous devons dire ici quelques mots, renvoyant pour les détails des préparations aux articles où sont décrits les composés qui prennent naissance dans cette remarquable réaction [W. Perkin, *Chem. Soc.*].

Lorsqu'on traite l'acétylacétate d'éthyle (1 molécule) par le bromure d'éthylène (1 molécule) et l'éthylate de sodium (2 molécules), on obtient plusieurs composés différents : le premier a pour formule $C^8H^{12}O^3$, et ne contient plus de brome. Par analogie avec ce qui se passe avec le malonate d'éthyle sodé, M. Perkin admet que ce composé est l'*éther acétyltriméthylène-carbonique* (voyez ce mot).

Dans les mêmes conditions le bromure de propylène $CH^2Br-CHBr-CH^3$ donne l'*éther méthylacétyltriméthylène-carbonique* :

$$\begin{matrix} CH^3-CO \\ CO^2C^2H^5 \end{matrix} {> \atop >} C {< CH^2 \atop < CH-CH^3}$$

Dans la réaction du bromure d'éthylène sur l'acétylacétate d'éthyle sodé, on obtient également l'*éther diacétyladipique* $C^{14}H^{22}O^6$, qui résulte de l'union de 2 molécules d'éther acétylacétique par l'intermédiaire du groupement éthylénique :

$$2\,(C^6H^9O^3Na) + CH^2Br-CH^2Br$$
$$= \begin{matrix} CH^3-CO-CH-CO^2C^2H^5 \\ | \\ CH^2 \\ | \\ CH^2 \\ | \\ CH^3-CO-CH-CO^2C^2H^5 \end{matrix} + 2\,NaBr$$

Ce dernier éther, traité par le sodium, donne un dérivé disodé qui, par l'action de l'iode, se transforme en *éther diacétyl-tétraméthylène-dicarbonique* :

$$\begin{matrix} CO^2C^2H^5 \searrow \\ CH^3-CO \nearrow \end{matrix} C \text{———} C \begin{matrix} \nearrow CO^2C^2H^5 \\ \searrow CO-CH^3 \end{matrix}$$
$$\begin{matrix} | & & | \\ CH^2 & \text{———} & CH^2 \end{matrix}$$

Quand on emploie le bromure de triméthylène, la réaction ne se passe pas de la même manière, et l'on n'obtient pas de dérivés du tétraméthylène; d'après M. Perkin, la réaction serait la suivante :

$$\begin{matrix} CH^3-CO \\ CO^2C^2H^5 \end{matrix} {> \atop >} CHNa + CH^2Br-CH^2-CH^2Br$$
$$= \begin{matrix} CH^3-CO \\ CO^2C^2H^5 \end{matrix} {> \atop >} CH-CH^2-CH^2-CH^2Br + NaBr$$
$$= HBr + CH^3-C(OH)=C-CH^2-CH^2-CH^2Br$$
$$\qquad\qquad | \quad CO^2C^2H^5$$
$$= HBr + CH^3-C=C-CO^2C^2H^5$$
$$\begin{matrix} \diagup & & \diagdown \\ O & & CH^2 \\ \diagdown & & | \\ & CH^2-CH^2 & \end{matrix}$$

et on aurait l'*éther méthyldéhydrohexone-carbonique*.

Au contraire, la réaction du bromure de méthyltétraméthylène,

$$CH^3-CHBr-CH^2-CH^2-CH^2Br,$$

sur l'acétylacétate d'éthyle sodé donne des dérivés de la série du pentaméthylène :

$$2\,(C^6H^9O^3Na) + CH^3-CHBr-CH^2-CH^2-CH^2Br$$
$$= C^6H^{10}O^3 + 2\,NaBr + CH^2 \begin{matrix} \nearrow CH^2-CH-CH^3 \\ \qquad | \\ \searrow CH^2-C-CO-CH^3 \\ \qquad | \\ \qquad CO^2C^2H^5 \end{matrix}$$

Enfin le dibromure dérivé du glycol δ-hexylénique, qui a pour formule

$$CH^3-CHBr-CH^2-CH^2-CH^2-CH^2Br,$$

donne avec l'acétylacétate d'éthyle sodé, et exactement par le même mécanisme, le *méthylacétyl-hexaméthylène-carbonate d'éthyle* :

$$2(C^6H^9O^3Na) + CH^3-CHBr-CH^2-CH^2-CH^2-CH^2Br$$
$$= 2\,NaBr + \begin{matrix} CH^2-CH^2-CH-CH^3 \\ | \qquad\qquad | \\ CH^2-CH^2-C-CO-CH^3 \\ | \\ CO^2C^2H^5 \end{matrix}$$

[W. H. Perkin junior et Freer, *D. chem. G.*, **21**, 735].

Nous avons admis sans discussion les faits remarquables observés par M. Perkin; mais ces résultats sont susceptibles d'une tout autre interprétation qui a été proposée par M. Michael; cette question se rattache directement à celle de la constitution de l'acétylacétate d'éthyle et de son dérivé sodé, et sera traitée plus loin (voyez CONSTITUTION DE L'ÉTHER ACÉTYLACÉTIQUE).

On peut encore substituer à l'hydrogène du chaînon CH^2 des restes contenant des atomes d'oxygène acétoniques ou alcooliques; par exemple, la bromacétylbenzine donne avec l'acétylacétate d'éthyle sodé l'éther acétophénone-acétylacétique (voyez ce mot) et l'acétone monobromée, l'éther acétonylacétylacétique (voyez ACÉTONYLACÉTONE).

Quand on traite le sodacétylacétate d'éthyle par la chlorhydrine du glycol, on obtient l'*éther oxéthylacétylacétique* :

$$\begin{array}{l} CH^3-CO-\underset{|}{C}H-CO^2C^2H^5 \\ CH^2-CH^2OH \end{array}$$

C'est un liquide qui bout avec décomposition à 220°, et qui n'a pu être obtenu complètement pur; mais, saponifié par la baryte en excès, il fournit l'oxybutyrate de calcium, d'où on dérive facilement la butyrolactone :

$$2\left[\begin{array}{l} CH^3-CO-\underset{|}{C}H-CO^2C^2H^5 \\ CH^2-CH^2OH \end{array}\right] + 2\,Ba(OH)^2$$

$$= \left[\begin{array}{l} CH^2-CH^2OH \\ | \\ CH^2-COO \end{array}\right]^2 Ba + (CH^3-CO^2)^2Ba + 2\,C^2H^6O$$

[Chanlaroff, *Ann. Chem*, **226**, 325].

Les chlorures et bromures d'acides réagissent également avec une grande facilité sur l'éther acétylacétique sodé, et donnent naissance aux éthers des acides diacétoniques; par exemple, le chlorure d'acétyle et l'acétylacétate d'éthyle sodé donnent l'éther de l'acide diacétylacétique :

$$CH^3-CO-CHNa-CO^2C^2H^5 + CH^3-COCl$$
$$= \begin{array}{l} CH^3-CO \\ CH^3-CO \end{array}\!\!> CH-CO^2C^2H^5$$

(voyez les mots BENZOYLACÉTYLACÉTIQUE, DIACÉTYLACÉTIQUE, PHTALYLACÉTYLACÉTIQUE).

ACTION DE QUELQUES RÉACTIFS SUR LES DÉRIVÉS MÉTALLIQUES DE L'ÉTHER ACÉTYLACÉTIQUE. — *Action du chlorure de soufre* [Buchka, *D. chem. G.*, **18**, 2090]. — Le chlorure de soufre réagit facilement sur l'éther acétylacétique sodé; il y a dépôt de soufre, et formation de chlorure de sodium et d'un composé sulfuré :

$$\begin{array}{l} CH^3-CO-CH-CO^2C^2H^5 \\ \diagdown \\ S \\ \diagup \\ CH^3-CO-CH-CO^2C^2H^5 \end{array}$$

C'est un corps solide, fusible à 80-81°, facilement soluble dans l'alcool, d'où il cristallise en aiguilles prismatiques incolores.

L'éther acétylacétique lui-même donne lieu à une réaction tout à fait semblable [Delisle, *D. chem. G.*, **20**, 2008].

Action de l'oxychlorure de carbone [Buckka, *loc. cit.*]. — L'oxychlorure de carbone réagit d'une manière très différente suivant le dérivé métallique que l'on emploie. Avec le dérivé sodé il agit comme chlorurant et fournit, comme le chlorure de sulfuryle, de l'éther acétylacétique α-chloré :

$$CH^3-CO-CHNa-CO^2C^2H^5 + COCl^2$$
$$= NaCl + CO + CH^3-CO-CHCl-CO^2C^2H^5.$$

Si, au lieu d'employer le sel de sodium, on se sert du sel de cuivre, on obtient des résultats tout différents [Conrad et Guthzeit, *D. chem. G.*, **19**, 19 et **20**, 151]. Lorsqu'on traite par la quantité théorique (1 molécule) du dérivé cuprique de l'acétylacétate d'éthyle une solution de 1 molécule d'oxychlorure de carbone dans la benzine, on voit se déposer du chlorure cuivrique, et, après évaporation de la benzine, on obtient un composé ayant pour formule $C^{13}H^{16}O^6$, fusible à 80°, qui est l'*éther diméthylpyrone-dicarbonique* (voyez PYRONE). La réaction qui lui donne naissance est la suivante :

$$\begin{array}{l} CH^3-CO-CH-CO^2C^2H^5 \\ | \\ Cu \qquad\qquad + COCl^2 \\ | \\ CH^3-CO-CH-CO^2C^2H^5 \end{array}$$

$$= CuCl^2 + \begin{array}{l} CH^3-CO-CH-CO^2C^2H^5 \\ | \\ CO \\ | \\ CH^3-CO-CH-CO^2C^2H^5 \end{array}$$

$$= H^2O + \begin{array}{l} CH^3-C=C-CO^2C^2H^5 \\ |\quad\;| \\ O\;\;CO \\ |\quad\;| \\ CH^3-C=C-CO^2C^2H^5 \end{array}$$

Action du sodacétylacétate d'éthyle sur les composés organiques. — Éthers non saturés [A. Michael, *J. prakt. Chem.*, **33**, 349]. — L'éther acétylacétique sodé paraît pouvoir s'ajouter aux éthers des acides non saturés; c'est ainsi que le cinnamate d'éthyle et l'éther sodacétylacétique, mélangés molécule à molécule et laissés en digestion à froid, en présence d'alcool absolu, paraissent s'unir pour donner un composé qui n'a pu être isolé; il aurait pour formule $C^{17}H^{21}O^5Na$ et se formerait suivant l'équation

$$C^6H^5-CH=CH-CO^2C^2H^5$$
$$+ CH^3-CO-CHNa-CO^2C^2H^5$$
$$= \begin{array}{l} C^6H^5-CH-CHNa-CO^2C^2H^5 \\ CH^3-CO-CH-CO^2C^2H^5 \end{array}$$

Une réaction tout à fait semblable est déjà connue, et a été signalée par M. L. Claisen [*Ann. Chem.*, **218**, 158] : c'est l'addition de l'éther malonique à l'éther éthylidène-malonique pour donner l'éther éthylidène-dimalonique :

$$\begin{array}{l} CH^3-CH=C(CO^2C^2H^5)^2 \\ \uparrow\;\;\;\uparrow \\ (CO^2C^2H^5)^2-CH-H \end{array}$$

$$= CH^3-CH\!<\!\begin{array}{l} CH=(CO^2C^2H^5)^2 \\ CH=(CO^2C^2H^5)^2 \end{array}$$

Si l'on traite par l'eau le produit brut de la réaction de l'éther sodacétylacétique sur le cinnamate d'éthyle, qu'on épuise à l'éther et enfin qu'on acidifie la solution épuisée, on obtient un acide fusible à 140° ayant pour formule $C^{15}H^{16}O^4$. La formation de cet acide est facilitée quand on chauffe le mélange de sodacétylacétate d'éthyle et d'éther cinnamique au bain-marie pendant quelques heures. La formation de ce composé en partant du produit d'addition s'explique par l'équation suivante :

$$\begin{array}{l} \quad C^6H^5-\underset{|}{C}H-CHNa-CO^2C^2H^5 \\ CH^3-CO-CH-CO^2C^2H^5 \\ \quad = NaOC^2H^5 + C^{15}H^{16}O^4 \end{array}$$

et la constitution de ce composé est vraisemblablement

$$\begin{array}{l} \quad C^6H^5-\underset{|}{C}H-\underset{|}{C}H-CO^2C^2H^5 \\ CH^3-CO-CH-CO \end{array}$$

Le *sel d'argent*, $C^{15}H^{15}O^4Ag$, cristallise en petits prismes insolubles dans l'eau ; on le prépare en traitant par le nitrate d'argent une solution du composé $C^{15}H^{16}O^4$ neutralisée par l'ammoniaque.

L'éther citraconique réagit d'une manière tout à fait analogue, et, traité exactement de même, fournit un liquide huileux bouillant à 173-174° dans le vide. Sa composition est $C^{15}H^{24}O^7$, et sa formation, par analogie avec ce qui se passe pour l'éther cinnamique, serait exprimée par les équations

$$\begin{array}{l} C^3H^4(CO^2C^2H^5)^2 + CH^3-CO-CHNa-CO^2C^2H^5 \\ \quad = C^{15}H^{23}O^7Na ; \end{array}$$

$$C^{15}H^{23}O^7Na + H^2O = C^{15}H^{24}O^7 + NaOH.$$

Action des aldéhydes. — Les aldéhydes s'unissent avec l'éther sodacétylacétique pour fournir des produits cristallisés [Michael, *J. prakt. Chem.*, 35, 449]. Si on mélange de l'aldéhyde benzylique avec une solution alcoolique de sodacétylacétate d'éthyle, molécule à molécule, il ne tarde pas à se produire un précipité cristallin. Après un jour, on traite par l'eau, on épuise à l'éther et on acidule le résidu ; on obtient un liquide qui ne tarde pas à se prendre en une masse de cristaux, que l'on purifie par dissolution dans la benzine et dans l'alcool. Ce composé répond à la formule $C^{22}H^{22}O^7$; il fond à 126-127° et paraît s'être formé d'après les équations

$$\begin{array}{l} C^6H^5-CHO + CH^3-CO-CHNa-CO^2C^2H^5 \\ \quad = C^{13}H^{15}O^4Na ; \end{array}$$

$$2(C^{13}H^{15}O^4Na) = C^{22}H^{20}O^7Na^2 + (C^2H^5)^2O.$$

Action des acétones. — Les acétones se combinent également avec l'éther acétylacétique sodé quand on chauffe le mélange des deux corps à 100°, et donnent aussi des produits d'addition cristallisés.

Action des anhydrides d'acides bibasiques [Michael, *loc. cit.*]. — L'anhydride phtalique, en solution alcoolique chaude, mélangé à de l'éther sodacétylacétique, donne un abondant dépôt d'aiguilles blanches que l'on fait facilement recristalliser dans l'alcool absolu. Si on les traite par l'eau et l'acide chlorhydrique, on obtient un liquide incolore, plus lourd que l'eau, qui se décompose quand on le chauffe au-dessus de 140° ; il a pour formule $C^{14}H^{14}O^6$ et sa formation peut être expliquée de la manière suivante :

$$C^6H^4 \left< \begin{array}{l} CO \\ CO \end{array} \right> O + CHNa \left< \begin{array}{l} CO-CH^3 \\ CO^2C^2H^5 \end{array} \right.$$

$$= C^6H^4 \left< \begin{array}{l} CO-CH \left< \begin{array}{l} CO-CH^3 \\ CO^2C^2H^5 \end{array} \right. \\ COONa \end{array} \right.$$

$$C^6H^4 \left< \begin{array}{l} CO-CH \left< \begin{array}{l} CO-CH^3 \\ CO^2C^2H^5 \end{array} \right. \\ COONa \end{array} \right. + HCl$$

$$= NaCl + C^6H^4 \left< \begin{array}{l} CO-CH \left< \begin{array}{l} CO-CH^3 \\ CO^2C^2H^5 \end{array} \right. \\ COOH \end{array} \right.$$

Action des phénols. — L'action de la résorcine sur l'éther acétylacétique sodé est particulièrement intéressante ; ce phénol finement pulvérisé se dissout à la température ordinaire dans une solution alcoolique d'éther acétylacétique sodé et la solution prend au bout de peu de temps une belle fluorescence bleue. Après quelques jours, on traite par l'eau et l'acide chlorhydrique. Le précipité obtenu, cristallisé dans l'alcool, donne des cristaux fusibles à 185° constituant la β-*méthylombelliférone* ; la réaction s'explique par les équations

$$C^6H^4(OH)^2 + CH^3-CO-CHNa-CO^2C^2H^5$$

$$= C^6H^3(OH)^2-C(OH) \left< \begin{array}{l} CHNa-CO^2C^2H^5 \\ CH^3 \end{array} \right.$$

$$C^6H^3 \begin{array}{l} \diagup OH \\ -OH \\ \diagdown \underset{\displaystyle CH^3}{\underset{|}{C}}OH-CHNa-CO^2C^2H^5 \end{array}$$

$$= C^6H^3 \begin{array}{l} \diagup OH \\ -ONa \\ \diagdown \underset{\displaystyle CH^3}{\underset{|}{C}}(OH)-CH^2-CO^2C^2H^5 \end{array}$$

$$= C^2H^6O + NaOH + C^6H^3 \begin{array}{l} \diagup OH \\ -O \longrightarrow \\ \diagdown \underset{\displaystyle CH^3}{\underset{|}{C}}=CH \diagup \end{array} CO.$$

Action de l'aldéhyde-ammoniaque. — Le sodacétylacétate d'éthyle s'unit à l'aldéhyde-ammoniaque ; il suffit d'ajouter à une solution d'acétylacétate d'éthyle sodé dans l'alcool absolu de l'aldéhyde-ammoniaque bien pulvérisée ; la dissolution laisse lentement déposer des aiguilles blanches que l'on fait recristalliser dans l'alcool absolu. Ce sel se décompose lentement à la température ordinaire en perdant 2 molécules d'eau ; il a pour formule, après perte d'eau,

$$C^8H^{12}AzO^2Na.$$

$$CH^3-CH \left< \begin{array}{l} OH \\ AzH^2 \end{array} \right. + CH^3-CO-CHNa-CO^2C^2H^5$$

$$= C^8H^{16}AzO^4Na,$$

$$C^8H^{16}AzO^4Na = 2H^2O + C^8H^{12}AzO^2Na.$$

Produits de condensation de l'éther acétylacétique ; action des acides sulfurique et chlorhydrique. — L'éther acétylacétique, sous l'influence des agents déshydratants, peut réagir sur lui-même, avec élimination d'eau ou d'alcool. Par l'action de l'acide sulfurique sur l'éther acétylacétique, M. Hantzsch [*Ann. Chem.*, 222, 1] a obtenu un produit de condensation formé d'après l'équation

$$4\,C^6H^{10}O^3 = C^{18}H^{22}O^9 + 3\,C^2H^6O.$$

Il s'obtient en traitant 100 grammes d'éther fortement refroidi par 250 grammes d'acide sulfurique pur, qu'on ajoute lentement ; on laisse ensuite digérer pendant plusieurs jours, puis on précipite par l'eau, et on fait recristalliser dans l'éther. On obtient ainsi un corps solide, fusible à 60-61° et bouillant avec décomposition à 280°.

La potasse alcoolique le dédouble en donnant de l'acide mésitène-lactone-carbonique ou isodéhydracétique et l'éther de cet acide (voyez Mésitène-lactone et Mésitène-lactone-carbonique) :

$$C^{18}H^{22}O^9 + KOH = C^6H^7 \begin{array}{l} \diagup \overset{\displaystyle O}{\overset{|}{}} \\ -CO \\ \diagdown CO^2K \end{array}$$

$$+ C^6H^7 \begin{array}{l} \diagup \overset{\displaystyle O}{\overset{|}{}} \\ -CO \\ \diagdown CO^2C^2H^5 \end{array} + 2H^2O.$$

Il convient donc d'adopter pour ce produit de condensation la formule

$$\begin{array}{lll} & \diagup OH & CO^2C^2H^5 \diagdown \\ C^6H^7 - & CO^2H & CO^2H \text{———} C^6H^7, \\ & \diagdown CO \text{———} & O \text{———} \diagup \end{array}$$

qui est une combinaison de l'acide et de l'éther précédents avec fixation d'eau. La condensation subie par l'éther acétylacétique peut donc être représentée par les équations suivantes :

$$2[CH^3-C(OH)=CH-CO^2C^2H^5]$$

$$= H^2O + CH^3-C(OH)=\underset{\displaystyle |}{\overset{\displaystyle CO^2C^2H^5}{\overset{|}{C}}}-\underset{\displaystyle CH^3}{\underset{|}{C}}=CH-CO^2C^2H^5,$$

puis

$$CH^3-\underset{\displaystyle OH}{\underset{|}{C}}=\overset{\displaystyle CO^2C^2H^5}{\overset{|}{C}} \text{———} \overset{\displaystyle CH^3}{\overset{|}{C}}=\underset{\displaystyle CO^2C^2H^5}{\underset{|}{C}}H$$

$$= C^2H^6O + \begin{array}{l} \quad\quad\quad\quad\quad CO^2C^2H^5 \quad CH^3 \\ CH^3-C=C \text{————} C=CH \\ \quad\quad\quad\; O \text{—————} CO \end{array}$$

et ce sont les atomes d'hydrogène du groupe CH^2 qui ont été éliminés sous forme d'eau et d'alcool; on peut cependant concevoir que la réaction se passe autrement et qu'un des groupes CH^3 soit attaqué :

$$2[CH^3-CO-CH^2-CO^2C^2H^5]$$

$$= CO^2C^2H^5-CH^2-CO-CH=\overset{\displaystyle CH^3}{\overset{|}{C}}=\underset{\displaystyle CO^2C^2H^5}{\underset{|}{C}}H^2$$

$$= \begin{array}{l} \quad\quad\quad\quad\quad\quad\quad\quad\quad\quad\quad\quad\quad CH^3 \\ CO^2C^2H^5-CH=C-CH-C-CH^2 + C^2H^6O. \\ \quad\quad\quad\quad\quad\quad\quad\; O \text{————} CO \end{array}$$

La constitution de l'acide mésitène-lactone-carbonique, si elle était complètement connue, trancherait la question.

M. Duisberg [*Ann. Chem.*, **213**, 133], en saturant par le gaz chlorhydrique sec de l'éther acétylacétique refroidi à — 10°, a obtenu un produit de condensation qui aurait la formule $C^8H^{10}O^3$ et qu'il a nommé *éther carbacétylacétique*.

D'après M. Hantzsch, ce composé ne serait autre chose que l'éther mésitène-lactone-carbonique (voyez CARBACÉTYLACÉTIQUE).

COMBINAISONS DE L'ÉTHER ACÉTYLACÉTIQUE AVEC LES ALDÉHYDES [Claisen et Matthews, *Ann. Chem.*, **218**, 170]. — L'éther acétylacétique réagit facilement sur les aldéhydes, pour donner des produits de condensation dont l'équation suivante explique la formation :

$$CH^3-CO-CH^2-CO^2C^2H^5 + RCHO$$

$$= H^2O + CH^3-CO-C \lessgtr \begin{array}{l} CH-R \\ CO^2C^2H^5 \end{array}$$

Le reste aldéhydique se combine non pas au méthyle, mais au groupe méthylène. Il en résulte que, si les atomes d'hydrogène de ce groupe sont remplacés par d'autres éléments, l'aldéhyde reste indifférente, ou du moins ne se combine plus que difficilement : c'est ainsi que les éthers mono- et diéthylacétylacétique peuvent se combiner avec l'aldéhyde, mais la réaction est lente, difficile et incomplète ; c'est alors le groupe méthyle qui réagit. Il en résulte que l'éther acétylacétique peut donner avec les aldéhydes deux types de produits de condensation :

$$CH^3-CO-C \lessgtr \begin{array}{l} CH-R \\ CO^2C^2H^5 \end{array}$$

et $$R-CH=CH-CO-CH^2-CO^2C^2H^5;$$

mais on ne peut obtenir de combinaisons appartenant à la fois aux deux systèmes :

$$R-CH=CH-CO-\overset{\displaystyle CH-R}{\overset{\|}{C}}-CO^2C^2H^5.$$

La réaction des aldéhydes sur l'éther acétylacétique se fait très facilement : ce qui montre bien que le voisinage du groupe CO rend les atomes d'hydrogène du groupement CH^2 plus mobiles; en effet l'éther acétylacétique réagit sur les aldéhydes beaucoup plus facilement que l'éther malonique.

Éther éthylidène-acétylacétique,

$$\begin{array}{l} CH^3-CH \\ CH^3-CO \end{array} \gtrless C-CO^2C^2H^5.$$

— On obtient facilement cette combinaison en faisant passer dans le mélange des deux corps, refroidi à 0°, un courant de gaz chlorhydrique jusqu'à saturation ; on laisse reposer pendant 24 heures, après quoi on verse le liquide dans l'eau glacée ; il se précipite une huile qu'on lave d'abord à l'eau, puis à la soude étendue ; on dessèche ensuite sur le chlorure de calcium et on distille. On obtient ainsi un liquide incolore, insoluble dans l'eau et bouillant à 210-212° ; il fixe facilement le brome pour donner un composé

$$C^8H^{12}Br^2O^3,$$

liquide huileux indistillable.

Éther butylidène-acétylacétique,

$$\begin{array}{l} C^4H^8 \\ CH^3-CO \end{array} \gtrless C-CO^2C^2H^5.$$

— S'obtient de la même manière que le précédent. Il bout à 219-222°.

Éther isoamylidène-acétylacétique,

$$\begin{array}{l} C^5H^{10} \\ CH^3-CO \end{array} \gtrless C-CO^2C^2H^5.$$

— On le prépare avec le valéral et l'éther acétylacétique comme les précédents ; c'est un liquide épais, bouillant à 237-241°. Densité = 0,9612

Éther trichloréthylidène-acétylacétique,

$$\begin{array}{l} CCl^3-CH \\ CH^3-CO \end{array} \gtrless C-CO^2C^2H^5$$

— Ce composé s'obtient en chauffant à 150° un mélange d'éther acétylacétique et de chloral, c'est un liquide épais, qu'on ne peut distiller que dans le vide ; densité = 1,342.

Éther allylidène-acétylacétique,

$$\begin{array}{l} C^3H^4 \\ CH^3-CO \end{array} \gtrless C-CO^2C^2H^5$$

— Indistillable, même dans le vide.

Éther furfural-acétylacétique,

$$\begin{array}{l} C^5H^4O \\ CH^3-CO \end{array} \gtrless C-CO^2C^2H^5.$$

Le furfurol peut également se combiner avec l'éther acétylacétique ; il faut chauffer, en présence d'anhydride acétique, le mélange des deux corps à 150° ; on obtient, après distillation dans le vide, des tables orthorhombiques brillantes, fusibles à 62-62°,5, solubles dans l'alcool, la benzine, le chloroforme, moins solubles dans l'éther. Ce composé distille à 188-189° sous une pression de 30 millimètres.

Ether benzalacétylacétique ou *benzylidène-acétylacétique*,

$$\begin{matrix} C^6H^5-CH \\ CH^3-CO \end{matrix} \gtrless C-CO^2C^2H^5.$$

— Avec l'aldéhyde benzylique et l'éther acétylacétique, on obtient, en présence de l'acide chlorhydrique, une huile épaisse, distillant sans décomposition à 295-297°, qui est l'éther benzalacétylacétique. Son *bromure* fond à 97°; il est très soluble dans l'éther, la benzine et le chloroforme, peu soluble dans l'alcool et dans l'essence de pétrole.

Les dérivés aldéhydiques de l'éther acétylacétique sont peu stables, et les bases ou les acides les scindent facilement en leurs composants :

$$\begin{matrix} CH^3-CH \\ CH^3-CO \end{matrix} \gtrless C-CO^2C^2H^5 + H^2O$$

$$= CH^3-CHO + CH^3-CO-CH^2-CO^2C^2H^5.$$

Ces dérivés n'ont pu être scindés en acétones non saturées, ni en acide acétique et acides non saturés.

Les éthers acétylacétiques mono- et disubstitués donnent naissance à des combinaisons avec les aldéhydes, mais beaucoup plus difficilement que l'éther acétylacétique lui-même. Ces isomères se distinguent nettement des composés précédents par leur grande stabilité : l'action de la potasse alcoolique sur ces composés donne de l'acide carbonique et des acétones non saturées :

$$C^6H^5-CH=CH-CO-\underset{\underset{C^2H^5}{|}}{CH}-CO^2C^2H^5 + 2KOH$$

$$= CO^3K^2 + C^2H^6O + C^6H^5-CH=CH-CO-C^3H^7.$$

Dans les condensations précédentes effectuées avec l'intervention de l'acide chlorhydrique, le produit immédiat de la réaction est un composé chloré qui se détruit complètement par la distillation, en donnant de l'acide chlorhydrique et l'éther condensé.

Le mécanisme de la réaction serait alors le suivant : l'aldéhyde se transforme d'abord en chlorhydrine

$$R-CH \lessgtr \begin{matrix} OH \\ Cl \end{matrix}$$

qui réagit ensuite sur l'éther acétylacétique

$$R-CH \lessgtr \begin{matrix} OH \\ Cl \end{matrix} + CH^2 \lessgtr \begin{matrix} CO-CH^3 \\ CO^2C^2H^5 \end{matrix}$$

$$= R-CHCl-CH \lessgtr \begin{matrix} CO-CH^3 \\ CO^2C^2H^5 \end{matrix} + H^2O.$$

On peut isoler le produit chloré ainsi formé en abandonnant le mélange à lui-même, le saturant de nouveau de gaz chlorhydrique, à plusieurs reprises et à quelques jours d'intervalle; on verse alors la masse dans l'eau glacée, on lave le produit solidifié à l'eau et au pétrole. Dans le cas de la combinaison benzaldéhydique, il se forme deux produits différents, isomériques, $C^{13}H^{15}ClO^3$, l'un fusible à 40-41°, soluble dans le pétrole bouillant, et l'autre fusible à 71-72°, moins soluble; ils perdent tous les deux de l'acide chlorhydrique pour donner l'éther benzalacétylacétique; ils ont probablement pour formule

$$C^6H^5-CHCl-CH \lessgtr \begin{matrix} CO-CH^3 \\ CO^2C^2H^5 \end{matrix}$$

et

$$C^6H^5-CH^2-CCl \lessgtr \begin{matrix} CO-CH^3 \\ CO^2C^2H^5 \end{matrix}$$

D'après M. Claisen [*D. chem. G.*, 20, 651], les produits de condensation des aldéhydes avec l'éther acétylacétique ne présentent pas les réactions des acétones et n'en possèdent pas la fonction. On devrait alors représenter leur constitution non plus par la formule

$$CH^3-CO-C \lessgtr \begin{matrix} CH-R \\ CO^2C^2H^5 \end{matrix}$$

mais par la suivante :

$$\begin{matrix} CH^3-C=C-CO^2C^2H^5 \\ \quad | \quad\; | \\ O-CH-R \end{matrix}$$

On peut facilement justifier la formule admise par M. L. Claisen en admettant que l'élimination d'eau entre l'éther et l'aldéhyde a été précédée d'une véritable aldolisation; par exemple :

$$CH^3-CO-CH^2-CO^2C^2H^5 + CH^3-CHO$$

$$= CH^3-CO-\underset{\underset{HO.CH-CH^3}{|}}{CH}-CO^2C^2H^5$$

$$= H^2O + CH^3-\underset{|}{C}=\underset{|}{C}-CO^2C^2H^5$$
$$O-CH-CH^3$$

Le glyoxal réagit également sur l'éther acétylacétique. La meilleure manière d'opérer la condensation consiste à dissoudre le glyoxal dans l'acétylacétate d'éthyle, et à ajouter à la solution refroidie une solution concentrée de chlorure de zinc. On agite alors pour mélanger les deux couches qui se sont formées; après 24 heures on verse dans un excès d'eau, on ajoute de l'acide chlorhydrique étendu, et on reprend par l'éther l'huile épaisse qui se dépose [Polonowsky, *Ann. Chem.*, 246, 1].

Ce produit, débarrassé par la vapeur d'eau de l'excès d'éther acétylacétique qu'il contient, est séparé par les alcalis en deux portions, l'une soluble, l'autre insoluble.

La première de ces portions conduit à l'acide *méthylfurfurane-carbonacétique* ou *sylvane-carbonacétique* [1] :

$$C^8H^8O^5 = CH^3-\overset{\|}{C}-O-\overset{\|}{C}-CH^2-CO^2H$$
$$CO^2H-C\text{——}CH$$

Cet acide fond à 207°; il est peu soluble dans l'eau froide, un peu plus soluble dans l'eau bouillante, très soluble dans l'alcool, peu soluble dans l'éther et dans la benzine.

Tous les sels de cet acide répondent à la formule $C^8H^6O^5M^2$.

On les prépare en précipitant la solution aqueuse de ses sels alcalins par un sel de plomb, d'argent, etc.

Sel d'ammonium, $C^8H^6O^5(AzH^4)^2$, $1,5H^2O$. — Il se dépose en aiguilles microscopiques quand on sature par le gaz ammoniac une solution alcoolique de l'acide.

Sel de baryum, $C^8H^6O^5Ba$, $2H^2O$. — Ce sel cristallise aisément en aiguilles qui perdent 1 molécule d'eau à 120° et retiennent encore $0,5H^2O$ à 190°.

Sel d'argent, $C^8H^6O^5Ag^2$, H^2O. — Précipité cristallin qui noircit à l'air.

L'éther diméthylique, $C^8H^6O^5(CH^3)^2$, se produit, en même temps que l'éther monométhylique, quand on sature par l'acide chlorhydrique une solution de l'acide dans l'alcool méthylique; c'est une huile jaune à odeur aromatique.

L'éther monométhylique est soluble dans les carbonates alcalins, et cristallise dans l'alcool aqueux en aiguilles blanches et brillantes, fusibles à 98°.

L'éther monoéthylique fond à 76°.

La solution de ces deux éthers dans les carbonates alcalins précipite les solutions métalliques.

1. Sylvane désignant le méthylfurfurane.

Le *sel de baryum* de l'éther monométhylique, $(C^8H^6O^5 . CH^3)^2Ba$, est déliquescent.

Le *sel d'argent*, $C^6H^6O(CO^2CH^3)(CO^2Ag)$, est un précipité blanc.

Acide sylvane-acétique,

```
CH³-C-O-C-CH²-CO²H
    ‖   ‖
    CH — CH
```

— Quand on chauffe l'acide précédent au-dessus de son point de fusion, il se dégage de l'acide carbonique; quand l'effervescence a cessé, il reste un corps insoluble dans l'eau froide, soluble dans l'eau bouillante, très soluble dans l'alcool, moins soluble dans l'éther, qui fond à 137-138° et se sublime déjà un peu au-dessus de 160° en aiguilles blanches; il a pour formule $C^7H^8O^3$: c'est l'acide sylvane-acétique.

Son *sel d'argent*, $C^7H^7O^3Ag, 0.5H^2O$, cristallise dans l'eau bouillante en cristaux microscopiques.

Le *sel de baryum*, $(C^7H^7O^3)^2Ba, 4,5H^2O$, soluble dans l'eau, cristallise par évaporation de sa solution.

La portion du produit de la réaction du glyoxal sur l'éther acétylacétique, qui est insoluble dans les alcalis, contient un produit solide fusible à 139°, à réaction neutre et qui a pour formule $C^{14}H^{18}O^6$; c'est le produit normal de l'action du glyoxal sur l'éther acétylacétique :

$$\begin{matrix} CH^3-CO \\ CO^2C^2H^5 \end{matrix} > C=CH-CH=C < \begin{matrix} CO-CH^3 \\ CO^2C^2H^5 \end{matrix}$$

Il y a en outre une partie huileuse, qui est l'éther sylvane-carbone-acétylacétique :

```
CH³-C-O-C-CH<CO-CH³
    ‖   ‖     CO²C²H⁵
CO²H-C —— CH
```

La potasse alcoolique le convertit en acide sylvane-carbonacétique et acide acétique.

La formation de ces composés s'explique aisément de la manière suivante :

$$2\left(\begin{matrix} CO^2C^2H^5 \\ CH^3-CO \end{matrix} > CH^2\right) + CHO-CHO$$

$$= \begin{matrix} CH^3-CO \\ CO^2C^2H^5 \end{matrix} > CH-CHOH-CHOH-CH < \begin{matrix} CO-CH^3 \\ CO^2C^2H^5 \end{matrix}$$

Ce composé instable perd 2 molécules d'eau :

$$\begin{matrix} CH^3-CO \\ CO^2C^2H^5 \end{matrix} > CH-CHOH-CHOH-CH < \begin{matrix} CO-CH^3 \\ CO^2C^2H^5 \end{matrix}$$

```
                  O
                /   \
          CH³-C       C-CH<CO-CH³
= 2H²O +      ‖       ‖    CO²C²H⁵
      CO²C²H⁵-C ——— CH.
```

L'action de la potasse transforme ce composé en sel dipotassique de l'acide sylvane-carbonacétique et acide acétique.

Cette manière de représenter les faits explique également l'isomérie des acides sylvane-carbonacétique et sylvane-acétique avec les acides carbopyrotritarique et pyrotritarique, et en fait des dérivés de l'αα'-diméthylfurfurane.

Cependant, d'après M. Fittig [*D. chem. G.*, **21**, 2119], les acides de M. Polonowsky seraient identiques et non isomériques avec ces acides.

Action des phénols sur l'éther acétylacétique. — Les phénols s'unissent facilement à l'éther acétylacétique en présence d'un agent de déshydratation; cette réaction a été signalée par M. Wittenberg [*J. prakt. Chem.*, **26**, 66] et étudiée ensuite par MM. von Pechmann et Duisberg [*D. chem. G.*, **16**, 2119].

On peut employer comme déshydratant soit l'acide sulfurique, soit le chlorure de zinc; la réaction se fait toujours entre une molécule de phénol et une molécule d'éther acétylacétique. Les composés que l'on obtient appartiennent à la série des coumarines :

$$C^6H^5-OH + CH^3-CO-CH^2-CO^2C^2H^5$$

```
        O-CO
=C⁶H⁴<    |      + C²H⁶O + H²O.
        C=CH
        |
        CH³
```

Avec les polyphénols on obtient des oxycoumarines. C'est ainsi que la résorcine, traitée par l'éther acétylacétique, molécule à molécule, et dissoute dans un excès d'acide sulfurique concentré et froid, fournit la β-*méthylombelliférone* (Pechmann, *loc. cit.*), fusible à 185° et répondant à la formule

```
             O-CO
C⁶H³(OH)<      |
             C=CH
             |
             CH³
```

L'orcine et le pyrogallol réagissent assez facilement sur l'éther acétylacétique dans ces conditions.

En faisant agir sur la résorcine monosodée l'acétylacétate d'éthyle γ-monochloré, M. Hantzsch [*D. chem. G.*, **19**, 2927] a obtenu des composés appartenant à la série du furfurane.

Si on emploie la résorcine monosodée et le chloracétylacétate d'éthyle molécule à molécule, on obtient des aiguilles blanches, fusibles à 178°, d'*éther m-oxycoumarilique*,

```
          C-CH³
OH [benzène][furane]
          C-CO²C²H⁵
        O
```

dont la saponification fournit l'acide *m-oxyméthylcoumarilique*,

$$C^8H^3(OH)O < \begin{matrix} CH^3 \\ CO^2H \end{matrix}$$

fusible à 226° en perdant de l'acide carbonique pour donner la m-oxyméthylcoumarone fusible à 96-97°.

Quand on traite une solution alcoolique de résorcine disodique par 2 molécules d'éther acétylacétique, on obtient deux *éthers benzodiméthyldifurfurane-carbonique*s, dont les formules de structure sont

```
                 CH
            C  /    \  C
CH³-C                      C-CH³
CO²C²H⁵-C                  C-CO²C²H⁵
            C  \    /  C
         O      CH      O
```

et

```
          CH
     CH /     \ C
                    C-CH³
     C              C-CO²C²H⁵
   O       C     O
CO²C²H⁵-C ═══ C-CH³
```

La saponification de ces éthers fournit facilement les acides correspondants, qui ne fondent qu'au-dessus de 310°.

Soumis à la distillation sèche, ces acides donnent les benzodiméthyldifurfuranes correspondants.

Action des acides bibasiques. — L'éther acétylacétique se combine avec les acides bibasiques ; avec l'acide succinique, il donne des composés appartenant également à la série du furfurane [Fittig et Schloesser, *D. chem. G.*, 21, 2133] ; la réaction se fait en présence d'anhydride acétique employé comme déshydratant.

ACTION DE LA QUINONE. — La solution alcoolique de chlorure de zinc à 50 0/0 est le seul agent de condensation qui permette de combiner la quinone à l'éther acétylacétique. On obtient ainsi un composé fusible à 184° et formé d'après l'équation

$$C^6H^4O^2 + 2\,C^6H^{10}O^3 = C^{16}H^{16}O^6 + H^2O + C^2H^6O$$

Ce composé est insoluble dans l'eau et dans les alcalis ; la phénylhydrazine est sans action sur lui ; la potasse alcoolique le transforme en un acide bibasique $C^{14}H^{12}O^6$, qui se sublime sans fondre et qui est presque insoluble dans les solvants organiques. Le sel de potassium,

$$C^{14}H^{10}O^6K^2,\ 2H^2O,$$

ne perd son eau de cristallisation qu'à 125°.

SYNTHÈSES DIVERSES EFFECTUÉES AU MOYEN DE L'ÉTHER ACÉTYLACÉTIQUE. — *Synthèses dans la série urique.* — Les réactions auxquelles donnent lieu les urées en présence de l'éther acétylacétique, ont été signalées en premier lieu par MM. Nencki et Sieber [*D. chem. G.*, 15, 357 ; *Bull. Soc. Chim.*, 37, 316] ; mais c'est surtout à M. Behrend qu'on doit une étude détaillée et des recherches synthétiques dans cette voie.

Quand on abandonne en vase clos une solution alcoolique d'urée et d'acétylacétate d'éthyle après y avoir ajouté quelques gouttes d'acide chlorhydrique concentré, on obtient au bout de quelques jours, après évaporation de l'alcool dans le vide, un composé fusible à 165-166°, qui est l'*éther β-uramidocrotonique* (voyez ce mot). La réaction se passe de la manière suivante :

$$\begin{matrix} CH^3-C(OH) \\ CO^2C^2H^5 \end{matrix} \gtrless CH + CO\begin{matrix} < AzH^2 \\ < AzH^2 \end{matrix}$$

$$= AzH^2-CO-AzH-C \lessgtr \begin{matrix} CH^3 \\ CH-CO^2C^2H^5 \end{matrix} + H^2O.$$

La saponification par la potasse et la précipitation par un acide transforment ce composé en *méthyluracile* (voyez ce mot) :

```
   ⁄ AzH - C - CH³
CO         ‖
   ╲ AzH²  CH
           |
           CO²C²H⁵

          AzH - C - CH³
           |    ‖
= C²H⁶O + CO    CH
           |    |
          AzH - CO
```

La transformation du méthyluracile en amidouracile et la combinaison de ce dernier avec l'acide cyanique conduisent à une hydroxyxanthine qui présente avec la xanthine la relation de constitution suivante :

$$CO \begin{matrix} < AzH-CH \\ < AzH-CO \end{matrix} \gtrless C-AzH-CO-AzH^2$$

Hydroxyxanthine.

```
 ⁄ AzH — CH
           ‖
CO         C - AzH ╲
           |        CO
 ╲ AzH  —  C = Az  ⁄
```

Xanthine.

[R. Behrend, *Ann. Chem.*, 229, 1 et 234, 248 ; *Bull. Soc. Chim.*, 46, 360].

Les éthers acétylacétiques substitués ne se combinent pas à l'urée, à l'exception du chloracétylacétate d'éthyle, qui, au bout d'un temps très long, donne un composé $C^7H^{10}Az^2O^3$ fusible à 218° et représentant l'éther uramidocrotonique, moins les éléments de l'acide chlorhydrique [R. Behrend, *loc. cit.*].

Les urées substituées ne se combinent que très difficilement à l'éther acétylacétique ; cependant la monophénylurée, chauffée à 150° avec de l'éther acétylacétique, donne un liquide huileux formé d'après l'équation

$$C^6H^{10}O^3 + C^7H^8Az^2O = H^2O + C^{13}H^{16}Az^2O^3.$$

Chauffé à l'ébullition avec de la potasse alcoolique ou à 150° avec de l'éthylate de sodium, il donne de l'acide carbonique, de l'ammoniaque et de l'aniline ; chauffé avec de l'acide chlorhydrique, il fournit de l'acide carbonique, de l'alcool, de l'acétone, de l'ammoniaque et de l'éther carbanilique.

La diphénylurée, dans les mêmes conditions, se combine à l'éther acétylacétique. Le produit de la réaction a pour formule $C^{19}H^{22}Az^2O^4$; il donne les mêmes produits de décomposition que le composé obtenu avec la monophénylurée. La constitution de ces deux derniers composés est probablement exprimée par les formules suivantes :

```
    CH³ - C = CH - CO²C²H⁵
          |
    C⁶H⁵ - Az - CO - AzH . C⁶H⁵

et  CH³ - C - CH² - CO²C²H⁵
          |╲
       OH  Az(C⁶H⁵) - CO - AzH . C⁶H⁵
```

Le carbonate de guanidine, chauffé pendant quelques heures avec l'éther acétylacétique, donne un composé $C^7H^7Az^3O$, qui, par analogie, doit avoir pour constitution

```
         ⁄ AzH - C - CH³
HAz = C         ⫽
         \        > CH
         ╲ AzH - CO
```

$$C^6H^{10}O^3 + CH^5Az^3 = H^2O + C^2H^6O + C^5H^7Az^3O$$

[R. Behrend, *D. chem. G.*, 19, 219 ; *Ann. Chem.*, 233, 1 ; *Bull. Soc. Chim.*, 46, 544, 47, 196].

L'action de la sulfo-urée a été étudiée d'abord par MM. Nencki et Sieber [*D. chem. G.*, 15, 537 ; *Bull. Soc. Chim.*, 37, 316], et ensuite par M. R. List [*Ann. Chem.*, 236, 1]. Le produit immédiat de la condensation est très instable et correspond probablement à l'éther β-uramidocrotonique de M. Behrend ; il aurait alors pour formule

$$AzH^2-CS-AzH-C \lessgtr \begin{matrix} CH^3 \\ CH-CO^2C^2H^5 \end{matrix}$$

L'action de la potasse alcoolique sur ce composé conduit au thiométhyluracile (voyez MÉTHYLURACILE) :

```
      ⁄ AzH - C - CH³
CS           ⫽
              > CH
      ╲ AzH - CO

       ⫽ Az  — C - CH³
ou HS - C          ⫽
                    > CH
       ╲ AzH - CO
```

L'uréthane se combine déjà à froid avec l'acétylacétate d'éthyle, mais la réaction est plus complète en tubes scellés à 140-150° ; il convient d'employer l'éther acétylacétique (20 grammes) et l'uréthane (10 grammes) en solution dans 10 centimètres cubes d'éther ; l'addition de sel ammoniac augmente le rendement [J. Nester, *Ann. Chem.*,

244, 233]. Le produit de la réaction, privé d'éther par distillation et d'éther acétylacétique par la potasse, est ensuite distillé avec la vapeur d'eau; c'est une huile incolore, bouillant à 238° dans le vide, mais avec décomposition [partielle. Il répond à la formule

$$C^9H^{15}AzO^4 = CH^3-C \lessgtr \begin{matrix} CH-CO^2C^2H^5 \\ AzH-CO^2C^2H^5 \end{matrix}$$

Il est identique avec le produit obtenu par l'action de l'éther chloroxycarbonique à 130° sur l'éther amidoacétylacétique.

Le produit $C^9H^{15}AzO^4$ est instable vis-à-vis des acides, qui le dédoublent en acide carbonique, ammoniaque, chlorure d'éthyle et acétone. La potasse aqueuse est sans action, même concentrée et bouillante. La potasse alcoolique le dédouble de la manière suivante :

$$2\,C^9H^{15}AzO^4 + 4\,H^2O$$
$$= C^{12}H^{23}AzO^6 + 2\,CO^2 + 2\,C^2H^6O + AzH^3.$$

Le brome et le chlore donnent naissance aux composés chlorés et bromés

$$C^9H^{14}Br^3AzO^4 \quad \text{et} \quad C^9H^{14}Cl^3AzO^4,$$

où il y a à la fois addition et substitution. L'ammoniaque alcoolique n'agit qu'à 160-170°, en donnant un composé $C^7H^{15}Az^3O^3$, qui est sans doute l'amide β-uramidocrotonique, plus de l'alcool; mais cet alcool ne peut être enlevé sans détruire la molécule : ce qui peut s'expliquer en admettant que ce composé résulte de l'addition d'ammoniaque à l'éther β-uramidocrotonique :

$$CH^3-C \lessgtr \begin{matrix} AzH.CO^2C^2H^5 \\ CH-CO^2C^2H^5 \end{matrix} + AzH^3$$
$$= CH^3-C \lessgtr \begin{matrix} AzH-CO-AzH^2 \\ CH-CO^2C^2H^5 \end{matrix} + C^2H^6O$$

$$CH^3-C \lessgtr \begin{matrix} AzH-CO-AzH^2 \\ CH-CO^2C^2H^5 \end{matrix} + AzH^3$$
$$= CH^3-C \lessgtr \begin{matrix} AzH-CO-AzH^2 \\ CH-C \begin{matrix} \diagup OH \\ \diagdown AzH^2 \end{matrix} \\ \quad | \\ \quad OC^2H^5 \end{matrix}$$

Ce corps est décomposé par l'eau bouillante en urée, acétone, alcool, acide carbonique et ammoniaque; l'alcool bouillant le transforme en $C^9H^{15}AzO^4$.

SYNTHÈSES DE BASES HYDROPYRIDIQUES PAR L'ACTION DES ALDÉHYDES-AMMONIAQUES SUR L'ACÉTYLACÉTATE D'ÉTHYLE. — M. Hantzsch [*D. chem. G.*, **14**, 1637; **16**, 1946; **18**, 2583; *Ann. Chem.*, **215**, 1] a trouvé dans l'action de l'aldéhyde-ammoniaque sur l'éther acétylacétique un procédé particulièrement intéressant et très général de synthèse de corps appartenant à la série des composés hydropyridiques, d'où on peut facilement remonter par oxydation à un groupement pyridique.

Lorsqu'on traite 2 molécules d'éther acétylacétique par 1 molécule d'aldéhyde-ammoniaque (il est bon d'employer un léger excès de ce dernier corps), les deux composés se mélangent en donnant un liquide limpide. Si on chauffe au bain-marie, il ne tarde pas à se séparer de l'eau et la réaction s'achève avec un grand dégagement de chaleur. Elle a lieu d'après l'équation suivante :

$$C^2H^7AzO + 2\,C^6H^{10}O^3 = C^{14}H^{21}AzO^4 + 3\,H^2O.$$

Le produit obtenu est l'éther diéthylique d'un acide dihydrocollidine-dicarbonique, qui fond à 131° (voyez COLLIDINE).

L'oxydation de cet éther par l'acide azoteux donne l'*éther collidine-dicarbonique* :

$$C^5Az(CH^3)^3(CO^2C^2H^5)^2.$$

On saponifie facilement cet éther par la potasse alcoolique pour en retirer l'acide collidine-dicarbonique. Ce dernier, chauffé avec de la chaux, donne une *collidine* $C^5H^2Az(CH^3)^3$ bouillant à 171-172°, qui paraît identique avec celle retirée par MM. Cahours et Étard de la nicotine.

L'acide collidine-dicarbonique, oxydé par le permanganate de potassium, fournit successivement :

1° L'*acide lutidine-tricarbonique*, fusible à 212° en perdant de l'acide carbonique, et donnant une *lutidine* (voyez ce mot) bouillant à 154-155° ;

2° Un *acide picoline-tétracarbonique*, fusible à 199° en perdant de l'acide carbonique et donnant une picoline bouillant à 135° (voyez PICOLINES);

3° Enfin l'*acide pyridine-pentacarbonique*, qui se décompose sans fondre et donne de la pyridine.

L'éther dihydrocollidine-dicarbonique, traité par l'acide chlorhydrique sec en solution éthérée, donne de l'éther collidine-dicarbonique par simple perte de 2 atomes d'hydrogène, en même temps que des produits secondaires solubles dans l'eau, dont l'étude pourrait peut-être expliquer ce fait singulier [Hantzsch, *Ann. Chem.*, **215**, 38].

L'action de l'acide chlorhydrique aqueux à 100° donne l'éther *dihydrocollidine-monocarbonique*,

$$C^5Az(CH^3)^3(CO^2C^2H^5)^2 + HCl$$
$$= C^5HAz(CH^3)^3CO^2C^2H^5 + CO^2 + C^2H^5Cl,$$

et, à 120-130°, une *dihydrocollidine*,

$$C^5Az(CH^3)^3(CO^2C^2H^5)^2 + 2\,HCl$$
$$= C^5H^2Az(CH^3)^3 + 2\,CO^2 + 2\,C^2H^5Cl.$$

Mais ce n'est pas là la partie principale de cette réaction; il se forme en même temps un composé non azoté, bouillant à 208-210° et qui paraît être un mélange de deux composés $C^8H^{14}O^2$ et $C^8H^{12}O$:

$$C^8H^{11}(CO^2C^2H^5)^2Az + 2\,HCl + 2\,H^2O$$
$$= 2\,C^2H^5Cl + 2\,CO^2 + AzH^3 + C^8H^{13}O.OH,$$

$$C^8H^{13}O.OH = H^2O + C^8H^{12}O.$$

On peut, en chauffant le mélange de $C^8H^{14}O^2$ et $C^8H^{12}O$ avec de l'acide chlorhydrique, le transformer presque intégralement en $C^8H^{12}O$.

Ce dernier corps, qui bout à 208-209°, est une acétone, qui se combine facilement avec le bisulfite de sodium, et qui donne avec le brome un dérivé d'addition $C^8H^{12}Br^4O$; cette acétone a sans doute pour formule

$$CH^3-CO-CH=C(CH^3)-CH=CH-CH^3.$$

Si, au lieu d'employer l'ammoniaque, on fait agir une amine primaire, la condensation se fait encore, mais beaucoup plus difficilement, et on n'obtient qu'une très petite quantité de l'*éther méthyldihydrocollidine-dicarbonique*.

$$C^5AzCH^3(CH^3)^3(CO^2C^2H^5)^2.$$

La plus grande partie du produit obtenu ne renferme pas d'azote [Kuckert, *D. chem. G.*, **18**, 618. — Hantzsch, *ibid.*, **18**, 2580].

Si l'on emploie l'aldéhyde benzylique et une amine primaire quelconque, méthylamine, éthylamine, allylamine, on obtient seulement l'*éther benzylidène-diacétylacétique* fusible à 152-153° :

$$C^6H^5-CH = \left(CH \lessgtr \begin{matrix} CO-CH^3 \\ CO^2C^2H^5 \end{matrix}\right)^2$$

en même temps qu'un produit de déshydratation de cet éther :

$$C^6H^5-CH \begin{matrix} \diagup \\ \\ \diagdown \end{matrix} \begin{matrix} \diagup CO^2C^2H^5 \\ CH —— C \begin{matrix} \diagup CH^3 \\ \diagdown \end{matrix} \\ \qquad\qquad O \\ CH —— C \begin{matrix} \diagup \\ \diagdown CH^3 \end{matrix} \\ \diagdown CO^2C^2H^5 \end{matrix}$$

L'aldéhyde benzylique et l'ammoniaque donnent au contraire naissance à l'éther dihydrophényl-lutidine-dicarbonique [R. Schiff et Puliti *D. chem. G.*, **16**, 1607]. L'oxydation de cet éther a fourni à M. Hantzsch [*D. chem. G.*, **17**, 1514] un acide phénylpyridine-tétracarbonique, dont la décomposition donne une phénylpyridine dans laquelle le groupe phényle est en position γ ; il en résulte qu'on ne peut pas admettre pour la formation des bases hydropyridiques dérivées de l'éther acétylacétique et de l'aldéhyde-ammoniaque le schéma suivant :

```
               CH³
               |
               CO           CH²-CO²C²H⁵
               |            |
    CO²C²H⁵-CH²             CO-CH³
          R-CHOH
              \
               AzH²

                        CH³
                        |
                        C
                      /   \\
=3H²O+CO²C²H⁵-CH       C-CO²C²H⁵
               |       |
             R-CH      C-CH³
                 \ Az //
```

dans lequel le radical aldéhydique est en position α, mais bien le suivant :

```
                     R
                     |
                    HCOH
  CO²C²H⁵-CH²        |        H²C-CO²C²H⁵
          |          |            |
      CH³-CO         |            CO-CH³
                    AzH²

                       R
                       |
                      CH
                    /    \
          CO²C²H⁵-C        C-CO²C²H⁵
=3H²O+             ||       ||
              CH³-C         C-CH³
                    \ AzH /
```

qui, en perdant H², donne un éther lutidine-dicarbonique :

```
                R
                |
                C
              /   \
  CO²C²H⁵-C         C-CO²C²H⁵
          ||        ||
      CH³-C         C-CH³
            \ Az /
```

La formation des produits de condensation de 1 molécule d'aldéhyde benzylique avec 2 molécules d'éther acétylacétique rend cette formule probable.

La réaction de M. Hantzsch a été étendue à d'autres aldéhydes grasses ou aromatiques par MM. Epstein [*Ann. Chem.*, **231**, 1], Engelman [*ibid.*, **231**, 37] et Jaeckle [*Ann. Chem.*, **246**, 32]. Avec l'aldéhyde cinnamique, M. Epstein a obtenu le benzylidène-dihydrocollidine-dicarbonate d'éthyle. Avec les aldéhydes propylique, butylique et amylique, M. Engelman a obtenu les éthers des acides éthyl-, propyl- et isobutyl-dihydrolutidine-dicarbonique. Ces composés et leurs dérivés seront décrits au mot Lutidine ; ils renferment tous le radical de l'aldéhyde en position γ, ce qui confirme la formule de structure symétrique adoptée pour les dérivés pyridiques de synthèse :

```
            R
            |
            C
          /   \
CO²H-C          C-CO²H
     |          |
 CH³-C          C-CH³
       \ Az /
```

L'acétylacétate de méthyle, traité par l'aldéhyde-ammoniaque, conduit aux mêmes résultats ; l'éther diméthylique de l'acide dihydrocollidine-dicarbonique ainsi obtenu fond à 156° [Hantzsch, *D. chem. G.*, **16**, 1946].

L'o-amidophénol, dans les mêmes conditions, ne conduit pas à une base pyridique, mais bien à un produit de condensation formé avec élimination d'une seule molécule d'eau :

```
       / OH        CH²-CO²C²H⁵
C⁶H⁴         +     |
       \ AzH²      CO-CH³

        / O  \     / CH²-CO²C²H⁵
=C⁶H⁴          C               + H²O,
        \ AzH /    \ CH³
```

composé fusible à 107°, que l'eau bouillante dédouble en ses composants. La potasse alcoolique donne un dérivé potassique dont la formule est $C^{24}H^{29}Az^2O^6K$ et que l'action de l'iodure de méthyle dédouble avec formation d'un iodure de triméthylphénolammonium

```
      / O
C⁶H⁴    |
      \ Az(CH³)³HI
```

identique avec le composé décrit sous ce nom par M. Griess [Hantzsch, *loc. cit.*].

M. Lepetit a fait réagir sur l'éther acétylacétique les trois aldéhydes nitrobenzyliques en présence de l'ammoniaque, et a trouvé que l'aldéhyde méta se comporte comme l'aldéhyde benzylique et donne une quantité considérable d'éther m-nitrophényl-dihydrolutidine-dicarbonique. Avec l'aldéhyde p-nitrée, la réaction est beaucoup moins complète ; on obtient cependant de l'éther p-nitrophényl-dihydrolutidine-dicarbonique. Avec l'aldéhyde o-nitrée, employée molécule à molécule, on obtient deux composés différents : l'un est l'éther o-nitrophényl-dihydrolutidine-dicarbonique et l'autre a pour formule $C^{19}H^{22}Az^4O^5$ et fond à 192° [Lepetit, *D. chem. G.*, **20**, 1338 ; *Bull. Soc. Chim.*, **48**, 443].

M. Michael [*D. chem. G.*, **18**, 2020 ; *Bull. Soc. Chim.* **46**, 164] a montré qu'on peut obtenir des acides lutidine-carboniques en n'employant qu'une seule molécule d'éther acétylacétique, mais avec 2 molécules d'aldéhyde. La réaction est alors la suivante :

```
              CH³
              |
   CH³       OCH   CH²-CO²C²H⁵
   |               |
   HCOH            CO-CH³
    \
     AzH²

                   CH³
                   |
                   C
                 /   \
                CH    C-CO²C²H⁵
=3H²O+H²+       |     |
                CH    C-CH³
                  \  /
                   Az
```

L'acide qu'on dérive par oxydation de cet acide

lutidine-carbonique est l'acide pyridine-α-β-γ-tricarbonique.

SYNTHÈSES DE DÉRIVÉS QUINOLÉIQUES ET DU PYRAZOL PAR L'ACTION DES BASES AROMATIQUES. — *Action de l'aniline et de ses homologues.* — L'aniline réagit facilement sur l'éther acétylacétique; mais le produit n'est pas le même si on fait agir l'aniline à froid, ou bien en tubes scellés à 110-120°. Dans le premier cas, il se produit l'*éther phénylamidocrotonique*, fusible à 51° :

$$C^6H^{10}O^3 + C^6H^5.AzH^2 = CH^3-C=CH-CO^2C^2H^5.$$
$$HAzC^6H^5$$

Si on chauffe cet éther bien desséché à 240° pendant quelques minutes, on obtient une grande quantité de *γ-oxyquinaldine*, formée d'après l'équation

$CO^2-C^2H^5$; CH ; $C-CH^3$; AzH

$= C^2H^6O +$ CO ; CH ; $C-CH^3$; AzH

Mais il se produit en même temps une autre réaction qui donne l'éther de l'acide *phényl-lutidone-monocarbonique* :

$$2\ \begin{matrix} CH^3-C-AzHC^6H^5 \\ \| \\ CH \\ | \\ CO^2C^2H^5 \end{matrix} = AzH^2.C^6H^5 + C^2H^6O$$

$+$ C^6H^5 ; Az ; CH^3-C ; $C-CH^3$; CH ; $C-CO^2C^2H^5$; CO

Ce corps est le dérivé phénylé de l'éther lutidone-monocarbonique obtenu par M. N. Collie par l'action de la chaleur sur l'éther amidoacétylacétique, la saponification de cet éther donne l'acide phényl-lutidone-carbonique fusible à 256-257°. Si on chauffe ce dernier à 270°, il perd de l'acide carbonique et donne la *phényl-lutidone* fusible à 197° :

CO ; HC ; CH ; CH^3-C ; $C-CH^3$; AzC^6H^5

[Conrad et Limpach, *D. chem. G.*, **20**, 944; *Bull. Soc. Chim.*, **48**, 320].

L'action des homologues de l'aniline sur l'éther acétylacétique a permis aux mêmes auteurs [*D. chem. G.*, **21**. 523, 1649 et 1965; *Bull. Soc. Chim.*, **50**, 650, 704 et 706] de préparer toute une série d'homologues de la γ-oxyquinaldine.

L'o-toluidine réagissant à froid sur l'éther acétylacétique donne une combinaison fusible à 31°, qui est l'éther *o-crésylamidoacétylacétique* :

$$CH^3-C=CH-CO^2C^2H^5$$
$$AzH-C^6H^4-CH^3$$

Cet éther chauffé à 240-250° abandonne de l'alcool et le résidu contient l'*o-méthyl-γ-oxyquinaldine* fusible à 260-261° :

COH ; CH ; $C-CH^3$; CH^3 ; Az

La p-toluidine dans les mêmes conditions donne d'abord un éther amidé fusible à 29°,5 qui, chauffé à 240-250°, fournit la *p-méthyl-γ-oxyquinaldine* fusible à 274-275°.

La m-xylidine asymétrique donne l'*o-p-diméthyloxyquinaldine* fusible à 263°-264°.

La pseudocumidine donne l'*o-p-a-triméthyl-γ-oxyquinaldine*.

Avec les naphtylamines, on obtient l'*α-naphto-* et la *β-naphto-oxyquinaldine* :

C ; C ; COH ; Az ; CH ; C ; CH^3 et C ; C ; Az ; COH ; $C-CH^3$; CH

qui fondent à des températures supérieures à 300°.

La p-anisidine réagit également sur l'éther acétylacétique; le produit de la réaction fond à 46°; chauffé rapidement à 260°, il donne la *p-méthoxy-γ-quinaldine* fusible à 290°. Enfin quand on fait réagir sur l'éther acétylacétique l'amido-tétraméthylbenzine

$$C^6H(AzH^2)_{(4)}(CH^3)^4_{(1,2,3,5)},$$

on n'obtient pas une quinaldine, mais l'éther de l'acide tétraméthylphényl-lutidone-carbonique :

$$2\,CH^3-C \begin{matrix} \lessgtr AzH-C^6H(CH^3)^4 \\ CH-CO^2C^2H^5 \end{matrix} = AzH^2-C^6H(CH^3)^4$$

$+ C^2H^6O +$ $AzC^6H(CH^3)$; CH^3-C ; $C-CH^3$; HC ; $C-CO^2C^2H^5$; CO

L'aniline, réagissant à 110° sur l'éther acétylacétique, donne un composé fusible à 85°, qui est l'anilide de l'acide acétylacétique,

$$CH^3-CO-CH^2-CO-AzH.C^6H^5$$

[Knorr, *D. chem. G.*, **16**, 2597; **17**, 540, 2870; *Ann. Chem.*, **236**, 69; *Bull. Soc. Chim.*, **42**, 654; **44**, 559; **47**, 633].

Ce composé est peu soluble dans l'eau, soluble dans l'éther, l'alcool, le chloroforme, la benzine et la ligroïne bouillantes; il présente une réaction acide due à la présence du groupe CH^2 compris entre deux carbonyles.

La distillation le décompose en donnant de la diphénylurée, qui provient probablement de la réaction de l'aniline mise en liberté par la décomposition d'une partie de l'anilide sur l'autre non encore décomposée :

$$C^{10}H^{11}AzO^2 + C^6H^7Az = C^3H^6O + C^{13}H^{12}Az^2O.$$

Avec l'aldéhyde-ammoniaque, il donne la réaction de M. Hantzsch décrite plus haut, avec formation des dérivés hydropyridiques.

Le brome le convertit en *bromacétylacétanilide* $C^{10}H^{10}BrAzO^2$, fusible à 138°.

L'acide nitreux le convertit en *nitrosoacétylacétanilide*, $C^{10}H^{10}Az^2O^3$. On prépare facilement ce dérivé nitrosé en dissolvant l'anilide dans l'acide sulfurique très étendu, et ajoutant peu à peu la quantité théorique de nitrite de sodium; ou bien encore en dissolvant dans la soude étendue l'anilide et le nitrite et laissant tomber peu à peu ce mélange dans de l'acide sulfurique étendu. Le dérivé nitrosé se précipite sous la forme de petits cristaux, qu'on purifie par cristallisation dans l'eau chaude.

La nitrosoacétylacétanilide fond à 99-100°; elle est facilement soluble dans l'alcool, l'acide acétique et l'éther, très peu soluble dans l'eau; ses réactions sont tout à fait analogues à celles de l'éther nitrosoacétylacétique.

C'est un acide qui se dissout dans les alcalis, en colorant la solution en jaune; cette solution neutre donne avec les sels de baryum, cuivre, plomb et argent des précipités cristallins.

La réaction de l'acétylacétanilide et de son dérivé nitrosé, mélangés molécule à molécule, donne un dérivé du pyrrol le 2,4-*diméthyl*-3,5-*dicarbanilido-pyrrol* :

$$\begin{array}{c} CH^3-C = C-CH^3 \\ C^6H^5-AzH-CO-C \quad\quad C-CO-AzH-C^6H^5 \\ AzH \end{array}$$

(voyez p. 61, *Synthèse des dérivés du pyrrol*).

Il en résulte évidemment pour la nitrosoacétylacétanilide la formule

$$CH^3-CO-C(AzOH)-CO-AzH.C^6H^5.$$

Les agents déshydratants transforment l'acétylacétanilide en dérivés quinoléiques; il suffit pour opérer cette transformation de dissoudre à froid l'anilide dans l'acide sulfurique concentré et de porter pendant quelques instants au bain-marie. On verse ensuite dans l'eau et on sature par une base; il se précipite un solide blanc fusible à 222° et distillant à 270° sous une pression de 17 millimètres : c'est l'*α-oxy-γ-lépidine*, ou γ-méthylcarbostyrile, isomère du composé obtenu par MM. Conrad et Limpach avec l'éther phénylamidoacétylacétique :

$$C^6H^4 \left\{ \begin{array}{l} CO-CH^3 \\ CH^2 \\ CO \\ AzH \end{array} \right. = H^2O + C^6H^4 \left\{ \begin{array}{l} C(CH^3) \\ CH \\ COH \\ Az \end{array} \right.$$

Les homologues de l'aniline réagissent de la même manière sur l'éther acétylacétique; l'o-toluidine donne une *oxylépidine* $C^{11}H^{11}AzO$, fusible à 185°.

La p-toluidine fournit un isomère fusible à 245°.

La β-naphtylamine donne une *β-naphto-α-oxy-γ-lépidine* $C^{14}H^{11}AzO$, fusible à 286°.

La méthylaniline et l'éther acétylacétique donnent par le même mécanisme une *méthyl-lépidine* fusible à 130-132° et distillant à 290° sous une pression de 250 millimètres, identique avec celle qu'on obtient en faisant agir l'iodure de méthyle et la potasse sur l'α-oxy-γ-lépidine. Les équations suivantes rendent compte de cette identité

$$C^6H^4 \left\{ \begin{array}{l} C(CH^3) \\ CH \\ COH \\ Az \end{array} \right. + CH^3I = C^6H^4 \left\{ \begin{array}{l} C(CH^3) \\ CH \\ COH \\ Az(I)(CH^3) \end{array} \right.$$

$$C^6H^4 \left\{ \begin{array}{l} C(CH^3) \\ CH \\ COH \\ Az(I)(CH^3) \end{array} \right. + KOH = C^6H^4 \left\{ \begin{array}{l} C(CH^3) \\ CH \\ CO \\ AzCH^3 \end{array} \right. + H^2O + KI$$

$$C^6H^4 \left\{ \begin{array}{l} CO-CH^3 \\ CH^2 \\ CO \\ Az-CH^3 \end{array} \right. = H^2O + C^6H^4 \left\{ \begin{array}{l} C(CH^3) \\ CH \\ CO \\ Az-CH^3 \end{array} \right.$$

Tous ces composés sont isomériques avec ceux qu'ont obtenus depuis MM. Conrad et Limpach avec l'éther phénylamidoacétylacétique.

Action de la phénylhydrazine [L. Knorr, *D. chem. G.*, **16**, 2597; **17**, 546, 2032 et 2049; **20**, 1096; *Ann. Chem.*, **238**, 137; *Bull. Soc. Chim.*, **42**, 655; **43**, 407; **44**, 237 et 402; **48**, 315]. — La phénylhydrazine réagit déjà à froid sur l'éther acétylacétique avec élimination d'eau. Le produit de la réaction, qui se présente sous la forme d'un liquide incristallisable, a la formule $C^{12}H^{16}Az^2O^2$:

$$C^6H^5.AzH-AzH^2 + C^6H^{10}O^3$$
$$= H^2O + C^6H^5.AzH-Az=C \begin{cases} CH^3 \\ CH^2-CO^2C^2H^5 \end{cases}$$

Mais si on vient à chauffer cette substance, elle perd encore de l'alcool et se transforme en 1-*phényl-3-méthyl-5-pyrazolone* (voyez les mots Pyrazol, Pyrazoline, Pyrazolone),

$$C^6H^5-AzH-Az=C \begin{cases} CH^3 \\ CH^2-CO^2C^2H^5 \end{cases}$$
$$= C^2H^6O + CH^3-C \begin{cases} CH^2 \\ Az-Az(C^6H^5) \end{cases} CO$$

qui fond à 127°. Dans ce composé le groupe CH^2 de l'éther acétylacétique est resté inattaqué et a conservé les propriétés acides qu'il possède dans cet éther; aussi la phénylméthylpyrazolone obtenue est-elle soluble dans les alcalis, et ses solutions alcalines donnent-elles des dérivés métalliques avec les sels de cobalt, cuivre, argent et urane.

Il ne reste pas non plus d'hydrogène lié aux atomes d'azote, ce qui justifie la formule précédente.

La formation des pyrazolones a lieu également quand on traite par la phénylhydrazine l'éther amidoacétylacétique et ses homologues dérivés de l'action des amines primaires ou secondaires :

$$CH^3-C-CH^2-COOC^2H^5 + H^2Az-AzH-C^6H^5$$
$$\overset{\|}{AzH}$$

$$= AzH^3 + C^2H^6O + \begin{matrix} & CH^2 & \\ CH^3-C & & CO \\ \| & & | \\ Az & — & Az-C^6H^5 \end{matrix}$$

L'anilide acétylacétique, chauffée avec de la phénylhydrazine, perd de l'eau et de l'aniline en donnant la méthylphénylpyrazolone :

$$C^{10}H^{11}AzO^2 + C^6H^8Az^2$$
$$= H^2O + C^6H^7Az + C^{10}H^{10}Az^2O$$

[Knorr, *Ann. Chem.*, **238**, 146].

Les homologues de l'éther acétylacétique réagissent également bien sur la phénylhydrazine, qu'ils soient mono- ou bisubstitués.

L'éther acétylacétique peut encore réagir sur la pyrazolone formée en lui enlevant de l'hydrogène et en perdant de l'alcool et de l'eau :

$$C^{10}H^{10}Az^2O + C^6H^{10}O^3$$
$$= C^{14}H^{12}Az^2O^2 + H^2O + C^2H^6O.$$

Il n'y a qu'une manière de représenter cette réaction :

$$\begin{matrix} C^6H^5-Az & & & \\ Az & CO & & \\ \| & | & CO & \\ CH^3-C — C & & C & CH \\ & & CH^3 & \end{matrix}$$

Il suffit pour obtenir ce produit de condensation de chauffer à 140° un mélange de méthylphénylpyrazolone et d'éther acétylacétique. Il se sépare de l'alcool et de l'eau, et par cristallisation répétée du résidu on obtient des aiguilles fusibles à 145°.

L'action de la méthylphénylhydrazine

$$C^6H^5.AzH-AzH.CH^3$$

sur l'éther acétylacétique conduit à l'*antipyrine* ou 1-phényl-2-3-diméthyl-5-pyrazolone, qu'on obtient également par l'action de l'iodure de méthyle sur la phénylméthylpyrazolone.

M. Pinner [*D. chem. G.*, **17**, 2519; **18**, 759 et 2845; *Bull. Soc. Chim.*, **45**, 29, 778, 852] a montré que les amidines isomériques avec les hydrazines réagissent également sur l'éther acétylacétique, d'après l'équation générale

$$R-C\begin{matrix} \lessgtr AzH \\ AzH^2 \end{matrix} + CH^3-CO-CH^2-CO^2C^2H^5$$
$$= H^2O + C^2H^6O + R-C \begin{matrix} \lessgtr Az-C(OH) \\ Az=C \end{matrix} \gtrless CH, \quad \underset{CH^3}{|}$$

et a donné aux composés qui prennent naissance dans cette réaction le nom d'*oxypyrimidines* (voyez ce mot).

La réaction se fait très facilement en employant un mélange de chlorhydrate de l'amidine et d'éther acétylacétique en solution alcaline ; il ne tarde pas à se séparer à froid des cristaux d'oxypyrimidine.

Avec la benzamidine, isomère de la méthylhydrazine, on obtient la *méthylphényloxypyrimidine*,

$$C^6H^5-C \begin{matrix} \lessgtr Az-C(OH) \\ Az=C \end{matrix} \gtrless CH, \quad \underset{CH^3}{|}$$

fusible à 276°.

L'acétamidine donne la *diméthyloxypyrimidine*, fusible à 192°.

La propionamidine donne l'*éthylméthyloxypyrimidine*, qui fond à 160°.

Toutes les amidines, sauf la formamidine, donnent la même réaction. Ce dernier composé réagissant sur l'éther acétylacétique donne seulement l'éther acétylacétique cyané :

$$CH^3-C(CAz)=CH-CO^2C^2H^5.$$

Synthèse des dérivés du pyrrol [Knorr, *D. chem. G.*, **17**, 1635; *Ann. Chem.*, **236**, 290; *Bull. Soc. Chim.*, **44**, 462; **47**, 811]. — La réduction d'un mélange d'éther nitrosoacétylacétique et d'éther acétylacétique par la poudre de zinc et l'acide acétique donne naissance à un composé fusible à 134-135°, qui est le 2-4-*diméthyl-pyrrol*-3-5-*dicarbonate d'éthyle* :

$$\begin{matrix} CH^3-CO & & CH^2-CO^2C^2H^5 \\ | & & | \\ C^2H^5CO^2-C=AzOH & . & CO-CH^3 \end{matrix} + H^4$$

$$= 3H^2O + \begin{matrix} CH^3-C & — & C-CO^2C^2H^5 \\ \| & & \| \\ C^2H^5CO^2-C & & C-CH^3 \\ & AzH & \end{matrix}$$

Par saponification et perte d'acide carbonique, cet éther se transforme en 2-4-diméthyl-pyrrol.

L'éther amidoacétylacétique et ses homologues, traités de même par la poudre de zinc en présence d'éther nitrosoacétylacétique, dégagent de l'ammoniaque ou une amine (méthylamine, éthylamine, etc.), et conduisent au même éther diméthylpyrroldicarbonique.

La réduction d'un mélange d'éther nitrosoacétylacétique, et d'acétylacétanilide donne le 2-4-*diméthylpyrrol-3-carbanilido-5-carbonate d'éthyle*, fusible à 216° :

$$\begin{matrix} CH^3-C & — & C-CO-AzH-C^6H^5 \\ \| & & \| \\ C^2H^5CO^2-C & & C-CH^3 \\ & AzH & \end{matrix}$$

Si on emploie un mélange de nitrosoacétylacétanilide et d'éther acétylacétique, on obtient un composé isomérique avec le précédent et fusible à 180° :

$$\begin{matrix} CH^3-C & — & C-CO^2C^2H^5 \\ \| & & \| \\ C^6H^5-AzH-CO-C & & C-CH^3 \\ & AzH & \end{matrix}$$

Enfin la réduction d'un mélange d'acétylacétanilide et de son dérivé nitrosé donne la 2-4-*diméthylpyrrol-3-5-dicarbanilide* fusible à 255° environ. Tous ces composés ramènent par saponification au 2-4-diméthylpyrrol (voyez Pyrrol).

Constitution de l'éther acétylacétique et de son dérivé sodé ; théorie de la préparation. — Deux formules ont été proposées pour exprimer la constitution de l'éther acétylacétique ; la première,

$$CH^3-COH=CH-CO^2C^2H^5,$$

est due à Geuther ; la seconde,

$$CH^3-CO-CH^2-CO^2C^2H^5,$$

a été adoptée par MM. Frankland et Duppa, et confirmée par M. Wislicenus.

La plupart des réactions de l'éther acétylacétique s'expliquent parfaitement par la seconde de ces formules. Deux raisons seulement paraissent apporter des arguments sérieux en faveur de la première :

1° Les produits de condensation des aldéhydes avec l'éther acétylacétique ne paraissent plus renfermer de groupement acétonique, et doivent se représenter par la formule

$$\begin{array}{l} CH^3-C=C-CO^2C^2H^5 \\ \quad\;\; | \quad\; | \\ \quad\;\; O-CH-R \end{array}$$

et non par la suivante

$$CH^3-CO-C\begin{array}{l}\nearrow CO^2C^2H^5 \\ \searrow CH-R\end{array}$$

[L. Claisen, *D. chem. G.*, **20**, 651].

Nous avons déjà indiqué plus haut que ce fait est facilement explicable, sans supposer dans l'éther acétylacétique la préexistence d'un oxhydryle, par l'aldolisation de l'éther acétylacétique, et de l'aldéhyde :

$$CH^3-CO-CH^2-CO^2C^2H^5 + CHO-R$$

$$= \begin{array}{l} CH^3-C(OH)=C-CO^2C^2H^5 \\ \qquad\qquad\quad | \\ \qquad\quad HO-CH-R \end{array}$$

$$= \begin{array}{l} CH^3-C=C-CO^2C^2H^5 \\ \qquad | \qquad\; | \\ \qquad O-CH-R \end{array} + H^2O.$$

2° M. Wedel [*Ann. Chem.*, **219**, 71], par l'action du sodium sur l'éther acétylacétique dibromé, a obtenu un éther *quinone-hydrodicarbonique* identique avec celui qu'on obtient par une oxydation ménagée de l'éther succinylsuccinique; cet éther semblerait donc avoir la constitution exprimée par la formule suivante :

$$\begin{array}{l} CH=C-CO^2C^2H^5 \\ | \qquad | \\ CO \quad CO \\ | \qquad | \\ C=CH \\ | \\ CO^2C^2H^5 \end{array} \quad \text{ou} \quad \begin{array}{l} CH-CH-CO^2C^2H^5 \\ | \qquad | \\ CO \diagdown CO \\ | \qquad | \\ CH-CH \\ \\ CO^2C^2H^5 \end{array}$$

l'éther succinylsuccinique étant

$$\begin{array}{l} CH^2-CH-CO^2C^2H^5 \\ | \qquad\;\; | \\ CO \quad\; CO \\ | \qquad\;\; | \\ CH-CH^2 \\ | \\ CO^2C^2H^5 \end{array}$$

Mais si on saponifie l'éther quinone-hydrodicarbonique et si on le chauffe, il perd de l'acide carbonique et donne l'hydroquinone, dont la formule est bien certainement

$$\begin{array}{l} CH=CH \\ | \qquad\; | \\ COH \;\; COH \\ \| \qquad\; \| \\ CH-CH \end{array}$$

De plus, l'éther quinone-hydrodicarbonique, traité par le chlorure d'acétyle, donne un dérivé diacétylé fusible à 154°.

Tous ces faits s'expliquent bien en admettant dans l'éther acétylacétique la présence d'un oxhydryle qui se retrouve dans l'éther succinylsuccinique, l'éther quinone-hydrodicarbonique, et enfin dans l'hydroquinone.

Mais, comme l'a fait remarquer M. Michael [*J. prakt. Chem.*, **37**, 473], la formation d'un dérivé acétylé ne nécessite pas absolument la présence d'un oxhydryle : les composés à fonction cétonique peuvent donner avec le chlorure d'acétyle des produits d'addition, qui, par perte d'acide chlorhydrique, ramènent à un dérivé acétylé vrai. C'est ce qui se passe avec l'éther succinylsuccinique et son dérivé l'éther quinone-hydrodicarbonique :

$$\begin{array}{l} CH^2-CH-CO^2C^2H^5 \\ | \qquad\;\; | \\ CO \quad\; CO \\ | \qquad\;\; | \\ CH-CH^2 \\ | \\ CO^2C^2H^5 \end{array} + 2\,CH^3-COCl$$

$$= CH^3-COO\begin{array}{c}Cl\searrow \\ \nearrow\end{array}\begin{array}{l} CH^2-CH-CO^2C^2H^5 \\ \;\; C \qquad C\begin{array}{l}\nearrow OOC-CH^3 \\ \searrow Cl\end{array} \\ \;\; | \qquad\; | \\ \;\; CH-CH^2 \\ \;\; | \\ \;\; CO^2C^2H^5 \end{array}$$

$$= 2HCl + CH^3-CO.O\begin{array}{l} CH^2-C-CO^2C^2H^5 \\ | \qquad\; \| \\ C \qquad C-O.CO-CH^3 \\ \| \qquad\; | \\ C-CH^2 \\ | \\ CO^2C^2H^5 \end{array}$$

La formule de MM. Frankland et Duppa, qui renferme un oxygène acétonique, suffit donc à rendre compte de toutes les réactions et explique bien plus aisément la formation et la constitution des dérivés disubstitués de l'éther acétylacétique : c'est donc elle que nous adopterons.

D'après ces considérations, la constitution des dérivés métalliques de l'éther acétylacétique devrait être exprimée par la formule

$$CH^3-CO-CHM-CO^2C^2H^5,$$

et les nombreuses synthèses que l'on a effectuées au moyen de ces dérivés viennent à l'appui de cette hypothèse. Cependant M. Michael [*J. prakt. Chem.*, **37**, 473] pense que l'on doit admettre pour le dérivé sodé une formule différente, dans laquelle le sodium est directement uni à un des atomes d'oxygène de l'éther acétylacétique; les deux formules qu'il donne sont les suivantes :

$$CH^3-C(ONa)=CH-CO^2C^2H^5$$

$$CH^3-CO-CH=C\begin{array}{l}\nearrow OC^2H^5 \\ \searrow ONa\end{array}$$

On peut avec ces formules se rendre encore compte de la formation des dérivés que l'on obtient par l'action d'un iodure alcoolique sur l'éther acétylacétique sodé, et dont la constitution est bien établie; il y aurait d'abord addition de l'iodure et puis séparation d'iodure de sodium :

$$CH^3-C(ONa)=CH-CO^2C^2H^5 + CH^3I$$

$$= \begin{array}{l} CH^3-CI(ONa)-CH-CO^2C^2H^5 \\ \qquad\qquad\qquad\quad | \\ \qquad\qquad\qquad CH^3 \end{array}$$

$$= NaI + CH^3-CO-CH(CH^3)-CO^2C^2H^5.$$

et $\quad CH^3-CO-CH=C\begin{array}{l}\nearrow OC^2H^5 \\ \searrow ONa\end{array} + CH^3I$

$$= \begin{array}{l} CH^3-CO-CH-C\begin{array}{l}\nearrow OC^2H^5 \\ -ONa \\ \searrow I\end{array} \\ \qquad\qquad\;\; | \\ \qquad\qquad CH^3 \end{array}$$

$$= NaI + \begin{array}{l} CH^3-CO-CH-CO^2C^2H^5. \\ \qquad\qquad\;\; | \\ \qquad\qquad CH^3 \end{array}$$

On obtient ainsi le même résultat qu'en adoptant la formule $CH^3-CO-CHNa-CO^2C^2H^5$.

Ce qui paraît justifier la manière de voir de M. Michael, c'est que, quand on traite l'éther acétylacétique sodé par le chlorocarbonate d'éthyle, on obtient un composé qui devrait être identique avec l'éther acétylmalonique qui se produit quand on fait agir le chlorure d'acétyle sec sur l'éther malonique sodé; cet éther acétylmalonique a certainement pour constitution

$$CH^3-CO-CH\begin{cases}CO^2C^2H^5\\CO^2C^2H^5\end{cases}$$

C'est un composé à réaction très acide, qui décompose les carbonates, ce qu'explique facilement la présence du groupe CH lié à trois groupes carbonyle. Le produit de l'action du chlorocarbonate d'éthyle sur l'éther acétylacétique sodé n'a au contraire aucune réaction acide, ce qui est tout à fait d'accord avec la constitution exprimée par la formule suivante :

$$CH^3-C(ONa)-CH-CO^2C^2H^5+ClCO^2C^2H^5$$
$$=NaCl+CH^3-C\begin{cases}\!=CH-CO^2C^2H^5\\OCO^2C^2H^5\end{cases}$$

Si la constitution de l'éther acétylacétique sodé est bien celle qu'admet M. Michael, cette structure doit pouvoir être mise en évidence dans certains dérivés de l'éther acétylacétique; c'est justement, d'après M. Michael, ce qui a lieu pour les composés que M. Perkin junior a dérivés de cet éther par l'action des bromures éthyléniques. En faisant agir le bromure d'éthylène, par exemple, sur l'éther acétylacétique, M. Perkin admet qu'il se forme un acide acétyl-triméthylène-carbonique :

$$CH^3-CO-CHNa-CO^2C^2H^5+CH^2Br-CH^2Br$$
$$=NaBr+CH^3-CO-\underset{\displaystyle CH^2-CH^2Br}{CH}-CO^2C^2H^5$$

$$\underset{\displaystyle CH^2-CH^2Br}{CH^3-CO-CH-CO^2C^2H^5}+NaOC^2H^5$$
$$=C^2H^6O+NaBr+CH^3-CO-\underset{\displaystyle CH^2-CH^2}{C}-CO^2C^2H^5$$

La réaction doit se passer d'une manière tout à fait différente si l'éther acétylacétique sodé n'a pas cette constitution. On obtient d'abord comme avec les bromures alcooliques simples le dérivé

$$CH^3-CO-\underset{\displaystyle CH^2-CH^2Br}{CH}-CO^2C^2H^5$$

Mais si on fait agir le sodium ou l'éthylate de sodium sur ce composé, on aura les deux équations suivantes :

$$CH^3-CO-\underset{\displaystyle CH^2-CH^2Br}{CH}-CO^2C^2H^5+NaOC^2H^5$$
$$=CH^3-\underset{\displaystyle ONa}{C}=\underset{\displaystyle CH^2-CH^2Br}{C}-CO^2C^2H^5$$

ou

$$=CH^3-CO-\underset{\displaystyle CH^2-CH^2Br}{C}=C\begin{cases}OC^2H^5\\ONa\end{cases}$$

Le premier de ces dérivés sodés donnera l'éther d'un acide dihydrofurfurane-carbonique

$$CH^3-C=C-CO^2C^2H^5 \quad (O-CH^2-CH^2 \text{ en cycle})$$

le second un acétyl-éthoxydihydrofurfurane

$$CH^3-CO-C=C\begin{cases}OC^2H^5\\O\end{cases} \quad (CH^2-CH^2 \text{ en cycle})$$

Or, les propriétés des composés de M. Perkin s'accordant très bien avec la constitution exprimée par les schémas précédents, les formules proposées par M. Michael paraissent assez vraisemblables : elles indiquent qu'un métal alcalin ne pourrait rester uni directement au carbone quand ce carbone est lié à un carbonyle, le groupement $-CO-CHNa-$ se transformant immédiatement en $C(ONa)=CH$, seul stable en raison de l'affinité de l'oxygène pour les métaux alcalins. Il n'en serait pas de même pour les autres dérivés métalliques, le dérivé cuprique par exemple ayant certainement la formule

$$\begin{array}{c}CH^3-CO-CH-CO^2C^2H^5\\|\\Cu\\|\\CH^3-CO-CH-CO^2C^2H^5\end{array}$$

Il y aurait ainsi entre ces composés métalliques une isomérie analogue à celle qui se rencontre dans les cyanures.

Le rattachement du sodium à l'oxygène dans l'éther acétylacétique sodé rend ainsi plus facilement compréhensible la théorie de la préparation de cet éther.

La théorie anciennement donnée par MM. Frankland et Duppa consiste à admettre que le sodium attaque l'éther acétylacétique dans le groupe méthyle, avec dégagement d'hydrogène, pour donner le composé $CH^2Na-CO^2C^2H^5$, qui, réagissant sur l'éther acétique, fournit l'éther acétylacétique et de l'éthylate de sodium :

$$CH^3-CO^2C^2H^5+CH^2Na-CO^2C^2H^5$$
$$=CH^3-CO-CH^2-CO^2C^2H^5+NaOC^2H^5.$$

Mais cette explication est tout à fait inadmissible, parce que :

1° Le sodium n'attaque pas l'éther acétique absolument exempt d'eau et d'alcool : le composé $CH^2Na-CO^2C^2H^5$ ne saurait donc exister;

2° L'éthylate de sodium peut remplacer avantageusement le sodium dans la préparation de l'éther acétylacétique.

Ce dernier fait a conduit M. L. Claisen [*Bull. Soc. Chim.*, (3), **1**, 496] à proposer une nouvelle théorie de la préparation de l'éther acétylacétique, qui est également applicable à la préparation des dicétones.

M. Claisen a montré [*D. chem. G.*, **20**, 648] que les éthers des acides organiques ont la propriété de se combiner directement avec l'éthylate de sodium, de la manière suivante :

$$R-C\begin{cases}\!=O\\OC^2H^5\end{cases}+NaOC^2H^5=R-C\begin{cases}ONa\\OC^2H^5\\OC^2H^5\end{cases}$$

Si l'on emploie de l'éther acétique, le composé ainsi formé

$$CH^3-C\begin{cases}ONa\\OC^2H^5\\OC^2H^5\end{cases}$$

pourra réagir sur une seconde molécule d'éther acétique, d'après l'équation

$$CH^3-C\begin{cases}ONa\\\boxed{OC^2H^5\\OC^2H^5+H^2}\end{cases}CH-CO^2C^2H^5$$
$$=CH^3-C(ONa)=CH-CO^2C^2H^5+2C^2H^6O,$$

2 molécules d'alcool étant éliminées. L'alcool mis en liberté pourra alors réagir sur le sodium métallique qui le transformera en éthylate de sodium et la même réaction se reproduira jusqu'à ce que tout le sodium employé ait été transformé en une quantité équivalente d'éther

acétylacétique sodé. On voit qu'une quantité très petite d'alcool suffit pour amorcer la réaction, qui se continue d'elle-même; c'est ce qui explique que l'éther acétique absolu n'étant pas attaqué par le sodium, si on ajoute une très petite quantité d'éthylate de sodium, on voit la réaction commencer et s'accélérer peu à peu.

Cette théorie a également l'avantage d'expliquer pourquoi on ne peut opérer la réaction qu'avec des éthers renfermant un groupe $CH^3-CO^2C^2H^5$ ou $CH^2-CO^2C^2H^5$; en effet, si l'on prend un éther

$$\begin{matrix}R\\R'\end{matrix}\!\!>CH-CO^2C^2H^5,$$

entre son produit d'addition avec l'éthylate de sodium

$$\begin{matrix}R\\R'\end{matrix}\!\!>CH-C\begin{matrix}\diagup ONa\\ -OC^2H^5\\ \diagdown OC^2H^5\end{matrix}$$

et lui-même il ne peut y avoir élimination des 2 molécules d'alcool que nécessite l'équation précédente.

On voit qu'en résumé cette manière de représenter la réaction conduit à admettre pour l'éther acétylacétique sodé la formule

$$CH^3-C(ONa)=CH-CO^2C^2H^5.$$

A. Combes.

ACÉTYLACÉTONE [Syn. *Diacétylméthane*],

$$C^5H^8O^2=CH^3-CO-CH^2-CO-CH^3$$

[A. Combes, *C. R.*, **103**, 114; *Ann. Chim. Phys.*, (6), **12**, 199].

Préparation. — L'acétylacétone a été obtenue en décomposant par l'eau le produit solide qui prend naissance dans l'action du chlorure d'aluminium sur le chlorure d'acétyle. On place dans un ballon de 2 ou 3 litres du chlorure d'acétyle bien rectifié, qu'on dilue dans environ 3 fois ½ son poids de chloroforme bien sec; le ballon est suivi d'un réfrigérant à reflux capable de fonctionner vite, et est muni d'un tube large permettant l'introduction du chlorure d'aluminium anhydre. Le mélange est maintenu au bain-marie à une température d'environ 50°; on ajoute le chlorure d'aluminium par petites portions (10 grammes environ); il se dissout avec un vif dégagement d'acide chlorhydrique, et on voit en même temps se déposer peu à peu sur les parois du ballon de petites paillettes cristallines transparentes. On ajoute la quantité théorique de chlorure d'aluminium, soit 1 molécule d'Al^2Cl^6 pour 6 molécules de chlorure d'acétyle. Quand tout le chlorure d'aluminium a été ainsi ajouté, on chauffe encore au bain-marie jusqu'à ce que le dégagement d'acide chlorhydrique ait à peu près complètement cessé. A ce moment l'opération est terminée et le fond du ballon est rempli par un composé solide blanc, qui s'est formé d'après l'équation suivante :

$$6C^2H^3OCl+Al^2Cl^6=C^{12}H^{14}O^6Al^2Cl^8+4HCl.$$

On décante le chloroforme en excès et on dissout ce composé dans de l'eau froide, en l'y projetant par petites fractions; il se produit une vive effervescence, et la solution se colore en rouge foncé; il se dégage de l'acide carbonique. La réaction est la suivante :

$$C^{12}H^{14}O^6Al^2Cl^8+8H^2O$$
$$=2C^5H^8O^2+2CO^2+Al^2(OH)^6+8HCl.$$

On épuise alors la solution filtrée par l'éther, ou mieux par le chloroforme; la distillation du chloroforme abandonne un liquide brun foncé, qu'on rectifie à la colonne Le Bel-Henninger; la portion 135-137° est de l'acétylacétone pure.

On peut modifier légèrement cette manière d'opérer, en mélangeant immédiatement, à froid, le chlorure d'acétyle, le chloroforme et la moitié environ du chlorure d'aluminium que l'on doit employer. Il faut alors commencer à chauffer avec beaucoup de précautions, pour que la réaction ne s'emporte pas. Quand elle est calmée, on ajoute par fractions de 20 grammes le chlorure d'aluminium restant; il est bon de ne pas opérer sur plus de 500 grammes de chlorure d'acétyle à la fois. Quand on détruit par l'eau le composé $C^{12}H^{14}O^6Al^2Cl^8$, on constate qu'il reste toujours une partie non dissoute; on la sépare par filtration; elle est entièrement constituée par l'acétylacétonate d'aluminium; il s'en forme d'autant plus qu'on dissout le composé solide dans moins d'eau.

Le rendement en acétylacétone est au moins de 60 0/0 du rendement théorique, à la condition que le chlorure d'acétyle soit bien rectifié, le chloroforme parfaitement sec, et le chlorure d'aluminium parfaitement anhydre et ne contenant que très peu de chlorure de sodium.

L'acétylacétone, dans cette réaction, résulte de la destruction spontanée avec perte d'acide carbonique de l'acide diacétylacétique,

$$\begin{matrix}CH^3-CO\\CH^3-CO\end{matrix}\!\!>CH-CO^2H=\begin{matrix}CH^3-CO\\CH^3-CO\end{matrix}\!\!>CH^2+CO^2,$$

ainsi que le prouve l'action de l'alcool absolu sur le composé organo-métallique $C^{12}H^{14}O^6Al^2Cl^8$ qui donne de l'éther diacétylacétique,

$$\begin{matrix}CH^3-CO\\CH^3-CO\end{matrix}\!\!>CH-CO^2C^2H^5.$$

Il en résulte que le produit de la réaction du chlorure d'aluminium sur le chlorure d'acétyle a probablement la constitution suivante :

$$\left[\begin{matrix}CH^3-CO\\CH^3-CO\end{matrix}\!\!>CH-C\begin{matrix}\diagup Cl\\ -O-AlCl^2\\ \diagdown Cl\end{matrix}\right]^2$$

l'action de l'eau sur un pareil composé doit donner évidemment l'acide diacétylacétique.

M. L. Claisen [*Bull. Soc. Chim.*, (3), **1**, 496] a indiqué un nouveau mode de préparation qui donne de bons résultats; il permet du reste la préparation des homologues de l'acétylacétone de la forme $R-CO-CH^2-CO-R'$ (voyez DICÉTONES). Il repose sur l'action de l'éthylate de sodium ou du sodium métallique sur un mélange d'éther acétique et d'acétone.

On dissout l'acétone dans un excès d'éther acétique, et on refroidit fortement le mélange; on y ajoute le sodium (1 atome pour 1 molécule d'acétone) coupé en très petits morceaux; on laisse l'action se produire d'abord à froid, puis à la température ordinaire; enfin on termine la réaction en chauffant au bain-marie jusqu'à dissolution complète du sodium. Après refroidissement, on ajoute de l'eau glacée, et la solution alcaline, qui contient l'acétylacétone sous forme d'acétylacétonate de sodium, est séparée de l'éther acétique qui surnage. On neutralise par l'acide acétique, et on ajoute une solution concentrée d'acétate de cuivre; il se forme un beau précipité d'acétylacétonate de cuivre $(C^5H^7O^2)^2Cu$ qu'on sépare par filtration à la trompe, qu'on lave, et enfin qu'on agite avec une solution étendue et froide d'acide sulfurique jusqu'à dissolution complète. On épuise la solution avec de l'éther, et, après distillation de ce dissolvant, on obtient de l'acétylacétone presque pure qu'on rectifie. Si l'éther acétique et l'acétone employés sont bien purs tous les deux, on peut arriver à obtenir 100 grammes d'acétylacétone pour 120 grammes d'acétone employés, ce qui représente environ 50 0/0 du rendement théorique.

La réaction est entravée par la formation de produits secondaires, parmi lesquels l'acétyloxyde de mésityle

$$CH^3-CO-CH^2-CO-CH=C\begin{array}{l}\diagup CH^3\\ \diagdown CH^3\end{array}$$

la phorone, et un composé $C^{12}H^{18}O$ probablement identique avec la xylitone.

La théorie de cette remarquable réaction sera discutée à l'article Dicétones; elle est probablement exprimée par les équations :

$$CH^3-CO^2C^2H^5+NaOC^2H^5=CH^3-C\begin{array}{l}\diagup ONa\\ -OC^2H^5\\ \diagdown OC^2H^5\end{array}$$

$$CH^3-C\begin{array}{l}\diagup ONa\\ -OC^2H^5\\ \diagdown OC^2H^5\end{array}+CH^3-CO-CH^3$$

$$=CH^3-C(ONa)=CH-CO-CH^3+2C^2H^6O.$$

Propriétés physiques. — L'acétylacétone fraîchement distillée est un liquide incolore, très mobile, d'une odeur assez agréable; elle bout à la température de 136,5-137° sous la pression de 760 millimètres, et se solidifie en paillettes nacrées à 29°. Sa densité de vapeur est 3,40 (théorie 3,46). Sa densité à 14° est 0,9786. Elle est assez facilement soluble dans l'eau, très soluble dans l'eau chargée d'acide chlorhydrique, et se mélange en toutes proportions à l'alcool, à l'éther et au chloroforme. L'acétylacétone parfaitement pure se conserve inaltérée pendant très longtemps à l'obscurité; mais, exposée à la lumière, elle brunit; il se produit en même temps une petite quantité de produits résineux insolubles dans l'eau.

Propriétés chimiques; action des réactifs. — L'acétylacétone est inattaquable par le trichlorure de phosphore et par le chlorure d'acétyle; elle ne réduit pas la liqueur cupropotassique, ni le nitrate d'argent ammoniacal : ce qui établit l'absence des fonctions alcoolique et aldéhydique.

Les alcalis aqueux la dédoublent à chaud en acétone et acétate de potassium,

$$C^5H^8O^2+KOH=C^3H^6O+C^2H^3O^2K,$$

ce qui établit immédiatement la formule de constitution $CH^3-CO-CH^2-CO-CH^3$.

Action de l'hydroxylamine. — On fait agir l'hydroxylamine suivant la méthode ordinaire : l'acétylacétone, dissoute dans la plus petite quantité d'eau possible, est additionnée d'un excès de chlorhydrate d'hydroxylamine (2 molécules pour 1 d'acétylacétone); puis on ajoute la quantité théoriquement nécessaire de carbonate de potassium pur pour décomposer tout le chlorhydrate d'hydroxylamine. Il commence déjà à se dégager de l'acide carbonique à froid. On laisse digérer pendant quelques heures, puis on chauffe au réfrigérant ascendant pendant 2 ou 3 heures. On constate qu'il surnage une huile peu soluble, d'une odeur nauséabonde; on épuise le liquide par l'éther, puis on rectifie et on obtient un liquide incolore qui bout à la température de 141-142°; il possède la formule C^5H^7AzO, et ne correspond par conséquent pas à la monoxime de l'acétylacétone, mais à un anhydride de cette oxime : c'est du *diméthyloxazol*,

$$CH^3-C\begin{array}{c}\leqslant\\ \end{array}\begin{array}{c}CH\\ O-Az\end{array}\begin{array}{c}\geqslant\\ \end{array}C-CH^3$$

[W. Zedel, *D. chem. G.*, **21**, 2178. — A. Combes, *Bull. Soc. Chim.*, **50**, 145].

Cette réaction est caractéristique des dicétones qui présentent le groupement $(CO-CH^2-CO)$.

La rectification de ce composé laisse un résidu indistillable, solide, qu'on purifie aisément par cristallisation dans l'éther ou dans l'alcool amylique; il se présente sous la forme de beaux octaèdres orthorhombiques, fusibles à 149-150°. Ce composé possède la formule correspondant à la dioxime de l'acétylacétone $C^5H^{10}Az^2O^2$, mais il n'est pas certain qu'il ait bien la constitution d'un dérivé isonitrosé.

Action de la phénylhydrazine. — La phénylhydrazine réagit avec la plus grande facilité sur l'acétylacétone; il suffit de mélanger une solution acétique de phénylhydrazine avec une solution aqueuse d'acétylacétone pour voir se séparer une huile légèrement jaune, à odeur aromatique agréable, et complètement insoluble dans l'eau. Décantée et distillée, ce liquide bout à 270-271° sous la pression de 760 millimètres; il répond à la formule $C^{11}H^{12}Az^2$ et constitue le *diméthylphénylpyrazol* [L. Knorr, *D. chem. G.*, **20**, 1103. — A. Combes *Bull. Soc. Chim.*, **50**, 145].

La réaction qui lui donne naissance est la suivante :

$$CH^3-CO\diagup^{CH^2}\diagdown CO-CH^3+H^2Az-AzH-C^6H^5$$

$$=2H^2O+CH^3-C\begin{array}{c}\leqslant\\ \end{array}\begin{array}{c}CH\\ Az-Az\\ \quad\diagdown C^6H^5\end{array}\begin{array}{c}\geqslant\\ \end{array}C-CH^3.$$

Action du perchlorure de phosphore. — Le perchlorure de phosphore réagit très énergiquement sur l'acétylacétone et lui enlève tout son oxygène; mais même lorsqu'on opère à aussi basse température que possible, il se dégage de l'acide chlorhydrique, et il se fait un composé non saturé.

On obtient de bons rendements en opérant de la manière suivante : L'acétylacétone (50 grammes au plus) est placée dans un vase en verre mince qu'on entoure d'un mélange réfrigérant; puis on y ajoute, par très petites portions en commençant, la quantité théorique de perchlorure de phosphore (2 molécules pour 1 d'acétylacétone); la réaction est très vive, mais se calme à mesure que l'oxychlorure de phosphore formé dilue l'acétylacétone : si l'on évite l'élévation de température, le mélange noircit à peine. Quand tout le perchlorure a été ajouté, on détruit l'oxychlorure formé en jetant le tout sur de la glace bien pilée. Il reste alors au fond du vase un liquide brun, qu'on décante et qu'on rectifie.

Il bout à 145° environ et répond à la formule $C^5H^6Cl^2$; il se polymérise facilement en quelques jours à la lumière.

L'action de la potasse alcoolique sur ce dichlorure fournit des traces d'un carbure acétylénique, et une grande quantité d'un produit ayant pour formule C^8H^4,C^2H^6O et qui est probablement l'éther du carbure précédent. Ces composés, peu stables, n'ont pas été étudiés complètement.

Action de l'acide iodhydrique et de l'hydrogène naissant. — L'acide iodhydrique fumant, chauffé en tube scellé à 180-200° avec l'acétylacétone, la transforme en pentane normal :

$$CH^3-CH^2-CH^2-CH^2-CH^3.$$

Si on opère avec de l'acide iodhydrique distillé, et à la température de 100-105° seulement, on obtient en même temps de l'iodure d'amyle secondaire normal,

$$CH^3-CHI-CH^2-CH^2-CH^3,$$

bouillant à 145-150°.

L'hydrogénation de l'acétylacétone, en milieu acide, au moyen de l'amalgame de sodium, donne le glycol amylénique bi-secondaire symétrique,

$$CH^3-CHOH-CH^2-CHOH-CH^3,$$

qui bout entre 178 et 180° à la pression ordinaire.

La meilleure manière d'obtenir ce glycol consiste à dissoudre l'acétylacétone dans l'eau et l'acide acétique et à ajouter peu à peu l'amalgame de sodium; il est nécessaire que la solution soit toujours maintenue acide; l'hydrogénation en milieu alcalin ne donne que de l'alcool isopropylique et de la pinacone.

ACTION DU CHLORE. — Le chlore réagit très fortement à froid sur l'acétylacétone; mais la chloruration ne va pas très loin dans ces conditions. Quand on fait agir le chlore au soleil pendant plusieurs jours, et à la température de 120-130°, on arrive, comme produit ultime de la réaction, à l'acétylacétone hexachlorée; ce corps et l'acétylacétone monochlorée sont les seuls dérivés chlorés de ce composé qui aient été décrits.

Acétylacétone monochlorée. — On l'obtient très facilement à l'état de pureté en faisant agir sur 1 molécule d'acétylacétone, 1 molécule de chlorure de sulfuryle; la réaction se fait avec dégagement de chaleur, et il est nécessaire d'opérer avec quelques précautions au début. Quand elle est terminée, on distille le produit brut; la presque totalité passe à 155-165°. On rectifie de nouveau, et on obtient un liquide incolore, à odeur piquante, qui bout à 160°; il est peu soluble dans l'eau, mais se mélange en toutes proportions à l'alcool. Sa constitution est probablement

$$CH^2Cl-CO-CH^2-CO-CH^3.$$

Acétylacétone hexachlorée. — Préparée comme nous l'avons indiqué plus haut, elle constitue un liquide incolore qui bout vers 200° dans le vide; elle est insoluble dans l'eau, et ne donne pas d'hydrate. Sa constitution est exprimée par la formule $CCl^3-CO-CH^2-CO-CCl^3$, ainsi que le prouve son dédoublement en acétone trichlorée et acide trichloracétique.

PROPRIÉTÉS CARACTÉRISTIQUES DU GROUPEMENT FONCTIONNEL ($CO-CH^2-CO$) DE L'ACÉTYLACÉTONE. — *Dérivés métalliques* [A. Combes, *C. R.*, **105**, 868]. — La présence dans l'acétylacétone d'un groupement CH^2 compris entre deux carbonyles donne à ce composé des réactions caractéristiques remarquables : il imprime aux atomes d'hydrogène qu'il contient une mobilité particulière; chacun d'eux peut successivement être remplacé par un métal, et le groupement ($CO-CH^2-CO$) joue absolument le même rôle que le groupement carboxyle CO^2H; il en diffère en ce que son énergie, mesurée par la chaleur dégagée pendant sa saturation, est un peu plus faible, et en ce que, le premier atome d'hydrogène étant remplacé par un radical hydrocarboné, le second manifeste à son tour les mêmes propriétés.

L'acétylacétone fonctionne comme un acide monobasique, dont la chaleur de saturation par la soude est supérieure à celle de l'acide carbonique, mais inférieure à celle de l'acide acétique; elle décompose les carbonates, et dans certaines conditions peut déplacer l'acide chlorhydrique et l'acide sulfurique.

Acétylacétonate de sodium. — Le sodium se dissout facilement dans l'acétylacétone et donne un produit solide, blanc, pulvérulent, insoluble dans l'éther, mais assez facilement soluble dans l'alcool chaud; c'est le dérivé sodé de l'acétylacétone :

$$CH^3-CO-CHNa-CO-CH^3.$$

On le prépare très facilement par le moyen suivant : On mélange de l'acétylacétone avec une solution alcoolique d'éthylate de sodium; il se forme un précipité blanc cristallin, sous la forme de jolies paillettes hexagonales; on active la précipitation en ajoutant de l'éther à la solution alcoolique; l'acétylacétonate est insoluble dans ce dissolvant. Le précipité, essoré et séché à l'air, paraît renfermer une molécule d'alcool de cristallisation, ce qui lui assignerait la formule

$$CH^3-C(ONa)=CH^2-CO-CH^3;$$
$$OC^2H^5$$

mais il la perd si on le sèche à 100°, ou dans le vide sur l'acide sulfurique. On peut remplacer la solution alcoolique d'éthylate de sodium par une solution de soude alcoolique, mais il faut alors éviter tout échauffement.

Sel de potassium. — On l'obtient, comme le précédent, en traitant l'acétylacétone par l'éthylate de potassium en solution dans l'alcool absolu. Ce sont de belles paillettes hexagonales blanches, à éclat nacré; ce sel est facilement soluble dans l'alcool bouillant, mais complètement insoluble dans l'éther.

Sel de magnésium. — Ce sel, comme tous les suivants, peut s'obtenir par double décomposition, en faisant agir un sel de magnésium sur l'acétylacétonate de sodium ou de potassium en solution aqueuse froide. Mais on peut encore l'obtenir directement de la manière suivante : On projette dans une solution aqueuse chaude d'acétylacétone un excès de carbonate de magnésium; on porte la solution à l'ébullition et on filtre bouillant. Il se dépose, par refroidissement et par évaporation, de très beaux cristaux incolores, transparents, présentant la forme de prismes hexagonaux : ces cristaux sont anhydres et répondent à la formule $(C^5H^7O^2)^2Mg$.

Sel d'aluminium, $(C^5H^7O^2)^3Al$. — On l'obtient en grande quantité dans la préparation de l'acétylacétone; il forme la totalité du résidu insoluble que l'on recueille après destruction par l'eau du composé $C^{12}H^{14}O^6Al^2Cl^8$. On le purifie en le dissolvant dans le chloroforme, ou mieux dans l'alcool où il est très facilement soluble; il se présente alors sous la forme de magnifiques prismes hexagonaux, probablement clinorhombiques; mais il est coloré en un beau rouge rubis par une petite quantité d'acétylacétonate de fer, provenant du chlorure ferrique que contient toujours le chlorure d'aluminium. On l'en débarrasse facilement par la distillation; le sel d'aluminium distille en effet sans décomposition aucune et tout le fer reste dans la cornue. Le produit distillé est alors recristallisé dans l'alcool absolu; il se présente sous la forme de belles tables hexagonales fusibles à 193-194°, et distille à 314-315° sous la pression de 760 millimètres. La densité de vapeur, prise par la méthode de M. V. Meyer à la température d'ébullition du mercure, est 11,25; la densité théorique calculée pour la formule $(C^5H^7O^2)^3Al$ est 11,236.

L'ammoniaque et le sulfhydrate d'ammoniaque n'altèrent pas l'acétylacétonate d'aluminium, ce qui permet de le séparer du sel de fer.

Sel de cuivre, $(C^5H^7O^2)^2Cu$. — On l'obtient très facilement en précipitant par l'acétylacétone en solution aqueuse une solution même étendue d'acétate de cuivre; la précipitation est complète. On obtient ainsi de jolies aiguilles d'un bleu pâle qui affectent la forme de prismes hexagonaux. Ce sel est complètement insoluble dans l'eau et presque complètement insoluble dans l'alcool; le chloroforme au contraire le dissout facilement; il se colore alors en un beau bleu saphir foncé; l'évaporation de ce dissolvant l'abandonne sous la forme de belles aiguilles d'un bleu foncé magnifique. Il se décompose sans fondre; mais, chauffé avec précaution, il se sublime partiellement vers 200°; on peut le sublimer facilement dans le vide.

Sel de fer. — L'acétylacétonate ferrique s'obtient facilement comme le sel de magnésium; mais il est préférable de le préparer par double décomposition; il se présente alors, après cristallisation dans l'alcool, sous la forme de magnifiques cristaux d'un rouge foncé. C'est à la formation de ce sel qu'est due la réaction si sensible de l'acétylacétone, qui consiste à ajouter à la solution extrêmement étendue d'acétylacétone une petite quantité de chlorure ferrique.

Sel de plomb. — S'obtient facilement en décomposant le carbonate de plomb par une solution chaude d'acétylacétone, mais mieux par double décomposition; il est soluble dans l'eau, et cristallise, comme le sel de magnésium, en prismes hexagonaux.

Sel d'uranium. — Si on mélange à une solution concentrée et chaude d'acétate d'urane une solution d'acétylacétone, il se dépose par refroidissement de gros prismes hexagonaux d'un jaune éclatant, qui constituent l'acétylacétonate d'uranium.

L'analyse des dérivés métalliques de l'acétylacétone ne peut être faite par simple calcination, à cause de la grande volatilité de la plupart de ces sels; le sel d'aluminium ne peut pas non plus être décomposé par l'ammoniaque. Le meilleur procédé pour l'analyse de ces sels et de ceux des diacétones en général consiste à attaquer le sel par l'acide azotique, ou par le mélange d'acide azotique et sulfurique; mais il ne faut chauffer qu'avec beaucoup de précautions, l'attaque ne se faisant qu'à une température assez élevée, mais ayant lieu alors avec violence. Dans la solution obtenue, quand les vapeurs nitreuses ont fini de se dégager, on dose le métal par les procédés ordinaires.

Synthèses effectuées au moyen des sels de l'acétylacétone. — Les dérivés sodés et potassés de l'acétylacétone se prêtent à la formation d'une série d'homologues de l'acétylacétone, par l'action d'un iodure ou d'un chlorure alcoolique ou acide sur ces sels.

Méthylacétylacétone,

$$CH^3-CO-CH(CH^3)-CO-CH^3$$

— On traite en matras scellé l'acétylacétonate de sodium, préparé comme nous l'avons indiqué plus haut, et préalablement séché à l'étuve à 105°, par un excès d'iodure de méthyle; on chauffe au bain d'huile à 125° pendant 3 ou 4 heures; on sépare par filtration l'iodure de sodium formé; puis on distille l'excès d'iodure de méthyle et on rectifie à la colonne Le Bel-Henninger. On obtient ainsi un liquide incolore, d'une odeur agréable, bouillant à 165°.

Le chlorure ferrique colore sa solution aqueuse en rouge violacé, et l'acétate de cuivre la précipite, en donnant le dérivé cuprique $(C^6H^9O^2)^2Cu$ en jolies aiguilles verdâtres.

La potasse dédouble cette diacétone en *méthyléthylcétone* $CH^3-CO-C^2H^5$ et acétate de potassium; il y a d'abord formation du dérivé potassé

$$CH^3-CO-CK(CH^3)-CO-CH^3,$$

qu'on peut préparer par la potasse alcoolique comme l'acétylacétonate de potassium.

Diméthylacétylacétone,

$$CH^3-CO-C(CH^3)^2-CO-CH^3.$$

— L'action de l'iodure de méthyle sur le dérivé sodé de la diacétone précédente fournit la diméthylacétylacétone, bouillant vers 175-178°. Cette diacétone ne donne pas de dérivés métalliques et ne se colore pas par le chlorure ferrique

Éthylacétylacétone,

$$CH^3-CO-CH(C^2H^5)-CO-CH^3$$

— S'obtient comme la méthylacétylacétone; on fait seulement agir l'iodure d'éthyle au lieu de l'iodure de méthyle; c'est un liquide incolore, bouillant à 180°; elle donne avec l'acétate de cuivre un dérivé cuprique $(C^7H^{11}O^2)^2Cu$, qui se présente sous la forme de petites aiguilles vert pâle; sa solution aqueuse se colore en violet par l'action du chlorure ferrique.

La potasse aqueuse la décompose en donnant la *méthylpropylcétone* et l'acétate de potassium :

$$CH^3-CO-CH(C^2H^5)-CO-CH^3+KOH$$
$$=CH^3-CO-C^3H^7+CH^3-CO^2K.$$

Isoamylacétylacétone,

$$CH^3-CO-CH(C^5H^{11})-CO-CH^3.$$

— Dans les mêmes conditions, l'iodure d'amyle fournit une huile à peu près insoluble dans l'eau et bouillant vers 220°; elle est attaquée par le sodium avec formation d'un dérivé sodé, mais elle présente une fonction moins acide que les homologues précédents. Son dédoublement par la potasse fournit une *méthylhexylcétone,*

$$CH^3-CO-CH^2-C^5H^{11},$$

bouillant à 170-171° et probablement identique avec l'acétone caprylique dérivée de l'huile de ricin.

Il résulte de la formation de ces diacétones, et de l'action de la potasse sur elles, une méthode générale, et fournissant des rendements avantageux, pour la préparation des acétones répondant à la formule générale

$$CH^3-CO-CH\langle{R \atop R'}$$

Les chlorures d'acides réagissent également sur les sels de sodium de l'acétylacétone et de ses homologues; parmi les produits qui prennent naissance dans cette action, se trouve le triacétylméthane.

Triacétylméthane,

$${CH^3-CO \atop CH^3-CO}\rangle CH-CO-CH^3.$$

— On dilue du chlorure d'acétyle dans de l'éther anhydre, et on y ajoute petit à petit de l'acétylacétonate de sodium, en ayant soin de refroidir si la réaction s'emporte; après séparation du chlorure de sodium formé et évaporation de l'éther, il reste un liquide qui, rectifié dans le vide, laisse passer entre 127 et 128°, sous une pression de 45 millimètres, un liquide limpide présentant la composition du triacétylméthane. C'est un composé très acide, et dont les dérivés sodés et potassés sont neutres à la phtaléine; ceux de l'acétylacétone sont alcalins.

Son dérivé cuprique, qui cristallise en lamelles rhomboïdales d'un bleu clair, fond à 205°; il est caractéristique.

Mais cette réaction donne naissance à plusieurs produits; elle sera étudiée à l'article Dicétones (constitution des dérivés métalliques), ainsi que celle du chlorocarbonate d'éthyle sur l'acétylacétonate de sodium.

Phénylazoacétylacétone. — L'acétylacétonate de sodium en solution aqueuse, traité par une solution de chlorure de diazobenzine, donne un précipité jaune qui, recristallisé dans l'alcool, se présente en belles aiguilles, de plusieurs centimètres de long, qui fondent à 90°; elles constituent la phénylazoacétylacétone :

$$\begin{array}{c}CH^3-CO-CH-CO-CH^3\\ |\\ Az=Az-C^6H^5\end{array}$$

Ce composé, chauffé avec la phénylhydrazine, donne le *phénylazodiméthylphénylpyrazol,* que l'on obtient sous la forme de belles aiguilles jaunes fusibles à 63°, après cristallisation dans l'alcool :

$$\begin{array}{l} C^6H^5-Az^2-HC-CO-CH^3 \\ \qquad\qquad\quad | \\ \qquad\quad CH^3-CO + AzH^2 \\ \qquad\qquad\qquad / \\ \qquad\qquad AzH-C^6H^5 \end{array}$$

$$\begin{array}{l} = 2H^2O + C^6H^5-Az^2-C \text{——} C - CH^3 \\ \qquad\qquad\qquad\qquad \| \qquad \| \\ \qquad\qquad\qquad CH^3-C \quad Az \\ \qquad\qquad\qquad\qquad \diagdown \ \diagup \\ \qquad\qquad\qquad\qquad Az-C^6H^5 \end{array}$$

[L. Claisen et C. Beyer, *D. chem. G.*, **21**, 1702].

Action de l'oxychlorure de carbone sur l'acétylacétonate de cuivre [Thomas et Lefèvre, *Bull. Soc. Chim.*, **50**, 193]. — Une solution benzénique d'oxychlorure de carbone est chauffée en tubes scellés à 60-70° avec de l'acétylacétonate de cuivre finement pulvérisé. L'évaporation de la solution benzénique donne un composé fusible à 120-121°, qui serait la *diméthyldiacétylpyrone* :

$$\begin{array}{l} CH^3-C=C-CO-CH^3 \\ \qquad\quad | \quad | \\ \qquad\quad O \quad CO \\ \qquad\quad | \quad | \\ CH^3-C=C-CO-CH^3 \end{array}$$

Données thermiques relatives a la saturation de l'acétylacétone et de ses dérivés par les bases [A. Combes, *Bull. Soc. Chim.*, **49**, 910]. — L'acétylacétone, comme nous l'avons dit plus haut, décompose tous les carbonates, et dans certains cas les acides minéraux énergiques sont déplacés par elle; l'étude thermochimique de ces réactions permet de déterminer quel rang on doit assigner à ce composé relativement aux acides proprement dits.

La chaleur de saturation de l'acétylacétone par la potasse est de $10^{cal},95$ à l'état dissous :

$$C^5H^8O^2 \text{ dissous } + \tfrac{1}{2}K^2O \text{ dissous}$$
$$= C^5H^7O^2K \text{ dissous } + 10^{cal}\ 95.$$

La chaleur de dissolution de l'acétylacétone est d'environ $0^{cal},40$; celle du sel de potassium est sensiblement nulle.

Il en résulte que l'acétylacétone se comporte comme un acide monobasique, et que son énergie est supérieure a celle de l'acide cyanhydrique et des phénols, un peu supérieure à celle de l'acide carbonique, mais moindre que celle de l'acide acétique.

Le second atome d'hydrogène du groupe CH^2 ne réagit aucunement sur la potasse quand le premier est remplacé par un métal.

Quand le premier atome d'hydrogène est remplacé par un radical alcoolique, le second manifeste à son tour une réaction acide, mais l'énergie de cette action est d'autant plus faible que le radical hydrocarboné qui remplace le premier atome d'hydrogène est plus compliqué; en effet la chaleur de saturation de la méthylacétylacétone est seulement $+10^{cal},35$ à l'état dissous; la chaleur de dissolution de cette dicétone est du reste sensiblement la même que celle de l'acétylacétone; enfin la chaleur de saturation de l'éthylacétylacétone est seulement $+9^{cal},77$; celle de l'isoamylacétylacétone est très faible. Le remplacement du premier atome d'hydrogène par un radical alcoolique diminue donc l'aptitude réactionnelle du second.

Au contraire, si on introduit un radical électronégatif comme l'acétyle, cette aptitude réactionnelle augmente considérablement; le triacétylméthane est en effet beaucoup plus acide que l'acétylacétone.

La chaleur de formation de l'acétylacétonate de cuivre à l'état précipité est considérable; on a en effet

$$(C^5H^8O^2)^2 \text{ dissous } + CuO \text{ précipité} - H^2O$$
$$= (C^5H^7O^2)^2Cu + 20^{cal},68,$$

chaleur supérieure à celle de tous les sels cuivriques; sauf le sulfure, tous les sels de cuivre sont en effet précipités par l'acétylacétone.

Action de l'ammoniaque et des amines grasses et aromatiques. — Si l'on fait passer du gaz ammoniac sec sur de l'acétylacétone, on voit immédiatement celle-ci se transformer en un corps solide, blanc, qui se sublime très facilement à la température de l'expérience, et qui résulte de l'addition d'une molécule de gaz ammoniac à une molécule d'acétylacétone; il a en effet pour formule $C^5H^8O^2 . AzH^3$.

Cette substance est très instable, et si on la chauffe même légèrement, elle se transforme en un liquide qui, à la distillation, donne d'abord de l'eau, puis à 215° un liquide incolore qui, par refroidissement, se prend en masse et fond alors à 43°; sa formule brute est C^5H^9AzO

Sa constitution peut être

soit $$\begin{array}{l} CH^3-CO-CH=C-CH^3 \\ \qquad\qquad\qquad\quad | \\ \qquad\qquad\qquad AzH^2 \end{array}$$

soit $$\begin{array}{l} CH^3-CO-CH^2-C-CH^3. \\ \qquad\qquad\qquad\quad \| \\ \qquad\qquad\qquad AzH \end{array}$$

Les acides dédoublent ce composé en solution aqueuse, en acétylacétone et sel d'ammonium. Il donne avec l'acétate de cuivre un précipité cristallin d'un beau vert sombre répondant à la formule $(C^5H^8AzO)^2Cu$.

Il est probable que la constitution de l'*acétylacétonamine* doit être exprimée par la formule

$$\begin{array}{l} CH^3-CO-CH^2-C-CH^3, \\ \qquad\qquad\qquad\quad \| \\ \qquad\qquad\qquad AzH \end{array}$$

car les amines secondaires ne paraissent pas réagir sur l'acétylacétone non plus que les amines tertiaires; au contraire, les amines primaires réagissent avec la plus grande facilité.

De plus la méthylacétylacétone se combine également avec l'ammoniaque, en donnant un composé fusible à 104° et bouillant à 225°, qui répond à la formule $CH^3-CO-CH(CH^3)-C(AzH)-CH^3$; il donne comme le précédent un dérivé métallique avec l'acétate de cuivre, ce qui permet d'accepter la formule de constitution ci-dessus, la formation des dérivés métalliques résultant de la présence dans ces composés du groupement

$$CO-CH^2-C=AzH,$$

qui jouit, quoique à un degré moindre, des propriétés du groupement caractéristique de l'acétylacétone $(CO-CH^2-CO)$ [A. et C. Combes, *Bull. Soc. Chim.*, **49**, 577].

Anilide de l'acétylacétone, $C^{11}H^{13}AzO$. — On prépare cette substance en mélangeant molécule à molécule l'acétylacétone et l'aniline, puis en chauffant pendant quelques instants le mélange limpide au bain-marie; il se sépare bientôt de l'eau, et, par refroidissement, on obtient de beaux prismes hexagonaux incolores qui répondent à la formule

$$\begin{array}{l} C^{11}H^{13}AzO = CH^3-CO-CH^2-C-CH^3 \\ \qquad\qquad\qquad\qquad\qquad\qquad\quad \| \\ \qquad\qquad\qquad\qquad\qquad\qquad Az.C^6H^5 \end{array}$$

L'anilide de l'acétylacétone fond à 43° et distille sans décomposition à 288°; elle est soluble dans l'éther et dans l'alcool et cristallise dans ce dernier dissolvant en magnifiques tables hexagonales incolores. Elle se dédouble facilement, sous l'influence de l'acide chlorhydrique très étendu, en aniline et acétylacétone ; l'acide chlorhydrique concentré et surtout l'acide sulfurique ordinaire lui font subir une tout autre transformation.

α-γ-diméthylquinoléine. — Si l'on dissout l'anilide de l'acétylacétone dans l'acide sulfurique concentré, et qu'on chauffe pendant quelques instants au bain-marie, on constate qu'au bout de peu de temps une prise d'essai ne donne plus de précipité quand on y ajoute un excès d'eau ; on étend alors la masse d'un grand excès d'eau froide, puis, après complet refroidissement, on sature l'excès d'acide par l'ammoniaque ; il se précipite une huile plus légère que l'eau, à odeur désagréable. Quand on décante et qu'on rectifie, elle fournit un produit unique bouillant à 263-264° sous la pression ordinaire, et qui constitue l'α-γ-diméthylquinoléine ; le rendement est théorique. La réaction de l'aniline sur l'acétylacétone et la déshydratation du produit formé par l'acide sulfurique s'expriment facilement par les équations suivantes :

```
        CH                CO-CH³
   CH /    \ CH             |
      |    |          +   CH²
   CH \    / C \            |
        CH       \ AzH²   CO-CH³

          CH                    CO-CH³
     CH /    \ CH                 |
= H²O +  |    |                  CH²
     CH \    /  \                 |
          CH      \ Az=C-CH³

        CH              / CH³
   CH /    \ CH     CO \
      |    |             CH²
   CH \    / C            |
        CH     \         C-CH³
                  Az  //

        CH      C-CH³
    CH /  \ C /  \\ CH
= H²O+  |    |      |
    CH \  / C \  // C-CH³
        CH      Az
```

Les autres amines primaires aromatiques réagissent facilement. La p-toluidine donne une tolulide liquide qui, par l'action de l'acide sulfurique employé en excès comme dans le cas précédent, fournit l'*α-γ-p-triméthylquinoléine*

```
         CH     C-CH³
CH³-C /    \  /  \\ C
      |     |      |
   CH \    /  \ // C-CH³
         CH     Az
```

fusible à 63-64° et bouillant à 280-282°.

Avec l'o-toluidine, on obtient dans les mêmes conditions une base liquide bouillant à 280° et qui est l'*α-γ-o-triméthylquinoléine*

```
        CH     C-CH³
   CH /   \ C /   \ C
      |    |      |
   CH \   / C \   / C-CH³
   CH³-C       Az
```

Enfin les homologues de l'acétylacétone, telles que la méthylacétylacétone, se prêtent également à cette réaction.

Avec la méthylacétylacétone, traitée successivement par l'aniline et l'acide sulfurique, on obtient une base fondant vers 65° et bouillant bien à 285° ; c'est l'*α-β-γ-triméthylquinoléine*

```
       CH     C-CH
   CH /  \ C /   \ C-CH³
      |    |     |
   CH \  / C \   / C-CH³
       CH     Az
```

Il résulte évidemment de là un moyen d'obtenir toutes les méthylquinoléines.

Les amines primaires seules sont capables de donner cette réaction avec l'acétylacétone ; les amines secondaires, telles que la méthylaniline et la diphénylamine, ne réagissent directement à aucune température sur l'acétylacétone, ce qui montre bien que la présence d'un groupement AzH^2 est nécessaire et justifie la constitution attribuée plus haut à l'anilide de l'acétylacétone.

Action des naphtylamines. — Traitée par l'α-naphtylamine, l'acétylacétone s'y combine très facilement à la température du bain-marie ; si l'on fait agir ensuite l'acide sulfurique sur le produit sirupeux de cette réaction, on obtient un corps solide, fusible à 44°, et bouillant sans décomposition à 265° ; c'est une *diméthylnaphtoquinoléine*, dont la constitution est exprimée par la formule

```
                 CH    CH
            CH /   \ C /  \ CH
C¹⁵H¹³Az =     |    |     | C  C-CH³
            CH \   / C \  /    \
                 CH    C        > CH
                       Az  C-CH³
```

Dans les mêmes conditions, la β-naphtylamine donne un isomère de cette base fondant à 65-56° et bouillant vers 380° à l'air, mais en se colorant fortement ; la constitution de cette dernière base peut être

```
      CH     CH     C-CH
  CH /  \ C /  \ C /   \ CH
     |    |     |      |
  CH \  / C \  / C \   / C-CH
      CH     CH     Az

ou
       CH    CH
   CH /  \ C /  \ CH
      |    |     | C Az
   CH \  / C \  /     \ C-CH³
       CH    C  \ =   /
                C   CH
                |
                CH³
```

On obtient en même temps que cette base un corps jaune bien cristallisé qui résulte de l'action de l'acide sulfurique concentré sur la base ; c'est un acide sulfoconjugué, dont la formule est $C^{15}H^{12}AzSO^3H$; il est insoluble dans tous les dissolvants neutres, mais facilement soluble dans les alcalis.

Action des diamines sur l'acétylacétone. — *Éthylène-diamine et acétylacétone.* — Quand on mélange 1 molécule d'éthylène-diamine avec 2 molécules d'acétylacétone, il se manifeste une réaction extrêmement vive et le mélange s'échauffe jusqu'à l'ébullition ; il se sépare de l'eau et, par refroidissement, il se forme de beaux cristaux incolores fondant à 111° et ayant pour formule $C^{12}H^{20}Az^2O^2$.

Ce composé ne distille pas à l'air, mais dans le vide il passe avec décomposition partielle à 245°. Les acides étendus le décomposent en acétylacétone et éthylène-diamine; mais si l'on fait agir le gaz chlorhydrique sec sur sa solution alcoolique, on obtient un dichlorhydrate cristallisé fusible au delà de 240° et ayant pour formule

$$C^{12}H^{20}Az^2O^2 . 2HCl.$$

Le composé fusible à 111° fonctionne comme les diacétones elles-mêmes vis-à-vis de l'acétate de cuivre; si on traite une solution aqueuse même étendue d'acétate de cuivre par une solution aqueuse de ce composé, on obtient un précipité d'un magnifique violet, qui est formé de belles lamelles rhomboïdales fusibles à 137° et ayant pour formule $C^{12}H^{18}Az^2O^2Cu$.

Cette réaction permet d'assigner les formules suivantes au produit de l'action de l'éthylène-diamine sur l'acétylacétone, et à son dérivé cuprique :

```
CH³-CO                       CO-CH³
     \                      /
      CH²                 CH²
      |                    |
  CH³-C=Az-CH²-CH²-Az=C-CH³

CH³-CO                       CO-CH³
     \          Cu          /
      CH ------------------ HC
      |                     |
  CH³-C=Az-CH²-CH²-Az=C-CH³
```

L'existence des deux groupes (CO-CH²-C=Az) explique la réaction acide de ce composé.

Crésylène-diamine et acétylacétone. — Les diamines aromatiques réagissent d'abord d'une manière tout à fait analogue.

En traitant 1 molécule de crésylène-diamine fusible à 99° par 2 molécules d'acétylacétone, et chauffant à 100° pendant quelques minutes, on constate qu'il s'élimine de l'eau et que toute l'acétylacétone a réagi; on traite ensuite le produit sirupeux incristallisable ainsi obtenu par l'acide sulfurique, on chauffe au bain-marie et on sature par l'ammoniaque, après avoir étendu d'un grand excès d'eau. On obtient un volumineux précipité formé de fines aiguilles enchevêtrées, tout à fait insolubles dans l'eau, et qui, après dessiccation, fondent à 191° et répondent à la formule $C^{12}H^{14}Az^2$; la solution sulfurique contient de l'acétylacétone libre. La réaction est donc

$$C^7H^{10}Az^2 + 2\,C^5H^8O^2 = 2\,H^2O + C^{17}H^{22}Az^2O^2,$$

$$C^{17}H^{22}Az^2O^2 + H^2O = C^{12}H^{14}Az^2 + C^5H^8O^2 + H^2O.$$

La base que l'on obtient ainsi est une *amidotriméthylquinoléine*; l'un des groupes AzH^2 de la crésylène-diamine est resté inaltéré. Cette base traitée par l'acide nitreux donne une diazoquinoléine qui se combine au β naphtol en donnant une belle matière colorante rouge.

L'amidotriméthylquinoléine est une base nettement monacide; son *chlorhydrate*,

$$C^{12}H^{14}Az^2 . HCl,$$

est d'un beau jaune; il est peu soluble dans l'eau et teint la soie; le *chloroplatinate* a pour formule

$$[C^{12}H^{14}Az^2]^2 PtCl^6H^2.$$

Métaphénylène-diamine. — La métaphénylène-diamine conduit à des résultats tout à fait analogues, et fournit une *diméthylamidoquinoléine*, dont le *chlorhydrate* bien cristallisé est jaune et répond à la formule

$$C^{11}H^{12}Az^2 . HCl;$$

le *chloroplatinate* a la suivante :

$$[C^{11}H^{12}Az^2]^2 PtCl^6H^2.$$

Benzidine et acétylacétone. — La benzidine s'unit à l'acétylacétone dans la proportion de 1 molécule de diamine pour 2 d'acétylacétone; la réaction se fait au bain-marie et est extrêmement vive quand elle est commencée; on obtient une masse solide très dure, qui, recristallisée dans le chloroforme, donne de beaux cristaux transparents, jaunes, fondant à 196° et dont la formule est $C^{22}H^{24}Az^2O^2$:

$$C^{12}H^{12}Az^2 + 2\,C^5H^8O^2 = 2\,H^2O + C^{22}H^{24}Az^2O^2.$$

Si l'on traite ce produit par l'acide sulfurique, on obtient du sulfate de benzidine, de l'acétylacétone, et une petite quantité d'une *amidophényldiméthylquinoléine*, dont la constitution est évidemment exprimée par la formule

```
        C ———————— C
      /   \      /   \
   CH      CH  HC      CH
   CH      CH  HC      C
      \   /      \   /   \
      AzH²         C       C-CH³
                   |       |
                  Az       CH
                     \   /
                      C-CH³
```

Mais, en même temps que cette amidophénylquinoléine qui fond vers 90°, on obtient une autre base, qu'on peut isoler en dissolvant le mélange dans l'alcool et précipitant par l'éther. On obtient ainsi de petits prismes incolores, brillants, qui fondent à 235° et dont l'analyse conduit à la formule $C^{22}H^{20}Az^2$ d'une *tétraméthyldiquinoléine* dont la constitution est exprimée par la formule suivante :

```
          C ————————— C
        /   \       /   \
     HC      CH   HC      CH
      C      CH   HC      C
    /   \   /       \   /   \
CH³-C     C           C      C-CH³
     HC   Az         Az     CH
        \ /            \   /
       C-CH³          CH³-C
```

Cette même base a été obtenue par M. Schestopal [*D. chem. G.*, 20, 2506] en chauffant un mélange d'acétone et d'aldéhyde saturé d'acide chlorhydrique avec de la benzidine.

Le *chlorhydrate* de cette diquinoléine a pour formule $C^{22}H^{20}Az^2(HCl)^2$.

L'action des diamines aromatiques sur l'acétylacétone semble montrer que si les deux groupes amidogène sont liés au même noyau benzénique, ils ne peuvent réagir tous deux sans donner des groupements pyridiques; un seul des deux est transformé, l'autre reste inaltéré; quand au contraire ils sont séparés, comme dans la benzidine, ils peuvent réagir tous les deux, quoique avec moins de facilité que dans le cas d'une amine primaire simple.

Aldéhyde-ammoniaque et acétylacétone. — On chauffe doucement au bain-marie l'aldéhyde-ammoniaque et l'acétylacétone (2 molécules de diacétone pour 1 d'aldéhyde-ammoniaque) et on maintient à 100°, pendant 1 heure ou 2; par refroidissement tout se prend en masse et il se sépare de l'eau. On fait recristalliser dans l'alcool et on obtient de beaux prismes hexagonaux d'un jaune clair, qui fondent à 153° et distillent à 250° dans le vide. Ils sont insolubles dans l'eau, et présentent toutes les propriétés des bases hydropyridiques; le chloraurate et le chloroplatinate sont très instables et se décomposent par une faible élévation de température. La composition est celle d'une *dihydrodiacétylcollidine*,

$$C^{12}H^{17}AzO^2.$$

La réaction qui lui donne naissance peut s'écrire

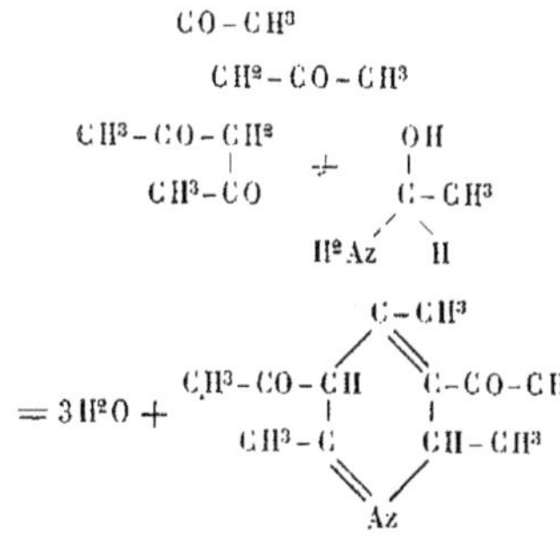

```
                  CO - CH³
                      CH² - CO - CH³
       CH³ - CO - CH²               OH
                  |         +       |
           CH³ - CO                 C - CH³
                                   /  \
                              H²Az      H

                                C - CH³
                              /    \\
                  CH³ - CO - CH      C - CO - CH³
= 3H²O +                     |       |
                     CH³ - C         CH - CH³
                              \\    /
                                Az
```

A. Combes

ACÉTYL-ACÉTYLACÉTIQUE (ACIDE). — Voyez ACIDE DIACÉTYLACÉTIQUE.

ACÉTYLACRYLIQUE (ACIDE). — L'acide acétylacrylique se prépare en traitant l'acide bromolévulique par le carbonate de sodium :

$$2\,C^5H^7BrO^3 + CO^3Na^2$$
$$= CO^2 + 2\,NaBr + H^2O + 2\,C^5H^6O^3.$$

Le liquide aqueux est épuisé par l'éther, qui abandonne l'acide en belles lames brillantes, fusibles à 125°. Le rendement peut atteindre 30 à 40 0/0 du rendement théorique [L. Wolff, *D. chem. G.*, **20**, 426].

L'acide acétylacrylique,

$$CH^3-CO-CH=CH-CO^2H,$$

est très soluble dans l'éther et dans l'alcool, beaucoup moins soluble dans l'eau froide et dans le chloroforme.

Le *sel de calcium*, $(C^5H^5O^3)^2Ca$, forme de petites masses mamelonnées très solubles dans l'eau.

Le *sel d'argent* cristallise en feuilles de fougère par refroidissement de sa solution aqueuse bouillante.

Le *sel de zinc* est amorphe.

L'acide libre se combine avec la phénylhydrazine en donnant un corps bien cristallisé en aiguilles jaunes; il absorbe le brome et se transforme en acide α-β-dibromolévulique, fusible à 107-108°.

Dérivé chloré. — L'acide *trichloracétylacrylique*, $CCl^3-CO-CH=CH-CO^2H$, est identique avec l'acide *trichlorophénomalique* de Carius (voyez Dict., **2**, 831). La baryte le dédouble nettement en acide maléique et chloroforme :

$$C^5H^3Cl^3O^3 + H^2O = C^4H^4O^4 + CHCl^3.$$

Cet acide fixe 1 molécule de brome et donne un produit d'addition fusible à 97°,5, insoluble dans l'eau, soluble dans l'alcool, l'éther et le chloroforme [Kekulé et Strecker, *Ann. Chem.*, **223**, 170]. Les alcalis dédoublent ce produit d'addition en chloroforme et acide tartrique inactif.

On a pu obtenir de l'acide trichloracétylacrylique en traitant la quinone par le chlorate de potassium et l'acide sulfurique. Le rendement atteint 16 0/0 de la quinone employée.

Ch. Cloëz.

ACÉTYLBENZINE [Syn. *Méthylbenzoyle, méthylphénylcétone acétophénone*],

$$C^8H^8O = C^6H^5.CO.CH^3$$

(voyez Dict., **2**, 834 et Suppl., **1**, 1214).

Modes de formation. — Indépendamment des modes de formation déjà indiqués, l'acétylbenzine prend naissance :

1° Quand on fait réagir le zinc-méthyle sur le chlorure de benzoyle [Popoff, *D. chem. G.*, **4**, 720].

2° Quand on traite le phénylacétylène par l'acide sulfurique étendu. A cet effet, on ajoute peu à peu du phénylacétylène à de l'acide sulfurique étendu d'un tiers de son volume d'eau. Le carbure surnage d'abord, puis, par l'agitation, se dissout peu à peu, en même temps que la liqueur s'échauffe et se colore en brun. Lorsque la dissolution est complète et le liquide refroidi, on ajoute de l'eau; l'acétylbenzine se sépare et se rassemble à la surface de la liqueur [C. Friedel et M. Balsohn, *Bull. Soc. Chim.*, **35**, 54].

3° Quand on chauffe à 180°, pendant 12 heures, le styrolène bromé avec un grand excès d'eau :

$$C^6H^5-CBr=CH^2 + H^2O$$
$$= C^6H^5.CO.CH^3 + HBr$$

[C. Friedel et M. Balsohn, *Bull. Soc. Chim.*, **32**, 613].

4° Quand on chauffe avec de l'eau l'acide dibromhydratropique (dibromophénylpropionique),

$$C^6H^5.CBr\begin{cases}CH^2Br\\CO^2H\end{cases} + H^2O$$
$$= C^8H^8O + 2\,HBr + CO^2$$

[Fittig et Wurster, *Ann. Chem.*, **195**, 160].

5° Quand on fait réagir sur la benzine, en présence du chlorure d'aluminium, le chlorure ou le bromure d'acétyle. La réaction se produit assez facilement à chaud. Lorsque le dégagement d'acide chlorhydrique se ralentit, on verse le produit dans l'eau, on décante la couche surnageante et on distille en recueillant la portion qui bout vers 200° [C. Friedel et J.-M. Crafts, *Ann. Chim. Phys.*, (6), **1**, 507].

Mais les seuls modes de préparation de l'acétylbenzine sont ceux qui consistent, soit à faire réagir sur la benzine le chlorure ou le bromure d'acétyle, soit à soumettre à la distillation un mélange de benzoate et d'acétate de calcium. Ce dernier procédé paraît fournir les rendements les plus avantageux.

Propriétés physiques. — L'acétylbenzine est en grandes lames cristallines fusibles à 20°,5 [W. Staedel et Fr. Kleinschmidt, *D. chem. G.*, **13**, 836; *Bull. Soc. Chim.*, **35**, 533]. Elle bout à 202° (thermomètre plongé dans la vapeur) (Fittig et Wurster).

Sa chaleur de combustion est de 1001^cal,4 (à l'état solide) et de 1003^cal,4 (à l'état liquide) [Stohmann, Rodatz et Herzberg, *J. prakt. Chem.* (2), **36**, 357].

Propriétés chimiques. — L'acétylbenzine ne se combine pas avec le bisulfite de sodium.

Dirigée à travers un tube chauffé au rouge, l'acétylbenzine se décompose, sans formation d'eau, en oxyde de carbone, benzine, méthane et hydrogène; il se forme en même temps de petites quantités d'éthylène, de toluène, de diphényle, de diphénylbenzine [P. Barbier et L. Roux, *Bull. Soc. Chim.*, **46**, 268].

Oxydée par le mélange chromique (voyez Dict., **2**, 834) ou par le permanganate de potassium [A. Claus, *D. chem. G.*, **19**, 230], l'acétylbenzine se transforme en acide benzoïque.

Par l'action du chlore à chaud, on obtient des

dérivés mono-, di- et trichloré par substitution dans le groupement CH^3. Le brome, même à froid, se substitue dans le même groupement.

Chauffé avec de l'acide sulfurique, l'acétylbenzine se transforme en acides benzoïque et phénylsulfonique [K. Krekeler, *D. chem. G.*, **19**, 674; *Bull. Soc. Chim.*, **46**, 701]. Traitée à froid par l'acide sulfurique fumant, elle fournit un dérivé sulfoconjugué (voyez plus loin).

L'acétylbenzine, versée peu à peu dans l'acide nitrique fumant (d = 1,5), fournit des dérivés nitrés (voyez plus loin). Avec l'acide nitrique d'une densité de 1,4, on obtient des résultats tout différents : A 8 parties d'acide nitrique (d = 1,4) on ajoute en une seule fois 1 partie d'acétylbenzine; on chauffe au bain-marie, à 30-40°, jusqu'à ce que l'acétone soit dissoute et on abandonne au repos. Au bout de quelque temps, il se dégage des vapeurs rouges, et la liqueur se sépare en deux couches. Après un ou deux jours, la couche supérieure se solidifie. On recueille la partie solide, on la lave à l'eau, et on l'épuise par l'éther chaud, qui abandonne un produit insoluble. La solution éthérée fournit par évaporation une masse cristalline souillée par une huile. On la purifie par plusieurs cristallisations dans l'éther et on obtient finalement des cristaux blancs, fusibles à 87° et répondant à la formule

$$(C^8H^5AzO^2)^2$$
$$= C^6H^5{-}CO{-}C(AzO) = C(AzO){-}CO{-}C^6H^5\ (?).$$

Ce même composé prend encore naissance quand on traite par l'acide nitrique (densité = 1,4) l'isonitrosoacétylbenzine de M. Claisen.

La poudre de zinc et l'acide acétique transforment ce composé en *dibenzoyléthane*,

$$C^2H^4(CO \cdot C^6H^5)^2$$

[A. F. Holleman, *D. chem. G.*, **20**, 3359 et **21**, 2835; *Bull. Soc. Chim.*, (3), **1**, 99].

L'anhydride phosphorique transforme l'acétylbenzine en triphénylbenzine (voyez Dict., **3**, 513).

L'acétylbenzine, traitée par l'éthylate de sodium et par l'éther acétique, fournit la benzoylacétone [Claisen et Bayer, *D. chem. G.*, **20**, 2178; *Bull. Soc. Chim.*, **49**, 287], par le benzoate d'éthyle la benzoylacétophénone [Claisen, *D. chem. G.*, **20**, 655; *Bull. Soc. Chim.*, **48**, 393], par l'éther oxalique l'oxalyldiacétophénone [Claisen et Broemme, *D. chem. G.*, **21**, 1131], etc.

Traitée par l'ammoniaque, l'acétylbenzine donne de la triphénylpyridine [C. Engler et P. Riehm, *D. chem. G.*, **19**, 40; *Bull. Soc. Chim.*, **46**, 856]. Chauffée avec de l'*urée* et du chlorure de zinc, elle fournit un mélange de bases d'où l'on peut isoler de la β-collidine [P. Riehm, *Ann. Chem.*, **1**, 238; *Bull. Soc. Chim*, **49**, 731].

Chauffée avec de la diméthylaniline et du chlorure de zinc, l'acétylbenzine se transforme en *tétraméthyldiamidotriphényléthane* :

$$\begin{matrix} C^6H^5 \\ CH^3 \end{matrix} > C = [C^6H^4 \cdot Az(CH^3)^2]^2$$

[A. Dœbner et G. Petschow, *Ann. Chem.*, **242**, 333; *Bull. Soc. Chim.* (3), **1**, 626].

Chauffée à 250° avec du sulfhydrate d'ammoniaque, l'acétylbenzine se décompose : il se forme de l'acide phénylacétique et de la phénylacétamide [C. Willgerodt, *D. chem. G.*, **21**, 534].

L'acétylbenzine se combine avec le chlorure de chromyle et donne le composé

$$C^8H^8O \cdot 2CrO^2Cl^2$$

[Burcker, *Ann. Chim. Phys.*, (5), **26**, 480].

L'acétylbenzine possède des propriétés hypnotiques très intenses, comparables à celles du chloral. Elle a été employée pendant quelque temps en thérapeutique sous le nom d'*hypnone* [Dujardin-Beaumetz et G. Bardet, *C. R.*, **101**, 960].

I. DÉRIVÉS BROMÉS.

On ne connaît que deux dérivés bromés de l'acétylbenzine : un dérivé monobromé et un dérivé dibromé.

BROMACÉTYLBENZINE (*acétophénone ω-bromée*),

$$C^8H^7BrO = C^6H^5 \cdot CO \cdot CH^2Br$$

(voyez Suppl., **1**, 1215).

Ce composé se forme :

1° Quand on traite le méthylbenzoyle par le brome (voyez Suppl., **1**, 1215).

2° Quand on chauffe à reflux avec de l'eau l'acide dibromatrolactique,

$$CHBr^2 \cdot C(OH) \begin{matrix} < C^6H^5 \\ < CO^2H \end{matrix}$$
$$= C^8H^7BrO + HBr + CO^2$$

[C. Boettinger, *D. chem. G.*, **14**, 1238; *Bull. Soc. Chim.*, **36**, 365].

3° Quand on traite par l'acide sulfurique les acides bromocinnamiques :

$$C^6H^5 \cdot C^2HBr \cdot CO^2H = C^8H^7BrO + CO$$

[Stockmeier, *Dissertation*, 1883].

Chauffée avec de l'acétate de potassium alcoolique, la bromacétylbenzine se transforme en benzoylcarbinol.

L'acétylbenzine bromée a été le point de départ d'une série de bases : Avec l'ammoniaque, on obtient l'iso-indol (voyez Suppl., **1**, 1215); avec l'aniline à froid, l'acétophénone-anilide (Suppl., **1**, 1215); avec l'aniline à chaud, le diphényldiisoindol (Suppl., **1**, 1216); avec la diméthylaniline, l'acétophénone-méthylanilide, etc. Avec le chlorhydrate d'hydroxylamine, on obtient le composé $C^8H^8Az^2O^2$ (phénylglyoxime) (voyez plus loin); avec la phénylhydrazine, le composé $C^{14}H^{12}Az^2$ (voyez plus loin); avec le sulfhydrate d'ammoniaque, l'indigo.

L'acétophénone bromée se combine directement avec les bases telles que la pyridine, la quinoléine, etc :

$$C^5H^5Az + C^6H^5 \cdot CO \cdot CH^2Br$$
$$= C^5H^5Az \begin{matrix} < CH^2 \cdot CO \cdot C^6H^5 \\ < Br \end{matrix}$$

Elle réagit sur les amides et donne naissance aux composés oxazoliques :

$$C^6H^5 \cdot CO \cdot CH^2Br + H \cdot CO \cdot AzH^2$$
$$= HBr + H^2O + C^9H^7AzO \text{ (phényloxazol).}$$

Elle n'entre pas en réaction avec les phénols; mais, traitée par un phénate alcalin, elle se transforme en éther phénolique de l'oxyacétylbenzine (Suppl., **1**, 1216).

Traitée par le sodomalonate d'éthyle, elle donne le benzoylisosuccinate d'éthyle $C^{11}H^8O^5(C^2H^5)^2$ et le diphénacylmalonate d'éthyle $C^{19}H^{14}O^6(C^2H^5)^2$.

DIBROMACÉTYLBENZINE,

$$C^8H^6Br^2O = C^6H^5 \cdot CO \cdot CHBr^2$$

(voyez Suppl., **1**, 1216).

Les alcalis étendus transforment ce composé en acide phénylglycolique :

$$C^6H^5 \cdot CO \cdot CHBr^2 + 3KOH$$
$$= C^6H^5 \cdot CHOH \cdot CO^2K + 2KBr + H^2O$$

[C. Engler et E. Woehrle, *D. chem. G.*, **20**, 2201; *Bull. Soc. Chim.*, **48**, 750].

Traité par l'ammoniaque en solution aqueuse et concentrée, le méthylbenzoyle ω-dibromé donne l'iso-indileucine (voyez INDILEUCINE); par l'hydroxylamine, la phénylglyoxime (voyez plus loin); par le sulfhydrate d'ammoniaque alcoolique, l'indigo.

II. DÉRIVÉS CHLORÉS.

Lorsqu'on traite l'acétylbenzine par le chlore à chaud, on obtient un mélange de dérivés mono-, di- et trichlorés dans le groupe CH^3. Mais ces deux derniers composés ne peuvent pas être séparés l'un de l'autre par la distillation fractionnée [H. Gautier, *Bull. Soc. Chim.*, **45**, 873]. Les seuls dérivés chlorés connus de l'acétophénone sont les suivants :

CHLORACÉTYLBENZINE (*chlorure de phénacyle*),

$$C^8H^7ClO = C^6H^5 . CO . CH^2Cl$$

(voyez Suppl., **1**, 1215). Ce composé se forme

1° Par l'action du chlore sur l'acétophénone bouillante (Suppl., **1**, 1215);

2° Par l'action du chlorure d'aluminium sur un mélange de benzine et de chlorure d'acétyle chloré $CH^2Cl . COCl$ [C. Friedel et J.-M. Crafts, *Ann. Chim. Phys.*, (6), **1**, 507].

Oxydé par l'acide chromique, le méthylbenzoyle ω-chloré donne de l'acide benzoïque [Graebe, *D. chem. G.*, **4**, 35].

L'acétate de potassium alcoolique le transforme en éther acétique du benzoylcarbinol,

$$C^6H^5 . CO . CH^2(C^2H^3O^2).$$

L'ammoniaque en solution aqueuse donne de l'iso-indol, tandis que l'ammoniaque gazeuse dirigée dans une solution éthérée d'acétophénone chlorée fournit les deux composés $C^{16}H^{13}ClO^2$ signalés au Suppl., **1**, 1215.

ACÉTYLCHLOROBENZINE (*méthylchlorobenzoyle*). $C^8H^7ClO = CH^3 . CO . C^6H^4 . Cl$. — On l'obtient en faisant réagir, à la température de 50°, le chlorure d'acétyle sur la benzine chlorée en présence du chlorure d'aluminium. Le produit traité par l'eau, on distille l'huile obtenue. On recueille à part la portion bouillant entre 225 et 235°, on la refroidit à l'aide du chlorure de méthyle et on exprime à la trompe les cristaux formés. Ceux-ci sont distillés de nouveau; on recueille ce qui passe de 230 à 231°. Le composé ainsi obtenu est le dérivé para; il constitue la portion la plus importante du produit.

L'acétyl-p-chlorobenzine est en cristaux fusibles à 20°. Sa densité à l'état liquide (à 20°) est 1,19. Ce corps est insoluble dans l'eau, soluble dans l'alcool et dans l'éther. Il ne se combine pas avec le bisulfite de sodium. Oxydé par le permanganate de potassium, il fournit de l'acide p-chlorobenzoïque [H. Gautier. *Bull. Soc. Chim.*, **43**, 602].

DICHLORACÉTYLBENZINE (*phényldichlorométhylcétone*). $C^8H^6Cl^2O = C^6H^5 . CO . CHCl^2$. — Voyez Suppl., **1**, 1215.

Dérivé phosphorique. — Lorsqu'on traite l'acétylbenzine par le perchlorure de phosphore, il se forme, en même temps que le phénylchloracétol, une très petite quantité d'un composé phosphorique qu'on peut isoler en versant le produit de la réaction sur un poids suffisant de glace. Il se dépose alors dans la liqueur, après 1 ou 2 jours, des flocons légers qu'on fait cristalliser dans l'eau bouillante. Ce composé, qui répond à la formule $C^6H^5 . CO . CCl^2 . PO(OH)^2$, forme des aiguilles très solubles dans l'alcool et dans l'eau bouillante, presque insolubles dans la benzine et dans le chloroforme. Il fond à 152-153° et se décompose à une température plus élevée en donnant de la dichloracétylbenzine [A. Béhal, *Bull. Soc. Chim.*, **50**, 634].

PHÉNYLCHLORACÉTOL,

$$C^8H^8Cl^2 = C^6H^5 . CCl^2 . CH^3.$$

— Voyez Dict., **2**, 834.

PHÉNYLCHLORACÉTOL ω-CHLORÉ (*a-chloro-b-phényl-dichloréthane*),

$$C^8H^7Cl^3 = C^6H^5 . CCl^2 . CH^2Cl.$$

— Voyez Suppl., **1**, 1215.

III. DÉRIVÉ IODÉ.

ACÉTYL-P-IODOBENZINE,

$$C^8H^7IO = CH^3 . CO . C^6H^4I.$$

— On obtient ce corps au moyen du chlorure de p-acétyl-diazobenzine. A cet effet, on traite une solution chlorhydrique refroidie d'acétyl-p-amidobenzine par une solution d'azotite de sodium; puis on ajoute un excès d'une solution d'acide iodhydrique. La liqueur, après une demi-heure d'ébullition, laisse déposer une huile fortement colorée qui se prend en masse par le refroidissement. On épuise cette masse par l'éther, on débarrasse la solution éthérée de l'iode par l'hyposulfite de sodium et du phénol par la soude étendue. On chasse l'éther et on distille le résidu dans un courant de vapeur d'eau.

L'acétyl-p-iodobenzine est en lamelles hexagonales microscopiques, fusibles à 79°, très solubles dans l'alcool et dans l'éther, très peu solubles dans l'eau chaude. L'acide chromique en solution acétique la transforme en acide p-iodobenzoïque [J. Klingel, *D. chem. G.*, **18**, 2687; *Bull. Soc. Chim.*, **46**, 420].

IV. DÉRIVÉ CYANÉ. — Voyez CYANACÉTYLBENZINE.

V. DÉRIVÉ SULFOCYANÉ. — Voyez Suppl., **1**, 1216.

VI. DÉRIVÉS SULFURÉS.

THIACÉTOPHÉNONE, $C^8H^8S = C^6H^5 . CS . CH^3$. — Voyez Suppl., **1**, 1215.

Sulfure de thiacétophénone,

$$C^{16}H^{16}S^4 = \left(\begin{matrix}C^6H^5\\CH^3\end{matrix} > CS^2\right)^2$$

— Ce composé prend naissance lorsqu'on traite l'acétylbenzine par le sulfure d'ammonium jaune. Il est en lamelles fusibles à 152° [C. Willgerodt, *D. chem. G.*, **20**, 2467; *Bull. Soc. Chim.*, **49**, 284].

Acide méthylphénylméthylène-dithioglycolique,

$$C^{12}H^{14}O^4S^2 = \begin{matrix}C^6H^5\\CH^3\end{matrix} > C . (SCH^2 . CO^2H)^2.$$

— On l'obtient en traitant par l'acide chlorhydrique ou par le chlorure de zinc un mélange d'acétylbenzine et d'acide thioglycolique. Il cristallise dans l'eau en aiguilles fusibles à 135-136° [J. Bongartz, *D. Chem. G.*, **21**, 478].

SULFURE DE PHÉNYLE ET DE PHÉNACYLE,

$$C^{14}H^{12}OS = C^6H^5 . CO . CH^2\text{-}S\text{-}C^6H^5.$$

— Ce composé se forme par l'action du bromure de phénacyle sur le phénylmercaptide de sodium en suspension dans l'éther et refroidi à l'aide d'un mélange de glace et de sel. On filtre la liqueur et, en chassant l'éther, on obtient une huile jaunâtre qui finit par se solidifier.

Purifié par cristallisation dans l'alcool, ce sulfure est en lamelles fusibles à 52-53°, extrêmement solubles dans l'éther et dans l'acétone [A. Delisle, *D. chem. G.*, **22**, 306; *Bull. Soc. Chim.*, (3), **2**, 265].

VII. DÉRIVÉ NITROSÉ.

NITROSOACÉTYLBENZINE (*isonitrosoacétophénone, benzoylcarboxime*),

$$C^8H^7AzO^2 = C^6H^5.CO.CH^2.AzO = C^6H^5.CO.CH{=}AzOH.$$

— A une solution bien refroidie de sodium (1 atome) dans 20 fois son poids d'alcool, on ajoute du nitrite d'amyle (1 molécule) et de l'acétophénone (1 molécule) :

$$C^6H^5.CO.CH^3 + AzO.OC^5H^{11} + C^2H^5.ONa = C^6H^5.CO.CH{=}AzONa + C^5H^{11}.OH + C^2H^5.OH.$$

On abandonne ensuite le mélange en vase clos pendant 2 jours; il se sépare un sel de sodium rouge-brun; on le lave à l'éther, on le sèche, on le dissout dans l'eau glacée et on le traite par l'acide acétique. On obtient un précipité blanc, qu'on fait cristalliser dans le chloroforme chaud ou dans l'éther acétique.

L'isonitrosoacétophénone est en prismes clinorhombiques, peu solubles dans l'eau froide, très solubles dans les alcalis, fusibles à 126-128° et se décomposant à 155°.

L'anhydride acétique ou le chlorure d'acétyle transforment ce composé en cyanure de benzoyle :

$$C^6H^5.CO.CH{=}AzOH = H^2O + C^6H^5.CO.CAz.$$

Chauffé avec les alcalis, il se dédouble en acides cyanhydrique et benzoïque.

Si l'on fait passer un courant d'acide sulfureux dans une solution aqueuse du sel de sodium de la benzoylcarboxime, on obtient, en abandonnant la liqueur filtrée à elle-même, des aiguilles prismatiques, présentant les caractères d'un acide énergique et répondant à la formule $C^8H^{11}AzO^5S$. Ce composé, qui possède probablement la constitution

$$C^6H^5.CO.CH^2.AzH.SO^3H + H^2O,$$

résulterait de l'hydrogénation du composé

$$C^6H^5.CO.CH{=}Az.SO^3H$$

qui prendrait d'abord naissance dans la réaction.

La benzoylcarboxime se combine avec le bisulfite de sodium et fournit un composé qui, chauffé avec de l'acide sulfurique, se détruit en donnant de l'aldéhyde benzoylméthylique,

$$C^6H^5.CO.CHO$$

[L. Claisen, *D. chem. G.*, **20**, 655; *Bull. Soc. Chim.*, **48**, 393. — L. Claisen et O. Manasse, *D. chem. G.*, **20**, 2194; *Bull. Soc. Chim.*, **49**, 282].

VIII. DÉRIVÉS NITRÉS

Lorsqu'on traite l'acétylbenzine par l'acide nitrique fumant, on obtient un mélange d'un dérivé m-nitré solide et d'un dérivé o-nitré incristallisable. Le premier produit domine quand on opère à froid, le second quand on opère la nitration à 30-40° [C. Engler, *D. chem. G.*, **18**, 2238; *Bull. Soc. Chim.*, **46**, 419].

ACÉTYL-O-NITROBENZINE,

$$C^8H^7AzO^3 = CH^3.CO.C^6H^4(AzO^2).$$

— On l'obtient en traitant par l'acide sulfurique étendu l'éther o-nitrobenzoylacétylacétique,

$$CH^3.CO.CH.(CO.C^6H^4.AzO^2).CO^2C^2H^5.$$

A cet effet, on dissout l'éther acétylacétique dans 5 fois son poids d'éther sec; on y ajoute la quantité calculée de sodium finement divisé, puis la quantité correspondante de chlorure d'o-nitrobenzoyle dissous dans 2 fois son poids d'éther, et on chauffe pendant quelque temps à l'ébullition. On élimine le chlorure de sodium par filtration, on évapore l'éther, et on fait bouillir le résidu pendant 8 ou 10 heures avec 5 fois son volume d'un mélange de 1 partie d'acide sulfurique et de 2 parties d'eau. Lorsque l'acide carbonique a cessé de se dégager, on rend la liqueur alcaline et on l'épuise par l'éther. On purifie le produit par distillation dans le vide.

L'acétyl-o-nitrobenzine est une huile jaunâtre, qui ne se solidifie pas à —20°. Presque insoluble dans l'eau, elle se dissout facilement dans l'alcool, l'éther, le chloroforme. Oxydée par le permanganate de potassium, elle se transforme en acide o-nitrobenzoïque. Chauffée avec du sulfhydrate d'ammoniaque alcoolique, elle donne de l'indigo. Traitée par le perchlorure de phosphore, elle fournit un chlorure qui perd facilement de l'acide chlorhydrique et qui se transforme en chloro-o-nitrostyrolène $C^8H^6Cl(AzO^2)$.

DICHLORACÉTYL-O-NITROBENZINE,

$$C^8H^5Cl^2AzO^3 = (AzO^2)C^6H^4.CO.CHCl^2$$

— On l'obtient par l'action du chlore sur une solution chaude d'acétyl-o-nitrobenzine (1 partie) dans l'acide acétique (2 parties). On traite ensuite par l'eau et on fait cristalliser le précipité obtenu dans la ligroïne.

Ce composé cristallise en petites lamelles, fusibles à 73°, très solubles dans l'alcool, l'éther et le chloroforme, peu solubles dans la ligroïne.

BROMACÉTYL-O-NITROBENZINE,

$$C^8H^6BrAzO^3 = (AzO^2)C^6H^4.CO.CH^2Br.$$

— On ajoute 1 molécule de brome à 1 molécule d'acétyl-nitrobenzine dissoute dans 3 ou 4 fois son poids d'acide acétique, on chauffe doucement et on traite par l'eau froide. Le précipité obtenu est recristallisé dans la ligroïne.

Ce composé est en aiguilles fusibles à 55-56°; il possède une odeur très irritante.

DIBROMACÉTYL-O-NITROBENZINE,

$$C^8H^5Br^2AzO^3 = (AzO^2)C^6H^4.CO.CHBr^2.$$

— Ce composé se prépare comme le précédent, mais en employant 2 molécules de brome pour 1 molécule d'acétyl-o-nitrobenzine. Il cristallise dans la ligroïne en petits prismes, fusibles à 85-86°; il possède une odeur extrêmement irritante [H. Gevekoht, *D. chem. G.*, **15**, 2084; *Bull. Soc. Chim.*, **39**, 331; *Ann. Chem.*, **221**, 325].

ACÉTYL-M-NITROBENZINE,

$$CH^3.CO.C^6H^4(AzO^2)$$

(voyez Suppl., **1**, 1215). — On l'obtient soit par la nitration directe de l'acétophénone, soit par la décomposition de l'éther m-nitrobenzoylacétylacétique [Gevekoht, *loc. cit.*].

BROMACÉTYL-M-NITROBENZINE,

$$(AzO^2)C^6H^4.CO.CH^2Br.$$

— Voyez Suppl., **1**, 1215.

DIBROMACÉTYL-M-NITROBENZINE,

$$(AzO^2)C^6H^4.CO.CHBr^2.$$

— On la prépare en traitant la dibromacétylbenzine par l'acide nitrique (d=1,4). On ne doit opérer que sur de petites portions à la fois. On traite par l'eau et on fait cristalliser dans l'alcool.

On l'obtient encore en chauffant à 100° en tube scellé avec du brome (1 molécule) l'acétyl-m-nitrobenzine (1 molécule) en solution dans l'acide acétique. Elle cristallise dans l'alcool en belles lames jaunâtres, fusibles à 59°, facilement solubles dans l'alcool, l'éther et la benzine [C. Engler et E. Hassenkamp, *D. chem. G.*, **18**, 2240; *Bull. Soc. Chim.*, **46**, 424].

Acétyl-p-nitrobenzine, $CH^3 . CO . C^6H^4(AzO^2)$ (voyez Suppl., 1, 1215). — On la prépare soit au moyen de l'acide p-nitrobenzoylacétylacétique [Gevekoht. *loc. cit.*], soit par le procédé suivant : On dissout le p-nitrophénylpropiolate d'éthyle dans 10 fois son poids d'acide sulfurique concentré et l'on chauffe pendant 10 ou 12 heures à 35-40°, jusqu'à ce qu'une portion de la masse se dissolve sans résidu dans la soude étendue. On verse le produit de la réaction dans beaucoup d'eau et on chauffe dans un appareil à reflux jusqu'à ce qu'il cesse de se dégager de l'acide carbonique. Le rendement est d'environ 50 0/0 [W. H. Perkin et G. Bellenot, *D. chem. G.*, **17**, 326 ; *Bull. Soc. Chim.*, **43**, 29. — C. Engler et O. Zielke, *D. chem. G.*, **22**, 204 ; *Bull. Soc. Chim.*, (3), **2**, 263].

Bromacétyl-p-nitrobenzine,

$$(AzO^2)C^6H^4 . CO . CH^2Br.$$

— On ajoute du brome (1 molécule) à de l'acétyl-p-nitrobenzine (1 molécule) en solution dans l'acide acétique, on fait bouillir et on précipite par l'eau. On purifie le produit en le dissolvant dans la benzine chaude et en le précipitant de nouveau par l'éther de pétrole.

Ce composé cristallise en aiguilles fusibles à 98°, solubles dans la benzine, l'éther et l'alcool bouillant.

Chauffé à l'ébullition avec une solution d'acétate de sodium dans l'acide acétique, il se transforme en éther acétique du p-nitrobenzoylcarbinol.

Dibromacétyl-p-nitrobenzine,

$$(AzO^2)C^6H^4 . CO . CHBr^2.$$

Elle s'obtient comme le dérivé monobromé, mais en employant 2 molécules de brome pour 1 molécule de p-nitroacétophénone.

Elle cristallise dans la benzine en grandes lames quadratiques très minces, qui deviennent opaques à l'air, et qui, séchées à 50-60° pendant quelques heures, fondent à 67°,5 ; elle est soluble dans les dissolvants ordinaires, sauf dans l'alcool froid et dans l'éther de pétrole.

Chauffée avec les alcalis, elle se dédouble en bromure de méthylène et acide p-nitrobenzoïque. Si l'on emploie la quantité strictement calculée de lessive de potasse très étendue et si l'on opère à froid, on obtient une petite quantité d'acide p-nitrophénylglycolique en même temps qu'un peu d'acide azoxybenzoylformique, résultant de l'action de l'alcali sur l'acide p-nitrophénylglycolique [C. Engler et O. Zielke, *D. chem. G.*, **22**, 203 ; *Bull. Soc. Chim.*, (3), **2**, 263].

IX. Dérivés amidés.

Acétyl-o-amidobenzine,

$$C^8H^9AzO = (AzH^2)C^6H^4 . CO . CH^3.$$

— Ce composé se forme par la réduction du dérivé nitré correspondant au moyen de l'étain et de l'acide chlorhydrique [Gevekoht, *loc. cit.*].

Il prend encore naissance quand on chauffe avec de l'eau l'acide o-amidophénylpropiolique :

$$(AzH^2)C^6H^4 . C \equiv C . CO^2H + H^2O$$
$$= (AzH^2)C^6H^4 . CO . CH^3 + CO^2$$

[A. Baeyer et F. Bloem, *D. chem. G.*, **15**, 2147 ; *Bull. Soc. Chim.*, **39**, 340].

On le prépare plus facilement en partant de l'o-amidophénylacétylène et en suivant la réaction indiquée par MM. Friedel et Balsohn pour convertir le phénylacétylène en acétophénone :

$$(AzH^2)C^6H^4 . C \equiv CH + H^2O$$
$$= (AzH^2)C^6H^4 . CO . CH^3.$$

A cet effet, on dissout l'o-amidophénylacétylène dans de l'acide sulfurique étendu du tiers de son volume d'eau. Après quelque temps, on ajoute de l'eau, un excès de soude et on distille dans un courant de vapeur d'eau. On sature le liquide distillé par le chlorure de sodium et on extrait l'amidoacétophénone par l'éther [A. Baeyer et F. Bloem, *loc. cit.* ; *D. chem. G.*, **17**, 963 ; *Bull. Soc. Chim.*, **44**, 136].

Ce composé est une huile épaisse, jaunâtre, inaltérable à l'air, bouillant presque sans décomposition à 242-252°.

Sulfate, $C^8H^9AzO . SO^4H^2$. — Aiguilles très solubles dans l'eau, un peu moins solubles dans l'alcool (Gevekoht).

Chlorhydrate, $C^8H^9AzO . HCl$. — Ce sel cristallise dans l'eau en prismes très solubles dans l'alcool et fond en se décomposant à 168° (Baeyer et Bloem). Traité par le nitrite, puis par le bisulfite de sodium, il se transforme en acide méthylindazolsulfonique.

Chloroplatinate, $(C^8H^9AzO . HCl)^2PtCl^4$. — Sel peu soluble dans l'eau, décomposable par l'eau bouillante (B. et B.).

Chlorostannite, $(C^8H^9AzO . HCl) SnCl^2$. — Fines aiguilles (G).

Dérivé acétylé (*acétylamidoacétophénone*),

$$C^{10}H^{11}AzO^2 = (C^2H^3O . AzH)C^6H^4 . CO . CH^3.$$

— Il se forme par l'action de l'anhydride acétique, à froid, sur l'amidoacétophénone. L'eau le sépare sous la forme d'une huile qui se prend peu à peu en aiguilles.

Il cristallise dans l'éther de pétrole en aiguilles fusibles à 76-77°, peu solubles dans l'eau froide, très solubles dans l'alcool et dans l'éther (B et B.).

Dérivé monobromé (*acétyl-m-bromo-o-amidobenzine*), $(AzH^2)C^6H^3Br . CO . CH^3$. — On ne connaît que son *dérivé acétylé*,

$$(C^2H^3O . AzH)C^6H^3Br . CO . CH^3,$$

qu'on obtient en ajoutant la quantité nécessaire de brome à l'acétylacétamidobenzine en solution dans l'acide acétique. On précipite par l'eau et on fait cristalliser dans l'alcool : ce sont des aiguilles feutrées, incolores, fusibles à 160°.

Oxydé par le permanganate de potassium, ce composé fournit de la monobromisatine.

Dérivé tribromé (*dibromacétyl-m-bromo-o-amidobenzine*), $(AzH^2)C^6H^3Br . CO . CHBr^2$. — On fait bouillir son dérivé acétylé avec 4 parties d'acide bromhydrique bouillant à 125°, additionné de 4 parties d'eau et de 8 parties d'alcool. On précipite par l'eau et on fait cristalliser dans l'alcool. Il se présente en fines aiguilles orangées, fusibles à 140-145°, en se décomposant.

Son *dérivé acétylé*,

$$(C^2H^3O . AzH)C^6H^3Br . CO . CHBr^2,$$

s'obtient en exposant pendant 5 jours à l'action des vapeurs de brome l'acétylamidoacétophénone sèche et additionnée d'un peu d'iode. Le produit se liquéfie d'abord, puis se prend en une masse cristalline qu'on lave avec une solution d'acide sulfureux, et qu'on dissout dans le chloroforme. Par addition d'alcool, on précipite le dérivé acétylé en grains cristallins, jaunâtres, fusibles vers 185° en se décomposant. L'oxydation convertit ce corps en bromisatine.

Dérivé chlorobromé (*dichloracétyl-m-bromo-o-amidobenzine*), $(AzH^2)C^6H^3Br . CO . CHCl^2$. — Ce composé prend naissance lorsqu'on fait bouillir le dérivé acétylé précédent avec une solution concentrée d'acide chlorhydrique. Les 2 atomes de brome de la chaîne latérale sont remplacés par 2 atomes de chlore. Par addition d'eau, le dérivé chlorobromé se dépose en petites aiguilles orangées. Il cristallise dans l'alcool en longues aiguilles ou en prismes aplatis, fusibles à 110-120°. C'est un corps faiblement basique dont les sels sont décomposés par l'eau.

Les dérivés tribromé et chlorobromé, chauffés avec une solution étendue de soude, donnent par refroidissement au contact de l'air de l'indigo bromé [A. Baeyer et F. Bloem. *D. chem. G.*, 17, 963; *Bull. Soc. Chim.*, 44, 136].

Éthylamidoacétophénone (*acétyl-o-éthylamidobenzine*),

$$C^{10}H^{13}AzO = (AzHC^2H^5)C^6H^4 . CO . CH^3.$$

— On chauffe à 100°, pendant 20 heures, de l'amidoacétophénone (1 partie) avec du bromure d'éthyle (2 parties). On distille l'excès de bromure d'éthyle; on dissout le résidu dans l'eau, on additionne de soude et on distille dans un courant de vapeur d'eau. On épuise par l'éther le liquide distillé.

Pour purifier la base, on la dissout dans l'acide sulfurique étendu et on traite la solution par le nitrite de sodium. Il se dépose une huile (*dérivé nitrosé*) qui, traitée par le chlorure stanneux, fournit l'éthylamidoacétophénone.

L'éthylamidoacétophénone est un liquide huileux et jaunâtre.

Le *chloroplatinate*, $(C^{10}H^{13}AzO . HCl)^2PtCl^4$, est en lamelles jaune d'or.

Le *dérivé acétylé* est incristallisable.

Le *dérivé nitrosé*, réduit par le zinc et l'acide acétique, fournit de l'éthylméthylindazol [A. Baeyer, *D. chem. G.*, 17, 970; *Bull. Soc. Chim.*, 44, 138].

Benzylamidoacétophénone (*acétyl-o-benzylamidobenzine*),

$$C^{15}H^{15}AzO = (AzH . CH^2 . C^6H^5)C^6H^4 . CO . CH^3.$$

— On chauffe pendant 3 heures à 100° l'amidoacétophénone (2 parties) avec du chlorure de benzyle (1 partie). On obtient une masse cristalline qu'on dissout dans l'acide chlorhydrique concentré; on précipite par l'eau, et on fait cristalliser d'abord dans l'alcool, puis dans un mélange de ligroïne et d'éther.

Ce composé se présente en grands prismes jaunâtres, fusibles à 79-81°, peu solubles dans la ligroïne, très solubles dans le sulfure de carbone, le chloroforme et la benzine, moins solubles dans l'alcool et dans l'éther. C'est une base faible dont les sels sont décomposés par l'eau.

Le *dérivé nitrosé*,

$$[Az(AzO)(CH^2 . C^6H^5)]C^6H^4 . CO . CH^3,$$

s'obtient en dissolvant la base dans l'acide sulfurique, ajoutant de l'eau jusqu'à production d'un trouble et traitant, après refroidissement, par le nitrite de sodium. Ce composé nitrosé se sépare sous la forme d'une huile qui se solidifie au bout de quelque temps. Il cristallise par évaporation dans un mélange de ligroïne et d'éther en longues aiguilles incolores, fusibles à 54-55° [A. Baeyer, *loc. cit.*].

Acétyl-m-amidobenzine, $(AzH^2)C^6H^4 . CO . CH^3$. — Voyez Suppl., 1, 1215.

Acétyl-p-amidobenzine, $(AzH^2)C^6H^4 . CO . CH^3$. — On la prépare :

1° Par réduction de l'acétyl-p-nitrobenzine au moyen de l'étain et de l'acide chlorhydrique (voyez Suppl., 1, 1215).

2° Par déshydratation, au moyen du chlorure de zinc, d'un mélange d'aniline et d'anhydride acétique :

$$2(AzH^2)C^6H^5 + (CH^3 . CO)^2O - H^2O = 2(AzH^2)C^6H^4 . CO . CH^3.$$

On chauffe à l'ébullition pendant 4 ou 5 heures un mélange d'aniline (2 parties), d'anhydride acétique (5 parties) et de chlorure de zinc (3 parties). On fait bouillir ensuite le produit brut de la réaction avec de l'acide chlorhydrique concentré, puis on traite par un excès de soude. Il se sépare une huile brune qu'on débarrasse de l'aniline en excès par un courant de vapeur d'eau. Le résidu est épuisé par l'eau bouillante; on réunit les liqueurs aqueuses et on les concentre. On obtient ainsi de grandes aiguilles, qu'on purifie par de nouvelles cristallisations dans l'eau.

La p-amidoacétophénone est en longues aiguilles fusibles à 106°, facilement solubles dans l'eau bouillante, l'alcool et l'éther, peu solubles dans l'eau froide, la benzine et la ligroïne. Elle bout à 293-295° [J. Klingel, *D. chem. G.*, 18, 2687; *Bull. Soc. Chim.*, 46, 420].

Chlorhydrate, $C^8H^9AzO . HCl$. — Aiguilles solubles à froid, très solubles à chaud dans l'eau et dans l'alcool.

Chloroplatinate, $(C^8H^9AzO . HCl)^2PtCl^4$. — Fines aiguilles jaunes, peu solubles dans l'eau, solubles dans l'alcool.

Sulfate, $(C^8H^9AzO)^2SO^4H^2$. — Aiguilles assez solubles dans l'eau et dans l'alcool.

Oxalate, $(C^8H^9AzO)^2C^2H^2O^4$. — Très soluble dans l'eau et dans l'alcool.

Dérivé acétylé, $(C^2H^3O . AzH)C^6H^4 . CO . CH^3$. — En chauffant à l'ébullition l'acétylamidobenzine avec de l'anhydride acétique, on obtient une huile brunâtre qui se prend en masse par le refroidissement. Ce corps cristallise dans l'eau chaude en petites aiguilles blanches, fusibles à 166-167°, peu solubles dans l'eau froide, très solubles dans l'eau chaude et dans l'alcool.

Diméthylamidoacétophénone (*acétyl-p-diméthylamidobenzine*),

$$C^{10}H^{13}AzO = Az(CH^3)^2 . C^6H^4 . CO . CH^3.$$

— On chauffe en vase clos à 100°, pendant 3 heures, l'acétylamidobenzine avec un excès d'iodure de méthyle. On chasse l'excès d'iodure de méthyle, on dissout le résidu dans l'éther et on agite avec une solution d'hyposulfite de sodium. Après distillation de l'éther, il reste une masse cristalline qu'on fait digérer au bain-marie avec de l'eau et de l'oxyde d'argent. Le produit de la réaction, enlevé au moyen de l'éther, est purifié par distillation. L'huile jaune qui passe se prend en une masse cristalline qu'on dissout dans l'éther et qu'on précipite par la ligroïne. On fait enfin recristalliser dans l'eau.

La diméthylamidoacétophénone est en lamelles jaunâtres, fusibles à 58-59°, très solubles dans l'alcool, l'éther et l'eau chaude [Klingel, *loc. cit.*].

Phénacylamine (*ω-amidoacétophénone*),

$$C^6H^5 . CO . CH^2 . AzH^2.$$

— On l'obtient par réduction du dérivé nitrosé correspondant.

A cet effet, on fait digérer au bain-marie ce dérivé nitrosé avec un excès de chlorure stanneux et d'acide chlorhydrique. On étend fortement la liqueur, on enlève l'étain par l'acide sulfhydrique, on filtre et on précipite par la soude.

L'ω-amidoacétophénone est un corps amorphe. Elle est très instable et se transforme à l'air en un composé $C^{16}H^{14}Az^2O$, qui cristallise dans l'alcool étendu en aiguilles fusibles à 118-119° et qui, sous l'influence de l'ammoniaque, perd facilement 1 molécule d'eau pour donner de l'isoindol [E. Braun et V. Meyer, *D. chem. G.*, 21, 1269; *Bull. Soc. Chim.*, 50, 473].

On obtient également la phénacylamine, à l'état de chlorhydrate, lorsqu'on chauffe dans un appareil à reflux, pendant 1 heure, avec de l'acide chlorhydrique concentré, l'acide phénacylphtalamique (voyez plus bas). On se débarrasse de l'acide phtalique, qui prend naissance dans la même réaction, par filtration de la liqueur concentrée et par entraînement à l'aide de la vapeur d'eau [G. Goedeckemeyer, *D. chem. G.*, **21**, 2684; *Bull. Soc. Chim.*, (3), **1**, 94].

Chlorhydrate, $C^8H^9AzO \cdot HCl$. — Aiguilles blanches, fusibles à 188° (G).

Chloroplatinate, $(C^8H^9AzO \cdot HCl)^2PtCl^4$. — Fines aiguilles jaunes, fusibles au-dessus de 200° (B. et M).

Chloraurate, $(C^8H^9AzO \cdot HCl)AuCl^3$. — Aiguilles presque insolubles dans l'eau froide (B. et M.).

Sulfate, $C^8H^9AzO \cdot SO^4H^2$. — Grands cristaux très solubles dans l'eau (B. et M.).

Picrate, $C^8H^9AzO \cdot C^6H^2(AzO^2)^3OH$. — Aiguilles aplaties, jaunes, fusibles à 175° (G).

PHÉNACYLANILINE (*acétophénone-anilide*),

$$C^{14}H^{13}AzO = C^6H^5 \cdot CO \cdot CH^2 \cdot AzH \cdot C^6H^5.$$

— Voyez Suppl., **1**, 1216.

Phénacylméthylaniline (*acétophénone-méthylanilide*),

$$C^{15}H^{15}AzO = C^6H^5 \cdot CO \cdot CH^2 \cdot Az \begin{smallmatrix} CH^3 \\ C^6H^5 \end{smallmatrix}$$

— Voyez Suppl., **1**, 1216.

Phénacyléthylaniline (*acétophénone-éthylanilide*),

$$C^{16}H^{17}AzO = C^6H^5 \cdot CO \cdot CH^2 \cdot Az \begin{smallmatrix} C^2H^5 \\ C^6H^5 \end{smallmatrix}$$

— On l'obtient en traitant la bromacétylbenzine par la diéthylaniline. Ce corps, dont les propriétés sont les mêmes que celles de la phénacylméthylaniline, cristallise dans l'alcool en fines aiguilles jaunâtres, fusibles à 94-95° [A. Weller, *D. chem. G.*, **16**, 26].

Phénacylphtalimide (*acétophénone-phtalimide*),

$$C^{16}H^{11}AzO^3 = C^6H^5 \cdot CO \cdot CH^2 \cdot Az = C^8H^4O^2.$$

— On mélange intimement la bromacétylbenzine avec la quantité correspondante de phtalimide potassique et on chauffe, au bain d'huile, à 150° pendant 1 heure. On traite par l'eau chaude et on fait cristalliser le produit dans l'acide acétique.

L'acétophénone-phtalimide cristallise en petites tables quadratiques, fusibles à 167°, presque insolubles dans l'eau et dans la ligroïne, solubles dans l'acide acétique, l'alcool, l'éther, le chloroforme et la benzine.

Si on la dissout dans un léger excès de potasse alcoolique, qu'on étende d'eau et qu'on ajoute de l'acide chlorhydrique, il se précipite aussitôt de l'*acide phénacylphtalamique* (acétophénone-phtalamique),

$$C^6H^5 \cdot CO \cdot CH^2 \cdot AzH \cdot CO \cdot C^6H^4 \cdot CO^2H,$$

qui cristallise dans l'acide acétique en aiguilles fusibles à 160°, insolubles dans l'eau, solubles dans les dissolvants ordinaires et donnant avec le cuivre et l'argent des sels bien cristallisés. Cet acide, chauffé avec de l'acide chlorhydrique concentré, se dédouble en acide phtalique et phénacylamine [G. Goedeckemeyer, *D. chem. G.* **21**, 2684; *Bull. Soc. Chim.*, (3), **1**, 94].

X. DÉRIVÉ SULFOCONJUGUÉ.

ACIDE ACÉTYLBENZINE-SULFONIQUE,

$$C^8H^8SO^4 = SO^3H \cdot C^6H^4 \cdot CO \cdot CH^3.$$

— On l'obtient en ajoutant de l'acétylbenzine (1 partie) à de l'acide sulfurique fumant (4 parties). On refroidit d'abord énergiquement, puis on chauffe au bain-marie jusqu'à ce que la couleur de la masse, d'abord rouge, passe au gris-verdâtre. On étend d'eau et on transforme l'acide en sel de plomb, qu'on purifie par cristallisation dans l'alcool étendu.

L'acide libre est hygroscopique [K. Krekeler, *D. chem. G.*, **39**, 2623; *Bull. Soc. Chim.*, **47**, 324].

XI. COMBINAISONS AVEC L'HYDROXYLAMINE.

MÉTHYLPHÉNYLACÉTOXIME (*méthylphénylcarboxime*), $C^8H^9AzO = C^6H^5 \cdot C(AzOH) \cdot CH^3$. — Voyez Suppl., **1**, 1214.

Acétate,

$$C^{10}H^{11}AzO^2 = C^6H^5 \cdot C(AzO \cdot C^2H^3O) \cdot CH^3.$$

— On l'obtient en traitant par le chlorure d'acétyle la méthylphénylcarboxime en solution dans l'éther acétique [Rattner, *D. chem. G.*, **20**, 506] ou en la chauffant à 100° avec de l'anhydride acétique [Beckmann, *D. chem. G.*, **20**, 2580; *Bull. Soc. Chim.*, **49**, 286].

Ce composé cristallise dans la ligroïne en aiguilles fusibles à 53-55°.

m-Nitrophénylméthylcarboxime,

$$(AzO^2)C^6H^4 \cdot C(AzOH) \cdot CH^3.$$

— On ajoute l'acétyl-m-nitrobenzine (1 molécule) à une solution de chlorhydrate d'hydroxylamine (1 molécule) et de soude (1 molécule) dans l'alcool étendu. Après 24 heures de contact, on traite par un excès d'eau qui précipite la nitrométhylphénylcarboxime. On la purifie par cristallisation dans l'eau bouillante.

Ce corps est en fines aiguilles feutrées, fusibles à 131-132°, fort solubles dans l'alcool, l'éther, le chloroforme, l'acide acétique, peu solubles dans la ligroïne et dans le sulfure de carbone.

Chauffé longtemps avec une solution d'acide chlorhydrique, il se décompose en régénérant l'acétylnitrobenzine.

Chauffé pendant 1 heure à 100° avec une solution d'iodure de méthyle et de potasse dans l'alcool méthylique, il se transforme en *dérivé méthylique* $(AzO^2)C^6H^4 \cdot C(AzO \cdot CH^3) \cdot CH^3$, aiguilles fusibles à 63-64°, facilement solubles dans l'éther, le chloroforme, la benzine, peu solubles dans l'alcool chaud et dans la ligroïne [S. Gabriel, *D. chem. G.*, **15**, 3057; *Bull. Soc. Chim.*, **39**, 531].

p-Amidophénylméthylcarboxime,

$$C^8H^{10}Az^2O = AzH^2 \cdot C^6H^4 \cdot C(AzOH) \cdot CH^3.$$

— On chauffe pendant plusieurs heures au bain-marie la p-amidoacétophénone (1 molécule) avec du chlorhydrate d'hydroxylamine (2 molécules) additionné d'un peu d'alcool et de quelques gouttes d'acide chlorhydrique concentré. On traite ensuite par l'eau, on rend la liqueur alcaline et on l'épuise par l'éther.

Ce corps cristallise dans l'alcool en petites aiguilles fusibles à 147-148° [G. Münchmeyer, *D. chem. G.*, **20**, 507].

PHÉNYLGLYOXIME (*phénylbicarboxime*),

$$C^8H^8Az^2O^2 = C^6H^5 \cdot C(AzOH) \cdot CH(AzOH).$$

— On l'obtient en traitant la dibromacétylbenzine par une solution alcoolique étendue de chlorhydrate d'hydroxylamine et de soude. On abandonne à une douce chaleur pendant 10 heures, on étend d'eau, on acidifie et on extrait la phénylglyoxime par l'éther. On évapore la solution éthérée, on lave le résidu à la benzine, on le dissout dans un alcali, on filtre, on acidifie de nouveau et on reprend une dernière fois par l'éther.

Ce corps cristallise mal; il fond à 152°; il se dissout facilement dans l'alcool et dans l'éther; il est peu soluble dans la benzine, insoluble dans la ligroïne.

Sa solution ammoniacale, traitée par le nitrate d'argent, fournit un précipité blanc caséeux du *composé argentique* $C^8H^7Az^2O^2Ag$ [C. Schramm, *D. chem. G.*, **16**, 2183; *Bull. Soc. Chim.*, **41**, 518].

D'après M. Schramm (*loc. cit.*), la bromacétylbenzine, traitée par le chlorhydrate d'hydroxylamine, fournirait le composé

$$C^6H^5 . C(AzOH) . CH^2 . AzH(OH),$$

fusible à 162-163°. Mais, suivant M. Strassmann, c'est encore la phénylglyoxime qui prend naissance dans cette réaction. Sa formation est accompagnée d'un dégagement d'hydrogène, comme l'indique l'équation

$$C^6H^5 . CO . CH^2Br + 2 AzH^3O$$
$$C^6H^5 . C(AzOH) . CH(AzOH) + H^2O$$
$$+ HBr + H^2$$

[G. Strassmann, *D. chem. G.*, 22, 419; *Bull. Soc. Chim.*, (3), 2, 267].

XII. COMBINAISONS AVEC LES HYDRAZINES.

ACÉTOPHÉNONE-DIMÉTHYLHYDRAZONE,

$$C^{10}H^{14}Az^2 = C^6H^5 . C[Az^2(CH^3)^2] . CH^3.$$

— On chauffe pendant quelques heures à 100°, en tube scellé, un mélange d'acétylbenzine et de diméthylhydrazine.

L'acétophénone-diméthylhydrazone est un liquide bouillant à 165° sous la pression de 190 millimètres; les acides la dédoublent à chaud en ses générateurs [H. Reisenegger, *D. chem. G.*, 16, 661; *Bull. Soc. Chim.*, 40, 203].

ACÉTOPHÉNONE-PHÉNYLHYDRAZONE,

$$C^{14}H^{14}Az^2 = C^6H^5 . C[Az^2H . C^6H^5] . CH^3.$$

— On l'obtient en chauffant au bain-marie un mélange d'acétylbenzine et de phénylhydrazine [Reisenegger, *loc. cit.*], ou en chauffant à 150° un mélange de phénylhydrazine et de méthylphénylcarboxime :

$$C^6H^5 . C(AzOH) . CH^3 + C^6H^5 . Az^2H^3$$
$$= C^{14}H^{14}Az^2 + AzH^3O$$

[F. Just, *D. chem. G.*, 19, 1205; *Bull. Soc. Chim.*, 46, 391].

L'acétophénone-phénylhydrazone est en fines aiguilles, fusibles à 105°, peu solubles dans l'eau et dans l'alcool froid, très solubles dans l'éther.

p-Nitroacétophénone-phénylhydrazone,

$$(AzO^2)C^6H^4 . C[Az^2H . C^6H^5] . CH^3.$$

— Cristaux fusibles à 132° [C. Engler et O. Zielke, *D. chem. G.*, 22, 203].

p-Amidoacétophénone-phénylhydrazone,

$$(AzH^2)C^6H^4 . C[Az^2H . C^6H^5] . CH^3.$$

— On chauffe dans un appareil à reflux pendant 1 jour l'acétyl-p-amidobenzine (1 molécule) avec du chlorhydrate de phénylhydrazine (2 molécules) dissous dans un peu d'alcool additionné d'une goutte d'acide chlorhydrique concentré. On obtient ainsi un corps cristallisé qui est le chlorhydrate de p-amidoacétophénone-hydrazone [F. Münchmeyer, *D. chem. G.*, 20, 507].

Phénacylphtalimide-hydrazone,

$$C^6H^5 . C[Az^2H . C^6H^5] . CH^2 . Az = C^8H^4O^2.$$

— On l'obtient en chauffant la phénacylphtalimide en solution acétique avec la quantité correspondante de phénylhydrazine.

Cette hydrazone est en fines aiguilles jaune-orangé, fondant à 155° en se décomposant [G. Goedeckemeyer, *D. chem. G.*, 21, 2684; *Bull. Soc. Chim.*, (3), 1, 94].

Acide acétophénone-phénylhydrazone-sulfonique,

$$SO^3H . C^6H^4 . C[Az^2H . C^6H^5] . CH^3.$$

— L'acide acétophénone-sulfonique, traité en solution concentrée par la phénylhydrazine, donne, à la température du bain-marie, un précipité qui augmente par le refroidissement. Ce composé, qui constitue le sel

$$CH^3 . C[Az^2H . C^6H^5] . C^6H^4(SO^3H)Az^2H^3 . C^6H^5,$$

est en lamelles nacrées, solubles dans l'eau bouillante et dans l'alcool [K. Krekeler, *D. chem. G.*, 19, 2623; *Bull. Soc. Chim.*, 47, 324].

Composé $C^{14}H^{12}Az^2 = C^6H^5 . C^2H^2 : Az^2 . C^6H^5$. — On l'obtient en traitant la bromacétylbenzine (1 molécule) par la phénylhydrazine (2 molécules) en solution dans l'alcool et refroidie à 0°. Il se sépare des aiguilles jaunes, soyeuses, fusibles à 137° et répondant à la formule $C^{14}H^{12}Az^2$. Ce corps est très soluble dans l'éther, le chloroforme, l'acide acétique; il est peu soluble dans l'alcool et dans l'éther de pétrole. Les acides minéraux le décomposent immédiatement [O. Hess, *Ann. Chem.*, 232, 234; *Bull. Soc. Chim.*, 47, 211].

ACÉTOPHÉNONE-MÉTHYLPHÉNYLHYDRAZONE,

$$C^{15}H^{16}Az^2 = C^6H^5 . C[Az^2 . CH^3 . C^6H^5] . CH^3.$$

— On l'obtient en chauffant à 100° l'acétylbenzine avec la méthylphénylhydrazine. Il est en cristaux fusibles à 50°, facilement solubles dans l'éther, la benzine, la ligroïne chaude et l'alcool [Degen, *Ann. Chem.*, 236, 154].

ACÉTOPHÉNONE-DIPHÉNYLHYDRAZONE,

$$C^{20}H^{18}Az^2 = C^6H^5 . C[Az^2(C^6H^5)^2] . CH^3.$$

— On l'obtient en chauffant pendant 20 heures, à la température du bain-marie, un mélange d'acétylbenzine et de diphénylhydrazine. Ce corps, qui cristallise dans l'alcool en mamelons, fond à 97-98° [Pfuelf, *Ann. Chem.*, 239, 222].

ACÉTOPHÉNONE-BENZOYLPHÉNYLHYDRAZONE,

$$C^{21}H^{18}Az^2O = C^6H^5 . C[Az^2 . C^7H^5O . C^6H^5] . CH^3.$$

— Ce composé se dépose à la longue lorsqu'on abandonne à lui-même un mélange d'acétylbenzine et d'α-benzoylphénylhydrazine; il cristallise en aiguilles incolores, fusibles à 124°, solubles dans l'alcool, insolubles dans l'eau [A. Michaëlis et F. Schmidt, *D. chem.*, *G.*, 20, 1713; *Bull. Soc. Chim.*, 48, 731].

PHÉNYLGLYOXALPHÉNYLOSAZONE,

$$C^{20}H^{18}Az^4 = C^6H^5 . C[Az^2H . C^6H^5] . CH[Az^2H . C^6H^5].$$

— Ce composé prend naissance quand on laisse en contact pendant deux jours la dibromacétylbenzine (1 molécule) avec la phénylhydrazine (4 molécules) en solution dans l'alcool absolu. Les cristaux qui se forment sont lavés à l'eau et purifiés par cristallisation dans le xylène [G. Bender, *D. chem. G.*, 21, 2492; *Bull. Soc. Chim.*, (3), 1, 254].

Le même composé prend aussi naissance quand on traite à la température du bain-marie la benzoylcarbinolhydrazone par la phénylhydrazine en présence de l'acétate de sodium et en solution dans l'alcool :

$$C^6H^5 . C[Az^2H . C^6H^5] . CH^2OH + C^6H^5 . Az^2H^3$$
$$= C^6H^5 . C[Az^2H . C^6H^5] . CH[Az^2H . C^6H^5]$$
$$+ H^2O + H^2.$$

[Laubmann, *D. chem. G.*, 20, 823; *Ann. Chem.*, 243, 246].

Ce corps est en petits prismes ou en lamelles, fusibles à 148° (B.), à 152° (L.).

PHÉNYLGLYOXALMÉTHYLPHÉNYLOSAZONE,

$$C^{22}H^{22}Az^4$$
$$= C^6H^5 . C[Az^2 . CH^3 . C^6H^5]CH[Az^2 . CH^3 . C^6H^5]$$

— On l'obtient en traitant la méthylphénylhydrazine (3 molécules) par la bromacétylbenzine

(1 molécule) en solution dans l'alcool fortement refroidi. Au bout de quelques heures, on laisse la liqueur revenir à la température ordinaire et, après quelques jours de contact, l'osazone se sépare en petits cristaux, fusibles à 151° [J. Culmann, *D. chem. G.*, **21**, 2595; *Bull. Soc. Chim.*, (3), **1**, 257].

XIII. OXYACÉTOPHÉNONES.

BENZOYLCARBINOL (*acétophénone-alcool*),

$$C^8H^8O^2 = C^6H^5-CO-CH^2OH.$$

— Voyez BENZOYLCARBINOL.

p-ACÉTYLPHÉNOL,

$$C^8H^8O^2 = C^6H^4(OH)-CO-CH^3.$$

— Ce corps se prépare au moyen du chlorure de diazoacétylbenzine. On traite une solution chlorhydrique et refroidie de p-amidoacétylbenzine par une solution d'azotite de sodium. On ajoute de l'eau et on chauffe doucement à l'ébullition. La liqueur refroidie, épuisée par l'éther, fournit une masse jaune qu'on fait cristalliser dans l'éther.

L'acétylphénol est en aiguilles blanches, fusibles à 107°, très solubles dans l'eau, surtout à chaud, dans l'alcool, l'éther et les alcalis étendus. Sa solution aqueuse est colorée en brun foncé par le chlorure ferrique [J. Klingel, *D. chem. G.*, **18**, 2687; *Bull. Soc. Chim.*, **45**, 420].

On obtient un acétylphénol, qui est probablement le même que le précédent, quand on chauffe pendant quelques heures du phénol (2 parties) avec de l'acide acétique (3 parties) et du chlorure de zinc (3 parties) [Michaël et Palmer, *Am. Journ.*, **7**, 277].

Éther méthylique (*méthylanisylcétone, acétylanisol*). $C^6H^4(OCH^3).CO.CH^3$. — Dans un ballon préalablement rempli d'azote sec, on introduit de l'éther absolu. On ajoute ensuite du sodium (1 molécule), de l'aldéhyde anisique (1 molécule) et de l'iodure de méthyle. On chauffe le mélange à reflux pendant 8 heures et on chasse l'éther. Le résidu est agité avec du bisulfite de sodium, lavé à l'eau et distillé.

Ce composé est un liquide qui ne se solidifie pas quand on le refroidit à — 15°; il bout à 220-222°.

Traité par le cyanure de potassium et l'acide chlorhydrique, il fournit une *cyanhydrine*, liquide jaunâtre que l'acide chlorhydrique ou la potasse alcoolique décomposent avec formation d'acide anisique [V. Oliveri, *Gazz. Chim. ital.*, **13**, 275; *Bull. Soc. Chim.*, **46**, 85].

RÉSACÉTOPHÉNONE,

$$C^8H^8O^3 = C^6H^3(OH)^2.CO.CH^3$$

(voyez Suppl., **1**, 1370). — La résacétophénone traitée par la phénylhydrazine fournit le composé

$$C^6H^3(OH)^2-C[Az^2H.C^6H^5]-CH^3,$$

qui cristallise dans le xylène en grandes tables fusibles à 159°, solubles dans l'alcool chaud et dans la benzine [Michaël et Palmer, *Am. Journ.*, **7**, 276].

QUINACÉTOPHÉNONE (*acétylhydroquinone*),

$$C^6H^3(OH)^2.CO.CH^3.$$

— On l'obtient en chauffant à 140° l'hydroquinone (2 parties) avec de l'acide acétique (3 parties) et du chlorure de zinc (3 parties). En reprenant la masse par l'eau, la quinacétophénone se sépare en cristaux fusibles à 202°, solubles dans l'alcool et dans l'éther. Ce corps réduit la liqueur de Fehling. Sa solution se colore en bleu par le chlorure ferrique [M. Nencki et W. Schmid, *J. prakt. Chem.*, (2), **23**, 546; *Bull. Soc. Chim.*, **36**, 97].

GALLACÉTOPHÉNONE (*acétylpyrogallol*),

$$C^8H^8O^4 = C^6H^2(OH)^3.CO.CH^3.$$

— On l'obtient en chauffant à 140° l'acide pyrogallique (2 parties), avec de l'acide acétique (3 parties) et du chlorure de zinc (3 parties).

La gallacétophénone est en lamelles nacrées, fusibles à 145-150°, très solubles dans l'eau chaude.

En traitant une solution alcoolique de gallacétophénone par une solution alcoolique de potasse, on obtient un précipité formé d'aiguilles répondant à la formule $C^8H^8O^4.KOH$ [M. Nencki et N. Sieber, *J. prakt. Chem.*, (2), **23**, 147 et 537; *Bull. Soc. Chim.*, **36**, 495]. Léon Roux.

ACÉTYLBENZOÏQUE (ANHYDRIDE),

$$\begin{matrix} C^2H^3O \\ C^7H^5O \end{matrix} > O.$$

— Ce corps, déjà décrit (Dict., **1**, 30), peut être préparé en chauffant à l'ébullition pendant une demi-heure un mélange d'acide benzoïque avec 2 ou 3 molécules d'anhydride acétique [W. Autenrieth, *D. chem. G.*, **20**, 3189].

ACÉTYLBENZOÏQUES (ACIDES) [Syn. *Acides acétophénone-carboniques*],

$$C^9H^8O^3 = CH^3-CO-C^6H^4-CO^2H.$$

On connaît deux acides acétylbenzoïques, le dérivé ortho et le dérivé para.

ACIDE O-ACÉTYLBENZOÏQUE.

L'acide phtalylacétique

$$C^6H^4 \begin{matrix} C{=}CH-CO^2H \\ \diagup \quad \diagdown \\ \diagdown \quad \diagup \\ CO \end{matrix} O$$

fournit, en fixant les éléments de l'eau, l'acide benzoylacétique-o-carbonique :

$$C^6H^4 \begin{matrix} \diagup CO-CH^2-CO^2H \\ \diagdown CO^2H \end{matrix}$$

Ce dernier, soumis à l'action de la chaleur, perd 1 molécule d'acide carbonique et se transforme en acide o-acétylbenzoïque :

$$C^6H^4 \begin{matrix} \diagup CO-CH^3 \\ \diagdown CO^2H \end{matrix}$$

On obtient donc l'acide o-acétylbenzoïque soit à l'aide de l'acide benzoylacétique-o-carbonique, en le chauffant jusqu'à fusion, ou en le faisant bouillir longtemps avec de l'eau :

$$CO^2H-CH^2-CO-C^6H^4-CO^2H$$
$$= CO^2 + CH^3-CO-C^6H^4-CO^2H,$$

soit à l'aide de l'acide phtalylacétique lui-même, en le chauffant avec de l'eau à 200° :

$$C^6H^4 \begin{matrix} C{=}CH-CO^2H \\ \diagup \quad \diagdown \\ \diagdown \quad \diagup \\ CO \end{matrix} O \quad + H^2O$$
$$= CO^2 + CH^3-CO-C^6H^4-CO^2H$$

[S. Gabriel et A. Michael, *D. chem. G.*, **10**, 1551; *Bull. Soc. Chim.*, 30, 564].

On peut enfin préparer l'acide acétylbenzoïque en traitant par une lessive de potasse la méthylène-phtalide :

$$C^6H^4 \begin{matrix} C{=}CH^2 \\ \diagup \quad \diagdown \\ \diagdown \quad \diagup \\ CO \end{matrix} O \quad + KHO = C^6H^4 \begin{matrix} \diagup CO-CH^3 \\ \diagdown CO^2K \end{matrix}$$

[S. Gabriel, *D. chem. G.*, **17**, 2521; *Bull. Soc. Chim.*, **44**, 568].

Propriétés. — L'acide o-acétylbenzoïque cristallise dans l'eau en lamelles ou en aiguilles aplaties, fusibles à 114-115°, possédant une saveur sucrée.

Ses *sels de plomb* et *de baryum* sont sirupeux et se prennent dans le vide sec en une masse vitreuse [Gabriel et Michael, *loc. cit.*].

L'éther éthylique, qu'on obtient en traitant par l'acide chlorhydrique une solution alcoolique de l'acide, est un liquide huileux [Gabriel, *D. chem. G.*, **16**, 1992].

Chauffé à 100° avec de l'ammoniaque alcoolique, l'acide acétylbenzoïque fournit le *dérivé imidé* $C^{18}H^{17}Az^3O^2$, aiguilles fusibles à 204-210° [Gabriel, *D. chem. G.*, **18**, 1251; *Bull. Soc. Chim.*, **46**, 22].

Chauffé à 100° avec du brome, il donne de la *bromométhylène-phtalide* $C^9H^5BrO^2$, en même temps qu'une petite quantité d'*oxyméthylène-phtalide* $C^9H^6O^3$ [Gabriel et Michael, *D. chem. G.*, **11**, 1007; *Bull. Soc. Chim.*, **32**, 93].

Il se dissout dans l'acide sulfurique avec formation d'*isométhylène-phtalide* $C^{18}H^{12}O^4$ et d'acide *biacétophénone-carbonique* $C^{18}H^{14}O^5$ [Gabriel, *D. chem. G.*, **17**, 2665; *Bull. Soc. Chim.*, **44**, 570].

Chauffé avec de l'anhydride acétique et de l'acétate de sodium, il se transforme en *anhydride acétylbenzoyl-acétique*, $C^9H^7O^2-O-C^2H^3O$, qui cristallise dans l'alcool étendu en aiguilles fusibles à 71°, solubles dans l'alcool et dans l'éther, insolubles dans les alcalis [Gabriel, *D. chem. G.*, **14**, 919; *Bull. Soc. Chim.*, **36**, 598].

L'amalgame de sodium le transforme en méthylphtalide $C^9H^8O^2$, l'acide iodhydrique et le phosphore à 180° en acide o-éthylbenzoïque

$$CH^3.CH^2.C^6H^4.CO^2H,$$

fusible à 62° [Gabriel et Michael, *D. chem. G.*, **10**, 2199; *Bull. Soc. Chim.*, **31**, 318].

Lorsqu'on traite l'acétylbenzoate d'éthyle par le chlorhydrate d'hydroxylamine en solution hydroalcoolique légèrement alcaline, on obtient non pas l'oxime

$$C^6H^4 \begin{cases} C(AzOH)-CH^3 \\ CO^2C^2H^5 \end{cases}$$

mais bien le *composé* $C^9H^7AzO^2$, résultant d'une déshydratation interne et dont la formule est vraisemblablement

$$C^6H^4 \begin{cases} C(CH^3) \geqslant Az. \\ CO^2 \text{———}\nearrow \end{cases}$$

Ce corps, qui se forme aussi, par perte de CO^2, lorsqu'on chauffe le composé $C^{10}H^7AzO^4$ résultant de l'action du chlorhydrate d'hydroxylamine sur l'acide benzoylacétique-o-carbonique, est en fines aiguilles, peu solubles dans l'eau bouillante, fusibles à 157-159°.

Le *dérivé bromé* $C^9H^5Br^2AzO^2$, qu'on obtient en chauffant le composé $C^{10}H^7AzO^4$ avec de l'acide acétique et un excès de brome, est en lamelles fusibles à 223° [Gabriel, *D. chem. G.*, **16**, 1992; *Bull. Soc. Chim.*, **42**, 189].

Dérivés chlorés et bromés. — On ne connaît que les dérivés chlorés ou bromés par substitution dans le groupement CH^3.

On prépare les acides trichloro- ou tribromo-acétylbenzoïques en traitant à chaud par le chlore ou par le brome l'acide phtalylacétique en solution dans l'acide acétique étendu :

$$C^{10}H^6O^4 + H^2O + 6Cl$$
$$= C^9H^5Cl^3O^3 + CO^2 + 3HCl$$

[Gabriel et Michael, *D. chem. G.*, **10**, 1551; **16**, 1992; *Bull. Soc. Chim.*, **30**, 564 et **42**, 189].

On obtient aussi des dérivés chlorés, bromés ou chlorobromés de l'acide acétylbenzoïque à partir des dichloro- ou dibromodicétohydrindènes

$$C^6H^4(C^2O^2)CCl^2 \quad \text{ou} \quad C^6H^4(C^2O^2)CBr^2.$$

Traité par les alcalis, le premier de ces corps se transforme en acide dichloracétylbenzoïque :

$$C^6H^4(C^2O^2)CCl^2 + KOH = C^6H^4 \begin{cases} CO-CHCl^2 \\ CO^2K \end{cases}$$

Traités par les acides hypochloreux ou hypobromeux, les deux composés précédents fournissent des acides du type

$$C^6H^4 \begin{cases} CO-CX^2X' \\ CO^2H \end{cases}$$

$$C^6H^4(C^2O^2)CX^2 + X'OH = C^6H^4 \begin{cases} CO-CX^2X' \\ CO^2H \end{cases}$$

A cet effet, on dissout dans l'alcool chaud le composé $C^6H^4(C^2O^2)CX^2$ et on ajoute à la solution le double de son volume de carbonate de sodium à 10 0/0. Dans le mélange, éclairci par le repos, on fait arriver du chlore ou du brome; on filtre; on acidifie par l'acide chlorhydrique et on fait cristalliser le composé obtenu dans l'acide acétique étendu [Th. Zincke et C. Gerland, *D. chem. G.*, **21**, 2379 et 2396; *Bull. Soc. Chim.*, (3), **1**, 648 et 650].

Dérivé dichloré, $CHCl^2-CO-C^6H^4-CO^2H$. — On additionne le composé $C^6H^4(C^2O^2)CCl^2$ d'alcool méthylique et on ajoute par petites portions une solution concentrée de potasse, préalablement étendue d'un peu d'alcool, jusqu'à ce que tout soit dissous et qu'il ne se produise aucun trouble par addition d'eau. On acidifie ensuite par l'acide chlorhydrique et on étend d'eau. L'acide dichloracétylbenzoïque se sépare sous la forme d'une huile qui se concrète bientôt. On le purifie par cristallisation dans la benzine.

Ce composé est en prismes clinorhombiques, fusibles à 124°, très solubles dans l'alcool et dans l'acide acétique, moins solubles dans la benzine.

L'éther méthylique,

$$CHCl^2-CO-C^6H^4-CO^2CH^3,$$

est en cristaux clinorhombiques, facilement solubles dans l'alcool et dans l'acide acétique, moins solubles dans l'éther [Zincke et Gerland, *loc. cit.*].

Dérivé trichloré, $CCl^3-CO-C^6H^4-CO^2H$. — Ce composé se forme quand on dirige un courant de chlore dans une solution chaude d'acide phtalylacétique dans l'acide acétique étendu [Gabriel et Michael, *loc. cit.*], ou quand on fait agir, dans les conditions précédemment indiquées, l'acide hypochloreux sur le composé $C^6H^4(C^2O^2)CCl^2$ ou sur l'acide dichloracétylbenzoïque [Zincke et Gerland, *loc. cit.*].

Il cristallise dans l'acide acétique étendu en aiguilles fusibles à 142°. Les alcalis le décomposent en acide phtalique et chloroforme.

Dérivé tribromé, $CBr^3-CO-C^6H^4-CO^2H$. — Ce composé se forme en chauffant avec du brome l'acide phtalylacétique en solution dans l'acide acétique étendu (Gabriel et Michael), ou en traitant par l'acide hypobromeux le composé

$$C^6H^4(C^2O^2)CBr^2$$

(Zincke et Gerland).

Il est en aiguilles fusibles à 160°, peu solubles dans l'eau, facilement solubles dans l'alcool et dans l'éther. Il renferme 1 molécule d'eau de cristallisation (Z. et G.). Il ne se combine pas avec l'hydroxylamine (G. et M.). Les alcalis le décomposent en bromoforme et acide phtalique.

Dérivé bromodichloré,

$$CBrCl^2-CO-C^6H^4-CO^2H.$$

— Ce corps, fusible à 150°, prend naissance dans l'action de l'acide hypobromeux sur le composé

$C^6H^4(C^2O^2)CCl^2$ ou sur l'acide dichloracétylbenzoïque.

Dérivé chlorodibromé,

$$CClBr^2-CO-C^6H^4-CO^2H.$$

— Ce corps, fusible à 153°, se forme quand on traite le composé $C^6H^4(C^2O^2)CBr^2$ par l'acide hypochloreux, ou le composé $C^6H^4(C^2O^2)CBrCl$ par l'acide hypobromeux (Zincke et Gerland).

AMIDE. — On ne connaît pas l'*acétylbenzamide*.

ANILIDE (*acétylbenzanilide*),

$$C^{15}H^{13}AzO^2 = CH^3.CO.C^6H^4.CO.AzH(C^6H^5).$$

— On la prépare en chauffant au bain-marie l'acide phtalylacétique avec de l'aniline. On laisse reposer pendant 24 heures et on purifie le produit obtenu par cristallisation dans la benzine. L'acétylbenzanilide est en cubes, fusibles à 189-192°, très solubles dans l'alcool chaud, l'éther et le chloroforme, insolubles dans l'ammoniaque.

Chauffé à 230°, ce corps se décompose en donnant la *méthylène-phtalophénimidine,*

$$C^6H^4\langle\begin{matrix}C=CH^2\\ \\ CO\end{matrix}\rangle Az.C^6H^5,$$

prismes jaunâtres, fusibles à 100°.

Traité par l'acide sulfurique concentré (on laisse en contact pendant 24 heures, puis on précipite par l'eau), il fournit le composé $C^{15}H^{11}AzO$, en cristaux fusibles à 265°, peu solubles dans l'alcool et dans l'éther, solubles dans le chloroforme et dans la benzine, isomérique avec la méthylène-phtalophénimidine [E. Mertens, *D. chem. G.*, **19**, 2367; *Bull. Soc. Chim.*, **47**, 135].

DÉRIVÉ HYDROXYLÉ (*acide hydroxéthylbenzoïque*). — Lorsqu'on traite l'acide acétylbenzoïque, en solution alcaline, par l'amalgame de sodium, on obtient non pas l'acide hydroxéthylbenzoïque

$$CH^3-CHOH-C^6H^4-CO^2H,$$

mais son anhydride, la *méthylphtalide,*

$$C^6H^4\langle\begin{matrix}CH-CH^3\\ \\ CO\end{matrix}\rangle O$$

La méthylphtalide est une huile épaisse, qui se solidifie au-dessous de 0°, pour fondre à la chaleur de la main. Elle bout à 275-276°. Soluble dans l'alcool et dans l'éther, elle est insoluble dans l'eau et dans les alcalis à froid. Elle se dissout à chaud dans les lessives alcalines et dans l'eau de baryte en donnant des sels de l'acide hydroxéthylbenzoïque [Gabriel et Michael, *D. chem. G.*, **10**, 2199. — Gabriel, *ibid.*, **20**, 2499; *Bull. Soc. Chim.*, **31**, 318].

ACIDE BIACÉTOPHÉNONE-CARBONIQUE, $C^{18}H^{14}O^5$. — Cet acide se forme en même temps que l'isométhylène-phtalide (voyez plus bas) par l'action de l'acide sulfurique sur l'acide acétylbenzoïque. On traite par l'eau, on filtre pour séparer l'isométhylène-phtalide. La liqueur filtrée abandonne au bout de 24 heures l'acide biacétophénone-carbonique, qu'on purifie par cristallisation dans l'acide acétique très étendu.

Cet acide se présente sous la forme d'une poudre cristalline, fusible à 132-135°, soluble dans l'alcool et dans l'acide acétique, soluble dans les alcalis. C'est un acide monobasique : son *sel d'argent* répond à la formule $C^{18}H^{13}O^5Ag$.

Chauffé au-dessus de son point de fusion, il se transforme en isométhylène-phtalide $C^{18}H^{12}O^4$ [Gabriel, *D. chem. G.*, **17**, 2665; *Bull. Soc. Chim.*, **44**, 570].

MÉTHYLÈNE-PHTALIDE [1],

$$C^9H^6O^2 = C^6H^4\langle\begin{matrix}C=CH^2\\ \\ CO\end{matrix}\rangle O$$

— La méthylène-phtalide se forme par la distillation dans le vide de l'acide phtalylacétique.

On l'obtient aussi, comme sous-produit, dans la préparation de l'acide phtalylacétique. Pour la préparer, on fait bouillir pendant 7 heures 1 partie d'anhydride phtalique avec 1 partie d'anhydride acétique et 1/2 partie d'acétate de sodium. On étend le tout de 2 fois son volume d'acide acétique et on verse dans une grande quantité d'eau bouillante. Le produit se sépare sous la forme d'une poudre brune qui, séchée, puis distillée dans le vide et enfin dans un courant de vapeur d'eau, fournit la méthylène-phtalide.

La méthylène-phtalide est en petites lamelles rhombiques, assez solubles dans l'eau chaude, très solubles dans l'alcool, fusibles à 58-60°.

Elle se convertit peu à peu en une masse résineuse, jaunâtre, qui régénère en partie le corps primitif lorsqu'on la distille dans le vide, puis avec la vapeur d'eau.

Elle fixe directement 2 atomes de brome.

Les alcalis la transforment en acide acétylbenzoïque. Dans cette réaction, il se forme probablement un composé intermédiaire

$$C^6H^4\langle\begin{matrix}C(OH)=CH^2\\ CO^2H\end{matrix}$$

peu stable, qui fournit par transposition moléculaire l'acide acétylbenzoïque [Gabriel, *D. chem. G.*, **17**, 2621; *Bull. Soc. Chim.*, **44**, 568].

Dibromure,

$$C^6H^4\langle\begin{matrix}CBr-CH^2Br\\ \\ CO\end{matrix}\rangle O$$

— On traite par le brome la méthylène-phtalide en solution chloroformique; on évapore la solution, on dissout le résidu dans le chloroforme chaud et on précipite le dibromure par la ligroïne.

Ce dibromure est en cristaux fusibles à 98-99°. L'ébullition avec l'eau le transforme en oxyméthylène-phtalide [Gabriel, *loc. cit.*].

Dérivé bromé,

$$C^6H^4\langle\begin{matrix}C=CHBr\\ \\ CO\end{matrix}\rangle O$$

— Ce corps se forme par déshydratation de l'acide bromacétylbenzoïque. On chauffe à 100° l'acide acétylbenzoïque (2 parties) avec de l'acide acétique (40 parties) et du brome (2 parties); on évapore à sec au bain-marie et on dissout le résidu dans l'alcool bouillant. La bromométhylène-phtalide cristallise par refroidissement; l'eau mère renferme de l'oxyméthylène-phtalide.

On l'obtient aussi en soumettant à la distillation, par portions de 0gr,5, l'acide phtalylbromacétique.

La bromométhylène-phtalide est en longues

1. M. Gabriel avait primitivement désigné sous le nom de *méthylène-phtalyle* un composé auquel il avait attribué la formule $C^9H^6O^2$. Ce corps, aiguilles jaunes, fusibles à 217-219°, avait été obtenu, en même temps que la tribenzoylbenzine, dans l'action du malonate d'éthyle sur l'anhydride phtalique en présence d'acétate de sodium [*D. chem. G.*, **14**, 925; *Bull. Soc. Chim.*, **36**, 598]. Des recherches plus récentes semblent montrer que ce composé ne constitue pas un produit défini; la formule $C^9H^6O^2$ ne concorde pas du reste avec les nouvelles analyses [*D. chem. G.*, **17**, 1396].

aiguilles, fusibles à 132-133°, très solubles dans l'alcool chaud, l'acide acétique, la benzine, insolubles dans l'eau et dans les lessives alcalines froides. La potasse alcoolique la décompose.

Chauffée à 100° avec du brome en solution chloroformique, elle fournit un *dibromure*

$$C^9H^4 \langle \begin{matrix} CBr - CHBr^2 \\ O \\ CO \end{matrix}$$

cristaux rhomboédriques, fusibles à 118°, très solubles dans l'alcool bouillant, la benzine, le sulfure de carbone, etc. [Gabriel et Michael, *D. chem. G.*, **11**, 1007; *Bull. Soc. Chim.*, **32**, 93. — Gabriel, *D. chem. G.*, **17**, 2521; *Bull. Soc. Chim.*, **44**, 568].

Oxyméthylène-phtalide,

$$C^9H^6O^3 = C^9H^4 \langle \begin{matrix} C = CH.OH \\ O \\ CO \end{matrix}$$

— Lorsqu'on fait bouillir le dibromure de méthylène-phtalide avec 15 fois son poids d'eau, la liqueur prend une réaction acide et le bromure se dissout peu à peu. On évapore la solution et on fait cristalliser le résidu dans l'alcool. On obtient ainsi de longues aiguilles jaunâtres qui constituent l'oxyméthylène-phtalide.

Le même composé prend encore naissance dans la préparation de la bromométhylène-phtalide. La solution alcoolique, qui a abandonné la bromométhylène-phtalide, est traitée par l'eau; il se sépare une huile qu'on fait bouillir longtemps avec de l'eau. On obtient ainsi une solution d'où se sépare, par le refroidissement, l'oxyméthylène-phtalide sous la forme d'une poudre cristalline qu'on fait recristalliser dans l'alcool.

L'oxyméthylène-phtalide est en longues aiguilles jaunâtres, fusibles à 144-146° [Gabriel et Michael, *D. chem. G.*, **11**, 1007; *Bull. Soc. Chim.*, **32**, 93].

On peut envisager comme des éthers de l'oxyméthylène-phtalide les composés que l'on obtient en chauffant, en présence d'une petite quantité d'acétate de sodium, l'anhydride phtalique avec les acides phénoxy- et p-crésoxyphénylacétique.

L'*éther phénylique*,

$$C^6H^4 \langle \begin{matrix} C = CH.OC^6H^5 \\ O \\ CO \end{matrix}$$

se présente, après plusieurs cristallisations dans l'acide acétique et dans l'alcool, en aiguilles jaunâtres, fusibles à 142-143°. Chauffé avec une solution de potasse, il se transforme en *acide phénoxyacétylbenzoïque*,

$$C^6H^5O.CH^2-CO-C^6H^4-CO^2H,$$

aiguilles fusibles à 110°.

L'*éther p-crésylique*,

$$C^9H^4 \langle \begin{matrix} C = CH.OC^6H^4.CH^3 \\ O \\ CO \end{matrix}$$

se présente, après cristallisation dans l'alcool, en lamelles fusibles à 173-174° [Gabriel, *D. chem. G.*, **14**, 919; *Bull. Soc. Chim.*, **36**, 598].

Isométhylène-phtalide, $C^{18}H^{12}O^4$. — Lorsqu'on dissout l'acide acétylbenzoïque (1 partie) dans l'acide sulfurique concentré et froid (15 parties) et qu'on abandonne le liquide à lui-même pendant 1 ou 2 jours, l'eau précipite une matière gélatineuse qui se prend en une résine brunâtre. La solution filtrée abandonne après 24 heures une poudre cristalline blanche (acide biacétophénonecarbonique; voir plus haut).

La matière résineuse, dissoute dans l'acide acétique bouillant, se dépose, après addition d'eau, en cristaux fusibles à 215°, insolubles dans l'eau et dans les alcalis, peu solubles dans l'alcool, très solubles dans l'acide acétique. Ce corps constitue l'isométhylène-phtalide. Il présente la même composition que la méthylène-phtalide $C^9H^6O^2$, mais paraît répondre à la formule double $C^{18}H^{12}O^4$. Chauffé en effet avec du chlorhydrate d'hydroxylamine et de l'alcool, il fournit le composé

$$C^{18}H^{13}AzO^4,$$

poudre cristalline fusible à 179-180° [W. Roser, *D. chem. G.*, **17**, 2619; *Bull. Soc. Chim.*, **44**, 566. — Gabriel, *D. chem. G.*, **17**, 2665; *Bull. Soc. Chim.*, **44**, 570].

ACIDE P-ACÉTYLBENZOÏQUE.

On l'obtient en chauffant pendant quelques instants au bain-marie un mélange d'acide p-oxypropylbenzoïque $(CH^3)^2.C(OH).C^6H^4.CO^2H$ (8 parties), de dichromate de potassium (16 parties), d'acide sulfurique (24 parties) et d'eau (40 parties). On laisse refroidir, on filtre, on dissout le produit recueilli dans l'ammoniaque et on le précipite de nouveau par un acide.

L'acide ainsi obtenu renferme une certaine quantité d'acide téréphtalique, dont on sépare la plus grande partie par épuisement à l'eau bouillante et dissolution dans l'alcool. On achève la séparation en transformant l'acide en sel ammoniacal et en purifiant ce dernier par cristallisation dans l'eau bouillante [R. Meyer, *Ann. Chem.*, **219**, 259].

On obtient aussi le même acide en saponifiant par la potasse la p-acétylcyanobenzine,

$$CH^3.CO.C^6H^4.CAz$$

(voir Cyanacétophénone) [F. Ahrens, *D. chem. G.*, **20**, 2952; *Bull. Soc. Chim.*, **49**, 509].

L'acide p-acétylbenzoïque cristallise dans l'eau bouillante en aiguilles blanches, fusibles à 200°, sublimables à une température plus élevée. Il est très peu soluble dans l'eau froide, plus soluble dans l'eau chaude, peu soluble dans l'alcool et dans l'éther.

Le *sel d'ammonium* est en aiguilles blanches, assez solubles dans l'eau bouillante.

Sel de baryum, $(C^9H^7O^3)^2Ba, \frac{1}{2}H^2O$. — Grands feuillets brillants, assez solubles dans l'eau chaude.

Sel de plomb, $(C^9H^7O^3)^2Pb, 1,5H^2O$. — Précipité cristallin, peu soluble dans l'eau.

Sel de cuivre, $(C^9H^7O^3)^2Cu, H^2O$. — Précipité amorphe, qui devient cristallin par ébullition avec l'eau.

Sel d'argent, $C^9H^7O^3Ag$. — Précipité blanc.

L'*éther méthylique* $C^9H^7O^3.CH^3$, qu'on obtient en dirigeant un courant d'acide chlorhydrique dans une solution méthylique de l'acide, cristallise dans l'eau chaude en petites aiguilles fusibles à 92°. Il est peu soluble dans l'eau bouillante, assez soluble dans l'alcool [Meyer, *loc. cit.*].

Léon Roux.

ACÉTYLBUTYLIQUE (Alcool). — Lorsque l'on fait réagir le bromure de triméthylène sur l'éther acétylacétique sodé, on obtient, suivant M. Lipp [*D. chem. G.*, **18**, 3275], un éther *bromopropylacétylacétique*:

$$\begin{matrix} CH^3-CO-CH-COOC^2H^5 \\ | \\ CH^2-CH^2-CH^2Br \end{matrix}$$

D'après MM. Freer et W. H. Perkin [*D. chem. G.*, **19**, 2557 et **21**, 736] on n'aurait comme produit unique que l'éther de l'acide *méthyldéhydrohexone-carbonique* :

$$\begin{array}{l} \mathrm{COOC^2H^5-C-CH^2-CH^2} \\ \qquad\qquad\quad \| \qquad\quad | \\ \qquad\quad \mathrm{CH^3-C-O-CH^2} \end{array}$$

Le produit de la réaction, quel qu'il soit, traité à chaud par l'acide chlorhydrique étendu, se transforme, avec perte d'acide carbonique, en alcool acétylbutylique,

$$\mathrm{CH^3-CO-CH^2-CH^2-CH^2-CH^2.OH},$$

que l'on isole en saturant le liquide par du carbonate de potassium. Le nouvel alcool vient surnager sous la forme d'un liquide incolore, à odeur camphrée, bouillant à 154-155°, sous une pression de 718 millimètres (Lipp).

L'*éther bromhydrique*,

$$\mathrm{CH^3-CO-CH^2-CH^2-CH^2-CH^2Br},$$

bout à 214-216°. Il est peu soluble dans l'eau, très soluble dans l'alcool et dans l'éther.

L'alcool acétylbutylique, traité par l'amalgame de sodium, se transforme en δ-*hexylèneglycol*,

$$\mathrm{CH^3-CH.OH-CH^2-CH^2-CH^2-CH^2.OH},$$

bouillant à 234-235° sous une pression de 710 millimètres; sa densité est de 0,9809. Ce glycol est très soluble dans l'eau et dans l'alcool, peu soluble dans l'éther.

Distillé avec 3 fois son poids d'un mélange de 2 parties d'acide sulfurique et de 1 partie d'eau, il se transforme en *oxyde d'hexylène*,

$$\begin{array}{c} \mathrm{CH^3.CH.CH^2-CH^2-CH^2-CH^2}, \\ \llcorner\!\_\_\_\_\_\_ \mathrm{O} \_\_\_\_\_\_\!\lrcorner \end{array}$$

liquide huileux non réducteur, bouillant à 103-104° sous une pression de 720 millimètres.

Cet oxyde ne peut plus régénérer directement le glycol, même par l'action de l'eau à 300°. En présence d'acide chlorhydrique concentré, il se transforme d'abord en monochlorhydrine, puis en dichlorhydrine. Ch. Cloëz.

ACÉTYLBUTYRIQUES (ACIDES). — On connaît actuellement trois acides acétylbutyriques : deux d'entre eux dérivent de l'acide normal; le troisième est un acide acétylisobutyrique.

I. ACIDE γ-ACÉTYLBUTYRIQUE,

$$\mathrm{CH^3.CO.CH^2.CH^2.CH^2.CO^2H}$$

— Cet acide se prépare en saponifiant l'éther acétylglutarique par une solution étendue et bouillante d'acide chlorhydrique [L. Wolff, *Ann. Chem.*, **216**, 127]. L'éther acétylglutarique

$$\begin{array}{l} \mathrm{CH^3.CO.CH.CH^2.CH^2.COOC^2H^5} \\ \qquad\qquad\;\; | \\ \qquad\quad \mathrm{COOC^2H^5} \end{array}$$

s'obtient lui-même en traitant l'éther acétylacétique sodé par l'éther β-iodopropionique.

L'acide γ-acétylbutyrique forme un liquide épais, limpide, bouillant à 174-175°, soluble dans l'eau, l'alcool et l'éther; il peut se solidifier sous l'influence d'un froid peu intense, mais prolongé; il fond alors à + 13°.

Il attire l'humidité et se transforme en un hydrate $\mathrm{C^6H^{10}O^3.H^2O}$ fusible à 35-36°, très bien cristallisé en prismes clinorhombiques présentant les faces $m\,p\,h^1$. Rapport des axes = 0,7691 : 1 : 0.8845.

Cet hydrate exposé dans le vide sec perd rapidement l'eau qu'il renfermait.

Le *sel de potassium* est difficilement cristallisable.

Le *sel d'argent* est anhydre et forme des aiguilles pointues réunies en faisceaux.

Le *sel de calcium*, $\mathrm{(C^6H^9O^3)^2Ca.H^2O}$, est en cristaux fibreux solubles dans l'eau.

Le *sel de zinc* est anhydre et cristallise en lamelles brillantes.

Constitution. — La constitution de cet acide acétylbutyrique se conclut d'abord de son mode de préparation, et ensuite de ce fait que l'amalgame de sodium le transforme à 30-35° en acide δ-oxycaproïque normal.

II. ACIDE β-ACÉTYLBUTYRIQUE,

$$\begin{array}{l} \qquad\qquad\;\, \mathrm{CH^3} \\ \qquad\qquad\quad | \\ \mathrm{CH^3-CO-CH-CH^2-CO^2H}. \end{array}$$

— Cet acide se prépare en chauffant l'éther α-méthylacétylsuccinique

$$\begin{array}{l} \qquad\;\; \mathrm{COOC^2H^5} \\ \qquad\quad | \\ \mathrm{CH^3-C-CO-CH^3} \\ \qquad\quad | \\ \qquad\;\; \mathrm{CH^2} \\ \qquad\quad | \\ \qquad\;\; \mathrm{COOC^2H^5} \end{array}$$

avec de l'acide chlorhydrique étendu, aussi longtemps qu'il se dégage du gaz carbonique.

On distille à siccité. Entre 200 et 260° passe à la distillation un mélange d'acide et d'éther acétylbutyrique que l'on traite par l'eau. L'eau ne dissout que l'acide. On sépare donc la solution aqueuse, on l'agite avec de l'éther ordinaire, et par évaporation de celui-ci on obtient l'acide acétylbutyrique pur.

Propriétés. — Ce composé bout à 242°; il se solidifie à — 10° et fond à 0°; il est très hygroscopique, et se dissout aisément dans l'eau, l'alcool et l'éther. Malheureusement il est peu stable, et il se décompose peu à peu, même en flacon bien bouché [C. Bischoff, *Ann. Chem.*, **206**, 313].

Ses *sels alcalins* sont sirupeux; le *sel de zinc* est très altérable en solution aqueuse chaude. Cependant on peut le faire cristalliser.

L'*éther éthylique*, dont nous avons indiqué le mode d'obtention, bout à 204-206°.

III. ACIDE β-ACÉTYLISOBUTYRIQUE,

$$\mathrm{CH^3-CO-CH^2-CH} \begin{array}{l} \diagup \mathrm{CO^2H} \\ \diagdown \mathrm{CH^3} \end{array}$$

— On l'obtient en traitant l'éther α-méthyl-β-acétylsuccinique

$$\begin{array}{l} \mathrm{COOC^2H^5} \\ \; | \\ \mathrm{CH-CO-CH^3} \\ \; | \\ \mathrm{CH-CH^3} \\ \; | \\ \mathrm{COOC^2H^5} \end{array}$$

par l'acide chlorhydrique étendu et bouillant (C. Bischoff); on obtient un mélange d'acide et d'éther acétylisobutyrique, que l'on traite comme nous l'avons dit plus haut.

L'*éther acétylisobutyrique* bout à 206-208°. Il est facilement saponifié par les lessives alcalines.

L'acide distille à 247-248°. Il est très avide d'eau. Tous ses sels sont amorphes ou sirupeux, très solubles dans l'eau et dans l'alcool.

L'acide azotique l'oxyde énergiquement et le transforme en acide oxalique et acide pyrotartrique.

L'amalgame de sodium le convertit en acide α-méthyl-γ-oxyvalérianique :

$$\mathrm{CH^3-CH.OH-CH^2-CH} \begin{array}{l} \diagup \mathrm{CH^3} \\ \diagdown \mathrm{CO^2H} \end{array}$$

[L. Gottstein, *Ann. Chem.*, **216**, 26]. Ch. Cloëz.

ACÉTYLCAPROÏQUE (ANHYDRIDE),

$$\begin{array}{l} \mathrm{C^2H^3O} \diagdown \\ \mathrm{C^6H^{11}O} \diagup \end{array} \mathrm{O}$$

[W. Autenrieth, *D. chem. G.*, **20**, 3188]. — On

le prépare en chauffant dans un appareil à reflux, pendant une demi-heure, un mélange d'acide caproïque avec un excès (2-3 molécules) d'anhydride acétique. Le produit de la réaction est lavé, après refroidissement, avec une solution de carbonate de sodium, puis rectifié. C'est un liquide incolore, plus léger que l'eau, bouillant à 165-175°.

ACÉTYLCINNAMIQUE (ACIDE). — Voyez ACIDE CINNAMIQUE.

ACÉTYLCUMÈNE,

$$(CH^3)^2CH_{(1)}-C^6H^4-CO_{(4)}-CH^3$$

[O. Widmann, *D. chem. G.*, 21, 2224]. — Ce composé se produit lorsqu'on traite le cumène par le chlorure d'acétyle en présence du chlorure d'aluminium. C'est un liquide incolore, mobile, bouillant à 252-254° sous 756 millimètres. Sa densité à 15° est 0,9755.

L'oxime, $C^3H^7-C^6H^4-C(AzOH)-CH^3$, cristallise dans l'éther de pétrole en lamelles rhombiques, fusibles à 70-71°. Les eaux mères d'où elle s'est déposée renferment une huile qui paraît isomérique avec elle.

L'hydrazone cristallise en belles lamelles hexagonales jaunâtres, fusibles à 81-82°.

NITROACÉTYLCUMÈNE,

$$C^3H^7_{(1)}-C^6H^3 \left\langle \begin{matrix} AzO^2_{(2)} \\ CO_{(4)}-CH^3 \end{matrix} \right.$$

— On l'obtient en traitant l'acétylcumène par 10 fois son poids d'un mélange à parties égales d'acides nitrique (d = 1,53) et sulfurique. Il se présente en longs prismes à 4 pans, fusibles à 49°.

L'oxime, $C^3H^7-C^6H^3(AzO^2)-C(AzOH)-CH^3$, forme de grands cristaux incolores et brillants, fusibles à 116-117°. Réduite en solution alcaline par le sulfate ferreux, elle se transforme en *amidocumène-méthylcarboxime*,

$$C^3H^7-C^6H^3(AzH^2)-C(AzOH)-CH^3,$$

fusible à 94-95°.

L'hydrazone,

$$C^3H^7-C^6H^3(AzO^2)-C(Az^2H\,.\,C^6H^5)-CH^3,$$

forme des aiguilles rouges, fusibles à 138°.

Oxydé par le permanganate de potassium en solution alcaline, le nitroacétylcumène fournit un mélange d'acides m-nitrocuminique et m-nitro-oxyisopropyl-p-benzoïque. Ad. Fauconnier.

ACÉTYLCYANACÉTIQUE (ACIDE). — Voyez ACIDE CYANACÉTIQUE.

ACÉTYLE. — BROMURE D'ACÉTYLE,

$$C^2H^3BrO = CH^3-COBr$$

(voyez Dict., 1, 37 et Suppl., 1, 38). — Le bromure d'acétyle réagit énergiquement sur les bases tertiaires. Avec la diméthylaniline, il se forme de la méthylacétanilide $C^6H^5.Az(CH^3.C^2H^3O)$ et du bromure de triméthylphénylammonium,

$$C^6H^5.Az(CH^3)^3.Br.$$

Avec la diméthylaniline m-chlorée, on obtient de la méthylacétochloranilide et du bromure de chlorophényltriméthylammonium; avec la diéthylaniline, de l'éthylacétanilide et du bromure de triéthylphénylammonium [W. Staedel, *D. chem. G.*, 19, 1947; *Bull. Soc. Chim.*, 47, 513].

Bromure de chloracétyle, $CH^2Cl-COBr$. — On ajoute peu à peu du brome (160 parties) à un mélange d'acide chloracétique (94 parties) et de phosphore (15 parties); puis on distille.

Le bromure de chloracétyle est un liquide incolore, se colorant en jaune au bout de quelques jours, fumant à l'air. Il bout à 127°. Sa densité à 9° est 1,913. L'eau le décompose lentement à la température ordinaire [P. de Wilde, *Ann. Chem.*, 132, 171. — H. Gal, *C. R.*, 58, 1008].

Bromure de cyanacétyle. — Voyez ACIDE CYANACÉTIQUE).

CHLORURE D'ACÉTYLE, $C^2H^3ClO = CH^3-COCl$ (voyez Dict., 1, 38 et Suppl., 1, 38).

Préparation. — On prépare avantageusement le chlorure d'acétyle en faisant réagir le chlorure de soufre sur l'acide acétique :

$$SCl^4 + 2CH^3.CO^2H$$
$$= SO^2 + 2HCl + 2CH^3.COCl.$$

On introduit dans un ballon de l'acide acétique cristallisable (2 molécules) et du soufre ou du protochlorure de soufre (1 molécule) et l'on fait passer dans le mélange un courant de chlore sec, en refroidissant le ballon à l'aide de glace et de sel. Lorsque le chlore cesse d'être absorbé, on laisse le ballon revenir à la température ordinaire, puis on distille le liquide, en ayant soin de condenser les vapeurs avec un bon réfrigérant et en recueillant le produit distillé dans un flacon entouré de glace. Il se dégage pendant la distillation des torrents d'acide chlorhydrique et d'acide sulfureux qui entraînent toujours une quantité notable de chlorure d'acétyle. On rectifie le produit obtenu, puis on le débarrasse d'un composé sulfuré qu'il contient en l'agitant avec du mercure ou mieux encore avec de la poudre de cuivre. En le rectifiant encore une fois, on a du chlorure d'acétyle pur. Le rendement est d'environ 500 grammes de chlorure pour 600 grammes d'acide acétique [V. Auger et A. Béhal, *Bull. Soc. Chim.*, (3), 2, 144].

Propriétés. — Le chlorure d'acétyle bout à 50°,9; sa densité à 0° est 1,1377 [Thorpe, *Chem. Soc.*, 37, 188]. Il bout à 51-52° sous la pression de 720 millimètres; sa densité à 20° est 1,1051 [Brühl, *Ann. Chem.*, 203, 14].

ACTION DES CHLORURES MÉTALLIQUES. — *Chlorure d'aluminium.* — D'après M. Winogradoff [*Bull. Soc. Chim.*, 34, 325], le chlorure d'aluminium réagit sur le chlorure d'acétyle et donne naissance au composé $2[(C^2H^2O)^2.AlCl^3]$. Mais cette formule est inexacte et M. A. Combes a montré que le composé organo-métallique qui prend naissance se forme d'après l'équation

$$6(C^2H^3OCl) + 2AlCl^3 - 4HCl = 2(C^6H^7O^3_2AlCl^4).$$

Ce composé organo-métallique, traité par l'eau, se décompose en acide chlorhydrique, alumine, acide carbonique et acétylacétone (voyez ACÉTYLACÉTONE].

Chlorure de zinc. — Le chlorure d'acétyle, chauffé à 100° en tubes scellés avec du chlorure de zinc anhydre, fournit un composé organo-métallique qui ne peut être isolé. En le traitant par l'eau, on obtient un corps cristallisé, fusible à 134°, bouillant à 251° et répondant à la formule $C^7H^8O^2$. Ce corps serait la diméthylpyrone [C. Combes, *Bull. Soc. Chim.*, 47, 371 et 49, 578].

MM. Tommasi et Quesneville avaient indiqué que lorsqu'on traite le chlorure d'acétyle par le zinc, on obtient un composé répondant à la formule $C^8H^9O^2$ [*Bull. Soc. Chim.*, 19, 204]. Cette formule n'est pas exacte et le composé signalé par MM. Tommasi et Quesneville est certainement identique à celui qui a été obtenu par M. Combes.

Chlorure ferrique. — Le perchlorure de fer anhydre réagit énergiquement sur le chlorure d'acétyle en fournissant un composé organo-métallique que l'eau décompose avec production d'acide déhydracétique [J. Hamonet, *Bull. Soc. Chim.*, 49, 578] (voyez ACIDE DÉHYDRACÉTIQUE).

Chlorure de titane. — Lorsqu'on mélange du tétrachlorure de titane avec du chlorure d'acétyle, il se sépare un corps cristallisé en petites paillettes jaunes, brillantes, semblables à de l'iodoforme, ou, dans certaines conditions, en gros octaèdres jaunes transparents, et répondant à la formule $C^2H^3OCl \,.\, TiCl^4$. Ces cristaux, qui fondent à 25-30°, sont solubles dans le chlorure d'acétyle et dans le sulfure de carbone; ils s'altèrent rapidement à l'air en abandonnant de l'acide chlorhydrique. Traités par l'eau, ils se décomposent à la façon du chlorure d'acétyle et du chlorure de titane. La chaleur les décompose en chlorure d'acétyle et tétrachlorure de titane [A. Bertrand, *Bull. Soc. Chim.*, **33**, 403].

Perchlorure de phosphore. — Le chlorure d'acétyle, chauffé pendant plusieurs semaines avec du perchlorure de phosphore, se transforme en chlorures de mono- et de trichloracétyle [A. Michael, *J. prakt. Chem.*, (2), **35**, 95; *Bull. Soc. Chim.*, **48**, 362].

Action sur les aldéhydes. — En chauffant pendant 3 heures à 100° le chlorure d'acétyle avec de l'aldéhyde amylique, on obtient un liquide bouillant à 118-128° et répondant à la formule $C^5H^{10}O \,.\, C^2H^3OCl$ (voyez Suppl., **1**, 1642).

Le chlorure d'acétyle réagit énergiquement sur l'aldéhyde benzylique en solution dans l'éther et additionnée de poudre de zinc. Le produit lavé à l'eau et l'éther évaporé, on fait cristalliser le résidu dans l'alcool étendu et bouillant. On obtient ainsi des aiguilles blanches, fusibles à 125-128° et répondant à la formule $C^9H^8O^2$ [C. Paal, *D. chem. G.*, **15**, 1818; *Bull. Soc. Chim.*, **39**, 237].

Avec l'aldéhyde ordinaire, on obtient dans les mêmes conditions un produit huileux $C^4H^6O^2$ (Paal).

Action sur la pyridine. — Le chlorure d'acétyle réagit vivement sur la pyridine. Il se forme des produits goudronneux d'où l'on extrait au moyen de l'éther une substance possédant tous les caractères de l'acide déhydracétique. La pyridine n'a donc pour effet que d'enlever au chlorure d'acétyle les éléments de l'acide chlorhydrique :

$$4\,C^2H^3OCl - 4\,HCl = C^8H^8O^4$$

[M. Dennstedt et J. Zimmermann, *D. chem. G.*, **19**, 75; *Bull. Soc. Chim.*, **47**, 74].

Dérivés chlorés. — *Chlorure de chloracétyle*, $CH^2Cl \,.\, COCl$ (voyez Dict., **1**, 39 et Suppl., **1**, 39). — Le chlorure de chloracétyle, traité par le zinc-méthyle, puis par l'eau, donne du *méthylisopropylcarbinol*, composé déjà obtenu par M. Winogradoff en faisant réagir le zinc méthyle sur le bromure de chloracétyle [Bogomoletz, *Bull. Soc. Chim.*, **34**, 330].

Chlorure de dichloracétyle, $CHCl^2 \,.\, COCl$. — On chauffe pendant quelque temps l'acide dichloracétique (3 molécules) avec du trichlorure de phosphore (1 molécule) et on distille. Le produit obtenu est purifié par une ou deux rectifications.

Le chlorure de dichloracétyle est un liquide limpide et incolore, fumant à l'air et possédant une odeur irritante. Il bout à 107-108°. L'eau le décompose en donnant de l'acide dichloracétique; l'alcool le transforme en dichloracétate d'éthyle et l'ammoniaque en dichloracétamide [R. Otto et H. Beckurts, *D. chem. G.*, **14**, 1616; *Bull. Soc. Chim.*, **37**, 58].

Traité par le zinc-méthyle, puis par l'eau, le chlorure de dichloracétyle fournit une petite quantité (6 0/0) de *diméthylisopropylcarbinol*,

$$C(OH)(CH^3)^2(C^3H^7).$$

(Bogomoletz, *loc. cit.*).

Chlorure de trichloracétyle, $CCl^3 \,.\, COCl$. — On traite l'acide trichloracétique par le trichlorure de phosphore. La réaction s'établit dès qu'on chauffe légèrement; en rectifiant le liquide qui distille, on obtient le chlorure de trichloracétyle pur [A. Gal, *Bull. Soc. Chim.*, **20**, 11].

D'après M. Friederici, on prépare facilement le chlorure de trichloracétyle en traitant par l'acide chlorhydrique gazeux et sec, suivant la méthode de M. Friedel, un mélange d'acide trichloracétique et d'anhydride phosphorique chauffés ensemble [T. Friederici, *D. chem. G.*, **11**, 1970; *Bull. Soc. Chim.*, **32**, 459].

Le chlorure de trichloracétyle est un liquide incolore, bouillant à 118°. Sa densité à 0° est 1,6564 [Thorpe, *Chem. Soc.*, **37**, 189]. L'eau le transforme en acide trichloracétique, l'alcool en trichloracétate d'éthyle.

Traité par le zinc-méthyle, puis par l'eau, le chlorure de trichloracétyle fournit du *pentuméthyléthol* $(CH^3)^3C \,.\, C(OH)(CH^3)^2$ (environ 40 0/0 du rendement théorique) :

$$CCl^3\text{-}COCl + Zn(CH^3)^2 = CCl^3\text{-}CCl{<}{\begin{matrix}O \,.\, ZnCH^3 \\ CH^3\end{matrix}}$$

$$CCl^3\text{-}CCl{<}{\begin{matrix}O \,.\, ZnCH^3 \\ CH^3\end{matrix}} + 4\,Zn(CH^3)^2$$

$$= (CH^3)^3C\text{-}C{\lessgtr}{\begin{matrix}O \,.\, ZnCH^3 \\ (CH^3)^2\end{matrix}} + 4\,Zn{<}{\begin{matrix}CH^3 \\ Cl\end{matrix}}$$

$$(CH^3)^3C\text{-}C{\lessgtr}{\begin{matrix}O \,.\, ZnCH^3 \\ (CH^3)^2\end{matrix}} + 2\,H^2O$$

$$= (CH^3)^3C\text{-}C(OH)(CH^3)^2 + CH^4 + Zn(OH)^2$$

[Bogomoletz, *loc. cit.*].

Chlorure de cyanacétyle. — Voyez acide Cyanacétique.

Cyanure d'acétyle,

$$C^3H^3AzO = CH^3 \,.\, CO \,.\, CAz.$$

— Voyez Dict., **1**, 39 et Suppl., **1**, 39.

Dicyanure diacétylique, $(CH^3 \,.\, CO \,.\, CAz)^2$. — Ce composé, déjà signalé par Huebner (Dict., **1**, 39), prend naissance lorsqu'on arrose du cyanure de potassium en poudre avec de l'anhydride acétique. Mais comme la réaction est tumultueuse, il convient d'opérer en présence d'un dissolvant. A cet effet, on ajoute 50 parties d'anhydride acétique à 32 parties de cyanure de potassium en solution dans 150 ou 200 parties de benzine et on chauffe à l'ébullition pendant 4 ou 5 heures. On obtient dans ces conditions, outre des matières brunes, de l'acétate de potassium et du dicyanure diacétylique. Ce dicyanure se sépare par l'évaporation de sa solution benzénique, sous la forme d'une huile brune qui se concrète par le refroidissement. On le purifie par distillation dans un courant de vapeur d'eau.

Le dicyanure de diacétyle est en lamelles fusibles à 69°, un peu solubles dans l'eau bouillante, facilement solubles dans l'alcool, l'éther et la benzine. Il bout à 210°. Sa densité de vapeur correspond à la formule $(CH^3 \,.\, CO \,.\, CAz)^2$.

L'acide chlorhydrique le dédouble en acide acétique et acide cyanhydrique [S. Kleemann, *D. chem. G.*, **18**, 256; *Bull. Soc. Chim.*, **45**, 395].

Cyanure de trichloracétyle, $CCl^3 \,.\, CO \,.\, CAz$. — On l'obtient en traitant le bromure de trichloracétyle par le cyanure d'argent. La réaction, qui commence à froid, s'achève à la température du bain-marie [P. Hofferichter, *J. prakt. Chem.*, (2), **20**, 195; *Bull. Soc. Chim.*, **35**, 118].

On le prépare plus facilement en chauffant pendant 1 ou 2 heures à l'ébullition, dans un ballon muni d'un thermomètre et surmonté d'un réfrigérant ascendant, un mélange de bromure de trichloracétyle et de cyanure de mercure. Lorsque la température d'ébullition du liquide, qui était primitivement de 140°, s'est abaissée à 123°, on renverse le réfrigérant et on distille. La portion bouillant de 119 à 123° est du cyanure de trichloracétyle souillé par un peu de bromure. On purifie le produit par de nouvelles rectifications [L. Claisen et P.-J. Antweiler, *D. chem. G.*, **13**, 1935; *Bull. Soc. Chim.*, **36**, 161].

Le cyanure de trichloracétyle est un liquide incolore, d'une odeur piquante très désagréable. Sa densité à 15° est 1,559. Il bout à 117-119° (H.), à 121-122° (C. et A.).

L'eau le décompose en acides trichloracétique et cyanhydrique.

La saponification par l'acide chlorhydrique le transforme d'abord en amide, puis en acide isotrichloroglycérique (hydrate de l'acide trichloropyruvique), $CCl^3-C(OH)^2-CO^2H$ (Claisen et Antweiler).

Polymère, $(CCl^3.CO.CAz)^x$. — Si, dans la réaction du bromure de trichloracétyle sur le cyanure d'argent, on porte la température à 150°, on obtient, en même temps que le cyanure de trichloracétyle liquide, un corps cristallisé qui constitue un polymère du précédent. Ce composé est en grandes lames fusibles à 140°, insolubles dans l'eau froide, solubles dans l'alcool et dans l'éther. L'eau bouillante le décompose lentement (Hofferichter, *loc.cit.*).

IODURE D'ACÉTYLE, $C^2H^3IO = CH^3.COI$. — Voyez Dict., **1**, 43.

IODURE DE TRICHLORACÉTYLE. $CCl^3.COI$. — On projette par petites portions du triiodure de phosphore dans de l'acide trichloracétique fondu. Il se dégage de l'acide iodhydrique, de l'iode libre et il distille de l'iodure de trichloracétyle, liquide brun, qui, rectifié sur un peu de mercure, passe à peu près incolore.

L'iodure de trichloracétyle bout vers 180°; il fume légèrement à l'air. L'eau et l'alcool le décomposent facilement [A. Gal, *Bull. Soc. Chim.*, **20**, 11].

Léon Roux.

ACÉTYLÈNE [Syn. *Protohydrure de carbone*], $CH \equiv CH$. — *Modes de formation* (voyez Dict., **1**, 47 et Suppl., **1**, 39). — En soumettant, dans le vide, à l'action de l'étincelle d'induction l'éther ou le formiate d'éthyle, M. Pizarello a observé la production d'acétylène [Pizarello, *Gazz. chim. ital.*, **15**, 233].

L'iodoforme et le mercure-éthyle réagissent violemment à 90°, en donnant naissance à de l'iodure de mercure-éthyle, à de l'éthylène, à de l'acétylène et à de l'iodure d'éthyle [W. Suida, *Mon. f. Chem.*, **1**, 713].

L'électrolyse de l'itaconate de potassium en solution alcaline donne naissance à une petite quantité d'acétylène [A. Béhal, *Bull. Soc. Chim.*, **48**, 798].

L'iodoforme réagit sur la poudre d'argent pour donner de l'acétylène [Cazeneuve, *C. R.*, **97**, 371].

Préparation. — M. de Forcrand, se basant sur des considérations thermochimiques, propose de préparer l'acétylène de la façon suivante : On dissout 2 grammes de potassium dans 20 ou 25 grammes d'alcool isobutylique; on chasse l'excès d'alcool en chauffant à 200° dans un courant d'hydrogène. La masse solide tapisse les parois du tube à essai; on le remplit de mercure et on le redresse sur la cuve à mercure. En introduisant un peu de bromure d'éthylène, on voit la réaction commencer immédiatement. On obtient de 500 à 600 centimètres cubes de gaz; on enlève les impuretés en ajoutant 1 centimètre cube d'alcool par 200 centimètres cubes de gaz, en répétant trois fois l'opération; enfin on absorbe les vapeurs d'alcool par la potasse solide ou par l'acide sulfurique [Forcrand, *C. R.*, **104**, 696].

Propriétés. — L'acétylène ne suit pas la loi de Mariotte : à la température ordinaire il faut 83 atmosphères pour le liquéfier; il forme alors un liquide très réfringent, plus léger que l'eau [Cailletet et Pictet, *C. R.*, **88**, 881].

La chaleur de combustion, sous pression constante, a été trouvée par M. Berthelot égale à 318^cal^,1; d'où il résulte qu'il est formé à partir des éléments avec une absorption de 55^cal^,1 (carbone amorphe) [Berthelot, *Ann. Chim. Phys.*, (5), **23**, 181]. M. Thomsen a trouvé pour la chaleur de combustion 310^cal^,340 [*D. chem. G.*, **15**, 329].

L'absorption de chaleur dans la formation de ce corps faisait pressentir qu'il devait être explosif. M. Berthelot a montré en effet que, sous l'influence de la détonation d'une capsule de fulminate, il fait explosion en se séparant en ses éléments [*C. R.*, **93**, 613].

Action des réactifs. — L'acétylène se combine avec les sels mercuriques en solution aqueuse en formant des produits blancs, insolubles dans le dissolvant. Ces combinaisons se décomposent à la température ordinaire, mais beaucoup plus rapidement à chaud, en donnant naissance à l'aldéhyde éthylique [Kutscheroff, *D. chem. G.*, 1529] et en régénérant le sel mercurique, de sorte qu'une quantité très faible de sel mercurique pourrait hydrater des quantités indéfinies d'acétylène.

L'acétylène déplace l'acide nitrique du nitrate d'argent en solution alcoolique. Il se forme un précipité blanc qui renferme de l'acétylure d'argent uni à du nitrate d'argent (voyez CARBURES ACÉTYLÉNIQUES) [Béhal, *Bull. Soc. Chim.*, **49**, 337].

M. Johnson propose de préparer l'acétylure cuivreux en conduisant l'acétylène dans une solution ammoniacale de sulfate de cuivre réduite au moyen du glucose à l'abri de l'air [Johnson, *Chem. News*, **49**, 187].

L'acétylène réagit sur la benzine en présence du chlorure d'aluminium pour donner naissance à trois séries de produits. L'une, bouillant à 143-145°, est formée de cinnamène; la seconde bout de 265 à 270°, et renferme probablement un mélange de diphényléthane et des bicrésyles?...; enfin, la portion passant entre 280 et 286° renferme du dibenzyle [R. Varet et G. Vienne, *Bull. Soc. Chim.*, **47**, 917].

M. Lubavine n'a pas pu obtenir de pyridine par l'action de la chaleur sur un mélange d'acétylène et d'acide cyanhydrique, comme l'avait annoncé Ramsay. Le résultat fut également négatif en faisant réagir l'acide cyanhydrique sur l'acétylure cuivreux [Lubavine, *Bull. Soc. Chim.*, **45**, 248].

Action de l'oxygène. — M. Bellamy a montré qu'un mélange d'acétylène et d'air passant sur un fil de platine ou d'argent à peine rougi détone et porte parfois auparavant ce fil au rouge blanc; un fil de cuivre se comporte de même; le fer possède également cette propriété, mais à un moindre degré [Bellamy, *C. R.*, **100**, 1460].

Soufre. — L'acétylène conduit dans du soufre bouillant donne naissance à un dégagement d'hydrogène sulfuré et de sulfure de carbone, en même temps qu'il se dépose du charbon; il se forme en outre un peu de thiophène [V. Meyer et Sandmeyer, *D. chem. G.*, **6**, 2176].

DÉRIVÉS DE SUBSTITUTION. — *Acétylène chloré*, $CH \equiv CCl$. — Obtenu par M. Wallach, en chauffant l'acide β-dichloracrylique avec de la baryte :

$$CCl^2=CH-CO^2H = C^2HCl + HCl + CO^2$$

[Wallach, *Ann. Chem.*, **203**, 88].

M. Sabanejeff a constaté que le chloroiodure d'acétylène C^2H^2ClI chauffé avec de l'eau est décomposé complètement à 140°, en donnant de l'acide iodhydrique, de l'acétylène chloré et une huile bouillant à 89-92°, répondant à la formule C^2H^3ClO et paraissant être de l'oxyde d'éthylène chloré [Sabanejeff, *Ann. Chem.*, **216**, 251].

L'acétylène chloré est un gaz spontanément inflammable et aussi spontanément décomposable, quand il est pur, avec dépôt de charbon; il se combine directement avec 4 atomes de brome. Il donne avec la solution de cuivre ammoniacale un précipité jaune-rougeâtre et avec la solution ammoniacale d'argent un précipité blanc. Ces deux précipités font violemment explosion sous l'influence de la chaleur.

Acétylène bromé, $CH \equiv CBr$. — Ce corps, découvert par M. Reboul, s'obtient encore si l'on fait bouillir le dibromure d'acétylène avec du carbonate de potassium dissous dans l'eau, ou avec de la soude caustique en solution aqueuse ou alcoolique. Le dibromure d'acétylène traité par le cyanure de potassium en solution alcoolique donne de l'acétylène bromé, et un peu d'un cyanure qui, décomposé par la potasse, donne un acide $C^4H^6O^5$ fondant de 155 à 168°.

Le phénol potassé, en solution alcoolique, transforme également le bromure d'acétylène en acétylène bromé [Sabanejeff, *Ann. Chem.*, **216**, 251 à 279].

On peut, suivant la manière d'opérer, ne pas obtenir du tout d'acétylène bromé ou au contraire obtenir un bon rendement; c'est ainsi qu'en opérant avec une solution de soude dans l'alcool absolu on n'obtient qu'un liquide lourd, insoluble dans l'eau, bouillant à 170-172° sous 747 millimètres et répondant à la formule $C^2HBr^2OC^2H^5$. On a un excellent rendement en opérant comme il suit : On introduit dans un ballon : soude 19 grammes, eau 20 grammes, dibromure d'acétylène 60 grammes; on adapte un réfrigérant. On fait passer un courant d'azote pour chasser l'air, et on fait tomber goutte à goutte 70 centimètres cubes d'alcool absolu, en chauffant de façon à obtenir un dégagement régulier de gaz : on recueille ainsi 15 ou 16 grammes d'acétylène bromé.

Ce corps précipite la solution ammoniacale de chlorure cuivreux, en donnant naissance à de l'acétylure cuivreux :

$$C^2HBr + 2Cu^2O + H^2O$$
$$= C^2H^2Cu^2O + 2CuO + HBr.$$

L'acétylène bromé, liquéfié et conservé à la lumière pendant quelques mois, se trouble, jaunit et laisse déposer un corps solide jaune, dont on peut extraire, au moyen de l'éther, de la benzine tribromée symétrique fondant à 120° [Sabanejeff, *Bull. Soc. Chim.*, **45**, 245]. La proportion de ce corps est d'environ 10 0/0.

Acétylène iodé, $CH \equiv CI$. — On l'obtient en décomposant l'iodopropargylate de baryum par un courant de vapeur d'eau.

C'est un liquide très volatil, soluble dans l'eau, à odeur d'oxychlorure de phosphore, vénéneux. Il se solidifie à basse température et, conservé pendant quelque temps, il semble se condenser en benzine triiodée symétrique, sublimable et fondant à 171°.

Traité par le chlorure cuivreux ammoniacal, il forme un précipité pourpre qui, par un excès de réactif, donne de l'iodure et de l'acétylure cuivreux [Ad. Baeyer, *D. chem. G.*, **18**, 2269].

Acétylène diiodé, $IC \equiv CI$. — M. Berend, par l'action de l'iode sur l'acétylure argentique, a obtenu un corps auquel il donnait la formule C^4H^2I, mais que M. Baeyer a identifié avec le diiodoacétylène [Berend, *Ann. Chem.*, **135**, 256]. Il fond à 78°, fait une légère explosion par la chaleur et se décompose déjà au bain-marie. Conservé pendant quelque temps à la lumière (Baeyer, voyez plus haut), il se décompose en donnant un corps fusible à 184°; peut-être ce corps est-il la benzine hexaiodée. Traité par le cyanure de potassium, il régénère l'acétylène. Le chlorure cuivreux ammoniacal employé en excès donne un mélange d'iodure et d'acétylure cuivreux.

PRODUITS D'ADDITION. — *Dichlorure d'acétylène*, $CHCl{=}CHCl$. — M. Sabanejeff n'a pu l'obtenir en faisant absorber l'acétylène par le pentachlorure d'antimoine; mais il le prépare en petite quantité en faisant passer l'acétylène dans du chlorure d'iode en solution aqueuse; il obtient en même temps du chloroiodure d'acétylène. Il en a de même obtenu une petite quantité en traitant le chlorobromure $CHClBr{-}CHClBr$ par le zinc en solution alcoolique [Sabanejeff, *Ann. Chem.*, **216**, 262].

Tétrachlorure d'acétylène (*éthane tétrachloré*). — Obtenu en traitant l'aldéhyde dichlorée par le perchlorure de phosphore [Paterno, Pisati, *Jahresber.*, 1871, 508]. Sa densité est égale à 1,614 à 0° et à 1,578 à 24°,3. Traité par la potasse alcoolique, il donne le composé C^2HCl^3, fusible à 88°. Chauffé pendant 100 heures à 360°, il donne de la benzine perchlorée. Traité par le zinc en solution alcoolique, il laisse dégager de l'acétylène pur.

Dibromure d'acétylène. — M. Sabanejeff conseille de préparer le dibromure d'acétylène au moyen du tétrabromure. Voici le mode opératoire : On introduit dans un vaste ballon muni d'un réfrigérant ascendant 2 parties de tétrabromure et du zinc en excès, puis, au moyen d'un entonnoir à robinet, on fait tomber 1 partie d'alcool absolu en agitant et en refroidissant. Après réaction, on filtre pour séparer le zinc, on ajoute de l'eau, quelques gouttes d'acide sulfurique, on lave le dibromure, puis on distille à la vapeur d'eau, on sèche et on fractionne. Il est inutile d'employer le bromure à l'état de pureté.

Le corps obtenu $CHBr{=}CHBr$ bout à 108-110°; il est incolore et possède une odeur chloroformique; sa densité à 0° = 2,271, à 19° = 2,223. Traité par 2 molécules d'acétate de potassium, il donne la *bromoacétine* correspondante

$$C^2H^2Br(C^2H^3O^2).$$

Cette dernière fait explosion par la chaleur.

Le cyanure de potassium donne, avec le dibromure, de l'acétylène bromé et le nitrile correspondant à un acide $C^4H^6O^5$. Le phénol potassé donne de l'acétylène bromé et la *bromophénylîne* $CHBr{=}CH.OC^6H^5$. Ce composé liquide commence à bouillir à 120°, mais il se décompose ensuite avec une grande violence [Sabanejeff, *Ann. chem.*, **216**, 251-279].

Chauffé à 110-120° avec une solution alcoolique de triméthylamine, le dibromure d'acétylène donne de la diméthylamine et du bromure de tétraméthylammonium; de même la triéthylamine donne de la diéthylamine et du bromure de tétréthylammonium [Plimpton, *D. chem. G.*, **14**, 1812].

Avec la benzine et le bromure d'aluminium, il donne du bibenzyle $C^6H^5{-}CH^2{-}CH^2{-}C^6H^5$.

Tétrabromure d'acétylène. — Le tétrabromure d'acétylène bout à 137-137°,2 sous 36 millimètres; c'est un liquide très réfringent, incristallisable à — 24°; poids spécifique = 2,95 à 17°,5; chauffé en tube scellé pendant 26 heures avec du brome et de l'eau, il donne un peu d'éthane perbromé et beaucoup d'éthylène perbromé [Anschütz, *D. chem. G.*, **12**, 2074].

Traité par le chlorure d'aluminium en présence de benzine, il donne de l'anthracène [Anschütz et Elzbacher, *D. chem. G.*, **16**, 623]; à froid, il donne, avec le zinc et l'alcool, le bromure d'acétylène, et à chaud l'acétylène. Il réagit à chaud sur la diméthylaniline pour donner l'*octométhyltétramidotétraphényléthane*; chacun des atomes de brome est remplacé par un résidu de diméthylaniline [Schoop, *D. chem. G.*, **13**, 2196].

Diiodure d'acétylène, $CHI{=}CHI$ (voy. Suppl., 1, 707, ÉTHYLÈNE DIIODÉ). — Le diiodure d'acétylène réagit sur 4 molécules de nitrate d'argent, en solution alcoolique, pour donner après ébullition le corps $C^2H^2I^2.4AzO^3Ag$. Celui-ci forme de longues aiguilles, qui ne sont que difficilement attaquées par l'acide nitrique à 150-200°; il se décompose, par une longue ébullition avec l'eau, en ses générateurs. L'acide chlorhydrique le détruit en mettant en liberté de l'acétylène [Sabanejeff, *Ann. Chem.*, **216**, 275]. A. Béhal.

ACÉTYLÈNE-CARBONIQUES (ACIDES). — Si dans l'acétylène

$$\begin{matrix} CH \\ ||| \\ CH \end{matrix}$$

on remplace 1 ou 2 atomes d'hydrogène par le radical CO^2H, on aura les acides *acétylène-mono-* ou *dicarbonique*. Par une extension incorrecte on a appelé *acide acétylène-tétracarbonique* l'acide

$$\begin{matrix} CH=(CO^2H)^2 \\ | \\ CH=(CO^2H)^2 \end{matrix}$$

qui doit plutôt être considéré comme dérivant de l'hydrocarbure

$$\begin{matrix} CH^3 \\ | \\ CH^3 \end{matrix}$$

et être appelé *acide éthane-tétracarbonique*.

Enfin les *acides polyacétylène-dicarboniques* s'obtiendront en remplaçant, dans le *polyacétylène* hypothétique

$$H-C\equiv C-C- \ . \ . \ . \ -C\equiv C-C\equiv C-H,$$

les 2 atomes d'hydrogène terminaux par des carboxyles CO^2H.

Nous étudierons ici tous ces acides acétylène-carboniques, à l'exception de l'acide acétylène-monocarbonique $CH\equiv C-CO^2H$, plus connu sous le nom d'*acide propargylique*.

ACIDE ACÉTYLÈNE-DICARBONIQUE. — Cet acide se prépare en traitant l'acide dibromosuccinique ou isodibromosuccinique par un léger excès de potasse alcoolique; la réaction est très vive au début, mais pour la terminer il est nécessaire de chauffer pendant une heure ou deux au bain-marie. Après refroidissement, on filtre et on lave soigneusement le précipité avec de l'alcool froid [Bandrowsky, *D. chem. G.*, **10**, 838]. Ce précipité est redissous dans l'eau et traité par l'acide sulfurique étendu jusqu'à ce que la réaction de la tropéoline apparaisse. Au bout de quelques heures, il se dépose un sel acide de potassium

$$\begin{matrix} C-CO^2H \\ ||| \\ C-CO^2K \end{matrix}$$

très peu soluble dans l'eau. On le recueille et on le traite par l'acide sulfurique étendu. La solution est ensuite agitée 15 ou 20 fois avec de l'éther, qui s'empare de l'acide acétylène-dicarbonique et l'abandonne par évaporation [Baeyer, *D. chem. G.*, **18**, 674].

Cet acide, desséché dans le vide sec, cristallise en tables solubles dans l'éther et fusibles à 175° en éprouvant une décomposition partielle.

Le *sel acide de potassium*, C^4O^4HK, est, nous l'avons déjà dit, peu soluble dans l'eau.

Le *sel de sodium*, $C^4O^4Na^2, 3\frac{1}{2}H^2O$, se précipite en aiguilles soyeuses par l'addition d'alcool à la solution de l'acide neutralisée par le carbonate de sodium.

L'azotate d'argent donne avec une solution étendue d'acide acétylène-dicarbonique un précipité cristallin qui se colore rapidement à la lumière. Ce sel détone violemment aussitôt qu'on le chauffe. L'acide azotique bouillant le transforme presque intégralement en cyanure d'argent.

Le *sel de zinc*, $C^4O^4Zn, 1\frac{1}{2}H^2O$, est efflorescent.

Le *sel de plomb*, C^4O^4Pb, H^2O, cristallise en lames nacrées insolubles dans l'eau.

Le *sel de cuivre*, $C^4O^4Cu, 3H^2O$, forme de belles lames dures et brillantes, peu solubles dans l'eau froide. Tous ces sels sans exception sont altérables par l'eau bouillante (Bandrowsky).

L'*éther méthylique*, $C^4O^4(CH^3)^2$, se prépare en chauffant le sel acide de potassium avec un mélange de 2 parties d'acide sulfurique et de 4 parties d'alcool méthylique. C'est un liquide d'odeur aromatique et piquante, bouillant à 195-198° en éprouvant une décomposition partielle [Bandrowsky, *D. chem. G.*, **15**, 2694].

L'*éther éthylique* se prépare par l'action de l'acide chlorhydrique sur une solution alcoolique de l'acide [Baeyer, *D. chem. G.*, **18**, 2271]. On peut encore l'obtenir par l'action de 2 molécules d'éthylate de sodium sur 1 molécule d'éther dibromosuccinique [G. Pum, *Mon. f. Chem.*, **9**, 446]. Il bout à 184° sous une pression de 200 millimètres (Baeyer); à 145-148° sous 15 millimètres de pression (Pum); il se combine avec le brome en solution chloroformique pour donner de l'éther dibromomaléique (Pum).

Action des réactifs. — L'acide acétylène-dicarbonique, traité par le brome en solution aqueuse, se transforme en bromoforme et en un acide *dibromacétylène-dicarbonique*, isomérique avec l'acide dibromomaléique, et pouvant se transformer en cet acide par simple distillation.

L'acide dibromacétylène-dicarbonique, présentant avec l'acide dibromomaléique les mêmes relations que l'acide fumarique avec l'acide maléique, peut être envisagé comme l'acide *dibromofumarique*.

L'acide acétylène-dicarbonique se combine avec les acides chlorhydrique, bromhydrique, iodhydrique pour donner des produits d'addition identiques avec les acides fumariques chloré, bromé et iodé.

Avec l'acide hypochloreux en solution aqueuse même très étendue, on observe une réaction des plus énergiques, et la majeure partie de l'acide est détruite (Bandrowsky).

L'eau bouillante décompose l'acide acétylène-dicarbonique avec dégagement d'acide carbonique. La solution aqueuse abandonne par évaporation de l'*acide propargylique*, $C^3H^2O^2$, fusible à 154° :

$$\begin{matrix} C-CO^2H \\ ||| \\ C-CO^2H \end{matrix} = CO^2 + \begin{matrix} CH \\ ||| \\ C-CO^2H \end{matrix}$$

L'amalgame de sodium transforme l'acide acétylène-dicarbonique en acide succinique.

ACIDE ÉTHANE-TÉTRACARBONIQUE (*acétylène-tétracarbonique*),

$$\begin{matrix} CH=(CO^2H)^2 \\ | \\ CH=(CO^2H)^2 \end{matrix}$$

— L'acide libre n'a pu encore être obtenu, mais on connaît son éther tétréthylique, que l'on peut préparer de plusieurs façons :

1° En traitant le chloromalonate d'éthyle par l'éther malonique sodé :

$$CHCl\begin{matrix} < CO^2C^2H^5 \\ < CO^2C^2H^5 \end{matrix} + CHNa\begin{matrix} < CO^2C^2H^5 \\ < CO^2C^2H^5 \end{matrix}$$

$$= NaCl + \begin{matrix} CO^2C^2H^5 \\ CO^2C^2H^5 \end{matrix} > CH-CH < \begin{matrix} CO^2C^2H^5 \\ CO^2C^2H^5 \end{matrix}$$

[Conrad et Bischoff, *D. chem. G.*, **13**, 601].

2° En réduisant par l'acide chlorhydrique et le zinc l'éther bicarbine-tétracarbonique,

$$(COOC^2H^5)^2=C=C=(COOC^2H^5)$$

[Conrad et Guthzeit, *D. chem. G.*, **16**, 2631].

3° En traitant par l'iode l'éther malonique sodé [Bischoff et Rach, *D. chem. G.*, **17**, 2781].

On dissout 2gr,3 de sodium dans l'alcool absolu, on ajoute à la solution 16 grammes d'éther malonique, puis de l'éther ordinaire jusqu'à trouble commençant. On verse alors dans le mélange une solution éthérée de 12gr.7 d'iode, puis on lave à l'eau et à l'hyposulfite. Par évaporation de l'éther, on obtient l'*éthane-tétracarbonate d'éthyle*, en grands cristaux prismatiques fusibles à 75-76° et bouillant à 305° sans décomposition notable.

Propriétés. — Cet éther n'est pas saponifiable : la potasse aqueuse ou l'acide chlorhydrique étendu le transforment en *acide éthane-tricarbonique*,

$$CO^2H - CH^2 - CH(CO^2H)^2,$$

avec dégagement de gaz carbonique et d'alcool.

La potasse alcoolique ne saponifie que deux des groupes $COOC^2H^5$ et transforme cet éther en *éthane-tétracarbonate acide d'éthyle*

$$\begin{array}{c} CO^2H - CH - CO^2C^2H^5 \\ | \\ CO^2H - CH - CO^2C^2H^5 \end{array}$$

Pour préparer ce dernier composé, on traite la solution de 28 grammes d'éthane-tétracarbonate tétréthylique dans 600 centimètres cubes d'alcool absolu par 36 grammes de potasse dissoute dans 120 centimètres cubes d'alcool. Le mélange est bien refroidi, puis laissé en repos pendant 24 heures. On sépare alors le sel qui se dépose, on le lave à l'alcool et on le traite par l'acide chlorhydrique en présence d'éther [Guthzeit, *Ann. Chem.*, **214**, 72]. Ce dissolvant abandonne à l'évaporation de belles tables aiguës, fusibles à 132-135° en perdant de l'acide carbonique. Ces cristaux répondent à la formule $C^{10}H^{14}O^4 . \frac{1}{2}H^2O$. On ne peut leur enlever la demi-molécule d'eau qu'ils renferment sans les détruire totalement. Par un brusque échauffement, on peut décomposer cet éther en gaz carbonique et éther succinique.

L'éthane-tétracarbonate neutre d'éthyle renferme 2 atomes d'hydrogène remplaçables par du sodium.

Le *sel* $C^2Na^2(CO^2C^2H^5)^4$ s'obtient en additionnant d'éther ordinaire un mélange d'éthylate de sodium et d'éthane-tétracarbonate d'éthyle.

Ce dernier composé, traité par l'ammoniaque, se transforme en *éthane-tétracarbamide*,

$$(CO . AzH^2)^2CH - CH(CO . AzH^2)^2$$

[Bischoff et Rach, *D. chem. G.*, **17**, 2781].

Ce corps cristallise en tables rectangulaires incolores, peu solubles dans l'eau et dans l'alcool et décomposables vers 230°.

Dérivés alcooliques. — Si l'on traite le dérivé sodique de l'éthane-tétracarbonate d'éthyle par des iodures alcooliques, on obtiendra des dérivés répondant à la formule

$$(CO^2C^2H^5)^2CR - CR(CO^2C^2H^5)^2.$$

Ainsi l'iodure de méthyle, réagissant en tubes scellés à 180-200° sur ce dérivé sodé, le transformera en *diméthyléthane-tétracarbonate d'éthyle*.

Ce corps pourra encore s'obtenir en traitant par l'iode le méthylmalonate d'éthyle sodé :

$$2\left[CH^3 . C(Na) \begin{array}{l} < CO^2C^2H^5 \\ < CO^2C^2H^5 \end{array}\right] + I^2$$

$$= 2NaI + \begin{array}{c} (CO^2C^2H^5)^2 \\ || \\ C - CH^3 \\ | \\ C - CH^3 \\ || \\ (CO^2C^2H^5)^2 \end{array}$$

ou en traitant le même éther par le chlorométhylmalonate d'éthyle.

Le diméthyléthane-tétracarbonate d'éthyle forme un liquide incolore, bouillant vers 250° sous une pression de 170 millimètres. Sa densité à 15° est de 1,114. La potasse alcoolique bouillante le transforme en acide diméthylsuccinique.

L'*éthyléthane-tétracarbonate d'éthyle* se prépare en faisant bouillir un mélange en proportions moléculaires d'éthylmalonate d'éthyle, d'éthylate de sodium, et de chloromalonate d'éthyle dissous dans l'alcool absolu. On précipite par l'eau et on rectifie. On obtient ainsi l'éther

$$(CO^2C^2H^5)^2 = CH - C \begin{array}{l} < C^2H^5 \\ < (CO^2C^2H^5)^2 \end{array}$$

sous la forme d'un liquide huileux, incolore, bouillant à 200° sous une pression de 15 centimètres.

Le chlore à 70-80° le convertit en *monochloréthyléthane-tétracarbonate d'éthyle*, liquide épais et huileux, non distillable.

Acide biacétylène-dicarbonique,

$$CO^2H - C \equiv C - C \equiv C - CO^2H.$$

— Cet acide se forme dans l'oxydation de l'éther propargylique $CH \equiv C - CO^2C^2H^5$. On commence par préparer le dérivé cuivreux de cet éther en le mettant en suspension dans 1000 parties d'eau et le traitant par le chlorure cuivreux ammoniacal. Il se forme un précipité que l'on doit employer immédiatement et par portions de 1 gramme au plus. On en délaye cette quantité dans 20 grammes d'eau, et on le traite par une solution de 2 grammes de potasse dans 10 centimètres cubes d'eau. On y ajoute alors une solution saturée à froid de 3 grammes de ferricyanure additionné de 0gr,5 de potasse. On agite rapidement pendant une demi-minute et l'on verse dans un excès d'acide sulfurique à 20 0/0 ; on filtre et on agite 15 ou 20 fois avec de l'éther. La solution éthérée est séchée sur du chlorure de calcium et additionnée d'ammoniaque alcoolique aussi concentrée que possible. Cette opération doit se faire dans l'obscurité. Le sel ammoniacal est recueilli à l'abri de la lumière, essoré sur du papier à filtrer et traité par l'acide sulfurique à 20 0/0. La liqueur sulfurique agitée avec de l'éther cède à ce dissolvant l'acide biacétylène-dicarbonique.

Ce composé cristallise en tables losangiques qui se colorent à 100° et détonent violemment à 177°. Ces tables ont pour formule $C^6H^2O^4 , H^2O$: l'eau de cristallisation ne peut être éliminée [Baeyer, *D. chem. G.*, **18**, 674].

L'amalgame de sodium transforme cet acide, à froid, en acide hydromuconique ; à chaud, en acide adipique. Dans les deux cas, on observe la présence d'acide propionique en quantité notable. Mais si l'on réduit une solution alcoolique de cet acide par la poudre de zinc et l'acide chlorhydrique, on n'obtient que de l'acide adipique, avec des traces seulement d'acide propionique [Baeyer, *D. chem. G.*, **18**, 2271].

Le *biacétylène-dicarbonate d'éthyle*,

$$CO^2C^2H^5 - C \equiv C - C \equiv C - CO^2C^2H^5,$$

se prépare en traitant par le gaz chlorhydrique une solution d'acide biacétylène-dicarbonique dans l'alcool. Cet éther est huileux et non distillable.

La poudre de zinc et l'acide chlorhydrique en solution alcoolique le dédoublent et le transforment par suite en un oxyde mixte,

$$CH \equiv C - CH^2 . OC^2H^5,$$

l'éther propargyléthylique. On voit donc que dans les mêmes circonstances l'acide se réduit moins profondément que son éther.

Acide tétracétylène-dicarbonique,

$$CO^2H - C \equiv C - C \equiv C - C \equiv C - C \equiv C - CO^2H$$

[Baeyer, *D. chem. G.*, **18**, 2271]. — En chauffant au bain-marie le biacétylène-dicarbonate acide de sodium, on observe un vif dégagement de gaz carbonique, et l'on obtient un acide cristallisable, soluble dans l'éther, et précipitable par le chlorure cuivreux. Cet acide doit être l'*acide biacétylène-monocarbonique* $CH \equiv C-C \equiv C-CO^2H$. Son instabilité ne permet pas de le purifier suffisamment pour l'analyse. On peut, en le traitant comme l'acide propargylique (voyez ACIDE BIACÉTYLÈNE-DICARBONIQUE), le transformer en acide tétracétylène-dicarbonique. Cet acide cristallise très bien; mais si on l'expose à la lumière, il noircit d'abord, puis détone violemment. Ch. Cloëz.

ACÉTYLÈNE-TRIPHÉNYLTRIAMINE,

$$C^{20}H^{19}Az^3 = C^2H^2 . Az^3H^3(C^6H^5)^3$$

[Sabanejeff, *Ann. chem.*, **178**, 125]. — Ce composé prend naissance par l'action d'une solution alcoolique de potasse (4 molécules) sur une dissolution bien refroidie de tétrabromure d'acétylène (1 molécule) dans l'aniline (2 molécules). Lorsque la réaction est terminée, on chasse l'alcool par distillation, on lave le résidu avec de l'eau, puis on fait recristalliser plusieurs fois dans l'alcool. On obtient ainsi des aiguilles fusibles à 190°, insolubles dans l'eau, très peu solubles dans l'alcool froid.

La solution chlorhydrique de cette base donne, avec les chlorures de mercure et de platine, des précipités amorphes, insolubles dans l'eau et répondant aux formules $(C^{20}H^{19}Az^3 . HCl)^4 3HgCl^2$ et $(C^{20}H^{19}Az^3 . HCl)^2PtCl^4$.

ACÉTYLÉNIQUES (CARBURES). — On a souvent réuni sous le nom de *carbures acétyléniques* tous les composés d'hydrogène et de carbone capables de s'unir par addition à 4 atomes d'un élément halogène pour donner des composés saturés. On les envisageait comme dérivant des carbures forméniques, et on les comprenait dans la formule C^nH^{2n-2}.

Aujourd'hui, les carbures répondant à la formule C^nH^{2n-2} peuvent se diviser au moins en quatre classes, qui se distinguent par leurs réactions et par leur constitution :

1° Carbures acétyléniques proprement dits;
2° Carbures acétyléniques substitués;
3° Carbures alléniques;
4° Carbures biéthyléniques.

Enfin, à côté de ces composés, on peut signaler des corps non saturés répondant à la formule C^nH^{2n-2} et qui dérivent probablement de corps à chaîne fermée; tel est, par exemple, l'heptine, obtenu pour la première fois dans la distillation de la colophane et que M. Maquenne a trouvé être identique avec le carbure qui prend naissance dans la réduction de la perséite au moyen de l'acide iodhydrique [Maquenne, *C. R.*, **108**, 101-103].

Les carbures biéthyléniques et les carbures de la dernière classe ne présentent que peu de termes connus, et par suite prêtent peu aux généralités.

Nous allons exposer successivement l'histoire des carbures acétyléniques proprement dits, des carbures acétyléniques substitués, et enfin des carbures alléniques.

Quant aux carbures biéthyléniques, ils présentent en général deux fois les réactions de l'éthylène, et leur histoire est calquée sur celle de l'éthylène : aussi nous dispenserons-nous de la faire.

CARBURES ACÉTYLÉNIQUES VRAIS.

Ces composés répondent au schéma $RC \equiv CH$. Cette constitution a été indiquée par M. Friedel [*C. R.*, **47**, 1192]. Ils sont caractérisés par la propriété qu'ils possèdent de donner avec les réactifs cuivreux et argentiques des composés dans lesquels l'atome d'hydrogène acétylénique est remplacé par un atome de métal.

Préparation. — On traite par la potasse alcoolique un chlorure ou un bromure correspondant à une aldéhyde possédant à côté du groupe CHO un groupe CH^2, c'est-à-dire répondant au schéma $R-CH^2-CHO$. La température ne doit pas dépasser 150° [Limpricht et Rubien, *Ann. Chem.*, **103**, 80]. La réaction se passe en deux phases : dans la première, il se forme un carbure éthylénique monohalogéné; dans la seconde, ce carbure éthylénique monohalogéné se transforme en carbure acétylénique. Ainsi le chlorure d'amylidène donne de l'amylène chloré, puis du propylacétylène :

$$CH^3-CH^2-CH^2-CH^2-CHCl^2;$$
$$CH^3-CH^2-CH^2-CH=CHCl;$$
$$CH^3-CH^2-CH^2-C \equiv CH.$$

On peut employer, au lieu du dérivé chloré correspondant à une aldéhyde, le dérivé chloré ou bromé correspondant à une acétone renfermant un groupe acétyle [Friedel, *C. R.*, **47**, 1192].

On peut encore se servir du chlorure, bromure, iodure correspondant à un carbure éthylénique, à condition que la fonction éthylénique soit terminale [Limpricht et Rubien, *Zeit. f. Chem.*, 1867].

Enfin, sous l'influence du sodium, les carbures acétyléniques substitués se transforment en dérivés sodés correspondant aux carbures acétyléniques vrais; ces dérivés sodés, traités par l'eau, régénèrent le carbure acétylénique vrai; parfois même il ne se forme pas de dérivé sodé et le carbure acétylénique prend directement naissance. Le mode d'action du sodium est inconnu [Favorsky, *J. prakt. Chem.*, **37**, 417, 431. — Béhal, *Bull. Soc. Chim.*, **50**, 629-631].

Il est préférable, dans la plupart des cas, de se servir de potasse sèche fondue lorsqu'on se propose d'obtenir les carbures acétyléniques.

La combustion incomplète d'un grand nombre de substances donne naissance à de l'acétylène; de même l'action de la chaleur sur les carbures donne naissance à des carbures C^nH^{2n-2} tantôt acétyléniques vrais, tantôt acétyléniques substitués.

Propriétés physiques. — Les premiers termes de la série des carbures acétyléniques vrais sont gazeux à la température ordinaire; les autres, jusqu'au carbure C^{14}, sont liquides; à partir de ce terme, ils sont solides à la température ordinaire : ainsi l'octodécylène fond à 30°.

Ils possèdent une odeur forte, mais leur odeur s'atténue à mesure que leur teneur en carbone augmente. Leur point d'ébullition est plus élevé que celui des carbures saturés et des carbures éthyléniques correspondants.

Propriétés chimiques. — Ils se combinent avec les éléments halogènes pour donner naissance, par exemple avec le brome, d'abord à des dérivés dibromés, puis à des dérivés tétrabromés. Le dérivé dibromé se forme en général en dégageant beaucoup de chaleur; le dérivé tétrabromé ne se forme parfois que par un contact prolongé du dibromure avec un excès de brome. Ces dérivés ne distillent pour la plupart qu'en se décomposant.

Les carbures acétyléniques se combinent directement avec le chlorure cuivreux, en solution ammoniacale, pour donner des dérivés généralement jaunes; par exception, l'acétylène et le biacétylène donnent une combinaison rouge. Les composés cupriques formés répondent à la formule $(R-C \equiv C)^2Cu$, ou encore à la formule

$$R-C \equiv C-CuOH.$$

Ces composés s'oxydent facilement au contact de l'air.

Sous l'influence d'oxydants peu énergiques,

tels que le ferricyanure de potassium, ils doublent leur molécule en donnant des composés biacétyléniques $R-C\equiv C-C\equiv C-R$

En traitant les combinaisons cupriques par les acides étendus, en particulier par l'acide chlorhydrique, on peut régénérer les carbures à l'état de pureté.

Le nitrate d'argent ammoniacal en solution aqueuse donne des dérivés dont l'hydrogène acétylénique est remplacé par 1 atome d'argent $R-C\equiv C-Ag$. Ces composés se détruisent pour la plupart avec explosion, soit sous l'influence de la chaleur, soit sous l'influence du choc. Le nitrate d'argent en solution alcoolique, réactif plus sensible que les précédents, donne des combinaisons qui résultent de la substitution de l'hydrogène acétylénique, en même temps qu'il y a addition d'une molécule de nitrate d'argent. Ces composés sont parfois solubles dans l'alcool et cristallisent alors très bien; ils répondent à la formule

$$R-C\equiv CAg\,.\,AzO^3Ag$$

[A. Béhal. *Bull. Soc. Chim.*, **49**, 335].

Les sels mercuriques (sulfate, chlorure, bromure) se combinent avec les carbures acétyléniques en donnant des combinaisons auxquelles M. Koutcheroff [*D. chem. G.*, **17**, 13] attribue la formule suivante, par exemple pour l'allylène :

$$2C^3H^4\,.\,3HgO\,.\,3HgCl^2.$$

Ces combinaisons métalliques ne semblent pas présenter de formule bien nettement définie. Leur composition paraît varier avec la quantité de liquide employée pour leur préparation. Ce fait ne doit point surprendre, puisque l'on sait que les composés dont il s'agit se dissocient par l'eau [Béhal, *Ann. Chim. Phys.*, (6), **15**, 281].

L'iodure mercurique ne donne point de combinaison.

Ces combinaisons mercuriques, bouillies avec de l'eau, engendrent de l'aldéhyde avec l'acétylène et des méthylacétones avec tous les autres termes : en même temps le sel mercurique est mis en liberté sans altération.

L'acide sulfurique produit une hydratation analogue. Si l'on dissout les carbures acétyléniques avec précaution dans l'acide sulfurique soit pur, soit au 1/5, et si l'on étend la solution sulfurique avec de la glace, de façon à produire un abaissement de température, il se forme de même des méthylacétones ; l'acétylène donnerait, d'après M. Berthelot, un mélange de deux produits.

L'allylène, en même temps qu'il donne de l'acétone par hydratation, produit souvent encore de la triméthylbenzine, qui peut être considérée comme un produit de polymérisation de l'allylène, ou comme un produit de déshydratation de l'acétone avec polymérisation.

Le sodium, le potassium, peuvent se substituer à l'hydrogène acétylénique en engendrant des combinaisons sodées ou potassées. Ces dérivés sont décomposables par l'eau et par l'alcool, en régénérant le carbure ; traités par l'acide carbonique sec, ils engendrent des acides acétylène-carboniques $R-C\equiv C-COOK$.

Chauffés avec la potasse alcoolique, à une température supérieure à 150°, ces carbures subissent une transformation isomérique qui en fait, soit des carbures acétyléniques substitués, si le carbone uni au groupe acétylénique est saturé par 2 atomes d'hydrogène, soit des carbures alléniques, si ce carbone n'est saturé que par 1 atome d'hydrogène. Enfin, il n'y a pas de transformation si le carbone voisin du carbone acétylénique n'est pas uni à de l'hydrogène

1° $CH^3.CH^2.CH^2-C\equiv CH = CH^3-CH^2-C\equiv C-CH^3$.
Propylacétylène. — Méthyléthylacétylène.

2° $\begin{matrix}CH^3\\CH^3\end{matrix}>CH-C\equiv CH = \begin{matrix}CH^3\\CH^3\end{matrix}>C=C=CH^2$.
Isopropylacétylène. Diméthylallène dissymétrique.

3° $\begin{matrix}CH^3\\CH^3\\CH^3\end{matrix}\!\!-C-C\equiv CH$ Pas de transformation.
Isobutylacétylène.

Oxydés, les carbures acétyléniques se scindent généralement à l'endroit de la triple liaison.

CARBURES ACÉTYLÉNIQUES SUBSTITUÉS,

$R-C\equiv C-R'$.

— Les carbures acétyléniques substitués ne donnent pas de dérivés métalliques de substitution, mais ils se combinent avec les sels de mercure ; ils donnent, par hydratation, des acétones.

Préparation. — 1° On traite par la potasse alcoolique le chlorure correspondant à une acétone n'ayant point de groupe méthyle, et possédant au voisinage du groupe carbonyle un groupe CH^2, c'est-à-dire répondant au schéma

$$R-CH^2-CO-R',$$

R' étant au moins un radical éthyle.

2° On peut employer un bromure éthylénique non terminal.

3° En déshydratant quelques acétones au moyen de l'acide phosphorique anhydre.

4° Par transformation des carbures acétyléniques vrais, sous l'influence de la potasse alcoolique.

Propriétés. — Les carbures acétyléniques disubstitués possèdent les mêmes propriétés physiques générales que les carbures acétyléniques vrais.

Ils ne se combinent ni avec le chlorure cuivreux, ni avec le nitrate d'argent, tous deux en solution ammoniacale. Le nitrate d'argent alcoolique est de même sans action ; mais les sels mercuriques s'y combinent de la même façon qu'avec les carbures acétyléniques vrais. Ces combinaisons sont détruites par l'eau, en donnant naissance à des acétones.

L'action des éléments halogènes est la même que pour les carbures acétyléniques vrais.

L'acide sulfurique les hydrate et paraît donner simultanément naissance à deux produits isomériques

$$R-CO-CH^2-R' \qquad R-CH^2-CO-R'$$

[Béhal, *Bull. Soc. Chim.*, **50**, 359].

Ces carbures peuvent former, comme nous l'avons vu au reste pour les carbures acétyléniques vrais, des produits de condensation ; ainsi le diméthylacétylène donne de l'hexaméthylbenzine.

Nous avons déjà dit que, sous l'influence du sodium, ces carbures donnent naissance soit directement au carbure acétylénique correspondant, soit à son dérivé sodé.

CARBURES ALLÉNIQUES,

$$\begin{matrix}R\\R'\end{matrix}>C=C=C<\begin{matrix}R''\\R'''\end{matrix}$$

R, R', R'', R''' pouvant représenter soit des atomes d'hydrogène, soit des résidus de carbures.

Ces carbures possèdent les réactions chimiques des carbures acétyléniques substitués. Ils ne se combinent pas aux réactifs cuivreux ni argentiques, mais bien aux sels mercuriques.

Par hydratation, ils donnent naissance à des acétones. Ils se transforment, sous l'influence du sodium, en dérivés sodés des carbures acétyléniques. On ne peut donc les distinguer aujourd'hui des carbures acétyléniques substitués par aucune réaction, mais on se base sur leur mode de préparation pour en assurer l'existence.

Préparation. — 1° On peut les obtenir en partant d'une acétone dans laquelle les 2 atomes de carbone voisins du groupe carbonyle ne possèdent chacun que 1 atome d'hydrogène. On fait le dérivé dihalogéné de cette acétone soit au moyen du perchlorure de phosphore, soit à l'aide du chlorobromure; puis l'on traite à la manière ordinaire ce dérivé halogéné par la potasse alcoolique. Voici les schémas de la réaction :

$$\begin{matrix}R\\R'\end{matrix}>CH-CO-CH<\begin{matrix}R''\\R'''\end{matrix}+PCl^5$$

$$=POCl^3+\begin{matrix}R\\R'\end{matrix}>CH-CCl^2-CH<\begin{matrix}R''\\R'''\end{matrix}$$

$$\begin{matrix}R\\R'\end{matrix}>CH-CCl^2-CH<\begin{matrix}R''\\R'''\end{matrix}$$

$$=\begin{matrix}R\\R'\end{matrix}>C=C=C<\begin{matrix}R''\\R'''\end{matrix}+2HCl.$$

2° On traite par la potasse alcoolique, à haute température, un carbure acétylénique vrai possédant au voisinage du groupe acétylénique 1 atome de carbone secondaire. Il se fait, dans ce cas, une transformation moléculaire, et l'on obtient un carbure allénique ; ainsi, l'isopropylacétylène donne le diméthylallène dissymétrique

$$\begin{matrix}CH^3\\CH^3\end{matrix}>CH-C\equiv CH=\begin{matrix}CH^3\\CH^3\end{matrix}>C=C=CH^2.$$

3° En traitant par la poudre de zinc en solution alcoolique le dérivé dibromé d'un carbure éthylénique, correspondant à un carbure allénique; au moins MM. Gustavson et Demjanoff [*J. prakt. Chem.*, (2), **38**, 205] ont-ils préparé de cette façon l'allène.

4° En traitant par la potasse alcoolique les dérivés halogénés de la forme

$$\begin{matrix}R\\R'\end{matrix}>CX-CHX-CH^2-R'',$$

X représentant un élément halogène, R et R′ représentant des restes de carbure, R″ représentant soit un atome d'hydrogène, soit un reste de carbure. A. Béhal.

ACÉTYLIDÈNE. — On a donné le nom d'*acétylidène* au radical bivalent non saturé dérivé de l'éthylène $CH^2=C=$. Ce radical ne peut pas exister à l'état de liberté. Néanmoins les dérivés disubstitués dissymétriques de l'éthylène peuvent, par définition, être considérés comme des produits d'addition de l'acétylidène : ainsi l'éthylène α-dibromé $CH^2=CBr^2$ est encore appelé *bromure d'acétylidène*. — Pour les dérivés acétylidéniques, voyez ÉTHYLÈNE.

ACÉTYL - MÉTHYL - PENTAMÉTHYLÈNE-CARBONIQUE (ACIDE) [H. G. Colman et W. H. Perkin, *D. chem. G.*, **24**, 742]. — On obtient l'éther éthylique de cet acide en faisant réagir le bromure d'α-δ-amylène normal sur l'acétylsodacétate d'éthyle :

$$2CH^3-CO-CHNa-CO^2C^2H^5$$
$$+CH^2Br-CH^2-CH^2-CHBr-CH^3$$
$$=2NaBr+CH^3-CO-CH^2-CO^2C^2H^5$$
$$+CH^2\begin{matrix}\diagup CH^2-CH-CH^3\\ \diagdown CH^2-C<\begin{matrix}CO-CH^3\\CO^2.C^2H^5\end{matrix}\end{matrix}$$

Cet éther bout à 237-238°. Chauffé avec de la potasse alcoolique, il donne de l'acide méthylpentaméthylène-carbonique et de la méthylpentaméthylène-méthylcétone, suivant les deux équations

$$CH^2\begin{matrix}\diagup CH^2-CH-CH^3\\ \diagdown CH^2-C<\begin{matrix}CO.CH^3\\CO^2C^2H^5\end{matrix}\end{matrix}+2KOH$$

$$=CH^3.CO^2K+C^2H^6O+CH^2\begin{matrix}\diagup CH^2-CH-CH^3\\ \diagdown CH^2-CH-CO^2K\end{matrix}$$

et

$$CH^2\begin{matrix}\diagup CH^2-CH-CH^3\\ \diagdown CH^2-C<\begin{matrix}CO.CH^3\\CO^2C^2H^5\end{matrix}\end{matrix}+2KOH$$

$$=CO^3K^2+C^2H^6O+CH^2\begin{matrix}\diagup CH^2-CH-CH^3\\ \diagdown CH^2-CH-CO-CH^3\end{matrix}$$

ACÉTYL-MÉTHYL-TRIMÉTHYLÈNE-CARBONIQUE (ACIDE),

$$\begin{matrix}CH^3-CO-C-CO^2H\\ \diagup\ \diagdown\\ CH^3-CH-CH^2\end{matrix}$$

[W. H. Perkin, *D. chem. G.*, **17**, 1440]. — Ce composé prend naissance, à l'état d'éther éthylique, lorsqu'on chauffe un mélange d'éthylate de sodium, de bromure de propylène et d'éther acétylacétique. La réaction est parallèle en tout point à celle qui fournit l'éther acétyl-triméthylène-carbonique (voyez ce mot).

L'acide obtenu en saponifiant l'éther par la potasse alcoolique est une huile épaisse, presque incolore, qui se décompose par la chaleur en perdant de l'acide carbonique, et en donnant un liquide odorant qui paraît être l'acétyl-méthyl-triméthylène.

Le *sel d'argent*, $C^7H^9O^3Ag$, est une poudre blanche, amorphe, un peu soluble dans l'eau.

L'*éther éthylique*, $C^7H^9O^3.C^2H^5$, est un liquide incolore, huileux, bouillant à 210-215° sous 720 millimètres.

ACÉTYLPROPIONIQUE (ACIDE). — Voyez ACIDE LÉVULIQUE.

ACÉTYLPROPYLBENZINE,

$$CH^3.CH^2.CH^2_{(1)}-C^6H^4-CO_{(4)}.CH^3$$

[O. Widman, *D. chem. G*, **21**, 2224]. — Ce corps prend naissance par l'action du chlorure d'acétyle sur la propylbenzine en présence du chlorure d'aluminium. C'est un liquide incolore, mobile, doué d'une odeur aromatique forte; sa densité est de 0,9785 à 15°; il bout en se décomposant partiellement à 259° sous 765 millimètres de pression.

Oxydée par le permanganate de potassium en solution alcaline, l'acétylpropylbenzine donne de l'acide téréphtalique. Oxydée par l'acide nitrique (d = 1,07) bouillant, elle se convertit en acide p-propylbenzoïque.

Chauffée au bain-marie avec une solution alcoolique d'hydroxylamine, elle fournit une *oxime* $C^3H^7-C^6H^4-C(AzOH)-CH^3$, en grandes lamelles rhomboïdales incolores, fusibles à 43-44°.

L'*hydrazone* cristallise dans l'éther de pétrole en lamelles hexagonales, jaunâtres, fusibles avec décomposition à 92°.

ACÉTYLPROPYLNITROBENZINE,

$$C^3H^7_{(1)}-C^6H^3<\begin{matrix}AzO^2_{(3)}\\CO_{(4)}-CH^3\end{matrix}$$

— On prépare ce dérivé en traitant l'acétylpropylbenzine par un mélange de 5 parties d'acide nitrique (d = 1,53) et de 5 parties d'acide sulfurique, à la température de 0°. C'est un liquide huileux, jaunâtre, soluble dans l'éther.

Chauffée avec une solution alcoolique d'hydroxylamine, l'acétylpropylnitrobenzine donne une *oxime*, $C^3H^7-C^6H^3(AzO^2)-C(AzOH)-CH^3$; cette dernière cristallise dans un mélange de benzine et d'éther de pétrole en grands prismes brillants, fusibles à 86°.

Réduite en solution alcaline par le sulfate ferreux, cette oxime se transforme en *propylamidobenzine-méthylcarboxime*,

$$C^3H^7-C^6H^3(AzH^2)-C(AzOH)-CH^3,$$

fusible à 116-117°.

L'*hydrazone*,

$$C^3H^7-C^6H^3(AzO^2)-C(Az^2H.C^6H^5)-CH^3,$$

cristallise dans l'alcool en fines aiguilles rouges, fusibles à 138-139°.

Oxydée par le permanganate de potassium en solution alcaline, l'acétylpropylnitrobenzine fournit de l'acide m-nitro-p-propylbenzoïque.

Ad. Fauconnier.

ACÉTYLPROPYLIQUE (ALCOOL). — L'alcool acétylpropylique se prépare en faisant réagir l'acide chlorhydrique étendu sur l'éther brométhylacétylacétique :

$$CH^3.CO.CH(CH^2.CH^2Br).CO^2C^2H^5+2H^2O$$
$$=CH^3.CO.CH^2.CH^2.CH^2OH+CO^2$$
$$+C^2H^6O+HBr$$

[W.-H. Perkin et P.-C. Freer, *D. chem. G.*, **19**, 2561].

On fait bouillir pendant 2 heures 20 grammes d'éther avec 5 grammes d'acide chlorhydrique concentré et 20 grammes d'eau. On obtient un liquide limpide qui, saturé par le carbonate de potassium, laisse déposer une huile qu'on dissout dans l'éther. L'éther est évaporé, et le résidu est agité avec 5 fois son poids d'eau.

Le liquide aqueux, filtré et saturé par le carbonate de potassium, laisse déposer une huile que l'on reprend par l'éther. Ce traitement est répété plusieurs fois, et l'on obtient finalement l'alcool acétylpropylique dans un état satisfaisant de pureté.

On peut encore le préparer en faisant bouillir l'acide acétyltriméthylène-carbonique avec une grande quantité d'eau [Perkin et Freer, *Chem. Soc.*, **51**, 820].

On observe quantitativement la réaction suivante :

$$\begin{matrix}CH^2\\|\\CH^2\end{matrix}\!\!>C<\!\!\begin{matrix}CO-CH^3\\ \\CO^2H\end{matrix}+H^2O$$
$$=CO^2+CH^3.CO.CH^2.CH^2.CH^2OH.$$

Propriétés. — Cet alcool se présente comme une huile incolore, assez instable, soluble dans l'eau et dans l'éther, réduisant le nitrate d'argent ammoniacal, mais non les solutions alcalines de cuivre. Il se combine avec la phénylhydrazine en donnant une huile jaunâtre ; par l'action de la chaleur, il se transforme en anhydride

$$CH^3-C=CH-CH^2-CH^2.$$
$$\llcorner\!\!-\!\!-\!\!-O-\!\!-\!\!-\!\!\lrcorner$$

L'amalgame de sodium le convertit en *γ-pentylène-glycol* (voyez GLYCOLS AMYLÉNIQUES, Suppl., **2**).

ALCOOL ACÉTYLISOPROPYLIQUE,

$$CH^3-CO-CH^2-CH<\begin{matrix}OH\\CH^3\end{matrix}$$

— MM. Fittig et Erlenbach [*D. chem. G.*, **21**, 2138] avaient cru obtenir cet alcool dans les conditions suivantes :

Lorsque l'on fait réagir le sodium sur l'éther monochloracétique, on obtient un composé

$$C^8H^{13}ClO^4$$

que la poudre de zinc transforme aisément en $C^8H^{14}O^6$. L'acide chlorhydrique étendu et bouillant décompose ce dernier corps en alcool, acide carbonique et en un composé $C^5H^{10}O^2$ qui fut d'abord considéré comme l'alcool acétylisopropylique. Mais plus tard [*D. chem. G.*, **21**, 2647] MM. Fittig et Erlenbach démontrèrent que ce composé n'était autre que l'oxéthylacétone,

$$CH^3-CO-CH^2.OC^2H^5,$$

découverte précédemment par M. Henry.

Ch. Cloëz.

ACÉTYLPYRUVIQUE (ACIDE) [Syn. *Acétonoxalique*],

$$CH^3-CO-CH^2-CO-CO^2H$$

[L. Claisen et N. Stylos, *D. chem. G.*, **20**, 2188 et **21**, 1141]. — Cet acide se produit à l'état d'éther par la réaction de l'éthylate de sodium sur un mélange d'acétone et d'oxalate d'éthyle :

$$CH^3-CO-CH^3+\begin{matrix}CO^2.C^2H^5\\|\\CO^2.C^2H^5\end{matrix}$$
$$=C^2H^5.OH+CH^3-CO-CH^2-CO-CO^2C^2H^5.$$

On laisse couler goutte à goutte le mélange d'acétone et d'éther oxalique sur l'éthylate de sodium refroidi à 0° ; on obtient ainsi une masse cristalline d'un jaune de soufre constituant la combinaison sodique de l'éther acétylpyruvique ; on la décompose avec précaution par un acide minéral, et on rectifie au thermomètre le produit ainsi obtenu.

L'*acétylpyruvate d'éthyle* est un liquide limpide, bouillant à 134-135° sous une pression de 40-41 millimètres et à 213-215° à la pression ordinaire. Sa densité est 1,124 à 21°. Refroidi au-dessous de 0°, il se prend en une masse cristalline, fusible à 18°.

Ce corps présente toutes les réactions des β-diacétones : coloration rouge avec le chlorure ferrique, combinaison avec l'aniline, la phénylhydrazine, les sels de cuivre, etc. Chauffé avec de l'acide acétique cristallisable et un peu d'acétate de sodium, il donne une solution d'un violet intense.

Le *sel de cuivre*, $(C^7H^9O^4)^2Cu$, s'obtient en précipitant par l'acétate de cuivre une solution de cet éther dans l'alcool dilué ; il forme de petites aiguilles d'un vert clair.

Le *sel de zinc* est un volumineux précipité blanc, formé de petits cristaux prismatiques.

Ad. Fauconnier.

ACÉTYLSUCCINIQUE (ACIDE). — Ce corps n'est connu qu'à l'état d'éther éthylique :

$$\begin{matrix}CH^2-CO^2C^2H^5\\|\\CH^3-CO-CH-CO^2C^2H^5\end{matrix}$$

On l'obtient en faisant réagir en solution alcoolique l'éther monochloracétique sur l'éther acétylacétique sodé :

$$\begin{matrix}CH^2Cl\\|\\CO^2C^2H^5\end{matrix}+\begin{matrix}CH^3\\|\\CO\\|\\CHNa-CO^2C^2H^5\end{matrix}$$
$$=\begin{matrix}CO^2C^2H^5\\|\\CH^2\\|\\CH^3-CO-CH-CO^2C^2H^5.\end{matrix}$$

C'est un liquide huileux, d'une densité de 1,079 à 21°, de 1,08809 à 15°, de 1,08049 à 25°. Il bout à 260-263° en se décomposant partiellement et en laissant un résidu riche en acide déhydracétique ; il distille sans décomposition à 239-240° sous 330 millimètres. Il est soluble dans l'alcool, insoluble dans l'eau.

Les alcalis en solution alcoolique le décomposent en acide acétique, acide succinique et alcool.

Si on le saponifie au moyen de l'hydrate de baryum, l'on obtient de l'acide β-acétylpropionique $CH^3-CO-CH^2-CH^2-COOH$, fondant à 31°, de l'alcool et de l'acide carbonique [Conrad, *Liebig's Ann.*, **188**, 217 ; *Jahresb.*, **1874**, 568. — Perkin, *Chem. Soc.*, **45**, 517. — Gottstein, *Liebig's Ann.*, **216**, 35].

A. Béhal.

ACÉTYL-β-THIOÉTHYLCROTONIQUE (ANHYDRIDE),

$$CH^3-C(SC^2H^5=CH-CO>O.$$
$$CH^3-CO\searrow$$

— Liquide huileux, brunâtre, plus lourd que l'eau, obtenu en chauffant pendant une demi-heure dans un appareil à reflux un mélange d'acide β-thioéthylcrotonique avec un excès d'anhydride acétique. Ce corps donne avec l'isatine une coloration rouge foncé; avec l'isatine et l'acide sulfurique, une coloration vert foncé [W. Autenrieth, *D. chem. G.*, **20**, 3189].

ACÉTYLTRIMÉTHYLÈNE,

$$CH^3-CO-CH\begin{cases}CH^2\\CH^2\end{cases}$$

[W. H. Perkin, *D. chem. G.*, **17**, 1440]. — Ce composé prend naissance lorsqu'on soumet à la distillation sèche l'acide acétyltriméthylène-carbonique. C'est un liquide incolore, doué d'une odeur agréable et bouillant à 112-113° sous une pression de 720 millimètres.

Il se combine avec l'hydroxylamine, en donnant un dérivé cristallin dont la composition n'a pas été établie.

ACÉTYLTRIMÉTHYLÈNE-CARBONIQUE (ACIDE),

$$CH^3-CO-C(-CO^2H)\langle CH^2-CH^2\rangle$$

[W. H. Perkin, *D. chem. G.*, **16**, 2136 et **17**, 1440]. — On l'obtient à l'état d'éther en chauffant au bain-marie un mélange de bromure d'éthylène, d'éther acétylacétique et d'éthylate de sodium. La réaction se produit en deux temps : il se fait d'abord de l'acétylacétate d'éthyle monosodé, qui est transformé par le bromure d'éthylène en brométhylacétylacétate d'éthyle :

$$CH^3-CO-CHNa-CO^2C^2H^5+CH^2Br-CH^2Br$$
$$=NaBr+CH^3-CO-CH\begin{cases}CO^2C^2H^5\\CH^2-CH^2Br\end{cases}$$

Celui-ci, au contact de l'excès d'éthylate employé, fournit à son tour un dérivé sodé, qui perd bientôt 1 molécule de bromure de sodium en donnant le composé triméthylénique

$$CH^3-CO-CNa\begin{cases}CO^2C^2H^5\\CH^2-CH^2Br\end{cases}$$
$$=NaBr+CH^3-CO-C(-CO^2C^2H^5)\langle CH^2-CH^2\rangle$$

L'acide lui-même, préparé par la saponification de l'éther au moyen de la potasse alcoolique concentrée, à froid, est un liquide huileux, presque incolore, qui se décompose par la distillation en acide carbonique et acétyltriméthylène.

Le *sel d'argent*, $C^6H^7O^3Ag$, cristallise dans l'eau en mamelons; le *sel d'ammonium* cristallise aussi.

L'*éther éthylique* est une huile incolore, douée d'une odeur faible et bouillant à 193-195°. Chauffé avec de l'acide bromhydrique, il fixe 1 molécule de ce réactif, et se convertit en brométhylacétylacétate d'éthyle [Perkin et Freer, *D. chem. G.*, **19**, 2565].

Ad. Fauconnier.

ACÉTYLVALÉRIQUE (ACIDE), $C^7H^{12}O^3$. — Les acides acétylvalériques ne sont pas connus, sauf un, à l'état de liberté; on n'a pu jusqu'ici isoler que leurs éthers, qui tous ont été obtenus comme dérivés de l'éther acétylacétique.

1° *Éther propylacétylacétique*,

$$\begin{matrix}CH^3.CH^2.CH^2\\CH^3.CO\end{matrix}>CH-COOC^2H^5.$$

— Ce corps s'obtient en traitant par l'iodure de propyle l'éther acétylacétique sodé dissous dans l'alcool absolu [Burton, *Am. Journ.*, **3**, 385]. C'est un liquide ayant une densité de 0,981, bouillant à 208-209°, que les lessives alcalines décomposent en acide carbonique, alcool et propylacétone :

$$C^3H^7-CH^2.CO.CH^3.$$

2° *Éther isopropylacétylacétique* [Demarçay, *C. R.*, **83**, 449]. — Cet éther s'obtient de la même manière que le précédent. Il bout à 200-202° sous une pression de 0,758 millimètres; d = 0,9804.

Agité avec une solution étendue de chlorure ferrique, il la colore en rose-violacé pâle.

3° *Éther méthyléthylacétylacétique*,

$$CH^3-CO-C\begin{cases}CH^3\\CO^2C^2H^5\\C^2H^5\end{cases}.$$

— Ce composé se prépare en traitant l'éther méthylacétylacétique sodé par l'iodure d'éthyle, ou l'éther éthylacétylacétique sodé par l'iodure de méthyle. Dans les deux cas, on obtient un liquide bouillant à 200°, presque insoluble dans l'eau, et colorant en violet les solutions de chlorure ferrique [Wislicenus, *Ann. Chem.*, **219**, 308]. Cet éther est le dérivé α-acétylé de l'éther éthylméthylacétique; on peut encore l'appeler éther *α-acétyl-α-éthylpropionique*.

On connaît encore un acide acétylvalérique, le seul qui existe à l'état de liberté, l'acide *α-éthyl-β-acétylpropionique*,

$$(CH^3.CO)CH^2-CH(C^2H^5)-COOH$$

On l'obtient en traitant l'éther β-éthylacétylsuccinique par l'acide chlorhydrique étendu [Young, *Ann. Chem.*, **216**, 39] :

$$\begin{matrix}C^2H^5-CH-CO^2C^2H^5\\ |\\ C^2H^3O-CH-CO^2C^2H^5\end{matrix}+2H^2O$$
$$=CO^2+2C^2H^6O+C^2H^3O-CH^2-CH(C^2H^5)-CO^2H.$$

Cet acide bout à 250-252°. Ses sels sont gommeux et très solubles dans l'eau. L'*éther éthylique* bout à 225°; il est insoluble dans l'eau.

Ch. Cloëz.

ACÉTYL-VALÉRIQUE (ANHYDRIDE).

$$\begin{matrix}C^2H^3O\\C^5H^9O\end{matrix}>O$$

[W. Autenrieth, *D. chem. G.*, **20**, 3189]. — Liquide incolore, bouillant à 147-160°. On le prépare en chauffant pendant une demi-heure, dans un appareil à reflux, un mélange d'acide valérique avec un excès d'anhydride acétique.

ACHROODEXTRINE. — Voyez DEXTRINE.

ACHROOGLYCOGÈNE. — Voyez GLYCOGÈNE.

ACIDE SÉLÉNIEUX (Min.) (Em. Bertrand). — Anhydride sélénieux natif, SeO^2, en fines aiguilles blanches sur clausthalite, à Cacheuta (La Plata).

ACONIQUE (ACIDE). — Outre les modes de préparation déjà indiqués (Dict., **1**, 60: **2**, 1260; Suppl., **1**, 42), l'acide aconique $C^5H^4O^4$ se prépare en faisant bouillir l'acide itadibromopyrotartrique pendant 2 heures avec 10 parties d'eau.

Il fond à 163-164°, et non à 154° comme une faute d'impression des *Berichte* l'a fait indiquer. Il est soluble dans 5,61 parties d'eau à 15° et n'est pas sublimable.

L'anhydride acétique est sans action.

L'acide aconique se décompose par une longue ébullition avec l'eau [Beer, *Ann. Chem.*, **216** 77-97].

Le zinc ou l'étain, en présence d'acide chlorhydrique, le transforment en acide *itaconique*. L'acide aconique se combine avec les acides chlorhydrique et bromhydrique pour donner les acides *chloro-* et *bromo-itaconiques* [Swarts, *Jahresb.*, **1873**, 584].

L'acide qui se produit, en même temps que les acides formique et succinique, par ébullition de l'acide aconique avec l'eau de baryte (Suppl., **1**, 42) est peut-être l'acide *oxyitaconique*,

$$CH.OH = C(CO^2H) - CH^2 - CO^2H?$$

(Meilly).

Les sels et les éthers de l'acide aconique ont une réaction acide.

L'*aconate de sodium*, $C^5H^3O^4Na, 3H^2O$, en cristaux tricliniques, s'obtient en traitant l'acide dibromopyrotartrique par la quantité théorique de carbonate de sodium. Une ébullition prolongée de la dissolution de ce sel donne un produit incristallisable jaune (Beer).

La *constitution* de l'acide aconique est encore incertaine ; outre la formule proposée par M. Meilly (Suppl., **1**, 42), on a à hésiter entre les formules suivantes proposées par M. Beer :

$$CO^2H - C \begin{cases} CH - O \\ CH^2 - CO \end{cases} \quad \text{et} \quad CO^2H - C \begin{cases} CH^2 - O \\ CH - CO \end{cases}$$

La première nous semble mieux rendre compte de la production d'acide formique, d'acide succinique et d'acide oxyitaconique, s'il est vrai que la formule de ce dernier soit bien

$$CO^2H - C \begin{cases} CH.OH \\ CH^2 - COOH. \end{cases}$$

Paul Adam.

ACONITINE. — De nombreux alcaloïdes ont été retirés des différentes espèces d'aconit. Deux seulement de ces alcaloïdes paraissent préexister dans la plante : ce sont des éthers benzoïque ou vératrique de l'aconine. Tous deux sont également toxiques et présentent des réactions très voisines. D'après M. Mandelin [*D. chem. G.*, **18**, *Ref.*, 637], l'aconitine de provenance française ou allemande serait habituellement la benzoylaconine, tandis que l'aconitine anglaise ou pseudoaconitine serait ordinairement la vératroylaconine.

Quant à l'alcaloïde décrit par M. Hubschmann sous le nom de *napelline*, ce serait de l'aconitine impure.

M. Bender recommande le procédé suivant pour la préparation de l'aconitine cristallisée : On épuise la plante par l'alcool à 90° ; on distille l'alcool. L'extrait est repris par l'eau, qui sépare des matières grasses et résineuses ; la solution, précipitée par le bicarbonate de sodium, est agitée avec l'éther qui s'empare de l'aconitine, et la cède lorsqu'on agite avec une solution étendue d'acide bromhydrique.

On purifie le bromhydrate d'aconitine, d'abord par le noir animal, puis par des cristallisations répétées ; enfin on déplace l'alcaloïde par la magnésie et on l'extrait par l'éther. L'évaporation de l'éther le fournit cristallisé [Bender, *Pharm. Centralbl.*, **26**, 433].

L'aconitine cristallise anhydre ; son point de fusion est environ de 179°. Un gramme de cette base exige pour se dissoudre à la température de 23° :

63,90	d'éther absolu,
23,78	d'alcool à 90°,
2 806,0	d'ether de petrole ($d = 0,67$),
5,5	de benzine,
726,4	d'eau.

Elle est encore plus soluble dans l'alcool méthylique que dans l'alcool et plus soluble dans le chloroforme que dans la benzine. Le pouvoir rotatoire de son chlorhydrate est $-35°,89$. Les réactions colorées indiquées avec l'acide phosphorique, l'acide sulfurique et le sucre, l'acide phosphomolybdique, n'appartiennent pas à l'aconitine pure.

L'analyse de l'aconitine, de son chlorhydrate, du nitrate et du chloracétate a conduit M. Jürgens à adopter pour cette base la formule $C^{33}H^{47}AzO^{12}$, qui diffère de la formule généralement adoptée par 4 atomes d'hydrogène en plus.

L'aconitine se dissout difficilement dans l'acide azotique en formant un *nitrate* :

$$2C^{33}H^{47}AzO^{12}.3AzO^3H.$$

Par addition d'iode, elle fournit un *iodure* $C^{33}H^{47}AzO^{12}I^2$, cristallisé en aiguilles clinorhombiques orangées. Avec le brome, on obtient un *bromure* analogue, mais amorphe.

Les réactions colorées faisant défaut pour caractériser l'aconitine, on peut la reconnaître au microscope de la façon suivante : On dissout la matière à examiner dans une goutte d'acide acétique étendu et on ajoute un petit cristal d'iodure de potassium. On voit se former des lamelles d'iodhydrate d'aconitine ayant un aspect caractéristique [Jürgens, *D. chem. G.*, **19**, *Ref.*, 351].

Pseudoaconitine. — Cette base, qui forme la majeure partie de l'aconitine de provenance anglaise, se dédouble quand on la chauffe avec la potasse alcoolique en acide vératrique et aconine ; par l'action de l'acide azotique fumant, elle fournit un corps jaune qui donne par ébullition avec la potasse alcoolique une belle coloration rouge-pourpre ; enfin si l'on chauffe une solution sulfurique de pseudoaconitine et que l'on y mette une trace d'acide vanadique, on obtient une coloration rouge-violacé. Ces réactions n'appartiennent pas à l'aconitine.

M. Hanriot.

ACONITIQUE (ACIDE). — Voyez Dict., **1**, 62 ; Suppl., **1**, 44. — *Synthèse.* — M. Lovén a constaté la formation de l'acide aconitique dans l'action de la potasse alcoolique sur l'acide dibromosuccinique à chaud [*D. chem. G.*, **22**, 3053].

Préparation. — M. W. Hentschel [*J. prakt. Chem.*, (2), **35**, 205] propose de préparer l'acide aconitique de la manière suivante : On chauffe pendant 4 ou 6 heures dans un appareil à reflux un mélange de 100 grammes d'acide citrique, 50 grammes d'eau et 100 grammes d'acide sulfurique ; la masse se prend par le refroidissement en cristaux qu'on lave avec de l'acide chlorhydrique fumant jusqu'à élimination complète de l'acide sulfurique employé ; le résidu de ce lavage se présente en lamelles blanches, tétragonales, fusibles avec décomposition à 185° et constituant l'acide aconitique parfaitement pur. Le rendement est de 35 à 45 0/0 de l'acide citrique employé.

On observe pendant la préparation la formation d'acétone, ainsi que le dégagement d'un mélange d'oxyde de carbone et d'acide carbonique : ces produits sont dus vraisemblablement à la décomposition de l'acide acétone-dicarbonique qui, ainsi que l'a montré M. v. Pechmann [*D. chem. G.*, **17**, 2542], prend naissance par l'action de l'acide sulfurique sur l'acétone.

Chauffé pendant 36 heures à 115-120° avec la moitié de son poids de brome, l'acide aconitique se convertit en acide tribromocarballylique, $C^6H^5Br^3O^6$ [Guinochet, *C. R.*, **108**, 300].

Sels. — M. Guinochet [*C. R.*, **94**, 455 ; *Bull. Soc. Chim.*, **37**, 519] a repris l'étude des aconitates et décrit les sels suivants :

Sels de potassium. — $C^6H^5O^6K$. — Cristaux anhydres, incolores, formés de prismes microscopiques, allongés et tronqués au sommet, solubles dans 9 parties d'eau à 17°, et commençant à se décomposer à 110°.

$C^6H^4O^6K^2, H^2O$. — Petits prismes fréquemment maclés, devenant anhydres à 130°, se décomposant à 150°, solubles dans 2,65 parties d'eau à 16°.

$C^6H^3O^6K^3, 2H^2O$. — Aiguilles déliées soyeuses, très déliquescentes, perdant 1 molécule d'eau à 100° et devenant anhydres à 190°.

Sel de sodium, $C^6H^3O^6Na^3, H^2O$. — Cristaux devenant anhydres à 100° ou dans le vide sec.

Sel de lithium, $C^6H^3O^6Li^3, 2H^2O$. — Cristaux très solubles, se déshydratant à 180°.

Sels de calcium. — $C^6H^4O^6Ca, H^2O$. — Masse amorphe, gommeuse, très soluble.

$(C^6H^3O^6)^2Ca^3, 3H^2O$. — Prismes clinorhombiques, peu solubles dans l'eau, perdant 2 molécules d'eau à 110°; par une ébullition prolongée avec de l'eau, ce sel finit par se dissoudre; la solution fournit par évaporation un résidu amorphe et soluble présentant la même composition que le sel primitif.

Sel de strontium, $(C^6H^3O^6)^2Sr^3, 3H^2O$. — Ressemble au sel tricalcique.

Sels de baryum. — $(C^6H^5O^6)^2Ba$. — Poudre cristalline, formée de petits prismes courts, solubles dans 24 parties d'eau à 17°.

$(C^6H^3O^6)^2Ba^3, 3H^2O$. — Gélatineux, insoluble dans l'eau.

Sel de magnésium, $(C^6H^3O^6)^2Mg^3, 3H^2O$. — Petits octaèdres allongés ou prismes pyramidés, solubles dans 9,6 parties d'eau à 17°, et se déshydratant à 180°.

Sel de cobalt, $(C^6H^3O^6)^2Co^3, 3H^2O$. — Poudre rose, soluble dans 29 parties d'eau à 16°; se déshydrate à 215° en devenant d'un bleu intense.

Sels de nickel. — $C^6H^4O^6Ni, H^2O$. — Précipité vert pâle qui perd son eau à 190°.

$(C^6H^3O^6)^2Ni^3, 6H^2O$. — Cristaux qui prennent naissance par une ébullition prolongée du précédent avec de l'eau.

Sel de cadmium, $(C^6H^3O^6)^2Cd^3, 6H^2O$. — Prismes quadratiques ou orthorhombiques, nets et brillants, perdant leur eau de cristallisation à 150°, solubles à 17° dans 906,5 parties d'eau.

Sel de zinc, $(C^6H^3O^6)^2Zn^3, 3H^2O$. — Cristaux obtenus en chauffant pendant 70 heures à 110-130° une solution de carbonate de zinc dans l'acide aconitique; insoluble dans l'eau à froid et à chaud; se déshydrate à 125°.

ÉTHERS. — Suivant MM. Anschütz et Klingemann [*D. chem. G.*, **18**, 1953], on les prépare aisément en chauffant à 260-280° les éthers acétyltrialcoylés de l'acide citrique. La réaction est la suivante

$$\begin{array}{l} CH^2-CO^2R \\ | \\ C(OC^2H^3O)-CO^2R \\ | \\ CH^2-CO^2R \end{array} = C^2H^4O^2 + \begin{array}{l} CH^2-CO^2R \\ | \\ C-CO^2R \\ \| \\ CH-CO^2R \end{array}$$

L'*éther triéthylique* peut aussi être préparé par l'action du gaz chlorhydrique sur une solution alcoolique de l'acide [S. Ruhemann, *D. chem. G.*, **20**, 3367]. Il bout à 171° sous 14 millimètres (Anschütz et Klingemann), à 174-175° sous 22 millimètres (Ruhemann). Traité par l'ammoniaque aqueuse, il se dissout peu à peu en donnant une liqueur rougeâtre, qui renferme de la *citrazinamide* :

$$Az \begin{array}{l} \diagup C(OH)=CH \diagdown \\ \diagdown C(OH)=CH \diagup \end{array} C-CO.AzH^2$$

(Ruhemann).

L'*éther triméthylique* bout à 161° sous 14 millimètres (Anschütz et Klingemann), à 255-266° à la pression ordinaire [A. Schneider, *D. chem. G.*, **21**, 670]. Traité par l'ammoniaque aqueuse concentrée, il paraît fournir de la citrazinamide (Schneider).

L'*éther tripropylique* (normal) bout à 195° sous 13 millimètres (Anschütz et Klingemann).

AMIDES. — *Triamide*, $C^6H^9Az^3O^3$. — Elle prend naissance lorsqu'on abandonne à la température ordinaire pendant une semaine un mélange d'aconitate triéthylique et d'ammoniaque aqueuse (d = 0,834) : on voit l'éther se transformer peu à peu en cristaux, qu'on purifie par lavage à l'ammoniaque et par dissolution dans l'eau bouillante. On l'obtient par le refroidissement en fines aiguilles, insolubles dans l'alcool, l'éther et le chloroforme, qui brunissent à 250° et se décomposent sans fondre à 260° [Hotter, *D. chem. G.*, **22**, 1077].

Anilide. — En chauffant à l'ébullition un mélange d'eau, d'acide aconitique et d'aniline, M. A. Michael [*D. chem. G.*, **19**, 1374] a vu se déposer, par le refroidissement du liquide, d'abord une huile qui n'a pas été analysée, puis des cristaux jaune-paille, fusibles à 215-217° et constituant l'anilide mentionnée au Dict., **1**, 63.

Crésylène-diamide. — En chauffant à 160-170° pendant 6 heures un mélange en proportions moléculaires d'acide aconitique et de crésylène-diamine fusible à 99°, M. A. Schneider [*loc. cit.*] a obtenu une poudre verte, insoluble dans l'eau, l'alcool, l'éther, la benzine, qui, après cristallisation dans l'acide acétique bouillant, fond à 295°, et à laquelle il attribue la constitution

$$\begin{array}{l} CH^2-CO^2H \\ | \\ C-CO.AzH \diagdown \\ \| \qquad\qquad\qquad C^7H^6 \\ CH-CO.AzH \diagup \end{array}$$

PSEUDOACONITIQUE (ACIDE),

$$C^6H^6O^6 = C^3H^3(CO^2H)^3.$$

— Ce composé se produit par l'action d'une température de 200° sur l'acide propylène-tétracarbonique appelé à tort propargylène-tétracarbonique, suivant l'équation

$$CH(CO^2H)^2-CH(CO^2H)=C(CO^2H)^2$$
$$= CO^2 + C^3H^3(CO^2H)^3.$$

Il cristallise en mamelons fusibles à 186-187°.

Le *sel de baryum*, $(C^6H^3O^6)^2Ba^3, H^2O$, est un précipité cristallin [G. Schacherl, *Ann. Chem.*, **229**, 89; *D. chem. G.*, **18**, *Ref.*, 538].

Ad. Fauconnier.

ACORINE (voyez Suppl., **1**, 46). — M. Thoms reprenant les travaux de M. Faust, a trouvé que le produit désigné sous le nom d'*acorine* est un mélange de deux corps, qu'il a appelés *acorine* et *calamine*.

L'acorine se prépare en épuisant par l'eau bouillante la racine d'acore décortiquée et hachée finement. La solution aqueuse est mise en digestion pendant deux jours avec du charbon animal, qui s'empare de l'acorine. Le charbon est lavé, séché, puis épuisé par l'alcool à 90° bouillant. La solution alcoolique est distillée et le résidu aqueux épuisé par l'éther. Ce dernier véhicule abandonne l'acorine sous la forme d'une masse épaisse, jaune de miel, ayant une odeur aromatique faible et une saveur amère prononcée. Insoluble dans l'eau, dans les acides dilués et dans les alcalis, elle est, par contre, soluble dans l'alcool absolu, l'alcool méthylique et le sulfure de carbone.

Chauffée avec les alcalis dilués ou avec les acides, elle se dédouble en donnant un sucre réducteur et un carbure

$$C^{36}H^{60}O^6 = C^6H^{12}O^6 + 3C^{10}H^{16}.$$

Ce carbure serait identique à celui que M. Kourbatoff a extrait de l'huile éthérée d'*Acorus calamus*; en même temps que l'acorine se dédouble en sucre et en carbure, une partie se transforme en une résine que l'auteur nomme *acorétine*. Elle répondrait à la formule $C^{36}H^{58}O^{7}$ [Thoms, *Arch. Pharm.* (3), **24**, 465].

La calamine, que l'auteur avait considérée comme une base spéciale, ne serait autre chose que de la méthylamine [Thoms, *Pharm. Centralbl.* **28**, 231], provenant du dédoublement de la choline. M. Geuther considère les expériences de M. Thoms comme entachées d'erreur. L'acorine de M. Thoms renferme, d'après lui, une certaine quantité d'une essence qu'on peut enlever au moyen de la vapeur d'eau. Cette essence bout de 160 à 300°, et est formée par un carbure $C^{10}H^{16}$ et un principe oxygéné $C^{10}H^{16}O$. Ainsi purifiée, elle présente à peu près les caractères indiqués par M. Thoms, mais elle renferme 3.2 0/0 d'azote et de plus elle ne donne avec les acides ou avec les alcalis dilués ni carbure, ni sucre réducteur.

Elle est fort acide et, purifiée par les alcalis, elle constitue la matière appelée *acorétine*, qui répond à la formule $C^{40}H^{67}AzO^{7}$, et qui peut être un mélange. Soumise à l'action des agents réducteurs, elle ne donne pas trace de sucre. L'acide enlevé à l'acorine répond à la formule $C^{11}H^{16}O^{4}$ ou $C^{11}H^{18}O^{4}$. Enfin, la racine d'acore renferme un peu d'alcool méthylique [Geuther, *Ann. Chem.*, **240**, 92].

A. Béhal.

ACRIDINE-CARBONIQUES (ACIDES). — ACIDE ACRIDINE-CARBONIQUE (*acridyl-carbonique*),

$$C^{14}H^{9}AzO^{2} = C^{6}H^{4}\left\langle\begin{matrix} C(CO^{2}H) \\ | \\ Az \end{matrix}\right\rangle C^{6}H^{4}.$$

— On obtient cet acide en oxydant l'acridylaldéhyde.

A de l'oxyde d'argent récemment précipité, en suspension dans de la soude à 5 0/0, et chauffé au bain-marie, on ajoute peu à peu l'aldéhyde finement pulvérisée. Quand l'aldéhyde est dissoute, on filtre et on précipite par l'acide acétique. L'acide acridine-carbonique se sépare sous la forme de flocons jaunes. On recueille l'acide, on le dissout dans la soude, on étend la solution de son volume d'alcool, on chauffe à l'ébullition et on additionne la liqueur d'acide acétique. Par le refroidissement, l'acide se sépare en jolies aiguilles jaunes.

L'acide acridine-carbonique est peu soluble dans l'eau, assez soluble dans l'alcool. Chauffé au-dessus de 300°, il se décompose en acide carbonique et acridine.

Ce corps ne se combine pas avec les acides. Avec les alcalis il donne des sels dont les solutions sont jaunes et possèdent une fluorescence bleue [A. Bernthsen et F. Muhlert, *D. chem. G.*, **20**, 1541].

Dérivé trinitré. $C^{13}H^{5}(AzO^{2})^{3}(CO^{2}H)Az$. — Ce composé a été obtenu en chauffant dans un appareil à reflux pendant 3 heures la Ms-méthylacridine (6 grammes) avec de l'acide nitrique d'une densité de 1,33 (100 centimètres cubes). Il cristallise dans l'acide nitrique sous la forme de prismes jaunes très peu solubles [A. Bernthsen, *Ann. chem.*, **224**, 1].

ACIDE PHÉNYLACRIDINE-CARBONIQUE (*Ms-phényl-B-3-carbonique*),

$$C^{20}H^{13}AzO^{2} = C^{6}H^{4}\left\langle\begin{matrix} C(C^{6}H^{5}) \\ | \\ Az \end{matrix}\right\rangle C^{6}H^{3}.CO^{2}H.$$

— On obtient cet acide par oxydation de la phénylméthylacridine. A cet effet, on chauffe pendant 10 heures au bain-marie la phénylméthylacridine (1 partie) avec du dichromate de potassium (4 parties), de l'acide sulfurique (5.5 parties) et de l'eau (11 parties). On filtre, on dissout le résidu dans la soude et on précipite par l'acide acétique l'acide phénylacridine-carbonique qu'on purifie par cristallisation dans l'alcool.

L'acide phénylacridine-carbonique fond à 252°-255° en se décomposant.

Chauffé avec de la chaux sodée, il se scinde en acide carbonique et phénylacridine.

Son *sel d'argent* cristallise dans l'alcool en lamelles jaunes qui verdissent à la lumière.

Son *sel de baryum* est une poudre cristalline brunâtre.

Léon Roux.

ACRIDINES. — Les acridines sont des corps à fonction basique qui dérivent du composé découvert par MM. Graebe et Caro et nommé par eux *acridine*.

MM. Graebe et Caro avaient attribué à ce composé la formule $C^{12}H^{9}Az$ (voyez Suppl., **1**, 45). On a reconnu depuis que l'acridine répond à la formule $C^{13}H^{9}Az$, et la constitution de ce corps doit être très vraisemblablement représentée par le schéma suivant

$$C^{6}H^{4}\left\langle\begin{matrix} CH \\ | \\ Az \end{matrix}\right\rangle C^{6}H^{4} =$$

CH CH CH / CH C C CH / CH C C CH / CH Az CH

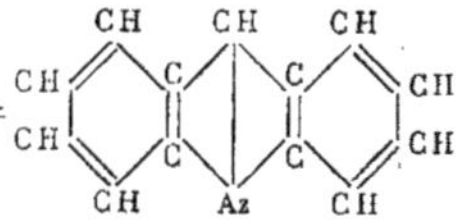

Cette formule, proposée par M. Riedel [*D. chem. G.*, **16**, 1609], a été confirmée par les expériences de M. O. Fischer, de M. Graebe et surtout par celles de M. Bernthsen. Elle s'accorde bien en effet avec les différents modes de synthèse de l'acridine réalisés par ces savants.

D'une façon générale, les acridines prennent naissance lorsqu'on chauffe à température élevée un acide organique et une amine aromatique secondaire (diphénylamine, phényltoluidine, dinaphtylamine, etc.) en présence d'un agent de déshydratation, tel que le chlorure de zinc ou l'anhydride phosphorique.

Les acridines sont des bases généralement peu énergiques; elles se combinent avec les acides forts, mais leurs sels sont assez fréquemment décomposés par l'eau pure. Les sels d'acridines en solutions étendues sont fortement fluorescents.

Les acridines se combinent facilement avec les iodures alcooliques. On obtient ainsi des iodures d'ammoniums quaternaires, que la soude transforme en hydrates d'ammoniums quaternaires.

Traitées par les agents de réduction, les acridines fixent H^{2} et se transforment en *hydroacridines*, composés qui ne possèdent plus de caractère basique et qui régénèrent facilement les acridines par oxydation.

Nomenclature. — On voit, d'après la formule admise pour l'acridine, que ses dérivés par substitution sont de deux sortes : les uns résultent de substitutions dans les noyaux benzéniques, les autres d'une substitution faite dans le groupement

$$\begin{matrix} -CH- \\ | \\ -Az- \end{matrix}$$

M. Bernthsen a proposé de désigner les premiers par le symbole B (benzodérivés), les seconds par le symbole Ms (mésodérivés). Le composé

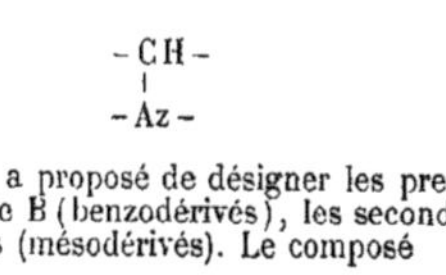

(C⁶H⁵) C CH C 4 3 C(AzH²) 2 CH C 1 Az CH

sera donc la *Ms-phényl-B-3-amidoacridine* [A. Bernthsen, *D. chem. G.*, **18**, 690]

ACRIDINE,

$$C^{13}H^9Az = C^6H^4 \begin{smallmatrix} CH \\ | \\ Az \end{smallmatrix} C^6H^4$$

(voyez Suppl., 1, 45). — L'acridine se rencontre dans le goudron de houille et s'extrait des huiles bouillant entre 300 et 360° suivant le procédé indiqué par MM. Graebe et Caro (Suppl., 1, 45).

Elle se forme synthétiquement dans un certain nombre de réactions :

1° *Diphénylamine, acide formique et chlorure de zinc :*

$$\begin{smallmatrix} C^6H^5 \\ C^6H^5 \end{smallmatrix} > AzH + CH^2O^2 - 2H^2O$$
$$= C^6H^4 \begin{smallmatrix} CH \\ | \\ Az \end{smallmatrix} C^6H^4.$$

— On chauffe, pendant 1 ou 2 jours, 50 grammes d'acide formique, 175 grammes de diphénylamine et 100 grammes de chlorure de zinc, d'abord très lentement jusqu'à 150°, puis à 210° et finalement à 270°. On dissout le produit de la réaction dans l'alcool, on traite par un excès de soude, on chasse l'alcool, on reprend le résidu par l'éther et on agite la solution éthérée avec de l'acide chlorhydrique. On purifie par cristallisation le chlorhydrate d'acridine ainsi obtenu et on le décompose par l'ammoniaque. Le rendement en acridine pure est seulement de quelques grammes [A. Bernthsen. *Ann. Chem.*, **224**, 1].

2° *Diphénylamine, acide oxalique et chlorure de zinc :*

$$\begin{smallmatrix} C^6H^5 \\ C^6H^5 \end{smallmatrix} > AzH + C^2H^2O^4$$
$$= 2H^2O + CO^2 + C^6H^4 \begin{smallmatrix} CH \\ | \\ Az \end{smallmatrix} C^6H^4.$$

— Le rendement en acridine est très faible (Bernthsen, *loc. cit.*).

3° *Diphénylformamide et chlorure de zinc :*

$$\begin{smallmatrix} C^6H^5 \\ C^6H^5 \end{smallmatrix} > Az.CHO - H^2O = C^6H^4 \begin{smallmatrix} CH \\ | \\ Az \end{smallmatrix} C^6H^4.$$

— On chauffe le mélange de diphénylformamide (23 grammes) et de chlorure de zinc (45 grammes) d'abord à 190-200°, puis à 220°. Le rendement est très faible (Bernthsen, *loc. cit.*).

4° *Aniline, aldéhyde salicylique et chlorure de zinc :*

$$C^6H^5.AzH^2 + C^6H^4 \begin{smallmatrix} OH \\ CHO \end{smallmatrix} - 2H^2O$$
$$= C^6H^4 \begin{smallmatrix} CH \\ | \\ Az \end{smallmatrix} C^6H^4.$$

— Le rendement est d'environ 0,5 0/0 [R. Mœhlau, *D. chem. G.*, **19**, 2451; *Bull. Soc. Chim.*, **47**, 359].

5° *Diphénylamine et chloroforme :*

$$\begin{smallmatrix} C^6H^5 \\ C^6H^5 \end{smallmatrix} > AzH + CHCl^3 = 3HCl + C^6H^4 \begin{smallmatrix} CH \\ | \\ Az \end{smallmatrix} C^6H^4.$$

— On chauffe en vase clos pendant 7 ou 8 heures à 200° un mélange de chloroforme (1 partie), de diphénylamine (1 partie), de chlorure de zinc (1 partie) et d'oxyde de zinc (0,5 partie). On dissout le produit de la réaction dans l'acide chlorhydrique concentré et bouillant, on verse cette solution dans un excès d'eau, on filtre pour séparer la diphénylamine non attaquée et on précipite l'acridine par un alcali. On la purifie par cristallisation dans l'eau bouillante [O. Fischer et G. Kœrner, *D. chem. G.*, **17**, 101; *Bull. Soc. Chim.*, **43**, 406]. Le rendement est d'environ 2 grammes d'acridine pure pour 25 grammes de diphénylamine (Bernthsen).

6° Enfin l'acridine se forme en assez grande quantité lorsqu'on dirige à travers un tube chauffé au rouge des vapeurs d'o-crésylphénylamine :

$$C^6H^4 \begin{smallmatrix} CH^3 \\ AzH.C^6H^5 \end{smallmatrix} = C^6H^4 \begin{smallmatrix} CH \\ | \\ Az \end{smallmatrix} C^6H^4 + 2H^2.$$

— Dans les mêmes conditions, la p-crésylphénylamine ne donne pas d'acridine [C. Graebe, *D. chem. G.*, **17**, 1370; *Bull. Soc. Chim.*, **44**, 332].

Propriétés (voyez Suppl., 1, 45). — L'acridine fond à 107° (Graebe), à 110-111° (Fischer et Kœrner).

L'oxydation par le permanganate de potassium transforme l'acridine en acide acridique (acide quinoléine-dicarbonique; voyez ce mot).

SELS. — Aux sels déjà décrits nous ajouterons les suivants :

Nitrite d'acridine,

$$(C^{13}H^9Az)^2.AzO^2H.H^2O + 2H^2O.$$

— Ce sel se sépare sous la forme d'un précipité floconneux quand on traite par un nitrite alcalin une solution de chlorhydrate d'acridine. Il cristallise dans l'eau bouillante en aiguilles jaunes, soyeuses, fusibles à 150-151°, peu solubles dans l'éther et dans l'eau froide, très solubles dans l'eau chaude et dans l'alcool. Ce sel perd $2H^2O$ vers 80° [L. Medicus, *D. chem. G.*, **17**, 196; *Bull. Soc. Chim.*, **43**, 288].

Sulfite d'acridine, $(C^{13}H^9Az)^2SO^3H^2$. — On l'obtient en dirigeant un courant d'acide sulfureux dans une dissolution de chlorhydrate d'acridine ne renfermant qu'une petite quantité d'acide chlorhydrique libre, ou en mélangeant deux solutions de chlorhydrate d'acridine et de sulfite de sodium et traitant ensuite par l'acide chlorhydrique. Dans ces conditions, le sulfite d'acridine se sépare sous la forme d'aiguilles jaune-brun, très peu solubles dans l'eau [C. Graebe, *D. chem. G.*, **16**, 2828; *Bull. Soc. Chim.*, **42**, 528].

Sulfite double d'acridine et de sodium,

$$(C^{13}H^9Az)SO^3HNa$$

— Ce sel se forme quand on mélange deux solutions de chlorhydrate d'acridine et de sulfite de sodium et cristallise par concentration de la liqueur en prismes incolores, très solubles dans l'eau (Graebe, *loc. cit.*).

Picrate d'acridine, $C^{13}H^9Az.C^6H^2(AzO^2)^3OH$. — Ce sel est en aiguilles jaunes, microscopiques, extrêmement peu solubles dans l'alcool et dans la benzine. Il fond vers 208°. L'eau bouillante le décompose lentement [R. Anschütz, *D. chem. G.*, **17**, 438; *Bull. Soc. Chim.*, **43**, 515].

NITROACRIDINES. — Voyez Suppl., 1, 46.

α-AMIDOACRIDINE, $C^{13}H^8Az.AzH^2$. — L'α-nitroacridine (fusible à 214°) se transforme par réduction, au moyen de l'étain et de l'acide chlorhydrique, en amidoacridine. Ce corps cristallise dans l'eau bouillante en fines aiguilles fusibles à 209°. Il est soluble dans l'alcool et dans l'éther avec une fluorescence verte.

Le *chlorhydrate* est très soluble.

Le *nitrate* cristallise en aiguilles étoilées.

Le *picrate* cristallise dans l'alcool en petits prismes rouge-grenat [R. Anschütz, *D. chem. G.*, **17**, 433; *Bull. Soc. Chim.*, **43**, 514].

HYDROACRIDINES. — DIHYDROACRIDINES (voyez Suppl., 1, 46). — La réduction de l'acridine par le zinc en poudre fournit seulement l'hydroacridine soluble [A. Bernthsen et F. Bender, *D. chem. G.*, **16**, 1971; *Bull. Soc. Chim.*, **42**, 527]. Ce composé répond à la formule

$$C^{13}H^{11}Az = C^6H^4 \begin{smallmatrix} CH^2 \\ AzH \end{smallmatrix} C^6H^4.$$

Quant à l'hydroacridine insoluble, elle résulte peut-être de la condensation de 2 molécules d'acridine et posséderait alors une formule analogue à la suivante :

$$C^6H^4 < \begin{smallmatrix} CH^2 \\ Az \end{smallmatrix} > C^6H^4$$
$$|$$
$$C^6H^4 < \begin{smallmatrix} Az \\ CH^2 \end{smallmatrix} > C^6H^4$$

(Bernthsen, *loc. cit.*).

DIAMIDOHYDROACRIDINE-CÉTONE,

$$C^{13}H^{11}Az^3O = C^6H^4 < \begin{smallmatrix} CO \\ AzH \end{smallmatrix} > C^6H^2(AzH^2)^2.$$

— On obtient le chlorhydrate de cette base en ajoutant peu à peu de l'acide dinitrophénylamidobenzoïque (dinitrophénylamine-o-phénylcarbonique)

$$C^6H^4 < \begin{smallmatrix} CO^2H_{(6)} \\ AzH - C^6H^3(AzO^2)^2 \\ (1) \qquad (2.4) \end{smallmatrix}$$

à un mélange d'étain et d'acide chlorhydrique alcoolique. On précipite la base par la soude et on la fait cristalliser dans l'alcool; elle est en prismes fusibles à 223°.

Le *chlorhydrate*, $C^{13}H^{11}Az^3O . HCl$, cristallise en petites aiguilles blanches, peu solubles dans l'eau froide, facilement solubles dans l'eau chaude.

Le *dérivé chloré*,

$$C^6H^3Cl < \begin{smallmatrix} CO \\ AzH \end{smallmatrix} > C^6H^2(AzH^2)^2,$$

qui s'obtient par la réduction de l'acide dinitrophénylamidochlorobenzoïque

$$C^6H^3Cl_{(4)} < \begin{smallmatrix} CO^2H_{(6)} \\ AzH - C^6H^3(AzO^2)^2 \\ (1) \qquad (2.4) \end{smallmatrix}$$

est en aiguilles blanches, fusibles à 230° [F. Jourdan, *D. chem. G.*, **18**, 1444; *Bull. Soc. Chim.*, **45**, 638].

OCTOHYDRURE D'ACRIDINE, $C^{13}H^{17}Az$. — Cet hydrure se forme lorsqu'on chauffe, en tube scellé, à 220°, de l'acridine (5 grammes) avec du phosphore rouge (2 grammes) et de l'acide iodhydrique bouillant à 127° (6 à 8 centimètres cubes). Par le refroidissement, l'iodhydrate d'octohydrure d'acridine cristallise dans le tube.

L'octohydrure d'acridine cristallise dans l'alcool en lames incolores, fusibles à 84° et bouillant à 320°.

Le *chlorhydrate*, $C^{13}H^{17}Az . HCl$, cristallise dans l'eau en lames incolores [C. Graebe, *D. chem. G.*, **16**, 2828; *Bull. Soc. Chim.*, **42**, 528].

MÉTHYLACRIDINES, $C^{14}H^{11}Az$. — Ms-MÉTHYLACRIDINE,

$$C^6H^4 < \begin{smallmatrix} C(CH^3) \\ | \\ Az \end{smallmatrix} > C^6H^4$$

— Cette méthylacridine se forme en petite quantité, et comme produit secondaire de la réaction, quand on chauffe à température élevée (vers 200°) un mélange d'acétonitrile et de chlorhydrate de diphénylamine. Il se forme dans ces conditions de la diphénylamidoacétimide :

$$C^{14}H^{14}Az^2 = CH^3 - C \lessgtr \begin{smallmatrix} AzH \\ Az(C^6H^5)^2, \end{smallmatrix}$$

qui se décompose en perdant de l'ammoniaque et en donnant de la méthylacridine [A. Bernthsen, *Ann. Chem.*, **192**, 29; **224**, 1].

On prépare facilement la méthylacridine en chauffant avec du chlorure de zinc un mélange de diphénylamine et d'acide acétique cristallisable :

$$(C^6H^5)^2AzH + C^2H^4O^2 - 2H^2O = C^{14}H^{11}Az$$

[E. Besthorn et O. Fischer, *D. chem. G.*, **16**, 68; *Bull. Soc. Chim.*, **40**, 238]. A cet effet, on chauffe à 220°, pendant 14 heures, 50 grammes de diphénylamine, 30 centimètres cubes d'acide acétique et 85 grammes de chlorure de zinc. Le produit de la réaction est dissous dans l'acide sulfurique chaud, la solution est versée dans l'eau et la matière résineuse qui se sépare est agitée à plusieurs reprises avec de l'eau chargée d'acide chlorhydrique. Les liqueurs acides sont filtrées et la base précipitée par l'ammoniaque. Le rendement est d'environ 56 0/0 [A. Bernthsen, *Ann. Chem.*, **224**, 1].

La Ms-méthylacridine cristallise dans la ligroïne en cristaux incolores appartenant au système quadratique [A. Osann, *D. chem. G.*, **19**, 426], fusibles à 92-94° (Besthorn et Fischer), à 114° (Bernthsen).

Ce corps rappelle l'acridine par ses propriétés. Oxydée par le permanganate de potassium à chaud, la méthylacridine se transforme en acide quinoléine-tricarbonique. Chauffée dans un appareil à reflux avec de l'acide nitrique d'une densité de 1,33, elle donne l'acide trinitroacridine-carbonique (Bernthsen).

Le *chlorhydrate* est en lamelles jaunes. Ce sel n'est pas dissocié par l'eau. Sa solution étendue possède une fluorescence bleu-verdâtre (Besthorn et Fischer).

Le *chloroplatinate* répond à la formule

$$(C^{14}H^{11}Az . HCl)^2PtCl^4$$

[Bernthsen, *Ann. Chem.*, **192**, 29].

Iodométhylate, $C^{14}H^{11}Az . CH^3I$. — Ce composé s'obtient en chauffant à 100° pendant 5 heures la méthylacridine avec un excès d'iodure de méthyle. On lave à l'alcool froid le produit de la réaction et on le fait cristalliser dans l'eau bouillante.

L'iodométhylate de méthylacridine est en aiguilles rouges, très solubles dans l'eau chaude, peu solubles dans l'alcool, insolubles dans l'éther. Il fond vers 185° et se décompose à température plus élevée en iodure de méthyle et méthylacridine.

Cet iodométhylate, traité par un excès de soude, se transforme en *hydrate de méthyl-méthylacridinium*,

$$C^{14}H^{11}Az . (CH^3)(OH),$$

poudre d'un gris sale, verdissant rapidement à l'air. Ce corps paraît être peu stable. Il se dissout facilement dans l'alcool; mais la solution se colore fortement et abandonne par le refroidissement des cristaux rouges [A. Bernthsen, *Ann. Chem.*, **224**, 1].

Méthylacridine-chloral (*α-trichloro-β-oxypropyl-Ms-acridine*,

$$C^{14}H^{11}Az . C^2HCl^3O$$
$$= C^6H^4 < \begin{smallmatrix} C(CH^2 . CHOH . CCl^3) \\ Az \end{smallmatrix} > C^6H^4.$$

— A 600 grammes de benzine on ajoute 60 grammes de méthylacridine finement pulvérisée et 70 grammes de chloral anhydre. On chauffe au bain-marie. Quand la température atteint 70°, la méthylacridine est complètement dissoute et il se forme peu à peu un précipité jaune. On continue à chauffer pendant quelques heures, on laisse refroidir, on recueille le corps formé et on le lave à chaud avec de la benzine. On le purifie enfin par cristallisation dans l'alcool.

Le méthylacridine-chloral est en aiguilles ou en prismes, très peu solubles dans les dissolvants ordinaires. Il se dissout dans l'acide sulfurique concentré et chaud en donnant une liqueur jaune-verdâtre. Il se décompose avant de fondre et se dédouble vers 200° en méthylacridine et chloral.

Il possède des propriétés basiques très faibles et se dissout à peine dans les acides minéraux. Les alcalis, à chaud, le transforment partie en ses composants, partie en acide acridylacrylique [A. Bernthsen et F. Muhlert, *D. chem. G.*, 20, 1541].

B-3-MÉTHYLACRIDINE,

$$C^6H^4 \begin{matrix} \diagup CH \diagdown \\ | \\ \diagdown Az \diagup \end{matrix} C^6H^3(CH^3)$$

— Le phényldiamido-p-crésylméthane

$$C^6H^5-CH_{(1)}=\left[C^6H^3 \begin{matrix} < AzH^2 & (2) \\ \diagdown CH^3 & (5) \end{matrix}\right]^2$$

soumis à la distillation avec de la poudre de zinc, se décompose en donnant de la p-toluidine et de la B-3-méthylacridine :

$$C^{21}H^{22}Az^2 = C^7H^9Az + C^{14}H^{11}Az + H^2.$$

Le produit de la réaction étant ensuite distillé dans un courant de vapeur d'eau, la p-toluidine passe d'abord, la méthylacridine distille ensuite. On la fait enfin cristalliser dans l'alcool étendu.

Cette méthylacridine est en petites aiguilles jaunâtres, fusibles à 131°,5, très solubles dans l'alcool, l'éther et la benzine, un peu moins soluble dans la ligroïne. Sa solution dans l'acide sulfurique étendu présente une fluorescence bleu-verdâtre.

Ce corps possède une odeur pénétrante qui provoque l'éternuement [C. Ullmann, *J. prakt. Chem.*, (2), 36, 246; *Bull. Soc. Chim.*, 49, 171].

Suivant M. Bonna [*Ann. Chem.*, 239, 55], on obtiendrait la B-3-méthylacridine en chauffant la phényl-p-toluidine avec de l'acide formique et du chlorure de zinc; mais le rendement serait très faible.

DIMÉTHYLACRIDINE, $C^{15}H^{13}Az$. — On ne connait qu'une diméthylacridine : c'est la *Ms-méthyl-B-3-méthylacridine*

$$C^6H^4 \begin{matrix} \diagup C(CH^3) \diagdown \\ | \\ \diagdown Az \text{———} \diagup \end{matrix} C^6H^3(CH^3).$$

On la prépare en chauffant pendant 18 heures, à 220-230°, 12 grammes de phényl-p-toluidine

$$C^6H^5 . AzH . C^7H^7$$

avec 6gr,6 d'acide acétique et 18 grammes de chlorure de zinc. La masse solide obtenue après refroidissement est dissoute à chaud dans l'acide sulfurique assez concentré. On verse dans l'eau et la matière résineuse qui se sépare est reprise par l'acide chlorhydrique. On filtre et on précipite la base par l'ammoniaque. On répète le même traitement à plusieurs reprises et on fait enfin cristalliser le produit dans l'alcool.

La diméthylacridine est en aiguilles ou en prismes, fusibles à 122-123°, presque insolubles dans l'eau, assez solubles dans l'alcool et dans la benzine, un peu moins solubles dans l'éther. Elle peut être distillée dans un courant de vapeur d'eau.

Le *chlorhydrate*, $C^{15}H^{13}Az . HCl$, est en aiguilles jaunes, solubles dans l'eau et dans l'alcool.

L'iodhydrate, $C^{15}H^{13}Az . HI$, cristallise dans l'alcool en aiguilles rouge-orangé.

Le *picrate*, $C^{15}H^{13}Az . C^6H^2(AzO^2)^3OH$, se sépare de l'alcool en cristaux bruns [A. Bonna, *Ann. Chem.*, 239, 55; *Bull. Soc. Chim.*, 49, 502].

Ms-ISOBUTYLACRIDINE,

$$C^{17}H^{17}Az = C^6H^4 \begin{matrix} \diagup C(C^4H^9) \diagdown \\ | \\ \diagdown Az \text{———} \diagup \end{matrix} C^6H^4.$$

— On chauffe pendant 20 heures, à 200-220°, un mélange de diphénylamine (3 parties), d'acide isovalérique (3 parties) et de chlorure de zinc (5 parties). On dissout le produit de la réaction dans l'acide sulfurique assez concentré (à 70 0/0), on étend la solution de plusieurs fois son volume d'eau et on filtre. Ce traitement ayant été répété à plusieurs reprises, la liqueur filtrée est concentrée et traitée par la soude. La base précipitée est dissoute dans l'acide chlorhydrique étendu. La solution chlorhydrique, filtrée et évaporée, fournit le chlorhydrate d'isobutylacridine.

La base libre ne peut être obtenue cristallisée; elle se résinifie rapidement à l'air.

Le *chlorhydrate*, $C^{17}H^{17}Az . HCl$, est en cristaux prismatiques jaunes, solubles dans l'eau et dans l'alcool, insolubles dans l'éther, fusibles à 191°.

Le *nitrate*, $C^{17}H^{17}Az . AzO^3H$, cristallise en très longues aiguilles ou en cristaux prismatiques jaune-orangé, fusibles à 139°, très solubles dans l'eau chaude, peu solubles dans l'eau froide.

Le *chromate*, $C^{17}H^{17}Az . CrO^4H^2$, est un précipité cristallin, orangé, peu soluble dans l'eau.

HYDROBUTYLACRIDINE, $C^{17}H^{19}Az$. — On l'obtient en réduisant à chaud le chlorhydrate de butylacridine par le zinc et l'acide chlorhydrique. Le produit de réduction qui se sépare est insoluble dans les acides. On filtre et on épuise le résidu par l'alcool bouillant. Par le refroidissement, l'hydrobutylacridine cristallise en lamelles blanches, brillantes, fusibles à 98-100°. Les agents d'oxydation transforment facilement ce corps en butylacridine [A. Bernthsen et J. Traube, *D. chem. G.*, 17, 1508; *Bull. Soc. Chim.*, 44, 472. — Bernthsen, *Ann. Chem.*, 224, 1].

PHÉNYLACRIDINE,

$$C^{19}H^{13}Az = C^6H^4 \begin{matrix} \diagup C(C^6H^5) \diagdown \\ | \\ \diagdown Az \text{———} \diagup \end{matrix} C^6H^4.$$

— La phénylacridine prend naissance dans un certain nombre de réactions.

1° *Benzonitrile et diphénylamine*. — Lorsqu'on chauffe à 180° un mélange de benzonitrile et de chlorhydrate de diphénylamine, on obtient le chlorhydrate de diphénylamidobenzimide :

$$C^6H^5 . C \begin{matrix} \diagup\!\!\!\!= AzH \\ \diagdown Az(C^6H^5)^2 \end{matrix}$$

Ce chlorhydrate, chauffé à 250°, se dédouble en chlorure d'ammonium et phénylacridine. Mais les rendements sont faibles, car la majeure partie de ce corps se scinde en ses composants, benzonitrile et diphénylamine [A. Bernthsen, *D. chem. G.*, 15, 3011; *Bull. Soc. Chim.*, 39, 478].

2° *Diphénylbenzamide et chlorure de zinc*,

$$C^6H^5 . CO . Az(C^6H^5)^2 - H^2O$$

$$= C^6H^4 \begin{matrix} \diagup C(C^6H^5) \diagdown \\ | \\ \diagdown Az \text{———} \diagup \end{matrix} C^6H^4.$$

— On chauffe parties égales de diphénylbenzamide et de chlorure de zinc, d'abord pendant quelques heures à 210-230°, puis pendant 10 heures à 260-280°. Les rendements sont assez avantageux [A. Bernthsen, *D. chem. G.*, 15, 3011; *Bull. Soc. Chim.*, 39, 478].

3° *Phénylchloroforme et diphénylamine*. — On chauffe un mélange de phénylchloroforme, de diphénylamine et de chlorure de zinc :

$$C^6H^5 . CCl^3 + (C^6H^5)^2AzH$$

$$= C^6H^4 \begin{matrix} \diagup C(C^6H^5) \diagdown \\ | \\ \diagdown Az \text{———} \diagup \end{matrix} C^6H^4 + 3HCl.$$

Les rendements sont très faibles [A. Bernthsen, et F. Bender, *D. chem. G.*, 16, 1802; *Bull. Soc. Chim.*, 42, 56; *Ann. Chem.*, 224, 1].

4° *Acide cinnamique, diphénylamine et chlorure de zinc*. — On obtient une très petite quantité de phénylacridine en chauffant pendant

2 jours à 250° un mélange d'acide cinnamique, de diphénylamine et de chlorure de zinc [A. Bernthsen, *D. chem. G.*, **20**, 1552; *Bull. Soc. Chim.*, **49**, 176].

5° La chrysaniline (diamidophénylacridine), traitée par l'acide nitreux, fournit un dérivé diazoïque qui, par ébullition avec l'alcool, se transforme en phénylacridine [O. Fischer et G. Kœrner, *Ann. Chem.*, **226**, 175].

Préparation. — On chauffe à 260° pendant 10 heures un mélange de diphénylamine (70 grammes), d'acide benzoïque (50 grammes) et de chlorure de zinc (150 grammes). Le produit de la réaction est réduit en poudre et dissous dans l'alcool chaud; la solution alcoolique chaude est versée dans un excès d'ammoniaque très concentrée, qu'on étend ensuite de beaucoup d'eau. On recueille la base précipitée; on la lave par digestion avec de l'alcool froid qui enlève presque toute la diphénylamine et l'on fait cristalliser le résidu dans la benzine. Le rendement est d'environ 48 0/0 [A. Bernthsen, *Ann. Chem.*, **224**, 1].

Propriétés. — La phénylacridine est peu soluble dans l'alcool froid, assez soluble dans l'éther, très soluble dans la benzine. En solution benzénique concentrée et chaude, elle se sépare par le refroidissement sous la forme de tables clinorhombiques jaunes. Par l'évaporation à froid de sa solution benzénique, elle se sépare sous la forme de prismes renfermant 1 molécule de benzine et répondant à la formule $C^{19}H^{13}Az + C^6H^6$. Ces cristaux perdent à l'air 1 molécule de benzine en même temps qu'ils deviennent opaques et friables.

La phénylacridine fond à 181° et bout vers 403°.

La phénylacridine est un corps très stable, que ni la potasse fondante, ni la chaux sodée, ni l'acide chlorhydrique concentré n'attaquent, même à température élevée.

Elle résiste énergiquement aux agents d'oxydation. L'acide nitrique étendu ($d = 1,1$) et bouillant, le permanganate de potassium en solution aqueuse ou alcaline, même à chaud, sont sans action sur la phénylacridine (B.). Elle est attaquée cependant par le permanganate en solution acide et fournit alors un mélange d'acides phénylquinoléine-mono- et dicarbonique, ainsi que des dérivés carboxyliques de la phénylpyridine [A. Claus et C. Nicolaysen, *D. chem. G.*, **18**, 2706; *Bull. Soc. Chim.*, **46**, 178].

Les agents de réduction la transforment en hydrophénylacridine.

La phénylacridine a peu de tendance à former des produits d'addition : Le chlorure d'acétyle et le chlorure de benzoyle ne réagissent pas sur elle, même à chaud (B.); le chlorure de benzyle à température élevée donne seulement du chlorhydrate de phénylacridine [Claus et Nicolaysen, *loc. cit.*]. Cependant l'action de l'iodure de méthyle fournit un iodométhylate (B.).

SELS. — Les solutions aqueuses étendues des sels de phénylacridine sont fortement fluorescentes.

Chlorhydrate, $C^{19}H^{13}Az . HCl$. — Ce sel cristallise dans l'eau chargée d'acide chlorhydrique en aiguilles ou en petits prismes jaune d'or, fusibles à 220°, très peu solubles dans l'eau chargée d'acide chlorhydrique (Bernthsen et Bender). Par cristallisation dans l'eau pure, on l'obtient sous la forme de cristaux octaédriques rouges, répondant à la formule $C^{19}H^{13}Az . HCl + 3H^2O$ (Claus et Nicolaysen).

Une solution de chlorhydrate de phénylacridine donne un précipité brun par l'iodure de potassium ioduré, des précipités jaunes par l'acide picrique, l'iodure de potassium, le chlorure de platine, le bichlorure de mercure (B. et B.).

Nitrate. — Ce sel est en longues aiguilles aplaties ou en prismes jaunes peu solubles dans l'eau.

Sulfate. — Ce sel se sépare de sa solution bouillante en cristaux rhombiques jaune-orangé (B. et B.).

La phénylacridine ne se combine pas avec l'acide acétique.

Chauffée à 70-100°, avec de l'iodure de méthyle, la phénylacridine fournit un *iodométhylate*,

$$C^6H^4 \begin{array}{c} \diagup C(C^6H^5) \diagdown \\ | \\ \diagdown Az(CH^3)I \diagup \end{array} C^6H^4,$$

qui cristallise dans l'alcool en prismes clinorhombiques [Osann, *D. chem. G.*, **19**, 425], brun-noir, insolubles dans l'éther, peu solubles dans l'alcool froid et dans l'eau bouillante, assez solubles dans l'alcool chaud, et se dédoublant sous l'action de la chaleur en iodure de méthyle et phénylacridine.

Traité par l'oxyde d'argent ou par la soude, l'iodométhylate de phénylacridine se transforme en *hydrate de méthylphénylacridinium*

$$C^6H^4 \begin{array}{c} \diagup C(C^6H^5) \diagdown \\ | \\ \diagdown Az(CH^3)(OH) \diagup \end{array} C^6H^4,$$

corps insoluble dans l'eau, soluble dans l'éther et dans l'alcool, et cristallisant dans ce dernier dissolvant sous la forme de prismes anorthiques [Osann, *loc. cit.*], fusibles à 108°, se décomposant à température élevée en phénylacridine et alcool méthylique.

Cet hydrate constitue une base plus énergique que la phénylacridine; il se dissout facilement dans les acides en donnant des sels qui ne sont pas dissociés par l'eau et dont les solutions sont douées d'une forte fluorescence verte.

Le *chlorure* (*chlorométhylate de phénylacridine*) est en aiguilles assez solubles dans l'eau froide.

Le *nitrate* est en belles aiguilles peu solubles [A. Bernthsen et F. Bender, *D. chem. G.*, **16**, 1802; *Bull. Soc. Chim.*, **42**, 56; *Ann. Chem.*, **224**, 1].

Le chlorométhylate de phénylacridine, traité par le permanganate de potassium, fournit comme produit d'oxydation un acide $C^{13}H^{11}AzO^2$ qui paraît être un acide phénylamidobenzoïque $C^6H^5 . AzH - C^6H^4 . CO^2H$ [Claus et Nicolaysen, *loc. cit.*].

DÉRIVÉS NITRÉS. — La phénylacridine peut être facilement nitrée.

Dinitrophénylacridine, $C^{19}H^{11}(AzO^2)^2Az$. — A une solution de 3 centimètres cubes d'acide nitrique ($d = 1,4$) dans 10 centimètres cubes d'acide sulfurique on ajoute peu à peu 5 grammes de phénylacridine dissoute dans 15 centimètres cubes d'acide sulfurique. En précipitant par l'eau, après avoir laissé pendant quelque temps en contact, on obtient une dinitrophénylacridine, corps jaune pâle, qui possède encore le caractère basique et peut se dissoudre dans l'acide chlorhydrique chaud.

Trinitrophénylacridine, $C^{19}H^{10}(AzO^2)^3Az$. — On dissout la phénylacridine dans un peu d'acide sulfurique concentré et on ajoute peu à peu cette solution à un égal volume d'acide nitrique ($d = 1,48$). En précipitant par l'eau et en faisant cristalliser à chaud dans un mélange à volumes égaux d'alcool et de toluène, on obtient une trinitrophénylacridine en aiguilles jaunes microscopiques [A. Bernthsen, *Ann. Chem.*, **224**, 1].

DÉRIVÉS AMIDÉS. — *Ms-Phényl-B-3-amidoacridine*

$$C^{19}H^{14}Az^2 = C^6H^4 \begin{array}{c} \diagup C(C^6H^5) \diagdown \\ | \\ \diagdown Az \text{———} \diagup \end{array} C^6H^3(AzH^2).$$

— On chauffe pendant 8 heures à 220-230°, puis pendant 2 ou 3 heures à 250°, un mélange d'acide benzoïque (2 molécules) et de p-amidodiphénylamine (1 molécule), le tout additionné de son poids de chlorure de zinc. La masse obtenue est pulvérisée et mise en digestion pendant quelques heures avec un excès d'ammoniaque. Le résidu insoluble est traité par de l'acide chlorhydrique assez concentré et bouillant. La solution chlorhydrique, traitée par l'ammoniaque, abandonne la phénylamidoacridine sous la forme de flocons jaunes amorphes.

Ce corps n'a pu être obtenu cristallisé.

Les solutions dans l'éther et dans la benzine sont douées d'une magnifique fluorescence verte.

Les sels sont rouges, amorphes. Ils teignent les fibres en nuances jaune-brun, moins brillantes que celles fournies par les sels de chrysaniline.

Traitée par le zinc et l'acide chlorhydrique, la phénylamidoacridine fournit un mélange de deux corps cristallisés. L'un, doué de propriétés basiques, est en lamelles nacrées, fusibles à 192°. L'autre, qui ne se combine pas avec les acides, est en cristaux peu nets, fusibles à 155-160°.

L'acide chlorhydrique concentré transforme la phénylamidoacridine en phényloxyacridine [W. Hess et A. Bernthsen, *D. chem. G.*, **18**, 689; *Bull. Soc. Chim.*, **45**, 639].

Ms-amidophénylacridine,

$$C^{19}H^{14}Az^2 = C^6H^4 \left\langle \begin{matrix} C(C^6H^4-AzH^2) \\ | \\ Az \end{matrix} \right\rangle C^6H^4.$$

— Lorsqu'on fait réagir, en présence du chlorure de zinc, l'acide p-amidobenzoïque sur la diphénylamine, on peut isoler du produit de la réaction une petite quantité d'un corps, qui cristallise dans l'alcool en petits prismes jaunes, fusibles à 215-220°, et qui constitue vraisemblablement l'amidophénylacridine [Hess et Bernthsen, *loc. cit.*].

Diamidophénylacridine (*Ms-p-amidophényl-B-2-amidoacridine*), $C^{19}H^{13}Az^3$. — Ce corps est la *chrysaniline* (jaune d'aniline) (voyez Chrysaniline).

Dérivé hydroxylé. — *Ms-phényl-B-3-oxyacridine*,

$$C^{19}H^{13}AzO = C^6H^4 \left\langle \begin{matrix} C(C^6H^5) \\ | \\ Az \end{matrix} \right\rangle C^6H^3 . OH.$$

— Ce composé se forme quand on chauffe en vase clos à 220-230° pendant 3 ou 4 heures la phénylamidoacridine avec un grand excès d'acide chlorhydrique concentré.

On le prépare directement en chauffant pendant 12 heures à 240°, avec son poids de chlorure de zinc, un mélange de p-oxydiphénylamine (1 molécule) et d'acide benzoïque (1 molécule). Le produit de la réaction est dissous dans la soude caustique, puis on dirige dans la liqueur filtrée un courant d'acide carbonique qui sépare la phényloxyacridine sous la forme d'un précipité jaune. On reprend ce précipité par l'éther et on le purifie par des cristallisations dans l'alcool étendu.

La phényloxyacridine est en lamelles ou en prismes jaunes, très solubles dans l'alcool, moins solubles dans l'éther, très peu solubles dans la benzine et dans la ligroïne, fusibles vers 275°.

Ce corps présente à la fois les caractères d'une base et ceux d'un phénol : il se dissout dans les acides et dans les alcalis, en donnant des solutions jaunes, non fluorescentes. Les sels, qui résultent de sa combinaison avec les acides, sont peu solubles.

Chauffée pendant 5 heures à 180° avec un excès d'anhydride acétique, la phényloxyacridine fournit un *dérivé acétylé* $C^{19}H^{12}O(C^2H^3O)Az$, qui cristallise dans l'éther en prismes jaunes, fusibles à 173-174°, solubles dans les acides, insolubles dans les alcalis [Hess et Bernthsen, *loc. cit.*].

Dérivé sulfoné. — *Acide phénylacridine-disulfonique*, $C^{19}H^{11}(SO^3H)^2Az$. — On chauffe pendant 12 heures à 150° la phénylacridine avec 3 fois son poids d'acide sulfurique fumant. On traite la liqueur par 10 fois son volume d'eau et on neutralise par la soude. La liqueur abandonne par refroidissement le *sel de sodium* de l'acide phénylacridine-disulfonique $C^{19}H^{11}(SO^3Na)^2Az$ sous la forme d'aiguilles assez solubles dans l'eau, insolubles dans l'alcool absolu. Ce sel possède une fluorescence bleue. L'acide, qui n'a pas été isolé, présente en solution une fluorescence verte [A. Bernthsen, *Ann. Chem.*, **224**, 1].

Hydrophénylacridine,

$$C^{19}H^{15}Az = C^6H^4 \left\langle \begin{matrix} CH(C^6H^5) \\ AzH \end{matrix} \right\rangle C^6H^4.$$

— La solution fluorescente du chlorhydrate de phénylacridine est rapidement décolorée par la poudre de zinc. Toute la matière organique se précipite et peut être enlevée au dépôt par l'alcool bouillant qui l'abandonne sous la forme de belles aiguilles incolores, fusibles à 163-164°.

Ce corps n'est plus basique et ne se combine pas aux acides.

Il perd de l'hydrogène par une forte ébullition, ainsi que par l'action de l'acide sulfurique assez concentré et bouillant. De même sa solution éthérée, saturée de gaz chlorhydrique, laisse déposer peu à peu des cristaux de chlorhydrate de phénylacridine.

Chauffée à 140° avec de l'iodure de méthyle, l'hydrophénylacridine se transforme en *méthylhydrophénylacridine*,

$$C^6H^4 \left\langle \begin{matrix} CH(C^6H^5) \\ Az(CH^3) \end{matrix} \right\rangle C^6H^4$$

composé que l'on peut obtenir également en traitant le chlorométhylate de phénylacridine $C^{19}H^{13}AzCH^3Cl$ par le zinc en poudre et l'acide chlorhydrique. Cette méthylhydrophénylacridine cristallise dans l'alcool en aiguilles incolores ou en prismes, fusibles à 104°, ne possédant pas de caractères basiques.

Chauffée à l'ébullition avec de l'anhydride acétique, l'hydrophénylacridine se transforme en *acétylhydrophénylacridine*,

$$C^6H^4 \left\langle \begin{matrix} CH(C^6H^5) \\ Az(C^2H^3O) \end{matrix} \right\rangle C^6H^4,$$

qui cristallise dans un mélange de benzine et de ligroïne en cristaux durs, groupés en mamelons, fusibles à 128° [A. Bernthsen et F. Bender, *D. chem. G.*, **16**, 1802; *Bull. Soc. Chim.*, **42**, 56].

Phénylméthylacridine, $C^{20}H^{15}Az$. — *Ms-phényl-B-3-méthylacridine*,

$$C^6H^4 \left\langle \begin{matrix} C(C^6H^5) \\ | \\ Az \end{matrix} \right\rangle C^6H^3(CH^3).$$

— On chauffe pendant 15 heures à 260° un mélange de phényl-p-toluidine

$$C^6H^4 \left\langle \begin{matrix} CH^3 \\ AzH . C^6H^5 \end{matrix} \right.$$

(10 grammes), d'acide benzoïque (14 grammes) et de chlorure de zinc (30 grammes). Le produit de la réaction est repris par l'alcool bouillant et la liqueur filtrée est versée dans l'ammoniaque concentrée. Le tout est étendu d'eau et abandonné au repos pendant quelques heures. Le précipité formé est lavé à l'alcool froid, puis soumis à la cristallisation dans la benzine ou dans l'alcool absolu.

La phénylméthylacridine est en aiguilles blanches, très peu solubles dans l'eau, solubles dans l'alcool, la benzine et l'éther, fusibles à 135-136°. Ses solutions étendues possèdent une fluorescence bleu-verdâtre.

Oxydée par le dichromate de potassium et l'acide sulfurique, la phénylméthylacridine fournit l'acide phénylacridine-carbonique.

SELS. — Le *chlorhydrate*, $C^{20}H^{15}Az.HCl$, est en aiguilles jaunâtres, peu solubles à froid, solubles à chaud dans l'eau et dans l'alcool.

L'*iodhydrate* et le *sulfite*, $(C^{20}H^{15}Az)^2SO^3H^2$, ont été obtenus à l'état de précipités qu'on peut faire cristalliser dans l'alcool chaud.

Le *picrate*, $C^{20}H^{15}Az.C^6H^2(AzO^2)^3OH$, est en aiguilles rouges, à peine solubles dans l'eau, assez solubles dans l'alcool chaud (A. Bonna, *Ann. Chem.*, **239**, 55; *Bull. Soc. Chim.*, **49**, 502].

β-NAPHTOACRIDINE,

$$C^{21}H^{13}Az = C^{10}H^6 \left\langle \begin{matrix} CH \\ | \\ Az \end{matrix} \right\rangle C^{10}H^6.$$

— Cette acridine prend naissance en même temps que la méthylnaphtoquinoléine et que la méthylamidonapthyl-hydronaphtoquinoléine, lorsqu'on fait réagir la β-naphtylamine sur un mélange de méthylal et d'acétone en présence d'un grand excès d'acide chlorhydrique. On sature à basse température par l'acide chlorhydrique gazeux un mélange de méthylal (30 grammes) et d'acétone (30 grammes). Le produit de condensation formé est traité immédiatement par un mélange de β-naphtylamine (65 grammes) et d'acide chlorhydrique concentré (200 grammes). On laisse en contact pendant 24 heures, on chauffe au bain-marie pendant 5 heures et on verse la liqueur encore chaude dans un excès de lessive de soude. Le produit qui se sépare est épuisé successivement par l'éther qui dissout la méthylnaphtoquinoléine, puis par l'acétone qui dissout la méthylamidonaphtyl-hydronaphtoquinoléine et la naphtoacridine. Par addition d'une solution alcoolique d'acide picrique à la solution acétonique, la naphtoacridine se sépare immédiatement à l'état de picrate.

On peut admettre que l'action réciproque du méthylal et de l'acide chlorhydrique fournit une certaine quantité d'aldéhyde formique, et que d'autre part l'action de l'acide chlorhydrique sur la β-naphtylamine donne naissance à de la dinaphtylamine. La dinaphtylamine et l'aldéhyde formique réagissent enfin l'une sur l'autre pour donner la naphtoacridine.

L'acétone ne joue donc aucun rôle dans cette préparation et on fait on peut la supprimer.

La naphtoacridine cristallise en longues aiguilles jaunes, fusibles à 216°. Elle est très soluble dans l'acétone bouillante, l'alcool chaud et le chloroforme, peu soluble dans l'éther. Sa solution alcoolique possède une fluorescence bleu foncé.

La naphtoacridine donne avec les acides des sels jaunes, peu solubles dans l'alcool, décomposables par l'eau bouillante.

Le *picrate*, $C^{21}H^{13}Az.C^6H^2(AzO^2)^3OH$, est une poudre jaune, insoluble dans l'acétone et dans l'alcool froid [J. H. Reed, *J. prakt. Chem.*, (2), **35**, 298; *Bull. Soc. Chim.*, **48**, 599].

PHÉNYL-β-NAPHTOACRIDINE,

$$C^{27}H^{17}Az = C^{10}H^6 \left\langle \begin{matrix} C(C^6H^5) \\ | \\ Az \end{matrix} \right\rangle C^{10}H^6.$$

— On l'obtient en chauffant ensemble à température élevée un mélange de β-dinaphtylamine (1 partie), d'acide benzoïque (1 partie) et d'anhydride phosphorique (2 parties). Le produit de la réaction est traité par la soude; le résidu est lavé à l'eau, séché et soumis à la sublimation [A. Claus et C. Richter, *D. chem. G.*, **17**, 1590; *Bull. Soc. Chim.*, **44**, 479].

On peut encore chauffer dans un appareil à reflux, pendant 8 heures, un mélange de β-dinaphtylamine (1 partie) et de chlorure de benzoyle (3 parties). Il se forme d'abord de la diphénylbenzamide que l'excès de chlorure de benzoyle, agissant comme déshydratant, transforme en phénylnaphtoacridine. Le produit de la réaction est traité par une solution de soude, le résidu est lavé à l'eau, séché et cristallisé à plusieurs reprises dans la benzine bouillante [C. Ris, *D. chem. G.*, **17**, 2029; *Bull. Soc. Chim.*, **44**, 471].

La phénylnaphtoacridine est en aiguilles jaune clair, fusibles à 294° (Cl. et Richt.), à 297° (Ris). Elle est assez soluble dans la benzine bouillante, peu soluble dans la benzine froide, très peu soluble dans l'alcool et dans l'éther. Elle se sublime en aiguilles.

C'est une base assez faible. Pour obtenir son *chlorhydrate*, il faut diriger un courant d'acide chlorhydrique dans une dissolution de la base dans l'acide acétique chaud. Le chlorhydrate, qui se sépare par refroidissement, est en aiguilles rouges, décomposables par l'eau et par l'alcool.

Le *chloroplatinate*, $(C^{27}H^{17}Az.HCl)^2PtCl^4$, est en aiguilles ou en lamelles jaunes.

Le *sulfate*, qui s'obtient en additionnant d'acide sulfurique une solution acétique chaude de la base, se sépare par le refroidissement sous la forme d'aiguilles jaunes.

PHÉNYLBENZO-β-NAPHTOACRIDINE,

$$C^{23}H^{15}Az = C^6H^4 \left\langle \begin{matrix} C(C^6H^5) \\ | \\ Az \end{matrix} \right\rangle C^{10}H^6.$$

— On l'obtient en chauffant avec de l'anhydride phosphorique ou du chlorure de zinc un mélange de phényl-β-naphtylamine et d'acide benzoïque.

La phénylbenzonaphtoacridine se sublime en aiguilles presque blanches, fusibles à 198°.

Son *chlorhydrate* est assez stable; il cristallise dans l'alcool ou dans l'eau additionnée d'un peu d'acide chlorhydrique en aiguilles jaunes, fusibles à 235°.

Son *chloroplatinate* $(C^{23}H^{15}Az.HCl)^2PtCl^4$ est en aiguilles jaunes [A. Claus et Richter, *D. chem. G.* **17**, 1590; *Bull. Soc. Chim.*, **44**, 479].

Léon Roux.

ACRIDYLACRYLIQUE (ACIDE),

$$C^{16}H^{11}AzO^2 = C^6H^4 \left\langle \begin{matrix} C(CH=CH-CO^2H) \\ | \\ Az \end{matrix} \right\rangle C^6H^4.$$

— On traite le méthylacridine-chloral (voyez ce mot) par un grand excès de soude à 20 0/0, additionnée de son volume d'alcool. On chauffe pendant une demi-heure au bain-marie et on traite le tout par 8 fois son volume d'eau. L'acridylacrylate de sodium, peu soluble en liqueur alcaline, se précipite. On recueille ce précipité, on le dissout dans l'eau et on précipite par l'acide acétique.

L'acide acridylacrylique est une poudre jaune, cristalline, presque insoluble dans les dissolvants usuels. Il se décompose vers 200° en perdant de l'acide carbonique. Le permanganate de potassium le transforme en acridylaldéhyde.

L'acide acridylacrylique possède les caractères d'un acide et donne des sels.

Les *sels de potassium* et *de sodium* cristallisent dans l'eau en fines aiguilles.

Le *sel de baryum*, peu soluble dans l'eau, cristallise en petits mamelons arrondis.

Le *sel d'argent* est un précipité floconneux, amorphe.

Mais il possède également les caractères d'une base et peut se combiner avec les acides énergiques. C'est ainsi qu'il fournit un *chlorhydrate* $C^{16}H^{11}AzO^2.HCl$, aiguilles aplaties, solubles dans l'eau; un *bromhydrate*, précipité floconneux rouge-orangé.

Traité par le zinc et l'acide chlorhydrique, l'acide acridylacrylique se transforme en *acide hydroacridylacrylique*, corps insoluble dans l'eau, soluble dans l'alcool et dans l'éther, soluble dans les alcalis, d'où les acides le précipitent sous la forme de flocons blancs. Ce corps ne possède que la fonction acide. Il donne un *sel de sodium* cristallisé en aiguilles [A. Bernthsen et F. Muhlert, *D. chem. G.*, 20, 1541]. Léon Roux.

ACRIDYLALDÉHYDE,

$$C^{14}H^9AzO = C^6H^4 \left\langle \begin{matrix} C(CHO) \\ | \\ Az \end{matrix} \right\rangle C^6H^4$$

— L'acridylaldéhyde se forme par oxydation de l'acide acridylacrylique (voyez ce mot).

On dissout 15 grammes d'acide acridylacrylique dans un excès de carbonate de sodium. On étend à 750 centimètres cubes, on ajoute 500 centimètres cubes de benzine, on refroidit vers zéro et on ajoute peu à peu et en agitant une solution de 15 grammes de permanganate de potassium. On sépare la benzine et on l'agite avec un peu d'acide chlorhydrique étendu. Le chlorhydrate d'acridylaldéhyde se sépare immédiatement sous la forme d'aiguilles jaune d'or, peu solubles dans l'eau froide, assez solubles dans l'eau chaude additionnée d'acide chlorhydrique. Cette dernière solution, traitée par l'ammoniaque, abandonne l'acridylaldéhyde sous la forme d'un précipité amorphe. On la fait cristalliser dans l'alcool chaud.

L'acridylaldéhyde est en aiguilles jaunes, fusibles à 139-140°, non distillables sans décomposition. Elle est très peu soluble dans l'eau, assez soluble dans l'alcool chaud, la benzine et l'éther. Sa solution aqueuse est jaune et possède une fluorescence bleue. Sa solution alcoolique n'est pas fluorescente.

Elle réduit le nitrate d'argent ammoniacal.

C'est une base faible : le *chlorhydrate*, le *nitrate*, le *sulfate* sont en aiguilles, le *chromate* est en petits prismes. Ces sels sont dissociés par l'eau pure. Leurs solutions sont fluorescentes.

L'acridylaldéhyde se combine avec la phénylhydrazine en donnant le composé $C^{20}H^{15}Az^3$, qui cristallise dans l'alcool en fines lamelles hexagonales rouge-orangé insolubles dans l'eau. Ce corps se combine avec les acides et fournit des sels cristallisés en fines aiguilles violettes, à éclat métallique. Ces sels, très peu solubles dans l'eau froide, un peu plus solubles dans l'eau chaude et dans l'alcool, sont facilement dissociés par l'eau pure. Leurs solutions sont violet-bleu [A. Bernthsen et F. Muhlert, *D. chem. G.*, 20, 1541].

Léon Roux.

ACRIDYLBENZOÏQUE (ACIDE),

$$C^{20}H^{13}AzO^2 = C^6H^4 \left\langle \begin{matrix} C(C^6H^4-CO^2H) \\ | \\ Az \end{matrix} \right\rangle C^6H^4.$$

— On chauffe pendant 12 heures à 180-200° un mélange d'anhydride phtalique (30 grammes), de diphénylamine (45 grammes) et de chlorure de zinc (75 grammes). On épuise la masse par l'alcool et on précipite la solution alcoolique par l'eau. On redissout dans la soude et on traite la liqueur étendue et bouillante par l'acide chlorhydrique. On obtient ainsi le chlorhydrate de l'acide acridylbenzoïque, qu'on purifie par cristallisation dans l'acide chlorhydrique étendu et chaud et qu'on décompose enfin par une quantité calculée de soude.

L'acide acridylbenzoïque se présente sous la forme d'une poudre jaunâtre, cristalline, fusible à 163°, très peu soluble dans les dissolvants organiques. Il se dissout dans les acides et dans les alcalis en donnant des sels dont les solutions sont fluorescentes.

Le *sel de sodium* est en lamelles ou en aiguilles très solubles, répondant à la formule

$$C^{20}H^{12}AzO^2Na, 1,5H^2O.$$

Il perd son eau de cristallisation dans le vide sec.

Le *sel d'argent* est un précipité floconneux blanc-jaunâtre.

Le *chlorhydrate*, $C^{20}H^{13}AzO^2.HCl$, est en petites aiguilles ou en tables jaunes, peu solubles, fondant partiellement et en se décomposant à 163°.

Le zinc et l'acide chlorhydrique transforment l'acide acridylbenzoïque en *acide hydroacridylbenzoïque*, corps qui ne possède plus de caractère basique [A. Bernthsen et J. Traube, *D. chem. G.*, 17, 1508; *Bull. Soc. Chim.*, 44, 472].

Léon Roux.

ACRITE. — Voyez ACROSONE.

ACROLÉINE. — *Action de la diphénylamine*. — En chauffant la diphénylamine en solution alcoolique avec de l'acroléine jusqu'à disparition de l'odeur d'acroléine, on obtient un précipité rouge, résineux qui, par lavages successifs à l'eau et à l'alcool bouillant, devient pulvérulent.

Ce précipité a pour composition $C^3H^4(C^{12}H^{10}Az)^2$. Il serait dû à l'union de 2 molécules de diphénylamine à 1 molécule d'acroléine, avec élimination d'eau.

Cette substance ne peut fondre ni se sublimer sans décomposition ; elle est insoluble dans l'éther, peu soluble dans l'alcool ; elle se dissout dans le chloroforme, qu'elle colore en rouge foncé. Les solutions ne cristallisent pas [Leeds, *D. chem. G.*, 15, 1158].

La *xylidine-acroléine*, obtenue d'une manière analogue, distillée par petites portions, donne la *cryptidine*, $C^{11}H^{11}Az$ (voyez ce mot), liquide bouillant à 270° [Leeds, *D. chem. G.*, 16, 289].

Action de la phénylhydrazine [Fischer et Knœvenagel, *Ann. Chem.*, 239, 194]. — La phénylhydrazine réagit vivement, à la température ordinaire, sur l'acroléine en donnant la *phénylpyrazoline* par les deux réactions successives :

$$C^6H^5-AzH-AzH^2 + CH^2=CH-CHO$$
$$= C^6H^5-AzH-Az=CH-CH=CH^2 + H^2O,$$

$$C^6H^5-AzH-Az=CH-CH=CH^2$$
$$= \begin{matrix} C^6H^5-Az & \text{———} & Az \\ | & & \| \\ CH^2 & -CH^2- & CH \end{matrix}$$

Action de l'urée. — Par l'action de l'acroléine sur une solution alcoolique d'urée, on obtiendrait une substance amorphe, $CO(AzH^2)^2C^3H^4$, l'*acroléine-urée*, peu soluble dans l'alcool, l'éther, etc. [Leeds, *D. chem. G.*, 15, 1159].

Chlorhydrate d'acroléine (voyez, outre ACROLÉINE, l'article PROPIONIQUE (ALDÉHYDE), Suppl., 1, 1304).

Dibromure d'acroléine. — Mêmes renvois.

MM. Fischer et Tafel [*D. chem. G.*, 20, 1088 et 2566], en traitant à froid le dibromure d'acroléine par l'eau de baryte, ont obtenu un corps qui, se combinant avec la phénylhydrazine, donne l'osazone d'un glucose $C^6H^{12}O^6$ (voyez ACROSE).

MÉTACROLÉINE (voyez Suppl., 1, 48 et 1304). — La métacroléine se prépare par distillation de la paraldéhyde β-chloropropylique avec son poids de potasse pulvérisée. Le rendement est de 10 à 15 0/0 du poids de la paraldéhyde employée.

Par évaporation de sa solution alcoolique, la métacroléine cristallise en belles lames transparentes. Elle fond à 45-46°. Sa densité de vapeur, prise à 132° par le procédé Hofmann, a été trouvée égale à 5,9 ; la théorie pour $C^9H^{12}O^3$ est 5,8 ; à 160°, il y a un commencement de dissociation et la densité est 4,6 ; à 182°, elle est de 3,99.

La métacroléine, dissoute dans le chloroforme, fixe directement le brome ; par l'évaporation à la température ordinaire, la solution laisse déposer des cristaux qui sont identiques avec la paraldéhyde dibromopropylique, obtenue par polymérisation du bromure d'acroléine [Grimaux et Adam, *Bull. Soc. Chim.* (2), 36, 22]. Paul Adam.

ACROPINACONE, $C^6H^{10}O^2$. — M. Linnemann a obtenu ce corps en traitant l'acroléine, en solution éthérée, par le zinc et l'acide chlorhydrique [*Ann. Chem.*, *Suppl.*, **3**, 268]. C'est un liquide insoluble dans l'eau, soluble dans l'éther et dans l'alcool, d'une densité de 0,99 à 17°, bouillant à 160°. Il a une odeur camphrée, et se colore peu à peu en brun à l'air.

D'après son mode de formation, ce composé doit avoir pour constitution

$$CH^2=CH-CHOH-CHOH-CH=CH^2.$$

M. Griner, en reprenant l'étude des produits d'hydrogénation de l'acroléine, est arrivé à des résultats différents. Il a obtenu un glycol non saturé ayant, comme l'acropinacone de M. Linnemann, la formule $C^6H^{10}O^2$. Ce corps bout à 102-103° sous une pression de 10 millimètres, et à 197-198° à la pression ordinaire. Il est soluble dans l'eau en toutes proportions et ne se colore pas à l'air.

Il fournit par l'anhydride acétique un *dérivé diacétylé* qui distille à 115-118° sous 20 millimètres de pression.

Il fixe 4 atomes de brome, en donnant un *tétrabromure* fusible vers 180°.

La diacétine fixe également 4 atomes de brome; la *diacétyltétrabromhydrine* ainsi obtenue fond vers 200°.

L'acide hypochloreux s'unit au corps $C^6H^{10}O^2$ en donnant la *dichlorhydrine d'un alcool hexatomique*, $C^6H^{12}Cl^2O^4$, corps fusible avec décomposition à 204-206° et isomérique avec les dichlorhydrines de la mannite et de la dulcite [Griner, *Bull. Soc. Chim.*, (3), **2**, 786].

Cette dichlorhydrine fournit par l'anhydride acétique une *dichlorhydrotétracétine* fusible à 169-170°.

Paul Adam.

ACROSE, $C^6H^{12}O^6$. — MM. Fischer et Tafel ont donné ce nom à un glucose synthétique qui prend naissance, par polymérisation, quand on fait agir les alcalis sur l'aldéhyde glycérique ou sur le bromure d'acroléine. Le produit brut de la réaction paraît contenir deux sucres isomères, mais les auteurs n'ont décrit jusqu'à présent que celui qui se forme en plus grande quantité; ils le distinguent du second en l'appelant α-acrose. Pour l'obtenir, il faut préparer d'abord sa combinaison dihydrazinique, puis réduire celle-ci à l'état d'acrosamine, et enfin décomposer l'acrosamine par l'acide nitreux; nous décrirons successivement les différentes phrases de cette préparation.

Préparation des acrosazones. — 1° *Par le dibromure d'acroléine*, $CH^2Br-CHBr-CHO$. — On dissout 75 grammes d'hydrate de baryte cristallisé dans 1250 grammes d'eau chaude; on refroidit à 0° sans s'inquiéter de la cristallisation qui se produit, et on verse goutte à goutte dans le liquide, en agitant vivement, 50 grammes de bromure d'acroléine récemment distillé; après 1 heure, la température étant toujours maintenue au voisinage de 0°, la dissolution est complète, sauf un léger dépôt de résine incolore qui résulte de la polymérisation de l'aldéhyde acrylique. On ajoute alors assez d'acide sulfurique pour que le liquide présente une faible réaction acide, puis du sulfate de sodium en solution concentrée pour précipiter la baryte; on filtre, on neutralise exactement par une lessive de soude et on évapore dans le vide de manière à ramener le volume total à 1 litre et demi. On ajoute alors 50 grammes de chlorhydrate de phénylhydrazine et 50 grammes d'acétate de sodium dissous dans 100 centimètres cubes d'eau et on abandonne le mélange à lui-même pendant 12 heures : il se sépare une résine brune que l'on rejette et on chauffe le liquide clair sur le bain-marie pendant environ 4 heures. Les acrosazones se précipitent sous la forme d'une masse brune, en partie résineuse, en partie cristalline, qu'il faut purifier : pour cela, après essorage, on traite le précipité par l'éther qui dissout la plus grande partie des résines en même temps que la β-phénylacrosazone, puis par l'alcool froid qui enlève encore des matières colorantes; finalement on lave à l'eau, on fait cristalliser dans l'alcool bouillant et on sèche à 100°.

On obtient ainsi l'*α-acrosazone* sous la forme d'aiguilles microscopiques jaunes, ressemblant beaucoup à la phénylglucosazone et fondant comme celle-ci à 205°; elle est peu soluble dans les réactifs usuels et sa solution acétique est inactive au polarimètre, ce qui la distingue de la phénylglucosazone lévogyre.

Il semble d'ailleurs que ce produit retienne énergiquement quelque impureté qui abaisse son point de fusion, car à la suite de nouveaux lavages à l'alcool absolu bouillant il ne fond plus que vers 217°. L'analyse conduit à la formule $C^{18}H^{22}Az^4O^4$ des glucosazones; le rendement est d'environ 4,5 0/0 du poids du bromure d'acroléine employé.

Si on évapore l'éther qui a servi à purifier l'acrosazone brute, on obtient une masse résineuse qui, redissoute dans l'alcool et précipitée par l'eau, se solidifie peu à peu. Ce produit, séché sur des assiettes poreuses, cède aisément sa matière colorante à la benzine; il reste alors une substance cristalline jaune, que l'on achève de purifier par des dissolutions dans l'acétone et des précipitations par l'éther ou par la ligroïne, enfin par cristallisation dans l'acétate d'éthyle. Ce corps constitue la *β-phénylacrosazone* $C^{18}H^{22}Az^4O^4$: il se distingue de son isomère par une plus grande solubilité dans les réactifs et par son point de fusion qui est notablement moins élevé (156-159°). Le rendement final est de 1 0/0 environ.

2° *Par la glycérine.* — On dissout 10 parties de glycérine dans 60 parties d'eau, on ajoute 35 parties de soude caustique, puis, après qu'on a refroidi le liquide vers 10°, 15 parties de brome; bientôt on voit se dégager de l'acide carbonique, puis la réaction cesse et est complètement terminée en une demi-heure. On acidule alors légèrement par l'acide chlorhydrique, on sépare le brome par l'acide sulfureux, puis on ajoute une lessive de soude, en quantité suffisante pour que le liquide renferme environ 1 0/0 d'alcali en excès, enfin on abandonne le tout à lui-même pendant plusieurs jours, en ayant soin de maintenir la température voisine de 0°.

Peu à peu le liquide perd la propriété de réduire à froid la liqueur cupropotassique (caractère de l'aldéhyde glycérique). Quand il ne réduit plus qu'à l'ébullition, on neutralise par l'acide acétique, on ajoute une partie d'acétate de sodium, autant de chlorhydrate de phénylhydrazine, et on chauffe au bain-marie pendant 6 ou 8 heures. Le précipité semi-cristallin qui se forme est lavé à la benzine, puis traité comme on l'a dit plus haut. On arrive ainsi à le séparer en deux portions, qui constituent l'α-phénylacrosazone fusible à 217° et la β-phénylacrosazone fusible vers 158°. Le rendement en osazone α est de 1 1/2 0/0 du poids de la glycérine initiale et ce mode de préparation est considéré par les auteurs comme de beaucoup préférable au premier.

L'α-acrosazone est transformée par l'acide chlorhydrique concentré en *acrosone* (voyez ce mot) avec séparation de chlorhydrate de phénylhydrazine.

ACROSAMINE. — *Préparation de l'α-acrose.* — L'α-acrosazone est réduite par l'acide acétique et la poudre de zinc; elle se transforme ainsi en *α-acrosamine*, que l'on sépare à l'état d'oxalate cristallisable. L'analyse assigne à l'acrosamine la formule $C^6H^{13}AzO^5$, qui est celle de la glucosamine ordinaire; elle en possède aussi les principales propriétés : elle réduit, par exemple, la liqueur de Fehling et brunit en dégageant de l'ammoniaque quand on la chauffe avec un alcali; mais elle régénère l'α-acrosazone avec la phénylhydrazine, ce qui suffit à la caractériser.

Si à une solution d'oxalate d'acrosamine on ajoute d'abord de l'azotite de sodium, puis de l'acide oxalique, par petites portions à la fois, on voit se produire un dégagement d'azote qui cesse après quelques heures. On neutralise alors par la soude, on évapore dans le vide et on reprend par l'alcool; ce dernier laisse par évaporation un résidu sirupeux, de couleur brunâtre, nettement sucré et capable de reproduire l'acrosazone primitive avec le réactif de Fischer.

On obtient plus aisément le même produit en réduisant l'α-acrosone par l'acide acétique et la poudre de zinc. MM. Fischer et Passmore l'ont enfin signalé comme l'une des parties constituantes de la formose de M. Lœw.

C'est ce corps qui a reçu le nom d'α-acrose; il paraît être isomérique avec les glucoses; il fermente comme le sucre interverti au contact de la levure, mais ne possède pas de pouvoir rotatoire. Sa production au moyen du bromure d'acroléine peut se représenter par l'équation suivante :

$$2\,(C^3H^4Br^2O) + 2\,BaH^2O^2 = 2\,BaBr^2 + C^6H^{12}O^6.$$

L'acrose est évidemment un polymère de l'aldéhyde glycérique; l'ensemble de ses propriétés a conduit M. Fischer à considérer cette substance comme la lévulose inactive. On verra aux articles GLUCOSES, LÉVULOSE et MANNITE comment elle a pu servir de point de départ à la synthèse des sucres naturels [Fischer et Tafel, *D. chem. G.*, 20, 1093, 2571 et 3384. — Fischer et Passmore, *D. chem. G*, 22, 359]. L. Maquenne.

ACROSONE, $C^6H^{10}O^6$. — L'acrosone est un sucre synthétique qui se forme, dans les mêmes conditions que la glucosone, en traitant l'acrosazone de synthèse par l'acide chlorhydrique.

Pour l'obtenir, on chauffe rapidement vers 45°, de manière à la dissoudre en totalité, 1 partie d'α-acrosazone pulvérisée avec 20 parties d'acide chlorhydrique concentré (d = 1,19). Après une minute commencent à se séparer des cristaux de chlorhydrate de phénylhydrazine; on refroidit alors à 25° et on laisse la réaction se terminer pendant 10 minutes. On sépare à la trompe le chlorhydrate de phénylhydrazine précipité, on étend le liquide filtré de 7 fois environ son volume d'eau et on neutralise par le carbonate de plomb. La liqueur rougeâtre ainsi obtenue est traitée par le noir, filtrée, fortement refroidie, et additionnée goutte à goutte d'eau de baryte jusqu'à réaction faiblement alcaline; l'acrosone se précipite alors à l'état de combinaison plombique amorphe. On recueille ce produit et, après lavages, on le décompose à froid par un excès d'acide sulfurique; on élimine enfin la petite quantité de chlore que renferme le liquide par le carbonate d'argent, puis l'acide sulfurique par le carbonate de baryum. La liqueur, décolorée par le noir, abandonne l'acrosone, par évaporation dans le vide, sous la forme d'un sirop qui devient dur à froid.

L'acrosone est soluble dans l'alcool absolu; elle donne avec l'acétate de phénylhydrazine, dès la température ordinaire, un précipité cristallin d'α-acrosazone. L'o-crésylène-diamine forme, à la température de l'ébullition, avec les solutions aqueuses d'acrosone, un composé cristallin, soluble dans l'eau chaude et dans les acides minéraux, fusible en se décomposant vers 185°. Ce corps est très analogue à celui qu'on obtient en traitant la glucosone par le même réactif.

L'acrosone est rapidement détruite par les alcalis, même à froid. A 140°, l'eau attaque l'acrosone et la transforme partie en substances ulmiques, partie en furfurol, facile à reconnaître avec la phénylhydrazine; cette production de furfurol permet de supposer que l'acrosone se change d'abord, par élimination d'acide formique et fixation d'une molécule d'eau, en arabinose $C^5H^{10}O^5$.

L'acide chlorhydrique étendu, à 100°, donne de l'acide lévulique, à peu près dans les mêmes proportions que pour la glucosone. L'acide acétique et la poudre de zinc réduisent l'acrosone et la transforment en α-acrose fermentescible.

L'amalgame de sodium donne une mannite $C^6H^{14}O^6$, fusible à 164-165°, que les auteurs nomment *acrite* et qui est très analogue, peut-être identique (sauf probablement le pouvoir rotatoire) avec la mannite ordinaire [Fischer et Tafel, *D. chem. G.*, 22, 97].

L'acrosone est vraisemblablement, par analogie avec la glucosone, une α-diacétone dérivant de l'hexane normal. L. Maquenne.

ACRYLALDÉHYDO-PHÉNOXYACÉTIQUES (ACIDES)

$$C^6H^4 \begin{cases} O.CH^2.CO^2H \\ CH=CH-CHO \end{cases}$$

[Th. Elkan, *D. chem. G.*, 19, 3048]. — Ces acides s'obtiennent en ajoutant de l'aldéhyde à des solutions sodiques étendues et neutres des acides aldéhydo-phénoxyacétiques correspondants; on achève la réaction en chauffant au bain-marie pendant quelque temps, puis on acidule par l'acide sulfurique et on fait recristalliser dans l'eau bouillante.

L'acide *ortho* forme des lamelles jaunâtres, fusibles à 153°.

L'acide *méta* cristallise en aiguilles jaunes, renfermant 1 molécule d'eau, et fusibles à 100°.

L'acide *para* se présente en cristaux confus, jaunes, fusibles à 182°.

ACRYLIQUE (ACIDE), $CH^2=CH-CO^2H$. — L'acide acrylique, traité à froid dans l'obscurité par l'acide hypochloreux en léger excès, se transforme en acide chlorolactique [Melikoff, *D. chem. G.*, 12, 2227].

L'éther méthylique, $CH^2=CH-CO^2CH^3$, est un liquide mobile, bouillant à 85°, d'une odeur pénétrante, provoquant le larmoiement. Au bout de six mois, cet éther s'est transformé en une masse gélatineuse transparente, paraissant contenir des bulles gazeuses. L'odeur a presque disparu. Le composé polymère est insoluble dans l'eau, l'alcool, l'éther, les acides minéraux et les alcalis. Il se gonfle, sans se dissoudre, dans l'acide acétique bouillant et dans la benzine. Il ne fond ni ne bout sans décomposition à la pression ordinaire. Sous 115 millimètres, il bout à 190° et donne un liquide huileux, doué d'une faible odeur aromatique, insoluble dans l'eau, très soluble dans l'alcool et dans l'éther (d = 1,140). L'indice de réfraction de cette modification liquide est plus grand que celui de l'éther normal, mais plus petit que celui de la modification solide.

L'action prolongée de la chaleur ou les radiations solaires provoquent la même polymérisation de l'éther normal [Kahlbaum, *D. chem. G.*, 13, 2348; *Bull. Soc. Chim.*, (2), 36, 349].

DÉRIVÉS CHLORÉS. — ACIDE α-MONOCHLORACRYLIQUE, $CH^2=CCl-CO^2H$. — On chauffe pendant 4 ou 5 heures au réfrigérant ascendant 20 grammes d'acide α-dichloropropionique, 24 grammes de potasse, 200 centimètres cubes d'alcool absolu. On sature par l'acide carbonique, on évapore à siccité et on fait recristalliser le produit dans l'alcool absolu, puis dans l'eau. Le chloracrylate de potassium pur, décomposé par l'acide sulfurique, cède à l'éther l'acide α-chloracrylique, en aiguilles fusibles à 65°, d'une odeur âcre, volatiles.

Sel d'argent, $C^3H^2ClO^2Ag$. — Précipité blanc cristallin.

Sel de baryum, $(C^3H^2ClO^2)^2Ba$, $2H^2O$. — Lamelles solubles dans l'eau.

Sel de potassium, $C^3H^2ClO^2K$, H^2O. — Aiguilles très solubles dans l'eau et dans l'alcool, décomposables vers 60°.

Cet acide α-chloracrylique est identique avec celui que MM. Werigo et Melikoff ont obtenu au moyen de l'acide α-β-dichloropropionique.

Traité à 100° par l'acide chlorhydrique à 40 0/0, il donne l'acide α-β-dichloropropionique [Otto et Beckurts, *D. chem G.*, **18**, 239; *Bull. Soc. Chim.*, (2), **45**, 555].

ACIDE β-MONOCHLORACRYLIQUE,

$$CHCl = CH - CO^2H.$$

— Cet acide, fusible à 84°, s'obtient en agitant une solution aqueuse d'acide propargylique avec de l'acide chlorhydrique concentré [Bandrowski, *D. chem. G.*, **15**, 2698].

Il peut encore se former en traitant la chloralide

$$CCl^3 - CH \lt {O \atop CO^2} \gt CH - CCl^3$$

par le zinc et l'acide chlorhydrique en présence d'alcool. On distille le liquide acide, et le résidu est épuisé par la benzine, qui dissout les acides chloracryliques. Ce liquide est évaporé, et le résidu distillé dans la vapeur d'eau. On transforme en sel de chaux qu'on évapore à sec; le β-chloracrylate de calcium, décomposé par l'acide chlorhydrique, donne l'acide qu'on fait cristalliser dans la benzine. 1 kilogramme de chloralide donne de 12 à 13 grammes d'acide.

Cet acide, chauffé pendant 40 heures à 80-85° avec 5 fois son poids d'acide chlorhydrique, donne l'acide β-dichloropropionique,

$$CHCl^2 - CH^2 - CO^2H.$$

Le β-dichloropionate d'éthyle, chauffé lui-même avec de la potasse, régénère l'acide β-monochloracrylique [Otto. *Ann. Chem.*, **239**, 257; *Bull. Soc. Chim.*, **49**, 701].

ACIDE α-β-DICHLORACRYLIQUE,

$$CHCl = CCl - CO^2H.$$

— Ce corps a été obtenu en partant de l'acide mucochlorique (voyez Suppl., **1**, 1032), ou de l'anhydride pyrrolcarbonique (voyez Suppl., **1**, 1337).

ACIDE β-DICHLORACRYLIQUE, $CCl^2 - CH - CO^2H$. — L'acide dichloracrylique provenant de la chloralide n'est pas attaqué par l'eau à 200°, mais l'eau de baryte produit une réaction énergique : si l'on opère dans un appareil à reflux, on voit se produire dans le tube du réfrigérant un phénomène d'incandescence, accompagné d'une explosion assez violente, avec dépôt de charbon. Si on opère dans un courant d'hydrogène et qu'on absorbe le gaz par le brome, on obtient une masse solide de bromure d'acétylène chloré, C^2HClBr^2. La décomposition se fait suivant la réaction

$$CCl^2 = CH - CO^2H = CCl \equiv CH + HCl + CO^2.$$

Comme produit intermédiaire, il se fait un acide, probablement l'*acide chloropropiolique*,

$$CCl \equiv C - CO^2H,$$

très soluble dans l'eau, dont le sel de calcium fait la double décomposition avec l'azotate d'argent; ce sel d'argent se décompose avec explosion sous l'influence de l'acide sulfurique concentré, de la chaleur ou du choc. Par les acides étendus, il dégage du monochloracétylène $CCl \equiv CH$ [Wallach et Bischoff, *D. chem. G.*, **11**, 751, **12**, 57; *Bull. Soc. Chim.*, (2), **31**, 233, **33**, 182].

DÉRIVÉS BROMÉS. — ACIDE β-BROMACRYLIQUE, $CHBr = CH - CO^2H$. — Il se forme (?) par l'action de l'acide bromhydrique sur l'acide propargylique; mais le point de fusion indiqué (53°) ne correspond à aucun des acides possibles. L'acide chlorhydrique donnant le dérivé β, il est cependant probable que c'est bien l'acide β-bromacrylique qui se produit dans cette circonstance [Bandrowski, *D. chem. G.*, **15**, 2698]. Par la même réaction, M. Stoltz [*D. chem. G.*, **19**, 536] a obtenu l'acide de M. Wallach, fusible à 115°,

$$CHBr = CH - CO^2H.$$

ACIDE α-β-DIBROMACRYLIQUE, $CHBr = CBr - CO^2H$. — Cet acide se forme :

1° En traitant l'acide mucobromique par la baryte en suspension dans l'eau [Jackson et Hill, *D. chem. G.*, **11**, 1671; *Bull. Soc. Chim.* (2), **32**, 203]. Il se fait en même temps de l'acide formique,

$$C^4H^2Br^2O^3 + H^2O = C^3H^2Br^2O^2 + CH^2O^2.$$

2° Par l'action, à froid, de l'acide bromhydrique sur l'acide bromopropargylique, $CBr \equiv C - CO^2H$ [Hill, *D. chem. G.*, **12**, 658; *Bull. Soc. Chim.*, (2), **34**, 54].

3° Par l'acide tribromopropionique et l'eau de baryte à froid [Hill et Andrews, *D. chem. G.*, **14**, 676; *Bull. Soc. Chim.*, (2), **36**, 669] ou la potasse alcoolique à chaud [Mauthner et Suida, *Mon. f. Chem.*, **2**, 104].

4° Par l'acide tribromosuccinique et l'eau à chaud [Petri, *Ann. Chem.*, **195**, 70].

5° Par l'acide propargylique et le brome. On obtient d'abord un liquide qui bout à 180° en se décomposant en acide bromhydrique, eau et acide dibromacrylique [Bandrowski, *D. chem. G.*, **15**, 2698; *Bull. Soc. Chim.*, **39**, 456].

L'acide α-β-dibromacrylique est en petits cristaux rhombiques, fondant à 85-86°. Il bout avec décomposition partielle à 243-250°. Il est peu soluble dans l'eau (3,5 0/0 à 0°; 4,92 à 18°), très soluble dans l'éther, l'alcool, le chloroforme, très peu soluble dans la benzine, l'éther de pétrole, le sulfure de carbone. Il distille lentement dans un courant de vapeur d'eau.

La baryte en excès le transforme à chaud en bromacétylène, acides carbonique et bromhydrique, ou en acides bromhydrique et malonique. Avec l'eau à 180°, il se fait un peu de dibrométhylène, $CBr^2 = CH^2$. L'acide bromhydrique le transforme en acide tribromopropionique fusible à 118° [Mabery et Robinson, *Am. Journ.*, **5**, 251].

Le *sel d'argent*, $C^3HBr^2O^2Ag$, est anhydre et cristallise dans l'eau chaude.

Le *sel de baryum* contient $2{,}5H^2O$ suivant M. Petri, H^2O suivant MM. Hill et Andrews [*D. chem. G.*, **14**, 1677], $2H^2O$ suivant M. Hill [*D. chem. G.*, **12**, 660]. Tables rhombiques solubles dans l'eau (6 0/0).

Sel de calcium, $(C^3HBr^2O^2)^2Ca$. $3H^2O$ (Hill et Andrews), $3{,}5H^2O$ (Petri). Aiguilles très peu solubles dans l'eau.

Sel de plomb, anhydre. Lames larges, rhombiques, peu solubles dans l'eau froide.

Sel de potassium, anhydre. Fines aiguilles ou tables hexagonales.

L'*éther éthylique*, obtenu par l'action de l'acide sulfurique sur un mélange d'acide et d'alcool, est un liquide bouillant, avec décomposition légère, à 212-214°.

ACIDE β-DIBROMACRYLIQUE, $CBr^2 = CH - CO^2H$. — Cet acide se forme par l'action de la potasse alcoolique sur l'acide tribromopropionique,

$$CHBr^2 - CHBr - CO^2H$$

(Suppl., **1**, 1302).

Traité à 100° par un excès de brome, il se transforme en acide tétrabromopropionique,

$$CBr^3 - CHBr - CO^2H,$$

qui lui-même donne par la potasse alcoolique l'acide tribromacrylique [Mabery et Robinson, *Am. Journ.*, **5**, 251].

L'acide dibromacrylique ne fixe pas le chlore à froid, mais à 100° on obtient l'acide dibromodichloropropionique fondant à 100° [Mabery et Nicholson, *Am. Journ.*, **6**, 165].

L'acide bromhydrique concentré agit à 100° pour donner l'acide tribromopropionique fondant à 118° [Hill et Andrews, *Am. Journ.*, **4**, 180].

Cet acide est mal connu, et les auteurs qui l'emploient en indiquent peu nettement le mode de préparation et les propriétés.

ACIDE TRIBROMACRYLIQUE, $CBr^2 = CBr - CO^2H$. — Cet acide s'obtient soit par l'action à 60° de la potasse alcoolique sur l'acide tétrabromopropionique, fondant à 118° [Mauthner et Suida, *Mon. f. Chem.*, **2**, 110. — Mabery et Robinson, *Am. Journ.*, **5**, 251], soit par l'action du brome sur l'acide bromopropargylique (Hill), soit par le brome à 100° et l'acide dibromiodacrylique (Mabery et Lloyd).

Cet acide est en cristaux tricliniques, fusibles à 117-118°, très solubles dans l'alcool et dans l'éther. L'eau n'en dissout que 1,35 0/0. Il ne fixe pas de brome, même à 100°. La potasse alcoolique l'attaque à la longue à l'ébullition. La baryte est sans action.

Le *sel d'argent* est anhydre, en cristaux hexagonaux.

Le *sel de baryum*, $(C^3Br^3O^2)^2Ba, 5H^2O$, est en aiguilles d'un éclat soyeux, très solubles dans l'eau (23,65 0/0).

Le *sel de calcium*, $(C^3Br^3O^2)^2Ca, 3H^2O$, ressemble au précédent.

DÉRIVÉS CHLOROBROMÉS. — ACIDE β-CHLOROBROMACRYLIQUE, $CBrCl = CH - CO^2H$ (?). — On abandonne à 0°, pendant 48 heures, un mélange d'acide bromopropargylique et d'acide chlorhydrique concentré [Hill, *D. chem. G.*, **12**, 658. — Mabery et Lloyd, *Am. Journ.*, **3**, 124]. L'acide chlorobromacrylique se sépare à l'état cristallin. Il fond à 70°, est sublimable, très soluble dans les dissolvants organiques, soluble dans 17 parties d'eau. En solution chloroformique, il fixe le brome et donne l'acide chlorotribromopropionique fondant à 98°.

Les *sels de potassium* et *d'argent* sont anhydres; le *sel de calcium* cristallise avec $4H^2O$, celui *de baryum* avec $2H^2O$.

ACIDE α-CHLORO-β-DIBROMACRYLIQUE,

$$CBr^2 = CCl - CO^2H.$$

— On verse peu à peu l'acide bromopropargylique dans un excès de chlorure de brome en solution dans le chloroforme (cette solution s'obtient en saturant de chlore à 0° une dissolution de brome dans le chloroforme). La réaction est terminée après une demi-heure de contact. Par évaporation du chloroforme, on obtient un résidu solide qu'on purifie par cristallisation dans l'eau chaude.

Cet acide, en prismes tricliniques, fond à 104°. Il est très soluble dans l'eau chaude et dans le chloroforme, moins soluble dans le sulfure de carbone. 100 parties d'eau à 20° dissolvent 5,8 parties d'acide.

Sel d'argent, $C^3ClBr^2O^2Ag$. — On obtient ce sel par double décomposition entre le chlorodibromacrylate de baryum et l'azotate d'argent. Il se précipite sous la forme de petites écailles rhombiques, inaltérables à la lumière.

Sel de baryum, $(C^3ClBr^2O^2)^2Ba . 3H^2O$. — On sature la solution d'acide chlorodibromacrylique par du carbonate de baryum. Ce sel cristallise en prismes obliques. 100 parties d'eau en dissolvent 20,46 parties à 10°.

Sel de calcium, $(C^3ClBr^2O^2)^2Ca . 2,5H^2O$. — Aiguilles perdant leur eau de cristallisation à 80°.

Sel de potassium, $C^3ClBr^2O^2K$. — Masse amorphe, déliquescente, anhydre à 80° [Mabery et Lloyd, *Am. Journ.*, **6**, 157; *Bull. Soc. Chim.*, (2), **44**, 500].

ACIDE α-BROMO-β-CHLOROBROMACRYLIQUE,

$$CBrCl = CBr - CO^2H.$$

— On ajoute peu à peu, à froid, de la baryte à la solution de l'acide chlorotribromopropionique, et l'acidité de la solution persiste jusqu'à ce que la réaction suivante soit complète :

$$2C^3H^2ClBr^3O^2 + 2BaO^2H^2$$
$$= (C^3ClBr^2O^2)^2Ba + BaBr^2 + 4H^2O.$$

En saturant par l'acide chlorhydrique, on obtient l'acide chlorodibromacrylique sous forme d'huile, et la solution décantée en fournit une nouvelle quantité par agitation avec l'éther. On purifie l'acide par cristallisation dans l'eau chaude. Il est très soluble dans l'alcool et dans l'éther, moins soluble dans le sulfure de carbone et dans le chloroforme. Il fond à 99°. 100 parties d'eau dissolvent 2,6 parties d'acide à 20°. Ce corps est décomposé par le nitrate d'argent avec formation de bromure d'argent.

Sel de baryum, $(C^3ClBr^2O^2)^2Ba, 3H^2O$. — Ce sel, qui cristallise en prismes obliques, s'obtient en chauffant une solution de l'acide avec un excès de carbonate de baryum.

Sel de calcium, $(C^3ClBr^2O^2)^2Ca, 4H^2O$. — Aiguilles.

Sel de potassium, $C^3ClBr^2O^2K$. — Amorphe et déliquescent [Mabery et Lloyd, *Am. Journ.*, **6**, 157; *Bull. Soc. Chim.*, (2), **44**, 500].

ACIDE α-CHLORO-β-BROMOCHLORACRYLIQUE,

$$CBrCl = CCl - CO^2H.$$

— On traite l'acide α-chloro-β-dibromochloropropionique $CClBr^2 - CHCl - CO^2H$ par un léger excès d'hydrate de baryte en solution aqueuse, et on abandonne le mélange pendant 24 heures; on sépare l'acide par l'acide chlorhydrique et on épuise la solution par l'éther; on purifie par cristallisation dans l'eau chaude.

Cet acide est très soluble dans l'eau à chaud, moins soluble à froid (4,76 0/0). Il se dissout facilement dans le sulfure de carbone, l'éther, le chloroforme, l'alcool. Il fond à 75-76°.

Sel d'argent, $C^3Cl^2BrO^2Ag$. — Ce sel se sépare en flocons quand on traite la solution aqueuse de l'acide par le nitrate d'argent. Il n'est pas modifié par la lumière et peut être cristallisé dans l'eau chaude sans décomposition : on obtient alors des lames rhombiques irrégulières, très peu solubles dans l'eau froide.

Sel de baryum, $(C^3Cl^2BrO^2)^2Ba, 3H^2O$. — Prismes.

Sel de calcium, $(C^3Cl^2BrO^2)^2Ca, 3H^2O$. — Lames rhombiques peu solubles dans l'eau froide.

Sel de potassium, $C^3Cl^2BrO^2K$. — Petits prismes très solubles dans l'eau, anhydres à 80° [Mabery et Nicholson, *Am. Journ.*, **6**, 165; *Bull. Soc. Chim.*, (2), **44**, 502].

DÉRIVÉS IODÉS. — ACIDE β-IODACRYLIQUE,

$$CHI = CH - CO^2H.$$

— Il règne quelque incertitude sur la constitution de cet acide. M. Bandrowski [*D. chem. G.*, **15**, 2098; *Bull. Soc. Chim.*, (2), 39, 456] a obtenu par l'action de l'acide iodhydrique sur l'acide propargylique un acide fusible à 139-140° auquel on peut assigner la formule $CHI = CH - CO^2H$, par analogie avec les composés fournis par les acides chlorhydrique et bromhydrique. D'autre part, M. Stolz a obtenu avec les mêmes réactifs des cristaux en beaux prismes à quatre pans, fondant à 65° [*D. chem. G.*, **19**, 536].

Le même auteur, en opérant avec un acide bromhydrique étendu de 10 fois son volume d'eau, a obtenu l'acide de M. Bandrowski. Il semble qu'il y ait là isomérie physique, l'acide fondant à 65° ayant pu être transformé par cristallisation dans la ligroïne en acide fusible à 140°.

ACIDE β-DIIODACRYLIQUE. $CI^2=CH-CO^2H$. — Ce corps, fusible à 153°, s'obtient par l'action de l'acide iodhydrique sur l'acide iodopropargylique.

ACIDE α-β-DIIODACRYLIQUE. — Si on ajoute de l'iode à l'acide propargylique en solution éthérée, il se forme à chaud l'acide α-β-diiodacrylique $CHI=CI-CO^2H$, fondant à 106°.

ACIDE TRIIODACRYLIQUE, $CI^2=CI-CO^2H$. — S'obtient quand on chauffe pendant 2 heures, au réfrigérant ascendant, une solution éthérée d'acide iodopropargylique avec un excès d'iode. Il fond à 207°, et se colore en rouge à la lumière [B. Homolka et Stolz, *D. chem G.*, **18**, 228 ; *Bull. Soc. Chim.*, (2), **46**, 64].

DÉRIVÉS CHLORO-IODÉS. — ACIDE CHLORO-IODACRYLIQUE, $C^3H^2ClIO^2$. — Il s'obtient en faisant bouillir une solution éthérée d'acide propargylique avec un léger excès de chlorure d'iode en solution éthérée. On distille l'éther, on traite le résidu par l'acide sulfureux et on le fait cristalliser dans l'éther, puis dans l'eau chaude, après décoloration au noir animal. Pour préparer la solution éthérée de chlorure d'iode, on dissout l'iode dans l'eau régale, on épuise la solution à l'éther, et on lave plusieurs fois à l'eau la solution éthérée.

L'acide chloro-iodacrylique cristallise dans l'eau chaude en belles aiguilles rayonnées, très solubles dans les dissolvants usuels; il fond à 72°.

ACIDE DIIODOCHLORACRYLIQUE.

$$C^3HClI^2O^2 = CI^2=CCl-CO^2H\ (?).$$

— Il se forme en traitant par le chlorure d'iode une solution éthérée d'acide iodopropargylique. Il est en lamelles brillantes, fondant à 143°, solubles dans l'eau chaude, l'alcool, l'éther [Stolz, *D. chem. G.*, **19**, 536 : *Bull. Soc. Chim.*, (3), **46**, 830].

DÉRIVÉS BROMO-IODÉS. — Les trois acides monobromo-mono-iodés sont connus :

$$CHI=CBr-CO^2H,$$
$$CHBr=CI-CO^2H \quad \text{et} \quad CBrI=CH-CO^2H$$

ACIDE α-BROMO-β-IODACRYLIQUE,

$$CHI=CBr-CO^2H$$

— Fusible à 96°, s'obtient par l'acide iodopropargylique et l'acide bromhydrique [B. Homolka et Stolz].

ACIDE α-IODO-β-BROMACRYLIQUE,

$$CHBr=CI-CO^2H.$$

— Se prépare en faisant bouillir pendant quelques heures l'acide propargylique avec une solution éthérée de bromure d'iode en léger excès; on distille l'éther, on traite le résidu par l'acide sulfureux, et on fait cristalliser dans l'éther, puis dans l'eau chaude, après traitement au noir animal.

C'est un corps fondant à 71°, très soluble dans l'alcool, l'éther, le chloroforme, la benzine, le sulfure de carbone, moins soluble dans la ligroïne [Stolz. *D. chem G.*, **19**, 536; *Bull. Soc. Chim.*, (2), **46**, 830].

ACIDE β-BROMO-IODACRYLIQUE. $CBrI=CH-CO^2H$. — Il s'obtient en dissolvant l'acide bromopropargylique dans l'acide iodhydrique. Il est en écailles brillantes, fusibles à 110°, solubles dans l'alcool et dans l'éther, moins solubles dans la benzine, le sulfure de carbone et la ligroïne; il est peu soluble dans l'eau (1,7 0/0 à 20°). L'acide chlorhydrique le transforme en acide chlorobromacrylique fusible à 70°.

Sel d'argent. — Petites aiguilles anhydres.

Sel de baryum, $(C^3HBrIO^2)^2Ba$, $3H^2O$. — Fines aiguilles ou lames rectangulaires, solubles dans l'eau (13,9 0/0 à 20°).

Sel de calcium, $(C^3HBrIO^2)^2Ca$, $3,5H^2O$. — Plus soluble dans l'eau que le précédent [Hill, *D. chem. G.*, **12**, 658; *Bull. Soc. Chim.*, **34**, 54].

ACIDES DIBROMO-IODACRYLIQUES. — Un acide, dont la constitution est certaine, $CBrI=CBr-CO^2H$, a été préparé par MM. B. Homolka et Stolz, en mélangeant des dissolutions chloroformiques de brome et d'acide iodopropargylique. Ce sont des aiguilles fondant à 147°.

Est peut-être identique au précédent l'acide obtenu par MM. Mabery et Lloyd [*Am. Journ.*, **4**, 92; *Bull. Soc. Chim.*, (2), **40**, 300] en chauffant pendant 1 heure au bain-marie l'acide bromopropargylique et le bromure d'iode en solution éthérée. On fait cristalliser dans l'eau chaude. Ce corps, en prismes clinorhombiques, fondant à 139-140°, sublimables, est soluble dans l'éther, l'alcool, le sulfure de carbone et le chloroforme; il se dissout peu dans l'eau (3,4 0/0 à 20°).

Chauffé en tubes scellés à 100° avec du brome, il se transforme en acide tribromacrylique.

Sel d'argent, $C^3Br^2IO^2Ag$. — Lames hexagonales.

Sel de baryum, $(C^3Br^2IO^2)^2Ba$, $3,5H^2O$. — Prismes rhombiques très solubles dans l'eau chaude. A 20°, 100 parties de solution contiennent 14,4 de sel.

Sel de calcium. — Aiguilles.

Sel de potassium. — Lames rhombiques déliquescentes.

ACIDE α-IODO-β-BROMO-IODACRYLIQUE,

$$CBrI=CI-CO^2H.$$

— S'obtient en chauffant pendant 2 heures au bain-marie l'acide bromopropargylique avec 5 fois son poids d'éther et la quantité calculée d'iode. Cet acide se dépose de sa solution aqueuse en lamelles brillantes, peu solubles dans l'eau froide ($\frac{1}{18}$ à 20°), très solubles dans les dissolvants organiques. Il fond à 160° et est sublimable.

Le *sel d'argent* est anhydre et très peu soluble dans l'eau.

Le *sel de baryum* renferme $4H^2O$ et se dissout dans 6,5 parties d'eau à 20°.

Le *sel de calcium* est en aiguilles anhydres, très solubles.

Le *sel de potassium* renferme $2H^2O$ [Mabery et Lloyd, *Am. Journ*, **3**, 124; *Bull. Soc. Chim.*, (2), **38**, 402].

ACIDE α-BROMO-β-DIIODACRYLIQUE

$$CI^2=CBr-CO^2H.$$

— Fondant à 182°; a été obtenu par MM. B. Homolka et Stolz en traitant l'acide iodopropargylique en solution dans le chloroforme par un mélange de brome et d'iode.

ACIDES CHLOROBROMO-IODACRYLIQUES. — On en connaît deux. MM. Mabery et Lloyd ont obtenu un acide $C^3HClBrIO^2$ en traitant une solution éthérée d'acide bromopropargylique par le chlorure d'iode [*Am. Journ.*, **4**, 92].

Cristallisé dans l'eau, il est en prismes clinorhombiques fondant à 110°. Cristallisé dans le sulfure de carbone, il fond à 115-116°. Il est sublimable, soluble dans l'alcool et dans l'éther, un peu moins soluble dans le sulfure de carbone et dans le chloroforme.

Le *sel d'argent* est en prismes rhombiques, peu solubles.

Le *sel de baryum*, $(C^3ClBrIO^2)^2Ba$, $3,5H^2O$, en prismes quadratiques, est soluble dans 4 fois son poids d'eau froide.

Le *sel de calcium* renferme H^2O; il est en aiguilles.

Le *sel de potassium*, anhydre à 80°, est très déliquescent.

M. Stolz a obtenu un *autre acide* $C^3HClBrIO^2$ par l'action du chlorure de brome sur l'acide iodopropargylique dans le chloroforme. Il est en lamelles, fondant à 128-129°, très solubles dans l'eau, l'alcool, l'éther, moins solubles dans la ligroïne.

ACIDE OXYACRYLIQUE. — Voyez l'article spécial.

HOMOLOGUES DE L'ACIDE ACRYLIQUE.

Pour les acides ACÉTYL-, DIMÉTHYL-, DIPROPYL-, MÉTHYL- et MÉTHYLÉTHYL-ACRYLIQUES, voyez les articles respectifs au Suppl., 2.

ACIDE BENZOYLACRYLIQUE,

$$C^6H^5-CO-CH=CH-CO^2H.$$

— Cet acide se prépare en faisant agir l'anhydride maléique sur la benzine, en présence du chlorure d'aluminium. Il se présente sous la forme de brillantes lamelles blanches, hydratées, fondant à 64° et, après déshydratation, à 96-97°. Il est peu soluble dans l'eau froide, la ligroïne, soluble dans la benzine et dans le toluène. Les alcalis le dédoublent en méthylbenzoyle et acide glyoxylique. Chauffé avec du phénol et de l'acide sulfurique, il donne une matière colorante rouge. Les agents réducteurs le transforment en un acide *benzoylpropionique* identique avec celui qu'a obtenu M. Burcker par la benzine, l'anhydride succinique et le chlorure d'aluminium.

Le brome en dissolution dans le chloroforme transforme l'acide benzoylacrylique en acide benzoyldibromopropionique fusible à 135° :

$$C^6H^5-CO-CHBr-CHBr-CO^2H.$$

Les agents déshydratants, chlorure d'acétyle, oxychlorure de phosphore, trichlorure de phosphore, et particulièrement l'anhydride acétique, transforment l'acide benzoylacrylique en un *produit de condensation* $(C^{10}H^6O^2)^x$, qu'on purifie par cristallisation dans le xylène bouillant. Ce produit se dissout dans l'acide sulfurique concentré et en est précipité par l'eau. Si on chauffe, la solution qui était bleue, devient rouge, et prend, par addition d'eau, une forte fluorescence bleue. Il est insoluble dans les alcalis, mais se dissout dans la potasse alcoolique.

Traité par le zinc et l'acide acétique, il donne un produit de réduction qui rougit à l'air. Lorsqu'on le fait bouillir avec de la potasse alcoolique, la solution se colore en brun, et les acides précipitent des flocons jaunes, qui se transforment dans le produit primitif par l'action de l'anhydride acétique.

Distillé avec la poudre de zinc, ce produit donne un hydrocarbure qui se combine avec l'acide picrique; mais si on emploie moins de poudre de zinc, il se dégage des vapeurs jaunes qui se condensent en aiguilles, fondant au-dessus de 300°, solubles dans la benzine et dans le xylène avec une fluorescence verte.

En opérant de la même manière, et en remplaçant la benzine par le toluène, on obtient un acide *toluylacrylique*,

$$C^6H^4 \begin{cases} CH^3 \\ CO-CH=CH-CO^2H, \end{cases}$$

fondant à 138° et se comportant comme l'acide benzoylacrylique [Pechmann, *D. chem. G.*, **15**, 885; *Bull. Soc. Chim.*, 38, 79]. Paul Adam.

ADÉNINE. — Cette base, d'un intérêt physiologique considérable, a été découverte par M. Kossel, qui l'a extraite du tissu pancréatique au cours d'une préparation de xanthine et d'hypoxanthine, et qui a montré que ce corps se produit, en même temps que la guanine et que les bases fortement azotées du même groupe, par le dédoublement de la nucléine des noyaux sous l'action des acides étendus. Aussi l'adénine est-elle extrêmement répandue dans l'économie animale et végétale. On en a trouvé dans la rate, les reins et les ganglions lymphatiques, dans le foie et l'urine chez les leucocythémiques, c'est-à-dire partout où abondent les noyaux cellulaires. M. Kossel l'a extraite également des feuilles de thé, de la levûre de bière. — Il est probable que, dans les analyses, elle a été jusqu'à présent confondue et pesée avec l'hypoxanthine.

Préparation. — On fait bouillir pendant 3 ou 4 heures 200 litres d'acide sulfurique à 0,5 0/0 avec 75 livres de tissu pancréatique haché. Le liquide filtré, débarrassé de l'acide sulfurique par la baryte et concentré, est traité par le nitrate d'argent ammoniacal, et le précipité volumineux qui se produit est dissous dans de l'acide nitrique d'une densité de 1,1, avec addition d'un peu d'urée. Le liquide filtré, refroidi, laisse déposer l'adénine, la guanine et l'hypoxanthine sous la forme de sels doubles argentiques. Ce dépôt, lavé, est débarrassé de l'argent par l'hydrogène sulfuré sous pression. Le liquide, séparé du sulfure, est traité par l'ammoniaque en faible excès, qui précipite au bout de 24 heures la guanine et la majeure partie de l'adénine, tandis que l'hypoxanthine et une petite portion de l'adénine restent en solution.

Ce précipité est dissous dans l'acide chlorhydrique étendu et chaud qui, par le refroidissement, laisse cristalliser le chlorhydrate de guanine; le liquide restant, concentré, abandonne le chlorhydrate d'adénine, que l'on purifie par cristallisation. Le sulfate, qui cristallise très facilement, se prête mieux encore à la purification. La base est finalement précipitée par l'ammoniaque.

Propriétés. — Séparée lentement de ses solutions aqueuses, l'adénine cristallise en paillettes nacrées ou, plus souvent, en aiguilles qui peuvent atteindre 1 centimètre de longueur et qui, chauffées avec de l'eau, deviennent brusquement opaques à 53°. Ces cristaux contiennent

$$C^5H^5Az^5, 3H^2O,$$

ce qui fait de l'adénine un polymère de l'acide cyanhydrique.

Chauffée à 110°, l'adénine perd son eau de cristallisation. A 220°, elle se sublime sans décomposition. Le sublimé est blanc, très léger et cristallisé en aiguilles microscopiques. A 250°, elle se décompose partiellement.

L'adénine est très soluble dans l'eau chaude, mais ne se dissout à la température ordinaire que dans 1086 parties d'eau. Cette solution est neutre au papier. La base est insoluble dans l'éther et dans le chloroforme, soluble dans l'acide acétique cristallisable et un peu dans l'alcool chaud.

Les acides minéraux la dissolvent facilement et forment avec elle des sels bien cristallisés. L'acide acétique la dissout déjà à froid.

L'adénine se dissout aussi dans la potasse et dans la soude; elle est précipitée par les acides de ces solutions. Mise en digestion au bain-marie avec de l'ammoniaque très étendue, elle se dissout en totalité, ce qui permet de la séparer de la guanine qui reste insoluble. L'hypoxanthine est au contraire notablement plus soluble dans l'ammoniaque aqueuse que l'adénine. Le carbonate de sodium ne dissout l'adénine que médiocrement.

L'eau de baryte, l'acide picrique, le chlorure de zinc en solution alcoolique, le sublimé, le nitrate mercurique, le nitrate d'argent précipitent les solutions d'adénine. Le sous-acétate de plomb ne donne pas de précipité.

L'adénine résiste très énergiquement aux

agents d'hydratation ou d'oxydation. Elle peut être bouillie pendant plusieurs heures avec de la potasse, de l'eau de baryte ou de l'acide chlorhydrique sans subir de décomposition. Au-dessus de 100°, au contraire, il y a décomposition complète, avec production d'ammoniaque et d'acide carbonique.

La potasse fondante transforme l'adénine en cyanure de potassium.

En solution étendue, le permanganate de potassium est sans action: en solution concentrée, il produit une destruction totale. L'eau de brome ne donne que des précipités poisseux.

L'amalgame de sodium, le chlorure de zinc à chaud sont sans action.

L'acide chlorhydrique et le zinc décomposent l'adénine. Le produit de réduction ainsi formé est très instable, absorbe avec énergie l'oxygène de l'air et se transforme en un corps brun qui, d'après M. Kossel, est probablement identique avec l'acide azulmique, produit de la polymérisation de l'acide cyanhydrique.

L'acide azoteux transforme l'adénine en hypoxanthine. Le rendement est de 72 0/0.

Les sels que l'adénine forme avec les acides forts présentent une réaction acide, mais ils peuvent être recristallisés sans subir la dissociation que présentent aussitôt les sels de guanine et d'hypoxanthine.

Le *chlorhydrate d'adénine*,

$$C^5H^5Az^5 . HCl, \tfrac{1}{2}H^2O$$

se présente en cristaux clinorhombiques :

$$a : b : c = 2,07984 : 1 : 1,8127.$$

Une partie de sel (anhydre) se dissout dans 41,9 parties d'eau.

Le *sulfate d'adénine*,

$$(C^5H^5Az^5)^2SO^4H^2, 2H^2O,$$

est en cristaux solubles dans 153 parties d'eau froide.

Le *nitrate d'adénine*, $C^5H^5Az^5.AzO^3H, \frac{1}{2}H^2O$, cristallise en aiguilles groupées en étoiles, solubles dans 110,6 parties d'eau (sel supposé anhydre).

Le *chloroplatinate*, $(C^5H^5Az^5 . HCl)^2PtCl^4$, est en petites aiguilles jaunes: l'ébullition avec l'eau le transforme en une poudre jaune, peu soluble, ayant pour formule $C^5H^5Az^5 . HCl . PtCl^4$.

L'*oxalate d'adénine*, $C^5H^5Az^5 . C^2H^2O^4, H^2O$, est en masses arrondies, formées d'aiguilles très fines, difficilement solubles et peut servir à rechercher et à caractériser l'adénine.

Le *picrate d'adénine* se précipite en flocons jaune clair lorsqu'on mélange des solutions aqueuses d'adénine et de picrate de sodium. Séparé de sa solution dans l'eau bouillante, ce sel cristallise en fines aiguilles jaunâtres, soyeuses, réunies en faisceaux très volumineux et qui contiennent

$$C^5H^5Az^5 . C^6H^2(AzO^2)^3OH, H^2O.$$

Il est soluble dans 3 500 parties d'eau froide. Cette solution, additionnée d'un dixième de son volume d'une solution froide et concentrée de picrate de sodium, abandonne les 5/7 de son sel sous la forme de petits cristaux aciculaires. Ce précipité est exempt de sodium. Ces faits ont été mis à profit par M. Bruhns pour le dosage de l'adénine.

Le *dérivé monobromé*, $C^5H^4BrAz^5$, s'obtient en chauffant à 100-120° un bromure d'adénine encore mal défini, qui prend naissance par l'action directe du brome sur l'adénine en présence de l'eau. L'adénine monobromée cristallise de sa solution dans l'eau bouillante ou dans l'ammoniaque étendue en aiguilles blanches, étoilées, solubles dans 10 000 parties d'eau froide, très solubles dans l'ammoniaque. C'est une base forte, donnant des sels bien caractéristiques, analogues à ceux de l'adénine.

Le *dérivé argentique*, $C^5H^4Az^5Ag$, est un précipité amorphe qu'on obtient en traitant par le nitrate d'argent ammoniacal une solution chaude de la base. — En présence d'un excès d'argent, il se forme le composé $C^5H^5Az^5 . Ag^2O$.

L'*acétyladénine*, $C^5H^4Az^5(CO . CH^3)$, se produit par l'action directe de l'anhydride acétique sur l'adénine à 130-137°. Elle cristallise en houppes solubles dans l'eau bouillante, l'alcool, les acides dilués et les alcalis. Ce corps ne fond pas encore à 260°.

La *benzyladénine*, $C^5H^4Az^5(CH^2 . C^6H^5)$, est en cristaux microscopiques, solubles à chaud dans l'eau et dans l'alcool, fusibles à 259° et formant avec les acides des sels bien cristallisés. L'acide azoteux la transforme en *benzylhypoxanthine*,

$$C^5H^3Az^4O(CH^2 . C^6H^5).$$

La *benzoyladénine*, $C^5H^4Az^5(CO . C^6H^5)$, s'obtient, non à l'aide du chlorure de benzoyle, mais au moyen de l'anhydride benzoïque. Elle est en longues aiguilles brillantes, fusibles à 234-235°.

L'adénine forme avec l'hypoxanthine une combinaison qui se sépare de sa solution aqueuse sous la forme de petites masses nacrées, constituées par des aiguilles microscopiques, et que l'on a dû confondre fréquemment avec l'hypoxanthine.

Les relations que présente l'adénine avec l'hypoxanthine et les bases du même groupe sont résumées par les formules suivantes :

Adénine.............	$C^5H^4Az^4 . AzH.$
Hypoxanthine.........	$C^5H^4Az^4 . O.$
Guanine..............	$C^5H^4Az^4O . AzH.$
Xanthine.............	$C^5H^4Az^4O . O.$

Si l'on veut, avec M. Kossel, appeler *adényle* le reste $C^5H^4Az^4$, on voit que l'adénine est une adénylimide, tandis que l'hypoxanthine est un oxyde d'adényle. La transformation de la benzyladénine en benzylhypoxanthine montre que la substitution a porté sur le groupe adényle [Kossel, *Zeit. physiol. Chem.*, **10**, 250 et **12**, 241; *Bull. Soc. Chim.*, **45**, 740 et **49**, 698. — Thoiss, *Zeit. physiol. Chem.*, **13**, 395. — G. Bruhns, *D. chem. G.*, **23**, 225].

Antérieurement à la découverte de l'adénine, M. Gautier, s'appuyant sur la production aux dépens de l'acide cyanhydrique de corps complexes tels que l'azulmine, la protazulmine, la xanthine et la méthylxanthine, avait déjà fait ressortir la plasticité remarquable du groupe cyanhydrique.

L'aptitude que possède ce groupe CAzH à engendrer par simple polymérisation en présence de l'eau des corps aussi complexes que la xanthine, indique suffisamment le rôle important que doit jouer ce groupement dans la synthèse végétale et aussi, d'après M. Gautier, dans la constitution des albuminoïdes et dans la vie de nos cellules. La production d'un polymère de l'acide cyanhydrique aux dépens de la nucléine des noyaux cellulaires et les relations de ce corps avec le groupe xanthique confirment entièrement ces prévisions [Gautier, *Bull. Soc. Chim.*, **42**, 141 et **45**, 1. — Voyez aussi Pflüger, *Arch. f. d. ges. Physiol.*, **10**, 300]. M. Gautier attribue à l'adénine la formule de constitution suivante, qui exprime les relations de cette base avec l'acide urique et les corps du groupe xanthique :

```
       AzH - C - AzH
     /       ‖       \
   C         C         C=AzH
     \       ‖       /
       AzH - C - AzH
```

Adénine.

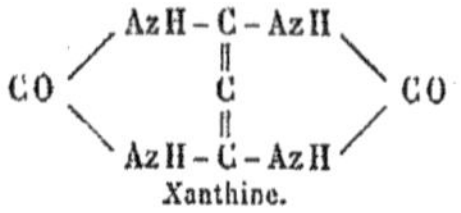

```
    AzH - C - AzH
   /      ‖      \
CO        C        CO
   \      ‖      /
    AzH - C - AzH
```

Xanthine.

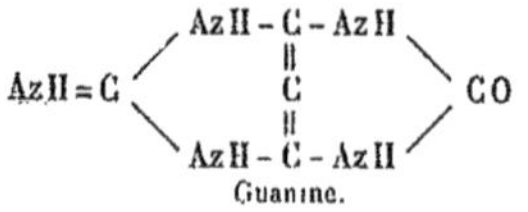

```
       AzH - C - AzH
      /      ‖      \
AzH=C        C        CO
      \      ‖      /
       AzH - C - AzH
```

Guanine.

```
    AzH - CO
   /      |
CO        CO
   \      |
    AzH - CH - AzH - C≡Az
```

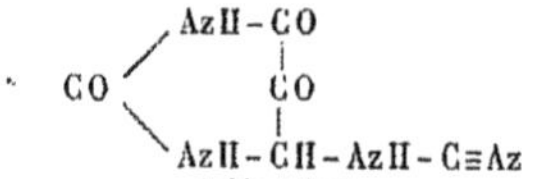

Acide urique.

Dosage de l'adénine. — On met à profit, pour doser l'adénine, la faible solubilité de son picrate. La solution dont on veut extraire la base doit être neutre ou légèrement acide. La précipitation se fait à l'aide d'une solution concentrée de picrate de sodium ajoutée en excès. Le picrate d'adénine, recueilli au bout de 15 minutes sur un filtre taré, est lavé à l'eau froide, séché à 100° et pesé. L'hypoxanthine, dont la présence ne gêne en rien la précipitation, reste dans les eaux mères.

M. Bruhns a combiné ce procédé avec la méthode habituelle de séparation de la guanine, de la xanthine et de l'hypoxanthine [G. Bruhns, *D. chem. G.*, **23**, 225]. E. Lambling.

ADIPIQUE (ACIDE), $CO^2H-(CH^2)^4-CO^2H$. — *Préparation.* — L'acide adipique se rencontre dans les eaux mères provenant de la préparation de l'acide subérique. Ce dernier s'obtient en traitant par l'acide azotique l'huile de ricin et les autres matières grasses. Pour séparer ces deux acides, on se sert de leur différence de solubilité dans l'eau et dans l'éther. L'acide subérique est peu soluble dans l'eau et l'est davantage dans l'éther. Pour l'autre acide, c'est le contraire. Ce mode de préparation permet de se procurer de grandes quantités d'acide adipique [W. Dieterle et C. Hell, *D. chem. G.*, **17**, 2221].

L'acide adipique se produit dans les circonstances suivantes :

On chauffe en tubes scellés à 150° du saccharate de potassium avec de l'acide iodhydrique et du phosphore rouge [De la Motte, *D. chem. G.*, **12**, 1571].

On oxyde le camphre incomplètement avec de l'acide chromique en chauffant au bain de sable [Ballo, *D. chem. G.*, **12**, 1598]. M. Kachler [*Ann. Chem.*, **164**, 90] contredit les assertions de M. Ballo.

Le tropilène traité avec précaution par de l'acide azotique concentré fournit aussi un peu d'acide adipique [Ladenburg, *D. chem. G.*, **15**, 1028].

L'acide biacétylène-dicarbonique, sous l'action de l'amalgame de sodium, se transforme en acide adipique. Il y a dédoublement de la molécule et la moitié environ de la matière première donne de l'acide propionique [Bæyer, *D. chem. G.*, **18**, 680]

L'oxydation de l'α-tétrahydronaphthylamine par le permanganate de potassium en solution alcaline produit une petite quantité d'acide adipique [Bamberger et Althause, *D. chem. G.*, **21**, 1896].

Propriétés. — Cet acide fond à 148-149°, en se volatilisant un peu. Il cristallise dans l'acide azotique concentré, qui le dissout à chaud sans l'attaquer.

	Acide adipique.
100 parties d'eau à 15° dissolvent.....	1,44
100 — d'éther à 15° —	0,605

Il n'est pas entraîné par la vapeur d'eau; il distille dans le vide sans former d'anhydride. Le brome seul l'attaque à 150° et à 100° en présence d'un peu de phosphore rouge. Calciné avec de la chaux, il donne du butane [Hanriot, *C. R.*, **101**, 1156]. Sa propriété caractéristique est de présenter à un très haut degré le phénomène de sursaturation dans une solution aqueuse.

Adipates. — *Sel neutre de potassium.* — Déliquescent; ne renferme pas d'eau de cristallisation.

Sel neutre de sodium. — Cristallise avec $\frac{1}{2}H^2O$.

Sel neutre d'ammonium. — S'obtient en dissolvant de l'acide adipique dans un excès d'ammoniaque. A 100°, il se convertit en un sel acide qui de 120 à 150° se dédouble en gaz ammoniac et acide adipique sans formation d'amide.

Sel de baryum. — Moins soluble dans l'eau chaude que dans l'eau froide.

Sel de strontium. — Cristallise avec $\frac{1}{2}H^2O$.

Sel de calcium. — Renferme une molécule d'eau.

Sel de magnésium. — Cristallise avec $4H^2O$.

Ces trois derniers composés offrent, dans leur solubilité, le même caractère que le sel de baryum.

Sels d'aluminium et de fer. — Amorphes, peu solubles.

Sel de manganèse. — Rose; cristallise à chaud avec H^2O, à froid avec $2H^2O$.

Sel de nickel. — Vert; cristallise avec $4H^2O$; anhydre à 140°.

Sel de cobalt. — Cristaux rouges, renfermant $4H^2O$; séchés à 100°, ils prennent une coloration bleu intense que l'eau ramène au rouge.

Sels de zinc et de cadmium. — Cristallisent avec $2H^2O$.

Sel de cuivre. — Vert; renferme H^2O; bleuit au contact de l'eau.

Sels de plomb et de mercure. — Anhydres.

Éthers. — *Éther dibenzylique.* — C'est un liquide plus lourd que l'eau et doué d'une odeur agréable. Il se décompose à la distillation. On l'obtient en traitant l'adipate d'argent par le bromure de benzyle [Zanna et Guareschi, *D. chem. G.*, **14**, 2242].

Amides. — L'adipate de méthyle, traité par l'ammoniaque concentrée, donne l'*amide*

$$AzH^2.CO-(CH^2)^4-CO.AzH^2,$$

fusible à 220°, peu soluble dans l'eau.

L'éther éthylique donne avec la méthylamine en solution aqueuse à 33 0/0 la *méthylamide*,

$$CH^3.AzH.CO-(CH^2)^4-CO.AzH.CH^3$$

[Henry, *C. R.*, **100**, 943].

Acide α_1-α_2-diacétyladipique. — L'éther sodacétylacétique réagit sur le bromure d'éthylène et donne entre autres produits l'éther α_1-α_2-diacétyladipique :

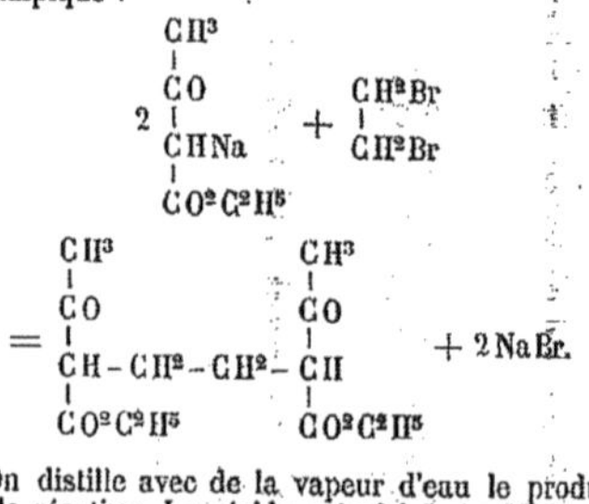

```
    CH³
    |
    CO          CH²Br
2   |       +   |
    CHNa        CH²Br
    |
    CO²C²H⁵

    CH³               CH³
    |                 |
    CO                CO
=   |                 |              + 2NaBr.
    CH - CH² - CH² - CH
    |                 |
    CO²C²H⁵           CO²C²H⁵
```

On distille avec de la vapeur d'eau le produit de la réaction. Le résidu est séché et additionné d'éthylate de sodium; il se forme une combinaison solide que l'on décompose par l'acide sulfurique étendu. Il se dépose une huile incristallisable à 0° : c'est l'acide

$$\begin{array}{ccc} CH^3 & & CH^3 \\ | & & | \\ CO & & CO \\ | & & | \\ CH - CH^2 - & CH^2 - & CH \\ | & & | \\ CO^2H & & CO^2H \end{array}$$

Il perd de l'eau à la distillation dans le vide. Il forme un sel neutre de sodium et un d'ammonium. Il se combine avec la phénylhydrazine. Tous ses composés sont bien définis.

Sa solution alcoolique est colorée par le perchlorure de fer en un violet intense [Perkin junior et Obrembsky, *D. chem. G.*, **19**, 1886]. A. Bigot.

ADIPOMALIQUE (ACIDE). — Voyez ACIDES OXYADIPIQUES.

ADIPOTARTRIQUE (ACIDE). — Voyez ACIDES OXYADIPIQUES.

ADONIDINE. — L'adonidine est un glucoside qui a été retiré de l'*Adonis vernalis* et de l'*Adonis cupaniana* [Cervello, *Gazz. chim. ital.*, **14**, 493].

Préparation. — On épuise la plante avec de l'alcool à 50° ; on précipite par l'acétate basique de plomb, on filtre, on évapore la liqueur à consistance sirupeuse, et on la traite par le tannin en solution concentrée et additionnée de quelques gouttes d'ammoniaque. On filtre, on lave le précipité et on le décompose par l'oxyde de zinc. On reprend par l'alcool absolu et on purifie par des précipitations fractionnées au moyen de l'éther. On obtient ainsi une substance amorphe, incolore, douée d'une saveur amère.

M. Mordagne décrit ce composé comme une masse hygroscopique formée de cristaux indistincts, donnant une poudre jaune-serin par dessiccation sur l'acide sulfurique, perdant 3 0/0 d'eau à 80-85°, soluble dans l'eau et dans l'alcool, insoluble dans la benzine, l'éther et le chloroforme. L'analyse donne $C = 42{,}6$, $H = 7{,}5$, $O = 49{,}80$. Ce corps réduit la liqueur de Fehling.

10 kilogrammes de substance donnent 2 grammes d'adonidine [Mordagne, *Pharm. Journ.*, **3**, 145 ; *D. chem. G.*, **18**, *Ref.*, 566].

L'action physiologique de l'adonis est analogue à celle de la digitale. Le principe actif, l'adonidine, ne s'accumule pas dans l'organisme. A. Béhal.

AGARICINE [Syn. *Amanitine* ; voyez Dict., **1**, 181 et Suppl., **1**, 113]. — L'agaricine du commerce n'est que de l'acide agaricique plus ou moins pur.

AGARICIQUE (ACIDE). [Jahns, *Arch. Pharm.*, (3), **21**, 260]. — On peut le retirer de l'agaric blanc finement pulvérisé, à l'aide de l'alcool à 90° ; et on débarrasse l'acide agaricique qui se dépose, des matières résineuses qui l'accompagnent, à l'aide de l'alcool à 60°, qui laisse insoluble la majeure partie des résines.

Purifié par des cristallisations répétées dans l'alcool absolu, l'acide agaricique, $C^{16}H^{30}O^5, H^2O$, se présente en prismes ou en lamelles tétragonales à éclat argentin, inodores, insipides ; fond à 138-139° ; acide triatomique et bibasique ; se convertit partiellement à 140° en anhydride.

Sel d'argent, $C^{16}H^{28}O^5Ag^2$. — Précipité blanc gélatineux.

Sel de potassium, $C^{16}H^{28}O^5K^2$. — Flocons amorphes.

Sel de sodium, $C^{16}H^{28}O^4Na^2$. — Cristallin.

L'acide nitrique fumant le transforme, à l'ébullition, en un mélange d'acides gras, parmi lesquels on remarque l'acide succinique et l'acide butyrique E. Burcker.

AGARYTHRINE. — Nom donné par M. Phipson à un alcaloïde extrait de l'*Agaricus ruber*. C'est une masse amorphe, jaunâtre, soluble dans l'alcool, l'éther, l'acide chlorhydrique : elle se colore en rouge sous l'action de l'acide azotique, du chlorure de chaux, et même à l'air en solution éthérée [*D. chem. G.*, **16**, 244].

AGLAÏTE (Min.) (A. Julien). — Minéral très voisin de la pihlite et de la cimatolite, pseudomorphe d'après le triphane.

AIMAFIBRITE, AIMATOLITE, AIMATOSTIBIITE, etc. (Min.). — Voyez HÉMAFIBRITE, HÉMATOLITE, HÉMATOSTIBIITE, etc.

AIR ATMOSPHÉRIQUE. — En dehors du mélange gazeux (oxygène $20^{vol},9$, azote $79^{vol},1$) qui constitue la masse atmosphérique, l'air offre, à le considérer à l'état normal, plusieurs sortes d'éléments : les uns sont à l'état de gaz, comme l'acide carbonique, l'ozone, la vapeur d'eau, l'ammoniaque, etc. ; les autres sont solides et à ce titre ne peuvent se trouver en suspension dans l'air que grâce à leur extrême légèreté et aux courants qui balayent la surface du sol.

Depuis les expériences de M. Pasteur, rapportées dans le Dict., **1**, 86, l'attention des savants a été vivement attirée sur ces particules infiniment petites, que le microscope montre formées de substances terreuses, de détritus divers et aussi de germes très variés. Ces germes ont été reconnus comme appartenant à des plantules microscopiques de l'ordre des moisissures et à des algues encore plus infimes appelées *schizomycètes* ou *bactéries*. Il est certain que les moisissures sont souvent la cause de plusieurs maladies qui désolent l'agriculture (*Oïdium*, *Peronospora infestans*, *Mildew*, etc.) et que la voie toute tracée de l'infection est l'atmosphère, sans cesse brassée par les courants. On a admis par analogie que l'air pouvait également servir de véhicule aux germes de bactéries infectieuses, qui engendrent tout un groupe de maladies propres à l'espèce humaine et à l'espèce animale. Cela peut être, cela est même probable ; mais les recherches de micrographie exécutées jusqu'à ce jour n'ont pas été suffisamment probantes pour permettre de professer cette opinion sans restriction ; au contraire, il est avéré que les microbes des maladies bien étudiées, du choléra, du typhus, etc., ne supportent pas la sécheresse, et que la voie atmosphérique n'est pas leur mode habituel de propagation. On ne saurait en dire autant des maladies appelées fièvres éruptives (variole, rougeole, scarlatine, érysipèle, suette miliaire) ; mais les bactéries de ces affections sont encore à découvrir. Ici, au moins à faible distance, le contage est très probable ; aussi les analyses micrographiques de l'air ont-elles trouvé un grand crédit, à côté des analyses chimiques effectuées dans la plupart des instituts d'hygiène et des stations météorologiques. Ces considérations justifient le développement assez étendu dans lequel nous avons cru devoir entrer sur les germes de l'atmosphère.

ÉLÉMENTS GAZEUX

ACIDE CARBONIQUE. — On sait que l'acide carbonique entre pour quelques dix-millièmes dans la composition normale de l'atmosphère. Quelques auteurs ont contesté la réalité des écarts souvent assez élevés trouvés du jour au lendemain par quelques observateurs au même lieu d'expérimentation. Cependant M. Boussingault a établi que les variations de l'acide carbonique sont très sensibles ; qu'à Paris le volume de ce gaz diminue la nuit et augmente le jour : ce qui ne saurait surprendre, puisque les foyers de combustion, très nombreux durant la journée dans cette ville, cessent à peu près tous de fonctionner dans la soirée.

Un point intéressant était d'établir cette variabilité aux divers points du globe et en pleine campagne dans la même station. Cette question paraît aujourd'hui nettement tranchée en ce qui concerne l'inégale richesse de l'atmosphère en ce gaz aux diverses régions du globe. M. Farsky a trouvé en Autriche une moyenne d'acide carbonique de 34^{lit},3 pour 100 mètres cubes d'air; MM. Fitt, Bogène et Henneberg ont obtenu des moyennes de 32 à 34 litres dans diverses localités de l'Allemagne. M. von Pettenkofer a trouvé dans le désert libyque des chiffres oscillant entre 44 et 49; M. Cleasson annonce une moyenne de 27,9, avec un maximum de 32,7 et un minimum de 23,7. Enfin, à l'époque où diverses missions se répandirent à la surface du globe pour l'observation du passage de Vénus sur le Soleil, il résulta des analyses diverses exécutées à cette occasion par des observateurs autorisés, que le volume du gaz acide carbonique varie d'un climat à l'autre dans des limites relativement faibles, mais très sensibles.

Volume pour 100 000 litres d'acide carbonique trouvé en :

	Litres.
Floride	29,2
Mexique	27,3
Martinique	28,0
Haïti	27,8
Chili	27,1
Chubut	29,5
Santa-Cruz	26,6

Localement, ces variations ont été démontrées par les expériences de M. Hyadès à la station du cap Horn, dans la baie d'Orange (variations de 23,1 à 28,5), et à Paris le même fait a été mis hors de doute par M. A. Lévy dans une suite d'analyses journalières poursuivies quotidiennement pendant douze ans à l'observatoire de Montsouris. Aussi M. Dumas, dont l'autorité est si grande en cette matière, a-t-il cru devoir résumer le débat élevé entre plusieurs observateurs dans une Note à l'Académie des Sciences dont nous reproduisons quelques passages.

« Que l'acide carbonique, dit ce savant, soit en moindre quantité dans l'air pris au milieu des trèfles ou de la luzerne, en plein jour et en été, c'est-à-dire en plein foyer de réduction, cela n'a rien qui puisse surprendre; si quelque chose étonne en pareil cas, c'est que l'acide ne descende pas au-dessous de 2^{lit},8 (pour 10 mètres cubes).

« De même que dans Paris, au milieu de tant de sources d'acide carbonique, combustion dans les foyers, respiration de l'homme et des animaux, destruction spontanée des matières organiques, on voie l'acide carbonique ne pas dépasser 3^{lit},5, il y a lieu d'en être surpris.

« Car, si la grande moyenne qui représente l'acide carbonique atmosphérique normal diffère peu de 2^{lit},9 à 3 litres, il n'est pas douteux que, pour des circonstances locales, pour des espaces limités et pour des conditions météorologiques exceptionnelles, il puisse y avoir de notables variations dans cette proportion.

« La grande moyenne de la proportion de l'acide carbonique dans l'air paraît donc bien près d'être fixée; mais, ce point de départ établi, il reste à étudier les variations dont elle pourrait être susceptible, non par des causes locales, ce qui est de peu d'importance, mais par des causes générales se rattachant aux grands mouvements de l'atmosphère. C'est sur cette étude, qui exige le concours d'un certain nombre d'observateurs placés sur des points divers et éloignés du globe, opérant simultanément par des procédés comparables, que je me permets d'appeler l'attention de l'Académie. »

Il est donc avéré que le poids de l'acide carbonique atmosphérique oscille entre des limites déjà déterminées; mais il reste à connaître les causes et la signification de ces variations.

Ozone. — La quantité d'ozone répandue dans l'air est de même très variable; le poids de ce gaz a été trouvé égal en moyenne à 1^{mgr},1 par 100 mètres cubes d'air, avec des maxima pouvant atteindre 3^{mgr},5. Cet élément disparaît dans l'air des villes, tandis qu'il existe presque toujours en quantité appréciable dans l'air des campagnes. A l'observatoire de Montsouris, l'analyse chimique n'en accuse pas les moindres traces quand les vents soufflent du nord, c'est-à-dire quand l'air a traversé Paris; au contraire, par les vents du sud, du sud-est et du sud-ouest il fait rarement défaut. Il paraît donc probable que l'ozone, dû aux phénomènes de la végétation, se détruit en oxydant les miasmes (principes volatils divers, qui s'exhalent des vastes agglomérations urbaines).

Azote ammoniacal. — Depuis les travaux de M. Schlœsing, la présence de l'ammoniaque dans l'air a été rendue incontestable. A Paris le poids de ce corps exprimé en azote se trouve compris entre quelques dixièmes de milligramme et 3 milligrammes par 100 mètres cubes d'air, et la moyenne générale annuelle a été trouvée voisine de 2^{mgr},2. Comme pour l'acide carbonique et l'ozone, la signification des variations observées dans l'ammoniaque libre ou combinée à l'acide carbonique reste encore à découvrir.

Miasmes ou ptomaïnes. — Autrefois l'origine de beaucoup de maladies était attribuée à des miasmes, autrement dit à des émanations telluriques subtiles et toxiques de nature inconnue. Quand la théorie des germes est venue, vers le milieu de ce siècle, éclairer d'un jour nouveau l'étiologie de plusieurs affections morbides, la théorie des miasmes a été abandonnée et a peu à peu disparu au fur et à mesure que la science des bactéries a pris un développement plus grand. Aujourd'hui la théorie basée sur les miasmes est à peu près oubliée.

Récemment MM. Brown-Sequard et d'Arsonval ont de nouveau attiré l'attention sur la présence dans l'air confiné de principes alcaloïdiques éminemment toxiques. D'après ces expérimentateurs, la vapeur d'eau condensée de l'air venu de poumons sains injectée à faible dose (de 12 à 30 centimètres cubes) à des lapins détermine rapidement leur mort; d'où la conclusion que l'animal vivant excrète par voie pulmonaire des poisons volatils d'une action redoutable. Ces expériences, reprises avec soin par MM. Dastre et Loye, Offmann, Wellenhof, Russeau-Giliberti et G. Alessi, n'ont pas confirmé les recherches de MM. Brown-Séquard et d'Arsonval.

MM. Dastre et Loye s'expriment ainsi : « Nos expériences ne mettent pas en évidence la substance toxique pulmonaire dans l'air du poumon sain, non plus que dans l'air du poumon malade; elles semblent seulement autoriser cette conclusion, que la substance toxique pulmonaire, si elle existe, ou bien n'est pas constante, ou bien existe en proportions insuffisantes pour produire des accidents. »

Il est cependant certain que l'air déjà inspiré, débarrassé de son acide carbonique et enrichi en oxygène de façon à être ramené à sa composition normale, est lourd, désagréable à respirer, capable de provoquer de la céphalalgie et des nausées; en un mot il est incontestable qu'il a perdu de sa fraîcheur, de ses qualités vitales, et qu'il est *vicié*, pour employer une expression absolument juste. Dans l'état actuel de nos connaissances, les principes qui sont cause de cette viciation échappent encore aux chimistes et aux hygiénistes. Quoi qu'il en soit, les miasmes ou ptomaïnes se distingueront toujours des poisons figurés et vivants, par leur impuissance à déterminer à dose infinitésimale des intoxications sans limite, alors que cette faculté appartient aux bactéries, dont l'action n'a de borne que l'extinction de la nutritivité des milieux où elles sont susceptibles de croître et de prospérer.

ÉLÉMENTS SOLIDES.

Poussières atmosphériques brutes. — L'air en mouvement présente une foule de particules inertes de nature terreuse, charbonneuse et ferrugineuse, parmi lesquelles les réactifs chimiques décèlent aisément des phosphates, des carbonates, du silex, etc., apparaissant le plus souvent au microscope sous la forme de blocs irréguliers à arêtes vives et tranchantes, dont la grosseur varie depuis le grain de sable visible à l'œil nu jusqu'à la granulation la plus fine; dans ce dernier cas, les angles des corpuscules ne sont plus perçus, leurs contours polygonaux semblent devenir circulaires, bref les éléments minéraux recueillis dans cet état d'extrême division sont difficiles à différencier des germes des bactéries. Pour pallier l'insuffisance de nos instruments d'optique et pour pouvoir compter sans le secours du microscope les germes infiniment ténus des schizophytes, on est forcé d'abandonner les méthodes basées sur l'observation directe et d'employer les procédés de culture vulgarisés par M. Pasteur.

A côté des microbes organisés répandus dans les poussières de l'air, il n'est pas sans intérêt de préciser la nature des sédiments inertes qui en constituent habituellement les éléments les plus abondants.

L'air des appartements habités tient en suspension une foule de fibres textiles diversement colorées, qu'il est exceptionnel de rencontrer dans l'air de la campagne.

En dehors des habitations, l'air des rues montre encore des débris de nos vêtements, mais les brins de soie, de chanvre, de coton, de laine, etc., deviennent plus rares et sont noyés au sein de détritus terreux, de substances amorphes d'origine végétale et animale. En plein air et loin des villes, les fibres arrachées à l'écorce des arbres ou aux végétaux en voie de décomposition forment la partie la plus riche des matières organiques qu'on y recueille en temps normal. D'autre part, le poids des sédiments aériens récoltés aux champs est, sous un même volume d'air, toujours plus faible que le poids des poussières récoltées en ville. On doit, sur ce sujet, à M. G. Tissandier un ensemble d'expériences que l'examen microscopique confirme pleinement. On peut même ajouter qu'en temps humide ou de giboulées la quantité des poussières brutes de l'atmosphère diminue à un degré tel, qu'il n'est pas de balance assez sensible pour apprécier le poids des débris variés contenus dans plusieurs mètres cubes d'air.

Au nombre des substances minérales, on peut signaler les globules de fer météorique étudiés avec soin par M. G. Tissandier, qui les a obtenus par un procédé de triage ingénieux, consistant à promener à une faible distance d'une couche de poussières atmosphériques déposées sur une surface plane horizontale un aimant destiné à saisir uniquement les parcelles ferrugineuses. Au microscope, ces sortes de globules magnétiques sont généralement sphériques et à contours lisses (fig. 1).

A côté des corpuscules minéraux ou non organisés qui viennent d'être énumérés, il est aisé de découvrir dans les poussières de l'air des cellules ou des débris de cellules ayant appartenu aux règnes végétal et animal. Tantôt la matière organique apparait sous la forme de plaques, de lamelles, de masses informes, de granulations agglutinées par un ciment incolore, jaunâtre ou brun, de fibres déchiquetées sur la nature desquelles on ne saurait se prononcer sûrement; tantôt au contraire l'œil reconnait très bien des couches épidermiques, des fragments de vaisseaux, des trachées déroulées, des tubes mycéliens septés ou non septés, des poils simples ou rameux enlevés par

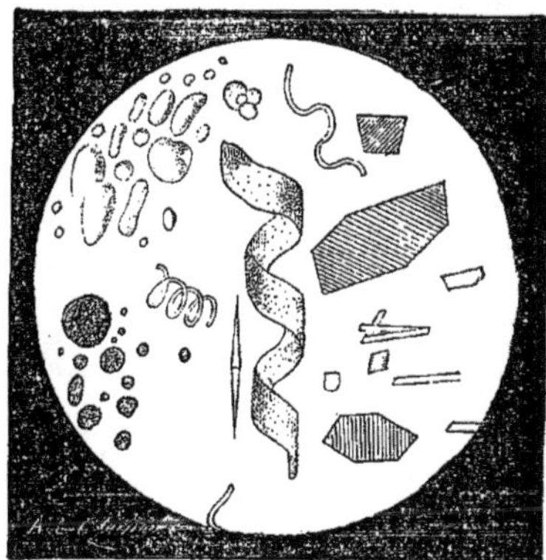

Fig. 1. — Cristaux, amidon, trachées végétales et corpuscules de fer météorique.

le vent aux tiges et aux feuilles des plantes. Dans l'intérieur des hôpitaux et des habitations, à ces dépouilles du règne végétal viennent se joindre des fibres déjà utilisées par l'industrie, des cellules épithéliales que les réactifs colorés permettent de caractériser aisément. Les grains d'amidon fréquemment observés en pleine campagne se montrent surtout en abondance dans l'air des villes et dans l'air confiné des maisons. Il serait long de dresser la liste des éléments hétérogènes brassés constamment par l'atmosphère en mouvement; pour abréger cette description, on peut se contenter de signaler rapidement, parmi les sédiments aériens, le duvet échappé au corps des oiseaux, les écailles de papillons, des dépouilles d'insectes microscopiques, et parfois, mais très rarement, des diatomées, des œufs et des cadavres d'infusoires.

Dosage des poussières brutes de l'atmosphère. — Le procédé de dosage des poussières brutes de l'air qui parait le plus simple et en même temps le plus exact, consiste à diriger à travers un tube de verre taré et séché, contenant plusieurs bourres d'ouate, un volume d'air déterminé, aspiré uniformément au moyen d'une trompe de laboratoire. L'expérience achevée, on dirige à travers le tube un courant d'air sec et filtré, puis on obtient par une seconde pesée le poids des corpuscules de toutes sortes fixés sur les bourres d'ouate.

Corpuscules vivants de l'atmosphère. — En laissant de côté les œufs des animalcules infusoires et les germes des bactéries, fort difficiles à saisir par l'examen microscopique direct, on constate dans les sédiments atmosphériques plusieurs catégories de cellules vivantes, parfaitement discernables au moyen de grossissements variant de 100 à 500 diamètres. Citons en première ligne les pollens des végétaux, incapables de donner naissance à un végétal complet, mais gorgés d'un suc et de granulations propres à féconder les plantes phanérogames; puis les spores cryptogamiques, les algues vertes, les levures, les débris de conferves, les diatomées, les desmidiées, qui sont au contraire capables de germer et de donner naissance à un végétal complet.

Les pollens de l'atmosphère possèdent généralement la forme de gros utricules circulaires, enveloppés d'une ou de plusieurs membranes distinctes, présentant ou non des bouches par lesquelles le boyau chargé de fovilla viendra faire hernie quand l'utricule sera déposé sur les stigmates de la fleur. A côté des pollens plus ou moins exactement sphériques, on en rencontre d'ovoïdes, de piriformes, de pyramidaux, de cubiques, de réniformes, etc. Très souvent ils sont pourvus de granulations intérieures bien visibles; parfois ils paraissent ne pas en contenir. Les pollens à forme irrégulière sont fréquents; on en rencontre de comparables à des sacs de baudruche partiellement vides de leur contenu; d'autres sont remarquables par la régularité de leur forme et la finesse des dessins qui les recouvrent: tantôt la membrane extérieure du pollen paraît sculptée et comme percée au trépan d'opercules placés avec la plus grande régularité, tantôt elle semble retenue dans un filet élégamment tissé, tantôt elle est hérissée de poils; rarement les pollens sont

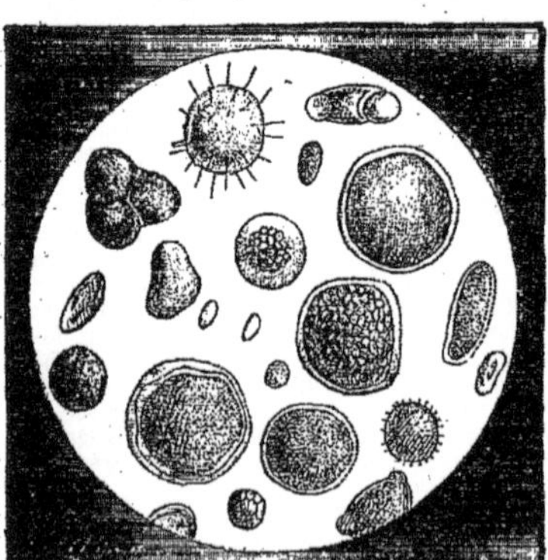

Fig. 2. — Pollens atmosphériques.

absolument incolores : les moins teintés sont légèrement jaunâtres, mais il en est de jaunes, de verdâtres, de bruns, de bleu-verdâtre, et enfin beaucoup de couleur orange qui peuplent presque constamment l'atmosphère parisienne (fig. 2).

Les pollens, fort répandus dans l'air au printemps et en été, tendent à disparaître en automne et surtout en hiver; leur disparition n'est cependant pas absolue; il est rare de n'en pas trouver plusieurs dans 1 mètre cube d'air, même quand la neige couvre le sol depuis près d'un mois. Dans nos climats, le nombre des plantes qui fleurissent en hiver est trop restreint pour qu'on puisse leur attribuer tous les utricules polliniques observés dans les poussières atmosphériques durant les saisons où sévit un froid rigoureux. L'observateur exercé n'a d'ailleurs aucune peine à reconnaître que la majorité de ces pollens appartient aux végétaux et aux arbres qui entrent en floraison pendant les saisons chaudes de l'année; beaucoup d'entre eux, maltraités par l'âge et la sécheresse, présentent des signes manifestes de décrépitude; beaucoup sont fendillés, ridés et quelquefois ramenés à l'état de lamelles fragiles, comme ces fleurs vieillies dans les herbiers des botanistes; d'autres, restant vraisemblablement plus à l'abri des intempéries, traversent l'hiver sans présenter de dommages bien apparents.

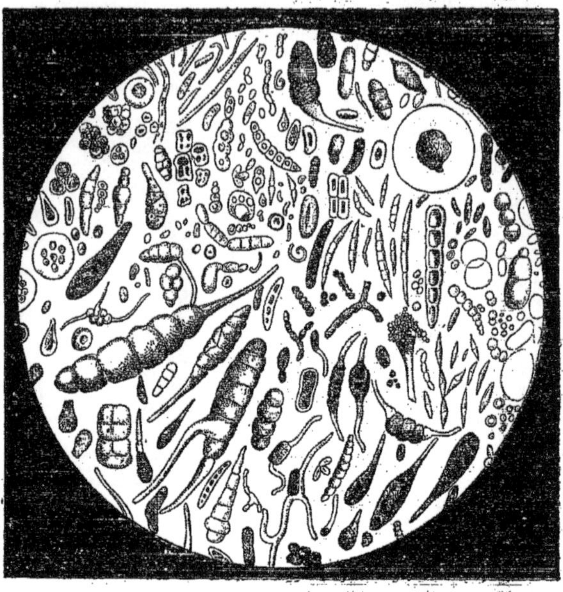

Fig. 3. — Spores cryptogamiques de l'atmosphère.

A Paris, le chiffre des pollens atmosphériques peut devenir très élevé; en été il est commun de le voir atteindre 5 000 à 10 000 par mètre cube d'air, par conséquent être aux spores cryptogamiques comme 1 est à 15.

Les cellules le plus abondamment répandues dans l'air atmosphérique sont sans contredit fournies par les plantes cryptogames; plusieurs d'entre elles sont fort voisines de forme, de couleur et de dimensions micrométriques, d'où la difficulté de différencier ces graines les unes des autres par le simple coup d'œil. La majeure partie de ces fructifications sont sphériques, ovoïdes, discoïdes, en fuseau; puis viennent, par ordre de fréquence, les spores septées ellipsoïdes en forme de croissant court ou long; après suivent les fructifications composées, boursouflées, lagéniformes, etc., dont les détails de structure varient à l'infini. La couleur des spores atmosphériques est de même très variée : les unes sont parfaitement incolores, les autres rouges, jaunes, olivâtres, brunes et quelquefois noires : plusieurs sont garnies de piquants; il en est beaucoup dont la membrane enveloppante est rugueuse et chagrinée (fig. 3).

Pendant l'hiver, les semences aériennes des cryptogames sont habituellement rares et vieilles; leur forme est le plus ordinairement sphérique ou ellipsoïdale, leur contour est marqué par un cercle noir très apparent et leur contenu est souvent granuleux. La température douce qui règne presque toujours à Paris en avril et en mai donne un premier essor à la végétation cryptogamique, et l'atmosphère se charge vers cette époque de spores jeunes, diversement colorées, qu'accompagnent de nombreuses semences conidiformes incolores. Plus tard, en juin, apparaissent les grosses fructifications, qui persistent durant tout l'été et une grande partie de l'automne, pour se faire en hiver aussi rares que les pollens.

Les chiffres réunis dans le tableau suivant donnent les moyennes générales mensuelles des spores comptées par mètre cube d'air à l'observatoire de Montsouris, de l'année 1878 à 1882 inclusivement, et représentent très exactement les variations des spores cryptogamiques atmosphériques :

MOIS.	ANNÉE NORMALE. Spores cryptogamiques.	Températures.
Janvier	7 150	2°,4
Février	7 090	4°,5
Mars	5 480	6°,4
Avril	7 510	10°,1
Mai	12 230	14°,2
Juin	35 030	17°,2
Juillet	27 760	18°,9
Août	23 910	18°,5
Septembre	15 930	15°,7
Octobre	14 330	11°,3
Novembre	8 910	6°,5
Décembre	7 030	3°,7

DOSAGE DES SPORES CRYPTOGAMIQUES AU MOYEN DES AÉROSCOPES. — Pour se rendre un compte exact des variations du chiffre des spores répandues dans l'atmosphère, il est indispensable d'opérer constamment dans le même lieu et dans des conditions identiques, de conserver toujours le même aéroscope muni d'une lamelle de même superficie, de diriger sur cette lamelle enduite d'un liquide visqueux un jet d'air de même force et de même section, choses qu'il est facile de réaliser.

L'aéroscope qui peut servir pour ces expériences est représenté dans la figure 4. Il se compose

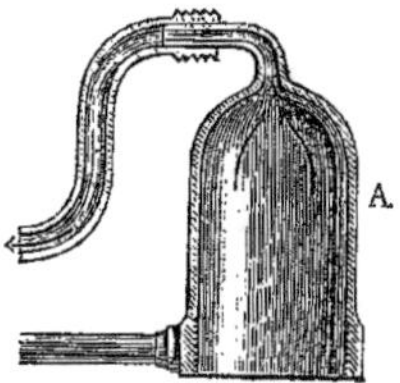

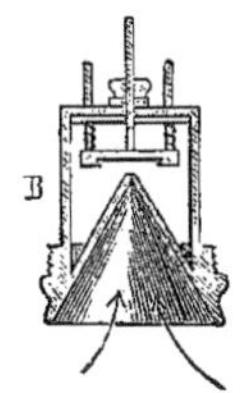

Fig. 4. — Aéroscope à aspiration.

d'une cloche de cuivre nickelé A, munie à sa partie supérieure d'un tube coudé à angle droit relié aux appareils aspirateurs par l'intermédiaire de tubes de caoutchouc ou de plomb quand l'aéroscope est placé loin des habitations : cette cloche porte à sa partie inféro-interne un pas de vis femelle destiné à assujettir la pièce B; une tige rigide horizontale soutient la cloche et permet de la fixer à un poteau au-dessus de la surface du sol. La seconde partie B de l'aéroscope, qui se visse exactement à la première, est formée d'un cône métallique percé à sa pointe d'une fine ouverture destinée à projeter l'air sur une lame de verre retenue dans deux rainures profondes et assujettie au moyen d'un étrier à une vis micrométrique, maintenant la lamelle à quelques millimètres de l'ouverture.

Ainsi disposé et construit, ce petit instrument peut fonctionner par tous les temps; la neige, la pluie n'atteignent jamais la lamelle, ce qui préserve les récoltes de poussières des accidents qui pourraient les compromettre si ces éléments atteignaient la couche fixatrice.

La récolte opérée, on évalue sa richesse en spores cryptogamiques en évaluant le nombre de spores vues par champ, après avoir mélangé les poussières et le liquide gluant avec la pointe d'une aiguille d'acier flambée. La moyenne obtenue découlant de la lecture de 100 observations de champ multipliées par le rapport existant entre la surface de ce champ et la surface de la lamelle permet de calculer les germes contenus dans la récolte des poussières; d'autre part, le volume de l'air aspiré étant donné par un compteur, il est aisé de déduire le volume de spores fixées par litre d'air.

Ce procédé de dosage ne donne pas exactement la teneur en germes du volume d'air considéré; il est simplement approximatif et doit être surtout employé pour le dosage qualitatif des poussières.

DOSAGE DES SPORES CRYPTOGAMIQUES PAR LES MILIEUX NUTRITIFS. — Ces sortes de dosages sont identiques à ceux qui sont usités pour déterminer le chiffre des bactéries atmosphériques; les milieux employés pour faciliter la végétation des spores cryptogamiques de l'air doivent être légèrement acides et assez fortement sucrés. Nous devons ajouter cependant que beaucoup de semences aériennes ne croissent pas dans ces milieux et que les statistiques obtenues par la culture sont de beaucoup inférieures aux statistiques fournies par les procédés aéroscopiques. Cela paraît tenir d'abord à l'infécondité des milieux employés vis-à-vis de beaucoup de ces semences et aussi à ce que plusieurs d'entre elles sont vieilles ou mortes et dans l'impossibilité de germer.

BACTÉRIES ATMOSPHÉRIQUES. — Les aéroscopes, d'un usage fort commode pour fixer les poussières de l'atmosphère et rendre évidentes les semences cryptogamiques, les algues vertes, les pollens, toujours répandus en grand nombre dans 1 mètre cube d'air, sont d'une faible utilité dans l'étude des bactéries aériennes : ce qui tient à la difficulté de différencier nettement au microscope les corpuscules-germes des schizomycètes, des granulations inanimées d'origines diverses.

Plusieurs auteurs, trop confiants dans le pouvoir définissant de leurs instruments d'optique, ont pensé qu'il suffisait d'examiner avec des objectifs à immersion puissants la vapeur condensée de l'atmosphère pour y distinguer sans peine des germes de bactéries. Cette méthode d'observation très fatigante ne saurait, dans la majorité des cas, permettre de se prononcer avec certitude sur la nature des corpuscules ténus aperçus dans l'eau de rosée artificielle; cette méthode, employée par Lemaire, Salisbury, Selmi, n'est plus en usage aujourd'hui; elle ne présente qu'un intérêt historique.

On peut recueillir les bactéries de l'atmosphère en les dirigeant dans de l'eau stérilisée au préalable, qu'on ensemence ensuite par fractions dans des conserves nutritives. C'est encore à M. Pasteur, dont le nom revient si souvent dans les questions qui touchent de près à la micrographie atmosphérique, qu'appartient un procédé fort simple d'amener les bactéries de l'air au contact de liqueurs nutritives stérilisées :

« Dans une série de ballons de 250 centimètres cubes de capacité, j'introduis la même liqueur putrescible : de l'eau albumineuse, de l'urine, etc., de manière qu'elle occupe le tiers environ du volume total. J'effile les cols à la lampe d'émailleur, puis je fais bouillir la liqueur et je ferme l'extrémité effilée pendant l'ébullition. Le vide se trouve fait dans les ballons ; alors je brise leur pointe dans un lieu déterminé : l'air ordinaire s'y précipite avec violence, entraînant avec lui toutes les poussières qu'il tient en suspension et tous les principes connus ou inconnus qui lui sont associés. Je referme alors immédiatement les ballons par un trait de flamme et je les transporte dans une étuve entre 25° et 30°, c'est-à-dire dans les meilleures conditions de température pour le développement des animalcules et des semences.

« Le plus souvent, en très peu de jours, la liqueur s'altère, et l'on voit naître dans les ballons, bien qu'ils soient placés dans des conditions identiques, les êtres les plus variés, beaucoup plus variés même, surtout en ce qui regarde les mucédinées et les torulacées, que si les liqueurs avaient été exposées à l'air ordinaire. Mais, d'autre part, il arrive fréquemment, plusieurs fois dans chaque série d'essais, que la liqueur reste absolument intacte, quelle que soit la durée de son exposition à l'étuve, comme si elle avait reçu de l'air calciné » [Pasteur, *C. R.*, **51**, 349].

Procédé du barbotement. — Une méthode qu'on peut employer pour analyser l'air puisé à peu de distance des laboratoires consiste à diriger les poussières atmosphériques à travers de l'eau distillée purgée de germes ; cela fait, à distribuer cette eau dans un nombre considérable de conserves de bouillon de bœuf ou de peptone, de façon à déterminer l'altération de 15 à 25 0/0 des vases à cultures mis en expérience, et enfin à examiner attentivement le bouillon des vases où survient une altération due presque toujours aux moisissures ou aux bactéries.

L'appareil qu'on peut adopter est représenté par la figure 5 ; il est formé d'un matras de verre

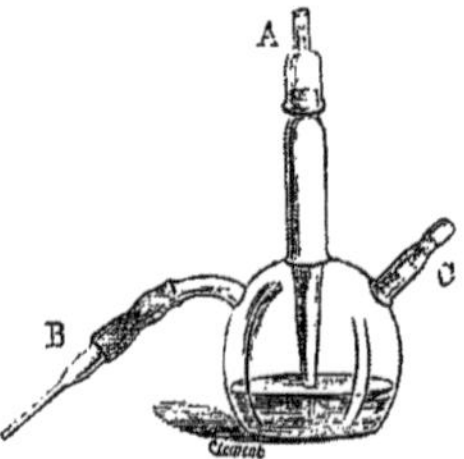

Fig. 5. — Matras barboteur

dont le col long, muni d'un capuchon tubulé et rodé, se prolonge, en s'effilant en pointe, jusqu'au fond du vase, où il se termine par une ouverture capillaire par laquelle l'air entre au moment de l'aspiration. Ce matras est également muni de deux tubulures latérales : la première C, garnie de deux bourres de coton, est destinée à être mise en communication avec l'appareil aspirateur ; la seconde B, recourbée, porte un petit tube de caoutchouc retenant une pointe de verre mobile ; c'est par cette sorte de bec de burette que se fait la distribution du liquide contaminé à la fin de l'expérience. La description précise d'une analyse d'air par ce procédé en dira d'ailleurs plus que tous les détails qu'on pourrait donner sur la destination de ce matras.

L'appareil de la figure 5 reçoit de 30 à 40 centimètres cubes d'eau distillée. On vérifie si la cheminée du capuchon et le tube C portent des bourres de coton, si la pointe B est scellée ; puis l'instrument est chauffé pendant 2 heures à 110° dans un bain de vapeur d'eau. Après refroidissement, on retire l'appareil de l'autoclave et on le garde jusqu'au moment d'en faire usage. On peut préparer ainsi à la fois 20 ou 30 de ces petits matras.

A la tubulure C on adapte le tube de caoutchouc destiné à transmettre l'aspiration, on flambe le capuchon A, on l'enlève et l'on s'éloigne ; alors l'air dont on veut doser les bactéries est dirigé bulle à bulle dans l'appareil ; l'aspiration achevée, on replace le capuchon après l'avoir passé dans la flamme d'une lampe à alcool ou d'un bec de gaz.

Par le tube de caoutchouc fixé encore à la tubulure C, on produit une pression qui force le liquide à s'élever jusqu'à l'extrémité du col, puis on laisse la colonne d'eau redescendre par son propre poids, ou en aidant à sa chute par une légère succion. Par cette manœuvre, recommencée 10 à 12 fois, on lave complètement le col du matras par lequel l'air a été d'abord introduit. Il n'est pas besoin d'ajouter que ce lavage se fait entièrement à l'abri des poussières atmosphériques, la bourre de la cheminée du capuchon faisant l'office de filtre parfait.

Après avoir cassé la pointe B avec les précautions d'usage, on distribue par fractions le contenu de l'appareil dans 30 à 40 conserves de bouillon de bœuf stérilisé. Finalement, le matras où s'est faite la dilution des poussières reçoit à son tour 25 centimètres cubes de bouillon privé de germes, puis on projette dans ce bouillon, au moyen d'un fil de platine rougi, la bourre intérieure de la tubulure C, sur laquelle l'air s'est filtré avant de quitter le matras pour se rendre dans un appareil jaugeur.

Ainsi, toutes les poussières de l'air à analyser sont mises au contact d'un liquide nutritif capable de déceler les germes vivants qu'elles peuvent contenir.

Après une durée d'incubation de 40 jours à l'étuve chauffée à 30°, on considère l'expérience comme terminée ; on compte le nombre des espèces bactériennes et des moisissures qui s'y sont développées, ce qui permet d'établir par un calcul fort simple la richesse de l'air considérée en microgermes.

Les avantages de la méthode qui vient d'être décrite sont les suivants : Le barbotement, le lavage du vase, en un mot l'agitation du liquide chargé des poussières, désagrège les organismes agglomérés qu'un ciment ne retient pas trop fortement collés entre eux. Une chaîne de *penicillium* ou de *micrococcus*, qui, dans les méthodes le plus récemment inventées, ne détermine que l'altération d'une conserve ou la formation d'une seule colonie, peut, par le procédé de la dilution des poussières, en donner 2, 5, 10 et même davantage.

Les objections qu'on peut adresser à la pratique de la dilution préalable des poussières dans l'eau stérilisée sont peu nombreuses et peu fondées.

On peut supposer que les germes amenés au contact du liquide du ballon diluteur peuvent pulluler et fausser le résultat de l'analyse. Cela pourrait arriver en effet si l'on attendait 24 heures ou plusieurs jours avant d'opérer le fractionnement du liquide contaminé ; mais comme ce fractionnement doit être fait quelques minutes après le passage de l'air, cette crainte est chimérique.

Pendant la distribution du liquide du matras dans les conserves de bouillon, les germes de l'atmosphère ambiante peuvent accidentellement tomber dans les conserves et les altérer; la chance de ce mode d'infection est facile à calculer; elle est de $\frac{1}{200}$ à $\frac{1}{500}$ dans les laboratoires, et de $\frac{1}{2500}$ si l'on opère en pleine campagne. Si l'on tient donc à être mathématiquement rigoureux, il faut, suivant les lieux où l'on manipule, compter en moins un cas d'altération sur 200, 500 ou 2 500 vases de bouillon mis en expérience.

Au lieu de répartir le liquide du flacon ou s'est fait le barbotement, on peut le mélanger avec de la gélatine nutritive fondue et contenue dans des vases spéciaux à fond plat et de forme conique.

Dosage de l'air par les filtres solubles. — Après M. Pasteur, qui s'est servi du coton soluble pour retenir les poussières de l'air, M. Fol [*Nature*, 1885] a préconisé comme filtre le sel marin convenablement pulvérisé. Le sel ordinaire serait en effet d'un très bon usage s'il était moins déliquescent et si l'on avait la certitude que les germes fixés par le liquide qui recouvre les cristaux du chlorure de sodium humide n'eussent pas à souffrir de l'action caustique de cette eau saturée.

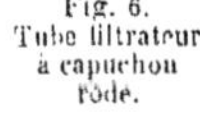

Fig. 6. Tube filtrateur à capuchon rodé.

En 1886, M. le professeur Gautier s'est servi pour le même usage du sulfate de sodium préalablement déshydraté [*Rev. scient.*, mai 1886]. L'appareil filtrateur employé par M. Gautier consiste en une ampoule étirée en pointe portant à sa partie inférieure une bourre sur laquelle le sel est déposé; plus tard, en dissolvant ce sel traversé par un volume d'air déterminé, on met en évidence les germes atmosphériques. On peut encore employer avec un égal succès un appareil de la forme indiquée figure 6; *b'* est la bourre préservatrice, *b* est une seconde bourre destinée à soutenir la substance filtrante *j j'*; ce tube étranglé, long de 20 centimètres environ et large de 5 à 6 millimètres, possède un capuchon rodé C, qu'on enlève pendant l'aspiration pratiquée par le bout opposé. M. de Freudenreich a le premier employé ce mode de fermeture à l'extrémité des tubes, dont l'idée lui a été suggérée par le capuchon rodé des matras de M. Pasteur.

Il est de même aisé de saisir ici le *modus faciendi* : le capuchon enlevé au moment de l'analyse, on verse la substance filtrante dans l'eau stérilisée; si, par suite d'un état particulier de l'atmosphère, les grains du filtre avaient contracté entre eux une certaine adhérence, en un mot, s'ils se refusaient à couler comme les poudres sèches, au moyen d'une tige flambée introduite par l'extrémité *b'*, après l'ablation des bourres, on les forcerait à tomber dans le véhicule; enfin un lavage par aspiration termine cette manipulation

Les appareils usités pour l'analyse de l'air par filtration à travers les substances solubles étant décrits, il reste à donner quelques détails sur l'ensemble des opérations qui se rapportent à ce mode d'investigation.

La substance soluble doit d'abord être inaltérable et infusible à 170-180°: elle doit montrer un pouvoir antiseptique très faible et être aussi soluble que possible dans l'eau pure.

Parmi les substances infusibles entre 170-180° qui peuvent être appliquées au dosage des germes aériens, on peut citer le sucre, le sel marin, le phosphate de sodium, les sulfates de sodium et de magnésium. A sa sortie du bain d'air chaud, le sucre présente bien une teinte légèrement jaunâtre, indice d'un faible commencement de caramélisation; mais ce corps n'est pas sensiblement atteint dans ses propriétés physiques, sa solubilité reste très grande et son pouvoir hygroscopique n'est pas augmenté. Le sel marin devra être chauffé au préalable à 200° pendant quelques heures, afin de le priver de son eau d'interposition qui le fait crépiter quand on le chauffe; tandis que le phosphate de sodium, les sulfates de sodium et de magnésium, qui subissent la fusion aqueuse à une température relativement basse, devront être au préalable portés vers 300° et desséchés à cette température dans une capsule de platine ou dans une simple casserole de fer.

Le pouvoir antiseptique des sels doit également être pris en sérieuse considération; les combinaisons du fer, du zinc, du plomb, du cuivre et surtout des métaux nobles doivent être rejetées, ainsi que les corps organiques toxiques. Parmi les composés chimiques qui ont été essayés, le sel est celui de tous qui possède le pouvoir antiseptique le plus élevé. Ce corps arrête la putréfaction spontanée du bouillon à la dose de 165 grammes par litre; mais employé en petite proportion (5 à 7 p. 1000) il exalte la nutritivité des liquides de culture à l'égard des bactéries. Le phosphate neutre et le sulfate de sodium, le sulfate de magnésium sont dans le même cas; employés à faible dose, ils favorisent l'éclosion et la multiplication des schizomycètes.

La propriété de tomber en déliquescence ou de s'effleurir que présentent certains sels doit de même attirer l'attention de l'opérateur. Le sucre pulvérisé n'entre jamais en déliquescence proprement dite, c'est-à-dire qu'il ne fond pas sous l'action de la vapeur atmosphérique; cependant, au contact prolongé d'un air humide, les grains de sucre peuvent contracter une adhérence assez forte pour s'agglomérer en une seule masse, qui reste d'ailleurs poreuse et douée de la perméabilité indispensable au filtre dont il est ici question. Le sel marin, au contraire, a trop de tendance à s'humidifier; pour cette raison, on devra se dispenser de l'employer. Le sulfate de magnésium anhydre présente une propriété inverse des plus gênantes : sous l'action de la vapeur d'eau atmosphérique, il tombe en efflorescence, perd le grain qu'on lui a d'abord donné et se réduit partiellement en une poudre excessivement fine qui vient obstruer les pores du filtre et rendre le passage de l'air de plus en plus pénible. J'ajouterai en outre que le sulfate de magnésium anhydre est trop peu soluble.

Restent le phosphate et le sulfate de sodium. Le premier de ces deux sels est inférieur à tous égards au sulfate; il se montre moins soluble que lui et a plus de tendance à s'agglomérer en une masse unique.

Quelle que soit d'ailleurs la substance employée, il est des jours, fort rares à Paris, où tous les filtres, solubles et insolubles, sont impropres à retenir les poussières de l'air; je parle des époques où un brouillard intense s'appesantit sur le sol et vient mécaniquement déposer des gouttelettes d'eau sur les bourres de coton de verre, de sable, ou sur les matières solubles; dans ce cas, l'expérience est impraticable et l'on doit recourir à la méthode du barbotement. Aucun procédé n'est d'ailleurs parfait; la méthode du barbotement n'est pas, à son tour, applicable pendant les froids rigoureux, car l'eau des matras se congèle rapidement.

La substance choisie, bien desséchée, est pulvérisée grossièrement dans un mortier, puis on la jette sur un tamis dont le nombre des fils est compris entre 15 et 18 par centimètre; la poudre qui passe à travers ces premières mailles est reçue dans un second tamis plus fin, possédant de 22 à 26 mailles par centimètre; la poudre très ténue s'échappe et il reste sur cette dernière toile des grains de substance ayant un diamètre assez voisin d'un demi-millimètre.

Quand on a obtenu une quantité suffisante de poudre, on procède au remplissage des tubes.

Les tubes, garnis de leur double bourre de coton de verre, sont chauffés légèrement et préservés de toute humidité au moyen du courant d'air rapide d'une soufflerie. On introduit alors dans chacun d'eux 1 ou 2 grammes de la substance soluble pulvérisée. La hauteur du filtre varie avec le diamètre employé; on doit en choisir de tels que cette hauteur atteigne 8 à 10 centimètres. Il reste enfin à stériliser au bain d'air, vers 170-180°, les petits appareils ainsi préparés.

Si l'atmosphère dont on doit doser les microphytes est éloignée du laboratoire, on fixera le capuchon rodé au corps du tube au moyen d'un anneau assez large, taillé dans un tube de caoutchouc de grosseur voulue; on évitera ainsi les accidents qui, pendant le transport, peuvent provenir du déplacement du capuchon. Au moment de l'expérience, on maintiendra le tube dans la position verticale et, par de petites secousses, on déterminera le tassement de la matière pulvérulente; le tube sera fixé dans cette position ou suivant une inclinaison voisine de la verticale. S'il en était autrement, si par exemple le tube était placé horizontalement ou suivant un angle moindre que 50 à 60°, les quelques chocs qu'il recevrait pendant sa mise en place suffiraient pour déterminer une galerie qui régnerait tout le long de la colonne du filtre et par laquelle une partie de l'air passerait sans se tamiser. Dans les expériences bien conduites, la bourre de coton de verre qui supporte la substance filtrante ne doit jamais accuser de microphytes quand on l'ensemence dans du bouillon stérilisé. Cette contre-expérience devra être pratiquée à toutes les analyses et donner des résultats négatifs. Mieux que le bouillon, l'emploi de la gélatine pourra, dans ce cas, démontrer si le pouvoir infestant de la bourre, qu'on observe parfois dans les essais les mieux faits, tient à un microbe fortuit, introduit pendant les manipulations, ou à une collectivité de germes venus jusqu'à la bourre par suite du mauvais état du filtre.

Après le passage de l'air, la substance soluble est projetée dans un matras d'eau stérilisée. Si l'on a lieu de croire que le chiffre des germes retenus est considérable, appréciation qu'on peut baser sur la nature de l'atmosphère explorée et sur le volume d'air aspiré, on emploiera des matras contenant de 500 à 1000 centimètres cubes d'eau microscopiquement pure. Dans les expériences journalières exécutées au centre de Paris, on filtre environ, dans 24 heures, 240 litres d'air qui accusent une moyenne de 1000 à 1500 germes et on dilue les poussières abandonnées par ce volume d'air dans un matras renfermant 500 centimètres cubes d'eau stérilisée, ce qui porte à environ 2 ou 3 microbes par gramme la richesse de cette eau, qu'on distribue en la fractionnant par gouttes dans des conserves de bouillon. Quand on emploie le procédé appelé *mixte* (fractionnement dans la gélatine), on introduit d'emblée 1 gramme de l'eau contaminée

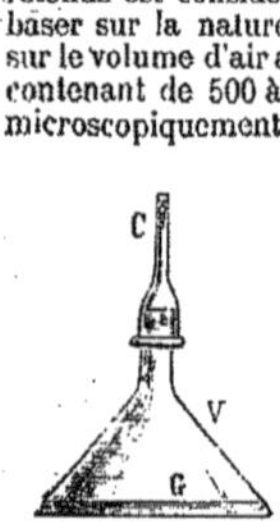

Fig. 7. — Matras conique à capuchon rodé, pour plaque de gélatine.

dans 24 conserves de gélatine fondue à 35° et contenue dans un flacon à fond plat de la forme représentée par la figure 7. On peut employer ces deux méthodes comparativement, afin d'être fixé sur leur valeur relative et de contrôler les résultats qu'elles fournissent.

Par un calcul élémentaire que tout le monde saisit, on détermine la richesse totale des 500 centimètres cubes d'eau en microphytes d'après le chiffre des microorganismes décelés par la fraction du liquide analysé. En adoptant cette façon d'opérer, le volume considérable d'eau qui reste à la disposition de l'expérimentateur peut servir à des études qualitatives diverses, ce qui malheureusement n'est pas possible avec les anciens procédés et avec les méthodes beaucoup plus récentes publiées par MM. Hesse, Petri, Frankland, de Giacomi, Straus et Wurtz, dans lesquelles tous les germes recueillis sont uniquement utilisés au dénombrement.

Cependant il est fort important que les analyses de l'air soient à la fois quantitatives et qualitatives, car beaucoup de microbes s'accommodent mal de la basse température à laquelle on est forcé de maintenir les cultures sur gélatine, qui se montre parfois impropre à leur éclosion. Devant ces faits, on admettra sans difficulté qu'il faut pouvoir varier à volonté les conditions où les organismes aériens doivent être placés : d'où la nécessité d'en conserver une réserve pour ces expériences complémentaires.

Quand on prévoit que les atmosphères sont peu riches en microbes, on diminue la dilution et l'on se sert de matras contenant 100 et même 50 centimètres cubes d'eau stérilisée. La quantité de substance soluble s'élevant au maximum à 2 grammes et 1 centimètre cube d'eau étant au plus distribuée dans 10 centimètres cubes de bouillon ou de gélatine, la teneur du milieu nutritif en substance filtrante atteint à peine 2 pour 1000. On a vu qu'à cette dose le sulfate et le phosphate de sodium, le sulfate de magnésium et le sel marin exagèrent plutôt qu'ils ne diminuent le pouvoir nutritif des cultures à l'égard des bactéries.

Le sucre, même sous cette faible quantité, favorise considérablement le développement des moisissures, et les chiffres des mucédinées qu'on obtiendra différeront totalement, selon qu'on emploiera cette substance ou les précédentes. On doit donc se tenir en éveil contre cette cause de divergence entre les résultats obtenus par les divers observateurs qui auraient adopté l'usage de tel ou tel filtre soluble.

Autres procédés. — A côté du procédé général d'analyse bactériologique de l'air qui vient d'être décrit, il en existe d'autres qui présentent moins de rigueur et sur lesquels il ne nous paraît pas utile d'insister longuement.

M. le Dr Hesse récolte les germes atmosphériques en dirigeant à travers un gros tube de verre enduit d'une couche de gélatine nutritive un courant d'air fort lent qui pénètre par une étroite ouverture faite à travers une membrane de caoutchouc et qui se débarrasse, durant son trajet à travers le tube, des particules solides qu'il tient en suspension. Les organismes vivants vont former sur la paroi, soit des colonies bactériennes, soit des moisissures. On a reproché à ce procédé, et des statistiques comparatives ont démontré que ce reproche était fondé, que beaucoup de germes déposés à la surface de la gelée restaient inféconds, par la raison que le contact des semences bactériennes n'était pas assez intime avec le terrain destiné à les nourrir; de plus, la surface de la gélatine a une tendance très marquée à se dessécher et se recouvre d'une pellicule mince qui s'oppose aux échanges osmotiques nécessaires à l'éclosion de l'espèce.

MM. de Giacomi, Straus et Wurtz ont préconisé le barbotement de l'air dans la gélatine nutritive, puis la distribution en plaques de cette gelée.

M. le Dr Petri a employé les filtres de sable, qu'on répartit après le passage de l'air dans plusieurs boîtes de cristal renfermant une forte couche de gélatine ; là les colonies se forment en grand nombre et l'expérimentateur se trouve trop souvent contraint de faire le dénombrement des germes éclos bien avant que toutes les bactéries ou les moisissures aient eu le temps d'accuser leur présence par la formation de taches microphytiques visibles à l'œil nu. C'est évidemment un défaut grave, d'ailleurs inhérent à toutes les méthodes de dosage qui reposent sur l'ensemencement des poussières d'un volume considérable d'air dans un faible volume de gélatine. On remédie à ce défaut en fractionnant le sable des filtres dans un nombre élevé de flacons de gélatine, de façon à permettre à chaque semence d'incuber à l'aise pendant un temps compris entre 1 mois et 40 jours, à l'abri des liquéfactions intempestives, des microbes envahissants, des substances toxiques que sécrètent plusieurs bactéries et qui, en se diffusant dans la masse de la gelée, peuvent s'opposer à la germination des espèces trop voisines ou la suspendre.

M. Forsteter a plus récemment proposé un procédé mixte de barbotement dans l'eau, suivi d'une incorporation de cette eau contaminée dans de la gélatine.

La méthode d'analyse de l'air par les filtres solubles reste jusqu'ici la plus générale, la plus simple et entre toutes la plus capable de fournir des résultats exacts. Les tubes-filtres sont en outre faciles à transporter, ils peuvent servir à prendre l'air dans n'importe quel lieu, et la nature du filtre s'oppose, pendant le retour du filtre au laboratoire, à tout développement de germes pouvant altérer la sincérité du dosage.

Résultats statistiques de l'analyse bactériologique de l'air. — En calculant tous les jours le chiffre des bactéries atmosphériques avec les précautions décrites précédemment, on ne tarde pas à s'apercevoir que les nombres obtenus sont très variables ; en outre, en comparant les résultats moyens trouvés par jour, par semaine, par mois et par saison, il est facile de saisir des relations constantes entre ces données numériques et divers états météorologiques bien tranchés. En général le chiffre des bactéries, peu élevé en hiver, croît au printemps, reste haut en été et baisse rapidement à la fin de l'automne : c'est du moins ce qui paraît résulter des moyennes générales obtenues à Paris depuis une dizaine d'années.

Moyennes mensuelles des bactéries récoltées par mètre cube d'air.

MOIS.	A Montsouris.	Au centre de Paris.
Janvier	228	2 310
Février	170	3 140
Mars	255	3 420
Avril	358	4 340
Mai	379	5 950
Juin	448	5 070
Juillet	676	5 200
Août	628	5 640
Septembre	470	5 510
Octobre	332	4 335
Novembre	239	3 700
Décembre	189	2 585
Moyenne annuelle...	365	4 290

Moyennes saisonnières des bactéries récoltées.

SAISONS.	A Montsouris.	Au centre de Paris.
Hiver	218	2 960
Printemps	395	5 120
Été	591	5 450
Automne	253	3 640
Moyenne annuelle...	364	4 290

Comme on le voit, l'air est environ 10 fois plus riche en bactéries au centre de Paris qu'en un point de sa périphérie.

Des expériences qu'il serait trop long de rapporter ont démontré que, pendant les saisons humides et les temps pluvieux, le chiffre des bactéries devient très faible ; qu'il s'élève au contraire considérablement pendant la sécheresse.

Les analyses horaires établissent de même que le nombre des bactéries atmosphériques varie sans cesse, que durant les beaux jours ce chiffre présente habituellement deux maxima et deux minima : les deux maxima sont situés vers 6 heures du matin et 6 heures du soir ; les minima se trouvent généralement compris entre 2 et 3 heures du matin et 2 et 3 heures de l'après-midi.

A mesure qu'on s'élève au-dessus du sol, le chiffre des bactéries atmosphériques décroît très rapidement : déjà au sommet du Panthéon l'air est 16 fois plus pur que celui qui circule dans la rue de Rivoli ; au sommet des montagnes élevées, c'est à peine si on rencontre une bactérie par mètre cube d'air ; en pleine mer les schizomycètes sont encore plus rares : on en trouve de 4 à 6 dans un volume de 10 mètres cubes d'air.

Dans l'intérieur des habitations et des hôpitaux le chiffre des bactéries a été trouvé très élevé, de 1 000 à 100 000 par mètre cube ; il est d'ailleurs en rapport avec les causes qui tendent à soulever les poussières déposées à la surface des parquets, des tapis et des meubles divers ; dans les pièces inhabitées dont la tranquillité de l'air n'est troublée par aucun va-et-vient, le nombre des bactéries peut descendre très bas. Il en est de même dans les égouts, dont les parois sont souvent humides et dont la ventilation est faible et ne s'effectue pas toujours aux dépens de l'air des rues.

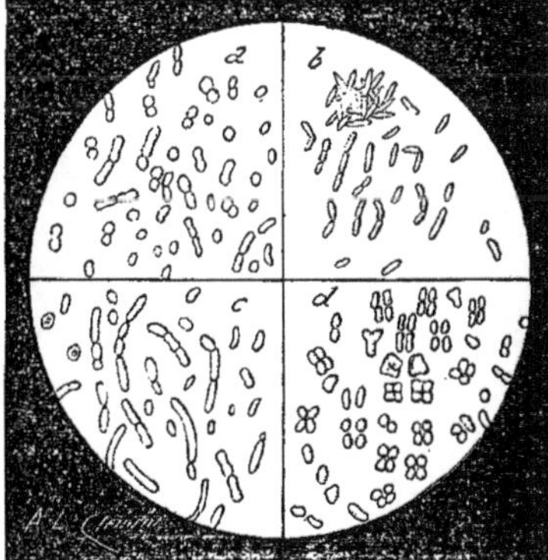

Fig. 8. — *a*, diplocoques. — *b*, microcoques elliptiques. — *c*, microcoques à forme bacillaire. — *d*, sarcines.

Quant à la nature des bactéries trouvées dans l'air atmosphérique, il serait long d'énumérer les nombreuses espèces qui le peuplent ; les travaux effectués à cet égard à l'observatoire de Montsouris pendant une période de 15 ans ont permis d'établir que ces espèces sont au moins au nombre de 800 à 900 et appartiennent aux tribus des microcoques, des bacilles, des bactériums et des vibrions. Dans l'ordre de la fréquence, les microcoques occupent le premier rang, puis viennent

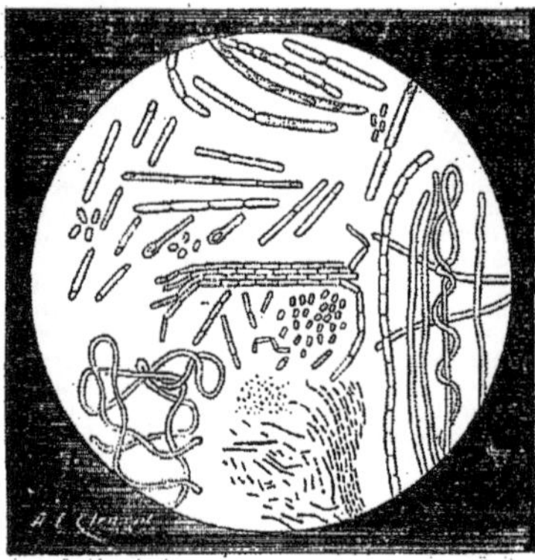

Fig. 9. — Bacilles divers avec leurs corpuscules-germes ou *spores*.

les bacilles, les bactériums, et enfin les vibrions, dont il est très rare de rencontrer des échantillons variés (fig. 8, 9 et 10).

Les microcoques, les bacilles chromogènes sont très nombreux; les espèces saprogènes sont de même très fréquentes, mais il est rare de trouver

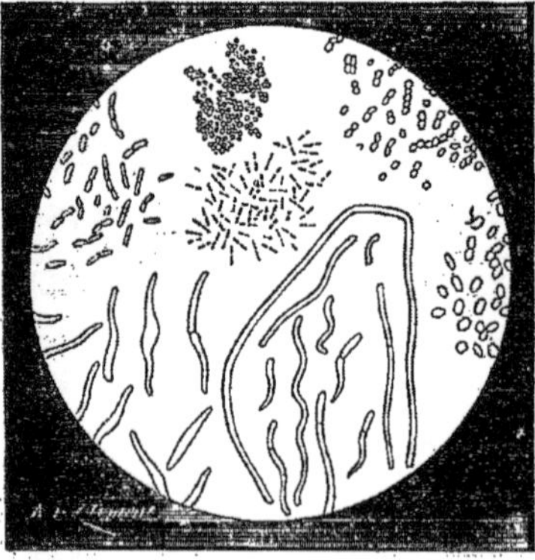

Fig. 10. — Bactériums, zooglées, microcoques et vibrions.

dans l'air des microorganismes pathogènes capables de déterminer l'une des maladies propres à l'espèce humaine. Cependant il est possible de retirer de l'atmosphère, surtout des atmosphères confinées, des microbes phlogogènes, c'est-à-dire capables de produire des phlegmons ou des abcès plus ou moins étendus et pouvant déterminer la mort des lapins et des cobayes.

Finalement, il résulte des longs travaux auxquels se sont livrés les micrographes, que l'air est, de tous les éléments qui nous entourent, le moins chargé d'espèces virulentes; mais tout n'a pas encore été dit et de nouvelles investigations sont encore nécessaires pour compléter la flore des algues innombrables soulevées par les courants atmosphériques.

Dr Miquel.

AJKITE (Min.). — Résine voisine de l'ambre, de Ajka (Hongrie).

AKÉRITE (Min.). — Voyez Aakérite.

AKONTITE (Min.). — Variété de glaucodot.

ALACRÉATINE. — Voyez Suppl., **1**, 52.

ALANINES. — 1° α-Alanine (*alanine ordinaire, acide α-amido-propionique*),

$$CH^3-CH(AzH^2)-CO.OH$$

(voyez Dict., **1**, 89 et Suppl., **1**, 53). — Dans la préparation de l'alanine au moyen de l'aldéhydate d'ammoniaque et de l'acide cyanhydrique, la formation du nitrile de l'acide amidé que l'on veut obtenir est précédée probablement par la production de cyanure d'ammonium aux dépens de l'ammoniaque de l'aldéhydate. En effet, en faisant réagir du cyanure d'ammonium sur de l'aldéhyde ordinaire et en saponifiant par un acide fort le nitrile formé, M. Liubavin a obtenu de l'alanine [*D. chem. G.*, **14**, 1401].

L'alanine se produit par la réduction, au moyen de l'étain et de l'acide chlorhydrique, de l'acide α-nitroso-propionique [H. Gutknecht, *D. chem. G.*, **13**, 1118].

L'alanine se comporte vis-à-vis du bleu soluble C. L. B. (Poirrier) comme un acide. Mais le virage s'opère lentement et la coloration du liquide tend à disparaître peu à peu. Cette réaction, peu pratique pour le dosage, peut servir à mettre en lumière le caractère acide de ce corps à la fois acide et base [R. Engel, *Bull. Soc. Chim.*, **45**, 326].

Le chlorure de cyanogène n'agit que très difficilement sur une solution aqueuse d'alanine. La majeure partie de l'alanine reste inaltérée. Il se produit de petites quantités d'un acide présentant les propriétés de l'acide lacturamique [J. Traube, *D. chem. G.*, **15**, 2110; *Bull. Soc. Chim.*, **38**, 336].

L'alanine, traitée par l'iodure de méthyle, fournit le sel de potassium de l'iodure de la triméthylalanine. La β-alanine, au contraire, donne lieu à une autre réaction [Kœrner et Menozzi, *Gazz. chim. ital.*, **13**, 350; *Bull. Soc. Chim.*, **41**, 650].

Benzoylalanine, ou *acide α-benzamidopropionique*,

$$CH^3-CH(AzH.CO.C^6H^5)-CO^2H.$$

— On l'obtient en ajoutant à une solution aqueuse d'alanine un peu de soude, puis agitant avec un excès de chlorure de benzoyle ajouté peu à peu. L'acide chlorhydrique précipite de cette solution de la benzoylalanine mêlée d'acide benzoïque. Paillettes blanches, brillantes, plus solubles dans l'eau que l'acide hippurique, solubles dans l'alcool, difficilement solubles dans l'éther et fusibles sans décomposition à 165-166° [J. Baum, *Zeit. physiol. Chem.*, **9**, 465].

Fondue avec du phénylsénévol, à une température inférieure à 140°, l'alanine se transforme en *phényl-α-méthylsulfhydantoïne*,

$$CS\begin{cases}Az(C^6H^5)-CO\\ \qquad\qquad\quad |\\ AzH \text{———} CH-CH^3,\end{cases}$$

composé cristallisé en petits prismes limpides, solubles dans l'alcool, l'éther, la benzine, le sulfure de carbone [O. Aschan, *D. chem. G.*, **16**, 1544 et **17**, 420; *Bull. Soc. Chim.*, **40**, 475].

L'alanine se dissout à chaud dans l'éther oxalique additionné de 5 ou 10 0/0 d'alcool. Il se produit un éther complexe, qui est l'*éther diéthylique* de l'*acide oxalo-diamidopropionique*,

$$C^2O^2 \begin{cases} AzH - \underset{\displaystyle CH^3}{CH} - CO^2 . C^2H^5 \\ AzH - \overset{\displaystyle CH^3}{CH} - CO^2 . C^2H^5 \end{cases}$$

Il se produit dans cette réaction deux modifications (isomériques?) de cet éther. La modification α est en longues aiguilles brillantes, fusibles à 152-154°, peu solubles dans l'eau. La modification β est en paillettes fusibles à 125-127° [H. Schiff, *D. chem. G.*, **18**, 490].

Ingérée, l'alanine produit chez le lapin une augmentation considérable de la proportion d'urée excrétée. Cependant une partie de l'alanine est éliminée en nature [Salkowski, *Zeit. physiol. Chem.*, **4**, 125]. — L'alanine exerce, d'après M. E. Gaglio, une action déprimante sur le cerveau et la moelle allongée chez la grenouille. Chez les pigeons, la dose toxique est de 1 gramme. On constate une paralysie spinale, et la mort survient avec un abaissement considérable de la température.

2° β-Alanine (*acide β-amidopropionique*),

$$CH^2(AzH^2) - CH^2 - CO . OH.$$

— Heintz l'a obtenue d'abord en faisant bouillir de l'acide β-iodopropionique avec de l'ammoniaque aqueuse et l'a distinguée de l'alanine ordinaire. Elle se produit aussi par l'hydrogénation de l'acide cyanacétique au moyen du zinc et de l'acide chlorhydrique, par la réduction de l'acide β-nitropropionique au contact de l'étain et de l'acide chlorhydrique ou par l'action de l'ammoniaque alcoolique sur l'éther acrylique, à 110-115°, en tube scellé [Heintz, *Ann. Chem.*, **156**, 36. — R. Engel, *Thèse de la Fac. des Sc. de Paris*, 1875. — Lewkowitsch, *J. prakt. Chem.*, **20**, 159. — V. Wender, *Gazz. chim. ital.*, **19**, 437].

Préparation. — On abandonne pendant quelques semaines à la température ordinaire un mélange de 1 partie d'acide β-iodopropionique et de 20 parties d'ammoniaque saturée à la température ordinaire. On évapore ensuite avec de l'oxyde de plomb et on épuise par l'eau. L'extrait aqueux, débarrassé du plomb par l'hydrogène sulfuré, puis concentré au bain-marie, se prend en masse lorsqu'on l'abandonne sous la cloche à dessiccation. La masse exprimée est redissoute dans l'eau et précipitée par l'alcool. M. Mulder n'a pas pu retrouver l'acide β-dilactamidique ou imidopropionique qui, d'après Heintz, prendrait naissance dans cette réaction en même temps que la β-alanine [Heintz, *loc. cit.* — Mulder, *D. chem. G.*, **9**, 1903].

Propriétés. — La β-alanine se dépose par l'évaporation spontanée de sa solution aqueuse en prismes obliques transparents, très solubles dans l'eau, peu solubles dans l'alcool absolu. Sa saveur est sucrée. Elle fond à 180° en brunissant, puis se décompose en ammoniaque et acide acrylique, d'après l'équation

$$AzH^2 . CH^2 - CH^2 - CO . OH$$
$$= AzH^3 + CH^2 = CH - CO . OH.$$

La *β-alanine cuivrique*, $(C^3H^6AzO^2)^2Cu.5H^2O$, s'obtient par l'ébullition de la solution aqueuse avec de l'oxyde cuivrique hydraté. Elle est en gros prismes d'un beau bleu foncé, et bien plus soluble dans l'eau que le dérivé cuivrique de l'α-alanine. Elle cristalliserait, d'après M. Wender, avec 6 molécules d'eau [Heintz, *loc. cit.*, 48. — V. Wender, *loc. cit.*].

L'*acide β-guanidine-propionique*,

$$(AzH) = C \begin{cases} AzH^2 \\ AzH - CH^2 - CH^2 - CO . OH, \end{cases}$$

s'obtient en croûtes cristallines brillantes lorsqu'on abandonne pendant quelques jours sous le dessiccateur un mélange de 2 parties de β-alanine et de 0,7 partie de cyanamide dissous dans un peu d'eau alcalinisée avec de l'ammoniaque. Cet acide fond à 205-210° en se décomposant et donne avec l'acide chlorhydrique un composé $C^4H^9Az^3O^2.HCl$, cristallisé en aiguilles hygroscopiques. Il est isomérique avec la créatine et avec l'acide α-guanidine-propionique ou alacréatine [Mulder, *loc. cit.*].

La β-alanine se distingue surtout du dérivé α par la solubilité de son dérivé cuivrique. D'autre part, traitée par l'iodure de méthyle, elle fournit de la triméthylamine, et non de la triméthylalanine, et, en outre, de l'acide fumarique et un corps $C^4H^5AzO^3$, qui doit être l'acide fumaramique [Kœrner et Menozzi, *Gazz. chim. ital.*, **13**, 350; *Bull. Soc. Chim.*, **41**, 650].

E. Lambling.

ALASKAÏTE (Min.) (König). — Sulfosel voisin de la panabase [Pb, Zn, Ag^2, Cu^2] S. [Bi, Sb]^{2}S^3. Masses cristallines gris de plomb, à éclat métallique, cassantes, trouvées avec divers minerais à Alaska Mine, Poughkeepsie Gulch, Colorado. Espèce très voisine de la cosalite.

Caractères. — Attaquable, surtout à chaud, par l'acide chlorhydrique, en donnant un peu de chlorure d'argent. Dans le tube, au chalumeau, décrépite et fond; dans le tube ouvert, faible sublimé de Sb^2O^3, etc. Densité = 6,878.

ALBERTITE (Min.). — Sorte de résine fossile.

ALBUMINES (voyez Suppl., **1**, 59). — Les albumines sont facilement solubles dans l'eau, et cette solubilité n'est pas due, comme il arrive pour les globulines, à de petites quantités de sels alcalins ou d'alcali libre qui accompagnent toujours les albumines dans les liquides d'origine animale (blanc d'œuf, sérum sanguin). La solubilité dans l'eau est ici propre à la substance même. Les albumines ne sont précipitées ni par les acides étendus, ni par les solutions étendues de carbonates alcalins. La saturation de leurs solutions pures par le sel marin, le sulfate de sodium ou le sulfate de magnésium ne produit aucun trouble, et l'on considérait, il y a peu d'années encore, ce fait comme établissant une différence très caractéristique entre les albumines et d'autres matières protéiques, les globulines par exemple, que les sels neutres séparent très facilement de leurs dissolutions. On sait aujourd'hui que les albumines peuvent également être précipitées, en partie ou en totalité, dans ces conditions, et notamment par le sulfate d'ammonium (Méhu) ou l'acétate de potassium, ou encore par le mélange de sulfate de magnésium et de sulfate de sodium (voyez Matières albuminoïdes; *réactions générales*).

Depuis que M. Aronstein a annoncé, en 1874, que l'albumine (du sérum ou de l'œuf) soumise à une dialyse énergique, peut être totalement privée de ses sels et que, dans cet état, elle cesse d'être coagulable par la chaleur ou par l'alcool, une très longue polémique s'est engagée sur ce sujet (voyez dans Rollet, *Physiol. des Blutes*, etc., in *Hermann's Handb. der Physiol.*, Leipzig, 1880, 4, 1re partie, 93, l'indication d'une vingtaine de mémoires). On sait aujourd'hui que l'albumine, même dialysée très longuement, retient toujours de petites quantités de cendres, et spécialement des phosphates de calcium et surtout de fer (ordinairement 0gr,052 à 0gr,16 pour 100 grammes d'albumine sèche. — Rosenberg). Quant aux réactions que présentent ces solutions d'albumine fortement dialysées, et sur lesquelles tant d'indications contradictoires ont été données, elles ont été fort bien étudiées depuis cette époque par M. Rosenberg (*Vergleichende Untersuch. betreff. das Alkalialbuminat, Acidalbumin und Albumin*, Thèse. Dorpat, 1883).

M. Rosenberg a suivi avec soin les modifications que subissent dans leurs réactions, au cours d'une dialyse prolongée, les solutions d'albumine (du sérum ou du blanc d'œuf), prises avec leur alcalinité naturelle ou au contraire additionnées d'acide chlorhydrique jusqu'à la proportion de 0,25 0/0. On peut saisir, dans la marche de ces modifications, trois phases.

1° Au bout de 48 heures pour les solutions alcalines, de 10 ou 15 heures déjà pour les solutions acides, les liquides ont complètement cessé d'être coagulables à chaud. A ce moment les solutions *bouillies* contiennent de l'alcali-albumine pour les solutions alcalines, de l'acidalbumine pour les solutions acides. C'est qu'en effet, au début de la dialyse, les solutions d'albumine perdent plus rapidement leurs sels que leur acide ou leur alcali. Or M. Kieseritzky a montré que des solutions d'albumine pauvres en sels sont très sensibles à chaud à l'action de traces même très faibles d'acide ou de base, et qu'elles se transforment très rapidement, dans ces conditions, en acidalbumine ou en alcali-albumine [Kieseritzky, *Die Gerinnung des Faserstoffs*, etc., Dissert. Dorpat, 1882]. Mais c'est l'ébullition seule, et non la dialyse, qui a provoqué cette transformation; car si, à ce moment, on ajoute au liquide non bouilli une trace de chlorure de sodium, on lui rend toutes les propriétés de la solution d'albumine primitive, et notamment celle d'être coagulé à chaud.

2° Si l'on poursuit la dialyse, on constate qu'au bout de quelques jours l'aptitude à la coagulation à chaud a reparu et qu'elle atteint de nouveau son maximum, au 5° ou au 6° jour pour les solutions alcalines, au 2° jour pour les solutions acides. Ce phénomène est dû à ce fait que le liquide est, à ce moment, trop appauvri en alcali ou en acide pour que la transformation en alcali-albumine ou en acidalbumine puisse s'opérer sous l'influence de la chaleur. Il résulte de là que l'application de la chaleur ne provoque plus une transformation de l'albumine, mais simplement la coagulation; car dans les solutions alcalines, d'une part, il subsiste une proportion de sel suffisante encore pour favoriser cette coagulation et, d'autre part, dans les solutions acides, la proportion d'acide résiduel est également suffisante, vu l'élimination presque complète des sels, pour provoquer la coagulation à chaud. Tous ces faits ont été soigneusement vérifiés par des expériences de contrôle.

3° Une dialyse plus prolongée encore rend les solutions complètement neutres, en même temps qu'elle fait disparaître définitivement l'aptitude à la coagulation à chaud. Ce fait n'est pas dû, comme on l'a soutenu parfois, à une lente transformation de l'albumine primitive en acidalbumine ou en alcali-albumine, car l'addition d'alcali ou d'acide très étendus, avec quelque précaution qu'on la pratique, ne produit jamais de précipité. D'autre part, l'acidalbumine et l'alcali-albumine exigent, pour être maintenus en dissolution, des quantités de soude ou d'acide chlorhydrique bien supérieures à celles que peut contenir au grand maximum l'albumine ainsi dialysée (Kieseritzky, Rosenberg). C'est donc bien l'albumine primitive qui persiste dans la dissolution; mais si l'ébullition ne la coagule plus, elle la modifie néanmoins, car elle communique à la solution une opalescence d'autant plus marquée que celle-ci contient plus d'albumine. M. Rosenberg a pu obtenir des solutions dialysées, qui contenaient jusqu'à 7 0/0 d'albumine, et qui, portées à l'ébullition, prenaient tout à fait l'apparence du lait, mais sans qu'il fût possible d'y distinguer au microscope des particules solides, ni de clarifier le liquide par filtration ou par l'emploi d'un appareil à force centrifuge. De plus, la lumière réfléchie par la solution est partiellement *polarisée*, phénomène que présentent aussi les solutions opalescentes, on dirait mieux les pseudosolutions, de glycogène, ou celles de silice colloïdale. Cette opalescence n'est pas supprimée par les acides ou les alcalis étendus, mais seulement par l'addition de soude concentrée ou par l'ébullition avec de l'acide acétique concentré. Quelques bulles d'acide carbonique produisent un coagulum qui se redissout facilement dans un excès avec retour à l'opalescence primitive. Lorsque ces solutions opalescentes sont suffisamment concentrées, la simple addition d'une trace de chlorure de sodium les transforme en une masse molle et élastique.

M. Rosenberg conclut de ces expériences que, dans la dialyse prolongée des solutions d'albumine, c'est à l'extrême appauvrissement des liquides en matériaux salins qu'est due la cessation du phénomène de la coagulation à chaud. L'albumine complètement déminéralisée ne serait donc plus modifiée par la chaleur. Pratiquement, les traces de sels qui persistent toujours dans la solution, suffisent encore pour produire à chaud pour ainsi dire un commencement de coagulation, se traduisant par l'opalescence du liquide et la transformation de l'albumine en une substance nouvelle, intermédiaire entre l'albumine primitive et l'albumine coagulée en flocons. L'addition d'une trace de sel marin à froid a pour effet d'*achever* cette coagulation, réaction qui montre en outre nettement que cette albumine modifiée n'est pas de l'alcali-albumine. Du reste, ces solutions opalescentes, évaporées à sec dans le vide, laissent un résidu insoluble dans l'eau.

L'alcool exerce sur les solutions d'albumine fortement dialysées la même action que la chaleur, c'est-à-dire qu'il ne provoque pas de coagulation, mais simplement une opalescence, que l'addition d'une petite quantité de sel transforme aussitôt en une véritable coagulation. Mais, au cours de la dialyse, l'action coagulante de l'alcool persiste plus longtemps que celle de la chaleur.

Plus récemment M. Harnack, par des précipitations réitérées au moyen du sulfate de cuivre, a obtenu une albumine (de l'œuf) ne contenant plus que 0gr,1 de cendres pour 100 grammes de substance sèche. Ces cendres étaient exemptes d'acide phosphorique et de fer. L'albumine ainsi déminéralisée se gonfle considérablement sous l'action de l'eau, en fournissant finalement une solution limpide qui n'est pas coagulable par la chaleur, ni par l'alcool, l'éther, le phénol ou le tannin [E. Harnack, *D. chem. G.*, **22**, 3046]. L'emploi de la soude concentrée au cours de cette préparation ne permet pas d'accepter sans réserves les résultats de M. Harnack.

Albumine du blanc d'œuf. — Les indications qui vont suivre ont trait à l'albumine de l'œuf de poule. On donnera plus loin quelques réactions se rapportant à d'autres ovalbumines.

On sait par les recherches de MM. A. Gautier et Béchamp que l'albumine de l'œuf n'est pas un principe défini, mais un mélange d'au moins deux albumines (voyez Suppl., **1**, 59). En se servant du procédé de la coagulation fractionnée, MM. G. Corin et E. Bérard ont pu distinguer nettement, pour l'albumine de l'œuf, cinq températures de coagulation, à savoir : 57°,5 ; 67° ; 72° ; 76° ; 82°. Il serait inexact, d'après ces auteurs, de distinguer la température à laquelle se produit l'opalescence du liquide de celle qui provoque la séparation de l'albumine en flocons; car, si le liquide est maintenu pendant un temps suffisant à la température de l'opalescence, la coagulation en flocons se produit nettement, sans qu'il soit nécessaire d'élever la température. Dans ces expériences, la solution d'albumine, préalablement neutralisée au papier de phénolphtaléine, était additionnée d'une goutte d'acide acétique à 2 0/0, pour 5 centimètres cubes de liquide albumineux, et la diminution d'acidité produite par chaque coagulation était compensée, après filtration, par une nouvelle addition d'acide. Les températures de 57°,5 et 67° correspondent à deux globulines (*ovioglobulines* α et β des auteurs), précipitables par addition de sulfate de magnésium; les trois dernières, à trois albumines (*ovalbumines* α, β, γ) [G. Corin et E. Bérard, *Institut physiologique de Liège; Travaux du laboratoire de Léon Frédéricq*, **2**, 170; *Maly's Jahresb.*, **18**, 13].

La distinction de ces trois ovalbumines n'a pas pu être poussée plus loin. Elles constituent d'ailleurs la masse principale de l'albumen, puisque sur 9,95 à 11,97 0/0 de matières albuminoïdes totales, le blanc d'œuf ne contient que 0,815 à 0,544 0/0, en moyenne 0,677 0/0, de globulines [Dillner, *Maly's Jahresb.*, **15**, 31]. Il renferme en outre des traces de peptone, dont la proportion est augmentée par la putréfaction ou la fécondation et le développement ultérieur de l'œuf [W. Fischel, *Zeit. physiol. Chem.*, **10**, 11. — G. Corin et E. Bérard, *loc. cit.*].

Préparation. — Le blanc d'œuf étendu de 2 fois son volume d'eau est mis à digérer avec de l'hydrate de plomb, tant que celui-ci se dissout. L'albuminate de plomb qui s'est produit est précipité par addition d'une solution de la même albumine, et le précipité, lavé à l'eau, est décomposé par l'acide carbonique. La solution albumineuse ainsi obtenue, traitée par l'hydrogène sulfuré et filtrée, est débarrassée du sulfure de plomb qu'elle tient encore en dissolution, par digestion de la liqueur, à froid, en présence du noir animal, qui absorbe tout le plomb. On évite ainsi la coagulation partielle à laquelle avait recours Wurtz et qui expose à des pertes considérables [A. Gautier et Alexandrowitch, *Bull. Soc. Chim.*, **25**, 1].

L'albumine ainsi obtenue est exempte de sels et d'acides libres, mais elle peut contenir des traces de globulines, qui peuvent être éliminées par le procédé de M. Starke ou par celui de M. Michaïloff. Le blanc d'œuf, préalablement battu ou coupé avec des ciseaux de façon à rompre les membranes, est filtré à travers une mousseline fine. On peut aussi battre le blanc jusqu'à transformation totale en neige, abandonner la masse à elle-même pendant 24 heures, puis séparer le liquide clair qui s'est rassemblé sous la mousse (Hofmeister). On sature ensuite ce liquide, à la température de 20°, de sulfate de magnésium; on sépare par filtration les globulines précipitées, et on soumet la solution à une dialyse énergique, d'abord dans l'eau de fontaine, puis dans l'eau distillée. Il faut se garder de précipiter par l'alcool le liquide ainsi obtenu. L'albumine de l'œuf est en effet très sensible à ce réactif, contrairement à ce qui arrive pour la sérum-albumine, que l'alcool ne modifie que lentement. La solution doit être évaporée jusqu'à siccité dans des capsules plates, à une température de 40-50°. Le résidu est une masse gommeuse, transparente, soluble dans l'eau en donnant un liquide clair [Starke, *Maly's Jahresb.*, **11**, 17].

Le procédé de M. Michaïloff consiste à traiter le blanc d'œuf filtré par 3 volumes d'une solution saturée de sulfate d'ammonium et à achever de saturer le liquide par addition de sel solide. Le précipité, qui contient la totalité des matières albuminoïdes, est lavé à l'aide d'une solution saturée de sulfate d'ammonium, puis redissous dans de l'eau et soumis à une dialyse énergique. A mesure que le liquide s'appauvrit en sel, les globulines se précipitent. A ce moment le liquide filtré présente une réaction acide et n'est plus que faiblement troublé par le chlorure de baryum. On le neutralise par de l'ammoniaque et on le soumet de nouveau à la dialyse, jusqu'à ce qu'il cesse d'être coagulable par la chaleur [Michaïloff, *Maly's Jahresb.*, **14**, 7].

Il faut remarquer que la précipitation des globulines par la dialyse est parfois très lente, ce qui peut donner lieu à des mécomptes. Le procédé de M. Starke nous paraît préférable pour cette raison.

On peut aussi additionner le blanc d'œuf battu et filtré d'un égal volume d'une solution saturée à froid et neutre de sulfate d'ammonium, qui à ce degré de concentration précipite complètement les globulines, tandis que la séparation des albumines ne commence, comme l'ont montré MM. Hofmeister et Kauder, que pour une teneur en sulfate beaucoup plus élevée. En effet le liquide contient alors 26 0/0 de sel, proportion largement suffisante pour assurer la séparation complète des globulines (voyez MATIÈRES ALBUMINOÏDES, *réactions générales*). On sépare donc les globulines par le filtre, et on précipite l'albumine en achevant de saturer le liquide de sulfate d'ammonium [J. Kauder, *Arch. f. exp. Path.* **20**, 411 · *Maly's Jahresb.*, **16**, 119].

D'après M. F. Hofmeister, si l'on abandonne à l'évaporation lente, dans de grandes capsules plates et à la température ordinaire, le liquide salé séparé des globulines, comme il vient d'être dit, on observe que l'albumine se dépose, au bout de quelques jours, sous la forme d'un précipité blanc ou jaunâtre, finement granulé et constitué par des sphérules microscopiques transparentes (globulites). En redissolvant ce dépôt dans une solution à demi saturée de sulfate d'ammonium, puis soumettant de nouveau le liquide à l'évaporation lente, on obtient, en général après trois redissolutions successives, une transformation à peu près totale des globulites en fines aiguilles, qui sont tantôt isolées, tantôt associées en masses radiées (sphérolites), et que l'on peut débarrasser de l'eau mère qui les imprègne en les lavant avec une solution de sulfate d'ammonium d'une densité sensiblement égale à celle de cette eau mère. Cette albumine cristallisée présente les réactions de l'albumine pure, préparée d'après le procédé de M. Starke. Mais M. Hofmeister n'a pas encore réussi à faire cristalliser la solution albumineuse, débarrassée par dialyse du sel ammoniacal [F. Hofmeister, *Zeit. physiol. Chem.*, **14**, 165].

Pour toutes ces opérations de dialyse, on se sert avec avantage des tubes en papier parchemin dont l'emploi a été proposé d'abord par M. Kühne, et que le commerce fournit aujourd'hui en pièces de plusieurs mètres de longueur. On en découpe un morceau d'environ 0m,60 de long, dont on lie solidement l'une des extrémités sur un bouchon plein en caoutchouc ou en liège. On vérifie préalablement la qualité du tube en le remplissant d'eau sous une légère pression, puis on le garnit du liquide à dialyser, et on le plonge d'abord dans l'eau de canalisation courante, ensuite dans l'eau distillée. On peut aussi se servir de l'appareil de Sanderson [Neubauer et Vogel, *Analyse des Harns*, 8e édit., Wiesbaden, 1881, 130. — Sanderson, *Practical exercises in Physiology*, 1882, 80].

Propriétés. — L'albumine obtenue par ces procédés n'est jamais complètement privée de sels; elle renferme toujours des traces d'acide phosphorique, de chaux et de fer [Heynsius, *Pflüger's*

Archiv, **11**, 624 et **12**, 549. — Laptschinsky, *Wien. Akad. Sitz-Ber.*, **76**, III Abth., juillet 1877].

M. Lœwy a étudié l'action qu'exerce la température sur la filtration de l'albumine à travers les membranes animales. La quantité totale du liquide filtré et sa richesse en matières albuminoïdes augmentent en général avec la température [A. Lœwy, *Zeit. physiol. Chem.*, **9**, 537].

L'albumine ne modifie que très peu l'ascension de l'eau dans les tubes capillaires, tandis que la caséine et surtout les peptones exercent une influence très marquée. Une proportion de 0,02 0/0 d'albumine-peptone modifie plus fortement la constante capillaire (déterminée d'après la méthode des gouttes) que 2 0/0 d'albumine [G. Bodlander et J. Traube, *D. chem. G.*, **10**, 1871].

Le pouvoir rotatoire spécifique de l'albumine de l'œuf est, d'après M. Starke, de —37°,79.

L'albumine de l'œuf (comme aussi la sérum-albumine, la globuline, la mucine et la caséine) présente dans son spectre ultra-violet des bandes d'absorption qui font défaut dans le spectre des solutions des diastases, de la gélatine, de l'amidon et des sucres [Hartley, *Chem. Soc.*, 1887, **1**, 58. — Soret, *C. R.*, **97**, 642].

On a indiqué plus haut la manière dont se comportent, sous l'action de la chaleur, les solutions d'albumine fortement dialysées. Le blanc d'œuf pris en nature et fortement étendu d'eau n'est coagulable qu'à une température voisine de 100° et après addition d'une trace d'acide, la dilution produisant ici le même effet que l'élimination des sels au moyen de la dialyse. M. Grimaux a montré qu'une solution très diluée de blanc d'œuf, que la chaleur ne coagule plus, donne un précipité sous l'action de l'acide carbonique [Grimaux, *C. R.*, **98**, 1336].

Pour ce qui concerne l'action des acides et des alcalis sur l'albumine, nous renverrons aux articles ACIDALBUMINE et ALCALI-ALBUMINE.

En traitant une solution d'albumine par un sel de cuivre, on obtient un précipité bleu-verdâtre, très volumineux, soluble dans un excès du sel métallique ou de l'albumine. En soumettant à l'analyse 18 préparations différentes, M. Harnack a constaté ce fait remarquable que deux combinaisons seulement prennent naissance dans ces conditions, l'une contenant de 1,34 à 1,37 0/0 (en moyenne 1,35 0/0) de cuivre, et l'autre de 2,48 à 2,74 0/0 (en moyenne 2,64 0/0), soit donc sensiblement le double. Bien qu'il ne soit pas possible de saisir une relation constante entre les masses des corps réagissants, on obtient néanmoins, d'une manière constante, l'une ou l'autre des deux combinaisons, de l'analyse élémentaire desquelles M. Harnack a déduit les deux formules suivantes :

$$C^{204}H^{320}Az^{52}O^{66}S^{2}Cu,$$

$$C^{204}H^{318}Az^{52}O^{66}S^{2}Cu^{2}.$$

D'autre part, M. Lœw a préparé des combinaisons argentiques en faisant couler une solution d'albumine à 5 0/0, purifiée par dialyse, et additionnée ou non d'acide sulfurique, dans une solution contenant de 1 à 5 0/0 d'un sel argentique. Les précipités ainsi obtenus renfermaient tantôt 2,2 à 2,4 0/0 (en moyenne 2.28 0/0) d'argent, tantôt 4,31 0/0, soit donc sensiblement le double. La teneur en argent, calculée d'après les chiffres de M. Harnack, serait respectivement de 2,3 0/0 et de 4,5 0/0. Ces résultats permettent d'admettre que les produits analysés par ces observateurs étaient réellement des espèces chimiques et, conséquemment, que la formule de Lieberkühn doit être pour le moins triplée.

D'autres combinaisons métalliques ont été préparées encore par MM. Chittenden et Whitehouse, qui ont constaté que les combinaisons plombiques obtenues à l'aide de l'acétate neutre de plomb contiennent de 2,25 à 2,85 0/0 de plomb; celles que donne l'acétate basique en renferment, au contraire, de 5,45 à 32,11 0/0. Le précipité que l'on obtient avec le perchlorure de fer donne en général à l'analyse 0,90 à 1,08 0/0 de fer; le précipité zincique (avec SO^4Zn), 0,91 0/0 de zinc; le précipité d'urane (avec AzO^3UrO), 4,6 0/0 d'urane; le précipité mercurique (avec $HgCl^2$), 2,56 à 3,28, en moyenne 2,89 0/0, de mercure; le précipité argentique (avec AzO^3Ag), de 4,02 à 4,18 0/0 d'argent, et le précipité cuivrique (avec SO^4Cu ou avec $(C^2H^3O^2)^2Cu$), de 0,71 à 1,21 0/0 de cuivre. Des lavages prolongés du précipité augmenteraient la proportion de cuivre [E. Harnack, *Zeit. physiol. Chem.*, **5**, 198; *Maly's Jahresb.*, **11**, 20. — O. Lœw, *Pflüger's Arch.*, **31**, 293; *Maly's Jahresb.*, **13**, 25. — R.-H. Chittenden et H. White-house, *Maly's Jahresb.*, **17**, 11].

D'après M. Gauthier, le réactif suivant, déjà proposé par M. Maurel, permettrait de distinguer l'albumine de l'œuf de la sérum-albumine. C'est un mélange de 250 centimètres cubes de lessive de soude (d=0,7 à l'aréomètre universel de Pixii), 50 centimètres cubes d'une solution de sulfate de cuivre à 3 0/0, et 700 centimètres cubes d'acide acétique cristallisable. Ce réactif, dans la proportion de 10 centimètres cubes pour 2 centimètres cubes du liquide à examiner, précipite l'albumine de l'œuf même lorsqu'elle est très diluée, mais non pas la sérum-albumine [voy. Gauthier, *Maly's Jahresb.*, **15**, 31. — Maurel, *Année médicale*, Paris, 1883].

Action du permanganate de potassium sur l'albumine. — M. Brücke a obtenu, en traitant l'albumine de l'œuf par le permanganate de potassium, un acide azoté et sulfuré, déjà entrevu précédemment par MM. Béchamp, Lœw, Tappeiner, et dont l'étude a été reprise récemment par M. Maly. Cet acide, que M. Maly a appelé *acide oxyprotéine-sulfonique*, est le premier produit d'oxydation, sans dédoublement, de l'albumine de l'œuf, soluble ou coagulée. On l'obtient également avec l'albumine du sérum soluble ou coagulée, la fibrine (de veau), la caséine, la conglutine, mais non pas avec les peptones ni avec l'hémialbumose (propeptone). Une oxydation plus énergique le transforme en acide *peroxyprotéique*.

L'*acide oxyprotéine-sulfonique* s'obtient en abandonnant à la température ordinaire pendant 2 ou 3 jours un mélange de 300 grammes d'albumine de l'œuf ou du sérum en solution aqueuse, et de 160-180 grammes de permanganate de potassium dissous dans 7 ou 8 litres d'eau. Au bout de ce temps, le liquide qui surnage le précipité manganique est devenu limpide et incolore. On le sépare par filtration, et on le traite par de l'acide sulfurique ou chlorhydrique en excès. Le précipité, lavé à l'eau froide, est purifié par dissolution dans l'ammoniaque et précipitation au moyen de l'acide chlorhydrique.

Ce composé présente les caractères d'une espèce chimique. Dissous dans l'ammoniaque, et soumis à des précipitations fractionnées au moyen de l'acide chlorhydrique faible (0,25 0/0), il fournit des fractions présentant toujours la même composition centésimale. Il renferme : C=51,21; H=6,89; Az=14,59; S=1,77; O=25,54. Il ne diffère donc de l'albumine (C=52,98; H=7,09; Az=15,70; S=1,82; O=22,41) que par 3 0/0 d'oxygène en plus, soit, pour 1 atome de soufre, 4 atomes d'oxygène en plus. M. Maly fait remarquer que l'albumine abandonne son soufre à l'état de sulfure aux solutions alcalines et chaudes d'oxyde de plomb, tandis que le nouvel acide n'en cède pas trace dans ces conditions. Il admet en conséquence que le groupe sulfuré (HS)' de l'albumine est passé par l'oxydation à l'état de groupe sulfonique $(SO^2OH)'$, et que le quatrième atome d'oxygène s'est porté sur un autre point de la molécule protéique : de là le nom d'acide *oxyprotéine-sulfonique*.

Cet acide se présente sous la forme d'une poudre blanche, qui n'est soluble que dans 17 242 parties d'eau. Il se dissout bien dans les acides minéraux concentrés. Avec les alcalis, les carbonates alcalins, l'eau de chaux ou de baryte, il donne des solutions limpides, acides au papier. Il est précipité par le tannin, le nitrate d'argent, le réactif de Nessler, l'acide taurocholique. Il présente la réaction du biuret. Il est lévogyre : $[\alpha]_D = -75°,8$.

L'acide oxyprotéine-sulfonique est digéré facilement, à 40°, par la pepsine chlorhydrique, et transformé en un acide énergique, très soluble, incristallisable, et donnant la réaction du biuret. Cette dissolution peut être obtenue avec une solution *neutre* de pepsine.

Dédoublé au moyen d'hydrate de baryte à 170°, d'après la méthode de M. Schützenberger, l'acide oxyprotéine-sulfonique fournit du pyrrol (*sans phénol, ni indol*) ; de l'ammoniaque, de la méthylamine ; des acides carbonique, oxalique, acétique, sulfureux ; de la leucine (*sans tyrosine, ni acide aspartique*). La fusion avec la potasse, faite en capsule d'argent, la putréfaction au contact de l'infusion pancréatique ne donnent ni phénol, ni indol, ni acides aromatiques. Il persiste néanmoins dans l'acide oxyprotéine-sulfonique un noyau benzénique, que l'on peut retrouver, soit sous la forme de *benzine*, en opérant la fusion avec les alcalis dans un appareil distillatoire, soit sous la forme d'*acide benzoïque*, en oxydant l'acide jusqu'à refus par l'acide chromique ou par le permanganate de potassium.

Le liquide d'où l'on a précipité l'acide oxyprotéine-sulfonique renferme, si l'on a pas employé un trop grand excès de permanganate, un autre acide, que l'on peut précipiter par l'acide phosphotungstique et qui renferme : $C = 48,2$; $H = 6,65$; $Az = 13,4$; $S = 2$; $O = 30$. C'est une poudre blanche, soluble dans l'eau, donnant la réaction du biuret, mais non pas celle de Millon.

L'*acide peroxyprotéique* s'obtient en soumettant l'albumine, ou l'acide oxyprotéine-sulfonique, à l'action du permanganate de potassium en solution alcaline et à froid, jusqu'à ce qu'une prise d'essai filtrée ne précipite plus par l'acide sulfurique. L'oxydation dure de 3 à 4 semaines. On ajoute alors au produit un peu d'alcool pour achever la décoloration du permanganate, on neutralise la liqueur par l'acide acétique et on précipite le nouvel acide à l'état de sel de plomb ou de mercure.

L'acide peroxyprotéique donne à l'analyse les chiffres suivants : $C = 46,22$; $H = 6,43$; $Az = 12,30$; $S = 0,96$; $O = 34,09$. On voit que la proportion de soufre est à ce point diminuée que l'on est conduit à admettre que, si l'albumine et l'acide oxyprotéine-sulfonique renferment 2 atomes de soufre, l'acide peroxyprotéique n'en contient plus qu'un.

L'acide peroxyprotéique est soluble dans l'alcool et dans l'eau. Il présente encore la réaction du biuret, mais il n'est pas coagulable par la chaleur ; il n'est pas précipité par le tannin, l'acide phosphotungstique, le ferrocyanure acétique. En présence de l'hydrate de baryte, il fournit, à chaud, de l'ammoniaque, des acides oxalique (20 0/0), sulfureux, isoglycérique, glutamique, amidovalérique, benzoïque, formique, de la leucine et du pyrrol [Maly, *Mon. f. Chem.*, **6**, 107 ; **9**, 255 ; **10**, 26 ; *Bull. Soc. Chim.*, **45**, 367 ; **50**, 438 ; (3), **3**, 234].

Tata-albumine. — L'albumine provenant des œufs des oiseaux qui naissent dans un état de développement complet (c'est-à-dire couverts de duvet ou de plumage, aux yeux ouverts et capables de se nourrir et de se mouvoir), présente en général les réactions qu'on vient d'indiquer pour le blanc de l'œuf de poule. L'ovalbumine des canards, des oies, des dindons, de l'alouette, du râle de genêt est dans ce cas. Au contraire, le blanc de l'œuf des oiseaux qui naissent nus et aveugles, et incapables de quitter le nid aussitôt après leur naissance (moineaux, hirondelles, corbeaux, grolles, freux, pies, pigeons, rossignols, pinsons, etc.), se distingue par des caractères particuliers, déjà signalés autrefois par MM. Frémy et Valenciennes et plus récemment étudiés par M. Tarchanof [Frémy et Valenciennes, *Ann. Chim. Phys.*, (3), **50**, 138. — Tarchanoff, *Pflüger's Arch.*, **31**, 368 ; **33**, 303 ; **39**, 485 ; *Maly's Jahresb.*, **13**, 11 ; **14**, 7 ; **16**, 11].

Ces œufs, durcis dans l'eau bouillante, présentent leur albumen coagulé en une masse molle, élastique, absolument vitreuse et transparente, souvent légèrement fluorescente, et d'aspect analogue à celui de l'albuminate alcalin de Lieberkühn. M. Tarchanoff appelle cette substance *tata-albumine* ou *tata-blanc*. Cette coagulation à l'état vitreux ne s'opère qu'à la température de 95° environ et le caillot est soluble à la longue dans l'eau bouillante. L'acide acétique à 1 0/0 précipite de nouveau la matière albuminoïde dissoute, qui se comporte par conséquent comme une alcali-albumine. L'addition de quelques gouttes d'une solution concentrée d'un sel alcalin ($NaCl$, SO^4Na^2....) ou d'une trace d'acide acétique abaisse considérablement la température de coagulation. Le coagulum est alors blanc et opaque, comme celui que fournit l'albumine de l'œuf (voyez à ce sujet les recherches de M. Rosenberg sur la coagulation de l'alcali-albumine, Suppl., **2**, 142). Un courant d'acide carbonique produit le même effet. Étendu de 4 volumes d'eau, le tata-blanc cesse d'être coagulable par la chaleur. Sous la forme de gelée, il se gonfle considérablement dans l'eau, et se dissout dans les sucs digestifs, plus rapidement que l'albumine cuite ordinaire. Ces différences ne seraient dues, d'après M. Tarchanoff, ni à une alcalinité plus forte, ni à une plus faible teneur en sels du tata-blanc, qui, à cet égard, ne se distingue pas sensiblement de l'albumine ordinaire. Pendant l'incubation, le tata-blanc se transforme peu à peu en albumine ordinaire, sous l'action lente du jaune.

Le tata-blanc présente un pouvoir rotatoire spécifique un peu plus faible (de 1° environ) que celui de l'albumine (voyez plus loin, p. 143).

SÉRUM-ALBUMINE (voyez Dict., **2**, 1476 et Suppl., **1**, 59). — *Préparation.* — Du sang défibriné est abandonné au repos dans un endroit frais pendant 24 heures, ou bien soumis à l'action d'une machine à force centrifuge, de façon à séparer le sérum des globules. On peut aussi dissoudre dans l'eau froide de l'albumine du sang de bonne qualité, telle qu'on la trouve dans le commerce, et clarifier la solution par des filtrations répétées à travers du papier très épais. Le liquide obtenu est saturé, à la température de 30°, de sulfate de magnésium, et le précipité de globuline qui s'est produit est séparé par filtration à la même température. Le liquide filtré limpide est ensuite saturé, à 40°, de sulfate de sodium qui précipite la sérum-albumine. Celle-ci, recueillie par filtration à la même température, puis redissoute dans l'eau, est précipitée de nouveau dans les mêmes conditions, et cette opération est répétée deux ou trois fois. Finalement la solution aqueuse est soumise à une dialyse active durant deux ou trois jours, jusqu'à disparition de la réaction des sulfates, puis traitée par 3 ou 4 volumes d'alcool fort. Le précipité, immédiatement recueilli sur un filtre, est exprimé entre des doubles de papier et lavé à plusieurs reprises avec de l'éther, que l'on chasse en triturant à l'air, dans de grands mortiers, la poudre blanche obtenue [K.-V. Starke, *Maly's Jahresb.*, **11**, 17].

On peut aussi faire servir à la préparation de la sérum-albumine le procédé de M. Michaïloff ou encore la méthode des précipitations successives de l'albumine et de la globuline à l'aide du sulfate d'ammonium (voyez ALBUMINE DE L'ŒUF et Michaïloff, *Maly's Jahresb.*, **15**, 157].

M. Johansson a mis à profit, pour la préparation de la sérum-albumine, la propriété que présente cette substance d'être facilement précipitée par les acides étendus de ses solutions aqueuses fortement salées et, d'autre part, la résistance remarquable qu'elle oppose à l'action des acides, surtout en présence des sels. Partant de ces deux faits, M. Johansson, après avoir éliminé les globulines par le sulfate de magnésium à 30°, laisse revenir le liquide à la température ordinaire, sépare par filtration le sel qui a cristallisé, puis précipite la sérum-albumine en ajoutant 0,5 à 1 0/0 d'acide acétique. Le produit, recueilli au bout de quelques heures, puis exprimé entre des doubles de papier, est redissous dans l'eau et précipité par une nouvelle addition de sel et d'acide. Finalement la sérum-albumine est dissoute dans l'eau, et la solution est soumise à la dialyse après neutralisation. On achève la préparation comme précédemment à l'aide de l'alcool et de l'éther [J.-E. Johansson, *Zeit. physiol. Chem.*, **9**, 310; *Maly's Jahresb.*, **15**, 156].

Propriétés. — La sérum-albumine ainsi obtenue se présente, après dessiccation sous la cloche à acide sulfurique, sous la forme d'une poudre très fine, blanchâtre ou jaunâtre, qui se dissout dans l'eau en donnant une solution limpide, ou légèrement opalescente si l'on a employé le procédé de préparation de M. Johansson.

D'après M. Halliburton, la sérum-albumine est coagulée à la température de 75° (de 72 à 75° d'après M. Hoppe-Seyler). On obtiendrait en outre, à 76-78° et à 82-85°, deux nouvelles coagulations moins abondantes. Ces températures varient du reste avec la réaction, la richesse en sel, la durée de l'action de la chaleur. M. Halliburton a trouvé ces trois albumines α, β et γ dans le sérum du sang d'homme, de singe, de chien, de chat, de porc et de lapin, ainsi que dans divers exsudats ou transsudats pathologiques. Chez le bœuf, le mouton et le cheval, la variété α fait défaut. Parfois on voit apparaître chez le chien, le mouton et le bœuf une quatrième variété δ, coagulable à 87°. M. Kauder a distingué également deux variétés de sérum-albumine, coagulables respectivement à 57-65° et à 77-80°. Enfin, M. Starke indique qu'une solution de sérum-albumine à 1-1,5 0/0 est coagulée à la température de 50° lorsqu'elle est très pauvre en sels, à 75-80° au contraire après addition de 50 0/0 de sel marin [Halliburton, *Maly's Jahresb.*, **14**, 126. — G. Kauder, *Arch. f. path. Anat.*, **20**, 411; *Maly's Jahresb.*, **16**, 119. — Starke, *loc. cit.*].

Toutes ces déterminations seraient à reprendre en tenant un compte exact de la concentration, de la réaction et de la richesse en sels des solutions, et en attendant chaque fois un temps suffisant pour que l'action de coagulation exercée par une température déterminée fût complètement épuisée.

Le pouvoir rotatoire spécifique de la sérum-albumine est $[\alpha]_D = -56°$, d'après M. Hoppe-Seyler; d'après M. Haas, $[\alpha]_D = -55°,72$ à $-62°$. Il oscillerait au contraire, suivant M. Frédéricq, entre $-56°,07$ et $-58°,41$ (moyenne : $-57°,27$) pour des concentrations variant de 1,49 à 2,79 0/0 (sérum-albumine de cheval, de bœuf et de lapin). M. Starke estime que ces chiffres sont trop faibles, probablement à cause de l'élimination incomplète de la sérum-globuline. En opérant sur des solutions tout à fait exemptes de globuline, cet observateur a trouvé, pour l'albumine provenant de liquides d'ascite et d'hydrocèle, ou d'exsudats pleurétiques chez l'homme,

$$-62°,6 < [\alpha]_D < -64°,59;$$

pour l'albumine du sérum de sang de cheval, $[\alpha]_D = -60°,05$. Cet écart, assez notable, semble indiquer que ces deux albumines ne sont pas identiques. Elles contiennent d'ailleurs des proportions de soufre très différentes (2,28 0/0 en moyenne pour l'albumine de l'homme; 1,8 0/0 pour celle du cheval). M. Frédéricq a observé pour la sérum-albumine du chien un pouvoir rotatoire plus faible encore $[\alpha]_D = -42°,9$ à $-44°,5$. Ces données peuvent être utilisées pour le dosage de la sérum-albumine (Frédéricq) [Haas, Suppl., **1**, 59. — L. Frédéricq, *Arch. de Biol.*, **1**, 17; *Bull. Acad. roy. de Belg.* (2), **50**, n° 7; *C. R.*, **93**, 465; *Maly's Jahresb.*, **10**, 170 et **11**, 151. — Starke, *loc. cit.*].

La sérum-albumine présente une remarquable résistance vis-à-vis des acides étendus, qui ne la transforment que très lentement en acidalbumine. M. Johansson (*loc. cit.*) a constaté qu'à la température ordinaire des solutions de sérum-albumine à 1,6 0/0, additionnées de 1-2 0/0 d'acide acétique ou de 0,25 0/0 d'acide chlorhydrique, ne contenaient pas trace d'acidalbumine, même au bout d'un mois. En présence des sels neutres, tels que le sulfate de magnésium, introduits dans la solution albumineuse jusqu'à saturation, cette résistance est augmentée à un point tel, qu'avec une proportion de 1 0/0 d'acide chlorhydrique, on n'observe au bout de huit jours aucune production d'acidalbumine. L'action de la soude à 0,2 0/0 est au contraire très rapide. Enfin, avec les alcalis ou les acides concentrés, la transformation de la sérum-albumine est très rapide, comme le montre la brusque augmentation du pouvoir rotatoire.

ALBUMINES VÉGÉTALES. — On ne connaît encore à l'état de pureté aucune albumine proprement dite, d'origine végétale, qui réponde aux caractères généraux indiqués plus haut pour cette catégorie de matières protéiques. En général, les extraits aqueux des végétaux, débarrassés par filtration du précipité que provoque la neutralisation du liquide, donnent encore un coagulum de nature albuminoïde lorsqu'on les fait bouillir en présence d'une trace d'acide acétique. Ce sont ces précipités que l'on a généralement analysés sous le nom d'*albumines végétales*. En réalité, ces analyses ont porté non sur des *albumines* proprement dites, mais sur des *albumines coagulées*, c'est-à-dire modifiées par la chaleur. Il faut remarquer en outre que ces précipités sont nécessairement souillés de globulines [voyez à ce sujet : R. Sachsse, *Die Chem. und Physiol. der Farbstoffe, Kohlehydrate u. Proteinsubstanzen*, Leipzig, 1877, 265]. E. Lambling.

ALBUMINOÏDES (CONSTITUTION DES MATIÈRES). — M. Schützenberger a poursuivi l'étude des produits de décomposition des matières albuminoïdes par hydratation sous l'influence des alcalis, et notamment de la baryte.

Ses nouvelles expériences, qui ont plus particulièrement porté sur deux types assez éloignés, l'albumine et la gélatine, dont l'un représente les matières albuminoïdes proprement dites et l'autre les matières collagènes, n'ajoutent rien d'essentiel à ce qui a déjà été dit sur cette question et ne modifient pas les conclusions générales; mais elles précisent mieux les détails.

Il ressort de ces travaux :

1° En ce qui touche la gélatine, que cette substance protéique fournit exclusivement par hydratation barytique : de l'ammoniaque, de l'acide carbonique, de l'acide oxalique, de l'acide acétique, aux doses déjà indiquées précédemment, et des composés amidés. Ceux-ci sont de deux ordres : les uns appartiennent à la classe des leucines, $C^nH^{2n+1}AzO^2$; les autres appartiennent à la classe des leucéines, $C^nH^{2n-1}AzO^2$.

Les *leucines* obtenues, rangées par ordre d'importance comme masses, sont :

$C^2H^5.AzO^2$, glycocolle } formant la majeure partie
$C^3H^7.AzO^2$, alanine } des leucines dérivées de la gélatine.

$C^4H^9.AzO^2$, acide amidobutyrique }
$C^5H^{11}.AzO^2$, acide amidovalérique } n'apparaissant
$C^6H^{13}.AzO^2$, leucine caproïque } qu'à faibles doses.

On a trouvé en outre une proportion assez notable d'un corps cristallisable, beaucoup plus soluble que le glycocolle, et cristallisant d'une solution sirupeuse, sous la forme de boules formées par le groupement de fines aiguilles, de saveur sucrée. A l'analyse, ce corps donne des nombres intermédiaires entre le glycocolle et l'alanine, conduisant à la formule $C^5H^{12}Az^2O^4$. On a donné à ce produit, qui ne se dédouble pas par cristallisation fractionnée, le nom de *glycalanine*.

Il apparaît surtout en grandes quantités et presque exclusivement lorsque la décomposition de la gélatine est obtenue par une ébullition prolongée avec l'eau de baryte à 100° seulement.

Les *leucéines* fournies par la gélatine sont au nombre de deux : l'une répond à la formule $C^4H^7AzO^2$ et l'autre à la formule $C^3H^9AzO^2$. Elles cristallisent de leurs solutions aqueuses très concentrées sous la forme d'aiguilles groupées, lorsqu'on les conserve longtemps sous une cloche au-dessus de l'acide sulfurique.

En tenant compte de toutes les données qualitatives et quantitatives fournies par l'étude de la gélatine, on peut représenter celle-ci, exactement et en accord complet avec l'expérience, au moyen d'une formule de structure relativement simple, de la forme

$$C^2O^2\begin{cases} Az\begin{cases} CO.CH^2.AzH.C^2H^4.Az\ .C^2H^4.CO \\ CO.C^2H^4.AzH.C^2H^4.AzH.C^2H^4.CO.OH \end{cases} \\ Az\begin{cases} CO.C^2H^4.AzH.C^2H^4.AzH.C^2H^4.CO.OH \\ CO.CH^2.AzH.C^2H^4.Az\ .C^2H^4.CO \end{cases} \end{cases}$$

$$= C^{32}H^{52}Az^{10}O^{12}$$

(poids moléculaire = 768).

Une semblable formule permet de rendre compte de tous les phénomènes d'hydratation observés, aussi bien au point de vue qualitatif qu'au point de vue quantitatif.

L'hydratation provoquée par la baryte a lieu d'après l'équation

$$C^{32}H^{52}Az^{10}O^{12} + 8H^2O = C^2H^2O^4 + 2AzH^3$$

Acide oxalique.

$$+ 2(C^7H^{14}Az^2O^4) + 2(C^8H^{16}Az^2O^4).$$

Glucoprotéines en C^7 et C^8.

Chacune des 8 molécules d'eau se partage en H et OH aux points de soudure des groupes C^2O^2 et CO avec Az, qui sont au nombre de 8, d'où résultent l'acide oxalique, l'ammoniaque et les glucoprotéines. Celles-ci se scindent par addition d'une nouvelle molécule d'eau, d'après l'équation

$$CO^2H.CH^2.AzH.C^2H^4.AzH.C^2H^4.CO^2H + H.OH$$
$$= CO^2H.CH^2.AzH^2 + OH.C^2H^4.AzH.C^2H^4.CO.OH$$

Leucine acétique. Oxyacide $C^nH^{2n+1}AzO^3$.

Les oxyacides $C^nH^{2n+1}AzO^3$ donnent par déshydratation interne les leucéines :

$$C^nH^{2n+1}AzO^3 - H^2O = C^nH^{2n-1}AzO^2.$$

Il en résulte que le dédoublement des glucoprotéines en leucines et leucéines se produit sans fixation apparente d'eau, et que le mélange des leucines et des leucéines donne à l'analyse élémentaire les mêmes nombres que les glucoprotéines.

Il est facile de voir que la formule de structure de la gélatine donnée plus haut satisfait entièrement aux données expérimentales.

$C^{32}H^{52}Az^{10}O^{12}$ exige

Carbone	50,00
Hydrogène	6,77
Azote	18,2

On a trouvé

Carbone	50,1
Hydrogène	6,6
Azote	18,3

Le résidu fixe, dont la formule brute est

$C^{30}H^{60}Az^8O^{16}$ (poids moléculaire = 788),

exige

Carbone	45,6
Hydrogène	7,4
Azote	14,2

On a trouvé

Carbone	45,4
Hydrogène	7,4
Azote	14,0

L'azote ammoniacal est égal au cinquième de l'azote total et égal à 3,6 0/0 de gélatine. On a trouvé 3,48.

La seule différence réside dans l'absence d'un groupe carbamide; mais, en supposant 1 molécule ou un mélange contenant :

l'un le groupement $C^2O^2\begin{cases} Az= \\ Az= \end{cases}$,

l'autre le groupement $CO\begin{cases} Az= \\ Az= \end{cases}$,

on ne modifierait pas sensiblement l'accord numérique et l'on rendrait compte de l'apparition simultanée de l'acide oxalique et de l'acide carbonique.

Les leucéines diffèrent essentiellement par leur constitution des leucines. Ces dernières correspondent aux dérivés amidés des acides gras; chauffées vers 330° avec un excès de poudre de zinc qui n'agit que comme corps conducteur de la chaleur, elles se dédoublent en acide carbonique et en amines primaires :

$$C^nH^{2n}\begin{cases} AzH^2 \\ CO^2H \end{cases} = CO^2 + C^nH^{2n+1}.AzH^2.$$

Dans les mêmes conditions, les leucéines fournissent une proportion notable de bases liquides, volatiles, non oxygénées, douées d'une odeur qui rappelle celle de l'huile animale de Dippel. Ces bases sont solubles dans l'acide chlorhydrique étendu, peu solubles dans l'eau, insolubles dans une lessive de potasse. Elles se colorent assez rapidement en brun au contact de l'air et se résinifient. Sous l'influence de l'acide chlorhydrique étendu, elles donnent, lentement à froid, plus rapidement à chaud, les dépôts floconneux rouges ou rouge-brun caractéristiques des bases pyrroliques. Leur solution dans l'acide chlorhydrique étendu précipite immédiatement, par le perchlorure de fer, en noir-bleuâtre.

On est donc fondé à envisager ces bases comme des dérivés du pyrrol, dont les homologues (méthyl- et diméthylpyrrols) ont été extraits de l'huile animale de Dippel.

Les portions de ces bases qui passent au-dessous de 100° ont donné des nombres s'accordant avec la formule C^8H^9Az, confirmée par la densité de vapeur. Dans les portions qui passent vers 130°, le rapport du carbone à l'hydrogène augmente et tend vers l'expression C^8H^7Az. Ce sont donc des bases hydropyrroliques.

On obtient synthétiquement des corps qui, par leur composition et l'ensemble de leurs caractères, se rapprochent beaucoup des leucéines, en faisant réagir en tube scellé, vers 140°, le bromure d'éthylène sur le glycocolle zincique sec, réduit en poudre fine et mélangé à de la pierre ponce pulvérisée.

La réaction devrait se faire d'après l'équation

$$C^2H^4 \begin{matrix} \diagup Br \\ \diagdown Br \end{matrix} + 2\,AzHZn^{1/2}.\,CH^2.\,CO^2H$$

$$= ZnBr^2 + C^2H^4 \begin{matrix} \diagup AzH.\,CH^2.\,CO^2H \\ \diagdown AzH.\,CH^2.\,CO^2H \end{matrix}$$

En réalité on obtient un mélange de glycocolle et de leucéine en C^4 :

$$C^6H^{12}Az^2O^4 = C^2H^5AzO^2 + C^4H^7AzO^2.$$

On aurait donc

$$C^4H^7AzO^2 = C^2H^4{=}Az.\,CH^2.\,CO^2H.$$

2° Avec l'albumine les résultats de l'hydratation sont plus complexes, mais du même ordre qu'avec la gélatine.

Lorsque l'hydratation est effectuée à 100° seulement, les produits obtenus que l'on trouve dans le résidu fixe sont, outre les glucoprotéines de la forme $C^nH^{2n}Az^2O^4$, déjà signalées et dédoublables ultérieurement à 180° en *leucines* et en *leucéines*, un produit très soluble dans l'eau et dans l'alcool absolu froid, cristallisant avec une extrême difficulté et dont les solutions se dessèchent à 120° sous la forme d'une masse jaunâtre, transparente, amorphe, dure et cassante à froid, molle à 120°, d'une saveur légèrement sucrée. L'analyse a donné des nombres conduisant à la formule $C^nH^{2n-2}Az^2O^4$, avec une valeur de n comprise entre 9 et 10. Le produit est constitué par un mélange de

$$C^9H^{16}Az^2O^4 \quad \text{et de} \quad C^{10}H^{18}Az^2O^4.$$

Nous lui donnons le nom de *dileucéine*.

Au contraire, le résidu fixe obtenu par hydratation effectuée à 180° renferme, comme nous l'avons déjà dit (Suppl., 1, 75), à côté d'une petite quantité de tyrosine (3,5 0/0), des leucines, $C^nH^{2n+1}AzO^2$, avec des valeurs de n allant de 6 à 4; des acides hydroprotéiques de formule $C^nH^{2n}Az^2O^5$ qui, par déshydratation, se convertissent en leucéines, $C^nH^{2n-2}Az^2O^4$ (n compris entre 8 et 10); des acides protéiques de la formule générale

$$C^mH^{2m-2}Az^2O^5$$

(m compris entre 6 et 8); enfin un composé soluble à froid dans l'alcool absolu, très soluble dans l'eau, de saveur sucrée, difficilement cristallisable et dont les solutions se dessèchent sous la forme d'une masse transparente, amorphe, jaunâtre, et dont l'analyse conduit à une expression de la forme $C^nH^{2n}Az^2O^4$ (n étant compris entre 8 et 10). Nous donnons à ce produit le nom de *glucoprotéine* non dédoublable ou β.

D'après les faits observés, on peut admettre que les glucoprotéines α dédoublables se convertissent par hydratation en leucines, $C^nH^{2n+1}AzO^2$, et en oxyacides, $C^pH^{2p+1}AzO^3$, d'après l'équation

$$C^mH^{2m}Az^2O^4 + H^2O$$
$$= C^nH^{2n+1}AzO^2 + C^pH^{2p+1}AzO^3$$

($n + p = m$).

Les oxyacides fourniraient par déshydratation interne les acides hydroprotéiques et les leucéines

$$2(C^pH^{2p+1}AzO^3) = H^2O + C^mH^{2m}Az^2O^5,$$
$$2(C^pH^{2p+1}AzO^3) = 2H^2O + C^mH^{2m-2}Az^2O^4$$

($m = 2p$).

Les acides protéiques et la glucoprotéine β proviendraient de l'hydratation à 180° de la dileucéine $C^nH^{2n-2}Az^2O^4$, ou plutôt $C^mH^{2m-4}Az^4O^8$ ($m = 2n$). Par fixation de 1 molécule d'eau elle se scinde en glucoprotéine β et en acide protéique :

$$C^mH^{2m-4}Az^4O^8 + H^2O$$
$$= C^nH^{2n}Az^2O^4 + C^pH^{2p-2}Az^2O^5$$

($m = n + p$).

Tous ces faits et ceux développés dans le 1er Supplément permettent de donner à l'albumine une formule développée de la forme

$$
\begin{array}{l}
C^2O^2 \begin{cases}
Az \begin{cases} CO.\,C^aH^{2a}.\,AzH \times C^bH^{2b} \times AzH.\,C^dH^{2d}.\,CO.\,OH \\ CO.\,C^{a'}H^{2a'}.\,AzH \times C^{b'}H^{2b'} \times Az \quad .\,C^dH^{2d}.\,CO \end{cases} \\
Az \begin{cases} CO.\,CH^3 \\ CO \diagdown \end{cases} \\
\end{cases} \\
\qquad\qquad C^nH^{2n-2} \begin{cases} AzH \times C^pH^{2p}.\,AzH.\,C^qH^{2q-1}.\,CO.\,OH \\ AzH \times C^pH^{2p}.\,AzH.\,C^qH^{2q-1}.\,CO.\,OH \end{cases} \\
CO \begin{cases}
Az \begin{cases} CO \diagup \\ H \end{cases} \\
Az \begin{cases} CO.\,C^aH^{2a}.\,AzH \times C^bH^{2b} \times Az \quad .\,C^dH^{2d}.\,CO \\ CO.\,C^{a'}H^{2a'}.\,AzH \times C^{b'}H^{2b'} \times AzH.\,C^dH^{2d}.\,CO.\,OH \end{cases}
\end{cases}
\end{array}
$$

En posant $a = 5$, $b = 2$, $d = 2$,
$a' = 4$, $b' = 1$,
$n = 7$, $p = 1$, $q = 2$,

la formule de l'albumine se réduit à

$$C^{60}H^{100}Az^{16}O^{20} = 1364.$$

Il est facile de déduire de la formule précédente l'histoire chimique du dédoublement de l'albumine.

1° Par l'ébullition à 100° avec l'eau de baryte, les liens d'amides qui existent entre CO et Az se dénouent en même temps qu'il se fixe de l'eau. On obtient :

1° Ammoniaque : 4 molécules pour 16 atomes d'azote;

2° Acide carbonique : 1 molécule, } en tout
3° Acide oxalique : 1 molécule, } 2 molécules d'acides bibasiques pour 4 molécules d'ammoniaque;

4° Acide acétique : 1 molécule correspondant à 4,39 0/0 d'albumine;

5° Glucoprotéines α : $C^{11}H^{22}Az^2O^4$, $C^9H^{18}Az^2O^4$;
6° Dileucéine : $C^{17}H^{30}Az^4O^8$.

A 200°, les glucoprotéines α et la dileucéine éprouvent un nouveau dédoublement aux points marqués par des croix.

Les glucoprotéines α se partagent chacune en une molécule de leucines homologues du glycocolle ($n = 6, 5, 4$) et en une molécule d'oxyacides donnant par déshydratation les acides hydroprotéiques et les leucéines.

La dileucéine se scinde en glucoprotéine β et en acide protéique.

Les résultats numériques de l'expérience cadrent très bien avec cette interprétation.

Faisons observer cependant que les valeurs numériques données aux exposants sont arbitraires. La seule condition à laquelle il convient de satisfaire est que leur somme soit égale à 60 et permette de représenter les corps isolés. C'est en tenant compte des probabilités que nous avons effectué la répartition de ces valeurs, en vue de montrer qu'il est possible de synthétiser par une formule développée la décomposition de l'albumine par la baryte.

La formule de structure attribuée plus haut à la gélatine traduit d'une manière satisfaisante et complète les résultats de l'expérience d'hydratation. Elle est fondée sur l'idée que l'hydratation de la matière protéique et sa décomposition en termes plus simples qui sont tous connus ne se complique pas de transpositions moléculaires.

Si les produits de décomposition sont vis-à-vis du produit initial dans les mêmes relations que la glycérine et les acides gras vis-à-vis des corps gras neutres, on doit pouvoir reproduire par l'union des termes fournis par l'expérience analytique, en faisant intervenir des agents convenables de déshydratation, tout au moins des composés analogues aux matières protéiques initiales.

Les efforts multipliés tentés dans cette direction n'ont fourni jusqu'à présent que des résultats absolument négatifs. Dans aucun cas on n'a pu réaliser par l'union de l'urée, de l'oxamide, des leucines et des leucéines un corps rappelant, ne fût-ce que de loin, les caractères des matières protéiques. En face de ce résultat, on peut se demander si, lors de l'hydratation et de la décomposition d'une matière protéique sous l'influence de la baryte, il ne se produit pas des phénomènes de transposition moléculaire analogues à ceux qui se passent lorsque la glucose se dédouble en 2 molécules d'acide lactique. La glucose est un alcool-aldéhyde et ne contient aucun groupe carboxyle. Ceux-ci se forment au moment du dédoublement par transposition intramoléculaire de l'oxygène.

Si l'on réfléchit de plus que le glycocolle et l'alanine sont les correspondants amidés des oxyacides glycolique et lactique, on arrive à se demander si, dans la matière protéique initiale, il existe réellement des groupes carboxyle (CO^2H) et s'ils ne se formeraient pas au moment de la décomposition par un mécanisme analogue à celui qui conduit à l'acide lactique aux dépens du sucre.

Ces idées ont conduit M. Schützenberger à diriger des expériences en vue de vérifier leur probabilité

Du moment qu'il ne s'agit plus simplement de reconstituer la molécule protéique par simple combinaison, avec perte d'eau, des termes de la décomposition barytique comme on reconstitue un éther composé, une amide, etc., le problème de la synthèse se complique singulièrement et il ne peut plus être question d'y arriver d'assaut et d'emblée. Nous nous trouvons en présence d'une place forte de premier ordre, qu'il faut investir régulièrement au moyen de travaux d'approche convenablement combinés. Les faits suivants, que nous donnons en résumé, pourront être envisagés comme des jalons posés pour arriver à la solution de la question.

L'épichlorhydrine, ou éther chlorhydrique du glycide, réagit sur l'urée à une température de 130 à 140°. Il faut avoir soin de ne pas dépasser certaines proportions d'épichlorydrine, sans quoi la matière noircit; il se forme alors beaucoup de gaz et les tubes éclatent invariablement. En employant pour 4 grammes d'urée 10 à 12 grammes d'épichlorhydrine et en chauffant à 135-140°, le mélange se liquéfie en brunissant légèrement et finalement s'épaissit en une masse amorphe ambrée d'où l'on peut extraire une substance amorphe, très soluble dans l'eau, soluble dans l'alcool, neutre, de saveur amère et dont les solutions présentent aux divers réactifs, acide phosphotungstique, acide phosphomolybdique, biiodure de potassium, tannin, acide picrique, nitrate mercurique, sulfate cuivrique et potasse, etc., des réactions qui rappellent celles des matières protéiques et de leurs dérivés.

Sans doute ce corps, que l'on prépare plus aisément par l'action de l'épichlorhydrine sur l'urée argentique, diffère encore des matières protéiques sous plus d'un rapport, et notamment par une plus grande richesse relative en hydrogène; traité par la baryte, il se dédouble en acide carbonique, ammoniaque et en bases plus riches en hydrogène que les acides amidés, une partie de l'azote restant fixée au carbone après l'hydratation. Mais il n'en est pas moins vrai que ces faits tendent à donner raison à l'hypothèse d'une transposition intramoléculaire et indiquent que, pour arriver à la synthèse des matières protéiques, il conviendra de suivre une autre voie que celle consistant à prendre comme point de départ l'urée et les acides amidés.

P. Schützenberger.

ALBUMINOÏDES (MATIÈRES). — Classification. — Une classification *rationnelle*, c'est-à-dire uniquement fondée sur la nature des produits de dédoublement, et par conséquent sur la connaissance de la constitution des matières albuminoïdes, n'est pas encore possible aujourd'hui, malgré les résultats si considérables obtenus dans cette direction par M. Schützenberger. On est donc réduit à classer provisoirement les matières protéiques d'après des caractères en quelque sorte purement extérieurs, tels que la solubilité dans l'eau ou dans les dissolutions des sels neutres, la coagulation par la chaleur, etc.

Le premier essai qui ait été tenté dans cette voie est celui de M. Hoppe-Seyler; mais il ne porte que sur ce groupe de matières protéiques que l'on pourrait appeler les *albuminoïdes proprement dits* (albumines, globulines, fibrines, albuminates, acidalbumines, substance amyloïde, matières albuminoïdes coagulées et peptones), et on peut lui faire ce reproche fondé qu'il laisse en dehors du cadre des matières albuminoïdes des substances telles que les matières gélatineuses, les productions épidermiques, les matières mucilagineuses, dont les relations avec les matières protéiques proprement dites sont cependant évidentes. Ainsi la kératine fournit, sous l'action des alcalis, de l'alcali-albumine (20 0/0) et une peptone. Cette alcali-albumine a été caractérisée non seulement par ses réactions, mais encore par l'analyse élémentaire. La production d'un albuminoïde vrai aux dépens de la kératine est donc nettement démontrée aujourd'hui. On en peut dire autant de la mucine et de la chondrine. Il convenait donc évidemment de faire rentrer ces *corps congénères* dans la famille des *albuminoïdes*, en prenant alors ce mot dans un sens un peu plus large, c'est-à-dire en appliquant cette dénomination à tout corps qui donne des produits de dédoublement analogues à ceux que fournit l'albumine ordinaire (voyez plus haut : CONSTITUTION DES MATIÈRES ALBUMINOÏDES).

Ces corps congénères, dont beaucoup sont restés pendant longtemps fort mal définis, ont été classés, en général, à la suite des albuminoïdes proprement dits, plutôt d'après leur origine anatomique que d'après leurs caractères chimiques. Ainsi l'osséine et la gélatine, le chondrogène et la chondrine, qui dérivent les uns et les autres du tissu conjonctif, sont ordinairement réunis dans un même groupe. C'est en s'appuyant ainsi tout à la fois sur des considérations d'ordre anatomique ou physiologique et sur les réactions de solubilité ou de coagulation qui ont servi de point de départ à M. Hoppe-Seyler, que l'on a abouti à des classifications d'un caractère mixte et qui fournissent des cadres commodes pour l'exposition des faits. De semblables classifications ont été adoptées par Wurtz, par M. Nencki, par M. Schützenberger [Hoppe-Seyler, *Traité d'analyse chimique appliquée à la physiologie*, traduit par Schlagdenhauffen; Paris, 1877, 269. — Nencki, *N. Handwörterb. d. Chem.*, Braunschweig, 1875, 2, 1137. — Schützenberger, Suppl., 1, 58].

Depuis cette époque un grand nombre de faits nouveaux ont été acquis, et ces notions plus précises permettent de donner à la classification des albuminoïdes un caractère plus nettement chimique. Ainsi la chondrine, qui sous l'action des acides étendus et chauds se dédouble en des corps réducteurs et en une acidalbumine, peut être aujourd'hui séparée de la gélatine et rangée, avec la mucine qui présente un mode de dédoublement analogue, dans la classe des protéides de M. Hoppe-Seyler (*loc. cit.*, 295). C'est en tenant compte de faits nouveaux de ce genre que M. Drechsel a proposé, il y a quelques années, une classification qui ne s'écarte que fort peu des précédentes, et que nous adopterons ici avec quelques modifications. M. Drechsel divise les matières albuminoïdes en deux grands groupes :

Le premier comprend les *albuminoïdes* (dans un sens plus restreint du mot), c'est-à-dire *des corps donnant naissance, parmi leurs produits de décomposition, à des substances aromatiques* telles que la tyrosine, l'indol, le phénol, etc., et se subdivise en albumines, globulines, fibrines, albumines coagulées, substance amyloïde, acidalbumines, albuminates, albumoses ou propeptones, peptones, protéides et albumoïdes.

Le second est celui des *glutinoïdes*, qui *ne donnent naissance par dédoublement à aucun produit aromatique* et qui comprennent la gélatine et les corps analogues à la spongine [Drechsel, *Handwörterb. d. Chem.*, 3, 550].

Une telle distinction ne peut plus être maintenue aujourd'hui. A la vérité, la gélatine ne se colore pas par le réactif de Millon; elle ne fournit pas de tyrosine parmi ses produits de dédoublement sous l'action des acides ou des alcalis, ni d'indol ou de phénol parmi les produits résultant de la putréfaction en présence du tissu pancréatique. Mais ces faits n'établissent pas une différence spécifique entre la gélatine et l'albumine, par exemple. En effet, la tyrosine ne représente dans la masse des produits amidés de la décomposition qu'une portion très faible, très variable d'une matière albuminoïde à l'autre, à tel point que M. Schützenberger considère son apparition comme un fait secondaire dans l'étude du dédoublement et de la constitution des matières protéiques. En outre, si la tyrosine fait défaut parmi les acides amidés fournis par la gélatine, elle est remplacée par d'autres produits aromatiques. M. Maly, en décomposant à chaud, en présence de la baryte, la gélatine préalablement oxydée à froid par le permanganate de potassium, a obtenu de notables quantités d'acide benzoïque; du reste MM. Schlieper et Guckelberger avaient déjà signalé l'acide benzoïque et l'essence d'amandes amères parmi les produits d'oxydation de la gélatine sous l'action de l'acide chromique, ou du mélange de bioxyde de manganèse et d'acide sulfurique. M. Maly fait remarquer, en outre, que l'acide oxyprotéine-sulfonique (voyez ALBUMINE DE L'ŒUF), qui est encore une albumine complète, enrichie simplement de quelques centièmes d'oxygène, mais aucunement dédoublée, se comporte à cet égard comme la gélatine, puisqu'il ne donne pas de tyrosine par décomposition, et que le groupement aromatique que ce corps renferme encore ne peut en être extrait que sous la forme d'acide benzoïque ou de benzine. On en peut dire autant en ce qui concerne l'indol et le phénol, qui font défaut dans les produits de la putréfaction pancréatique de l'acide oxyprotéine-sulfonique, comme dans ceux de la gélatine. Or l'acide oxyprotéine-sulfonique est une albumine si peu modifiée, que l'on ne saurait admettre de différence spécifique entre ces deux corps. Il résulte de là que l'on ne saurait davantage, comme le voulait M. Drechsel, admettre une telle différence entre la gélatine et les albumines [R. Maly, *Mon. f. Chem.*, 10, 26; *Bull. Soc. Chim.*, (3), 3, 234. — A. Schlieper, *Ann. Chem.*, 59, 1. — G. Guckelberger, *ibid.*, 64, 39].

Les matières albuminoïdes d'origine végétale sont encore trop mal connues pour qu'on puisse les faire entrer dans le cadre des matières protéiques d'origine animale. Il est plus commode de les classer provisoirement à part. Nous sommes conduits en conséquence à adopter, pour les matières protéiques animales, la classification que voici :

1° ALBUMINES. — Substances solubles dans l'eau sans le concours d'une base, ou d'un sel neutre ou alcalin, et coagulables par la chaleur : *albumine de l'œuf* et *sérum-albumine*.

2° GLOBULINES. — Matières insolubles dans l'eau, mais solubles dans les dissolutions des sels neutres ($NaCl$, KCl, AzH^4Cl, SO^4Mg...); coagulables par la chaleur : *vitelline*, *myosine*, *sérum-globuline* [syn. paraglobuline, sérum-caséine, substance fibrinoplastique], *substance fibrinogène*.

3° FIBRINES. — Insolubles dans l'eau; gonflées par les dissolutions des sels neutres et surtout par les acides étendus; coagulées par l'eau bouillante : *fibrine du sang*.

4° MATIÈRES ALBUMINOÏDES COAGULÉES. — Insolubles dans l'eau et dans les dissolutions salines; médiocrement gonflées par ces dernières ou par les acides étendus, non colorées par l'iode.

5° SUBSTANCE AMYLOÏDE. — Insoluble dans l'eau, les dissolutions salines, les acides et les alcalis étendus, colorable par l'iode en rouge-brun ou en violet.

6° ACIDALBUMINES. — Insolubles dans l'eau, les dissolutions salines étendues, dans l'alcool froid ou chaud. Fraîchement précipitées, elles sont facilement dissoutes par les acides ou les alcalis étendus; mélangées avec du carbonate de calcium délayé dans de l'eau, elles restent insolubles.

7° ALCALI-ALBUMINES. — Très peu solubles dans l'eau ou les dissolutions salines, un peu solubles dans l'alcool chaud. Délayées dans de l'eau avec du carbonate de calcium, elles se dissolvent en déplaçant l'acide carbonique.

8° ALBUMOSES OU PROPEPTONES. — Elles ressemblent, en général, aux acidalbumines. Elles sont solubles dans les dissolutions étendues de sel marin; l'acide nitrique les précipite à froid, mais le précipité se redissout à chaud.

9° Peptones. — Très solubles dans l'eau, non coagulables par la chaleur. L'acide acétique et le cyanure jaune, le sel marin en excès en présence d'un acide, l'acide nitrique, l'ébullition avec l'acétate ferrique ne les précipitent pas.

10° Protéides. — Peuvent être dédoublés en une matière albuminoïde et en d'autres substances : *hémoglobines, oxyhémoglobines* (et certains dérivés). *caséine, mucine, chondrine* (et quelques *nucléines*).

11° Albumoïdes. — Matières insolubles, en général non dissoutes par les sucs digestifs ; se rencontrent surtout dans les téguments et organes de soutien : *kératines, élastine, fibroïne* et *séricine*.

12° Substances gélatineuses. — Elles sont solubles dans l'eau chaude sans subir de modifications : *gélatine*.

12° Substances analogues a la spongine (substances spongieuses). — L'eau bouillante ne les dissout qu'après modification : *spongine, conchioline, byssus, cornéine, spirographine*, etc.

Quant aux matières albuminoïdes d'origine végétale, leur classification peut être provisoirement calquée sur celle des matières protéiques d'origine animale. Mais l'étude de ces substances est encore fort incomplète. Pour plusieurs d'entre les divers groupes que l'on vient de distinguer, on ne possède encore aucun représentant d'origine végétale. D'ailleurs l'analogie entre les deux ordres de substances n'est pas absolue. Ainsi les globulines végétales sont très sensiblement solubles dans l'eau pure et se rapprochent, par ce caractère, des albumines. En tenant compte de ces différences, on peut classer en quatre groupes les matières albuminoïdes végétales que l'on a isolées jusqu'à présent.

1° Albumines végétales. — Solubles dans l'eau, coagulables par la chaleur.

2° Matières albuminoïdes du gluten. — Insolubles dans l'eau et dans l'alcool absolu, mais solubles dans l'alcool aqueux, coagulables à chaud : *gluten-fibrine, gliadine, mucédine*.

3° Caséines végétales. — Insolubles dans l'eau et dans les dissolutions salines, solubles dans les acides et dans les alcalis étendus, coagulables à chaud : *gluten-caséine, légumine*.

4° Globulines végétales. — Elles correspondent aux globulines d'origine animale, mais elles se dissolvent sensiblement dans l'eau pure. Le sel marin les précipite d'abord de cette dissolution, mais un excès les redissout facilement et un plus fort excès les précipite de nouveau : *conglutine, globulines* (des courges, du ricin, du chanvre, de la noix de Para, etc.).

Il est probable qu'à chaque albumine ou globuline végétale correspondent une acidalbumine, une alcali albumine, une propeptone et une peptone. Mais l'étude de ces produits est à peine ébauchée.

Réactions générales (voyez Dict., **1**, 94 et Suppl., **1**. 54). — Ces réactions peuvent être rangées en trois catégories :

1° Les réactions de coloration.

2° Les réactions de précipitation dans lesquelles il y a production d'une *combinaison insoluble* et que les auteurs allemands réunissent souvent sous la rubrique : *réactions alcaloïdiques*.

3° Les réactions de précipitation dans lesquelles la matière albuminoïde se sépare *en nature*, sous la forme d'un précipité qui repasse très facilement en dissolution en reproduisant la solution primitive.

I. Aux réactions de coloration qui ont été indiquées précédemment, nous ajouterons les suivantes :

1° Les matières albuminoïdes solides, traitées par l'acide sulfurique additionné d'acide molybdique, prennent une belle coloration bleue [Fröhde, *Ann. Chem.*, **145**, 376].

2° Les matières albuminoïdes et les peptones, traitées en solution aqueuse par l'acide diazobenzine-sulfonique et par l'ammoniaque ou par un alcali fixe, donnent, suivant le degré de concentration de la solution albumineuse, une matière colorante jaune-orangé ou rouge-brun. La réaction est particulièrement nette lorsqu'on mélange une solution alcaline concentrée de peptone avec la solution alcaline de l'acide sulfonique. Le liquide, fortement coloré en rouge-brun, donne alors une mousse d'un rouge de sang. L'ammoniaque fournit à la vérité avec l'acide sulfonique une coloration jaune assez intense, mais qui n'a jamais le ton rouge ou rouge-orangé. Les acides font passer au jaune cette coloration rouge-orangé que les alcalis font au contraire réapparaître. La solution, traitée par la poudre de zinc ou par l'amalgame de sodium, prend une coloration d'un rouge de fuchsine très intense, qui semble être identique à celle que fournissent avec l'acide diazobenzine-sulfonique les aldéhydes et les glucoses. Si l'on opère à l'abri de l'air, le liquide est jaune, mais il se colore pendant la filtration en rouge vif [Petri, *Zeit. physiol. Chem.*, **8**, 294 et 291 ; *Maly's Jahresb.*, **14**, 31 et 71].

3° La réaction suivante est, d'après M. Michaïloff, caractéristique des matières albuminoïdes et de ceux d'entre leurs dérivés qui contiennent de l'azote et du soufre : On ajoute à une solution de sulfate ferreux la substance à essayer, de l'acide sulfurique, puis, avec précaution, une petite quantité d'acide azotique. Il se produit alors, outre l'anneau brun bien connu, une coloration d'un rouge de sang, que M. Michaïloff attribue à la formation de sulfocyanate ferrique. Une faible coloration rose n'est pas démonstrative. Cette réaction s'étend probablement à des substances très éloignées des matières albuminoïdes [W. Michaïloff, *Maly's Jahresb.*, **14**, 5].

4° On sait depuis longtemps que l'alloxane colore la peau en rouge. M. F. Krasser s'est servi de cette réaction pour caractériser les matières albuminoïdes solides, et plus spécialement les albumines végétales dans les coupes microscopiques, à l'aide d'une solution alcoolique d'alloxane. L'emploi de ce réactif exige des précautions particulières. La tyrosine, l'acide aspartique, l'asparagine et probablement tous les corps contenant le groupement $-CH^2-CH.AzH^2-CO^2H$ donnent des colorations identiques [*Mon. f. Chem.*, **7**, 673 ; *Maly's Jahresb.*, **16**, 1].

5° Si l'on ajoute à une solution albumineuse additionnée d'acide formique quelques gouttes d'une solution de chlorure d'or au millième, on voit apparaître, à chaud, sur les parois du tube à essai, un grand nombre de bulles gazeuses ; en même temps la solution devient rose, puis, après addition d'une nouvelle quantité de chlorure d'or, rouge-pourpre, puis bleuâtre et enfin bleu foncé. Après une nouvelle addition de sel d'or, il se dépose des flocons bleus, tandis que le liquide sus-jacent devient limpide et incolore. La réaction est extrêmement sensible. Un gramme d'une solution de sérum de sang de bœuf à 1/1 000 000 d'albumine, acidulé par une goutte d'une solution concentrée d'acide formique, devient rose après addition d'une seule goutte de chlorure d'or, rouge sous l'action d'une seconde goutte et bleu sous l'action d'une troisième. Pour des solutions plus concentrées, il faut renforcer la proportion d'acide formique. La glucose donne dans les mêmes conditions une solution violette ; l'amidon, un dépôt violet ; le glycogène, une solution dichroïque ; la leucine et la tyrosine, une solution bleue ; la créatine, l'urée et l'acide urique, une coloration violette. Les solutions de gomme donnent une belle coloration pourpre, mais présentant ce caractère distinctif de passer au jaune-orangé sous l'action des alcalis. L'acide formique ne peut être remplacé par aucun autre acide. Les urines albumineuses donnent aussi cette réaction, à la condition de renforcer un peu la dose d'acide et de sel d'or [D. Axenfeld, *Maly's Jahresb.*, **15**, 27].

6° La coloration bleue ou violette que donnent les matières albuminoïdes lorsqu'on les dissout à chaud dans l'acide chlorhydrique concentré est d'autant plus nette que la matière employée est plus pure. Voici comment M. Liebermann recommande d'opérer · La substance introduite dans un tube à essai est épuisée trois ou quatre fois par de l'alcool bouillant, puis lavée le même nombre de fois par décantation avec de l'éther, à la température ordinaire. Traitée ensuite par de l'acide chlorhydrique *très concentré* (d = 1,196) et bouillant, elle prend une magnifique coloration violet-bleu, qui apparait d'autant plus vite que l'albumine a été mieux dégraissée. Avec des liquides albumineux très étendus, par exemple avec de l'urine ne contenant que des traces (0,1 0/0) d'albumine, on opère de la manière suivante : 10 centimètres cubes d'urine sont portés à l'ébullition, puis additionnés d'une goutte d'acide acétique et bouillis de nouveau. On ajoute ensuite 5 volumes d'alcool fort et on jette sur un petit filtre. Le précipité, lavé à l'alcool chaud et à l'éther comme il a été dit plus haut, est arrosé d'acide chlorhydrique concentré et bouillant, qui colore en un bleu-violet intense chaque flocon d'albumine. La caséine, l'alcali-albumine, la vitelline, la fibrine du sang, la syntonine, la globuline, la mucine précipitée de la salive humaine par l'acide acétique, l'albumine et la fibrine végétales, la légumine, le gluten donnent une coloration aussi nette ; mais la réaction ne réussit pas avec l'hémoglobine, la chondrine, la kératine et la mucine de certaines urines, comme l'urine de cheval. Ces faits ont été confirmés par M. Le Nobel, qui a constaté en outre que la « peptone » pure de M. Kühne ne donne pas la réaction en question [L. Liebermann, *Maly's Jahresb.*, **17**, 8. — C. Le Nobel, *ibid.*, **17**, 3]. L'addition d'acide sulfurique en petite quantité rend la coloration plus nette [C. Wurster, *ibid.*, **17**, 4].

7° Si l'on ajoute à un liquide albumineux 2 ou 3 gouttes d'une solution alcoolique d'aldéhyde benzylique, une assez forte proportion d'acide sulfurique étendu de son poids d'eau, puis une goutte d'une solution de sulfate ferrique, il se produit, soit immédiatement à chaud, soit au bout de quelques instants à froid, une coloration bleu foncé. L'addition d'un alcali précipite une masse brune qui se redissout dans les acides en reproduisant la coloration primitive. La réaction réussit bien avec l'albumine de l'œuf et celle du sérum, la caséine, la fibrine du sang, médiocrement avec le gluten, la fibrine végétale et la légumine. Elle est moins sensible que la réaction de l'acide xanthoprotéique ou celle de Millon. Elle décèle encore 0,06 0/0, mais fait défaut avec 0,03 0/0 d'albumine [C. Reichl, *Mon. f. Chem.*, **10**, 317].

Une connaissance plus approfondie des produits de dédoublement des matières albuminoïdes permet aujourd'hui de rapporter quelques-unes de ces réactions de coloration à des agrégats atomiques déterminés. En ce qui concerne plus spécialement les substances aromatiques dérivées des matières albuminoïdes sous l'action de la putréfaction, M. Salkowski fait remarquer que ces produits se partagent en trois catégories : 1° les corps du groupe *phénol* (tyrosine, acides oxyaromatiques, phénol, crésol) ; 2° ceux du groupe *phénylique* (acide phénylacétique et phénylpropionique) ; 3° ceux du groupe de l'*indol* (indol, scatol et acide scatol-carbonique). La réaction de Millon ne s'obtient qu'avec les corps du premier groupe, à la condition toutefois que le réactif soit préparé d'après la formule primitive de Millon. Des solutions d'une composition différente donnent fréquemment des colorations rouges avec l'indol et l'acide scatol-carbonique. La réaction de l'acide xanthoprotéique s'obtient avec les corps du même groupe, et secondairement avec ceux du groupe de l'indol. Enfin la réaction d'Adamkiewicz ne réussit qu'avec les corps du troisième groupe. Elle est surtout très nette avec l'acide scatol-carbonique et spécialement en présence de traces d'un nitrite, dont l'addition renforce aussi très manifestement la coloration que donnent les matières albuminoïdes. Enfin les groupements aromatiques semblent ne prendre aucune part à la réaction que donne l'acide chlorhydrique concentré et chaud [Salkowski, *Zeit. physiol. Chem.*, **12**, 215].

Quant à la réaction du biuret, elle est probablement déterminée par un groupement azoté ; il est à remarquer qu'elle se conserve dans l'acide oxyprotéine-sulfonique et dans l'acide peroxyprotéique obtenus par M. Maly dans l'oxydation (sans dédoublement) des matières albuminoïdes, sous l'action du permanganate de potassium, et qu'elle est fournie également par des corps tels que l'anhydride aspartique (Grimaux) ou les dérivés éthérés du glycocolle [O. Lœw, *J. prakt. Chem.*, (2), **31**, 129. — R. Maly, *Mon. f. Chem.*, **6**, 106 ; **9**, 255. — Grimaux, *C. R.*, **93**, 771]. — M. O. Lœw ne pense pas que la réaction de M. Petri avec l'acide diazobenzine-sulfonique puisse être rapportée avec certitude à un groupement aldéhydique. Enfin, il convient de signaler ici ce fait, que les matières albuminoïdes, traitées par l'acide sulfurique concentré, fournissent du furfurol, dont la production peut être mise en évidence par la coloration rouge que prend le papier d'acétate de xylidine [L. von Udranszky, *Zeit. physiol. Chem.*, **12**, 389]. Cette réaction serait déterminée, d'après M. Udranszky, par un groupement hydrocarboné.

II. On rappellera ici très sommairement les réactions de précipitation qui transforment les matières albuminoïdes dissoutes en combinaisons insolubles, en ajoutant quelques indications plus détaillées sur les réactions récemment signalées.

Les solutions aqueuses de matières albuminoïdes sont précipitées : 1° par les acides minéraux concentrés et spécialement par l'acide nitrique et par l'acide métaphosphorique ; 2° par le cyanure jaune et l'acide acétique, par l'acide platinocyanhydrique ; 3° par certains acides organiques, surtout en présence de dissolutions salines concentrées (sel marin, sulfate de sodium) ; 4° par le tannin (en solution acide) ; 5° par l'acide phosphomolybdique et l'acide phosphotungstique (en solution acide) ; 6° par l'iodure double de potassium et de mercure (en solution acide ; réactif de M. Tanret) ou l'iodure double de potassium et de bismuth (en solution acide) ; 7° par un très grand nombre de sels à métaux lourds (par exemple, les sels de cuivre, de plomb, d'argent, de mercure, d'urane) ; 8° par le chloral, l'acide trichloracétique (Raabe), le phénol (Méhu), l'acide picrique (Esbach) ; 9° par l'acide taurocholique (voyez Bile). A ces réactions s'ajoute encore la coagulation par la chaleur (voyez Albumines) et par l'alcool [Raabe, *D. chem. G.*, **16**, 312].

Ces réactions ne présentent pas un égal degré de certitude vis-à-vis de toutes les matières albuminoïdes. On peut dire, à cet égard, que seuls le tannin, les acides phosphomolybdique et phosphotungstique, les iodures doubles de potassium et de mercure ou de bismuth précipitent toutes les matières albuminoïdes. L'action des autres réactifs est souvent beaucoup moins certaine. Des restrictions analogues doivent être faites en ce qui concerne la précipitation *totale* des matières albuminoïdes. L'action des réactifs peut varier ici avec la nature des matières albuminoïdes, et surtout avec les substances étrangères qui accompagnent l'albuminoïde à précipiter. On conçoit que les conditions peuvent ici varier à l'infini et qu'il est difficile de formuler des règles générales [voyez à ce sujet : J. Schelien, *Zeit. phys. Chem.*, **13**, 135]. L'influence exercée par les substances étrangères est encore plus considérable quand il s'agit de précipiter des traces de matières albuminoïdes. M. N. Kowalewski a montré, par exemple, que l'acide métaphosphorique, le mélange de ferrocyanure de potassium et d'acide acétique perdent leur sensibilité en présence du sulfate de magnésium. Or ce sel est employé fréquemment pour la précipitation des globulines, et il peut masquer par conséquent dans le liquide filtré, vis-à-vis de ces deux réactifs, la présence de quantités notables d'albumine. Au contraire l'acide trichloracétique et l'acétate d'urane, par exemple, conservent dans ces conditions toute leur sensibilité [N. Kowalewski, *Maly's Jahresb.*, **17**, 4]. Ajoutons qu'un grand nombre de réactifs des matières albuminoïdes précipitent, en outre, d'autres substances, et notamment des corps alcaloïdiques, dont la présence est si fréquente dans les liquides d'origine animale. Toutes ces circonstances expliquent les contradictions que l'on note fréquemment entre les indications des divers auteurs sur la sensibilité comparée de ces réactifs.

Voici, d'après M. Hofmeister, les dilutions extrêmes pour lesquelles les principaux d'entre ces réactifs donnent encore des indications nettes : Acide nitrique concentré, 1 : 20 000. Ébullition en présence d'une solution concentrée de sel marin et d'un peu d'acide acétique, 1 : 20 000. Acide acétique et cyanure jaune, 1 : 50 000 ; à 1 : 100 000, la réaction cesse d'être perçue. Tannin, acide phosphotungstique, acide phosphomolybdique, iodure double de potassium et de mercure ou de potassium et de bismuth, 1 : 100 000 — 1 : 200 000 (en solution acide). Les réactions de coloration sont en général moins sensibles, si l'on excepte toutefois celle de M. Axenfeld, qui d'ailleurs n'a pas encore subi un contrôle expérimental suffisant. Ainsi la réaction du biuret apparaît encore pour une richesse en albumine de 1 : 2000, mais cesse de se produire à 1 : 10 000, tandis que le réactif de Millon donne encore une coloration rouge sensible à 1 : 20 000 [F. Hofmeister, *Zeit. physiol. Chem.*, **2**, 228].

M. Palm recommande d'employer en solution alcoolique (parfois avec addition de 10 0/0 d'éther) les acides et les sels neutres qui doivent servir à la précipitation des matières albuminoïdes. Dans ces conditions, on peut avec les acides sulfurique ou borique, par exemple, précipiter des traces d'albumine, même en présence des peptones. Les acétates basiques de fer et de cuivre (au maximum) ou le chlorure de plomb, tous trois en solution alcoolique, l'hydrate d'oxyde de plomb en solution aqueuse, sont d'excellents réactifs des matières albuminoïdes, chaque fois que l'on est certain de l'absence de bases précipitables par ces composés. Le réactif de précipitation le plus sensible serait, d'après M. Palm, l'hydrate de plomb, en présence d'un peu d'alcool ; d'après M. Simon, le réactif de M. Méhu (1 partie d'acide phénique, 1 partie d'acide acétique et 2 parties d'eau) [R. Palm, *Zeit. analyt. Chem.*, **26**, 35. — Simon, *J. de méd. de Paris*, 1886].

Mentionnons encore l'acétate d'urane qui, ajouté en excès à une solution albumineuse, donne un précipité blanc contenant toute l'albumine. Le liquide filtré ne se trouble plus ni par l'acide trichloracétique, ni par l'acide acétique et le ferrocyanure et ne donne plus la réaction du biuret ; mais des lavages prolongés enlèvent au précipité un peu d'albumine et de sel d'urane. Il est soluble dans les acides sulfurique (1 0/0), azotique, chlorhydrique, formique, acétique, lactique, citrique et tartrique (2 0/0), mais il peut être lavé sans inconvénient à l'alcool. La dissolution dans l'acide nitrique étendu donne, avec l'acide nitrique concentré, la réaction bien connue des matières albuminoïdes. Des dissolutions contenant 0,019 0/0 d'albumine donnent encore une réaction très nette. — Pour rechercher des traces d'albumine, dans l'urine par exemple, on peut précipiter le liquide suspect par l'acétate d'urane, recueillir le précipité, le dissoudre dans très peu d'acide nitrique étendu, puis caractériser l'albumine dans ce liquide à l'aide de l'acide nitrique concentré [N. Kowalewski, *Zeit. analyt. Chem.*, **24**, 551 ; *Maly's Jahresb.*, **15**, 27].

III. Un certain nombre de matières albuminoïdes sont précipitées en nature lorsqu'on introduit dans leur solution aqueuse des sels neutres de métaux alcalins ou alcalino-terreux, en quantité suffisante. Des réactions de ce genre ont été signalées il y a fort longtemps déjà. C'est ainsi que, dès 1858, Gannal avait observé la précipitation de la sérum-globuline sous l'action du sulfate de magnésium. D'autre part, Denis fit voir, en 1859, que le sérum sanguin contient deux matières albuminoïdes, la « fibrine dissoute » (sérum-globuline), précipitable par le sulfate de magnésium introduit dans le liquide jusqu'à saturation complète, et la « sérine » (sérum-albumine), qui se sépare à son tour lorsqu'on sature le liquide filtré de sulfate de sodium [Gannal, *Gaz. méd. de Paris*, 1858. — Denis, *Mémoire sur le sang*, Paris, 1859, 39 et 184]. Cette action de précipitation exercée par les sels neutres, tels que le sel marin, est surtout très nette vis-à-vis des globulines ; aussi M. Hoppe-Seyler, dans son essai de classification des matières albuminoïdes, fit-il plus tard de cette action du sel marin un signe distinctif de la famille des globulines. Ce n'est que dans ces dernières années que l'on a reconnu le caractère très général de cette action des sels, et que cette étude, étendue à un plus grand nombre de matières protéiques et de sels, a été abordée par son côté quantitatif. Ajoutons que ce phénomène n'est pas spécial aux matières albuminoïdes et qu'il s'étend à un très grand nombre de colloïdes, tels que la gélatine, le glycogène, l'amiduline, l'inuline, l'iodure d'amidon, etc. [O. Nasse, *Pflüger's Arch.*, **41**, 504 ; *Maly's Jahresb.*, **17**, 5].

Cette étude a permis de constater d'abord que ce sont les globulines qui sont précipitées le plus facilement et par le plus grand nombre de sels ; au contraire, la séparation des albumines ne se produisant que pour des quantités de sel dissous beaucoup plus considérables, il résulte de là qu'un petit nombre de sels (deux seulement, jusqu'à présent) possèdent une solubilité suffisante pour agir sur les albumines. Mais il ne faudrait pas croire que la solubilité soit la seule condition de ce phénomène. Elle n'intervient au contraire que secondairement, ainsi qu'il résulte de l'étude comparée de l'action des divers sels sur les dissolutions de globulines. Cette comparaison a été faite en déterminant les quantités de sels (rapportées à 100 centimètres cubes du mélange de liquide albumineux et de solution saline) pour lesquelles *commence* la précipitation des globulines dans des liquides albumineux de richesse connue. Les divers observateurs se sont adressés surtout au blanc d'œuf et au sérum sanguin, c'est-à-dire à des mélanges naturels de globuline et d'albumine. Voici quels sont les résultats obtenus par M. F. Hofmeister, qui a opéré sur une solution de blanc d'œuf à 2 0/0. Ils complètent et rectifient sur divers points les observations antérieures de MM. Halliburton, Heynsius, Kauder, Levith, dont les expériences ont au contraire porté sur du sérum sanguin.

Un certain nombre de sels n'exercent aucune action. Ce sont les chlorures d'ammonium et de magnésium; les bromures de sodium, de potassium et d'ammonium; les iodures de sodium et de potassium; le chlorate de potassium; les nitrates de potassium, d'ammonium et de magnésium; les acétates d'ammonium et de magnésium; le chromate d'ammonium et le bicarbonate de sodium. Un très grand nombre d'autres sels exercent des actions de précipitation plus ou moins énergiques, c'est-à-dire que la séparation des globulines commence pour des concentrations très différentes, lorsqu'on passe d'un sel à un autre. Les écarts observés sont ici très considérables. Ils vont par exemple de 8gr,61 0/0, pour le sulfate de lithium, à 58gr,82 0/0, pour le chlorate de sodium. Malgré ces écarts, les résultats obtenus pour la globuline du sérum et celle du blanc d'œuf ont concordé très sensiblement. Il résulte de là que le degré de concentration nécessaire pour qu'un sel donné précipite une matière albuminoïde est aussi caractéristique pour cette matière que son point de coagulation, par exemple. On constate en outre que l'action de précipitation exercée par un sel dépend à la fois de l'acide et de la base. Pour un même acide, l'action du sel va en décroissant lorsqu'on passe du lithium au sodium, au potassium, à l'ammonium et enfin au magnésium, tandis que pour une même base les acides peuvent être rangés comme il suit par ordre d'action décroissante : sulfates, phosphates, acétates, citrates, tartrates, bicarbonates, chromates, chlorures, nitrates et chlorates.

Ces variations régulières apparaissent plus nettement encore quand on calcule pour chaque sel le nombre de molécules que contient un litre du liquide albumineux salé au moment où commence la précipitation. On constate aussi que la richesse des dissolutions est à ce moment un multiple de celle d'une liqueur normale du sel considéré. Les sels qui précipitent les globulines peuvent alors se ranger en cinq groupes : Le premier groupe comprend les sulfates de lithium et de sodium, les phosphates, acétates, citrates et tartrates de sodium et de potassium, qui précipitent pour une richesse de la solution égale à 1 fois et demie (1,51 à 1,69) celle d'une solution normale. Le second comprend le sulfate d'ammonium, qui agit pour une concentration égale à deux fois celle d'une solution normale. Viennent ensuite le sulfate de magnésium, les phosphate, tartrate et citrate d'ammonium, le bicarbonate de potassium, les chromates de potassium et de sodium, qui agissent pour une concentration égale à 2,5 fois celle d'une solution normale. Enfin les chlorures de potassium et de sodium, d'une part, les nitrate et chlorate de potassium, d'autre part, ne précipitent que pour des concentrations qui sont respectivement 3,5 fois et 5,5 fois celles d'une solution normale de chacun de ces sels.

Si l'on veut comparer ces divers sels au point de vue de l'action de précipitation plus ou moins *complète* qu'ils exercent sur les globulines, on constate qu'un petit nombre d'entre eux entrent alors en ligne de compte. Ainsi trois sels seulement, le sulfate d'ammonium, l'acétate de potassium et le sulfate de magnésium, peuvent produire une précipitation totale des globulines du blanc d'œuf ou du sérum, tandis que pour tous les autres (sulfate, chlorure, acétate et nitrate de sodium, chlorure de potassium,...) la limite de solubilité est atteinte avant que la séparation des globulines soit complète. Enfin deux sels seulement, le sulfate d'ammonium et l'acétate de potassium, ont, grâce à leur grande solubilité, la propriété de provoquer en outre la précipitation de l'albumine.

M. Levith a déterminé, pour les quelques sels qu'on vient d'énumérer, les concentrations pour lesquelles commence la précipitation des globulines et des albumines et celles pour lesquelles elle est achevée. Le tableau fort intéressant qu'il a dressé met tout d'abord clairement en évidence l'influence exercée secondairement par la solubilité sur le pouvoir de précipitation d'un sel. Les deux phénomènes ne présentent en aucune façon le parallélisme auquel on pouvait s'attendre de prime abord. Ainsi le nitrate de sodium, qui est très soluble, introduit dans un sérum sanguin à 0,99 0/0 de matières albuminoïdes, ne commence à agir sur les globulines qu'à raison de 467 grammes p. 1000, tandis que le sulfate de sodium, qui l'est beaucoup moins, agit déjà à 114 grammes p. 1000. Le sulfate d'ammonium, dans les mêmes conditions, ne commence son action que pour des concentrations plus fortes (142 grammes p. 1000), mais il reprend l'avantage sur le sulfate de sodium, grâce à sa grande solubilité. Car, tandis que le sel de sodium, même à l'état de saturation, ne précipite qu'incomplètement les globulines, le sel d'ammonium, continuant à se dissoudre, arrive, à 231 grammes p. 1000, à précipiter la totalité des globulines; à 336 grammes, il commence à agir sur les albumines, dont la précipitation est terminée à 472 grammes p. 1000. Cette remarquable propriété du sulfate d'ammonium a été signalée d'abord par M. Méhu. La même série de phénomènes s'observe pour l'acétate de potassium, qui, dans un sérum à 2,26 0/0 de matières albuminoïdes totales, précipite les globulines entre 175 grammes et 352 grammes de sel p. 1000 et l'albumine entre 646 et plus de 82,2 p. 1000.

On voit donc que leur grande solubilité assure à certains sels une action très puissante. C'est pour porter cette action à son maximum que toutes les expériences que nous venons de citer ont été faites à la température de 30-40°. On remarquera encore que l'albumine n'est atteinte que pour des concentrations qui sont très supérieures à celles qui assurent la précipitation totale de la globuline, circonstance importante au point de vue de la séparation de ces deux matières albuminoïdes.

Les conditions qui règlent l'action simultanée de plusieurs sels sont encore mal connues. Il semble que les effets de deux sels peuvent s'ajouter pour ainsi dire, comme le montre la précipitation de la sérum-albumine par le sulfate de magnésium et le sulfate de sodium (voyez Suppl., 2, 127).

D'après M. Hofmeister, cette action des sels serait en rapport avec leur affinité variable pour l'eau, mais les expériences de M. Nasse ne sont pas favorables à cette manière de voir. M. Hofmeister a fait, en outre, cette remarque intéressante que les sels du premier groupe (voyez plus haut) exercent à des degrés divers une action purgative et possèdent un faible pouvoir diffusif, tandis que ceux du quatrième et du cinquième groupe sont diurétiques et en général doués d'un faible pouvoir de diffusion, et que ceux enfin des groupes intermédiaires ne sont connus en thérapeutique ni comme purgatifs, ni comme diurétiques. Le sulfate de magnésium fait exception à cette règle, mais peut-être ce fait s'explique-t-il en admettant que, par double décomposition avec les carbonates alcalins, ce sel se transforme dans l'intestin en sulfate alcalin. Une autre exception, mais qui s'explique plus aisément, est présentée par l'acétate de potassium, qui figure au point de vue de son action de précipitation parmi les sels purgatifs, et qui possède en réalité des propriétés diurétiques marquées. Mais il est probable que ce sel est transformé dans l'organisme en carbonate alcalin et qu'il n'agit finalement qu'à cet état. — On voit donc que, d'une manière générale, le faible pouvoir diffusif, l'action sur les globulines et l'action purgative marchent parallèlement. On remarquera l'intérêt que présentent ces recherches en ce qui concerne le mécanisme, encore totalement inconnu, de l'action thérapeutique parfois si puissante des eaux minérales salées. Il est possible que cette action soit en rapport avec des modifications exercées par les sels sur le protoplasma albuminoïde de nos cellules, dont l'état d'imbibition ou d'hydratation, et par suite les échanges chimiques, peuvent être ainsi puissamment modifiés [Méhu, *J. Pharm. et Chim.*, 1878. — Heynsius, *Pflüger's Arch.*, **34**, 330; *Maly's Jahresb.*, **14**, 6. — Halliburton, *Maly's Jahresb.*, **14**, 126. — G. Kauder, *Arch. f. exp. Path.*, **20**, 411; *Maly's Jahresb.*, **16**, 119. — S. Levith, *Arch. f. exp. Path.*, **24**, 1; *Maly's Jahresb.*, **17**, 126. — F. Hofmeister, *Arch. f. exp. Path.*, **24**, 247; *Maly's Jahrsb.*, **18**, 3. — O. Nasse, *Pflüger's Arch.*, **41**, 504; *Maly's Jahresb.*, **17**, 5].

E. Lambling.

ALBUMINOÏDES COAGULÉES (MATIÈRES). — Voyez Dict. **1**, 92.

Par l'action de la chaleur en présence de l'eau, de l'alcool ou de l'éther, les albumines, les globulines, les alcali-albumines et les fibrines sont coagulées, c'est-à-dire transformées en une modification insoluble. Les membranes qui se forment à la surface des solutions de caséine évaporées à chaud, représentent probablement la modification coagulée de cette matière albuminoïde. Les solutions d'acidalbumine dans l'eau de chaux subissent aussi une coagulation partielle à chaud.

Ces matières albuminoïdes coagulées sont insolubles dans l'eau, l'alcool, l'éther, les dissolutions des sels neutres. Les alcalis caustiques les transforment lentement en alcali-albumines. Les acides minéraux étendus les gonflent parfois. Les acides concentrés les dissolvent en les transformant en acidalbumines. L'acide acétique concentré les gonfle, puis les dissout. Cette dissolution est hâtée par les sels neutres.

Il est probable qu'à chaque matière albuminoïde correspond une modification coagulée.

E. Lambling.

ALBUMOÏDES. — Sous cette dénomination, on décrira une série de corps azotés complexes que l'on peut extraire des tissus conjonctifs ou des productions épidermiques. Ces corps, qui dérivent physiologiquement des matières albuminoïdes proprement dites (albumines, globulines, etc.), présentent avec ces substances des analogies de composition et de réactions évidentes, et il convient, comme l'a proposé M. Drechsel, de les faire rentrer, sous la rubrique spéciale d'*albumoïdes*, dans la grande famille des *matières albuminoïdes*, à la condition de prendre cette dernière appellation dans un sens un peu plus large qu'on ne l'a fait jusqu'à présent. Du reste, quelques-uns de ces *albumoïdes* peuvent donner naissance à de véritables albuminoïdes, comme l'alcali-albumine ou la peptone. De plus, leurs produits de dédoublement présentent la plus grande analogie avec ceux de l'albumine ordinaire et l'on peut difficilement, comme le fait M. Hoppe-Seyler, rejeter complètement ces substances hors du cadre des matières protéiques.

On décrira ici la kératine, l'élastine, la fibroïne et la séricine. Ces corps se distinguent surtout des substances du groupe de la gélatine et de la spongine (gélatine, spongine, conchioline, cornéine, byssus, etc.) à côté desquelles on les range généralement, par ce fait qu'ils fournissent de la tyrosine par dédoublement (voyez plus haut : CLASSIFICATION DES MATIÈRES ALBUMINOÏDES).

KÉRATINE [Syn. *Épidermose*]. — (Voyez Dict., **1**, 1250.) Aux diverses variétés de kératines signalées précédemment, nous ajouterons les suivantes :

L'enveloppe des œufs de *Scyllium stellare* est constituée par une substance kératineuse qui contient C = 51,46 - 51,53; H = 6,51 - 6,52; Az = 15,10 - 15,59; S = 0,80 - 0,95. Traitée par l'eau à 170°, elle se dissout en donnant un liquide jaune doré, à odeur d'hydrogène sulfuré, et qui présente la réaction du biuret, celle de Millon, et celle de l'acide xanthoprotéique. Soumise à la dialyse, cette solution donne un précipité d'albumose, tandis que dans le liquide extérieur on trouve des peptones en notable quantité [C.-Fr. Krükenberg, *Maly's Jahresb.*, **15**, 342].

La membrane très délicate qui entoure le jaune de l'œuf de poule est également une kératine. En opérant sur plusieurs centaines d'œufs, M. Liebermann a pu, grâce à un tour de main particulier, isoler cette kératine en quantité suffisante pour l'analyse. Elle contenait : C = 46,21; H = 7,55; Az = 12,22; S = 3,26; O = 30,42. La substance des chalazes a une composition analogue. Quant aux membranes qui traversent le blanc de l'œuf, elles se rapprochent de la kératine par les réactions qu'elles présentent, mais leur teneur en carbone (50,95 0/0) est presque celle des matières albuminoïdes proprement dites [L. Liebermann, *Maly's Jahresb.*, **16**, 23].

Ces kératines d'origines diverses sont probablement autant de substances différentes; mais on ne peut faire à cet égard que des hypothèses, puisque le procédé de préparation employé ne permet pas d'affirmer que l'on est en présence d'espèces chimiques bien définies. Généralement la substance cornée à laquelle on s'adresse est réduite en poudre, puis épuisée successivement par l'eau, l'alcool, l'éther et les acides étendus. Le résidu est ensuite soumis à l'action du suc gastrique, puis à celle du suc pancréatique artificiel. MM. Ewald et Kühne se sont efforcés d'établir, par l'étude histochimique d'un grand nombre de tissus, que deux groupes de substances seulement, les kératines et les nucléines, résistent finalement à l'action dissolvante de cette série de réactifs; et comme les nucléines sont aisément dissoutes par les lessives étendues de soude, le résidu qui subsiste après ce dernier traitement peut être considéré comme étant de la kératine. C'est par ce procédé que MM. Ewald et Kühne ont découvert la *neurokératine* du cerveau. Il est clair que le produit ainsi obtenu présente des garanties de pureté d'autant plus grandes que le tissu dont on est parti est histologiquement plus simple. C'est pour cette raison que la kératine obtenue par M. Lindwall, en partant de la membrane coquillière de l'œuf, peut être considérée comme étant le produit le plus homogène qui ait été soumis à l'analyse.

Voici comment opère M. Lindwall : Les membranes sont mises à digérer, pendant plusieurs jours, d'abord dans une lessive de soude à 0,1 0/0, qui dissout l'albumine, puis dans de l'acide acétique étendu. Le produit est ensuite épuisé par l'acide chlorhydrique étendu, par l'eau froide, par l'eau bouillante, puis par l'alcool et par l'éther. Il reste finalement une poudre blanche, entièrement dépourvue de cendres, et qui se comporte vis-à-vis des réactifs comme la kératine ordinaire (Dict., **1**, 1250). Elle renferme : C = 49,78; H = 6,64; Az = 16,43; S = 4,25 [Lindwall, *Maly's Jahresb.*, **11**, 38].

Produits de dédoublement. — La plupart des kératines (la corne, par exemple, lorsqu'on l'humecte d'eau, mais non pas les cheveux) abandonnent déjà une partie de leur soufre, sous la forme d'hydrogène sulfuré, par la simple action de l'eau [Horbaczewski, *Maly's Jahresb*, 9, 28]. Traitées par les alcalis, elles se dissolvent en cédant du soufre, et se transforment en alcali-albumine, hémialbumose et peptone. C'est là un fait très important et qui met en lumière les relations étroites qui existent entre la kératine et les matières albuminoïdes vraies.

En traitant par de l'eau de baryte à 250° la laine de mérinos, M. Schützenberger a obtenu des produits de décomposition analogues à ceux de l'albumine, à savoir : de l'ammoniaque, des acides carbonique, oxalique, acétique, du pyrrol, de la leucine et de la leucéine caproïques, des acides amidobutyrique, amidovalérique, amidopropionique, de la tyrosine, des leucéines butyrique et valérique, de la glucoprotéine $C^8H^{16}Az^2O^4$. Les cheveux (de l'homme) se comportent d'une façon analogue [Schützenberger, *C. R.*, 86, 767. — Bleunard, *ibid.*, 89, 953]. En décomposant la corne d'après le procédé de MM. Hlasiwetz et Habermann (ébullition de la matière albuminoïde avec de l'acide chlorhydrique additionné de chlorure d'étain), M. Horbaczewski a observé la production d'hydrogène sulfuré, d'ammoniaque, d'acides glutamique et aspartique, de leucine et de tyrosine (de 3 à 5 0/0) [Horbaczewski, *Maly's Jahresb.*, 9, 28].

La production physiologique des kératines aux dépens de l'albumine est encore inexpliquée. La kératinisation des cellules superficielles de l'épiderme ne saurait s'expliquer par un simple phénomène de dessiccation, puisque ce processus s'accomplit déjà pendant la vie intra-utérine. Cette transformation consiste probablement dans le remplacement d'une partie de l'oxygène de l'albumine par du soufre, et peut-être aussi dans celui d'une partie de la leucine par un groupement de tyrosine (Drechsel).

Élastine (voyez Dict., 1, 1218). — D'après M. Horbaczewski, l'élastine renferme (moyenne de 9 analyses) : C = 54,32 ; H = 6,99 ; Az = 16,75 [*Zeit. physiol. Chem.*, 6, 330]. Bouillie avec de l'acide sulfurique, l'élastine fournit beaucoup de leucine (36 à 45 0/0) et très peu de tyrosine (0,25 0/0) [Erlenmeyer et Schöffer, *J. prakt. Chem.*, 80, 357].

La putréfaction, en présence du tissu pancréatique, dédouble l'élastine en ammoniaque, acide carbonique, acide valérique, glycocolle et peptones, mais sans production de phénol ni d'indol [Waelchli, *ibid.*, (2), 17, 71].

Bouillie avec de l'acide chlorhydrique concentré, avec addition de chlorure stanneux, l'élastine fournit du glycocolle, de l'acide amidovalérique, de la leucine et un peu de tyrosine (0,25 0/0), de l'ammoniaque, des leucéines (?), mais pas d'acide glutamique ou aspartique [Horbaczewski, *Mon. f. Chem.*, 6, 639; *Maly's Jahresb.*, 15, 37].

L'élastine présente une résistance absolue à l'action de l'acide chlorhydrique à 1 ou 2 et même à 10 p. 1000, à la température de 40° ; mais la pepsine chlorhydrique, contrairement aux indications généralement acceptées, la dissout aisément. M. Horbaczewski a pu observer directement cette digestion sur un malade porteur d'une fistule gastrique. Le produit de la digestion, débarrassé par dialyse de l'excès d'acide chlorhydrique, puis acidulé par l'acide acétique, donne, en présence d'un excès de sel marin en poudre, un précipité d'*hémiélastine*. Le liquide filtré renferme une *élastine-peptone*.

Hémiélastine. — Le produit précipité par le sel marin, est lavé avec une solution saturée du même sel, puis dissous dans l'eau. La liqueur, débarrassée du sel par dialyse, est précipitée par l'alcool. L'hémiélastine contient C = 54,22 ; H = 7,02 ; Az = 16,84 ; cendres = 0,48. — $[\alpha]_D = -92°,7$.

Elle est facilement soluble dans l'eau froide ; l'ébullition la coagule en flocons qui se redissolvent de nouveau par le refroidissement. Elle est précipitée par l'alcool, par les acides minéraux concentrés. Le précipité est soluble dans un excès d'acide ; l'acide acétique et le ferrocyanure de potassium, les acides phosphomolybdique et phosphotungstique, l'acide picrique, le phénol, l'acide acétique, les sels des métaux lourds (Pb, Cu, Hg) la précipitent également. Elle ne donne plus la réaction d'Adamkiewicz, ni celle de Max Schultze, mais elle fournit très nettement celles de Millon et de Fröhde et celle de l'acide xanthoprotéique.

Élastine-peptone. — Le produit de la digestion de l'élastine est débarrassé de l'hémiélastine au moyen de l'hydrate de plomb fraîchement précipité. Le liquide filtré, traité par l'hydrogène sulfuré et filtré, est évaporé à siccité.

L'élastine-peptone est une poudre blanchâtre, soluble dans l'eau froide et dans l'eau chaude. Son pouvoir rotatoire est $[\alpha]_D = -87°,94$. Sa solution n'est que difficilement précipitée par l'alcool. Elle n'est troublée ni par l'acide acétique et le cyanure jaune, ni par les acides minéraux concentrés ; mais l'acide phosphotungstique, le sublimé, le nitrate mercurique, le sous-acétate de plomb ammoniacal la précipitent.

Fibroïne et séricine (voyez Dict., 1, 1461 ; 2, 1476 et 1539). — La fibroïne ne semble pas préexister dans le produit frais, tel qu'il est sécrété par le ver à soie ; il est probable qu'elle ne prend naissance que par une sorte de coagulation à l'air de la substance visqueuse qui va constituer la soie. A l'état brut, celle-ci est un mélange de *fibroïne* et de *séricine*.

Par sa décomposition sous l'action de l'hydrate de baryte à 150-180°, la *fibroïne* fournit les mêmes produits de dédoublement que les matières albuminoïdes proprement dites (Schützenberger, Bourgeois). Les produits de décomposition de la fibroïne sous l'action de l'acide sulfurique bouillant (au 1/5) sont, d'après M. Weyl, de la tyrosine (5,2 0/0), une masse cristalline ayant l'aspect de la leucine brute (15 0/0) et de laquelle on a pu extraire de l'α-alanine pure et du glycocolle [Th. Weyl, *D. chem. G.*, 21, 1407 et 1529].

La *séricine* s'obtient en traitant la soie brute par l'eau bouillante et en précipitant le liquide par le sous-acétate de plomb. Le précipité est délayé dans l'eau chaude et décomposé par l'hydrogène sulfuré, et le liquide filtré et concentré est précipité par l'alcool.

La séricine est une poudre blanche, qui se gonfle dans l'eau froide et se dissout dans l'eau bouillante. Cette solution se prend en gelée par le refroidissement. La séricine renferme, d'après M. Cramer : C = 44,32 ; H = 6,18 ; Az = 18,30.

M. Weyl a donné le nom de *séricoïne* au produit que l'on obtient en dissolvant dans de l'acide chlorhydrique de la soie purifiée d'après le procédé de M. Stædeler, et versant la dissolution acide dans de l'alcool fort. C'est une poudre blanche, qui renferme : C = 48,00 ; H = 6,61 - 6,72 ; Az = 16,12 - 16,53 [Stædeler, *Ann. Chem.*, 111, 12. — Cramer, *Journ. prakt. Chem.*, 96, 76. — Weyl, *loc. cit.*].

E. Lambling.

ALBUMOSES. — Les albumoses apparaissent transitoirement au cours de la digestion pepsique des matières albuminoïdes et constituent un produit intermédiaire entre les acidalbumines et les peptones. Les albumoses se produisent également dans la digestion pancréatique. Elles se distinguent, d'une part, des peptones, en ce qu'elles sont précipitées par l'acide acétique et le chlorure de sodium, par l'acide azotique et par divers sels métalliques, et, d'autre part, des albumines proprement dites, par ce fait remarquable que ces précipités se redissolvent à chaud et apparaissent de nouveau par le refroidissement.

Une substance présentant quelques-uns de ces caractères avait déjà été signalée par Bence-Jones en 1850, et par M. Kühne, en 1869, dans l'urine de malades atteints d'ostéomalacie. Mais c'est M. Adamkiewicz qui observa le premier qu'au cours de la digestion pepsique des matières albuminoïdes, il apparaît un corps présentant les curieuses réactions de redissolution signalées plus haut. Le produit étudié par M. Adamkiewicz et dont il voulut faire, à tort, la *vraie peptone*, par opposition à la peptone de Maly, Herth, Henninger, — c'est-à-dire un produit ultime de la digestion gastrique des albuminoïdes, — était en réalité un mélange de peptone et d'une matière albuminoïde *sui generis* que M. Schmidt-Mülheim distingua nettement de la peptone et de l'acidalbumine, et à laquelle il appliqua le nom de *propeptone*. Enfin M. Salkowski démontra l'identité de cette propeptone avec l'*hémialbumose* que M. Kühne avait antérieurement obtenue par l'action des acides étendus sur l'albumine et dont il avait également observé la formation au cours de la digestion gastrique. Ajoutons que l'hémialbumose ou propeptone est identique avec l'*a-peptone* de M. Huizinga, avec la *protalbumine* de M. Danilewski (Straub), avec la « peptone » de M. Pekelharing [Bence Jones, *Méd. Chir. Trans.*, 1850, 215. — Kühne, *Zeit. f. Biol.*, **19**, 209; *Bull. Soc. Chim.*, **41**, 265. — A. Adamkiewicz, *Maly's Jahresb.*, **8**. 21. — Schmidt-Mülheim, *ibid.*, **10**. 21. — Salkowski, *ibid.*, **10**, 24. — Kühne, *ibid.*, **6**, 179. — Straub, *ibid.*, **14**, 28. — Pekelharing, *Pflüger's Arch.*, **22**, 1880].

Il est probable qu'à chaque matière albuminoïde correspond une albumose particulière. Mais, tandis que MM. Herth, Hamburger, Straub soutiennent que la digestion de la fibrine ne donne naissance qu'à une seule albumose, *hémialbumose* ou *propeptone*, sans dédoublement ni hydratation de la molécule albuminoïde, au contraire MM. Kühne, Chittenden, Neumeister admettent une dissociation de la molécule et décrivent, pour chaque matière albuminoïde, plusieurs albumoses (*albumoses de l'albumine de l'œuf, albumoses de la fibrine, globuloses, caséoses, vitelloses*).

HÉMIALBUMOSE [Syn. *Propeptone*]. — Nous décrirons sous ce nom, d'après M. Herth, l'albumose la mieux connue, celle que l'on obtient dans la digestion pepsique de la fibrine.

L'hémialbumose se trouve abondamment dans l'estomac après ingestion de viande, ainsi que dans le sang pendant la digestion. On en trouve également à l'état normal dans la moelle osseuse, le pancréas, la rate, le foie, le rein et le poumon, dans le lait de femme et de vache, dans le sperme (et par conséquent dans l'urine dans les cas de spermatorrhée): on la rencontre à l'état pathologique dans l'urine dans les cas d'ostéomalacie, de rougeole ou de néphrite artificielle. Un grand nombre d'aliments (pain de froment, fromage) en renferment de petites quantités (Axenfeld) [Fleischer, *Maly's Jahresb.*, **10**, 32. — J. Schmidt, *ibid.*, **14**. 175. — Axenfeld, *ibid.*, **17**, 5. — Posner, *ibid.*, **18**. 315. — Langendorf, *Virchow's Arch.*, **69**, 465. — Löb, *Centralbl. f. klin. Med.*, 1889, n° 15. — Lassar, *Virchow's Arch* **77**, 164].

Préparation. — De la fibrine, préalablement bien gonflée avec de l'acide chlorhydrique à 0.2 0/0, est mise à digérer, à 40°, avec de la pepsine chlorhydrique. Au bout de deux heures, on neutralise le liquide avec du carbonate de sodium afin de précipiter l'acidalbumine, on filtre, on acidule par de l'acide acétique et on fait bouillir afin de coaguler les dernières traces d'albumine. Le liquide filtré, refroidi, est additionné jusqu'à refus de sel marin en poudre et agité vivement. L'hémialbumose brute se sépare sous la forme d'une masse grumeleuse, que l'on lave avec de l'eau salée et que l'on purifie en la redissolvant dans l'eau et la précipitant par le sel marin. La dernière solution obtenue, filtrée à chaud, puis concentrée, est débarrassée de ses sels par dialyse, évaporée jusqu'à consistance sirupeuse, puis précipitée par l'alcool. On peut aussi partir des peptones du commerce, dont quelques-unes (la peptone sèche de Witte, par exemple) renferment des proportions considérables d'hémialbumose. On en dissout au bain-marie 50 grammes dans 500 centimètres cubes d'une solution de sel marin à 1 0/0; la solution un peu trouble est acidulée par l'acide acétique et bouillie afin de coaguler les dernières traces d'albumine. On termine comme précédemment [Herth, *Mon. f. Chem.*, **5**, 266. — Salkowski, *Maly's Jahresb.*, **10**, 24. — Straub, *ibid.*, **14**, 28. — Hamburger, *ibid.*, **16**, 20. — Drechsel, *Darstellung physiol. chem. Praep.*, Wiesbaden, 1889, 23].

Le produit ainsi préparé n'est pas de l'hémialbumose pure, ainsi qu'on le croyait autrefois, mais une combinaison de ce corps avec environ 5 0/0 d'acide acétique. On obtient des combinaisons analogues en précipitant l'hémialbumose par l'acide chlorhydrique et le sel marin ou l'acide sulfurique et le sulfate de sodium.

L'hémialbumose pure s'obtient, d'après M. Herth, en neutralisant exactement une solution aqueuse d'hémialbumose acide, concentrant fortement le liquide, puis le soumettant à une dialyse active. Il se dépose finalement une gelée colorée, que l'on recueille. Le liquide restant, qui pendant la dialyse a repris une réaction acide ou alcaline, est neutralisé à nouveau, puis soumis à la dialyse. Finalement les gelées ainsi obtenues, agitées avec de l'eau, laissent déposer l'hémialbumose pure sous la forme d'une poudre blanche [Herth, *loc. cit.*].

Propriétés — 1° *Hémialbumose acide.* — L'hémialbumose acide, précipitée par l'alcool fort et desséchée, d'abord à froid au-dessus de l'acide sulfurique, puis à 105°, est une poudre jaunâtre, soluble dans l'eau. Elle se dissout aussi à chaud dans l'alcool à 50-55 0/0 et se dépose par le refroidissement (Straub). Sa solution aqueuse, saturée par du chlorure de sodium, laisse précipiter l'hémialbumose acide et cette précipitation peut être répétée plusieurs fois sans que la teneur en acide du produit qui se sépare soit sensiblement modifiée. Pour que la précipitation soit aussi complète que possible, il est bon que la richesse du liquide en acide acétique soit d'environ 8-10 0/0 de la quantité d'hémialbumose à précipiter. Dans ces conditions, il faut que la teneur en sel marin soit portée à 21 grammes pour 100 centimètres cubes; mais, une fois précipitée, l'hémialbumose ne se dissout plus dans une solution de chlorure de sodium à 10 0/0.

Ce précipité d'hémialbumose acide présente la remarquable propriété de se dissoudre dans un peu d'eau chaude et de se séparer de nouveau par le refroidissement. Ni l'hémialbumose pure et l'eau salée, ni l'hémialbumose acide et l'eau pure, ne présentent ce phénomène, qui n'apparaît que lorsque ces trois facteurs, hémialbumose, acide et sel marin, agissent concurremment. Dans cette réaction, l'acide et le chlorure de sodium peuvent, chacun de son côté, être tour à tour agent de dissolution ou de précipitation, et les observations si curieuses faites à ce sujet par M. Herth montrent combien il importe de tenir compte, *quantitativement*, de ces deux facteurs, réaction de la solution et richesse en sel, lorsqu'il s'agit, sur ce terrain des matières albuminoïdes, de caractériser une espèce chimique nouvelle.

Ainsi, en renforçant progressivement la proportion de sel marin dans une solution limpide d'hémialbumose acide dans l'eau salée, on provoque un trouble de plus en plus intense, que l'on peut faire disparaître à chaque fois en augmentant graduellement la proportion d'acide; mais ces alternatives de précipitations et de redissolutions cessent de se produire lorsque la proportion de chlorure atteint 4 0/0. A partir de cette limite, la redissolution du précipité s'obtient encore à chaud, mais seulement jusqu'à une teneur en sel de 6 0/0. Dans ces expériences, l'acide intervient donc comme dissolvant et neutralise en quelque sorte l'action de précipitation exercée par le sel. De la même manière, des solutions qui, par suite de la présence d'un excès d'acide, sont troubles à froid ou incomplètement clarifiées à chaud, redeviennent limpides, si l'on renforce la proportion de sel marin. Finalement il arrive un moment où les deux facteurs sont en proportion suffisante pour qu'ils soient, l'un et l'autre, agents de précipitation. Dans ces expériences, la richesse des solutions en hémialbumose variait de 10,3 à 2,3 0/0.

Inversement, la teneur en acide et en sel peut atteindre des limites inférieures, au-dessous desquelles l'hémialbumose cesse également d'être soluble à froid ou à chaud. Cela étant, on comprend aisément qu'une solution chlorhydrique d'hémialbumose privée de sels peut, selon sa teneur en acide, se troubler ou non à froid par l'addition graduelle de soude, et que le précipité formé peut, selon les conditions, se redissoudre, ou non, à chaud. En effet, si, au moment où il ne reste plus en liberté qu'une quantité d'acide insuffisante pour maintenir la solution limpide (moins de 1,8 0/0 de HCl), la quantité de chlorure de sodium formée est déjà assez forte pour agir comme dissolvant, la solution ne se troublera pas. Dans le cas contraire, il se formera un précipité.

Dans l'expérience précédente, un très faible excès d'alcali suffit pour redissoudre le précipité. L'addition d'un grand volume d'eau produit de nouveau un précipité, qui cette fois est une combinaison d'hémialbumose avec la base. Cette *hémialbumose alcaline* se comporte avec le sel marin comme la combinaison acide.

L'acide carbonique est sans action sur les solutions d'hémialbumose dans l'eau salée, mais les acides chlorhydrique, sulfurique, phosphorique et lactique se comportent en général comme l'acide acétique.

L'acide azotique donne, avec les solutions d'hémialbumose, un précipité qui se redissout à chaud avec une coloration jaune très intense, et qui reparaît par le refroidissement. Le précipité est également soluble à froid dans un excès d'acide azotique. Le liquide prend une coloration jaune-citron ou jaune-orange, que l'addition d'un alcali accentue encore (Kühne).

L'acide pyrogallique donne avec l'hémialbumose un précipité soluble à chaud. Cette réaction serait, d'après M. Axenfeld, 10 fois plus sensible que la précédente [Axenfeld, *Maly's Jahresb.*, 17, 5]. Elle peut être utilisée pour le dosage de l'hémialbumose (voyez plus loin).

Additionnée d'un peu de potasse et d'une très faible quantité de sulfate de cuivre, la solution d'hémialbumose se colore en violet-pourpre.

Les solutions, même très étendues, d'hémialbumose sont précipitées par l'acide phosphomolybdique, le tannin, l'acide acétique et le ferrocyanure de potassium. La présence de sels alcalins, et notamment de sels ammoniacaux, empêche cette dernière réaction.

Le réactif de Millon colore à chaud l'hémialbumose en rouge foncé; le sel marin en excès empêche la réaction.

Pour éliminer l'hémialbumose, M. Schmidt-Mülheim fait bouillir la solution avec de l'acétate ferrique; M. Hofmeister recommande l'ébullition avec de l'hydrate plombique.

2° *Hémialbumose pure.* — Elle est insoluble dans l'eau à toute température. Précipitée à l'état de pureté, elle est également insoluble dans les solutions salées, mais le sel marin peut la maintenir en dissolution. Elle retient avec une très grande énergie les acides et les bases, que des lavages prolongés ne lui enlèvent pas. Traitée par les sels de cuivre, de plomb, d'argent, elle donne des précipités qui ne se redissolvent pas à chaud. Mais si l'on ajoute une quantité très faible de soude, insuffisante pour dissoudre le précipité à froid, on obtient, en chauffant, une solution limpide qui se trouble par le refroidissement.

D'après M. Herth, l'hémialbumose et la fibrine qui a servi à la préparer contiennent :

	Carbone.	Hydrogène.	Oxygène.	Soufre.
Hémialbumose.	52,30	6,80	17,60	1,23
Fibrine.......	52,51	6,98	17,34	—

Ajoutons qu'en fractionnant la précipitation de l'hémialbumose obtenue à l'aide d'une digestion pepsique de fibrine, M. Herth a obtenu quatre fractions, qui présentaient à la vérité quelques différences dans leur action sur la lumière polarisée et leur solubilité dans les divers réactifs, mais toutes ces différences disparaissaient aussitôt que l'on égalisait soigneusement la teneur en acide des quatre échantillons. Les conclusions de M. Herth ont été confirmées par M. Hamburger [*Maly's Jahresb.*, 16, 20].

M. Szimanski a préparé, en partant d'une albumine végétale extraite de l'orge, une hémialbumose présentant les mêmes caractères généraux [F. Szimanski, *D. chem. G.*, 18, 1371].

L'hémialbumose traitée par le chlorure de benzoyle, en présence de la potasse, fournit des dérivés benzoylés, amorphes, solubles dans l'alcool. Ces corps ne renferment pas de soufre et ne donnent plus que faiblement la réaction du biuret [Schrötter, *D. chem. G.*, 22, 1950].

Recherche et dosage de l'hémialbumose. — La recherche de l'hémialbumose exige l'élimination préalable de l'albumine. Pour cela, on additionne le liquide (urine, extrait aqueux d'organes, etc.) d'acide acétique jusqu'à réaction acide, puis du sixième environ de son volume d'une solution concentrée de chlorure de sodium, et on fait bouillir. On sépare par filtration l'albumine coagulée et on laisse refroidir le liquide. L'hémialbumose se dépose aussitôt, ou seulement après addition d'une nouvelle quantité de sel marin en poudre. On recueille le précipité, on l'exprime entre des doubles de papier et on le dissout dans l'eau. Cette solution doit présenter les réactions indiquées plus haut. Quant à sa richesse en hémialbumose, elle pourrait être appréciée à l'aide du polarimètre. M. Herth a trouvé que le pouvoir rotatoire spécifique augmente lorsque la proportion d'acide diminue et qu'il oscille, pour l'hémialbumose acide précipitée dans les conditions qu'on vient d'indiquer, entre — 67°,7 et — 70°. On peut aussi doser l'hémialbumose en la précipitant à l'aide du pyrogallol. M. Axenfeld en a trouvé, à l'aide de ce procédé : dans la farine de froment, 1,6 0/0; dans le lait de vache, 0,13 0/0; dans le lait de femme, 0,23 0/0;

dans le fromage de lait de jument, 0,32 0/0 ; dans le fromage de gruyère, 1,02 0/0; dans le pancréas, 0,13 0/0; dans la rate, 0,113 0/0; dans le foie, 0,09 0/0; dans le rein, 0,055 0/0; dans le poumon, 0,066 0/0; dans la moelle osseuse, 0.033 0/0. Le muscle et le cerveau semblent n'en point contenir [Axenfeld, *loc. cit.*].

Albumoses de M. Kühne. — Les résultats qu'on vient d'exposer sont en contradiction complète avec les conclusions de M. Kühne et de ses élèves, qui distinguent plusieurs espèces d'albumoses. De nouvelles recherches permettront seules de trancher ce débat. Peut-être n'a-t-on pas, dans la différenciation de ces diverses albumoses, tenu un compte suffisant de l'influence modificatrice exercée par les sels et les acides ou les bases. L'exposé des recherches de M. Herth sur l'hémialbumose nous dispense d'insister sur ce point.

MM. Kühne et Chittenden admettent que dans la peptonisation la molécule albuminoïde se dédouble tout d'abord en deux parts, qui subissent ensuite séparément des hydratations successives, et cela avec une facilité très inégale. L'une, l'*hémialbumose*, fournit aisément avec la pepsine une *hémipeptone*, que la trypsine détruit avec formation de leucine et de tyrosine. L'autre, l'*antialbumose*, n'est que lentement attaquée par la pepsine, plus rapidement par la trypsine, qui la transforme en *antipeptone*. A ce groupe *anti*, il faut ajouter l'*antialbumide* (voyez ce mot), qui est un dérivé de l'antialbumose. L'albumine du sang, celle de l'œuf, la syntonine du muscle, la fibrine fournissent toutes cette double série *hémi* et *anti*. Enfin l'*hémiprotéine* de M. Schützenberger serait identique avec l'antialbumide, tandis que l'*hémialbumine* serait un mélange d'hémialbumose et d'hémipeptone [Kühne et Chittenden, *Zeit. f. Biol.*, **19**, 159; *Bull. Soc. Chim.*, **41**, 261]. Nous ne ferons ici, et très sommairement, que l'histoire des albumoses décrites par M. Kühne et ses élèves, nous réservant de développer plus complètement à l'article Peptones la théorie de la peptonisation telle que la donne M. Kühne.

Albumoses dérivées de la fibrine. — Les recherches de M. Kühne et de ses élèves ont surtout porté sur le groupe des hémialbumoses; les antialbumoses sont moins bien connues.

Antialbumoses. — On précipite une antialbumose brute mêlée à de l'hémialbumose et à de la syntonine, lorsqu'on neutralise une digestion pepsique de fibrine, interrompue au bout de 1 heure et demie ou 2 heures. Le précipité est soumis à trois nouvelles digestions, la dernière étant prolongée pendant 48 heures. Finalement, la soude en très faible excès précipite du liquide de digestion une masse qui a cessé d'être visqueuse, qui est soluble dans les acides et dans les alcalis, et que le suc pancréatique transforme en antipeptone, avec cette particularité que le liquide se caille au bout de peu de temps comme le lait sous l'action de la présure [Kühne et Chittenden, *loc. cit.*]. — Il est probable que ce produit est un mélange de plusieurs antialbumoses (voyez Hémialbumoses).

Hémialbumoses. — L'hémialbumose ou propeptone, telle qu'elle a été décrite plus haut, serait d'après MM. Kühne et Chittenden un mélange de quatre albumoses distinctes : 1° la *protalbumose*, précipitable par le sel marin en excès ajouté en nature, et soluble dans l'eau froide ou chaude; 2° l'*hétéroalbumose*, également précipitable par le sel marin en excès, insoluble dans l'eau froide ou bouillante; 3° la *dysalbumose*, analogue aux précédentes, mais en outre insoluble dans l'eau salée; 4° la *deutéroalbumose*, non précipitée par le sel marin en excès, mais par le sel marin et l'acide acétique, et soluble dans l'eau pure.

L'hémialbumose de l'urine des ostéomalaciques est un mélange de protalbumose, de dysalbumose et peut-être d'hétéroalbumose [Kühne et Chittenden, *Zeit. f. Biol.*, **20**, 11; *Maly's Jahresb.*, **14**, 13].

Des procédés de séparation de ces diverses albumoses ont été indiqués par MM. Kühne et Chittenden (*loc. cit.*), Neumeister, Chittenden et Percy Bolton [Kühne, *Maly's Jahresb.*, **15**, 32. — Neumeister, *Zeit. f. Biol.*, **23**, 381 et **24**, 267; *Maly's Jahresb.*, **16**, 16 et **17**, 20. — Chittenden et P. Bolton, *Maly's Jahresb.*, **17**, 13].

M. Neumeister a réussi en outre à transformer, par l'action des ferments digestifs, ou par l'ébullition avec l'acide sulfurique étendu, la protalbumose, la dysalbumose et l'hétéroalbumose en deutéroalbumose. D'après MM. Kühne et Chittenden, la transformation de la dysalbumose en hétéroalbumose se fait aussi très facilement.

En outre, l'hétéroalbumose n'appartient pas entièrement au groupe *hémi*; elle est un mélange d'*hémihétéroalbumose* et d'*antihétéroalbumose*, et, conséquemment, l'antialbumose doit être, comme l'hémialbumose, un mélange de plusieurs corps.

Ces albumoses sont sans odeur et sans saveur, tandis que les peptones ont, d'après M. Kühne, une saveur horrible. Le retard apporté à la coagulation du sang par l'injection dans les veines des produits de la digestion est uniquement dû aux albumoses, et non aux peptones comme on l'a cru pendant longtemps [Kühne et Chittenden, *Zeit. f. Biol.*, **22**, 423; *Maly's Jahresb.*, **16**, 12].

Albumoses dérivées de l'albumine de l'œuf. — On traite par du suc gastrique artificiel de l'albumine d'œuf, préalablement débarrassée de globulines d'après le procédé de M. Starke [*Maly's Jahresb.*, **11**, 17]. La digestion doit être poursuivie un peu plus longtemps que pour la fibrine; les produits obtenus respectivement au bout de 3, 16 et 24 heures ne présentent pas de différences sensibles. L'hémialbumose brute, séparée de l'acidalbumine et de la peptone, est traitée par une solution de sel marin à 10 0/0 et par de l'eau. La *dysalbumose* reste insoluble. Le liquide salé, soumis à la dialyse, laisse déposer l'*hétéroalbumose*; le liquide surnageant, traité par l'alcool, fournit un précipité de *protalbumose*, tandis que la *deutéroalbumose* passe dans la liqueur, d'où on la précipite par l'acide acétique additionné de sel marin.

L'analyse élémentaire de ces quatre produits montre qu'ils présentent entre eux des différences plus marquées que les albumoses de la fibrine, mais qu'ils se rapprochent au contraire davantage de la substance mère [Chittenden et P. Bolton, *Maly's Jahresb.*, **17**, 13].

Globuloses. — De la globuline extraite du sérum de sang de bœuf, d'après le procédé de M. Hammarsten, est traitée pendant 6 jours par du suc gastrique artificiel à 0,4 0/0 de HCl. Le liquide de digestion, débarrassé du précipité de neutralisation, puis acidulé et bouilli, fournit par filtration une liqueur contenant les globuloses. Par un procédé analogue à celui qu'on vient de décrire, MM. Kühne et Chittenden séparent de ce liquide :

1° Une *protoglobulose*, qui, traitée par la trypsine, fournit de la leucine, de la tyrosine et une substance particulière qui se colore en violet par le brome; la protoglobulose appartient donc au groupe *hémi*.

2° Une *hétéroglobulose*, qui, dans les mêmes conditions, se transforme en antipeptone, sans production de tyrosine, ni de substance colorable par le brome et qui rentre par conséquent dans le groupe *anti*. L'urine des ostéomalaciques semble contenir de l'hétéroglobulose.

3° Une *deutéroglobulose* très semblable à la deutéroalbumose dérivée de la fibrine.

Les auteurs ne font pas mention d'une dysglobulose [Kühne et Chittenden, *Zeit. f. Biol.*, 23, 381; *Maly's Jahresb.*, 16, 16].

Vitelloses. — M. R. Neumeister a isolé des produits de la digestion pepsique d'une vitelline extraite des semences de courge une série analogue de vitelloses qui ne diffèrent pas sensiblement des albumoses de la fibrine et des globuloses [Neumeister, *Zeit. f. Biol.*, 23, 402; *Maly's Jahresb.*, 16, 18]. L'auteur signale également la production d'une *antivitellide*, analogue à l'antialbumide.

Caséoses. — Le produit de la digestion pepsique de la caséine du lait de vache, traité par du sulfate d'ammonium ajouté jusqu'à refus, fournit un coagulum qui contient toutes les caséoses. On les sépare en mettant à profit leur solubilité différente dans l'eau pure, l'eau salée ou l'eau salée additionnée d'acide acétique, etc. La protocaséose ne diffère que très peu de la caséine, tandis que la deutérocaséose est sensiblement moins riche en carbone. Les échantillons analysés contenaient de 1 à 10 0/0 de cendres (!) [Chittenden et Painter, *Maly's Jahresb.*, 17, 16].

E. Lambling.

ALCALI-ALBUMINES ET **ACIDALBUMINES** (voyez Dict., 1, 774; 3, 170; Suppl. 1, 63, 1506 et Suppl., 2, 132]. — L'histoire chimique de ces deux matières albuminoïdes présente un grand nombre de points communs. Les ressemblances sont même si considérables, que la question de l'identité complète de ces deux substances, posée il y a quelques années par M. Soyka, est restée pendant longtemps incertaine. Les recherches de M. Mörner ont finalement établi pour ces deux substances des réactions différentielles très nettes, encore que délicates (Suppl., 1, 1576). Elles ont montré, en outre, que si l'acidalbumine peut être transformée facilement en alcali-albumine sous l'action des alcalis, la transformation de l'alcali-albumine en acidalbumine sous l'action des acides n'est pas possible. Il est probable que, dans la production de ces deux dérivés, les alcalis modifient plus profondément la molécule albuminoïde que ne le font les acides, puisque la production des alcali-albumines semble toujours s'accompagner d'une séparation de soufre, sous la forme de sulfure alcalin (voyez plus loin). Quoi qu'il en soit, on doit admettre aujourd'hui que ces deux sortes de dérivés ne sont pas identiques, et c'est à tort que beaucoup d'auteurs continuent à réunir sous la dénomination unique de *protéine* le produit de l'action des acides et le produit de l'action des alcalis sur les matières albuminoïdes.

Alcali-albumines. — Si l'on additionne le blanc d'œuf en nature d'une solution concentrée de potasse caustique (environ 0gr,5 de KOH pour le blanc d'un œuf), on obtient au bout de quelques instants une gelée compacte, transparente (*albuminate potassique* de Lieberkühn. — Dict., 1, 774). Des gelées analogues peuvent être obtenues en partant du sérum sanguin [Hoppe-Seyler, *Zeit. f. Chem.*, 1864, 739. — Heynsius, *Pflüger's Arch.*, 2, 18]. On peut aussi remplacer la potasse par la soude, l'eau de baryte concentrée, ou l'hydrate de calcium en poudre [Fokker, *ibid.*, 7, 274], ou enfin faire pénétrer lentement l'alcali dans la solution, par voie de dialyse, en faisant flotter sur des lessives alcalines étendues des dialyseurs renfermant la matière albuminoïde qu'on veut transformer en gelée [W. Michaïloff et H. Chlopin, *Maly's Jahresb.*, 16, 6. — A. Solowjeff, *ibid.*, 17, 1].

Ces gelées sont solubles dans l'eau, et ces solutions, traitées par l'acide acétique étendu, donnent un précipité qui constitue la matière albuminoïde nouvelle, telle qu'elle résulte de l'action de l'alcali sur l'albumine primitive. C'est ce corps que l'on a appelé souvent *albumine de Lieberkühn*. M. Hoppe-Seyler et M. Soyka lui ont appliqué le nom de *protéine*, en réservant celui d'*alcali-albuminate* pour désigner la combinaison soluble que ce corps forme avec les alcalis. Il est à peine nécessaire de faire remarquer que le mot *protéine* ne doit pas être pris dans le sens que lui donnait primitivement Mulder dans sa théorie des *matières protéiques*. D'autres auteurs se servent, pour désigner à la fois le produit précipité par l'acide acétique ou la combinaison alcaline de ce précipité, soit du mot *protéine*, soit du mot *alcali-albuminate* ou *albuminate alcalin*, ou encore *alcali-albumine*. Cette dernière dénomination est préférable, car la matière albuminoïde à laquelle elle s'applique, existe, avec des propriétés différentes de celles de l'albumine, qu'elle soit d'ailleurs en combinaison ou non avec des bases. Rappelons encore que Wurtz a proposé de désigner la matière formée par l'action des alcalis sur l'albumine sous le nom d'*albuminose*.

Il est probable que chaque matière albuminoïde fournit, sous l'action des alcalis, une alcali-albumine spéciale. Les renseignements qui suivent se rapportent en général, sauf indication contraire, à l'alcali-albumine dérivée du blanc d'œuf.

Préparation. — 400 centimètres cubes de blanc d'œuf sont battus ou coupés avec des ciseaux de façon à rompre les membranes, puis soumis pendant 2 jours à une dialyse énergique. Le liquide, qui a augmenté de volume pendant la dialyse, est filtré, puis additionné d'eau jusqu'à ce que chaque volume de blanc d'œuf soit finalement étendu de 11 volumes d'eau. On ajoute ensuite de la soude titrée (14 centimètres cubes d'une solution normale de soude pour 100 centimètres cubes de blanc d'œuf primitivement mis en œuvre), et on chauffe pendant quelques heures au bain-marie. Le liquide refroidi est additionné d'une solution normale d'acide chlorhydrique, de façon à neutraliser exactement la soude employée. Cette opération doit être faite avec soin, car le moindre excès d'alcali ou d'acide empêche la production de caillots et retarde considérablement la filtration. On évite cet accident en ajoutant une quantité d'acide un peu inférieure à celle qui équivaut à la soude primitivement introduite dans le liquide, et en faisant ensuite passer à plusieurs reprises un courant d'acide carbonique, jusqu'à ce que le liquide surnageant le précipité soit devenu limpide. Le précipité, lavé à plusieurs reprises sur le filtre avec de l'eau distillée, est desséché entre des doubles de papier [A. Rosenberg, *Inaug. Dissert.*. Dorpat, 1883; *Maly's Jahresb.*, 13, 17].

Propriétés. — L'alcali-albumine fraîchement précipitée se présente sous la forme de grumeaux blancs, donnant au tournesol une réaction acide très nette. Cette réaction est propre à la substance même et ne tient aucunement à la présence d'impuretés de nature acide. Préparée comme il vient d'être dit plus haut, elle ne renferme plus de sels solubles en quantité appréciable et contient des traces seulement (0,17 0/0) de sels insolubles (Rosenberg). Elle n'est pas tout à fait insoluble dans l'eau, mais elle ne communique à cette dernière aucune réaction acide; la solution de chlorure de sodium à 10 0/0 ne la dissout pas mieux que l'eau.

L'alcali-albumine est facilement soluble dans un excès d'une solution de soude caustique, de phosphate disodique ou de carbonate de sodium. Lorsqu'on n'emploie que la quantité minima de soude nécessaire pour maintenir dissoute la matière albuminoïde, la solution présente une réaction franchement acide. Ce minimum d'alcali varie avec la concentration de la solution. M. Rosenberg a constaté, par exemple, que pour un taux de 5,381 0/0 d'alcali-albumine la quantité minima de soude nécessaire est de 1,386 0/0 d'albumine sèche, tandis que pour un taux de 0,582 0/0 elle n'est plus que de 0,66 0/0 de substance sèche. La dilution entraîne donc la mise en liberté d'une certaine quantité d'alcali, et la solution diluée ne donne, avec l'acide chlorhydrique, un précipité permanent qu'après neutralisation de la quantité d'alcali ainsi libérée.

Comme la dissolution de l'alcali-albumine dans la quantité minima de soude caustique est toujours très lente, il est plus commode, lorsqu'on veut préparer une solution d'alcali-albumine dans les alcalis, de faire agir un excès de soude titrée que l'on ajoute peu à peu, à l'aide d'une burette graduée, à la substance délayée dans de l'eau. Cet excès est d'ailleurs d'autant moins grand que l'on attend plus longtemps après chaque addition de soude. Lorsque la dissolution est achevée, on ajoute au liquide fortement alcalin de l'acide chlorhydrique titré jusqu'à réaction neutre, résultat auquel on arrive longtemps avant d'avoir ajouté une quantité d'acide équivalente à la quantité de soude employée. Lorsque la réaction neutre est sur le point d'être atteinte, il se produit souvent un précipité qui se redissout spontanément au bout de quelque temps. Ce n'est que lorsqu'on a dépassé la réaction neutre qu'il se produit un précipité permanent.

Les dissolutions d'alcali-albumine qui ne contiennent que le minimum d'alcali nécessaire sont coagulables à chaud, mais seulement un peu au delà de 100°. Elles sont également coagulées à la température ordinaire par addition de sel marin, et cette coagulation est d'autant plus rapide que la richesse en sel ou en alcali-albumine est plus grande. En faisant varier ces deux facteurs, on peut à volonté produire la coagulation, soit immédiatement, soit au bout de quelques jours seulement. Ainsi, en ajoutant à 1 ou 2 centimètres cubes d'une solution d'alcali-albumine à 10 0/0 0^{cc},1 à 0^{cc},2 d'une solution de chlorure de sodium à 10 0/0, on provoque une coagulation presque immédiate, tandis que, toutes choses égales d'ailleurs, une solution à 5 0/0 ne passe à l'état pecteux qu'au bout de plusieurs jours. La chaleur hâte le phénomène d'une manière très sensible; la présence d'un excès d'alcali le retarde au contraire, et d'autant plus que les solutions sont plus diluées. Le caillot qui se produit est d'autant plus dense et plus opaque que toutes les conditions favorables qu'on vient d'énumérer sont plus complètement réalisées. Il est au contraire gélatineux et transparent lorsque la coagulation a été retardée, par un excès d'alcali par exemple. De plus, dans ces conditions, il cède toujours à l'eau froide une notable quantité d'alcali-albumine qui a échappé à la coagulation. Rien de semblable ne s'observe lorsque le caillot est franchement opaque.

Lorsqu'on ajoute à une solution d'alcali-albumine une trop grande quantité de sel marin, il se produit, non plus une coagulation, mais une *précipitation* de la matière albuminoïde, qui se sépare en flocons, réaction qui rentre dans le phénomène très général de la précipitation des matières albuminoïdes par les sels neutres des alcalis ou des terres (voyez Suppl., **2**, 136).

Une solution saturée d'alcali-albumine, évaporée dans le vide, laisse un résidu qui est soluble dans l'eau grâce à l'alcali qu'il contient. Si la quantité de sel que contient la solution n'est pas trop faible, on peut arriver, dans le cours de cette évaporation, à un degré de concentration tel, que les sels peuvent exercer leur effet de coagulation. Il se produit alors une séparation d'une partie de la matière albuminoïde sous la forme d'une gelée [A. Rosenberg, *loc. cit.*].

On a signalé plus haut l'insolubilité à peu près complète de l'alcali-albumine dans les dissolutions de sel marin à 10 0/0. On considère en général cette réaction comme séparant nettement l'alcali-albumine des globulines. Ce caractère distinctif serait tout à fait illusoire d'après M. Nikoljukin. Fraîchement précipitée, l'alcali-albumine se dissout très facilement, d'après ce savant, dans les dissolutions des sels alcalins, mais elle perd très rapidement cette propriété, que la globuline conserve au contraire pendant un plus grand nombre de jours. Cette modification s'opère d'une manière progressive, et de telle sorte qu'il est impossible de tracer une ligne de séparation nette entre la modification soluble et la modification insoluble. Ainsi l'alcali-albumine fraîchement précipitée cesse d'être soluble dans la solution de sel marin déjà au bout de quelques minutes; dans l'azotate de potassium, au bout de 20 minutes; dans l'acétate de sodium, au bout de 1 heure à 1 heure et demie; dans le phosphate disodique, au bout de 4 à 10 heures. La solubilité dans le carbonate de sodium, et surtout dans la soude caustique, se conserve beaucoup plus longtemps, mais l'alcali-albumine précipitée de sa solution alcaline retrouve sa solubilité primitive. Finalement M. Nikoljukin arrive à cette conclusion que la globuline n'est que de l'alcali-albumine qui a entraîné dans sa précipitation une certaine quantité d'albumine; c'est la présence de cette dernière qui a pour effet de prolonger la durée de la solubilité de l'alcali-albumine dans les dissolutions salines. En ajoutant de l'alcali-albumine à des dissolutions d'albumine de l'œuf, l'auteur a pu extraire de ce mélange des précipités ayant tous les caractères des globulines. La globuline du sérum sanguin ne serait que de l'alcali-albumine résultant de la transformation de la sérum-albumine sous l'action des principes alcalins du sang. Ces résultats n'ont pas encore été confirmés [J. Nikoljukin, *Maly's Jahresb.*, **18**, 5].

Le pouvoir rotatoire de l'alcali-albumine est, d'après M. Hoppe-Seyler, $[\alpha]\,j = -86°$ (sérum-globuline additionnée de potasse concentrée), $= -47°$ (albumine de l'œuf traitée par la potasse), $= -58°,8$ (albumine de l'œuf coagulée et redissoute dans la potasse).

Il est probable qu'à chaque matière albuminoïde correspond une alcali-albumine distincte. Selon le mode d'action de l'alcali, la composition de l'alcali-albumine dérivée d'un albuminoïde donné peut même varier sensiblement. Du moins M. Soxhlet a-t-il observé qu'en redissolvant quatre ou cinq fois de suite, dans une solution de potasse, de l'alcali-albumine précipitée par un acide, on observe à chaque fois la production de petites quantités de sulfure alcalin. Il faut donc admettre qu'il se produit dans cette réaction toute une série d'alcali-albumines qui dérivent l'une de l'autre, mais dont les solutions alcalines présentent sensiblement les mêmes réactions [Soxhlet, cité par Rollet dans *Hermann's Handb. der Physiol.*, **4**, 1re part., 97; Leipzig, 1880].

Pour les autres propriétés de l'alcali-albumine, voyez Syntonine (Suppl., **1**, 1506).

Tata-albumine artificielle. — Si l'on plonge dans une lessive de soude ou de potasse à 5-10 0/0 des œufs de poule munis de leur coquille, on constate, au bout de quelques jours, que le blanc a été transformé en une matière albuminoïde analogue à la tata-albumine (ou *tata-blanc*) naturelle (voyez Albumine de l'œuf). La coquille et l'albumen sont devenus plus transparents et permettent de voir nettement le jaune. A la température de l'eau bouillante, cette albumine modifiée se prend en une masse vitreuse, transparente, tout à fait semblable au tata-blanc naturel, coagulé, et qui se distingue de la gelée d'alcali-albumine de Lieberkühn par ce caractère de n'être point soluble dans l'eau bouillante. Cette gelée de tata-blanc artificiel se gonfle considérablement dans l'eau et se dissout dans les sucs digestifs, et surtout dans le suc pancréatique, beaucoup plus rapidement que le blanc d'œuf ordinaire. En présence de l'acide acétique étendu, ou d'une solution concentrée de sel marin, le tata-blanc artificiel se prend à chaud en une masse opaque, analogue au blanc d'œuf ordinaire coagulé.

Le tata artificiel se conserve très bien, soit en gelée dans de l'alcool, soit sous la forme d'une poudre sèche, qui représente sous un très petit volume une valeur nutritive considérable, et qui peut être mélangée à toutes sortes d'aliments et de boissons (chocolat, café, lait, etc.). Son emploi en clinique et dans l'alimentation publique a fait l'objet de nombreux travaux [Tarchanoff, *Pflüger's Arch.*, **39**, 476; *Maly's Jahresb.*, **16**, 9; *C. R. de la Soc. de Biol.*, (9). **1**, 600].

Il nous semble que les recherches de M. Rosenberg sur les conditions de la coagulation des solutions d'alcali-albumine expliquent très clairement les réactions spéciales au tata-blanc artificiel.

Acidalbumines. — Cette dénomination a été primitivement appliquée par Panum à la substance que l'on obtient en traitant par un excès d'un sel neutre ($NaCl, SO^4Na^2$...) une solution d'albumine restée en contact, pendant un temps assez long, avec un acide. On s'en sert aujourd'hui pour désigner, d'une manière générale, le produit de l'action des acides sur les matières albuminoïdes. Quelques auteurs ont étendu d'une manière analogue le sens du mot *syntonine*, qui avait été primitivement réservé à l'acidalbumine dérivée de la myosine musculaire.

Aux réactions indiquées précédemment, nous ajouterons les suivantes (voyez Dict., **3**, 170 et Suppl., **1**, 1506) :

On obtient des gelées d'acidalbumines en faisant passer à travers des solutions d'albumines de l'air chargé de vapeurs acides, ou encore en faisant flotter sur des dissolutions étendues d'acides minéraux des dialyseurs renfermant la matière albuminoïde à transformer [Johnson, *Maly's Jahresb.*, **4**, 9. — Rollet, *ibid.*, **11**, 3. — W. Michaïloff et G. Chlopin, *ibid.*, **16**, 6. — A. Solowjew, *ibid.*, **17**, 1].

Les quantités d'acide nécessaires pour maintenir l'acidalbumine en dissolution varient avec la concentration des solutions. M. Rosenberg a trouvé que, pour une dissolution d'acidalbumine à 4,087 0/0, la quantité minima d'acide chlorhydrique nécessaire est de 1,044 0/0 d'albumine sèche. Si cette dissolution est étendue de 10 volumes d'eau, l'observation montre qu'il y a mise en liberté d'acide, et que la proportion d'acide qui est nécessaire pour maintenir la solution limpide, n'est plus que de 0,078 0/0 d'albumine sèche [A. Rosenberg, *Vergleich. Unters. betreffend Alkalialbuminat*, etc.; Dissert., Dorpat, 1883; *Maly's Jahresb.*, **13**, 19].

M. Rosenberg a montré, en outre, que la coagulation des solutions d'acidalbumine est d'autant plus rapide que la richesse en albumine et en sels est plus grande. La chaleur hâte la coagulation; la dilution, la présence d'un excès d'acide la retardent au contraire. Le phénomène est en tout semblable à celui que présentent les solutions d'alcali-albumine (voyez plus haut), avec cette différence qu'un excès d'acide influe beaucoup moins sur la coagulation de l'acidalbumine qu'un excès d'alcali sur celle de l'alcali-albumine. — Ces résultats confirment les observations antérieures de M. Kieseritzky [W. Kieseritzky, *Die Gerinnung des Faserstoffs*, etc..., Dissert. Dorpat, 1882; *Maly's Jahresb.*, **12**, 6]. E. Lambling.

ALCANNINE ou **ALKANNINE**. — Matière colorante rouge qui existe dans la racine d'*Alkanna tinctoria*, orcanette, famille des Borraginées. Elle a été étudiée autrefois par Pelletier. Elle est insoluble dans l'eau, soluble dans l'alcool, l'éther, les huiles et tous les corps gras, auxquels elle communique une belle couleur rouge. Elle se combine avec les alcalis; les produits résultants sont d'un beau bleu : les sels métalliques précipitent l'alcannine de ses dissolutions alcooliques en donnant des laques de différentes couleurs. MM. Carnelutti et Nasini ont attribué à l'alcannine la formule $C^{18}H^{14}O^4$, qui vient d'être confirmée par les travaux de MM. Liebermann et Römer [*D. chem. G.*, **20**, 2428]. Après avoir purifié avec soin la matière, ils ont obtenu une pâte à reflets métalliques verts, non cristallisée, qui, réduite au rouge par le zinc en poudre, donne du méthylanthracène; on peut donc considérer la matière colorante de l'alkanna comme un dérivé du méthylanthracène, probablement une dioxyméthylanthraquinone.

ALCOOLS (FABRICATION INDUSTRIELLE DES). — Voir les articles Distillation et Flegmes.

Depuis la publication du tome I du Dictionnaire (1874), la situation de la distillerie, de la distillerie française surtout, s'est profondément modifiée.

A ce moment, le phylloxéra avait à peine touché les vignes productrices d'eaux-de-vie; certaines régions n'avaient même pas été atteintes, et les départements de la Charente, de la Charente-Inférieure, du Gers, de l'Hérault, produisaient, comme par le passé, tantôt des eaux-de-vie fines, tantôt des trois-six de vins, c'est-à-dire des alcools neutres de goût.

La production des eaux-de-vie de vins avait été autrefois exclusive; mais déjà à cette époque elle avait cessé de l'être, et l'on voyait le distillateur demander aux betteraves, aux mélasses, aux substances farineuses, la matière première de la fabrication d'un alcool sans goût, qui, aromatisé plus tard d'une façon spéciale, pût produire une eau-de-vie artificielle et faire ainsi concurrence à l'alcool de vins.

Cette situation tenait d'une part à ce que la consommation réclamait, ainsi que le prouve le tableau ci-dessous, des quantités toujours croissantes d'alcool :

1830-1839..........	435 000 hectolitres.
1840-1849..........	620 000 —
1850-1859..........	731 000 —
1860-1869..........	932 000 —
1870-1874..........	938 000 —

Elle tenait en outre à ce que l'exportation devenait de jour en jour plus considérable :

1830-1839..........	195 000 hectolitres.
1840-1849..........	197 000 —
1850-1859..........	257 006 —
1860-1869..........	261 000 —
1870-1874..........	502 000 —

La production de l'alcool de vins se trouvant, par suite de l'insuffisance des vignes, forcément limitée, l'industrie, comme il est dit plus haut, s'adressait à des matières premières autres que le raisin. A cette époque on fabriquait en effet (1870-1874, moyenne) :

Alcool de betteraves..	302 673 hectolitres.
Alcool de mélasses....	568 545 —
Alcool de grains......	107 961 —

A partir de 1874, c'est une situation nouvelle qui se crée.

Le phylloxéra a envahi les départements où l'on distillait du vin, et la production d'alcool de vins diminue d'année en année :

1876	545 994	hectolitres
1877	157 570	—
1878	192 952	—
1879	102 651	—
1880	27 200	—
1881	34 324	—
1882	21 902	—
1883	22 710	—
1884	35 251	—
1885	23 240	—
1886	19 513	—
1887	32 758	—
1888	41 776	—

Mais la consommation demande tous les ans des quantités nouvelles d'alcool, comme le constate le tableau suivant :

1870-1874	938 000	hectolitres.
1880	1 314 000	—
1885	1 444 000	—
1888	1 468 000	—

Et comme elle ne peut s'adresser aux alcools de vins qui disparaissent, elle s'adresse plus que jamais aux alcools de betteraves, de mélasses et de grains.

Grâce à l'établissement de distilleries agricoles nouvelles, on voit la production de l'alcool de betteraves doubler en quatorze ans, et atteindre le chiffre de 655 000 hectolitres.

La distillerie de mélasses reste plus stationnaire. L'importance de la fabrication de l'alcool de mélasses est en effet subordonnée à l'importance de la fabrication du sucre, et celle-ci a été dans ces dernières années quelque peu invariable. Elle atteint dans sa fabrication un maximum en 1882-1885 : mais des procédés nouveaux pour l'extraction du sucre des mélasses lui font une concurrence telle, qu'en 1886, 1887 et 1888 elle revient à sa production primitive.

C'est surtout l'alcool de grains qui devait combler le déficit causé par la disparition de l'alcool de vins, causé également par l'accroissement de la consommation. La production de l'alcool de grains, qui, en 1870-1874, atteignait 100 000 hectolitres, parvient aujourd'hui au chiffre de 800 000.

D'ailleurs les résultats de cette triple production sont consignés dans le tableau suivant :

	Betteraves.	Mélasses.	Grains.
1876	243 337	710 670	101 402
1877	272 883	642 709	163 204
1878	331 716	646 715	180 469
1879	364 714	723 631	247 171
1880	429 878	685 433	412 585
1881	563 240	685 646	506 273
1882	556 056	703 989	447 066
1883	629 998	750 637	561 932
1884	509 257	778 714	485 001
1885	405 451	728 523	567 768
1886	683 985	471 781	789 963
1887	672 352	451 826	765 050
1888	654 700	582 452	794 326

L'industrie des alcools a donc subi, dans ces dernières années, un changement radical. On a cessé de produire des alcools de vins, ou tout au moins la fabrication en a presque complètement disparu.

La fabrication de l'alcool de mélasses est restée stationnaire, celle de l'alcool de betteraves a prospéré, et enfin la distillerie de grains a augmenté dans des proportions considérables. Quant à la fabrication de l'alcool de pommes de terre, que l'on voudrait voir se répandre en France, elle n'y a pas encore fait son apparition.

Il faut donc s'attendre, en présence de ces changements, à voir surgir des procédés nouveaux, que nous devrons décrire, à reconnaître dans les anciennes méthodes de travail des perfectionnements qu'il nous faudra étudier.

C'est à l'étude de ces perfectionnements et de ces procédés nouveaux que nous allons consacrer cet article, et nous aurons à examiner successivement les changements qui se sont produits dans la fabrication des alcools de vins, de cidre, de marcs, de fruits, dans la fabrication des alcools de betteraves, de topinambours, de mélasses, de grains et enfin de pommes de terre.

I. — ALCOOLS DE VINS.

a. *Distillation des vins dans les Charentes.* — La fabrication des eaux-de-vie dans ces départements est devenue insignifiante. C'est ainsi que le département de la Charente, qui produisait en 1871-1875 une moyenne de 94 000 hectolitres d'alcool, n'en a produit en 1888 que 10 132, et que le département de la Charente-Inférieure, qui à la même époque fournissait une moyenne de 146 000 hectolitres, a vu sa production s'abaisser à 13 436 hectolitres en 1888.

Il convient d'ajouter à cela que le phylloxéra, dans ces départements, s'est abattu de préférence sur les vignes qui produisaient autrefois les meilleures eaux-de-vie. Les eaux-de-vie dites *de Champagne*, c'est-à-dire celles qui étaient récoltées dans l'arrondissement de Cognac, ont presque totalement disparu ; les vignes au contraire qui sont restées indemnes, ou tout au moins qui ont été peu attaquées, sont celles qui se trouvaient de l'autre côté de la Charente, dans la région dite *des Bois*, et spécialement dans le pays appelé *pays Bas*. Là, grâce à la nature du sol, peut-être à son humidité, la vigne n'a pas été atteinte. Mais les eaux-de-vie des *pays Bas*, et même les eaux-de-vie des *Bois*, ont toujours été estimées de beaucoup inférieures aux eaux-de-vie de Champagne.

Dans quelques localités, on a planté soit des cépages français, destinés à être traités par les insecticides ordinaires, soit des cépages américains, choisis comme porte-greffes ; mais les résultats donnés par ces nouvelles vignes sont encore trop incomplets pour que l'on puisse espérer voir d'ici à quelques années ces départements revenir à leur prospérité d'autrefois.

En tout cas, une situation nouvelle est créée dès aujourd'hui aux eaux-de-vie des Charentes, par suite de la concurrence que leur font les eaux-de-vie artificielles.

La consommation s'est habituée au goût de ces dernières, et, à moins que l'on ne retrouve, à l'aide des nouvelles vignes, les qualités exceptionnelles des fines eaux-de-vie d'autrefois, les eaux-de-vie de vins, dont le prix de revient est très élevé, lutteront difficilement contre les eaux-de-vie d'imitation.

C'est pour diminuer ce prix de revient que l'on voit aujourd'hui les bouilleurs charentais recourir à des manières de faire quelque peu répréhensibles. Tantôt ils coupent leurs eaux-de-vie avec des alcools d'industrie, tantôt ils soumettent les alcools d'industrie à une nouvelle distillation en présence de leurs vins. Les eaux-de-vie qu'ils obtiennent alors par cette dernière méthode sont de bonne qualité, mais elles ne possèdent pas le bouquet de l'eau-de-vie qui serait produite directement.

Depuis quelque temps, on voit encore s'établir dans les Charentes une nouvelle industrie, qui n'a plus aucun rapport avec l'ancienne distillerie de vins. Cette nouvelle industrie consiste à faire macérer pendant deux mois dans l'alcool ordinaire des lies achetées dans les pays vinicoles voisins, et à les distiller ensuite pour obtenir une liqueur dont le goût rappelle un peu celui de l'eau-de-vie.

Que le bouilleur distille son vin, ou qu'il distille son vin ou les lies préalablement additionnés d'alcool d'industrie, c'est toujours au moyen des alambics simples, ou des alambics munis de petits rectificateurs qu'il travaille (voyez Dict., 1, 121). C'est au moyen de deux distillations successives, en suivant la méthode des *brouillis*, qu'il obtient une eau-de-vie marquant 60-65°, eau-de-vie qui est ensuite coupée d'eau pour l'amener à 50°, c'est-à-dire au degré commercial.

b. *Distillation des vins dans l'Armagnac* (Gers). — Le département du Gers, qui en 1874 produisait près de 30 000 hectolitres d'eau-de-vie, n'en produit aujourd'hui que 4 000. Cette différence tient d'une part aux ravages exercés par le phylloxéra, d'une autre aux avantages que le propriétaire trouve à vendre son vin en nature.

Les régions situées à l'ouest du département du Gers (Bas-Armagnac), celles qui d'ailleurs donnaient les meilleures eaux-de-vie, ont résisté à peu près au phylloxéra. Les autres régions (le Haut-Armagnac, la Ténarèze) ont vu, par suite de l'invasion, leurs récoltes de vins diminuer de moitié.

Dans ces dernières régions, la reconstitution du vignoble par les plants américains est encore à la période d'essai. On trouve difficilement un porte-greffe qui convienne au terrain argilo-calcaire du département. Les Riparia, les Solonis, les Rupestris, sont rapidement atteints de la chlorose. D'autres tentatives, encore infructueuses, ont été faites sur les cépages qui résistent en général dans les terrains calcaires (Berlandieri, Cordifolia, Cinerea). — L'emploi des insecticides ne réussit guère, si bien que la situation vinicole du Gers semble ne pas devoir prochainement s'améliorer.

De même que dans les Charentes, l'usage de distiller le vin préalablement additionné d'alcool d'industrie se répand aujourd'hui de plus en plus. On commence également à distiller des lies après qu'elles ont séjourné pendant quelque temps au contact de l'alcool.

Le vin blanc destiné à être distillé doit, comme dans les Charentes, avoir fermenté en dehors du marc. La distillation commence un mois après la vendange, et on y emploie des appareils munis de petits rectificateurs, qui permettent d'obtenir directement de l'eau-de-vie à 52°, sans passer par une première distillation.

c. *Distillation des vins dans les départements du Midi.* — Autrefois, alors qu'il y avait dans les départements de l'Hérault, du Gard, de l'Aude, des Pyrénées-Orientales, d'abondantes récoltes, on distillait une grande quantité de vins, et au moyen d'appareils à colonne, d'appareils Cellier-Blumenthal (voyez DISTILLATION), on obtenait des alcools assez neutres de goût, appelés en général trois-six de Montpellier.

Ces départements ont été, on le sait, envahis par le phylloxéra; mais aujourd'hui, grâce à des plantations nouvelles en cépages américains greffés ou non greffés, grâce à des plantations dans les sables, là où le phylloxéra ne se développe pas, grâce enfin à l'emploi de la submersion pendant l'hiver, les départements du Midi ont pu reprendre une partie de leur prospérité vinicole.

Cependant jusqu'ici l'abondance de ces vins n'a pas été assez grande pour que la distillation ait pu ressaisir l'importance qu'elle avait autrefois. D'autre part, on sait, grâce au plâtrage, grâce au tartrage, conserver des vins que l'on destinait autrefois à la chaudière, et ce n'est qu'exceptionnellement, quand le prix des vins vient à s'abaisser d'une façon trop considérable, que l'on cherche à en retirer l'alcool par la distillation.

Cependant il est un usage qui tend à se répandre aujourd'hui, usage qui consiste à traiter par l'eau les marcs de la vendange, à leur faire subir une macération méthodique et à produire une piquette riche à 4 ou 5° d'alcool. Cette piquette est alors distillée et donne du trois-six analogue au trois-six de vin.

Quelquefois encore on se contente de passer à la chaudière les marcs eux-mêmes et à produire simplement de l'eau-de-vie de marc.

d. *Distillation des vins de deuxième cuvée ou vins de marcs.* — Dans le département de la Gironde, on a commencé il y a quelques années à distiller non plus le vin naturel, mais un second vin obtenu par la fermentation d'une eau sucrée à 15 ou 18 0/0, en présence des marcs provenant du pressurage de la vendange. Les essais faits dans ce sens semblent avoir donné de bons résultats.

II. — ALCOOLS DE CIDRE, DE MARCS, DE LIES, DE FRUITS.

a. *Eaux-de-vie de cidre et de poiré.* — La fabrication de ces eaux-de-vie s'est élevée pour l'année 1888 à 13 000 hectolitres. Les départements qui ont concouru à cette fabrication sont, par ordre d'importance, le Calvados (5 009 hectolitres), l'Orne (2 859 hectolitres), l'Eure (1 978 hectolitre), la Sarthe (805 hectolitres), la Manche (750 hectolitres), la Mayenne (664 hectolitres), etc.

Souvent la liqueur vendue dans les départements de la Normandie sous le nom d'*eau-de-vie de cidre* provient de la distillation directe du cidre; mais souvent aussi elle provient de la distillation des marcs et des lies, plus ou moins mélangés de cidre, suivant la qualité d'eau-de-vie que l'on se propose d'obtenir.

C'est au moyen d'alambics simples, généralement portés sur chariot, et qui se transportent alors de ferme en ferme dans les campagnes, que l'on obtient l'eau-de-vie de cidre ou de poiré. Le propriétaire de l'alambic, l'*ambulant*, traite alors à façon le cidre, les marcs ou les lies que le cultivateur lui fournit.

b. *Eaux-de-vie de marcs, de lies.* — La fabrication de ces eaux-de-vie représente, pour l'année 1888, 44 000 hectolitres. C'est principalement dans la région de la Bourgogne et de la Champagne qu'a lieu la fabrication des eaux-de-vie de marcs (Yonne, 4 294 hectolitres; Côte-d'Or, 3 315 hectolitres; Marne, 3 148 hectolitres; Aube, 2 160 hectolitres, etc.). On la retrouve également dans le Jura, qui en 1888 a produit 1 668 hectolitres. On ne distille que très peu d'alcools de marcs dans les départements du Midi et dans le Bordelais.

On a vu plus haut comment, en lessivant les marcs et en distillant la piquette, on utilise les marcs de raisins dans l'Hérault, l'Aude, etc.

On a vu également de quelle façon, dans la Gironde, en faisant fermenter les marcs avec de l'eau sucrée, et en distillant le vin de seconde cuvée ainsi obtenu, on parvient à produire de l'eau-de-vie.

On a vu enfin que dans les Charentes et dans le Gers on redistille les lies en présence du trois-six d'industrie.

La distillation des marcs se fait en Bourgogne dans des appareils spéciaux, qui seront décrits plus loin (voyez DISTILLATION). Dans le Midi c'est au moyen d'appareils Cellier-Blumenthal, également décrits à ce chapitre.

c. *Eau-de-vie de fruits.* — La distillation des

fruits a été décrite au Dict., 1, 121; elle est de nos jours restée ce qu'elle était. La production totale de ces liqueurs (eaux-de-vie de merises ou kirsch, eaux-de-vie de prunes ou quetsch, etc.) s'est en 1888 élevée à 2 200 hectolitres.

III. — ALCOOLS DE BETTERAVES.

La distillerie de betteraves a été (Dict., 1, 122) complètement traitée, et nous ne croyons pas devoir revenir sur les procédés exposés.

Nous nous contenterons de signaler quelle est aujourd'hui la situation de cette industrie.

Nous avons dit plus haut que dans ces dernières années la fabrication de l'alcool de betteraves a doublé son chiffre de production et qu'elle atteint aujourd'hui 655 000 hectolitres.

C'est aux qualités alimentaires que possède la pulpe, résidu de la fabrication, et aux avantages qu'elle présente pour la nourriture du bétail, que l'on doit le développement si rapide de cette industrie.

C'est grâce aussi aux efforts de M. Champonnois, qui a su si bien adapter ce genre de travail à la distillerie agricole, que l'on a vu en peu de temps de petites usines se créer dans tous les pays producteurs de betteraves.

De tous les systèmes exposés au tome 1, deux seulement ont subsisté : d'une part le système des sucreries, d'autre part le système Champonnois.

a. *Système des sucreries.* — Ce système, qui repose sur l'emploi des râpes pour réduire la betterave en pulpe, et des presses pour en extraire le jus, est, sous le rapport des rendements, de la qualité de la pulpe, de la complication de l'outillage, moins avantageux que le procédé Champonnois. Malgré cela, il est appliqué, non pas dans des usines agricoles, mais dans des usines industrielles, dans celles qui traitent par jour 100 000 kilogrammes de betteraves au minimum. L'extraction du sucre d'une semblable quantité de racines donne lieu naturellement à une très grande quantité de pulpe. Or la pulpe obtenue par le procédé Champonnois est humide, ne peut que difficilement se conserver et exige pour son expédition des frais de transport considérables. La pulpe obtenue dans l'autre procédé, au moyen de presses hydrauliques, est au contraire dans un état de sécheresse relative qui n'offre pas ces inconvénients; et c'est parce que les grandes distilleries dont il vient d'être question pourraient difficilement se débarrasser de leurs pulpes, si elles employaient le procédé Champonnois, qu'elles ont conservé l'emploi des râpes et des presses.

b. *Système Champonnois.* — Dans le principe et au moment de l'apparition du procédé, la macération que l'on faisait subir aux cossettes de betteraves était méthodique, et c'est de cette façon que le procédé a été décrit au tome 1.

A cette macération méthodique on a substitué la macération intermittente, c'est-à-dire que chacune des cinq cuves que l'on emploie, au lieu de recevoir le jus des cuves précédentes, travaille séparément.

M. Champonnois a remplacé l'ancien coupe-racines à disque vertical par un coupe-racines de construction différente, dont le fonctionnement est plus rapide et plus parfait.

Cet instrument est constitué par un tambour fixe, légèrement conique, et portant en avant une trémie dans laquelle tombent les betteraves avant de s'engager à l'intérieur du coupe-racines proprement dit. Celui-ci est garni de petites fenêtres longitudinales, dirigées dans le sens des génératrices et dans lesquelles on place des couteaux de coupe-racines, inclinés comme les lames d'un rabot et dont le tranchant fait légèrement saillie à l'intérieur. Au milieu du tambour du coupe-racines se meut avec une vitesse de 3 à 400 tours une pièce de fonte, affectant la forme d'une fourche, et que l'on désigne sous le nom de *poussoir*. Ce poussoir, saisissant les betteraves, les projette avec violence contre les lames saillantes, qui les découpent en cossettes, tandis que la force centrifuge oblige ces cossettes à s'échapper par les fenêtres du tambour. L'appareil est garni d'une enveloppe circulaire de tôle destinée à les recueillir.

Les cossettes tombent alors dans l'une des cuves de macération, et là elles sont immédiatement recouvertes de petits jus acidulés provenant d'une opération précédente, et sur la nature desquels nous reviendrons plus loin. Au bout d'une heure de macération, on fait couler à la surface de la cuve des vinasses chaudes provenant de la colonne à distiller. Ces vinasses s'enrichissent en sucre, et sortent à l'état de jus par le col de cygne fixé à la partie inférieure de la cuve. On continue à faire couler des vinasses jusqu'à ce que la densité des jus recueillis indique qu'ils sont trop pauvres en sucre pour pouvoir être traités à la distillerie; cette densité est d'environ 4°. On arrête alors et l'on vide la cuve; le liquide qui baigne à ce moment les cossettes constitue le petit jus, que l'on dirige vers un bac spécial, pour le verser ensuite sur de nouvelles cossettes.

La fermentation du jus a lieu comme il est dit au tome 1. La distillation produit un flegme qu'il est nécessaire de rectifier (voyez FLEGMES).

Depuis deux ou trois ans, on tend cependant à abandonner cette méthode de macération intermittente et à revenir à l'ancien procédé de la macération méthodique. On rencontre des distilleries agricoles travaillant de l'une ou de l'autre manière.

L'avantage de la macération méthodique sur la macération intermittente vient de ce que l'on peut, avec un même poids de betteraves, obtenir non pas une plus grande quantité de sucre, mais une quantité de jus moins considérable, ce jus étant alors naturellement plus concentré. Au lieu de faire couler, pour épuiser 1 000 kilogrammes de betteraves par exemple, 18 hectolitres de jus, on

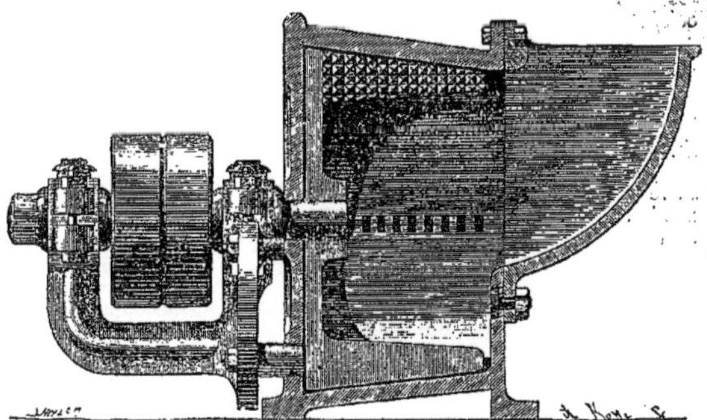

Fig. 11. — Coupe-racines Champonnois.

n'en fera couler que 14, mais ce jus sera plus concentré. La conséquence sera que l'on pourra au moyen des mêmes appareils travailler plus vite et distiller en 24 heures une quantité plus grande de betteraves.

IV. — ALCOOLS DE TOPINAMBOURS.

Depuis quelques années, la distillerie de topinambours a fait son apparition en France, où elle est peut-être appelée à un certain avenir, mais à un avenir limité, en ce sens que la culture du topinambour (*Helianthus tuberosus*) n'est rémunératrice que dans les terrains pauvres, et ne semble pas pouvoir s'établir avec avantage dans les terres à betteraves et à blé.

Le topinambour s'accommode en effet très bien des terrains les plus maigres; il réussit dans les terres calcaires comme dans les sols siliceux et donne des récoltes là où la pomme de terre et la betterave ne sauraient en donner [Müntz et A. Girard, *Ann. de l'Inst. agronom.*, 1883-1884, 101].

Au point de vue agricole, la distillerie de topinambours est à encourager dans les terres pauvres. Elle laisse entre les mains du cultivateur deux résidus alimentaires : d'une part le tubercule épuisé de sucre, de l'autre les fanes, qui constituent un excellent fourrage.

Les tubercules offrent en moyenne la composition suivante, d'après MM. Müntz et A. Girard :

Eau	79,05
Synanthrose, glucose, inuline	13,35
Matières azotées	2,10
Matières grasses	0,11
Cellulose	0,80
Composés pectiques	3,10
Matières minérales	1,49
	100,00

La méthode à l'aide de laquelle on extrait l'alcool du topinambour est identique à celle que l'on suit dans le procédé Champonnois pour la fabrication de l'alcool de betteraves. Souvent même ces deux fabrications sont associées, et c'est dans les mêmes cuves de macération que l'on traite les cossettes de topinambours et les cossettes de betteraves.

Le topinambour, lavé et épierré, est découpé en cossettes au moyen du coupe-racines Champonnois, arrosé d'une petite quantité d'acide sulfurique, mis en contact avec du petit jus pendant 1 heure, puis soumis soit à la macération intermittente, soit à la macération méthodique en présence de vinasses chaudes.

Pendant cette macération, l'inuline, dont le poids ne représente que de 1 à 3 0/0 du tubercule, est attaquée par l'acide sulfurique et transformée en sucre fermentescible. 1 000 kilogrammes de topinambours donnent environ 20 hectolitres de jus. Le jus est mis en fermentation et distillé comme s'il s'agissait de jus de betteraves. Le rendement en alcool est d'environ 7 0/0 du poids du tubercule.

V. — ALCOOLS DE MÉLASSES DE BETTERAVES.

Bien que la distillerie de mélasses de betteraves n'ait pas fait depuis 1874, au point de vue de la production, un progrès sérieux, on a vu depuis cette époque les procédés de travail non pas se modifier, mais tout au moins devenir plus scientifiques et prendre dès lors une allure toute nouvelle. Aussi croyons-nous devoir revenir sur l'article paru au tome I.

La mélasse que l'industrie de la sucrerie livre aux distillateurs offre la composition moyenne suivante :

Eau	27,5
Saccharose	48,0
Sucre réducteur	0,5
Sels	12,0
Matières organiques	12,0
	100,0

De toutes les matières premières de la distillerie, la mélasse est celle qui se prête le moins bien au travail de la fermentation.

Tout d'abord la mélasse est alcaline, et la levure ne peut, dans un semblable milieu, se développer et produire une fermentation régulière.

En outre, la présence de certains sels, et notamment des nitrates, exerce une influence pernicieuse sur la vie de cette levure.

Enfin, par suite des cuissons plusieurs fois répétées durant le travail de la sucrerie, la mélasse a pris un goût particulier, elle s'est chargée de produits empyreumatiques, et ces produits semblent avoir vis-à-vis de la levure une action antiseptique d'une certaine importance.

On fait aisément disparaître l'alcalinité de la mélasse par une addition d'acide sulfurique. Cet acide doit être employé en quantité suffisante non seulement pour saturer les alcalis, mais encore pour déterminer dans le jus une certaine acidité, qui, une fois le liquide dilué à 8° Baumé, représente 2gr,5 environ d'acide sulfurique par litre. Cette quantité d'acide qu'il convient d'ajouter dépend nécessairement de l'alcalinité de la mélasse employée. Pour 5 000 kilogrammes par exemple, la dose d'acide sulfurique varie de 30 à 160 kilogrammes.

Pour éviter que la levure ne soit gênée dans son développement par la présence des nitrates, on fait cuire cette mélasse en présence d'une partie de l'acide sulfurique qui doit servir à l'acidifier. Pendant cette cuisson, on voit un dégagement quelquefois considérable d'acide hypoazotique, peut-être même de bioxyde d'azote. Il est d'usage, une fois cette cuisson terminée, et sans que la raison scientifique en soit bien établie, de faire passer dans la mélasse encore chaude un courant d'air, au moyen d'une pompe soufflante. La cuisson de la mélasse en présence de l'acide a lieu dans des bacs rectangulaires en plomb, munis à la partie inférieure de serpentins de vapeur.

Enfin, à cause de la présence dans la mélasse de ces composés antiseptiques dont il est parlé plus haut, à cause de cette difficulté toute spéciale que l'on éprouve à faire fermenter un semblable produit, on juge qu'il serait imprudent de mettre d'un coup une grande quantité de mélasse en fermentation, et on préfère opérer en faisant usage d'un pied de cuve.

Dans la formation de ce pied de cuve, il n'entre qu'une faible partie de la mélasse que l'on veut mettre en œuvre, et l'on a soin, afin de donner à la levure une nourriture qui lui convienne, d'ajouter à ce pied de cuve une certaine quantité de maïs préalablement saccharifié au moyen de l'acide sulfurique ou de l'acide chlorhydrique par la méthode qui sera ultérieurement décrite.

Ces principes une fois établis, supposons que le travail ait lieu sur 5 000 kilogrammes de mélasse.

On commence par saccharifier dans une cuve ouverte, en présence de 5 à 6 kilogrammes d'acide sulfurique ou chlorhydrique, 200 à 300 kilogrammes de maïs réduit en poudre, et quand la matière amylacée du maïs est entièrement transformée en glucose, on procède au refroidissement de la masse pâteuse. Cette masse est ensuite mélangée dans la cuve de fermentation avec 200 kilogrammes de mélasse, que l'on aura eu soin au préalable de délayer dans 50 hectolitres d'eau environ. On ajoute alors la levure, et on laisse le pied de cuve fermenter pendant 10 ou 12 heures.

D'autre part, on a traité le reste de la mélasse, soit 4800 kilogrammes, par de l'acide sulfurique, dont le poids représente non pas la totalité de la dose calculée, mais la dose totale diminuée de la quantité employée pour saccharifier le maïs. La mélasse acidifiée est alors refroidie à 25° environ et dirigée vers la cuve, où le pied se trouve déjà en pleine fermentation. En même temps que l'on fait arriver la mélasse dans cette cuve, on fait tomber la quantité d'eau nécessaire pour diluer le liquide et l'amener à une densité de 8° Baumé.

La mélasse, ainsi mélangée au pied de cuve, entre immédiatement en fermentation, sans qu'il y ait désormais à craindre soit un insuccès, soit un accident quelconque dans la marche de l'opération.

La fermentation dure encore une trentaine d'heures, et quand elle est terminée, quand les bulles de gaz cessent de se dégager, on dirige le liquide alcoolique vers la colonne à distiller, qui en sépare l'alcool à l'état de flegme (voyez FLEGMES).

a. *Traitement des vinasses au four Porion.* — A la partie inférieure de cette colonne s'écoule d'une façon continue la vinasse, c'est-à-dire le liquide débarrassé d'alcool.

Cette vinasse, qui marque environ 3° Baumé, contient, en même temps que des matières organiques, tous les sels solubles que la betterave avait primitivement apportés et qui se sont accumulés dans les mélasses. Parmi ces sels, on trouve une grande quantité de composés potassiques, dont la valeur est assez grande pour que l'on puisse, au moyen de l'évaporation et de la calcination de ces vinasses, chercher à les récupérer.

Cette récupération, qui avait lieu autrefois dans des fours à réverbère (Dict., 2, 1131), se fait aujourd'hui de la façon la plus générale dans des fours imaginés par M. Porion, fours qui permettent de transformer ces vinasses en salin, en dépensant une quantité de charbon relativement insignifiante.

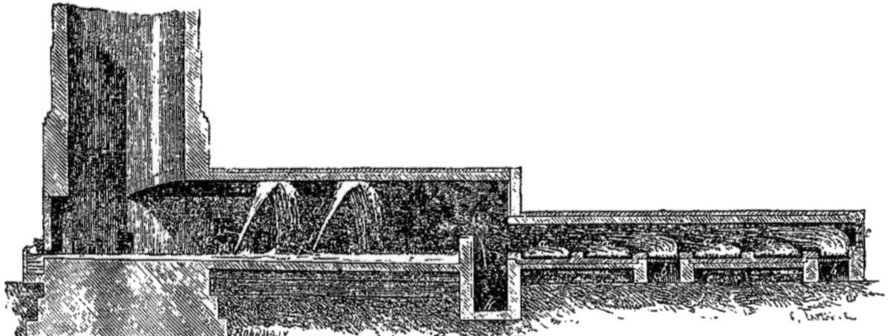

Fig. 12. — Four Porion.

Ces fours sont constitués par deux parties essentielles. D'un côté, se trouve une série de soles dites de calcination, sur lesquelles on vient déposer la vinasse préalablement évaporée à 20-25° Baumé, et sur lesquelles également cette même vinasse entre presque immédiatement en combustion. A côté de ces soles de calcination *aa*, sont placés des foyers à la houille *bb*, dont le rôle est d'aider à la combustion de la vinasse. Les gaz chauds provenant de cette calcination, des foyers de secours à la houille, enfin des autres foyers de l'usine et arrivant par les ouvertures *k*, passent dans un vaste carneau, qui forme voûte, et qui est en relation directe avec une large cheminée. Dans ce carneau arrive d'une façon continue, et en sens inverse du passage des gaz chauds, la vinasse sortant des colonnes à distiller. Pour en activer l'évaporation, on dispose perpendiculairement au four des arbres armés de palettes, qui, tournant avec une grande rapidité, pulvérisent en quelque sorte le liquide et le réduisent en gouttelettes fines ; ces gouttelettes offrent alors une plus grande surface à l'action des gaz chauds.

La vinasse ainsi évaporée dans ce compartiment est, soit au moyen de poches, soit au moyen de tuyaux extérieurs, passée sur les soles de calcination. Là elle entre en combustion, comme il est dit précédemment : on l'en retire quand cette combustion n'est pas encore complètement achevée, afin d'éviter que le salin n'entre en fusion. La matière encore chaude et encore empâtée de charbon est placée en tas dans l'atelier, et par une combustion lente et progressive, s'effectuant surtout à l'intérieur même des tas, le charbon arrive à se consumer et le salin à blanchir.

Ce salin, qui contient 20 à 25 0/0 environ de carbonate de potassium, 20 0/0 de chlorure de potassium, 15 0/0 de sulfate de potassium, est raffiné par les procédés ordinaires.

b. *Traitement des vinasses par le procédé de M. Vincent.* — M. Vincent a imaginé un procédé qui permet d'obtenir, en même temps que le salin, des sous-produits dont la fabrication est rémunératrice. Les vinasses sont évaporées jusqu'à 35-40° Baumé, puis placées dans des appareils distillatoires semblables aux cornues à gaz. Ces vinasses sont alors distillées et l'on obtient dans la cornue un salin analogue à celui du four Porion, tandis que se dégagent en même temps des produits gazeux qui sont ramenés ensuite sous les foyers, et des produits volatils qui se condensent dans des appareils analogues à ceux des usines à gaz.

Les parties condensées contiennent des goudrons et des eaux ammoniacales.

Les goudrons, soumis à la distillation fractionnée, donnent des huiles, de l'acide phénique et du brai.

Les eaux ammoniacales, traitées convenablement, fournissent de l'alcool méthylique, du sulfate d'ammoniaque et du sulfate de triméthylamine. Celui-ci est transformé en chlorhydrate qui, décomposé par la chaleur à 305°, donne entre autres produits de l'ammoniaque et du chlorure de méthyle.

VI. — ALCOOLS DE MÉLASSES DE CANNES A SUCRE.

La fabrication du rhum et du tafia au moyen des mélasses de cannes à sucre est restée depuis 1874 quelque peu stationnaire; aussi ne croyons-nous pas devoir revenir sur cette question.

Cependant depuis quelques années on a cherché à reprendre l'ancienne fabrication du rhum, en distillant non plus la mélasse, mais le vesou lui-même, c'est-à-dire le produit direct du pressurage de la canne. Mais cette nouvelle fabrication ne s'est pas encore beaucoup répandue, et il reste plus avantageux dans la plupart des cas de traiter la canne pour en extraire le sucre que de chercher à transformer directement ce sucre en alcool.

Le commerce demande aujourd'hui que le rhum produit dans les colonies lui soit livré marquant au moins 65°, et cela pour économiser les frais de transport, en même temps que pour faciliter les coupages. Cette situation nouvelle a obligé certains producteurs à adjoindre à leurs alambics des rectificateurs plus puissants qu'autrefois : ce qui naturellement augmente le degré alcoolique de la boisson distillée, mais ce qui lui enlève malheureusement et du même coup une partie de ses produits aromatiques.

VII. — ALCOOLS DE GRAINS.

Les plus grands progrès accomplis dans la fabrication de l'alcool depuis ces dernières années sont relatifs au travail des grains. La production a augmenté dans des proportions considérables, les procédés se sont modifiés, des appareils nouveaux, des méthodes nouvelles se sont répandus, et nous ne saurions, sans risquer d'être confus, faire autrement que de reprendre le chapitre relatif à l'alcool de grains paru au Dict., **1**, 116.

Pour transformer en sucres fermentescibles la matière amylacée que renferment les graines des céréales, l'industrie fait usage de deux procédés essentiellement différents. Tantôt, en effet, elle saccharifie l'amidon au moyen des acides minéraux; tantôt elle fait appel, pour produire le même effet, à la diastase que contiennent les céréales germées, l'orge en particulier.

Les deux procédés dont nous venons d'énoncer le principe sont, suivant les circonstances, avantageux à suivre industriellement.

Le procédé qui emploie l'orge germée, le malt, a sur l'autre procédé l'avantage de fournir une drèche, c'est-à-dire un résidu ligneux, cellulosique, empâté de matières azotées et de matières minérales, qui constitue pour le bétail un aliment de premier ordre, tandis que l'on ne peut que difficilement recueillir la drèche des grains saccharifiés à l'acide. Cette drèche a, en effet, été réduite par la cuisson en une bouillie si épaisse, que l'on ne saurait guère songer à la séparer par filtration. Le procédé au malt donne donc de la drèche; le procédé à l'acide n'en donne que difficilement.

En outre, on peut, quand on travaille au malt, recueillir la levure qui s'est formée pendant la fermentation. Il est au contraire impossible de la séparer du magma pâteux que l'on a produit quand on a saccharifié la graine au moyen de l'acide.

Pour ces deux raisons, la distillerie de grains qui fait appel à la diastase du malt pour obtenir un moût fermentescible, paraît au premier abord plus avantageuse et plus rémunératrice que la distillerie qui, pour le même objet, fait appel aux acides minéraux. Mais cette dernière emploie comme agent saccharificateur une matière d'un prix beaucoup moins élevé que la première, et ce qu'elle perd d'un côté, elle le gagne de l'autre. C'est principalement dans les ports, là où le prix des graines étrangères, des maïs principalement, n'est pas grevé par des frais de transport exagérés, que l'on voit exercer le procédé à l'acide; c'est au contraire dans les centres agricoles, là où l'écoulement de la drèche peut se faire à un prix rémunérateur, que l'on rencontre des distilleries travaillant par l'autre procédé.

I. Travail par saccharification au moyen des acides. — Les grains utilisés à ce travail sont presque toujours des grains de maïs, quelquefois des grains de blé avariés, que refuse l'industrie de la meunerie.

La saccharification peut avoir lieu à 100° à l'air libre; elle peut avoir lieu également sous pression à 120-130°.

a. Travail à l'air libre. — C'est dans des cuves en bois, simplement munies d'un couvercle également en bois, que l'opération se poursuit. La capacité de ces cuves est éminemment variable; les plus grandes que l'on rencontre contiennent de 7 à 800 hectolitres.

Quelle que soit cette capacité, les doses relatives d'eau, d'acide et de grains employées sont invariables. Pour saccharifier 100 kilogrammes de graines, il est nécessaire d'ajouter 500 kilogrammes d'eau et 5 kilogrammes d'acide sulfurique ou 10 kilogrammes d'acide chlorhydrique

Dans la cuve de saccharification sont disposés tantôt des serpentins de vapeur, tantôt des tubes verticaux, légèrement recourbés à leur partie inférieure et ouverts sous forme de buse, au moyen desquels on fait arriver la vapeur. Le couvercle de la cuve porte un tuyau pour l'échappement de la vapeur d'eau; il porte également une conduite pour l'arrivée des grains. Sur le côté et vers la partie supérieure se trouve un tube de plomb par lequel on fera couler l'acide dans la cuve de saccharification.

La cuve est remplie d'eau froide ou d'eau déjà chaude; on y fait arriver la quantité mesurée d'acide, et au moyen de la vapeur on porte rapidement à l'ébullition l'eau acidulée; puis, pendant cette ébullition même, on fait tomber la graine préalablement broyée en gruaux. L'addition de la graine doit se faire lentement, portion par portion, de façon à éviter qu'il ne se forme du premier coup une quantité excessive d'empois, qui empêcherait dès lors le passage de la vapeur. L'amidon gonflé tout d'abord se liquéfie, puis se transforme en dextrine et finalement en glucose. On peut, au moyen de l'iode comme réactif, suivre les phases de la fabrication et s'arrêter au moment où la saccharification est jugée complète.

Le temps que dure cette opération varie nécessairement avec la quantité de grains mis en œuvre. Dans les grandes cuves dont nous avons parlé plus haut, il ne faut pas moins de 7 heures.

MM. Bondonneau et Foret ont fait connaître (*C. R.*, **105**, 617) une méthode de saccharification qui, au moyen d'appareils spéciaux, où le grain se trouve continuellement en mouvement, permet d'obtenir les mêmes résultats dans de meilleures conditions. La graine est prise entière et ne subit pas, comme dans le cas précédent, de broyage préalable; elle est soumise, à la température de 90-100°, à l'action de l'eau acidulée (5 0/0 HCl ou 3 0/0 SO^4H^2), et dans ces circonstances on voit la matière amylacée se saccharifier à l'intérieur même du grain et le sucre produit s'échapper de ce même grain par exosmose. La drèche formée par les grains entiers, mais dépourvus d'amidon, peut être aisément lavée; elle constitue alors un aliment utile pour le bétail, comme l'indique l'analyse suivante (drèche de maïs) :

Eau...........................	9,15
Cendres ($P^2O^5 = 0,15$)..........	1,22
Matières azotées ($Az = 1,31$)......	8,38
Huile............................	5.48
Cellulose et pertes...............	5,77
	100,00

Un autre avantage du procédé de MM. Bondonneau et Foret est de fournir des liquides clairs, faciles à distiller.

Quelques années auparavant, MM. Serret, Hamoir et Duquesne ont également breveté un procédé qui repose sur la saccharification du grain en entier en présence de l'eau acidulée, et sur l'emploi de la partie non saccharifiée pour la nourriture des animaux ; mais ce procédé ne paraît pas avoir été appliqué industriellement.

β. *Travail sous pression* (procédé Kruger et Colani). — L'appareil dans lequel a lieu la saccharification des grains sous pression et qui a reçu dans l'industrie le nom même de Kruger, est un autoclave en cuivre rouge portant, comme l'indique la figure ci-contre :

1° Un trou d'homme *a* pour le chargement des grains ;

2° Un trou d'homme *b* pour le nettoyage et les réparations ;

3° Un tuyau pour l'admission de l'acide (1) ;

4° Un tuyau d'échappement d'air (2) ;

5° Un tuyau pour l'admission de la vapeur destinée au chauffage (3) ;

6° Un autre tuyau destiné à amener de la vapeur que l'on fait barboter au milieu de la matière (4) ;

7° Un autre enfin pour l'échappement du liquide saccharifié (5).

A la partie inférieure de l'autoclave se trouve une grille destinée à retenir les grains au-dessus de l'appareil de chauffe. Cet appareil est tantôt un serpentin de vapeur ouvert, disposé en couronne, tantôt un assemblage de quatre tubes percés de trous et disposés en étoile.

Malgré le prix élevé des appareils que le procédé Kruger et Colani emploie, la saccharification des grains sous pression se fait dans des conditions généralement plus avantageuses que la saccharification à l'air libre. L'opération demande un temps moitié moindre, et exige par conséquent une dépense relativement plus faible de vapeur. La quantité d'eau qui doit se trouver en présence des grains n'est plus de 500 litres pour 100 kilogrammes de grains, mais de 200 litres seulement, ce qui procure encore, de ce fait, une notable économie de vapeur. Enfin, au lieu d'employer pour 100 kilogrammes de grains 5 kilogrammes d'acide sulfurique, on n'en emploie que 2kgr,500 ; au lieu d'user 10 kilogrammes d'acide chlorhydrique, on n'en use que la moitié.

L'eau est introduite dans l'appareil et l'on fait immédiatement arriver par le tuyau (1) la dose d'acide jugée nécessaire, puis on fait tomber par l'orifice supérieur les grains préalablement concassés. On ferme cet orifice et, laissant ouvert le tuyau d'échappement, on envoie de la vapeur au-dessous du faux-fond. Quand le manomètre marque 3 atmosphères, on se maintient pendant 1 heure environ à cette pression ; puis, ouvrant le robinet du tuyau (5), on laisse échapper la matière saccharifiée. La pression qui règne dans l'appareil force la masse à se tréfiler à travers les barreaux de la grille inférieure, et de ce fait elle acquiert une homogénéité qu'elle ne pouvait pas avoir auparavant.

Dans quelques usines on préfère poursuivre la saccharification en deux fois. Le grain est tout d'abord cuit dans un premier autoclave avec une quantité d'acide sulfurique qui ne représente que 1 0/0 du poids du grain. La pression dans cet appareil n'est que de 1 atm. 1/2 et l'opération dure de 1 heure à 1 heure 1/2. Dans ces conditions, la saccharification est loin d'être complète, la matière s'est transformée en empois et se trouve dans un état convenable pour subir le second traitement. La masse est alors dirigée vers d'autres autoclaves, généralement plus grands que les premiers ; là elle est soumise pendant une demi-heure, et sous

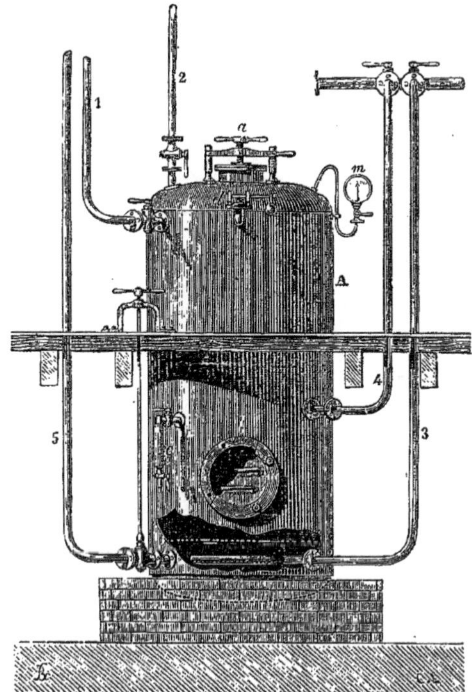

Fig. 13. — Appareil Kruger.

la pression de 3 atmosphères, à l'action d'une quantité d'acide représentant 4 0/0 des grains mis en œuvre. La densité des moûts ainsi produits est de 10 à 11° Baumé.

γ. *Saturation, fermentation, distillation.* — Quel que soit le procédé suivi, que l'on travaille à l'air libre ou que l'on travaille sous pression, il est nécessaire d'étendre d'abord le liquide au moyen de l'eau, de façon qu'il marque 7° Baumé, puis de saturer en partie l'acide qui a été employé à la saccharification. Sans cette précaution, l'acidité des moûts empêcherait totalement la levure de se développer. La saturation a lieu par l'addition de calcaire, dont on mesure soigneusement la quantité de façon à laisser dans le moût une acidité qui représente environ 3 grammes d'acide sulfurique par litre. Cette acidité est insuffisante pour empêcher la levure d'agir, et elle suffit d'un autre côté pour arrêter l'action des organismes étrangers, des bactéries principalement, qui pourraient se développer aux dépens du sucre.

Puis les moûts convenablement refroidis à la température de 22-25°, au moyen d'appareils qui seront décrits plus loin, sont mélangés d'une certaine quantité de levure, soumis à la fermentation et distillés dans des appareils à colonnes (voyez DISTILLATION et FLEGMES).

On estime que, par ces procédés de saccharification, 100 kilogrammes de maïs rendent environ 35 litres d'alcool à 95°.

ε. *Emploi des résidus.* — Depuis quelques années la distillerie de maïs s'est préoccupée de recueillir les parties cellulosiques et azotées, qui restent comme résidu de la saccharification.

On a vu plus haut de quelle façon MM. Bondonneau et Foret ont résolu la difficulté, et sont parvenus à obtenir une drèche acceptable par le bétail.

Cette récolte des résidus est plus difficile encore quand la saccharification a eu lieu sous pression, le grain ayant été complètement désagrégé.

Ces résidus, quand ils proviennent du travail du maïs, ne sont pas seulement précieux à cause des matières azotées et minérales qu'ils contiennent et qui en font un aliment de premier ordre; ils renferment encore une certaine quantité d'huile que la graine a apportée et qu'il y a tout avantage à retirer industriellement.

MM. Porion et Mehay ont imaginé pour recueillir l'un et l'autre produit, la drèche et l'huile, de faire passer les résidus, sortant de la colonne à distiller, dans des filtres-presses et de les amener à l'état de tourteaux. Ces tourteaux sont ensuite desséchés dans des appareils chauffés par un double fond et qui ne sont autres que des réchauffeurs d'huilerie de grande dimension. La matière ainsi déshydratée, et réduite en poudre sous l'influence de l'agitateur qui remue continuellement la masse pendant la dessiccation, est reprise, réchauffée et pressée au moyen de presses hydrauliques. On recueille ainsi 2 1/2 à 3 0/0 d'une huile qui se vend à la savonnerie. Quant au tourteau, il a conservé toutes ses propriétés alimentaires et fertilisantes et est vendu à l'agriculture.

Ce tourteau contient en effet :

Eau	7,5
Matières azotées	44,5
Matières non azotées	32,4
Huile	12,1
Sels	3,5
	100,0

Dans le même ordre d'idées, MM. Boulet, Donard et Contamine, de Rouen, ont imaginé de dessécher le tourteau de résidus fourni par les filtres-presses, non plus à l'air libre, mais dans le vide. A cet effet, le tourteau, divisé par une machine spéciale, est placé dans un appareil rotatif permettant la dessiccation dans le vide et à basse température. Les résidus ainsi desséchés sont traités dans un appareil à épuisement méthodique par des essences légères de pétrole. L'extraction de l'huile se fait alors d'une façon très régulière, et elle est complète, résultat que l'on ne peut obtenir au moyen des presses.

II. TRAVAIL PAR SACCHARIFICATION AU MOYEN DE LA DIASTASE. — Les céréales germées, qui dans le travail de la saccharification doivent apporter la diastase nécessaire à la transformation de la matière amylacée en maltose et en dextrines, sont diverses. De toutes ces céréales, c'est incontestablement l'orge germée, c'est-à-dire le malt, qui est de beaucoup la plus répandue, et qui donne les meilleurs résultats (voyez BIÈRE, 1, 587).

Cette orge germée peut être employée soit à l'état vert, soit à l'état sec. Le malt vert est beaucoup plus énergique que le malt sec; sa puissance saccharifiante est deux fois plus grande quand il n'a pas été chauffé dans la touraille; la diastase qu'il renferme est en effet sensible même aux basses températures que l'on emploie pour produire la dessiccation. En outre, l'économie qu'on réalise en évitant la construction d'une touraille, en évitant les frais de charbon et de main-d'œuvre que nécessite le travail de la dessiccation, rend dans beaucoup de cas l'emploi du malt vert préférable à l'emploi du malt sec; mais, en revanche, le malt vert est d'une conservation difficile et, sous peine de le voir s'altérer, on doit l'employer aussitôt sa germination terminée; aussi est-il nécessaire de ne faire germer l'orge que dans la mesure des besoins de la fabrication. C'est dans les distilleries allemandes, principalement dans les distilleries agricoles, que s'est répandu dans ces dernières années l'emploi du malt vert à la saccharification. Certaines de nos petites distilleries du Nord l'ont depuis quelque temps adopté.

Mais l'orge à l'état de malt n'est pas la seule céréale germée dont la fabrication fasse usage. En Belgique, on tend aujourd'hui à remplacer le malt d'orge par le malt de froment. Celui-ci contient, une fois sa germination terminée, autant de diastase que le malt ordinaire, et il a l'avantage de fournir à la saccharification une plus grande quantité de matière amylacée.

Plusieurs essais ont été faits en Autriche et même en France pour faire entrer dans la distillerie de grains l'usage du maïs germé. La germination en est assez délicate, et très irrégulière. Aussi ces essais ne semblent-ils pas, jusqu'ici du moins, avoir donné de bons résultats.

Ajoutons enfin que depuis un grand nombre d'années on emploie en Écosse, associée à l'orge germée, de l'avoine germée également pour fabriquer la boisson alcoolique connue sous le nom de *whisky*.

Du fait que les céréales germées contiennent une quantité de diastase exagérée par rapport à la quantité d'amidon renfermée dans la graine et qu'elle est chargée de saccharifier, les distillateurs ont été amenés naturellement à mélanger dans les cuves de saccharification des graines non germées aux graines germées. Cette manière de faire entraîne naturellement une grande économie dans la fabrication.

L'emploi du seigle mélangé de malt d'orge était autrefois d'un usage général en France, en Belgique, en Hollande. C'est à l'aide de ces céréales que l'on fabriquait les trois-six de grains, les genièvres. En Angleterre, pour produire le gin, on employait et on emploie encore aujourd'hui le blé associé à l'orge maltée; en Écosse, comme il est dit plus haut, c'est le mélange d'avoine et d'orge germée qui fait le whisky.

Dans ces dernières années, on a vu se dessiner une situation nouvelle : les maïs étrangers arrivent en Europe à un prix relativement bas, et font alors concurrence aux grains indigènes. Aussi a-t-on vu partout la distillerie associer au malt, au blé, au seigle, le grain de maïs.

C'est en saccharifiant l'amidon du maïs au moyen du malt que l'on travaille dans les distilleries allemandes, ainsi que dans quelques-unes de nos distilleries du Nord; c'est en traitant le maïs par le blé germé que, dans certaines distilleries belges, on produit le moût fermentescible; c'est enfin en brassant le maïs, le seigle et le malt mélangés qu'en Autriche, en Saxe, et quelquefois en France, on produit des moûts qui donneront non seulement un alcool très recherché, mais encore une levure de qualité supérieure.

L'emploi de ces différentes graines associées de diverses façons, prises dans des proportions variables, devra donner naturellement naissance à de nombreux procédés. Les habitudes et les goûts du pays où le procédé est en usage, les appareils employés, tout prête à cette industrie une variabilité qui en rend l'exposition un peu difficile.

Nous devrons, pour remédier à cet inconvénient, distinguer dans la fabrication de l'alcool de grains :

1° La saccharification ;
2° Le refroidissement du moût ;
3° La fermentation avec ou sans récolte de levure ;
4° La distillation.

A. *Saccharification.* — Quand on emploie à la saccharification le malt, le seigle, le blé malté ou cru, l'avoine, etc., c'est-à-dire les grains que l'on pourrait appeler des grains tendres, dont l'amidon se liquéfie facilement sous l'influence de la diastase, et qui n'ont pas vis-à-vis d'elle la même résistance que possèdent les grains durs, les grains de maïs par exemple, il convient d'opérer comme il est dit au Dict., **1**, 117.

α. *Emploi de l'orge, du blé, du seigle, de l'avoine.* — La saccharification peut avoir lieu dans de simples cuviers, comme on le pratique dans les petites distilleries agricoles que l'on rencontre en Hollande. Le brassin est alors agité au moyen de fourches que les ouvriers tiennent à la main. L'installation est rudimentaire.

En Belgique, quelquefois en France, on emploie le macérateur Lacombe pour obtenir le brassage complet et rapide des grains. Ce macérateur est constitué par un cylindre de cuivre ou de tôle, entouré à sa partie inférieure d'une double enveloppe dans l'intérieur de laquelle on peut admettre soit de la vapeur pour la saccharification, soit de l'eau pour le refroidissement (Dict., **1**, 117, fig. 8).

En Angleterre enfin, c'est dans de véritables cuves-matière analogues à celles de la brasserie que les grains sont saccharifiés. L'étude de ces cuves-matière a été faite précédemment (voyez Bière. Dict., **1**, 593, fig. 82).

Les procédés de brassage que l'on suit en faisant usage de ces divers engins varient d'un pays à l'autre.

En Hollande, où l'on opère sur un mélange de seigle et de malt, on prend les grains préalablement moulus en farine grossière, et on les mélange avec 3 fois environ leur poids d'eau à 60-70° ; puis au bout d'un quart d'heure on ajoute dans la cuve 8 ou 10 fois le poids de vinasses chaudes. On brasse alors au moyen de la fourche, et, après deux heures de contact, la saccharification peut être considérée comme terminée. La température du brassin n'a pas dépassé 70°.

En Belgique, comme autrefois dans les distilleries agricoles de l'Allemagne, les trempes sont tenues beaucoup plus épaisses. L'impôt, dans ces pays, est prélevé non pas sur la quantité d'alcool produit, mais sur la capacité des appareils de saccharification. Le distillateur a donc tout intérêt à produire des moûts très épais, quitte à les étendre ensuite, au moment où il les met en fermentation, au moyen de vinasses provenant d'opérations précédentes. Au lieu de mettre, comme en Hollande, en présence du grain, 10 fois son poids d'eau, le distillateur belge saccharifie le malt et le seigle au moyen d'une quantité d'eau qui ne représente que le double de leur poids.

Enfin en Angleterre, c'est en suivant les procédés d'infusion usités dans la brasserie que le distillateur produit la transformation de la matière amylacée de son grain (orge, blé, seigle, avoine) en maltose et en dextrines. Le grain est simplement concassé, on l'empâte, et, l'empâtage une fois terminé, on fait une première trempe avec de l'eau chaude à 90°, puis on soutire le liquide clair à travers les tôles perforées de la cuve-matière ; sur la drèche encore chaude, on vient faire une seconde trempe en versant de l'eau bouillante. A cette seconde trempe on en fait quelquefois succéder une troisième. Pour 100 kilogrammes de grains il faut compter employer 350 kilogrammes d'eau, dont 150 pour l'empâtage et 100 pour chacune des trempes. Le procédé de saccharification suivi en Angleterre diffère donc essentiellement de ceux qui ont été précédemment exposés, en ce sens que les moûts une fois terminés sont immédiatement séparés de la drèche. Nous verrons tout à l'heure que c'est sur le moût clair que l'on opère la fermentation, et que c'est le moût clair que l'on passe à l'appareil distillatoire. En Hollande, en Belgique, en France, en Allemagne, il n'en est pas de même : c'est tout pâteux que les moûts sont mis en fermentation, c'est tout pâteux également qu'ils sont distillés.

β. *Emploi du maïs associé aux graines précédentes.* — L'emploi du maïs dans la distillerie de grains a modifié dans une certaine mesure le mode opératoire habituellement suivi dans la saccharification. Les grains d'amidon que contiennent les cellules du maïs sont extrêmement resserrés les uns contre les autres, et déjà l'on conçoit la difficulté que les liquides diastasiques éprouveront à les attaquer. En outre, par sa constitution même, le grain d'amidon de maïs est moins aisément saccharifiable que le grain d'amidon de blé, d'orge, de seigle. Le distillateur se trouve donc dans la nécessité, avant de mettre le maïs en contact avec les grains germés, de le faire cuire, c'est-à-dire de transformer en empois sa matière amylacée.

Cette cuisson préalable du maïs peut être faite soit à l'air libre à 100°, soit sous pression à 130-140°.

Les appareils destinés à cet usage seront naturellement différents.

Quand il s'agit de cuire le maïs à 100°, c'est dans des cuves en bois, munies d'un serpentin de vapeur ouverte, qu'il convient d'opérer. Le maïs, moulu sous forme de semoule, est additionné de 8 ou 10 fois son poids d'eau, et porté rapidement par la vapeur à la température de 100°, à laquelle il est maintenu pendant 1 heure. La masse est ensuite coulée dans la cuve-matière, où doit se faire la saccharification.

Souvent aussi, c'est dans la cuve-matière même que se fait la cuisson du maïs à 100°. C'est ainsi que l'on opère en Autriche, et même en France, où, depuis quelques années, certaines grandes distilleries ont adopté les procédés autrichiens.

Après une heure de chauffage à 100°, la masse, toute pâteuse par suite de la formation d'empois, est abandonnée à elle-même jusqu'à ce que sa température se soit abaissée à 65-70°. A ce moment, on introduit les autres graines, et spécialement les graines germées. On met en mouvement les agitateurs de la cuve-matière et l'on poursuit pendant 1 heure encore la saccharification.

En Autriche, en Saxe, en Bohême, en France, c'est sur un mélange à parties égales de maïs, de seigle, de malt, que l'on travaille. Le maïs est cuit à 100°, et on ajoute, lorsque la température s'est abaissée à 65-70°, le malt mélangé au seigle.

C'est en cuisant le maïs, non plus à 100°, mais à 130-140°, que l'on opère en Allemagne et dans certaines usines du nord de la France.

On peut alors employer à ce travail soit des autoclaves horizontaux, soit des autoclaves disposés verticalement.

L'autoclave horizontal est constitué en général par un cylindre de tôle, à l'intérieur duquel se meut un puissant agitateur, formé d'un arbre muni de palettes.

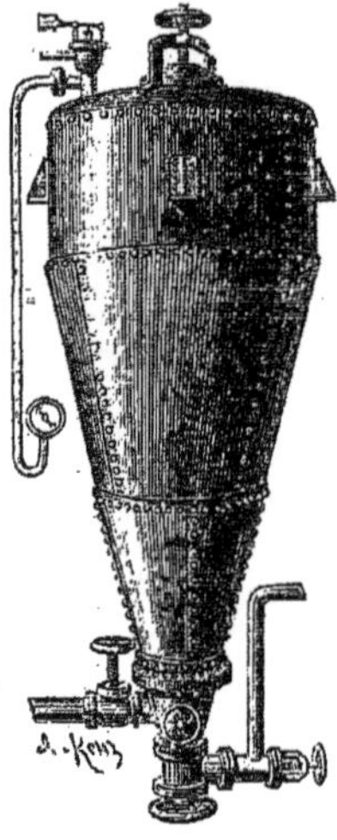
Fig. 14. Cuiseur L. Fontaine.

L'appareil peut, au moyen d'une admission de vapeur, être aisément chauffé à 130-140°. Dans cet appareil, on commence par cuire le maïs sous une pression de 3 atmosphères; à l'aide d'un dispositif spécial, on refroidit le moût à 65-70° et on saccharifie au moyen du malt.

Les premiers appareils de ce genre ont été construits par Hollefreund, puis par Bohm [Maercker, *Traité de Distillerie*, 359 et 364). En France ils sont construits par MM. Warein et Defrance.

Depuis longtemps on tend à remplacer ces appareils horizontaux par des appareils verticaux. Ils ne sont employés alors que dans le but de cuire le maïs; la saccharification se fait ensuite dans une cuve-matière ou dans un appareil spécial.

Le premier cuiseur de ce genre a été imaginé par Henze. Il est aujourd'hui reproduit par un grand nombre de constructeurs allemands et français (cuiseur Leinhaas, cuiseur Kyll, cuiseur Warein et Defrance, cuiseur Fontaine (fig. 14)).

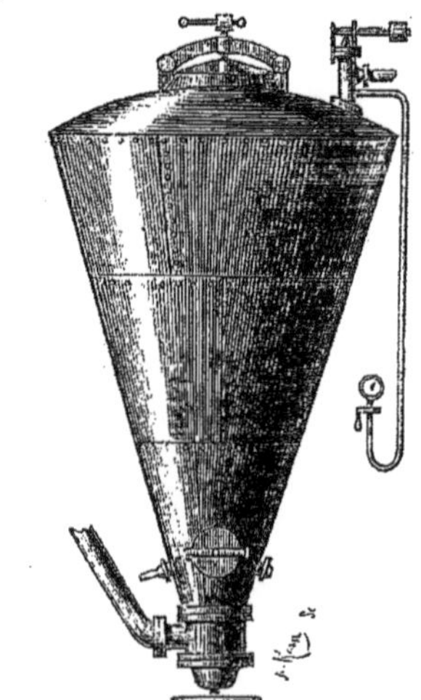
Fig. 15. — Cuiseur Paucksch.

Ces divers constructeurs ont donné à l'appareil des formes coniques plus ou moins allongées.

M. Paucksch a complètement supprimé la partie cylindrique du cuiseur Henze, et son appareil forme un simple cône renversé, comme l'indique la figure 15.

La forme qu'il convient de donner au cuiseur, l'importance de la partie conique par rapport à la partie cylindrique, l'angle du cône, ne sont pas choses indifférentes pour la réussite de l'opération. L'expérience démontre en effet que la cuisson ne donne de bons résultats que si les grains sont, à l'intérieur de l'autoclave, continuellement en mouvement; on comprend alors que la pente des parois du cuiseur doive être calculée de telle façon que la matière n'y séjourne en aucun cas, et que la circulation des grains puisse se faire sans arrêt.

Ce mouvement des grains se fait d'une façon très simple. Il s'agit de mettre à la base du cuiseur, non pas une prise de vapeur unique, mais trois prises. Les tuyaux chargés d'amener la vapeur seront placés à différentes hauteurs; ils seront en outre disposés dans des plans verticaux différents, de façon à produire dans l'intérieur du cuiseur une sorte de tourbillon de vapeur qui soulèvera le grain et lui imprimera un mouvement giratoire.

C'est dans le même but que MM. Avenarius ont proposé de placer dans la partie inférieure du cuiseur des tuyaux de vapeur se terminant sous la forme d'une étoile à six branches, disposée horizontalement et dont les bras sont légèrement arrondis. L'étoile peut tourner autour de son centre comme tournerait un tourniquet hydraulique.

Enfin MM. Venuleth et Ellenberger ont proposé de munir le cuiseur Henze d'un agitateur intérieur, dont le rôle serait d'imprimer au grain pendant la cuisson un mouvement continu.

Cependant cette agitation du grain, dont il est parlé plus haut, s'obtient moins par le dispositif des distributions de vapeur, moins par l'addition d'un agitateur, que par la manière de conduire le travail.

Après avoir versé dans le cuiseur 20 hectolitres d'eau chaude, par exemple, et avoir ajouté 800 kilogrammes de maïs en grain non concassé, on ouvre la vapeur à la partie inférieure de l'appareil. Le trou d'homme est ouvert, et peu à peu la vapeur chasse l'air contenu dans le cuiseur. On ferme ensuite le trou d'homme et l'on monte rapidement à la pression de 3 atmosphères environ. Puis on règle la vapeur de façon qu'une certaine quantité se trouvant en excès s'échappe de l'appareil par la soupape de sûreté, qui est d'avance, bien entendu, équilibrée à cette pression de 3 atmosphères; en sorte que la masse, maintenue quand même à cette pression, est sans cesse soulevée par le barbotage de la vapeur; c'est ce que l'on appelle travailler « à soupape soufflante ».

L'opération dure d'autant moins longtemps que l'on applique une température plus élevée; mais en général, pour une quantité de 800 kilogrammes de maïs, avec une température de 130-140°, il faut compter 2 heures.

La vidange de l'appareil a lieu d'une façon automatique, au moyen du tuyau qui se trouve placé à la partie inférieure du cuiseur.

A cet effet, la cuisson terminée, on ferme la soupape, on ouvre la vanne du tuyau de vidange, et la masse toute pâteuse, poussée par la pression qui existe dans l'appareil, s'écoule lentement.

Pour rendre la pâte homogène, on a imaginé divers systèmes, disposés à l'intérieur et à la partie inférieure du cuiseur, systèmes qui permettent de diviser la pâte au moment où elle s'échappe; ce sont tantôt des obturateurs sphériques munis d'entailles à arêtes vives en forme de pas de vis, tantôt des roues à ailettes rotatives, tantôt un tambour garni de couteaux, qui viennent frotter contre une plaque d'acier hérissée de dents, et qui écrasent la pâte au passage.

Enfin le système le plus simple et le plus répandu, celui que les constructeurs français semblent adopter, est celui de Leinhaas. Il consiste à placer à la sortie du cuiseur deux grilles, dont l'une est fixe et l'autre mobile. La masse est alors obligée de se laminer à travers les barreaux. Le cuiseur de M. Fontaine possède un dispositif analogue.

Aussitôt la cuisson terminée, le travail de la saccharification commence: mais la masse de maïs qui sort du cuiseur est encore chaude à 130°, et l'on ne peut songer à la mettre en contact avec le malt vert sans la refroidir préalablement. C'est à quoi l'on parvient d'une façon très simple.

Au-dessus de la cuve-matière où doit se faire la saccharification, est disposée une cheminée verticale de 25 à 30 centimètres de diamètre. Dans l'intérieur de cette cheminée, et à l'aide d'un jet de vapeur, on produit un appel d'air vigoureux de bas en haut. Le tuyau qui amène du cuiseur la matière pâteuse, débouche dans cette cheminée un peu au-dessous de l'injecteur de vapeur. La masse encore chaude tombe alors dans l'intérieur de cette cheminée, où des obstacles la forcent à se diviser; elle est saisie par le courant d'air et sa température descend immédiatement à 65-70°, c'est-à-dire à la température où elle peut subir l'action de la diastase.

Les cuves-matière que l'on emploie sont extrêmement nombreuses. Une des plus répandues en Allemagne est celle de MM. Venuleth et Ellenberger de Darmstadt.

En France, la cuve-matière de MM. Warein et Defrance (fig. 16) répond très bien au but proposé.

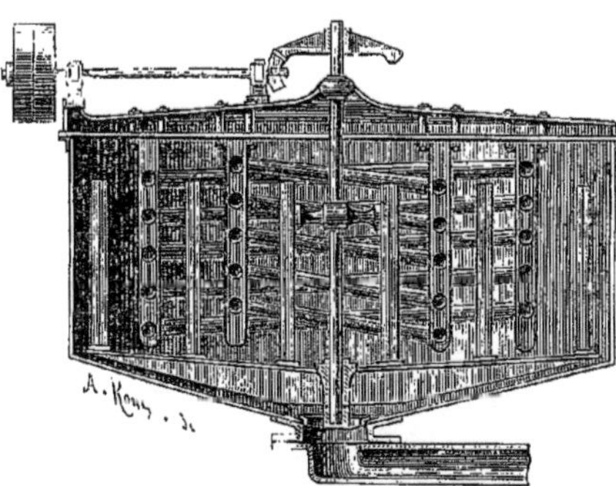

Fig. 16. — Cuve-matière Warein et Defrance.

Elle est munie d'un agitateur formé de deux bras horizontaux sur lesquels sont montées des fiches verticales en fer cornière. Ces fiches, dans leur rotation, passent au milieu des serpentins, qui, comme il sera expliqué plus bas, servent à la réfrigération du moût saccharifié.

Malgré la puissance de l'agitateur, le mélange des matières que la cuve contient, c'est-à-dire du maïs cuit avec le malt d'orge, est en général jugé insuffisant; la masse, toujours très épaisse, ne se divise pas complètement, et c'est pour remédier à cet inconvénient que l'on associe à la cuve-matière un broyeur qui fait en même temps office de pompe centrifuge. Cet appareil puise le brassin à la partie inférieure de la cuve-matière, le malaxe en l'obligeant à passer entre les surfaces de deux paires de meules et le renvoie à la partie supérieure de la cuve, en sorte que la pâte de maïs, sans cesse en mouvement, sans cesse triturée, se mélange au malt et subit aisément l'action saccharifiante de la diastase.

Les meilleurs de ces broyeurs, de ces dépeleurs, et en même temps les plus répandus, sont ceux de Bohm et de Kyll (fig. 17), imités aujourd'hui par nos constructeurs français. L'appareil

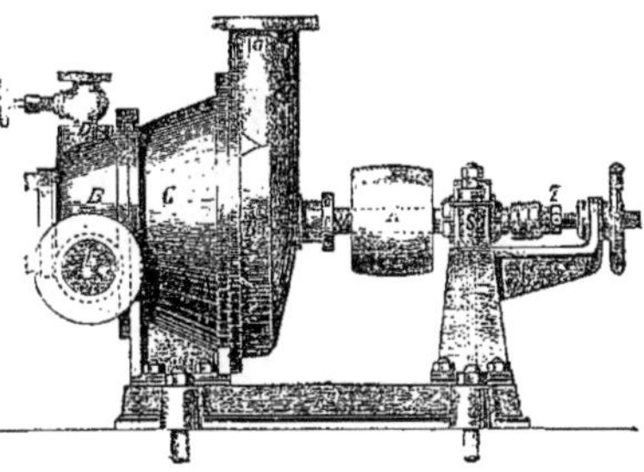

Fig. 17. — Dépeleur centrifuge Kyll.

porte deux disques broyeurs, et en arrière de ces disques une turbine qui, mue par une poulie, aspire le liquide, l'oblige à passer dans l'appareil de broyage et le refoule plus loin.

Mais le rôle de ce broyeur ne se borne pas à assurer le mélange intime des matières contenues dans la cuve de saccharification; c'est également à l'aide de ce broyeur que l'on va chercher dans une petite cuve spéciale le lait de malt que l'on y a délayé et que par un jeu de tuyauterie on dirige vers la cuve-matière.

D'ailleurs on peut, par le dessin théorique ci-après (fig. 18), avoir une idée du rôle joué par ce dépeleur centrifuge, et de l'ensemble des opérations que comporte la saccharification du grain au moyen de la diastase.

La masse de maïs cuit, réduit en une bouillie épaisse, tombe dans la cuve-matière et, par suite du refroidissement que détermine l'aspirateur, elle arrive à la température de 65-70°.

Pendant ce temps, on a délayé le malt vert avec une certaine quantité d'eau dans le bassin E et, mettant la partie inférieure de ce bassin en communication avec le dépeleur par le tuyau *acd*, on rejette le lait de malt dans la cuve-matière; puis on établit la communication *bcdef*, de façon à mélanger et à triturer en même temps les matières contenues dans la cuve de saccharification.

D'autres constructeurs ont résolu le problème d'une façon un peu différente. Au fond même de la cuve-matière se trouve un moulin fait de deux meules en fonte rayonnées, et entourées soit d'une turbine (appareil Lwowski de Halle-sur-Saale), soit d'ailettes (appareil Paucksch de Landsberg) [voyez Maercker, *Traité de Distillerie*, 396]. Cette disposition permet de déterminer dans la cuve une agitation des plus vives; le liquide, appelé des bords vers le fond de la cuve, passe entre les meules, et est rejeté verticalement vers le centre, pour être appelé de nouveau entre les disques du broyeur.

M. Fontaine, constructeur à la Madeleine (Nord), a adopté un nouveau saccharificateur (fig. 19).

Cet appareil se compose d'une cuve rectangulaire en tôle, divisée par deux cloisons longitudinales en trois parties. A l'extrémité de la partie centrale se trouve placé verticalement un broyeur

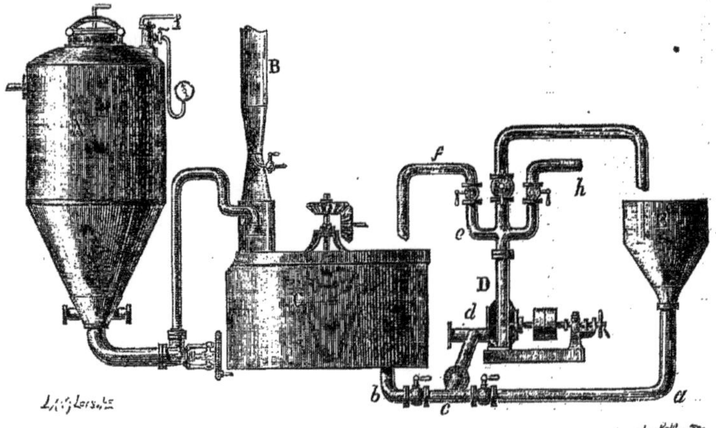

Fig. 18. — Disposition d'un appareil pour la cuisson et la saccharification des grains.

muni d'une turbine, qui aspire le liquide sur les bas-côtés pour le rejeter dans la partie centrale. La circulation du moût se fait régulièrement, les matières sont broyées au passage dans le dépeleur, et l'appareil répond aux conditions réalisées dans les appareils allemands.

Fig. 19. — Saccharificateur Fontaine.

B. *Refroidissement du moût.* — Le moût saccharifié doit être immédiatement refroidi, de façon à éviter qu'il ne soit envahi par les ferments lactique ou butyrique, dont les températures de 35-40° sont les températures de prédilection.

Le refroidissement des moûts saccharifiés peut

être fait de bien des façons différentes. On peut y employer le réfrigérant Baudelot, connu depuis longtemps dans l'industrie, et qui a déjà rendu de bien grands services. Ce réfrigérant (fig. 20) est constitué par une série de tubes en cuivre, disposés parallèlement les uns aux autres, et à l'intérieur desquels circule de bas en haut un courant d'eau froide. Le liquide chaud, le moût pâteux débité à la partie supérieure, s'écoule en nappe continue à la surface des tubes et se trouve rapidement refroidi à leur contact.

M. Lawrence a modifié ce réfrigérant en substituant à la série de tubes une double feuille de cuivre, placée verticalement entre les deux montants. Les deux feuilles de cuivre ont leur surface ondulée et elles sont distantes de 1 centimètre, disposées parallèlement l'une à l'autre. L'eau froide arrive à la partie inférieure, s'élève verticalement jusqu'au sommet de l'appareil, où elle rencontre un tube par lequel elle se déverse, tandis que le moût encore chaud s'écoule de haut en bas en suivant les ondulations de la surface refroidissante.

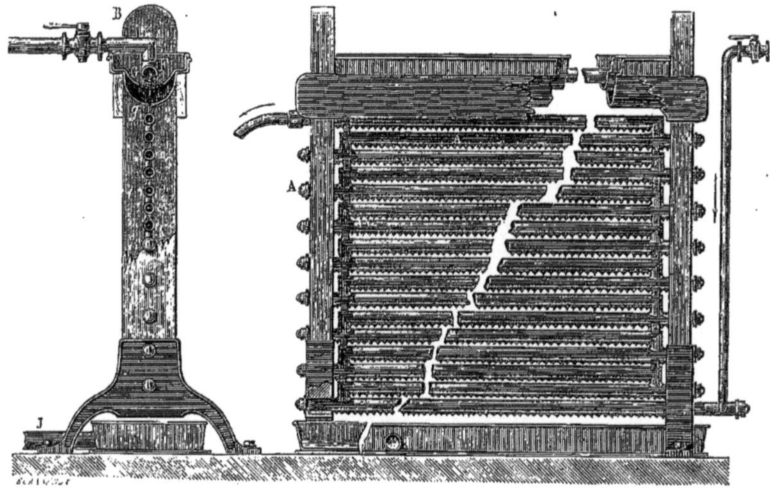

Fig. 20. — Réfrigérant Baudelot.

M. Porion a imaginé un autre réfrigérant, qui fonctionne dans son usine de Saint-André, près de Lille. Ce réfrigérant est formé par une série de gros tuyaux de cuivre disposés parallèlement les uns aux autres, comme dans le réfrigérant Baudelot; ils sont placés non pas verticalement, mais suivant un plan incliné. C'est par ces tubes que passe non pas l'eau, mais le moût à refroidir. Chacun de ces tubes est noyé dans une gouttière hémicylindrique. A la partie supérieure du plan incliné est délivré un fort courant d'eau qui cascade de gouttière en gouttière, pour arriver vers la dernière, où il rencontre le moût sortant des cuves de saccharification.

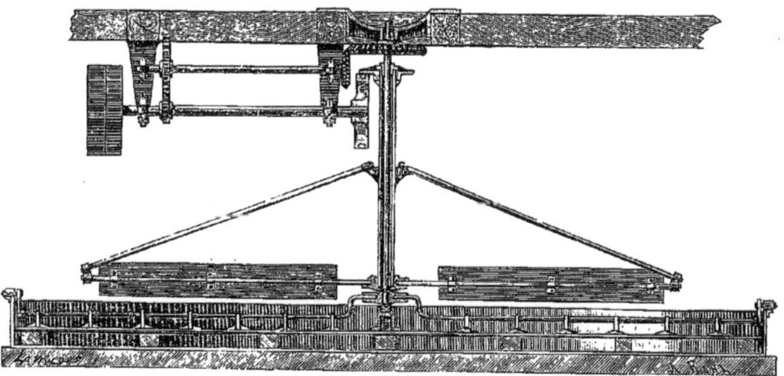
Fig. 21. — Réfrigérant circulaire.

Enfin dans les grandes distilleries, dans les

distilleries autrichiennes, françaises, etc., on rencontre un réfrigérant d'un autre genre (fig. 21).

Ce réfrigérant est un bassin circulaire en cuivre, mesurant de 5 à 6 mètres de diamètre, profond de 50 centimètres environ, au-dessous duquel peut circuler une nappe d'eau froide. Dans ce bac se meut avec lenteur un agitateur formé de deux grands bras, soutenus par deux galets qui viennent rouler sur le bord de la cuve; les deux bras portent un certain nombre de petites pelles destinées à produire l'agitation du moût. Au-dessus de cet agitateur se trouvent deux ailettes qui, mues par un arbre spécial, concentrique au premier, tournent avec rapidité, et viennent déterminer, à la surface du liquide qui se refroidit, une ventilation puissante, qui en abaisse rapidement la température.

C. *Fermentation avec ou sans récolte de levure.* — Les moûts, tels que les produit la saccharification, sont trop épais, trop pâteux pour être mis en fermentation. La levure y produirait trop d'alcool, et la fermentation s'arrêterait avant que tout le sucre fût consommé. Il faut donc à ce moment étendre le moût; mais, au lieu de l'étendre avec de l'eau, on l'amène à la dilution convenable, 6 ou 7° Baumé, en ajoutant des vinasses, c'est-à-dire le résidu qui s'écoule des colonnes distillatoires.

Ces vinasses auront nécessairement été séparées de la drèche, c'est-à-dire du résidu solide; elles auront même (il en est ainsi dans les fabriques qui récoltent la levure) été chauffées soit à 100°, soit à 110°, de façon à détruire tous les organismes étrangers qui pourraient venir se mélanger à la levure que l'on veut recueillir.

Les moûts, refroidis à 20-25°, et ainsi étendus de vinasse, seront mis en levain.

Généralement, c'est d'une façon brutale qu'on délaye la levure dans le moût, pour l'abandonner ensuite à la fermentation.

La quantité ordinaire de levure employée représente, à l'état pressé, 0kgr,500 par 100 kilogrammes de grains mis en œuvre.

Dans certains pays, en Belgique par exemple, où le fisc ne laisse aux distillateurs que 24 ou 48 heures au plus pour transformer entièrement la matière amylacée de leurs grains en alcool, et où on est obligé alors de faire fermenter rapidement, on dépasse cette quantité, qui s'élève jusqu'à 1kgr,700 pour 100 kilogrammes de grains.

Dans les distilleries autrichiennes, et dans les distilleries françaises marchant par les procédés autrichiens, on apporte un soin tout spécial à l'ensemencement des cuves de fermentation.

On commence tout d'abord par faire un pied de cuve, en brassant un mélange à parties égales de seigle et de malt. Le brassin est ensuite refroidi à 35°, et on l'abandonne à lui-même pendant une vingtaine d'heures. Le ferment lactique que le moût contient naturellement, qu'il ramasse dans l'air, sur les parois des cuviers, entre en évolution; la masse s'échauffe, atteint la température de 40°, et quand on juge que la quantité d'acide lactique formé est suffisante, on arrête la fermentation lactique en refroidissant énergiquement et en ajoutant de la levure provenant d'une opération précédente.

Quand le pied de cuve est en pleine fermentation alcoolique, on le verse dans de grands cuviers en bois, que l'on achève de remplir avec du moût refroidi.

Cette formation d'acide lactique a sa grande importance, surtout dans les fabriques de levure. On pense en effet généralement que l'acide lactique solubilise les matières azotées que la drèche renferme et qui nourrissent la levure. En outre, ce qui paraît d'ailleurs plus réel, l'acide lactique détermine un degré d'acidité qui convient très bien au développement de la levure, et l'empêche d'être envahie par les organismes étrangers, notamment par les bactéries.

Quoi qu'il en soit, que le moût ait été ensemencé directement, ou par l'intermédiaire d'un pied de cuve, la fermentation se poursuit régulièrement.

Dans les premières heures, le chapeau remonte, les débris végétaux, poussés à la surface par les gaz qui commencent à se dégager, forment une croûte épaisse. Puis peu à peu, la quantité d'acide carbonique augmentant, le gaz vient percer le chapeau, qui s'enfonce. A partir de ce moment, le mouvement de la fermentation est régulier, les bulles ramenant sans cesse à la surface des débris végétaux et des cellules de levure qui retombent de leur propre poids, jusqu'au moment où, n'ayant plus de sucre à consommer, la fermentation cesse d'elle-même. La durée est d'environ 30 heures.

La récolte de la levure peut être faite de plusieurs façons.

En Autriche, en France, on commence à récolter la levure au moment où le chapeau retombe, c'est-à-dire 12 heures après le commencement de la fermentation, et la récolte n'a lieu que pendant 3 ou 4 heures. Passé ce temps, la levure recueillie ne serait plus assez jeune pour posséder les qualités qu'on lui demande; elle serait en outre mélangée d'une quantité trop grande de drèche. Les ouvriers, armés de poches en bois et penchés sur le bord des cuves, vont écumer la surface et enlèvent, en même temps que quelques débris végétaux, une certaine quantité de levure. Le liquide qu'ils recueillent ainsi est dirigé vers des ateliers spéciaux; là on l'oblige à traverser un tamis qui retiendra à sa surface les débris de drèche, et le liquide chargé de levure est dirigé vers de petites cuves en bois ou en maçonnerie. Dans ces cuves, la levure se dépose; on la reprend pour la délayer de nouveau et la laisser encore se déposer. Quand elle a été lavée ainsi plusieurs fois par décantation, on la verse dans des sacs que l'on serre au moyen d'étreindelles en bois. On peut faire également usage de filtres-presses. La levure est ensuite placée dans une machine à boudiner, qui lui donne la forme commerciale. Pour rendre la masse plus plastique et pour faciliter le travail du pressurage, on ajoute quelquefois à la levure une certaine quantité de fécule de pommes de terre.

La levure pressée représente environ 10 0/0 du poids du grain mis en œuvre.

Les eaux de lavage de levure, qui contiennent de l'alcool, sont distillées séparément.

C'est d'une tout autre façon qu'en Hollande on récolte la levure. Quelque temps après que le moût a été mis en levain, et avant que la fermentation ne soit commencée, on voit les matières denses, les débris de drèche tomber au fond de la cuve.

On soutire alors le liquide clair et on l'envoie dans de grands bacs plats. Là la fermentation se déclare, et quand elle touche à sa fin, on trouve au fond de ces bacs une épaisse couche de levure. Le liquide est alors décanté et renvoyé dans les cuves où on a laissé les débris végétaux. Quant à la levure, elle est recueillie, lavée et pressée.

L'emploi de ces bacs plats est avantageux pour la production de la levure; on sait en effet aujourd'hui, depuis les travaux de M. Pasteur, que l'air favorise le développement des globules de levure; mais on sait également que c'est aux dépens de l'alcool formé. Aussi le rendement en alcool est-il naturellement moindre que dans les distilleries qui recueillent la levure d'une façon différente.

D. *Distillation* (récolte des vinasses et de la drèche). — C'est toujours sous la forme de flegmes que l'on obtient l'alcool de grains. Cet alcool est rectifié légèrement quand on se propose de faire du genièvre, du gin, du whisky, rectifié complètement quand on veut produire du trois-six (voyez FLEGMES).

Les appareils distillatoires varient avec l'importance des distilleries.

En Hollande, dans les distilleries agricoles, on emploie l'alambic simple, ou tout au plus l'alambic avec petit rectificateur semblable aux alambics charentais.

Il en est de même en Allemagne, où l'on fait usage des colonnes de Pistorius, d'Ilgès, etc.

Dans les pays de grande production, ce sont des colonnes à plateaux, les colonnes Savalle, Fontaine, etc., en France, et les colonnes Coffey en Angleterre.

Tous ces appareils seront décrits à l'article DISTILLATION; nous ne croyons pas nécessaire d'y insister.

Nous nous contenterons de dire que tantôt, comme en Angleterre, c'est sur le moût clair, débarrassé de drèche, que l'on opère; tantôt, comme en France, en Autriche, en Belgique, en Allemagne, c'est le moût pâteux que l'on passe à la colonne.

Dans ce dernier cas, il s'écoule de la colonne, d'une façon continue, un mélange de drèche et de vinasse.

Quelquefois ce mélange est livré tel quel aux cultivateurs; mais quelquefois aussi on en sépare par égouttage et pressurage les débris végétaux qu'il tient en suspension. La drèche est alors plus transportable et peut se conserver plus longtemps.

Supposée sèche, cette drèche contient, d'après M. Grandeau :

Matières azotées	18,9
Matières non azotées	42,2
Matières grasses	7,8
Cellulose	27,3
Sels	3,8
	100,0

VIII. — ALCOOL DE POMMES DE TERRE.

L'industrie de l'alcool de pommes de terre est extrêmement développée en Allemagne, où elle fournit les trois quarts environ de l'alcool que réclament la consommation et l'exportation. Exercée dans des distilleries agricoles, exercée également dans de grandes usines, elle produit à bon compte un alcool d'excellente qualité après rectification, en même temps qu'une drèche de sérieuse valeur alimentaire.

Malgré les avantages qu'il présente non seulement au point de vue industriel, mais aussi au point de vue cultural, le travail des pommes de terre n'a pas été encore appliqué dans nos distilleries françaises.

Les travaux récents de M. Aimé Girard [*C. R.*, 108, 412, 525, 602, et *Recherches sur la culture de la pomme de terre industrielle*] ont montré qu'en appliquant aux tubercules une méthode de culture spéciale, en espaçant les pieds à des distances déterminées, en choisissant comme plants les tubercules de grosseur moyenne récoltés l'année précédente sur des sujets à rendement élevé, et dont les qualités héréditaires auront été constatées, on pouvait obtenir des rendements à l'hectare semblables à ceux que l'on obtient en Allemagne et produire des tubercules aussi riches que ceux livrés à la distillerie par les cultivateurs allemands. Ces rendements élevés de tubercules riches, on ne les obtenait presque jamais en France, et il était alors naturel que dans notre pays la distillerie de pommes de terre ne fût pas considérée comme rémunératrice.

Aujourd'hui, grâce à ces travaux, grâce également à ce que les appareils employés en Allemagne sont depuis quelques années utilisés pour fabriquer en France l'alcool de maïs, et à ce que les distillateurs ont su en apprécier les avantages, il est à espérer que cette nouvelle industrie s'introduira dans nos centres agricoles.

C'est au moyen des appareils que nous avons examinés plus haut à propos du travail des grains par le malt, qu'on traite en Allemagne la pomme de terre pour la cuire et la saccharifier.

Ces appareils ont même été imaginés pour le travail de la pomme de terre; c'est plus tard qu'en Allemagne et en France on les a appliqués au traitement des grains, et du maïs en particulier.

Les pommes de terre, après avoir été lavées et épierrées dans des appareils analogues à ceux précédemment décrits [Dict., 1, 119], sont placées dans les cuiseurs.

Les cuiseurs en bois, semblables à ceux décrits au Dict., 1, 119, ont presque totalement disparu et ont été remplacés par des cuiseurs en tôle (cuiseur Henze, cuiseur Paucksch), dont nous avons parlé plus haut.

Contrairement à ce que l'on fait quand il s'agit de cuire le maïs, on a soin de ne pas ajouter d'eau dans l'autoclave. La pomme de terre, qui contient environ 75 0/0 d'eau, fournit elle-même l'eau nécessaire à la formation de l'empois. Aussi la conduite de l'appareil pendant l'opération doit-elle être un peu différente de ce qu'elle est quand on travaille le maïs.

Après avoir chargé le cuiseur de pommes de terre et fermé le trou d'homme, on ouvre soit un robinet d'air, soit la soupape elle-même. Au moyen de la vapeur que l'on envoie à la partie inférieure du cuiseur, on chasse l'air de l'appareil, et quand tout l'air a été chassé, on ferme la soupape ou le robinet. Puis, envoyant de la vapeur à la partie supérieure du cuiseur, et ouvrant un robinet de fond, on évacue l'eau qui s'est condensée au contact des parois et au contact des pommes de terre. On s'arrête quand l'eau s'écoule avec une teinte laiteuse, qui indique un entraînement de fécule.

On dirige alors de la vapeur à l'intérieur de l'appareil et on monte à 3 atmosphères, en ayant soin, comme il a été dit pour le maïs, de laisser toujours un peu de vapeur s'échapper par la soupape, de façon à maintenir continuellement les pommes de terre en mouvement.

La cuisson dure environ 2 heures; une prolongation de la chauffe pourrait nuire au rendement; une partie de l'amidon soluble, et peut-être des basses dextrines formées pendant cette cuisson, pourrait subir un commencement d'altération.

Puis brusquement, en ouvrant la vanne inférieure, on fait écouler la masse pâteuse vers la cuve-matière. En s'écoulant ainsi elle se lamine, elle se tréfile à travers les appareils disposés à cet effet dans le bas du cuiseur. Elle arrive au-dessus de la cuve-matière, où elle rencontre, comme dans le cas du maïs, un violent courant d'air; sa température tombe alors à 65-70°, température à laquelle on peut faire agir le malt.

C'est presque toujours au moyen du malt vert que l'on saccharifie la pomme de terre cuite dans ces conditions, et la quantité qu'on en emploie varie de 5 à 10 0/0.

Les cuves-matière dont on fait usage sont celles décrites plus haut; on rencontre en effet en Allemagne les cuves de Venuleth et Ellenberger, accompagnées d'un broyeur qui fait office de pompe centrifuge (broyeur Bohm). On trouve également les appareils de Lwoswski, de Paucksch, qui sont munis à leur partie inférieure de l'appareil de broyage. On rencontre enfin des engins semblables aux piles hollandaises dont on se sert en papeterie, et qui remplacent avec avantage les appareils de broyage ordinaires.

Quel que soit l'appareil de broyage employé, quelle que soit la cuve-matière dont on fasse usage, la pâte de pomme de terre, affinée, mélangée au malt, se saccharifie rapidement.

Au bout d'une heure, à l'aide des systèmes de réfrigération précédemment décrits, on amène le moût à la température de 25°. On ajoute des vinasses et on met en fermentation.

La fermentation ayant toujours lieu dans des moûts très épais et très sucrés (l'impôt se paye sur la capacité des cuves), on a toujours à craindre de voir se produire des échauffements, qui permettraient à la fermentation lactique d'apparaître. On évite cet échauffement en plaçant dans la cuve un serpentin mobile, à l'intérieur duquel circule de l'eau froide.

La pulpe, résidu de la fabrication, est livrée au bétail. L. Lindet.

ALDAZINES. — M. Curtius [*D. chem. G.*, **22**, 2162] a donné ce nom aux produits qui prennent naissance par la condensation de 1 molécule d'hydrazine avec 2 molécules d'une aldéhyde, et qui répondent par conséquent à la formule générale

$$R-CH=Az-Az=CH-R.$$

Ex. $$C^6H^5-CH=Az-Az=CH-C^6H^5.$$

Benzaldazine.

Pour la description de chaque corps de cette classe, voir aux noms des aldéhydes correspondantes, ainsi qu'au mot Hydrazine.

ALDÉHYDE-RÉSORCINE,

$$CH^3-CH(O.C^6H^4.OH)^2$$

[Causse, *Bull. Soc. Chim.*, (2), **47**, 88]. — On chauffe au bain-marie une dissolution de résorcine (50 grammes) dans l'acide sulfurique (500 centimètres cubes) à 10 0/0, et on ajoute par petites portions à cette liqueur un mélange de 1 gramme d'aldéhyde avec 9 grammes d'acide sulfurique : il se dépose bientôt des petits cristaux jaunes, répondant à la formule ci-dessus.

Ce composé est insoluble dans l'eau, l'éther, le chloroforme, la benzine, soluble avec décomposition partielle dans l'alcool.

Chauffé avec l'anhydride acétique, il fournit un *dérivé diacétylé*, en cristaux incolores, fusibles à 282°.

La potasse à 5 0/0 le décompose à chaud avec mise en liberté de résorcine.

ALDÉHYDES. — Outre les procédés déjà décrits, on peut employer encore les suivants pour obtenir les aldéhydes :

1° On calcine les sels de calcium des acides correspondants avec un mélange d'oxalate de calcium et d'hydrate de chaux :

$$(C^2H^3O^2)^2Ca + 2C^2O^4Ca + Ca(OH)^2$$
$$= 2CH^3-CHO + 4CO^3Ca.$$

2° On fait agir de l'acide oxalique sec et de l'amalgame de sodium sur les chlorures d'acides.

3° On distille un mélange intime du sel de baryum correspondant et de formiate de baryum, sous une pression de 8 à 15 millimètres, et en élevant progressivement la température avec précaution.

La préparation des aldéhydes par oxydation des alcools primaires se fait mieux à l'aide d'une solution aqueuse d'anhydride chromique, qu'avec le mélange de dichromate de potassium et d'acide sulfurique, dont l'action est trop énergique, et qui donne naissance à des acides et à des éthers acides.

Dans la série aromatique, M. Étard a réalisé la formation d'aldéhydes en oxydant les carbures homologues de la benzine à l'aide du chlorure de chromyle CrO^2Cl^2 : il a formé ainsi l'aldéhyde benzylique à l'aide du toluène, en traitant une solution sulfocarbonique de toluène à 10 0/0 par une solution sulfocarbonique de chlorure de chromyle à 10 0/0 et en décomposant le dérivé organo-chromique qui se forme, par une quantité d'eau convenable; dans les mêmes conditions, il a obtenu l'aldéhyde m-méthylbenzylique à l'aide du xylène, l'aldéhyde phényléthylique à l'aide de l'éthylbenzine, etc. [Étard, *Ann. Chim. Phys.*, (2), **22**, 218].

On obtient encore les aldéhydes en chauffant les dérivés monochlorés (dans la chaîne latérale) des carbures avec une solution d'azotate de plomb, ou bien en chauffant les dérivés dichlorés avec de l'eau sous pression :

$$C^6H^5-CHCl^2 + H^2O = C^6H^5-CHO + 2HCl.$$

M. Bigot a obtenu l'aldéhyde benzylique en faisant réagir le chlorure de benzylidène sur l'oxyde de plomb à haute température [*Bull. Soc. Chim.*, (2), **48**, 610].

Les aldéhydes sont surtout remarquables par la facile transformation de leurs molécules, qui explique la multiplicité des réactions auxquelles ces corps donnent lieu, ainsi que le grand nombre de composés qui en dérivent : produits de condensation, d'addition, de substitution, etc.

Produits de condensation. — 1° *Acétals.* — Les aldéhydes se combinent directement avec 2 molécules d'alcool, avec perte d'eau, pour former des acétals : ces corps se forment comme produits accessoires dans la préparation des aldéhydes par oxydation des alcools, l'aldéhyde formée se combinant à l'état naissant avec l'alcool ; la combinaison se fait plus rapidement quand on ajoute au mélange de l'acide acétique cristallisable.

MM. Claus et Trainer [*D. chem. G.*, **19**, 3004], reprenant les expériences de Wurtz et Frapolli avec l'aldéhyde ordinaire, sont arrivés aux résultats suivants : en traitant par le gaz chlorhydrique un mélange de 1 volume d'aldéhyde et de 2 volumes d'alcool, ils ont obtenu du diméthylacétal (bouillant à 63-65°), avec une petite quantité d'éther mixte α-chloré et d'éther α-dichloré; avec les alcools butylique et amylique, il se forme principalement du diisobutylacétal (bouillant à 170°) et du diisoamylacétal (bouillant à 209-211°), en même temps qu'une petite quantité de dérivés monochlorés.

En faisant passer pendant plusieurs jours un courant d'hydrogène phosphoré non spontanément inflammable dans de l'aldéhyde maintenue en solution dans 1 volume 1/2 d'alcool absolu, à une température de — 21°, on obtient de l'acétal en grande proportion [Engel et de Girard, *C. R.*, **90**, 692]. En opérant dans les mêmes conditions avec de l'aldéhyde en solution dans 2 parties d'alcool propylique ou d'alcool isobutylique, on obtient du propylacétal, liquide bouillant à 146-148°, ou de l'isobutylacétal, liquide bouillant à 168-170° [de Girard, *C. R.*, **91**, 629).

2° *Mercaptals.* — Lorsqu'on fait agir l'acide chlorhydrique sec sur un mélange de 1 partie d'une aldéhyde et de 2 parties d'un mercaptan, on produit des combinaisons très stables, acétals sulfurés, que l'on appelle *mercaptals*; la réaction est la suivante :

$$R-CHO + 2R'SH = R-CH(SR')^2 + H^2O.$$

Les mercaptals ne sont pas volatils; ils sont insolubles dans l'eau et très stables en présence des alcalis et des acides [Baumann, *D. chem. G.*, **18**, 883].

Les aldéhydes se combinent aussi avec les mercaptans bivalents : quand on fait passer un courant d'acide chlorhydrique dans un mélange à molécules égales d'aldéhyde benzylique et de mercaptan éthylénique $C^2H^4(SH)^2$, on obtient le disulfure de benzylidène-éthylène, fusible à 29° [Fasbender, *D. chem. G.*, **19**, 460].

3° *Acétals des glycols.* — L'étude de l'action des aldéhydes de la série grasse sur les glycols a été d'abord entreprise par M. de Gramont [action de l'aldéhyde sur le propylglycol, *C. R.*, **97**, 173]. M. Lochert a repris cette étude [*Bull. Soc. Chim.*, **42**, 674, 714, 718; **49**, 352] : 1 molécule d'aldéhyde, de la formule générale R-CHO, agissant sur 1 molécule de glycol, donne naissance à des acétals de glycols, de la formule

$$R-CH\begin{cases}OCH^2\\ \vert \\ OCH^2\end{cases}$$

avec le glycol éthylénique, et

$$R.CH\begin{cases}OCH^2\\ CH^2\\ OCH^2\end{cases}$$

avec le glycol propylénique normal. Le brome forme des combinaisons avec ces acétals en se fixant dans le radical de l'aldéhyde : dans l'acétal isoamylique le brome a pu être remplacé par un oxhydryle [Lochert, *loc. cit.*].

Voici les conclusions du travail de M. Lochert [*Ann. Chim. Phys.*, (6), **16**, 77] :

1° Les glycols normaux biprimaires donnent avec les aldéhydes des combinaisons stables, analogues aux acétals d'alcools monatomiques.

2° Les glycols primaires-secondaires, par exemple le glycol propylénique de Wurtz, forment avec les aldéhydes des combinaisons du genre acétal, mais moins stables que les précédentes.

3° Les glycols à groupement fonctionnel tertiaire, par exemple le glycol isobutylénique primaire-tertiaire, ne donnent pas de combinaisons analogues aux acétals.

4° Par l'action du brome sur les acétals des glycols biprimaires, on obtient des composés monobromés qui, par saponification, donnent naissance aux aldéhydes monobromées. Ces acétals bromés, soumis à l'action de la potasse alcoolique, à température élevée, peuvent donner naissance : 1° par substitution d'un oxhydryle au brome, à un acétal possédant la fonction alcool; 2° par élimination d'une molécule d'acide bromhydrique, à un acétal non saturé dans le radical de l'aldéhyde.

Action des aldéhydes sur les alcools polyatomiques. — M. Meunier, en faisant réagir la mannite sur diverses aldéhydes, par exemple l'aldéhyde benzylique et l'aldéhyde amylique, a obtenu des combinaisons formées par l'union de 1 molécule de mannite et de 3 molécules d'aldéhyde, avec élimination de 3 molécules d'eau. La combinaison avec l'aldéhyde amylique fond à 90° [*Bull. Soc. Chim.*, **50**, 2].

Action des aldéhydes sur les composés organo-métalliques. — En faisant réagir les combinaisons organo-métalliques du zinc sur les aldéhydes en général, on obtient facilement des alcools secondaires : ainsi l'aldéhyde amylique à la température ordinaire, avec le zinc-éthyle, produit l'éthylisobutylcarbinol, et l'aldéhyde benzylique, l'éthylphénylcarbinol [*Bull. Soc. Chim.*, **36**, 306].

Action des aldéhydes sur les phénols. — L'action des aldéhydes sur les phénols a donné lieu à des travaux nombreux, dus principalement à M. Baeyer et à ses élèves : 1 molécule d'aldéhyde, agissant sur 2 molécules de phénol en présence d'acide chlorhydrique ou sulfurique, donne naissance à un corps dont la composition correspond à 1 molécule d'aldéhyde unie à 2 molécules de phénol, avec élimination de 1 molécule d'eau : c'est un *éthylidène-diphénol* :

$$CH^3-CH\begin{cases}C^6H^4.OH\\ C^6H^4.OH\end{cases}$$

L'α-naphtol donne de même un *éthylidène-dinaphtol* :

$$CH^3-CH\begin{cases}C^{10}H^6.OH\\ C^{10}H^6.OH\end{cases}$$

Le β-naphtol, au contraire, donne un corps appartenant à la classe des acétals et se comporte ainsi comme un alcool gras. M. Claisen [*D. chem. G.*, **19**, 3316; *Ann. Chem.*, **237**, 261] a repris cette étude et est arrivé aux résultats suivants :

L'α-naphtol se combine avec l'aldéhyde benzylique pour former un *benzylidène-di-α-naphtol*, corps blanc, pulvérulent :

$$C^6H^5-CH\begin{cases}C^{10}H^6.OH(\alpha)\\ C^{10}H^6.OH(\alpha)\end{cases}$$

Le β-naphtol fournit dans les mêmes conditions un composé cristallisable, fusible à 203-205°,

$$C^6H^5-CH\begin{cases}OC^{10}H^7\\ OC^{10}H^7\end{cases}$$

le *benzylidène-dinaphtylacétal*, qui se transforme facilement en *benzylidène-dinaphtol*,

$$C^7H^6\begin{cases}C^{10}H^6.OH\\ C^{10}H^6.OH\end{cases}$$

et perd ensuite une molécule d'eau. Le produit de la réaction est un *oxyde de benzylidène β-dinaphtyle*,

$$C^7H^6\begin{cases}C^{10}H^6\\ C^{10}H^6\end{cases}O,$$

fusible à 189-190°. On l'on obtient encore directement en chauffant à 200° un mélange de β-naphtol, d'aldéhyde benzylique et d'acide acétique cristallisable.

La réaction entre le β-naphtol et l'aldéhyde éthylique est comparable à la précédente : on obtient l'*oxyde d'éthylène β-dinaphtyle*,

$$CH^3-CH\begin{cases}C^{10}H^6\\ C^{10}H^6\end{cases}O,$$

fusible à 173°.

L'α-naphtol donne donc avec les aldéhydes des produits de condensation de la formule

$$R-CH\begin{cases}C^{10}H^6.OH\\ C^{10}H^6.OH\end{cases}$$

le β-naphtol, au contraire, fournit des anhydrides de la formule générale

$$R-CH\begin{cases}C^{10}H^6\\ C^{10}H^6\end{cases}O.$$

Les recherches de M. Causse [*Bull. Soc. Chim.*, **47**, 4 et 738; *C. R.*, **103**, 347] relatives à l'action des phénols polyatomiques sur les aldéhydes, en présence de l'acide sulfurique étendu, l'ont conduit à la formation d'une *aldéhyde-résorcine*, substance jaune, bien cristallisée, et d'un *aldéhyde-pyrogallol*.

Le chloral et la résorcine, dans des conditions semblables, se combinent; et, suivant la température, il se forme deux séries de produits : les uns, cristallisés, dérivent d'une combinaison moléculaire $C^2HCl^3O.C^6H^6O^2$; les autres, amorphes, représentent une combinaison d'un polymère du chloral avec un polymère de la résorcine.

Les aldéhydes aromatiques agissent aussi sur les phénols polyatomiques en présence de l'acide chlorhydrique ou de l'acide sulfurique; par exemple, l'aldéhyde benzylique forme avec la résorcine une *benzylidène-résorcine* $C^{20}H^{20}O^4$, résine incolore, insoluble dans l'eau, facilement soluble dans l'alcool, l'éther, la benzine, fusible à 330° en se décomposant [Michael, *Am. Journ.*, 5, 340].

Action des bases alcooliques primaires et secondaires. — Les bases alcooliques primaires et secondaires agissent, même à froid, sur les aldéhydes, avec élimination d'eau : la proportion d'eau éliminée peut servir à connaître la constitution des bases. L'essence d'amandes amères, par exemple, agit ici comme sur l'ammoniaque; tout l'hydrogène libre des bases alcooliques est remplacé par le radical diatomique benzylidène $C^6H^5-CH=$:

$$C^6H^5-CHO + 2AzH(C^2H^5)(C^6H^5) = C^6H^5-CH[Az(C^2H^5)(C^6H^5)]^2 + H^2O.$$

Si on chauffe les aldéhydes avec des bases primaires de la série aromatique et de l'acide chlorhydrique concentré, on obtient des bases quinaldiniques $C^nH^{2n-13}Az$. 2 molécules d'aldéhyde réagissant sur 1 molécule de base, avec élimination de 2 molécules d'eau et de 1 molécule d'hydrogène :

L'aldéhyde propylique et l'aniline donnent l'α-éthyl-β-méthylquinoléine.

L'aldéhyde butylique et l'aniline donnent l'α-propyl-β-éthylquinoléine

L'aldéhyde isoamylique et l'aniline donnent l'α-butyl-β-propylquinoléine

L'aldéhyde œnanthylique et l'aniline donnent l'α-hexyl-β-amylquinoléine.

[Dœbner et Miller, *D. chem. G.*, 17, 1712].

Avec un mélange d'aldéhyde isobutylique et d'aldéhyde éthylique, agissant sur l'aniline en présence de l'acide chlorhydrique concentré, on obtient de la quinaldine et de l'isopropylquinoléine, que l'on sépare difficilement au moyen de leurs sels de platine [Miller, *D. chem. G.*, 20, 1908].

La p-amidodiméthylaniline,

$$C^6H^4 \begin{cases} AzH^2 \\ Az(CH^3)^2, \end{cases}$$

réagit très facilement sur les aldéhydes et donne naissance à des combinaisons cristallisées [Calm, *D. chem. G.*, 17, 2938]; l'aldéhyde benzylique fournit un produit de condensation fusible à 90°, la *benzylidène-amidodiméthylaniline*,

$$C^6H^5-CH=Az.C^6H^4.Az(CH^3)^2.$$

Avec l'éthylène-aniline et les aldéhydes benzylique, cuminique, salicylique, anisique, isobutylique, heptylique, chauffées au bain-marie, à molécules égales, on obtient des produits de condensation de la formule générale

$$\begin{array}{l} CH^2-Az \begin{cases} C^6H^5 \\ \end{cases} \\ \quad | \qquad\qquad CHR \\ CH^2-Az \begin{cases} \\ C^6H^5 \end{cases} \end{array}$$

[Moos, *D. chem. G.*, 20, 732].

L'acide oxalique déshydraté est dans ce cas un excellent agent de condensation.

En chauffant pendant 2 ou 3 heures à 80-85° un mélange de chlorhydrate d'aniline, d'acide chlorhydrique et d'aldéhyde tiglique[1], M. Rohde a obtenu l'α-β-diméthylquinoléine : cette même base a été préparée aussi par M. Rohde, en faisant agir un mélange d'aldéhydes éthylique et propylique sur le chlorhydrate d'aniline [*D. chem. G.*, 20, 1911].

1. L'aldéhyde tiglique C^5H^8O se forme en chauffant pendant 24-30 heures en tube scellé à 100° un mélange en proportions moléculaires d'aldéhydes éthylique et propylique, additionné de son volume d'une solution d'acétate de sodium contenant 27,7 0/0 de sel anhydre [Lieben et Zeisel, *Mon. f. Chem.*, 7, 53-75].

Le méthylal (aldéhyde formique à l'état naissant) en agissant sur la p-toluidine, en présence de l'acide chlorhydrique gazeux, donne naissance à une base $C^{17}H^{18}Az^2$; avec la diméthylaniline, il donne dans les mêmes conditions le *tétraméthyldiamidodiphénylméthane*, $C^{17}H^{22}Az^2$ [Tröger, *J. prakt. Chem.*, (2), 36, 225].

En chauffant un mélange de chlorhydrate d'aniline, d'aldéhyde benzylique et d'aniline, on obtient le *diamidotriphénylméthane*

$$C^6H^5-CH \begin{cases} C^6H^4.AzH^2 \\ C^6H^4.AzH^2 \end{cases}$$

Le *diamido-di-o-crésylphénylméthane*,

$$C^6H^5-CH \begin{cases} C^6H^2(CH^3)(AzH^2) \\ C^6H^2(CH^3)(AzH^2) \end{cases}$$

se forme de même lorsqu'on chauffe un mélange d'aldéhyde benzylique, d'o-toluidine et de chlorhydrate d'o-toluidine; et le *diamido-di-p-crésylphénylméthane* s'obtient dans les mêmes conditions avec l'aldéhyde benzylique, la p-toluidine et le chlorhydrate de p-toluidine [Ullmann, *J. prakt. Chem.*, (2), 36, 246].

L'aldéhyde heptylique se combine avec la diméthylaniline, en présence du chlorure de zinc, pour former une base, selon l'équation

$$C^6H^{13}-CHO + 2[C^6H^5.Az(CH^3)^2] = C^6H^{13}-CH=[C^6H^4.Az(CH^3)^2]^2 + H^2O$$

La base obtenue est facilement décomposée par les oxydants, avec séparation du groupe heptyle [Auger, *Bull. Soc. Chim.*, 47, 42].

En faisant agir l'hydrate de chloral sur la diméthylaniline en présence du chlorure de zinc, on obtient le chlorhydrate d'une base, le *diméthylamidophényloxytrichloréthane*,

$$CCl^3-CH.OH-C^6H^4.Az(CH^3)^2,$$

que les alcalis transforment en chloroforme et en aldéhyde diméthylamidobenzylique,

$$C^6H^4 \begin{cases} CHO \\ Az(CH^3)^2 \end{cases}$$

Ce dernier composé cristallise en lamelles fusibles à 73° [Bœssneck, *D. chem. G.*, 18, 1516].

Si l'on opère à l'ébullition et en présence d'un grand excès d'acide chlorhydrique la condensation des aldéhydes aromatiques avec les amines, au lieu de fournir un dérivé du triphénylméthane, la réaction a lieu entre molécules égales et donne naissance à un dérivé du benzhydrol. Avec l'aldéhyde benzylique et la diméthylaniline, on obtient ainsi le *diméthylamidobenzhydrol*, fusible à 69°. L'aldéhyde p-nitrobenzylique fournit de même le p-nitrodiméthylamidobenzhydrol, aiguilles jaunes, fusibles à 96° [Albrecht. *D. chem. G.*, 21, 3292].

Action des sels sulfonés des corps amidés et diamidés. — De même que les aldéhydes se combinent avec les amines primaires, elles se combinent aussi avec les sels sulfonés des corps amidés et diamidés : par exemple l'aldéhyde benzylique, agissant sur le naphthionate de sodium, donne naissance à un produit de condensation,

$$C^{10}H^6 \begin{cases} Az=CH.C^6H^5 \\ SO^3Na \end{cases}$$

qui se dépose en lamelles jaunes et qui, chauffé avec de l'eau, régénère l'aldéhyde benzylique et le naphthionate de sodium [Calm et Lange, *D. chem. G.*, 20, 2001].

Action du furfurol. — En faisant agir 1 partie de furfurol sur 2 parties d'aldéhyde ou de paraldéhyde en présence de la soude, on obtient un composé cristallisé, la *furfuracroléine*, qui n'est autre chose que l'aldéhyde correspondant à l'acide furfuracrylique de M. Baeyer :

$$C^4H^3O-CHO + CH^3-CHO$$
$$= H^2O + C^4H^3O-CH=CH-CHO;$$

avec l'aldéhyde propylique, on obtient l'homologue supérieur, l'*aldéhyde furfurocrotonique* $C^4H^3O-CH=CH-CH^2-CHO$ [Schmidt, *D. chem. G.*, **13**, 2342; **14**, 574]

En traitant une solution aqueuse de furfurol par l'aldéhyde monochlorée, en présence d'un excès d'alcali, on obtient l'α-chlorofurfuracroléine, aiguilles jaunes brillantes, fusibles à 79° [Mehne, *D. chem. G.*, **21**, 423].

Action de l'éther acétylacétique. — L'éther acétylacétique donne avec l'aldéhyde un produit de condensation huileux de la formule $C^8H^{12}O^3$; dans cette réaction, le reste de l'aldéhyde se substitue aux 2 atomes d'hydrogène du groupe CH^2, et le composé formé est l'*éthylidène-acétyl-acétate d'éthyle* :

$$\begin{matrix} CH^3-CH \\ CH^3-CO \end{matrix} > C-CO^2-C^2H^5;$$

on obtient de même le *butylidène-acétyl-acétate d'éthyle* $C^6H^8(C^4H^8)O^3$ avec l'aldéhyde isobutylique, et l'*isoamylidène-acétyl-acétate d'éthyle* $C^6H^8(C^5H^{10})O^3$ avec le valéral [Claisen et Mathews, *Ann. Chem.*, **218**, 170].

L'aldéhyde benzylique réagit sur l'éther acétylacétique en présence de l'ammoniaque en donnant un dérivé phénylé de la pyridine.

Action des sels sodiques des acides bibasiques en présence de l'anhydride acétique. — L'action de l'aldéhyde benzylique sur les sels sodiques des acides bibasiques non susceptibles de fournir des anhydrides, et en présence de l'anhydride acétique, a été étudiée par M. Fittig [*D. chem. G.*, **16**, 1436]; les produits formés sont dus à l'union de l'aldéhyde avec l'acide employé : par exemple, l'aldéhyde benzylique avec un mélange d'anhydride acétique et de carbonate de sodium donne de l'acide carbonique et de l'acide cinnamique à la température ordinaire. La réaction se fait aussi avec les acides monobasiques et elle est applicable aux aldéhydes de la série grasse.

Avec la paraldéhyde et l'acide malonique en présence de l'anhydride acétique, il se forme l'anhydride de l'acide éthylidène-diacétique

$$CH^3-CH \begin{matrix} \diagup CH^2-CO^2H \\ \diagdown CH^2-CO^2H \end{matrix}$$

et de l'acide crotonique; avec l'éther malonique, la paraldéhyde ou l'aldéhyde, et l'anhydride acétique, il se forme l'*éther éthylidène-malonique*

$$CH^3-CH=C \begin{matrix} \diagup CO^2C^2H^5 \\ \diagdown CO^2C^2H^5 \end{matrix}$$

et l'*éther éthylidène-dimalonique*

$$CH^3-CH \begin{matrix} \diagup CH(CO^2C^2H^5)^2 \\ \diagdown CH(CO^2C^2H^5)^2 \end{matrix}$$

qui résulte de la réaction secondaire d'une molécule d'éther malonique sur l'éther éthylidène-malonique formé d'abord.

Les aldéhydes forment ainsi des produits de condensation avec les corps de presque toutes les fonctions.

La diacétonamine donne avec elles des produits de condensation étudiés en premier lieu par Heintz et par M. E. Fischer. En continuant cette étude, M. Antrick [*Ann. Chem.*, **227**, 365] a obtenu un certain nombre de ces produits basiques en faisant bouillir une solution alcoolique d'oxalate de diacétonamine avec l'aldéhyde correspondante.

En faisant agir l'acide diazoacétique sur une aldéhyde, on obtient un éther dérivé d'un acide acétonique (voyez ALDÉHYDE BENZYLIQUE).

L'action des aldéhydes sur l'acide thioglycolique en présence de l'acide chlorhydrique gazeux et sec, ou d'un excès de chlorure de zinc fondu, donne naissance à des acides de la formule générale

$$\begin{matrix} R \\ H \end{matrix} > C \begin{matrix} \diagup SCH^2-CO^2H \\ \diagdown SCH^2-CO^2H \end{matrix}$$

[Bongartz, *D. chem. G.*, **19**, 1931].

Avec le bibenzoyle $C^6H^5-CO-CO-C^6H^5$, l'aldéhyde éthylique et l'ammoniaque produisent de la *méthyldiphénylglyoxaline,*

$$\begin{matrix} C^6H^5-C-AzH \diagdown \\ \| \quad\quad\quad C-CH^3; \\ C^6H^5-C-Az \diagup \end{matrix}$$

l'aldéhyde amylique produit une réaction semblable [Japp et W. Palmer Wynne, *Chem. Soc.*, **49**, 462].

Action de l'hydroxylamine. — L'hydroxylamine, en se combinant avec les aldéhydes, forme des aldoximes, que l'anhydride acétique transforme généralement en nitriles.

Action du trichlorure de phosphore. — Le trichlorure de phosphore se combine directement aux aldéhydes, avec élévation de température, et sans dégagement d'acide chlorhydrique, en donnant des liquides huileux qui se décomposent par l'eau avec dégagement d'acide chlorhydrique; on obtient ainsi des acides phosphorés (oxyphosphiniques) $C^nH^{2n+3}PO^4$ ou $R-CH(OH)PO(OH)^2$ [Fossek, *Mon. f. Chem.*, **5**, 121 et 627].

Action de l'acide hypophosphoreux. — En faisant agir l'acide hypophosphoreux sur les aldéhydes, on observe la formation d'acides dioxyphosphiniques : ainsi avec l'aldéhyde benzylique, on obtient un acide triatomique monobasique

$$(C^6H^5-CH.OH)^2PO.OH = \begin{matrix} C^6H^5-CH.OH \\ | \\ PO.OH \\ | \\ C^6H^5-CH.OH \end{matrix}$$

Les aldéhydes heptylique, cuminique et salicylique donnent des acides analogues quand on les chauffe au bain-marie avec l'acide hypophosphoreux dans une atmosphère de gaz carbonique [Ville, *Bull. Soc. Chim.*, (2), **50** 604 et (3), **2** 202].

Action de l'iodure de phosphonium. — L'iodure de phosphonium, PH^4I, agit très vivement sur les aldéhydes, qui subissent tout de suite une polymérisation; il se forme des composés cristallins renfermant les éléments de l'aldéhyde et ceux de l'iodure dans les proportions de la formule $[(\text{aldéhyde})^4, PH^4I]$. Ces iodures, traités par la potasse, donnent des hydrates qui, en perdant H^2O, se transforment en phosphines dont la formule, dans le cas de l'aldéhyde ordinaire, sera

$$\begin{matrix} (CH^3-CH.OH)^3 \\ CH^3-C(OH) \end{matrix} \gtrless P.$$

Ces phosphines, traitées par un excès de potasse, régénèrent l'aldéhyde et donnent de l'hypophosphite et de l'hydrogène; elles réduisent le nitrate d'argent; avec le chloral et le chloral butylique, on n'obtient que des combinaisons d'hydrogène phosphoré avec 2 molécules d'aldéhyde. La première est appelée *dichloralphosphine* et fond à 142-144° [de Girard, *C. R.* **94**, 215; *Ann. Chim. Phys.*, (6), **2**, 9].

Action de l'hydrogène phosphoré. — Si l'on fait passer de l'hydrogène phosphoré pur, en même temps qu'un courant très lent d'acide chlorhydrique, dans de l'aldéhyde étendue de 4 volumes d'éther, on voit se former de fines aiguilles constituant le *chlorure de tétrahydroxéthylidène-phosphonium* $(CH^3-C.OH)^4PH^4Cl$, fusible à 112°. L'aldéhyde propylique donne dans les mêmes conditions le chlorure

$$(CH^3-CH^2-C.OH)^4PH^4Cl,$$

fusible à 128°.

L'aldéhyde benzylique produit de petites aiguilles fusibles à 153°, de la formule $(C^6H^5-CHO)^4PH^3$; ici l'acide chlorhydrique n'entre pas en réaction [Messinger et Engels, *D. chem. G.*, **21**, 332].

Action de la potasse alcoolique sur des mélanges d'aldéhydes. — Lorsqu'on fait agir la potasse alcoolique sur des mélanges d'aldéhydes, on obtient les alcools diatomiques correspondants; ainsi un mélange d'aldéhydes éthylique et isobutylique donne le glycol *a-b*-méthylisopropyléthylénique

$$CH^3-CH.OH-CH.OH-C^3H^7;$$

les aldéhydes benzylique et isobutylique, le glycol *a-b*-phénylisopropyléthylénique

$$C^6H^5-CH.OH-CH.OH-C^3H^7:$$

on peut remplacer la potasse par l'amalgame de sodium [Fossek, *loc. cit.*].

Produits d'addition obtenus par l'action des chlorures d'acides. — Les aldéhydes se combinent avec les chlorures d'acides pour former des produits d'addition qui sont des éthers chlorés; ces derniers, traités par des sels, forment des éthers mixtes :

(1) $$CH^3-CHO+CH^3-COCl = CH^3-C(OH)Cl-CO-CH^3,$$

(2) $$CH^3-C(OH)Cl-CO-CH^3+C^4H^7O^2Ag = CH^3-CH(OC^4H^7O)(OC^2H^3O)+AgCl.$$

Les produits de substitution des aldéhydes (chloral, bromal) se prêtent beaucoup mieux à toutes ces combinaisons que les aldéhydes; ils peuvent même former des combinaisons avec les éthers : par exemple, l'alcoolate de chloral forme, en se combinant avec le chlorure d'acétyle, de l'éther chloralacétique.

Combinaisons avec les acides organiques monobasiques. — Les combinaisons des aldéhydes avec les acides organiques monobasiques s'obtiennent en chauffant le mélange des composants, ou mieux en partant des anhydrides des acides; les éthers ainsi formés ont un point d'ébullition inférieur à celui des éthers des glycols isomériques.

Action de l'acide cyanhydrique et du cyanure d'ammonium. — Dans l'action de 1 mol. d'acide cyanhydrique sur les aldéhydes, il y a formation de nitriles d'oxyacides :

$$CH^3-CHO+CAzH=CH^3-CH(OH)-CAz:$$

Pour effectuer cette réaction, on chauffe les aldéhydes exactement avec 1 mol. d'acide cyanhydrique en solution aqueuse à 20-30 0/0. Les nitriles formés se combinent facilement avec l'ammoniaque et se transforment en nitriles des acides amidés :

$$CH^3-CH(OH)-CAz+AzH^3 = CH^3-CH(AzH^2)-CAz+H^2O.$$

On emploie de l'ammoniaque alcoolique, et exactement 1 mol. pour éviter des réactions secondaires.

Les aldéhydes se dissolvent abondamment dans une solution aqueuse d'un acide amidé saturée d'acide sulfureux, avec formation de combinaisons très solubles [H. Schiff, *Ann. Chem.*, **210**, 123].

Les aldéhydes se combinent vivement avec le cyanure d'ammonium en donnant des acides amidés $C^nH^{2n+1}AzO^2$; avec les aldéhydes éthylique et amylique, on forme ainsi l'alanine et la leucine [Lubavine, *Bull. Soc. Chim.*, **35**, 557].

Aldéhydes iodées. — M. Chautard a étudié les aldéhydes iodées de la série grasse; il les obtient en faisant agir un mélange d'iode et d'acide iodique ou d'iode et d'oxyde de mercure sur l'aldéhyde à la température ordinaire [*Bull. Soc. Chim.*, **49**, 849 ; *Ann. Chim. Phys.*, (6), **16**, 145]. Dans le premier cas la réaction peut s'exprimer par l'équation

$$5(R-CHO)+4I+IO^3H = 5[(R-H)I-CHO]+3H^2O;$$

dans le second, elle est la suivante :

$$2(R-CHO)+HgO+4I = 2[(R-H)I-CHO]+H^2O+HgI^2.$$

Les iodaldéhydes sont isomériques avec les iodures des radicaux acides correspondants; mais on les en distingue par 2 réactions fondamentales : 1° par l'action de l'eau; les iodaldéhydes sont très stables en présence de l'eau, tandis que les iodures d'acides sont facilement saponifiés; 2° par leur action sur les amines; les iodaldéhydes se combinent aux amines avec élimination d'eau, pour former des diamines, tandis que les iodures d'acides donnent de l'acide iodhydrique et une anilide.

Réactions des aldéhydes. — Elles réduisent toutes la solution alcalino-ammoniacale d'azotate d'argent; la réaction la plus nette se produit quand on opère de la manière suivante : On dissout 3 grammes d'azotate d'argent dans 30 grammes d'ammoniaque et on ajoute 3 grammes de soude caustique dissous dans 30 grammes d'eau; on conserve ce réactif à l'obscurité dans des flacons bien fermés pour éviter la formation d'argent fulminant; avec une solution d'aldéhyde à 1/1000, on obtient le miroir d'argent au bout d'une demi-minute [Tollens, *D. chem. G.*, **15**, 1629].

Une réaction caractéristique des aldéhydes a été indiquée par M. Schmidt [*D. chem. G.*, **14**, 1848] : toutes les aldéhydes et tous les corps aldéhydiques colorent en rouge une solution aqueuse de fuchsine décolorée par l'acide sulfureux; on se sert de cette réaction pour la recherche des impuretés des alcools (aldéhydes et corps aldéhydiques).

La réaction avec l'acide diazobenzine-sulfonique est encore plus sensible que la précédente; il faut opérer chaque fois avec une solution fraîchement préparée de 1 partie d'acide diazobenzine-sulfonique dans 60 p. d'eau froide et un peu de lessive de soude; on ajoute à cette solution l'aldéhyde mélangée à une solution alcaline étendue et un peu d'amalgame de sodium qui active la réaction; au bout de quelques instants, il se produit une coloration rouge, qui passe ensuite au violet; cette réaction se produit avec toutes les aldéhydes qui ne s'altèrent pas en solution alcaline : elle ne se produira donc pas avec le chloral [Penzoldt et Fischer, *D. chem. G.*, **16**, 657].

Les aldéhydes de la série grasse se combinent directement avec la phénylhydrazine et forment des produits de condensation huileux; les aldéhydes aromatiques et le furfurol donnent des produits cristallisés. La combinaison s'effectue le mieux en solution faiblement acétique; on emploie une solution de chlorhydrate de phénylhydrazine pure, additionnée d'un excès d'acétate de sodium [Fischer, *D. chem. G.*, **17**, 572]. Cette réaction est souvent employée pour caractériser les aldéhydes.

Les aldéhydes de la série grasse réduisent les sels de cuivre en solution alcaline; les aldéhydes aromatiques ne les réduisent pas; parmi ces dernières les o-aldéhydes se distinguent des p-aldéhydes par leur plus grande solubilité dans l'eau et leur moindre solubilité dans le chloroforme. Les o-aldéhydes se volatilisent avec la vapeur d'eau; les p-aldéhydes ne se volatilisent pas. Les combinaisons des o-aldéhydes avec le bisulfite de sodium sont difficilement solubles; elles se colorent en jaune par l'ammoniaque et ne se dissolvent que difficilement dans un excès de ce réactif, tandis que les combinaisons semblables des p-aldéhydes sont facilement solubles, et que leur solution dans l'ammoniaque, qui se fait facilement, est incolore.

Constitution des aldéhydes. — Les aldéhydes peuvent être considérées comme des anhydrides d'alcools diatomiques

$$C^nH^{2n+1}-CH(OH)^2$$

qui n'existent pas à l'état de liberté, parce que deux oxydryles se trouvent fixés au même atome de carbone : elles sont isomériques avec les anhydrides des glycols, c'est-à-dire avec les oxydes glycoléniques, par exemple :

l'oxyde d'éthylène $\begin{matrix} CH^2 \\ | \\ CH^2 \end{matrix} > O$ et l'aldéhyde CH^3-CHO;

et en effet, les aldéhydes se combinent avec 2 molécules d'alcool ou d'acide pour former des composés qui sont isomériques avec les dérivés analogues des glycols, dont ils se distinguent par un point de fusion plus bas; ces dérivés reproduisent les aldéhydes lorsqu'on les traite par un acide ou par un alcali.

Le chloral (aldéhyde trichloréthylique), le bromal et le chloral butylique forment des hydrates fixes :

$$C^2HCl^3O.H^2O = CCl^3-CH(OH)^2,$$
$$C^2HBr^3O,H^2O = CBr^3-CH(OH)^2,$$
$$C^4H^5Cl^3O,H^2O = C^3H^4Cl^3-CH(OH)^2,$$

qu'on peut considérer comme des glycols dont les aldéhydes sont les anhydrides; mais les produits de substitution des aldéhydes seuls forment facilement ces hydrates. Si l'on admet aussi la production de ces hydrates instables chez les aldéhydes non substituées, on explique facilement la formation des produits d'addition avec l'ammoniaque, l'acide cyanhydrique, etc., et celle des produits de condensation, par exemple, la formation de l'aldol $C^4H^8O^2$, et celle de l'aldéhyde crotonique C^4H^6O :

(1) $$C^2H^4O + H^2O = CH^3-CH(OH)^2$$

(2) $$CH^3-CH(OH)^2 + CH^3-CHO = CH^3-CHOH-CH^2-CHO + H^2O,$$
Aldol.

(3) $$CH^3-CH(OH)^2 + CH^3-CHO = CH^3-CH=CH-CHO + 2H^2O.$$
Aldéhyde crotonique.

E. Burcker.

ALDÉHYDINES. — Le nom d'*aldéhydines* a été donné à plusieurs combinaisons, dont l'une n'a avec les autres aucun rapport.

On a appelé *aldéhydine* une collidine que l'on obtient dans l'action de la chaleur sur l'aldéhyde-ammoniaque. Cette collidine, qui a pour constitution

(cycle : CH ; $C^2H^5.C$; CH ; CH ; $C.CH^3$; Az)

a été décrite à l'article Collidine du 1er Supplément; le complément de son histoire se trouvera dans ce second Supplément à l'article Collidine; c'est l'*α-méthyl-β'-éthylpyridine.*

On a également appelé *aldéhydines* une série de bases qui ont été découvertes par M. Ladenburg et qu'il obtient en faisant réagir les aldéhydes aromatiques sur les o-diamines [*D. chem. G.*, **10**, 1123; **11**, 590, 600 et 1648; *Bull. Soc. Chim.*, **29**, 261; **31**, 31, 34 et **32**, 641].

Si nous prenons l'o-crésylène-diamine et l'aldéhyde benzylique, elles réagiront d'après l'équation

$$CH^3-C^6H^3 \begin{matrix} \diagup AzH^2 \\ \diagdown AzH^2 \end{matrix} + 2C^6H^5-CHO$$
$$= CH^3-C^6H^3 \begin{matrix} \diagup Az=CH-C^6H^5 \\ \diagdown Az=CH-C^6H^5 \end{matrix} + 2H^2O.$$

Telle était la constitution qui leur fut tout d'abord donnée par M. Ladenburg. Plus tard cet auteur fut amené à modifier ses premières idées et à changer cette formule de constitution. D'après sa seconde hypothèse, la *tolubenzaldéhydine*, dont nous avons indiqué plus haut la formation, serait représentée par le schéma

(schéma : $CH^3-C^6H^3$; Az — $CH-C^6H^5$; Az — $CH-C^6H^5$)

M. Hinsberg a repris la question; il a montré que les aldéhydines de M. Ladenburg sont des dérivés du *benzimidazol* ou *phéno-β-pyrazol*, et que la tolubenzaldéhydine a pour constitution

(schéma : Az ; $CH^3-C^6H^3$; $C-C^6H^5$; $Az-CH^2-C^6H^5$)

Il en fit effectivement la synthèse en traitant par le chlorure de benzyle l'α-phényltolu-β-pyrazol

(schéma : Az ; $CH^3-C^6H^3$; $C-C^6H^5$; AzH)

[O. Hinsberg, *D. chem. G.*, **19**, 2025; **20**, 1585; *Bull. Soc. Chim.*, **47**, 354.

Les diverses aldéhydines décrites par M. Ladenburg et celles qui l'ont été ensuite par M. Hinsberg seront décrites à l'article Phéno-β-pyrazols.

L. Bouveault.

ALDÉHYDOCINNAMIQUE (ACIDE PARA-),

$$C^6H^4 \begin{matrix} \diagup CHO \\ \diagdown CH=CH-CO^2H \end{matrix}$$

[W. Loew, *Ann. Chem.*, **231**, 361; *D. chem. G.*, **19**, *Ref.*, 213; *Bull. Soc. Chim.*, (2), **46**, 847]. — On chauffe à 150-160° 2 parties d'aldéhyde téréphtalique avec 2 parties d'acétate de sodium et 3 parties d'anhydride acétique; au bout de quelques heures on laisse refroidir et on épuise la masse par une solution bouillante de carbonate de sodium; la solution est enfin précipitée par un acide et le précipité épuisé par le chloroforme.

L'acide p-aldéhydocinnamique cristallise en prismes ou en aiguilles, peu solubles dans l'éther, très solubles dans l'eau bouillante, l'acide acétique et le chloroforme; il fond à 247° et peut être sublimé. Il réduit difficilement le nitrate d'argent ammoniacal.

Le *dibromure*, $C^{10}H^8O^3Br^2$, cristallise dans l'alcool méthylique en beaux prismes fusibles avec décomposition à 176°, très solubles dans l'éther, l'alcool et le chloroforme, insolubles dans l'eau.

Le *dérivé nitré*,

$$C^6H^3(C^3H^3O^2)_{(1)}(CHO)_{(4)}(AzO^2)_{(2)},$$

cristallise en prismes fusibles à 194°, peu solubles dans l'éther et dans le chloroforme, très solubles dans l'eau bouillante, l'acétone et l'acide acétique. Il ne donne pas la réaction de l'indigo.

Son *sel d'argent* a pour formule

$$C^{10}H^6AzO^5Ag, H^2O.$$

Son *éther éthylique* fond à 80°.

Ad. Fauconnier.

ALDÉHYDOPHÉNOXYACÉTIQUES (ACIDES),

$$C^6H^4 \begin{cases} CHO \\ O-CH^2.CO^2H \end{cases}$$

Acide o-aldéhydophénoxyacétique [A. Rössing, *D. chem. G.*, **17**, 2988]. — On chauffe au bain-marie, dans une capsule d'argent, un mélange en proportions moléculaires d'aldéhyde salicylique et d'acide monochloracétique. Lorsque la masse est en fusion, on y ajoute une lessive de soude (d=1,2-1,3) jusqu'à réaction fortement alcaline : le produit s'échauffe fortement, et se prend par le refroidissement en une masse cristalline, qui n'est autre que le sel sodique de l'acide en question. On n'a plus qu'à décomposer ce sel par l'acide chlorhydrique à chaud : l'acide se dépose par le refroidissement en grandes lamelles jaunes, fusibles à 132°, solubles dans l'eau bouillante, l'alcool, l'éther, peu solubles dans l'eau froide, la benzine, le chloroforme.

Les *sels alcalins* et *alcalino-terreux* sont très solubles dans l'eau et cristallisables.

Le *sel d'argent*, $C^9H^7O^4Ag$, forme de grandes aiguilles blanches, qui brunissent rapidement.

L'*éther éthylique*,

$$C^6H^4(CHO)(OCH^2-CO^2C^2H^5),$$

prend naissance par l'action du gaz chlorhydrique sur une solution alcoolique de l'acide. Il cristallise en aiguilles fusibles à 114°, insolubles dans l'eau, peu solubles dans la benzine et dans le chloroforme, très solubles dans l'alcool et dans l'éther.

L'acide o-aldéhydophénoxyacétique réduit les solutions alcalines de cuivre et d'argent.

Il donne avec le bisulfite de sodium une combinaison cristallisée

$$C^6H^4(OCH^2-CO^2H)\left(CH \begin{cases} OH \\ O.SO^2Na \end{cases}\right).$$

Il s'unit avec l'aniline en solution alcoolique tiède pour donner le dérivé

$$C^6H^4(OCH^2.CO^2H)\left(CH \begin{cases} OH \\ AzH.C^6H^5 \end{cases}\right)$$

Celui-ci forme un *chlorhydrate* $C^{15}H^{15}AzO^4.HCl$, qui cristallise en aiguilles jaunes, fusibles à 190-191°, et un *sulfate* $C^{15}H^{15}AzO^4.SO^4H^2$, qui se présente en aiguilles jaunes, fusibles à 186°.

L'acide o-aldéhydophénoxyacétique se combine avec la phénylhydrazine : la combinaison ainsi produite est une poudre cristalline rougeâtre, qui se ramollit à 60° et fond à 105°; elle est insoluble dans les acides soluble dans les alcalis; sa formule est

$$C^6H^4 \begin{cases} OCH^2.CO^2H \\ CH=Az^2H.C^6H^5 \end{cases}$$

Chauffé avec un mélange d'anhydride acétique (6 parties) et d'acétate de sodium (3 parties), l'acide o-aldéhydophénoxyacétique se convertit en *acide o-coumaroxyacétique* :

$$C^6H^4 \begin{cases} OCH^2.CO^2H \\ CH=CH-CO^2H \end{cases}$$

Les oxydants (permanganate) le transforment en *acide phénoxyacétique-o-carbonique* :

$$C^6H^4 \begin{cases} OCH^2-CO^2H \\ CO^2H. \end{cases}$$

Le brome fournit un *dérivé monobromé*,

$$C^9H^7BrO^4,$$

en aiguilles blanches et soyeuses, fusibles à 163°.

En versant peu à peu de l'aldéhyde dans une solution sodique neutre et étendue d'acide o-aldéhydophénoxyacétique, on le convertit en acide *o-acrylaldéhydophénoxyacétique* :

$$C^6H^4 \begin{cases} OCH^2.CO^2H \\ CH=CH-CHO \end{cases}$$

[Th. Elkan, *D. chem. G.*, **19**, 3041].

L'acétone fournit dans les mêmes conditions l'acide *o-acétonyl-benzylidène-oxyacétique*,

$$C^6H^4 \begin{cases} OCH^2.CO^2H \\ CH=CH.CO.CH^3 \end{cases}$$

L'hydroxylamine transforme l'acide o-aldéhydophénoxyacétique en acide *o-carboxime-phénoxyacétique*,

$$C^6H^4 \begin{cases} CH=AzOH \\ OCH^2.CO^2H \end{cases}$$

(Elkan).

Acide m-aldéhydophénoxyacétique [Elkan, *loc. cit.*]. — On l'obtient par le même procédé que l'acide ortho. Il fond à 148°.

Le *sel d'argent*, $C^9H^7O^4.Ag$, est bien cristallisé.

L'*éther éthylique*, $C^9H^7O^4.C^2H^5$, fond à 120°.

Le *dérivé monobromé* cristallise en lamelles brillantes, fusibles à 154°.

Le *dérivé phénylhydrazinique*,

$$C^6H^4(OCH^2.CO^2H)(CH=Az^2H.C^6H^5),$$

se présente en fines aiguilles, fusibles vers 140°.

De même que son isomère ortho, l'acide m-aldéhydophénoxyacétique se convertit : par l'anhydride acétique et l'acétate de sodium, en acide *m-coumaroxyacétique*; par les oxydants, en acide *phénoxyacétique-m-carbonique*; par l'*aldéhyde*, en acide *m-acrylaldéhydophénoxyacétique*; par l'acétone, en acide *m-acétonylbenzylidène-oxyacétique*; enfin, par l'hydroxylamine, en acide *m-carboxime-phénoxyacétique*.

Acide p-aldéhydophénoxyacétique [Elkan, *loc. cit.*]. — Même préparation que pour les deux acides isomériques précédemment cités. Point de fusion : 198°.

Le *sel d'argent*, $C^9H^7O^4Ag$, cristallise en aiguilles.

L'*éther éthylique*, $C^9H^7O^4.C^2H^5$, commence à se décomposer à 100° et ne fond complètement qu'à 155°.

Le *dérivé bromé*, $C^9H^7BrO^4$, forme des aiguilles fusibles à 185°.

Le *dérivé phénylhydrazinique*,

$$C^6H^4 \begin{cases} OCH^2.CO^2H \\ CH=Az^2H.C^6H^5 \end{cases}$$

se présente en aiguilles jaunâtres, fusibles à 159°.

Ad. Fauconnier.

ALDINES. — Voyez Paradiazines.

ALDOL. — Lorsque l'on fait réagir l'acide cyanhydrique naissant sur l'aldol, en traitant par l'acide chlorhydrique un mélange de 1,5 molécule de cyanure de potassium et de 1 molécule d'aldol dissous dans l'éther, on obtient par évaporation de l'éther un liquide épais, parfois incolore, parfois légèrement coloré, insoluble dans l'eau, et non distillable, même sous pression réduite. Ce liquide semble être une combinaison de 2 molécules d'aldol avec 1 molécule d'acide cyanhydrique [Lobry de Bruyn, *Bull. Soc. Chim.*, **42**, 161]. Il n'a pas été possible d'en dériver par saponification un acide présentant des caractères absolus de pureté.

L'acide cyanhydrique liquide et pur agit comme déshydratant vis-à-vis de l'aldol. Il se forme de l'*isodialdane* $C^8H^{16}O^3$, fusible à 113-114°, et déjà obtenu par Wurtz, en chauffant l'aldol à 125°.

L'acide sulfurique étendu (d = 1,32) transforme à froid l'aldol en un corps blanc, amorphe, insoluble dans l'eau, dont on peut, quoique difficilement, isoler deux composés distincts, fusibles l'un vers 70°, l'autre à 80°, et correspondant aux formules

$$C^8H^{14}O^3 = 2 \text{ molécules d'aldol} - H^2O$$

et $$C^{12}H^{20}O^4 = 3 \text{ molécules d'aldol} - 2H^2O$$

(Lobry de Bruyn).

La chaleur dégagée dans la combustion de 1 gramme d'aldol est de 6214^{cal},3 [Louguinine, *C. R.*, **101**, 1063]; pour la chaleur dégagée dans la combustion de 1 molécule en grammes, on a la relation

$$C^4H^8O^2 \text{ liq} + 10\,O \text{ gaz}$$
$$= 4CO^2 \text{ gaz} + 4H^2O \text{ liq} = 546858^{cal},4\,;$$

on peut en conclure que 2 molécules d'aldéhyde, en se combinant sans perte de matière, mais avec changement de structure, pour former 1 molécule d'aldol, dégagent + 13142 calories.

Ch. Cloëz.

ALDOXIMES ET ACÉTOXIMES. — On désigne sous le nom d'*oximes* des composés obtenus généralement par la réaction de l'hydroxylamine sur les aldéhydes ou les acétones. On doit à M. Victor Meyer la découverte de cette réaction, qui est, avec celle de la phénylhydrazine, un des moyens les plus précieux pour caractériser les aldéhydes et les acétones : non pas que l'hydroxylamine ne réagisse que sur ces composés, mais bien parce que la réaction est souvent très nette et que les produits obtenus sont faciles à purifier. On désigne sous le nom d'*aldoximes* ceux qui se forment avec les aldéhydes, et ceux que donnent les acétones sous le nom d'*acétoximes*.

Constitution. — Leur constitution est facile à établir : l'hydroxylamine réagit en effet sur les aldéhydes avec élimination d'une molécule d'eau ; l'oxygène est fourni par l'aldéhyde, l'hydrogène par l'hydroxylamine :

$$R.CHO + Az\begin{matrix}\diagup OH\\ -H\\ \diagdown H\end{matrix} = H^2O + R-C\begin{matrix}\leqslant H\\ Az.OH\end{matrix}$$

Toutes les réactions qui vont suivre plaident en faveur de cette constitution.

A côté de ces composés, on connaît un grand nombre de produits obtenus par l'action de l'acide nitreux sur les acétones, sur les phénols, etc., et qui, désignés pendant longtemps sous le nom de *composés nitrosés*, ou *isonitrosés*, sont aujourd'hui considérés comme des dérivés de l'hydroxylamine.

Nomenclature. — On les a désignés sous le nom d'*oximes*, de *composés isonitrosés*, parfois même sous le nom de *composés nitrosés*. C'est ainsi que les nitroso-acétones ne sont autre chose que des monoximes de diacétones ou d'acétones-aldéhydes. Ainsi la nitroso-acétone n'est autre chose que l'aldoxime de l'aldéhyde pyruvique :

$$CH^3-CO-CH{=}AzOH, \qquad CH^3-CO-CHO.$$

Nitroso-acétone. Aldéhyde pyruvique.

La meilleure façon de les dénommer serait de les considérer toutes comme dérivant de l'oxime de l'aldéhyde méthylique, qu'on peut appeler *carboxime*; les dérivés monosubstitués sont les *aldoximes*; les dérivés bisubstitués sont les *acétoximes* :

$$\begin{matrix}H\\H\end{matrix}\!\!>C{=}Az.OH, \quad \begin{matrix}H\\R\end{matrix}\!\!>C{=}Az.OH, \quad \begin{matrix}R\\R'\end{matrix}\!\!>C{=}Az.OH.$$

Carboxime. Aldoximes. Acétoximes.

Ces deux classes de corps possèdent à peu près les mêmes propriétés, et ont les mêmes modes de préparation ; nous les étudierons donc ensemble, quitte à établir ensuite les caractères qui les différencient.

Préparation. — On fait réagir sur l'aldéhyde ou sur l'acétone le chlorhydrate d'hydroxylamine, en employant un peu plus de ce dernier corps que ne l'indique la théorie. L'aldéhyde est mise en solution dans un liquide convenable. On y ajoute le chlorhydrate d'hydroxylamine, dont on met la base en liberté par la quantité théorique soit de soude caustique, soit de carbonate ou de bicarbonate de sodium.

La réaction peut se faire à froid dans quelques cas, mais il est généralement nécessaire de faire bouillir pendant un temps plus ou moins long, variable avec chaque corps, aldéhyde ou acétone.

Dans certains cas très rares, l'hydroxylamine libre n'agit pas, tandis que le chlorhydrate donne l'oxime. Ainsi, d'après M. Münchmeyer [*D. chem. G.*, **19**, 1845], la tétraméthyldiamidobenzophénone

$$CO\left(C^6H^5Az\begin{matrix}\diagup CH^3\\ \diagdown CH^3\end{matrix}\right)^2$$

ne se combine pas avec l'hydroxylamine, mais elle réagit sur le chlorhydrate à chaud et en solution alcoolique.

M. Auwers [*D. chem. G.*, **22**, 604] propose, dans certains cas où les acétones réagissent mal sur l'hydroxylamine, d'opérer en solution fortement alcaline, en employant 3 molécules de soude pour 1 molécule d'hydroxylamine. On obtient ainsi avec le camphre de bons rendements en camphoroxime.

L'action de l'acide nitreux sur la plupart des acétones donne directement naissance à des composés isonitrosés (oximes); ainsi l'acétylbenzine donne la benzoylcarboxime

$$C^6H^5-CO-CH^3 + AzO^2H$$
$$= H^2O + C^6H^5-CO-CH(AzOH).$$

On obtient le même résultat si l'on fait réagir les nitrites alcooliques, en solution chlorhydrique, à une douce chaleur. Ainsi, l'acétone ordinaire [L. Claisen, *D. chem. G.*, **20**, 252] donne, avec le nitrite d'amyle, l'aldoxime pyruvique ou acétylcarboxime $CH^3-CO-CH{=}AzOH$:

$$CH^3-CO-CH^3 + C^5H^{11}.AzO^2$$
$$= C^5H^{11}.OH + CH^3-CO-CH{=}AzOH.$$

On peut remplacer l'acide chlorhydrique par une solution d'éthylate alcalin [Claisen, *D. chem. G.*, **20**, 655] : on obtient dans ce cas le sel de sodium de l'oxime ; ainsi l'acétophénone, à froid, avec l'éthylate de sodium et le nitrite d'amyle, donne, au bout de 24 heures, le benzoylcarboximate de sodium :

$$C^6H^5-CO-CH{=}AzONa.$$

On peut mettre l'oxime en liberté en traitant ce sel par un acide.

Lorsqu'on opère avec le nitrite d'amyle, c'est en général sur le méthyle voisin du groupe carbonyle que se porte le groupe oxime. Ainsi les acétones méthylées donnent naissance à une fonction oxime, de sorte que l'on obtient des corps dérivant des acétones-aldéhydes

$$R-CO-C{=}AzOH$$

[Claisen et Manasse, *D. chem. G.*, **22**, 526].

Quand il n'y a pas de groupements méthyle au

voisinage, la substitution se fait dans le groupe méthylène.

L'acide nitreux agit sur certains composés en transformant profondément la molécule et en donnant naissance à des composés isonitrosés (oximes). Ainsi l'acide isosuccinique [Bergreen, *D. chem. G.*, **20**, 531] donne naissance à l'oxime de l'acide pyruvique :

$$\begin{array}{l} CH^3 \\ | \\ CH{=}(CO.OC^2H^5)^2 \end{array} + AzO^2H$$

Isosuccinate d'éthyle.

$$= CO^2 + C^2H^5.OH + \begin{array}{l} CH^3 \\ | \\ C = AzOH \\ | \\ COOC^2H^5 \end{array}$$

Méthylcarboxime-formiate d'éthyle.

de même l'éther acétylmalonique [Lang, *D. chem. G.*, **20**, 1325] donne la monoxime de l'acétylglyoxylate d'éthyle :

$$\begin{array}{l} COOC^2H^5 \\ | \\ CH-CO-CH^3 + AzO^2H \\ | \\ COOC^2H^5 \end{array}$$

$$= \begin{array}{l} COOC^2H^5 \\ | \\ C{=}AzOH \\ | \\ CO-CH^3 \end{array} + CO^2 + C^2H^5.OH.$$

Acétylcarboxime-formiate d'éthyle.

En faisant réagir, en solution alcoolique, l'α-phényl-α-anilidopropionitrile sur l'hydroxylamine, M. Jacoby [*D. chem. G.*, **19**, 1515. — Münchmeyer, *ibid.*, **19**, 1845. — Norman Collie, *Ann. Chem.*, **226**, 294] a obtenu la phénylméthylcarboxime :

$$\begin{array}{l} C^6H^5-C \begin{array}{l} < CH^3 \\ < CAz \end{array} + AzH^3O \\ \quad\;\; | \\ \quad\;\; AzH \\ \quad\;\; | \\ \quad\;\; C^6H^5 \end{array}$$

$$= CAzH + C^6H^5.AzH^2 + C^6H^5-C(Az.OH)-CH^3.$$

Ces dernières réactions donnent, comme nous le voyons, des oximes qui ne correspondent pas au type primitif.

Un atome de carbone ne possédant point un groupement aldéhydique, ni acétonique, peut cependant donner naissance à une oxime ; c'est ainsi que l'acétylbenzine mono- ou dibromée réagit par son carbone bromé et par son groupement acétonique sur l'hydroxylamine pour donner naissance à une dioxime, la phénylglyoxime. Voici les réactions :

$$C^6H^5-CO-CHBr^2 + 2AzH^3O$$
$$= C^6H^5-C(AzOH)-CH(AzOH) + H^2O + 2HBr,$$
$$C^6H^5-CO-CH^2Br + 2AzH^3O$$
$$= HBr + H^2O + H^2 + C^6H^5-C(AzOH)-CH(AzOH)$$

[Strasmann, *D. chem. G.*, **22**, 419].

Certains corps à fonction acétonique semblent ne pas pouvoir donner d'oxime, les carbonyles étant influencés par les atomes de carbone voisins (carbones halogénés ou à fonction alcoolique). C'est ainsi que les dérivés de la phloroglucine ne donnent point cette combinaison [Herzig et Zeisel, *D. chem. G.*, **21**, 3493].

Il est bon d'ajouter que la phénylhydrazine donne de même avec ces corps des résultats négatifs ; peut-être n'a-t-on point là affaire à de véritables acétones.

Oximes dérivées des dialdéhydes et des diacétones. — Si un corps est deux fois aldéhyde ou deux fois acétone, il peut, en se combinant avec l'hydroxylamine, donner successivement une monoxime, puis une dioxime.

C'est ce qui se passe avec le bibenzoyle,

$$C^6H^5-CO-CO-C^6H^5 + AzH^3O$$
$$= H^2O + C^6H^5-CO-C.(AzOH)-C^6H^5,$$
$$C^6H^5-CO-CO-C^6H^5 + 2AzH^3O$$
$$= 2H^2O + C^6H^5-C.(AzOH)-C.(AzOH)-C^6H^5.$$

Mais ce n'est pas là une règle générale. Ainsi, en opérant avec le bibutyryle

$$C^3H^7-CO-CO-C^3H^7,$$

corps du même type que le précédent, M. Münchmeyer [*D. chem. G.*, **19**, 1845] n'a pu obtenir que la monoxime $C^3H^7-CO-C(AzOH)-C^3H^7$; de même les diacétones β ne donnent point de dioximes, mais des anhydrides de monoxime [Claisen, *D. chem. G.*, **21**, 1150] :

$$R-CO-CH^2-CO-R' + AzH^3O$$

$$= 2H^2O + \begin{array}{c} O \\ \diagup \quad \diagdown \\ R-C \qquad Az \\ \| \qquad \| \\ H-C \text{---} C-R' \end{array}$$

Les diacétones γ donnent de même une réaction spéciale. Les deux groupes acétoniques se combinent avec une seule molécule d'hydroxylamine et ferment alors la chaîne. Ainsi, en faisant réagir sur l'éther diacétylsuccinique l'hydroxylamine en présence d'acide acétique et d'acétate de sodium, M. Knorr [*Ann. Chem.*, **236**, 290-332] a obtenu l'oxy-2,6-diméthyl-pyrrol-3,4-dicarbonate d'éthyle :

$$\begin{array}{c} C^2H^5.O^2C-CH - CH-CO^2.C^2H^5 \\ | \qquad\quad | \\ CH^3-CO \quad CO-CH^3 \end{array} + AzH^3O$$

$$= \begin{array}{c} C^2H^5.O^2C-C - C-CO^2.C^2H^5 \\ \| \qquad \| \\ CH^3-C \quad C-CH^3 \\ \diagdown \; \diagup \\ AzOH \end{array} + 2H^2O$$

L'acide nitreux ou les nitrites peuvent donner, en réagissant sur les acétones, des oximes-acétones ; ils peuvent encore, en réagissant sur des corps complexes, donner naissance soit à des acétones-oximes, soit à des dioximes.

Nous avons signalé plus haut la formation de la nitrosoacétone (acétylcarboxime) et celle de la nitrosoacétophénone (benzoylcarboxime) par l'action directe de l'acide nitreux sur les acétones correspondantes. Il est important de remarquer que dans ces réactions l'acide nitreux ne transforme point le groupe acétonique en oxime, mais que c'est sur les carbones hydrogénés voisins de ce groupe que se forme la fonction oxime, de sorte que l'on obtient des acétones-oximes.

Donnons quelques exemples de réactions complexes.

Le nitrite de sodium réagit en liqueur acétique sur l'imide dérivant de l'acétylacétate d'éthyle pour donner l'oxime-acétone correspondante, l'acétyl-carboxime-formiate d'éthyle :

$$\begin{array}{l} CH^3-C-CH^2-CO^2.C^2H^5 + AzO^2H \\ \qquad\;\; \| \\ \qquad\; AzH \end{array}$$

$$= CH^3-CO-C(Az.OH)-CO^2.C^2H^5 + AzH^3$$

[Norman Collie, *Ann. Chem.*, **226**, 294-322].

L'action de l'acide nitreux peut aussi donner naissance à des dioximes ; ainsi l'acide acétone-dicarbonique, traité par le nitrite de sodium, réagit avec vivacité, donne naissance à un dégagement d'acide carbonique, et laisse comme résidu la carbonyl-dicarboxime (*diisonitrosoacétone*) :

$$CO^2H-CH^2-CO-CH^2-CO^2H + 2AzO^2Na$$
$$= CH(AzOH)-CO-CH(AzOH) + CO^3Na^2 + CO^2 + H^2O$$

[Pechmann et Wehsarg, *D. chem. G.*, **19**, 2465].

D'après M. Ilinski [*D. chem. G.*, **19**, 340], les nitrosonaphtols seraient des dérivés isonitrosés. Ils réagissent en effet facilement sur l'hydroxylamine, montrant ainsi qu'ils ont une fonction acétonique; leur constitution serait la suivante :

C=AzOH, C=O (formule de constitution du noyau naphtalénique)

Au reste, le nitrosonaphtalate d'éthyle réagit sur le chlorhydrate d'hydroxylamine en donnant le chlorhydrate de la dioxime éthylée :

$$C^{10}H^6O(Az.OC^2H^5) + AzH^3O.HCl$$
$$= H^2O + C^{10}H^6 \lessgtr \begin{matrix} AzOC^2H^5 \ (\alpha) \\ AzOH.HCl \ (\beta) \end{matrix}$$

De même le nitrosophénol traité par l'hydroxylamine donne le même produit que la quinone ou que l'hydroquinone, c'est-à-dire une dioxime [Nietzki et Guiterman, *D. chem. G.*, **20**, 1274].

La réaction de l'hydroxylamine sur les acétones ne s'arrête pas aux diacétones : un corps *n* fois acétone ou *n* fois aldéhyde peut donner un corps *n* fois oxime. Ainsi l'acide leuconique donne la pentacarboxime $C^5(AzOH)^5$, preuve en faveur de l'existence de cinq groupes carbonyle dans ce corps [Nietzki et Benckiser, *D. chem. G.*, **19**, 293].

Transformations isomériques. — Sous l'influence de l'acide pyrosulfurique, la phénylcarboxime $C^6H^5-CH.AzOH$ se transforme en un produit solide isomérique qui est la β-oxime. L'acide chlorhydrique, en agissant sur l'oxime dissoute dans l'éther, donne lieu à la même réaction, mais avec de bien meilleurs rendements. La grandeur moléculaire, déterminée par la méthode cryoscopique, montre qu'on se trouve non en présence d'un polymère, mais bien d'un isomère. La transformation porterait sur la transformation du groupe oxime.

L'oxime ordinaire α répondrait au schéma

$$C^6H^5-CH=Az-OH.$$

L'oxime β répondrait au schéma

$$C^6H^5-CH=Az \lessgtr \begin{matrix} O \\ H \end{matrix}$$

Dans ce cas l'azote serait quintivalent [Bechmann, *D. chem. G.*, **20**, 2776 et **22**, 469].

Réactions communes aux aldoximes et aux acétoximes. — Dans tout ce qui va suivre, à côté des réductions et des oxydations, nous allons voir l'oxhydryle de l'hydroxylamine se conduire sensiblement comme un oxhydryle alcoolique, donnant des éthers, pouvant faire des anhydrides, etc.

Les aldoximes, comme les acétoximes, traitées en solution alcoolo-acétique par l'amalgame de sodium, donnent naissance à l'amine primaire correspondant à l'aldéhyde ou à l'acétone. Les aldoximes donnent des amines normales; et les acétoximes, des amines dérivées des alcools secondaires. Ainsi la méthylcarboxime donne l'isopropylamine, la phénylcarboxime donne la benzylamine [Goldschmidt, *D. chem. G.*, **19**, 3232 et **20**, 728] :

$$CH^3-C(AzOH)-CH^3 + 2H^2$$
$$= CH^3-CH.AzH^2-CH^3 + H^2O,$$

$$C^6H^5-CH(AzOH) + 2H^2$$
$$= C^6H^5-CH^2.AzH^2 + H^2O.$$

Traitées par les agents hydratants en solution aqueuse, elles régénèrent l'aldéhyde ou l'acétone primitives et l'hydroxylamine ou les produits de dédoublement de cette dernière.

Action des acides. Formation d'éthers. — L'acide hypochloreux donne avec les aldoximes et les acétoximes des éthers hypochloreux. La méthylcarboxime, par exemple, traitée en solution aqueuse par l'acide hypochloreux, laisse déposer des gouttelettes huileuses d'un bleu intense, mais décolorables par l'acide hypochloreux en excès [R. Möhlau et C. Hoffmann, *D. chem. G.*, **20**, 1504].

Les corps qui se forment dans ces conditions sont les éthers hypochloreux des oximes.

La méthylcarboxime, par exemple, donne lieu à la réaction suivante :

$$CH^3-CH=Az.OH + ClOH = CH^3-CH=Az.OCl + H^2O.$$

Ces corps détonent, au reste, sous l'influence d'une brusque élévation de température.

L'acide nitreux donne des réactions de tout point comparables; il forme des pseudonitrols avec les acétoximes; ainsi, la diméthylcarboxime $CH^3-C(AzOH)-CH^3$ donne le propyl-pseudonitrol $CH^3-C(Az.OAzO^2)-CH^3$.

M. de Pechmann [*D. chem. G.*, **20**, 2539], en faisant réagir les bisulfites alcalins sur les aldoximes, a obtenu la substitution de l'oxhydryle typique par un résidu sulfureux, en même temps qu'il y a addition d'une molécule de bisulfite; ainsi, avec la phénylcarboxime, on obtient

$$C^6H^5-CH=AzOH + 2SO^3NaH$$
$$= C^6H^5-\underset{\substack{| \\ SO^3Na}}{CH}-AzH.SO^3Na + H^2O$$

La nitrosoacétone,

$$CH^3-CO-CH(AzOH),$$

se comporte d'une façon identique, mais fixe une molécule de plus de bisulfite, comme cela est naturel, puisqu'elle est acétone encore une fois.

Les dérivés sulfonés de ces nitrosoacétones, traités par l'acide sulfurique, donnent les benziles de la série grasse [Polonowsky, *D. chem. G.*, **21**, 182] : il y a simplement saponification du groupe $Az-SO^3H$:

$$\begin{matrix} R-CO \\ | \\ R-CAzSO^3H \end{matrix} + 2H^2O = SO^4HAzH^4 + \begin{matrix} R-CO \\ | \\ R-CO \end{matrix}.$$

L'acide nitreux réagit de même sur les dérivés mono-isonitrosés des acétones pour donner des diacétones.

La phénylhydrazine déplace l'hydroxylamine des monoximes [Just, *D. chem. G.*, **20**, 1205] en donnant le dérivé phénylhydrazinique correspondant.

Il n'en est plus de même pour les dioximes, qui donneraient, d'après M. Polonowsky [*D. chem. G.*, **21**, 182], simplement un composé d'addition. Ainsi, la glyoxime donnerait la glyoxime-phénylhydrazine,

$$\begin{matrix} CH.AzOH \\ | \\ CH.AzOH \end{matrix} \ H^2Az-AzH-C^6H^5.$$

La diphénylglyoxime et la naphtoquinone

donnent également des produits d'addition avec la phénylhydrazine.

CARACTÈRES DISTINCTIFS DES ALDOXIMES ET DES ACÉTOXIMES. — Le caractère distinctif des aldoximes et des acétoximes est basé sur la différence de réaction du chlorure d'acétyle ou de l'anhydride acétique sur l'une et sur l'autre classe de produits.

Les aldoximes, dans cette réaction, subissent simplement une déshydratation et donnent naissance à des nitriles; par exemple avec l'aldoxime éthylique, la réaction s'écrit de la façon suivante :

$$CH^3-CH=AzOH + CH^3-COCl$$
$$= CH^3-CO.OH + HCl + CH^3-C\equiv Az.$$

Les dialdoximes donnent de même des dinitriles. Cette réaction rapproche les aldoximes des amides. Celles-ci sont en effet des isomères des aldoximes et donnent également naissance, par déshydratation, à des nitriles :

$$CH^3.CO.AzH^2 = CH^3-C\equiv Az + H^2O.$$

On a pu, du reste, dans certains cas, passer directement de l'oxime à l'amide correspondante; ainsi la phénylcarboxime, traitée par de l'acide sulfurique renfermant pour 10 parties d'acide 1 partie d'eau, a donné naissance à la benzamide [Bechmann, *D. chem. G.*, 20, 1507].

On a trouvé cependant des exceptions à la transformation des aldoximes en nitriles. Ainsi, d'après M. Westenberger, l'aldoxime téréphtalique donne naissance, par l'action du chlorure d'acétyle, à l'éther diacétique correspondant; mais c'est là une exception très rare.

Les acétoximes donnent, avec le chlorure d'acétyle, dans les mêmes conditions, naissance à un éther acétique de l'oxime : la diméthylcarboxime donne l'éther acétique correspondant; c'est l'oxhydryle du groupe oxime qui est éthérifié :

$$\underset{\underset{Az.OH}{\parallel}}{CH^3-C}-CH^3 + CH^3.COCl = HCl + \underset{\underset{AzO.C^2H^3O}{\parallel}}{CH^3-C}-CH^3$$

Cependant certaines acétoximes, traitées par le chlorure d'acétyle, ne donnent pas naissance à un éther acétique; il se forme un composé présentant la composition centésimale du nitrile correspondant, mais possédant le caractère d'une base.

C'est ainsi que la camphoroxime $C^9H^{16}=C=AzOH$ et la carvoxime $C^9H^{14}=C=AzOH$ donnent des produits de déshydratation répondant aux formules $C^{10}H^{15}Az$ et $C^{10}H^{13}Az$ [Nägeli, *D. chem. G.*, 16, 888 et 17, 805].

Ces pseudonitriles peuvent reprendre une molécule d'eau pour donner naissance à une amide spéciale. Ainsi le pseudonitrile formé par la déshydratation de la camphoroxime donne, quand on le chauffe pendant quelque temps avec de la potasse alcoolique, de l'isocamphoroxime

$$C^{10}H^{16}=AzOH,$$

produit qui a été identifié avec l'amide de l'acide campholénique [Goldschmidt et R. Zürrer, *D. chem. G.*, 17, 2069].

Ces deux composés appartiennent à la série aromatique; les choses se passent à peu près de même dans la série grasse, si les oximes que l'on considère possèdent au voisinage du groupe carboxime un carbone tertiaire. Ainsi la diisopropylcarboxime,

$$\left(\begin{matrix}CH^3\\CH^3\end{matrix}>CH-\right)^2C(AzOH)$$

réagit avec énergie sur le chlorure d'acétyle en donnant un éther acétique extrêmement instable, qui se transformerait, d'après MM. Meyer et Warrington, en un anhydride de l'oxime ayant probablement pour formule

$$(CH^3)^2=CH-C \quad - \quad C=(CH^3)^2.$$
$$\diagdown Az \diagup$$

Ce composé s'hydraterait de nouveau au contact de l'eau pour donner finalement naissance à l'isopropyl-isobutyramide,

$$(CH^3)^2=CH-CO.AzH.C=(CH^3)^2.$$

Cette réaction aurait lieu par transformation moléculaire [Meyer et Warrington, *D. chem. G.*, 19, 1613 et 20, 500].

Les chlorures et les anhydrides d'acides jouent le même rôle que le chlorure d'acétyle et l'anhydride acétique.

Les oximes, chauffées avec de l'éthylate de sodium et des iodures alcooliques, peuvent remplacer l'hydrogène du groupe hydroxylamine par des radicaux alcooliques. Ainsi, la coumaroxime, chauffée avec de l'éthylate de sodium et de l'iodure d'éthyle, fournit la coumaroxime éthylique,

$$C^6H^4\begin{matrix}\diagup CH=CH-C(AzOC^2H^5).\\ \diagdown\!\!-O-\!\!\diagup\end{matrix}$$

Cette propriété n'est pas la seule qui rapproche l'oxhydryle de l'hydroxylamine de l'oxhydryle alcoolique. En effet, le groupe carboxime donne facilement, à la position γ, un anhydride avec un groupe acide; ainsi, l'oxime de l'acide γ-oxyvalérique se déshydrate par l'action de l'acide sulfurique [Tiemann, *D. chem. G.*, 19, 1661], et donne naissance à une lactone d'une nature particulière (lactone oximique) :

$$\underset{\underset{AzOH}{\parallel}}{CH^3-C}-CH^2-CH^2-COOH$$

$$= \underset{\underset{Az}{\parallel}}{CH^3-C}-CH^2-CH^2-CO + H^2O$$
$$Az-O \text{ (liés)}$$

De même, les dioximes, oxydées par le ferricyanure en solution alcaline peuvent perdre H^2, en reliant les groupes oxime. Ainsi, les dioximes du bibenzoyle, dans ces conditions, fournissent le produit

$$\begin{matrix}C^6H^5-C & - & C-C^6H^5,\\ \parallel & & \parallel\\ Az & & Az\\ | & & |\\ O & - & O\end{matrix}$$

qui, réduit par l'étain et l'acide chlorhydrique, donne un anhydride de dioxime,

$$\begin{matrix}C^6H^5-C & - & C-C^6H^5.\\ \parallel & & \parallel\\ Az & & Az\\ & \diagdown O \diagup & \end{matrix}$$

Parfois l'oxydation va plus loin et on obtient le composé nitrosé : MM. Nietzki et Guitermann, en oxydant l'α-naphtoquinone-dioxime, ont obtenu l'α-β-dinitrosonaphtaline $C^{10}H^{16}(AzO)^2$.

TRANSPOSITION MOLÉCULAIRE. — L'action de l'acide sulfurique concentré donne naissance, le plus souvent, à des transformations isomériques. Ainsi, la diphénylcarboxime fournit de la benzanilide, puis, par dédoublement de celle-ci, de l'acide benzoïque et de l'aniline :

$$C^6H^5-C(AzOH)-C^6H^5 = C^6H^5-AzH-CO-C^6H^5.$$

La méthylphénylcarboxime donne dans les mêmes conditions de l'acétanilide :

$$C^6H^5-C(AzOH)-CH^3 = C^6H^5-AzH-CO-CH^3.$$

Le chlorure d'acétyle, l'anhydride acétique et l'acide acétique produisent aussi ces transformations [V. Meyer et Warrington, *D. chem. G.*, **20**, 500].

En examinant les formules des réactions, on voit qu'il aurait pu se former deux produits; par exemple, la méthylphénylcarboxime pourrait donner de l'acétanilide et de la méthylbenzamide :

$$C^6H^5-C(AzOH)-CH^3, \quad C^6H^5-CO-AzH-CH^3, \quad C^6H^5-AzH-CO-CH^3.$$

Les produits qui se forment sont tantôt l'un, tantôt l'autre, et il ne semble pas y avoir de règle précise pour que tel produit se forme plutôt que tel autre; cependant le groupe amide semble se rattacher de préférence au groupement aromatique; la phénylcarboxime, qui devrait donner de la formanilide, donne de la benzamide :

$$C^6H^5-CH(AzOH) = C^6H^5-CO-AzH^2.$$

Le perchlorure de phosphore agit d'une façon analogue : il se forme transitoirement un dérivé chloré qui, par l'action de l'eau, régénère les produits de la transformation; ainsi, la diphénylcarboxime donne lieu aux réactions suivantes :

$$(C^6H^5)^2=C(AzOH) + PCl^5$$
$$= C^6H^5-CCl=Az-C^6H^5 + HCl + POCl^3,$$
$$C^6H^5-CCl=Az-C^6H^5 + H^2O$$
$$= HCl + C^6H^5-AzH-CO-C^6H^5.$$

Le résultat final est la transformation de la diphénylcarboxime en benzanilide [Beckmann, *D. chem. G.*, **20**, 1507 et 2584]. A. Béhal.

ALGINE. — M. Stanford [*Chem. News*, **47**, 254 et 267; *Chem. Soc.*, **3**, 297 et **4**, 594] a donné le nom d'*algine* au sel de sodium d'un *acide alginique* qu'il a extrait de certaines laminaires [*L. stenophylla* et *digitata*] en les traitant par la soude étendue. L'algine ou alginate de sodium est soluble dans l'eau, tandis que l'acide alginique est totalement insoluble dans ce liquide. On peut donc le précipiter en traitant une solution d'algine par l'acide sulfurique étendu. Cet acide est très difficile à obtenir exempt de cendres; abstraction faite de celles-ci, il contient : C = 44,39; H = 5,47; Az = 3,77; S = 0,12.

Les alginates alcalins, ceux de magnésium et d'ammonium, sont seuls solubles dans l'eau : tous les autres sont insolubles. Cependant le sel d'ammonium donne, avec les alginates des métaux lourds, des sels doubles solubles dans l'eau; mais si l'on évapore ces solutions, les alginates doubles perdent leur solubilité.

Les solutions d'algine ne se coagulent pas par la chaleur et ne se prennent pas en gelée par le refroidissement. Elles sont précipitées par l'alcool, l'acétone, les acides et les sels des métaux lourds; l'éther, la glycérine, l'alcool amylique, les solutions de tannin, les sels alcalins, ceux de magnésium et de manganèse sont au contraire sans action sur elles.

L'algine desséchée se présente en masses transparentes et flexibles semblables à la gomme adragante; sa composition centésimale permet de la considérer comme un aliment; sa grande viscosité peut la faire employer dans la teinture ou dans l'impression des tissus; on peut également s'en servir pour émulsionnner les huiles; enfin les alginates insolubles peuvent être employés dans différentes industries. Ch. Cloëz.

ALIPITE (Min.). — Voyez PIMÉLITE, Dict., **2**, 1023.

ALIZARINE. — Voyez ANTHRAQUINONE.

ALKINES. — M. Ladenburg [*D. chem. G.*, **14**, 1876 et 2406] a successivement donné les noms d'*alkamines*, puis, par abréviation, d'*alkines*, aux bases tertiaires hydroxylées qui prennent naissance par l'action des chlorhydrines de glycols sur les amines secondaires.

On voit, par cette définition même, que ce nom nouveau désigne des composés qui rentrent dans la classe générale des amines-alcools, dont les bases hydroxéthyléniques de Wurtz ont été les premiers termes connus.

Ces composés, présentant la fonction alcoolique, peuvent être éthérifiés soit au moyen des acides en solution chlorhydrique, soit au moyen des chlorures d'acides. Les éthers ainsi formés ont été appelés successivement par M. Ladenburg *alkaméines*, puis par abréviation *alkéines*.

ALLACTITE (Min.) (Sjögren). — Arséniate manganeux basique hydraté, $7MnO.As^2O^5, 4H^2O$. Cristaux rouges ou vert-olive, transparents, très polychroïques, avec arséniates divers, hausmannite, etc., dans un calcaire cristallin à Mossgrufva, près Nordmark (Wermland, Suède).

Caractères. — Soluble dans les acides; au chalumeau, presque infusible, noircit, donne de l'eau dans le tube.

Dureté = 4,5. Poussière gris-brun. Densité = 3,8.

Forme cristalline. — Prisme clinorhombique voisin de celui de la vivianite et de la pharmacolite : $a : b : c = 0{,}6127 : 1 : 0{,}3338$; $\beta = 84°16'5$. Faces $ph^5a^1(d^{1/3}b^{1/5}g^1)$. Clivages o^1 net, p imparfait.

ALLANTOÏNE, $C^4H^6Az^4O^3$. — Suivant MM. Schulze et Barbieri, l'allantoïne existe dans les organismes végétaux; elle se trouve dans les bourgeons et dans les jeunes pousses qui se développent sur des branches séparées du végétal et placées dans l'eau. Les pousses séchées à l'air renferment de 0,5 à 1 0/0 d'allantoïne [*D. chem. G.*, **14**, 1602 et 1834; *Bull. Soc. Chim.*, **37**, 380].

MM. C. Richardson et C. A. Crampton ont également signalé la présence de l'allantoïne dans les germes de froment [*D. chem. G.*, **19**, 1180].

M. Michael a réalisé la synthèse de l'allantoïne en chauffant à 110° un mélange d'acide mésoxalique et d'urée :

$$C^3H^4O^6 + 2\,COAz^2H^4$$
$$= CO^2 + 3\,H^2O + C^4H^6Az^4O^3$$

[*Amer. Chem. Journ.*, **5**, 198; *Bull. Soc. Chim.*, **42**, 295].

L'allantoïne se dissout dans 131 p. d'eau à 21°,8 (Grimaux), dans 180 p. à 22° (Schulze et Barbieri). Une solution concentrée d'allantoïne, additionnée de furfurol et d'acide chlorhydrique concentré, se colore en violet [H. Schiff, *D. chem. G.*, **10**, 773; *Bull. Soc. Chim.*, **29**, 120].

D'après M. Malerba [*Gazz chim. ital.*, **15**, 531; *D. chem. G.*, **19**, *Ref.*, 252], l'allantoïne, traitée par l'hypobromite de sodium, perd la moitié de son azote à l'état gazeux. Ce fait présente une certaine importance au point de vue du dosage de l'urée dans l'urine, car on sait que cette sécrétion contient quelquefois une quantité assez notable d'allantoïne. E. Grimaux.

ALLANTOXANIQUE (ACIDE). — Le sel de potassium de l'acide allantoxanique, $C^4H^2Az^3O^4K$, s'obtient en aiguilles soyeuses par l'action de la potasse caustique sur le produit obtenu par M. Grimaux en fondant l'urée avec l'acide parabanique et qui renferme $C^4H^6Az^4O^4$. Ce sel se forme également par l'oxydation de la méthylallantoïne par le permanganate de potassium en solution alcaline.

M. Ponomareff regarde l'acide allantoxanique comme de l'acide parabanique ou oxalylurée dont 1 atome d'oxygène serait remplacé par le résidu de l'acide carbamique et dont la constitution serait

$$CO\begin{matrix}\diagup AzH-CO \\ \quad | \\ \diagdown AzH-C=Az-CO^2H\end{matrix}$$

[Ponomareff, *D. chem. G.*, **18**, 981; *Bull. Soc. Chim.*, **45**, 565]. E. Grimaux.

ALLEMONTITE (Min.). — Mélange isomorphe d'arsenic et d'antimoine, environ $SbAs^3$. Masses grenues ou compactes, concrétions, etc., trouvées à Allemont (Isère), Andreasberg, Przibram, etc. Éclat métallique gris. Dureté = 3,5. Densité = 6,15. Rhomboédrique.

ALLÈNE. — L'allène est de date récente, quoique MM. Aarland et Carstanjen, puis M. Harstenstein, l'aient décrit comme ayant été obtenu dans l'électrolyse de l'acide itaconique et dans le traitement de l'épidichlorhydrine β par le sodium. M. Béhal [*Bull. Soc. Chim.*, **49**, 788] a montré que le sodium, en réagissant sur les épidichlorhydrines α et β, ne donne pas d'allène, mais un produit de condensation solide; que l'électrolyse de l'itaconate de potassium ne donne qu'un peu d'acétylène et pas d'allène. Au reste les expériences de M. Gustavson font voir que le tétrabromure d'allène est liquide, tandis que les deux premiers savants avaient trouvé un corps solide.

Préparation. — On traite l'épidibromhydrine α (obtenue en décomposant la tribromhydrine de la glycérine par la potasse sèche) par la poudre de zinc. On opère de la façon suivante : On fait tomber goutte à goutte 10 grammes d'épidibromhydrine α dans un ballon muni d'un réfrigérant ascendant et contenant 20 grammes de poudre de zinc et 25 grammes d'alcool à 80°. On chauffe au bain-marie et on recueille le gaz sur l'eau; on obtient ainsi de 900 à 1000 centimètres cubes de gaz.

Propriétés. — Gaz à odeur d'allylène, ne précipitant pas les réactifs cuivreux ou argentiques, mais se combinant avec les sels mercuriques.

Il donne avec le brome un *tétrabromure*, incolore, liquide et possédant une odeur camphrée, qui cristallise à — 18° et fond vers 0°.

Ce tétrabromure, traité par la poudre de zinc et l'alcool, régénère l'allène. Il ne peut être distillé sans décomposition et perd de l'acide bromhydrique lorsqu'on le chauffe.

Le sodium réagit sur le gaz allène en solution éthérée. Il est nécessaire de chauffer à 100° en tube scellé et de maintenir la température pendant 24 heures. On obtient alors une masse blanche, qu'on purifie par des lavages à l'éther. Ce dérivé sodé, traité par l'eau, donne un gaz qui n'est autre que l'allylène.

L'acide sulfurique concentré le dissout en se colorant en jaune, puis en brun. Si l'on dilue l'acide aussitôt que l'on a opéré la solution, puis que l'on distille, l'on obtient de l'acétone :

$$CH^2=C=CH^2+2SO^4H^2 = CH^3-C(SO^4H)^2-CH^3,$$
$$CH^3-C(SO^4H)^2-CH^3+H^2O$$
$$= CH^3-CO-CH^3+2SO^4H^2$$

[Gustavson et Demjanoff, *J. prakt Chem.*, **38**, 201].

TÉTRACHLORURE D'ALLÈNE, $CH^2Cl-CCl^2-CH^2Cl$. — L'acide hypochloreux ClOH réagit sur l'épidichlorhydrine α $CH^2=CCl-CH^2Cl$, en donnant deux produits; l'un est la dichloracétone symétrique, l'autre est le tétrachlorure d'allène; il est insoluble dans l'eau et bout à 164-165°; la réaction est la suivante :

$$CH^2=CCl-CH^2Cl+ClOH = CH^2Cl-CClOH-CH^2Cl,$$
$$CH^2Cl-CClOH-CH^2Cl = HCl+CH^2Cl-CO-CH^2Cl,$$
$$HCl+ClOH = H^2O+Cl^2,$$
$$CH^2=CCl-CH^2Cl+Cl^2 = CH^2Cl-CCl^2-CH^2Cl$$

[Henry, *C. R.*, **94**, 1428].

MÉTHYLALLÈNE, $CH^3-CH=C=CH^2$ [Syn. *Méthylisoallylène*]. — On obtient ce carbure au moyen du tétrachlorure correspondant.

Pour préparer ce dérivé tétrachloré, on traite l'alcool trichlorobutylique

$$CH^3-CHCl-CCl^2-CH^2OH$$

(obtenu par l'action du zinc-éthyle sur le butylchloral) par le perchlorure de phosphore; il se forme en même temps du phosphate neutre de trichlorobutyle $PO(C^4H^6Cl^3O)^3$.

Le tétrachlorure, additionné de son volume d'alcool, est traité par le couple zinc-cuivre. On obtient ainsi un liquide incolore, d'une odeur alliacée, bouillant à 18-19°.

Ce carbure ne précipite pas la solution ammoniacale de chlorure cuivreux [Norton et Noyes, *Am. Journ.*, **10**, 430].

DIMÉTHYLALLÈNE,

$$\begin{matrix}CH^3 \\ CH^3\end{matrix}\!\!>C=C=CH^2.$$

— Il forme la plus grande partie du valérylène de M. Reboul. On obtient ce carbure allénique en traitant le bromure de triméthyléthylène

$$(CH^3)^2=CBr-CHBr-CH^3$$

par la potasse alcoolique, en tube scellé, à une température de 150°.

L'isopropylacétylène, $(CH^3)^2=CH-C\equiv CH$, chauffé en tube scellé avec de la potasse alcoolique à une température de 150° pendant 6 heures, se transforme en diméthylallène. Inversement le diméthylallène, chauffé avec du sodium en présence d'oxyde d'éthyle, donne le dérivé sodé de l'isopropylacétylène :

$$(CH^3)^2=CH-C\equiv CNa.$$

Il n'y a pas de pression dans les tubes, car l'hydrogène mis en liberté se fixe sur une portion du carbure acétylénique pour former du carbure éthylénique :

$$3(CH^3)^2=C=C=CH^2+2Na$$
$$= 2(CH^3)^2=CH-C\equiv CNa+C^5H^{10}.$$

Le dérivé sodé, traité par l'eau, est décomposé et régénère le carbure acétylénique correspondant; de plus, le dérivé sodé fixe l'acide carbonique pour donner l'acide isopropylacétylène-carbonique :

$$(CH^3)^2=CH-C\equiv C-COOH.$$

Le diméthylallène est liquide et bout à 39-40°; il ne précipite pas les réactifs cuivreux ou argentiques; mais il se combine avec les sels mercuriques [Favorsky, *Journ. Soc. Chim. russe*, 1887, 414 et 553].

TÉTRAMÉTHYLALLÈNE, $(CH^3)^2=C=C=C=(CH^3)^2$. — C'est le premier carbure allénique qui ait été obtenu. Il a été préparé au moyen de l'isobutyrone par M. L. Henry [*Bull. Acad. Brux.*, **38**, 452].

L'isobutyrone, $(CH^3)^2=CH-CO-CH=(CH^3)^2$, traitée par le perchlorure de phosphore, donne un mélange de $C^7H^{14}Cl^2$ et $C^7H^{13}Cl$. Ce mélange, maintenu à l'ébullition pendant longtemps avec de la potasse alcoolique, donne le carbure allénique.

C'est un liquide incolore, bouillant à 70°. Il se combine au brome pour donner des produits d'addition. Il ne se combine pas aux réactifs cuivreux ou argentiques. A. Béhal

ALLOCAFÉINE. — Voyez CAFÉINE.

ALLOGONITE (Min.). — Voyez HERDÉRITE, Dict., 2, 19.

ALLOMORPHITE (Min.). — Voyez BARYTINE, Dict., 1, 503.

ALLOPALLADIUM (Min.). — Voyez EUGÉNÉSITE, Dict., 1, 1392.

ALLOPHANIQUE (ACIDE). — Quand on chauffe du chlorure d'éthyloxalyle,

$$Cl-CO-CO^2C^2H^5,$$

avec de la phénylurée, il se dégage de l'oxyde de carbone et du chlorure d'éthyle, et il se forme deux corps, l'un en lamelles fusibles à 208°, le second en aiguilles fusibles à 120°. M. Stojentin considère le premier comme étant de l'acide phénylparabanique, et le second comme du phénylallophanate d'éthyle,

$$C^{10}H^{12}Az^2O^3 = CO\begin{cases} AzH \, . \, C^6H^5 \\ AzH \, . \, CO^2C^2H^5 \end{cases}$$

Cette formule nous paraît douteuse, car ce corps donne avec les alcalis de l'acide oxalique et de l'aniline, tandis que les éthers allophaniques, étant des éthers de l'acide carburéique, se décomposent par les alcalis avec formation d'acide carbonique [Stojentin, *J. prakt. Chem.*, (2), **32**, 1; *Bull. Soc. Chim.*, **45**, 767.]

Lorsqu'on chauffe pendant 2 heures en tubes scellés, à 120-130°, l'acide amido-oxypropylbenzoïque

$$C^6H^3\begin{cases} AzH^2 \\ OC^3H^7 \\ CO^2H \end{cases}$$

avec un excès de chlorocarbonate d'éthyle,

$$CO\begin{cases} Cl \\ OC^2H^5, \end{cases}$$

il se forme un corps cristallisé, insoluble dans l'eau bouillante, et que M. Widman considère comme du *dioxypropylcarboxydiphényl-allophanate d'éthyle* :

$$CO\begin{cases} AzH \text{———} C^6H^3\begin{cases} CO^2H \\ OC^3H^7 \end{cases} \\ Az(CO^2C^2H^5) - C^6H^3\begin{cases} OC^3H^7 \\ CO^2H \end{cases} \end{cases}$$

Il est en belles lamelles, solubles dans l'alcool et dans l'acide acétique bouillant; il ne fond qu'au-dessus de 300° et se dissout dans la potasse [O. Widman, *D. chem. G.*, **17**, 1300; *Bull. Soc. Chim.*, **44**, 305].

ÉTHERS ALLOPHANIQUES. — ... L. Gattermann [*Ann. Chem.*, **244**, 29] a montré que l'on peut préparer les éthers allophaniques par l'action des alcools ou des phénols sur le chlorure de carbamyle $AzH^2-CO-Cl$ employé en excès. C'est ainsi qu'il a obtenu les éthers *méthylique*, fusible avec décomposition à 208°; *éthylique*; *octylique*, fusible à 155-156°; *cétylique*, fusible à 70°; *thiophénylique*, fusible à 218°; *thymylique*, fusible à 190°.

L'allophanate de benzyle, $C^9H^{10}Az^2O^3$, a été obtenu par M. Traube [*D. chem. G.*, **22**, 1573] au moyen de l'acide cyanique et de l'alcool benzylique; il cristallise dans l'eau chaude en belles aiguilles blanches et brillantes, peu solubles dans l'éther et dans la benzine, et fusibles à 183°. L'ammoniaque aqueuse le transforme à 100° en biuret; l'alcool benzylique le convertit à 110° en benzyluréthane.

L'allophanate de résorcine, $C^8H^8Az^2O^4$, forme des cristaux assez solubles dans l'eau chaude et dans l'alcool bouillant, peu solubles dans l'éther, fusibles avec décomposition à 120°. On l'obtient en faisant passer des vapeurs d'acide cyanique dans une solution éthérée de résorcine [Traube, *ibid.*].

Le *phénylallophanate de benzyle*,

$$C^6H^5 \, . \, AzH-CO-AzH-CO^2C^7H^7,$$

se produit par l'union directe du cyanate de phényle et de la benzyluréthane à la température de 150°; il forme des cristaux fusibles à 158°, assez solubles dans l'eau chaude, l'alcool et l'éther [Traube, *ibid.*]. E. Grimaux.

ALLOPHANYL-GLYCOLIQUE (ACIDE), $AzH^2-CO-AzH-CO \, . \, OCH^2-CO^2H$ [W. Traube, *D. chem. G.*, **22**, 1577]. — On l'obtient à l'état d'éther éthylique en faisant passer des vapeurs d'acide cyanique dans une solution éthérée de glycolate d'éthyle; on saponifie ensuite l'éther par l'acide chlorhydrique concentré au bain-marie.

L'acide allophanyl-glycolique forme des cristaux incolores, peu solubles dans l'éther et dans la benzine, assez solubles dans l'eau et dans l'alcool; il fond à 192° en se décomposant en acides cyanique et glycolique.

Les *sels alcalins* sont très solubles dans l'eau et difficilement cristallisables.

Le *sel d'argent*, $C^4H^5Az^2O^5Ag$, est un précipité cristallin.

Le *sel de cuivre*, $(C^4H^5Az^2O^5)^2Cu$, est une poudre d'un vert clair, très peu soluble dans l'eau, même à l'ébullition.

L'éther éthylique, $C^4H^5Az^2O^5 \, . \, C^2H^5$, cristallise en lamelles ou en aiguilles fusibles à 144°, peu solubles dans l'eau, l'alcool, l'éther et la benzine. L'ébullition avec les alcalis le décompose en ammoniaque, acide carbonique, alcool et acide glycolique. Ad. Fauconnier.

ALLOPHANYL-LACTIQUE (ACIDE),

$$AzH^2-CO-AzH-CO \, . \, OCH\begin{cases} CH^3 \\ CO^2H \end{cases}$$

[W. Traube, *D. chem. G.*, **22**, 1574]. — On fait passer des vapeurs d'acide cyanique dans une solution éthérée de lactate d'éthyle. Lorsque le liquide est saturé, on l'abandonne à lui-même en flacon bien bouché : il se fait au bout de quelques heures un dépôt cristallin constituant l'éther allophanyl-lactique. On saponifie cet éther par l'acide chlorhydrique concentré au bain-marie.

L'acide ainsi préparé cristallise en fines aiguilles incolores, fusibles à 190°, presque insolubles dans l'éther et dans la benzine, peu solubles dans l'eau froide, très solubles dans l'eau chaude et dans l'alcool bouillant. Il se décompose un peu au-dessus de son point de fusion en acides cyanique et lactique.

Les *sels alcalins* sont des masses vitreuses, très solubles.

Le *sel d'argent*, $C^5H^7Az^2O^5Ag$, est un précipité blanc pulvérulent, qui se détruit par ébullition avec l'eau.

Le *sel de plomb* est un précipité cristallin ayant pour composition $(C^5H^7Az^2O^5)^2Pb$.

L'éther éthylique, $C^5H^7Az^2O^5 \, . \, C^2H^5$, se présente en fines aiguilles incolores, fusibles à 170° et se décomposant un peu au-dessus de cette température en acide cyanique et lactate d'éthyle; il est très soluble dans l'eau chaude et dans l'alcool bouillant, presque insoluble dans l'éther et dans la benzine. Les alcalis aqueux le décomposent en acide carbonique, ammoniaque, alcool et acide lactique; avec l'ammoniaque, il fournit du biuret.

L'éther amylique, $C^5H^7Az^2O^5 \, . \, C^5H^{11}$, forme des cristaux fusibles à 131°, très solubles dans l'alcool et dans l'éther, peu solubles dans l'eau, même à l'ébullition. Ad. Fauconnier.

ALLOPHANYL-TARTRIQUE (ACIDE) [W. Traube, *D. chem. G.*, **22**, 1578]. — L'acide cyanique, dirigé en vapeur dans une solution éthérée de tartrate diéthylique, le convertit en allophanyl-tartrate d'éthyle, suivant l'équation

$$2\,CAzOH + C^8H^{14}O^6 = C^{10}H^{16}Az^2O^8.$$

Cet éther forme des cristaux fusibles à 188°.

L'acide libre, obtenu en saponifiant cet éther par l'acide chlorhydrique concentré au bain-marie, est un sirop incristallisable, insoluble dans l'éther, très soluble dans l'alcool et dans l'eau.

Le *sel d'argent* est un précipité blanc lourd.

ALLOXANE [Syn. *Mésoxalylurée*] $C^4H^2Az^2O^4$. — Une nouvelle synthèse de l'alloxane a été réalisée par M. Behrend [*Bull. Soc. Chim.*, **46**, 364], qui l'a obtenue en traitant par le chlorate de potassium et l'acide chlorhydrique l'*hydroxyxanthine* $C^5H^6Az^4O^3$ (voyez ce mot).

L'alloxane traitée à 120-130° par un mélange de penta- et d'oxychlorure de phosphore, se transforme en tétrachloropyrimidine $C^4Cl^4Az^2$, en lamelles fusibles à 67-68° [Ciamician et P. Magnaghi, *D. chem. G.*, **18**, 3444 ; *Bull. Soc. Chim.*, **46**, 516].

Chauffée au bain-marie avec un peu plus de 1 molécule de chlorhydrate d'hydroxylamine en solution aqueuse faible, elle se transforme en *acide violurique* ou nitrosomalonylurée :

$$CO\left\langle\begin{matrix}AzH-CO\\ \\AzH\,.\,CO\end{matrix}\right\rangle C=Az\,.\,OH$$

[Ceresole, *D. chem. G.*, **16**, 1133 ; *Bull. Soc. Chim.*, **41**, 61].

Chauffée avec la crésylène-diamine, elle donne une uréide de l'*oxycarboxytoluquinoxaline*,

$$C^7H^6\left\langle\begin{matrix}Az=C-CO-AzH-CO-AzH^2\\ |\\ Az=C-OH\end{matrix}\right.$$

en aiguilles jaunes, fusibles à 258° [Hinsberg, *D. chem. G.*, **18**, 1228 ; *Bull. Soc. Chim.*, **45**, 855].

L'alloxane se combine avec les amines aromatiques en donnant des dérivés cristallisés ; c'est ainsi qu'avec l'α-naphtylamine on obtient l'*α-naphtylamine-alloxane* $C^{14}H^{11}Az^3O^4$; avec l'aniline, l'*anilalloxane* $C^{10}H^9Az^3O^4$; avec la diméthylaniline, la *diméthylanilalloxane*

$$C^{12}H^{13}Az^3O^4$$

[G. Pellizzari, *Giornale l'Orosi*, août-septembre 1887 ; *D. chem. G.*, **20**, *Ref.*, 810].

Avec la phénylhydrazine, l'alloxane ne fournit pas de produit d'addition, mais elle se convertit en alloxantine, suivant l'équation

$$2\,C^4H^2Az^2O^4 + C^6H^5\,.\,AzH\,.\,AzH^2$$
$$= H^2O + Az^2 + C^6H^6 + C^8H^4Az^4O^7.$$

Avec la diphénylhydrazine, au contraire, elle donne un produit d'addition.

L'alloxane convertit l'indigo blanc en indigo bleu en passant à l'état d'alloxantine :

$$2\,C^4H^2Az^2O^4 + C^{16}H^{12}Az^2O^2$$
$$= H^2O + C^{16}H^{10}Az^2O^2 + C^8H^4Az^4O^7$$

[G. Pellizzari, *Gazz. chim. ital.*, **17**, 254 ; *D. chem. G.*, **20**, *Ref.*, 811].

L'alloxane se combine également avec les bisulfites d'amines organiques, d'acides amidés et d'alcaloïdes ; les combinaisons ainsi produites ont pour formule générale

$$CO\left\langle\begin{matrix}AzH-CO\\AzH-CO\end{matrix}\right\rangle C\left\langle\begin{matrix}OH\\SO^3H\,.\,C^mH^nAz^p.\end{matrix}\right.$$

Pour les préparer, on verse une dissolution d'alloxane dans la dissolution de la base saturée d'acide sulfureux ; si les liqueurs sont suffisamment concentrées, le produit formé se précipite à l'état cristallisé. Ces corps sont assez stables ; ils peuvent être desséchés dans le vide sans perdre d'acide sulfureux.

Ont été préparées les combinaisons de l'alloxane avec les bisulfites des bases suivantes : ammoniaque, éthylamine, aniline, méthylaniline, diméthylaniline, benzidine, toluidine, acide amidobenzoïque, acide amidosuccinique, pyridine, pipéridine, quinoléine, strychnine, brucine, vératrine, morphine, cinchonine et quinine [G. Pellizari, *Giornale l'Orosi*, juin 1888 ; *Bull. Soc. Chim.*, (3), **1**, 65 ; *D. chem. G.*, **21**, *Ref.*, 619].

L'alloxane en présence de carbonate de sodium réagit sur le pyrrol, pour donner la pyrrolalloxane $C^8H^7Az^3O^4$ [Ciamician et Magnaghi, *D. chem. G.*, **19**, 106. — Ciamician et P. Silber, *ibid.*, 1708] (voyez PYRROL-ALLOXANE).

L'alloxane se combine avec l'antipyrine et avec la phénylméthylpyrazolone : une solution aqueuse d'alloxane dissout à l'ébullition ces deux composés et laisse déposer par refroidissement des précipités cristallins constituant l'*antipyrine-tartronylurée*, qui se décompose à 261°, et la *phénylméthylpyrazolone-tartronylurée*, qui se décompose à 170-180° [G. Pellizzari, *Gazz. chim. ital.*, **18**, 340 ; *D. chem. G.*, **22**, *Ref.*, 236]. Ces composés seront décrits à l'article PYRAZOL.

L'alloxane, mélangée avec une solution acétique de thiophène, fournit par addition d'acide sulfurique concentré une matière colorante d'un bleu foncé [V. Meyer, *D. chem. G.*, **16**, 2973].

L'alloxane en solution aqueuse colore en pourpre au bout de quelques minutes les matières albuminoïdes employées à l'état solide, ainsi que la tyrosine, l'acide aspartique et l'asparagine. Il faut observer dans l'emploi de cette réaction que l'alloxane seule, abandonnée au contact de l'air, se colore lentement en rouge, surtout en présence d'ammoniaque, et par conséquent se mettre en garde contre cette cause d'erreur [Krasser, *Mon. f. Chem.*, **7**, 673 ; *Bull. Soc. Chim.*, **48**, 457].

L'alloxane oxyde une solution aqueuse d'hémoglobine et la convertit en méthémoglobine ; elle est sans action sur l'oxyhémoglobine, et sur le sang défibriné [N. Kowalewsky, *Centralbl. f. med. Wissensch.*, 1887, 1, 17, 658, 676 ; *D. chem. G.*, **20**, *Ref.*, 653 et **21**, *Ref.*, 408].

MONOMÉTHYLALLOXANE, $C^5H^4Az^2O^4$. — Ce corps n'a pas été isolé à l'état cristallisé, mais les réactions de la solution ne laissent pas de doute sur sa nature. Il se produit dans l'oxydation de l'acide α-monométhylurique par l'acide azotique ou par le chlorate de potassium en solution acide (Hill) ou par l'action de l'acide chlorhydrique et du chlorate de potassium sur la théobromine (Andreasch et Maly). Il se forme en même temps de la méthylurée (Fischer). L'ébullition avec l'acide azotique la convertit en acide méthylparabanique ; l'hydrogène sulfuré la transforme en méthylalloxantine ; avec les alcalis, elle donne des méthylalloxanates. Additionnée d'hydrosulfite de sodium, elle donne une combinaison cristallisée en prismes clinorhombiques, renfermant $C^5H^5Az^2SO^7K + H^2O$ [Hill, *D. chem. G.*, **9**, 1092 ; *Bull. Soc. Chim.*, **27**, 215. — Andreasch et Maly, *Mon. f. Chem.*, **3**, 108 ; *Bull. Soc. Chim.*, **38**, 247].

DIMÉTHYLALLOXANE, $C^6H^6Az^2O^5$. — Elle se produit dans l'action du chlorate de potassium et de l'acide chlorhydrique sur la caféine. Elle se forme également par l'oxydation de l'acide amalique ou tétraméthylalloxantine au moyen du chlore en solution aqueuse ou de l'acide azotique étendu (Fischer, Maly et Andreasch). Il s'en forme également, entre autres produits, quand on traite par l'acide chlorhydrique le méthyloxyde de caféine obtenu dans l'action de l'hydrate d'argent sur l'iodométhylate de caféine (E. Schmidt).

On la prépare en chauffant, à 50°, 100 parties de caféine avec 38,5 parties de chlorate de potassium et de l'acide chlorhydrique d'une densité de 1,06; on opère sur de petites quantités de matière à la fois; on épuise par l'éther le produit brut, on évapore l'éther et on fait cristalliser le résidu dans l'eau. Les cristaux constituent la diméthylalloxane hydratée

$$CO\begin{array}{l}\diagup Az(CH^3)-CO\diagdown \\ \diagdown Az(CH^3)-CO\diagup\end{array}C\begin{array}{l}\diagup OH \\ \diagdown OH\end{array} + H^2O,$$

qui, conservée longtemps dans le vide, perd 1 molécule d'eau et se transforme en diméthylalloxane anhydre, poudre cristalline, soluble dans l'alcool et dans l'éther.

La diméthylalloxane se décompose à 100°; hydratée, elle est peu soluble dans l'alcool, insoluble dans l'éther. Elle colore en rose la peau, le bois et la laine; avec le sulfate ferreux et l'ammoniaque, elle donne une coloration bleu indigo. Sa solution, additionnée d'hydrosulfite de sodium, donne de grandes tables nacrées, renfermant $C^6H^7Az^2SO^7K$, peu solubles dans l'eau froide, très solubles à chaud, insolubles dans l'éther, à peine solubles dans l'alcool.

En même temps que la diméthylalloxane, il se forme, dans l'oxydation de la caféine, de l'apocaféine, $C^7H^7Az^3O^5$, soluble dans l'éther, insoluble dans l'eau [Maly et Andreasch, *Mon. f. Chem.*, 3, 92; *Bull. Soc. Chim.*, **38**, 247]. E. Grimaux.

ALLOXANTINE, $C^8H^4Az^4O^7, 3H^2O$. — L'alloxantine réduit une solution aqueuse d'oxyhémoglobine à l'état d'hémoglobine, et se transforme en même temps en produits non déterminés qui, au contact de l'air, peuvent faire passer l'hémoglobine réduite à l'état de méthémoglobine.

Ajoutée à l'état solide à du sang défibriné, elle fait apparaître le spectre de la méthémoglobine, et, si l'action est prolongée pendant très longtemps, celui de l'hémoglobine réduite [N. Kowalewsky, *Centralbl. f. med. Wissensch.*, **1887**, 1, 17, 658, 676; *D. chem. G.*, **20**, *Ref.*, 653 et **21**, *Ref.*, 408].

Le *dérivé monométhylé*, $C^9H^8Az^4O^8 + 3H^2O$, s'obtient lorsqu'on mélange molécules égales d'acide dialurique (tartronylurée) et de méthylalloxane en solution aqueuse. Il cristallise en lamelles rhomboïdales et présente les réactions de l'alloxantine [Andreasch, *Mon. f. Chem.*, 3, 428; *Bull. Soc. Chim.*, **38**, 411].

Il existe deux *diméthylalloxantines*. L'une, $C^{10}H^{10}Az^4O^8, 4H^2O$, est symétrique; obtenue par l'action de l'hydrogène sulfuré sur la méthylalloxane, elle cristallise en lamelles à peine solubles dans l'alcool et dans l'éther, difficilement solubles dans l'eau froide [Andreasch et Maly, *Mon. f. Chem.*, 3, 109].

L'autre diméthylalloxantine est dissymétrique; elle s'obtient par le mélange de solutions aqueuses d'acide dialurique et de diméthylalloxane ou d'acide diméthyldialurique et d'alloxane. Cristallisée dans l'eau chaude, elle est en pyramides à quatre pans, insolubles dans l'alcool et dans l'éther; elle ne renferme qu'une molécule d'eau de cristallisation (Andreasch). Les formules suivantes rendent compte de l'isomérie des deux diméthylalloxantines :

$$CO\begin{array}{l}\diagup Az(CH^3)-CO\diagdown \\ \diagdown AzH\ —\ \ CO\diagup\end{array}C.OH-C.OH\begin{array}{l}\diagup CO\,Az(CH^3)\diagdown \\ \diagdown CO\,AzH\ —\ \diagup\end{array}CO$$

Diméthylalloxantine symétrique.

$$CO\begin{array}{l}\diagup Az(CH^3)-CO\diagdown \\ \diagdown Az(CH^3)-CO\diagup\end{array}C.OH-C.OH\begin{array}{l}\diagup CO\,AzH\diagdown \\ \diagdown CO\,AzH\diagup\end{array}CO.$$

Diméthylalloxantine dissymétrique.

TÉTRAMÉTHYLALLOXANTINE OU ACIDE AMALIQUE. — Voyez ce mot. E. Grimaux.

ALLUAUDITE (Min.). — Voyez TRIPLITE, Dict., 3, 514.

ALLYL-. — Pour les mots qui ne se trouvent pas ici à leur rang alphabétique, voyez le mot qui suit ce préfixe.

ALLYLACÉTIQUE (ACIDE),

$$C^5H^8O^2 = CH^2=CH-CH^2-CH^2-CO^2H.$$

— On l'obtient à l'état d'éther en chauffant à 150-160° un mélange d'éther allylacétylacétique et d'éthylate de sodium. Il se produit en même temps de l'éther acétique [Zeidler, *Ann. Chem.*, **187**, 39].

MM. Conrad et Limpach l'obtinrent en chauffant l'acide allylmalonique à 180°. Celui-ci se décompose en acide carbonique et acide allylacétique [Conrad et Bischoff, *Ann. Chem.*, **204**, 170].

Enfin M. Messerschmidt l'a encore préparé d'après la méthode de M. Zeidler; seulement, au lieu d'opérer la saponification avec de l'éthylate de sodium, il a décomposé l'éther allylacétylacétique par une solution très concentrée de potasse caustique [*Ann. Chem.*, **208**, 92].

Propriétés. — Liquide à odeur rappelant celle de l'acide valérique. Il bout à 184° (C. et B.), 187-189° (thermomètre dans la vapeur, Messerschmidt). Il ne se solidifie pas à —18°. Sa densité = 0,98656 à 12° et 0,9767 à 25°. Son pouvoir rotatoire moléculaire magnétique est 6,426 à 13°,9 [Perkin, *Chem. Soc.*, **49**, 211].

Cet acide est peu soluble dans l'eau, très soluble dans l'alcool et dans l'éther.

L'amalgame de sodium est sans action sur lui. Il se combine à l'acide bromhydrique fumant en donnant de l'acide bromovalérique,

$$CH^2Br.CH^2.CH^2.CH^2.CO^2H$$

Il se combine également avec 2 atomes de brome pour se transformer en acide dibromovalérique, $CH^2Br.CHBr.CH^2.CH^2.CO^2H$. Oxydé au moyen de l'acide azotique, il fournit de l'acide succinique (Messerschmidt).

Ses sels alcalins ne sont pas précipités par les sels ferriques, ce qui le distingue de son isomère l'acide angélique.

Sel de potassium, $C^5H^7O^2K$. — Houppes déliquescentes (Zeidler).

Sel de calcium, $(C^5H^7O^2)^2Ca, 2H^2O$. — Lamelles à éclat nacré, se dissolvant facilement dans l'eau et dans l'alcool (Z.).

Sel de baryum, $(C^5H^7O^2)^2Ba, 2H^2O$.

Sel d'argent, $C^5H^7O^2Ag$. — Précipité volumineux qui cristallise en aiguilles au sein de l'eau bouillante (C. et B.; M.).

Allylacétate d'éthyle, $C^5H^7O^2.C^2H^5$. — Liquide bouillant à 142-144°. A. Haller.

ALLYLACÉTONE, $C^6H^{10}O$ [Zeidler, *Ann. Chem.*, **187**, 35]. — L'allylacétone a été obtenue par le dédoublement de l'éther allylacétylacétique :

$$CH^3-CO-CH\begin{array}{l}\diagup CO^2C^2H^5 \\ \diagdown CH^2-CH=CH^2\end{array}$$

On traite l'éther allylacétylacétique par une solution alcoolique de potasse; l'action commence immédiatement, mais on chauffe au bain-marie au réfrigérant ascendant pendant 2 heures pour l'achever. Le produit de la réaction est traité par l'eau et distillé; on épuise par l'éther le produit de la distillation; après évaporation du dissolvant, on sèche sur le chlorure de calcium et on rectifie. On obtient ainsi un liquide bouillant à 128-130° sous la pression normale; c'est l'allylacétone :

$$CH^3-CO-CH^2-CH^2-CH=CH^2.$$

Liquide incolore; densité à 27° = 0,834 par rapport à l'eau à 17°,5; l'allylacétone se mélange à l'alcool et à l'éther en toutes proportions; elle est presque insoluble dans l'eau et ne donne pas de combinaison bisulfitique.

L'oxydation devrait la scinder en acide acétique et acide isocrotonique :

$$CH^3-CO-CH^2-CH^2-CH=CH^2+O^3$$
$$=CH^3-CO^2H+CH^2=CH-CH^2-CO^2H.$$

Mais comme ce dernier acide est très facilement transformé par le mélange chromique en acides acétique, oxalique et carbonique, ce sont seulement ces trois acides qu'on obtient.

L'hydrogénation de cette acétone par le sodium, suivant le procédé de M. Friedel, a donné à M. Crow [*Chem. Soc.*, 1878, 53] un alcool non saturé $C^6H^{12}O$, bouillant à 138-139°, et dont la constitution est exprimée par la formule

$$CH^3-CH(OH)-CH^2-CH^2-CH=CH^2.$$

Il fixe directement 2 atomes de brome, et fournit par l'action de l'anhydride acétique un éther bouillant à 147-149°. La densité à 16° de l'alcool $C^6H^{12}O$ est 0,842. A. Combes.

ALLYLACÉTOPHÉNONE. — Ce composé, qu'il vaudrait mieux appeler *allylphénacyle*, prend naissance par l'action de la potasse alcoolique bouillante sur l'éther allylbenzoylacétique. La réaction est la suivante :

$$C^6H^5-CO-CH\begin{cases}CH^2-CH=CH^2\\CO^2C^2H^5\end{cases}+2KOH$$
$$=CO^3K^2+C^2H^6O$$
$$+C^6H^5-CO-CH^2-CH^2-CH=CH^2.$$

C'est un liquide oléagineux, bouillant à 235-238°.

L'allylphénacyle, traité par une solution acétique de brome à la température ordinaire, fixe 2 atomes de ce métalloïde. Si l'on emploie un excès de brome et que l'on chauffe, il se dégage de l'acide carbonique et il se produit un composé cristallisable qui n'a pas été analysé [A. Baeyer et W. H. Perkin, *D. chem. G.*, 16, 2132].

ALLYLACÉTYLACÉTIQUE (ÉTHER) [Zeidler, *Ann. Chem.*, 187, 34]. — Cet éther a été obtenu par l'action de l'iodure d'allyle sur l'éther acétylacétique sodé. A une solution benzinique d'éther acétylacétique sodé placée dans un appareil à reflux, on ajoute une quantité exactement équivalente d'iodure d'allyle. Il se manifeste immédiatement une vive réaction, et il se dépose de l'iodure de potassium; on termine l'opération en chauffant au bain-marie pendant une ou deux heures. On traite ensuite la masse par l'eau, pour éliminer l'iodure de potassium; on décante l'huile surnageante, qu'on lave encore à l'eau; puis on la sèche sur le chlorure de calcium et on la rectifie.

L'éther allylacétylacétique bout à 206°. C'est un liquide incolore (densité = 0,982 à 20° vis-à-vis de l'eau à 17°,5); il se mélange à l'éther et à la benzine en toutes proportions; mais il est très peu soluble dans l'eau. Le chlorure ferrique le colore en un beau rouge carmin.

Il n'est que très lentement attaqué par une solution aqueuse bouillante de baryte, il l'est au contraire facilement par une solution alcoolique de potasse; il se forme alors de l'allylacétone (voyez ce mot) :

$$CH^3-CO-CH\begin{cases}CO^2C^2H^5\\CH^2-CH=CH^2\end{cases}+2KOH$$
$$=CH^3-CO-CH^2-CH^2-CH=CH^2$$
$$+CO^3K^2+C^2H^6O.$$

Chauffé avec de l'éthylate de sodium sec au bain d'huile à 150-160°, l'éther allylacétylacétique se transforme en acide allylacétique (voyez ce mot) A. Combes.

ALLYLAMINES. — ALLYLAMINE, $C^3H^5.AzH^2$. — *Préparation.* — 1° L'acide sulfurique assez concentré réagit facilement sur le sulfocyanate d'allyle; il se forme du sulfate d'allylamine et il se dégage de l'oxysulfure de carbone :

$$C^3H^5AzCS+H^2O=C^3H^5AzH^2+COS.$$

La masse est additionnée de soude en excès et la base est entraînée par distillation dans un courant de vapeur d'eau [Hofmann, *D. chem. G.*, 1, 182. — Rinne, *Ann. Chem.*, 168, 262].

2° L'allylamine se produit par l'action du fer et de l'acide acétique sur le nitropropylène qui bout à 96°. On retire la base par un procédé identique au précédent [Brackebusch, *D. chem. G.*, 7, 226].

Le bromhydrate d'allylamine, traité pendant 2 heures à 100° par un excès d'acide bromhydrique fumant, se transforme en bromhydrate de β-bromopropylamine,

$$CH^3-CHBr-CH^2-AzH^2.HBr.$$

Cette base peut être caractérisée par sa combinaison picrique,

$$C^3H^8BrAzH^2.C^6H^3Az^3O^7,$$

qui se précipite lorsque la solution aqueuse et concentrée du chlorhydrate est additionnée d'une solution de picrate de sodium, sous la forme de cristaux jaunes qui fondent vers 154° [S. Gabriel et J. Weiner, *D. chem. G.*, 21, 2675].

L'acide iodhydrique se comporte d'une façon analogue (Hofmann).

ÉTHYLALLYLAMINE, $(C^2H^5)(C^3H^5)AzH$. — Parmi les produits de la décomposition de cette base par l'oxyde de plomb à température élevée (400-500°), on trouve du carbonate d'ammonium et du pyrrol [W. Kœnigs, *D. chem. G.*, 12, 2344].

L'acide sulfurique concentré la transforme à 130-140° en *oxypropyl-éthylamine*,

$$\begin{matrix}C^3H^6(OH)\\C^2H^5\end{matrix}>AzH,$$

bouillant à 160° [Liebermann et Paal, *D. chem. G.*, 16, 526].

Le *chloroplatinate*, $(C^5H^{11}Az.HCl)^2PtCl^4$, fond vers 154-156° et se transforme par l'eau bouillant edans le composé $(C^5H^{11}Az.HCl)PtCl^2$, qui se présente sous la forme d'aiguilles de couleur jaune citron, noircissant à 200° et fondant avec dégagement de gaz à 220°.

Di-monochlorallyl-éthylamine,

$$(C^3H^4Cl)^2(C^2H^5)Az.$$

— Ce composé s'obtient quand on chauffe en tubes scellés à 100° un mélange d'iodure d'éthyle en excès et de di-monochlorallylamine. C'est un liquide huileux, bouillant vers 200°.

Le *chlorhydrate* est déliquescent [Engler, *Ann. Chem.*, 142, 81.].

DIÉTHYLALLYLAMINE,

$$\begin{matrix}(C^2H^5)^2\\C^3H^5\end{matrix}>Az.$$

— Ce corps bout à 110-113° d'après MM. Liebermann et Paal (*loc. cit.*). Son *chloroplatinate*,

$$(C^7H^{15}Az.HCl)^2PtCl^4,$$

fond à 128-130°; il cristallise en longues aiguilles orangées et donne par l'eau bouillante le sel

$$(C^7H^{15}Az.HCl)PtCl^2,$$

qui cristallise en mamelons fusibles à 189°.

PROPYLALLYLAMINE,

$$\begin{matrix}C^3H^7\\C^3H^5\end{matrix}>AzH.$$

— Ce composé s'obtient par l'action du bromure ou de l'iodure de propyle sur l'allylamine. Il bout à 110-114°; sa densité à 18° est 0,7708. Sous l'influence de l'acide sulfurique concentré à 130-140°, il se transforme en *propyl-oxypropylamine*,

$$\begin{matrix} C^3H^6(OH) \\ C^3H^7 \end{matrix} > AzH,$$

fusible à 30° et bouillant à 174-177°.

Le *chloroplatinate*,

$$[(C^3H^7)(C^3H^6)AzH.HCl]^2PtCl^4,$$

est en cristaux orangés.

L'*oxalate acide*, $C^6H^{13}Az.C^2O^4H^2$, cristallise dans l'alcool en belles aiguilles peu solubles.

L'*oxalate neutre* forme des lamelles déliquescentes [Liebermann et Paal, *loc. cit.*].

DIPROPYLALLYLAMINE,

$$\begin{matrix} C^3H^5 \\ (C^3H^7)^2 \end{matrix} > Az.$$

— Ce produit se prépare par le même procédé; il bout à 145-150°.

Son *chloroplatinate*, $(C^9H^{19}Az.HCl)^2PtCl^4$, cristaux orthorhombiques rouge-orangé, se transforme par l'eau bouillante en aiguilles jaune citron de la formule $C^9H^{19}Az.HCl.PtCl^2$, fusibles à 152-153° [Liebermann et Paal, *loc. cit.*].

ALLYLISOAMYLAMINE,

$$\begin{matrix} C^3H^5 \\ C^5H^{11} \end{matrix} > AzH.$$

— Même procédé de préparation. Cette base bout à 148-153°; sa densité à 18° est 0,7777. Par l'acide sulfurique concentré, elle se transforme en *oxypropylamylamine*, $(C^3H^6.OH)(C^5H^{11})AzH$, qui fond au-dessous de 0° et bout vers 200°.

DIALLYLAMINE,

$$\begin{matrix} C^3H^5 \\ C^3H^5 \end{matrix} > AzH.$$

— Cette base s'obtient par l'action du chlorure ou du bromure d'allyle sur l'allylamine [Ladenburg, *D. chem. G.*, **14**, 1879. — C. Liebermann et A. Hagen, *D. chem. G.*, **16**, 1641]. Elle bout à 111-112°.

Traitée par l'acide sulfurique concentré, la diallylamine donne l'*oxypropylallylamine*. Cette réaction fournit en outre des bases complexes qui seraient des dérivés de la pyridine et de la pipéridine et qui n'ont pas été étudiées [Liebermann et Hagen, *loc. cit.*].

Di-monochlorallyl-amine, $(C^3H^4Cl)^2AzH$. — On chauffe en tubes scellés à 130-140° pendant 3 ou 4 jours un mélange saturé par le gaz ammoniac de trichlorhydrine de la glycérine (1 vol.) et d'alcool (7 ou 8 vol.). On sature par l'acide chlorhydrique; on sépare le produit et on reprend par l'alcool absolu, qui dissout le sel de la base. L'amine, isolée par la potasse, se sépare sous la forme d'un liquide huileux, peu soluble dans l'eau, soluble dans l'alcool et dans l'éther et passant à la distillation entre 185 et 195° en se décomposant partiellement.

Le *chlorhydrate*, obtenu par cristallisation dans l'alcool, est en aiguilles déliquescentes, fusibles audessous de 100° [C. Engler, *Ann. Chem.*, **142**, 81].

Di-dichlorallyl-amine, $(C^3H^3Cl^2)^2AzH$. — On prépare cette base en soumettant l'α-tétrachloroglycide, $C^3H^4Cl^4$ (bouillant à 164°), à l'action de l'alcool ammoniacal.

C'est un liquide huileux, insoluble dans l'eau, soluble dans l'alcool et dans l'éther. Il se décompose par la chaleur, mais il est distillable dans un courant de vapeur d'eau.

Le *chlorhydrate* cristallise en aiguilles, solubles dans l'eau et dans l'alcool absolu.

Le *chloroplatinate* est en prismes rouges disposés en étoiles [Pfeffer et Fittig, *Ann. Chem.*, **135**, 363].

TRIALLYLAMINE, $(C^3H^5)^3Az$. — Cette base se trouve parmi les produits de l'action du cyanure de potassium sur le chlorure d'allyle [Pinner, *D. chem. G.*, **12**, 2054].

Un procédé avantageux de préparation consiste à distiller rapidement, en présence d'un excès de potasse récemment fondue, du bromure de tétrallylammonium (voyez ce mot). La couche supérieure du produit qui a passé à la distillation est de la triallylamine; la couche inférieure est une solution aqueuse saturée de la base; on l'isole par l'addition de quelques morceaux de potasse [Grosheintz, *Bull. Soc. Chim.*, **31**, 391].

Quand on abandonne à la température ordinaire un mélange en proportions équimoléculaires d'ammoniaque et de chlorure d'allyle pendant 3 semaines environ, la couche huileuse, qui était la plus lourde et la plus volumineuse, est devenue la moins dense et la plus petite. Si, après l'avoir lavée à l'eau, on la soumet à la distillation, la majeure partie passe à 147-148° et consiste en triallylamine [Malbot, *Bull. Soc. Chim.*, **50**, 89].

C'est un liquide bouillant vers 150°; sa densité à 20° = 0,809. L'acide sulfurique concentré la transforme en *oxypropyldiallylamine* [Liebermann et Hagen, *loc. cit.*].

Di-monobromallyl-amine, $(C^3H^4Br)^2AzH$. — Cette base se produit dans l'action de l'alcool ammoniacal sur le tribromure d'allyle [Simpson, *Ann. Chem.*, **109**, 362], ou sur l'épibromhydrine [Reboul, *Ann. Chim. Phys.*, (3), **60**, 47].

C'est un liquide peu soluble dans l'eau, soluble dans l'alcool et indistillable.

M. Baeyer [*Ann. Chem.*, **155**, 290] a réalisé la synthèse de la picoline en faisant réagir l'alcool ammoniacal sur la dibromallylamine, à une température élevée et pendant plusieurs jours :

$$(C^3H^4Br)^2AzH = C^6H^7Az + 2HBr.$$

BROMURE DE TRIÉTHYLALLYLAMMONIUM,

$$(C^2H^5)^3(C^3H^5)AzBr.$$

— Il s'obtient par l'action du bromure d'allyle sur la triéthylamine. Cristaux déliquescents, se décomposant par la chaleur en triéthylamine, diéthylamine, bromure d'allyle et éthylène [Reboul, *C. R.*, **92**, 1422].

BROMURE DE TÉTRALLYLAMMONIUM, $(C^3H^5)^4AzBr$. — Il se dépose de la solution alcoolique de bromure d'allyle dans laquelle on dirige un courant d'ammoniaque. Le bromure est purifié par cristallisation dans l'alcool absolu éthéré, qui ne dissout que très peu de bromure d'ammonium, formé également dans la réaction [Grosheintz, *loc. cit.*].

IODURE DE TÉTRALLYLAMMONIUM, $(C^3H^5)^4AzI$. — Le produit principal de l'action de l'ammoniaque à 100-120° pendant quelques heures sur l'iodure ou sur le chlorure d'allyle est le sel de tétrallylammonium. Ce sel est contenu dans la portion aqueuse, qui renferme en outre en petite quantité les sels de mono-, di- et triallylamine. Quant au produit huileux formé en même temps, il consiste pour la plus grande partie en triallylamine [Malbot, *loc. cit.*].

CHLORURES DE TRIÉTHYLCHLORALLYLAMMONIUM,

$$\alpha\,(CH^2 = CCl - CH^2)(C^2H^5)^3AzCl$$

et

$$\beta\,(CH^2 = CH - CHCl)(C^2H^5)^3AzCl.$$

— Ils se forment dans l'action de la triéthylamine sur la trichlorhydrine de la glycérine. Le chloroplatinate du composé α est le moins soluble dans l'eau [Reboul, *Bull. Soc. Chim.*, **39**, 521].

G. Griner.

ALLYLANILINE. — Voyez PHÉNYLAMINE.

ALLYLANISOLS [W.-H. Perkin, *D. chem. G.*, **11**, 515; **14**, 2278]. — On désigne sous ce nom deux dérivés alcoylés de l'anisol, l'o-allylphénate de méthyle et le p-allylphénate de méthyle, $(C^3H^5)C^6H^4.OCH^3$, isomériques avec le p-anol et l'anéthol. Ils se forment par l'action du carbonate de sodium sur les produits d'addition de l'acide iodhydrique avec les acides méthyl-o- et méthyl-p-oxyphénylcrotoniques

$$(CH^3O)C^6H^4(C^3H^4)CO^2H.$$

L'*o-allylphénate de methyle* bout à 222-223°; sa densité à 15° est 0,9972 et à 30°, 0,9884.

Le *p-allylphénate de méthyle* bout à 232°. Sa densité à 30° est 0,9852.

ALLYLBENZINE. — Voyez PHÉNYLPROPYLÈNE.

ALLYLBENZOYLACÉTIQUE (ACIDE). — L'éther de cet acide s'obtient par l'action de l'iodure d'allyle sur l'éther benzoylacétique. C'est un liquide oléagineux, incristallisable, ayant pour formule

$$C^6H^5-CO-CH(CH^2-CH=CH^2)-CO^2C^2H^5$$

Saponifié par la potasse étendue, il donne un sel cristallisé.

La potasse le convertit à chaud en *isocrotonylphénylcétone*, $C^6H^5-CO-CH^2-CH^2-CH=CH^2$ avec élimination d'acide carbonique.

En solution acétique, il fixe à froid 2 atomes de brome. A chaud, il en fixe davantage, en dégageant de l'acide bromhydrique [Baeyer et Perkin, *D. chem. G.*, **16**, 2132].

ALLYLCUMÉNYLSULFO-URÉE,

$$CS\begin{cases}AzH.C^3H^5\\AzH.C^{10}H^{13}\end{cases}$$

[H. Goldschmidt et A. Gessner, *D. chem. G.*, **22**, 932]. — On la prépare en chauffant un mélange de cumylamine et d'allylsénevol en solution benzinique. Après évaporation du liquide et lavage à la ligroïne, elle se présente en cristaux fusibles à 47°.

ALLYLÈNE [Syn. *Méthylacétylène*],

$$CH\equiv C-CH^3.$$

— La chaleur de combustion sous pression constante est égale à 466^{cal},5, ce qui donne pour la chaleur de formation une absorption de 37^{cal},5 [Berthelot, *Ann. Chim. Phys.*, (5), **23**, 185].

COMBINAISONS MÉTALLIQUES. — L'allylène réagit sur tous les sels de mercure; les produits formés diffèrent suivant qu'ils ont été obtenus en liqueur acide ou en liqueur alcaline [Koutcheroff, *D. chem. G.*, **17**, 13].

En liqueur acide, il se forme des corps très complexes, que l'on peut considérer comme des combinaisons des sels basiques de mercure avec le produit C^3H^4HgO dérivant de l'acétone, et qui en effet donnent de l'acétone avec les acides.

En liqueur alcaline, il se forme le produit $(C^3H^3)^2Hg$, analogue aux précipités cuprique et argentique, et donnant par les acides de l'allylène.

Les combinaisons obtenues en solution acide donnent de l'acétone et régénèrent le sel mercurique; une quantité limitée de ce sel suffira donc pour hydrater une quantité indéfinie d'allylène.

Les combinaisons avec les sels mercuriques sont les suivantes :

Avec le bichlorure, on obtient

$$3HgCl^2.3HgO.2C^3H^4;$$

avec le sulfate,

$$SO^4Hg.5HgO.3C^3H^4,7H^2O;$$

avec l'acétate,

$$(C^2H^3O^2)^2Hg.3HgO.2C^3H^4.$$

L'allylène déplace l'acide nitrique du nitrate d'argent en solution alcoolique; le précipité organométallique renferme de l'acide azotique :

$$(C^3H^3Ag.AzO^3Ag)$$

[Béhal, *Bull. Soc. Chim.*, **49**, 335].

L'allylénure cuivreux, oxydé par le ferricyanure, donne un carbure C^6H^6, isomérique avec la benzine et fusible à 64° [Griner, *Bull. Soc. Chim.*, **48**, 770]. Ce corps répond probablement à la formule

$$CH^3-C\equiv C-C\equiv C-CH^3.$$

Le sodium réagit sur l'allylène en solution éthérée pour donner l'*allylène sodé* C^3H^3Na; ce composé, traité en solution éthérée par l'acide carbonique, donne le sel de sodium $C^4H^3O^2Na$, qui correspond à l'acide tétrolique de Geuther [Lagermark, *D. chem. G.*, **12**, 853].

DÉRIVÉS CHLORÉS. — Le chlorure d'allylène, obtenu par décomposition du butylchloral par les alcalis, traité par le sodium en présence de benzine, donne un dérivé disodé. Ce dérivé, mis en suspension dans le liquide et traité par un courant d'acide carbonique, donne naissance au tétrolate de sodium $C^4H^3O^2Na$ [A. Pinner, *D. chem. G.*, **14**, 1081].

ACTION DE LA POTASSE ALCOOLIQUE. — M. Favorsky a observé la formation de l'*éther isopropényléthylique*

$$CH^3-C(=CH^2)-OC^2H^5$$

en faisant réagir la potasse alcoolique sur l'allylène. L'allylène est dissous dans de l'alcool absolu refroidi au moyen de la glace. La solution alcoolique est additionnée de potasse caustique, puis chauffée en tubes scellés pendant 12 heures à 170-180°. A l'ouverture des tubes, il se dégage beaucoup d'allylène; mais l'on peut séparer de l'alcool un liquide huileux, bouillant à 62-63°, ayant une densité de 0,769 à 20°, et de 0,790 à 0°. Ce corps est l'éther isopropényléthylique. Sous l'influence de l'acide sulfurique, il se décompose déjà à la température ordinaire en acétone et alcool éthylique. M. Favorsky admet que c'est ce produit qui sert de terme de passage pour expliquer la transformation des carbures acétyléniques en carbures substitués; mais cette réaction n'a pu être réalisée avec les homologues de l'allylène [Favorsky, *D. chem. G.*, **21**, 518]. A. Béhal.

ALLYLÉTHANE-TRICARBONIQUE (ACIDE), $(CO^2H)^2=C(C^3H^5)-CH^2-CO^2H$. — Pour obtenir cet acide, appelé improprement *allyléthyltricarbonique*, on traite l'éther malonique par l'éthylate de sodium et l'éther chloracétique; on obtient ainsi l'éthane-tricarbonate d'éthyle,

$$C^2H^5CO^2-CH(CH^2-CO^2C^2H^5)-CO^2C^2H^5.$$

On introduit par la même méthode un groupe allyle dans ce composé, et l'on a l'allyléthanetricarbonate d'éthyle.

Ce composé bout à 282-283°. On saponifie cet éther, on fait le sel de calcium, on décompose ce dernier par l'acide chlorhydrique, et on épuise par l'éther. L'acide libre fond à 151°. Il est très soluble dans tous les dissolvants.

Les *sels de baryum* et *d'argent* sont insolubles dans l'eau.

Si l'on évapore sur la potasse l'acide dissous dans une solution concentrée d'acide bromhydrique, il se transforme en un isomère qui est l'anhydride lactonique d'un acide $C^8H^{12}O^7$:

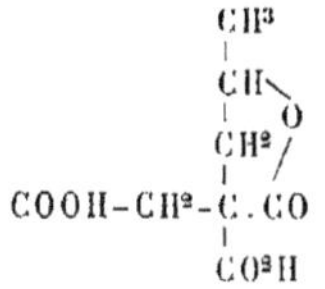

$$\begin{array}{c} CH^3 \\ | \\ CH\diagdown \\ |\quad O \\ CH^2/ \\ | \\ COOH-CH^2-C.CO \\ | \\ CO^2H \end{array}$$

Chauffé à 160°, il perd de l'acide carbonique et donne de l'acide allylsuccinique [Hjelt, *D. chem. G.*, **16**, 333]. A. Béhal.

ALLYLÉTHYLAMINE,

$$CH^3-CH(AzH^2)-C^3H^5.$$

— On l'obtient dans la réduction de l'allylnitréthane au moyen du zinc et de l'acide chlorhydrique [Gal, *Bull. Soc. Chim.*, **20**, 13].

Ce corps est liquide et bout à 85°.

ALLYLÉTHYLÈNE [Syn. *Pipérylène*],

$$CH^2=CH-CH^2-CH=CH^2.$$

— On l'obtient en décomposant l'hydrate de triméthylpipéryl-ammonium par la chaleur [Hofmann, *D. chem. G.*, **14**, 664].

Il se forme de l'alcool méthylique, de la triméthylamine, de la diméthylpipéridine et du pipérylène, ce que l'on peut représenter par les deux équations suivantes :

$$C^5H^9(CH^3)^3AzOH = C^5H^9(CH^3)^2Az + CH^3.OH,$$

$$CH^2=CH-CH^2-CH^2-CH^2-Az(OH)(CH^3)^3$$
$$= H^2O + Az(CH^3)^3 + CH^2=CH-CH^2-CH=CH^2.$$

MM. Armstrong et Miller [*Chem. Soc.*, **1886**, 74] ont observé la présence d'un carbure non saturé dans les produits de la décomposition du pétrole servant à fabriquer le gaz de pétrole. Ils l'ont considéré comme un isoallyléthylène ; ce corps bout à 45° ; son *tétrabromure* fond à 116°, et l'on peut régénérer le carbure de ce tétrabromure au moyen du couple zinc-cuivre et de l'alcool. Oxydé par le permanganate, ce carbure a donné de l'acide acétique et de l'acide formique. Il est probablement identique avec le pipérylène.

Le pipérylène est liquide ; il bout à 42° ; il ne précipite pas les solutions ammoniacales d'argent, ni celles de cuivre.

Il donne avec le brome un *tétrabromure* qui cristallise des solutions alcooliques en petites lamelles d'un éclat nacré. Le point de fusion de ce bromure est 114°,5.

La constitution de ce carbure a été déterminée par M. Ladenburg [*D. chem. G.*, **16**, 2059]. A. Béhal.

ALLYLÉTHYLSUCCINIQUES (ACIDES), $C^9H^{14}O^4$. — M. Hjelt [*D. chem. G.*, **22**, 2906] a obtenu deux acides présentant cette composition en soumettant à l'action de la chaleur l'acide allylbutane-tricarbonique, obtenu lui-même à l'état d'éther par l'action de l'α-bromobutyrate d'éthyle sur l'allylmalonate d'éthyle en présence du sodium. La réaction est la suivante :

$$C^3H^5-C(CO^2H)^2-CH\genfrac{}{}{0pt}{}{\diagup C^2H^5}{\diagdown CO^2H}$$
$$= CO^2 + C^3H^5-\underset{\displaystyle CO^2H}{\underset{|}{CH}}-\underset{\displaystyle CO^2H}{\underset{|}{CH}}-C^2H^5$$

L'isomérie des deux acides allyléthylsucciniques est vraisemblablement d'ordre stéréochimique.

L'un de ces composés se présente en petites lamelles rhombiques, fusibles à 155-156°, solubles dans 110 parties d'eau froide.

L'autre cristallise en petites tables, fusibles à 110-115°, solubles dans 37 parties d'eau froide.

ALLYLIDÈNE. — L'allylidène est le radical bivalent dérivé de l'acroléine ou aldéhyde allylique ; il répond au schéma $CH^2=CH-CH=$ (voyez Acroléine).

Chloro-iodure d'allylidène. — Le chlorure d'allylidène, traité par de l'iodure d'aluminium, pour obtenir l'iodure d'allylidène, $CH^2=CH-CHI^2$, ne donne pas de réaction bien nette ; mais si l'on chauffe pendant 3 heures à 100° le chlorure d'allylidène avec de l'iodure de calcium, on obtient, après lavage et dessiccation, un produit bouillant à 162°, avec décomposition légère ; ce corps a pour formule C^3H^4ClI ; sa densité à 15° est 1,977.

Ce n'est point le chloro-iodure d'allylidène $CH^2=CH-CHClI$, mais bien l'iodure de β-chlorallyle $CHCl=CH-CH^2I$, obtenu par transposition moléculaire du chlorure d'allylidène [Rombürgh, *Rec. P.-B.*, **1**, 233].

ALLYLIQUE (ALCOOL). — Cet alcool se forme quand on fait réagir le sodium, à l'état de métal ou d'amalgame, sur la dichlorhydrine symétrique de la glycérine en dissolution dans l'éther ou dans l'eau [Lourenço, *Ann. Chim. Phys.*, (3), **67**, 323. — Hübner et Müller, *Ann. Chem.*, **159**, 173. — O.-J. Kelly, *Bull. Soc. Chim.*, **30**, 489. — H. Tornoë, *D. chem. G.*, **21**, 1285].

M. Henry [*D. chem. G.*, **14**, 403] a constaté que dans la préparation de l'iodure d'allyle au moyen de la glycérine et de l'iodure de phosphore, par le procédé Saytzeff, le liquide aqueux qui passe à la distillation renferme une certaine quantité d'alcool allylique, qui s'élève à 100 grammes pour 2 kilogrammes de glycérine employée [*Bull. Soc. Chim.*, **47**, 875].

Propriétés. — L'alcool allylique, soumis à l'action de l'acide chlorhydrique à 10 0/0 en tubes scellés, à 100° et pendant 18 ou 20 heures, se transforme en chlorure d'allyle, en oxyde d'allyle et en *α-méthyl-β-éthylacroléine*,

$$(C^2H^5)CH=C(CH^3)-CHO.$$

Ce corps forme avec l'hydroxylamine une combinaison $C^6H^{11}AzO$, qui fond à 48-49°, bout à 193-194°, et qui fixe l'oxygène en donnant un acide dont le sel de calcium a pour formule

$$(C^6H^9O^2)^2Ca, 4H^2O.$$

La couche inférieure aqueuse du produit obtenu avec l'acide chlorhydrique a donné à la distillation, après saturation par le carbonate de potassium, de l'aldéhyde propylique et du chlorure d'allyle ; enfin le résidu, épuisé par un mélange d'alcool et d'éther, a fourni du propylène-glycol.

Une solution aqueuse d'acide sulfurique à 10 ou 20 0/0 se comporte comme l'acide chlorhydrique [W. Salonina, *D. chem. G.*, **20**, *Ref.*, 699].

Le permanganate de potassium en solution aqueuse à 1 0/0, ajouté peu à peu à l'alcool allylique, fournit de l'acroléine, de l'acide formique et de la glycérine [G. Wagner, *D. chem. G.*, **21**, 3351].

La dibromhydrine de la glycérine, qui bout à 118° sous 17 millimètres, est le seul produit de l'action du brome sec sur l'alcool allylique ; en présence d'eau, il se forme en outre de la monobromhydrine (bouillant à 138° sous 17 millim.) et de l'acide bromhydrique [I. Finck, *Mon. f. Chem.*, **8**, 561].

L'iode s'unit directement à l'alcool allylique en produisant l'alcool α-β-diiodopropylique fusible à 45° [H. Hübner et E. Lellmann, *D. chem. G.*, **13**, 460 et **14**, 207].

La baryte anhydre se combine avec l'alcool allylique pour former le composé $2C^3H^6O . BaO$, masse poisseuse, très soluble dans l'alcool allylique et se décomposant brusquement vers 100° [Vincent et Delachanal, *C. R.*, **90**, 1360].

MM. J.-H. Gladstone et A. Tribe [*Bull. Soc. Chim.*, **38**, 511], dans le but d'obtenir l'allylate d'aluminium, ont fait réagir l'iode et l'aluminium sur l'alcool allylique et obtenu dans cette réaction du propylène et de l'eau.

ÉTHERS ALLYLIQUES. — CHLORURE D'ALLYL

$$CH^2=CH-CH^2Cl.$$

— C'est le produit principal de l'action à 100° de l'acide chlorhydrique concentré sur l'alcool allylique (Eltekoff).

Il s'unit avec l'acide chlorhydrique et l'acide bromhydrique pour donner le chlorure de propylène d'une part, et d'autre part un mélange de chlorobromures de propylène et de triméthylène. L'acide iodhydrique concentré le transforme à chaud en iodure d'isopropyle.

L'alcool propylique α-β-dichloré est le produit principal de l'action de l'acide hypochloreux sur ce chlorure [Henry, *D. chem. G.*, **3**, 352 et **7**, 414].

Le brome donne le composé $C^3H^5ClBr^2$, bouillant à 195°.

L'acide sulfurique réagit à froid sur le chlorure d'allyle en le charbonnant en partie, tandis qu'une portion se combine avec l'acide. Si on soumet le produit à la distillation, on obtient une petite quantité de chlorure de propylène; si au contraire on distille après avoir ajouté de l'eau, il passe à 127° de la chlorhydrine du propylène-glycol [A. Oppenheim, *Bull. Soc. Chim.*, **10**, 128].

BROMURE D'ALLYLE, $CH^2=CH-CH^2Br$. — Ce composé, soumis à l'action du brome en présence d'iode, à 210°, pendant 50 heures, se transforme en un dérivé pentabromé C^3HBr^5, liquide qui se colore peu à peu et qui sous l'influence des mêmes agents et d'une température plus élevée (280-300°) fournit une certaine quantité de méthane, d'éthane et d'éthylène perbromés [V. Merz et W. Weith, *D. chem. G.*, **11**, 2242].

Le bromure de triméthylène est presque exclusivement le produit de l'action de l'acide bromhydrique sur le bromure d'allyle, quand la proportion d'acide bromhydrique est la plus forte possible. Lorsque cet acide est suffisamment étendu, il se forme principalement du bromure de propylène ordinaire [E. Erlenmeyer et A. Kayser, *Ann. Chem.*, **197**, 169-185].

IODURE D'ALLYLE, $CH^2=CH-CH^2I$. — Cet iodure se prépare très aisément par le procédé de MM. Berthelot et de Luca modifié par M. Béhal [*Bull. Soc. Chim.*, **47**, 875]. On introduit 2 kilogrammes de glycérine du commerce, 60 grammes d'iode et 180 grammes de phosphore rouge dans une cornue tubulée d'environ 4 litres; on agite pour répartir également le phosphore dans le liquide et l'on adapte un réfrigérant. La cornue est chauffée à feu nu, de façon à maintenir une faible ébullition et on laisse tomber goutte à goutte, par un entonnoir à brome, une solution d'iode dans l'iodure d'allyle provenant des premières portions d'iodure d'allyle qui ont déjà passé à la distillation. 440 grammes d'iode sont nécessaires, et 160 grammes d'iodure suffisent pour les dissoudre. L'introduction de l'iode est terminée au bout de 2 heures environ. On continue à chauffer pendant quelques heures jusqu'à ce que le liquide aqueux qui passe à la distillation ne soit plus mélangé d'iodure d'allyle. Pour débarrasser l'iodure de l'alcool allylique qu'il renferme, et dont la présence dans la préparation au moyen du procédé Kanonnikoff-Saytzeff a été signalée par M. Henry [*D. chem. G.*, **14**, 403], il est nécessaire de l'agiter à plusieurs reprises avec une assez grande quantité d'eau. L'iodure d'allyle qui ne renferme que des traces d'iodure d'isopropyle est purifié par distillation. Quant à la portion aqueuse, elle renferme de notables quantités d'alcool allylique. En employant 1 kilogramme d'iode, on obtient environ 1270 grammes d'iodure d'allyle.

Ce corps se transforme par le brome en tribromhydrine de la glycérine; par l'acide iodhydrique concentré, en iodure d'isopropyle; par l'eau et sous l'influence de la chaleur, en acide iodhydrique et alcool allylique.

CYANURE D'ALLYLE. — M. Pinner, [*D. chem. G.*, **12**, 2053] a trouvé parmi les produits de l'action du cyanure de potassium sur le chlorure d'allyle en présence d'alcool étendu de son volume d'eau (le tout étant abandonné pendant 4 semaines à la température ordinaire et fréquemment agité) :

1° La combinaison double de cyanure d'allyle et d'alcool $C^4H^5Az . C^2H^6O$, liquide à odeur agréable qui bout à 173-174° et qui avec la potasse fournit de l'ammoniaque et de l'acide crotonique solide [A. Rinne, *D. chem. G.*, **6**, 389].

2° Des traces de cyanure d'allyle.

3° Du cyanure de propylène (bouillant à 252-254°), qui proviendrait de la fixation de l'acide cyanhydrique sur le cyanure d'allyle.

4° De l'acide pyrotartrique, qui a déjà été signalé par M. Claus [*D. chem. G.*, **5**, 612] et qui résulterait de la saponification du cyanure de propylène.

5° De la triallylamine, formée dans l'attaque du chlorure d'allyle par l'ammoniaque qui a pris naissance dans la saponification du cyanure.

Il convient d'admettre avec M. Pinner (*loc. cit.*) que le cyanure d'allyle est le véritable nitrile de l'acide isocrotonique bouillant à 172°, dont la transformation dans son isomère solide sous l'influence de divers agents est connue.

MM. Kekulé et A. Rinne [*D. chem. G.*, **6**, 386] ont obtenu par l'oxydation du cyanure d'allyle, au moyen de l'acide chromique ou de l'acide azotique, de l'acide acétique et de l'acide oxalique (l'alcool allylique et l'iodure d'allyle sous l'action de ces oxydants fournissent de l'acide formique et de l'acide oxalique, mais pas d'acide acétique).

Ces résultats ne permettent pas d'attribuer au cyanure d'allyle une formule de constitution différente de celle qu'on admet généralement. En se basant sur un certain nombre de travaux concernant l'action des oxydants sur les composés non saturés et sur le biallyle, en particulier, qui donne également de l'acide acétique [Henry, *Bull. Soc. Chim.*, **30**, 51. — Wagner. *D. chem. G.*, **21**, 3343], on peut supposer avec M. Henry que le système $CH^2=CH-$ se transforme par hydratation dans le système $CH^3-CHOH-$ qui fournit ensuite l'acide acétique.

AZOTITE D'ALLYLE. — On le prépare en versant peu à peu du trinitrite de glycéryle (1 molécule) dans de l'alcool allylique (1 molécule) refroidi à 0°. Le produit est lavé à l'eau alcaline, puis à l'eau, et distillé dans un bain-marie dont la température est maintenue le plus bas possible, afin d'éviter les explosions. La portion qui passe avant 50° est desséchée sur l'azotate de calcium, puis rectifiée.

L'azotite d'allyle est un liquide jaunâtre, dont l'odeur rappelle celle de l'alcool allylique. Sa densité à 0° est 0,646; il bout à 43,5-44°,5. Chauffé à 100°, il détone avec violence. Chauffé avec la quantité équivalente d'alcool méthylique, il fournit du nitrite de méthyle et de l'alcool allylique [G. Bertoni, *Gazz. chim. ital.*, **15**, 361; *D. chem. G.*, **19**, *Ref.*, 98].

OXYDE D'ALLYLE, $(C^3H^5)^2O$. — Ce composé se trouve parmi les produits de l'action à 100° de l'acide chlorhydrique étendu sur l'alcool allylique.

Il bout à 94-95° [Salonina, *D. chem. G.*, **20**, *Ref.*, 699].

OXYDE D'ALLYLE ET DE MÉTHYLE, $(C^3H^5)(CH^3)O$. — Il s'obtient par l'action du méthylate de potassium sur le bromure d'allyle. C'est un liquide bouillant vers 46°: sa densité à 11° est 0,77 [Henry, *D. chem. G.*, **5**, 453].

ÉTHER MÉTHÉNYLTRIALLYLIQUE, $CH(OC^3H^5)^3$. — On le prépare en ajoutant peu à peu 16 p. de sodium à un mélange de 35 p. d'alcool allylique et de 24 p. de chloroforme dilués dans la ligroïne. Il bout vers 200° [F. Beilstein et E. Wiegand, *D. chem. G.*, **18**, 482].

TRISULFURE D'ALLYLE. — D'après MM. Nasini et A. Scala [*D. chem. G.*, **20**, *Ref.*, 707], lorsqu'on fait réagir l'amalgame de sodium sur un mélange d'iodure d'éthyle et de sulfure de carbone, le produit obtenu n'est pas du trisulfure d'allyle, comme l'ont indiqué MM. Löwig et Scholz (voyez Dict., **1** 157), mais du trisulfocarbonate d'éthyle $(C^2H^5)^2CS^3$. Cette réaction n'a lieu du reste qu'en présence d'eau. Ce dernier corps se décompose vers 180° en sulfure de carbone et sulfure d'éthyle et passe en majeure partie vers 240°, si la distillation est faite rapidement.

ACIDE ALLYLSULFURIQUE, $(C^3H^5)SO^4H$. — [Hofmann et Cahours, *Ann. Chem.*, **102**, 293. — Beilstein et Wiegand, *D. chem. G.*, **18**, 481. — Szymanski, *Ann. Chem.*, **230**, 43].

M. Szymanski prépare cet acide en versant peu à peu l'alcool allylique dans de l'acide sulfurique étendu de son volume d'eau. Au bout de 5 jours la masse, colorée en brun, est maintenue pendant 12 heures à 70°, puis étendue de 5 fois son volume d'eau. On neutralise le liquide par le carbonate de baryum, et on évapore sur l'acide sulfurique.

L'allylsulfate de baryum, $(C^3H^5 . SO^4)^2Ba$, ainsi obtenu (40 grammes pour 100 grammes d'alcool allylique) se présente sous la forme de prismes rhombiques, groupés en mamelons, solubles dans l'eau et dans l'alcool; il se décompose vers 60°.

Le *sel de strontium* est décomposable vers 90°.

Le *sel de calcium* cristallise avec $2H^2O$ en tables quadrangulaires.

Le *sel de cuivre*, $(C^3H^5 . SO^4)^2Cu, 4H^2O$, se présente sous la forme d'aiguilles vertes se décomposant à 70°.

Le *sel de plomb*, obtenu par la saturation de l'acide allylsulfurique au moyen du carbonate de plomb et par l'évaporation de la solution dans le vide sur l'acide sulfurique, répond à la formule $(C^3H^5 . SO^4)^2Pb . PbO$.

Le *sel de magnésium* cristallise avec $4H^2O$.

Le *sel de potassium*, $C^3H^5 . SO^4K$, est en lamelles microscopiques se décomposant vers 135°.

Le *sel de sodium* forme des tables rectangulaires; et celui d'*ammonium*, de petits cristaux fusibles à 78-80° et s'altérant vers 170°.

SULFOCYANATE D'ALLYLE. — Voyez SULFOCYANIQUES (ÉTHERS).

PRODUITS DE SUBSTITUTION.

ALCOOL ALLYLIQUE α-CHLORÉ, $CH^2 = CCl - CH^2OH$. — On le prépare soit par l'action du carbonate de potassium sur l'α-dichloroglycide [Henry, *C. R.*, **95**, 849], soit par l'action de la potasse ou de l'oxyde d'argent sur l'iodure d'allyle α-chloré [P. van Romburgh, *Rec. P.-B.*, **1**, 238; *D. chem. G.*, **16**, 393]. Liquide bouillant vers 136°. Sa solution dans l'acide sulfurique concentré, additionnée d'eau, fournit par la distillation l'acétylcarbinol.

ALCOOL ALLYLIQUE β-CHLORÉ,

$$CHCl = CH - CH^2OH.$$

— Il se forme quand on soumet le chlorure d'allyle β-chloré (β-épidichlorhydrine) à l'action de la potasse à 100°. Liquide à odeur piquante, bouillant à 153°. Sa densité à 15° est 1,162 [Romburgh, *Bull. Soc. Chim.*, **36**, 557].

ALCOOL ALLYLIQUE α-BROMÉ, $CH^2 = CBr - CH^2OH$. — Obtenu par l'action de l'eau à 130° sur le bromure d'allyle α-bromé (α-épidibromhydrine). Liquide bouillant à 152°; il se transforme par la potasse aqueuse en alcool propargylique [Henry, *D. chem. G.*, **14**, 464).

ALCOOL ALLYLIQUE β-BROMÉ,

$$CHBr = CH - CH^2OH.$$

— Liquide bouillant à 155°, qui se formerait, d'après M. Henry [*D. chem. G.*, **5**, 453], par la saponification au moyen de la soude sèche de l'acétine, $C^3H^4Br . C^2H^3O^2$, obtenue par l'action de l'acétate de potassium sur la β-épidibromhydrine. Il fournit également par la potasse l'alcool propargylique.

MM. A. Hübner et E. Lellmann [*D. chem. G.*, **13**, 460; **14**, 207] ont préparé un *alcool allylique mono-iodé*, $C^3H^4I . OH$, en faisant réagir le bicarbonate de sodium sur l'alcool α-β-diiodopropylique ou simplement en faisant bouillir la solution de ce dernier composé dans le chloroforme. Il se dépose sous la forme de prismes incolores, fondant à 160°, insolubles dans l'eau, solubles dans l'alcool, l'acide acétique et le chloroforme.

G. Griner.

ALLYLMÉTHYLCHLORACÉTOL,

$$C^3H^5 - CH^2 - CCl^2 - CH^3.$$

— C'est un des produits de l'action du perchlorure de phosphore sur l'allylacétone. Liquide à odeur piquante, insoluble dans l'eau et bouillant vers 150° en se décomposant partiellement [Henry, *C. R.*, **87**, 171].

ALLYLNITRÉTHANE,

$$CH^3 - CH(AzO^2) - C^3H^5.$$

— On obtient ce corps en faisant réagir l'iodure d'allyle sur le nitréthane sodé. C'est un liquide huileux, qui ne peut bouillir sans décomposition [Gal, *Bull. Soc. Chim.*, **20**, 13].

ALLYLOXYBENZOÏQUES (ACIDES). — ACIDE ALLYLSALICYLIQUE. — Le salicylate de méthyle, chauffé avec de la potasse et de l'iodure d'allyle à 120° pendant 9 heures, donne naissance à l'*allyloxybenzoate de méthyle*,

$$C^6H^4 \begin{cases} OC^3H^5 \\ CO^2CH^3 \end{cases}$$

C'est un liquide doué d'une odeur agréable. Il distille à 245°.

La potasse le transforme en acide correspondant, fusible à 113°, soluble dans l'éther, la benzine et le chloroforme.

ACIDE ALLYL-P-OXYBENZOÏQUE. — Il se prépare de la même façon que le précédent, en partant du p-oxybenzoate de méthyle. Il fond à 123°.

ACIDE ALLYL-M-OXYBENZOÏQUE. — Même préparation. Il fond à 148° [S. Scichilone, *Gazz. chim. ital.*, **12**, 449; *D. chem. G.*, **16**, 796].

ALLYLOXYBUTYRIQUE (ACIDE). — L'allylacétylacétate d'éthyle, réduit par l'amalgame de sodium, fournit un sel dont l'acide

$$CH^3 - CH(OH) - CH(C^3H^5) - CO^2H$$

est sirupeux et soluble dans l'eau.

Les *sels de baryum* et *de zinc* se dissolvent dans l'eau et dans l'alcool [Zeidler, *Ann. Chem.*, **187**, 45].

ALLYLPHÉNOL. — Voyez ANOL, Suppl., **1**, 171.

ALLYLPHÉNYLHYDRAZINES. — α-ALLYLPHÉNYLHYDRAZINE,

$$\begin{matrix} C^6H^5 \\ C^3H^5 \end{matrix} > Az - AzH^2$$

[A. Michaelis et C. Claessen, *D. chem. G.*, **22**, 2233]. — Ce composé peut être préparé à l'état de pureté soit par la réduction de l'allylphénylnitrosamine, au moyen de l'acide acétique et de la poudre de zinc, soit par l'action du bromure d'allyle sur la combinaison sodique de la phénylhydrazine en présence de la benzine.

C'est un liquide huileux, incolore, qui jaunit assez rapidement. Point d'ébullition : 183° sous 140 millimètres, 177° sous 109,5 millimètres.

Le *chlorhydrate*, $C^9H^{12}Az^2 . HCl$, préparé par l'action du gaz chlorhydrique sur une solution benzinique de la base, forme de fines aiguilles blanches et soyeuses, fusibles à 137°, très solubles dans l'eau.

L'α-allylphénylhydrazine réduit la liqueur de Fehling, lentement à froid, rapidement à chaud. Traitée par une solution étendue de chlorure ferrique, elle se convertit en allylphényltétrazone. Agitée en solution éthérée avec de l'oxyde jaune de mercure, elle le réduit et se transforme en un liquide jaune, volatil avec la vapeur d'eau et paraissant appartenir à la série du pyrazol.

La *benzylidène-allylphénylhydrazine*,

$$\begin{matrix} C^6H^5 \\ C^3H^5 \end{matrix} > Az - Az = CH . C^6H^5,$$

se produit immédiatement lorsqu'on mélange molécules égales de l'α-hydrazine et d'aldéhyde benzylique. Elle cristallise dans l'alcool bouillant en aiguilles incolores, fusibles à 52°, très solubles dans l'éther.

La *benzoylallylphénylhydrazine*,

$$\begin{matrix} C^6H^5 \\ C^3H^5 \end{matrix} > Az - AzH - CO . C^6H^5,$$

obtenue par l'action du chlorure de benzoyle sur l'allylphénylhydrazine, cristallise dans l'alcool en aiguilles fusibles à 139°.

L'*allylphénylsulfo-semicarbazide* (ou allylphénylhydrazine-phénylsulfo-urée),

$$\begin{matrix} C^6H^5 \\ C^3H^5 \end{matrix} > Az - AzH - CS - AzH . C^6H^5$$

se prépare en chauffant au bain-marie un mélange d'allylphénylhydrazine et de phénylsénevol. Elle cristallise dans l'alcool bouillant en fines aiguilles, fusibles à 103°.

L'*allylphényltétrazone*,

$$\begin{matrix} C^6H^5 \\ C^3H^5 \end{matrix} > Az - Az = Az - Az < \begin{matrix} C^6H^5 \\ C^3H^5 \end{matrix}$$

préparée comme on l'a indiqué plus haut, forme des cristaux qui fondent en se décomposant à 86°.

β-ALLYLPHÉNYLHYDRAZINE,

$$C^6H^5 - AzH - AzH - C^3H^5.$$

— Le bromure d'allyle et la phénylhydrazine réagissent violemment l'un sur l'autre avec formation de bromhydrate de phénylhydrazine et de β-allylphénylhydrazine. Ce dernier corps est entraîné à la distillation par la vapeur d'eau. C'est un liquide jaunâtre, bouillant à 172°.

Oxydée par l'oxyde jaune de mercure, la β-allylphénylhydrazine se convertit en *azophénylallyle* (voyez ce mot) [E. Fischer et O. Knoevenagel, *Ann. Chem.*, **239**, 194].

D'après MM. Michaelis et Claessen [*loc. cit.*], la β-allylphénylhydrazine renfermerait environ les deux tiers de son poids du composé isomérique α. L'acide chlorhydrique la convertirait en phényltétrahydropyrazol. Ad. Fauconnier.

ALLYLPROPYLAMINES. — Voyez ALLYLAMINES.

ALLYLPROPYLBENZINE,

$$C^{12}H^{16} = C^3H^7 . C^6H^4 . C^3H^5.$$

— Quand on traite par une solution de carbonate de sodium ou de soude caustique l'acide bromhydrocuményl crotonique,

$$C^3H^7 . C^6H^4 . C^3H^5Br . CO^2H$$

(fusible à 148-150°), ce composé perd à la fois de l'acide bromhydrique et de l'acide carbonique et se transforme en *allylisopropylbenzine*.

L'allylisopropylbenzine est un liquide bouillant à 229-230°. Elle ne se solidifie pas à — 15°. Sa densité est 0,890 à 15°. Elle fixe 1 molécule de brome et se transforme en dibromure.

Dibromure, $C^{12}H^{16}Br^2$. — Ce sont des lamelles fusibles à 59°, très solubles dans l'alcool bouillant et dans l'éther. Il est rapidement décomposé par la potasse alcoolique [W.-H. Perkin, *Chem. News*, **36**, 211; *Bull. Soc. Chim.*, **30**, 309].

ALLYLPYRIDINE (α-), $C^5H^4(C^3H^5)Az$. — Cette base prend naissance dans l'action de la chaleur sur un mélange de paraldéhyde et d'α-picoline (bouillant à 128-129°). C'est un liquide très réfringent, peu soluble dans l'eau, bouillant à 187.5-192°,5. Sa densité à 0° est 0,9595.

Chloroplatinate, $[C^5H^4(C^3H^5)Az . HCl]^2PtCl^4$, — Aiguilles peu solubles, fusibles à 185-186°.

Le *chloraurate* fond à 135-136°.

L'α-allylpyridine fournit par oxydation l'acide picolique, fusible à 133°. Sous l'influence de l'hydrogène naissant, elle se transforme en α-propylpipéridine $C^8H^{17}Az$ [Ladenburg, *D. chem. G.*, **19**, 2578].

ALLYLPYRROL, $C^4H^4(C^3H^5)Az$. — MM. Ciamician et M. Dennstedt [*D. chem. G.*, **15**, 2581] le préparent en faisant réagir le bromure d'allyle sur le pyrrol potassique. C'est un liquide incolore, d'odeur allylique, brunissant à l'air; il bout à 105° sous une pression de 48 millimètres et peut être distillé à la pression ordinaire. Il donne un précipité blanc avec le chlorure mercurique.

ALLYLQUINOLÉINE (α-),

$$C^9H^6Az . CH = CH - CH^3.$$

— Cette base se produit dans l'action de la chaleur sur un mélange en quantités équivalentes de quinaldine et de paraldéhyde. C'est un liquide bouillant à 249-253°.

Le *chlorhydrate* et le *sulfate* se séparent sous la forme de longues aiguilles par l'addition d'éther à leur solution alcoolique.

Le *chloroplatinate*, $(C^{12}H^{11}Az . HCl)^2PtCl^4$, cristallise en lamelles jaunes, solubles dans l'eau, insolubles dans l'alcool [Fr. Eisele, *D. chem. G.*, **20**, 2043].

ALLYLRÉSORCINE. — Ce composé n'est pas connu à l'état de liberté, mais MM. Pechmann et Cohen ont obtenu son *éther méthylique*

$$C^6H^3 \begin{cases} C(CH^3) = CH^2 \ (1) \\ OH \ (3) \\ OCH^3 \ (4) \end{cases}$$

dans la décomposition par la chaleur de l'acide β-méthylombellique p-méthylé. Il distille ainsi une huile incristallisable, isomérique avec l'eugénol, passant à la distillation entre 245 et 250°. Elle est miscible à tous les dissolvants organiques, insoluble dans l'eau, soluble dans la lessive de soude. L'acide sulfurique la dissout avec une coloration orangée [H. Pechmann et J.-B. Cohn, *D. chem. G.*, **17**, 2132; *Bull. Soc. Chim.*, **45**, 217].

ALLYLSUCCINIQUE (ACIDE),

$$CO^2H - CH(C^3H^5) - CH^2 - CO^2H.$$

— Cet acide bibasique est obtenu par la décomposition de l'acide allyléthane-tricarbonique (voyez ce mot) sous l'influence de la chaleur.

Cet acide, cristallisé dans l'alcool, fond à 93-94°. Chauffé, il perd de l'eau à 140°, puis distille à 250° en se condensant sous la forme d'une huile qui ne reprend l'état cristallin qu'au contact de l'eau.

L'acide bromhydrique réagit sur ce composé et donne un corps répondant à la même formule $C^7H^{10}O^4$ et fondant à 68-69° ; ce corps est l'acide lactonique, formé par deux réactions successives dont on ne saisit que la terminale, et qui correspondent aux schémas suivants :

$$\begin{array}{c} CH^2 \\ \| \\ CH \\ | \\ CH^2 \\ | \\ CO^2H-HC-CH^2-CO^2H \end{array} + HBr$$

$$= \begin{array}{c} CH^3 \\ | \\ CHBr \\ | \\ CH^2 \\ | \\ CO^2H-CH-CH^2-CO^2H \end{array} = \begin{array}{c} CH^3 \\ | \\ /CH \\ O \quad | \\ | \quad CH^2 \\ | \quad | \\ CO-CH-CH^2-CO^2H \end{array} + HBr$$

Ce dernier corps, soumis à l'ébullition avec de l'eau de baryte, donne le sel de baryum de l'oxyacide correspondant, formé par hydratation, $C^7H^{12}O^5$.

L'acide lactonique donne avec le carbonate de baryum à froid un sel différant du premier en ce qu'il est soluble dans l'alcool, et qui est, comme sa constitution l'indique, monobasique.

L'acide lactonique distille à 260° presque sans décomposition ; il ne perd pas d'acide carbonique, et il ne donne pas de lactone neutre. A. Béhal.

ALLYLSULFO-URÉE. — Voyez SULFO-URÉES COMPOSÉES.

ALLYLTOLUÈNE [Syn. *Crésylpropylène*],

$$C^{10}H^{12} = CH^3 . C^6H^4 . C^3H^5.$$

— On ne connaît que le dérivé para.

Lorsqu'on dirige un courant rapide de chlore dans le cymène du camphre maintenu en vapeur, en arrêtant l'opération quand un thermomètre placé dans la vapeur marque 195°, on obtient, par la distillation, un liquide bouillant à 225-230°. Ce produit, qui paraît être un mélange des deux chlorures $C^3H^7 . C^6H^4 . CH^2Cl$ et $CH^3 . C^6H^4 . C^3H^6Cl$, fournit, par la potasse alcoolique, un liquide qui se sépare par la distillation fractionnée en deux portions bouillant respectivement à 192° et à 226-228°. La seconde portion est constituée en majeure partie par l'éther cumyléthylique,

$$C^3H^7 . C^6H^4 . CH^2 . OC^2H^5.$$

La première est formée par un hydrocarbure $C^{10}H^{12}$, qui est vraisemblablement l'allyltoluène $CH^3_{(1)}-C^6H^4-C^3H^5_{(4)}$.

Cet allyltoluène est un liquide bouillant à 192°. Le permanganate de potassium le transforme en acide p-toluique. Il donne avec le brome un produit d'addition très instable.

Par l'action de l'acide bromhydrique (d = 1,59) à 200°, on n'obtient qu'une petite quantité du bromure correspondant, et un polymère $(C^{10}H^{12})^2$, précipitable par l'alcool de sa dissolution dans l'éther et volatil sans décomposition vers 350°.

En présence de chlorure de calcium, ou abandonné longtemps à lui-même, l'allyltoluène se transforme peu à peu en un polymère amorphe, peu soluble dans l'alcool et dans l'éther, plus soluble dans le chloroforme, et qui régénère par distillation le carbure primitif [G. Errera, *Gazz. chim. ital.*, **14**, 277 et 504 ; *Bull. Soc. Chim.*, **44**, 295] Léon Roux.

ALLYLURÉE. — Voyez URÉES COMPOSÉES.

ALPINOL. — Principe de composition inconnue et de saveur brûlante extrait du *galanga*. Il est soluble dans la plupart des dissolvants organiques et dans la potasse étendue, mais non dans l'ammoniaque ni dans les carbonates alcalins [Thresh, *Pharm. Journ. Trans.*, **1884**, 208-210].

ALSHEDITE (Min.). — Variété de sphène.

ALSTONIDINE. — M. Hesse [*Ann. Chem.*, **205**, 360] a donné ce nom à un alcaloïde qui accompagne la porphyrine (voyez ce mot, Suppl., **1**, 1296) lorsqu'on extrait cette base de l'écorce d'*alstonia*, et qui peut en être séparé au moyen de la ligroïne, dans laquelle la porphyrine est insoluble à froid.

L'alstonidine cristallise dans l'alcool bouillant en aiguilles incolores ; elle cristallise aussi dans l'éther, le chloroforme, l'acétone.

Sa solution alcoolique est amère et légèrement alcaline ; elle présente, ainsi que les solutions acides, une fluorescence bleue.

L'ammoniaque précipite l'alstonidine de ses sels sous la forme de flocons qui deviennent peu à peu cristallins.

Elle fond à 181°. Elle se dissout sans coloration dans les acides azotique et sulfurique concentrés ; en présence de l'acide chromique, l'acide sulfurique la dissout avec une coloration fugace d'un bleu verdâtre.

Le *sulfate*, le *chlorhydrate*, l'*iodhydrate*, le *sulfocyanate* cristallisent en aiguilles incolores.

ALSTONINE. — M. Hesse [*Ann. Chem.*, **205**, 360] a donné ce nom à l'alcaloïde appelé autrefois *chlorogénine* et dont la préparation a été indiquée à l'article PORPHYRINE (Suppl., **1**, 1296).

Ce corps est une masse brune, amorphe, ayant pour formule $C^{21}H^{20}Az^2O^4 , 3,5H^2O$; il est soluble dans le chloroforme et dans l'alcool, peu soluble dans l'éther. Il devient anhydre à 120° et fond ensuite à 195° ; à l'état hydraté, il fond au-dessous de 100°.

ALUMINIUM. — *Propriétés.* — Le métal absolument pur, préparé dans un creuset brasqué par l'action du sodium sur le bromure d'aluminium rectifié, présente des propriétés un peu différentes de celles du produit du commerce ; il est blanc d'étain et plus mou ; il paraît aussi plus résistant à l'action des acides et des alcalis. Poids spécifique à 4° = 2,583 ; chaleur spécifique = 0,2253 [Mallet, *Amer. Chem. Soc.*, **1882**, 147].

L'aluminium est susceptible de retenir des gaz par occlusion. D'après Dumas [*C. R.*, **90**, 1027], 200 grammes de métal (correspondant à 80 cent. cubes), chauffés à la température de fusion du cuivre ou de l'argent, ont donné 89^{cc},5 de gaz formés de 88 centimètres cubes d'hydrogène et 1^{cc},5 d'acide carbonique.

Le coefficient d'accroissement de résistance électrique de l'aluminium avec la température est sensiblement le même que ceux de l'argent et du magnésium : $a = 0,00388$ entre $-90°,57$ et $+27°,7$ [Cailletet et Bouty, *C. R.*, **100**, 1188].

En comprimant à 650 atmosphères un mélange intime de soufre et d'aluminium, on constate un commencement de combinaison [Spring, *D. chem. G.*, **16**, 1001].

La potasse et la soude caustique fondues n'attaquent pas l'aluminium au rouge [Cavazzi, *Gazz. chim. ital.*, **15**, 202].

Poids atomique ; atomicité. — Le poids atomique de l'aluminium a fait l'objet d'une série de nouvelles déterminations : en calcinant l'alun ammoniacal, M. Mallet [*Chem. News*, **41**, 212 ; *D. chem. G.*, **13**, 1133] a trouvé 27,04 et 27,095 ;

en titrant le bromure d'aluminium par le nitrate d'argent, il a obtenu 27,018 et 27,034; enfin, en dosant l'hydrogène dégagé dans l'attaque du métal par la soude, il est arrivé aux chiffres 26,99 et 27,005. Ce dernier nombre est considéré comme le plus exact, les gaz occlus signalés par Dumas ne pouvant exercer une influence sensible sur le résultat.

Les résultats obtenus par M. Baubigny [*C. R.*, **97**, 1369] se rapprochent de ces chiffres : il est arrivé pour l'équivalent aux chiffres 13,543 et 13,521 (pour S = 16,037).

Antérieurement à ces recherches, M. Terreil [*Bull. Soc. Chim.*, (2), **31**, 153] était parvenu pour l'équivalent au nombre 13.5 en recueillant l'hydrogène provenant de la décomposition du gaz chlorhydrique par l'aluminium métallique, au rouge.

La valence de l'aluminium a paru jusqu'en ces derniers temps correspondre au type Al^2X^6. Dans des recherches très étendues sur la densité de vapeur du chlorure d'aluminium, MM. Friedel et Crafts [*C. R.* **106**, 1764] ont montré qu'entre 218 et 400° la molécule correspond à $(Al\,Cl^3)^2$ et qu'elle se scinde à plus haute température en $2\,Al\,Cl^3$; cette dernière assertion venait confirmer les déterminations de MM. Nilson et Petterson [*Zeit. für phys. Chem.*, **1**, 459] sur la densité à 800°.

Ces deux savants ont dernièrement [*Ann. Chim. Phys.*, (6), **19**, 145] repris l'étude des variations que présente la densité de vapeur du chlorure d'aluminium, dans une série de recherches effectuées entre 209 et 440° par la méthode de Dumas, et entre 440 et 1600° par la méthode de Dulong. Les chiffres qu'ils ont obtenus, et qui concordent d'ailleurs entièrement avec ceux de MM. Friedel et Crafts, les portent à admettre qu'à partir de son point d'ébullition le chlorure d'aluminium se trouve en continuelle dissociation à mesure que la température s'élève, que ce corps n'atteint l'état gazeux parfait qu'au delà de 800°, qu'il présente alors entre 800 et 1000° une densité de vapeur constante répondant au poids moléculaire $Al\,Cl^3$, enfin qu'à partir de 1000° il commence à se décomposer.

M. Friedel [*Ann. Chim. Phys.*, (6), **19**, 171] a fait observer que les résultats obtenus par MM. Nilson et Petterson s'interprètent tout aussi bien en admettant, comme il l'avait fait avec M. Crafts, que le chlorure d'aluminium a entre 200 et 400° une densité de vapeur correspondant à la formule Al^2Cl^6, et qu'il en a entre 800 et 1000° une seconde correspondant à la formule $Al\,Cl^3$.

D'autre part, MM. Louïse et Roux, dans une série de recherches sur les dérivés organo-métalliques de l'aluminium [*C. R.*, **106**, 73 et 602], ont déterminé les densités de vapeur de l'aluminium-méthyle et de l'aluminium-éthyle, qui correspondent aux formules $Al^2(C^2H^5)^6$ et $Al^2(CH^3)^6$. L'interprétation de ces résultats a été mise en doute par M. V. Meyer [*D. chem. G.*, **21**, 701].

D'après M. Quincke [*D. chem. G.*, **22**, 551], la densité de l'aluminium-méthyle à 10° au-dessus du point d'ébullition ne correspond à aucune des deux formules $Al(CH^3)^3$ ou $Al^2(CH^3)^6$.

La méthode de M. Raoult, appliquée aux composés organiques de l'aluminium par MM. Louïse et Roux [*C. R.*, **107**, 600], a donné des résultats qui militent en faveur du type Al^2X^6, mais ils ont été discutés par M. Ostwald [*Zeit. für phys. Chem.*, **3**, 47].

M. A. Combes [*C. R.*, **108**, 405] semble avoir définitivement tranché la question en faveur de la trivalence de l'aluminium. L'acétylacétonate d'aluminium $[Al(C^5H^7O^2)^3]^n$ est un corps très stable, distillant à 314-315°, et dont la densité de vapeur à 360° correspond exactement à la formule $Al\,X^3$.

Il paraît donc légitime d'admettre la trivalence de l'aluminium, qui s'associe d'ailleurs avec les analogies chimiques.

Minéraux nouveaux. — Evigtokite

$$Al^2Fl^6 \,.\, 2Ca\,Fl^2, 2H^2O,$$

dans les gisements de cryolithe du Groenland; agrégation de cristaux blancs transparents [Flight, *D. chem. G.*, **16**, 958].

Liskéardite de Chyandour (Cornouailles), couches fibreuses blanches $R^2.2AsO^4, 16H^2O$, R étant de l'aluminium mélangé d'un peu de fer (*ibid.*).

Données thermochimiques. — Le tableau suivant donne les chaleurs de formation et de dissolution des chlorure, bromure et iodure d'aluminium, d'après M. Berthelot :

	Cal.		Cal.
$Al^2.Cl^6$ =	321,96	$Al^2.Cl^6$ Aq =	153,69
$Al^2.Br^6$ =	239,44	$Al^2.Br^6$ Aq =	176,60
$Al^2.I^6$ =	140,78	$Al^2.I^6$ Aq =	178,00

La chaleur de combinaison de l'aluminium décroît du chlore à l'iode, tandis que la chaleur de dissolution suit une marche inverse. Ce dernier fait est l'indice de la formation d'hydrates définis, produits avec un grand dégagement de chaleur, nommés par quelques auteurs chlorhydrate, bromhydrate, iodhydrate d'oxyde [Berthelot, *Mécanique Chim.*, **2**, 573].

La chaleur d'oxydation considérable des sels haloïdes de l'aluminium explique également deux réactions en apparence contradictoires

1° Décomposition des sels anhydres par la vapeur d'eau en alumine et acide chlorhydrique gazeux.

2° Dissolution de l'alumine dans l'acide chlorhydrique étendu [*ibid.*, 577].

Oxydation de l'aluminium. — De tous les éléments, l'aluminium est celui qui dégage la plus grande quantité de chaleur dans sa combinaison avec l'oxygène.

MM. Baille et Féry [*Ann. Chim. Phys.*, (6), **17**, 253] ont déterminé la chaleur de formation de l'alumine à partir de ses éléments, par la décomposition de l'amalgame d'aluminium au moyen de l'air humide. Ils ont trouvé que la chaleur de formation de l'alumine anhydre est égale à + 196^{cal},3, et celle de l'alumine hydratée

$$(Al^2, O^3, 3H^2O) = +197^{cal},8.$$

Alliages d'aluminium. — M. Bourbouze a fait connaître [*C. R.*, **102**, 1317] un alliage à 90 0/0 d'aluminium et 10 0/0 d'étain, dont la densité est de 2,85, peu supérieure à celle du métal pur; cet alliage permet de souder les objets d'aluminium aussi facilement que du laiton.

M. Frishmuth [*Wagner's Jahresb.*, **1884**, 160] donne plusieurs procédés pratiques de soudure de l'aluminium.

Les alliages d'aluminium, au point de vue de leurs applications industrielles, ont fait l'objet de nombreuses recherches, qui se trouvent résumées dans un important travail de M. Self [*Mon. scient.*, **1887**, 1273].

L'alliage d'étain et d'aluminium, recommandé par M. Bourbouze, facilite beaucoup la soudure; on le prépare en différentes proportions, suivant le travail qu'on doit faire subir aux pièces. Pour celles qui devront être façonnées après soudure, on prend un alliage composé de 45 parties d'étain et de 10 parties d'aluminium; cet alliage est suffisamment malléable pour résister au martelage. Les remarquables propriétés de cet alliage facilitent singulièrement le travail de l'aluminium.

Quand on veut souder certains métaux avec l'aluminium, il convient d'étamer la partie à souder du métal avec de l'étain pur.

L'aluminium allié avec 5 0/0 d'argent peut être

bien travaillé et prend un peu plus beau que l'argent pur.

L'alliage le plus intéressant avec le zinc contient 3 0/0 d'aluminium.

L'addition de 3 0/0 d'aluminium à l'or lui donne une belle couleur et ce dernier métal ne perd en rien de sa ductilité, ni de sa malléabilité.

Les propriétés du bronze d'aluminium sont connues. Il se forge comme le fer de Suède, mais à une température beaucoup plus basse. Il se travaille bien au rouge-cerise.

On trouvera dans le mémoire cité des détails sur le bronze d'aluminium au point de vue de sa résistance à la tension, à la compression, etc.

Les alliages d'aluminium et de fer ont pris une importance considérable dans la métallurgie. L'addition de 0.20 0/0 d'aluminium au fer en modifie singulièrement l'aspect; la résistance augmente de 20 0/0; son rôle semble se borner à une action désoxydante, mais permet d'obtenir des aciers absolument sains, exempts de soufflures. Dans la fonderie de fonte, on a trouvé grand avantage dans l'emploi du ferro-aluminium. C'est, en effet, à l'état d'alliage à 10 0/0, obtenu par l'électrolyse, que l'aluminium est employé dans la métallurgie du fer [*Zeit. für angew. Chem.*, 1888, 605].

Amalgame d'aluminium. — M. Krouchkoll [*J. de Phys.*, (3), **3**, 139] a signalé la grande oxydabilité de l'aluminium amalgamé.

Les propriétés de ce corps, dont la composition répond exactement à la formule Al^2Hg^3, ont été étudiées par MM. Baille et Féry [*Ann. Chim. Phys.*, (6), **17**, 248].

L'amalgame d'aluminium s'obtient d'autant plus aisément qu'on opère sa préparation à une température plus élevée : à 100° il se produit à peine : à l'ébullition du mercure, la combinaison des deux métaux est très active. Mais la vapeur de mercure n'attaque pas l'aluminium : c'est le mercure liquide et bouillant qui produit l'amalgamation.

Cet amalgame se solidifie en une pâte formée de cristaux; distillé dans un courant d'un gaz inerte, il perd son mercure et laisse pour résidu de l'aluminium cristallisé : ce qui permet d'établir sa composition.

Cet amalgame décompose l'eau à la température ordinaire, comme les amalgames alcalins. Les acides l'attaquent également; et en particulier l'acide nitrique, qui est sans action sur l'aluminium métallique, le dissout entièrement. La potasse l'attaque très rapidement avec dégagement d'hydrogène et formation d'aluminate alcalin. Il est décomposé par les amalgames d'antimoine et de plomb au contact de l'air : avec le premier, il y a oxydation successive de l'antimoine, puis de l'aluminium, de sorte que le mercure est peu à peu débarrassé des métaux étrangers; avec le second de ces alliages, l'aluminium seul s'oxyde, et le plomb reste dissous dans le mercure; le plomb métallique agit d'ailleurs de la même façon.

ALUMINE. — Chaleur d'hydratation (Baille et Féry). — Voyez plus haut les données thermochimiques.

L'alumine calcinée et soumise à l'effluve électrique ne donne pas trace de fluorescence rouge. Au contraire, elle donne une brillante fluorescence rouge quand elle renferme $\frac{1}{100}$ de sesquioxyde de chrome : cette fluorescence est encore perceptible quand l'alumine contient $\frac{1}{100\,000}$ de cet oxyde.

L'alumine, additionnée de $\frac{1}{100}$ de protoxyde de manganèse, donne dans l'effluve une belle fluorescence vert gazon. Lorsqu'elle renferme $\frac{1}{100}$ de sesquioxyde de bismuth, elle donne une fluorescence violet-lilas à froid, et bleue à chaud [Lecoq de Boisbaudran, *C. R.*, **103**, 1107].

Cristallisation de l'alumine; production des rubis [Fremy et Verneuil, *C. R.*, **104**, 738]. — L'alumine, soumise aux émanations du fluorure de calcium calciné à l'air, se trouve minéralisée et se change en une masse cristallisée; l'alumine étant additionnée d'une petite quantité d'acide chromique, on a obtenu des rubis très petits, mais très nets.

On trouve dans le commerce des rubis obtenus probablement par fusion. M. Friedel [*Bull. Soc. Chim.*, (2), **46**, 242; *Agenda du chimiste*, 1887, 431] a constaté que ces rubis artificiels présentent les caractères de dureté, de densité, de couleur, identiques à ceux des rubis naturels; ils agissent sur la lumière polarisée, et renferment à l'intérieur quelques petites bulles sphériques ou pyriformes qui ne se rencontrent pas dans les rubis naturels.

Préparation industrielle de l'alumine. — Un intéressant procédé de préparation de l'alumine est dû à M. Bæyer; il repose sur cette observation [*Chem. Zeit.*, **12**, 1209] que, si on agite une solution d'aluminate de sodium avec une petite quantité d'hydrate d'alumine fraîchement précipité, tel que celui qui prend naissance à froid par l'action de l'acide carbonique sur la solution d'aluminate, le précipité d'hydrate d'alumine va en augmentant et, au bout d'un certain nombre d'heures, on arrive à n'avoir plus en solution qu'une quantité très faible d'alumine, soit 1 équivalent pour 6 équivalents de soude.

Cette réaction peut être observée en agitant des liquides à l'abri de l'acide carbonique, et il est nécessaire d'en tenir grandement compte dans le lessivage des bauxites calcinées avec la soude pour la préparation de l'aluminate, ce résidu pouvant retenir facilement de l'alumine ainsi précipitée.

L'auteur donne le détail de plusieurs expériences :

Solution limpide renfermant par litre 63gr,49 d'alumine et 66gr,96 de soude (Na^2O). On y ajoute un peu d'hydrate d'alumine et on agite à froid dans un flacon bouché. La précipitation commence, le liquide s'appauvrit en alumine et on trouve :

Au bout de	48	heures,	35gr,78	Al^2O^3	par litre.
—	62	—	29gr,44	—	—
—	110	—	21gr,80	—	—
—	134	—	15gr,50	—	—

Par une plus longue agitation, la teneur en alumine ne décroît pas. Le rapport de l'alumine à la soude est tombé de 1 : 6,23 à 1 : 1.75.

Sur 4000 litres de liquide, la solution primitive renferme 61gr,95 Al^2O^3 et 70gr,68 Na^2O, soit un rapport de 1 : 1,60. On agite avec de l'alumine et on trouve :

Au bout de	12	heures,	49gr,42	Al^2O^3	par litre.
—	24	—	39gr,78	—	—
—	36	—	33gr,97	—	—
—	48	—	29gr,00	—	—
—	72	—	23gr,68	—	—
—	84	—	17gr,80	—	—

Le rapport $Al^2O^3 : Na^2O$ est tombé à 1 : 5,87.

Il est assez difficile d'expliquer cette curieuse réaction. L'auteur a remarqué qu'aucun autre corps poreux, poudre de verre, sable, etc., n'est susceptible de remplacer l'alumine cristalline provenant de l'aluminate qu'il emploie.

L'alumine gélatineuse ne donne pas ce résultat et la réaction ne commence que quand l'acide carbonique de l'air a précipité un peu d'alumine, dont la forme cristalline est analogue à celle de l'hydrargyllite.

L'application industrielle de ce procédé présente un grand intérêt : on supprime d'une part l'emploi de l'acide carbonique; d'autre part l'alumine obtenue est exempte de silice et d'acide phosphorique qui ne sont pas précipités; en outre, la réaction s'effectue à froid et ne nécessite aucun autre appareil qu'un agitateur; enfin les liquides qui rentrent en fabrication ($Al^2O^3 : Na^2O = 1 : 6$) donnent de bien meilleurs résultats pour le traitement de la bauxite que le carbonate de sodium habituellement employé. Il convient d'ailleurs d'éviter l'emploi de carbonate de sodium et de réparer les pertes en alcali par une addition de soude caustique. On parvient ainsi à travailler avec des quantités absolument théoriques et le rendement en alumine se trouve considérablement accru [*Chem. Zeit.*, **12**, 1429].

Aluminates. — La cristallisation de certains aluminates a été réalisée par M. Stanislas Meunier [*C. R.*, **104**, 1112]. Il a reproduit le spinelle (aluminate de magnésium) en chauffant fortement pendant quelques heures un mélange de cryolithe et de chlorure d'aluminium finement pulvérisés, dans un creuset de graphite brasqué à la magnésie, ce mélange étant recouvert d'alumine et de magnésie.

Si l'on veut colorer le produit en rose, et reproduire ainsi le rubis balais, il suffit d'ajouter à la masse une trace de dichromate de potassium.

On obtient par le même procédé les aluminates de zinc et de fer.

D'après M. Cavazzi [*Gazz. chim. ital.*, **15**, 202], quand on dissout l'aluminium dans les alcalis caustiques, on obtient le composé $Al^2O^2(ONa)^2$ et non $Al^2(ONa)^6$.

Une solution bouillante de soude caustique dans l'alcool absolu n'attaque pas l'aluminium.

Aluminates de baryum [Beckmann, *D. chem. G.*, **14**, 2151]. — En faisant bouillir de l'alumine fraîchement précipitée avec de l'eau de baryte, on obtient, en concentrant la dissolution, le composé $Al^2O^3 . 2BaO, 5H^2O$. Ce corps, dissous dans 15 parties d'eau et abandonné à une cristallisation lente, fournit au bout de plusieurs semaines le sel $Al^2O^3 . BaO, 7H^2O$.

L'aluminate $Al^2O^3 . 2BaO, 5H^2O$, bouilli avec 10 parties d'hydrate de baryte, donne des cristaux renfermant $Al^2O^3 . 3BaO$ et une quantité d'eau variable, comprise entre 7 et 11 H^2O.

En ajoutant de l'eau de baryte à du chlorure d'aluminium jusqu'à redissolution du précipité qui se produit d'abord, et en portant le liquide à l'ébullition, on obtient par refroidissement des croûtes cristallines renfermant

$$Al^2O^3 . BaO . 3BaCl^2, 6H^2O.$$

avec les chlorure, bromure et iodure de baryum, on peut obtenir, par l'évaporation des solutions, des sels répondant à peu près aux formules :

$$Al^2O^3 . BaO . BaCl^2, 11H^2O,$$
$$Al^2O^3 . BaO . BaBr^2, 11H^2O,$$
$$Al^2O^3 . BaO . BaI^2, 11H^2O.$$

Chlorure d'aluminium. — MM. Friedel et Crafts ont fait connaître [*C. R.*, **106**, 1764] plusieurs propriétés nouvelles de ce sel. Il peut être obtenu en gros cristaux limpides et incolores, en chauffant du chlorure du commerce, préalablement sublimé, dans des tubes scellés, avec addition d'aluminium métallique.

Il se volatilise sans fondre sous la pression ordinaire, mais il fond au contraire facilement sous une pression élevée. Le point de fusion réel est situé entre 186 et 190°.

Points d'ébullition sous différentes pressions

Pressions en millimètres de mercure.	Points d'ébullition.	Pressions en millimètres de mercure.	Points d'ébullition.
252,1	167°,8	755,4	182°,7
311,4	170°,4	1793,4	204°,2
316,5	171°,9	2016,1	207°,5
430,7	175°,7	2277,5	213°,0

Les divers travaux sur la densité de vapeur du chlorure [Friedel et Crafts, *loc. cit.* — Nilson et Pettersson, *Zeit. phys. Chem.*, **1**, 459 et **4**, 206. — V. Meyer, *D. chem. G.*, **21**, 701] tendent à assigner au chlorure d'aluminium la formule $AlCl^3$, au moins au-dessus de 800° (voyez notamment ce qui est dit plus haut au sujet de la valence de l'aluminium). La densité de vapeur se rapproche beaucoup de 9,20 vers 400°, pour décroître sensiblement jusqu'à 4,6 à 800°. Au-dessus de 1000° le chlorure d'aluminium commence à se décomposer en dégageant du chlore [Meyer et Züblin, *D. chem. G.*, **13**, 811].

Lorsqu'on chauffe de l'aluminium avec du chlorure, en tube scellé, à la température d'ébullition du soufre, l'aluminium est fortement attaqué; il se recouvre d'une matière brune, et les parois du tube se trouvent enduites, bien au-dessus de la portion renfermant le métal, d'une substance grise qui décompose l'eau et qui renferme de l'aluminium, du silicium et du chlore [Friedel et Roux, *C. R.*, **100**, 1191]. Cette substance paraît être un sous-chlorure d'aluminium mélangé de silicium amorphe.

L'aluminium brûle dans un mélange de chlore et d'oxygène en donnant des oxychlorures de composition variable, renfermant au plus 2 atomes de chlore pour 1 atome d'oxygène. Ces oxychlorures sont cristallins, agissent sur la lumière polarisée et perdent du chlore au rouge [Hautefeuille et Perrey, *C. R.*, **100**, 1219].

Le chlorure d'aluminium anhydre pur ne conduit pas l'électricité, même à l'état de fusion [Hampe, *Chem. Zeit.*, 1887, 934].

Préparation du chlorure d'aluminium anhydre. — M. Faure [*C. R.*, **107**, 339] propose de faire passer un mélange d'acide chlorhydrique gazeux et de vapeurs de naphtalène sur l'alumine ou sur la bauxite chauffées au rouge; le mélange d'acide et d'hydrocarbure ne donne aucun dépôt de charbon et permettrait la préparation à peu de frais. M. Warren [*Chem. News*, **55**, 192] conseille un mélange de vapeur de pétrole et de gaz chlorhydrique.

M. C. Mabery [*D. chem. G.*, **22**, 2658] fait passer un courant de gaz chlorhydrique sur un des alliages de cuivre et d'aluminium qu'on trouve facilement dans le commerce. Un alliage renfermant plus de 14 0/0 d'aluminium peut être pulvérisé facilement. On le mélange avec un peu de charbon de bois et on fait passer le courant de gaz.

Ce procédé, relativement peu intéressant en ce qui concerne le chlorure, peut être appliqué heureusement pour la préparation du bromure.

Un nouveau mode de formation du chlorure d'aluminium a été indiqué par M. L. Meyer [*D. chem. G.*, **20**, 681]. On peut l'obtenir en faisant passer de la vapeur de tétrachlorure de carbone, entraînée par un courant d'azote sec, sur de l'alumine chauffée au rouge.

Chlorure d'aluminium hydraté. — Par cristallisation dans l'eau ou dans l'acide chlorhydrique, on obtient uniquement le sel

$$Al^2Cl^6, 12H^2O$$

qui ne perd aucune trace d'eau de cristallisation dans le vide et sur l'acide sulfurique concentré [Sabatier, *Bull. Soc. Chim.*, (3), **1**, 90]. D'après le même auteur, 100 parties de solution saturée contiennent :

à 19°,4,	28,8 parties	Al^2Cl^6;	d = 1,27.
30°,3,	30,5 —	—	d = 1,29

100 parties d'eau dissolvent :

à 19°,4,	108,6 parties	$Al^2Cl^6, 12H^2O$.
30°,3,	132 —	—

M. G. Neumann [*Ann. Chem.*, **244**, 329] a obtenu une fois le sel $Al^2Cl^6 . 4KCl . 2H^2O$ en dissolvant à saturation et à chaud du chlorure d'aluminium dans de l'acide chlorhydrique fumant, et en ajoutant à la solution du chlorure de potassium : après filtration sur du coton de verre et refroidissement, le chlorure double s'est déposé en octaèdres adamantins déliquescents.

Chlorures basiques d'aluminium. — Les sels basiques d'aluminium jouent un grand rôle dans la teinture et dans la préparation des mordants. Dans une importante étude sur les sels basiques d'aluminium appliqués à la teinture, MM. Liechti et Suida ont étudié tant l'action de la fibre sur les sels d'aluminium que les conditions de décomposition des sels basiques en dissolution sous l'influence de la chaleur [*Soc. chem. Ind.*, **2**, 539].

En ce qui concerne les chlorures d'aluminium, les auteurs ont préparé des dissolutions correspondant aux sels suivants :

$$Al^2Cl^6,$$
$$Al^2Cl^5(OH),$$
$$Al^2Cl^4(OH)^2,$$
$$Al^2Cl^3(OH)^3,$$
$$Al^2Cl^2(OH)^4.$$

Contrairement à ce qui se passe avec les dissolutions des sulfates d'aluminium correspondants, aucune de ces dissolutions n'est décomposable par la chaleur, ni par la dilution avec l'eau.

L'hydrate d'alumine se dissout dans le chlorure d'aluminium jusqu'à la quantité correspondant au sel basique $Al^2Cl^4(OH)^2$. Les autres dissolutions se préparent en ajoutant des quantités convenables de carbonate de sodium.

Ces recherches n'ont pas permis toutefois d'isoler les sels basiques dont il s'agit et les formules qui viennent d'être indiquées ont un caractère quelque peu conventionnel.

BROMURE D'ALUMINIUM. — Sa chaleur de dissolution est de 180 calories et non de 170 [Gustavson, *D. chem. G.*, **18**, *Ref.*, 208].

Le bromure d'aluminium pur ne conduit pas l'électricité [Hampe, *Chem. Zeit.*, 1887, 934].

Le bromure double, $Al^2Br^6 . 2KBr$ [Weber, *Pogg. Ann.*, **103**, 267], se prépare en chauffant en tube scellé un mélange des deux sels constituants. C'est une masse translucide.

IODURE D'ALUMINIUM. — Ce sel se dissout à la température ordinaire dans le triple de son poids de sulfure de carbone [Gustavson, *D. chem. G.*, **14**, 1705].

L'iodure double, $Al^2I^6 . 2KI$ [Weber, *Pogg. Ann.*, **103**, 267], se prépare comme le bromure double. Il fond aisément et on peut le chauffer sans le décomposer bien au-dessus du point de fusion de l'iodure d'aluminium.

FLUORURE D'ALUMINIUM. — D'après M. Hampe [*Chem. Zeit.*, **13**, 1], l'aluminium se dissoudrait dans la cryolithe au rouge en donnant naissance à un sous-fluorure $AlFl^2 . 2NaFl$ très bien caractérisé. [Voir aussi, sur l'action de l'aluminium sur la cryolithe à différentes températures, *Chem. Zeit.*, **13**, 29, 50, 162.]

Le chlorure de sodium ne décompose pas la cryolithe : à aucune température on ne constate la formation de chlorure d'aluminium suivant l'équation

$$Al^2Fl^6 . 6NaFl + 6NaCl = 12NaFl + Al^2Cl^6.$$

Il n'en est pas de même des chlorures de baryum et de calcium :

$$Al^2Fl^6 . 6NaFl + 3CaCl^2 = 6NaCl + Al^2Fl^6 . 3CaFl^2$$

M. Hampe a étudié également (*loc. cit.*) l'action du courant électrique sur la cryolithe.

Préparation du fluorure d'aluminium. — M. Grabau fait agir le sulfate d'aluminium sur la cryolithe et évapore la solution à sec :

$$(SO^4)^3Al^2 + Al^2Fl^6 + 6NaFl$$
$$= 2Al^2Fl^6 + 3SO^4Na^2.$$

On lessive le résidu et le fluorure d'aluminium reste à l'état insoluble.

La cryolithe sert aujourd'hui de base à plusieurs procédés de fabrication de l'aluminium (voir ci-dessous) et son mode de préparation est l'objet de plusieurs brevets.

NITRATE D'ALUMINIUM, $Al^2(AzO^3)^3, 2H^2O$. — Il cristallise dans l'acide nitrique concentré ; il se décompose par la chaleur en laissant pour résidu de l'alumine [Ditte, *C. R.*, **89**, 643].

PHOSPHATES D'ALUMINIUM. — *Orthophosphate* [de Schulten, *C. R.*, **98**, 1583]. En ajoutant de l'acide phosphorique à de l'aluminate de sodium concentré jusqu'à réaction franchement acide et en chauffant le mélange sous pression à 250°, on obtient le sel $(PO^4)^2Al^2$ en prismes hexagonaux d'une densité de 2,59. Ils sont infusibles au rouge, insolubles dans les acides chlorhydrique et nitrique, difficilement solubles dans l'acide sulfurique concentré.

MM. Hautefeuille et Margottet [*C. R.*, **106**, 135], en chauffant des dissolutions d'alumine dans l'acide phosphorique, ont obtenu :

à 100°, le sel $Al^2O^3 . 3P^2O^5, 6H^2O$ (prismes incolores) ;

à 150-200°, $Al^2O^3 . 3P^2O^5, 4H^2O$ (aiguilles) ;

au-dessus de 200°, $Al^2O^3 . 3P^2O^5$ (tétraèdres réguliers).

Métaphosphate [Hautefeuille et Margottet, *C. R.*, **96**, 849, 1142]. — Ce sel s'obtient en traitant l'alumine par l'acide métaphosphorique fondu. Il cristallise mal, parce que les cristaux se ramollissent à la température nécessaire pour maintenir l'acide métaphosphorique en fusion. On détermine sa cristallisation en ajoutant à l'acide métaphosphorique une petite quantité de phosphate triargentique, qui donne de la fusibilité à la masse : on l'obtient ainsi en cristaux pseudocubiques exempts d'argent.

Mais si le phosphate triargentique se trouve en proportions un peu notables dans le bain en fusion, on obtient avec le métaphosphate d'aluminium des cristaux biréfringents, ayant une action très vive sur la lumière polarisée : ces derniers se forment à l'exclusion de ceux de métaphosphate lorsqu'on ajoute 2 parties d'alumine dans un bain formé de 4,6 parties d'acide métaphosphorique et de 8 parties de phosphate triargentique. On arrive encore au même résultat en traitant directement les cristaux de métaphosphate d'aluminium par 3 fois environ leur poids de phosphate triargentique. Les cristaux ainsi obtenus sont incolores, d'une transparence parfaite, et dérivent d'un prisme orthorhombique. Leur formule est $2Al^2O^3 . Ag^2O . 4P^2O^5$.

Un léger excès d'acide métaphosphorique donne naissance à des cristaux clinorhombiques de *pyrophosphate d'aluminium* $Al^2O^3 . 2P^2O^5$, exempts d'argent, tandis qu'un excès de phosphate triargentique transforme les cristaux primitifs ou ceux de pyrophosphate en octaèdres aigus qui semblent dériver d'un prisme clinorhombique, et qui répondent à la formule $2Al^2O^3 . 3P^2O^5$.

SILICATES D'ALUMINIUM. — *Silicate double d'aluminium et de sodium* [Gorgeu, *Ann. Chim. Phys.*, (6), **10**, 145]. — Si on chauffe au rouge-cerise un mélange intime de 4 parties de kaolin hydraté et de 3 parties de sel marin pur, on obtient un silicate double d'aluminium et de sodium, de la formule

$$2SiO^2 . Al^2O^3 . Na^2O.$$

ce silicate est amorphe et contient quelques centièmes de sel haloïde.

On obtient un sel cristallisé si on le produit au sein d'une masse fondue d'iodure de sodium. Ce silicate neutre ioduré renferme au moins $\frac{1}{4}$ à $\frac{1}{3}$ d'équivalent d'iodure, combiné à 1 équivalent de silicate correspondant à une nouvelle décomposition du carbonate alcalin.

Le produit de la première réaction est amorphe; celui de la deuxième est composé de petits octaèdres; sa composition semble devoir être représentée par la formule

$$SiO^2 . Al^2O^3 . Na^2O.$$

Il se distingue du silicate double neutre par sa solubilité dans les solutions alcalines caustiques.

Silicate double neutre d'aluminium et de potassium [Gorgeu, *ibid.*]. — Pour le préparer, il est préférable d'avoir recours à l'iodure de potassium; on mélange une partie de kaolin pur avec 2 fois son poids d'iodure et on chauffe pendant 2 heures dans un creuset de platine muni d'un couvercle à larges bords rabattus. Ce silicate

$$2 SiO^2 . Al^2O^3 . K^2O$$

est amorphe, insoluble dans l'eau et contient à l'état de combinaison 2 0/0 d'iodure.

Ces silicates doubles sont tous solubles dans les acides chlorhydrique et nitrique étendus et ne se dissolvent pas dans les solutions alcalines ou carbonatées. Ils sont infusibles ou difficilement fusibles au rouge vif.

Lorsqu'on chauffe au contact de l'air humide un mélange intime de kaolin hydraté et de 10 parties de carbonate de potassium pur, on observe un dégagement de gaz à la température du rouge-cerise; si l'on continue à chauffer le mélange jusqu'au rouge blanc, on constate un nouveau dégagement gazeux.

Si l'on chauffe au rouge-cerise une certaine quantité de kaolin, $2SiO^2 . Al^2O^3 , 2H^2O$, avec 13 parties de carbonate de sodium pur et sec, on observe, comme avec le carbonate de potassium, un premier dégagement de gaz carbonique; au rouge-orangé, la seconde réaction se traduit par un nouveau dégagement correspondant à la décomposition du carbonate.

Ces deux opérations, menées lentement jusqu'à ce que tout dégagement gazeux ait cessé, fournissent chacune des produits fondus qui, traités par 100 parties d'eau froide, laissent insolubles des silicates doubles de composition différente.

Le premier de ces silicates donne à l'analyse des chiffres correspondant à peu près à la formule

$$3 SiO^2 . 2 Al^2O^3 . 3 Na^2O.$$

Le deuxième silicate double sodique se rapproche de la composition

$$SiO^2 . Al^2O^3 . Na^2O.$$

L'action de la soude fondue sur le kaolin est très rapide; on obtient, en opérant avec précaution, des résidus insolubles contenant de jolis octaèdres.

Si on remplace le kaolin par des mélanges équivalents de silice et d'alumine, on obtient des résultats moins nets.

Le travail de M. Gorgeu, entrepris en vue de déterminer le mode de décomposition du sel marin par l'argile et la préparation directe de l'acide chlorhydrique et du chlore, a jeté beaucoup de lumière sur une partie mal connue de la chimie des silicates d'aluminium.

Silicate d'aluminium et d'argent. — En chauffant à la température des fours à outremer un mélange intime de kaolin et de carbonate de sodium en quantités équivalentes, on obtient le silicate

$$Na^2Al^2Si^2O^8.$$

En chauffant ce silicate à 150° dans un courant de gaz chlorhydrique, on ne parvient à éliminer qu'un tiers du sodium à l'état de chlorure soluble.

Si on le chauffe sous pression avec une solution concentrée d'azotate d'argent, on n'élimine également qu'un tiers du sodium :

$$3 Na^2Al^2Si^2O^8 + 2 AzO^3Ag$$
$$= Na^4Ag^2Al^6Si^6O^{24} + 2 AzO^3Na.$$

Ce silicate argentique perd à son tour la moitié de l'argent qu'il contient quand on le chauffe avec du chlorure de sodium.

Si l'on traite par l'azotate d'argent un silicate plus riche en soude, préparé en chauffant le kaolin avec le double de la quantité de carbonate de sodium indiquée plus haut, on obtient un silicate double d'alumine et d'argent,

$$Ag^4Al^2Si^2O^9,$$

poudre jaune-serin [Silber, *D. chem. G.*, **14**, 941].

Séléniates d'aluminium. — On connaît les combinaisons du séléniate d'aluminium avec les séléniates de potassium, de sodium, de césium, de rubidium, de thallium, d'ammonium, d'éthylamine, de diéthylamine, de triéthylamine, de méthylamine, de propylamine.... Tous ces composés répondent à la formule

$$Al^2O^3 . 3 SeO^3 , M^2O . SeO^3 , 2 H^2O$$

[Fabre, *C. R.*, **105**, 104].

Sulfocyanates basiques [Hauff, *D. chem. G.*, **24**, *Ref.*, 327]. — En dissolvant de l'alumine dans du sulfocyanate neutre d'aluminium et en chauffant très lentement, on peut obtenir le sel $Al^8(CAzS)^3(OH)^{12}$. Ce produit peut être desséché et reste entièrement soluble dans l'eau. Il est destiné au mordançage.

Sulfure d'aluminium et de potassium. — Contrairement aux indications de Deville [*C. R.*, **43**, 971], M. Gratama [*D. chem. G.*, **17**, 249] n'a pu préparer ce sel en chauffant au rouge un mélange d'alun et de charbon de sucre dans un bain de vapeur de soufre, ni même à la température de fusion de l'or.

Sulfates d'aluminium. — D'après M. P. Marguerite-Delacharlonny [*Ann. Chim. Phys.*, (6), **1**, 425], le véritable hydrate type a pour formule

$$Al^2O^3 . 3 SO^3 , 16 H^2O.$$

Cet hydrate a fait l'objet d'une étude approfondie; il cristallise en prismes orthorhombiques fortement aplatis suivant g^1 avec les faces m h^1 a^1 à peine développées; il n'attire pas l'humidité de l'air; il présente au contraire une tendance à l'efflorescence. Le sulfate renfermant un excès d'acide est au contraire hygroscopique.

Le sulfate d'aluminium trouvé par Boussingault dans l'Amérique méridionale présente une composition analogue, et le type

$$Al^2O^3 . 3 SO^3 , 16 H^2O$$

paraît être le type normal que l'industrie doit tendre à préparer uniquement.

La dissolution de sulfate neutre d'aluminium, évaporée à 35° B, cristallise; il convient de ne pas laisser la cristallisation se faire en masse.

Lorsqu'on traite une solution de sulfate d'aluminium par l'acide sulfurique concentré, il se produit un précipité dont la composition varie suivant la proportion d'acide employée. On a décrit les deux sels

$$(SO^4)^3Al^2 . 2SO^4H^2 . 10H^2O$$

et

$$(SO^4)^3Al^2 , 22H^2O$$

[Jeremin, *D. chem. G.*, **21**, *Ref.*, 591].

Densité des solutions de sulfate d'aluminium. — On doit à M. Reuss [*D. chem. G.*, **17**, 2888] la détermination des densités des solutions du sulfate d'aluminium pur et du sulfate d'aluminium préparé avec l'alunite, qui renferme toujours du sulfate de potassium.

Le tableau suivant donne la densité des solutions et la teneur correspondante en sulfate anhydre à différentes températures :

	Solutions de	
$(SO^4)^3Al^2$ 0/0.	Sulfate pur.	Sulfate du commerce.
	t = 15°.	
1	1,017	1,069
2	1.027	1,0141
3	1,037	1,0221
4	1,047	1,0299
5	1.0569	1,0377
6	1,0670	1,0416
7	1,0768	1,0481
8	1,0870	1,0592
9	1,0968	1,0650
10	1,1071	1,0730
11	1.1171	1,0794
12	1.1270	1,0860
13	1,1369	1,0960
14	1.1467	1,1059
15	1,1574	1,1097
16	1.1668	1,1169
17	1,1770	1,1199
18	1,1876	1,1269
19	1,1971	1,1339
20	1,2074	1,1440
21	1,2168	1,1488
22	1,2274	1,1589
23	1,2375	1,1628
24	1,2473	1,1689
25	1,2572	1,1798
	t = 25°.	
5	1.0503	1,033
10	1,1022	1,0689
15	1.1522	1,1034
20	1.2004	1,1381
25	1,2483	1,1743
	t = 35°.	
5	1 045	1,0270
10	1,006	1,0027
15	1,146	1,0974
20	1,192	1,1313
25	1,2407	1,1660
	t = 45°.	
5	1.0356	1,0179
10	1,0850	1,0534
15	1,1346	1,0871
20	1.1801	1,1215
25	1.2295	1,1563

Ces tables ont un intérêt spécial pour les fabricants d'alun. Si à une solution contenant 7 0/0 de sulfate d'aluminium on ajoute 1 0/0 de sulfate de potassium, il se produit encore un dépôt d'alun; avec 6 0/0 il ne s'en produit plus. La densité d'une solution renfermant 6 0/0 de sulfate d'aluminium et 1 0/0 d'acide sulfurique est de 1,083; avec 5 0/0 de sulfate d'aluminium et 1 0/0 d'acide sulfurique on a d = 1,063. Il est donc inutile pour le fabricant d'ajouter du sulfate de potassium dans une solution renfermant moins de 7 0/0 de sulfate d'aluminium.

D'après MM. Nilson et Pettersson [*D. chem. G.*, **13**, 1459], le sulfate d'aluminium anhydre a pour poids spécifique 2,710; pour chaleur spécifique 0,1855; pour chaleur moléculaire 63,59 et pour volume moléculaire 126,50.

Sulfates basiques d'aluminium. — En dissolvant la quantité voulue d'alumine dans le sulfate neutre, en traitant le sulfate neutre par le zinc, en chauffant avec soin l'alun de potasse ou l'alun d'ammoniaque, on obtient toujours le sel $Al^2O^3 . 2SO^3 , 12H^2O$ [Margueritte, *C. R.*, **90**, 1354]. Une solution saturée de ce sel à 15° en renferme 45 0/0.

En chauffant vers 250° une solution à 3 0/0 de sulfate neutre d'aluminium, on obtient un sulfate basique $4SO^3 . 3Al^2O^3 , 9H^2O$ en petits rhomboèdres transparents, incolores, ressemblant beaucoup à des cubes [Athanasesco, *C. R.*, **103**, 271].

Un mélange d'eau, de sulfate neutre d'aluminium et de chlorure de sodium, chauffé pendant 2 heures à 130-140°, donne un précipité pulvérulent blanc renfermant

$$Al^2O^3 . SO^3 , 6H^2O,$$

insoluble dans l'eau et dans l'acide acétique [Böttinger, *Ann. Chem.*, **244**, 224]. Ce sel ne perd que 2 molécules d'eau au rouge sombre.

M. S. U. Pickering [*D. chem. G.*, **15**, 1189] n'a pas réussi à obtenir de sulfates basiques de composition constante.

Sulfate double d'aluminium et de plomb

$$PbAl^2(SO^4)^5 , 20H^2O$$

[Bailey, *Soc. chem. Ind.*, **6**, 415]. — Ce sel a été obtenu accidentellement en beaux cristaux octaédriques par le refroidissement d'une solution renfermant de l'alun, de l'acétate et du nitrate de plomb.

Fabrication du sulfate d'aluminium. — La fabrication du sulfate d'aluminium s'est considérablement développée; la séparation du fer, dont la présence est très gênante dans une foule d'emplois, fait l'objet d'un nombre considérable de brevets. Dans certains cas, les sulfates ferrugineux sont traités par le zinc, qui ramène le fer au minimum sans l'éliminer [voir sur ce traitement : Debray, Réflexions sur la fabrication du sulfate d'alumine, *Mon. Scient.*, 1882, 75].

On a cherché à enlever l'oxyde de fer que renferme la bauxite en traitant le minerai simplement pulvérisé par les acides étendus, spécialement par l'acide oxalique, qui le dissout très bien; les résultats sont imparfaits, même si l'on cherche à réduire au préalable l'oxyde de fer à l'état métallique par un chauffage dans des gaz réducteurs.

En Angleterre, on traite aujourd'hui les produits de l'attaque de la bauxite, amenés en dissolution, par l'acide arsénieux, qui précipite le fer; on termine par une addition de ferrocyanure de calcium et de sulfate de zinc (procédés Chadwick et Kynaston).

M. Newland obtient des produits très purs, renfermant seulement 0,082 0/0 de fer, en traitant au filtre-presse le produit de l'évaporation des dissolutions de sulfate d'aluminium brut; le fer reste dans les eaux mères; les produits de second jet sont traités une deuxième fois [sur la fabrication du sulfate d'aluminium, voyez Newland, *Soc. chem. Ind.*, **1**, 125].

M. C. Fahlberg a signalé [*Soc. chem. Ind.*, **1**, 275] la propriété du bioxyde de plomb qui, digéré avec une dissolution de sulfate d'aluminium ferrugineux, précipite la totalité du fer. Le bioxyde de plomb ferrugineux peut être revivifié par un traitement à l'acide sulfurique étendu. Le procédé est appliqué en grand à Philadelphie.

Le bioxyde de manganèse se comporte d'une façon analogue. M. Spence Glaser [*D. chem. G.*, **16**, 2325] recommande l'acide stannique.

Sulfite d'aluminium. — On chauffe une solution concentrée de sulfite de sodium avec du sulfate d'aluminium; par le refroidissement, le sulfate de sodium cristallise, le sulfite d'aluminium reste en solution [Manzoni, *Gazz. chim. ital.*, **14**, 360]. H. Gall.

ALUMINIUM (ANALYSE). — SÉPARATION DE L'ALUMINE ET DE L'OXYDE FERRIQUE.

Par la triméthylamine. — On sépare aisément les deux oxydes en utilisant la solubilité de l'alumine dans la triméthylamine; il se forme très probablement un aluminate de triméthylamine. L'oxyde de fer insoluble est séparé par filtration [Vignon, *C. R.*, **100**, 639].

Par le nitroso-β-naphtol. — Les sels ferreux et ferriques sont précipités par le nitroso-β-naphtol en solution acétique, tandis que l'alumine reste en solution : la solution des sels ferrique et aluminique, suffisamment concentrée, est neutralisée par l'ammoniaque, puis additionnée d'acide acétique à 50 0/0 et d'un excès de solution de nitroso-naphtol dans le même acide. Après 6 ou 8 heures, on recueille le précipité, on le lave avec de l'acide acétique faible, puis avec de l'eau; on le sèche et on le calcine dans un petit creuset de porcelaine; pour empêcher qu'il ne déflagre, on ajoute un peu d'acide oxalique pur; quant à l'alumine, elle se trouve en totalité dans la liqueur filtrée. La méthode n'est pas applicable en présence des phosphates [Ilinski et de Knorre, *D. chem. G.*, **18**, 2728; *Bull. Soc. Chim.*, (2), **46**, 510].

Par l'électrolyse [Classen et Ludwig, *D. chem. G.*, **18**, 1795; *Bull. Soc. Chim.*, (2), **45**, 892]. — On opère en présence d'un assez grand excès d'oxalate d'ammonium avec un courant de faible intensité (1 ½ ampère environ), en ayant soin de ne pas laisser la température s'élever; on sépare ainsi l'aluminium du fer, du cobalt, du nickel et du zinc. Si on laisse se prolonger outre mesure la durée de l'électrolyse, l'aluminium se précipite à l'état d'hydrate d'alumine, *jamais à l'état de métal;* dans ce cas, il devient nécessaire de rajouter de l'acide oxalique jusqu'à dissolution de l'hydrate d'alumine [A. Classen, *Quant. chem. Analyse durch Electrolyse.* Berlin, 1886]. Les résultats sont très précis, malgré les assertions contradictoires de M. Wielandt [*D. chem. G.*, **17**, 1611 et 2931].

DOSAGE VOLUMÉTRIQUE DE L'ALUMINIUM. — M. J. Bayer indique [*Zeit. anal. Chem.*, **24**, 542] une méthode très simple de dosage de l'aluminium, qui peut être appliquée à l'analyse des aluns, sulfates d'alumine du commerce, ainsi qu'aux fabrications d'aluminate de sodium, dont la surveillance est facilitée. On additionne le sel d'aluminium d'une quantité de soude caustique suffisante pour amener l'alumine à l'état d'aluminate de sodium; quand il s'agit d'un aluminate alcalin, toute addition est superflue. On détermine sur deux portions égales du liquide la quantité d'acide normal nécessaire pour rougir le tournesol et la tropéoline; dans le premier cas, l'acide agit uniquement sur la base qui tient l'alumine en solution ($Al^2O^3 . nNa^2O$); dans le second cas, on sature également l'alumine; le nombre de centimètres cubes qui exprime la différence des deux titrages, multiplié par 0gr,01713 Al^2O^3 (Al=27,5), donne la teneur en alumine. La solution doit être exempte de métaux susceptibles de se combiner avec la soude (Sn, Zn, Pb, Sb, Cd). Il convient de tenir compte de ce fait dans l'examen des produits du commerce, qui renferment fréquemment du zinc. Dans le traitement des solutions d'aluminate, on trouve des résultats plus exacts que par les méthodes industrielles actuelles, dans lesquelles la silice, l'acide chromique, etc., sont précipités par l'ammoniaque et pesés avec l'alumine.

On dose l'acide sulfurique libre dans les sulfates d'alumine en titrant en présence de la tropéoline, qui jaunit dès que l'acide libre est saturé par l'alcali. H. Gall.

ALUMINIUM (INDUSTRIE). — Les procédés de fabrication décrits dans le Dictionnaire et dus à H. Sainte-Claire Deville ont été employés exclusivement jusqu'en ces dernières années, et le prix de revient resté relativement élevé n'avait pas permis de développer les applications de l'aluminium. Depuis quelque temps, il s'est créé, grâce à des efforts et à des sacrifices considérables, une métallurgie de l'aluminium. On ne saurait décrire ni même énumérer ici les nombreuses tentatives qui ont eu pour objet la mise en liberté du « métal de l'argile », dont la consommation était restée peu importante (3 à 4000 kilogr. par an); on se bornera à indiquer brièvement les traits caractéristiques des procédés qui fonctionnent actuellement.

Ils se divisent en deux classes : 1° procédés purement chimiques; 2° procédés électrolytiques.

PROCÉDÉS CHIMIQUES.

Il convient de faire entièrement abstraction des procédés de traitement de l'alumine par le charbon, etc. La chaleur d'oxydation de l'aluminium paraît être la plus considérable de celles qui aient été déterminées et aucune des réactions proposées n'a pu jusqu'ici être mise en pratique. Le charbon ne semble susceptible de réduire l'alumine que sous l'influence de l'énergie électrique (voy. ci-dessous).

On a fondé en Angleterre deux usines importantes pour la fabrication de l'aluminium par le sodium, qui est resté l'agent le plus économique de réduction des sels d'aluminium. Les procédés spéciaux à chacun de ces établissements, qui portent le nom des inventeurs, MM. Castner et Netto, s'appliquent au traitement, l'un du chlorure double d'aluminium et de sodium, l'autre du fluorure double ou cryolithe; le coût du sodium est un des facteurs les plus importants du prix de revient de l'aluminium préparé par voie chimique.

PROCÉDÉ CASTNER. — Ce procédé, qui est exploité à Oldbury, près de Birmingham, présente plusieurs avantages, qui résident particulièrement dans la préparation du sodium. On trouvera à l'article SODIUM la description de la nouvelle méthode de fabrication de ce métal, qui repose sur le principe suivant : La décomposition du carbonate de sodium exigeant une température très élevée, ce produit est remplacé par la soude caustique, qui est décomposée entre 800 et 1000° par le charbon, suivant la réaction

$$3\,NaOH + C = CO^3Na^2 + 3\,H + Na.$$

Le charbon qui flotterait à la surface est, en réalité, remplacé par un carbure de fer préparé spécialement. L'opération est effectuée dans de grands creusets en fer, qui sont montés ou enlevés mécaniquement dans une chambre chauffée très régulièrement à 1000° par des gaz de gazogène.

Pour la préparation du chlorure double, on attache une grande importance à la régularité de l'arrivée du chlore. A cet effet, ce gaz est recueilli dans des gazomètres en plomb et envoyé sur un mélange d'alumine, de charbon et de sel, placé dans des cornues horizontales de 3m,60 de longueur, également chauffées au gaz; le mélange alumineux est déshydraté dans l'appareil même avant l'arrivée du chlore.

Le mélange est broyé mécaniquement dans un moulin analogue à ceux qui servent à fabriquer les tuyaux de drainage, et sort de l'appareil moulé en cylindres agglomérés, qui sont coupés en morceaux de 7 centimètres. Le chlorure double est condensé dans des chambres construites en briques.

Quelle que soit la pureté des matières premières, le chlorure double obtenu renferme toujours du fer, qui lui communique une couleur jaune-brun : il est pratiquement impossible, vu l'attaque des terres réfractaires par le chlore, de descendre au-dessous de 0,4 0/0 de fer. Comme il faut pratiquement 10 fois le poids de l'aluminium en chlorure double, le métal obtenu est toujours ferrugineux.

Un traitement spécial du chlorure double permet de le débarrasser complètement du fer et de traiter des produits renfermant jusqu'à 1,5 0/0 de fer. On le fond avec une petite quantité de poudre d'aluminium ou de sodium : la teneur en fer descend à 0,01 et on obtient des produits absolument purs, de couleur blanche ou grisâtre (une certaine quantité de produit ainsi purifié a figuré à l'Exposition de 1889).

D'après MM. Roscoë et Baker, le véritable point de fusion du chlorure double d'aluminium et de sodium serait compris entre 125 et 130°, et non entre 170 et 180° comme on l'admet généralement.

Le traitement du chlorure double par le sodium s'effectue suivant les indications de Deville, mais avec les perfectionnements d'ordre mécanique que comporte le développement à l'échelle vraiment industrielle d'un procédé de laboratoire. Le chlorure pur est mélangé à la cryolithe dans la proportion de 2 à 1 : le sodium est coupé, à l'aide d'une machine semblable à la machine à couper le tabac, en petites tranches minces. Le tout est mélangé dans un cylindre tournant et enfin introduit rapidement dans un four à réverbère chauffé au gaz et porté au préalable à la température nécessaire à la réaction.

Les charges sont de 1200 livres anglaises (environ 550 kilogrammes) de chlorure double pur, 600 livres de cryolithe et 150 livres de sodium.

Le métal obtenu titre au moins 99 0/0 d'aluminium pur.

Les améliorations dues à M. Castner, qui a d'ailleurs rendu hommage aux travaux de Deville, en nommant son procédé Deville-Castner, portent principalement sur deux points : la préparation du sodium à basse température à l'aide de la soude caustique et la préparation du chlorure double. Ces deux innovations remarquables ne nous paraissent pas suffire pour permettre la vulgarisation des emplois de l'aluminium ; la nécessité de la préparation forcément coûteuse du chlorure double reste tout particulièrement le point faible de ce mode de fabrication, arrivé certainement au plus haut point de perfectionnement. [Sur les détails du procédé, voyez *Mon. Scient.*, 1889, 972.]

Procédé Netto. — Le procédé Netto, exploité par l'*Alliance Aluminium Company* à Wallsand près Newcastle, repose, comme le précédent, sur l'emploi du sodium pour la mise en liberté de l'aluminium ; par contre, le sel d'aluminium traité n'est pas le chlorure double, mais bien le fluorure double d'aluminium et de sodium (cryolithe), dont la préparation industrielle semble susceptible de devenir bientôt très réalisable. Les efforts tentés dans cette voie offrent un intérêt d'autant plus grand que la cryolithe semble devoir être également le point de départ de la préparation électrolytique de l'aluminium pur (voyez ci-dessous). Une grande diminution du prix de revient de ce produit nous paraît être plus probable que pour le chlorure double.

I. *Préparation de la cryolithe.* — M. Netto cherche à utiliser, pour la décomposition du sulfate d'aluminium, le fluorure de sodium qui constitue la scorie résultant du traitement de la cryolithe par le sodium.

$$12\,NaFl + (SO^4)^3Al^2 = Al^2Fl^6 . 6\,NaFl + 3\,SO^4Na^2.$$

On fond la scorie avec du sulfate d'aluminium déshydraté et on la lessive pour l'élimination du sulfate de sodium, tandis que le fluorure double aluminique reste insoluble. Le point de départ de la fabrication est donc le sulfate d'aluminium [*Mon. Scient.*, 1889, 1373].

M. Grabau prépare directement la cryolithe à l'aide du spath fluor, en passant par un fluosulfate d'aluminium et par le fluorure de sodium, conformément à la réaction indiquée autrefois par M. Friedel [*Bull. Soc. Chim.*, (2), **24**, 241].

On prépare d'abord le fluosulfate en chauffant pendant un certain temps une solution de sulfate d'aluminium avec du spath fluor ; le fluosulfate entre en solution [Grabau, *Zeit. f. angew. Chem.*, 1889, 491] :

$$(SO^4)^3Al^2 + 2\,CaFl^2 = Al^2Fl^4(SO^4) + 2\,SO^4Ca.$$

Le fluosulfate est ensuite additionné de fluorure de sodium provenant de la fabrication de l'aluminium par le sodium (ou préparé spécialement dans le cas du traitement électrolytique). On élimine ainsi l'acide sulfurique à l'état de sulfate de sodium :

$$3\,Al^2Fl^4(SO^4) + 6\,NaFl = 3\,Al^2Fl^6 + 3\,SO^4Na^2.$$

La préparation de la cryolithe artificielle ne saurait réussir qu'avec le concours d'un contrôle analytique très précis.

II. *Traitement de la cryolithe par le sodium.* — M. Netto prepare le sodium par un pro-

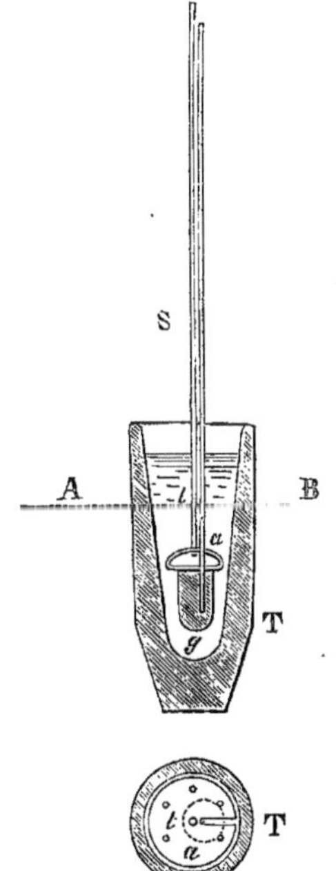

Fig. 22. — Appareil à mouler le sodium.

cédé spécial, qui paraît être un perfectionnement du procédé Castner. Ce procédé sera décrit à l'article SODIUM. Il ne semble pas possible de se

Fig. 23. — Introduction du sodium dans la cryolithe en fusion.

prononcer actuellement sur les avantages qu'il peut offrir.

Une des conditions essentielles de la réussite du traitement par le sodium a été mise en lumière par MM. Netto et Grabau [*Zeit. f. angew. Chem.*, 1889, 149 et 448] : c'est de laisser le sodium le moins longtemps possible en contact avec la cryolithe. Les dispositifs dus à M. Netto ont pour objet de déterminer la réaction immédiate du sodium sur le fluorure aluminique, d'empêcher ainsi la volatilisation du sodium à la température de la réaction et surtout des actions secondaires sur les matières siliceuses des pièces réfractaires ou sur les silicates qui accompagnent les fluorures naturels ou artificiels.

Dans le procédé Netto, le sodium, parfaitement desséché et exempt de toutes traces de carbures, est solidifié dans un moule à l'extrémité d'une tige en fer S en morceaux de $2^{kg},500$ environ (fig. 22). Au moment où l'ouvrier introduit la tige *t* dans la masse, un second ouvrier enfonce le bloc de sodium à l'aide du plongeur *a* maintenu par la tige *t*.

La figure 23 représente l'introduction du sodium dans la cryolithe.

On opère généralement sur 90 kilogrammes de cryolithe additionnée de 180 kilogrammes de sel marin. L'introduction du sodium est suivie d'une élévation de température très brusque ; il se produit une réaction violente et on observe un dégagement de vapeurs blanches de fluorure de sodium.

Le récipient dans lequel on opère industriellement peut être aussi un convertisseur en fer analogue à l'appareil Bessemer, dans lequel on a introduit la masse à l'état pâteux, à la température de 800 à 900°. Ce convertisseur consiste en un vase cylindrique A (fig. 24), dans lequel on introduit la cryolithe par l'ouverture O. Le tuyau B sert au chauffage. Il reçoit en *q* du gaz de gazogène et en P de l'air qui sert à la combustion de ce gaz. Quand la température est suffisamment élevée, on introduit le sodium à l'état liquide ; on ferme le tampon O et on interrompt la communication avec le gazogène en *q*. On met le cylindre en rotation à l'aide de la poulie Y. Quand la réaction est terminée, on place l'appareil verticalement et on fait couler par *m* le mélange dans une poche dans laquelle on sépare l'aluminium de la scorie.

On obtient ainsi environ $4^{kg},500$ de métal pur ; la scorie renferme 43 0/0 de fluorure de sodium, 43 0/0 de chlorure de sodium 15 0/0 de cryolithe non décomposée et un peu d'alumine ; elle contient enfin 0,75 d'aluminium finement divisé, qu'on peut isoler en introduisant une barre de

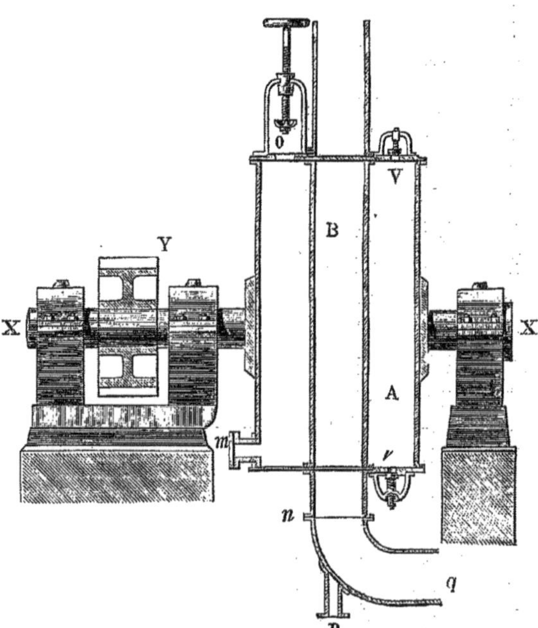

Fig. 24. — Procédé Netto. Convertisseur pour la fabrication de l'aluminium par l'action du sodium sur la cryolithe.

cuivre rouge dans la masse; il se forme du bronze d'aluminium.

Suivant qu'on opère dans un convertisseur métallique ou dans un creuset, on obtient des métaux de qualités différentes. Enfin M. Netto obtient, par un tour de main analogue à celui décrit ci-dessus et dû à M. Castner, une purification de la masse en traitant au préalable celle-ci par une quantité de sodium insuffisante pour la réduire en totalité; on ajoute 1/3 de la quantité du sodium théoriquement nécessaire. On sépare ainsi un aluminium très siliceux et ferrugineux qui peut être utilisé dans la métallurgie; on coule la scorie encore très alumineuse dans un second appareil, creuset ou convertisseur, maintenu à la température nécessaire et l'on ajoute les 2/3 du sodium qui restent à employer. *L'Alliance Company* fabrique ainsi trois marques d'aluminium :

AA. Aluminium au creuset, à deux traitements, renfermant 98.5–99 0/0 d'aluminium;

A. Aluminium au convertisseur, à deux traitements, renfermant 97-98,5 0/0 d'aluminium;

B. Aluminium au convertisseur, à un seul traitement, contenant 90-95 0/0 d'aluminium.

On estime que pour produire 1 tonne d'aluminium par ce procédé il faut 12 tonnes de cryolithe, 12 tonnes de sel marin, 20 tonnes de charbon et 3 tonnes de sodium

La production de l'aluminium à bon marché semble réalisable dans le convertisseur, si les résultats de la fabrication du sodium correspondent aux allégations de M. Netto [voir une étude détaillée sur ce procédé dans *Chem. News*, **60**, 199 et *Chem. Zeit.*, **13**, 318, et le travail de M. Netto dans *Zeit. angew. Chem.*, 1889, 449].

Procédé Grabau. — Signalons encore une ingénieuse solution proposée et expérimentée, dit-on, par M. Grabau [*Zeit. angew. Chem.*, 1889, 149].

Le grand inconvénient qu'offre l'emploi des fluorures consiste dans leur action énergique sur la plupart des vases. M. Grabau chauffe séparément le sodium et le fluorure d'aluminium, ce dernier corps étant infusible à la température de la réaction. Le fluorure d'aluminium étant ainsi amené à l'état de poudre au contact du métal alcalin, il se produit une réaction très vive :

$$2\,Al^2Fl^6 + 6\,Na = 2\,Al + Al^2Fl^6 . 6\,NaFl.$$

La cryolithe qui se forme tend à se solidifier sur les parois du vase et la couche ainsi formée protège la masse de toute action de la matière du creuset dans lequel on opère. On parviendrait à utiliser ainsi plus de 90 0/0 du sodium employé.

Ce procédé aurait été essayé avec un plein succès devant la Société des Chimistes de Hanovre le 10 mai 1890 [*Zeit. angew. Chem.*, 1890, 350].

Autres procédés. — MM. Brin frères ont fait connaître un procédé de réduction de l'alumine en présence du borax (?).

Il existe encore un grand nombre de brevets ayant trait à l'aluminium, mais à notre connaissance aucun de ces procédés n'est actuellement en fonctionnement.

PROCÉDÉS ÉLECTROLYTIQUES.

M. Deville a été le premier à faire connaître la formation de l'aluminium métallique par l'action du courant électrique sur le chlorure double d'aluminium et de sodium. Les espérances fondées alors sur cette méthode, qui devait permettre de supprimer l'emploi coûteux du sodium et même la préparation du chlorure double régénéré dans l'appareil même, n'ont pas été réalisées. La marche de la réaction chimique n'est d'ailleurs pas assez satisfaisante pour que les grands progrès que présente la production économique du courant électrique, alors obtenu au moyen de la pile, compensent les inconvénients pratiques de l'électrolyse du chlorure double.

Le grand nombre de procédés plus ou moins originaux décrits dans ces dernières années peuvent être classés en deux séries : 1° électrolyse simple des sels d'aluminium; 2° électrolyse d'un mélange d'alumine et de charbon en présence d'un métal susceptible de s'allier à l'aluminium. Comme on le verra plus bas, ces dernières réactions sont encore mal définies.

Électrolyse des sels d'aluminium — Jusqu'à présent on ne connaît pas un seul cas de mise en liberté de l'aluminium de ses sels hydratés par le courant électrique. L'expérience de Becquerel (zinc et chlorure d'aluminium hydraté) n'a pu être répétée, et il semble que l'aluminium ne puisse être isolé d'une solution aqueuse. Quelques auteurs prétendent avoir isolé l'aluminium en employant le mercure comme électrode; il se formerait un amalgame. Mais ce fait n'offre en tout cas aucun intérêt industriel.

On énumérera successivement les sels d'aluminium qui ont fait l'objet d'expériences offrant une valeur scientifique.

Chlorure et bromure d'aluminium. — M. Hampe a montré que ces deux sels à l'état de pureté ne conduisent pas le courant électrique, contrairement aux assertions de M. Buff [*Chem. Zeit.*, **11**, 934]. Les procédés basés sur le traitement du chlorure simple, maintenu à l'état liquide sous pression, ne sont donc susceptibles d'aucune application. Il en est de même en ce qui concerne le bromure, dont la préparation à partir de l'alumine est d'ailleurs fort coûteuse; ce dernier sel n'est d'ailleurs pas conducteur, même en dissolution dans le sulfure de carbone.

Chlorure double d'aluminum et de sodium. — Les nombreuses tentatives faites, non sans sacrifices considérables de la part de certains inventeurs, ont permis du moins de connaître en détail la marche de la réaction. Quand on soumet le chlorure double à l'électrolyse, une portion du courant est d'abord employée à séparer le sel double en ses deux sels constituants et le chlorure d'aluminium mis en liberté se volatilise en grande partie, tandis que le chlorure de sodium se dépose en masse dans le bain, dont il diminue la fluidité.

Une autre portion du courant se porte sur le chlorure de sodium, et l'aluminium ne prend naissance que par la réaction secondaire du métal alcalin sur le chlorure d'aluminium.

On a cherché à employer comme électrode positive un charbon alumineux, de façon à régénérer le chlorure d'aluminium :

$$Al^2O^3 + 3\,C + 3\,Cl^2 = 2\,Al\,Cl^3 + 3\,CO.$$

Ces charbons, d'ailleurs très peu conducteurs, se désagrègent facilement, et leur emploi est plutôt une complication.

Le traitement électrolytique du chlorure double ne paraît pas pouvoir lutter avec les procédés au sodium.

Cryolithe (fluorure double d'aluminium et de sodium). — On a vu plus haut que plusieurs tentatives sérieuses de préparation industrielle de la cryolithe permettent d'espérer une diminution dans le prix de revient de ce produit. Il donne à l'électrolyse des résultats très supérieurs à ceux que fournit le chlorure double, et fait actuellement l'objet d'une importante application industrielle. Toutefois l'emploi de la cryolithe pure donne des résultats très insuffisants, et on admet qu'il est indispensable d'opérer sur un mélange de cryolithe et de chlorure de sodium.

M. Hampe [*Chem. Zeit.*, **13**, 50] a publié plusieurs observations importantes sur l'électrolyse de la cryolithe. Si on opère à une température voisine du point de fusion du cuivre (1054°), il se forme du sodium en vapeur, qui met en liberté de l'aluminium très divisé; celui-ci réagit en grande partie sur le fluorure d'aluminium du bain, en donnant naissance à un sous-fluorure. Ce sous-fluorure se retransforme en fluorure par l'action du fluor mis en liberté à l'électrode positive. Le rendement en aluminium est excessivement faible. Dans une expérience d'une durée de 1 heure et demie, l'auteur n'a obtenu que 0gr,0375 d'aluminium au lieu de 0gr,505 avec un courant de 2,7 ampères.

Si au contraire l'électrolyse de l'aluminium s'effectue à une température voisine de la fusion de ce sel (vers 700 ou 800°), et mieux encore en présence du chlorure de sodium, le sodium se dépose à l'état liquide au pôle négatif et met en liberté de l'aluminium en gouttelettes, qui ne se dissolvent qu'avec lenteur dans le fluorure. En employant une électrode négative en cuivre, on obtient un bronze. Mais le rendement est encore éloigné de la théorie et ne dépasse pas 25-30 0/0.

Si l'on pousse trop loin l'opération, il peut se volatiliser du fluorure d'aluminium; le bain s'appauvrit en aluminium et il peut se former un alliage d'aluminium et de sodium.

On ne connaît pas les constantes thermiques du fluorure d'aluminium et de la cryolithe; par analogie avec le chlorure d'aluminium, on peut admettre

$$\frac{AlFl^3}{3} = \frac{AlCl^3}{3} = \frac{161}{3} = 53^{cal},60 \text{ ou } 2^{volts},33.$$

Fluorure d'aluminium. — PROCÉDÉ ADOLPHE MINET. — On doit à M. Adolphe Minet, dont les procédés fonctionnent à l'usine de Creil (Oise), une étude très approfondie des conditions d'électrolyse du fluorure d'aluminium [l'électrolyse par fusion ignée, *La lumière électrique*, 36, 155].

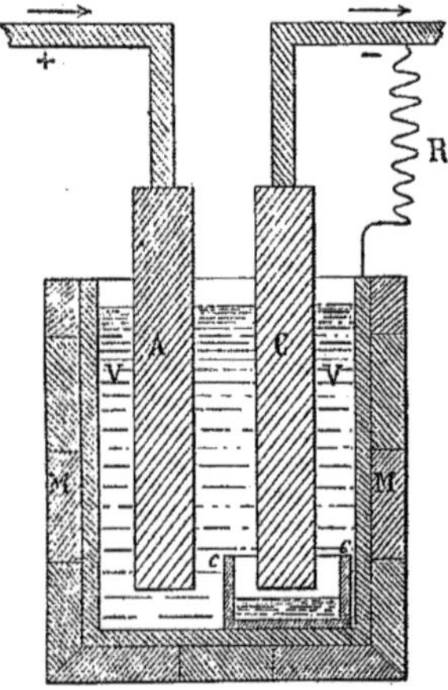

Fig. 25. — Électrolyse du fluorure d'aluminium. Appareil de M. Ad. Minet.

Une disposition particulièrement ingénieuse caractérise le procédé et diminue les difficultés que présente l'emploi des fluorures fondus auxquels ne résiste aucune substance, à l'exception du charbon aggloméré.

L'auteur a adopté une cuve métallique en fonte de la forme d'un parallélépipède, dont les arêtes ont présenté une longueur variant entre 20 et 40 centimètres suivant l'intensité du courant lancé dans l'électrolyte, intensité qui varie de 89 à 1430 ampères.

Mais cette cuve, quelle que soit d'ailleurs la nature du métal employé, eût été attaquée par le bain, si l'auteur n'avait pas employé l'artifice physique représenté par la figure 25.

La cuve VV est revêtue d'une garniture en maçonnerie MM, qui la protège contre l'action des gaz chauds qui l'enveloppent.

Les électrodes (A pôle +, C pôle —) sont constituées par du charbon aggloméré, d'une composition analogue à celle du charbon à lumière.

Immédiatement sous la cathode C se trouve disposé un creuset *cc* recevant, au fur et à mesure de la production, le métal qui s'écoule de la cathode.

La cuve est établie en dérivation sur la cathode par l'intermédiaire d'une résistance R, de façon que les $\frac{5}{100}$ du courant total la traversent; il passe donc par la cathode les $\frac{95}{100}$ du courant, qui agissent utilement pour l'électrolyse.

Au moyen de cet artifice, les parois de la cuve sont continuellement recouvertes d'une couche d'aluminium infiniment mince qui la protège contre l'action corrosive du bain; de fait le métal reçu dans le creuset *cc* ne renfermerait que des proportions très faibles du métal de la cuve ($\frac{4}{1000}$ à $\frac{5}{1000}$?).

Quand l'intensité du courant atteint 1400 ampères, on met deux anodes dont les dimensions sont telles, que la résistance de l'électrolyte reste inversement proportionnelle à l'intensité maxima du courant qui traverse la cuve.

M. Minet a fait connaître plusieurs observations très intéressantes sur la marche de la réaction :

Composition du bain. — Le bain à base de fluorure double et de chlorure de sodium donne les meilleurs résultats (voyez ci-dessus les observations de M. Hampe).

Température. — On opère entre 900 et 1100°, maximum de température atteint pendant les expériences. La fluidité du bain est parfaite, à tel point qu'on voit le fond du vase sous une épaisseur de 35 centimètres d'électrolyte. La perte par volatilisation serait excessivement faible.

Régénération du bain. — On alimente avec un mélange d'alumine et de fluorure d'aluminium.

L'alumine se dissout en partie dans le fluorure de sodium devenu libre et s'électrolyse en même temps que le fluorure d'aluminium. On peut supposer qu'il se forme un oxysel, qui se dissout également dans le fluorure de sodium et qui est électrolysé.

Au contact du fluor qui est mis en liberté au pôle positif, une autre partie de l'alumine se transforme en fluorure avec dégagement d'oxygène.

Il est nécessaire de contrôler fréquemment la composition des bains; on dose le chlorure de sodium soluble dans l'eau, et par différence on déduit la teneur du mélange en matières insolubles.

Force électromotrice minima de l'électrolyte. — Comme on l'a vu plus haut, la chaleur de formation du fluorure d'aluminium n'a pas été déterminée expérimentalement. Par analogie, en se basant sur la chaleur de formation de l'acide fluorhydrique et sur les différences que présentent dans leurs chaleurs de formation les trois sels haloïdes de l'aluminium, M. Minet admet 73cal,3 ou 3volts,19 comme force électromotrice probable de l'électrolyte; en réalité la réaction s'accomplit avec une force électromotrice inférieure à ce chiffre (voyez ci-dessous).

Densité du courant. — L'étude de l'électrolyse de la cryolithe à une température supérieure à la température de fusion du métal, celui-ci prenant naissance à l'état liquide, a fait ressortir un fait remarquable qui milite beaucoup en faveur de l'électrolyse par fusion ignée.

On peut donner à la densité du courant une valeur 250 fois plus grande que dans l'électrolyse des sels de cuivre par voie humide.

On a réussi à faire passer 2amp,5 par centimètre carré, tandis que l'intensité du courant correspondant à l'électrolyse des sels de cuivre ne dépassait guère 0amp,01.

On est amené à penser que la densité du courant avec un électrolyte fondu n'est limitée que par la section droite qu'il est nécessaire de donner aux électrodes pour que celles-ci ne subissent aucune détérioration par le passage du courant.

Constantes électriques, rendement. — Une série d'expériences entreprises pendant trois années avec des courants d'intensités très différentes dans le même appareil, avec cette seule précaution d'augmenter les dimensions des électrodes de façon à conserver une certaine densité de courant maximum, ont donné les résultats suivants :

Durée des expériences....	7-20 heures.
Intensité du courant......	89 à 1 330 ampères
Différence de potentiel aux électrodes............	40 à 600 volts.
Poids de la totalité du métal déposé pendant l'expérience..........	200 grammes à 3kgr,600

Le rendement serait d'environ 60 0/0 avec des électrodes en charbon. Quand on emploie le fer comme électrode négative, le rendement en métal déposé est bien supérieur et peut atteindre 82 0/0 de la théorie.

L'auteur ne donne toutefois aucun résultat analytique établissant la pureté des produits obtenus et nous craignons qu'il ne soit très difficile d'arriver par l'électrolyse à l'obtention d'un métal suffisamment pur pour les emplois de l'aluminium recherché en tant que métal pur. A ce point de vue les efforts doivent se porter sur le raffinage de l'aluminium ferrugineux, qu'il est encore impossible de purifier; jusque-là, les procédés au sodium nous semblent devoir fournir seuls un métal très pur.

Un grand nombre de tableaux graphiques permettent d'apprécier l'influence des modifications d'intensité et de force électromotrice dans la marche des expériences.

Électrolyse directe de l'alumine. — Les procédés décrits ci-dessus permettent seuls d'obtenir l'aluminium pur ou à peu près pur. De grands efforts sont faits depuis quelque temps pour répandre l'emploi des alliages d'aluminium, et plus spécialement du ferro-aluminium dont on a signalé les intéressantes propriétés.

Les procédés Cowles et Héroult dérivent tous deux du creuset électrique de Siemens [*Ann. Chim. Phys.*, (5), **30**, 465]. Toutefois le procédé Cowles doit être considéré comme basé sur une réaction purement thermique, tandis que le procédé Héroult peut être envisagé comme l'électrolyse de l'alumine en dissolution dans la cryolithe.

Procédé Héroult. — Dans un brevet en date du 23 avril 1886, M. Héroult revendique l'électrolyse de l'alumine dissoute dans la cryolithe en fusion pour obtenir l'aluminium pur; par une addition en date du 15 avril 1887, il revendique l'électrolyse de l'alumine fondue par l'action du courant lui-même. Dans ce dernier cas, le fond du bain est constitué par le métal dont on veut obtenir l'alliage et constitue le pôle négatif.

Ces procédés fonctionnent à l'usine de Neuhausen, sur la chute du Rhin, qui dispose de 2000 chevaux, et à l'usine de Froges (Isère), qui possède une force hydraulique de 800 chevaux.

D'après M. Talansier [*Génie civil*, **17**, 4], l'appareil qui sert à la preparation de l'aluminium pur est tout à fait analogue au creuset électrique de Siemens. Il se compose d'un creuset en tôle garni de charbon et isolé sur des supports; il est percé dans le fond, pour laisser passer une des électrodes qui est isolée électriquement du reste de la marmite.

L'autre électrode est suspendue au-dessus du creuset par une potence munie d'une vis qui permet de la relever ou de l'abaisser à volonté. L'électrode supérieure est en charbon; l'électrode inférieure serait constituée par un métal quelconque, mais devrait être, croyons-nous, en aluminium, pour permettre d'obtenir un métal pur.

On amorce le creuset en y versant une certaine quantité de cryolithe. On fait passer le courant et l'opération se continue, pourvu qu'on ait soin d'entretenir constamment le bain en y ajoutant de l'alumine. Le métal se dépose au fond du creuset, d'où on l'extrait toutes les 24 heures par un trou de coulée.

Les substances employées n'étant pas d'une pureté absolue[1], on obtient rarement un métal pur. Le produit normal renfermerait en moyenne 97,5 0/0 d'aluminium.

L'appareil qui sert à la préparation directe des alliages d'aluminium est représenté par la

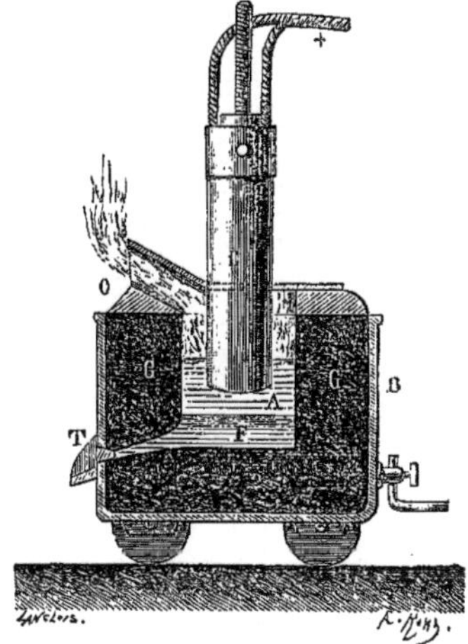

Fig. 26. — Appareil Héroult pour la fabrication des alliages d'aluminium.

B, caisse en fonte. — GG, garniture intérieure en charbon conducteur, dans laquelle on a ménagé une capacité formant le laboratoire de l'appareil. La caisse B et le charbon communiquent avec le pôle négatif de la dynamo. — C, électrode en charbon constituant le pôle + de l'appareil et agissant comme réducteur; dimensions : 1m × 0,25 × 0,25. — A, bain d'alumine fondue et électrolysée par le courant. — F, bain métallique de fer ou de cuivre occupant le fond du creuset sur lequel se porte l'aluminium pour former du ferro-aluminium. — O, orifice par où on charge l'alumine et le métal à allier et par où sort l'oxyde de carbone. — T, trou de coulée fermé par un tampon en charbon.

figure 26. Le courant, pour passer de l'électrode C au fer ou au cuivre qui est en F, est obligé de traverser la couche d'alumine. Celle-ci offrant

1. Les nouveaux procédés de préparation de l'alumine décrits à l'article Aluminium présentent un intérêt considérable pour la métallurgie de l'aluminium.

une très grande résistance au passage du courant, il en résulte une élévation considérable de température sous l'influence de laquelle l'alumine fond en un liquide parfaitement fluide, constituant ainsi un électrolyte simple que le courant dédouble en ses éléments : l'aluminium se porte sur le fer ou sur le cuivre qui est l'électrode négative, et l'oxygène se dégage au contact de l'anode C en formant de l'oxyde de carbone qui s'enflamme en sortant par l'ouverture O. La température dégagée en A est telle, que toute autre substance que le charbon y fondrait rapidement. On coule le métal en enlevant le tampon.

La figure 27, empruntée au *Génie civil*, donne une idée des dispositions adoptées à l'usine de Froges pour cette branche toute nouvelle de l'industrie chimique. Des organes mécaniques très bien compris permettent de manœuvrer mécaniquement les électrodes

Fig. 27. — Usines de Froges (Isère). — Vue générale des creusets pour la fabrication de l'aluminium pur.

Procédé Cowles. — On introduit dans un appareil disposé d'une façon analogue au creuset Siemens un mélange d'alumine et de charbon, en même temps que le métal auquel doit être combiné l'aluminium. Sous l'influence d'un courant électrique de grande intensité, le carbone réagit sur l'alumine, et l'aluminium mis en liberté se combine au fur et à mesure au métal, fer ou cuivre, que renferme le creuset. La marche de la réaction, qui a donné lieu à certaines discussions, semble définitivement élucidée par un essai fait aux usines de Milton par la Compagnie Cowles, avec une machine à courants alternatifs. Le rendement en aluminium à l'état de bronze est égal au rendement avec les courants continus. La question semble donc définitivement tranchée en faveur d'une réaction purement thermique.

Ce procédé ne permet pas d'obtenir de l'aluminium pur, mais uniquement des alliages. On peut donc admettre qu'on se trouve en présence d'une réduction de l'alumine par le charbon à une température excessivement élevée, le métal mis en liberté se combinant, au fur et à mesure de sa formation, au fer ou au cuivre en excès.

La figure 28 représente le type du fourneau électrique adopté à l'usine de Milton (Staffordshire), où le procédé fonctionne depuis quelque temps.

Le fourneau est rectangulaire et mesure $1^m,50 \times 0,90 \times 0^m,50$; aux deux extrémités pénètrent, à travers un tube de fonte, les électrodes : ce sont des faisceaux de 9 crayons de charbon de 65 millimètres de diamètre pesant chacun 9 kilogrammes environ ; ils sont montés sur des tiges de cuivre ou de fer, suivant l'alliage qu'on veut préparer. Les électrodes peuvent, comme l'indique la figure 28, être rapprochées ou écartées à volonté.

Une des conditions essentielles pour la marche des fours est le revêtement intérieur de l'appareil d'une couche isolante et infusible. On a dû renoncer au charbon pur, qui se transforme en graphite et devient conducteur. On emploie aujourd'hui un mélange de charbon et de chaux, qu'on prépare en évaporant à sec du poussier de charbon broyé avec un lait de chaux.

On garnit le fond du four d'une couche de charbon isolant, puis on introduit dans le four une enveloppe rectangulaire en tôle, échancrée à l'endroit où se trouvent les électrodes. Tout l'intervalle compris entre la tôle et la paroi du fourneau est garni de charbon calcique.

On introduit ensuite le mélange de minerai, de charbon et du métal qui doit entrer dans la composition de l'alliage, puis on retire la forme en tôle; au moyen de cet artifice, la charge est séparée des parois du four par une couche uniforme de matière protectrice. On recouvre le tout de charbon et le fourneau est fermé par un couvercle luté en tôle, percé d'un trou pour l'échappement du gaz. On fait passer le courant à raison de 3000 ampères d'abord, puis de 5000 ampères.

Fig. 28. — Procédé Cowles. — Appareil employé à l'usine de Milton.

Fig. 29. — Procédé Cowles. — Appareil employé à l'usine de Milton. Vue latérale du fourneau.

La masse entre en fusion; il se dégage de l'oxyde de carbone, un peu d'hydrocarbures et de l'azote; au bout de 1 heure et demie on coule l'alliage et on fait passer le courant dans un second four.

Un énorme coupe-circuit, fusible à 8000 ampères et composé d'une série de 12 plaques de plomb de 9 centimètres environ de longueur sur 2 millimètres d'épaisseur, empêche tout accident à la machine.

Le métal brut est raffiné par fusion dans un four à réverbère.

L'usine de Milton produit par 24 heures environ 80 kilogrammes d'aluminium à l'état d'alliage; elle dispose de 2 séries de 6 fours et d'une force de 600 chevaux [Dagger, *Soc. chem. Ind.*, **8**, 1889, 680; *Mon. scient.*, 1890, 357]. H. Gall.

AMALIQUE (ACIDE) [Syn. *Tétraméthylalloxantine*] (voyez Dict., **2**, 478). — L'acide amalique se produit par la réduction de la diméthylalloxane au moyen de l'hydrogène sulfuré [E. Fischer, *D. chem. G.*, **14**, 1912]. Il prend aussi naissance lorsqu'on mélange des dissolutions de diméthylalloxane et d'acide diméthyldialurique :

$$CO \begin{matrix} \diagup Az(CH^3)-CO \diagdown \\ \diagdown Az(CH^3)-CO \diagup \end{matrix} CH.OH + C(OH)^2 \begin{matrix} \diagup CO-Az(CH^3) \diagdown \\ \diagdown CO-Az(CH^3) \diagup \end{matrix} CO$$

$$= H^2O + CO \begin{matrix} \diagup Az(CH^3)-CO \diagdown \\ \diagdown Az(CH^3)-CO \diagup \end{matrix} C(OH)-C(OH) \begin{matrix} \diagup CO-Az(CH^3) \diagdown \\ \diagdown CO-Az(CH^3) \diagup \end{matrix} CO.$$

Cette réaction est quantitative [Maly et Andreasch, *Mon. f. Chem.*, **3**, 105].

Pour préparer l'acide amalique, il convient de soumettre la caféine à une oxydation ménagée au moyen du chlorate de potassium et de l'acide chlorhydrique; il se produit ainsi de la méthylurée et de la diméthylalloxane; on transforme ensuite ce dernier composé en acide amalique au moyen de l'hydrogène sulfuré. Voici le mode opératoire : On dissout 15 grammes de caféine dans un mélange de 20 grammes d'acide chlorhydrique (d=1,19) et de 45 grammes d'eau; on porte la liqueur à 50° et on y ajoute peu à peu du chlorate de potassium, jusqu'à ce que le dépôt de chlorocaféine qui se produit tout d'abord soit entièrement redissous. La liqueur limpide est additionnée de son volume d'eau, traitée avec précaution par l'acide sulfureux pour détruire le chlore en excès, et enfin soumise à l'action de l'hydrogène sulfuré : l'acide amalique se dépose, mélangé d'une certaine quantité de soufre, dont on le débarrasse par cristallisation dans l'eau bouillante [E. Fischer, *loc. cit.*].

L'acide amalique cristallise en petits prismes blancs, presque insolubles dans l'eau froide et dans l'alcool absolu, peu solubles dans l'eau bouillante, et doués d'une réaction acide faible.

Chauffé pendant quelques heures avec de l'eau bouillante au contact de l'air, il se décompose en donnant de l'acide carbonique et de la diméthyloxamide :

$$C^{12}H^{14}Az^4O^8 + H^2O + 3O = 4CO^2 + 2C^4H^8Az^2O^2.$$

Soumis à la distillation sèche, il fournit entre autres produits de l'acide désoxyamalique.

Le gaz ammoniac le convertit en murexoïne (voyez ce mot, Dict., **2**, 478].

Oxydé par l'acide nitrique dilué, il donne de la diméthylalloxane. L'eau de chlore ou le mélange chromique le convertissent en cholestrophane ou acide diméthylparabanique.

L'action prolongée de l'acide sulfhydrique le transforme à chaud en acide diméthyldialurique.

La cyanamide se combine avec lui pour fournir l'acide cyamidoamalique.

ACIDE DÉSOXYAMALIQUE, $C^{12}H^{14}Az^4O^6$ [E. Fischer

et Reese, *Ann. Chem.*, 221, 339]. — On soumet l'acide amalique à la distillation sèche ; le produit ainsi obtenu est bouilli avec 20 fois son poids d'eau, puis dissous dans l'ammoniaque, et la solution alcaline est acidulée par l'acide chlorhydrique. On obtient ainsi un précipité cristallin, fusible avec décomposition à 260°. Ce corps est très soluble dans le chloroforme, l'acide acétique, les alcalis, peu soluble dans l'eau, l'éther et l'alcool. Il réduit à chaud la solution ammoniacale d'argent. Oxydé par l'acide nitrique ou par le mélange chromique, il se transforme en diméthylalloxane.

Cette dernière réaction rend vraisemblable pour l'acide désoxyamalique la formule de structure

$$CO \begin{matrix} \diagup Az(CH^3)-CO \diagdown \\ \diagdown Az(CH^3)-CO \diagup \end{matrix} CH-CH \begin{matrix} \diagup CO-Az(CH^3) \diagdown \\ \diagdown CO-Az(CH^3) \diagup \end{matrix} CO$$

Acide cyamidoamalique, $C^{13}H^{14}Az^6O^7$ [R. Andreasch, *Mon. f. Chem.*, 3, 433 ; *Bull. Soc. Chim.*, 38, 412]. — On chauffe à l'ébullition 4 grammes d'acide amalique avec 2 grammes de cyanamide et 100 centimètres cubes d'eau. On filtre bouillant et on obtient par refroidissement de petits prismes très brillants, insolubles dans l'alcool et dans l'éther, répondant à la formule ci-dessus. La réaction est la suivante :

$$C^{12}H^{14}Az^4O^8 + CH^2Az^2 = H^2O + C^{13}H^{14}Az^6O^7.$$

L'acide cyamidoamalique se décompose vers 90-100°. Il réduit lentement à froid, rapidement à chaud, le nitrate d'argent ammoniacal. Par ébullition avec les alcalis, il se décompose, en donnant entre autres produits de la méthylamine et de l'acide oxalique. Ad. Fauconnier.

AMARANTITE (Min.). — Voyez Hohmannite.

AMARINE. — Amarine allotropique. — Si l'on fait bouillir pendant longtemps l'amarine avec de l'eau, elle perd peu à peu la propriété de fondre sous l'eau ; elle se transforme en une masse granuleuse, dont le point de fusion s'élève à 126°. Ce corps, dissous dans l'éther, se retransforme en amarine fondant à 100° [Claus, *D. chem. G.*, 18, 1678].

L'hydrogène naissant transforme l'amarine en un mélange d'une base et d'un corps neutre qui donne à l'analyse : C = 85,54, H = 6,50, Az = 7,35 [Zaunschirm, *Ann. Chem.*, 245, 279].

Le corps neutre, cristallisé dans l'alcool, fond à 163° ; il est soluble dans le benzène ; sous l'influence des acides dilués, il fixe de l'eau et donne de l'aldéhyde benzylique et une base.

Le sodium, en solution dans l'alcool absolu bouillant, donne le corps $C^{28}H^{24}Az^2$. C'est la *dibenzylidène-stilbène-diamine* :

$$C^6H^5-C(AzH)=CH-C^6H^5$$
$$C^6H^5-C(AzH)=CH-C^6H^5$$

[Grossmann, *D. chem. G.*, 22, 2298].

Nitrate d'amarine, $C^{21}H^{18}Az^2 . AzO^3H$. — On le prépare [Claus et Witt, *D. chem. G.*, 18, 1670] en chauffant lentement au bain-marie à 65-68° 1 partie d'amarine avec 8 parties d'acide nitrique (d = 1,3).

L'amarine se rassemble en caillots qui se liquéfient bientôt en une huile rougeâtre, fluide, qui surnage. Il ne doit pas se former de vapeurs nitreuses. On ajoute de l'eau glacée à la masse refroidie, ce qui sépare toute la matière organique. On fait recristalliser dans l'alcool, l'acide acétique ou l'acétone.

Le nitrate est anhydre, et fond à 165° ; il est inaltérable à l'air.

Amarine argentique. — Le nitrate d'argent ammoniacal précipite les solutions alcooliques d'amarine [Claus et Elbs, *D. chem. G.*, 16, 1272. — Claus et Kohlstock, *D. chem. G.*, 18, 1849]. L'*amarine argentique*, $C^{21}H^{17}Az^2Ag$, est une poudre cristalline, presque insoluble dans l'eau, l'alcool et l'éther. Ce corps fond à 218° et se décompose ensuite en *lophine*, qui se sublime, et en argent.

Si l'on abandonne pendant 1 mois une solution d'amarine dans l'alcool dilué avec du nitrate d'argent, il se dépose de la solution de gros cristaux prismatiques, à éclat vitreux, répondant à la formule

$$(C^{21}H^{18}Az^2)^2AzO^3Ag , H^2O.$$

Ils fondent à 175°, et se décomposent, à une température plus élevée, en lophine et argent. Ce corps est soluble dans l'alcool et dans le chloroforme. Les acides le décomposent en sel d'amarine et sel d'argent correspondant. La solution alcoolique de potasse le décompose en amarine, amarine argentique et nitrate de potassium. On peut extraire de ce mélange l'amarine argentique en lavant à l'alcool.

Iodométhylate, $C^{21}H^{17}Az^2Ag . CH^3I$. — On obtient ce corps, et ceux dont la description suit, en mélangeant des quantités moléculaires d'amarine argentique et d'iodure alcoolique avec une forte quantité d'éther ou de benzène anhydre. On agite fréquemment et au bout de 2 jours la réaction est terminée. On lave plusieurs fois au benzène ou à l'éther, et on épuise par le chloroforme le résidu, qui contient encore un peu d'amarine argentique. En évaporant la solution chloroformique, on obtient de fines aiguilles entrelacées qui se colorent en violet, puis en brun, sous l'action de la lumière. La solution benzénique renferme toujours un peu du dérivé alcoylé de l'amarine, formé dans une réaction secondaire [Claus et Scherbel, *D. chem. G.*, 18, 3077].

Ce corps est blanc, pulvérulent, soluble dans le chloroforme, insoluble dans l'éther. Il fond à 173°.

Iodéthylate, $C^{21}H^{17}Az^2Ag . C^2H^5I$. — On prépare ce composé comme l'iodométhylate, mais l'on chauffe à 50-60°. C'est une poudre fine, blanche, altérable à la lumière ; elle fond à 115°.

Bromo-isopropylate, $C^{21}H^{17}Az^2Ag . C^3H^7Br$. — Ici il est nécessaire de chauffer jusqu'à 100° et de maintenir la température pendant trois heures ; le produit est soluble dans l'alcool et dans le chloroforme ; il fond à 140°.

Chlorobenzylate, $C^{21}H^{17}Az^2Ag . C^7H^7Cl$. — On chauffe en tube scellé à 100° le chlorure de benzyle et l'amarine argentique. Ce corps est fusible à 250°. Il s'altère à la lumière.

Nitroamarine. — *Nitrate*,

$$C^{21}H^{17}(AzO^2)Az^2 . AzO^3H.$$

— On verse, sur de l'amarine finement pulvérisée et introduite dans un flacon refroidi au moyen de la glace, de l'acide nitrique fumant refroidi à 0°, de façon que la température ne s'élève pas au-dessus de 3 ou 5°. On précipite par l'eau glacée. On fait recristalliser dans l'acide acétique. Aiguilles blanches, peu solubles dans l'alcool froid, se ramollissant à 130°, et se décomposant à 134° sans fondre [Witt, *D. chem. G.*, 18, 1677].

Dinitroamarine. — On l'obtient en décomposant au moyen de l'ammoniaque le nitrate correspondant réduit en poudre fine. On enlève rapidement la solution ammoniacale et on sèche dans le vide ; ce produit absorbe avec une très grande énergie l'oxygène de l'air ; aussi ne peut-on l'obtenir entièrement pur.

Nitrate, $C^{21}H^{16}(AzO^2)^2Az^2 . AzO^3H$. — On chauffe vivement à 55-60° du nitrate d'amarine avec 10 fois son poids d'acide nitrique fumant rouge. On maintient cette température pendant 15 ou 20 minutes ; on jette dans l'eau glacée ; on recueille le produit qui se sépare et on le lave à l'alcool jusqu'à ce qu'il soit blanc ; on le fait cristalliser dans l'acide acétique, qui le laisse déposer en prismes ou en aiguilles fusibles à 170°.

Chlorhydrate. $C^{21}H^{16}(AzO^2)^2Az^2 . HCl$. — On évapore le nitrate avec un excès d'acide chlorhydrique et d'alcool: le chlorhydrate fond à 214° en se décomposant. Il donne avec le chlorure de platine un sel double, répondant à la formule

$$[C^{21}H^{16}(AzO^2)^2Az^2 . HCl]^2PtCl^4 , 2H^2O.$$

Ce composé perd son eau à 120° et se détruit à 220°

Ces dérivés nitrés donnent, par oxydation avec l'acide chromique en solution acétique, surtout de l'acide p-nitrobenzoïque et un peu d'acide benzoïque; ce fait indique que les groupements nitrés sont dans des noyaux différents et en position para par rapport à la chaîne latérale du noyau aromatique.

DIAMIDOAMARINE. $C^{21}H^{16}(AzH^2)^2Az^2$. — On l'obtient en réduisant la dinitroamarine par le protochlorure d'étain. On peut se débarrasser de l'étain par l'hydrogène sulfuré, ou encore traiter par la potasse et extraire la base au moyen de l'éther [Claus et Witt, *D. chem. G.*, **18**, 1675].

Ce corps est insoluble dans l'eau, soluble dans l'éther et dans l'alcool. Il n'est pas cristallisable et se décompose sans fondre à 210°.

Ses sels n'existent en solution qu'en présence d'un excès d'acide. On peut cependant, en opérant avec beaucoup de soin, isoler le *chlorhydrate*,

$$C^{21}H^{16}(AzH^2)^2Az^2 . 3HCl$$

Ce sont de petites aiguilles insolubles dans l'acide acétique et donnant avec le chlorure de platine le composé $[C^{21}H^{16}(AzH^2)^2Az^2 . 3HCl]^2 3PtCl^4$.

MÉTHYLAMARINE, $C^{21}H^{17}(CH^3)Az^2$. — On laisse en contact, pendant plusieurs jours, l'amarine et l'iodure de méthyle en solution éthérée; on obtient, dans ce cas, l'*iodhydrate* de méthylamarine [Claus et Elbs, *D. chem. G.*, **13**, 1418]. Il est formé de petits cristaux qui sont très difficilement solubles dans l'eau chaude, mais qui se dissolvent facilement dans l'alcool bouillant.

L'ammoniaque est sans action sur l'iodhydrate, mais la potasse alcoolique le décompose en donnant la méthylamarine.

On trouve encore cette méthylamarine dans la solution éthérée ou benzénique qui a servi à préparer l'iodométhylate d'amarine argentique [Claus et Scherbel, *D. chem. G.*, **18**, 3077].

On la purifie en la faisant recristalliser dans l'éther. Ce corps fond à 184°. Il est très soluble dans l'alcool, l'éther, le chloroforme et le benzène; traité par l'iodure de méthyle, il donne de l'*iodométhylate de méthylamarine*.

On peut encore obtenir ce dernier produit en faisant réagir l'iodure de méthyle sur une solution alcaline bouillante d'amarine; il fond à 246°. Il est presque insoluble dans l'eau et dans l'éther, mais il cristallise dans l'alcool en pyramides à éclat vitreux. L'ammoniaque aqueuse n'a pas d'action sur lui; la potasse alcoolique le décompose, à une douce température, en donnant de la diméthylamarine [Claus et Elbs, *D. chem. G.*, **13**, 1418].

DIMÉTHYLAMARINE. — On l'obtient dans la décomposition par la potasse de l'iodométhylate de méthylamarine. Ce corps cristallise de sa solution alcoolique en gros prismes clinorhombiques, fondant à 146°, mais se décomposant à une température un peu plus élevée en se sublimant. Il se combine facilement avec les acides; ses sels, à l'exception de l'acétate, sont très peu solubles dans l'eau.

L'acide iodhydrique donne un *iodhydrate* isomérique avec l'iodure d'où l'on est parti :

$$C^{21}H^{16}(CH^3)^2Az^2 . HI.$$

Ce dernier corps est, en effet, facilement décomposable par l'ammoniaque à froid.

La diméthylamarine se combine avec le chlorure de benzyle, pour donner deux dérivés : l'un, très peu soluble dans l'eau, cristallise dans l'alcool et donne, par la potasse, une base fusible à 204°; l'autre, extrêmement soluble dans l'eau, reste après évaporation à l'état de sirop et cristallise lentement en fines aiguilles, fusibles à 168°; la potasse le convertit à chaud en une base fusible à 158°.

ÉTHYLAMARINE, $C^{21}H^{17}(C^2H^5)Az^2$ [Claus et Scherbel, *loc. cit.*]. — On l'obtient dans la préparation de l'iodéthylate d'amarine argentique, $C^{21}H^{17}Az^2Ag . C^2H^5I$. Ce corps cristallise de sa solution éthérée en lamelles d'un blanc d'argent, fusibles à 163°. Il est peu soluble dans l'éther, très soluble dans l'alcool, le chloroforme et le benzène. Il se combine avec l'iodure d'éthyle pour donner l'*iodéthylate d'éthylamarine*, qui cristallise de sa solution alcoolique en aiguilles d'un éclat soyeux et fusibles à 267°.

DIÉTHYLAMARINE, $C^{21}H^{16}(C^2H^5)^2Az^2$. — On chauffe l'amarine à une température de 80-100° avec de l'iodure d'éthyle. On dissout le produit dans l'alcool à 60° chaud. La solution abandonne par refroidissement d'abord des cristaux d'iodhydrate d'amarine, puis l'iodhydrate de diéthylamarine [Borodine, *Ann. Chem.*, **110**, 82].

L'éther l'abandonne en prismes obliques.

Ce corps fond à 110-115°; il est presque insoluble dans l'eau, plus soluble dans l'alcool. Il se combine avec l'iodure d'éthyle, en donnant un *iodéthylate* résineux d'où l'on peut retirer une base cristallisable. Celle-ci fond vers 90° et se combine de nouveau avec l'iodure d'éthyle.

La diéthylamarine donne un *chlorhydrate*,

$$C^{21}H^{16}(C^2H^5)^2Az^2 . HCl,$$

cristallisable en gros prismes obliques. Ce sel est très soluble dans l'eau et dans l'alcool. L'*iodhydrate* est également en gros cristaux et fond entre 200 et 210°; il est facilement soluble dans l'eau et dans l'alcool.

BENZYLAMARINE, $C^{21}H^{17}(C^7H^7)Az^2$. — On la prépare en chauffant pendant 6 heures en tube scellé, à 100°, l'amarine argentique avec le chlorure de benzyle. On dissout dans une solution acide le produit formé et on épuise au moyen de l'éther, qui enlève les impuretés; on fait cristalliser le sel formé et l'on met la base en liberté par un alcali [Claus et Elbs, *D. chem. G.*, **13**, 1418; **16**, 1273. — Claus et Kohlstock, *ibid.*, **18**, 1851. — Claus et Scherbel, *ibid.*, **18**, 3079].

Ce corps est soluble dans l'alcool, l'éther, le chloroforme. Il forme par cristallisation des rosettes aciculaires insolubles dans l'eau · point de fusion, 123-124°.

Le *chlorhydrate*, $C^{21}H^{17}(C^7H^7)Az^2 . HCl$, s'obtient soit en neutralisant la benzylamarine par l'acide chlorhydrique, soit en laissant en contact à froid l'amarine argentique et le chlorure de benzyle dissous dans l'éther. Il se présente sous la forme de croûtes cristallines très peu solubles dans l'eau et dans le chloroforme, solubles dans l'alcool.

Ce chlorhydrate se combine avec le chlorure de platine pour donner le *chloroplatinate*

$$(C^{28}H^{24}Az^2 . HCl)^2PtCl^4 , 2,5H^2O.$$

Cristaux jaune d'or; devient anhydre à 120°.

Le *chromate*, $C^{28}H^{24}Az^2 . Cr^2O^7H^2$, est rouge et fond à 90°; il est peu soluble dans l'eau; bouilli avec de l'acide acétique, il donne de l'acide benzoïque, de la benzamide, de la dibenzamide.

L'*oxalate*, $(C^{28}H^{24}Az^2)^2C^2O^4H^2$, est presque insoluble dans l'eau; il fond à 240°

Iodométhylate, $C^{28}H^{24}Az^2 . CH^3I$. — On l'obtient en chauffant un mélange en proportions moléculaires de benzylamarine et d'iodure de méthyle. Il forme de petites aiguilles, fusibles à 130°.

Iodéthylate. — On chauffe pendant 12 ou 14 heures la benzylamarine et l'iodure d'éthyle en solution alcoolique. Il se dépose de la solution en tables rhombiques, fondant à 182°, presque insolubles dans l'eau.

Chloréthylate. — On l'obtient en décomposant l'iodéthylate par le chlorure d'argent. Il forme des tables fusibles à 125°; le *chloroplatinate* correspondant cristallise avec $3H^2O$.

Chlorobenzylate. — On l'obtient en faisant bouillir molécules égales de chlorure de benzyle et de benzylamarine. Il est peu soluble dans l'eau et fond à 45°; l'ammoniaque bouillante ne l'attaque pas.

Méthylbenzylamarine, $C^{21}H^{16}(C^7H^7)(CH^3)Az^2$. — Obtenue avec l'iodure correspondant et la potasse alcoolique, la base libre fournit en se combinant avec l'acide chlorhydrique un composé isomérique avec le produit d'addition du chlorure de méthyle et de la benzylamarine.

Éthylbenzylamarine, $C^{21}H^{16}(C^7H^7)(C^2H^5)Az^2$. — On l'obtient en décomposant à chaud l'iodéthylate ou le chloréthylate de benzylamarine par la potasse alcoolique. Elle est insoluble dans l'eau et cristallise dans l'alcool en lamelles minces, fusibles à 135°.

Le *chlorhydrate* obtenu par combinaison directe est isomérique avec le produit d'addition de la benzylamarine et du chlorure d'éthyle.

Le *chloroplatinate* est anhydre.

Dibenzylamarine. — On l'obtient en décomposant par la potasse alcoolique le chlorobenzylate de benzylamarine. Elle cristallise de sa solution alcoolique en fines aiguilles, fusibles à 139-140°. Elle se combine à l'aide de la chaleur avec l'iodure d'éthyle, pour donner les sels $C^{35}H^{30}Az^2.HI$ et $C^{35}H^{30}Az^2.HI.I^2$ [Claus, *D. chem. G.*, 15, 2329].

L'acide chromique en solution acétique ne l'attaque pas, mais l'acide nitrique d'une densité de 1,13 donne à la température de 200° de l'acide benzoïque, de l'acide p-nitrobenzoïque et deux corps indifférents jaunes cristallisés, obtenus également dans l'oxydation de l'amarine.

Le *chlorhydrate* est isomérique avec le chlorobenzylate de benzylamarine; il est plus soluble que ce dernier, est décomposé par l'ammoniaque et fond à 197-199°.

L'*iodhydrate*, $C^{35}H^{30}Az^2.HI$, cristallise de ses solutions alcoolique ou chloroformique en tables; il fond à 195°; il est peu soluble dans l'eau.

Le *diiodure d'iodhydrate*, $C^{35}H^{30}Az^2.HI.I^2$, cristallise en aiguilles jaune d'or. Il est peu soluble dans l'alcool.

Chloracétamarine, $C^{21}H^{18}Az^2.C^2H^3ClO$. — On l'obtient en traitant l'amarine en solution dans l'éther absolu par 1 molécule de chlorure d'acétyle. C'est un précipité amorphe, très peu soluble dans l'éther. Il est peu stable et on ne peut le conserver que s'il est sec. Chauffé avec de l'alcool absolu, il donne de la diacétylamarine [Bahrmann, *J. prakt. Chem.*, (2), 27, 295].

Diacétylamarine, $C^{21}H^{16}Az^2(C^2H^3O)^2$. — Obtenue comme il vient d'être dit, la diacétylamarine forme des aiguilles microscopiques qui fondent à 268° et qui sont insolubles dans l'eau, le benzène, l'éther, le chloroforme.

Elle se dissout dans 14 000 parties d'alcool bouillant. Elle n'est pas attaquée par les acides ni par les alcalis moyennement concentrés. Elle devient électrique par le frottement.

Dicarboxéthylamarine, $C^{21}H^{16}Az^2(CO^2C^2H^5)^2$. — On prépare ce corps en traitant l'amarine en solution dans l'éther absolu par le chlorocarbonate d'éthyle. Il se forme du chlorhydrate d'amarine et de la dicarboxéthylamarine. On sépare ces deux corps au moyen de l'alcool. La dicarboxéthylamarine est cristallisée, insoluble dans l'eau, très peu soluble dans l'éther, soluble dans l'alcool bouillant. Chauffée à 100° avec une solution alcoolique d'ammoniaque pendant plusieurs jours, elle donne la base

$$C^{21}H^{16}\begin{bmatrix}CO.AzH.C^2H^5\\CO.OC^2H^5\end{bmatrix}Az^2.$$

Ce corps est extrêmement soluble dans l'alcool, d'où il cristallise en fines aiguilles à éclat soyeux. Il est décomposé par l'ébullition avec une solution concentrée de potasse, mais non avec une solution étendue. Chauffé avec de l'acide chlorhydrique, en tube scellé, il donne de l'éthylamine. Il possède une réaction alcaline et forme un *chlorhydrate* $C^{27}H^{27}Az^3O^3.HCl$, en prismes brillants, solubles à chaud dans l'eau et dans l'alcool. Ce chlorhydrate donne un *chloroplatinate* $(C^{27}H^{27}Az^3O^3.HCl)^2PtCl^4,H^2O$, formant des cristaux orangés.

Chlorobenzamarine, $C^{21}H^{18}Az^2.C^7H^5ClO$. — Obtenue sous la forme d'un précipité confusément cristallin dans l'action du chlorure de benzoyle sur une solution d'amarine dans l'éther absolu.

Si l'on opère la réaction en dissolvant l'amarine dans l'alcool absolu, on obtient un corps qui répond à la formule $C^{21}H^{16}Az^2(C^7H^5O)(OC^2H^5)$. Ce dernier corps forme de petites aiguilles, insolubles dans les dissolvants neutres, ainsi que dans les alcalis et dans les acides étendus. Il est soluble dans l'acide sulfurique, d'où l'addition d'eau le précipite inaltéré [Bahrmann, *loc. cit.*].

Benzoylamarine, $C^{21}H^{17}(C^7H^5O)Az^2$ [Claus et Scherbel, *D. chem. G.*, 18, 3081]. — On fait bouillir dans un ballon muni d'un réfrigérant à reflux molécules égales de chlorure de benzoyle et d'amarine argentique dissoute dans du benzène, jusqu'à ce qu'une prise d'essai ne donne plus trace de chlore dans la solution. On évapore et l'on fait cristalliser dans l'alcool ou dans l'éther pour enlever un peu d'une matière huileuse. Ce corps forme d'assez gros prismes incolores, transparents, fusibles à 180°. La potasse alcoolique le décompose en acide benzoïque et amarine.

Le *chlorhydrate*, $C^{21}H^{17}(C^7H^5O)Az^2.HCl$, fond à 302°; le *chloroplatinate*,

$$[C^{21}H^{17}(C^7H^5O)Az^2.HCl]^2PtCl^4, \tfrac{1}{2}H^2O$$

fond à 192°; le *dichromate*,

$$[C^{21}H^{17}(C^7H^5O)Az^2]^2Cr^2O^7H^2,$$

est rouge-jaunâtre. Chauffé avec de l'alcool ou de l'acide acétique, il se transforme partiellement en lophine.

L'*acétate* est insoluble dans l'eau et forme des aiguilles microscopiques, fusibles à 320°.

Iodométhylate, $C^{21}H^{17}(C^7H^5O)Az^2.CH^3I$. — Ce corps forme des cristaux blancs, fusibles à 318°. Il se dissout dans l'alcool bouillant sans décomposition. On l'obtient par addition d'iodure de méthyle à la benzoylamarine.

Iodéthylate, $C^{21}H^{17}(C^7H^5O)Az^2\ C^2H^5I$. — Fond à 354°.

Chlorobenzylate, $C^{21}H^{17}(C^7H^5O)Az^2.C^7H^7Cl$. — On le prépare en laissant pendant plusieurs jours en contact dans un vase fermé un mélange à molécules égales de benzoylamarine et de chlorure de benzyle dissous dans la benzine.

Rhomboèdres incolores, transparents, insolubles dans la benzine; cristallisables sans décomposition dans l'alcool; il fond à 351°.

Bouilli avec une solution de potasse alcoolique, il donne du chlorure de potassium et de la benzylbenzoylamarine.

Benzylbenzoylamarine,

$$C^{21}H^{16}(C^7H^7)(C^7H^5O)Az^2.$$

— Obtenue comme nous venons de le dire, elle constitue une poudre blanche, insoluble dans l'alcool, l'éther, le benzène; elle ne forme point de sels avec les acides.

CHLOROBENZOBENZYLAMARINE,

$$C^{21}H^{17}(C^7H^7)Az^2 . C^7H^7OCl.$$

— On laisse en contact la benzylamarine et le chlorure de benzoyle dans un vase fermé pendant 2 jours à la température ordinaire. Il se forme de grandes aiguilles jaunâtres, fondant entre 340 et 350° [Claus et Scherbel, *loc. cit.*].

Insoluble dans l'éther, peu soluble dans le chloroforme, ce corps se dissout dans l'alcool en se décomposant, ce qui montre son isomérie avec le chlorobenzylate de benzoylamarine.

BENZOYLBENZYLAMARINE,

$$C^{21}H^{16}(C^7H^5O)(C^7H^7)Az^2.$$

— Ce corps se forme par la décomposition de la chlorobenzobenzylamarine sous l'influence de l'alcool chaud. C'est un précipité floconneux, fondant à 318°. Il est insoluble dans l'alcool, l'éther, le chloroforme, les acides. Il ne forme point en effet de sels avec ces derniers [Claus et Scherbel, *ibid.*]

CHLOROBENZOBENZOYLAMARINE,

$$C^{21}H^{17}(C^7H^5O)Az^2 . C^7H^5OCl$$

— On l'obtient en laissant en contact pendant 3 jours le chlorure de benzoyle et la benzoylamarine en solution dans le benzène (Claus et Scherbel).

Poudre légère, formée de petites aiguilles fondant à 312°, très peu solubles dans le chloroforme et dans la ligroïne, très solubles dans l'alcool chaud, qui les transforme, par une ébullition prolongée, en dibenzoylamarine. L'ébullition avec l'eau la décompose en acide benzoïque et chlorhydrate d'amarine.

DIBENZOYLAMARINE, $C^{21}H^{16}(C^7H^5O)^2Az^2$. — Obtenue dans la décomposition du corps précédent par l'ébullition avec l'alcool, elle constitue une poudre blanche, qui fond au-dessus de 360°.

Insoluble dans l'alcool, l'éther, le chloroforme, la ligroïne et les acides; aussi ne donne-t-elle pas de sels. Elle se décompose par l'ébullition avec la potasse alcoolique ou avec beaucoup d'eau en donnant de l'acide benzoïque et de l'amarine (Claus et Scherbel).

CONSTITUTION DE L'AMARINE. — MM. Japp et Robinson [*D. chem. G.*, 15, 1268] ont proposé, pour représenter la constitution de l'amarine, le schéma suivant :

$$\begin{matrix} C^6H^5-C-AzH \diagdown & \\ \Vert & CH-C^6H^5. \\ C^6H^5-C-AzH \diagup & \end{matrix}$$

M. Claus de son côté propose une formule dissymétrique, ce qui permet d'expliquer l'isomérie des corps formés par réaction métamérique.

Ainsi, nous avons vu que si l'on fait réagir le chlorure de benzyle sur l'amarine, et que l'on combine la benzylamarine ainsi obtenue avec le chlorure de benzoyle, le corps formé est isomérique avec celui que l'on obtient en combinant d'abord le chlorure de benzoyle avec l'amarine et en faisant réagir ensuite sur cette benzoylamarine le chlorure de benzyle. En conséquence M. Claus propose l'adoption du schéma suivant, qui permet d'expliquer ces faits :

$$\begin{matrix} C^6H^5-CH-AzH \diagdown & \\ | & C-C^6H^5 \\ C^6H^5-CH-\ Az \ /\!/ & \end{matrix}$$

Cela en fait un dérivé β-pyrazolique, le 4,5-*dihydro*-2.4.5-*triphényl*-β-*pyrazol* (ou α-phényl-α'-β'-dihydrodiphényl-β-pyrazol).

L'argent se substituerait à l'hydrogène du groupe AzH. Les produits d'addition des iodures alcooliques se feraient par le second atome d'azote.

A. Béhal.

AMARIQUE (ACIDE), $C^{46}H^{42}O^6 + H^2O$. — On l'obtient en faisant bouillir pendant une heure 4 parties de benzamarone, $C^{70}H^{56}O^4$, avec 1 partie de soude et de l'alcool. Il se forme, dans cette réaction, de la désoxybenzoïne et de l'acide amarique.

Ce corps cristallise de sa solution alcoolique avec 2 molécules d'eau, qu'il perd à 100°. Chauffé à 150° pendant un certain temps, il se transforme en un anhydride qui se présente sous la forme d'une masse résineuse, incolore, amorphe, et qui prend l'état sirupeux vers 100°. Cet anhydride, traité par l'alcool, se transforme rapidement en cristaux. Cette transformation dégage une telle quantité de chaleur que, si l'on opère sur une masse un peu considérable, l'alcool entre en ébullition.

Les cristaux de l'anhydride fondent à 140°,5 et peuvent distiller si l'on opère sur de petites portions de 3 ou 4 grammes.

L'acide amarique est bibasique.

Le *sel de sodium*, $C^{46}H^{40}O^6Na^2, 4H^2O$, forme des aiguilles microscopiques lorsqu'on le fait cristalliser de sa solution éthérée.

Le *sel de potassium* a pour formule $C^{46}H^{40}O^6K^2$.

Le *sel de calcium*, $C^{46}H^{40}O^6Ca$, forme un précipité amorphe.

Le *sel de baryum*, $C^{46}H^{40}O^6Ba, 2H^2O$, cristallise en tables rhombiques.

Le *sel d'argent*, $C^{46}H^{40}O^6Ag^2$, est insoluble et amorphe.

Si l'on distille les sels alcalins de l'acide amarique, on obtient à une haute température la décomposition en acides pyroamarique et benzoïque :

$$C^{46}H^{40}O^6K^2 + 2KOH$$
$$= 2C^{16}H^{13}O^2K + 2C^7H^5O^2K + H^2$$

(voyez Suppl., 1, 1326) [Zinine, *D. chem. G.*, 10, 1735].

ACIDE ISOBUTYLAMARIQUE, $C^{50}H^{50}O^6$. — On l'obtient en dissolvant la benzamarone dans une solution potassique d'alcool isobutylique et en maintenant en ébullition pendant un certain temps.

Ce corps est presque insoluble dans l'eau; il est soluble dans 14 parties d'alcool bouillant et il cristallise de ce liquide en tables rhombiques, fusibles à 175-179°.

En fondant, il perd $2H^2O$ et donne un anhydride gommeux, $C^{50}H^{46}O^4$, qui devient peu à peu porcelané en cristallisant. On l'obtient du reste en assez grosses aiguilles en le faisant cristalliser dans l'éther. Il fond à 137°. L'eau ne le dissout point, mais les solutions alcalines le font entrer en dissolution en même temps qu'il s'hydrate. On peut le distiller par petites portions sans le décomposer.

L'acide isobutylamarique donne des sels qui ont l'aspect du savon; cependant le *sel de baryum* cristallise bien en aiguilles microscopiques radiées dans un mélange de 2 volumes d'alcool et de 1 volume d'eau; il répond à la formule

$$C^{50}H^{48}O^6Ba, 2H^2O.$$

ACIDE PYRO-ISOBUTYLAMARIQUE, $C^{18}H^{20}O^2$. — Si l'on chauffe fortement l'acide isobutylamarique ou son anhydride avec un léger excès d'alcali, il donne de l'acide benzoïque et de l'acide pyro-isobutylamarique :

$$C^{50}H^{46}O^4 + 4KOH$$
$$= 2C^{18}H^{19}O^2K + 2C^7H^5O^2K + H^2.$$

L'acide fond à 172°; il distille par petites portions sans décomposition. Il cristallise dans l'alcool en prismes rhombiques à quatre pans. Il est soluble dans 6 parties d'alcool bouillant, et cette solution laisse cristalliser par refroidissement les 9/10 du produit qu'elle renferme. Il est très peu soluble dans l'eau, soluble dans l'éther et dans les alcalis. Le sel ammoniacal, chauffé en solution dans l'eau à 100°, perd toute son ammoniaque et laisse l'acide [Zinine, *Jahresb.*, 1877, 814].

De son travail, M. Zinine déduit la constitution des corps que nous venons de décrire :

Acide pyroamarique :

$$C^6H^3 \begin{cases} COOH \\ C^7H^7 \\ C^2H^5 \end{cases}$$

Acide pyro-isobutylamarique :

$$C^6H^3 \begin{cases} COOH \\ C^7H^7 \\ C^4H^9 \end{cases}$$

Anhydride amarique :

$$\begin{array}{l} C^6H^3 \begin{cases} C^2H^5 \\ C^7H^7 \\ C \diagdown \!\!-\! C^6H^4\!-\!CO \diagdown \end{cases} \\ \quad\;\; | \quad O \qquad\qquad\quad O \\ C^6H^3 \begin{cases} C \diagup \!\!-\! C^6H^4\!-\!CO \diagup \\ C^7H^7 \\ C^2H^5 \end{cases} \end{array}$$

En fixant $2H^2O$, ce corps formerait l'acide amarique :

$$\begin{array}{l} C^6H^3 \begin{cases} C^2H^5 \\ C^7H^7 \\ C \diagdown \!\!-\! C^6H^4\!-\!COOH \end{cases} \\ \quad\;\; | \; OH \\ \quad\;\; | \; OH \\ C^6H^3 \begin{cases} C \diagup \!\!-\! C^6H^4\!-\!COOH \\ C^7H^7 \\ C^2H^5 \end{cases} \end{array}$$

qui, comme on le voit, possède deux fonctions alcooliques, ce qui ferait plutôt penser que l'anhydride doit être dilactonique et avoir pour formule

$$\begin{array}{l} C^6H^3 \begin{cases} C^2H^5 \\ C^7H^7 \\ C\!-\!C^6H^4\!-\!CO \end{cases} \\ \quad\;\; | \quad O \\ \quad\;\; | \quad O \\ C^6H^3 \begin{cases} C\!-\!C^6H^4\!-\!CO \\ C^7H^7 \\ C^2H^5 \end{cases} \end{array}$$

A. Béhal.

AMARONE, $C^{16}H^{11}Az$. — On l'obtient, en même temps que la lophine, par la distillation sèche de l'azotide benzoylique ou hydure de cyanazo-benzoyle $C^{15}H^{12}Az^2$ [Laurent, *Ann. Chim. Phys.*, (2), 66, 181].

On lave le produit avec de l'éther, on fait ensuite bouillir le résidu avec de l'acide chlorhydrique étendu pour le priver de lophine. La partie insoluble est dissoute dans le pétrole et mise à cristalliser. On obtient ainsi de fines aiguilles, fusibles à 233°.

Ce corps est insoluble dans l'eau, un peu soluble dans l'alcool bouillant et dans l'éther. La solution alcoolique de potasse ne l'attaque pas à l'ébullition.

AMAZONITE (Min.). — Voyez MICROCLINE. Dict., 2, 430.

AMBRITE (Min.). — Résine fossile gris-jaune de la Nouvelle-Zélande. Densité = 1,034.

AMÉNYLBENZÈNES [Syn. *Phenylamylènes*], $C^{11}H^{14} = C^6H^5.C^5H^9$. — On connaît trois aménylbenzènes. On les prépare en enlevant les éléments de l'acide bromhydrique aux amylbenzènes bromés correspondants.

AMÉNYLBENZÈNE DÉRIVANT DE L'AMYLBENZÈNE NORMAL. — L'amylbenzène normal s'obtient en traitant par le sodium un mélange de bromure de benzyle et de bromure de butyle normal. En faisant réagir le brome sur cet amylbenzène chauffé à 150°, on obtient un dérivé monobromé oléagineux, qui se décompose par la distillation en acide bromhydrique et aménylbenzène normal.

Cet aménylbenzène est un liquide bouillant à 210-215° et donnant facilement un dibromure.

Dibromure, $C^{11}H^{14}Br^2$. — Ce composé cristallise dans l'alcool en lamelles fusibles à 53-54° [J. Schramm, *Ann. Chem.*, **218**, 383; *Bull. Soc. Chim.*, (2), **41**, 197].

AMÉNYLBENZÈNE DÉRIVANT DE L'ISOAMYLBENZÈNE. — L'isoamylbenzène

$$C^6H^5.CH^2.CH^2.CH \begin{matrix} \diagup CH^3 \\ \diagdown CH^3 \end{matrix}$$

s'obtient, suivant les indications de MM. Fittig et Tollens (Dict., 2, 890), en faisant réagir le sodium sur un mélange de benzène bromé et de bromure d'isoamyle. Traité par le brome à 150°, l'isoamylbenzène fournit un dérivé monobromé, qui se décompose par la distillation en acide bromhydrique et isoaménylbenzène.

L'isoaménylbenzène est un liquide bouillant à 201°. Sa densité à 16° est 0,878. Il donne facilement un dibromure.

Dibromure, $C^{11}H^{14}Br^2$. — Il cristallise dans l'alcool bouillant en aiguilles soyeuses, fusibles à 128-129°, très solubles dans l'éther et dans le benzène, peu solubles dans l'alcool froid.

Le même composé prend naissance quand on traite par 2 molécules de brome l'isoamylbenzène chauffé à 150° [Schramm, *loc. cit.*].

AMÉNYLBENZÈNE DÉRIVANT DU DIÉTHYLPHÉNYLMÉTHANE. — Le diéthylphénylméthane

$$C^6H^5.CH \begin{matrix} \diagup CH^2.CH^3 \\ \diagdown CH^2.CH^3 \end{matrix}$$

s'obtient par l'action du zinc-éthyle sur le chlorure de benzylidène (Dict., 2, 891). Par l'action du brome à chaud, ce corps fournit un dérivé bromé qui, chauffé au réfrigérant ascendant avec 10 fois son poids d'eau, se décompose en acide bromhydrique et aménylbenzène.

Cet aménylbenzène est un liquide réfringent, très soluble dans l'alcool et dans l'éther, insoluble dans l'eau. Il bout à 173-177°. Sa densité est 0,8458 à 23°.

Traité à froid par le brome, il se convertit en *dibromure* $C^{11}H^{14}Br^2$, liquide huileux qui perd facilement de l'acide bromhydrique.

Oxydé par l'acide chromique et l'acide acétique, il fournit de l'acide benzoïque.

Il se polymérise facilement, en donnant du *diaménylbenzène*.

Diaménylbenzène, $(C^{11}H^{14})^2$. — Ce composé, que l'on obtient aussi, directement, en même temps que l'aménylbenzène lorsqu'on traite par la potasse alcoolique à 100° le diéthylphénylméthane monobromé, est un liquide très soluble dans l'alcool et dans l'éther, insoluble dans l'eau, bouillant à 208-212° (?), ayant une densité de 0,9601 à 23°.

Le brome est sans action à froid sur le diaménylbenzène, mais il donne à chaud des produits de substitution.

Oxydé par l'acide chromique, le diaménylbenzène fournit de l'acide benzoïque, en même temps qu'un corps cristallisé fusible à 164° et dont la constitution n'a pas été fixée [F. W. Dafert, *Mon. f. Chem.*, **4**, 610; *Bull. Soc. Chim.*, (2). **40**, 503].

Léon Roux.

AMÉNYLIQUES (COMPOSÉS). — On a donné le nom d'*aményle* tantôt au radical C^5H^9, tantôt au radical C^5H^7 dérivant de l'amylène. M. Hantzsch a donné ce même nom d'aményle au radical C^5H^7 dérivant d'un carbure biéthylénique; normalement ce nom d'aményle devrait être réservé aux résidus trivalents dérivés des acides valériques $C^4H^9 \cdot C\equiv$.

AMÉNYLVALÉRONE. — Lorsque l'on fait passer un courant d'oxyde de carbone sur un mélange d'amylate et d'hydrate de sodium à la température de 160°, on obtient de l'alcool amylique, de l'amylvalérone $C^{14}H^{28}O$, de l'aménylvalérone $C^{14}H^{26}O$ et de l'acide aményl- ou amylène-valérique.

L'aménylvalérone, $C^4H^9-CO-C^9H^{17}$, est un liquide bouillant à 279-285°; densité à 7° = 0,836. Elle ne se combine pas avec le bisulfite de sodium [Geuther et Frölich, *Ann. Chem.*, **202**, 288].

AMÉNYLVALÉRIQUE (ACIDE). $C^5H^9(C^5H^9)O^2$. — C'est un liquide huileux, assez épais. Il bout à 268-270°; densité à 12° = 0,961. Son *sel de sodium* ne cristallise pas; il est soluble dans l'alcool et très instable.

DIAMÉNYLVALÉRIQUE (ACIDE), $C^5H^8(C^5H^9)^2O^2$. — Si, dans l'opération qui produit l'aménylvalérone et l'acide aménylvalérique, l'on ajoute du valérate de sodium, on obtient, en même temps que les corps précédents, l'acide diaménylvalérique. Il est liquide et bout entre 300 et 306° [Geuther et Frölich, *ibid.*].

AMÉNYL-AMYLACÉTIQUE (ACIDE). $C^{12}H^{22}O^2$. — Ce corps se forme en même temps que d'autres produits lorsque l'on fait passer un courant d'oxyde de carbone dans un mélange d'acétate et d'isoamylate de sodium chauffé à 180°. Il est liquide, et on ne peut pas le distiller sans décomposition.

Son *éther méthylique*, $C^{12}H^{21}O \cdot OCH^3$, est liquide et bout entre 240 et 250° [Poetsch, *Ann. Chem.*, **218**, 75].

ACIDE TRICHLORODIOXYAMÉNYL-CARBONIQUE,

$$CH^2Cl-C(OH)=CCl-C(OH)=CCl-CO^2H.$$

— On obtient ce corps en traitant le phénol en solution sodique par le chlore. Il est nécessaire de prendre certaines précautions. On dissout le phénol dans un léger excès de lessive de soude (d = 1,12). On ajoute à cette solution 2 ou 3 volumes d'eau et l'on soumet le tout à l'action d'un courant de chlore modéré et régulier. Il se dépose une masse visqueuse rougeâtre, qu'on redissout dans la soude; et l'on recommence à faire passer du chlore jusqu'à ce que le précipité prenne une teinte jaune de sable, persistant après addition de soude. On sursature alors par l'acide chlorhydrique, ce qui fournit du trichlorophénol, que l'on sépare. Les eaux mères, épuisées par l'éther, donnent un acide que l'on transforme en sel ammoniacal. On lave ce sel à l'alcool et on le dissout dans le moins possible d'eau chaude; on le décompose par l'acide sulfurique, on épuise par l'éther, et l'huile que l'on obtient par l'évaporation de ce dernier véhicule est mise à cristalliser dans l'eau [Hantzsch, *D. chem. G.*, **20**, 2780].

Cet acide se présente en fines aiguilles blanches, fusibles avec décomposition à 176-177°. Sa saveur est sucrée en même temps qu'acide. Il est très soluble dans l'eau, l'alcool et l'éther. Sa solution aqueuse se décompose rapidement par la chaleur en perdant de l'acide chlorhydrique.

Il est généralement anhydre, mais il peut former des cristaux clinorhombiques renfermant $4H^2O$.

Le *sel ammoniacal*, $C^6H^4Cl^3O^4(AzH^4), 2H^2O$, est en prismes orthorhombiques, à peine solubles dans l'alcool, solubles dans l'eau bouillante en se décomposant; il a une saveur franchement sucrée; il est neutre et se décompose à 113°.

Tous les autres sels, à l'exception du sel mercureux, sont très solubles.

Le sel de potassium ne semble pas pouvoir exister : la potasse alcoolique décompose l'acide en chlorure et carbonate.

Éther méthylique, $C^6H^4Cl^3O^3 \cdot OCH^3$. — On l'obtient en faisant passer un courant de gaz chlorhydrique dans une solution méthylique de l'acide.

Il est cristallisé et fond à 126°. Il n'est point soluble dans l'eau.

Éther diacétique, $C^5H^2Cl^3(OC^2H^3O)^2CO^2H$. — On le prépare en maintenant pendant quelque temps à l'ébullition le mélange de l'acide avec de l'anhydride acétique. On précipite la solution par l'eau. On obtient ainsi des cristaux insolubles dans l'eau, neutres au tournesol et fondant en se décomposant entre 189 et 192°.

Ce dérivé est soluble dans les alcalis; les acides le précipitent inaltéré de cette solution.

La constitution de cet acide est nettement établie par ce fait que l'on peut partir du trichlorophénol pour le préparer.

Comme, d'une part, on démontre la présence d'un groupement carboxyle dans la molécule par la formation de son éther méthylique, et d'autre part la présence de deux oxhydryles alcooliques par la formation du dérivé diacétylé, on a les éléments nécessaires pour établir la formule, comme l'indiquent les schémas suivants :

```
           COH                       CO²H
     CCl /    \ CCl          CCl /       CH²Cl
     CH  \\   / CH           COH \\      COH
           CCl                       CCl
   Trichlorophénol.      Acide trichlorodioxy-
                          aménylcarbonique.
```

DICHLORODIOXYAMÉNYL-CARBONIQUE (ACIDE),

$$CH^2Cl-C(OH)=CCl-C(OH)=CH-CO^2H.$$

— On l'obtient en traitant l'acide trichloré par les réducteurs : zinc et ammoniaque, ou mieux amalgame de sodium. On isole l'acide obtenu au moyen de l'éther, après avoir préalablement acidulé la solution.

Il cristallise en grands prismes brillants, fusibles à 176-177°.

Il forme un *dérivé diacétylé* fusible à 132-134°.

Il donne un *sel ammoniacal* se décomposant à 185°.

Chauffé doucement avec un excès de soude, l'acide dichlorodioxyaményl carbonique donne un sel cristallisé en aiguilles jaunes et répondant à la formule $C^6H^3ClO^4Na^2, 6H^2O$. Ce sel perd 5 molécules d'eau à 120°, mais il n'abandonne la sixième qu'en se décomposant.

Il fournit par double décomposition toute une série de sels colorés en jaune. Tels sont ceux d'argent, de cadmium, de zinc, de baryum, de calcium, de plomb, de mercure. Les sels argentique et mercureux se décomposent spontanément peu à peu, avec mise en liberté du métal.

Traité par les acides minéraux, le sel sodique perd de l'acide carbonique et se transforme en un nouveau composé ayant pour formule $C^5H^5ClO^2$. Ce dernier est très instable, soluble dans l'eau et dans l'éther, très soluble dans l'alcool; il fond à 96-97° en se décomposant.

Traité par la soude, il échange 1 atome d'hydrogène contre 1 atome de sodium et donne un sel ayant pour formule $C^5H^4ClO^2Na, 3H^2O$. Il est en lamelles jaunes, peu solubles dans un excès de soude. On peut l'obtenir directement avec l'acide dichlorodioxyaményl-carbonique en faisant bouillir ce dernier avec un excès de soude.

Ce corps serait la *chloropentaméthylène-dicétone* (voyez PENTAMÉTHYLÈNE). A. Béhal.

AMÉSITE (Min.) (Shepard). — Sorte de chlorite ou corundophilite,

$$20\,[Fe, Mg]\,O\,.\,8\,Al^2O^3\,.\,9\,SiO^2, 16\,H^2O.$$

Masses cristallines vert pâle, lamelles empilées avec diaspore, à Chester (Massachusetts). Peu attaquable à l'acide chlorhydrique, presque infusible. Dureté = 2,5 à 3; densité = 2,71.

AMÉTHÉNIQUE (ACIDE). — Le biamylène, sous l'action de l'acide chromique en solution aqueuse, donne un acide $C^7H^{14}O^2$, bouillant de 185 à 230°, plus léger que l'eau.

Le *sel de strontium* cristallise avec $8\,H^2O$.

Le *sel de zinc* est très soluble dans l'eau. A chaud, il se précipite sous forme gélatineuse.

Le *sel d'argent* est blanc, soluble dans l'eau [Schneider, *Ann. Chem.*, **157**, 289].

AMIDES. — FORMATION DES AMIDES. — M. Menchoutkine [*J. prakt. Chem.*, (2), **29**, 422] a démontré que les amides suivent les mêmes lois de formation que les éthers composés. Quand on chauffe en vase clos le sel ammoniacal d'un acide monobasique, l'amide correspondante se forme avec d'autant plus de rapidité que la température est plus élevée; mais cette formation s'arrête à une limite déterminée, parce que l'eau qui s'est séparée pour donner naissance à l'amide tend à reproduire le sel ammoniacal, et l'on ne peut transformer en amide que 83 0/0 de ce sel.

En prenant pour unité de vitesse la quantité d'amide formée dans l'intervalle d'une heure, M. Menchoutkine a dressé le tableau suivant :

	à 125°	à 155°	à 212°,5.
Formiate d'ammonium..	23,41	57,46	—
Acétate................	6,33	50,90	82,83
Butyrate...............	—	42,46	82,24
Isobutyrate............	—	37,09	81,51
Caproate...............	4,74	48,17	80,78
Benzoate...............	—	0,75	—
Phénylacétate..........	—	36,4	—

Il résulte de ces chiffres que les amides dérivées des acides primaires $R.CH^2.CO^2H$ se forment plus rapidement que les amides dérivées des acides secondaires $R^2.CH.CO^2H$, tel que l'acide isobutyrique, et que les amides dérivées des acides tertiaires $R^3.C.CO^2H$ se produisent avec le plus de lenteur. La vitesse initiale de formation des amides diminue à mesure que le poids moléculaire augmente : c'est l'acide formique qui possède la plus grande.

Voici les valeurs limites de la quantité d'amide formée pour une température déterminée :

	à 125° 0/0	155° 0/0	212°,5. 0/0
Formiate d'ammonium.	52,22	—	—
Acétate.............	75,10	81,46	84,04
Butyrate............	—	84,13	Décomposition.
Isobutyrate.........	77,87	84,67	Décomposition.
Caproate............	78,08	84,33	Décomposition.
Benzoate............	—	?	
Phénylacetate.......	—	81,5	

La valeur limite s'accroît donc avec la température, sans que l'isomérie des acides paraisse exercer d'influence. C'est l'acide formique qui possède la valeur minimum. L'acide benzoïque et en général les acides tertiaires sont transformés avec une extrême lenteur.

Inversement on peut atteindre ces valeurs limites en chauffant l'amide avec 1 molécule d'eau, et cela d'autant plus complètement que l'on chauffe à une température plus élevée. L'état d'équilibre (74,1 à 74,5 0/0 à 212°,5) est atteint indifféremment soit que l'on chauffe 1 molécule d'acétate d'ammonium avec 1 molécule d'eau, ou 1 molécule d'acétamide avec 2 molécules d'eau; mais si la proportion est différente, cette valeur varie et la proportion d'amide est d'autant plus grande que la proportion d'eau est moindre.

Voici les quantités d'acétamide que l'on obtient en chauffant l'acétate d'ammonium neutre aux températures suivantes :

	0/0.
A 100°..........................	0
121°............................	4,41
140°............................	21,36
160°............................	58,67
172°............................	72,33
182°,5..........................	78,31
212°,5..........................	82,83

FORMATION DES ALCALAMIDES. — M. Menchoutkine [*J. prakt. Chem.*, (2), **26**, 208] a également étudié les lois de la formation de l'acétanilide au moyen de l'aniline et de l'acide acétique. En maintenant à la température de 155°, dans un tube scellé, un mélange en proportions moléculaires d'aniline et d'acide acétique, il en a transformé 79,7 0/0 en acétanilide. Après 1 heure, 58,3 0/0 du mélange s'étaient déjà transformés; après 12 heures, la réaction était à peu près terminée et 78 0/0 d'acétanilide s'étaient produits.

L'acétanilide a pris naissance à la température ordinaire; au bout de 3 mois elle constituait la moitié du mélange acide acétique et aniline. La vitesse de formation s'accroît du reste très rapidement avec la température; ainsi, pour obtenir 13 0/0 d'acétanilide dans le mélange, il faut 31 jours à la température ordinaire, 1 heure à 100°, 15 minutes à 120°, et 5 minutes à 155°.

La valeur limite de la formation de l'acétanilide diminue à mesure que la température s'élève :

	0/0.
A 100°..........................	85,05
125°............................	83,11
145°............................	81,22
155°............................	79,68

Si l'on emploie un excès d'aniline par rapport à l'acide acétique, la limite augmente. Ainsi à 155°, avec 2 molécules d'aniline, elle est de 91,65 0/0, avec 4 molécules 96,17 0/0, avec 8 molécules 97,22 0/0. Si l'on emploie un excès d'acide acétique, la limite s'élève encore plus rapidement : avec 2 molécules d'acide acétique 96,8 0/0, et avec 4 molécules 99,8 0/0; dans ce dernier cas, la transformation est totale.

La comparaison des lois de la formation des acides et des alcools isomères avec celles de la formation des amides et des anilides conduit à cette conclusion : qu'aux mêmes modifications dans la composition et dans la constitution répondent les mêmes modifications des vitesses et des limites de la formation des éthers, des amides et des anilides. Voir le tableau des données numériques [*Bull. Soc. Chim.*, (2), **41**, 550].

TRANSFORMATION DES AMIDES EN AMINES. — Les amides des acides monobasiques, chauffées à une température élevée en présence d'un excès d'alcool, donnent naissance à des amines [Baubigny, *Bull. Soc. Chim.*, (2), **39**, 521]. On les transforme de la même manière en les chauffant entre 170 et 200° avec de l'éthylate de sodium, pourvu que l'on évite toute trace d'humidité [Seifert, *D. chem. G.*, **18**, 1356].

On obtient aussi des amines en faisant réagir le brome en solution alcaline sur les amides; il se forme, en même temps que l'amine, un nitrile qui, comme elle, appartient à une série moins élevée que l'amide. La proportion de nitrile produite est d'autant plus grande qu'on s'élève dans la série [A. W. Hofmann, *D. chem. G.*, **17**, 1406; *Bull. Soc. Chim.*, (2), **44**, 251].

Il n'en est pas ainsi pour les amides substituées; ainsi la chloracétamide, traitée par le brome dans les conditions où l'acétamide fournit la méthylamine (1 mol. d'amide, 1 mol. Br^2 et 4 mol. NaOH), laisse dégager vivement l'azote qu'elle contient et fournit un produit chloré, fusible à 180°, qui paraît être une chlorométhylacétylurée mélangée d'une autre urée composée.

L'amide de l'acide éthylglycolique donne également une urée mixte qui, par hydratation, régénère l'acide avec formation d'alcool.

Quant aux amides de la série aromatique, la benzamide, la phénylacétamide, elles donnent, comme les amides de la série grasse, les amines de rang inférieur [Hofmann, *D. chem. G.*, **18**, 2734; *Bull. Soc. Chim.*, (2), **46**, 359].

Avec le zinc-éthyle on obtient une combinaison zincique et de l'hydrure d'éthyle :

$$2\,C^2H^3O\,.\,AzH^2 + Zn(C^2H^5)^2 = 2\,C^2H^6 + [(C^2H^3O)AzH]^2Zn.$$

Cette combinaison, sous l'influence de l'eau, donne de l'hydrate de zinc $Zn(OH)^2$ et régénère l'amide [Gal, *Bull. Soc. Chim.*, (2), **39**, 647].

Amides des acides sulfoniques. — La présence d'un acide est nécessaire pour que l'acide azoteux réagisse sur les amides des acides sulfoniques. De l'azote se dégage et l'acide sulfonique est régénéré; parfois aussi il se forme un composé diazoïque [Limpricht, *Ann. Chem.*, **221**, 203].

J. Meunier.

AMIDILES. — M. Pinner désigne sous ce nom des corps renfermant à la fois les radicaux amide, imide et nitrile et pouvant être représentés par le schéma

$$\begin{matrix} RC \leqslant AzH \\ Az \\ RC \leqslant AzH^2 \end{matrix}$$

Ils prennent naissance par l'action de l'anhydride acétique sur les amidines de rang inférieur, la formamidine et l'acétamidine [Pinner, *D. chem. G.*, **17**, 171].

Triacétylformamidile,

$$C^8H^{11}Az^3O^3 = \begin{matrix} CH \leqslant AzC^2H^3O \\ Az \\ CH \leqslant Az(C^2H^3O)^2 \end{matrix}$$

— Ce composé se trouve dans les eaux mères de la préparation de la diacétylformamidine (voyez ce mot); on le précipite soit par la soude, soit par l'ammoniaque et on le fait cristalliser dans l'eau chaude. Il se présente sous la forme de prismes à éclat vitreux, fusibles à 224°, très peu solubles dans l'eau froide, plus solubles dans l'eau chaude (Pinner).

Anhydrodiacetylacétamidile, $C^8H^{11}Az^3O$. — On l'obtient, en même temps que l'amidine correspondante, en chauffant à l'ébullition pendant 1 heure et demie un mélange de chlorhydrate d'acétamidine, d'acétate de sodium et d'anhydride acétique. On précipite les deux bases par la soude faible, on reprend par l'eau bouillante, qui ne dissout que l'amidile, et l'on fait recristalliser dans l'alcool. Les cristaux prismatiques ainsi préparés fondent à 185° et contiennent 2 molécules d'eau de cristallisation (Pinner).

On peut aussi envisager comme *benzénylamidile* la dibenzimide, $C^{14}H^{13}Az^3$, obtenue par une courte ébullition de la benzénylamidine avec 4 ou 5 parties d'anhydride acétique (voyez DIBENZIMIDE)

J. Meunier.

AMIDINES. — Voyez Suppl., **1**, 114.

AMIDINES DE LA SÉRIE GRASSE.

1° On obtient les amidines en traitant successivement les amides par le perchlorure de phosphore, puis par l'ammoniaque. Les différents termes de la transformation peuvent être représentés comme il suit :

(1) $$C^nH^{2n-1}O\,.\,AzH^2 + PCl^5 = C^nH^{2n-1}Cl^2\,.\,AzH^2 + POCl^3;$$

(2) $$C^nH^{2n-1}Cl^2\,.\,AzH^2 + AzH^3 = C^nH^{2n-1}(AzH)AzH^2 + 2\,HCl.$$

2° On peut aussi enlever 1 molécule d'acide aux amides, en les chauffant dans un courant d'acide chlorhydrique :

$$2\,CH^3\text{-}CO.AzH^2 = CH^3\text{-}C(AzH).AzH^2 + C^2H^4O^2.$$

3° Quand on soumet les nitriles à l'action de l'acide chlorhydrique et d'un alcool, il se forme un éther imidé qui se décompose en donnant une amidine :

$$\begin{aligned} &2\,C^2H^5\text{-}CAz + 2\,C^4H^9.OH + 2\,HCl \\ &= 2\,AzH{=}C(C^2H^5)(OC^4H^9)HCl \\ &= C^3H^8Az^2.HCl + C^4H^9Cl + C^2H^5\text{-}CO^2.C^4H^9. \end{aligned}$$

La préparation se fait plus facilement en traitant le chlorhydrate de l'éther imidé par une base ammoniacale à froid :

$$\begin{aligned} &AzH{=}CH(OC^2H^5).HCl + 2\,AzH^2(CH^3) \\ &= Az(CH^3){=}CH.AzH(CH^3).HCl + C^2H^5.OH \\ &\qquad + AzH^3 \end{aligned}$$

[Pinner, *D. chem. G.*, **16**, 357].

Sous l'influence de l'anhydride acétique à la température de l'ébullition, la formamidine donne un dérivé diacétylé; l'acétamidine donne un semblable dérivé, mais en proportion moindre; les amidines supérieures, telles que la capronamidine, donnent au contraire un mélange de capronitrile et de capronamide [Pinner, *ibid.*, **19**, 176].

Les amidines se combinent dès la température ordinaire avec l'éther acétylacétique pour former des dérivés de l'oxypyrimidine :

$$\begin{aligned} &CH^3.CO.CH^2.CO^2C^2H^5 + CH^3\text{-}C(AzH)(AzH^2) \\ &= CH^3.C \begin{matrix} \leqslant Az.C(CH^3) \\ \leqslant Az.C(OH) \end{matrix} \geqslant CH + C^2H^5.OH + H^2O \end{aligned}$$

Les amidines sont des bases énergiques, stables, susceptibles de donner différents dérivés nitrosés, alcoylés, acides, etc., et se décomposant sous l'influence de l'acide chlorhydrique concentré à la température de 150° en régénérant l'acide et la base dont elles dérivent.

FORMAMIDINE (*méthénylamidine caroamidimide*)

$$CH^4Az^2 = CH(AzH)(AzH^2)$$

— Ce composé a été obtenu par M. A. Gautier en faisant réagir l'alcool absolu sur le chlorhydrate d'acide cyanhydrique; la réaction est très vive :

$$\begin{aligned} &2\,CAzH.HCl + 2\,C^2H^5.OH \\ &= CH^4Az^2.HCl + C^2H^5Cl + CHO^2.C^2H^5. \end{aligned}$$

On le prépare par l'action de l'ammoniaque alcoolique sur le chlorhydrate d'oxéthylformimide. Il se produit de la sorte un *chlorhydrate* qui se dépose en cristaux grenus de sa solution alcoolique; il est très hygroscopique; il se dissout facilement dans l'eau et dans l'alcool et fond à 81°. Il se décompose à 100° en acide cyanhydrique et en chlorure d'ammonium et, quand on le met en présence de la potasse, il fournit de l'acide formique et de l'ammoniaque. L'ébullition avec l'anhydride acétique et l'acétate de sodium le transforme en diacétylformamidine et triacétylformamidile $C^2H^2Az^3(C^2H^3O)^3$. L'ébullition de la solution alcoolique donne lieu à un dégagement d'ammoniaque.

Les autres sels de la formamidine cristallisent difficilement et sont très déliquescents, à l'exception du *chloroplatinate* $(CH^4Az^2.HCl)^2PtCl^4$, qui cristallise en octaèdres quadratiques rouge-orangé facilement solubles dans l'eau (Pinner).

Voici les dérivés de la formamidine :

DIMÉTHYLFORMAMIDINE, $C^3H^8Az^2$. — a. *Méthylamido-formométhylimide*,

$$CH(Az.CH^3)(AzH.CH^3).$$

— Ce corps se forme quand on abandonne à froid un mélange de chlorhydrate d'oxéthylformimide avec 3 molécules de méthylamine en solution alcoolique.

Le *chlorhydrate* cristallise en paillettes déliquescentes, solubles dans l'eau et dans l'alcool, très peu solubles dans l'éther.

Le *chloroplatinate*, $(C^3H^8Az^2.HCl)^2PtCl^4$, forme des prismes courts, durs; il fond partiellement à 172° et se dissout facilement dans l'eau.

b. *Diméthylamido-formimide*,

$$CH(AzH)[Az(CH^3)^2].$$

— Il faut, pour l'obtenir, abandonner pendant 8 jours le chlorhydrate d'oxéthylformimide en contact avec la diméthylamine. On évapore la dissolution, qui abandonne le chlorhydrate sous la forme de prismes durs, à éclat vitreux, fusibles à 168-169°, déliquescents et facilement solubles dans l'eau et dans l'alcool (Pinner).

DIÉTHYLFORMAMIDINE, $C^5H^{12}Az^2$. — a. *Éthylamido-formoéthylimide*,

$$CH(Az.C^2H^5)(AzH.C^2H^5).$$

— On l'obtient en traitant l'oxéthylformimide par l'éthylamine en solution alcoolique.

Le *chlorhydrate* reste longtemps sous forme huileuse et finit par se prendre en paillettes déliquescentes.

Le *chloroplatinate*, $(C^5H^{12}Az^2.HCl)^2PtCl^4$, est cristallisé en prismes épais, rouges; il est peu soluble dans l'eau froide, très soluble dans l'eau chaude. Il fond en se décomposant à 197-198°.

b. *Diéthylamido-formimide*,

$$CH(AzH)[Az(C^2H^5)^2].$$

— On abandonne à la température ordinaire pendant plusieurs semaines 1 molécule de chlorhydrate d'oxéthylformimide avec 2 molécules d'une solution de diéthylamine dans l'alcool absolu. On distille l'alcool et on neutralise le résidu par l'acide chlorhydrique; il se sépare du chlorhydrate de diéthylamine; les dernières portions de ce sel sont enlevées par lavage avec un mélange de 1 partie d'alcool et de 3 parties d'éther.

Le *chlorhydrate*, $C^5H^{12}Az^2.HCl$, forme des prismes transparents, à éclat vitreux; il fond à 125°. Il est très soluble dans l'alcool. La dissolution alcoolique se décompose lentement à l'ébullition en dégageant de l'ammoniaque et en formant une base $C^{10}H^{21}Az^3$.

Le *chloroplatinate*, $(C^5H^{12}Az^2.HCl)^2PtCl^4$, se précipite sous la forme de prismes rougeâtres; il est peu soluble dans l'eau et fond à 208-209° (Pinner).

DIACÉTYLFORMAMIDINE, (*carbo-acétylamido-acétylimide, acétamido-formo-acétylimide*),

$$C^5H^8Az^2O^2 = CH(Az.C^2H^3O)(AzH.C^2H^3O).$$

— On l'obtient : 1° En chauffant pendant quelques heures à 180° de l'éther triéthylformique avec de l'acétamide [Wichelhaus, *D. chem. G.*, 3, 2];

2° En maintenant pendant 1 heure à l'ébullition un mélange de chlorhydrate de formamidine, d'acétate de sodium et d'anhydride acétique.

Cristaux d'apparence cubique, peu solubles dans l'eau, moins encore dans l'alcool, se subliman par la chaleur, sans fondre. A l'ébullition avec l'eau, ce corps se transforme en acétate de forma mide (Pinner).

Dans les eaux mères de la préparation de la diacétylformamidine par le procédé de M. Wichelhaus, il resterait une méthényldiamine diacétylée isomérique (?).

ACÉTAMIDINE (*éthénylamidine, acetamine méthylcarbamidimide*),

$$CH^3.C(AzH)(AzH^2).$$

— Quand on chauffe de l'acétamide dans une atmosphère de gaz chlorhydrique, il se dégage de la triacétyldiamide, de l'acide acétique et du chlorure d'acétyle; on trouve dans le résidu le chlorhydrate d'acétamidine [Strecker, *Ann. Chem.*, 103, 328].

L'acétamidine libre possède une réaction fortement alcaline, mais elle se décompose, dès qu'on la chauffe avec de l'eau, en ammoniaque et acide acétique. Quand on fait bouillir le chlorhydrate de cette base avec de l'acétate de sodium et de l'anhydride acétique, il se forme de l'*anhydrodiacétylacétamidile* $C^8H^{11}Az^3O$ et de l'*anhydrodiacétyléthénylamidine* $C^6H^8Az^2O$.

Le *chlorhydrate* est très soluble dans l'alcool et se dépose de sa solution en prismes allongés, brillants, légèrement déliquescents, fusibles à 164-165°.

Le *chloroplatinate*, $(C^2H^6Az^2.HCl)^2PtCl^4$, soluble dans l'eau, forme des cristaux jaune-rougeâtre, qui se décomposent par l'eau bouillante en donnant du chloroplatinate d'ammonium [Pinner, *D. chem. G.*, 17, 178].

ANHYDRODIACÉTYLAMIDILE. — D'après M. Pinner [*D. chem. G.*, 22, 1600], ce composé n'est autre chose que l'*acétylcyanométhine* ou *diméthylacétamidopyrimidine* (mésométhyl-α-méthyl-α'-acétamido-m-diazine),

```
         Az      C-CH³
       //           \\
CH³-C                 CH
       \\           //
         Az      C-AzH.CO.CH³
```

La baryte bouillante le dédouble en effet en acide acétique et cyanométhine.

ANHYDRODIACÉTYLÉTHÉNYLAMIDINE,

```
                       // Az —— C-CH³
C⁶H⁸Az²O = CH³-C              \\
                       \ AzH-CO-CH
```

— C'est le produit qui accompagne l'anhydrodiacétylacétamidile dans la réaction du chlorhydrate d'acétamidine sur l'anhydride acétique et l'acétate de sodium :

$$C^2H^6Az^2 + (C^2H^3O)^2O = C^6H^8Az^2O + 2H^2O.$$

On fait bouillir les produits de la préparation pendant 1 heure et demie, on ajoute de la soude étendue, on filtre après 24 heures de repos et l'on reprend le précipité par l'eau chaude; l'anhydroamidine reste insoluble dans l'eau : on la fait cristalliser dans l'alcool bouillant. Elle forme des aiguilles soyeuses, fondant à 253° et restant ensuite à l'état d'huile épaisse. Elle est insoluble dans l'eau, très peu soluble dans l'alcool froid, facilement soluble dans l'alcool chaud, ainsi que dans les acides étendus. Elle donne un *chloroplatinate* (Pinner).

Traitée par l'éther acétylacétique à la température ordinaire, elle se transforme en diméthyloxypyrimidine

$$C^6H^8Az^2O = CH^3.C \begin{matrix} \nearrow Az.C(CH^3) \searrow \\ \searrow Az.C(OH) \nearrow \end{matrix} CH.$$

Éthénykdiéthylamidine (*methylcarbo-éthylamido-éthylimide, éthylimido-acéto-éthylamide*),

$$C^6H^{14}Az^2 = CH^3 . C(Az . C^2H^5)(AzH . C^2H^5).$$

— Cette base se prépare en décomposant son chlorhydrate par distillation avec de la potasse caustique solide; le chlorhydrate se produit lui-même dans l'action du perchlorure de phosphore sur l'éthylacétamide.

La base constitue un liquide huileux miscible à l'eau, à odeur et à réaction fortement alcalines, bouillant entre 165 et 168°. Elle se décompose facilement en acide acétique et éthylamine quand on la soumet à l'ébullition avec de la potasse caustique [Wallach, *Ann. Chem.*, **184**, 108].

PROPIONAMIDINE,

$$C^3H^8Az^2 = C^2H^5-C(AzH)(AzH^2).$$

— On la prépare par l'action de l'ammoniaque alcoolique sur le chlorhydrate d'éthylisobutoxycarbimide [Klein, *D. chem. G.*, **11**, 1484. — Pinner, *ibid.*, **16**, 1654 et **17**, 178].

Le *chlorhydrate* cristallise en longs prismes très déliquescents, fusibles à 129°. Il est facilement soluble dans l'alcool. Quand on le traite par la potasse concentrée, il se sépare une huile qui est vraisemblablement la base libre. Par ébullition avec l'anhydride acétique et l'acétate de sodium, il donne l'amidile $C^8H^{13}Az^3$.

Le *chloroplatinate*, $(C^3H^8Az^2 . HCl)^2PtCl^4$, forme des cristaux jaune-rougeâtre, peu solubles dans l'eau froide, qui fondent en se décomposant lentement à 199-200°.

Lorsqu'on fait bouillir un mélange de chlorhydrate de propionamidine, d'acétate de sodium et d'anhydride acétique, on obtient de l'*acétylpropionamide*, $C^2H^5 . CO-AzH-CO . CH^3$, fusible à 82° et bouillant à 230-240°, et un composé fusible à 204°, ayant pour formule $C^8H^{13}Az^3$, qui serait une *éthyldiméthylamido-m-diazine* :

$$\begin{array}{ccccc} & Az & — & C-CH^3 & \\ C^2H^5-C & & & & C-CH^3 \\ & Az & — & C-AzH^2 & \end{array}$$

Ce dernier composé prendrait naissance d'après les équations successives :

I. $$C^2H^5-C \begin{cases} AzH \\ AzH^2 \end{cases} + (C^2H^3O)^2O$$

$$= C^2H^4O^2 + C^2H^5-C \begin{cases} Az \quad CO . CH^3 \\ AzH^2 \end{cases}$$

II. $$C^2H^5-C \begin{cases} Az-CO-CH^3 \\ AzH^2 \end{cases}$$

$$+ CH^3 \quad CH^2-CO . AzH^2$$

$$= H^2O + C^2H^5-C \begin{cases} Az-CO-CH^3 \\ Az=C \begin{cases} CH^2-CH^3 \\ AzH^2 \end{cases} \end{cases}$$

III. $$C^2H^5-C \begin{cases} Az-CO-CH^3 \\ Az=C \begin{cases} CH^2-CH^3 \\ AzH^2 \end{cases} \end{cases}$$

$$= H^2O + C^2H^5-C \begin{cases} Az-C \begin{cases} CH^3 \\ \end{cases} \\ \qquad\quad C-CH^3 \\ Az=C \begin{cases} \\ AzH^2 \end{cases} \end{cases}$$

[Pinner. *D. chem. G.*, **22**, 1604].

OXYISOBUTYRAMIDINE,

$$C^4H^{10}Az^2O = C(CH^3)^2(OH)-C(AzH)(AzH^2).$$

— Le *chlorhydrate*, $C^4H^{10}Az^2O . HCl$, s'obtient par l'action de l'ammoniaque sur le chlorhydrate d'oxéthyloxyisobutyrimide; il cristallise en prismes tabulaires, épais, difficilement solubles dans l'eau et dans l'alcool (Pinner).

CAPRONAMIDINE,

$$C^6H^{14}Az^2 = (CH^3)^2CH . CH^2 . CH^2 . C(AzH)(AzH^2).$$

— Son *chlorhydrate* forme de grandes lamelles un peu déliquescentes, fusibles à 106-107° et très solubles dans l'alcool. Après l'avoir chauffé pendant 2 heures à l'ébullition avec un mélange d'acétate de sodium et d'anhydride acétique, on précipite par addition d'eau un liquide huileux formant un mélange de *capronitrile* et d'acide acétique. Dans la solution, il reste de la capronamide que l'on peut extraire par l'éther.

Le *chloroplatinate*, $(C^6H^{14}Az^2 . HCl)^2PtCl^4$, forme des paillettes jaunes, peu solubles dans l'eau froide, assez solubles dans l'eau chaude et fusibles à 199° avec décomposition.

Le *chlorhydrate d'oxéthylcapronimide* se solidifie au-dessous de 0°. Traité avec précaution par la soude caustique, il fournit l'oxéthylcapronimide,

$$C^5H^{11}-C \begin{cases} AzH \\ OC^2H^5 \end{cases}$$

liquide bouillant à 168° (Pinner).

AMIDINES DE LA SÉRIE AROMATIQUE.

On obtient ces composés principalement par les procédés qui suivent :

1° En chauffant fortement les nitriles ou les amides sulfurées de l'acide benzoïque ou de ses homologues avec les chlorhydrates d'amines aromatiques

$$C^6H^5 . CAz + C^6H^5 . AzH^2 . HCl$$
$$= C^6H^5 . C(AzH)(AzH . C^6H^5) . HCl.$$

2° En chauffant le chlorhydrate d'un éther imidé avec de l'ammoniaque alcoolique :

$$C^6H^5 . C(AzH)(OC^2H^5) . HCl + 2AzH^3$$
$$= C^6H^5 . C(AzH)(AzH^2) + C^2H^5 . OH + AzH^4Cl.$$

3° Par double décomposition entre les amines et les chlorures dérivés des amides secondaires :

$$C^6H^5-CCl=Az(SO^2 . C^6H^5) + 2AzH^3$$
$$= C^6H^5 . C(AzH)(AzH . SO^2 . C^6H^5) + AzH^4Cl.$$

BENZAMIDINE (*benzénylamidine, imidobenzamide, phénylcarbamide-imide*),

$$C^6H^5 . C(AzH)(AzH^2).$$

— Quand on traite une solution alcoolique de chlorhydrate de butoxybenzimide,

$$C^6H^5 . C(AzH)(OC^4H^9) . HCl,$$

par l'ammoniaque alcoolique, il se précipite du sel ammoniac; on le sépare par filtration et on évapore dans le vide. Le résidu est un mélange de chlorhydrate de benzamidine et de butoxybenzimide; on enlève ce dernier corps par des lavages à l'éther [Pinner et Klein, *D. chem. G.*, **10**, 1893].

La base, mise en liberté au moyen d'une lessive de soude, est cristalline et fond à 75-80°. Chauffée à une température élevée, elle se décompose en ammoniaque et en cyaphénine $(C^6H^5 . CAz)^3$. Elle est peu soluble dans l'eau et dans l'éther, mais très soluble dans l'alcool. Elle attire l'humidité et l'acide carbonique de l'air. Elle laisse dégager à la longue de l'ammoniaque; sa réaction est très alcaline. Elle se combine avec l'hydroxylamine.

Quand on la chauffe à 140° avec 2 molécules de chlorure de benzoyle, il se produit un composé $C^{14}H^{14}Az^2O^2$ qui se décompose en fondant à 230°, puis un peu de cyaphénine, fusible à 281°, et de la dibenzamide [Pinner, *D. chem. G.*, **17**, 2004].

D'après un mémoire plus récent de M. Pinner [*D. chem. G.*, **22**, 1606], le composé $C^{14}H^{14}Az^2O^2$ n'est autre que le sel ammoniacal de la dibenzamide $(C^6H^5-CO)^2Az-AzH^4$.

L'anhydride benzoïque réagit au contraire à la température ordinaire sur une solution aqueuse de benzamidine et fournit la *benzamidobenzimide*,

$$C^6H^5-C \begin{matrix} \nearrow AzH \\ \searrow AzH.CO.C^6H^5 \end{matrix}$$

[Pinner, *ibid.*].

La benzamidobenzimide avait été obtenue quelques années auparavant par MM. Pinner et Klein [*D. chem. G.*, **11**, 764] dans l'action de l'acide sulfurique fumant sur une solution benzénique de benzonitrile, et envisagée par ces auteurs comme étant l'*oxyde de dibenzimide*,

$$\begin{matrix} C^6H^5-C \nearrow AzH \\ \quad\quad \searrow O \\ C^6H^5-C \nearrow \\ \quad\quad \searrow AzH \end{matrix}$$

La benzamidobenzimide cristallise dans l'alcool en aiguilles fusibles à 105-106°. Chauffée à 70-80° avec de l'acide chlorhydrique, elle donne de la dibenzamide.

Avec l'éther acétylacétique, la benzamidine donne de la phénylméthyloxypyrimidine,

$$C^6H^5.CH:Az^2C^4H^3.OH.$$

Chlorhydrate. — Aiguilles minces, solubles dans l'alcool, insolubles dans l'éther.

Chloroplatinate, $(C^7H^8Az^2.HCl)^2PtCl^4$. — Prismes épais, courts, jaune-rougeâtre, assez solubles dans l'alcool.

Nitrite, $C^7H^8Az^2.AzO^2H, H^2O$. — Se forme par l'action du nitrite de potassium sur le chlorhydrate et est extrait par l'alcool absolu de la solution évaporée à siccité. Cristaux tabulaires, décomposables par la chaleur en benzonitrile, azote et eau [Lossen et Micrau, *D. chem. G.*, **21**, 1250].

Malonate, $C^7H^8Az^2.C^3H^4O^4, 1/2H^2O$. — Paillettes à éclat soyeux, fusibles avec décomposition à 135°, très solubles dans l'alcool et dans l'eau, peu solubles dans l'éther.

Pyruvate, $C^7H^8Az^2.C^3H^4O^3$. — Lamelles soyeuses, peu solubles dans l'eau, fusibles à 77°, et donnant de la benzamide par ébullition avec l'eau.

Chloracétate, $C^7H^8Az^2.C^2H^3ClO^2$. — Lamelles blanches, peu solubles dans l'eau froide, solubles dans l'eau chaude avec décomposition.

Trichlorolactate, $C^7H^8Az^2.C^3H^3Cl^3O^3$. — Lamelles blanches, se décomposant par ébullition avec l'eau en acide carbonique, aldéhyde dichlorée et chlorhydrate de benzamidine.

Sel d'argent, $C^7H^7Az^2Ag$. — Précipité blanc.

Dérivé dinitrosé, $C^7H^6Az^4O^2$. — Il prend naissance quand on fait réagir le nitrite de sodium sur le chlorhydrate de benzamidine en présence de l'acide nitrique. Le précipité qui se forme au bout de 24 heures est une combinaison du dérivé avec la base elle-même, et peut être représenté par la formule $C^7H^8Az^2.C^7H^6Az^4O^2$; la potasse alcoolique le décompose à chaud en donnant le sel $C^7H^5Az^4O^2K$.

Ce composé $C^7H^5Az^4O^2K$ se présente en aiguilles très solubles dans l'eau, moins solubles dans l'alcool et insolubles dans l'éther; quand il est sec, il est extrêmement explosif; on peut faire bouillir sa solution aqueuse, sans crainte de décomposition.

Le sel d'argent est un précipité très explosif.

La dinitrosobenzamidine libre est très instable. La solution de son sel de potassium, traitée par l'acide sulfurique étendu, se décompose en donnant du benzonitrile [Lossen et Micrau, *D. chem. G.*, **21**, 1251. — Pinner, *D. chem. G.*, **22**, 1612].

Benzényldiphényldiuréide,

$$C^6H^5-C \begin{matrix} \nearrow Az.CO.AzH.C^6H^5 \\ \searrow AzH.CO.AzH.C^6H^5 \end{matrix}$$

— Une solution aqueuse de benzamidine, additionnée avec précaution de cyanate de phényle, se prend en une masse microcristalline, insoluble dans l'eau et dans l'alcool froid, cristallisant dans l'eau bouillante en fines aiguilles soyeuses, fusibles à 172°, et présentant la composition ci-dessus.

L'acide acétique bouillant dissout ce dérivé et le décompose en phénylurée et benzoylphénylurée, suivant l'équation

$$C^6H^5-C \begin{matrix} \nearrow Az.CO.AzH.C^6H^5 \\ \searrow AzH.CO.AzH.C^6H^5 \end{matrix} + H^2O$$
$$= C^6H^5.AzH.CO.AzH.CO.C^6H^5$$
$$+ AzH^2.CO.AzH.C^6H^5.$$

Benzamidine-phénylsulfo-urée,

$$C^6H^5-C \begin{matrix} \nearrow AzH \\ \searrow AzH.CS.AzH.C^6H^5 \end{matrix}$$

— Ce composé, qu'on pourrait aussi appeler *imidobenzoylphénylsulfo-urée*, se produit dans les mêmes conditions que le précédent, au moyen du phénylsénevol; il cristallise en prismes jaunes, fusibles à 125°.

Diazobenzène-benzamidine,

$$C^6H^5-C \begin{matrix} \nearrow AzH \\ \searrow AzH-Az=Az-C^6H^5 \end{matrix}$$

— Prismes jaunes, brillants, fusibles à 181°, obtenus par addition de sodium à un mélange de chlorure de diazobenzène et de chlorhydrate de benzamidine en solution aqueuse, et cristallisation du précipité dans l'acétone.

Benzamidine-chloral, $C^7H^8Az^2.C^2HCl^3O$. — On l'obtient au moyen du chloral dans les mêmes conditions que le dérivé précédent; liquide huileux qui se dédouble par les acides et par les alcalis en donnant ses deux générateurs ou leurs produits de décomposition.

Benzylidène-benzamidine (benzylidène-amidobenzimide),

$$C^6H^5-C \begin{matrix} \nearrow AzH \\ \searrow Az=CH.C^6H^5 \end{matrix}$$

— Ce corps se dépose au bout de quelques semaines quand on abandonne un mélange de benzamidine et d'aldéhyde benzylique en solution dans l'alcool faible. Il forme de longs prismes brillants, peu solubles dans l'éther et dans l'alcool froid, très solubles dans l'alcool bouillant, fusibles à 152°. Chauffé au-dessus de son point de fusion, il se transforme presque intégralement en cyaphénine [Pinner, *D. chem. G.*, **22**, 1607].

ÉTHYLIMIDOBENZAMIDE,

$$C^9H^{12}Az^2 = C^6H^5.C(Az.C^2H^5)(AzH^2).$$

— On obtient l'*iodhydrate* de ce composé en chauffant à 100° la benzamidine avec de l'iodure d'éthyle. La base est une huile épaisse, fortement basique.

Le *chloroplatinate* $(C^9H^{12}Az^2.HCl)^2PtCl^4$ forme des prismes épais qui se ramollissent à 95° et fondent complètement à 150°. Il est assez soluble dans l'eau [Pinner et Klein, *D. chem. G.*, **11**, 7].

DIBENZIMIDINE,

$$C^{14}H^{13}Az^3 = \begin{matrix} C^6H^5-C \begin{matrix} \nearrow AzH \\ \searrow AzH \end{matrix} \\ C^6H^5-C \begin{matrix} \nearrow \\ \searrow AzH \end{matrix} \end{matrix}$$

$$\text{ou} \quad \begin{matrix} C^6H^5-C \begin{matrix} \nearrow AzH \\ \searrow \end{matrix} \\ C^6H^5-C \begin{matrix} \nearrow Az \\ \searrow AzH^2 \end{matrix} \end{matrix}$$

— On soumet la benzamidine à une courte ébullition avec 4 ou 5 parties d'anhydride acétique : la molécule se double et il se sépare de l'ammoniaque. Aiguilles fondant à 108-109°. Ce corps ne se décompose pas à 240° ; il résiste aux oxydants ; il donne avec le brome un produit d'addition auquel l'alcool enlève tout le brome ; avec l'acide nitrique fumant, il donne un dérivé tétranitré ; enfin il se décompose, quand on le chauffe à 100° avec de l'acide chlorhydrique concentré, en acide benzoïque et chlorure d'ammonium. On peut le considérer soit comme une imidine, soit comme une amidile, ainsi que l'indiquent les deux formules précédentes [Pinner et Klein, *D. chem. G.*, **11**, 8].

On transforme ce corps en *dérivé p-sulfonique*, $C^{14}H^{13}AzO^3S, \frac{1}{2}H^2O$, en le chauffant avec 10 parties d'acide sulfurique peu fumant. Ce dérivé cristallise en petites aiguilles, très solubles dans l'eau, peu solubles dans l'acide sulfurique à 25 0/0 ; il donne de l'acide p-oxybenzoïque par fusion avec la potasse. Son sel de sodium est soluble dans l'eau froide ; celui de baryum est peu soluble dans l'eau chaude [Pinner, *D. chem. G.*, **17**, 2513].

PHÉNYLBENZAMIDINE (*phénylamidobenzimide*),

$$C^{13}H^{12}Az^2 = C^6H^5 . C(AzH)(AzH . C^6H^5).$$

— Elle se forme quand on chauffe la benzamide sulfurée $C^6H^5-CS.AzH^2$, ou mieux le benzonitrile, avec du chlorhydrate d'aniline à une température de 220-240°. Il se produit en même temps de la phénylamidobenzophénylimide, dont le chlorhydrate est insoluble dans l'eau froide [Bernthsen, *Ann. Chem.*, **184**, 348].

Elle se dépose de sa solution alcoolique en cristaux grenus ou mamelonnés, peu solubles dans l'eau froide, extrêmement solubles dans l'alcool et dans l'éther, fusibles à 111-112°. Elle se décompose partiellement par sublimation en aniline et benzonitrile. Par réduction avec l'amalgame de sodium, elle se transforme en benzylidène-phényldiamine, $C^6H^5.CH(AzH^2)(AzH.C^6H^5)$. L'acide nitreux la convertit en benzamide ; l'hydrogène sulfuré à 120-130°, en thiobenzamide et aniline ; le chlorhydrate d'aniline, en diphénylbenzamidine ; le sulfure de carbone à 120-130°, en thiobenzanilide et sulfocyanate de phénylbenzamidine :

$$2C^6H^5 . C(AzH)(AzH . C^6H^5) + CS^2$$
$$= C^6H^5 . CS . AzH . C^6H^5 + C^{13}H^{12}Az^2 . HCAzS.$$

On peut admettre que la combinaison avec le sulfure de carbone se fait d'abord par addition directe :

$$C^6H^5 . C(AzH)(AzH . C^6H^5) + CS^2$$
$$= C^6H^5 . C \begin{matrix} \nearrow AzH \searrow \\ - S - CS \\ \searrow AzH(C^6H^5) \end{matrix}$$

et que cette dernière combinaison se décompose en $C^6H^5-CS(AzH . C^6H^5) + AzHCS$. Il faut donc adopter pour la phénylbenzamidine la formule $C^6H^5 . C(AzH)(AzH . C^6H^5)$ (Bernthsen).

Le *chlorhydrate* est sirupeux, miscible à l'eau et à l'alcool en toutes proportions, à peine soluble dans l'éther ; on peut cependant le faire cristalliser.

DIPHÉNYLBENZAMIDINE (*phénylamido-benzophénylimide*)

$$C^{19}H^{16}Az^2 = C^6H^5 . C(Az . C^6H^5)(AzH . C^6H^5).$$

— Elle se forme :

1° Par l'action de l'aniline sur le chlorure de phénylimide, obtenu lui-même au moyen de la benzanilide et du perchlorure de phosphore (Gerhardt) ;

2° Par le mélange de 3 molécules de benzanilide avec 3 molécules d'aniline et 1 molécule de trichlorure de phosphore ;

3° Par l'action de l'aniline sur le phénylchloroforme en solution éthérée [Limpricht, *Ann. Chem.*, **135**, 82] ;

4° Dans la préparation de la phénylbenzamidine (voir plus haut) ;

5° Par la transformation de cette dernière base au moyen du chlorhydrate d'aniline chauffé à 250° (Bernthsen) ;

6° En portant à 180-200° un mélange de benzanilide et de phénylcarbimide,

$$C^7H^5O . AzH(C^6H^5) + C^6H^5AzCO$$
$$= C^{19}H^{16}Az^2 + CO^2$$

[B. Kühn, *D. chem. G.*, **18**, 1476].

Aiguilles fusibles à 144°, très solubles dans l'alcool et dans l'éther, peu solubles dans l'eau. Elle se décompose, par une ébullition prolongée avec l'alcool étendu d'eau, en aniline et benzanilide. Elle donne de la thiobenzanilide,

$$C^6H^5 . CS . AzH(C^6H^5),$$

quand on la chauffe à 160-165° dans un courant d'hydrogène sulfuré ; de la thiobenzanilide et du sulfhydrate de phényle sous l'influence du sulfure de carbone à la température de 130-140° (Bernthsen).

L'acide chlorhydrique concentré à 150° la décompose en acide benzoïque et aniline.

Le *chlorhydrate* est soluble dans l'alcool, peu soluble dans l'eau et insoluble dans l'éther.

Le *chloroplatinate*, $(C^{19}H^{16}Az^2 . HCl)^2PtCl^4$, et le *picrate* forment de petites aiguilles jaunes (Döbner).

PHÉNYLAMIDO-P-NITROBENZOPHÉNYLIMIDE,

$$C^{19}H^{15}Az^3O^2 = C^6H^4(AzO^2)C(Az . C^6H^5)(AzH . C^6H^5)$$

— Se produit par l'action de 3 molécules d'acide p-nitrobenzoïque sur 6 molécules d'aniline et 2 molécules de trichlorure de phosphore à la température de 180-190° [Weith, *D. chem. G.*, **12**, 103].

PHÉNYLSULFONIMIDO-BENZO-PHÉNYLAMIDE,

$$C^{19}H^{16}Az^2O^2S$$
$$= C^6H^5 - C(AzH . C^6H^5)(Az . SO^2 . C^6H^5).$$

— Cristaux fusibles à 138-139° ; ils prennent naissance par l'action de l'aniline sur le chlorure $C^6H^5 . CCl(Az . SO^2 . C^6H^5)$ produit par l'action du perchlorure de phosphore sur la phénylsulfonebenzamide $C^6H^5-CO-AzH . SO^2 . C^6H^5$ [Wallach et Gossmann, *D. chem. G.*, **11**, 753].

DIPHÉNYL-P-AMIDOBENZAMIDINE (*carbotriphényltriamine*, *phénylamido-p-amidobenzophénylimide*),

$$C^{19}H^{17}Az^3 = C^6H^4(AzH^2) . C(Az . C^6H^5)(AzH . C^6H^5).$$

— On l'obtient : 1° par la réduction du dérivé nitré correspondant au moyen de l'étain et de l'acide chlorhydrique (Weith) ; 2° par l'action sur l'aniline du tétrachlorure ou mieux du tétrabromure de carbone [Bolas et Groves, *Ann. Chem.*, **160**, 173], ou du chlorure trichlorométhylsulfonique [Michler et Walder, *D. chem G.*, **14**, 2174].

Tables à quatre pans, allongées, fusibles à 198°, insolubles dans l'eau, peu solubles dans l'éther, se décomposant par distillation en aniline, ammoniaque, acide cyanhydrique, benzonitrile et diphénylamine. Chauffée à 155-160° avec une quantité convenable d'acide chlorhydrique concentré, cette combinaison se décompose en aniline et acide p-amidobenzoïque ; avec l'acide sulfurique, elle se décompose en acide carbonique et aniline p-sulfonée.

Son *chlorhydrate*, cristallisé en prismes ou

en tables, fond en brunissant à 280-282°; il est plus soluble dans l'acide chlorhydrique que dans l'eau pure.

ISODIPHÉNYLBENZAMIDINE (*diphénylamidobenzimide*). $C^{19}H^{16}Az^2 = C^6H^5 . C(AzH)[Az(C^6H^5)^2]$. — On chauffe à 180-190° un mélange de benzonitrile et de chlorhydrate de diphénylamine, et l'on épuise le produit de la réaction par l'eau chaude; on lave la solution à l'éther, puis au chloroforme, et on précipite par l'ammoniaque.

Cristaux tabulaires rhombiques, jaunâtres, épais, fusibles à 109-110°,5 quand ils ont pris naissance en solution alcoolique étendue, et à 111,5-112° en solution éthérée.

C'est une base à réaction très alcaline, attirant l'acide carbonique de l'air, également soluble dans le benzène et dans l'alcool, moins soluble dans l'éther.

Le *chlorhydrate* se décompose à 230-250° en sel ammoniac et en une base $C^{19}H^{13}Az$.

Chauffée dans un courant d'hydrogène sulfuré à 130-135°, l'isodiphénylbenzamidine fournit de la diphénylamine, de la thiobenzamide

$$C^6H^5 . CS . AzH^2,$$

de la diphénylthiobenzamide $C^6H^5 . CS . Az(C^6H^5)^2$ et de l'ammoniaque. Dans un courant de sulfure de carbone, il se forme de la diphénylthiobenzamide et du sulfocyanate de la base. Enfin chauffée à 180°, en présence de l'eau et d'un peu d'acide chlorhydrique, elle donne de la diphénylbenzamide $C^7H^5O . Az(C^6H^5)^2$ et de l'ammoniaque. L'ébullition de la base seule fournit du benzonitrile et de la diphénylamine.

Le *chlorhydrate* se compose d'aiguilles ou de prismes clinorhombiques, très solubles dans l'eau et dans l'alcool, fondant sans décomposition à 223°.

Le *nitrate* est assez soluble dans l'eau et dans l'alcool et fond sans décomposition à 213-215°.

Le *sulfocyanate* forme de petits prismes assez peu solubles dans l'eau, fusibles à 202,5-203°,5 [Bernthsen, *Ann. Chem.*, **192**, 4].

Le *dérivé nitrosé*, $C^{19}H^{15}Az^3O$, prend naissance par l'action du nitrite d'isoamyle ou du nitrite d'éthyle sur la base. Il se présente en cristaux jaune pâle, fusibles à 167-169°, insolubles dans les acides, solubles dans l'alcool (Bernthsen). D'après M. Michael, la réaction n'aurait pas lieu quand les nitrites sont secs [*D. chem. G.*, **19**, 1386].

Dérivé méthylé, $C^{20}H^{18}Az^2$. — Il s'obtient au moyen de l'iodure de méthyle à 130°. Corps sirupeux ne donnant pas de sels cristallisés (Bernthsen).

P-CRÉSYLSULFONAMIDOBENZIMIDE,

$$C^{14}H^{14}Az^2O^2S = C^6H^5.C(AzH)(AzH.SO^2.C^6H^4.CH^3)$$

— On traite le chlorure

$$C^6H^5 . CCl . Az(SO^2 . C^6H^4 . CH^3),$$

obtenu lui-même par l'action du perchlorure de phosphore sur la p-crésylsulfonebenzamide, par une solution de carbonate d'ammonium. Paillettes fusibles à 114°, insolubles dans l'eau, l'ammoniaque et les carbonates alcalins [Wolkoff, *D. chem. G.*, **5**, 141].

NITRO-P-CRÉSYLSULFONAMIDOBENZIMIDE,

$$C^{14}H^{13}Az^3O^4S$$
$$= C^6H^5 . C(AzH)[AzH . SO^2 . C^6H^3(AzO^2)CH^3].$$

— Aiguilles jaunes, à peine solubles dans l'eau, fondant à 122-123° (Wolkoff).

Ont été également préparées : la *phénylsulfone-p-crésylbenzamidine*, fusible à 145-146°; la *di-p-crésylbenzamidine*, fusible à 131°; la *cymènesulfone-benzamidine*, fusible à 188°; l'α-*naphtylbenzamidine*. Cette dernière, ayant pour formule

$$C^6H^5 . C(AzH)(AzH . C^{10}H^7),$$

est obtenue en chauffant à 200° le benzonitrile avec du chlorhydrate d'α-naphtylamine. Cristaux en forme de tables, fusibles à 141°.

P-CRÉSYLBENZAMIDINE (*p-crésylimido-benzamide*),

$$C^{14}H^{14}Az^2 = C^6H^5 . C(Az . C^6H^4 . CH^3)(AzH^2).$$

— Elle se forme, en même temps que la dicrésylbenzamidine, quand le benzonitrile est chauffé à 220-240° avec la p-toluidine. Cristaux en tables, très solubles dans l'alcool, fusibles à 99-99°,5.

L'*oxalate* est cristallisé en aiguilles solubles dans l'alcool, moins solubles dans l'eau, à peine solubles dans l'éther (Bernthsen).

AMIDOCRÉSYLBENZAMIDINE, $C^{14}H^{15}Az^3$. — Petites aiguilles fusibles à 211,5-212°, obtenues en chauffant pendant 2 heures à 180-190° la m-crésylène-diamine avec le benzonitrile.

Chlorhydrate, cristaux tabulaires.

Chloroplatinate, $(C^{14}H^{15}Az^3 . HCl)^2PtCl^4$.

Chromate, très peu soluble dans l'eau [Bernthsen et Trompetter, *D. chem. G.*, **11**, 1758]

CRÉSYLAMIDINE (*o-crésylimido-formo-o-crésylamide*), $C^{15}H^{16}Az^2 = CH(Az . C^7H^7)(AzH . C^7H^7)$. — On fait bouillir pendant longtemps la formotoluide; ou bien l'on traite la formotoluide par l'o-toluidine et le trichlorure de phosphore [Ladenburg, *D. chem. G.*, **10**, 1260]. On peut aussi chauffer la formotoluide avec le pentasulfure de phosphore [Senier, *D. chem. G.*, **18**, 2294]. Prismes fusibles à 151°, insolubles dans la soude étendue, solubles dans l'acide chlorhydrique étendu et bouillant.

Le *bromure*, $C^{15}H^{16}Az^2Br^2$, s'obtient en ajoutant du brome à une solution sulfocarbonique de la base; il cristallise en prismes dans l'acide acétique.

ÉTHÉNYL-O-CRÉSYLAMIDINE (*o-crésylimido-acéto-o-crésylamide*),

$$C^{16}H^{18}Az^2 = CH^3 . C(Az . C^7H^7)(AzH . C^7H^7).$$

— S'obtient au moyen de l'o-toluidine, de l'acide acétique et du trichlorure de phosphore (Ladenburg); ou au moyen de l'o-toluidine et du dérivé chloré $CH^3-CCl(Az.C^7H^7)$, préparé lui-même par l'action du perchlorure de phosphore sur l'o-acétotoluide [Wallach, *Ann. Chem.*, **214**, 208]; en chauffant l'o-acétotoluide avec le chlorhydrate d'o-toluidine ou en agitant à froid l'oxéthylthio-acéto-o-toluide avec l'o-toluidine [Wallach et Wüsten, *D. chem. G.*, **16**, 148]. Aiguilles fusibles à 136-140° (Ladenburg), solubles dans l'acide chlorhydrique étendu.

PHÉNYLACÉTAMIDINE,

$$C^8H^{10}Az^2 = C^6H^5 . CH^2 . C(AzH)(AzH^2).$$

— Elle se forme quand on laisse en contact pendant plusieurs jours de la phénylacétothiamide $C^6H^5 . CH^2 . CS . AzH^2$ en solution alcoolique avec de l'ammoniaque et du sublimé en poudre, ou plus simplement, quand on abandonne à l'air une solution ammoniacale de cette amide; il se forme de l'hyposulfite de phénylacétamidine [Bernthsen, *Ann. Chem.*, **184**, 321]. Elle se produit encore par l'action lente de l'ammoniaque en solution dans l'alcool absolu sur le chlorhydrate d'éthoxy-phénylacétimide :

$$C^6H^5 . CH^2 . C(AzH)(OC^2H^5) . HCl + AzH^3$$
$$= C^8H^{10}Az^2 . HCl + C^2H^5 . OH$$

[Luckenbach, *D. chem. G.*, **17**, 1423]

Base très instable, particulièrement en solution aqueuse; elle se décompose lentement à froid, rapidement à chaud, en ammoniaque et phénylacétamide. Elle est soluble dans l'alcool et dans le benzène, peu soluble dans l'éther. Elle cristallise dans le benzène en petites aiguilles ou en paillettes et fond à 116-117°,5 (?). Elle attire l'acide carbonique de l'air.

Chlorhydrate, $C^8H^{10}Az^2 . HCl, H^2O$. — Longues aiguilles minces, très solubles dans l'eau et dans l'alcool (Luckenbach).

Chloroplatinate, $(C^8H^{10}Az^2 . HCl)^2PtCl^4$. — Petites tables jaunes, solubles dans l'eau et dans l'alcool.

Hyposulfite, $(C^8H^{10}Az^2)^2S^2O^3H^2$. — Prismes ou aiguilles orthorhombiques, solubles dans l'eau bouillante, fusibles en se décomposant à 197-198°.

Le *sulfate*, l'*acétate* et l'*oxalate* ont été également préparés.

MÉTHYLAMIDO-PHÉNYLACÉTO-MÉTHYLIMIDE,

$$C^{10}H^{14}Az^2 = C^6H^5 . CH^2 . C(Az . CH^3)(AzH . CH^3).$$

— On abandonne pendant plusieurs jours 1 molécule de chlorhydrate d'oxéthylphénylacétimide avec une solution concentrée de 3 molécules de méthylamine dans l'alcool absolu (Luckenbach). Liquide huileux, cristallisant lentement sur l'acide sulfurique, soluble dans l'alcool.

Le *chlorhydrate* est cristallisé en prismes à six pans brillants.

Le *chloroplatinate* est peu soluble dans l'eau, très soluble dans l'alcool.

DIMÉTHYLAMIDOPHÉNYLACÉTIMIDE,

$$C^6H^5 . CH^2 . C(AzH)[Az(CH^3)^2].$$

— On la prépare au moyen du chlorhydrate d'oxéthylphénylacétimide et de la diméthylamine (Luckenbach).

PHÉNYLIMIDOPHÉNYLACÉTAMIDE,

$$C^{14}H^{14}Az^2 = C^6H^5 . CH^2 . C(Az . C^6H^5)(AzH^2).$$

— On l'obtient en chauffant à 220-240° la phénylacétothiamide avec du chlorhydrate d'aniline, ou avec une solution alcoolique d'iode et d'aniline. On peut aussi chauffer le cyanure de benzyle avec du chlorhydrate d'aniline.

Petites aiguilles fusibles à 129-134°, qui se transforment en grandes aiguilles quand on les sublime doucement; très peu solubles dans l'eau, mais extrêmement solubles dans l'alcool et dans l'éther. Elle se décompose, par ébullition avec l'alcool aqueux, en aniline et amide phénylacétique.

Les sels cristallisent pour la plupart difficilement : le *chlorhydrate* forme à la longue un goudron; l'*acétate* et l'*oxalate* sont liquides; le *nitrate* cristallise [Bernthsen, *Ann. Chem.*, **184**, 342].

PHÉNYLIMIDO-PHÉNYLACÉTO-PHÉNYLAMIDE,

$$C^{20}H^{18}Az^2 = C^6H^5 . CH^2 . C(Az . C^6H^5)(AzH . C^6H^5).$$

— On l'obtient par l'action prolongée de 1 molécule de chlorhydrate d'oxéthylphénylacétimide sur 3 molécules d'aniline dissoutes dans l'alcool absolu. Aiguilles minces ou paillettes fusibles à 107-108°, solubles dans l'alcool, presque insolubles dans l'eau.

Le *chloroplatinate*, $(C^{20}H^{18}Az^2 . HCl)^2PtCl^4$, soluble dans l'alcool, est cristallisé en petites paillettes (Luckenbach).

P-CRÉSYLIMIDO-PHÉNYLACÉTAMIDE,

$$C^{15}H^{16}Az^2 = C^6H^5 . CH^2 . C(Az . C^6H^4 . CH^3)(AzH^2).$$

— On chauffe la phénylacétothiamide ou le cyanure de benzyle avec du chlorhydrate de p-toluidine. Grands cristaux (dans l'alcool) fusibles à 118-119°, très peu solubles dans l'alcool et dans l'éther.

Le *chlorhydrate* et les autres sels cristallisent.

Le *chloroplatinate* forme de petits prismes jaunes, très solubles dans l'alcool chaud (Bernthsen).

ACÉTIMIDO-PHÉNYLACÉTO-ACÉTAMIDE,

$$C^{12}H^{14}Az^2O^2$$
$$= C^6H^5 . CH^2 . C(Az . C^2H^3O)(AzH . C^2H^3O).$$

— Action de la phénylacétamidine sur l'anhydride acétique à froid; en chauffant le chlorhydrate de phénylacétamidine avec de l'anhydride acétique et de l'acétate de sodium, on obtient de l'oxacétylphénylacétimide $C^6H^5-CH^2-C(AzH)(OC^2H^3O)$ (Luckenbach). Petits cristaux tabulaires à quatre pans (dans l'eau), fusibles à 172-173°, peu solubles dans l'eau froide et dans l'alcool, presque insolubles dans l'éther.

PHÉNYLGLYCOLYLAMIDINE,

$$C^8H^{10}Az^2O = C^6H^5 . CH(OH) . C(AzH)(AzH^2).$$

— Action de l'ammoniaque alcoolique sur le chlorhydrate d'oxéthylphénylglycolylimide :

$$C^6H^5 . CH(OH) . C(AzH)(OC^2H^5) . HCl + AzH^3$$
$$= C^8H^{10}Az^2O . HCl + C^2H^6O.$$

Aiguilles fusibles à 110°, très alcalines; le *chlorhydrate* est cristallisé en prismes fusibles à 213-214° [G. Beyer, *J. prakt. Chem.*, (2), **28**, 291].

P-TOLUAMIDINE, $CH^3 . C^6H^4 . C(AzH)(AzH^2)$. — Action de l'ammoniaque alcoolique sur le chlorhydrate d'oxéthyltoluimide,

$$CH^3 . C^6H^4 . C(AzH)(OC^2H^5) . HCl.$$

Paillettes nacrées (dans le benzène), fusibles à 101-102°. Par ébullition avec l'acétate de sodium et l'anhydride acétique elle donne la ditolénylimidine ou tolénylimidile,

$$\begin{matrix} C^7H^7-C \lessgtr AzH \\ \quad AzH \\ C^7H^7-C \lessgtr AzH \end{matrix}$$

Avec l'éther acétylacétique, elle donne de la crésylméthyloxypyrimidine,

$$C^7H^7-C \begin{matrix} \diagup\!\!\diagup Az-C-CH \\ \qquad\quad CH \\ \diagdown Az=C-OH \end{matrix}$$

Chlorhydrate, $C^8H^{10}Az^2 . HCl, \frac{1}{2}H^2O$. — Prismes fusibles à 213°.

Chloroplatinate, $(C^8H^{10}Az^2 . HCl)^2PtCl^4$. — Aiguilles jaunes, fusibles à 225°.

Azotate. — Cristaux fusibles à 95°, renfermant 2 molécules d'eau.

Sulfate. — Fusible au-dessus de 240° [Glock, *D. chem. G.*, **21**, 2653].

MÉTHYLAMIDOTOLUMÉTHYLIMIDE,

$$C^{10}H^{14}Az^2 = CH^3 . C^6H^4 . C(Az . CH^3)(AzH . CH^3).$$

— Son *chlorhydrate* prend naissance par l'action de la méthylamine alcoolique sur le chlorhydrate d'oxéthyl-p-toluimide :

$$C^7H^7 . C \lessgtr \begin{matrix} AzH \\ OC^2H^5 \end{matrix} . HCl.$$

Aiguilles soyeuses, fusibles à 200°, très solubles dans l'eau et dans l'alcool (Glock).

DIMÉTHYLAMIDOTOLUIMIDE,

$$CH^3 . C^6H^4 . C(AzH)[Az(CH^3)^2].$$

— On opère comme pour le composé précédent au moyen de la diméthylamine. — *Chlorhydrate*, prismes raccourcis (Glock).

ÉTHYLAMIDOTOLUIMIDE. — Son *chloroplatinate*,

$$(C^{10}H^{14}Az^2 . HCl)^2PtCl^4, 4H^2O,$$

est en longues aiguilles, fusibles à 65° (Glock).

PHÉNYLAMIDOTOLUPHÉNYLIMIDE,

$$C^{20}H^{18}Az^2 = CH^3 . C^6H^4 . C(Az . C^6H^5)(AzH . C^6H^5).$$

— On la prépare par l'action de 3 molécules d'aniline sur 1 molécule de chlorhydrate d'oxéthyltoluimide, $C^7H^7 . C(AzH)(OC^2H^5)HCl$. Elle se présente en paillettes fusibles à 168°, très solubles dans l'alcool, l'éther et le benzène (Glock).

MÉTHÉNYLDIPHÉNYLAMIDINE (*diphénylformamidine, phénylamido-formo-phénylimide*),

$$C^{13}H^{12}Az^2 = CH(Az.C^6H^5)(AzH.C^6H^5).$$

— Elle se forme dans un grand nombre de circonstances : action du chloroforme sur l'aniline (Hofmann); de l'éther formique sur l'aniline (Wichelhaus); ébullition de l'isocyanate de phényle avec l'aniline (Weith); ébullition de l'acide formique et de l'aniline (Weith); action à chaud de la formanilide sur l'éther formique chloré (Lellmann); action d'un courant de gaz chlorhydrique à 100° ou du perchlorure de phosphore sur la formanilide (Wallach); du chlorhydrate d'oxéthylformimide sur une solution éthérée d'aniline (Pinner).

Elle cristallise dans l'alcool et dans le benzène en longues aiguilles, fusibles à 135-136° (Weith); elle est soluble dans l'alcool chaud. Elle se décompose en grande partie par distillation; elle donne de l'aniline et de la formanilide quand on la chauffe avec de l'alcool étendu d'eau [Tobias. *D. chem. G.*, **15**, 1450]. Portée à 140-150° dans un courant d'hydrogène sulfuré, elle se transforme en aniline et thioformanilide, $CHS.AzH.C^6H^5$ [Bernthsen, *Ann. Chem.*, **192**, 35].

ÉTHÉNYLPHÉNYLAMIDINE (*phénylimido-acetamide*), $C^8H^{10}Az^2 = CH^3.C(Az.C^6H^5)(AzH^2)$. — Liquide huileux, à réaction alcaline, que l'on ne peut volatiliser sans le décomposer, obtenu en chauffant l'aniline avec l'acétonitrile à la température de 170° [Bernthsen, *Ann. Chem.*, **184**, 358].

L'*hyposulfite* cristallise en prismes clinorhombiques (Rath).

ÉTHÉNYLDIPHÉNYLAMIDINE (*phénylamido-acétophénylimide*),

$$C^{14}H^{14}Az^2 = CH^3.C(Az.C^6H^5)(AzH.C^6H^5).$$

— Ce composé se forme par l'action des chlorures de phosphore ou de l'acide chlorhydrique sur l'acétanilide en présence de l'aniline; par l'action du chlorhydrate d'aniline sur l'acétonitrile; par la distillation sèche de la thioacétanilide; enfin par l'action d'une température de 250° sur le chlorhydrate d'acétanilide [Nölting et Weingärtner, *Bull. Soc. Chim.*, (2), **42**, 334].

Pour le préparer, on refroidit un mélange de 1 partie d'acide acétique et de 3 parties d'aniline, on ajoute peu à peu 2 parties de trichlorure de phosphore et l'on chauffe à 160°. La masse goudronneuse est reprise par l'eau bouillante, filtrée et précipitée à froid par la soude; on fait cristalliser le précipité dans l'alcool :

$$6C^6H^5.AzH^2 + 3C^2H^4O^2 + 2PCl^3$$
$$= 3C^{14}H^{14}Az^2.HCl + 3HCl + 2PO^3H^3$$

(Hofmann).

Petites aiguilles fusibles à 131-132°, solubles dans l'alcool, l'éther et les acides. Sa réaction est neutre. Elle n'est attaquée que par la potasse fondante; l'acide sulfurique concentré la dédouble en acide acétique et aniline p-sulfonée; les réducteurs (amalgame de sodium, acide chlorhydrique et étain) la transforment en acide acétique et aniline. Le brome donne un produit de substitution (Biedermann).

En solution dans l'éther aqueux, elle absorbe le cyanogène et fixe les éléments de l'eau en donnant le composé $C^{16}H^{16}Az^4O$. Ce composé est une poudre cristalline, fusible avec décomposition à 165°, peu soluble à froid dans l'éther et dans le benzène; il passe à l'état de goudron quand on essaye de le dissoudre à chaud (Löb).

L'oxychlorure de carbone donne à 60° le chlorure $C^{16}H^{12}Cl^2Az^2O^2$, et à plus haute température le composé $C^{15}H^{12}Az^2O$.

Son *chlorhydrate* est cristallisé en tables.

Son *chloroplatinate*, $(C^{14}H^{14}Az^2.HCl)^2PtCl^4$, est peu soluble dans l'eau froide.

Son *nitrate*, d'abord huileux, ne tarde pas à se prendre en une masse cristalline.

Le *dérivé chloré*, $C^{16}H^{12}Cl^2Az^2O^2$, n'est pas attaqué par l'eau bouillante, mais les alcalis et les acides lui enlèvent le chlore qu'il contient; l'ammoniaque régénère l'éthényldiphénylamidine avec formation de chlorure d'ammonium; de même l'aniline régénère l'amidine, en formant de la carbanilide et du chlorhydrate d'aniline. La réaction de l'alcool peut être exprimée par l'équation

$$C^{16}H^{12}Cl^2Az^2O^2 + 3C^2H^6O$$
$$= CO(AzH.C^6H^5)^2 + CH^3.CO^2C^2H^5$$
$$+ 2C^2H^5Cl + CO^2.$$

L'éthylate de sodium donne l'*éther*

$$C^{16}H^{12}Az^2O^4(C^2H^5)^2,$$

qui cristallise dans l'éther en cristaux brillants, fusibles à 90°,5; sa solution alcoolique est peu stable. L'ammoniaque régénère l'amidine [Löb, *D. chem. G.*, **18**, 2427 et **19**, 2341].

On a décrit aussi quelques autres dérivés de l'éthényldiphénylamidine, *dérivé dibromé*, *dérivé dinitré*, poudre qui se décompose sans fondre à 182°, *dérivés diméthylé, éthylé, méthyléthylé* [Hofmann, *Jahresb.*, 1865, 416. — Biedermann, *D. chem. G.*, **7**, 540].

ÉTHÉNYLIMIDOBENZANILIDE (*carbonyl-phénylènamido-acétophénylimide*),

$$C^{15}H^{12}Az^2O = CH^3.C \lesssim \begin{matrix} Az.(C^6H^4) \\ Az.(C^6H^5) \end{matrix} > CO.$$

— On la prépare en traitant l'éthényldiphénylamidine par un courant d'oxychlorure de carbone à une température supérieure à 60°. Cristaux tabulaires brillants, fusibles à 118°, solubles dans l'alcool, l'éther, le chloroforme et le benzène, et se décomposant à l'ébullition en aniline, acide acétique et phénylcarbimide (Löb).

ISODIPHÉNYLÉTHÉNYLAMIDINE (*diphénylamido-acéto-imide*),

$$C^{14}H^{14}Az^2 = CH^3.C(AzH)[Az(C^6H^5)^2].$$

— L'acétonitrile est chauffé à 140-150° avec du chlorhydrate de diphénylamine; le produit de la réaction est traité par l'eau froide aiguisée d'acide chlorhydrique et par le chloroforme, puis récristallisé dans la ligroïne. Cristaux clinorhombiques fusibles à 62-63°. Réaction basique.

Le *chlorhydrate* est sirupeux; le *sulfocyanate* forme des tables épaisses et est moins soluble dans l'eau que les autres sels.

TRIPHÉNYLÉTHÉNYLAMIDINE (*diphénylamido-acétophénylimide*),

$$C^{20}H^{18}Az^2 = CH^3-C(Az.C^6H^5)[Az(C^6H^5)^2].$$

— Action du trichlorure de phosphore sur l'acétanilide et la diphénylamine (Hofmann).

DIPHÉNYLISOVALÉROAMIDINE, $C^{17}H^{20}Az^2$. — On chauffe à 150° 3 molécules d'acide isovalérique, 6 molécules d'aniline et 2 molécules de trichlorure de phosphore. Corps cristallin, fusible à 111°.

Son *chloroplatinate* cristallise en tables rhombiques, peu solubles dans l'eau, presque insolubles dans l'alcool (Hofmann).

BENZÉNYLAMIDOCRÉSYLÈNE-AMIDINE (*amidocrésylène-benzamidimide, amidotoluénylbenzamidine*)

$$C^{14}H^{13}Az^3 + H^2O$$
$$= C^6H^5-C \lesssim \begin{matrix} AzH_{(4)} \\ Az_{(5)} \end{matrix} > C^6H^2(AzH^2_{(3)}).CH^3_{(1)} + H^2O.$$

— On réduit par l'étain et l'acide chlorhydrique la benzodinitro-p-toluide. Ce corps cristallise en aiguilles vertes, opaques, fusibles à 182-183°, insolubles dans l'eau, solubles dans l'alcool et dans l'éther.

Le *sulfate*, $C^{14}H^{13}Az^3.SO^4H^2, H^2O$, est cristallisé en aiguilles solubles dans l'eau et dans l'alcool [Kelbe, *D. chem. G.*, **8**, 877].

BENZOYL-AMIDOTOLUÉNYLBENZAMIDINE,

$$C^6H^5-C \lessgtr {}^{AzH}_{Az} \gtrless C^6H^3 \lessgtr {}^{CH^3}_{AzH.CO.C^6H^5}$$

— Réduction par l'étain et l'acide chlorhydrique de la dibenzoylnitro-m-crésylène-diamine. Cristaux se ramollissant à 195°, complètement fondus à 218° [Ruhemann, *D. chem. G.*, **14**, 2656].

α-NAPHTÉNYLAMIDINE, $C^{10}H^7-C(AzH)(AzH^2)$. — Pour en obtenir le *chlorhydrate*, on fait digérer pendant longtemps le chlorhydrate d'éthoxy-α-naphto-imide avec une solution alcoolique d'ammoniaque à la température de 50-60°. La base se sépare sous la forme d'un liquide huileux quand on traite le chlorhydrate par une lessive de soude; elle cristallise dans le vide en cristaux filiformes.

Le *chlorhydrate* se présente en aiguilles nacrées, fusibles à 224-226°, solubles dans l'eau et dans l'alcool [Klein et Pinner *D. chem. G.*, **11**, 1486].

α-NAPHTÉNYLDIPHÉNYLAMIDINE (*naphténýldiphényl-diamine ou phénylamido-α-naphtophénylimide*),

$$C^{23}H^{18}Az^2 = C^{10}H^7.C(Az.C^6H^5)(AzH.C^6H^5).$$

— S'obtient par le mélange de 3 molécules d'acide α-naphtoïque $C^{10}H^7.CO^2H$, 6 molécules d'aniline et 2 molécules d'oxychlorure de phosphore. Aiguilles soyeuses, fusibles à 183°,5 [Bössneck, *D. chem. G.*, **16**, 642].

PHÉNYLÈNE-P-DIACÉTAMIDINE,

$$C^{10}H^{14}Az^4 = C^6H^4[CH^2.C(AzH)(AzH^2)]^2.$$

— Le chlorhydrate se prépare en traitant par l'ammoniaque alcoolique le chlorhydrate de phénylène-p-diacéto-éthoxy-imide:

$$C^6H^4[CH^2.C(AzH)(OC^2H^5)]^2.2HCl.$$

La base, séparée par la soude, forme des paillettes fusibles à 182°, solubles dans l'alcool, l'éther et le benzène. Elle attire l'acide carbonique de l'air.

Le *chlorhydrate*, $C^{10}H^{14}Az^4.2HCl$, forme des prismes brillants, facilement solubles dans l'eau et dans l'alcool et fusibles au-dessus de 240° [Glock, *D. chem. G.*, **21**, 2660].

ISOPHTALAMIDINE,

$$C^8H^{10}Az^4 = C^6H^4\left(C \lessgtr {}^{AzH}_{AzH^2}\right)$$

— On mélange le chlorhydrate de diéthoxy-isophtalimide avec 10 fois son poids d'ammoniaque alcoolique:

$$C^6H^4[C(AzH)(OC^2H^5)]^2.2HCl + 2AzH^3 = C^8H^{10}Az^4.2HCl + 2C^2H^6O.$$

La base, mise en liberté par la soude, cristallise en petites aiguilles insolubles dans l'éther et dans le benzène, très solubles dans l'eau et dans l'alcool; ses solutions alcalines se décomposent en dégageant de l'ammoniaque.

Le *sel d'argent*, le *chloroplatinate*, le *nitrate* et le *sulfate* ont été préparés.

Le *chlorhydrate*, porté à l'ébullition avec l'acétate de sodium et l'anhydride acétique, donne un corps qui paraît être

$$C^{16}H^{15}Az^3O^2 = \begin{array}{l} C^6H^4 \begin{cases} CO.AzH^2 \\ C \lessgtr AzH \end{cases} \\ \qquad\quad AzH \\ C^6H^4 \begin{cases} C \lessgtr AzH \\ CO.AzH^2 \end{cases} \end{array}$$

[Luckenbach, *D. chem. G.*, **17**, 1434].

TÉRÉPHTALAMIDINE,

$$C^6H^4\left(C \lessgtr {}^{AzH}_{AzH^2}\right)$$

— Même préparation que pour le corps précédent, en employant le chlorhydrate de diéthoxytéréphtalimide.

Son *chloroplatinate* est jaune, tandis que le précédent est rouge (Luckenbach).

DIBENZÉNYLCRÉSYLÈNE-AMIDINE (*crésylène-diamido-dibenzimide*),

$$C^{21}H^{20}Az^4 = \begin{array}{l} C^6H^5-C \lessgtr {}^{AzH}_{AzH} \\ C^6H^5-C \lessgtr {}^{AzH}_{AzH} \end{array} > C^6H^3-CH^3.$$

— On chauffe à 180-190° le chlorhydrate de m-crésylène-diamine avec du benzonitrile. La base est un liquide huileux, qui se prend à la longue en une masse amorphe, soluble dans l'alcool.

Le *chlorhydrate* ne cristallise pas; il est presque insoluble dans l'eau froide.

Le *chloroplatinate* a pour formule

$$C^{21}H^{20}Az^4.2HCl.PtCl^4$$

[Bernthsen et Trompetter, *D. chem. G.*, **11**, 1759].

J. Meunier.

AMIDO. — Pour les mots qui ne se trouvent pas ici à leur rang alphabétique, voyez le mot qui suit ce préfixe.

AMIDOACÉTAL. — Voyez ACÉTALAMINE, Suppl., 2, 4.

AMIDOACÉTYLTOLUÈNE,

$$C^6H^3(CH^3)_{(1)}(AzH^2)_{(2)}(CO-CH^3)_{(5)}$$

[J. Klingel, *D. chem. G.*, **18**, 2696]. — On chauffe pendant 8 ou 9 heures dans un appareil à reflux un mélange d'o-toluidine (1 partie), de chlorure de zinc (2 parties) et d'anhydride acétique (3-4 parties). Le produit de la réaction est ensuite soumis à l'ébullition pendant 1 heure avec de l'acide chlorhydrique concentré, et la solution acide précipitée par un excès de soude.

L'huile ainsi obtenue est privée de l'excès de toluidine qu'elle renferme par distillation dans un courant de vapeur d'eau; le résidu de cette opération est repris par l'éther: on n'a plus qu'à évaporer ce dernier et à faire cristalliser dans l'eau bouillante le résidu de cette évaporation.

L'amidoacétyltoluène cristallise en aiguilles blanches, ou en prismes, fusibles à 102°, très solubles dans l'eau bouillante, l'alcool, l'éther, insolubles dans le benzène et dans l'éther de pétrole. Il bout à 280-284°.

Le *chlorhydrate*, $C^9H^{11}AzO.HCl$, cristallise en prismes blancs.

Le *sulfate*, $(C^9H^{11}AzO)^2SO^4H^2$, forme des aiguilles blanches, solubles dans l'eau bouillante.

Le *chloroplatinate*, $(C^9H^{11}AzO.HCl)^2PtCl^4$, se présente en fines aiguilles jaunes, peu solubles dans l'eau bouillante, insolubles dans l'éther, très solubles dans l'alcool.

Le *dérivé acétylé*, $CH^3-CO-C^7H^6-AzH.C^2H^3O$, est en aiguilles blanches, très solubles dans l'alcool et dans l'eau bouillante, peu solubles dans l'éther et fusibles à 143-144°.

DIMÉTHYLAMIDOACÉTYLTOLUÈNE,

$$CH^3-CO-C^7H^6-Az(CH^3)^2.$$

— On chauffe à 100° l'amidoacétyltoluène avec un excès d'iodure de méthyle, puis on décompose par l'oxyde d'argent l'iodure ainsi obtenu.

Le diméthylamidoacétyltoluène cristallise en prismes fusibles à 95°, très solubles dans l'alcool, l'éther et l'eau bouillante, à peu près insolubles dans l'éther de pétrole.

Ad. Fauconnier.

AMIDOAMYLBENZÈNE, $C^6H^4(C^5H^{11})AzH^2$. — Cet isomère de l'amylaniline $C^6H^5.AzH.C^5H^{11}$ (Dict., 2, 861) se forme par transposition intramoléculaire quand on chauffe pendant 12 heures à 300° le chlorhydrate d'amylaniline (obtenu par le chlorhydrate d'aniline et l'alcool amylique de fermentation). L'amine primaire ainsi obtenue donne, par des traitements répétés à l'iodure de méthyle, l'iodure de triméthylamylphénylammonium [Hofmann, *D. chem. G.*, 7, 526; *Bull. Soc. Chim.*, (2), **22**, 371].

On obtient le même corps en chauffant l'alcool amylique à 280° avec de l'aniline et du chlorure de zinc; on traite par la soude et on distille. On recueille ce qui passe entre 260 et 300°. La plus grande partie distille à 260°. On purifie le produit en le transformant en sulfate peu soluble.

Cette amine primaire est bien le produit direct de l'action de l'alcool amylique sur l'aniline en présence de chlorure de zinc, car ce réactif n'a pas d'action sur l'amylaniline préparée d'avance [Merz et Weith, *D. chem. G.*, **14**, 2343; *Bull. Soc. Chim.*, (2), **37**, 250].

L'amidoamylbenzène est liquide et bout à 256-258°.

Le *sulfate* est peu soluble dans l'eau froide et se décompose par l'eau bouillante.

Le *chloroplatinate*, en fines aiguilles peu solubles, se décompose à chaud.

Le *benzamidoamylbenzène*

$$C^6H^4 \left\langle \begin{matrix} AzH.C^7H^5O \\ C^5H^{11} \end{matrix} \right.$$

cristallise dans l'alcool en lamelles fusibles à 146-149°. Il est soluble dans le chloroforme, le benzène, l'éther; les alcalis étendus ne le décomposent pas à l'ébullition; la décomposition n'a lieu qu'avec la potasse fondante.

Le chlorhydrate d'amidoamylbenzène donnant par l'azotite de sodium du p-amylphénol, fusible à 247-251°, l'amidoamylbenzène doit être un dérivé para [Calm, *D. chem. G.*, **15**, 1642; *Bull. Soc. Chim.*, (2), **38**, 633]. Paul Adam.

AMIDOAZOBENZÈNE. — Voyez Benzène.

AMIDO-BENZOÏQUE (ACIDE). — Voyez acide Benzoïque.

AMIDOBENZYLAMINE,

$$AzH^2.C^6H^4.CH^2.AzH^2.$$

— Les trois amidobenzylamines sont connues.

o-Amidobenzylamine,

$$C^6H^4(CH^2.AzH^2)_{(1)}AzH^2_{(2)}.$$

— Pour obtenir ce corps, il faut d'abord, suivant le procédé général pour obtenir exclusivement des amines primaires [Gabriel, *D. chem. G.*, **20**, 1129; *Bull. Soc. Chim.*, (2), **49**, 208], préparer l'*o-nitrobenzylphtalimide*. Pour cela on chauffe pendant une demi-heure, au bain-marie, 37 grammes de phtalimide potassique

$$C^6H^4 \left\langle \begin{matrix} CO \\ CO \end{matrix} \right\rangle AzK$$

et 31gr,5 de chlorure d'o-nitrobenzyle; on achève la réaction à 130°. On ajoute de l'eau et de la soude caustique, et on chauffe au bain-marie; on décante et on fait bouillir avec un peu d'alcool. Le résidu, qui constitue l'o-nitrobenzylphtalimide,

$$AzO^2-C^6H^4-CH^2-Az \left\langle \begin{matrix} CO \\ CO \end{matrix} \right\rangle C^6H^4,$$

est purifié par cristallisation dans l'acide acétique. Ce corps fond à 217,5-219°. Chauffé à 200° avec 4 fois son poids d'acide chlorhydrique fumant, il se scinde en acide phtalique et chlorhydrate d'o-nitrobenzylamine. Ce sel, soluble dans l'eau, est séparé par filtration de l'acide phtalique et chauffé avec 2 parties et demie d'étain et 8 parties d'acide chlorhydrique concentré. On élimine l'étain à l'état de sulfure, on évapore et on obtient une masse granuleuse constituant le chlorhydrate de la diamine.

La base libre est cristalline; elle fond à 50° et se décompose par la distillation en dégageant de l'ammoniaque. Elle distille lentement avec la vapeur d'eau. Elle est soluble dans l'eau. Elle absorbe l'acide carbonique et donne deux séries de sels.

Le *picrate*, $C^7H^{10}Az^2.C^6H^3(AzO^2)^3O$, cristallise en aiguilles jaune-citron.

Le dérivé *diacétylé*, $C^7H^6(AzH.C^2H^3O)^2$, obtenu par l'action de l'acide acétique et de l'acétate de sodium sur le chlorhydrate, cristallise dans le benzène en aiguilles aplaties, fondant à 136-137°. Il est peu soluble dans l'éther et se dissout bien dans l'eau chaude.

Le *chloroplatinate*, $(C^{14}H^{14}Az^2O^2.HCl)^2PtCl^4$, est en aiguilles orangées.

m-Amidobenzylamine. — Cette base est obtenue de la même manière que la précédente, en partant du chlorure de m-nitrobenzyle. Elle est liquide.

Le *chloroplatinate* est en lames jaunes.

Le *picrate* est en lamelles peu solubles [Gabriel et Hendess, *D. chem. G.*, **20**, 2870; *Bull. Soc. Chim.*, (2), **49**, 502].

p-Amidobenzylamine. — On nitre l'acétylbenzylamine. Le produit obtenu, qui est un dérivé para, car il donne l'acide p-nitrobenzoïque par oxydation, est réduit par l'étain et l'acide chlorhydrique; le groupe acétyle est éliminé dans la réduction.

La base est un liquide huileux, presque incolore, bouillant à 268-270°; $d_{20} = 1,08$. Elle est soluble dans l'eau et dans l'alcool, insoluble dans l'éther. Elle attire l'acide carbonique de l'air. Chauffée avec du sulfure de carbone, elle fournit de l'hydrogène sulfuré et un composé solide, presque insoluble dans la plupart des dissolvants et fusible à 139°.

Le *chlorhydrate*, $C^7H^{10}Az^2.2HCl$, est en belles aiguilles très solubles dans l'eau, peu solubles dans l'alcool, insolubles dans l'éther.

Le *chloroplatinate*, $(C^7H^{10}Az^2.2HCl)^2PtCl^4$, est en aiguilles.

Le *chlorostannate* forme des octaèdres.

L'*urée*,

$$C^6H^4(CH^2.AzH.CO.AzH^2)(AzH.CO.AzH^2),$$

s'obtient par double décomposition entre le cyanate de potassium et le chlorhydrate de la base. Elle cristallise dans l'eau bouillante en petites aiguilles groupées en étoiles, fusibles avec décomposition à 197°.

La *sulfo-urée*,

$$C^6H^4(CH^2.AzH.CS.AzH^2)(AzH.CS.AzH^2),$$

se prépare par la même méthode, au moyen du sulfocyanate de potassium. Aiguilles fusibles à 176° [Amsel et Hofmann, *D. chem. G.*, **19**, 1284; *Bull. Soc. Chim.*, (2), **47**, 252]. Paul Adam.

AMIDOBENZYLIQUE (ALCOOL),

$$C^6H^4 \left\langle \begin{matrix} AzH^2_{(1)} \\ CH^2.OH_{(2)} \end{matrix} \right.$$

— On le prépare en réduisant par le zinc et l'acide chlorhydrique l'anthranile

$$C^6H^4 \left\langle \begin{matrix} AzH \\ | \\ CO \end{matrix} \right.$$

ou bien l'aldéhyde o-nitrobenzylique, ou encore l'acide o-nitrobenzoïque [P. Friedländer et R. Henriques, *D. chem. G.*, **15**, 2109].

Il cristallise dans le benzène en aiguilles blanches, qui brunissent à l'air. Il fond à 82°, et se décompose à une température un peu plus élevée. Il est très soluble dans l'alcool, le chloroforme, l'acide acétique, assez soluble dans l'éther et dans l'eau. La vapeur d'eau ne l'entraîne que difficilement à la distillation.

L'acétate se produit à la longue par l'action de l'acide chlorhydrique à froid sur l'acétate acétamidobenzylique (voyez plus bas) [Söderbaum et Widman, *D. chem. G.*, **22**, 1667]. C'est une huile jaune, soluble dans l'éther.

Le *chlorhydrate*,

$$C^6H^4 \begin{cases} AzH^2 \cdot HCl \\ CH^2(OC^2H^3O) \end{cases}$$

cristallise en aiguilles blanches.

Le *chloroplatinate*, $(C^9H^{11}AzO^2 \cdot HCl)^2PtCl^4$, cristallise en aiguilles plates ou en lamelles quadrangulaires.

ALCOOL ACÉTAMIDOBENZYLIQUE,

$$C^6H^4 \begin{cases} AzH \cdot CO \cdot CH^3 \\ CH^2 \cdot OH \end{cases}$$

[Söderbaum et Widman, *loc. cit.*]. — On l'obtient par l'action de l'anhydride acétique sur l'alcool précédent, à la température ordinaire.

Il cristallise dans le benzène en longues aiguilles, fusibles à 114°. L'acide chlorhydrique étendu le convertit lentement à froid, rapidement à chaud, en alcool amidobenzylique.

Le *chloroplatinate*, $(C^9H^{11}AzO^2 \cdot HCl)^2PtCl^4$, se présente en longs cristaux dentelés jaunes

L'*acétate*,

$$C^6H^4 \begin{cases} AzH \cdot CO \cdot CH^3 \\ CH^2(OC^2H^3O) \end{cases}$$

s'obtient en chauffant pendant quelques instants l'alcool amidobenzylique avec un excès d'anhydride acétique. Il cristallise en aiguilles plates, très solubles dans le benzène, fusibles à 91°.

Abandonné pendant quelques heures à la température ordinaire avec de l'acide chlorhydrique, il perd de l'acide acétique et se convertit en acétate amidobenzylique.

L'*acétate diacétamidobenzylique*,

$$C^6H^4 \begin{cases} Az(CO \cdot CH^3)^2 \\ CH^2 - OC^2H^3O \end{cases}$$

prend naissance lorsqu'on fait bouillir pendant 2 heures l'alcool amidobenzylique avec un excès d'anhydride acétique. C'est une huile jaunâtre, qui paraît incristallisable.

OXYCRÉSYLURÉE,

$$CO \begin{cases} AzH^2 \\ AzH \cdot C^6H^4 \cdot CH^2OH \end{cases}$$

[Söderbaum et Widman, *loc. cit.*]. — On la prépare, d'après les méthodes usuelles, au moyen du cyanate de potassium, de l'alcool amidobenzylique et de l'acide chlorhydrique. Elle cristallise en lamelles quadrangulaires ou en prismes, fusibles avec décomposition vers 180°, assez solubles dans l'eau bouillante, très peu solubles dans le benzène, l'alcool, l'acétone, l'alcool méthylique. Chauffée avec de l'acide chlorhydrique concentré, elle se convertit en *phénodihydroacimiazine* ou mésocétophéno-m-diazéine

CH², AzH, CO, AzH

(pour la nomenclature de ces dérivés, voyez l'article CHAINES FERMÉES, *nomenclature*).

DIOXYCRÉSYLURÉE, $CO(AzH \cdot C^6H^4 \cdot CH^2OH)^2$. — Elle se produit lorsqu'on maintient l'urée précédente à 180° jusqu'à ce qu'elle ne perde plus d'ammoniaque. Elle cristallise dans le benzène en fines aiguilles blanches, fusibles à 108°.

OXYCRÉSYLPHÉNYLURÉE,

$$CO \begin{cases} AzH \cdot C^6H^5 \\ AzH \cdot C^6H^4 \cdot CH^2OH \end{cases}$$

[Söderbaum et Widman, *loc. cit.*]. — Cette urée prend naissance par le mélange de solutions benzéniques d'isocyanate de phényle et d'alcool o-amidobenzylique.

Elle cristallise en fines aiguilles blanches, fusibles à 191°, peu solubles dans la plupart des dissolvants usuels.

Chauffée au bain-marie avec de l'acide chlorhydrique, elle se transforme en *benzophényldihydro-acimiazine* (Az'-phénylmésocétophéno-m-diazéine) :

CH², Az . C⁶H⁵, CO, AzH

OXYCRÉSYLPHÉNYLSULFO-URÉE,

$$CS \begin{cases} AzH \cdot C^6H^5 \\ AzH \cdot C^6H^4 \cdot CH^2OH \end{cases}$$

[Söderbaum et Widman, *loc. cit.*]. — Obtenu par l'action du phénylsénevol sur l'alcool o-amidobenzylique, ce corps cristallise en prismes incolores, fusibles à 136°.

L'acide chlorhydrique le convertit en *benzophényldihydrothiomiazine* (Az'-phénylmésocéthiophéno-m-diazéine) :

CH², Az . C⁶H⁵, CS, AzH

Ad. Fauconnier.

AMIDOBENZYLIQUE (CYANURE),

$$C^6H^4 \begin{cases} AzH^2 \\ CH^2 - CAz \end{cases}$$

[Syn. *Nitrile amidophénylacétique*]. — Voyez ACIDE PHÉNYLACÉTIQUE.

AMIDOBUTYLBENZÈNE, $C^6H^4(AzH^2)C^4H^9$. — On ne connaît encore que le P-AMIDO-ISOBUTYLBENZÈNE,

$$AzH^2-C_6H_4-CH^2-CH \begin{cases} CH^3 \\ CH^3 \end{cases}$$

Ce corps s'obtient : 1° En chauffant pendant 6 heures à 230° le chlorhydrate d'aniline sec avec de l'alcool isobutylique. On purifie le produit par des dissolutions dans l'eau et des précipitations répétées par l'acide chlorhydrique [Studer, *Ann. Chem.*, **211**, 237; *D. chem. G.*, **14**, 1472; *Bull. Soc. Chim.*, (2), **36**, 578].

2° En chauffant à 250° un mélange d'aniline, d'alcool isobutylique et de chlorure de zinc ou d'anhydride phosphorique.

Soumise à l'action d'un mélange réfrigérant, cette base cristallise en lamelles fusibles à 17°; elle bout à 230°; sa densité à 25° est 0,937.

Le *chlorhydrate*, en belles lamelles blanches prismatiques, est sublimable soluble dans l'alcool, insoluble dans l'éther.

Le *chloroplatinate* devient peu à peu cristallin.

Le *bromhydrate*, soluble dans l'eau bouillante, cristallise en paillettes brillantes.

L'*iodhydrate* est en longues aiguilles légèrement jaunâtres, assez solubles dans l'eau et dans l'alcool [Studer, *D. chem. G.*, **14**, 2186; *Bull. Soc. Chim.*, (2), **37**, 243].

Le *formamidobutylbenzène*,

$$C^6H^4(C^4H^9)(AzH . CHO),$$

s'obtient en chauffant la base avec de l'acide formique. Ce composé fond à 59° et bout à 314-316°. Soluble dans l'alcool et dans l'éther, il se dissout moins bien dans la ligroïne froide [Gasiorowski et Merz, *D. chem. G.*, **18**, 1009].

L'*acétamidobutylbenzène*,

$$C^6H^4(C^4H^9)(AzH . C^2H^3O),$$

obtenu par l'action du chlorure d'acétyle sur la base, fond à 170°. Les acides concentrés le décomposent facilement (Studer.)

Le *butylamidobutylbenzène*,

$$C^6H^4(C^4H^9)(AzH . C^4H^9),$$

se forme comme produit accessoire dans la preparation de l'amidobutylbenzène.

C'est un liquide bouillant à 260-270°. Les combinaisons que cette base donne avec les acides chlorhydrique et bromhydrique sont huileuses, peu solubles dans l'eau, solubles dans l'alcool.

Dérivé nitrosé, $C^6H^4(C^4H^9)[Az(C^4H^9)(AzO)]$. — On traite le produit brut de la préparation de l'amidobutylbenzène par l'acide azoteux, et on extrait le dérivé nitrosé par l'éther. C'est une huile jaunâtre, d'une faible odeur aromatique, cristallisant en grande partie par un refroidissement prolongé; $d_{24} = 0,9907$. L'étain et l'acide chlorhydrique régénèrent le butylamidobutylbenzène.

Le *butylacétamidobutylbenzène*,

$$C^6H^4(C^4H^9)[Az(C^4H^9)(C^2H^3O)],$$

fond à 73-74° et bout au-dessus de 300°. Très stable, ce corps n'est que difficilement décomposé par les acides et par la potasse alcoolique (Studer).

Dérivé nitré. — Si on nitre avec précaution l'acétamidobutylbenzène, on obtient l'*acétamidobutylnitrobenzène*,

$$C^6H^3(AzO^2)(C^4H^9)(AzH . C^2H^3O),$$

en aiguilles fines, fondant à 204°,5, bouillant à 250-252° avec décomposition partielle, et donnant par saponification l'*amido-isobutylnitrobenzène*, $C^6H^3(AzO^2)(C^4H^9)(AzH^2)$, en aiguilles rouges. Cette base donne des sels facilement solubles. Réduite par l'étain et l'acide chlorhydrique, elle se transforme en *diamidobutylbenzène*.

DIAMIDO-ISOBUTYLBENZÈNE, $C^6H^3(C^4H^9)(AzH^2)^2$. — Cette base, qui fond à 97°,5 et bout à 280-282°, donne, avec la phénanthrène-quinone en solution acétique, un produit de condensation bien cristallisé, fondant à 146°,5, la *phénanthro-isobutylphénazine*,

$$\begin{matrix} C^6H^4 - C = Az \searrow \\ | \quad\quad | \quad\quad\quad C^6H^3 . C^4H^9. \\ C^6H^4 - C = Az \nearrow \end{matrix}$$

Dans les mêmes conditions, on obtient avec le benzile la *benzile-isobutylphénazine*,

$$\begin{matrix} C^6H^5 - C = Az \searrow \\ | \quad\quad\quad C^6H^3 . C^4H^9, \\ C^6H^5 - C = Az \nearrow \end{matrix}$$

fondant à 144°. Les sels de ces deux phénazines sont facilement décomposés, même par l'alcool.

La formation de ces deux corps montre que les deux groupes AzH^2 sont en position ortho dans le diamido-butylbenzène [C. Gelzer, *D. chem. G.*, **20**, 3253; *Bull. Soc. Chim.*, (2), **49**, 725].

URÉE COMPOSÉE ET DÉRIVÉS. — La *dibutophénylurée*,

$$CO \begin{matrix} \nearrow AzH . C^6H^4 . C^4H^9 \\ \searrow AzH . C^6H^4 . C^4H^9 \end{matrix}$$

s'obtient, soit en traitant l'amidobutylbenzène par le chlorure de carbonyle, soit en faisant réagir l'oxyde de mercure sur la sulfo-urée correspondante (voyez plus loin).

Elle est en longues aiguilles, fondant à 283-284°, très solubles dans l'alcool froid.

La *dibutophénylsulfo-urée*,

$$CS(AzH . C^6H^4 . C^4H^9)^2,$$

s'obtient en chauffant l'amidobutylbenzène avec un excès de sulfure de carbone au réfrigérant ascendant. Il se dégage de l'hydrogène sulfuré pendant plusieurs jours. Quand le dégagement a cessé, on arrête l'opération et on purifie le produit par cristallisation dans l'alcool bouillant. On obtient des aiguilles fondant à 192°,5, peu solubles dans l'alcool chaud solubles dans l'éther froid et dans le benzène.

Cette sulfo-urée, chauffée avec 3 fois son poids d'acide phosphorique (d = 1,7) se transforme en *butylphénylsénevol*,

$$C^4H^9 . C^6H^4 . AzCS.$$

On distille le produit dans la vapeur d'eau après avoir acidulé par l'acide chlorhydrique et on le purifie dans la ligroïne.

Ce sénevol fond à 42° et bout à 277°. L'alcool et l'éther le dissolvent facilement.

Chauffé à 200° avec de la poudre de cuivre dans un courant d'acide carbonique, il perd son soufre et donne le *butylbenzonitrile*

$$CAz . C^6H^4 . C^4H^9,$$

bouillant à 238°.

Dibutophénylguanidine,

$$C(AzH) \begin{matrix} \nearrow AzH . C^6H^4 . C^4H^9 \\ \searrow AzH . C^6H^4 . C^4H^9 \end{matrix}$$

— On l'obtient en traitant la sulfo-urée en solution alcoolique par l'oxyde de plomb et l'ammoniaque.

Elle se présente en lamelles fondant à 173°, solubles dans l'alcool chaud et dans le benzène.

Le *chloroplatinate*, $(C^{21}H^{29}Az^3 . HCl)^2PtCl^4$, est un précipité cristallin jaune.

Tributophénylguanidine,

$$C \begin{matrix} \nearrow AzH . C^6H^4 . C^4H^9 \\ = Az \quad . C^6H^4 . C^4H^9 \\ \searrow AzH . C^6H^4 . C^4H^9 \end{matrix}$$

— La sulfo-urée, traitée en solution alcoolique par l'oxyde de plomb et l'amidobutylbenzène, se transforme en tributophénylguanidine, petites aiguilles, fondant à 163-164°, peu solubles dans l'alcool froid.

Le *chloroplatinate*, $(C^{31}H^{41}Az^3 . HCl)^2PtCl^4$, se présente en fines aiguilles jaune clair.

Cette guanidine, chauffée à 160° avec du sulfure de carbone, donne du sénevol et de la sulfo-urée.

Carbodibutophénylimide, $C(Az . C^6H^4 . C^4H^9)^2$. — On l'obtient en chauffant la sulfo-urée en solution dans le benzène avec 2 parties et demie d'oxyde de plomb; elle se présente en cristaux grenus, fondant à 189°, solubles à chaud dans le benzène, moins solubles dans l'éther. L'alcool faible transforme à chaud cette imide en dibutophénylurée; le sulfure de carbone à 150° donne du sénevol. L'ammoniaque se fixe directement et fournit la dibutophénylguanidine [Pahl, *D. chem. G.*, **17**, 1232; *Bull. Soc. Chim.*, (2), **44**, 282].

HOMOLOGUES DE LA SULFO-URÉE. — M. Mainzer

a préparé quelques sulfo-urées homologues [*D. chem. G.*, **16**, 2023].

L'a-phényl-b-isobutophényl-sulfo-urée,

$$CS \begin{cases} AzH \,.\, C^6H^5 \\ AzH \,.\, C^6H^4 \,.\, C^4H^9 \end{cases}$$

obtenue au moyen du phénylsénevol $CSAzC^6H^5$ et de l'amidobutylbenzène, est en lamelles fusibles à 152°, très solubles dans l'alcool chaud. Chauffé avec de l'acide phosphorique concentré, ce corps se décompose avec formation de phénylsénevol, de butylphénylsénevol, d'aniline et d'amidobutylbenzène.

L'a-p-crésyl-b-butophényl-sulfo-urée

$$CS \begin{cases} AzH \,.\, C^6H^4 \,.\, CH^3 \\ AzH \,.\, C^6H^4 \,.\, C^4H^9 \end{cases}$$

obtenue par le même procédé, fond à 137° et présente les mêmes caractères.

L'a-éthophényl-b-butophényl-sulfo-urée,

$$CS \begin{cases} AzH \,.\, C^6H^4 \,.\, C^2H^5 \\ AzH \,.\, C^6H^4 \,.\, C^4H^9 \end{cases}$$

fond à 140°.

Constitution de l'amido-isobutylbenzène. — La position en *para* du groupe AzH^2 dans cette base est prouvée :

1° Par la formation de p-butylphénol, fondant à 99° et bouillant à 231°, au moyen du nitrite de sodium et du chlorhydrate d'amido-isobutylbenzène (Studer) ;

2° Par la transformation de l'amidobutylbenzène en isobutyl-iodobenzène, et oxydation de ce dernier corps en acide p-iodobenzoïque ;

3° Par la transformation de la base en cyanure, saponification de ce dernier et transformation par les oxydants en acide téréphtalique (Pahl).

Paul Adam.

AMIDOCAPROCYAMINE. — Voyez Créatines.

AMIDOCAPRYLBENZÈNE [Syn. *Caprylophénylamine*],

$$C^6H^4 \begin{cases} AzH^2_{(1)} \\ C^8H^{17}_{(4)} \end{cases}$$

[A. Beran. *D. chem. G.*, **18**, 139]. — On chauffe pendant 8 heures à 280° un mélange d'aniline, de chlorure de zinc et d'alcool caprylique : on reprend le produit de la réaction par l'acide chlorhydrique dilué et chaud, on filtre, on alcalinise après refroidissement par l'ammoniaque en excès, et on épuise par l'éther. On soumet la solution éthérée à la distillation fractionnée, et on achève la purification de la base en la transformant en oxalate.

L'amidocaprylbenzène est un liquide incolore, oléagineux, incristallisable, bouillant à 290-292°. Abandonné à l'air, il prend à la longue une coloration foncée.

L'*oxalate*, $(C^8H^{17}.C^6H^4.AzH^2)^2C^2O^4H^2$, est une poudre blanche cristalline, peu soluble dans l'eau froide, très soluble dans l'eau bouillante et dans l'alcool.

Le *sulfate* se présente en petits cristaux peu solubles dans l'eau froide.

Le *dérivé benzoylé*, $C^8H^{17}.C^6H^4.AzH.C^7H^5O$, forme de petites aiguilles blanches, fusibles à 109°.

Ad. Fauconnier.

AMIDOCINNAMÉNYLPROPIONIQUE (ACIDE),

$$C^6H^4 \begin{cases} AzH^2_{(1)} \\ CH=CH-CH^2-CH^2-CO^2H_{(2)} \end{cases}$$

[L. Diehl et A. Einhorn, *D. chem. G.*, **20**, 378]. — On l'obtient en hydrogénant l'acide o-amidocinnaménylacrylique au moyen de l'amalgame de sodium et de l'eau, en ayant soin de maintenir la liqueur neutre par des additions d'acide sulfurique. La réaction terminée, on acidule par l'acide sulfurique, on filtre, on sursature par l'ammoniaque, on évapore à sec, et on reprend par l'alcool absolu.

L'acide ainsi obtenu cristallise dans l'eau avec 1 molécule d'eau. Il fond à 59°. Il se dissout dans la plupart des dissolvants usuels, qui l'abandonnent à l'état huileux. La solution éthérée présente une fluorescence verte.

Le permanganate de potassium le convertit en aldéhyde benzylique.

Il fixe 2 atomes de brome : le produit ainsi obtenu est converti par l'amalgame de sodium en acide *o-amidophénylvalérique* (voyez ce mot).

Ad. Fauconnier.

AMIDODIÉTHYLACÉTIQUE (ACIDE), $AzH^2-C(C^2H^5)^2-CO^2H$ [Tiemann, *D. chem. G.*, **14**, 1975]. — On obtient le *nitrile* correspondant à cet acide en traitant par l'ammoniaque la cyanhydrine de la diéthylcétone,

$$(C^2H^5)^2C \begin{cases} OH \\ CAz \end{cases}$$

Ce nitrile est incristallisable.

L'acide amidodiéthylacétique cristallise en lamelles ou en prismes, assez solubles dans l'eau, peu solubles dans l'alcool, presque insolubles dans l'éther. Chauffé lentement, il se sublime sans fondre ; chauffé brusquement, il perd de l'acide carbonique et donne un composé alcalin, qui paraît être une amylamine.

Le *sel d'argent*, $C^6H^{12}AzO^2Ag$, cristallise en lamelles blanches et brillantes.

Le *sel de cuivre* forme des lamelles violettes solubles dans l'eau.

Le *chlorhydrate*, $C^6H^{13}AzO^2.HCl$, se présente en prismes incolores.

AMIDODIIMIDOPHÉNOL. — Voyez Phénol.

AMIDODIPHÉNYLE. — Voyez Biphényle.

AMIDO-ÉTHYLBENZÈNES,

$$C^6H^4 \begin{cases} AzH^2 \\ C^2H^5 \end{cases}$$

[Syn. *Ethophénylamines*]. — On a indiqué (Dict., 2, 889) la découverte faite par MM. Beilstein et Kuhlberg de deux amido-éthylbenzènes obtenus par la réduction des dérivés nitrés correspondants. Le dérivé désigné par la lettre α est le composé para ; le dérivé β est son isomère ortho.

O-amido-éthylbenzène. — M. Paucksch [*D. chem. G.*, **17**, 767 et 2801] recommande le procédé de préparation suivant : On soumet à la réduction le mélange des deux nitroéthylbenzènes ortho et para préparé par la nitration de l'hydrocarbure ; les deux dérivés amidés ainsi obtenus sont convertis en dérivés acétylés, par ébullition avec la quantité théorique d'anhydride acétique, et ceux-ci sont chauffés dans un courant de vapeur d'eau jusqu'à ce que le liquide commence à passer laiteux. La solution aqueuse restée dans le ballon est décantée encore chaude : elle laisse déposer par refroidissement le p-acétamido-éthylbenzène ; la concentration des eaux mères fournit le dérivé ortho : on n'a plus qu'à le purifier par quelques cristallisations dans l'eau bouillante, puis à le décomposer par ébullition avec l'acide chlorhydrique.

L'o-amido-éthylbenzène est liquide ; il ne se solidifie pas à — 10° ; il distille à 210-211°.

Chauffé avec de l'acide arsénique ou avec du chlorure mercurique, il donne une coloration d'un violet sale.

Le *dérivé acétylé* cristallise en fines aiguilles, fusibles à 110-111°.

Le *dérivé benzoylé*, $C^6H^4(C^2H^5)(AzH.C^7H^5O)$, se présente en petites lamelles brillantes, fusibles à 147°.

ACIDE SULFONIQUE, $C^8H^{11}AzSO^3$ [Paucksch, *loc. cit.*]. — On le prépare en chauffant le dérivé acétylé avec de l'acide sulfurique, jusqu'à ce qu'une prise d'essai ne précipite plus par les alcalis. Il cristallise dans l'eau bouillante en aiguilles brillantes.

Les *sels de cuivre* et *d'argent* sont amorphes; les sels alcalins sont cristallisés.

Le *sel de baryum* se présente en beaux prismes très solubles.

Traité par la diméthylaniline en présence du nitrite de sodium, cet acide sulfonique se convertit en une matière colorante amorphe, d'un jaune-orangé foncé.

DÉRIVÉ NITROSÉ,

$$C^6H^4 \begin{cases} AzH^2 \\ CH(AzO) - CH^3 \end{cases}$$

[Gabriel et R. Meyer, *D. chem. G.*, **14**, 2339]. — On l'obtient en chauffant à 100° un mélange d'iodure de méthyle, de nitrosométhyl-o-amidobenzène, de potasse et d'alcool méthylique. C'est une huile jaunâtre, volatile avec la vapeur d'eau.

Nous avons attribué à ce composé la formule que lui ont donnée les auteurs qui l'ont découvert; mais il est probable que sa constitution est en réalité la suivante :

$$C^6H^4 \begin{cases} AzH^2 \\ CH = (AzO - CH^3), \end{cases}$$

qui en fait un dérivé de l'aldoxime o-amidobenzylique.

Le *chlorhydrate*, $C^8H^{10}Az^2O . HCl$, forme des prismes obliques courts ou des rhomboèdres, peu solubles dans l'acide chlorhydrique concentré.

DI-O-ÉTHOPHÉNYLSULFO-URÉE,

$$CS(AzH - C^6H^4 - C^2H^5)^2$$

[Paucksch, *loc. cit.*]. — On l'obtient, mélangée avec l'éthophénylsénevol, par l'action du sulfure de carbone sur l'o-amido-éthylbenzène en présence d'un peu de potasse. Elle cristallise en aiguilles blanches et brillantes, fusibles à 141-142°.

Soumise à l'ébullition avec une solution d'acide phosphorique, elle donne de l'éthophénylsénevol.

O-ÉTHOPHÉNYLSÉNEVOL, $CSAz - C^6H^4 - C^2H^5$. — C'est un liquide incolore, mobile, bouillant avec décomposition partielle à 240-245°.

Il se combine avec l'aniline pour donner des cristaux fusibles à 148°, constituant l'*a-phényl-b-o-éthophénylsulfo-urée* :

$$CS \begin{cases} AzH . C^6H^4 . C^2H^5 \\ AzH . C^6H^5 \end{cases}$$

P-AMIDO-ÉTHYLBENZÈNE. — Obtenu pour la première fois par MM. Beilstein et Kuhlberg (voyez Dict., **2**, 889) par la réduction de l'α-nitroéthylbenzène, ce composé a été préparé successivement par les méthodes suivantes :

1° Action d'une température de 300-330° sur le chlorhydrate d'éthylaniline [A.-W. Hofmann, *D. chem. G.*, **7**, 527]. La réaction est la suivante :

$$C^6H^5 - AzH(C^2H^5) . HCl = C^6H^4(C^2H^5)(AzH^2)HCl.$$

2° Action d'une température de 280° sur un mélange en proportions moléculaires d'alcool, d'aniline et de chlorure de zinc [Benz, *D. chem. G.*, **15**, 1646]; le produit de la réaction est repris par l'acide chlorhydrique, et la solution acide précipitée par l'ammoniaque.

3° Réduction du mélange d'o- et de p-nitroéthylbenzène, et séparation des dérivés amidés à l'état de combinaisons acétylées (voyez plus haut, *o-amido-éthylbenzène*).

Le p-amido-éthylbenzène se prend dans un mélange réfrigérant en paillettes fusibles à — 5°; il bout à 213-214° (Paucksch), 212° (Hofmann), et distille avec la vapeur d'eau (Benz).

Ses sels cristallisent aisément.

Le *sulfate*, $(C^8H^{11}Az)^2SO^4H^2$, forme de grandes lamelles blanches et brillantes, peu solubles dans l'eau, un peu plus solubles dans l'acide sulfurique dilué.

Le *nitrate* cristallise en aiguilles ou en prismes peu solubles dans l'eau froide (Benz).

Le *dérivé acétylé*, $C^8H^9.AzH.C^2H^3O$, forme de petites lamelles ou des aiguilles, très peu solubles dans l'eau, solubles dans l'alcool, et fusibles à 94°,5 (Benz). Il distille à 315-317° (Beilstein et Kuhlberg).

Le *dérivé benzoylé*, $C^6H^4(C^2H^5)(AzH . C^7H^5O)$, se présente en longues aiguilles assez solubles dans l'alcool et fusibles à 151°.

L'*iodure d'éthophényltriméthylammonium*, $C^2H^5 - C^6H^4 - Az(CH^3)^3I$, s'obtient lorsqu'on soumet la base à des traitements répétés par l'iodure de méthyle; il cristallise dans l'eau (Hofmann).

DÉRIVÉS NITRÉS. — Si l'on verse avec précaution de l'acide nitrique fumant dans une solution acétique fortement refroidie d'acétyléthophénylamine, et qu'on précipite ensuite par l'eau glacée, on obtient de belles aiguilles soyeuses, d'un jaune clair, solubles dans le chloroforme, le sulfure de carbone, le benzène, l'alcool et l'éther, fusibles à 45-47°, et constituant l'*acétamido-éthonitrobenzène*, $C^6H^3(AzO^2)(C^2H^5)(AzH . C^2H^3O)$.

Chauffé avec de l'acide chlorhydrique concentré, ce composé perd son groupe acétyle, et se transforme en *éthonitrophénylamine*,

$$C^6H^3(AzO^2)(C^2H^5)(AzH^2),$$

précipitable par l'eau sous la forme de petits prismes rougeâtres, fusibles à 45-47°, solubles dans le chloroforme, l'éther, le benzène, l'alcool et le sulfure de carbone [Paucksch, *D. chem. G.*, **17**, 770].

L'*acétamido-éthodinitrobenzène*,

$$C^6H^2(AzO^2)^2(C^2H^5)(AzH . C^2H^3O),$$

s'obtient en ajoutant par petites portions l'acétyléthophénylamine à de l'acide nitrique (d = 1,45) refroidi à — 12°. Il cristallise dans l'alcool bouillant en aiguilles jaunes, fusibles à 180-182°.

Chauffé avec de l'acide chlorhydrique concentré, il perd son groupe acétyle, et donne l'*éthodinitrophénylamine*, $C^6H^2(AzO^2)^2(C^2H^5)(AzH^2)$, en beaux prismes orangés fusibles à 134-135° [Paucksch, *ibid.*].

DIÉTHOPHÉNYLURÉE, $CO(AzH - C^6H^4 - C^2H^5)^2$ [Paucksch, *D. chem. G.*, **17**, 2804]. — Préparée par l'action de l'amido-éthylbenzène sur une solution benzénique d'oxychlorure de carbone, elle cristallise en belles aiguilles, fusibles à 217°.

DIÉTHOPHÉNYLSULFO-URÉE, $CS(AzH.C^6H^4.C^2H^5)^2$ [Mainzer, *D. chem. G.*, **16**, 2019]. — On chauffe dans un appareil à reflux un mélange d'amido-éthylbenzène, d'alcool et de sulfure de carbone; on obtient par refroidissement des lamelles nacrées, fusibles à 144°, très solubles dans l'alcool bouillant et dans l'éther.

Soumise à l'ébullition avec une solution d'acide phosphorique, cette sulfo-urée se décompose avec formation d'éthophénylamine et d'*éthophénylsénevol* $C^2H^5 - C^6H^4 - AzCS$, liquide jaunâtre, miscible en toutes proportions à l'alcool et à l'éther, et bouillant à 255,5-256°.

PHÉNYL-ÉTHOPHÉNYL-SULFO-URÉE,

$$CS \begin{cases} AzH . C^6H^5 \\ AzH . C^6H^4 . C^2H^5 \end{cases}$$

[Mainzer, *ibid.*]. — On la prépare au moyen de l'éthophénylsénevol et de l'aniline en solution alcoolique. Lamelles blanches, fusibles à 103-104°.

ÉTHOPHÉNYL-α-NAPHTYLSULFO-URÉE,

$$CS \begin{cases} AzH . C^6H^4 . C^2H^5 \\ AzH . C^{10}H^7 \end{cases}$$

[Mainzer, *ibid.*]. — On la prépare au moyen de l'éthophénylamine et de l'α-naphtylsénevol en solution alcoolique; petites aiguilles blanches, fusibles à 148°, qui se décomposent lorsqu'on les chauffe avec une solution concentrée d'acide phosphorique, en donnant à la fois de l'éthophénylsénevol, de l'α-naphtylamine, du naphtylsénevol et de l'éthophénylamine.

L'*éthophényl-β-naphtylsulfo-urée*, obtenue par le même procédé, cristallise en petites lamelles blanches et brillantes, fusibles à 158-159°.

DIÉTHOPHÉNYLGUANIDINE,

$$C(AzH)(AzH . C^6H^4 . C^2H^5)^2$$

[Paucksch, *D. chem. G.*, **17**, 2804]. — On chauffe au bain-marie une solution alcoolique ammoniacale de diéthophénylsulfo-urée avec un grand excès d'oxyde de plomb, jusqu'à élimination totale du soufre à l'état de sulfure. On filtre, on évapore et on fait cristalliser dans l'alcool dilué. On obtient finalement de petites lamelles fusibles à 137-138°, très solubles dans l'alcool, l'éther et le sulfure de carbone.

La solution chlorhydrique donne, par l'addition de chlorure de platine, un précipité formé de larges lamelles brillantes, ayant pour formule

$$C^{17}H^{21}Az^3 . HCl)^2PtCl^4.$$

Ad. Fauconnier.

AMIDO-ÉTHYLINDÈNE. — Voyez INDÈNE.

AMIDO-ÉTHYLTOLUÈNE,

$$C^6H^3(CH^3)_{(1)}(C^2H^5)(AzH^2)_{(2)}$$

[Benz, *D. chem. G.*, **15**, 1650]. — On chauffe pendant 8 heures à 270° un mélange en proportions moléculaires d'alcool, d'o-toluidine et de chlorure de zinc. On reprend le produit par l'acide chlorhydrique, on précipite par l'ammoniaque, et on soumet à la distillation fractionnée. On achève la purification par transformation en oxalate.

Liquide huileux, presque incolore, bouillant à 229-230°.

Le *sulfate*, $(C^9H^{13}Az)^2SO^4H^2$, cristallise en aiguilles blanches et brillantes, peu solubles dans l'alcool.

L'*oxalate*, $(C^9H^{13}Az)^2C^2O^4H^2$, forme des lamelles brillantes, assez solubles dans l'eau bouillante.

Le *dérivé acétylé*, $C^9H^{12}Az(C^2H^3O)$, se présente en longues aiguilles soyeuses, fusibles à 105-105°,5, assez solubles dans le benzène et dans l'alcool, et distillant à 313-315°.

AMIDO-ISOBUTYLTOLUÈNES,

$$C^6H^3(CH^3)(C^4H^9)(AzH^2).$$

1° O-AMIDO-M-ISOBUTYLTOLUÈNE,

$$C^6H^3(CH^3)_{(1)}(AzH^2)_{(2)}(C^4H^9)_{(5)}$$

[J. Effront, *D. chem. G.*, **17**, 2318]. — On chauffe pendant 9 heures à 280-290° un mélange d'alcool isobutylique et de chlorhydrate d'o-toluidine; on reprend le produit par l'acide chlorhydrique, on alcalinise par l'ammoniaque et on épuise par l'éther; la solution éthérée est enfin soumise à la distillation fractionnée.

L'amido-isobutyltoluène est une huile incolore, incristallisable, bouillant à 243°; il jaunit peu à peu à la lumière. Il est peu soluble dans l'eau, miscible en toutes proportions à l'alcool et à l'éther. La vapeur d'eau l'entraîne à la distillation.

Le *chlorhydrate*, $C^{11}H^{17}Az . HCl$, forme de longues aiguilles groupées en étoiles.

Le *bromhydrate*, $C^{11}H^{17}Az . HBr$, cristallise en longues aiguilles.

Le *sulfate*, $(C^{11}H^{17}Az)^2SO^4H^2$, se présente en aiguilles blanches, peu solubles dans l'eau froide.

L'*oxalate*, $(C^{11}H^{17}Az)^2C^2O^4H^2$, est en aiguilles argentines.

Le *dérivé acétylé*, $C^{11}H^{16}Az . C^2H^3O$, forme des lamelles fusibles à 162°.

Le *dérivé benzoylé*, $C^{11}H^{16}Az . C^7H^5O$, cristallise en aiguilles blanches, fusibles à 168°.

Le *dérivé formique*, $C^{11}H^{16}Az . CHO$, se présente en belles lames incolores, fusibles à 105-106°. Chauffé avec de la poudre de zinc il donne le nitrile m-isobutyl-o-toluique

$$C^6H^3(CH^3)_{(1)}(C^4H^9)_{(5)}(CAz)_{(2)}$$

DIMÉTHYLAMIDO-ISOBUTYLTOLUÈNE,

$$C^6H^3(CH^3)(C^4H^9)\left(Az \begin{cases} CH^3 \\ CH^3 \end{cases}\right)$$

[Effront, *loc. cit.*, 2339]. — On chauffe la base précédente avec un excès d'iodure de méthyle et on décompose par l'oxyde d'argent l'iodure ainsi obtenu. Liquide huileux, à odeur aromatique, bouillant à 250-251°.

Le *chlorhydrate* forme des cristaux blancs, très solubles dans l'eau.

Le *chloroplatinate*, $(C^{13}H^{21}Az . HCl)^2PtCl^4$, est une masse cristalline rougeâtre.

DI-ISOBUTOCRÉSYLSULFO-URÉE,

$$CS(AzH . C^7H^6 . C^4H^9)^2$$

[Effront, *loc. cit.*]. — On chauffe un mélange d'amido-isobutyltoluène, d'alcool et de sulfure de carbone tant qu'il se dégage de l'acide sulfhydrique. La sulfo-urée se dépose par le refroidissement en longues aiguilles brillantes fusibles à 184°.

ISOBUTOCRÉSYLSÉNEVOL, $C^{11}H^{15} . AzCS$. — Ce composé se produit en même temps que la sulfo-urée précédente; il reste dans les eaux mères et peut en être isolé par distillation dans un courant de vapeur d'eau : il cristallise dans le récipient et fond à 46°.

2° O-AMIDO-M-ISOBUTYLTOLUÈNE,

$$C^6H^3(CH^3)_{(1)}(AzH^2)_{(2)}(C^4H^9)_{(3)}$$

[J. Effront, *D. chem. G.*, **17**, 419 et 2340]. — On l'obtient en chauffant pendant 8 heures à 270-280° un mélange de chlorure de zinc, d'o-toluidine et d'alcool isobutylique. On l'isole du produit de la réaction en opérant exactement comme pour son isomère décrit plus haut. Il bout à 243-244°.

Le *chlorhydrate* et le *sulfate* cristallisent en lamelles. L'*oxalate* est très soluble dans l'éther.

Le *dérivé formique*, $C^{11}H^{16}Az . CHO$, est en lamelles fusibles à 103-105°. Par distillation avec la poudre de zinc, il donne le nitrile m-isobutyl-o-toluique,

$$C^6H^3(CH^3)_{(1)}(C^4H^9)_{(3)}(CAz)_{(2)}.$$

Le *dérivé acétylé*, $C^{11}H^{16}Az . C^2H^3O$, cristallise en longues aiguilles soyeuses, fusibles à 141-142°.

DI-ISOBUTOCRÉSYLSULFO-URÉE, $CS(AzH . C^{11}H^{15})^2$. — Même préparation que pour son isomère décrit plus haut. Aiguilles fusibles à 175°.

ISOBUTOCRÉSYLSÉNEVOL, $C^{11}H^{15} . AzCS$. — On chauffe la sulfo-urée précédente avec de l'acide phosphorique sirupeux pendant 20 minutes; on ajoute ensuite de l'acide chlorhydrique et on distille dans un courant de vapeur d'eau. Le sénevol est entraîné et cristallise dans le récipient en une masse fusible à 44°. Il bout à 267°.

Chauffé avec de la poudre de cuivre, il donne à 180° l'isobutocrésylcarbylamine, et à 220° le nitrile isobutyltoluique isomérique.

Ad. Fauconnier.

AMIDO-ISOPROPYLBENZÈNES,

$$C^6H^4 < \begin{matrix} AzH^2 \\ CH < \begin{matrix} CH^3 \\ CH^3 \end{matrix} \end{matrix}$$

O-AMIDO-ISOPROPYLBENZÈNE,

$$C^6H^4 < \begin{matrix} AzH^2_{(1)} \\ C^3H^7_{(2)} \end{matrix}$$

— Ce composé prend naissance lorsqu'on distille l'acide amidocuminique avec un excès de baryte [Fileti, *Gazz. chim. ital.*, **13**, 378 · *D. chem. G.*, **16**. 2928] :

$$C^6H^3(AzH^2)_{(1)}(C^3H^7)_{(2)}(CO^2H)_{(3)}$$
$$= CO^2 + C^6H^4(AzH^2)(C^3H^7).$$

Pour l'obtenir à l'état de pureté, on fait bouillir avec de l'acide chlorhydrique le produit de la distillation, de façon à résinifier les composés indoliques qui prennent naissance dans la même réaction ; la liqueur acide est ensuite soumise à la distillation dans un courant de vapeur d'eau, pour éliminer les produits non basiques, puis alcalinisée et distillée dans un courant de vapeur : l'huile entraînée dans cette seconde distillation est purifiée par transformation en chlorhydrate ; il ne reste plus qu'à mettre la base en liberté et à la fractionner [Constam et H. Goldschmidt, *D. chem. G.*, **21**, 1161].

Cette base accompagne aussi, à l'état de produit secondaire, la cumidine que l'on obtient par la réduction du nitrocumène (Constam et Goldschmidt).

C'est une huile incristallisable, bouillant à 213,5-214°,5.

Le *chlorhydrate*, $C^9H^{13}Az.HCl$, cristallise dans l'eau en grands prismes incolores.

L'*oxalate*, $(C^9H^{13}Az)^2C^2O^4H^2,H^2O$, forme de longs cristaux prismatiques, fusibles à 173°.

Le *dérivé acétylé*, $C^6H^4(C^3H^7)(AzH.C^2H^3O)$, se présente en aiguilles incolores, fusibles à 72°

URÉE,

$$CO < \begin{matrix} AzH^2 \\ AzH.C^6H^4.C^3H^7 \end{matrix}$$

— Elle se produit par double décomposition entre le chlorhydrate de la base précédente et le cyanate de potassium. Elle cristallise dans l'eau en petites aiguilles blanches, fusibles à 133-134° (Constam et Goldschmidt).

P-AMIDO-ISOPROPYLBENZÈNE,

$$C^6H^4 < \begin{matrix} AzH^2_{(1)} \\ C^3H^7_{(4)} \end{matrix}$$

— Voyez CUMIDINE. Ad. Fauconnier

AMIDOMÉTHYLPROPYLBENZÈNE. — Voyez CYMIDINE.

AMIDON. — On a décrit quelques combinaisons définies de ce corps qui établissent nettement la présence, dans sa molécule, de plusieurs fonctions alcooliques.

MM. Schützenberger et Naudin, en chauffant l'amidon à 140° avec de l'anhydride acétique, ont obtenu une *acétine*, $C^6H^7O^2(C^2H^3O^2)^3$, qui bleuit par l'iode et qui régénère l'amidon au contact de la potasse.

D'après MM. Pfeiffer et Tollens [*Ann. Chem.*, **210**, 288], l'amidon donne avec les alcalis des composés qui, après une série de dissolutions dans l'eau et de précipitations par l'alcool, répondent sensiblement à la formule $C^{24}H^{39}O^{20}K$ ou Na.

L'amidon sec se dissout rapidement dans l'acide sulfurique concentré : il se forme ainsi des acides amylosulfuriques de composition variable. On peut en général les représenter par la formule $C^{6n}H^{10n}O^{5n-x}(SO^4)^x$, dans laquelle le rapport $\frac{x}{n}$ est constamment plus petit que 2. Les sels barytiques de ces acides sont amorphes, décomposables par l'eau ; les acides eux-mêmes se dédoublent, par ébullition avec l'alcool, en acide sulfurique et dextrine. Ils sont fortement dextrogyres [Hönig et Schubert, *Mon. f. Chem.*, **6**, 708-750].

AMIDONS NITRIQUES (voyez Dict., **1**, 196). — On connaît trois éthers nitriques principaux de l'amidon : la *mononitrine* $C^{12}H^{19}O^9(AzO^3)$, que l'on obtient mélangée avec la *dinitrine* $C^{12}H^{18}O^8(AzO^3)^2$ en précipitant par l'eau une dissolution d'amidon dans l'acide nitrique fumant, et la *tétranitrine* $C^{12}H^{16}O^6(AzO^3)^4$, qu'on prépare en versant goutte à goutte de l'acide sulfurique concentré dans une solution nitrique froide d'amidon. M. Béchamp a signalé deux modifications isomériques de l'amidon dinitré : l'une est soluble seulement dans l'acide acétique, l'autre se dissout aisément dans l alcool éthéré, l'acétone ou l'esprit de bois, ainsi que dans l'acide acétique. L'amidon dinitré détone vers 200°.

Il semble également exister deux modifications de l'amidon tétranitrique, dont l'une est soluble dans l'alcool, et l'autre seulement dans un mélange d'alcool et d'éther. Ces deux corps se décomposent avec explosion dès 175° (Béchamp).

D'après M. Berthelot, la vitesse de propagation de l'onde explosive dans l'*amidon-poudre*, comprimé à la densité 1,2 dans des tubes d'étain de 4 à 5 millimètres de diamètre extérieur, est de 5200 à 5800 mètres par seconde [*Bull. Soc. Chim.*, (2), **43**, 538].

Traité successivement par le chlore ou le brome et par l'oxyde d'argent, l'amidon se change, comme la dextrose, en acide gluconique $C^6H^{12}O^7$. Dans cette réaction l'amidon commence évidemment par donner de la dextrose.

L'acide chlorhydrique étendu donne, par une ébullition prolongée, de l'acide lévulique ; la réaction est assez nette pour qu'il soit possible de fonder sur elle un mode de préparation avantageux de cet acide (voyez ACIDE LÉVULIQUE).

La chaleur de formation de l'amidon, rapportée à sa formule la plus simple $C^6H^{10}O^5$, est approximativement de 200 calories [*Mécan. Chim.*, **1**, 14].

ACTION DE LA DIASTASE. — On sait que, sous l'influence de la diastase, l'empois d'amidon se dissout rapidement et se transforme en un mélange de dextrine et de sucre réducteur (maltose). La proportion relative de ces corps varie avec la durée de l'attaque et avec la température à laquelle on opère, sans que jamais le pouvoir réducteur du mélange dépasse de beaucoup la moitié de ce qu'il serait si l'amidon avait été complètement transformé en dextrose. Si, à une température quelconque inférieure à 80°, on prélève de temps en temps un échantillon du liquide où se saccharifie de l'empois, et qu'on y ajoute quelques gouttes d'eau iodée, on voit, dès le début, se produire la coloration bleue caractéristique de l'amidon soluble, puis bientôt une teinte violette qui passe ensuite au rouge et à l'orangé. Finalement l'iode ne donne plus de réaction ; le liquide renferme alors uniquement un mélange d'achroodextrine et de maltose.

La diastase agit donc sur l'amidon en le transformant en maltose, à peu près inattaquable par une action prolongée du ferment, et en une série de dextrines qui commence par l'amidon soluble et dont le dernier terme, l'achroodextrine ou maltodextrine, résiste comme la maltose à l'influence hydratante de la diastase.

L'élévation de la température a pour effet de diminuer la proportion de la maltose dans le mélange saccharifié. D'après MM. Brown et Héron [*Ann. Chem.*, **199**, 242], le dédoublement de l'amidon par la diastase peut, entre 50 et 60°, se représenter par l'équation suivante :

$$10(C^{12}H^{20}O^{10}) + 8H^2O$$
Amidon.
$$= 8(C^{12}H^{22}O^{11}) + 4(C^6H^{10}O^5).$$
Maltose Dextrine.

Pour d'autres températures, M. O'Sullivan [*Chem. News*, **33**, 218; *Bull. Soc. Chim.*, (2), **27**, 181] donne les rapports

$$C^{18}H^{30}O^{15} + H^2O = C^{12}H^{22}O^{11} + C^6H^{10}O^5 \quad \text{à } 60°:$$
Amidon. Maltose (68 0/0). Dextrine (32 0/0).

$$2(C^{18}H^{30}O^{15}) + H^2O = C^{12}H^{22}O^{11} + 4(C^6H^{10}O^5)$$
de 64 à 69°;

$$4(C^{18}H^{30}O^{15}) + H^2O = C^{12}H^{22}O^{11} + 10(C^6H^{10}O^5)$$
au-dessus de 69°.

A 80° la diastase n'agit plus.

Pour expliquer cette variabilité extrême de la nature et de la proportion des corps qui résultent de l'action de la diastase sur l'empois, M. Musculus admet que, dans une première phase de la réaction, l'amidon se dédouble en maltose et en une dextrine à poids moléculaire très élevé, puis que cette dextrine est attaquée à son tour comme l'amidon primitif, et ainsi de suite, de sorte que, par une série de dégradations successives, on arrive à un mélange limite d'achroodextrine et de maltose que la diastase n'attaque plus.

M. Bourquelot a fait voir en outre que la diastase diminue d'énergie à mesure qu'on élève la température, ce qui explique pourquoi la proportion de dextrine formée devient en même temps plus considérable [*C. R.*, **104**, 576].

M. Lindet pense que, dans la saccharification diastasique de l'amidon, l'action du ferment est limitée par la proportion de la maltose devenue libre, et que les dextrines seraient entièrement saccharifiées si l'on enlevait la maltose au fur et à mesure de sa production [*C. R.*, **108**, 453].

D'après M. Brasse [*C. R.*, **100**, 454], la diastase préparée à froid et vite, de manière à éviter un contact trop prolongé du ferment avec l'alcool qui l'altère, est capable de saccharifier lentement l'amidon cru; la température la plus convenable paraît être 42°, et la réaction est limitée par la présence du sucre produit; elle continue si, par la dialyse, on élimine la maltose au fur et à mesure de sa formation.

A l'abri de l'air, l'empois d'amidon, additionné de craie et de matières nutritives, subit aisément la fermentation butyrique [Fitz, *D. chem. G.*, **11**, 44].

Au contact d'une espèce particulière de *mucor* qui n'intervertit pas la saccharose, il donne de l'alcool et de l'acide carbonique [Gayon et Dubourg, *C. R.*, **103**, 885].

Iodure d'amidon. — La substance bleue qui se forme quand on traite l'empois d'amidon par l'iode a été considérée jusqu'à ces derniers temps comme un corps mal défini; quelques auteurs même l'ont décrite comme un simple mélange. M. Bondonneau le premier a fait voir que l'iodure d'amidon, préparé et purifié avec soin, présente une composition sensiblement constante : d'après lui, l'amidon soluble absorbe 15,7 0/0 de son poids d'iode au contact d'un excès de ce réactif, ce qui correspond à une richesse de près de 14 0/0 dans l'iodure d'amidon tout formé [*C. R.*, **85**, 671].

M. Mylius a reconnu depuis que les nombres donnés par M. Bondonneau sont trop faibles et que l'iodure d'amidon pur, séché à froid dans le vide, renferme de 18 à 19 0/0 d'iode. En outre, M. Mylius a montré que l'iodure d'amidon bleu ne se forme qu'en présence d'acide iodhydrique libre ou d'un iodure alcalin. Si on ajoute à une solution filtrée d'amidon de l'eau d'iode parfaitement pure et très légèrement acidulée par l'acide sulfurique pour empêcher les alcalis du verre de s'unir à l'iode, ce qui suffirait à déterminer la réaction bleue, on obtient seulement une coloration jaune; l'addition d'une trace d'iodure ou d'acide iodhydrique teinte immédiatement le mélange en bleu, et la réaction est encore très manifeste avec une solution d'acide iodhydrique au millionième, en sorte que l'iodure d'amidon blanc est le réactif le plus sensible que l'on connaisse pour les iodures solubles. Il est bon, lorsqu'on se propose de l'appliquer à cette recherche, d'ajouter une trace d'acétate d'argent à la dissolution d'amidon avant de la traiter par l'iode; on est alors plus sûr d'obtenir immédiatement un réactif dénué de toute coloration bleue.

Tous les corps qui détruisent l'acide iodhydrique empêchent l'iode de colorer l'amidon : c'est le cas du chlore, de l'acide iodique, des sels d'argent, qui détruisent même l'iodure d'amidon bleu tout formé.

Au contraire, tous les corps qui peuvent hydrogéner l'iode, comme le chlorure d'étain, l'hydrogène sulfuré, l'acide sulfureux et nombre de matières organiques, colorent aussitôt le mélange d'iode et d'amidon en bleu.

L'iodure d'amidon bleu renferme donc à la fois de l'iode et de l'acide iodhydrique, et, par une série d'analyses assez concordantes, M. Mylius trouve que le rapport du poids de l'iode total à celui de l'acide iodhydrique est égal à 5; il en conclut que la formule de l'iodure d'amidon doit s'écrire :

$$(C^{24}H^{40}O^{20}I)^4HI.$$

Ce corps renferme 1 atome d'hydrogène métallique; car, si l'on traite une solution d'amidon par un mélange d'iode et d'iodure alcalin, on obtient un composé de la forme $(C^{24}H^{40}O^{20}I)^4MI$. Le sel barytique, qui est insoluble, a été analysé [Mylius, *D. chem. G.*, **20**, 688].

L'existence d'un iodure d'amidon blanc avait déjà été admise autrefois par M. Guichard [*Bull. Soc. Chim.*, 1863, 115 et 278].

Amidon soluble. — L'amidon broyé avec l'eau se dissout en partie, mais très incomplètement; la solution est précipitée par l'alcool et se colore en bleu par l'iode. On donne d'ordinaire le nom d'*amidon soluble* à des sortes de dextrines qui se forment par l'action de différents réactifs sur l'amidon commun. On prépare généralement l'amidon soluble en chauffant l'amidon avec un grand excès de glycérine pendant une demi-heure à 190° et en précipitant la dissolution obtenue par l'alcool. Après dessiccation, il ne se dissout plus dans l'eau.

L'amidon soluble se colore en un bleu pur par l'iode; il ne réduit pas la liqueur de Fehling; il donne un précipité abondant avec l'acétate de plomb; enfin il est fortement dextrogyre, comme toutes les dextrines : $[\alpha]_D = +207°$ environ (190° d'après M. Salomon).

On obtient une autre variété d'amidon soluble (amylodextrine) en attaquant l'amidon par un acide, en quantité insuffisante pour le saccharifier. Insoluble à froid, l'amylodextrine est précipitée par l'alcool de ses dissolutions dans l'eau tiède; l'iode la colore en rouge ou en violet; elle réduit légèrement la liqueur cupropotassique [Musculus, *Zeit. f. Chem.*, 1869, 1870, 1874; *J. prakt. Chem.*, (2), **28**, 497].

Par ses autres propriétés l'amidon soluble se confond avec l'érythrodextrine.

L'amidon soluble se forme aussi par l'action du chlorure de zinc, du chlorure d'étain, des bromures ou des iodures alcalins sur l'amidon ordinaire, enfin par la réduction de l'amidon dinitré au moyen du chlorure ferreux (Béchamp).

CONSTITUTION ET FORMATION DU GRAIN D'AMIDON. — On sait que le grain d'amidon n'est pas homogène et qu'il reste, après la saccharification de ce corps par les acides ou par l'extrait de malt, un résidu qui n'est plus coloré par l'iode. M. Nægeli appelle ce dernier *cellulose* ou *amylose* et désigne la partie soluble sous le nom de *granulose*. L'expression de cellulose appliquée ici à la substance qui forme l'enveloppe du grain d'amidon est impropre, car cette matière est en partie soluble dans l'alcool. Peut-être renferme-t-elle de la cutose ou quelque produit analogue.

La granulose elle-même n'est pas simple, et M. Bourquelot admet, en se fondant sur l'action qu'exerce la salive sur le grain d'amidon, qu'elle est constituée par un mélange de plusieurs hydrates de carbone distincts [*C. R.*, **104**, 71 et 177].

L'amidon se produit, dans les organes végétaux, par polymérisation et déshydratation des sucres; il suffit, pour observer sa formation, de faire flotter une feuille quelconque, prise sur une plante qu'on a eu soin de maintenir pendant plusieurs jours à l'abri de la lumière, pour qu'elle ne renferme plus d'amidon, sur une solution de sucre moyennement concentrée. Après quelque temps, il est facile de constater la présence de l'amidon dans les cellules qui en étaient auparavant dépourvues. L'expérience réussit avec la dextrose, la lévulose, la galactose, la saccharose, la maltose, la mannite, la dulcite et la glycérine; l'inosite, la lactose, la raffinose, la dextrine, la formose, le trioxyméthylène et l'érythrite ont donné des résultats négatifs [A. Meyer, *Bot. Zeit.*, 1886. — Wehmer, *Bot. Zeit.*, 1887].

FORMULE DE L'AMIDON. — L'analyse montre que l'amidon sec a pour composition $(C^6H^{10}O^5)^n$, mais jusqu'à présent il est impossible de préciser la valeur du coefficient *n*. Un grand nombre de formules ont été proposées; nous ne pouvons que les rapporter ici, sans entrer dans le détail de leur discussion :

$C^{18}H^{30}O^{15}$ (O'Sullivan),
$C^{24}H^{40}O^{20}$ (Pfeiffer et Tollens; Mylius),
$C^{36}H^{62}O^{31}$ (Naegeli; Sachsse),
$(C^{12}H^{20}O^{10})^{5-6}$ (Musculus et Gruber),
$(C^{12}H^{20}O^{10})^{10}$ (Brown et Heron),
$(C^{36}H^{60}O^{30})^{5}$ (Brown et Morris).

La formule en C^{24} que propose M. Mylius est fondée sur l'analyse de l'iodure d'amidon et sur l'analogie que présente ce corps avec l'iodure bleu de l'acide cholique; mais on remarquera que la composition de cet iodure peut aussi bien être interprétée en donnant à l'amidon la formule quadruple $C^{96}H^{160}O^{80}$. Quelle que soit l'indécision qui règne sur la vraie valeur de *n*, tout porte à croire qu'elle est assez élevée, car les dextrines ont elles-mêmes un poids moléculaire considérable, et il est certain que ces substances sont plus simples que l'amidon, puisqu'elles résultent de son dédoublement.

RECHERCHE ET DOSAGE. — Pour reconnaître la présence de l'amidon dans un organe végétal, une feuille par exemple, on plonge celle-ci pendant un instant dans l'eau bouillante pour chasser l'air qu'elle renferme; on la décolore par macération dans l'alcool et on la traite par l'eau faiblement iodée : l'examen microscopique permet alors de reconnaître les grains d'amidon bleuis par le réactif.

Pour caractériser l'amidon dissous en présence de dextrine, M. Burkhardt recommande le procédé suivant : Le liquide dans lequel on recherche l'amidon est peu à peu additionné d'alcool, à froid, jusqu'à ce qu'il commence à se produire un trouble permanent. On chauffe alors un peu pour rendre de nouveau le liquide limpide et on ajoute une solution de tannin : par refroidissement l'amidon se précipite; on filtre, on lave le précipité avec de l'alcool pour dissoudre le tannin qu'il renferme et on peut alors reconnaître l'amidon par les méthodes ordinaires. D'après l'auteur, la séparation est assez complète pour permettre un dosage [*Chem. Zeit.*, **11**, 1158].

L'amidon se dose ordinairement par la liqueur cupropotassique, après transformation en dextrose : la saccharification est produite soit par l'acide sulfurique étendu à 110°, soit par l'extrait de malt. Dans ce dernier cas, il faut, après dissolution de l'amidon, faire encore bouillir le liquide avec un acide pour transformer la dextrine et la maltose produites en dextrose; on doit aussi tenir compte de la petite quantité de glucose qui est introduite dans les liqueurs en même temps que la diastase : on y réussit aisément par un essai préalable de l'extrait de malt employé.

Pour doser l'amidon dans les grains ou dans les farines, M. Zipperer emploie la méthode suivante : On chauffe 2 grammes de farine avec 100 centimètres cubes d'eau distillée, pendant 3 heures et demie, à 140-150°. Dans ces conditions, l'amidon est entièrement dissous; on filtre alors, on lave le résidu jusqu'à ce que le liquide filtré ne se colore plus avec l'iode et on ajoute 20 centimètres cubes d'acide chlorhydrique concentré. Après trois heures de chauffe à 100°, au réfrigérant ascendant, la saccharification est complète : on filtre de nouveau s'il est nécessaire, on neutralise avec une lessive de soude et on procède au dosage par la liqueur de Fehling.

On se sert avec avantage, pour transformer l'amidon en dextrose par les acides étendus, du flacon de Lintner : c'est un col droit à bords rodés dont l'ouverture peut être close par une glace doucie; une vis de serrage, soutenue par un étrier, permet d'obtenir une fermeture hermétique, même sous pression.

Procédé Girard. — M. A. Girard a fondé une méthode de dosage sur ce fait qu'un amidon de provenance donnée absorbe toujours la même quantité d'iode pour se transformer en iodure bleu. Sachant, par exemple, que 1 gramme de fécule de pommes de terre sèche absorbe $0^{gr},122$ d'iode, il propose la méthode suivante pour doser la fécule :

A 25 grammes de pommes de terre râpées on ajoute 50 centimètres cubes d'acide chlorhydrique étendu à 2 grammes par litre; après 2 heures, on ajoute encore 100 centimètres cubes de liqueur cuproammonique exempte de nitrites (préparée par le procédé Peligot, en dissolvant l'hydrate cuivrique dans l'ammoniaque) et on abandonne au repos pendant 15 heures : ce traitement a pour but de gonfler les grains d'amidon. On sursature alors par l'acide acétique et on verse dans le liquide, à l'aide d'une burette, une solution titrée renfermant $3^{gr},05$ d'iode et 4 grammes d'iodure de potassium par litre, jusqu'à ce qu'une goutte d'essai laisse une tache bleue sur un papier amidonné qu'on lave aussitôt. 10 centimètres cubes de cette liqueur correspondent à $0^{gr},25$ de fécule, soit 1 0/0 avec les proportions ci-dessus indiquées; on doit retrancher du résultat obtenu 0,5 0/0 pour tenir compte de l'excès d'iode qui produit la réaction finale.

Le même procédé peut servir à doser l'amidon dans les grains, mais alors il faut changer la concentration de la liqueur d'iode ou bien multiplier le nombre trouvé par un coefficient qui dépend de la nature de l'amidon dosé. Les divers amidons n'absorbent pas tous, en effet, la même quantité d'iode, à cause du rapport variable qui existe entre le poids de la granulose et celui de son enveloppe.

M. A. Girard a trouvé que 1 gramme d'amidon pur, extrait de différents végétaux, absorbe les poids d'iode suivants :

	grammes
Pomme de terre	0,122
Blé	0,059
Maïs	0,0525
Riz	0,045
Arrow-root	0,0665
Orge	0,071
Seigle	0,0695
Igname	0,098
Marron d'Inde	0,058

[*C. R.*, **104**, 1629; *Ann. Chim. Phys.*, (6), **12**. 275].

Procédé Asboth. — La matière dans laquelle on se propose de doser l'amidon (3 grammes) est broyée et bouillie avec de l'eau pendant une demi-heure; on ajoute alors une quantité connue d'eau de baryte titrée, puis de l'alcool : il se précipite une combinaison qui, d'après l'auteur, présente toujours la formule $C^{24}H^{40}O^{20}BaO$. On laisse le liquide s'éclaircir par le repos et on dose la baryte restée dissoute; par différence, on en déduit la quantité de baryte et par conséquent d'amidon qui ont été précipités.

Cette méthode suppose évidemment que le produit analysé ne renferme aucun acide susceptible de former avec la baryte un sel insoluble [*Rep. analyt. Chem.*, 6, 299. Effront, *Bull. Soc. Chim.*, (2), 47, 5]. L. Maquenne.

AMIDONAPHTALÈNE. — Voyez NAPHTYLAMINE).

AMIDONAPHTOL. — Voyez NAPHTOL

AMIDONNERIE. — Voyez FÉCULERIE.

AMIDO-OCTYLBENZÈNES [Syn. *Octylophénylamines*],

$$C^6H^4(C^8H^{17})(AzH^2).$$

AMIDO-O-OCTYLBENZÈNE,

$$C^6H^4 \begin{cases} AzH^2_{(1)} \\ C^8H^{17}_{(2)} \end{cases}$$

[F. Ahrens, *D. chem. G.*, 19, 2725]. — On le prépare en réduisant le dérivé nitré correspondant au moyen de l'étain et de l'acide chlorhydrique.

La base libre n'a pas été isolée à l'état de pureté.

Le *chlorhydrate* cristallise en petites lamelles blanches et brillantes.

Le *chlorostannate*, $(C^{14}H^{23}Az.HCl)^2SnCl^4$, forme des aiguilles blanches et soyeuses.

P-AMIDO-OCTYLBENZÈNE,

$$C^6H^4 \begin{cases} AzH^2_{(1)} \\ C^8H^{17}_{(4)} \end{cases}$$

[A. Beran, *D. chem. G.*, **18**, 132]. — On chauffe pendant 8 heures à 270-280° un mélange d'alcool octylique normal, de chlorure de zinc et d'aniline; on reprend le produit de la réaction par l'acide chlorhydrique faible, on filtre pour éliminer des matières résineuses, et on précipite par l'ammoniaque en excès; on épuise enfin par l'éther et on soumet la solution éthérée à la distillation fractionnée. On achève la purification en transformant la base en sulfate.

L'amido-octylbenzène est un liquide incolore, inodore, bouillant à 310-311°; il se prend à basse température en lamelles incolores, fusibles à 19°.5. Il est entraîné à la distillation par la vapeur d'eau. Abandonné à l'air, il ne tarde pas à prendre une coloration foncée.

Traitée successivement par l'acide nitreux, puis par l'acide iodhydrique, cette base se convertit en p-iodo-octylbenzène.

Le *chlorhydrate* $C^8H^{17}.C^6H^4.AzH^2.HCl$, cristallise dans l'alcool bouillant en lamelles incolores, très solubles dans l'éther.

Le *chloroplatinate* est une poudre jaune, lourde.

Le *sulfate*, $(C^8H^{17}.C^6H^4.AzH^2)^2SO^4H^2$, forme de grandes lamelles blanches et soyeuses, presque insolubles dans l'eau froide.

L'*oxalate*, $(C^8H^{17}.C^6H^4.AzH^2)^2C^2O^4H^2$, se présente en lamelles assez solubles dans l'eau bouillante, l'alcool et l'éther.

Le *dérivé formique*, $C^8H^{17}.C^6H^4.AzH.CHO$, est en grandes lamelles blanches et brillantes, fusibles à 56°.

Le *dérivé acétylé*, $C^8H^{17}.C^6H^4.AzH.C^2H^3O$, fond à 93°.

Le *dérivé benzoylé*, $C^8H^{17}.C^6H^4.AzH.C^7H^5O$, cristallise en grandes lamelles brillantes, fusibles à 117°. Ad. Fauconnier.

AMIDO-OCTYLTOLUÈNE,

$$C^6H^3(C^8H^{17})(CH^3)_{(1)}(AzH^2)_{(2)}$$

[A. Beran, *D. chem. G.*, **18**, 145]. — On chauffe à 280° pendant 7 ou 8 heures un mélange de chlorure de zinc, d'o-toluidine et d'alcool octylique normal. On reprend le produit par l'acide chlorhydrique, on filtre, on alcalinise par l'ammoniaque et on épuise par l'éther. On soumet la solution éthérée à la distillation fractionnée, et on achève la purification en transformant la base en sulfate.

L'amido-octyltoluène est un liquide incolore, incristallisable, bouillant à 324-326°.

Le *chlorhydrate*, $C^6H^3(CH^3)(C^8H^{17})(AzH^2)HCl$, forme de longues aiguilles incolores, très solubles dans l'eau chaude, l'alcool et l'éther.

Le *chloroplatinate* est un précipité cristallin jaune.

Le *sulfate*, $(C^{15}H^{25}Az)^2SO^4H^2$, cristallise en lamelles blanches, très peu solubles dans l'eau froide.

L'*oxalate*, $(C^{15}H^{25}Az)^2C^2O^4H^2$, se présente en grandes lames blanches, très solubles dans l'eau chaude, l'alcool et l'éther.

Le *dérivé acétylé*, $C^{15}H^{24}Az.C^2H^3O$, est en aiguilles blanches, fusibles à 81°.

Le *dérivé benzoylé*, $C^{15}H^{24}Az.C^7H^5O$, forme de grandes lamelles blanches, fusibles à 117°

Ad. Fauconnier.

AMIDOPENTAMÉTHYLBENZÈNE

$$C^6(CH^3)^5(AzH^2)$$

[A. W. Hofmann, *D. chem. G.*, **18**, 1821]. — Cette base se produit à l'état d'iodhydrate par l'action de la chaleur sur l'iodhydrate de diméthylcumidine.

$$C^6H^2(CH^3)^3[Az(CH^3)^2]HI = C^6(CH^3)^5(AzH^2)HI.$$

Pour la préparer, on chauffe au bain-marie la cumidine avec le double de son poids d'iodure de méthyle; on isole par la potasse le mélange de méthyl- et de diméthylcumidine ainsi formé, et on le chauffe pendant 8 heures à 240-250° avec son poids d'iodure de méthyle. Le produit de la réaction est chauffé dans un courant de vapeur d'eau, qui entraîne les hydrocarbures formés dans la réaction, puis alcalinisé par la soude; on obtient ainsi une masse cristalline qu'on lave à l'alcool, puis qu'on purifie par transformation en chlorhydrate.

L'amidopentaméthylbenzène cristallise en grandes aiguilles incolores, fusibles à 151-152°, insolubles dans l'eau bouillante, très solubles dans l'alcool et dans l'éther. Il bout sans altération à 277-278°.

Chauffé avec du chloroforme et de la potasse alcoolique, il se convertit en pentaméthophénylcarbylamine.

Le *chlorhydrate*, $C^6(CH^3)^5(AzH^2)HCl$, se présente en aiguilles.

Le *chloroplatinate*, $(C^{11}H^{17}Az.HCl)^2PtCl^4$, forme des lamelles rhombiques peu solubles.

Le *nitrate* cristallise en aiguilles peu solubles; il en est de même du *sulfate* et de l'*oxalate*.

L'*acétate* est très soluble.

Dérivé acétylé. — Aiguilles fusibles à 213°.

MÉTHYLAMIDOPENTAMÉTHYLBENZÈNE,

$$C^6(CH^3)^5(AzH.CH^3).$$

— Houppes cristallines, fusibles à 60-61°.

Le *chloroplatinate*, $(C^{12}H^{19}Az.HCl)^2PtCl^4$, est en belles aiguilles.

DIMÉTHYLAMIDOPENTAMÉTHYLBENZÈNE,

$$C^6(CH^3)^5\left(Az \begin{smallmatrix} CH^3 \\ CH^3 \end{smallmatrix}\right)$$

— Cristaux fusibles à 53-54°.

Le *chloroplatinate*, $(C^{13}H^{21}Az.HCl)^2PtCl^4$, cristallise en aiguilles.

PENTAMÉTHOPHÉNYLSÉNEVOL, $C^6(CH^3)^5AzCS$. — On le prépare en chauffant un mélange d'amidopentaméthylbenzène et de sulfure de carbone tant qu'il se dégage de l'hydrogène sulfuré : on distille ensuite dans un courant de vapeur d'eau, qui entraîne le sénevol. Aiguilles fusibles à 86°.

PENTAMÉTHOPHÉNYLSULFO-URÉE,

$$CS \begin{smallmatrix} AzH^2 \\ AzH-C^6(CH^3)^5 \end{smallmatrix}$$

— Aiguilles fusibles à 224°, obtenues par l'action de l'ammoniaque alcoolique sur le sénevol précédent.

DI-PENTAMÉTHOPHÉNYLSULFO-URÉE,

$$CS[AzH-C^6(CH^3)^5]^2.$$

— Ce corps se produit en même temps que le pentaméthylsénevol et peut en être séparé au moyen d'un courant de vapeur d'eau, qui n'entraîne que le sénevol. Aiguilles blanches, fusibles à 252°. Ad. Fauconnier.

AMIDOPHÉNOXYACÉTIQUE (ACIDE ORTHO-),

$$C^8H^9AzO^3 = AzH^2.C^6H^4.O.CH^2-CO^2H.$$

— Il ne paraît pas exister à l'état de liberté; son *anhydride*

$$C^8H^7AzO^2 = CH^2 \begin{smallmatrix} O.C^6H^4.AzH \\ CO \end{smallmatrix}$$

se forme lorsqu'on traite l'acide o-nitrophénoxyacétique par le chlorure de zinc, ou par la limaille de fer et l'acide acétique. Petits prismes fusibles à 166-167°, facilement solubles dans l'alcool, l'eau, l'éther, le benzène, insolubles dans l'ammoniaque [Fritzsche, *J. prakt. Chem.*, (2), 20, 288. — Thate, *ibid.*, 29, 178].

AMIDOPHÉNYL-α-AMIDOPROPIONIQUE (ACIDE PARA-) [Syn. *Acide diamidohydrocinnamique*, *p-amidophénylalanine*],

$$AzH^2.C^6H^4-CH^2-CH(AzH^2)-CO^2H + H^2O.$$

— Il se forme par l'action de l'étain et de l'acide chlorhydrique sur la p-nitrophénylalanine ou sur l'acide p-nitroacrylique [Erlenmeyer et Lipp, *Ann. Chem.*, **219**, 219. — Friedländer, *ibid.*, **219**, 223 et **229**, 227]. — Petits prismes brillants qui se décomposent en fondant, facilement solubles dans l'eau chaude, insolubles dans l'éther.

Sa saveur est sucrée; sa réaction, neutre. Traité en solution chlorhydrique par le nitrite de sodium, il se convertit en tyrosine.

Le *sel de cuivre*, $(C^9H^{11}Az^2O^2)^2Cu$, forme des aiguilles améthyste, insolubles dans l'alcool, peu solubles dans l'eau froide, solubles dans l'eau bouillante.

Le *chlorhydrate*, $C^9H^{12}Az^2O^2.2HCl$, se présente en petits prismes très solubles dans l'eau, peu solubles dans l'alcool.

Le *chloroplatinate*, $C^9H^{12}Az^2O^2.2HCl.PtCl^4$, est en croûtes cristallines jaunes, très solubles dans l'eau.

Le *sulfate*, $C^9H^{12}Az^2O^2.SO^4H^2$, cristallise dans l'alcool en petites aiguilles. E. Burcker.

AMIDOPHÉNYLCRÉSYLE. — Voyez CRÉSYLBENZÈNE.

AMIDOPHÉNYLMERCAPTAN. — Voyez THIOPHÉNOL.

AMIDOPHÉNYLVALÉRIQUE (ACIDE).

$$C^6H^4 \begin{smallmatrix} AzH^2_{(1)} \\ CH^2-CH^2-CH^2-CH^2-CO^2H_{(2)} \end{smallmatrix}$$

[Diehl et Einhorn, *D. chem. G.*, 20, 377]. — On fait bouillir pendant 1 ou 2 heures avec de l'alcool absolu et de l'amalgame de sodium à 4 0/0 l'acide amidodibromovalérique (voyez plus bas). On filtre pour éliminer le bromure de sodium, on acidule par l'acide chlorhydrique, on ajoute de l'eau, et on distille l'alcool. Le résidu est enfin alcalinisé par l'ammoniaque et évaporé au bain-marie : le sel d'ammonium se dissocie pendant l'évaporation et l'on obtient finalement l'acide en aiguilles blanches, fusibles à 60-62°.

Le *dérivé acétylé* fond à 151°.

DÉRIVÉS BROMÉS. — ACIDE AMIDODIBROMOPHÉNYLVALÉRIQUE,

$$C^6H^2Br^2 \begin{smallmatrix} AzH^2 \\ CH^2-CH^2-CH^2-CH^2-CO^2H \end{smallmatrix}$$

— On dissout l'acide amidotétrabromophénylvalérique (voyez plus bas) dans 5 parties d'alcool, et on chauffe cette solution pendant un quart d'heure avec 2 parties d'acide chlorhydrique concentré et du zinc granulé; on verse ensuite dans l'eau et on épuise par l'éther. L'acide brut ainsi obtenu est purifié par transformation en sel de sodium.

L'acide amidodibromophénylvalérique cristallise en longues aiguilles incolores, renfermant 1 molécule d'eau, qu'il perd à la longue à la température de 70°. Il fond à 96°, puis se déshydrate brusquement à 102° et se décompose à 223°.

Ses *sels alcalins* sont très solubles dans l'eau.

Le *sel de sodium* cristallise en fines aiguilles incolores.

L'*éther éthylique* s'obtient à l'état de *chlorhydrate*,

$$C^6H^2Br^2 \begin{smallmatrix} AzH^2.HCl \\ C^4H^8.CO^2C^2H^5 \end{smallmatrix}$$

par l'action du gaz chlorhydrique sur une solution alcoolique de l'acide chauffée au bain-marie. On obtient ainsi de fines aiguilles blanches, fusibles à 135-136°.

L'éther libre, obtenu par la dissociation de son chlorhydrate sous l'action de l'eau, est une huile jaunâtre, qui se décompose par la distillation.

Le *dérivé acétylé*

$$C^6H^2Br^2 \begin{smallmatrix} AzH(C^2H^3O) \\ C^4H^8.CO^2H \end{smallmatrix}$$

cristallise en fines aiguilles blanches, groupées en étoiles, fusibles à 205-206°; il est très soluble dans l'alcool, l'éther, l'acide acétique, l'acétate d'éthyle. Il se décompose à 250°. Il forme des sels alcalins très solubles dans l'eau.

L'*éther*,

$$C^6H^2Br^2 \begin{smallmatrix} AzH(C^2H^3O) \\ C^4H^8.CO^2C^2H^5 \end{smallmatrix}$$

cristallise dans l'alcool en étoiles incolores, fusibles à 139°.

ACIDE AMIDODIBROMOPHÉNYL-γ-δ-DIBROMOVALÉRIQUE,

$$C^6H^2Br^2 \begin{cases} AzH^2 \\ CHBr - CHBr - CH^2 - CH^2 - CO^2H \end{cases}$$

— Ce composé prend naissance par l'action d'une solution chloroformique de brome sur l'acide o-amidocinnaménylpropionique (voyez ce mot) également dissous dans le chloroforme. Il cristallise en petites aiguilles, fusibles avec décomposition à 167°. Il est très soluble dans l'alcool, l'éther, l'acide acétique, moins soluble dans le chloroforme, insoluble dans le sulfure de carbone. Les sels alcalins sont solubles dans l'eau.

Ad. Fauconnier

AMIDOPROPYLBENZÈNE,

$$C^6H^4 \begin{cases} AzH^2 \ (1) \\ C^3H^7 \ (4) \end{cases}$$

[E. Louis, *D. chem. G.*, **16**, 105. — A. Francksen, *ibid.*, **17**, 1220]. — On chauffe pendant 7 ou 8 heures à 260° un mélange en proportions moléculaires d'aniline, d'alcool propylique et de chlorure de zinc. On reprend le produit de la réaction par l'acide chlorhydrique dilué, et on précipite la solution par l'ammoniaque; l'huile ainsi obtenue est purifiée par dissolution dans l'éther, puis par distillation et enfin par transformation en sulfate.

L'amidopropylbenzène est une huile incolore, bouillant à 224-226°, peu soluble dans l'eau, miscible en toutes proportions à l'alcool et à l'éther; il est volatil avec la vapeur d'eau. Chauffé avec du chloroforme et de la potasse, il dégage une odeur intense de carbylamine, ce qui démontre bien sa fonction d'amine primaire.

Le *sulfate*, $(C^9H^{13}Az)^2SO^4H^2$, cristallise en lamelles brillantes, solubles dans l'alcool bouillant.

L'*oxalate*, $(C^9H^{13}Az)^2C^2O^4H^2$, forme de petits cristaux peu solubles dans l'eau froide, plus solubles en présence d'acide oxalique libre.

Le *chlorhydrate*, $C^9H^{13}Az \cdot HCl$, se présente en grandes lamelles, fusibles à 203-204°, très solubles dans l'alcool et dans l'eau.

Le *chloroplatinate* est en petites lamelles brillantes d'un jaune clair.

Le *bromhydrate*, $C^9H^{13}Az \cdot HBr$, forme de belles lamelles blanches et brillantes, très solubles dans l'eau et dans l'alcool, fusibles à 213°.

L'*iodhydrate*, $C^9H^{13}Az \cdot HI$, cristallise en fines lamelles blanches, qui brunissent rapidement à l'air en se décomposant.

Le *dérivé acétylé*, $C^9H^{11}(AzH \cdot C^2H^3O)$, se présente, après cristallisation dans l'alcool dilué bouillant, en belles lamelles blanches, très solubles à chaud dans l'éther et dans l'alcool, et fusibles à 87°.

Le *dérivé benzoylé*, $C^9H^{11}(AzH \cdot C^7H^5O)$, forme des lamelles brillantes, fusibles à 115°.

DIMÉTHYLAMIDOPROPYLBENZÈNE,

$$C^3H^7 - C^6H^4 - Az(CH^3)^2$$

[Ad. Claus et H. Howitz, *D. chem. G.*, **17**, 1327]. — Cette base prend naissance par l'action du sodium sur un mélange de bromure de propyle et de p-bromodiméthylaniline. C'est une huile incolore, bouillant à 230°.

L'*iodométhylate*, $C^3H^7 - C^6H^4 - Az(CH^3)^3I$, cristallise en lamelles incolores, fusibles à 168°; distillé avec de la potasse concentrée, il régénère le diméthylamidopropylbenzène.

PROPYLAMIDOPROPYLBENZÈNE,

$$C^3H^7 - C^6H^4 - AzH \cdot C^3H^7$$

(Louis, *loc. cit.*). — Il se produit en petite quantité dans la préparation de l'amidopropylbenzène, et peut en être séparé par distillation. C'est une huile bouillant à 258-260°. Il ne paraît pas donner de sels cristallisés; le *sulfate* est sirupeux; il en est de même du *dérivé acétylé*; le *picrate* est une poudre jaune, amorphe.

DIPROPYLOPHÉNYLSULFO-URÉE,

$$CS(AzH \cdot C^6H^4 \cdot C^3H^7)^2$$

[Francksen, *loc. cit.*]. — On chauffe dans un appareil à reflux un mélange d'amidopropylbenzène, d'alcool et de sulfure de carbone, tant qu'il se dégage de l'hydrogène sulfuré; on obtient par refroidissement de belles lamelles brillantes, solubles à chaud dans l'alcool, l'éther et le sulfure de carbone, et fusibles à 138°.

PROPYLOPHÉNYLSULFO-URÉE.

$$CS \begin{cases} AzH^2 \\ AzH \cdot C^6H^4 \cdot C^3H^7 \end{cases}$$

[Francksen, *ibid.*]. — On évapore à sec un mélange de chlorhydrate d'amidopropylbenzène et de sulfocyanate d'ammonium préalablement dissous dans l'eau, et on épuise la masse par l'alcool bouillant; petites aiguilles blanches, assez solubles à chaud dans l'alcool et dans l'éther, fusibles à 159°.

PROPYLOPHÉNYLSÉNEVOL, $C^3H^7 - C^6H^4 - AzCS$ [Francksen, *ibid.*]. — On chauffe dans un appareil à reflux la dipropylophénylsulfo-urée avec 3 fois son poids d'acide phosphorique sirupeux; on soumet ensuite la masse à la distillation dans un courant de vapeur d'eau, qui entraîne le sénevol; c'est une huile incolore, qui jaunit rapidement à l'air. Point d'ébullition, 263°.

Chauffé à 220° avec de la poudre de cuivre, le propylophénylsénevol se convertit en *nitrile p-propylbenzoïque*,

$$C^6H^4 \begin{cases} CAz \\ C^3H^7 \end{cases}$$

DIPROPYLOPHÉNYLURÉE, $CO(AzH \cdot C^6H^4 \cdot C^3H^7)^2$ [Francksen, *ibid.*]. — On chauffe à 150-170° un mélange d'urée et d'amidopropylbenzène en excès, tant qu'il se dégage de l'ammoniaque; après refroidissement, on fait recristalliser dans l'alcool bouillant. Aiguilles blanches, fusibles à 205°, peu solubles dans l'alcool froid, très solubles dans l'alcool chaud et dans l'éther.

On peut aussi préparer cette urée en traitant par l'oxychlorure de carbone une solution benzénique d'amidopropylbenzène; on peut enfin l'obtenir par l'action du cyanate de potassium sur le sulfate d'amidopropylbenzène.

PROPYLOPHÉNYLURÉE,

$$CO \begin{cases} AzH^2 \\ AzH \cdot C^6H^4 \cdot C^3H^7 \end{cases}$$

— On la prépare au moyen du cyanate de potassium et du chlorhydrate d'amidopropylbenzène en solution aqueuse et à température peu élevée: elle se précipite sous la forme d'une huile qui cristallise par dissolution dans l'alcool. Petites lamelles fusibles à 143°, très solubles dans l'alcool chaud, peu solubles dans l'alcool froid, presque insolubles dans l'éther et dans l'eau [Francksen].

DIPROPYLOPHÉNYLGUANIDINE,

$$C(AzH)(AzH \cdot C^6H^4 \cdot C^3H^7)^2$$

[Francksen, *ibid.*]. — On chauffe une solution alcoolo-ammoniacale de dipropylophénylsulfo-urée avec de l'oxyde de plomb, jusqu'à élimination de la totalité du soufre à l'état de sulfure. On filtre, on concentre, et on fait recristalliser dans l'alcool faible. Aiguilles blanches, fusibles à 113°.

Le *chloroplatinate*, $(C^{19}H^{25}Az^3 \cdot HCl)^2PtCl^4$, est une poudre jaune-brun, qui paraît amorphe.

PHÉNYL-DIPROPYLOPHÉNYLGUANIDINE,

$$C(Az.C^6H^5)(AzH.C^6H^4.C^3H^7)^2$$

[Francksen, *loc. cit.*]. — On chauffe une solution alcoolique de dipropylophénylsulfo-urée avec de l'aniline et de l'oxyde de plomb; après élimination du soufre, on distille l'alcool, puis on chasse l'excès d'aniline au moyen d'un courant de vapeur d'eau : la guanidine reste dans le résidu sous la forme d'une résine jaunâtre, incristallisable, très soluble dans l'alcool chaud, l'éther et le benzène.

TRIPROPYLOPHÉNYLGUANIDINE,

$$C(Az.C^6H^4.C^3H^7)(AzH.C^6H^4.C^3H^7)^2$$

[Francksen, *ibid.*]. — Même préparation que pour le composé précédent, en substituant seulement l'amidopropylbenzène à l'aniline. Masse résineuse incristallisable.

Le *chloroplatinate*, $(C^{28}H^{35}Az^3.HCl)^2PtCl^4$, est une poudre brunâtre, paraissant amorphe.

Chauffée à 190-200° avec un excès de sulfure de carbone, la tripropylophénylguanidine se convertit en dipropylophénylsulfo-urée et propylophénylsénevol.

CARBODIPROPYLOPHÉNYLIMIDE, $C(Az.C^6H^4.C^3H^7)^2$ [Francksen, *ibid.*]. — On l'obtient en chauffant une solution benzénique de dipropylophénylsulfo-urée avec un excès d'oxyde de plomb; la solution filtrée à chaud laisse déposer de petites aiguilles incolores, fusibles à 168°, et répondant à la formule ci-dessus.

Le *chlorhydrate*, $C(Az.C^6H^4.C^3H^7)^2HCl$, se présente en petites lamelles blanches.

La carbodipropylophénylimide, chauffée au bain-marie avec de l'alcool dilué, fixe 1 molécule d'eau et se convertit en dipropylophénylurée. Le sulfure de carbone à 190° la transforme en propylophénylsénevol. Enfin elle se combine à la température du bain-marie avec l'amidopropylbenzène pour donner la tripropylophénylguanidine. L'hydrogène sulfuré est sans action sur elle.

Ad. Fauconnier.

AMIDOTÉTRAMÉTHYLBENZÈNE [Syn. *Isoduridine*],

$$C^6H(AzH^2)_{(1)}(CH^3)^4_{(2.4.5.6)}$$

— Cette base se produit dans l'action de l'alcool méthylique sur le chlorhydrate de xylidine à 300° [A.-W. Hofmann, *D. chem. G.*, **17**, 1912]. On l'obtient encore en chauffant à 200° un mélange d'alcool méthylique et de chlorhydrate de pseudomésidine ou de chlorhydrate de mésidine [Nölting et T. Baumann, *D. chem. G.*, **18**, 1149].

Elle fond à 14° (Hofmann) et bout à 250° sous 740 millimètres (N. et B.), à 252-253° (H.). Sa densité à 24° est 0,978.

Le *chlorhydrate*, $C^{10}H^{15}Az.HCl$, est cristallisé en beaux prismes blancs.

Le *chloroplatinate*, $(C^{10}H^{15}Az.HCl)^2PtCl^4$, forme de petites lamelles jaunes.

Le *dérivé acétylé*, $C^{10}H^{14}Az(C^2H^3O)$, se présente en belles aiguilles blanches, très solubles dans l'alcool, fusibles à 210-211°.

Traité en solution sulfurique par le nitrite de potassium, l'amidotétraméthylbenzène se convertit en *tétraméthylphénol*, $C^6H(CH^3)^4(OH)$.

Chauffé avec du chloroforme et de la potasse alcoolique, il donne de la *tétraméthophénylcarbylamine*, $C^6H(CH^3)^4AzC$.

DIMÉTHYLAMIDO-TÉTRAMÉTHYLBENZÈNE

$$C^6H(CH^3)^4Az(CH^3)^2$$

[Hofmann, *loc. cit.*]. — On l'obtient en chauffant au bain-marie la base précédente avec de la potasse alcoolique et un excès d'iodure de méthyle. C'est un liquide incolore, bouillant à 236-238°.

TÉTRAMÉTHOPHÉNYLSÉNEVOL, $C^6H(CH^3)^4AzCS$ [Hofmann, *loc. cit.*]. — On chauffe l'amidotétraméthylbenzène avec du sulfure de carbone tant qu'il se dégage de l'acide sulfhydrique, puis on soumet le produit à la distillation dans un courant de vapeur d'eau. Le sénevol est entraîné, tandis que le résidu renferme de la di-tétraméthophényl-sulfo-urée. Ce sénevol fond à 65°; il est insoluble dans l'eau, soluble dans l'alcool et dans l'éther.

DI-TÉTRAMÉTHOPHÉNYL-SULFO-URÉE,

$$CS[AzH.C^6H(CH^3)^4]^2$$

[Hofmann, *loc. cit.*]. — On peut la préparer en même temps que le sénevol précédent, ou bien par l'action de ce sénevol sur l'amidotétraméthylbenzène. Elle cristallise dans l'alcool en lamelles quadrangulaires, douées d'une saveur amère, et fusibles à 278°.

Ad. Fauconnier.

AMIDOTRIMÉTHYLBENZÈNES.

1° $C^6H^2(AzH^2)_{(1)}(CH^3)^3_{(2.4.5)}$. — Voyez PSEUDOCUMIDINE.

2° $C^6H^2(AzH^2)_{(1)}(CH^3)^3_{(2.4.6)}$. — Voyez MÉSIDINE.

3° $C^6H^2(AzH^2)_{(1)}(CH^3)^3_{(3.5.?)}$. — Voyez ISOCUMIDINE.

4° $C^6H^2(AzH^2)_{(1)}(CH^3)_{(2.3.?)}$. — MM. E. Nölting et S. Forel [*D. chem. G.*, **18**, 2680] ont obtenu une base présentant cette formule et bouillant vers 240°, en chauffant à 300-320° un mélange d'alcool méthylique et de chlorhydrate d'o-xylidine,

$$C^6H^3(AzH^2)_{(1)}(CH^3)^2_{(2.3)}.$$

Le *dérivé acétylé* fond au-dessus de 180°.

5° AMIDOTRIMÉTHYLBENZÈNE DE CONSTITUTION INCONNUE. — M. W. Engel [*D. chem. G.*, **18**, 2229] a obtenu un amidotriméthylbenzène de constitution inconnue par l'action de l'alcool méthylique à 250° sur le chlorhydrate de xylidine du commerce. Cette base est un liquide bouillant à 223-224°.

Le *chlorhydrate*, $C^9H^{13}Az.HCl$, cristallise en aiguilles.

Le *nitrate* et le *sulfate* sont également bien cristallisés

Le *chloroplatinate* est en aiguilles.

Le *dérivé acétylé*, $C^9H^{12}Az.C^2H^3O$, fond à 112°.

Le *dérivé nitroacétylé*,

$$C^9H^{11}(AzO^2)Az.C^2H^3O,$$

cristallise en aiguilles fusibles à 131°.

Le *dérivé dinitroacétylé*,

$$C^9H^{10}(AzO^2)^2Az.C^2H^3O,$$

fond à 204°.

L'*urée*,

$$CO\begin{cases}AzH^2\\AzH.C^6H^2(CH^3)^3,\end{cases}$$

se décompose sans fondre à 227°.

L'*urée secondaire*, $CO(AzH.C^9H^{11})^2$, est en aiguilles soyeuses, fusibles au-dessus de 290°.

La *sulfo-urée*, $CS(AzH.C^9H^{11})^2$, fond à 196°.

Ad. Fauconnier.

AMIDOTRIMÉTHYL DIÉTHYLBENZÈNE

$$C^6(AzH^2)_{(1)}(CH^3)^3_{(2.4.5)}(C^2H^5)^2_{(3.6)}$$

[R. F. Ruttan, *D. chem. G.*, **19**, 2382]. — On chauffe pendant 8 ou 10 heures à 260-280° un mélange d'iodure d'éthyle, d'éthyl- et de diéthylpseudocumidine.

Le produit de la réaction est soumis à la distillation dans un courant de vapeur d'eau, pour éliminer les composés non basiques formés dans la réaction, puis alcalinisé; on fractionne au thermomètre la base ainsi obtenue et on la purifie par transformation en chlorhydrate.

Huile bouillant à 286-290°; d = 0,971.

Le *chlorhydrate*, $C^{13}H^{21}Az.HCl$, cristallise en petites aiguilles très solubles dans l'alcool.

Le *chloropalladate* forme des cristaux verts, en forme de barbes de plume.

L'*acétate* et le *sulfate* sont en aiguilles très solubles.

L'*oxalate* se présente en prismes quadratiques peu solubles.

Le *dérivé acétylé*, $C^{13}H^{20}Az(C^2H^3O)$, cristallise en aiguilles groupées en étoiles et fusibles à 182°.

Ad. Fauconnier.

AMIDOXIMES. — Les nitriles possèdent la propriété de se combiner directement avec l'hydroxylamine [Lossen et Schifferdecker, *Ann. Chem.*, **166**, 295]. Ces combinaisons ont reçu le nom d'*amidoximes*. Leur constitution découle de leur mode de formation et de leur dédoublement; ces composés répondent au schéma

$$R-C\left\langle\begin{matrix}AzH^2\\Az.OH\end{matrix}\right.$$

Préparation. — 1° On dissout le chlorhydrate d'hydroxylamine dans le moins d'eau possible, on y ajoute le nitrile et suffisamment d'alcool pour que le mélange devienne clair; on ajoute alors peu à peu, en refroidissant énergiquement, assez d'alcool sodé pour mettre en liberté l'hydroxylamine. On laisse en contact pendant un certain temps, on sépare le chlorure de sodium formé et l'on concentre dans le vide; l'amidoxime cristallise [Nordmann, *D. chem. G.*, **17**, 2756].

C'est ainsi que le benzonitrile et les homologues de ce dernier donnent avec l'hydroxylamine des amidoximes :

$$C^6H^5-CAz + AzH^3O = C^6H^5\left\langle\begin{matrix}Az.OH\\AzH^2\end{matrix}\right.$$

[Tiemann, *D. chem. G.*, **18**, 2456]

2° On peut encore les préparer au moyen des thioamides d'acides organiques et de l'hydroxylamine : pour cela, on dissout la thioamide et le sel d'hydroxylamine dans de l'alcool, et l'on met en liberté cette dernière au moyen du carbonate de sodium. On fait bouillir vivement tant qu'il se dégage de l'hydrogène sulfuré, on chasse l'alcool par distillation et on reprend par l'éther. La réaction peut se représenter de la façon suivante :

$$R-CS.AzH^2 + AzH^2.OH = RC\left\langle\begin{matrix}Az.OH\\AzH^2\end{matrix}\right. + H^2S$$

[Tiemann, *D. chem. G.*, 19, 1668].

3° L'acide cyanhydrique, le cyanogène, les anilines et les toluidines cyanées réagissent sur l'hydroxylamine en solution alcoolique pour donner des amidoximes [Tiemann, *D. chem. G.*, **22**, 1936. — Fischer, *ibid.*, **22**, 1930].

4° On a encore obtenu des amidoximes en laissant en contact pendant plusieurs jours une amidine en solution avec de l'hydroxylamine.

Tel est, par exemple, le cas de la benzamidine, qui donne de la benzénylamidoxime :

$$C^6H^5-C\left\langle\begin{matrix}AzH\\AzH^2\end{matrix}\right. + AzH^3O$$
$$= AzH^3 + C^6H^5-C\left\langle\begin{matrix}Az.OH\\AzH^2\end{matrix}\right.$$

[Pinner, *D. chem. G.*, **17**, 185].

De même l'hydroxylamine réagit sur l'éther éthylique de la benzimide pour donner de la benzénylamidoxime et de l'alcool :

$$C^6H^5-C\left\langle\begin{matrix}AzH\\OC^2H^5\end{matrix}\right. + AzH^3O$$
$$= C^6H^5-C\left\langle\begin{matrix}AzH^2\\Az.OH\end{matrix}\right. + C^2H^5.OH$$

[Lossen, *D. chem. G.*, **17**, 1588. — Pinner, *ibid.*, **17**, 1693].

5° Enfin, en faisant réagir à la température ordinaire l'hydroxylamine libre ou le chlorhydrate de cette base en solution aqueuse sur l'acétamide, M. Hofmann [*D. chem. G.*, **20**, 2204] a obtenu l'éthénylamidoxime ou méthylcarbamidoxime :

$$CH^3-CO.AzH^2 + AzH^3O$$
$$= CH^3-C\left\langle\begin{matrix}AzH^2\\Az.OH\end{matrix}\right. + H^2O.$$

Propriétés. — Ces corps sont indifférents; ils se combinent avec les acides et avec les bases faibles. Ils sont monobasiques en présence des acides et donnent des sels stables; et ils sont monacides en présence des bases, donnant des composés peu stables, surtout avec les bases faibles.

Les amidoximes sont facilement décomposées; chauffées avec de l'eau, elles donnent l'amide correspondante au nitrile employé et de l'hydroxylamine :

$$RC\left\langle\begin{matrix}AzH^2\\Az.OH\end{matrix}\right. + H^2O = R-CO.AzH^2 + AzH^3O.$$

Avec les alcalis ou avec les acides, les produits de dédoublement sont les mêmes; il faut seulement considérer l'action ultérieure des corps réagissant sur les produits du dédoublement.

Les dérivés sodés ou potassés des amidoximes réagissent sur les iodures alcooliques pour donner des éthers; par exemple, la benzénylamidoxime sodée réagit sur l'iodure de méthyle pour donner le corps désigné sous le nom de *benzhydroximate de méthyle* :

$$C^6H^5-C\left\langle\begin{matrix}AzOH\\AzH^2\end{matrix}\right. + CH^3I$$
$$= C^6H^5-C\left\langle\begin{matrix}AzOCH^3\\AzH^2\end{matrix}\right. + HI$$

[Tiemann et Krüger, *D. chem. G.*, **18**, 727].

Les corps ainsi formés sont plus stables que les amidoximes et possèdent cette fois des propriétés nettement basiques.

Les chlorures ou les anhydrides d'acides réagissent sur les amidoximes en donnant, suivant toute vraisemblance, des corps résultant de la substitution de l'hydrogène du groupe oxime à un résidu acide; ils répondent à la formule

$$R-C\left\langle\begin{matrix}AzO.CO.R\\AzH^2\end{matrix}\right.$$

Ce sont des corps basiques tantôt stables, tantôt instables, et qui donnent par déshydratation des azoximes :

$$R-C\left\langle\begin{matrix}Az-O\\Az=\end{matrix}\right\rangle C-R + H^2O.$$

Les amidoximes se combinent avec le chloral en donnant des corps très peu stables.

Les anhydrides d'acides organiques bibasiques donnent avec les amidoximes des corps désignés sous le nom d'*acides azoxime-carboniques* :

$$R'-C\left\langle\begin{matrix}AzOH\\AzH^2\end{matrix}\right. + R''\left\langle\begin{matrix}CO\\CO\end{matrix}\right\rangle O$$
$$= R'-C\left\langle\begin{matrix}AzO\\Az=\end{matrix}\right\rangle C-R''-COOH + H^2O.$$

Ce sont des combinaisons stables, formant des sels bien définis [Tiemann, *D. chem. G.*, **18**, 2456].

Les aldéhydes réagissent sur les amidoximes pour donner naissance à des imidoximes; ainsi l'aldéhyde éthylique réagit sur la benzénylamidoxime et donne l'éthylidène-benzénylimidoxime :

$$C^6H^5-C\left\langle\begin{matrix}AzOH\\AzH^2\end{matrix}\right. + CH^3-CHO$$
$$= H^2O + C^6H^5-C\left\langle\begin{matrix}AzO\\AzH\end{matrix}\right\rangle CH-CH^3$$

[Tiemann, *D. chem. G.*, **22**, 2391].

L'éther acétylacetique donne naissance à des azoximes à fonction acétonique

$$R-C\begin{smallmatrix}\leqslant AzOH\\ \leqslant AzH^2\end{smallmatrix} + CH^3-CO-CH^2-CO^2C^2H^5$$

$$R-C\begin{smallmatrix}AzO\\ Az=\end{smallmatrix}C-CH^2-CO-CH^3 + C^2H^5.OH + H^2O$$

Le chlorocarbonate d'éthyle réagit sur les amidoximes en donnant des éthers éthyliques de corps à fonction basique :

$$R-C\begin{smallmatrix}AzOH\\ AzH^2\end{smallmatrix} + CO\begin{smallmatrix}OC^2H^5\\ Cl\end{smallmatrix}$$

$$= HCl + R-C\begin{smallmatrix}AzO-CO^2C^2H^5\\ AzH^2\end{smallmatrix}$$

Le chlorure de carbonyle réagit en donnant des carbonyldiimidoximes :

$$2\left(R-C\begin{smallmatrix}AzOH\\ AzH^2\end{smallmatrix}\right) + COCl^2$$

$$= 2HCl + \begin{matrix}R-C\begin{smallmatrix}AzH^2\\ AzO\end{smallmatrix} \\ R-C\begin{smallmatrix}AzO\\ AzH^2\end{smallmatrix}\end{matrix} > C=O.$$

La phénylcarbimide (isocyanate de phenyle) donne avec les amidoximes des uramidoximes :

$$R-C\begin{smallmatrix}AzOH\\ AzH^2\end{smallmatrix} + C^6H^5Az.CO$$

$$= R-C\begin{smallmatrix}AzOH\\ AzH-CO.AzH.C^6H\end{smallmatrix}$$

Le phénylsénevol donne de même naissance a des thio-uramidoximes :

$$R-C\begin{smallmatrix}AzOH\\ AzH^2\end{smallmatrix} + C^6H^5Az.CS$$

$$= R-C\begin{smallmatrix}AzOH\\ AzH-CS.AzH.C^6H^5\end{smallmatrix}$$

Il est possible que ces deux derniers réactifs, au lieu d'agir sur le groupe AzH^2, se soient combinés avec le groupe Az-OH, comme semble le démontrer la difficulté que présentent les produits ainsi formés de donner des réactions. Cependant, comme les amidoximes alcoylées dans le groupe Az-OH se combinent encore avec les sénevols et avec le cyanate de phényle, il est préférable, au moins provisoirement, de les considérer comme des dérivés uréiques [Tiemann, *D. chem. G.*, 19 1475].

Le sulfure de carbone réagit sur les amidoximes en donnant des composés dont on ne connait pas encore la constitution; la réaction se fait de la façon suivante :

$$R.CH^3Az^2O + CS^2 = R.C^2HAz^2S^2 + H^2O.$$

Réactions. — Les amidoximes donnent avec la liqueur de Fehling un précipité rouge-brun sale. Elles fournissent avec le perchlorure de fer des colorations variant du rouge-brun au rouge. Ces deux réactions peuvent servir à les caractériser.

NOMENCLATURE. — M. Tiemann envisage les amidoximes comme dérivant des amides par la substitution du groupe oxime AzOH à l'atome d'oxygène du groupe $CO-AzH^2$. Pour les dénommer, il emploie tantôt le nom du radical trivalent R-C≡ du carbure correspondant à l'amide : exemple, *éthénylamidoxime*,

$$CH^3-C(AzOH)(AzH^2);$$

tantôt le nom de l'acide correspondant : exemple, *oxalène-diamidoxime*,

$$(AzH^2)(AzOH)C-C(AzOH)(AzH^2).$$

Ces amidoximes ont reçu souvent plusieurs noms, correspondant aux divers points de vue sous lesquels on peut les envisager. C'est ainsi que le corps $C^6H^5-C(AzH^2)(AzOH)$ a été appelé *amide benzhydroxamique, benzoxamidine, benzénylamidoxime*, etc.

On pourrait, suivant nous, arriver assez facilement à une nomenclature homogène en considérant comme caractéristique de la fonction amidoxime le groupement

$$CH\begin{smallmatrix}AzOH\\ AzH^2\end{smallmatrix}$$

pour lequel nous proposons le nom de *carbamidoxime*.

Les amidoximes seraient alors envisagées comme résultant de la substitution d'un radical alcoolique ou phénolique univalent à l'atome d'hydrogène directement uni au carbone. Les corps cités plus haut prendraient alors les noms suivants :

$CH^3-C(AzH^2)(AzOH)$, Méthylcarbamidoxime. $C^6H^5-C(AzH^2)(AzOH)$, Phénylcarbamidoxime.

$(AzH^2)(AzOH)C-C(AzOH)(AzH^2)$. Bicarboxime.

Dans le cas d'une amidoxime substituée dans le groupe amidogène AzH^2, on pourrait faire précéder immédiatement le mot *amidoxime* du nom du radical substituant. Exemple :

$CH^3-C(AzOH)(AzH.C^6H^5)$.
Méthylcarbophénylamidoxime.

Enfin, si la substitution porte sur l'atome d'hydrogène du groupe oxime, on placerait le nom du radical substituant immédiatement avant le mot *oxime*. Exemple :

$$CH^3-C\begin{smallmatrix}Az.OC^2H^5\\ Az(C^6H^5)(CH^3)\end{smallmatrix}$$

Méthylcarbo-méthylphénylamido-éthyloxime.

On voit que ces quelques règles de nomenclature, que nous proposons sous toutes réserves, permettent de dénommer aisément les amidoximes les plus compliquées.

Provisoirement, et en attendant que cette nomenclature soit entrée dans la pratique, nous conserverons aux diverses amidoximes les noms que leur ont donnés les chimistes qui les ont découvertes.

MÉTHÉNYLAMIDOXIME (*carbamidoxime*). — Voyez ISURÉTINE, Suppl., 1, 960.

ÉTHÉNYLAMIDOXIME (*méthylcarbamidoxime*),

$$CH^3-C\begin{smallmatrix}AzOH\\ AzH^2\end{smallmatrix}$$

— On l'obtient en faisant réagir l'hydroxylamine sur l'acétonitrile.

Préparation. — On dissout 69gr,5 de chlorhydrate d'hydroxylamine dans la plus petite quantité d'eau possible, on y ajoute 41 grammes d'acétonitrile et assez d'alcool absolu pour que la solution devienne claire. On ajoute peu à peu, en refroidissant fortement, 23 grammes de sodium dissous dans l'alcool absolu. On laisse en contact pendant 60 ou 80 heures à la température de 30 à 40°. On filtre pour séparer le chlorure de sodium et on évapore l'alcool au quart de son volume sous une pression de 20 à 40 millimètres. On ajoute de l'acide chlorhydrique en quantité équivalente au poids de l'hydroxylamine employée et on concentre dans le vide jusqu'à cristallisation. On purifie le chlorhydrate de méthylcarbamidoxime par dissolution dans l'alcool absolu et précipitation par l'éther. Enfin on le dissout dans l'alcool absolu et on le décompose par la quantité équivalente d'éthylate de sodium.

On concentre la solution dans le vide sur l'acide sulfurique et on lave le résidu à l'alcool et au chloroforme. La solution éthéro-alcoolique abandonne l'éthénylamidoxime en longues aiguilles fusibles à 135°.

Ce corps est très soluble dans l'eau et dans l'alcool. Il est insoluble dans l'éther, le chloroforme, le benzène et la ligroïne. Il est très instable. Il se décompose par l'ébullition avec l'eau en hydroxylamine et acétamide.

Il se combine avec les acides et avec les bases. L'acide nitreux le décompose en acétamide et protoxyde d'azote.

En chauffant l'éthénylamidoxime avec de l'anhydride acétique, on obtient la diéthénylazoxime, $C^4H^6Az^2O$ [voyez Azoximes].

La méthylcarboxime donne avec le perchlorure de fer une coloration d'un rouge foncé.

Le *chlorhydrate*, $C^2H^6Az^2O.HCl$, forme des houppes brillantes, fusibles à 140°. Sec, il est assez stable; il se conduit vis-à-vis des dissolvants comme l'amidoxime elle-même.

En chauffant ce chlorhydrate avec de l'aniline, on obtient un dérivé dans lequel 1 atome d'hydrogène du groupe AzH^2 est remplacé par un radical phényle

$$CH^3.C \begin{matrix} \nearrow AzOH \\ \searrow AzH.C^6H^5 \end{matrix}$$

Le *sel de cuivre* de l'amidoxime s'obtient en précipitant le chlorhydrate par le sulfate de cuivre en présence d'ammoniaque. Il forme un précipité bleu-verdâtre, répondant à la formule

$$C^2H^3Az^2O.CuOH$$

[Nordmann, *D. chem. G.*, **17**, 2746].

Propénylamidoxime (*Éthylcarbamidoxime*),

$$CH^3-CH^2-C \begin{matrix} \nearrow AzOH \\ \searrow AzH^2 \end{matrix}$$

— On l'obtient d'une façon analogue au composé précédent en partant du propionitrile et de l'hydroxylamine [Nordmann, *D. chem. G.*, **17**, 2756].

Pour les autres amidoximes, voyez au nom du radical trivalent $R-C\equiv$. A. Béhal.

AMINES. — On désigne sous le nom d'*amines* des composés résultant de la substitution de 1 ou plusieurs résidus alcooliques ou phénoliques à 1 ou plusieurs atomes d'hydrogène de l'ammoniaque. Ces résidus peuvent au reste ou n'être point saturés ou posséder une ou plusieurs fonctions, engendrant ainsi des amines à fonctions mixtes. Mais, pour que le composé rentre dans la classe des amines, le carbone qui est uni directement à l'atome d'azote ne doit pas posséder de groupement fonctionnel spécial.

En effet, ces derniers corps forment aujourd'hui des classes nettement définies; ils portent alors des noms variables avec chacun de ces groupements.

Ainsi les corps

$$R-C \begin{matrix} \nearrow AzH \\ \searrow AzH^2 \end{matrix}$$

sont des *amidines*. Les corps

$$R-C \begin{matrix} \nearrow AzH^2 \\ \searrow AzOH \end{matrix}$$

sont des *amidoximes*, etc., etc.

En résumé, les amines répondent au schéma $R-CX^2-AzX^2$, X pouvant représenter 1 atome d'hydrogène ou un résidu alcoolique ou phénolique. En nous fondant sur la variation de ces groupes X, nous diviserons les amines en 4 classes.

Amines dérivées des alcools primaires.

$R-CH^2-AzH^2$ .... Amine primaire.

$(R-CH^2)^2AzH$ .... Amine secondaire

$(R-CH^2)^3Az$ .... Amine tertiaire.

Amines dérivées des alcools secondaires.

$\begin{matrix} R \searrow \\ R' \nearrow \end{matrix} CH-AzH^2$.... Amine primaire.

$\left(\begin{matrix} R \searrow \\ R' \nearrow \end{matrix} CH\right)^2 AzH$ .. Amine secondaire.

$\left(\begin{matrix} R \searrow \\ R' \nearrow \end{matrix} CH\right)^3 Az$ .... Amine tertiaire.

Amines dérivées des alcools tertiaires.

$\begin{matrix} R \searrow \\ R' - \\ R'' \nearrow \end{matrix} C-AzH^2$ .... Amine primaire.

$\left(\begin{matrix} R \searrow \\ R' - \\ R'' \nearrow \end{matrix} C\right)^2 AzH$ ... Amine secondaire.

$\left(\begin{matrix} R \searrow \\ R' - \\ R'' \nearrow \end{matrix} C\right)^3 Az$ .... Amine tertiaire.

Amines phénoliques.

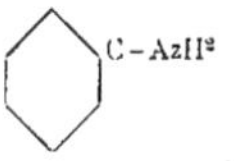

(hexagone) $C-AzH^2$ .... Amine primaire.

(hexagone) $C-AzH-C$ (hexagone) .... Amine secondaire.

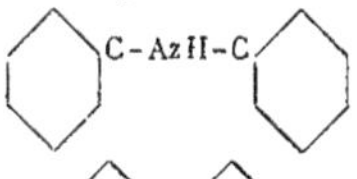

(trois hexagones, C, C, C liés à Az) .... Amine tertiaire.

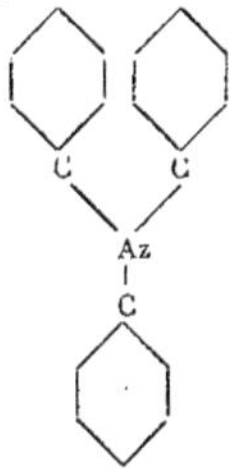

On conçoit qu'il puisse exister des corps appartenant à la fois à plusieurs de ces classes. Ainsi les 3 atomes d'hydrogène d'une molécule d'ammoniaque peuvent être remplacés par un résidu d'alcool primaire, par un résidu d'alcool secondaire et par un résidu phénolique. De là une infinité de composés possibles.

Ce n'est pas tout encore : 2 des atomes d'hydrogène rattachés à l'atome d'azote peuvent être remplacés par un résidu bivalent, et l'on obtient des corps de la forme $R=AzH$, donnant ainsi des imines, classe dont on ne connaît aujourd'hui que quelques représentants.

Les 3 atomes d'hydrogène attachés à l'azote peuvent être remplacés par un résidu trivalent. Si ces trois valences viennent du même atome de carbone, on a les nitriles $R-C\equiv Az$.

Les corps qui pourraient provenir de la substitution de 3 atomes d'hydrogène d'une molécule d'ammoniaque à des atomes de carbone différents appartenant à une même molécule ne sont pas encore connus.

Un composé organique peut enfin posséder 2, 3, 4, *n* fonctions amines. Il faut et il suffit pour cela qu'il renferme 2, 3, 4, *n* fois le groupement fonctionnel $C.AzX^2$.

AMINES DÉRIVÉES DES ALCOOLS PRIMAIRES.

Amines primaires, $R-CH^2-AzH^2$. — *Préparation* (voyez Dict., **1**, 200 et Suppl., **1**, 119).

1° On fait bouillir les dérivés bromés des amides avec une solution de potasse ou de soude. Il se forme du bromure et du carbonate alcalins et l'on obtient l'amine primaire renfermant un atome de carbone de moins que l'amide employée; ainsi la propionamide bromée donne de l'éthylamine :

$$CH^3-CH^2-CO.AzHBr + 3NaOH$$
$$= CH^3-CH^2.AzH^2 + Na^2CO^3 + NaBr + H^2O$$

[Hofmann, *D. chem. G.*, **15**, 752].

2° La réduction par l'amalgame de sodium des combinaisons que forment les aldéhydes avec la phénylhydrazine donne des amines primaires; on opère en solution alcoolique acidulée par l'acide acétique; ainsi le dérivé de l'aldéhyde œnanthylique et de la phénylhydrazine fournit dans ces conditions l'œnanthylamine :

$$C^6H^{13}-CH=Az-AzH-C^6H^5 + H^4$$
$$= C^6H^{13}-CH^2.AzH^2 + C^6H^5.AzH^2$$

[Tafel, *D. chem. G.*, **19**, 1925].

3° Les amides d'acides monobasiques, chauffées à haute température en vase clos avec différents alcools en excès, fournissent le sel de l'amine correspondant à l'alcool employé; ainsi l'acétamide chauffée avec de l'alcool éthylique donne de l'acétate d'éthylamine :

$$CH^3-CO.AzH^2 + C^2H^5.OH$$
$$= C^2H^5.AzH^2, C^2H^4O^2.$$

On peut employer, au lieu de l'amide, le sel ammoniacal correspondant. Ainsi le benzoate d'ammonium chauffé avec de l'alcool éthylique donne du benzoate d'éthylamine [Baubigny, *Bull. Soc. Chim.*, (2), **39**, 521].

4° Les alcools de la série grasse réagissent à haute température sur l'ammoniaque en présence du chlorure de zinc pour donner des amines primaires, secondaires et tertiaires [Merz et Gasiorowsky, *Bull. Soc. Chim.*, (2), **43**, 474].

Ce procédé n'est qu'une modification de celui de M. Berthelot, qui consiste à chauffer le chlorure d'ammonium avec les alcools.

5° Lorsqu'on fait réagir l'ammoniaque sur les éthers haloïdes, on obtient toujours un mélange d'amines primaire, secondaire, tertiaire et de sel d'ammonium.

Si, au lieu d'ammoniaque, on emploie la phtalimide sodée ou potassée, on obtient une combinaison qui, chauffée avec de l'acide chlorhydrique en tube scellé, donne le chlorhydrate de l'amine primaire et de l'acide phtalique. Ainsi le chlorure de benzyle fournit dans ces conditions la benzylamine

$$C^6H^4 \begin{smallmatrix} CO \\ CO \end{smallmatrix} AzNa + C^6H^5-CH^2Cl$$
$$= C^6H^4 \begin{smallmatrix} CO \\ CO \end{smallmatrix} Az.CH^2-C^6H^5 + NaCl,$$

$$C^6H^4 \begin{smallmatrix} CO \\ CO \end{smallmatrix} Az.CH^2-C^6H^5 + 2H^2O$$
$$= C^6H^4 \begin{smallmatrix} COOH \\ COOH \end{smallmatrix} + C^6H^5-CH^2.AzH^2$$

[Gabriel, *D. chem. G.*, **20**, 2224].

6° L'hydrogénation des aldoximes au moyen de l'amalgame de sodium donne des amines primaires; on opère en solution alcoolique et acétique. Ainsi l'isobutylaldoxime donne l'isobutylamine :

$$(CH^3)^2-CH-CH=AzOH + H^4$$
$$= H^2O + (CH^3)^2-CH-CH^2.AzH^2$$

[Goldschmidt, *D. chem. G.*, **19**, 3232].

7° La décomposition des carbylamines par la potasse caustique en solution donne naissance à du formiate de potassium et à des amines primaires, renfermant un atome de carbone de moins que les carbylamines d'où on est parti.

Ainsi l'éthylcarbylamine donne du formiate de potassium et de l'éthylamine :

$$CH^3-CH^2-AzC + KOH + H^2O$$
$$= CH^3-CH^2.AzH^2 + HCO^2K.$$

Amines secondaires (voyez Dict., **1**, 200 et Suppl., **1**, 118).

1° On obtient des bases secondaires par la décomposition des carbylamines soit au moyen de la potasse, soit au moyen de l'acide chlorhydrique [Silva, *Zeitschr. f. Chem.*, 1867, 45].

2° En décomposant les dérivés nitrosés des amines grasses secondaires par l'acide chlorhydrique ou par de la soude caustique en solution concentrée.

3° Certaines amines aromatiques tertiaires nitrosées ou nitrées se décomposent sous l'influence des alcalis, par une longue ébullition, pour donner des amines secondaires. Ainsi la nitrosodiméthylaniline fournit de la diméthylamine :

$$C^6H^4(AzO)Az(CH^3)^2 + H^2O$$
$$= (CH^3)^2AzH + C^6H^4(AzO)OH.$$

La dinitrodiéthylaniline donne de même de la diéthylamine :

$$C^6H^3(AzO^2)^2Az(C^2H^5)^2 + H^2O$$
$$= (C^2H^5)^2AzH + C^6H^3(AzO^2)^2OH.$$

4° Les amines tertiaires ou leurs sels halogénés peuvent, sous l'influence d'une température convenablement choisie, rétrograder et donner des amines secondaires, même en présence de l'éther halogéné correspondant; ainsi la tributylamine en présence du chlorure de butyle se transforme à 180° en chlorure de dibutylammonium et en butylène [Malbot, *C. R.*, **105**, 574].

Amines tertiaires (voyez Dict., **1**, 203). — Pour les réactions, voyez plus loin.

Ammoniums quaternaires (voyez Dict., **1**, 204). — Le chlore, le brome, l'iode, le chlorure d'iode réagissent sur les sels haloïdes des ammoniums quaternaires en donnant des produits d'addition. Ainsi l'iodure de tétraméthylammonium donne le composé $(CH^3)^4AzIBr^2$.

Le chlorure d'iode donne avec le bromure du même ammonium le corps $(CH^3)^4AzIBrCl$.

Avec l'ammoniaque ces composés forment des produits explosifs lorsqu'ils sont secs [Dobbin et O. Masson, *Chem. Soc.*, **49**, 846].

M. Muller trouve, en s'appuyant sur les chaleurs de combustion des amines, que l'affinité des radicaux alcooliques pour l'azote croît avec la complication de ces radicaux [Muller, *Bull. Soc. Chim.*, (2), **43**, 213].

Les nitrates d'amines secondaires, soumis à l'influence de la chaleur, donnent naissance à des nitrosamines :

$$(C^nH^{2n+1})^2AzH.AzO^3H$$
$$= (C^nH^{2n+1})^2Az.AzO + H^2O + O$$

[Romburgh, *Rec. P.-B.*, **5**, 246].

Propriétés et séparation des amines primaires, secondaires et tertiaires. — Peu de corps peuvent, pour un même nombre d'atomes de carbone, posséder autant d'isomères que les amines.

Ainsi pour les corps en C^3 nous avons :

$(CH^3)^3Az$, Triméthylamine.	$\begin{smallmatrix} C^2H^5 \\ CH^3 \end{smallmatrix} > AzH$, Méthyléthylamine.
$C^3H^7-AzH^2$, Propylamine.	$\begin{smallmatrix} CH^3 \\ CH^3 \end{smallmatrix} > CH-AzH^2$. Isopropylamine.

Il est important d'avoir des moyens simples et rapides de les caractériser. C'est surtout sur le nombre d'atomes d'hydrogène directement unis à l'azote que l'on se fonde.

1° Les amines primaires sont facilement caractérisées par la formation de carbylamines. Pour cela on dissout quelques centigrammes de la base dans l'alcool; on ajoute de la potasse alcoolique, quelques gouttes de chloroforme et l'on chauffe : on perçoit l'odeur fétide des carbylamines :

$$CH^3-CH^2-AzH^2 + CHCl^3 + 3KOH$$
$$= CH^3-CH^2-AzC + 3KCl + 3H^2O$$

[Hofmann, *D. chem. G.*, **3**, 767].

2° Le chlorure de benzoyle réagit sur les amines primaires pour donner des dérivés de l'amide benzoïque. Ces corps sont indifférents, ils sont insolubles dans l'eau et solubles dans l'alcool :

$$R-CH^2.AzH^2 + C^7H^5OCl$$
$$= R-CH^2.AzH.OC^7H^5 + HCl$$

[Hofmann, *D. chem. G.*, **5**, 716].

3° On peut encore caractériser les amines primaires en les transformant en sénevols.

On dissout quelques centigrammes de la base dans l'alcool, on y ajoute autant de sulfure de carbone et l'on évapore une portion de l'alcool. On obtient ainsi le sel d'un acide thiocarbamique. Ce dernier, chauffé avec une solution aqueuse de sublimé, donne l'odeur caractéristique des sénevols. Voici la série des réactions :

$$2(R-CH^2.AzH^2) + CS^2$$
$$= R-CH^2.AzH.CS.S.AzH^3.CH^2-R.$$

Il se forme d'abord un thiocarbamate d'amine; la solution de sublimé donne le chlorhydrate de l'amine et un composé mercurique :

$$2R-CH^2.AzH-CS^2-AzH^3.CH^2-R + HgCl^2$$
$$= 2R-CH^2-AzH^2.HCl + (R.CH^2-AzH-CS^2)^2Hg$$

Ce dernier produit se décompose par l'ébullition avec l'eau ou par la distillation en hydrogène sulfuré, sulfure de mercure et sénevol :

$$(R-CH^2-AzH.CS^2)^2Hg$$
$$= 2R-CH^2-Az=CS + HgS + H^2S$$

[Hofmann, *D. chem. G.*, **3**, 768 et **8**, 107. — Rudneff, *Bull. Soc. Chim. russe*, **10**, 188].

La réaction est plus sensible encore si l'on remplace le sublimé par le chlorure ferrique [Weith, *D. chem. G.*, **8**, 461].

Les amines tertiaires se combinent directement avec le sulfure de carbone pour donner des sulfocarbonates d'amines $(R)^3Az.CS^2$. Ces composés peu stables se décomposent à la distillation; ils possèdent des propriétés basiques [Bleunard, *C. R.*, **87**, 1040].

4° L'α-bromodinitrobenzine peut servir à caractériser les amines primaires ou secondaires. Pour cela on chauffe l'amine libre avec le réactif en solution alcoolique. Par refroidissement on obtient un produit formé de petits cristaux bruns; l'éthylamine, par exemple, donne la dinitrophényléthylamine :

$$C^2H^5.AzH^2 + C^6H^3(AzO^2)^2Br$$
$$= HBr + C^2H^5.AzH.C^6H^3(AzO^2)^2.$$

On voit que les amines tertiaires, n'ayant plus d'hydrogène remplaçable, ne peuvent plus réagir, puisqu'il se forme un véritable produit de substitution dans la réaction [Romburgh, *Rec. P.-B.*, **4**, 190].

L'ammoniaque ne donne point de réaction.

On peut encore faire bouillir avec de l'acide azotique fumant les produits dinitrés obtenus au moyen de la bromodinitrobenzine. On obtient dans ce cas des nitramines trinitrées cristallisées :

$$C^6H^2(AzO^2)^3-AzR.AzO^2.$$

5° Le chlorure de picryle réagit de la même façon, en donnant naissance à des composés répondant à la formule $C^6H^2(AzO^2)^3AzR^2$ [Romburgh, *Rec. P.-B.*, **4**, 189].

6° Les amines primaires ou secondaires réagissent sur le zinc-éthyle pour donner naissance à un dérivé zincique, en même temps qu'il se forme de l'éthane :

$$2(R-CH^2.AzH^2) + (C^2H^5)^2Zn$$
$$= 2C^2H^6 + (R-CH^2.AzH)^2Zn.$$

Les amines tertiaires ne réagissent pas [Gal, *Bull. Soc. Chim.*, (2), **39**, 382].

7° L'iodure double de bismuth et de potassium réagit sur les amines primaires, secondaires ou tertiaires en solution dans l'acide iodhydrique, pour donner des combinaisons rouges ou orangées, solubles dans l'alcool chaud, d'où elles se déposent par refroidissement. Ces combinaisons varient suivant que l'iodure de bismuth est en excès ou suivant que c'est l'amine; dans le premier cas elles répondent généralement à la formule

$$3BiI^3, 3AzR^3.HI;$$

dans le second cas, au contraire, elles ont pour formule $3BiI^3, 5AzR^3.HI$ [Kraut, *Ann. Chem.*, **210**, 310].

8° L'anhydride sulfurique réagit sur les amines primaires ou secondaires pour donner des acides alcoylsulfamidés. La diéthylamine, par exemple, donne lieu à la réaction suivante :

$$(C^2H^5)^2AzH + SO^3 = (C^2H^5)^2Az.SO^3H.$$

Cet acide ne se produit qu'en petite quantité; il se forme en effet à côté l'anhydride correspondant qui, par ébullition avec de l'eau de baryte, se transforme en sel de l'acide sulfamidé.

Les bases tertiaires réagissent aussi sur l'anhydride sulfurique; l'on n'obtient pas d'acide sulfamidé, mais des produits cristallisés neutres, qui ne sont autre chose que des anhydrides

$$(C^2H^5)^3Az + SO^3 = (C^2H^5)^3Az\begin{cases}SO^2\\ |\\ O\end{cases}$$

Les dérivés alcooliques de la monamide sulfurique sont stables et ne se décomposent pas par l'ébullition avec l'eau [Beilstein et Wiegand, *D. chem. G.*, **16**, 1264].

9° Le chlorure de sulfuryle donne avec les bases primaires et secondaires à l'état de liberté des sulfamides substituées.

Ainsi la diméthylamine donne la tétraméthylsulfamide :

$$2(CH^3)^2AzH + SO^2Cl^2 = 2HCl + SO^2[Az(CH^3)^2]^2.$$

Si l'on opère avec les sels, en particulier avec les chlorhydrates, on obtient des bases chlorosulfamidées,

$$(CH^3)^2AzH.HCl + SO^2Cl^2$$
$$= SO^2\begin{cases}Cl\\ Az(CH^3)^2\end{cases} + 2HCl,$$

qui se transforment au reste par l'action des alcalis en diamides [Behrend, *Ann. Chem.*, **222**, 118].

10° Les amines primaires et secondaires se combinent directement avec les éthers isocyaniques (carbimides) et avec les sénevols pour donner des dérivés uréiques.

La diéthylamine réagit, par exemple, sur l'éthylcarbimide pour donner la triéthylurée :

$$(C^2H^5)^2AzH + C^2H^5.AzCO = CO\begin{cases}AzH.C^2H^5\\ Az(C^2H^5)^2\end{cases}$$

L'éthylamine réagit sur le méthylsénevol pour donner la méthyléthylsulfo-urée :

$$C^2H^5 . AzH^2 + CH^3-AzCS = CS \begin{cases} AzH . CH^3 \\ AzH . C^2H^5 \end{cases}$$

[Hofmann, *D. chem. G.*, **1**, 172].

11° On sait que l'acide nitreux donne, dans la série grasse : avec les amines primaires, l'alcool correspondant; avec les amines secondaires, un dérivé nitrosé; et enfin qu'il ne réagit pas sur les amines tertiaires.

De là un moyen de séparer les différentes amines pour obtenir les secondaires et les tertiaires [Heintz, *Ann. Chem.*, (2), **138**, 139].

On ajoute au mélange des amines en solution chlorhydrique une solution concentrée de nitrite de potassium; la base primaire passe à l'état d'alcool, la base secondaire à l'état de dérivé nitrosé, la base tertiaire n'est pas touchée. On distille; le dérivé nitrosé passe à la distillation; on régénère l'amine secondaire en le chauffant avec de l'acide chlorhydrique concentré. Le résidu de la distillation, chauffé avec un alcali, met en liberté la base tertiaire.

12° Les amines grasses primaires et secondaires, traitées par le brome et la soude caustique, échangent les atomes d'hydrogène fixés à l'azote contre l'élément halogène. On obtient dans ces conditions : avec les amines primaires, des dérivés dibromés; avec les amines secondaires, des dérivés monobromés :

$$CH^3-AzH^2 + 2Br^2 + 2NaOH$$
$$= CH^3-AzBr^2 + 2NaBr + 2H^2O,$$
$$(CH^3)^2AzH + Br^2 + NaOH$$
$$= (CH^3)^2AzBr + NaBr + H^2O.$$

Les dérivés dibromés ainsi formés se transforment, sous l'influence de la soude caustique, en nitriles :

$$C^2H^5-AzBr^2 + 2NaOH$$
$$= CH^3-CAz + 2NaBr + 2H^2O$$

[Hofmann, *D. chem. G.*, **16**, 559 et **17**, 1920].

AMINES DÉRIVÉES DES ALCOOLS SECONDAIRES.

1° Amines primaires. — On obtient les amines primaires en hydrogénant les combinaisons des acétones avec la phénylhydrazine; ainsi la diméthylcétone donne de l'isopropylamine ou diméthylcarbinamine :

$$(CH^3)^2=C=Az-AzH . C^6H^5 + H^4$$
$$= (CH^3)^2=CH-AzH^2 + C^6H^5 . AzH^2$$

[Tafel, *D. chem. G.*, **19**, 1925].

2° En hydrogénant les acétoximes par l'amalgame de sodium en solution alcoolique et acétique :

$$(CH^3)^2=C=AzOH + H^4 = H^2O + (CH^3)^2=CH-AzH^2$$

[Goldschmidt, *D. chem. G.*, **20**, 728].

3° L'action de l'ammoniaque sur les iodures alcooliques secondaires ne va pas plus loin que l'amine primaire, dans quelque condition que l'on se place et avec un grand excès d'iodure alcoolique.

Il se forme en même temps le carbure éthylénique correspondant :

$$2(CH^3-CH^2-CHI-CH^3) + 2AzH^3$$
$$= \begin{matrix} C^2H^5 \\ CH^3 \end{matrix} > CH . AzH^2 . HI + C^4H^8 + AzH^4I$$

[Reymann, *D. chem. G.*, **7**, 1290. — Jahn, *Bull. Soc. Chim.*, (2), **38**, 617.]

Les iodures dérivés des alcools secondaires ont du reste si peu de tendance à se combiner avec les amines, que si l'on fait réagir l'iodure de butyle secondaire sur la triisobutylamine, il ne se forme point d'iodure d'ammonium, mais du butylène et l'iodhydrate de la base tertiaire [Reimer, *D. chem. G.*, **3**, 757].

Ces amines se combinent, comme les amines dérivées des alcools primaires, avec le chlorosulfure de carbone pour donner des sénevols.

Ces sénevols, par l'action de l'ammoniaque aqueuse, donnent des sulfo-urées. Ainsi l'isopropylamine $(CH^3)^2=CH . AzH^2$ donne avec le chlorosulfure de carbone l'isopropylsénevol :

$$(CH^3)^2-CH . AzH^2 + CSCl^2$$
$$= 2HCl + (CH^3)^2-CH-AzCS.$$

Ce dernier, avec l'ammoniaque, forme la sulfo-urée isopropylique :

$$(CH^3)^2-CH-AzCS + AzH^3 = CS \begin{cases} AzH . C^3H^7 \\ AzH^2 \end{cases}$$

[Jahn, *loc. cit.*].

Les bases secondaires et tertiaires dérivant des alcools secondaires ne sont pas encore connues.

AMINES DÉRIVÉES DES ALCOOLS TERTIAIRES.

Préparation. — On ne peut les obtenir par le procédé de M. Hofmann, car, même à froid, l'ammoniaque réagit sur les iodures tertiaires en donnant le carbure éthylénique correspondant à l'iodure alcoolique employé.

Mais on peut les préparer au moyen du procédé de Wurtz, en faisant d'abord réagir l'iodure alcoolique sur le cyanate d'argent, puis en décomposant par l'acide chlorhydrique concentré à 140° le produit formé; mais il y a toujours production de carbure éthylénique [Rudneff, *Bull. Soc. Chim.*, (2), **33**, 297].

Il se forme un peu de diméthyléthylcarbinamine dans la préparation de l'acide triméthylacétique [Wichnegradsky, *Ann. Chem.*, **174**, 60].

L'action de la potasse sur la pseudoamylurée a fourni à Wurtz cette même carbinamine.

Les amines secondaires dérivées des alcools tertiaires n'ont pu encore jusqu'ici être obtenues à l'état de liberté; mais on connaît leurs combinaisons avec l'acide iodhydrique. On les prépare en laissant en contact à froid la carbinamine primaire avec l'iodure alcoolique.

Si l'on tente de mettre la base en liberté par un alcali, elle se transforme en amine primaire, en carbure éthylénique et en iodure correspondant à l'alcali employé.

Ces amines s'unissent avec dégagement de chaleur au sulfure de carbone pour donner des thiosulfocarbamates d'amines.

La triméthylcarbinamine $(CH^3)^3\equiv C . AzH^2$ donne

$$CS(AzH . C^4H^9)(SAzH^3C^4H^9),$$

le butylthiosulfocarbamate de butylcarbinamine. En même temps il se forme par dégagement d'hydrogène sulfuré de la dibutylsulfo-urée :

$$CS(AzH . C^4H^9)^2.$$

AMINES PHÉNOLIQUES.

On désigne sous le nom d'*amines phénoliques* les composés qui résultent de l'union directe du groupe amidogène AzH^2 avec un noyau aromatique; leur nom vient de ce qu'elles se transforment en phénols par l'action de l'acide nitreux.

Amines primaires. — 1° L'hydrogénation des hydrazines simples ou des hydrazines *a-b*-disubstituées, désignées sous le nom de *composés hydrazoïques*, donne naissance à des amines primaires; la diphénylhydrazine symétrique donne par exemple 2 molécules d'aniline :

$$C^6H^5-AzH-AzH-C^6H^5 + H^2 = 2C^6H^5 . AzH^2.$$

Les hydrazines dissymétriques donnent naissance à des amines secondaires ; ainsi la phénylcrésylhydrazine donne naissance à de la phénylcrésylamine :

$$\begin{matrix}C^6H^5 \\ CH^3-C^6H^4\end{matrix}\!\!>Az^2H^2 + H^2 = \begin{matrix}C^6H^5 \\ CH^3-C^6H^4\end{matrix}\!\!>AzH + AzH^3.$$

2° Les amines primaires ou secondaires réagissent sur les dérivés halogénés des carbures gras pour donner des amines secondaires, tertiaires et enfin des sels d'ammoniums quaternaires.

3° On peut obtenir les amines phénoliques en combinant les phénols avec l'ammoniaque et en éliminant de l'eau. La réaction ne se fait qu'à une haute température et n'est jamais complète ; elle est facilitée par la présence d'un corps déshydratant, comme le chlorure de calcium, l'anhydride phosphorique ou le chlorure de zinc. On peut par le même procédé obtenir des bases secondaires en réitérant l'action du phénol sur l'amine primaire en présence des mêmes déshydratants [Merz et Weith, *Bull. Soc. Chim.*, (2), **37**, 256].

4° Les acides amidés, chauffés avec des alcalis, perdent de l'acide carbonique et donnent des bases ; l'acide amidobenzoïque fournit ainsi de l'aniline :

$$AzH^2 . C^6H^4-COOH = CO^2 + AzH^2 . C^6H^5.$$

5° Les sels des dérivés sulfonés des carbures aromatiques, chauffés avec de l'amidure de sodium ou de potassium, donnent des amines :

$$C^6H^5-SO^3K + NaAzH^2 = SO^3NaK + C^6H^5 . AzH^2$$

[Jackson et Wing, *D. chem. G.*, **19**, 902].

6° On obtient les homologues de l'aniline en chauffant à haute température molécules égales d'aniline et d'alcool avec du chlorure de zinc.

Le résidu alcoolique se fixe en position para par rapport au groupe AzH^2.

Ainsi l'alcool propylique, chauffé à 280° avec de l'aniline, donne de la p-propylphénylamine :

$$C^6H^5.AzH^2 + C^3H^7.OH = H^2O + C^3H^7-C^6H^4.AzH^2$$

[Louis, *D. chem. G.*, **16**, 105. — Benz, *ibid.*, **15**, 1650].

7° En chauffant avec de l'alcool méthylique les chlorhydrates d'amines, ou encore en chauffant les amines méthylées avec de l'acide chlorhydrique, on obtient des amines d'un radical plus méthylé [Hofmann et Martin, *D. chem. G.*, **4**, 747].

Ainsi le chlorhydrate d'(α) o-xylidine,

$$C^6H^3(AzH^2)_{(1)}(CH^3)^2_{(3.4)},$$

chauffé à 300-320° avec de l'alcool méthylique, donne de la pseudocumidine,

$$C^6H^2(AzH^2)_{(1)}(CH^3)^3_{(3.4.6)},$$

[Nölting et Forel, *D. chem. G.*, **18**, 2680]. De même l'(α) m-xylidine,

$$C^6H^3(AzH^2)_{(1)}(CH^3)^2_{(2.4)},$$

chauffée avec de l'acide chlorhydrique, donne de la mésidine,

$$C^6H^2(AzH^2)_{(1)}(CH^3)^3_{(2.4.6)}$$

[Eisenberg, *D. chem. G.*, **15**, 1012].

8° Les dérivés des carbures aromatiques halogénés dans le noyau ne réagissent sur l'ammoniaque à aucune température. Mais si la molécule renferme en même temps des groupes nitrés, la réaction a lieu et l'on obtient des anilines nitrées.

Ainsi la dibromonitrobenzine réagit sur l'ammoniaque en donnant de la bromonitraniline :

$$C^6H^3Br^2(AzO^2) + AzH^3$$
$$= C^6H^3Br(AzO^2)(AzH^2) + HBr$$

[Körner, *Jahresb.*, 1875, 328].

Propriétés. — Les amines phénoliques ne ramènent point au bleu la teinture de tournesol rouge ; elles sont peu ou point solubles dans l'eau ; elles ne se combinent pas à la pression ordinaire avec l'acide carbonique de l'air.

On peut opérer le titrage de l'acide auquel elles sont combinées en se servant de soude caustique et en employant comme indicateur la phtaléine du phénol, sur laquelle ces amines n'ont point d'action.

Les amines phénoliques se combinent avec le cyanogène, pour donner des produits qui peuvent être considérés comme des dérivés de l'amide oxalique :

$$2C^6H^5 . AzH^2 + (CAz)^2 = \begin{matrix}C^6H^5 . AzH-C=AzH \\ | \\ C^6H^5 . AzH-C=AzH\end{matrix}$$

On obtient en effet des dérivés de l'oxamide si on les chauffe avec de l'acide acétique, qui agit ici comme hydratant :

$$\begin{matrix}C^6H^5 . AzH-C=AzH \\ | \\ C^6H^5 . AzH-C=AzH\end{matrix} + 2H^2O$$

$$= \begin{matrix}C^6H^5 . AzH-CO \\ | \\ C^6H^5 . AzH-CO\end{matrix} + 2AzH^3,$$

$$\begin{matrix}C^6H^5 . AzH-CO \\ | \\ C^6H^5 . AzH-CO\end{matrix} + AzH^3$$

$$= \begin{matrix}C^6H^5 . AzH-CO \\ | \\ AzH^2 . CO\end{matrix} + AzH^2 . C^6H^5.$$

En chauffant l'aniline ou ses homologues avec de la glycérine, de l'acide sulfurique et de la nitrobenzine comme agent oxydant, on obtient des quinoléines.

L'action de l'acide sulfurique forme, dans une première phase, de l'acroléine, qui se combine avec l'amine en même temps qu'il y a oxydation par le dérivé nitré : par exemple, l'aniline donne la quinoléine :

$$C^6H^5 . AzH^2 + C^3H^4O + O = C^9H^7Az + 2H^2O$$

[Skraup, *Mon. f. Chem.*, **1**, 317. — Skraup et Schlosser, *ibid.*, **2**, 535].

Les amines primaires réagissent sur l'éther acétylacétique ou sur les β-diacétones pour donner d'abord des imides qui, chauffées avec de l'acide sulfurique, se transforment, pour donner dans le premier cas des oxyquinoléines et dans le second des quinoléines [Knorr, *D. chem. G.*, **16**, 2593. — Baeyer, *ibid.*, **20**, 1767].

Voici d'abord la réaction de l'aniline sur l'éther acétylacétique :

$$C^6H^5 . AzH^2 + CH^3-CO-CH^2-CO^2C^2H^5$$
$$= \underset{\substack{\| \\ Az . C^6H^5}}{CH^3-C}-CH^2-COOH + C^2H^5.OH$$

$$CH^3-C(Az . C^6H^5)-CH^2-COOH$$

$$= H^2O + CH^3.C\langle \text{CH C.OH} \cdots \text{Az C}^6\text{H}^4\rangle .$$

Voici maintenant la réaction de l'aniline sur l'acétylacétone :

$$CH^3-CO-CH^2-CO-CH^3 + C^6H^5 . AzH^2$$
$$= H^2O + CH^3-C(Az . C^6H^5)-CH^2-CO-CH^3$$

$$\text{(noyau benzénique)}\begin{matrix}CH^3 \\ | \\ CO \\ \quad CH^2 \\ \quad C-CH^3 \\ Az\end{matrix} = H^2O + \text{(noyau benzénique)}\begin{matrix}CH^3 \\ | \\ C \\ \quad CH \\ \quad C-CH^3 \\ Az\end{matrix}$$

Les amines phénoliques donnent avec la plus grande facilité des dérivés de substitution chlorés, bromés, nitrés, sulfonés. Ceux-ci s'obtiennent par combinaison directe et c'est sur les atomes d'hydrogène du noyau que portent les substitutions.

Les autres réactifs des amines grasses, le sulfure de carbone, les chlorures de thionyle et de carbonyle, le chloroforme et la potasse, etc., réagissent de même sur les amines aromatiques.

Les amines primaires phénoliques peuvent être séparées des amines secondaires et tertiaires grâce à leur combinaison avec l'acide citraconique.

On ajoute au mélange des bases une solution aqueuse d'acide citraconique jusqu'à dissolution, puis autant d'acide que l'on en a employé pour la dissolution, et l'on chauffe dans un ballon muni d'un réfrigérant ascendant tant qu'il se forme un précipité. On laisse refroidir et l'on filtre pour recueillir le précipité, dont le poids fait connaître la quantité de base primaire contenue dans le mélange [Ladenburg, *D. chem. G.*, **19**, 780].

On peut facilement transformer les amines phénoliques primaires en carbures, en phénols, en dérivés chlorés, bromés, iodés, fluorés correspondant à l'amine employée, comme cela est indiqué à l'article DIAZOÏQUES [voyez ce mot]. De même l'on obtient très facilement le nitrile renfermant un atome de carbone de plus que l'amine.

M. Langer [*D. chem. G.*, **15**, 1061 et 1328] a observé sur l'aniline une série de faits qui lui ont permis de formuler la loi suivante :

Lorsqu'on prépare des dérivés polysubstitués de l'aniline à l'aide de dérivés où les positions méta par rapport au groupe amidogène sont occupées, la substitution ultérieure n'est nullement influencée, et le nombre des nouveaux atomes d'halogènes qui entrent dans le composé n'est pas changé. Ces deux positions méta semblent offrir à la substitution une résistance beaucoup plus grande. Si nous faisons agir le brome sur une aniline o-monochlorée, puis sur une aniline o-dichlorée, dans des conditions déterminées, nous obtiendrons avec le premier corps une aniline dibromomonochlorée, et avec le second une aniline monobromochlorée. Répétons la même expérience, dans les mêmes conditions, d'abord avec de la monochloro-m-aniline et ensuite avec de la dichloro-m-aniline : nous obtiendrons dans le premier cas de la tribromochloro-m-aniline et dans le second cas de la tribromodichloro-m-aniline.

M. Léo Vignon [*Bull. Soc. Chim.*, (2), **50**, 135] a trouvé, au moyen de mesures thermiques, que la substitution des radicaux méthyle à l'hydrogène dans l'amidogène de l'aniline affaiblit fort peu la fonction basique, tandis que celle du radical phényle l'atténue dans des proportions considérables.

AMINES SECONDAIRES. — Il convient, au point de vue de la préparation, d'en faire deux classes : 1° celles qui renferment un radical gras et un radical aromatique ; 2° celles qui renferment deux radicaux aromatiques.

La préparation des composés de la première classe se fait comme celle des amines secondaires grasses. Quant aux amines de la seconde classe voici leurs procédés de préparation :

1° On fait réagir sur une amine phénolique un peu plus de 1 molécule d'un chlorhydrate d'amine phénolique ; ainsi la naphtylamine réagit sur le chlorhydrate de naphtylamine à 150° pour donner de la dinaphtylamine,

$$C^{10}H^7.AzH^2 + C^{10}H^7.AzH^2.HCl = AzH^4Cl + (C^{10}H^7)^2AzH$$

[Girard et Vogt, *Bull. Soc. Chim.*, (2), **19**, 68].

2° On chauffe les phénols avec les amines aromatiques en présence de chlorure de zinc ou de chlorure de calcium [Merz et Weith, *D. chem. G.*, **13**, 1298. — Benz, *ibid.*, **16**, 17]. Ainsi l'α-naphtol réagit sur l'α-naphtylamine à 260° pour donner l'α-dinaphtylamine,

$$C^{10}H^7.OH + C^{10}H^7.AzH^2 = (C^{10}H^7)^2AzH + H^2O.$$

Propriétés. — Ces corps ne possèdent plus de propriétés basiques nettes ; ils ne forment plus en général de sels bien cristallisés.

Ils donnent facilement des dérivés nitrosés par l'action de l'acide nitreux. C'est ainsi que la diphénylamine fournit la diphénylnitrosamine,

$$(C^6H^5)^2=Az-AzO.$$

AMINES TERTIAIRES. — Les amines tertiaires à radicaux mixtes se préparent comme les amines grasses.

Ces bases, traitées par l'acide nitreux, donnent des dérivés nitrosés dans le noyau ; le groupement nitrosé est en para par rapport à l'atome d'azote ; ainsi la diméthylaniline donne la nitrosodiméthylaniline,

$$C^6H^5-Az(CH^3)^2 + AzO^2H = H^2O + AzO-C^6H^4-Az(CH^3)^2$$

[Hepp, *D. chem. G.*, **10**, 329].

Traitées pendant longtemps par un courant de bioxyde d'azote, elles donnent des *azylines* (voyez ce mot).

Les amines tertiaires à radicaux phénoliques aujourd'hui connues sont peu nombreuses ; on ne connaît guère que la triphénylamine (voyez ce mot). A. BÉHAL.

AMMÉLIDE [Syn. *Acide mélanurique*]. — L'ammélide est la première amide ou imide de l'acide cyanurique. De même qu'on admet aujourd'hui que les dérivés de l'acide cyanurique peuvent se rapporter aux deux types

C-OR ; Az, Az ; OR''-C, C-OR' ; Az — CO ; R''Az, AzR ; CO, CO ; AzR'

et aux types intermédiaires, de même on admet que les dérivés de l'ammélide dérivent des types

C-OR ; Az, Az ; AzH²-C, C-OR' ; Az — CO ; AzH, AzR ; AzH=C, CO ; AzR'

et des types intermédiaires.

On connaît actuellement un fort grand nombre de réactions dans lesquelles l'ammélide prend naissance.

1° Quand on chauffe en tube scellé à 160-170° la dicyanodiamide avec de l'eau, elle se transforme en ammélide et ammoniaque :

$$3\,C^2H^4Az^4 + 4\,H^2O = 2\,C^3H^4Az^4O^2 + 4\,AzH^3$$

[E. Bamberger, *D. chem. G.*, **16**, 1075 et 1704 ; *Bull. Soc. Chim.*, (2), **40**, 571 et 565. — B. Rathke. *D. chem. G.*, **18**, 3102].

2° L'ammélide normale

C-OH ; Az, Az ; AzH²-C, C-OH ; Az

ou acide mélanurénique de Liebig se produit par ébullition du mélem avec de la potasse concentrée [P. Klason, *J. prakt. Chem.*, (2), **33**, 290; *Bull. Soc. Chim.*, (2), **46**, 684].

3° Par l'action de l'acide sulfurique sur le mélem à la température de 150° (*loc. cit.*).

4° Par l'action de l'acide sulfurique sur l'ammé-line à 160° (*loc. cit.*).

5° Par l'action de la chaleur sur les éthers amidocyanurique et amidodithiocyanurique (*loc. cit.*).

6° Par l'oxydation de la thioammeline au moyen du permanganate de potassium (*loc. cit.*).

7° Par l'action de la potasse concentrée et bouillante sur la phénylammeline [R. Otto, *D. chem. G.*, **20**, 2240; *Bull. Soc. Chim.*, (2), **48**, 660].

8° Enfin on a fait la synthèse de l'ammélide en fondant ensemble le carbonate de guanidine et l'urée [A. Smolka et A. Friedreich, *Mon. f. Chem.*, **10**, 86].

9° On obtient de l'ammélide en électrolysant une solution aqueuse d'ammoniaque avec des électrodes en charbon (A. Millot).

Constitution de l'ammélide. — Nous exposons plus loin (voyez article AMMÉLINE) une synthèse et une constitution nouvelle de l'ammeline :

$$AzH^2-CO-AzH-\underset{\underset{AzH}{\|}}{C}-AzH-CAz$$

Ammeline.

Or l'ammeline est une véritable amide de l'ammélide ou acide mélanurénique; l'ammélide aurait donc, d'après cela, pour constitution

$$OH.CO-AzH-\underset{\underset{AzH}{\|}}{C}-AzH-CAz$$

c'est-à-dire que l'ammélide serait l'acide *dicyanamidocarbonique*.

Tauroammélide. — On obtient ce dérivé de l'ammélide par l'action de la potasse sur la *taurodiamméline*. Cette synthèse a conduit l'auteur à lui donner comme constitution

C-OH
Az / \ $Az-C^2H^4.SO^3H$
H^2Az-C | | CO
Az

[B. Rathke, *D. chem. G.*, **21**, 875].

Cette constitution n'est pas définitivement établie.

L. Bouveault.

AMMÉLINE. — L'*ammeline* est la deuxième amide ou imide de l'acide cyanurique. Ses dérivés se rattachent aux deux types

C-OR
Az / \ Az
H^2Az-C | | $C-AzH^2$
Az

CO
HAz / \ AzR
HAz=C | | C=AzH
AzH

et aux types intermédiaires.

Modes de production. — 1° On chauffe le mélam pendant 24 heures au bain-marie avec de la potasse faible [P. Klason, *J. prakt. Chem.*, (2), **33**, 285; *Bull. Soc. Chim.*, (2), **46**, 683].

2° L'ammeline prend également naissance par l'oxydation de la *thioammeline* par le permanganate de potassium [P. Klason, *J. prakt. Chem.* (2), **33**, 290; *Bull. Soc. Chim.*, (2), **46**, 685].

3° Par l'ébullition des éthers diamidocyanuriques ou diamidothiocyanuriques avec de l'acide chlorhydrique [P. Klason, *loc. cit.*].

4° On a fait la synthèse de l'ammeline en chauffant ensemble un mélange de dicyanodiamide et d'urée [A. Smolka et A. Friedreich, *Mon. f. Chem.*, **9**, 701; *Bull. Soc. Chim.*, (3), **2**, 684].

Constitution. — Cette synthèse semble devoir modifier profondément les idées qui ont cours actuellement sur la constitution de l'ammeline et des corps du même groupe.

On peut en effet représenter la réaction par le schéma

$$\underset{\text{Urée.}}{AzH^2-CO-AzH^2}+\underset{\text{Dicyanodiamide.}}{H^2Az-\overset{\overset{AzH}{\|}}{C}-AzH-CAz}$$

$$=\underset{\text{Ammeline.}}{AzH^2-CO-AzH-\overset{\overset{AzH}{\|}}{C}-AzH-CAz}+AzH^3;$$

le dégagement d'ammoniaque a été constaté et est très abondant; ou bien par celui-ci :

$$AzH^2-CO-AzH^2+Az\equiv C-AzH-\overset{\overset{AzH}{\|}}{C}-AzH^2$$

$$=AzH^3+CO=Az-\overset{\overset{AzH}{\|}}{C}-AzH-\overset{\overset{AzH}{\|}}{C}-AzH^2.$$

La première des deux formules fait de l'ammeline la *carbaminedicyanodiamide* la seconde un *carbonylbiguanide*.

La première semble la plus vraisemblable, car l'ammélide n'est pas, comme le sont les biguanides, une base puissante.

5° On obtient également l'ammeline en chauffant un mélange de biguanide et d'urée [A. Smolka et A. Friedreich, *Mon. f. Chem.*, **10**, 86].

Là encore la réaction peut s'expliquer par deux formules conduisant aux mêmes schémas :

$$AzH^2-CO-AzH^2+\underset{\text{Biguanide.}}{H^2Az-\underset{\underset{AzH}{\|}}{C}-AzH-\underset{\underset{AzH}{\|}}{C}-AzH^2}$$

$$=\underset{\text{Ammeline}}{AzH^2-CO-AzH-\underset{\underset{AzH}{\|}}{C}-AzH-CAz}+2AzH^3$$

et

$$CO\begin{matrix}\diagup AzH^2\\ \diagdown AzH^2\end{matrix}+\underset{\text{Biguanide.}}{H^2Az-\overset{\overset{AzH}{\|}}{C}-AzH-\overset{\overset{AzH}{\|}}{C}-AzH^2}$$

$$=\underset{\text{Ammeline.}}{CO=Az-\overset{\overset{AzH}{\|}}{C}-AzH-\overset{\overset{AzH}{\|}}{C}-AzH^2}+2AzH^3$$

Sels. — Le *chlorhydrate*

$$(CAz)^3(OH)(AzH^2)^2.HCl$$

cristallise en petits prismes très peu solubles dans l'eau [P. Klason, *loc. cit.*].

PHÉNYLAMMÉLINE,

$C-OC^6H^5$
Az / \ Az
H^2Az-C | | $C-AzH^2$
Az

— Lorsqu'on fait réagir le phénol sodé sur la diamide chlorocyanurique, molécule à molécule, on obtient une phénylammeline possédant la constitution ci-dessus.

Ce corps est une poudre cristalline presque blanche, fusible à 245°, insoluble dans l'eau, peu soluble dans l'éther et dans l'alcool, très soluble dans l'alcool dilué.

La potasse bouillante (2 molécules) la transforme en ammélide.

O-CRÉSYLAMMÉLINE. — Ce composé, qui possède une formule de constitution analogue à celle du corps précédent, peut être préparé par l'action de l'o-crésylate de sodium sur la diamide chlorocyanurique.

L'o-crésylamméline se présente en cristaux qui fondent à 225° en se décomposant [R. Otto, *D. chem. G.*, **20**, 2420; *Bull. Soc. Chim.*, (2), **48**, 660].

TAURO-AMMÉLINE,

C-OH
Az / \ Az-CH²-CH².SO³H
H²Az-C | | C=AzH
\ /
Az

— On fait passer un courant de chlore dans une solution chlorhydrique d'*éthylène-thioamméline*; cette solution s'échauffe et abandonne des houppes cristallines que l'on purifie par ébullition avec l'eau.

Cette substance est l'anhydride interne de la tauro-amméline :

C-OH
Az / \ Az-C²H⁴ \
H²Az-C | | C = Az / SO²
\ /
Az

Elle rougit le tournesol; elle se dissout dans les alcalis fixes et dans l'ammoniaque, pour former des sels de tauro-amméline. Ces sels ne précipitent pas par le sulfate de cuivre; mais ils donnent avec le nitrate d'argent un précipité blanc difficilement soluble dans l'ammoniaque [B. Rathke, *D. chem. G.*, **21**, 875].

TAURODIAMMÉLINE. — Ce composé se produit, en même temps que la substance que nous venons de décrire, dans l'oxydation de l'éthylène-thioamméline par l'acide nitrique. On peut employer le bromhydrate de cette base. Il se forme des prismes ténus, peu solubles dans l'eau froide, que l'on fait cristalliser dans l'eau bouillante. Cette substance a pour formule $C^{10}H^{15}Az^9O^8S^3$. Elle commence à brunir à 270° et n'est pas encore complètement fondue à 290°. Sa solution aqueuse rougit le tournesol. La taurodiamméline donne des sels solubles avec l'ammoniaque, la potasse, la soude, la chaux et la baryte. Les acides, même faibles, la précipitent. La solution ammoniacale donne avec le nitrate d'argent un précipité blanc, qui se dissout à l'ébullition et se précipite en aiguilles par refroidissement. Le sulfate de cuivre détermine la formation d'un précipité, qui se dissout par l'ébullition et se dépose par refroidissement sous la forme de grandes lamelles d'un bleu foncé.

Enfin les alcalis concentrés transforment, à l'ébullition, la taurodiamméline en *tauro-ammélide* [B. Rathke, *loc. cit.*].

TRIPHÉNYLAMMÉLINE,

CO
C⁶H⁵.Az / \ AzH
C⁶H⁵.Az=C | | C=Az.C⁶H⁵
\ /
AzH

Ce composé s'obtient par l'action de la potasse ou de l'ammoniaque sur la triphénylthioamméline [B. Rathke, *D. chem. G.*, **20**, 2240; *Bull. Soc. Chim.*, (2), **48**, 665].

On obtient une phénylamméline isomérique en faisant réagir l'acide chlorhydrique fumant sur une *tétraphénylmélamine*, de formule

C=Az.C⁶H⁵
C⁶H⁵.Az / \ AzH
C⁶H⁵.Az=C | | C=Az.C⁶H⁵
\ /
AzH

[B. Rathke, *loc. cit.*].

On prépare enfin une troisième triphénylamméline en chauffant la triphénylthiamméline

C-SH
C⁶H⁵.Az / \ Az
C⁶H⁵.Az=C | | C=Az.C⁶H⁵
\ /
AzH

avec de l'alcool et du bromure d'éthyle à 100° en tube scellé; on obtient par refroidissement une cristallisation de bromhydrate de mercaptide,

$$C^3Az^5H(C^6H^5)^3SC^2H^5.HBr.$$

Quand on fait bouillir ce sel au réfrigérant ascendant, avec une solution alcoolique de potasse, il se dégage du mercaptan et il se forme un précipité floconneux de triphénylamméline, d'après l'équation

$$C^3Az^5H(C^6H^5)^3SC^2H^5.HBr + 2KOH$$
$$= C^2H^5SK + KBr + H^2O + C^3Az^5H(C^6H^5)^3OH.$$

Ce nouveau corps est très peu soluble dans l'alcool, assez soluble dans le chloroforme; il fond à 275°.

Son *chlorhydrate* est à peu près insoluble dans l'eau à chaud comme à froid; il se dissout assez dans l'alcool pour y cristalliser. L. Bouveault.

AMMONIAQUE. — *Production.* — Le rôle actif de l'azote de l'atmosphère et la production d'ammoniaque en quantités importantes ont été reconnus d'une façon certaine depuis quelque temps. On ne peut encore préciser les causes qui président aux réactions donnant lieu à l'assimilation de l'azote par la matière organisée, qui restitue ensuite cet azote à l'atmosphère et au sol à l'état d'ammoniaque [voyez notamment sur l'influence de l'électricité, des microorganismes, etc. Berthelot, *Bull. Soc. Chim.*, (3), **2**, 648].

Actuellement la houille constitue la principale source d'ammoniaque qui puisse subvenir aux besoins de l'agriculture et de l'industrie chimique, dont ce corps est devenu un des agents les plus importants (fabrication de la soude, de la potasse, etc.). On a fait depuis quelque temps des efforts considérables pour augmenter la production de l'ammoniaque aux dépens de la houille, qui renferme en général 1 0/0 d'azote; celui-ci peut être extrait en grande partie à l'état d'ammoniaque, chez les grands consommateurs, par des dispositions spéciales dans le mode d'emploi de la houille.

Thermochimie. — Les nouvelles déterminations de M. Thomsen ont absolument confirmé les chiffres rectificatifs de M. Berthelot [*Bull. Soc. Chim.*, (2), **35**, 65].

Conductibilité électrique des solutions aqueuses d'ammoniaque [Bouty, *C. R.*, **98**, 140, 326, 797]. — La conductibilité de l'ammoniaque en solution aqueuse s'écarte considérablement de celle des alcalis. On y voit un argument contraire à l'existence de l'hydrate d'ammonium.

Préparation. — M. Isambert a fait remarquer [*C. R.*, **100**, 857] que si l'on abandonne à la température ordinaire un mélange à équivalents égaux de chaux et de chlorure d'ammonium, la reaction ne se produit pas conformément à l'équation

$$2 AzH^4Cl + CaO = CaCl^2 + 2 AzH^3 + H^2O.$$

Si la température n'est pas trop élevée, le gaz ammoniac reste combiné au chlorure de calcium pour donner le composé $CaCl^2 . 2AzH^3$, dont la formation est accompagnée d'un dégagement de chaleur; il est nécessaire de chauffer vers 180-200° pour dissocier rapidement ce composé.

Dans le vide barométrique, à la température ordinaire, le mélange intime de chaux et de chlorure d'ammonium augmente de volume par suite de la formation de chlorure de calcium ammoniacal, sans qu'il se dégage sensiblement de gaz.

Avec la strontiane et avec la baryte, dont les chlorures ne paraissent pas former de composés ammoniacaux, on n'observe également aucune action rapide au-dessous de 180-200°.

L'oxyde de plomb agit beaucoup mieux; le dégagement d'ammoniaque commence dans le vide et vers 15° la tension atteint rapidement 1 atmosphère

Les composés ammoniacaux qui possèdent une tension de dissociation à la température ordinaire sont bien plus facilement décomposables que le chlorure. Ainsi, l'oxyde de plomb agit sur le sulfhydrate d'ammoniaque avec formation de sulfure de plomb et de gaz ammoniac. Au contraire la chaux, la baryte, la strontiane *anhydres*, qui ne peuvent s'unir à la température ordinaire avec les acides carbonique ou sulfhydrique, n'agissent pas.

Le chlorure de zinc, qui peut absorber le gaz ammoniac à température élevée, décompose rapidement le sel ammoniac avec dégagement d'acide chlorhydrique et formation du chlorure

$$ZnCl^2 . 2 AzH^3.$$

Ainsi, dans la préparation du gaz ammoniac par les bases anhydres, la réaction se réduit à la séparation des gaz devenus libres par suite d'un phénomène de dissociation qui emprunte aux corps voisins la chaleur nécessaire à sa production.

M. Berthelot a fait remarquer que cette interprétation s'étend également à la décomposition du chlorure d'ammonium par l'oxyde de plomb [*C. R.*, **102**, 1356].

Action du soufre sur l'ammoniaque. — Contrairement aux assertions de M. Brünner, l'ammoniaque aqueuse agit sur le soufre dès 12°; si l'on opère en vase clos, il se produit à cette température des quantités notables de polysulfure et d'hyposulfite d'ammonium [Senderens, *C. R.*, **104**, 58].

Action du chlore. — M. Maumené a observé que, lorsqu'on ajoute de l'eau de chlore à de l'ammoniaque en mélangeant rapidement les deux solutions, il ne se dégage pas d'azote. L'évaporation dans le vide laisserait des cristaux de chlorhydrate d'hydroxylamine; le liquide, traité par le sulfate de cuivre et la soude, donnerait une liqueur incolore, ce qui permettrait de le différencier d'avec l'ammoniaque [*Bull. Soc. Chim.*, (2), **48**, 610].

Action de l'iode. — En faisant passer jusqu'à refus dans un ballon renfermant un poids connu d'iode un courant de gaz ammoniac sec, on constate que les proportions d'iode et d'ammoniaque ainsi combinées conduisent à des rapports atomiques variables avec la température de l'expérience. On a : à 20°, $3 AzH^3 . 2I$; à 80°, $AzH^3 . I$; à 0°, $2 AzH^3 . I$; enfin à —10°, $5 AzH^3 . I$. Les produits ainsi formés se dissocient dès que la température vient à s'élever, en donnant un dégagement d'ammoniaque et un résidu d'iode mélangé d'une trace d'iodure d'ammonium.

Ces composés sont solubles sans altération dans l'alcool et dans l'éther; l'eau les détruit au contraire avec formation d'iodure d'ammonium et d'iodure d'azote [Raschig, *Bull. Soc. Chim.*, (2), **49**, 925].

Action de l'acide chlorochromique. — Quand on fait arriver de la vapeur d'acide chlorochromique dans du gaz ammoniac sec, cette vapeur brûle en donnant d'abord des fumées blanches, puis un solide d'un brun verdâtre. M. Rideal a analysé cette substance et a reconnu que c'était simplement de l'oxyde brun de chrome, $CrO^3 . Cr^2O^3$. L'acide chlorochromique se décompose donc en cédant simplement ses 2 atomes de chlore [*Chem. Soc.*, **49**, 367; *Bull. Soc. Chim.*, (2), **48**, 173].

Décomposition du gaz ammoniac par la chaleur. — MM. Ramsay et Young ont fait sur ce sujet une série de recherches très importantes au point de vue industriel, et il convient d'en tenir compte dans toutes les circonstances où l'on est amené à traiter à haute température des gaz renfermant de l'ammoniaque.

On a fait passer un courant de gaz ammoniac au travers de tubes de nature différente ou remplis avec diverses substances :

Tube en porcelaine rempli de morceaux de porcelaine.

Température.	Proportion en centièmes d'ammoniaque (AzH^3) décomposée.
500°	1,575
520°	2,53
600°	18,28
620°	25,58
680°	35,01
690°	47,71
810-830°	69,50

Tube en fer rempli de morceaux de porcelaine.

Température.	Proportion en centièmes d'ammoniaque (AzH^3) décomposée.
507-527°	4,15
600° (courant rapide)	21,36
600° (courant lent)	34,44
628°	65,43
676-695°	66,57
730°	99,38
780°	100

Au contraire, avec un tube en verre la décomposition est presque nulle à 780°.

L'accroissement de surface et la nature des corps en contact avec les gaz exercent une grande influence sur la marche de la décomposition. Les auteurs n'ont jamais remarqué qu'il se reforme de l'ammoniaque par la combinaison directe de l'azote et de l'hydrogène, comme Deville croyait l'avoir constaté [*Soc. chem. Ind.*, **3**, 157].

M. Crafts [*C. R.*, **90**, 309], ayant porté du gaz ammoniac jusqu'à 1300°, a constaté qu'au premier moment la décomposition est à peine sensible, et qu'elle monte à 30 0/0 au bout de 7 ou 8 minutes.

Densité des solutions d'ammoniaque. — Les tables de Carius et de Wachsmuth présentent certaines irrégularités qui ont déterminé plusieurs auteurs à entreprendre une revision des travaux antérieurs. On doit un travail de ce genre à M. H. Grüneberg [*Chem. Ind.*, **12**, 97] et un second plus complet à MM. Lunge et Wiernick [*Zeit. f. angew. Chem.*, 1889, 181; *Bull. Soc. Chim.*, (3), **2**, 585]. Cette dernière table, adoptée actuellement, donne en même temps le coefficient de correction par degré en plus ou en moins de + 15°.

Table des densités des solutions ammoniacales
(G. Lunge et T. Wiernik).

Densité.	AzH^3 0/0.	1 litre contient AzH^3 en gr.	Correction de densité ± pour 1°.
1,000	»	»	0,00018
0,998	0,45	4,5	0,00018
0,996	0,91	9,1	0,00019
0,994	1,37	13,6	0,00019
0,992	1,84	18,2	0,00020
0,990	2,31	22,9	0,00020
0,988	2,80	27,7	0,00021
0,986	3,30	32,5	0,00021
0,984	3,80	37,4	0,00022
0,982	4,30	42,2	0,00022
0,980	4,80	47,0	0,00023
0,978	5,30	51,8	0,00023
0,976	5,80	56,6	0,00024
0,974	6,30	61,4	0,00024
0,972	6,80	66,1	0,00025
0,970	7.31	70,9	0,00025
0,968	7,82	75,7	0,00026
0,966	8,33	80,5	0,00026
0,964	8,84	85,2	0,00027
0,962	9,35	89,9	0,00028
0,960	9,91	95,1	0,00029
0,958	10,47	100,3	0,00030
0,956	11,03	105,4	0,00031
0,954	11,60	110,7	0,00032
0,952	12,17	115,9	0,00033
0,950	12,74	121,0	0,00034
0,948	13,31	126,2	0,00035
0,946	12,88	131.3	0,00036
0,944	14,46	136.5	0,00037
0,942	15,04	141,7	0,00038
0,940	15,63	146,9	0,00039
0,938	16,22	152,1	0,00040
0,936	16,82	157,4	0,00041
0,934	17,42	162,7	0,00041
0,932	18,03	168,1	0,00042
0,930	18,64	173,4	0,00042
0,928	19,25	178,6	0,00043
0,926	19,87	184,2	0,00044
0,924	20,49	189,3	0,00045
0,922	21,12	194,7	0.00046
0,920	21,75	200,1	0,00047
0,918	22,39	205,6	0.00048
0,916	23,03	210,9	0,00049
0,914	23,68	216,3	0,00050
0,912	24,33	221,9	0,00051
0,910	24,99	227,4	0,00052
0,908	25,65	232,0	0,00053
0,906	26,31	238,3	0,00054
0,904	26,98	243,9	0,00055
0,902	27,65	249,4	0,00056
0,900	28,33	255,0	0,00057
0,898	29,01	260.5	0,00058
0,896	29,69	266,0	0,00059
0,894	30,37	271,5	0,00060
0,892	31,05	277,0	0,00060
0,890	31,75	282,6	0,00061
0,888	32,50	288,6	0,00062
0,886	32,25	294,6	0,00063
0,884	34,10	301,4	0,00064
0,882	34,95	308,3	0,00065

Combustion de l'ammoniaque. — *Expérience de cours.* — Lorsqu'on procède à l'expérience indiquée Suppl., **1**, 124, il y a souvent explosion, et les divers phénomènes que l'on doit observer se succèdent rapidement. M. Kraut conseille [*D. chem. G.*, **20**, 1113; *Bull. Soc. Chim.*, (2) **48**, 127], pour permettre de mieux les suivre, de remplacer le fil de platine en spirale par une lame du même métal. On prend une lame de platine ou de palladium, épaisse de $0^{mm},2$, large de 1 centimètre, longue de 5 ou 6 centimètres, et on la suspend dans un vase à filtrations chaudes de 800 ou 900 centimètres cubes, rempli au quart environ d'ammoniaque à 20 0/0. Le vase est bouché par un bouchon à deux trous : l'un est destiné au tube de sortie du gaz ; l'autre porte un tube qui amène l'oxygène et qui s'arrête à 5 centimètres au-dessus du niveau du liquide. On fait rougir la lame, on met le bouchon en place et l'on fait passer un vif courant d'oxygène pendant quelques secondes seulement : on voit la lame redevenir rouge sombre, en même temps qu'il se produit des fumées d'azotate d'ammonium. Si l'on fait passer de nouveau le gaz pendant quelques secondes, la lame devient rouge vif, et il se forme des vapeurs rutilantes, dont la quantité s'accroît si l'on renouvelle les intermittences du courant.

On évite ainsi toute explosion ou inflammation.

Hydrate d'ammonium, $AzH^4.OH$. — D'une manière générale, et contrairement à l'opinion émise par quelques savants, les solutions aqueuses d'ammoniaque ne se comportent point comme si elles renfermaient un hydrate d'ammonium. M. Tommasi a fait remarquer que la conductibilité électrique déterminée par M. Bouty et la chaleur de dissolution de l'ammoniaque s'écartent absolument des constantes correspondantes des autres alcalis [*Bull. Soc. Chim.*, (2), **42**, 216].

Il est toutefois certain que les solutions concentrées d'ammoniaque renferment une partie au moins de ce corps à l'état d'hydrate. Cet hydrate a été remarqué par MM. Cailletet et Boudet [*C. R.*, **95**, 58] en mélangeant sous pression de l'ammoniaque concentrée avec du gaz ammoniac.

Des considérations tirées des chaleurs de dilution des solutions concentrées d'ammoniaque ont amené M. Berthelot à conclure que l'hydrate cristallisable AzH^3, H^2O se dissocie par la dilution ; à partir de $9H^2O$, la dilution cesse de donner lieu à des effets thermiques appréciables [*Méc. Chim.*, **2**, 147].

Par l'étude des tensions de vapeur des solutions d'ammoniaque, M. Isambert a montré que ces tensions varient avec la quantité d'ammoniaque que renferment les solutions ; il n'y a donc pas dissociation, ce qui exclut toute idée de combinaison.

Électrolyse des solutions d'ammoniaque. — MM. Bartoli et Papasogli [*Bull. Soc. Chim.*, (2), **41**, 415] ont soumis à l'électrolyse des solutions d'ammoniaque additionnées de chlorure de sodium, en employant des électrodes en charbon de cornue ou en graphite. Avec les premières, on remarque la formation d'une matière azotée qui, traitée par les hypochlorites, fournit de l'acide mellique.

Millot [*Bull. Soc. Chim.*, (2), **46**, 243], en opérant avec de l'ammoniaque à 50 0/0, a obtenu, dans les mêmes conditions un liquide noir, qui laisse à l'évaporation au bain-marie des matières azulmiques, dont il est parvenu à retirer l'*urée*, l'*ammélide*, le *biuret* et la *guanidine*. Ces réactions remarquables semblent pouvoir être expliquées par l'action de l'acide carbonique naissant sur l'ammoniaque ou sur les produits déjà formés :

$$CO^2 + 2\,AzH^3 = H^2O + \underset{\text{Urée.}}{CH^4Az^2O},$$

$$CO^2 + 3\,AzH^3 = 2\,H^2O + \underset{\text{Guanidine.}}{CH^5Az^3}.$$

Le biuret proviendrait de l'action de l'acide carbonique sur la guanidine :

$$CO^2 + CH^5Az^3 = \underset{\text{Biuret.}}{C^2H^5Az^3O^2}.$$

L'ammélide résulterait de l'action de l'acide carbonique et de l'ammoniaque sur le biuret :

$$CO^2 + AzH^3 + C^2H^5Az^3O^2 = 2\,H^2O + \underset{\text{Ammélide.}}{C^3H^4Az^4O^2}$$

La température du liquide était de 30-40°, le nombre d'éléments Bunsen de 6 à 8, ce qui semble correspondre à une force électromotrice de 15 volts environ.

Ammoniums métalliques. — M. Joannis [*C. R.*, **109**, 980 et 965] a étudié les combinaisons du gaz ammoniac liquéfié avec le potassium et le sodium.

Si l'on met pour 1 équivalent du métal alcalin 20 équivalents d'ammoniaque, la pression diminue quand on enlève de l'ammoniaque et devient constante quand le composé de sodium a pour formule $Na + 5.3 AzH^3$ à 0°. Cette composition varie avec la température ; ce n'est donc pas une combinaison, malgré la constance de la tension de l'ammoniaque. Si l'on enlève encore du gaz, le liquide laisse déposer un corps solide d'un rouge plus intense que celui du cuivre. Quand il ne reste plus qu'un équivalent d'ammoniaque, la tension observée peut être considérée comme la tension de dissociation. Les mesures calorimétriques ont donné :

$$AzH^3 \text{ gaz.} + Na \text{ sol.} = AzH^3Na \text{ sol.} + 5^{cal},2,$$
$$AzH^3 \text{ gaz.} + K \text{ sol.} = AzH^3K \text{ sol.} + 6^{cal},3.$$

Si l'on tient compte de la chaleur latente de volatilisation de l'ammoniaque ($4^{cal},4$), on a :

$$AzH^3 \text{ liq.} + Na \text{ sol.} = + 0^{cal},8,$$
$$AzH^3 \text{ liq.} + K \text{ sol.} = + 1^{cal},9.$$

M. Bakhuis Roozeboom [*C. R.*, **110**, 134] a donné l'expression graphique des phénomènes de dissociation observés sur le sodammonium.

De nouvelles déterminations de M. Joannis [*C. R.*, **110**, 238] sur la tension du sodammonium dans l'ammoniaque liquide ont conduit M. Moutier [*C. R.*, **110**, 518] à émettre des considérations nouvelles sur la tension de dissociation de ce composé.

La tension de dissociation du sodammonium a une température quelconque est égale à la tension du gaz que fournirait une solution saturée de ce corps à la même température.

Combinaisons de l'ammoniaque avec les chlorure, bromure et iodure d'ammonium. — On a décrit Suppl., **1**, 126, les combinaisons de l'ammoniaque avec le chlorure d'ammonium. M. Troost a décrit en outre [*C. R.*, **92**, 715, 728] les combinaisons suivantes, obtenues d'une façon analogue :

1° *Bromhydrate diammoniacal*,

$$2 AzH^3 + HBr.$$

2° *Bromhydrate tétrammoniacal*,

$$4 AzH^3 + HBr.$$

— Il fond à + 6°, ne se solidifie qu'à — 20° quand on le refroidit rapidement et forme des tables rhomboïdales.

3° *Bromhydrate heptammoniacal*,

$$7 AzH^3 + HBr.$$

— Il fond à — 20° et ne se solidifie souvent qu'à — 45°.

4° *Iodhydrate diammoniacal*, $2 AzH^3 + HI$.

5° *Iodhydrate tétrammoniacal*, $4 AzH^3 + HI$. — Il fond à — 12°.

6° *Iodhydrate heptammoniacal*, $7 AzH^3 + HI$. — Il fond à — 28°.

M. Troost a mesuré les tensions de dissociation de toutes ces combinaisons à différentes températures.

Combinaisons de l'ammoniaque avec les permanganates métalliques. — L'ammoniaque forme avec différents permanganates des composés d'addition assez stables.

Pour obtenir le *composé argentique*, on dissout à 10° dans une quantité d'eau suffisante du permanganate de potassium (1 molécule) et l'on sature avec de l'ammoniaque aqueuse refroidie ; puis on ajoute de l'azotate d'argent (1 molécule) dissous dans 10 fois son poids d'eau. Il se dépose un précipité cristallin qu'on recueille sur du fulmicoton ; on essore à la trompe et, après lavage à l'eau glacée, on fait sécher sur de la chaux vive mêlée de sel ammoniac.

On obtient ainsi une poudre violette, peu soluble dans l'eau froide, plus soluble dans l'eau chaude, qui, vue au microscope, paraît formée de lames rhombiques. Ce corps renferme

$$MnO^4Ag, 2 AzH^3.$$

Chauffé brusquement, il fuse en se décomposant ; il détone sous le choc du marteau.

Les sels de cuivre, de cadmium, de nickel, de zinc, de magnésium, donnent des composés analogues.

On peut obtenir avec le chlorure lutéo-cobaltique un *permanganate cobaltique dodécammonié* $(MnO^4)^6Co^2, 12 AzH^3$, en petits cristaux cubiques qui détonent quand on les chauffe ou quand on les soumet à la percussion.

SELS AMMONIACAUX.

Données thermochimiques. — *Formation des sels solides* :

Acide et base gazeux :

$$AzH^3 + HCl = + 42^{cal},5,$$
$$AzH^3 + HBr = + 45^{cal},6,$$
$$AzH^3 + HI = + 44^{cal},2,$$
$$AzH^3 + HFl = + 37^{cal},3 \text{ (Guntz)}$$
$$AzH^3 + H^2S = + 23^{cal},$$
$$AzH^3 + HCy = + 20^{cal},5.$$

Acide hydraté liquide et base gazeuse :

$$AzO^3H + AzH^3 = + 34^{cal},$$
$$SO^4H^2 + 2 AzH^3 = + 67^{cal},6.$$

Chlorure d'ammonium. — Lorsqu'on lave avec une solution concentrée d'ammoniaque le mélange des chlorures doubles d'ammonium et des métaux de la famille du platine, les eaux de lavage, abandonnées à elles-mêmes, laissent déposer peu à peu de volumineux cristaux dont la couleur varie du brun au rose clair ; ces cristaux atteignent jusqu'à 5 centimètres de longueur et se présentent sous l'aspect de rhomboèdres très aigus. Ils sont formés de chlorure d'ammonium renfermant environ 1,5 0/0 de chlorure de ruthénium.

Le poids atomique élevé du sous-chlorure de ruthénium tend à faire écarter l'idée de l'existence d'un sel double. Peut-être est-on en présence d'une seconde forme cristalline du chlorure d'ammonium qu'une légère impureté aurait rendue stable [Geisenheimer et Letem, *C. R.*, **110**, 576].

Bromures d'ammonium. — *Bromure*, AzH^4Br [Eder, *Mon. f. Chem.*, **1**, 948]. Poids spécifique du sel cristallisé = 2,327, du sel sublimé = 2,3394. 1 partie du sel se dissout à 10° dans $1^p,51$ d'eau ; à 100° dans $0^p,78$ d'eau ; à 15° dans 32^p 3 d'alcool ; à l'ébullition dans $9^p,5$.

Une solution aqueuse cède à un courant d'air vers 30° des quantités appréciables d'ammoniaque.

Tribromure [Roozeboom, *D. chem. G.*, **14**, 2398]. — Il se forme avec un grand dégagement de chaleur quand on ajoute $8^{gr},39$ de brome à une solution de $9^{gr},8$ de bromure d'ammonium dans $13^{gr},93$ d'eau ou quand on électrolyse ce dernier sel.

Il cristallise à la température ordinaire en grands cristaux rhombiques ou clinorhombiques de la couleur du dichromate de potassium. Il perd facilement du brome à l'air. Il peut encore absorber du brome en solution, mais on n'a pas réussi à isoler le pentabromure. L'analyse correspond à la formule AzH^4Br^3.

La formation d'un composé de brome et de bromure d'ammonium a été également constatée par M. Thümmel [*Arch. Pharm.*, (3) 27, 270].

La dissociation du *bromure tétra-ammonique* $AzH^4Br, 3AzH^3$ à l'état liquide a été étudiée par M. Roozeboom [*Bull. Soc. Chim.*, (2), 48, 251] : à chaque composition du corps liquide correspond une température au-dessous de laquelle sa tension devient constante pour une même température et reste telle, quelque grande que soit la quantité d'ammoniaque expulsée. A cette température le sel solide $AzH^4Br.AzH^3$ commence à se former et à se déposer au sein du liquide, de sorte qu'en réalité la composition de celui-ci ne varie pas. C'est le cas d'une dissolution saline saturée et soumise à l'évaporation.

IODURES D'AMMONIUM. — *Triiodure*, AzH^4I^3 [Johnson, *Chem. Soc.*, 33, 397]. Lorsqu'on dissout l'iode à saturation dans une solution concentrée d'iodure d'ammonium, ou quand on traite par un peu d'eau un mélange de cristaux d'iode et d'iodure, on obtient une solution qui, concentrée sur l'acide sulfurique, donne des cristaux en tables colorées en brun. Ce sel peut être dissous dans l'eau, mais un excès d'eau le décompose. Il est peu déliquescent. Poids spécifique = 3,749.

L'iodure d'ammonium forme plusieurs sels doubles avec l'iodure d'antimoine :

$$3AzH^4I.4SbI^3, 9H^2O,$$
$$3AzH^4I.2SbI^3, 3H^2O,$$
$$4AzH^4I.SbI^3, 3H^2O.$$

SULFURES D'AMMONIUM. — Les tensions de vapeur du sulfhydrate d'ammoniaque à différentes températures ont été déterminées par M. Isambert [*C. R.*, 92, 919]. Ces tensions ne sont pas influencées par la présence d'un gaz indifférent; mais elles diminuent en présence du gaz hydrogène sulfuré ou du gaz ammoniac proportionnellement à l'excès de l'un ou de l'autre de ces gaz.

Ce sel est complètement dissocié à l'état gazeux : ce que confirme sa chaleur de volatilisation, qui est identique à la chaleur de formation du corps solide à partir des gaz composants [Isambert, *C. R.*, 95, 1355].

ANTIMONIATE D'AMMONIUM [Raschig, *D. chem. G.*, 18, 2743]. — On traite par l'eau oxygénée (2,5 0/0) et l'ammoniaque du sulfure d'antimoine précipité; on additionne la solution de 3 volumes d'alcool et on obtient un sel acide dont l'analyse répond à la formule $AzH^4.SbO^3, 3H^2O$. La solution primitive, quoique très étendue et ne renfermant que 0,5 0/0 d'antimoine, permet de préparer les antimoniates métalliques. Avec une solution de sel marin, on obtient un précipité d'antimoniate de sodium; avec les solutions de chlorure de magnésium, on obtient au bout de quelques jours un précipité cristallin d'antimoniate magnésien; les solutions ammoniacales de cuivre donnent des cristaux bleus d'*antimoniate cupro-ammoniacal* :

$$Cu(OAzH^4)(OH).2(AzH^4.SbO^3), 2H^2O.$$

AZOTATE D'AMMONIUM. — Par la réduction à l'aide de l'élément zinc-cuivre, ce sel en solution est entièrement converti à froid en ammoniaque; à chaud, il se dégage du bioxyde d'azote [Gladstone et Tribe, *D. chem. G.*, 11, 722].

Il fond à 165° et commence à se décomposer vers 185° en bioxyde d'azote et eau.

D'après des recherches très étendues de M. Berthelot [*Ann. Chim. Phys.*, (4), 18, 152], les produits de la décomposition sont différents suivant la vitesse d'échauffement et la température. Ces faits présentent un grand intérêt en présence de l'importance de ce sel pour les nouveaux explosifs. Ce sel peut éprouver jusqu'à sept modes de décomposition distincts ou simultanés :

1° A basse température : décomposition du sel fondu en acide azotique gazeux et ammoniaque; absorbe environ 37 000 calories depuis le sel fondu.

2° Sous l'influence d'un échauffement ménagé il se forme du protoxyde d'azote :

$$\underset{\text{Sel solide.}}{AzO^3.AzH^4} = Az^2O + 2H^2O + 10^{cal},200.$$

3° Sous l'influence d'un échauffement brusque apparaissent les décompositions explosives proprement dites :

$$\underset{\text{Sel solide.}}{AzO^3.AzH^4} = Az^2 + O + 2H^2O + 30^{cal},700.$$

4° On observe également :

$$AzO^3.AzH^4 = AzO + Az + 2H^2O + 9^{cal},200.$$

5°

$$AzO^3.AzH^4 = \tfrac{3}{2}Az + \tfrac{1}{2}AzO^2 + 2H^2O + 29^{cal},500.$$

Et 6° :

$$AzO^3.AzH^4 = \tfrac{4}{3}Az + \tfrac{1}{3}Az^2O^3 + 2H^2O + 23^{cal},300.$$

Enfin, sous l'influence de la mousse de platine, on peut avoir de l'acide azotique gazeux, de l'azote et de l'eau gazeuse; cette réaction dégage + 400 calories.

D'après M. Veley [*Chem. Soc.*, 43, 370], la présence du gaz ammoniac retarde la décomposition de l'azotate d'ammonium et peut même complètement l'arrêter à une température supérieure de 50 à 60° à celle où elle se produit normalement.

Azotate acide d'ammonium,

$$AzH^4.AzO^3, 2AzO^3H$$

[Ditte, *C. R.*, 89, 576 et 641]. — On l'obtient en faisant cristalliser l'azotate dans l'acide azotique. Prismes allongés, fusibles à 18°, se décomposant à 20° avec un léger dégagement gazeux. Mis en contact pendant un temps prolongé à 18° avec l'azotate neutre, il se transforme en *azotate monacide* $AzH^4.AzO^3, AzO^3H$, fusible à 9°, qui cristallise en aiguilles plus petites.

Azotates ammoniacaux liquides. — Les combinaisons ammoniacales décrites par M. Troost attaquent certains métaux à la température ordinaire, notamment le zinc et le fer, qui disparaissent rapidement. Le cuivre et l'étain ne sont pas attaqués [Arth, *C. R.*, 100, 1588]. Ce fait est contesté en ce qui concerne le fer [Divers, *C. R.*, 101, 847].

CARBONATE D'AMMONIUM.

Table des densités des solutions du sel

$$CO^3HAzH^4 + AzH^4CO^2AzH^2$$

[Lunge et Smith, *D. chem. G.*, 16, 777].

Poids spécifique à 12° C.	Carbonate d'ammoniaque pour 0/0.	Modification du poids spécifique pour + 1° C.
1,005	1,66	— 0,0002
1,010	3,18	0,0002
1,015	4,66	0,0003
1,020	6,04	0,0003
1,025	7,49	0,0003
1,030	8,93	0,0004
1,035	10,35	0,0004
1,040	11,86	0,0004
1,045	13,36	0,0005
1,050	14,83	0,0005
1,055	16,16	0,0005
1,060	17,70	0,0005
1,065	19,18	0,0005

Poids spécifique à 12° C.	Carbonate d'ammoniaque pour 0/0.	Modifications du poids spécifique pour + 1° C.
1,070	20,70	0,0005
1,075	22,25	0,0006
1,080	23,78	0,0006
1,085	25,31	0,0006
1,090	26,82	0,0007
1,095	28,33	0,0007
1,100	29,93	0,0007
1,105	31,77	0,0007
1,110	33.45	0,0007
1,115	35,08	0,0007
1,120	36,88	0,0007
1,125	38.71	0,0007
1,130	40,34	0,0007
1,135	42,20	0,0007
1,140	44,29	0,0007
1.144	44,90	0,0007

' Le sel mis en expérience renfermait 31,3 0/0 d'ammoniaque, 56 0/0 d'acide carbonique et 12 0/0 d'eau.

Bicarbonate d'ammonium. — Melsens a fait remarquer [*Bull. Acad. Belg.*, (3), **2**, 7] que ce sel est beaucoup moins volatil dans l'air sec que dans l'air humide et que l'eau détermine sa dissociation. Ces considérations ont été développées par MM. Berthelot et André [*Bull. Soc. Chim.*, (2), **47**, 850], qui ont fait voir que l'eau détermine la décomposition du bicarbonate d'ammonium. Ces faits présentent une certaine importance pour expliquer la diffusion de l'ammoniaque dans l'atmosphère.

Fluosilicate d'ammonium [Truchot, *C. R.*, **101**, 794]. — La formation de ce sel à l'aide du fluorure de silicium dégage

$$SiFl^2 \text{ gaz.} + AzH^4Fl \text{ sol.}$$
$$= SiFl^2.AzH^4Fl \text{ sol.} \ldots\ldots + 18^{cal},3.$$

On trouvera dans le mémoire cité d'intéressantes considérations relatives à l'action de l'ammoniaque sur le fluorure de silicium.

M. Baker [*Chem. Soc.*, **35**, 760] a décrit un *fluoxyniobate*, un *fluosilicate*, un *fluozirconate*, un *fluotitanate* et un *fluoxyuranate* correspondant à la formule

$$3\,AzH^4Fl\,.\,R(OFl)^4.$$

Ces sels présentent de grandes analogies dans leurs formes cristallines, bien que plusieurs appartiennent à des types cristallins différents.

Phosphites d'ammonium. — *Phosphite monoammonique*, $PO^3H^2AzH^4$ [Amat, *C. R.*, **105**, 809]. — Sel déliquescent; cristallise sans eau de cristallisation en beaux prismes appartenant au système clinorhombique; fond à 123° et commence à dégager de l'ammoniaque; en perd la moitié à 145° et se décompose à une plus haute température en donnant de l'hydrogène phosphoré et de l'acide phosphorique.

On l'obtient soit en faisant cristalliser une solution concentrée, préparée en saturant des quantités convenables d'acide phosphoreux et d'ammoniaque, en se servant de l'orangé de méthyle comme indicateur, soit en maintenant le phosphite diammonique dans le vide sec pendant cinq jours :

$$PO^3H(AzH^4)^2 = PO^3H^2AzH^4 + AzH^3.$$

Inversement, le phosphite monoammonique absorbe de l'ammoniaque, non à la température ordinaire, mais à 80-100°, et se transforme en phosphite diammonique.

Séléniate d'ammonium. — Ce sel se distingue du sulfate d'ammonium par son mode de décomposition par la chaleur. Il fournit de l'eau, de l'acide sélénieux, du sélénium et de l'azote [Davy et Cameron. *D. chem. G.*, **11**, 1834].

Tellurate d'ammonium, $TeO^4(AzH^4)^2$. — Poids spécifique = 3,024 à 24,5° [Clarke, *D. chem. G.*, **11**, 506].

Dosage de l'ammoniaque. — Analyse des eaux ammoniacales. — Les propriétés de l'ammoniaque limitent les procédés de dosage à l'emploi des liqueurs titrées, qui sont presque exclusivement employées. On procède par titrage direct du liquide renfermant l'ammoniaque libre ou combinée à un acide susceptible d'être déplacé par l'acide normal dans les conditions où l'on opère, (CO^2, H^2S). Quand l'ammoniaque est en totalité ou en partie en combinaison plus ou moins complexe, on procède à une distillation avec une base fixe assez énergique pour mettre en liberté la totalité de l'ammoniaque, et on titre avec un acide normal l'alcali dégagé.

Le choix de la base à employer pour la mise en liberté de l'ammoniaque a fait l'objet de nombreuses discussions entre MM. Berthelot et Schlœsing [*C. R.*, **102**, 954, 1089, etc.]. Ces études se rattachent en grande partie à la Chimie agricole (analyse des terres), et l'on ne saurait entrer ici dans l'examen des résultats, qui paraissent surtout influencés par l'entrée en réaction des matières organiques amidées du sol.

La magnésie semble n'exercer sur elles qu'une action décomposante très faible, et son emploi, préconisé par MM Boussingault et Schlœsing, offre cet avantage de fournir, au point de vue de la Chimie agricole, des résultats tout à fait comparables.

Toutefois il est hors de doute que la magnésie ne déplace l'ammoniaque qu'avec une grande lenteur de ses combinaisons; de plus, le phosphate ammoniaco-magnésien résiste à l'action décomposante de la magnésie, même après une longue ébullition. Ce fait très important, mis en lumière par MM. Berthelot et André [*Bull. Soc. Chim.*, (2), **47**, 836], doit être retenu dans l'étude des mélanges renfermant de l'acide phosphorique.

La chaux décompose partiellement le phosphate ammoniaco-magnésien; la soude caustique seule le décompose totalement.

Quand on emploie la soude caustique, il est indispensable de faire un essai à blanc, afin d'éviter des erreurs; en effet, presque toutes les soudes caustiques sont additionnées de nitrate pendant la période finale de l'évaporation. Dans les analyses industrielles, l'emploi d'un lait de chaux est à préférer.

Le mode d'action de la magnésie sur les sels ammoniacaux offre un intérêt capital, en présence des tentatives faites dans l'industrie pour remplacer la chaux par la magnésie dans la régénération de l'ammoniaque de la fabrication de la soude, et pour obtenir ainsi le chlorure de magnésium, plus facile à décomposer que le chlorure de calcium.

D'après M. Berthelot [*Bull. Soc. Chim.*, (2), **47**, 839], il se formerait avec la magnésie des composés spéciaux, analogues à ceux que l'ammoniaque contracte avec les sels et les oxydes de la série dite magnésienne, tels que le cuivre, le zinc, et congénères.

L'étude thermique des réactions tend à établir que l'association de la magnésie avec l'ammoniaque donne lieu à la formation d'un alcali complexe, analogue aux oxydes de tétraméthylammonium.

Les chiffres observés fournissent une preuve de l'énergie spéciale mise en jeu par la combinaison de l'ammoniaque avec la magnésie. Si l'on ajoute de la soude à un mélange de chlorure d'ammonium et de sulfate de magnésium, dans les proportions indiquées ci-dessous, on a

$$\left.\begin{array}{ll} SO^4Mg + 2\,AzH^4Cl = 0^{cal},12 & \text{(1 éq. = 2 lit.)} \\ \text{On ajoute} \quad NaOH = 1^{cal},83 & \text{(1 éq. = 2 lit.)} \end{array}\right\} 1^{cal},95.$$

L'observation donne ainsi un excédent de $0^{cal},6$ sur la quantité de chaleur répondant à la simple décomposition du sel ammoniac par la soude : cet excès représente la chaleur de formation du chlorhydrate ou du sulfate de la base complexe ammoniaco-magnésienne.

Ces combinaisons ammoniaco-magnésiennes sont dissociables à chaud.

D'après M. Lunge, quand on fait bouillir de la chaux ou de la soude caustique avec un excès de chlorure d'ammonium, l'équivalent d'ammoniaque est mis en liberté; au contraire, quand on emploie la magnésie, 85 0/0 de l'ammoniaque seulement sont dégagés, et 15 0/0 restent combinés au sel magnésien formé. Industriellement, l'expulsion des dernières traces d'ammoniaque est très laborieuse, malgré l'emploi d'un excès de magnésie. Il semble même que l'accroissement de durée de l'opération augmente sensiblement le coefficient de perte.

Le dosage de l'ammoniaque ne saurait être déduit d'une indication aréométrique. Il est indispensable de procéder à un essai chimique. On fait un premier titrage direct qui indique la quantité d'ammoniaque qu'on peut déplacer par simple ébullition.

L'analyse des eaux ammoniacales qu'on obtient dans la distillation de la houille ou dans la condensation des gaz combustibles ammoniacaux (hauts fourneaux, fours Carvès, etc.), est devenue un chapitre important de l'analyse industrielle.

M. Dyson a fait connaître [*Soc. Chem. Ind.*, 1883, 229; *Bull. Soc. chim.*, (2), 43, 183] une méthode détaillée de dosage des divers acides combinés à l'ammoniaque.

Les eaux des usines à gaz renferment un grand nombre de sels ammoniacaux. Ce sont le sulfure, le carbonate, le chlorure, le sulfocyanate, l'hyposulfite, le sulfite, le sulfocarbonate, le sulfate, le ferrocyanure, le cyanure et l'acétate. On décèle ces corps de la manière suivante

On ajoute du sulfate de zinc, on filtre et on lave le précipité de sulfocarbonate de zinc à l'eau froide; on le décompose par ébullition avec l'eau; le sulfure de carbone qui se dégage peut être dosé par la triéthylphosphine.

On additionne le liquide filtré de chlorure ferrique. Une coloration rouge indique la présence du sulfocyanate.

Pour rechercher l'hyposulfite, on ajoute du sulfate de zinc, on filtre, on ajoute du chlorure de baryum au liquide filtré, on filtre, on acidifie par l'acide chlorhydrique, et on chauffe à l'ébullition : il se dégage de l'acide sulfureux et il se dépose du soufre.

Les sulfites se reconnaissent en précipitant d'abord les sulfures par le sulfate de zinc; on ajoute au liquide filtré de l'acide acétique et du nitroprussiate de soude : il se forme un précipité de couleur pourpre.

Pour rechercher les chlorures, on ajoute du sulfate de zinc, on filtre; on ajoute du sulfate ferrique et du sulfate de cuivre; on filtre, on acidifie par l'acide nitrique, et on ajoute du nitrate d'argent. Les chlorures forment un précipité blanc de chlorure d'argent.

L'acide acétique peut être isolé en évaporant à siccité, reprenant par l'eau, et ajoutant une dissolution saturée à chaud de sulfate d'argent; on filtre, on lave à l'eau chaude et on distille le liquide filtré avec de l'acide sulfurique étendu. L'acide acétique mis en liberté distille.

Le dosage de l'ammoniaque totale s'effectue en distillant 25 centimètres cubes d'eau avec de la magnésie. On recueille l'ammoniaque dans 50 centimètres cubes d'acide sulfurique normal, qu'on introduit de préférence dans un tube en U; on titre l'excès d'acide non saturé avec la soude normale.

Pour le dosage de l'acide carbonique, on précipite 50 centimètres cubes d'eau par le chlorure de calcium; on dissout le précipité de carbonate de calcium avec de l'acide chlorhydrique normal et on détermine l'excès d'acide par les liqueurs titrées.

Pour le dosage du chlore, on évapore au bain-marie 50 centimètres cubes d'eau, on reprend par l'eau le résidu; on filtre, on ajoute du sulfate ferrique et du sulfate de cuivre; on filtre, et on précipite le chlore à l'ébullition par l'acide nitrique et le nitrate d'argent.

Pour le dosage du soufre total, on traite 25 centimètres cubes d'eau par de l'eau de brome contenant de l'acide chlorhydrique; on évapore l'excès de brome, on filtre et on précipite par le chlorure de baryum.

Le soufre existant à l'état de sulfure est dosé en précipitant, par le sulfate de zinc et le chlorure d'ammonium, 25 centimètres cubes de l'eau à analyser; le sulfure de zinc est traité par l'acide chlorhydrique et l'eau de brome, chauffé à l'ébullition et précipité par le chlorure de baryum.

On dose le sulfocyanate en évaporant 50 centimètres cubes à siccité et en chauffant le résidu pendant 4 heures à 100°; on épuise par l'alcool, on évapore, on reprend par l'eau et on précipite par l'acide sulfureux et le sulfate de cuivre. Le précipité de sulfocyanate de cuivre est dissous dans l'acide nitrique et précipité par la soude caustique; le poids de l'oxyde de cuivre obtenu, multiplié par 0,96, donne la quantité de sulfocyanate d'ammonium.

Pour doser l'acide sulfurique, on évapore à siccité 250 centimètres cubes d'eau, on reprend par l'eau, on élimine le sulfure d'ammonium par l'oxyde de zinc, et on précipite l'acide sulfurique par le chlorure de baryum. La différence entre le soufre total et le soufre des sulfures, sulfocyanates et sulfates est calculée comme hyposulfite.

On effectue le dosage du ferrocyanure en additionnant de chlorure ferrique la dissolution aqueuse provenant du résidu d'évaporation de 250 centimètres cubes de liquide; on filtre, on décompose le bleu de Prusse par la soude caustique, et on titre l'oxyde ferrique par le permanganate.

Un litre d'eau de l'usine à gaz de Leeds, ayant pour densité 1,0207, a donné à l'analyse les résultats suivants

	grammes.
Ammoniaque totale	20,45
Soufre total	3,42
Sulfure d'ammonium	3,03
Carbonate d'ammonium	39,16
Chlorure d'ammonium	14,23
Sulfocyanate d'ammonium	1,80
Hyposulfite d'ammonium	2,80
Sulfate d'ammonium	0,19
Ferrocyanure d'ammonium	0,41

Présence de la pyridine dans l'ammoniaque du commerce. — D'après M. Ost [*J. prakt. Chem.*, (2), 28, 271], on rencontre très souvent des traces notables de pyridine dans l'ammoniaque du commerce.

On la décèle en distillant l'ammoniaque incomplètement neutralisée par l'acide chlorhydrique; on recueille les vapeurs dégagées dans l'acide chlorhydrique, et on prépare le chloroplatinate. Les eaux mères du chloroplatinate d'ammonium renferment le sel double de pyridine. $2^{kgr},500$ d'ammoniaque de Kahlbaum ont fourni ainsi plusieurs grammes de ce sel.

La coloration rouge que donnent beaucoup d'ammoniaques du commerce, après saturation par les acides, est due au pyrrol qu'elles renferment souvent (Bannow).

H. Gall.

AMMONIAQUE (INDUSTRIE). — Dans ces dernières années, la consommation de l'ammoniaque a augmenté d'une façon considérable, tant par suite de l'extension croissante des besoins de l'agriculture que par suite du développement de la fabrication de la soude par les procédés Schlœsing et Solvay. On sait que, dans le cours de cette fabrication, il se perd de l'ammoniaque, tant en évaporation et pertes proprement dites que par une destruction, due sans doute à une lente oxydation dans les carbonateurs.

La quantité de sulfate d'ammoniaque produite dans le monde (on a coutume d'exprimer la production d'ammoniaque en sulfate renfermant 25 0/0 AzH^3) est évaluée, dans un travail récent de M. Mond, à 180000 tonnes [*Soc. chem. Ind.*, 1889, 505], dont 120000 tonnes sont produites en Angleterre, et 60000 seulement dans le reste de l'Europe.

La fabrication de la soude à l'ammoniaque paraît consommer environ 20000 tonnes de sulfate, ou une quantité d'ammoniaque correspondante.

Les matières organiques azotées, au nombre desquelles il faut placer en première ligne la houille, sont le seul et unique « minerai » auquel puisse s'adresser l'industrie.

On a breveté un grand nombre de procédés pour fixer l'azote de l'air, soit en combinant directement l'azote et l'hydrogène, soit en décomposant par la vapeur d'eau un cyanure obtenu synthétiquement.

Des expériences très rigoureuses de M. Mond et de ses chimistes ont donné les résultats suivants:

PRÉPARATION DE L'AMMONIAQUE PAR L'AZOTURE DE TITANE. — Les composés azotés supérieurs du titane transforment l'azote en ammoniaque quand on les traite par l'hydrogène; mais en aucun cas il n'est possible de régénérer l'azoture supérieur par fixation d'azote, et par conséquent de former de l'ammoniaque aux dépens de l'azote de l'air.

PRÉPARATION PAR LES CYANURES. — PROCÉDÉ MARGUERITTE ET SOURDEVAL. — Les recherches entreprises à Northwich ont permis d'établir les conditions les plus favorables de la préparation industrielle du cyanure de baryum. Pour obvier à une des plus grandes difficultés pratiques de cette opération, la fusion du carbonate de baryum aux températures élevées, on additionne le mélange de carbonate de baryum et de charbon d'une certaine quantité de brai. Les briquettes de mélange sont introduites dans des cornues réfractaires verticales et chauffées à 1400°, dans un courant d'azote, qu'on obtient, comme on sait, presque pur, en queue des carbonateurs des fabriques de soude à l'ammoniaque. On transforme environ 40 0/0 du carbonate de baryum en cyanure et on obtient un produit renfermant près de 30 0/0 de ce produit. Il est essentiel de laisser refroidir le cyanure à l'abri de l'air. En le traitant ensuite par un courant de vapeur d'eau au-dessous de 500°, on obtient un rendement quantitatif en ammoniaque, et le carbonate de baryum régénéré est susceptible d'être employé un grand nombre de fois.

Le seul obstacle à l'obtention de résultats fructueux paraît être la grande consommation de combustible, par suite du caractère de la réaction, qui est endothermique (— 97000 calories). Il convient aussi de faire quelques réserves sur l'entretien des appareils et des fours, qui doit causer des frais considérables.

EXTRACTION A L'ÉTAT D'AMMONIAQUE DE L'AZOTE CONTENU DANS LA HOUILLE. — On s'est borné pendant bien des années à recueillir l'eau ammoniacale qui se forme pendant la distillation de la houille pour la fabrication du gaz d'éclairage, sans se préoccuper des causes qui sont susceptibles de modifier le rendement en ammoniaque. Aucune des nombreuses analyses de houille établies en vue du pouvoir calorifique ne mentionne la teneur en azote, cet élément étant confondu avec l'oxygène.

L'augmentation de valeur de l'ammoniaque a appelé l'attention du monde technique sur ce point, et la publication d'une méthode d'analyse très simple, due à M. Kjeldahl (voyez ci-dessous), a permis de diriger les recherches de ce côté. On sait aujourd'hui que les houilles grasses renferment en moyenne 1 0/0 d'azote, et M. Mond a fait remarquer que l'azote contenu dans le dixième de la houille brûlée en Angleterre suffirait à remplacer la totalité des composés azotés consommés par l'ancien monde.

M. Foster a fait une étude très approfondie de la répartition de l'azote dans les divers produits de la distillation de la houille [*Chem. Soc.*, 1883, 105]. Les expériences ont été entreprises sur une houille renfermant :

Carbone	84,34
Hydrogène	5,30
Azote	1,73
Oxygène	4,29
Soufre	0,78
Humidité à 100°	1,14
Cendres	2,42
	100,00
Coke	74,46
Matières volatiles	25,54
	100,00

L'azote contenu dans la houille se répartit ainsi :

A l'état d'ammoniaque pendant la distillation	14,50 0/0
A l'état de cyanogène	1,56 —
A l'état d'azote dans le gaz d'éclairage	35,26 —
Dans le coke	48,68 —

La plus grande partie de l'ammoniaque se dégage au milieu de la distillation; les gaz de la fin de l'opération en sont presque exempts.

Sur 1,73, le coke retient 48,68 0/0 de l'azote de la houille; il en renferme donc 0,802 0/0 du poids de la houille.

A quel état se trouve cet azote? Il n'est pas invraisemblable qu'il se forme un cyanogène polymérisé, une sorte d'azoture de carbone; on pourrait peut-être considérer ce dérivé comme un composé analogue aux azotures de bore et de titane. Par un simple chauffage du coke avec de la chaux sodée, on obtient tout l'azote du coke à l'état d'ammoniaque.

Le travail de M. Foster a suscité de nombreux essais pour une meilleure extraction de l'azote de la houille. Les chiffres indiqués ci-dessus ne sauraient d'ailleurs avoir rien d'absolu. D'après M. Watson Smith [*Chem. Soc.*, 45, 145], le coke ordinaire de gaz renferme 1,375 0/0 d'azote, tandis que le coke métallurgique préparé dans les fours Carvès n'en renferme que 0,384.

Les travaux de M. Schilling ont confirmé de la façon la plus complète les indications de M. Foster: une faible partie de l'azote de la houille se dégage pendant la distillation; la plus grande partie se retrouve dans le coke. Une addition de chaux n'augmente pas sensiblement le rendement en ammoniaque.

M Lunge (*Industrie des Steinkohlentheers und des Ammoniaks*, 1888) a réuni les résultats des expériences de M. Schilling, entreprises sur des houilles de diverses provenances :

	I.	II.	III.	IV.	V.	VI.
Teneur de la houille en azote...	1,50	1,45	1,37	1,36	1,20	1,06
Azote retrouvé dans le coke....	0,96	1,02	0,95	0,77	0,86	0,85
Azote volatilisé..............	0,54	0,43	0,42	0,59	0,34	0,21
Az 0/0 : dans le coke.........	80	72	70	69	64	57
Az 0/0 : volatilisé...........	20	28	30	41	36	43

I. Houille de Westphalie. | III. Houille de Silésie. | V. Houille de Saxe.
II. — anglaise. | IV. — de Bohême. | VI. — de la Saar.

L'étude de M. Schilling, qui est la plus complète en la matière, tend à cette conclusion qu'il est difficile de trouver dans la composition élémentaire des houilles quelque indication sur leur rendement en ammoniaque.

Dosage de l'azote dans les houilles et dans le coke. — La méthode de Dumas et celle à la chaux sodée donnent, d'après M. Schilling, des résultats insuffisants. On a généralement adopté depuis quelque temps dans la grande industrie la méthode de dosage de l'azote de M. Kjeldahl, modifiée par M. Schmitz pour ce cas particulier [*Stahl und Eisen*, 1886, 47].

On prend un échantillon soigneusement pulvérisé de la houille ou du coke à analyser (0gr,8 à 1 gramme pour la houille, 0gr,5 à 0gr,7 pour le coke); on l'introduit dans un ballon de 250 centimètres cubes en bon verre de Bohême avec 1 gramme d'oxyde de mercure précipité en poudre fine et avec 20 centimètres cubes d'acide sulfurique concentré. On fait bouillir pendant 2 ou 3 heures sur une toile métallique. Quand les moindres parcelles ont disparu, on introduit le liquide dans un vase conique, dit d'Erlenmeyer, de 750 centimètres cubes, en rinçant soigneusement. On ajoute 120-140 centimètres cubes de soude caustique pure à 30-32° Baumé et 35 centimètres cubes de solution de sulfure de sodium à 40 grammes Na^2S par litre; enfin on introduit un petit morceau de zinc pour éviter les soubresauts et on distille comme dans un dosage d'ammoniaque ordinaire.

L'extrémité du réfrigérant plonge dans l'acide sulfurique $\frac{1}{10}$ normal; on titre l'excès d'acide avec de l'eau de baryte $\frac{1}{20}$ normale, en employant l'acide rosolique comme indicateur.

Dans le cas du coke, on ajoute encore 1 gramme d'oxyde de mercure et 2 grammes de permanganate de potassium au bout de 1 heure d'ébullition avec l'acide sulfurique. On double naturellement le volume de la solution de sulfure de sodium.

La méthode est excessivement exacte; on peut exécuter un grand nombre d'analyses simultanément, ce qui a une grande importance quand on traite des substances de composition aussi variable que la houille ou le coke, dont la teneur en azote dépend d'une foule de conditions de température et de durée de la période de carbonisation.

Modes de production de l'ammoniaque à l'aide de la houille. — Il y a lieu d'envisager quatre modes de production de l'ammoniaque à l'aide de la houille, savoir :

1° La distillation de la houille pour la fabrication du gaz d'éclairage;

2° Le traitement des gaz des hauts fourneaux;

3° La fabrication du coke métallurgique et la récupération des produits dégagés pendant cette opération;

4° La combustion de la houille au gazogène dans l'air chargé de vapeur d'eau (procédé Mond).

1. *Fabrication du gaz d'éclairage.* — La récupération de l'ammoniaque formée pendant la fabrication du gaz d'éclairage a atteint forcément un haut degré de perfection, à cause des nécessités d'épuration du gaz livré à la consommation.

On a vu plus haut qu'on recueille ainsi 20 0/0 en moyenne de l'azote contenu dans la houille. L'eau ammoniacale faible qui s'écoule des appareils de condensation est traitée directement dans les grandes usines à gaz pour la fabrication de l'eau concentrée ou du sulfate d'ammoniaque dans les appareils Mallet, Solvay, Grüneberg, etc.

L'eau ammoniacale du gaz renferme de 12 à 18 grammes d'ammoniaque « totale » par litre.

2. *Traitement des gaz des hauts fourneaux.* — On emploie en Écosse pour le travail des hauts fourneaux un charbon d'une nature spéciale qui a permis aux métallurgistes de ce pays d'éviter la fabrication du coke. Ce charbon, qui ne colle pas et tend à décrépiter, renferme environ 1,35 0/0 d'azote. La consommation annuelle de ce charbon est de 2 000 000 de tonnes; en condensant les gaz des hauts fourneaux, on retire environ 16 0/0 de l'azote total ou 10 kilogrammes de sulfate d'ammoniaque par tonne de houille, ce qui permet d'espérer dans un avenir prochain, le procédé étant appliqué à tous les hauts fourneaux d'Écosse, la production de 20 000 tonnes de sulfate d'ammoniaque.

3. *Fabrication du coke métallurgique.* — On s'attache depuis plusieurs années à condenser l'ammoniaque et le goudron contenus dans les gaz qui se produisent dans la fabrication du coke métallurgique; ces produits se trouvaient jusqu'ici absolument perdus pour l'industrie et restaient dans les gaz servant au chauffage des fours.

On ne saurait énumérer les nombreux systèmes de fours à coke dus à MM. Knab, Pernolet, Otto, Carvès, etc., qui ont été proposés et qui ont permis de récupérer d'importantes quantités d'ammoniaque.

Les fours Carvès fonctionnent en Angleterre et dans plusieurs établissements métallurgiques français. Les fours les plus répandus en Allemagne sont ceux du type Hoffmann-Otto. On en comptait 665 en activité en 1889 [*Stahl und Eisen*, 1889, 482].

Le rendement en ammoniaque est en moyenne de 10 kilogrammes de sulfate d'ammoniaque par tonne de houille distillée.

On évalue à 20 000 000 de tonnes la quantité de houille traitée annuellement dans les fours à coke en Angleterre. La récupération de l'ammoniaque des gaz, en admettant seulement un rendement de 9 kilogrammes de sulfate, pourrait donc fournir 180 000 tonnes de sulfate d'ammoniaque. On a vu que ce chiffre représente la production actuelle du monde.

4. *Procédé Mond. — Combustion de la houille dans l'air chargé de vapeur d'eau.* — Les trois sources d'ammoniaque qui viennent d'être mentionnées étaient jusqu'ici le seul mode de production de l'ammoniaque au moyen de la houille. On a vu que le rendement est excessivement faible.

M. Mond vient de faire connaître le résultat d'essais entrepris sur une grande échelle en vue d'augmenter le rendement en ammoniaque, qu'il a réussi à porter d'une façon pratique à 50 0/0 du rendement théorique.

Le procédé consiste dans l'extraction de l'ammoniaque des produits de la combustion même de la houille; il comporte une modification complète dans le mode d'emploi du combustible, qui est gazéifié et consommé à l'état gazeux.

On sait quels progrès ont été réalisés depuis quelques années grâce à l'emploi des fours à gaz; l'emploi des combustibles à l'état gazeux, avec lequel on se familiarise depuis quelques années, ne saurait rencontrer d'obstacles dans la grande industrie.

Lorsqu'on brûle la houille au gazogène dans un mélange d'air et de vapeur, en proportions telles qu'on ait 2 tonnes de vapeur d'eau par tonne de houille gazéifiée, la température de combustion est abaissée vers 500° et la présence de l'excès de vapeur d'eau favorise la transformation de l'azote des composés azotés en ammoniaque.

Le tiers seulement de la vapeur qui traverse le gazogène est décomposé. Des dispositions très ingénieuses, qui représentent une somme considérable d'expériences, permettent d'utiliser cette vapeur et la chaleur perdue des gaz pour saturer une nouvelle quantité d'air. La quantité additionnelle de vapeur est fournie par les échappements des machines motrices employées dans l'évaporation.

Le gaz qui sort du gazogène traverse un laveur pourvu d'agitateurs à palettes. Une partie de l'eau est évaporée, tandis que le liquide chargé de sels ammoniacaux est envoyé à la distillation sur la chaux pour l'extraction de l'ammoniaque.

Le goudron se dépose et le gaz qui sort à 100° chargé de beaucoup de vapeur d'eau se rend dans une première tour de lavage arrosée avec une solution de sulfate d'ammoniaque à 38 0/0 de sulfate et additionnée d'acide sulfurique dans des proportions telles, que le liquide qui s'écoule au bas de la tour ne renferme pas plus de 2,5 0/0 d'acide libre. Une teneur plus élevée en acide colorerait les solutions de sulfate en agissant sur les substances goudronneuses.

La solution de sulfate est évaporée à l'aide de la vapeur dans des chaudières pourvues de serpentins en plomb; ce produit est assez propre pour être vendu tel quel.

Le gaz renfermait à son entrée dans la tour 0,13 0/0 d'ammoniaque en volume; il n'en renferme plus que 0,013 0/0 quand il en sort, à la température de 80°, encore saturé de vapeur d'eau.

Il entre dans le *condensateur*, seconde tour contenant des chicanes en bois percées de trous, où il rencontre un courant d'eau froide qui condense la vapeur, et qui *se réchauffe à* 78°. Quant au gaz, il sort purifié et refroidi et peut être envoyé aux brûleurs. L'eau chaude à 78°, une fois séparée du goudron qu'elle a retenu, est envoyée dans une troisième tour, où arrive le courant d'air froid.

Cet air *se réchauffe à la température de l'eau et se sature de vapeur d'eau, c'est-à-dire à la température de 76°*: on le refoule ensuite dans le gazogène.

Les gaz obtenus renferment en moyenne :

CO^2	15 0/0
CO	10 —
H	23 —
Az	49 —
Hydrocarbures	3 —

La valeur calorifique représente 73 0/0 de celle du combustible chargé; mais, étant donnée la supériorité qui résulte de l'emploi d'un combustible gazeux, on arrive à évaporer au moyen de ce gaz 85 0/0 de la quantité d'eau qu'on aurait évaporée directement.

En tenant compte de la production de vapeur nécessaire (0t,7 par tonne de houille), on arrive à une perte totale de 20 0/0.

Le rendement étant de 32 kilogrammes de sulfate d'ammoniaque par tonne de houille, on arrive à une production de 4 tonnes de sulfate pour 125 tonnes de houille.

D'après M. Mond, la production de chaque tonne de sulfate comporte donc la perte du pouvoir calorifique de 6t,25 de houille, ce qui permet de considérer l'opération comme très avantageuse.

Les gaz de gazogène riches en hydrogène qu'on obtient ainsi n'ont pas seulement une application comme combustibles. Des expériences, qui ouvrent un horizon nouveau à cette branche d'industrie et qui ont même motivé plusieurs brevets de M. Mond, ont pour objet l'utilisation directe de ces gaz à la production de l'énergie électrique dans des piles à gaz établies dans des conditions déjà industrielles [*Soc. chem. Ind.*, 1889, 505]. Il n'est pas impossible que l'ammoniaque devienne, comme dans l'éclairage au gaz, le sous-produit de l'éclairage électrique.

EXTRACTION DE L'AMMONIAQUE DES EAUX-VANNES. — Le traitement des vidanges constitue une branche de l'industrie de l'ammoniaque. On extrait journellement à Paris plus de 2200 mètres cubes de vidanges, qui sont amenées dans des dépotoirs et traitées par des procédés spéciaux (addition de chaux, etc.). On trouvera dans l'excellent ouvrage de M. Vincent (*Industrie des produits ammoniacaux*) la description des procédés Bilange et Kuntz adoptés à Paris pour le traitement des vidanges, ainsi que du procédé Lemanchez.

SOURCES DIVERSES D'AMMONIAQUE. — Il convient d'ajouter aux deux principales sources d'ammoniaque qui viennent d'être indiquées la distillation sèche des matières azotées, savoir : les os, les déchets de laine, peau, cuir, corne, etc., et les vinasses de betterave. Dans ce dernier cas, on obtient le chlorhydrate d'ammoniaque comme produit secondaire de la préparation du chlorure de méthyle (Vincent).

Intéressantes en elles-mêmes, ces différentes sources d'ammoniaque ont une faible importance en comparaison des énormes quantités produites au moyen de la houille. Le procédé Lhôte pour le traitement des déchets de laine, etc., consiste à traiter ceux-ci par une dissolution de soude caustique à 10 0/0, soit à froid, soit en chauffant légèrement, de façon à éviter une production d'ammoniaque. La matière se désagrège ou entre en dissolution. On l'empâte avec de la chaux éteinte pour former une masse solide qu'on introduit dans une cornue en fonte. On chauffe avec précaution, de façon à éviter la dissociation de l'ammoniaque; les vapeurs sont envoyées dans de l'acide sulfurique à 53° Baumé. A la fin de l'opération, on chauffe au rouge.

Le résidu de l'opération, blanc, pulvérulent, est composé exclusivement de carbonate de sodium et de chaux. Le mélange traité par l'eau régénère la soude caustique, qui peut servir à une nouvelle attaque de matière azotée.

Ce procédé est une ingénieuse application du dosage de l'azote par la chaux sodée. Si l'on opère sur un mélange bien homogène de matière azotée et d'alcali, on obtient à l'état de sulfate d'ammoniaque la totalité de l'azote organique contenu dans la matière (Vincent).

TRAITEMENT DES EAUX AMMONIACALES FAIBLES. — FABRICATION DU SULFATE. — CONCENTRATION. — Les eaux ammoniacales faibles obtenues dans la condensation des produits de la distillation de la houille doivent être soumises à un traitement ultérieur. Comme on l'a vu ci-dessus, elles ne renferment que de 12 à 18 grammes d'ammoniaque par litre. Le plus souvent, cette ammoniaque est combinée à divers acides : carbonique, sulfhydrique, sulfureux, etc.

L'ammoniaque est consommée par l'industrie et l'agriculture, soit à l'état d'*eau concentrée*, soit à l'état de *sulfate*.

L'eau concentrée sert à la préparation des alcalis volatils et à la fabrication de la soude à l'ammoniaque.

1° *Fabrication du sulfate.* — La saturation directe de l'eau ammoniacale, procédé primitivement employé, offre l'inconvénient de nécessiter l'évaporation de quantités considérables de liquide et d'entraîner des pertes.

On lui préfère la *distillation*; l'ammoniaque libre est recueillie dans de l'acide sulfurique d'une concentration telle, que le sulfate cristallise aussitôt.

Les appareils employés pour la distillation des eaux ammoniacales sont excessivement variés; ils sont tous basés sur le principe de la déflegmation, c'est-à-dire de l'enrichissement méthodique des vapeurs.

L'appareil de Mallet, décrit Dict., 1, 213, est aujourd'hui encore très employé.

En Angleterre, on travaille beaucoup dans les appareils de Coffey, usités également pour la distillation des alcools.

Depuis quelques années, les appareils les plus répandus pour la distillation des eaux ammoniacales sont ceux de Grüneberg, qui offrent l'avantage, tout en étant d'installation relativement peu coûteuse, de permettre un travail continu et de diminuer ainsi les frais de surveillance.

Nous empruntons à M. Lunge la description de l'appareil du type le plus fréquemment employé (fig. 30). Une chaudière verticale A, chauffée par les gaz du foyer g', porte un tube intérieur a dont

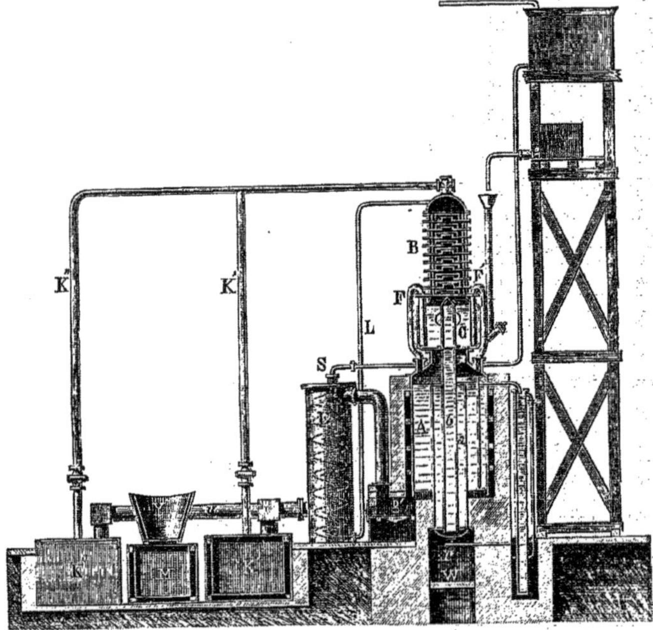

Fig. 30. — Appareil Grüneberg, pour la distillation des eaux ammoniacales et la fabrication du sulfate d'ammonium.

la partie inférieure se termine en dessous de la chaudière A par un robinet de vidange r.

Au-dessus de la chaudière A se trouve un vase C qui est alimenté par un lait de chaux venant du réservoir G. Au-dessus se trouve une colonne de rectification à plateaux B, analogue aux appareils semblables des distilleries.

Les tuyaux FF′, qui sont placés sur le couvercle de la chaudière, entrent dans le vase à chaux C et se terminent à leur extrémité inférieure par une infinité de petits trous. Les vapeurs dégagées en A traversent le lait de chaux, qu'elles agitent et s'élèvent dans la colonne B. Les plateaux de la colonne sont alimentés par le liquide ammoniacal arrivant en L.

Le liquide est ainsi échauffé graduellement, tandis que les vapeurs ammoniacales ascendantes s'enrichissent successivement.

Ces vapeurs se dégagent en K et se rendent soit aux bacs à sulfate, soit dans un condenseur spécial.

Le liquide ammoniacal qui a traversé la colonne a cédé la presque totalité de son ammoniaque libre, mais il renferme encore tous les sels ammoniacaux fixes. Il entre dans le vase à chaux et, débordant dans le tuyau de trop-plein b, descend jusqu'au fond de la chaudière. On évite ainsi les accidents que des dépôts de chaux sur la partie chauffée produisent sur la chaudière; le liquide remonte en a et arrive dans la chaudière, d'où il s'écoule enfin par le tuyau *h* dans le vase I qui fait fonction de joint hydraulique.

La marche est continue; on détermine par des essais fréquents si la totalité des sels fixes ammoniacaux est décomposée.

Il est indispensable de préparer des laits de chaux aussi exempts d'incuits que possible; dans certains cas, on peut avoir avantage à remplacer le lait de chaux par le carbonate de sodium.

Dans la fabrication du sulfate d'ammoniaque, les vapeurs ammoniacales se rendent alternativement par les tuyaux K', K" dans les saturateurs K' K". La chaleur dégagée par la réaction est telle, qu'il y a production de vapeur d'eau et concentration du liquide (la concentration de l'acide doit être d'environ 55°). Les gaz délétères qui se dégagent pendant cette opération (H^2S, etc.) sont évacués dans la cheminée.

On emploie environ 50 kilogrammes de houille par tonne d'eau ammoniacale. La main-d'œuvre se trouve réduite au minimum.

La figure 31 indique une excellente disposition

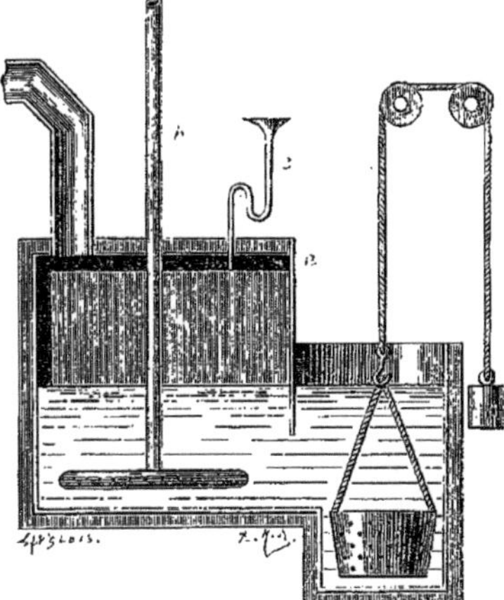

Fig. 31. — Disposition indiquée par M. Lunge pour la fabrication continue du sulfate d'ammonium par pêchage.

recommandée par M. Lunge pour la fabrication et le pêchage du sulfate d'ammoniaque. Il se compose d'une caisse en bois doublée en plomb et divisée par une feuille de plomb *a* en deux compartiments. Les vapeurs ammoniacales arrivent par le tuyau *b*, l'acide par le tube *c*.

D'après M. Watson Smith, il convient d'opérer de la manière suivante pour travailler d'une façon continue et obtenir un sulfate aussi blanc que possible :

On introduit dans le saturateur de l'acide d'une densité de 1,4; on le sature d'ammoniaque jusqu'à ce qu'on perçoive une légère odeur; on *acidule* alors légèrement et on pêche immédiatement.

On obtient ainsi un sulfate plus blanc que si on n'ajoute l'acide que graduellement. On pêche avec un panier et des outils en fer étamé. L'eau-mère sert à diluer l'acide sulfurique.

En Angleterre, on préfère l'acide sulfurique au soufre, mais la présence de l'arsenic n'offre pas une bien grande importance au point de vue des emplois agricoles.

Concentration des eaux ammoniacales. — Le développement de la consommation des eaux ammoniacales pour la fabrication de la soude à l'ammoniaque a conduit les fabricants à rechercher les moyens de concentrer économiquement les eaux diluées qui constituent le premier produit de l'industrie de l'ammoniaque. L'eau ammoniacale concentrée est certainement l'état le plus avantageux pour le transport de l'ammoniaque des lieux de production aux fabriques de soude, puisqu'on évite les frais de combinaison avec l'acide sulfurique et que l'eau concentrée, presque aussi riche en ammoniaque que le sulfate, peut être introduite directement dans la fabrication de la soude.

MM. Solvay et Cie ont établi un appareil méthodique et continu qui permet de concentrer à très peu de frais ces eaux ammoniacales recueillies dans la distillation.

L'appareil représenté en coupe par la figure 32 se compose d'une longue chaudière en tôle A, divisée en un certain nombre de compartiments par les cloisons C. Chacun d'eux renferme un vase E qui est en communication avec la chambre suivante par un ajutage, de sorte que le liquide peut passer d'un compartiment quelconque dans le vase E qui le précède immédiatement.

D'après M. Vincent, au travail duquel nous empruntons la description de l'appareil Solvay, la chaudière étant remplie d'eau ammoniacale jusqu'au niveau normal déterminé par la hauteur du tuyau de sortie U, le liquide à traiter qui s'est échauffé dans le vase G peut entrer d'une façon continue par le tuyau M et arriver dans le premier vase.

Les vapeurs dégagées du second compartiment par le plongeur T projettent du liquide hors du vase E^1 et l'envoient ainsi dans le vase E^2 qui suit. Les vapeurs produites par l'ébullition du liquide dans chaque compartiment se dégagent par les ajutages T dans les vases intérieurs E et font ainsi passer le liquide d'un compartiment dans celui qui le suit immédiatement, en se rapprochant du foyer; il en résulte que les vapeurs circulent en sens inverse du liquide en l'épuisant méthodiquement et que le dégagement seul des vapeurs produit le mouvement.

Le liquide entièrement épuisé s'écoule par le siphon U, tandis que les vapeurs, enrichies en produits ammoniacaux, se rendent dans un serpentin réfrigérant contenu dans le bac G; ces vapeurs sont refroidies et condensées dans le réfrigérant en échauffant l'eau ammoniacale à traiter.

L'avancement du liquide étant produit par le mouvement des vapeurs, le débit de l'appareil est proportionnel au chauffage; il devient nul quand on cesse de chauffer.

Les dimensions des tuyaux plongeurs T et des vases E doivent être déterminées d'une façon très précise; l'espace annulaire doit être proportionné à la quantité du liquide et au volume de la vapeur.

Le liquide traverse avant d'arriver à la chaudière un régulateur d'écoulement S, actionné par la tige d'un flotteur R.

L'appareil Solvay a reçu de nombreuses applications; il fonctionne dans divers établissements, notamment aux fours à coke de Bessèges. La consommation de charbon varie de 25 à 30 kilogrammes par mètre cube d'eau traitée.

Les eaux ammoniacales faibles obtenues directement par condensation des gaz renferment, comme on l'a vu plus haut, des sels fixes. L'addition de chaux dans l'appareil Solvay n'est pas sans présenter de très graves inconvénients. Aussi conseille-t-on de remplacer la chaux par le carbonate de sodium, l'augmentation de coût du réactif étant largement compensée par des avantages de diverse nature, entre autres par l'absence d'incrustations.

Depuis quelque temps on a simplifié la disposition des barboteurs. La figure 33 représente la modification indiquée par M. Vincent. La paroi commune à deux compartiments tels que A et B

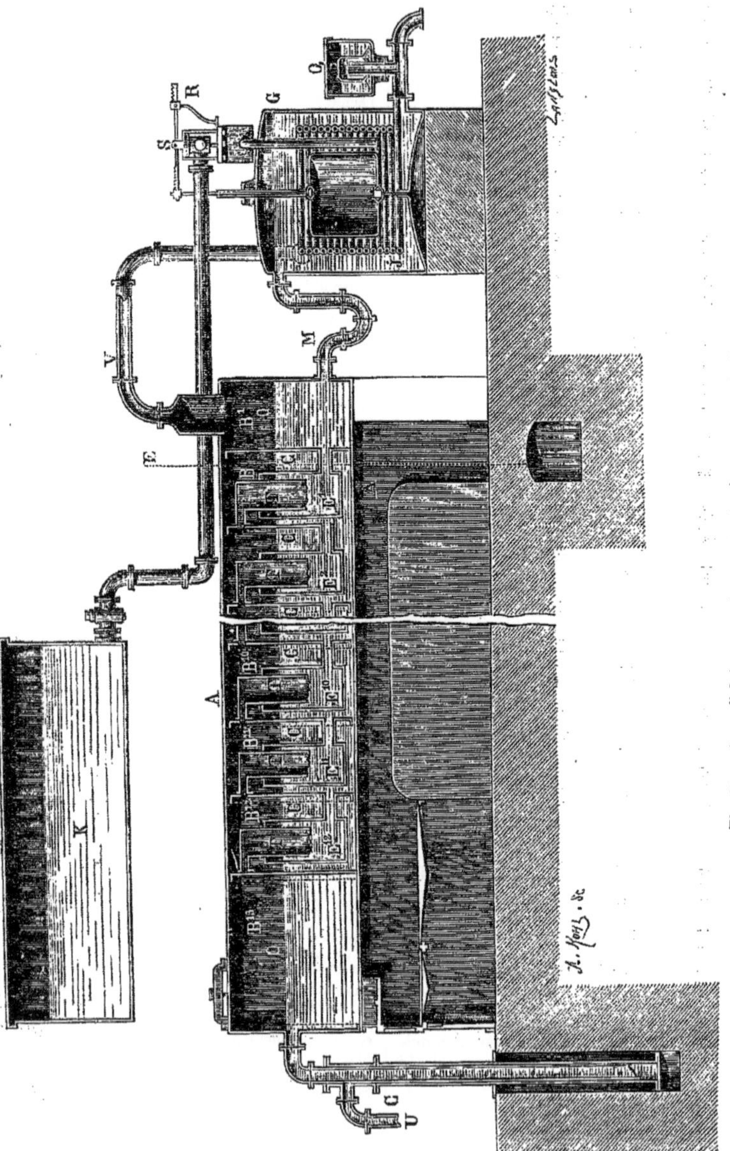

Fig. 32. — Appareil Solvay, pour la concentration des eaux ammoniacales.

est percée de deux trous : l'un, *i*, sert au passage du liquide qui circule en sens inverse vers le foyer ; l'autre, V, sert au passage de la vapeur.

Devant les orifices V on a disposé une boîte en tôle *b* ouverte à la partie supérieure, tandis que de l'autre côté se trouve une autre boîte en fonte *d*, plus aplatie et reliée au tuyau courbe E, qui est en communication avec le compartiment C par l'orifice *i*.

Il résulte de la position relative de l'orifice V, du tuyau d'arrivée du liquide E et du bord supérieur des boîtes *b* et *d*, que la vapeur qui arrive

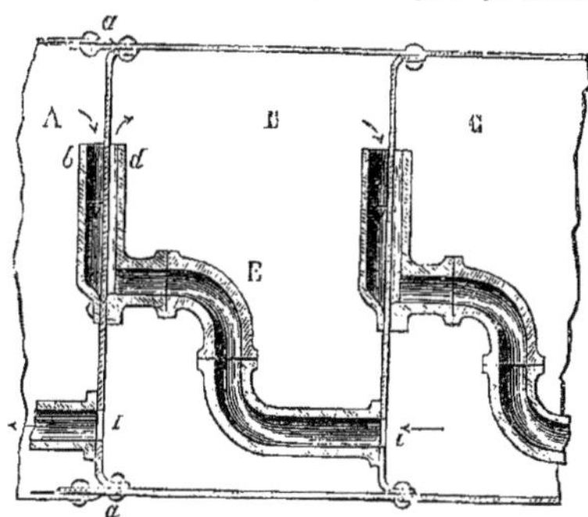

Fig. 33. — Modification du barboteur de l'appareil Solvay.

du compartiment A pour se rendre en B, traversera les boîtes *b* et *d*, en projetant dans ce compartiment le liquide amené par le tuyau E.

Le liquide arrivant continuellement du compartiment C sera ainsi projeté dans B, tandis que la vapeur circulera en sens inverse, comme dans la disposition décrite précédemment.

Cette construction est plus simple et moins coûteuse. H. Gall.

AMPHICRÉATINE, $C^9H^{19}Az^7O^4$ [A. Gautier, *Bull. Soc. Chim.*, (2), **48**, 19]. — C'est une des bases faibles ou *leucomaïnes* que M. A. Gautier a retirées des muscles et de l'extrait musculaire, où elle accompagne la créatine, la crusocréatinine, la xanthocréatinine, etc. Elle n'y existe qu'en très faible quantité.

Pour l'obtenir, l'extrait de viande légèrement acidifié par l'acide oxalique est traité par de l'alcool chaud à 99° en excès. On filtre, on concentre dans le vide et on reprend par de l'alcool à 99° chaud. Cette solution alcoolique est additionnée d'éther tant qu'il se fait un précipité. Celui-ci ne tarde pas à cristalliser au bout de quelques jours. On le lave à l'alcool froid et on fait bouillir le dépôt cristallin avec de l'alcool à 93°. Ce liquide enlève d'abord au précipité la base la plus abondante, la xanthocréatinine, qui cristallise à froid. La partie insoluble, épuisée par l'alcool à 90°, fournit la crusocréatinine; enfin le résidu insoluble dans l'alcool, repris par l'eau bouillante, donne par refroidissement des cristaux brillants d'*amphicréatine*. Les dernières eaux mères contiennent encore de la crusocréatinine.

L'amphicréatine répond à la formule complexe $C^9H^{19}Az^7O^4$. Elle est peu soluble dans l'eau froide, presque insoluble dans l'alcool; elle cristallise en prismes obliques très brillants, à faces un peu courbes, légèrement jaunâtres.

C'est une base faible. Son *chlorhydrate*, bien cristallisé, n'est pas déliquescent. Son *chloroplatinate*, soluble, forme des tables losangiques. Son *chloraurate* est très soluble.

Elle ne précipite ni à chaud ni à froid par le chlorure mercurique ou par l'acétate de cuivre, mais bien par le phosphomolybdate de sodium. Elle ne donne aucune des réactions des dérivés uriques. L'ensemble de ses caractères la rapproche complètement de la créatine.

Il nous paraît probable que cette base dérive de l'union de la créatine $C^4H^9Az^3O^2$ avec la base $C^5H^{10}Az^4O^2$, qui est à la créatine ce que la crusocréatinine est à la créatinine. A. Gautier.

AMPHIGÈNE (Min.). — *Forme cristalline.* — Depuis la publication de l'article du Dictionnaire (voyez **1**, 223), l'étude des cristaux de ce minéral force à admettre qu'ils n'appartiennent pas au système cubique. Vom Rath, des mesures goniométriques et de la considération des stries qui sillonnent les faces du trapézoèdre, conclut que celui-ci résulte de la combinaison d'un octaèdre quadratique a^2 avec un dioctaèdre a_3. L'étude optique fait voir d'ailleurs que la leucite est faiblement biréfringente avec macles nombreuses suivant b^1. Pour M. Mallard, la symétrie serait au plus orthorhombique, avec les paramètres 0.992 : 1 : 0.969 et le trapézoèdre résulterait de la combinaison $b^1a^3e_3$.

MM. C. et G. Friedel ont obtenu par l'action de la potasse sur le mica muscovite, en présence de l'eau, vers 500°, l'amphigène avec une forme extérieure quadratique. Les paramètres sont sensiblement ceux de Vom Rath.

AMPHILOGITE (Min.). — Voyez MUSCOVITE, *Dict.*, **2**, 482.

AMPHINITRILE. — On a donné le nom d'*amphinitrile* au groupement théorique

$$-CH\begin{matrix}\nearrow Az \\ \| \\ \searrow CH\end{matrix}$$

isomérique avec le vrai nitrile $-CH^2-C\equiv Az$ et avec la carbylamine,

$$Az\begin{matrix}\nearrow C \\ \searrow CH^2-\end{matrix}$$

L'*iso-indol* est le phénylamphinitrile répondant à la constitution

$$C^6H^5-CH\begin{matrix}\nearrow Az \\ \| \\ \searrow CH\end{matrix}$$

(voyez ce mot).

La réduction du dinitrocinnamate d'éthyle, $C^6H^4(AzO^2)-CH=C(AzO^2)-CO^2C^2H^5$, par l'étain et l'acide chlorhydrique donne, outre la p-amidophénylamine, une base répondant à la formule $C^8H^8Az^2$, et qui peut être envisagée comme le *p-amidophénylamphinitrile*

$$C^6H^4(AzH^2)CH\begin{matrix}\nearrow Az \\ \| \\ \searrow CH\end{matrix}$$

Elle cristallise dans l'alcool en lamelles brillantes, fusibles à 46°, bouillant sans décomposition à 312°. L'anhydride acétique donne avec elle un dérivé monoacétylé, fusible à 97°. L'eau de brome produit par substitution des aiguilles blanches, $C^8H^6Br^2Az^2$ [*Bull. Soc. Chim.*, (2), **41**, 63]. A. Gautier.

AMYGDALINE. — Elle existe dans la semence et dans la tige des *Linum usitatissimum* et *perenne*. Son mode de formation dans les amandes amères a été étudié par M. Portes [*C. R.*, **85**, 81; *Bull. Soc. Chim.*, (2), **30**, 316], qui conclut de ses observations que : 1° les amandes amères jeunes contiennent de l'amygdaline; 2° l'embryon seul renferme l'émulsine; 3° l'amygdaline se localise dans les téguments de la graine; elle pénètre dans les cotylédons par la radicule. Léonard [*J. Pharm. Chim.* (4), **25**, 201] avait déjà observé que la lumière directe augmente la production de l'amygdaline.

M. Lehmann [*D. chem. G.*, **18**, 569] conclut de son côté que, dans les familles des Drupacées et des Pomacées, l'amygdaline existe surtout dans les semences mûres; dans celles qui le sont moins, elle se trouve mélangée en quantité plus ou moins grande avec la *laurocérasine*, qui n'est autre chose qu'une combinaison en proportion moléculaire d'acide amygdalique et d'amygdaline.

En étudiant l'action des acides taurocholique et glycocholique sur les hydratations par ferments solubles, MM. Maly et Emich [*Bull. Soc. Chim.*, (2), **41**, 271] ont remarqué que l'émulsine n'agit plus sur l'amygdaline lorsque la liqueur dans laquelle on opère renferme 0,5 0/0 d'acide taurocholique, tandis que la proportion double d'acide glycocholique n'apporte aucune entrave à l'hydratation.

En chauffant pendant quelques heures au bain-marie l'amygdaline avec de l'acide chlorhydrique fumant, filtrant et épuisant par l'éther, on obtient un acide formobenzoylique, en cristaux blancs, fusibles à 132°, lévogyres :

En solution aqueuse.... $[\alpha]_D = -215°,51'$
En solution acétique.... $[\alpha]_D = -209°,95'$

E. Burcker.

Amygdalique (Acide). — Voyez Supp., 1, 129.

Amylacétylacétique (Éther)

$$CH^3 - CO - CH(C^5H^{11}) - CO^2C^2H^5.$$

— On le prépare par l'action de l'iodure d'isoamyle sur l'éther acétylacétique sodé, en solution alcoolo-éthérée. C'est un liquide huileux bouillant à 227-228°.

Traité par l'ammoniaque aqueuse concentrée, il donne une huile qui cristallise dans un mélange réfrigérant et qui est probablement l'éther amidé $CH^3 - C(AzH^2) = C(C^5H^{11}) - CO^2C^2H^5$, et un composé fusible à 127-128°, qui serait l'amide

$$CH^3 - CO - CH(C^5H^{11}) - CO.AzH^2$$

[Th. Peters, *D. chem. G.*, **20**, 3322].

Amylane. — M. O. Sullivan [*Chem. Soc.*, 1882, **1**, 26; *D. chem. G.*, **15**, 735] a extrait de l'orge deux hydrates de carbone, ayant pour formule $C^6H^{10}O^5$ et auxquels il a donné les noms d'α- et de β-amylane.

L'orge est broyée et epuisée par l'alcool ; le résidu est repris par l'eau à la température de 35-40°, et la solution aqueuse précipitée par l'alcool.

L'eau froide extrait de ce produit la β-amylane ; le résidu insoluble dans l'eau cède l'α-amylane à l'eau acidulée par l'acide chlorhydrique. On précipite les deux amylanes de leurs solutions par l'alcool.

L'α-amylane ne réduit pas la liqueur de Fehling ; l'acide sulfurique dilué la convertit en dextrose. Son pouvoir rotatoire est $[\alpha]_j = -24°$.

La β-amylane est également transformée en glucose par l'acide sulfurique étendu. Son pouvoir rotatoire est $[\alpha]_j = -72°$. Après ébullition avec un lait de chaux, il s'élève à la valeur $[\alpha]_j = -144°$.

Amylaniline, $C^6H^5 - AzH.C^5H^{11}$. — On a déjà décrit, Dict., 2,861, une amylaniline obtenue par M. Hofmann au moyen du bromure d'amyle et de l'aniline.

Le même savant a obtenu un composé qui paraît différer en quelques points du précédent, en chauffant pendant 12 heures à 200° un mélange d'alcool amylique et de chlorhydrate d'aniline. La base ainsi préparée bout à 258° ; elle forme avec les acides chlorhydrique et sulfurique, ainsi qu'avec le chlorure de platine, des sels incristallisables.

Le *chlorhydrate*, chauffé à 300-340°, se convertit en chlorhydrate d'amidoamylbenzène :

$$C^6H^4(C^5H^{11})AzH.HCl$$

[A. W. Hofmann, *D. chem. G.*, **7**, 529].

MM. Merz et Weith [*D. chem. G.*, **14**, 2346] ont obtenu une amylaniline qui paraît identique avec la précédente, en chauffant à 250° un mélange d'alcool amylique, d'anhydride phosphorique et d'aniline en grand excès.

Enfin, M. Spady [*D. chem. G.*, **18**, 3376], en préparant l'isobutylisopropylquinoléine par l'action de l'aldéhyde isoamylique sur l'aniline, a constaté la formation accessoire d'une amylaniline qu'il envisage comme isomérique avec la base de M. Hofmann.

Il explique la formation de cette base en admettant que l'hydrogène dégagé dans la réaction principale se fixe en partie sur l'aldéhyde employée pour la convertir en alcool ; l'alcool ainsi formé réagirait ensuite sur l'aniline suivant l'équation

$$(CH^3)^2CH - CH^2 - CH^2.OH + AzH^2.C^6H^5$$
$$= H^2O + (CH^3)^2CH - CH^2 - CH^2 - AzH.C^6H^5.$$

La base obtenue par M. Spady bout à 242-244° ; c'est une huile incolore, douée d'une odeur aromatique agréable ; elle est insoluble dans l'eau, soluble dans l'alcool, l'éther, le benzène.

Elle fournit des sels cristallisés.

Le *chlorhydrate*, $C^{11}H^{17}Az.HCl$, se présente en prismes très solubles dans l'eau.

Le *sulfate* est très soluble ; l'*oxalate* et le *nitrate* sont presque insolubles.

Le *chloroplatinate* est un précipité sablonneux, qui noircit presque immédiatement.

Le *picrate* est une huile rougeâtre, peu soluble dans l'alcool.

Le *dérivé acétylé*, $C^{11}H^{16}Az(C^2H^3O)$, est un liquide huileux, bouillant à 278° sous 720 millimètres ; il est insoluble dans l'eau, très soluble dans l'alcool et dans l'éther.

Le *dérivé nitrosé*, $C^{11}H^{16}Az^2O$, distille avec la vapeur d'eau, sous la forme d'une huile insoluble dans l'eau et dans les acides dilués, soluble dans l'éther et dans l'alcool.

Ad. Fauconnier.

Amylbenzènes. — On connaît quatre hydrocarbures répondant à la formule $C^6H^5.C^5H^{11}$.

Amylbenzène normal,

$$C^6H^5 - CH^2 - CH^2 - CH^2 - CH^2 - CH^3,$$

— On traite un mélange de bromures de benzyle et de butyle normal par le sodium. Le carbure ainsi obtenu est un liquide d'une odeur agréable, bouillant à 200,5-201°,5, sous 743 millimètres ; sa densité à 22° est 0,8601.

Le brome à 150° donne un *dérivé monobromé*, $C^6H^5.C^5H^{10}Br$, liquide huileux, se décomposant par la distillation en acide bromhydrique et *amémylbenzène* $C^6H^5.C^5H^9$ (voyez ce mot). Cet amémylbenzène, en fixant du brome, donne le *dibromamylbenzène*,

$$C^6H^5 - CHBr - CHBr - CH^2 - CH^2 - CH^3,$$

fondant à 53-54°, très soluble dans l'alcool et dans l'éther. [Schramm, *Ann. Chem.*, **218**, 383 ; *Bull. Soc. Chim.*, (2), **41**, 197].

Isoamylbenzène, $C^6H^5 - CH^2 - CH^2 - CH(CH^3)^2$, (de MM. Fittig et Tollens ; voyez Dict., 2, 890). — Ce corps, traité par le brome à 150°, ou à froid sous l'influence de la lumière solaire, se transforme en un dérivé *monobromé*, qui donne par distillation l'*isoaménylbenzène*,

$$C^6H^5 - CH = CH - CH(CH^3)^2.$$

Il est donc bromé dans la chaîne latérale.

Mais si l'on opère dans l'obscurité, le brome fournit un *dérivé monobromé*, $C^6H^4Br - C^5H^{11}$, bouillant à 253° et donnant par oxydation l'acide p-bromobenzoïque [Schramm, *Mon. f. Chem.*, **9**, 842 ; *Bull. Soc. Chim.*, (2), **31**, 205].

Le *dérivé dibromé*, obtenu par la fixation du brome sur l'aménylbenzène ou par l'action de 2 molécules de brome sur l'amylbenzène, est en aiguilles brillantes fondant à 128-129° [Schramm, *loc. cit.*].

DIÉTHYLPHÉNYLMÉTHANE ou DIÉTHYLTOLUÈNE,

$$C^6H^5-CH(C^2H^5)^2$$

(de MM. Lippmann et Louguinine; voyez Dict., 2. 891). — On peut le préparer par le chlorure de benzylidène ou par le phénylchloroforme et le zinc-éthyle dissous dans le benzène; on distille sur du sodium et on obtient un liquide bouillant à 178-180°; $d_{21} = 0.8731$.

Le brome réagit énergiquement à l'ébullition, en donnant un *dérivé monobromé* ayant pour formule

$$C^6H^5-CH \begin{smallmatrix} \diagup CHBr-CH^3 \\ \diagdown CH^2-CH^3 \end{smallmatrix}$$

ou peut-être $C^6H^5-CBr(C^2H^5)^2$.

C'est un liquide bouillant avec décomposition à 77-80° sous 40 millimètres; $d_{21} = 1,2824$. Ce dérivé, chauffé à 100° avec dix fois son poids d'eau, donne un aménylbenzène.

L'acide sulfurique dissout le carbure en le transformant en un *acide sulfonique*,

$$C^6H^4(C^5H^{11})SO^3H,$$

dont le *sel de baryum* a pour composition

$$(C^{11}H^{15}SO^3)^2Ba, 1,5H^2O.$$

Ce sel, en lamelles nacrées, est peu soluble dans l'eau et dans l'alcool [Dafert, *Mon. f. Chem.*, 4. 153 et 616; *Bull. Soc. Chim.*, (2), **40**, 85 et 503).

AMYLBENZÈNE DE MM. FRIEDEL ET CRAFTS. — Cet hydrocarbure paraît devoir se former de préférence dans les préparations au chlorure d'aluminium, même en partant de chlorures d'amyle différents.

En effet, MM. Friedel et Crafts [*Ann. Chim. Phys.*, (6), **1**, 454] ont obtenu, au moyen du chlorure d'amyle inactif, $(CH^3)^2CH-CH^2-CH^2Cl$, du benzène et du chlorure d'aluminium, un hydrocarbure $C^6H^5.C^5H^{11}$, bouillant à 185-190°, ayant à 0° une densité de 0,8784, et donnant un dérivé bromé liquide à — 18° (l'amylbenzène de MM. Fittig et Tollens, $(CH^3)^2CH-CH^2-CH^2-C^6H^5$, donne un dérivé dibromé fondant à 128°).

D'autre part, M. Essner, en partant du chlorhydrate d'amylène, $(CH^3)^2-CCl-CH^2-CH^3$, a obtenu dans les mêmes conditions un carbure bouillant à 185-190°, d'une densité 0,8728 à 0°, donnant un dérivé bromé liquide, et paraissant identique avec le précédent. Par l'amylène bouillant de 30 à 55°, le benzène et le chlorure d'aluminium, on a principalement le même produit, bouillant à 185-190° (densité 0,8740; dérivé bromé liquide).

Il semble donc que le chlorure d'amyle, dans l'expérience de MM. Friedel et Crafts, se soit dissocié en acide chlorhydrique et amylène, et que le phényle, au lieu de se substituer au chlore, s'unisse à un atome de carbone voisin [Essner, *Bull. Soc. Chim.*, (2), **36**, 130 et 212. — Voyez aussi Schramm, *Mon. f. Chem.*, **9**, 613; *Bull. Soc. Chim.*, (3), **1**. 93].

Il est probable que ce carbure a pour constitution

$$C^6H^5-C \begin{smallmatrix} \diagup CH^3 \\ -CH^3 \\ \diagdown CH^2-CH^3 \end{smallmatrix}$$

Paul Adam.

AMYLBENZOÏQUE (ACIDE ISO-),

$$C^6H^4 \begin{smallmatrix} \diagup CO^2H_{(1)} \\ \diagdown C^5H^{11}_{(4)} \end{smallmatrix}$$

[E. Kreysler, *D. chem. G.*, **18**, 1709]. — On soumet à la distillation sèche, dans un courant d'hydrogène, un mélange de cyanure de potassium et de phosphate tri-p-isoamylophénylique,

$$PO^4(C^6H^4.C^5H^{11})^3.$$

Le produit de la réaction est lavé à la soude caustique pour éliminer le phénol régénéré, puis distillé dans un courant de vapeur d'eau : on entraine ainsi l'*amylbenzonitrile*,

$$C^6H^4 \begin{smallmatrix} \diagup CAz \\ \diagdown C^5H^{11} \end{smallmatrix}$$

liquide incolore, bouillant à 260-263°.

La saponification par la potasse fournit l'acide, qui cristallise en aiguilles incolores, fusibles à 158°, très solubles dans l'eau bouillante, l'alcool et l'éther, peu solubles dans l'eau froide.

Le *sel d'argent*, $C^5H^{11}.C^6H^4.CO^2Ag$, cristallise dans l'eau bouillante en aiguilles incolores.

AMYLÈNES [Syn. *Valérènes, pentènes*]. — Quoique le nombre des travaux faits sur les amylènes ait été très considérable, l'étude de ces corps est loin d'être complète. Cela tient en partie à la facilité avec laquelle ces carbures se transforment les uns dans les autres, et aussi à la difficulté de se les procurer dans un état de pureté absolue. Un assez grand nombre de travaux ont été réalisés avec l'amylène commercial; malheureusement ce produit est un mélange complexe et l'on ne peut pas tirer d'indications précises de ces travaux. Cependant on est dans l'habitude de rapporter les produits obtenus au triméthyléthylène, qui est l'amylène qui se forme en plus grande quantité dans la déshydratation de l'alcool amylique de fermentation au moyen du chlorure de zinc. Comme le produit principal contenu dans cet alcool est l'isobutylcarbinol, on devrait obtenir surtout de l'α-méthyléthyléthylène :

$$\begin{smallmatrix} CH^3 \\ C^2H^5 \end{smallmatrix} > C=CH^2.$$

Mais ce n'est pas ainsi que les choses se passent; et si l'on obtient bien un peu de ce dernier carbure, c'est surtout du triméthyléthylène qui se forme. L'alcool isopropyléthylique

$$(CH^3)^2=CH-CH^2-CH^2.OH$$

subit, sous l'influence du chlorure de zinc, une transformation moléculaire qui, au lieu de donner de l'isopropyléthylène, fournit en très grande quantité le triméthyléthylène :

$$(CH^3)^2=C=CH-CH^3.$$

De même l'action de la potasse alcoolique sur l'iodure d'isoamyle,

$$(CH^3)^2\cdot CH-CH^2-CH^2I,$$

n'est pas normale et donne surtout naissance à de l'α-méthyléthyléthylène,

$$\begin{smallmatrix} CH^3 \\ C^2H^5 \end{smallmatrix} > C=CH^2,$$

tandis qu'il devrait se former normalement de l'isopropyléthylène,

$$(CH^3)^2=CH-CH=CH^2.$$

Ce corps se produit, au reste, mais en très petite quantité, dans cette réaction.

PROPYLÉTHYLÈNE [Syn. *Amylène normal*]

$$CH^3-CH^2-CH^2-CH=CH^2.$$

— On obtient du propyléthylène en traitant le chlorure d'amyle normal par l'acétate de potassium, en présence d'acide acétique, à 190-200°. Il se forme en même temps un peu d'acétate d'amyle [Schorlemmer, *Ann. Chem*, **161**, 269].

La déshydratation de l'alcool amylique de fermentation au moyen du chlorure de zinc en fournit une certaine quantité ; il se forme en même temps du triméthyléthylène et de l'α-méthyléthyléthylène [Wichnegradsky, *Ann. Chem.*, **190**, 328].

Il est liquide et bout à 39-40°. Il ne se combine pas à 0° avec l'acide iodhydrique ; mais, saturé de ce gaz et abandonné pendant plusieurs jours, il donne un *iodure*

$$CH^3-CH^2-CH^2-CHI-CH^3$$

qui correspond au méthylpropylcarbinol.

Il est insoluble dans un mélange refroidi à 0° de 2 volumes d'acide sulfurique et de 1 volume d'eau.

Il donne, par oxydation au moyen du permanganate en solution alcaline, de l'acide formique, de l'acide butyrique, de l'acide oxalique et de l'acide succinique [O. et F. Zeidler, *Ann. Chem.*, **197**, 253].

Isopropyléthylène,

$$\begin{matrix}CH^3\\CH^3\end{matrix}>CH-CH=CH^2.$$

— M. Eltekoff pense que l'amylène commercial (obtenu avec le chlorure de zinc et l'alcool amylique de fermentation) renferme ce carbure. Voici comment il est arrivé à cette conclusion. Il s'est servi des carbures insolubles dans l'acide sulfurique (méthode de M. Wichnegradsky) ; il les a combinés au brome et, en traitant le mélange des bromures par la potasse, il a obtenu un valérylène précipitant le réactif argentique [Eltekoff, *D. chem. G.*, **10**, 1904].

L'isopropyléthylène, oxydé par le permanganate en solution neutre, donne 25 grammes de glycol pour 34 grammes d'amylène ; il se forme en même temps des traces d'acétone et d'aldéhyde isobutylique ; le glycol

$$(CH^3)^2=CH-CH.OH-CH^2.OH$$

bout à 200° [Wagner, *D. chem. G.*, **21**, 1232].

Traité par le chlore à la température de 16°, l'isopropyléthylène dégage des traces d'acide chlorhydrique et donne le *dichlorure*

$$(CH^3)^2CH-CHCl-CH^2Cl,$$

bouillant à 143-145°, avec une petite quantité d'un produit monochloré qui n'a pas été identifié [Kondakoff, *D. chem. G.*, **21**, *Ref.*, 438].

Le bromure d'isopropyléthylène, chauffé à 140-150° avec 15 ou 20 volumes d'eau et de l'oxyde de plomb, donne le glycol correspondant à ce corps. Dans la réaction même où il prend naissance, ce glycol fournit par déshydratation un mélange d'aldéhyde isopropyléthylique et de méthylisopropylcétone [Eltekoff, *D. chem. G.*, **11**, 990].

Isopropyléthylène chloré

$$\begin{matrix}CH^3\\CH^3\end{matrix}>CH-CCl=CH^2.$$

— On l'obtient en traitant par la potasse alcoolique le produit de l'action du perchlorure de phosphore sur l'isopropylméthylcétone,

$$(CH^3)^2CH-CO-CH^3.$$

C'est un liquide bouillant sans décomposition à 96-98° [Béhal, *Bull. Soc. Chim.*, (2), **49**, 25].

ab-Méthyléthyléthylène,

$$CH^3-CH^2-CH=CH-CH^3.$$

— M. Fittig [*Ann. Chem.*, **200**, 23] a obtenu ce produit en décomposant par une solution de carbonate de sodium le bromhydrate de l'acide éthylcrotonique, $C^6H^{11}BrO^2$. La décomposition se fait déjà à 0°. Il se forme du bromure de sodium, il se dégage de l'acide carbonique, et l'on obtient l'*ab*-méthyléthyléthylène.

Le carbure C^5H^{10} qui se forme dans la réaction du chloroforme sur le zinc-éthyle est vraisemblablement le même méthyléthyléthylène. La réaction peut se représenter par l'équation suivante :

$$3(C^2H^5)^2Zn+2CHCl^3$$
$$=2C^5H^{10}+2C^2H^6+3ZnCl^2.$$

Il bout à 36°. [Beilstein et Rieth, *Ann. Chem.*, **124**, 245].

a-Méthyléthyléthylène,

$$\begin{matrix}CH^3\\C^2H^5\end{matrix}>C=CH^2.$$

— L'iodure d'isoamyle, traité par la potasse alcoolique, donne ce carbure ; il se forme en même temps de l'isopropyléthylène. On peut encore le retirer de l'amylène commercial [Wichnegradsky, *Ann. Chem.*, **190**, 366.]

Triméthyléthylène, $(CH^3)^2=C=CH-CH^3$. —

Le triméthyléthylène, oxydé au moyen du permanganate en solution neutre, donne surtout du triméthyléthylène-glycol, bouillant à 176-178°, et un peu de méthyléthyléthylène-glycol provenant d'un peu de méthyléthyléthylène ; il se forme de plus un peu d'acétone, d'aldéhyde et d'acide acétique [Wagner, *D. chem. G.*, **21**, 1232].

Soumis à l'action du chlore en quantité suffisante pour faire le chlorure $C^5H^{10}Cl^2$, il donne un produit bouillant de 38 à 135°. Ce mélange de produits chlorés, abandonné à lui-même en présence de l'eau, pendant 15 ou 17 jours, se décompose ; l'eau saturée de carbonate de potassium donne une huile bouillant de 101 à 103° qui, traitée par l'oxyde d'argent, fournit un alcool non saturé, l'alcool angélique,

$$CH^2=C\begin{matrix}\diagup CH^2-CH^3\\ \diagdown CH^2.OH\end{matrix}$$

[Kondakoff, *D chem. G.*, **18**, *Ref.*, 660 et **21**, *Ref.*, 441].

Lorsqu'on fait passer un courant d'amylène commercial dans du benzène, en présence du chlorure d'aluminium, le gaz s'absorbe en totalité. Il se fait en même temps une réaction très énergique, qui donne naissance, entre autres produits, à un *amylbenzène* (voy. ce mot) [J. Essner, *Bull. Soc. Chim.*, (2), **35**, 212].

Chlorure de nitrosoamylène, $C^5H^{10}AzOCl$. — L'amylène se combine directement avec le chlorure de nitrosyle AzOCl. La combinaison est cristallisée et donne par réduction de l'amylamine [Tönnies, *D. chem. G.*, **12**, 169.]

Bromure de nitrosoamylène, $C^5H^{10}AzOBr$. — Ce composé est préparé comme le précédent, en employant le bromure de nitrosyle ; il fond à 65-66° [Wallach, *Ann. Chem.*, **245**, 241].

Amylène nitré, $C^5H^9AzO^2$. — L'amylène nitré se forme par l'action de l'acide azotique sur le diméthyléthylcarbinol. C'est une huile jaunâtre, distillant sans décomposition à 166-170° sous la pression ordinaire et à 69-73° sous 14 millimètres.

Ce corps est insoluble dans l'eau, soluble dans la potasse. Il se combine avec le brome pour donner un dibromure cristallisé. Il donne la réaction des pseudonitrols. Réduit par le chlorure d'étain, il donne de l'hydroxylamine. Chauffé à 100° en tube scellé avec de l'eau, il fournit du nitréthane et de l'acétone ; l'acide chlorhydrique à chaud fournit de l'ammoniaque et de l'acide acétique [Haitinger, *Mon. f. Chem.*, **2**, 286].

Chlorure de platine et de potassium-amylène, $C^5H^{10}.PtCl^2.KCl,H^2O$. — Ce sel, qui forme des petites lamelles jaunes très solubles dans l'eau, s'obtient en chauffant l'alcool isoamylique avec le chlorure de platine $PtCl^4$ et en précipitant le produit par une solution de chlorure de potassium [Birnbaum, *Ann. Chem.*, **145**, 73].

OXYISOAMYLAMINES. — Le produit d'addition du triméthyléthylène et de l'acide hypochloreux est traité en tube scellé par l'ammoniaque aqueuse à la température de 110-120°; dans ces conditions, on obtient deux corps que l'on peut séparer par distillation : l'oxyisoamylamine et la dioxyisoamylamine.

Oxyisoamylamine, $C^5H^{11}O . AzH^2$. — C'est un liquide huileux, alcalin, à odeur d'herbe fraîchement coupée : densité à 14° = 0,9265 ; point d'ébullition = 157-159°. L'anhydride phosphorique l'attaque énergiquement : si l'on fait tomber le liquide goutte à goutte sur cet anhydride, on obtient un composé qui paraît être un valérylène, un liquide bouillant au-dessus de 200°, constitué probablement par un sesquiterpène, enfin une partie principale bouillant de 155 à 165°, possédant l'odeur de l'essence de térébenthine, répondant à la formule $C^{10}H^{16}$, et absorbant l'oxygène de l'air en se résinifiant.

Dioxyisoamylamine, $(C^5H^{11}O)^2AzH$. — Ce corps est de consistance sirupeuse, d'odeur analogue à celle de l'oxyisoamylamine. Sa densité à 14° = 0,950 ; il bout à 249-251° ; il ne cristallise point à — 20°. Il est très alcalin, soluble dans l'eau, l'alcool, l'éther, les acides. Il ne donne pas de sels d'or ni de platine cristallisés [Radziszewski et Schramm, *D. chem. G.*, **17**, 838]. A. BÉHAL.

AMYLÉNIQUES (GLYCOLS). — GLYCOL *ab*-MÉTHYLÉTHYLÉTHYLÉNIQUE,

$$CH^3-CH^2-CH . OH-CH . OH-CH^3.$$

— On obtient l'éther diacétique correspondant à ce glycol en traitant le bromure d'*ab*-méthyléthyléthylène par l'acétate d'argent. La saponification de cette acétine donne le glycol [Wagner et Saytzeff, *Ann. Chem.*, **179**, 308].

M. Flavitsky a obtenu ce glycol, en même temps que le glycol triméthyléthylénique, en partant du bromure dérivé de l'amylène commercial [*D. chem. G.*, **9**, 1600].

M. Wagner [*D. chem. G.*, **21**, 1232] en a obtenu une petite quantité dans l'oxydation du triméthyléthylène par le permanganate en solution neutre. Il faut probablement attribuer sa formation à la présence d'un peu de méthyléthyléthylène dans le produit employé.

Ce corps bout à 187°,5 (Wagner et Saytzeff), 185-190° (Flawitzky ; Wagner) ; densité = 0,9945 à 0° ; 0,9800 à 19°.

L'acide azotique dilué l'oxyde en donnant de l'acide oxybutyrique, de l'acide formique, de l'acide acétique et de l'acide glycolique. L'acide chromique donne de l'acide acétique et de l'acide propionique.

Oxyde de méthyléthyléthylène,

$$C^2H^5-CH-CH-CH^3.$$
$$\searrow O \swarrow$$

— On l'obtient en traitant par la potasse la monochlorhydrine correspondante. Cette dernière est préparée en combinant l'*ab*-méthyléthyléthylène avec l'acide hypochloreux. C'est un corps liquide, qui bout à 80°, et qui se combine avec l'eau à 100° pour donner le glycol méthyléthyléthylénique [Eltekoff, *D. chem. G.*, **16**, 397].

GLYCOL ISOPROPYLÉTHYLÉNIQUE,

$$(CH^3)^2=CH-CH . OH-CH^2 . OH.$$

— On le prépare en décomposant par la potasse le diacétate correspondant. Celui-ci est obtenu en traitant le bromure d'isopropyléthylène par l'acétate d'argent [Flawitzky, *Ann. Chem.*, **179**, 351].

On l'obtient encore en oxydant l'isopropyléthylène par le permanganate en solution neutre [Wagner, *D. chem. G.*, **21**, 1232].

Point d'ébullition, 206° (Flawitzky), 200° (Wagner) ; densité à 0° = 0,9987 ; à 21°,5 = 0,9843.

Oxydé par l'acide azotique étendu, il donne de l'acide oxyvalérique, et par l'acide chromique de l'acide isobutyrique.

Les agents déshydratants, l'anhydride phosphorique, le chlorure de zinc, le transforment en aldéhyde amylique et méthylisopropylcétone [Flawitsky, *D. chem. G.*, **10**, 2240 et 230.]

Oxyde d'isopropyléthylène,

$$(CH^3)^2=CH-CH-CH^2.$$
$$\searrow O \swarrow$$

— Il se forme par l'action de la potasse sur la monochlorhydrine correspondante. C'est un liquide bouillant à 82°. Il ne se combine pas avec l'eau à froid, mais, chauffé à 100° pendant plusieurs jours avec ce liquide, il donne du glycol isopropyléthylénique ; il ne se combine pas avec le bisulfite de sodium [Eltekoff, *D. chem. G.*, **16**, 397].

GLYCOL TRIMÉTHYLÉTHYLÉNIQUE,

$$(CH^3)^2C . OH-CH . OH-CH^3.$$

— Ce corps a été obtenu par M. Wagner [*D. chem. G.*, **21**, 1232] (voyez Dict., **2**, 237) dans l'oxydation du triméthyléthylène par une solution neutre de permanganate.

Chauffé pendant un temps assez long à une température de 220°, il se décompose en eau et en méthylisopropylcétone [Eltekoff, *Journ. Soc. Chim. russe*, **10**, 217].

Le mélange chromique l'oxyde en donnant de l'acétone et de l'acide acétique [Flawitzky, *D. chem. G.*, **10**, 2240].

Si l'on chauffe ce glycol avec de l'acide chlorhydrique à 90-100° et que l'on traite le produit par de la potasse caustique, l'on obtient de la méthylisopropylcétone ; du reste l'acide chlorhydrique concentré le décompose entièrement à 100° [Bauer, *Ann. Chem.*, **115**, 90].

Oxyde de triméthyléthylène,

$$\begin{array}{c} O \\ \swarrow \searrow \\ (CH^3)^2=C-CH-CH^3. \end{array}$$

— On le prépare en décomposant par la potasse la chlorhydrine obtenue en combinant l'acide hypochloreux avec le triméthyléthylène. C'est un liquide d'une odeur éthérée, bouillant à 75-76° ; densité = 0,8293 à 0°. Il donne très facilement des combinaisons avec les hydracides. Il se combine avec l'eau par agitation à froid en donnant le glycol amylénique. Il ne se combine pas avec le bisulfite de sodium [Eltekoff, *D. chem. G.*, **16**, 396].

GLYCOL AMYLÉNIQUE BISECONDAIRE NORMAL,

$$CH^3-CH . OH-CH^2-CH . OH-CH^3.$$

— On doit ranger à côté de ces glycols, quoique ne dérivant pas d'un amylène, le glycol amylénique bisecondaire normal symétrique obtenu par M. A. Combes [*Bull. Soc. Chim.*, (2), **48**, 474] dans l'hydrogénation de l'acétylacétone en liqueur acide.

Ce glycol bout à 177° ; il est soluble dans l'eau ; le carbonate de potassium ne le sépare point de sa solution aqueuse. L'éther et le chloroforme l'enlèvent à cette solution ; dans l'hydrogénation par l'amalgame de sodium à 1 0/0 et l'acide chlorhydrique en solution aqueuse, on obtient, en même temps que le glycol amylénique, un anhydride du diglycol biamylénique répondant à la formule

$$\begin{array}{l} CH^3-C.OH-CH^2-C-CH^3 \\ \quad\quad | \quad\quad\quad\quad\quad\quad | \searrow O \\ CH^3-C.OH-CH^2-C\swarrow CH^3 \end{array}$$

Ce corps bout à la pression ordinaire vers 270° en se colorant un peu.

L'éther di-iodhydrique,

$$CH^3-CHI-CH^2-CHI-CH^3,$$

s'obtient par l'action ménagée de l'acide iodhydrique sur l'acétylacétone à la température du bain marie. On opère en tube scellé; aussitôt qu'il se forme une couche huileuse à la surface, on l'enlève, on referme le tube et on recommence à chauffer; on répète la même opération jusqu'à ce qu'il ne se produise plus rien. On obtient ainsi un produit bouillant vers 180° en abandonnant de l'iode à cette température.

γ-Glycol amylénique [Syn. γ-*Pentylène-glycol*],

$$CH^3-CH.OH-CH^2-CH^2-CH^2.OH.$$

— On a obtenu ce corps en réduisant par l'amalgame de sodium l'alcool acétylpropylique,

$$CH^3-CO-CH^2-CH^2-CH^2.OH.$$

Ce corps est dissous dans l'eau et hydrogéné par l'amalgame; la liqueur est filtrée pour séparer une petite quantité de résine, puis sursaturée de carbonate de potassium, et agitée avec de l'éther. L'éther est recueilli par distillation et le glycol rectifié. Il forme une huile incolore, épaisse, bouillant à 219° sans décomposition; sa densité à 0° = 1,0003. Il est très soluble dans l'eau.

Chauffé au bain-marie avec de l'acide sulfurique à 50 ou 60 0/0, il fournit un *anhydride* doué d'une odeur éthérée, bouillant à 78-83° et ayant pour formule

$$CH^3-CH-CH^2-CH^2-CH^2$$
$$\diagdown O \diagup$$

La *monobromhydrine* de ce glycol s'obtient en chauffant à 80° sa dissolution dans l'acide bromhydrique concentré (d = 1,85). C'est une huile incolore, bouillant à 144-145° sous la pression de 150 millimètres. [W. H. Perkin et P.-C. Freer, *D. chem. G.*, 19, 2568].

M. Lipp n'a pu obtenir la monobromhydrine par l'action de l'acide bromhydrique sur le glycol; mais il a obtenu l'oxyde et la dibromhydrine.

γ-*Oxyde d'amylène*,

$$CH^3-CH-CH^2-CH^2-CH^2.$$
$$\diagdown O \diagup$$

— Ce corps se forme lorsqu'on fait bouillir pendant 1 heure le glycol γ-amylénique avec un excès d'une solution d'acide bromhydrique à 40 0/0.

Le carbonate de potassium le précipite de sa solution aqueuse sous la forme d'un liquide mobile, bouillant à 77-79°, soluble dans 10 volumes d'eau.

Il ne se combine ni à basse ni à haute température avec l'eau, même à 210°.

L'ammoniaque, la phénylhydrazine ne réagissent pas, même à 200°.

L'acide bromhydrique en solution aqueuse à 60 0/0 le transforme au bain-marie en dibromure.

Ces propriétés sont tout à fait analogues à celle du γ-oxyde d'hexylène [Lipp, *D. chem. G.*, 22, 2567].

γ-*Bromure d'amylène*,

$$CH^2-CHBr-CH^2-CH^2-CH^2Br.$$

— On l'obtient en chauffant au bain-marie pendant 3 heures le glycol γ-amylénique avec 4 volumes d'une solution fumante d'acide bromhydrique. On distille dans la vapeur d'eau.

Séché sur le chlorure de calcium, il bout à 200-202° sous 718 millimètres, en se décomposant légèrement.

Il possède une odeur agréable; il est plus lourd que l'eau, dans laquelle il est insoluble [Lipp, *ibid.*].

A. Béhal.

AMYLHEPTYLACÉTIQUE (ACIDE) (*acide diœnanthylique*), $C^{14}H^{28}O^2$. — Cet acide accompagne les acides hexylique et heptylique dans les produits d'oxydation de l'aldéhyde diœnanthylique au moyen de l'oxyde d'argent. Les acides obtenus sont séparés par distillation fractionnée.

C'est une huile toujours colorée, qui distille sous la pression atmosphérique à 300-310° sans décomposition apparente. Il n'a pu être solidifié à — 10° et on n'a obtenu aucun de ses sels à l'état de pureté [W. Perkin, *Chem. Soc.*, 43, 74].

AMYLHEPTYLÉTHYLIQUE (ALCOOL), $C^{14}H^{30}O$. — On l'obtient par hydrogénation de l'aldéhyde diœnanthylique au moyen du sodium. On le purifie par distillation. C'est une huile incolore, d'une odeur faible, bouillant à 270-275°. Refroidi à — 10°, il se solidifie en une masse circuse qui fond à la température ordinaire. Il se dissout dans la plupart des dissolvants ordinaires. Sa densité à 15° est 0,8368. Il ne s'oxyde pas au contact de l'air [W. Perkin, *Chem. Soc.*, 43, 76].

On l'obtient aussi par hydrogénation de l'alcool ou de l'aldéhyde amylhexylallylique [W. Perkin, *D. chem. G.*, 15, 2811].

Éther acétique. — On le prépare en chauffant l'alcool pendant 2 jours à 180°, en tubes scellés, avec un excès d'anhydride acétique. C'est une huile incolore, d'une odeur aromatique. Il bout à 275-280° et ne se solidifie pas à — 10°; il réfracte fortement la lumière. Sa densité à 15° est 0,8559. Il est très facilement saponifié par la potasse [W. Perkin, *Chem. Soc.*, 43, 77].

AMYLHEPTYLÉTHYLIQUE (ALDÉHYDE) (*aldéhyde diœnanthylique*), $C^{14}H^{28}O$. — L'aldéhyde amylheptyléthylique se rencontre parmi les produits de réduction de l'œnanthol au moyen du sodium en présence d'éther; elle y est mélangée d'acide et d'alcool heptylique, ainsi que d'un produit non saturé, $C^{21}H^{40}O$, vraisemblablement de fonction aldéhydique.

Pour l'obtenir on opère de la manière suivante : On dissout 450 grammes d'œnanthol dans 1,5 ou 2 litres d'éther et on y ajoute par petites portions 200 grammes de sodium dans l'espace de 4 ou 5 jours, en ayant soin de maintenir le récipient entouré d'eau froide. Le liquide se sépare en deux couches : une solution aqueuse renfermant l'acide heptylique et une solution éthérée. Cette dernière est d'abord lavée avec de l'acide chlorhydrique étendu, puis avec de l'eau, et séchée sur du chlorure de calcium. On chasse l'éther au bain-marie et on distille le liquide huileux dans un courant d'acide carbonique; l'ébullition commence à 150° et jusqu'à 200° on recueille un mélange d'alcool heptylique et d'œnanthol inaltéré. La fraction 255-280° est refroidie à — 20° et les cristaux ainsi obtenus sont séparés de l'huile qui les imprègne par une filtration à la trompe. On obtient l'aldéhyde complètement pure par des cristallisations dans l'éther.

L'aldéhyde diœnanthylique se présente sous la forme de gros cristaux tabulaires transparents, fusibles à 29°,5. Elle bout sans décomposition à 266-268°; sa densité à l'état liquide et à la température de 30° est 0,8274. Elle est facilement soluble dans l'éther, l'alcool, le chloroforme, le sulfure de carbone et l'éther de pétrole.

Elle se combine, mais au bout de plusieurs mois seulement, avec le bisulfite de sodium; elle réduit les solutions ammoniacales d'argent et s'oxyde au contact de l'air; cette oxydation est très lente lorsqu'elle est à l'état solide. Par oxydation au moyen du permanganate de potassium ou du mélange chromique, elle donne de l'acide carbonique et les acides hexylique et heptylique normaux; avec l'oxyde d'argent, ces deux derniers acides sont accompagnés d'acide amylheptylacétique. Par réduction au moyen du zinc et de l'acide acétique, elle se transforme en alcool amylheptylique $C^{14}H^{30}O$.

Sa formation, ainsi que celle du composé $C^{21}H^{40}O$, peuvent être exprimées au moyen des deux équations suivantes :

$$2\,C^7H^{14}O + H^2 = C^{14}H^{28}O + H^2O,$$
$$3\,C^7H^{14}O + H^2 = C^{21}H^{40}O + 2\,H^2O$$

[W. Perkin, *Chem. Soc.*, **43**, 69]. H. Gautier.

AMYLHEXYLACRYLIQUE (ACIDE), $C^{14}H^{26}O^2$. — L'acide amylhexylacrylique se rencontre parmi les produits de condensation de l'aldéhyde œnanthylique au moyen des solutions alcalines.

Il est nécessaire d'éviter avec soin toute élévation de température, et pour cela d'employer des solutions étendues. On dissout 3 grammes de potasse dans 200 grammes d'alcool absolu et on y ajoute 200 grammes d'œnanthol par petites portions et assez lentement pour que la température ne s'élève pas au-dessus de 30°; puis on abandonne le tout pendant 24 heures à la température ordinaire. Pour séparer les produits de la réaction, on distille l'alcool, on ajoute de l'eau au résidu, puis on agite le tout avec de l'éther; ce dernier enlève les aldéhydes diœnanthylique et tétraœnanthylique, qu'on pourra séparer ensuite par distillation dans un courant d'acide carbonique. La solution aqueuse, renfermant l'acide à l'état de sel de potassium, est acidulée par l'acide sulfurique et agitée de nouveau avec de l'éther, qui s'empare des acides. Ce dissolvant est évaporé et le résidu soumis à la distillation. On recueille d'abord, entre 218 et 230°, un liquide constitué en majeure partie par de l'acide heptylique normal; puis, après plusieurs distillations sous pression réduite, on obtient un liquide bouillant à 275-280° sous la pression de 200 millimètres : c'est l'acide amylhexylacrylique [W. Perkin, *D. chem. G.*, **15**, 2803].

Le même acide prend naissance dans l'action de la potasse alcoolique sur l'aldéhyde amylhexylallylique [W. Perkin, *D. chem. G.*, **16**, 211; *Chem. Soc.*, **43**, 61]. H. Gautier.

AMYLHEXYLALLYLIQUE (ALCOOL), $C^{14}H^{28}O$. — Cet alcool peut s'obtenir par hydrogénation de l'aldéhyde correspondante, soit en solution acétique, soit en solution éthérée. Il est toujours mélangé avec une certaine quantité d'aldéhyde non attaquée, dont on ne peut le séparer par distillation. On chauffe le produit à 180°, en tubes scellés, avec de l'anhydride acétique; l'alcool s'éthérifie et l'aldéhyde se transforme par condensation en aldéhyde tétraœnanthylique; ces deux corps peuvent être isolés par distillation fractionnée et il ne reste plus qu'à saponifier l'éther par une solution étendue de potasse.

C'est une huile incolore, d'une odeur faible, bouillant à 280-283° et ne se solidifiant pas à —20°. Sa densité à 15° est 0,852. Il est complètement insoluble dans l'eau, ne s'oxyde pas au contact de l'air, ne se combine pas avec le bisulfite de sodium et ne réduit pas les solutions ammoniacales d'argent. Au contact de l'amalgame de sodium, il se transforme très lentement en alcool amylheptyléthylique [W. Perkin, *Chem. Soc.*, **63**, 54].

On l'obtient aussi par l'action de l'amalgame de sodium sur une solution acétique d'œnanthol; dans ce cas la formation de l'alcool est probablement due à l'action déshydratante de l'acétate de sodium qui engendre l'aldéhyde amylhexylallylique, la réduction de cette dernière donnant naissance à l'alcool [W. Perkin, *Chem. Soc.*, **43**, 68].

Éther acétique, $C^{14}H^{27} . OC^2H^3O$. — Il résulte de l'action de l'anhydride acétique sur l'alcool en tubes scellés. C'est une huile incolore, d'une odeur agréable, bouillant à 285-290°. Sa densité à 15° est 0,868. Il fixe directement 2 atomes de brome [W. Perkin, *Chem. Soc.*, **43**, 54; *D. chem. G.*, **15**, 2809]. H. Gautier.

AMYLHEXYLALLYLIQUE (ALDÉHYDE) (*aldéhyde diœnanthylique*), $C^{14}H^{26}O$. — Cette aldéhyde peut être extraite des produits de condensation de l'œnanthol par une solution alcaline; elle se trouve dans la solution éthérée qu'on obtient dans la préparation de l'acide correspondant; mais il est préférable d'avoir recours à la décomposition par la chaleur de l'œnanthol polymérisé de M. Bruylants, fusible à 52-53° [G. Bruylants, *D. chem. G.*, **8**, 415].

Cette substance commence à se décomposer à la température de 115°, en régénérant d'abord de l'œnanthol, puis en donnant à 270-290° une huile qui est l'aldéhyde presque pure. On la purifie complètement par distillation [W. Perkin, *Chem. Soc.*, **43**, 81].

C'est une huile incolore, d'une odeur forte, bouillant à 279° et ne se solidifiant pas à —20°; sa densité à 15° est 0, 8504. Elle réduit l'azotate d'argent ammoniacal et est miscible en toutes proportions avec l'éther, l'alcool et le chloroforme.

Après un contact d'un mois avec une solution concentrée de bisulfite de sodium, elle donne la combinaison $C^{14}H^{26}O . SO^3NaH$, sous la forme d'une masse cristalline facilement soluble dans l'eau.

L'aldéhyde fixe directement le brome, pour donner un produit d'addition très instable qui se décompose dès la température de 30° et qui paraît correspondre à la formule $C^{14}H^{26}Br^2O$.

Sous l'influence des agents oxydants, oxyde d'argent, mélange chromique ou simplement air atmosphérique, elle se dédouble en acides carbonique, hexylique et heptylique. La potasse alcoolique la transforme en un mélange d'alcools heptylique et amylhexylallylique, d'aldéhyde tétraœnanthylique et d'acides heptylique et amylhexylacrylique. Mélangée avec de l'anhydride acétique et chauffée à 180°, elle donne de l'aldéhyde tétraœnanthylique $C^{28}H^{50}O$. L'hydrogène naissant la convertit en alcool amylhexylallylique. $C^{14}H^{28}O$.

L'ensemble de ces réactions conduit à considérer l'aldéhyde amylhexylallylique comme dérivant de la condensation de 2 molécules d'œnanthol avec élimination de 1 molécule d'eau, de la même manière que l'aldéhyde crotonique dérive de l'aldéhyde ordinaire, et à lui attribuer la formule de constitution suivante :

$$\begin{array}{l} CH - CH^2 - CH^2 - CH^2 - CH^2 - CH^2 - CH^3 \\ \| \\ C - CH^2 - CH^2 - CH^2 - CH^2 - CH^3 \\ | \\ CHO \end{array}$$

[W. Perkin, *D. chem. G.*, **15**, 2803; **16**, 211; *Chem. Soc.*, **43**, 64]. H. Gautier.

AMYLIDÈNE. — On donne le nom d'*amylidène* aux radicaux bivalents dérivant des aldéhydes amyliques. Il y a donc autant d'amylidènes que d'aldéhydes amyliques. Ce nom peut encore s'employer pour le radical bivalent dérivant d'une acétone saturée en C^5.

Les amylidènes ne peuvent naturellement pas exister à l'état de liberté. On peut considérer comme dérivés de ces carbures les chlorures d'aldéhydes ou d'acétones, les acétals, les oximes, etc., enfin tous les corps où 2 atomes d'hydrogène enlevés au même atome de carbone ont été remplacés par deux groupements fonctionnels univalents, ou par un groupement fonctionnel bivalent.

AMYLIDÈNE-ANILINE. — Voyez PHÉNYLAMINE.

AMYLIQUES (ALCOOLS). — L'alcool amylique commercial est un mélange d'alcools primaires et secondaires ayant pour formule $C^5H^{12}O$.

Le plus abondant de ces corps est l'alcool isopropyléthylique, $(CH^3)^2=CH-CH^2-CH^2.OH$; vient ensuite l'alcool amylique actif ou alcool méthyléthyléthylique,

$$\begin{matrix} CH^3 \\ C^2H^5 \end{matrix} > CH-CH^2.OH;$$

enfin M. Wichnegradsky pense que l'alcool commercial renferme encore de l'alcool amylique normal et du méthylpropylcarbinol ou du diéthylcarbinol et peut-être tous les deux [Wichnegradsky, *Ann. Chem.*, **190**, 328].

Les travaux qui ne comportent point l'indication de l'origine de l'alcool amylique ont été rapportés, dans cet article, à l'alcool isopropyléthylique.

M. Haitinger [*Mon. f. Chem.*, **3**, 688] a trouvé dans l'alcool amylique commercial de petites quantités de bases, de 0,04 à 0,1 0/0. La nature de ces bases est variable; dans un échantillon de 2 litres, il a pu caractériser nettement la pyridine.

Usages. — L'alcool amylique est employé industriellement pour extraire les huiles ou les graisses [May, *D. chem. G.*, **12**, 395].

On a breveté un procédé pour l'extraction des sels de potassium de Stassfurth au moyen de ce véhicule. Ce procédé repose sur la solubilité énorme des chlorures de calcium et de magnésium dans l'alcool amylique et sur l'insolubilité dans le même liquide des chlorures de sodium et de potassium, ainsi que du sulfate de magnésium. De là un moyen de séparation. On enlève les sels dissous par l'alcool amylique en agitant ce dernier avec de l'eau (Wibel, 1882).

Dosage de l'alcool amylique dans les eaux-de-vie et dans les alcools. — On abaisse le titre alcoolique par addition d'eau, de façon à ce qu'il marque de 12 à 15°. On agite 300 grammes de cette solution avec 50 centimètres cubes de chloroforme; on répète deux fois la même opération. Les 150 centimètres cubes de chloroforme sont lavés trois fois par agitation pendant 15 minutes avec 150 centimètres cubes d'eau. On décante le chloroforme, on l'introduit avec 30 grammes d'eau, 2 grammes d'acide sulfurique et 5 grammes de dichromate de potassium, dans un flaçon bien bouché et l'on chauffe à 85° pendant 6 heures.

On distille jusqu'à ce qu'il ne reste plus que 20 centimètres cubes, on ajoute 80 centimètres cubes d'eau et on recommence la distillation jusqu'à ce qu'il ne reste plus que 5 centimètres cubes. Les liquides distillés sont réunis, additionnés de carbonate de baryum et soumis à l'ébullition pendant 30 minutes, dans un ballon muni d'un réfrigérant ascendant. On évapore en partie, on filtre et on achève la dessiccation. On prend le poids du produit sec. On y dose le chlore, ce qui fait connaître le poids du chlorure de baryum contenu dans le résidu. On dose enfin la baryte totale et on en déduit le poids d'acide valérique, ce qui permet de calculer la quantité correspondante d'alcool amylique [Marquardt, *D. chem. G.*, **15**, 1371].

Propriétés. — L'alcool amylique, agité au contact de la potasse, luit dans l'obscurité après qu'il a été exposé à l'air et à la lumière. Ce phénomène est dû à une oxydation [Radziszewsky, *D. chem. G.*, **13**, 1742].

ALCOOLS AMYLIQUES PRIMAIRES.

ALCOOL AMYLIQUE PRIMAIRE NORMAL (*butylcarbinol*), $CH^3-CH^2-CH^2-CH^2-CH^2.OH$. — Ce corps existe vraisemblablement dans l'alcool amylique de fermentation; il est insoluble dans l'eau.

La glycérine fermente sous l'influence du *Bacillus butylicus* et les produits de la fermentation contiennent une certaine quantité d'alcool amylique normal [Morin, *Bull. Soc. Chim.*, (2), **48**, 802].

Sa densité à 0° = 0,8296; à 20° = 0,8168; à 40° = 0,8065; à 99°,2 = 0,7835.

L'éther bromhydrique a été obtenu par l'action de l'acide bromhydrique sur l'alcool; il bout à 128°,7 sous 739mm,4; sa densité à 0° = 1,246; à 20° = 1,2235; à 40° = 1,2044.

L'éther iodhydrique, $CH^3(CH^2)^4-CH^2I$, bout à 115°,4 sous 739mm,9; il a été obtenu par l'action de l'acide iodhydrique sur le chlorure normal; sa densité à 0° = 1,5435; à 20° = 1,5174; à 40° = 1,4961 [Lieben et Rossi, *Ann. Chem.*, **159**, 170].

AMYLAMINE NORMALE PRIMAIRE,

$$CH^3-(CH^2)^3-CH^2.AzH^2.$$

— M. Hofmann [*D. chem. G.*, **15**, 770] l'a obtenue en traitant l'amide caproïque par le brome en présence d'une solution de potasse à 10 0/0. Ce corps bout à 103°.

ALCOOL ISOAMYLIQUE (*isopropyléthylique*)

$$(CH^3)^2=CH-CH^2-CH^2.OH.$$

— Ce corps, qui forme la partie la plus importante de l'alcool amylique de fermentation, ne possède pas de pouvoir rotatoire.

Il est soluble dans 39 parties d'eau à 16°,5, dans 50 parties à 13°,5. Cette solution devient laiteuse à 50°.

L'amylate de sodium, chauffé à 160°, et traité par un courant d'oxyde de carbone, donne de *l'amylvalérone* $C^{14}H^{28}O$, de *l'aménylvalérone* $C^{14}H^{26}O$ et un acide *aménylvalérique* $C^{10}H^{18}O^2$. Un mélange d'amylate et de valérate de sodium fournit, dans les mêmes conditions, les corps que nous venons de mentionner et en outre de l'acide *diaménylvalérique*, $C^5H^8(C^5H^9)^2O^2$ [Geuther et Fröhlich, *Ann. Chem.*, **202**, 288].

L'alcool amylique, chauffé en tubes scellés à 250° avec de l'aniline et de l'anhydride phosphorique, donne de l'amylaniline [Merz et Weith, *D. chem. G.*, **14**, 2346].

L'alcool amylique (1 molécule) mis en présence d'aldéhyde éthylique (1 molécule) et traité par l'acide chlorhydrique, ne donne qu'une très petite quantité d'*oxyde d'isoamyle et d'α-chloréthyle*; mais en revanche, en employant 2 molécules d'alcool, on obtient *l'acétal isoamylique*,

$$CH^3-CH(OC^5H^{11})^2,$$

bouillant à 209° [Claus et Trainer, *D. chem. G.*, **19**, 3007].

Geuther [*Ann. Chem.*, **218**, 12] a obtenu ce même acétal en traitant le diméthylacétal par l'alcool isoamylique.

MM. Norton et O. Prescott [*Am. Journ.*, **6**, 241] n'ont pu préparer ni éthers simples ni éthers mixtes au moyen de la méthode à préparation continue (filet d'alcool dans l'acide sulfurique). Ainsi un mélange d'alcools isoamylique et méthylique en présence d'acide sulfurique ne donne point l'oxyde de méthyle et d'amyle.

Le chlorure d'amyle, chauffé pendant 24 heures à 100° en tube scellé avec de l'iodure de calcium, fournit de *l'iodure d'amyle*; point d'ébullition = 147°; poids spécifique = 1,499 à 15° [Romburgh, *Rec. P.-B.*, **1**, 151].

Le *bromure d'isoamyle*, chauffé au bain-marie pendant 16 heures avec de l'allylamine, donne l'*allylamylamine*,

$$\begin{matrix} C^3H^5 \\ C^5H^{11} \end{matrix} > AzH.$$

Ce corps bout à 148-153°.

Si l'on opère à 130-140°, en présence d'acide sulfurique, on obtient une amine-alcool, l'*oxypropylamylamine*,

$$\begin{matrix} OH.C^3H^6 \\ C^5H^{11} \end{matrix} > AzH,$$

bouillant à 200°, fondant vers 0° [Liebermann et Paal, *D. chem. G.*, **16**, 529].

Amyl-hyposulfite de sodium, $C^5H^{11}.S^2O^3Na, 2H^2O$. — On obtient ce sel en traitant l'iodure d'amyle par une solution concentrée d'hyposulfite de sodium. Il se présente en lamelles qui ont jusqu'à 12 centimètres de long. Il est soluble dans l'eau et dans l'alcool; il se décompose sous l'influence de la chaleur en donnant le disulfure d'isoamyle $(C^5H^{11})^2S^2$. Ce corps bout à 250° [Spring et Legros, *D. chem. G.*, **15**, 1940].

Sulfoxyde d'amyle, $C^{10}H^{22}SO$. — Il forme des aiguilles qui fondent à 37-38° [Saytzeff, *Ann. Chem.*, **139**, 154].

Si l'on fait réagir sur ce corps le chlore en présence de l'eau, on obtient de l'acide isoamylsulfonique, du chlorure isoamylsulfonique, de l'acide chloro-isoamylsulfonique, de l'isoamylsulfone, de l'acide isovalérique, du chlorure et de l'anhydride isovalérique, de l'acide chlorisovalérique, et des pentanes tri- et tétrachloré [Spring et Winssinger, *D. chem. G.*, **17**, 539].

Isoamylsulfone, $(C^5H^{11})^2SO^2$. — On l'obtient dans l'oxydation du sulfoxyde isoamylique au moyen d'une solution de permanganate.

Ce corps se présente en longues aiguilles fondant à 31°; il bout sans décomposition à 295°. Presque insoluble dans l'eau et dans les alcalis, il se dissout facilement dans l'alcool. C'est un corps très stable. L'acide iodhydrique, le zinc et l'acide sulfurique, le perchlorure de phosphore ne l'attaquent pas [Beckmann, *J. prakt. Chem.*, (2), **17**, 441].

Le chlore agit peu, même sous l'influence de la lumière.

Le trichlorure d'iode ICl^3, chauffé en tube scellé à 130° avec ce corps, donne de la monochlorodiamylsulfone

$$\begin{matrix} C^5H^{10}Cl \\ C^5H^{11} \end{matrix} > SO^2,$$

bouillant à 330°, de la dichlorodiamylsulfone

$$\begin{matrix} C^5H^{10}Cl \\ C^5H^{10}Cl \end{matrix} > SO^2,$$

qui distille en se décomposant, des amylènes tri- et tétrachloré, enfin du chlorure de sulfuryle [Spring et Winssinger, *D. chem. G.*, **17**, 538].

Acide amylsulfureux, $C^5H^{11}.SO^3H$. — Voyez *Dict.*, **1**, 245.

Le chlore agit sur ce corps en présence de la lumière en donnant un acide monochloré

$$C^5H^{10}Cl.SO^3H,$$

puis de l'acide isoamylsulfurique et du chlorure d'isoamyle. Le chlorure d'iode en tube scellé donne à 130° une réaction très complexe, qui fournit de l'acide chlorisoamylsulfurique, des pentanes tri- et tétrachloré et de l'acide chloro-isoamylsulfureux [Spring et Winssinger, *D. chem. G.*, **17**, 537].

Cyanure d'isoamyle [Syn. *Capronitrile*]. — Ce composé, traité par le sodium, donne de la *cyanamyline* $C^{18}H^{33}Az^3$, qui distille sans décomposition. C'est un corps cristallisé, fusible à 53°; l'acide nitreux le transforme en une base oxygénée $C^{18}H^{32}Az^2O$ [Tröger, *J. prakt. Chem.*, (2), **37**, 407].

Sulfocyanate d'isoamyle. — En chauffant le sulfocyanate d'amyle pendant plusieurs jours en tube scellé à 180°, en présence d'un peu d'acide chlorhydrique ou d'acide sulfurique, on obtient du sulfocyanurate d'amyle, qui, chauffé à 180° avec de l'acide chlorhydrique, se dédouble en acide cyanurique et mercaptan isoamylique [Hofmann, *D. chem. G.*, **18**, 2198].

Monochloracétate d'amyle. — On l'obtient en chauffant l'acide monochloracétique avec de l'alcool amylique, employés tous deux en quantité théorique, et avec un peu d'acide sulfurique. On traite par l'eau, on lave et on sèche. Ce corps bout à 190° sous 751mm,1; presque insoluble dans l'eau, il est soluble dans l'alcool en toutes proportions. Sa densité à 0° = 1,063. [Hugounenq, *Bull. Soc. Chim.*, (2), **45**, 328].

Isosulfocyanate d'isoamyle [Syn. *Isoamylsénevol*],

$$(CH^3)^2 = CH - CH^2 - CH^2Az.CS.$$

— On l'obtient en traitant l'isoamylamine par le sulfure de carbone, et en décomposant par le chlorure mercurique le thiosulfocarbamate formé. C'est un corps liquide, bouillant de 182 à 184°; densité = 0,9575 à 0°; 0,9419 à 17°; 0,7875 à 182° [Hofmann, *D. chem. G.*, **1**, 173. — Buff, *D. chem. G.*, **1**, 206].

Isoamylamines. — L'iodure d'isoamyle, chauffé à 150° avec de l'ammoniaque en solution aqueuse, ne donne guère que l'iodure d'ammonium quaternaire; à une température un peu plus élevée, il se forme de l'amylène et de l'iodure de triamylammonium [Malbot, *C. R.*, **105**, 574].

M. Custer [*D. chem. G.*, **10**, 1333] a conseillé, pour obtenir la diamylamine pure, de traiter le chlorhydrate du mélange d'amines secondaire et tertiaire par le nitrate de sodium et l'alcool. On chauffe le mélange pendant 24 heures à 100°. La masse cristalline qui se dépose par refroidissement, essorée et lavée, donne, lorsqu'on la distille avec une solution de soude, de la diamylamine pure, bouillant à 187°.

M. Custer [*D. chem. G.*, **12**, 1328], en faisant réagir l'éther chloroxycarbonique, sur l'amylamine, a obtenu l'*amyluréthane*. De même en faisant réagir l'ammoniaque sur le cyanate d'amyle, il a obtenu l'*amylurée*; en remplaçant dans cette préparation l'ammoniaque par la di- et par la triamylamine, il a obtenu de la *tri*- et de la *tétramylurée* [voyez Urées et Uréthanes].

Chloramylamine, $C^5H^{11}.AzHCl$ [A. Berg, *Bull. Soc. Chim.*, (3), **3**, 685]. — On l'obtient en traitant une solution neutre de chlorhydrate d'amylamine par une quantité calculée d'une solution d'hypochlorite de sodium neutre, contenant 2 atomes de chlore actif pour 1 molécule de chlorhydrate :

$$C^5H^{11}.AzH^2.HCl + ClONa$$
$$= NaCl + H^2O + C^5H^{11}.AzHCl.$$

La base se sépare sous la forme d'une couche huileuse qui vient surnager. On la lave à l'eau, puis on la sèche sur le sulfate de sodium anhydre.

C'est un liquide huileux, faiblement coloré en jaune, et possédant une odeur désagréable, faible et très piquante. Sa densité à 0° est 0,968. Elle se décompose spontanément avec formation de chlorhydrate d'amylamine. Les acides étendus lui font subir le même dédoublement.

Dichloramylamine, $C^5H^{11}.AzCl^2$ [A. Berg, *ibid.*]. — On peut l'obtenir soit en décomposant la base monochlorée par les acides étendus, soit en traitant 1 molécule de chlorhydrate d'amylamine, additionnée de 1 molécule d'acide chlorhydrique, par la quantité convenable d'hypochlorite de sodium :

$$C^5H^{11}.AzH^2.HCl + HCl + 2ClONa$$
$$= 2NaCl + 2H^2O + C^5H^{11}.AzCl^2.$$

C'est un liquide huileux, d'un jaune d'or, possédant une odeur forte et irritante qui rappelle celle de l'acide hypochloreux. Sa densité à 0° est 1,063. Elle distille sans altération dans le vide, à 49° sous 14 millimètres et à 58° sous 22 millimètres. A la pression ordinaire, elle bout en se décomposant vers 142°. Sa vapeur surchauffée détone faiblement.

Elle réagit à froid sur l'amylamine avec élévation de température, dégagement de gaz et formation de chlorhydrate d'amylamine et de produits liquides non encore étudiés.

Chlorodiamylamine [Berg, *ibid.*]. — On l'obtient en traitant une solution tiède de chlorhydrate de diamylamine par la quantité calculée d'hypochlorite de sodium.

C'est un liquide huileux, presque incolore, doué d'une odeur faible, un peu vireuse. Sa densité à 0° est 0,897. Elle se prend en une masse blanche à — 20°. Elle distille sans altération à 89° sous 12 millimètres, mais elle se décompose lorsqu'on la chauffe à la pression ordinaire.

Elle réagit au bain-marie sur l'amylamine en donnant des gaz, du chlorhydrate d'amylamine et des produits dont l'étude n'a pas encore été achevée.

Alcool *a*-méthyléthyléthylique [Syn. *Alcool amylique actif*],

$$\begin{matrix}CH^3\\C^2H^5\end{matrix}>CH-CH^2.OH.$$

— La réduction de l'aldéhyde tiglique, au moyen de la limaille de fer et de l'acide acétique à 50,0/0 donne naissance à l'acool *a*-méthyléthyléthylique [Lieben et Zeisel, *Mon. f. Chem.*, 7, 53. — Herzig, *ibid.*, 3, 123].

Ce corps bout à 128°.

ALCOOLS AMYLIQUES SECONDAIRES.

Méthylpropylcarbinol,

$$CH^3-CH^2-CH^2-CH.OH-CH^3.$$

— Il se forme dans l'action du zinc-propyle sur le chlorure d'acétyle [Markownikoff, *J. Soc. Chim. russe*, 15, 407]; la réaction se passe comme l'indiquent les équations :

$$CH^3-COCl + Zn(C^3H^7)^2$$
$$= CH^3-CH<\begin{matrix}Cl\\OZn.C^3H^7\end{matrix} + C^3H^6;$$

$$CH^3-CH<\begin{matrix}Cl\\OZn.C^3H^7\end{matrix} + Zn(C^3H^7)^2$$
$$= CH^3-CH<\begin{matrix}C^3H^7\\OZn.C^3H^7\end{matrix} + Zn<\begin{matrix}Cl\\C^3H^7\end{matrix};$$

$$CH^3-CH(C^3H^7)OZn.C^3H^7 + H^2O$$
$$= CH^3-CH(C^3H^7)OH + ZnO + C^3H^8.$$

Chose remarquable, il ne se forme point de méthyldipropylcarbinol.

Cet alcool est soluble dans 6 parties d'eau. Il donne par oxydation de la méthylpropylcétone. Chauffé avec une solution alcaline et de l'iode, il donne de l'iodoforme.

Si, dans une solution de cet alcool préparé au moyen de la méthylpropylcétone, on laisse se développer du *Penicillium glaucum*, on obtient, comme alcool résiduel, un corps qui, pour un tube de 22 centimètres, dévie à gauche le plan de polarisation de 12°13′ [Le Bel, *C. R.*, 87, 213].

Éther chlorhydrique,

$$CH^3-CH^2-CH^2-CHCl-CH^3.$$

— On l'obtient par l'action de l'acide chlorhydrique sur l'amylène préparé au moyen du diéthylcarbinol, ou encore par l'action du chlore sur le pentane normal.

Il bout à 103-105°; sa densité à 0° = 0,912; à 21° = 0,891 [Wagner et Saytzeff, *Ann. Chem.*, 179, 321. — Schorlemmer, *Ann. Chem.*, 161, 268].

Éther bromhydrique,

$$CH^3-CH^2-CH^2-CHBr-CH^3.$$

— Préparé par Wurtz au moyen du méthyléthyléthylène et de l'acide bromhydrique. On l'obtient encore en chauffant le bromure d'isoamyle à 230° [Eltekoff, *D. chem. G.*, 8, 1244].

Éther iodhydrique. — Préparé par Wurtz de la même façon que le bromure.

M. A. Combes [*Bull. Soc. Chim.*, (2), 48, 478] l'obtient en grande quantité par l'action de l'acide iodhydrique sur l'acétylacétone; ce serait le meilleur mode de préparation de ce composé.

Amylamine [Syn. *Pentylamine*, *méthylpropylcarbinamine*],

$$CH^3-CH^2-CH^2-CH<\begin{matrix}CH^3\\AzH^2\end{matrix}$$

— On l'a obtenue en traitant la combinaison de la méthylpropylcétone avec la phénylhydrazine, par l'amalgame de sodium :

$$C^6H^5.AzH-Az=C<\begin{matrix}CH^2-CH^2-CH^3\\CH^3\end{matrix} + H^4$$
$$= C^6H^5.AzH^2 + \begin{matrix}C^3H^7\\CH^3\end{matrix}>CH.AzH^2.$$

Voici comment on opère : On dissout la combinaison phénylhydrazinique (1 partie) dans 10 parties d'alcool, et l'on ajoute 25 parties d'amalgame de sodium à 2,5 0/0 et la quantité nécessaire d'acide acétique pour que la solution reste acide. Lorsque la réaction est terminée, on met les bases en liberté par un alcali, on les transforme en sulfates, on lave les cristaux avec un peu d'éther afin de les débarrasser d'une petite quantité de résine, puis on distille avec de la potasse; le rendement est de 46 0/0 de la quantité théorique. On purifie la base en la traitant par le sodium et en la distillant sur la baryte.

C'est un liquide incolore, mobile, bouillant à 89-91° sous 755 millimètres.

Cette amine possède une forte odeur ammoniacale; elle est soluble en toutes proportions dans l'eau, l'alcool et l'éther. Sa solution aqueuse est fortement alcaline. Ce corps n'est point soluble dans les solutions alcalines concentrées, et la potasse le sépare de sa solution aqueuse sous forme d'huile [Tafel, *D. chem. G.*, 19, 1924].

Le *chlorhydrate* cristallise en aiguilles soyeuses très solubles dans l'eau et dans l'alcool; l'*oxalate neutre* cristallise en lamelles solubles dans l'eau et dans l'alcool chaud; l'*oxalate acide* est moins bien cristallisé et est très soluble dans l'eau.

Le *chloroplatinate* forme de petites aiguilles jaunes, très solubles dans l'eau et dans l'alcool chaud.

Méthylisopropylcarbinol,

$$CH^3-CH.OH-CH^2(CH^3)^2.$$

— Le bromure de bromacétyle ou le chlorure de chloracétyle réagissent sur le zinc-méthyle pour donner cet alcool [Winogradoff, *Ann. Chem.*, 191, 125. — Bogomoletz, *ibid.*, 209, 86].

L'acide sulfurique concentré ou l'acide iodhydrique étendu le déshydratent et le transforment en triméthyléthylène.

L'acide chromique l'oxyde en donnant de

l'acide carbonique, de l'acide acétique, de l'acétone et un peu de méthylisopropylcétone [Wichnegradsky, *Ann. Chem.*, **190**, 338].

DIÉTHYLCARBINOL $(C^2H^5)^2 = CH . OH$. — Voyez Supp., **1**, 131.

Éther chlorhydrique. — On l'obtient au moyen du perchlorure de phosphore et de l'alcool correspondant. Il bout à 103-105°; sa densité à 0° = 0,916; à 21° = 0,895 [Wagner et Saytzeff *Ann. Chem.*, **179**, 321].

Éther iodhydrique, $(C^2H^5)^2CHI$. — Il a été préparé au moyen du diéthylcarbinol et de l'acide iodhydrique. Il bout à 145-146°; sa densité à 0° = 1,528; à 20° = 1,501 [Wagner et Saytzeff, *loc. cit.*].

AMYLAMINE (*diéthylcarbinamine*),

$$(C^2H^5)^2 = CH . AzH^2.$$

— Ce corps a été obtenu en chauffant vivement l'acide diéthylamidoacétique; il perd CO^2 et donne la diéthylcarbinamine,

$$(C^2H^5)^2 = C \begin{cases} AzH^2 \\ CO . OH \end{cases} = CO^2 + (C^2H^5)^2 = CH . AzH^2.$$

ALCOOL AMYLIQUE TERTIAIRE.

DIMÉTHYLÉTHYLCARBINOL [Syn. *Hydrate d'amylène, alcool pseudoamylique*],

$$\begin{matrix} C^2H^5 \\ (CH^3)^2 \end{matrix} \geqslant C . OH.$$

— Il bout à 102°,5 et fond à —12°. Traité par l'acide nitrique, il donne du nitroamylène $C^5H^9AzO^2$ [Haitinger, *Mon. f. Chem.*, **2**, 286].

Chlorure d'amyle [Syn. *Chlorhydrate d'amylène*]. — Ce corps réagit sur le benzène en présence du chlorure d'aluminium, pour donner un amylbenzène (voy. ce mot) qui paraît être identique avec le composé obtenu par MM. Friedel et Crafts dans la réaction du chlorure d'amyle inactif sur le benzène en présence du chlorure d'aluminium [Essner, *Bull. Soc. Chim.*, (2), **35**, 212].

Fluorure d'amyle. — En dirigeant de l'acide fluorhydrique dans de l'amylène maintenu froid, puis en neutralisant par l'hydrate de baryte, on obtient, après fractionnement, un liquide d'odeur chloroformique, bouillant entre 75 et 80° et contenant 68 0/0 de fluorure d'amyle [Young, *Chem. Soc.*, 1881, 489].

Nitrite d'amyle. — On l'obtient par l'action de la trinitrine de la glycérine sur le diméthyléthylcarbinol.

C'est un liquide mobile, à faible odeur d'ambre. Il bout à 92-93°. Sa densité à 0° est = 0,9033 [Bertoni, *Gazz. chim. ital.*, **17**, 512].

Acétate d'amyle. — M. Menchoutkine a fait une série de travaux sur la décomposition de ce corps par la chaleur. Voici les conclusions auxquelles il est arrivé :

1° La décomposition demande pour s'effectuer une température supérieure à 100°.

2° La décomposition commencée à une température donnée peut se continuer de façon à être complète à cette même température.

3° La décomposition ne s'effectue que quelque temps après qu'on a commencé l'expérience.

4° Quand la décomposition est commencée, sa vitesse, d'abord petite, augmente jusqu'à un maximum, puis elle diminue et passe à zéro.

5° Plus la température est élevée, plus la vitesse de décomposition est grande, les phases restant les mêmes.

6° La décomposition a une limite [Menchoutkine, *D. chem. G.*, **15**, 2512]. M. Konowaloff [*Zeit. physik. Chem.*, **1**, 63] attribue l'accélération de la décomposition à la formation d'acide acétique; en effet, si l'on ajoute au commencement de l'opération l'un des acides acétique, butyrique, propionique ou chlorhydrique, la vitesse de décomposition est fort augmentée, surtout avec le premier de ces acides.

M. Konowaloff trouve aussi qu'indépendamment de l'action catalytique il y a déplacement de l'acide acétique, si l'on opère avec les acides monochloracétique, chlorhydrique ou iodhydrique; et que, si l'on prend les vitesses de décomposition tout au commencement, alors que les réactions secondaires n'ont pu avoir d'influence, ces vitesses sont proportionnelles aux coefficients d'affinité des acides mis en jeu [*Zeit. physik. Chem.*, **2**, 6].

Isosulfocyanate d'amyle tertiaire,

$$\begin{matrix} (CH^3)^2 \\ C^2H^5 \end{matrix} \geqslant C . AzCS.$$

— La diméthyléthylcarbinamine se combine aisément avec le sulfure de carbone en donnant un thiosulfocarbamate. Ce sel, traité par le chlorure mercurique, fournit l'isosulfocyanate amylique tertiaire, corps liquide, possédant une odeur aromatique et bouillant à 166° sous la pression de 770mm [Rudneff, *loc. cit.*].

DIMÉTHYLÉTHYLCARBINAMINE,

$$\begin{matrix} (CH^3)^2 \\ C^2H^5 \end{matrix} \geqslant C . AzH^2$$

[Syn. *Pseudo-amylamine* ou *isoamylamine*, noms anciens]. — Cette amylamine se forme en même temps que le nitrile diméthyléthylacétique, lorsqu'on traite l'iodure de diméthyléthylcarbinol par les cyanures de potassium ou de mercure [Wichnegradsky, *Ann. Chem.*, **174**, 60].

On l'obtient encore en décomposant en tube scellé, par l'acide chlorhydrique concentré, le produit obtenu dans l'action du cyanate d'argent sur l'iodure de diméthyléthylcarbinol [Rudneff, *Bull. Soc. Chim. russe*, **11**, 171].

Cette amine se combine à froid avec les iodures alcooliques. Ces combinaisons sont cristallines, mais on ne peut obtenir d'amines secondaires lorsqu'on les traite par les alcalis. A. Béhal.

AMYLIQUES (ALDÉHYDES). — On peut concevoir, avec le système de notation atomique actuel, trois aldéhydes amyliques :

1° L'aldéhyde propyléthylique,

$$CH^3 - CH^2 - CH^2 - CH^2 - CHO;$$

2° L'aldéhyde isopropyléthylique,

$$(CH^3)^2 = CH - CH^2 - CHO;$$

3° L'aldéhyde méthyl-éthyl-éthylique,

$$\begin{matrix} CH^3 \\ C^2H^5 \end{matrix} > CH - CHO.$$

Ces trois aldéhydes sont connues; la première et la dernière cependant n'ont encore été que peu étudiées.

ALDÉHYDE AMYLIQUE NORMALE [Syn. *Valéral, hydrure de valéryle, aldéhyde valérique, aldéhyde propyléthylique*]. — Voyez Dict., **3**, 614 et Suppl., **1**, 1542.

ALDÉHYDE ISOAMYLIQUE,

$$(CH^3)^2 = CH - CH^2 - CHO$$

[Syn. *Aldéhyde isopropyléthylique, valéral, aldéhyde isovalérique*]. L'isoamylaldéhydate d'ammoniaque, mélangé avec de l'acide cyanhydrique à 30 ou 40 0/0 à basse température, puis additionné à froid d'acide chlorhydrique concentré, donne naissance à de l'*amido-isocapronitrile*,

$$(CH^3)^2 = CH - CH^2 - CH(AzH^2) - CAz,$$

et à de l'*imido-isocapronitrile*,

$$\begin{matrix} (CH^3)^2-CH-CH^2-CH \lt \begin{matrix} CAz \\ AzH \end{matrix} \\ (CH^3)^2-CH-CH^2-CH \lt CAz \end{matrix}$$

[Erlenmeyer, *D. chem. G.*, **14**, 1868].

L'aldéhyde isoamylique réagit à la température de 160° sur le sulfocyanate d'ammonium en donnant une masse rougeâtre, poisseuse, très soluble dans l'alcool, l'éther et l'acide acétique, mais dont on n'a pu extraire de composé solide [Brodsky, *Mon. f. Chem.*, **8**, 27; *Bull. Soc. Chim.*, (2), **48**, 380].

L'aldéhyde amylique se combine à la mannite pour donner un acétal résultant de l'union de 3 molécules d'aldéhyde avec 1 molécule de mannite et élimination de 3 molécules d'eau : la combinaison ainsi obtenue fond à 90° [Meunier, *Bull. Soc. Chim.*, (2), **50**, 2].

L'aldéhyde isoamylique réagit sur le succinate de sodium en présence d'anhydride acétique pour donner naissance à un acide lactonique, l'acide *isobutylparaconique*,

$$(CH^3)^2=CH-CH^2-CH-CH(CO^2H)-CH^2-CO$$
$$\text{(CH et CO reliés par } O)$$

[A. Schneegans, *Ann. Chem.*, **255**, 97] (voyez ACIDE PARACONIQUE).

L'aldéhyde isoamylique, mise en contact avec de l'oxalate de diacétonamine en présence d'alcool, puis maintenue à l'ébullition pendant 10 heures, donne naissance à de l'*oxalate de valérodiacétonamine*, qui fond à 190° en se décomposant.

On peut obtenir la valérodiacétonamine en traitant cet oxalate par un alcali et en agitant avec de l'éther. La base ainsi obtenue fond à 21-22° : elle répond à la formule

$$\begin{matrix} (CH^3)^2=CH-CH^2-CH-CH^2-CO \\ \quad\quad\quad\quad\quad | \quad\quad\quad\quad \diagdown \\ \quad\quad\quad\quad AzH-C(CH^3)^2-CH^2 \end{matrix}$$

[O. Antrick, *Ann. Chem.*, **227**, 365; *Bull. Soc. Chim.*, (2), **45**, 452].

L'aldéhyde isoamylique, mise en présence d'éther acétylacétique et d'ammoniaque, donne naissance à l'éther hydro-isobutyl-lutidine-dicarbonique $C^5Az.H^2.C^4H^9.(CH^3)^2.(CO^2C^2H^5)^2$ (voyez ACIDES LUTIDINE-CARBONIQUES) [F.-R. Engelmann, *Ann. Chem.*, **231**, 37; *Bull. Soc. Chim.*, (2), **46**, 438].

Acides isoamylphosphiniques. — L'aldéhyde isoamylique se combine à froid avec le trichlorure de phosphore, en donnant un composé instable que l'eau détruit avec formation d'acide chlorhydrique et d'*acide oxyisoamylphosphinique* $C^5H^{13}PO^4$.

On mélange lentement et en refroidissant 1 molécule de trichlorure avec 4 molécules d'aldéhyde; on verse le liquide huileux ainsi obtenu dans 20 fois son poids d'eau. Il se sépare une couche huileuse qui est probablement un produit de polymérisation de l'aldéhyde; la solution aqueuse concentrée laisse cristalliser l'acide oxyisoamylphosphinique.

Il se présente sous la forme de lamelles hexagonales, appartenant au système clinorhombique, fusibles à 183-184°, solubles dans l'éther, l'alcool, l'acide acétique, presque insolubles dans le chloroforme et dans le benzène.

Il fonctionne comme acide bibasique.

Le *sel acide de baryum*, $(C^5H^{12}PO^4)^2Ba$, forme des cristaux étoilés peu solubles dans l'alcool.

Le *sel neutre de baryum*, $C^5H^{11}PO^4Ba, 2H^2O$, est une poudre cristalline, moins soluble à chaud qu'à froid et ne perdant son eau qu'à la température de 140°.

Les *sels de calcium* sont analogues à ceux de baryum.

Le *sel neutre d'argent*, $C^5H^{11}PO^4Ag^2$, est un précipité blanc, caséeux, soluble dans l'ammoniaque et dans l'acide nitrique.

Le *sel neutre de plomb*, $C^5H^{11}PO^4Pb$, forme un précipité insoluble dans l'acide acétique.

Le *sel d'ammonium* est gommeux.

Le permanganate de potassium oxyde l'acide isoamylphosphinique en donnant de l'acide valérique et de l'acide phosphorique. Chauffé pendant 10 heures à 200° avec 10 fois son poids d'acide iodhydrique fumant, il donne l'acide amylphosphinique de M. Hofmann, $C^5H^{13}PO^3$, fusible à 160-162° (voyez PHOSPHINES, Dict., **2**, 947).

Le perchlorure de phosphore réagit vivement sur l'acide oxyisoamylphosphinique en donnant un *trichlorure*, $C^4H^9-CHCl-POCl^2$.

C'est un liquide mobile, bouillant à 106-109° sous une pression de 12 millimètres, à 134-140° sous une pression de 22 millimètres. Il se décompose au contact de l'eau en donnant un corps cristallisé, $C^5H^{12}ClPO^3$, l'*acide chlorisoamylphosphinique.*

L'acide oxyisoamylphosphinique, soumis à la distillation sèche, donne comme produits principaux de l'aldéhyde isoamylique et de l'acide phosphoreux. La constitution de ce corps peut être représentée par le schéma

$$C^4H^9-CH.OH-PO(OH)^2.$$

Le produit trichloré obtenu par l'action du perchlorure de phosphore sur cet acide, traité par l'alcool absolu, donne l'*éther chlorisoamylphosphinique* $C^4H^9-CHCl-PO(OC^2H^5)^2$, qui forme un liquide huileux et jaunâtre. L'acide chlorisoamylphosphinique donne un *sel de calcium*, $C^5H^{10}ClPO^3Ca$, peu soluble même à l'ébullition [Fossek, *Mon. f. Chem.*, **5**, 627 et **7**, 20, 40; *Bull. Soc. Chim.*, (2), **44**, 326 et **46**, 540].

Acide dioxyisoamylphosphinique,

$$(C^4H^9-CH.OH)^2=POOH.$$

— On obtient ce corps en chauffant au bain-marie vers 95°, dans une atmosphère d'acide carbonique, l'aldéhyde isoamylique avec de l'acide hypophosphoreux. La couche d'aldéhyde ne tarde pas à disparaître et la réaction est complète en deux heures. La liqueur, abandonnée à elle-même, cristallise bientôt. On recueille les cristaux, on les lave avec un peu d'eau, on les dissout dans la potasse et on les reprécipite par l'acide chlorhydrique.

Ce corps est très peu soluble dans l'eau.

L'alcool le dissout facilement et l'abandonne par évaporation sous la forme de lamelles hexagonales. Il fond vers 160°, puis se décompose à une température un peu plus élevée en donnant de l'aldéhyde isoamylique, de l'hydrogène phosphoré et du charbon.

Il fonctionne comme composé triatomique et monobasique.

En effet, traité par le chlorure d'acétyle, il donne un *dérivé diacétylé* $(C^4H^9-CH.OC^2H^3O)^2POOH$. Ce corps constitue un sirop très épais, insoluble dans l'eau, très soluble dans l'alcool, l'éther et le chloroforme. Par saponification, il donne le dioxyisoamylphosphinate de potassium.

Sel de baryum,

$$[(C^4H^9-CH.OH)^2PO^2]^2Ba, H^2O.$$

— Aiguilles groupées autour d'un centre commun, très solubles dans l'eau.

Sel de plomb,

$$[(C^4H^9-CH.OH)^2PO^2]^2Pb, 5H^2O.$$

— Granulations cristallines très peu solubles dans l'eau et dans l'alcool.

Sel de potassium,

$$(C^4H^9-CH.OH)^2PO^2K, 3H^2O.$$

— Il se dépose de sa solution alcoolique en lamelles fasciculées; il est très soluble dans l'eau et dans l'alcool, complètement insoluble dans l'éther et dans le chloroforme [J. Ville, *Bull. Soc. Chim.*, (3), **2**, 204].

Aldéhyde bromisoamylique,

$$(CH^3)^2=CH-CHBr-CHO.$$

— M. Lochert prépare cette aldéhyde bromée en traitant l'acétal isoamylique du glycol par le brome.

On ajoute goutte à goutte 2 molécules de brome à 1 molécule d'acétal en refroidissant. Le brome est absorbé avec énergie; on traite le composé ainsi obtenu par l'acide sulfurique étendu de son volume d'eau, on laisse en contact pendant une demi-heure à froid en agitant puis l'on décante.

La couche supérieure séchée distille entre 145 et 150° en se décomposant partiellement : c'est l'aldéhyde isoamylique bromée [Lochert, *Ann. Chim. Phys.*, (6), **16**, 34].

Aldéhyde iodisoamylique,

$$(CH^3)^2=CH-CHI-CHO.$$

— On la prépare en faisant réagir l'iode en présence d'acide iodique sur l'aldéhyde isoamylique : la réaction peut être représentée par l'équation suivante :

$$5C^5H^{10}O + 2I^2 + IO^3H = 5C^5H^9IO + 3H^2O.$$

On dissout 24 centimètres cubes d'aldéhyde isoamylique dans 50 centimètres cubes d'alcool à 90°. On ajoute à cette solution un mélange de 20 grammes d'iode et de 8 grammes d'acide iodique broyés ensemble et l'on abandonne le tout à la température ordinaire dans un vase fermé : l'iode est absorbé peu à peu et au bout d'environ quinze jours la réaction est terminée. On précipite alors l'aldéhyde iodée en ajoutant à la solution alcoolique une grande quantité d'eau. On la décolore au moyen de la potasse, en opérant avec précaution, parce que l'alcali peut décomposer l'aldéhyde iodée.

Ce corps est liquide et incolore, mais il ne tarde point à noircir lorsqu'il est exposé à l'action de la lumière. Il est volatil, non inflammable et possède une odeur suffocante. Sa densité à 17° est égale à 2,17. Une température de — 20° ne le solidifie point; la chaleur le décompose en donnant de l'iode et des matières résineuses

Il se dissout en petite quantité dans l'eau et est soluble dans les dissolvants organiques.

La potasse et la soude le décomposent en donnant de l'aldéhyde isoamylique, en même temps qu'une réaction secondaire donne naissance à un peu d'alcool isoamylique et d'acide isovalérique.

L'ammoniaque employée en solution aqueuse, alcoolique ou éthérée donne naissance à de l'iodure d'ammonium, à du valéral-ammoniaque à de la valéridine et à de la valéritrine.

L'acétate d'argent réagit sur l'aldéhyde iodisoamylique en donnant naissance à de l'acétate d'amyle $C^5H^{11}.OC^2H^3O$.

Le cyanure d'argent donne naissance au cyanovaléral C^6H^9AzO, bouillant à 137°; le sulfocyanate d'argent fournit le sulfocyanovaléral C^6H^9AzSO.

L'acide nitrique donne par oxydation surtout de l'acide isovalérique, en même temps qu'il y a mise en liberté d'iode.

L'aldéhyde iodamylique réagit sur l'aniline à l'aide d'une douce chaleur, en donnant naissance à deux produits : l'un est probablement une base iodée du type des amines benzylidéniques,

$$(CH^3)^2=CH-CHI-CH=AzC^6H^5.$$

Ce corps se présente sous la forme d'aiguilles prismatiques ou de tables rectangulaires de couleur jaune. On ne peut le fondre sans décomposition. On l'a nommé improprement *amylidène-phénylmonamine iodée,*

Le second, qui est vraisemblablement l'iodhydrate,

$$(CH^3)^2=CH-\underset{\substack{H\searrow\,|\quad\\ I\nearrow AzH\\ |\\ C^6H^5}}{CH}-CH=AzC^6H^5$$

a été nommé *amylidène-diphényldiamine iodée.*

Il est très soluble dans l'eau et dans l'alcool. Il est cristallisé en aiguilles jaune-roux qu'on ne peut ni fondre ni sublimer sans décomposition [Chautard, *Ann. Phys. Chim.*, (6), **16**, 145].

Acétal isoamylique du glycol (oxyde d'éthylène-isoamylidène),

$$(CH^3)^2=CH-CH^2-CH\begin{matrix}\diagup OCH^2\\ |\\ \diagdown OCH^2\end{matrix}$$

— On l'obtient en mélangeant le glycol avec l'aldéhyde isoamylique et en chauffant au bain d'huile pendant 5 ou 6 jours. Il bout à 145° sous 758^{mm},4. Sa densité à 0° est égale à 0,9437. Il est peu soluble dans l'eau, mais l'alcool et l'éther le dissolvent bien.

Il est saponifié facilement par l'eau bouillante.

Il ne réduit pas immédiatement l'azotate d'argent ammoniacal; mais, la saponification se faisant peu à peu à l'ébullition, on voit apparaître un miroir métallique.

Les acides hydratés le saponifient facilement.

L'acide chlorhydrique gazeux et sec donne de la monochlorhydrine du glycol et du valéral.

Le brome réagit à froid sur l'acétal en donnant un *dérivé monobromé*, $C^7H^{13}BrO^2$. Ce composé ne distille pas sans altération à la pression ordinaire, mais il bout dans le vide vers 94° en ne se décomposant qu'à la fin de l'opération.

L'acide sulfurique étendu de son volume d'eau saponifie à froid cet acétal bromé en donnant naissance à du glycol et à de l'aldéhyde bromisoamylique bromée.

Cet acétal chloré, traité par la potasse alcoolique pendant 16 heures à la température de 160-170°, donne deux corps, l'un non saturé bouillant à 146-150° et répondant à la formule

$$(CH^3)^2=C=CH-CH\begin{matrix}\diagup OCH^2\\ |\\ \diagdown OCH^2\end{matrix}$$

et l'autre répondant probablement à la formule

$$(CH^3)^2=CH-CHOH-CH\begin{matrix}\diagup OCH^2\\ |\\ \diagdown OCH^2\end{matrix}$$

Cet alcool-acétal bout entre 175 et 180° (Lochert)

Acétal isoamylique du glycol-propylénique normal (oxyde de propylène-isoamylidène)

$$(CH^3)^2=CH-CH^2-CH\begin{matrix}\diagup OCH^2\\ \quad CH^2\\ \diagdown OCH^2\end{matrix}$$

— L'aldéhyde isoamylique, chauffée à 125° en tube scellé avec du propylène-glycol pendant 5 jours, donne naissance à l'acétal correspondant. Ce composé, à peu près insoluble dans l'eau, bout à 164-166° sous 754^{mm},3. Sa densité à 0° = 0,9445.

L'eau, les alcalis et les acides le saponifient.

L'aldéhyde isoamylique ne paraît point se combiner avec le glycol isobutylénique,

$$\begin{matrix} CH^3 \\ CH^3 \end{matrix} > C(OH) - CH^2 - CH^2OH$$

[Lochert, *Ann. Chim. Phys.*, (6), **16**, 50].

Acétal isoamylique de la glycérine,

$$C^6H^{10}O^2 - C^3H^5 . OH.$$

— On obtient cet acétal en chauffant à 170-180° la glycérine avec l'aldéhyde isoamylique. Ce corps bout à 224-228°. Sa densité à 0° = 1,027. Il se décompose à l'air humide [Harnitski et Menchoutkine, *Ann. Chem.*, **136**, 127].

Valéral diacétique (diacétate d'isoamylidène), $(CH^3)^2 = CH - CH^2 - CH(OC^2H^3O)^2$. — On obtient ce dérivé diacétylé en chauffant en tube scellé, à la température de 200°, molécules égales d'aldéhyde isoamylique et d'anhydride acétique. C'est un liquide bouillant à 195°. Sa densité à 0° = 0,963 [Kolbe et Guthrie, *Ann. Chem.*, **109**, 296; *Rep. Chim. pure*, **1**, 385].

Valéral chloroacétique (chloroacétate d'amylidène), $(CH^3)^2 = CH - CH^2 - CHCl(OC^2H^3O)$. — On chauffe en tube scellé à 100° pendant 3 heures un mélange équimoléculaire d'aldéhyde isoamylique et de chlorure d'acétyle. Le produit rectifié distille entre 118 et 128° en se décomposant légèrement. Sa densité à 17° = 0,987.

L'eau le décompose lentement en acides chlorhydrique et acétique et aldéhyde isoamylique [M. Simpson, *Bull. Soc. Chim.*, (2), **31**, 410].

Isoamylaldoxime (isobutylcarboxime)

$$(CH^3)^2 = CH - CH^2 - CH = AzOH.$$

— On l'obtient en neutralisant par la soude une solution aqueuse de chlorhydrate d'hydroxylamine, ajoutant la quantité équivalente d'aldéhyde isoamylique et épuisant par l'éther. On obtient ainsi un liquide incolore, plus léger que l'eau, d'une odeur pénétrante, bouillant à 160-162° [Petraczek, *D. chem. G.*, **16**, 829; *Bull. Soc. Chim.*, (2), **41**, 68].

Isoamylphénylhydrazone (valéralphénylhydrazone),

$$(CH^3)^2 = CH - CH^2 - CH = Az - AzH - C^6H^5.$$

— Ce composé s'obtient à la manière ordinaire, en combinant l'aldéhyde isoamylique avec la phénylhydrazine.

C'est une huile qui distille à 220° sous 150 millimètres. Fondue avec du chlorure de zinc, elle donne naissance au Pr-3-isopropylindol (β-isopropylindol [B. Trenckler, *Ann. Chem.*, **248**, 106].

Aldéhyde méthyl-éthyl-éthylique,

$$\begin{matrix} C^2H^5 \\ CH^3 \end{matrix} > CH - CHO.$$

— M. Eltekoff a obtenu cette aldéhyde en chauffant à 150° l'éther éthylamylique, $C^5H^9OC^2H^5$ avec de l'acide sulfurique à 1 0/0 [*D. chem. G.*, **10**, 706].

M. Herzig [*Mon. f. Chem.*, **3**, 123] avait signalé la formation d'aldéhyde amylique dans la réduction de l'aldéhyde tiglique par l'acide acétique et le fer.

En réduisant au moyen de la limaille de fer et de l'acide acétique à 50 0/0 l'aldéhyde tiglique, MM. Lieben et Zeisel [*Mon. f. Chem.*, **7**, 53 et 75; *Bull. Soc. Chim.*, (2), **44**, 669] ont obtenu de l'aldéhyde amylique, de l'alcool amylique et de l'alcool tiglique; cette aldéhyde, purifiée au moyen de la combinaison bisulfitique, bout à 90-92° sous 742^{mm},8.

Oxydée au moyen du mélange chromique, elle donne un acide valérique bouillant à 176,5-177° sous 754^{mm},2.

Le corps obtenu par les méthodes que nous venons de décrire ne possède point de pouvoir rotatoire. Cependant on a déjà obtenu, en oxydant l'alcool amylique gauche, de l'aldéhyde amylique droite. Ainsi MM. Erlenmeyer et Hell [*Ann. Chem.*, **160**, 257], en oxydant par le mélange chromique l'alcool amylique de fermentation, déviant de — 14° sous une épaisseur de 50 centimètres, ont obtenu du valérate d'amyle, de l'acide valérique et de l'aldéhyde méthyléthyléthylique, déviant le plan de polarisation de + 4°,2 à + 4°,5 sous une épaisseur de 50 centimètres. Ce corps n'a pas été isolé à l'état de pureté; il bouillait à 90,5-91°.

M. Riban a de même obtenu, en oxydant l'alcool amylique commercial, possédant une déviation gauche de — 2°,8, de l'aldéhyde amylique dextrogyre (+ 4°,7 sous 20 centimètres) [*Bull. Soc. Chim.*, (2), **14**, 98 et **15**, 4.]

Ces produits aldéhydiques lévogyres sont formés d'un mélange d'aldéhyde gauche, de la combinaison d'aldéhydes droite et gauche et d'aldéhydes répondant à une autre formule de constitution et inactives, telles que l'aldéhyde isopropyléthylique.

MM. Pierre et Puchot [*C. R.*, **75**, 1444 et **76**, 1232] ont indiqué que l'alcool amylique commercial donne des aldéhydes possédant un pouvoir rotatoire gauche plus ou moins considérable suivant la quantité d'alcool gauche qu'il renferme.

Il est vraisemblable qu'en oxydant l'alcool amylique droit de M. Le Bel, on obtiendrait une aldéhyde amylique gauche.

Aldéhyde méthyléthylique dibromée. — On obtient cette aldéhyde dibromée en traitant l'aldéhyde tiglique par le brome (Lieben et Zeisel; voyez plus haut).

Aldéhyde amylique sulfonée, $C^5H^9O . SO^3H$. — On obtient ce corps de la façon suivante : On dissout 5 grammes d'aldéhyde tiglique dans 50 grammes d'eau; on fait passer un courant de gaz sulfureux jusqu'à refus, en opérant dans la glace, et on laisse en contact pendant 3 heures. On peut aussi saturer l'aldéhyde par l'acide sulfureux, puis chauffer à 60° en tube scellé pendant 4 heures; dans l'un et dans l'autre cas, on neutralise la solution au moyen du carbonate de baryum; on filtre, on évapore en partie la solution dans le vide en ne dépassant pas la température de 35°. Il se précipite du sulfite de baryum, provenant de la décomposition d'un dérivé disulfoné peu stable. On filtre alors le liquide et on évapore de nouveau. On obtient dans ces conditions une masse gommeuse qui est un mélange d'*oxypentane-disulfonate de baryum*, $C^5H^{10}O(SO^3)^2Ba$, et de *valéralsulfonate de baryum*, $(C^5H^9O . SO^3)^2Ba, H^2O$. On isole facilement ce second sel en décomposant le premier, peu stable, par une ébullition prolongée avec un excès de carbonate de baryum et en opérant dans une atmosphère d'acide carbonique. On filtre et on évapore le liquide à 100°.

Le valéralsulfonate de baryum, réduit en solution faiblement acide par l'amalgame de sodium, donne le sel de sodium d'un alcool amylique sulfoné.

Chauffé en présence de chaux, il se décompose en donnant du sulfite et du sulfate de calcium, de l'alcool tiglique et de l'alcool amylique; les schémas suivants représentent les constitutions de l'aldéhyde et de l'alcool sulfonés :

$$C^2H^5 - C \begin{matrix} \nearrow SO^3H \\ - CH^3 \\ \searrow CHO \end{matrix} \qquad C^2H^5 - C \begin{matrix} \nearrow SO^3H \\ - CH^3 \\ \searrow CH^2OH \end{matrix}$$

[F. H. Hayman, *Mon. f. Chem.*, **9**, 1055].

A. Béhal.

AMYLNAPHTALÈNE (ISO-),

$C^{15}H^{18} = C^{10}H^7 - C^5H^{11}$.

Dérivé α. — M. T. Leone [*Gazz. chim. ital.*, **12**, 209; *Bull. Soc. Chim.*, (2), **39**, 183] a obtenu cet hydrocarbure en chauffant un mélange de 40 parties d'α-bromonaphtalène, un peu plus de la quantité théorique de bromure d'amyle, 15 grammes de sodium et 200 grammes d'éther. La réaction est violente; il se forme une huile passant à la distillation à 290-315°, ainsi que du binaphtyle. On en retire l'hydrocarbure, liquide plus léger que l'eau, distillant sans décomposition à 303°.

Son *picrate* est en aiguilles jaune clair, fusibles à 85-90°.

Dérivé β. — Pour préparer le β-amylnaphtalène, on chauffe dans un ballon relié à un appareil à reflux [Roux, *Bull. Soc. Chim.*, (2), **41**, 379; *Ann. Chim. Phys.*, (6), **12**, 290] un mélange de naphtalène et de chlorure d'amyle, puis on ajoute par petites portions du chlorure d'aluminium, en ayant soin chaque fois d'agiter le ballon. On continue à chauffer jusqu'à ce qu'il se soit dégagé à peu près la quantité théorique d'acide chlorhydrique; on laisse refroidir, on ajoute dans le ballon du sulfure de carbone pour dissoudre toute la matière, puis on traite par l'eau le produit obtenu, de manière à décomposer le chlorure d'aluminium. On décante le sulfure de carbone, on le sèche et on le distille au bain-marie. Le résidu est ensuite soumis à la distillation fractionnée.

On obtient, après plusieurs fractionnements, l'hydrocarbure pur, liquide incolore, très réfringent, doué d'une odeur aromatique agréable; il devient visqueux lorsqu'on le refroidit à 21°, et distille à 288-292° à la pression ordinaire; sa densité à 0° = 0,973.

Son *picrate* est en aiguilles fines jaune-citron fusibles à 110°.

Un autre amylnaphtalène a été décrit par M. Paterno, qui l'a préparé en faisant réagir l'acide iodhydrique et le phosphore sur l'acide lapachique. Il distille à 304-306° et fournit un picrate fusible à 140-141°.

F. Reverdin.

AMYLODEXTRINE. — Voyez DEXTRINE.

AMYLOÏDE (SUBSTANCE). — M. Virchow a donné le nom de *substance amyloïde* à un produit qui se dépose dans divers organes sous la forme de granulations fines, transparentes, ou organisées en couches concentriques et qui sont caractérisées par les colorations spéciales qu'elles prennent au contact de l'iode ou de l'iode et de l'acide sulfurique (voyez plus bas). M. Virchow a d'abord observé cette réaction sur les granulations dites *corpora amylacea* (Purkinje), que l'on trouve dans l'épendyme des ventricules [*Virchow's Arch.*, **6**, 135, 1854]; puis ce même corps fut retrouvé dans un très grand nombre d'organes et considéré comme caractéristique d'un mode particulier de dégénérescence, dite amyloïde. Tantôt la substance amyloïde apparaît sous la forme de granulations et simultanément sur un grand nombre de points (rein, rate, foie, capsule surrénale, glande thyroïde, utérus, muqueuse intestinale, conjonctive, parois artérielles, etc.), tantôt elle atteint plus spécialement tel ou tel organe (rein, rate, foie), qu'elle infiltre complètement en lui donnant un aspect gras et cireux. On l'a trouvée aussi dans certaines tumeurs (ecchondroses, ...). [E. Klebs, *Die krankhaften Störungen des Baues* etc. Iéna, 1889, 164.]

Les histologistes admettent en général que la dégénérescence amyloïde est précédée par un stade de dégénérescence *hyaline*; mais cette substance hyaline n'est encore connue que par quelques réactions microchimiques [E. Klebs, *loc. cit.*, p. 177].

Une analyse de rein amyloïde a été faite par M. Lambling [*C. R. de la Soc. de Biol.*, (9), **5**, 51].

Préparation. — Les organes atteints de dégénérescence cireuse sont hachés, épuisés par l'eau froide, par l'eau bouillante, puis, à chaud, par l'alcool, l'éther et l'alcool chlorhydrique. Le résidu est mis à digérer avec du suc gastrique artificiel, qui dissout les matières albuminoïdes en laissant comme résidu insoluble la matière amyloïde [Kühne et Rudneff, *Virchow's Arch.*, **33**, 66]. Mais cette résistance à l'action des sucs digestifs n'est pas absolue. Avec un suc gastrique très actif et un produit très divisé, MM. Kostjurin et Ludwig ont observé une digestion complète de la substance amyloïde et l'on peut se demander si le produit analysé par MM. Kühne et Rudneff n'avait pas subi déjà des modifications profondes [Kostjurin, *Maly's Jahresb.*, **16**, 32].

La substance amyloïde ainsi obtenue peut être débarrassée, mais toujours incomplètement, des débris de fibres élastiques qui l'accompagnent encore, au moyen de lévigations répétées.

Propriétés. — La substance amyloïde présente la composition des matières albuminoïdes. Elle renferme, d'après les analyses de MM. Friedreich et Kekulé (I) et de MM. Kühne et Rudneff (II) :

	I	II
Carbone	53,58	—
Hydrogène	7,00	—
Azote	15,04	15,53
Oxygène / Soufre	24,38	— / 1,13
	100,00	

C'est une poudre blanche, qui est colorée en rouge ou en acajou par l'iode, en bleu ou en violet par l'iode et l'acide sulfurique. Lorsqu'on se sert d'une solution un peu forte d'iode dans de l'iodure de potassium, on peut reconnaître facilement la matière amyloïde sur une coupe d'un foie cireux. Avec une solution d'iode plus étendue, il faut laisser tremper la pièce pendant un certain temps et la coloration cherchée n'apparaît bien qu'au microscope. En soumettant alors la préparation à l'action de l'acide sulfurique étendu, on produit une très belle coloration bleue ou violette. Sur certaines rates amyloïdes, on voit se produire parfois, par simple application de la solution iodo-iodurée, des colorations bleues très nettes, et peut-être distinguera-t-on plus tard plusieurs espèces de substances amyloïdes.

Le violet de méthyle colore la matière amyloïde en rouge [Cornil, *C. R.*, **80**, 1288. — R. Jürgens, *Virchow's Arch.*, **65**, 198].

Les alcalis étendus la gonflent, puis la dissolvent très lentement; les alcalis concentrés la dissolvent et la transforment à chaud en alcali-albumine, mais sans lui enlever de soufre. Elle est peu soluble dans l'ammoniaque, insoluble dans l'eau de baryte et dans l'eau de chaux. Bouillie avec de l'acide sulfurique au 1/6, elle fournit, comme les matières albuminoïdes, de la leucine et de la tyrosine, mais pas de sucre [Modrzejewski, *Maly's Jahresb.*, **3**, 31. — C. Schmidt, *Kühne's physiol. Chem.*, Leipzig, 1868, 413].

Abandonnée à la putréfaction pendant 5 mois sous une couche d'eau, la substance amyloïde fournit de l'indol, du phénol, des acides gras volatils et un corps volatil donnant la réaction de l'iodoforme [Th. Weyl, *Zeit. physiol. Chem.*, **1**, 339].

D'après M. Drechsel, la substance amyloïde appartient peut-être à la classe des *protéides*.

E. Lambling.

AMYLPHÉNOL, $C^5H^{11} - C^6H^4 . OH$. — Cet homologue du phénol a été obtenu par M. Liebmann dans l'action du chlorure de zinc sur un mélange de phénol et d'alcool amylique à 180°; mais il se forme en même temps beaucoup d'hydrocarbures par l'action du chlorure de zinc sur l'alcool amylique. Pour l'isoler, on lave à l'eau acidulée le produit de la réaction, afin d'éliminer le chlorure de zinc, on décante la couche supérieure et on la reprend par la soude. Après décomposition par un acide du phénate ainsi isolé, on sèche et on fractionne le produit. L'amylphénol bout à 248-250°; on achève de le purifier par cristallisation dans l'eau bouillante, où il est peu soluble. Il fond alors à 92° et ne donne pas de coloration avec le chlorure ferrique.

Son *éther éthylique* bout à 259-261°; traité par l'acide nitrique fumant, il fournit *un dérivé mononitré*, liquide bouillant au delà de 300°, mais en se décomposant [Liebmann, *D. chem. G.*, **14**, 1844; **15**, 151 et 1991].

Chauffé pendant longtemps à 350° avec du bromure de zinc ammoniacal et du bromure d'ammonium, l'amylphénol est transformé en un mélange d'amines primaire et secondaire; la première bout vers 260°, la seconde vers 320° [Rachel Lloyd, *D. chem. G.*, **20**, 1257].

AMYLTOLUÈNES [Syn. *Méthylamylbenzènes*], $C^{12}H^{18} = CH^3 . C^6H^4 . C^5H^{11}$. — On connaît plusieurs amyltoluènes.

On obtient le *p-isoamyltoluène*, bouillant à 213°, en traitant par le sodium un mélange de p-bromotoluène et de bromure d'isoamyle (Fittig, Bigot; voyez Dict., **2**, 891).

En faisant agir le chlorure d'isoamyle sur le toluène avec un peu de poudre de zinc, M. Pabst a obtenu une petite quantité d'un *isoamyltoluène*, bouillant à 203-205°, et ayant une densité de 0,8945 à 0°. Ce composé, qui ne donne pas d'acide téréphtalique à l'oxydation et qui est différent du composé précédent, est peut-être l'*o-isoamyltoluène* [Pabst, *Bull. Soc. Chim.*, (2), **25**, 337].

Enfin l'emploi de la méthode au chlorure d'aluminium fournit un mélange de plusieurs *amyltoluènes*, parmi lesquels domine le dérivé *méta*. On fait réagir sur le toluène soit le chlorure d'isoamyle, soit l'amylène ordinaire. On obtient ainsi, après traitement par l'eau et distillation, un liquide incolore, bouillant à 207-209°, ayant une densité de 0,868 à 22° et qui, oxydé par le permanganate de potassium, donne surtout de l'acide m-phtalique.

Traité par l'acide nitrique, ce liquide fournit un dérivé nitré incristallisable [J. Essner et E. Gossin, *Bull. Soc. Chim.*, (2), **42**, 213].

AMYRINE. — D'après M. Vesterberg [*D. chem. G.*, **20**, 1242], l'amyrine est un mélange de deux alcools monatomiques isomériques, ayant pour formule $C^{30}H^{49}.OH$, qu'on peut séparer par des cristallisations répétées de leurs éthers acétiques dans la ligroïne. Par une cristallisation lente, on obtient deux espèces de cristaux, qu'on sépare mécaniquement et qu'on saponifie ensuite par la potasse alcoolique. L'un de ces éthers, qui forme des prismes agglomérés, a pour point de fusion 235° et donne l'amyrine β; l'autre, cristallisant en lamelles minces, a pour point de fusion 220° et donne l'amyrine α.

AMYRINE α. — Elle cristallise en aiguilles minces, fusibles à 180-181°, très solubles dans l'alcool bouillant, moins solubles dans l'alcool froid. La solution est dextrogyre.

Son *éther acétique*, $C^{30}H^{49}O . C^2H^3O$, fond à 220° et donne avec le brome un *dérivé monobromé* fusible à 258-261°.

L'*éther benzoïque*, $C^{30}H^{49}O . C^7H^5O$, cristallise en prismes fusibles à 192°.

AMYRINE β. — Elle ressemble à l'amyrine α. Son point de fusion est 193-194°. Sa solution est dextrogyre. Ses dérivés ont un point de fusion plus élevé que ceux de l'amyrine α.

L'*éther acétique* fond à 235° et l'*éther benzoïque* à 230°.

Par l'action du perchlorure de phosphore sur les deux amyrines on obtient des hydrocarbures cristallisables de la formule $C^{30}H^{48}$, appelés *amyrilènes* α et β. L'amyrilène α, fusible à 134-135°, se dissout avec difficulté dans l'alcool et cristallise dans l'éther en grands prismes rhombiques, combinaisons de $m(110)$ et $\frac{1}{2}b^{1/2}(111)$ (hémièdre à faces inclinées);

$$a : b : c = 0,66733 : 1 : 0,40489.$$

Cet hydrocarbure est dextrogyre $[\alpha]_D = +109°,48$.

L'amyrilène β, qui fond à 173-178°, cristallise aussi en prismes rhombiques, combinaisons de $g^3(210)$, $g^1(010)$, $a^1(\bar{1}01)$, $e^1(011)$ et $e^{1,2}(012)$;

$$a : b : c = 0,91655 : 1 : 0,54032.$$

L'amyrilène β est dextrogyre $[\alpha]_D = +112°,19$.

P. T. Cleve.

ANACARDIQUE (ACIDE). — Voyez Dict., **1**, 248.

Le *sel d'argent*, $C^{22}H^{31}O . CO^2Ag$, est un précipité blanc amorphe, assez instable.

Le *sel de baryum*,

$$C^{21}H^{30} \left\langle {O \atop CO^2} \right\rangle Ba, H^2O,$$

le *sel de calcium*,

$$C^{21}H^{30} \left\langle {O \atop CO^2} \right\rangle Ca, 2H^2O,$$

le *sel de magnésium*,

$$C^{21}H^{30} \left\langle {O \atop CO^2} \right\rangle Mg, H^2O,$$

et le *sel de plomb*,

$$C^{21}H^{30} \left\langle {O \atop CO^2} \right\rangle Pb,$$

sont des précipités blancs amorphes.

L'*éther méthylique*,

$$C^{23}H^{34}O^3 = C^{21}H^{30}(OH)CO^2CH^3,$$

s'obtient en traitant le sel d'argent par l'iodure de méthyle; c'est un liquide non distillable, qui ne se solidifie pas à — 10° [Ruhemann et Skinner, *D. chem. G.*, **20**, 1861].

ANAGÉNITE (Min.). — Voyez CHROMOCRE, Dict., **1**, 898.

ANAGYRINE, $C^{14}H^{18}Az^2O^2$. — Cet alcaloïde a été extrait, par MM. E. Hardy et N. Gallois, des graines d'*Anagyris fœtida* [*Bull. Soc. Chim.*, (2), **50**, 626]. Les graines concassées sont épuisées par l'eau froide et la solution aqueuse précipitée par le sous-acétate de plomb; on filtre, on élimine l'excès de plomb par l'hydrogène sulfuré, puis on précipite par le chlorure mercurique; le chloromercurate est décomposé par l'acide sulfhydrique; on met enfin la base en liberté par le carbonate de potassium et on la reprend par le chloroforme.

L'anagyrine est une substance amorphe, jaunâtre, soluble dans l'eau, l'alcool, l'éther, le chloroforme; exposée à l'air libre, elle se ramollit et prend une consistance visqueuse.

Le *chlorhydrate*, $C^{14}H^{18}Az^2O^2 . HCl, 4H^2O$, cristallise en houppes soyeuses ou en lamelles orthorhombiques. Il est très soluble dans l'eau et dans le chloroforme, moins soluble dans l'alcool, peu soluble dans l'éther. Son pouvoir rotatoire est $[\alpha]_D = -114°$.

Le *chloraurate*, $C^{14}H^{18}Az^2O^2 . HCl . AuCl^3$, est un précipité jaune, d'abord amorphe, qui devient peu à peu cristallin.

Le *chloroplatinate*,

$$C^{14}H^{18}Az^{2}O^{2}.2HCl.PtCl^{4},$$

se présente en houppes cristallines.

L'anagyrine est toxique. Sur les animaux à sang chaud, elle provoque les phénomènes suivants : vomissements, frissons avec tremblement, affaiblissement des membres, arrêt de la respiration et du cœur. Ad. Fauconnier.

ANALGÉSINE. — Nom adopté par l'Académie de Médecine pour désigner la *1-phényl-2-3 diméthyl-5-pyrazolone* ou *antipyrine* (voyez ANTIPYRINE).

ANALYSE MICROCHIMIQUE. — La plupart des réactions qu'utilise l'analyse qualitative (voie humide, analyse pyrognostique, analyse spectrale) sont douées d'une exquise sensibilité : tout chimiste soigneux arrive à en tirer bon parti, avec un peu de pratique, même lorsqu'il n'opère que sur quelques gouttes de liqueur, ou sur quelques parcelles de substance. Aussi de telles réactions pourraient être à bon droit qualifiées de *microchimiques*. Mais la plupart gagnent encore en sensibilité et en sûreté, si l'on a soin de contrôler leurs produits par un examen microscopique. Dans ces conditions, certaines propriétés des substances engendrées dans les réactions, et notamment leurs formes cristallines, apparaissent avec une netteté particulière, et nous voyons le microscope rendre à l'analyse qualitative des services comparables à ceux dont lui sont redevables les autres branches des sciences d'observation. Il s'agira, dans cet article, surtout des *réactions microchimiques à cristaux*, c'est-à-dire de celles dans lesquelles s'engendrent des produits cristallins dont les formes deviennent reconnaissables avec l'aide du microscope : c'est ordinairement dans ce sens restreint qu'on entend le terme de *réactions microchimiques*. Elles peuvent se grouper en trois classes :

1° Réactions dans lesquelles les cristaux s'engendrent par voie humide. Il est en général nécessaire, pour que la réaction soit caractéristique, que les cristaux soient peu solubles dans leur eau mère. Car, si le corps est insoluble, il prend presque toujours l'état amorphe, et s'il est notablement soluble, il pourra se confondre avec les autres corps en solution ;

2° Réactions dans lesquelles les cristaux se forment par fusion suivie de refroidissement (par exemple, au sein du borax, du sel de phosphore, etc.) ;

3° Réactions dans lesquelles les cristaux se forment par sublimation.

Depuis longtemps les chimistes avaient remarqué le parti qu'on peut tirer, comme caractéristique, de la cristallinité de certains précipités, par exemple, du phosphate ammoniaco-magnésien, des chloroplatinates potassique ou ammonique ; mais il n'y a guère plus d'une dizaine d'années que l'attention s'est portée d'une manière spéciale sur le sujet qui nous occupe. E. Boricky fit connaître [*Arch. d. naturw. Landesdurchforschung v. Böhmen*, 1877, **3**, 4e part., 15] une méthode permettant de distinguer les bases contenues dans un silicate, en évitant les filtrations et en ne faisant usage que d'un seul réactif, l'acide fluosilicique pur ; cette méthode, tout en n'ayant peut-être pas la portée générale que lui attribuait son inventeur, rend journellement de grands services, notamment à la pétrographie : nous la décrirons plus loin. Quelques années plus tard, M. Th. Behrens publia [*Verslag. en mededeel. d. k. Akad. van Wetensch.*, *Afdeel. Natuurk.*, Amsterdam, 1881 (2), 17e partie ; et *Ann. de l'Ecole polytechn. de Delft*, 1885] une méthode plus sensible et plus sûre, s'appliquant également aux minéraux des roches ; la prise d'essai, qui peut ne pas excéder 1/2 milligramme, y est attaquée d'abord par l'acide fluorhydrique, puis transformée en sulfates par l'acide sulfurique et c'est la solution de ceux-ci qui sert aux divers essais. Enfin, dans ces dernières années, non seulement le nombre des réactifs microchimiques s'est accru dans des proportions considérables, mais encore on s'est efforcé d'en systématiser l'emploi ; nous citerons spécialement, dans cet ordre d'idées, les importants mémoires de MM. Haushofer [*Zeits. Kryst.*, 1879-1880, **4**, 42 et pl. II et III] et Streng [*N. Jahr. Min.*, 1883, **2**, 365 ; 1885, **1**, 21 ; 1886, **1**, 49 ; 1888, **2**, 143 ; et *Ber. d. Oberh. Ges. f. Nat. u. Heilk.*, **22**, 258, et **24**, 54]. Voir encore la nouvelle édition du traité de Pétrographie de M. H. Rosenbusch [*Mikroskopische Physiographie der petrographisch wichtigen Mineralien*, 2e édit., 228-238. Stuttgart, Schweizerbart, 1885].

Tout récemment, ont paru des ouvrages didactiques sur la microchimie, notamment ceux de M. Haushofer [*Mikroskopische Reactionen. Eine Anleitung zur Erkennung verschiedener Elemente unter dem Mikroskop, als Supplement zu den Methoden der qualitativen Analyse*, Braunschweig, Vieweg, 1885] avec nombreuses figures dessinées par l'auteur d'après nature, et de MM. C. Klement et A. Renard [*Réactions microchimiques à cristaux et leur application en analyse qualitative*, Bruxelles, Manceaux, et Paris, Carré, 1886. Épuisé]. Nous croyons pouvoir recommander la lecture de ce dernier ouvrage et l'inspection de ses planches à cause de sa forme très concise et du choix judicieux par lequel les auteurs, résumant en partie le livre de M. Haushofer, ont mis en lumière les réactions les plus sensibles et les plus caractéristiques.

Nous ferons de larges emprunts à ces deux derniers traités, nous efforçant d'en donner un résumé très succinct et de choisir parmi les réactions proposées.

Il serait téméraire de demander aux réactions microchimiques une méthode complète d'analyse permettant de déceler tous les éléments contenus dans un corps dont on ignore *à priori* la composition ; mais nous pensons qu'en la combinant avec d'autres procédés analytiques, on peut en tirer grand profit dans une foule d'applications, lorsqu'il s'agit de reconnaître dans un corps l'absence ou la présence d'un ou de plusieurs éléments, de contrôler la pureté d'une matière (minéralogie, pétrographie, synthèse minérale, chimie biologique, démonstrations, etc.).

Nous joignons à ce texte quelques figures, la plupart empruntées à MM. Haushofer, Klement et Renard, un petit nombre dessinées d'après nature ; mais il sera facile au lecteur de répéter lui-même les réactions indiquées et de se procurer des types dont l'examen sera plus profitable encore que celui des meilleurs dessins.

PRÉPARATION DE LA SUBSTANCE A ANALYSER. — Il suffit en général de prendre quelques grains de la substance à essayer ; ceux-ci pourront avoir de 0mm,5 à 2 millimètres de diamètre. Il est le plus souvent inutile de pousser la division plus loin ; s'il le fallait, on les porphyriserait dans un petit mortier d'agate. On s'assurerait de la pureté des grains par un examen à la loupe montée ou au microscope à faible grossissement. On arrive à se contenter, pour chaque prise d'essai, de quelques dixièmes de milligramme de matière, à moins toutefois que l'élément recherché ne se trouve lui-même dans le corps, seulement en très faible quantité.

Souvent l'essai porte sur des parties d'une roche déjà préparée en lame mince pour les observations microscopiques (en général, c'est une attaque à l'acide chlorhydrique) ; on enlève d'abord la lamelle couvre-objet; puis, avec un dissolvant, benzène par exemple, le baume de Canada qui couvre la préparation, afin que le liquide corrosif puisse bien agir sur celle-ci. Dans certains cas, si l'on veut opérer sur un minéral isolé qu'on a remarqué dans la préparation microscopique, on portera celle-ci sur une platine chauffante pour décoller le baume et on lui fera subir une dissection sous le microscope : écartant donc les parcelles de minéraux étrangers, on réunira à l'état de pureté quelques esquilles de la matière qu'on veut étudier. On peut encore, comme l'a proposé M. Streng, soustraire à l'action du liquide corrosif toute la plaque, moins le minéral à analyser; on y parvient au moyen d'une lamelle couvre-objet en verre ou en platine percée d'un trou, qu'on colle avec du baume, de telle sorte précisément que le trou corresponde au corps intéressant. Il suffit d'enlever avec du benzène l'excédent de baume resté dans l'orifice, puis d'y déposer la goutte d'acide qui va opérer la dissolution du minéral.

Mode d'attaque. — On procède en somme comme dans l'analyse ordinaire, sauf que l'essai porte sur de très petites quantités de matière. L'attaque se fait dans de petits creusets ou capsules de platine, qu'on chauffe au bain de sable, ou sur une flamme de veilleuse, au bec Bunsen, ou à la lampe d'émailleur, etc., suivant les circonstances.

Réactions, filtrations, réactifs, matériel de laboratoire. — Les réactions ont lieu le plus souvent sur des lames de verre porte-objets; on y dépose deux gouttes, l'une de la solution à essayer, l'autre du réactif, et on réunit celles-ci par un espace étroit, de telle sorte que le mélange se fasse tranquillement et par diffusion, et que les cristaux du précipité soient bien formés; un fragment de fil de verre convient pour effectuer cette réunion. Ou bien encore on laisse tomber un grain de réactif solide dans la goutte de liqueur. On dépose les gouttes au moyen d'une baguette de verre, ou d'un fil de platine, ou encore d'une pipette minuscule qu'on construit en étirant un bout de tube à gaz. Lorsque les liqueurs sont fluorifères, on opère sur un porte-objet verni au baume de Canada demi-sec, ou sur une lame taillée de fluorine ou de barytine bien limpides. Presque toujours, les réactions se font à la température ordinaire, et l'évaporation à l'air libre; parfois on active celle-ci par l'emploi du dessiccateur; rarement il est besoin de chauffer. Dans ce dernier cas, le mieux est de faire l'opération dans un petit tube à essai.

En général, il n'est pas indispensable d'avoir des solutions parfaitement claires : l'existence de particules solides en suspension n'est pas un grand obstacle à la formation de cristaux caractéristiques. Si l'on veut cependant éclaircir quelques gouttes de liquide, on les recueillera dans une petite pipette qu'on tient verticalement; lorsque la matière solide s'est déposée à la partie inférieure du tube, on la rejette et le liquide, clarifié par décantation, reste dans la pipette. M. Streng a contribué à faire connaître un procédé très élégant anciennement décrit par Beudant [*Cours élémentaire de Minéralogie*, 100. Paris, 1841] permettant de filtrer complètement quelques gouttes de liquide et même de laver le précipité; il emploie une lame porte-objet de forme longue qu'il dispose en pente très douce suivant sa longueur et fait adhérer à la plaque de verre une bandelette de papier à filtre humectée et taillée en pointe à son extrémité la plus basse. Il suffit de déposer par gouttelettes la liqueur à filtrer en haut de cette bande pour que le précipité soit retenu par le barrage en papier, tandis que la liqueur filtrée vient se dégorger à la pointe déclive de celui-ci. On peut encore se servir d'un tout petit filtre conique reposant sur un anneau en fil de platine.

Les réactifs doivent, bien entendu, être parfaitement purs (surtout exempts de l'élément qu'on recherche); ceux qui renferment du fluor ne peuvent être gardés que dans des flacons de platine. L'acide fluorhydrique pur s'obtient en distillant doucement dans le platine celui du commerce; l'acide fluosilicique pur se prépare en abandonnant à froid, pendant quelques semaines, dans un flacon de platine, des morceaux de quartz hyalin bien pur au contact d'acide fluorhydrique pur.

Tout ce matériel peut être complété par celui dont on se sert dans les essais au chalumeau. Quant aux microscopes, on peut se contenter le plus souvent d'un microscope d'étudiant; les objectifs très puissants sont inutiles : avec eux on risque de toucher la préparation, il vaut mieux grossir par l'oculaire. Ce n'est qu'exceptionnellement et dans des cas douteux qu'on aura recours aux appareils de polarisation.

Principales réactions caractéristiques des divers métalloïdes et métaux. — Nous donnons ci-dessous l'énumération des meilleures réactions permettant de caractériser les corps dont s'occupe l'analyse minérale; en général nous avons choisi celles qui fournissent des cristaux bien nets et non des cristallites; cependant quelques-unes de celles que nous citons ne sont pas des réactions à cristaux. Un certain nombre d'éléments sont passés sous silence; c'est qu'on ne connaît pas pour eux de bonnes réactions microchimiques.

Pour éviter des redites, nous supposons, comme de juste, le lecteur du Dictionnaire bien au courant de l'analyse qualitative par voie humide et par voie sèche; nous admettrons donc le plus souvent que le corps à rechercher a été amené à l'*état soluble*. Rappelons seulement, en ce qui concerne les métalloïdes, autrement dit les acides :

1° Que divers acides peuvent être séparés à l'état de pureté, par suite de leur volatilité, lorsqu'on distille le corps qui les renferme avec de l'acide sulfurique (acides chlorhydrique, fluorhydrique, azotique, etc.);

2° Que l'acide d'un sel insoluble est amené à l'état de sel soluble, lorsqu'on fond la matière avec un excès de carbonate de sodium;

3° Qu'on peut faire passer divers éléments à l'état soluble et au maximum d'oxydation, soit par voie humide, en faisant bouillir la matière avec de l'acide azotique plus ou moins étendu, soit par voie sèche, en fondant celle-ci avec un excès de nitre (soufre, arsenic, antimoine, manganèse, chrome, etc.).

Nous ne parlons pas, en général, des aspects offerts par des sels notablement solubles, autrement dit des résidus de cristallisation qui se forment lorsque l'évaporation des gouttes se prolonge (par exemple sulfate de potassium, chlorures de potassium, de sodium, de baryum, acide oxalique, etc.).

Hydrogène (*eau*). — L'eau se reconnaît, comme on sait, en chauffant la substance dans un petit tube bouché par un bout; pour rendre le dépôt d'humidité plus net, on peut déposer dans le tube (diamètre 2 millimètres) un grain de fuchsine, qui sous l'action de l'eau perd son éclat mordoré en fournissant une liqueur rouge transparente (Behrens).

Fluor. — On chauffe la matière (s'il y a lieu désagrégée par le carbonate de sodium et humectée d'acide acétique) avec de l'acide sulfurique concentré, en ajoutant, s'il est besoin, de la silice ou du verre pulvérisé. On condense les vapeurs sur la face convexe d'un couvercle-capsule de platine préalablement humecté d'acide sulfurique étendu, tandis que la concavité de la face supérieure est refroidie par quelques gouttes d'eau. S'il y a du fluor, celui-ci passe dans la goutte à l'état d'acide fluosilicique. On dépose celle-ci sur une lame vernie au baume de Canada et on ajoute quelques milligrammes de chlorure de sodium : il se fait des rosettes, tables hexagonales, prismes bipyramidés de *fluosilicate de sodium* $2\,NaFl.SiFl^4$, étudiés par Boricky (Behrens) (fig. 37).

CHLORE ET BROME. — On recherche le chlore dans la solution des chlorures, acidulée par un peu d'acide azotique; il est préférable d'opérer sur l'acide chlorhydrique pur obtenu en distillant la substance avec de l'acide sulfurique. On ajoute du nitrate de plomb, ou du nitrate d'argent, ou du sulfate de thallium, afin de caractériser le chlore à l'état de *chlorure de plomb, chlorure d'argent*, ou *chlorure thalleux* (voyez pour les propriétés de ces précipités, plus loin, les paragraphes PLOMB, ARGENT, THALLIUM, fig. 54 et 57).

Le brome fournit les mêmes réactions et ne se distingue pas du chlore au point de vue microchimique.

IODE. — La réaction la plus sensible est celle qui consiste à bleuir de l'amidon par l'iode; pour la réussir sous le microscope, le mieux est d'employer des grains de fécule. On peut encore reconnaître ce métalloïde à l'état d'*iodure de plomb* ou d'*iodure de thallium* (voyez plus loin PLOMB et THALLIUM).

SOUFRE. — On doit, soit par voie humide, soit par voie sèche, faire passer ce métalloïde à l'état d'acide sulfurique ou de sulfate soluble, s'il ne se trouve déjà sous cette forme. On ajoute alors, en liqueur un peu chlorhydrique, du chlorure de calcium, de manière à obtenir un précipité cristallin caractéristique de *gypse* (voyez CALCIUM, fig. 43). On peut encore employer comme réactif un mélange de chlorure d'aluminium et de chlorure de césium qui fait apparaître de l'*alun de césium* cristallin et peu soluble (voyez ALUMINIUM, fig. 47). Ce n'est que dans le cas où l'acide sulfurique est en très petite quantité qu'on utilisera la formation de précipités de *sulfate de baryum*, ou mieux de *sulfate de strontium*, parce que ces précipités sont amorphes, ou très peu cristallins.

Si l'on veut reconnaître le *soufre non oxydé*, on fondra la substance avec du carbonate de sodium, et on essayera la coloration violette donnée par le nitroprussiate de sodium.

SÉLÉNIUM. — Se reconnaît le mieux par les réactions classiques : odeur, sublimés de sélénium ou d'anhydride sélénieux, précipité de sélénium par l'acide sulfureux. Ces dépôts sont le plus souvent à peu près amorphes. On pourrait les faire passer à l'état de séléniate de potassium, qui offrirait les mêmes réactions microchimiques que le sulfate.

TELLURE. — Se caractérise par les réactions connues : sublimés de tellure ou d'anhydride tellureux, précipité de tellure par l'acide sulfureux. Ces réactions sont, il est vrai, à peu près identiques avec celles du sélénium. Les sublimés de tellure ou d'anhydride tellureux dans le tube ouvert sont en général formés de gouttelettes arrondies : on observe cependant aussi de très petits rhomboèdres de tellure, des aiguilles ou lamelles rhombiques d'anhydride tellureux. On pourrait effectuer la sublimation du tellure dans un courant d'hydrogène ou de gaz d'éclairage; on l'aurait ainsi en aiguilles métalliques couleur d'acier, mieux caractérisées.

AZOTE (*acide azotique, ammoniaque*). — Il existe d'excellentes réactions colorées ou autres pour reconnaître l'azote à l'état d'acide azoteux, d'acide azotique ou d'ammoniaque. On peut cependant aussi caractériser l'acide azotique, en chauffant la matière avec de l'acide sulfurique, et ajoutant un peu d'eau de baryte au liquide distillé. La goutte fournit par évaporation, s'il y a de l'acide azotique, de l'*azotate de baryum* $(AzO^3)^2Ba$ en cubes ou en octaèdres réguliers.

On pourrait encore utiliser une réaction découverte par M. Arnaud : les sels solubles de cinchonamine [voyez ce mot, Suppl., 2] fournissent avec l'acide nitrique ou les nitrates en solution un précipité de *nitrate de cinchonamine* peu soluble, en lamelles allongées, terminées par un point tement aigu, dérivant d'un prisme clinorhombique allongé suivant l'axe de symétrie.

Quant à l'ammoniaque, elle peut être reconnue à l'état de *phosphate ammoniaco-magnésien* (voyez MAGNÉSIUM, fig. 45), lorsqu'on chauffe la substance avec de la chaux et qu'on fait agir le gaz dégagé sur une solution de sulfate de magnésium à laquelle on ajoute ensuite du phosphate de sodium. S'il y a de l'ammoniaque, on voit apparaître des cristaux de phosphate double, au milieu du phosphate de magnésium floconneux et amorphe. On pourrait de même déceler l'ammoniaque à l'état de *chloroplatinate d'ammonium* $2\,AzH^4Cl\,.\,PtCl^4$, identique d'aspect avec le sel potassique correspondant (voyez POTASSIUM, fig. 35).

PHOSPHORE. — On fait passer ce métalloïde, s'il n'y est déjà, à l'état d'acide phosphorique ou de phosphate soluble. Le mieux est d'ajouter à la liqueur neutralisée par l'ammoniaque un peu de sulfate de magnésium et de sel ammoniac, pour obtenir le précipité classique de *phosphate ammoniaco-magnésien* (voyez plus loin, pour les propriétés et les formes de ce sel, le paragraphe MAGNÉSIUM; voyez aussi ARSENIC, fig. 45, et aussi Dict., 2, 261, fig. 385). Ce corps peut être confondu avec l'arséniate correspondant, qui lui ressemble en tous points. Il est donc prudent d'avoir reconnu préalablement l'absence d'arsenic ou d'avoir séparé ce métalloïde à l'état de sulfure. Le phosphate ammoniaco-magnésien (en l'absence du chlore), dissous dans l'acide acétique et traité par l'azotate d'argent, fournit une poudre jaune-serin en très petits grains de *phosphate d'argent* (voyez ARGENT).

On peut encore reconnaître l'acide phosphorique, par une solution azotique de molybdate d'ammonium, à l'état de *phosphomolybdate d'ammonium* $PO^4(AzH^4)^3\,.\,11\,MoO^3,6\,H^2O$, précipité jaune, très dense, formé le plus souvent de globulites, et aussi de cubes, octaèdres ou dodécaèdres rhomboïdaux avec angles arrondis (fig. 49). Il faut avoir eu soin d'éliminer la silice soluble qui donnerait un précipité semblable; l'acide arsénique peut aussi donner lieu, quoique bien moins aisément, à un composé analogue.

ARSENIC. — Inutile de rappeler les réactions habituelles si sensibles de l'arsenic, notamment l'anneau d'arsenic métallique, et aussi le sublimé d'*anhydride arsénieux* en octaèdres réguliers, beaucoup plus volatil que l'oxyde d'antimoine. On obtient aussi quelquefois par voie humide des octaèdres d'anhydride arsénieux lorsqu'on attaque par l'acide azotique étendu des matières renfermant de l'arsenic (libre ou sulfuré).

Le mieux, pour reconnaître l'arsenic microchimiquement, est de le faire passer à l'état d'acide arsénique ou d'arséniate soluble, et de précipiter à l'état d'*arséniate ammoniaco-magnésien*,

$$AsO^4MgAzH^4,\ 6\,H^2O.$$

Ce sel se forme dans les mêmes conditions que le phosphate correspondant et lui ressemble trait pour trait (voyez MAGNÉSIUM); il faut seulement, pour avoir des cristaux, que la liqueur soit limpide (fig. 45). Ce sel (en l'absence de chlore), dissous dans l'acide acétique et traité par l'azotate d'argent, fournit des petits grains rouge-brique d'*arséniate d'argent*, en cristallites se rattachant à l'octaèdre régulier (voyez ARGENT; voyez aussi PHOSPHORE).

CARBONE. — Ce métalloïde se reconnaît à l'état libre lorsqu'on fond la matière avec du nitre et qu'on reprend par l'eau; s'il y a du carbone, la liqueur précipite par les solutions de sels alcalino-terreux; notamment avec le chlorure de calcium, à chaud, on peut avoir de petits rhomboèdres de *calcite*. On vérifiera aussi au microscope que la masse fait effervescence avec l'acide acétique, même à froid.

Vu la présence d'anhydride carbonique dans l'air, il est presque illusoire de rappeler ici que l'anhydride carbonique se reconnaît à ce qu'il trouble l'eau de chaux; en remplaçant celle-ci par une solution ammoniacale de chlorure de calcium, on a un précipité mieux cristallisé, en rhomboèdres distincts.

SILICIUM (*silice*). — La silice se reconnaît à l'état de fluosilicates, en inversant les réactions Boricky (Behrens) : on chauffe la matière avec de l'acide fluorhydrique et de l'acide sulfurique dans un creuset de platine et on couvre celui-ci d'un couvercle-capsule de platine sous lequel est suspendue une goutte d'acide sulfurique très étendu. S'il y a de la silice, la goutte se charge d'acide fluosilicique; on la dépose sur un porte-objet enduit de baume et on ajoute un peu de chlorure de sodium qui donne lieu par évaporation à un dépôt de *fluosilicate de sodium* en rosettes hexagonales ou en prismes bipyramidés caractéristiques (voyez SODIUM, fig. 37). Il est vrai que les fluorures de bore ou de titane fournissent dans les mêmes circonstances des fluosels sodiques de même aspect que le fluosilicate, mais ces fluorures se dégagent à une température plus élevée que ne le fait le fluorure de silicium. On peut du reste lever la difficulté par l'emploi du chlorure de potassium qui précipite du fluosilicate de potassium (voyez POTASSIUM et BORE, fig. 34 et 36). Pour réussir cette expérience, il est souvent nécessaire de désagréger la substance siliceuse par fusion avec le carbonate de sodium et de reprendre la masse par l'acide acétique, avant d'opérer comme il a été dit Par contre, pour des substances plus attaquables, on peut employer directement le procédé Boricky renversé : on dépose des grains de matière sur un porte-objet verni avec une goutte d'acide fluorhydrique et un peu de chlorure de sodium.

Ces réactions sont si sensibles qu'il faut employer de l'acide fluorhydrique parfaitement exempt de fluorure de silicium, par exemple celui provenant du fluorhydrate de potassium. Autrement l'acide ordinaire, même redistillé dans le platine, renferme toujours du fluorure de silicium, provenant de la silice qui souille le spath-fluor.

Lorsqu'une préparation de roche renferme des silicates attaquables aux acides, ceux-ci sont remplacés après l'attaque par de la silice gélatineuse. Celle-ci se reconnaît aisément, lorsque, après avoir attaqué et lavé la plaque, on l'arrose avec une matière colorante (fuchsine ou violet de Paris), puis qu'on lave à grande eau. La gelée de silice reste teinte, tandis que les minéraux non attaqués ne gardent pas la couleur.

BORE. — On procède (Behrens) comme pour la recherche de la silice, en distillant la substance avec un mélange d'acides fluorhydrique et sulfurique; seulement le fluorure de bore ne se dégage que vers le point d'ébullition de l'acide sulfurique; aussi, s'il y a en outre de la silice, on la laisse perdre dans les premières portions à l'état de fluorure, tandis que le bore s'accumule dans les dernières portions. Il est bon de reprendre le liquide distillé et de l'évaporer vers 120° pendant quelques minutes; on ajoute alors une goutte d'eau et on porte la liqueur sur un porte-objet verni en même temps qu'on y dépose un grain de chlorure de potassium. Il se fait alors du *fluoborate de potassium*, $KFl.BoFl^3$, en cristaux caractéristiques peu solubles et bien distincts du fluosilicate (fig. 34). Ce sont des lamelles ortho-

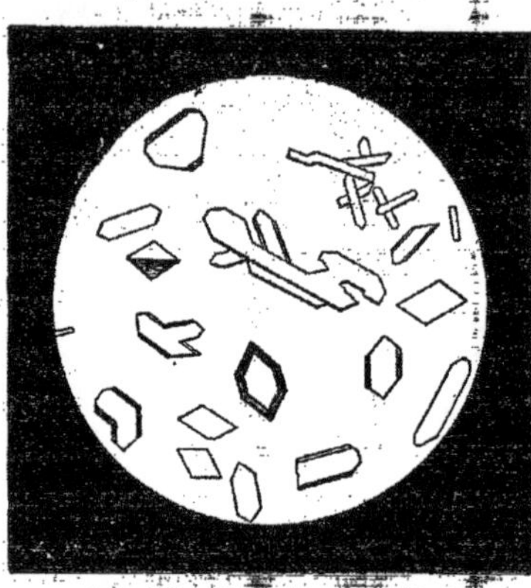

Fig. 34. — Fluoborate de potassium.

rhombiques de 77°, souvent tronquées sur les angles aigus et obtus, avec biseaux sur ces derniers; lorsque la liqueur est un peu concentrée, les cristaux s'allongent suivant la macrodiagonale et deviennent prismatiques. Les liqueurs trop concentrées fournissent un précipité gélatineux. Quant au *fluoborate de sodium*, $NaFl.BoFl^3$, il est moins caractéristique, parce qu'il possède absolument l'aspect et les formes du fluosilicate de sodium (fig. 37). Lorsque la substance est aisément attaquable, on peut opérer directement sur le porte-objet, comme pour le silicium.

POTASSIUM, RUBIDIUM, CÉSIUM. — Le potassium se reconnaît aisément à un certain nombre de réactions microchimiques dont plusieurs lui sont communes avec le rubidium, le césium, l'am-

Fig. 35. — Chloroplatinate de potassium ou d'ammonium.

monium. Ce dernier peut être mis de côté sans difficulté; les deux autres se caractérisent par l'analyse spectrale.

La meilleure réaction est celle du *chloroplatinate de potassium*, $2KCl.PtCl^4$, qui s'obtient par le chlorure platinique en liqueur un peu chlorhydrique. Ce sel bien connu forme des cristaux jaunes, très réfringents, affectant les formes de l'octaèdre, du cube, du cubo-octaèdre, parfois avec quelques autres facettes modifiantes; ils se groupent souvent au nombre de trois ou quatre. On a aussi, lorsque le dépôt est rapide, des cristallites tout à fait caractéristiques (fig. 35).

Le *fluosilicate de potassium*, $2KFl.SiFl^4$, se dépose en cristaux très petits et peu solubles, lorsqu'on ajoute de l'acide fluosilicique à un sel

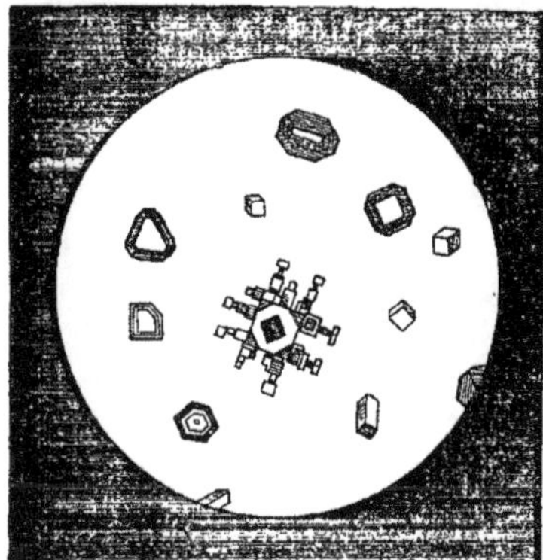

Fig. 36. — Fluosilicate de potassium.

potassique étendu; ce sont des cubes, cubo-octaèdres, octaèdres, avec les faces du dodécaèdre rhomboïdal, souvent aussi des formes cristallitiques (fig. 36).

Le *bitartrate de potassium*, $C^4H^5O^6K$, se dépose en cristaux orthorhombiques généralement très nets, de formes variées, souvent hémiédriques.

Le *perchlorate de potassium*, ClO^4K, constitue des cristaux orthorhombiques peu solubles, ressemblant un peu à ceux du bitartrate.

Toutes les réactions précédentes réussissent également avec les sels de rubidium et de césium; on peut encore y joindre la formation de l'*alun* ou celle du *chlorostannate de potassium* $2KCl.SnCl^4$. Mais ces dernières réactions sont particulièrement sensibles à l'égard du césium (voyez ALUMINIUM et ÉTAIN).

SODIUM. — Le *fluosilicate de sodium*,

$$2NaFl.SiFl^4,$$

est plus soluble que celui de potassium; il cristallise en prismes hexagonaux bipyramidés ou basés, généralement raccourcis ou même tabulaires, peu réfringents et peu biréfringents (Boricky) (fig. 37).

L'acétate double d'uranyle et de sodium,

$$C^2H^3O^2Na.(C^2H^3O^2)^2UO^2,$$

apparaît en cristaux caractéristiques peu solubles, d'un jaune verdâtre pâle, toutes les fois qu'une solution concentrée d'un sel d'uranyle est additionnée d'un peu d'un sel de sodium (Streng); ce sont des tétraèdres réguliers, parfois avec les faces du tétraèdre inverse (fig. 38, *a*). Cette réaction si nette (les autres alcalis ne fournissent rien de semblable) est tellement sensible, qu'elle exige de l'acétate d'urane parfaitement exempt de sodium; une solution de ce sel conservée dans un flacon de verre se charge en quelques jours d'assez de soude pour donner la réaction. Il convient de préparer d'abord du sel pur en précipitant un sel d'urane par le sulfure d'ammonium, lavant le précipité, le redissolvant dans l'acide acétique, concentrant et faisant cristalliser la solution dans un vase de platine, puis de conserver

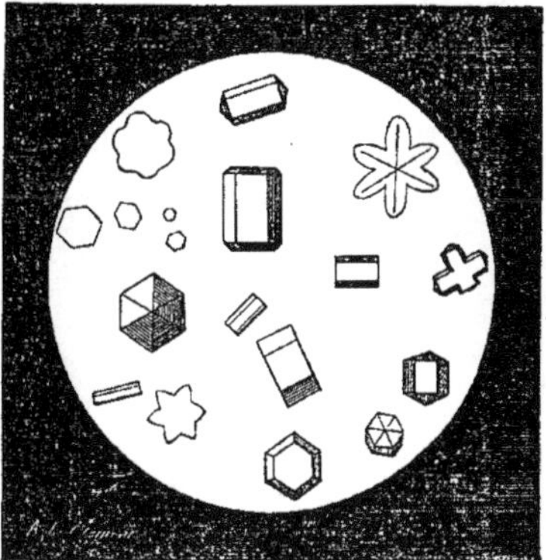

Fig. 37. — Fluosilicate de sodium.

le sel pur et sec à l'état solide et de ne le dissoudre qu'au moment de s'en servir.

Lorsqu'on effectue la réaction précédente sur des liqueurs renfermant de la magnésie (ou plus généralement des terres de la série magnésienne), on voit se former, outre le sel précédent, un autre sel, de même nuance, également très caractéristique; sa forme est le rhomboèdre basé,

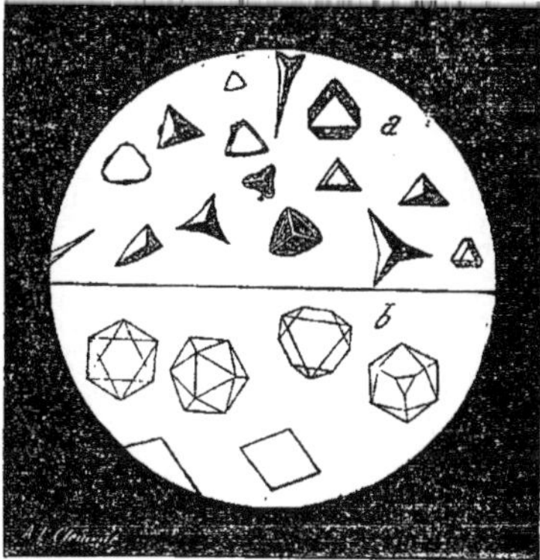

Fig. 38. — *a*, acétate double d'uranyle et de sodium. — *b*, acétate triple d'uranyle, de sodium et de magnesium.

offrant souvent des facettes secondaires qui lui donnent l'apparence d'un icosaèdre régulier [faces $a^1pe^1(b^{1/3}d^1d^{1/5})$] (fig. 38, *b*). Ces cristaux sont constitués par un *acétate triple d'uranyle, de sodium et de magnésium*,

$$C^2H^3O^2Na.(C^2H^3O^2)^2Mg.3(C^2H^3O^2)^2UO^2, 9H^2O.$$

Ils ne prennent naissance que lorsque le sodium est très peu abondant; autrement, on n'a que le sel double urano-sodique. La réaction est très sensible; on peut donc déceler des traces de sodium par un mélange d'acétates d'urane et de magnésium (Streng).

Les sels de sodium, en solution neutre ou un peu alcaline, donnent par le pyro-antimoniate acide de potassium un précipité cristallin caractéristique, peu soluble, de *pyro-antimoniate acide de sodium*, $Sb^2O^7Na^2H^2,6H^2O$ (Fremy). La réaction n'est concluante que si la solution ne renferme pas d'autres métaux que des métaux alcalins. M. Haushofer a reconnu que ces cristaux sont des prismes bipyramidés ou des octaèdres quadratiques; pour avoir des formes définies, il faut opérer en solution très diluée et laisser la goutte s'évaporer spontanément (fig. 39).

Fig. 39. — Pyro-antimoniate acide de sodium.

Les trois réactions qui précèdent sont assez nettes et caractéristiques pour qu'il soit inutile d'en citer d'autres.

LITHIUM. — Le meilleur caractère est encore la coloration rouge et le spectre monochromatique de la flamme; les réactions à cristaux sont assez médiocres. Le *carbonate* CO^3Li^2 ne se précipite habituellement qu'en cristallites presque indéterminables; quant au *phosphate de lithium* PO^4Li^3,H^2O, il se dépose à chaud d'une solution neutre, par le phosphate de sodium, en cristallites formés de bâtonnets arrondis, groupés en croix, en étoiles, en boules hérissées, en gerbes, etc.

BARYUM. — Lorsqu'on ajoute du ferrocyanure de potassium à une solution chaude d'un sel de baryum, on voit se déposer par refroidissement des rhomboèdres peu solubles, d'un jaune pâle, constitués par un *ferrocyanure double de baryum et de potassium*, $FeCy^6K^2Ba,3H^2O$. Cette réaction est très sensible et rien de semblable n'a lieu avec les sels de strontium ou de calcium (Streng).

L'émétique, introduit dans une dissolution chaude d'un sel de baryum, fournit après refroidissement des cristaux lamellaires orthorhombiques, pmg^1 ($mm=128°$), souvent imbriqués, formés par un *tartrate double de baryum et d'antimonyle*, $Ba(SbO.C^4H^4O^6)^2,2H^2O$, peu soluble (Streng).

Le tartrate de potassium donne dans les sels barytiques en solution chaude, après refroidissement, des sphérolithes radiés de *tartrate de baryum*, $C^4H^4O^6Ba$, tandis qu'il fournit avec les sels de strontium ou de calcium des cristaux déterminables.

L'*oxalate de baryum*, C^2O^4Ba,H^2O, se précipite par l'acide oxalique sous deux formes distinctes. A froid, il se dépose en aiguilles fibreuses, ou parfois en cristaux nets dérivés d'un prisme clinorhombique, avec les faces mg^1p, tandis qu'à chaud on obtient des lamelles orthorhombiques incolores pmh^1 ($mm=92°$) ressemblant à du chlorure de baryum (fig. 40). Jamais on n'observe de formes octaédriques comme avec les sels de strontium ou de calcium.

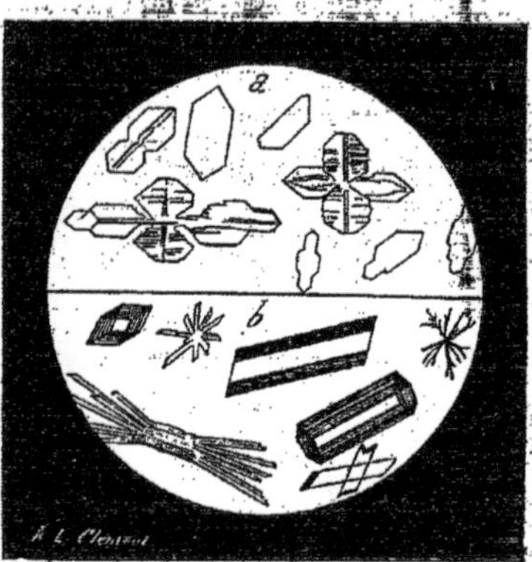

Fig. 40. — Oxalate de baryum : *a*, précipité à chaud. — *b*, précipité à froid.

Le *fluosilicate de baryum*, $BaFl^2.SiFl^4$, se précipite en poudre cristalline lorsqu'on ajoute de l'acide fluosilicique à une solution d'un sel de baryum; il se forme encore lors de l'application du procédé Boricky (voyez plus bas) à des silicates barytifères. Rhomboèdres aigus, parfois prismes hexagonaux, souvent cristallites plus ou moins arborisés, globulites, etc.

Le *sulfate de baryum*, SO^4Ba, se précipite toujours, vu son insolubilité, en grains très petits et amorphes; il n'est pas sensiblement soluble dans l'acide chlorhydrique, ce qui le distingue des sulfates de strontium et de calcium. Mais si l'on traite le sulfate de baryum par l'acide sulfurique concentré bouillant (Behrens), il se dissout très sensiblement et se dépose de nouveau par refroidissement à l'état de *barytine*, sous la forme de petits cristaux ou cristallites, de tables rectangulaires et surtout de squelettes en forme d'X (voyez STRONTIUM, CALCIUM et PLOMB).

Le *chromate de baryum*, CrO^4Ba, constitue un précipité jaune pâle, soluble à froid dans les acides chlorhydrique ou azotique, insoluble dans l'acide acétique; obtenu avec des solutions très étendues, il ne montre au microscope que de très petits cristallites plumeux en forme d'X, dérivant d'un prisme isomorphe avec la barytine.

Le *carbonate de baryum*, CO^3Ba, même lorsqu'on a soin de le précipiter à chaud, ne montre que des cristallites, baguettes fourchues aux extrémités ou au contraire renflées en leur milieu (*withérite*), groupées en gerbes ou en pinceaux à la façon de l'aragonite.

STRONTIUM. — Les sels de strontium réagissent sur l'émétique absolument à la manière des sels de baryum : il se fait un *tartrate double d'antimonyle et de strontium* $Sr(SbO.C^4H^4O^6)^2,2H^2O$, semblable à l'émétique barytique (voyez BARYUM). Ils ne donnent rien avec le ferrocyanure de potassium.

L'*oxalate de strontium* se précipite par l'acide oxalique sous deux formes qui correspondent absolument à celles du sel calcique correspondant : seulement les cristaux sont plus gros et mieux formés, vu la solubilité plus grande du sel (voyez CALCIUM). L'hydrate $C^2O^4Sr, 3H^2O$, en octaèdres quadratiques, se forme presque exclusivement par précipitation à froid, tandis que l'hydrate C^2O^4Sr, H^2O, en prismes clinorhombiques pg^1mh^1, se dépose surtout au sein

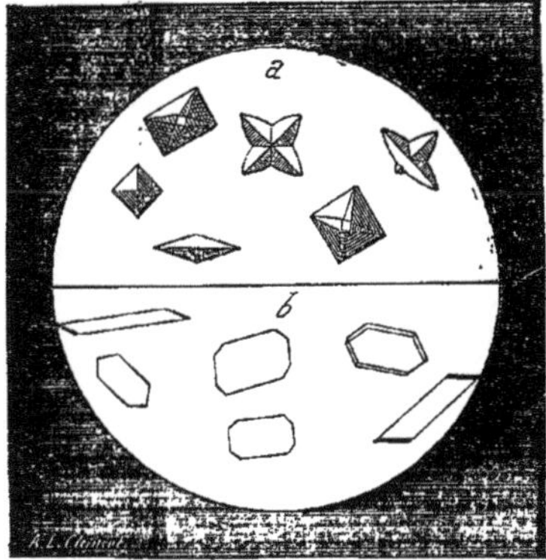

Fig. 41. — Oxalate de strontium : *a*, précipité à froid. — *b*, précipité à chaud.

d'une liqueur chaude. Il faut employer des solutions très étendues si l'on veut avoir des cristaux nets ; autrement on n'a que des cristallites (fig. 41).

Le *sulfate de strontium*, SO^4Sr, se précipite en très petits cristallites où l'on peut reconnaître sous un très fort grossissement des lamelles orthorhombiques de *célestine*, à contour ordinairement curviligne, souvent réduits à un squelette diagonal, etc. Le sulfate de strontium dissous

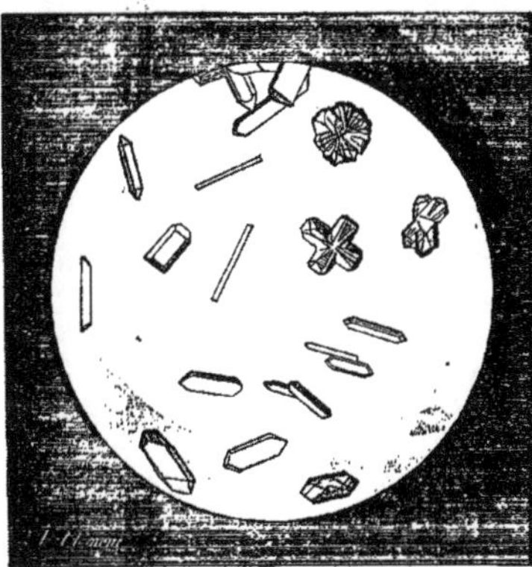

Fig. 42. — Sulfate de strontium (célestine) par l'acide chlorhydrique étendu.

dans l'acide sulfurique concentré chaud, se dépose par refroidissement en cristaux semblables aux précédents, mais un peu plus gros (Behrens). Il se dissout aussi en quantité notable dans l'acide chlorhydrique plus ou moins étendu, et se dépose par refroidissement en cristaux de *célestine* bien nets et déterminables, offrant les faces a^2 prédominantes, e^1mh^1 (Bourgeois) (fig. 42) ; dans les mêmes conditions, le sulfate de baryum ne se serait pas dissous sensiblement, tandis que celui de calcium aurait donné du gypse dont l'aspect est tout à fait différent.

Le *carbonate de strontium*, CO^3Sr, précipité n'est jamais nettement cristallisé ; les meilleurs échantillons s'obtiennent à chaud en partant de solutions très étendues ; ce sont des cristallites fibreux, réunis en houppes (*strontianite*), ressemblant tout à fait à l'aragonite obtenue dans les mêmes circonstances.

CALCIUM. — La meilleure réaction microchimique des sels de calcium consiste dans la formation du *sulfate de calcium hydraté* ou *gypse* $SO^4Ca, 2H^2O$; ce sel se dépose en cristaux caractéristiques, toutes les fois qu'on abandonne à l'évaporation spontanée une solution d'un sel calcique dans l'acide sulfurique très étendu. Cette réaction est d'une sensibilité extraordinaire, car elle permet de déceler $0^{mgr},0005$ de chaux ; la formation des cristaux est encore activée par la présence d'un peu d'alcool qui diminue leur solubilité. Le gypse forme des lamelles clinorhombiques aplaties suivant g^1, avec les facettes $m\,d^{\frac{1}{2}}b^{\frac{1}{2}}e^1$, souvent maclées en fer de lance ou en X, suivant h^1 ou o^1. Les cristaux sont fréquemment

Fig. 43. — Sulfate de calcium hydraté (gypse).

aciculaires et groupés en étoiles, surtout en présence d'acide chlorhydrique (fig. 43).

Le sulfate de calcium dissous dans l'acide sulfurique concentré et chaud s'en dépose en très petites lamelles rectangulaires ou octogonales, agrégées en gerbes ou houppes, qui sont de l'*anhydrite* SO^4Ca (Behrens).

L'*oxalate de calcium*, corps dont les propriétés sont bien connues, est si peu soluble dans l'eau, qu'on l'obtient le plus souvent par précipitation en grains ou en cristallites indiscernables. Pour avoir des cristaux nets, il faut opérer un peu en grand sur des solutions extrêmement étendues : suivant la température, on obtient deux variétés.

A froid, surtout en présence d'un peu d'ammoniaque, on voit s'engendrer le sel $C^2O^4Ca, 3H^2O$, en octaèdres quadratiques surbaissés, lamelles carrées, prismes basés avec troncatures sur les angles, groupements et cristallites très variés (fig. 44, *a*, et aussi Dict., **2**, 261, fig. 382).

A chaud toujours, et à froid dans les liqueurs acides, apparaît l'hydrate C^2O^4Ca, H^2O (*whewellite*) en prismes clinorhombiques très biréfringents, offrant les faces pmg^1, parfois a^1, souvent maclés suivant p et suivant une autre face perpendiculaire à cette dernière; cristallites variés et caractéristiques (fig. 44, *b*).

Le *carbonate de calcium*, CO^3Ca, obtenu par précipitation est toujours en éléments excessivement petits. Lorsque le dépôt se fait à chaud, on peut cependant distinguer des rhomboèdres de *calcite* et des cristallites fibreux, formant des houppes, qui sont de l'*aragonite*.

Fig. 44. — Oxalate de calcium : *a*, précipité à froid. — *b*, précipité à chaud (whewellite).

MAGNÉSIUM. — Se reconnait toujours à l'état de *phosphate ammoniaco-magnésien* (*struvite*) $PO^4MgAzH^4, 6H^2O$. On sait dans quelles circonstances ce sel prend naissance. Ses formes cristallines sont d'autant plus parfaites qu'il s'est engendré dans une liqueur plus diluée et moins alcaline. Les cristaux nets sont des prismes orthorhombiques terminés par un dôme; souvent on y remarque une hémiédrie à faces inclinées qui donne aux individus un aspect tout particulier. Quant aux cristallites, ils sont très variés et caractéristiques (fig. 45, et aussi Dict., 2, 261, fig. 385).

Fig. 45. — Phosphate (ou arséniate) ammoniaco-magnésien.

Les solutions étendues et neutres des sels de magnésium fournissent avec le pyro-antimoniate acide de potassium un précipité cristallin de *pyro-antimoniate acide de magnésium*

$$Sb^2O^7MgH^2, 9H^2O,$$

en tables hexagonales *mp*, très brillantes (Haushofer).

ZINC. — Nous ne voyons guère de réaction microchimique permettant de déceler ce métal au milieu d'un mélange complexe. Mais supposons qu'on ait effectué par les méthodes habituelles la séparation du zinc d'avec les autres éléments : la solution de zinc pur, traitée par le phosphate de sodium, fournit un précipité floconneux de *phosphate de zinc* qui, abandonné à lui-même au contact de son eau mère, se transforme au bout de quelques heures en phosphate cristallisé (*hopéite*), $(PO^4)^2Zn^3, 4H^2O$. Ce sel forme de petites lamelles rectangulaires, à bords très nets, avec biseaux sur les côtés longs, souvent groupées à angle droit, bien caractéristiques.

MANGANÈSE. — La meilleure réaction pour cet élément réside dans la coloration verte (*manganates alcalins*) qu'il occasionne lorsqu'on fond la substance avec un mélange de nitre et de carbonate de sodium.

FER. — La réaction la plus sensible au microscope consiste dans la formation du *bleu de Prusse*; ce précipité est toujours amorphe.

COBALT. — On reconnait très aisément ce métal en déterminant la formation de *chlorure chloropurpuréocobaltique*, $Co^2Cl^6 . 10AzH^3$ (Terreil). Pour cela, la solution est additionnée d'un excès d'ammoniaque, puis de permanganate de potassium, et chauffée pendant quelques instants; on ajoute alors un excès d'acide chlorhydrique, et, s'il est nécessaire, on filtre à chaud. S'il y a du cobalt, le chlorure purpuréo-cobaltique se dépose en une poudre cristalline violet-pourpre, constituée par de petits octaèdres orthorhombiques, très dichroïques (fig. 46).

Fig. 46. — Chlorure purpuréocobaltique.

On peut encore caractériser le cobalt par la formation de l'*azotite cobaltico-potassique*,

$$6AzO^2K . (AzO^2)^6Co^2, 3H^2O.$$

Ce sel se précipite sous la forme d'une poudre jaune en très petits cristaux ou cristallites cubiques ou octaédriques (dérivant peut-être d'un prisme quadratique?), lorsque à la solution légèrement chauffée on ajoute un azotite alcalin et de l'acide acétique; le dépôt a lieu par refroidissement.

ALUMINIUM. — Se reconnaît très aisément à l'état d'*alun de césium*,

$$SO^4Cs^2.(SO^4)^3Al^2.24H^2O.$$

Lorsqu'on ajoute une parcelle de chlorure de césium à une goutte d'une solution sulfurique renfermant même très peu d'alumine, l'alun se dépose en cristaux octaédriques ou cubo-octaédriques très peu solubles (fig. 47). Cette réaction est extrêmement sensible : elle permet de reconnaître 0^{mmgr},01 d'alumine; de plus, en l'absence d'aluminium, ni le fer (sels ferriques), ni le chrome ne donnent rien de semblable. On peut remplacer le sel de césium par un sel de rubidium ou même de potassium; mais la sensibilité de la méthode se trouve amoindrie.

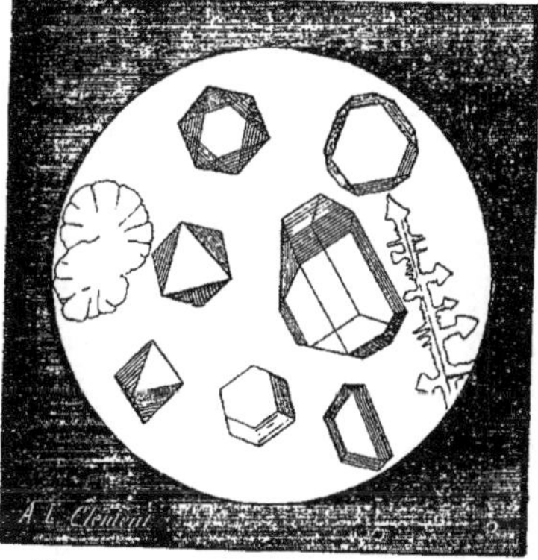

Fig. 47. — Alun de césium (ou alun ordinaire).

CHROME. — La réaction la plus sensible consiste dans la production d'un chromate soluble aux dépens de la substance à essayer. Pour y arriver, on la calcine (si elle est insoluble) avec un excès de nitre et de carbonate de sodium. La coloration jaune vif de la masse, et surtout, après filtration, de la liqueur obtenue en reprenant celle-ci par l'eau, est un indice certain de la présence du chrome. Pour plus de sûreté, dans cette liqueur acidulée par l'acide azotique, on peut encore caractériser le chrome à l'état de *chromate de plomb* ou de *dichromate d'argent*, par l'addition d'un sel de ces métaux (voyez PLOMB et ARGENT, fig. 56). Il faut seulement qu'il n'y ait pas de chlore dans la liqueur.

URANIUM. — Il convient de séparer d'abord ce corps des autres éléments, en traitant la solution par un excès de carbonate de sodium qui redissout le carbonate uranique seul parmi toutes les substances qui peuvent être précipitées; s'il y a de l'uranium, la liqueur filtrée se colore en jaune. On y ajoute alors un excès d'acide acétique cristallisable, et on voit bientôt apparaître les tétraèdres caractéristiques de l'*acétate sodico-uranique* (voyez SODIUM, fig. 38).

ZIRCONIUM. — La matière à essayer (en général, c'est le minéral zircon, ou encore c'est le mélange des terres précipitées à l'état hydraté) est calcinée pendant quelques minutes au rouge vif dans un creuset de platine avec un excès de carbonate de sodium. On reprend la masse par l'eau acidulée; s'il y a du zirconium, on constate la présence d'un grand nombre de petites lamelles hexagonales, très minces, souvent empilées, incolores ou jaunâtres, constituées par une variété particulière de *zircone* ZrO^2 (Michel-Lévy et Bourgeois) (fig. 48).

Fig. 48. — Zircone hexagonale.

TITANE. — Il n'y a malheureusement guère de réaction à cristaux qui soit parfaite lorsqu'il s'agit de reconnaître cet élément, surtout en présence de métaux étrangers. Il nous semble inutile de donner ici celles qui ont été proposées, d'autant qu'on possède une réaction colorée d'une exquise sensibilité. En effet, il suffit, lorsqu'on a sous la forme d'hydrates précipités le mélange des oxydes terreux provenant du corps à essayer, d'y verser un peu d'eau oxygénée pour voir apparaître une coloration jaune vif, s'il y a la moindre quantité d'acide titanique (Schöne). Cette coloration est due à la formation d'un *acide pertitanique*, TiO^3,xH^2O.

ÉTAIN. — Lorsqu'on a fait passer ce métal à l'état de chlorure stannique, il suffit d'ajouter à une goutte de la solution chlorhydrique une parcelle de chlorure de césium pour voir apparaître des cristaux cubiques ou cubo-octaédriques, très peu solubles, constitués par du *chlorostannate de césium*, $2CsCl.SnCl^4$ (Streng). En présence de l'acide sulfurique, ne pas confondre avec la réaction de l'aluminium, qui est analogue (voyez ALUMINIUM).

ANTIMOINE. — On dissout dans l'acide chlorhydrique les oxydes ou les sulfures dans lesquels on recherche la présence de ce métal, et on ajoute à la liqueur chaude un peu de tartrate de baryum précipité. S'il y a de l'antimoine, il se dépose par refroidissement des tables rhombiques d'*émétique barytique*, $Ba(SbO.C^4H^4O^6)^2,2H^2O$ (Streng). (Voyez BARYUM.)

On peut encore faire passer l'antimoine à l'état de pyro-antimoniate de potassium : pour cela, la substance est fondue avec un excès de nitre, et la masse lavée à l'eau froide d'abord, puis à l'eau chaude. La solution ainsi obtenue en second lieu est additionnée de sel marin; il ne tarde pas à se déposer des cristaux caractéristiques de *pyro-antimoniate acide de sodium*,

$$Sb^2O^7Na^2H^2, 6H^2O$$

(Haushofer). (Voyez SODIUM, fig. 39.)

Enfin rappelons que l'antimoine, ses alliages et ses sulfures donnent par grillage, dans le tube ouvert, un sublimé cristallin d'*oxyde d'antimoine*, Sb^2O^3, où l'on peut reconnaître des cristaux appartenant aux deux variétés rhombique et octaédrique (*valentinite* et *senarmontite*). Ce sublimé est incomparablement moins volatil que celui d'anhydride arsénieux obtenu dans les mêmes conditions.

MOLYBDÈNE. — On fond la matière à essayer avec un excès de nitre et de carbonate de potassium, on reprend par l'eau, et à la solution filtrée on ajoute un léger excès d'acide azotique et une *très petite* quantité d'un phosphate alcalin.

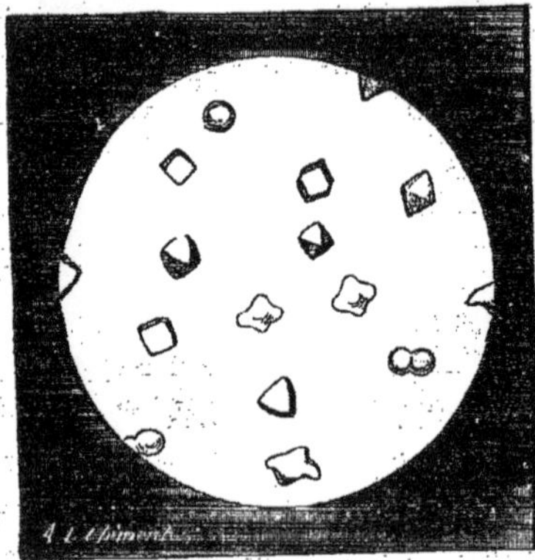

Fig. 49. — Phosphomolybdate de potassium ou d'ammonium.

On chauffe la liqueur; s'il y a du molybdène, il se fait un beau précipité jaune vif de *phosphomolybdate de potassium*,

$$PO^4K^3 . 11\,MoO^3, 6H^2O,$$

identique d'aspect avec le phosphomolybdate d'ammonium (voyez PHOSPHORE, fig. 49).

TUNGSTÈNE. — On attaque d'abord la substance par l'eau régale, on évapore à sec et on reprend par l'ammoniaque concentrée, qui dissout l'anhydride tungstique qui a pu prendre naissance. La solution ammoniacale fournit par évaporation spontanée du *paratungstate d'ammonium*,

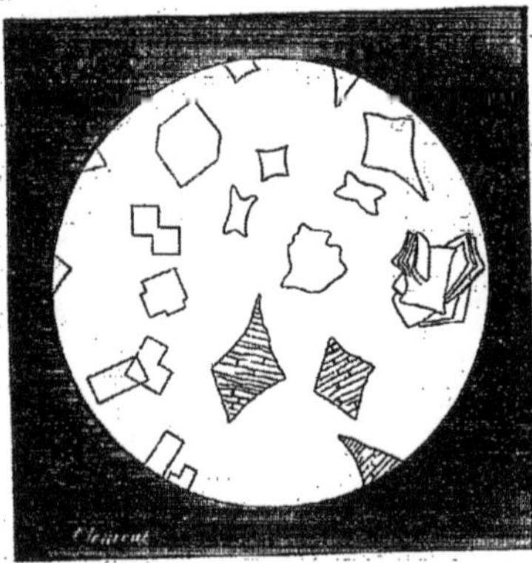

Fig. 50. — Tungstate d'ammonium.

$$3(AzH^4)^2O . 7\,TuO^3, 6H^2O,$$

en minces lamelles rhombiques avec angle de 80°. Par calcination, ce sel se pseudomorphose en anhydride tungstique, les lamelles se fendillent parallèlement à la petite diagonale, et se colorent en bleu verdâtre par suite de la formation d'un peu d'oxydes inférieurs (fig. 50).

On peut encore attaquer la matière par fusion avec un grand excès de nitre, et reprendre par l'eau. S'il y a du tungstène, la solution renferme du tungstate de potassium; par addition d'un sel de baryum, on obtient, si les solutions sont très étendues, de petits octaèdres rhombiques fusiformes ou des cristallites variés de *tungstate de baryum*, probablement $TuO^4Ba, 0,5\,H^2O$. De même, par un sel de calcium, on obtient un précipité de *tungstate de calcium* TuO^4Ca, dans lequel on peut reconnaître à un fort grossissement des prismes quadratiques (probablement *scheelite*). Ces deux dernières réactions s'appliquent aussi au molybdène.

VANADIUM. — On fond la substance au rouge avec un excès de nitre, on reprend par l'eau et à une goutte de la solution on ajoute quelques grains de sel ammoniac. S'il y a du vanadium, on voit se déposer de petits cristaux incolores, peu solubles, de *métavanadate d'ammonium*, VO^3AzH^4; ils ont toujours des angles arrondis et ressemblent à des pierres à aiguiser ou à des fers de hache (fig. 51). Ce sel, redissous dans l'eau chaude, donne par refroidissement un dépôt d'un autre vanadate d'ammonium, de couleur jaune, en grands prismes clinorhombiques, très maclés.

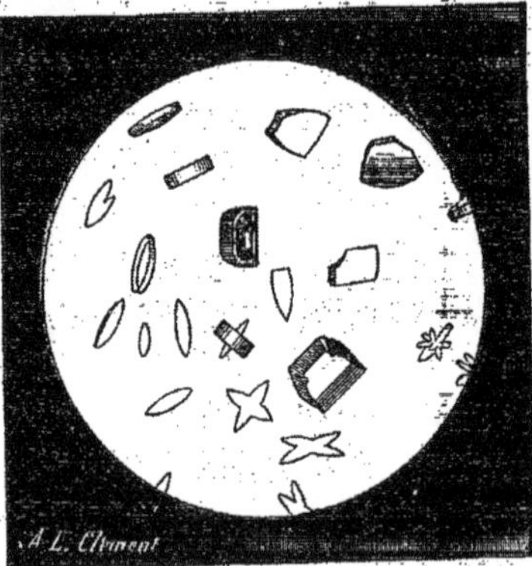

Fig. 51. — Vanadate d'ammonium.

D'autre part, si on prend la solution alcaline chargée de vanadium et qu'on la neutralise avec précaution par l'acide azotique, elle jaunit, puis laisse déposer bientôt des lamelles orthorhombiques ou rectangulaires ($mm = 103°$) de *tétravanadate de potassium*, $2V^2O^5 . K^2O, 4H^2O$.

NIOBIUM et TANTALE. — On attaque la substance par un excès de carbonate de sodium en fusion et on reprend la masse par une petite quantité d'eau froide. On trouve alors que, s'il y a du niobium ou du tantale, il s'est formé des cristaux de *niobate* ou de *tantalate de sodium* peu solubles en présence d'un excès d'alcali. Ces cristaux sont des prismes d'apparence clinorhombique, très nets (fig. 52); ils sont incolores à l'état de pureté, mais ordinairement teintés de brun par un peu de fer ou de manganèse. Si l'on redissout ces cristaux dans un peu d'eau chaude, et qu'on laisse refroidir aussitôt, on voit se déposer séparément des cristaux de niobate et de tantalate de sodium. Le *niobate de sodium*, probablement $Nb^2O^5 . Na^2O, 6H^2O$, cristallise en prismes allongés identiques avec ceux qui viennent d'être décrits, tandis que le *tantalate de sodium* $3Ta^2O^5.4Na^2O,25H^2O$ forme de grandes lamelles hexagonales avec troncatures dues aux faces de la pyramide (fig. 52). Par l'action de l'acide chlorhydrique, tous ces cristaux sont pseudomorphosés à l'état d'acides niobique ou

Fig. 52. — Niobate et tantalate de sodium.

tantalique insolubles. Le tannin ou l'acide gallique colorent ces sels en jaune, passant au rouge brique à mesure que le niobium prédomine par rapport au tantale.

Cuivre. — Tout le monde connaît les deux réactions très sensibles des sels cuivriques : coloration bleue intense par l'ammoniaque d'une part, et d'autre part précipité rouge-brun par le ferrocyanure de potassium. La combinaison de

Fig. 53. — Ferrocyanure de cuivre ammoniacal.

ces deux essais fournit une réaction à cristaux; en effet, si à une solution *très diluée* d'un sel de cuivre on ajoute un grand excès d'ammoniaque, puis un peu de ferrocyanure de potassium, on ne voit se faire d'abord aucun dépôt; mais si on laisse l'ammoniaque s'évaporer *très lentement* à froid, on voit bientôt se déposer des cristaux jaune pâle, en lamelles d'aspect quadratique ou rhombique, de *ferrocyanure de cuivre ammoniacal*, $FeCy^3Cu^2.2AzH^3,H^2O$. L'évaporation continuant, les cristaux se pseudomorphosent en perdant leur ammoniaque et deviennent rouge-brun; on n'a plus que du ferrocyanure de cuivre (fig. 53).

Mercure. — Le *chlorure mercureux*, Hg^2Cl^2, se précipite toujours à l'état amorphe.

L'*iodure mercurique*, HgI^2, constitue, comme on sait, un beau précipité rouge cramoisi; au microscope on peut y distinguer souvent des tables ou des octaèdres quadratiques; les cristaux se montrent beaucoup mieux formés après recristallisation par dissolution à chaud, suivie de refroidissement, dans l'eau additionnée d'un peu d'iodure de potassium.

Plomb. — Le *chlorure de plomb*, $PbCl^2$, forme un précipité toujours cristallin, très caractéristique au microscope; ce sont des aiguilles ou des lamelles rhombiques, ordinairement groupées parallèlement, des cristallites variés, etc. (fig. 54). Il prend naissance toutes les fois qu'à la solution d'un sel de plomb on ajoute de l'acide chlorhydrique ou un chlorure soluble. Les cristaux sont plus beaux lorsqu'on fait redissoudre le précipité dans l'eau bouillante (surtout acidulée par

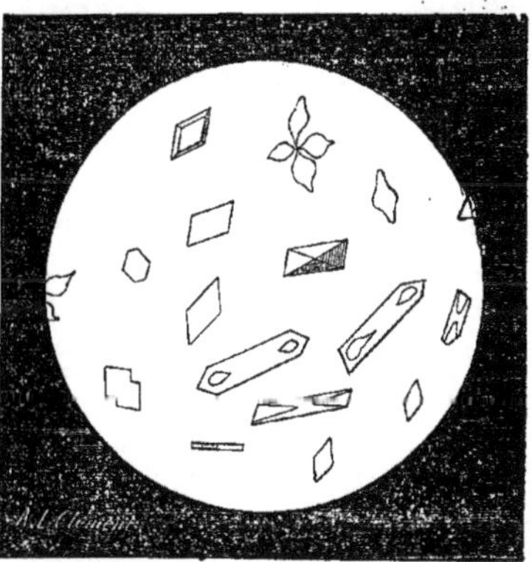

Fig. 54. — Chlorure de plomb.

l'acide chlorhydrique), et qu'on laisse lentement refroidir.

L'*iodure de plomb*, PbI^2, forme, comme on sait, un beau précipité jaune, qui au microscope se montre composé de paillettes hexagonales. Les cristaux sont beaucoup mieux formés lorsqu'on a soin de redissoudre le sel dans l'eau bouillante (il est bon d'ajouter une certaine quantité d'acide acétique) et de laisser refroidir lentement.

Le *sulfate de plomb*, SO^4Pb, se précipite toujours à l'état de grains extrêmement fins, amorphes à la façon de sulfate de baryum, lorsque de l'acide sulfurique ou un sulfate soluble est ajouté à la solution d'un sel de plomb. On peut le faire cristalliser en le reprenant par l'acide sulfurique concentré bouillant et laissant refroidir (Behrens); il se dépose alors de nouveau en petits cristallites ou même en cristaux rhombiques (*anglésite*). On peut se procurer de plus beaux cristaux (Bourgeois) en dissolvant le sulfate amorphe dans l'acide chlorhydrique de moyenne concentration, faisant bouillir et laissant refroidir lentement. On obtient alors, en même temps que du chlorure de plomb cristallisé, de petits prismes raccourcis a^2e^1 de sulfate, identique avec l'*anglésite* naturelle (fig. 55).

Le *chromate de plomb*, CrO^4Pb, constitue un

précipité jaune bien connu, qui au microscope se montre à peu près amorphe, parfois un peu cristallitique. Mais il est facile d'obtenir ce sel à l'état de cristaux caractéristiques, en reprenant le chromate amorphe par l'acide azotique étendu bouillant, qui en dissout une petite quantité; par

Fig. 55. — Sulfate de plomb (anglésite) : *a*, par l'acide sulfurique. — *b*, par l'acide chlorhydrique étendu.

un refroidissement lent, il se dépose intégralement en prismes jaune-orangé, offrant les faces me^1g^1 de la crocoïse naturelle (Bourgeois) (fig. 56).

Le *carbonate de plomb*, CO^3Pb, obtenu par précipitation, ressemble beaucoup aux carbonates alcalino-terreux; lorsque la réaction a eu lieu à chaud, on y reconnaît de nombreuses aiguilles orthorhombiques de *cérusite*.

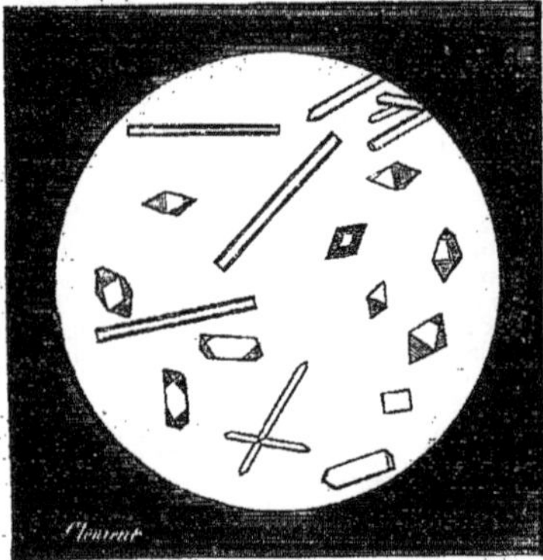

Fig. 56. — Chromate de plomb (crocoïse) par l'acide azotique étendu.

L'*oxalate de plomb*, C^2O^4Pb, se précipite en petits cristaux ou en cristallites orthorhombiques de formes variées, qui ressemblent assez à ceux du chlorure ou du sulfate de plomb.

Citons enfin l'*azotate de plomb*, $(AzO^3)^2Pb$, sel moyennement soluble, qui s'observe souvent lors de l'attaque des minéraux plombifères par l'acide azotique. Il cristallise en octaèdres réguliers, ressemblant à l'azotate de baryum, à l'anhydride arsénieux, etc.

Thallium. — Le *chlorure thalleux*, TlCl, se précipite toutes les fois que l'acide chlorhydrique ou un chlorure soluble réagit sur la solution d'un sel thalleux; c'est un précipité blanc ressemblant au chlorure d'argent, constitué par de très petits cristallites dérivant du système cubique; au microscope, ces individus apparaissent presque opaques, à cause de leur très forte réfringence. On obtient le chlorure de thallium en cubes bien formés si l'on a soin de le faire recristalliser, en procédant comme pour le chlorure de plomb.

L'*iodure thalleux*, TlI, se précipite sous la forme d'une poudre jaune, dans les mêmes circonstances que l'iodure de plomb; au microscope, il se montre composé de très petits cristallites du système cubique. Pour avoir des formes plus caractéristiques, il convient de redissoudre le précipité dans l'eau bouillante, puis de laisser refroidir lentement; on obtient ainsi des dodécaèdres rhomboïdaux de couleur écarlate. Il se fait aussi des lamelles rhombiques vert-jaunâtre, sans doute constituées par une variété dimorphe de l'iodure thalleux, peut-être par un iodure supérieur.

Argent. — Le *chlorure d'argent*, AgCl, constitue un précipité bien connu, qui présente au microscope un état parfaitement amorphe. Mais on l'obtient aisément à l'état d'octaèdres réguliers, offrant souvent les facettes du cube, rarement celles du dodécaèdre rhomboïdal, très réfringents, lorsqu'on dissout le précipité dans l'ammoniaque et qu'on abandonne la liqueur à l'évaporation spontanée (fig. 57). On obtiendrait des cristaux

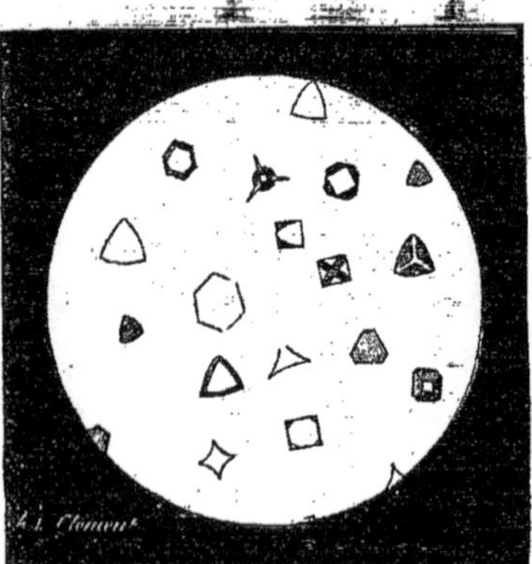

Fig. 57. — Chlorure d'argent par l'ammoniaque.

semblables en dissolvant le chlorure d'argent dans l'acide chlorhydrique concentré bouillant et laissant refroidir.

L'*arséniate d'argent*, AsO^4Ag^3, forme le précipité rouge-brique bien connu qui s'engendre lorsque des solutions de sels d'argent (neutres ou acidulées par l'acide acétique) sont traitées par l'acide arsénique ou par un arséniate soluble; le précipité est composé de cristallites excessivement petits. Il convient, pour avoir des formes caractéristiques, de redissoudre le sel dans l'ammoniaque et de laisser la liqueur s'évaporer lentement à froid : l'arséniate d'argent se dépose de nouveau en petits cristaux ou en cristallites du système cubique.

Le *phosphate d'argent*, PO^4Ag^3, s'obtient cristallisé dans les mêmes conditions et sous les mêmes formes que l'arséniate, avec lequel il est isomorphe; il n'y a de différence que dans la composition et dans la couleur, qui est le jaune-serin.

Le *chromate d'argent*, CrO^4Ag^2, se précipite dans les mêmes circonstances que le chromate de plomb, à l'état de poudre orangée, composée de cristallites peu distincts, probablement orthorhombiques. Il convient, pour avoir des cristaux caractéristiques, de procéder comme pour le chromate de plomb, en dissolvant le sel dans l'acide azotique étendu bouillant. Par un lent refroidissement, il se fait des cristaux nets de *dichromate d'argent*, $Cr^2O^7Ag^2$, insolubles dans l'eau, d'une belle nuance rouge-grenat foncé, appartenant au système anorthique. Ce sel se présente en tables rectangulaires tronquées sur les bords, offrant un axe optique perpendiculaire à la face d'aplatissement, comme dans le dichromate de potassium.

Platine, iridium, palladium. — Le platine se reconnaît à l'état de *chloroplatinate d'ammonium* ou de *potassium* (voyez Azote et Potassium, fig. 35). Mais il ne faut pas oublier que l'iridium et le palladium fournissent des chlorures doubles isomorphes avec ceux du platine, et leur ressemblant beaucoup; cependant le sel d'iridium est brun-noir et celui de palladium rouge-brun.

Les sels de palladium, traités par l'iodure de potassium, fournissent un précipité noir floconneux d'*iodure palladeux*, PdI^2, soluble dans un excès de réactif avec une coloration brune. Ce sel est amorphe; il se dissout dans l'ammoniaque et la liqueur abandonne par évaporation de petits cristallites jaunes, polarisant vivement, offrant l'aspect de baguettes souvent associées en réseaux rectangulaires; c'est de l'*iodure de palladammonium*. $PdI^2.2AzH^3$.

Or. — La meilleure réaction au microscope consiste à réduire une goutte de solution, par un fragment d'étain, à l'état de *pourpre de Cassius*.

Métaux divers en général. — La plupart des métaux de la série magnésienne, le zinc, le cadmium, le manganèse, le fer (sels ferreux), le nickel, le cobalt, ainsi que l'uranium, l'étain, le thallium, le plomb, le cuivre, le mercure, l'argent, etc., donnent avec l'acide oxalique ou les oxalates alcalins des précipités cristallins d'oxalates dont on trouve les formes décrites dans les traités que nous avons indiqués.

Il en est de même avec les sels des terres rares appartenant aux séries du cérium et de l'yttrium, avec le zirconium, le thorium, etc. Ces éléments peuvent aussi être caractérisés à l'état de sulfates peu solubles (simples ou doubles alcalins). Ici encore, nous renvoyons aux traités.

Dans un récent mémoire [*Sitzb. d. k. bayr. Ak. d. Wiss.*, 1885, 412], M. Haushofer a décrit les formes des sulfates anhydres d'un grand nombre de cristaux, ces sels étant obtenus par dépôt au sein de solutions dans l'acide sulfurique concentré.

Méthode de Boricky. — Ce procédé tout particulier est à recommander pour l'essai rapide de certains silicates, spécialement des feldspaths, zéolithes, micas, etc. Il repose sur l'emploi d'un seul réactif, l'acide fluosilicique pur. Pour opérer, on étend sur une lame de verre porte-objet une mince couche de baume de Canada qu'on dessèche moyennement à l'aide de la chaleur, on y encastre par fusion un petit fragment du minéral et on dépose sur celui-ci une goutte d'acide fluosilicique. On laisse pendant 24 heures l'attaque se faire à froid dans un espace saturé d'humidité, puis on abandonne la préparation dans l'air sec pendant 24 heures, également à froid. Les métaux du minéral passent à l'état de fluosilicates qui cristallisent lentement et sont l'objet d'un examen microscopique. Boricky a décrit les formes d'un grand nombre d'entre eux et les moyens de les reconnaître. Ainsi les *fluosilicates de la série magnésienne* (magnésium, zinc, manganèse, fer, nickel, cobalt, cuivre), $MFl^2.SiFl^4,6H^2O$, cristallisent tous en prismes hexagonaux terminés par un pointement rhomboédrique (fig. 58) et se distinguent entre eux par leurs couleurs, ainsi que par l'action des réactifs, comme le sulfure d'ammonium. Mais c'est surtout à la distinction

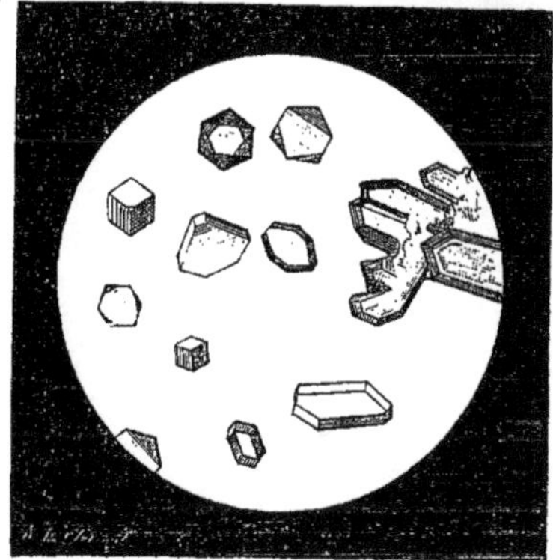

Fig. 58. — Fluosilicate de magnésium (et autres métaux de la série magnésium).

de la potasse, de la soude et de la chaux que s'applique le procédé Boricky. Les fluosilicates de potassium et de sodium forment des cristaux peu solubles, très nets et caractéristiques (voyez Potassium et Sodium, fig. 36 et 37). Quant au *fluosilicate de calcium*, il est très soluble et cristallise en lamelles, fuseaux ou prismes obliques à contour curviligne, souvent groupés ou arborisés, très biréfringents. Le *fluosilicate de baryum* a été décrit plus haut (voyez Baryum).

Application des réactions microchimiques à la recherche des substances organiques. — Il est évident qu'on peut, par des réactions microchimiques à cristaux convenablement choisies, caractériser les principaux acides organiques, ammoniaques composées ou alcaloïdes, comme on l'a fait pour les acides ou bases de la chimie minérale. Ainsi on reconnaîtra l'acide formique à l'état de formiate de plomb, ou de formiate mercureux, ou encore par la réduction à chaud des sels mercuriques; l'acide acétique, à l'état d'acétate sodico-uranique (voyez plus haut Sodium); l'acide oxalique, à l'état d'oxalates divers (voyez Calcium, Strontium, Baryum); l'acide tartrique, à l'état de bitartrate de potassium (voyez Potassium). On trouvera dans le livre de M. Haushofer, p. 65-87, les réactions microchimiques d'un certain nombre d'acides organiques. Beaucoup de substances organiques peuvent se déterminer en l'absence de tout réactif, par leurs formes cristallines propres, obtenues soit par fusion, soit par sublimation.

Nous pouvons citer, comme un bon exemple de recherche microchimique d'une substance organique, celle de l'*alcool* à l'état d'*iodoforme* imaginée par M. Müntz [*Ann. Chim. Phys.*, 1878]. Des traces de ce corps extraites par distillation, chauffées à 60° avec une solution aqueuse de carbonate de sodium et un peu d'iode, occasionnent par le refroidissement un dépôt d'iodoforme en paillettes hexagonales, souvent étoilées, très caractéristiques (fig. 59).

On pourrait encore faire rentrer dans le cadre des réactions microchimiques les procédés qui permettent de caractériser les hydrocarbures au moyen des combinaisons qu'ils contractent avec l'acide picrique ou avec la dinitro-anthraquinone (Berthelot, Fritzsche), l'emploi de la phénylhydrazine pour différencier les glucoses à l'état d'osazones (Fischer).

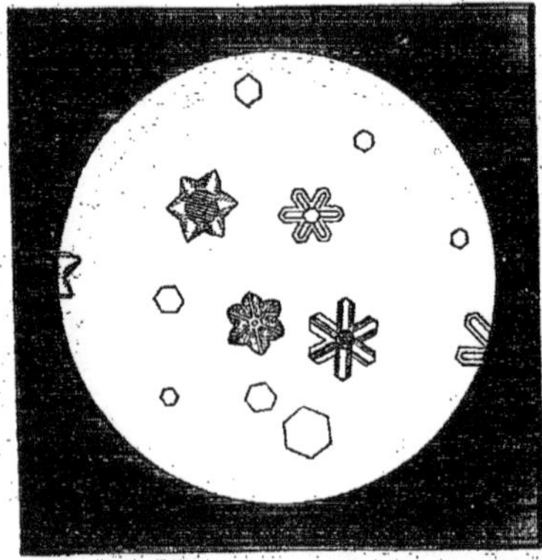

Fig. 59. — Iodoforme.

Terminons cet article en rappelant que, dans l'analyse microchimique, comme dans les autres branches de la chimie analytique, il convient toujours de contrôler les résultats obtenus, en répétant les essais sur des types de composition connue et en opérant autant que possible dans les mêmes conditions pour les deux séries comparatives d'essais : c'est ainsi qu'on se mettra en garde contre les perturbations introduites par les substances étrangères. L. Bourgeois.

ANDROMÉDOTOXINE [Syn. *Asébotoxine*]. — L'andromédotoxine est un glucoside mal défini, qui existe dans un grand nombre de plantes de la famille des Éricacées ; ce corps a été trouvé dans les *Andromeda japonica*, *toxica*, *polifolia*, *angustifolia*, le *Castesbaïe*, le *Calyculata*, dans l'*Azalea indica*, et enfin dans les *Rhododendrons maximum* et *ponticum*.

On l'obtient en faisant un extrait aqueux concentré de la plante. On épuise cet extrait par le chloroforme ; puis l'on précipite la solution chloroformique évaporée par l'éther de pétrole. Le précipité est dissous dans l'éther alcoolique, la solution est agitée avec de l'eau, qui par évaporation donne un verre cassant, transparent, incolore. C'est le corps désigné sous le nom d'*asébotoxine* [Eykmann, *Am. Pharm. Journ.*, 1882, 365 ; *Rec. P.-B.*, **1**, 224-226 ; **11**, 99-102, 200-202 ; *D. chem. G.*, **16**, 2769].

Ce corps ne renferme pas d'azote.

Il fond de 100 à 120°.

Il est amorphe, d'une saveur amère ; il est soluble dans l'eau, l'alcool, le chloroforme, presque insoluble dans l'éther pur.

Sa solution dans l'eau ou dans l'alcool dévie à gauche le plan de polarisation de la lumière ; en solution chloroformique, le pouvoir rotatoire est droit [G. de Zaager, *D. chem. G.*, **24**, 27].

Sa solution alcoolique précipite l'acétate basique de plomb ; la solution aqueuse ne le précipite pas.

L'acide chlorhydrique concentré colore cette substance en un bleu qui passe au rouge-violacé par évaporation de la solution. L'acide sulfurique la dissout en se colorant en un rouge qui passe bientôt au rose et laisse déposer des flocons gris-bleu.

L'acide chlorhydrique la dédouble en glucose et en résine.

Ce glucoside réduit directement la liqueur de Fehling, le ferricyanure, le molybdate, le réactif de Fröhde, la solution ammoniacale argentique [Plagge, *Rec. P.-B.*, **1**, 285-287].

D'après ce dernier savant, le pouvoir réducteur ne serait pas augmenté par l'action des acides, ce qui lui fait penser que ce corps ne serait pas un glucoside.

C'est un poison violent, qui agit surtout sur la respiration ; en même temps c'est un violent émétique [Zaager, *loc. cit.*].

Asébotine. — La partie de l'extrait aqueux insoluble dans le chloroforme, contient un glucoside $C^{24}H^{28}O^{12}$ nommé par M. Eykmann *asébotine*.

On l'obtient de la façon suivante : L'extrait épuisé par le chloroforme est dissous dans l'eau, puis précipité par l'acétate de plomb. Le liquide filtré est débarrassé par l'hydrogène sulfuré de l'excès de plomb qu'il renferme, puis la solution est concentrée. Il se dépose un produit qui, purifié, se présente sous la forme d'aiguilles incolores, solubles dans l'eau et dans l'alcool, peu solubles dans le benzène et dans l'éther.

Ce corps fond à 147° ; il a une densité de 1,356 à 0°. Il possède une saveur amère, mais n'est pas toxique. Il est soluble dans les alcalis et précipitable par les acides. Le gaz ammoniac colore en brun-rouge l'asébotine humide.

Les acides la dédoublent en *asébogénine* et glucose :

$$C^{24}H^{28}O^{12} + H^2O = C^{18}H^{18}O^7 + C^6H^{12}O^6.$$

Asébogénine. — L'asébogénine cristallise en fines aiguilles très peu solubles dans l'eau et dans le chloroforme, solubles dans l'alcool, l'éther et les alcalis. Elle est précipitée par l'acétate de plomb.

Aséboquercétine [Eykmann, *D. chem. G.*, **16**, 2769]. — Ce corps est obtenu en précipitant par 2 volumes d'éther la solution alcoolique de feuilles de l'*Andromeda toxica*. Il se sépare une partie sirupeuse que l'on met de côté ; la solution éthéro-alcoolique décantée donne une substance jaune, qui cristallise dans l'alcool dilué, et qui répond à la formule $C^{24}H^{16}O^{11}$: c'est l'aséboquercétine. En même temps, il se dépose un autre corps analogue au quercitrin $C^{36}H^{38}O^{20}$.

La solution alcaline de l'aséboquercétine n'est pas troublée par l'acide sulfurique et donne à froid de la paracarthamine.

Aséboruchsine. — Le sirop brun qui a été précipité dans la préparation précédente au moyen de l'éther, donne par addition d'une grande quantité d'eau un produit insoluble brun-rouge qui a pour formule $C^{18}H^{18}O^8$: c'est l'asébofuchsine. Chauffée avec de l'acide chlorhydrique, puis traitée par l'eau, elle donne un précipité violet nommé *asébopurpurine*. A. Béhal.

ANÉMONINE. — L'anémonine, $C^{15}H^{12}O^6$, fond à 156° et se décompose à 270° en dégageant des vapeurs très irritantes qui paraissent dues à une aldéhyde non saturée ; le liquide distillé fixe le brome et réduit le nitrate d'argent ammoniacal ; il donne avec la phénylhydrazine la réaction des aldéhydes.

La poudre de zinc la convertit en un hydrocarbure aromatique, donnant un dérivé nitré liquide et qui paraît être un cymène.

Elle fixe le brome et donne un produit d'addition $C^{15}H^{12}O^6Br^4$, cristallisé en octaèdres non fusibles sans décomposition, aisément solubles dans le chloroforme. Ce corps, réduit par le zinc et l'acide chlorhydrique, se convertit en *hydro-anémonine* $C^{15}H^{20}O^6, H^2O$, qui cristallise en grandes lames incolores, fusibles à 78°, bouillant sans décomposition à 210-212° sous une pression de 1 centimètre de mercure. La potasse colore l'hydroanémonine en jaune, comme l'anémonine elle-même. L'hydroanémonine ne paraît pas renfermer d'oxhydryles alcooliques ni phénoliques. Elle se dissout en effet dans l'anhydride acétique chaud et s'en dépose inaltérée par refroidissement [M. Hanriot, *Bull. Soc. Chim.*, (2), **47**, 683].

ANÉTHOL (voyez Suppl., **1**, 148),

$$C^6H^4 \left< \begin{matrix} O\,CH^3_{(1)} \\ CH=CH-CH^3_{(4)} \end{matrix} \right.$$

— L'anéthol, oxydé en solution sulfocarbonique par la chlorhydrine chromique, donne de l'aldéhyde anisique [Étard, *C. R.*, **97**, 989].

M. Landolph a repris ses expériences et modifié quelques-uns des résultats annoncés Suppl., **1**, 148.

Le fluorure de bore, réagissant sur l'anéthol à la température de l'ébullition, le transforme en anisol et *dihydrure d'anéthol* bouillant à 220°. Ce corps est incristallisable et possède une odeur camphrée. On doit le considérer comme le *propylanisol*,

$$C^6H^4 \left< \begin{matrix} O\,CH^3 \\ C^3H^7 \end{matrix} \right.$$

L'anéthol donne, par l'action de l'acide nitrique, de l'aldéhyde anisique et un corps camphré, bouillant de 191 à 193° : c'est le *tétrahydrure* $C^{10}H^{16}O$, déjà mentionné. Ce tétrahydrure, chauffé avec de la potasse alcoolique, se transforme en *hexahydrure* $C^{10}H^{18}O$, qui bout à 198° et fond à 18-19°.

La potasse alcoolique réagit aussi sur l'anéthol monochloré $C^{10}H^{11}ClO$, en donnant deux produits: l'un, insoluble dans les alcalis, bouillant de 268 à 270°, ne cristallise pas dans un mélange réfrigérant et a pour formule $C^{16}H^{20}O^3$; l'autre, qui est soluble dans les alcalis, est très difficile à purifier et n'a pas été analysé [Landolph, *D. chem. G.*, **13**, 144; *Bull. Soc. Chim.*, (2), **34**, 693].

Action de l'acide nitreux. — Lorsque l'on traite par l'azotite de sodium l'anéthol en solution dans l'acide acétique cristallisable, il se forme un *dérivé d'addition*

$$C^6H^4 \left< \begin{matrix} O\,CH^3 \\ C^3H^5.\,Az^2O^3 \end{matrix} \right.$$

que l'oxydation convertit en acide anisique, et qui, réduit par l'étain et l'acide chlorhydrique, donne le *chlorhydrate*

$$C^6H^4 \left< \begin{matrix} O\,CH^3 \\ C^3H^5 \left< \begin{matrix} AzH^2 \\ OH \end{matrix} \right. \end{matrix} \right. .\,HCl$$

La potasse ne le précipite pas; sous l'influence des déshydratants, il perd 1 molécule d'eau en donnant le sel d'une nouvelle base

$$C^6H^4 \left< \begin{matrix} O\,CH^3 \\ CH-CH-CH^3 \\ \diagdown \ \diagup \\ AzH \end{matrix} \right.$$

La constitution de ce composé d'addition doit être exprimée par la formule

$$C^6H^4 \left< \begin{matrix} O\,CH^3 \\ C - CH - CH^3 \\ \| \quad\ \ | \\ (OH)Az \quad O-AzO \end{matrix} \right.$$

car, lorsqu'on le traite par le chlorure d'acétyle, il donne un *dérivé acétylé*. Cet acétate se détruit par la distillation, même dans le vide, en donnant de l'acide acétique; il distille en outre une huile jaune cristallisable

$$C^6H^4 \left< \begin{matrix} O\,CH^3 \\ C-CO.\,CH^3 \\ \| \\ Az.\,OH \end{matrix} \right.$$

que l'acide chlorhydrique décompose en hydroxylamine et acétone,

$$C^6H^4 \left< \begin{matrix} O\,CH^3 \\ CO-CO-CH^3 \end{matrix} \right.$$

La constitution de cette diacétone est vérifiée par ce fait qu'elle réagit sur 2 molécules de phénylhydrazine. Enfin l'isonitrosoacétone obtenue dans la distillation de l'acétate donne par réduction une *amidoacétone*,

$$C^6H^4 \left< \begin{matrix} O\,CH^3 \\ CH-CO-CH^3 \\ | \\ AzH^2 \end{matrix} \right.$$

et son produit de décomposition par fixation d'hydrogène avec perte d'ammoniaque,

$$C^6H^4 \left< \begin{matrix} O\,CH^3 \\ CH^2-CO-CH^3 \end{matrix} \right.$$

corps bouillant à 264°, et réagissant avec facilité sur la phénylhydrazine et sur le chlorure d'acétyle.

L'amidoacétone précipitée par la potasse de son chlorhydrate perd facilement de l'eau, en donnant un produit de condensation, d'après l'équation

$$2\,C^6H^4 \left< \begin{matrix} O\,CH^3 \\ CH-CO-CH^3 \\ | \\ AzH^2 \end{matrix} \right.$$

$$= 2H^2O + \begin{matrix} O\,CH^3 \\ | \\ C^6H^4-CH-C-CH^3 \\ | \quad\ \ \| \\ Az \quad Az \\ \| \quad\ \ | \\ CH^3-C - CH-C^6H^4-O\,CH^3 \end{matrix}$$

comme le montrent la densité de vapeur et l'analyse du chloroplatinate. De plus, comme base bitertiaire, ce composé est sans action sur l'anhydride acétique, et fixe 2 molécules d'iodure de méthyle.

Dans l'action de l'acide azoteux sur l'anéthol, il se forme en outre un produit de substitution répondant à la formule

$$C^6H^4 \left< \begin{matrix} O\,CH^3 \\ C^3H^3(Az^2O^2) \end{matrix} \right.$$

fusible à 93° et se décomposant vers 240°. D'ailleurs ce composé se produit également lorsque l'on fait bouillir avec de l'eau le dérivé d'addition

$$C^6H^4 \left< \begin{matrix} O\,CH^3 \\ C^3H^5.\,Az^2O^3 \end{matrix} \right.$$

Ce corps se dissout dans l'acide sulfurique concentré et en est précipité sans altération par l'eau; mais il donne un dérivé sulfoné si on chauffe la solution. L'acide chromique, la potasse aqueuse ne l'attaquent point, tandis que la potasse alcoolique lui fait subir une transformation moléculaire, à la suite de laquelle il devient facilement soluble dans les carbonates alcalins. Il ne possède pas les propriétés d'un dérivé nitrosé, mais plutôt celles d'un corps diazoïque, ce qui conduit à doubler sa formule. Ainsi, la réduction par l'étain et l'acide chlorhydrique à froid lui enlève 1 atome d'oxygène en donnant le composé

$$C^6H^4 \left< \begin{matrix} O\,CH^3 \\ C^3H^3-Az^4O^3-C^3H^3 \end{matrix} \right. \begin{matrix} H^3CO \\ \end{matrix} \!\!>\! C^6H^4,$$

tandis qu'à l'ébullition il y a scission de la molécule, et formation de la base

$$C^6H^4 \begin{array}{l} \diagup OCH^3 \\ \diagdown C^3H^3 \begin{array}{l} \diagup AzH^2 \\ \diagdown OH \end{array} \end{array}$$

Celle-ci perd facilement le molécule d'eau pour donner le corps

$$C^6H^4 \begin{array}{l} \diagup OCH^3 \\ \diagdown C = C - CH^3 \\ \quad \diagdown \ \diagup \\ \quad AzH \end{array}$$

qui ne jouit plus que de propriétés faiblement basiques.

On est ainsi conduit à représenter le dérivé de substitution par le schéma suivant :

$$C^6H^4 \begin{array}{l} \diagup OCH^3 \\ \diagdown C^3H^3 \begin{array}{l} \diagup OAzO \quad OAzO \diagdown \\ \diagdown \ Az = Az \diagup \end{array} C^3H^3 \diagup \end{array} \begin{array}{l} H^3CO \diagdown \\ \end{array} C^6H^4,$$

son produit de réduction étant

$$C^6H^4 \begin{array}{l} \diagup OCH^3 \\ \diagdown C^3H^3 \begin{array}{l} \diagup OAz \diagup O \diagdown AzO \diagdown \\ \diagdown \ Az = Az \diagup \end{array} C^3H^3 \diagup \end{array} \begin{array}{l} H^3CO \diagdown \\ \end{array} C^6H^4.$$

Ces deux composés d'addition et de substitution, obtenus dans l'action de l'acide nitreux sur l'anéthol, fournissent, par substitution directe, des *dérivés bromés* bien cristallisés $C^{20}H^{18}Br^2Az^4O^6$ et $C^{20}H^{18}Br^2Az^4O^5$; le second résulte aussi de la réduction du premier par l'étain et l'acide chlorhydrique [P. Tœnnies, *D. chem. G.*, **13**, 1845 et **20**, 2982; *Bull. Soc. Chim.*, (2) **36**, 234 et **49**, 547].

O. Saint-Pierre.

ANGÉLICOLACTONE. — Voyez Lactones.

ANGÉLIQUE (ACIDE). — *Préparation au moyen de l'essence de camomille romaine.* — L'essence (100 grammes) est additionnée d'alcool (200 grammes) et de potasse sèche (56 grammes) et le tout est maintenu pendant 8 ou 10 heures à l'ébullition, dans un bain-marie et au réfrigérant ascendant. On chasse ensuite l'alcool, on acidifie le résidu par l'acide sulfurique étendu, on ajoute de l'eau et on distille. Le liquide aqueux et acide du récipient est traité par le carbonate de sodium jusqu'à faible réaction alcaline, puis évaporé à siccité. A ce nouveau résidu on ajoute avec précaution de l'acide sulfurique étendu de son volume d'eau. La couche huileuse qui se forme est lavée à l'eau, puis soumise à la distillation fractionnée. La portion bouillant à 184-187° est composée d'acide angélique [Kopp, *Ann. Chem.*, **195**, 81].

Le rendement est meilleur quand, au lieu de procéder par la distillation, qui transforme une certaine quantité d'acide angélique en acide méthylcrotonique, on sature le liquide huileux par la chaux. La solution concentrée à froid des sels de calcium est maintenue entre 60 et 70°; dans ces conditions l'angélate de calcium peu soluble à chaud se précipite [Pagenstecher, *Ann. Chem.*, **195**, 108].

MM. Beilstein et Wiegand [*D. chem. G.*, **17**, 2261] retirent aisément l'acide angélique en maintenant pendant plusieurs jours à 0° le mélange acide, qui dépose l'acide angélique à l'état de pureté.

Propriétés. — L'acide angélique se transforme spontanément avec le temps en acide méthylcrotonique [E. Schmidt, *Ann. Chem.*, **208**, 249].

Par hydrogénation il donne l'acide méthyléthylacétique [Schmidt, *loc. cit.*].

Traité à froid par une solution étendue de permanganate de potassium, il fournit de l'acide carbonique, de l'aldéhyde éthylique, de l'acide acétique [Beilstein et Wiegand, *loc. cit.*], de l'aldéhyde propylique et de l'acide propionique [J. Kondakoff, *D. chem. G.*, **21**, *Ref.*, 615].

Cet acide, dissous dans l'acide iodhydrique concentré et soumis à l'action du gaz iodhydrique, se transforme en un composé saturé, $C^5H^9IO^2$, fusible à 46° et différent de celui qui est obtenu dans les mêmes conditions avec l'acide méthylcrotonique. En présence d'une certaine quantité d'eau, on obtient en même temps un composé isomérique, l'*acide iodhydrométhylcrotonique*, qui fond à 86°,5.

L'acide hypochloreux se fixe sur l'acide angélique et donne deux composés isomériques : l'un serait l'acide *β-chloro-α-méthyl-α-oxybutyrique*, $CH^3-CHCl-C(OH)(CH^3)-CO^2H$, fusible à 75°; l'autre, l'acide *chloroxyvalérique*, qui fond à 105°. On les sépare à l'aide de leurs sels de zinc; le sel du premier acide est le moins soluble dans l'eau [P. Melikoff, *D. chem. G.*, **21**, *Ref.*, 176].

Angélate de calcium, $(C^5H^7O^2)^2Ca, 2H^2O$. — Ce sel se dissout dans 5 parties d'eau à 17°; il est beaucoup moins soluble à 60-70°.

Angélate d'éthyle, $C^5H^7O^2 . C^2H^5$. — Liquide doué d'une odeur aromatique, bouillant à 141°,5. Densité = 0,9347 à 0°.

Angélate d'isobutyle, $C^5H^7O^2 . C^4H^9$. — Il se trouve dans l'essence de camomille romaine et bout à 177-177°,5.

Angélate d'isoamyle, $C^5H^7O^2 . C^5H^{11}$. — Il est contenu dans l'essence de camomille romaine et bout à 200-201°.

G. Griner.

ANILACÉTYLACÉTIQUE (ACIDE). — MM. L. Knorr et O. Antrick [*D. chem., G.*, **17**, 2870] avaient donné ce nom au produit qui prend naissance par l'action de l'aniline sur l'éther acétylacétique à la température de 140-150° [Knorr, *D. chem. G.*, **17**, 540] et auquel ils avaient attribué la constitution

$$CH^3 - C(AzH . C^6H^5) = CH - CO^2H.$$

Dans un mémoire plus récent [*Ann. Chem.*, **236**, 69; *Bull. Soc. Chim.*, (2), **47**, 633], M. Knorr a reconnu que le composé en question est en réalité l'*acétylacétanilide*,

$$CH^3 - CO - CH^2 - CO . AzH . C^6H^5,$$

décrite Suppl., **2**, 59.

ANILALLOXANE, $C^{10}H^9Az^3O^4$ [G. Pellizzari, *Giornale l'Orosi*, août-septembre 1887 ; *D. chem. G.*, **20**, *Ref.*, 810]. — L'aniline réagit sur l'alloxane, en présence de l'alcool, pour donner des aiguilles blanches, brillantes, fusibles à 248°, et présentant la composition ci-dessus.

Soumis à la distillation sèche, ce corps donne de la p-toluidine. Traité à froid par la potasse à 10 0/0, il se dédouble suivant l'équation

$$C^{10}H^9Az^3O^4 + H^2O = C^9H^8Az^2O^3 + AzH^3 + CO^2.$$

Le nouveau corps ainsi formé se détruit à 180°; il se décompose également par ébullition avec la potasse ou avec la baryte.

Diméthylanilalloxane, $C^{12}H^{13}Az^3O^4, H^2O$. — Même préparation que pour le composé précédent; petites aiguilles blanches, qui se décomposent à 230°.

La diméthylanilalloxane donne un *chlorhydrate* ayant pour formule $C^{12}H^{13}Az^3O^4 . HCl$; elle fournit aussi un *sel d'argent* ayant pour composition $C^{12}H^{12}Az^3O^4Ag$. Soumise à la distillation sèche, elle donne une diméthyltoluidine. Par ébullition avec la potasse, elle perd de l'ammoniaque et de l'acide carbonique et fournit un acide de la formule $C^{11}H^{12}Az^2O^3$.

ANILBENZILE. — Voyez Benzile.

ANILBENZOÏNE. — Voyez Benzoïne.

ANILIDOACRYLIQUE (ACIDE),

$$C^6H^5 - AzH - CH = CH - CO^2H$$

[A. Reissert, *D. chem. G.*, **20**, 3105]. — Cet acide prend naissance lorsqu'on fait bouillir avec de la potasse le mélange d'anilidomaléinanilide et d'anilidomaléine-phénylimide, obtenu lui-même par l'action de l'aniline sur l'acide dibromosuccinique. Sa formation s'explique par les équations :

$$\begin{matrix} C^6H^5-AzH-C-CO \\ \| \\ CH-CO \end{matrix} \!\!> AzC^6H^5 + H^2O$$

Anilidomaléine-phénylimide.

$$= \begin{matrix} C^6H^5-AzH-C-CO^2H \\ \| \\ CH-CO.AzH.C^6H^5. \end{matrix}$$

Anilidomaléinanilide.

$$\begin{matrix} C^6H^5-AzH-C-CO^2H \\ \| \\ CH-CO.AzH.C^6H^5 \end{matrix} + H^2O$$

$$= C^6H^5.AzH^2 + \begin{matrix} C^6H^5-AzH-C-CO^2H \\ \| \\ CH-CO^2H. \end{matrix}$$

Acide anilidomaléique.

$$\begin{matrix} C^6H^5.AzH-C-CO^2H \\ \| \\ CH-CO^2H \end{matrix}$$

$$= CO^2 + C^6H^5.AzH-CH=CH-CO^2H.$$

Lorsque la réaction est terminée, on épuise par l'éther pour enlever l'aniline qui a pris naissance dans la réaction, puis on précipite par l'acide chlorhydrique et on purifie par transformation en sel de sodium.

L'acide anilido-acrylique est une poudre cristalline blanche, fusible avec décomposition partielle à 194°, très soluble dans l'alcool et dans l'acétone, moins soluble dans l'éther, presque insoluble dans l'eau, le benzène, la ligroïne, le chloroforme.

Sel de sodium, $C^9H^8AzO^2Na, 2,5H^2O$. — Lamelles blanches et soyeuses.

Sel de calcium. — Précipité blanc, floconneux, assez soluble dans l'eau.

Sel de baryum. — Précipité cristallin, peu soluble dans l'eau.

Sel ferreux. — Flocons grisâtres.

Sel ferrique. — Précipité amorphe brun.

Sel de cuivre, $(C^9H^8AzO^2)^2Cu$. — Précipité vert, insoluble, très volumineux.

Sel d'argent. — Précipité blanc, volumineux, insoluble, se réduisant lentement à froid, rapidement à chaud.

Sel mercurique. — Cristaux blancs peu solubles.

Sel de plomb. — Précipité peu soluble, amorphe.

Éther éthylique, $C^9H^8AzO^2.C^2H^5$. — Cristaux fusibles à 143-144°, obtenus par l'action du gaz chlorhydrique sur une solution alcoolique de l'acide.

L'acide anilidoacrylique se dissout dans l'acide sulfurique concentré, lentement à froid, rapidement à chaud, en perdant les éléments d'une molécule d'eau ; l'action d'une température de 200° lui fait subir la même transformation. Le corps qui prend naissance dans ces conditions est la *γ-céto-dihydroquinoléine* :

HC CO²H
HC C CH
HC C CH
CH AzH

CH CO
= H²O + CH C CH
CH C CH
CH AzH

Ad. Fauconnier.

ANILIDOPÉRÉZONE. — Voyez, dans ce Supplément, ACIDE PIPITZAHUIQUE.

ANILINE. — Voyez PHÉNYLAMINE.

ANILIQUES (ACIDES). — On donne ce nom aux dérivés substitués des dioxyquinones,

$$C^6(O^2)_{(1.4)}(OH)^2H^2,$$

sans distinction des isoméries possibles. Ces corps s'unissent tous aux oxydes métalliques, avec élimination d'eau, et donnent ainsi des composés stables, en tout comparables aux sels proprement dits ; ils doivent cette propriété à leur fonction de polyphénols et à la présence, dans leur molécule, d'oxygène quinonique voisin des hydroxyles (voyez QUINONE).

On appelle aussi acides *aniliques* les monoanilides des acides bibasiques, tels que l'acide oxalique ou ses homologues supérieurs ; c'est ainsi que les acides phényloxamique

$$C^6H^5.AzH-CO-CO^2H$$

ou phénylmalonamique

$$C^6H^5.AzH-CO-CH^2-CO^2H$$

sont souvent désignés sous le nom d'acides *oxanilique* et *malonanilique*.

ANILPYRUVIQUE (ACIDE),

$$C^6H^5Az=C(CH^3)-CO^2H.$$

— On agite une solution chloroformique d'aniline avec de l'acide pyruvique partiellement dissous dans le chloroforme. Le chloroforme se colore en jaune par la formation d'acide anilpyruvique, et il se sépare de l'eau et du pyruvate d'aniline cristallisé, qui lui-même se transforme en acide anilpyruvique quand on le chauffe avec de l'eau.

L'aniline, versée dans une solution éthérée d'acide pyruvique, donne également de l'acide anilpyruvique.

Cet acide est cristallisé et soluble dans l'eau. Il fond à 122°, en perdant de l'acide carbonique.

La solution acide, chauffée, dégage de l'aniline, de l'acide carbonique, et fournit de l'acide aniluvitonique, $C^{11}H^9AzO^2$.

L'*anilpyruvate de baryum*, $(C^9H^8AzO^2)^2Ba$, est cristallin, très soluble dans l'eau. La solution se décompose par la chaleur.

Acide pentabromanilpyruvique. — On le prépare en mélangeant deux solutions de brome et d'acide dans le chloroforme. Il a pour composition

$$C^6H^2Br^3Az=C(CHBr^2)-CO^2H.$$

Il se présente en fines aiguilles, insolubles dans l'eau, le sulfure de carbone et l'éther, peu solubles dans le chloroforme, solubles dans l'alcool, l'aniline et l'acétone.

La solution ammoniacale précipite en blanc l'azotate d'argent et l'acétate de plomb.

Cet acide est soluble dans les acides. La solution dans l'acide bromhydrique concentré fournit des lamelles brillantes, décomposables par l'eau avec formation d'acide bromhydrique, et donnant par la distillation avec la chaux un produit ayant l'odeur de la quinoléine.

L'acide anilpyruvique bromé est décomposé par l'alcool avec production de tribromaniline. Distillé seul ou avec de l'eau, il donne de la dibromaldéhyde, de la tribromaniline et de l'acide carbonique. [Bœttinger, *Ann. Chem.*, **188**, 336 ; *D. chem. G.*, **16**, 1924 ; *Bull. Soc. Chim.*, (2), **42**, 61].

Si l'on chauffe l'acide pyruvique par petites portions avec 5 ou 6 fois son poids d'aniline, et si on projette la masse, au bout de 20 minutes, dans de l'acide chlorhydrique très étendu et froid, on obtient un précipité qui, après cristallisation d'abord dans l'alcool éthéré, puis dans l'alcool faible, a pour composition $C^{14}H^{16}Az^2O$.

Ce corps est en aiguilles fondant à 194-195°. Il distille sans décomposition quand on le chauffe par petites portions.

Il est soluble dans l'alcool, l'éther, le chloroforme et le benzène. Les acides concentrés lui enlèvent de l'aniline [Bœttinger, *D. chem. G.*, **17**, 996; *Bull. Soc. Chim.*, (2), **43**, 436].

Paul Adam.

ANILUVITONIQUE (ACIDE),

$C^{11}H^9AzO^2, H^2O$.

— L'acide aniluvitonique a été découvert par M. C. Bœttinger en décomposant l'acide anilpyruvique par l'eau bouillante [*D. chem. G.*, **20**, 362, 1517; *Bull. Soc. Chim.*, (2), **30**, 131; *Ann. Chem.*, **188**, 136 et **191**, 321]. Quand on fait bouillir une solution aqueuse d'acide anilpyruvique au réfrigérant ascendant, il se dégage de l'acide carbonique en même temps que de l'aniline est mise en liberté. On chasse cette aniline par la distillation et on évapore jusqu'à consistance sirupeuse. Au bout d'un temps assez long le sirop se solidifie partiellement; les parties solides ont un point de fusion beaucoup plus élevé que l'acide anilpyruvique. On fait égoutter le sirop sur une plaque poreuse.

La portion solide est reprise par l'eau bouillante et le noir animal, puis filtrée bouillante; il se dépose par refroidissement des aiguilles incolores qui constituent l'*acide aniluvitonique*.

Préparation. — On peut obtenir cet acide sous la forme de chlorhydrate dans de bien meilleures conditions. On met dans un ballon 10 grammes d'acide pyruvique, 20 grammes d'aniline et 150 grammes d'eau; on fait bouillir le mélange au réfrigérant ascendant pendant 2 ou 3 heures. On ajoute alors du noir animal et on distille pour éliminer l'excès d'aniline. On filtre bouillant et à la solution limpide et colorée en rouge on ajoute largement de l'acide chlorhydrique, puis on évapore au bain-marie jusqu'à consistance sirupeuse. La masse, abandonnée à elle-même, laisse déposer de longues aiguilles, constituant le chlorhydrate de l'acide aniluvitonique. On les purifie en les dissolvant dans une petite quantité d'eau et en précipitant par l'acide chlorhydrique concentré, dans lequel ce sel est peu soluble.

Propriétés. — L'acide aniluvitonique cristallise en petites aiguilles ou en tables quadratiques. Il retient 1 molécule d'eau, qu'il perd à 110° et fond à 241-242°. Il est peu soluble dans l'eau froide, assez soluble dans l'eau bouillante; sa solution est faiblement acide; il se dissout aisément dans les acides minéraux étendus et chauds.

Le *chlorhydrate*, dont nous avons donné plus haut la préparation, contient

$$C^{11}H^9AzO^2 . HCl, H^2O;$$

il cristallise en longues aiguilles incolores et ne perd pas son eau de cristallisation à 110° [C. Bœttinger, *D. chem. G.*, **14**, 91; *Bull. Soc. Chim.*, (2), **36**, 168].

Le *bromhydrate* peut être obtenu sous deux formes. Par évaporation de sa solution aqueuse étendue, il se dépose en grandes tables prismatiques présentant de belles irisations. Ces cristaux contiennent 2 molécules d'eau de cristallisation.

Par refroidissement de sa solution concentrée, il se dépose en longues aiguilles contenant une demi-molécule d'eau [Bœttinger, *D. chem G.*, **16**, 2358]. Ce bromhydrate, qui se prépare aisément en dissolvant l'acide aniluvitonique dans l'acide bromhydrique étendu, prend également naissance quand on chauffe le chlorhydrate avec du brome en tube scellé à 120°. Il se forme en même temps un produit bromé dont nous parlerons plus loin.

Le *chloroplatinate*,

$$(C^{11}H^9AzO^2 . HCl)^2PtCl^4, 2H^2O,$$

n'est pas décomposé par l'acide chlorhydrique bouillant; il s'y dissout et cristallise par refroidissement en cristaux prismatiques d'un beau jaune [C. Bœttinger, *loc. cit.*].

Les *sels alcalins* de l'acide aniluvitonique sont très solubles dans l'eau.

Le *sel de baryum*, $(C^{11}H^8AzO^2)^2Ba$, l'est aussi.

Le *sel d'argent* est peu soluble dans l'eau froide; il cristallise en petites lamelles blanches.

Le *sel de cuivre* se précipite sous la forme d'une poudre verte, quand on traite par l'acétate de cuivre une solution aqueuse de l'acide [C. Bœttinger, *D. chem. G.*, **14**, 91; *Bull. Soc. Chim.*, (2), **36**, 168].

Action du brome. — On met en suspension dans le chloroforme le chlorhydrate de l'acide aniluvitonique et l'on y ajoute du brome; il se précipite une huile colorée en rouge, sans dégagement d'acide bromhydrique; on lave cette huile avec du chloroforme et ensuite avec de l'eau; on obtient une poudre d'un jaune rouge qui perd son brome à l'air et que l'ébullition avec l'eau transforme en bromhydrate d'acide aniluvitonique. La même chose se passe quand on fait réagir le brome en tube scellé à 120° [Bœttinger, *D. chem. G.*, **16**, 2357].

Action de la chaux sodée. — La chaux sodée transforme l'acide aniluvitonique, et cela avec un rendement presque théorique, en une méthylquinoléine qui a été identifiée avec la quinaldine [C. Bœttinger, *loc. cit.* — A. Küsch, *D. chem. G.*, **19**, 2249].

Action des oxydants. — Le permanganate de potassium, ainsi que l'acide chromique en solution sulfurique, transforment l'acide aniluvitonique en acide pyridine-αα'γ-tricarbonique [C. Bœttinger, *D. chem. G.*, **14**, 133; *Bull. Soc. Chim.*, (2), **36**, 168].

Action des réducteurs. — L'étain et l'acide chlorhydrique transforment l'acide aniluvitonique en bases quinoléiques; M. Bœttinger a obtenu un *chloroplatinate* $C^{20}H^{20}Az^2O^5 . 2HCl . PtCl^4$ dont il n'a pas déterminé la nature [*Ann. Chem.*, **191**, 321].

Constitution. — Les réactions que nous venons d'exposer permettent de conclure que l'acide aniluvitonique est l'acide *quinaldine-γ-carbonique*,

CH C-COOH
CH C CH
CH C C-CH³
CH Az

[A. Küsel, *D. chem. G.*, **19**, 2249].

Deux synthèses que l'on a faites de cet acide concordent avec cette formule de constitution.

1° L'acétone en solution alcaline réagit sur l'acide isatique

$$C^6H^4 \begin{cases} CO-COOH \\ AzH^2 \end{cases}$$

en le transformant en acide aniluvitonique

CO-COOH
+ CH³
CO-CH³
AzH²

C-COOH
= 2H²O + CH
C-CH³
Az

[J. Pfitzinger, *J. prakt. Chem.*, (2), **33**, 100; *Bull. Soc. Chim.*, (2), **46**, 622].

2° Quand on oxyde par l'acide chromique en solution sulfurique l'αγ-diméthylquinoléine, on la transforme également en acide aniluvitonique :

C-CH³
CH
C-CH³ + 3O
Az

C-CO²H
CH
= H²O + C-CH³
Az

[C. Beyer, *J. prakt. Chem.*, (2), **33**, 393].

L. Bouveault.

ANISAMINES. — Nous désignerons sous ce nom les bases qui résultent de la substitution du radical de l'alcool anisique à l'hydrogène de l'ammoniaque, et qui ont été également nommées *anisylamines*.

MONOANISAMINE, $AzH^2 . CH^2_{(1)}-C^6H^4-(OCH^3)_{(4)}$. — C'est la base obtenue autrefois par M. Cannizzaro (voyez Dict., **1**, 336). Elle a été préparée par réduction de l'aldoxime anisique

$$C^6H^4 \begin{cases} OCH^3 \\ CH=Az.OH \end{cases}$$

au moyen de l'amalgame de sodium et de l'acide acétique. La solution aqueuse est épuisée par l'éther pour éliminer l'aldoxime inattaquée; on ajoute un excès d'alcali et on distille dans un courant de vapeur d'eau. La base libre, enlevée par épuisement à l'éther à la solution fortement alcalinisée, est une huile bouillant sans décomposition à 234-235° sous une pression de 724 millimètres, soluble dans l'eau, à laquelle l'éther ne l'enlève qu'en faible partie, mais insoluble dans les alcalis [H. Goldschmidt et N. Polonowska, *D. chem. G.*, **20**, 2407; *Bull. Soc. Chim.*, (2), **49**, 726].

Elle se forme aussi dans l'hydrogénation de l'anishydramide $(H^3CO-C^6H^4-CH)^3Az^2$ en même temps que la dianisamine [O. Steinhart, *Ann. Chem.*, **241**, 332; *Bull. Soc. Chim.*, (2), **49**, 983]. D'après ce dernier auteur, elle bout à la pression ordinaire en se décomposant et perd de l'ammoniaque vers 220°.

Abandonnée à l'air, l'anisamine en absorbe énergiquement l'acide carbonique, en formant de fines aiguilles blanches, fusibles à 110°.

Le *chlorhydrate* cristallise en prismes très solubles dans l'eau, fusibles à 231°.

Le *chloroplatinate* est assez soluble dans l'eau chaude.

Le *chloromercurate*,

$$C^8H^{11}AzO . HCl . HgCl^2, H^2O,$$

perd son eau de cristallisation à 130° et se décompose en fondant vers 200°.

Le chlorhydrate d'anisamine, chauffé au bain-marie avec de l'isocyanate de potassium, se convertit en *anisurée*,

$$C^6H^4(OCH^3)CH^2-AzH-CO-AzH^2,$$

qui cristallise en longues aiguilles, fusibles à 167°.

Avec le sulfocyanate d'ammonium, on a de même l'*anis-sulfo-urée*,

$$C^6H^4(OCH^3)CH^2-AzH-CS-AzH^2,$$

corps très soluble dans l'eau, fondant à 95°. Enfin l'anisamine se combine avec dégagement de chaleur au sulfure de carbone en donnant la *dianis-sulfo-urée*,

$$[C^6H^4(OCH^3)CH^2-AzH]^2=CS,$$

que l'on purifie par cristallisation dans l'alcool. Elle fond à 149-150° [Goldschmidt et Polonowska, *loc. cit.*].

L'anisamine, traitée par l'anhydride acétique, se transforme en *acétylanisamine* ou *anisacétamide*, $C^6H^4(OCH^3)CH^2-AzH . C^2H^3O$. Ce composé cristallise dans l'alcool en aiguilles incolores, fusibles à 96°. Il se dissout dans l'acide nitrique fumant fortement refroidi; par addition d'eau glacée et d'ammoniaque, on voit se précipiter des cristaux jaunâtres, peu solubles dans l'eau, l'éther et le benzène, fusibles à 137°. Par oxydation cette *acétyl-nitroanisamine* donne de l'acide nitranisique fusible à 186°. Elle a donc la constitution suivante :

$$C^6H^3(OCH^3)_{(4)}(AzO^2)_{(3)}CH^2_{(1)}-AzH . C^2H^3O$$

Dans cette nitration, il se forme en même temps un peu de p-nitranisol.

La nitroanisacétamide, réduite par l'étain et l'acide chlorhydrique, se transforme en *amidoanisamine*,

$$C^6H^3(OCH^3)_{(4)}(AzH^2)_{(3)}CH^2 . AzH^2_{(4)},$$

dont le *chlorhydrate* cristallise en fines aiguilles incolores, mais noircit rapidement. La base libre est une huile peu soluble dans l'éther et non distillable avec la vapeur d'eau. Elle attire énergiquement l'acide carbonique de l'air en se solidifiant. L'anhydride acétique la convertit en un *dérivé diacétylé* cristallisant en aiguilles blanches, fusibles à 185°, solubles dans les acides étendus [H. Goldschmidt et W. Polonowska, *loc. cit.*].

M. O.-J. Steinhart a préparé un certain nombre d'amines secondaires, dérivées de l'anisamine par substitution d'un groupement aromatique à un atome d'hydrogène. Le principe de la réaction est le suivant : l'aldéhyde anisique, traitée par l'aniline, donne un dérivé

$$CH^3O-C^6H^4-CH=Az-C^6H^5,$$

lequel, réduit par l'amalgame de sodium et l'alcool absolu, se transforme en anisaniline

$$C^6H^4(OCH^3)CH^2-AzH-C^6H^5.$$

L'*anisaniline* cristallise en prismes fusibles à 64°,5, très solubles dans le benzène, l'éther et le chloroforme. Son *chlorhydrate* forme des lamelles blanches qui fondent à 163°. Le *chloroplatinate* cristallise en aiguilles d'un jaune clair. L'acide nitreux la transforme en un *dérivé nitrosé*, $C^6H^4(OCH^3)CH^2-Az(AzO)-C^6H^5$, fusible à 104°.

L'*anis-o-toluidine*,

$$C^6H^4(OCH^3)CH^2-AzH-C^6H^4-CH^3,$$

cristallise en lamelles incolores qui fondent à 55°. Son *dérivé nitrosé* est une huile incristallisable, qui distille avec la vapeur d'eau.

L'*anis-p-toluidine*, obtenue de même avec la p-toluidine, fond à 68°. Le *chlorhydrate* forme des lamelles incolores, fusibles à 160°. Le *dérivé nitrosé* fond à 108°; il cristallise en prismes brillants.

L'*anis-β-naphtylamine*,

$$C^6H^4(OCH^3)CH^2-AzH-C^{10}H^7,$$

cristallise en lamelles légèrement colorées, fusibles à 101°. Ses sels sont peu stables et se dissocient facilement.

Le *chlorhydrate* fond à 195°; le *dérivé nitrosé* forme des lamelles rougeâtres, fusibles à 133°.

L'*anis-diméthyl-p-phénylène-diamine*,

$$C^6H^4(OCH^3)CH^2-AzH-C^6H^4-Az(CH^3)^2,$$

obtenue de même au moyen de la diméthyl-p-phénylène-diamine dissymétrique, cristallise en lamelles verdâtres, fusibles à 104° [O.-J. Steinhart, *loc. cit.*].

Dianisamine, $[C^6H^4(OCH^3)CH^2]^2AzH$. — Cette base a été obtenue par M. Steinhart dans la réduction de l'anishydramide, en solution dans l'alcool absolu, par l'amalgame de sodium à 3 0/0. On peut la séparer facilement de la monoanisamine qui l'accompagne, grâce à son insolubilité dans l'eau. Elle se dissout dans l'alcool et dans l'éther, et cristallise en aiguilles brillantes, fusibles à 34°. Par l'action de la chaleur, elle se décompose à partir de 130° en perdant de l'ammoniaque.

Le *chlorhydrate* cristallise en grands prismes blancs fondant à 243°, peu solubles dans l'eau, très solubles dans l'alcool.

Le *chloroplatinate* se présente en aiguilles jaunes, brunissant à l'air.

Le *dérivé nitrosé* cristallise dans l'alcool en aiguilles soyeuses, fusibles à 80° [O. J. Steinhart, *loc. cit.*]. O. Saint-Pierre.

ANISÉNYLAMIDOXIME (*p-méthoxyphénylcarbamidoxime*)[1],

$$C^6H^4(OCH^3)_{(4)}C_{(1)}\lessgtr\begin{matrix}AzH^2\\AzOH\end{matrix}$$

[J.-A. Miller, *D. chem. G.*, **22**, 2791]. — On mélange des solutions aqueuses concentrées de chlorhydrate d'hydroxylamine (22 parties) et de carbonate de sodium (16 parties), on ajoute une solution alcoolique d'anisonitrile (30 parties), puis de l'alcool jusqu'à dissolution limpide, et on chauffe le tout en vase clos à 90° pendant 6 ou 8 heures. On chasse ensuite l'alcool par évaporation, et on neutralise exactement le résidu : l'amidoxime se précipite à l'état cristallisé. On la purifie par dissolution dans la soude et précipitation par l'acide chlorhydrique.

Elle cristallise en houppes ou en aiguilles très solubles dans l'alcool, l'éther, le chloroforme, les acides, les alcalis, peu solubles à chaud dans le benzène et dans l'eau, à peine solubles dans la ligroïne. Elle fond à 122-123°.

Le *chlorhydrate*, $C^8H^{10}Az^2O^2.HCl$, fond en se décomposant à 168°; il est soluble dans l'alcool, insoluble dans l'éther.

L'*éther éthylique*, $C^8H^9Az^2O^2.C^2H^5$, s'obtient en chauffant au bain-marie des quantités équivalentes d'amidoxime, d'éthylate de sodium et d'iodure d'éthyle. Il cristallise en prismes fusibles à 51-52°, très solubles dans l'alcool, l'éther, le benzène, le chloroforme, insolubles dans la ligroïne.

L'*éther acétique*, $C^8H^9Az^2O^2.C^2H^3O$, se produit lorsqu'on mélange des solutions chloroformiques d'amidoxime et de chlorure d'acétyle; précipité par l'eau de sa solution alcoolique, il se présente en petits prismes fusibles à 106°, très solubles dans l'alcool et dans le chloroforme, peu solubles dans le benzène et dans l'éther.

Anisénylazoxime-éthényle (*p-méthoxyphénylméthylcarbazoxime*),

$$C^6H^4(OCH^3)_{(4)}-C_{(1)}\lessgtr\begin{matrix}Az-O\\Az=\!=\end{matrix}\gtrless C-CH^3$$

— Ce composé prend naissance lorsqu'on chauffe la méthoxyphénylcarbamidacétyloxime soit seule, soit avec de l'eau, ou encore lorsqu'on chauffe un mélange d'anhydride acétique et d'anisénylanidoxime. Il cristallise en aiguilles blanches, fusibles à 68°, très solubles dans l'alcool, l'éther, le chloroforme, le benzène, moins solubles dans la ligroïne.

Éthylidène-anisénylamidoxime, (*p-méthoxyphényl-méthyl-carbhydrazoxime*)

$$C^6H^4(OCH^3)-C\lessgtr\begin{matrix}AzO\\AzH\end{matrix}\gtrless CH-CH^3.$$

— On abandonne à la température ordinaire un mélange d'aldéhyde éthylique et d'anisénylamidoxime en solution aqueuse : on voit bientôt se déposer des aiguilles blanches fusibles à 127°,5, peu solubles dans la ligroïne, très solubles dans l'alcool, l'éther, le benzène, le chloroforme, et présentant la composition ci-dessus.

Anisénylamidoxime-carbonate d'éthyle,

$$C^6H^4(OCH^3)C\lessgtr\begin{matrix}AzH^2\\AzO.CO^2C^2H^5\end{matrix}$$

— C'est le produit de la réaction de l'anisénylamidoxime sur le chlorocarbonate d'éthyle en solution chloroformique : on sépare le dépôt de chlorhydrate d'amidoxime, on concentre la liqueur, et on fait cristalliser par dissolution dans l'alcool et précipitation par l'eau. Lamelles blanches, fusibles à 119-120°, très solubles dans l'alcool, moins solubles dans l'éther et dans le benzène.

Anisénylamidoxime-carbonyle (*p-méthoxyphényl-oxycarbhydrazoxime*),

$$C^6H^4(OCH^3)C\lessgtr\begin{matrix}AzO\\AzH\end{matrix}\gtrless CO$$

— On prépare ce composé en traitant le corps précédent par les alcalis, ou encore en chauffant un mélange d'anisénylamidoxime et de chlorocarbonate d'éthyle. On purifie par dissolution dans un alcali, précipitation par l'acide chlorhydrique, et cristallisation dans l'alcool. Houppes blanches, fusibles à 208°, très solubles dans l'alcool, l'éther, le chloroforme, peu solubles dans le benzène et dans la ligroïne.

Benzoylanisénylamidoxime (*méthoxyphénylcarbamidobenzoyloxime*),

$$C^6H^4(OCH^3)C\lessgtr\begin{matrix}AzH^2\\AzO-CO-C^6H^5\end{matrix}$$

— On agite une solution alcaline d'anisénylamidoxime avec du chlorure de benzoyle; on purifie en dissolvant le dépôt dans l'alcool et en précipitant par l'eau : cristaux fusibles à 148°, très solubles dans l'alcool, l'éther, le chloroforme, le benzène, insolubles dans la ligroïne.

Anisénylazoxime-benzényle (*méthoxyphénylphénylcarbazoxime*),

$$C^6H^4(OCH^3)C\lessgtr\begin{matrix}Az-O\\Az=\!=\end{matrix}\gtrless C.C^6H^5.$$

— Ce dérivé prend naissance lorsqu'on soumet le composé précédent à une température supérieure à son point de fusion, ou à l'ébullition avec de l'eau, ou encore lorsqu'on le dissout dans l'acide sulfurique; on peut aussi le préparer en chauffant un mélange de chlorure de benzoyle et d'anisénylamidoxime. Lamelles blanches fusibles à 102°,5, très solubles dans l'alcool, l'éther, le benzène, le chloroforme.

Acide anisénylazoxime-propényl-ω-carbonique (*acide p-méthoxyphénylcarbazoxime-propionique*),

$$C^6H^4(OCH^3)C\lessgtr\begin{matrix}Az-O\\Az=\!=\end{matrix}\gtrless C-CH^2-CH^2-CO^2H.$$

— On fond un mélange d'anhydride succinique et d'anisénylamidoxime; on épuise la masse par de la soude; on précipite la solution alcaline par l'acide chlorhydrique, et on fait recristalliser dans l'alcool dilué. Aiguilles d'un blanc jaunâtre, fusibles à 140-141°, très solubles dans l'alcool, l'éther, le chloroforme, peu solubles dans le benzène et dans la ligroïne. Ad. Fauconnier.

ANISIDINE — Voyez Anisol.

1. Pour la nomenclature des corps décrits dans cet article, on est prié de se reporter aux articles Amidoximes et Azoximes. Les noms indiqués entre parenthèses sont conformes aux règles de nomenclature proposées dans ces articles; les autres noms sont ceux donnés aux corps par les auteurs qui les ont découverts.

ANISILE,

$$C^6H^4 \langle {OCH^3_{(4)} \atop CO_{(1)}} - {H^3CO_{(4)} \atop CO_{(1)}} \rangle C^6H^4$$

— Ce composé, qu'il vaudrait mieux appeler *bianisyle*, est le radical de l'acide anisique. Il a été obtenu par M. Bœsler dans l'oxydation l'anisoïne,

$$C^6H^4(OCH^3)-CH.OH-CO-C^6H^4(OCH^3).$$

Pour le préparer, on dissout 1 partie d'anisoïne dans 5 parties d'alcool, et on y ajoute peu à peu, en chauffant, de la liqueur de Fehling très concentrée, jusqu'à ce que la couleur reste franchement bleue.

On filtre et on précipite par l'eau. Le rendement est théorique. Après cristallisation dans l'alcool, l'anisile fond à 133°. Il distille sans décomposition et est peu soluble dans l'alcool froid. Les alcalis le tranforment en acide anisilique [M. Bœsler, *D. chem. G.*, **14**, 327; *Bull. Soc. Chim.*, (2), **36**, 581].

Anisile-dioximes,

$$C^6H^4 \langle {OCH^3 \atop C(AzOH)} - {H^3CO \atop C(AzOH)} \rangle C^6H^4$$

[R. Stierlin, *D. chem. G.*, **22**, 376]. — L'anisile, chauffé au bain-marie avec de l'alcool méthylique et un excès de chlorhydrate d'hydroxylamine, fournit deux dioximes répondant à la formule ci-dessus. L'une, l'*α-dioxime*, est presque insoluble dans l'alcool, l'éther, le benzène, soluble dans l'acide acétique bouillant, soluble dans la soude diluée, et fond à 217°.

L'autre, la *β-dioxime*, est très soluble dans l'alcool, et s'obtient par la concentration des eaux mères du composé précédent; on peut encore la préparer en chauffant l'α-dioxime à 160-170° avec de l'alcool; enfin, elle prend seule naissance dans l'action du chlorhydrate d'hydroxylamine sur l'anisile, si l'on effectue la réaction non plus au bain-marie, mais à 170°; elle cristallise en fines aiguilles blanches, fusibles à 195°, très solubles dans l'alcool et dans l'acide acétique, solubles dans la soude.

L'α-anisile-dioxime fournit un *dérivé diacétylé* $C^{20}H^{20}Az^2O^6$, qui cristallise en prismes blancs et durs, fusibles à 139°, peu solubles à froid dans l'alcool et dans l'acide acétique.

La β-anisile-dioxime donne également un *dérivé diacétylé* $C^{20}H^{20}Az^2O^6$; il fond à 130° et est plus soluble dans l'alcool et dans l'acide acétique que son isomère.

Anisile-monoxime,

$$C^6H^4(OCH^3)-C(AzOH)-CO-C^6H^4(OCH^3)$$

[Stierlin, *ibid.*]. — On chauffe pendant 10 minutes au bain-marie un mélange d'anisile (2 parties), d'alcool méthylique (10 parties) et de chlorhydrate d'hydroxylamine (1p,2). On évapore le produit de la réaction et on lave à l'eau pour éliminer l'excès de chlorhydrate d'hydroxylamine, puis à la soude qui dissout l'oxime et laisse insoluble l'anisile non attaqué; on filtre la liqueur alcaline, on précipite par l'acide chlorhydrique, et on fait cristalliser dans l'alcool. Cristaux blancs, fusibles à 130°, très solubles dans l'éther, le benzène le chloroforme et l'acide acétique. O. Saint-Pierre.

ANISILIQUE (ACIDE),

$$\begin{matrix} H^3CO-C^6H^4 \searrow \\ H^3CO-C^6H^4 \nearrow \end{matrix} C \begin{matrix} \nearrow OH \\ \searrow CO^2H \end{matrix}$$

— On obtient le rendement théorique dans la préparation de cet acide en ajoutant 1 partie d'anisile à une solution de 10 parties de potasse chauffée jusqu'à ce qu'elle se recouvre d'une croûte cristalline.

Après refroidissement, on dissout la masse dans l'eau et on précipite par l'acide chlorhydrique. L'acide est purifié par cristallisation dans l'alcool, qui l'abandonne en aiguilles fusibles à 164°, peu solubles dans l'eau.

L'acide sulfurique le dissout avec une coloration violette, qui disparaît si on ajoute de l'eau.

Soumis à l'action des oxydants, il perd de l'eau et de l'acide carbonique, en donnant de la *diméthoxybenzophénone*, $CO(C^6H^4.OCH^3)^2$.

Son *sel de baryum*, $(C^{16}H^{15}O^5)^2Ba$, cristallise en aiguilles peu solubles dans l'eau [M. Bœsler, *D. chem. G.*, **14**, 327; *Bull. Soc. Chim.*, (2), **36**, 581].

ANISIQUE (ACIDE),

$$C^6H^4 \langle {OCH^3_{(4)} \atop CO^2H_{(1)}}$$

(voyez Dict., **1**, 333 et Suppl., **1**, 169). — L'acide anisique a été obtenu dans l'oxydation de la kaempféride au moyen de l'acide nitrique [Jahns, *D. chem. G.*, **14**, 2389].

D'après M. E. von Meyer [*Journ. prakt. Chem.*, (2), **32**, 429], un bon procédé de préparation consiste à chauffer du p-oxybenzoate basique de potassium avec du sulfométhylate. On verse le produit dans l'eau acidulée par l'acide sulfurique et on épuise par le chloroforme.

MM. L. Gattermann et G. Schmidt en ont réalisé a synthèse par l'action du chlorure de carbamyle

$$AzH^2-CO-Cl$$

sur l'anisol. Il n'y a plus qu'à saponifier l'amide ainsi obtenue, et le rendement est théorique [*D. chem. G.*, **20**, 861; *Bull. Soc. Chim.*, (2), **48**, 177].

M. G. Borella a préparé un certain nombre d'anisates par double décomposition entre celui de sodium ou de baryum et un sulfate. Les sels neutres de *cuivre, manganèse, nickel, zinc, cobalt* et *cadmium* cristallisent tous avec 3 molécules d'eau. Chauffé avec de l'eau, le sel neutre de *cuivre* se transforme en sel basique,

$$C^6H^4 \langle {OCH^3 \atop CO^2.CuOH}$$

[G. Borella, *Gazz. chim. ital.*, **15**, 303; *Bull. Soc. Chim.*, (2), **47**, 62].

Par distillation sèche, l'anisate de *calcium* donne non seulement de l'anisol, mais encore du phénol et de l'anisate de méthyle. Le résidu renferme des acides salicylique et α-oxyisophtalique [G. Goldschmidt et J. Herzig, *D. chem. G.*, **15**, 1081; *Bull. Soc. Chim.*, (2), **38**, 238].

L'acide anisique a des propriétés antiseptiques très faibles. On le retrouve complètement inaltéré dans l'urine du chien, tandis que chez l'homme il se transforme partiellement en acide *anisurique* [P. Giacosa, *Ann. Chim. et Farmacol.*, (4), **3**, 273].

Dérivés de substitution de l'acide anisique. — Acide chloranisique. — MM. C. Schall et Ch. Dralle ont obtenu ce composé dans l'oxydation du chlorocrésylate de méthyle,

$$C^6H^3(CH^3)_{(1)}(OCH^3)_{(4)}Cl_{(3)},$$

au moyen de l'acide chromique. On le purifie par cristallisation dans l'acide acétique. Il fond à 214-215°.

Le *sel de baryum* est assez soluble dans l'eau et cristallise avec 3,5 molécules d'eau.

Le *sel d'argent* est peu soluble et rougit à la lumière [C. Schall et Ch. Dralle, *D. chem. G.*, **17**, 2529].

Acide bromanisique. — Il se prépare de la même manière, en partant du crésylate de méthyle bromé. Il fond à 213-214°.

Bromanisates métalliques. — Les *sels de*

baryum et *d'argent* ont les mêmes propriétés que ceux de l'acide chloranisique; celui *de calcium* cristallise avec 6 molécules d'eau; le *sel de magnésium* avec 5; celui *de zinc* avec 3 et est aussi soluble. Le *sel de plomb*, $Pb\tilde{A}^2, 3H^2O$, est insoluble dans l'eau [Schall et Dralle, *loc. cit.* — P. Crespi, *Gazz. chim. ital.*, 1881, 419].

L'*éther éthylique* de l'acide bromanisique fond à 73,5-74°; l'*amide* correspondante à 185°,5. Elle est très-soluble dans l'alcool, l'éther et le benzène [P. Crespi, *loc. cit.*].

L'éther bromanisique est simplement saponifié par l'éthylate de sodium en solution alcoolique; mais si l'on chauffe à 180° pendant 20 heures un mélange de bromanisate d'éthyle et d'éthylate desséché, l'acide bromanisique subit une transposition moléculaire. Du produit de la réaction on retire une substance présentant la composition de l'éther bromanisique et fusible à 60° (au lieu de 74°). L'acide bromanisique obtenu par saponification de cet éther fond à 211,5-212° (au lieu de 218°), et fournit un sel de *zinc*,

$$(C^8H^6BrO^3)^2Zn, 4H^2O,$$

qui se ramollit à 145°, tandis que le sel de l'acide ordinaire cristallise avec 3 molécules d'eau et reste inaltéré à 180°. Réduit par l'amalgame de sodium, il donne de l'acide anisique. Dans cette réaction de l'éthylate de sodium, il se produit en outre un acide fusible à 149-150°, et dont le sel de baryum est plus soluble dans l'eau que le bromanisate de baryum. Sa composition semble répondre à la formule $C^{40}H^{48}Br^4O^{23}$, le sel de baryum étant $C^{40}H^{42}Br^4O^{23}Ba^3, 21H^2O$ [L. Balbiano, *Gazz. chim. ital.*, 1881, 396].

Acide dibromanisique. — Il s'obtient par l'action directe du brome sur l'acide anisique à la température ordinaire et se sépare facilement du dérivé monobromé, son sel de sodium étant beaucoup moins soluble. Il fond à 213,5-214°.

Le *sel de baryum* $Ba\tilde{A}^2, 4,5H^2O$ et celui *d'argent* sont aussi très peu solubles. *L'éther éthylique* fond à 88° [P. Crespi, *Gazz. chim. ital.*, 1881, 419].

Distillé avec de la chaux, le sel de sodium de l'acide dibromanisique se décompose et fournit l'*éther méthylique* de cet acide, fusible à 91°,5, et du dibromo-p-oxybenzoate basique régénérant par réduction l'acide p-oxybenzoïque [L. Balbiano, *Gazz. chim. ital*, **13**, 55; *Bull. Soc. Chim.*, (2), **41**, 85].

L'acide nitrique le transforme en dibromonitranisol fusible à 123°, déjà obtenu au moyen du dibromonitrophénol. Il en résulte que l'acide dibromanisique a pour formule de constitution

$$C^6H^2Br^2_{(3.5)} \begin{cases} CO^2H_{(1)} \\ OCH^3_{(4)} \end{cases}$$

[L. Balbiano, *Gazz. chim. ital.*, **14**, 9; *Bull. Soc. chim.*, (2), **44**, 304].

Cette constitution est encore vérifiée par ce fait que l'acide dibromanisique, chauffé à la pression ordinaire avec de l'acide iodhydrique, donne de l'acide dibromo-p-oxybenzoïque fusible à 265° [A. Alessi, *Gazz. chim. ital.*, **15**, 242; *Bull. Soc. Chim.*, (2), **47**, 62].

Acide nitrobromanisique. — Quand on traite par l'acide nitrique fumant l'acide bromanisique, il se dégage de l'acide carbonique et on obtient un mélange de bromonitranisol et d'acide bromonitranisique, faciles à séparer par le carbonate d'ammonium.

L'acide, mis en liberté et purifié par cristallisation dans l'alcool étendu bouillant, fond à 182-183°.

Le sulfure d'ammonium le réduit en donnant l'acide *amidobromanisique* qui fond à 185-187° et dont le *chlorhydrate* se ramollit vers 190° et se décompose entièrement à 200°. Si on effectue la réduction de l'acide bromonitranisique par le zinc et l'acide chlorhydrique à chaud, on obtient un acide *amidoanisique*, fusible à 204-205° et par suite différent de l'acide obtenu par Zinine et décrit sous le nom d'acide *anisamique* (voyez Dict., **1**, 331) [L. Balbiano, *Gazz. chim. ital.*, **14**, 234; *Bull. Soc. Chim.*, (2), **44**, 498].

Acide iodanisique. — Il a été obtenu dans l'oxydation de l'iodocrésylate de méthyle,

$$C^6H^3I_{(3)}(OCH^3)_{(4)}(CH^3)_{(1)},$$

par l'acide chromique, ce qui fixe sa constitution. Il est identique avec l'acide déjà obtenu par MM. Griess et Peltzer, et fusible à 234° [C. Schall et Ch. Dralle, *D. chem. G.*, **17**, 2533].

Acide fluoanisique. — MM. Paterno et Oliveri ont obtenu ce composé dans l'action de l'acide fluorhydrique sur l'acide diazoamidoanisique. Pour le préparer, on ajoute de l'alcool saturé d'acide nitreux à une solution alcoolique concentrée d'acide amidoanisique fusible à 180°, jusqu'à formation de précipité, puis on ajoute un grand excès d'acide fluorhydrique.

On sature par le carbonate de sodium, on concentre, et, on précipite l'acide fluoanisique par l'acide chlorhydrique. On le purifie par cristallisation dans l'alcool étendu; il se présente sous la forme d'aiguilles incolores, fusibles à 204°. D'après cette réaction sa formule est donc

$$C^6H^3Fl_{(3)}(OCH^3)_{(4)}CO^2H_{(1)},$$

comme pour les acides chloré et bromé connus, mais que l'on n'a pu obtenir par cette méthode [Paterno et Oliveri *Gazz. chim. ital.*, **12**, 85; *Bull. Soc. Chim.*, (2), **39**, 83].

Acide amidoanisique. — Indépendamment de l'acide amidoanisique fusible à 180°, obtenu par Zinine, on connaît un autre acide amidoanisique fusible à 204°, et produit dans la réduction de l'acide bromoamidoanisique (voir *acide Nitrobromanisique*). Par exclusion sa formule est

$$C^6H^3(AzH^2)_{(3)}(OCH^3)_{(4)}CO^2H_{(1)}$$

[L. Balbiano, *loc. cit.*]. O. Saint-Pierre.

ANISIQUE (ALCOOL),

$$C^6H^4 \begin{cases} CH^2 . OH_{(1)} \\ OCH^3_{(4)} \end{cases}$$

(voyez Dict., **1**, 335; Suppl., **1**, 170). — Indépendamment des procédés de préparation déjà indiqués, on l'obtient en chauffant à 100° en tube scellé un mélange d'alcool p-oxybenzylique avec de la potasse en solution dans l'alcool méthylique et de l'iodure de méthyle. On reprend par l'eau le produit de la réaction et, après avoir chassé l'alcool et l'iodure méthyliques, on épuise par l'éther. Par évaporation, celui-ci abandonne l'acide sous la forme d'une huile qui se prend en masse, et que l'on purifie par cristallisation dans l'eau chaude.

Il fond alors à 45°, et non à 25° comme on l'avait annoncé jusqu'ici [Biedermann, *D. chem. G.*, **19**, 2376; *Bull. Soc. Chim.*, (2) **47**, 786].

ANISIQUE (ALDÉHYDE),

$$C^6H^4 \begin{cases} CHO_{(1)} \\ OCH^3_{(4)} \end{cases}$$

(voy. Dict., **1**, 336; Suppl., **1**, 171).

L'aldéhyde anisique se forme dans l'oxydation de l'anéthol par la chlorhydrine chromique [Étard, *C. R.*, **86**, 989].

Chauffée à 125° avec de l'acide cyanhydrique, elle s'y combine en donnant une huile jaunâtre qui, après cristallisation, fond à 63°. Cette combinaison est très instable; l'acide chlorhydrique la résinifie en ne donnant qu'une petite quantité de l'amide p-méthoxyphénylglycolique et de l'acide correspondant [Tiemann et C. Köhler, *D. chem. G.*, **14**, 1976; *Bull. Soc. Chim.*, (2), **37**, 359].

L'aldéhyde anisique, traitée par le phénylacétate de sodium en présence d'anhydride acétique, fournit de l'*acide p-méthoxyphénylcinnamique*,

$$C^6H^4(OCH^3)CH=C(C^6H^5)-CO^2H,$$

qui se décompose partiellement en donnant du méthoxystilbène [Oglialoro, *D. chem. G.*, **12**, 203].

De même, elle se condense facilement avec l'acétone en présence de soude caustique et donne la *p-méthoxycinnamylméthylcétone*,

$$C^6H^4(OCH^3)-CH=CH-CO-CH^3,$$

qui se présente sous la forme de cristaux blancs, fusibles à 73°, très solubles dans l'éther, l'alcool, le benzène, et qui colorent en rouge l'acide sulfurique concentré [A. Einhorn et J. Grabfield, *Ann. Chem.*, **243**, 362; *Bull. Soc. Chim.*, (3), **1**, 579].

Le mercaptan éthylénique

$$\begin{matrix} CH^2.SH \\ | \\ CH^2.SH \end{matrix}$$

s'unit aussi avec l'aldéhyde anisique en donnant le corps

$$\begin{matrix} CH^2.S \\ | \\ CH^2.S \end{matrix} > CH-C^6H^4.OCH^3,$$

qui cristallise en aiguilles fusibles à 64-65° [H. Fasbender, *D. chem. G.*, **21**, 1476; *Bull. Soc. Chim.*, (3), **1**, 51].

L'*aldoxime anisique* se produit facilement quand on agite l'aldéhyde avec du chlorhydrate d'hydroxylamine; on épuise par l'éther et, après évaporation de celui-ci, on abandonne sur l'acide sulfurique jusqu'à cristallisation. On la purifie en la faisant cristalliser dans l'alcool et dans la ligroïne. Elle fond à 45° et est très soluble dans l'eau chaude, mais peu soluble dans l'eau froide [Westenberger, *D. chem. G.*, **16**, 2993; *Bull. Soc. Chim.*, (2), **42**, 444]. D'après M. Goldschmidt, le point de fusion de l'aldoxime anisique est de 61°.

L'amalgame de sodium et l'acide acétique la transforment en anisamine [H. Goldschmidt et N. Polonowska, *D. chem. G.*, **20**, 2407; *Bull. Soc. Chim.*, (2), **49**, 726].

L'*anishydramide*, $(C^8H^8O)^3Az^2$, réduite par l'amalgame de sodium et l'alcool, donne un mélange de mono- et de dianisamine [Steinhart, *Ann. Chem.*, **241**, 332; *Bull. Soc. Chim.*, (2), **49**, 983].

L'aldéhyde anisique se combine avec les amines aromatiques en donnant des dérivés du type $C^6H^4(OCH^3)CH=AzR$, qui par hydrogénation fournissent des amines secondaires

$$C^6H^4(OCH^3)CH^2-AzHR.$$

On connaît ainsi l'*anisylidène-aniline*, déjà décrite (voyez Suppl., **1**, 171); l'*anisylidène-p-toluidine*, fusible à 92°; l'*anisylidène-o-toluidine*, qui fond à 32°; l'*anisylidène-β-naphtylamine* (98°); l'*anisylidène-diméthyl-p-phénylène-diamine*,

$$C^6H^4 \begin{matrix} < OCH^3 \\ < CH=Az.C^6H^4.Az(CH^3)^2 \end{matrix}$$

(aiguilles vertes, fusibles à 148°) [Steinhart, *loc. cit.*].

Elle réagit de même avec l'éthylène-diamine en donnant le corps $C^2H^4(Az=CH.C^6H^4.OCH^3)^2$, qui cristallise en lamelles jaunâtres, fusibles à 110-111° [A. Mason, *D. chem. G.*, **20**, 272; *Bull. Soc. Chim.*, (2), **47**, 804]. L'éthylène-aniline fournit de même le composé

$$\begin{matrix} CH^2-Az \begin{matrix} < C^6H^5 \\ \end{matrix} \\ | \qquad\qquad > CH-C^6H^4.OCH^3, \\ CH^2-Az \begin{matrix} \\ < C^6H^5 \end{matrix} \end{matrix}$$

fusible à 164° [F. Moss, *D. chem. G.*, **20**, 732; *Bull. Soc. Chim.*, (2), **48**, 188].

Pour les produits d'hydrogénation de ces bases voir l'article ANISAMINES.

Avec l'o-phénylène-diamine, comme avec les o-diamines aromatiques, on a une réaction différente, par suite de la formation d'aldéhydines (voyez ce mot). Il se forme ainsi la *phénylène-anisaldéhydine*,

$$C^6H^4 \begin{matrix} < Az \geqslant C-C^6H^4.OCH^3 \\ < Az \\ \qquad \searrow CH^2-C^6H^4.OCH^3 \end{matrix}$$

qui fond à 128,5-129° et dont le chlorhydrate est très peu soluble dans l'eau. Le dérivé correspondant de l'o-crésylène-diamine est peu soluble dans l'éther de pétrole et fond à 152-156° [Ladenburg et L. Rügheimer, *D. chem. G.*, **11**, 1660].

La diacétonamine à l'état d'oxalate réagit aussi sur l'aldéhyde anisique en donnant la base

$$\begin{matrix} C^6H^4(OCH^3)CH - CH^2 - CO \\ | \qquad\qquad | \\ AzH - C - CH^2 \\ \diagup\diagdown \\ CH^3\;CH^3 \end{matrix}$$

dont l'oxalate fond en se décomposant vers 210°; la base libre ne cristallise pas [O. Antrick, *Ann. Chem.*, **227**, 365; *Bull. Soc. Chim.*, (2), **45**, 451].

O. Saint-Pierre

ANISOÏNE,

$$C^6H^4(OCH^3)-CH.OH-CO-C^6H^4(OCH^3).$$

— Ce composé, déjà décrit par M. Rossel (voyez Dict., **1**, 330; **2**, 57; Suppl., **1**, 171), s'obtient en grande quantité par le procédé suivant : On chauffe pendant 2 heures 10 grammes d'aldéhyde anisique dissoute dans 12 grammes d'alcool et 8 grammes d'eau avec 2 grammes de cyanure de potassium. On ajoute alors 2 grammes de cyanure et on chauffe encore pendant 2 heures. Par refroidissement, on obtient une bouillie de cristaux d'anisoïne, que l'on purifie par cristallisation dans l'alcool. Le rendement atteint 60 0/0.

Elle fond à 113° et se colore en rouge avec l'acide sulfurique concentré. Les divers agents d'oxydation la transforment soit en anisile, soit en acide anisilique (voyez ces mots) [M. Bœsler, *D. chem. G.*, **14**, 327; *Bull. Soc. Chim.*, (2), **36**, 581].

ANISOL, $C^6H^5(OCH^3)$ (voyez Dict., **1**, 337; **2**, 903; Suppl., **1**, 1167 à 1181). — L'anisol se prépare facilement de la façon suivante : On mélange de l'alcool méthylique et de l'acide sulfurique à volumes égaux; après refroidissement, on ajoute de l'eau et on neutralise par la soude. On concentre pour séparer par cristallisation la majeure partie du sulfate de sodium formé, et on chauffe le méthylsulfate pendant quelques heures à 150° avec la quantité correspondante de phénate de sodium.

Après refroidissement, il n'y a plus qu'à laver la couche supérieure et à la rectifier [H. Kolbe, *Journ. prakt. Chem.*, (2), **27**, 424].

La synthèse de l'anisol a été effectuée en chauffant pendant 24 heures à 230° un mélange de méthylate de sodium en solution dans l'alcool méthylique avec du bromobenzène. On constate un dégagement d'hydrogène à l'ouverture des tubes et il se forme en même temps du phénol, un peu de benzène et d'oxyde de biphényle [F. Blau, *Mon. f. Chem.*, 7, 621; *Bull. Soc. Chim.*, (2), 47, 779].

De même que les phénols, l'anisol se combine avec l'isatine sous l'influence de l'acide sulfurique, en donnant un corps cristallisé en aiguilles blanches, fusibles à 65°, de la formule

$$C^6H^4 \begin{cases} C = (C^6H^4 . OCH^3)^2 \\ CO \\ AzH \end{cases}$$

[A. Baeyer et M. J. Lazarus, *D. chem. G.*, 18, 2642; *Bull. Soc. Chim.*, (2), 46, 102].

Chauffé en vase clos vers 400°, l'anisol se détruit en donnant du phénol et de l'éthylène, le méthylène ne pouvant exister à l'état de liberté [E. Bamberger, *D. chem. G.*, 19, 1819; *Bull. Soc. Chim.*, (2), 47, 425].

Traité par le chlorure de carbamyle,

$$CO \begin{cases} AzH^2 \\ Cl \end{cases}$$

en présence du chlorure d'aluminium, l'anisol donne l'amide de l'acide anisique,

$$C^6H^4 \begin{cases} OCH^3_{(1)} \\ CO . AzH^2_{(4)} \end{cases}$$

[L. Gattermann et G. Schmidt, *D. chem. G.*, 20, 861; *Bull. Soc. Chim.*, (2), 48, 177].

En présence du chlorure d'aluminium, l'anisol et le cyanate de phényle se combinent en donnant l'anisylanilide,

$$C^6H^4 \begin{cases} OCH^3_{(1)} \\ CO . AzH . C^6H^5_{(4)} \end{cases}$$

corps cristallisé, fusible à 168°, que l'acide chlorhydrique transforme en aniline, chlorure de méthyle et acide p-oxybenzoïque [R. Leuckardt et M. Schmidt, *D. chem. G.*, 18, 2339; *Bull. Soc. Chim.*, (2), 46, 99].

Pour l'action de l'anhydride phtalique sur l'anisol, voir plus loin *Anisolphtaloylique (acide)*.

DÉRIVÉS CHLORÉS [L. Hugounenq, *Bull. Soc. Chim.*, (3), 2, 273 et communication inédite]. — Lorsque l'on fait passer à froid un courant de chlore dans l'anisol, on observe une absorption énergique et le liquide s'échauffe. En recueillant dans une fiole tarée l'acide chlorhydrique, et en arrêtant le courant de chlore après qu'il s'est dégagé 1 molécule d'acide chlorhydrique pour 1 d'anisol, on obtient un liquide fumant, qui, après lavage à la potasse, se décompose partiellement à la distillation, même sous pression réduite, par suite de la présence d'un produit secondaire peu stable. On détruit celui-ci en distillant dans la vapeur d'eau à 180° en présence de potasse; le liquide distillé, séché et rectifié passe entre 198 et 204°. Il est formé de *p-chloranisol*, déjà obtenu par M. Henry dans l'action du perchlorure de phosphore sur l'anisol, en même temps que d'une petite quantité de dérivé ortho.

Dichloranisol. — Si l'on fait passer du chlore jusqu'à dégagement de 2 molécules d'acide chlorhydrique, on obtient un liquide rose, fumant à l'air, qui, traité comme le précédent, passe à la distillation entre 230 et 235°. Ce liquide reste très longtemps en surfusion et finit par se prendre en une masse cristalline, facile à séparer d'une petite quantité de liquide, renfermant de l'anisol trichloré et peut-être un anisol dichloré isomérique. Ces cristaux, purifiés par cristallisation dans l'alcool, se présentent sous la forme d'aiguilles blanches d'odeur agréable, fusibles à 27-28° et bouillant à 232-233° sous la pression de 743 millimètres. Ils sont insolubles dans l'eau, solubles dans l'alcool, l'éther, le benzène, le chloroforme et le sulfure de carbone. Fondus et mêlés avec 10 0/0 de trichloranisol, ils abandonnent par le froid de magnifiques prismes de dichloranisol atteignant jusqu'à 2 centimètres de longueur. Ce sont des tables orthorhombiques, présentant les faces p, m, a^1, g^1, b^1, et une face e^x. La mesure des angles a donné :

$m : m = 113°30'$,
$p : a^1 = 141°25'$,
$p : m = 90°05'$,
$g^1 : m = 123°30'$,
$a^1 : m = 120°30'$,
$g^1 : b^1 = 89°48'$.

A 150° l'acide iodhydrique (d = 1,8) transforme le dichloranisol en iodure de méthyle et phénol iodé.

La soude et la potasse en solution alcoolique l'attaquent partiellement à la température de l'ébullition. Soumis à l'action des agents chlorurants, ce dichloranisol donne du trichlorobenzène dissymétrique. De là on peut conclure qu'il a la constitution suivante :

$$C^6H^3(OCH^3)_{(1)}Cl^2_{(2.4)}$$

Trichloranisol. — L'anisol trichloré se produit facilement lorsque l'on fait passer un courant de chlore dans l'anisol jusqu'à ce que le tout se prenne en masse. Il n'y a plus qu'à laver à l'eau et à faire cristalliser dans l'alcool. Il se présente en aiguilles fusibles à 60°, insolubles dans l'eau, solubles dans les autres dissolvants usuels.

Il a une odeur faiblement aromatique et se sublime lentement à la température ordinaire. Il bout à 240° (corr.) sous la pression de 738 millimètres, mais se décompose légèrement à l'ébullition.

La potasse alcoolique ne l'attaque pas à l'ébullition. L'acide iodhydrique (d = 1,8) le transforme à 150° en trichlorophénol fusible à 67-68°.

En traitant ce trichloranisol par les agents chlorurants, on obtient aussi du benzène tétrachloré (1.2.4.6).

Ces deux réactions montrent bien que l'anisol trichloré doit être représenté par la formule

$$C^6H^2(OCH^3)_{(1)}Cl^3_{(2.4.6)}.$$

A partir de la formation du trichloranisol la chloruration s'effectue difficilement : même en maintenant la masse vers 60° et en y ajoutant 5 0/0 d'iode l'absorption est très incomplète. Quand la quantité de chlore fixé correspond à 4 molécules, le produit, lavé à l'eau et cristallisé dans l'alcool à 93°, laisse déposer un corps blanc, fusible à 108°, peu soluble à froid dans ce dissolvant : c'est le *pentachloranisol*. Les eaux mères abandonnent ensuite un corps blanc, cristallisé en petites aiguilles feutrées, fusibles à 57-58°, l'*anisol tétrachloré*.

Ce dernier bout en se décomposant vers 278° sous la pression de 746 millimètres. Il se sublime facilement en petites masses sphériques, et est très soluble dans les divers dissolvants organiques. La potasse alcoolique à l'ébullition lui enlève du chlore.

L'acide iodhydrique à 150° lui enlève d'abord le groupement méthyle et ensuite l'iode se substitue au chlore.

Le *pentachloranisol*, séparé comme nous l'avons dit plus haut, cristallise en longues aiguilles identiques avec le corps obtenu par MM. Weber et Wolff au moyen du phénol perchloré [*D. chem. G.*, 18, 336]. Il fond à 108° et bout à 289° en se décomposant sous une pression de 745 millimètres.

La potasse alcoolique l'attaque très peu.

L'acide iodhydrique le transforme en pentachlorophénol. Il se dissout dans l'acide sulfurique fumant (à 70 0/0 d'anhydride), en donnant une belle matière bleue que l'eau détruit. Il se forme alors du *perchlorodioxybiphénylène*, corps fusible à 320° et à peu près insoluble dans tous les dissolvants.

Si l'on opère la chloruration de l'anisol à température élevée, c'est-à-dire vers le point d'ébullition, on obtient d'abord la série des dérivés chlorés jusqu'au trichloranisol, puis une liqueur jaune qui, projetée dans l'eau, s'y prend en masse. Par cristallisation fractionnée, on retire de ce produit du benzène perchloré C^6Cl^6 fusible à 232°, du benzène pentachloré fondant à 85-86; deux benzènes tetrachlorés, fusibles l'un (1.2.4.5) à 135° et l'autre (1.3.4.5) à 50°, enfin du benzène trichloré (1.2.4) fusible à 16°.

M. Hugounenq a également étudié l'action des agents de chloruration sur l'anisol. Le chlorure de molybdène décompose facilement les produits formés, de sorte que les rendements sont très faibles. L'anisol, saturé de chlore à 60° en présence de 4 0/0 de trichlorure d'antimoine, donne du pentachlorophénol fusible à 186°. Avec le perchlorure d'antimoine (3 0/0) la réaction est beaucoup plus violente; le liquide noircit, et de la matière goudronneuse qui constitue le produit de la réaction, on peut retirer du pentachlorophénol chloré, $C^6Cl^5.OCl$, fusible à 108°.

Avec une plus forte proportion de chlorure antimonique (20 0/0) et à température élevée, il se produit du chloranile et du perchlorodioxybiphénylène.

Dérivés bromés.—*p-Bromanisol*.— Le p-bromanisol s'obtient par la bromuration directe à froid de l'anisol en solution sulfocarbonique. Après rectification, il bout à 217° (223° corr.) [A. Michaelis et L. Weiz, *D. chem. G.*, **20**, 49; *Bull. Soc. Chim.*, (2), **47**, 604].

Ce corps a été aussi obtenu en chauffant pendant 5 jours à 150° du méthylate de sodium en solution méthylique avec du p-dibromobenzène. Il se produit en même temps du p-bromophénol ainsi que l'éther diméthylique de l'hydroquinone [F. Blau, *Mon. f. Chem.*, **7**, 621; *Bull. Soc. Chim.*, (2), **47**, 779].

Dibromanisol,

$$C^6H^3(OCH^3)_{(1)}Br^2_{(3.5)}$$

— Ce corps se forme en petite quantité dans l'action du méthylate de sodium sur le tribromobenzène symétrique. Il fond à 37-38° [F. Blau, *loc. cit.*].

Dérivés nitrés. — *o-Nitranisol*. — C'est le dérivé décrit Dict., **1**, 338.

Il a été obtenu en traitant l'o-dinitrobenzène par la potasse en solution dans l'alcool méthylique [Lobry de Bruyn, *Rec. P.-B.*, **2**, 236].

Il se prépare aussi facilement par la méthode de Kolbe, qui consiste à chauffer vers 150° un mélange de nitrophénate et de méthylsulfate de potassium avec de l'alcool méthylique [C. Willgerodt et M. Ferko, *Journ. prakt. Chem.*, (2), **33**, 152; *Bull. Soc. Chim.*, (2), **46**, 586].

Réduit par l'amalgame de sodium, il donne de l'*o-azoanisol* fusible à 103° [J. Kanonnikoff, *Soc. Chim. russe*, 1885, **1**, 369].

m-Nitranisol. — Il s'obtient en chauffant pendant 2 jours au réfrigérant à reflux de l'iodure de méthyle avec une solution de potasse dans l'alcool méthylique et le nitrophénol correspondant. Il cristallise en belles aiguilles blanches, fusibles à 103-104°. Par réduction, il donne la *m-anisidine* [Pfaff, *D. chem. G.*, **16**, 614].

p-Nitranisol. — On le prépare de même que le précédent en partant du p-nitrophénate de potassium. Il fond à 54° [Skraup, *Mon. f. Chem.*, **6**, 760. — Willgerodt et Ferko, *J. prakt. Chem*, (2), **33**, 152].

Dérivés nitrohalogénés. — *Dichloronitranisol*. — Le dichloranisol,

$$C^6H^3(OCH^3)_{(1)}Cl^2_{(2.4)},$$

traité à 0° par l'acide nitrique fumant, fournit un dérivé mononitré, qui cristallise dans l'alcool bouillant en aiguilles nacrées fusibles à 43°,5.

Trichloronitranisol,

$$C^6H(OCH^3)_{(1)}(AzO^2)_{(3)}Cl^3_{(2.4.6)}.$$

— Il se produit de même par l'action d'un mélange d'acides sulfurique et nitrique sur le trichloranisol à la température ordinaire. Il fond à 48°,5 et reste facilement en surfusion. Si l'on opère de même à 75°, on obtient des prismes fusibles à 90-91°, solubles dans l'alcool bouillant et répondant à la formule d'un *trichlorodinitroanisol*,

$$C^6(OCH^3)_{(1)}Cl^3_{(2.4.6)}(AzO^2)^2_{(3.5)}$$

[L. Hugounenq, *loc. cit.*].

Dinitrobromanisol,

$$C^6H^2(OCH^3)_{(1)}Br_{(2)}(AzO^2)^2_{(4.6)}.$$

— Ce corps a été obtenu en dissolvant dans l'acide nitrique fumant l'acide bromanisique. Après précipitation par l'eau, on le lave au carbonate d'ammonium, et on le fait cristalliser dans un mélange d'alcool et d'éther. On obtient ainsi des prismes jaunes, fusibles à 47-48°. Dans les eaux mères de la cristallisation, il se trouve aussi du nitrobromanisol fusible à 105°, identique avec celui de Staedel. Par ébullition avec une solution saturée de carbonate de sodium, il donne le bromodinitrophénol fusible à 118° [L. Balbiano, *Gazz. Chim. ital.*, **14**, 234; *Bull. Soc. Chim.*, (2), **44**, 498].

Dérivés amidés. — *o-Anisidine*. — Traitée par un mélange d'acide sulfurique et de dichromate de potassium, d'après la méthode indiquée par M. Nietzki, l'o-anisidine se transforme facilement en méthoxyquinone [W. Will, *D. chem. G.*, **21**, 605].

Lorsqu'on la chauffe pendant quelque temps avec de l'alcool et du nitrosate amylénique

$$C^5H^9 \left\langle \begin{matrix} AzOH \\ OAzO^2 \end{matrix} \right.$$

elle donne de l'*amylène-nitrol-o-anisidine*,

$$C^5H^9 \left\langle \begin{matrix} AzOH \\ AzH-C^6H^4.OCH^3 \end{matrix} \right.$$

base fusible à 138°-139° [O. Wallach, *Ann. Chem.*, **241**, 288; *Bull. Soc. Chim.*, (2), **50**, 297].

On convertit l'o-anisidine en *nitrile méthylsalicylique*,

$$C^6H^4 \left\langle \begin{matrix} OCH^3_{(2)} \\ CAz_{(1)} \end{matrix} \right.$$

d'après la réaction de M. Sandmeyer, en traitant par une solution chaude de cyanure de potassium et de sulfate de cuivre le chlorure de diazoanisol, obtenu lui-même par l'action du nitrite d'éthyle sur le chlorhydrate d'anisidine [Ahrens, *D. chem. G.*, **20**, 2955; *Bull. Soc. Chim.*, (2), **49**, 509].

Traitée par l'azotite de sodium et le m-crésol, l'o-anisidine donne le composé

$$C^6H^4(OCH^3)-Az=Az-C^6H^3 \left\langle \begin{matrix} OH \\ CH^3 \end{matrix} \right.$$

qui forme de beaux cristaux orangés, fusibles à 161°, facilement solubles dans l'alcool, peu solubles dans l'eau et dans l'éther. Avec l'o-crésol, on a de même un isomère fusible à 68°, cristallisé en tables orangées brillantes, solubles dans l'alcool et dans l'éther.

Ces deux dérivés se dissolvent dans les alcalis et en sont précipités sans altération. Réduits par le chlorure stanneux et l'acide chlorhydrique, ils fournissent chacun deux dérivés correspondant à la benzidine et à la diphénylinc [J. Kannonikoff, *Soc. Chim. russe*, 1885, **1**, 369; *Bull. Soc. Chim.*, (2), **45**, 250].

L'o-anisidine se condense avec l'aldéhyde p-nitrobenzylique, en donnant une base qui précipite par l'ammoniaque en flocons bruns fondant sous l'eau bouillante. On la purifie par cristallisation dans le benzène, d'où elle se dépose en aiguilles dorées fusibles à 107-108°. Elle répond à la formule

$$C^6H^4(AzO^2)CH = \left(C^6H^3 \begin{matrix} \diagup OCH^3 \\ \diagdown AzH^2 \end{matrix}\right)^2 + C^6H^6$$

et cristallise avec une molécule de benzène. Le chlorhydrate correspondant est peu soluble dans l'acide chlorhydrique.

Réduite par le zinc et l'acide chlorhydrique, cette base se transforme en leucanisidine (voyez ce mot) [O. Fischer, *D. chem. G.*, **15**, 680].

m-Anisidine. — La m-anisidine a été obtenue par M. Pfaff dans la réduction au moyen de l'étain et de l'acide chlorhydrique soit du m-nitranisol, soit du bromo-m-nitranisol. Après avoir précipité l'étain par l'hydrogène sulfuré, on ajoute un excès de potasse et on distille dans la vapeur d'eau. Le produit de la distillation est épuisé par l'éther; celui-ci abandonne par évaporation une huile qui, après rectification, bout vers 243° (251° corr.). Fraîchement distillée, elle est incolore, mais elle brunit peu à peu même en tube scellé [F. Pfaff, *D. chem. G.*, **16**, 614 et 1139].

De même que son isomère ortho, la m-anisidine se condense facilement avec l'aldéhyde nitrobenzylique pour donner le composé

$$C^6H^4(AzO^2)-CH = \left(C^6H^3 \begin{matrix} \diagup OCH^3 (1) \\ \diagdown AzH^2 \ (3) \end{matrix}\right)^2$$

Cette base cristallise dans le benzène en lamelles jaune-brun, fusibles à 189°. La réduction la transforme en une leucobase très oxydable qui se colore à l'air en bleu violacé [E. Koch, *D. chem. G.*, **20**, 1564; *Bull. Soc. Chim.*, (2), **48**, 559].

p-Anisidine. — Chauffée avec du p-nitranisol, de la glycérine et de l'acide sulfurique, la p-anisidine fournit le *p-quinanisol* [Z. Skraup, *Mon. f. Chem.*, **6**, 760].

Elle se condense aussi avec l'aldéhyde m-nitrocinnamique pour donner l'*α-m-nitrophényl-p-méthoxyquinoléine*,

CH³.O — [noyau quinoléique] — C⁶H⁴.AzO² ; Az

[W. v. Miller et Fr. Kinkelin, *D. chem. G.*, **20**, 1919].

La p-anisidine, additionnée d'une molécule d'éther acétylacétique, s'y combine à froid en donnant l'éther *β-p-méthoxyphénylimidobutyrique*,

$$C^6H^4(OCH^3)-Az=C(CH^3)-CH^2-CO^2C^2H^5,$$

que les acides et les alcalis dédoublent en ses composants, mais qui par l'action de la chaleur (260°), se transforme en p-méthoxy-γ-oxyquinaldine,

CH³.O — [noyau quinoléique] — OH ; CH³ ; Az

en perdant de l'alcool [M. Conrad et L. Limpach *D. chem. G.*, **21**, 1649; *Bull. Soc. Chim.*, (2), **50**, 704].

Dérivés azoïques et diazoïques. — *o-Azoanisol*,

$$(CH^3O)C^6H^4-Az=Az-C^6H^4(OCH^3).$$

— Ce corps se produit dans la réduction de l'o-nitranisol par l'amalgame de sodium. Il cristallise en lamelles jaune d'or, fusibles à 103°, et donne par réduction deux bases correspondant à la benzidine et à la diphényline [J. Kannonikoff, *Soc. Chim. russe*, 1885, **1**, 369; *Bull. Soc. Chim.*, (2), **45**, 250].

o-Diazoanisol. — L'o-diazoanisol réagit facilement sur la β-naphtylamine en donnant le composé $CH^3O.C^6H^4-Az=Az-AzH.C^{10}H^7$, qui cristallise en prismes rouges fusibles à 133°.

Ce corps fournit des dérivés par l'action des anhydrides d'acides. Le *dérivé acétylé* fond à 198-199°, le *dérivé benzoylé* à 152-153° [O. Sachs, *D. chem. G.*, **18**, 3130].

o-Hydrazine-anisol. — Pour préparer ce corps, on dissout 20 parties d'o-anisidine dans 35 parties d'acide chlorhydrique (à 38 0/0) et 300 parties d'eau, puis on ajoute la quantité théorique de nitrite de sodium. Cette solution est versée dans 50 grammes de bisulfite de sodium dissous dans 100 grammes d'eau. Le diazoanisolsulfonate qui se précipite est purifié par cristallisation dans l'eau, et réduit en solution aqueuse par le zinc et l'acide acétique.

L'*hydrazine-anisolsulfonate de sodium*,

$$CH^3O.C^6H^4.Az^2H^2.SO^3Na, H^2O,$$

cristallise en lamelles incolores, réduisant à froid la liqueur de Fehling.

La base libre s'obtient en ajoutant de la potasse et distillant l'huile qui se sépare; on achève de la purifier par cristallisation dans l'éther de pétrole. Cette hydrazine forme de longues aiguilles incolores, fusibles à 43°, insolubles dans l'eau. L'acide nitreux la transforme en un produit huileux qui est probablement la *diazoanisolimide*,

$$CH^3O.C^6H^4(Az^3).$$

Ses sels sont bien cristallisés et solubles dans l'eau. Le *chlorhydrate* et le *sulfate* forment de fines aiguilles peu solubles dans l'alcool; l'*oxalate* est en lamelles brillantes, peu solubles dans l'éther, se décomposant à 160°. Le *picrate* se précipite quand on mélange des solutions alcooliques de la base et d'acide picrique.

L'o-hydrazine-anisol fournit un *dérivé acétylé*,

$$CH^3O.C^6H^4.Az^2H^2.C^2H^3O,$$

qui cristallise dans l'alcool en aiguilles blanches fusibles à 125°.

Elle s'unit avec l'isocyanate d'éthyle en donnant l'*urée*,

$$CH^3O.C^6H^4.Az^2H^2.CO.AzH.C^2H^5,$$

fusible à 110° [H. Reisenegger, *Ann. Chem.*, **221**, 314; *Bull. Soc. Chim.*, (2), **42**, 635].

O. Saint-Pierre.

ANISOLPHTALOYLIQUE (ACIDE),

$$C^{15}H^{12}O^4.$$

[C⁶H⁴(CO²H)] — CO — [C⁶H⁴(OCH³)]

Préparation. — On mélange 150 grammes d'anisol avec 50 grammes d'anhydride phtalique, et l'on ajoute à froid 40 grammes de chlorure d'aluminium. Lorsque la réaction est calmée, on ajoute encore 30 grammes de chlorure et l'on chauffe au bain-marie pendant trois quarts d'heure. Le produit de la réaction est projeté dans l'eau froide et lavé soigneusement, puis dissous dans le carbonate d'ammonium. Par addition d'acide chlorhydrique, on obtient l'acide anisol-phtaloylique sous la forme d'une masse résineuse jaunâtre que l'on sèche, et que l'on purifie par plusieurs cristallisations dans le toluène.

Cet acide fond à 141-143°; il fond aussi sous l'eau bouillante, où il est presque insoluble; il ne distille pas sans décomposition. Il est très soluble dans l'alcool, le chloroforme, le benzène et l'acide acétique.

Les sels alcalins et alcalino-terreux sont tous solubles dans l'alcool et surtout dans l'eau. On ne connaît pas le *sel neutre de potassium*; il se fait toujours un *sel acide* $C^{15}H^{11}O^4K + C^{15}H^{12}O^4$. Ceux *de sodium* et *d'ammonium* cristallisent anhydres. Les sels des métaux lourds sont beaucoup moins solubles; quelques-uns d'entre eux fondent sous l'eau bouillante.

Fondu avec de la potasse caustique, le sel de sodium se dédouble en acide benzoïque et acide p-oxybenzoïque provenant de la saponification de l'acide anisique d'abord formé. Cette réaction lui assigne la formule de constitution citée plus haut.

Traité à 100° par le brome, l'acide anisolphtaloylique fournit un *dérivé monobromé* fusible à 194-196°, insoluble dans l'eau, soluble dans l'alcool, le chloroforme et l'acide acétique.

Action des agents réducteurs. — Si l'on réduit par le zinc et l'acide chlorhydrique une solution d'acide anisolphtaloylique dans l'alcool, on obtient un corps analogue aux lactones, fusible à 116-117°,

$$\begin{array}{l} C^6H^4 - CH - C^6H^4 . OCH^3, \\ \;\;| \qquad\;\; | \\ CO \; - \; O \end{array}$$

qui se dissout seulement à chaud dans les alcalis.

En liqueur alcaline (ammoniaque et poudre de zinc) la réduction est plus complète; il se forme l'acide

$$C^6H^4 \begin{array}{l} \diagup CH^2 - C^6H^4 . OCH^3 \\ \diagdown CO^2H \end{array}$$

qui se dissout facilement à froid dans la soude caustique et dans l'eau de baryte. Il fond à 110° et est très soluble dans l'alcool, le chloroforme, l'acide acétique.

Distillé avec de la poudre de zinc, l'acide anisolphtaloylique donne de l'*anthracène*.

On obtient encore un dérivé de l'anthracène par l'action des déshydratants. Il suffit de le chauffer pendant 6 heures à 160° avec de l'acide sulfurique pour obtenir de l'*oxyanthraquinone*, d'après l'équation

$$C^6H^4 \begin{array}{l} \diagup CO - C^6H^4 . OCH^3 \\ \diagdown CO^2H \end{array}$$

$$= C^6H^4 \begin{array}{c} \diagup CO \diagdown \\ \diagdown CO \diagup \end{array} C^6H^3 . OCH^3 + H^2O;$$

l'acide sulfurique saponifie en outre le groupe méthoxyle.

Chauffé à 150° avec 8 parties d'acide chlorhydrique concentré, l'acide anisolphtaloylique donne du chlorure de méthyle, du phénol, de l'acide phtalique, ainsi qu'une masse noire d'où on a pu extraire par les alcalis un produit amorphe présentant les propriétés générales des phtaléines.

Par condensation avec le phénol et le chlorure stannique, l'acide anisolphtaloylique, qui devrait donner l'éther méthylique de la phtaléine du phénol, fournit un corps amorphe, soluble en rouge violacé dans les alcalis caustiques ou carbonatés, mais dont l'analyse n'a pu être effectuée avec succès, sa purification étant très difficile [C. Nourrisson, *Bull. Soc. chim.*, (2), **46**, 203].

O. Saint-Pierre.

ANISONITRILE, $C^6H^4(OCH^3)_{(4)}(CAz)_{(1)}$ [J.-A. Miller, *D. chem. G.*, **22**, 2790]. — On chauffe pendant 3 ou 4 heures à 115° un mélange d'aldoxime anisique et de chlorure d'acétyle, puis on soumet le produit de la réaction à la distillation fractionnée. On recueille d'abord de l'acide acétique, puis à 245-260° une huile jaune qui cristallise dans le récipient, et qu'on purifie par dissolution dans l'alcool et précipitation par l'eau. On obtient finalement de longues aiguilles blanches, fusibles à 61-62°, très solubles dans l'alcool, l'éther, le chloroforme, le sulfure de carbone, insolubles dans l'eau. Ce corps présente une saveur à la fois sucrée et brûlante.

ANISYLAMINE. — Voyez ANISAMINE.

ANISYLANILINE. — Voyez ANISAMINE.

ANISYLIDÈNE - NAPHTYLAMINE. Voyez ALDÉHYDE ANISIQUE.

ANISYLIDÈNE-PHÉNYLÈNE-DIAMINE — Voyez ALDÉHYDE ANISIQUE.

ANISYLMÉTHYLCÉTONE,

$$CH^3O . C^6H^4 . CH^2 - CO - CH^3.$$

— Ce composé a été obtenu par M. Oliveri en faisant agir l'iodure de méthyle sur le dérivé sodique de l'aldéhyde anisique. C'est une huile incolore, d'odeur aromatique, bouillant à 220-222°.

Traitée par le cyanure de potassium et l'acide chlorhydrique, elle donne une cyanhydrine qui ne peut être saponifiée régulièrement. L'acide chlorhydrique la résinifie et fournit de l'acide anisique sans la moindre trace d'acide méthyloxyphlorétique [V. Oliveri, *Gazz. chim. ital.*, **13**, 275; *Bull. Soc. Chim.*, (2), **41**, 85].

ANNERÖDITE (Min.) (Brögger). — Niobate d'uranyle, avec oxydes de thorium, yttrium, cérium, plomb, fer, calcium, etc., et un peu de silice, $R^2Nb^2O^7 + 5/2 H^2O + 1/4 SiO^2$, voisin de la samarskite, mais possédant la forme de la colombite. Cristaux noirs, dans la pegmatite d'Anneröde près Moss (Norvège).

Caractères. — Difficilement fusible en un verre noir. Dureté = 6. Poussière noir-brun ou grisâtre. Densité = 5,7.

Forme cristalline. — Prisme orthorhombique : $mh^1 = 158°1'$; $a^{1/2}h^1 = 150°48'$. Faces $h^1 g^1 p m$ $g^2 g^{3/2} a^{1/2} e^2 e^1 b^{1/2} a_3 e_3 (b^{1/2} b^{1/4} g^1)$, $b^{1/4}$. Macles $g^{3/2}$ et a^2.

ANOMITE (Min.) (Tschermak). — Mica magnésien voisin du MÉROXÈNE (voyez Dict., **2**, 369 et 429), mais s'en distinguant par la position du plan des axes optiques. Dans un calcaire cristallin, avec diopside, au lac Baïkal, à Greenwood Furnace près Monroe, etc.

ANORTHOÏTE (Min.) (Wiik). — Variété d'anorthite.

ANORTHOSE (Min.) (Förstner, Fouqué) [Syn. *Orthose sodique*, *Natronorthoklas*]. — Feldspath résultant du mélange isomorphe de l'orthose et de l'albite, soit $(K, Na) Al Si^3O^8$. Se trouve surtout dans les syénites éléolithiques (orthose opalisant), dans les porphyres rhombiques de Scandinavie, dans les laves de l'île de Pantellaria, etc. Densité, 2,57 à 2,6.

Forme cristalline. — Prisme anorthique;

$$pg^1 = 90°29'; \; mt = 120°48'; \; tg^1 = 119°13';$$
$$ph^1 = 116°22'; \; mg^1 = 119°55'.$$

Isomorphe avec les autres feldspaths. Allongement habituel suivant la zone *mt*. Macles de l'albite et du péricline, comme dans le microcline. Clivage *p* parfait, g^1 moins parfait, *m* très difficile.

ANTHÉMÈNE (β-*octadécène*), $C^{18}H^{30}$. — Cet hydrocarbure est extrait des fleurs de camomille (*Anthemis nobilis*). Ces fleurs sont traitées jusqu'à épuisement complet par l'éther de pétrole et la solution est réduite par distillation au dixième de son volume; au bout de 24 heures, elle laisse déposer de magnifiques houppes soyeuses, qui continuent à s'accroître pendant une semaine. La masse cristalline est constituée par deux corps : on la reprend par 20 fois son poids d'alcool absolu bouillant; la solution laisse déposer par refroidissement l'anthémène sous la forme d'aiguilles microscopiques, fusibles à 63-64° et bouillant vers 440° sans décomposition sensible.

Il reste dans la dissolution alcoolique un corps fusible à 188-189° [L. Naudin, *Bull. Soc. Chim.*, (2), **41**, 484].

ANTHÉMOL, $C^{10}H^{16}O$. — Il se trouve sous la forme de combinaison éthérée avec les acides angélique et tiglique dans l'huile de camomille romaine. C'est un liquide épais, à odeur camphrée, qui bout en se décomposant partiellement à 213,5-214°,5. Il est vivement attaqué par le mélange chromique; l'acide nitrique étendu le transforme à l'ébullition en un mélange d'acides p-toluique et téréphtalique [Roebig, *Ann. Chem.*, **195**, 104].

ANTHRACÈNE. — MODES DE FORMATION. — Le nombre des réactions pyrogénées qui donnent naissance à l'anthracène s'est considérablement accru depuis la publication de l'article ANTHRACÈNE du Supplément (voyez Suppl., **1**, 172). De plus, les réactions au chlorure d'aluminium de MM. Friedel et Crafts ont apporté leur contingent à la formation de cet hydrocarbure.

Réactions pyrogénées. — 1° On obtient l'anthracène à côté de ses homologues par l'action de la chaleur sur le benzylmésitylène [Louïse, *Ann. Chim. Phys.*, (6), **6**, 186].

2° Les résines obtenues comme produits accessoires dans la fabrication du gaz d'éclairage par le bois ou les huiles minérales, soumises à la distillation, fournissent une certaine quantité d'anthracène [Letny, *D. chem. G.*, **10**, 412].

3° Le goudron de lignite, le goudron de houille fournissent, par un passage à travers un tube rempli de coke ou de ponce incandescents, une certaine quantité d'anthracène [Liebermann et Burg, *D. chem. G.*, **11**, 723].

4° D'après M. Letny [*D. chem. G.*, **11**, 1210], les vapeurs des résidus de pétrole de Bakou fournissent de l'anthracène par leur passage à travers une colonne de charbon de bois chauffée au rouge.

5° Le goudron de pin de Suède fournit de l'anthracène dans les mêmes circonstances [Atterberg, *D. chem. G.*, **11**, 1222].

6° L'acide o-benzoylbenzoïque,

$$C^6H^4 \begin{matrix} \diagup CO.C^6H^5 \\ \diagdown CO^2H \end{matrix}$$

chauffé au rouge avec le zinc en poudre, fournit de l'anthracène [Gresly, *Ann. Chem.*, **234**, 238].

Réactions au chlorure d'aluminium. — 1° Le chlorure de méthylène agit sur le benzène en présence du chlorure d'aluminium en fournissant de l'anthracène [Friedel et Crafts, *Bull. Soc. Chim.*, (2), **41**, 323; *Ann. Chim. Phys.*, (6), **11**, 263].

2° En traitant le chlorure de benzyle par le chlorure d'aluminium, on obtient du toluène à côté d'une certaine quantité d'anthracène [Perkin et Hodgkinson, *Chem. Soc.*, **37**, 726].

3° Le chlorure d'aluminium, ajouté à un mélange de dibromure ou de tétrabromure d'acétylène et de benzène, fournit une petite quantité d'anthracène [Anschütz, *Ann. Chem.*, **235**, 153].

Réactions diverses. — D'après M. Henzold [*J. prakt. Chem.*, (2), **27**, 519], lorsqu'on chauffe dans un appareil à reflux de l'éther éthylbenzylique avec de l'anhydride phosphorique, il se manifeste une vive réaction qui donne lieu à la formation d'anthracène, d'après l'équation

$$2C^2H^5.O.C^7H^7 + P^2O^5$$
$$= C^{14}H^{10} + PO^4H^3 + PO^3H^3 + 2C^2H^4.$$

Enfin on a constaté la formation d'anthracène par l'action du sodium métallique sur le bromure d'o-bromobenzyle. Il se produit en même temps du dihydrure d'anthracène [Loring Jackson et White, *D. chem. G.*, **12**, 1965].

Préparation de l'anthracène pur. — On obtient l'anthracène chimiquement pur en partant de l'anthraquinone cristallisée.

On peut traiter l'anthraquinone par la poudre de zinc au rouge, en ayant soin de faire traverser aux vapeurs d'anthraquinone une colonne de zinc d'une certaine longueur. Malgré cette précaution, l'anthracène obtenu renferme encore de l'anthraquinone, qu'on élimine par un traitement au zinc en poudre en présence d'une lessive de soude caustique [de Bechi, *D. chem. G.*, **12**, 1976].

Un procédé beaucoup plus avantageux a été indiqué par M. v. Perger [*J. prakt. Chem.*, (2), **23**, 146]. Il consiste à opérer la réduction de l'anthraquinone par le zinc en poudre et l'ammoniaque.

Voici comment il convient d'opérer : On fait un mélange intime de 50 grammes d'anthraquinone avec 100 grammes de zinc en poudre et on chauffe ce mélange au bain-marie avec 300 grammes d'ammoniaque additionnée de 200 grammes d'eau. Le liquide, d'abord rouge, ne tarde pas à virer au jaune; on filtre et on épuise le zinc par l'éther de pétrole qui extrait le dihydroanthranol,

$$C^6H^4 \begin{matrix} \diagup CHOH \diagdown \\ \diagdown CH^2 - \diagup \end{matrix} C^6H^4,$$

fusible à 76°. Ce dernier est peu soluble; sa dissolution aqueuse soumise à l'ébullition perd les éléments d'une molécule d'eau et se transforme en anthracène pur.

Propriétés. — L'anthracène forme des lamelles douées d'une fluorescence violette, fusibles à 213°. Sa chaleur de combustion est de 9247 calories par gramme [Stohmann, *J. prakt. Chem.*, (2), **31**, 296].

Oxydé par le peroxyde de plomb et l'acide acétique, il donne le β-oxanthranol. L'oxychlorure de carbone le transforme à 200° en chlorure α-anthracène-carbonique,

$$C^6H^4 \begin{matrix} \diagup C(COCl) \diagdown \\ \mid \\ \diagdown CH \text{———} \diagup \end{matrix} C^6H^4.$$

Au-dessus de 200°, on obtient de l'acide anthracène-carbonique chloré et du dichloranthracène fusible à 209°.

L'anthracène est très peu soluble dans l'alcool, même à l'ébullition; 100 parties d'alcool absolu dissolvent 0g,076 d'anthracène à 16° et 0g,83 à la température de l'ébullition. Il est plus soluble dans le toluène, surtout à 100°; 100 parties de toluène dissolvent 0g,92 d'anthracène à 16° et 12g,94 à 100°.

La plupart des dérivés de l'anthracène présentent en dissolution une fluorescence marquée; toutefois les dérivés anthracéniques qui renferment les groupements

$$\begin{matrix} \diagup CO \diagdown \\ \diagdown CO \diagup \end{matrix} \quad \text{ou} \quad \begin{matrix} C^6H^5 \\ \mid \\ \diagup C(OH) \diagdown \\ \diagdown CO - \diagup \end{matrix}$$

ne sont pas fluorescents [Liebermann, *D. chem. G.*, **13**, 913].

PRODUITS D'ADDITION.

Dinitrothiophène-anthracène,

$$C^{14}H^{10}.C^{4}H^{2}(AzO^{2})^{2}S.$$

— Lamelles fusibles à 162°.

Azotate d'anthracène, $C^{14}H^{10}.AzO^{3}H$. — Dans une dissolution refroidie vers 30° d'anthracène dans l'acide acétique cristallisable, qui renferme en suspension de l'anthracène, on fait passer un courant rapide de vapeurs nitreuses; il y a formation d'une dissolution brune, qui ne tarde pas à laisser déposer des cristaux jaunes; on lave à l'alcool et on fait cristalliser dans le benzène. On obtient ainsi le produit d'addition, cristallisé en prismes solubles dans le benzène et fusibles à 125° avec dégagement de vapeurs nitreuses. A côté de ce corps, il se forme un produit qui se dépose des liqueurs mères au bout de 24 heures en flocons jaunes.

Le produit d'addition, chauffé avec des alcalis, se décompose en *nitroso-anthrone*

$$C^{6}H^{4}<{CO \atop CH(AzO)}>C^{6}H^{4}$$

et *nitroso-hydranthrone*

$$C^{6}H^{4}<{CH(OH) \atop CH(AzO)}>C^{6}H^{4}.$$

Anthracène et hypoazotide, $C^{14}H^{10}.2AzO^{2}$. — On obtient ce corps en faisant passer un courant de vapeurs nitreuses lentement et à froid (10-15°) à travers 1 partie d'anthracène en suspension dans 4 parties d'acide acétique. On fait cristalliser le précipité dans le toluène. On obtient ainsi des cristaux ressemblant à l'anthracène, fusibles à 194°. Chauffé à quelques degrés au-dessus de son point de fusion, ce corps fournit un nouveau produit d'addition dérivant du premier par perte de 1 molécule d'hypoazotide [Liebermann et Lindemann, *D. chem. G.*, **13**, 1584].

DIHYDRURE D'ANTHRACÈNE. — Ce composé, décrit Suppl., **1**, 175, doit, d'après MM. Bamberger et Lodter [*D. chem. G.*, **21**, 839], être représenté par la formule de structure

$$C^{6}H^{4}<{CH^{2} \atop CH^{2}}>C^{6}H^{4}.$$

Cette constitution résulte, pour ces chimistes, de l'action du brome, qui décompose le dihydrure d'anthracène sans donner avec lui de produit d'addition.

Nitrite d'hydroanthracène,

$$C^{6}H^{4}<{CH^{2} \atop C(AzO^{2})^{2}}>C^{6}H^{4}.$$

— On ajoute un mélange de 20 grammes d'acide nitrique incolore (d = 1,4) et de 20 grammes d'acide acétique cristallisable à une dissolution refroidie de 20 grammes de dihydrure d'anthracène dans 60 grammes d'acide acétique cristallisable. On laisse reposer pendant 24 heures; on filtre, on lave le précipité à l'acide acétique et à l'alcool et on le dessèche sur une plaque poreuse; on redissout le produit dans le benzène et on précipite par l'éther de pétrole [Liebermann et Landshoff, *D. chem. G.*, **14**, 467]. On obtient ainsi des cristaux groupés en rosettes, fusibles à 128° en dégageant des torrents de vapeurs nitreuses. Ce corps peut être envisagé comme l'éther nitreux de l'alcool diatomique,

$$C^{6}H^{4}<{CH^{2} \atop C(OH)^{2}}>C^{6}H^{4}.$$

Il est isomérique avec le produit d'addition de l'anthracène et de l'hypoazotide AzO^{2}. Traité par la lessive de potasse bouillante, il se dissout en donnant une liqueur rouge-jaune qui renferme du *nitroso-oxanthranol*,

$$C^{6}H^{4}<{CO \atop C(OH)}>C^{6}H^{4};$$
$$\quad\quad | \; AzO$$

il se forme en même temps un produit insoluble dans les alcalis, qui est la *nitro-nitroso-anthrone*,

$$C^{6}H^{4}<{CO \atop C}>C^{6}H^{4}.$$
$$\quad\quad AzO \;\; AzO^{2}$$

Dérivé sulfoné de l'hydrure d'anthracène, $C^{14}H^{11}.SO^{3}H$. — On fait bouillir pendant quelques heures 3 parties d'anthraquinone-monosulfonate de sodium avec 5 parties d'acide iodhydrique (d = 1,75) et 1 partie de phosphore; par la concentration de la liqueur, le sel de sodium du produit de réduction cristallise; on le purifie en le redissolvant dans l'eau, précipitant par le sel marin et faisant cristalliser dans 5 parties d'eau bouillante. On obtient également cette substance en traitant par l'amalgame de sodium, en présence d'eau, le chlorure anthraquinone-sulfonique [Liebermann, *Ann. Chem.*, **212**, 45. — Mac Houl, *D. chem. G.*, **13**, 693].

L'acide hydroanthracène-sulfonique, traité par la potasse en fusion, fournit de l'anthracène et de l'hydrure d'anthracène; chauffé avec de l'acide sulfurique, il donne un acide anthracène-disulfonique.

Le *sel de sodium*, $C^{14}H^{11}SO^{3}Na, H^{2}O$, cristallise en aiguilles soyeuses de plusieurs centimètres de longueur, peu solubles dans l'eau froide, solubles dans la soude caustique étendue et bouillante. Cette dernière propriété permet de le séparer de l'anthracène-sulfonate de sodium.

Les *sels de calcium* et *de baryum* forment des précipités peu solubles. Le *sel d'argent* est soluble.

PERHYDRURE D'ANTHRACÈNE, $C^{14}H^{24}$. — On chauffe pendant 12 heures à 250° 1gr,5 d'anthracène avec 1gr,5 de phosphore et 8 grammes d'acide iodhydrique (d = 1,7). On exprime le produit de la réaction dans du papier à filtre et on le purifie par cristallisation dans l'alcool ou dans l'acétone. Il se produit en même temps un hydrocarbure liquide [Lucas, *D. chem. G.*, **21**, 2510].

Le perhydrure d'anthracène cristallise en lamelles incolores, fusibles à 88° et bouillant à 270°. Cet hydrocarbure jouit d'une stabilité remarquable; il est à peine attaqué par le brome en solution dans le sulfure de carbone; l'acide chromique le transforme en un produit d'oxydation qui n'est pas de l'anthraquinone et qui est brûlé entièrement par une oxydation ultérieure.

Si on chauffe l'anthracène avec du phosphore et de l'acide iodhydrique seulement pendant 5 ou 6 heures au lieu de 12, la quantité d'hydrocarbure liquide augmente. A l'analyse, ce produit donne des chiffres oscillant entre $C^{14}H^{20}$ et $C^{14}H^{22}$. Ce corps jouit de propriétés analogues à celles du perhydrure d'anthracène; il ne fournit pas d'anthraquinone par oxydation.

Les vapeurs de ces hydrures d'anthracène, en passant sur de la ponce incandescente, se transforment en anthracène.

PRODUITS DE SUBSTITUTION.

ANTHRACÈNES CHLORÉS. — α-*Dichloranthracène*,

$$C^{6}H^{2}Cl^{2}<{CH \atop CH}>C^{6}H^{4}.$$

— On chauffe au bain-marie pendant 2 heures 1 partie d'anthraquinone tétrachlorée avec 3 ou 4 parties de zinc et un excès d'ammoniaque étendue; le liquide, d'abord rouge, se décolore rapidement. On filtre, on épuise le zinc par l'alcool bouillant et on ajoute une petite quantité d'acide acétique. Par le refroidissement, l'anthracène dichloré cristallise en fines aiguilles, fusibles à 255°, solubles dans l'acide acétique, l'éther acétique, moins solubles dans le chloroforme froid. Par oxydation au moyen de l'acide chromique, il fournit la quinone dichlorée correspondante [Kircher, *Ann. Chem.*, 238, 338].

β-*Dichloranthracène*,

$$C^6H^4 \left\langle \begin{matrix} CCl \\ | \\ CCl \end{matrix} \right\rangle C^6H^4.$$

— Ce corps, décrit autrefois par MM. Graebe et Liebermann [*Ann. Chem., Suppl.*, 7, 282], a été obtenu par l'action du chlore en excès sur une dissolution chloroformique d'acide anthracène-γ-carbonique. Il fond à 209° [Behla, *D. chem. G.*, 20, 709].

α-*Tétrachlorure de dichloranthracène*,

$$C^{14}H^8Cl^2 . Cl^4.$$

— On l'obtient en traitant par un courant de chlore l'anthracène en suspension dans le benzène. Aiguilles fusibles à 187° avec dégagement d'acide chlorhydrique [Hammerschlag, *D. chem. G.*, 19, 1106].

β-*Tétrachlorure de dichloranthracène*. — Ce corps s'obtient en chauffant à 180° la nitroso-anthrone avec du pentachlorure de phosphore. Il cristallise dans un mélange de benzène et d'éther de pétrole en aiguilles fusibles à 205-207° [Liebermann et Lindemann, *D. chem. G.*, 13, 1588].

α-*Tétrachloranthracène*, $C^{14}H^6Cl^4$. — Il se forme par l'action de la potasse alcoolique sur l'α-tétrachlorure de dichloranthracène; il fond à 164° (Hammerschlag).

La quinone correspondante, fondue avec de la potasse caustique, donne de l'alizarine.

β-*Tétrachloranthracène*. — On l'obtient en faisant agir la potasse alcoolique sur le β-tétrachlorure de dichloranthracène. Il cristallise dans l'acide acétique en aiguilles jaunes, fusibles à 152°, très peu solubles dans l'alcool [Liebermann et Lindemann, *loc. cit.*].

γ-*Tétrachloranthracène*,

$$C^6Cl^4 \left\langle \begin{matrix} CH \\ | \\ CH \end{matrix} \right\rangle C^6H^4.$$

— Ce dérivé chloré, dont la formule de structure est établie d'après son mode de formation, s'obtient en faisant agir le phosphore et l'acide iodhydrique sur l'acide tétrachlorobenzoylbenzoïque :

$$C^6Cl^4 \left\langle \begin{matrix} CO^2H \\ CO.C^6H^5 \end{matrix} \right.$$

On chauffe pendant 4 ou 5 heures à 215-220° 1 gramme d'acide tétrachlorobenzoylbenzoïque avec 0gr,5 de phosphore et 4cc,5 d'acide iodhydrique bouillant à 127°; on fait bouillir le produit avec de la soude caustique, on dissout le résidu dans le chloroforme et on précipite par l'alcool. On obtient ainsi de fines aiguilles fusibles à 147-149°, solubles dans le chloroforme, le benzène et le sulfure de carbone, très peu solubles dans l'alcool et dans l'éther.

L'acide chromique le transforme en α-tétrachloroquinone fusible à 191° [Kircher, *D. chem. G.*, 17, 1168].

ANTHRACÈNES BROMÉS. — L'α-*dibromanthracène* a été obtenu par l'action du brome sur l'acide anthracène-γ-carbonique [Behla, *D. chem. G.*, 20, 705] ainsi qu'en faisant agir le brome sur le triphénylméthane [Kölliker, *Ann. Chem.*, 228, 255].

Action de l'acide nitrique sur les anthracènes bromés [Claus et Hertel, *D. chem. G.*, 14, 979]. — L'acide nitrique agit avec énergie sur le tribromanthracène; il se forme un mélange de divers corps azotés et d'anthraquinone bromée. Dans les mêmes circonstances, le tétrabromanthracène fournit la mononitro-monobromanthraquinone, fusible à 261°.

Enfin l'acide nitrique transforme le tétrabromure de dibromanthracène en dinitro-tétrabromanthraquinone, fusible à 105°.

ANTHRACÈNES CHLOROBROMÉS [Hammerschlag, *D. chem. G.*, 19, 1106]. — *Tétrabromure de dichloranthracène*, $C^{14}H^8Cl^2 . Br^4$. — Ce corps fond à 178° (166° d'après M. Schwarzer). La potasse alcoolique bouillante le transforme en acide bromhydrique et dichlorodibromanthracène.

Tétrabromure de dichlorodibromanthracène, $C^{14}H^6Cl^2Br^2 . Br^4$. — Le dichlorodibromanthracène, exposé aux vapeurs de brome, fixe 4 atomes de brome. On lave le produit à l'éther et on fait cristalliser dans l'acide acétique. On obtient ainsi des aiguilles blanches, brillantes, fusibles à 212°, peu solubles dans les dissolvants usuels.

Tétrabromodichloranthracène, $C^{14}H^4Cl^2Br^4$. — Le corps précédent, traité par la potasse alcoolique, fournit le dérivé chlorobromé, sous la forme de belles aiguilles d'un jaune d'or, infusibles à 380°, très peu solubles dans tous les dissolvants. Ce corps n'est pas susceptible de fixer du brome. L'acide sulfurique fumant le dissout en violet. L'acide chromique le transforme en tétrabromoquinone.

DÉRIVÉS SULFONÉS. — Les expériences de M. Lincke sur la formation des acides anthracène-monosulfoniques (voyez Suppl., 1, 178) ont été répétées par M. Liebermann [*D. chem. G.*, 12, 592]. Cet auteur est arrivé à des résultats tout à fait différents de ceux de M. Lincke; d'après lui, l'action de l'acide sulfurique sur l'anthracène ne donne que des acides disulfoniques. En revanche, il est parvenu par une voie détournée à préparer un acide monosulfoné de l'anthracène. Les acides anthracène-sulfoniques, soumis à l'ébullition avec de l'acide nitrique brut, se transforment en dérivés sulfonés de l'anthraquinone [Liebermann, *D. chem. G.*, 12, 1288].

ACIDE ANTHRACÈNE-MONOSULFONIQUE.

$$C^{14}H^9 . SO^3H.$$

— On fait bouillir pendant une demi-heure de l'anthraquinone-sulfonate de sodium $C^{14}H^7O^2(SO^3Na)$ avec de l'acide iodhydrique (d = 1,7) et du phosphore blanc [Liebermann et Hermann, *D. chem. G.*, 12, 589]; on peut également employer comme réducteur l'amalgame de sodium [Liebermann et Bischof, *D. chem. G.*, 13, 47]. Toutefois le meilleur mode de préparation est le suivant : On chauffe au bain-marie 1 partie d'anthraquinone-sulfonate de sodium avec 1 partie et demie de poudre de zinc et 7 parties d'ammoniaque jusqu'à disparition de la coloration rouge; on épuise le résidu par le carbonate de sodium bouillant, pour décomposer le sel de zinc qui a pris naissance; par le refroidissement l'anthracène-sulfonate de sodium, peu soluble, cristallise [Liebermann, *Ann. Chem.*, 212, 57. — Liebermann et Bollert, *D. chem. G.*, 15, 852].

Les sels de l'acide anthracène-monosulfonique sont peu solubles ou même insolubles. Le sel sodique fournit de l'anthrol par fusion avec les alcalis caustiques.

Anthracène-sulfonate de sodium. — Ce sel cristallise en petites écailles brillantes, peu solubles dans l'eau, plus solubles dans l'alcool étendu. Ses dissolutions aqueuses sont précipitées par le chlorure et par le sulfate de sodium. Il renferme 4 molécules d'eau de cristallisation.

Le *sel de baryum* est un précipité cristallin, insoluble s'il a été préparé à chaud.

Sel de plomb. — En ajoutant de l'acétate de plomb à une dissolution bouillante du sel de sodium, on obtient un précipité insoluble d'un sel basique; l'eau mère abandonne par le refroidissement des lamelles d'un sel neutre qui renferme 2 molécules d'eau de cristallisation.

ACIDES ANTHRACÈNE-DISULFONIQUES. — Lorsqu'on chauffe l'anthracène avec de l'acide sulfurique concentré, il se forme deux acides disulfonés isomériques. A basse température il se forme principalement la modification α, correspondant à la chrysazine; si au contraire la température s'élève, c'est l'isomère β, correspondant à l'anthrarufine, qui prend naissance.

Acide α. — On chauffe pendant 1 heure à 60° 1 partie d'anthracène avec 3 parties d'acide sulfurique; on étend d'eau, on neutralise le liquide filtré par le carbonate de plomb et on transforme le sel de plomb en sel sodique. Dans ces conditions, il se dissout 20-30 0/0 de la quantité d'anthracène mise en œuvre [Liebermann, *D. chem. G.*, **11**, 1613 et **12**, 183]. Le sel sodique α étant beaucoup moins soluble dans une dissolution alcaline que le sel β correspondant, la séparation des deux isomères s'effectue sans trop de difficultés.

Le *sel de sodium*, $C^{14}H^8(SO^3Na)^2, 4H^2O$, cristallise en aiguilles d'un jaune citron; la soude en fusion le transforme à une température modérée en un acide oxysulfoné,

$$C^{14}H^8 \begin{cases} OH \\ SO^3H \end{cases}$$

A une température plus élevée, il se forme du chrysazol (dioxyanthracène).

Le *sel de potassium* renferme 1 molécule d'eau de cristallisation et forme des écailles brillantes jaunâtres.

Le *sel de calcium* est un précipité formé d'aiguilles presque insolubles dans l'eau bouillante, renfermant 5 molécules d'eau de cristallisation.

Le *sel de baryum* renferme $4H^2O$ et forme des aiguilles peu solubles.

Le *sel de plomb* est très peu soluble.

Acide β. — Si dans la préparation de l'acide α on élève la température à 100° et qu'on prolonge l'action jusqu'à dissolution de la moitié de l'anthracène, on obtient principalement le dérivé disulfoné β.

L'*acide libre*, obtenu par le sel de plomb et l'hydrogène sulfuré, se sépare sous la forme de flocons composés d'aiguilles microscopiques. Traité par la potasse en fusion, ce corps se transforme en dioxyanthraquinone.

Le *sel de sodium*, $C^{14}H^8(SO^3Na)^2 . 3H^2O$, forme des lamelles argentines presque blanches, beaucoup plus solubles que le sel α. Sa dissolution aqueuse présente une fluorescence bleue intense.

Le *sel de calcium* renferme $3H^2O$; c'est un précipité beaucoup plus soluble dans l'eau que le sel α.

Le *sel de baryum* cristallise en lamelles nacrées, renfermant $4H^2O$.

Le *sel plombique* est un précipité cristallin très peu soluble.

ACIDE FLAVANTHRACÈNE-DISULFONIQUE. — On fait bouillir l'anthraquinone-disulfonate de sodium du commerce avec du zinc en poudre et de l'ammoniaque, jusqu'à ce que ce liquide ait pris une couleur jaune ou brun-jaune. Par le refroidissement, il se sépare d'abord le sel sodique de l'acide anthracène-monosulfonique, puis le sel disulfoné se dépose à son tour [Schüler, *D. chem. G.*, **15**, 1807]. Ce corps, fondu avec la potasse, donne en premier lieu de l'*acide anthrolsulfonique*, puis, par l'action ultérieure de l'alcali, du *flavol* $C^{14}H^8(OH)^2$.

Le *sel sodique* est cristallin et d'un gris jaunâtre; il est soluble dans l'eau; ses dissolutions aqueuses présentent une fluorescence d'un violet bleu intense.

Le *sel de baryum* est un précipité incolore, formé d'une poudre cristalline.

OXYANTHRACÈNES.

Si l'on envisage la formule de structure de l'anthracène

$$C^6H^4 \begin{cases} CH \\ | \\ CH \end{cases} C^6H^4$$

on voit que la substitution de l'oxydryle à l'hydrogène peut avoir lieu soit dans les noyaux benzéniques, soit dans le groupement tétratomique

$$\begin{matrix} \diagup CH \diagdown \\ | \\ \diagdown CH \diagup \end{matrix}$$

soit enfin dans les deux à la fois. D'où trois grandes divisions dans les dérivés oxhydrylés de l'anthracène :

1° Les *alcools anthracéniques*, dérivant de la substitution de l'hydrogène du groupe (C^2H^2) par l'oxhydryle;

2° Les *phénols anthracéniques*, qui renferment OH dans les noyaux benzéniques;

3° Les *phénols-alcools anthracéniques*, qui contiennent le groupement OH dans le noyau et dans le groupe (C^2H^2).

ALCOOLS ANTHRACÉNIQUES.

ANTHRANOL,

$$C^6H^4 \begin{cases} C(OH) \\ | \\ CH \end{cases} C^6H^4.$$

— La meilleure méthode de préparation de ce corps est la suivante : On ajoute 25 parties d'étain grenaillé à un mélange bouillant de 10 parties d'anthraquinone et 400-500 parties d'acide acétique cristallisable; on ajoute ensuite 10 centimètres cubes d'acide chlorhydrique concentré et on continue à chauffer et à ajouter de l'acide chlorhydrique par petites portions, tant qu'il se produit une coloration brune. La réduction a lieu avec dégagement d'hydrogène et est achevée au bout d'un quart d'heure si l'on opère sur 10 grammes d'anthraquinone; par le refroidissement, la liqueur reste claire; on la verse dans l'eau chargée d'acide chlorhydrique et on purifie le précipité par cristallisation dans l'acide acétique. Le rendement atteint 80 0/0 du rendement théorique. Il importe de ne pas trop prolonger l'action du réducteur si on veut éviter la formation du *bianthryle* [Liebermann et Gimbel, *D. chem. G.*, **20**, 1854].

L'anthranol cristallise en belles aiguilles brillantes, fusibles en se décomposant à 163-170°, solubles dans le benzène.

L'anthranol jouit de propriétés phénoliques faibles; il se dissout à chaud seulement dans les alcalis; l'acide carbonique précipite les dissolutions alcalines; l'oxygène de l'air les oxyde en donnant de l'anthraquinone.

Le dérivé diazoïque de l'acide sulfanilique se combine avec l'anthranol en solution alcaline, pour donner une matière colorante qui teint les fibres animales en rouge; l'acide libre, obtenu par le sel de plomb et l'hydrogène sulfuré, forme une masse brune, soluble en un beau bleu dans les alcalis. Cette propriété de s'unir aux corps diazoïques pour donner des matières colorantes rapproche l'anthranol des phénols proprement dits [Goldmann, *D. chem. G.*, **21**, 2506].

Acétylanthranol, $C^{14}H^9(OC^2H^3O)$. — Aiguilles fusibles à 126-131° [Liebermann et Topf, *Ann. Chem.*, **212**, 6].

Bromanthranol,

$$C^6H^4 \diagup^{C(OH)}_{\diagdown CBr} \diagdown C^6H^4.$$

— On ajoute 1 molécule de brome en solution dans le sulfure de carbone à une solution d'anthranol. Il se dépose des lamelles jaunâtres, fusibles à 148-151°, insolubles dans la potasse aqueuse. La potasse alcoolique transforme le bromanthranol en un sel

$$C^6H^4 \diagup^{C(OK)}_{\diagdown CBr} \diagdown C^6H^4,$$

qui forme des cristaux orangés [Goldmann, *D. chem. G.*, **21**, 2436].

Éthylanthranol,

$$C^6H^4 \diagup^{C(OC^2H^5)}_{\diagdown CH} \diagdown C^6H^4.$$

— On le prépare en chauffant dans un appareil à reflux 15 grammes d'anthranol, 15 grammes de potasse et 40 grammes d'iodure d'éthyle. On lave à l'eau l'huile formée dans la réaction, on fait bouillir pour chasser l'iodure d'éthyle inattaqué, et on ajoute de la ligroïne; il se précipite de la *diéthylanthrone* formée en même temps, tandis que l'éthylanthranol reste en dissolution.

L'éthylanthranol est un liquide soluble dans le benzène et dans l'éther de pétrole et doué d'une fluorescence bleue. L'acide chromique le transforme en anthraquinone. Par l'action du brome en solution sulfocarbonique, on obtient un produit stable à une température inférieure à 0°, qui perd de l'acide bromhydrique au-dessus de cette température, et qui donne un *dérivé bromé* fusible à 116-117°, ayant probablement pour formule

$$C^6H^4 \diagup^{C(OC^2H^5)}_{\diagdown CBr} \diagdown C^6H^3Br.$$

L'acide chromique transforme ce corps en un dérivé oxygéné fusible à 135-138°, qui, par l'action ultérieure de l'acide chromique, fournit la *monobromanthraquinone* [Goldmann, *D. chem. G.*, **21**, 1176].

Éther éthylique de l'éthylanthranol,

$$C^6H^4 \diagup^{C(OC^2H^5)}_{\diagdown C(C^2H^5)} \diagdown C^6H^4.$$

— Ce corps se forme accessoirement dans la préparation de l'éthylanthranol et de la diéthylanthrone [Goldmann, *D. chem. G.*, **21**, 2506]. On l'isole en passant par le composé picrique, qui cristallise en aiguilles d'un brun rouge lorsqu'on ajoute une solution d'acide picrique à la solution alcoolique du mélange débarrassé de diéthylanthrone. On décompose le picrate par l'ammoniaque et on fait cristalliser le produit dans l'alcool.

L'éther éthylique de l'éthylanthranol cristallise en fines aiguilles jaunâtres, fusibles à 77°, solubles dans le benzène, l'éther et l'éther de pétrole. Les dissolutions étendues présentent une belle fluorescence bleue. L'acide chromique le transforme en éthyloxanthranol.

Ether propylique du propylanthranol,

$$C^6H^4 \diagup^{C(C^3H^7)}_{\diagdown C(OC^3H^7)} \diagdown C^6H^4.$$

— Les liqueurs mères d'où s'est déposée la dipropylanthrone (voyez ANTHRONE) sont évaporées au bain-marie et le résidu séché à 120° est dissous dans l'alcool absolu; on ajoute à cette dissolution une solution bouillante d'acide picrique; le picrate se sépare sous la forme d'un corps rouge-violet; on le décompose par l'ammoniaque et on fait cristalliser dans l'alcool.

L'éther propylique du propylanthranol est en aiguilles jaunâtres, fusibles à 72°, insolubles dans les alcalis, solubles dans les dissolvants organiques usuels.

L'acide chromique le transforme à froid en propyloxanthranol,

$$C^6H^4 \diagup^{C(C^3H^7)}_{\diagdown C(OH)} \diagdown O \diagup C^6H^4,$$

fusible à 164°. A chaud, on obtient de l'anthraquinone [Hallgarten, *D. chem. G.*, **22**, 1070].

Hydroanthranol,

$$C^6H^4 \diagup^{CH.OH}_{\diagdown CH^2} \diagdown C^6H^4.$$

— Pour préparer ce corps, on fait un mélange intime de 50 grammes d'anthraquinone et de 100 grammes de zinc en poudre, et on le chauffe avec 300 grammes d'ammoniaque et 200 grammes d'eau. Le liquide, d'abord rouge, devient jaune clair, et une huile vient nager à la surface du liquide. Au bout de 3 heures, on filtre et on sèche le résidu; on épuise ensuite par l'alcool ou par l'éther de pétrole en ne dépassant pas une température de 40-60°. Par le refroidissement, l'hydroanthranol se dépose en longues aiguilles soyeuses.

L'hydroanthranol forme de fines aiguilles fusibles à 76°, solubles dans l'eau bouillante et dans les dissolvants usuels. Il est peu stable et se décompose peu à peu à l'air en eau et anthracène.

Le chlorure d'acétyle le décompose également. Le brome en solution sulfocarbonique le transforme en dibromanthracène [Von Perger, *J. prakt. Chem.*, (2), **23**, 137].

Isobutylhydroanthranol,

$$C^6H^4 \diagup^{CH^2}_{\diagdown C(OH)(C^4H^9)} \diagdown C^6H^4.$$

— On l'obtient en chauffant 5 grammes d'isobutyloxanthranol,

$$C^6H^4 \diagup^{CO}_{\diagdown CH(OC^4H^9)} \diagdown C^6H^4,$$

avec 10 grammes de poudre de zinc, 40 centimètres cubes d'ammoniaque et 25 centimètres cubes d'eau. Il cristallise en aiguilles fusibles à 71-72° [Liebermann, *Ann. Chem.*, **212**, 107].

Isoamylhydroanthranol,

$$C^6H^4 \diagup^{CH^2}_{\diagdown C(OH)(C^5H^{11})} \diagdown C^6H^4.$$

— On l'obtient aisément en réduisant l'isoamyloxanthranol par l'ammoniaque et le zinc en poudre. Il cristallise en aiguilles fusibles à 73-74°, insolubles dans l'eau, solubles dans les dissolvants usuels. Exposé sous une cloche au-dessus d'acide sulfurique, il perd de l'eau et se transforme en isoamylanthracène.

β-OXANTHRANOL,

$$C^6H^4 \lt \begin{matrix} C(OH) \\ | \\ C(OH) \end{matrix} \gt C^6H^4.$$

— Ce corps doit être envisagé comme un alcool diatomique tertiaire dérivé de l'anthracène. On le prépare par l'oxydation ménagée de l'anthracène. On dissout à chaud 2 grammes d'anthracène dans 50 centimètres cubes d'acide acétique cristallisable et on ajoute rapidement et en plusieurs fois 5 ou 6 grammes de peroxyde de plomb. On distille 35 ou 40 centimètres cubes du liquide, on lave à l'eau bouillie en évitant avec soin l'accès de l'air et on reprend par 70 centimètres cubes de soude caustique à 3 0/0; le liquide alcalin est versé dans de l'acide chlorhydrique (d = 1,12). Il se forme un précipité très oxydable qu'on lave à l'eau bouillie, qu'on exprime et qu'on reprend par l'alcool.

Le β-oxanthranol se présente sous la forme d'aiguilles d'un jaune verdâtre, solubles dans l'alcool, auquel elles communiquent une fluorescence d'un vert jaunâtre. Il s'oxyde très facilement à l'air, surtout en liqueur alcaline, et réduit la liqueur de Fehling en se colorant en noir, ainsi qu'une dissolution ammoniacale d'argent [K.-E. Schulze, *D. chem. G.*, **18**, 3036].

Diéthyloxanthranol,

$$C^6H^4 \lt \begin{matrix} C(OC^2H^5) \\ | \\ C(OC^2H^5) \end{matrix} \gt C^6H^4$$

— On fait bouillir dans un appareil à reflux de l'oxanthranol en solution alcaline avec de l'iodure d'éthyle; on enlève par l'eau l'iodure de potassium formé dans la réaction et on fait cristalliser le résidu dans le benzène ou dans l'éther de pétrole.

Le diéthyloxanthranol forme des cristaux paraissant rhombiques, d'un jaune d'ambre.

Diméthyloxanthranol. — Se prépare comme le dérivé éthylique correspondant.

Lamelles quadratiques d'un jaune de soufre, fusibles à 196°.

Dibenzyloxanthranol. — Cristaux incolores, fusibles à 220° (K.-E. Schulze).

Diacétyloxanthranol,

$$C^6H^4 \lt \begin{matrix} C(OC^2H^3O) \\ | \\ C(OC^2H^3O) \end{matrix} \gt C^6H^4.$$

— On prépare ce corps en faisant bouillir pendant quelques instants 1 partie d'anthraquinone avec 10-15 parties d'acide acétique, 2 parties d'acétate de sodium et 3 parties de zinc en poudre. On le purifie par des cristallisations répétées dans l'acide acétique.

Le diacétyloxanthranol cristallise en belles aiguilles fusibles avec décompostion à 260°. Ses solutions alcoolique et acétique présentent une belle fluorescence bleue.

α-OXANTHRANOL,

$$C^6H^4 \lt \begin{matrix} CO \text{———} \\ CH(OH) \end{matrix} \gt C^6H^4.$$

— Ce corps est un isomère de l'alcool diatomique décrit plus haut et appartient à la classe des alcools acétoniques. On l'obtient par la réduction ménagée de l'anthraquinone. On fait bouillir pendant une demi-heure ou une heure 1 partie d'anthraquinone préalablement broyée avec le moins possible d'alcool à 50°, 2 parties de zinc en poudre et 30 parties de soude caustique à 50 0/0. On filtre : l'anthraquinone inattaquée reste sur le filtre; on verse le liquide filtré dans un acide en évitant le contact de l'air [Liebermann, *Ann. Chem.*, **212**, 65].

L'α-oxanthranol est un corps d'un jaune serin, soluble en rouge foncé dans les alcalis. Il est très peu soluble et s'oxyde rapidement à l'air, en solution alcaline, en régénérant l'anthraquinone.

Nitroso-oxanthranol,

$$C^6H^4 \lt \begin{matrix} CO \\ C \\ / \ \backslash \\ OH \quad AzO \end{matrix} \gt C^6H^4.$$

— On décompose le nitrite d'hydroanthracène par la potasse caustique bouillante. Il se forme un liquide d'un rouge orangé intense qui est le sel potassique du dérivé nitrosé cherché. En solution alcaline, ce corps est stable; mais pour l'isoler il faut opérer à froid et en solution très étendue; on l'obtient par addition d'acide sous la forme de flocons d'un jaune orangé.

Ce corps, bouilli avec de l'acide acétique cristallisable, se décompose en dégageant des vapeurs nitreuses; l'alcool bouillant fournit de l'éther nitreux et une matière colorante bleue, soluble en bleu dans le benzène. L'acide chromique transforme le nitroso-oxanthranol en anthraquinone

Le *sel sodique*,

$$C^6H^4 \lt \begin{matrix} CO \\ C \\ / \ \backslash \\ ONa \quad AzO \end{matrix} \gt C^6H^4,$$

cristallise en belles aiguilles soyeuses, orangées, très solubles dans l'eau [Liebermann et Landshoff, *D. chem. G.*, **14**, 471].

Acétyloxanthranol, $C^{14}H^9O(C^2H^3O^2)$. — On traite l'oxanthranol par l'anhydride acétique et l'acétate de sodium. Il cristallise en aiguilles brillantes (Liebermann).

Dérivés alcooliques de l'oxanthranol [Liebermann, *Ann. Chem.*, **212**, 65]. — Pour préparer les dérivés alcooliques de l'oxanthranol, on introduit dans des flacons préalablement remplis d'hydrogène un mélange d'oxanthranol, d'eau, de bromure alcoolique et de potasse caustique. Pour la quantité d'anthranol dérivant de 1 partie d'anthraquinone, on emploie 1p,5 de bromure alcoolique, 1 partie de potasse et 5-6 parties d'eau. On agite de temps en temps le flacon maintenu à la température ordinaire et on laisse réagir le mélange pendant quelques jours. On distille ensuite l'excès de bromure alcoolique, on filtre ou on essore et on fait digérer la masse avec une certaine quantité d'alcool additionné de son volume d'eau. Le dérivé alcoolique de l'anthranol se dissout, tandis que l'anthraquinone inaltérée reste à l'état insoluble. On ajoute au liquide alcoolique de l'eau et une petite quantité d'acide chlorhydrique; le précipité ainsi obtenu est dissous dans le moins possible de benzène et la dissolution additionnée de 6-8 volumes d'éther de pétrole. Les éthers de l'anthranol, peu solubles dans l'éther de pétrole, se déposent sous la forme de cristaux incolores, insolubles dans les alcalis, très solubles dans l'alcool et dans le benzène.

Leurs propriétés générales sont les suivantes :

Ils ne se combinent ni avec l'hydroxylamine, ni avec la phénylhydrazine [Liebermann, *D. chem. G.*, **18**, 2150].

Par ébullition avec 3 parties d'acide iodhydrique

(d = 1,7) et 2 parties de phosphore rouge, ils se transforment en hydrures anthracéniques de la formule générale C^nH^{2n-10}. Réciproquement, ces derniers se transforment en oxanthranols par l'action d'une dissolution froide d'acide chromique dans l'acide acétique; à chaud il se forme de l'anthraquinone, l'appendice alcoolique étant complètement brûlé par l'oxydant.

Le pentachlorure de phosphore transforme les dérivés alcooliques de l'oxanthranol en chlorures de la formule générale $C^nH^{2n-10}OCl$, que l'on obtient à l'état cristallisé au moyen de l'éther de pétrole. Ces dérivés sont solides et perdent facilement leur chlore par ébullition avec de l'eau : il se forme alors de l'acide chlorhydrique et le dérivé alcoolique de l'oxanthranol est régénéré.

Les dérivés alcooliques de l'oxanthranol, traités par le chlorure d'acétyle, ne donnent pas de dérivés acétylés; ils perdent simplement les éléments de l'eau. L'acide sulfurique concentré les dissout en jaune rouge, également avec perte d'eau.

Méthyloxanthranol, $C^{14}H^9O^2.CH^3$. — Il cristallise en lamelles ou en prismes jaunâtres, fusibles à 187°. Traité par l'acide iodhydrique et le phosphore, il donne l'hydrure d'anthracène sans formation d'un dérivé méthylé. En général, ce corps est plus stable que ses homologues supérieurs.

Éthyloxanthranol, $C^{14}H^9O^2.C^2H^5$. — Aiguilles rhombiques, fusibles à 107° et distillant en partie sans décomposition. Ce corps est insoluble dans les alcalis; bouilli avec de l'ammoniaque et du zinc en poudre, il se transforme en *éthylhydroanthranol*, $C^{16}H^{16}O$. L'acide iodhydrique et le phosphore fournissent l'*hydrure d'éthylanthracène*, $C^{16}H^{16}$. L'acide nitrique donne un dérivé dinitré; le brome en solution acétique, un corps cristallisé, fusible à 123°, que l'acide chromique transforme en anthraquinone.

Éther chlorhydrique de l'éthyloxanthranol,

$$C^6H^4 < \begin{matrix} CO \\ CCl \end{matrix} > C^6H^4. \quad (\text{CCl} - C^2H^5)$$

— Le perchloro de phosphore réagit vivement avec dégagement de chaleur sur l'éthyloxanthranol :

$$C^{16}H^{14}O^2 + PCl^5 = HCl + POCl^3 + C^{16}H^{13}ClO.$$

On reprend par l'éther de pétrole le produit de la réaction; on obtient ainsi des cristaux fusibles à 88-89°.

Isobutyloxanthranol, $C^{14}H^9O^2.C^4H^9$. — Ce corps cristallise en prismes incolores, fusibles à 130°.

Éther chlorhydrique de l'isobutyloxanthranol

$$C^6H^4 < \begin{matrix} CCl(C^4H^9) \\ CO \end{matrix} > C^6H^4.$$

— Obtenu par l'action du perchlorure de phosphore sur le composé précédent, ce corps cristallise en lamelles fusibles à 78°. L'acide nitrique le colore en rouge.

Isoamyloxanthranol, $C^{14}H^9O^2.C^5H^{11}$. — On le prépare en partant de l'anthraquinone. On fait bouillir pendant 12 heures dans un appareil à reflux 120 grammes d'anthraquinone humectée légèrement d'alcool à 25 0/0, 180 grammes de potasse caustique, 100 grammes de bromure d'amyle et 5 litres d'eau; on distille le bromure d'amyle, on décolore le résidu par un courant d'air, on filtre et on épuise le précipité avec une petite quantité d'alcool tiède. L'anthraquinone reste à l'état insoluble. On précipite la liqueur alcoolique par l'eau, on dissout le précipité dans le benzène et on précipite par l'éther de pétrole. On obtient ainsi des lamelles clinorhombiques, fusibles à 125°.

Le brome agit sur ce corps en donnant un *bromure* $C^{19}H^{18}Br^2O$, qui cristallise dans l'alcool en prismes fusibles avec décomposition à 120°.

L'acide sulfurique concentré agit sur l'amyloxanthranol d'une manière toute différente, suivant que l'on opère à froid ou à une température élevée : à froid, il se forme de l'*isoamylèneanthrone*,

$$C^6H^4 < \begin{matrix} CO \\ C \end{matrix} > C^6H^4; \quad (C = C^5H^{10})$$

à une température de 140°, il se forme un corps qui a pour formule $C^{19}H^{16}O$ et qui cristallise dans l'acide acétique en aiguilles jaunes, fusibles à 206°; sa solution alcoolique présente une fluorescence verte; sa dissolution dans l'acide sulfurique concentré est rouge-cerise et douée d'une fluorescence rouge. L'acide iodhydrique et le phosphore transforment cette substance en un hydrocarbure ayant pour formule $C^{19}H^{18}$; l'acide chromique fournit un corps cristallisé en longues aiguilles jaunes, fusibles à 157°, solubles dans la soude caustique bouillante.

Benzyloxanthranol, $C^{14}H^9O^2.C^7H^7$. — On soumet à une ébullition prolongée un mélange de 5 parties d'anthraquinone, 5 parties de poudre de zinc, 7p,5 de potasse caustique, 5 parties de bromure de benzyle et 100 parties d'eau.

Le benzyloxanthranol cristallise en lamelles fusibles à 146°, solubles dans l'alcool, le benzène et l'acide acétique.

Déhydrobenzyloxanthranol, $C^{21}H^{14}O$. — On prépare ce corps en chauffant à 70° 1 partie de benzyloxanthranol avec 3 parties d'acide sulfurique; au bout de 10 minutes, la réaction est achevée. On laisse refroidir, on verse dans une petite quantité d'alcool et on précipite par l'eau; le précipité est purifié par cristallisation dans l'alcool [Levi, *D. chem. G.*, **18**, 2152].

Le déhydrobenzyloxanthranol cristallise en longues aiguilles jaunes, fusibles à 127°, solubles dans l'alcool et dans l'acide acétique. L'acide chromique en solution acétique le transforme en anthraquinone.

PHÉNOLS ANTHRACÉNIQUES.

PHÉNOLS MONATOMIQUES. — Si l'on considère la formule de structure de l'anthracène,

$$C^6H^4 < \begin{matrix} CH \\ | \\ CH \end{matrix} > C^6H^4$$

on voit qu'il peut exister deux phénols anthracéniques :

(I) OH en position sur le noyau, à côté des groupes CH | CH ; et (II) OH sur le noyau, en position éloignée.

On ne connaît actuellement avec certitude que l'isomère répondant à la formule (II), l'*anthrol*, les expériences de M. Linke (Suppl., **1**, 178) n'ayant pas été confirmées par d'autres expérimentateurs [Liebermann et Hörmann, *D. chem. G.*, **12**, 589].

ANTHROL. — On prépare l'anthrol en fondant avec un alcali le sel sodique de l'acide anthracènemonosulfonique (voyez plus haut). La fusion doit être effectuée à une température élevée; on cesse de chauffer lorsqu'une prise d'essai dissoute dans l'eau donne par addition d'acide chlorhydrique des flocons de couleur claire. Après refroidissement, on fait digérer la masse alcaline avec de l'acide chlorhydrique faible; l'anthrol ainsi formé est purifié par cristallisation dans l'alcool étendu.

L'anthrol cristallise en aiguilles ou en lamelles d'un jaune-brun clair, se décomposant sans fondre à 200°.

Il est très soluble dans l'alcool, l'éther et l'acétone. Il se dissout également dans les lessives alcalines et dans l'eau de baryte en donnant un liquide jaune, doué d'une fluorescence verte. Il est insoluble dans l'ammoniaque. Les solutions alcooliques présentent une fluorescence d'un violet rouge et se colorent légèrement en jaune par le chlorure ferrique.

L'anthrol se dissout en jaune dans l'acide sulfurique concentré; chauffé, le liquide vire au bleu. Si on ajoute à une dissolution acétique d'anthrol une petite quantité d'acide nitrique fumant, on obtient une coloration verte caractéristique. L'anthrol réduit à chaud la solution alcaline d'argent. Fondu avec de la potasse, il ne fixe point d'oxygène comme le fait l'oxyanthraquinone.

Dérivés alcooliques de l'anthrol. — On obtient facilement les éthers de l'anthrol par la simple ébullition de l'anthrol avec les alcools correspondants en présence d'acide chlorhydrique. On a préparé les dérivés suivants :

Méthylanthrol, $C^{14}H^9 . OCH^3$. — Fond à 175-178°; résiste assez bien à l'action de la potasse alcoolique bouillante.

Éthylanthrol, $C^{14}H^9O . C^2H^5$. — Aiguilles fusibles à 145-146°, bouillant presque sans décomposition. L'ammoniaque alcoolique n'agit pas à 160°.

Acétylanthrol, $C^{14}H^9O . C^2H^3O$. — Lamelles microscopiques, fusibles à 198°, solubles dans le benzène, peu solubles dans l'acide acétique froid (Liebermann). Il est transformé par l'acide chromique en 2-acétyloxyanthraquinone.

Acide anthrol-sulfonique,

$$C^{14}H^8 \begin{cases} OH \\ SO^3H \end{cases}$$

— L'acide anthrol-sulfonique est un produit intermédiaire de la préparation du flavol. On l'obtient par la fusion ménagée de l'anthracène-flavo-disulfonate de sodium, $C^{14}H^8(SO^3Na)^2$, avec de la potasse caustique. Pour 1 partie de sel on emploie 3-4 parties de potasse et on chauffe jusqu'à liquidité : on traite par l'acide chlorhydrique, on enlève par l'alcool le flavol (dioxyanthracène) formé en même temps, et on fait cristalliser le sel obtenu dans l'eau bouillante [Schüler, *D. chem. G.*, **15**, 1808].

Le *sel sodique* de l'acide anthrol-sulfonique est peu soluble dans l'eau; sa dissolution aqueuse présente une fluorescence vert-jaunâtre; l'acide possède une fluorescence bleue. Les *sels de magnésium, baryum, calcium*, sont insolubles; on les obtient aisément par double décomposition.

PHÉNOLS DIATOMIQUES. — On connaît actuellement trois dioxyanthracènes isomériques : le *chrysazol*, le *rufol*, le *flavol*.

Les formules de structure de ces phénols sont les suivantes :

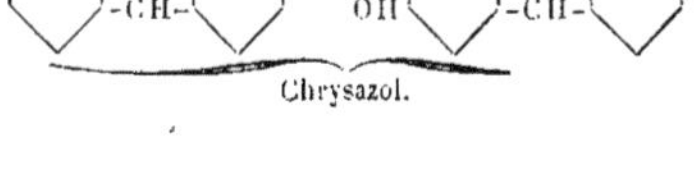

OH OH — CH — CH — ou OH — CH — CH — OH

Chrysazol.

OH — CH — CH — OH

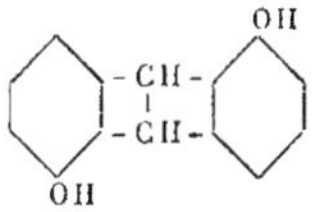

Rufol.

La constitution du flavol n'a pu être établie avec certitude.

CHRYSAZOL. — Le chrysazol a été décrit Suppl., **1**, 490.

RUFOL. — On fond 1 partie du sel sodique de l'acide anthracène-β-disulfonique avec 5-6 parties de potasse à une très haute température; on neutralise immédiatement le produit de la fusion par un excès d'acide chlorhydrique, de façon à ne pas avoir une solution alcaline de rufol, qui est très altérable; on filtre, on dissout le produit dans l'alcool chaud et on ajoute de l'eau. Le rufol cristallise par le refroidissement en aiguilles solubles dans l'alcool et dans les alcalis. Les dissolutions alcalines sont jaunes; la solution alcoolique est douée d'une fluorescence d'un bleu intense. L'acide sulfurique concentré donne une dissolution rouge, qui devient verte lorsqu'on la chauffe. Chauffé, le rufol se décompose sans fondre.

Diacétylrufol, $C^{14}H^8(OC^2H^3O)^2$. — Lamelles incolores, fusibles à 196-198°. Oxydé par l'acide chromique, il se transforme en diacétylanthrarufine.

Dibenzoylrufol, $C^{14}H^8(OC^7H^5O)^2$. — Aiguilles jaunes, fusibles à 263° [Liebermann, *D. chem. G.*, **11**, 1625].

FLAVOL. — On soumet à la fusion 1 partie d'anthracène-α-disulfonate de sodium avec 4-5 parties de potasse; on élève la température jusqu'à ce qu'il y ait un commencement de décomposition, qui se manifeste par une odeur de goudron; on décompose par l'acide chlorhydrique la masse fondue et on fait cristalliser dans l'alcool.

Le flavol forme une poudre cristalline d'un jaune clair, fusible en noircissant vers 260-270°. Les solutions alcoolique et éthérée sont douées d'une fluorescence bleue. Il se dissout en jaune dans les alcalis; les solutions possèdent une fluorescence verte aussi intense que celle de la fluorescéine (phtaléine de la résorcine).

Diacétylflavol, $C^{14}H^8(OC^2H^3O)^2$. — Lamelles brillantes, fusibles à 254-255°.

Diéthylflavol, $C^{14}H^8(OC^2H^5)^2$. — On le prépare en faisant bouillir une solution alcoolique de flavol avec de l'acide chlorhydrique; on sature l'acide par de la soude et on fait cristalliser le produit insoluble dans l'acide acétique.

Le diéthylflavol se présente en lamelles fusibles à 229°; sa solution alcoolique est douée d'une fluorescence bleu intense [Schüler, *D. chem. G.*, **15**, 1809].

PHÉNOLS-ALCOOLS ANTHRACÉNIQUES.

OXYANTHRANOL,

$$C^6H^4 \left\langle \begin{matrix} CH \\ | \\ COH \end{matrix} \right\rangle C^6H^3 . OH.$$

— On chauffe au bain-marie 1 partie d'oxyanthraquinone avec 2 parties de zinc en poudre, 8 parties d'ammoniaque et 5 parties d'eau [Liebermann et Simon, *Ann. Chem.*, **212**, 28]. L'oxyanthranol cristallise dans l'alcool étendu en petites aiguilles, fusibles à 202-206° et distillant presque sans décomposition; il est soluble dans l'alcool, l'éther et l'ammoniaque.

Son *dérivé diacétylé* fond à 155°.

OXYHYDROANTHRANOL,

$$C^6H^4 \left\langle \begin{array}{c} CH^2 \\ \underset{\underset{OH}{|}}{CH} \end{array} \right\rangle C^6H^3 . OH.$$

On fait bouillir pendant 1 heure de la quinizarine

$$C^6H^4 \left\langle \begin{array}{c} CO \\ CO \end{array} \right\rangle C^6H^2(OH)^2$$

avec de l'acide iodhydrique (d=1,8) et du phosphore en excès. On étend d'eau, on épuise le précipité par l'alcool et on évapore presque à siccité la dissolution ; le résidu, additionné d'une solution aqueuse concentrée de potasse caustique, donne un magma cristallin qu'on essore et qu'on reprend par la potasse étendue : on précipite enfin cette solution par un acide. On répète cette opération et on achève la purification par une cristallisation dans l'alcool [Liebermann et Giesel, *Ann. Chem.*, 212, 15].

L'oxyhydroanthranol cristallise en lamelles jaunâtres, rhombiques, fusibles à 99°, solubles dans l'alcool, l'éther et l'acide acétique; ces dissolutions présentent une fluorescence jaune-verdâtre intense. Il est volatil avec la vapeur d'eau. Oxydé par le peroxyde de manganèse et l'acide acétique additionné d'une petite quantité d'acide sulfurique, il se transforme en o-oxyanthraquinone. Il ne se combine pas avec l'ammoniaque; par contre il s'unit à l'éthylamine, pour former l'*éthylamide*,

$$C^{14}H^{10}(OH)(AzH . C^2H^5),$$

base faible cristallisant en aiguilles d'un jaune citron, fusibles à 172°.

La solution alcoolique d'oxyhydroanthranol est colorée en vert par le chlorure ferrique.

La poudre de zinc transforme au rouge l'oxyhydroanthranol en anthracène.

Constitution. — D'après son mode de formation et sa transformation en 1-oxyanthraquinone par l'action des oxydants, l'oxyhydroanthranol doit posséder la formule de structure suivante :

$$\begin{array}{ccccc} & & OH & & OH \\ & & | & & \\ \bigcirc & & -CH- & & \bigcirc \\ & & =CH^2- & & \end{array}$$

Sel potassique, $C^{14}H^{11}O^2K$. — Ce corps ne cristallise en aiguilles jaunes qu'en présence d'un excès de potasse; l'eau, l'alcool et l'acide carbonique le scindent en ses composants.

Sel de baryum, $(C^{14}H^{11}O^2)^2Ba$. — Précipité formé d'aiguilles jaunes microscopiques.

Sel de plomb, $C^{14}H^{10}O^2Pb$. — On l'obtient en ajoutant de l'acétate de plomb à une dissolution alcoolique faiblement ammoniacale d'oxyhydroanthranol. C'est un précipité jaune, formé d'aiguilles microscopiques.

Acétyloxyhydroanthranol,

$$C^{14}H^{11}O^2 . C^2H^3O.$$

— On chauffe à 150° l'oxyhydroanthranol avec du chlorure d'acétyle et de l'anhydride acétique. Le dérivé acétylé forme des cristaux jaunes, fusibles à 136-138°.

On a préparé un certain nombre de dérivés anthracéniques renfermant le groupe OH à la fois dans le groupe central

$$\left\langle \begin{array}{c} CH \\ | \\ CH \end{array} \right\rangle$$

et dans les noyaux, par réduction des oxyanthraquinones. La première étape de la réduction conduit à des corps renfermant le groupement

$$\left\langle \begin{array}{c} C . OH \\ | \\ C . OH \end{array} \right.$$

et peu stables; on peut toutefois obtenir des corps de ce type en réduisant et en acétylant en même temps. Dans ces conditions, grâce au surcroît de stabilité apporté par le groupe acétyle, on arrive à des corps qui renferment le groupement

$$\left\langle \begin{array}{c} C . OC^2H^3O \\ | \\ C . OC^2H^3O \end{array} \right\rangle$$

Si on réduit sans acétyler, on obtient tantôt des dérivés de l'anthranol, tantôt des dérivés de l'anthrone. Les deux formules suivantes font ressortir l'isomérie de ces deux ordres de dérivés :

$$\left\langle \begin{array}{c} C(OH) \\ | \\ CH - \end{array} \right\rangle \qquad \left\langle \begin{array}{c} CO \\ CH^2 \end{array} \right\rangle$$

Anthranol. Anthrone.

[Liebermann, *D. chem. G.*, 21, 435].

Nous ne parlerons ici que des dérivés de l'anthranol et de l'oxyanthranol

$$\left\langle \begin{array}{c} C(OH) \\ | \\ C(OH) \end{array} \right\rangle$$

DÉSOXYALIZARINE,

$$C^6H^4 \left\langle \begin{array}{c} C(OH) \\ | \\ CH - \end{array} \right\rangle C^6H^2 \left\langle \begin{array}{c} OH \\ OH \end{array} \right.$$

On fait bouillir pendant 10 minutes un mélange de 50 grammes d'alizarine à 11 0/0, 800 grammes d'ammoniaque à 2,5 0/0 et 50 grammes de poudre de zinc. On filtre le liquide jaune-vert dans un mélange de 500 grammes d'acide chlorhydrique et 1800 grammes d'eau. On redissout le précipité dans l'alcool froid et étendu et on précipite par l'eau.

La désoxyalizarine cristallise en aiguilles ou en lamelles jaunes, fusibles à 208°, peu solubles dans l'eau, solubles dans l'alcool, l'éther, l'acétone et l'acide acétique, moins solubles dans le benzène. Les dissolutions alcalines absorbent l'oxygène de l'air en régénérant l'alizarine. La solution dans l'acide sulfurique concentré est d'un jaune d'or.

Triacétyldésoxyalizarine, $C^{14}H^7(C^2H^3O^2)^3$. — Aiguilles soyeuses, fusibles à 188°, solubles dans l'alcool avec une magnifique fluorescence bleue [Roemer, *D. chem. G.*, 14, 1260].

HYDRURE DE QUINIZARINE,

$$C^6H^4 \left\langle \begin{array}{c} C . OH \\ | \\ C . OH \end{array} \right\rangle C^6H^2(OH)^2$$

— On l'obtient en réduisant la quinizarine par l'acide iodhydrique et le phosphore ou par l'étain et l'acide chlorhydrique. Il cristallise dans l'alcool en lamelles ou en aiguilles d'un jaune d'or, solubles en jaune dans les alcalis. Les dissolutions alcalines s'oxydent à l'air en régénérant la quinizarine.

Le *sel barytique* est jaune et insoluble.

HYDROQUINIZAROL,

$$C^6H^4 \left\langle \begin{array}{c} CH . OH \\ | \\ CH^2 - \end{array} \right\rangle C^6H^2(OH)^2$$

— Ce corps s'obtient par la réduction plus avancée de la quinizarine. Il cristallise en aiguilles d'un jaune rouge. Ses solutions alcalines s'oxydent beaucoup plus difficilement à l'air que celles de l'hydrure de quinizarine [Liebermann, *Ann. Chem.*, **212**, 14].

ANTHRAFLAVOL

$$C^6H^3(OH)\left\langle\begin{array}{c} CH- \\ | \\ C(OH) \end{array}\right\rangle C^6H^3(OH).$$

— On ne connait que le *dérivé triacétylé* de ce corps; il se forme par réduction de l'acide anthraflavique et acétylation du produit de réduction. On obtient ainsi de belles aiguilles blanches, fusibles à 165°.

TÉTRACÉTYLOXANTHRANOL DÉRIVÉ DE L'ACIDE ANTHRAFLAVIQUE,

$$C^6H^3(OC^2H^3O)\left\langle\begin{array}{c} C(OC^2H^3O) \\ | \\ C(OC^2H^3O) \end{array}\right\rangle C^6H^3(OC^2H^3O).$$

— On fait bouillir pendant quelques minutes un mélange d'acide anthraflavique, de zinc en poudre, d'anhydride acétique, d'acétate de sodium et d'acide acétique cristallisable en grand excès. On précipite par l'eau; il se forme un mélange de deux corps, que l'on traite par l'alcool à 50 0/0; le résidu insoluble est purifié par cristallisation dans l'acide acétique cristallisable.

Le dérivé tétracétylé cristallise en belles aiguilles soyeuses, fusibles à 274°.

TÉTRACÉTYLOXANTHRANOL DÉRIVÉ DE L'ACIDE ISOANTHRAFLAVIQUE,

$$C^6H^3(OC^2H^3O)\left\langle\begin{array}{c} C(OC^2H^3O) \\ | \\ C(OC^2H^3O) \end{array}\right\rangle C^6H^3(OC^2H^3O).$$

— Ce corps se prépare comme le précédent, en remplaçant l'acide anthraflavique par l'acide isoanthraflavique. Il forme des aiguilles fusibles à 235-240°.

ANTHRANOL DÉRIVÉ DE L'ANTHRAGALLOL,

$$C^6H^4\left\langle\begin{array}{c} C(OH) \\ | \\ CH- \end{array}\right\rangle C^6H(OH)^3$$

— L'anthragallol peut être réduit par l'ammoniaque et le zinc en poudre. Toutefois il est préférable d'opérer de la manière suivante : On chauffe 1 partie d'anthragallol avec 5 parties d'étain et 40 parties d'acide acétique cristallisable. On ajoute peu à peu 5 parties d'acide chlorhydrique; lorsque le liquide est décoloré, on filtre bouillant : l'anthranol se dépose par le refroidissement en belles aiguilles jaunâtres.

L'anthranol dérivé de l'anthragallol forme des aiguilles brillantes qui se décomposent sans fondre lorsqu'on les chauffe. Il se dissout dans les alcalis en donnant une liqueur d'un brun jaune qui, au contact de l'air, vire immédiatement au violet. Cette coloration ne ressemble en rien à celle des solutions alcalines d'anthragallol, qui sont vertes. Il est probable que le corps formé par oxydation est l'*oxanthranol*

$$C^6H^4\left\langle\begin{array}{c} C(OH) \\ | \\ C(OH) \end{array}\right\rangle C^6H(OH)^3.$$

On a pu isoler cette substance en précipitant par un acide la solution alcaline oxydée et en faisant cristalliser les flocons qui se précipitent dans un mélange de benzène et d'alcool. On obtient un produit violet, cristallin, dont l'analyse conduit à la formule ci-dessus. Toutefois le produit est légèrement altéré, car il ne se dissout plus en violet pur dans les alcalis.

L'anthranol dérivé de l'anthragallol se dissout à froid dans l'acide sulfurique concentré en donnant une liqueur d'un jaune brun; si l'on chauffe, il y a oxydation et la couleur vire au violet.

Par acétylation on obtient un *dérivé tétracétylé*, $C^{14}H^6(OC^2H^3O)^4$, qui fond à 203-205°.

Penta-acétyloxanthranol,

$$C^6H^4\left\langle\begin{array}{c} C(OC^2H^3O) \\ | \\ C(OC^2H^3O) \end{array}\right\rangle C^6H(OC^2H^3O)^3.$$

— On prépare ce corps en traitant l'anthragallol par un mélange d'anhydride acétique, d'acétate de sodium et de zinc en poudre. On le purifie par des cristallisations répétées dans l'alcool étendu. On obtient ainsi des aiguilles fusibles à 203°.

ANTHRANOL DÉRIVÉ DE LA FLAVOPURPURINE

$$C^6H^3(OH)\left\langle\begin{array}{c} CH- \\ | \\ C(OH) \end{array}\right\rangle C^6H^2(OH)^2$$

— On fait bouillir pendant quelques minutes la flavopurpurine avec de l'étain et de l'acide acétique cristallisable additionné d'acide chlorhydrique; on soumet le liquide à la précipitation fractionnée par l'eau; on lave à l'acide chlorhydrique étendu et on dissout le précipité dans un mélange bouillant de chloroforme et d'alcool; on ajoute de l'éther de pétrole. L'anthranol cristallise en aiguilles solubles dans l'alcool, l'acétone et l'acide acétique, moins solubles dans le benzène. Les alcalis dissolvent la substance en une liqueur brun-jaune qui vire rapidement au rouge pourpre, couleur des dissolutions de flavopurpurine.

Penta-acétyloxanthranol,

$$C^6H^3(OC^2H^3O)\left\langle\begin{array}{c} C(OC^2H^3O) \\ | \\ C(OC^2H^3O) \end{array}\right\rangle C^6H^2(OC^2H^3O)^2.$$

— On fait bouillir pendant quelques minutes 1 partie de flavopurpurine, 2 parties d'acétate de sodium, 3 parties de poudre de zinc et 10-15 parties d'anhydride acétique; le liquide devient incolore; après refroidissement on précipite par l'eau, on laisse reposer pendant quelques heures, on filtre et on épuise le précipité par l'acide acétique bouillant. Par le refroidissement, le dérivé pentacétylé se sépare sous la forme de lamelles jaunâtres, insolubles dans les alcalis, fusibles à 239-240°.

La liqueur mère acétique d'où s'est déposé le dérivé pentacétylé renferme un corps plus soluble, qu'on obtient en précipitant par l'eau, en reprenant par le benzène et en ajoutant de l'éther de pétrole.

On obtient ainsi des flocons presque incolores, fusibles à 250-260°, qui sont constitués par le *tétracétylanthranol*,

$$C^6H^3(OC^2H^3O)\left\langle\begin{array}{c} CH- \\ | \\ C(OC^2H^3O) \end{array}\right\rangle C^6H^2(OC^2H^3O)^2.$$

ANTHRANOL DÉRIVÉ DE L'ANTHRAPURPURINE,

$$C^{14}H^6(OH)^4$$

— On réduit l'anthrapurpurine par l'ammoniaque et le zinc en poudre. On obtient l'anthranol en aiguilles microscopiques jaunâtres, fournissant un *dérivé tétracétylé*, $C^{14}H^6(OC^2H^3O)^4$, qui cristallise dans l'alcool étendu en aiguilles fusibles à 167°.

PENTA-ACÉTYLANTHRANOL DÉRIVÉ DE L'ACIDE RUFIGALLIQUE,

$$C^6H^3(OC^2H^3O)\left\langle\begin{array}{c} CH- \\ | \\ C(OC^2H^3O) \end{array}\right\rangle C^6H(OC^2H^3O)^3.$$

— On chauffe un mélange d'acide rufigallique, d'acétate de sodium, d'anhydride acétique et de poudre de zinc. On précipite par l'eau et on fait cristalliser le produit dans l'alcool.

On obtient ainsi des cristaux jaunâtres, dont la solution alcoolique présente une belle fluorescence [Liebermann, *D. chem. G.*, **21**, 435 et 1172].

DÉRIVÉS AMIDÉS DE L'ANTHRACÈNE.

On ne connaît qu'un seul dérivé amidé de l'anthracène sur les trois prévus par la théorie : c'est l'anthramine, correspondant à l'anthrol.

ANTHRAMINE,

$$C^6H^4 \left\langle \begin{matrix} CH \\ | \\ CH \end{matrix} \right\rangle C^6H^3 . AzH^2.$$

— L'anthramine se forme lorsqu'on réduit l'amidoanthraquinone par l'acide iodhydrique et le phosphore à l'ébullition [Römer, *D. chem. G.*, **15**, 224].

Elle prend également naissance par l'action de l'acétamide ou de l'ammoniaque sur l'anthrol [Liebermann, *Ann. Chem.*, **212**, 57].

Pour la préparer, on chauffe à 250° 1 partie d'anthrol avec 60 parties d'ammoniaque aqueuse à 10 0/0; la transformation du phénol en amine s'effectue plus facilement que dans la série du naphtalène [Liebermann et Bollert, *D. chem. G.*, **15**, 226 et 852]. Le rendement est théorique et le tube dans lequel on opère est rempli de cristaux jaunes d'anthramine.

L'anthramine cristallise en lamelles jaunes, fusibles à 238°, insolubles dans l'eau, peu solubles dans les dissolvants organiques usuels. Sa solution alcoolique est douée d'une belle fluorescence verte. Elle est assez facilement entraînée par un courant de vapeur d'eau. L'anthramine est insoluble dans les alcalis; elle n'est pas colorée par ébullition avec la poudre de zinc en présence d'un alcali; sa solution acétique se colore en rouge par l'addition d'une trace d'acide nitrique fumant. Chauffée avec l'acide arsénique, elle donne une masse d'un bleu de ciel.

L'amalgame de sodium transforme l'anthramine en un hydrure $C^{14}H^{13}Az$.

En faisant passer un courant d'acide nitreux à travers une solution alcoolique d'anthramine, on voit se séparer un précipité cristallin rouge qui a pour formule $C^{28}H^{21}Az^3O$; cette réaction est des plus caractéristiques.

L'acide acétique cristallisable transforme l'anthramine en acétylanthramine et en dianthrylamine. Le chloroforme, en présence de potasse, fournit la méthényl-dianthramine-amidine (anthryl-amido-formo-anthrylimide),

$$C^{29}H^{20}Az^2.$$

L'anthramine, chauffée avec de la glycérine, de la nitrobenzine et de l'acide sulfurique, se transforme en *anthraquinoléine*, $C^{17}H^{11}Az$.

Chlorhydrate d'anthramine, $C^{14}H^{11}Az.HCl$. — L'anthramine est douée de propriétés basiques faibles; le chlorhydrate cristallise dans l'acide chlorhydrique étendu en lamelles brillantes peu solubles, que l'eau décompose en base et en acide. Pour le préparer, on ajoute de l'acide chlorhydrique à la solution alcoolique de la base.

Sulfate d'anthramine. — Ce sel est encore moins soluble que le chlorhydrate.

Aucun de ces sels ne présente le phénomène de la fluorescence.

Nitrosoanthramine, $(C^{14}H^9AzH)^2AzOH$. — Pour obtenir ce corps, on fait passer un courant d'acide nitreux dans une solution alcoolique d'anthramine, ou on fait bouillir cette dissolution avec du nitrite d'amyle. Il se forme un corps rouge, qu'on purifie par un lavage à l'alcool.

La nitrosoanthramine forme des cristaux rouges fusibles à 250°, très peu solubles dans l'alcool, l'éther et l'acide acétique, plus solubles dans l'alcool amylique et dans le sulfure de carbone. Les solutions sont d'une belle couleur rouge. L'acide sulfurique concentré dissout la nitrosoanthramine avec une coloration bleue; le chlorure stanneux la transforme en anthramine.

Formylanthramine, $C^{14}H^9 . AzH . OCH$. — On fait bouillir de l'anthramine avec un excès d'acide formique; le dérivé formique se sépare sous la forme d'un précipité jaune cristallin, très peu soluble dans l'alcool, auquel il communique une fluorescence bleue. La formylanthramine fond à 242°; elle résiste assez bien à la potasse caustique.

Acétylanthramine, $C^{14}H^9 . AzH . C^2H^3O$. — On la prépare en faisant bouillir l'anthramine avec de l'anhydride acétique [Liebermann, *Ann. Chem.*, **212**, 61). Elle cristallise en lamelles argentines, fusibles à 240°, solubles dans l'alcool avec une fluorescence bleue. L'acide chromique en solution acétique la transforme en acétamidoanthraquinone.

HYDRURE D'ANTHRAMINE,

$$C^6H^4 \left\langle \begin{matrix} CH^2 \\ CH^2 \end{matrix} \right\rangle C^6H^3 . AzH^2.$$

— On fait bouillir une dissolution alcoolique d'anthramine avec de l'amalgame de sodium, en saturant de temps en temps la soude libre par l'acide acétique étendu (Liebermann et Bollert); on précipite par l'eau et on fait cristalliser le précipité dans l'alcool.

L'hydrure d'anthramine cristallise en fines aiguilles qui fondent en se ramollissant au-dessous de 100°. Ce corps est très soluble dans l'alcool; l'acide arsénique le transforme à chaud en une matière colorante bleue. Il s'oxyde à l'air en se colorant en jaune rougeâtre; l'acide sulfurique le transforme en un dérivé sulfoné.

Chlorhydrate, $C^{14}H^{13}Az . HCl$. — L'hydrure d'anthramine est doué de propriétés basiques plus accentuées que celles de l'anthramine. Le chlorhydrate cristallise en aiguilles brillantes, peu solubles.

DIMÉTHYLANTHRAMINE, $C^{14}H^9 . Az(CH^3)^2$. — On chauffe à 120-130° l'hydrate de triméthylanthrylammonium, qui à cette température se scinde en alcool méthylique et diméthylanthramine [Bollert, *D. chem. G.*, **16**, 1637]; le résidu est traité par l'eau bouillante et purifié par cristallisation dans l'alcool.

La diméthylanthramine forme des lamelles brillantes d'un jaune d'or, fusibles à 155°, solubles dans l'alcool chaud en donnant un liquide fluorescent vert.

Le *chlorhydrate* de diméthylanthramine cristallise en lamelles brillantes, qui sont décomposées par l'eau.

Le *chloroplatinate*, $(C^{16}H^{15}Az . HCl)^2PtCl^4$, est un précipité insoluble.

SELS DE TRIMÉTHYLANTHRYLAMMONIUM. — *Iodure*, $C^{14}H^9Az(CH^3)^3I$. — On chauffe à 100° une dissolution méthylique d'anthramine avec de l'iodure de méthyle en excès. On fait bouillir avec de l'eau le produit de la réaction et on élimine la méthylanthramine et la diméthylanthramine par addition d'ammoniaque; l'iodure d'ammonium cristallise ensuite en aiguilles jaunâtres aplaties, fusibles à 215° en se décomposant.

Ce corps est peu soluble dans l'eau froide, presque insoluble dans l'alcool; ses dissolutions étendues présentent une faible fluorescence bleue; il n'est pas attaqué par la potasse.

Hydrate, $C^{14}H^9Az(CH^3)^3OH$. — On le prépare en traitant l'iodure par l'oxyde d'argent; c'est un liquide jaune très caustique, qui se décompose à la température du bain-marie en diméthylanthramine et alcool méthylique.

Le *chlorure* est soluble dans l'eau; le *chloro-*

platinate, $(C^{17}H^{18}AzCl)^2PtCl^4$, est un précipité cristallin d'un jaune pâle.

DIANTHRYLAMINE, $(C^{14}H^9)^2AzH$. — On fait bouillir l'anthramine avec de l'acide acétique cristallisable; il se forme de l'acétylanthramine et de la dianthrylamine; le dérivé acétylé reste en solution dans l'acide acétique; le produit insoluble dans ce liquide est traité par l'alcool bouillant, qui enlève l'anthramine.

La dianthrylamine forme des lamelles verdâtres infusibles à 320°, très peu solubles dans les dissolvants usuels. Le nitrite d'amyle la transforme en un *dérivé nitrosé* de couleur rouge; l'acide sulfurique concentré la dissout en donnant une liqueur d'un vert bleuâtre (Bollert).

MÉTHÉNYL-DIANTHRAMINE-AMIDINE (*anthrylamido-formo-anthrylimide*),

$$CH \begin{matrix} \nearrow Az - C^{14}H^9 \\ \searrow AzH - C^{14}H^9 \end{matrix}$$

— On obtient ce corps en faisant agir à chaud le chloroforme et la potasse alcoolique sur l'anthramine; il se forme en même temps une petite quantité de carbylamine.

Cette amidine est un corps amorphe d'un jaune brun, facilement soluble dans l'alcool chaud. Chauffée avec de l'acide sulfurique étendu, elle dégage de l'acide formique.

ACIDES ANTHRACÈNE-CARBONIQUES.

La théorie prévoit l'existence de trois acides monocarboniques de l'anthracène, qui ont pour formules

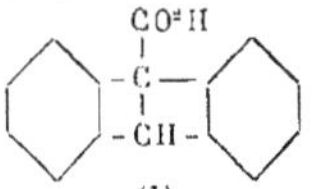

CO²H — -C— / -CH- (I)

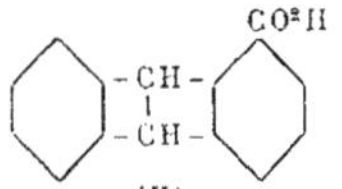

CO²H — -CH- / -CH- (II)

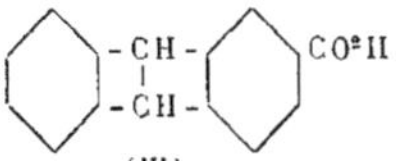

-CH- / -CH- — CO²H (III)

Les isomères I et II sont connus depuis longtemps et ont été décrits Suppl., **1**, 179. L'isomère I est l'acide α-carbonique de MM. Graebe et Liebermann, obtenu par l'oxychlorure de carbone et l'anthracène; l'isomère II est l'acide β-carbonique de MM. Liebermann et Rath. Quant à l'isomère III, il a été préparé par MM. Bischof et Liebermann, qui l'ont désigné par la lettre γ.

ACIDE ANTHRACÈNE-γ-CARBONIQUE [Bischof et Liebermann, *D. chem. G.*, **13**, 47]. — On prépare ce corps en soumettant à la distillation sèche un mélange d'anthracène-monosulfonate de sodium et de ferrocyanure de potassium. Il distille une masse rougeâtre (40 0/0 de la théorie) qui est constituée par le nitrile de l'acide γ-carbonique. On saponifie le nitrile en le faisant bouillir pendant 4 ou 5 jours avec de la potasse alcoolique; on distille ensuite l'alcool et on ajoute de l'acide chlorhydrique; le précipité encore humide est traité par l'eau de baryte à froid; le sel de baryum de l'acide β-carbonique se dissout, tandis que le sel γ reste à l'état insoluble; on le décompose par un acide minéral et on fait cristalliser le produit dans l'alcool.

On obtient également l'acide γ-carbonique en réduisant l'acide anthraquinone-carbonique correspondant par l'ammoniaque et la poudre de zinc [Börnstein, *D. chem. G.*, **16**, 2610].

L'acide anthracène-γ-carbonique cristallise en lamelles qui fondent d'une manière peu nette vers 280° sans toutefois subir de décomposition; il se sublime en aiguilles et en lamelles. Il est moins soluble que son isomère β; sa solution alcoolique présente une fluorescence d'un bleu intense; les réducteurs tels que l'amalgame de sodium, l'acide iodhydrique et le phosphore le transforment en dérivés hydrogénés ayant pour formules

$$C^{15}H^{12}O^2, \quad C^{15}H^{14}O^2 \quad \text{et} \quad C^{15}H^{16}O^2,$$

que l'on doit envisager comme des acides di-, tétra- et hexahydrocarboniques.

L'acide chromique en solution acétique transforme l'acide anthracène-γ-carbonique en un acide anthraquinone-carbonique.

En faisant passer un courant de chlore dans une dissolution chloroformique de l'acide, on obtient en premier lieu un acide monochloré et ensuite du dichloranthracène fusible à 209°. Le brome agit d'une manière analogue.

Sel de sodium, $C^{15}H^9O^2Na$. — Petites écailles brillantes, peu solubles dans l'eau froide.

Sel de baryum, $(C^{15}H^9O^2)^2Ba$. — Ce sel est insoluble dans l'eau froide et un peu soluble dans l'eau bouillante.

Éther méthylique, $C^{15}H^9O^2 . CH^3$. — On l'obtient par l'action de l'iodure de méthyle sur l'acide en présence d'un alcali. Il cristallise en prismes ou en tables rhombiques jaunâtres, fusibles à 111°, distillant sans décomposition [Behla, *D. chem. G.*, **20**, 703].

Éther éthylique, $C^{15}H^9O^2 . C^2H^5$. — Il est soluble dans l'alcool, fond à 134° et distille sans décomposition.

Chlorure, $C^{15}H^9OCl$. — Prismes solubles dans les dissolvants usuels. L'eau bouillante régénère l'acide primitif en donnant de l'acide chlorhydrique [Börnstein, *D. chem. G.*, **16**, 2611]. La solution alcoolique est douée d'une fluorescence verte, qui vire brusquement au bleu quand on la fait bouillir, par suite de la transformation du chlorure en éther éthylique.

Amid

$$C^6H^4 \begin{matrix} \nearrow CH \searrow \\ | \\ \searrow CH \nearrow \end{matrix} C^6H^3 - CO . AzH^2.$$

— On fait passer un courant de gaz ammoniac à travers une dissolution benzénique du chlorure; on reprend par l'eau pour éliminer le chlorure d'ammonium formé dans la réaction et on purifie le résidu par cristallisation dans l'acide acétique. On obtient ainsi de fines aiguilles jaunes, douées d'une grande stabilité et fusibles à 293-295°. Ce corps est insoluble dans l'eau, le chloroforme, le sulfure de carbone et le benzène, peu soluble dans l'alcool; les dissolutions sont douées d'une fluorescence bleue.

ACIDE ANTHRACÈNE-α-CARBONIQUE

$$C^6H^4 \begin{matrix} \nearrow CH \text{———} \searrow \\ | \\ \searrow C(CO^2H) \nearrow \end{matrix} C^6H^4.$$

Acide chloroanthracène-carbonique

$$C^6H^4 \begin{matrix} \nearrow CCl \text{———} \searrow \\ | \\ \searrow C(CO^2H) \nearrow \end{matrix} C^6H^4.$$

— On l'obtient en chauffant pendant 6 ou 7 heures à 240-250° 5 grammes d'anthracène avec 5 ou 6 grammes d'oxychlorure de carbone. On fait bouillir le produit de la réaction avec du carbonate de sodium et on précipite par un acide; on sèche à 100° et on fait cristalliser dans le benzène: l'acide anthracène-carbonique, plus soluble, reste dans la liqueur mère. On peut encore préparer l'acide chloré par l'action du chlore sur l'acide anthracène-α-carbonique en solution chloroformique [Behla, *D. chem. G.*, **20**, 704].

L'acide chloroanthracène-carbonique cristallise dans le benzène en longues aiguilles brillantes, d'un jaune verdâtre, se sublimant en aiguilles à 150–160°; il fond à 258-259° en se décomposant en acide carbonique et anthracène chloré. Par oxydation il se transforme en anthraquinone.

L'acide chloroanthracène-carbonique est peu soluble dans le chloroforme et dans le benzène, presque insoluble dans le sulfure de carbone et dans la ligroïne. Sa solution alcoolique est douée d'une saveur très amère et présente une fluorescence bleue. Il est transformé en acide anthracène-carbonique par la potasse alcoolique à 160-170°.

L'acide nitrique fumant fournit un dérivé insoluble dans le carbonate de sodium, incristallisable, et qui dégage des vapeurs nitreuses à 65°.

L'acide sulfurique dissout l'acide chloroanthracène-carbonique en donnant une liqueur violette à fluorescence bleue; il se dégage en même temps de l'acide sulfureux.

L'acide sulfurique fumant donne un *acide disulfoné* qui cristallise en longues aiguilles; la solution sulfurique est d'un rouge orangé, et possède une fluorescence verte.

Le *sel de potassium* de l'acide chloroanthracène-carbonique cristallise en fines aiguilles jaunes. Le *sel de baryum* forme des prismes jaunâtres. Le *sel d'argent* est un précipité jaune, formé de prismes microscopiques.

Acide bromoanthracène-carbonique,

$$C^6H^4 \left\langle \begin{matrix} CBr \\ | \\ C(CO^2H) \end{matrix} \right\rangle C^6H^4.$$

— On fait agir le brome sur une solution acétique d'acide anthracène-carbonique. L'acide bromé cristallise dans l'alcool en longues aiguilles d'un jaune verdâtre, fusibles à 266° en se décomposant en acide carbonique et anthracène bromé. Les sels de l'acide bromoanthracène-carbonique cristallisent en aiguilles jaunes [Behla, *D. chem. G.*, **20**, 704].

Acide anthracène-carbonique-monosulfoné,

$$C^6H^4 \left\langle \begin{matrix} CH \\ | \\ C(CO^2H) \end{matrix} \right\rangle C^6H^3 . SO^3H.$$

— On fait digérer pendant 12 heures 1 partie d'acide anthracène-α-carbonique avec 10 parties d'acide sulfurique; on verse dans l'eau et on fait cristalliser le produit dans l'alcool. On obtient ainsi des prismes microscopiques, infusibles à 360°, solubles dans l'eau et dans l'alcool, insolubles dans l'éther et dans le benzène. Sa solution aqueuse est douée d'une fluorescence bleue.

Acide anthracène-carbonique-disulfoné

$$C^6H^4 \left\langle \begin{matrix} CH \\ | \\ C(CO^2H) \end{matrix} \right\rangle C^6H^3(SO^3H)^2 \ (?)$$

— On traite à froid 1 partie d'acide anthracène-carbonique par 5 parties d'acide sulfurique fumant (Behla). On obtient l'acide cristallisé en prismes jaunes, infusibles à 360°. La dissolution sulfurique présente une fluorescence d'un vert jaune intense.

Le *sel de baryum*, $(C^{15}H^8S^2O^8)^2Ba^3$, forme une poudre cristalline jaune, très peu soluble dans l'eau.

Acide dihydroanthracène-carbonique,

$$C^6H^4 \left\langle \begin{matrix} CH^2 \\ CH^2 \end{matrix} \right\rangle C^6H^3(CO^2H).$$

— On l'obtient en chauffant pendant 8 heures à 180-190° 4 parties de la lactone de l'acide o-benzhydrol-dicarbonique

$$CH(OH) \left\langle \begin{matrix} C^6H^4 . CO^2H \\ C^6H^4 . CO^2H \end{matrix} \right.$$

avec 1 partie de phosphore rouge et 6 parties d'acide iodhydrique [Graebe et Juillard, *Ann. Chem.*, **242**, 255].

Il se présente en prismes fusibles à 209°, solubles dans l'alcool et dans l'éther. Le permanganate de potassium le transforme en acide anthraquinone-carbonique fusible à 288°. L'acide dihydroanthracène-carbonique se rattache donc à l'acide anthracène-β-carbonique.

Acide anthranol-carbonique

$$C^6H^4 \left\langle \begin{matrix} C(OH) \\ | \\ CH \end{matrix} \right\rangle C^6H^3 . CO^2H.$$

— Ce corps se forme quand on chauffe à 100° de l'acide diphénylméthane-o-dicarbonique,

$$CH^2(C^6H^4 . CO^2H)^2,$$

avec de l'acide sulfurique. On l'obtient également en chauffant à 210-220° 11 grammes de la lactone de l'acide o-benzhydrol-dicarbonique avec 5-6 centimètres cubes d'acide iodhydrique à 50 0/0 et 18 grammes de phosphore amorphe (Graebe et Juillard). Il cristallise dans l'alcool étendu en aiguilles fusibles à 252-253°, très solubles dans l'alcool et dans l'éther.

ACIDES ANTHRACÈNE-DICARBONIQUES.

On connaît trois dérivés dicarboniques de l'anthracène. On les prépare par la réduction des dérivés correspondants de l'anthraquinone, au moyen de l'ammoniaque et de la poudre de zinc [Elbs et Eurich, *D. chem. G.*, **20**, 1363. — Elbs, *J. prakt. Chem.*, (2), **41**, 1].

Les formules de structure de ces trois isomères sont les suivantes

-CH- | -CH- CO²H CO²H

(I)

CO²H -CH- | -CH- CO²H

(II)

CO²H -CH- | -CH- CO²H

(III)

Acide (I) ou acide anthracène-2-3-dicarbonique. — C'est une poudre cristalline d'un jaune verdâtre, fusible à 345°, insoluble dans l'eau, assez soluble dans l'alcool. Ses solutions ammoniacale et sodique sont fluorescentes, la première en bleu verdâtre, la seconde en bleu.

Ses *sels alcalins* sont très solubles.

Le *sel d'ammonium* se dissocie par l'évaporation de ses solutions.

Le *sel de calcium*, $C^{16}H^8O^4Ca$, est un précipité brunâtre, presque insoluble dans l'eau.

Le *sel de plomb*, $C^{16}H^8O^4Pb$, est un précipité jaune insoluble.

Le *sel d'argent*, $C^{16}H^8O^4Ag^2$, est un précipité brunâtre, insoluble dans l'eau, soluble dans l'ammoniaque, surtout à chaud. Chauffé, il donne un sublimé d'anthracène.

Lorsqu'on chauffe avec précaution l'acide anthracène-2-3-dicarbonique, on le voit se charbonner en partie et donner un sublimé d'aiguilles rougeâtres constituant l'*anhydride*

$$C^{14}H^8 < {CO \atop CO} > O.$$

Acide (II) ou acide anthracène-1-3-dicarbonique. — C'est une poudre cristalline d'un jaune brun, infusible à 330°, presque insoluble dans l'eau, très soluble dans les autres dissolvants usuels.

Le *sel d'ammonium*, $C^{16}H^8O^4(AzH^4)^2$, est une poudre cristalline d'un gris verdâtre, très soluble dans l'eau, peu soluble dans l'alcool; il se dissocie par la chaleur.

Le *sel de cuivre*, $C^{16}H^8O^4Cu$, est un précipité d'un vert sale, presque insoluble dans l'eau et dans l'alcool, très soluble dans l'ammoniaque; sa solution ammoniacale présente une fluorescence bleu-jaune.

Le *sel d'argent*, $C^{16}H^8O^4Ag^2$, est une poudre brun clair, à peine soluble dans l'eau et dans l'alcool, soluble dans l'ammoniaque en un liquide jaune à fluorescence bleue.

Le *chlorure*, $C^{16}H^8O^2Cl^2$, est une masse rouge incristallisable.

Acide (III) ou acide anthracène-1-4-dicarbonique. — Poudre cristalline jaune clair, fusible vers 320°, assez soluble dans l'alcool.

Les *sels alcalins* sont très solubles dans l'eau et incristallisables.

Le *sel de calcium* est un précipité brun, très peu soluble dans l'eau.

Le *sel de plomb*, $C^{16}H^8O^4Pb$, est un précipité jaune-verdâtre, insoluble dans l'eau.

Le *sel d'argent*, $C^{16}H^8O^4Ag^2$, est un précipité brun clair, insoluble; il se décompose par la chaleur en donnant un sublimé d'anthracène.

ACIDE ANTHRACÈNE-TRICARBONIQUE.

M. Elbs a signalé l'existence d'un dérivé tricarbonique de l'anthracène, que l'on obtient en réduisant l'acide anthraquinone-tricarbonique

$$C^6H^4 < {CO \atop CO} > C^6H(CO^2H)_{(1.2.4)}$$

par le zinc en poudre et l'ammoniaque.

Par addition d'acide chlorhydrique à la liqueur ammoniacale, on obtient un précipité volumineux floconneux d'un jaune foncé, presque insoluble dans l'eau, assez soluble dans l'éther de pétrole, le benzène et l'alcool.

Ce corps n'a pu être obtenu à l'état cristallisé. Chauffé au-dessus de 260°, il donne un sublimé rouge, soluble en jaune verdâtre dans l'ammoniaque et constitué probablement par un anhydride.

Il forme des sels alcalins solubles dans l'eau et incristallisables. Leurs dissolutions sont d'un vert jaunâtre et douées d'une fluorescence bleue.

Le *sel d'argent*, $C^{17}H^7O^6Ag^3$, est un précipité verdâtre, presque insoluble dans l'eau; il se décompose par la chaleur en donnant un sublimé d'anthracène [Elbs, *J. prakt. Chem.*, (2), **41**, 129].

HOMOLOGUES DE L'ANTHRACÈNE.

MÉTHYLANTHRACÈNES.

La théorie prévoit l'existence de trois méthylanthracènes isomériques, dont les formules sont les suivantes :

1-méthylanthracène, fusible à 199-200°.

2-méthylanthracène, fusible à 203°.

γ-méthylanthracène (10-méthylanthracène).

On connaît actuellement les trois méthylanthracènes; la constitution des deux premiers paraît établie avec quelque certitude, malgré certaines contradictions que nous allons exposer.

1-Méthylanthracène (?) [Syn. *o-Méthylanthracène*]. — Cet hydrocarbure a été décrit (Suppl., **1**, 179) comme m-méthylanthracène. D'après M. Birukoff [*D. chem. G.*, 20, 2070], on l'obtient en faisant agir le zinc en poudre sur la méthylérythroxy-anthraquinone,

$$C^6H^4 < {CO \atop CO} > C^6H^2(CH^3)(OH).$$

Or ce dernier composé se forme par l'action de l'anhydride phtalique sur le p-crésol, d'après l'équation

$$C^6H^4 < {CO \atop CO} > O + C^6H^4(CH^3)(OH) = H^2O + C^6H^4 < {CO \atop CO} > C^6H^2(CH^3)(OH)$$

Donc le méthylanthracène qui en dérive doit avoir son groupe méthyle en position 1.

Il fond à 199-200°, donne un *picrate* cristallisé en aiguilles rouges et se transforme par oxydation en une méthylanthraquinone fusible à 166-167°. D'autre part, MM. Elbs et Larsen, en soumettant à une ébullition prolongée la p-xylylphénylcétone $C^6H^5.CO.C^6H^3(CH^3)^2$, ont obtenu un hydrocarbure fusible à 200°, présentant les propriétés de l'o-méthylanthracène [*D. chem. G.*, **17**, 2848. — Elbs, *J. prakt. Chem.*, (2), **41**, 3]. Or, d'après ce mode de formation, le méthylanthracène obtenu devrait être le 2-méthylanthracène. En effet, on obtient l'acétone en question par l'action du chlorure de benzoyle sur le p-xylène en présence du chlorure d'aluminium, et, dans ces conditions, il ne saurait se former qu'un seul dérivé. La formation du méthylanthracène aurait lieu alors d'après l'équation

$$C^6H^5-CO-C^6H^3(CH^3)(CH^3) = H^2O + C^6H^4 < {CH \atop CH} > C^6H^3(CH^3)$$

De nouvelles expériences paraissent nécessaires

pour fixer définitivement la formule de ce méthylanthracène.

Dibromométhylanthracène, $C^{15}H^{10}Br^2$. — Le point de fusion de ce corps est situé, d'après M. Fischer [Supp., **1**, 179], à 156°; d'après MM. Liebermann et Seidler [*Ann. Chem.*, **212**, 36] il fond à 138-140°.

Tétrabromométhylanthracène, $C^{15}H^8Br^4$. — On le prépare par l'action du brome sur le corps précédent. Il cristallise dans le toluène en aiguilles jaunes. L'acide nitrique bouillant le transforme en une dibromométhylanthraquinone (Liebermann).

Hexahydrure de méthylanthracène. — On l'obtient en traitant le méthylanthracène par le phosphore et l'acide iodhydrique.

Il cristallise en lamelles fusibles vers 60-70°. Dirigé en vapeur à travers un tube chauffé au rouge, il donne le méthylanthracène fusible à 195° (?). [Graebe et Juillard, *Ann. Chem.*, **242**, 255].

2-Méthylanthracène [Syn. *m-Méthylanthracène* (?)]. — On obtient cet hydrocarbure par voie synthétique en chauffant l'acide p-crésyl-phtaloylique avec du zinc en poudre. La réaction est la suivante :

$$C^6H^4\left<\begin{matrix}CO-C^6H^4.CH^3\\ CO^2H\end{matrix}\right. + 3H^2$$

$$= 3H^2O + C^6H^4\left<\begin{matrix}-CH-\\ |\\ -CH-\end{matrix}\right>C^6H^3.CH^3.$$

[Gresly, *Ann. Chem.*, **234**, 238].

Dans la fabrication industrielle de l'anthraquinone, on obtient comme produit accessoire la méthylanthraquinone. Ce corps, réduit comme l'anthraquinone par l'ammoniaque et la poudre de zinc, se transforme en 2-méthylanthracène [Börnstein, *D. chem. G.*, **15**, 1821].

Le 2-méthylanthracène cristallise en lamelles jaunes, fusibles à 203°. Il est doué d'une fluorescence verte et se dissout facilement dans le benzène. Traité par l'acide chromique, il donne de l'anthraquinone (12 0/0), de la méthylanthraquinone (12 0/0) et surtout de l'acide anthraquinonecarbonique (76 0/0).

Dibromométhylanthracène, $C^{15}H^{10}Br^2$. — On le prépare en faisant agir le brome en solution sulfocarbonique sur le méthylanthracène. On le purifie par cristallisation dans le benzène et dans l'acide acétique.

Il cristallise en petites aiguilles d'un jaune d'or, fusibles à 148°.

Diacétylméthyloxanthranol,

$$C^6H^4\left<\begin{matrix}C(OC^2H^3O)\\ |\\ C(OC^2H^3O)\end{matrix}\right>C^6H^3.CH^3$$

— On l'obtient en faisant bouillir la méthylanthraquinone fusible à 177° avec de l'acétate de sodium, du zinc en poudre et un excès d'anhydride acétique.

On obtient ainsi des lamelles fusibles à 217° [Liebermann, *D. chem. G.*, **21**, 1172].

Dihydrure d'amidométhylanthracène,

$$C^{14}H^{10}(CH^3)(AzH^2).$$

— On chauffe en tube clos, pendant 2 heures, à 150°, 5 grammes d'amidométhylanthraquinone fusible à 202°, 8-10 grammes de phosphore rouge et 20 grammes d'acide iodhydrique ($d = 1,96$). On lave à l'eau le produit de la réaction, on traite par l'ammoniaque et on reprend par l'acide chlorhydrique concentré, qui fournit des aiguilles blanches du *chlorhydrate* fusibles à 245°. Pour obtenir la base libre, on décompose par l'ammoniaque le chlorhydrate ainsi purifié [Römer, *D. chem. G.*, **16**, 1633].

Le dihydrure d'amidométhylanthracène cristallise dans l'alcool en lamelles fusibles à 78-79°, se sublimant vers 140° en subissant un commencement de décomposition. Il est insoluble dans l'eau, soluble dans l'alcool et dans l'éther, en donnant un liquide d'un jaune clair faiblement fluorescent. Chauffé avec l'acide arsénique, il donne une coloration d'un rouge brun. Le chlorure ferrique le colore en vert, l'acide nitrique en vert virant au jaune au bout de quelque temps. L'acide sulfurique donne un liquide jaune.

On a préparé un *dérivé acétylé* qui cristallise en aiguilles blanches, fusibles à 198°.

Amidométhylanthranol,

$$C^6H^4\left<\begin{matrix}COH\\ |\\ CH\end{matrix}\right>C^6H^2\left<\begin{matrix}CH^3\\ AzH^2\end{matrix}\right.$$

Si l'on emploie pour réduire l'amidométhylanthraquinone des quantités moindres de phosphore et d'acide iodhydrique (1 partie de phosphore et 2 parties d'acide iodhydrique), la réduction s'arrête au composé alcoolique et fournit un dérivé de l'anthranol; en étendant d'eau le produit de la réaction et en faisant bouillir avec de l'acide chlorhydrique étendu, on voit se déposer des aiguilles qui perdent la totalité de l'acide par un lavage à l'eau.

L'amidométhylanthranol cristallise dans l'alcool en aiguilles brillantes, fusibles à 183° et se sublimant en aiguilles rouges en se décomposant. Il est presque insoluble dans l'eau, très soluble dans l'alcool et dans les dissolvants usuels; ses solutions sont douées d'une faible fluorescence. La solution alcoolique est colorée en vert par le chlorure ferrique. Il se dissout en jaune dans l'acide sulfurique concentré. Chauffé, le liquide devient pourpre. La solution d'amidométhylanthranol dans la potasse est rouge-orangé; exposée à l'air, elle régénère l'amidométhylanthraquinone fusible à 202°. L'acide nitrique ($d = 1,48$) le colore en violet; au bout de quelque temps la couleur devient rouge.

Le *chlorhydrate*, $C^{15}H^{13}AzO.HCl, H^2O$, cristallise en aiguilles brillantes, décomposables par l'eau en base et en acide [Römer et Link, *D. chem. G.*, **16**, 703].

Diacétylamidométhylanthranol,

$$C^6H^4\left<\begin{matrix}C(OC^2H^3O)\\ |\\ CH\end{matrix}\right>C^6H^2\left<\begin{matrix}CH^3\\ AzH.CO.CH^3\end{matrix}\right.$$

— Aiguilles brillantes, fusibles à 170°, solubles dans l'alcool en donnant une liqueur douée d'une fluorescence bleue.

γ-Méthylanthracène (10-*méthylanthracène*),

$$C^6H^4\left<\begin{matrix}CH\\ |\\ C\end{matrix}\right>C^6H^4.$$
$$\begin{matrix}|\\ CH^3\end{matrix}$$

— Ce corps n'est pas connu à l'état de liberté. On en a préparé quelques dérivés.

Méthyloxanthranol,

$$C^6H^4\left<\begin{matrix}C(OH)\\ O\\ C(CH^3)\end{matrix}\right>C^6H^4.$$

— Ce corps a été obtenu une seule fois par M. Liebermann [*D. chem. G.*, **21**, 1175] par l'action de la soude caustique et de l'iodure de méthyle à froid sur l'oxanthranol. Il n'a pas été possible à l'auteur de retrouver les conditions dans lesquelles se forme ce composé, qui paraît être le véritable méthyloxanthranol.

Il cristallise en aiguilles fusibles à 98°, solubles dans l'éther de pétrole et dans les dissolvants usuels.

Quant au méthyloxanthranol fusible à 187°, il ne donne pas, comme on pourrait s'y attendre, l'hydrure de γ-méthylanthracène par réduction par le phosphore et l'acide iodhydrique, mais bien le dihydrure d'anthracène fusible à 108°.

DIMÉTHYLANTHRACÈNES.

On connaît aujourd'hui sept diméthylanthracènes isomériques et l'hydrure d'un huitième isomère. La constitution de ces corps est loin d'être établie avec certitude. Nous les désignerons par l'indication de leurs points de fusion.

1° Diméthylanthracène *fusible à* 71° (2-4). — Ce corps se forme comme produit principal de l'action de la chaleur sur le benzylmésitylène [Louïse. *Ann. Chem.*, (6), **6**, 186].

On fait passer à travers un tube de verre peu fusible, chauffé au rouge et rempli de pierre ponce, un courant de vapeur de benzylmésitylène réglé de manière à évaporer 5 grammes de produit par minute. On reprend par le toluène le produit distillé, on filtre, on évapore le toluène et on distille; on obtient un résidu résineux noir; le produit distillé est redissous et la solution abandonnée à la cristallisation; il se dépose d'abord de l'anthracène et du phénanthrène, puis du diméthylanthracène fusible à 218-219°; le diméthylanthracène fusible à 71° reste dans la liqueur mère; on évapore, on distille et on reprend le produit distillé par l'alcool bouillant; on ajoute une solution alcoolique d'acide picrique; le picrate du diméthylanthracène fusible à 71°, qui est le moins soluble, se dépose le premier en aiguilles rouges feutrées; on décompose ce picrate par l'ammoniaque et on fait cristalliser l'hydrocarbure dans l'alcool.

Le diméthylanthracène cristallise en fines aiguilles fusibles à 71°, très solubles dans le benzène et dans le toluène, moins solubles dans l'alcool et dans l'acide acétique. Il se combine avec la dinitro-anthraquinone pour donner des lamelles volumineuses grises. L'acide chromique le transforme en une diméthylanthraquinone fusible à 157-158°.

La constitution de ce diméthylanthracène résulte de son mode de formation et peut être exprimée par la formule suivante

[formule : $C_6H_4\langle{-CH- \atop -CH-}\rangle C_6H_2$, CH^3, CH^3]

2° Diméthylanthracène *fusible à* 200°. — Cet hydrocarbure s'obtient par l'action de l'eau à 210-220° sur le chlorure de m-xylyle,

$$CH^3-C^6H^4-CH^2Cl.$$

cristallise en lamelles volumineuses, fusibles à 200° et ressemblant beaucoup à l'anthracène. L'acide chromique en solution acétique le transforme en une diméthylanthraquinone fusible à 153° et en un produit insoluble dans l'acide acétique et sublimable en aiguilles. D'après son mode de formation, ce diméthylanthracène probablement l'une des formules

[formule : CH^3, $-CH-$, $-CH-$, CH^3] ou [formule : CH^3, $-CH-$, $-CH-$, CH^3, CH^3]

Ce diméthylanthracène fournit avec le brome un *dérivé dibromé* qui cristallise en aiguilles jaunes fusibles à 154° [van Dorp, *Ann. Chem.*, **169**, 210].

3° Diméthylanthracène *fusible à* 202-203° (1-3). — On le prépare en chauffant au rouge avec de la poudre de zinc l'acide m-xylène-phtaloylique. La réaction est la suivante

[formule : $-CO-$, $-CO^2$, CH^3, CH^3 $+ 3H^2$,]

[formule : $= 3H^2O +$ $-CH-$, $-CH-$, CH^3, CH^3]

L'hydrocarbure obtenu cristallise en petites lamelles fusibles à 202-203° [Gresly, *Ann. Chem.*, **234**, 238].

Notons ici que cette formule de structure avait déjà été attribuée par M. Louïse au diméthylanthracène 2-4, ce qui montre une fois de plus la difficulté d'appliquer les réactions pyrogénées à la détermination de la formule de structure des corps. Il est évident qu'il y a eu, dans ce cas spécial des diméthylanthracènes, un phénomène de transposition moléculaire dans l'une ou dans l'autre des réactions qui leur ont donné naissance.

m-Diméthylanthracylène. — Ce nom impropre a été donné par M. Elbs au corps qui a pour formule de structure

[formule : CH^2, $-C-$, $-CH-$, CH^3]

Cet auteur le prépare en réduisant par l'ammoniaque et le zinc en poudre la 1-3-diméthylanthraquinone préparée par l'action de l'acide sulfurique concentré sur l'acide m-xyloylbenzoïque fusible à 139-140°.

Le diméthylanthracylène forme des lamelles incolores, fusibles à 85°.

Dans la préparation de ce corps, il se forme en même temps une certaine quantité de 1-3-diméthylanthranol,

$$C^6H^4\langle{C(OH) \atop CH}\rangle C^6H^2(CH^3)^2,$$

fusible à 155° [Elbs, *J. prakt. Chem.*, (2), **41**, 15].

Le brome agit sur le diméthylanthracylène en fournissant un produit de substitution fusible à 175° en se décomposant et ayant pour formule $C^{16}H^{10}Br^2$. Chauffé à 240° avec de l'acide nitrique (d = 1,1), ce dérivé dibromé fournit de l'acide anthraquinone-1-3-dicarbonique.

4° Diméthylanthracène *fusible à* 218°. — Cet hydrocarbure se forme à côté de son isomère fusible à 71° par l'action de la chaleur sur le benzylmésitylène (Louïse). Il cristallise en lamelles rhombiques, fusibles à 218-219°, insolubles dans l'alcool froid, peu solubles dans l'éther et dans l'éther de pétrole, solubles dans le benzène, moins solubles dans le toluène que l'anthracène et le phénanthrène. L'acide chromique transforme cet hydrocarbure en une quinone fusible à 170°. Il se combine avec la dinitro-anthraquinone pour donner un composé cristallisant en lamelles vertes.

En traitant par le chlorure d'aluminium un mélange de toluène, de chloroforme et de sulfure de carbone, on a obtenu un hydrocarbure fusible à 215-216°, qui est probablement identique avec le précédent [Elbs et Wittich, *D. chem. G.*, **18**, 348]. Les auteurs lui attribuent la formule

$$CH^3-C^6H^3 \left\langle \begin{matrix} CH \\ | \\ CH \end{matrix} \right\rangle C^6H^3-CH^3$$

5° Diméthylanthracène *fusible à* 225°. — Cet hydrocarbure est contenu dans l'huile de goudron de houille. On l'obtient par voie synthétique par l'action du chlorure de méthylène sur le toluène en présence du chlorure d'aluminium [Friedel et Crafts, *Bull. Soc. Chim.*, (2), **41**, 323; *Ann. Chim. Phys.*, (6), **11**, 265] :

$$CH^2Cl^2 + 2C^6H^5.CH^3$$
$$= CH^3.C^6H^3 \left\langle \begin{matrix} CH \\ | \\ CH \end{matrix} \right\rangle C^6H^3\ CH^3 + 4HCl + 2H^2.$$

Le chlorure d'aluminium agit sur le chlorure de xylyle $CH^3.C^6H^4.CH^2Cl$ de la même manière :

$$2C^6H^4 \left\langle \begin{matrix} CH^3 \\ CH^2Cl \end{matrix} \right.$$
$$= CH^3-C^6H^3 \left\langle \begin{matrix} CH \\ | \\ CH \end{matrix} \right\rangle C^6H^3.CH^3 + 2HCl + H^2.$$

Le tétrabromure d'acétylène réagit sur le toluène en présence du chlorure d'aluminium pour donner le même diméthylanthracène [Anschütz et Immendorff, *D. chem. G.*, **17**, 2816; *Ann. Chem.*, **235**, 172].

Ce diméthylanthracène cristallise en lamelles jaunâtres, brillantes, fusibles à 224-225°, solubles dans l'alcool bouillant, le benzène et l'acide acétique. L'acide chromique le transforme en diméthylanthraquinone, acide méthylanthraquinone-carbonique, acide anthraquinone-dicarbonique. Par action ultérieure de l'oxydant, il se forme même une certaine quantité d'anthraquinone. Le diméthylanthracène ne se combine pas avec l'acide picrique.

6° Diméthylanthracène *fusible à* 243-244°. — Ce composé se forme lorsqu'on chauffe au rouge, avec du zinc en poudre, l'hydrure de tétraméthylanthracène [Anschütz. *Ann. Chem.*, **235**, 319].

Il cristallise dans le benzène en aiguilles d'un jaune verdâtre, fusibles à 243-244°, peu solubles dans l'alcool, solubles dans le benzène. L'acide chromique le transforme en diméthylanthraquinone fusible à 236°.

7° Diméthylanthracène *fusible à* 246° (2-3). — Ce corps a été obtenu par M. Elbs en réduisant à chaud par le zinc en poudre et l'ammoniaque la 2-3-diméthylanthraquinone.

Cette dernière se prépare par l'action de l'acide sulfurique sur l'acide o-xyloyl-o-benzoïque :

$$C^6H^4 \left\langle \begin{matrix} CO^2H_{(2)} \\ CO_{(1)}-C^6H^3(CH^3)^2{}_{(3.4)} \end{matrix} \right.$$

Cet hydrocarbure s'obtient par sublimation sous la forme de lamelles incolores, jaunissant à l'air, douées d'une fluorescence d'un vert bleuâtre et fusibles à 246°. Ce corps est soluble dans le benzène et dans l'alcool bouillant [*J. prakt. Chem.*, (2), **41**, 5].

Il forme un picrate cristallisé en aiguilles ouges, que l'on obtient en mélangeant des dissolutions benzéniques des deux composants. L'alcool décompose ce produit.

Hydrure de diméthylanthracène,

$$C^6H^4 \left\langle \begin{matrix} CH^2 \\ C— \end{matrix} \right\rangle C^6H^4.$$
$$CH^3\ CH^3$$

— On obtient cet hydrocarbure en chauffant pendant 3-4 heures, à 140-150°, 2 grammes de diméthylanthrone

$$C^6H^4 \left\langle \begin{matrix} CO \\ C(CH^3)^2 \end{matrix} \right\rangle C^6H^4$$

(obtenue par l'action de l'iodure de méthyle sur l'anthranol), 1 gramme de phosphore et 16 grammes d'acide iodhydrique (d = 1,7). Le produit est purifié par cristallisation dans l'alcool [Hallgarten, *D. chem. G.*, **21**, 2508].

Cet hydrure de diméthylanthracène forme des cristaux blancs, fusibles à 56°, solubles dans les dissolvants usuels.

Hydrure de diméthylanthracène,

$$C^6H^4 \left\langle \begin{matrix} CH(CH^3) \\ CH(CH^3) \end{matrix} \right\rangle C^6H^4.$$

Ce corps se forme à côté de l'α-diphényléthane lorsqu'on traite par le chlorure d'aluminium à froid un mélange de benzène et de chlorure ou de bromure d'éthylidène [Anschütz, *Ann. Chem.*, **235**, 305] :

$$2CH^3.CHCl^2 + 2C^6H^6 = C^{16}H^{16} + 4HCl.$$

Il se forme encore lorsqu'on fait passer un courant de bromure de vinyle à travers le benzène en présence de chlorure d'aluminium. Ce fait n'a pas été confirmé par MM. Hanriot et Gilbert.

Cet hydrure de diméthylanthracène se sublime facilement en larges aiguilles d'un jaune clair, fusibles à 181°. Il se décompose au-dessus de 350°. Il se dissout facilement dans les dissolvants organiques usuels. L'acide chromique le transforme en anthraquinone avec dégagement d'acide carbonique. Chauffé avec de la poudre de zinc, il se transforme en anthracène.

Picrate, $C^{16}H^{16}.C^6H^2(OH)(AzO^2)^3$. — On le prépare en mélangeant des solutions benzéniques d'hydrocarbure et d'acide picrique. Il cristallise en aiguilles d'un rouge foncé, fusibles en se décomposant à 172-174°.

Dérivé dibromé, $C^{16}H^{14}Br^2$. — On fait agir le brome sur une solution acétique de l'hydrocarbure. Le dérivé dibromé est insoluble dans l'acide acétique froid. L'acide chromique le transforme en anthraquinone

TRIMÉTHYLANTHRACÈNES.

On connait actuellement trois triméthylanthracènes; ils ont été obtenus par voie synthétique.

1-2-4-Triméthylanthracène. — On l'obtient par l'action de la poudre de zinc au rouge sur l'acide pseudocumène-phtaloylique,

$$(CH^3)^3C^6H^2-CO-C^6H^4.CO^2H.$$

Il fond à 243° et est plus soluble dans l'alcool que ses homologues inférieurs. Sa formule de structure, déduite de son mode de formation, est la suivante.

$$\bigcirc \begin{matrix} -CH- \\ | \\ -CH- \end{matrix} \bigcirc \begin{matrix} CH \\ CH^3 \\ CH^3 \end{matrix}$$

[Gresly, *Ann. Chem.*, **234**, 239].

Triméthylanthracylène, $C^{17}H^{14}$. — Ce corps dérive du triméthylanthracène 1-2-4. On l'obtient en réduisant par l'ammoniaque et le zinc en poudre la triméthylanthraquinone 1-2-4 fusible à 162°.

Le triméthylanthracylène fond à 134°. Le brome le transforme en un *dérivé dibromé* fusible à 105° en se décomposant. La formule du triméthylanthracylène est probablement la suivante :

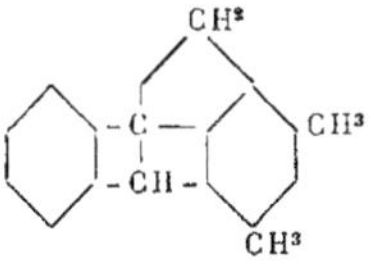

CH²
-C-
-CH-
CH³
CH³

[Elbs, *J. prakt. Chem.*, (2), **41**, 124].

Il forme avec l'acide picrique une combinaison qui cristallise en aiguilles d'un rouge foncé, fusibles à 134°.

2-5-8-Triméthylanthracène. — Cet hydrocarbure se prépare en partant de la di-p-xylylcétone :

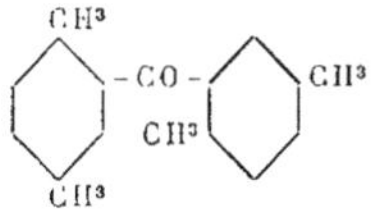

CH³
-CO-
CH³
CH³
CH³

On chauffe ce corps pendant 6 heures au réfrigérant à reflux et on distille [Elbs et Olberg, *D. chem. G.*, **19**, 408]. Ce corps ressemble à l'anthracène ; il fond à 227°. L'acide chromique en solution acétique le transforme en une triméthylanthraquinone, fusible à 184°. Sa formule est la suivante :

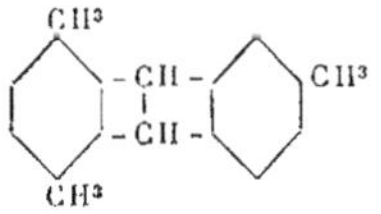

CH³
-CH-
-CH-
CH³
CH³

3-6-8-Triméthylanthracène. — On obtient ce composé par l'action de la chaleur sur la di-m-xylylcétone :

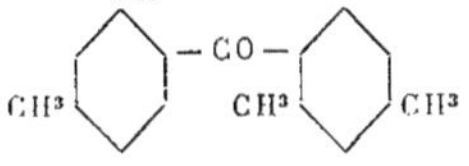

CH³
— CO —
CH³ CH³ CH³

Sa formule de structure, déduite de son mode de formation, est la suivante :

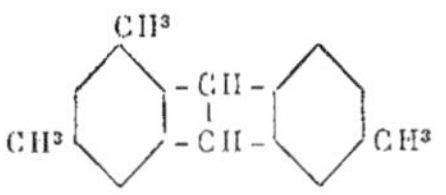

CH³
-CH-
-CH-
CH³ CH³

[Elbs, *J. prakt. Chem.*, (2), **41**, 142].

Il fond à 222° et forme avec le brome un *dérivé dibromé* fusible à 142°, qui a pour formule

$$C^6H^2(CH^3)^2 \begin{smallmatrix} \diagup CBr \diagdown \\ | \\ \diagdown CBr \diagup \end{smallmatrix} C^6H^3 . CH^3.$$

TÉTRAMÉTHYLANTHRACÈNES.

1° On obtient un tétraméthylanthracène en petite quantité, à côté de toluène et de triméthylbenzène, en faisant agir le tétrabromure d'acétylène sur le m-xylène en présence du chlorure d'aluminium [Anschütz, *Ann. Chem.*, **235**, 174]. Ce tétraméthylanthracène fond à 280°, en brunissant.

2° En remplaçant le m-xylène par l'o-xylène, on obtient un tétraméthylanthracène fusible au-dessus de 280°.

3° Avec le p-xylène il se forme un tétraméthylanthracène fusible vers 280°.

4° On obtient un tétraméthylanthracène par l'action du chlorure de méthylène sur le m-xylène en présence de chlorure d'aluminium [Friedel et Crafts, *Ann. Chim. Phys.*, (6), **11**, 267].

Purifié par des cristallisations dans le benzène, ce tétraméthylanthracène fond à 162-163°. Il se dissout en jaune dans l'acide sulfurique concentré ; la quinone correspondante, obtenue par oxydation au moyen de l'acide chromique, fond à 206°.

D'après son mode de formation, ce tétraméthylanthracène doit posséder une des deux formules de structure suivantes :

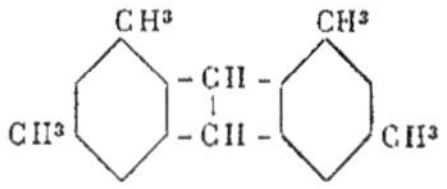

CH³ CH³
-CH-
-CH-
CH³ CH³

ou

CH³
-CH-
-CH-
CH³ CH³
CH³

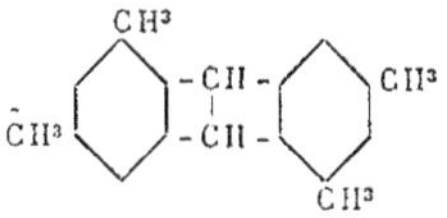

Cet hydrocarbure se forme également, à côté de l'hexaméthylanthracène, par l'action du chlorure de méthylène sur le pseudocumène en présence de chlorure d'aluminium.

Hydrure de tétraméthylanthracène,

$$CH^3 . C^6H^3 \begin{smallmatrix} < CH(CH^3) > \\ < CH(CH^3) > \end{smallmatrix} C^6H^3 . CH^3.$$

— On prépare cet hydrocarbure en faisant agir le chlorure d'aluminium sur une dissolution de chlorure d'éthylidène dans le toluène (Anschütz).

Il se forme en même temps de l'α-dicrésyléthane et du p-méthyléthylbenzène.

L'hydrure de tétraméthylanthracène cristallise dans le benzène en lamelles fusibles à 171-171°,5.

Picrate, $C^{18}H^{20} . C^6H^3(AzO^2)^3OH$. — Aiguilles brillantes brun-rouge, fusibles à 165°.

Dérivé dibromé, $C^{18}H^{18}Br^2$. — On ajoute du brome à une solution acétique d'hydrure de tétraméthylanthracène. Le dérivé dibromé est très peu soluble dans l'acide acétique. Il fournit par oxydation de la diméthylanthraquinone.

HEXAMÉTHYLANTHRACÈNE.

Le produit de l'action du chlorure de méthylène sur le pseudocumène en présence du chlorure d'aluminium, est traité en premier lieu par un courant de vapeur d'eau ; le résidu non volatil est distillé avec un thermomètre à mercure sous pression ; les parties passant entre 400 et 420° se solidifient et sont reprises par l'éther de pétrole chaud. Par de nombreuses cristallisations fractionnées dans ce dissolvant, dans le benzène et dans le chloroforme, on arrive à le séparer en trois portions fondant l'une vers 165°, la deuxième vers 220°, la troisième vers 290°. Cette dernière est à peu près insoluble dans l'éther de pétrole et soluble dans le chloroforme à chaud, peu soluble à froid. Elle est constituée principalement par un hydrocarbure ayant pour formule $C^{18}H^{18}$.

L'hexaméthylanthracène, auquel on peut attribuer l'une ou l'autre des formules de constitution

$$
\begin{array}{c}
CH \qquad\qquad CH^3 \\
CH^3 \; C_6 \; -CH- \; C_6 \; CH^3 \\
-CH- \\
CH^3 \qquad\qquad CH^3
\end{array}
$$

et

$$
\begin{array}{c}
CH^3 \qquad\qquad CH^3 \\
C_6 \; -CH- \; C_6 \; CH^3 \\
CH^3 \quad -CH- \\
CH^3 \qquad\qquad CH
\end{array}
$$

se trouve dans la portion moyenne fusible vers 220°. Ce corps n'est pas volatil dans la vapeur de soufre; sa solution alcoolique précipite en brun noir par l'addition d'une solution alcoolique d'acide picrique. Le précipité séché se présente en aiguilles mordorées, brun foncé, fondant à 203° environ.

L'acide sulfurique concentré dissout l'hexaméthylanthracène en se colorant en un beau rouge qui devient brun au bout d'un certain temps, puis blanchâtre quand l'acide sulfurique a attiré assez d'humidité [Friedel et Crafts, *Ann. Chim. Phys.*, (6), **11**, 272].

ÉTHYLANTHRACÈNES.

ÉTHYLANTHRACÈNE,

$$C^6H^4 \left< \begin{matrix} C(C^2H^5) \\ | \\ CH \text{———} \end{matrix} \right> C^6H^4.$$

— On prépare ce corps en faisant bouillir l'éthylhydro-anthranol avec de l'alcool additionné d'une petite quantité d'acide chlorhydrique [Liebermann, *Ann. Chem.*, **212**, 109]:

$$C^6H^4 \left< \begin{matrix} CH^2 \\ C \text{—} \end{matrix} \right> C^6H^4 = H^2O + C^6H^4 \left< \begin{matrix} CH \\ | \\ C \end{matrix} \right> C^6H^4.$$
$$\begin{matrix} OH \quad C^2H^5 \end{matrix} \qquad\qquad\qquad C^2H^5$$

Par cristallisation dans l'alcool, on obtient des lamelles volumineuses, fusibles à 60-61°.

Le *picrate* fond à 120°.

HYDRURE D'ÉTHYLANTHRACÈNE,

$$C^6H^4 \left< \begin{matrix} CH^2 \\ CH \\ | \\ C^2H^5 \end{matrix} \right> C^6H^4.$$

— Pour préparer cet hydrocarbure, on fait bouillir 1 partie d'éthyloxanthranol,

$$C^6H^4 \left< \begin{matrix} CO \text{———} \\ CH(OC^2H^5) \end{matrix} \right> C^6H^4,$$

avec 3 parties d'acide iodhydrique (d = 1,7) et 2 parties de phosphore rouge.

L'hydrure d'éthylanthracène forme une huile épaisse, qui bout à 320-323° en se décomposant légèrement. Il peut toutefois être distillé dans le vide sans décomposition. Sa densité à 18° est 1,049.

L'hydrure d'éthylanthracène est doué d'une fluorescence d'un bleu intense; il se mélange en toutes proportions avec l'alcool, l'éther, le benzène et l'acide acétique. En vapeur, il se transforme en anthracène par un passage à travers un tube chauffé au rouge. L'acide nitrique fumant le transforme en anthraquinone; l'acide chromique agit de même; en modérant l'action on obtient d'abord l'éthyloxanthranol.

Nitrite d'hydrure d'éthylanthracène. — On ajoute peu à peu 1 partie d'acide nitrique (d = 1,4) à 1 partie d'hydrure d'éthylanthracène dissous dans 3 vol. d'acide acétique. Au bout de 24 heures on filtre; on lave les cristaux qui ont pris naissance, d'abord à l'acide acétique, puis avec une petite quantité d'alcool, et on les dessèche sur une plaque poreuse. La matière est enfin dissoute dans du benzène chauffé à 40° au plus et précipitée par l'éther de pétrole [Liebermann et Landshoff, *D. chem. G.*, **14**, 473].

On obtient ainsi des cristaux volumineux, fusibles en se décomposant à 130°. L'acide acétique bouillant les décompose avec formation d'anthraquinone, d'éthyloxanthranol, d'azote et de bioxyde d'azote. L'alcool les transforme à 120° en éthylnitrosoanthrone et à 140° en éthyloxanthranol. La soude caustique étendue est sans action.

HYDRURE DE DIÉTHYLANTHRACÈNE,

$$C^6H^4 \left< \begin{matrix} CH^2 \\ C \text{—} \end{matrix} \right> C^6H^4$$
$$C^2H^5 \; C^2H^5$$

— On chauffe pendant 3 heures, à 180-200°, 2 parties de diéthylanthrone, 1 partie de phosphore rouge et 10 parties d'acide iodhydrique (d = 1,7) [Goldmann, *D. chem. G.*, **21**, 1182]. On traite le produit de la réaction par l'eau, on exprime le résidu dans du papier à filtre et on fait cristalliser dans l'éther. On obtient ainsi des cristaux incolores, fusibles à 48-50°, très solubles dans l'éther de pétrole, le sulfure de carbone, l'éther et le benzène. L'acide chromique le transforme à froid en diéthylanthrone.

PROPYLANTHRACÈNES.

DIHYDRURE DE DIISOPROPYLANTHRACÈNE,

$$C^3H^7 . C^6H^3 \left< \begin{matrix} CH^2 \\ CH^2 \end{matrix} \right> C^6H^3 . C^3H^7.$$

— On l'obtient en faisant bouillir le chlorure de p-cumyle, $C^3H^7 . C^6H^4 . CH^2Cl$, avec une petite quantité de chlorure de zinc [Errera, *Gazz. chim. ital.*, **14**, 281].

C'est une poudre amorphe d'un jaune gris, fusible à 90° et bouillant sans décomposition au-dessus de 360°. Il est insoluble dans l'alcool, soluble dans l'éther, le benzène et le chloroforme; les dissolutions sont rouges et possèdent une fluorescence d'un vert intense. Cet hydrocarbure est transformé par l'acide nitrique (d = 1,52) en un *dérivé dinitré* qu'on purifie en le dissolvant dans le chloroforme et en le précipitant par l'éther, dans lequel il est insoluble. Ce corps est une poudre grise amorphe, qui se décompose par la chaleur en déflagrant et en laissant un résidu charbonneux très poreux.

DIHYDRURE DE DIPROPYLANTHRACÈNE

$$C^6H^4 \left< \begin{matrix} C(C^3H^7)^2 \\ CH^2 \text{——} \end{matrix} \right> C^6H^4.$$

— On chauffe pendant 4 heures à 140-170° de la dipropylanthrone avec du phosphore et de l'acide iodhydrique. Le dihydrure cristallise en lamelles incolores se ramollissant à 46-47°, solubles dans les dissolvants usuels. L'acide sulfurique concentré le dissout en donnant un liquide jaune [Hallgarten, *D. chem. G.*, **22**, 1069].

BUTYLANTHRACÈNES.

ISOBUTYLANTHRACÈNE,

$$C^6H^4 \left< \begin{matrix} CH \\ | \\ C \\ | \\ C^4H^9 \end{matrix} \right> C^6H^4.$$

— On fait bouillir une solution alcoolique d'isobutylhydro-anthranol rendue légèrement acide par l'acide chlorhydrique [Liebermann, *Ann. Chem.*, **212**, 107]. Par cristallisation dans l'alcool, on obtient des aiguilles fluorescentes, fusibles à 57°.

Le *picrate* cristallise en longues aiguilles d'un rouge brun.

Dihydrure d'isobutylanthracène,

$$C^6H^4 \left\langle \begin{matrix} CH^2 \\ CH(C^4H^9) \end{matrix} \right\rangle C^6H^4.$$

— On fait bouillir l'isobutyloxanthranol avec du phosphore rouge et de l'acide iodhydrique (d = 1,7). On obtient une huile épaisse, fluorescente, bouillant sans décomposition dans le vide. Ce corps se transforme en anthracène en passant sur de la pierre ponce chauffée au rouge. L'acide chromique le transforme à froid en isobutyloxanthranol; à chaud il se forme quantitativement de l'anthraquinone (Liebermann).

AMYLANTHRACÈNES.

Isoamylanthracène,

$$C^6H^4 \left\langle \begin{matrix} CH \\ | \\ C \end{matrix} \right\rangle C^6H^4. \quad (C \text{—} C^5H^{11})$$

— On le prépare, comme ses homologues inférieurs, en partant de l'isoamylhydro-anthranol. Il cristallise en aiguilles incolores ou verdâtres, fusibles à 59°, très solubles dans le benzène, le sulfure de carbone, le chloroforme et l'éther de pétrole, peu solubles dans l'alcool froid. L'acide sulfurique concentré le dissout en donnant une liqueur verte, qui vire au rouge quand la chauffe.

L'acide chromique en solution acétique le transforme en *isoamyloxanthranol*,

$$C^6H^4 \left\langle \begin{matrix} CO \\ C(OH) \end{matrix} \right\rangle C^6H^4. \quad (C(OH) \text{—} C^5H^{11})$$

Le chlore transforme l'isoamylanthracène en solution dans le sulfure de carbone en *chlorure d'isoamyloxanthranol*,

$$C^6H^4 \left\langle \begin{matrix} CO \\ CCl \end{matrix} \right\rangle C^6H^4. \quad (CCl \text{—} C^5H^{11})$$

Le *picrate*, $C^{19}H^{20} . C^6H^2(AzO^2)^3OH$, cristallise dans l'alcool en agrégats sphériques composés d'aiguilles d'un rouge brun, fusibles à 115°.

Isoamylanthracène chloré,

$$C^6H^4 \left\langle \begin{matrix} C(C^5H^{11}) \\ | \\ CCl \end{matrix} \right\rangle C^6H^4.$$

— On fait passer un peu plus d'une molécule de chlore à travers une dissolution de 1 partie d'isoamylanthracène dans 30 parties de chloroforme et on fait cristalliser le produit dans l'alcool. On obtient des aiguilles d'un jaune clair, fusibles à 70-71°. La solution alcoolique de ce corps présente une fluorescence bleue.

Le *picrate* cristallise en aiguilles rouges, fusibles à 108°.

Isoamylanthracène bromé,

$$C^6H^4 \left\langle \begin{matrix} C(C^5H^{11}) \\ | \\ CBr \end{matrix} \right\rangle C^6H^4.$$

— On ajoute la quantité calculée de brome à une solution d'isoamylanthracène dans 30 parties de sulfure de carbone. Par évaporation, on obtient des aiguilles orangées, fusibles à 70°.

Le *picrate* cristallise en aiguilles orangées, fusibles à 110°.

Hydrure d'isoamylanthracène,

$$C^6H^4 \left\langle \begin{matrix} CH^2 \\ CH \end{matrix} \right\rangle C^6H^4 \quad (CH \text{—} C^5H^{11})$$

— On fait bouillir l'isoamyloxanthranol avec du phosphore et de l'acide iodhydrique (Liebermann). L'hydrure d'isoamylanthracène est liquide et bout sans décomposition à 291-292° sous la pression de 570 millimètres. Sous la pression ordinaire, il bout vers 350° en régénérant de l'anthracène. Sa densité à 18° est 1,031.

BENZYLANTHRACÈNES.

Le γ-*benzylanthracène* (10-*benzylanthracène*),

$$C^6H^4 \left\langle \begin{matrix} CH \\ | \\ C \end{matrix} \right\rangle C^6H^4 \quad (C \text{—} CH^2 . C^6H^5)$$

s'obtient en chauffant pendant 1 heure un quart au réfrigérant à reflux 1 partie de benzyloxanthranol, 0,5 - 1 partie de phosphore rouge et 7 parties d'acide iodhydrique incolore. Après refroidissement on lave à l'eau, et on épuise par l'alcool bouillant; le liquide filtré abandonne par le refroidissement des cristaux de benzylanthracène, qu'on purifie par cristallisation dans l'alcool.

Le benzylanthracène forme de longues aiguilles incolores, fusibles à 119°, solubles dans l'alcool, l'éther et le benzène avec une fluorescence bleuâtre; l'acide sulfurique concentré le dissout en donnant un liquide vert à fluorescence rouge [Bach, *D. chem. G.*, **23**, 1570].

Bromobenzylanthracène, $C^{21}H^{15}Br$. — On fait agir 1 molécule de brome sur 1 molécule de benzylanthracène en dissolution dans le sulfure de carbone; il se dégage de l'acide bromhydrique; on évapore le dissolvant et on purifie le produit par cristallisation dans le benzène.

Le bromobenzylanthracène forme des prismes jaunâtres, se décomposant à 113-114°, solubles dans l'éther, l'acide acétique et le benzène. La dissolution benzénique est douée d'une fluorescence bleuâtre. Il se dissout en vert dans l'acide sulfurique concentré.

Acide benzylanthracène - monosulfonique, $C^{21}H^{15} . SO^3H$. — On chauffe au bain-marie une dissolution de benzylanthracène dans l'acide sulfurique concentré jusqu'à ce qu'une prise d'essai se dissolve entièrement dans l'eau.

Le *sel de baryum* de l'acide sulfoné cristallise en petites aiguilles jaunâtres, solubles dans l'eau; les solutions présentent une fluorescence d'un violet bleu (Bach).

Hydrure de dibenzylanthracène,

$$C^6H^4 \left\langle \begin{matrix} CH^2 \\ C(C^7H^7)^2 \end{matrix} \right\rangle C^6H^4.$$

— On l'obtient en réduisant la dibenzylanthrone,

$$C^6H^4 \left\langle \begin{matrix} CO \\ C(C^7H^7)^2 \end{matrix} \right\rangle C^6H^4,$$

par le phosphore et l'acide iodhydrique à 190°. On lave à l'eau, on reprend par l'éther, on évapore le dissolvant et on fait cristalliser le résidu de l'évaporation dans l'alcool absolu. On obtient de fines aiguilles blanches, fusibles à 115°, très solubles dans l'éther, moins solubles dans le benzène et dans l'alcool, constituées par l'hydrure de dibenzylanthracène [Hallgarten, *D. chem. G.*, **21**, 2509].

BENZYLOXANTHRANOL,

$$C^6H^4 \begin{smallmatrix} \diagup CO \diagdown \\ \diagdown C \diagup \end{smallmatrix} C^6H^4$$
$$\diagup \quad \diagdown$$
$$OH \quad CH^2 . C^6H^5$$

— Pour préparer le benzyloxanthranol, il est très important d'avoir l'anthraquinone sous une forme facilement attaquable; on l'obtient en faisant bouillir l'anthraquinone avec de la soude caustique et du zinc en poudre : le liquide filtré et exposé à l'air fournit l'anthraquinone en flocons, aptes à la préparation du benzyloxanthranol. On fait bouillir au réfrigérant à reflux 5 parties de bromure de benzyle, 5 parties d'anthraquinone, 5 parties de zinc en poudre, 7,5 parties de potasse caustique et 100 parties d'eau. On purifie le produit obtenu par cristallisation dans un mélange de benzène et de ligroïne.

Le benzyloxanthranol cristallise en lamelles fusibles à 146° [Levi, *D. chem. G.*, **18**, 2152].

Acétylbenzyloxanthranol,

$$C^6H^4 \begin{smallmatrix} \diagup CO \diagdown \\ \diagdown C \diagup \end{smallmatrix} C^6H^4$$
$$\diagup \quad \diagdown$$
$$O . C^2H^3O \quad CH^2 . C^6H^5$$

— On fait bouillir pendant 20 minutes 1 partie de benzyloxanthranol, 1,5 - 2 parties d'acétate de sodium et 4,5 parties d'anhydride acétique. On traite le produit de la réaction par l'eau froide pour éliminer l'excès d'acétate sodique; on dissout dans l'alcool chaud, mais non bouillant, et on précipite par l'eau. Le produit est finalement purifié par cristallisation dans le benzène. On obtient ainsi des aiguilles jaunâtres, fusibles à 281°, solubles en jaune dans l'acide sulfurique concentré.

L'alcool bouillant le saponifie en régénérant le benzyloxanthranol.

DÉHYDROBENZYLOXANTHRANOL,

$$C^6H^4 \begin{smallmatrix} \diagup CO \diagdown \\ \diagdown C \diagup \end{smallmatrix} C^6H^4$$
$$\|$$
$$CH . C^6H^5$$

On chauffe au bain-marie une dissolution de benzyloxanthranol dans l'acide sulfurique concentré; le liquide devient d'un rouge violet intense; on verse dans une petite quantité d'alcool et on précipite par l'eau; le produit obtenu est purifié par des cristallisations répétées dans l'alcool. Il forme de magnifiques aiguilles jaunes, fusibles à 127°, solubles dans l'alcool et dans l'acide acétique.

Il se sublime sans décomposition en longues aiguilles jaunes (Levi, Bach).

Bromure de déhydrobenzyloxanthranol,

$$C^6H^4 \begin{smallmatrix} \diagup CO \diagdown \\ \diagdown C \diagup \end{smallmatrix} C^6H^4$$
$$\diagup \quad \diagdown$$
$$Br \quad CHBr - C^6H^5$$

— En faisant digérer pendant quelques heures le déhydrobenzyloxanthranol avec du sulfure de carbone tenant en dissolution la quantité calculée de brome, on voit le liquide se décolorer, sans qu'il y ait dégagement d'acide bromhydrique; on obtient par évaporation du dissolvant une résine qui se solidifie par un contact prolongé avec l'alcool, et qu'on purifie par cristallisation dans le benzène. On obtient ainsi des aiguilles jaunes, fusibles à 148°, solubles en rouge jaunâtre dans l'acide sulfurique concentré, peu solubles dans l'alcool froid.

Monobromodéhydrobenzyloxanthranol,

$$C^6H^4 \begin{smallmatrix} \diagup CO \diagdown \\ \diagdown C \diagup \end{smallmatrix} C^6H^4.$$
$$\|$$
$$CBr$$
$$|$$
$$C^6H^5$$

— On l'obtient en faisant bouillir le dibromure précédent avec de l'alcool étendu. Purifié par des cristallisations répétées dans l'alcool, il se présente sous la forme d'aiguilles jaunes, fusibles à 254° et pouvant être sublimées sans décomposition. Il se dissout dans l'acide sulfurique concentré en donnant une liqueur d'un rouge violet intense. G. de Bechi.

ANTHRACHRYSONE. — Voyez ANTHRAQUINONE.

ANTHRACOPROTÉINE. — M. Nencki [*D. chem. G.*, **17**, 260] a donné ce nom à une matière albuminoïde particulière qui est contenue dans les spores de la bactéridie charbonneuse.

Cette substance est très soluble dans les alcalis, entièrement insoluble dans l'eau, l'acide acétique, les acides minéraux dilués; elle ne contient pas de soufre. Elle est sans action physiologique sur les animaux.

ANTHRACOUMARIQUE (ACIDE),

$$C^{16}H^{10}O^4.$$

— L'acide anthracoumarique

```
                  CO²H
                   |
        CH         CH        C(OH)
                   ||
  CH /     \ C -  C  - C /     \ CH
  CH \     / C - CO - C \     / CH
        CH                   CH
```

se forme quand on traite par l'acide sulfurique un mélange d'acides cinnamique et m-oxybenzoïque,

$$C^6H^5 - CH = CH - CO^2H + CO^2H - C^6H^4 . OH$$
$$CH - CO^2H$$
$$\|$$
$$= C^6H^4 \begin{smallmatrix} \diagup C \diagdown \\ \diagdown CO \diagup \end{smallmatrix} C^6H^3 . OH + H^2 + H^2O;$$

mais il s'élimine en même temps une seconde molécule d'eau et on obtient seulement son anhydride (*anthracoumarine*) :

$$\begin{matrix} CO^2H & & CO - O \\ | & & | \quad | \\ CH & & CH \quad | \\ \| & & \| \quad | \\ C^6H^4 \begin{smallmatrix} \diagup C \diagdown \\ \diagdown CO \diagup \end{smallmatrix} C^6H^3 . OH - H^2O & = & C^6H^4 \begin{smallmatrix} \diagup C \diagdown \\ \diagdown CO \diagup \end{smallmatrix} C^6H^3 \end{matrix}$$

ANTHRACOUMARINE, $C^{16}H^8O^3$. — On chauffe au bain-marie, pendant quelques heures, un mélange d'acide cinnamique (1 molécule) et d'acide m-oxybenzoïque (1 molécule) avec un excès d'acide sulfurique. Pour faciliter la réaction, on ajoute de temps en temps quelques gouttes d'acide sulfurique fumant. On laisse refroidir et on traite par l'ammoniaque étendue. Le précipité ainsi obtenu, lavé à l'eau et séché, est épuisé par le benzène. On distille celui-ci et on fait cristalliser le résidu dans l'acide acétique.

L'anthracoumarine est en aiguilles jaunes, ressemblant à celles de l'anthraquinone; elle fond à 260° et peut être sublimée. Elle se dissout facilement dans l'acide acétique chaud et dans le benzène; elle est très peu soluble dans l'alcool; sa solution alcoolique est douée d'une belle fluorescence semblable à celle de l'éosine.

Insoluble dans les alcalis à froid, elle se dissout dans les alcalis à chaud et dans l'acide sulfurique concentré.

OXYANTHRACOUMARINE (*anthraombelliférone*), $C^{16}H^8O^4$. — L'oxyanthracoumarine

$$C^6H^4 \left\langle \begin{matrix} C \\ CO \end{matrix} \right\rangle C^6H^2 . OH \quad (\text{C} = \text{CH} - \text{CO} - \text{O} -)$$

prend naissance dans les mêmes conditions, lorsqu'on traite par l'acide sulfurique un mélange d'acide cinnamique et d'acide dioxybenzoïque

$$C^6H^3 \begin{cases} CO^2H & (1) \\ OH & (3) \\ OH & (5) \end{cases}$$

On chauffe le mélange vers 60° pendant 2 ou 3 heures et on traite par l'eau : l'oxyanthracoumarine se précipite. On peut la purifier soit en la faisant cristalliser à plusieurs reprises dans l'acide acétique avec addition de noir animal, soit par simple sublimation.

L'oxyanthracoumarine est en aiguilles jaunes, fusibles à 325°, très peu solubles dans les dissolvants ordinaires.

Elle se dissout dans les alcalis et dans l'acide sulfurique concentré avec une coloration jaune-rouge.

Chauffée avec de l'anhydride acétique et de l'acétate de sodium, elle fournit un *dérivé acétylé* (*acétyloxyanthracoumarine*),

$$C^{18}H^{10}O^5 = C^{16}H^7O^4 . C^2H^3O,$$

qui cristallise dans l'acide acétique en aiguilles jaunes, feutrées, fusibles à 225°.

DIOXYANTHRACOUMARINE (*styrogallol*), $C^{16}H^8O^5$. — L'acide gallique fournit, dans les mêmes conditions que précédemment, la dioxyanthracoumarine ou styrogallol (voyez STYROGALLOL) [St. von Kostanecki, *D. chem. G.*, **20**, 3137 ; *Bull. Soc. Chim.*, (2), **49**, 538]. Léon Roux.

ANTHRAGALLOL. — Voyez ANTHRAQUINONE.

ANTHRAMINE. — Voyez ANTHRACÈNE.

ANTHRANILE. — C'est l'anhydride de l'acide o-amidobenzoïque (voyez ACIDE BENZOÏQUE).

ANTHRANILE-CARBONIQUE (ACIDE). — Voyez ACIDE ISATOÏQUE.

ANTHRANILIQUE (ACIDE) [Syn. *Acide o-amidobenzoïque*]. — Voyez ACIDE BENZOÏQUE.

ANTHRANILURÉTHANE. — Voyez URÉTHANES.

ANTHRANOL. — Voyez ANTHRACÈNE.

ANTHRAPINACONE. — Lorsqu'on prépare l'anthracène pur, par la méthode de M. von Perger, en traitant l'anthraquinone par le zinc en poudre et l'ammoniaque, il reste dans la poudre de zinc, même après épuisement par la ligroïne, une matière organique qu'on extrait du résidu insoluble par ébullition avec du xylène. Cette substance organique est constituée en majeure partie par l'*anthrapinacone*. Pour isoler cette dernière à l'état de pureté, on reprend par l'alcool le produit de l'évaporation de la solution xylénique. Le résidu insoluble dans l'alcool est purifié par des cristallisations répétées dans le benzène bouillant.

L'anthrapinacone cristallise en fines aiguilles qui se colorent à 170° et fondent avec dégagement de vapeur d'eau à 182°. Le corps ainsi formé est probablement un anhydride de la pinacone et fond à 126°.

L'anthrapinacone a pour formule de structure

$$CH^2 \left\langle \begin{matrix} C^6H^4 \\ C^6H^4 \end{matrix} \right\rangle C(OH)-C(OH) \left\langle \begin{matrix} C^6H^4 \\ C^6H^4 \end{matrix} \right\rangle CH^2.$$

Le chlorure d'acétyle la transforme à 100° en *bianthranyle*,

$$CH \left\langle \begin{matrix} C^6H^4 \\ C^6H^4 \end{matrix} \right\rangle C-C \left\langle \begin{matrix} C^6H^4 \\ C^6H^4 \end{matrix} \right\rangle CH,$$

fusible à 300° [Schulze, *D. chem. G.*, **18**, 3034].

ANTHRAQUINOLÉINE. — L'anthraquinoléine s'obtient par la méthode générale de M. Skraup, en chauffant à 170° un mélange d'anthramine, de nitrobenzène, de glycérine et d'acide sulfurique, d'après l'équation

$$C^{14}H^{11}Az + C^3H^4O + O = 2H^2O + C^{17}H^{11}Az$$

[Graebe, *D. chem. G.*, **17**, 170].

On peut également l'obtenir en partant du bleu d'alizarine, qui est un dérivé de l'anthraquinoléine ; cette matière colorante, chauffée rapidement avec du zinc en poudre, fournit une certaine quantité d'anthraquinoléine [Graebe, *Ann. Chem.*, **201**, 344].

L'anthraquinoléine cristallise en lamelles incolores, fusibles à 170° et bouillant sans décomposition à 446° ; la densité de sa vapeur à 530° est normale (trouvé 8,10 ; calculé 7,93). Elle est insoluble dans l'eau, soluble dans l'alcool, l'éther et le benzène ; ses dissolutions présentent une fluorescence d'un bleu intense.

L'anhydride acétique est sans action sur l'anthraquinoléine, même à la température de 200°. L'acide chromique la transforme en anthraquinoléine-quinone (voyez plus loin).

Constitution. — L'anthraquinoléine est une base pyridique ; il serait peut-être plus correct de l'appeler *anthrapyridine*, ainsi qu'il ressort de la formule suivante :

- CH -
- CH -

Sels. — L'anthraquinoléine est une base énergique, formant avec les acides des sels bien cristallisés, de couleur jaune ; leurs solutions alcooliques présentent une fluorescence d'un vert intense.

Chlorhydrate, $C^{17}H^{11}Az . HCl$. — Petits prismes jaunes, peu solubles dans l'eau froide et très peu solubles dans l'alcool.

Iodhydrate, $C^{17}H^{11}Az . HI$. — Aiguilles d'un jaune foncé, moins solubles dans l'eau que le chlorhydrate.

Sulfate, $C^{17}H^{11}Az . SO^4H^2$. — Aiguilles jaunes, assez solubles dans l'eau froide, à peine solubles dans l'alcool.

Chloroplatinate, $(C^{17}H^{11}Az . HCl)^2PtCl^4$. — Aiguilles microscopiques jaunes et insolubles dans l'eau.

Picrate, $C^{17}H^{11}Az . C^6H^2(OH)(AzO^2)^3$. — Aiguilles jaunes, insolubles dans l'eau, à peine solubles dans l'alcool.

Iodure d'éthylanthraquinoléyl-ammonium,

$$C^6H^4 \left\langle \begin{matrix} CH \\ | \\ CH \end{matrix} \right\rangle C^6H^2 \left\langle \begin{matrix} CH = CH \\ | \\ Az = CH \\ / \backslash \\ C^2H^5 \; I \end{matrix} \right.$$

— On l'obtient en chauffant en vase clos à 100° de l'anthraquinoléine avec de l'iodure d'éthyle; le produit est purifié par cristallisation dans l'eau. Il forme des aiguilles d'un jaune d'or, solubles dans l'eau et dans l'alcool; ces dissolutions sont jaunes et possèdent une fluorescence verte. La potasse ne l'attaque pas; par l'action de l'oxyde d'argent, on obtient l'*hydrate* correspondant, $C^{17}H^{11}Az(C^2H^5)(OH)$, qui cristallise dans l'eau en aiguilles jaunes, très solubles.

ANTHRAQUINOLÉINE-QUINONE,

$$C^6H^4 < \begin{matrix} CO \\ CO \end{matrix} > C^6H^2 \begin{matrix} \nearrow CH = CH \\ \quad\quad | \\ \searrow Az = CH \end{matrix}$$

— On obtient ce corps en faisant bouillir 1 partie d'anthraquinoléine avec une dissolution de 2-3 parties d'acide chromique dans l'acide acétique cristallisable. On verse dans l'eau, on filtre, on lave et on purifie le produit par cristallisation dans le benzène. On obtient ainsi des aiguilles jaunes, fusibles à 158°, insolubles dans l'eau, solubles dans l'alcool et dans l'éther, très solubles dans le benzène, insolubles dans les alcalis.

Chauffé au rouge avec du zinc en poudre, ce corps fournit de l'anthraquinoléine.

La présence des groupes carbonyle dans l'anthraquinoléine-quinone atténue beaucoup les propriétés basiques du produit; en effet, l'anthraquinoléine-quinone est une base faible, dont les sels sont décomposables par l'eau.

Le *chlorhydrate*, $C^{17}H^9O^2Az.HCl$, cristallise en aiguilles jaunes, très peu solubles dans l'eau.

Le *chloroplatinate* forme un précipité cristallin d'un jaune clair.

Le *picrate*, $C^{17}H^9O^2Az.C^6H^2(OH)(AzO^2)^3$, cristallise en aiguilles jaunes, peu solubles dans l'alcool et dans le benzène.

DIOXYANTHRAQUINOLÉINE-QUINONE,

$$C^6H^4 < \begin{matrix} CO \\ CO \end{matrix} > C^6(OH)^2 \begin{matrix} \nearrow CH = CH \\ \quad\quad | \\ \searrow Az = CH \end{matrix}$$

— Ce corps n'est autre chose que le bleu d'alizarine (Suppl., **1**, 102). On le prépare d'après le procédé suivant [Auerbach, *Chem. Soc.*, **35**, 800]: On chauffe légèrement 1 partie de nitroalizarine avec 12 parties de glycérine (d = 1,262) et 5 parties d'acide sulfurique concentré; on verse dans l'eau, on filtre et on épuise le précipité à plusieurs reprises par l'acide sulfurique très étendu; par le refroidissement de la liqueur, il se dépose un sulfate de la matière colorante. On filtre, on lave avec une petite quantité d'eau, et on mélange le produit avec du borax et de l'eau, de manière à obtenir une liqueur d'un violet brun; le précipité de borate de la matière colorante est décomposé par l'acide chlorhydrique, et le bleu ainsi isolé est purifié par des cristallisations répétées dans le benzène.

La dioxyanthraquinoléine-quinone cristallise en aiguilles d'un violet brun, fusibles à 270° et sublimables à une température plus élevée; sa vapeur est rouge-orangé; elle est insoluble dans l'eau, à peine soluble dans l'alcool et dans l'éther, assez soluble dans le benzène bouillant.

Le bleu d'alizarine forme avec l'ammoniaque une dissolution bleue; la soude et la potasse caustique aqueuses donnent également des liqueurs bleues, virant au vert par l'addition d'un excès d'alcali.

Les oxydants attaquent facilement le bleu d'alizarine, en le transformant en acide phtalique. Les réducteurs, tels que le zinc en poudre en présence de soude caustique, donnent un produit de réduction incolore, qui à l'air régénère le bleu. Cette propriété a été utilisée dans l'industrie pour la production d'une cuve de teinture analogue à la cuve d'indigo.

Sels formés par le bleu d'alizarine. — Le bleu d'alizarine jouit de propriétés à la fois acides et basiques. Les sels formés avec les acides sont bien cristallisés, mais décomposables par l'eau. On a préparé le *chlorhydrate*,

$$C^{17}H^9AzO^4.HCl,$$

par l'action d'un courant de gaz chlorhydrique sur la matière colorante en dissolution dans le benzène. C'est un précipité rouge, cristallin, que l'eau froide scinde immédiatement en ses composants.

Le *sulfate* cristallise en aiguilles rouges.

L'*acétate*, $C^{17}H^9AzO^4.C^2H^4O^2$, forme des lamelles bleues.

On a obtenu également un *sel barytique* qui a pour formule $C^{17}H^7AzO^4Ba.BaO, 0,5H^2O$. C'est un précipité bleu-verdâtre, insoluble dans l'eau.

Diacétyl-dioxyanthraquinoléine-quinone,

$$C^6H^4 < \begin{matrix} CO \\ CO \end{matrix} > C^6(OC^2H^3O)^2(C^3H^3Az).$$

— On obtient ce corps en faisant agir l'anhydride acétique sur le bleu d'alizarine; il cristallise en aiguilles orangées, fusibles à 224°,5, qui se décomposent partiellement lorsqu'on essaye de les faire cristalliser dans l'alcool ou dans l'acide acétique.

Dibenzoyl-dioxyanthraquinoléine-quinone. — Ce corps cristallise dans le benzène en prismes rouges, à reflets métalliques verts, fusibles à 244°. Il est soluble dans le benzène, insoluble dans l'alcool.

Amide du bleu d'alizarine

$$C^6H^4 < \begin{matrix} CO \\ CO \end{matrix} > C^6(OH)(AzH^2)(C^3H^3Az).$$

— On prépare ce corps en chauffant en vase clos à 200° du bleu d'alizarine avec de l'ammoniaque en dissolution aqueuse concentrée. On purifie le produit obtenu par cristallisation dans le benzène. On obtient ainsi des aiguilles d'un bleu foncé, fusibles à 255°, peu solubles dans l'alcool, l'éther et le benzène à froid, insolubles dans les alcalis même à l'ébullition. L'acide sulfurique étendu et bouillant transforme ce corps en ammoniaque et bleu d'alizarine.

Combinaisons bisulfitiques du bleu d'alizarine. — La présence du noyau pyridique dans la molécule du bleu d'alizarine communique à ce corps la propriété de se combiner aux bisulfites métalliques. Le corps formé par l'union du bleu d'alizarine et du bisulfite de sodium a été étudié par MM. Brunck et Graebe; c'est le *bleu d'alizarine S* de la *Badische Anilin und Sodafabrik* [Brunck et Graebe, *D. chem. G.*, **15**, 1783; *Brevets allemands* : 17 695, *du* 14 *août* 1881, *et* 23 008, *du* 5 *septembre* 1882].

Bleu d'alizarine S, $C^{17}H^9AzO^4.2SO^3NaH$. — Pour préparer ce corps, on fait agir à froid sur 10 parties de bleu d'alizarine en pâte à 10 0/0 3 parties d'une dissolution de bisulfite de sodium à 30° B. (d = 1,25). On prolonge le contact pendant une ou deux semaines et on filtre pour séparer le bleu d'alizarine inattaqué; le liquide filtré, qui renferme la combinaison bisulfitique, est précipité par le sel marin. On obtient ainsi une poudre rouge-brun, formée de cristaux microscopiques, qui constitue le bleu d'alizarine S.

Le bleu d'alizarine S est très soluble dans l'eau froide, peu soluble dans l'alcool à 95 0/0. A l'état sec, il est doué d'une grande stabilité; il peut en effet être chauffé à 150° sans perdre sa solubilité; en revanche, ses dissolutions aqueuses sont beaucoup moins stables; elles commencent à déposer déjà à 60° du bleu d'alizarine insoluble et sont entièrement décomposées à l'ébullition. C'est sur cette propriété que repose l'emploi du bleu d'alizarine S en teinture et en impression.

On imprime sur tissu un mélange de bleu S et d'acétate de chrome liquide, convenablement épaissi par de l'amidon; au vaporisage, la combinaison bisulfitique est détruite et le bleu d'alizarine s'unit à l'oxyde de chrome pour former une belle laque bleue qui, étant insoluble, se trouve solidement fixée sur le tissu.

Le bleu d'alizarine est une matière colorante grand teint, résistant au savon, à la lumière et au chlore d'une manière plus complète que l'indigo lui-même. Il est employé sur une grande échelle dans l'industrie de l'indienne.

G. de Bechi.

ANTHRAQUINONE. — *Modes de formation.* — Aux modes de production de l'anthraquinone cités Suppl., **1**, 186, il convient d'ajouter le suivant : action de la chaleur sur le phtalate de calcium, d'après l'équation

$$2\,C^6H^4 \genfrac{<}{>}{0pt}{}{COO}{COO} Ca$$

$$= 2\,CO^3Ca + C^6H^4 \genfrac{<}{>}{0pt}{}{CO}{CO} C^6H^4$$

[Panaotovits, *D. chem. G.*, **17**, 313].

Propriétés. — La densité de l'anthraquinone est 1,419-1,438 [Schröder, *D. chem. G.*, **13**, 1071].

Le zinc en poudre et la soude caustique transforment l'anthraquinone en oxanthranol

$$C^6H^4 \genfrac{<}{>}{0pt}{}{CO}{CH(OH)} C^6H^4;$$

le zinc et l'ammoniaque donnent de l'anthrapinacone, du dihydroanthranol et de l'anthranol; l'étain et l'acide chlorhydrique fournissent de l'anthranol et du bianthryle $C^{28}H^{18}$. Le sulfure d'ammonium transforme à une température élevée l'anthraquinone en anthranol et en anthracène [Willgerodt, *D. chem. G.*, **20**, 2470].

En faisant bouillir l'anthraquinone avec de l'anhydride acétique, de la poudre de zinc et de l'acétate de sodium, on obtient du diacétyloxanthranol $C^{14}H^8(OC^2H^3O)^2$.

L'anthraquinone, chauffée à 180° avec du chlorhydrate d'hydroxylamine et de l'alcool, fournit l'isonitrosoanthraquinone.

Constitution de l'anthraquinone. — Les groupes carbonyle occupent dans les deux radicaux phénylène C^6H^4 la position ortho, comme l'indique la formule

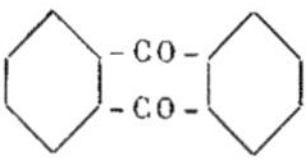

- CO -
- CO -

Une démonstration de cette formule a été donnée par M. von Pechmann [*D. chem. G.*, **12**, 2125].

L'acide phtalique bromé agit sur le benzène en présence de chlorure d'aluminium pour former l'acide bromobenzoylbenzoïque

$$C^6H^3Br \genfrac{<}{}{0pt}{}{CO^2H}{CO^2H} + C^6H^6$$

$$= C^6H^3Br \genfrac{<}{}{0pt}{}{CO^2H}{CO\,.\,C^6H^5} + H^2O.$$

Ce dernier, sous l'influence de l'acide sulfurique concentré, subit une condensation moléculaire et se transforme en *bromanthraquinone*, ce qui démontre la position ortho du groupement :

$$C^6H^3Br \genfrac{<}{}{0pt}{}{CO \quad (1)}{CO \quad (2)}$$

D'autre part, lorsqu'on chauffe la bromanthraquinone avec de la potasse à 160°, elle se transforme en oxyanthraquinone. Cette dernière, oxydée par l'acide nitrique, fournit non de l'acide oxyphtalique, mais de l'acide phtalique ordinaire; c'est donc le groupement $C^6H^3(OH)$ qui a été entièrement brûlé et l'acide phtalique s'est formé aux dépens de la seconde partie de la molécule

$$C^6H^4 \genfrac{<}{}{0pt}{}{CO \quad (1)}{CO \quad (2)}$$

qui par conséquent renferme les deux groupes CO en position ortho.

PRODUITS DE SUBSTITUTION DE L'ANTHRAQUINONE.

ANTHRAQUINONES BROMÉES.

o-Bromanthraquinone (*1-bromanthraquinone*),

$$C^6H^4 \genfrac{<}{>}{0pt}{}{CO}{CO} C^6H^3Br.$$

— On obtient ce corps en chauffant pendant 10 minutes à 180° 5 grammes d'acide bromobenzoylbenzoïque avec 100 grammes d'acide sulfurique concentré. On laisse refroidir, on verse dans l'eau, on filtre et on dessèche. On reprend le produit par du benzène en présence du noir animal et on fait cristalliser à plusieurs reprises dans ce dissolvant [Pechmann, *D. chem. G.*, **12**, 2127].

L'o-bromanthraquinone cristallise en aiguilles jaunes, fusibles à 188°; on peut la sublimer presque sans décomposition; toutefois, après la sublimation, le point de fusion se trouve abaissé. Fondue avec la potasse caustique, elle donne de l'érythroxyanthraquinone.

Sa formule de structure est représentée par le schéma suivant :

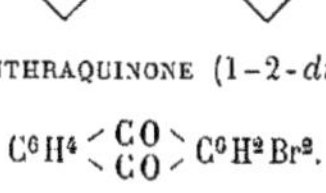

Br
- CO -
- CO -

La bromanthraquinone décrite Suppl., **1**, 187, appartient à la série méta; sa formule est

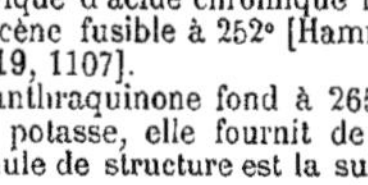

- CO - Br
- CO -

β-Dibromanthraquinone (*1-2-dibromanthraquinone*)

$$C^6H^4 \genfrac{<}{>}{0pt}{}{CO}{CO} C^6H^2Br^2.$$

— Ce corps, qui a été préparé par MM. Graebe et Liebermann par oxydation de l'anthracène tétrabromé, s'obtient également lorsqu'on traite par la quantité théorique d'acide chromique le dichlorodibromanthracène fusible à 252° [Hammerschlag, *D. chem. G.*, **19**, 1107].

La dibromanthraquinone fond à 265°. Par fusion avec la potasse, elle fournit de l'alizarine pure. Sa formule de structure est la suivante :

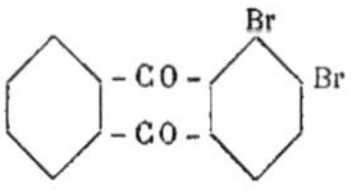

Br
- CO - Br
- CO -

ANTHRAQUINONES CHLORÉES.

Monochloranthraquinone. — Ce corps a été obtenu par M. Rée [*Ann. Chem.*, **233**, 240] en chauffant pendant 10 minutes a 160-170° 1 partie d'acide chloro-o-benzoylbenzoïque avec 20 parties d'acide sulfurique concentré. On précipite par l'eau et on fait cristalliser dans l'alcool.

La monochloranthraquinone

$$C^6H^4 < \frac{CO}{CO} > C^6H^3Cl,$$

cristallise dans l'alcool en fines aiguilles, fusibles à 204°, peu solubles dans le benzène froid.

DICHLORANTHRAQUINONES,

$$C^6H^4 < \frac{CO}{CO} > C^6H^2Cl^2.$$

— Le corps décrit Suppl., 1, 188, a été obtenu à l'état de pureté par M. Hammerschlag (*loc. cit.*). Il cristallise dans l'acide acétique en magnifiques aiguilles d'un jaune d'or, fusibles à 205°, peu solubles dans le benzène, l'alcool et l'éther.

On obtient une dichloranthraquinone isomérique en oxydant le dichloranthracène par l'acide chromique en solution acétique [Kircher, *Ann. Chem.*, 238, 348]. Celle-ci cristallise en aiguilles fusibles à 161°, solubles dans le chloroforme. La dissolution chloroformique est précipitée par l'alcool. Par fusion avec la soude caustique, elle produit de l'alizarine. Sa formule de structure est la suivante ·

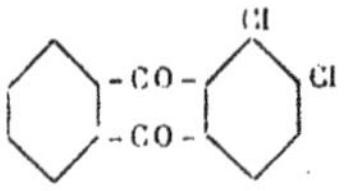

$$\bigcirc \begin{matrix} -CO- \\ -CO- \end{matrix} \bigcirc \begin{matrix} Cl \\ Cl \end{matrix}$$

TÉTRACHLORANTHRAQUINONE,

$$C^6H^4 < \frac{CO}{CO} > C^6Cl^4.$$

— Ce corps est isomérique avec l'anthraquinone tétrachlorée de M. Diehl (Suppl., 1, 188). Il prend naissance par l'action de l'acide sulfurique sur l'acide o-benzoylbenzoïque tétrachloré [Kircher, *loc. cit.*]. On opère de la manière suivante : On chauffe pendant 5 minutes à 200° 1 partie d'acide tétrachloré avec 20 parties d'acide sulfurique concentré. La réaction est exprimée par l'équation

$$C^6H^5 < \frac{CO}{CO} > C^6Cl^4 = H^2O + C^6H^4 < \frac{CO}{CO} > C^6Cl^4.$$
$$OH$$

On abandonne à l'air le produit de la réaction; le liquide absorbe la vapeur d'eau de l'atmosphère et se transforme en un magma cristallin qu'on lave à l'eau, qu'on sèche et qu'on dissout dans le chloroforme; en précipitant par l'alcool la solution chloroformique, on obtient la tétrachloranthraquinone sous la forme de petites aiguilles d'un jaune d'or, fusibles à 191°.

Ce corps est à peine soluble dans l'alcool et dans l'éther, peu soluble dans l'acide acétique cristallisable, très soluble dans le benzène et dans le chloroforme. Chauffé avec de la soude caustique solide, il fournit de l'acide phtalique. L'acide nitrique fumant le transforme à 140° en acide phtalique tétrachloré. La poudre de zinc au rouge transforme la tétrachloranthraquinone en anthracène. Avec l'ammoniaque et le zinc en poudre on obtient du dichloranthracène.

OCTOCHLORANTHRAQUINONE,

$$C^6Cl^4 < \frac{CO}{CO} > C^6Cl^4.$$

— On obtient ce corps en petite quantité par la distillation sèche du tétrachlorophtalate de calcium

$$C^6Cl^4 < \frac{COO}{COO} > Ca.$$

Cette réaction est analogue à celle qui donne l'anthraquinone par la distillation sèche du phtalate de calcium [Kircher, *D. chem. G.*, 17, 1170].

On dissout le produit obtenu dans le chloroforme et on précipite par l'alcool.

L'octochloranthraquinone cristallise en fines aiguilles, fusibles à 235° et se ramollissant déjà 210°.

ISONITROSOANTHRAQUINONE,

$$C^6H^4 < \frac{C(AzOH)}{CO} > C^6H^4.$$

— Ce corps se forme lorsqu'on fait agir le chlorhydrate d'hydroxylamine sur l'anthraquinone. La réaction, contrairement à ce qui a lieu d'habitude, exige l'intervention d'une température élevée. On chauffe en vase clos à 180° de l'anthraquinone, de l'alcool et du chlorhydrate d'hydroxylamine [Goldschmidt, *D. chem. G.*, 16, 2179]; on filtre pour séparer le chlorure d'ammonium et l'anthraquinone inattaquée. Par une légère concentration du liquide filtré, il se dépose une nouvelle quantité d'anthraquinone; on évapore la liqueur mère; il se dépose alors une poudre d'un rouge clair constituée par le dérivé nitrosé, qu'on purifie par des cristallisations répétées dans l'alcool.

L'isonitrosoanthraquinone se sublime vers 200° et se volatilise sans fondre à une température plus élevée. L'alcool la dissout en donnant une liqueur d'un rouge brun; l'acide sulfurique concentré donne un liquide d'un jaune intense.

ANTHRAQUINONES NITRÉES.

L'α-dinitroanthraquinone de MM. Böttger et Petersen, décrite Suppl., 1, 189, est difficile à obtenir d'après le procédé indiqué par ces auteurs [Von Perger, *D. chem. G.*, 12, 1570].

On la prépare plus facilement en partant du dibromanthracène [Claus et Hertel, *D. chem. G.*, 14, 978]. On opère avec de l'acide nitrique (d = 1,49) et on refroidit fortement le vase dans lequel on opère; lorsque la dissolution du dibromanthracène est achevée, on verse immédiatement dans l'eau froide pour éviter la formation de dérivés dinitrés; on filtre, on lave et on fait cristalliser le produit à plusieurs reprises dans l'acide acétique cristallisable. Aiguilles fusibles à 230°.

O-NITROANTHRAQUINONE (1-*nitroanthraquinone*),

$$C^6H^4 < \frac{CO}{CO} > C^6H^3(AzO^2).$$

— Ce corps s'obtient par l'action de la quantité théorique d'acide nitrique sur une dissolution d'anthraquinone dans l'acide sulfurique concentré. Voici le meilleur mode opératoire [Römer, *D. chem. G.*, 15, 1787] : On dissout 10 grammes d'anthraquinone dans un excès d'acide sulfurique concentré; on ajoute 4-5 grammes d'acide nitrique (d = 1,48); on laisse reposer pendant 1 ou 2 jours, on précipite par l'eau et on reprend le précipité par l'éther, qui laisse insoluble la dinitroanthraquinone formée dans la réaction. La dissolution éthérée est filtrée et évaporée jusqu'à commencement de cristallisation. L'o-nitroanthraquinone se dépose, tandis que la liqueur mère renferme un produit secondaire de la réaction. On purifie les cristaux par une nouvelle cristallisation dans l'alcool.

On peut également obtenir l'o-nitroanthraquinone en chauffant pendant 1 heure à 100° 1 partie d'anthraquinone, 6 parties d'acide sulfurique et 2 parties d'acide nitrique étendu (d = 1,22) [Liebermann, *D. chem. G.*, **16**, 54].

L'o-nitroanthraquinone cristallise en belles aiguilles prismatiques brillantes, fusibles à 220° et se sublime en lamelles dentelées jaunes. Elle est insoluble dans l'eau, peu soluble dans l'alcool, l'éther et l'acide acétique, soluble dans le chloroforme, le benzène, le nitrobenzène et l'aniline. Elle se dissout en jaune dans l'acide sulfurique concentré; chauffé, le liquide devient jaune-orangé et donne par addition d'eau un précipité d'un violet rouge, soluble en rouge pourpre dans l'alcool.

L'o-nitroanthraquinone se transforme en amidoanthraquinone par la réduction au moyen du sulfure d'ammonium ou des stannites alcalins.

α-Dinitroanthraquinone. — D'après M. Schmidt [*J. prakt. Chem.*, (2), **9**, 263], l'α-dinitroanthraquinone fond à 256-260° et se sublime à une haute température en se charbonnant fortement. Chauffée à 195° avec 10 parties d'ammoniaque, elle se transforme principalement en α-diamidoanthraquinone. Le zinc en poudre et l'ammoniaque réagissent énergiquement sur elle, en donnant de la diamidoanthraquinone et de la diamidohydroanthraquinone [Von Perger, *J. prakt. Chem.*, (2), **19**, 211].

En chauffant rapidement à 200° 1 partie de dinitroanthraquinone avec 15 parties d'acide sulfurique jusqu'à ce qu'il se manifeste une vive réaction, on obtient un mélange d'amidoérythroxyanthraquinone et d'amidopurpuroxanthine [Liebermann et Hager, *D. chem. G.*, **15**, 1801; **16**, 55].

β-Dinitroanthraquinone (réactif de Fritzsche). — Ce corps peut être préparé à l'état pur par l'action d'une solution acétique d'acide chromique sur la combinaison du chrysène et de la dinitroanthraquinone. Le chrysène est transformé en acide phtalique, tandis que la dinitroanthraquinone reste inaltérée [Schmidt, *J. prakt. Chem.*, (2), **9**, 263].

La β-dinitroanthraquinone cristallise dans l'acide acétique en aiguilles jaunes, fusibles à 280° et se sublimant presque sans décomposition en lamelles à peu près incolores. L'acide sulfurique la transforme à 200° en une substance noire, infusible, presque insoluble dans l'eau, soluble en rouge dans l'alcool, l'éther et l'acide acétique et en violet dans les alcalis. Ce produit correspond à la formule $C^{14}H^8Az^2O^4$.

La β-dinitroanthraquinone, traitée par une solution alcaline de chlorure stanneux, se transforme en diamidoanthraquinone. L'étain et l'acide chlorhydrique donnent un corps différent, doué de propriétés basiques.

Combinaisons de la β-dinitroanthraquinone avec les hydrocarbures. — *Stilbène*,

$$C^{14}H^{12}.C^{14}H^6O^2(AzO^2)^2.$$

— Lamelles orangées (Fritzsche).

Anthracène, $C^{14}H^{10}.C^{14}H^6O^2(AzO^2)^2$. — On dissout 9 parties d'anthracène et 10 parties de β-dinitroanthraquinone dans 100 parties de toluène bouillant (Fritzsche). Lamelles rhombiques violettes.

Chrysène, $C^{18}H^{12}.C^{14}H^6O^2(AzO^2)^2$. — On additionne de 30 grammes d'acide nitrique (d = 1,4) une dissolution filtrée de 40-50 grammes d'anthracène brut dans 5 litres d'alcool à 95 0/0 et on chauffe au bain-marie : les cristaux qui se déposent sont purifiés par un traitement à l'alcool bouillant.

Ce composé forme de fines aiguilles rouges, fusibles à 294°, très peu solubles même à l'ébullition dans l'alcool, l'éther, le sulfure de carbone, le chloroforme et le benzène, un peu plus solubles dans l'acide acétique cristallisable. Traité par l'acide sulfurique, il s'y dissout en jaune; l'eau précipite cette dissolution en donnant de la dinitroanthraquinone, tandis que le chrysène reste en dissolution à l'état de dérivé sulfoné. L'acide nitrique fumant le décompose avec dépôt de dinitroanthraquinone. Il en est de même pour l'action de l'étain et de l'acide chlorhydrique, qui transforme le composé en chrysène et diamidoanthraquinone [Schmidt, *J. prakt. Chem.*, (2), **9**, 250].

Di-o-nitroanthraquinone (1-5-*dinitroanthraquinone*),

$$C^6H^3(AzO^2) \left\langle {CO \atop CO} \right\rangle C^6H^3(AzO^2).$$

— Ce corps se forme lorsqu'on traite l'anthraquinone ou l'o-nitroanthraquinone par un mélange d'acides sulfurique et nitrique [Römer, *D. chem. G.*, **16**, 363].

On abandonne pendant quelques jours au repos une dissolution sulfurique de 1 partie d'anthraquinone additionnée de 1 partie d'acide nitrique fumant (d = 1,48). On précipite par l'eau, et on fait bouillir le précipité 5 ou 6 fois avec de l'alcool jusqu'à ce que le résidu insoluble se colore en bleu pur lorsqu'on l'arrose avec une solution alcaline de chlorure stanneux. On fait cristalliser le produit dans le xylène.

L'α-dinitroanthraquinone cristallise en aiguilles jaunes, fusibles bien au-dessus de 300°, insolubles dans l'eau, presque insolubles dans l'alcool, l'éther et le chloroforme, très solubles dans le benzène bouillant. La potasse caustique est sans action sur ce corps; les solutions alcalines d'étain le transforment en une diamidoanthraquinone correspondante.

La formule de structure de cette dinitroanthraquinone peut être représentée par le schéma suivant :

AzO²
— CO —
— CO —
AzO²

Action de l'acide sulfurique concentré sur la 1-5-dinitroanthraquinone [Lifschütz, *D. chem. G.*, **17**, 893]. — Lorsqu'on chauffe à 200° 1 partie d'o-dinitroanthraquinone avec 15 parties d'acide sulfurique concentré, on voit se produire une réaction violente et se former quatre matières colorantes différentes qui jouissent des propriétés générales suivantes :

Ce sont des corps fortement colorés, se sublimant en cristaux rouges ou violet-bleu en subissant une décomposition partielle. Chauffés au rouge avec de la poudre de zinc, ils se transforment en anthracène. Ils se dissolvent sans altération dans l'acide sulfurique concentré et dans les alcalis. Si à la dissolution sulfurique on ajoute en chauffant légèrement un nitrite alcalin en poudre jusqu'à ce que la liqueur ait pris une couleur rouge-brun et qu'on fasse ensuite bouillir avec de l'alcool absolu en grand excès, on obtient quantitativement de la dioxyanthraquinone.

Pour séparer ces matières colorantes, on précipite par l'eau la liqueur sulfurique, on filtre, on lave et on fait bouillir à deux ou trois reprises le précipité avec une dissolution à 2 0/0 de potasse caustique. La matière colorante nommée 2 A reste à l'état insoluble. Par le refroidissement de la liqueur alcaline, les sels potassiques des matières colorantes 2 A et 2 B cristallisent. On précipite les eaux mères par l'acide chlorhydrique et on fait bouillir le précipité à plusieurs reprises avec de petites quantités d'alcool; on laisse refroidir et on filtre. La partie solide est constituée par la matière colorante 1 B; la matière colorante 1 A reste en dissolution.

1° *Matière colorante* 1 A,

$$\left.\begin{array}{l}C^{14}H^{4}O^{2}(OH)^{2}(AzH^{2}) \\ C^{14}H^{4}O^{2}(OH)^{2}(AzH^{2})^{2}\end{array}\right> O.$$

— Ce corps cristallise dans l'alcool étendu en fines aiguilles d'un brun foncé, à reflets verts, métalliques. Il est un peu soluble dans l'eau bouillante en donnant une liqueur d'un rouge fuchsine; soluble dans l'alcool, peu soluble dans l'éther et dans le benzène, soluble dans les alcalis en un violet-bleu intense. L'acide nitreux le transforme en m-benzodioxyanthraquinone et en isochrysazine.

2° *Matière colorante* 1 B,

$$\left.\begin{array}{l}C^{14}HO^{2}(OH)^{4}(AzH^{2})^{2} \\ C^{14}H^{3}O^{2}(OH)^{3}(AzH^{2})\end{array}\right> O.$$

— C'est une poudre d'un brun foncé, qui acquiert l'éclat métallique par le frottement et qui se sublime en petites aiguilles brunes; sa vapeur est violet-rouge. Ce corps est peu soluble dans l'alcool, un peu plus soluble dans l'éther et dans le benzène en donnant des dissolutions d'un violet-rouge possédant une fluorescence jaune.

La dissolution dans l'acide sulfurique concentré est d'un bleu-violet foncé, présente une fluorescence rouge-brun, et possède un spectre d'absorption caractérisé par deux larges bandes foncées dans le jaune et dans le vert et une fine raie dans le rouge.

Les solutions alcalines sont bleu foncé.

L'acide nitreux fournit de l'isochrysazine.

3° *Matière colorante* 2 A,

$$O[C^{14}H^{4}O^{2}(OH)(AzH^{2})^{2}]^{2}.$$

— Le mélange des sels potassiques (voyez plus haut) est dissous à 100° dans l'acide sulfurique concentré; la dissolution est précipitée par l'eau et soumise à l'ébullition; on filtre, on lave à l'eau et on traite le précipité encore humide par un mélange à parties égales d'alcool et de benzène; on évapore et on épuise par l'alcool, qui ne dissout que la matière colorante 2 B; on lave à l'alcool éthéré jusqu'à disparition du spectre d'absorption de 2 A et on fait cristalliser le résidu dans un mélange de benzène et d'alcool. On obtient ainsi de petites aiguilles brunes à éclat cuivré, très peu solubles dans l'alcool et dans l'éther, plus solubles dans le benzène. Les dissolutions sont d'un bleu intense et sont caractérisées par un spectre d'absorption formé de deux bandes en *d* et en D, qui, dans les solutions étendues, sont accompagnées chacune d'une raie fine.

La matière se dissout difficilement dans les lessives alcalines étendues et bouillantes et se dépose par le refroidissement.

Elle se volatilise en donnant des vapeurs bleues qui se condensent en un sublimé formé de fines aiguilles cuivrées.

Traitée en solution sulfurique par le nitrite de potassium et par l'alcool, elle se transforme en anthrarufine. On peut donc la considérer comme un anhydride de la diamidoantharufine et lui attribuer la formule

OH AzH² AzH² OH
-CO- -CO-
-CO- -CO-
AzH² O AzH²

4° *Matière colorante* 2 B, $C^{28}H^{17}Az^{3}O^{9}$. — Ce corps constitue une poudre cristalline d'un rouge brun. Les dissolutions alcoolique, éthérée ou benzénique présentent deux bandes d'absorption, l'une en D, l'autre entre D et E. Cette matière se dissout difficilement dans les lessives alcalines bouillantes et se précipite par le refroidissement. L'acide nitreux la transforme en une dioxyanthraquinone qui paraît être la chrysazine.

ANTHRAQUINONES BROMONITRÉES.

BROMONITROANTHRAQUINONE,

$$C^{14}H^{6}O^{2}Br(AzO^{2}).$$

— On soumet à une ébullition prolongée un mélange de 1 partie de tétrabromanthracène et de 10 ou 12 parties d'acide nitrique (d = 1,49). On précipite par l'eau, on lave et on fait cristalliser le produit dans l'acide acétique cristallisable [Claus et Hertel, *D. chem. G.*, 14, 980].

La bromonitroanthraquinone se présente en aiguilles fusibles à 261°, sublimables sans décomposition, peu solubles dans l'alcool, l'éther et le chloroforme. Sa solution alcoolique, traitée par l'amalgame de sodium, se transforme en α-amidoanthraquinone.

DIBROMONITROANTHRAQUINONE,

$$C^{14}H^{5}O^{2}Br^{2}(AzO^{2}).$$

— Pour préparer ce corps, on opère comme pour le précédent, en arrêtant l'action de l'acide nitrique avant la dissolution complète de l'anthracène bromé; on filtre sur du coton de verre et on verse dans l'eau le liquide acide. Le précipité est purifié par cristallisation dans l'acide acétique.

Aiguilles jaunes, fusibles à 245°, sublimables sans décomposition, peu solubles dans l'alcool, l'éther et le chloroforme, plus solubles dans l'acide acétique cristallisable. L'amalgame de sodium le transforme quantitativement en α-amidoanthraquinone, fusible à 254°.

Si on broie à froid la dibromonitroanthraquinone avec une solution concentrée de chlorure stanneux, on obtient une masse cristalline d'un rouge foncé, formée d'amidodibromanthraquinone.

La dibromonitroanthraquinone, soumise à une ébullition prolongée avec une dissolution alcoolique de soude ou de potasse, se transforme partiellement en un corps à fonction phénolique, très oxydable, qui se sublime en lamelles jaunes, fusibles vers 170°.

La dibromonitroanthraquinone, chauffée en vase clos à 100° avec de l'ammoniaque alcoolique, se transforme en tétrabromo-tétramido-azoanthracène [Claus et Hertel, *D. chem. G.*, 14, 980. — Claus et Diernfellner, *ibid.*, 1334].

BROMODINITROANTHRAQUINONE,

$$C^{14}H^{5}O^{2}Br(AzO^{2})^{2}.$$

— On soumet à une ébullition prolongée du tribromanthracène avec un mélange de 2 parties d'acide sulfurique fumant et de 3 parties d'acide nitrique fumant. On verse dans l'eau et on purifie le produit par des cristallisations répétées dans l'acide acétique.

Aiguilles d'un beau jaune, fusibles à 213° et se décomposant sans se sublimer à une température élevée en laissant un résidu charbonneux azoté. Ce corps est soluble dans le chloroforme, le benzène et l'acide acétique, moins soluble dans l'alcool et dans l'éther.

DIBROMODINITROANTHRAQUINONE,

$$C^{14}H^{4}Br^{2}O^{2}(AzO^{2})^{2}.$$

— On fait bouillir pendant longtemps 1 partie de tétrabromanthracène avec 10 parties d'un mélange de 2 parties d'acide sulfurique fumant et de 3 parties d'acide nitrique fumant; on précipite par l'eau et on fait cristalliser dans l'acide acétique.

La dibromodinitroanthraquinone cristallise en petites aiguilles jaunes, fusibles à 230°, et ne pouvant être sublimées sans décomposition. Elle est soluble dans le chloroforme et dans le benzène, très peu soluble dans l'alcool et dans l'éther. L'amalgame de sodium la transforme en α-diamido-anthraquinone, fusible à 236°. Le chlorure stanneux fournit un produit de réduction qui cristallise dans l'acide acétique en aiguilles rouges, fusibles à 180-183°, constituées probablement par la dibromonitroamidoanthraquinone.

La dibromodinitroanthraquinone, traitée par les alcalis en solution aqueuse, se transforme, même à froid, en un liquide rouge; l'ammoniaque alcoolique agit de la même manière; il y a élimination de brome à l'état de bromure d'ammonium. L'aniline en solution alcoolique donne à l'ébullition une magnifique coloration d'un rouge pourpre; par addition d'eau, il se forme un précipité violet, soluble dans les dissolvants usuels (Claus et Diernfellner).

Tétrabromodinitroanthraquinone,

$$C^{14}H^2Br^4O^2(AzO^2)^2.$$

— On soumet le tétrabromure de dibromanthracène à une ébullition prolongée avec 15 ou 20 parties d'acide nitrique (d = 1,49). On précipite par l'eau et on reprend le précipité par l'alcool; il reste un léger résidu insoluble et la liqueur alcoolique abandonne par le refroidissement des cristaux d'un rouge brun, fusibles à 105° et se décomposant lorsqu'on tente de les sublimer. Ce corps est soluble dans les dissolvants usuels; l'amalgame de sodium le transforme en α-diamidoanthraquinone, fusible à 236°.

AMIDOANTHRAQUINONES.

α-Amidoanthraquinone

$$C^6H^4 \begin{matrix} \diagup CO \diagdown \\ \diagdown CO \diagup \end{matrix} C^6H^3(AzH^2).$$

— Ce corps, décrit Suppl., **1**, 190, a été obtenu par MM. Claus et Hertel [*D. chem. G.*, **14**, 979], en réduisant l'α-nitroanthaquinone par l'amalgame de sodium.

Dibromoamidoanthraquinone,

$$C^{14}H^5Br^2O^2(AzH^2).$$

— On obtient ce corps en broyant la nitrodibromanthraquinone avec une dissolution concentrée de chlorure stanneux; on filtre, on lave, on sèche et on sublime le produit (Claus et Diernfellner, *D. chem. G.*, **14**, 1334].

L'amidodibromanthraquinone forme de fines aiguilles rouges, fusibles à 169-170°, peu solubles dans les dissolvants usuels; le meilleur dissolvant est l'alcool éthéré. Elle est insoluble dans les acides étendus. Traitée par l'amalgame de sodium, elle se transforme quantitativement en amidoanthraquinone, fusible à 254°.

o-Amidoanthraquinone (1-*amidoanthraquinone*). — Ce corps se forme par la réduction de l'o-nitroanthraquinone [Römer, *D. chem. G.*, **15**, 1790]. Le meilleur mode opératoire est le suivant : On dissout la nitroanthraquinone dans l'alcool et on ajoute de l'eau; le dérivé nitré se précipite sous la forme de flocons. On additionne la masse d'une solution d'oxyde stanneux dans la potasse caustique; tout entre en dissolution en donnant une liqueur verte qui, au bout de 12 heures, est devenue jaune-rouge et qui abandonne de belles aiguilles rouges d'o-amido-anthraquinone

L'o-amidoanthraquinone forme des aiguilles rouges iridescentes, fusibles à 241°, qui se subliment sans décomposition à une température élevée en aiguilles d'un rouge foncé. Ce corps est insoluble dans l'eau, soluble dans l'alcool, le benzène, le chloroforme, l'éther et l'acide acétique. Il se dissout dans l'acide chlorhydrique concentré; par le refroidissement de la liqueur concentrée, le chlorhydrate se dépose en aiguilles presque blanches. L'eau précipite la solution chlorhydrique en régénérant la base libre.

L'acide sulfurique dissout l'o-amidoanthraquinone en donnant un liquide jaune. L'acide nitreux la transforme en érythoxyanthraquinone.

Acétyl-o-amidoanthraquinone,

$$C^6H^4 \begin{matrix} \diagup CO \diagdown \\ \diagdown CO \diagup \end{matrix} C^6H^3 - AzH . CO . CH^3.$$

— On fait bouillir l'amidoanthraquinone avec de l'anhydride acétique et de l'acétate de sodium. Le corps formé se précipite par addition d'eau en flocons jaunes, solubles dans l'alcool qui les abandonne sous la forme d'aiguilles d'un rouge orangé, fusibles à 202°. Ce corps est soluble dans l'éther en donnant un liquide jaune; il est insoluble à froid dans l'acide chlorhydrique; à chaud il y a décomposition avec élimination du groupe acétyle.

m-Amidoanthraquinone (2-*amidoanthraquinone*). — Ce corps se forme lorsqu'on chauffe à 190° l'anthraquinone-m-sulfonate d'ammonium avec 12 parties d'ammoniaque aqueuse à 26 0/0 [Bourcart, *D. chem. G.*, **12**, 1418. — Von Perger, *ibid.*, 1567]. Par le refroidissement des tubes dans lesquels on fait l'expérience, il se forme un dépôt d'aiguilles rouges que l'on dissout dans l'acide chlorhydrique chaud; on filtre, on précipite par l'eau qui décompose le chlorhydrate formé, et on purifie la base par des cristallisations répétées dans le benzène.

La m-amidoanthraquinone cristallise en aiguilles rouges, fusibles à 302° et se sublime en aiguilles ressemblant à l'alizarine. Elle est insoluble dans l'eau, dans l'éther et dans les alcalis, soluble dans l'alcool et dans le benzène; ses dissolutions ne sont pas fluorescentes.

Elle forme avec l'acide chlorhydrique et avec l'acide sulfurique des sels cristallisés, qui sont complètement décomposés par l'eau en acide et en base.

Lorsqu'on fait passer un courant d'acide nitreux à travers une dissolution alcoolique de m-amido-anthraquinone, il se dépose des flocons d'un jaune brun qui deviennent jaunes à chaud et fondent à 238-240°. Bouillis avec une dissolution alcoolique de nitrite d'éthyle, ils fournissent de l'anthraquinone. L'eau bouillante les transforme en m-oxyanthraquinone. Il est probable que cette substance est un dérivé diazoïque de l'amido-anthraquinone.

L'amidoanthraquinone, traitée par l'acide iodhydrique et le phosphore, se transforme en anthramine, $C^{14}H^9 . AzH^2$, et en un autre corps, doué de propriétés basiques, soluble dans l'alcool et dans les alcalis. Cette base paraît être un produit de réduction intermédiaire, car par l'action ultérieure du phosphore et de l'acide iodhydrique elle se transforme en anthramine.

Le *chlorhydrate d'amidoanthraquinone* cristallise en fines aiguilles presque blanches, ayant pour formule $C^{14}H^7O^2 . AzH^2 . HCl$ [Römer, *D. chem. G.*, **15**, 1792].

Acétyl-m-amidoanthraquinone,

$$C^{14}H^7O^2 . AzH . C^2H^3O.$$

— On obtient ce corps en faisant bouillir l'acétylanthramine, $C^{14}H^9 . AzH . C^2H^3O$, avec une dissolution acétique d'acide chromique [Liebermann, *Ann. Chem.*, **212**, 61]. Par le refroidissement, il se sépare des cristaux jaunes, renfermant de l'acide acétique de cristallisation qui est éliminé par la dessiccation à 120°. Le corps pur fond à 263°; il est soluble dans l'alcool et dans l'éther; la potasse alcoolique le saponifie à l'ébullition. Il se décompose par la sublimation.

Constitution des amidoanthraquinones. — La théorie ne prévoit l'existence que de deux mono-amidoanthraquinones isomériques, dont les formules sont les suivantes

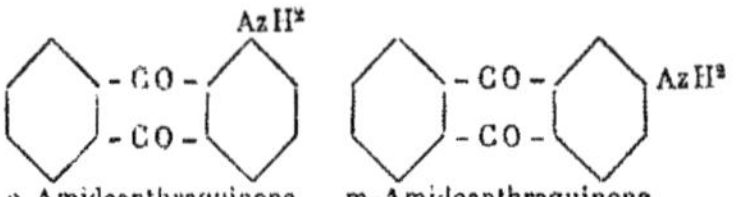

o-Amidoanthraquinone (1-amidoanthraquinone). m-Amidoanthraquinone (2-amidoanthraquinone).

L'amidoanthraquinone fusible à 302° est sûrement le dérivé méta et l'amidoanthraquinone fusible à 241° appartient à la série ortho (Römer); cette constitution ressort de la transformation de ces bases en oxyanthraquinones correspondantes par l'action de l'acide nitreux et de l'eau bouillante.

En revanche, il est assez difficile d'expliquer la structure du corps décrit par MM. Boettger et Petersen (α-amidoanthraquinone) et qui paraît par ses propriétés se distinguer nettement des deux isomères ortho et méta. Si l'on considère que la préparation de la nitroanthraquinone de MM. Boettger et Petersen n'a pu être effectuée par plusieurs auteurs, même sur les indications de M. Boettger lui-même [Von Perger, *D. chem. G.*, 12, 1571], on est amené à la conclusion que l'α-amidoanthraquinone n'est pas un corps unique, ou tout au moins que ce n'est pas une monoamidoanthraquinone.

En définitive et jusqu'à ce que des expériences plus concluantes aient été exécutées à ce sujet, il convient de ne retenir d'une façon certaine que l'existence de l'o- et de la m-amidoanthraquinone.

α-Diamidoanthraquinone. — L'α-diamidoanthraquinone (Suppl., 1, 190) a été obtenue par l'action de l'ammoniaque aqueuse concentrée à 195° sur l'α-dinitroanthraquinone [J. Fischer, *J. prakt. Chem.*, (2), 19, 211]. La constitution de ce corps est inconnue. D'après M. Liebermann, il donne par la fusion avec la potasse un corps différent de l'alizarine [*D. chem. G.*, 4, 779].

β-Diamidoanthraquinone, $C^{14}H^6O^2(AzH^2)^2$. — On l'obtient en faisant bouillir la β-dinitroanthraquinone avec une dissolution alcaline de chlorure stanneux [Schmidt, *J. prakt. Chem.*, (2), 9, 266].

Ce corps se présente sous la forme d'une poudre brun-rouge, qui se sublime en longues aiguilles d'un rouge foncé infusibles à 300°; il est peu soluble dans l'eau, soluble dans l'alcool, l'éther, le chloroforme et le benzène. Les dissolutions sont rouges.

La β-diamidoanthraquinone jouit de propriétés basiques; elle se dissout dans les acides concentrés; l'eau décompose les sels en précipitant la base inaltérée.

o-Diamidoanthraquinone (1-2-*diamidoanthraquinone*)

$$C^6H^4 < {CO \atop CO} > C^6H^2(AzH^2)^2$$

— On la prépare en chauffant pendant 7 heures à 170° 20 grammes d'alizarine avec 160 centimètres cubes d'ammoniaque (d=0,915). La réaction est exprimée par l'équation

$$C^{14}H^6O^2(OH)^2 + 2AzH^3 = 2H^2O + C^{14}H^6O^2(AzH^2)^2.$$

L'o-diamidoanthraquinone forme une masse bleue à reflets cuivrés ressemblant à l'indigo. Chauffée, elle commence à se décomposer à 130° et ne peut être sublimée sans décomposition; elle est insoluble dans l'ammoniaque, soluble dans l'alcool en donnant une liqueur bleue. Soumise à une ébullition prolongée avec une lessive de potasse, elle se décompose en ammoniaque et en amido-oxyanthraquinone. L'acide nitreux la transforme en o-oxyanthraquinone. Elle est douée de propriétés basiques faibles; les sels, qui cristallisent en aiguilles d'un rouge brun, sont décomposés par l'eau.

o-Diamidoanthraquinone (1-5-*diamidoanthraquinone*)

$$(AzH^2)C^6H^3 < {CO \atop CO} > C^6H^3(AzH^2).$$

— On obtient cette substance par la réduction du dérivé nitré correspondant [Römer, *D. chem. G.*, 16, 366]. On ajoute à la dinitroanthraquinone en suspension dans l'eau une solution potassique de chlorure stanneux en excès; on obtient un liquide bleu, qui renferme un produit intermédiaire assez stable; en ajoutant un excès de réducteur et en chauffant, on voit se former une masse cristalline rouge, tandis que le liquide n'est plus que faiblement coloré en rouge. On filtre, on reprend par l'acide chlorhydrique et on précipite par l'eau; finalement on fait cristalliser le produit dans l'acide acétique ou dans l'alcool.

La diamidoanthraquinone cristallise en aiguilles brillantes d'un rouge foncé, fusibles au-dessus de 300° et se sublimant en magnifiques aiguilles rouges, brillantes, douées d'éclat métallique. Elle est très peu soluble dans l'eau, peu soluble dans l'alcool, l'éther, l'acétone, le chloroforme et le benzène. Elle se dissout dans les acides concentrés et est précipitée à l'état de base par l'eau. L'acide nitreux la transforme en anthrarufine.

Traitée par l'anhydride acétique bouillant en présence d'acétate de sodium, elle se transforme en un *dérivé diacétylé*, qui cristallise dans l'acide acétique en aiguilles orangées, insolubles dans l'acide chlorhydrique, solubles dans l'alcool, l'éther et l'acide acétique.

DÉRIVÉS SULFONÉS DE L'ANTHRAQUINONE.

Acide anthraquinone-m-sulfonique,

$$C^6H^4 < {CO \atop CO} > C^6H^3 . SO^3H.$$

— Ce corps a été décrit Suppl., 1, 188. Outre les modes de formation mentionnés, on a observé sa production dans l'action du nitrite d'éthyle sur l'acide diamidoanthraquinone-sulfonique [Von Perger, *J. prakt. Chem.*, (2), 19, 218].

L'acide anthraquinone-m-sulfonique, fondu avec de la potasse caustique, fournit d'abord l'oxyanthraquinone, puis l'alizarine; si on élève beaucoup la température, il y a carbonisation et formation d'une certaine quantité des acides benzoïque, protocatéchique et p-oxybenzoïque [Liebermann et Dehnst, *D. chem. G.*, 12, 1293, 1597].

L'acide anthraquinone-m-sulfonique, traité par les réducteurs (acide iodhydrique et phosphore, amalgame de sodium, zinc en poudre et ammoniaque), se transforme en acide anthracène-m-sulfonique et acide hydroanthracène-sulfonique $C^{14}H^{11}.SO^3H$.

Sel de plomb. — Cristaux peu solubles dans l'eau [Liebermann, *Ann. Chem.*, 212, 44].

Sel de plomb acide,

$$(C^{14}H^7O^2.SO^3)^2Pb + 2C^{14}H^7O^2.SO^3H.$$

— Ce corps est soluble dans l'eau bouillante

et se dépose en cristaux par le refroidissement [Claus et Schneider, *D. chem. G.*, **16**, 907].

Chlorure, $C^{14}H^7O^2 . SO^2Cl$. — L'anthraquinone-sulfonate de sodium et le perchlorure de phosphore ne réagissent l'un sur l'autre qu'à la température de 180°; après quelques heures d'ébullition, on distille l'oxychlorure de phosphore et on reprend le résidu par l'eau bouillante; la partie insoluble est purifiée par des cristallisations répétées dans le toluène bouillant.

Ce chlorure forme des lamelles jaunâtres, fusibles à 193°, solubles dans le benzène, le toluène et l'acide acétique, presque insolubles dans l'alcool et dans l'éther. L'eau ne le décompose qu'à 160° [Mac Houl, *D. chem. G.*, **13**, 692].

Amide, $C^{14}H^7O^2 . SO^2 . AzH^2$. — On chauffe pendant quelques heures à 140° le chlorure avec de l'ammoniaque alcoolique; le produit obtenu est purifié par cristallisation dans l'acide acétique. On obtient ainsi de longues aiguilles jaunes, fusibles à 261°, presque insolubles dans l'alcool, le toluène, le chloroforme et le sulfure de carbone.

Anilide, $C^{14}H^7O^2 . SO^2 . AzH . C^6H^5$. — On chauffe à 180° le chlorure avec une dissolution d'aniline dans le toluène. On obtient par cristallisation dans l'alcool des prismes bruns, fusibles à 193°.

Anthraquinone-diméthylaniline-sulfone,

$$C^{14}H^7O^2 . SO^2 . C^6H^4 . Az(CH^3)^2.$$

— On chauffe au bain-marie le chlorure anthraquinone-m-sulfonique avec de la diméthylaniline; le produit de la réaction est additionné d'ammoniaque, et la diméthylaniline inattaquée entraînée par un courant de vapeur d'eau; on fait bouillir le résidu avec de l'acide chlorhydrique et on achève la purification par des cristallisations répétées dans l'acide acétique.

La sulfone pure fond à 171° (Mac Houl).

Action de la chaleur sur l'anthraquinone-sulfonate de sodium. — En soumettant à la distillation sèche l'anthraquinone-sulfonate de sodium, on obtient un mélange complexe de soufre, d'eau, d'anthraquinone, d'oxyanthraquinone et d'un nouveau corps ayant pour formule $C^{28}H^{14}O^6$ qu'on isole de la manière suivante : on traite le produit brut par l'eau de baryte à l'ébullition; il se dissout de l'oxyanthraquinone; en épuisant par l'acide acétique cristallisable bouillant, on dissout en premier lieu l'anthraquinone; en reprenant le résidu par une très grande quantité d'acide acétique bouillant, on obtient par le refroidissement de la liqueur des aiguilles microscopiques jaune-rougeâtre, fusibles au-dessus de 300° et dont la composition correspond à la formule $C^{28}H^{14}O^6$ [Perkin, *D. chem. G.*, **18**, 1724].

Ce corps est presque insoluble dans l'alcool bouillant, un peu plus soluble dans l'acide acétique, le toluène, le phénol et l'aniline, insoluble dans les alcalis. Il se dissout sans se décomposer dans l'acide sulfurique concentré, en donnant une liqueur d'un rouge intense. La poudre de zinc au rouge le transforme en anthracène. Traité par l'acide chromique en solution acétique, il fournit un corps ayant pour formule $C^{14}H^6O^4$, qu'on obtient à l'état de pureté par des cristallisations répétées dans le toluène. Ce corps se forme d'après l'équation

$$C^{28}H^{14}O^6 + O^3 = 2C^{14}H^6O^4 + H^2O.$$

Il fond à 294-296° et se sublime presque sans décomposition à une température élevée; il est complètement insoluble dans les alcalis; une ébullition prolongée avec de la potasse alcoolique fournit une liqueur violette qui, agitée à l'air, se décolore de nouveau. Chauffé avec de la potasse et une petite quantité de poudre de zinc, il se dissout avec une coloration violette; avec du zinc en excès, on obtient une liqueur d'un vert olive intense, qui, agitée à l'air, devient incolore en passant par le violet. La poudre de zinc fournit au rouge de l'anthracène.

Le corps $C^{14}H^6O^4$ est probablement une quinone de l'anthraquinone ayant la formule de structure suivante :

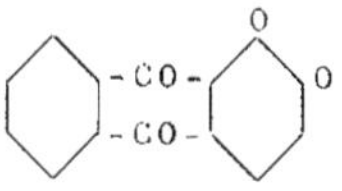

DÉRIVÉS DISULFONÉS DE L'ANTHRAQUINONE. — En faisant agir l'acide sulfurique sur l'anthraquinone, on obtient deux acides disulfonés : l'un (α) correspond à la flavopurpurine, l'autre (β) à l'acide isoanthraflavique. Le sel de sodium de l'acide β est beaucoup plus soluble dans l'eau que le sel α (voyez Suppl., **1**, 98).

Les dérivés décrits Suppl., **1**, 189, ont été obtenus par MM. Graebe et Liebermann, en partant du mélange des deux isomères α et β.

Les réducteurs donnent avec les solutions acides du dérivé α-disulfonique une coloration verte; en liqueur alcaline la couleur devient rouge foncé; ces colorations sont dues très probablement à la formation d'acide hydroanthraquinone-disulfonique [Claus et Schneider, *D. chem. G.*, **16**, 908].

ACIDE χ-ANTHRAQUINONE-DISULFONIQUE. — On prépare le sel sodique de cet acide,

$$C^{14}H^6O^2(SO^3Na)^2,$$

en faisant bouillir pendant quelques minutes l'anthracène-α-disulfonate de sodium, correspondant à la chrysazine, avec de l'acide nitrique brut. Après refroidissement, la presque totalité du sel sodique se sépare; on filtre sur du coton de verre et on sèche sur une plaque poreuse, d'abord à la température ordinaire, puis à 120°. Finalement on fait cristalliser le sel dans l'eau bouillante. Il est digne de remarque que, malgré la présence d'un excès d'acide nitrique, il se dépose au sein d'une liqueur fortement acide un sel neutre; ce fait prouve que les dérivés sulfonés de l'anthraquinone sont des acides très énergiques.

Le sel sodique de l'acide χ-disulfoné cristallise en prismes d'un jaune de soufre, peu solubles dans l'eau, ayant pour formule

$$C^{14}H^6O^2(SO^3Na)^2, 4H^2O$$

[Liebermann et Dehnst, *D. chem. G.*, **12**, 1288].

Ce sel, fondu avec de la potasse caustique, fournit de la chrysazine, de l'oxychrysazine et, si l'on élève la température plus haut, de l'acide salicylique et de l'acide m-oxybenzoïque.

ACIDE ρ-ANTHRAQUINONE-DISULFONIQUE. — Le sel sodique de cet acide se prépare comme le dérivé χ, en partant de l'acide β-anthracène-disulfonique. Il cristallise en lamelles légèrement jaunâtres, très solubles dans l'eau et ayant pour formule $C^{14}H^6O^2(SO^3Na)^2, 5H^2O$. Ce sel fournit successivement par fusion potassique de l'anthrarufine, de l'oxyanthrarufine et les acides salicylique et m-oxybenzoïque (Liebermann et Dehnst).

ACIDE TÉTRACHLORANTHRAQUINONE-DISULFONIQUE,

$$C^6Cl^4 \begin{matrix} < CO > \\ < CO > \end{matrix} C^6H^2(SO^3H)^2.$$

— On obtient cette substance en chauffant 1 partie d'acide tétrachloro-o-benzoylbenzoïque,

$$C^6H^5 . CO . C^6Cl^4 . CO^2H,$$

avec 4-5 parties d'acide sulfurique fumant pendant

1 heure au bain-marie ; on verse le liquide dans une assiette en porcelaine et on le laisse s'hydrater lentement à l'air. Il se produit ainsi un magma cristallin, formé d'un mélange d'anthraquinone tétrachlorée et de l'acide disulfoné ; on filtre à la trompe et on reprend par l'eau, qui ne dissout que le dérivé disulfoné.

L'acide tétrachloranthraquinone-disulfonique est difficile à obtenir à l'état cristallisé ; il est très soluble dans l'eau et dans l'alcool.

Le *sel de calcium* cristallise en houppes très solubles ; le *sel de baryum* cristallise en aiguilles solubles [Kircher, *Ann. Chem.*, **238**, 349].

ACIDES NITROANTHRAQUINONE-SULFONIQUES,

$$C^{14}H^{6}O^{2}(AzO^{2})(SO^{3}H).$$

— En chauffant jusqu'à dissolution complète de l'anthraquinone-sulfonate de sodium avec un mélange à parties égales d'acide nitrique fumant et d'acide sulfurique, on voit se former un mélange de deux isomères ; le dérivé α se sépare par le refroidissement, le dérivé β reste en dissolution dans la liqueur mère.

DÉRIVÉ α. — On l'obtient à l'état de pureté en filtrant à la trompe le produit brut de la réaction et en faisant cristalliser la partie insoluble dans l'acide nitrique étendu et bouillant. Il cristallise en lamelles jaunâtres, fusibles à 255°, peu solubles dans l'eau froide, solubles dans l'eau bouillante. Ce corps est doué de propriétés acides très énergiques ; il déplace l'acide nitrique de ses sels. Chauffé à 200° avec de l'acide sulfurique concentré, il se transforme en acide amidodioxyanthraquinone-sulfonique. La potasse en fusion fournit de l'alizarine. En remplaçant le groupe AzO^2 par l'oxhydryle, on obtient l'acide o-oxyanthraquinone-sulfonique. L'acide α a donc pour formule de structure

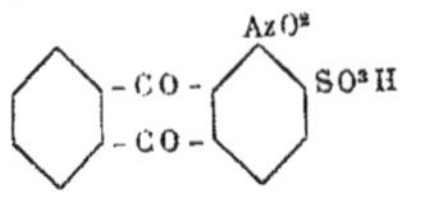

```
                        AzO²
        /\              /\
       |  |  - CO -    |  |  SO³H
       |  |  - CO -    |  |
        \/              \/
```

Les réducteurs (amalgame de sodium, hydrogène sulfuré, chlorure stanneux) transforment l'acide nitré en un acide amidé correspondant et même en dérivés de l'hydrure d'anthracène [Claus, *D. chem. G.*, **15**, 1514].

Sel de sodium, $C^{14}H^{6}O^{2}(AzO^{2})(SO^{3}Na), H^{2}O$. — Longues aiguilles blanches, opaques, solubles dans l'eau bouillante, presque insolubles dans l'eau froide et dans l'alcool.

Sel de potassium, $C^{14}H^{6}O^{2}(AzO^{2})(SO^{3}K)$. — — Il cristallise dans l'eau bouillante en petites aiguilles brillantes.

Sel d'ammonium,

$$C^{14}H^{6}O^{2}(AzO^{2})(SO^{3}.AzH^{4}), 0,5H^{2}O.$$

— Il cristallise dans l'alcool en aiguilles enchevêtrées.

Sel de calcium,

$$[C^{14}H^{6}O^{2}(AzO^{2})(SO^{3})]^{2}Ca, H^{2}O.$$

— On l'obtient en précipitant par le chlorure de calcium la solution aqueuse bouillante de l'acide libre. Il forme des aiguilles microscopiques très peu solubles dans l'eau bouillante.

Sel de baryum, $[C^{14}H^{6}O^{2}(AzO^{2})(SO^{3})]^{2}Ba$. — On l'obtient comme le sel de calcium ; il cristallise en aiguilles microscopiques.

Les sels de l'acide α se colorent en rouge par addition d'un alcali.

Chlorure, $C^{14}H^{6}O^{2}(AzO^{2})(SO^{2}Cl)$. — On chauffe le sel de sodium sec avec du perchlorure de phosphore au-dessus de 140°. Le chlorure cristallise dans le toluène en aiguilles jaunâtres, groupées autour d'un centre, fusibles à 194°, insolubles dans l'alcool et dans l'éther, solubles dans l'acide acétique et dans le toluène. L'eau ne le décompose qu'à une température élevée et en vase clos.

DÉRIVÉ β. — Le liquide d'où s'est déposé l'acide α est évaporé à plusieurs reprises au bain-marie, après addition d'eau, de manière à chasser l'acide nitrique ; le résidu acide est saturé par le carbonate de baryum et filtré. Le sel barytique, qui est soluble, est décomposé par l'acide sulfurique ; le liquide filtré, évaporé au bain-marie, fournit l'acide β-nitroanthraquinone-sulfonique sous la forme d'une poudre cristalline, fusible à 250° en se décomposant, très soluble dans l'eau, l'alcool et l'acide acétique.

Ce corps, fondu avec la potasse caustique, ne fournit pas d'alizarine.

Les sels du dérivé β sont beaucoup plus solubles que ceux de l'isomère α.

Le *sel de baryum*,

$$[C^{14}H^{6}O^{2}(AzO^{2})(SO^{3})]^{2}Ba, 3,5H^{2}O,$$

cristallise en aiguilles jaune-rougeâtre.

Le *sel de calcium* jouit de propriétés analogues.

Le *sel de plomb*,

$$[C^{14}H^{6}O^{2}(AzO^{2})(SO^{3})]^{2}Pb, 2H^{2}O,$$

se forme lorsqu'on ajoute une solution d'acétate de plomb à la dissolution aqueuse bouillante de l'acide libre ; par le refroidissement de la liqueur, il se dépose en petites aiguilles blanches [Claus, *D. chem. G.*, **15**, 1514].

Les sels de l'acide β se colorent en rouge par addition d'un alcali.

ACIDE α-NITROANTHRAQUINONE-DISULFONIQUE,

$$C^{14}H^{5}O^{2}(AzO^{2})(SO^{3}H)^{2}.$$

— On obtient ce composé en faisant bouillir 1 partie d'α-anthraquinone-disulfonate de plomb avec 6-8 parties d'un mélange à parties égales d'acide nitrique fumant et d'acide sulfurique fumant, jusqu'à ce qu'il cesse de se dégager des vapeurs nitreuses ; on étend d'eau, on filtre et on évapore ; par le refroidissement, l'acide cristallise. On le purifie par cristallisation dans l'alcool ou dans l'acide acétique [Claus et Schneider, *D. chem. G.*, **16**, 907].

On obtient ainsi des prismes jaunes, fusibles à 181-182°, solubles dans l'eau, insolubles dans l'éther, le chloroforme et l'éther de pétrole.

ACIDES AMIDOANTHRAQUINONE-SULFONIQUES.

ACIDE α-AMIDOANTHRAQUINONE-SULFONIQUE,

$$C^{14}H^{6}O^{2}(AzH^{2})(SO^{3}H), H^{2}O.$$

— On ajoute de l'amalgame de sodium à une dissolution moyennement concentrée du sel nitré correspondant ; on neutralise par l'acide acétique et on évapore au bain-marie. Le résidu est repris par l'alcool absolu, qui dissout l'acétate de sodium ; le résidu insoluble, constitué par le sel sodique de l'acide amidosulfoné, est décomposé par un acide minéral étendu.

L'acide α-amidoanthraquinone-sulfonique forme une poudre grise, qui prend une structure cristalline lorsqu'on la fait bouillir avec de l'eau ; à l'état sec, il présente un éclat bronzé. Il est très peu soluble dans l'alcool et dans l'éther, peu soluble dans l'eau froide, beaucoup plus soluble dans l'eau chaude et dans les acides minéraux étendus. Il perd son eau de cristallisation à 110° et se décompose sans fondre au-dessus de 360°.

Ses sels sont très solubles dans l'eau et présentent une belle couleur rouge.

Le *sel de sodium*,

$$C^{14}H^6O^2(AzH^2)(SO^3Na), 1,5 H^2O,$$

est très soluble dans l'eau; il cristallise dans l'alcool en aiguilles rouges.

Le *sel de calcium*,

$$[C^{14}H^6O^2(AzH^2)(SO^3)]^2Ca, 5H^2O,$$

cristallise dans l'eau bouillante en aiguilles radiées, brillantes, d'un beau rouge, qui perdent à 115° leur eau de cristallisation.

Le *sel de baryum* forme des aiguilles rouges renfermant 2,5 molécules d'eau de cristallisation.

Le *sel de plomb*,

$$[C^{14}H^6O^2(AzH^2)(SO^3)]^2Pb, 2,5 H^2O,$$

cristallise dans l'eau bouillante en aiguilles d'un rouge terne.

Le *sel de cuivre*,

$$[C^{14}H^6O^2(AzH^2)(SO^3)]^2Cu, 7,5 H^2O,$$

forme des aiguilles brillantes d'un rouge orangé, solubles dans l'eau bouillante.

Acide β-amidoanthraquinone-sulfonique,

$$C^{14}H^6O^2(AzH^2)(SO^3H), H^2O.$$

— On obtient ce corps en traitant par l'hydrogène sulfuré le β-nitroanthraquinone-sulfonate de plomb. On filtre et on évapore à siccité au bain-marie la dissolution rouge obtenue.

L'acide β-amidoanthraquinone-sulfonique constitue une résine d'un brun rouge, insoluble dans l'éther, très soluble dans l'eau, moins soluble dans l'alcool; les dissolutions sont d'un rouge intense et présentent une réaction acide faible. Il fond au-dessus de 360° en se décomposant.

Ses sels sont extrêmement solubles dans l'eau et n'ont pu être obtenus à l'état de cristaux; ils présentent les propriétés d'une matière colorante d'une manière beaucoup plus accentuée que les dérivés correspondants de l'acide α [Claus, *D. chem. G.*, **15**, 1519].

Acide α-diamidoanthraquinone-sulfonique,

$$C^{14}H^5O^2(AzH^2)^2(SO^3H).$$

— On obtient ce corps en dissolvant 1 partie d'α-diamidoanthraquinone dans 1 partie d'acide sulfurique fumant à 25 0/0 d'anhydride, et en précipitant immédiatement le liquide par l'eau. C'est une masse cristalline d'un rouge brun, insoluble dans l'eau froide, l'éther et le benzène, peu soluble dans l'acide acétique, soluble dans l'alcool et dans l'acétate d'éthyle. Le nitrite d'éthyle le transforme en acide anthraquinone-sulfonique. Par fusion avec de la potasse, on obtient de l'alizarine et une petite quantité de purpurine.

Le *sel barytique* est brun, presque insoluble dans l'eau froide et soluble dans l'eau bouillante.

Le *sel plombique* est plus soluble que le sel de baryum.

Si dans la préparation de l'acide monosulfoné on force la quantité d'acide sulfurique fumant en la portant à 2 parties pour 1 partie de diamidoanthraquinone, on obtient un *acide disulfoné*, $C^{14}H^4O^2(AzH^2)^2(SO^3H)^2$, qui, traité par le nitrite d'éthyle, fournit l'acide anthraquinone-disulfonique correspondant à la flavopurpurine [Von Perger, *J. prakt. Chem.*, (2), **19**, 215].

OXYANTHRAQUINONES.

On connaît actuellement un très grand nombre d'oxyanthraquinones. Nous allons, dans les pages suivantes, réunir ce qui a paru de nouveau sur ce sujet, et sur *toutes* les oxyanthraquinones qui sont décrites dans le 1er Supplément, chacune à son nom particulier.

MONOXYANTHRAQUINONES.

Les deux monoxyanthraquinones prévues par la théorie sont connues aujourd'hui, et leur constitution, qui est établie avec certitude, est représentée par les formules suivantes :

o-Oxyanthraquinone p. f. 190° (Érythroxyanthraquinone).	m-Oxyanthraquinone p. f. 302° (Oxyanthraquinone).

O-Oxyanthraquinone (*érythroxyanthraquinone*, 1-*oxyanthraquinone*),

$$C^6H^4 \left< \begin{matrix} CO \\ CO \end{matrix} \right> C^6H^3 . OH.$$

— *Modes de formation.* — 1° L'o-oxyanthraquinone prend naissance à côté de son isomère quand on chauffe à 180-200° un mélange d'acides benzoïque et m-oxybenzoïque avec de l'acide sulfurique concentré [Liebermann et Kostanecki, *Ann. Chem.*, **241**, 264].

2° L'acide érythroxyanthraquinone-carbonique, obtenu par oxydation de la méthylérythroxyanthraquinone au moyen d'acide sulfurique concentré, chauffé à 270°, perd de l'acide carbonique et se transforme en érythroxyanthraquinone [Biroukoff, *D. chem. G.*, **20**, 2438].

3° L'oxyhydroanthranol,

$$C^6H^4 \left< \begin{matrix} CH^2 - \\ CHOH \end{matrix} \right> C^6H^3 . OH,$$

oxydé par le peroxyde de manganèse et l'acide sulfurique, fournit l'érythroxyanthraquinone [Liebermann et Giesel, *D. chem. G.*, **19**, 611; **11**, 1611].

4° La m-oxyanthraquinone amidée et l'o-diamidoanthraquinone, traitées par le nitrite d'éthyle, fournissent de l'érythroxyanthraquinone [Von Perger, *J. prakt. Chem.*, (2), **18**, 147].

5° En chauffant à 160° 1 partie de bromanthraquinone dérivant de l'acide bromobenzoylbenzoïque avec 4 parties de potasse, on obtient d'abord de l'érythroxyanthraquinone, puis de l'alizarine [Pechmann, *D. chem. G.*, **12**, 2127].

6° Enfin l'érythroxyanthraquinone prend naissance par l'action de l'acide nitreux sur l'o-amidoanthraquinone [Römer, *D. chem. G.*, **15**, 1793].

Préparation. — On dissout l'o-amidoanthraquinone dans de l'acide acétique cristallisable; on ajoute à la dissolution froide une certaine quantité d'acide sulfurique concentré; on additionne le liquide rouge de nitrite de potassium jusqu'à ce que la couleur vire au jaune; on abandonne au repos pendant quelques minutes, on ajoute de l'eau et on soumet le liquide à l'ébullition; il se sépare des flocons jaunes, dont la quantité augmente au fur et à mesure que s'évapore l'acide acétique; on reprend le produit par la baryte, qui donne une solution de couleur rouge-pourpre; on décompose le sel barytique par un acide et on achève la purification par cristallisation dans l'alcool (Römer).

Propriétés. — L'érythroxyanthraquinone cristallise en aiguilles groupées en barbes de plume d'un jaune orangé, fusibles à 191°, solubles en jaune dans l'éther et dans le benzène. Elle est volatile avec la vapeur d'eau et ne teint nullement les tissus mordancés en alumine. L'acide nitrique la transforme en acide phtalique.

Acétylérythroxyanthraquinone,

$$C^6H^4 \left\langle \begin{matrix} CO \\ CO \end{matrix} \right\rangle C^6H^3 . OC^2H^3O.$$

— Ce corps cristallise dans l'alcool en aiguilles jaunes, fusibles à 176-179°, facilement décomposables par les lessives alcalines [Liebermann et Hagen, *D. chem. G.*, **15**, 1804].

AMIDO-O-OXYANTHRAQUINONE,

$$C^6H^4 \left\langle \begin{matrix} CO \\ CO \end{matrix} \right\rangle C^6H^2 (AzH^2) (OH).$$

— Ce corps se forme en petite quantité à côté d'amido-m-oxyanthraquinone lorsqu'on chauffe de l'alizarine avec de l'ammoniaque aqueuse (d=0,915) à 170-180°. Il se forme également quand on fait bouillir l'o-diamidoanthraquinone avec les alcalis aqueux [Von Perger, *J. prakt Chem.*, (2), **18**, 139].

Par cristallisation dans l'alcool, on obtient des aiguilles brunes, se sublimant à 150°, insolubles dans l'eau, solubles dans l'alcool et dans l'éther. La potasse caustique l'attaque seulement à la température de fusion, en la transformant en alizarine. L'acide chlorhydrique à 280° agit d'une manière analogue.

Les sels de l'amido-o-oxyanthraquinone sont peu solubles : le *sel barytique*, qui est d'un bleu violacé, est à peine soluble dans l'eau froide. Cette propriété permet de séparer l'amido-o-oxyanthraquinone de son isomère méta, dont le sel barytique se dissout facilement dans l'eau.

En chauffant l'amido-o-oxyanthraquinone à 120° avec de l'anhydride acétique, on obtient le *dérivé acétylé*, $C^{14}H^8O^3Az . OC^2H^3O$, sous la forme de petites aiguilles d'un jaune brun, fusibles à 242°, solubles dans l'alcool, l'éther et l'acide acétique, peu solubles en violet rouge dans la potasse caustique. L'eau de baryte fournit un précipité bleu-violet peu soluble.

ACIDE-O-OXYANTHRAQUINONE-SULFONIQUE (1-*oxyanthraquinone-2-sulfonique*),

$$C^6H^4 \left\langle \begin{matrix} CO \\ CO \end{matrix} \right\rangle C^6H^2 (OH) (SO^3H).$$

— L'anhydride correspondant à cet acide se forme lorsqu'on fait agir le nitrite de potassium sur l'acide amidoanthraquinone-sulfonique. Voici le mode opératoire [Lifschütz, *D. chem. G.*, **17**, 900] : On dissout l'acide amidoanthraquinone-sulfonique dans l'acide acétique, on chauffe à l'ébullition et on ajoute au liquide une solution étendue de nitrite de potassium jusqu'à ce que le liquide rouge commence à se décolorer. En quelques secondes la dissolution devient d'un jaune clair et l'anhydride formé se dépose en aiguilles grises. Ce corps, chauffé à 150-160° pendant 2 heures en vase clos avec de l'acide chlorhydrique, fixe les éléments de l'eau et donne l'acide, qui cristallise par le refroidissement en belles lamelles jaunes brillantes, qu'on lave à l'acide chlorhydrique et qu'on dessèche.

L'acide érythroxyanthraquinone-sulfonique est soluble dans l'eau, l'alcool et l'éther; ses sels alcalins sont solubles dans l'eau en un beau rouge.

Le *sel d'argent*, $C^{14}H^6O^2(OH)(SO^3Ag)$, cristallise dans l'eau en belles aiguilles d'un jaune d'or.

Les sels alcalins de l'acide érythroxyanthraquinone-sulfonique fondus avec les alcalis caustiques fournissent de l'alizarine, ce qui lui assigne la constitution suivante :

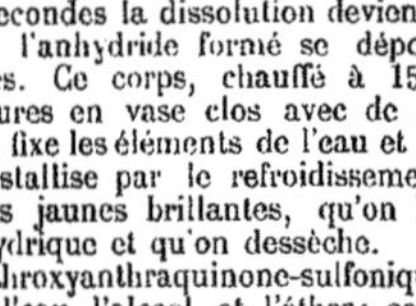

$$\bigcirc \begin{matrix} -CO- \\ -CO- \end{matrix} \bigcirc \begin{matrix} OH \\ SO^3H \end{matrix}$$

Anhydride érythroxyanthraquinone-sulfonique,

$$C^6H^4 \left\langle \begin{matrix} CO \\ CO \end{matrix} \right\rangle C^6H^2 \left\langle \begin{matrix} O \\ SO^2 \end{matrix} \right\rangle$$

— Ce corps, dont on a décrit plus haut le mode de préparation, forme des aiguilles grisâtres, insolubles dans l'eau, l'alcool et l'éther, peu solubles dans l'acide acétique. Les acides minéraux ne l'attaquent guère à la température de l'ébullition; les lessives alcalines sont sans action à froid; à l'ébullition, l'anhydride se dissout en se transformant en acide.

ACIDE AMIDO-O-OXYANTHRAQUINONE-SULFONIQUE, $C^{14}H^5O^2 (AzH^2) (OH) (SO^3H)$. — On l'obtient en chauffant à 115° de l'amido-o-oxyanthraquinone avec de l'acide sulfurique fumant.

Il cristallise en aiguilles à reflets métalliques verts, insolubles dans l'éther, douées d'une grande stabilité. Le nitrite d'éthyle le transforme en acide o-oxyanthraquinone-sulfonique. Les dissolutions aqueuses de ses sels sont rouge-pourpre.

M-OXYANTHRAQUINONE (2-*oxyanthraquinone*). — *Modes de formation*. — 1° On obtient le dérivé acétylé de la m-oxyanthraquinone en oxydant par une solution acétique d'acide chromique l'acétylanthrol,

$$C^6H^4 \left\langle \begin{matrix} CH \\ | \\ CH \end{matrix} \right\rangle C^6H^3 . OC^2H^3O.$$

Les éthers de l'anthrol donnent dans les mêmes circonstances les éthers de la m-oxyanthraquinone [Liebermann, *Ann. Chem.*, **212**, 52].

2° Un mélange d'acides benzoïque et m-oxybenzoïque fournit de la m- et de l'o-oxyanthraquinone sous l'influence de l'acide sulfurique concentré (Liebermann et Kostanecki).

Préparation. — On chauffe en vase clos pendant 5-6 heures à 160-165° 1 partie d'anthraquinone-sulfonate de sodium avec 5 parties de soude caustique à 20 0/0; on étend d'eau le liquide rouge foncé, on acidifie par l'acide chlorhydrique et on fait bouillir; on filtre et on reprend la partie insoluble à deux reprises par l'eau de baryte bouillante; le liquide est filtré après refroidissement pour séparer les dernières traces d'alizarine et précipité par l'acide chlorhydrique. On obtient ainsi des flocons jaunes gélatineux, qu'on purifie par deux cristallisations dans l'alcool bouillant [Simon, *D. chem. G.*, **14**, 464]. Le rendement atteint 40 0/0 du rendement théorique.

Propriétés. — La m-oxyanthraquinone cristallise en aiguilles ou en lamelles jaunes, fusibles à 302° (Simon). L'acide iodhydrique et le phosphore la transforment en anthrol; l'acide nitrique, en acide phtalique.

Éthyl-m-oxyanthraquinone,

$$C^6H^4 \left\langle \begin{matrix} CO \\ CO \end{matrix} \right\rangle C^6H^3 . OC^2H^5$$

— On obtient cette substance en chauffant un mélange de m-oxyanthraquinone et d'iodure d'éthyle en présence de potasse aqueuse étendue.

On peut remplacer la potasse par le sel de plomb de l'oxyanthraquinone et chauffer en vase clos à 220° avec du benzène et de l'iodure d'éthyle [Liebermann et Jellinek, *D. chem. G.*, **21**, 1168].

En oxydant l'éthylanthrol $C^{14}H^9 . OC^2H^5$ par de l'acide chromique en excès, on obtient de l'éthyloxyanthraquinone; la transformation n'est jamais complète et le produit doit être purifié par des traitements aux alcalis et par des cristallisations répétées dans l'alcool.

L'éthyloxyanthraquinone est soluble dans l'alcool; elle fond à 135° et n'est saponifiée que par la potasse en fusion, avec formation d'alizarine. Elle se dissout à froid sans altération dans l'acide sulfurique concentré; si l'on porte le liquide à 300°, il y a formation d'oxyanthraquinone [Liebermann et Hagen, *D. chem. G.*, **16**, 1798].

Acétyl-m-oxyanthraquinone,

$$C^{14}H^7O^2 . OC^2H^3O.$$

— Ce corps cristallise dans l'alcool en fines aiguilles jaunâtres, enchevêtrées, fusibles à 158-159°.

Dibromoxyanthraquinone (1-3-*dibromo-2-oxyanthraquinone*),

$$C^6H^4 \langle {CO \atop CO} \rangle C^6HBr^2 . OH.$$

— On chauffe pendant 6-8 heures à 150° 1 partie de phénol-phtaléine tétrabromée avec 20 parties d'acide sulfurique concentré; la réaction a lieu d'après l'équation suivante :

$$C^6H^4 \langle {CO \atop C} \rangle O \quad C \langle {C^6H^2Br^2(OH) \atop C^6H^2Br^2(OH)}$$

$$= C^6H^3Br^2(OH) + C^6H^4 \langle {CO \atop CO} \rangle C^6HBr^2(OH).$$

On verse dans l'eau, on filtre et on purifie le produit par cristallisation dans l'alcool absolu.

La dibromoxyanthraquinone forme de fines aiguilles jaunâtres, fusibles à 207-208°, peu solubles dans les alcalis. La dissolution alcoolique est jaune-rougeâtre et non fluorescente. La dissolution ammoniacale précipite en rouge brun par le chlorure de baryum. La soude caustique à 200° fournit de l'alizarine.

La dibromoxyanthraquinone possède la formule suivante :

(Formule de structure : deux noyaux benzéniques reliés par - CO - et - CO - ; sur le second noyau : Br, OH, Br.)

[Baeyer, *Ann. Chem.*, **202**, 136].

Son *dérivé acétylé*,

$$C^6H^4 \langle {CO \atop CO} \rangle C^6HBr^2 . OC^2H^3O,$$

cristallise en aiguilles d'un jaune d'or, fusibles à 189-190°.

Nitro-m-oxyanthraquinone (1-*nitro-2-oxyanthraquinone*),

$$C^6H^4 \langle {CO \atop CO} \rangle C^6H^2(AzO^2)(OH).$$

— On l'obtient en oxydant par une solution acétique bouillante d'acide chromique en excès la nitrosoanthrone de l'éthylnitroanthrol :

$$C^6H^4 \langle {CO \atop CH(AzO)} \rangle C^6H^2(AzO^2)(OC^2H^5).$$

Le rendement est théorique. Le produit cristallise dans l'acide acétique en petites aiguilles incolores, fusibles à 243°, presque insolubles dans l'eau, peu solubles dans l'alcool, plus solubles dans l'acide acétique. Ce corps se dissout sans altération dans l'acide sulfurique concentré, en donnant une liqueur jaune qui, chauffée à 180°, vire au brun; par addition d'eau, on précipite une matière colorante, en flocons rouges, solubles en violet dans les alcalis. La nitro-m-oxyanthraquinone résiste à l'action d'une solution bouillante d'acide chromique ainsi qu'à la potasse alcoolique à l'ébullition. Sa formule de structure est la suivante.

(Formule de structure : deux noyaux benzéniques reliés par - CO - et - CO - ; sur le second noyau : AzO², OH.)

[Liebermann et Hagen, *D. chem. G.*, **15**, 1796].

Dinitro-oxyanthraquinone (1-3-*dinitro-2-oxyanthraquinone*),

$$C^{14}H^5O^2(OH)(AzO^2)^2.$$

— On prépare ce corps en chauffant à 60-70° 1 partie de m-oxyanthraquinone avec 15 parties d'acide nitrique (d = 1,52). Par le refroidissement le dérivé dinitré se dépose en aiguilles, qu'on purifie par un lavage à l'acide acétique cristallisable.

La dinitro-oxyanthraquinone cristallise en aiguilles d'un jaune clair, fusibles à 268-270°, peu solubles dans l'eau froide, l'alcool et l'éther, solubles en rouge brun dans l'aniline. Elle teint la laine et la soie en un bel orangé. Chauffée brusquement, elle déflagre. Elle jouit de propriétés acides, décompose les acétates et forme des sels bien cristallisés, à éclat métallique, qui déflagrent lorsqu'on les chauffe.

La dinitro-oxyanthraquinone, soumise à l'ébullition avec de la soude caustique très étendue, se transforme en β-nitro-alizarine, d'après l'équation

$$C^{14}H^5O^2(OH)(AzO^2)^2 + KOH$$
$$= AzO^2K + C^{14}H^5O^2(AzO^2)(OH)^2.$$

La dinitro-oxyanthraquinone, traitée par le sulfure d'ammonium (d = 1,06) bouillant, fournit deux matières colorantes, que l'on peut isoler par addition de sel marin à la liqueur filtrée; le précipité traité par l'alcool donne les deux matières colorantes qui diffèrent par leur solubilité; la plus soluble se dissout dans les alcalis en bleu; l'autre donne, dans les mêmes circonstances, une liqueur violette.

La formule de structure de la dinitro-oxyanthraquinone est la suivante :

(Formule de structure : deux noyaux benzéniques reliés par - CO - et - CO - ; sur le second noyau : AzO², OH, AzO².)

[Simon, *D. chem. G.*, **14**, 464; **15**, 693].

Sel potassique, $C^{14}H^5O^2(AzO^2)^2(OK)$. — On met la dinitro-oxyanthraquinone en suspension dans l'eau et on fait bouillir avec de l'acétate de potassium. On obtient ainsi des lamelles rouges, à reflets dorés, peu solubles dans l'eau. Ce sel se colore en rouge cramoisi lorsqu'on le chauffe; il reprend sa couleur primitive par le refroidissement.

Sel d'ammonium. — Obtenu d'une manière analogue, il cristallise en lamelles orangées à reflets dorés.

Sel de magnésium,

$$[C^{14}H^5O^2(AzO^2)^2O]^2Mg , 5H^2O.$$

— On fait bouillir le sel potassique avec de l'acétate de magnésium. Il cristallise en aiguilles orangées très solubles, qui se colorent en rouge de sang lorsqu'on les chauffe.

Sel d'argent. — On l'obtient par double décomposition entre le sel potassique et le nitrate d'argent. Il cristallise en aiguilles rouges, douées de l'éclat métallique, peu solubles dans l'eau, qui déflagrent violemment lorsqu'on les chauffe.

Sel de cuivre, $[C^{14}H^5O^2(AzO^2)^2O]^2Cu , 2H^2O$. — Obtenu par double décomposition entre le sel de potassium et le sulfate de cuivre, il se présente sous la forme d'aiguilles peu solubles de couleur d'ocre. L'eau de cristallisation se dégage à 160° et la substance prend une coloration brun-rouge foncé.

Éther éthylique, $C^{14}H^5O^2(AzO^2)^2(OC^2H^5)$. — — On le prépare en chauffant pendant quelque temps à l'ébullition 1 partie du sel d'argent avec 2-3 parties d'iodure d'éthyle. On le purifie par cristallisation dans l'alcool absolu. On obtient ainsi de fines aiguilles ou des lamelles légèrement jaunâtres, fusibles à 158°, solubles en jaune verdâtre dans l'acide sulfurique concentré. La soude caustique concentrée le transforme en nitroalizarine [Simon, *loc. cit.*].

AMIDO-M-OXYANTHRAQUINONE,

$$C^{14}H^6O^2(AzH^2)(OH)$$

(voyez Suppl., 1, 92). — L'éther éthylique de cette substance a été obtenu par l'ébullition de l'éther éthylique de la nitro-m-oxyanthraquinone avec de l'étain et de l'acide acétique cristallisable; à peine le liquide est-il devenu rouge, on cesse de chauffer et on précipite par l'eau. Le produit obtenu est purifié par cristallisation dans l'alcool ou dans l'acide acétique cristallisable.

On obtient ainsi des lamelles rouges, brillantes, fusibles à 182°, résistant à la potasse alcoolique à l'ébullition. Chauffé à 200° avec de l'acide sulfurique concentré, il fournit la m-oxyamidoanthraquinone [Liebermann et Hagen, *D. chem. G.*, **15**, 1798].

Le *dérivé acétylé* cristallise dans l'alcool en aiguilles ressemblant à l'or mussif et fusibles à 170°. Ce corps est soluble dans les alcalis en jaune brun; si l'on chauffe le liquide à l'ébullition, il y a élimination du groupe acétyle.

ACIDE M-OXYANTHRAQUINONE-SULFONIQUE,

$$C^6H^4 < {CO \atop CO} > C^6H^2(OH)(SO^3H).$$

— D'après M. von Perger [*J. prakt. Chem.*, (2), **18**, 161], l'anthraquinone disulfonée ne donne pas par fusion avec les alcalis d'acide oxyanthraquinone-sulfonique (voyez Suppl., 1, 191). Il se forme dans ces conditions deux acides dioxyanthraquinone-sulfoniques qui, par fusion ultérieure avec l'alcali, fournissent de l'anthrapurpurine et de la flavopurpurine.

On obtient, d'après le même auteur [*loc. cit.*, 179], le véritable acide m-oxyanthraquinone-sulfonique, en chauffant à 120° la m-oxyanthraquinone avec de l'acide sulfurique fumant. L'acide libre est cristallisé, soluble dans l'alcool, peu soluble dans l'eau froide, insoluble dans l'éther.

Chauffé avec de la soude caustique à 190°, il donne un corps qui paraît être le dérivé sulfoné d'une dioxyanthraquinone.

Le *sel de sodium* est peu soluble dans l'eau.

Le *sel de baryum*,

$$C^{14}H^6O^2 < {SO^3 \atop O—} > Ba,$$

cristallise en aiguilles rouge-orangé.

ACIDE AMIDO-M-OXYANTHRAQUINONE-SULFONIQUE, $C^{14}H^5O^2(AzH^2)(OH)(SO^3H)$. — Ce composé se prépare d'une manière analogue au précédent, en partant de l'amido-m-oxyanthraquinone.

Il cristallise dans l'alcool en agrégats d'un rouge brique insolubles dans l'éther. Ses dissolutions alcalines présentent une belle couleur violette [Von Perger, *J. prakt. Chem.*, (2), **18**, 182].

DIOXYANTHRAQUINONES.

La théorie prévoit l'existence de 10 dioxyanthraquinones isomériques. Or on connaît actuellement 12 corps correspondant à la formule de la dioxyanthraquinone. Ce sont les suivants : *alizarine*, *isoalizarine*, *xanthopurpurine*, *quinizarine*, *anthrarufine*, *chrysazine*, *acide anthraflavique*, *acide isoanthraflavique*, *benzodioxyanthraquinone*, *isochrysazine*, *acide frangulique* et *hystazarine*.

Sur ces 12 isomères, 9 sont certainement des espèces chimiques bien caractérisées.

L'étude de trois d'entre eux, l'*isoalizarine*, l'*isochrysazine* et l'*acide frangulique*, mériterait d'être reprise pour fixer définitivement leur formule.

I. — *Dioxyanthraquinones renfermant les deux oxhydryles dans le même noyau.*

Si l'on représente l'anthraquinone par le schéma

```
          8              1
        /   \          /   \
      7|     |- CO -  |     |2
      6|     |- CO -  |     |3
        \   /          \   /
          5              4
```

on voit qu'il peut exister 4 dioxyanthraquinones renfermant les deux oxhydryles dans le même noyau : ce sont les corps (1.2), (1.3), (1.4) et (2.3). Ces quatre isomères sont connus; leur constitution est résumée dans le tableau suivant :

Alizarine,

$$C^6H^4 < {CO \atop CO} > C^6H^2(OH)_{(1)}(OH)_{(2)};$$

Xanthopurpurine,

$$C^6H^4 < {CO \atop CO} > C^6H^2(OH)_{(1)}(OH)_{(3)};$$

Quinizarine,

$$C^6H^4 < {CO \atop CO} > C^6H^2(OH)_{(1)}(OH)_{(4)};$$

Hystazarine,

$$C^6H^4 < {CO \atop CO} > C^6H^2(OH)_{(2)}(OH)_{(3)}.$$

ALIZARINE (1-2-*dioxyanthraquinone*) (voyez Suppl., 1, 90). — MM. Schunck et Römer ont découvert un moyen très simple pour séparer l'alizarine des trioxyanthraquinones (flavo- et anthrapurpurine) qui accompagnent toujours le produit commercial [*D. chem. G.*, **13**, 42]. Il suffit de chauffer l'alizarine brute à 140° : seule l'alizarine se sublime; on déduit de la perte de poids la teneur en alizarine. Ce procédé repose sur le fait que l'alizarine se sublime déjà à 110°, tandis que la flavopurpurine exige une température de 160° et l'anthrapurpurine de 170°.

L'alizarine ne possède vis-à-vis des alcalis étendus qu'une seule fonction phénolique, l'autre disparaissant en présence de l'eau, ainsi qu'il ressort de l'étude thermochimique de la formation des sels d'alizarine [Berthelot, *Ann. Chim. Phys.*, (6), **7**, 208].

L'alizarine, traitée à une température élevée par la potasse fondante, fournit de l'acide benzoïque et de l'acide protocatéchique [Liebermann et Dehnst, *D. chem. G.*, **12**, 1293].

Action de l'ammoniaque sur l'alizarine. — En chauffant l'alizarine à 180° avec de l'ammoniaque aqueuse, on obtient l'amido-m-oxyanthraquinone à côté d'une petite quantité d'amido-o-oxyanthraquinone.

Avec un excès d'ammoniaque, il se forme de l'o-diamidoanthraquinone (1-2).

En chauffant 1 partie d'alizarine à 180° avec

1 partie d'ammoniaque (d = 0,915) pendant 10 heures, on obtient de petits cristaux à éclat métallique, insolubles dans l'eau, l'alcool et l'ammoniaque et ayant pour formule

$$\left(C^6H^4 \genfrac{<}{>}{0pt}{}{CO}{CO} C^6H^2 - AzH^2\right)^2 AzH$$

[Von Perger, *J. prakt. Chem.*, (2), **18**, 131].

Si l'on fait agir l'ammoniaque sur l'alizarine en ne dépassant pas la température de 150°, on voit se séparer le sel ammoniacal de l'*imide alizarique*, $C^{14}H^6O^2 = AzH$; ce composé, soumis à l'ébullition avec de l'acide chlorhydrique et de l'alcool, fournit l'amide libre, qui cristallise en aiguilles brunes.

Éther monométhylique,

$$C^6H^4 \genfrac{<}{>}{0pt}{}{CO}{CO} C^6H^2 (OH) (OCH^3).$$

— Ce corps ne teint pas les tissus mordancés; il se dissout toutefois en rouge dans les alcalis.

Éther diéthylique,

$$C^6H^4 \genfrac{<}{>}{0pt}{}{CO}{CO} C^6H^2 (OC^2H^5)^2.$$

— On prépare ce corps en chauffant à 160-170° 1 molécule d'alizarine avec 2 molécules d'éthylsulfate de potassium et 2 molécules de potasse caustique. On dissout le produit brut dans l'eau, on acidifie par l'acide sulfurique et on épuise par l'éther. On lave la solution éthérée avec une dissolution alcaline faible; on évapore l'éther et on fait cristalliser le résidu dans l'alcool aqueux.

On obtient ainsi des aiguilles d'un jaune d'or, peu solubles dans l'éther de pétrole, plus solubles dans le sulfure de carbone, l'alcool et l'éther, très solubles dans le chloroforme [Habermann, *Mon. f. Chem.*, **5**, 228].

NITROALIZARINES,

$$C^6H^4 \genfrac{<}{>}{0pt}{}{CO}{CO} C^6H (AzO^2) (OH)^2.$$

— Il existe deux nitroalizarines isomériques; l'une d'elles, qui constitue la majeure partie du produit commercial, s'obtient par l'action des vapeurs nitreuses sur l'alizarine; elle a été préparée synthétiquement par l'action de la soude caustique sur la dinitro-m-oxyanthraquinone à 20 0/0 [Simon, *D. chem. G.*, **15**, 692]:

$$C^6H^4 \genfrac{<}{>}{0pt}{}{CO}{CO} C^6H (OH) (AzO^2)^2 + NaOH$$
$$= AzO^2Na + C^6H^4 \genfrac{<}{>}{0pt}{}{CO}{CO} C^6H (OH)^2 (AzO^2).$$

Le moyen le plus commode pour préparer la nitroalizarine pure est le suivant:

On met 1 partie d'alizarine bien sèche et finement pulvérisée en suspension dans 10 parties d'acide acétique et on ajoute peu à peu 0p,7 d'acide nitrique (d = 1,42); il se produit un léger échauffement et on obtient un magma formé d'aiguilles jaunes enchevêtrées; on filtre, on lave à l'eau et on dissout dans une lessive de potasse étendue et chaude. Par addition d'un excès de potasse à la liqueur filtrée, on obtient un précipité du sel potassique, qu'on lave et qu'on décompose par un acide. On peut éviter cette purification à la potasse en laissant agir l'acide nitrique assez longtemps pour attaquer la totalité de l'alizarine, ce que l'on reconnaît par l'examen au spectroscope d'une prise d'essai prélevée sur le liquide [Schunck et Römer, *D. chem. G.*, **12**, 584].

La nitroalizarine cristallise dans le benzène en longues aiguilles orangées, fusibles à 244° en se décomposant; elle se sublime en se charbonnant en partie et donne ainsi des lamelles jaunes.

Les solutions alcalines sont d'un rouge pourpre. Le sulfure d'ammonium la transforme en amidoalizarine; cette dernière donne avec l'anhydride acétique un anhydride interne, indice de la position ortho du groupe amidé par rapport à l'oxhydryle. La nitroalizarine fusible à 244° a donc une structure exprimée par la formule

OH
- CO - OH
- CO - AzO²

En chauffant la nitroalizarine avec de l'érythrite en présence d'acide sulfurique concentré, on obtient une poudre d'un rouge brun, soluble en violet bleu dans la soude caustique; avec le sucre de canne, on obtient un produit analogue, qui donne avec la soude une solution bleue [Brunner, *D. chem. G.*, **15**, 178].

Ces produits paraissent être constitués par de la β-amidoalizarine plus ou moins pure [Brunner et Chuard, *D. chem. G.*, **18**, 445].

Diacétylnitroalizarine,

$$C^6H^4 \genfrac{<}{>}{0pt}{}{CO}{CO} C^6H (AzO^2) (OC^2H^3O)^2.$$

— On l'obtient par l'action de l'anhydride acétique sur la nitroalizarine et on la purifie par cristallisation dans le benzène. On obtient ainsi de longues aiguilles jaunes, fusibles à 218°, qui se décomposent par cristallisation dans l'alcool ou dans l'acide acétique [Schunck et Römer, *loc. cit.*].

Nitroalizarine isomérique (α-nitroalizarine). — On obtient ce corps par l'action de l'acide nitrique sur la δ-acétylalizarine [Perkin, *Chem. Soc.*, **30**, 578. — Schunck et Römer, *loc. cit.*].

L'α-nitroalizarine cristallise dans l'alcool en aiguilles d'un jaune d'or, fusibles à 194-196°; elle est moins soluble dans l'alcool et dans l'acide acétique que son isomère; sa dissolution alcoolique est d'un violet bleu.

Chauffée avec de l'acide sulfurique, elle se transforme en purpurine. L'acide nitrique l'oxyde en la transformant en acide phtalique [Caro, *Ann. Chem.*, **201**, 353].

Le *sel de calcium* est violet-rouge; celui de *baryum*, violet-bleu. Tous deux sont insolubles dans l'eau.

BLEU D'ALIZARINE. — Voyez ANTHRAQUINOLÉINE.

AMIDOALIZARINES,

$$C^6H^4 \genfrac{<}{>}{0pt}{}{CO}{CO} C^6H (AzH^2) (OH)^2.$$

— Il existe deux amido-alizarines, correspondant aux deux nitroalizarines.

α-Amidoalizarine. — On la prépare en traitant une solution alcaline de nitroalizarine fusible à 194-196° par l'amalgame de sodium (Perkin). Elle cristallise dans l'alcool en aiguilles noires, à reflets métalliques verts. Les solutions dans l'alcool et dans les alcalis sont d'un rouge carmin.

β-Amidoalizarine,

$$C^6H^4 \genfrac{<}{>}{0pt}{}{CO}{CO} C^6H \underset{(1)}{(OH)} \underset{(2)}{(OH)} \underset{(3)}{(AzH^2)}.$$

— On prépare ce corps en faisant agir les réducteurs sur la nitroalizarine correspondante. On peut employer pour cela le zinc et la potasse, une solution alcaline d'oxyde stanneux ou le zinc et l'acide chlorhydrique en solution alcoolique. Toutefois les meilleurs résultats ont été obtenus par l'emploi du sulfure d'ammonium [Schunck et Römer, *D. chem. G.*, **12**, 588]. Voici le mode opératoire: On dissout la nitroalizarine dans l'ammoniaque étendue et on fait passer un courant d'hydrogène sulfuré à travers le liquide. Au bout de quelque temps on rajoute de l'ammoniaque; par la concentration de la liqueur, il se sépare une poudre rouge, qu'on lave à l'eau et qu'on reprend par l'acide acétique bouillant. Par le refroidissement, il se sépare de magnifiques prismes d'un rouge foncé, doués d'éclat métallique, fusibles bien au-dessus de 300°.

La β-amidoalizarine se sublime en aiguilles rouges, en laissant un résidu charbonneux abondant; elle est peu soluble dans l'alcool, en donnant une liqueur d'un jaune rouge. L'acide sulfurique concentré donne un liquide jaune foncé. L'acide chlorhydrique la dissout difficilement en formant un sel qui est décomposé par l'eau. La potasse caustique la dissout en bleu; la solution se décolore à l'air en passant par le violet.

La β-amidoalizarine teint en rouge mat les tissus mordancés en alumine; les mordants de fer donnent une coloration grise.

Diacétyl-β-amidoalizarine,

$$C^6H^4 \begin{smallmatrix} < CO > \\ < CO > \end{smallmatrix} C^6H(OH)(OC^2H^3O)(AzH \cdot C^2H^3O).$$

— On obtient ce corps en faisant bouillir l'éthénylacétylamidoalizarine avec de l'acide acétique à 50 0/0 jusqu'à dissolution complète; par le refroidissement le dérivé diacétylé cristallise [Römer, *D. chem. G.*, **18**, 1668]. On obtient ainsi des cristaux brillants d'un brun rouge, fusibles à 268-271° en se décomposant, solubles dans l'alcool en jaune, dans l'acide sulfurique concentré en jaune d'or, insolubles dans l'acide chlorhydrique. Cet acide décompose la matière à l'ébullition en régénérant l'amidoalizarine.

La diacétylamidoalizarine, renfermant un oxhydryle inaltéré, se dissout entièrement dans la potasse caustique; la dissolution est bleue. Le carbonate de sodium donne une dissolution violette, qui devient bleue par l'addition de potasse caustique.

La solution alcoolique, additionnée d'acétate de plomb, donne un précipité violet; dans les mêmes circonstances l'amidoalizarine donne un précipité rouge.

Les tissus mordancés en alumine sont teints en rouge sombre par l'acétylamidoalizarine.

Éthénylamidoacétylalizarine,

$$C^6H^4 \begin{smallmatrix} < CO > \\ < CO > \end{smallmatrix} C^6H(OC^2H^3O) \begin{smallmatrix} < O > \\ < Az \geq \end{smallmatrix} C \cdot CH^3.$$

— On prépare ce corps en chauffant à 180° l'o-amidoalizarine avec de l'anhydride acétique; on le purifie par cristallisation dans l'anhydride acétique.

L'éthénylamidoacétylalizarine forme des cristaux brillants d'un brun jaune, fusibles à 238-240° et se sublimant sans décomposition en lamelles d'un jaune clair, solubles dans le benzène. Par ébullition avec l'acide acétique, elle se transforme en diacétylamidoalizarine; par ébullition avec l'acide chlorhydrique, elle donne de l'amidoalizarine [Römer, *loc. cit.*].

Benzénylamidobenzoylalizarine,

$$C^6H^4 \begin{smallmatrix} < CO > \\ < CO > \end{smallmatrix} C^6H(OC^7H^5O) \begin{smallmatrix} < O > \\ < Az \geq \end{smallmatrix} C \cdot C^6H^5.$$

— On l'obtient en faisant bouillir de l'amidoalizarine avec du chlorure de benzoyle. Ce corps cristallise en petites aiguilles grises, brillantes, fusibles au-dessus de 300° et sublimables en aiguilles jaunes; il est presque insoluble dans les dissolvants usuels. L'acide chlorhydrique ne le saponifie qu'à 180° (Römer).

DÉRIVÉS SULFONÉS. — *Acide α-sulfoné*,

$$C^6H^4 \begin{smallmatrix} < CO > \\ < CO > \end{smallmatrix} C^6H(OH)^2(SO^3H).$$

— Ce corps s'obtient à côté d'une petite quantité du dérivé β, en chauffant à 130-140° de l'alizarine avec de l'acide sulfurique fumant. [Von Perger, *J. prakt. Chem.*, (2), **18**, 174. — Graebe, *D. chem. G.*, **12**, 57].

L'acide alizarine-sulfonique forme des cristaux orangés, solubles dans l'eau, peu solubles dans une solution de chlorure de sodium, dans l'eau chargée d'acide chlorhydrique et dans l'alcool, insolubles dans l'éther. L'acide nitrique étendu le transforme en acide phtalique.

Ses solutions alcalines sont violettes.

Sel de sodium, $C^{14}H^7O^4(SO^3Na), H^2O$. — Ce corps forme des aiguilles orangées; chauffé, il perd d'abord son eau de cristallisation; à une température plus élevée, il fournit nettement de l'alizarine. Par fusion avec les alcalis, il ne donne pas de trioxyanthraquinone, mais des flocons bruns, solubles dans les alcalis en brun sale.

Ce sel était autrefois régulièrement un produit secondaire de la fabrication de l'alizarine artificielle. Il se forme principalement quand on traite l'anthraquinone par l'acide sulfurique ordinaire et que, lors de la fusion alcaline, on omet l'addition du chlorate de potassium nécessaire pour l'oxydation de la monoxyanthraquinone formée dans la première phase de la réaction.

Les sels monométalliques $C^{14}H^5O^2(OH)^2SO^3R$ sont jaunes ou orangés et donnent de l'alizarine lorsqu'on les chauffe à l'état sec.

Le *sel potassique* est soluble dans l'eau; les sels *alcalino-terreux* et ceux des métaux lourds sont insolubles ou peu solubles.

Les sels dimétalliques,

$$C^{14}H^5O^2(SO^3R)(OR)(OH),$$

le sel d'ammonium excepté, ne donnent pas d'alizarine lorsqu'on les chauffe. Les sels alcalins sont d'un violet rouge; ceux de baryum et de calcium sont jaune-rouge.

Enfin les sels trimétalliques,

$$C^{14}H^5O^2(SO^3R)(OR)(OR),$$

sont d'un violet plus ou moins intense et sont très solubles. Chauffés à l'état sec, ils ne donnent pas d'alizarine.

Acide β-sulfoné, $C^{14}H^5O^2(OH)^2(SO^3H)$. — Pour séparer cet acide de son isomère α, on traite le mélange par l'alcool, qui ne dissout que très peu le dérivé β. On purifie le produit par cristallisation dans l'eau bouillante.

Il forme de petits cristaux jaunes, peu solubles dans l'eau et dans l'alcool, solubles en rouge pourpre dans l'ammoniaque; l'eau de baryte donne un précipité bleu. Cet acide se distingue principalement de son isomère α par l'action de la potasse fondante; il fournit en effet de la purpurine.

XANTHOPURPURINE (1-3-*dioxyanthraquinone*). — Voyez Suppl., **1**, 1316.

Un nouveau mode de formation de ce corps a été découvert par M. Noah [*Ann. Chem.*, **241**, 266]. Il consiste à chauffer pendant 7 heures à 105-110° un mélange de 1 partie d'acide dioxybenzoïque symétrique, 5 parties d'acide benzoïque et 25 parties d'acide sulfurique concentré; on précipite par l'eau, on reprend par l'éther, on décante, on évapore et on traite le résidu par un courant de vapeur d'eau. La xanthopurpurine n'est pas entraînée : on la purifie par cristallisation dans le benzène.

QUINIZARINE (1-4-*dioxyanthraquinone*) (voyez Suppl., **1**, 1350). — La quinizarine, traitée par le ferricyanure de potassium et la soude caustique, se transforme en acide phtalique [Dralle, *D. chem. G.*, **17**, 376].

Monoéthylquinizarine,

$$C^6H^4 \begin{smallmatrix} < CO > \\ < CO > \end{smallmatrix} C^6H^2 \begin{smallmatrix} < OH \\ < OC^2H^5. \end{smallmatrix}$$

— On sépare cet éther de la quinizarine inaltérée par l'action de l'eau de baryte : le sel formé par la quinizarine est insoluble ; celui de l'éthylquinizarine se dissout ; on précipite par un acide et on purifie par cristallisation dans l'alcool.

On obtient ainsi de magnifiques aiguilles d'un rouge carmin, fusibles à 150-151°, peu solubles dans les alcalis en rouge, tandis que les dissolutions alcalines de quinizarine sont violet-bleu.

L'acide sulfurique concentré dissout la monoéthylquinizarine en donnant une liqueur d'un beau rouge. Cette dissolution, comme celles de la quinizarine et de son éther diéthylique, est fluorescente [Liebermann et Jellinek, *D. chem. G.*, **21**, 1169].

Diéthylquinizarine,

$$C^6H^4 < {CO \atop CO} > C^6H^2(OC^2H^5)^2.$$

— Ce corps cristallise en jolies aiguilles jaunes, fusibles à 176-177° (voyez PRÉPARATION DES ÉTHERS DES OXYANTHRAQUINONES).

ACIDE QUINIZARINE-SULFONIQUE,

$$C^6H^4 < {CO \atop CO} > C^6H(OH)^2(SO^3H).$$

— Ce corps a été obtenu une fois en préparant de la quinizarine au moyen d'hydroquinone et d'acide phtalique en présence de l'acide sulfurique. Comme il ne se forme pas directement avec la quinizarine et l'acide sulfurique, il est probable que sa production est due à la formation préalable d'un acide hydroquinone-sulfonique.

Le *sel sodique*, $C^{14}H^5O^2(OH)^2(SO^3Na)$, cristallise en aiguilles orangées, solubles dans l'eau, peu solubles dans l'alcool et dans les solutions salines. La solution aqueuse, additionnée d'un alcali, se colore en bleu foncé ; elle donne avec l'hydrate de baryte et avec l'acétate de plomb des précipités colorés.

L'acide quinizarine-sulfonique ne teint pas les tissus mordancés, tout comme la quinizarine elle-même.

HYSTAZARINE (2-3-*dioxyanthraquinone*). — L'hystazarine se forme en même temps que l'alizarine lorsqu'on fait agir l'anhydride phtalique sur la pyrocatéchine en présence d'acide sulfurique concentré.

Voici le mode opératoire : On chauffe pendant 4 heures et demie ou 5 heures, au bain de sable, à 140-145°, 5 grammes de pyrocatéchine et 6gr,8 d'anhydride phtalique avec 75 grammes d'acide sulfurique concentré. Le liquide brun est versé encore chaud dans trois quarts de litre d'eau, chauffé à l'ébullition et filtré. Le résidu insoluble renferme les oxyanthraquinones formées dans la réaction. On lave à l'eau, on sèche et on épuise par l'alcool bouillant ; la solution alcoolique est évaporée et le résidu de l'évaporation desséché et traité par le benzène bouillant qui ne dissout que l'alizarine. La partie insoluble, qui renferme l'hystazarine, est épuisée par l'acétone et purifiée par cristallisation dans ce dissolvant. 100 parties de pyrocatéchine fournissent 1p,5 d'alizarine et 12 parties d'hystazarine.

L'hystazarine cristallise en fines aiguilles orangées, infusibles, très peu solubles dans les dissolvants usuels. Elle forme avec les alcalis des solutions bleues ; l'ammoniaque la dissout en violet, l'acide sulfurique concentré en rouge sang.

Le *sel de baryum* est bleu et légèrement soluble dans l'eau bouillante ; le *sel de calcium* est violet et insoluble dans l'eau.

Le chlorure ferrique colore en vert la solution alcoolique d'hystazarine. Cette solution réduit à l'ébullition le nitrate d'argent, en donnant de l'argent métallique.

L'hystazarine ne teint que très faiblement en rouge les tissus mordancés. Le zinc en poudre la transforme au rouge en anthracène.

Diacétylhystazarine, $C^{14}H^6O^2(OC^2H^3O)^2$. — Ce corps cristallise dans l'acide acétique en grosses aiguilles jaunes, fusibles à 205-207° [Liebermann et Schœller, *D. chem. G.*, **21**, 2503].

II. — *Dioxyanthraquinones renfermant les deux oxhydryles dans les deux noyaux.*

On connaît actuellement cinq dioxyanthraquinones qui renferment les oxhydryles dans les deux noyaux benzéniques. Leur constitution toutefois est loin d'être établie avec certitude. Le dixième isomère possible est probablement l'isochrysazine de M. Lifschütz.

Le tableau suivant résume la constitution de ces dioxyanthraquinones :

Anthrarufine,

$$OH_{(5)}.C^6H^3 < {CO \atop CO} > C^6H^3.OH_{(1)}.$$

Chrysazine,

$$OH_{(8)}.C^6H^3 < {CO \atop CO} > C^6H^3.OH_{(1)}.$$

Acide anthraflavique,

$$OH_{(7)}.C^6H^3 < {CO \atop CO} > C^6H^3.OH_{(1)}\ ?$$

Acide isoanthraflavique,

$$OH(?).C^6H^3 < {CO \atop CO} > C^6H^3.OH(?)$$

Benzodioxyanthraquinone,

$$OH_{(7)}.C^6H^3 < {CO \atop CO} > C^6H^3.OH_{(3)}\ ?$$

ANTHRARUFINE (1-5-*dioxyanthraquinone*) (voyez Suppl., **1**, 184). — Un nouveau mode de préparation de l'anthrarufine a été indiqué par M. Römer [*D. chem. G.*, **16**, 369]. Il consiste à faire agir l'acide nitreux sur la diamidoanthraquinone. On dissout l'o-diamidoanthraquinone dans un excès d'acide sulfurique concentré, on ajoute 2 ou 3 volumes d'eau et on additionne la liqueur, avec précaution et en refroidissant, de nitrite de potassium en solution aqueuse jusqu'à ce qu'il commence à se dégager des vapeurs nitreuses ; on fait bouillir pendant quelques heures jusqu'à ce qu'il ne se dépose plus de flocons jaunes ; on filtre, on reprend le résidu par la potasse caustique qui donne une liqueur d'un rouge jaune et on précipite par l'acide chlorhydrique. On fait bouillir le précipité avec de la baryte, et on décompose le sel barytique insoluble par l'acide chlorhydrique. Le produit est finalement purifié par cristallisation dans l'acide acétique.

L'anthrarufine se forme en outre par fusion alcaline de l'acide γ-anthraquinone-disulfonique.

Par une fusion prolongée avec la potasse, l'anthrarufine fournit de l'acide salicylique et de l'acide m-oxybenzoïque. Cette réaction détermine sa formule de structure [Liebermann, *D. chem. G.*, **12**, 1293].

TÉTRANITROANTHRARUFINE,

$$C^{14}H^2O^2(OH)^2(AzO^2)^4.$$

— On obtient ce corps en faisant bouillir l'anthrarufine avec de l'acide nitrique ; par le refroidissement, on l'obtient en lamelles jaunes rhombiques microscopiques.

Le *sel de potassium,*

$$C^{14}H^2O^2(OK)^2(AzO^2)^4,\ H^2O,$$

forme des aiguilles microscopiques brunes, peu solubles, douées d'éclat métallique.

Le *sel de magnésium*,

$$C^{14}H^{2}O^{4}(AzO^{2})^{4}Mg\ ,\ 6\,H^{2}O,$$

cristallise en aiguilles vertes, peu solubles, douées d'éclat métallique.

Le *sel de sodium*,

$$C^{14}H^{2}O^{2}(ONa)^{2}(AzO^{2})^{4}\ ,\ 4\,H^{2}O,$$

forme de belles aiguilles vertes à reflets métalliques.

CHRYSAZINE. — La chrysazine (voyez Suppl., 1, 489) peut être obtenue en fondant avec la potasse l'acide γ-anthraquinone-disulfonique [Liebermann et Dehnst, *D. chem. G.*, 12, 1289]. Si on prolonge l'action de la potasse, on obtient de l'oxychrysazine, qui, sous l'influence d'un excès d'alcali et d'une température élevée, fournit un mélange d'acides salicylique et m-oxybenzoïque.

TÉTRANITROCHRYSAZINE (voyez Suppl., 1, 487, ACIDE CHRYSAMIQUE). — La tétranitrochrysazine, renfermant des groupes AzO^{2} dans les deux noyaux benzéniques, se combine avec 2 molécules de naphtalène pour donner un corps cristallisé en aiguilles brunes [Nölting et Salis, *D. chem. G.*, 15, 1863].

ACIDE ANTHRAFLAVIQUE (voyez Suppl., 1, 81). — L'acide anthraflavique, traité par l'ammoniaque et le zinc en poudre, fournit l'anthranol ou l'hydranthrone de l'acide anthraflavique, ayant pour formule

$$C^{14}H^{10}O^{3} = C^{6}H^{3}(OH) \begin{matrix} \diagup CH \text{—} \diagdown \\ | \\ \diagdown C(OH) \diagup \end{matrix} C^{6}H^{3}(OH).$$

Ce corps cristallise en petites aiguilles blanchâtres. Il fournit un *dérivé triacétylé* qui cristallise en belles aiguilles fusibles à 165° et dont la solution alcoolique présente une belle fluorescence bleue [Liebermann, *D. chem. G.*, 21, 445].

L'éther diéthylique de l'acide anthraflavique résiste à l'action de la potasse alcoolique bouillante. L'acide sulfurique concentré à 200° le scinde en ses composants [Liebermann et Hagen, *D. chem. G.*, 15, 1799].

ACIDE TÉTRANITROANTHRAFLAVIQUE,

$$C^{14}H^{2}O^{2}(OH)^{2}(AzO^{2})^{4}.$$

— Ce corps se forme en même temps que l'acide trinitrooxybenzoïque lorsqu'on fait bouillir pendant une demi-heure 1 partie d'acide antraflavique avec 30-40 parties d'acide nitrique (d = 1,40). Par le refroidissement, il se sépare des aiguilles jaunes; on lave le produit à l'eau et on dessèche sur l'acide sulfurique.

L'acide tétranitroanthraflavique cristallise en aiguilles jaunes, qui font explosion sans fondre à 307°; il est soluble en rouge dans l'eau bouillante, l'alcool et l'éther; si l'on évapore le dissolvant, il se dégage à la fin de l'opération des vapeurs rouges, indice d'une décomposition de la substance.

L'acide nitrique agit au bout d'un temps assez long sur l'acide tétranitroanthraflavique, en donnant de l'acide trinitrooxybenzoïque.

L'acide tétranitroanthraflavique sec absorbe le gaz ammoniac en donnant un composé qui a pour formule

$$C^{14}H^{2}O^{2}(OH)^{2}(AzO^{2})^{4}\ ,\ 4\,AzH^{3}$$

et qui est probablement un sel ammoniacal,

$$C^{14}H^{2}O^{2}(OAzH^{4})^{2}(AzO^{2})^{4}\ ,\ 2\,AzH^{3}.$$

En exposant ce corps sous une cloche en présence de chlorure de calcium, on obtient un corps qui a pour formule

$$C^{14}H^{2}O^{2}(OAzH^{4})^{2}(AzO^{2})^{4}\ ,\ AzH^{3}.$$

Ces deux composés sentent fortement l'ammoniaque et sont d'une couleur rouge clair; chauffés à 100°, ils perdent encore de l'ammoniaque pour donner un sel normal, de couleur rouge foncé, qui répond à la formule

$$C^{14}H^{2}O^{2}(OAzH^{4})^{2}(AzO^{2})^{4}.$$

Ce dernier se dissout aisément dans l'eau; la solution perd de l'ammoniaque par l'exposition à l'air et laisse déposer l'acide libre; le nitrate d'argent produit dans la dissolution du sel ammoniacal un précipité formé de petites aiguilles soyeuses brunes, constituées par le sel d'argent

$$C^{14}H^{2}O^{2}(OAg)^{2}(AzO^{2})^{4}.$$

L'acide tétranitroanthraflavique, traité en dissolution alcaline par l'amalgame de sodium, donne un liquide d'un bleu indigo qui vire ensuite au brun noir et d'où l'acide chlorhydrique précipite des flocons bruns peu solubles dans l'eau et dans l'éther [Schardinger, *D. chem. G.*, 8, 1487] (Suppl., 1, 182).

ACIDE ISOANTHRAFLAVIQUE. — De même que l'acide anthraflavique, ce corps est susceptible de fournir par l'acide nitrique un *dérivé tétranitré*.

Pour préparer ce dernier, on ajoute à un excès d'acide nitrique de l'acide isoanthraflavique déshydraté par une dessiccation à 100°; cette addition doit se faire par petites portions, car la réaction est assez vive au début; on l'achève en chauffant légèrement au bain-marie jusqu'à dissolution complète. Par le refroidissement, l'acide tétranitro-isoanthraflavique cristallise; on décante, on lave à l'acide nitrique et on purifie par cristallisation dans cet acide étendu.

L'acide tétranitro-isoanthraflavique cristallise en lamelles jaunes, brillantes, infusibles à 300° et déflagrant à une température plus élevée. Il est presque insoluble dans le benzène, très soluble dans l'eau, l'alcool et l'éther, moins soluble dans l'acide acétique cristallisable et dans l'acide nitrique. Les dissolutions alcalines d'acide tétranitro-isoanthraflavique sont rouges; traitées par la poudre de zinc, elles virent successivement au jaune, puis au jaune verdâtre; la solution devient d'un vert foncé par une exposition prolongée à l'air.

L'acide tétranitro-isoanthraflavique ne teint pas les tissus mordancés, mais il teint la laine et la soie en un bel orangé.

La nitroalizarine se comporte d'une façon opposée avec les fibres textiles.

Le *sel de potassium*,

$$C^{14}H^{2}O^{2}(AzO^{2})^{4}(OK)^{2}\ ,\ 2\,H^{2}O,$$

s'obtient en additionnant d'acétate de potassium une dissolution aqueuse, concentrée et chaude d'acide tétranitré. Par le refroidissement, il se sépare de longues aiguilles soyeuses, d'un rouge rubis.

Le *sel sodique* est beaucoup plus soluble que le sel de potassium.

Le *sel d'argent* s'obtient en ajoutant une solution de nitrate d'argent à une solution ammoniacale chaude d'acide tétranitro-isoanthraflavique. Il cristallise par le refroidissement en longues aiguilles brillantes, d'un rouge brun [Römer et Schwarzer, *D. chem. G.*, 15, 1045].

BENZODIOXYANTHRAQUINONE. — Voyez Suppl., 1, 183.

ISOCHRYSAZINE. — Ce corps a été obtenu par M. Lifschütz à côté de la benzodioxyanthraquinone, en traitant la matière colorante 1 A (voyez Suppl., 2, 318) par l'alcool et l'acide nitreux [*D.*

chem. G., **17**, 897]. Voici le mode opératoire : On dissout la matière colorante dans la moindre quantité possible d'acide sulfurique concentré ; on ajoute peu à peu à la dissolution du nitrate de potassium solide jusqu'à ce que la dissolution ait viré au rouge brun. Après refroidissement on verse avec précaution dans un grand excès d'alcool absolu et on chauffe au bain-marie jusqu'à cessation du dégagement gazeux ; on filtre à chaud, on distille la majeure partie de l'alcool et on précipite par l'eau ; on obtient des flocons bruns, qui sont un mélange de benzodioxyanthraquinone et d'isochrysazine. On fait bouillir le précipité avec de l'eau de baryte qui dissout la benzodioxyanthraquinone ; la partie insoluble est traitée par l'acide chlorhydrique, lavée et purifiée par cristallisation dans l'alcool ou dans l'éther.

L'isochrysazine forme des aiguilles d'un rouge foncé, fusibles à 175-180° et se sublimant en lamelles ou en aiguilles orangées, solubles dans l'acide sulfurique concentré en jaune rouge.

Elle est soluble dans l'ammoniaque en rouge violet, ce qui la différencie nettement de la chrysazine, qui est insoluble dans ce réactif. Elle ne teint pas les tissus mordancés.

Le *dérivé diacétylé* cristallise en aiguilles grisâtres, fusibles à 160-165°.

L'isochrysazine présente des caractères chimiques assez accentués pour permettre de fixer sa formule ; ce serait donc la dixième dioxyanthraquinone prévue par la théorie.

Quant aux deux corps décrits sous les noms d'*isonlizarine* (Dict., **1**, 131) et d'*acide frangulique* (Suppl., **1**, 840), leur étude serait à reprendre, car les derniers mémoires sur ces substances remontent à une époque à laquelle nos connaissances sur les dérivés de l'anthracène étaient beaucoup moins avancées qu'elles ne le sont aujourd'hui.

Nous terminerons l'étude des dioxyanthraquinones en disant quelques mots des produits obtenus par divers auteurs en traitant l'acide α-nitroanthraquinone-sulfonique par l'acide sulfurique concentré à 200°.

Ces corps renferment deux oxhydryles et dérivent de l'une des 10 dioxyanthraquinones ; leur constitution n'est pas connue [Claus, *D. chem. G.*, **15**, 1522. — Claus et Engelsing, *ibid.*, **16**, 903. — Lifschütz, *ibid.*, **17**, 902].

Acide amidodioxyanthraquinone-sulfonique, $C^{14}H^{4}O^{2}(AzH^{2})(OH)^{2}(SO^{3}H)$. — On obtient cette substance en faisant bouillir l'anhydride (voyez plus bas) avec une lessive alcaline.

Il forme une poudre de couleur rouille, à reflets métalliques verts, se décomposant sans fondre lorsqu'on la chauffe. Il est insoluble dans l'éther et dans le benzène, soluble dans l'alcool et très soluble dans l'eau ; ces dissolutions sont rouges ; les solutions alcalines sont violet-bleu.

Anhydride, $[C^{14}H^{4}O^{2}(AzH^{2})(SO^{3}H)(OH)]^{2}O$. — On chauffe à 200° 1 partie d'acide α-nitroanthraquinone-sulfonique avec 20 parties d'acide sulfurique. On traite le produit de la réaction à plusieurs reprises par l'alcool en petite quantité : il ne se dissout ainsi que l'éther sulfurique formé en même temps. Le résidu est un corps cristallin, d'un violet foncé, qui se décompose sans fondre à 300° ; il est soluble dans l'eau, insoluble dans l'alcool, l'éther, le benzène, l'acide acétique et le chloroforme. Il forme avec les alcalis des sels solubles, avec la baryte un sel peu soluble. Les alcalis bouillants le transforment en acide amidodioxyanthraquinone-sulfonique.

Si dans la préparation du corps précédent on emploie plus de 20 parties d'acide sulfurique pour 1 partie d'acide nitroanthraquinone-sulfonique, on obtient un corps d'un rouge fuchsine, soluble dans l'alcool et constitué par l'éther sulfurique de l'acide amidodioxyanthraquinone-sulfonique. Le sel barytique de cet éther, bouilli avec de l'eau, fournit du sulfate de baryum et de l'acide amidodioxyanthraquinone-sulfonique.

TRIOXYANTHRAQUINONES.

La théorie prévoit l'existence de 14 trioxyanthraquinones isomériques. — On n'en connaît jusqu'ici que 6. Ce sont : l'*anthragallol*, la *purpurine*, l'*anthrapurpurine*, la *flavopurpurine*, l'*oxychrysazine* et la *trioxyanthraquinone*.

Il ne peut exister que 2 trioxyanthraquinones renfermant les 3 oxhydryles dans le même noyau ; ces deux formes isomériques sont connues ; ce sont l'anthragallol et la purpurine :

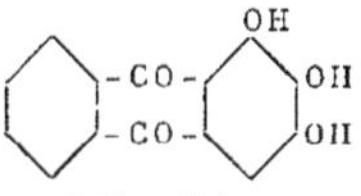

Anthragallol. 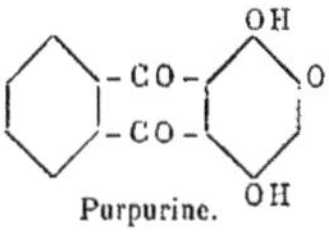 Purpurine.

La constitution des quatre autres trioxyanthraquinones n'est pas connue.

ANTHRAGALLOL,

$$C^{6}H^{4}<^{CO}_{CO}>C^{6}H(OH)^{3}$$

(voyez Suppl., **1**, 185). — D'après M. Cahn [*D. chem. G.*, **19**, 2335], l'anthragallol fond à 310°. Traité par l'étain et l'acide chlorhydrique, il se transforme en anthragallol-hydranthrone. Bouilli avec le zinc en poudre, l'anhydride acétique et l'acétate de sodium, il fournit le dérivé pentacétylé de l'oxanthranol, $C^{14}H^{5}(OC^{2}H^{3}O)^{5}$ (Liebermann).

L'anthragallol teint en brun foncé les tissus mordancés en alumine [Liebermann et Kostanecki, *D. chem. G.*, **18**, 2148]. Il est employé dans l'industrie de l'indienne sous le nom de *brun d'anthracène*.

Éthers éthyliques. — *a-Monoéthylanthragallol*,

$$C^{6}H^{4}<^{CO}_{CO}>C^{6}H(OH)_{(1)}(OC^{2}H^{5})_{(2)}(OH)_{(3)}$$

— On chauffe à 80° de l'anthragallol avec une solution aqueuse de potasse et de l'iodure d'éthyle ; on reprend par l'eau et on purifie par cristallisation dans l'alcool. On obtient ainsi de petites aiguilles rouges, fusibles à 175°, assez solubles dans l'alcool bouillant, le benzène, l'éther et l'acide acétique cristallisable. Sa solution sulfurique est orangée. Il ne teint pas les tissus mordancés.

b-Monoéthylanthragallol,

$$C^{6}H^{4}<^{CO}_{CO}>C^{6}H(OH)_{(1)}(OH)_{(2)}(OC^{2}H^{5})_{(3)}.$$

— On précipite une solution alcoolique d'anthragallol par l'acétate de plomb et on chauffe le sel plombique avec du benzène et de l'iodure d'éthyle pendant 16 heures à 220°. La solution alcoolique précipite par l'acétate de plomb, ce qui permet de séparer l'éther monoéthylique de l'éther diéthylique formé dans la réaction. On décompose le sel plombique, d'un bleu noir, par l'ammoniaque, on précipite par un acide et on purifie par cristallisation dans l'alcool. On obtient ainsi l'éthylanthragallol sous la forme de petites aiguilles rouges, fusibles à 245°, peu solubles dans l'alcool et dans l'éther, solubles en bleu pur dans les alcalis. Ce corps teint les fibres textiles mordancées en alumine en un rouge plus bleuté que l'alizarine.

a-Diéthylanthragallol, $C^{14}H^{5}O^{2}(OH)(OC^{2}H^{5})^{2}$.

— Obtenu par l'anthragallol, l'iodure d'éthyle et la potasse aqueuse, il cristallise en aiguilles brunes, fusibles à 134°. Il ne teint pas les tissus mordancés.

b-Diéthylanthragallol. — On l'obtient à côté de l'éther monoéthylique par l'action de l'iodure d'éthyle en solution benzénique sur le précipité plombique préparé en ajoutant de l'acétate de plomb à la solution alcoolique de l'anthragallol. Il cristallise dans l'alcool en aiguilles jaunes, soyeuses, fusibles à 198°, solubles dans l'éther, l'alcool, le benzène et l'acide acétique. La solution sulfurique est jaune-rougeâtre [Liebermann et Jellinck, *D. chem. G.*, **21**, 1169].

ANTHRAGALLOL-AMIDE,

$$C^6H^4 \left\langle {CO \atop CO} \right\rangle C^6H(AzH)^2_{(1)}(OH)_{(2)}(OH)_{(3)}.$$

— On obtient ce corps en faisant bouillir pendant une demi-heure de l'anthragallol avec un excès d'ammoniaque [Georgievics, *Mon. f. Chem.*, **6**, 755]; on évapore la solution et on purifie le produit obtenu par des cristallisations répétées dans l'alcool.

L'anthragallol-amide cristallise en aiguilles noires, brillantes, insolubles dans l'eau froide, solubles en bleu dans les alcalis.

L'acide sulfurique la dissout en rouge; l'eau précipite le produit inaltéré; si on chauffe, il y a transformation de l'anthragallol-amide en un corps qui forme des laques roses avec l'alumine, tandis que l'anthragallol-amide ne teint pas les tissus mordancés.

L'anthragallol-amide se dissout dans l'acide chlorhydrique en jaune rougeâtre. La solution alcoolique bouillante de l'anthragallol-amide, traitée par les vapeurs nitreuses, fournit une substance cristalline jaune, soluble en rouge dans les alcalis, se ramollissant à 185° et fusible à 190-200°. Ce corps, d'après son mode de formation, devrait être de l'hystazarine; mais ses propriétés l'éloignent considérablement de cette substance et excluent l'identité des deux produits.

ACIDE ANTHRAGALLOL-SULFONIQUE. — On chauffe 1 partie d'anthragallol avec 3-4 parties d'acide sulfurique concentré à 130-140° pendant 3-4 heures. Après refroidissement, on verse dans l'eau; on précipite la liqueur jaune par le sel marin et on évapore. Il se sépare un sel sodique de l'acide sulfoné.

La composition de ce corps n'est pas connue. Il se colore en brun foncé par les alcalis et possède des propriétés tinctoriales [Georgievics, *loc. cit.*].

ANTHRAGALLOL-HYDRANTHRONE,

$$C^6H^4 \left\langle {C(OH) \atop CH\ —} \right\rangle C^6H(OH)^3.$$

— Ce corps est obtenu en réduisant l'anthragallol par l'étain et l'acide chlorhydrique en présence d'un grand excès d'acide acétique cristallisable. Pour 1 partie d'anthragallol, on emploie 5 parties d'étain, 40 parties d'acide acétique et 5 parties d'acide chlorhydrique, qu'on ajoute peu à peu à la liqueur bouillante jusqu'à décoloration. On filtre bouillant et, par addition d'une petite quantité d'eau, on obtient après refroidissement des aiguilles jaunâtres, qu'on purifie par cristallisation dans l'acide acétique. Ce corps est soluble en brun jaune dans les alcalis; à l'air, la solution alcaline devient d'un beau violet.

Le *dérivé tétracétylé* fond à 203-205° (Suppl., **1**, 1315) [Liebermann, *D. chem. G.*, **21**, 444].

PURPURINE,

$$C^6H^4 \left\langle {CO \atop CO} \right\rangle C^6H(OH)^3.$$

— Une dissolution alcaline de purpurine, exposée à l'air et à la lumière, se transforme lentement en acide phtalique; le ferricyanure de potassium détermine la même oxydation [Dralle, *D. chem. G.*, **17**, 376].

ANTHRAPURPURINE (*isopurpurine*),

$$OH.C^6H^3 \left\langle {CO \atop CO} \right\rangle C^6H^2(OH)_{(2)}(OH)_{(3)}.$$

(voyez Suppl., **1**, 1316). — L'anthrapurpurine, soumise à l'ébullition avec l'anhydride acétique, la poudre de zinc et l'acétate de sodium, fournit un *dérivé tétracétylé*, $C^{14}H^6(OC^2H^3O)^4$.

Le zinc en poudre et l'ammoniaque transforment l'anthrapurpurine en un corps $C^{14}H^6(OH)^4$, dont le dérivé tétracétylé cristallise en aiguilles fusibles à 167° [Liebermann, *D. chem. G.*, **21**, 443].

Monoéthylisopurpurine,

$$C^{14}H^5O^2(OH)^2(OC^2H^5).$$

— Ce corps s'obtient en chauffant à 80° de l'anthrapurpurine, de la potasse aqueuse et de l'iodure d'éthyle. Il cristallise dans l'alcool en aiguilles orangées à éclat vitreux, fusibles à 265°, solubles en violet rouge dans l'acide sulfurique concentré [Liebermann et Jellinck, *D. chem. G.*, **21**, 1170].

Diéthylanthrapurpurine,

$$C^{14}H^5O^2(OH)(OC^2H^5)^2.$$

Il existe deux composés isomériques répondant à cette formule : l'un s'obtient en traitant l'anthrapurpurine par la potasse aqueuse et l'iodure d'éthyle; l'autre, en chauffant à 220° le sel de plomb de l'anthrapurpurine avec du benzène et de l'iodure d'éthyle.

Le premier forme des aiguilles jaunes enchevêtrées, fusibles à 162°, solubles en violet rouge dans l'acide sulfurique concentré; le second cristallise dans l'alcool en aiguilles jaunes microscopiques, fusibles à 170° [Liebermann et Jellinck, *loc. cit.*].

FLAVOPURPURINE,

$$C^6H^3(OH) \left\langle {CO \atop CO} \right\rangle C^6H^2(OH)^2$$

(voyez Suppl., **1**, 1317). — La flavopurpurine peut être obtenue facilement à l'état de pureté en partant du produit commercial, d'après le procédé étudié récemment par M. Jellinck [*D. chem. G.*, **21**, 2524]. Voici comment il convient d'opérer :

On met 500 grammes du produit commercial en poudre en suspension dans 3 litres d'eau bouillante; on ajoute de la potasse jusqu'à réaction faiblement alcaline et on filtre. On étend d'eau la dissolution de manière à amener le volume total à 15 litres; on porte le liquide à l'ébullition et on l'additionne d'une dissolution d'acétate de plomb en agitant continuellement jusqu'à ce qu'une prise d'essai donne par l'acétate de plomb un précipité qui, après traitement par l'acide carbonique, présente une couleur jaune-brun très clair. Pour 500 grammes de flavopurpurine commerciale, l'auteur a employé 550 gr. d'acétate de plomb cristallisé.

Le sel plombique ainsi obtenu est filtré et égoutté pendant 24 heures; on ligature les chausses filtrantes dans lesquelles on a rassemblé le précipité et on les fait bouillir dans une chaudière en cuivre en évitant une ébullition par trop tumultueuse, jusqu'à ce que les eaux ne se colorent plus qu'en rose pâle. Le produit ainsi purifié est exprimé et décomposé en présence d'alcool par l'acide sulfurique; en filtrant à chaud pour séparer le sulfate de plomb et en évaporant la solution alcoolique, on obtient par le refroidissement des cristaux qu'on met de côté; on évapore les eaux mères, qui fournissent alors la flavopurpurine à l'état de pureté. On peut pour plus de sûreté faire cristalliser encore une fois la flavopurpurine dans l'eau bouillante.

La flavopurpurine, traitée par un mélange d'acide acétique cristallisable, d'acide chlorhydrique et d'étain, fournit un *dérivé acétylé*, peu soluble dans l'acide acétique, cristallisant en lamelles jaunâtres, fusibles à 239-240°, et qui a pour formule $C^{14}H^{3}(OC^{2}H^{3}O)^{5}$.

A côté de ce corps, il se forme un produit soluble dans l'acide acétique, fusible à 103-105° et ayant pour formule $C^{14}H^{6}(OC^{2}H^{3}O)^{4}$ [Liebermann, *D. chem. G.*, **21**, 441].

Éthylflavopurpurine, $C^{14}H^{5}O^{2}(OH)^{2}(OC^{2}H^{5})$. — On chauffe à 80° de la flavopurpurine avec de l'iodure d'éthyle en présence de potasse [Liebermann et Jellinek, *D. chem. G.*, **21**, 1170].

Ce corps est très soluble dans l'alcool froid, ainsi que dans l'éther.

Diéthylflavopurpurine,

$$C^{14}H^{5}O^{2}(OH)(OC^{2}H^{5})^{2}.$$

— Ce corps se forme à l'exclusion du dérivé monoéthylique quand on chauffe à 220° le sel plombique de la flavopurpurine avec de l'iodure d'éthyle en présence de benzène. Il cristallise dans l'alcool en longues aiguilles jaune-rougeâtre, fusibles à 209°, peu solubles dans l'éther et dans l'alcool, solubles dans l'acide acétique bouillant. L'acide sulfurique donne avec la diéthylflavopurpurine une liqueur d'un rouge sang (Liebermann et Jellinek).

Diphénylcarbamine-flavopurpurine,

$$C^{14}H^{5}O^{2}(OH)(O.CO.AzH.C^{6}H^{5})^{2}.$$

— On obtient ce corps en chauffant pendant quelques heures en vase clos à 165° de la flavopurpurine et du cyanate de phényle.

On épuise la masse successivement par le benzène, l'acide acétique et l'alcool; le résidu forme des lamelles microscopiques insolubles dans les dissolvants organiques; les alcalis dissolvent cette substance en la scindant très nettement en flavopurpurine, aniline et acide carbonique.

OXYCHRYSAZINE. — Voyez Suppl., **1**, 489.

TRIOXYANTHRAQUINONE. — Ce corps se forme quand on chauffe pendant quelques heures à 210° 1 partie de tétrabromanthraquinone fusible à 295-300° avec 10 parties de soude caustique; on reprend par l'eau, on précipite par l'acide chlorhydrique et on fait cristalliser dans l'acide acétique [Diehl, *D. chem. G.*, **11**, 186].

La trioxyanthraquinone est soluble en rouge brun dans l'alcool et dans l'acide acétique. La soude la dissout en donnant un liquide violet-brun. Elle ne possède pas de propriétés tinctoriales.

TÉTRAOXYANTHRAQUINONES.

On ne connaît que 6 tétraoxyanthraquinones sur les 22 isomères prévus par la théorie. Ce sont l'*oxypurpurine*, l'*anthrachrysone*, la *rufiopine*, l'*α-oxyanthragallol*, le *β-oxyanthragallol* et la *quinalizarine*. La constitution de ces isomères, la quinalizarine exceptée, n'est pas complètement connue.

OXYPURPURINE. — Voyez Suppl., **1**, 1317.

ANTHRACHRYSONE (voyez Suppl., **1**, 181). — Le meilleur procédé de purification de l'anthrachrysone brute consiste à faire cristalliser le produit dans un mélange de xylène et d'acétone et ensuite dans l'alcool. On l'obtient ainsi sous la forme d'aiguilles soyeuses, solubles dans l'alcool et dans l'acétone, très peu solubles dans l'eau, l'éther, le chloroforme, le xylène et l'éther de pétrole.

L'acide nitrique fumant attaque l'anthrachrysone en donnant un mélange de dérivés nitrés qui paraissent dériver des produits de dédoublement de l'anthrachrysone [Noah, *D. chem. G.*, **19**, 754].

Tétracétylanthrachrysone,

$$C^{6}H^{2}(OC^{2}H^{3}O)^{2}<^{CO}_{CO}>C^{6}H^{2}(OC^{2}H^{3}O)^{2}.$$

— On fait bouillir de l'anthrachrysone avec de l'anhydride acétique en présence d'acétate de sodium; on lave le produit de la réaction à la soude étendue pour enlever l'anthrachrysone inattaquée et on fait cristalliser dans l'acide acétique.

La tétracétylanthrachrysone cristallise en aiguilles jaunâtres, fusibles à 253°, peu solubles dans l'alcool et dans le benzène, solubles dans l'acide acétique bouillant [Noah, *loc. cit.*].

RUFIOPINE,

$$C^{6}H^{2}(OH)^{2}<^{CO}_{CO}>C^{6}H^{2}(OH)^{2}.$$

— Voyez Suppl., **1**, 1401.

α-OXYANTHRAGALLOL,

$$C^{6}H^{3}(OH)<^{CO}_{CO}>C^{6}H(OH)^{3}.$$

— Ce corps se forme à côté du β-oxyanthragallol et de l'acide rufigallique lorsqu'on chauffe pendant 20 heures à 150° des quantités équimoléculaires d'acides m-oxybenzoïque et gallique avec 10 parties d'acide sulfurique concentré. On précipite par l'eau, on filtre, on exprime et on épuise le précipité par l'alcool bouillant.

On évapore à siccité le liquide alcoolique, on sèche et on épuise par le benzène : l'α-oxyanthragallol se dissout; le dérivé β reste à l'état insoluble. On évapore le benzène et on reprend le résidu par l'alcool.

L'α-oxyanthragallol cristallise en aiguilles brillantes d'un jaune d'or, se sublimant difficilement, et infusibles même à 350°. Il est insoluble dans l'eau bouillante, peu soluble dans le benzène, le chloroforme et l'éther, soluble dans l'alcool, l'acétone et l'acide acétique. Il est insoluble dans l'eau de baryte. La potasse le dissout en donnant une liqueur d'un vert émeraude. Sa dissolution sulfurique est violette et présente deux bandes d'absorption situées entre D et F.

L'α-oxyanthragallol teint les tissus mordancés en nuances rappelant celles de l'acide rufigallique. Il donne un dérivé *tétracétylé*, qui cristallise en aiguilles fusibles à 207-208° [Noah, *Ann. Chem.*, **241**, 270].

β-OXYANTHRAGALLOL,

$$C^{6}H^{3}(OH)<^{CO}_{CO}>C^{6}H(OH)^{3}.$$

— Ce corps cristallise dans l'alcool étendu en petites aiguilles rouges, infusibles, insolubles dans l'eau de baryte, solubles en vert émeraude dans la potasse. La solution sulfurique est jaune-brun et présente des bandes d'absorption entre E et H.

Les autres propriétés du β-oxyanthragallol sont analogues à celles du dérivé α.

Son *dérivé tétracétylé* cristallise dans l'acide acétique en lamelles obliques, d'un jaune citron, fusibles à 189° (Noah).

QUINALIZARINE,

$$C^{6}H^{2}(OH)^{2}_{(5.8)}<^{CO}_{CO}>C^{6}H^{2}(OH)^{2}_{(1.2)}.$$

— On prépare ce corps en chauffant pendant 2 heures à 130° un mélange de 10 grammes d'acide hémipinique $C^{6}H^{2}(OCH^{3})^{2}(CO^{2}H)^{2}$ et 6 grammes d'hydroquinone avec 25 grammes d'acide sulfurique concentré. On précipite par l'eau; on lave le précipité à l'eau bouillante, puis à l'acide acétique et on le fait cristalliser dans l'alcool.

Le corps ainsi obtenu, qui est l'*éther diméthylique* de la quinalizarine, est dissous dans l'acide acétique; la dissolution est saturée de gaz chlorhydrique et chauffée en vase clos à 200°; par le refroidissement, on obtient la quinalizarine, en aiguilles d'un rouge foncé, infusibles à 275°.

La quinalizarine est très peu soluble dans les dissolvants usuels; elle se sublime en aiguilles d'un rouge foncé à reflets verts.

Les *sels de baryum* et *de calcium* sont insolubles dans l'eau.

Elle teint les tissus mordancés en nuances analogues à celles de la cochenille.

Diméthylquinalizarine,

$$C^6H^2(OH)^2_{(5.8)} \langle {}^{CO}_{CO} \rangle C^6H^2(OCH^3)^2_{(1.2)}.$$

— Ce corps cristallise en lamelles microscopiques rouge-brun, fusibles à 225-230°, solubles dans l'acide acétique bouillant, moins solubles dans l'alcool ou dans le benzène bouillants. Les alcalis le dissolvent en donnant un liquide d'un violet bleu; l'acide sulfurique concentré donne un liquide bleu. La solution alcoolique se colore en bleu par addition d'eau de chaux ou de baryte.

La diméthylquinalizarine ne teint pas les tissus mordancés.

Tétracétylquinalizarine, $C^{14}H^4O^2(C^2H^3O^2)^4$. — Ce corps, obtenu par l'action de l'anhydride acétique et de l'acétate de sodium sur la quinalizarine, cristallise dans un mélange de chloroforme et d'alcool en petites aiguilles fusibles à 201° [Liebermann et Kostanecki, *Ann. Chem.*, **240**, 300].

PENTAOXYANTHRAQUINONE.

On ne connaît jusqu'à présent qu'un dérivé renfermant 5 oxhydryles dans la molécule de l'anthraquinone : c'est le *dioxyanthragallol*,

$$C^{14}H^3O^2(OH)^5.$$

Ce corps prend naissance en même temps que l'anthrachrysone et que l'acide rufigallique lorsqu'on chauffe pendant 10 minutes à 160-170° des quantités équimoléculaires d'acide gallique et d'acide dioxybenzoïque symétrique avec 10 parties d'acide sulfurique concentré [Noah, *Ann. Chem.*, **241**, 273].

On précipite par l'eau, on filtre, on lave le précipité et on l'épuise par l'alcool; on filtre, on évapore le dissolvant et on transforme le produit brut en dérivé acétylé; on épuise ce dernier par l'alcool : le dérivé acétylé du dioxyanthragallol se dissout seul; on évapore et on saponifie le résidu de l'évaporation par l'acide sulfurique concentré et froid; on précipite par l'eau et on fait cristalliser dans l'alcool.

Le dioxyanthragallol forme de petits prismes rouges, infusibles à 360° et se sublimant en lamelles d'un rouge jaune en subissant une légère décomposition.

Il est presque insoluble dans l'eau bouillante, le benzène, le chloroforme et l'éther de pétrole, peu soluble dans l'acide acétique et dans l'éther, très soluble dans l'acétone et dans l'alcool bouillants. L'acide sulfurique le dissout en donnant une liqueur d'un rouge brun. Sa dissolution dans une lessive étendue de soude caustique est jaune-brun; dans la soude concentrée, la couleur est verte.

Le dioxyanthragallol teint les tissus mordancés, ce que ne fait pas l'acide rufigallique.

Pentacétyl-dioxyanthragallol,

$$C^{14}H^3O^2(OC^2H^3O)^5.$$

— On fait agir l'anhydride acétique et l'acétate de sodium sur le dioxyanthragallol; par cristallisation dans l'alcool, on obtient des aiguilles soyeuses d'un jaune clair, fusibles à 229°, peu solubles à froid dans l'alcool et dans l'acide acétique, très solubles à chaud.

HEXAOXYANTHRAQUINONE.

On ne connaît qu'une hexaoxyanthraquinone : c'est le corps connu depuis longtemps sous le nom d'*acide rufigallique* (Suppl., **1**, 1401). On l'obtient en chauffant au bain-marie l'acide gallique avec de l'acide sulfurique concentré.

On a obtenu un *dérivé triéthylique* de l'acide rufigallique en chauffant à 80° de l'acide rufigallique avec de l'iodure d'éthyle et de la potasse [Liebermann et Jellinek, *D. chem. G.*, **21**, 1171]. Ce corps a pour formule

$$C^{14}H^2O^2(OH)^3(OC^2H^5)^3.$$

Il cristallise dans l'alcool en aiguilles orangées, fusibles à 195°, peu solubles dans l'alcool; la dissolution dans l'acide sulfurique concentré est violette.

GÉNÉRALITÉS SUR LES OXYANTHRAQUINONES.

— Nous terminerons l'histoire des oxyanthraquinones par quelques considérations générales sur les propriétés tinctoriales de ces substances.

On sait l'importance énorme qu'a atteinte de nos jours la fabrication de l'alizarine artificielle, qui, suivant les marques, est un mélange de di- et de trioxyanthraquinones.

L'influence de la position des oxhydryles sur les propriétés tinctoriales des oxyanthraquinones a été étudiée par M. Liebermann [*D. chem. G.*, **18**, 2145].

Les deux monoxyanthraquinones ne teignent pas les tissus mordancés en alumine; pour que les propriétés tinctoriales se manifestent, la présence d'au moins deux oxhydryles dans la molécule est nécessaire; mais, chose curieuse, sur les 10 dioxyanthraquinones prévues par la théorie, seule l'alizarine

OH
-CO- OH
-CO-

est une matière colorante.

La position ortho des deux oxhydryles ne suffit pas, car l'hystazarine

-CO- OH
-CO- OH

ne possède pas de propriétés tinctoriales.

M. Liebermann nomme la position des oxhydryles, dans l'alizarine, *position alizarique*. Seules les oxyanthraquinones qui renferment ce groupement caractéristique possèdent des propriétés tinctoriales.

Le nombre des trioxyanthraquinones qui sont des matières colorantes est naturellement beaucoup plus considérable que celui des dioxyanthraquinones, car on peut faire dériver de l'alizarine de nombreux isomères, et en général la fonction tinctoriale est de plus en plus facile à réaliser à mesure que le nombre des oxhydryles augmente.

Cette règle s'applique également aux homologues de l'alizarine, de sorte que l'on peut affirmer avec quelque certitude que *seuls les dérivés oxhydrylés de l'alizarine et de ses homologues* présentent les propriétés des matières colorantes.

NOMS DES PRODUITS	COULEURS	POINTS DE FUSION	SOLUBILITÉ dans la potasse	SOLUBILITÉ dans l'ammoniaque	SOLUBILITÉ dans la baryte	COLORATION sur tissus mordancés en alumine	POINTS DE FUSION du dérivé acétylé
I. *Monoxyanthraquinones.*							
o-Oxyanthraquinone	Jaune-orangé.	191°.	»	Insoluble.	Insoluble.	Ne teint pas.	176–179°.
m-Oxyanthraquinone	Jaune.	302°.	»	Sol. rouge-orangé.	Soluble.	Id.	158–159°.
II. *Dioxyanthraquinones.*							
Alizarine	Rouge.	289–290°.	Violet-bleu.	»	Insol. violet.	Rouge.	179–183°.
Xanthopurpurine	Jaune.	262–263°.	Rouge.	»	Soluble.	Ne teint pas.	183–184°.
Quinizarine	Rouge.	192–193°.	Bleu.	»	»	»	200°.
Hystazarine	Orangé.	Infusible.	Id.	Violet.	Insol. bleu.	»	205–207°.
Anthrarufine	Jaune.	280°.	Violet-rouge.	Insoluble.	Insol. rouge.	»	244–245°.
Chrysazine	Rouge-brun.	191°.	Violet-jaune.	Id.	»	»	227–232°.
Acide anthraflavique	Jaune.	Au-dessus de 330°.	Rouge-orangé.	»	Insoluble.	»	228–229°.
Acide isoanthraflavique	Id.	»	Rouge foncé.	»	Soluble.	»	195°.
Benzo-dioxyanthraquinone	Id.	291–293°.	Jaune foncé.	»	Id.	»	199°.
Isochrysazine	Orangé.	175–180°.	Rouge-violet.	Sol. rouge-violet.	Insoluble.	»	160–165°.
III. *Trioxyanthraquinones.*							
Anthragallol	Orangé.	310°.	Vert.	Sol. vert.	»	Teint brun.	171–173°.
Purpurine	Rouge.	256°.	Rouge.	»	Insoluble.	Teint rouge.	198–200°.
Anthrapurpurine	Orangé.	Au-dessus de 330°.	Violet.	»	Peu sol. violet.	»	220–222°.
Flavopurpurine	Jaune d'or.	»	Pourpre.	Rouge-orangé.	Id. violet-rouge.	»	195–196°.
Oxychrysazine	Rouge.	Infusible.	Violet; bleu excès KOH.	»	Insol. bleu.	» ?	192–193°.
Trioxyanthraquinone	Brun.	Id.	Rouge-brun.	»	»	Ne teint pas.	»
IV. *Tétraoxyanthraquinones.*							
Oxypurpurine	Rouge-brun.	Infusible	Rouge-brun.	»	»	Teint faiblement.	Au-dessus de 240°.
Anthrachrysone	Jaune.	»	»	»	Sol. rouge.	Id.	253°.
Rufiopine	Rouge-orangé.	»	»	Rouge-brun	Insol. violet.	?	»
α-Oxyanthragallol	Jaune.	»	Vert émeraude.	»	Insoluble.	Rouge-brun violacé.	207–208°
β-Oxyanthragallol	Rouge.	»	Id.	»	»	»	189°.
Quinalizarine	Rouge foncé	»	Violet-bleu.	»	»	Couleur cochenille.	201°.
V. *Pentaoxyanthraquinone.*							
Dioxyanthragallol	Rouge.	Infusible.	Jaune-brun; conc. vert.	»	Insoluble.	Rouge-brun violacé.	229°
VI. *Hexaoxyanthraquinone.*							
Acide rufigallique	Rouge.	Infusible.	Violet; conc. bleu-indigo.	»	Insol. bleu.	Rouge-brun violacé.	»

SUR LES SPECTRES D'ABSORPTION DES OXYANTHRAQUINONES, voyez Liebermann et von Kostanecki, *D. chem. G.*, **19**, 2327.

PRÉPARATION DES ÉTHERS DES OXYANTHRAQUINONES [Liebermann et Jellinek, *D. chem. G.*, **21**, 1164]. — Les propriétés des éthers des oxyanthraquinones viennent encore à l'appui de la théorie de M. Liebermann sur les propriétés colorantes des oxyanthraquinones.

En effet, on trouve que les éthers dialcooliques des trioxyanthraquinones ne teignent pas les tissus mordancés, tandis que les dérivés monalcooliques sont tantôt des matières colorantes, tantôt des corps exempts de propriétés tinctoriales.

L'anthragallol, par exemple,

OH
-CO- OH
-CO- OH

fournit deux éthers monoéthyliques,

OH
(I) -CO- OH
-CO- OC^2H^5

OH
(II) -CO- OC^2H^5
-CO- OH

Le premier (I) est une véritable matière colorante, tandis que le second (II) ne teint en aucune façon les tissus mordancés en alumine.

Il est également digne de remarque que les propriétés tinctoriales de l'éthylanthragallol (I) s'éloignent considérablement de celles de la substance mère; en effet, l'anthragallol teint en brun les tissus mordancés en alumine; de son côté le monoéthylanthragallol teint les mêmes tissus en nuances rouge-bleuté, rappelant beaucoup celles que donne l'alizarine dans les mêmes circonstances.

Nous terminons cet article en donnant sous forme de tableau les principales constantes des oxyanthraquinones (p. 335). G. de Bechi.

ANTHRAQUINONE-CARBONIQUES (ACIDES). — ACIDE β-ANTHRAQUINONE-CARBONIQUE (*anthraquinone-2-carbonique*),

$$C^6H^4 < \genfrac{}{}{0pt}{}{CO}{CO} > C^6H^3.CO^2H$$

(voyez Suppl., **1**, 192). — D'après M. Börnstein [*D. chem. G.*, **16**, 2609], le meilleur procédé pour préparer l'acide anthraquinone-2-carbonique est le suivant :

On broie, avec 6 parties d'acide sulfurique concentré, 1 partie de méthylanthraquinone commerciale (ce produit s'obtient en grandes quantités dans la fabrication de l'alizarine artificielle) et on ajoute à la dissolution 1 partie d'eau, pour obtenir la quinone sous une forme facilement attaquable par l'oxydant. On ajoute alors au magma acide 2p,5 de dichromate de potassium en poudre fine, en opérant par petites portions à la fois; la réaction est accompagnée d'un vif dégagement de chaleur; on agite continuellement et, lorsque l'addition de l'oxydant est terminée, on chauffe encore pendant quelque temps à 110-120° en ajoutant une petite quantité d'eau à la masse. Après refroidissement, on lave et on fait bouillir le produit d'oxydation avec de l'ammoniaque étendue; on ne filtre que lorsque l'odeur ammoniacale a disparu, car le sel ammoniacal de l'acide anthraquinone-carbonique est insoluble dans un liquide alcalin; après filtration on précipite par un acide et on purifie par cristallisation dans l'alcool.

MM. Liebermann et Glock ont indiqué le procédé suivant [*D. chem. G.*, **17**, 888] : On dissout 1 partie de méthylanthraquinone, purifiée par cristallisation dans l'alcool, dans la quantité d'acide acétique cristallisable nécessaire pour maintenir le tout en dissolution à la température du bain-marie et on ajoute peu à peu au liquide 1p,5 d'acide chromique en dissolution dans le moins d'eau et d'acide acétique possible; on chauffe au bain-marie pendant 3 heures et on précipite par l'eau; enfin on fait bouillir le précipité avec de l'acide sulfurique étendu pour éliminer l'oxyde de chrome que la substance retient avec ténacité.

L'acide anthraquinone-carbonique, bouilli avec de la poudre de zinc et de la potasse caustique, donne la même coloration que l'anthraquinone. Le zinc et l'ammoniaque le transforment à l'ébullition en acide anthracène-carbonique correspondant.

Chlorure,

$$C^6H^4 < \genfrac{}{}{0pt}{}{CO}{CO} > C^6H^3.COCl.$$

— En chauffant l'acide anthraquinone-carbonique avec un peu plus que son poids de perchlorure de phosphore, on voit le produit se liquéfier par suite de la formation d'oxychlorure de phosphore; on chasse ce dernier en distillant et on traite le résidu pulvérisé par de l'eau froide pour détruire les composés du phosphore; on filtre et on fait cristalliser dans le benzène.

Le chlorure anthraquinone-carbonique forme de belles aiguilles jaunâtres, fusibles à 147°, douées d'une odeur faible mais persistante et désagréable, solubles dans le benzène, peu solubles dans l'éther de pétrole. Il est doué d'une stabilité remarquable; l'eau froide est presque sans action sur lui. Sa solution benzénique résiste à chaud aux cyanures de mercure et d'argent et au sodium.

Éther éthylique,

$$C^6H^4 < \genfrac{}{}{0pt}{}{CO}{CO} > C^6H^3.CO^2C^2H^5.$$

— On fait bouillir le chlorure avec de l'alcool en excès; par le refroidissement, l'éther éthylique cristallise en jolies aiguilles, fusibles à 147°, aisément solubles dans l'éther.

Amide,

$$C^6H^4 < \genfrac{}{}{0pt}{}{CO}{CO} > C^6H^3.CO.AzH^2.$$

— On prépare ce corps en faisant passer un courant de gaz ammoniac dans une solution benzénique du chlorure. Il se sépare un précipité gélatineux; on filtre, on lave à l'eau et on purifie par cristallisation dans un mélange de benzène et d'acide acétique.

L'amide anthraquinone-carbonique cristallise en aiguilles infusibles à 280° et douées d'une stabilité remarquable : la potasse aqueuse bouillante ne l'attaque qu'en solution concentrée : l'acide sulfurique concentré et froid la dissout sans l'altérer et ne la saponifie que si l'on chauffe.

Anilide,

$$C^6H^4 < \genfrac{}{}{0pt}{}{CO}{CO} > C^6H^3.CO.AzH.C^6H^5.$$

— Le chlorure anthraquinone-carbonique et l'aniline réagissent avec une certaine énergie, en donnant un produit qui cristallise dans le xylène en petites aiguilles, fusibles à 258-260°.

Produits de substitution. — L'acide anthraquinone-carbonique donne difficilement des produits de substitution; le brome, par exemple, ne l'attaque pas, même à 200°; l'acide nitrique (d = 1,4) le dissout sans l'altérer; en revanche, sa dissolution dans l'acide sulfurique concentré, additionnée d'acide nitrique (d = 1,5), fournit par addition d'eau un précipité jaune, formé par un *acide mononitré*, $C^{14}H^6O^2(AzO^2)(CO^2H)$. On l'obtient à l'état pur en traitant le produit précipité par un excès d'une solution alcaline étendue; l'acide nitré se dissout seul dans ces conditions; on précipite par un acide la liqueur filtrée et on purifie par cristallisation dans l'acide acétique.

L'*acide nitro-anthraquinone-carbonique* forme de petites aiguilles, fusibles au-dessus de 300°; traité à chaud par l'acide sulfurique concentré, il fournit une matière colorante violette, analogue à celle que donne dans les mêmes conditions la nitro-anthraquinone [Liebermann et Glock, *loc. cit.*].

ACIDE γ-ANTHRAQUINONE-CARBONIQUE (*anthraquinone-1-carbonique*). — Ce corps prend naissance lorsqu'on traite par l'acide chromique une dissolution acétique bouillante d'acide anthracène-carbonique; on le purifie par cristallisation dans l'acide acétique.

L'acide anthraquinone-1-carbonique cristallise en longues aiguilles d'un jaune clair, fusibles à 285°. Il présente les mêmes propriétés générales que son isomère; il s'en distingue toutefois par le peu de solubilité de son sel de baryum dans l'eau [Liebermann et Bischoff, *D. chem. G.*, **13**, 49].

Constitution des acides anthraquinone-monocarboniques. — Contrairement à ce qui a lieu pour l'anthracène, pour lequel la théorie permet de prévoir l'existence de 3 acides carboniques isomériques, l'anthraquinone ne peut donner que 2 acides monocarbonés. La constitution de ces deux isomères est exprimée par les deux formules suivantes :

CO²H
- CO -
- CO -

Acide γ-anthraquinone-carbonique.

- CO -
- CO -
CO²H

Acide β-anthraquinone-carbonique.

ACIDES ANTHRAQUINONE-DICARBONIQUES. — La théorie prévoit l'existence de 10 dérivés dicarboniques de l'anthraquinone.

On n'en connaît actuellement que 3. L'un d'eux a été déjà décrit Suppl., **1**, 192. Il dérive du diméthylanthracène contenu dans le goudron de houille et paraît identique avec l'acide obtenu par M. Elbs dans l'oxydation de la 1-4-diméthylanthraquinone (voyez plus bas).

Les deux autres ont été obtenus par voie synthétique.

ACIDE ANTHRAQUINONE-2-3-DICARBONIQUE. — Ce corps s'obtient en chauffant pendant 5 heures à 210-220° de l'acide nitrique (d = 1.1) avec de l'o-diméthylanthraquinone, provenant de l'acide o-xyloyl-o-benzoïque,

$$C^6H^4 \left\langle \begin{array}{l} CO^2H_{(1)} \\ CO_{(2)} - C^6H^3(CH^3)_{(4)}(CH^3)_{(5)}. \end{array} \right.$$

Le rendement est théorique : un simple lavage à l'eau suffit pour fournir ce corps à l'état pur.

Il cristallise en aiguilles jaunes, fusibles à 340°, insolubles dans l'eau, peu solubles dans les dissolvants usuels. L'ammoniaque aqueuse fournit une dissolution rouge qui se décompose par l'évaporation.

Les sels formés par cet acide avec les bases incolores sont de couleur rougeâtre; ils sont, sauf les sels alcalins, insolubles dans l'eau.

L'acide anthraquinone-2-3-dicarbonique présente comme les autres acides o-dicarbonés une grande tendance à se transformer en *anhydride*,

$$C^6H^4 \left\langle \begin{array}{l} CO \\ CO \end{array} \right\rangle C^6H^2 \left\langle \begin{array}{l} CO \\ CO \end{array} \right\rangle O.$$

Cette transformation s'effectue aisément lorsqu'on chauffe l'acide à une température élevée; l'anhydride qui prend naissance se sublime en aiguilles jaunes, floconneuses, fusibles à 290°.

L'anhydride n'est pas attaqué à froid par l'ammoniaque; en revanche une lessive de soude caustique le transforme en acide. Par l'action du zinc en poudre et de l'ammoniaque, il donne l'acide anthracène-dicarbonique correspondant [Elbs et Eurich, *D. chem. G.*, **20**, 1362].

ACIDE ANTHRAQUINONE-1-3-DICARBONIQUE. — Ce corps s'obtient de la même manière que l'isomère précédent, en partant de la diméthylanthraquinone dérivant de l'acide m-xyloyl-o-benzoïque,

$$C^6H^4 \left\langle \begin{array}{l} CO^2H_{(1)} \\ CO_{(2)} - C^6H^3(CH^3)_{(3)}(CH^3)_{(5)}. \end{array} \right.$$

Il cristallise en aiguilles jaunes, infusibles à 330°, insolubles dans l'eau, peu solubles dans les dissolvants usuels. Il se dissout aisément dans l'ammoniaque en donnant une solution rouge, qui se dissocie par évaporation.

Le *sel d'argent* est un précipité rougeâtre, insoluble dans l'eau; il se décompose à une température élevée, en donnant un sublimé d'anthraquinone ordinaire.

ACIDE ANTHRAQUINONE-1-4-DICARBONIQUE [Elbs, *J. prakt. Chem.*, (2), **41**, 29]. — On oxyde en vase clos, comme il a été dit précédemment, la p-diméthylanthraquinone obtenue par voie synthétique en partant de l'acide p-xyloyl-benzoïque.

L'acide 1-4 forme des cristaux grenus de couleur jaune, très peu solubles dans l'eau, solubles dans l'alcool et infusibles à 300°.

Ses sels sont analogues à ceux de ses isomères précédemment décrits.

CONSTITUTION DES ACIDES ANTHRAQUINONE-DICARBONIQUES. — D'après leur mode de formation, les acides anthraquinone-dicarboniques possèdent la constitution exprimée par les formules de structure suivantes :

CO²H
- CO -
- CO -
CO²H

Acide 1.3.

- CO -
- CO -
CO²H
CO²H

Acide 2.3.

CO²H
- CO -
- CO -
CO²H

Acide 1.4.

[Elbs et Günther, *D. chem. G.*, **20**, 1364].

ACIDES ANTHRAQUINONE-TRICARBONIQUES.

ACIDE ANTHRAQUINONE-1-2-4-TRICARBONIQUE. — Ce corps s'obtient comme les dérivés dicarboxyliques, en partant de l'anthraquinone triméthylée correspondante.

Il cristallise dans l'alcool en aiguilles infusibles à 320°, insolubles dans l'eau et solubles dans l'alcool.

Le *sel ammoniacal* est peu stable et perd de l'ammoniaque par évaporation de sa dissolution aqueuse [Elbs, *J. prakt. Chem.*, (2), **41**, 127].

On a également préparé trois sels de sodium.

Le *sel monométallique* cristallise en lamelles d'un jaune clair, peu solubles dans l'eau froide.

Le *sel dimétallique* cristallise en lamelles rougeâtres, beaucoup plus solubles que le sel primaire.

Le *sel trimétallique*, qui est le plus soluble, n'a pu être obtenu que sous la forme d'une croûte cristalline rouge, renfermant de l'eau de cristallisation. Le sel sec est d'un jaune brun.

Le *sel de calcium* neutre cristallise en lamelles roses, renfermant de l'eau de cristallisation et très solubles dans l'eau froide.

Le *sel neutre de cuivre* est un précipité vert clair, très peu soluble dans l'eau, soluble dans l'ammoniaque en un liquide bleuâtre.

Le *sel d'argent* et le *sel de plomb* sont insolubles.

Éther éthylique,

$$C^6H^4 \langle {CO \atop CO} \rangle C^6H(CO^2C^2H^5)^3.$$

— On l'obtient en chauffant une dissolution alcoolique d'iodure d'éthyle à 100° avec le sel d'argent de l'acide tricarbonique. On le purifie par des cristallisations répétées dans l'alcool. Il forme des lamelles brillantes, presque incolores, fusibles à 125°.

Acide nitroanthraquinone-tricarbonique (I). — En nitrant la triméthylanthraquinone 1.2.4, on obtient, suivant les conditions de l'expérience, deux mononitrotriméthylanthraquinones isomériques (I et II), qui par oxydation se transforment en acides tricarboxyliques correspondants.

L'acide dérivé de l'isomère (I) forme des grains cristallins jaunâtres, insolubles dans l'eau, solubles en jaune dans les dissolvants organiques usuels et fusibles à 308-310° en se décomposant.

Les sels alcalins sont solubles dans l'eau. On a préparé trois sels de sodium renfermant 1, 2 et 3 atomes de sodium par molécule et dont la solubilité dans l'eau augmente avec la teneur en sodium.

Le *sel neutre de cuivre*,

$$[C^{12}H^4(AzO^2)(CO)^2(COO)^3]^2Cu^3, 12H^2O,$$

cristallise en aiguilles vertes, solubles dans l'eau bouillante.

Le *sel d'argent* se décompose vers 105-110° et se colore lentement en noir à la lumière.

Acide amidoanthraquinone-tricarbonique. — On l'obtient en réduisant le corps précédent à froid par une dissolution alcaline de chlorure stanneux. On précipite par un acide, on filtre, on redissout dans l'alcool additionné d'acide chlorhydrique et on élimine l'étain par l'hydrogène sulfuré; par évaporation on obtient l'acide amidé sous la forme de lamelles d'un rouge foncé fusibles à 210°, peu solubles dans l'eau froide, solubles dans l'alcool et dans l'eau bouillante.

Acide nitroanthraquinone-tricarbonique (II). — Cet isomère ressemble à l'acide (I); il fond vers 360-370° en se décomposant. Son *sel de cuivre* cristallise en fines aiguilles rouges, solubles en rouge dans l'ammoniaque. Son isomère (I) se dissout dans l'ammoniaque, en donnant une liqueur d'un vert émeraude.

L'*acide amidé* correspondant, préparé comme son isomère, cristallise en lamelles d'un rouge foncé, fusibles à 255°, solubles en rouge dans l'eau et dans l'alcool. Il se dissout en jaune dans l'acide chlorhydrique.

ACIDE ANTHRAQUINONE-3-6-8-TRICARBONIQUE. — En partant de la di-m-xylylcétone,

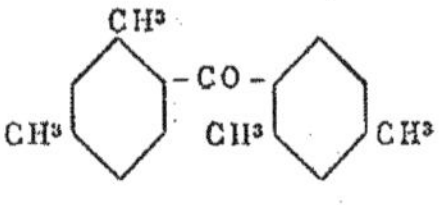

CH³

CH³ ⬡ —CO— ⬡ CH³

CH³

on obtient par condensation un hydrocarbure qui est le triméthylanthracène 3 6.8. Ce dernier, chauffé à 180°, puis à 210-220° avec 30 parties d'acide nitrique (d = 1,1), se transforme quantitativement en un acide anthraquinone-tricarbonique qui a pour formule

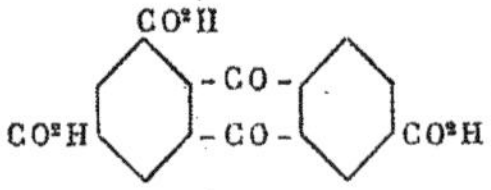

CO²H

CO²H ⬡ —CO— —CO— ⬡ CO²H

Ce corps est insoluble dans l'eau, peu soluble dans les dissolvants usuels et fond au-dessus de 300°.

Le *sel d'ammonium* est soluble dans l'eau et cristallise en petites lamelles rouge-chair.

Le *sel de baryum* est un précipité cristallin peu soluble.

ACIDES OXYANTHRAQUINONE-CARBONIQUES.

On ne connaît actuellement qu'un petit nombre d'acides-phénols de la série de l'anthraquinone. Ce sont les suivants :

1° *Acide oxyanthraquinone-carbonique*,

$$C^6H^4 \langle {CO \atop CO} \rangle C^6H^2(OH)_{(1)}(CO^2H)_{(2)};$$

2° *Acide érythroxyanthraquinone-carbonique*,

$$C^6H^4 \langle {CO \atop CO} \rangle C^6H^2(OH)_{(1)}(CO^2H)_{(4)};$$

3° *Acide alizarine-carbonique*,

$$(CO^2H)C^6H^3 \langle {CO \atop CO} \rangle C^6H^2(OH)(OH);$$

4° *Acide purpuroxanthine-carbonique*

$$C^{14}H^5O^2(OH)^2(CO^2H);$$

5° *Acide purpurine-carbonique*,

$$C^{14}H^4O^2(OH)^3(CO^2H).$$

Nous allons décrire sommairement le mode de préparation et les propriétés de ces corps.

ACIDE OXYANTHRAQUINONE-CARBONIQUE. — On prépare ce corps en chauffant pendant 6 heures à 200° 1 partie du sel sodique de l'acide anthraquinone-β-carbonique avec 6 parties de soude caustique; on dissout dans l'eau bouillante et on précipite par l'acide chlorhydrique; on reprend le précipité par une dissolution d'acétate de sodium, on filtre, on précipite par l'acide chlorhydrique et on sèche. On achève la purification en redissolvant dans de l'acide sulfurique concentré et en précipitant par l'eau.

L'acide oxyanthraquinone-carbonique se présente sous la forme de flocons orangés, ressemblant à l'alizarine, fusibles à 260° et se sublimant à une température plus élevée en aiguilles jaune orangé, en subissant une décomposition partielle. Il se dissout dans la soude caustique et dans l'ammoniaque en donnant des solutions de même couleur que celles de l'alizarine; il se dissout également en rouge brun dans l'acétate de sodium et dans l'oxalate d'ammonium; l'acide acétique ne précipite pas ces dissolutions. La solution dans l'acide sulfurique concentré est rouge-orangé.

L'acide oxyanthraquinone-carbonique forme avec la baryte et avec la chaux des laques pareilles aux laques d'alizarine; avec l'alun, on obtient une laque rouge; avec l'acétate de plomb, une laque brun-rouge; il teint les tissus mordancés en nuances rappelant celles de l'alizarine, mais qui disparaissent au savonnage.

L'acide nitrique le transforme en acide phtalique.

Lorsqu'on chauffe l'acide oxyanthraquinone-carbonique pendant quelques heures à 300°, il se dégage de l'acide carbonique et il se forme un corps ressemblant à l'alizarine, fusible à 265°, se sublimant en barbes de plume et ne possédant pas de propriétés tinctoriales. Si on fait passer les vapeurs d'acide oxyanthraquinone-carbonique sur de l'amiante chauffé, on obtient de l'alizarine [Hammerschlag, *D. chem. G.*, **11**, 83].

Acide érythroxyanthraquinone'-carbonique. — On prépare ce corps en chauffant pendant quelque temps à 120° 1 partie de méthylérythroxyanthraquinone avec 2-3 parties d'acide sulfurique fumant; il se dégage de l'acide sulfureux et le liquide rouge vire au brun; on verse dans l'eau, on filtre après refroidissement et on fait cristalliser le produit à plusieurs reprises dans l'eau bouillante.

L'acide érythroxyanthraquinone-carbonique cristallise en longues aiguilles d'un jaune citron, fusibles à 236-238° en subissant un commencement de décomposition; cette décomposition est complète à 270°; il se forme de l'acide carbonique et de l'érythroxyanthraquinone.

L'acide érythroxyanthraquinone-carbonique est soluble dans l'ammoniaque et dans l'eau bouillante; il donne avec la chaux et avec la baryte des sels très peu solubles [Biroukoff, *D. chem. G.*, **20**, 2438].

Acide alizarine-carbonique. — Voyez Suppl., **1**, 93.

Acide purpuroxanthine-carbonique. — Voyez Suppl., **1**, 1032.

Acide purpurine-carbonique (*pseudopurpurine;* voyez Suppl., **1**, 1315). — D'après MM. Liebermann et Plath [*D. chem. G.*, **10**, 1618], on obtient de la pseudopurpurine pure en épuisant le produit brut à plusieurs reprises par le chloroforme et en faisant cristalliser le résidu dans ce dissolvant. La pseudopurpurine forme des lamelles fusibles à 218-220°.

La pseudopurpurine, soumise à l'ébullition avec de la potasse caustique, se transforme intégralement en purpurine.

Le brome, ajouté à de la pseudopurpurine en suspension dans l'eau bouillante, fournit la *monobromopurpurine*, fusible à 275°.

La pseudopurpurine, chauffée à 180° avec de l'anhydride acétique, se transforme en *triacétylpurpurine* [Plath, *D. chem. G.*, **10**, 614].

G. de Bechi.

ANTHRARUFINE. — Voyez Anthraquinone.

ANTHROL. — Voyez Anthracène.

ANTHRONE. — M. Liebermann donne le nom d'*anthrone* au groupement anthracénique renfermant le reste

$$\begin{matrix} \diagup CH^2 \ldots \diagdown \\ \diagdown CO \text{——} \diagup \end{matrix}$$

[Liebermann et Lindemann, *D. chem. G.*, **13**, 1584].

Dichloranthrone,

$$C^6H^4 \begin{matrix} \diagup CO \diagdown \\ \diagdown CCl^2 \diagup \end{matrix} C^6H^4$$

(voyez Suppl., **1**, 188). — La formation de ce corps a été observée dans l'action du chlore sur une solution chloroformique d'anthranol, d'après l'équation

$$C^6H^4 \begin{matrix} \diagup C(OH) \diagdown \\ | \\ \diagdown CH \text{—} \diagup \end{matrix} C^6H^4 + 2Cl^2 = C^6H^4 \begin{matrix} \diagup CO \diagdown \\ \diagdown CCl^2 \diagup \end{matrix} C^6H^4 + 2HCl$$

[Goldmann, *D. chem. G.*, **21**, 1176].

Dibromanthrone,

$$C^6H^4 \begin{matrix} \diagup CO \diagdown \\ \diagdown CBr^2 \diagup \end{matrix} C^6H^4.$$

— On fait agir un excès de brome sur une solution sulfocarbonique d'anthranol. Il se forme des cristaux fusibles à 157°, doués de peu de stabilité. Ils ont une tendance à perdre du brome et de l'acide bromhydrique. L'acide acétique cristallisable à l'ébullition transforme ce corps en anthraquinone [Goldmann, *D. chem. G.*, **21**, 2436].

Nitrosoanthrone,

$$C^6H^4 \begin{matrix} \diagup CO \text{——} \diagdown \\ \diagdown CH(AzO) \diagup \end{matrix} C^6H^4.$$

— On soumet à l'action des alcalis le produit d'addition de l'hypoazotide et de l'anthracène, qui a pour formule $C^{14}H^{10}.AzO^2$. On obtient ainsi des aiguilles stables, de couleur jaune et fusibles à 146°. Le chlorure phosphorique transforme ce corps en tétrachlorure de dichloranthracène; l'acide chromique, en anthraquinone.

Nitrosohydranthrone,

$$C^6H^4 \begin{matrix} \diagup CH(OH) \diagdown \\ \diagdown CH(AzO) \diagup \end{matrix} C^6H^4.$$

— Ce corps se forme quand on réduit le composé précédent par l'étain et l'acide acétique. Il est peu stable et se décompose par une légère élévation de température avec dégagement de vapeurs nitreuses.

Sel sodique,

$$C^6H^4 \begin{matrix} \diagup CH.ONa \diagdown \\ \diagdown CH(AzO) \diagup \end{matrix} C^6H^4.$$

— La nitrosohydranthrone se dissout dans les alcalis; par addition de lessive de soude concentrée, le sel sodique se dépose sous la forme de longues aiguilles jaunes. Les réducteurs puissants, tels que l'étain et l'acide chlorhydrique, transforment la nitrosohydranthrone en anthracène et en hydrure d'anthracène avec dégagement d'ammoniaque (Liebermann et Lindemann).

Dinitroanthrone, $C^{14}H^8Az^2O^5$. — Ce corps reste dans la liqueur mère d'où s'est déposé le nitrite d'hydroanthracène. Il fond à 116° en se décomposant [Liebermann et Landshoff, *D. chem. G.*, **14**, 467].

Nitronitrosoanthrone,

$$C^6H^4 \begin{matrix} \diagup CO \diagdown \\ \diagdown C \diagup \end{matrix} C^6H^4. \quad \begin{matrix} \diagup \quad \diagdown \\ AzO \quad AzO^2 \end{matrix}$$

— Le nitrite d'hydroanthracène, traité par la potasse caustique, se transforme en nitrosooxanthranol, soluble dans l'alcali, et en un produit insoluble qui est la nitronitrosoanthrone. Ce corps est très stable; il cristallise dans l'acide acétique en longues aiguilles d'un jaune d'or, fusibles à 263°.

NITROSOANTHRONE *dérivée du nitroanthrol*,

$$C^6H^4 \langle {CO \atop CH(AzO)} \rangle C^6H^2 \langle {AzO^2 \atop OH}$$

— On connaît l'éther méthylique et l'éther éthylique de ce corps. On les prépare par l'action de l'acide nitrique fumant, bien exempt de vapeurs nitreuses sur le méthyl- ou sur l'éthylanthrol en solution acétique [Liebermann et Hagen, *D. chem. G.*, **15**, 1430 et 1795].

Les éthers ainsi obtenus cristallisent en aiguilles peu solubles dans l'alcool et dans l'acide acétique, insolubles dans les alcalis et dans l'acide sulfurique concentré et froid. A chaud, il y a dissolution en une liqueur rouge-cerise.

L'acide chromique transforme l'éther éthylique en un dérivé de la *nitro-oxyanthraquinone*,

$$C^6H^4 \langle {CO \atop CO} \rangle C^6H^2 \langle {AzO^2 \atop OC^2H^5}$$

Par l'action des réducteurs (étain et acide chlorhydrique) on obtient l'éther éthylique de l'amidoanthrol.

DIMÉTHYLANTHRONE.

$$C^6H^4 \langle {CO \atop C(CH^3)^2} \rangle C^6H^4.$$

— On chauffe pendant 3 heures au réfrigérant à reflux 12 grammes d'anthranol avec 40 grammes d'iodure de méthyle et 12 grammes de potasse en dissolution dans 60 centimètres cubes d'eau. On lave à l'eau l'huile formée dans la réaction, on fait bouillir pour chasser l'excès d'iodure alcoolique et on ajoute à la substance de l'éther de pétrole : la diméthylanthrone se précipite en cristaux jaunâtres, solubles dans les dissolvants usuels, sauf dans la ligroïne, et fusibles à 93-94°. L'acide chromique transforme la diméthylanthrone en anthraquinone [Hallgarten, *D. chem. G.*, **21**, 2508].

DIÉTHYLANTHRONE,

$$C^6H^4 \langle {CO \atop C(C^2H^5)^2} \rangle C^6H^4.$$

— On la prépare, comme le dérivé méthylé, en faisant bouillir pendant 10-12 heures au réfrigérant à reflux 15 parties d'anthranol, 40 parties d'iodure d'éthyle, 15 parties de potasse et 50 parties d'eau. Elle cristallise dans un mélange de benzène et d'éther de pétrole en cristaux incolores, fusibles à 136°.

A côté de la diéthylanthrone, il se forme une certaine quantité des éthers éthyliques de l'anthranol et de l'éthylanthranol. Ce dernier, qui a pour formule

$$C^6H^4 \langle {C(OC^2H^5) \atop C(C^2H^5)} \rangle C^6H^4,$$

est isomérique avec la diéthylanthrone [Goldmann, *D. chem. G.*, **21**, 1177 et 2505].

La diéthylanthrone est douée d'une grande stabilité; l'acide chromique en solution acétique l'attaque difficilement en la transformant en anthraquinone.

ÉTHYLANTHRONE. — *Éthylnitroanthrone*,

$$C^6H^4 \langle {CO \atop C} \rangle C^6H^4, \quad C \langle {C^2H^5 \atop AzO^2}$$

— Ce corps se forme dans la préparation du nitrite d'hydrure d'éthylanthracène; la liqueur mère acétique, traitée par l'eau, fournit un précipité résineux, que l'on purifie par cristallisation dans l'alcool. On obtient des cristaux incolores, fusibles à 102° et se décomposant à 120°. L'éthylnitroanthrone, chauffée avec de l'alcool à 140°, fournit de l'éthyloxanthranol et du nitrite d'éthyle.

Éthylnitrosoanthrone,

$$C^6H^4 \langle {CO \atop C} \rangle C^6H^4, \quad C \langle {C^2H^5 \atop AzO}$$

— On chauffe pendant 2 heures à 120° le nitrite d'hydrure d'éthylanthracène avec de l'alcool. Le produit obtenu est purifié par cristallisation dans l'alcool.

On obtient de belles aiguilles jaune-citron, fusibles à 135° et distillant sans décomposition.

DIPROPYLANTHRONE,

$$C^6H^4 \langle {CO \atop C(C^3H^7)^2} \rangle C^6H^4.$$

— On fait bouillir pendant 4 heures 5 grammes d'anthranol, 5 grammes de potasse caustique, 25 grammes d'eau et 13 grammes d'iodure de propyle. On lave à l'eau pour éliminer l'iodure de potassium et on ajoute de la ligroïne au résidu, qui a une consistance sirupeuse. On purifie le précipité par cristallisation dans un mélange de benzène et de ligroïne. Il se forme en même temps une certaine quantité d'un composé isomérique, le *propylanthranol-propylique*,

$$C^6H^4 \langle {C.C^3H^7 \atop C(OC^3H^7)} \rangle C^6H^4.$$

La dipropylanthrone cristallise en rhombes incolores, fusibles à 124°, solubles dans les dissolvants usuels. L'acide chromique la transforme à froid en anthraquinone [Hallgarten, *D. chem. G.*, **22**, 1069].

DIAMYLANTHRONE,

$$C^6H^4 \langle {CO \atop C(C^5H^{11})^2} \rangle C^6H^4.$$

— On l'obtient comme les homologues inférieurs; ce corps cristallise en aiguilles jaunâtres, fusibles à 252-253° (Hallgarten).

ISOAMYLÈNE-ANTHRONE,

$$C^6H^4 \langle {CO \atop C(C^5H^{10})} \rangle C^6H^4.$$

— On abandonne à froid pendant quelques heures une dissolution d'isoamyloxanthranol dans l'acide sulfurique concentré. On précipite par l'eau et on purifie par cristallisation dans l'alcool. On obtient des aiguilles jaunes, facilement décomposables, fusibles à 71-72°, solubles dans l'alcool et dans l'éther de pétrole.

L'acide chromique transforme ce corps en anthraquinone. Le brome donne un *dibromure*, $C^{19}H^{18}OBr^2$, qui prend également naissance par l'action du brome sur une solution acétique d'isoamyloxanthranol. Ce bromure cristallise dans l'alcool en prismes qui se décomposent par ébullition avec l'alcool et par la fusion à 120° (Liebermann).

DIBENZYLANTHRONE,

$$C^6H^4 \langle {CO \atop C(C^7H^7)^2} \rangle C^6H^4.$$

— On chauffe pendant 1 heure dans un appareil à reflux 1 partie d'anthranol, 1 partie de potasse caustique, 5 parties d'eau et 2 parties de chlorure de benzyle. On purifie le produit par cristallisation dans le benzène : on obtient des cristaux blancs, brillants, fusibles à 217° (Hallgarten).

HYDROANTHRONES *dérivées des oxyanthraquinones*. — Voyez ANTHRAQUINONE. G. de Bechi.

ANTHROXANIQUE (ACIDE). — L'acide anthroxanique,

$$C^6H^4 \left\langle \begin{array}{c} Az \\ | \\ C \\ | \\ CO^2H \end{array} \right\rangle O,$$

s'obtient par oxydation de l'aldéhyde correspondante au moyen du permanganate de potassium.

A une dissolution aqueuse et étendue d'aldéhyde anthroxanique, additionnée de soude caustique, on ajoute à froid et en une seule fois la quantité calculée de permanganate de potassium en solution à 4 0/0. On filtre, on acidifie légèrement la liqueur filtrée et on la décolore par le noir animal. On filtre et on précipite l'acide par l'acide sulfurique.

L'acide anthroxanique cristallise en fines aiguilles fusibles à 190-191° en se décomposant, solubles dans l'eau bouillante, presque insolubles dans l'eau froide. C'est un acide énergique, qui décompose à froid les carbonates. Traité par le sulfate ferreux en solution ammoniacale étendue, il fixe de l'hydrogène et se transforme en acide isatique $C^8H^7AzO^3$ [Schillinger et Wleügel, *D. chem. G.*, **16**, 2224]. G. de Bechi.

ANTHROXANIQUE (ALDÉHYDE). — On obtient l'aldéhyde anthroxanique par l'action de la chaleur sur une dissolution d'acide o-nitrophényloxyacrylique, d'après l'équation suivante :

$$C^6H^4 \left\langle \begin{array}{l} AzO^2 \\ CH = C(OH) - CO^2H \end{array} \right.$$

$$= CO^2 + H^2O + C^6H^4 \left\langle \begin{array}{c} Az \\ | \\ C \\ | \\ CHO \end{array} \right\rangle O.$$

On dissout 1 partie d'acide o-nitrophényloxyacrylique dans 1 partie d'acide acétique cristallisable et on chauffe au bain-marie jusqu'à cessation du dégagement d'acide carbonique. On étend d'eau, on neutralise avec de la craie et on entraîne le produit de la réaction par un courant de vapeur d'eau; on distille jusqu'à ce que le liquide distillé cesse de se colorer en rouge par addition de zinc en poudre et d'ammoniaque. On épuise la liqueur par l'éther, on sèche la solution éthérée sur du chlorure de calcium et on évapore le dissolvant. On obtient ainsi en aldéhyde brute 10 0/0 de l'acide nitrophényloxyacrylique mis en œuvre. Le produit renferme de l'anthranile; on le traite par la ligroïne, qui dissout l'anthranile. L'aldéhyde anthroxanique cristallise en aiguilles jaunâtres, fusibles à 72°,5 et se sublimant sans se décomposer quand on les chauffe avec précaution.

Elle jouit des propriétés générales des aldéhydes, est douée d'une odeur aromatique légèrement piquante, se dissout facilement dans l'eau chaude et dans les dissolvants usuels, la ligroïne exceptée. Elle se dissout également dans les bisulfites alcalins. Traitée par l'ammoniaque et le zinc en poudre, elle donne une coloration rouge-violet intense.

La dissolution aqueuse du produit brut résultant de l'action de l'eau bouillante sur l'acide nitrophényloxyacrylique donne par ébullition avec une solution de sulfate ferrique un corps doué de propriétés basiques; ce dernier cristallise en aiguilles soyeuses, rouges, fusibles à 215° en se décomposant.

Par l'action de l'aniline, on obtient des aiguilles groupées en éventail et fusibles à 40° [Schillinger et Wleügel, *D. chem. G.*, **16**, 2222].

G. de Bechi.

ANTIMOINE. — M. Reinsch a rencontré l'antimoine dans un échantillon de pyrolusite, d'origine inconnue.

MM. J. Mensching et V. Meyer ont cherché à déterminer la densité de vapeur de l'antimoine. L'expérience a été faite dans une atmosphère d'azote à une température pour laquelle le pyromètre a donné 1437° [voir *Nachrichten d. K. Gesellsch. d. Wissensch. zu Göttingen*, 1887, 128]. A cette température, l'antimoine se volatilise, mais *lentement*; son point d'ébullition réel n'est donc pas atteint et la densité de vapeur, calculée d'après la quantité de gaz expulsée de l'appareil, n'est qu'approximative et supérieure à celle qu'on observerait après le point d'ébullition. Cette densité était de 12,3 (177 pour H = 1). Cette donnée, quelque imparfaite qu'elle soit, prouve irréfutablement que la molécule de l'antimoine n'est pas, comme celles du phosphore et de l'arsenic, composée de 4 atomes, car elle correspond assez exactement à Sb^3, qui exige 12,47 (soit 180 pour H = 1). Cette identité ne peut être que fortuite, la volatilisation de l'antimoine ayant été incomplète, et la molécule est certainement inférieure à Sb^3 [*Ann. Chem.*, **240**, 317].

MM. H. Biltz et V. Meyer, en opérant un peu plus tard à la température de 1640°, ont obtenu un résultat plus précis, soit 9,781, la molécule Sb^2 exigeant 8,25 [*D. chem. G.*, **22**, 726].

La chaleur spécifique de l'antimoine et de quelques-unes de ses combinaisons augmente pour de très basses températures, comme cela résulte des observations faites jusque vers — 75° par MM. Pebal et Jahn. L'antimoine métallique et l'antimoine amorphe ont la même chaleur spécifique [*Ann. Phys. Chem.*, (2), **27**, 584.

Poids atomique. — Les recherches de M. J.-P. Cooke ont confirmé le poids atomique 120 qu'avait trouvé autrefois M. R. Schneider. La synthèse du sulfure d'antimoine l'a conduit aux nombres 119.994 (sulfure rouge séché à 180°) et 120,245 (sulfure noir séché à 210°). Par l'analyse du bromure d'antimoine, il est arrivé aux nombres 119,98-120,02, tandis que l'analyse du trichlorure lui a fourni, comme à Dumas, des nombres voisins de 122. Cette différence considérable tient à la présence constante d'un peu d'oxychlorure dans le chlorure [*Bull. Soc. Chim.*, (2), **30**, 337 et **35**, 66].

M. J. Bongartz est également arrivé au nombre 120 par l'analyse du sulfure d'antimoine pur [*D. chem. G.*, **16**, 1942].

Nous ne ferons que signaler une note critique de M. F. Kessler, qui croit pouvoir maintenir le nombre 122, et une réfutation de cette critique par M. R. Schneider [*D. chem. G.*, **12**, 1044; *J. prakt. Chem.*, (2), **22**, 131; *Bull. Soc. Chim.*, (2), **33**, 170].

Antimoine amorphe. — L'antimoine explosif qui se dépose par l'électrolyse d'une solution chlorhydrique de trichlorure retient toujours, comme on le sait, du chlorure d'antimoine; cette quantité varie, d'après M. Fr. Pfeiffer, de 4,8 à 7,9 0/0; une partie de ce chlorure est retenue mécaniquement dans les petites cavités produites par le dégagement d'hydrogène.

L'antimoine amorphe ne contient pas d'hydrogène occlus. Sa densité varie entre 5,654 et 5,907 [*Ann. Chem.*, **209**, 161].

L'antimoine déposé par l'électrolyse d'une solution de trichlorure additionnée de sel ammoniac n'est jamais explosible comme celui qu'on obtient par le trichlorure seul avec du cuivre au pôle négatif et de l'antimoine au pôle positif [Bertrand, *Bull. Soc. Chim.*, (2), **27**, 383].

En chauffant l'antimoine au rouge sombre dans un courant d'azote, M. Hérard a obtenu une modification amorphe renfermant 98,7 0/0 d'antimoine. Il se produit dans ces conditions des vapeurs grises, qui se condensent sur les parois du tube en une poudre grise, constituée par des parcelles sphéroïdales.

Il y a peut-être production passagère d'un azoture d'antimoine [*C. R.*, **107**, 420].

Données thermochimiques. — Ces données ont été établies par M. J. Thomsen [*D. chem. G.*, **16**, 37] et par M. Guntz [*Bull. Soc. Chim.*, (2), **41**, 370].

Voici les données de M. J. Thomsen relatives aux chlorures et aux oxydes d'antimoine :

Sb, Cl^3	$91^{cal},39$	
$SbCl^3, Cl^2$	$13^{cal},48$	
Sb, Cl^5	$104^{cal},87$	
$SbCl^3 + Aq$	$8^{cal},91$	formation de $Sb^4O^5Cl^2$
	$7^{cal},73$	décomposition totale
$Sb^2, O^3, 3H^2O$	$167^{cal},42$	formation de SbO^3H^3
$Sb^2, O^5, 3H^2O$	$228^{cal},78$	formation de SbO^4H^3
SbO^3H^3, O	$30^{cal},68$	

D'après M. Guntz, la chaleur dégagée par l'action de l'acide chlorhydrique gazeux sur l'oxyde d'antimoine (prismatique), pour former 1 molécule de trichlorure, est de $47^{cal},4$. La formation dans les mêmes circonstances de l'oxychlorure $SbOCl$ dégage $19^{cal},4$ et celle de l'oxychlorure $Sb^4O^5Cl^2$ 42 calories (soit $4 \times 10^{cal},5$).

Inversement, la décomposition du chlorure d'antimoine par l'eau est représentée par les équations :

$$SbCl^3\,(sol.) + n\,H^2O$$
$$= SbOCl + (n-1)\,H^2O + 2\,HCl + 8^{cal},36 - 2\,A,$$
$$SbCl^3\,(sol.) + n\,H^2O$$
$$= \tfrac{1}{4}\,Sb^4O^5Cl^2 + (n-\tfrac{5}{4})\,H^2O + \tfrac{5}{2}\,HCl + 8^{cal},36 - \tfrac{5}{4}\,A,$$
$$SbCl^3\,(sol.) + n\,H^2O$$
$$= \tfrac{1}{2}\,Sb^2O^3 + (n-\tfrac{3}{2})\,H^2O + 3\,HCl + 7^{cal},10 - 3\,A,$$

en représentant par A la chaleur dégagée par la dilution de l'acide chlorhydrique, quantité qu'on ne peut guère connaître exactement, mais qui exerce son influence sur le sens de la réaction.

La formation du *bromure* solide $SbBr^3$ par l'antimoine et le brome gazeux dégage $76^{cal},9$; celle de l'*iodure* solide SbI^3 en dégage 45,4 en partant de l'iode en vapeur [*C. R.*, **101**, 161].

Fluorure d'antimoine. — L'action du gaz acide fluorhydrique sur l'oxyde d'antimoine prismatique fournit 2 molécules de trifluorure en dégageant $95^{cal},6$ (soit $2 \times 47,8$). L'acide fluorhydrique dissous produit la même réaction en dégageant $20^{cal},2$ si l'on part de l'oxyde *prismatique* et $19^{cal},0$ si l'on part de l'oxyde *octaédrique*. La différence $1^{cal},2$ représente la chaleur de transformation de l'oxyde prismatique en oxyde octaédrique.

Le fluorure d'antimoine est soluble dans l'eau sans décomposition, ce qui résulte de la comparaison de sa chaleur de formation avec celle de l'oxyde d'antimoine, qui est plus faible. La dissolution du fluorure d'antimoine dans l'eau a lieu avec absorption de chaleur. Pour 58 molécules d'eau, l'absorption est de $-1^{cal},16$; pour 407 molécules d'eau, elle est de $-2^{cal},0$.

D'autre part, la dissolution dans l'acide fluorhydrique dilué a lieu avec dégagement de chaleur :

$$SbFl^3 + 1,358\text{ mol. }HFl + 110\,H^2O = -0^{cal},03,$$
$$SbFl^3 + 2,629\text{ mol. }HFl + 110\,H^2O = -0^{cal},09,$$
$$SbFl^3 + 4,310\text{ mol. }HFl + 110\,H^2O = -0^{cal},29.$$

A partir de 4 molécules d'acide fluorhydrique, on n'observe pas de nouveau phénomène thermique. Celui-ci est sans doute dû à la formation d'un fluorhydrate de fluorure (Guntz).

Hydrogène antimonié. — Le meilleur procédé pour obtenir ce gaz dans le plus grand état de pureté relative consiste à traiter l'antimoniure de zinc (2 parties d'antimoine pour 3 parties de zinc) finement pulvérisé par l'acide sulfurique étendu (Olszewski).

MM. Poleck et Thümmel recommandent un autre procédé, consistant à faire agir peu à peu l'eau sur 400 parties d'un amalgame de sodium à 2 0/0 avec lequel on a pétri 8 parties d'antimoine récemment précipité [*D. chem. G.*, **17**, *Ref.*, 86].

L'hydrogène antimonié cristallise à $-102°,5$ en une masse neigeuse fusible à $-92°,5$ et bouillant à $-18°$; mais déjà à -56-$65°$ il éprouve une décomposition partielle avec dépôt d'antimoine [Olszewski, *Mon. f. Chem.*, **7**, 371].

L'hydrogène antimonié se décompose en présence de l'eau, de la potasse, de l'acide sulfurique, même dans l'obscurité.

Mélangé avec de l'hydrogène sulfuré, il fournit du sulfure d'antimoine, rapidement à la lumière ou à chaud, lentement dans l'obscurité ou à froid [O. Brunn, *D. chem. G.*, **22**, 3202].

L'iode décompose complètement l'hydrogène antimonié en donnant de l'iodure d'antimoine et de l'hydrogène ; on peut ainsi doser facilement l'antimoine dans un mélange gazeux [O. Brunn, *D. chem. G.*, **21**, 2548].

L'hydrogène antimonié produit dans une solution concentrée d'azotate d'argent une coloration d'abord jaune, puis verte. Cette coloration parait due à la production d'un composé très instable d'antimoniure d'argent et d'azotate d'argent, sans doute $SbAg^3 . 3AzO^3Ag$, car l'eau le dédouble suivant l'équation

$$SbAg^3 . 3\,AzO^3Ag + 3H^2O$$
$$= 6\,Ag + SbO^3H^3 + 3\,AzO^3H.$$

A cette réaction s'en rattache une autre : l'antimoine précipité agit sur une solution d'azotate d'argent en précipitant de l'argent et en produisant en outre de l'acide antimonieux et du bioxyde d'azote [Poleck et Thümmel, *D. chem. G.*, **16**, 2444 ; *Bull. Soc. Chim.*, (2), **41**, 617].

Trichlorure d'antimoine. — Il se forme par l'action de l'antimoine sur la chlorhydrine sulfurique et sur le chlorure de sulfuryle [P. Kœchlin et Heumann, *D. chem. G.*, **15**, 419, 1537].

Cristallisé par fusion, ou par dissolution dans le sulfure de carbone, il se présente en cristaux clinorhombiques (rapport des axes 1,263 : 1 : 1,109). Densité = 3,064. Il fond à 72° et bout à 216° [J.-P. Cooke, *Bull. Soc. Chim.*, (2), **30**, 337].

Le chlorure d'antimoine fournit des réactions colorées avec différents carbures et alcaloïdes [Watson Smith, *D. chem. G.*, **12**, 1420].

Le trichlorure d'antimoine en solution concentrée absorbe le gaz chlorhydrique et la solution abandonne par le refroidissement à 0° des cristaux déliquescents, fusibles à 16°, qui ont pour composition $2SbCl^3 . HCl, 2H^2O$ [Engel, *C. R.*, **106**, 1797].

L'existence d'une semblable combinaison est du reste établie par ce fait que le chlorure d'antimoine se dissout dans l'acide chlorhydrique concentré, avec dégagement de 4 calories (Berthelot).

Le trichlorure d'antimoine forme aussi des combinaisons avec les chlorures et bromures alcalins. En évaporant une solution de chlorure d'antimoine additionnée de 3 molécules de bromure de potassium, on obtient des pyramides jaunes, du système quadratique, qui ont pour composition $SbCl^3 . K^3Br^3, 1,5H^2O$. Les faces de l'octaèdre font entre elles des angles de 62° 30′

et 85° 40′ et avec la base un angle de 47° 15′. Ces cristaux sont déliquescents, mais ils se déshydratent sur le chlorure de calcium. Ils donnent par volatilisation un mélange de trichlorure et de tribromure d'antimoine. Traités par l'eau, ils fournissent un mélange équimoléculaire d'oxychlorure et d'oxybromure.

On obtient d'une manière analogue les combinaisons

$$SbCl^3 . KBr, H^2O \text{ et } 2SbCl^3 . 3KCl, 2H^2O;$$

la première cristallise en octaèdres; la seconde, en cristaux orthorhombiques [Atkinson, *Chem. Soc.*, **43**, 289].

Oxychlorure, SbOCl. — Il cristallise dans le système clinorhombique. Rapport des axes = 0,8936 : 1 : 0,7587. Inclinaison de l'axe oblique = 76° 31′ [J.-P. Cooke, *loc. cit.*].

L'oxychlorure $Sb^4O^5Cl^2$ est également clinorhombique.

Pentachlorure d'antimoine. — Il distille sans décomposition notable à 79° sous une pression de 22 millimètres et à 68° sous une pression de 14 millimètres. Ces points d'ébullition sont inférieurs à celui que présente le trichlorure, qui, sous les pressions de 23 millimètres et de 14 millimètres, distille aux températures de 113°,5 et de 103°. MM. R. Anschütz et P.-N. Evans, auxquels on doit ces observations, ont vainement cherché à déterminer la densité de vapeur du pentachlorure d'antimoine sous pression réduite [*D. chem. G.*, **19**, 1994; *Ann. Chem.*, **239**, 285; *Bull. Soc. Chim.*, (2), **46**, 648 et **49**, 625].

Lorsqu'on ajoute 1 molécule d'eau à 1 molécule de pentachlorure d'antimoine, en refroidissant à 0°, il ne se dégage pas trace d'acide chlorhydrique, et si l'on effectue cette addition au chlorure dissous dans le chloroforme, on voit se séparer une masse cristalline blanche, déliquescente. C'est l'*hydrate* $SbCl^5, H^2O$, qui cristallise dans le chloroforme chaud en cristaux lamelleux ou dendritiques. Exposé à l'air, il se résout en un liquide qui abandonne sur l'acide sulfurique de larges aiguilles fusibles à 87-92°. Distillé dans le vide (20 millimètres), ce monohydrate fournit d'abord du pentachlorure pur, puis du trichlorure, en laissant un résidu cireux. Ayant chauffé la solution chloroformique de cet hydrate sous pression à 100°, dans l'espoir d'obtenir l'*oxychlorure* $SbOCl^3$, MM. Anschütz et Evans ont observé une forte pression, due à la production de gaz phosgène.

Tétrahydrate, $SbCl^5, 4H^2O$. — On l'obtient comme le monohydrate, en employant 4 molécules d'eau. Il se sépare lentement du chloroforme, dans lequel il est insoluble, sous la forme d'une masse cristalline dure.

N'ayant pu obtenir l'oxychlorure $SbOCl^3$ par l'action de l'eau sur le pentachlorure, MM. Anschütz et Evans ont traité ce corps (35gr,5) dissous dans le chloroforme (83gr,3) par l'acide oxalique desséché (10gr,6). Ils ont observé un dégagement d'acide chlorhydrique accompagné d'une trace d'anhydride carbonique, et vu se déposer des cristaux incolores, fusibles à 148,5-149° et se décomposant un peu au delà. Ces cristaux ont pour composition $C^2O^4(SbCl^4)^2$; ils constituent un *oxalochlorure d'antimoine* formé d'après l'équation

$$\begin{matrix} CO.OH \\ | \\ CO.OH \end{matrix} + 2SbCl^5 = 2HCl + \begin{matrix} CO.OSbCl^4 \\ | \\ CO.OSbCl^4 \end{matrix}$$

Ce corps est décomposé par l'eau chaude.

Chlorhydrate de pentachlorure. — Le tétrahydrate de pentachlorure d'antimoine étant saturé de gaz chlorhydrique, puis additionné d'eau pour redissoudre les cristaux, fournit, par refroidissement à 0°, des cristaux ayant pour composition

$$SbCl^5 . 5HCl, 10H^2O$$

[Engel, *C. R.*, **106**, 1797].

Combinaison avec le perchlorure de phosphore. — La combinaison $SbCl^5 . PCl^5$, déjà observée par M. R. Weber, s'obtient lorsqu'on traite une solution chloroformique de 2 molécules de pentachlorure d'antimoine par 1 molécule de trichlorure de phosphore :

$$2SbCl^5 + PCl^3 = SbCl^5 . PCl^5 + SbCl^3.$$

La combinaison des deux chlorures, insoluble dans le chloroforme, se sépare sous la forme d'une poudre blanche [H. Kœhler, *D. chem. G.*, **13**, 875].

Action du sulfure de carbone. — Le pentachlorure d'antimoine réagit sur le sulfure de carbone d'après l'équation suivante, si l'on opère à froid :

$$2SbCl^5 + CS^2 = 2SbSCl^3 + CCl^4.$$

Mais à chaud le sulfochlorure antimonique produit se dédouble en trichlorure et soufre [A. Bertrand et Et. Finot, *Bull. Soc. Chim.*, (2), **34**, 201].

Oxychlorure antimonique, $SbOCl^3$. — On a vu plus haut que les recherches de MM. R. Anschütz et Evans tendent à infirmer l'existence de cet oxychlorure qu'avait admise M. H. Daubrawa [*Ann. Chem.*, **186**, 110; *Bull. Soc. Chim.*, (2), **29**, 118]. Cet auteur a trouvé la composition voulue aux cristaux qu'abandonne dans le vide le liquide provenant de la déliquescence du monohydrate de pentachlorure. Cet oxychlorure perd 2 atomes de chlore par l'ébullition; l'eau en excès le convertit en acide para-antimonique. Traité par le carbonate de sodium, il est décomposé suivant l'équation

$$2SbOCl^3 + CO^3Na^2$$
$$= 2NaCl + CO^2 + 2Cl^2 + Sb^2O^3.$$

L'oxychlorure antimonique est soluble dans l'alcool. Par l'évaporation de la solution, il se dégage de l'acide chlorhydrique et il reste une masse poisseuse jaune, qui prend un aspect radié après refroidissement. C'est peut-être un antimoniate triéthylique : traité par l'eau, il reprend aussitôt l'odeur de l'alcool.

Tribromure d'antimoine. — Il est isomorphe avec le trichlorure. Rapport des axes = 1,224 : 1 : 1,064. Densité à 23° = 4,148. Il fond à 93° et distille à 280° [J.-P. Cooke, *loc. cit.*].

L'*oxybromure* $Sb^4O^5Br^2$ est en cristaux clinorhombiques.

Triiodure d'antimoine, SbI^3. — Il est trimorphe. Cristallisé dans le sulfure de carbone, il appartient au type hexagonal et forme les cristaux rouge-rubis décrits par Nicklès. Densité à 24° = 4,848. Il fond à 167° et bout au delà de 360°, mais se sublime déjà à une température peu élevée. Si celle-ci ne dépasse pas 114°, il se produit une modification *jaune, orthorhombique*, qui, au delà de cette température, se convertit de nouveau en cristaux rouges.

Si on expose au soleil la solution sulfocarbonique du triiodure rouge, celui-ci se convertit en une nouvelle modification, jaune ou jaune-verdâtre, du type clinorhombique; densité = 4,768. Rapport des axes = 1,6408 : 1 : 0,6682; inclinaison = 70° 16′. La chaleur transforme de nouveau cette modification dans la variété rouge.

Exposée à l'air et à la lumière, la solution de l'iodure rouge abandonne rapidement les *oxyiodures* $SbOI$ et $Sb^4O^5I^2$. Le premier se décompose à 200° en triiodure et $Sb^4O^5I^2$ qui se décompose lui-même, au rouge sombre, en oxyde antimonieux et iodure d'antimoine.

Penta-iodure. — M. Pendleton a obtenu ce composé, en fondant l'antimoine avec un excès d'iode dans un tube scellé rempli d'un gaz inerte. La partie inférieure du tube ayant été maintenue longtemps vers 130° tandis que la partie supérieure était froide, il se produisit une masse cristalline brune, fusible à 78-79° et se dissociant à une température un peu plus élevée [*Chem. News*, **48**, 97].

Fluorure d'antimoine. — Voir le paragraphe Thermochimie.

Le trifluorure d'antimoine forme avec les chlorures alcalins des combinaisons de la formule générale $SbFl^3 . M'Cl$, qu'on obtient en ajoutant des chlorures alcalins dissous au trifluorure, puis évaporant à cristallisation. Ces combinaisons ont été proposées pour remplacer l'émétique dans les usages industriels.

La *combinaison sodique* cristallise en aiguilles ou en mamelons.

Le *sel potassique* forme de beaux cristaux solubles dans 2 parties d'eau à 24° et dans un tiers de son poids d'eau bouillante.

La *combinaison ammoniacale* cristallise de même et est très soluble [E. de Haën, brevet allemand 45222; *D. chem. G.*, **21**, *Ref.*, 901].

Trioxyde d'antimoine, Sb^2O^3. — La densité de vapeur de cet oxyde, observée à la température du four Perrot, correspond au poids moléculaire $Sb^4O^6 = 576 = 2 \times 288$; la densité observée a été de 283 à 288,5 (H = 1) [V. et C. Meyer, *D. chem. G.*, **12**, 1282].

L'oxyde antimonieux se dissout dans la glycérine additionnée de potasse et de carbonate potassique, et la solution n'est pas précipitée par l'eau (Dittler).

L'oxyde antimonieux se dissout dans 10500 parties d'eau froide et exige 64700 parties d'eau bouillante (H. Schulze).

Sels antimonieux. — Dans un travail sur les tartrates d'antimoine, MM. F.-W. Clarke et Helena Stallo rejettent l'intervention du radical stibyle $(SbO)'$ et représentent l'émétique et les tartrates d'antimoine par les formules

$$Sb \begin{cases} C^4H^4O^6 \\ OK \end{cases} \qquad Sb^2 \begin{cases} C^4H^4O^6 \\ O^2 \end{cases} \qquad Sb \begin{cases} (C^6H^5O^6)^2 \\ OH \end{cases}$$

Sel neutre de Berzelius. — Sel suracide de Peligot.

[*D. chem. G.*, **13**, 1787; *Bull. Soc. Chim.*, (2), **36**, 165].

Sulfate d'antimoine. — Le *sulfate normal* $(SO^4)^3Sb^2$ s'obtient en projetant par petites portions du sulfure noir artificiel très divisé dans de l'acide sulfurique chaud dont on chasse ensuite l'excès. C'est une poudre cristalline très hygrométrique, s'échauffant au contact de l'eau et faisant prise avec elle à la manière du plâtre. Le sel se dissout dans une plus grande quantité d'eau et peut cristalliser dans le vide. L'eau bouillante en grand excès le décompose complètement. Avec l'eau froide en excès, il y a production de sels basiques cristallins, par exemple

$$6Sb^2O^3 . 2SO^3, 7H^2O,$$

qui est sans doute un mélange de Sb^2O^4 avec un sel basique mieux défini, tel que $SO^4(SbO)^2$.

Le sulfate d'antimoine absorbe le gaz chlorhydrique avec élévation de température et volatilisation de trichlorure d'antimoine [G. Hensgen, *Rec. P.-B.*, **4**, 401].

Oxyde antimonique, Sb^2O^5. — L'hydrate antimonique précipité de l'antimoniate de potassium renferme, après dessiccation à l'air, $Sb^2O^5 . 3H^2O$, soit $SbO(OH)^3$. Séché à 175°, il représente l'acide méta-antimonique $SbO^2 . OH$, suivant les indications de M. Geuther.

D'après M. Daubrawa [*Ann. Chem.*, **186**, 110; *Bull. Soc. Chim.*, (2), **29**, 118], l'hydrate résultant de l'action de l'eau sur le pentachlorure d'antimoine constitue l'acide pyroantimonique $Sb^2O^7H^4$ après dessiccation à 100°; simplement séché sur une plaque poreuse, il renferme en plus $2H^2O$, dont la moitié se dégage par dessiccation sur l'acide sulfurique. Sa composition est donc alors SbO^4H^3, ce que confirment les recherches de MM. Beilstein et O. Blaese [*Bull. Acad Saint-Pétersb.*, **33**, 97].

L'acide pyroantimonique se transforme en acide méta-antimonique à 200° et en anhydride Sb^2O^5 à 275°.

L'acide antimonique donne lieu, comme les acides arsénique et phosphorique, à des combinaisons complexes avec les acides molybdique et tungstique (voyez ces composés).

Antimoniates. — MM. G. de Knorre et P. Olszewski ont soumis à une nouvelle étude les antimoniates de potassium et de sodium [*D. chem. G.*, **18**, 2353 et **20**, 3043; *Bull. Soc. Chim.*, (2), **46**, 327 et **49**, 470].

L'antimoniate gommeux de potassium obtenu par le procédé de M. Fremy constitue bien l'antimoniate neutre ou méta-antimoniate SbO^3K, avec des quantités d'eau variant suivant les conditions de la dessiccation. Il en renferme 11,7 0/0 à 100°, soit $2SbO^3K, 3H^2O$. Il perd ensuite 1,26 0/0 d'eau à 125°; cette perte se continue progressivement jusqu'à 350°, température à laquelle il en retient 4 0/0, qu'il ne perd que par la calcination. Cette teneur correspond à peu près aux rapports

$$2SbO^3K, H^2O \quad \text{ou} \quad Sb^2O^7K^2H^2.$$

Le sel primitif renferme à 100° $2H^2O$ en plus. Il constitue sans doute du m-antimoniate ou peut-être de l'o-antimoniate acide SbO^4KH^2, H^2O, car il précipiterait les sels de sodium si c'était le pyroantimoniate acide.

Le pyroantimoniate neutre déliquescent de M. Fremy, $Sb^2O^7K^4$, n'est sans doute qu'un mélange d'antimoniate et de carbonate de potassium.

Lorsqu'on fait passer un courant de gaz carbonique dans le sel gommeux, on obtient un précipité blanc, peu soluble dans l'eau froide, dont la composition est représentée par les rapports

$$3Sb^2O^5 . 2K^2O, 7H^2O \text{ (à 100°)}.$$

Ce sel retient $4H^2O$ à 200° et $3H^2O$ à 245°. Il se dissout en proportion notable dans l'eau à 180°, sous pression. La solution donne immédiatement un précipité cristallin avec les sels de sodium. Il y a donc dédoublement de ce sel acide en pyroantimoniate acide et acide antimonique.

L'antimoniate grenu de potassium représente bien le pyroantimoniate acide $Sb^2O^7K^2H^2, 4H^2O$ qui retient les éléments de 1 molécule d'eau à 330°, que ce sel soit obtenu par le procédé de M. Fremy, de M. Rieckher, de Brunner ou de Reynoso.

Le procédé de M. Rieckher consiste à faire bouillir le sulfure d'antimoine avec une lessive de potasse; le sulfoantimoniate de potassium, qui se produit en même temps que l'antimoniate, est transformé en antimoniate par l'ébullition avec de l'oxyde de cuivre; on évapore la liqueur, on filtre et on décante l'eau mère alcaline qui accompagne la masse mamelonnée blanche qui se dépose [*Dingl. Journ.*, **145**, 313].

Le procédé de Brunner consiste à faire déflagrer par petites portions un mélange à parties égales d'émétique et de nitre, à fondre au rouge le produit de la déflagration, puis à reprendre la masse fondue par l'eau chaude. Celle-ci laisse une poudre blanche, dont on obtient une nouvelle quantité par l'évaporation de la lessive obtenue. Cette poudre fournit l'antimoniate grenu par l'ébullition [*Dingl. Journ.*, **159**, 356].

Les procédés de M. Fremy et de Reynoso ont été décrits dans le Dictionnaire.

Antimoniate de sodium. — Le pyroantimoniate acide $Sb^2O^7Na^2H^2$, obtenu par le sel de potassium et l'acétate de sodium, renferme $6H^2O$ ou $5H^2O$, suivant qu'il est précipité à froid ou à chaud. Ce sel perd progressivement cette eau de 125 à 350°; quant à l'eau de constitution, elle n'est expulsée que par la calcination. La forme cristalline de ce sel n'a pas été déterminée; au microscope, il apparaît en prismes souvent maclés et dont les faces sont fréquemment arrondies.

MM. Beilstein et Blaese ont préparé un grand nombre d'antimoniates en partant de l'antimoniate de potassium du commerce. Ce sel est lavé à l'eau froide, puis mis en digestion pendant 2 jours avec de l'ammoniaque concentrée; on chasse ensuite l'ammoniaque, on ajoute de l'eau et on décante la liqueur : elle renferme de l'antimoniate de potassium et est particulièrement propre à servir de réactif pour les sels de sodium.

MM. Beilstein et Blaese ont préparé par double décomposition les sels suivants, qu'ils envisagent tous comme des méta-antimoniates :

$SbO^3Li, 3H^2O$,	$(SbO^3)^3Cr, 14H^2O$,
$SbO^3Tl, 2H^2O$,	$SbO^3Ag, 1,5H^2O$,
$(Sb^2O^5)^2Fe^2O^3, 11H^2O$,	$(SbO^3)^3Al, 15H^2O$,
$(SbO^3)^2Hg, 6H^2O$,	$(SbO^3)^2Mn, 7H^2O$.

Ces auteurs admettent qu'il n'existe qu'un seul acide antimonique, dont les sels se représentent simplement comme constituant les sels de l'acide ortho-antimonique monobasique SbO^4H^3, ou comme des méta-antimoniates [*D. chem. G.*, **22**, *Ref.*, 530].

M. Ebel a de même obtenu des méta-antimoniates en partant du pyroantimoniate acide de sodium, qui renferme, d'après lui, $7H^2O$, et qui se dissout dans 400 parties d'eau bouillante.

Le *sel barytique*, séché à l'air, renferme

$$(SbO^3)^2Ba, 5H^2O.$$

Les *sels de cuivre*, de *zinc*, de *plomb*, de *manganèse* renferment également $5H^2O$.

Ceux de *glucinium*, de *cadmium*, de *nickel*, de *cobalt* contiennent $6H^2O$.

Le *sel d'argent* a pour formule

$$SbO^3Ag, 1,5H^2O;$$

celui de *fer*, $(SbO^4)^2Fe^2, 7H^2O$; celui d'*aluminium*, $(SbO^4)^2Al^2, 9H^2O$ [Ebel, *D. chem. G.*, **22**. 3044].

Trisulfure d'antimoine. — M. W. Spring a reproduit ce composé en soumettant à une forte compression un mélange de soufre et d'antimoine pulvérisés. Le produit se comporte comme la stibine à l'égard de l'acide chlorhydrique.

Le sulfure d'antimoine est attaqué par l'eau ammoniacale oxygénée : tout le soufre est converti en acide sulfurique. On peut ainsi doser le sulfure d'antimoine et, indirectement, l'antimoine. Avec le pentasulfure, il n'y a que 3 atomes de soufre d'oxydés [Alex. Classen et Bauer, *D. chem. G.*, **16**. 1067].

L'action de l'acide chlorhydrique sur le trisulfure d'antimoine et l'action inverse de l'hydrogène sulfuré sur le chlorure d'antimoine ont donné lieu à des travaux importants de M. Berthelot [*C. R.*, **102**, 22, 84, 86; *Bull. Soc. Chim.*, (2), **47**, 14] et de M. J. Lang [*D. chem. G.*, **18**, 2714; *Bull. Soc. Chim.*, (2), **46**, 315].

Si l'on verse goutte à goutte du trichlorure d'antimoine dans une solution saturée d'hydrogène sulfuré, le précipité d'abord formé se redissout et donne une solution incolore qui renferme sans doute un *sulfhydrate de sulfure*, composé qui ne peut exister qu'en présence d'un grand excès d'hydrogène sulfuré.

La chaleur de formation du trisulfure d'antimoine par l'hydrogène sulfuré et le trichlorure en solution chlorhydrique ou tartrique est de 34 calories (2×17^{cal}). Si l'hydrogène sulfuré n'est pas en excès notable, il se forme un *chlorosulfure* $Sb^4S^5Cl^2$.

Le gaz chlorhydrique agit sur le sulfure d'antimoine pour produire de l'hydrogène sulfuré et du chlorure d'antimoine. Il y a en effet production de $15^{cal},3$.

$Sb.Cl^3$	crist............	$91^{cal},4$	$98^{cal},3$
$3/2H^2.S$	gaz	$6^{cal},9$	
$1/2Sb^2.S^3$	....	$17^{cal},0$	$83^{cal},0$
$3HCl$	gaz............	$66^{cal},0$	

Il y a réaction inverse en présence de l'eau en grand excès et cette réaction inverse produit :

$Sb.Cl^3$	....	$91^{cal},4$	$105^{cal},2$
$3/2H^2.S$	(dissous	$13^{cal},8$	
$1/2Sb^2.S^3$	....	$17^{cal},0$	$135^{cal},3$
$3HCl$	(dissous).........	$118^{cal},3$	

Entre ces deux états extrêmes existe nécessairement un état d'équilibre limite, variant avec la température et avec la concentration de l'acide chlorhydrique; en d'autres termes, cet équilibre est déterminé par la tension de l'acide chlorhydrique anhydre. Ainsi à 12° le système $HCl + 6,5H^2O$ possède une tension notable de l'hydracide, tension qui devient inappréciable avec 8 ou $9H^2O$. A une température supérieure, la tension de l'hydracide augmentant, il pourra agir en présence d'une plus grande quantité d'eau.

Si l'on arrose du sulfure d'antimoine avec de l'acide chlorhydrique concentré, il se formera une certaine quantité de chlorure d'antimoine et d'hydrogène sulfuré, et la réaction s'arrêtera lorsqu'une partie de l'acide chlorhydrique aura disparu. Si l'on verse alors un peu d'eau à la surface du liquide, on voit se produire à la surface de séparation un dépôt orangé, qui disparaîtra par l'agitation tant que la quantité d'eau ajoutée n'atteindra pas $6,5H^2O$ pour l'acide chlorhydrique resté libre, car alors seulement pourra s'exercer la réaction inverse de l'hydrogène sulfuré sur le trichlorure d'antimoine.

Voici, d'autre part, les conclusions un peu différentes que M. J. Lang tire de ces phénomènes :

Le sulfure d'antimoine est décomposé à chaud par l'acide chlorhydrique, quelle que soit sa concentration. Il l'est même par l'eau pure, comme l'ont aussi annoncé MM. P. de Clermont et Frommel.

En présence d'un excès de sulfure, la décomposition se poursuit jusqu'à ce que la teneur en acide chlorhydrique ait atteint une certaine limite, en rapport avec la teneur en hydrogène sulfuré ou plutôt avec la tension de ce gaz au-dessus du liquide. On pourra toujours provoquer la réaction inverse si l'on augmente la proportion de l'hydrogène sulfuré en faisant varier la pression du gaz. Cette réaction inverse provoque un dépôt de sulfure et une augmentation d'acide chlorhydrique, jusqu'à établissement d'un nouvel équilibre.

Le sulfure d'antimoine est complètement décomposé par une solution de sel ammoniac; il se volatilise du sulfure d'ammonium et le chlorure d'antimoine reste dissous avec l'excès de sel ammoniac [Ph. de Clermont, *Bull. Soc. Chim.*, (2), **31**, 483].

Sulfure d'antimoine colloïdal. — L'hydrogène sulfuré colore en jaune la solution aqueuse d'oxyde antimonieux (qui exige pour se produire 10 500 parties d'eau froide). On obtient une solution semblable, mais plus concentrée et rouge, avec un dichroïsme jaune-brun, en employant une solution d'émétique à 2 0/0. Soumise à la dialyse, elle laisse sur le dialyseur une solution de sulfure d'antimoine colloïdal, qui abandonne par l'évaporation un vernis rouge-brun. Cette solution est coagulée par les acides minéraux et par beaucoup de sels. Les acides tartrique, acétique et borique ne la troublent que si elle est concentrée. L'acide carbonique, l'alcool, l'acide arsénieux ne la modifient pas, même à l'ébullition [H. Schulze, *J. prakt. Chem.*, (2), **27**, 320; *Bull. Soc. Chim.*, (2), **14**, 627].

Le sulfure d'antimoine hydraté, en suspension dans l'eau, se prend, par l'addition d'un peu de sulfure de potassium, en une masse gélatineuse brune, soluble dans un excès de sulfure alcalin en donnant une solution jaune clair décomposable par l'eau (Ditte).

Sulfantimonites. — Le sulfure de potassium en solution concentrée dissout abondamment le sulfure d'antimoine hydraté. Par l'évaporation dans le vide, il se dépose des octaèdres d'un jaune pâle du sulfantimonite,

$$Sb^2S^5K^4 \text{ (soit } Sb^2S^3.2K^2S).$$

Avec une solution étendue de sulfure de potassium, on obtient des prismes d'un rouge clair, beaucoup moins solubles, du sel

$$Sb^4S^7K^2, 3H^2O \text{ (soit } 2Sb^2S^3.K^2S).$$

Ce dernier sel noircit à la lumière.

Le sulfantimonite SbS^2K s'obtient en épuisant par l'eau le produit de la fusion d'un mélange de sulfure d'antimoine, de carbonate potassique et de soufre, en proportions convenables; il reste en cristaux rouges.

Le sulfure d'antimoine hydraté se dissout dans une solution étendue de bisulfure de potassium, en produisant un dépôt de soufre [Ditte, *C. R.*, **102**, 168].

THIO-ANTIMONIATES. — MM. W. Feit et C. Kubierschky ont cherché, mais sans y réussir, à obtenir de semblables sels, intermédiaires entre les antimoniates et les sulfantimoniates et analogues aux sulfoxyphosphates ou thiophosphates de Wurtz.

Lorsqu'on dissout le pentasulfure d'antimoine dans la soude, il se sépare bientôt un précipité cristallin de méta-antimoniate et il reste en solution du sulfantimoniate de sodium (sel de Schlippe), que l'alcool précipite en tétraèdres réguliers microscopiques. On a donc la réaction

$$4\,Sb^2S^5 + 18\,NaOH = 3\,SbO^3Na + 5\,SbS^4Na^3 + 9H^2O.$$

Le sulfochlorure $SbSCl^3$ se comporte comme le pentasulfure et l'on arrive au même résultat en dissolvant le chlorure d'antimonyle $SbOCl^3$ dans le sulfure de sodium. Ed. Willm.

ANTIMOINE (ANALYSE). — MM. Beilstein et Blaese ont proposé de doser l'antimoine à l'état d'antimoniate de sodium [*Bull. Acad. Saint-Pétersbourg*, **33**, 201]. La solubilité de ce sel séché à l'air ($SbO^3Na, 3,5H^2O$) est la suivante :

0^{g},31 pour 1000 parties d'eau à 12°,3,
0^{g},13 » 1000 » d'alcool à 15,8 0/0,
0^{g},07 » 1000 » d'alcool à 26,6 0/0.

La solubilité est diminuée par la présence de la soude, contrairement à ce qu'avait annoncé H. Rose, tandis que l'ammoniaque et les sels de potassium l'augmentent un peu. La solubilité dans l'acide acétique est nulle.

Par les lavages à l'alcool à 25 0/0, il passe un peu à travers les filtres, mais l'addition d'acétate de sodium empêche le phénomène.

Voici comment il convient d'opérer : On précipite l'antimoine à l'état de sulfure, on délaye ce sel dans 50 centimètres cubes d'eau, on y ajoute de la soude pure, exempte de silice, puis de l'eau oxygénée, et on chauffe jusqu'à ce qu'il se dégage de l'oxygène. Après refroidissement, on étend la masse du tiers de son volume d'alcool à 90 0/0, puis on abandonne le tout pendant 36 heures. On décante alors, on recueille le précipité sur un filtre double et on le lave d'abord avec une solution de 7 grammes d'acétate de sodium et de 7 centimètres cubes d'acide acétique dans de l'alcool à 25 0/0, puis avec de l'alcool à 50 0/0. On sèche et on calcine le précipité, en incinérant le filtre à part; on pèse enfin à l'état d'antimoniate SbO^3Na.

MM. A. Classen et Bauer ont proposé de doser l'antimoine en se fondant sur l'action oxydante de l'eau oxygénée ammoniacale sur le sulfure d'antimoine, action qui transforme tout le soufre en acide sulfurique, qu'on dose à l'état de sulfate barytique.

Au lieu de faire agir l'eau oxygénée directement sur le sulfure, on peut attaquer celui-ci par l'acide chlorhydrique et faire passer l'hydrogène sulfuré sur une colonne de perles de verre arrosées d'eau oxygénée; ici encore tout le soufre est oxydé. On peut ainsi doser l'antimoine à côté de l'arsenic, dont le sulfure est inattaquable par l'acide chlorhydrique [*D. chem. G.*, **16**, 1067].

DOSAGE VOLUMÉTRIQUE. — Le pentachlorure d'antimoine décomposant l'iodure de potassium par 2 de ses atomes de chlore, différents chimistes ont proposé de s'appuyer sur cette réaction pour doser l'antimoine. Celui-ci doit être perchloruré en solution chlorhydrique par le chlorate de potassium; après expulsion de l'excès de chlore par la chaleur, on fait agir la solution sur l'iodure de potassium. Pour doser l'iode mis en liberté, M. Giraud agite la solution à plusieurs reprises avec du sulfure de carbone, puis titre l'iode par l'hyposulfite. Ce procédé, peu précis, a surtout été recommandé pour doser l'antimoine à côté de l'étain [Herroun, *Chem. News*, **45**, 101. — A. Weller, *Ann. Chem.*, **203**, 346. — H. Giraud, *Bull. Soc. Chim.*, (2), **46**, 504].

SÉPARATION ET DOSAGE ÉLECTROLYTIQUES. — L'antimoine qui se sépare par l'électrolyse d'une solution chlorhydrique forme un dépôt très peu adhérent, qui l'est encore moins si l'on ajoute de l'acide oxalique à la solution. Par l'addition d'acide tartrique, le dépôt devient assez adhérent, mais il s'effectue trop lentement. Par contre, on obtient un très bon résultat par l'électrolyse des sulfosels. Pour cela, après avoir précipité l'antimoine par l'hydrogène sulfuré, on redissout le sulfure dans une solution de monosulfure d'ammonium ou de sodium. Le courant doit être assez faible et dégager de 1^{cc},5 à 2 centimètres cubes de gaz tonnant par minute [A. Classen et Reis, *D. chem. G.*, **14**, 1629; *Bull. Soc. Chim.*, (2), **37**, 183]. Le sulfosel ne doit pas renfermer de polysulfure alcalin; s'il en était ainsi, il faudrait détruire celui-ci par l'eau oxygénée ammoniacale, qui le décompose sans dépôt de soufre. Si le sulfure d'antimoine se précipitait, il faudrait le redissoudre dans le monosulfure de sodium [Classen et Ludwig, *D. chem. G.*, **18**, 1110; *Bull. Soc. Chim.*, (2), **46**, 892].

Pour séparer par ce procédé l'antimoine de l'arsenic, il faut ou bien volatiliser celui-ci à l'état de chlorure, ou bien l'amener à l'état de pentasulfure. A cet effet, on traite d'abord les sulfures par l'eau régale, on évapore à sec et on dissout le résidu dans la soude et le monosulfure de sodium. Dans cet état, l'arsenic n'est pas séparé par le courant [Classen, *D. chem. G.*, **19**, 323].

L'étain n'est pas entièrement séparé de la solution de son sulfure dans le sulfure de sodium, mais bien de sa solution sulfammonique. Si donc on a à doser l'antimoine à côté de l'étain, on opérera sur la solution des sulfures dans le sulfure de sodium. Après 12 heures, l'antimoine est déposé. Si l'on veut ensuite effectuer le dépôt de l'étain, il faut chauffer la solution décantée avec du sulfate d'ammonium, de manière à transformer le sulfure de sodium en sulfure d'ammonium et employer un courant plus fort (9-10 centimètres cubes de gaz tonnant par minute) [Classen et Ludwig, *loc. cit.*]. Ed. Willm.

ANTIPYRINE, $C^{11}H^{12}Az^2O$. — L'antipyrine a été découverte par M. Knorr en 1883, en faisant réagir l'iodure de méthyle sur le produit de condensation de la phénylhydrazine et de l'éther acétylacétique [*D. chem. G.*, **16**, 2597; **17**, 549; *Bull. Soc. Chim.*, (2), **42**, 655; **43**, 407].

100 grammes de phénylhydrazine sont ajoutés à 125 grammes d'éther acétylacétique; on sépare l'eau qui se forme et on chauffe pendant 2 heures au bain-marie le produit de condensation, jusqu'à ce qu'une prise d'essai se solidifie complètement quand on la verse dans l'éther. La masse encore chaude et fluide est ensuite versée dans un peu d'éther, avec lequel on la triture; elle lui cède une matière colorante; la masse cristalline et blanche est ensuite lavée à l'éther et séchée à 100°. Le rendement est pour ainsi dire quantitatif et le corps obtenu est pur.

Quand on mélange les deux réactifs, il se forme à froid un premier produit de condensation avec élimination d'eau :

$$C^6H^5-AzH-AzH^2 + \underset{\displaystyle CH^3}{CO}-CH^2-CO^2C^2H^5$$

$$= H^2O + C^6H^5-AzH-Az=\underset{\displaystyle CH^3}{C}-CH^2-CO^2C^2H^5.$$

Quand on chauffe au bain-marie le produit de condensation, il perd à son tour 1 molécule d'alcool et se transforme en un second produit, dont nous venons de décrire la préparation et la purification :

$$C^{12}H^{16}Az^2O^2 = C^2H^6O + C^{10}H^{10}Az^2O.$$

Nous expliquerons tout à l'heure par quel mécanisme s'est faite cette seconde condensation.

C'est ce second produit $C^{10}H^{10}Az^2O$ que M. Knorr appela successivement *méthyloxyquinizine* et *phénylméthylpyrazolone* et qui, traité par l'iodure de méthyle, se transforme en *antipyrine*.

On chauffe parties égales de ce produit, d'iodure de méthyle et d'alcool méthylique en tube scellé à 100°. On reprend le produit, on le décolore par l'acide sulfureux, on distille l'alcool et on précipite par une solution de soude caustique. Il se sépare une huile lourde, qu'on purifie par cristallisation dans l'éther; la nouvelle base se dépose en belles lamelles brillantes fondant à 113°. Ce corps est l'antipyrine. Il s'est formé suivant les deux équations

$$C^{10}H^{10}Az^2O + CH^3I = C^{11}H^{13}IAz^2O,$$

$$C^{11}H^{13}IAz^2O + KOH = KI + H^2O + C^{11}H^{12}Az^2O$$

[L. Knorr, *loc. cit.*, et Brevet allemand n° 26429, 22 juillet 1883].

On peut également obtenir l'antipyrine en faisant réagir l'*acétone-dicarbonate diéthylique* sur la phénylhydrazine; il se forme un produit de condensation par perte d'eau et d'alcool :

$$C^9H^{14}O^5 + C^6H^5-Az^2H^3$$
$$= H^2O + C^2H^5.OH + C^{13}H^{14}Az^2O^3.$$

Ce produit de condensation, chauffé avec de l'iodure de méthyle et de l'alcool méthylique, fournit le dérivé méthylé $C^{14}H^{16}Az^2O^3$. La saponification transforme cet éther en un acide $C^{12}H^{12}Az^2O^3$, qui perd facilement de l'acide carbonique quand on le chauffe et se transforme ainsi en antipyrine :

$$C^{12}H^{12}Az^2O^3 = CO^2 + C^{11}H^{12}Az^2O$$

[Meister, Lucius et Brüning, à Höchst-sur-le Mein, Brevet n° 32277, 25 novembre 1884].

Enfin M. Knorr a trouvé un autre procédé pour obtenir l'antipyrine. On chauffe au bain d'huile à 140° un mélange en proportions moléculaires d'éther acétylacétique et de méthylphénylhydrazine,

$$C^6H^5-AzH-AzH-CH^3,$$

aussi longtemps qu'il se dégage de l'eau et de l'alcool; la masse fondue est ensuite épuisée par l'eau après refroidissement; elle se dissout presque entièrement; la solution aqueuse abandonne par évaporation l'antipyrine fusible à 113° :

$$C^6H^{10}O^3 + C^7H^{10}Az^2$$
$$= H^2O + C^2H^5.OH + C^{11}H^{12}Az^2O$$

[L. Knorr, *Ann. Chem.*, **238**, 137. — Meister, Lucius et Brüning, Brevet allemand n° 40377, 4 novembre 1886].

PROPRIÉTÉS PHYSIQUES. — L'antipyrine forme de belles lamelles incolores et brillantes ou de gros cristaux clinorhombiques, aplatis suivant p, avec modifications $heb^{1/2}$. Rapport des axes : $a : b : c = 2,4024 : 1 : 2,2727$; $\beta = 62°\ 51'$ [Fluckiger, *Zeitsch. f. Kryst. u. Min.*, **10**, 266]. Elle fond à 113°. Elle est très soluble dans l'eau, l'alcool, le benzène, le chloroforme, très peu soluble dans l'éther et dans la ligroïne. On la purifie parfaitement en la faisant cristalliser dans le toluène [L. Knorr, *loc. cit.*].

RÉACTIONS COLORÉES. — La solution aqueuse de l'antipyrine donne avec le chlorure ferrique une coloration d'un rouge intense. Cette réaction est capable de déceler 1/100 000 d'antipyrine.

En solution étendue, l'acide nitreux donne avec elle une coloration très caractérisque d'un bleu vert, et en solution plus concentrée de petits cristaux verts. Cette réaction est encore sensible à 1/10 000 [L. Knorr, *loc. cit.*].

Quand on chauffe l'antipyrine avec de l'acide nitrique, il se fait une réaction assez vive et le liquide se colore en rouge pourpre. Si alors on ajoute de l'eau et qu'on filtre, il passe un liquide rouge, tandis qu'il reste sur le filtre une matière violette [D. Lindo, *Chem. News*, **58**, 51]

SELS.—L'antipyrine est une base assez forte, qui se dissout dans presque tous les acides minéraux.

Le *chloroplatinate* forme de petites aiguilles jaunes, fondant à 200° en se décomposant.

Le *picrate* cristallise en belles aiguilles jaunes, fondant à 188°.

Le *ferrocyanure*, $(C^{11}H^{12}Az^2O)^2\,Fe(CAz)^6H^4$, cristallise bien et est caractéristique.

Elle donne avec le chlorure d'iode un dérivé chloroiodé fondant à 160°.

ACTION DES RÉACTIFS. — L'acide chlorhydrique concentré à 180° et en tube scellé est sans action sur l'antipyrine; mais si l'on chauffe à 200°, il se forme une résine brune et l'on trouve en solution du chlorhydrate de méthylamine et du chlorhydrate d'aniline.

La potasse en fusion produit le même dédoublement.

Le brome se fixe sur l'antipyrine en donnant un produit d'addition que l'ébullition avec l'eau décompose en acide bromhydrique et dérivé monobromé.

L'acide nitrique concentré dissout l'antipyrine sans l'altérer, mais si l'on chauffe la solution, elle se colore en rouge vif. Si on ajoute de l'eau, il se forme une bouillie de cristaux de nitroso- et de nitroantipyrine.

Le nitrite de sodium et l'acide chlorhydrique réagissent sur l'antipyrine en la transformant en un dérivé nitrosé vert. Ce dérivé, qui cristallise bien et sert à déceler l'antipyrine, se dissout dans les alcalis.

Quand on distille l'antipyrine avec un fort excès de poudre de zinc, il passe une huile rouge que la rectification décompose avec formation de benzène, d'une base bouillant vers 80-90°, d'aniline et d'un produit bouillant au-dessus de 300° et donnant un picrate qui cristallise dans l'eau bouillante en belles aiguilles.

L'aldéhyde benzylique se combine avec l'antipyrine sous l'influence de l'acide chlorhydrique concentré en donnant un produit de condensation $C^6H^5-CH(C^{11}H^{11}Az^2O)^2$ [L. Knorr, *loc. cit.*].

Constitution. — D'après le mode de préparation de l'antipyrine au moyen de l'iodure de méthyle et de l'alcool méthylique réagissant sur le produit de condensation de la phénylhydrazine et de l'éther acétylacétique, il paraît évident que sa constitution est entièrement analogue à celle de ce produit de condensation, dont elle doit être le dérivé méthylé.

Quant au mécanisme même de cette condensation, M. Knorr l'expliqua d'abord de la manière suivante :

Il y a d'abord élimination d'eau et formation d'une véritable hydrazone ayant pour constitution

Az — AzH
C^6H^5 / \ C-CH^3
H^5C^2O \ / CH^2
CO

Ce corps perd ensuite 1 molécule d'alcool en donnant le produit définitif de condensation

Az — AzH
/ \ C-CH^3
C^6H^4
\ / CH^2
CO

M. Knorr donna à ce produit le nom de *méthyloxyquinizine*, désignant sous le nom de *quinizine* le noyau hypothétique

Az — AzH
/ \ CH
C^6H^4
\ / CH
CH

L'antipyrine était par suite la *diméthyloxyquinizine*

Az — AzCH^3
/ \ C-CH^3
C^6H^4
\ / CH^2
CO

Dans la suite de ses travaux, M. Knorr fut conduit à modifier ses idées sur la constitution de ces corps et il indiqua d'autres formules qui semblent aujourd'hui définitives.

Nous avons vu que l'antipyrine fixe le brome et perd ensuite de l'acide bromhydrique pour donner un dérivé de substitution monobromé, ce qui indique la présence d'une double liaison. De plus, les dédoublements de l'antipyrine par l'acide chlorhydrique, la potasse, la poudre de zinc donnent toujours de l'aniline, ce qui laisse à supposer que le groupe C^6H^5 est intact.

Les faits furent alors expliqués autrement. Le premier produit de condensation a pour formule

AzH . C^6H^5
Az / CO . OC^2H^5
CH^3 . C ‖ CH^2

Il perd de l'alcool pour donner

Az . C^6H^5
Az / \ CO
CH^3 . C ‖ CH^2

L'iodure de méthyle se fixe sur ce produit pour former un iodométhylate, auquel l'action de la chaleur fait subir une transformation moléculaire :

CH^3 > Az (I) — Az . C^6H^5 — CO, CH^3-C ‖ CH^2 = CH^3-Az — Az . C^6H^5 — CO, CH^3 >C (I) — CH^2

Ce dernier corps perd sous l'influence de la potasse 1 molécule d'acide iodhydrique, et se transforme en antipyrine :

Az . C^6H^5
CH^3 . Az / \ CO
CH^3 . C ═ CH

Cette formule de constitution de l'antipyrine est remarquablement corroborée par la dernière préparation qu'a indiquée M. Knorr au moyen de l'éther acétylacétique et de la méthylphénylhydrazine :

AzH . C^6H^5
CH^3-AzH / + CO . OC^2H
CH^3-C(OH) ═ CH

= $H^2O + C^2H^5 . OH + CH^3$-Az — Az . C^6H^5 — CO, CH^3-C ═ CH.

Ces deux corps peuvent être considérés comme dérivant du noyau

AzH
Az / \ CH
CH ‖ CH

Comme ce noyau ne diffère du pyrrol que par le remplacement d'un groupe CH par 1 atome d'azote, M. Knorr lui donna le nom de *pyrazol*, qui rappelle cette relation ; il numérota les sommets de la manière suivante :

AzH (1)
Az (2) / \ CH (5)
CH (3) ‖ CH (4)

Entre le pyrazol et son dérivé d'oxydation

AzC^6H^5
Az / \ CO
CH ‖ CH^2

il y a la même relation qu'entre la pyridine et la pyridone

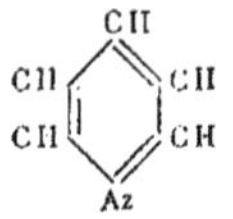
Pyridine.

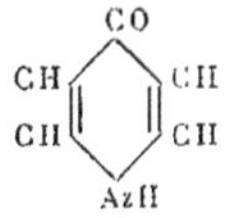
Pyridone.

c'est-à-dire remplacement d'un CH par un CO et hydrogénation d'un autre groupe; aussi M. Knorr donna-t-il à ce dérivé hydrogéné du pyrazol le nom de 5-*pyrazolone*, indiquant ainsi la place où se fait la substitution de CH par CO.

Le produit de condensation de la phénylhydrazine et de l'éther acétylacétique

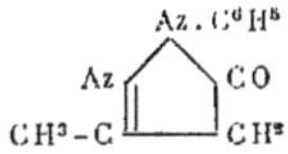

devient alors la 1-*phényl-3-méthyl-5-pyrazolone*, et l'antipyrine

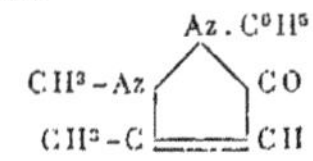

la 1-*phényl-2-3-diméthyl-5-pyrazolone*.

DÉRIVÉS DE L'ANTIPYRINE. — Les dérivés de l'*antipyrine* étant tous des dérivés du *pyrazol* seront décrits à l'article PYRAZOL; nous aurons soin d'indiquer à cette place de quelle manière ils ont été préparés à l'aide de l'antipyrine.

PROPRIÉTÉS PHYSIOLOGIQUES. — L'antipyrine a pris par ses applications médicales une grande importance; aussi a-t-elle été le sujet d'un grand nombre d'études tant physiologiques que cliniques [Guttmann, *Berl. klin. Wochenschrift*, 1884, n° 20. — May. *D. med. Wochenschrift*. 1884, n° 24. — Rank. *ibid.*, 1884, n° 24. — Falkenheim, *Berl. klin. Wochenschrift*, 1884, n° 24. — May, *ibid.*, 1884. n° 24. — Alexander, *Breslauer ärztliche Zeit.*, n° 11 et n° 14. — Guttmann, *D. med. Wochenschrift*, n° 31.— C. Umbach, *Arch. für experiment. Pathol.*, **21**, 161. — Demure et Luchsinger, *Fortschritte der Medicin*, novembre 1884. — Bielby, *The use of Antipyrin in chest diseases of Childhood.* — Cahn, *Berl. klin. Wochenschrift*, 1884, n° 36. — J. Wiczkowski, *Przeglad lekarski*, 1885, n°s 32 et 48. — Germain Sée, *C. R.*, **105**, 103. — L. Capitan et E. Gley, *C. R. Soc. Biol.*, 1887, 703. — Wera Ivanoff, *Arch. f. Anat. u. Physiol.*, 1887, 48. — Sp. C. Caravias, *Thèse de la Faculté de Médecine de Paris*, 1887].

D'après MM. Gley et Caravias, l'action physiologique de l'antipyrine peut être résumée ainsi :

1° A dose thérapeutique, l'antipyrine agit surtout sur la moelle, en diminuant son pouvoir excito-moteur.

2° Elle a une action analgésiante des plus marquées en injections sous-cutanées.

3° A doses un peu élevées, mais non toxiques, elle diminue l'amplitude de la systole cardiaque. D'autre part, les vaisseaux périphériques se dilatent sous l'influence d'une action directe de l'antipyrine sur le système vaso-moteur.

4° L'antipyrine en solution de 5 0/0 à 10 0/0 est un puissant antiseptique, qui paraît même supérieur à la solution de chlorure mercurique au millième.

5° Au point de vue thérapeutique, la caractéristique de l'antipyrine est son action sur l'élément douleur, qu'elle fait disparaître rapidement, quelle qu'en soit l'origine. L. Bouveault.

APIOL, $C^{12}H^{14}$ (voyez Suppl., **1**, 195). — L'apiol bout à 294° sous la pression atmosphérique et à 179° sous une pression de 34 millimètres. Il est entraîné par la vapeur d'eau et se dissout facilement dans l'acétone, le benzène, l'éther acétique et l'éther de pétrole; il ne se combine ni avec les acides ni avec les bases. Chauffé légèrement avec de l'acide sulfurique, il se dissout en donnant un liquide rouge-sang; par addition d'eau, il se sépare de ce liquide un corps brun, floconneux [Ciamician et Silber, *D. chem. G.*, **21**, 913].

Une longue ébullition avec la potasse alcoolique transforme l'apiol en un produit isomérique, l'*isapiol*.

Le mélange chromique convertit l'apiol en *aldéhyde apiolique*, $C^{10}H^{10}O^5$. Si l'on remplace le mélange chromique par une solution alcaline de permanganate de potassium, on obtient comme produits d'oxydation l'*acide apiolique* $C^{10}H^{10}O^6$ et un corps solide correspondant à la formule $C^{12}H^{12}O^6$ qu'on peut extraire au moyen de l'éther; ce dissolvant l'abandonne sous la forme de petites lamelles brillantes, fusibles à 122°, peu solubles dans l'éther, plus solubles dans l'alcool chaud, dans l'eau et dans le benzène [Ciamician et Silber, *D. chem. G.*, **21**, 914 et 1621].

On obtient un *dérivé tribromé* de l'apiol, $C^{12}H^{11}Br^3O^4$, en faisant réagir une solution sulfocarbonique de brome sur une solution sulfocarbonique d'apiol. Après évaporation du sulfure de carbone, on purifie la masse par des cristallisations dans l'alcool absolu. On obtient ainsi des aiguilles incolores, fusibles à 88-89°, insolubles dans l'eau et dans la potasse, facilement solubles dans la plupart des dissolvants anhydres. L'acide sulfurique concentré dissout les cristaux en un liquide violet [Ginsberg, *D. chem. G.*, **21**, 2514].

ISAPIOL. — Cet isomère de l'apiol, obtenu tout d'abord par M. von Gerichten [*D. chem. G.*, **9**, 1478], se prépare de la manière suivante : On chauffe, au bain-marie et au réfrigérant ascendant pendant 10 ou 15 heures, 25 grammes d'apiol avec une dissolution de 50 grammes de potasse caustique dans 250 centimètres cubes d'alcool pur. La liqueur brune un peu refroidie est versée dans 1 litre d'eau; on obtient ainsi un précipité cristallin, en même temps qu'un liquide limpide de couleur jaune. On filtre, on lave le précipité sur le filtre et on le sépare d'une petite quantité d'huile par compression entre des doubles de papier à filtrer; finalement on fait cristalliser dans l'alcool ordinaire. Le rendement est de 70 à 75 0/0 [Ciamician et Silber, *D. chem. G.*, **21**, 1621].

L'isapiol ainsi préparé se présente sous la forme de tables quadratiques, fusibles à 55-56°. Il bout à 303-304° sous la pression atmosphérique et à 189° sous une pression de 33 millimètres.

L'isapiol est facilement soluble dans l'éther, l'éther acétique, l'acétone, le benzène, de même que dans l'alcool et dans l'acide acétique chauds; il est insoluble dans l'eau et dans les alcalis libres ou carbonatés. En mettant en contact sur un verre de montre un fragment d'isapiol avec de l'acide sulfurique concentré, on obtient une dissolution rouge, qui passe au brun quand on élève la température.

L'isapiol, de même que l'apiol, ne se combine ni avec l'hydroxylamine, ni avec la phénylhydrazine.

Traité par l'acide nitrique, l'isapiol donne un liquide rouge-brun d'où l'eau précipite un produit nitré fusible à 116°, tandis qu'il reste dans le liquide une grande quantité d'acide oxalique. Ce produit nitré, réduit au moyen du chlorure stanneux, donne une base fusible à 118°, qui fournit par l'anhydride acétique un dérivé acétylé facilement soluble dans l'alcool chaud et fusible à 260°. M. Ginsberg, qui a préparé ces différents corps, ne leur a pas attribué de formules; il donne seulement le résultat de ses analyses [Ginsberg, *D. chem. G.*, **21**, 1193].

Chauffé pendant quelque temps au bain-marie avec 20 parties de brome, ce dérivé nitré se transforme en lamelles argentines, fusibles à 159°, insolubles dans l'eau et dans les alcalis, solubles dans l'alcool et ayant pour formule $C^{10}H^{8}Br^{4}O^{2}$ [Ginsberg, *D. chem. G.*, **21**, 2516].

Le permanganate de potassium en solution alcaline transforme l'isapiol en un mélange d'acide et d'aldéhyde apioliques; si la substance oxydante est en grand excès, l'oxydation est plus profonde et on n'obtient que les acides acétique et oxalique. Avec le mélange chromique, l'isapiol se convertit en aldéhyde apiolique accompagnée d'aldéhyde éthylique et d'acide acétique [Ciamician et Silber, *loc. cit.*].

Le brome en solution acétique transforme l'isapiol en un *dérivé tribromé*, fusible à 120°.

On prépare un *dérivé chloré* en traitant une solution benzénique d'isapiol par le perchlorure de phosphore; après évaporation du dissolvant, on obtient une huile brune qui se solidifie et qu'on peut purifier par cristallisation dans l'éther de pétrole. L'analyse ne permet pas de déterminer si cette substance est le dérivé de substitution $C^{12}H^{12}Cl^{2}O^{4}$ ou le produit d'addition $C^{12}H^{14}Cl^{2}O^{4}$.

L'oxydation au moyen du bioxyde de manganèse et de l'acide sulfurique donnerait un acide fusible à 250° et qui ne peut être identifié avec l'acide apiolique de MM. Ciamician et Silber [Ginsberg, *D. chem. G.*, **21**, 2515].

ACIDE APIOLIQUE, $C^{10}H^{10}O^{6}$. — Cet acide s'obtient par oxydation de l'apiol ou de l'isapiol au moyen du permanganate de potassium; le rendement étant meilleur quand on part de l'isapiol, nous n'indiquerons que le procédé de préparation au moyen de ce dernier composé.

A 8 grammes d'isapiol, en suspension dans 800 grammes d'eau alcalinisée bouillante, on ajoute, en agitant continuellement, une solution chaude de 32 grammes de permanganate de potassium dans 1600 centimètres cubes d'eau distillée. L'oxydation commence immédiatement; on l'achève en chauffant pendant 1 heure au bain-marie. Le liquide alcalin obtenu après séparation de l'oxyde de manganèse est épuisé par l'éther (5 ou 6 fois), afin d'enlever l'isapiol non attaqué, en même temps qu'une petite quantité d'aldéhyde apiolique. En acidulant ensuite par l'acide sulfurique ce liquide épuisé, on obtient un précipité pulvérulent jaune, qu'on lave sur le filtre; le liquide provenant de cette dernière séparation abandonne encore à l'éther une petite quantité du même corps. On fait enfin cristalliser dans l'eau bouillante après addition de noir animal: il se précipite par refroidissement des aiguilles blanches, ressemblant à de la neige, qui constituent l'acide apiolique.

Avec les quantités indiquées, on obtient 3 grammes d'acide pur; mais il convient d'avoir grand soin de ne pas augmenter la proportion de permanganate, car on n'obtiendrait plus alors que les acides acétique et oxalique [Ciamician et Silber, *D. chem. G.*, **21**, 1624].

L'acide apiolique fond à 175°; difficilement soluble dans l'eau chaude, il est presque insoluble dans l'eau froide; mais il se dissout dans l'éther, le benzène et l'éther acétique, de même que dans l'alcool et dans l'acide acétique chauds.

Fondu avec de la potasse caustique, l'acide apiolique se transforme en un mélange d'acides acétique et oxalique.

Il ne se combine pas avec la phénylhydrazine; l'amalgame de sodium est sans action sur lui et sur la dissolution de ses sels alcalins.

L'acide sulfurique étendu le transforme à 140° en acide carbonique et en un produit auquel on a donné le nom d'*apione*, et dont la composition est représentée par la formule $C^{9}H^{10}O^{4}$ [Ciamician et Silber, *ibid.*].

L'acide apiolique, chauffé à 100° en tubes scellés avec de l'acide iodhydrique, donne une masse charbonneuse d'où on peut extraire de l'iodure de méthyle.

Enfin, en laissant tomber goutte à goutte de l'acide azotique fumant dans une dissolution acétique d'acide apiolique et en versant ensuite la solution dans l'eau, on voit se précipiter des aiguilles jaunes, fusibles à 118°, solubles dans l'éther et dans l'alcool, insolubles dans les solutions alcalines, et dont la composition peut être représentée par la formule $C^{9}H^{8}Az^{2}O^{8}$. Ce corps serait un dérivé dinitré de l'apione et, bien que cette constitution ne soit pas encore complètement démontrée, cette hypothèse n'a rien d'invraisemblable, puisqu'on obtient l'apione par l'action de l'acide sulfurique étendu sur l'acide apiolique et l'apione dibromée par l'action du brome sur le même acide [Ciamician et Silber, *D. chem. G.*, **21**, 2131 et **22**, 2489].

Sel argentique, $C^{10}H^{9}O^{6}Ag$. — Il forme des aiguilles blanches, que l'on obtient en précipitant par l'azotate d'argent la solution ammoniacale neutre d'acide apiolique.

Sel calcique, $(C^{10}H^{9}O^{6})^{2}Ca$. — On l'obtient en saturant par le carbonate de calcium pur une solution aqueuse et chaude d'acide apiolique; il constitue des cristaux prismatiques brillants.

Éther méthylique, $C^{10}H^{9}O^{6}.CH^{3}$. — On le prépare en chauffant à 100° en tubes scellés le sel argentique avec de l'iodure de méthyle. Il fond à 71-72°; il est soluble dans l'éther, l'alcool, l'acide acétique, difficilement soluble dans l'eau chaude, qui l'abandonne par refroidissement en aiguilles blanches [Ciamician et Silber, *loc. cit.*, 1625].

APIONE, $C^{9}H^{10}O^{4}$. — Ce produit s'obtient en chauffant pendant 5 heures en tubes scellés, à 130-140°, 3 grammes d'acide apiolique avec 45 centimètres cubes d'acide sulfurique étendu (1 gramme dans 3 grammes d'eau). A l'ouverture du tube, il se dégage de l'acide carbonique; le produit de la réaction est formé par un liquide brun dans lequel nagent des croûtes cristallines blanches: on le distille tel quel dans un courant de vapeur d'eau qui n'entraîne que l'apione; on fait enfin cristalliser dans l'alcool étendu [Ciamician et Silber, *D. chem. G.*, **21**, 1630].

L'apione fond à 79°; elle est soluble dans l'éther, l'éther acétique, l'acide acétique et l'alcool chaud, insoluble dans l'eau; elle a une odeur aromatique.

L'apione n'a de propriétés ni acides ni alcalines. Elle ne paraît pas se former lorsqu'on distille avec de la chaux l'apiolate de calcium.

On obtient un *dérivé dibromé* de l'apione, $C^{9}H^{8}Br^{2}O^{4}$, en chauffant pendant 5 minutes environ 2 grammes d'acide apiolique dissous dans 20 centimètres cubes d'acide acétique avec un excès de brome; en jetant le tout dans l'eau, on obtient un précipité floconneux jaune, qu'on dissout dans l'alcool et qu'on décolore au moyen du noir animal. Par évaporation du dissolvant, il se dépose des aiguilles blanches fusibles à 99-100°. Ce composé est facilement soluble dans l'éther et dans l'alcool chaud, complètement insoluble dans l'eau froide. Avec l'acide sulfurique, il donne une coloration bleue.

Le même dérivé dibromé s'obtient aussi par bromuration de l'aldéhyde apiolique [Ciamician et Silber, *D. chem. G.*, **21**, 2131].

APIONOL. — MM. Ciamician et Silber ont proposé de donner ce nom au tétraphénol non encore isolé, qui paraît être le noyau de tous les dérivés apioliques.

DIMÉTHYLAPIONOL, $C^6H^2(OH)^2(OCH^3)^2$. — Cet éther méthylique s'obtient en chauffant pendant 6 heures à 180° un mélange de 2gr,5 d'acide apiolique et de 8 grammes de potasse caustique en solution dans 10 centimètres cubes d'alcool pur. Le produit de la réaction, débarrassé de l'alcool par évaporation au bain-marie, est traité par l'eau, additionné d'acide sulfurique étendu et enfin agité avec de l'éther. Ce dissolvant abandonne par évaporation un résidu brun sirupeux, d'où on extrait le diméthylapionol par distillation [Ciamician et Silber, *D. chem. G.*, **22**, 2482].

Le diméthylapionol fond à 105-106° et bout à 298°. Il est soluble dans l'éther, l'alcool, le benzène et l'eau chaude, et présente la plupart des propriétés des phénols. Sa dissolution aqueuse, traitée par le sulfate ferreux, n'est pas modifiée tout d'abord, mais au bout de peu de temps elle se colore en bleu. La solution aqueuse du diméthylapionol donne par l'acétate neutre de plomb et par le nitrate d'argent des précipités cristallins qui s'altèrent rapidement. Si, sur un verre de montre, on dissout un petit cristal de diméthylapionol dans l'acide sulfurique concentré, il se produit une coloration jaune; bientôt la coloration devient rouge et enfin elle passe au violet par l'action de la chaleur.

Traité par l'acide iodhydrique, il donne naissance à de l'iodure de méthyle qui, dosé par la méthode de M. Zeisel, permet d'établir l'existence de 2 groupes méthoxyle dans la molécule du diméthylapionol. La présence de 2 oxhydryles phénoliques dans la molécule paraît démontrée d'autre part par la possibilité d'obtenir en partant de ce composé un dérivé contenant 4 groupes méthoxyle et un dérivé diméthyldiacétylé.

Diméthyldiacétylapionol,

$$C^6H^2(OCH^3)^2(OC^2H^3O)^2.$$

— On chauffe pendant 3 heures 1 gramme de diméthylapionol avec 5 grammes d'anhydride acétique et 1 gramme d'acétate de sodium fondu. Le produit de la réaction est traité par l'eau, filtré, lavé et séché à 100°; on achève la purification par cristallisation dans l'alcool [Ciamician et Silber, *loc. cit.*].

Cet éther forme de gros cristaux fusibles à 144°; il est soluble dans l'éther et dans l'alcool chaud, peu soluble dans l'eau bouillante, insoluble dans l'eau froide. L'acide sulfurique le dissout, sous l'influence d'une légère élévation de température, en restant incolore; mais si on chauffe un peu fort, on obtient une solution brune.

TÉTRAMÉTHYLAPIONOL, $C^6H^2(OCH^3)^4$. — On l'obtient en faisant un mélange de 1 gramme de diméthylapionol, 1 gramme de potasse caustique finement pulvérisée, 2 grammes d'iodure de méthyle et 3 centimètres cubes d'alcool méthylique; la réaction commence à la température ordinaire; on l'achève en chauffant pendant 4 heures au bain-marie. Le produit est alors soumis à la distillation dans un courant de vapeur d'eau, qui entraîne l'alcool méthylique et le tétraméthylapionol; ce dernier, étant peu soluble dans l'eau froide, se dépose dans le récipient; on le sépare par filtration du liquide qui le baigne et on le fait enfin cristalliser dans l'eau chaude [Ciamician et Silber, *D. chem. G.*, **22**, 2483].

Cet éther méthylique fond à 81°; il est soluble dans l'éther, l'alcool, le benzène et l'eau chaude, d'où il se dépose, par refroidissement, sous la forme d'aiguilles blanches. Sa dissolution sulfurique est incolore; par l'action de la chaleur, elle se colore en rouge brun.

A 100° le tétraméthylapionol n'est pas attaqué par l'acide chlorhydrique; mais, à une température plus élevée, il perd du chlorure de méthyle.

ALDÉHYDE APIOLIQUE, $C^{10}H^{10}O^5$. — Cette aldéhyde s'obtient lorsqu'on remplace, dans l'oxydation de l'apiol ou de l'isapiol, le permanganate de potassium par l'acide chromique.

On dissout 4 grammes d'isapiol dans 40 centimètres cubes d'acide acétique et on y ajoute une dissolution de 5 grammes d'acide chromique dans 100 grammes d'acide acétique; l'oxydation commence immédiatement et est achevée après 2 heures d'ébullition. Le produit de la réaction est étendu d'environ 1 litre d'eau, neutralisé avec de la soude pour séparer une matière résineuse, et filtré sur un filtre mouillé. Par le refroidissement, le liquide laisse déposer de longues aiguilles d'aldéhyde apiolique, que l'on purifie par cristallisation dans l'alcool. Le rendement est de 35 à 40 0/0 [Ciamician et Silber, *D. chem. G.*, **21**, 2130].

L'aldéhyde apiolique fond à 102° et entre en ébullition à 315°. Elle est légèrement soluble dans l'eau et dans l'éther de pétrole, très soluble dans l'alcool, l'éther, le sulfure de carbone, le benzène. Elle se dissout également dans l'acide sulfurique, en lui communiquant une coloration jaune intense qui, par l'action de la chaleur, passe au vert-olive. Cette aldéhyde se combine facilement avec le bisulfite de sodium sous l'influence de la chaleur.

Le permanganate de potassium en solution alcaline la convertit en acide apiolique.

L'acide nitrique ($d = 1{,}35$) réagit à froid sur une solution acétique d'aldéhyde apiolique et fournit un *dérivé nitré* cristallisant dans l'alcool en aiguilles jaunes, fusibles à 137-138°, dont la composition est représentée par la formule $C^7H^7AzO^5$.

Ce dérivé nitré est transformé en *dérivé amidé* par l'action de l'acide chlorhydrique et de l'étain en poudre. La nouvelle base donne une solution rouge avec les acides minéraux et se combine avec le chlorure de platine pour former un chloroplatinate insoluble [Ciamician et Silber, *D. chem. G.*, **21**, 1629].

L'aldéhyde apiolique se combine avec la phénylhydrazine, mais l'apiolhydrazone n'a pu être isolée de la masse résineuse ainsi obtenue.

Enfin l'aldéhyde apiolique, chauffée avec des anhydrides d'acides gras en présence d'acétate de sodium, d'après la méthode de M. Perkin, donne naissance à de nouveaux acides qui présentent par rapport à elle les mêmes relations que l'acide cinnamique par rapport à l'aldéhyde benzylique.

APIOLALDOXIME, $C^{10}H^{10}O^4{=}Az.OH$. — Préparée par l'action de l'hydroxylamine sur une solution alcoolique d'aldéhyde apiolique et purifiée par cristallisation dans l'alcool, cette aldoxime forme de longues aiguilles blanches, fusibles à 160-161°. Très peu soluble dans l'eau, elle se dissout mieux dans l'éther et dans l'alcool chaud.

Chauffée avec de l'anhydride acétique, l'apiolaldoxime donne un *dérivé acétylé*,

$$C^{10}H^{10}O^4{=}AzO \cdot C^2H^3O,$$

fusible à 129°.

Cette aldoxime et son dérivé acétylé, de même que l'aldéhyde apiolique, communiquent à l'acide sulfurique, en s'y dissolvant, une coloration jaune, qui, sous l'action de la chaleur, passe au vert olive [Ciamician et Silber, *D. chem. G.*, **21**, 1628].

ACIDE APIONACRYLIQUE, $C^{12}H^{12}O^6$. — On l'obtient en chauffant pendant 10 heures au bain d'huile et au réfrigérant ascendant un mélange de 4 grammes d'aldéhyde apiolique, 20 grammes d'anhydride acétique et 4 grammes d'acétate de sodium fondu. La masse cristalline obtenue est lavée à l'eau, puis traitée par le carbonate de sodium; la solution alcaline est lavée à l'éther et précipitée par l'acide sulfurique étendu; on purifie le nouvel acide par cristallisation dans un peu d'alcool chaud [Ciamician et Silber, *D. chem. G.*, 22, 3485].

Cet acide forme de petites aiguilles jaunes, fusibles à 196°. Il est peu soluble dans l'éther et dans l'eau chaude, tout à fait insoluble dans l'eau froide; mais il se dissout facilement dans l'acide acétique et dans l'alcool chauds. L'acide sulfurique le dissout à froid en se colorant en jaune.

L'acide apionacrylique se dissout dans l'ammoniaque, mais par évaporation, même au bain-marie, on n'obtient comme résidu que de l'acide libre. On prépare le *sel de sodium* en faisant bouillir une solution de carbonate de sodium avec un excès d'acide, filtrant et évaporant au bain-marie. La solution de ce sel précipite la plupart des solutions métalliques [Ciamician et Silber, *D. chem. G.*, 22, 2485].

Acide apione-crotonique, $C^{13}H^{14}O^{6}$ (*acide apione-méthacrylique*). — On opère comme pour l'acide précédent, en partant de 6 grammes d'aldéhyde apiolique, 30 grammes d'anhydride propionique et 6 grammes de propionate de sodium fondu.

L'acide apione-crotonique se présente sous la forme d'aiguilles jaunes, fusibles à 209°. Il se comporte vis-à-vis des dissolvants comme son homologue inférieur.

Sel de sodium. — Il s'obtient comme le sel correspondant de l'acide apionacrylique; c'est une masse cristalline blanche, soluble dans l'eau.

Sel de calcium, $(C^{13}H^{13}O^{6})^{2}Ca, 5H^{2}O$. — Il se prépare par double décomposition entre le sel de sodium et le chlorure de calcium; il cristallise en larges aiguilles incolores, peu solubles dans l'eau froide; il perd à 100° son eau de cristallisation en se colorant en jaune. Chauffé avec de la chaux vive, il donne un corps qui, purifié par l'alcool, forme des aiguilles blanches fusibles à 83° et dont la constitution n'a pas encore été déterminée.

Sel d'argent, $C^{13}H^{13}O^{6}Ag$. — On l'obtient par double décomposition entre l'azotate d'argent et le sel de sodium. C'est un précipité blanc, gélatineux, très peu soluble.

Les autres sels métalliques sont peu ou point solubles et s'obtiennent par double décomposition au moyen du sel de sodium [Ciamician et Silber, *D. chem. G.*, 22, 2586].

Constitution de l'apiol et de ses dérivés. — L'étude de cette question n'est pas encore complètement terminée; mais, grâce aux recherches que poursuivent depuis quelque temps MM. Ciamician et Silber, elle ne tardera pas à être complètement résolue; voici quels sont les faits connus jusqu'à présent.

En comparant les formules de l'apiol et de l'isapiol à celle de l'apione, on voit qu'elles ne diffèrent que par le groupe $C^{3}H^{5}$, et si l'on tient compte de ce que les combinaisons allyliques sont très répandues dans la nature, que l'apiol et l'isapiol soumis à l'oxydation ne donnent qu'un seul et même acide *monobasique*, l'acide apiolique, on est conduit à les représenter tous deux par la formule

$$C^{9}H^{9}O^{4}-C^{3}H^{5},$$

leur isomerie provenant très vraisemblablement de la différence de structure du groupement allylique, de sorte qu'il faudrait leur appliquer deux des trois schémas suivants :

$$\begin{array}{ccc} C^{9}H^{9}O^{4} & C^{9}H^{9}O^{4} & C^{9}H^{9}O^{4} \\ | & | & | \\ CH & CH^{2} & C-CH^{3} \\ \| & | & \| \\ CH & CH & CH \\ | & \| & \\ CH^{3} & CH^{2} & \end{array}$$

Le dédoublement de l'isapiol en aldéhydes apiolique et éthylique sous l'influence du mélange chromique semble indiquer que le premier de ces schémas conviendrait bien à l'isapiol :

$$C^{9}H^{9}O^{4}-CH=CH-CH^{3}+O^{2}$$
$$=C^{9}H^{9}O^{4}-CHO+CHO-CH^{3}.$$

L'isapiol ou l'apiol, l'aldéhyde et l'acide apioliques auraient ainsi un noyau commun, l'apione $C^{9}H^{10}O^{4}$, dont il faut maintenant établir la structure.

L'action de l'acide iodhydrique à 100° sur l'apione ou sur l'acide apiolique donne naissance à de l'iodure de méthyle qui, dosé par la méthode de M. Zeisel, indique dans leur molécule la présence de 2 groupes méthoxyle. Si l'on admet que l'apiol renferme un noyau aromatique, il devient très probable que l'apione doit être représentée par la formule

$$C^{6}H^{2}\left\{\begin{array}{l} O \\ O \end{array}\right\rangle CH^{2} \\ OCH^{3} \\ OCH^{3}$$

Ce serait ainsi le *diméthylméthylène-apionol*, en donnant le nom d'*apionol* au phénol correspondant non encore isolé

$$C^{6}H^{2}\left\{\begin{array}{l} OH \\ OH \\ OH \\ OH \end{array}\right.$$

Les formules de l'apione, de l'apiol, de l'aldéhyde et de l'acide apioliques seraient alors

$$C^{6}H^{2}\left\{\begin{array}{l} O \\ O \end{array}\right\rangle CH^{2} \\ OCH^{3} \\ OCH^{3} \qquad C^{6}H\left\{\begin{array}{l} O \\ O \end{array}\right\rangle CH^{2} \\ OCH^{3} \\ OCH^{3} \\ C^{3}H^{5}$$

Apione. — Apiol ou Isapiol.

$$C^{6}H\left\{\begin{array}{l} O \\ O \end{array}\right\rangle CH^{2} \\ OCH^{3} \\ OCH^{3} \\ CHO \qquad C^{6}H\left\{\begin{array}{l} O \\ O \end{array}\right\rangle CH^{2} \\ OCH^{3} \\ OCH^{3} \\ CO^{2}H$$

Aldéhyde apiolique. — Acide apiolique.

H. Gautier.

APOCAFÉINE. — Voyez Caféine.

APOCOLCHICÉINE. — Voyez Colchicine.

APOPHYLLÉNIQUE (ACIDE). — *Historique.* — Cet acide fut trouvé pour la première fois par Wöhler, parmi les produits d'oxydation de la narcotine au moyen du bioxyde de manganèse et de l'acide sulfurique. Anderson l'obtint également plus tard en oxydant la cotarnine par l'acide azotique. Il lui donna son nom et indiqua sa vraie formule $C^{8}H^{7}AzO^{4}$.

Préparation. — D'après M. E. von Gerichten [*D. chem. G.*, 13, 1635; *Bull. Soc. Chim.*, (2), 35, 707], les meilleures conditions pour obtenir l'acide apophyllénique sont les suivantes : On emploie 10 grammes de cotarnine, 10 grammes d'acide azotique concentré et 30 grammes d'eau; on fait bouillir le tout au réfrigérant ascendant, tant que la potasse précipite de la cotarnine sur une petite prise d'essai. Dès que la réaction est terminée, on laisse refroidir, on étend d'alcool, puis on ajoute de l'éther, jusqu'à ce qu'il se produise un léger trouble. L'acide apophyllénique se dépose bientôt à l'état cristallisé. Les rendements sont de 10 à 15 0/0.

Propriétés. — L'acide apophyllénique cristallise de ses solutions aqueuses chaudes en aiguilles, de ses solutions froides saturées en octaèdres à base rhombe. Il est plus soluble dans l'eau à chaud qu'à froid; l'alcool le dissout peu et l'éther ne le dissout pas. Il n'est pas précipité par les acétates de plomb ou de cuivre, ni par l'azotate d'argent. Sa fusion, qui est accompagnée d'un dégagement d'acide carbonique, a lieu à 241-242°.

L'acide apophyllénique forme, en cristallisant dans l'eau, un hydrate $C^8H^7AzO^4, H^2O$, en octaèdres rhombiques fondant à 219°.

Cristallisé dans l'eau bouillante ou dans l'alcool, il se présente en petites aiguilles anhydres [W. Roser, *Ann. Chem.*, **234**, 116; *Bull. Soc. Chim.*, (2), **47**, 627].

Quand on chauffe en tube scellé, à 240-250°, l'acide apophyllénique avec de l'acide chlorhydrique (d = 1,68) pendant 2 heures, on le transforme en chlorure de méthyle et acide cinchoméronique :

$$C^8H^7AzO^4 + HCl = CH^3Cl + C^5H^3Az(CO^2H)^2.$$

L'acide apophyllénique est un acide monobasique, tandis que l'acide cinchoméronique que l'on obtient ainsi est un acide bibasique.

M. E. von Gerichten, qui découvrit cette réaction de l'acide chlorhydrique, en conclut que l'acide apophyllénique était l'éther monométhylique de l'acide cinchoméronique; mais l'impossibilité où il se trouva de le saponifier par la potasse lui fit abandonner cette idée. Il lui attribua alors la constitution

$$\begin{array}{l} C^5H^3Az(CH^3)CO^2H, \\ \quad | \qquad\quad | \\ \quad CO - O \end{array}$$

les deux carboxyles occupant la même position par rapport au noyau pyridique que dans l'acide cinchoméronique. Cette constitution, qui fait de l'acide apophyllénique une véritable bétaïne, a été établie par M. W. Roser, qui en a réalisé la synthèse [W. Roser, *loc. cit.*].

Quand on chauffe en tube scellé avec de l'alcool méthylique et de l'iodure de méthyle l'acide cinchoméronique, ou un certain acide tricarbopyridique, on obtient un produit d'addition qui, traité par le chlorure d'argent, se transforme en acide apophyllénique dans le premier cas et se dédouble en acide apophyllénique et acide carbonique dans le second cas :

$$\begin{array}{l} C^5H^2Az(CO^2H)^3 + CH^3I \\ = CO^2 + HI + C^5H^3Az(CH^3)(CO^2H). \\ \qquad\qquad\qquad\quad | \qquad\quad | \\ \qquad\qquad\qquad\quad CO - O \end{array}$$

Il se forme, dans le cas de l'acide cinchoméronique, d'abord un iodométhylate, qui se dédouble ensuite en acide iodhydrique et acide apophyllénique.

L'acide apophyllénique a donc l'une des deux formules

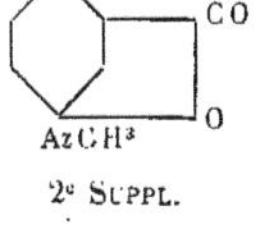

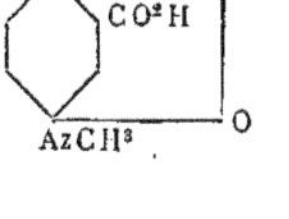

CO²H ; CO ; O ; AzCH³ — CO ; CO²H ; O ; AzCH³

Il semble que l'on puisse trancher la question. L'acide apophyllénique se décompose, quand il fond, en perdant de l'acide carbonique. Il est probable que le corps qui prend naissance a pour formule

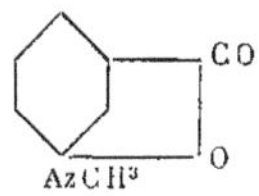

CO ; O ; AzCH³ — ou — CO ; O ; AzCH³

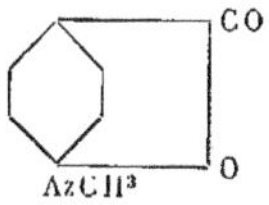

Or le premier de ces deux corps est la *trigonelline*, dont la constitution a été établie par M. Jahns.

L'*apophyllénate de baryum* $(C^8H^6AzO^4)^2Ba$ est très soluble dans l'eau et insoluble dans l'alcool.

L'acide apophyllénique donne un *chloroplatinate*, $(C^8H^7AzO^4 . HCl)^2PtCl^4$, formant des cristaux clinorhombiques, insolubles dans l'alcool, assez solubles dans l'eau, fondant à 235° en se décomposant [W. Roser, *loc. cit.*].

ACIDE BROMAPOPHYLLÉNIQUE, $C^8H^6BrAzO^4$. — Lorsqu'on chauffe à 120° la bromocotarnine avec le double de son poids de brome et de l'eau, le brome disparaît entièrement et se transforme en acide bromhydrique. La solution laisse déposer des cristaux bleu-vert; le liquide filtré, traité par le noir animal et concentré à consistance sirupeuse, abandonne dans le vide des cristaux tétraédriques d'acide bromapophyllénique [E. von Gerichten, *Ann. Chem.*, **210**, 79; *Bull. Soc. Chim.*, (2), **38**, 24].

Cet acide cristallise en prismes incolores renfermant $C^8H^6BrAzO^4, 2H^2O$ et s'effleurissant à 100° en perdant toute leur eau. Il est soluble dans l'eau bouillante et surtout dans l'eau acidulée, peu soluble dans l'eau froide et dans l'alcool. L'éther le précipite de sa solution alcoolique en fines aiguilles.

L'azotate d'argent, l'acétate de cuivre, les acétates de plomb ne précipitent ni sa solution aqueuse, ni celle de son sel de baryum.

L'acide bromapophyllénique fond à 204-205° en se décomposant.

Le *sel de baryum*, $(C^8H^5BrAzO^4)^2Ba, 3H^2O$, cristallise en petites aiguilles feutrées perdant leur eau à 100°.

Le *chloroplatinate*, $(C^8H^6BrAzO^4 . HCl)^2PtCl^4$, forme de belles tables hexagonales orangées.

Lorsqu'on chauffe en tube scellé l'acide bromapophyllénique avec de l'acide chlorhydrique concentré à 200-210°, on obtient du chlorure de méthyle et un acide cristallisable, fusible à 199°, soluble dans l'eau bouillante et dans l'eau acidulée, donnant un sel de cuivre qui cristallise en longues aiguilles bleues.

DIBROMAPOPHYLLINE. — Quand on traite l'acide bromapophyllénique par un excès de brome, on le transforme en bromhydrate de dibromapophylline [E. von Gerichten, *loc. cit.*]. On traite le produit par le noir animal, puis on concentre la solution; il se dépose des aiguilles incolores groupées en mamelons, qui constituent le bromhydrate en question.

La dibromapophylline libre cristallise en tables hexagonales incolores, efflorescentes à 100° et renfermant $C^{14}H^{10}Br^4Az^2O^4, 4H^2O$. Elle est assez soluble dans l'eau froide, peu soluble dans l'éther. Sa solution est neutre. Chauffée, elle brunit à 215° et fond à 229° en noircissant et dégageant des gaz. Elle colore les solutions alcalines en rouge brun. Elle peut dissoudre l'oxyde d'argent, qu'elle réduit par la concentration.

Le *chlorhydrate neutre* cristallise en tables rhombiques, perdant facilement la moitié de leur acide; le *sel basique*, $C^{14}H^{10}Br^4Az^2O^4 . HCl$, cristallise en aiguilles solubles dans l'eau, peu solubles dans l'alcool, insolubles dans l'éther.

Le *bromhydrate neutre* cristallise en tétraèdres; l'eau bouillante le transforme en un sel basique qui fond à 190-205° en se décomposant et qui a des propriétés analogues à celles du chlorhydrate.

L'*azotate* cristallise en prismes limpides; le *sulfate* en longues aiguilles; le *chloroplatinate*, qui est anhydre, forme de beaux prismes clinorhombiques d'un rouge orangé.

La dibromapophylline est décomposée à 180° par l'acide chlorhydrique concentré en chlorure de méthyle, acide carbonique, dibromopyridine et chlorométhylate de dibromopyridine

$$C^5H^3Br^2Az \cdot CH^3Cl.$$

La dibromopyridine ainsi obtenue est identique avec celle décrite par M. Hofmann.

Cette réaction fait de la dibromapophylline une bétaïne analogue à l'acide apophyllénique, dont elle est probablement le dérivé dibromé, moins les éléments d'une molécule d'acide carbonique [E. von Gerichten, *Ann. Chem.*, **212**, 165; *Bull. Soc. Chim.*, (2), **38**, 648]. L. Bouveault.

APOSÉPINE [Niemilowicz, *Mon. f. Chem.*, **7**, 241]. — L'aposépine est une base qui se forme dans l'action de la triméthylamine sur l'α-dichlorhydrine glycérique. Elle est accompagnée d'une seconde base, que l'auteur nomme *sépine* (voyez ce mot). La séparation de ces deux alcaloïdes se fait en profitant de la faible solubilité du chloroplatinate de sépine.

Le *chloroplatinate d'aposépine*,

$$C^9H^{24}Az^2OCl^2 \cdot PtCl^4,$$

forme des lamelles rouges, que l'eau décompose en triméthylamine et *chloroplatinate de sépine*,

$$[C^3H^6ClOAz(CH^3)^3Cl]^2PtCl^4.$$

Le *chloraurate*, $C^9H^{24}Az^2OCl^2 \cdot 2AuCl^3$, est très peu soluble dans l'eau.

Le *chlorhydrate d'aposépine*, préparé par l'action de l'hydrogène sulfuré sur le chloroplatinate, forme des masses blanches, cristallines et fortement hygroscopiques; il est assez toxique et présente toutes les réactions des alcaloïdes naturels.

APOSORBIQUE (ACIDE) (voyez Dict., **1**, 359). — M. Kiliani, en oxydant l'arabinose ou la sorbinose par l'acide azotique (d = 1,2 ou 1,3), a obtenu un acide renfermant $C^5H^8O^7$, comme l'acide aposorbique de Dessaignes, et identique avec l'acide trioxyglutarique normal (voyez ce mot),

$$CO^2H-(CH \cdot OH)^3-CO^2H$$

Les propriétés de ce corps semblent très voisines de celles de l'acide aposorbique; cependant il ne fond qu'à 127°, tandis que Dessaignes indique 110° pour le point de fusion de son produit. Il n'est donc pas possible encore d'affirmer l'identité, probable néanmoins, des acides aposorbique et trioxyglutarique [*D. chem. G.*, **21**, 3276].

APOTURMÉRIQUE (ACIDE). — Voyez TURMÉRIQUE.

AQUACREPTITE (Min.). — Variété de SERPENTINE.

ARABINE, $C^{12}H^{22}O^{11}$ (*acide arabique, acide métapectique*). — On désigne sous ces différents noms le principe soluble des gommes végétales. L'identité de l'arabine et de l'acide métapectique de M. Fremy a été établie par M. Scheibler [*D. chem. G.*, **1**, 58 et 108; **6**, 612], qui a même fondé sur la présence de la métarabine dans les betteraves un mode de préparation simple de l'acide arabique pur (Suppl., **1**, 886).

Préparée au moyen de la pulpe de betteraves, l'arabine possède un pouvoir rotatoire $[\alpha]_D = -88°,7$; la gomme arabique donne un mélange d'arabine lévogyre et d'arabine dextrogyre de pouvoir rotatoire variable (Dict., **1**, 1629).

D'après M. Stohmann [*J. prakt. Chem.*, (2), **31**, 289], la chaleur de combustion de l'arabine est, pour 1 gramme, de 4004 calories.

Ce corps est franchement acide; il décompose les carbonates avec effervescence. Par dessiccation à 100° ou par simple contact avec l'acide chlorhydrique concentré, il se transforme en métarabine insoluble; celle-ci peut de nouveau être amenée à l'état d'acide arabique par ébullition avec une base forte.

L'eau, à 150-160°, transforme l'arabine en un liquide réducteur, mais non fermentescible.

Les acides étendus et bouillants modifient peu à peu le pouvoir rotatoire de l'acide arabique et le font passer à droite : on sait qu'il se forme dans ces conditions de l'arabinose et du galactose dextrogyres. Avec l'acide sulfurique moyennement concentré, à l'ébullition, il se forme du furfurol (Stone et Tollens).

Un mélange de phloroglucine et d'acide chlorhydrique donne avec l'arabine une coloration rouge intense [Ihl, *Chem. Zeit.*, 1887, 2].

L'acide nitrique, à froid, et en présence d'acide sulfurique concentré, donne des dérivés nitrés explosifs; à chaud, il agit comme oxydant et transforme l'arabine en un mélange d'acide oxalique, d'acide tartrique, d'acide racémique, d'acide mucique et probablement aussi d'acide saccharique.

Avec l'iode et les carbonates alcalins, il se produit de l'iodoforme.

La levure et la diastase sont sans influence.

Les sels alcalins ou alcalino-terreux de l'acide arabique s'obtiennent en précipitant par l'alcool un mélange d'arabine et de la base correspondante. Tous ces composés sont amorphes.

L'arabine est précipitée par le sous-acétate de plomb, mais non par l'acétate neutre. Lorsqu'on décompose l'arabine plombique par l'hydrogène sulfuré, le sulfure de plomb reste émulsionné dans le liquide et ne peut plus être séparé par le filtre.

MÉTARABINE (*cérasine?*). — Substance amorphe, d'apparence pectique, se gonflant au contact de l'eau sans se dissoudre. Les acides étendus donnent, à l'ébullition, une quantité notable d'arabinose, d'où l'emploi de la gomme de cerisier pour préparer ce sucre. L'acide nitrique forme, comme avec l'arabine soluble, de l'acide mucique; enfin les alcalis, en solution bouillante, transforment la cérasine en acide arabique.

M. Scheibler a montré la présence de la métarabine dans la pulpe de betteraves; mais c'est ordinairement de la gomme de cerisier qu'on l'extrait : pour cela il suffit de traiter ce produit par un excès d'eau qui dissout l'arabine, puis par l'acide chlorhydrique étendu qui enlève de la chaux, vraisemblablement combinée à la cérasine. On peut aussi l'obtenir en desséchant l'arabine à l'étuve ou en la traitant, à froid, par un acide concentré.

PARARABINE. — Ce corps, très analogue au précédent, existerait, d'après M. Reichardt [*D. chem. G.*, **8**, 808], dans les betteraves, les carottes, et surtout le mucilage de l'agar-agar, vulgairement appelé *mousse de Chine*; il est possible qu'il soit identique avec la gélose de Payen qui présente la même origine. Pour l'obtenir, on laisse digérer de la pulpe de betteraves ou de carottes, préalablement épuisée par l'eau et par l'alcool, dans de l'acide chlorhydrique à 1 0/0 et on précipite l'extrait par un excès d'alcool.

La pararabine se gonfle considérablement dans l'eau et se dissout dans les acides minéraux étendus : ces dissolutions sont précipitées par les alcalis et par l'alcool. Comme la métarabine, ce corps se change en acide arabique par ébullition avec une lessive alcaline, mais il ne paraît pas donner de sucre quand on le chauffe avec de l'acide sulfurique faible.

M. Reichardt signale deux combinaisons métalliques de la pararabine auxquelles il assigne les formules

$$C^{12}H^{20}O^{11}Ba, 3,5H^2O \quad et \quad C^{24}H^{42}O^{22}Pb.$$

L. Maquenne.

ARABINOSE, $C^5H^{10}O^5$. — L'arabinose a souvent été confondue avec la galactose : M. Scheibler, qui l'a découverte en 1868, considérait ce corps comme un principe nouveau et lui attribuait, par analogie avec les glucoses, la formule $C^6H^{12}O^6$. Cette opinion fut plus tard combattue par M. Kiliani, qui, ayant obtenu de la galactose en essayant de reproduire le corps de M. Scheibler, mit en doute l'existence de l'arabinose [*D. chem. G*, **13**, 2304]; mais, d'un autre côté, M. Claesson retrouvait cette substance avec tous ses caractères spécifiques [*D. chem G.*, **14**, 1270] et affirmait, d'accord avec M. Scheibler [*D. chem. G.*. **17**, 1729], qu'elle est différente de tous les sucres connus. Bientôt M. von Lippmann [*D. chem. G.*, **17**, 2238] et M. Kiliani lui-même [*D. chem. G.*, **15**, 36] reconnaissent l'exactitude de cette assertion; mais tout à coup M. O'Sullivan vient compliquer la question en annonçant l'existence de plusieurs arabinoses isomériques, dérivant d'acides à poids moléculaires élevés, qu'il appelle acides *arabinosiques* et qui, d'après lui, se forment quand on chauffe l'acide arabique lévogyre avec de l'acide sulfurique étendu [*Chem. Soc.*, **45**, 41]. Enfin M. Müntz, en 1886, est encore d'avis que l'arabinose des auteurs précédents est identique avec la galactose du sucre de lait [*C. R.*, **102**, 624].

Toutes ces incertitudes ont disparu à la suite des recherches récentes de M. Kiliani, d'où il résulte que l'arabinose est essentiellement distincte de la galactose par sa forme cristalline, par son pouvoir rotatoire, par ses dérivés et même par sa formule, qui en fait un homologue et non un isomère des glucoses. MM. Brown et Morris ont d'ailleurs vérifié l'exactitude de la nouvelle formule attribuée à l'arabinose par l'examen cryoscopique de cette substance [*Chem. Centralblatt*, 1888, 891].

Préparation. — 1° On chauffe pendant 1 heure et quart à 105-106°, dans des bouteilles bien bouchées, 600 grammes de gomme arabique et 3 kilogrammes d'acide sulfurique à 2 0/0; on neutralise ensuite par la craie, on décante, on concentre le liquide jusqu'au volume de 750 centimètres cubes; on ajoute 1 litre et demi d'alcool à 95° et on laisse déposer. On concentre à nouveau et on reprend le résidu sirupeux par 600 centimètres cubes d'alcool absolu bouillant : la dissolution décantée commence après 2 ou 3 jours à laisser déposer des cristaux. Lorsque ceux-ci n'augmentent plus, on essore la masse et on fait cristalliser le produit dans l'alcool à 93°.

Le rendement est de 9 à 10 0/0 du poids de la gomme employée (Bourquelot).

2° On fait bouillir pendant 18 heures, au réfrigérant ascendant, 1 kilogramme de gomme de cerisier avec 8 litres d'acide sulfurique étendu à 2 0/0; on neutralise le produit par l'eau de baryte saturée à chaud; on évapore sans filtrer et on extrait l'arabinose par l'alcool à 96°; on distille la solution alcoolique, séparée par décantation du précipité de sulfate de baryum; on concentre le résidu jusqu'à consistance de miel et on reprend encore par l'alcool bouillant. Cette dernière dissolution cristallise par refroidissement; on essore les cristaux à la trompe, on les lave à l'alcool froid et on les purifie par une seconde cristallisation dans l'alcool (d = 0,825).

Les eaux mères concentrées fournissent encore une certaine quantité de produit; on obtient en tout 200 grammes environ d'arabinose [Bauer, *J. prakt. Chem.*, (2), **34**, 46. — Kiliani, *D. chem. G.*, **19**, 3029].

Il est bon de remarquer, à propos de ces différents modes de préparation, que l'arabinose ne peut être obtenue en quantité notable qu'avec les gommes qui ne donnent que peu ou pas d'acide mucique à l'oxydation; avec les autres, on obtient surtout de la galactose [Claesson, *loc. cit.*].

D'après M. Greenish [*Arch. Pharm.*, (3), **20**, 241 et 321], la gélose des algues marines se transforme partiellement en arabinose par ébullition avec l'acide sulfurique étendu. Cette circonstance explique la présence du furfurol dans les produits de distillation des fucus avec le même acide.

La gomme adragante paraît aussi donner de l'arabinose par ébullition avec l'acide sulfurique étendu (Sandersleben),

Propriétés. — L'arabinose cristallise en petits prismes brillants, fusibles à 160°; peu soluble à froid, elle se dissout aisément dans l'eau chaude; elle est presque insoluble dans l'alcool absolu; sa saveur est beaucoup plus sucrée que celle de la galactose. L'arabinose est fortement dextrogyre et, comme dans le cas de la dextrose, son pouvoir rotatoire présente au moment de la dissolution une valeur à peu près double de celle qu'on observe après quelques jours de repos ou à la suite d'une ébullition de quelques minutes; $[\alpha]_D = 105°$.

L'arabinose se combine avec l'o-phénylène-diamine, à la température du bain-marie, et donne de petites aiguilles blanches, peu solubles dans l'eau et dans l'alcool, insolubles dans l'éther, fusibles à 235°, d'*arabino-o-diamidobenzène*,

$$C^6H^4 \begin{matrix} \diagup AzH \diagdown \\ \diagdown AzH \diagup \end{matrix} C^5H^8O^4.$$

Ce corps est très stable; il possède une saveur amère et ne réduit pas la liqueur de Fehling. Son *chlorhydrate* a pour formule $C^{11}H^{14}Az^2O^4 . HCl$.

La m-p-crésylène-diamine donne de même l'*arabino-m-p-diamidotoluène*,

$$CH^3-C^6H^3 \begin{matrix} \diagup AzH \diagdown \\ \diagdown AzH \diagup \end{matrix} C^5H^8O^4,$$

fusible à 238°.

Dans les mêmes circonstances, l'arabinose s'unit avec l'acide o-m-diamidobenzoïque pour former l'*acide arabino-o-m-diamidobenzoïque*,

$$C^6H^3 \begin{matrix} \diagup CO^2H \\ - AzH \diagdown \\ \diagdown AzH \diagup \end{matrix} C^5H^8O^4, 2H^2O.$$

Ce corps cristallise en petits prismes fusibles à 235°; son *sel de baryum* est amorphe; le *sel d'argent* est une poudre sableuse insoluble dans l'eau, soluble dans un excès d'ammoniaque.

Le *chlorhydrate* d'acide arabino-o-m-diamidobenzoïque cristallise facilement en présence d'acide chlorhydrique concentré, mais il se décompose en reproduisant l'acide arabino-diamidobenzoïque au simple contact de l'eau froide [Griess et Harrow, *D. chem. G.*, **20**, 3111].

Les acides étendus et bouillants attaquent l'arabinose en donnant des substances ulmiques et une grande quantité de furfurol (environ 15 0/0 du poids de l'arabinose employée). Cette réaction peut servir à distinguer l'arabinose des autres espèces de sucres.

Dans ces circonstances il ne paraît pas se former d'acide lévulique (Tollens).

Chauffée sans précaution avec de l'acide azotique, l'arabinose donne de l'acide oxalique, sans acide mucique; maintenue à 35° avec 2,5 parties d'acide azotique (d = 1,2), elle se transforme en un acide trioxyglutarique, $C^5H^8O^7$, que l'on isole en évaporant le produit de la réaction, reprenant par l'eau et saturant par le carbonate de calcium; on obtient ainsi le trioxyglutarate de calcium, sel très analogue au saccharate du même métal, et qu'il suffit de décomposer par l'acide oxalique pour avoir l'acide trioxyglutarique libre.

Employé en moins grande quantité, l'acide azotique transforme l'arabinose en acide arabonique [Kiliani, *D. chem. G.*, **21**, 3006].

L'action successive du brome et de l'oxyde d'argent transforme l'arabinose en *acide arabonique*, $C^5H^{10}O^6$.

L'amalgame de sodium donne l'*arabite*, $C^5H^{12}O^5$.

L'acide cyanhydrique s'unit directement à l'arabinose et donne l'*acide arabinose-carbonique* $C^6H^{12}O^7$, ainsi que son amide.

D'après M. Scheibler, l'arabinose forme avec la chaux un composé soluble dans l'eau et précipitable par l'alcool.

L'arabinose n'est pas fermentescible.

Phénylarabinosazone, $C^{17}H^{20}Az^4O^3$. — On l'obtient en chauffant sur le bain-marie 1 partie d'arabinose avec 2 parties de chlorhydrate de phénylhydrazine, 3 parties d'acétate de sodium et 20 parties d'eau. Ce corps, qui est soluble dans l'eau chaude, constitue une masse jaune volumineuse qui, par dessiccation en présence d'acide sulfurique, devient brune et compacte. Point de fusion 158° [Kiliani, *D. chem G.*, 20, 345].

ARABITE, $C^5H^{12}O^5$. — L'arabite est l'alcool correspondant à l'arabinose : elle présente donc avec celle-ci les mêmes rapports que la mannite avec la dextrose.

Pour la préparer, on introduit peu à peu 300 grammes d'amalgame de sodium à 3 0/0 dans une solution renfermant 13 grammes d'arabinose pour 200 centimètres cubes d'eau; il faut avoir soin de maintenir le liquide constamment neutre en y laissant tomber goutte à goutte de l'acide sulfurique étendu. Après 6 jours, le produit n'a plus d'action sur la liqueur cupropotassique : on neutralise alors exactement, on concentre au bain-marie jusqu'à pellicule et, dans le mélange encore chaud, on ajoute un excès d'alcool à 90°, qui précipite le sulfate de sodium formé. La dissolution alcoolique, filtrée et concentrée, laisse déposer, dans le dessiccateur, des aiguilles incolores d'arabite.

L'arabite est un corps neutre, de saveur sucrée, qui semble présenter quelques analogies avec la sorbite de M. J. Boussingault : elle fond à 102°, se dissout aisément dans l'eau, ainsi que dans l'alcool bouillant; elle est peu soluble dans l'alcool froid; elle est inactive (solution à 10 0/0) : enfin elle ne réduit pas la liqueur de Fehling [Scheibler, *D. chem. G.*, **17**, 1732. — Kiliani, *ibid.*, 20, 1233].

ACIDE ARABONIQUE, $C^5H^{10}O^6$. — On obtient ce corps en oxydant l'arabinose par le brome en présence de l'eau; pour cela on dissout 20 grammes d'arabinose dans 100 centimètres cubes d'eau, on ajoute 40 grammes de brome et on agite fortement; il se produit un dégagement de chaleur sensible et, après 1 heure environ, le brome a complètement disparu. On sature alors l'acide bromhydrique formé par l'oxyde d'argent (ou par l'hydrate de plomb) et on fait bouillir avec un excès de carbonate de calcium; le liquide jaunâtre ainsi obtenu est concentré et abandonné au repos; après 12 heures, il se forme une cristallisation d'arabonate de calcium.

On peut aussi préparer l'acide arabonique en oxydant l'arabinose par l'acide azotique : il suffit pour cela de maintenir à 35° un mélange de 1 partie d'arabinose et de 2 parties d'acide azotique (d=1,2); il se produit, après une demi-heure environ, une vive réaction qui dure près de 6 heures; si, lorsqu'elle est terminée, on sature par du carbonate de calcium, on obtient une solution d'arabonate de calcium, qui cristallise après concentration du liquide, surtout si l'on y ajoute un peu d'alcool (Kiliani).

L'acide arabonique se déshydrate avec facilité et donne dans le vide sec des cristaux en aiguilles constituant la *lactone*, $C^5H^8O^5$.

D'après M. Bauer, on le distingue aisément des acides gluconique et galactonique en le transformant en *sel de cadmium*; ce composé est très soluble dans l'eau et ne peut être obtenu à l'état cristallisé qu'en versant une couche d'alcool sur sa dissolution aqueuse; il se forme alors de longues aiguilles blanches d'arabonate de cadmium à la surface de séparation des deux liquides superposés.

La *lactone arabonique* fond à 89°; son pouvoir rotatoire est $[\alpha]_D = -67°,37$.

Arabonate de calcium, $(C^5H^9O^6)^2Ca, 5H^2O$. — Aiguilles fines et soyeuses; cristallise surtout par addition d'alcool.

Arabonate de strontium, $(C^5H^9O^6)^2Sr, 5H^2O$. — Croûtes cristallines, formées d'une agglomération de petits prismes microscopiques. S'obtient en faisant bouillir une dissolution de lactone arabonique avec du carbonate de strontium. Le sel cristallise au contact de l'alcool.

Arabonate de baryum, $(C^5H^9O^6)^2Ba$. — Cristaux microscopiques anhydres.

L'*arabonate de plomb* est soluble [Bauer, *J. prakt. Chem.*, (2), **30**, 367 et **34**, 46. — Kiliani, *D. chem. G.*, **19**, 3029].

ACIDE ARABINOSE-CARBONIQUE, $C^6H^{12}O^7$. — Ce corps, isomérique avec les acides gluconique et galactonique, résulte de l'action de l'acide cyanhydrique sur l'arabinose. Pour l'obtenir, on dissout l'arabinose dans son poids d'eau et on ajoute la quantité équivalente d'acide cyanhydrique en solution à 70 0/0; au bout d'une semaine, le liquide se colore en jaune et laisse déposer une poudre cristalline d'amide arabinose-carbonique que l'on sépare à la trompe et qu'on lave avec un peu d'eau. Si on fait bouillir ce produit avec de l'eau de baryte et qu'on élimine ensuite le baryum par la quantité strictement nécessaire d'acide sulfurique, on obtient une dissolution d'acide arabinose-carbonique qui donne, quand on l'évapore, des cristaux de la lactone correspondante $C^6H^{10}O^6$. Le liquide d'où s'est séparée l'amide arabinose-carbonique retient en dissolution de l'arabinose-carbonate d'ammonium.

La *lactone arabinose-carbonique* cristallise en prismes orthorhombiques brillants de 76°,46; elle est très soluble dans l'eau et peu soluble dans l'alcool. Ses dissolutions sont neutres, mais elles décomposent les carbonates à l'ébullition en donnant des sels monométalliques $C^6H^{11}O^7M$. Elle fond vers 145-150°, et possède un pouvoir rotatoire $[\alpha]_D = -54°,8$.

Chauffée pendant 2 heures au réfrigérant à reflux avec 15 fois son poids d'acide iodhydrique concentré et un peu de phosphore rouge, la lactone arabinose-carbonique donne, de même que les acides gluconique et galactonique, un mélange d'acide caproïque normal et de lactone γ-oxycaproïque normale $C^6H^{10}O^2$.

L'acide nitrique (d=1,2) transforme la lactone arabinose-carbonique en lactone métasaccharique, $C^6H^6O^6, 2H^2O$, fusible à 68° (voyez ACIDES SACCHARIQUES).

Amide arabinose-carbonique, $C^6H^{11}O^6 . AzH^2$. — Aiguilles microscopiques incolores, insolubles dans l'alcool et dans l'éther, peu solubles dans l'eau à froid, très solubles à chaud; les alcalis ou l'acide chlorhydrique transforment ce corps en ammoniaque et acide arabinose-carbonique; une ébullition prolongée avec l'eau produit le même dédoublement.

L'amide arabinose-carbonique se colore en jaune à 130° et se détruit complètement, avec dégagement de gaz, vers 160°. On a vu précédemment comment on l'obtient [Kiliani, *D. chem. G.*, **19**, 3029; **20**, 282 et 339].

CONSTITUTION DE L'ARABINOSE ET DE SES DÉRIVÉS. — Les propriétés réductrices de l'arabinose rapprochent évidemment cette substance des glucoses, dont elle possède d'ailleurs la composition élémentaire; mais, l'analyse montrant que les arabonates renferment seulement 5 atomes de carbone et que l'acide arabinose-carbonique est un dérivé caproïque, il est certain que l'arabinose elle-même est un corps en C^5 et qu'on doit l'écrire $C^5H^{10}O^5$.

D'un autre côté, l'arabinose, à cause de sa transformation en arabite ou en acide arabonique, à cause aussi de sa combinaison facile avec l'acide cyanhydrique, est certainement une aldéhyde; elle est donc aussi alcool tétratomique. Enfin le passage de l'acide arabinose-carbonique à l'acide caproïque normal et la transformation de la lactone métasaccharique en mannite et en acide adipique montrent que tous ces corps sont à chaîne linéaire. L'arabinose est donc l'aldéhyde du pentoxypentane normal (arabite).

Admettant que la distribution des oxhydryles dans cette chaîne est symétrique, M. Kiliani donne à l'arabinose et à ses dérivés les formules de constitution suivantes :

Arabite..........	$CH^2.OH-(CH.OH)^3-CH^2.OH$,
Arabinose........	$CH^2.OH-(CH.OH)^3-CHO$,
Acide arabonique.	$CH^2.OH-(CH.OH)^3-CO^2H$,
Acide arabinose-carbonique.....	$CH^2.OH-(CH.OH)^4-CO^2H$.

Ces conclusions sont exactement conformes aux faits observés par l'auteur, mais elles soulèvent une difficulté imprévue et qu'il nous est impossible de résoudre actuellement : c'est l'identité de constitution que ces formules assignent à des corps aussi différents que les acides arabinose-carbonique, gluconique et galactonique d'une part, les acides saccharique et métasaccharique d'autre part. Il y a là une question d'isomérie toute spéciale, qui nécessite évidemment de nouvelles recherches. L. Maquenne.

ARABITE. — Voyez Arabinose.

ARABONIQUE (ACIDE). — Voyez Arabinose.

ARACHIQUE (ACIDE). — L'acide arachique, $C^{20}H^{40}O^2$, extrait de l'arachine, paraît identique avec l'acide nonodécylcarbonique, $C^{19}H^{39}.CO^2H$. On le prépare en saponifiant ses éthers par l'acide sulfurique.

Arachate d'éthyle. — Cet éther s'obtient en traitant l'huile d'arachide par la potasse et en décomposant le produit par l'acide chlorhydrique. Les acides gras ainsi formés sont dissous dans l'alcool et cette solution est traitée à l'ébullition par un courant de gaz chlorhydrique. Le produit est ensuite distillé dans le vide. Il passe d'abord (pression 100mm) du palmitate d'éthyle à 295-298°, puis de l'arachate d'éthyle fusible à 49°,5.

Arachate de méthyle. — Même préparation. Il fond à 75° [Schweizer, *D. chem. G.*, **17**, *Ref.*, 569].

ARBUTINE. — La formule $C^{12}H^{16}O^7$, proposée par Strecker pour ce glucoside, a été définitivement établie par M. H. Schiff. D'après cet auteur, le principe étudié sous ce nom est un mélange d'arbutine proprement dite et de méthylarbutine, très difficiles à séparer.

L'arbutine pure fond à 187° sans décomposition; elle se prend par refroidissement en une masse vitreuse qui devient cristalline si on la réchauffe vers 125°; mélangée à la méthylarbutine, elle présente un point de fusion moins élevé et variable avec les proportions du mélange. A l'état hydraté, l'arbutine renferme une demi-molécule d'eau, qu'elle perd à 115°; elle se dédouble par ébullition avec les acides minéraux étendus en glucose et hydroquinone.

L'arbutine a été rencontrée par M. Classen dans les baies de l'airelle rouge (*Vaccinium vitis-idæa*); elle avait été désignée, avant son identification avec l'arbutine ordinaire, sous le nom de *vacciniine*.

MÉTHYLARBUTINE,

$$C^6H^4 \begin{cases} O.C^6H^{11}O^5{}_{(1)} \\ O.CH^3{}_{(4)} \end{cases}$$

— Pour séparer cette substance de son mélange avec l'arbutine, M. H. Schiff chauffe l'arbutine naturelle pendant 20 heures à 50-60° avec de l'oxyde d'argent et de l'eau; il évapore ensuite le produit à siccité et reprend par l'alcool absolu : la méthylarbutine seule se dissout, tandis qu'il reste un résidu provenant de l'oxydation de l'arbutine qui a été détruite par l'oxyde d'argent.

La méthylarbutine a été reproduite synthétiquement par M. H. Schiff et par M. Michael. Ce dernier, pour l'obtenir, traite une solution alcoolique de méthylhydroquinone potassée,

$$C^6H^4(OCH^3)_{(1)}(OK)_{(4)},$$

par un peu moins d'une demi-molécule d'acétochlorhydrose; après plusieurs jours, le liquide est filtré et concentré jusqu'à cristallisation.

M. Schiff obtient le même corps en chauffant l'arbutine avec une solution alcoolique d'iodure de méthyle et de la potasse.

La méthylarbutine cristallise en aiguilles fines et soyeuses, d'une saveur amère; elle est soluble dans l'alcool et dans l'esprit de bois, très peu soluble dans l'éther; elle fond à 175-176° (168-169° d'après M. Michael) et ne bleuit pas au contact du chlorure ferrique (distinction d'avec l'arbutine); elle donne avec les acides ou avec l'émulsine un mélange de glucose et de méthylhydroquinone.

BENZYLARBUTINE,

$$C^6H^4 \begin{cases} O.C^6H^{11}O^5 \\ O.C^7H^7 \end{cases}, H^2O.$$

— Aiguilles incolores, fusibles à 161°; ne se décompose pas à 250°; soluble dans 530 fois son poids d'eau à froid; se dédouble par ébullition avec les acides étendus en glucose et benzylhydroquinone fusible à 122°, identique avec le produit de synthèse. On l'obtient en chauffant 5 grammes d'arbutine naturelle avec 1 gramme de potasse en solution alcoolique et 2gr,16 de bromure de benzyle; à la fin de l'opération, on précipite l'excès de potasse par un courant de gaz carbonique, on évapore l'alcool et on ajoute de l'eau : la benzylarbutine se précipite; on la purifie par cristallisation dans l'eau bouillante. Dans ces réactions la méthylarbutine n'est pas attaquée; on la retrouve dans le liquide aqueux d'où s'est précipitée la benzylarbutine.

Benzylnitroarbutine,

$$C^{19}H^{21}O^7(AzO^2), H^2O.$$

— Obtenue par nitration de la benzylarbutine à froid et cristallisation du précipité qui se forme dans l'eau acidulée par l'acide acétique. Aiguilles jaunes, prenant une teinte orangée en présence des alcalis; ce corps fond vers 142° en se décomposant; il donne, avec l'acide sulfurique étendu et bouillant, de la glucose et de la benzylhydroquinone mononitrée, $C^6H^3(OC^7H^7)(OH)(AzO^2)$, fusible à 156-158° [H. Schiff, *D. chem. G.*, **14**, 302 et 2561; *Gazz. chim. ital.*, **12**, 460 et **13**, 508; *Bull. Soc. Chim.*, (2), **39**, 297 et **42**, 500; *Jahresb.*, 1875, 830.—Habermann, *Bull. Soc. Chim.*, (2), **40**, 499. — Michael, *D. chem. G.*, **14**, 2097].

L. Maquenne.

ARCTOLITE (Min.) (Blomstrand). — Produit d'hydratation de l'amphibole, en masses cristallines, incolores, jaunâtres ou verdâtres, dans un marbre, à Norskön (Spitzberg). Soluble dans les acides; peu fusible. Prisme de 125°.

ARÉCAÏNE. — La noix d'arec renferme plusieurs alcaloïdes, parmi lesquels M. E. Jahns a préparé à l'état de pureté l'*arécaïne* et l'*arécoline* [*D. chem. G.*, **21**, 3404].

Les graines de la plante sont pulvérisées et épuisées à trois reprises par de l'eau aciduléc d'acide sulfurique (2 grammes d'acide pour 1 kilogramme de graines); la solution aqueuse, filtrée et concentrée, est précipitée par l'iodobismuthate de potassium, en ayant soin d'éviter un excès de ce réactif et de maintenir la liqueur acide par l'acide sulfurique. Le précipité cristallin est lavé, puis décomposé par ébullition avec du carbonate de baryum et de l'eau : on obtient ainsi une liqueur qui renferme tous les alcaloïdes, tandis qu'il reste à l'état insoluble un mélange d'oxyiodure de bismuth et de matière colorante. La liqueur est filtrée, concentrée, alcalinisée par la baryte et épuisée par l'éther qui dissout l'*arécoline*; on la neutralise ensuite par l'acide sulfurique, puis on la traite successivement par le sulfate d'argent, la baryte et l'acide carbonique, afin d'éliminer l'iodure de baryum qu'elle renfermait encore. On évapore alors à sec, et on épuise le résidu par l'alcool ou mieux par le chloroforme; ces dissolvants se chargent d'un alcaloïde amorphe, peu abondant, tandis que l'*arécaïne* reste insoluble dans ces liquides.

ARÉCAÏNE, $C^7H^{11}AzO^2, H^2O$. — Purifiée par quelques cristallisations dans l'alcool à 60 0/0, cette base forme de beaux cristaux incolores, très solubles dans l'eau, presque insolubles dans l'alcool absolu, l'éther, le chloroforme et le benzène; elle se déshydrate à 100° et fond en se décomposant à 213°. Sa solution aqueuse est neutre et possède une saveur saline faible.

En solution sulfurique, cette base donne avec l'iodobismuthate de potassium un précipité rouge, d'abord amorphe, et devenant assez rapidement cristallin; avec l'iodomercurate de potassium, elle donne un précipité jaune formé d'aiguilles : ce dernier réactif ne précipite qu'en liqueur acide; le tannin et l'acide phosphomolybdique ne donnent qu'un louche; l'acide picrique ne précipite pas.

Le *chlorhydrate*, $C^7H^{11}AzO^2 . HCl$, forme des cristaux peu solubles dans l'alcool.

Le *chloraurate*, $C^7H^{11}AzO^2 . HCl . AuCl^3$, cristallise en prismes fusibles à 186-187°.

Le *chloroplatinate*, $(C^7H^{11}AzO^2 . HCl)^2PtCl^4$, se présente en octaèdres, fusibles avec décomposition à 213-214°.

ARÉCOLINE, $C^8H^{13}AzO^2$. — C'est un liquide incolore, huileux, très alcalin, soluble en toutes proportions dans l'eau, l'alcool, l'éther et le chloroforme, et bouillant vers 220°.

Ses sels présentent les réactions suivantes : iodobismuthate de potassium, précipité cristallin rouge-grenat; acide phosphomolybdique, précipité blanc; iodomercurate de potassium, précipité jaune, d'abord huileux, et cristallisant à la longue; acide picrique, précipité d'abord amorphe, devenant peu à peu cristallin; chlorure de platine, chlorure mercurique, tannin, rien.

Le *chlorhydrate* cristallise en fines aiguilles, déliquescentes, très solubles dans l'alcool et dans l'alcool éthéré. Il en est de même du *sulfate*, de l'*acétate* et du *nitrate*.

Le *bromhydrate*, $C^8H^{13}AzO^2 . HBr$, se présente en prismes fins, non déliquescents, fusibles à 167-168°, très solubles dans l'eau et dans l'alcool.

Le *chloraurate*, $C^8H^{13}AzO^2 . HCl . AuCl^3$, est huileux; il est peu soluble dans l'eau froide.

Le *chloroplatinate*, $(C^8H^{13}AzO^2 . HCl)^2PtCl^4$, forme de beaux cristaux orangés, appartenant au système orthorhombique.

L'arécoline est un poison violent; elle paraît posséder des propriétés vermifuges analogues à celles de la pelletiérine. Ad. Fauconnier.

ARÉQUIPITE (Min.) (Raimondi). — Silico-antimoniate de plomb, en masses compactes, ressemblant à la wulfénite, avec divers minerais, à la mine Victoria, près Tiabaza, province d'Arequipa (Pérou).

ARGENT. — Le poids atomique de l'argent a été fixé par M. Stas au nombre 107,66 pour O = 15,96 et Cl = 35,37. Dumas avait signalé une cause d'erreur provenant de la présence constante d'une certaine quantité d'oxygène dans l'argent. Ayant en effet chauffé 1 kilogramme d'argent pur vers 500°, il en a expulsé 57 centimètres cubes d'oxygène. Discutant cette cause d'erreur, MM. L. Meyer et C. Seubert ont montré qu'elle n'a qu'une très faible influence sur le résultat de la détermination. En admettant comme cause d'erreur le maximum d'oxygène trouvé par Dumas, soit 0,249 pour 1000, le chiffre 107,66 n'est abaissé qu'à 107,63 [*D. chem. G.*, **18**, 1098].

Déterminant le poids atomique de l'argent comparativement à celui du cuivre, par voie électrolytique, M. W. H. Shaw a trouvé exactement le rapport 17 : 10. Le même rapport s'observe pour le potassium = 39,1 et pour le sodium = 23 [*Philos. Mag.*, **23**, 138].

La tendance que possède l'argent à occlure l'oxygène détermine la diffusion de ce gaz à travers l'argent à une température élevée. Ayant fait passer un courant d'oxygène à travers un tube en argent de 1 millimètre d'épaisseur de paroi, chauffé vers 800°, M. Troost a constaté le passage de 1lit,7 d'oxygène par mètre carré et par heure.

Ayant fait passer de l'air à travers un tube de platine chauffé dans un bain de vapeur de cadmium et traversé suivant son axe par un tube d'argent purgé d'air, il a observé le passage dans ce tube de 0lit,89 d'oxygène à peu près pur par heure.

L'azote, l'oxyde de carbone, le gaz carbonique ne traversent l'argent qu'en très faible quantité [*C. R.*, **98**, 1427].

L'argent maintenu en fusion dans la vapeur de phosphore absorbe celle-ci et l'abandonne de nouveau par le refroidissement en présentant le phénomène du rochage. On observe un phénomène analogue avec la vapeur d'arsenic, mais l'argent retient une partie de cet élément [Hautefeuille et Perrey, *C. R.*, **98**, 1378].

Propriétés chimiques. — Suivant M. Le Chatelier, l'argent se combine avec l'oxygène à 200° sous une pression de 15 atmosphères au moins. Par la décomposition de l'oxyde d'argent sous l'influence de la chaleur, la pression s'élève peu à peu à 10 atmosphères. C'est donc entre ces deux pressions que se manifeste la tension de dissociation de l'oxyde d'argent.

ARGENT ALLOTROPIQUE [Carey Lea, *Chem. Soc.*, (3), **37**, 476; **38**, 47, 128, 237]. — Lorsqu'on mélange des solutions étendues d'azotate d'argent et de citrate ferreux, on obtient une liqueur rouge foncé; avec des solutions concentrées, le liquide est presque noir et fournit un précipité lilas qui se dessèche en une masse métallique d'un gris bleu (A).

Ce précipité, qui est soluble dans l'eau, renferme 97 0/0 d'argent avec un peu de fer et d'acide citrique, mais pas d'oxygène. Séché à 100°, il se convertit en argent ordinaire.

Les eaux mères du corps (A) fournissent une autre modification (B), d'un rouge brun, lorsqu'on les additionne de sulfate de magnésium : cette modification est de l'argent presque pur; elle se dissout dans diverses solutions salines, par exemple dans le borate de sodium et dans les sulfates alcalins, en donnant des liqueurs brunes ou rougeâtres.

On obtient une troisième modification (C) par le mélange des solutions suivantes : 1° un mélange de 200 centimètres cubes d'une solution d'azotate d'argent à 10 0/0, 100 centimètres cubes d'une solution de sel de Seignette à 20 0/0 et 800 centimètres cubes d'eau; 2° 107 centimètres cubes d'une solution de sulfate ferreux à 30 0/0, 200 centimètres cubes d'une solution de sel de Seignette à 20 0/0 et 800 centimètres cubes d'eau. En versant la seconde solution dans la première, on voit se précipiter une poudre brillante, rouge, prenant sur le filtre un éclat bronzé. Par la dessiccation à l'air, ce corps prend l'éclat de l'or. Il renferme 98,75 0/0 d'argent; le reste est du tartrate de fer.

Toutes ces modifications allotropiques se dessèchent sur une lame de verre ou sur une feuille de papier en une pellicule brillante, qu'un léger frottement réduit en poudre.

Les modifications (A) et (B) brunissent sous l'influence de la lumière.

Les pellicules en question prennent, sous l'influence des halogènes dissous dans l'eau, de belles couleurs irisées.

Les acides convertissent ces modifications en argent ordinaire; la même transformation se produit spontanément avec le temps.

Métallurgie. — Pour extraire l'argent des minerais antimonifères et arsénifères, M. Ch. de Vauréal les mélange, après pulvérisation, avec du foie de soufre et calcine le mélange à l'abri de l'air. La masse fondue est alors lessivée à chaud avec une solution de foie de soufre : l'arsenic et l'antimoine se dissolvent en totalité à l'état de sulfosels. La partie insoluble est grillée pour transformer les sulfures en sulfates, puis lavée avec de l'eau contenant de 0,2 à 0,3 0/0 de chlorure de sodium. Le chlorure d'argent reste insoluble dans ces circonstances et est dissous ensuite dans une solution de chlorure de magnésium, pour être traité enfin par l'un des procédés habituels [*Brevet*, mars 1882].

M. Laur réduit les minerais sulfurés ou chlorurés en les faisant bouillir avec une lessive de soude à 1 0/0 et de l'amalgame d'étain à 3 0/0 d'étain; l'argent réduit se dissout dans le mercure, dont la perte est nulle dans ces conditions [*C. R.*, **95**, 38].

Alliages. — MM. W. Gowland et Ch. Koga ont rencontré 0,75 0/0 de bismuth dans un lingot d'argent du Japon : le métal était caractérisé par une grande fragilité. Ayant fondu 985 parties d'argent et 14p,5 de bismuth, ils ont obtenu un alliage très fragile dans les couches extérieures, d'une structure prismatique, et dont l'intérieur était plus riche en argent que les couches extérieures [*Chem. Soc.*, 1887, 420].

Chlorure argenteux. — Une lame d'argent plongée dans une solution de chlorure ferrique se recouvre, suivant M. Tommasi, d'une couche de chlorure argenteux. Le même auteur a publié des expériences sur la perte de chlore qu'éprouve le chlorure argentique sous l'influence de la lumière. Cette perte s'élèverait pour le composé sec à 1,5 0/0 après 3 mois, et pour le même composé conservé sous l'eau, à 12 0/0. Du chlorure d'argent enfermé dans un petit tube scellé se décolore dans l'obscurité après avoir été coloré à la lumière. L'eau de chlore blanchit le chlorure coloré [*Inst. Lomb.*, (2), **11**].

Des expériences analogues ont été entreprises par M. Spencer Newbury. Ayant fait passer un courant d'air à travers du chlorure d'argent exposé à la lumière sous l'eau, il a constaté, après quelques jours, une perte de 1 0/0. Un lavage ultérieur à l'hyposulfite ou au chlorure de sodium laisse de l'argent libre. M. Newbury conclut de là que le chlorure argenteux n'existe pas [*Am. Journ.*, **6**, 467]. Faisons remarquer que cette conclusion n'est pas forcée, car on sait avec quelle facilité se dédoublent le chlorure ou l'iodure mercureux en mercure et composé mercurique. D'un autre côté, aucune preuve réelle n'a été apportée de l'existence du chlorure argenteux.

Chlorure d'argent. — Le chlorure d'argent prend naissance par l'action sur l'argent de l'acide chlorhydrique ou d'une solution de chlorure de sodium en présence de l'air :

$$2\,Ag + \underset{\text{gazeux.}}{2\,HCl} + O = 2\,AgCl + \underset{\text{liquide.}}{H^2O}$$

dégage $83^{cal},4$;

$$2\,Ag + \underset{\text{dissous.}}{2\,NaCl} + O = 2\,AgCl + \underset{\text{dissous.}}{Na^2O}$$

dégage $21^{cal},2$ [Berthelot, *Bull. Soc. Chim.*, (2), **35**, 490].

MM. H. Biltz et V. Meyer ont pu prendre la densité de vapeur du chlorure d'argent à la température de 1735°. Ils ont trouvé le nombre 82,3 (H = 1), au lieu de 71,75 qu'exige la grandeur moléculaire AgCl. Cette expérience n'est pas concluante et n'exclut pas forcément la molécule Ag^2Cl^2 [*D. chem. G.*, **23**, 727].

M. J. P. Cooke a étudié la solubilité du chlorure d'argent dans l'eau bouillante : $1^{gr},456$ de chlorure d'argent récemment précipité a perdu par des lavages avec 66 litres d'eau bouillante $0^{gr},224$; une partie du chlorure dissous s'est séparée par le refroidissement en cubes microscopiques. Ce qui reste dissous à froid se précipite par l'addition d'une goutte d'acide chlorhydrique ou azotique. Cette solubilité du chlorure d'argent est limitée par le fait que ce sel passe peu à peu à l'état pulvérulent ou cristallin, état sous lequel il est insoluble [*Am. Journ.*, **2**, 210].

MM. Ruyssen et Varenne ont confirmé en partie les faits déjà connus relativement à la solubilité du chlorure d'argent dans l'acide chlorhydrique [*Bull. Soc. Chim.*, (2), **36**, 5].

Le chlorure d'argent, précipité en présence de diverses matières colorantes, forme avec elles de véritables laques [Carey Lea, *Am. Journ.*, **29**, 53].

Le chlorure d'argent sec, non fondu, est transformé par le brome en bromure; la substitution du brome au chlore atteint 7,2 0/0 après 5 jours pour les proportions AgCl : 7 Br. Au rouge sombre, elle est après 3 heures de 97 0/0. Cette décomposition s'explique par la production simultanée du chlorure de brome, dont la formation dégage $4^{cal},6$; la différence entre les chaleurs de formation du bromure et du chlorure d'argent étant de $-1^{cal},5$, la chaleur totale de la réaction est de $+3^{cal},1$ [Berthelot, *Bull. Soc. Chim.*, (2), **39**, 59].

La vapeur de brome, dirigée sur du chlorure d'argent à 120°, le transforme entièrement en bromure après 2 heures. La vapeur d'iode agit, mais beaucoup plus lentement, d'une manière analogue [P. Julius, *Zeit. anal. Chem.*, **22**, 523].

Des expériences analogues ont été entreprises

par M. Potilitzine et par M. Humpidge [*D. chem. G.*, 17, 1308 et 1838].

La sensibilité du chlorure d'argent à la lumière est fortement augmentée lorsque la précipitation a lieu au sein d'une solution de gélatine dans laquelle il est émulsionné. L'image latente obtenue avec un semblable chlorure d'argent se développe par le citrate ferroso-ammonique renfermant de l'acide nitrique libre. MM. Eder et Pizzighelli ont pu obtenir ainsi des épreuves à la lumière du gaz en 20 ou 30 minutes [*Mon. f. Chem.*, 2, 33].

On admet que la coloration du chlorure d'argent sous l'influence de la lumière est due à la présence d'un sous-chlorure. Cette coloration peut être provoquée de diverses manières et présente des nuances très diverses. M. Carey Lea distingue à cet égard deux variétés : le *chlorure rouge* (fleur de pêcher ou rose) ou *photochlorure* et le *chlorure noir* ou *pourpre* [*Am. Journ.*, (3), 33, 349].

Le chlorure rouge peut être obtenu par la chloruration de l'argent, par la réduction partielle du chlorure, par l'action de l'acide chlorhydrique sur l'oxyde ou sur le carbonate d'argent en partie réduits par la chaleur, ou sur un sel d'argent réduit par une solution alcaline de sucre de lait, d'aldéhyde, etc.

Pour obtenir le chlorure noir, M. Carey Lea traite l'argent réduit pulvérulent par une solution d'hypochlorite de sodium, qu'il renouvelle de temps en temps. L'acide azotique ($d = 1,36$) n'enlève pas d'argent à ce chlorure noir, qui renferme, d'après ce chimiste, 2,5 0/0 de sous-chlorure d'argent. L'acide azotique fumant et chaud ne le transforme en chlorure blanc qu'après 24 heures.

L'addition de sulfate ferreux à une solution ammoniacale de chlorure d'argent y produit un précipité noir. Après avoir sursaturé par l'acide sulfurique, on lave ce précipité successivement à l'eau, à l'acide azotique, à l'eau, puis à l'acide chlorhydrique étendu. Le précipité présente finalement la couleur du cuivre déposé par voie galvanique.

Les photochlorures clairs deviennent pourpres ou noirs à la lumière diffuse.

Les photobromures et photoiodures sont moins stables que les photochlorures. M. Henri Vogel distingue les mêmes modifications que pour le bromure.

Chlorure d'argent ammoniacal, $AgCl.2AzH^3$. — On obtient ce composé cristallisé en longs prismes lamellaires blancs en chauffant le composé amorphe avec de l'ammoniaque concentrée, sous pression, à 100°. Ces cristaux perdent de l'ammoniaque à l'air et noircissent à la lumière; l'eau les décompose en les rendant opaques [Terreil, *Bull. Soc. Chim.*, (2), 41, 597].

1 gramme de chlorure d'argent se dissout dans 17 centimètres cubes d'ammoniaque ($d = 0,958$); la présence du bromure d'argent paraît diminuer cette solubilité (Alf. Senier).

Bromure d'argent. — Des diverses modifications signalées par M. Stas (Suppl., 1, 199), la modification grenue, obtenue avec des solutions très étendues et bouillantes ou par la transformation des autres modifications, se distingue par son extrême sensibilité à la lumière. Au point de vue photographique, M. Monkhoven n'admet que deux modifications : la *blanche*, obtenue par précipitation à froid en présence de la gélatine ou du collodion; la *verte*, obtenue à chaud ou par digestion de la blanche avec de l'ammoniaque. M. Abney en admet une troisième, produite dans certaines circonstances dans le collodion et se distinguant par sa sensibilité pour le rouge.

M. Henri Vogel distingue deux variétés, l'une sensible pour le bleu, l'autre pour l'indigo. La première (*aqueuse*) est obtenue à l'aide du bromure de potassium en présence de gélatine; la seconde, en présence du collodion, c'est-à-dire dans une solution *éthéro-alcoolique* (alcool absolu). Voici quelques caractères distinctifs de ces deux modifications.

La modification *aqueuse* est plus difficilement réduite par une solution ammoniacale de pyrogallol ou par l'oxalate ferreux.

Les sensibilisateurs optiques ou chimiques influent beaucoup plus sur la modification *alcoolique*. Les différents agents révélateurs agissent d'une manière inégale sur les deux modifications [*D. chem. G.*, 18, 861. — Voir aussi Eder, *ibid.*, 1265].

Beaucoup de matières colorantes exercent une action sensibilisatrice sur le bromure d'argent; l'accroissement de sensibilité porte sur les rayons colorés pour lesquels la matière colorante possède un pouvoir absorbant. Les radiations absorbées par le bromure d'argent coloré ont la même longueur d'onde que celles pour lesquelles la sensibilité photographique est augmentée. Mais il est aussi des substances incolores qui augmentent la sensibilité du bromure d'argent, surtout pour la lumière blanche; telle est, par exemple, une solution alcoolique légèrement acide d'azotate d'argent, qui l'exalte de deux à trois fois. La gélatine doit évidemment être rangée parmi ces substances accélératrices, puisque des plaques photographiques préparées au *gélatino-bromure d'argent* permettent d'obtenir des reproductions instantanées; ce n'est guère que pour les rayons rouges que ces dernières ne manifestent aucune sensibilité.

Quant à l'adjonction de matières colorantes, elles permettent de rendre une plaque sensible surtout pour certaines radiations. Ainsi, avec le bleu de naphtol, la sensibilité du gélatino-bromure s'étend aux rayons les moins réfrangibles, de telle sorte qu'elle s'étend sans interruption depuis le rouge extrême jusqu'à l'ultra-violet [Eder, *Mon. f. Chem.*, 6, 1 et 927].

Le bromure d'argent se dissout dans 250 parties d'ammoniaque ($d = 0,958$); il ne se dissout pas dans une solution ammoniacale de chlorure d'argent. Ce dernier sel se dissout au contraire dans une solution ammoniacale de bromure, mais une partie de celui-ci est déplacée [Alf. Senier, *Pharm. Journ.*, 14, 1].

Ayant cherché à faire cristalliser le bromure d'argent ammoniacal dans l'ammoniaque sous pression, M. Terreil observa que le produit entra en fusion, puis fit violemment explosion [*Bull. Soc. Chim.*, (2), 41, 598].

Iodure d'argent. — L'argent se recouvre, au contact de l'air et d'une solution d'acide iodhydrique, de cristaux d'iodure d'argent et finit par se convertir entièrement en iodure. Une solution d'iodure de potassium se comporte de même : si elle est concentrée, l'iodure d'argent formé se dissout pour être ensuite précipité par l'addition d'eau. L'argent se dissout aussi dans l'iodure de potassium en fusion [A. Ditte, *C. R.*, 93, 1415].

M. A. Ditte a obtenu l'*iodure double*,

$$2AgI.6KI,H^2O,$$

en cristaux brillants décomposables par l'eau.

L'iodure de potassium, versé dans une solution d'azotate d'argent, en précipite de l'iodure, en produisant presque instantanément le phénomène thermique total; mais si l'on opère en sens inverse, on observe des dégagements de chaleur successifs. Après 2 minutes, la chaleur dégagée par la formation de l'iodure d'argent est de $26^{cal},9$, au lieu de $33^{cal},5$ observées dans le premier cas; la différence $6^{cal},6$ se manifeste lentement et tient au passage d'un état allotropique initial à un autre état final.

Lorsqu'on sépare par l'eau l'iodure d'argent de sa combinaison avec l'iodure de potassium, on ne l'obtient pas non plus immédiatement dans son état stable; l'écart est alors de $1^{cal},6$ au moins [Berthelot, *Bull. Soc. Chim.*, (2). **39**, 17].

Le chlorure et le bromure d'argent ont donné lieu à des observations du même ordre [*loc. cit.*]. Dans un autre mémoire [*loc. cit.*, 21], M. Berthelot fait connaître le résultat de ses expériences thermiques sur les doubles décompositions des sels haloïdes d'argent.

L'iodure d'argent possède un maximum de densité à 142°. Si on laisse refroidir lentement de l'iodure d'argent fondu, il éprouve une dilatation subite à 142° et le thermomètre se relève momentanément à 145°,5. Voici, en prenant pour unité le volume occupé à 142°, quel est le volume occupé par l'iodure d'argent à diverses températures [Rodwell, *Proceed. R. Soc.*, **31**, 291] :

Tempér.	Volume.
— 60°	1,017394
70°	1,017009
142°	1,015750 (après dilatation subite).
	1,000000 (maximum de densité).
200°	1,001649
300°	1,004493
400°	1,007337
527° solide	1,010929
527° liquide	1,044990

L'iodure d'argent en cristaux hexagonaux, fortement biréfringents, d'un jaune pâle, se transforme subitement à 146° en une modification jaune foncé appartenant au système cubique. Ce changement de couleur a déjà été signalé par M. Wernicke [*Pogg. Ann.*, **142**, 560]. De même, le fait de la cristallisation dans le système cubique de l'iodure d'argent par fusion avait été indiqué par M. Lehmann. Le passage de la forme hexagonale à la forme cubique a déjà lieu à la température de 20° sous une pression de 3000 atmosphères. Il se fait avec une absorption de $1^{cal},6$ et une contraction qui est de 0,11 pour 1 à 146° et de 0,16 à 20° [Mallard et Le Chatelier, *Journ. Phys.*, **4**, 305].

Iodure d'argent ammoniacal. — Le produit obtenu en faisant digérer l'iodure d'argent avec de l'ammoniaque (d = 0,96) renferme $AgI.AzH^3$ [Longi, *Gazz. chim. ital.*, **13**, 86].

L'iodure d'argent saturé de gaz ammoniac ne se dissout qu'en petite quantité dans l'ammoniaque caustique à 100° sous pression; par le refroidissement, on obtient des paillettes incolores, prenant rapidement une teinte violacée, qu'elles perdent de nouveau à l'air en devenant jaunes. La composition de ce produit peu stable est

$$AgI.2AzH^3$$

[Terreil, *Bull. Soc. Chim.*, (2), **41**, 598].

Oxydule d'argent et combinaisons argenteuses. — L'existence de ces composés est encore problématique; beaucoup d'auteurs continuent à les regarder comme des mélanges en proportions variables de composés argentiques et d'argent très divisé. Telle est l'opinion de MM. Newbury [*Am. Journ.*, **8**, 196], Bailey et Fowler [*Chem. Soc.*, 1887, 416], Muthmann [*D. chem. G.*, **20**, 983; *Bull. Soc. Chim.*, (2), **48**, 131], Pillitz [*Zeit. anal. Chem.*, **21**, 27 et 496], Friedheim [*D. chem. G.*, **20**, 2554, et **21**, 308]. Seul M. von der Pfordten a soutenu l'existence de l'oxyde argenteux comme composé défini; encore, dans un travail tout récent, ce chimiste lui-même abandonne-t-il son opinion première, comme on le verra plus loin [*D. chem. G.*, **18**, 1407; **20**, 1458 et 3375; **21**. 2288; *Bull. Soc. Chim.*, (2), **48**, 258; (3), **2**, 185].

Lorsqu'on agite avec de la soude la poudre noire obtenue en réduisant l'azotate d'argent par le tartrate de sodium en solutions très étendues (voyez plus loin) ou par l'acide phosphoreux, on obtient un produit amorphe, qu'on peut recueillir sur un filtre et que M. von der Pfordten regarde comme l'*oxydule d'argent*, Ag^4O. Il perd de 1 à 2,5 0/0 de son poids par dessiccation dans le vide. M. von der Pfordten l'a analysé en le traitant par une solution titrée de permanganate de potassium acidulée d'acide sulfurique. De la quantité de permanganate qui a été décolorée et de la quantité d'argent entrée en dissolution, il a conclu au rapport $Ag^4:O$.

Récemment préparé, l'oxydule d'argent est inattaquable par l'ammoniaque et par l'acide acétique. Le mercure ne lui enlève pas d'argent. L'acide chlorhydrique le transforme en argent métallique et chlorure d'argent. L'acide sulfureux et l'acide phosphoreux ne le réduisent qu'à chaud; l'eau oxygénée est sans action à froid; l'alcool le réduit lentement.

M. C. Friedheim, rappelant que, d'après les observations de M. Stas, l'argent métallique est oxydé par le permanganate de potassium acide, a établi que le procédé analytique de M. von der Pfordten pèche par la base. Récemment desséché dans un courant de gaz carbonique, puis calciné, le produit n'a donné que des traces d'oxygène. M. Friedheim en conclut qu'il constitue de l'argent métallique et non de l'oxydule.

Dans son dernier mémoire, M. von der Pfordten donne une nouvelle analyse de son produit, effectuée à l'aide du permanganate : il conclut de cette analyse que l'oxydule d'argent préparé par l'acide tartrique constitue un *hydrate d'argent* Ag^4,H^2O, renfermant 96 0/0 d'argent, et pas d'oxygène en dehors des éléments de l'eau.

Le permanganate oxyde ce produit plus facilement que l'argent ordinaire. Les lavages avec les alcalis fournissent un composé plus riche en argent. Les acides le déshydratent aussi, en donnant de l'argent spongieux. Cette déshydratation se produit également par des lavages prolongés avec l'eau ou avec les solutions salines; elle a lieu lentement à 100°, rapidement à 110°.

La réduction de l'azotate d'argent ammoniacal par l'acide phosphoreux donne deux produits noirs; l'un est insoluble dans l'ammoniaque, l'autre s'y dissout en donnant une liqueur rouge: ce dernier renferme 79 0/0 d'argent et 16 0/0 d'anhydride phosphorique; il détone par la chaleur; sa solution ammoniacale donne par la potasse un précipité d'*hydrate d'argent*.

L'hydrate d'argent ne s'amalgame pas directement.

Ces dernières observations de M. von der Pfordten doivent être rapprochées de celles de M. Carey Lea citées plus haut et relatives aux modifications allotropiques de l'argent.

Parmi les procédés qui sont censés fournir de l'oxydule d'argent, on cite l'action d'une solution alcaline de trichlorure d'antimoine sur l'azotate d'argent :

$$4AzO^3Ag + SbO^2K + 4KOH$$
$$= SbO^3K + Ag^4O + 4AzO^3K + 2H^2O.$$

Reprenant cette réaction, M. Pillitz a observé que le précipité renferme de l'antimoine libre, de l'argent métallique et de l'oxyde d'argent résultant de l'excès d'alcali et de chlorure d'argent; il représente la réaction principale par l'équation

$$4AzO^3Ag + 6SbO^2K + 2KOH$$
$$= Ag^2 + Ag^2O + Sb^2 + 4SbO^3K + 4AzO^3K + H^2O.$$

De même le précipité produit par le stannite de

sodium renferme de l'argent métallique et non de l'oxydule (Pillitz).

Pour préparer les combinaisons argenteuses, M. von der Pfordten ajoute 2 grammes d'azotate d'argent à 2gr,5 de tartrate de sodium dissous dans 1 litre et demi d'eau; puis il agite le mélange avec 2 centimètres cubes de soude caustique (à 40 grammes par litre). Après 5 heures de repos, il sépare le dépôt par décantation et agite le liquide avec une nouvelle quantité de soude. Après plusieurs opérations semblables, les dépôts successifs, que M. von der Pfordten regarde comme formés par les sels argenteux de divers acides organiques, sont délayés dans l'eau. A cet état, ils traversent les filtres ou les obstruent, mais on peut les laver avec une solution de sulfate sodique qui fait cesser cet état colloïdal. Conservé quelque temps en présence de son eau mère, ce dépôt est complètement réduit à l'état métallique L'ammoniaque le décompose.

Les combinaisons argenteuses en dissolution sont rouges, comme le citrate argenteux de Wœhler. On obtient de semblables solutions en réduisant le sulfate ou l'azotate d'argent en solutions concentrées, légèrement acides ou ammoniacales, par l'acide phosphoreux. La coloration apparaît lentement à froid, plus vite au bain-marie; quand elle est très intense, la solution laisse déposer une poudre noire, argent ou oxydule d'argent. On observe la même coloration par l'addition de cristaux de bisulfite de sodium à une solution acide d'azotate d'argent (von der Pfordten).

Une solution ammoniacale d'argent se colore encore en jaune-rougeâtre foncé lorsqu'on l'additionne de peptone; cette solution se décolore peu à peu, sans produire de dépôt, lorsqu'on y fait passer un courant d'air ozonisé [Drechsel, *D. chem. G.*, **20**, 1455].

Le citrate argenteux de Wœhler, obtenu par l'action de l'hydrogène sur le citrate d'argent chauffé à 100°, est une masse soluble dans l'eau avec une couleur rouge. L'alcool et l'éther lui enlèvent un acide organique, sans doute de l'acide itaconique (il se dégage de l'acide carbonique pendant la réaction) et le résidu renferme de l'argent métallique, d'après MM. Bailey et Fowler.

L'ammoniaque dissout le soi-disant citrate argenteux en donnant un liquide rouge foncé, un peu fluorescent. L'addition d'un acide ou d'un sel neutre à la solution en précipite de l'argent métallique. Quelquefois la solution est verte, au lieu d'être rouge; ce fait dépend de la concentration. Ces solutions sont décolorées avec dépôt d'argent lorsqu'on les agite avec du noir animal.

Lorsque à la solution du citrate argenteux on ajoute de la gomme, puis de l'alcool, tout l'argent est précipité avec la gomme, et si l'on reprend celle-ci par l'eau, on obtient de nouveau un liquide rouge, limpide en apparence.

Enfin, si l'on fait congeler la solution rouge, l'eau de fusion de la glace n'est plus rouge ni limpide, mais noire et opaque; c'est une sorte d'émulsion d'argent très divisé, qui ne se dépose que fort lentement (Muthmann).

M. Rautenberg, en faisant passer un courant d'hydrogène à travers une solution ammoniacale de molybdate d'argent, à 90°, avait obtenu par le refroidissement des octaèdres noirs très brillants qu'il avait envisagés comme un *molybdate argenteux*, $Mo^2O^7Ag^4$, soit $2MoO^3.Ag^4O$. Ces cristaux sont solubles dans l'ammoniaque avec mise en liberté d'argent. L'examen microscopique de ces cristaux, qui ont la forme du molybdate MoO^4Ag^2 décrit par Debray, a montré que leur couleur noire est due à de l'argent libre; il n'y a donc pas là production d'un composé argenteux (Muthmann).

Peroxyde d'argent. — M. Berthelot a fait voir que, dans la décomposition du peroxyde d'hydrogène par l'oxyde d'argent, il n'y a pas simplement réduction de celui-ci, mais dédoublement en peroxyde Ag^4O^3 et argent métallique:

$$3Ag^2O = Ag^4O^3 + Ag^2.$$

Ce peroxyde, qui est sans doute le même que celui qui se forme avec dégagement de 10cal,5 par l'action de l'ozone humide sur l'argent, est en flocons noirs s'émulsionnant à froid avec les acides étendus et s'y dissolvant à chaud avec dégagement d'oxygène. Il se décompose par la dessiccation à froid.

Le produit immédiat renferme sans doute $Ag^4O^3.3H^2O^2$, comme celui qui se forme par l'action à 0° d'un alcali sur un mélange de peroxyde d'hydrogène et d'azotate d'argent. Obtenu ainsi, il fait effervescence au bout d'un certain temps; mais il se régénère s'il est en présence d'un excès de peroxyde d'hydrogène [*C. R.*, **90**, 570].

D'après M. Malvern Iles, on obtient un peroxyde rouge Ag^2O^2 en chauffant un mélange de silice et d'azotate d'argent [*Eng. and Min. Journ.*, 1884, 297].

Lorsqu'on électrolyse une solution d'azotate d'argent à 10 0/0, les liquides des deux pôles étant séparés par un vase poreux, on obtient des aiguilles brillantes, noires, striées, déjà observées par Ritter en 1804 et regardées comme un bioxyde d'argent. Ces cristaux ont pour composition $4Ag^2O^3.2AzO^3Ag,H^2O$ et constituent peut-être le sel d'argent d'un acide argento-azotique, analogue aux acides phosphomolybdiques,

$$[(2Ag^2O^3)(AzO^3)Ag]^2, H^2O.$$

Ce sel se décompose lentement à froid avec dégagement d'oxygène; la décomposition est explosive un peu au delà de 100° [Berthelot, *Bull. Soc. Chim.*, (2), **34**, 138].

Sulfure d'argent. — M. von der Pfordten [*loc. cit.*] décrit un sulfure argenteux Ag^4S, obtenu comme l'oxyde (page 361) en remplaçant la soude par le sulfure de sodium. C'est une poudre noire, se desséchant sans décomposition dans le vide. Le sulfure de carbone et le mercure ne lui enlèvent ni soufre ni argent. Insoluble dans l'ammoniaque, dans les alcalis et dans les acides étendus, il se dissout à froid dans l'acide chlorhydrique concentré; l'addition d'eau à la solution y produit un précipité noir; si la solution a été faite à chaud, l'eau en précipite du chlorure d'argent. Ce composé est soluble dans le cyanure de potassium; l'acide sulfurique étendu produit dans la solution un précipité blanc. L'eau froide le dédouble lentement en sulfure Ag^2S et argent métallique. Cette décomposition est rapide à chaud. Le sulfure de potassium lui enlève du soufre.

Argent fulminant. — Pour préparer ce composé décrit par Berthollet, la meilleure méthode, d'après M. Raschig, consiste à dissoudre l'oxyde d'argent bien lavé dans de l'ammoniaque concentrée et à abandonner la solution dans des vases plats, à l'obscurité. Il se produit après 16 ou 20 heures sous la forme d'un dépôt cristallin noirâtre. Ce composé se dissout dans l'acide sulfurique étendu, qui laisse insoluble l'argent métallique dont il pourrait être souillé; l'azote du produit se transforme en ammoniaque. Le dosage de cette ammoniaque et de l'argent dissous a conduit M. Raschig à la formule $AzHAg^2$ ou $AzAg^3$; le produit est cependant mélangé d'oxyde d'argent.

On peut obtenir l'azoture $AzAg^3$ en chauffant au bain-marie la solution ammoniacale d'oxyde d'argent; si l'on chauffe trop longtemps, le produit se décompose avec explosion. L'ammoniaque ne le dissout que lentement. Le cyanure de potassium le dissout en le décomposant, suivant l'équation

$$AzAg^3 + 3\,CAzK + 3\,H^2O$$
$$= AzH^3 + 3\,KOH + 3\,CAzAg$$

[*Ann. Chem.*, **233**, 93].

Phosphure d'argent. — M. Emmerling a obtenu le phosphure PAg par l'action du phosphore en vapeur sur une lame d'argent chauffée dans un tube purgé d'air. Une forte chaleur le dédouble en phosphore et argent [*D. chem. G.*, **12**, 153].

On a vu que l'argent roche après avoir été fondu dans la vapeur de phosphore.

SELS D'ARGENT.

Hypoazotite d'argent. — Voyez Azote.

Azotite d'argent. — L'azotite d'argent cristallise, par le refroidissement de sa solution, en aiguilles orthorhombiques jaunâtres. Rapport des axes = 0,5706 : 1 : 0,8283. Faces dominantes : *m*, c^1 (A. Fock).

Ce sel se dissout dans l'ammoniaque, molécule pour molécule, et la solution laisse déposer des cristaux brillants du *sel monoammoniacal*, $AzO^2Ag.AzH^3$, peu soluble dans l'eau, encore moins soluble dans l'alcool. Il fond à 70° en perdant un peu d'ammoniaque et se concrète par le refroidissement en une masse cristalline.

Traité par l'iodure d'éthyle, il fournit de l'azotite d'éthyle mélangé de nitréthane :

$$AzO^2Ag + C^2H^5I = AgI + AzO^2(C^2H^5).$$

En agitant le sel monoammoniacal avec de l'ammoniaque alcoolique, puis en ajoutant de l'éther, on précipite le *sel diammoniacal*, déliquescent, $AzO^2Ag.2AzH^3$.

Le composé monoammoniacal absorbe le gaz ammoniac et la température s'élève assez pour en déterminer la fusion; on obtient ainsi le *composé triammoniacal*, $AzO^2Ag.3AzH^3$, qui est une masse déliquescente, perdant de l'ammoniaque à l'air [Reychler, *D. chem. G.*, **16**, 2425; *Bull. Soc. Chim.*, (2), **42**, 451 et **44**, 262].

L'azotite ammoniacal, $AzO^2Ag.AzH^3$, cristallise par évaporation en prismes jaunes qui s'effleurissent avec perte d'ammoniaque, et qui appartiennent au type quadratique. Faces *m*, $b^{1/2}$, rarement *p* et h^1, avec hémiédrie [A. Fock, *Zeit. Kryst.*, **17**, 177].

Azotate d'argent. — Suivant MM. Poleck et Thümmel, l'hydrogène pur réduit l'azotate d'argent en solution concentrée, imprégnant une feuille de papier. Dans ce cas, il y a production d'ammoniaque [*D. chem. G.*, **16**, 2447].

Lorsqu'on fait bouillir une solution d'azotate d'argent avec du soufre, il se forme du sulfure d'argent et de l'acide azotique, d'après l'équation

$$6\,AzO^3Ag + 4\,S + 4\,H^2O$$
$$= 3\,Ag^2S + 6\,AzO^3H + SO^4H^2.$$

Cette réaction est conforme aux données thermiques, car celles-ci indiquent qu'elle doit dégager 48 calories. Le soufre agit au reste d'une manière analogue sur les autres sels d'argent [Filhol et Senderens, *C. R.*, **93**, 152].

Le sélénium agit plus facilement que le soufre :

$$4\,AzO^3Ag + 3\,Se + 2\,H^2O$$
$$= 2\,Ag^2Se + SeO^2 + 4\,AzO^3H.$$

Sous pression, la réaction fournit du sélénite d'argent :

$$6\,AzO^3Ag + 3\,Se + 3\,H^2O$$
$$= 2\,Ag^2Se + SeO^3Ag^2 + 6\,AzO^3H.$$

Le tellure agit d'une manière analogue [Senderens, *C. R.*, **104**, 175].

M. Senderens a aussi étudié la décomposition de l'azotate d'argent par quelques métaux [*C. R.*, **104**, 504]. Le plomb déplace en quelques jours tout l'argent d'une solution à 20 grammes d'azotate par litre; il se forme en même temps du sous-azotate de plomb.

Le zinc, le fer, le cadmium, l'étain, l'antimoine, l'aluminium déplacent également l'argent; ce déplacement est lié à la réduction de l'acide azotique : ainsi, avec le zinc, il y a dégagement d'azote et de protoxyde d'azote.

L'action de l'antimoine, d'après MM. Poleck et Thümmel, a lieu suivant l'équation

$$2\,AzO^3Ag + Sb^2 = Ag^2 + Sb^2O^3 + Az^2O^3.$$

On verra plus bas quelle est l'action de l'arsenic, d'après les mêmes auteurs.

Action de l'hydrogène sulfuré. — Ce gaz produit dans une solution concentrée d'azotate d'argent un précipité verdâtre que l'eau décompose en sulfure et azotate d'argent; mais on peut le laver avec de l'acide azotique dilué. Séché à 180°, c'est une poudre amorphe d'un vert foncé, ayant pour composition

$$AzO^3Ag\ \ Ag^2S\ \left(\text{ou } o\text{-}thioazotate\ \ AzO \begin{cases} SAg \\ OAg \\ OAg \end{cases}\right)$$

Par une calcination ménagée, il se décompose d'après l'équation

$$4\,AzO^3SAg^3 = 4\,AzO^2 + 4\,Ag + 3\,Ag^2S + SO^4Ag^2.$$

La même combinaison se produit par l'action de l'acide azotique sur le sulfure d'argent, ainsi que par l'action du soufre sur une solution concentrée et chaude d'azotate d'argent [Poleck et Thümmel, *D. chem. G.*, **16**, 2435].

Action de l'hydrogène arsénié. — L'hydrogène arsénié produit une tache jaune sur une feuille de papier où l'on a déposé une goutte d'azotate d'argent en solution concentrée (au moins 1 partie AzO^3Ag poer 2 parties d'eau). Cette tache noircit immédiatemnt par l'eau.

Si l'on fait passer de l'hydrogène arsénié (action du zinc sur une solution chlorhydrique d'acide arsénieux) à travers une solution concentrée d'azotate d'argent, celle-ci se colore en jaune, et la coloration disparaît après quelques jours ou par l'addition d'eau; soumise à l'ébullition, la solution jaune produit un dépôt métallique. Un excès d'hydrogène arsénié y donne un précipité noir.

On obtient la même solution jaune en ajoutant une petite quantité d'arsenic en poudre à une solution concentrée et chaude d'azotate d'argent. Avec une plus grande quantité d'arsenic, il se produit une réaction assez vive, qui donne naissance à du bioxyde d'azote, de l'argent métallique et de l'acide arsénieux.

La combinaison jaune produite dans les circonstances ci-dessus n'a pas pu être isolée à l'état de pureté. Elle se dépose, en même temps que l'azotate d'argent en excès, par un fort refroidissement et paraît renfermer

$$3\,AzO^3Ag\,.\,AsAg^3;$$

elle prendrait naissance d'après les équations

$$6\,AzO^3Ag + AsH^3$$
$$= (AzO^3Ag)^3AsAg^3 + 3\,AzO^3H,$$

ou

$$6\,AzO^3Ag + As^2 + 3\,H^2O$$
$$= (AzO^3Ag)^3AsAg^3 + 3\,AzO^3H + AsO^3H^3$$

(Poleck et Thümmel).

Action de l'hydrogène phosphore. — Chaque bulle de ce gaz s'enflamme, quand il est pur, au contact d'une solution concentrée d'azotate d'argent. Mais s'il est dilué dans de l'anhydride carbonique, il produit successivement des colorations jaune, verte, puis noire dans la solution concentrée, refroidie à 0°. Si l'on arrête la réaction quand on a atteint la coloration verte et si l'on étend d'eau, il se précipite de l'argent et du phosphure d'argent, et la solution contient les acides azotique, phosphoreux et phosphorique. La coloration verte est produite sans doute par une combinaison analogue à celle que fournit l'hydrogène arsénié.

L'*hydrogène antimonié* produit des réactions semblables (Poleck et Thümmel).

Azotate d'argent ammoniacal. — On ne connaissait jusqu'à présent que les sels

$$AzO^3Ag \cdot 2AzH^3 \quad \text{et} \quad AzO^3Ag \cdot 3AzH^3,$$

décrits par Rose et par Mitscherlich. M. Reychler a fait connaître récemment le sel monoammoniacal $AzO^3Ag \cdot AzH^3$, obtenu par l'addition de 1 molécule d'ammoniaque à 1 molécule d'azotate d'argent en dissolution. La liqueur, filtrée du faible précipité produit, peut être concentrée sans perte d'ammoniaque; elle laisse déposer alors par le refroidissement le sel monoammoniacal en un magma de fines aiguilles incolores, décomposables par l'eau, solubles dans l'alcool, d'où l'éther le sépare de nouveau.

Soumise à la dialyse, la solution concentrée de ce sel fournit sur la paroi extérieure de la membrane des aiguilles blanches d'hydrate d'argent-ammonium $AzH^3Ag(OH)$ ou $Ag^2O \cdot 2AzH^4O$.

L'action de l'iodure d'éthyle sur l'azotate monoammoniacal tend à montrer que ce sel ne constitue pas un sel d'argent-ammonium; ce dernier en effet devrait fournir de l'azotate d'éthylamine; or la réaction donne de l'azotate d'éthyle, d'après l'équation

$$2(AzO^3Ag \cdot AzH^3) + C^2H^5I$$
$$= AgI + AzO^2 \cdot OC^2H^5 + AzO^3Ag \cdot 2AzH^3.$$

Le sel diammoniacal produit peut être séparé de l'iodure d'argent par l'alcool bouillant, qui le dissout et qui l'abandonne par le refroidissement en longues aiguilles brillantes. L'iodure d'éthyle est sans action à froid sur le sel diammoniacal; il l'attaque à chaud avec dégagement d'ammoniaque et production d'éthylamine par suite d'une réaction secondaire.

L'aldéhyde donne dans la solution du sel monoammoniacal un précipité cristallin blanc, renfermant de 41 à 42 0/0 d'argent et de 12 à 13 0/0 d'ammoniaque. Ce composé est soluble dans l'eau et dans l'alcool, insoluble dans l'éther.

L'azotate diammoniacal donne de même avec l'aldéhyde une combinaison déjà signalée par Liebig et que MM. Liebermann et Goldschmidt ont décrite sous le nom d'*azotate d'argent-diéthylénimide*. M. Reychler a repris l'étude de ce composé, qu'on peut représenter à l'état anhydre par la formule

$$Az\begin{cases} -O- \\ -AzH \end{cases}\!\!>CH \cdot CH^3 \\ \begin{cases} -O- \\ -AzH \end{cases}\!\!>CH \cdot CH^3 \\ -OAg \end{cases}$$

On l'obtient en petits cristaux grenus en mélangeant 250 centimètres cubes d'alcool faible et 20 centimètres cubes d'aldéhyde avec un grand excès d'ammoniaque (6 ou 8 molécules) et 1 molécule d'azotate d'argent (soit 33 centimètres cubes de ce sel à 100 grammes par litre) [Reychler, *D. chem. G.*, **16**, 990 et 2420; *Bull. Soc. Chim.*, (2), **40**, 427 et **42**, 451].

Azotates d'argent doubles. — Lorsqu'on fait cristalliser à la température ordinaire une solution d'azotate d'argent contenant du salpêtre en excès, on obtient d'abord des cristaux de ce dernier sel, puis des cristaux tabulaires appartenant au même type, décomposables par l'eau et renfermant $AzO^3Ag \cdot AzO^3K$.

L'azotate d'argent forme une combinaison du même ordre avec l'azotate de rubidium.

Les combinaisons qu'il donne avec 2 ou avec 4 molécules d'azotate de sodium appartiennent toutes deux au type rhomboédrique, ainsi que l'a déjà annoncé H. Rose.

La combinaison avec l'azotate de lithium est analogue à celle-ci.

Avec l'azotate d'ammonium on obtient de grandes tables orthorhombiques [Ditte, *Ann. Chim. Phys.*, (6), **8**, 418].

Sulfate d'argent. — Le soufre décompose le sulfate d'argent en solution étendue et bouillante, d'après l'équation

$$3SO^4Ag^2 + 4S + 4H^2O = 3Ag^2S + 4SO^4H^2$$

(Filhol et Senderens).

D'après MM. Poleck et Thümmel [*loc. cit.*], la réaction est toute différente si l'on emploie une solution concentrée de sulfate d'argent (40 grammes d'azotate d'argent pour 30 centimètres cubes d'eau et 5 parties de soufre) : on obtient dans ce cas le *sulfate sulfuré* $SO^4Ag^2 \cdot Ag^2S$, que l'eau dédouble en sulfate et sulfure d'argent.

Sulfates acides. — Aux sels acides décrits par M. Schultz (Suppl., **1**, 201) il faut ajouter l'*anhydrosulfate* $S^2O^7Ag^2$, que M. R. Weber a obtenu sous la forme d'une masse cristalline, en chauffant en tubes scellés le sulfate neutre avec de l'anhydride sulfurique [*D. chem. G.*, **17**, 2503].

Phosphate d'argent. — M. O. Widman a préparé le *phosphate ammoniacal*, $PO^4Ag^3 \cdot 4AzH^3$, en évaporant dans un dessiccateur contenant de la chaux et du sel ammoniac une solution ammoniacale de phosphate d'argent. Ce composé est en aiguilles limpides et incolores, qui jaunissent rapidement à l'air en perdant de l'ammoniaque [*D. chem. G.*, **17**, 2284].

L'alcool donne dans la solution ammoniacale de phosphate d'argent un précipité blanc qui jaunit rapidement, même dans l'alcool.

Le phosphate d'argent sec absorbe très lentement de 3 à 4 molécules de gaz ammoniac [Reychler, *D. chem. G.*, **17**, 1840].

Carbonate d'argent. — L'oxyde d'argent exposé longtemps à l'air, sous l'eau, se transforme en partie en cristaux jaunes de carbonate CO^3Ag^2. Ces cristaux deviennent plus foncés quand on les chauffe; ils fondent au rouge sombre, puis se décomposent avec effervescence. Le carbonate d'argent obtenu par précipitation se comporte de même. On obtient encore ce sel cristallisé en dissolvant le carbonate précipité dans l'eau chargée d'acide carbonique et en abandonnant la solution à l'évaporation [G. Stillingsfleet Johnson, *Chem. News*, **54**, 75].

Carbonate argentico-potassique. — Le carbonate potassique produit dans une solution d'azotate d'argent, dans certaines circonstances, un précipité blanc, qui devient jaune par des lavages à l'eau. Ce précipité est un *carbonate double* CO^3AgK, qu'on peut obtenir en dissolvant 150 grammes de carbonate de potassium dans 150 centimètres cubes d'eau, y ajoutant 15 grammes de bicarbonate de potassium, puis peu à peu, en remuant, 1 gramme d'azotate d'argent dissous dans 25 centimètres cubes d'eau. Le précipité, d'abord jaune, se convertit en cristaux incolores, décomposables par l'eau, d'une densité de 3,769 [A. de Schulten, *C. R.*, **105**, 811].

Ed. Willm.

ARGENT (ANALYSE). — DOSAGE VOLUMÉTRIQUE. — M. Ad. Carnot a proposé une nouvelle méthode de dosage volumétrique de l'argent, basée sur l'emploi d'une solution titrée d'iodure de potassium (normale décime) en présence d'acide azotique, d'un peu d'acide azoteux et d'amidon [*C. R.*, **109**, 154].

DOSAGE ÉLECTROLYTIQUE. — Pour qu'il donne de bons résultats, il faut opérer sur la solution argentique rendue ammoniacale et très étendue, et employer un courant donnant 150 centimètres cubes de gaz tonnant à l'heure [*Zeit. anal. Chem.*, **19**, 1re livr.).

SÉPARATION DU PLOMB. — M. Donath réduit l'argent par la glycérine en présence de potasse, recueille l'argent sur un filtre, le lave avec de l'acide acétique pour redissoudre le carbonate de plomb qui pourrait l'accompagner, puis précipite le plomb dans la liqueur filtrée à l'état de sulfure [*Mon. f. Chem.*, **1**, 789].

RECHERCHE DE L'ARGENT DANS LA GALÈNE. — On fond de 20 à 25 grammes de galène avec un mélange de tartre, de carbonate de sodium et de borax desséchés; on dissout le culot métallique dans l'acide azotique pur et on précipite la solution filtrée par un excès de soude. Le précipité renferme l'argent, sans doute à l'état de plombite. On le reprend par l'ammoniaque concentrée, qui dissout ce sel et qui laisse ensuite par l'évaporation au bain-marie un mélange d'oxyde d'argent et d'hydrate de plomb. On reprend ce dépôt par l'acide azotique et on précipite de nouveau par la soude, qui donne le précipité jaune-brun caractéristique de plombite d'argent,

$$PbO^2Ag^2, 2H^2O.$$

On peut ainsi reconnaître la présence de 0,02 0/0 d'argent dans la galène [Krutwig, *D. chem. G.*, **14**, 307 et 1266].

RECHERCHE DANS LES PYRITES. — On fait digérer les *cendres* de pyrite avec du brome et de l'eau; on élimine le brome en excès par l'ammoniaque, puis on fait bouillir le résidu avec une solution de sel ammoniac. On précipite le cuivre, avec l'argent, par le zinc; on redissout ces métaux dans l'acide azotique et on précipite l'argent par l'acide chlorhydrique [Thilo, *Chem. Zeit.*, **54**, 882 et **70**, 1066].

Ed. Willm.

ARGILE. — Voyez KAOLIN.

ARGININE. — Cette base a été extraite par MM. Schulze et Steiger des semences de *Lupinus luteus*. Les cotylédons de semences ayant végété dans l'obscurité pendant deux ou trois semaines sont desséchés, pulvérisés et épuisés par de l'eau bouillante. On passe à travers un linge et on précipite le liquide par du tannin, puis, sans filtrer, par de l'acétate ou du sous-acétate de plomb. Le liquide filtré, débarrassé de plomb par l'acide sulfurique, est précipité par l'acide phosphomolybdique. Le précipité, qui contient l'arginine, est soigneusement égoutté, puis trituré avec un lait de chaux additionné d'un peu d'eau de baryte, qui doit fixer l'excès d'acide sulfurique que l'on a pu ajouter. On sépare par filtration le liquide du précipité baryto-calcique, on le traite jusqu'à refus par un courant d'acide carbonique et, après une nouvelle filtration, on le neutralise par l'acide azotique et on l'évapore au bain-marie jusqu'à consistance sirupeuse. Au bout d'un temps allant de 12 à 24 heures, il se fait une abondante cristallisation de nitrate d'arginine en fines aiguilles. Le chlorhydrate cristallise moins facilement. Le rendement est d'environ 3 à 4 0/0 des cotylédons secs.

Si l'on traite le chlorhydrate d'arginine en solution par de l'oxyde d'argent humide, le liquide filtré, fortement alcalin, n'abandonne par évaporation qu'un résidu mal cristallisé, absorbant avec énergie l'acide carbonique de l'air, très soluble dans l'eau, mais insoluble dans l'alcool. D'après la composition de ses sels, l'arginine contient $C^6H^{14}Az^4O^2$.

L'arginine, bouillie avec une lessive de soude, ne dégage qu'une quantité insignifiante d'ammoniaque; mais, chauffée avec de l'eau baryte, elle fournit de l'acide carbonique, de l'ammoniaque et d'autres produits non encore étudiés. L'acide chlorhydrique, l'acide iodhydrique sont sans action sur elle.

Un mélange d'azotite de sodium et d'acide sulfurique la décompose avec dégagement d'azote.

Le *nitrate d'arginine*,

$$C^6H^{14}Az^4O^2 . AzO^3H, 0,5H^2O,$$

cristallise de sa solution aqueuse en fines aiguilles, que la dessiccation transforme en une masse crayeuse. Une solution à 10 0/0 de ce sel, examinée dans l'appareil de Soleil-Ventzke, sous une épaisseur de 20 centimètres et à 19°, dévie de 5°,75 à droite.

Le *nitrate double d'arginine et de cuivre*, $(C^6H^{14}Az^4O^2)^2Cu(AzO^3)^2, 3H^2O$, est en petits prismes d'un bleu foncé, peu solubles dans l'eau froide, et appartenant au système clinorhombique : $a : b : c = 1,7725 : 1 : 1,3780$.

Le *chlorhydrate d'arginine*, $C^6H^{14}Az^4O^2 . HCl$, est en tablettes brillantes, anhydres, facilement solubles dans l'eau, mais non déliquescentes et appartenant au système clinorhombique : $a : b : c = 0,5591 : 1 : 1,1401$. Une solution du sel à 8 0/0, examinée comme le nitrate, dévie de 5°,3 à droite.

Le *sulfate d'arginine* est incristallisable, mais, traité par l'oxyde cuivrique hydraté, il fournit un sel double, $(C^6H^{14}Az^4O^2)^2CuSO^4, 5,5H^2O$, qui se présente en aiguilles bleu clair, peu solubles à froid.

L'acide picrique précipite, des solutions de l'arginine libre ou de son carbonate, du *picrate d'arginine*, en fines aiguilles d'un jaune doré.

Les sels d'arginine sont en outre précipités en blanc par l'acide phosphoantimonique, en rouge par l'iodure double de potassium et de bismuth, en blanc par le réactif de Nessler. Le tannin, l'iodure double de cadmium et de potassium, l'iodomercurate de potassium sont sans action [E. Schulze et Steiger, *Zeit. physiol. Chem.*, **11**, 43].

E. Lambling.

ARGYRODITE (Min.) (Weisbach). — Sulfogermanite d'argent, $Ag^6GeS^5 = 3Ag^2S.GeS^2$. Trouvé en très petits cristaux ou en masses compactes avec divers minerais sulfurés et argentifères à la mine Himmelsfürst, près Freiberg (Saxe). Opaque; éclat métallique gris d'acier, parfois un peu rougeâtre ou violacé; cassure conchoïdale ou plate. C'est dans l'argyrodite que M. Cl. Winkler a découvert le germanium [voyez ce mot, Suppl., 2].

Caractères. — Soluble dans l'acide nitrique. Au chalumeau, dans le tube bouché, donne un sublimé noir brillant de sulfure germaneux; difficilement fusible. Dans le tube ouvert, donne de l'anhydride sulfureux, et un faible sublimé dû à un peu de mercure. Sur le charbon, fournit un globule d'argent avec enduit jaune. Ne colore pas la flamme. Dureté, 2,5. Poussière, gris d'acier. Densité = 6,08 à 6,11.

Forme cristalline. — Prisme clinorhombique : $mm = 115°$; $e^1e^1 = 120°$; $d^{3/2}d^{3/2} = 130°$. Faces $md^{3/2}e^1a^{1/6}a^3$, rarement a^1, etc. Macle $a^{1/6}$, double ou triple. Pas de clivage.

L. Bourgeois.

ARGYROPYRITE (Min.) (Weisbach). — Sulfure d'argent et de fer, $Ag^3Fe^7S^{11}$, intermédiaire entre la sternbergite et l'argentopyrite.

Petites tables pseudohexagonales à clivage basique, d'un jaune de bronze, trouvées à la mine Himmelsfürst (Saxe). Densité = 4,206.

ARICINE (voyez Dict., 1, 384, et Suppl., 1, 201).

Préparation. — MM Moissan et Landrin [*Bull. Soc. Chim.*, (3), 4, 257] proposent de modifier de la façon suivante le procédé de préparation de l'aricine : 1 kilogramme d'écorce, réduite en poudre grossière, est additionnée de 100 grammes de chaux et de 100 grammes de lessive de soude à 40° B.; on dessèche incomplètement au bain-marie, puis on agite pendant une demi-heure avec 4 litres d'éther. On décante la solution éthérée et on la traite par un mélange de 100 grammes d'acide sulfurique à 10 0/0 et de 60 grammes d'eau distillée : après une courte agitation, il se sépare du sulfate d'aricine sous la forme d'une masse caséeuse et jaunâtre; l'éther est alors décanté et employé pour un nouveau traitement de la matière. Pour épuiser complètement l'écorce, il faut 6 traitements à l'éther.

Quant à la solution aqueuse qui a laissé déposer le sulfate d'aricine, elle renferme un alcaloïde incristallisable, que l'on peut précipiter par la soude, et dont l'étude n'a pas été achevée.

On isole l'aricine de son sulfate en dissolvant ce sel dans l'eau bouillante et en précipitant la base par l'ammoniaque; on achève la purification par cristallisation dans l'alcool bouillant.

Propriétés. — D'après MM. Moissan et Landrin [*loc. cit.*], l'aricine fond à 188-189°.

Un litre d'alcool en dissout 10 grammes à 15° et 90 grammes à l'ébullition. Un litre d'éther en dissout 90 grammes à 15°.

Son pouvoir rotatoire, en solution alcoolique, est $[\alpha]_D = -58° 18'$ à 16°; en solution alcoolo-chlorhydrique, il est $[\alpha]_D = -14° 30'$.

Ad. Fauconnier.

ARITE (Min). — Voyez Aarite.

ARMINITE (Min.) (Weisbach). — Sulfate basique de cuivre, $5 CuO . 2 SO^3, 6 H^2O$, en petites écailles vertes, avec gypse et anhydrite, sur jaspe, à Planitz, près Zwickau (Saxe). L'herrengrundite (voyez ce mot, Suppl., 2) n'est qu'une arminite calcifère.

ARRHÉNITE (Min.) (Nordenskiöld). — Silicotantalate de zirconium, fer, cérium et erbium hydraté, ressemblant à l'yttrotantalite, trouvé à Ytterby. Densité = 3,68.

ARSÉNARGENTITE (Min.) (Hannay). — Arséniure d'argent, $AsAg^3$, en aiguilles mal formées, sur de l'arsenic natif, sans doute de Freiberg.

ARSENIC. — L'arsenic se sublime à 446-447° (Ewing et Conechy). Sa densité de vapeur, prise à des températures élevées, tend à s'accorder avec le poids moléculaire As^2, comme le montrent les résultats suivants, obtenus par MM. J. Mensching et V. Meyer [*Ann. Chem.*, 240, 317] :

	Densité observée. (H = 1)	Densité théorique. p^r As^2	p^r As^4
Au rouge	149,78	74,92	149,84
Au rouge clair	133,86		
Vers 1325°	109,90		
A 1437°	94,29		

Enfin, aux températures de 1714 et 1736°, MM. H. Biltz et V. Meyer ont obtenu les nombres 78,5 et 77,54 [*D. chem. G.*, 22, 726].

L'arsenic obtenu en réduisant l'acide arsénieux par le chlorure stanneux, par électrolyse, etc., est amorphe, d'un brun velouté, inaltérable à l'air humide; il a pour densité 4,6-4,7. Chauffé dans le vide, il commence à se sublimer à 260° et se transforme à 310° en arsenic cristallisé, qui ne se sublime dans le vide qu'au delà de 360°. Cet arsenic cristallisé est isomorphe avec le phosphore rouge cristallisé; sa densité est égale à 5,7 [Engel, *C. R.*, 96, 497].

D'après M. Geuther, il existe une autre modification amorphe de l'arsenic, noire, d'une densité de 3,7 et qu'on obtient en réduisant le chlorure d'arsenic par le trichlorure de phosphore :

$$2 AsCl^3 + 3 PCl^3 = 3 PCl^5 + 2 As.$$

M. Geuther admet que ces diverses modifications, dont les densités sont sensiblement comme 4 : 5 : 6, correspondent à des complications moléculaires déterminées :

$(As^4)^2$	arsenic amorphe noir-brun;
(As^4, As^6)	arsenic amorphe noir de Hittorf ou arsenic brun d'Engel;
(As^6)	arsenic cristallisé.

[*Ann. Chem.*, 240, 221].

L'arsenic décompose l'eau à l'ébullition avec production d'hydrogène arsénié et d'acide arsénieux [Cross et Higgin, *D. chem. G.*, 16, 1198].

Hydrogène arsénié. — Dilué dans un gaz inerte et dirigé à travers une solution argentique renfermant au moins 1 partie d'azotate d'argent pour 7 parties d'eau, l'hydrogène arsénié la colore en jaune, peut-être, d'après M. R. Otto, en produisant un sel argenteux, puis précipite une partie de l'argent. La solution jaune abandonne de l'argent par le repos. Étendue d'eau, elle abandonne également de l'argent accompagné des oxydes (?) d'argent; elle renferme alors de l'arsénite d'argent [R. Otto, *Arch. Pharm.*, (3), 21, 583].

Pour l'action de l'hydrogène arsénié sur une solution concentrée d'azotate d'argent, nous renverrons à l'article Argent [Suppl., 2, 363].

L'hydrogène arsénié est décomposé par l'étincelle en hydrogène et hydrure d'arsenic solide (Ogier).

Sa chaleur de formation, d'après le même auteur, est de — 36 calories.

L'hydrogène arsénié et l'hydrogène sulfuré sont sans action l'un sur l'autre à la température ordinaire, soit à l'état sec, soit en présence de l'eau bouillie, à la lumière comme dans l'obscurité; mais l'intervention de l'oxygène, même en très petite quantité, détermine une séparation de sulfure d'arsenic.

Le mélange des deux gaz, même exempt d'oxygène, réagit à la température de 230°, qui est celle où l'hydrogène arsénié commence à se dissocier.

L'hydrogène arsénié, conservé dans une éprouvette sur de l'eau bouillie, n'abandonne pas d'arsenic; mais s'il est mélangé d'air, il donne bientôt un dépôt floconneux brun d'hydrure solide, ou, si l'eau est en excès, un dépôt noir d'arsenic [O. Brunn, *D. chem. G.*, 22, 3202].

L'iode sec décompose l'hydrogène arsénié et se recouvre d'une couche jaune d'iodure d'arsenic. Cette réaction permet de débarrasser l'hydrogène ou l'hydrogène sulfuré de traces d'hydrogène arsénié [O. Brunn, *D. chem. G.*, 21, 2546].

Arséniures. — M. Spring a préparé un certain nombre d'arséniures métalliques en comprimant sous une pression de 6500 atmosphères des mélanges d'arsenic pulvérisé et de divers métaux (zinc, cadmium, étain, plomb, cuivre, argent). Les arséniures ainsi obtenus constituent des masses métalliques homogènes, à structure lamelleuse, solubles dans l'acide sulfurique avec dégagement d'hydrogène arsénié [*D. chem. G.*, 16, 326].

Chlorure d'arsenic. — Le chlorure d'arsenic se produit par l'action de l'arsenic sur le chlorure de sulfuryle ou sur la chlorhydrine sulfurique, qui doivent être en excès pour que la chloruration de l'arsenic soit complète [Kœchlin et Heumann, *D. chem. G.*, **15**, 418 et 736].

Le chlorure d'arsenic dissout à —23° une quantité de chlore telle, que le rapport de l'arsenic au chlore atteint 1 : 4.4. A une température plus élevée, une partie du chlore se dégage et les rapports de l'arsenic au chlore deviennent As^2Cl^8 à 24° et As^2Cl^{10} à 37° [Sloan, *Chem. News*, **44**, 203].

Le chlorure d'arsenic dissout à 90° 37 0/0 d'iode, qui cristallise par le refroidissement (Sloan).

Iodures d'arsenic. — *Biiodure*, AsI^2 ou As^2I^4. — Cet iodure, qui correspond au biiodure de phosphore, se produit lorsqu'on chauffe à 150° en tubes scellés une solution sulfocarbonique de triiodure avec de l'arsenic en poudre. Le biiodure cristallise par le refroidissement, mélangé de tables de triiodure. Pour préparer le biiodure d'arsenic, MM. E. Bamberger et J. Philipp chauffent en tubes scellés, à 230°, 1 partie d'arsenic en poudre avec 2 parties d'iode. Après 7 ou 8 heures, on laisse refroidir, puis on chauffe de nouveau le tube à 150°, dans une position verticale; l'arsenic en excès vient alors occuper la partie inférieure. Quant au biiodure, il forme une masse cristalline rouge, présentant des cavités que tapissent de longues aiguilles. Il cristallise dans le chloroforme en prismes rhomboïdaux avec des pointements. Il est très oxydable à l'air, soluble dans le sulfure de carbone, l'éther, l'alcool; ces solutions sont très oxydables et renferment du triiodure d'arsenic après leur exposition à l'air.

Il est décomposé par l'eau, et encore plus facilement par les alcalis, d'après l'équation

$$3\,AsI^2 = 2\,AsI^3 + As.$$

Triiodure. — Il est soluble dans le chloroforme, le sulfure de carbone, l'alcool, l'éther, le benzène. Chauffé à l'air ou dans l'oxygène, il brûle en répandant des vapeurs d'iode et d'anhydride arsénieux. Sa solution est incolore et renferme par conséquent de l'acide iodhydrique et de l'anhydride arsénieux, qui fournissent des cristaux jaune-rouge de triiodure par l'évaporation. Aussi peut-on l'obtenir directement par voie humide à l'aide de ces deux composés, ou encore en ajoutant de l'iodure de potassium à une solution chlorhydrique d'anhydride arsénieux.

Le triiodure d'arsenic en solution éthérée absorbe le gaz ammoniac, en donnant un précipité blanc qui a pour composition $2\,AsI^3 . 9\,AzH^3$ [E. Bamberger et Philipp, *D. chem. G.*, **14**, 2643].

Pentaiodure.—On l'obtient, d'après M. Sloan, en chauffant à 150°, dans une atmosphère d'anhydride carbonique, de l'arsenic et de l'iode dans les rapports As : I^5. C'est une masse cristalline brune, d'une densité de 3,93, fusible à 70°, plus ou moins soluble dans l'eau, l'alcool, le chloroforme, le sulfure de carbone. On peut le chauffer dans une atmosphère d'azote, en tube scellé, sans qu'il perde de l'iode; il peut même dans ce cas être sublimé. Si la température atteint 200°, il se dissocie en iode et triiodure; cette dissociation est aussi provoquée lorsqu'on cherche à le faire cristalliser dans le sulfure de carbone [*Chem. News*, **46**, 194].

Iodosulfure d'arsenic. — Voyez Sulfures d'arsenic.

Fluorure d'arsenic, $AsFl^3$. — On l'obtient en distillant parties égales d'anhydride arsénieux et de fluorure de calcium avec le double de leur poids d'acide sulfurique concentré.

C'est un liquide mobile, fumant à l'air, d'une densité de 2,734 et bouillant à 63°. Il est soluble dans le benzène et donne avec le brome une combinaison cristallisée. Il attaque le verre en produisant la réaction

$$4\,AsFl^3 + 3\,SiO^2 = 2\,As^2O^3 + 3\,SiFl^4.$$

Il exerce sur la peau une action vésicante très énergique et douloureuse.

Électrolysé par 24 couples Bunsen, dans une capsule de platine servant d'électrode négative avec un fil de platine au pôle positif, il donne autour de ce dernier des bulles de gaz et le métal est fortement attaqué; il se dépose de l'arsenic au pôle négatif [Moissan, *C. R.*, **99**, 874].

Anhydride arsénieux. — M. des Cloizeaux a soumis à un nouvel examen cristallographique l'anhydride arsénieux prismatique tel qu'on l'obtient par cristallisation dans l'acide sulfurique, d'après le procédé de Deville et Debray, consistant à chauffer l'anhydride arsénieux en excès, au bain-marie, dans des tubes scellés, avec de l'acide sulfurique étendu de 3 fois son volume d'eau. D'après cet examen, l'anhydride arsénieux prismatique appartient au type clinorhombique [*C. R.*, **105**, 96].

On doit à M. Cl. Winkler des recherches sur la transformation de l'anhydride vitreux en acide porcelané, c'est-à-dire cristallisé. Cette transformation va de la périphérie au centre; elle ne s'effectue pas dans le vide, même après 2 ans.

Elle n'a pas lieu non plus dans l'air ou dans d'autres gaz desséchés par l'anhydride phosphorique; si elle a déjà commencé à se produire, elle s'arrête dans ces conditions. La dessiccation de l'air par l'acide sulfurique ou par le chlorure de calcium est insuffisante. Dans ces conditions, la transformation s'effectue lentement, et après 15 mois on a pu constater une augmentation de poids de 0,02 0/0; dans l'air libre, cette augmentation atteint 0,2 0/0 et dans l'air saturé de vapeur d'eau 0,33 0/0 dans le même temps. La densité de l'anhydride vitreux, prise dans le pétrole, est 3,6815; celle de l'anhydride porcelané, 3,6461; la solubilité va aussi en diminuant: 100 parties d'eau dissolvent à la température ordinaire 3,7 d'anhydride vitreux et seulement 1,7 après transformation.

M. Winkler explique ainsi la transformation de l'anhydride arsénieux : L'humidité de l'air se condense à la surface de l'anhydride vitreux, en dissout une faible quantité, puis l'abandonne à l'état cristallisé pour dissoudre ensuite les parties contiguës, et ainsi de proche en proche. Sous l'eau, l'anhydride vitreux reste transparent; mais si on l'examine avec soin, on trouve qu'il est transformé en petits octaèdres. La même chose a lieu, mais plus lentement, sous l'alcool ou sous l'éther [*J. prakt. Chem.*, (2), **31**, 247; *Bull. Soc. Chim.*, (2), **45**, 546].

Une solution chlorhydrique d'acide arsénieux, en contact avec une lame de platine, absorbe à 100° à l'air la moitié de l'oxygène nécessaire pour sa transformation totale en acide arsénique. Pour une solution alcaline, cette proportion atteint 80 0/0 (A. Joly).

L'anhydride arsénieux, dissous à chaud jusqu'à refus dans l'acide sulfurique à divers degrés de concentration, fournit par le refroidissement diverses combinaisons cristallisées, variant avec la concentration de l'acide : avec l'anhydride sulfurique, la combinaison offre le rapport

$$As^2O^3 . 8\,SO^3;$$

avec l'acide fumant, ce rapport est

$$As^2O^3 . 4\,SO^3;$$

avec l'acide SO^4H^2, il devient $As^2O^3 . 2\,SO^3$; enfin, avec l'acide SO^4H^2, H^2O, la combinaison obtenue renferme $As^2O^3 . SO^3$ [R. H. Adie, *Chem. Soc.*, **55**, 157].

Combinaisons de l'anhydride arsénieux avec

les sels haloïdes alcalins. — Ces combinaisons, d'abord signalées par Emmet en 1830 [*Sillim. am. Journ.*, **18**, 58], ont été étudiées par MM. H. Schiff et R. Sestini [*Ann. Chem.*, 228, 72], puis par M. Fr Rüdorff [*D. chem. G.*, **19**, 2668; **21**, 3051; *Bull. Soc. Chim.*, (2), **47**, 110; (3), **1**, 363].

Lorsqu'on ajoute de l'iodure de potassium à une solution d'arsénite de potassium à 20 0/0 ou à une solution d'anhydride arsénieux, on obtient une poudre blanche, inaltérable à 180°, perdant de l'eau à 220° et de l'anhydride arsénieux à 330°. Le précipité renferme $2As^2O^3 . KI$, avec une quantité d'eau variant de 0 à $0,5 H^2O$. Avec le bromure de potassium, on obtient de même un précipité $2As^2O^3 . KBr$ (H. Schiff et Sestini).

Si l'on mélange des solutions d'arsénite de potassium pur à 20 0/0 et d'iodure de potassium à 5 0/0, on n'obtient pas de précipité; celui-ci n'apparaît que lorsqu'on fait passer un courant de gaz carbonique dans la liqueur. C'est une matière grenue amorphe, très peu soluble dans l'eau, soluble dans les alcalis caustiques, mais non dans les alcalis carbonatés. Le précipité a la composition indiquée par MM. Schiff et Sestini. Si on le fait bouillir avec son eau mère, il se dissout et cristallise par un refroidissement lent en prismes hexagonaux microscopiques, formant sur les parois du vase un dépôt dur et adhérent. Ces cristaux sont anhydres, inaltérables à 220° et renferment également $2As^2O^3 . KI$ (Rüdorff).

On obtient d'une manière analogue la combinaison peu soluble $2As^2O^3 . KBr$, en petits prismes courts à 6 ou à 12 pans. La combinaison chloropotassique $2As^2O^3 . KCl$ est plus soluble et ressemble aux autres. M. Rüdorff a également obtenu, en variant les conditions, un autre sel chloropotassique, $As^2O^3 . KCl$, sous la forme d'un précipité cristallin, composé de lamelles hexagonales, solubles à chaud dans leur eau mère, mais décomposables par l'eau pure.

En remplaçant les sels de potassium par ceux d'ammonium, M. Rüdorff a préparé les combinaisons cristallines peu solubles

$$2As^2O^3 . AzH^4I; \quad 2As^2O^3 . AzH^4Br$$

et $$As^2O^3 . AzH^4Cl.$$

Les combinaisons

$$2As^2O^3 . NaBr \quad \text{et} \quad 2As^2O^3 . NaI,$$

qui renferment environ 2 0/0 de bromure ou d'iodure de sodium interposé, s'obtiennent comme les précédentes; elles se déposent en tables hexagonales microscopiques, formant des croûtes molles et peu adhérentes. Elles sont décomposées par l'eau, qui en sépare l'anhydride arsénieux; celui-ci se dissout si l'on chauffe et cristallise seul par le refroidissement (Rüdorff).

L'anhydride arsénieux, chauffé avec de l'hydrate de baryte, fournit un anneau d'arsenic et un résidu d'arséniate de baryum [Brame, *C. R.*, **92**, 188].

L'anhydride arsénieux se dissout dans le chlorure d'acétyle en donnant du chlorure d'arsenic et un composé qui paraît être $(C^2H^3O^2)^3As$; néanmoins ce dernier n'a pu être isolé, car si l'on cherche à séparer par distillation la totalité du chlorure d'arsenic, il se produit une décomposition violente, avec dépôt d'arsenic.

Les résultats ont été plus nets avec le chlorure de benzoyle, qui donne une masse cristalline blanche, fusible à 75° et dédoublable par l'eau en acide benzoïque et anhydride arsénieux. La combinaison sulfurée correspondante,

$$(C^6H^5 . COS)^3As,$$

décrite par M. Rayman, est plus stable [O. Pohl, *D. chem. G.*, **22**, 973].

Acide arsénique. — Em. Kopp a recommandé de préparer l'acide arsénique en traitant l'anhydride arsénieux par l'acide azotique d'une densité de 1,35. En employant l'acide du commerce (d = 1,44), soit $2AzO^3H, 3H^2O$, on obtient en effet, comme l'a fait voir M. A. Joly, des combinaisons, cristallisées en aiguilles, des acides arsénique et arsénieux $2As^2O^5 . 3As^2O^3, H^2O$ ou $As^2O^5 . As^2O^3, H^2O$. Ces combinaisons sont dédoublées par l'eau [*C. R.*, **100**, 1221].

Déposé d'une solution sirupeuse, l'acide arsénique a pour composition $2AsO^4H^3, 3H^2O$ ou $As^2O^5, 4H^2O$. Ces cristaux fondent et se concrètent à 35,5-36°. Leur chaleur de fusion est de $-7^{cal},4$ et leur chaleur de dissolution (dans 200 H^2O) de -28 calories. Dans le vide, ces cristaux se convertissent en une masse pulvérulente qui renferme $3As^2O^5, 2H^2O$ ou $4AsO^3H . As^2O^5$ et qui se dissout dans l'eau (300 H^2O) en dégageant $+2^{cal},76$. L'hydrate $As^2O^5, 4H^2O$ se décompose peu à peu, lorsqu'on l'amène en surfusion dans un tube scellé, en produisant l'acide AsO^4H^3 [A. Joly, *C. R.*, **101**, 1262].

Arséniates alcalins. — La neutralisation de l'acide arsénique par la soude, relativement au tournesol, conduit au sel $(AsO^4)^2Na^3H^3$, qui cristallise avec 3 molécules d'eau en cristaux clinorhombiques. Chauffé, ce sel se déshydrate, puis fond pour se concréter par le refroidissement en une masse vitreuse qui devient peu à peu opaque [Filhol et Senderens, *C. R.*, **95**, 343].

Les sels de potassium et d'ammonium correspondants n'ont pas été obtenus, mais MM. Filhol et Senderens ont pu préparer les sels mixtes

$$(AsO^4)^4H^6Na^3K^3, 9H^2O$$

en petits octaèdres clinorhombiques, et

$$(AsO^4)^4H^6Na^3(AzH^4)^3, 6H^2O.$$

Lorsqu'on concentre la solution de ces sels, on obtient des cristaux de sels acides et l'eau mère devient alcaline.

L'arséniate de sodium acide, déposé d'une solution de 1,7 de densité, se présente en octaèdres efflorescents dérivés d'un prisme rhomboïdal de 94°,55, qui ont pour composition

$$AsO^4H^2Na, 4H^2O$$

et pour densité 2,320 [A. Joly et Duffet, *C. R.*, **102**, 1391].

Arséniates alcalino-terreux. — M. Blarez a déterminé les chaleurs de neutralisation successive de l'acide arsénique par les bases alcalino-terreuses [*C. R.*, **103**, 639, 746].

L'acide arsénique en solution très étendue dégage :

$14^{cal},5$	avec le 1er équivalent	CaO
$14^{cal},7$	— —	SrO
$14^{cal},0$	— —	BaO
$12^{cal},5$	avec le 2e équivalent	CaO
$12^{cal},33$	— —	SrO
$13^{cal},5$	— —	BaO
$2^{cal},52$	avec le 3e équivalent	CaO
$3^{cal},88$	— —	SrO
$15^{cal},3$	— —	BaO
$0^{cal},28$	avec le 4e équivalent	CaO
$1^{cal},03$	— —	SrO
$0^{cal},25$	— —	BaO

Lorsqu'on ajoute de l'acide arsénique, puis de l'ammoniaque à un sel de calcium, on obtient un précipité cristallin qui constitue le sel *ammoniaco-calcique* $AsO^4Ca(AzH^4), 7H^2O$. Ce sel perd de l'eau et de l'ammoniaque dans le vide et renferme alors $(AsO^4)^3Ca^3H^2(AzH^4), 3H^2O$. A 100°, il devient $(AsO^4)^6Ca^6H^3(AzH^4), 3H^2O$; la calcination le transforme en pyroarséniate $As^2O^7Ca^2$.

Le strontium n'est pas précipité dans ces circonstances, ce qui permet de le séparer du calcium [Bloxam, *Chem. News*, **54**, 163].

Arseniate sodico-strontique,

$$AsO^4SrNa, 18H^2O.$$

— Précipité cristallin, obtenu par l'addition d'arséniate disodique à une solution de chlorure de strontium ; l'eau mère est acide :

$$2AsO^4Na^2H + SrCl^2$$
$$= AsO^4SrNa + AsO^4H^2Na + 2NaCl.$$

La précipitation est favorisée par le frottement ; elle fournit 50^cal^,2 [A. Joly, *C. R.*, **104**, 905].

Arséniate acide de baryum, AsO^4HBa. — Ce sel, qui est neutre à la phtaléine du phénol, se produit lorsqu'on neutralise l'acide arsénique par la baryte en présence de la phtaléine jusqu'à coloration rouge persistante. Le précipité produit est d'abord gélatineux ; c'est le sel tertiaire qui se transforme peu à peu, dans l'acide arsénique en excès, en sel acide cristallin [A. Joly, *C. R.*, **102**, 316].

Arséniate d'aluminium, $(AsO^4)^2Al^2$. — M. Coloriano l'a obtenu en cristaux lenticulaires, en chauffant à 200° des solutions d'arséniate trisodique et de sulfate d'aluminium [*C. R.*, **103**, 274].

Arséniate d'argent. — Le sel triargentique se dissout dans une solution concentrée et chaude d'acide arsénique ; par le refroidissement, on obtient des prismes clinorhombiques incolores qui constituent le sel monoargentique AsO^4H^2Ag. Ce sel se transforme à 100° en métarséniate AsO^3Ag ; l'eau le dédouble en acide libre et sel triargentique [A. Joly, *C. R.*, **103**, 1071].

Arséniate de cadmium. — L'arséniate acide AsO^4CdH, H^2O a été obtenu en aiguilles blanches par M. Demel, en dissolvant l'oxyde ou le carbonate de cadmium dans un excès d'acide arsénique, puis concentrant au bain-marie. M. Coloriano l'a préparé par l'action du cadmium métallique sur l'acide arsénique, comme il a préparé le sel de zinc.

D'après M. Demel, ce sel est détruit par l'eau pure avec formation du composé

$$(AsO^4)^4Cd^5H^2, 4H^2O,$$

déjà décrit par M. Salkowski [*D. chem. G.*, **12**, 1279].

Arséniates de cobalt. — M. Coloriano a fait connaître les deux sels basiques

$$AsO^4 \begin{matrix} \lessgtr Co \\ \smallsetminus Co.OH \end{matrix}$$

et $(AsO^4)^4Co^5H^2, 2H^2O$

ou $2As^2O^5.5CoO, 3H^2O$,

obtenus dans les mêmes circonstances que les sels de nickel correspondants. Le premier est en prismes orthorhombiques dichroïques, d'un bleu violet ; le second forme des aiguilles rougeâtres [*C. R.* **103**, 273].

Arséniates de cuivre. — On obtient l'*arséniate tricuivrique* $(AsO^4)^2Cu^3$, en lamelles ou en petits prismes tricliniques, lorsqu'on chauffe à 235-260° une solution d'acide arsénique avec du cuivre métallique. Les cristaux sont dichroïques, bleus ; ils sont mélangés d'anhydride arsénieux.

L'*arséniate basique de cuivre*, désigné en minéralogie sous le nom d'*aphanèse*, ne commence à se déshydrater qu'à 290° et ne perd toute son eau qu'à la température du soufre bouillant. Sa composition est exprimée par la formule $AsO^4(Cu.OH)^3$ [Coloriano, *Bull. Soc. Chim.*, (2), **45**, 707].

En faisant digérer le carbonate de cuivre avec une solution d'acide arsénique, on obtient par le repos de la liqueur filtrée des lamelles brillantes du *sel acide* AsO^4CuH, H^2O, que l'ébullition transforme en *olivénite*, $AsO^4Cu(Cu.OH)$.

Arséniates de manganèse. — L'*arséniate acide*, AsO^4MnH, H^2O, a été obtenu par M. Coloriano en faisant digérer 4 grammes de carbonate de manganèse avec 12 grammes d'acide arsénique dissous dans 60 centimètres cubes d'eau, puis faisant bouillir le tout avec de l'eau. Dès que l'ébullition se produit, il se dépose une gelée rose, qui ne tarde pas à se prendre en une masse cristalline homogène. Par une ébullition prolongée, ce sel se transforme en cristaux prismatiques qui ont pour composition $(AsO^4)^4Mn^5H^2, 4H^2O$, soit $2As^2O^5.5MnO, 5H^2O$.

En faisant agir l'eau vers 150° en tubes scellés, on obtient des cristaux prismatiques qui renferment

$$2As^2O^5.5MnO, 2H^2O.$$

On obtient l'*arséniate trimanganeux*, en aiguilles brunes, en chauffant à 175° sous pression le chlorure manganeux avec de l'arséniate trisodique (Coloriano).

M. Igelstrœm a fait connaître sous le nom de *polyarsénite* un arséniate manganeux naturel, trouvé en Suède et renfermant $AsO^4Mn(Mn.OH)$.

Arséniate mercureux, $(AsO^4)^2(Hg^2)^3$. — Prismes orthorhombiques, obtenus par l'action du mercure sur une solution d'acide arsénique chauffée à 235° sous pression [Coloriano, *C. R.*, **103**, 273].

Arséniates de nickel. — En chauffant à 240° le liquide provenant de la digestion du carbonate de nickel en excès avec une solution d'acide arsénique, on obtient des aiguilles très fines, d'un vert clair, et des lames hexagonales d'un vert plus foncé. En chauffant plus haut, on obtient des cristaux lenticulaires. Les cristaux hexagonaux renferment $(AsO^4)^2Ni^3, 2H^2O$. Comme ce sel ne se déshydrate qu'à 350°, M. Coloriano représente sa constitution par la formule

$$Ni \begin{matrix} \lessgtr AsO^4H(Ni.OH) \\ \smallsetminus AsO^4H(Ni.OH) \end{matrix}$$

Les aiguilles ont pour composition

$$(AsO^4)^4Ni^5H^2, 2H^2O.$$

L'*arséniate acide*, AsO^4NiH, H^2O, s'obtient par l'action du nickel sur l'acide arsénique à 160°.

Arséniate basique, $AsO^4Ni(Ni.OH)$. — M. Coloriano l'a obtenu en précipitant l'azotate de nickel en excès par l'arséniate trisodique et en chauffant le précipité à 235° dans son eau mère additionnée d'eau. Il se dépose en prismes hexagonaux d'un vert clair, accompagnés du même sel à l'état amorphe. Les cristaux ne se déshydratent partiellement qu'à la température du soufre bouillant et complètement qu'au rouge [*Bull. Soc. Chim.*, (2), **45**, 240].

Arséniates de zinc. — *Arséniate acide*, AsO^4ZnH, H^2O. — Il se dépose en croûtes cristallines ou en petites aiguilles lorsqu'on évapore la solution de 6 parties d'oxyde de zinc dans 100 parties d'acide arsénique en solution aqueuse ; l'alcool le précipite de cette solution [Demel, *D. chem. G.*, **12**, 1279].

M. Coloriano a obtenu le même sel en fines aiguilles par l'action du zinc sur une solution d'acide arsénique. Dans cette action, il se dégage de l'hydrogène et de l'hydrogène arsénié et il se dépose de l'arséniure de zinc. En chauffant la solution, on provoque le dépôt d'une gelée blanche, qui se transforme bientôt en un dépôt cristallin constituant le sel acide.

D'après M. Demel, l'eau décompose ce sel pour donner de l'acide arsénique et le composé $(AsO^4)^4Zn^5H^2, 4H^2O$. Suivant M. Coloriano, l'action prolongée d'une grande quantité d'eau fournit le sel basique ayant la composition de l'*adamine*, $AsO^4Zn(Zn.OH)$ [*Bull. Soc. Chim.*, (2), **45**, 709].

SULFURES D'ARSENIC. — *Réalgar.* — Lorsqu'on chauffe le réalgar à 100° en tubes scellés avec une solution de sulfure de sodium, il se sépare de l'arsenic brun et il se forme du sulfarséniate de sodium, qui cristallise avec $8H^2O$:

$$5As^2S^2 + 6Na^2S = 6As + 4AsS^4Na^3.$$

Chauffé avec de la soude, le réalgar fournit de même de l'arsenic brun, en même temps qu'un sulfoxyarséniate,

$$(AsO)^2(SNa)^3(ONa)^3, 24H^2O.$$

Ce sel, très soluble, cristallise en fines aiguilles incolores [Geuther, *Ann. Chem.*, **240**, 221].

Trisulfure d'arsenic. — M. H. Schulze a étudié la solution jaune produite par l'action de l'hydrogène sulfuré sur l'acide arsénieux. Pour une certaine concentration, cette solution paraît trouble; elle ne tient pas néanmoins de sulfure d'arsenic en suspension. Ce composé y est contenu à l'état colloïdal et, s'il est encore accompagné d'acide arsénieux, on peut en séparer celui-ci par dialyse. On peut obtenir des solutions d'une concentration telle, qu'elles renferment 1 partie de trisulfure d'arsenic pour 1p,67 d'eau, en dissolvant une nouvelle quantité d'anhydride arsénieux dans la solution sulfurée et répétant l'action de l'hydrogène sulfuré. Une semblable solution concentrée abandonne à la longue des flocons de sulfure d'arsenic; mais les solutions étendues restent inaltérées pendant des mois dans des tubes scellés. L'ébullition en dégage à peine un peu d'hydrogène sulfuré. Soumises à l'évaporation spontanée, elles abandonnent du sulfure d'arsenic, devenu insoluble, en pellicules ou en fragments jaunes. Le noir animal leur enlève du sulfure d'arsenic, qui se trouve également précipité par l'addition d'un acide ou de certains sels; les acides borique et carbonique ne le précipitent pas [*J. prakt. Chem.*, (2), **25**, 431].

Lorsqu'on fait bouillir de l'anhydride arsénieux et du sulfure d'arsenic avec de l'eau, ils se dissolvent l'un et l'autre pour donner une combinaison oxysulfurée, qui reste après l'évaporation sous la forme d'une masse cristalline d'un jaune pâle [Cross et Higgin, *D. chem. G.*, **16**, 1198].

Lorsqu'on fait bouillir du sulfure d'arsenic, en solution ammoniacale, avec de l'eau oxygénée, on obtient les quantités théoriques d'acide sulfurique et d'acide arsénique [A. Classen et O. Bauer, *D. chem. G.*, **16**, 1066].

Iodosulfures d'arsenic. — Lorsqu'on chauffe le réalgar avec de l'iode, molécule pour molécule, le mélange fond, sans perte d'iode, en un liquide brun se prenant par le refroidissement en une masse vitreuse, d'un rouge rubis; ce corps se ramollit à 100°, puis fond et distille sans décomposition à l'abri de l'air. Ce composé, qui renferme AsSI, se forme aussi par la combinaison du trisulfure avec l'iodure d'arsenic. Il est insoluble dans l'alcool, l'éther, le sulfure de carbone, le chloroforme, etc. L'eau bouillante le décompose lentement. L'acide chlorhydrique ou l'eau régale en séparent de l'iode et du chlorure d'iode. Les alcalis le dissolvent et les acides précipitent du sulfure d'arsenic de la solution, tandis que l'iodure reste dissous.

Lorsqu'on traite le réalgar par une solution sulfocarbonique d'iode, on obtient une solution brune qui laisse déposer successivement de l'iodure d'arsenic et du soufre par l'évaporation.

Le trisulfure d'arsenic s'unit à 6 atomes d'iode et fournit un liquide se concrétant en une masse écarlate, soluble dans le sulfure de carbone bouillant; ce liquide abandonne par le refroidissement des croûtes cristallines rouges.

Si on chauffe le produit de la fusion jusqu'à ce qu'il entre en ébullition, il perd de nouveau de l'iode et le produit distillé renferme en outre du soufre et de l'iodure d'arsenic. Si l'on chauffe ce produit distillé en tubes scellés, il éprouve une liquation; il fond en partie à 72° en un liquide brun-noir, qui se concrète quelques degrés plus bas en une masse cristalline. La composition de ce produit répond à la formule $2AsI^3.SI^6$; mais ce corps abandonne tout l'iode au contact de l'air.

En fondant de l'iode (4 molécules) avec du sulfure d'arsenic (1 molécule) en présence d'anhydride arsénieux, puis en épuisant le produit par le sulfure de carbone, on obtient une poudre jaune qui a pour composition

$$2As^2S^3.3(AsI^3.As^2O^3).$$

On peut aussi préparer ce composé en fondant au contact de l'air un mélange de sulfure d'arsenic et d'iodure d'arsenic; l'eau bouillante ne lui enlève pas d'iodure d'arsenic [R. Schneider, *J. prakt. Chem.*, (2), **23**, 486; **34**, 505 et **36**, 498].

Pentasulfure d'arsenic. — MM. B. Brauner et F. Tomitschek ont cherché à préciser l'action, encore mal connue, de l'hydrogène sulfuré sur l'acide arsénique. La précipitation de l'arsenic à l'état de pentasulfure est complète à 60° après 24 heures pour une solution renfermant 0gr,3 As^2O^5 pour 100 centimètres cubes. La même solution, saturée d'hydrogène sulfuré à 17°, retient encore après 48 heures 2,25 0/0 de son arsenic. Si l'on fait passer un courant d'hydrogène sulfuré à travers une solution froide (de préférence vers 0°) d'acide arsénique, celle-ci devient opaline après 5 ou 15 minutes et passe trouble à travers les filtres, ce qui tend à prouver qu'elle renferme du pentasulfure d'arsenic colloïdal. Cet état colloïdal cesse par l'addition d'un acide ou d'un sel.

L'action de l'hydrogène sulfuré sur une solution d'acide arsénique pur, entre 4 et 80°, produit une réduction partielle; le sulfure précipité renferme de 13 à 15 0/0 de trisulfure. Cette proportion est beaucoup plus forte et atteint 56 0/0 si la solution est additionnée de sel ammoniac. L'acide chlorhydrique, par contre, entrave la réduction de l'acide arsénique par l'hydrogène sulfuré.

On peut dire d'une manière générale qu'un courant rapide d'hydrogène sulfuré à travers une solution chaude d'acide arsénique (ou d'un arséniate) renfermant de l'acide chlorhydrique libre précipite tout l'arsenic à l'état de pentasulfure. Si le courant de gaz est lent, le pentasulfure est accompagné de trisulfure et de soufre par suite d'une réduction partielle de l'acide arsénique [*J. phys. chem. Gesellsch.*, 1888, 1].

Le pentasulfure d'arsenic est un précipité jaune-citron auquel le sulfure de carbone n'enlève pas de soufre.

ACIDE SULFOXYARSÉNIQUE. — On obtient, d'après M. Le Roy Mac Cay, une solution d'acide sulfoxyarsénique, $AsSO^3H^3$, en faisant passer jusqu'à opalescence du liquide un courant d'hydrogène sulfuré dans une solution d'arséniate de potassium additionnée d'acide sulfurique et chauffée à 70°. Aussitôt que l'opalescence s'accentue, on refroidit brusquement à 0° et on chasse l'excès d'hydrogène sulfuré par un courant d'air.

Cette solution est limpide et inodore, même après addition d'acide chlorhydrique. Sous l'influence de la chaleur, elle se trouble et devient alors précipitable par l'hydrogène sulfuré.

Inaltérée, elle offre les réactions des solutions de sulfarséniates additionnées d'un acide [*Am. Journ.*, **10**, 459].

SULFARSÉNIATES. — Lorsqu'on fait agir à chaud 1 molécule d'anhydride arsénieux sur 2 molécules de sulfure de sodium, il se sépare de l'arsenic brun; si l'on opère à l'ébullition, on obtient par le refroidissement de la liqueur filtrée une bouillie cristalline qui, par des cristallisations méthodiques, a fourni à M. C. Preis les sels suivants :

1° *Monosulfarséniate trisodique*,

$$AsSO^3Na^3, 12H^2O.$$

— Petits cristaux prismatiques, très solubles.

2° *Monosulfarséniate disodique*,

$$AsSO^3Na^2H, 8H^2O.$$

— Tables anorthiques volumineuses, se déposant des dernières eaux mères; ce sel perd $2H^2O$ sur l'acide sulfurique, le reste à 100°, mais en s'altérant.

3° *Disulfarséniate disodique*,

$$AsS^2O^2Na^3, 10H^2O.$$

— Cristaux prismatiques, ou tables orthorhombiques.

Le *sel barytique* correspondant,

$$(AsS^2O^2)^2Ba^3, 6H^2O,$$

est un précipité cristallin.

4° *Pentasulfotétrarséniate de sodium*,

$$As^4S^5O^{11}Na^{12}, 48H^2O.$$

— Ce sel est le moins stable; il est en cristaux prismatiques.

Ces sels étaient accompagnés d'arséniate trisodique.

En faisant réagir 1 molécule d'anhydride arsénieux sur 1 molécule de sulfhydrate de sodium, on obtient comme produits principaux du réalgar, de l'arséniate disodique et des tables hexagonales rouges qui constituent le sel auquel M. Nilson a assigné la formule

$$2As^2S^3O^2 . Na^2O, 7H^2O;$$

M. Preis attribue à ce sel la formule

$$As^{18}S^{24}O^7Na^8, 7H^2O,$$

et l'envisage comme une combinaison renfermant du disulfure d'arsenic comme élément basique :

$$3As^2S^4O . 6As^2S^2 . 4Na^2O, 7H^2O.$$

L'acide chlorhydrique en sépare 66,6 0/0 de trisulfure d'arsenic :

$$As^{18}S^{24}O^7Na^8 + 8HCl$$
$$= 8As^2S^3 + As^2O^3 + 4H^2O + 8NaCl.$$

La soude le décompose avec formation de réalgar et de trisulfarséniate.

Le sulfarséniate de sodium, AsS^4Na^3, donne avec les sels d'argent, de mercure et de zinc des précipités jaunes [*Ann. Chem.*, **257**, 178].

ARSENIC (ANALYSE). — MM. Chittenden et Donaldson ont recommandé le procédé suivant pour la destruction des matières organiques dans le cas de la recherche de l'arsenic par le procédé de Marsh : 100 grammes de matières suspectes sont arrosées avec 23 grammes d'acide azotique concentré et pur, puis chauffées à 150° dans un bain d'air. La masse, après s'être épaissie, se fluidifie; on la porte alors à 180°, puis on y ajoute en remuant 3 centimètres cubes d'acide sulfurique pur; on chauffe de nouveau à 180° et, après avoir arrosé le résidu charbonneux de 8 centimètres cubes d'acide azotique, on le chauffe à 200° pendant 15 minutes; puis on l'épuise par l'acide sulfurique étendu et on introduit cette solution dans l'appareil de Marsh par un entonnoir à robinet. Les mêmes auteurs ont constaté qu'on peut directement introduire de l'urine arsénicale dans l'appareil de Marsh pour y reconnaître l'arsenic [*Chem. News*, **43**, 21].

Pour transformer le sulfure d'arsenic en composé oxygéné, il est préférable, d'après M. Reichardt, de l'attaquer par le brome plutôt que par l'acide azotique; l'opération est plus simple et plus expéditive [*Arch. Pharm.*, (3), **14**, 1].

L'hydrogène sulfuré préparé avec des matériaux arsénifères renferme généralement de l'hydrogène arsénié, ainsi que l'ont surtout fait remarquer MM. R. Otto et Lenz. L'emploi d'un semblable gaz peut donc entraîner à des erreurs graves dans les recherches médico-légales.

D'après M. Lenz, le passage du gaz à travers de l'acide chlorhydrique le débarrasse d'une partie de l'arsenic, à condition qu'il soit mélangé d'air; cette assertion a été contredite par M. R. Otto.

Pour priver le gaz de son arsenic, M. von der Pfordten le fait passer sur du polysulfure de potassium (foie de soufre) chauffé vers 350°, qui est ainsi converti en sulfarsénite :

$$2AsH^3 + 3K^2S^3 = 2AsS^3K^3 + 3H^2S.$$

M. Jacobsen a recommandé un procédé plus simple pour débarrasser l'hydrogène sulfuré de l'hydrogène arsénié. Ce procédé consiste à faire passer le gaz desséché sur du chlorure de calcium à travers un tube contenant quelques grammes d'iode en poudre. L'iode agit énergiquement sur l'hydrogène arsénié pour donner de l'iodure d'arsenic, tandis qu'il est sans action sur l'hydrogène sulfuré gazeux. Le gaz est débarrassé des vapeurs d'iode entraînées par un barbotage dans une solution d'iodure de potassium.

De toute façon, il est préférable de préparer l'hydrogène sulfuré à l'aide de matières premières exemptes d'arsenic, telles que l'acide chlorhydrique pur et le sulfure de calcium ou le sulfure de baryum obtenus en réduisant les sulfates correspondants par le charbon.

Il ressort aussi de ces faits que la purification de l'acide chlorhydrique ne doit pas se faire à l'aide de l'hydrogène sulfuré ordinaire, mais par un des autres procédés servant à obtenir ce gaz exempt d'arsenic [R. Otto, *D. chem. G.*, **12**, 215; **16**, 2947; **17**, 377. — Lenz, *Zeit. anal. Chem.*, **22**, 393; *D. chem. G.*, **17**, 209 et 674. — Von der Pfordten, *ibid.*, **17**, 2897. — Jacobsen, *ibid.*, **21**, 1999].

Parmi les autres causes qui peuvent induire en erreur dans la recherche de l'arsenic, M. Fresenius a signalé la présence de l'arsenic dans le verre; cet arsenic peut entrer en dissolution, surtout lorsque le verre a été en contact avec des liquides alcalins [*Zeit. anal. Chem.*, **22**, 397].

D'après M. Flückiger, la recherche de l'arsenic basée sur la réaction de l'hydrogène arsénié sur l'azotate d'argent et sur la formation du composé jaune $AsAg^3 . AzO^3Ag$ (voyez ARGENT, Suppl. **2**, 363) permet de reconnaître jusqu'à $\frac{1}{1000}$ de milligramme d'arsenic; elle offre donc plus de sensibilité que la méthode de Marsh [*Arch. Pharm.*, (3), **27**, 1].

DOSAGE VOLUMÉTRIQUE DE L'ANHYDRIDE ARSÉNIEUX. — M. L. Mayer fait bouillir la solution arsénieuse avec une solution ammoniacale d'azotate d'argent et pèse l'argent réduit; il déduit de là le poids de l'acide arsénieux, d'après l'équation

$$As^2O^3 + 2Ag^2O = As^2O^5 + 2Ag^2.$$

Ce procédé permet de doser l'anhydride arsénieux à côté de l'acide arsénique [*J. prakt. Chem.*, (2), **22**, 103].

Au dosage par le permanganate de potassium, M. A. Jolles substitue celui par le manganate en solution alcaline, à laquelle on ajoute la solution arsénieuse jusqu'à ce que la couleur verte ait passé au brun jaunâtre. Il titre la solution de permanganate avec une solution titrée d'émétique [*Zeit. angew. Chem.*, 6, 160].

Dosage de l'acide arsénique. — Pour éviter les pertes par réduction que peut entraîner la calcination de l'arséniate ammoniaco-magnésien, M. Reichelt détache le précipité du filtre, l'arrose d'une goutte d'acide azotique, puis le calcine; quant au filtre, il l'incinère après l'avoir imprégné d'azotate d'ammonium [*Zeit. anal. Chem.*, 20, 89].

M. Holthof évapore à sec avec de l'acide chlorhydrique la solution d'acide arsénique (telle qu'on l'obtient, par exemple, après séparation de l'antimoine); il reprend le résidu par une solution d'acide sulfureux, chasse l'excès de celui-ci par l'ébullition, puis titre l'anhydride arsénieux par l'iode [*Zeit. anal. Chem.*, 23, 378].

M. Bunsen précipite l'arsenic à l'état de pentasulfure. Pour cela, après avoir séparé l'antimoine, également à l'état de pentasulfure (voyez plus bas), il ajoute un peu d'eau de chlore à la solution, puis il sature le liquide par un rapide courant d'hydrogène sulfuré, d'abord à chaud, puis à froid. Après 24 heures de repos dans un endroit chaud, en maintenant un grand excès d'hydrogène sulfuré dans la liqueur, on peut recueillir le précipité et le laver successivement à l'eau, à l'alcool, au sulfure de carbone et de nouveau à l'alcool. On le sèche alors à 110° et on le pèse [*Ann. Chem.*, 192, 305].

M. Le Roy W. Mac Cay opère à peu près de même; mais, au lieu de peser le pentasulfure d'arsenic, il le transforme en arséniate d'argent. Pour cela, il le dissout dans l'ammoniaque, y ajoute de l'azotate d'argent, puis chauffe la solution sursaturée par l'acide azotique et neutralise par l'ammoniaque [*Am. Journ.*, 9, 174].

Séparation de l'arsenic et de l'antimoine. — M. Nilson a critiqué le procédé recommandé autrefois par M. Bunsen et fondé sur la dissolution du sulfure d'arsenic seul dans le bisulfite de potassium :

$$2\,As^2S^3 + 16\,SO^3KH$$
$$= 4\,AsO^2K + 6\,S^2O^3K^2 + 7\,SO^2 + 3\,S + 8\,H^2O.$$

Pour cela, M. Bunsen dissout les sulfures dans le *sulfure de potassium* et sature la solution par un grand excès d'acide sulfureux. Après digestion au bain-marie, on concentre aux deux tiers à à l'ébullition pour chasser l'acide sulfureux; l'arsenic reste dissous et le sulfure d'antimoine est précipité. M. Bunsen fait remarquer que si ce procédé n'a pas fourni de résultats satisfaisants à M. Nilson, c'est que ce chimiste avait employé du *sulfhydrate* au lieu de *sulfure* de potassium [*Ann. Chem.*, 192, 305. — Nilson, *Zeit. anal. Chem.*, 16, 417].

L'oxyde de cuivre agit sur les sulfures d'arsenic, d'étain et d'antimoine dissous dans le sulfure de sodium en se transformant en sulfure cuivreux, tandis que les sulfures d'arsenic, d'étain et d'antimoine sont convertis en arséniate, stannate et antimoniate de sodium. Ce dernier sel se précipite en grande partie s'il est en quantité notable; l'addition d'alcool le précipite en totalité. La solution filtrée, privée de l'alcool par évaporation, étant additionnée de sel ammoniac et d'ammoniaque, puis sursaturée par l'hydrogène sulfuré jusqu'à redissolution du précipité s'il s'en produit un, donne avec le chlorure de magnésium un précipité d'arseniate ammoniaco-magnésien, qui est complet après addition d'alcool. Quant à l'étain, il se précipite à l'état de sulfure par l'addition d'un acide. Ce procédé, au moins en ce qui regarde l'étain, ne paraît pas devoir être rigoureux [Berglund, *D. chem. G.*, 17, 95].

Pour séparer l'arsenic de l'étain et de l'antimoine, M. Hufschmidt distille avec du chlorure ferreux le mélange provenant de l'oxydation des sulfures par l'acide chlorhydrique et le chlorate de potassium. Le chlorure d'arsenic distille en entier dans les premières portions, mais la solution doit contenir une grande quantité d'acide chlorhydrique concentré [*D. chem. G.*, 17, 2245].

M. Ad. Carnot a fondé sur l'emploi de l'hyposulfite de sodium un moyen précis de séparation de l'arsenic d'avec l'antimoine et l'étain [*Bull. Soc. Chim.*, (2), 47, 54].

Si l'on ajoute de l'hyposulfite de sodium à une solution chaude d'acides arsénieux ou arsénique renfermant de l'acide chlorhydrique libre ou de l'acide oxalique, il se précipite d'abord du soufre, puis du sulfure d'arsenic; mais ce dernier ne se précipite jamais complètement, à cause de la mise en liberté d'acide sulfureux; si l'on ajoute d'avance de l'acide sulfureux ou du bisulfite de sodium, l'arsenic reste entièrement dissous. Dans les mêmes circonstances, l'antimoine est précipité lentement à l'état d'oxysulfure rouge. Il ne reste plus qu'à précipiter l'arsenic à l'état de sulfure par l'hydrogène sulfuré après avoir fait bouillir la liqueur filtrée avec de l'acide chlorhydrique, pour expulser l'acide sulfureux. S'il y a de l'étain en présence et seulement peu d'arsenic, comme c'est le cas pour des alliages renfermant de l'étain et de l'antimoine, on ne traite la solution que par fort peu d'hydrogène sulfuré, en maintenant la liqueur chaude aussi longtemps qu'elle offre l'odeur de ce gaz, et l'on empêche ainsi presque sûrement la précipitation du sulfure d'étain, dont on ne détermine la formation qu'après avoir séparé le sulfure d'arsenic.

Ed. Willm.

ARSÉNIOPLÉITE (Min.) (Igelström). — Arséniate basique hydraté principalement de manganèse,

$$[Mn, Ca, Pb, Mg]^3\,(AsO^4)^2 \,.\, [Mn, Fe]^2O^3, 3\,H^2O.$$

Cristaux rouge-brunâtre ou rouge-cerise, mal formés, avec reflet métallique sur les clivages, avec rhodonite et hausmannite, dans le calcaire primitif de Sjögrufvan, près Grythyttan, gouvernement d'OErebro (Suède). Soluble dans les acides; fusible au chalumeau en scorie noire, etc. Rhomboédrique, d'après les clivages et les propriétés optiques.

ARSÉNOLAMPRITE (Min.) (Breithaupt) [Syn. *Arsenglanz, Hypotyphite*]. — Arsenic natif constituant peut-être une variété dimorphe de l'arsenic ordinaire (Hintze). Masses bacillaires offrant des clivages irréguliers, se coupant sous un angle variable, à la mine du Palmier, près Marienberg (Saxe), à Sainte-Marie-aux-Mines (Alsace) et à Copiapo (Chili). Dureté un peu supérieure à celle du gypse. Densité = 5,1 à 5,5.

ARSINES. — Arsines méthyliques. — Acide méthylarsinique. — On obtient des combinaisons méthylarsiniques par l'action de l'iodure de méthyle sur l'arsénite de sodium. On dissout l'anhydride arsénieux dans 3 molécules de soude et on chauffe la solution à 75° avec 1 molécule d'iodure de méthyle, en ajoutant de l'alcool afin de faciliter la dissolution de ce dernier. La solution obtenue fournit, lorsqu'on la fait bouillir avec du chlorure de calcium, un précipité cristallin de *méthylarsinate de calcium*, $CH^3 . AsO^3Ca, H^2O$.

Le sel de sodium primitif est formé d'après l'équation

$$AsO^3Na^3 + CH^3I = CH^3 . AsO^3Na^2 + NaI.$$

Si on neutralise la solution primitive par l'acide chlorhydrique et que l'on y fasse passer un courant d'hydrogène sulfuré, il se produit un précipité jaune qui est un mélange de *monosulfure* et de *disulfure de méthylarsine*, CH^3 AsS et $CH^3 . AsS^2$; le premier est soluble dans le sulfure de carbone, le second insoluble. Le produit primitif est donc bien un dérivé arsénique et non l'arsénite de méthyle et de calcium,

$$As(OCH^3)(O^2Ca)$$

[G. Meyer, *D. chem. G.*, **14**, 1440; *Bull. Soc. Chim.*, (2), **40**, 570].

Les faits observés par M. G. Meyer ont été confirmés par MM. H. Klinger et A. Kreutz [*Ann. Chem.*, **249**, 147; *Bull. Soc. Chim.*, (3), **2**, 618].

ACIDE CACODYLIQUE OU DIMÉTHYLARSINIQUE. — Il n'est pas attaqué par le permanganate en solution alcaline bouillante (Lacoste).

ARSINES ÉTHYLIQUES. — *Chlorure d'arsénéthyle*, $(C^2H^5)AsCl^2$. — On le prépare en faisant agir le mercure-éthyle en excès sur le chlorure d'arsenic:

$$AsCl^3 + Hg(C^2H^5)^2$$
$$= C^2H^5 . AsCl^2 + C^2H^5 . Hg . Cl.$$

La réaction est énergique. Le chlorure d'arsénéthyle, qu'on sépare par distillation, est un liquide incolore, bouillant à 156°, doué d'une odeur de fruits. Ses vapeurs sont très irritantes et vénéneuses. Il est soluble dans l'eau et se dissout en toutes proportions dans l'alcool, l'éther, le benzène.

L'acide azotique ordinaire bouillant transforme ce chlorure en *acide éthylarsinique*. Pour isoler ce composé, que M. Cahours a préparé en 1860 en oxydant l'iodure d'arsénéthyle par l'oxyde d'argent, on neutralise par le carbonate de potassium, on évapore à sec et on reprend le résidu par l'alcool, qui dissout l'éthylarsinate de potassium et qui l'abandonne en cristaux par l'évaporation. L'acide libre est en petits cristaux incolores.

ARSINES AROMATIQUES.

PHÉNYLARSINES. — Les composés d'arsémonophényle $C^6H^5 . AsX^2$ ou $C^6H^5 . AsX^4$ ont été décrits Suppl., **1**, 242. Leur étude a été développée par les recherches de MM. A. Michaelis et Schulte, qui ont fait connaître un produit de réduction de l'oxyde d'arséphényle, l'*arsénobenzène*,

$$C^6H^5 . As = As . C^6H^5,$$

correspondant à l'azobenzène.

Cette réduction s'effectue en solution alcoolique par l'étain et l'acide chlorhydrique, par l'amalgame de sodium ou par l'acide phosphoreux. On ajoute cet acide cristallisé à la solution alcoolique de l'oxyde; l'arsénobenzène se sépare en aiguilles peu solubles dans l'alcool, insolubles dans l'eau et dans l'éther, solubles dans le benzène, le chloroforme, le sulfure de carbone, le xylène bouillant. La réduction de l'acide phénylarsinique fournit le même produit.

L'arsénobenzène fond à 196° et se décompose à une température plus élevée en triphénylarsine et arsenic. Il fixe directement l'iode. Chauffé avec 2 atomes de soufre, il fournit le sulfure d'arséphényle $C^6H^5 . AsS$; avec un excès de soufre, on obtient du sulfure d'arsenic et du sulfure de phényle. Le mercure-éthyle le convertit en diéthylphénylarsine, avec séparation de mercure métallique.

L'*iodarsénobenzène* $C^6H^5 . IAs - AsI . C^6H^5$, qu'on obtient par fixation de I^2 sur l'arsénobenzène ou en réduisant l'iodure d'arséphényle par l'acide phosphoreux, cristallise dans l'alcool en aiguilles brillantes jaunes, déliquescentes. Exposé à l'air, il se transforme à la longue en iodure d'arséphényle et acide phénylarsinique :

$$(C^6H^5)^2As^2I^2 + O^2 + H^2O$$
$$= C^6H^5 . AsI^2 + C^6H^5 . AsO(OH)^2.$$

SULFURES D'ARSÉPHÉNYLE. — Le *protosulfure*, $C^6H^5 . AsS$, se sépare à l'état visqueux lorsqu'on chauffe une solution alcoolique d'oxyde ou de chlorure d'arséphényle saturée d'hydrogène sulfuré [Michaelis et Schulte, *D. chem. G.*, **14**, 912; **15**, 1952; *Bull. Soc. Chim.*, (2), **36**, 471; **39**, 218]. On le lave à l'ammoniaque et à l'alcool et on le fait cristalliser dans le benzène bouillant, qui l'abandonne en fines aiguilles blanches, fusibles à 152°, peu solubles dans le benzène froid, l'alcool et l'éther, solubles dans le sulfure de carbone. Il est soluble dans la soude et dans les polysulfures alcalins, d'où les acides précipitent ensuite le sesquisulfure d'arséphényle.

Le *sesquisulfure*, $(C^6H^5 . As)^2S^3$, s'obtient en saturant d'hydrogène sulfuré une solution ammoniacale d'acide phénylarsinique, puis sursaturant par l'acide chlorhydrique et faisant cristalliser le précipité dans le benzène chaud, qui l'abandonne en petits prismes transparents d'un jaune d'or, peu solubles dans l'acide acétique, l'alcool, l'éther. Il fond à 130°.

Phénylsulfarsinate de sodium,

$$C^6H^5 . AsS(SNa)^2, 6H^2O.$$

— Il se forme par l'action du sulfhydrate sulfuré de sodium sur les sulfures précédents; on concentre la solution à consistance sirupeuse et on précipite par l'alcool : il se dépose en aiguilles déliquescentes. L'acide chlorhydrique le décompose avec formation de sesquisulfure d'arséphényle [Schulte, *D. chem. G.*, **15**, 1955; *Bull. Soc. Chim.*, (2), **39**, 219].

Phényldiméthylarsine, $(C^6H^5)(CH^3)^2As$. — Elle résulte de l'action du zinc-méthyle sur le chlorure d'arséphényle. Liquide incolore, réfringent, doué d'une odeur repoussante, soluble dans l'alcool et dans le benzène, distillant à 200°. Elle fixe l'iodure de méthyle pour donner l'*iodure quaternaire* $(C^6H^5)(CH^3)^3AsI$, qui cristallise en aiguilles blanches, fusibles à 244° [Michaelis et Link, *Ann. Chem.*, **207**, 193].

ARSÉDIPHÉNYLE (*cacodyle phénylique*),

$$(C^6H^5)^4As^2.$$

— On l'obtient en réduisant à l'ébullition son oxyde $(C^6H^5)^2AsO$ en solution alcoolique par l'acide phosphoreux. C'est une masse cristalline blanche, fusible à 135°, un peu soluble dans l'alcool. La distillation le dédouble en triphénylarsine et arsenic libre. Il s'oxyde à l'air en donnant l'anhydride diphénylarsinique $[(C^6H^5)^2AsO]^2O$ (A. Michaelis et C. Schulte).

Les *chlorures* $(C^6H^5)^2AsCl$ et $(C^6H^5)^2AsCl . Cl^2$ ont été décrits Suppl., **1**, 243.

Le *bromure*, obtenu en traitant l'oxyde par l'acide bromhydrique, est un liquide bouillant à 356°.

Oxyde d'arsédiphényle, $[(C^6H^5)^2As]^2O$. — On l'obtient en traitant le chlorure par la potasse alcoolique et faisant cristalliser le produit dans l'éther; il se présente en mamelons cristallins, fusibles à 91-92°. Il fixe le chlore pour donner l'*oxytétrachlorure* $[(C^6H^5)^2As]^2OCl^4$, poudre blanche, fusible à 117° et fournissant l'acide diphénylarsinique par l'action de l'eau :

$$(C^6H^5)^4As^2OCl^4 + 3H^2O$$
$$= 4HCl + 2(C^6H^5)^2AsO(OH).$$

DIPHÉNYLMÉTHYLARSINE, $(C^6H^5)^2(CH^3)As$. — Elle a été préparée par l'action du zinc-méthyle sur le chlorure d'arsédiphényle. C'est un liquide incolore, très réfringent, distillant à 306°, soluble dans l'alcool et dans le benzène.

La *diphényléthylarsine* distille à 320°.

La diphénylméthylarsine fixe 1 molécule d'iodure d'éthyle pour donner l'*iodure de diphényl-*

méthyléthylarsonium, $(C^6H^5)^2(CH^3)(C^2H^5)As.I$. Le même produit se forme par fixation de l'iodure de méthyle sur la diphényléthylarsine. L'identité de ces deux iodures quaternaires résulte non seulement de leurs propriétés physiques, mais aussi de leur dédoublement sous l'influence de la chaleur; ils donnent l'un et l'autre de l'iodure de méthyle et de la diphénylméthylarsine.

Cet iodure quaternaire cristallise dans l'alcool bouillant, additionné d'éther, en petites aiguilles; par évaporation de sa solution alcoolique rendue alcaline, on l'obtient en cristaux orthorhombiques. Il fond à 170°. Très peu soluble dans l'eau froide, il se dissout dans 11,4 parties d'eau bouillante. Traité par l'oxyde d'argent humide, il fournit l'*hydrate de diphényléthylméthylarsonium*,

$$(C^6H^5)^2(CH^3)(C^2H^5)As.OH,$$

base sirupeuse, très alcaline, absorbant l'acide carbonique de l'air.

Le *chloroplatinate* est un précipité jaune-serin, fusible à 214° en se décomposant.

Le *picrate* cristallise dans l'alcool en fines aiguilles jaunes, qui fondent à 95°.

L'*iodure de diphényldiméthylarsine*,

$$(C^6H^5)^2(CH^3)^2AsI,$$

fond à 190°. Il forme des cristaux solubles dans l'alcool et dans l'eau bouillante [Michaelis et Link, *Ann. Chem.*, **207**, 193].

TRIPHÉNYLARSINE, $(C^6H^5)^3As$. — Elle se produit dans la préparation du chlorure d'arsédiphényle par le mercure-diphényle et le chlorure d'arsenic et est contenue dans les parties les moins volatiles. On l'obtient aussi par l'action de la chaleur (180-200°) sur l'oxyde d'arséphényle,

$$3C^6H^5.AsO = As^2O^3 + (C^6H^5)^3As.$$

La triphénylarsine se produit encore très facilement par l'action du sodium sur un mélange de chlorure d'arsenic et de bromobenzène dissous dans l'éther; on la purifie par cristallisation dans l'alcool bouillant [Michaelis et A. Reese, *D. chem. G.*, **15**, 2867].

Très soluble dans l'éther et dans le benzène, peu soluble dans l'alcool froid, insoluble dans les acides chlorhydrique et iodhydrique concentrés, elle se présente en grandes tables rhombiques fusibles à 58-59°. Elle distille au delà de 360°, dans un courant de gaz carbonique.

La triphénylarsine fixe le chlore sec avec élévation de température, pour donner le *chlorure* $(C^6H^5)^3AsCl^2$, qui cristallise dans le benzène en tables incolores, fusibles à 171°. Ce chlorure se dédouble à 280° en chlorure de phényle et chlorure d'arsédiphényle. L'eau bouillante le transforme en *hydrate de triphénylarsine*,

$$(C^6H^5)^3As(OH)^2,$$

qui cristallise en tables ou en aiguilles incolores, fusibles à 108° et perdant 1 molécule d'eau à 110°.

L'*oxyde* $(C^6H^5)^3AsO$ fond à 189° [Lacoste et A. Michaelis, *D. chem. G.*, **11**, 1887; *Bull. Soc. Chim.*, (2), **32**, 218; *Ann. Chem.*, **201**, 184].

L'hydrate de triphénylarsine est converti en sulfure par l'action de l'hydrogène sulfuré. Traité par l'étain et l'acide chlorhydrique, il est réduit à l'état d'arsine.

Azotate de triphénylarsine,

$$(C^6H^5)^3As(OH)(AzO^3).$$

— On l'obtient en traitant une solution aqueuse de l'hydrate par l'acide azotique. Il forme des cristaux solubles dans l'alcool et fusibles à 84° (B. Philips).

Oxyde de trinitrotriphénylarsine,

$$(C^6H^4.AzO^2)^3As.O.$$

— On dissout l'hydrate de diphénylarsine dans un mélange refroidi d'acides azotique et sulfurique et on précipite la solution par l'eau glacée, puis on fait cristalliser le précipité dans l'acide acétique. Cristaux presque incolores, fusibles à 254°, insolubles dans l'alcool et dans l'éther, détonant par la chaleur.

L'étain et l'acide chlorhydrique le réduisent en solution acétique en donnant la *triamidotriphénylarsine*, $(C^6H^4.AzH^2)^3.As$, précipitable par la soude et cristallisable dans l'alcool. Les cristaux fondent à 176°.

Le *chlorhydrate* de cette base,

$$(C^6H^4.AzH^2.HCl)^3As,$$

est très soluble dans l'eau et dans l'alcool et forme des cristaux rougeâtres.

Le *dérivé acétylé*, $(C^6H^4.AzH.C^2H^3O)^3As$, forme des cristaux fusibles à 230°, solubles dans l'acide acétique, peu solubles dans l'alcool [B. Philips, *D. chem. G.*, **19**, 1031; *Bull. Soc. Chim.*, (2), **47**, 213].

CRÉSYLARSINES. — On doit à MM. Lacoste et Michaelis [*loc. cit.*] des recherches sur les composés *arsémonocrésyliques ortho* et *para*.

Les *chlorures d'arsémonocrésyle*

$$CH^3.C^6H^4.AsCl^2$$

ont été préparés en traitant les mercure-dicrésyles (*o* et *p*) par le chlorure d'arsenic en excès.

Le *chlorure ortho* est un liquide incolore, peu odorant, incristallisable, bouillant à 264-265°; il absorbe le chlore sec pour donner le *tétrachlorure* $C^7H^7.AsCl^4$, composé offrant la consistance du miel et produisant avec l'eau une vive réaction, d'où résulte l'acide o-crésylarsinique.

Le *chlorure p-crésylarsinique* cristallise en tables incolores, fusibles à 31°, solubles dans l'alcool, l'éther, le benzène. Il distille à 267° dans un courant de gaz carbonique. Le *tétrachlorure* est une masse cristalline, fusible à basse température, que l'eau transforme en acide p-crésylarsinique.

Les deux dichlorures (*o* et *p*), traités par une solution bouillante de carbonate de sodium, fournissent les *oxydes* correspondants

$$CH^3.C^6H^4.As.O,$$

poudres blanches insolubles dans l'eau et dans l'éther, solubles dans l'alcool chaud.

L'oxyde ortho commence à fondre à 145° et l'oxyde para à 156°. A une température plus élevée, ils se dédoublent en anhydride arsénieux et *tricrésylarsines ortho* et *para*. La première est une masse résineuse, molle, jaune; la seconde cristallise dans l'éther en lamelles fusibles à 129-130°.

Les *acides crésylarsiniques*,

$$CH^3.C^6H^4.AsO(OH)^2,$$

sont solubles dans l'eau bouillante et dans l'alcool.

L'acide *ortho* cristallise dans l'eau en aiguilles feutrées, fusibles à 159-160°; le *sel d'argent* est un précipité blanc amorphe.

L'acide *para* cristallise en longues aiguilles qui se décomposent vers 300° sans fondre. Son *sel d'argent*, $C^7H^7.AsO(OAg)^2$, devient cristallin lorsqu'on le fait bouillir avec de l'alcool.

ACIDE DIHYDROXYLARSINOBENZOÏQUE OU BENZARSINIQUE,

$$C^6H^4 <^{COOH}_{AsO(OH)^2}$$

— M. W. Lacoste a obtenu cet acide en oxydant l'acide p-crésylarsinique par le permanganate de potassium [*D. chem. G.*, **13**, 2176; *Ann. Chem.*, **208**, 3; *Bull. Soc. Chim.*, (2), **36**, 383 et **37**, 163]. Il cristallise en tables transparentes, assez peu solubles dans l'eau, l'alcool, l'acide acétique. Chauffé, il devient opaque, perd 1 molécule d'eau et donne l'acide *arsinobenzoïque*,

$$C^6H^4 <^{COOH}_{(AsO^2)}$$

(analogue à l'acide nitrobenzoïque).

Le *benzarsinate acide de potassium*,

$$C^6H^4 <^{COOK}_{AsO(OH)^2} + C^6H^4 <^{COOH}_{AsO(OH)^2}$$

cristallise en tables tricliniques transparentes, renfermant 2 molécules d'eau qu'elles perdent à 170°.

Le *sel d'argent*, $C^6H^4(CO^2Ag)AsO(OAg)^2$, est une poudre amorphe, insoluble dans l'eau, soluble dans l'acide azotique.

Le *sel de calcium*,

$$C^6H^4 <^{CO.O}_{AsO^3H} > Ca, H^2O,$$

est un précipité peu soluble dans l'eau bouillante.

L'*éther méthylique*, $C^6H^4(CO^2CH^3)AsO(OH)^2$, obtenu par le sel d'argent et l'iodure de méthyle, est en croûtes cristallines infusibles, peu solubles dans l'éther, solubles dans l'alcool.

Iodure benzarsénieux,

$$C^6H^4 <^{CO.OH}_{AsI^2}$$

— Il se produit par l'action de l'acide iodhydrique à froid sur l'acide benzarsinique avec mise en liberté d'iode, que l'on enlève par le phosphore rouge. C'est un précipité jaune, qui cristallise dans le chloroforme en aiguilles jaunes, solubles dans l'alcool et dans l'éther. Le chlorure d'argent le convertit en *chlorure benzarsénieux*, qui cristallise dans le benzène en aiguilles incolores, fusibles à 157-158°.

L'eau bouillante dissout l'iodure benzarsénieux en le transformant en *acide benzarsénieux*,

$$C^6H^4 <^{COOH}_{As(OH)^2}$$

qui cristallise en fines aiguilles par le refroidissement et qui se transforme à 145-160°, sans fondre, en *anhydride*, $C^6H^4(AsO)COOH$. L'acide benzarsénieux paraît n'être que monobasique.

Le *sel de calcium*, $[C^6H^4.As(OH)^2.CO^2]^2Ca$, cristallise par concentration en lamelles nacrées.

Le *sel d'argent*, $C^6H^4.As(OH)^2.CO^2Ag$, est un précipité blanc, très peu soluble dans l'eau.

Arsines dicrésyliques. — L'étude de ces composés et des dérivés tricrésyliques est due à M. W. Lacoste [*Ann. Chem.*, **208**, 17; *Bull. Soc. Chim.*, (2), **37**, 164].

On prépare le *chlorure d'arsé-di-p-crésyle* $(CH^3.C^6H^4)^2AsCl$ en faisant agir le mercure-p-crésyle sur le dichlorure d'arsémonocrésyle en excès. Il est toujours mélangé de plus ou moins de tri-p-crésylarsine. C'est une huile incristallisable dans un mélange réfrigérant et distillant vers 340-345°, point difficile à établir par suite du dédoublement en chlorure d'arsémonocrésyle et tricrésylarsine. On peut séparer le chlorure d'arsédicrésyle du dichlorure d'arsémonocrésyle par le carbonate de sodium, qui décompose le second à l'ébullition et laisse le premier intact.

Les propriétés générales du chlorure arsédicrésylique sont celles du chlorure d'arsédiphényle.

L'ébullition prolongée avec la potasse alcoolique le transforme en *oxyde d'arsé-di-p-crésyle* $[(CH^3.C^6H^4)^2As]^2O$, cristallisable dans l'éther en aiguilles soyeuses qui fondent à 98°.

Le chlorure d'arsédicrésyle absorbe le chlore pour donner le *trichlorure* $(C^7H^7)^2AsCl^3$, solide que l'eau décompose en donnant d'abord un liquide oléagineux, sans doute un oxychlorure, puis une masse cristalline très peu soluble dans l'eau bouillante, soluble dans l'alcool et qui constitue l'*acide di-p-crésylarsinique*,

$$(CH^3.C^6H^4)^2AsO(OH).$$

Cet acide fond à 167°. Ses sels alcalins sont solubles dans l'eau et dans l'alcool; celui de sodium cristallise par refroidissement en fines aiguilles. Le sel d'argent est un précipité blanc; la plupart des autres sels sont solubles dans l'eau.

Acide di-p-benzarsinique,

$$(C^6H^4.COOH)^2AsO(OH).$$

— On oxyde l'acide dicrésylarsinique par le permanganate de potassium en chauffant la solution à 50-60°, puis on précipite par l'acide chlorhydrique. L'acide di-p-benzarsinique se précipite en lamelles brillantes, presque insolubles dans l'eau bouillante, plus solubles dans l'acide chlorhydrique concentré et chaud, peu solubles dans l'alcool. Chauffé, il se décompose sans fondre.

Ses sels alcalins sont solubles dans l'eau et dans l'alcool; les sels alcalino-terreux sont solubles dans l'eau, d'où l'alcool les précipite. L'analyse de ces sels n'a conduit qu'à des résultats incertains qui paraissent indiquer des mélanges de sels di- et tribasiques.

Le *dibenzarsinate de méthyle*,

$$AsO \lessgtr^{(C^6H^4.CO^2CH^3)^2}_{OH}$$

obtenu à l'aide du sel d'argent, cristallise dans l'alcool en croûtes jaunâtres, fusibles au delà de 280°.

Iodure dibenzarsénieux, $(C^6H^4.CO^2H)^2AsI$. — On l'obtient en traitant l'acide dibenzarsinique par l'acide iodhydrique et le phosphore rouge. Soluble dans l'éther et dans le chloroforme, il ne forme que des cristaux confus, qui fondent au delà de 280° et que l'eau décompose en produisant l'*acide dibenzarsénieux*,

$$(C^6H^4.CO^2H)^2As.OH,$$

précipité cristallin peu soluble dans l'eau, soluble dans l'alcool.

Le *sel de calcium*, précipité par l'alcool, renferme

$$OH.As(C^6H^4.CO^2)^2Ca, 2H^2O.$$

Tri-p-crésylarsine, $(CH^3.C^6H^4)^3As$. — On a indiqué plus haut dans quelles circonstances elle se forme. On l'obtient en chauffant l'oxyde d'arsémonocrésyle à 360°:

$$3(CH^3.C^6H^4)As.O = As^2O^3 + (CH^3.C^6H^4)^3As.$$

On décante la tricrésylarsine pendant qu'elle est en surfusion et on la fait cristalliser dans l'éther, qui l'abandonne en cristaux fusibles à 145°. Elle paraît se volatiliser sans décomposition à 360°.

Dissoute dans le chloroforme, elle absorbe Cl^2. Le *dichlorure*, $(C^7H^7)^3AsCl^2$, fond à 214°; il se dissout sans décomposition dans l'eau bouillante. Pour obtenir l'*hydrate* correspondant, il faut le traiter par la potasse alcoolique; ce dernier n'a pas été obtenu pur.

Acide tribenzarsinique,

$$As \begin{cases} (C^6H^4.COOH)^3 \\ (OH)^2 \end{cases}$$

— On oxyde la tricrésylarsine en poudre par une solution alcaline de permanganate, on concentre la solution et on la précipite par l'acide chlorhydrique. Cet acide cristallise dans l'alcool en croûtes cristallines: dans l'éther, en cristaux grenus. Il fonctionne comme tribasique; néanmoins on a obtenu un sel d'argent qui paraît renfermer 4 atomes d'argent.

Le *sel de potassium*, $O.As(C^6H^4.CO^2K)^3$, soluble dans l'eau, se dépose de sa solution alcoolique en croûtes cristallines

Le *sel de calcium*,

$$[O.As(C^6H^4.CO^2)^3]^2Ca^3$$

est précipité par l'alcool en flocons qui retiennent de 1 à 2 molécules d'eau,

Acide tribenzarsénieux ou *arséniotribenzoïque*, $As(C^6H^4.COOH)^3$. — Il ne se forme que difficilement par la réduction de l'acide précédent au moyen de l'acide iodhydrique. Il cristallise dans l'éther en aiguilles incolores, fusibles à haute température en brunissant.

Le *sel de sodium*, $As(C^6H^4.CO^2Na)^3, 2H^2O$, cristallise par refroidissement en courtes aiguilles. Le *sel d'argent* est un précipité gélatineux jaunâtre.

Benzylarsines. — Ces arsines ont été étudiées par MM. A. Michaelis et U. Paetoff [*Ann. Chem.*, **233**, 60; *Bull. Soc. Chim.*, (2), **45**, 393 et **47**, 214].

Pour obtenir les combinaisons benzylarsiniques, on fait agir le sodium sur un mélange de chlorure d'arsenic et de chlorure de benzyle en excès, dissous dans l'éther et additionné d'éther acétique (sans cette addition il se forme beaucoup de bibenzyle). On mélange 100 grammes de chlorure de benzyle avec 72 grammes de chlorure d'arsenic et 500 centimètres cubes d'éther anhydre additionné de 5 centimètres cubes d'éther acétique; on ajoute 50 grammes de sodium en petits morceaux et on abandonne le tout dans un appareil à reflux. La réaction est énergique et donne naissance à la tribenzylarsine et aux chlorures de tri- et de dibenzylarsine :

$$3C^6H^5.CH^2Cl + AsCl^3 + 3Na^2 = 6NaCl + (C^6H^5.CH^2)^3As,$$

$$3C^6H^5.CH^2Cl + AsCl + Na^2 = 2NaCl + (C^6H^5.CH^2)^3As.Cl^2,$$

$$2C^6H^5.CH^2Cl + AsCl^3 + Na^2 = 2NaCl + (C^6H^5.CH^2)^2As.Cl^3.$$

La réaction terminée, on filtre, on distille l'éther et on reprend le résidu par l'alcool, qui laisse insolubles la tribenzylarsine et une partie du trichlorure de dibenzylarsine en transformant ce dernier corps en un oxychlorure de la formule $(C^7H^7)^2AsCl(OH)^2$, tandis que le dichlorure de tribenzylarsine se dissout à l'état d'oxychlorure,

$$(C^7H^7)^3AsCl(OH).$$

En faisant cristalliser la partie insoluble dans l'alcool ammoniacal bouillant, on obtient la tribenzylarsine, tandis que la solution retient le dibenzylarsinate d'ammonium formé d'après l'équation

$$(C^7H^7)^2AsCl(OH)^2 + 2AzH^3 = AzH^4Cl + (C^7H^7)^2AsO(OAzH^4).$$

Quant au mélange d'oxychlorures restés primitivement en solution, on les sépare en précipitant par l'éther la solution alcoolique concentrée et en faisant bouillir le précipité avec de la soude. L'oxychlorure de dibenzylarsine se transforme en *dibenzylarsinate de sodium* qui reste dissous, tandis que l'oxychlorure de tribenzylarsine est converti en oxyde de tribenzylarsine à peu près insoluble :

$$(C^7H^7)^3AsCl(OH) - HCl = (C^7H^7)^3AsO.$$

Chlorure d'arsémonobenzyle, $C^7H^7As.Cl^2$. — On chauffe à 180° un mélange de 1 molécule de tribenzylarsine avec 1 molécule de chlorure d'arsenic, puis on distille sous pression réduite. Le chlorure formé passe à 175° sous une pression de 50 millimètres. C'est un liquide huileux, qui se décompose à l'air suivant l'équation

$$C^7H^7AsCl^2 + O = AsOCl + C^6H^5.CH^2Cl.$$

Acide dibenzylarsinique,

$$(C^6H^5.CH^2)^2AsO(OH).$$

— Séparé de ses sels par l'acide chlorhydrique, il cristallise dans l'alcool en lamelles nacrées, fusibles à 210°, peu solubles dans l'eau, l'alcool froid, le benzène, l'éther, solubles dans l'alcool bouillant. Il se décompose à une température élevée en arsenic, bibenzyle, aldéhyde benzylique et eau. L'acide chlorhydrique le décompose à chaud suivant l'équation

$$(C^6H^5.CH^2)^2AsO(OH) + 4HCl = 2H^2O + AsCl^3 + C^6H^5.CH^2Cl + C^7H^8,$$

c'est-à-dire à la manière de l'acide cacodylique. Son isomère, l'acide di-p-crésylarsinique (voyez p. 375), n'est pas décomposé dans les mêmes conditions. Traité par le zinc et l'acide chlorhydrique, l'acide dibenzylarsinique fournit un composé blanc, insoluble dans les acides et dans les alcalis, qui paraît être le *benzylcacodyle*,

$$(C^6H^5.CH^2)^2As.As(CH^2.C^6H^5)^2.$$

Le *dibenzylarsinate de baryum*,

$$[(C^7H^7)^2AsO^2]^2Ba, 8H^2O,$$

est en lamelles solubles dans l'eau et dans l'alcool; il en est de même du *sel de calcium*, qui renferme $6H^2O$. Le *sel d'argent* est un précipité amorphe.

L'acide dibenzylarsinique se combine avec les acides chlorhydrique, bromhydrique et azotique moyennement concentrés.

Le *chlorhydrate*,

$$(C^7H^7)^2As\left\{\begin{matrix}(OH)^2\\Cl\end{matrix}\right.$$

se dépose par le refroidissement en fines aiguilles blanches, fusibles à 228°.

Le *bromhydrate*, $(C^7H^7)^2As(OH)^2Br$, forme des cristaux instables.

L'*azotate*, $(C^7H^7)^2As(OH)^2.AzO^3$, fond à 128° et cristallise en aiguilles.

En saturant par l'hydrogène sulfuré une solution alcaline d'acide dibenzylarsinique, puis précipitant par l'eau, on obtient l'*oxysulfhydrate dibenzylarsinique*, $(C^7H^7)^2AsO(SH)$.

Tribenzylarsine, $(C^6H^5.CH^2)^3As$. — Sa préparation a été indiquée plus haut. Elle cristallise dans l'alcool en longues aiguilles clinorhombiques, insolubles dans l'eau, très solubles dans l'éther et dans le benzène. Elle fond à 104° et ne distille pas sans décomposition. Elle fixe le chlore, le brome et les iodures alcooliques. L'acide azotique étendu et bouillant la convertit en acides benzoïque et arsénique.

Elle fournit en solution éthérée avec le chlorure mercurique un précipité blanc, qui cristallise dans l'alcool en fines aiguilles, fusibles à 159° et renfermant $(C^7H^7)^3As.HgCl^2$.

Oxyde de tribenzylarsine, $(C^7H^7)^3As.O$. — Sa préparation a été indiquée plus haut. Prismes d'apparence orthorhombique, fusibles à 219-220°, peu solubles dans l'eau froide, l'éther et le benzène, très solubles dans l'alcool. Il donne avec les hydracides et avec l'acide azotique des combinaisons insolubles dans l'eau, cristallisables dans l'alcool :

$(C^7H^7)^3As(OH)Cl$. — Cristaux fusibles à 162-163°.

$(C^7H^7)^3As(OH)Br$. — Lamelles d'apparence orthorhombique, fusibles à 128-129°.

$(C^7H^7)^3As(OH)I$. — Lamelles incolores, fusibles à 78°.

$(C^7H^7)^3As(OH)AzO^3$. — Fines aiguilles, fusibles à 170° en se décomposant.

Sulfure de tribenzylarsine, $(C^7H^7)^3AsS$. — Il se forme par l'action de l'hydrogène sulfuré sur une solution alcoolique de l'oxyde. Cristaux orthorhombiques, fusibles à 212-214°, insolubles dans l'alcool, l'éther, le benzène, le sulfure de carbone, un peu solubles dans l'acide acétique et dans le chloroforme bouillants.

L'action des iodures alcooliques sur la tribenzylarsine fournit les iodures d'ammoniums quaternaires suivants :

Iodure de tribenzylméthylarsonium,

$$(C^7H^7)^3(CH^3)AsI.$$

— Fines aiguilles, fusibles à 143°.

L'oxyde d'argent humide le convertit en une base très alcaline, sans doute l'*hydrate* correspondant.

Neutralisée par l'acide chlorhydrique, cette base fournit le *chlorure* $(C^7H^7)^3(CH^3)AsCl$, aiguilles blanches, fusibles à 201°.

Iodure de tribenzyléthylarsonium

$$(C^7H^7)^3(C^2H^5)AsI.$$

— Lamelles clinorhombiques, fusibles à 148°.

Iodure de tribenzylisopropylarsonium,

$$(C^7H^7)^3(C^3H^7)AsI.$$

— Cristaux fusibles à 146°.

Le *dérivé isoamylique* fond à 146°.

Chlorure de tétrabenzylarsonium,

$$(C^7H^7)^4AsCl.$$

— Cristaux tricliniques, fusibles à 160°, obtenus en chauffant la tribenzylarsine à 175° avec du chlorure de benzyle. Traité par le bromure ou par l'iodure de potassium, ce chlorure fournit le *bromure* $(C^7H^7)^4AsBr$ en fines aiguilles fusibles à 173°, ou l'*iodure* $(C^7H^7)^4AsI$ en aiguilles fusibles à 168°. On obtient aussi cet iodure par l'action de l'acide iodhydrique et du phosphore sur l'oxyde de tribenzylarsine.

Le *periodure*, $(C^7H^7)^4AsI.I^2$, fond à 149-150° et se présente en lamelles rouges.

L'*hydrate*, $(C^7H^7)^4As(OH)$, est une base sirupeuse très alcaline.

ANISYLARSINES. — *Chlorure d'arsen-anisyle*.

$$(C^6H^4.OCH^3)As.Cl^2.$$

— On chauffe à 200° la trianisylarsine, décrite plus bas, avec un grand excès de chlorure d'arsenic. Après avoir distillé cet excès, on continue la distillation sous pression réduite. C'est un liquide incolore, passant à 230° sous une pression de 117 millimètres. Par fixation de Cl^2 à 0° il donne un *tétrachlorure* liquide, épais et jaune.

La soude caustique transforme le dichlorure en *oxyde* $(C^6H^4.OCH^3)As.O$, qui forme une masse cristalline incolore.

Traité par l'eau, le tétrachlorure est converti en *acide anisylarsinique*, $(C^6H^4.OCH^3)AsO(OH)^2$, que l'eau chaude abandonne en croûtes cristallines. Chauffé rapidement, cet acide fond à 159-160°; chauffé lentement, il fournit l'*arsino-anisol* $(C^6H^4.OCH^3)AsO^2$.

Le *sel d'argent*, $(C^6H^4.OCH^3)AsO(OAg)^2$, est un précipité blanc.

IODURE D'ARSÉDIANISYLE, $(C^6H^4.OCH^3)^2As.I$. — Il se forme lorsqu'on chauffe modérément la trianisylarsine avec de l'acide iodhydrique (d=1.56). C'est une huile rouge, qui n'a pas été obtenue pure, mais que la soude caustique transforme en *oxyde d'arsédianisyle*,

$$[(C^6H^4.OCH^3)^2As]^2O,$$

fusible à 130° et cristallisable dans l'alcool ou dans le benzène.

Cet oxyde se dissout dans l'acide chlorhydrique concentré; le *chlorure* produit se sépare sous la forme d'une huile qui se concrète; il cristallise dans l'éther en larges aiguilles, fusibles à 79-80°.

TRIANISYLARSINE, $(C^6H^4.OCH^3)^3As$. — On l'obtient en faisant agir 20 grammes de sodium sur un mélange de 50 grammes de bromanisol $(C^6H^4Br.OCH^3)$ et de 30 grammes de chlorure d'arsenic, additionné de 4 fois son volume d'éther. L'éther entre en ébullition et il se forme un précipité qu'on sépare, à l'aide d'un tamis, du sodium en excès, qu'on lave à l'eau, à l'alcool et à l'éther, puis qu'on fait cristalliser dans un mélange d'alcool et de benzène. Beaux cristaux cubiques, fusibles à 156° [A. Michaelis et L. Weitz, *D. chem. G.*, **20**, 48; *Bull. Soc. Chim.*, (2), **47**, 604].

En partant du bromophénéthol, on a obtenu de même la *triphénéthylarsine*,

$$(C^6H^4.OC^2H^5)^3As.$$

NAPHTYLARSINES.— Le mercure-naphtyle réagit facilement sur le chlorure d'arsenic pour donner le *chlorure d'arsénaphtyle*, $C^{10}H^7As.Cl^2$ (Kelbe). Ce composé est une poudre cristalline blanche, fusible à 63°, soluble dans l'alcool, le benzène, etc., insoluble dans l'eau. Traité par les alcalis, il fournit l'oxyde $C^{10}H^7As.O$, poudre blanche, fusible à 245°, peu soluble dans l'alcool bouillant, insoluble dans les autres liquides; la distillation le décompose (Michaelis et Schulte).

Le dichlorure absorbe le chlore et donne ensuite par l'action de l'eau l'*acide naphtylarsinique*, $C^{10}H^7.AsO(OH)^2$, qui cristallise en aiguilles incolores, fusibles à 197° [W. Kelbe, *D. chem. G.*, **11**, 1503].

ARSÉNONAPHTALÈNE, $C^{10}H^7.As^2.C^{10}H^7$. — Il se produit lorsqu'on fait bouillir l'oxyde d'arsénaphtyle avec de l'alcool et de l'acide phosphoreux et se dépose par le refroidissement en aiguilles jaunes, insolubles dans l'eau et dans l'éther, peu solubles dans les autres véhicules. Il fond à 221° et se décompose par la distillation. Il se comporte comme l'arsénobenzène sous l'influence du chlore et du soufre; l'acide azotique le convertit en acide naphtylarsinique [A. Michaelis et C. Schulte, *D. chem. G.*, **15**, 1954; *Bull. Soc. Chim.*, (2), **39**, 218.

E. Willm.

ARTARINE, $C^{21}H^{23}AzO^4$ [Giacosa et Monari, *Gaz. chim. ital.*, **17**, 362; *D. chem. G.*, **21**, *Ref.*, 137; — Giacosa et Soave, *Gaz. chim. ital.*, **19**, 503; *D. chem. G.*, **22**, *Ref.*, 691]. — Cet alcaloïde est contenu dans l'écorce de *Xanthoxylon senegalense* (artar-root). Pour l'obtenir, on pulvérise l'écorce et on l'épuise successivement par l'éther de pétrole bouillant, puis par l'alcool chaud. L'extrait alcoolique est traité par la soude diluée et épuisé par l'éther : la solution éthérée fournit par addition d'acide chlorhydrique du chlorhydrate d'artarine mélangé avec celui d'une autre base; on sépare les deux alcaloïdes l'un de l'autre au moyen de l'eau bouillante.

L'artarine est une poudre amorphe d'un gris rougeâtre; elle se colore en brun à la lumière, brunit à 210° et fond en se décomposant à 240°: sa réaction est nettement alcaline.

L'alcaloïde qui accompagne l'artarine, et qui est très peu abondant, ne paraît pas avoir été étudié : il donne un chlorhydrate cristallisé qui brunit vers 200° et qui fond à 270°.

ASARIQUE (ACIDE),

$$(CH^3O)^3C^6H^2-CO^2H.$$

— On l'obtient dans l'oxydation de l'asarone.

Préparation. — On verse goutte à goutte une solution renfermant 40 grammes de permanganate de potassium pour 750 centimètres cubes d'eau, dans une solution tiède de 10 grammes d'asarone dans 450 centimètres cubes d'eau [Boutleroff et Rizza, *J. Soc. chim. russe*, **19**, 3].

La solution filtrée est lavée à l'éther, et évaporée; on reprend le résidu par de l'alcool à 95 0/0 bouillant. On décompose ensuite par l'acide chlorhydrique le sel qui a cristallisé par le refroidissement de la liqueur alcoolique.

L'acide asarique forme des aiguilles fusibles à 144° et bouillant à 300°.

Il est difficilement soluble dans l'eau froide, mais il se dissout bien dans l'alcool, le benzène et la ligroïne.

Chauffé en tube scellé avec une solution d'acide iodhydrique, il fournit de l'iodure de méthyle. Si l'on répète la même opération à 150° avec de l'acide chlorhydrique ($d = 1,16$), il fournit de l'acide carbonique, du chlorure de méthyle et un corps cristallisant en aiguilles et répondant à la formule $C^{12}H^8O^4$.

Ce produit est soluble dans l'acide sulfurique en donnant une solution bleue. Sa solution aqueuse se colore en noir par le perchlorure de fer.

Chauffé avec de l'hydrate de chaux, l'acide asarique se décompose en acide carbonique et en éther triméthylique d'un triphénol $C^6H^3(OCH^3)^3$.

Ce dernier produit a été identifié avec l'éther triméthylique de l'oxyhydroquinone [Will, *D. chem. G.*, **21**, 602].

Cette identification a permis d'établir la constitution de l'acide asarique, qui répond à la formule

$$C^6H^2\left\{\begin{array}{ll}COOH & (1)\\ OCH^3 & (3)\\ OCH^3 & (4)\\ OCH^3 & (6)\end{array}\right.$$

On voit qu'il est facile de remonter de cette formule à celle de l'asarone. A. Béhal.

ASARONE,

$$C^6H^2\left\{\begin{array}{ll}CH=CH-CH^3 & (1)\\ OCH^3 & (3)\\ OCH^3 & (4)\\ OCH^3 & (6)\end{array}\right.$$

Les rhizomes de l'*Asarum europæum* fournissent à la distillation avec la vapeur d'eau une huile volatile, épaisse, brune, qui contient, d'après M. Petersen [*D. chem. G.*, **21**, 1057] :

1° Un carbure lévogyre, $C^{10}H^{16}$, identique avec le *pinène* de M. Wallach;

2° De l'asarone;

3° Un corps $C^{11}H^{14}O^2$, qui ne serait autre que l'éther méthylique de l'eugénol.

Les genres voisins ne fournissent point les mêmes produits; c'est ainsi que l'*Asarum canadense* ne donne point d'asarone, mais renferme le pinène de M. Wallach et un isomère du bornéol en combinaison avec l'acide acétique.

Préparation (voyez Dict., **1**, 428). — Le rendement en asarone est de 1,2 à 1,4 0/0 du poids de la plante sèche [Boutleroff et Rizza, *D. chem. G.*, **17**, 1159].

Pure, elle fond à 59° et bout à 296°, sans décomposition. Son poids spécifique est : 1,165 à 18°; 1,0743 à 60°; 1,06 à 95°. L'acide acétique et le tétrachlorure de carbone la dissolvent facilement.

Elle fixe 2 atomes de brome par simple addition; on emploie pour cela sa solution dans le tétrachlorure de carbone, qu'on évapore après action du brome dans un courant d'acide carbonique; le corps formé répond à la formule

$$C^{12}H^{16}Br^2O^3.$$

Si l'on opère la bromuration sans précaution, il se fait des produits de substitution, en même temps qu'il se dégage de l'acide bromhydrique.

Chauffée en tube scellé avec de l'acide iodhydrique, l'asarone fournit 3 molécules d'iodure de méthyle, ce qui prouve qu'elle renferme 3 groupements méthoxyle OCH^3.

Oxydée par l'acide chromique en solution acétique, elle fournit un produit cristallisé en longues aiguilles solubles dans l'eau bouillante.

Dans l'oxydation par l'acide nitrique ou par le permanganate, M. Poleck [*D. chem. G.*, **17**, 1415] a observé la formation d'un corps neutre, fondant à 117°, volatil avec décomposition, et répondant à la formule $C^8H^9O^3$; en même temps, il a trouvé de l'acide carbonique, de l'acide formique, de l'acide acétique, de l'acide oxalique et un acide cristallisable dans l'éther, fondant à 144°; ce dernier n'est autre que l'acide asarique. Il se forme aussi, dans l'oxydation par le permanganate, de l'aldéhyde vératrique.

Chauffée avec la poudre de zinc, l'asarone fournit un peu de benzène.

Corps $C^{11}H^{14}O^2$ [Petersen, *D. chem. G.*, **21**, 1057]. — Ce corps doit être, d'après ses réactions, considéré comme l'éther méthylique de l'eugénol :

$$C^6H^3\begin{array}{ll}\diagup CH=CH-CH^3 & (1)\\ -\ OCH^3 & (3)\\ \diagdown OCH^3 & (4)\end{array}$$

Préparation. — On sépare par la distillation de l'huile d'asarum les produits qui passent de 240 à 260°. On rectifie un grand nombre de fois et on recueille ce qui distille de 247 à 253°.

Ce produit a pour poids spécifique 1,055 à 15°.

Le brome et le chlore ne réagissent pas sur lui d'une façon nette.

Chauffé avec de l'acide iodhydrique, il donne 2 molécules d'iodure de méthyle, ce qui montre qu'il renferme deux groupements méthoxyle.

Le nitrite de sodium donne, avec le produit dissous dans l'acide acétique, un nitrite cristallisant dans l'alcool à 50° en aiguilles fusibles à 118°.

Ce corps est insoluble dans l'eau et répond à la formule $C^{11}H^{14}O^2 . Az^2O^3$.

Oxydé par le permanganate, il donne de l'acide vératrique, ce qui a permis d'en établir la constitution :

$$C^{11}H^{14}O^2 + 4O^2 = C^9H^{10}O^6 + 2CO^2 + 2H^2O.$$

On obtient en même temps de l'acide acétique.

A. Béhal.

ASELLINE, $C^{25}H^{32}Az^4$. — C'est une des bases retirées par MM. A. Gautier et L. Mourgues de l'huile de foie de morue [*Bull. Soc. Chim.*, (3), **2**, 226].

L'huile est agitée avec son volume d'alcool à 33° centésimaux et renfermant 3 grammes d'acide oxalique par litre, en ayant soin d'opérer à l'abri de l'air. Les liquides alcooliques sont additionnés d'un lait de chaux jusqu'à réaction acide faible, filtrés et distillés dans le vide à la température de 40°, au 1/20° du volume primitif; on achève alors la neutralisation par la chaux et on termine la concentration dans le vide.

Le résidu ainsi obtenu est repris par l'alcool à 83°; la solution est privée d'alcool par distillation au bain-marie, puis alcalinisée par la potasse et épuisée par l'éther. Le mélange des bases ainsi obtenues est soumis à la distillation dans le vide jusqu'à 205-210°.

Le résidu de cette distillation cède à l'acide chlorhydrique faible l'*aselline* et la *morrhuine*, qu'on peut séparer par addition de chlorure de platine; la première de ces bases donne un chloroplatinate insoluble, et l'autre un chloroplatinate soluble.

L'aselline se présente en flocons blancs, amorphes, non hygrométriques, jaunissant à l'air et à la lumière; son odeur est insensible à froid. Elle fond, lorsqu'on la chauffe, en un liquide brun, épais, d'une odeur aromatique. Elle est presque insoluble dans l'eau, à laquelle elle communique néanmoins une légère saveur amère et une faible alcalinité; elle est soluble dans l'éther et surtout dans l'alcool.

Le *chlorhydrate* forme de petits cristaux assez amers, dissociables par l'eau.

Le *chloraurate*, de couleur acajou, est peu soluble; il se dissout très difficilement à l'ébullition en laissant déposer de l'or métallique.

Le *chloromercurate* est un précipité blanc, confusément cristallin, assez soluble, surtout à chaud.

Le *chloroplatinate*, $(C^{25}H^{32}Az^4.HCl)^2PtCl^4$, est un précipité orangé, très peu soluble; il s'altère rapidement par l'eau bouillante.

L'aselline se colore en rose faible par l'acide sulfurique concentré. Oxydée par l'acide nitrique, elle donne un résidu qui, par addition de potasse, se colore en un rouge acajou intense.

L'aselline est faiblement active sur l'économie. A faible dose, elle produit des troubles respiratoires, de l'anhélation, de la stupeur; à plus forte dose, des troubles convulsifs et la mort.

Ad. Fauconnier.

ASEPTOL [Syn. *Acide sozolique*]. — On a donné ce nom à l'acide o-oxyphénylsulfoné

$$C^6H^4 \begin{matrix} \diagup OH \\ \diagdown SO^2.OH \end{matrix}$$

(voyez ce mot) employé comme antiseptique; il est sous ce rapport trois fois plus puissant que l'acide phénique et il possède sur ce dernier l'avantage d'être facilement soluble dans l'eau, d'être peu caustique et nullement toxique [Serrantz, *C. R.*, **100**, 1465 et 1544]. Pour le préparer, on mélange à froid molécules égales d'acide sulfurique concentré et d'acide phénique, en évitant l'élévation de la température pour ne pas produire le composé para; on sature l'excès d'acide sulfurique par le carbonate de baryum, on filtre et on concentre dans le vide ou à basse température, après avoir précipité par l'acide sulfurique le baryum en dissolution. Liquide sirupeux; d = 1,45; il donne avec les persels de fer une coloration violette.

ASPARAGINE. — 1° ASPARAGINE ACTIVE OU α-ASPARAGINE,

$$CO^2H-CH(AzH^2)-CH^2-CO.AzH^2.$$

L'asparagine ordinaire est lévogyre; son pouvoir rotatoire $[\alpha]_D = -5°,41$ diminue jusqu'à devenir nul quand on ajoute de l'acide acétique à ses solutions; un grand excès de cet acide peut même changer le sens de la rotation.

La densité de l'asparagine gauche cristallisée est égale à 1,552 (Rüdorff), 1,548 (Boggio) par rapport à l'eau à 4°.

L'asparagine est très légèrement décomposée par ébullition avec l'eau, en ammoniaque et acide aspartique; l'acide chlorhydrique agit de la même manière, à froid, et la quantité d'asparagine transformée est à peu près proportionnelle à la durée de l'attaque.

L'action de la magnésie est lente : après une demi-heure d'ébullition, elle ne produit que les 2 centièmes du dédoublement normal.

La soude agit plus rapidement : la décomposition peut devenir complète après 5 jours de contact, à froid [Berthelot et André, *Bull. Soc. Chim.*, (2), **47**, 842].

Le nitrate mercurique donne avec les solutions d'asparagine, même étendues, un précipité blanc qui régénère l'asparagine sous l'influence de l'hydrogène sulfuré. Cette réaction peut servir à séparer l'asparagine d'un grand nombre de mélanges [Schulze, *D. chem. G.*, **15**, 2854].

Chaleur de combustion pour 1 gramme : 3,428 calories (Stohmann).

Traitée à froid par l'esprit de bois et l'iodure de méthyle, en présence d'un excès de potasse, l'asparagine donne de l'iodure de tétraméthylammonium et de l'acide fumaramique,

$$CO^2H-CH=CH-CO.AzH^2,$$

fusible à 217° [Griess, *D. chem. G.*, **12**, 2118].

Le cyanate de potassium transforme l'asparagine en *acide uramidosuccinique*,

$$CO^2H-C^2H^3(AzH.CO.AzH^2)-CO.AzH^2,$$

fusible à 157°. Le pouvoir rotatoire de cette substance est inverse de celui de l'asparagine employée (gauche ou droite); par l'acide chlorhydrique, on la change en *acide urimidosuccinique*,

$$\begin{matrix} CO-AzH \diagdown \\ | \qquad\quad CO. \\ CO^2H-C^2H^3-AzH \diagup \end{matrix} \quad \text{(Piutti.)}$$

L'urée donne des combinaisons du même ordre.

Picrate d'asparagine,

$$C^4H^8Az^2O^3.C^6H^2(AzO^2)^3OH.$$

— Prismes jaunes, solubles dans l'eau et dans l'alcool; on l'obtient par union directe de l'asparagine avec l'acide picrique, au sein de l'alcool.

Diphénylasparagine phtalique,

$$\begin{matrix} (C^6H^5)^2Az.CO \\ CO^2H \end{matrix} \rangle C^2H^3.Az \langle \begin{matrix} CO \\ CO \end{matrix} \rangle C^6H^4.$$

— Ce corps prend naissance quand on chauffe vers 180° un mélange d'acide phtalylaspartique et de diphénylamine; il présente deux modifications isomériques, dont l'existence s'explique par la dissymétrie du groupe central C^2H^3. L'une de ces modifications est anhydre et fond à 112°; l'autre renferme 2 molécules d'eau de cristallisation et fond à 203-204°. Elles sont toutes deux cristallines [Piutti, *Gazz. chim. ital.*, **14**, 473].

La diphénylasparagine phtalique fusible à 112° se transforme à 200° en une *aspartéine* cristallisée qui fond à 273-274°.

Diphénylasparagine,

$$CO^2H-CH(AzH^2)-CH^2-CO.Az(C^6H^5)^2.$$

— On obtient ce produit, en même temps qu'un peu de phtalimide, en traitant la diphénylasparagine phtalique, fusible à 112°, par l'ammoniaque alcoolique.

La diphénylasparagine fond en se décomposant vers 230°.

Méthylphénylasparagine phtalique,

$$\begin{matrix} (CH^3).(C^6H^5)Az.CO \\ CO^2H \end{matrix} \rangle C^2H^3.Az \langle \begin{matrix} CO \\ CO \end{matrix} \rangle C^6H^4.$$

— Corps amorphe, résultant de l'action de la méthylaniline sur l'acide phtalylaspartique à 150°.

Un excès de méthylaniline transforme successivement cette matière en méthylphénylaspartide phtalique (voyez ACIDE ASPARTIQUE). en *acide méthylphénylfumaramique*,

$$(CH^3)(C^6H^5)Az.CO-CH=CH-CO^2H,$$

fusible à 128°, et enfin en *méthylphénylfumarimide*,

$$\left(\begin{matrix}CH^3 \\ C^6H^5\end{matrix} > Az\right)^2 = \underset{\displaystyle O \;\text{———}\; CO}{C - CH = CH}$$

qui fond à 187°,5 et se dédouble à 170-180°, en présence d'acide chlorhydrique, en acide fumarique et méthylaniline.

A l'exception de la méthylphénylasparagine, tous ces corps cristallisent aisément.

α-Asparagine droite. — L'asparagine dextrogyre a été découverte par M. Piutti, dans les eaux mères d'une cristallisation industrielle d'asparagine provenant de vesces germées. Le rendement est faible.

La forme cristalline de cette substance est la même que celle de l'asparagine ordinaire, sauf la position des facettes hémièdres signalées autrefois par M. Pasteur; $[\alpha]_D = 5°,41$ [Piutti, *C. R.*, **103**, 135].

Sa densité est égale à 1,528 (Boggio), plus faible par conséquent que celle de l'asparagine gauche. Sa saveur est franchement sucrée, tandis que l'asparagine ordinaire est à peu près insipide.

L'ébullition avec les acides ou avec les alcalis la transforme en acide aspartique droit (solution alcaline); l'acide azoteux en dégage de l'azote et donne de l'acide malique droit.

Chauffée à 170-180° avec de l'acide chlorhydrique, l'asparagine droite donne, comme l'asparagine ordinaire, de l'acide aspartique inactif.

Les deux asparagines actives ne paraissent pas pouvoir former de racémique; elles cristallisent en effet séparément de leur mélange, bien qu'elles présentent l'une et l'autre la composition du même acide β-amido-succinamique et que leur isomérie soit uniquement d'ordre physique.

2° Asparagine inactive ou β-Asparagine,

$$CO^2H - CH^2 - CH(AzH^2) - CO \, . \, AzH^2.$$

— Ce corps, qui constitue l'isomère chimique de l'asparagine naturelle, a été obtenu par M. Piutti en décomposant l'éther β-monoéthylaspartique,

$$CO^2H - CH^2 - CH(AzH^2) - CO^2C^2H^5,$$

par l'ammoniaque alcoolique à 100-105°; il forme des cristaux tricliniques brillants, renfermant une molécule d'eau de cristallisation, qui deviennent opaques vers 118-120° et se colorent en jaune au-dessus de 200°, sans présenter de point de fusion net à aucune température.

La β-asparagine est inactive; elle se dissout assez bien dans l'eau froide et très peu dans l'alcool; elle est complètement insoluble dans l'éther; douée d'une réaction fortement acide, elle peut même déplacer l'acide acétique de ses combinaisons salines.

La β-asparagine paraît pouvoir se former aussi au moyen des éthers aspartiques dérivés de l'asparagine ordinaire [Piutti, *Gazz. chim. ital.*, **18**, 457 et 472].

Synthèse des asparagines. — On peut obtenir les deux α-asparagines en décomposant les éthers mono- ou diéthylique de l'acide aspartique inactif par l'ammoniaque alcoolique à 100°. Le liquide sirupeux qui se forme laisser déposer des cristaux d'asparagine par simple addition d'alcool; ces cristaux, convenablement purifiés, présentent l'hémiédrie dans les deux sens et peuvent être facilement séparés à la pince.

L'α-aspartate monoéthylique donne de meilleurs rendements que l'éther neutre.

Cette réaction donne un nouvel exemple de synthèse totale d'un corps actif en dehors de tout phénomène de fermentation [Piutti, Körner et Menozzi, *Gazz. chim. ital.*, **17**, 226].

On a vu plus haut comment la β-asparagine se forme, dans des conditions toutes semblables à celles qui ont permis d'obtenir les deux asparagines actives par synthèse. La constitution de ces différents corps se déduit immédiatement de la formule des éthers aspartiques dont ils dérivent.

Dosage de l'asparagine. — On chauffe pendant 2 heures, à l'ébullition, le liquide qui renferme l'asparagine avec un excès d'acide chlorhydrique concentré et on dose l'ammoniaque produite, soit au moyen de la magnésie, soit en mesurant, dans un azotomètre quelconque, le volume d'azote qui se dégage au contact de l'hypobromite de sodium : une molécule d'ammoniaque correspond à une molécule d'asparagine, l'acide aspartique n'étant pas décomposé dans ces conditions.

Dans le cas des mélanges complexes, des extraits végétaux par exemple, il est indispensable de s'assurer, par un essai préliminaire, que l'hypobromite de sodium ne donne pas de réaction dans le liquide primitif; s'il s'y produisait, au contraire, un dégagement d'azote, il faudrait mesurer le volume de ce gaz et le retrancher de celui qu'on obtient après l'action de l'acide chlorhydrique. L. Maquenne.

ASPARTIQUE (ACIDE). — *Préparation*. — 1° On fait bouillir, pendant 2 ou 3 heures, au réfrigérant à reflux, 100 grammes d'asparagine avec 408 centimètres cubes d'acide chlorhydrique à 119gr,25 de HCl par litre. Après refroidissement on ajoute 204 centimètres cubes d'ammoniaque à 55gr,54 de AzH^3 par litre; on laisse reposer pendant quelques heures; on essore à la trompe les cristaux qui se séparent et on les purifie par une seconde cristallisation dans l'eau. Rendement : 90 0/0 de la théorie [Schiff, *D. chem. G.*, **17**, 2929].

2° On défèque une solution de mélasse par le sous-acétate de plomb, on filtre, et on ajoute au liquide du nitrate mercureux; le précipité qui se forme est délayé dans l'eau et décomposé par l'acide sulfhydrique : le liquide donne, après concentration, des cristaux d'acide aspartique, que l'on purifie en le transformant en sel cuivrique peu soluble (Scheibler).

Propriétés. — L'acide aspartique dérivé de l'asparagine ordinaire est lévogyre en solution neutre ou alcaline; il est dextrogyre en solution acide. L'iodure de méthyle, en présence de potasse, le transforme en acide fumarique.

L'acide aspartique ordinaire, chauffé à 170-180° avec de l'acide chlorhydrique, devient inactif [Michael et Wing, *D. chem. G.*, **17**, 2984]. La même transformation a lieu avec l'eau seule ou avec l'ammoniaque à 150°; il se produit en même temps un peu d'acide malique [Engel, *Bull. Soc. Chim.*, (2), **48**, 99].

Entre 0 et 70°, la solubilité de l'acide aspartique est exprimée par la formule

$$y = 372 + 14{,}14\,t - 0{,}18124\,t^2 + 0{,}0053\,t^3,$$

dans laquelle y représente en milligrammes le poids d'acide dissous dans 100 grammes d'eau.

L'expérience a donné (Engel) :

t	y
0°	372,
18°	598,
49°7	1276,
70°	2290.

Acide aspartique droit. — M. Piutti l'a obtenu en décomposant l'asparagine droite par l'acide chlorhydrique bouillant; ses solutions acides sont lévogyres.

L'acide aspartique droit se combine avec l'acide

aspartique gauche et donne un racémique qui présente tous les caractères de l'acide inactif de Dessaignes [*C. R.*, **103**, 135].

Acide aspartique inactif. — L'acide aspartique inactif, que Dessaignes a obtenu en chauffant les malate, maléate ou fumarate d'ammonium, est identique avec celui qui se forme lorsqu'on traite l'acide aspartique actif par l'acide chlorhydrique à 170°, ou lorsqu'on chauffe l'acide fumarique ou l'acide maléique avec de l'ammoniaque, ou lorsqu'on réduit l'oxime de l'oxalacétate d'éthyle par l'amalgame de sodium, ou enfin lorsqu'on combine l'acide aspartique gauche avec l'acide aspartique droit.

Il n'existe donc qu'une seule espèce d'acide aspartique inactif, qui est l'acide racémo-aspartique, inactif par compensation (Engel; Piutti).

Solubilité : y = nombre de milligrammes dissous dans 100 grammes d'eau à la température t :

t.	y.
0°	517,
18°	905,
49°7	2169,
70°	3950.

Ces résultats sont compris dans la formule

$$y = 517 + 21{,}963\,t - 0{,}165\,t^2 + 0{,}0079\,t^3.$$

Une solution saturée d'acide aspartique inactif ne dissout pas sensiblement d'acide actif.

Les moisissures attaquent facilement l'aspartate inactif d'ammonium et lui communiquent un pouvoir rotatoire gauche.

L'aspartate inactif de cuivre est granuleux et d'une couleur plus foncée que le sel actif [Engel, *Bull. Soc. Chim.*, (2), **50**, 149].

Acide phtalylaspartique. — Ce corps, auquel M. Piutti attribue la structure

$$\begin{matrix} CO^2H-CH^2 \\ CO^2H \end{matrix} > CH.Az < \begin{matrix} CO \\ CO \end{matrix} > C^6H^4,$$

se présente en lamelles rhombiques blanches, fusibles à 225°, solubles dans l'alcool, à peu près insolubles dans l'éther. On l'obtient en chauffant à 150° un mélange équimoléculaire d'acide aspartique et d'anhydride phtalique; le produit est ensuite traité par l'eau et purifié par deux ou trois cristallisations successives dans l'eau bouillante.

Le *sel de cuivre*,

$$C^{12}H^7AzO^6Cu\,,\,4H^2O,$$

cristallise en petits prismes bleus; le *sel de baryum* est anhydre.

Phénylimide phtalylaspartique,

$$C^6H^5.Az < \begin{matrix} CO-CH^2 \\ CO \text{———} \end{matrix} > CH.Az < \begin{matrix} CO \\ CO \end{matrix} > C^6H^4.$$

— Aiguilles prismatiques brillantes, fusibles à 263-264°. Se forme par l'action de l'aniline sur l'acide phtalylaspartique.

Acide phtalylaspartamidobenzoïque,

$$CO^2H.C^6H^4.Az < \begin{matrix} CO-CH^2 \\ CO \text{———} \end{matrix} > CH.Az < \begin{matrix} CO \\ CO \end{matrix} > C^6H^4.$$

— Se forme par l'action de l'acide amidobenzoïque sur le corps précédent.

Diphénylamine-aspartide phtalique,

$$\begin{matrix} (C^6H^5)^2Az \\ (C^6H^5)^2Az \end{matrix} > C < \begin{matrix} CH^2 \\ O.CO \end{matrix} > CH.Az < \begin{matrix} CO \\ CO \end{matrix} > C^6H^4.$$

— Fines aiguilles fondant à 273°. S'obtient en traitant par l'ammoniaque la solution alcoolique du produit qui se forme quand on fait réagir la diphénylamine sur l'acide phtalylaspartique. A 125°, l'ammoniaque alcoolique transforme ce corps en *diphénylfumarimide*,

$$\begin{matrix} (C^6H^5)^2Az \\ (C^6H^5)^2Az \end{matrix} > C < \begin{matrix} CH=CH \\ O-CO \end{matrix}$$

fusible à 275-276° et dédoublable par l'acide chlorhydrique à 200°, en diphénylamine et acide fumarique.

Méthylphénylaspartide phtalique,

$$\left(\begin{matrix} CH^3 \\ C^6H^5 \end{matrix} > Az\right)^2 = C < \begin{matrix} CH^2 \\ O.CO \end{matrix} > CH.Az < \begin{matrix} CO \\ CO \end{matrix} > C^6H^4.$$

— Aiguilles brillantes fusibles à 258-260°; résulte de l'action prolongée de la méthylaniline sur l'acide phtalylaspartique à 150°.

Acide phénylaspartique,

$$CO^2H-CH^2-CH < \begin{matrix} AzH.C^6H^5 \\ CO^2H \end{matrix}$$

— On le prépare en chauffant l'acide monobromosuccinique avec de l'aniline et en reprenant le résidu par l'acide chlorhydrique : le liquide concentré laisse bientôt déposer des cristaux clinorhombiques du *chlorhydrate*,

$$C^{20}H^{22}Az^2O^8\,.\,HCl\,,\,2H^2O.$$

Ce sel, décomposé enfin par la quantité équivalente d'oxyde d'argent, abandonne l'acide phénylaspartique, qui cristallise par évaporation spontanée.

L'acide phénylaspartique se ramollit à 121° et fond à 131-132°. Son *sel de baryum* est fort soluble dans l'eau.

Lorsqu'on abandonne à elle-même une solution aqueuse de maléate acide d'aniline

$$C^{10}H^{11}AzO^4\,,\,0{,}5\,H^2O,$$

on voit bientôt se produire un précipité qui présente sensiblement la même composition que l'acide phénylaspartique et qui donne, au contact de l'acide chlorhydrique, le chlorhydrate décrit plus haut, $C^{20}H^{22}Az^2O^8\,.\,HCl\,,\,2H^2O$. Cette réaction, qui permet de passer de l'acide maléique à l'acide aspartique, peut être rapprochée de celle que M. Engel a observée entre l'acide maléique ou l'acide fumarique et l'ammoniaque.

Phénylaspartanile (*phénylimide phénylaspartique*),

$$\begin{matrix} C^6H^5.AzH-CH^2-CO \\ | \\ CH^2-CO \end{matrix} > Az.C^6H^5\,.$$

— Aiguilles blanches, fusibles à 211-212°. Ce corps prend naissance quand on fait bouillir un mélange d'aniline et d'une solution étendue d'acide maléique. La potasse ou l'acide chlorhydrique le transforment en acide aspartique [Piutti, *Gazz. chim. ital.*, **14**, 473. — Anschütz et Wirtz, *Ann. Chem.*, **239**, 137-161].

Colloïdes amido- et uréo-aspartiques. — L'anhydride aspartique se transforme, sous l'influence du gaz ammoniac à 150°, ou quand on le chauffe avec de l'urée à 125°, en colloïdes azotés très voisins de l'albumine : le colloïde uréo-aspartique donne à l'analyse des nombres concordant avec la formule $C^{34}H^{40}Az^{10}O^{25}$. Solubles dans l'eau, ces corps se prennent en gelée quand on concentre leurs dissolutions; ils donnent des précipités volumineux avec l'eau de baryte, le chlorure de calcium, l'acide acétique et l'acide azotique; ils communiquent aux sels de cuivre, en présence de potasse, la même coloration violet-rose que donnent les albuminoïdes naturels; enfin, comme ces derniers, ils sont incapables de traverser les membranes de papier parchemin et peuvent être séparés par dialyse de leurs mélanges avec les cristalloïdes [Grimaux, *Bull. Soc. Chim.*, (2), **42**, 158].

ÉTHERS. — *α-Aspartate monoéthylique*,

$$CO^2C^2H^5-CH^2-CH(AzH^2)-CO^2H.$$

— Pour l'obtenir à l'état de pureté, M. Piutti recommande de neutraliser par l'ammoniaque le mélange qui provient de l'éthérification de l'acide aspartique et d'ajouter ensuite de l'acétate de cuivre : il se dépose après peu de temps des aiguilles bleues d'éthylaspartate de cuivre que l'on décompose par l'hydrogène sulfuré.

Le même corps se forme dans la réduction de l'oxime de l'éther oxalacétique (voyez plus loin) par l'amalgame de sodium, lorsqu'on évite l'échauffement du liquide et qu'on a soin de maintenir la dissolution toujours légèrement acide.

L'α-aspartate monoéthylique cristallise dans l'alcool en lamelles nacrées d'un blanc éclatant; il fond vers 200° en se décomposant, et donne avec l'acide chlorhydrique un chlorhydrate cristallisé.

β-Aspartate monoéthylique,

$$CO^2C^2H^5-CH(AzH^2)-CH^2-CO^2H.$$

— On traite l'éther oxalacétique neutre par 1 molécule d'éthylate de sodium, de manière à le ramener à l'état d'oxalacétate monoéthylique, puis on transforme en oxime par l'hydroxylamine et on réduit par l'amalgame de sodium.

Le β-aspartate monoéthylique cristallise en prismes clinorhombiques, fusibles à 165°; il est facilement soluble dans l'eau, peu soluble dans l'alcool, insoluble dans l'éther; ses solutions sont inactives.

Les deux acides éthylaspartiques donnent avec l'ammoniaque les asparagines isomériques α et β [Piutti, *Gazz. chim. ital.*, **18**, 457].

Aspartate diéthylique,

$$CO^2C^2H^5-CH(AzH^2)-CH^2-CO^2C^2H^5.$$

— Liquide incolore, très réfringent, plus lourd que l'eau, soluble dans les acides étendus et précipitable de ses solutions acides par les alcalis. Il bout à 150-154° sous la pression de 25 millimètres; il forme avec l'acide chlorhydrique un sel qui cristallise dans l'alcool en aiguilles groupées.

SYNTHÈSES DE L'ACIDE ASPARTIQUE. — La première synthèse de l'acide aspartique a été effectuée par Dessaignes, en chauffant à sec les malate, maléate ou fumarate d'ammonium. MM. Engel [*Bull. Soc. Chim.*, (2), **48**, 97], Körner et Menozzi [*Gazz. chim. ital.*, **17**, 226] ont effectué la même transformation en présence de l'eau, par fixation directe de l'ammoniaque sur l'acide fumarique.

M. Engel chauffe l'acide fumarique (ou l'acide maléique) à 140-150° avec un excès d'une solution aqueuse ou alcoolique d'ammoniaque : il suffit, après la réaction, d'évaporer l'ammoniaque et d'ajouter de l'acide chlorhydrique pour obtenir des cristaux d'acide aspartique. Le rendement est de 30 à 35 pour 100 du poids calculé.

MM. Körner et Menozzi chauffent pendant 7 ou 8 heures, en vase clos, du fumarate ou du maléate d'éthyle avec de l'ammoniaque alcoolique : il se forme de l'aspartate diéthylique et une substance cristalline, soluble dans l'eau, qui répond à la formule $C^4H^6Az^2O^2$ et qui constitue vraisemblablement l'imide aspartique. Ce corps, en effet, se change par la potasse en acide aspartique inactif.

M. Piutti a réalisé une autre synthèse de l'acide aspartique en partant de l'éther oxalacétique : il prépare d'abord l'oxime de cet éther,

$$\begin{array}{l} C^2H^5.CO^2-C=AzOH \\ \qquad\qquad\quad | \\ C^2H^5.CO^2-CH^2 \end{array}$$

en le chauffant doucement avec du chlorhydrate d'hydroxylamine; puis il réduit cette oxime par l'amalgame de sodium, en présence de l'eau. Lorsque toute la matière est dissoute, il la maintient sur le bain-marie pendant quelque temps, puis la sature à chaud par l'acide chlorhydrique, ce qui détermine une vive effervescence d'acide carbonique; enfin il évapore à sec, reprend par une petite quantité d'eau, qui dissout le chlorhydrate d'acide aspartique formé, et précipite par l'acétate de cuivre.

L'acide aspartique, séparé de sa combinaison cuivrique, est inactif et identique avec le produit de Dessaignes [*Atti Acc. dei Lincei*, 1887, 300].

Enfin MM. Curtius et Koch [*D. chem. G.*, **19**, 2460] ont obtenu l'acide aspartique inactif en réduisant l'acide diazosuccinique

$$\begin{array}{c} CO^2H-C-CH^2-CO^2H \\ / \ \backslash \\ Az=Az \end{array}$$

par la poudre de zinc et l'acide acétique.

Cette réaction intéressante montre que les 2 atomes d'azote de l'acide diazosuccinique sont liés au même atome de carbone, comme cela a lieu dans l'acide diazoacétique. L. MAQUENNE.

ASPIDOSPERMINE (voyez Suppl., **1**, 244). — Outre l'aspidospermine, l'écorce de *Quebracho blanco* renferme, suivant M. Hesse [*Ann. Chem.*, **211**, 249; *Bull. Soc. Chim.*, (2), **38**, 465] 5 autres alcaloïdes. Mais certaines variétés n'en contiennent que 3; aussi observe-t-on dans la qualité des écorces de grandes différences, qui expliquent le peu de concordance que l'on trouve dans les indications fournies par les divers auteurs sur les propriétés thérapeutiques de la plante.

Pour isoler les alcaloïdes, on épuise par l'alcool bouillant l'écorce préalablement pulvérisée; on sursature l'extrait alcoolique par la soude, et on l'épuise par l'éther ou par le chloroforme. Le résidu obtenu par l'évaporation de ces dissolvants est repris par l'acide sulfurique dilué et chaud, et la solution acide précipitée par la soude. Le mélange des alcaloïdes ainsi obtenu est traité par l'alcool bouillant : le liquide laisse déposer par refroidissement un mélange cristallisé d'*aspidospermine* et de *québrachine*. Les eaux mères sont évaporées, le résidu repris par l'acide acétique, et la solution acide précipitée par le bicarbonate de sodium : l'*aspidosamine* se dépose en flocons. Les eaux mères de cette base sont alors alcalinisées par la soude et épuisées par l'éther : celui-ci fournit par évaporation un résidu qui cède successivement l'*aspidospermatine* à la ligroïne bouillante, puis l'*hypoquébrachine* à l'éther. Enfin le mélange d'aspidospermine et de québrachine, obtenu comme on l'a indiqué plus haut, traité par l'alcool chlorhydrique, donne une solution qui laisse déposer par évaporation le chlorhydrate de québrachine; les eaux mères de ce sel sont précipitées par l'ammoniaque et le précipité recristallisé dans l'alcool : l'aspidospermine cristallise par refroidissement, et les dernières eaux mères ne renferment plus que la *québrachamine*.

ASPIDOSPERMINE, $C^{22}H^{30}Az^2O^2$. — Cette base cristallise en prismes ou en aiguilles déliées, incolores, fusibles à 205-206° avec sublimation partielle; elle est assez soluble dans l'alcool absolu, le benzène, le chloroforme, moins soluble dans l'éther et dans la ligroïne. Sa solution alcoolique est sans action sur le tournesol et sur le chlorure ferrique.

Elle est lévogyre : à la température de 15°, on a : en solution dans l'alcool à 97 0/0 $[\alpha]_D = -100°,2$; dans le chloroforme, $[\alpha]_D = -83°,6$; dans l'eau, en présence de 3 HCl, $[\alpha]_D = -61°,6$; et avec 10 HCl $[\alpha]_D = -62°,2$.

Le chlorure platinique acide décompose l'aspidospermine en donnant un précipité bleu. L'acide perchlorique donne à chaud une coloration rouge. L'acide molybdique ne colore pas la solution sulfurique concentrée, mais le dichromate de potassium y produit une coloration brune, puis vert foncé.

L'aspidospermine est précipitée de ses sels en flocons qui deviennent rapidement cristallins. Elle est anhydre et ne perd pas de son poids à 160°. C'est une base très faible et l'éther l'enlève en partie à ses sels.

Les *sulfates* neutre et acide, les *oxalates*, les *citrates* sont amorphes et solubles dans l'eau et dans l'alcool; il en est de même du *chlorhydrate*.

Le *chloroplatinate*, obtenu avec le chlorhydrate et le chloroplatinate de sodium, est un précipité amorphe jaune clair, renfermant

$$(C^{22}H^{30}Az^2O^2 . HCl)^2PtCl^4, 4H^2O$$

et s'altérant rapidement en présence de son eau mère.

Le *chloraurate* est un précipité floconneux jaune.

Le *sulfocyanate* est en flocons blancs, solubles dans l'alcool, peu solubles dans l'eau.

ASPIDOSPERMATINE, $C^{22}H^{28}Az^2O^2$. — Elle est très soluble dans l'alcool, l'éther et le chloroforme, qui l'abandonnent par évaporation sous la forme d'une masse cristalline, radiée, anhydre. Elle fond à 162°. Elle est très alcaline et possède une saveur amère.

En solution alcoolique et à la température de 15°, on a $[\alpha]_D = -72°,3$. Sa solution sulfurique diffère de celle de l'aspidospermine en ce qu'elle n'est pas colorée par le dichromate.

Elle neutralise les acides et ses solutions donnent avec les alcalis en excès un précipité floconneux devenant bientôt cristallin. Elle est assez soluble dans l'eau pure, moins soluble en présence des alcalis.

Tous ses sels sont amorphes. Le *chloroplatinate* est un précipité floconneux qui renferme $4H^2O$.

ASPIDOSAMINE, $C^{22}H^{28}Az^2O^2$. — C'est un précipité floconneux, volumineux, qui paraît devenir peu à peu cristallin; elle se colore en jaune rougeâtre à la lumière. Elle est très soluble dans l'alcool, l'éther, le chloroforme, le benzène, peu soluble dans la ligroïne, presque insoluble dans l'eau. Elle fond vers 100° en une masse jaunâtre. Elle possède une réaction alcaline et une saveur amère.

Elle se dissout dans l'acide sulfurique avec une coloration bleuâtre; l'acide molybdique colore cette solution en bleu; le dichromate, en bleu foncé; l'acide perchlorique, en rouge.

Le *chlorhydrate* est amorphe. Sa solution n'est pas précipitée par le bicarbonate de sodium. Elle donne un précipité blanc avec le sulfocyanate de potassium; elle est précipitée par le chlorure d'or, le chlorure mercurique, le chlorure de platine : ce dernier précipité est amorphe et renferme $3H^2O$.

HYPOQUÉBRACHINE, $C^{21}H^{26}Az^2O^2$. — C'est une masse vitreuse, fusible vers 80°, et possédant une odeur de quinoléine qui disparaît par la chaleur. Elle est soluble dans l'alcool, l'éther, le chloroforme, et possède une réaction alcaline et une saveur amère.

Elle forme des sels solubles et amorphes. L'ammoniaque ne la précipite qu'en solution concentrée; les alcalis caustiques la précipitent sous forme résineuse.

La solution sulfurique est violacée; cette coloration s'accentue par addition d'acide molybdique; l'acide perchlorique la fait passer au rouge.

La solution chlorhydrique se colore en rouge cerise par le chlorure ferrique; le chlorure d'or y produit un précipité devenant rapidement violet; le chloroplatinate de sodium, un précipité amorphe jaune clair renfermant $4H^2O$ et se colorant rapidement en rouge au contact de son eau mère.

QUEBRACHINE, $C^{21}H^{26}Az^2O^3$. — Aiguilles déliées, jaunissant à la longue à la lumière, peu solubles dans l'alcool froid, l'éther, la ligroïne, solubles dans le chloroforme et dans l'alcool bouillant, à peu près insolubles dans l'eau, fusibles à 214-216°, possédant une réaction alcaline et une saveur amère. Pouvoir rotatoire à 15° : en solution alcoolique, $[\alpha]_D = +62°,5$; en solution chloroformique $[\alpha]_D = +18°,6$.

Sa solution sulfurique, d'abord incolore, passe peu à peu au bleu : cette coloration devient intense par l'addition de peroxyde de plomb, d'acide molybdique ou de dichromate de potassium; l'acide perchlorique produit une coloration jaune.

Les alcalis et les carbonates alcalins donnent dans la solution acétique un précipité floconneux, devenant peu à peu cristallin; il en est de même du sulfocyanate de potassium.

Le *sulfate neutre*,

$$(C^{21}H^{26}Az^2O^3)^2SO^4H^2, 8H^2O,$$

cristallise en cubes ou en prismes courts, peu solubles dans l'eau et dans l'alcool.

L'*oxalate*, $(C^{21}H^{26}Az^2O^3)^2C^2O^4H^2$, forme de petites aiguilles rayonnées, anhydres, peu solubles dans l'eau, même bouillante.

Le *tartrate*, $(C^{21}H^{26}Az^2O^3)^2C^4H^6O^6, 6H^2O$, est en tables nacrées, solubles dans l'eau, peu solubles dans l'alcool.

Le *citrate*, $(C^{21}H^{26}Az^2O^3)^3C^6H^8O^7$, cristallise en aiguilles mamelonnées peu solubles dans l'eau froide et dans l'alcool, solubles dans l'eau bouillante.

Le *chlorhydrate*, $C^{21}H^{26}Az^2O^3 . HCl$, peu soluble dans l'eau froide et dans l'alcool, cristallise en aiguilles aplaties ou en lames hexagonales. Sa solution est précipitée par les chlorures d'or et de mercure.

Le *chloroplatinate*,

$$(C^{21}H^{26}Az^2O^3 . HCl)^2PtCl^4, 6H^2O,$$

est amorphe.

L'*iodhydrate* n'a pas été obtenu cristallisé.

Le *sulfocyanate* est un précipité cristallin.

QUÉBRACHAMINE. — Elle cristallise dans l'eau bouillante en longues lamelles nacrées, fusibles à 142°, solubles dans l'alcool, l'éther, le chloroforme, le benzène, douées d'une saveur très amère. Elle se dissout dans l'acide sulfurique avec une coloration bleuâtre, qui devient intense par l'addition d'acide molybdique ou de dichromate de potassium. La solution chlorhydrique étendue donne par l'ammoniaque ou par la soude un précipité floconneux blanc.

Le *chlorhydrate* est amorphe.

Tous les alcaloïdes du *Quebracho* produisent sur la grenouille, à la dose de 0gr,01 à 0gr,02, la paralysie des nerfs moteurs, sans agir sur la sensibilité. Ils ralentissent et annihilent peu à peu les mouvements du cœur. Ad. Fauconnier.

ATÉLESTITE (Min.) (G. vom Rath). — Arséniate basique de bismuth hydraté,

$$3Bi^2O^3.As^2O^5, 2H^2O, \text{ ou } AsO^4(BiO)^2Bi(OH)^2,$$

suivant M. K. Busz. Petits cristaux jaune de soufre,

d'un éclat adamantin, avec quartz et bismuth-ocre, à Schneeberg (Saxe).

Caractères. — Soluble dans l'acide chlorhydrique étendu, partiellement soluble dans l'acide azotique. Dans le tube, décrépite en donnant de l'eau. Dureté = 3-4. Densité = 6,4.

Forme cristalline. — Prisme clinorhombique : $a:b:c = 0,9297:1:1,5122$; $\beta = 110°25'$. Faces $a^1 h^1 d^{1/2} m p g^1 o^1 e^1 (d^{1/2} d^{1/4} h^{1/3}) h^2$. Clivage p très imparfait.

ATÉLINE (Min.) (Scacchi). — Cristaux de ténorite altérés par l'acide chlorhydrique naturel et transformés en un oxychlorure de cuivre,

$$2CuO . CuCl^2, 3H^2O.$$

Éruption du Vésuve de 1872.

ATOPITE (Min.) (Nordenskiöld). — Pyroantimoniate de calcium, fer, manganèse, sodium et potassium, $[Ca, Na^2, Fe, Mn, K^2]^2Sb^2O^7$, en cristaux brunâtres, translucides, à éclat gras. Très rare, avec hédyphane, à Längban (Suède).

Caractères. — Insoluble dans les acides. Sur le charbon, difficilement fusible, laisse une scorie noire infusible. Difficilement attaqué par le carbonate de sodium en fusion.

Dureté = 5,5 à 6. Densité = 5,03.

Forme cristalline. — Cubique. Faces a^1, avec b^1, p, a^m et b^m.

ATRANORIQUE (ACIDE), $C^{19}H^{18}O^8$. — Cet acide, que l'on extrait du *Lecanora atra*, où il se trouve à côté de l'acide usnique (voyez Suppl. 1, 253), existe aussi dans le *Cladonia rangiformis* en même temps que l'acide rangiformique, et dans le *Stereaucolon vesuvianum*, à côté de l'acide succinique. Chauffé à 150° avec de l'eau, il perd de l'acide carbonique et se transforme en *acide atranorinique* $C^9H^{10}O^4$ et en *acide atrarique* $C^{10}H^{16}O^8$; à la température de fusion, l'eau de baryte paraît agir de la même manière. Les deux acides ainsi formés sont séparés à l'aide de l'eau bouillante, qui ne dissout que le premier : celui-ci cristallise en aiguilles fusibles à 100-101°, solubles dans l'eau bouillante, l'alcool et l'éther; la potasse le dissout avec une coloration jaune. L'acide atrarique, au contraire, est insoluble dans l'eau, mais soluble dans l'alcool, l'éther et dans les alcalis caustiques ou carbonatés; il cristallise en lamelles fusibles à 140-141° : on peut le distinguer de l'acide atranorinique à l'aide du perchlorure de fer, qui ne le colore pas, tandis qu'il donne une coloration verte avec l'acide atranorinique : tous les deux sont colorés en rouge sang par le chlorure de chaux. [Paterno, *D. chem. G.*, 12, 257; *Bull. Soc. Chim.* (2), 39, 188]. E. Burcker.

ATRARIQUE (ACIDE). — Voyez ACIDE ATRANORIQUE.

ATROGLYCÉRIQUE (ACIDE). — L'acide atroglycérique,

$$C^6H^5-C(OH)<\begin{matrix}CH^2.OH\\CO^2H\end{matrix}$$

se prépare en traitant par l'acide chlorhydrique concentré le produit d'addition du benzoylcarbinol et de l'acide cyanhydrique,

$$C^6H^5-C(OH)(CAz)-CH^2.OH$$

[Plöchl et Blümlein, *D. chem. G.*, 16, 1290]. On peut encore l'obtenir dans l'action du carbonate de sodium sur l'acide dibromhydratropique,

$$C^9H^8Br^2O^2 + 2NaOH = C^9H^{10}O^4 + 2NaBr$$

[H. Kast, *Ann. Chem.*, 206, 24].

On emploie parties égales d'eau et d'acide, et l'on ajoute à ce mélange 4 parties de carbonate de sodium. On laisse l'action se faire à froid pendant 24 heures. Au bout de ce temps, on distille pour chasser la méthylphénylcétone qui a pu se produire :

$$C^9H^8Br^2O^2 + CO^3Na^2$$
$$= CH^3-CO-C^6H^5 + 2CO^2 + 2NaBr.$$

On acidule le résidu; on épuise par l'éther et l'on purifie le produit par quelques cristallisations dans l'eau bouillante. On obtient ainsi des cristaux mamelonnés fusibles à 146°. Les *sels de calcium* et *de baryum*, $(C^9H^9O^4)^2M$, sont anhydres et fort bien cristallisés.

ATROLACTIQUE (ACIDE). — L'acide atrolactique se prépare en oxydant l'acide hydratropique par le permanganate en solution alcaline [Ladenburg et Rügheimer, *D. chem. G.*, 13, 373],

$$C^6H^5-CH<\begin{matrix}CH^3\\CO^2H\end{matrix} + O = C^6H^5-C\begin{matrix}\diagup CH^3\\-OH\\\diagdown CO^2H\end{matrix}$$

On peut encore l'obtenir en traitant par l'acide chlorhydrique concentré et froid la cyanhydrine

$$\begin{matrix}C^6H^5\\ | \\ C<\begin{matrix}OH\\CAz\end{matrix}\\ | \\ CH^3\end{matrix}$$

du méthylbenzoyle [Spiegel, *D. chem. G.*, 14, 235 et 1352].

Il est essentiel de ne pas chauffer, afin d'éviter la formation de l'acide chlorhydratropique

$$C^6H^5-CH<\begin{matrix}CH^2Cl\\CO^2H\end{matrix}$$

Enfin l'acide atrolactique prend encore naissance dans l'action du carbonate de sodium sur le produit d'addition de l'acide atropique avec l'acide bromhydrique. On fait digérer pendant 24 heures l'acide atropique avec une solution d'acide bromhydrique saturée à 0°. On recueille le produit et on le fait bouillir avec un léger excès de carbonate de sodium. On acidule par l'acide chlorhydrique, on agite avec de l'éther, et l'on purifie par cristallisation dans l'eau [Kast, *Ann. Chem.*, 206, 24].

L'acide atrolactique cristallise avec une demi-molécule d'eau qu'il perd à 80-85°; il fond à 93,5-94°. Les cristaux appartiennent au système rhombique; rapport des axes = 0,7253 : 1 : 05708.

L'acide atrolactique, traité par l'acide chlorhydrique concentré, se transforme en acide atropique,

$$C^6H^5-C(OH)<\begin{matrix}CH^3\\CO^2H\end{matrix} = C^6H^5-C\begin{matrix}\nearrow CH^2\\\searrow CO^2H\end{matrix} + H^2O.$$

Cette réaction le distingue nettement de l'acide phényllactique, avec lequel il avait été longtemps confondu. Ch. Cloëz.

ATRONIQUE (ACIDE). — Voy. Suppl., 1, 960.

ATRONOL. — Voyez Suppl., 1, 960.

ATROPINE. — Le procédé d'extraction suivant, indiqué par M. Gerrard [*J. Pharm. Chim.*, (5), 5, 158], donne de très bons rendements : On laisse macérer pendant 24 heures avec 1000 centimètres cubes d'alcool à 84°, 1 kilogramme de poudre de feuilles ou de racine de belladone, tassée dans un appareil à déplacement : on y ajoute ensuite 4 fois 250 centimètres cubes d'alcool à 4 heures d'intervalle. Quand il ne s'écoule plus de liquide, on verse de l'eau pour déplacer l'alcool; la liqueur alcoolique est distillée et l'extrait est traité par 5 fois son volume d'eau; on réduit la solution aqueuse et les eaux de lavage à 300 centimètres cubes et on y ajoute un grand excès d'ammoniaque. Au bout de quelques heures d'exposition à l'air, on agite avec un égal volume d'éther, et on sépare l'atropine de la solution éthérée en l'agitant à plusieurs reprises avec un petit volume d'eau additionnée d'acide acétique; cette solution acétique est décolorée à l'aide du noir, concentrée, et traitée une deuxième fois par l'ammoniaque et l'éther; la solution éthérée laisse déposer de l'atropine presque blanche, en cristaux d'une extrême finesse : il suffit de la faire recristalliser pour l'avoir pure.

M. Gerrard a déterminé les quantités variables d'atropine fournies par les différentes parties de la belladone sauvage et de la belladone cultivée : ce sont les feuilles qui donnent la proportion la plus considérable d'alcaloïde, ensuite les racines et puis les fruits; les tiges en contiennent 5 fois moins que les feuilles; les différentes parties de la plante sauvage en contiennent toujours 1/5 ou 1/4 de plus que les parties correspondantes de la plante cultivée.

L'atropine du commerce, extraite ainsi de la belladone, n'est qu'un mélange d'atropine et d'hyoscyamine en proportions variables; la quantité d'hyoscyamine est d'autant plus élevée que les traitements sont faits avec plus de soin. On sait que ces deux bases sont isomériques, mais non identiques; qu'elles donnent les mêmes produits de décomposition (tropine et acide tropique); qu'elles possèdent les mêmes réactions et les mêmes propriétés physiologiques et thérapeutiques : néanmoins leurs solubilités dans l'eau ne sont pas les mêmes, leurs points de fusion sont différents, et leurs combinaisons avec le chlorure d'or ne sont pas identiques : le chloraurate d'hyoscyamine forme de beaux cristaux fusibles à 159°, tandis que celui d'atropine, moins bien cristallisé, fond à 134°.

La nature de l'isomérie de ces deux bases n'a pas encore été suffisamment discutée. M. Ladenburg [*D. chem. G.*, **21**, 3065] pense que c'est une isomérie physique, analogue à celle qui existe entre l'acide racémique et l'acide tartrique gauche (l'atropine étant inactive et l'hyoscyamine déviant à gauche le plan de polarisation de la lumière).

Constitution de l'atropine. — De ses nouvelles recherches, M. Ladenburg conclut que l'atropine est une base inactive, résultant d'un mélange en proportions égales d'hyoscyamine droite et d'hyoscyamine gauche : il fait remarquer que, comme l'acide tartrique, l'atropine contient 2 atomes de carbone asymétriques, un dans la tropine,

```
          CH
          1
   CH  6     2  CH
          H³
   CH  5     3  C-CH²-CH².OH
          4
        AzCH³
```

à la condition qu'il n'y ait pas de double liaison entre les sommets 2 et 3, et l'autre dans l'acide tropique

$$CH^2.OH-CH{<}^{CO^2H}_{C^6H^5}$$

Jusqu'à présent le dédoublement de l'atropine n'a pas encore été réalisé, mais il est possible.

On sait que l'atropine a été reproduite, par M. Ladenburg, à l'aide des produits de dédoublement de l'hyoscyamine (tropine et acide tropique); on est parvenu récemment à transformer directement l'hyoscyamine en atropine, soit en chauffant la première base jusqu'à son point de fusion (109-110°) pendant 5 heures dans un récipient privé d'air ou dans un tube capillaire, soit en abandonnant pendant 2 heures à la température ordinaire une solution alcoolique d'hyoscyamine à 10 0/0, additionnée d'un peu de lessive de soude [Schmidt, *Pharm. Zeit.*, (1887), 542. — Will, *Journ. Pharm. Chim.*, **18**, 58].

L'atropine dérive de la tropine par substitution à son atome d'hydrogène alcoolique du radical de l'acide tropique (voyez ACIDE TROPIQUE) : ce dernier possédant la formule

$$C^6H^5-CH(CH^2.OH)-CO^2H,$$

on peut adopter pour l'atropine l'une ou l'autre des deux formules de constitution suivantes, dérivées de celles que MM. Ladenburg et Merling ont attribuées à la tropine :

```
        CH
                                        C⁶H⁵
   CH       CH                          |      (Ladenburg).
        H³
   CH       C-CH²-CH²-O-CO-CH
                                        |
      Az.CH³                            CH².OH

          CH²                           C⁶H⁵
                                        |
   CH²         CH-CH-O-CO-CH
                   |                    |      (Merling).
   CH²         CH-CH²                   CH².OH
        Az.CH³
```

Réactions de l'atropine. — Quand on évapore à sec, au bain-marie, une solution d'atropine dans l'acide azotique fumant, et qu'on ajoute au résidu une goutte d'une solution de potasse dans l'alcool absolu, on observe une coloration violette, qui passe bientôt au rouge.

Si l'on verse une solution aqueuse de sublimé corrosif dans une solution alcoolique d'atropine, il se forme un précipité jaune, qui passe au rouge par l'ébullition.

L'atropine colore en rose la phtaléine du phénol.

APOATROPINE,

$$C^{17}H^{21}AzO^2 = C^6H^5-C{\lessgtr}^{CH^2}_{CO-C^8H^{14}AzO}$$

— Cette base, dérivée de l'atropine par perte de 1 molécule d'eau, prend naissance lorsqu'on verse peu à peu, en ayant soin d'agiter, 10 grammes d'atropine dans 100 centimètres cubes d'acide azotique fumant chauffé à 50°; après refroidissement, on ajoute un grand excès d'ammoniaque et on reprend par le chloroforme : ce dernier est décanté et traité par de l'eau additionnée d'acide acétique; on décante une deuxième fois, on agite avec une solution étendue d'acide oxalique, qui s'empare exclusivement de la nouvelle base : on la sépare de la solution oxalique à l'aide de l'ammoniaque et du chloroforme. Cristaux prismatiques, incolores et inodores, fusibles à 60-62°, peu solubles dans l'eau, assez solubles dans le benzène et dans l'alcool amylique, solubles dans l'alcool, l'éther, le chloroforme, le sulfure de carbone; saveur amère et désagréable.

Chloraurate. — Sel jaune clair, amorphe, fusible à 106-107°.

Chloroplatinate. — Précipité jaune.

Sulfate. — Sel très léger, inaltérable à l'air.

Chlorhydrate. — Cristallise en tablettes hexagonales.

Azotate. — Cristaux d'un éclat soyeux, plus solubles dans l'eau que le chlorhydrate et que le sulfate.

Iodhydrate. — Longues et fines aiguilles, très solubles dans l'alcool.

Lorsqu'on chauffe l'apoatropine avec de l'acide chlorhydrique fumant en tubes scellés pendant 4 heures à 120-130°, elle se dédouble en tropine, acide isatropique et acide atropique. L'apoatropine ne dilate pas la pupille; elle se distingue encore de l'atropine par les réactions suivantes :

Dichromate de potassium, précipité en tables hexagonales, ne se formant pas tout de suite; chlorure de sodium et de palladium, abondant précipité jaune clair; iodure de potassium, précipité blanc cristallisant immédiatement.

Si on dissout la base dans l'acide azotique fumant, on observe une coloration jaune clair par addition d'acide sulfurique concentré; si on y ajoute de l'ammoniaque, il se produit une coloration d'un violet intense passant au rouge brun.

L'atropine ne donne ni précipités, ni réactions colorées dans ces différentes conditions.

Quand on traite l'atropine par l'hydrogène naissant (amalgame de sodium), on obtient l'*hydroapoatropine*, $C^{17}H^{23}AzO^2$, qui, traitée par le permanganate de potassium, perd CH^2 et se transforme en *homohydroatropine*, $C^{15}H^{21}AzO^2$ [Pesci, *Bull. Soc. Chim.*, (2),**38**, 572]. E. Burcker.

ATROPIQUE (ACIDE),

$$C^6H^5-C \begin{matrix} \nearrow CH^2 \\ \searrow CO^2H \end{matrix}$$

— Cet acide est le produit de la déshydratation de l'acide tropique; sa formule est établie par sa synthèse à partir de l'acide atrolactique (voir Suppl. **1**, ACIDE TROPIQUE).

L'acide atropique se polymérise lorsqu'on le chauffe pendant un temps assez court en tubes scellés à 130° : il se transforme ainsi en deux isomères $C^{18}H^{16}O^4$, les acides α- et β-isatropiques (voir ce mot, Suppl. **1**, 960).

L'acide atropique se combine avec l'acide chlorhydrique fumant, à froid ou à 100°, pour former l'acide β-chlorhydratropique, qui se décompose à 140° sans régénérer l'acide atropique et qui, chauffé à 120° avec de la potasse ou avec de la soude, se transforme en acide tropique.

L'acide atropique est un acide non saturé qui fixe facilement 2 atomes d'hydrogène, de brome, 1 molécule d'acide chlorhydrique, d'acide bromhydrique, d'acide hypochloreux : il est très soluble dans le sulfure de carbone; avec le brome, il forme l'acide dibromhydratropique, $C^9H^8Br^2O^2$, qui, chauffé avec de l'eau, donne l'*acide bromatropique*, $C^9H^7BrO^2$ [Fittig et Wurster, *Ann. Chem.*, **195**, 162].

L'*acide chloratropique*, $C^9H^7ClO^2$, s'obtient en traitant l'acide tropique $C^9H^{10}O^3$ par le perchlorure de phosphore, et en faisant tomber le produit de la réaction dans l'eau [Ladenburg, *D. chem. G.*, **12**, 948]. Il cristallise dans l'eau bouillante en aiguilles fusibles à 85°.

Acide méthylatropique,

$$C^6H^5-C \begin{matrix} \nearrow CO^2H \\ \searrow CH-CH^3 \end{matrix}$$

— Pour le préparer, on chauffe 52 grammes d'α-toluate de sodium, 20 grammes de paraldéhyde et 100 grammes d'anhydride acétique; il cristallise en prismes fusibles à 135°, solubles dans l'eau bouillante. En employant le trioxyméthylène (aldéhyde formique à l'état naissant) au lieu de paraldéhyde, on réaliserait peut-être la synthèse de l'acide atropique [Oglialoro, *Bull. Soc. Chim.*, (2), **48**, 596].

Acide chrysatropique, $C^{12}H^{10}O^5$. — Ce corps a été extrait de la racine de belladone privée d'atropine; il est peu soluble dans l'eau froide, soluble dans 70-80 parties d'eau bouillante, très soluble dans l'alcool et dans l'acide acétique, fusible à 201-202°; ses solutions sont fluorescentes.

Dans les eaux mères de la préparation se trouve l'acide *leucatropique*, $C^{17}H^{32}O^5$, que l'on peut obtenir en aiguilles fusibles à 73°,8, insolubles dans l'eau froide, solubles dans l'eau chaude, l'alcool et l'éther [Kunz, *Arch. d. Pharm.*, (3), **23**, 721]. E. Burcker.

ATROXINDOL. — Cet anhydride de l'acide o-amido-hydratropique,

$$C^6H^4 \begin{matrix} \nearrow & Az & \searrow \\ \searrow & CH(CH^3) & \nearrow \end{matrix} CO,$$

se forme lorsqu'on réduit très lentement et à basse température l'acide o-nitré par l'étain et l'acide chlorhydrique concentré; il se présente en petites aiguilles blanches, fusibles à 119°, peu solubles dans l'eau froide, solubles dans l'eau bouillante l'alcool et l'éther [Trinius, *Ann. Chem.*, **227**, 262; *Bull. Soc. Chim.*, (2), **45**, 726].

Il distille, par petites portions, sans se décomposer. Sa solution est neutre. L'eau bouillante le décompose lentement, mais on peut faire bouillir sa solution chlorhydrique sans qu'il s'altère. Il ne forme pas de chlorhydrate. Il est soluble dans les alcalis, mais s'en sépare de nouveau par l'acide carbonique. E. Burcker.

AUERLITE (Min.) (Hidden et Mackintosh). — Sorte de thorite dans laquelle une partie de la silice serait remplacée par de l'anhydride phosphorique; ce n'est sans doute qu'un mélange de thorite et de xénotime. Prismes quadratiques à angles arrondis, jaunes ou orangés, à éclat gras, dans les gisements du comté d'Henderson (États-Unis). Dureté = 2,5 à 3. Densité = 4,422 à 4,766.

AURAMINES (voyez Suppl., **1**, 1614). — On donne le nom d'*auramines* à des matières colorantes jaunes, qui s'obtiennent par l'action de l'ammoniaque ou des amines primaires sur la *tétraméthyldiamidobenzophénone*,

$$CO[C^6H^4 . Az(CH^3)^2]^2.$$

Ces matières colorantes ont été découvertes par MM. Kern et Caro, qui ont exploité industriellement leur découverte [Graebe, *D. chem. G.*, **20**, 3260].

AURAMINE PROPREMENT DITE,

$$\begin{matrix} (CH^3)^2Az . C^6H^4 \searrow \\ (CH^3)^2Az . C^6H^4 \nearrow \end{matrix} C=AzH.$$

— On chauffe vers 150° un mélange à parties égales de tétraméthyldiamidobenzophénone, de chlorure d'ammonium et de chlorure de zinc. Ce dernier agit en retenant l'eau formée dans la réaction :

$$\begin{matrix} (CH^3)^2Az . C^6H^4 \searrow \\ (CH^3)^2Az . C^6H^4 \nearrow \end{matrix} CO + AzH^4Cl$$
$$= H^2O + C^{17}H^{21}Az^3 . HCl.$$

Après refroidissement, on pulvérise le produit de la réaction; on le traite par l'eau légèrement acidulée et froide, et on fait cristalliser le chlorhydrate dans l'eau, en ayant soin de ne pas dépasser la température de 60-70° [Fehrmann, *D. chem. G.*, **20**, 2847].

Dans cette préparation, on peut remplacer le chlorure d'ammonium par un autre sel ammoniacal ou par l'acétamide [*Badische Anilin und Soda Fabrik*, brevet allemand, 38433].

L'acide cyanique, les urées et leurs dérivés agissent de la même façon [Ewer et Pick, brevet allemand, 31936].

Enfin, l'auramine se forme également par l'action des mêmes agents sur la tétraméthyldiamidothiobenzophénone,

$$CS \begin{matrix} \nearrow C^6H^4 . Az(CH^3)^2 \\ \searrow C^6H^4 . Az(CH^3)^2 \end{matrix}$$

(Kern).

Dans toutes ces réactions, on obtient le chlorhydrate d'auramine, qui constitue l'auramine marque O du commerce. La base libre s'obtient en ajoutant de l'ammoniaque à la dissolution aqueuse du chlorhydrate refroidie avec de la glace; on filtre, on lave à l'eau et on fait cristalliser le produit dans l'alcool.

Propriétés et réactions de l'auramine. — L'auramine cristallise en lamelles d'un jaune citron, insolubles dans l'eau et dans l'éther, solubles dans l'alcool et fusibles à 136°.

L'acide chlorhydrique la décompose déjà à froid s'il est concentré et en excès, avec formation de chlorure d'ammonium et de tétraméthyl-diamidobenzophénone.

L'auramine ne donne ni dérivé nitrosé, ni dérivé acétylé [Graebe, *loc. cit.*].

L'hydrogène sulfuré agit sur l'auramine en la transformant en tétraméthyldiamidothiobenzophénone,

$$CS \begin{cases} C^6H^4 . Az(CH^3)^2 \\ C^6H^4 . Az(CH^3)^2 \end{cases}$$

avec élimination d'ammoniaque.

Le sulfure de carbone fournit le même produit de transformation et de l'acide sulfocyanique.

Ces réactions sont nettes, et donnent un rendement théorique. Elles constituent même un moyen commode de préparation de la tétraméthyldi-amidothiobenzophénone en partant de l'auramine du commerce.

Chlorhydrate, $C^{17}H^{21}Az^3 . HCl, H^2O$. — Ce sel cristallise en lamelles d'un jaune d'or. Chauffé, il perd son eau de cristallisation et fond ensuite à 267° en se décomposant. Il est peu soluble dans l'eau, plus soluble dans l'alcool. Il teint le coton mordancé au tannin en un jaune très pur. L'eau bouillante le scinde en chlorure d'ammonium et tétraméthyldiamidobenzophénone.

Iodhydrate, $C^{17}H^{21}Az^3 . HI$. — On précipite une dissolution aqueuse du chlorhydrate par l'iodure de potassium. On obtient un précipité jaune, cristallin, très peu soluble dans l'eau et fusible à 267-268° (Graebe).

Sulfocyanate, $C^{17}H^{21}Az^3 . CAzSH, H^2O$. — Précipité jaune, insoluble dans l'eau, fusible à 200-201°.

Chloroplatinate, $(C^{17}H^{21}Az^3 . HCl)^2PtCl^4$. — On mélange des solutions aqueuses de chlorure de platine et de chlorhydrate d'auramine. Il se forme un précipité orangé, insoluble dans l'eau et peu soluble dans l'alcool.

Oxalate, $(C^{17}H^{21}Az^3)^2 . C^2O^4H^2$. — Aiguilles orangées, peu solubles dans l'eau, fusibles avec décomposition à 193-194°.

Picrate, $C^{17}H^{21}Az^3 . C^6H^2(AzO^2)^3OH$. — S'obtient en mélangeant des dissolutions alcooliques d'auramine et d'acide picrique. Il cristallise en fines lamelles orangées, insolubles dans l'eau froide, peu solubles dans l'alcool et fusibles à 230-236°.

Leucauramine. — Pour préparer le produit de réduction de l'auramine, on dissout cette dernière dans la moindre quantité possible d'alcool, on ajoute de l'amalgame de sodium et on laisse reposer le mélange à la température ordinaire. Il se dépose des cristaux incolores, qu'on purifie par cristallisation dans l'alcool.

Le corps obtenu dérive de l'auramine par fixation de 2 atomes d'hydrogène; sa formule de structure est probablement la suivante :

$$AzH^2 . CH \begin{cases} C^6H^4 . Az(CH^3)^2 \\ C^6H^4 . Az(CH^3)^2 \end{cases}$$

La leucauramine cristallise en aiguilles incolores, fusibles à 135°, beaucoup moins solubles dans l'alcool que l'auramine.

L'acide chlorhydrique concentré la colore en vert; la solution devient incolore par le repos. L'acide acétique cristallisable donne immédiatement une liqueur d'un bleu intense, qui renfermerait le composé

$$AzH^2 . C \begin{cases} C^6H^4 . Az(CH^3)^2 \\ C^6H^4 . AzH(CH^3)^2 \end{cases}$$

L'acide acétique étendu dissout la leucauramine en donnant un liquide bleuâtre, qui se décolore par le repos. Cette dissolution devient d'un bleu intense lorsqu'on la chauffe et se décolore de nouveau par le refroidissement.

La leucauramine se dissout en bleu dans le phénol maintenu en fusion, tandis que l'auramine s'y dissout en jaune.

Le permanganate de potassium transforme la leucauramine en auramine. Le chlorure ferrique agit de même, mais l'oxydation va plus loin et donne une certaine quantité de quinone [Graebe, *loc. cit.*].

Éthylène-auramine,

$$\begin{matrix} CH^2 - AzH \\ | \\ CH^2 - AzH \end{matrix} > C < \begin{matrix} C^6H^4 . Az(CH^3)^2 \\ C^6H^4 . Az(CH^3)^2 \end{matrix}$$

— On obtient le chlorhydrate de cette base en chauffant à 110° du chlorhydrate d'auramine avec de l'hydrate d'éthylène-diamine. On reprend par l'éther, on dissout le chlorhydrate dans l'acide acétique étendu et on précipite la base par l'ammoniaque; on la purifie par cristallisation dans l'alcool. On obtient des lamelles jaunes, insolubles dans l'eau, solubles dans l'alcool.

Le *chloroplatinate* forme des flocons de couleur orangée; le *picrate* est jaune et floconneux [Fehrmann, *D. chem. G.*, **20**, 2855].

Phénylauramine,

$$C^6H^5 . Az = C \begin{cases} C^6H^4 . Az(CH^3)^2 \\ C^6H^4 . Az(CH^3)^2 \end{cases}$$

— On obtient la phénylauramine par l'action du chlorhydrate d'aniline sur la tétraméthyldiamidobenzophénone ou sur la tétraméthyldiamidothiobenzophénone [Baither, *D. chem. G.*, **20**, 3295].

On peut également traiter le chlorhydrate d'auramine par l'aniline à la température de 130°; il se dégage de l'ammoniaque et il se forme du chlorhydrate de phénylauramine. On isole la base comme il a été dit pour l'éthylène-auramine (Fehrmann). On obtient ainsi des aiguilles d'un jaune grisâtre, fusibles à 170-171°, insolubles dans l'eau et dans l'éther, peu solubles dans l'alcool.

L'acide chlorhydrique et l'hydrogène sulfuré agissent sur ce corps comme sur l'auramine. Le sulfure de carbone n'agit complètement qu'à 150°.

Le *chlorhydrate*, $C^{23}H^{25}Az^3 . HCl$, est rouge et soluble dans l'alcool. Le *chloroplatinate* est un précipité floconneux, d'un rouge pourpre, peu soluble dans l'eau, moyennement soluble dans l'alcool. Le *picrate* a également été obtenu en flocons rouge-orangé, insolubles dans l'eau, solubles dans l'alcool.

p-Crésylène-auramine,

$$CH^3 . C^6H^4 . Az = C \begin{cases} C^6H^4 . Az(CH^3)^2 \\ C^6H^4 . Az(CH^3)^2 \end{cases}$$

— On obtient ce corps en chauffant pendant 1 heure à 160° le chlorhydrate d'auramine avec la p-toluidine. La base libre cristallise dans l'alcool en lamelles.

Le *chlorhydrate* est une matière colorante à nuance plus brune que celle du dérivé phénylique. Le *chloroplatinate* forme des flocons rouges, à peine solubles dans l'eau, peu solubles dans l'éther, solubles dans l'alcool chaud.

o-Crésylène-auramine,

$$CH^3 . C^6H^3 < \begin{matrix} AzH \\ AzH \end{matrix} > C < \begin{matrix} C^6H^4 . Az(CH^3)^2 \\ C^6H^4 . Az(CH^3)^2 \end{matrix}$$

— On chauffe à 180° le chlorhydrate d'auramine avec la m-p-crésylène-diamine,

$$C^6H^3(CH^3)_{(1)}(AzH^2)_{(3)}(AzH^2)_{(4)};$$

on dissout le chlorhydrate obtenu dans l'acide acétique étendu et on précipite par l'ammoniaque. On purifie par cristallisation dans l'alcool. On obtient ainsi de petites lamelles brunes, qui sont décomposées à chaud par les acides.

Le *chlorhydrate* teint en brun rouge. Le *chloroplatinate*, $C^{24}H^{28}Az^4 . 2HCl . PtCl^4$, est un précipité rouge-brique, soluble dans l'alcool. Le *picrate*, $C^{24}H^{28}Az^4 . 2C^6H^2(AzO^2)^3OH$, forme des flocons orangés insolubles dans l'eau, solubles dans l'alcool (Fehrmann). G. de Bechi.

AURANTIAMARINE. — Glucoside possédant la même composition que l'hespéridine et isolé par M. Tanret [*Bull. Soc. Chim.*, (2), 46, 500] de l'écorce d'oranges amères.

Préparation. — Les écorces d'oranges amères sont épuisées par l'alcool à 60°. La solution alcoolique est distillée de façon à séparer complètement l'alcool ; on agite le résidu avec du chloroforme, qui enlève à la liqueur aqueuse l'acide hespérique, l'acide aurantiamarique et un produit résineux incristallisable.

La solution aqueuse renferme de l'isohespéridine, de l'hespéridine et de l'aurantiamarine.

On laisse reposer la liqueur aqueuse pendant quelque temps, afin de permettre à l'isohespéridine de se déposer ; la liqueur filtrée est déféquée par l'acétate de plomb ; l'excès de plomb est enlevé par l'acide sulfurique ; puis la solution est, après neutralisation, saturée de sulfate de sodium à l'ébullition. Il surnage dans ces conditions une couche poisseuse, que l'on dessèche et que l'on épuise par l'alcool absolu. On sépare l'alcool par distillation et l'on reprend l'extrait par l'eau. La solution aqueuse évaporée donne un résidu qui constitue l'aurantiamarine.

C'est un glucoside à saveur amère. Il n'est pas cristallisable et est soluble en toutes proportions dans l'eau et dans l'alcool. Ce corps présente les réactions colorées de l'isohespéridine. Il a donné à l'analyse : C = 53,04 - 53,48 ; H = 6,36 - 6,16. Il est lévogyre : $[\alpha]_D = -60°$. C'est le dissolvant naturel de l'hespéridine.

5 parties d'aurantiamarine dans 20 parties d'eau dissolvent à chaud 1 partie d'hespéridine ; les écorces d'oranges amères en renferment de 15 à 25 0/0. A. Béhal.

AURANTIAMARIQUE (ACIDE). — Composé résineux, incristallisable, extrait des écorces d'oranges amères de la façon suivante : Après avoir épuisé les écorces par de l'alcool à 50° et chassé complètement l'alcool par distillation, on agite la liqueur aqueuse avec du chloroforme ; puis on distille à siccité cette solution chloroformique. On reprend le résidu par l'alcool froid. La solution alcoolique est évaporée à son tour avec du tannin.

Le tannate est recueilli, lavé avec du chloroforme, puis décomposé par la chaux en présence d'alcool ; la solution, additionnée d'une quantité suffisante d'acide sulfurique, est traitée par le noir animal. La solution alcoolique, filtrée et évaporée, abandonne l'acide aurantiamarique.

Ce corps est insoluble dans l'eau froide ; mais il se dissout bien dans l'eau bouillante, qui le laisse déposer en gouttelettes huileuses par refroidissement. Il est lévogyre : $[\alpha]_D = -28°$.

Il est soluble dans les alcalis et est précipité de cette solution par les acides ; il répond à la formule $C^{10}H^{12}O^4$ [Tanret, *Bull. Soc. Chim.*, (2), 46, 500]. A. Béhal.

AURINE. — Voyez TRIPHÉNYLMÉTHANE.

AUSTRALÈNE. — Voyez TERPÈNES.

AUSTRIUM. — M. Ed. Linnemann a annoncé [*Mon. f. Chem.*, 7, 121] la découverte d'un nouveau métal, auquel il a donné le nom d'*austrium* : ce corps a été extrait de l'orthite d'Arendal. Le minéral a été attaqué par l'acide chlorhydrique, et la solution débarrassée en partie de l'oxyde ferreux et des terres rares par l'acide oxalique, puis du cuivre, du plomb et de l'arsenic par l'acide sulfhydrique. On neutralise alors l'acide chlorhydrique par l'acétate de sodium, et on reprécipite par l'acide sulfhydrique. Le dépôt renferme plomb, zinc, cadmium, thallium, fer, calcium, magnésium, aluminium et aussi le nouvel élément. En redissolvant dans l'acide chlorhydrique, on peut observer le spectre d'induction de ce dernier.

Pour le séparer, on traite la solution chlorhydrique par la potasse, on filtre, et on ajoute du sulfure de sodium à la liqueur filtrée ; on filtre encore et on laisse la liqueur se décomposer à l'air. Il se fait un dépôt de soufre et d'hydrocarbonate d'austrium. On reprend par l'acide acétique, on filtre et on traite de nouveau par l'acide sulfhydrique qui précipite en partie l'austrium.

Le nouveau métal est caractérisé par le spectre de l'étincelle d'induction jaillissant à la surface d'une de ses solutions ; on remarque deux raies correspondant à $\lambda = 416,5$ et 403.

M. Lecoq de Boisbaudran [*C. R.*, **102**, 1436] pense que l'austrium n'est autre chose que du *gallium* ; cette probabilité résulte du mode d'extraction et aussi de l'identité des spectres : les deux raies mentionnées sont précisément les raies principales du gallium. L. Bourgeois.

AVALITE (Min.) (Losanitsch). — Silicate aluminochromique, avec un peu de potasse, en très petits cristaux vert-émeraude, avec minerais de mercure, sur des quartzites et serpentines au mont Avala, près Belgrade (Serbie). Inattaquable aux acides ; attaquable par les alcalis ou par l'acide fluorhydrique.

AWARUITE (Min.) (Skey). — Fer nickelé tellurique, Ni^2Fe, en grains finement disséminés, avec or, platine, cassitérite, magnétite, etc., dans une serpentine de Gorge-River (côte ouest de la Nouvelle-Zélande). Dureté = 5. Densité = 8,1.

AZÉLAÏQUE (ACIDE). — L'acide azélaïque se produit dans les circonstances suivantes :

1° En oxydant l'acide undécylique par l'acide azotique [Krafft, *D. chem. G.*, **11**, 1415] ;

2° En même temps que l'acide subérique tiré de l'huile de ricin ;

3° En traitant par le permanganate l'acide oléique et les acides gras de l'huile de ricin [Saytzeff, *D. chem. G.*, **19**, 20].

L'oxydation de l'acide stéaroléique par l'acide azotique ne donne point l'aldéhyde azélaïque, comme le prétend M. Overbeck [Limpach, *D. chem. G.*, **11**, 252].

Propriétés. — Cet acide n'est pas entraîné par la vapeur d'eau. Il distille dans le vide à une température élevée, en se décomposant un peu. Il se dissout dans l'acide azotique bouillant, qui ne l'altère qu'à la longue, en formant divers acides, entre autres de l'acide succinique [Gantter et Hell, *D. chem. G.*, **14**, 560].

Le brome, en présence d'un peu de phosphore rouge, donne avec l'acide azélaïque un mélange de deux dérivés mono- et dibromés difficiles à séparer. Ce mélange, chauffé avec un excès de soude, fournit de l'acide oxyazélaïque (voy. ce mot) [A. Bujard et C. Hell, *D. chem. G.*, **22**, 68].

La chaux en excès transforme à la calcination l'acide azélaïque en un homologue de la subérone [Dale et Schorlemmer, *D. chem. G.*, **12**, 2383].

Le *sel neutre d'ammonium* se décompose à 100°.

Les *sels de strontium* et *de baryum* renferment 1 molécule d'eau ; le *sel de calcium* est anhydre.

Le *sel de manganèse* cristallise avec 3 molécules d'eau ; ceux *de cobalt* et *de nickel*, avec

6 molécules. Les *sels de zinc, de cadmium, de cuivre, de plomb, de mercure* et *d'argent* sont anhydres. Ce dernier noircit à la lumière.

La séparation de l'acide azélaïque et de l'acide subérique se fait par précipitations fractionnées. On se base sur leur différence de solubilité dans l'eau et dans l'éther, et sur ce fait que les azélaates sont trois fois moins solubles que les subérates [Gantter et Hell, *D. chem. G.*, **14**, 1545].

A. Bigot.

AZIDINES. — On a donné le nom d'*azidines* aux produits de la réaction de la phénylhydrazine sur les éthers imidés; ils répondent aux schémas :

$$R-C \lesssim \begin{matrix} AzH \\ AzH-AzH.C^6H^5 \end{matrix} \text{ et } R-C \lesssim \begin{matrix} Az-AzH.C^6H^5 \\ AzH-AzH.C^6H^5 \end{matrix}$$

On les obtient en laissant en contact, pendant un temps variant de 24 heures à plusieurs semaines, le chlorhydrate de l'éther imidé en solution dans l'alcool absolu avec 2 molécules de phénylhydrazine.

La réaction s'écrit de la façon suivante :

$$R-C \lesssim \begin{matrix} AzH.HCl \\ OC^2H^5 \end{matrix} + 2C^6H^5.AzH-AzH^2$$
$$= R-C \lesssim \begin{matrix} Az-AzH.C^6H^5 \\ AzH-AzH.C^6H^5 \end{matrix} + AzH^4Cl + C^2H^5.OH.$$

Ces corps sont cristallisés [Pinner, *D. chem. G.*, **16**, 1655; **17**, 183, 2003].

MÉTHÉNYLDIPHÉNYLAZIDINE,

$$CH \lesssim \begin{matrix} AzH-AzH.C^6H^5 \\ Az-AzH.C^6H^5 \end{matrix}$$

On laisse en contact pendant plusieurs semaines avec de l'alcool absolu le chlorhydrate de l'imidoformiate d'éthyle,

$$CH \lesssim \begin{matrix} AzH.HCl \\ OC^2H^5 \end{matrix}$$

avec un peu plus de 2 molécules de phénylhydrazine. On reprend le précipité formé par du benzène chaud et l'on précipite la solution benzénique par la ligroïne.

L'alcool l'abandonne de sa solution en petites lamelles jaunes, fusibles à 185°.

Ce corps est soluble dans l'alcool froid, très soluble dans l'alcool chaud. Il se colore en rouge par addition d'acide sulfurique ou d'acide chlorhydrique.

ÉTHÉNYLPHÉNYLAZIDINE,

$$CH^3-C \lesssim \begin{matrix} AzH \\ AzH-AzH.C^6H^5 \end{matrix}$$

— On l'obtient à l'état de chlorhydrate par l'action de la phénylhydrazine sur le chlorhydrate de l'imido-acétate d'éthyle. On opère comme pour le corps précédent, mais en n'employant qu'une seule molécule de phénylhydrazine.

Le *chlorhydrate*,

$$CH^3-C \lesssim \begin{matrix} AzH \\ AzH-AzH.C^6H^5 \end{matrix} .HCl,$$

forme de grands prismes incolores, insolubles dans l'éther, très solubles dans l'alcool; il cristallise par refroidissement de sa solution avec 1 molécule d'eau, et par évaporation avec une demi-molécule d'eau.

Il ne perd cette eau qu'à 150° en se décomposant.

BENZÉNYLDIPHÉNYLAZIDINE,

$$C^6H^5-C \lesssim \begin{matrix} Az-AzH.C^6H^5 \\ AzH-AzH.C^6H^5 \end{matrix}$$

— Il se forme dans la réaction de la phénylhydrazine sur l'imidobenzoate d'éthyle. On ajoute à 1 molécule du chlorhydrate de cet éther en solution dans l'alcool absolu 2 molécules de phénylhydrazine. Il se dépose bientôt du chlorure d'ammonium. On abandonne le tout pendant 24 heures à la température ordinaire, puis on chauffe à une douce température et l'on filtre chaud. La solution rouge foncé ainsi obtenue laisse déposer par refroidissement des aiguilles rouges, très solubles dans le benzène et dans l'alcool chaud. On purifie ce corps par cristallisation dans ces véhicules. Il fond vers 170°.

A. Béhal.

AZIMIDES. — On a donné le nom générique d'*azimides* à des composés qui prennent naissance par l'action de l'acide nitreux sur les o-diamines.

La réaction peut se représenter par l'un des deux schémas :

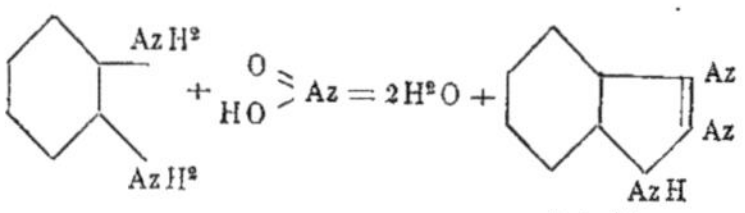

$$C^6H^4 \begin{matrix} AzH^2 \\ AzH^2 \end{matrix} + \begin{matrix} O \\ HO \end{matrix} \gtrsim Az = 2H^2O + C^6H^4 \begin{matrix} Az \\ \| \\ Az \\ AzH \end{matrix}$$

Azimide.

[Kekulé, *Lehrbuch der organ. Chem.*, **2**, 739], ou

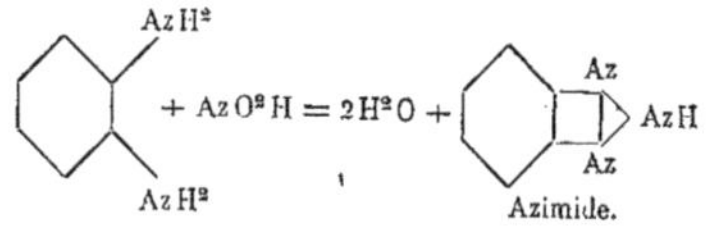

$$C^6H^4 \begin{matrix} AzH^2 \\ AzH^2 \end{matrix} + AzO^2H = 2H^2O + C^6H^4 \begin{matrix} Az \\ Az \end{matrix} \rhd AzH$$

Azimide.

[P. Griess, *D. chem. G.*, **15**, 1878; *Bull. Soc. Chim.*, (2), **39**, 167].

Que ce soit la première ou la seconde de ces deux formules que l'on adopte, on se rendra compte que les corps dénommés *azimides* dérivent tous d'un même noyau. Toutes les azimides jouissent d'une grande stabilité vis-à-vis de la chaleur et des réactifs chimiques.

Le premier terme de cette série a été obtenu par M. Hofmann [A. W. Hofmann, *Ann. Chem.*, **115**, 249; *Ann. Chim. Phys.*, (3), **61**, 151; Dict., **2**, 897] dans l'action de l'acide nitreux sur la *nitro-α-phénylène-diamine*. Il lui a donné le nom de *nitrodiazophénylène-diamine* et a indiqué sa véritable constitution :

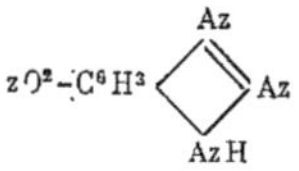

$$AzO^2-C^6H^3 \begin{matrix} Az \\ AzH \end{matrix} \gg Az$$

Mais l'α-phénylène-diamine devint après les recherches de M. Griess la p-phénylène-diamine et l'on fut étonné de voir une azimide formée par l'action de l'acide nitreux sur une p-diamine. On doit à M. Ladenburg d'avoir démontré [*D. chem. G.*, **17**, 147] que la nitro-α-phénylène-diamine est en réalité la nitro-o-phénylène-diamine :

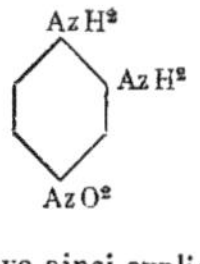

$$C^6H^3 \begin{cases} AzH^2 \\ AzH^2 \\ AzO^2 \end{cases}$$

L'anomalie se trouve ainsi expliquée.

La constitution des azimides a donné lieu à un grand nombre de controverses et d'expériences.

M. Griess se fonde, pour rejeter la formule de M. Kekulé, sur ce fait que les deux acides

$$C^6H^3 \begin{cases} COOH & (1) \\ AzO^2 & (3) \\ AzH-CO-AzH^2 & (4) \end{cases}$$

δ-nitro-uramidobenzoïque.

et

$$C^6H^3 \begin{cases} COOH & (1) \\ AzH-CO-AzH^2 & (3) \\ AzO^2 & (4) \end{cases}$$

β-nitro-uramidobenzoïque.

donnent par ébullition avec la potasse le même acide *azimidobenzoïque*,

$$C^6H^3 \begin{cases} COOH \\ Az \diagdown \\ \;| \quad > AzH. \\ Az \diagup \end{cases}$$

De plus, réduits tous les deux et traités par l'acide nitreux, ils donnent le même acide *azimido-uramidobenzoïque*,

$$C^6H^3 \begin{cases} COOH \\ Az \diagdown \\ \;| \quad > Az-CO-AzH^2. \\ Az \diagup \end{cases}$$

Ces faits s'accordent bien avec la formule de M. Griess, qui est symétrique, et contredisent celle de M. Kekulé, qui ne l'est pas. Il faut d'ailleurs ajouter que, pour rendre compte de sa seconde réaction, M. Griess est obligé d'admettre une transposition moléculaire, puisque le groupe Az–CO–AzH², qui était primitivement en relation avec un des atomes de carbone du noyau aromatique, est ensuite attaché aux deux atomes d'azote du groupement azimide.

D'autre part, le nombre d'expériences contraires aux vues de M. Griess est très grand. C'est d'abord celle de M. Bœssneck [*D. chem. G.*, **19**, 1757; *Bull. Soc. Chim.*, (2), **47**, 262], qui, traitant par l'acide nitreux l'acétyl-o-phénylène-diamine, obtient une acétylazimide :

$$C^6H^4 \begin{cases} AzH-CO-CH^3 \\ AzH^2 \end{cases} + \begin{matrix} OH \\ | \\ AzO \end{matrix}$$

$$= 2H^2O + C^6H^4 \langle \text{Az-CO-CH}^3,\ \text{Az},\ \text{Az} \rangle$$

Il faudrait admettre, pour expliquer cette réaction avec la formule de M. Griess, qu'il y a eu une transposition moléculaire (c'est d'ailleurs ce qu'admet M. Bœssneck); cela est inutile avec la formule de M. Kekulé.

Une autre expérience de MM. E. Nölting et A. Abt [*D. chem. G.*, **20**, 2999] vient encore à l'appui de la formule de M. Kekulé. Quand on traite l'éthylcrésylène-diamine par l'acide nitreux, on la transforme en éthylazimidotoluène :

$$CH^3-C^6H^3 \begin{cases} AzH^2 \\ AzH.C^2H^5 \end{cases} + AzO\ H$$

$$= 2H^2O + CH^3-C^6H^3 \langle \text{Az},\ \text{Az},\ \text{Az.C}^2\text{H}^5 \rangle$$

La réaction se passerait en deux phases :

$$CH^3-C^6H^3 \begin{cases} AzH^2 \\ AzH.C^2H^5 \end{cases} + AzO^2Na + 2HCl$$

$$= 2H^2O + NaCl + CH^3-C^6H^3 \begin{cases} Az=AzCl \\ AzH.C^2H^5 \end{cases}$$

$$CH^3-C^6H^3 \begin{cases} Az=AzCl \\ AzH.C^2H^5 \end{cases}$$

$$= HCl + CH^3-C^6H^3 \langle \text{Az},\ \text{Az},\ \text{Az.C}^2\text{H}^5 \rangle$$

En définitive la formule de M. Kekulé nous paraît préférable.

Dérivés hydrazimidés. — A côté des azimides se trouvent des combinaisons qui contiennent deux atomes d'hydrogène de plus que les azimides correspondantes, et que l'oxydation transforme en azimides. Ces composés furent d'abord appelés *o-amidoazoïques* par MM. E. Nölting et O. Witt, qui en ont obtenu les premiers représentants [*D. chem. G.*, **17**, 77]. M. T. Zincke reconnut que l'oxydation par l'acide chromique en solution acétique les transformait en azimides, et proposa de leur donner le nom de combinaisons *hydrazimidées* [T. Zincke, *D. chem. G.*, **18**, 3132, 3142; *Bull. Soc. Chim.*, (2), **46**, 231].

Si l'on admet l'hypothèse de M. Griess sur la constitution des azimides, les hydrazimidés auront comme constitution

$$C^6H^4 \langle \text{AzH},\ \text{Az-AzHR} \rangle \quad \text{ou} \quad C^6H^4 \langle \text{AzH},\ \text{Az-R},\ \text{AzH} \rangle$$

R représentant un radical aromatique. Mais si, comme nous le faisons, on admet l'hypothèse de M. Kekulé, on ne peut leur donner comme constitution que

$$C^6H^4 \langle \text{AzH},\ \text{AzH},\ \text{AzR} \rangle$$

Les composés *o-amidoazoïques* prennent naissance dans l'action des sels diazoïques sur les amines :

$$C^6H^3 \diagup AzH^2 + \begin{matrix} Cl-Az \\ \| \\ Az.C^6H^5 \end{matrix} = HCl + C^6H^3 \langle \text{AzH},\ \text{Az},\ \text{Az.C}^6\text{H}^5 \rangle$$

On peut admettre, pour expliquer la transposition moléculaire, que l'acide chlorhydrique se fixe de nouveau sur la molécule pour s'en détacher ensuite en fermant la chaîne :

$$C^6H^5 \langle \text{AzH},\ \text{Az},\ \text{Az.C}^6\text{H}^5 \rangle + HCl = C^6H^5 \langle \text{AzH},\ \text{AzH},\ \text{Cl-Az.C}^6\text{H}^5 \rangle$$

$$C^6H^6 \langle \text{AzH},\ \text{AzH},\ \text{Cl-Az.C}^6\text{H}^5 \rangle = HCl + C^6H^4 \langle \text{AzH},\ \text{AzH},\ \text{Az.C}^6\text{H}^5 \rangle$$

[T. Zincke, *loc. cit.*].

Nomenclature des azimides et des composés hydrazimidés. — Les noms d'*azimides* et d'*hydrazimides* sont commodes pour désigner la fonction d'une manière générale (on dira les azimides, comme on dit les acétones ou les aldéhydes), mais ces dénominations deviennent peu pratiques quand il s'agit de désigner avec précision un composé quelconque.

Les azimides prennent naissance par l'action de l'acide nitreux sur les o-diamines. La plus simple d'entre elles, que l'on appelle actuellement *benzazimide* ou *azimidobenzène*, a pour constitution

CH
CH C Az
CH C Az
CH AzH

De même l'action de l'acide nitreux sur les o-amidophénols donne des composés dont le plus simple aurait pour constitution

CH
CH C Az
CH C Az
CH O

Enfin l'acide nitreux transforme les o-amidothiophénols en composés que l'on appelle des *diazosulfures* ou *sulfures diazoïques* et dont le plus simple est représenté par le schéma

CH
CH C Az
CH C Az
CH S

Il est naturel que ces trois noyaux, qui se ressemblent autant par leur forme que par leur mode de synthèse et qui sont entre eux respectivement comme le pyrrol, le furfurane et le thiophène, possèdent des noms qui rappellent ces rapprochements. Ces raisons, jointes à d'autres que nous exposerons plus loin dans l'article CHAÎNES FERMÉES (nomenclature), nous engagent à proposer pour le premier de ces noyaux le nom de *phénopyrrodiazol*, pour le second celui de *phénofurodiazol*, pour le troisième celui de *phénothiodiazol*.

Nous ne nous occuperons pour l'instant que du premier, qui représente le corps le plus simple de la fonction azimide.

A peine avons-nous besoin de dire qu'une azimide dérivant d'une o-diamine de la série du naphtalène sera un *naphtopyrrodiazol*. Mais il sera nécessaire de se servir des préfixes α et β pour indiquer de quelle manière le noyau pentagonal est soudé au noyau naphtalique :

Az
AzH Az
α-β-naphtopyrrodiazol.

AzH
Az
Az
β-α-naphtopyrrodiazol.

Afin d'éviter toute ambiguïté, nous nommerons d'abord celle des deux lettres qui représente le sommet en rapport direct avec le groupe AzH.

Les dérivés hydrazimidés diffèrent des azimides en ce qu'ils ont deux atomes d'hydrogène de plus dans le noyau pentagonal. Le plus simple d'entre eux prendra le nom de *benzopyrrodiazoline* :

CH
CH C AzH
CH C AzH
CH AzH

(dihydropyrrol = pyrroline, dihydropyrazol = pyrazoline).

De même dans la série du naphtalène; mais comme il y a ici deux groupements AzH, il pourrait y avoir ambiguïté dans la désignation du noyau ; on la lèvera en nommant la *naphtopyrrodiazoline* comme l'azimide auquel elle donne naissance par oxydation.

Il ne reste plus qu'à fixer la désignation des sommets des nouveaux noyaux; nous indiquerons comment cela pourra être fait aux articles BENZOPYRRODIAZOL et NAPHTOPYRRODIAZOL, où nous décrirons toutes les azimides et hydrazimides connues qui sont des dérivés de ces deux noyaux.

L. Bouveault.

AZIMIDOBENZÈNE. — Voyez PHÉNOPYRRODIAZOL.

AZINES. — Le mot *azine* est employé depuis fort longtemps; mais il a eu un grand nombre d'acceptions différentes.

Au début, on s'en servit pour désigner des produits basiques contenant le groupement atomique

$$-Az=Az-.$$

A proprement parler, l'*azine* était le corps hypothétique

$$HAz=AzH.$$

C'est en partant de ce principe que l'on donna au diamidogène

$$H^2=Az-Az=H^2$$

le nom d'*hydrazine* et à son dérivé phényle celui de *phénylhydrazine*

$$H^2Az-AzH.C^6H^5.$$

Le mot *azine* est encore très employé dans cette acception, et avec raison.

En 1887, M. Hinsberg [*D. chem. G.*, **20**, 21; *Bull. Soc. Chim.*, (2), **48**, 200] proposa une nomenclature pour tous les noyaux à chaîne fermée contenant le groupement moléculaire

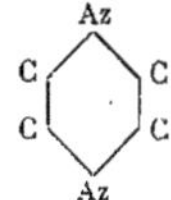

Il eut l'idée de les diviser en deux grandes classes, suivant que ce groupement moléculaire était à l'extrémité ou au milieu d'une chaîne de noyaux benzéniques. Il donnait aux corps de la première classe le nom générique de *quinoxalines*, à ceux de la seconde celui d'*azines*. Nous ne discuterons pas l'opportunité de cette réforme, qui fut adoptée par tous les savants qui se sont occupés de la question, mais nous regrettons que l'on ait choisi, pour désigner cette seconde classe, le mot *azine*, qui possédait déjà un sens très différent.

Peu de temps après, M. O. Witt demanda que l'on donnât ce nom d'*azines* à tous les corps que M. Hinsberg avait distingués en azines et en quinoxalines.

M. O. Widmann alla plus loin comme généralisation : il appela *azines* toutes les combinaisons contenant un noyau hexagonal formé d'atomes d'azote et d'atomes de carbone réunis par 9 liaisons [*J. prakt. Chem.*, (2), **38**, 185; *Bull. Soc. Chim.*, (3), **1**, 583]. La pyridine et la quinoléine deviennent ainsi des azines.

Il va sans dire que nous ne prendrons pas au pied de la lettre la définition de M. Widmann et que nous ne décrirons pas dans cet article tous les corps qu'il qualifie d'*azines*. Les diverses azines se distinguent entre elles par un ou par plusieurs préfixes rappelant la forme de leur noyau ; nous les décrirons chacune dans un article spécial (voyez PHÉNAZINES, NAPHTAZINES, PHÉNANTHRAZINES, DIAZINES, MIAZINES, etc., etc.).

Il est regrettable que l'on ait fait un pareil abus du mot *azine*; cet abus aura cependant moins d'inconvénients que l'on ne pourrait croire, parce que le mot *azine* n'est jamais employé seul et que le préfixe qui l'accompagne suffit toujours à indiquer à quel genre d'azines on a affaire.

Nous donnerons à l'article CHAINES FERMÉES la nomenclature que M. Widmann propose pour ses azines. L. Bouveault.

AZOBENZÈNE. — Voyez BENZÈNE.

AZOÏQUES (COMBINAISONS) (voyez Dict., 1, 1151 et 1155 et Suppl., 1, 687 et suiv.) — On peut diviser les composés azoïques en trois classes. En effet, si dans le schéma représentant les composés azoïques R-Az-Az-R′, R et R′ sont aromatiques, on a un composé azoïque vrai;

Si R est aromatique, R′ étant un radical gras, on a un composé azoïque mixte;

Si enfin R et R′ représentent des radicaux de la série grasse, on est en présence d'un dérivé azoïque gras.

De ces trois classes, la première est de beaucoup la plus importante au point de vue pratique; les deux autres n'offrent qu'un intérêt théorique et leur histoire est encore aujourd'hui très peu avancée.

DÉRIVÉS AZOÏQUES VRAIS.— Voyez Dict., 1, 1151; Suppl., 1, 627.

Préparation. — 1° Les dérivés nitrosés réagissent sur les amines primaires pour donner naissance à des dérivés azoïques. Ainsi le nitrosophénol réagit sur l'aniline pour donner le benzène-azophénol :

$$C^6H^5 . AzH^2 + C^6H^4(OH)(AzO)$$
$$= C^6H^5 . Az{=}Az . C^6H^4 . OH + H^2O.$$

2° Les hydrazines donnent, par oxydation, naissance à des dérivés azoïques. Ainsi le di-m-chlorohydrazobenzène donne naissance au m-chlorobenzène-azo-m-chlorobenzène :

$$C^6H^4Cl . AzH-AzH . C^6H^4Cl + O$$
$$= H^2O + C^6H^4Cl . Az{=}Az . C^6H^4Cl.$$

3° On peut encore les obtenir par une voie détournée. Ainsi en faisant réagir une molécule d'un dérivé tétrazoïque sur une molécule d'un acide aromatique amidosulfoné ou carboxylé, on obtient une sorte d'anhydride ; par exemple, en faisant réagir une molécule de benzidine diazotée sur une molécule de naphtionate de sodium en liqueur alcaline, on obtient un corps insoluble répondant à la formule

$$\begin{array}{l} C^6H^4 . Az{=}Az . SO^3 \\ \;| \qquad\qquad\quad | \\ C^6H^4 . Az{=}Az . C^{10}H^5-AzH^2. \end{array}$$

Ce corps, bouilli avec de l'eau, perd un de ses groupes diazoïques qui, comme à l'ordinaire, fait place à un groupement phénolique. Si l'on emploie l'alcool dans cette opération, le groupe diazoïque est remplacé par 1 atome d'hydrogène et l'on obtient les deux corps suivants :

$$HO . C^6H^4-C^6H^4 . Az{=}Az . C^{10}H^5(SO^3H)(AzH^2)$$

Acide oxybiphénylazonaphthionique.

et $C^6H^5-C^6H^4 . Az{=}Az-C^{10}H^5(SO^3H)(AzH^2)$

Acide biphénylazonaphthionique.

[Lange, *D. chem. G.*, 19, 1697].

DÉRIVÉS AZOÏQUES MIXTES,

$$R . Az{=}Az . G,$$

R représentant un radical aromatique
G représentant un radical gras.

Les corps qui appartiennent à ce groupe ne sont connus jusqu'ici, à part le benzène-azoéthane et le benzène-azopropylène, que sous la forme de dérivés nitrés.

Préparation. — On obtient les dérivés nitrés de ces corps en faisant réagir sur les sels de composés diazoïques les combinaisons sodées des dérivés nitrés des carbures gras [V. Meyer et Ambühl, *D. chem. G.*, 8, 751 et 1073].

Ainsi, par exemple, le nitrate de diazobenzène réagit sur le nitrométhane sodé pour donner du nitrate de sodium et du benzène-azonitrométhane :

$$C^6H^5 . Az{=}Az . AzO^3 + CH^2NaAzO^2$$
$$= AzO^3Na + C^6H^5 . Az{=}Az . CH^2 . AzO^2.$$

2° MM. Fischer et Ehrardt ont obtenu, en distillant la diéthyldiphényltétrazone avec la vapeur d'eau, le benzène-azoéthane $C^6H^5 . Az{=}Az . C^2H^5$:

$$\begin{array}{c} C^6H^5 \searrow \qquad\qquad\qquad \swarrow C^6H^5 \\ C^2H^5 \nearrow Az-Az{=}Az-Az \nwarrow C^2H^5 \end{array}$$
$$= 2C^6H^5 . Az{=}Az . C^2H^5.$$

C'est une huile jaune à odeur forte.

Propriétés (voyez Suppl., 1, 303). — On peut regarder ce dernier corps comme le type de la classe; il donne en effet des réactions parallèles à celles des composés azoïques aromatiques. Il se combine avec l'iode et donne, par hydrogénation, le dérivé hydrazinique correspondant :

$$C^6H^5 . AzH-AzH . C^2H^5.$$

Les dérivés nitrés de ces azoïques sont acides et donnent avec les alcalis des sels bien cristallisés. Ils prennent, chose digne de remarque, 2 molécules de base pour 1 molécule de dérivé azoïque, quoiqu'ils n'aient que 1 atome d'hydrogène acide. Aussi doit-on considérer ces composés comme des sels basiques.

Les sels alcalins sont solubles; ils servent à préparer les autres par voie de double décomposition.

On a signalé dans ces derniers temps, comme pouvant se rattacher à cette classe, des composés obtenus par l'action des sels de diazobenzène sur les dérivés sodés des diacétones, des acétones acides ou des acétones-aldéhydes. La réaction normale devrait en effet donner naissance à un composé azoïque mixte; ainsi le chlorure de diazobenzène réagirait sur l'éther malonique sodé suivant l'équation

$$C^6H^5 . Az{=}AzCl + CHNa(CO^2C^2H^5)^2$$
$$= C^6H^5 . Az{=}Az . CH(CO^2C^2H^5)^2 + NaCl.$$

Cependant la réaction ne semble point se passer de cette façon ; il se produit une transposition moléculaire qui en fait des hydrazides, c'est-à-dire des composés identiques avec ceux qui résultent de la combinaison d'une acétone ou d'une aldéhyde avec la phénylhydrazine.

Le composé précédent répond alors au schéma

$$C^6H^5 . AzH-Az{=}C(CO^2C^2H^5)^2.$$

Cette interprétation est vérifiée par ce fait que ce composé ne donne plus de dérivé sodé et que surtout il est identique avec le produit que l'on obtient en faisant réagir la phénylhydrazine sur l'éther mésoxalique :

$$C^6H^5 . AzH-AzH^2 + CO(CO^2C^2H^5)^2$$
$$= C^6H^5 . AzH-Az{=}C(CO^2C^2H^5)^2$$

[Japp et Klingemann, *D. chem. G.*, **20**, 3398. — V. Meyer, *ibid.*, **21**, 11].

Cependant MM. C. Beyer et L. Claisen [*D. chem. G.*, **21**, 1697] pensent pouvoir affirmer que les sels de diazobenzène, en réagissant sur les dérivés sodés de quelques β-diacétones et de quelques acétones-aldéhydes, donnent naissance à de véritables composés azoïques mixtes. C'est ainsi que se comporteraient l'aldéhyde acétyléthylique, l'acétylacétone et le dibenzoylméthane.

DÉRIVÉS AZOÏQUES GRAS,

$$G . Az = Az . G',$$

G et G' représentant deux radicaux gras.

— Les azoïques gras ne sont représentés que par une seule série de corps, les acides azauroliques [V. Meyer et Constam, *D. chem. G.*, **14**, 1455]. Nous prendrons comme type de ces composés l'*acide éthylazaurolique*.

Ce produit peut être considéré comme le dérivé dinitrosé d'un azoïque gras, l'éthane-azoéthane, et on peut le représenter par le schéma suivant :

$$AzO . C^2H^4 . Az=Az . C^2H^4 . AzO.$$

On l'obtient en réduisant avec beaucoup de précautions l'acide éthylnitrolique au moyen de l'amalgame de sodium :

$$2CH^3-C\begin{matrix}\nearrow AzO^2 \\ \searrow AzOH\end{matrix} + 4H^2$$

$$= CH^3-CH(AzO)-Az=Az-CH(AzO)-CH^3 + 4H^2O.$$

On dissout ou on met en suspension 2 grammes d'acide éthylnitrolique dans 10 centimètres cubes d'eau; on refroidit avec un mélange de sel et de glace; on ajoute 40 grammes d'amalgame de sodium à 5 0/0 et l'on agite avec violence. On sépare le mercure, on refroidit et on ajoute de l'acide sulfurique dilué. Il se sépare des aiguilles jaunes, qu'on lave avec un peu d'eau froide.

Ce corps se présente sous la forme d'aiguilles jaunes. Il cristallise dans l'alcool en cristaux rouge-feu.

Il est presque insoluble dans les dissolvants habituels. Il joue le rôle d'un acide et se combine avec les bases en donnant des sels jaune-orangé.

Il fond à 142°, puis fait explosion, surtout si l'on opère sur une assez grande quantité.

En opérant sur peu de matière et avec beaucoup de soin, on réussit à le fondre. Il forme alors un liquide incolore, à odeur d'acétamide, qui se solidifie par refroidissement et fond à 133°.

L'action de la chaleur, des acides étendus, de l'hydrogène naissant, de l'ammoniaque fait perdre à ces composés 1 atome d'azote et donne naissance à des corps très stables, que les auteurs nomment *leucazones* (voy. ce mot).

L'acide chlorhydrique étendu réagit sur l'acide éthylazaurolique au bain-marie en produisant un vif dégagement de gaz et une solution incolore qui laisse par évaporation une masse blanche déliquescente. Ce corps présente les réactions des composés hydroxylamiques et la composition du chlorhydrate d'éthylidène-dihydroxylamine,

$$CH^3-CH=(AzH . OH)^2 . HCl.$$

Sous l'influence de l'acide sulfurique étendu, ce corps se dédouble en sulfate d'hydroxylamine et sulfate d'éthyl-leucazone $(C^6H^7Az^3O)^2SO^4H^2$.

Acide propylazaurolique, $C^6H^{12}Az^4O^2$. — On l'obtient en réduisant l'acide propylnitrolique par l'amalgame de sodium, en opérant comme pour l'acide éthylazaurolique.

Il forme des cristaux microscopiques rouge-aurore, transparents, fusibles à 127°,6. Il est plus soluble dans l'alcool et dans l'éther que l'acide éthylé.

Acide méthylazaurolique. — On n'a obtenu ce produit qu'à l'état amorphe, en opérant comme pour les corps précédents.

C'est une poudre jaune, qui détone sans fondre au-dessus de 100°.

La constitution des acides azauroliques n'est pas encore établie avec certitude. D'une part, la formation de leucazone tendrait à leur faire donner une formule dissymétrique; d'autre part, la formation de l'acide azaurolique en partant du dinitréthane demanderait une formule symétrique [V. Meyer et Constam, *Ann. Chem.*, **214**, 328].

A. Béhal.

AZONE-CARBONIQUE (ACIDE). — Voyez ACIDE MÉCONIQUE (Dérivés azotés).

AZONES. — Voyez HYDRAZONES et OSAZONES.

AZONIUMS. — Nous avons indiqué à l'article AZINES les différents sens que l'on avait donnés à ce mot. Les azines sont toutes des bases, qui sont de véritables ammoniaques composées. Les ammoniums quaternaires correspondant aux azines prennent le nom d'*azoniums*; nous décrirons les sels des azoniums avec les azines auxquelles ils se rattachent.

AZOPHÉNINE. — L'azophénine de M. Kimich (voyez Suppl., **1**, 255) a été l'objet dans ces dernières années de nombreux travaux, qui ont permis d'établir sa constitution avec certitude. Elle joue un rôle important dans la production industrielle de l'induline, dont elle précède toujours la formation (voyez plus loin et article INDULINE).

Modes de formation. — L'azophénine se forme d'une façon générale lorsqu'on fait agir le chlorhydrate d'aniline en solution dans un excès d'aniline sur certains dérivés nitrosés ou azoïques des bases aromatiques. On l'obtient :

1° En chauffant à 120-125° la *diphénylnitrosamine* avec du chlorhydrate d'aniline et un excès d'aniline [Witt, *D. chem. G.*, **10**, 1311] ;

2° En chauffant le *diazoamidobenzène* avec de l'aniline et du chlorhydrate d'aniline, d'abord vers 30-35°, puis à 100°. Dans la première période, il y a transposition moléculaire du diazoamidobenzène, qui se transforme en *amidoazobenzène* ; c'est aux dépens de ce dernier corps qu'a lieu la formation de l'azophénine [Witt et Thomas, *Chem. Soc.*, 1883, 112] ;

3° En chauffant la *nitrosodiphénylamine* ou la *nitrosoaniline* avec du chlorhydrate d'aniline et de l'aniline [Fischer et Hepp, *D. chem. G.*, **20**, 1255 et **21**, 686] ;

4° En chauffant à 100-110° le *diphényl-p-azophénylène*

$$C^6H^4\begin{matrix}\nearrow Az . C^6H^5 \\ | \\ \searrow Az . C^6H^5\end{matrix}$$

avec un grand excès d'aniline. Il se forme en même temps de la diphényl-p-phénylène-diamine $C^6H^4(AzH . C^6H^5)^2$ [Bandrowski, *Mon. f. Chem.*, 9, 414].

Préparation. — On dissout 2 parties d'amidoazobenzène dans 4 parties d'aniline, on ajoute 1 partie de chlorhydrate d'aniline et on chauffe pendant 24 heures à 80-90°, en ayant soin de ne pas élever davantage la température, pour éviter la formation d'induline. Par le refroidissement, l'azophénine cristallise. On traite successivement par l'eau légèrement acidulée et par l'alcool et on purifie le produit par cristallisation dans le toluène.

On peut également chauffer à 80° une dissolution acétique de nitrosodiméthylaniline avec un excès d'aniline. La réaction se propage d'elle-même, et par le refroidissement le produit se prend en un magma cristallin d'azophénine, qu'on purifie comme il a été indiqué plus haut [Witt, *D. chem. G.*, **20**, 1538].

Une troisième méthode de préparation consiste à chauffer pendant 8 ou 10 heures au bain-marie une dissolution de 100 grammes de p-nitrosodiphénylamine et de 100 grammes de chlorhydrate d'aniline dans 500 grammes d'aniline. On obtient ainsi 150 grammes d'azophénine pure après cristallisation dans le toluène. Comme produit secondaire, on obtient la p-amidodiphénylamine fusible à 66-67° [Fischer et Hepp, *D. chem. G.*, **20**, 2479].

Enfin, et cette réaction donne la clef de la constitution de l'azophénine, on obtient ce composé en chauffant de la quinone-dianilide

$$C^6H^2O^2(AzH \,.\, C^6H^5)^2$$

avec de l'aniline et du chlorhydrate d'aniline [Fischer, *D. chem. G.*, **21**, 676].

Propriétés. — L'azophénine cristallise en aiguilles aplaties, d'un rouge rubis, fusibles à 241°. Elle a pour formule $C^{30}H^{24}Az^4$. Chauffée pendant 3 heures à 36° avec de l'acide sulfurique concentré qui la dissout avec coloration en un violet intense, elle fournit de l'aniline et une matière colorante bleue douée d'une fluorescence rouge (fluorindine). L'acide sulfurique et l'alcool transforment à chaud l'azophénine en un dérivé de la quinone-dianilide, $C^6H^2O^2(AzH \,.\, C^6H^5)^2$ [Fischer, *D. chem. G.*, **21**, 676, 2167].

Action des réducteurs. — En chauffant pendant quelques heures à 130-140° de l'azophénine avec une solution alcoolique de sulfure d'ammonium, on obtient des lamelles soyeuses, facilement oxydables, fusibles à 173-174°, qui sont constituées par l'*hydrazophénine*, $C^{30}H^{26}Az^4$ (Fischer et Hepp).

L'étain et l'acide chlorhydrique transforment l'azophénine en aniline et en une base incolore très oxydable. Cette base, en absorbant l'oxygène de l'air, fournit de la phénylcarbylamine et une matière colorante rouge dont les sels se dissolvent en bleu dans l'eau. L'induline du commerce, qui présente toujours une forte odeur de carbylamine, renferme probablement une certaine quantité de cette matière colorante.

D'après un brevet récent [Dahl et Cie, *Brevet allemand* 43088 *du* 17 *septembre* 1887], en traitant l'azophénine par la p-phénylène-diamine, on obtient des matières colorantes dont les chlorhydrates sont solubles dans l'eau, tandis que les chlorhydrates des indulines ne se dissolvent que dans l'alcool. En prolongeant l'action de la p-phénylène-diamine et en opérant à une température élevée, on obtient des produits à nuances de plus en plus vertes.

Chlorazophénine, $C^{30}H^{23}ClAz^4$. — On l'obtient par l'action de la nitrosochlorodiphénylamine, fusible à 143° (dérivant de la p-chlorodiphénylamine fusible à 74°, et obtenue en partant du dérivé amidé correspondant par la méthode de M. Sandmeyer) sur l'aniline et le chlorhydrate d'aniline. La monochlorazophénine ressemble à l'azophénine; elle est plus soluble dans le benzène et dans le toluène. Elle fond à 230° (Fischer et Hepp).

Trichlorazophénine, $C^{30}H^{21}Cl^3Az^4$. — On chauffe au bain-marie 1 partie de chlorhydrate de p-chloraniline avec 5 parties de p-chloraniline et 1 partie de nitrosodiphénylamine. On traite par l'alcool, on laisse reposer, on épuise par l'eau et on fait cristalliser à plusieurs reprises le résidu insoluble dans le toluène. On fait passer un courant de gaz ammoniac dans le liquide et on filtre dans de l'alcool bouillant. Il se sépare des prismes grenat, fusibles à 246°, qui sont constitués par la trichloroazophénine.

Tétrachlorazophénine (?) — On l'obtient sous la forme de cristaux fusibles à 265° en faisant agir le nitrosophénol sur la p-chloraniline [Fischer, *D. chem. G.*, **21**, 676].

Tétrabromazophénine. — Corps fusible à 233°, obtenu par l'action de la nitrosodiphénylamine sur l'aniline p-bromée en présence du chlorhydrate de cette dernière base (Fischer et Hepp).

Hydroxylazophénine, $C^{30}H^{24}Az^4O$. — On chauffe pendant 3 heures au bain-marie 1 partie de p-nitroso-m-oxydiphénylamine avec 4 parties d'aniline. On lave le produit de la réaction à l'alcool étendu, puis à l'alcool concentré et chaud et on achève la purification en faisant cristalliser dans le toluène.

On obtient ainsi l'azophénine hydroxylée sous la forme de belles aiguilles brunes, fusibles à 197°, solubles dans la soude alcoolique en rouge jaune et dans l'acide sulfurique concentré en brun rouge.

Homologues de l'azophénine. — Si, dans les réactions qui donnent lieu à la formation de l'azophénine, on remplace l'aniline par son homologue supérieur, la toluidine, on obtient l'*azotoline*.

L'amidoazo-p-toluène, chauffé à 100° avec du chlorhydrate de p-toluidine et de la toluidine, fournit l'azo-p-toline, en aiguilles aplaties d'un rouge grenat, solubles en violet dans l'acide sulfurique concentré [Nölting et Witt, *D. chem. G.*, **17**, 82]. Ce corps se forme également avec la p-toluidine et la p-nitrodiphénylamine [Ikuta, *Ann. Chem.*, **243**, 286. — Fischer et Hepp, *D. chem. G.*, **20**, 2479].

L'azo-p-toline est probablement identique avec le corps obtenu par M. Barsilowski en oxydant la p-toluidine par le permanganate de potassium [*Ann. Chem*, **207**, 105].

L'azo-p-toline jouit des mêmes propriétés que son homologue inférieur. Elle fond à 249° (Fischer et Hepp).

Constitution de l'azophénine. — Si l'on considère le mode de formation et les propriétés de l'azophénine, on remarque une certaine analogie avec les réactions correspondantes des quinone-anilides.

En se basant sur ces analogies, et sur la formation d'azophénine en partant de la quinone-anilide, M. Fischer attribue à ces corps les formules de structure suivantes :

$$C^6H^2\left\{\begin{array}{l}O\\AzH \,.\, C^6H^5\\AzH \,.\, C^6H^5\\O\end{array}\right.$$

Quinone-anilide.

$$C^6H^2\left\{\begin{array}{l}O\\AzH \,.\, C^6H^5\\AzH \,.\, C^6H^5\\AzC^6H^5\end{array}\right.$$

Dianilidobenzoquinone-anilo.

$$C^6H^2\left\{\begin{array}{l}Az \,.\, C^6H^5\\AzH \,.\, C^6H^5\\AzH \,.\, C^6H^5\\Az \,.\, C^6H^5\end{array}\right.$$

Azophénine.

Cette formule s'accorde assez bien avec les réactions de l'azophénine, tout en expliquant avec une certaine difficulté la formation de ce corps en partant des dérivés amidoazoïques [Fischer, *D. chem. G.*, **21**, 676. — Witt, *ibid.*, **20**, 2659].

G. de Bechi.

AZOPHÉNYLALLYLE [Syn. *Phénylazoallyle, benzène-azopropylène*],

$$C^6H^5 \,.\, Az{=}Az \,.\, C^3H^5.$$

— Ce corps appartient au groupe des composés azoïques mixtes. On l'obtient en oxydant l'allylphénylhydrazine par l'oxyde jaune de mercure :

$$C^6H^5 \,.\, AzH{-}AzH \,.\, C^3H^5 + HgO$$
$$= H^2O + Hg + C^6H^5 \,.\, Az{=}Az \,.\, C^3H^5$$

On dissout 1 partie d'allylphénylhydrazine dans 5 parties d'éther et on y ajoute de l'oxyde jaune de mercure. On filtre la solution après un certain temps de contact; on distille pour séparer l'éther. On ajoute au résidu de l'acide sulfurique dilué et on agite avec de l'éther. La solution éthérée est distillée et le résidu est fractionné dans le vide.

C'est une huile jaune-rougeâtre, bouillant entre 95 et 100° sous 27 millimètres. Peu soluble dans l'eau, elle se dissout facilement dans l'alcool, l'éther, le chloroforme et l'acide acétique. Les réducteurs puissants (zinc et acide chlorhydrique) transforment l'azophénylallyle en aniline. Il devrait se faire en même temps de l'allylamine ou de la propylamine [Fischer et Knövenagel, *Ann. Chem.*, **239**, 205]. A. Béhal.

AZOTE. — *Préparation.* — L'azote, préparé par l'action du cuivre sur l'air en présence de l'ammoniaque, procédé recommandé il y a vingt ans par M. Berthelot (Suppl., **1**, 256), doit être débarrassé de l'ammoniaque et de traces d'azotite d'ammonium; à cet effet, il faut le faire passer d'abord à travers une solution de potasse et à travers de l'acide sulfurique étendu, puis sur de la potasse solide et enfin sur de la ponce sulfurique [Berthelot, *Bull. Soc. Chim.*, (3), **2**, 643].

Au lieu de faire brûler du phosphore sous une cloche pour isoler l'azote de l'air, M. Max Rosenfeld fait usage d'une lame d'étain plombifère qu'il plie en deux sur un petit chevalet et qu'il recouvre d'une cloche, sur l'eau, après y avoir mis le feu en plusieurs points [*D. chem. G.*, **16**, 2752].

Propriétés physiques. — L'azote ne se liquéfie pas à — 136° (éthylène bouillant sous une pression de 150 atmosphères); si on abaisse cette température par une détente à 50 atmosphères, le gaz se liquéfie, en formant un ménisque bien net; mais cette liquéfaction ne dure que quelques secondes [Wroblewski et Olszewski, *C. R.*, **96**, 1225].

MM. L. Wroblewski et C. Olszewski ont étudié la liquéfaction et la solidification de l'azote à l'aide de l'oxygène liquéfié, qui bout vers — 185° sous la pression normale et à — 200°,4 sous une pression de 2 centimètres.

Voici les déterminations de M. Wroblewski [*Mon. f. Chem.*, **6**, 204] quant à la tension de vapeur de l'azote liquéfié :

Température.	Pression.
— 146°,35 (point critique).	32^{atm},08
— 166°	14^{atm},7
— 193°	74^{cm}
— 206°	4^{cm}

Les résultats observés par M. Olszewski ne diffèrent guère des précédents :

Température.	Pression.
— 146° (point critique).	33 atm.
— 148°,2	31 —
— 160°,5	17 —
— 194°,4	1 —

Sous la pression de 4 millimètres, la température s'abaisse à — 225° [*C. R.*, **99**, 133 et **100**, 350].

L'azote apparaît en flocons neigeux lorsqu'on le refroidit dans l'oxygène bouillant (— 185°) et qu'on diminue un peu la pression [Wroblewski, *C. R.*, **97**, 1553]. L'azote liquide se solidifie à — 203° sous une pression de 6 ou 7 centimètres (Wroblewski); à — 214° (Olszewski).

La densité de l'azote liquide à son point d'ébullition (— 194°) est de 0,885. L'étude de cette densité a été entreprise par MM. Cailletet et Hautefeuille entre 0° et — 23°, températures auxquelles ce gaz peut être liquéfié en presence de l'anhydride carbonique, et dont le coefficient de dilatation liquide se trouve ainsi notablement accru. De l'accroissement de ce coefficient se déduisent les densités suivantes pour l'azote liquide [*C. R.*, **92**, 1086] :

		Densité.
A 0°	200 atm.	0,37
	390 —	0,38
A — 23°	200 —	0,41
	300 —	0,44

Modification allotropique. — D'après MM. J. J. Thomson et Threcfall, l'azote éprouve une contraction lorsqu'on l'électrolyse sous faible pression (20 millimètres); la contraction disparaît sous l'influence de la chaleur [*R. Soc. Proceed.*, **40**, 329].

AZOTE ET HYDROGÈNE (voyez AMMONIAQUE et HYDROXYLAMINE). — Le composé AzH^2 ou plutôt Az^2H^4 a été isolé par M. Th. Curtius et désigné sous les noms de *diamine* ou d'*hydrazine* (voyez ce dernier mot). C'est un gaz très stable, formant des sels bien définis [*D. chem G.*, **20**, 1632; *Bull. Soc. Chim.*, (2), **48**, 642].

IODURE D'AZOTE. — Le gaz ammoniac sec, en passant sur l'iode, donne un liquide bleu, renfermant $3AzH^3.I^2$ d'après Bineau, $AzH^3.I^2$ d'après Millon.

En réalité la composition de ce produit varie avec la température : elle est

A 80°	$2AzH^3.I^2$
20°	$3AzH^3.I^2$
0°	$4AzH^3.I^2$
— 10°	$5AzH^3.I^2$

La chaleur en chasse de l'ammoniaque en laissant de l'iode avec une trace d'iodure.

Ces composés sont solubles dans l'eau et dans l'alcool [Raschig, *Ann. Chem.*, **241**, 253].

Les conditions de formation des iodures d'azote ont été étudiées par MM. A. Guyard [*Bull. Soc. Chim.*, (2), **41**, 12] et F. Raschig [*Ann. Chem.*, **130**, 212]. Ces auteurs préparent l'un et l'autre l'iodure d'azote par l'action de l'ammoniaque sur les iodures alcalins iodurés.

D'après M. A. Guyard, qui représente cette formation par des équations d'une excessive complication, l'iodure d'azote formé avec un excès de bi-iodure alcalin renferme AzH^2I; avec un excès d'ammoniaque au contraire, on obtient $AzHI^2$. En faisant agir l'iodure ioduré de potassium sur le chlorure d'ammonium additionné de la quantité de soude nécessaire pour saturer le chlore et l'iode, M. Raschig a cherché à produire la réaction

$$AzH^4Cl + 6I + 4NaOH$$
$$= AzI^3 + NaCl + 3NaI + 4H^2O;$$

mais on n'obtient dans ce cas que la *di-iodamine*, $AzHI^2$, comme lorsqu'on ne fait intervenir que 4 atomes d'iode. En employant 2 atomes d'iode, on obtient de même, non la mono-iodamine, mais le composé $Az^2H^3I^3$, soit $AzH^3.AzI^3$ (*sesqui-iodamine*).

Si l'on remplace le sel ammoniac par le chlorhydrate de méthylamine, quelle que soit la proportion d'iode, la méthyl-di-iodamine de Wurtz $(CH^3)AzI^2$ est le seul produit iodé formé.

Les diverses iodamines tendent à perdre de l'ammoniaque par un contact prolongé avec l'eau et le rapport de l'iode à l'azote tend à devenir égal à 3.

L'éthylate de sodium agit sur l'iodure d'azote pour donner de l'iodure de sodium et de l'ammoniaque, mais pas d'éthylamine.

Le cyanure de potassium dissout l'iodure d'azote; pour chaque atome d'iode il faut 1 molécule de cyanure.

Par exemple :

$$AzI^3 + 3\,CAzK + 3\,H^2O$$
$$= AzH^3 + 3\,KOH + 3\,CAzI.$$

L'iodure d'azote préparé avec des solutions d'iode ne détone que lorsqu'il est sec, tandis que celui qu'on obtient avec l'iode solide peut détoner sous l'eau.

La décomposition de l'iodure d'azote est déterminée par la lumière, comme l'a constaté M. A. Guyard. Sous l'eau, cette décomposition est d'abord lente, avec dégagement d'azote, puis elle se termine avec explosion; sous l'ammoniaque, la décomposition s'effectue complètement et sans explosion. La rapidité de la décomposition, déterminée par la quantité d'azote dégagée, est proportionnelle à l'intensité de la lumière et dépend des radiations. Le maximum de rapidité supérieur à celle correspondant à la lumière blanche, est provoqué par les rayons jaunes; les rayons rouge-orangé ont même intensité que la lumière blanche; les radiations les moins actives sont dans le violet; quant aux radiations calorifiques, transmises par un milieu athermane, elles sont sans action. M. A. Guyard a fondé sur ces résultats un procédé actinométrique.

Sous l'eau, la mono-iodamine se décompose d'après l'équation

$$2\,AzH^2I = AzH^4I\,.\,I + Az\,;$$

les autres iodamines sont décomposées avec explosion. L'action de la lumière sur l'iodure d'azote placé sous l'ammoniaque ne fournit pas d'iodure ioduré d'ammonium. Elle peut s'exprimer par les équations suivantes, qui sont une simplication, accompagnée d'une rectification, de celles données par M. A. Guyard :

$$6\,AzH^2I + 4\,AzH^3 = 6\,AzH^4I + 4\,Az,$$
$$AzH^3\,.\,AzI^3 + 3\,AzH^3 = 3\,AzH^4I + 2\,Az,$$
$$3\,AzHI^2 + 7\,AzH^3 = 6\,AzH^4I + 4\,Az.$$

L'iodure d'azote formé en présence d'un sel de cuivre, par exemple en ajoutant un bi-iodure alcalin à une solution de sulfate de cuivre ammoniacal, fournit un iodure double (iodamine AzH^2I et iodure cuivrique). C'est un précipité cristallin d'un grenat violacé, stable quand il est sec; mais l'eau pure le décompose en donnant un peroxyiodure de cuivre, CuO^2I^2, que la chaleur décompose en oxyde de cuivre, oxygène et iode (A. Guyard).

Méthyl-di-iodamine. — Ce composé, signalé plus haut, est un précipité rouge-brique, soluble dans l'acide chlorhydrique quand il est récemment préparé; l'ammoniaque en sépare de la di-iodamine et de la méthylamine; la potasse le décompose d'après l'équation

$$3\,CH^3.AzI^2 + 6\,KOH = 3\,CH^3.AzH^2 + 2\,IO^3K + 4\,KI$$

La *diméthyliodamine*, $(CH^3)^2AzI$, préparée de même, est un précipité jaune de soufre que l'ammoniaque convertit en sesqui-iodamine.

Ces méthyliodamines sont décomposées par la chaleur, mais sans explosion. Elles se comportent comme l'iodure d'azote avec le cyanure de potassium.

COMPOSÉS OXYGÉNÉS.

Données thermochimiques. — Les nouvelles recherches de M. Berthelot sur ce point important apportent des modifications considérables dans les données antérieures. Les anciennes déterminations avaient pour point de départ la décomposition de l'azotite d'ammonium; mais ce procédé supposait que la chaleur de formation de l'ammoniaque elle-même était nettement établie. Or tel n'était pas le cas. La chaleur dégagée par l'action du chlore sur l'ammoniaque fournit en effet pour la chaleur de formation de ce composé des nombres très variables, ce qui tient, comme l'a montré M. Berthelot, à ce que la réaction n'est jamais intégrale. C'est pourquoi M. Berthelot a déterminé cette chaleur de formation d'après la chaleur de combustion du gaz ammoniac. La chaleur dégagée par la combustion de 1 molécule d'ammoniaque est de 91^{cal},25. Déduisant cette quantité de la chaleur dégagée par la combustion de 3 atomes d'hydrogène, soit $3 \times 34{,}5$ (eau liquide), on trouve le nombre 12^{cal},25 pour l'union de $Az + H^3$ [*Bull. Soc. Chim.*, (2), 33, 505].

Ces résultats ont été confirmés par M. J. Thomsen, qui a trouvé de même le nombre 11^{cal},9. Ce nombre est bien éloigné de 26^{cal},7, admis précédemment par M. J. Thomsen.

Il était nécessaire, d'après cela, de procéder à une revision des données relatives à la chaleur de formation des oxydes d'azote. Les chiffres

			Poids molécul^{re}.	Berthelot.	Thomsen.
Protoxyde d'azote.............		$Az^2 + O$	44	— 20^{cal},6	— 18^{cal},3
Bioxyde.......................		$Az + O$	30	— 21,6	— 21,575
Anhydride azoteux.............		$Az^2 + O^3$	76	— 22,2	»
Acide azoteux........	(dissous).	$\frac{1}{2}[Az + O^3 + H^2O]$	47	— 4,2	— 3,4
Peroxyde d'azote......	(gazeux).	$Az + O^2$	46[1]	— 2,6	— 2,005
— —	(liquide).	—	»	+ 3,4	»
Anhydride azotique...	(gazeux).	$Az^2 + O^5$	108	— 1,2	»
— —	(liquide).	—	»	+ 1,3	»
— —	(solide)..	—	»	+ 5,9	»
Acide azotique.......	(gazeux).	$\frac{1}{2}[Az^2 + O^6 + H^2O]$	63	— 1,0	»
— —	(liquide).	—	»	+ 7,1	»
— —	(solide)..	—	»	+ 7,7	»
— —	(dissous).	—	»	+ 14,3	+ 14,91
Oxyammoniaque......	(dissoute)	$Az + H^3 + O$	33	+ 19,0	»
Azotite d'ammonium...........		$Az^2 + H^4 + O^2$	64	+ 64,8	+ 64,9
Azotate d'ammonium...........		$Az^2 + H^4 + O^3$	80	+ 87,9	+ 88,06
— de potassium..........		$Az + O^3 + K$	101	+ 118,7	+ 119,480
— de sodium.............		$Az + O^3 + Na$	85	+ 110,6	+ 111,250
— d'argent..............		$Az + O^3 + Ag$	170	+ 28,7	+ 28,740
— de strontium..........		$\frac{1}{2}[Az^2 + O^6 + Sr]$	105,75	+ 109,8	+ 109,925
— de calcium............		$\frac{1}{2}[Az^2 + O^6 + Ca]$	82	+ 101,2	+ 101,615
— de plomb..............		$\frac{1}{2}[Az^2 + O^6 + Pb$	165,5	+ 52,8	+ 52,75

1. A doubler pour la molecule Az^2O^4.

donnés antérieurement devraient être diminués de $+14^{cal},5$ (soit 26,7 — 12,2); mais M. Berthelot a préféré recourir à une méthode plus directe, la combustion de l'oxyde de carbone dans le protoxyde d'azote et celle du cyanogène ou de l'éthylène dans le bioxyde d'azote, comparativement à la combustion dans l'oxygène pur. Les données relatives aux autres oxydes de l'azote se déduisent facilement de la chaleur de combinaison du bioxyde. Voici les résultats de cette importante révision. Les nombres de M. Berthelot figurent dans la première colonne; ceux de la deuxième colonne sont ceux qu'a déduits M. Thomsen de ses expériences calculées, d'après le nouveau chiffre de la chaleur de formation de l'ammoniaque ($11^{cal},9$). (Voyez le tableau ci-dessus.)

PROTOXYDE D'AZOTE, Az^2O. — Voici, d'après M. Olszewski, la tension du protoxyde d'azote à diverses températures. Le gaz avait été liquéfié à l'aide de l'éthylène bouillant [*C. R.*, **100**, 940] :

Température.	Pression.
— 93°,5	$71^{atm},2$ (point critique).
— 97°,5	$57^{atm},8$
— 100°,9	$49^{atm},9$
— 110°	$31^{atm},6$
— 119°	$20^{atm},0$
— 129°	$10^{atm},6$
— 138°,8	$5^{atm},4$
— 153°,6	1^{atm}
— 185°,8 solide).	0^{mm}
— 201°,5	5^{mm}

On trouve aujourd'hui dans le commerce le protoxyde d'azote liquide enfermé dans des bouteilles en fer, par quantités de 850 grammes, correspondant à 450 litres de gaz.

Le caoutchouc absorbe le protoxyde d'azote : un tube de 3 centimètres de long et de 4 à 5 millimètres de diamètre absorbe $0^{cc},9$ de gaz (Hempel).

M. Hempel a étudié les conditions dans lesquelles les procédés eudiométriques conduisent à des résultats satisfaisants pour le dosage du protoxyde d'azote [*D. chem. G.*, **15**, 903].

Le protoxyde d'azote est complètement décomposé lorsqu'on le fait passer sur un mélange chauffé au rouge d'oxyde de chrome et de carbonate de sodium. Du volume d'azote mis en liberté et de la quantité de chromate de sodium formée, on peut conclure la quantité de protoxyde d'azote; ce gaz en effet donne son propre volume d'azote et oxyde $2^{mgr},286$ d'oxyde de chrome par centimètre cube. La chaleur seule (ponce au rouge) ne décompose que 28 0/0 de protoxyde. Pour adapter cette réaction au dosage de ce gaz dans l'air ou dans l'oxygène, on recueille le mélange gazeux sur le mercure, on fait passer sous la cloche de la potasse et quelques bulles de bioxyde d'azote jusqu'à ce qu'il ne se produise plus de vapeurs nitreuses absorbables par la potasse; puis l'on fait passer le gaz sur le mélange d'oxyde de chrome et de carbonate de sodium contenu dans un tube d'où l'on a expulsé l'air par l'anhydride carbonique [A. Wagner, *Zeit. anal. Chem.*, **21**, 374].

M. Lunge a proposé, pour le dosage du protoxyde d'azote dans un mélange gazeux, un appareil fondé sur la solubilité de ce gaz dans l'alcool absolu [*D. chem. G.*, **14**, 2188].

ACIDE HYPOAZOTEUX. — Les recherches de MM. Berthelot et Ogier avaient fait penser à ces auteurs que l'hypoazotite d'argent n'a pas la composition AzOAg que lui ont assignée les autres chimistes, mais bien $Az^4O^5Ag^4$, correspondant à un anhydride Az^4O^3. L'analyse de ce sel leur avait fourni 76,1 0/0 d'argent et 9,8 0/0 d'azote; de plus la décomposition par la chaleur, dans un courant de gaz carbonique, avait donné, outre le bioxyde d'azote (14,5 0/0), une certaine quantité d'anhydride azoteux (3,7 0/0).

Ils expliquaient l'oxydation par le brome du sel d'argent additionné d'acide chlorhydrique étendu par l'équation

$$Az^4O^5Ag^4 + 7\,H^2O + 14\,Br$$
$$= 4\,AgBr + 4\,AzO^3H + 10\,HBr.$$

De la chaleur dégagée dans cette réaction ($59^{cal},3$), on avait déduit celle de la formation de l'hypoazotite en partant des éléments; pour la molécule $Az^4O^5Ag^4$, on avait obtenu $-18^{cal},6$ [*C. R.*, **96**, 30 et 84; *Bull. Soc. Chim.*, (2), **40**, 401].

M. Ch. Divers attribue les résultats obtenus par MM. Berthelot et Ogier et le déficit d'argent observé dans l'analyse à l'oxydabilité de l'hypoazotite d'argent à l'air. Séché dans une atmosphère de gaz carbonique, ce sel a donné à l'analyse 77,13 0/0 d'argent (la formule AzOAg en exige 78,26) [*Chem. News*, 1884, 78]. Les analyses de MM. Zorn et van der Plaats avaient conduit très exactement à la formule AzOAg.

Les recherches de M. Maquenne sur les hypoazotites alcalino-terreux sont venues confirmer les vues de MM. Divers, van der Plaats et autres; et M. Berthelot admet aujourd'hui pour l'hypoazotite d'argent la formule AzOAg (ou la formule double).

De la chaleur dégagée dans la réaction

$$(AzO)^2Ca + 4\,H^2O + 4\,Br^2$$
$$= CaBr^2 + 2\,AzO^3H + 6\,HBr = 52^{cal},04$$

et de la chaleur dégagée par la dissolution de l'hypoazotite de calcium dans 24 molécules d'acide chlorhydrique ($6^{cal},41$), on déduit pour l'oxydation de l'acide hypoazoteux le nombre $45^{cal},63$.

En partant du sel de strontium, on a trouvé de même $46^{cal},38$.

Ces résultats permettent de calculer que la chaleur de formation de l'acide hypoazoteux dissous est

$$Az^2 + O + H^2O = Az^2O^2H^2 = -57^{cal},4.$$

La chaleur de formation du protoxyde d'azote gazeux étant $-20^{cal},6$, on voit que sa dissolution se fait avec une grande absorption de chaleur.

L'absorption de chaleur est encore considérable pour la formation des hypoazotites eux-mêmes; c'est ce qui explique l'impossibilité de les obtenir directement [*C. R.*, **108**, 1286].

L'*hypoazotite de calcium*, $(AzO)^2Ca, 4H^2O$, est une poudre cristalline très peu soluble. On l'obtient en traitant le sel d'argent par le chlorure de calcium et un peu d'acide azotique, filtrant, et précipitant par l'ammoniaque. Il est soluble dans les acides étendus.

L'*hypoazotite de strontium* renferme

$$(AzO)^2Sr, 5\,H^2O.$$

L'acide acétique dissout ces sels en donnant des combinaisons solubles et cristallisables :

$$(AzO)^2Ca\,.\,(C^2H^3O^2)^2Ca\,.\,2\,C^2H^4O^2, 4\,H^2O,$$
$$(AzO)^2Sr\,.\,(C^2H^3O^2)^2Sr\,.\,2\,C^2H^4O^2, 3\,H^2O,$$
$$(AzO)^2Ba\,.\,(C^2H^3O^2)^2Ba\,.\,2\,C^2H^4O^2, 3\,H^2O$$

[Maquenne, *C. R.*, **108**, 1303].

La production d'hypoazotite par l'action de l'amalgame de sodium sur l'azotite de sodium est beaucoup régularisée et augmentée lorsqu'on introduit l'amalgame en fragments dans la boule du milieu de l'appareil Kipp, la solution d'azotite dans la boule inférieure, enfin de l'eau dans la boule supérieure et qu'on permet au gaz de se dégager lentement.

Il ne se forme pas d'hypoazotite lorsqu'on électrolyse une solution d'azotite ou d'azotate en employant du platine comme électrode négative. Il s'en forme au contraire beaucoup, ainsi que de l'hydroxylamine, lorsqu'on remplace le platine par le mercure [Zorn, *D. chem. G.*, **12**, 1500; *Bull. Soc. Chim.*, (2), 34. 89].

Les hypoazotites prennent naissance par l'action de l'amalgame de sodium sur les nitrososulfates de Pelouze, sels résultant de l'action à froid du bioxyde d'azote sur les sulfites. La réaction du sodium sur ces sels est représentée par l'équation

$$SO^3(Az^2O^2)K^2 + Na^2$$
$$= SO^3KNa + AzOK + AzONa$$

[Ch. Divers et T. Haga, *Chem. Soc.*, 1885, 203, 364].

Le bioxyde d'azote est absorbé par les stannites alcalins, qu'il transforme lentement en stannates avec dégagement de protoxyde d'azote (ou d'azote). Le chlorure de baryum donne dans la solution, d'abord un précipité amorphe, complexe, puis lentement un précipité cristallin qui est transformé en hypoazotite d'argent presque pur lorsqu'on le traite par l'azotate d'argent. La précipitation directe par l'azotate d'argent donne plus difficilement l'hypoazotite.

La réaction principale est

$$SnO^2K^2 + 2AzO + 2KOH$$
$$= SnO^3K^2 + 2AzOK + H^2O.$$

Mais MM. Divers et Haga, qui ont fait connaître ces faits, pensent qu'il se forme d'abord un *nitrosostannate* $SnO^2(Az^2O^2)K^2$, analogue aux nitrososulfates, et que ce sel, en présence de la potasse en excès ou d'un oxyde (baryte ou oxyde d'argent), se dédouble en stannate et hypoazotite.

Les azotites et les azotates ne sont pas modifiés par les stannites alcalins [*Chem. Soc.*, 1885, 361].

Lorsqu'on introduit dans un nitromètre de l'hydrate ferreux bien lavé et de la potasse étendue, puis du bioxyde d'azote aussi longtemps qu'il est absorbé, on obtient un résidu gazeux qui est de l'azote et un liquide qui renferme de l'hypoazotite et de l'ammoniaque, mais pas d'hydroxylamine. L'hydrate ferreux précipité par l'eau de chaux est surtout actif; celui précipité par la potasse ne fournit pas d'hypoazotite, ce qui explique le résultat négatif observé par MM. Divers et Haga. Il se produit également de l'hypoazotite par l'action de 1 molécule d'hydrate ferreux sur 1 molécule d'azotite de sodium; après quelques instants, il se produit une vive effervescence (azote et protoxyde). Avec un excès d'hydrate ferreux, il ne se forme que de l'azote et de l'ammoniaque [Wyndham, R. Dunstan et T. S. Dymond, *Chem. Soc.*, 1887, 646].

Bioxyde d'azote, AzO. — La densité de ce gaz a été déterminée par MM. G. Daccomo et V. Meyer à une température de — 100°, pour savoir si dans ces conditions la molécule ne doit pas être doublée; l'expérience a montré qu'il n'en est pas ainsi et qu'à basse température la molécule de ce gaz est la même qu'à la température ordinaire [*Ann. Chem.*, **240**, 326].

L'absorption du bioxyde d'azote par le sulfate ferreux varie avec la pression et avec la température. Sous la pression atmosphérique, la quantité de gaz absorbée à 8° correspond au rapport $3SO^4Fe : 2AzO$; entre 8 et 25° ce rapport devient $2SO^4Fe : AzO$; enfin, à 25° il est $5SO^4Fe : AzO$. Ces solutions sont très instables et perdent tout leur gaz lorsqu'on y fait passer un courant d'hydrogène [J. Gay, *C. R.*, **89**, 410].

Le chlorure stanneux absorbe le bioxyde d'azote en donnant de l'hydroxylamine à froid et de l'ammoniaque à 100° (O.-V. Dumreicher). Divers agents réducteurs fournissent de l'acide hypoazoteux (voyez plus haut).

Le bioxyde d'azote donne des combinaisons cristallisées avec différents chlorures, tels que les chlorures antimonique, ferrique, bismuthique et aluminique.

La combinaison $2SbCl^5 . AzO$ est un composé cristallin, jaune, décomposable par l'eau et par la chaleur [A. Besson. *C. R.*, **108**, 1012].

Le bioxyde d'azote est absorbé, en se transformant en acide azotique, par l'acide chromique et par le permanganate de potassium. Ce dernier absorbe en même temps l'acide carbonique si ce gaz est contenu dans le mélange. La chaleur facilite l'absorption. La solution d'acide chromique dans l'acide azotique dilué est un très bon absorbant du bioxyde d'azote et peut servir à l'analyse des mélanges gazeux, tels que ceux des chambres de plomb [C. Boehmer, *Zeit. anal. Chem.*, **21**, 212 et **22**, 20].

Le bioxyde d'azote et l'anhydride sulfureux sont sans action l'un sur l'autre quand ils sont secs; à l'état humide, le bioxyde est réduit en protoxyde; cette réduction n'est que partielle s'il y a de l'oxygène en présence [Lunge, *D. chem. G.*, **15**, 2196].

Chlorure de nitrosyle. — Densité à — 18° = 1,433; à — 15° = 1,425; à — 12° = 1,4165 [Geuther, *Ann. Chem.*, **245**, 96].

Le chlorure de nitrosyle offre un spectre d'absorption composé de 3 bandes dans le rouge, dont celle du milieu est la plus forte, puis de 3 bandes plus faibles dans le vert; la partie la plus réfrangible du spectre est complètement éteinte.

Les longueurs d'onde de ces 6 bandes sont :

6228	6003	5898	5634	5532	5411
6133	5970	5843	5600	5481	5363

[G. Magnanini, *Atti d. Acc. d. Lincei*, 1889, 908].

Bromures de nitrosyle. — Les bromures $AzOBr^2$ et $AzOBr^3$ de M. Landolt ne sont que des mélanges de bromure AzOBr et de brome. Traité par l'éthylate de sodium, le soi-disant tribromure donne en effet, non de l'orthoazotate d'éthyle $AzO(OC^2H^5)^3$, mais du nitrite d'éthyle, de l'alcool et du bromure de sodium [Froelich, *Ann. Chem.*, **224**, 270].

Sulfate de nitrosyle. — Le sulfate acide

$$SO^2 \begin{cases} OAzO \\ OH \end{cases}$$

peut être obtenu industriellement : 1° en saturant de gaz nitreux l'acide sulfurique concentré et refroidi; 2° en faisant passer du gaz sulfureux dans l'acide azotique concentré; 3° en faisant brûler un mélange de 1 partie de soufre et de 2,5-3 parties de salpêtre en présence d'air humide [Girard et Pabst, *Bull. Soc. Chim.*, (2), **30**, 532]. Ce corps peut être avantageusement utilisé pour la préparation des combinaisons azoïques.

Le sulfate de nitrosyle se dissout dans l'acide sulfurique, et cela d'autant plus que l'acide est plus concentré; pour un acide d'une densité de 1,7, la saturation est atteinte lorsque l'acide renferme 0gr,190 de sulfate de nitrosyle par centimètre cube. La solution est incolore tant que cette saturation n'est pas atteinte: au delà, elle est jaune et se décolore par l'ébullition. Un acide sulfurique nitrosé quelconque prend du reste cette coloration quand on le chauffe et redevient incolore par le refroidissement; ce phénomène n'est pas dû à une décomposition, puisque le sulfate de nitrosyle supporte une température beaucoup plus élevée que celle à laquelle se produit ce phénomène lorsqu'il est dissous dans l'acide sulfurique concentré. Mais si l'acide n'est pas concentré, ce sulfate est beaucoup moins stable : ainsi, pour une densité de 1,50, la solution commence déjà à se décomposer à froid avec dégagement de bioxyde d'azote et formation d'acide azotique qui reste dissous ; néanmoins cette décomposition n'est pas encore complète à 100°.

La tendance à la production de l'acide nitrosylesulfurique est telle, que lorsqu'on fait passer un grand excès d'oxygène ou d'air dans de l'acide sulfurique nitreux, en même temps que de l'acide azoteux, il ne se produit ni peroxyde d'azote, ni acide azotique [G. Lunge, *Dingl. pol. Journ.*, **233**, 155 et 235; *Bull. Soc. Chim.*, (2), **33**, 142].

Anhydride azoteux, Az^2O^3. — Il bout, d'après M. Geuther, à + 3°,5. Sa densité est 1,447 à + 2°; 1,449 à 0° et 1,464 à — 8° [*Ann. Chem.*, **245**, 96]. Suivant M. R. H. Gaines, l'anhydride azoteux purifié par l'anhydride phosphorique serait vert et non pas bleu, mais il prendrait cette dernière couleur par une trace d'eau; suivant le même auteur, cet anhydride se condenserait à + 14°,4 [*Chem. News*, **48**, 97].

L'anhydride azoteux se solidifie dans un mélange de chlorure de méthyle et d'anhydride carbonique solide [Birhans, *C. R.*, **109**, 63].

M. Ilosvay de Ilosva a fait connaître un grand nombre d'expériences relatives à la formation des composés oxygénés de l'azote, à la présence de l'acide azoteux dans l'air, dans la salive et dans l'air expiré; ces expériences confirment les indications déjà données par Schœnbein, Struve et autres.

L'acide azoteux se forme dans un grand nombre d'oxydations vives et d'oxydations lentes; il se produit notamment lorsqu'on chauffe à 190-250°, dans un courant d'air, du fer réduit par l'hydrogène à 350°; on peut le déceler en agitant avec de l'eau l'oxyde de fer produit [*Bull. Soc. Chim.*, (3), **2**, 347, 357, 388, 667, 734].

La mousse de platine exemple d'acide azoteux et d'ammoniaque donne immédiatement les réactions de ces composés lorsqu'on l'arrose de soude : si la soude est très diluée (1 : 1000 environ), on ne constate que la formation d'acide azoteux [O. Loew, *D. chem. G.*, **23**, 1443].

Préparation. — D'après M. O. Witt, les vapeurs nitreuses produites par l'action de l'anhydride arsénieux ou de l'amidon sur l'acide azotique sont principalement formées de peroxyde d'azote et non d'anhydride azoteux [*D. chem. G.*, **11**, 756]. M. G. Lunge a recherché quelles sont les meilleures conditions pour que ce dernier prenne naissance. Il a trouvé qu'on l'obtient à peu près exempt de peroxyde d'azote lorsqu'on emploie de l'acide azotique d'une densité de 1,30 à 1,35. Un acide plus faible n'est pas réduit ou donne du bioxyde d'azote; un acide plus fort donne d'autant plus de peroxyde qu'il est plus concentré. La constatation de ces faits a été établie par le passage des gaz dans de l'acide sulfurique concentré, qui absorbe intégralement l'anhydride azoteux pour donner le sulfate de nitrosyle, tandis que le peroxyde d'azote fournit en même temps de l'acide azotique [*D. chem. G.*, **11**, 1229 et 1641; *Bull. Soc. Chim.*, (2), **32**, 132].

Il se produit de l'acide azoteux ou de l'azotite d'ammonium pendant l'évaporation de l'eau, comme l'avait déjà constaté Schoenbein (Warrington), ainsi que par l'action du peroxyde d'hydrogène sur l'ammoniaque [Hoppe-Seyler, *D. chem. G.*, **16**, 1921].

Les recherches de MM. W. Ramsay et J. T. Cundall tendent à établir que l'anhydride azoteux n'existe pas à l'état gazeux et qu'il se dissocie en peroxyde d'azote et bioxyde d'azote [*Chem. Soc.*, **47**, 187 et 672; *Bull. Soc. Chim.*, (2), **46**, 881].

M. A. Geuther partage cette opinion [*Ann. Chem.*, **245**, 96], qui au contraire est combattue par M. G. Lunge [*Dingl. pol. Journ.*, **233**, 63; *D. chem. G.*, **12**, 357; **18**, 1376, 1384, 1391; *Bull. Soc. Chim.*, (2), **32**, 133, 506; **46**, 483]. Ce chimiste, qui attribue à l'anhydride azoteux un rôle prépondérant dans la fabrication de l'acide sulfurique, admet que ce composé peut même exister en vapeur à la température de 150° et que, bien qu'il y ait une dissociation, celle-ci n'est jamais que partielle. Si elle était intégrale, un excès d'air devrait finir par convertir le tout en peroxyde d'azote, ce qui n'a pas lieu. Il apprécie le rapport entre l'anhydride azoteux et le peroxyde d'azote dans le mélange en l'absorbant par l'acide sulfurique concentré, puis déterminant par le nitromètre[1] le rapport entre l'acide nitrosyle-sulfurique et l'acide azotique, ce dernier provenant uniquement du peroxyde d'azote.

Azotites. — L'anhydride azoteux n'est pas intégralement absorbé par la soude, une partie se dédoublant en bioxyde d'azote et acide azotique (Lunge).

M. G. A. Le Roy prépare les azotites alcalins en chauffant au rouge sombre, dans une bassine de fer, un mélange d'azotate alcalin et de sulfure de baryum; la masse devient incandescente. On reprend le produit par l'eau, qui laisse insoluble le sulfate de baryum :

$$4\,AzO^3K + BaS = 4\,AzO^2K + SO^4Ba$$

[*C. R.*, **108**, 1251].

Les azotites d'argent et de mercure sont décomposés par l'hydrogène sulfuré avec production d'une quantité notable d'hydroxylamine (Divers et T. Haga).

Le chlorure stanneux réduit les nitrites avec production de protoxyde d'azote (O.-V. Dumreicher).

Le sulfate ferreux en excès décompose les azotites avec dégagement de bioxyde d'azote. Si l'on emploie la quantité de sulfate ferreux exactement nécessaire pour produire la double décomposition avec l'azotite, ou même le double de cette quantité, cette décomposition est incomplète et l'azotite ferreux qui peut prendre naissance se dédouble d'après l'équation

$$6\,(AzO^2)^2Fe = 10\,AzO + (AzO^3)^2Fe^2O^2\,.\,Fe^2O^3 + Fe^2O^3$$

[Piccini et Marino Zuco, *Acc. d. Linc.*, 1885, 15].

M. R. Warington a comparé les divers procédés proposés pour la recherche de traces d'acide azoteux ou d'azotites. La réaction de l'iodure de potassium et de l'amidon permet de reconnaître la présence de 1 cent-millionième d'acide azoteux dans une solution; il en est de même pour la coloration bleue produite par une solution ammoniacale de p-amidobenzazo-diméthylaniline (Meldola). Avec la m-phénylène-diamine, on en peut retrouver 1 dix-millionième; enfin la réaction la plus sensible est celle d'une solution d'acide sulfanilique et de naphtylamine, qui donne encore une coloration rouge avec 1 millième de millionième d'acide azoteux [*Chem. News*, **51**, 39].

M. Ilosvay de Ilosva emploie pour la recherche de l'acide azoteux le réactif de M. Griess (mélange de naphtylamine et d'acide sulfanilique en solution acétique) [*Bull. Soc. Chim.*, (3), **2**, 347].

D'après M. Lunge [*Zeit. angew. Chem.*, 1889, 666], on peut conserver le réactif préparé à l'avance en dissolvant 0gr,5 d'acide sulfanilique et 0gr,1 de naphtylamine dans 300 centimètres cubes d'acide acétique faible. Si le liquide s'est coloré en rouge au contact de l'air, il suffit de le filtrer sur de la poudre de zinc au moment de s'en servir.

Pour doser l'acide azoteux à côté de l'acide azotique, M. Piccini fait réagir sur le mélange des

1. Voir, pour le *nitromètre* et pour les réactions qui se passent dans les chambres de plomb, Suppl., 1, 1498 et suiv.

sels le chlorure ferreux neutre ou acidulé d'acide acétique : l'acide azoteux est seul réduit dans ce cas avec dégagement de bioxyde d'azote qu'on dose ; on ajoute alors de l'acide chlorhydrique et on obtient un nouveau dégagement de bioxyde, dû à la réduction de l'acide azotique [*Gazz. chim. ital.*, 1881, 267].

Pour le dosage industriel des nitrites, MM. A.-G. Green et Evershed ajoutent la prise d'essai à 25 centimètres cubes d'une solution normale d'aniline (93 grammes d'aniline et 460 centimètres cubes d'acide chlorhydrique amenés à 1 litre) additionnée d'un morceau de glace, jusqu'à ce qu'une goutte du mélange colore l'amidon ioduré ; toute l'aniline est alors convertie en sel de diazobenzène, ce qui permet de calculer l'acide azoteux [*J. chem. Ind.*, 1886, 634].

Peroxyde d'azote. — La chaleur spécifique du peroxyde d'azote gazeux offre des particularités remarquables, qui ont été mises en relief par MM. Berthelot et Ogier [*Bull. Soc. Chim.*, (2), 37, 434].

Contrairement à ce qui a lieu pour les gaz composés en général, cette chaleur spécifique va en diminuant avec la température pour devenir à peu près constante entre 150 et 250° ; puis elle commence à croître, comme cela a lieu pour les autres gaz composés.

Température	Chaleur spécifique moyenne.	Chaleur molécul^re. ($AzO^2 = 46$)
Entre 27 et 67°	1,625	74,7
— 67 et 103°	1,239	57,0
— 103 et 150°	0,587	27,0
— 150 et 198°	0,200	9,1
— 198 et 253°	0,193	8,9
— 253 et 289°	0,280	12,9

La chaleur moléculaire entre 150 et 250° est très voisine de celle des gaz ou vapeurs constitués par 3 atomes (H^2O, H^2S, Az^2O, CO^2) et se rapproche de la somme des chaleurs atomiques des éléments. A des températures inférieures, la chaleur absorbée par les gaz comprend la chaleur spécifique de Az^2O^4, ou d'un mélange de Az^2O^4 et de AzO^2, plus la chaleur nécessaire pour produire la dissociation de Az^2O^4.

D'un autre côté MM. Ed. et L. Natanson ont déterminé la chaleur spécifique et la densité de vapeur à température constante (21°), mais sous pression variable, entre 43 millimètres et 640 millimètres. Dans ces limites, la chaleur spécifique décroît avec la pression, de 1,274 à 1,172, tandis que pour les gaz CO^2, Az^2O, AzH^3, elle va en augmentant ; quant à la densité, elle croît depuis 29,23 jusqu'à 39,9 ($H = 1$; $AzO^2 = 23$; $Az^2O^4 = 46$). Une diminution de pression facilite par conséquent la dissociation du peroxyde d'azote.

Les mêmes auteurs ont déterminé la densité de vapeur du peroxyde d'azote entre — 12° et + 150° sous des pressions variant de 20 à 700 millimètres, en se servant de la méthode de Dumas. Leurs expériences démontrent directement les relations qui existent entre la dissociation et la pression [*Ann. Phys. Chem.*, (2), **24**, 454 ; **27**, 606].

La formule Az^2O^4 pour le peroxyde d'azote liquide a été démontrée par M. Ramsay, d'après le procédé cryoscopique de M. Raoult, en employant l'acide acétique comme liquide congelable [*Chem. Soc.*, **53**, 611].

Le peroxyde d'azote gazeux devient incolore un peu au delà de 500°, sous la pression ordinaire, mais non sous une forte pression ; par le refroidissement la coloration reparaît. Il y a sans doute dissociation en bioxyde d'azote et oxygène. Si l'on opère dans un tube de Faraday, il se condense dans la branche refroidie en un liquide bleu, et si l'on ouvre peu de temps après, on peut constater qu'il y a de l'oxygène libre ; la recombinaison des gaz dissociés produit donc de l'anhydride azoteux. Les densités de vapeur observées entre 130 et 600° ont montré que la molécule à 140° est AzO^2, ce que l'on savait déjà ; mais au delà cette densité va en diminuant jusqu'à correspondre à 4 volumes ($2AzO + O^2$) [A. Richardson, *Chem. Soc.*, **51**, 397].

Les recherches spectroscopiques de M. L. Bell, opérées à des températures croissantes, l'ont conduit à cette conclusion déjà formulée par M. G. Salet et autres, que les bandes d'absorption observées appartiennent à la molécule AzO^2, tandis que Az^2O^4 qui est incolore n'en offre aucune ; dans un mélange en partie dissocié il n'agit que comme diluant [*Am. chem. Journ.*, **7**, 32].

Dans l'action du peroxyde d'azote sur le mercure, il ne doit pas y avoir de changement de volume si sa molécule est $Az^2O^4 = 2$ vol. :

$$2\,Az^2O^4 + Hg = (AzO^3)^2Hg + 2\,AzO.$$

Si elle est AzO^2, il doit au contraire y avoir contraction de 2 à 1 :

$$4\,AzO^2\ (8\ \text{vol.}) + Hg$$
$$= (AzO^3)^2Hg + 2\,AzO\ (4\ \text{vol.}).$$

A la température ordinaire, la contraction est telle, qu'elle correspond à la dissociation de 15 0/0 du peroxyde d'azote [Ramsay, *D. chem. G.*, **18**, 3154].

M. A. Geuther a déterminé la densité du peroxyde d'azote liquide (point d'ébullition = 26°) à diverses températures (*Ann. Chem.*, **245**, 96] :

A — 5°	1,5035
— 2°	1,502
0°	1,4935
+ 5°	1,488
+ 15°	1,474

D'après cet auteur, ce n'est pas du *chlorure de nitryle* AzO^2Cl qui se forme dans l'action du perchlorure de phosphore sur l'acide azotique ou sur les azotates, mais du chlorure de nitrosyle.

Le peroxyde d'azote s'unit à différents chlorures saturés en donnant des combinaisons cristallines, par exemple $3SbCl^5 . 2AzO^2$ (A. Besson).

L'acide sulfurique dédouble le peroxyde d'azote en sulfate de nitrosyle et acide azotique (Lunge) :

$$Az^2O^4 + SO^2(OH)^2$$
$$= SO^2 . OH . OAzO + AzO^2 . OH.$$

Le peroxyde d'azote attaque le verre avec production d'azotites et d'azotates (Morgan).

Anhydride azotique. — La préparation de ce composé par l'action de l'anhydride phosphorique sur l'acide azotique se fait sans production considérable de vapeurs nitreuses, et d'une manière très calme, si l'on a soin d'employer un acide azotique préalablement déshydraté par distillation sur de l'acide sulfurique. La tranquillité de la réaction est d'ailleurs conforme au peu de différence qui existe au point de vue thermique entre l'hydratation de l'anhydride phosphorique et celle de l'anhydride azotique [L. Meyer, *D. chem. G.*, **23**, 24].

Acide azotique. — La formation de cet acide par l'action de l'électricité sur l'air a été constatée à nouveau par divers auteurs. Il se forme 0gr,018 d'acide azotique par litre d'air lorsqu'on fait passer de l'air humide à 100° à travers l'ozonisateur de M. Berthelot. Cette formation est sans doute précédée de celle de l'acide perazotique [Hautefeuille et Chappuis, *C. R.*, **92**, 134].

L'air humide fournit également de l'acide azotique par une série d'étincelles (Dehérain et Maquenne).

La combustion de 1 gramme d'hydrogène dans l'air entraîne la production de 0gr,001 d'acide azotique; celle de 1 gramme de magnésium en fournit 0gr,1 (Müntz et Aubin).

M. A. Müntz a étudié la dissémination du ferment nitrique (*micrococcus*) et son influence sur la désagrégation des roches. Ce ferment se rencontre sur les plus hautes cimes des Alpes et des Pyrénées, sur les roches de toute formation non exposées directement aux rayons solaires; il a été trouvé même sous des couches de neige de plusieurs années. L'auteur lui attribue un rôle important dans la désagrégation des roches. C'est aussi à ce ferment qu'est due la production des nitres du Pérou et du Chili; son action entraîne la transformation des bromures et des iodures en bromates et iodates [*Ann. Chim. Phys.*, (6), **11**, 137].

Boussingault a recherché et dosé l'acide azotique dans les eaux météoriques recueillies sur les glaciers des Alpes. Voici les quantités trouvées, ainsi que celles d'ammoniaque [*C. R.*, **95**, 1121]:

		AzO^3H mgr.	AzH^3 mgr.
Sommet du Saint-Bernard.	Pluie	0,30	1,10
	Neige	0,05	0,11
	Eau du lac	0,00	0,10
Neige du Vélan (3760m)		0,00	0,10
Mer de Glace (1350m)		0,26	0,13
Glaciers de Goerner (2400m)		0,00	0,00
— d'Aletsch (2200m)		traces	traces
Cirque Comboe (neige acide recueillie dans une tempête)		0,66	0,30
Lac Seven		0,04	0,03

MM. A. Müntz et Aubin n'ont pas trouvé d'acide azotique dans la glace du Pic du Midi.

Azotates dans les plantes. — La présence des azotates dans les organes des plantes est constante, au moins à un certain moment de leur développement. Le maximum se rencontre dans les tiges, puis dans les racines, les radicelles, les fleurs; les feuilles en renferment le moins, ce qui doit être attribué à l'action réductrice de la chlorophylle.

La teneur des différentes plantes en azotates est très variable : dans les pommes de terre, on en trouve depuis des traces jusqu'à 15 millièmes de la plante sèche; dans les céréales, jusqu'à 28 millièmes; dans les amarantacées, jusqu'à 150 millièmes.

Le maximum d'azotates se rencontre un peu avant la floraison, puis la teneur baisse pendant la floraison et la maturation du fruit, pour s'élever de nouveau. Ces azotates ne paraissent pas provenir directement du sol, mais avoir été élaborés dans la plante même [Berthelot, *C. R.*, **98**, 1506. — Berthelot et André, *C. R.*, **99**, 335, 403, 428, 591, 683].

Réactions de l'acide azotique. — L'acide azotique d'une densité de 1,4 est réduit lentement à froid par le chlorure stanneux avec formation d'hydroxylamine; rapidement à 80° avec formation d'ammoniaque. L'éther nitrique est réduit avec formation d'hydroxylamine en quantité théorique [O.-V. Dumreicher, *Wien. Akad. Ber.*, **82**, 560].

Suivant MM. Divers et T. Haga, l'acide azotique n'est attaqué par le chlorure stanneux très étendu que lorsqu'on y ajoute de l'acide sulfurique; tant que le chlorure stanneux est en excès, il ne se forme que de l'hydroxylamine [*Chem. Soc.*, **47**, 623; *Bull. Soc. Chim.*, (2), **46**, 322].

Les azotates sont réduits par les ferments anaérobies à l'état d'azotites ou à l'état d'ammoniaque, avec dégagement d'azote [U. Gayon et Dupetit, *C. R.*, **95**, 644 et 1365].

Recherche et dosage. — M. R. Warington [*Chem. News*, **51**, 39] a comparé la sensibilité des principaux procédés pour la recherche de l'acide azotique. L'emploi du sulfate ferreux et de l'acide azotique permet de déceler 1/200 000 d'azote à l'état d'acide azotique ou d'acide azoteux; la décoloration de l'indigo, 1/1 300 000; la réaction de la brucine, 1/20 000 000; celle de la diphénylamine en solution sulfurique, 1/10 000 000. Comme ces réactions appartiennent aussi aux azotites, il faut préalablement détruire ceux-ci, soit par l'urée en solution acide (Piccini), soit par l'acide acétique.

Le procédé de recherche par la diphénylamine, recommandé par divers chimistes (Em. Kopp, Bœttger, Settegast, Spiegel), a été en dernier lieu expérimenté par M. J.-A. Müller, au point de vue du dosage colorimétrique de petites quantités d'acide azotique. Le procédé n'est sensible que pour des solutions ne renfermant guère plus de 0gr,005 d'acide azotique par litre; au delà de cette teneur, les colorations bleues produites sont trop intenses pour être comparables. Dans ce cas on étend l'essai d'une quantité déterminée d'eau et on compare la coloration à des solutions types renfermant de 5 milligrammes à 0mgr,5 d'acide azotique (à l'état de nitre) par litre. La liqueur d'épreuve est une solution de 0gr,2 de diphénylamine dans 1 litre d'acide sulfurique. A 5 centimètres cubes de cette solution, contenue dans un tube d'essai, on ajoute 1 centimètre cube de la solution nitrique, puis on fait la même expérience avec les liqueurs types et on compare les résultats après une heure ou deux [*Bull. Soc. Chim.*, (3), **2**, 670].

MM. Grandval et Lajoux ont proposé un procédé colorimétrique fondé sur la production d'acide picrique par l'action d'une solution de phénol (3 grammes) dans l'acide sulfurique concentré (37 grammes). Après avoir fait agir sur une certaine quantité de ce mélange le résidu sec contenant le nitrate, on étend d'eau, on ajoute de l'ammoniaque et on compare la coloration à celle donnée par une solution nitrique type, traitée de même [*C. R.*, **101**, 62].

M. Bailhache [*C. R.*, **108**, 1122] a modifié le procédé de dosage des nitrates dû à Pelouze, en remplaçant le chlorure ferreux par le sulfate fortement acide; l'expulsion du bioxyde d'azote est plus facile, la solution bouillant à une température plus élevée et n'entraînant pas la volatilisation du chlorure ferrique. Ce chimiste emploie une solution renfermant 100 grammes de sulfate ferreux cristallisé et 75 centimètres cubes d'acide sulfurique par litre.

La *cinchonamine*, $C^{19}H^{24}Az^2O$, base retirée de l'écorce du *Remijia purdiana*, donne un azotate complètement insoluble dans une liqueur acidulée. MM. Arnaud et Padé utilisent cette insolubilité pour doser l'acide azotique dans le suc des plantes ou dans les eaux. Si l'on introduit des plantes coupées en tranches dans une solution étendue de chlorhydrate de cinchonamine légèrement acide, les cellules se remplissent de petits cristaux d'azotate de cinchonamine. Pour rechercher les nitrates dans une eau ou dans un suc, on neutralise le liquide, on précipite le chlore par l'acétate d'argent et l'excès d'argent par l'acide phosphorique, on concentre et on ajoute le sulfate de cinchonamine au liquide bouillant. Après 12 heures, on recueille le précipité, on le lave avec une solution d'azotate de cinchonamine et on le pèse. A 359 parties de ce sel correspondent 63 parties AzO^3H [*C. R.*, **98**, 1488; **99**, 190].

Pour doser l'acide azoteux et l'acide azotique existant ensemble ou séparément dans une solution, M. A. Longi se fonde sur la décomposition de l'acide azoteux par l'ammoniaque ou par les amides (urée) et mesure l'azote dégagé. Pour l'acide azotique, après l'avoir réduit par une solution chlorhydrique d'acide arsénieux, il procède de même [*Gazz. chim. ital.*, **13**, 469].

ANHYDRIDE PERAZOTIQUE, Az^2O^6. — Ce composé prend naissance lorsqu'on soumet à l'influence de l'effluve un mélange d'oxygène et de peroxyde d'azote; ce gaz se décolore bientôt; mais, après quelques heures de conservation, le gaz reprend sa teinte orangée [Berthelot *Bull. Soc. Chim.*, (2) 35, 227].

MM. Hautefeuille et Chappuis ont obtenu le même produit en soumettant à l'effluve un mélange d'oxygène et d'azote (air) et ont fait connaître quelques-unes de ses propriétés [*C. R.* 92, 80, 134; 94, 1111 et 1306].

L'anhydride perazotique se concrète à 23° en une poudre cristalline blanche très soluble. Il est incolore, mais caractérisé par un spectre d'absorption différent de celui de l'ozone et offrant plusieurs bandes plus ou moins obscures situées dans le rouge et dans l'orangé ($\lambda = 668$ à 655 et 628 à 625). La composition de l'anhydride perazotique a été déduite de la contraction maximum en même temps que de la composition de l'air restant.

La production de l'anhydride perazotique est, comme celle de l'ozone, limitée par un maximum, qui est d'autant plus élevé que la température est plus basse.

SULFURE D'AZOTE, AzS. — C'est un composé endothermique dont la chaleur de formation est de $-32^{cal},2$, comme le montre sa chaleur de détonation. Il fait explosion sous le choc et déflagre à la température de 207°. Il donne par gramme 243 centimètres cubes de gaz azote. Les pressions développées par son explosion sont voisines de celles produites par le fulminate de mercure; mais, la vitesse de décomposition étant beaucoup moindre, l'énergie des deux substances est bien différente. Densité à 15° = 2,22 [Berthelot et Vieille, *Bull. Soc. Chim.*, (2), 37, 388].

M. Demarçay a fait connaître différents dérivés intéressants du sulfure d'azote ou *thiazyle* [*C. R.*, 91, 854 et 1066; 92, 726]. Le sulfure d'azote dissous dans le chloroforme absorbe le chlore avec dégagement de chaleur; la liqueur se colore successivement en orangé, en vert olive et en rouge brun et abandonne par le refroidissement des prismes d'un jaune de soufre, altérables à l'air humide. C'est le *chlorure de thiazyle*, AzSCl, qui se décompose peu à peu en azote et chlorure de soufre; mais ce dernier s'unit à une partie du chlorure pour donner un composé stable, le *chlorure de trithiazyle*, Az^2S^3Cl, cristallisable en aiguilles cuivrées, peu solubles dans le chloroforme et détonant par la chaleur.

Le chlorure de soufre forme avec le sulfure d'azote divers composés, entrevus déjà en partie par Fordos. Si l'on ajoute du sulfure d'azote à du chlorure de soufre dissous dans son volume de chloroforme, on obtient après l'ébullition une poudre cristalline jaune, insoluble dans la plupart des dissolvants, un peu soluble dans le chlorure de thionyle, d'où le nouveau composé cristallise en aiguilles brunâtres. Ce composé est le *chlorure de thiotrithiazyle*, S^4Az^3Cl.

Il s'altère à l'air humide et est décomposé par l'eau en donnant un composé noir soluble dans l'ammoniaque.

L'acide azotique concentré dissout le chlorure de thiotrithiazyle et la solution fournit par l'évaporation dans le vide de grands cristaux lamelleux qui constituent l'*azotate de thiotrithiazyle*, $S^4Az^3.AzO^3$.

L'acide sulfurique concentré dissout de même le chlorure; il se dégage de l'acide chlorhydrique et, si l'on ajoute de l'acide acétique à la solution, il s'en sépare des aiguilles jaune pâle du *sulfate acide* $S^4Az^3.SO^4H$. Le groupe S^4Az^3 se comporte donc comme un radical monatomique $(SAz)^3 \equiv S-$.

Si on traite le sulfure d'azote solide par le chlorure de soufre, on obtient un liquide brun d'où se sépare une poudre noire, à reflets métalliques verts, laissant sur le papier une trace rouge-cramoisi. Ce composé renferme $S^6Az^4Cl^2$: c'est le *chlorure de dithiotétrathiazyle*, qui représente une combinaison de $S^2Cl^2 + 4AzS$. L'acide azotique l'oxyde vivement; l'eau le décompose. Sous l'influence de la chaleur, il se dédouble en chlorure de soufre et chlorure de thiotrithiazyle :

$$3S^6Az^4Cl^2 = S^2Cl^2 + 4S^4Az^3Cl.$$

Le chlorure de thiotrithiazyle s'unit au chlorure de soufre et donne ainsi des cristaux jaune-brun de chlorure de *thiodithiazyle* $S^3Az^2Cl^2$ déjà obtenu par Fordos. Traité par l'acide sulfurique concentré, ce composé dégage de l'acide chlorhydrique et donne une solution rouge. Chauffé à 100°, il est décomposé avec dégagement de chlore et production des chlorures AzSCl et S^4Az^3Cl.

Ed. Willm.

AZOTE (ANALYSE). — Aux procédés classiques de dosage de l'azote dans les matières organiques est venu s'en ajouter un autre, qui s'est rapidement répandu : c'est le procédé de M. Kjeldahl, fondé sur la transformation en ammoniaque de l'azote des matières organiques par l'action de l'acide sulfurique concentré et chaud sur ces dernières, soit seul, soit avec addition d'un agent oxydant. Ce procédé a été l'objet d'un grand nombre de vérifications et de modifications de détail.

La matière est chauffée avec un grand excès d'acide sulfurique concentré, dans le voisinage du point d'ébullition de ce dernier; quand elle est dissoute, au liquide éloigné du feu on ajoute par *petites portions* du permanganate de potassium sec et en poudre : la liqueur, d'abord brune, s'éclaircit peu à peu et devient incolore. Pour beaucoup de substances, l'intervention du permanganate est inutile. On a constaté du reste que le sulfate d'ammonium n'est pas décomposé dans ces circonstances. Il ne reste plus qu'à doser l'ammoniaque produite; pour cela on sursature l'acide étendu de beaucoup d'eau par une quantité convenable de soude, et on dose l'ammoniaque par les procédés ordinaires [*Zeit. anal. Chem.*, 22, 366].

L'opération peut exiger 5 ou 6 heures pour la dissolution de la matière dans l'acide sulfurique. Elle est beaucoup abrégée lorsqu'on emploie l'acide sulfurique fumant ou plutôt l'acide sulfurique SO^4H^2 additionné de 20 à 25 0/0 d'anhydride phosphorique. On arrive également à abréger beaucoup l'attaque en faisant intervenir l'oxyde de mercure, ou le mercure métallique (1 ou 2 grammes pour 20 centimètres cubes d'acide sulfurique concentré, quantité que l'on emploie généralement pour $0^{gr},5$ à 7 grammes de matière), ou bien un peu de sulfate de cuivre anhydre [Wilfarth, *Chem. Centr.*, 16, 17, 113]. Lorsqu'on emploie le mercure ou l'oxyde de mercure, il est nécessaire pour le dosage ultérieur de l'ammoniaque, de précipiter le mercure par le sulfure de sodium, les composés ammoniaco-mercuriques abandonnant difficilement leur ammoniaque.

MM. Aubin et Alla, qui admettent, d'après leurs expériences, la supériorité du procédé Kjeldahl sur le procédé Will et Varrentrapp, emploient 20 centimètres cubes d'acide sulfurique et $0^{gr},5$ de mercure pour $0^{gr},5$ de substance [*C. R.*, 108, 246].

M. Violette préfère ne pas faire intervenir le mercure, et fait usage d'acide sulfurique fumant [*C. R.*, 108, 181].

Des substances qui exigeraient 6 heures pour être entièrement décomposées par l'acide sulfurique seul sont détruites après 30 minutes, lorsqu'on fait en même temps intervenir l'anhydride phosphorique (20 à 25 0/0), le mercure (1 gramme) et le sulfate de cuivre (0gr,5) [C. Arnol, *Arch. Pharm.*, (3), **24**, 785].

L'intervention de ces divers agents rend inutile celle du permanganate; mais on peut employer ce réactif pour constater que l'oxydation est complète, par la coloration persistante qu'il communique à l'acide.

La méthode de M. Kjeldahl ne donne pas de résultats satisfaisants avec toutes les matières azotées; ainsi elle accuse en général un peu trop d'azote pour les alcaloïdes et fournit des résultats inexacts pour les matières pyridiques ou quinoléiques. Pour les matières albuminoïdes, les matières végétales, telles que les céréales, les extraits de bière, les engrais, etc., elle donne sensiblement les mêmes résultats que le procédé par la chaux sodée et présente cet avantage sur ce dernier procédé que la matière se mélange d'elle-même au réactif par dissolution et n'a pas besoin d'être broyée avec le même soin.

Si la substance à analyser renferme des nitrates, le résultat est défectueux, non seulement parce que ceux-ci ne sont pas entièrement transformés en ammoniaque, mais encore parce que l'azotate d'ammonium formé se décompose sous l'influence de l'acide sulfurique chaud avec dégagement d'azote. Il est donc bon, dans ce cas, de détruire l'acide azotique, par exemple par l'acide chlorhydrique et le sulfate ferreux [R. Warington, *Chem. News*, **52**, 162].

M. V. Asboth a cherché à rendre la méthode de Kjeldahl plus généralement applicable. Pour les composés cyaniques, il les mélange avec le double de leur poids de sucre; pour les nitrates, avec de l'acide benzoïque (par exemple 0gr,5 de salpêtre avec 1gr,7 d'acide benzoïque) [*Chem. Centr.*, 1886, 161].

Enfin, M. Zodlbauer commence par réduire les nitrates accompagnant les matières organiques azotées. A cet effet, il dissout le corps à analyser dans l'acide sulfurique additionné d'anhydride phosphorique, puis ajoute peu à peu à la solution, maintenue froide, 2 ou 3 grammes de zinc pulvérisé: après 1 ou 2 heures, il ajoute le mercure et procède comme à l'ordinaire [*Chem. Centr.*, 1886, 337].

Pour la distillation de l'ammoniaque contenue dans l'essai, on sature par la soude après dilution, et on opère dans l'appareil de M. Schlœsing ou dans celui de M. Aubin, qui en est une modification avec serpentin en étain, et qui est représenté par la figure 60.

Le liquide, qui occupe de 200 à 250 centimètres cubes environ, doit être additionné d'un peu de sulfure de sodium pour précipiter le mercure. On reçoit l'ammoniaque dans de l'acide titré. Pour éviter les soubresauts qui se produisent facilement pendant l'ébullition, on ajoute souvent du zinc en copeaux [Bossard, *Zeit. anal. Chem.*, **24**, 199]; mais il est alors nécessaire que la soude employée soit exempte d'azotites et d'azotates.

Lorsqu'il n'y a que des traces d'ammoniaque de produites, on peut les doser colorimétriquement dans le liquide distillé par le réactif de Nessler.

Dosage de l'azote nitrique et azoïque. — L'azote contenu à cet état dans les combinaisons n'est pas transformé en ammoniaque par la chaux sodée. On pouvait espérer que l'intervention de certains agents réducteurs pourrait permettre l'application de cette méthode; c'est ce qu'ont tenté plusieurs chimistes. M. A. Guyard a essayé de réaliser ce desideratum en adjoignant l'acétate de sodium à la chaux sodée [*C. R.*, **94**, 951]; M. J. Ruffle a proposé d'ajouter à la matière du charbon de bois en poudre et du soufre, puis de la brûler avec un mélange à parties égales de chaux sodée et d'hyposulfite de sodium [*Chem. Soc.*, **39**, 87]; mais, d'après M. Fassbender, ce procédé est insuffisant.

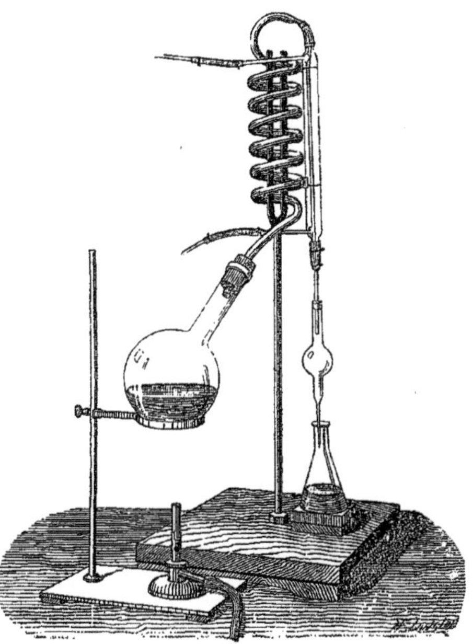

Fig. 60. — Appareil Schlœsing pour le dosage de l'azote à l'état d'ammoniaque.

M. C. Arnold est arrivé à des résultats très satisfaisants, confirmés par l'analyse de divers azotites et composés nitrés, par l'emploi simultané de l'hyposulfite de sodium et du formiate de sodium [*D. chem. G.*, **18**, 806]. On mélange 2 parties de chaux sodée avec 1 partie d'hyposulfite et 1 partie de formiate. Après avoir incorporé la substance à ce mélange, on l'introduit dans le tube à combustion en le tassant verticalement par des chocs répétés; on achève de remplir le tube avec le même mélange, toujours en le tassant. Si l'on chauffe ensuite la partie antérieure au rouge sombre, le mélange devient poreux (le canal que l'on ménage ordinairement dans le tube est une cause d'erreur) et il n'y a pas à craindre d'obstruction. On procède du reste comme dans la méthode Will et Varrentrapp.

M. Houzeau fait un mélange à parties égales d'hyposulfite et d'acétate de sodium fondu dans l'eau de cristallisation et pulvérisé; il introduit 2 grammes de ce mélange avec 2 grammes de chaux sodée au fond du tube à combustion, puis

0gr,5 de matière avec 10 grammes du premier mélange et 10 grammes de chaux sodée; enfin il remplit le tube avec de la chaux sodée [*C. R.*, 100, 1445].

M. A. Goldberg enfin emploie un mélange à parties égales de chaux sodée et de sulfure d'étain, avec addition de 1/5 de soufre. Ce procédé, qui n'est pas applicable aux nitrates ni aux composés azoïques, donne de très bons résultats avec les composés nitrés; l'auteur a pu même faire ainsi l'analyse de l'acide picrique. On recueille et on dose l'ammoniaque produite comme dans les autres cas [*D. chem. G.*, 16, 2546]. Ed. Willm.

AZOXIMES. — La classe des azoximes a été créée par MM. Tiemann et Krüger [*D. chem. G.*, 17, 1685 à 1698]. Ces corps dérivent normalement de la combinaison des acides monobasiques et des amidoximes avec élimination d'eau :

$$R-C \lessgtr^{AzOH}_{AzH^2} + R'-COOH$$
$$= R-C \lessgtr^{AzO}_{Az} \gtrless C-R' + 2H^2O.$$

Les acides à fonction complexe engendrent naturellement des azoximes à fonction complexe. C'est ainsi que les acides bibasiques donnent naissance à des acides azoxime-carboniques :

$$RC \lessgtr^{AzOH}_{AzH^2} + COOH-R'-COOH$$
$$= R-C \lessgtr^{AzO}_{Az} \gtrless C-R'-COOH + 2H^2O.$$

La réaction se passe en deux phases : dans la première, on obtient un dérivé éthéré du groupe oximidé de l'amidoxime; dans la seconde phase, ce dérivé éthéré perd de l'eau et donne l'azoxime. Par exemple, la phénylcarbamidoxime réagit à la température ordinaire sur le chlorure de benzoyle pour donner la phénylcarbamidobenzoyloxime :

$$C^6H^5.C \lessgtr^{AzOH}_{AzH^2} + C^6H^5.COCl$$
$$= C^6H^5.C \lessgtr^{AzO.CO.C^6H^5}_{AzH^2} + HCl.$$

Ce composé chauffé perd de l'eau et donne la dibenzényle-azoxime :

$$C^6H^5-C \lessgtr^{AzO.CO.C^6H^5}_{AzH^2}$$
$$= H^2O + C^6H^5-C \lessgtr^{AzO}_{Az} \gtrless C-C^6H^5.$$

Préparation. — On fait réagir sur une amidoxime le chlorure ou l'anhydride d'un acide, et l'on chauffe le produit de la réaction.

On peut encore faire réagir sur les amidoximes les chloroformes; ainsi le phénylchloroforme $C^6H^5.CCl^3$ donne, avec la phénylcarbamidoxime, le même produit que le chlorure de benzoyle. L'éther acétylacétique donne avec les amidoximes des azoximes à fonction acétonique; la réaction se passe de la façon suivante :

$$R-C \lessgtr^{AzOH}_{AzH^2} + CH^3-CO-CH^2-CO^2C^2H^5$$
$$= R-C \lessgtr^{Az-O}_{Az} \gtrless C-CH^2-CO-CH^3 + C^2H^5.OH + H^2O$$

C'est par sa fonction éther que réagit l'acétylacétate d'éthyle [Tiemann, *D. chem. G.*, 22, 1].

Les produits de réactions métamériques sont isomériques.

Ainsi, si l'on fait réagir sur la méthylcarbamidoxime le chlorure de benzoyle et qu'on fasse l'azoxime en déshydratant ce produit, le corps obtenu n'est pas le même que celui que l'on forme avec la phénylcarbamidoxime et le chlorure d'acétyle; les formules ci-dessous font ressortir l'isomérie :

$$CH^3.C \lessgtr^{AzO}_{Az} \gtrless C.C^6H^5, \quad C^6H^5.C \lessgtr^{AzO}_{Az} \gtrless C.CH^3.$$

L'éther chlorocarbonique $ClCO^2C^2H^5$ réagit sur les amidoximes en donnant des dérivés oximecarboxylés qui, chauffés avec de l'eau ou avec un alcali, donnent naissance à des produits que l'on avait considérés pendant un certain temps comme des azoxime-carbinols et qui ne sont autre chose que des imidoximes :

$$C^6H^5.C \lessgtr^{AzOH}_{AzH^2} + ClCO^2C^2H^5 - HCl$$
$$= C^6H^5.C \lessgtr^{AzO.CO^2C^2H^5}_{AzH^2}$$
$$= C^6H^5.C \lessgtr^{AzO}_{AzH} \gtrless CO + C^2H^5.OH$$

[Tiemann, *D. chem. G.*, 18, 2456 et 19, 1475].

La phénylcarbamidoxime, chauffée avec de l'acide acétique ou avec les autres acides gras, fournit de la dibenzénylazoxime et de l'ammoniaque :

$$2C^6H^5-C \lessgtr^{AzOH}_{AzH^2}$$
$$= AzH^2.OH + AzH^3 + C^6H^5-C \lessgtr^{Az-O}_{Az} \gtrless C-C^6H^5$$

[Schultz, *D. chem. G.*, 18, 1081].

Le nombre des azoximes connues est déjà considérable; une amidoxime en effet peut donner naissance à toute une série d'azoximes; malgré cela, on connaît peu leurs propriétés.

Elles possèdent généralement une volatilité excessive dans l'air ou dans les vapeurs. Ainsi des azoximes bouillant au-dessus de 200° se volatilisent déjà complètement dans leur solution éthérée, et se subliment facilement à la température ordinaire.

Ces composés sont très stables; ils résistent énergiquement à l'action des réactifs.

Nomenclature. — M. Tiemann propose, lorsque les azoximes possèdent deux radicaux hydrocarbonés différents, de nommer en dernier lieu celui qui est uni à l'atome d'oxygène; ainsi le corps

$$C^6H^5-C \lessgtr^{AzO}_{Az} \gtrless C-CH^3$$

sera le benzénylazoxime-éthényle.

On pourrait, afin de conserver une nomenclature analogue à celle que nous avons proposée pour les acétoximes, les aldoximes et les amidoximes, donner le nom de *carbazoxime* au noyau hypothétique

$$HC \lessgtr^{AzO}_{Az} \gtrless CH.$$

On adopterait d'ailleurs, pour dénommer les radicaux substitués aux 2 atomes d'hydrogène, la convention de M. Tiemann.

Le benzényl-azoxime-éthényle prendrait dès lors le nom de phényl-méthyl-carbazoxime.

A. Béhal.

AZOXINDOL. — Voyez INDOL.

AZOXINES. — Voyez PARAFURAZILINES.

AZOXIQUES (COMPOSÉS). — On a donné à tort le nom de combinaisons *oxyazoïques* aux combinaisons azoxiques.

Les composés azoxiques répondent au schéma

$$R-\underset{\diagdown\ O\ \diagup}{Az-Az}-R.$$

Les composés oxyazoïques, au contraire, dérivent des amidophénols ou sont obtenus par l'action des diazoïques sur les phénols et répondent au schéma

$$HO.R-Az=Az-R.$$

Ce sont de véritables corps azoïques (voyez Suppl., 1, 629).

AZOXYBENZÈNE. — Voyez BENZÈNE.

AZULMINE. — La matière noire, amorphe, soluble dans les acides et dans les bases, qui se forme chaque fois que l'acide cyanhydrique mêlé d'eau est soumis à l'action des alcalis, porte indifféremment les noms d'*azulmine* ou d'*acide azulmique*. Elle a fait l'objet d'un grand nombre de recherches et a reçu un grand nombre de formules, dont plusieurs paraissent répondre à l'analyse d'un corps brut non purifié. C'est ainsi qu'on lui a donné successivement les formules suivantes : $C^4H^6Az^4O^2$ (Johnston), $C^4H^4Az^4O^2$ (Pelouze), $C^4H^2Az^4O$ (Debruck).

L'auteur de cet article a soumis cette substance à des analyses soigneuses et répétées après l'avoir traitée comme il suit : La matière spontanément produite après 7 mois dans de l'acide cyanhydrique étendu de 5 volumes d'eau et ayant reçu une goutte d'ammoniaque a été épuisée à l'éther, qui a enlevé des cristaux rouges (*protazulmine*), à l'alcool et à l'eau bouillante. Le résidu a été séché très exactement dans le vide et analysé. Il répond à la formule $C^{11}H^{10}Az^8O^4$. Les propriétés de cette substance indiquent du reste qu'elle répond à une molécule de poids très élevé. Elle garde la même composition lorsqu'elle a été soumise à l'ébullition pendant 2 heures avec de l'eau de baryte en excès.

Cette matière noire est précédée de la formation d'un corps bien cristallisé, à peine coloré en jaune, soluble dans l'éther et dans l'eau bouillante, auquel M. Gautier a donné le nom de *protazulmine* et qui répond à la formule $C^{10}H^{12}Az^{12}O$. Ce corps dérive de l'acide cyanhydrique, d'après l'équation

$$13CAzH + 3H^2O = \underset{\text{Protazulmine.}}{C^{11}H^{12}Az^{12}O} + 2CH^2O + AzH^3.$$

Si l'on chauffe à son tour la protazulmine en présence de l'eau, elle perd de l'ammoniaque et donne de la guanidine et une matière azulmique noire, suivant l'équation

$$C^{11}H^{12}Az^{12}O + 3H^2O = C^{10}H^{10}Az^8O^4 + AzH^3 + CH^5Az^3$$

[*Bull. Soc. Chim.*, (2), **42**. 142].

Il suit de là que l'azulmine répond à une double molécule de xanthine $C^5H^4Az^4O^2$ avec 2 atomes d'hydrogène en plus [*Bull. Soc. Chim.*, (2). **45**. 1, 50].

Ce n'est pas là un rapprochement fortuit, car l'on sait que l'auteur de cet article a découvert précisément cette xanthine dans les produits d'hydratation de l'acide cyanhydrique. Tous ces corps sont donc rattachés entre eux et à l'acide cyanhydrique par leur mode de synthèse et leur constitution.

On peut du reste en donner encore une preuve en étudiant les produits d'oxydation de l'azulmine noire. On sait que les corps xanthiques, et en particulier la xanthine, donnent par oxydation avec l'acide nitrique des corps jaunes qui passent à l'orangé au contact des alcalis. Il en est de même de l'azulmine. Chauffée avec de l'acide nitrique étendu de 1 ou 2 volumes d'eau, elle donne un corps orangé que l'eau précipite à l'état de poudre jaune-orangé, en même temps qu'il se dégage un peu d'acide carbonique et qu'il se fait de l'ammoniaque et un peu d'acide oxalique. Ce corps jaune a pour composition $C^9H^7Az^7O^4$ et est relié à l'azulmine d'après l'équation

$$C^{10}H^{10}Az^8O^4 + 2O = CO^2 + AzH^3 + C^9H^7Az^7O^4.$$

La formule $C^9H^7Az^7O^4$ diffère de 2 molécules de xanthine par perte de CAzH.

La solution de ce corps jaune dans la potasse étendue précipite, après saturation exacte, par le nitrate d'argent, les sels de cuivre (précipité vert), le nitrate mercureux, le sous-acétate de plomb; elle ne précipite ni par les sels de baryum, ni par les sels mercuriques.

L'oxydation méthodique de l'azulmine par le permanganate de potassium paraît surtout donner des mélanges de corps xanthiques, en particulier de la xanthine et de la sarcine, avec dégagement d'un peu d'azote et d'ammoniaque, et peut-être des corps aromatiques.

Traitée par les alcalis, l'azulmine se dissout plus ou moins lentement, et complètement, même dans l'ammoniaque et dans l'eau de baryte. Elle perd peu à peu de l'ammoniaque et donne une petite quantité de cyanures, qui se décomposent à leur tour en ammoniaque et acide formique.

Lorsqu'on fait bouillir l'azulmine avec un mélange réducteur d'étain et d'acide chlorhydrique, elle finit par se décolorer lentement et donne des corps cristallisés qu'on débarrasse difficilement de tout l'étain, et qui nous ont paru dériver des séries urique et xanthique par leurs propriétés générales, mais que nous n'avons pas analysés.

Les diverses observations et analyses précédentes sont entièrement dues à l'auteur de cet article.

A. Millot a obtenu une matière azulmique noire en électrolysant de l'eau ammoniacale avec des électrodes de charbon de cornue purifié par le chlore. La matière noire ainsi produite répond à la formule $C^9H^6Az^8O^5$, qui s'éloigne un peu de la nôtre, mais qui semble rester dans la même famille. MM. Garodi et Marcazzini ont oxydé cette matière noire par l'hypochlorite de sodium et ont annoncé avoir obtenu de l'acide mellique. Millot a obtenu, en l'oxydant par l'eau oxygénée, de l'ammélide, de l'acide cyanurique et du sulfate d'ammonium.

A. Gautier.

AZULMIQUE (ACIDE). — Voyez AZULMINE.

AZYLINES. — Les azylines sont des dérivés amidoazoïques, et en cette qualité il peut paraître inutile de créer pour eux un nom spécial. Toutefois on doit observer que ces composés sont obtenus par une méthode particulière; en outre, on connaît aujourd'hui un assez grand nombre de corps appartenant à ce groupe. Pour ces deux raisons, nous leur avons conservé le nom d'*azylines*, qui leur a été donné par MM. Lippmann et Fleissner [*D. chem. G.*, **16**, 1415 et 2927].

Les azylines sont les dérivés amidoazoïques dans lesquels les groupes amidés et azoïques sont en position para; elles sont isomériques avec les chrysoïdines, et répondent au schéma suivant :

$$\begin{matrix}X \\ X\end{matrix}\!>\!\underset{(4)}{Az}-\underset{(1)}{R}-Az=Az-\underset{(1)}{R}-\underset{(4)}{Az}\!<\!\begin{matrix}X \\ X\end{matrix}$$

R représente un radical aromatique, X peut représenter soit un atome d'hydrogène, soit un reste de carbure.

L'azyline la plus simple est le p-amidobenzène-azo-p-amidobenzène

$$\underset{(4)}{AzH^2}-C^6H^4-\underset{(1)}{Az}=\underset{(1)}{Az}-C^6H^4-\underset{(4)}{AzH^2}$$

[*D. chem. G.*, **16**, 1415 et 2927].

Préparation. — On obtient des azylines tétrasubstituées : 1° En traitant les amines aromatiques tertiaires en solution dans l'alcool par le bioxyde d'azote. Jusqu'ici la réaction n'a pas encore été réalisée avec des amines tertiaires trois fois phénoliques. Théoriquement il se forme de l'eau et de l'azyline; en pratique, il se dégage beaucoup d'acide carbonique dû à une oxydation. La diméthylaniline donne ainsi la tétraméthylaniline-azyline :

$$2C^6H^5.Az(CH^3)^2 + 2AzO = 2H^2O + C^{16}H^{18}Az^4.$$

2° En réduisant par l'hydrogène naissant les dérivés azoïques deux fois p-nitrés, ou p-amidés et p-nitrés, on obtient des azylines.

3° En combinant les sels de diazoïques possédant en para un groupe amidogène avec une amine.

C'est ainsi que M. Nölting [*D. chem. G.*, 18, 1143] a obtenu, en opérant avec le chlorure de diazo-p-diméthylaniline et la diméthylaniline, la tétraméthylaniline-azyline :

$$\underset{(4)}{(CH^3)^2Az}-C^6H^4-\underset{(1)}{Az}{=}Az.Cl + C^6H^5.Az(CH^3)^2$$
$$=\underset{(4)}{(CH^3)^2Az}-C^6H^4-\underset{(1)}{Az}{=}\underset{(1)}{Az}-C^6H^4-\underset{(4)}{Az(CH^3)^2}+HCl$$

Propriétés. — Les azylines sont des matières colorantes rouges. Elles sont cristallines, insolubles dans l'eau, solubles dans l'acide chlorhydrique avec une coloration rouge-pourpre et dans l'acide acétique avec une coloration vert-émeraude. L'eau les précipite de ces dissolvants sous la forme d'une poudre rouge amorphe.

Elles cristallisent bien dans l'alcool et dans le benzène.

A mesure que croît leur poids moléculaire, leur point de fusion s'abaisse; la tétrapropylaniline-azyline fait exception; elle fond plus bas que les dérivés butyliques ou amyliques correspondants.

Le brome et l'iode forment des dérivés de substitution bien cristallisés.

Les azylines se combinent avec les chlorures platinique, aurique, zincique et ferrique en donnant des sels à reflet de cantharides. Ces sels sont instables en solution neutre, mais stables en solution acide.

Les azylines se combinent avec l'acide picrique en donnant des picrates peu ou point solubles.

Le nitrite de potassium les oxyde en solution acétique, en les dédoublant et en formant 2 molécules d'amines nitrées en para; ainsi la tétraméthylaniline-azyline donne 2 molécules de diméthylaniline p-nitrée :

$$(CH^3)^2Az.C^6H^4-Az{=}Az-C^6H^4.Az(CH^3)^2 + O^4$$
$$= 2C^6H^4 \begin{cases} AzO^2 & (1) \\ Az(CH^3)^2 & (4) \end{cases}$$

Il y a simplement oxydation et dédoublement dans cette réaction.

L'hydrogène naissant, par exemple le chlorure d'étain, donne 2 molécules de base diamidée; la tétréthylaniline-azyline, par exemple, fournit 2 molécules de p-amidodiéthylaniline :

$$(C^2H^5)^2Az.C^6H^4-Az{=}Az-C^6H^4.Az(C^2H^5)^2 + H^4$$
$$= 2C^6H^4 \begin{cases} AzH^2 & (1) \\ Az(C^2H^5)^2 & (4) \end{cases}$$

Les iodures alcooliques réagissent en tube scellé en présence d'alcool, en donnant des diamines tétrasubstituées; la tétréthylaniline-azyline et l'iodure d'éthyle donnent la tétréthylphénylène-diamine. Il est vraisemblable qu'il se forme de l'acide iodhydrique dans la réaction et que c'est cet acide iodhydrique qui forme d'abord les diamines, qui donnent ensuite des dérivés de substitution.

TÉTRAMÉTHYLANILINE-AZYLINE (nommée encore *diméthylaniline-azyline*),

$$(CH^3)^2Az.C^6H^4.Az{=}Az.C^6H^4.Az(CH^3)^2.$$

— On l'obtient en faisant barboter pendant 15 jours du bioxyde d'azote dans une solution alcoolique de diméthylaniline (2 parties d'alcool, 1 partie d'amine).

La solution se colore en rouge foncé; il se dégage beaucoup d'acide carbonique et il se précipite ensuite des cristaux rouges.

On l'obtient encore avec le chlorure de diazo-p-diméthylaniline et la diméthylaniline [Nölting, *D. chem. G.*, 18, 1143]. On diazote le chlorure de p-amidodiméthylaniline et on le verse dans une solution acétique de diméthylaniline. On précipite par l'eau, on recueille le précipité et on le fait cristalliser dans le benzène.

Ce corps, cristallisé dans le benzène, fond à 266°; oxydé par le permanganate à froid, il donne de l'acide carbonique et de l'acide oxalique.

Picrate.

$$C^{16}H^{20}Az^4.C^6H^2(AzO^2)^3OH, C^2H^6O.$$

— On l'obtient en mélangeant deux solutions benzéniques, l'une d'azyline, l'autre d'acide picrique; le précipité recristallisé dans l'alcool retient une molécule de ce dernier.

Il forme des aiguilles brillantes, vert-feuille, se décomposant à 100°.

Chloroplatinate, $C^{16}H^{20}Az^4.PtCl^6H^2$. — Poudre cristalline, insoluble dans l'eau, dichroïque, verte par réflexion, rouge par transparence.

TÉTRÉTHYLANILINE-AZYLINE,

$$(C^2H^5)^2Az.C^6H^4.Az{=}Az.C^6H^4.Az(C^2H^5)^2.$$

— On l'obtient de la même façon que le dérivé méthylé, en ne maintenant le courant de bioxyde d'azote que pendant 6 jours. On a 50 0/0 de rendement. On purifie cette azyline en la redissolvant dans le chloroforme et en la précipitant par l'éther. Ce sont des aiguilles rouges, fusibles à 70°, tombant en déliquescence en présence du chloroforme, peu solubles dans l'éther froid. Oxydée par le permanganate en solution aqueuse, elle donne de l'acide acétique, de l'acide oxalique et de l'acide carbonique; avec l'acide chromique, on obtient un peu de quinone.

La tétréthylaniline-azyline se combine à 100° avec l'iodure de méthyle pour donner le diiodométhylate de la diéthyldiméthyl-p-phénylène-diamine.

Oxydée par l'acide nitrique, elle fournit la dinitro-diéthylaniline bouillant à 280° [Lippmann et Fleissner, *Mon. f. Chem.*, 4, 788]; chauffée en tube scellé avec l'iodure d'éthyle en présence d'alcool éthylique, elle donne de la tétréthyl p-phénylène-diamine.

Picrate. — Aiguilles jaunes, peu solubles.

Chloroplatinate, $C^{20}H^{28}Az^4.PtCl^6H^2$. — Tables microscopiques brun-rouge à reflets cuivrés.

Ferrocyanure, $(C^{10}H^{14}Az^2)^2FeCy^6H^4$. — Feuillets bruns rhomboédriques, insolubles dans l'eau, obtenus avec une solution alcoolique de la base et une solution d'acide ferrocyanhydrique.

Periodure, $4C^{10}H^{14}Az^2.6I$. — On l'obtient, comme au reste les produits analogues, en mélangeant des solutions alcooliques d'iode et de la base. Cristallisé dans l'alcool amylique, il forme de petites écailles à reflet bleu-violet. Il est insoluble dans l'eau et se décompose par les alcalis et par l'oxyde de mercure.

TÉTRAPROPYLANILINE-AZYLINE. — Obtenue comme la tétréthylaniline-azyline.

Elle forme des cristaux clinorhombiques se présentant sous l'aspect de tables brun-rouge.

Picrate, $C^{24}H^{30}Az^4 . 2[C^6H^3(AzO^2)^3O]$. — Insoluble dans l'eau; orangé-rouge.

Periodure, $4C^{12}H^{18}Az^2 . 6I$. — Aiguilles d'un violet brillant, cristallisant dans l'alcool.

TÉTRABUTYLANILINE-AZYLINE, $C^{28}H^{44}Az^4$. — Aiguilles fondant à 158°.

Periodure, $4C^{14}H^{22}Az^2 . 6I$.

TÉTRAMYLANILINE-AZYLINE, $C^{32}H^{52}Az^4$. — Aiguilles rouges, fusibles à 115°.

Picrate, $C^{32}H^{52}Az^4 . (C^6H^3(AzO^2)^3O)^2$. — Cristaux jaune-citron, très peu solubles dans l'eau et dans l'alcool.

Le *periodure*, $4C^{16}H^{26}Az^2 . 6I$, est en cristaux noirs à reflets violets.

DIMÉTHYLDIPHÉNYLANILINE-AZYLINE. — Obtenue avec la méthyldiphénylamine; cristaux jaunes, fondant à 150°.

DIÉTHYLDIPHÉNYLANILINE-AZYLINE — Obtenue avec l'éthyldiphénylamine. Cristaux tabulaires rouges clinorhombiques, fusibles à 178°.

A. Béhal.

B

BARBATIQUE (ACIDE), $C^{19}H^{20}O^7$. — Cet acide se rencontre à côté de l'acide usnique dans l'*Usnea barbata*. Le mélange acide que l'on retire de ce lichen ne contient qu'une quantité très faible d'acide barbatique, de sorte que la séparation des deux acides est assez difficile. Voici comment il convient d'opérer

L'*Usnea barbata*, soigneusement débarrassée des lichens qui peuvent l'accompagner, est épuisée à plusieurs reprises par un mélange de 20 parties d'eau et de $\frac{1}{10}$ de son poids de chaux éteinte; les solutions obtenues sont additionnées d'acide chlorhydrique et le précipité mis en digestion pendant 1 heure environ avec de l'eau légèrement acide. Le mélange des acides est ensuite filtré, lavé et desséché; on le pulvérise et on le fait digérer avec 40 parties de benzène chaud. On évapore jusqu'au sixième de son volume la solution benzénique filtrée, et les cristaux qui se déposent par refroidissement sont d'abord traités par de l'éther froid et ensuite maintenus pendant une demi-heure en contact avec de l'éther bouillant.

Les solutions éthérées, qui renferment tout l'acide barbatique et une petite quantité d'acide usnique, sont évaporées à sec et le résidu est traité à froid par une quantité d'éther suffisante pour dissoudre l'acide barbatique; l'acide usnique, qui est difficilement soluble dans l'éther froid, est séparé par filtration. On ajoute alors à la solution éthérée une égale quantité de benzène et on soumet le mélange à la distillation pour chasser tout l'éther et une partie du benzène. Par refroidissement, l'acide barbatique se dépose à l'état cristallin, tandis que l'acide usnique reste en solution dans le benzène.

L'acide ainsi obtenu renferme encore des traces d'acide usnique, dont on le débarrasse en mettant à profit la formation facile d'un sel acide de potassium très peu soluble. On dissout l'acide dans un petit excès d'une solution étendue de potasse et on y fait passer un courant d'acide carbonique pour saturer l'excès d'alcali. Le sel acide se précipite; on le lave à l'eau froide, on le dissout dans quelques gouttes de potasse et on acidule fortement le liquide avec l'acide chlorhydrique.

L'acide barbatique pur cristallise dans le benzène en aiguilles ou en longues lames incolores. Ces cristaux fondent à 186° et se décomposent, à une température un peu plus élevée, en acide carbonique et β-orcine. L'ébullition avec un lait de chaux donne lieu à la même décomposition. Ce dédoublement, rapproché de celui de l'acide évernique, $C^{17}H^{16}O^7$, qui, dans les mêmes conditions, donne de l'acide carbonique et de l'orcine, semble indiquer que l'acide barbatique est un *acide diméthylévernique* [Stenhouse et Groves, *Ann. Chem.*, **203**, 302]. H. Gautier.

BARBITURIQUE (ACIDE) [Syn. *Malonylurée*], $C^4H^4Az^2O^3 . 2H^2O$. — Dans la production synthétique de la malonylurée par l'acide malonique, l'oxychlorure de phosphore et l'urée, M. Grimaux a obtenu comme produit secondaire un corps jaune, pulvérulent, qu'il a considéré comme un produit de condensation de la malonylurée, parce qu'il fournit de la malonylurée dibromée quand on le chauffe avec du brome. MM. Conrad et Guthzeit l'ont analysé et lui donnent la formule $C^6H^6Az^2O^4$ d'un acide acétylbarbiturique :

```
      AzH  CO
     /      |
  CO        CH-CO-CH³
     \      |
      AzH - CO
```

Sa formation est accompagnée d'un dégagement d'acide carbonique.

L'acide barbiturique se produit à l'état de sel de sodium par l'action de l'urée sur une solution alcoolique de sodomalonate d'éthyle [Michael, *J. prakt. Chem.*, (2), **35**, 449; *Bull. Soc. Chim.*, (2), **48**, 523].

Barbiturates d'argent. — Le *sel monoargentique*, $C^4H^3Az^2O^3Ag$, est un précipité blanc, obtenu par l'addition d'azotate d'argent en quantité théorique à une dissolution de malonylurée dans l'eau additionnée d'une quantité correspondante d'ammoniaque.

Le *sel diargentique*, $C^4H^2Az^2O^3Ag^2$, s'obtient au moyen du barbiturate neutre d'ammonium.

Ces sels sont représentés par les formules

```
      AzH - CO               AzH - CO
     /      |               /      |
  CO        CHAg   et    CO        CAg²
     \      |               \      |
      AzH - CO               AzH - CO
```

comme le démontre l'action des iodures alcooliques sur le dérivé diargentique.

ACIDE DIMÉTHYLBARBITURIQUE (*diméthylmalonylurée*).

```
      AzH - CO
     /      |
  CO        C(CH³)²
     \      |
      AzH - CO
```

— On l'obtient par l'action de l'iodure de méthyle sur la malonylurée diargentique; il est soluble dans l'eau chaude et cristallise par le refroidissement en paillettes blanches, brillantes, fondant à 265° et sublimables. Traité par la potasse concentrée, il donne de l'acide diméthylmalonique, ce qui établit sa constitution [Conrad et Guthzeit, *D. chem. G.*, **14**, 1643 et **15**, 2844; *Bull. Soc. Chim.*, (2), **36**, 672; **40**, 150].

Le même acide se produit aussi par l'action de l'oxychlorure de phosphore sur un mélange d'urée et d'acide diméthylmalonique [Thorpe, *Chem. Soc.*, **39**, 545].

Un acide diméthylbarbiturique isomérique, la *malonyldiméthylurée*

$$CO\left\langle\begin{array}{l}Az(CH^3)-CO\\ \qquad\qquad\ \ |\\ \qquad\qquad CH^2\\ \qquad\qquad\ \ |\\ Az(CH^3)-CO\end{array}\right.$$

prend naissance par l'action de l'oxychlorure de phosphore sur un mélange de diméthylurée et d'acide malonique. Il se forme aussi, en même temps que la diméthylcyanacétylurée, par l'action du chlorure de cyanacétyle sur l'urée.

Cet acide est en aiguilles aplaties, très solubles dans l'eau et dans l'alcool, fusibles à 223°. Il peut être sublimé; il donne par l'eau de brome un dérivé cristallisé, fusible à 175-180° [E. Mulder, *D. chem. G.*, **12**, 465; *Bull. Soc. Chim.*, (2), **32**, 639].

Acide diéthylbarbiturique,

$$CO\left\langle\begin{array}{l}AzH-CO\\ \qquad\quad\ \ |\\ \qquad\quad CH(C^2H^5)^2\\ \qquad\quad\ \ |\\ AzH-CO\end{array}\right.$$

— Obtenu comme le précédent au moyen de l'iodure d'éthyle, il est cristallisé, fusible à 182°, soluble dans l'éther et dans l'alcool chaud (Conrad et Guthzeit).

Acide éthylbarbiturique,

$$CO\left\langle\begin{array}{l}AzH-CO\\ \qquad\quad\ \ |\\ \qquad\quad CH(C^2H^5)\\ \qquad\quad\ \ |\\ AzH-CO\end{array}\right.$$

— On fait un mélange à parties égales d'urée, d'oxychlorure de phosphore et d'acide éthylmalonique; la réaction se déclare au bout de quelques minutes et s'accomplit à froid. Cet acide est soluble dans l'eau et dans l'alcool; il cristallise en beaux prismes, fusibles à 190°. Traité par l'eau et le brome, il donne un *dérivé monobromé* soluble dans l'éther (Conrad et Guthzeit).

Acide benzylbarbiturique. — Il s'obtient comme le précédent, par l'acide benzylmalonique; il est en cristaux prismatiques, fusibles à 206°, solubles dans l'eau bouillante et dans l'alcool chaud.

Nitrosomalonylurée (*acide nitrosobarbiturique, acide violurique*). — Ce composé, représenté jusqu'à présent par la formule

$$CO\left\langle\begin{array}{l}AzH-CO\\ \qquad\quad\ \ |\\ \qquad\quad CH.AzO\\ \qquad\quad\ \ |\\ AzH-CO\end{array}\right.$$

doit, suivant M. Ceresole, être considéré comme un dérivé isonitrosé

$$CO\left\langle\begin{array}{l}AzH-C\\ \qquad\quad\ \ |\\ \qquad\quad C=Az.OH\\ \qquad\quad\ \ |\\ AzH-CO\end{array}\right.$$

Il se produit en effet par l'action de l'hydroxylamine sur l'alloxane : on chauffe pendant 2 heures au bain-marie de l'alloxane cristallisée avec un peu plus de 1 molécule de chlorhydrate d'hydroxylamine en solution aqueuse faible, on ajoute de l'eau de baryte, on élimine l'excès de baryte par l'acide carbonique et on filtre chaud : la solution laisse cristalliser du violurate de baryum par refroidissement.

L'acide violurique, chauffé avec de l'acide chlorhydrique concentré, perd de l'hydroxylamine [Ceresole, *D. chem. G.*, **16**, 1155; *Bull. Soc. Chim.*, (2), **41**, 61].

Acide benzylviolurique. — On prépare le violurate d'argent en traitant l'acide barbiturique en solution aqueuse par l'azotite de potassium et l'azotate d'argent; ce sel d'argent, chauffé en solution alcoolique avec du chlorure de benzyle, fournit l'*acide benzylviolurique*, cristallisant dans l'eau et dans l'alcool sous la forme d'écailles brillantes, fusibles à 226° (Conrad et Guthzeit). Les auteurs lui attribuent la formule

$$CO\left\langle\begin{array}{l}AzH-CO\\ \qquad\quad\ \ |\\ \qquad\quad C\left\langle\begin{array}{l}C^7H^7\\ AzO\end{array}\right.\\ \qquad\quad\ \ |\\ AzH-CO\end{array}\right.$$

mais, d'après la structure attribuée à l'acide violurique par M. Ceresole, il doit avoir pour constitution

$$CO\left\langle\begin{array}{l}AzH-CO\\ \qquad\quad\ \ |\\ \qquad\quad C=Az.OC^7H^7\\ \qquad\quad\ \ |\\ AzH-CO\end{array}\right.$$

Acide sulfocyanobarbiturique. — Ce composé n'a pu être isolé, mais on connaît ses sels. Ils se produisent quand on fait agir une solution alcoolique de sulfocyanate d'ammonium ou de potassium sur une solution alcoolique d'acide dibromobarbiturique. Les *sels d'ammonium* et *de potassium* cristallisent dans l'eau chaude en lames rhombiques, incolores; le sel de potassium a été analysé et renferme $C^5H^2Az^3O^3SK$; l'auteur le représente par la formule de constitution

$$CO\left\langle\begin{array}{l}AzH-CO\\ \qquad\quad\ \ |\\ \qquad\quad C\left\langle\begin{array}{l}K\\ SCAz\end{array}\right.\\ \qquad\quad\ \ |\\ AzH-CO\end{array}\right.$$

Lorsqu'on traite les sels par de l'acide chlorhydrique, il se forme un précipité cristallin, soluble dans l'eau, qui le décompose bientôt en donnant de l'acide sulfodialurique, de l'acide sulfocyanique, de l'acide cyanhydrique et un corps insoluble dans les acides et dans les alcalis [Trzcinski, *D. chem. G.*, **16**, 1067; *Bull. Soc. Chim.*, (2), **41**, 367].

Acide sulfobarbiturique. — On l'obtient à l'état de sel de sodium en mélangeant des solutions alcooliques tièdes de sulfo-urée et de sodomalonate d'éthyle :

$$CHNa(CO^2C^2H^5)^2 + CS(AzH^2)^2$$
$$= 2C^2H^6O + CHNa\left\langle\begin{array}{l}CO-AzH\\ CO-AzH\end{array}\right\rangle CS.$$

L'acide libre cristallise en lamelles hexagonales, peu solubles dans l'eau froide, très solubles dans l'eau chaude [Michael, *J. prakt. Chem.*, (2), 35, 466].

E. Grimaux.

BARCÉNITE (Min.) (J. W. Mallet). — Paraît être un antimoniate de mercure, provenant de l'oxydation de la livingstonite. Prismes aplatis, vert foncé, opaques, avec cinabre, à Huitzuco (Mexique). Dureté, = 5,5. Densité, = 5,343.

BARKEVIKITE (Min.) (Brögger). — Variété d'arfvedsonite riche en alumine et en oxyde ferrique.

BARKLYITE (Min.). — Voyez CORINDON. Dict., 1, 977.

BARRANDITE (Min.) (de Zepharovich). — Phosphate hydraté d'aluminium et de fer,

$$(PO^4)^2 [Fe, Al]^2, 4 H^2O.$$

Petits sphérolites fibreux, gris, de diverses nuances, avec wavellite, dans le grès silurien de Czerhovic, près Beraun (Bohême).

BARYLITE (Min.) (Blomstrand). — Voyez HYALOPHANE, Dict., 2, 54.

BARYSILE ou **BARYSILITE** (Min.) (Sjögren et Lundström). — Silicate de plomb,

$$Si^2O^7Pb^3 = 3\,PbO \,.\, 2\,SiO^2,$$

renfermant un peu de manganèse, en cristaux blancs, trouvé avec calcite, grenat jaune, téphroïte, galène, à la mine Harstig, près Pajsberg (Suède). Dureté = 3. Densité = 6,11 à 6,55. Hexagonal; clivage basique.

BARYTHÉDYPHANE (Min.) (Lindström). — Variété très barytifère d'hédyphane,

$$(AsO^4)^3 [Pb, Ba, Ca]^5 Cl$$

de Längban (Suède).

BARYUM. — BARYTE. — MM. Brin frères ont breveté (5 janvier 1885) un procédé pour la préparation de la baryte anhydre pure. Ce procédé, basé sur une réaction signalée par M. G. Brügelmann [*D. chem. G.*, **13**, 1741], consiste à sécher le nitrate de baryum, puis à le chauffer progressivement dans des creusets ouverts, à 1000-1500°, jusqu'à ce que la masse soit devenue spongieuse; on couvre alors les creusets, on les porte au rouge blanc, puis on les laisse refroidir dans le vide. On obtient ainsi une baryte très pure, spongieuse, consistante, et très propre à absorber l'oxygène de l'air pour la préparation industrielle de ce gaz [*D. chem. G.*, **19**, *Ref.*, 420].

On peut aussi préparer la baryte anhydre en chauffant au rouge dans un courant d'hydrogène l'hydrate de baryte ou le carbonate de baryum [W. Dittmar, *Soc. chem. Ind.*, 7, 730; *D. chem. G.*, **22**, *Ref.*, 541].

La baryte, portée vers 550° dans un courant de gaz carbonique, à la pression atmosphérique, absorbe ce gaz avec avidité, devient rapidement incandescente, et s'échauffe même par points jusqu'au rouge blanc. La température, mesurée au pyromètre platine-palladium de M. Ed. Becquerel, est de 1200°. Mais dans ces conditions il ne se forme pas de carbonate neutre de baryum [Raoult, *C. R.*, **92**, 1110].

Hydrate de baryte. — Quelques contestations ont été élevées relativement à l'hydratation de la baryte, mais il est bien démontré maintenant que l'hydrate a pour formule

$$Ba(OH)^2, 8\,H^2O.$$

Desséché, cet hydrate perd $7\,H^2O$ et devient

$$Ba(OH)^2, H^2O$$

[H. Veley, *Chem. Soc.*, 1886].

L'hydrate $Ba(OH)^2, H^2O$ perd 1 molécule d'eau à 75° et devient anhydre au rouge [E. Beckmann, *D. chem. G.*, **16**, 781].

M. Müller-Erzbach a observé que, pendant la décomposition de l'hydrate de baryte par la chaleur, la tension de la vapeur d'eau qu'il émet varie avec la composition du résidu. D'après cet auteur, l'hydrate $Ba(OH)^2, 8H^2O$ perd une première molécule d'eau avec la tension 0,88-0,92, les 5 suivantes avec la tension 0,18-0,22, la 7e avec la tension 0,10 — 0,12, et retient la 8e molécule. Il conclut de là que cet hydrate $Ba(OH)^2, 8H^2O$ doit être écrit

$$\{[(Ba(OH)^2, H^2O), H^2O], 5\,H^2O\}, H^2O$$

[*D. chem. G.*, **19**, 2876].

M. Pattinson junior a breveté le procédé suivant pour la préparation industrielle de l'hydrate de baryte : Une solution de sulfure de baryum, additionnée de peroxyde de manganèse pulvérisé ou d'hydrate manganique bien lavé, et soumise à l'action d'un courant d'air à la température de 38°, est transformée en un mélange d'hydrate (2/3) et d'hyposulfite (1/3) de baryum. Un tiers du soufre contenu dans le sulfure se dépose à l'état libre et se mélange avec l'hydrate manganique. La solution abandonne par concentration des cristaux d'hydrate de baryte. Quant au précipité, il suffit de le laver à l'huile de naphte pour lui enlever le soufre qu'il renferme, et on peut après cette opération l'employer de nouveau.

Il convient d'opérer en deux temps : on traite la solution du sulfure par un courant d'air jusqu'à dépôt d'hyposulfite; on décante alors le liquide clair et on laisse refroidir; on obtient ainsi un dépôt d'hydrate cristallisé. Les eaux mères, soumises à l'action simultanée de l'oxyde manganique et de l'air, donnent un second dépôt d'hydrate [*brevet anglais* 16989, 29 décembre 1884; *D. chem. G.*, **19**, *Ref.*, 124].

Le carbonate barytique, chauffé à une très haute température dans un courant de vapeur d'eau, se convertit en hydrate fondu qu'on recueille au dehors du four. On facilite cette réaction en introduisant dans les briquettes de carbonate de baryum un peu de carbonate de sodium [H. Leplay, *brevets* 29153, 1884 et 36716, 1886]. On a proposé divers systèmes de fours pour effectuer cette préparation.

L'hydrate $Ba(OH)^2$ n'est pas attaqué par le chlore; au contraire, l'hydrate $Ba(OH)^2, 8H^2O$ est converti par ce métalloïde en un mélange de chlorure et de chlorate [Konigel-Weisberg, *D. chem. G.*, **12**, 346].

Si l'on chauffe à l'abri de l'air, au bain-marie, en tubes scellés, un mélange d'hydrate de baryte, d'eau et de sulfure de carbone, il se produit la réaction

$$CS^2 + 2\,Ba(OH)^2 = CO^3Ba + H^2O + Ba(SH)^2.$$

Si l'on opère en présence de l'air, le sulfhydrate de baryum est oxydé et transformé en un mélange d'hyposulfite et de sulfate [Chancel et Parmentier, *C. R.*, **99**, 892].

BIOXYDE DE BARYUM. — D'après M. E. Schöne [*Ann. Chem.*, **192**, 3; *D. chem. G.*, **11**, 1464], ce composé forme avec l'eau un hydrate $BaO^2, 8H^2O$ qui se décompose peu à peu avec dégagement d'oxygène.

Le bioxyde de baryum peut aussi se combiner avec l'eau oxygénée, en donnant un produit instable, BaO^2, H^2O^2, qui se décompose facilement en bioxyde de baryum, eau et oxygène; ce composé est dédoublé sans dégagement d'oxygène par les acides dilués, en bioxyde de baryum et eau oxygénée.

D'après M. Berthelot [*Ann. Chim. Phys.*, (5), **21**, 157], le produit obtenu, soit en traitant par un excès d'eau le composé BaO^2, H^2O^2, soit en ajoutant de l'eau oxygénée à un excès d'eau de baryte, est l'hydrate $BaO^2, 10H^2O$. L'hydrate à 8 molécules d'eau décrit par M. Schöne n'existe pas.

Dans un mémoire postérieur à celui de M. Berthelot, M. Schöne maintient les résultats qu'il avait annoncés et l'exactitude de la formule $BaO^2, 8H^2O$ [*D. chem. G.*, **13**, 803].

Le bioxyde de baryum cristallisé, traité par une solution saturée d'acide borique en excès, se convertit en *perborate*, $Bo^2O^7BaH^4, H^2O$ [Étard, *C. R.*, **91**, 931].

Le bioxyde de baryum commence à se décomposer à 450° dans le vide : c'est à la même température que la baryte anhydre commence à se transformer en bioxyde de baryum [Boussingault, *Ann. Chim. Phys.*, (5), **19**, 464].

Le bioxyde de baryum chauffé au rouge naissant est décomposé par le gaz carbonique avec dégagement d'oxygène. Cette réaction s'accompagne d'un grand dégagement de chaleur, qui est toutefois insuffisant pour entretenir longtemps la masse à la température où le phénomène se produit [Raoult, *C. R.*, **92**, 1110].

M. Bertrand [*Mon. scient.*, 1880, 207; *Bull. Soc. Chim.*, (2), **33**, 148] a proposé, pour le dosage de l'oxygène actif dans le bioxyde de baryum, une méthode basée sur les réactions suivantes :

$$BaO^2 + 2HCl = H^2O^2 + BaCl^2,$$
$$H^2O^2 + 2KI = I^2 + 2KOH.$$

On effectue le dosage de l'iode mis en liberté par l'hyposulfite de sodium, sans employer d'amidon comme indicateur : on reconnaît la fin de la réaction par la décoloration du liquide.

Aluminate de baryum. — Voyez Suppl., **2**, 186.

Sulfure de baryum. — On prépare le sulfure pur en chauffant vers 200° dans un courant d'hydrogène sulfuré de l'hydrate de baryum desséché. C'est une poudre blanche, soluble dans l'eau, qui, à l'air, se colore peu à peu en jaune, et qui, traitée par l'acide sulfurique, s'échauffe jusqu'à l'incandescence.

Ce sulfure anhydre ne se combine pas avec le sulfure de carbone ; au contraire, s'il est humide, il absorbe la vapeur de sulfure de carbone, pour donner du sulfocarbonate de baryum. Ce sel n'a pas été obtenu à l'état de pureté [H. Veley, *Chem. Soc.*, **49**, 369; *D. chem. G.*, **19**, *Ref.*, 383].

Le sulfure de baryum mélangé de charbon, qu'on prépare en calcinant un mélange de sulfate de baryum et de charbon, se transforme, lorsqu'on le reprend par l'eau au contact de l'air, en un mélange complexe de sulfure hydraté, d'hyposulfite, de polysulfure de baryum, etc. En agissant à l'abri de l'air, on fait aisément cristalliser un hydrate incolore pur, $BaS, 5H^2O$, qui, séché dans un gaz inerte, laisse un résidu de sulfure anhydre (Étard).

La chaleur de dissolution du sulfure de baryum dans l'acide chlorhydrique étendu a été mesurée par M. Sabatier [*C. R.*, **88**, 851] :

$$BaS + 2HCl \text{ dissous}$$
$$= BaCl^2 \text{ dissous} + H^2S \text{ dissous} + 13^{cal},6.$$

Le même auteur a en outre déterminé les quantités de chaleur produites dans les réactions suivantes :

$$BaO + H^2S \text{ gaz.} = BaS + H^2O \text{ gaz.} + 11^{cal},05,$$
$$BaS + O \quad \text{gaz.} = BaO + S \text{ solide} + 15^{cal},75,$$
$$BaS + O \quad \text{gaz.} = BaO + S \text{ gaz.} + 14^{cal},45.$$
$$BaS + O^4 \quad \text{gaz.} = SO^4Ba + 118^{cal},25.$$

Sulfhydrate de baryum, $Ba(SH)^2, 4H^2O$. — Ce sel résulte de la saturation à 60-70° par le gaz sulfhydrique d'une solution de baryte saturée à 100° dans une atmosphère d'hydrogène. La solution, refroidie à l'aide d'un mélange réfrigérant, laisse déposer des aiguilles aiguës, insolubles dans l'alcool. On sèche dans le gaz sulfhydrique.

Une solution saturée de ce sulfhydrate dissout à chaud du soufre avec dégagement d'acide sulfhydrique et la liqueur rouge foncé ainsi obtenue laisse déposer des cristaux rouges de tétrasulfure dihydraté,

$$BaS^4, 2H^2O \quad \text{ou peut-être} \quad 4BaS^4, 7H^2O.$$

Chauffé à 50° dans un courant d'hydrogène, le sulfhydrate de baryum perd du gaz sulfhydrique, mais ce dégagement de gaz cesse lorsque les cristaux sont desséchés.

Le sulfhydrate cristallisé absorbe la vapeur de sulfure de carbone, pour donner du sulfocarbonate de baryum ; ce sel n'a pas été obtenu à l'état de pureté [H. Veley, *loc. cit.*].

Chlorure de baryum. — Ce sel est complètement précipité de sa solution aqueuse par une solution concentrée de chlorure de calcium. Il ne se dissout pas non plus en présence d'un excès de chlorure de strontium, même à chaud (Étard). Le chlorure de lithium précipite également le chlorure de baryum en solution purement aqueuse [Draper, *Chem. News*, **53**, 52].

Le chlorure de baryum, $BaCl^2, 2H^2O$, perd une première molécule d'eau dans l'air sec à 15°, la deuxième à 75° [Beckman, *loc. cit.*].

Par l'examen des tensions de vapeur, M. Lescœur [*C. R.*, **104**, 1511] arrive à admettre l'existence des trois hydrates :

$$BaCl^2, \; H^2O,$$
$$BaCl^2, 2H^2O,$$
$$BaCl^2, 6H^2O.$$

M. Wackenroder a breveté la préparation du chlorure de baryum par l'action du chlorure de calcium sur une solution de sulfure de baryum en présence d'acide carbonique : il se dégage de l'hydrogène sulfuré, il se dépose du carbonate de calcium, et le chlorure de baryum reste en dissolution [*brevet allemand* 28062, 24 octobre 1883 ; *D. chem. G.*, **17**, *Ref.*, 390].

Dans un nouveau brevet [36388, 4 août 1885 : *D. chem. G.*, **19**, *Ref.*, 633], le même auteur revendique l'emploi du procédé suivant : On concentre une solution de chlorure de calcium ou de chlorure de magnésium jusqu'à commencement de décomposition, puis on ajoute du carbonate de baryum ; il se dégage alors du gaz carbonique ; on chauffe à 200° et on obtient ainsi un mélange de chlorure de baryum et de magnésie ou de chaux, que l'on peut séparer au moyen de l'eau.

Oxychlorure de baryum, $BaO.BaCl^2, 5H^2O$. — On le prépare en mélangeant des solutions concentrées et chaudes des deux composants. Il se dépose par le refroidissement en cristaux nacrés [André, *C. R.*, **98**, 572].

D'après M. Beckmann [*D. chem. G.*, **14**, 2156], ces cristaux seraient un mélange en proportions variables des deux sels

$$Ba{<}^{OH}_{Cl}, 2H^2O \quad \text{et} \quad Ba(OH)^2, 8H^2O.$$

Le même auteur a décrit des combinaisons de cet oxychlorure de baryum avec l'alumine (voyez Suppl., **2**, 186).

Bromure de baryum, $BaBr^2, 2H^2O$. — Il perd H^2O à 75° et devient anhydre à 120°. Suivant M. Clarke, ce sel a pour formule $BaBr^2, 4H^2O$. Sa densité est 3,674 à la température de 24°,3.

Le *bromure double de baryum et de cadmium*, $BaBr^2 . CdBr^2, 4H^2O$, a, suivant le même auteur, une densité de 3,665 à la température de 24° [Clarke, *D. chem. G.*, **12**, 1398].

Oxybromure,

$$Ba{<}^{OH}_{Br}, 2H^2O.$$

— Ce composé se produit dans les mêmes conditions que l'oxychlorure, auquel il ressemble en tout point [Beckmann, *D. chem. G.*, **14**, 2157].

Iodure de baryum, $BaI^2, 7H^2O$. — Ce sel devient anhydre à 150°. Sa densité est 3,672 à la température de 20°,2 [Clarke, *D. chem. G.*, **12** 1398].

Oxyiodure

$$Ba \left< {OH \atop I} \right., 4H^2O.$$

— On l'obtient par la même méthode que l'oxychlorure et que l'oxybromure [Beckmann, *D. chem. G.*, **14**, 2157].

Phosphates de baryum. — *Sels doubles.* — Si dans la solution bouillante d'un mélange de silicate de potassium et d'eau de baryte on verse un mélange de silicate et de phosphate de potassium, on obtient par refroidissement des cubes du sel $PO^4BaK, 10H^2O$. Avec les sels sodiques correspondants, on a le phosphate

$$PO^4BaNa, 10H^2O,$$

qui cristallise en octaèdres réguliers. Ces sels retiennent de 1 à 2 0/0 de silice comme impureté [A. de Schulten, *C. R.*, **96**, 706].

Le *phosphate acide monobarytique*,

$$(PO^4H^2)^2Ba,$$

se dédouble par l'action de l'eau froide; il se dépose du *phosphate dibarytique*, PO^4HBa, et la liqueur acide contient encore de la baryte et de l'acide phosphorique [Joly, *C. R.*, **98**, 1274].

Le *pyrophosphate de baryum*, $P^2O^7Ba^2$, s'obtient en dissolvant de la baryte anhydre dans du métaphosphate ou dans du pyrophosphate de potassium en fusion; il se présente en prismes orthorhombiques, insolubles dans l'eau, solubles dans les acides étendus et dans l'acide sulfurique concentré.

Si l'on ajoute au mélange en fusion du chlorure de potassium, les résultats restent les mêmes tant que la proportion de ce sel n'atteint pas 5 0/0 du poids total; au delà de cette quantité, il y a formation de chlorophosphate de baryum. On peut dans cette préparation substituer le sulfate de baryum à la baryte, tant que le sulfate reste au-dessous d'une certaine limite, au delà de laquelle il se dissout simplement pour donner par refroidissement de la barytine cristallisée.

Avec l'orthophosphate de potassium, on obtient le sel double PO^4BaK, en cristaux dendritiques, solubles dans les acides étendus.

Avec le méta- et le pyrophosphate de sodium, on obtient, suivant les proportions employées, soit le pyrophosphate de baryum, soit le *phosphate tribarytique* $(PO^4)^2Ba^3$, en larges lamelles transparentes, paraissant cubiques, très solubles dans les acides étendus, solubles dans l'acide sulfurique concentré, et ayant à 16° une densité de 4,1.

Avec l'orthophosphate de sodium, on obtient également le phosphate tribarytique. Enfin, avec le chlorure de baryum, on obtient un mélange de phosphate tribarytique et de chlorophosphate [Ouvrard, *C. R.*, **106**, 599].

En fondant pendant plusieurs heures au creuset de platine un mélange de chlorure de potassium en grand excès avec de l'acide phosphorique et du fluorure de baryum, on obtient une *apatite* de baryum, $3[(PO^4)^2Ba^3] BaFl^2$ [Ditte, *C. R.*, **99**, 792].

Periodate, $I^2O^{12}Ba^5$. — Ce sel a été obtenu par MM. Sugiura et Cross, en chauffant l'iodate dans un courant d'air sec [*D. chem. G.*, **12**, 135].

Carbonate. — Le carbonate de baryum, préparé par double décomposition à l'aide d'un carbonate alcalin, renferme une certaine quantité d'alcali libre. Pour éliminer cette impureté, il suffit de porter la masse au rouge sombre : il se dégage de l'eau, et les alcalis deviennent entièrement solubles; on n'a plus qu'à lessiver le produit à l'eau bouillante [C. Heyer, *brevet allemand* 37597, 28 avril 1886; *D. chem G.*, **19**, *Ref.*, 887].

Si l'on agite dans un flacon un mélange de carbonate de baryum (1 molécule) et de sulfate de sodium (3 molécules), tous deux parfaitement secs et en poudre fine, on observe qu'il se produit une double décomposition et que 49,79 0/0 du carbonate de baryum se transforment en sulfate.

Si l'on opère en comprimant le mélange à 6000 atmosphères, la proportion du sulfate de baryum formé s'élève en quelques instants à 59,16 0/0. Si on pulvérise alors la masse et qu'on la soumette à de nouvelles compressions, on trouve que la quantité du sulfate de baryum formé s'élève à 69,25 0/0 après 3 compressions, et à 73,31 0/0 après 6 compressions.

Enfin, si on abandonne à eux-mêmes les mélanges comprimés, la réaction continue avec le temps, ainsi que le montre le tableau suivant :

Nombre de compressions	jour	7 jours	14 jours
0	49,79	48,95	49,47
1	59,16	63,91	64,66
3	69,25	74,98	77,38
6	73,31	80,68	80,31

La réaction tend vers une limite, qui est atteinte lorsque la proportion du sulfate de baryum est de 80 0/0 environ.

La chaleur (160°) paraît détruire l'effet de la compression [W. Spring, *Bull. Soc. Chim.*, (2), **46**, 299].

D'après M. Bourgeois [*C. R.*, **94**, 991 et **103**, 1088], on obtient le carbonate de baryum en cristaux identiques avec la withérite par l'un des procédés suivants : on fond le sel amorphe avec du sel marin en excès et l'on reprend par l'eau après refroidissement; ou bien on chauffe en tube scellé le sel amorphe avec une solution de sel ammoniac, on laisse refroidir et l'on recommence plusieurs fois l'opération; ou bien encore on chauffe à 130° une solution d'un sel de baryum avec de l'urée.

Silicate. — Les flacons qui contiennent de l'eau de baryte s'incrustent à la longue de petits prismes orthorhombiques transparents, provenant de l'attaque de la silice du verre. Le sel qui prend naissance a été signalé par MM. Pisani [*C. R.*, **83**, 1056] et Le Chatelier [*C. R.*, **92**, 931 et 972]; c'est un *silicate hydraté*, $SiO^3Ba, 6H^2O$.

Perborate, $Bo^2O^7BaH^4, H^2O$. — Lorsqu'on ajoute une solution aqueuse saturée d'acide borique à du peroxyde de baryum cristallisé, on le voit se convertir en une masse amorphe, répondant à la formule ci-dessus. Ce sel est blanc, insoluble dans l'eau; il perd à 100° 1 molécule d'eau et se décompose au rouge sombre en oxygène, eau et borate de baryum. Les acides dilués lui font immédiatement subir la même décomposition [Etard, *C. R.*, **91**, 931].

Chromate neutre. — M. Bourgeois [*C. R.*, **88**, 382] a obtenu ce sel cristallisé en prismes jaune-verdâtre, isomorphes avec la barytine, d'une densité de 4,6, en chauffant au rouge clair, pendant 1 demi-heure, un mélange de chlorure de baryum, de chromate de potassium et de chromate de sodium, en laissant ensuite refroidir lentement, et en reprenant le produit par l'eau bouillante.

Dichromate, Cr^2O^7Ba. — On l'obtient en traitant le chromate neutre récemment précipité, bien lavé et encore humide, par un excès d'acide chromique, soit en solution, soit mieux à l'état solide; on essore et on sèche à 100° : le produit ainsi préparé constitue une poudre brun-jaunâtre, formée de fines aiguilles.

Les eaux mères de ce sel, abandonnées à elles-mêmes pendant quelques semaines, laissent déposer des lamelles orthorhombiques d'un brun clair, renfermant $Cr^2O^7Ba.2H^2O$ [K. Preis et B. Raymann, *D. chem. G.*, **13**, 340].

MANGANITE, MnO^3Ba. — On chauffe à 1500-1600° dans un creuset de platine, au four Forquignon et Leclercq, un mélange de 2 grammes de manganate de baryum et de 10 grammes de chlorure de baryum. Après 4 heures de chauffe on laisse refroidir, on casse la masse et on l'épuise par l'eau bouillante : il reste un magma d'aiguilles noires, qui, après lavage à l'eau acidulée, répondent à la formule ci-dessus.

Ce corps a une densité de 5,85; il présente un éclat bleuâtre rappelant celui du silicium cristallisé. Il se dissout dans l'acide chlorhydrique avec dégagement de chlore; l'acide nitrique l'attaque plus difficilement [Rousseau et Saglier, *C. R.*, **99**, 139].

SÉLÉNIURE, BaSe. — Ce sel se produit par l'action de l'hydrogène sur le séléniate de baryum chauffé au rouge sombre. Il est blanc, altérable au contact de l'air qui le colore en rouge, peu soluble dans l'eau; il n'est pas phosphorescent après insolation. L'eau de brome en excès le convertit en séléniate.

Sa chaleur de formation à partir des éléments est de $+10^{cal},13$ [Fabre, *C. R.*, **102**, 1469].

SULFITE. — La baryte pure et anhydre, chauffée dans un courant d'acide sulfureux sec, commence a 200° à absorber ce gaz; la réaction est complète à 230°. Le produit ainsi formé est du sulfite de baryum sensiblement pur, sans trace de sulfure ni de sulfate [K. Birnbaum et C. Wittich, *D. chem. G.*, **13**, 651].

HYPOSULFITE, S^2O^3Ba, H^2O. — Suivant l'observation de M. Bäckström [*Zeit. Kryst.*, **17**, 98; *Bull. Soc. Chim.*, (3), **3**, 74], un flacon mal bouché renfermant une solution de sulfure de baryum laisse déposer au bout de quelques années des cristaux de ce sel en prismes orthorhombiques, longs de plusieurs centimètres, isomorphes avec l'hyposulfite de strontium. Il s'engendre en même temps du soufre et du silicate de baryum (voyez plus haut) formé aux dépens du flacon.

SULFATE. — Le sulfate de baryum est plus soluble dans l'acide nitrique que dans l'acide chlorhydrique. Si l'on précipite par l'acide sulfurique des solutions de nitrate et de chlorure de baryum, on trouve que 1 gramme de sulfate précipité du nitrate et resté en présence de l'acide mis en liberté se dissout dans 1519 grammes d'acide sulfurique à 91 0/0, et que 1 gramme de sulfate précipité du chlorure se dissout dans 3153 grammes d'acide sulfurique à 91 0/0 [Varenne et Pauleau, *C. R.*, **93**, 1016].

Le sulfate de baryum se dissout dans 2500 parties d'acide bromhydrique à 40 0/0 [A.-E. Haslam, *Chem. News*, **53**, 87].

Ce sel se dissout en quantités notables dans les chlorures en fusion, notamment dans les chlorures de baryum, de manganèse, de potassium et de sodium. On peut utiliser cette propriété pour le faire cristalliser : on l'obtient alors avec les caractères (forme, densité, dureté) du sulfate naturel [Gorgeu, *C. R.*, **96**, 1734].

Le sulfate de baryum est susceptible de se combiner avec l'anhydride sulfurique lorsqu'on chauffe en tubes scellés un mélange de ces deux corps. Le *pyrosulfate* ainsi formé est une masse spongieuse qui attire rapidement l'humidité de l'air, et qui fait entendre un sifflement assez fort lorsqu'on le plonge dans l'eau [H. Schulze, *D. chem. G.*, **17**, 2707].

DITHIONATE, $S^2O^6Ba, 4H^2O$. — Ce sel a une densité de 3,05 à la température de 24°,5 [F.-W. Clarke, *D. chem. G.*, **12**, 1398].

Un mélange de dithionate et de chlorure de baryum en proportions moléculaires fournit par l'évaporation de la solution aqueuse, d'abord du dithionate, puis un sel double renfermant

$$S^2O^6Ba.BaCl^2, 4H^2O.$$

Ce sel cristallise dans le système triclinique [Fock et Klüss, *D. chem. G.*, **23**, 3001].

FORMIATE DOUBLE DE BARYUM ET DE CADMIUM, $(CHO^2)^2(Ba.Cd)$. — Ce sel a une densité de 2,724 à 19° [Clarke, *loc. cit.*].

SOLUBILITÉ DES SELS DE BARYUM. — Si l'on désigne par $y_{t_0}^{t_1}, y_{t_1}^{t_2}\ldots$, la quantité pondérale de sel anhydre contenue dans 100 parties de solution saturée, dans les intervalles successifs de t_0 à t_1, t_1 à $t_2\ldots$, la solubilité est représentée par une droite ou par deux droites successives :

Chlorure de baryum,

$$y_{0°}^{+93°} = 22,5 + 0,4086\,t$$

$$y_{+93°}^{+230°} = 60,5 + 0,0600\,t.$$

Bromure de baryum

$$y_{-20°}^{+135°} = 45,5 + 0,0870\,t$$

$$y_{+135°}^{+200°} = 59,0 + 0,0230\,t.$$

Iodure de baryum,

$$y_{-20°}^{+650°} = 61,5 + 0,1352\,t$$

$$y_{+65°}^{+200°} = 73,0 + 0,0133\,t.$$

Azotate de baryum. — Il ne donne qu'une seule droite de solubilité dans l'intervalle qui a pu être examiné; le poids de sel contenu pour chaque température est exprimé par

$$y_{0°}^{+250} = 4,0 + 0,2040\,t$$

[A. Étard, *Expér. inédites*].

FUSIBILITÉ DES SELS DE BARYUM. — Points de fusion du fluorure = 908°; du bromure = 812°. L'auteur de cet article a fait les déterminations suivantes :

$$BaCl^2 = 930°,\quad BaBr^2 = 795°,\quad BaI^2 = 685°,$$
$$(AzO^3)^2Ba = 500\text{-}530°$$

avec commencement de décomposition. Ces valeurs ont été prises avec un couple thermo-électrique de M. Le Chatelier. A. Étard.

BAUMES (voy. Dict., **1**, 518). — On désigne généralement sous le nom de *baumes* des substances demi-liquides ou solides renfermant soit de l'acide benzoïque, soit de l'acide cinnamique, soit ces deux acides.

Cette dénomination est un peu arbitraire; sans entrer dans aucune discussion à ce sujet, nous rangerons ici par ordre alphabétique les composés qui portent communément le nom de baumes, qu'ils renferment ou non les acides aromatiques précités.

BENJOIN (voyez Dict., **1**, 522). — M. Ciamician [*D. chem. G.*, **11**, 174] a trouvé que la résine γ, chauffée avec de la poudre de zinc, donne du toluène et un peu d'o-xylène, de naphtalène et de méthylnaphtalène.

BAUME DU CANADA. — Le baume du Canada est un liquide très épais, de couleur légèrement ambrée; exposé à l'air, il ne tarde pas à se solidifier. Il est produit par l'*Abies balsamea* (*Pinus balsamea* Marsh), Amérique du Nord.

Sa densité, d'après M. Flückiger, est 0,978 à 14°,5. Il n'est soluble que partiellement dans l'acide acétique absolu et dans l'acétone. 4 parties de baume sont solubles dans 5 parties d'alcool bouillant [Flückiger, *Handwörterb. der Chem.* 2, 384].

Il contient jusqu'à 24 0/0 d'un terpène lévogyre, $C^{10}H^{16}$, bouillant à 167° et donnant un *monochlorhydrate* cristallisé, $C^{10}H^{16}.HCl$.

Il renferme une résine formée de deux corps différents que l'alcool absolu permet de séparer. Ces deux résines sont acides au tournesol et cependant ne se dissolvent point dans les alcalis.

La composition du baume du Canada serait la suivante :

Huile essentielle	24
Résine soluble dans l'alcool bouillant	60
Résine insoluble dans l'alcool, mais soluble dans l'éther	16

M. Wirzen [Wiggen et Hosemann, *Jahresb.*, 1849, 38] a trouvé trois résines différentes, dont l'une présente la composition de l'acide abiétique.

Baume de Capivi. — C'est le nom populaire qui sert à désigner en Angleterre le baume de Copahu ; on a plus spécialement désigné sous le nom de *baume de Capivi* le produit provenant de la filtration du baume de Gurjun (voyez ce mot) [Planchon, *Traité des drogues simples*, 2, 255].

Baume de Copahu. — Le copahu de Maracaïbo renferme, d'après M. Brix [*Mon. f. Chem.*, 2, 507], un terpène de la formule $C^{20}H^{32}$, trois résines amorphes possédant des propriétés faiblement acides, et une très petite quantité d'un acide cristallisé qui est peut-être l'acide m-copahivique [voyez Dict., 1, 974 et Suppl., 1, 519].

Huile volatile de copahu de Para. — Le point d'ébullition de ce carbure, d'après MM. Levy et Engländer [*Ann. Chem.*, 242, 191], est de 252-256° ; sa densité à 24° = 0,8978.

Cette essence est lévogyre. Sa densité de vapeur a été trouvée égale à 9,5. Elle est soluble dans 3 parties d'alcool absolu. Oxydée par le mélange chromique, elle donne de l'acide acétique et de l'acide diméthylsuccinique dissymétrique.

Ce carbure est probablement identique avec celui de l'essence de Santal blanc (*Santalum album* L.) de Bombay [Chapoteaux, *Bull. Soc. Chim.*, (2), 37, 303] : il en possède en effet toutes les réactions.

Chlorhydrate d'essence de copahu de Para, $C^{20}H^{32}.4HCl$. — Ce composé s'obtient en faisant passer un courant de gaz chlorhydrique sec dans l'essence de copahu. Les cristaux, essorés et cristallisés dans l'alcool, forment de petits prismes rectangulaires, qui fondent à 54° [Blanchet, *Ann. Chem.*, 7, 157], à 77° [Soubeyran et Capitaine, *Ann. Chem.*, 34, 321]. Ce chlorhydrate perd très facilement de l'acide chlorhydrique.

Le *carbure* $C^{20}H^{32}$ obtenu avec le baume de Maracaïbo bout de 250 à 260° ; sa densité à 17° = 0,892. Saturé d'acide chlorhydrique gazeux et sec, il devient bleu-violet foncé, mais ne laisse pas déposer de cristaux de chlorhydrate.

Oxydé par le mélange chromique, il donne de l'acide téréphtalique [Brix, *Mon. f. Chem.*, 2, 507].

Hydrate d'essence de copahu. — M. Brix a obtenu, en distillant avec du sodium l'huile de copahu contenant de l'eau, d'abord le carbure $C^{20}H^{32}$ déjà mentionné, puis un hydrate de couleur bleue, répondant à la formule $3C^{20}H^{32}, H^2O$.

Cet hydrate paraît bleu-violet en couche mince et bout de 252 à 260°. Il est soluble dans l'éther, l'alcool absolu et les huiles grasses.

L'anhydride phosphorique lui enlève de l'eau et régénère le terpène $C^{20}H^{32}$.

Le mélange chromique l'oxyde difficilement, en donnant un peu d'acide téréphtalique [Brix, *loc. cit.*].

Avec un baume de copahu de provenance brésilienne, M. Posseltz [*Ann. Chem.*, 69, 69] a obtenu un carbure qui ne se dissolvait que difficilement dans l'alcool absolu, absorbait avec violence l'acide chlorhydrique, mais ne donnait pas de chlorhydrate cristallisé ; le point d'ébullition de ce carbure était 252° et son poids spécifique 0,91.

Baume Focot. — Voyez Tacamaque.

Baume de Gurjun [Syn. *Wood-oil, huile de bois*]. — Ce produit est une sorte de baume de copahu qui découle d'incisions faites au tronc de diverses espèces de Diptérocarpées, *Dipterocarpus costatus* (Gärtner), *D. turbinatus* (G.), *D. trinetrois* (Blume), *D. alatus* (Roxb) (Indes Orientales).

Il ressemble par son odeur et par sa saveur au copahu, mais il s'en distingue en ce que son poids spécifique est plus considérable (0,954 à 16°,9) et en ce que, porté à une température de 130°, il se transforme en une gelée.

Ce baume renferme un terpène, $(C^{10}H^{16})^x$, bouillant à 255°, un acide gurjunique, $C^{22}H^{34}O^4$ (voyez Dict., 1, 1646) et une résine [Werner, *Jahresb.*, 1862, 461 ; *Zeit. Chem. Pharm.*, 1862, 588 ; *Chem. Centr.*, 1863, 202 ; *Chem. News*, 34, 85].

Guibourt [*Jahresb.*, 1876, 907] y a trouvé 65 0/0 d'huile volatile, 34 0/0 de résine et 1 0/0 d'acide acétique et d'eau.

La résine, traitée par la ligroïne, donne un corps cristallisé, $C^{28}H^{66}O^2$, qui commence à fondre à 126°. Sa solution alcoolique est neutre et inactive. M. Flückiger a trouvé que la potasse fondante ne l'attaque pas [*Jahresb.*, 1877, 967 ; *Zeit. Krist.*, 1, 388].

Combinaison, $C^{20}H^{28}(OH)^2$. — On obtient ce corps en exprimant les résidus du baume de Gurjun. On le trouve dans le commerce sous le nom d'acide *copahivique* ou *métacopahivique* [Brix, *Mon. f. Chem.*, 2, 516].

Il est isomérique avec l'acide *copahivique* vrai.

Sa solution alcoolique additionnée d'eau laisse précipiter des aiguilles soyeuses, fusibles à 126-129°. Ce corps est soluble dans l'alcool et dans l'éther ; il est indifférent et n'est point soluble dans les alcalis.

Traité par l'acétate de sodium et l'anhydride acétique, il donne un diacétate,

$$C^{20}H^{28}O^2(C^2H^3O)^2,$$

qui cristallise dans l'alcool en aiguilles. Ce composé diacétylé se ramollit à 60° et fond à 74-75°. Il est très soluble dans l'alcool et dans l'éther.

D'après M. Flückiger, on peut distinguer l'huile de bois d'avec le baume de copahu, de la façon suivante : On mélange 19 gouttes de sulfure de carbone et une goutte d'oléorésine. On agite et on ajoute alors un mélange d'acide sulfurique et d'acide nitrique concentré (d = 1,42) ; dans ces conditions, après une légère agitation, le baume de copahu donne un dépôt de résine sur les parois du tube et la solution se colore en un beau brun rougeâtre ; le baume de Gurjun prend une coloration rouge-pourpre intense, qui devient violette au bout de quelques minutes.

Baume de Liquidambar (voyez Dict., 1, 519). — Il est employé en parfumerie. Il ne contient pas d'huile volatile [Scharling, *Ann. Chem.*, 97, 70], mais renferme de la myroxocarpine cristallisée [Stenhouse, *Ann. Chem.*, 77, 306].

M. Harison, puis M. Malsh [*Arch. Pharm.*, (3), 6, 541, 545] y ont trouvé du styrolène, de la styracine et de l'acide cinnamique.

Baume Moric. — Voyez Tacamaque.

Baume de la Mecque [Syn. *Baume de Judée, Baume égyptien, Baume oriental, Baume de Constantinople, Gilead*]. — Ce baume est fourni par le *Balsamodendron Gileadensis* (Kunth), par l'*Amyris Gileadensis* (L.) et par le *Balsamodendron Opobalsamum* (K.) (Arabie). On l'obtient soit par incision de l'écorce, soit, suivant d'autres auteurs, en faisant bouillir avec de l'eau les feuilles et le bois de la plante, et en recueillant l'huile qui vient nager à la surface.

La densité du baume = 0,95 [Planchon, *Traité pratique de la détermination des drogues simples*].

Ce baume contient 10 0/0 d'une huile éthérée $C^{10}H^{16}$ (?), 70 0/0 d'une résine soluble dans l'alcool et 12 0/0 d'une résine insoluble dans ce dissolvant [Bonnastre, *Journ. Pharm.*, **18**, 94, 333].

Il n'est pas solidifiable par la magnésie.

BAUME DU PÉROU (voyez Dict., **1**, 519). — Ce baume contient 77,4 0/0 de résine, 17,1 0/0 de gomme (arabine) et d'huile éthérée [Attfield, *Jahresb.*, 1863, 557].

M. Kachler a trouvé que le baume du Pérou noir fournit 20 0/0 d'alcool benzylique, 46 0/0 d'acide cinnamique et 32 0/0 de résine [*D. chem. G.*, **2**, 512].

La résine, fondue avec de la potasse, donne de l'acide protocatéchique et de l'acide benzoïque [Attfield, *Pharm. J. Trans.*, (2), **5**, 248].

STORAX. — Voyez Dict., **1**, 519.

Storax fossile. — On a trouvé dans certaines localités, en particulier à Troïsdorf et à Siegburg, du storax fossile auquel on a donné le nom de *Siegburgite*. Il forme des concrétions dans les sables de lignites [Lasaulx, *Jahresb.*, 1875, 1274]. Il contient de la styracine, du m-styrolène et de l'acide cinnamique [Klinger et Pitschkie, *D. chem. G.*, **17**, 2742].

Dans des localités voisines, on a observé des fragments et des empreintes de *Liquidambar europæum*.

Le styrax renferme, d'après M. W. Miller [*Ann. Chem.*, **188**, 184], du styrolène, de l'acide cinnamique, de la styracine, un peu d'éther éthylcinnamique, du cinnamate de phénopropyle,

$$(C^9H^7O^2C^9H^{11}),$$

et quelques cristaux à odeur vanillée, fusibles à 65°, se combinant au bisulfite et constituant probablement l'éthylvanilline; enfin deux corps à fonction alcoolique, l'α- et la β-*storésine*, en partie libres, en partie à l'état d'éthers cinnamiques, en partie à l'état de dérivés sodés.

Storésines, $C^{36}H^{59}O^5$. — On ajoute à 600 grammes de storax filtré à chaud 67 grammes de soude NaOH dissoute dans 1 litre et demi d'eau, on laisse en contact pendant 2 jours et l'on filtre. Le résidu insoluble est traité par l'alcool froid; on sépare la solution alcoolique et on distille; le résidu de cette distillation, repris plusieurs fois par de la ligroïne, laisse les storésines à l'état insoluble.

On les traite à plusieurs reprises par de la potasse à 1 pour 1000 : les premières lessives renferment surtout la β-storésine, les dernières de l'α-storésine pure.

α-Storésine. — Ce corps est amorphe: il fond à 160-168°; il est facilement soluble dans la potasse étendue et en est précipité en partie par l'acide carbonique. Sa solution, traitée par la potasse concentrée, donne un sel $C^{36}H^{59}O^4K$, cristallisé en aiguilles peu solubles dans l'eau froide.

β-Storésine. — Ce corps se présente sous la forme de flocons blancs, fusibles à 140-145°. Son sel potassique séché à 100° est amorphe et a pour formule $C^{36}H^{59}O^6K$. Il est assez soluble dans l'eau; la potasse le précipite de sa solution aqueuse, sous la forme d'une huile qui ne tarde pas à se solidifier.

La storésine, traitée par le chlorure d'acétyle, donne des éthers mono- ou triacétylés; l'acide iodhydrique la transforme en une modification isomérique cristallisée.

Le mélange chromique donne de l'acide acétique. Le brome en solution éthérée fournit un *dérivé tribromé* $C^{36}H^{55}Br^3$, qui est cristallisé [Miller, *Ann. Chem.*, **189**, 356].

BAUME DE TOLU (voyez Dict., **1**, 520). — M. Busse a trouvé que ce baume renferme un peu d'éther benzylbenzoïque [*D. chem. G.*, **9**, 830].

BAUME VERT. — Voyez TACAMAQUE. A. Béhal.

BEEGERITE (Min.) (G. A. König). — Sulfobismuthite de plomb, $Pb^6Bi^2S^9 = 6PbS.Bi^2S^3$. Très petits cristaux ou masses compactes, gris de plomb noirâtre, à éclat métallique, trouvés à Baltic Gang, Park C° (Colorado).

Caractères. — Soluble dans l'acide chlorhydrique à chaud, etc. Densité = 7,273.

Forme cristalline. — Cubique. Faces : a^1, p. Clivages : p, parfait.

BELLADONINE. — La belladonine a été découverte par M. Kraut [*Ann. Chem.*, **148**, 236; *D. chem. G.*, **13**, 165]. Il la retirait de l'atropine commerciale en dissolvant celle-ci dans l'eau de baryte bouillante : la partie insoluble dans ce réactif renfermait une base ayant pour formule $C^{18}H^{25}AzO^4$, qu'il appela *belladonine*.

M. Merling l'a obtenue en traitant par la baryte les résidus incristallisables de la préparation du sulfate d'atropine, et en reprenant par le chloroforme la résine insoluble dans ce réactif. C'est une masse jaune, poisseuse, très soluble dans l'alcool, l'éther, le chloroforme, presque insoluble dans l'eau bouillante. M. Merling lui assigne la formule $C^{17}H^{21}AzO^2$. Elle donne un *chloraurate* et un *chloroplatinate* qui sont des poudres jaunes ayant pour composition

$$C^{17}H^{23}AzO^3.HCl.AuCl^3$$
$$\text{et } (C^{17}H^{23}AzO^3.HCl)^2PtCl^4.$$

L'eau de baryte est sans action sur elle, même en tubes scellés; en présence d'alcool, elle la dédouble à l'ébullition en tropine et acides tropique, atropique et isatropique [Merling, *D. chem. G.*, **17**, 381].

MM. Ladenburg et Roth, dans l'action de la potasse bouillante sur la belladonine, ont obtenu outre la tropine, une base bouillant à 242°, se prenant en une masse cristalline par refroidissement et constituant, suivant eux, une *oxytropine*. Cette base fournit un *chloroplatinate*

$$(C^8H^{15}AzO^2.HCl)^2PtCl^4,$$

cristallisé en gros prismes quadratiques rouges [Ladenburg et Roth, *D. chem. G.*, **17**, 152].

D'après M. Merling, cette oxytropine ne serait pas un produit de dédoublement de la belladonine, mais elle préexisterait dans cette base, qui ne paraît pas avoir été obtenue à l'état de pureté.

Suivant M. Dürkopf [*D. chem. G.*, **22**, 3183], la belladonine brute renfermerait comme impuretés de l'atropine et de l'hyoscine.

D'après M. Coblentz [*Pharm. Journ.*, **3**, 89; *D. chem. G.*, **18**, *Ref.*, 565], la quantité de belladonine contenue dans les feuilles sèches de belladone varie de 0,01 à 0,04 0/0. M. Hanriot.

BÉLONÉSIE (Min.) (Scacchi). — Molybdate de magnésium, MoO^4Mg. Fines aiguilles incolores, ressemblant à du gypse, peu fusibles, insolubles dans l'acide chlorhydrique, trouvées dans un tuf au Vésuve (éruption de 1872). Prisme quadratique : $a : c = 1 : 0,6605$. Faces : $mh^1b^{1/2}$.

BEMENTITE (Min.) (G. A. König). — Silicate de manganèse, de fer et de zinc hydraté, en aiguilles fibreuses; provient sans doute d'altération de la téphroïte.

BÉNIQUE, (ACIDE) (voyez Dict., **1**, 522 et Suppl., **1**, 265). — MM. Reimer et Will [*D. chem. G.*, **20**, 2389] ont montré que l'huile de navette renferme de l'acide bénique; ils isolent cet acide en le précipitant par l'acétate de zinc dans l'huile préalablement saponifiée.

M. Reychler [*Bull. Soc. Chim.*, (3), **1**, 296] a constaté que l'on obtient de l'acide bénique lorsqu'on chauffe à 270° pendant 4 heures un mélange d'acide érucique avec 1 0/0 d'iode : il se produit ainsi une masse peu colorée, fusible à 59°, d'où l'on extrait par quelques cristallisations dans l'éther de l'acide bénique sensiblement pur et fusible à 77°.

BENZACINE, $C^{32}H^{27}Az^{3}O$. — Cristaux rhomboédriques ou lamelles hexagonales, fusibles à 150°, obtenues en même temps que le cyanobenzène $(C^{8}H^{7}Az)^{3}$ dans l'action du zinc-éthyle sur le cyanure de benzyle [Frankland et Tompkins, *Chem. Soc.*, **37**, 567 ; *Bull. Soc. Chim.*, (2), **37**, 161].

Ce corps ne paraît pas avoir été étudié.

BENZAMARONE, $C^{70}H^{56}O^{4}$ ou $C^{35}H^{28}O^{2}$ (voyez Dict., **2**, 1677). — En abandonnant à l'abri du contact de l'air un mélange de 1 gramme de désoxybenzoïne, de 0gr,9 de benzoïne et de 2 grammes de potasse dissoute dans 20 grammes d'alcool, on voit se déposer au bout de quelques jours de fines aiguilles d'un corps blanc, constituant un mélange de benzamarone et d'acide benzoïque.

La benzamarone fond à 220-221°, à 225° (Zinine). Elle est insoluble dans l'alcool et dans l'éther froids, peu soluble dans l'alcool bouillant, soluble dans le benzène.

Quand on abandonne dans les mêmes conditions, soit la désoxybenzoïne seule, soit la benzoïne, il ne se produit point de combinaison cristalline. Il faut, pour que la désoxybenzoïne fournisse de la benzamarone, qu'elle soit au contact de l'air en présence de la potasse alcoolique. Dans la réaction ci-dessus, il semble donc que ce corps emprunte de l'oxygène à la benzoïne, pour former la benzamarone [Knœvenagel, *D. chem. G.*, **21**, 1356].

Le même corps se dépose quand on abandonne à froid, et à l'abri du contact de l'air, un mélange de benzile et de désoxybenzoïne avec de la potasse alcoolique étendue. Il se forme en même temps, et malgré l'absence d'oxygène de l'air, de l'acide benzoïque et de l'aldéhyde benzylique.

Enfin, on l'obtient encore en mélangeant des quantités équimoléculaires de désoxybenzoïne et d'aldéhyde benzylique avec une solution de potasse caustique et abandonnant le tout pendant une nuit :

$$C^{7}H^{6}O + 2\,C^{14}H^{12}O = C^{35}H^{28}O^{2} + H^{2}O.$$

Le produit ainsi obtenu fond à 214-215°. MM. Japp et Klingemann ont préparé la benzamarone d'après le procédé de Zinine et ont constaté qu'elle fond à 214-215° et non à 225° comme l'indique cet auteur. Ces chimistes attribuent à ce corps la formule $C^{35}H^{28}O^{2}$ et non $C^{70}H^{56}O^{4}$, en raison même de la facilité avec laquelle il se forme, en quantité presque théorique, au moyen de l'aldéhyde benzylique et de la désoxybenzoïne [*D. chem. G.*, **21**, 2935].

Haller.

BENZAMIDE (voyez Dict., **1**, 523 et Suppl., **1**, 266). — Elle se forme quand on traite le benzonitrile par l'eau oxygénée [Radziszewsky, *D. chem. G.*, **18**, 355]. Son poids spécifique = 1,341 à 4° [Schröder, *D. chem. G.*, **12**, 1612]; sa température de fusion = 128° [Schiff et Tassinari, *D. chem. G.*, **10**, 1785]; elle est soluble dans l'eau contenant de l'ammoniaque et dans le benzène bouillant.

En chauffant la benzamide avec du chlorure cyanurique, on obtient du benzonitrile, de l'acide cyanurique et de l'acide chlorhydrique [Senier, *D. chem. G.*, **19**, 311]. Avec le phénol à l'ébullition, elle donne de l'ammoniaque et du benzoate de phényle [Guareschi, *Ann. Chem.*, **171**, 141]. Traitée par le brome en solution alcaline, elle fournit de l'aniline en même temps que des dérivés bromés [Hofmann, *D. chem. G.*, **18**, 2734]. Quand on fait agir sur la benzamide l'acide azotique concentré, il se dégage du protoxyde d'azote, et il se forme un acide nitrobenzoïque [van Romburgh, *Bull. Soc. Chim.*, (2), **48**, 300].

Chauffée dans un appareil à reflux avec de la chloracétone, la benzamide fournit du mésophénylméthyloxazol (1-phényl-4-méthyl-m-furazol),

O

$CH^{3}.C$ — $C.C^{6}H^{5}$

CH — Az

[Lewy, *D. chem. G.*, **21**, 2193].

Chauffée pendant 10 heures à l'ébullition avec une solution alcoolique d'hydroxylamine, la benzamide se convertit en acide benzhydroxamique [C. Hoffmann, *D. chem. G.*, **22**, 2856] :

$$C^{6}H^{5}.CO.AzH^{2} + AzH^{2}.OH$$
$$= AzH^{3} + C^{6}H^{5}-C(OH)(AzOH)$$

Chlorhydrate de benzamide,

$$C^{6}H^{5}.CO.AzH^{2}.HCl.$$

— On l'obtient en faisant passer un courant d'acide chlorhydrique dans un mélange à molécules égales de benzonitrile et d'eau, ou de benzonitrile, d'acide acétique et d'eau [Pinner et Klein, *D. chem. G.*, **10**, 1897 et **11**, 10]. En chauffant la benzamide avec du chloroformiate d'éthyle, on obtient un autre chlorhydrate

$$3C^{7}H^{7}AzO.2HCl$$

[Meyer, *J. prakt. Chem.*, (2), **30**, 122] : il forme des aiguilles fusibles à 178°, solubles dans l'alcool et dans le benzène.

Benzochloramide, $C^{6}H^{5}.CO.AzHCl$. — Pour l'obtenir, on traite une solution aqueuse de benzamide par l'acide acétique et par une dissolution concentrée de chlorure de chaux, et on l'épuise par l'éther ; la solution éthérée laisse déposer le produit, qu'on fait recristalliser dans l'eau : il forme de longs prismes fusibles à 116° [Bender, *D. chem. G.*, **19**, 2274].

Thiobenzamide, $C^{6}H^{5}-CS-AzH^{2}$. — Elle prend naissance par l'action de l'hydrogène sulfuré sur une solution alcoolique légèrement ammoniacale de benzonitrile (Cahours). Elle cristallise en longues aiguilles fusibles à 115-116° [Bernthsen, *D. chem. G.*, **10**, 1241].

L'oxyde mercurique la décompose avec formation d'eau, de sulfure mercurique et de benzonitrile. L'amalgame de sodium, en solution alcoolo-acétique, la convertit en sulfure de benzylidène, fusible à 225° [Klinger, *Ann. Chem.*, **192**, 48].

Le zinc et l'acide chlorhydrique en solution alcoolique donnent de la benzylamine.

Chauffée à 130° avec de l'alcool méthylique et de l'iodure de méthyle, elle fournit de l'iodure de triméthylsulfine et du benzoate de méthyle [Wollner, *J. prakt. Chem.*, (2), **29**, 131].

Chauffée avec de l'hydroxylamine, elle donne de la phénylcarbamidoxime (Tiemann).

Chauffée pendant un quart d'heure avec la quantité équivalente de chloral, elle donne une combinaison moléculaire, $C^{7}H^{6}AzS.C^{2}HCl^{3}O$, en lamelles soyeuses, fusibles à 104°. Ce corps, dont la constitution est peut-être

$$C^{6}H^{5}-CS-AzH-CH(OH)-CCl^{3}$$

est peu soluble dans l'eau, très soluble dans l'alcool, l'éther, le sulfure de carbone, le chloroforme et le benzène [Spica, *Gazz. chim. ital.*, 16, 182].

Traitée en solution alcoolique par une solution alcoolique d'iode, la thiobenzamide fournit de longues aiguilles, fusibles à 90°, ayant pour formule

$$C^{14}H^{10}Az^2S = \begin{array}{l} C^6H^5-C=Az \\ \quad\quad\quad | \\ \quad\quad\quad S \\ \quad\quad\quad | \\ C^6H^5-C=Az \end{array}$$

[Hofmann, *D. chem. G.*, 2, 646].

Ce composé n'est attaqué que lentement par la potasse bouillante. L'hydrogène naissant, développé par le zinc et l'acide chlorhydrique en solution alcoolique, le transforme en un mélange de benzène, de benzonitrile et d'une bas

$$C^{14}H^{14}Az^2$$

fusible à 71°, donnant un *chlorhydrate*

$$C^{14}H^{14}Az^2 . HCl$$

et un *chloroplatinate* $(C^{14}H^{14}Az . HCl)^2PtCl^4$, et ayant peut-être pour constitution

$$\begin{array}{l} C^6H^5-CH-AzH \\ \quad\quad\quad | \quad\quad | \\ C^6H^5-CH-AzH \end{array}$$

[Wanstrat, *D. chem. G.*, 6, 335].

Dérivés substitués de la benzamide. — *Méthylbenzamide (benzométhylamide)*,

$$C^6H^5 . CO-AzH . CH^3.$$

— Elle se forme par l'action du chlorure de benzoyle sur la méthylamine : cristaux fusibles à 78°, solubles dans tous les dissolvants organiques, sauf dans l'éther de pétrole. Quand on la traite par l'acide azotique absolu, elle donne un *dérivé nitré* $C^7H^6(AzO^2)O . AzH . CH^3$, fusible à 170° [van Romburgh, *loc. cit.*].

Diméthylbenzamide, $C^6H^5 . CO . Az(CH^3)^2$. — Traitée par un grand excès d'acide azotique très concentré, elle fournit un *dérivé nitré*,

$$C^6H^4(AzO^2)CO . Az(CH^3)^2.$$

fusible à 60°.

Tous les dérivés nitrés que l'on obtient par l'action de l'acide azotique concentré sur la benzamide ou sur ses dérivés sont des produits de substitution dans le noyau aromatique [van Romburgh, *loc. cit.*].

Éthylbenzamide, $C^6H^5 . CO . AzH . C^2H^5$. — Elle se forme par l'action du chlorure de benzoyle sur l'éthylamine (van Romburgh): on l'obtient encore lorsqu'on chauffe au bain-marie un mélange de chlorure d'éthylcarbamyle

$$CO \begin{cases} Cl \\ AzH . C^2H^5 \end{cases}$$

et de benzène en présence du chlorure d'aluminium [Gattermann et Schmidt, *D. chem. G.*, 20, 118] : aiguilles brillantes, fusibles à 67-69°, 69-70° suivant M. Müller [*D. chem. G.*, 22, 2404], bouillant à 258-260°; elles sont solubles dans l'eau, l'alcool, l'éther, le chloroforme, le benzène, peu solubles dans la ligroïne, solubles dans les acides, insolubles dans les alcalis. L'acide azotique n'a pas fourni avec ce corps de composé bien défini.

Diéthylbenzamide, $C^6H^5 . CO . Az(C^2H^5)^2$. — Liquide jaune, non miscible à l'eau; sa densité à 15° = 1,019; elle forme, quand on la traite par l'acide azotique absolu, un *dérivé nitré* dans le noyau aromatique, $C^6H^4(AzO^2) . CO . Az(C^2H^5)^2$ (van Romburgh).

Camphylbenzamide (*benzoylcamphylamine*), $C^6H^5 . CO . AzH . C^{10}H^{17}$. — Prismes fusibles à 75-77°, obtenus par l'action d'une solution éthérée de chlorure de benzoyle (1 molécule) sur une solution éthérée de camphylamine (2 molécules) [Goldschmidt et Schulhof, *D. chem. G.*, 19, 711].

o-Nitrobenzamide, $C^7H^6Az^2O^3$. — Elle se forme quand on traite l'éther dinitrobenzoylmalonique par l'ammoniaque; elle fond à 174° [Bischoff et Rach, *D. chem. G.*, 17, 2788].

Traitée en solution alcaline par le brome ajouté goutte à goutte, l'o-nitrobenzamide fournit l'*o-nitrobenzobromamide*, $C^6H^4(AzO^2-CO . AzHBr$; cette dernière cristallise dans le benzène en lamelles incolores, fusibles à 163-165°; un excès d'alcali la convertit en o-nitraniline [Hoogewerff et Van Dorp, *Rec. P.-B.*, 8, 173; *D. chem. G.*, 22, *Ref.*, 344].

m-Nitrobenzamide. — Elle fournit, dans les mêmes conditions que l'o-benzamide, une *bromamide* $C^6H^4(AzO)^2-CO-AzHBr$, fusible à 175-177°; cette dernière forme des sels de potassium et d'argent.

p-Nitrobenzamide. — La *bromamide* correspondante fond à 194-195°; de même que ses isomères ortho et para, celle-ci fournit par les alcalis la nitraniline correspondante [Hoogewerff et Van Dorp, *loc. cit.*].

o-Amidobenzamide. — Lorsqu'on mélange des solutions aqueuses d'azotite de sodium et de chlorhydrate ou d'azotate d'o-amidobenzamide, on voit se déposer, au bout d'un certain temps, des aiguilles d'un jaune brunâtre qui, après purification dans l'eau bouillante, se présentent en lamelles brillantes, fusibles avec décomposition à 213°; elles répondent à la formule $C^7H^5Az^3O$. Le corps ainsi obtenu est un *dérivé azimidé*; il forme des sels avec les bases : le *sel de sodium*, $C^7H^4Az^3ONa$, cristallise en petites lamelles. Le *sel argentique* est explosif. L'*éther méthylique*, $C^7H^4Az^3O . CH^3$, se présente en aiguilles fusibles à 123°; cet éther peut être obtenu aussi par l'action de l'acide azoteux sur l'o-amidobenzométhylamide $C^6H^4(AzH^2)CO . AzH . CH^3$; sa formule de constitution est donc

$$C^6H^4 \begin{cases} CO-Az-CH^3 \\ \quad\quad\quad | \\ Az = Az \end{cases}$$

et par suite l'action de l'acide azoteux sur l'o-amibenzamide est la suivante :

$$C^6H^4 \begin{cases} CO . AzH^2 \\ AzH^2 \end{cases} + AzO^2H$$

$$= 2H^2O + C^6H^4 \begin{cases} CO-AzH \\ \quad\quad | \\ Az = Az \end{cases}$$

[Weddige et Finger, *J. prakt. Chem.*, (2), 35, 262].

o-Acétamidobenzamide,

$$C^6H^4 \begin{cases} CO . AzH^2 \\ AzH . CO . CH^3 \end{cases}$$

— Elle se produit avec dégagement de chaleur quand on mélange de l'anhydride acétique (1 molécule) avec de l'o-amidobenzamide (2 molécules) : aiguilles brillantes, incolores, fusibles à 170-171°.

Anhydro-acetyl-o-amidobenzamide, $C^9H^8Az^2O$. — Quand on chauffe le corps précédent un peu au-dessus de son point de fusion, il perd de l'eau et se colore en jaune; le nouveau corps cristallise dans l'alcool en aiguilles jaune clair, fusibles à 228°, solubles dans l'eau bouillante, l'acide chlorhydrique, la soude caustique [Weddige, *J. prakt. Chem.*, (2), 31, 124].

Le *chlorhydrate* cristallise en longues aiguilles jaunes, à reflet vert; le *sel de sodium* est en petites aiguilles.

o-Formamidobenzamide. — Cristaux fusibles à 123°, obtenus au moyen de l'o-amidobenzamide et de l'acide formique cristallisable. Chauffé au-dessus de son point de fusion, ce corps se transforme en *anhydro-formyl-o-amidobenzamide*, fusible à 209-210° [Weddige, *loc. cit.*].

Phényl-sulfone-o-amidobenzamide,

$$C^6H^4 \left\langle \begin{matrix} CO.AzH^2 \\ AzH.SO^2.C^6H^5 \end{matrix} \right.$$

[E. Franke, *J. prakt. Chem.*, (2), 42, 271]. — Ce corps prend naissance par l'action du chlorure benzène-sulfonique sur l'o-amidobenzamide. Il cristallise dans le benzène ou dans l'eau bouillante en aiguilles blanches, fusibles à 166°.

Il forme un *chlorhydrate*, $C^{13}H^{12}Az^2O^3S.HCl$, qui se présente en aiguilles blanches.

La phényl-sulfone-o-amidobenzamide perd 1 molécule d'eau lorsqu'on la chauffe à 210°, lorsqu'on la traite par l'anhydride phosphorique, ou plus simplement quand on la dissout dans la soude et qu'on précipite la solution par l'acide chlorhydrique. L'*anhydride* ainsi obtenu,

$$C^{13}H^{10}Az^2O^2S,$$

forme des aiguilles blanches, fusibles à 145-146°. Il fournit un *éther méthylique*,

$$C^{13}H^9Az^2O^2S(CH^3),$$

cristallisé en petites aiguilles fusibles à 116°.

M-AMIDOBENZAMIDE, $C^6H^4(AzH^2)-CO.AzH^2$ [W. Schulze, *Ann. Chem.*, 251, 158; *D. chem. G.*, 22, *Ref.*, 395]. — Cristaux clinorhombiques, fusibles à 78-79°.

Soumise à l'action d'un courant de gaz chlorhydrique, d'abord à la température ordinaire, puis à 290°, elle donne du sel ammoniac et de la *m-amidodibenzamide*, $AzH(CO.C^6H^4.AzH^2)^2$, poudre cristalline fusible au-dessus de 300°, insoluble dans la plupart des réactifs usuels à l'exception de l'acide sulfurique concentré, et que l'ébullition avec la soude convertit en acide m-amidobenzoïque.

m-Diazoamidobenzamide (*benzamido-azo-amidobenzamide*)

$$\begin{matrix} Az-C^6H^4.CO.AzH^2 \\ \| \\ Az-AzH.C^6H^4.CO.AzH^2 \end{matrix}$$

Poudre cristalline jaune, à peine soluble dans l'eau, obtenue par l'action de l'acide azoteux sur une solution alcoolique refroidie de m-amidobenzamide. Lorsqu'on dissout ce composé dans le phénol chaud, qu'on étend la solution d'alcool et qu'on la verse peu à peu dans l'eau, on obtient un dépôt de *benzamidoazophénol* (phénolazobenzamide) $C^6H^4(OH)-Az^2-C^6H^4.CO.AzH^2$, poudre cristalline brun-jaune, fusible à 195°, soluble dans l'alcool, le phénol et les alcalis avec une coloration rouge-sang; les eaux mères d'où s'est précipité ce dérivé renferment de la m-amidobenzamide.

m-Hydrazino-benzamide. — Ce composé se produit à l'état de chlorhydrate,

$$AzH^2.CO.C^6H^4.AzH.AzH^2.HCl,$$

lorsqu'on réduit la benzamide-azo-amidobenzamide par le chlorure stanneux; ce sel est une poudre incolore, microcristalline.

m-Nitrobenzoyl-m-amidobenzamide,

$$\begin{matrix} C^6H^4-CO.AzH^2 \\ AzH-CO-C^6H^4.AzO^2 \end{matrix}$$

— On l'obtient en ajoutant une solution xylénique de chlorure de m-nitrobenzoyle à une solution xylénique bouillante de benzamide. Purifié par dissolution dans l'alcool et précipitation par l'eau, ce corps se présente en petites aiguilles, fusibles à 223-224°, peu solubles dans l'eau bouillante, assez solubles dans l'alcool; chauffé à 270°, il perd 1 molécule d'eau et se convertit en un dérivé $C^{14}H^9Az^3O^3$, fusible à 206-207°.

m-Amidobenzoyl-m-amidobenzamide.

$$\begin{matrix} C^6H^4-CO.AzH^2 \\ | \\ AzH.CO.C^6H^4.AzH^2 \end{matrix}$$

— On l'obtient en réduisant le dérivé nitré précédent par le chlorure stanneux et l'alcool. Elle cristallise avec 1 molécule d'eau en aiguilles blanches, fusibles à 176°.

Le *chlorhydrate*, $C^{14}H^{13}Az^3O^2.HCl, 7H^2O$, est une poudre cristalline blanche.

Le *sulfate*, $(C^{14}H^{13}Az^3O^2)^2SO^4H^2$, cristallise en lamelles.

m-Amidothiobenzamide,

$$C^6H^4(AzH^2)-CS.AzH^2.$$

— Elle prend naissance dans l'action du sulfure d'ammonium sur le m-nitrobenzonitrile ou sur le m-amidobenzonitrile (Hofmann). Elle cristallise dans l'eau en aiguilles solubles dans l'alcool et dans l'éther, qui se décomposent un peu au-dessus de 100° en amidobenzonitrile et hydrogène sulfuré.

Traitée par l'iode en solution alcoolique, elle se convertit en une base $C^{14}H^{14}Az^2S$, fusible à 128-129°, soluble dans l'alcool, l'éther, le sulfure de carbone et le benzène, et paraissant avoir pour constitution

$$\begin{matrix} C^6H^4(AzH^2)-C=Az \\ | \quad\; | \\ S \quad\; | \\ | \quad\; | \\ C^6H^4(AzH^2)-C=Az \end{matrix}$$

[Wanstrat, *D. chem. G.*, 6, 333].

p-Amidothiobenzamide. — Cristaux fusibles à 170°, assez solubles dans l'alcool, obtenus au moyen du sulfure d'ammonium et du p-nitrobenzonitrile [Engler, *Ann. Chem.*, 149, 299].

DIBENZAMIDE. — Lorsqu'on traite 10 grammes de benzonitrile refroidi dans la glace par 7 grammes d'acide sulfurique fumant, le produit ne tarde pas à se solidifier; au bout de 24 heures, on lave à l'eau et on fait cristalliser dans le toluène et dans le benzène; on obtient ainsi de la dibenzamide, $C^{14}H^{11}AzO^2$, fusible à 148°. Les eaux mères renferment l'*oxyde de dibenzimide*

$$(C^6H^5.CAzH)^2O$$

de MM. Pinner et Klein, fusible à 105°,5 [Gumpert, *J. prakt. Chem.*, (2), 30, 87].

La dibenzamide peut aussi être préparée en chauffant à 100° un mélange de chlorure de benzoyle (16 grammes), de benzonitrile (30 grammes) et de chlorure d'aluminium (16 grammes); lorsque tout dégagement d'acide chlorhydrique a cessé, on précipite par l'eau et on purifie par quelques lavages à l'alcool faible [F. Krafft, *D. chem. G.*, 23, 2389].

Soumise à la distillation, la dibenzamide se décompose, même lorsqu'on opère à pression réduite, en donnant un mélange de benzonitrile et d'acide benzoïque :

$$\begin{matrix} C^6H^5.CO.AzH.CO.C^6H^5 \\ = C^6H^5.CO^2H + C^6H^5.CAz. \end{matrix}$$

L'eau la convertit lentement à l'ébullition, rapidement à 150°, en acide benzoïque et benzamide. Les alcalis lui font subir assez rapidement le même dédoublement à la température ordinaire.

L'alcool bouillant fournit à la longue un mélange de benzamide et de benzoate d'éthyle :

$$C^6H^5-CO-AzH-CO-C^6H^5+C^2H^5.OH = C^6H^5.CO.AzH^2+C^6H^5.CO^2C^2H^5.$$

Traitée en présence d'éther par du sodium finement divisé, le dibenzamide fournit le *sel* $(C^6H^5.CO)^2AzNa$, sous la forme d'une poudre blanche. Le *sel argentique* $(C^6H^5.CO)^2AzAg$ peut être préparé en traitant une solution alcoolique de dibenzamide par le nitrate d'argent ammoniacal : c'est un précipité cristallin blanc [Krafft, *loc. cit.*].

BENZANILIDE, $C^6H^5-CO.AzH.C^6H^5$. — Ce corps prend naissance : par la distillation sèche de l'acide dibenzhydroxamique [Lossen, *Ann. Chem.*, **175**, 310] :

$$(C^7H^5O)^2AzOH = H^2O+C^6H^5.CO.AzH.C^6H^5+CO^2;$$

par l'action du chlorure d'aluminium sur un mélange de benzène et de cyanate de phényle [Leuckart, *D. chem. G.*, **18**, 873] :

$$C^6H^5.AzCO+C^6H^6=C^6H^5.CO.AzH.C^6H^5;$$

par l'action de l'acide sulfurique (5 parties) sur la diphénylcarboxime (1 partie) à 100° [Beckmann, *D. chem. G.*, **20**, 1508] :

$$(C^6H^5)^2C=AzOH=C^6H^5.CO.AzH.C^6H^5.$$

M. Hübner [*Ann. Chem.*, **208**, 291] a indiqué le procédé de préparation suivant : On fait bouillir un mélange d'acide benzoïque et d'aniline tant qu'il se dégage de l'eau ; on pulvérise ensuite la masse après refroidissement et on l'épuise successivement par l'acide chlorhydrique faible, l'eau, le carbonate de sodium dilué et l'eau. On termine par une cristallisation dans l'alcool.

La benzanilide se présente en lamelles fusibles à 158° [Frankland et Louis, *Chem. Soc.*, **37**, 745] ; à 160-161° [Wallach et Hoffmann, *Ann. Chem.*, **184**, 90] ; à 163° [Hübner, *loc. cit.*].

Sa densité est 1,321 à 4°. Elle distille sans altération.

Chlorure, $C^6H^5-CCl=AzC^6H^5$. — Outre le mode de formation indiqué Suppl., **1**, 267, ce corps peut être obtenu par l'action du perchlorure de phosphore sur la diphénylcarboxime [Beckmann, *D. chem. G.*, **19**, 989] :

$$(C^6H^5)^2C=AzOH+PCl^5 = POCl^3+HCl+C^6H^5-CCl=Az.C^6H^5.$$

réagit sur le phénol pour donner du *phénylimidobenzoate de phényle*,

$$C^6H^5-C(OC^6H^5)=AzC^6H^5;$$

ce dernier se décompose par l'eau en donnant de l'aniline, du benzoate de phényle, du phénol et de la phénylimidobenzophénylamide,

$$C^6H^5-C(AzH.C^6H^5)(Az.C^6H^5)$$

[Wallach et Liebmann, *D. chem. G.*, **13**, 510].

Thiobenzanilide, $C^6H^5-CS.AzH.C^6H^5$. — Elle prend naissance : dans l'action de l'hydrogène sulfuré à 130° sur l'imidobenzanilide ou à 100° sur la phénylimidobenzanilide ; dans l'action du sulfure de carbone à 100-120° sur l'imidobenzanilide, ou à 130-140° sur la phénylimidobenzanilide [Bernthsen, *Ann. Chem.*, **192**, 31] ; dans l'action du gaz sulfhydrique sur une solution benzénique de chlorure phénylimidobenzoïque,

$$C^6H^5-CCl=AzC^6H^5$$

[Leo, *D. chem. G.*, **10**, 2133] ; dans l'action du pentasulfure de phosphore sur la benzanilide [Bernthsen, *D. chem. G.*, **11**, 503].

Elle cristallise dans l'alcool en lamelles ou en prismes jaunes, fusibles à 97,5-98°,5, presque insolubles dans l'eau bouillante, très solubles dans les alcalis, l'alcool et l'éther. La potasse alcoolique ou l'oxyde de plomb la convertissent à 150° en benzanilide. Fondue avec du chlorhydrate d'aniline, elle donne de la phénylimidobenzanilide. Chauffée avec de l'acide chlorhydrique, elle donne de l'acide sulfhydrique et de l'acide benzoïque. L'iode est sans action sur elle.

Chauffée avec de l'hydroxylamine, elle se transforme en phénylcarbo-phénylamidoxime,

$$C^6H^5.C(AzOH)(AzH.C^6H^5).$$

PRODUITS DE SUBSTITUTION. — *Benzo-iodanilide*,

$$C^6H^5-CO-AzH-C^6H^4I.$$

— M. Hübner [*D. chem. G.*, **10**, 1710] a préparé deux composés répondant à cette formule :

L'un s'obtient au moyen du chlorure de benzoyle et de l'iodaniline fusible à 83° ; il cristallise en longues aiguilles fusibles à 180°.

L'autre prend naissance par l'action de l'iodure de cyanogène sur la benzanilide ; il se présente en lamelles fusibles à 210°.

Benzo-diiodanilide, $C^6H^5-CO-AzH-C^6H^3I^2$. — Fines aiguilles fusibles à 181°, obtenues au moyen du chlorure de benzoyle et de la di-iodaniline fusible à 96° [Rudolph, *D. chem. G.*, **11**, 81].

BENZOMÉTHYLANILIDE, $C^6H^5-CO-Az(CH^3)(C^6H^5)$. — On peut la préparer en faisant réagir le chlorure de benzoyle sur la méthylaniline [Hepp, *D. chem. G.*, **10**, 329], ou sur la diméthylaniline [Hess, *D. chem. G.*, **18**, 685]. Elle cristallise dans la ligroïne en aiguilles clinorhombiques, fusibles à 59° (Hepp), à 63° (Hess) et bout à 315-330°.

Traitée par un mélange d'acides sulfurique et nitrique, elle donne un *dérivé nitré*

$$C^{14}H^{12}AzO(AzO^2),$$

fusible à 136°.

BENZO-ÉTHYLANILIDE,

$$C^6H^5-CO-Az(C^2H^5)(C^6H^5).$$

— Elle se produit par l'action du chlorure de benzoyle sur la diéthylaniline à 200° [Hess, *D. chem. G.*, **18**, 687] et forme de grands cristaux, fusibles à 60°, insolubles dans l'eau, solubles dans les dissolvants usuels ; elle bout à 260° sous 620 millimètres de pression.

BENZODIPHÉNYLAMIDE [Syn. *Diphénylbenzamide*], $C^6H^5-CO-Az(C^6H^5)^2$. — Elle prend naissance : par l'action du chlorure de benzoyle sur la diphénylamine [Hofmann, *Ann. Chem.*, **132**, 166] ; par l'action de l'acide chlorhydrique dilué sur la benzénylisodiphénylamine à 180° [Bernthsen, *Ann. Chem.*, **192**, 13] :

$$C^6H^5-C(AzH)(C^6H^5)^2+H^2O = C^6H^5-CO\ Az(C^6H^5)^2+AzH^3;$$

par l'action du chlorure d'aluminium sur une solution benzénique chaude de chlorure de diphénylcarbamyle [Lellmann et Bonhöffer, *D. chem.*, **20**, 2119] :

$$Az(C^6H^5)^2COCl+C^6H^6 = HCl+C^6H^5.CO.Az(C^6H^5)^2.$$

Elle cristallise dans l'alcool en prismes orthorhombiques, peu solubles dans l'alcool, l'éther et l'eau froide, fusibles à 176,5-177° (Bernthsen), à 180° [Claus, *D. chem. G.*, **14**, 2368].

Le perchlorure de phosphore la convertit à 140° en *benzodichlorophénylamide*,

$$C^6H^5-CO-Az(C^6H^4Cl)^2.$$

Si l'on opère en présence du chloroforme, les

deux corps réagissent l'un sur l'autre à la température ordinaire en donnant un produit d'addition, $C^{19}H^{15}AzO . 5PCl^5$, qui se décompose très vivement au contact de l'eau [Claus, *D. chem. G.*, **14**, 2369; **15**, 1287].

Benzodichlorophénylamide,

$$C^6H^5-CO-Az(C^6H^4Cl)^2.$$

— Ce composé prend naissance, ainsi qu'on vient de le voir, par l'action du perchlorure de phosphore sur la benzodiphénylamide à 140°; on peut aussi le préparer en traitant à chaud par le chlore une solution chloroformique de benzodiphénylamide [Claus et Schaare, *D. chem. G.*, **15**, 1285]. Aiguilles fusibles à 153°. La potasse aqueuse ne l'attaque pas, même à l'ébullition; la potasse alcoolique la dédouble à 160° en acide benzoïque et dichlorophénylamine.

Benzodibromophénylamide,

$$C^6H^5-CO-Az(C^6H^4Br)^2.$$

— Obtenu par l'action du brome sur une solution acétique de diphénylbenzamide, ce dérivé cristallise en lamelles fusibles à 142°, très solubles dans l'alcool et dans l'acide acétique [Lellmann, *D. chem. G.*, **15**, 830].

Benzo-phényl-p-nitrophényl-amide (*p-nitrodiphénylbenzamide*),

$$C^6H^5-CO-Az(C^6H^5)(C^6H^4 . AzO^2).$$

— On l'obtient par la nitration à froid de la diphénylbenzamide [Hofmann, *Ann. Chem.*, **132**, 166]. Il est avantageux d'opérer en solution acétique [Lellmann, *D. chem. G.*, **15**, 826].

Prismes jaune-citron, fusibles à 129°, peu solubles dans la ligroïne, assez solubles dans l'alcool, l'acide acétique, très solubles dans le benzène. La soude alcoolique la dédouble en acide benzoïque et p-nitrodiphénylamine.

Benzo-di-o-nitrophénylamide (*o-dinitrophénylbenzamide*), $C^6H^5 . CO . Az(C^6H^4 . AzO^2)^2$. — Elle se produit dans la nitration de la diphénylbenzamide, et peut être extraite du mélange au moyen du benzène froid [Hofmann, Lellmann, *loc. cit.*]. Elle ne paraît pas avoir été isolée à l'état de pureté.

Benzo-di-p-nitrophénylamide (*p-dinitrophénylbenzamide*), $C^6H^5 . CO . Az(C^6H^4 . AzO^2)^2$. — On l'obtient en même temps que son isomère ortho. Purifiée par cristallisation dans le benzène bouillant, elle forme des cristaux jaunes, clinorhombiques, fusibles à 224°, peu solubles dans l'alcool et dans l'acide acétique, assez solubles dans le benzène.

Benzo-thio-diphénylamide,

$$C^6H^5-CS-Az(C^6H^5)^2$$

[Bernthsen, *Ann. Chem.*. **192**, 37]. — On l'obtient : en chauffant l'imidobenzodiphénylamide, $C^6H^5-C(AzH)[Az(C^6H^5)^2]$ dans un courant d'hydrogène sulfuré à 130-135°, ou avec du sulfure de carbone à 130-140°. Elle forme des cristaux jaune foncé, du système anorthique, fusible à 150-151°, insolubles dans l'eau froide, peu solubles dans l'alcool.

DIBENZANILIDE, $(C^6H^5-CO)^2Az . C^6H^5$. — Outre le mode de formation indiqué Dict., **1**, 525, ce corps peut être obtenu : par l'action de l'acide benzoïque sur le phénylsénevol à 130-150° [Losanitsch, *D. chem. G.*, **6**, 176] :

$$C^6H^5 . AzCS + 2C^6H^5 . CO^2H$$
$$= H^2S + CO^2 + (C^6H^5 . CO)^2Az . C^6H^5;$$

par l'action de la chaleur (180°) sur la tribenzhydroxylamine [Steiner, *Ann. Chem.*, **178**, 235] :

$$AzO(C^7H^5O)^3 = CO^2 + (C^7H^5O)^2Az . C^6H^5$$

Petites aiguilles, fusibles à 155° (L.), à 161° (S.), assez solubles dans l'éther et dans l'alcool, peu solubles dans l'eau bouillante.

BENZO-BENZYLANILIDE,

$$C^6H^5-CO-Az(C^6H^5)(CH^2 . C^6H^5).$$

— Aiguilles clinorhombiques, fusibles à 104°, presque insolubles dans l'éther, très solubles dans l'alcool bouillant, obtenues au moyen du chlorure de benzoyle et de la benzylaniline [Fleischer, *Ann. Chem.*, **138**, 229].

Benzo-o-nitrobenzylanilide,

$$C^6H^5-CO . Az(C^6H^5)(CH^2 . C^6H^4 . AzO^2)$$

[Lellmann et Stickel, *D. chem. G.*, **19**, 1608]. — On chauffe à 120° un mélange d'anhydride benzoïque et de phényl-o-nitrobenzylamine; on reprend par le chloroforme, on lave la solution au carbonate de sodium, on l'évapore et on fait cristalliser le résidu dans l'alcool. Ce corps fond à 101°; il est peu soluble dans la ligroïne, un peu plus soluble dans l'alcool, l'éther et l'acide acétique.

BENZOTOLUIDES. — BENZO-O-TOLUIDE,

$$C^6H^5-CO . AzH_{(1)} . C^6H^4 . CH^3_{(2)}$$

[Brückner, *Ann. Chem.*, **205**, 130]. — Aiguilles fusibles à 142-143°, peu solubles dans l'eau bouillante, obtenues au moyen du chlorure de benzoyle et de l'o-toluidine. Le permanganate de potassium la convertit en acide benzamidobenzoïque.

Chlorure, $C^6H^5-CCl=Az . C^6H^4 . CH^3$ [Just. *D. chem. G.*, **19**, 982]. — Composé difficilement cristallisable, résultant de l'action du perchlorure de phosphore sur l'amide précédente.

Benzo-m-nitro-o-toluide,

$$C^6H^5-CO . AzH_{(1)} . C^6H^3(AzO^2)_{(3)}(CH^3)_{(2)}.$$

— On l'obtient au moyen du chlorure de benzoyle et de la nitro-o-toluidine correspondante [Cunerth, *Ann. Chem.*, **172**, 224].

Elle forme de courtes aiguilles jaunâtres, fusibles à 145-146° (Cunerth), à 167-167°,5 [Bernthsen, *D. chem. G.*, **15**, 3018], très solubles dans l'alcool, très peu solubles dans l'eau bouillante [Ullmann, *D. chem. G.*, **17**, 1959].

Benzo-thio-o-toluide,

$$C^6H^5-CS-AzH . C^6H^4-CH^3.$$

— On l'obtient en fondant un mélange de benzo-o-toluide et de pentasulfure de phosphore. Elle cristallise dans le benzène en grandes aiguilles hexagonales, d'un jaune de soufre, fusibles à 85-86° [Stieglitz, *D. chem. G.*, **22**. 3159].

BENZO-M-TOLUIDE,

$$C^6H^5-CO . AzH_{(1)} . C^6H^4 . CH^3_{(3)}$$

[Just, *loc. cit.*]. — Cristaux fusibles à 125°.

Elle donne avec le perchlorure de phosphore un chlorure d'imide, $C^6H^5-CCl=Az . C^6H^4 . CH^3$.

Benzo-m-nitro-m-toluide,

$$C^6H^5-CO . AzH_{(1)} . C^6H^3(AzO^2)_{(5)}CH^3_{(3)}.$$

— Aiguilles fusibles à 177°, obtenues au moyen du chlorure de benzoyle et de la m-nitro-m-toluidine [Städel, *Ann. Chem.*, **217**, 200].

Benzo-m-trichlorotoluide,

$$C^6H^5-CO . Az . C^6HCl^3 . CH^3$$

[Schultz, *Ann. Chem.*, **187**, 279]. — Aiguilles fusibles à 213°, peu solubles dans l'alcool bouillant, obtenues au moyen de la trichloro-m-toluidine fusible à 91° et du chlorure de benzoyle.

BENZO-P-TOLUIDE,

$$C^6H^5-CO . AzH_{(1)} . C^6H^4 . CH^3_{(4)}.$$

— On l'obtient au moyen du chlorure de benzoyle et de la p-toluidine. Longues aiguilles, fusibles à 155° [Hübner, *Ann. Chem.*, **208**, 310], à 158° [Wallach, *ibid.*, **214**, 217], très solubles dans l'alcool, insolubles dans l'eau. L'oxydation la convertit en acide p-benzamidobenzoïque.

Chlorure, $C^6H^5-CCl=Az.C^7H^7$ [Just, *loc. cit.*]. — Prismes fusibles à 52°, résultant de l'action du perchlorure de phosphore sur l'amide précédente.

Benzo-o-nitro-p-toluide,

$$C^6H^5-CO.AzH_{(1)}-C^6H^3(AzO^2)_{(2)}(CH^3)_{(4)}.$$

— Prismes d'un jaune clair, fusibles à 168° [Cunerth, *Ann. Chem.*, **172**, 228], à 172° [Bell et Bernthsen, *D. chem. G.*, **15**, 3017], préparés au moyen du chlorure de benzoyle et de l'o-nitro-p-toluidine [Bell, *D. chem. G.*, **7**, 1504].

Benzo-m-nitro-p-toluide,

$$C^6H^5-CO-AzH_{(1)}-C^6H^3(AzO^2)_{(3)}(CH^3)_{(4)}$$

[Hübner, *Ann. Chem.*, **208**, 311]. — Longues aiguilles jaunes, fusibles à 143°, obtenues par la nitration à froid de la benzo-p-toluide; à peine soluble dans l'eau, soluble dans l'alcool, l'éther, le benzène, très soluble dans l'acide acétique, ce corps fournit de la m-nitro-p-toluidine par l'action de l'acide chlorhydrique à 200°.

Benzodinitro-p-toluide,

$$C^6H^5-CO-AzH_{(1)}-C^6H^2(AzO^2)^2_{(2.6)}(CH^3)_{(4)}.$$

— Longues aiguilles fusibles à 186°, obtenues dans la nitration de la benzo-p-toluide [Hübner, *Ann. Chem.*, **208**, 312; **222**, 73]; elle est très soluble dans l'alcool bouillant, le benzène, l'acide acétique.

Benzo-thio-p-toluide,

$$C^6H^5-CS-AzH.C^6H^4.CH^3.$$

— On l'obtient : par l'action du gaz sulfhydrique sur une solution benzénique du chlorure p-crésylimidobenzoïque, $C^6H^5-CCl=AzH.C^6H^4.CH^3$ [Leo, *D. chem. G.*, **10**, 2134]; par l'action du sulfure de carbone sur l'imidobenzo-p-crésylamide $C^6H^5-C(AzH)(AzH.C^7H^7)$ [Bernthsen et Trompetter, *D. chem. G.*, **11**, 1759]; par l'action du pentasulfure de phosphore sur la benzo-p-toluidine [H. Müller, *ibid.*, 2405].

Elle cristallise en longues aiguilles jaunes, fusibles à 128-129°, insolubles dans l'eau, très solubles dans l'alcool, l'éther, le chloroforme, le benzène, la ligroïne.

Oxydée par le ferricyanure de potassium en solution alcaline, elle se convertit en benzénylamidothiocrésol (méthylphéno-α-phényl-m-thiazol)

$$CH^3-C^6H^3\langle{}^{Az}_{S}\rangle C-C^6H^5$$

[Pfitzinger et Gattermann, *D. chem. G.*, **22**, 1065].

BENZO-PHÉNYLTOLUIDE,

$$C^6H^5.CO-Az(C^6H^5)(C^6H^4.CH^3)$$

[Hofmann, *Ann. Chem.*, **132**, 293]. — Cristaux obtenus au moyen du chlorure de benzoyle et de la phényltoluidine. Elle fournit par l'acide nitrique concentré un *dérivé dinitré* qui cristallise en petites aiguilles rougeâtres, et qui se dédouble par la soude alcoolique en acide benzoïque et nitrophénylnitrotoluidine.

BENZO-DI-P-TOLUIDE, $C^6H^5-CO.Az(C^6H^4-CH^3)^2$. — Cristaux fusibles à 125° [Gerber, *D. chem. G.*, **6**, 446], obtenus par le chlorure de benzoyle et la di-p-crésylamine.

Traitée en solution acétique par l'acide nitrique (d = 1,53), elle donne un *dérivé mononitré*,

$$C^6H^5-CO-Az(C^7H^7)(C^7H^6.AzO^2),$$

qui cristallise en prismes jaunes, fusibles à 167° [Lellmann, *D. chem. G.*, **15**, 831].

La nitration sans acide acétique fournit un *dérivé dinitré*, $C^6H^5.CO-Az(C^7H^6.AzO^2)^2$.

BENZOXYLIDES. — BENZO-M-XYLIDE,

$$C^6H^5-CO-AzH_{(1)}.C^6H^3(CH^3)^2_{(2.4)}.$$

— Aiguilles fusibles à 192°, obtenues au moyen de la m-xylidine correspondante et du chlorure de benzoyle. Ce corps est insoluble dans l'eau, très soluble dans l'alcool [Hübner, *Ann. Chem.*, **208**, 319].

Soumise à l'ébullition avec de l'acide nitrique concentré, cette xylide donne un *dérivé nitré*, $C^6H^5-CO-AzH.C^6H^2(CH^3)^2(AzO^2)$, qui cristallise en aiguilles courtes, fusibles à 184°,5, insolubles dans l'eau, solubles dans l'alcool.

β-BENZOXYLIDE,

$$C^6H^5-CO.AzH.C^6H^3(CH^3)^2.$$

— M. Hübner (*loc. cit.*) a obtenu, au moyen de la xylidine commerciale et du chlorure de benzoyle, des aiguilles fusibles à 140° et répondant à la formule ci-dessus.

Le *dérivé nitré*,

$$C^6H^5-CO-AzH.C^6H^2(CH^3)^2(AzO^2),$$

fond à 178°. E. Burcker.

BENZAM-OXALIQUE (ACIDE M-) [Syn. *Oxalbenzamique, oxalamidobenzoïque*],

$$\begin{matrix}CO.AzH.C^6H^4.CO^2H\\ |\\ CO.OH\end{matrix}$$

— On chauffe pendant 1 heure à 180° un mélange en proportions moléculaires d'acide oxalique anhydre et d'acide m-amidobenzoïque; ou l'on fait bouillir la dissolution aqueuse du cyanocarbimido-amidobenzoate de baryum :

$$CAz.C(AzH).AzH.C^6H^4.CO^2H + 3H^2O = C^9H^7AzO^5 + 2AzH^3$$

[Griess, *D. chem. G.*, **18**, 2412].

M. Schiff [*Ann. Chem.*, **232**, 142] indique de prendre 7 parties d'acide amidobenzoïque pour 6 parties d'acide oxalique et de chauffer pendant 30 ou 40 minutes à la température de 150°.

Petites paillettes, assez solubles dans l'eau chaude, moins solubles dans l'eau froide, presque insolubles dans l'alcool.

Chauffé à 210°, ce corps se transforme en *acide oxalyldibenzamique*; chauffé avec de l'aniline, il donne de l'acide anilbenzam-oxalique, puis l'anilide de cet acide, et enfin de l'oxanilide et de l'acide m-benzoïque. Chauffé avec de l'alcool et de l'acide chlorhydrique, il donne de l'oxalate et du m-amidobenzoate d'éthyle.

Son *sel de baryum* cristallise avec $2H^2O$.

L'*anilide*,

$$\begin{matrix}CO.AzH.C^6H^4.CO^2H\\ |\\ CO.AzH.C^6H^5\end{matrix}$$

se prépare en dissolvant cet acide ou l'acide éthoxalbenzamique dans l'aniline bouillante. Paillettes fondant à 300-305°, en se décomposant (Schiff).

DÉRIVÉS DE L'ACIDE BENZAM-OXALIQUE. — ACIDE ÉTHOXALBENZAMIQUE,

$$OC^2H^5.CO.CO.AzH.C^6H^4.CO^2H.$$

— On chauffe pendant quelques heures au réfrigérant ascendant de l'éther oxalique et de l'acide m-amidobenzoïque en présence de l'alcool absolu et on purifie par cristallisation dans l'alcool. Aiguilles soyeuses, fusibles à 225°, en se décomposant en éther oxalique et acide dibenzam-oxalique (Schiff).

L'*amide*,

$$OC^2H^5.CO.CO.AzH.C^6H^4.CO.AzH^2,$$

se prépare par l'action de l'éther oxalique sur l'amide m-amidobenzoïque. Aiguilles brillantes, fusibles à 191°,5, qui se décomposent par la chaleur en éther oxalique et diamide dibenzam-oxalique (voyez plus bas) (Schiff).

L'*anilide*,

$$OC^2H^5.CO.CO.AzH.C^6H^4.CO.AzH.C^6H^5,$$

se prépare en chauffant jusqu'à commencement d'ébullition l'anilide m-amidobenzoïque avec 1 molécule d'éther oxalique. Elle cristallise dans l'alcool en aiguilles brillantes, fusibles à 180°, peu solubles dans l'alcool froid [Schiff, *Ann. Chem.*, **232**, 136].

Acide benzam-imido-oxalique (*oxamidobenzoïque*).

$$C^9H^8Az^2O^4 = \begin{matrix} CO.AzH^2 \\ | \\ CO.AzH.C^6H^4.CO^2H \end{matrix}$$

— On fait bouillir pendant longtemps avec de l'eau l'acide carboxamido-carbimidamidobenzoïque (imidoxamidobenzoïque)

$$\begin{matrix} CO-AzH^2 \\ | \\ C(AzH)-AzH.C^6H^4.CO^2H \end{matrix}$$

[Griess, *D. chem. G.*, **18**, 2411], ou l'on chauffe l'oxaméthane avec de l'acide amidobenzoïque.

Cet acide est presque insoluble dans les dissolvants usuels et cristallise en petites lamelles groupées en étoiles, qui se décomposent à 160-170° en oxamide et acide oxaldibenzamique.

Le *sel d'ammonium* prend naissance par l'action prolongée de l'ammoniaque alcoolique sur l'acide (Schiff).

Le *sel de baryum* a pour formule

$$(C^9H^7Az^2O^4)^2Ba, 5H^2O$$

(Griess).

Le *sel d'argent* est un précipité ayant pour composition $C^9H^7Az^2O^4Ag$ (Schiff).

L'*anilide*

$$\begin{matrix} CO.AzH^2 \\ | \\ CO.AzH.C^6H^4.CO.AzH.C^6H^5 \end{matrix}$$

se prépare en traitant l'anilide éthoxalbenzamique par l'ammoniaque alcoolique; elle est cristallisée.

La *dianilide* prend naissance lorsqu'on soumet l'acide benzam-oxalique ou son dérivé éthylé à l'action de l'aniline bouillante; elle cristallise en aiguilles fusibles à 290-295°.

Acide dibenzam-oxalique (*oxamidodibenzoïque*).

$$\begin{matrix} CO.AzH.C^6H^4.CO^2H \\ | \\ CO.AzH.C^6H^4.CO^2H \end{matrix}$$

— L'acide éthoxalbenzamique se décompose par la chaleur en donnant de l'oxalate d'éthyle et de l'acide dibenzam-oxalique (Schiff).

L'acide dibenzam-oxalique prend aussi naissance lorsqu'on chauffe à 210° l'acide benzam-oxalique (Griess); on l'obtient également par l'ébullition prolongée de l'acide m-amidobenzoïque avec de l'éther oxalique (Schiff).

Poudre cristalline qui ne peut fondre sans se décomposer, soluble dans l'acide sulfurique, peu soluble dans l'acide acétique bouillant, presque insoluble dans l'alcool, l'éther et l'eau.

Il se décompose par l'ébullition avec la potasse en acide oxalique et acide m-amidobenzoïque (Schiff).

L'*amide*,

$$\begin{matrix} CO.AzH.C^6H^4.CO^2H \\ CO.AzH.C^6H^4.CO.AzH^2 \end{matrix}$$

se prépare en chauffant l'acide éthoxalbenzamique avec l'amide m-amidobenzoïque à la température de 105-110°.

Poudre cristalline qui se décompose en fondant, à peine soluble dans l'eau bouillante, très peu soluble dans l'alcool bouillant, soluble dans les alcalis.

La *diamide*,

$$\begin{matrix} CO.AzH.C^6H^4.CO.AzH^2 \\ | \\ CO.AzH.C^6H^4.CO.AzH^2 \end{matrix}$$

se produit quand on chauffe l'amide précédente au-dessus de son point de fusion, ou en présence de l'amide m-amidobenzoïque. Poudre confusément cristallisée, ne fondant pas sans décomposition, insoluble dans l'eau et dans l'alcool [Schiff, *Ann. Chem.*, **232**, 136]. J. Meunier.

BENZAM-SÉBACIQUE (ACIDE) [Syn. *Sébamido-benzoïque*]

$$CO^2H.C^8H^{16}.CO-AzH.C^6H^4.CO^2H.$$

— On l'obtient à l'état d'éther éthylique, en même temps que l'acide dibenzam sébacique, quand on fait bouillir pendant 2 jours 10 grammes d'acide m-amidobenzoïque avec 30 centimètres cubes d'éther diéthylsébacique et 10 centimètres cubes d'alcool. L'acide dibenzam-sébacique cristallise par le refroidissement, tandis que l'éther benzam-sébacique reste en dissolution. On peut aussi faire réagir l'acide sébacique sur l'acide m-amidobenzoïque à la température de 170°

Il cristallise dans l'alcool aqueux en petits prismes, fusibles à 192-193° [Pellizzari, *D. chem. G.*, **18**, 214].

L'*éther*,

$$CO^2C^2H^5.C^8H^{16}.CO-AzH.C^6H^4.CO^2H,$$

cristallise dans l'alcool sous la forme de houppes brillantes, fusibles à 146°. L'ammoniaque et l'aniline le décomposent à haute température en donnant de l'amide ou de l'anilide sébacique, ainsi que de l'amide ou de l'anilide m-amidobenzoïque.

Cet éther fournit un sel de baryum qui cristallise en paillettes argentées, renfermant 2 molécules d'eau de cristallisation (Pellizzari).

Acide dibenzam-sébacique (*Sébamido-dibenzoïque*).

$$C^8H^{16}(CO.AzH.C^6H^4.CO^2H)^2.$$

— Poudre presque insoluble dans les dissolvants usuels, fusible à 275°, obtenue comme il est dit ci-dessus.

Le *sel de baryum* est un précipité cristallin renfermant 2 molécules d'eau (Pellizzari).

J. Meunier.

BENZAM-SUCCINIQUE (ACIDE). — Les corps qui se rattachent à cet acide offrent des liaisons étroites au point de vue de leur préparation et il vaut mieux ne pas les séparer. Aussi leur description viendra-t-elle dans l'ordre de leur formation.

Acide succinyldibenzamique [Syn. *Acide succinamidodibenzoïque*],

$$\begin{matrix} CO.AzH.C^6H^4.CO^2H \\ | \\ (CH^2)^2 \\ | \\ CO.AzH.C^6H^4.CO^2H \end{matrix}$$

On l'obtient en chauffant à 200° l'acide m-amidobenzoïque avec de l'acide succinique : il se forme en même temps de l'acide succinamidobenzoïque,

$$C^2H^4 < \begin{matrix} CO \\ CO \end{matrix} > Az - C^6H^4 - CO^2H,$$

composé qui, en tant que dérivé de la succinimide, devrait plutôt porter le nom d'acide *succinimidobenzoïque*.

Si l'on chauffe ce dernier corps à 200° avec de l'acide amidobenzoïque, on obtient de même l'acide succinyldibenzamique.

Pour purifier le produit, on le dissout dans l'eau de baryte à froid; on précipite par l'acide carbonique, et l'on décompose la solution bouillante par l'acide chlorhydrique.

Il se forme encore de l'acide succinyldibenzamique lorsqu'on traite l'acide succinamidobenzoïque, en présence de l'alcool, par l'acide chlorhydrique gazeux :

$$2\,C^{11}H^9AzO^4 + 2\,H^2O = C^{18}H^{16}Az^2O^6 + C^4H^6O^4$$

[Mouretoff, *D. chem. G.*, **5**, 330].

On obtient l'*éther* correspondant à cet acide en faisant bouillir pendant 2 jours, dans un ballon muni d'un réfrigérant ascendant, 10 grammes d'acide amidobenzoïque, 20 centimètres cubes d'éther succinique et 10 centimètres cubes d'alcool [Pellizzari, *Gazz. chim. ital.*, **15**, 447]. L'éther benzam-succinique reste en solution dans l'alcool. On reprend le produit formé par l'alcool bouillant qui enlève le reste de cet éther.

L'acide succinyldibenzamique est une poudre cristalline qui fond vers 300°. Il est insoluble dans les dissolvants ordinaires. Il se dissout dans les alcools, qui le décomposent par une ébullition prolongée en acides succinique et amidobenzoïque. L'acide chlorhydrique en solution alcoolique ne l'attaque pas.

Le *sel de calcium*, $C^{18}H^{14}Az^2O^6Ca$, $7\,H^2O$, se présente sous la forme de mamelons solubles dans 492 parties d'eau froide.

Le sel de *baryum* cristallise avec 5 molécules d'eau. Il forme de longues aiguilles presque insolubles dans l'eau froide.

ACIDE BENZAM-SUCCINIQUE [Syn. *Acide succinamidobenzoïque, acide succinamicobenzoïque*],

$$\begin{matrix} CO\,.\,AzH\,.\,C^6H^4\,.\,CO^2H \\ | \\ (CH^2)^2 \\ | \\ CO^2H \end{matrix}$$

— On l'obtient en saponifiant l'éther correspondant par l'eau ou mieux par la baryte ou par l'ammoniaque [Mouretoff, *D. chem. G.*, **5**, 330].

Il forme des paillettes qui fondent à 230° (M.) à 222-223° [Pellizzari, *Gazz. chim. ital.*, **5**, 548].

Il se transforme en fondant en acide succinamidobenzoïque,

$$C^2H^4 < \begin{matrix} CO \\ CO \end{matrix} > AzH\,.\,C^6H^4\,.\,CO^2H$$

(voyez Dict., **3**, 20). Il est très peu soluble dans l'eau.

Le *sel de baryum*, $C^{11}H^9AzO^5Ba$, $1{,}5\,H^2O$, forme des mamelons peu solubles, même dans l'eau bouillante. Il est précipité de sa solution aqueuse par l'alcool, et le précipité ainsi obtenu ne renferme plus qu'une demi-molécule d'eau.

L'*éther éthylique*,

$$C^2H^4 < \begin{matrix} CO\,.\,AzH\,.\,C^6H^4\,.\,CO^2H \\ CO^2C^2H^5 \end{matrix}$$

prend naissance dans la préparation de l'acide succinyldibenzamique au moyen de l'acide amidobenzoïque et de l'éther succinique; il est très soluble dans l'alcool, soluble dans l'eau bouillante. Il forme de grandes lames fusibles à 174° (Pellizzari).

BENZAM-SUCCINAMIDE,

$$C^2H^4 < \begin{matrix} CO\,.\,AzH\,.\,C^6H^4\,.\,CO^2H \\ CO\,.\,AzH^2 \end{matrix}$$

— Traité par l'ammoniaque en solution alcoolique à 100°, l'éther benzam-succinique donne le *sel ammoniacal* de cette amide : il suffit, pour obtenir l'amide à l'état libre, de traiter ce sel par l'acide chlorhydrique.

Cristallisée dans l'alcool, elle fond en se décomposant à 218-219°.

Elle se combine avec les bases, ce qui est naturel, puisqu'elle possède une fonction acide.

BENZAM-SUCCINANILIDE (*acide phénylsuccinamidobenzoïque*),

$$C^2H^4 < \begin{matrix} CO\,.\,AzH\,.\,C^6H^4\,.\,CO^2H \\ CO\,.\,AzH\,.\,C^6H^5 \end{matrix}$$

— Elle s'obtient par l'action de l'aniline sur l'éther éthylique de l'acide benzam-succinique. Elle se dépose de sa solution alcoolique en très petits cristaux fusibles à 252°.

En prolongeant l'action de l'aniline, on obtient de l'alcool, de la succinamide, de l'acide amidobenzoïque et de l'amidobenzanilide [Pellizzari. *Gazz. chim. ital.*, **15**, 549]. A. Béhal.

BENZAZIMIDE. — Voyez PHÉNOPYRRODIAZOLS.

BENZÉINES. — On a donné le nom de *benzéines* à des matières colorantes obtenues par l'action du phénylchloroforme sur les phénols.

Les benzéines présentent certaines analogies avec les phtaléines; ce sont, comme ces corps, des dérivés du triphénylméthane ou de ses homologues; mais elles ne jouissent en général que de propriétés colorantes faibles.

Tout récemment, MM. Heumann et Rey ont étudié les benzéines dérivées du diméthyl-m-amidophénol [*D. chem. G.*, **22**, 3001]; ces corps, auxquels on a donné le nom de *rosamines* (voyez ce mot), paraissent devoir acquérir une certaine importance.

BENZÈNE (Syn. *Benzine, benzol*) (voyez Dict. **1**, 527 et Suppl., **1**, 270). — Le benzène se trouve dans les pétroles des environs de Bakou [Markownikoff, *Ann. Chem.*, **234**, 189]; il se forme quand on fait passer à travers un tube chauffé au rouge un mélange de toluène et d'éthylène, ou bien de l'éthylbenzène ou de l'azobenzène [Ferko, *D. chem. G.*, **20**, 660]; dans ce dernier cas on observe en même temps la formation de biphényle.

La litharge attaque le toluène à une température un peu inférieure à 335°, en donnant du benzène, de l'eau, de l'acide carbonique, avec un peu de stilbène et de produits huileux à point d'ébullition élevé. La réaction principale est exprimée par l'équation

$$C^6H^5\,.\,CH^3 + 3\,PbO = 3\,Pb + C^6H^6 + CO^2 + H^2O$$

[Vincent, *Bull. Soc. Chim.*, (3), **4**, 6].

Le benzène pur se dissout dans l'acide sulfurique sans se colorer, et ne donne pas de coloration bleue quand on l'agite avec de l'isatine et de l'acide sulfurique [V. Meyer., *D. chem. G.*, **16**. 1465].

Propriétés physiques. — Voici, d'après les dernières déterminations de M. Janovsky [*Mon. f. Chem.*, **1**, 311], la densité du benzène à différentes températures :

Tempér.	Densité.	Tempér.	Densité.
15°	0,8872	30°	0,8615
17°	0,8840	35°	0,8595
18°	0,8823	36°	0,8580
20°	0,8789	38°	0,8545
23°	0,8740	39°	0,8530
25°	0,8707	40°	0,8525
28°	0,8651	42°	0,8501

Point de fusion : + 6°. Chaleur latente de fusion = 29^{cal},089 [Pettersson, *J. prakt. Chem.*, (2), 24, 160].

Chaleur de combustion (de 1 molécule sous forme gazeuse) = 799^{cal},350 (Thomsen). Chaleur de combustion du benzène liquide = 776 calories [Berthelot, *Ann. Chim. Phys.*, (5), **23**, 193]. D'après MM. Stohmann, Rodatz et Herzberg, la chaleur de combustion du benzène liquide = 779^{cal},530 et celle du benzène à l'état gazeux = 787^{cal},488.

Point d'ébullition sous 760 millimètres = 80°,39 ; point de congélation = 5°,419 [Lachowicz, *D. chem. G.*, **21**, 2206].

Propriétés chimiques. — Si on fait passer l'étincelle d'induction dans du benzène, il se dégage un gaz qui contient 42-43 0/0 d'acétylène et 57-58 0/0 d'hydrogène : il reste un charbon volumineux, du biphényle et un composé brun-rouge soluble dans les carbures [Destrem, *C. R.*, **99**, 138].

L'électrolyse du benzène, additionné d'alcool et d'acide sulfurique étendu, donne naissance à de l'*isobenzoglycol* $C^6H^6(OH)^2$ [Renard, *Jahresb.*, 1880, 440].

L'ozone, en agissant sur le benzène, produit de l'acide formique, de l'acide acétique et de l'acide oxalique, mais pas de phénol et aucune trace d'un corps explosif indiqué par MM. Houzeau et Renard. Si l'on fait agir sur le benzène de l'ozone naissant (par l'action du phosphore sur l'eau), il se forme de l'acide oxalique et du phénol : ce dernier ne se produit que sous l'influence des rayons solaires [Leeds, *D. chem. G.*, **14**, 975].

L'eau oxygénée transforme aussi le benzène en acide oxalique et en phénol [Leeds, *ibid.*].

En faisant agir le peroxyde d'azote sur le benzène, on obtient du nitrobenzène, de l'acide picrique et de l'acide oxalique [Leeds, *Am. Journ.*, **2**, 277].

En traitant le benzène par le sodium à 200° pendant 8 jours, on observe que le sodium devient spongieux ; en distillant, on obtient une petite quantité d'un produit passant à une température plus élevée que le benzène ; il reste un carbure solide qui paraît être du biphényle et on obtient en même temps une masse brune qui contient environ : C = 92,2 ; H = 4,3 ; O = 3,4 [Schützenberger, *Bull. Soc. Chim.*, (2), **37**, 50].

En faisant passer à travers un tube chauffé au rouge un mélange de benzène et d'éthylène, on recueille du benzène inaltéré, du styrène, du biphényle, du phénanthrène et de l'anthracène [Ferko, *loc. cit.*].

Le chlorure d'aluminium décompose très peu le benzène à sa température d'ébullition ; mais vers 180-200° le benzène est partiellement transformé, au bout de 48 heures, en toluène, éthylbenzène et biphényle sans dégagement gazeux [Friedel et Crafts, *C. R.*, **100**, 694].

En faisant passer un courant d'acide chlorhydrique dans un mélange de benzène et de chlorure d'aluminium, on obtient le composé $Al^2Cl^6, 6C^6H^6$ [Gustavson, *D. chem. G.*, **11**, 2151]. C'est une huile épaisse, de couleur orangée, qui devient solide à — 5° et fond à + 3° ; sa densité = 1,4 à 0° et 1,12 à 20° ; l'eau la scinde en ses composants ; le brome agit violemment sur ce corps et donne de l'hexabromobenzène.

MM. Friedel et Crafts [*Ann. Chim. Phys.*, (6), **14**, 467] n'ont pas obtenu ce composé en faisant passer de l'acide chlorhydrique dans du benzène parfaitement sec et mélangé de chlorure d'aluminium pur. Ce produit, que M. Gustavson envisage comme un composé défini, ne prend naissance qu'en présence d'une petite quantité d'eau ; il renferme de l'oxygène et paraît avoir une composition variable.

Le composé bromé $Al^2Br^6, 6C^6H^6$, obtenu également par M. Gustavson, est un liquide (d = 1,49 à 0° et 1,47 à 20°) qui cristallise à — 15°, et qui se décompose à la longue ; l'eau le détruit avec régénération de benzène ; le toluène et le cymène mettent en liberté du benzène et se combinent avec le bromure d'aluminium.

Le tétrachlorure de sélénium, $SeCl^4$, mélangé avec du benzène, le colore en rouge grenat : il se forme du sous-chlorure, Se^2Cl^2, et les benzènes mono-, di- et trichlorés [Chabrié, *Bull. Soc. Chim.*, (3), **2**, 789].

Réaction des différents corps organiques sur le benzène en présence du chlorure d'aluminium. — La phénylphtalide s'unit facilement au benzène sous l'influence du chlorure d'aluminium pour donner l'acide triphénylméthane-carbonique

$$C^6H^4 \begin{matrix} \diagup CH(C^6H^5)^2 \\ \diagdown CO^2H \end{matrix}$$

fusible à 155-157°.

La p-crésylphtalide donne dans les mêmes conditions l'acide p-crésyldiphénylméthane-carbonique,

$$C^6H^4 \begin{matrix} \diagup CH(C^6H^5)(C^6H^4 . CH^3) \\ \diagdown CO^2H \end{matrix}$$

fusible à 154-155° [Gresly, *Ann. Chem.*, **234**, 241].

Dans l'action de l'anhydride sulfureux, outre l'acide benzène-sulfinique obtenu par MM. Friedel et Crafts, il se produit encore de l'oxysulfure de phényle, $C^6H^5-SO-C^6H^5$, fusible à 70-71° ; en employant le chlorure de thionyle $SOCl^2$, on obtient le même produit [Colby et Loughlin, *D. chem. G.*, **20**, 195].

L'anhydride sélénieux agit aussi sur le benzène en présence du chlorure d'aluminium : on observe un dégagement d'acide chlorhydrique et la formation de produits huileux rouges et d'un corps cristallisé. L'acide sélénique agit très lentement dans les mêmes conditions, en donnant naissance à un composé dont le sel de baryum est bien cristallisé [Chabrié, *loc. cit.*].

Le chlorure d'heptylidène, $C^6H^{13}.CHCl^2$, produit de l'heptylbenzène bouillant à 233° et du diphénylheptylène bouillant à 190-192° [Auger, *Bull. Soc. Chim.*, (2), **47**, 48].

Le chlorure de palmityle fournit la pentadécylphénylcétone $C^{15}H^{31}-CO-C^6H^5$ [Krafft, *D. chem. G.*, **19**, 2982].

Le chlorure d'œnanthyle fournit dans les mêmes conditions l'hexylphénylcétone,

$$C^6H^{13}-CO-C^6H^5$$

[Auger, *Bull. Soc. Chim.*, (2), **47**, 50].

Le chlorure de méthylène, en réagissant sur le benzène en présence du chlorure d'aluminium, fournit du diphénylméthane, de l'anthracène et du toluène [Friedel et Crafts, *Bull. Soc. Chim.*, (2), **41**, 322 et 325].

Le bromure d'éthylidène, réagissant sur le benzène en présence du chlorure d'aluminium, donne de l'α-diphényléthane $CH^3-CH(C^6H^5)^2$ et de l'hydrure de diméthylanthracène,

$$C^6H^4 \begin{matrix} \diagup CH(CH^3) \diagdown \\ \diagdown CH(CH^3) \diagup \end{matrix} C^6H^4$$

MM. Hanriot et Guilbert ont obtenu avec les mêmes corps, en les faisant réagir à basse température, et en ajoutant peu à peu le chlorure d'aluminium, un mélange de brométhylbenzène $C^6H^5-C^2H^4Br$, de dibrométhylbenzène

$$C^6H^4 \begin{matrix} \diagup C^2H^4Br \\ \diagdown C^2H^4Br \end{matrix}$$

et de styrène $C^6H^5-CH=CH^2$ [*C. R.*, **98**, 525].

Le chlorure d'éthylidène donne naissance à de

l'éthylbenzène, à de l'α-diphényléthane et à de l'hydrure de diméthylanthracène.

Le bromure de vinyle fournit de l'éthylbenzène, du diphényléthane et de l'hydrure de diméthylanthracène.

Le bromure d'éthylène bromé donne comme produit principal le bibenzyle, $C^6H^5-CH^2-CH^2-C^6H^5$ [Angelbis et Anschütz, *D. chem. G.*, **17**, 165 et 167].

Le bromure d'éthyle transforme le benzène, en présence du chlorure d'aluminium, en un mélange de m- et de p-diéthylbenzène [A. Voswinckel, *D. chem. G.*, **21**, 2829].

On obtient de l'isopropylbenzène en faisant agir sur le benzène en présence du chlorure d'aluminium : 1° du chlorure d'isopropyle, 2° du chlorure de propyle normal, 3° du chlorure d'allyle. Avec les deux premiers chlorures, il se forme en même temps du diisopropylbenzène; avec le troisième, on obtient surtout le diphénylpropane,

$$CH^3-CH(C^6H^5)-CH^2(C^6H^5).$$

[Silva, *Bull. Soc. Chim.*, (2), **43**, 317].

L'anhydride succinique, agissant sur le benzène en présence du chlorure d'aluminium, fournit l'acide benzoylpropionique [Burcker, *Bull. Soc. Chim.*, (2), **35**, 17].

Le cyanate de phényle donne naissance à l'anilide de l'acide benzoïque,

$$C^6H^5AzCO + C^6H^6 = C^{13}H^{11}AzO$$

[Leuckart, *D. chem. G.*, **18**, 873].

En faisant agir sur le benzène le chlorure de succinyle en présence du chlorure d'aluminium, M. Auger a obtenu deux composés isomériques : la *diacétone succinylène-diphénylique*,

$$C^6H^5-CO-C^2H^4-CO-C^6H^5,$$

fusible à 90° ; et la *diphénylsuccinide*,

$$\begin{array}{ccc} & C(C^6H^5)^2 & \\ C^2H^4 & \diagup \quad \diagdown & O \\ & \diagdown \quad \diagup & \\ & CO & \end{array}$$

fusible à 134° ; ce dernier composé se dissout dans la potasse en se transformant en acide diphényloxybutyrique [*Bull. Soc. Chim.*, (2), **47**, 658 et **49**, 345].

Le chloral à 70° donne de l'aldéhyde phényldichloréthylique $C^6H^5 . CCl^2 . CHO$ et du triphényléthane $(C^6H^5)^3C-CH^3$ [Combes, *C. R.*, **98**, 678].

Le chloroforme fournit du triphénylméthane. Si le benzène employé renferme du toluène, le triphénylméthane est mélangé d'une certaine quantité de son homologue supérieur [Hanriot et Saint-Pierre, *Bull. Soc. Chim.*, (3), **1**, 225].

L'acétylène donne naissance à du cinnamène C^8H^8, à du diphényléthane et à du bibenzyle [Varet et Vienne, *C. R.*, **104**, 1375].

En chauffant au bain-marie un mélange de chlorure d'éthylcarbamyle

$$CO \begin{cases} Cl \\ AzH . C^2H^5 \end{cases}$$

et de benzène en présence du chlorure d'aluminium, on obtient de la benzéthylamide,

$$C^6H^5 . CO-AzH . C^2H^5,$$

fusible à 67° [Gattermann et Schmidt, *D. chem. G.*, **20**, 118].

M. Genvresse [*Bull. Soc. Chim.*, (2), **49**, 579], en faisant agir l'acétonitrile monochloré sur le benzène en présence du chlorure d'aluminium, a constaté la formation des acides benzoïque et o-toluique, ainsi que du nitrile o-toluique.

Quand le chlorure d'aluminium agit sur un mélange de benzène et de trichloronitrométhane $C(AzO^2)Cl^3$, il se forme du triphénylméthane et du triphénylcarbinol [Elbs, *D. chem. G.*, **16**, 1274].

Le tétrachlorure de sélénium produit avec le benzène, en présence du chlorure d'aluminium : 1° du chlorure de phényle bouillant à 131-133°; 2° du séléniure de phényle, huile jaune d'une densité de 1,45 à la température de 19°,6 et bouillant à 227-228° sous une pression de quelques millimètres :

$$2C^6H^6 + SeCl^4 = Se(C^6H^5)^2 + 2HCl + Cl^2;$$

3° une huile rouge qui distille à 245-250° sous une pression de quelques millimètres; sa densité à 19°,6 = 1,55; sa formule est $Se^2(C^6H^5)^3C^6H^4Cl$: cette huile laisse déposer des cristaux jaunes qui, purifiés dans l'alcool, constituent des prismes longs, fusibles à 60°, insolubles dans l'eau : c'est le *séléno-phénol* $C^6H^5 . SeH$.

La dichlorhydrine de l'acide sélénieux produit. 1° la diphényl-sélénine $SeO(C^6H^5)^2$, huile bouillant à 230° sous 65 millimètres de pression (d = 1,48 à 19°,5); 2° un produit cristallisé en paillettes brillantes, incolores, hexagonales, fusibles à 94° [Chabrié, *loc. cit.*].

Le sélénium, insoluble dans le benzène, est sans action sur ce carbure en présence du chlorure d'aluminium (Chabrié).

Produits de condensation du benzène. — En chauffant pendant 8-10 heures, à 100°, l'aldéhyde téréphtalique avec de l'acide sulfurique concentré et du benzène en excès, on obtient l'aldéhyde triphénylméthane-p-méthylique,

$$CH_{(1)}(C^6H^5)^2(C^6H^4-CHO)_{(4)},$$

huile jaune se solidifiant à — 15°; oxydée à l'aide de l'oxyde d'argent, elle donne l'acide triphénylméthane-p-carbonique [Oppenheimer, *D. chem. G.*, **19**, 2028].

L'iodure de cétyle, agissant sur le benzène en présence du sodium, donne de l'hexadécylbenzène $C^{16}H^{33} . C^6H^5$; l'iodure d'octadécyle donne de même l'octadécylbenzène $C^{18}H^{37} . C^6H^5$ [Krafft, *loc. cit.*].

Le bromure d'octyle normal fournit avec le benzène, en présence du sodium, de l'octylbenzène [von Schweinitz, *D. chem. G.*, **19**, 640].

Dérivés chlorés.

Produits d'addition. — Hexachlorures. — Dans l'action du chlore sur le benzène bouillant en présence des rayons solaires, il se forme deux hexachlorures de benzène; l'ordinaire α reste en dissolution dans le benzène à chaud, tandis que l'isomère β se trouve condensé dans l'appareil destiné à faire refluer les vapeurs. Pour l'obtenir pur, on recueille ce produit, on le comprime pour le débarrasser des liquides, et on le sublime doucement : on obtient ainsi des cristaux octaédriques, fusibles vers 310°; la densité de vapeur à 261° et sous pression réduite = 9,36. Sous l'influence de la potasse alcoolique et même par la chaleur seule, ce chlorure se décompose, en perdant de l'acide chlorhydrique, comme tous les produits d'addition du benzène. On peut encore le retirer de l'hexachlorure brut que l'on obtient lors de la préparation de ce corps : pour cela on fait un mélange de 4 parties d'hexachlorure et de 3 parties de cyanure de potassium et on le chauffe doucement dans un ballon rempli d'alcool et muni d'un réfrigérant à reflux; il se dégage de l'acide cyanhydrique et l'hexachlorure α est transformé en benzène trichloré, tandis que l'isomère β n'est pas attaqué; il se trouve dans les résidus, d'où on l'extrait à l'aide de l'alcool bouillant, après avoir éliminé le benzène chloré, le chlorure et le cyanure de potassium [Meunier, *Bull. Soc. Chim.*, (2), **41**, 530]. L'hexachlorure, saponifié par l'eau à 200°, donne de la pyrocatéchine et du phénol [Meunier, *C. R.*, **100**, 1591].

Hexachlorure d'α-trichlorobenzène,

$C^6H^3Cl^3_{(1.2.4)} . Cl^6$.

— Quand on abandonne à eux-mêmes les produits huileux qui prennent naissance dans la préparation de l'hexachlorure de p-dichlorobenzène de M. Jungfleisch, on voit se déposer des cristaux, fusibles à 95-96°, d'hexachlorure d'α-trichlorobenzène. Ce corps est très soluble à froid dans l'éther, le chloroforme, le benzène, le sulfure de carbone, l'acide acétique; il est moins soluble dans l'alcool. La potasse alcoolique le détruit à chaud avec formation d'hexachlorobenzène [Willgerodt, *J. prakt. Chem.*, (2), **35**, 415].

PRODUITS DE SUBSTITUTION. — On peut les obtenir tous, en faisant passer un courant de chlore dans du benzène additionné d'étain granulé [Pétricou, *Bull. Soc. Chim.*, (3), **3**, 189].

MONOCHLOROBENZÈNE. — Le chlorure de soufre et le benzène réagissent l'un sur l'autre vers 250° pour former le monochlorobenzène, d'après l'équation

$$C^6H^6 + S^2Cl^2 = C^6H^5Cl + HCl + S^2$$

[Schmidt, *D. chem. G.*, **11**, 1173]. On obtient le même corps en faisant agir l'eau régale sur l'aniline [Losanitsch, *D. chem. G.*, **18**, 39].

Il se solidifie à — 55° et fond vers — 40°; il bout à 24° sous 8mm,34 de pression, à 34°,3 sous 16mm,62, à 51° sous 46 millimètres, à 60° sous 81mm,24, à 129° sous 760 millimètres et à 132° sous 763 millimètres; sa densité à 132°,4 = 0,98175; sa chaleur de combustion à l'état gazeux à 18° = 751cal,700.

L'acide azotique fumant le transforme en un mélange d'o-chloronitrobenzène liquide et de p-chloronitrobenzène solide. Le chlorure d'aluminium à l'ébullition ne l'altère pas (différence avec les benzènes bromé et iodé).

Le benzène monochloré est bien moins toxique que le nitrobenzène: quand on le donne à l'intérieur, on retrouve dans l'urine de l'acide chlorophénylmercapturique, $C^{11}H^{12}ClAzO^3S$.

BENZÈNES DICHLORÉS. — *o-Dichlorobenzène*. — Quand on fait agir le chlorure de méthyle sur ce corps, en présence du chlorure d'aluminium, on obtient de l'hexaméthylbenzène et du trichlorométsitylène [Friedel et Crafts, *Bull. Soc. Chim.*, (2), **45**, 290; *Ann. Chim. Phys.*, (6), **10**, 411].

Traité à froid par le bromure d'éthyle en présence du sodium, l'o-dichlorobenzène se convertit en o-diéthylbenzène, bouillant à 184-185° [Voswinckel, *D. chem. G.*, **21**, 3500].

m-Dichlorobenzène. — On peut obtenir ce composé en partant de la m-phénylène-diamine: on la dissout dans de l'acide chlorhydrique (d=1,17); on ajoute de l'eau et une solution de chlorure cuivreux à 10 0/0; le mélange, porté à l'ébullition, est additionné par petites portions d'une solution d'azotite de sodium; huile incolore [Sandmeyer, *D. chem. G.*, **17**, 2650].

On peut encore le préparer en chauffant le p-dichlorobenzène avec de l'oxyde de mercure, du minium, du sesquioxyde de chrome, ou mieux avec de la litharge [Istrati, *Bull. Soc. Chim.*, (3), **3**, 187].

p-Dichlorobenzène. — On l'obtient comme le composé précédent, lorsqu'on traite une solution chlorhydrique de p-phénylène-diamine par le chlorure cuivreux et le nitrite de sodium [Sandmeyer, *loc. cit.*]. Cristaux clinorhombiques fusibles à 52° (Mills). Son poids spécifique à l'état liquide et à $t°$ est donné par la formule

$$d_t = 1,2499 - 0.000998\,(t - 55°,1) - 0,00001334\,(t - 55°,1)^2$$

[R. Schiff, *Ann. Chem.*, **223**, 263].

Il est soluble dans l'alcool absolu bouillant, l'éther, le benzène. L'acide azotique fumant le transforme en p-dichloronitrobenzène fusible à 54°,5.

BENZÈNES TRICHLORÉS. — Le benzène trichloré 1.2.3 donne avec l'acide azotique un trichloronitrobenzène

$$C^6H^2Cl^3_{(1.2.3)}(AzO^2)_{(4)}.$$

BENZÈNES TÉTRACHLORÉS. — *Dérivé symétrique* 1.2.4.5. — Ce corps se produit en petite quantité dans l'action du chlore sur le trichlorotoluène. Par nitration, il donne un tétrachloronitrobenzène fusible à 98°. L'acide azotique fumant fournit en même temps une tétrachloroquinone $C^6Cl^4O^2$.

Dérivé non symétrique 1.3.4.5. — Il donne un dérivé nitré fusible à 21-22°.

BENZÈNE PENTACHLORÉ. — Ce corps prend naissance, en même temps que le perchlorobenzène, dans l'action du chlore sur l'anisol à la température de 230° [Hugounenq, *Bull. Soc. Chim.*, (3), **2**, 603].

En faisant agir l'acide sulfurique (d = 1,8) sur les benzènes tétra- et pentachlorés, M. Istrati a obtenu des matières colorantes rouges, auxquelles il a donné le nom de *francéines* [*Bull. Soc. Chim.*, (2), **48**, 35]. MM. Georgesco et Mincou ont réalisé la formation d'une francéine isomérique avec celle que M. Istrati avait obtenue avec le benzène tétrachloré 1.2.4.5, en partant du benzène tétrachloré non symétrique 1.3.4.5 [*Bull. Soc. Chim.*, (2), **50**, 623].

BENZÈNE PERCHLORÉ. — M. Hugounenq (*loc. cit.*) l'a obtenu en soumettant l'hexachlorophénol à une température de 210-220°. Ce corps est soluble dans le sulfure de carbone: 20 centimètres cubes d'une solution saturée à 16°,5 en contiennent 0gr,4045.

Quand on le chauffe à 250-280° avec de la soude caustique, en se servant de glycérine comme dissolvant, on voit se produire du phénol pentachloré $C^6Cl^5 . OH$ [Weber et Wolf, *D. chem. G.*, **18**, 335].

L'acide azotique fumant attaque très vivement l'hexachlorobenzène, avec formation de quinone perchlorée, de vapeurs nitreuses, d'acide carbonique, d'oxygène et d'azote [Istrati, *Bull. Soc. Chim.*, (3), **3**, 184].

Dérivés bromés.

MONOBROMOBENZÈNE. — Quand on fait agir le brome sur le benzène, on n'obtient, même au soleil, que 50 0/0 de benzène bromé: en ajoutant de l'iode au mélange, on obtient un rendement bien supérieur [Schramm, *D. chem. G.*, **18**, 606]. Le monobromobenzène se forme encore par l'action directe du brome sur le benzène en présence du chlorure d'aluminium, ainsi que par l'action de ce dernier corps à 110° sur le p-dibromobenzène [Leroy, *Bull. Soc. Chim.*, (2), **48**, 210].

On l'obtient encore par le procédé suivant: On ajoute de l'acide sulfurique concentré (d = 1,8) et de la tournure de cuivre à une solution aqueuse de sulfate de cuivre et de bromure de potassium, on chauffe jusqu'à décoloration et on introduit de l'aniline dans le mélange; on porte ensuite à l'ébullition et on verse le tout dans une solution d'azotite de sodium [Sandmeyer, *D. chem. G.*, **17**, 2650]: le produit que l'on obtient ainsi bout de 150 à 152°.

L'eau régale à base de brome agit sur l'aniline en donnant du benzène bromé [Losanitsch, *loc. cit.*].

Le monobromobenzène, traité par l'acide azotique, donne deux bromonitrobenzènes isomériques. Chauffé avec 10 parties d'acide sulfurique, il fournit de l'acide m-dibromobenzène-sulfonique et deux acides bromobenzène-disulfoniques [Herzig, *Mon. f. Chem.*, **2**, 192].

M. Fittica [*D. chem. G.*, **19**, 2632 et **23**, 1398] aurait obtenu un nouveau monobromobenzène en faisant agir le brome sur un mélange de benzène, d'alcool et de phosphore amorphe : il se formerait d'abord le composé $C^6H^5Br.C^6H^6$, bouillant à 74-76° ; c'est ce dernier qui fournirait un monobromobenzène bouillant à 62°, tandis que le bromobenzène ordinaire bout vers 156° (?).

Soumis à une ébullition de 8-12 heures avec du chlorure d'aluminium, le bromobenzène donne du benzène et des dibromobenzènes [Dumreicher, *D. chem. G.*, **15**, 1867].

Le méthylate de sodium, à 220-230° en tube scellé, produit du benzène, de l'anisol, de l'oxyde de phényle et du phénol : en même temps, on constate un dégagement d'hydrogène [Blau, *Mon. f. Chem.*, **7**, 621].

Après ingestion de bromobenzène, on constate dans l'urine la présence de l'acide p-bromophénylmercapturique $C^{11}H^{12}BrAzO^3S$, du p-bromophénol, de l'o-bromophénol, de la bromopyrocatéchine et de la bromhydroquinone : ces phénols et oxyphénols bromés sont éliminés à l'état de combinaisons sulfuriques [Baumann et Preusse, *Zeit. physiol. Chem.*, **5**, 340].

Benzènes dibromés. — *m-Dibromobenzène.* — Ce corps peut être obtenu par l'action directe du brome sur le benzène en présence du chlorure d'aluminium ; il est liquide. On peut le caractériser par son dérivé nitré fusible à 61°,6.

Il se forme encore lorsqu'on traite le p-dibromobenzène par le chlorure d'aluminium à 110° [Leroy, *loc. cit.*].

Une solution éthérée de m-dibromobenzène, chauffée avec du sodium, donne naissance à du biphényle et à un composé $C^{48}H^{32}Br^2$, fusible à 220° ; en prolongeant la réaction, on obtient le corps $C^{78}H^{52}Br^2$, fusible à 300° [Goldschmiedt, *Mon. f. Chem.*, **7**, 40].

p-Dibromobenzène. — On le prépare : en mélangeant de l'iode avec du benzène et en introduisant du brome dans le mélange [Jannasch, *D. chem. G.*, **10**, 1355] ; par l'action du brome sur le benzène en présence du chlorure d'aluminium (Leroy) ou du chlorure ferrique [Scheufelen, *Ann. Chem.*, **231**, 152] ; par l'action de l'eau régale à base de brome sur l'aniline [Losanitsch, *loc. cit.*].

Cristaux fusibles à 90° ; poids spécifique=2,220. La solution éthérée de ce corps, chauffée pendant trois jours avec du sodium, donne du benzène, du biphényle, du p-diphénylbenzène, et le composé $C^{48}H^{32}Br^2$ déjà signalé plus haut. Si l'action se prolonge, on observe la formation du corps $C^{78}H^{52}Br^2$ [Goldschmiedt, *loc. cit.*].

Lorsqu'on chauffe le p-dibromobenzène avec de l'acide sulfurique, il se forme du tétrabromobenzène fusible à 136-138° et du benzène perbromé, mais pas d'acides sulfonés ; à froid, la réaction ne se produit pas [Herzig, *Mon. f. Chem.*, **2**, 195].

Chauffé à 150° en tube scellé avec du méthylate de sodium, il donne du monobromanisol, du p-bromophénol et de l'hydroquinone diméthylique [Blau, *loc. cit.*] ; à 190°, avec l'éthylate de sodium, il donne du bromophénéthol

$C^6H^4Br(OC^2H^5)$,

du benzène monobromé et un peu de benzène [Balbiano, *Gazz. chim. ital.*, **11**, 401].

Benzènes tribromés. — *Benzène tribromé* 1.2.4. — On peut l'obtenir à l'aide des trois benzènes dibromés, quand on les chauffe dans un tube avec du brome et un peu d'eau [Wroblewsky, *D. chem. G.*, **7**, 1060] ; ou bien par l'action du brome sur le benzène en présence du chlorure d'aluminium (Leroy) ou du chlorure ferrique (Scheufelen) ; ou encore, en même temps que le tribromobenzène symétrique 1.3.5, par l'action du chlorure d'aluminium à 110° sur le p-dibromobenzène.

Benzène tribromé symétrique 1.3.5. — L'acétylène bromé, C^2HBr, se transforme partiellement à la lumière en benzène tribromé symétrique [Sabanejeff, *Journ. Soc. Chim. russe*, **17**, 176].

Le procédé de préparation de ce corps consiste à dissoudre à chaud la tribromaniline dans l'alcool à 95°, à y ajouter une dissolution concentrée et chaude d'azotite de potassium, puis de l'acide sulfurique étendu jusqu'à réaction fortement acide [Baessmann, *Ann. Chem.*, **191**, 206].

Si on le chauffe avec de l'acide sulfurique concentré, on observe un vif dégagement d'acides sulfureux et carbonique, et il se forme du benzène perbromé sans dérivé sulfoné ; une action trop prolongée décompose le benzène perbromé [Herzig, *Mon. f. Chem.*, **2**, 197 et **9**, 586].

Le méthylate de sodium, en agissant sur ce tribromobenzène, fournit du dibromanisol et du dibromophénol (Blau) ; le sodium n'agit pas sur une dissolution éthérée de ce corps.

Benzènes tétrabromés. — *Benzène tétrabromé symétrique* 1.2.4.5. — On l'obtient en faisant agir le brome sur le benzène en présence du chlorure ferrique (Scheufelen). Longues aiguilles fusibles à 174-175° [R. Meyer, *D. chem. G.*, **15**, 48].

Benzène tétrabromé 1.3.4.5. — Ce corps se forme quand on traite la tribromaniline, dissoute dans un mélange d'acides acétique et bromhydrique, par un courant d'acide azoteux, tant qu'il se dégage de l'azote [Richter, *D. chem. G.*, **8**, 1427]. Il cristallise en fines aiguilles, fusibles à 98°,5, presque insolubles dans l'alcool froid, assez solubles dans l'alcool bouillant, très solubles dans l'éther, le benzène, le sulfure de carbone. Il bout à 329°.

On a signalé deux autres benzènes tétrabromés : l'un, qui a été obtenu en chauffant l'acide p-nitrobenzoïque avec du brome à 270-290°, cristallise en petites aiguilles fusibles à 160° [Halberstadt, *D. chem. G.*, **14**, 911] ; l'autre est fusible à 136-138° et provient de l'action de l'acide sulfurique sur le benzène p-dibromé à l'ébullition [Herzig, *Mon. f. Chem.*, **2**, 195].

Benzène pentabromé, C^6HBr^5. — On l'obtient en chauffant le nitrobenzène avec du brome à 250° ; ou bien en chauffant pendant 8-15 jours à 100° le benzène tribromé symétrique avec de l'acide sulfurique fumant [Baessmann, *Ann. Chem.*, **191**, 208]. Il se forme encore par l'action du bromure d'iode sur l'alizarine, à 250° [Diehl, *D. chem. G.*, **11**, 191] ; il cristallise en aiguilles peu solubles dans l'alcool bouillant et fusibles à 260°.

Benzène perbromé. — Il se forme quand on fait tomber goutte à goutte du benzène dans du brome bien sec additionné de quelques grammes de chlorure ferrique [Scheufelen, *Ann. Chem.*, **231**, 189]. Il cristallise dans le toluène en longues aiguilles, fusibles au-dessus de 315°, presque insolubles dans l'alcool bouillant, peu solubles dans le benzène, le toluène et le chloroforme.

Dérivés iodés.

benzènes iodés. — Benzène mono-iodé. — On le prépare en faisant tomber goutte à goutte du chlorure d'iode sur du benzène additionné de chlorure d'aluminium [Green, *Bull. Soc. Chim.*. (2), **36**, 230], ou bien en chauffant dans un tube à 100° un mélange de benzène et d'iode en présence de chlorure ferrique bien sec [Scheufelen, *Ann. Chem.*, **231**, 152].

Quand on fait agir de l'iode en excès sur la

phénylhydrazine, on obtient encore de l'iodobenzène, selon l'équation

$$C^6H^5 . AzH . AzH^2 + 2 I^2 = 3 HI + Az^2 + C^6H^5I.$$

Cette réaction peut être utilisée pour le dosage de la phénylhydrazine : il suffit pour cela de faire agir sur elle un excès d'une dissolution titrée d'iode, et de déterminer ensuite, à l'aide d'une dissolution titrée d'hyposulfite de sodium, la quantité d'iode qui n'est pas entrée en réaction [von Meyer, *J. prakt. Chem.*, (2), **36**, 115].

Le mono-iodobenzène peut être obtenu encore par l'action d'un mélange d'acides iodhydrique et azotique sur l'aniline (Losanitsch).

Chauffé avec du chlorure d'aluminium, il donne du benzène, des benzènes diiodés, de l'acide chlorhydrique et de l'iode [Von Dumreicher, *D. chem. G.*, **15**, 1868].

L'amalgame de sodium en présence d'alcool le convertit en benzène.

Quand on chauffe au bain-marie poids égaux d'iodobenzène et d'acide sulfurique concentré, on obtient de l'acide iodobenzène-sulfonique, de l'acide benzène-sulfonique et du diiodobenzène [Neumann, *D. chem. G.*, **20**, 581].

L'azotite d'argent réagit à 135-140° sur l'iodobenzène, avec formation d'acide picrique et dégagement d'une grande quantité de bioxyde d'azote [Geuther, *Ann. Chem.*, **245**, 77].

L'iodobenzène fournit un produit d'addition, le *dichlorure d'iodobenzène*, $C^6H^5I . Cl^2$; on l'obtient en faisant passer un courant de chlore dans une solution de 1 partie de benzène iodé dans 2-4 parties de chloroforme [Willgerodt, *J. prakt. Chem.*, (2), **33**, 155]. Aiguilles jaunes, solubles dans le chloroforme, le benzène et l'acide acétique cristallisable, peu solubles dans l'éther, le sulfure de carbone et l'éther de pétrole, solubles dans l'alcool, avec séparation de benzène iodé.

Benzènes diiodés. — *m-Diiodobenzène.* — Il peut être obtenu à l'aide de la m-diiodaniline par élimination du groupe AzH^2 [Rudolph, *D. chem. G.*, **11**. 81]; il fond à 36°,5 et bout à 284°,7 sous une pression de 756mm,5.

Dérivés fluorés.

Benzène fluoré. — Il se produit quand on chauffe en tube scellé du fluobenzène-sulfonate de potassium avec de l'acide chlorhydrique concentré [Paternò et Oliveri, *Gazz. chim. ital.*, **13**, 534]; on l'obtient encore en décomposant la phényldiazopipéridide par l'acide fluorhydrique [Wallach, *Ann. Chem.*, **235**, 255]. Il reste liquide à — 20°, et bout à 84-86°; sa densité à 20° = 1,024.

Dérivés chlorobromés.

Dibromodichlorobenzène, $C^6H^2Br^2Cl^2$. — On l'obtient en chauffant vers 200° 20 grammes de bromodichlorophénol avec 45 grammes de perbromure de phosphore et en distillant; on purifie le produit par ébullition avec la potasse. Aiguilles soyeuses, fusibles à 67-68° [Garzino, *Bull. Soc. Chim.*, (2), **49**, 269].

Chlorotribromobenzène,

$$C^6H^2Cl_{(1)}Br^3_{(2.4.6)}$$

— On l'obtient par l'action de l'azotite d'isoamyle sur la chlorotribromaniline [Langer, *Ann. Chem.*, **215**, 113]; ou bien en chauffant le perbromure

$$C^6H^2Br^3Az^2Cl . Br^2$$

avec de l'acide acétique [Silberstein, *J. prakt. Chem.*, (2), **27**, 115].

Aiguilles soyeuses, fusibles à 80 82°, facilement solubles dans l'alcool bouillant, l'éther, le chloroforme et le benzène.

Bromotrichlorobenzène, $C^6H^2BrCl^3$. — Il se produit quand on traite la tribromaniline par l'eau régale. Aiguilles fusibles à 65° [Losanitsch, *loc. cit.*].

Dichlorotribromobenzène, $C^6HCl^2_{(2.4)}Br^3_{(1.3.5)}$. — On l'obtient par l'action de l'azotite d'isoamyle sur la dichlorotribromaniline [Langer *loc. cit.*]. Petites aiguilles, fusibles à 121°.

Trichlorodibromobenzène, $C^6HCl^3Br^2$. — On le prépare comme le précédent, à l'aide de la trichlorodibromaniline (Langer). Fines aiguilles, fusibles à 119°, très solubles dans l'alcool bouillant.

Dérivés bromo-iodés.

Bromo-iodobenzène. — *Dichlorure de p-bromo-iodobenzène*, $C^6H^4BrI . Cl^2$. — On l'obtient en faisant passer du chlore dans une solution chloroformique de p-bromo-iodobenzène [Willgerodt, *J. prakt. Chem.*, (2), **33**, 158]. Aiguilles jaunes, qui laissent dégager leur chlore à 119-120°, facilement solubles dans l'éther, le chloroforme et le benzène.

Dibromo-di-iodobenzène, $C^6H^2Br^2I^2$. — Par l'action de l'acide iodhydrique sur la tribromaniline. Aiguilles fusibles à 163° [Losanitsch, *loc. cit.*].

Tribromo-iodobenzènes,

1° $C^6H^2Br^3_{(1.3.4)}I_{(6)}$. — Aiguilles fusibles à 165°. Ce corps donne un *dichlorure*, $C^6H^2Br^3I . Cl^2$ lorsqu'on fait passer du chlore dans sa dissolution chloroformique (Willgerodt).

2° $C^6H^2Br^3_{(1.3.5)}I_{(4)}$. — On l'obtient en faisant agir l'acide iodhydrique sur l'azotate de tribromodiazobenzène symétrique [Silberstein, *loc. cit.*]. Aiguilles fusibles à 103°,5, facilement solubles dans l'alcool bouillant, l'éther, le chloroforme et le benzène.

Dérivés nitrosés.

Nitrosobenzène. — M. Aronheim [*D. chem. G.*, **12**, 510] a obtenu une solution contenant probablement ce dérivé par l'action de l'acide azoteux sur le chlorure de stanno-diphényle; il se forme en même temps beaucoup de chlorure de stanno-triphényle :

$$Sn(C^6H^5)^2Cl^2 + Az^2O^3 = SnOCl^2 + 2 C^6H^5(AzO)$$

Dérivés nitrés.

Nitrobenzène. — L'aniline peut être transformée en nitrobenzène : pour cela, on la dissout dans 2 molécules d'acide azotique additionné de 2 molécules d'azotite de sodium pour former l'azotate de diazobenzène et on ajoute au mélange de l'oxydule de cuivre obtenu à l'aide du sulfate de cuivre, de la glucose et de la soude : il se dégage de l'azote. La réaction terminée, on distille le liquide et on obtient du nitrobenzène pur; le rendement atteint 42 0/0 de la théorie [Sandmeyer, *D. chem. G.*, **20**, 1494].

Chaleur latente de fusion du nitrobenzène, 22,30 calories [Pettersson, *J. prakt. Chem.*, (2), **24**, 161]; point d'ébullition, 84°,5 sous 8mm,66; 95° sous 16mm,68; 108° sous 32mm,84; 116°,4 sous 51 millimètres; 121°,3 sous 760 millimètres (Kahlbaum).

Quand on le chauffe à 160-180° avec 3 parties de sulfite d'éthyle, on obtient des bases qui distillent depuis 198° jusqu'au delà de 240° (éthylaniline, diéthylaniline, etc.) [Klinger, *D. chem. G.*, **16**, 946].

Une solution alcoolique de nitrobenzène ne se colore pas quand on y ajoute une goutte de lessive de potasse, tandis qu'il se produit une coloration rouge s'il y existe la moindre trace de dinitrothiophène [V. Meyer et Stadler, *D. chem. G.*, **17**, 2780].

Une solution alcoolique de nitrobenzène, exposée pendant 6 mois à la lumière solaire directe, se colore en brun; l'alcool est oxydé aux dépens du nitrobenzène; il se forme de l'aldéhyde, de l'aniline et des bases quinoléiques [Ciamician et Silber, *D. chem. G.*, **19**, 2899].

La chlorhydrine sulfurique $SO^2(OH)Cl$, en agissant à 150° sur le nitrobenzène, le transforme principalement en acide m-nitrobenzène-sulfonique, $C^6H^4(SO^3H)_{(1)}(AzO^2)_{(3)}$; on observe en même temps la formation de traces des acides ortho et para [Limpricht, *D. chem. G.*, **18**, 2172].

Le nitrobenzène peut être facilement bromé à l'aide du bromure ferrique; il donne naissance dans ce cas au *bromonitrobenzène*; on obtient surtout le dérivé méta quand on se sert du chlorure ferrique et du brome [Scheufelen, *loc. cit.*].

Dinitrobenzènes, $C^6H^4(AzO^2)^2$. — *m-Dinitrobenzène.* — Ce corps bout à 297°; sa densité l'état liquide et à $t°$ est donnée par la formule

$$1,369 - 0,000995\,(t-89,1) - 0,000003\,(t-89,1)^2$$

[R. Schiff, *Ann. Chem.*, **223**, 259].

On peut remplacer les groupes AzO^2 par des atomes de brome et obtenir ainsi le m-dibromobenzène [Wurster et Grubenmann, *D. chem. G.*, **7**, 416].

Si on ajoute du cyanure de potassium à une solution alcoolique de m-dinitrobenzène, il se forme de l'azotite de potassium et un composé cristallisé en lamelles fusibles à 137°, qui est e nitrile d'un acide éthyl-o-nitrosalicylique,

$$C^9H^8Az^2O^3 = C^6H^3(AzO^2)(CAz)(OC^2H^5).$$

Si on opère avec une solution de m-dinitrobenzène dans l'alcool méthylique, la réaction est même et l'on obtient le nitrile

$$C^8H^6Az^2O^3 = C^6H^3(AzO^2)(CAz)(OCH^3)$$

fusible à 171° [Lobry de Bruyn, *Bull. Soc. Chim.*, (2), **43**, 83].

Si on ajoute une dissolution de soude dans l'alcool méthylique à une solution méthylique de m-dinitrobenzène, il se forme du m-dinitroazoxybenzène [Klinger et Pitschke, *D. chem. G.*, **18**, 2551].

On transforme sans difficulté le m-dinitrobenzène en m-nitraniline en versant goutte à goutte dans une dissolution alcoolique bien refroidie de dinitrobenzène, la quantité calculée de chlorure d'étain dissous dans l'alcool saturé d'acide chlorhydrique, et en agitant vivement le mélange [Anschütz et Heusler, *D. chem. G.*, **19**, 2161].

La solution alcoolique de m-dinitrobenzène pur ne se colore pas quand on y ajoute goutte à goutte une solution de potasse, tandis qu'elle se colore en rouge lorsqu'elle contient des traces de dinitrothiophène [V. Meyer et Stadler, *loc. cit.*].

Traité par le cyanure rouge en solution alcaline, il donne du m-dinitrophénol [Hepp, *Ann. Chem.*, **215**, 356].

o-Dinitrobenzène. — Ce corps donne avec l'alcool éthylique de l'o-nitranisol [Lobry de Bruyn, *loc. cit.*]. Le cyanure de potassium en solution alcoolique n'agit pas sur lui; on peut se servir de cette propriété pour le séparer des dérivés méta et para : ce dernier n'est attaqué qu'à l'ébullition par le cyanure de potassium.

Avec la soude caustique, l'o-dinitrobenzène donne de l'o-nitrophénol $C^6H^4(AzO^2)(OH)$; l'ammoniaque alcoolique le transforme en o-nitraniline [Laubenheimer, *D. chem. G.*, **11**, 1155].

p-Dinitrobenzène. — Il forme avec le naphtalène une combinaison très difficilement soluble dans l'alcool (moyen de séparation d'avec le m-dinitrobenzène) [Hepp, *loc. cit.*].

Trinitrobenzènes.

1° $C^6H^3(AzO^2)^3_{(1.2.4)}$. — On l'obtient en faisant bouillir le p-dinitrobenzène avec un mélange d'acides sulfurique et azotique fumants (Hepp). On le sépare difficilement d'avec le p-dinitrobenzène.

Avec l'ammoniaque alcoolique, il donne de la m-dinitraniline; avec une solution étendue et bouillante de soude, il fournit du m-dinitrophénol.

2° $C^6H^3(AzO^2)^3_{(1.3.5)}$. — Ce trinitrobenzène se forme quand on chauffe à 180° le trinitrotoluène avec de l'acide azotique fumant [Claus et Becker, *D. chem. G.*, **16**, 1597]. Il se dissout difficilement dans le sulfure de carbone, facilement dans l'acétone et dans le benzène; on peut le sublimer en le chauffant avec précaution; par réduction à l'aide de l'étain et de l'acide chlorhydrique, il donne du triamidobenzène.

Il se combine directement avec les hydrocarbures et avec l'aniline; avec le benzène, il forme le composé cristallisé $C^6H^6 \cdot C^6H^3(AzO^2)^3$, qui perd son benzène au contact de l'air. Le composé qu'il forme avec l'aniline est insoluble à froid dans l'alcool, ce qui permet de séparer le trinitrobenzène du dinitrobenzène.

L'oxydation à l'aide du cyanure rouge en solution alcaline donne naissance à de l'acide picrique.

Des traces de trinitrobenzène donnent une coloration rouge de sang intense quand on les dissout dans la potasse ou dans l'ammoniaque; quand on le chauffe avec de la baryte ou avec de la soude, on obtient des azotites; le cyanure de potassium le réduit très énergiquement [Hepp, *loc. cit.*].

Dérivés chloronitrés.

Monochloromononitrobenzènes. — *Dérivé ortho.* — Il peut être obtenu à l'aide de la m-chloro-p-nitraniline par élimination du groupe AzH^2 [Beilstein et Kourbatoff, *Ann. Chem.*, **182**, 107].

Dérivé méta. — On le prépare à l'aide de la m-nitraniline que l'on mélange avec de l'acide chlorhydrique ($d = 1,17$), de l'eau et une solution à 10 0/0 de chlorure cuivreux; on porte à l'ébullition et on ajoute peu à peu une solution de nitrite de sodium [Sandmeyer, *D. chem. G.*, **17**, 2650]. Poids spécifique = 1,534.

Dérivé para. — MM. Beilstein et Kourbatoff l'ont obtenu à l'aide de la m-chloro-o-nitraniline, en éliminant le groupe AzH^2; il se produit encore quand on traite la p-nitraniline par l'eau régale [Losanitsch, *D. chem. G.*, **18**, 39].

Une solution de potasse dans l'alcool absolu le réduit, à 150-200°, en dichloroazobenzène; si l'on emploie de l'alcool étendu d'eau, il se forme de l'éther p-nitrophényléthylique, du p-nitrophénol et du dichlorazoxybenzène. Une solution de potasse dans l'alcool allylique agit de même, mais avec beaucoup plus d'énergie; une solution de potasse dans l'alcool méthylique absolu donne du dichlorazoxybenzène et beaucoup d'éther p-nitrophénylméthylique [Willgerodt, *D. chem. G.*, **15**, 1004].

Monochlorodinitrobenzènes, $C^6H^3Cl(AzO^2)^2$. — *Dérivé* 1.2.4. — Il donne avec une solution alcoolique de triméthylamine, de la m-dinitrodiméthylaniline fusible à 78°, et avec la diméthylaniline, de la m-dinitrophénylméthylaniline fusible à 167° [Leymann, *D. chem. G.*, **15**, 1233].

Le chlorodinitrobenzène, en agissant sur l'acide

anthranilique, donne naissance à l'acide *dinitrophényl-o-amidobenzoïque*,

$$C^6H^4 \langle {AzH - C^6H^3(AzO^2)^2 \atop CO^2H}$$

Avec l'acide m-chloro-o-amidobenzoïque de M. Hübner, il donne l'acide chlorodinitrophényl-o-amidobenzoïque $C^{13}H^8ClAz^3O^6$ [Jourdan, *D. chem. G.*, **18**, 1444].

Le chlorodinitrobenzène, mis en contact avec une solution alcoolique de phénylhydrazine, fournit le dinitrohydrazobenzène (voyez plus loin) et l'o-nitro-m-chlorohydrazobenzène; si on opère en tube scellé à 120-130°, on obtient le dinitrosoazobenzène [Willgerodt et Ferko, *J. prakt. Chem.*, (2), **37**, 345].

TRINITROCHLOROBENZÈNE [Syn. *Chlorure de picryle*]. — Ce corps est insoluble dans l'eau, peu soluble dans l'éther, très soluble dans l'alcool bouillant. Sa combinaison avec le benzène

$$C^6H^2Cl(AzO^2)^3, C^6H^6$$

se présente en longues aiguilles jaunâtres, qui se décomposent au contact de l'air [Mertens, *D. chem. G.*, **11**, 844].

NITROTRICHLOROBENZÈNES, $C^6H^2Cl^3AzO^2$. — On en existe quatre modifications :

1° $C^6H^2Cl^3_{(1.2.3)}(AzO^2)_{(4)}$. — Ce corps donne la dichloronitraniline,

$$C^6H^2Cl^2_{(1.2)}(AzH^2)_{(3)}(AzO^2)_{(4)},$$

fusible à 162-164° quand on le chauffe à 210° avec de l'ammoniaque alcoolique.

2° $C^6H^2Cl^3_{(1.2.4)}(AzO^2)_{(5)}$. — Il donne avec l'ammoniaque alcoolique la dichloronitraniline,

$$C^6H^2Cl^2_{(3.4)}(AzH^2)_{(1)}(AzO^2)_{(6)}.$$

3° $C^6H^2Cl^3_{(1.3.5)}(AzO^2)_{(4)}$. — Il donne avec l'ammoniaque à 230° de la chloronitrophénylènediamine,

$$C^6H^2Cl_{(5)}(AzO^2)_{(2)}(AzH^2)^2_{(1.3)}.$$

4° $C^6H^2Cl^3_{(1.2.4)}(AzO^2)_{(3)}$. — Il a été obtenu par MM. Beilstein et Kourbatoff à l'aide de la dichloronitraniline,

$$C^6H^2Cl^2_{(5.6)}(AzO^2)_{(2)}(AzH^2)_{(1)},$$

fusible à 67-68°, en remplaçant AzH^2 par Cl; aiguilles fusibles à 88-89°, très solubles dans l'alcool, peu solubles dans l'éther de pétrole.

NITROTÉTRACHLOROBENZÈNES. — Le composé

$$C^6HCl^4_{(2.3.5.6)}(AzO^2)_{(1)}$$

peut être obtenu en faisant passer un courant de chlore dans du nitrobenzène chauffé en présence du chlorure ferrique [Page, *Ann. Chem.*, **225**, 207]. Le chlorure d'étain le convertit en aniline tétrachlorée.

Dérivés bromonitrés.

BROMONITROBENZÈNES. — *m-Bromonitrobenzène*. — Il se produit en grande quantité quand on chauffe pendant environ 12 heures à 60-70° le nitrobenzène avec du brome bien sec et du chlorure ferrique [Scheufelen, *Ann. Chem.*, **231**, 165].

p-Bromonitrobenzène. — Il se produit quand on traite la p-bromaniline dissoute dans l'acide azotique par l'azotite de sodium et l'oxydule de cuivre [Sandmeyer, *D. chem. G.*, **20**, 1494].

Chauffé avec du brome à 200-250°, il donne du p-dibromobenzène, du tribromobenzène et du tétrabromobenzène.

DINITROBROMOBENZÈNES :

1° $C^6H^3Br_{(1)}(AzO^2)^2_{(2.4)}$. — Il forme avec le benzène une combinaison

$$2[C^6H^3(AzO^2)^2Br], C^6H^6$$

cristallisée en lamelles minces, fusibles à 65°, qui perdent à l'air tout leur benzène [Spiegelberg, *Ann. Chem.*, **197**, 259].

2° $C^6H^3Br_{(4)}(AzO^2)^2_{(1.2)}$. — Il cristallise dans un mélange d'alcool et d'éther en grosses tables clinorhombiques. Chauffé avec une lessive de soude ($d = 1,135$), il donne comme produit principal le bromonitrophénol

$$C^6H^3Br_{(4)}(AzO^2)_{(1)}(OH)_{(2)}$$

et un peu de son isomère

$$C^6H^3Br_{(4)}(AzO^2)_{(2)}(OH)_{(1)}$$

[Laubenheimer, *D. chem. G.*, **11**, 1159].

Il existe un troisième dinitrobromobenzène, que l'on obtient en traitant par l'azotite d'isoamyle la bromodinitraniline qui se forme quand on chauffe à 100° l'o-dibromodinitrobenzène fusible à 158° avec de l'ammoniaque alcoolique; il fond à 85°; l'ammoniaque n'a pas d'action sur lui.

NITRODIBROMOBENZÈNES. — *Nitro-p-dibromobenzène*,

$$C^6H^3Br^2_{(2.5)}(AzO^2)_{(1)}.$$

— Il se produit lorsqu'on chauffe le bromonitrobenzène avec du brome et du perchlorure de fer, ou bien quand on chauffe le nitrobenzène avec du brome et du perchlorure de fer, d'abord à 60°, puis à 80° [Scheufelen, *loc. cit.*]. D'après M. Mills, son point de fusion est situé à 83°,49.

NITROTRIBROMOBENZÈNES. — *Dinitrotribromobenzène*. — Quand on mélange une solution éthérée de ce corps avec du sodomalonate d'éthyle dissous dans l'alcool, on voit se déposer du bromure de sodium et l'on obtient l'*éther bromodinitrophénylmalonique*,

$$C^6H^2(AzO^2)^2Br-CH(CO^2C^2H^5)^2,$$

qui cristallise en aiguilles fusibles à 75°, insolubles dans l'eau [Jackson et Robinson, *D. chem. G.*, **21**, 2034].

Le tribromodinitrobenzène forme avec le tétrabromodinitrobenzène un produit d'addition : on l'obtient, en abandonnant à l'évaporation spontanée une solution benzénique des composants, sous la forme de lamelles rhombiques, fusibles à 175° et renfermant

$$2\,C^6HBr^3(AzO^2)^2 . C^6Br^4(AzO^2)^2.$$

Les alcools méthylique et éthylique dédoublent ce produit en ses deux générateurs [Jackson et Moore, *D. chem. G.* **21**, 1707].

Tribromotrinitrobenzène. — Une solution benzénique de ce composé, traitée par l'éther sodomalonique dissous dans l'alcool absolu, fournit l'*éther bromotrinitrophénylmalonique*,

$$C^6HBr(AzO^2)^3-CH(CO^2C^2H^5)^2$$

[Jackson et Moore, *Am. chem. Journ.*, **21**, 7].

Dérivés iodonitrés.

p-Iodonitrobenzène. — Ce corps forme un dichlorure, $C^6H^4I(AzO^2).Cl^2$, que l'on obtient en faisant passer un courant de chlore dans une solution chloroformique de p-iodonitrobenzène. Prismes jaunes, qui perdent leur chlore à 150°, insolubles dans l'éther, le sulfure de carbone, la ligroïne, solubles dans le benzène et dans le chloroforme [Willgerodt, *J. prakt. Chem.*, (2), **33**, 160].

Dérivés fluonitrés.

BENZÈNE FLUONITRÉ, $C^6H^4(AzO^2)Fl$. — On l'obtient à l'aide de la nitrophényldiazopipéridide : c'est une huile à odeur d'amandes amères, bouillant à 204-206°; d = 1,326. On peut l'obtenir aussi en nitrant le fluobenzène [Wallach, *Ann. Chem.*, **235**, 255].

Dérivés azoïques.

AZOBENZÈNE. — La densité de ce corps = 1,203. 100 parties d'une solution alcoolique saturée à 16° en contiennent 8,5 parties. Chaleur de combustion = 1555 calories; chaleur de formation = — 83^{cal},4 [Petit, *loc. cit.*].

En solution alcoolique, le chlorure d'étain le réduit en formant de la benzidine et du diamidobiphényle [Schmidt et Schultz, *D. chem. G.*, **12**, 483].

Chauffé avec du chlorure d'acétyle à 160-170°, en tube scellé, il fournit du p-dichlorazobenzène et de la p-chloracétanilide [Becker, *D. chem. G.*, **20**, 2006].

Avec l'acide sulfurique fumant, il forme des acides sulfoniques; à une température élevée, on obtient les dérivés sulfonés de l'aniline.

Chauffé avec de la glycérine et de l'acide sulfurique, l'azobenzène donne de la benzidine et de l'α-biquinoléine $C^{18}H^{12}Az^2$ [Claus et Stegelitz, *D. chem. G.*, **17**, 2380].

Le zinc-éthyle donne une vive réaction, dont les produits définitifs sont l'aniline, l'éther et l'oxyde de zinc (Frankland).

L'azobenzène et l'aldéhyde benzylique forment vers 200° un produit d'addition cristallisé, fusible à 164°; si on chauffe le mélange d'azobenzène et d'aldéhyde benzylique à 100-140° avec du chlorure de zinc, il se forme de la benzidine et de la benzylidène-benzidine [Barzilowsky, *D. chem. G.*, **18**, *Ref.*, 610].

CHLOROAZOBENZÈNES. — *p-Chloroazobenzène*,

$$C^6H^5 - Az = Az - C^6H^4Cl.$$

— On le prépare en ajoutant à 100 grammes de chlorhydrate de p-amidobenzène 220 centimètres cubes d'acide chlorhydrique et 2 litres d'eau; après refroidissement, on ajoute 20 grammes d'azotite de sodium en solution aqueuse, et on projette ce mélange par petites portions dans une solution bouillante de 40 grammes de chlorure cuivreux dans 360 centimètres cubes d'acide chlorhydrique concentré; on fait bouillir pendant un certain temps, on filtre le précipité, on le lave d'abord avec de l'acide chlorhydrique, puis avec une solution de soude et on le fait enfin cristalliser dans l'alcool [Heumann et Mentha, *D. chem. G.*, **19**, 1686]. Lamelles jaunes, fusibles à 88-89°, facilement solubles dans l'éther, l'alcool et le benzène bouillant. Traité par le chlorure d'étain et l'acide sulfurique, le chloroazobenzène est transformé directement en *chlorodiamidobiphényle*,

$$\begin{array}{c} C^6H^4 . AzH^2 \\ | \\ C^6H^3Cl . AzH^2 \end{array}$$

L'acide azotique fumant le transforme en *p-nitrochloroazobenzène*, et l'acide sulfurique fumant en *acide p-chloroazobenzène-monosulfonique* [Heumann, *D. chem. G.*, **19**, 2970].

p-Dichloroazobenzène, $(C^6H^4Cl)^2Az^2$. — On l'obtient par la distillation du p-chloronitrobenzène avec de la potasse alcoolique [Willgerodt, *D. chem. G.*, **14**, 2636]. Il se forme en même temps que la p-chloracétanilide, quand on chauffe l'azobenzène avec du chlorure d'acétyle [Becker, *loc. cit.*].

On obtient une base dérivée du p-dichloroazobenzène, quand on le laisse reposer pendant quelques jours avec de l'alcool et du chlorure d'étain additionné de quelques gouttes d'acide sulfurique; on précipite l'étain par la soude, on filtre, on évapore et on reprend le résidu par l'acide sulfurique : la base est ensuite précipitée par l'ammoniaque. Elle forme des lamelles argentines, fusibles à 60°, qui se dissolvent dans l'acide sulfurique concentré avec une coloration violette; le chlorure ferrique les colore en rouge de sang, le chlorure de chaux en jaune.

m-Dichloroazobenzène. — Il se forme en petite quantité quand on traite par l'acide sulfurique fumant le m-dichloroazoxybenzène; on obtient en même temps beaucoup de *m-dichlorohydrazobenzène.*

Le m-dichloroazobenzène, traité à froid par le chlorure stanneux, fournit le diamidobiphényle, fusible à 163° [Schultz, *D. chem. G.*, **17**, 463].

BROMOAZOBENZÈNES. — *o-Bromoazobenzène*

$$C^6H^4Br - Az = Az - C^6H^5.$$

— On l'obtient en traitant au bain-marie une solution acétique de 1 molécule d'azobenzène par 1 molécule de brome; la solution, d'un brun rouge, est additionnée d'eau et le précipité qui se forme est repris par l'alcool, qui ne dissout pas l'o-bromoazobenzène. Lamelles jaunes d'or, fusibles à 87°.

Ce corps est lentement détruit par l'étain et l'acide chlorhydrique, avec formation d'aniline et d'o-amidobromobenzène [Janovsky et Erb, *D. chem. G.*, **19**, 2156].

m-Bromoazobenzène. — Il se trouve dans la solution alcoolique qui a laissé déposer le dérivé ortho : on le précipite par addition d'eau. Grandes lamelles orangées, fusibles à 53-55°, solubles dans l'alcool et dans l'éther.

L'étain et l'acide chlorhydrique le convertissent en aniline et monobromaniline fusible à 17° [Janovsky et Erb, *loc. cit.*]. Chauffé avec 5 parties d'acide sulfurique fumant, ce corps fournit l'acide m-bromoazobenzène-p-sulfonique.

p-Bromoazobenzène. — Il se forme en proportion dominante quand on traite l'azobenzène par le brome en solution acétique. Aiguilles jaune d'or, fusibles à 82°, solubles dans l'alcool, l'éther et l'acétone.

L'étain et l'acide chlorhydrique le dédoublent en aniline et p-bromaniline fusible à 63°. Traité par le sulfure d'ammonium en solution alcoolique, il fournit le p-bromohydrazobenzène; l'acide sulfurique à 140° donne un dérivé sulfoné, l'*acide p-bromoazobenzène-p-sulfonique.*

o-Dibromoazobenzène,

$$C^6H^4Br . Az = Az . C^6H^4Br.$$

— Il se forme en même temps que le p-bromoazobenzène quand on fait agir le brome sur une solution acétique d'azobenzène [Janovsky, *Mon. f. Chem.*, **8**, 49]; on les sépare à l'aide de l'alcool, dans lequel le dérivé ortho est insoluble. Lamelles brillantes et dorées, fusibles à 187°, difficilement solubles dans l'éther, insolubles dans l'alcool, assez facilement solubles dans l'acétone et dans le benzène.

Par réduction, il donne de l'o-bromaniline; avec l'acide azotique en solution acétique, il forme un *dérivé trinitré* fusible à 135°.

p-Dibromoazobenzène. — On l'obtient facilement en traitant le p-bromonitrobenzène par la poudre de zinc et un alcali en solution alcoolique [Schultz, *D. chem. G.*, **17**, 465].

NITROAZOBENZÈNES. — *o-Nitroazobenzène*,

$$C^6H^5 - Az^2 - C^6H^4(AzO^2).$$

— Il se forme quand on traite une solution chaude d'azobenzène dans l'acide acétique cristallisable par l'acide azotique (d = 1,52) [Janovsky, *loc. cit.*]. 100 parties d'alcool en dissolvent 0^{gr},38;

100 parties d'acétone, 4g,411 ; il est difficilement soluble dans l'éther. Sa dissolution alcoolique, additionnée de soude, devient verte. Les agents réducteurs le transforment en o-phénylène-diamine et en aniline. La potasse alcoolique le convertit en *hexazoxybenzène* (voyez plus loin).

p-Nitroazobenzène,

$$C^6H^5-Az=Az-C^6H^4(AzO^2).$$

— On dissout à 0° 1 partie d'azobenzène dans 3 parties d'acide azotique (d = 1,5) ; on laisse reposer pendant 12 heures, puis on précipite par l'eau et on traite le précipité par l'acétone, qui dissout le p-nitroazobenzène en laissant comme résidu le dinitroazobenzène. Aiguilles orangées, fusibles à 137° [Janovsky, *loc. cit.*], facilement solubles dans le sulfure de carbone, l'acétone et le chloroforme, peu solubles dans l'éther, insolubles dans l'éther de pétrole. La solution alcoolique bleuit sous l'influence de la soude. L'étain et l'acide chlorhydrique le réduisent en aniline et p-phénylène-diamine.

m-Dinitroazobenzène, $[C^6H^4(AzO^2)Az]^2$. — Il se forme en même temps que le dérivé para quand on traite 1 partie d'azobenzène par 6 parties d'acide azotique (d = 1,51) [Janovsky, *Mon. f. Chem.*, **6**, 166]. Il se distingue du dérivé para par sa plus grande solubilité dans l'éther. C'est un liquide qui se condense à la longue en une masse jaune-rougeâtre. L'étain et l'acide chlorhydrique le transforment en m-phénylène-diamine.

o-p-Dinitroazobenzène — On l'obtient en dissolvant l'o-nitroazobenzène dans l'acide azotique [Janovsky, *Mon. f. Chem.*, **7**, 131]. Aiguilles jaune-orangé, fusibles à 214°, solubles dans l'acétone ; cette solution est colorée en rouge violet par la soude. Par réduction, il donne de la p-phénylène-diamine.

m-p-Dinitroazobenzène. — Il se produit quand on évapore un mélange d'acide azotique étendu et d'acide azobenzène-p-sulfonique [Janovsky, *loc. cit.*]. Lamelles orangées, fusibles à 211°.

p-Dinitroazobenzène (voyez son mode de formation au dérivé méta). — Cristaux rouge-orangé, fusibles à 206°, que l'étain et l'acide chlorhydrique transforment en p-phénylène-diamine.

Il existe encore deux autres modifications de ce corps : l'une a été obtenue par MM. Willgerodt et Ferko [*J. prakt. Chem.*, (2), **37**, 352], en traitant une solution alcoolique de m-dinitrohydrazobenzène par l'oxyde de mercure ; l'autre a été préparée par M. Janovsky en nitrant à chaud l'azobenzène. La première se présente en petites aiguilles rouges, fusibles à 116-117° ; la seconde forme de petites aiguilles jaunes, fusibles à 185°, qui sont colorées en bleu par la soude et par le sulfhydrate d'ammonium.

Trinitroazobenzène. — Outre le composé déjà décrit (Suppl., **1**. 309), il en existe quatre autres que l'on peut obtenir par l'action de l'acide azotique fumant sur le p-nitroazobenzène ou sur le p-dinitroazobenzène [Janovsky, *loc. cit.*].

Parmi les dérivés obtenus à l'aide du p-nitroazobenzène, le premier est en lamelles jaunes, fusibles à 112° ; le second, en petits cristaux brillants, fusibles à 170° ; il est plus soluble dans l'alcool et dans l'acétone que le premier ; leurs solutions alcalines sont colorées en vert-olive par le sulfure d'ammonium.

Les deux autres dérivés trinitrés proviennent du p-dinitroazobenzène. Le premier est obtenu à froid ; il se présente en aiguilles fusibles à 160°, qui se décomposent avec explosion quand on les chauffe. Le second se forme à chaud et est constitué par de petits cristaux jaunes, fusibles à 180° ; il se dissout plus facilement dans l'alcool que le premier. Les solutions alcalines de ces deux composés sont colorées en bleu par le sulfure d'ammonium.

Réaction caractéristique des corps nitroazoïques. — Traités en solution acétonique par quelques gouttes de potasse alcoolique, ils se colorent en violet ou en rouge brun [Janovsky et Erb, *D. chem. G.*, **19**, 2155].

NITROSOAZOBENZÈNES. — *Dinitrosonitroazobenzène*, $C^6H^5-Az=Az-C^6H^2(AzO)^2(AzO^2)$. — On l'obtient en faisant bouillir la *picryl-phénylhydrazine*,

$$C^6H^5-AzH-AzH.C^6H^2.(AzO^2)^3,$$

avec de l'acide acétique cristallisable ; lamelles jaune d'or, fusibles à 247°,5 [Willgerodt et Ferko, *J. prakt. Chem.*, (2), **37**, 345].

Dinitrosoazobenzène, $C^6H^5.Az=Az.C^6H^3(AzO)^2$. — Il se forme quand on fait bouillir pendant 2 heures, dans un appareil à reflux, un mélange de dinitrohydrazobenzène et d'acide acétique cristallisable. Aiguilles brunâtres, fusibles à 175°. On l'obtient encore en chauffant en tube scellé, à 120-130°, un mélange de phénylhydrazine, d'alcool et d'α-dinitrochlorobenzène [Willgerodt et Ferko, *loc. cit.*].

o-Nitroso-m-chloroazobenzène,

$$C^6H^5-Az=Az.C^6H^3(AzO)Cl.$$

— Il se produit par l'ébullition du nitrochlorohydrazobenzène avec les acides ou avec l'eau. Aiguilles fusibles à 136-137° [W. et F., *loc. cit.*].

p-Chloro-p-nitroazobenzène,

$$C^6H^4Cl_{(4)}-Az_{(1)}=Az_{(1)}-C^6H^4AzO^2_{(4)}.$$

— On l'obtient en faisant réagir à froid 15 parties d'acide azotique fumant sur 1 partie de p-chloroazobenzène (voyez plus haut). Fines aiguilles d'un jaune clair, fusibles à 132°,5, insolubles dans l'eau, très solubles dans l'éther et dans l'acide acétique cristallisable. L'étain et l'acide chlorhydrique le scindent en p-chloraniline et p-phénylène-diamine.

m-Chloro-o-nitroazobenzène,

$$C^6H^5-Az=Az_{(1)}-C^6H^3Cl_{(2)}(AzO^2)_{(3)}.$$

— On l'obtient en faisant bouillir une solution alcoolique de m-chloro-o-nitrohydrazobenzène avec de l'oxyde de mercure. Petites aiguilles rouges, fusibles à 94° [Willgerodt et Ferko, *loc. cit.*].

o-Bromonitroazobenzène, $C^{12}H^8Br(AzO^2)Az^2$. — On l'obtient par l'action du brome sur une solution acétique d'o-nitroazobenzène [Janovsky, *Mon. f. Chem.*, **8**, 57]. Aiguilles jaunâtres, fusibles à 132°, difficilement solubles dans l'alcool.

m-Bromonitroazobenzène. — On l'obtient quand on fait agir l'acide azotique fumant (d = 1,51) sur le m-bromoazobenzène. Aiguilles orangées, fusibles à 123° [Janovsky, *loc. cit.*].

p-Bromonitroazobenzène. — Il se forme par l'action de l'acide azotique sur le p-bromoazobenzène. Aiguilles jaunes, fusibles à 107-108°, solubles dans l'alcool, l'éther et l'acétone (Janovsky).

Dinitro-bromoazobenzène,

$$C^{12}H^7(AzO^2)^2BrAz^2.$$

— Il se forme en même temps que le précédent par l'action de l'acide azotique sur le p-bromoazobenzène. Lamelles orangées, fusibles à 190°, solubles dans l'alcool et dans l'acétone [Janovsky, *loc. cit.*].

Trinitrodibromoazobenzène,

$$C^{12}H^5(AzO^2)^3Br^2Az^2.$$

— Il se produit par l'action de l'acide azotique

sur l'o-dibromoazobenzène (Janovsky). Aiguilles rouges, fusibles à 135°, très difficilement solubles dans les dissolvants usuels.

CYANOAZOBENZÈNE, $C^6H^5-Az=Az-C^6H^4.CAz$. — On le prépare en ajoutant goutte à goutte le corps diazoïque qui dérive du chlorhydrate d'amidoazobenzène, à une dissolution chauffée à 90° et renfermant 100 grammes de sulfate de cuivre et 112 grammes de cyanure de potassium dans 600 centimètres cubes d'eau. Ce corps cristallise dans le benzène en petites aiguilles brunes, fusibles à 100-101°, insolubles dans l'eau, solubles dans l'alcool, l'éther et le benzène [Heumann et Mentha, *D. chem. G.*, 19, 3022].

HEXA-AZOBENZÈNE (*bis-triazobenzène*),

$$C^6H^4 \left\langle \begin{matrix} Az \\ / \backslash\backslash \\ Az-Az \\ Az-Az \\ \backslash // \\ Az \end{matrix} \right.$$

Ce corps se produit quand on introduit le perbromure de p-diazotriazobenzène,

$$C^6H^4 \left\langle \begin{matrix} Az^2Br^3 \\ Az^3 \end{matrix} \right.$$

dans de l'ammoniaque aqueuse. Petites lamelles cristallines, d'une saveur sucrée et brûlante, presque insolubles dans l'eau, indifférentes envers les bases et les acides à froid, fusibles à 83°, et détonant violemment à une température plus élevée [Griess, *D. chem. G.*, 24, 1561].

AMIDOAZOBENZÈNES. — *o-Amidoazobenzène*,

$$AzH^2.C^6H^4-Az=Az-C^6H^5$$

[Syn. *Amidodiphénylimide*, *amidobenzène-azobenzène*]. — On l'obtient en réduisant l'o-nitroazobenzène par le sulfhydrate d'ammonium. Aiguilles jaunes d'or, fusibles à 123° [Janovsky, *loc. cit.*].

p-Amidoazobenzène. — Le diazoamidobenzène est transformé en amidoazobenzène quand il est mis en contact à froid avec de l'acide chlorhydrique étendu. On le prépare en dissolvant 1 molécule de chlorhydrate d'aniline dans 5-6 molécules d'aniline et en y ajoutant, vers 35-40°, une solution concentrée d'azotite de sodium; on laisse en contact pendant 12 heures environ et on verse dans la liqueur de l'acide chlorhydrique concentré pour transformer en chlorhydrates l'aniline et l'amidoazobenzène, que l'on précipite ensuite à l'aide de l'ammoniaque; on purifie par cristallisation dans l'alcool et dans le benzène [Staedel et Bauer, *D. chem. G.*, 19, 1954].

Dans cette préparation de l'amidoazobenzène, il se forme toujours des produits insolubles dans l'acide chlorhydrique, composés d'une azimide

$$C^6H^4 \left\langle \begin{matrix} Az \\ Az \end{matrix} \right\rangle Az-C^6H^5$$

soluble dans l'acide acétique, et d'un sel d'amidobiphényle [Gattermann et Wichmann, *D. chem. G.*, 21, 1633].

L'amidoazobenzène se présente en cristaux clinorhombiques d'un jaune orangé, avec reflets bleus, fusibles à 125-126°, bouillant au-dessus de 360°. Quand on fait bouillir sa solution chlorhydrique avec de l'acide acétique cristallisable, on observe une coloration bleu-violacé, en même temps qu'il se sépare de l'ammoniaque et une base [Wallach, *D. chem. G.*, 15, 2829].

Porté à l'ébullition avec de l'acide chlorhydrique ($d=1,12$), le p-amidoazobenzène se transforme en aniline et p-phénylène-diamine; il se forme en même temps de l'ammoniaque, de la trichloroquinone, de la di-, de la tri- et de la tétrachlorohydroquinone [Wallach et Kölliker, *D. chem. G.*, 17, 396].

Avec l'aldéhyde benzylique, il se transforme en benzylidène-amidoazobenzène, $C^{19}H^{15}Az^3$. Lamelles orangées fusibles à 128° [Berju, *D. chem. G.*, 17, 1403].

p-Nitroamidoazobenzène,

$$C^6H^4(AzO^2).Az=Az.C^6H^4.AzH^2$$

— Il se forme quand on chauffe à 60° le p-nitrodiazoamidobenzène ou le p-dinitrodiazoamidobenzène, avec un mélange d'aniline et de chlorhydrate d'aniline [Nœlting et Binder, *D. chem. G.*, 20, 3015]. Cristaux fusibles à 203-205°. Une solution alcoolique de sulfure ammonique le transforme en p-diamidoazobenzène symétrique (p-azoaniline).

Méthylamidoazobenzène,

$$C^6H^5-Az=Az-C^6H^4.AzH(CH^3).$$

— On l'obtient par l'action de l'iodure de méthyle sur l'amidoazobenzène à 50°. Aiguilles rouges, fusibles à 180° [Berju, *D. chem. G.*, 17, 1401]. Il forme avec l'anhydride acétique le *méthylacétamidobenzène*, fusible à 139°; le *chlorhydrate* est en aiguilles violettes.

Diméthylamidoazobenzène,

$$C^6H^5.Az=Az.C^6H^4.Az(CH^3)^2.$$

— On le prépare en faisant agir l'iodure de méthyle sur le corps précédent (Berju). Lamelles jaunes, fusibles à 117°. Traité à froid, en solution sulfurique, par un mélange d'acides azotique et sulfurique, il donne le *nitrodiméthylamidoazobenzène*, $C^{14}H^{14}Az^4O^2$, fusible à 198°, et son isomère la *nitrobenzène-p-azodiméthylaniline*, fusible à 229-230° [Nœlting, *D. chem. G.*, 20, 2293].

Iodure de triméthylamidoazobenzène,

$$C^6H^5.Az=Az.C^6H^4.Az(CH^3)^3I.$$

— On l'obtient en chauffant pendant 2 heures à 100° en tube scellé, le composé précédent avec de l'iodure de méthyle. Lamelles couleur de chair, fusibles à 173-174° (Berju).

Acétamidoazobenzène,

$$C^6H^5-Az^2-C^6H^4.AzH.C^2H^3O.$$

— Obtenu avec l'amidoazobenzène et l'anhydride acétique (Schultz, Berju).

Méthylacétamido-azobenzène,

$$C^6H^5-Az^2-C^6H^4.Az(CH^3)(C^2H^3O).$$

— Aiguilles jaunes et soyeuses, fusibles à 139°, obtenues au moyen de l'anhydride acétique et du méthylamidoazobenzène.

Carbamido-azobenzène (*di-azobenzène-urée*), $CO[AzH.C^6H^4.Az^2.C^6H^5]^2$. — On l'obtient en mélangeant une solution sulfocarbonique d'amidoazobenzène avec une solution benzénique d'oxychlorure de carbone [Berju, *D. chem. G.*, 17, 1404]. Lamelles microscopiques, fusibles avec décomposition à 270°, peu solubles dans l'alcool, plus solubles dans le chloroforme et dans le benzène.

Thiocarbamido-azobenzène (*di-azobenzène-sulfo-urée*), $CS[AzH.C^6H^4-Az^2-C^6H^5]^2$ [Berju, *loc. cit.*]. — Ce corps se produit, en même temps que l'azobenzène-phénylsulfo-urée, lorsqu'on fait bouillir un mélange d'amido-azobenzène, d'alcool et d'isosulfocyanate de phényle.

Cristaux fusibles à 199°, insolubles dans l'alcool, le sulfure de carbone, le benzène, peu solubles dans le chloroforme et dans l'acide acétique bouillant. L'oxyde mercurique le convertit en carbamido-azobenzène.

Azobenzène-phénylsulfo-urée.

$$C^6H^5 - Az^2 - C^6H^4 - AzH \searrow CS \quad C^6H^5 - AzH \nearrow$$

[Berju, *ibid.*]. — Lamelles microscopiques, fusibles à 179°.

Benzylidène-amido-azobenzène,

$$C^6H^5 - Az^2 - C^6H^4 - Az = CH . C^6H^5$$

[Berju, *ibid.*]. — Lamelles orangées, fusibles à 128°, obtenues en mélangeant de l'aldéhyde benzylique et de l'amido-azobenzène. Chauffé avec de l'acide chlorhydrique, il se dédouble en ses deux générateurs.

m-Chlorobenzène-azo-p-diméthylamidobenzène,

$$C^6H^4Cl_{(3)} - Az_{(1)} = Az_{(1)}C^6H^4 - Az_{(4)}(CH^3)^2.$$

— Lamelles jaunes, fusibles à 98°, assez solubles dans l'alcool, obtenues au moyen de la m-chloraniline, de la diméthylaniline et de l'acide nitreux [Staedel et Bauer, *D. chem. G.*, **19**, 1955].

m-Nitrobenzène-azo-m-chlorodiméthylamidobenzène,

$$C^6H^4(AzO^2)_{(3)} - Az_{(1)} = Az_{(1)} - C^6H^4Cl_{(3)}Az_{(4)}(CH^3)^2$$

[Staedel et Bauer, *ibid.*]. — Même préparation, au moyen de la m-nitraniline et de la m-chlorodiméthylaniline. Lamelles rougeâtres, fusibles 155-156°.

m-Nitrobenzène-p-azoaniline,

$$C^6H^4(AzO^2)_{(3)}Az_{(1)} = Az_{(1)} - C^6H^4(AzH^2)_{(4)}.$$

— On mélange une solution de chlorure de m-nitrodiazobenzène avec du chlorhydrate d'aniline : il se dépose du *nitrobenzène-azo-amidobenzène*, $C^6H^4(AzO^2)Az^2 - AzH . C^6H^5$, qui se convertit spontanément en quelques heures en son isomère la nitrobenzène-azo-aniline [Meldola, *Chem. Soc.*, **45**, 112].

Lamelles orangées, fusibles avec décomposition à 210°, très solubles dans l'alcool, l'éther et le benzène.

La réduction par le sulfure d'ammonium fournit un mélange de m- et de p-phénylène-diamine.

Le *chloroplatinate*, $(C^{12}H^{10}Az^4O^2 . HCl)^2PtCl^4$, est un précipité pulvérulent, rouge-brique.

Benzène-azo-nitrodiméthylaniline,

$$C^6H^5 - Az^2 - C^6H^3(AzO^2)[Az(CH^3)^2].$$

— On l'obtient, en même temps que la p-nitrobenzène-azodiméthylaniline, par la nitration du diméthylamido-azobenzène; on abandonne le produit de la réaction pendant 12 heures, on précipite ensuite par l'eau, on lave le précipité avec une lessive alcaline et on le traite enfin par le benzène, qui dissout la benzène-azonitrodiméthylaniline, tandis que son isomère reste à l'état insoluble [Nœlting, *D. chem. G.*, **20**, 2993]. Lamelles noires à reflet vert, fusibles à 198°, peu solubles dans l'alcool et dans l'éther, solubles dans le benzène bouillant. Les réducteurs le convertissent en aniline.

m-Nitrobenzène-p-azodiméthylaniline,

$$C^6H^4(AzO^2)_{(3)} - Az^2_{(1)} - C^6H^4 . Az_{(4)}(CH^3)^2.$$

— On l'obtient : par l'action du chlorhydrate de diméthylaniline sur le chlorure de m-nitrodiazobenzène [Meldola, *Chem. Soc.*, **45**, 120]; par l'action du nitrite de sodium sur une solution sulfurique d'un mélange de diméthylaniline et de m-nitro-aniline [Staedel et Bauer, *D. chem. G.*, **19**, 1954]. Lamelles rouges, fusibles à 157-158° (M.), à 159-160° (S. et B.), assez peu solubles dans l'alcool. Le sulfure d'ammonium alcoolique le transforme en m-nitro-aniline et p-amidodiméthylaniline. Le zinc et l'acide chlorhydrique donnent de la m-phénylène-diamine et de la p-amidodiméthylaniline.

p-Nitrobenzène-p-azodiméthylaniline,

$$C^6H^4(AzO^2)_{(4)} - Az^2_{(1)} - C^6H^4 . Az_{(4)}(CH^3)^2.$$

— On a vu plus haut sa formation par la nitration du diméthylamido-azobenzène. On peut aussi l'obtenir à l'état de chlorhydrate en mélangeant du chlorhydrate de diméthylaniline avec une solution de chlorure de p-nitrodiazobenzène [Meldola, *Chem. Soc.*, **45**, 107].

Aiguilles microscopiques rouge-brun, fusibles à 229-230°, peu solubles dans l'alcool bouillant, le benzène et l'éther. Le sulfure d'ammonium le convertit en p-amidobenzène-azodiméthylaniline; la poudre de zinc et l'acide chlorhydrique donnent de la diméthyl-p-phénylène-diamine et de la p-phénylène-diamine.

Le *chlorhydrate*, $C^{14}H^{14}Az^4O^2 . HCl$, est en grandes aiguilles brillantes, d'un bleu d'acier.

Le *chloroplatinate*, $(C^{14}H^{14}Az^4O^2 . HCl)^2PtCl^4$, est un précipité grenu rougeâtre.

m-Nitrobenzène-azodiphénylamine,

$$C^6H^4(AzO^2)_{(3)} - Az^2_{(1)} - C^6H^4 . AzH_{(4)} . C^6H^5.$$

— On l'obtient en mélangeant une solution aqueuse de chlorure de m-nitrodiazobenzène avec une solution alcoolique de diphénylamine [Meldola, *Chem. Soc.*, **45**, 118]. Lamelles rouge-brun, fusibles à 136-137°, solubles dans l'alcool, l'acétone, etc. La solution alcoolique est orangée et passe par addition d'acide chlorhydrique au rouge-magenta.

Traité par l'acide nitreux, ce corps fournit un *dérivé nitrosé* fusible à 127-128°.

Réduit par la poudre de zinc et l'acide chlorhydrique, il donne de la m-phénylène-diamine et de la p-amidodiphénylamine.

p-Nitrobenzène-azodiphénylamine,

$$C^6H^4(AzO^2)_{(4)} - Az^2_{(1)} - C^6H^4 . AzH_{(4)} . C^6H^5$$

[Meldola, *Chem. Soc.*, **43**, 440]. — On mélange une solution aqueuse de chlorure de p-nitrodiazobenzène avec une solution alcoolique de diphénylamine; on recueille le précipité, on le lave à l'eau, puis au carbonate d'ammonium, et on le fait cristalliser dans l'alcool étendu. Lamelles brunes, fusibles à 151°.

Le *chlorhydrate* est en aiguilles violettes qui se décomposent à l'air.

Dibromoamidoazobenzène,

$$C^6H^3Br^2Az = Az . C^6H^4 . AzH^2.$$

— On le prépare en faisant agir une solution alcoolique de brome sur l'amidoazobenzène. Aiguilles jaunes, fusibles à 152° (Berju).

Diamidoazobenzènes. — *o-p-Diamidoazobenzène*. $C^6H^5 - Az = Az_{(1)}C^6H^3(AzH^2)^2_{(2.4)}$. — Voyez Chrysoïdine.

o-Diamidoazobenzène symétrique. — Son dérivé, le *p-dibromodiacétamidoazobenzène*,

$$\begin{array}{l} Az - C^6H^3Br - AzH . C^2H^3O \\ \| \\ Az - C^6H^3Br - AzH . C^2H^3O \end{array}$$

s'obtient en traitant une solution alcoolique chaude d'o-bromo-p-nitracétanilide par l'ammoniaque et la poudre de zinc platinée [Matthiesen et Mixter, *Am. chem. Journ.*, **8**, 347].

m-Diamidoazobenzène symétrique. — Le *dérivé diméthylé*,

$$AzH^2 . C^6H^4 - Az = Az - C^6H^4 . Az(CH^3)^2,$$

se forme quand on chauffe le dérivé acétylé correspondant avec de l'acide sulfurique dilué. Lamelles jaunes d'or, fusibles à 165-166°.

Le *dérivé acétylé* s'obtient lui-même en ajoutant de l'azotite de sodium à une solution chlorhydrique de m-acétylphénylène-diamine et en introduisant dans le mélange une solution alcoolique froide de diméthylaniline. Lamelles fusibles à 184° [Wallach, *Ann. Chem.*, **234**, 363].

p-Diamidoazobenzène symétrique (*p-azoaniline*), $AzH^2 . C^6H^4 . Az^2 . C^6H^4 . AzH^2$. — On l'obtient par l'action de l'acide chlorhydrique sur le dérivé acétylé correspondant. Aiguilles jaunes, fusibles à 241° [Mixter, *Am. chem. Journ.*, **5**, 283. — Nietzki, *D. chem. G.*, **17**, 345], peu solubles dans la ligroïne, le benzène, l'eau, très solubles dans l'alcool. Les réducteurs le convertissent en p-phénylène-diamine.

Le *chlorhydrate*, $C^{12}H^{12}Az^4 . 2HCl$, forme des aiguilles presque noires, à reflet vert.

Le *chloroplatinate*, $C^{12}H^{12}Az^4 . 2HCl . PtCl^4$, est très soluble dans l'alcool, moins soluble dans l'eau.

p-Amidobenzène-azo-p-diméthylaniline,

$$C^6H^4(AzH^2)_{(4)} - Az^2_{(1)} - C^6H^4 . Az_{(4)}(CH^3)^2.$$

— Ce composé prend naissance par la réduction de la p-nitrobenzène-azo-p-diméthylaniline par le sulfure d'ammonium en solution alcoolique [Meldola, *Chem. Soc.*, **45**, 107]. Petites aiguilles rouge-brique, fusibles à 182-183° (Meldola), à 186-187° [Nœlting, *D. chem. G.*, **20**, 2994], insolubles dans l'eau bouillante, très solubles dans l'alcool. La solution alcoolique se colore par addition d'acide chlorhydrique, d'abord en vert, puis en rouge.

L'anhydride acétique donne un *dérivé acétylé*, fusible à 217°.

Une solution chlorhydrique étendue de la base, additionnée d'une solution d'un nitrite, puis d'une goutte d'acide chlorhydrique, et enfin d'ammoniaque versée goutte à goutte, prend une coloration bleue. Cette réaction est sensible et peut être utilisée pour la recherche de l'acide nitreux [Meldola, *D. chem. G.*, **17**, 257].

Le *chloroplatinate*, $C^{14}H^{16}Az^4 . 2HCl . PtCl^4$, est un précipité brun, formé d'aiguilles microscopiques.

Tétraméthyldiamidoazobenzène,

$$Az(CH^3)^2 . C^6H^4 - Az = Az - C^6H^4 . Az(CH^3)^2.$$

— Il se forme en même temps que la p-diméthylphénosafranine quand on chauffe 1 molécule de chlorhydrate de p-nitrosodiméthylaniline avec 1 molécule d'aniline en solution dans 8 fois son poids d'alcool à 92°. Lamelles brunes, fusibles à 218-220° [Barbier et Vignon, *Bull. Soc. Chim.*, (2), **48**, 637], presque insolubles dans l'eau, solubles en rouge foncé dans les acides concentrés. La réduction par le zinc et l'acide sulfurique convertit ce composé en p-diméthylamido-aniline,

$$(CH^3)^2Az - C^6H^4 - AzH^2.$$

MM. O. Fischer et Wacker [*D. chem. G.*, **21**, 2612] ont obtenu un tétraméthyldiamido-azobenzène cristallisé en aiguilles rouges, fusibles à 255°, en ajoutant de la phénylhydrazine à une solution alcoolique de nitrosodiméthylaniline.

p-Amidobenzène-azodiphénylamine,

$$C^6H^4(AzH^2) - Az^2 - C^6H^4 . AzH . C^6H^5.$$

— On l'obtient par l'action du sulfure d'ammonium sur une solution alcoolique froide de p-nitrobenzène-azodiphénylamine. Cristaux orangés, fusibles à 90-91°, peu solubles dans l'eau bouillante, très solubles dans l'alcool, l'acétone, le chloroforme et le benzène [Meldola, *Chem. Soc.*, **43**, 440].

p-Amidobenzène-azoacétanilide,

$$C^6H^4(AzH^2) - Az^2_{(1)} - C^6H^4 - AzH_{(4)} . C^2H^3O$$

[Nietzki, *D. chem. G.*, **17**, 345]. — On mélange de l'aniline avec une solution neutre de chlorure de diazo-acétanilide; il se fait un précipité jaune, constituant un dérivé diazo-amidé et qui, chauffé avec de l'aniline et du chlorhydrate d'aniline, fournit la p-amidobenzène-azo-acétanilide.

Lamelles d'un jaune d'or, brillantes, fusibles à 212°. L'acide sulfurique dilué le transforme à l'ébullition en diamido-azobenzène.

Le *chlorhydrate*, $C^{14}H^{14}Az^4O . HCl$, est en petites lamelles argentines.

p-Acétamidobenzène-azoacétanilide,

$$\begin{matrix} Az . C^6H^4 . AzH . C^2H^3O \\ \| \\ Az . C^6H^4 . AzH . C^2H^3O \end{matrix}$$

— Longues et fines aiguilles d'un jaune d'or, fusibles à 281-282°, obtenues par la réduction de la p-nitroacétanilide au moyen de la poudre de zinc et de l'ammoniaque [Mixter, *loc. cit.*].

Acides azobenzène-sulfoniques. — *Acide m-azobenzène-disulfinique*,

$$\begin{matrix} Az . C^6H^4 . SO^2H \\ \| \\ Az . C^6H^4 . SO^2H \end{matrix}$$

[R. Bauer, *Ann. Chem.*, **229**, 363]. — On l'obtient par l'action de l'amalgame de sodium sur les sels sodiques des acides benzène-sulfinique-azobenzène-thiosulfonique,

$$C^6H^4(SO^2H) - Az^2 - C^6H^4(SO^2 . SH),$$

ou azobenzène-dithiosulfonique,

$$C^6H^4(SO^2 . SH) - Az^2 - C^6H^4(SO^2 . SH);$$

on neutralise le produit de la réduction par l'acide sulfurique, on évapore à sec et on épuise par l'alcool, qui dissout le sel sodique du nouvel acide; on isole enfin l'acide par l'acide chlorhydrique. Masse amorphe, jaunâtre, se décomposant sans fondre lorsqu'on la chauffe, peu soluble dans l'eau, un peu plus soluble dans l'alcool. Les oxydants (permanganate, iode, liqueur de Fehling) le convertissent en acide m-azobenzène-disulfonique. Le sulfure d'ammonium donne de l'acide azobenzène-dithiosulfonique. L'ébullition avec l'acide chlorhydrique le convertit en une base isomérique.

Le *sel de sodium*, $C^{12}H^8Az^2O^4S^2Na^2$, forme des aiguilles jaunes, contenant de l'eau de cristallisation.

Le *sel de calcium*, $C^{12}H^8Az^2O^4S^2Ca, 0,5H^2O$, est en aiguilles rougeâtres, peu solubles dans l'alcool.

Le *sel de plomb*, $C^{12}H^8Az^2O^4S^2Pb$, est un précipité rougeâtre, amorphe, à peine soluble dans l'alcool et dans l'eau.

La *base isomérique* mentionnée plus haut, $C^{12}H^{10}Az^2O^4S^2$, est une masse feuilletée, d'un jaune sale, peu soluble dans l'alcool et dans l'eau, insoluble dans l'éther. Le *bromhydrate*,

$$C^{12}H^{10}Az^2O^4S^2 . 2HBr,$$

forme de petits prismes, très solubles dans l'alcool et dans l'eau.

Acide p-azobenzène-disulfinique,

$$C^6H^4(SO^2H) - Az^2 - C^6H^4(SO^2H)$$

[R. Bauer, *Ann. Chem.*, **229**, 369]. — On l'obtient: par l'action du sulfhydrate de baryum sur le chlorure p-azobenzène-disulfonique; par l'action de l'amalgame de sodium sur le sel sodique de l'acide p-azobenzène-dithiosulfonique,

$$C^6H^4(SO^2 . SH) - Az^2 - C^6H^4(SO^2 . SH).$$

Précipité jaune, amorphe, très peu soluble dans l'alcool et dans l'eau.

Le *sel de sodium*, $C^{12}H^8Az^2O^4S^2Na^2, 4H^2O$, forme des houppes jaunes, très solubles dans l'eau, peu solubles dans l'alcool.

Le *sel de baryum*, $C^{12}H^8Az^2O^4S^2Ba$, est un précipité brun clair, presque insoluble dans l'eau.

Acide p-azobenzène-sulfonique,

$$C^6H^5-Az^2-C^6H^4(SO^3H), 3H^2O.$$

— Il prend naissance par l'action de l'acide sulfurique fumant sur l'azobenzène à 130° [Griess, *Ann. Chem.*, **154**, 208]. Il forme de grandes lamelles orangées, fusibles à 127° [Janovsky, *Mon. f. Chem.*, **2**, 221], solubles à 10° dans 17 parties d'eau, peu solubles dans l'alcool et dans l'éther. Fondu avec de la potasse, il donne du sulfite de potassium et de l'oxyazobenzène (benzène-azophénol); traité par le sulfure d'ammonium, il fournit de l'acide benzidine-sulfonique; réduit par l'étain et l'acide chlorhydrique, il se convertit en acide aniline-p-sulfonique [Janovsky, *Mon. f. Chem.*, **3**, 237]. L'acide sulfurique le transforme en acide azobenzène-disulfonique [Laar, *D. chem. G.*, **14**, 1932].

Le *sel de potassium*, $C^{12}H^9Az^2O^3SK, 2H^2O$, est en grandes lamelles rougeâtres.

Le *sel de baryum*, $(C^{12}H^9Az^2O^3S)^2Ba$, forme de petites aiguilles jaunes, très peu solubles dans l'eau bouillante.

Le *sel d'argent* a pour composition

$$C^{12}H^9Az^2O^3SAg.$$

Le *chlorure*, $C^{12}H^9Az^2.SO^2Cl$, forme des aiguilles orangées, clinorhombiques, fusibles à 82°, insolubles dans l'eau froide; l'eau bouillante ne le décompose que lentement; l'alcool le détruit sans fournir d'éther.

L'*amide*, $C^{12}H^9Az^2.SO^2AzH^2$, est une poudre orangée, insoluble dans l'eau, peu soluble dans l'alcool bouillant [Skandaroff, *Zeit. f. Chem.*, **6**, 643].

Acide m-benzène-sulfinique-azobenzène-thiosulfonique, $C^6H^4(SO^2H)-Az^2-C^6H^4(SO^2.SH)$ [R. Bauer, *Ann. Chem.*, **229**, 360]. — On l'obtient à l'état de sel de baryum en évaporant au contact de l'air les solutions des sels barytiques des acides hydrazobenzène-dithiosulfonique ou m-azobenzène-dithiosulfonique. Flocons jaunes, fusibles au-dessous de 100°, peu solubles dans l'eau, insolubles dans l'alcool; l'oxydation par le permanganate fournit de l'acide azobenzène-disulfonique.

Le *sel de sodium*, $C^{12}H^8Az^2O^4S^3Na^2, xH^2O$, forme des aiguilles jaunes, très solubles dans l'eau.

Le *sel de potassium*, $C^{12}H^8Az^2O^4S^3K^2$, est une poudre amorphe.

Le *sel de baryum*, $C^{12}H^8Az^2O^4S^3Ba$, forme des croûtes cristallines rouges, peu solubles dans l'eau.

Le *sel de plomb*, $C^{12}H^8Az^2O^4S^3Pb$, est un précipité rougeâtre, amorphe.

Acide m-azobenzène-disulfonique,

$$C^6H^4(SO^3H)_{(3)}-Az^2_{(1)}-C^6H^4(SO^3H)_{(3)}, 3H^2O.$$

— On l'obtient : en réduisant par l'amalgame de sodium le m-nitrobenzène-sulfonate de sodium [Claus et Moser, *D. chem. G.*, **11**, 762]; en traitant l'azobenzène par l'acide pyrosulfurique [Janovsky, *Mon. f. Chem.*, **3**, 243. — Limpricht, *D. chem. G.*, **14**, 1358]; en réduisant le m-nitrobenzène-sulfonate de potassium par la poudre de zinc et la potasse [Mahrenholtz et Gilbert, *Ann. Chem.*, **202**, 332].

Prismes jaunâtres clinorhombiques, ou lamelles orthorhombiques renfermant $5H^2O$ [Janovsky, *D. chem. G.*, **15**, 2577], très solubles dans l'eau, l'alcool et l'éther, peu solubles dans l'acide chlorhydrique concentré. Réduit par l'étain et l'acide chlorhydrique, il donne de l'acide aniline-m-sulfonique.

Le *sel d'ammonium*,

$$C^{12}H^8Az^2O^6S^2(AzH^4)^2, 2H^2O,$$

est en lamelles clinorhombiques.

Le *sel de sodium*, $C^{12}H^8Az^2O^6S^2Na^2$, cristallise avec $3,5H^2O$.

Le *sel de potassium*, $C^{12}H^8Az^2O^6S^2K^2$, cristallise en aiguilles renfermant $2H^2O$ ou en lamelles contenant $4H^2O$.

Le *sel de calcium*, $C^{12}H^8Az^2O^6S^2Ca, 4H^2O$, est en lamelles jaunes, très solubles dans l'eau.

Le *sel de baryum*, $C^{12}H^8Az^2O^6S^2Ba, H^2O$, est en petits mamelons jaunes.

L'*éther diéthylique*, $C^{12}H^8Az^2O^6S^2(C^2H^5)^2$, forme des aiguilles jaune d'or, fusibles à 100°.

Le *chlorure*, $C^{12}H^8Az^2(SO^2Cl)^2$, cristallise dans l'éther en aiguilles rouge-rubis, fusibles à 166° (Mahrenholtz et Gilbert), à 145° (Claus et Moser), à 123-125° (Limpricht), à 143° (Janovsky).

L'*amide*, $C^{12}H^8Az^2(SO^2.AzH^2)^2$, cristallise dans l'alcool en aiguilles jaunes, fusibles à 295° (Mahrenholtz et Gilbert), à 295° (Limpricht), peu solubles dans l'eau et dans l'alcool.

Suivant M. Rodatz [*Ann. Chem.*, **215**, 215], l'acide m-disulfonique obtenu par l'action de l'acide pyrosulfurique sur l'azobenzène aurait pour constitution $C^6H^4(SO^3H)_{(4)}-Az^2_{(4)}-C^6H^4(SO^3H)_{(3)}$. Chauffé avec de l'acide chlorhydrique à 150°, il se dédoublerait en acides aniline-m-sulfonique et aniline-p-sulfonique. Le *chlorure* fondrait à 120° et l'*amide* à 150°.

Acide m-azobenzène-dithiosulfonique,

$$C^6H^4(SO^2.SH)-Az^2-C^6H^4(SO^2.SH).$$

— On l'obtient en traitant à froid le chlorure m-azobenzène-disulfonique par le sulfhydrate de baryum [Bauer, *Ann. Chem.*, **219**, 358]; on l'isole de son sel barytique au moyen de l'acide acétique. Précipité jaune clair, qui brunit lorsqu'on le chauffe et qui fond à 91-93°; il est presque insoluble dans l'eau et dans l'alcool. Oxydé (à l'état de sel barytique) par le permanganate de potassium, il régénère l'acide m-azobenzène-disulfonique. Réduit par le sulfure d'ammonium, il fournit l'acide hydrazobenzène-dithiosulfonique.

Le *sel de sodium*, $C^{12}H^8Az^2O^4S^4Na^2, xH^2O$, est en mamelons rougeâtres, très solubles dans l'eau et dans l'alcool.

Le *sel de baryum*, $C^{12}H^8Az^2O^4S^4Ba, 5H^2O$, est en mamelons rouges, peu solubles dans l'eau, presque insolubles dans l'alcool.

Acide p-azobenzène-disulfonique

$$C^6H^4(SO^3H)_{(4)}-Az^2_{(1)}-C^6H^4(SO^3H)_{(4)}.$$

— Il se produit : dans l'oxydation à froid de l'acide aniline-p-sulfonique au moyen du permanganate de potassium [Laar, *D. chem. G.*, **14**, 1928]; par l'action de l'acide pyrosulfurique ou de l'acide sulfurique fumant sur l'azobenzène ou sur l'acide p-azobenzène-sulfonique [Limpricht, *D. chem. G.*, **14**, 1356; **15**, 1155. — Janovsky, *Mon. f. Chem.*, **2**, 221; **3**, 239]. Aiguilles rouges, déliquescentes, groupées autour d'un centre, renfermant H^2O (Limpricht), $5H^2O$ (Laar), $3H^2O$ (Janovsky). Déshydraté, il se carbonise à 150°. Le chlorure stanneux le convertit en acide aniline-p-sulfonique; la fusion avec de la potasse, à 250°, fournit du p-azophénol.

Le *sel de sodium*, $C^{12}H^8Az^2O^6S^2Na^2$, forme des houppes orangées.

Le *sel de potassium*, $C^{12}H^8Az^2O^6S^2K^2, 2,5H^2O$, est en grands prismes rouges, peu solubles dans l'eau froide, très solubles dans l'eau chaude, insolubles dans l'alcool; suivant M. Janovsky, il renferme $3H^2O$.

Le *sel de calcium*, $C^{12}H^8Az^2O^6S^2Ca$, est un précipité cristallin orangé.

Le *sel de baryum*, $C^{12}H^8Az^2O^6S^2Ba$, forme des mamelons orangés microscopiques, peu solubles dans l'eau bouillante, presque insolubles dans l'eau froide.

Le *sel de plomb*, $C^{12}H^8Az^2O^6S^2Pb, H^2O$, cristallise dans l'eau chaude en petits prismes d'un rouge vif, groupés en mamelons; on peut aussi l'obtenir anhydre.

Le *sel de cuivre*, $C^{12}H^8Az^2O^6S^2Cu, 6H^2O$, est en lamelles brunes, peu solubles dans l'eau froide, très solubles dans l'eau chaude.

Le *sel d'argent*, $C^{12}H^8Az^2O^6S^2Ag^2$, est un précipité orangé, qu'on peut faire cristalliser dans l'eau bouillante.

Le *chlorure*, $C^{12}H^8Az^2(SO^2Cl)^2$, cristallise dans le benzène en petites lamelles rouges, fusibles à 220° (Laar), ou en longues aiguilles rouge-rubis fusibles à 170° (Janovsky); il est très soluble dans le chloroforme et dans le benzène chaud; l'eau bouillante ne l'attaque pas; l'acide chlorhydrique le convertit à 150° en acide aniline-p-sulfonique [Rodatz, *Ann. Chem.*, **215**, 214].

L'*amide*, $C^{12}H^8Az^2(SO^2.AzH^2)^2$, cristallise dans l'alcool en houppes orangées, formées d'aiguilles ou de lamelles, insolubles dans le chloroforme, l'éther, le benzène, à peine solubles dans l'eau, solubles dans l'eau bouillante; elle se décompose sans fondre vers 250°.

En traitant par la poudre de zinc et la soude l'amide p-nitrobenzène-sulfonique, MM. Mahrenholtz et Gilbert ont obtenu une *amide*

$$C^{12}H^8Az(SO^2.AzH^2)^2,$$

qui devrait être identique avec la précédente; elle forme des lamelles jaunes, fusibles à 176°, solubles dans l'alcool et dans l'eau bouillante.

Acide p-azobenzène-dithiosulfonique,

$$C^6H^4(SO^2.SH)_{(4)}-Az^2_{(1)}-C^6H^4(SO^2.SH)_{(4)}$$

[Bauer, *Ann. Chem.*, **229**, 368]. — On l'obtient en traitant à froid le chlorure p-azobenzène-disulfonique par une solution de sulfhydrate de baryum. C'est un précipité jaune, fusible au-dessous de 100°, très peu soluble dans l'alcool et dans l'eau.

Le *sel de sodium*, $C^{12}H^8Az^2O^4S^4Na^2, xH^2O$, forme des mamelons jaunes, très solubles dans l'eau et dans l'alcool.

Le *sel de baryum*, $C^{12}H^8Az^2O^4S^4Ba$, est en mamelons jaunes, peu solubles dans l'eau froide, insolubles dans l'alcool.

Acide β-azobenzène-disulfonique (*m-benzène-sulfonique-azobenzène-p-sulfonique*),

$$C^6H^4(SO^3H)_{(3)}-Az^2_{(1)}-C^6H^4(SO^3H)_{(4)}$$

[Limpricht, *D. chem. G.*, **15**, 1155]. — On l'obtient en oxydant par le permanganate de potassium un mélange d'acides aniline-m-sulfonique et aniline-p-sulfonique. C'est un sirop qui, chauffé à 150° avec de l'acide chlorhydrique, régénère les acides qui lui ont donné naissance.

Le *sel de potassium*,

$$C^{12}H^8Az^2O^6S^2K^2, 2,5H^2O,$$

forme des aiguilles jaune foncé, solubles dans l'eau en toutes proportions.

Le *sel de baryum* est en aiguilles jaunes, très solubles dans l'eau chaude.

Le *sel de plomb* est un précipité cristallin jaune, soluble dans l'eau bouillante.

Le *sel d'argent*, $C^{12}H^8Az^2O^6S^2Ag^2, H^2O$, est un précipité jaune, qui cristallise dans l'eau bouillante en petites lamelles.

Acide γ-azobenzène-disulfonique (*benzène-azobenzène-o-p-disulfonique*,

$$C^6H^5-Az^2_{(1)}-C^6H^3(SO^3H)^2_{(2.4)}$$

[Janovsky, *loc. cit.*]. — Grains cristallins, obtenus par l'action de l'acide sulfurique fumant sur l'azobenzène. Réduit par l'étain et l'acide chlorhydrique, il donne de l'aniline et de l'acide aniline-o-p-disulfonique.

Acide α-azobenzène-tétrasulfonique,

$$C^6H^3(SO^3H)^2-Az^2-C^6H^3(SO^3H)^2$$

[Reiche, *Ann. Chem.*, **203**, 64]. — On l'obtient en faisant bouillir l'α-nitrobenzène-disulfonate de baryum avec de la poudre de zinc et de l'eau de baryte. Masse cristalline déliquescente. L'acide nitreux ne l'altère pas; le chlorure stanneux le convertit en acide hydrazobenzène-tétrasulfonique.

Le *sel de potassium*, $C^{12}H^6Az^2O^{12}S^4K^4, 3H^2O$, est en prismes microscopiques, très solubles dans l'eau, insolubles dans l'alcool.

Le *sel de baryum*, $C^{12}H^6Az^2O^{12}S^4Ba^2, 5H^2O$, est en fines aiguilles, insolubles dans l'alcool, très solubles dans l'eau.

Acide β-azobenzène-tétrasulfonique,

$$C^6H^3(SO^3H)^2-Az^2-C^6H^3(SO^3H)^2$$

[Reiche, *ibid.*]. — Même préparation que pour le précédent, au moyen de l'acide β-nitrobenzène-disulfonique.

Le *sel de potassium*, $C^{12}H^6Az^2O^{12}S^4K^4, 3H^2O$, forme des croûtes cristallines rougeâtres, insolubles dans l'alcool, très solubles dans l'eau.

Le *sel de baryum*, $C^{12}H^6Az^2O^{12}S^4Ba^2, 4H^2O$, est en aiguilles orangées, très solubles dans l'eau, insolubles dans l'alcool.

Le *sel de plomb*, $C^{12}H^6Az^2O^{12}S^4Pb^2, xH^2O$, est une masse confusément cristalline, très soluble dans l'eau, insoluble dans l'alcool.

Le *chlorure*, $C^{12}H^6Az^2(SO^2Cl)^4$, cristallise dans l'éther en larges aiguilles, fusibles à 58°.

L'*amide*, $C^{12}H^6Az^2(SO^2.AzH^2)^4$, forme de fines aiguilles, fusibles à 222°, peu solubles dans l'eau froide et dans l'alcool chaud, solubles dans l'eau bouillante.

DÉRIVÉS DE SUBSTITUTION DES ACIDES AZOBENZÈNE-SULFONIQUES. — *Acide p-chloro-azobenzène-p-sulfonique* (*p-chlorobenzène-azobenzène-p-sulfonique*,

$$C^6H^4Cl_{(4)}-Az^2_{(1)}-C^6H^4(SO^3H)_{(4)}.$$

— On l'obtient en chauffant à 60-70° un mélange de p-chloro-azobenzène et d'acide sulfurique fumant à 10 0/0 d'anhydride. Aiguilles brunes, fusibles à 148°, très solubles dans l'eau et dans l'alcool. La réduction par l'étain et l'acide chlorhydrique donne de la p-chloraniline et de l'acide aniline-p-sulfonique [Mentha et Heumann, *D. chem. G.*, **19**, 2972].

Le *sel de sodium*, $C^{12}H^8ClAz^2O^3SNa$, est en lamelles ou en petites aiguilles orangées, à reflet nacré, assez peu solubles dans l'eau froide.

Le *sel de baryum*, $(C^{12}H^8ClAz^2O^3S)^2Ba$, forme des aiguilles brillantes de couleur chair.

Le *chlorure*, $C^{12}H^8ClAz^2.SO^2Cl$, cristallise dans l'éther en prismes rouges, brillants, fusibles à 130°, assez solubles dans l'alcool et dans l'éther.

L'*amide*, $C^{12}H^8ClAz^2(SO^2.AzH^2)$, cristallise dans l'alcool en prismes jaune-brun, fusibles à 211°, peu solubles dans l'éther et dans l'alcool froid.

Acide p-dichloro-azobenzène-sulfonique,

$$C^{12}H^7Cl^2Az^2.SO^3H, xH^2O.$$

— On l'obtient en chauffant à 140-150° un mélange de p-dichloro-azobenzène et d'acide sulfurique légèrement fumant. Fines aiguilles orangées, solubles dans l'eau et dans l'alcool [Calm et Heumann, *D. chem. G.*, **13**, 1183].

Tous ses sels, même les sels alcalins, sont peu solubles dans l'eau [Calm, *D. chem. G.*, **15**, 2558].

Le *sel de sodium*, $C^{12}H^7Cl^2Az^2.SO^3Na$, forme de petites lamelles brillantes, d'un jaune d'or.

Le *sel de potassium*, $C^{12}H^7ClAz^2.SO^3K$, est en lamelles orangées, brillantes, peu solubles dans l'eau froide.

Le *sel de calcium*, $(C^{12}H^7ClAz^2.SO^3)^2Ca$, est en petites lamelles brillantes, d'un jaune d'or.

Le *sel de baryum*,

$$(C^{12}H^7ClAz^2.SO^3)^2Ba, xH^2O,$$

est un précipité cristallin d'un jaune clair.

Le *sel de plomb*, $(C^{12}H^7ClAz^2.SO^3)^2Pb$, cristallise dans l'eau bouillante en petites lamelles orangées.

Le *sel d'argent*, $C^{12}H^7ClAz^2.SO^3Ag$, est en grains cristallins d'un jaune orangé clair.

Le *chlorure*, $C^{12}H^7ClAz^2.SO^2Cl$, cristallise dans l'éther en longues aiguilles orangées, fusibles à 161°.

Acide m-bromoazobenzène-sulfonique,

$$C^{12}H^9BrAz^2O^3S, 0,5H^2O$$

[Janovsky, *Mon. f. Chem.*, **8**, 54]. — Il prend naissance par l'action de l'acide sulfurique fumant sur le m-bromo-azobenzène. Ses sels alcalins sont peu solubles dans l'eau.

Le *sel de sodium* se présente en lamelles nacrées.

Acide p-bromoazobenzène-p-sulfonique,

$$C^6H^4Br-Az^2-C^6H^4.SO^3H, 3H^2O.$$

— On l'obtient soit en bromurant l'acide azobenzène-p-sulfonique, soit en chauffant à 140° le p-bromo-azobenzène avec de l'acide sulfurique fumant [Janovsky, *Mon. f. Chem.*, **5**, 162 et **8**, 53]. Fines aiguilles très solubles dans l'eau chaude. Traité par l'étain et l'acide chlorhydrique, il donne de la p-bromaniline et de l'acide aniline-p-sulfonique.

Le *sel de sodium*, $C^{12}H^8BrAz^2O^3SNa$, est en lamelles orangées, à éclat nacré, peu solubles dans l'eau.

Le *sel de potassium*, $C^{12}H^8BrAz^2O^3SK$, forme de petites lamelles orangées.

Acide dibromoazobenzène-sulfonique,

$$C^{12}H^7Br^2Az^2.SO^3H, 3H^2O.$$

— Cristaux jaunes, très solubles dans l'eau, l'alcool et l'éther, obtenus en traitant le dibromohydrazobenzène par l'acide sulfurique fumant [Werigo, *Ann. Chem.*, **165**, 196].

Le *sel de potassium* cristallise en aiguilles orangées.

Le *sel d'argent* est une poudre jaune, amorphe, très peu soluble.

Acide dibromoazobenzène-disulfonique,

$$C^6H^3Br_{(2)}(SO^3H)_{(5)}-Az^2_{(1)}-C^6H^3Br_{(2)}(SO^3H)_{(5)}$$

[Limpricht, *D. chem. G.*, **18**, 1422]. — On l'obtient en petite quantité en oxydant l'acide o-bromaniline-m-sulfonique par le permanganate de potassium.

Le *sel de potassium*,

$$C^{12}H^6Br^2Az^2O^6S^2K^2, 2H^2O,$$

cristallise en lamelles brillantes, rouge-rubis, solubles dans 10 ou 12 parties d'eau, insolubles dans l'alcool.

Acide α-tétrabromo-azobenzène-disulfonique (o-p-dibromobenzène-o-sulfonique-azo-o-p-dibromobenzène-o-sulfonique),

$$C^6H^2Br^2_{(2.4)}(SO^3H)_{(5)}-Az^2_{(1)}-C^6H^2Br^2_{(2.4)}(SO^3H)_{(5)}$$

[Rodatz, *Ann. Chem.*, **215**, 218]. — On l'obtient en oxydant par le permanganate de potassium, à la température de 45°, l'acide m-dibromaniline-m-sulfonique. Fines aiguilles rouges, très solubles dans l'eau et dans l'alcool. Le chlorure stanneux le convertit en acide dibromaniline-sulfonique.

Le *sel de potassium*,

$$C^{12}H^4Br^4Az^2O^6S^2K^2, 3H^2O,$$

forme de petites lamelles rouges, hexagonales, insolubles dans l'alcool, peu solubles dans l'eau froide, assez solubles dans l'eau chaude.

Le *sel de calcium*, $C^{12}H^4Br^4Az^2O^6S^2Ca, 4H^2O$, cristallise en lamelles microscopiques d'un jaune rougeâtre.

Le *sel de baryum*, $C^{12}H^4Br^4Az^2O^6S^2Ba, H^2O$, est un précipité couleur de chair, formé d'aiguilles microscopiques.

Le *sel de plomb*, $C^{12}H^4Br^4Az^2O^6S^2Pb, 2,5H^2O$, est un précipité cristallin, rouge, insoluble dans l'eau.

Le *chlorure*, $C^{12}H^4Br^4Az^2(SO^2Cl)^2$, cristallise dans le benzène en fines aiguilles rouge-brique, fusibles à 232-233°, peu solubles dans l'éther, assez solubles dans le benzène.

L'*amide*, $C^{12}H^4Br^4Az^2(SO^2.AzH^2)^2$, cristallise dans l'alcool en aiguilles orangées, microscopiques, à peine solubles dans l'eau, un peu plus solubles dans l'alcool; chauffée, elle se décompose sans fondre.

Acide β-tétrabromo-azobenzène-disulfonique (o-dibromobenzène-p-sulfonique-azo-o-dibromobenzène-p-sulfonique),

$$C^6H^2Br^2_{(2.6)}(SO^3H)_{(4)}-Az^2_{(1)}-C^6H^2Br^2_{(2.6)}(SO^3H)_{(4)}$$

[Rodatz, *Ann. Chem.*, **215**, 223]. — On l'obtient par oxydation de l'acide m-dibromaniline-p-sulfonique. Petites lamelles rougeâtres, brillantes, très solubles dans l'eau et dans l'alcool. La réduction par le chlorure stanneux régénère l'acide dibromaniline-p-sulfonique.

Le *sel de potassium*,

$$C^{12}H^4Br^4Az^2O^6S^2K^2, 2H^2O,$$

forme de longues lamelles d'un rouge foncé, peu solubles dans l'eau froide, un peu plus solubles dans l'alcool chaud.

Le *sel de calcium*, $C^{12}H^4Br^4Az^2O^6S^2Ca, 4H^2O$, est en petites lamelles rouges, rhombiques, peu solubles dans l'eau froide.

Le *sel de baryum*, $C^{12}H^4Br^4Az^2O^6S^2Ba, 3H^2O$, est un précipité couleur de chair, formé d'aiguilles microscopiques, insolubles dans l'eau.

Le *sel de plomb*, $C^{12}H^4Br^4Az^2O^6S^2Pb$, est un précipité brun-rougeâtre, formé de petites lamelles microscopiques, à peine solubles dans l'eau froide.

Le *chlorure*, $C^{12}H^4Br^4Az^2(SO^2Cl)^2$, cristallise dans le benzène en petites lamelles jaune brun, fusibles à 258-262°, peu solubles dans l'éther, très solubles dans le benzène.

L'*amide*, $C^{12}H^4Br^4Az^2(SO^2.AzH^2)^2$, forme de longues aiguilles soyeuses, d'un violet clair, très peu solubles dans l'eau, un peu plus solubles dans l'alcool et dans l'ammoniaque; chauffée, elle se carbonise sans fondre.

Acide γ-tétrabromoazobenzène-disulfonique,

$$C^{12}H^4Br^4Az^2(SO^3H)^2$$

[Rodatz, *loc. cit.*]. — On le prépare en oxydant par le permanganate de potassium le tétrabromohydrazobenzène-disulfonate de potassium.

Le *sel de potassium*, $C^{12}H^4Br^4Az^2O^6S^2K^2$, est un précipité amorphe, rouge, soluble dans l'eau, insoluble dans l'alcool.

Le *sel de baryum* est amorphe.

Le *chlorure* est incristallisable.

Acide hexabromoazobenzène-disulfonique,

$$C^{6}HBr^{3}_{(2.4.6)}(SO^{3}H)_{(3)}-Az^{2}_{(1)}-C^{6}HBr^{3}_{(2.4.6)}(SO^{3}H)_{(3)}$$

[Rodatz, *Ann. Chem.*, 215, 225]. — On le prépare en oxydant par le permanganate de potassium, à la température de 70-80°, le tribromaniline-m-sulfonate de potassium. Il forme des aiguilles rougeâtres, extrêmement solubles dans l'eau et dans l'alcool. Soumis à une longue ébullition avec du chlorure stanneux, il régénère l'acide tribromaniline-m-sulfonique.

Le *sel de potassium,*

$$C^{12}H^{2}Br^{6}Az^{2}O^{6}S^{2}K^{2}, 3H^{2}O,$$

est en aiguilles soyeuses, d'un jaune citron, peu solubles dans l'eau froide, très solubles dans l'eau chaude et dans l'alcool.

Le *sel de calcium*, $C^{12}H^{2}Br^{6}Az^{2}O^{6}S^{2}Ca, 7H^{2}O$, est en petites lamelles rouges, peu solubles dans l'eau froide.

Le *sel de baryum*, $C^{12}H^{2}Br^{6}Az^{2}O^{6}S^{2}Ba, 2H^{2}O$, forme des prismes rougeâtres, assez peu solubles dans l'eau bouillante.

Le *sel de plomb*, $C^{12}H^{2}Br^{6}Az^{2}O^{6}S^{2}Pb, 4H^{2}O$, est en pyramides tronquées, jaunes, peu solubles dans l'eau froide.

Le *chlorure*, $C^{12}H^{2}Br^{6}Az^{2}(SO^{2}Cl)^{2}$, cristallise dans le benzène en lames d'un violet foncé, fusibles à 221-224°, à peine solubles dans l'éther, peu solubles dans le benzène.

L'*amide*, $C^{12}H^{2}Br^{6}Az^{2}(SO^{2}.AzH^{2})^{2}$, se présente en mamelons jaune-brun, assez solubles dans l'eau chaude et dans l'alcool. Chauffée, elle se décompose sans fondre.

Acide o-nitro-azobenzène-sulfonique,

$$C^{12}H^{9}(AzO^{2})Az^{2}O^{3}S$$

[Janovsky, *Mon. f. Chem.*, 8, 60]. — On l'obtient par l'action de l'acide sulfurique fumant sur l'o-nitro-azobenzène à 160°. Longues aiguilles rouges, très déliquescentes.

Le *sel de sodium*, $C^{12}H^{8}Az^{3}O^{5}SNa$, est un précipité cristallin, formé de petites lamelles d'un rouge pourpre à reflet vert.

Le *sel de potassium*, $C^{12}H^{8}Az^{3}O^{5}SK$, est un précipité rouge-pourpre, formé d'aiguilles soyeuses.

Le *sel d'argent* répond à la formule

$$C^{12}H^{8}Az^{3}O^{5}SAg.$$

Acide m-nitroazobenzène-p-sulfonique,

$$C^{6}H^{4}(AzO^{2})_{(3)}-Az^{2}_{(1)}-C^{6}H^{4}(SO^{3}H)_{(4)}, xH^{2}O$$

[Janovsky, *Mon. f. Chem.*, 3, 504]. — Il se produit dans la nitration de l'acide azobenzène-p-sulfonique à la température de 115°. Lamelles microscopiques, très solubles dans l'eau; les réducteurs le dédoublent en m-phénylène-diamine et acide aniline-p-sulfonique.

Le *sel de potassium*, $C^{12}H^{8}Az^{3}O^{5}SK$, est en lamelles orangées, orthorhombiques, peu solubles dans l'eau froide.

Le *sel de baryum*, $(C^{12}H^{8}Az^{3}O^{5}S)^{2}Ba, 6H^{2}O$, cristallise en prismes orangés microscopiques, solubles à 60° dans 68 parties d'eau.

Le *sel de plomb*, $(C^{12}H^{8}Az^{3}O^{5}S)^{2}Pb$, est en aiguilles brillantes, peu solubles dans l'eau froide.

Acide p-nitroazobenzène-p-sulfonique,

$$C^{6}H^{4}(AzO^{2})_{(4)}-Az^{2}_{(1)}-C^{6}H^{4}(SO^{3}H)_{(4)}, 3H^{2}O$$

[Janovsky, *Mon. f. Chem.*, 4, 276]. — Il se produit en même temps que le précédent; on l'en sépare par cristallisation dans l'eau, dans laquelle il est moins soluble que son isomère. Larges aiguilles ou lamelles rhombiques orangées; 100 parties d'eau en dissolvent 3g,1 à 10°; l'acide nitrique le précipite de sa solution aqueuse. Le sulfure d'ammonium le convertit en acide amido-azobenzène-sulfonique; le chlorure stanneux, en acide hydrazobenzène-sulfonique; l'étain et l'acide chlorhydrique le dédoublent en p-phénylène-diamine et acide aniline-p-sulfonique.

Les sels alcalins sont peu solubles dans l'eau.

Le *sel de sodium*, $(C^{12}H^{8}Az^{3}O^{5}SNa, 2H^{2}O$, est en lamelles ou en prismes clinorhombiques, d'un jaune pâle.

Le *sel de potassium*, $C^{12}H^{8}Az^{3}O^{5}SK$, forme des lamelles orthorhombiques orangées; 100 parties d'eau en dissolvent 0g,161 à 17° et 1g,76 à 82°.

Le *sel de baryum*, $(C^{12}H^{8}Az^{3}O^{5}S)^{2}Ba$, forme des houppes d'un rouge orangé pâle, extrêmement peu solubles dans l'eau.

Acide α-dinitroazobenzène-sulfonique,

$$C^{6}H^{3}(AzO^{2})^{2}-Az^{2}-C^{6}H^{4}(SO^{3}H)$$

[Janovsky, *Mon. f. Chem.*, 3, 507]. — On le prépare en chauffant à 100° l'acide p-azobenzène-sulfonique avec 10 parties d'acide nitrique (d = 1,45). Aiguilles microscopiques, orangées, très solubles dans l'eau, que les réducteurs dédoublent en triamidobenzène et acide anilino-p-sulfonique.

Le *sel de potassium*, $C^{12}H^{7}Az^{4}O^{7}SK$, est en aiguilles épaisses, jaunes.

Le *sel de baryum*, $(C^{12}H^{7}Az^{4}O^{7}S)^{2}Ba$, est en aiguilles jaunes microscopiques, solubles à 68° dans 140 parties d'eau.

Acide β-dinitroazobenzène-sulfonique,

$$C^{6}H^{3}(AzO^{2})^{2}-Az^{2}-C^{6}H^{4}(SO^{3}H)$$

[Janovsky, *Mon. f. Chem.*, 5, 157]. — On le prépare en chauffant l'acide p-nitro-azobenzène-p-sulfonique avec 4,5 parties d'acide nitrique (d = 1,48-1,50), et en précipitant le produit ainsi obtenu par le double de son volume d'eau. Cristaux radiés, qui se dédoublent par l'étain et l'acide chlorhydrique en α-triamidobenzène et acide aniline-p-sulfonique.

Le *sel de potassium*, $C^{12}H^{7}Az^{4}O^{7}SK, H^{2}O$, forme des aiguilles microscopiques.

Le *sel de baryum*, $(C^{12}H^{7}Az^{4}O^{7}S)^{2}Ba$, est un précipité jaune, très peu soluble dans l'eau.

Acide trinitro-azobenzène-sulfonique,

$$C^{12}H^{6}Az^{2}(AzO^{2})^{3}(SO^{3}H)$$

[Janovsky, *Mon. f. Chem.*, 3, 508]. — Lamelles microscopiques, obtenues en chauffant l'acide azobenzène-p-sulfonique avec de l'acide nitrique (d = 1,48-1,51).

Le *sel de baryum*, $(C^{12}H^{6}Az^{5}O^{9}S)^{2}Ba$, est en mamelons cristallins, d'un jaune clair, solubles à 50° dans 158 parties d'eau.

Le *sel d'argent*, $C^{12}H^{6}Az^{5}O^{9}SAg$, est en cristaux microscopiques, jaunes, facilement explosifs.

Acide dinitroso-nitro-azobenzène-sulfonique,

$$C^{6}H^{4}(SO^{3}H)-Az^{2}-C^{6}H^{2}(AzO)^{2}(AzO^{2})$$

[Willgerodt et Ferko, *J. prakt. Chem.*, (2), 37, 350]. — Il se produit lorsqu'on chauffe à 220-230° le dinitroso-nitro-azobenzène avec 6 fois son poids d'un mélange à parties égales d'acide sulfurique concentré et d'acide sulfurique fumant.

Le *sel de baryum*, $(C^{12}H^{6}Az^{5}O^{7}S)^{2}Ba$, cristallise dans l'acide acétique en petites lamelles.

Acide p-amidoazobenzène-p-sulfonique,

$$C^{6}H^{4}(AzH^{2})_{(4)}-Az^{2}_{(1)}-C^{6}H^{4}(SO^{3}H)_{(4)}, 0,5H^{2}O$$

[Griess, *D. chem. G.*, 15, 2187. — Janovsky, *Mon. f. Chem.*, 4, 279]. — On mélange une solution aqueuse d'acide p-diazobenzène-sulfonique avec 2 molécules d'aniline; on abandonne pendant 24 heures, on filtre, on lave le précipité à l'éther pour lui enlever le diazo-amidobenzène formé dans la réaction, puis on le dissout dans l'ammoniaque et on purifie le sel d'ammonium ainsi obtenu par quelques cristallisations. Le même acide prend naissance lorsqu'on chauffe à 100° un mélange d'azo-amidobenzène et d'acide sulfurique fumant. Il se présente en aiguilles jaunâtres, microscopiques, presque insolubles dans l'alcool, l'éther et le chloroforme. 100 parties d'eau à 22° en dissolvent 0p,0144. L'étain et l'acide chlorhydrique le dédoublent en p-phénylène-diamine et acide aniline-p-sulfonique. Chauffé, il se charbonne sans fondre.

Le *sel d'ammonium* forme de petites lamelles orangées et brillantes.

Le *sel de calcium*, $(C^{12}H^{10}Az^3O^3S)^2Ca, 2H^2O$, est en petits mamelons. 100 parties d'eau en dissolvent 0p,1672 à 100°.

Le *sel de baryum*, $(C^{12}H^{10}Az^3O^3S)^2Ba, 6H^2O$, est en aiguilles rougeâtres, orthorhombiques. 100 parties d'eau en dissolvent 0p,052 à 20°.

Anhydride diazoazobenzène-sulfonique,

$$\begin{matrix} Az - C^6H^4 - SO^3 - Az \\ \parallel \qquad\qquad\qquad \parallel \\ Az - C^6H^4 \text{———} Az \end{matrix}$$

— On l'obtient en traitant l'acide précédent par l'acide nitreux en présence de l'eau (Griess). Aiguilles microscopiques d'un jaune clair, presque insolubles dans l'eau et dans l'alcool, solubles dans la potasse concentrée, détonant par la chaleur. L'ébullition avec l'alcool le transforme en acide p-azobenzène-sulfonique. L'ébullition prolongée avec l'eau donne l'acide p-phénolazobenzène-p-sulfonique.

Acide p-amidoazobenzène-p-sulfonique,

$$C^6H^4(AzH^2)_{(4)} - Az^2_{(1)} - C^6H^4(SO^3H)_{(4)}, H^2O.$$

— Ce composé, qui devrait être identique avec l'acide décrit plus haut, et qui, suivant M. Janovsky [*Mon. f. Chem.*, **4**, 653], est isomérique avec cet acide, se produit par l'action du sulfhydrate d'ammoniaque employé en quantité théorique sur l'acide p-nitro-azobenzène-p-sulfonique. Il forme des houppes microscopiques, couleur saumon. 100 grammes d'eau en dissolvent 0gr,0196 à 22°. L'étain et l'acide chlorhydrique le dédoublent en p-phénylène-diamine et acide aniline-p-sulfonique.

Le *sel de potassium*, $C^{12}H^{10}Az^3O^3SK, H^2O$, est en lamelles anorthiques, d'un jaune d'or, brillantes, très solubles dans l'eau.

Le *sel de calcium*, $(C^{12}H^{10}Az^3O^3S)^2Ca, 4H^2O$, est en lamelles jaunes et nacrées. 100 parties d'eau à 20° en dissolvent 0p,258.

Le *sel de strontium*, $(C^{12}H^{10}Az^3O^3S)^2Sr, 2H^2O$, cristallise en longues aiguilles.

Le *sel de baryum*, $(C^{12}H^{10}Az^3O^3S)^2Ba, 6H^2O$, est en longues aiguilles rouge de feu. 100 parties d'eau à 24° en dissolvent 0p,064.

Le *sel de plomb*, $(C^{12}H^{10}Az^3O^3S)^2Pb$, est en petites lamelles. 100 parties d'eau en dissolvent 0p,064 à 20°.

Acide p-amidoazobenzène-disulfonique,

$$C^6H^3(AzH^2)_{(4)}(SO^3H)_{(3)} - Az^2_{(1)} - C^6H^4(SO^3H)_{(4)}$$

[Griess, *D. chem. G.*, **15**, 2187. — Eger, *ibid.*, **22**, 851]. — On chauffe à 100° l'acide amido-azobenzène-sulfonique avec 4 parties d'acide sulfurique fumant jusqu'à ce que la solution ne précipite plus par l'eau; on ajoute alors 3 parties d'eau, et on précipite par l'acide chlorhydrique concentré; on purifie par dissolution dans l'eau et précipitation par l'acide chlorhydrique concentré. Aiguilles brillantes, violettes, très solubles dans l'eau bouillante et dans l'alcool, insolubles dans l'éther. L'étain et l'acide chlorhydrique le dédoublent en acide aniline-p-sulfonique et acide diamidobenzène-p-sulfonique. Le nitrite d'éthyle donne de l'acide azobenzène-m-p-disulfonique.

Le *sel de baryum*, $(C^{12}H^{10}Az^3O^6S^2)^2Ba, 7,5H^2O$, se présente en aiguilles rougeâtres, très solubles dans l'eau chaude.

Acide méthylamido-azobenzène-sulfonique,

$$C^6H^4(SO^3H) - Az^2 - C^6H^4(AzH.CH^3)$$

[Bernthsen et Goske, *D. chem. G.*, **20**, 925]. — On le prépare en traitant le sulfate d'acide p-diazobenzène-sulfonique par un mélange de méthylaniline et d'acide chlorhydrique. Aiguilles violettes, brillantes, peu solubles dans l'eau. Le sulfure d'ammonium le dédouble en acide aniline p-sulfonique et p-méthylamido-aniline.

Le *sel de sodium* (*orange de méthyle*),

$$C^{13}H^{12}Az^3O^3SNa,$$

forme de grandes lamelles orangées, peu solubles dans l'eau froide, très solubles dans l'eau chaude.

Acide p-diméthylamido-azobenzène-sulfonique (*hélianthine, orange III, tropéoline D*),

$$C^6H^4(SO^3H)_{(4)} - Az^2_{(1)} - C^6H^4.Az_{(4)}(CH^3)^2.$$

— On l'obtient : au moyen de l'acide p-diazobenzène-sulfonique et de la diméthylaniline [Griess, *D. chem. G.*, **10**, 528]; en abandonnant pendant 24 heures un mélange de p-diméthylamido-azobenzène et de 20 parties d'acide sulfurique fumant à 30 0/0 d'anhydride [Möhlau, *D. chem. G.*, **17**, 1491. — Nœlting, *ibid.*, **20**, 2996]. Petites lamelles violettes, brillantes, qui se dédoublent par les réducteurs (sulfure d'ammonium, poudre de zinc et acide chlorhydrique) en acide aniline-p-sulfonique et p-amidodiméthylaniline.

Acide éthylamidoazobenzène-sulfonique,

$$C^6H^4(SO^3H) - Az^2 - C^6H^4(AzH.C^2H^5)$$

[Bernthsen et Goske, *D. chem. G.*, **20**, 929]. — Lamelles brillantes, d'un bleu violacé, obtenues au moyen de l'acide p-diazobenzène-sulfonique et du chlorhydrate d'éthylaniline. Il fond en se décomposant vers 244°; il est presque insoluble dans l'eau froide et dans l'alcool.

Le *sel de sodium*, $C^{14}H^{14}Az^3O^3SNa$, est en lamelles orangées.

Acide phénylamido-azobenzène-sulfonique,

$$C^6H^4(SO^3H) - Az^2 - C^6H^4(AzH.C^6H^5)$$

[Witt, *D. chem. G.*, **12**, 262. — Hartley, *Chem. Soc.*, **51**, 192]. — On le prépare au moyen de la diphénylamine et de l'acide p-diazobenzène-sulfonique. Fines aiguilles d'un gris d'acier, peu solubles dans l'eau, un peu plus solubles dans l'alcool et dans l'acide acétique. La réduction par le zinc et l'acide acétique le transforme en amidodiphénylamine.

Le *sel de potassium* (*tropéoline OO*),

$$C^{18}H^{14}Az^3O^3SK,$$

forme des aiguilles d'un jaune d'or, très peu solubles dans l'eau froide, très solubles dans l'eau chaude.

Le *sel d'aniline*, chauffé avec un excès d'aniline, se convertit en *induline*, $C^{18}H^{15}Az^3$.

Dérivés bisazoïques.

Bisazobenzène, $C^6H^5 - Az^2 - C^6H^4 - Az^2 - C^6H^5$ [Nietzki et Diesterweg, *D. chem. G.*, **21**, 2145]. — Aiguilles rougeâtres, fusibles à 98°, obtenues en faisant bouillir un mélange d'amido-azobenzène (1 partie), d'alcool (100 parties), d'acide sulfurique (3 parties) et de nitrite de sodium (un peu plus de 1 molécule).

Amido-bisazobenzène,

$$C^6H^5 - Az^2 - C^6H^4 - Az^2 - C^6H^4.AzH^2.$$

— On le prépare en saponifiant par la potasse le dérivé acétylé correspondant (Nietzki et Diesterweg). Lamelles jaunes, fusibles à 170°, peu solubles dans l'alcool. La solution dans l'acide sulfurique concentré est rouge foncé et passe au bleu foncé par l'addition de quelques gouttes d'eau.

Le *dérivé acétylé*,

$$C^6H^5-Az^2-C^6H^4-Az^2-C^6H^4-AzH.C^2H^3O,$$

s'obtient en traitant par le chlorure d'acétyle le produit de la réaction de l'aniline sur le chlorure de diazobenzène-azobenzène,

$$C^6H^5-Az^2-C^6H^4-Az^2Cl.$$

Il cristallise dans l'alcool en lamelles orangées, fusibles à 227°, qui se colorent en vert foncé par l'acide sulfurique concentré.

M-Phénylène-diamine-bisazobenzène.

$$C^6H^2(AzH^2)^2[Az^2.C^6H^5]^2.$$

— Voyez Phénylène-diamines.

Benzène-bisazobenzène-m-phénylène-diamine,

$$C^6H^5-Az^2-C^6H^4-Az^2-C^6H^3(AzH^2)^2.$$

— Voyez Phénylène-diamines.

Dérivés hydrazoïques.

Hydrazobenzène. — Le meilleur mode de préparation consiste à faire agir l'amalgame de sodium ou la poudre de zinc sur une solution alcoolique de nitrobenzène [Moltchanowsky, *Bull. Soc. Chim.*, (2), 38, 551]. Ce corps est soluble dans l'alcool absolu : 100 parties d'une solution saturée à 16° en renferment 5 parties. Sa chaleur de combustion = 1598 calories; sa chaleur de formation = — 57^{cal},6 [Petit, *C. R.*, 106, 1668]. L'alloxane le transforme en azobenzène.

En le chauffant pendant 2 ou 3 heures à 120-130° avec de l'anhydride phtalique, reprenant par le benzène et faisant cristalliser le résidu dans le nitrobenzène bouillant, on obtient des aiguilles jaunes, soyeuses, fusibles au-dessus de 360° et constituant la diphtalyl-di-p-benzidine, $C^{28}H^{16}Az^2O^4$; ce corps donne un dérivé dinitré quand on le traite par l'acide azotique [Bandrowski, *D. chem. G.*, 17, 1181].

En chauffant l'hydrazobenzène avec de l'acide formique, on obtient de la *diformylbenzidine*; avec le chlorure de benzoyle, il se forme de la *dibenzoylbenzidine*.

L'acide oxalique déshydraté réagit sur l'hydrazobenzène vers 50°; il se dégage de la vapeur d'eau et la température s'élève à 150°; on épuise alors par l'alcool et l'on obtient un résidu gris violacé, insoluble dans les dissolvants et répondant à la formule $C^{16}H^{12}Az^2O^4$; en le distillant avec de la poudre de zinc, on obtient entre autres produits des quantités notables de di-p-benzidine [Bandrowski, *loc. cit.*].

L'hydrazobenzène et l'éther acétylacétique réagissent l'un sur l'autre à 120° pour fournir une base $C^{16}H^{14}Az^2O$, la *phénylméthyloxyquinizine* (ou peut-être la 1-2-*diphényl*-3-*méthyl*-5-*pyrazolone*).

En chauffant l'hydrazobenzène avec de l'aldéhyde benzylique au réfrigérant ascendant, on obtient de l'azobenzène; en ajoutant du chlorure de zinc au mélange et en chauffant, on voit se produire une vive réaction et l'on obtient la benzylidène-benzidine de M. Schiff, $C^{12}H^8(AzC^7H^6)^2$, fusible à 232° [Cleve, *Bull. Soc. Chim.*, (2), 45, 188]. En mélangeant 1 molécule d'hydrazobenzène et un peu plus de 1 molécule d'aldéhyde benzylique et en chauffant à 120-150°, MM. Cornelius et Homolka ont obtenu un produit de condensation cristallisé, la *benzhydrazoïne* [*D. chem. G.*, 19, 2239].

Par l'action de l'éthyldichloramine sur l'hydrazobenzène, il se forme de l'azobenzène et du chlorhydrate d'éthylamine [Pierson et Heumann, *D. chem. G.*, 16, 1049].

L'anhydride acétique agit à froid sur l'hydrazobenzène en donnant un *dérivé monoacétylé* $C^6H^5.AzH.Az(C^2H^3O).C^6H^5$ [Stern, *D. chem. G.*, 17, 380]. Celui-ci forme des aiguilles fusibles à 159°, insolubles dans l'eau et dans les alcalis, difficilement solubles dans l'éther; la chaleur le décompose en acétanilide et azobenzène.

Diacétylhydrazobenzène,

$$(C^6H^5)(C^2H^3O)Az-Az(C^2H^3O)(C^6H^5)$$

[Schmidt et Schultz, *Ann. Chem.*, 207, 327]. — On le prépare au moyen de l'hydrazobenzène et de l'anhydride acétique. Il cristallise dans l'alcool en grands prismes orthorhombiques jaunâtres, fusibles à 105°, peu solubles dans l'eau, très solubles dans l'alcool, l'éther, l'acide acétique. Soumis à une longue ébullition avec de l'acide chlorhydrique concentré, il donne de la benzidine.

L'acide opianique en solution alcoolique agit à chaud sur l'hydrazobenzène pour former un corps $C^{22}H^{20}Az^2O^4$, fusible à 186-188°, soluble dans l'alcool bouillant et dans le chloroforme [Bistrzycki, *D. chem. G.*, 21, 2520].

p-Chlorohydrazobenzène, $C^{12}H^{11}ClAz^2$. — On l'obtient en traitant par le sulfure d'ammonium une solution alcoolique de p-chloroazobenzène [Heumann et Mentha, *D. chem. G.*, 19, 1688]. Il forme de longues aiguilles, fusibles à 89-90°, facilement solubles dans l'alcool et dans l'éther; chauffé avec de l'acide sulfurique étendu, le p-chlorohydrazobenzène se décompose en p-chloroazobenzène, aniline et p-chloraniline.

p-Dichlorohydrazobenzène. — On l'obtient en faisant digérer le p-chloronitrobenzène avec de la poudre de zinc et une lessive de soude étendue [Calm et Heumann, *D. chem. G.*, 13, 1181].

p-Bromohydrazobenzène, $C^{12}H^{11}BrAz^2$. — Il se produit quand on traite le p-bromoazobenzène par le sulfure d'ammonium. Lamelles brillantes, fusibles à 115°; l'acide sulfurique le transforme en bromobenzidine [Janovsky et Erb, *D. chem. G.*, 20, 364].

o-Dibromohydrazobenzène, $C^{12}H^{10}Br^2Az^2$. — Par l'action d'une solution alcoolique de sulfure d'ammonium sur l'o-dibromoazobenzène. Cristaux fusibles à 82° [Janovsky et Erb, *loc. cit.*].

α-Dinitrohydrazobenzène. — Outre le corps décrit Suppl., 1, 303, on connaît un deuxième dérivé, $C^6H^5-AzH.AzH-C^6H^3(AzO^2)^2$, que l'on obtient en abandonnant à froid, pendant 8 jours, un mélange de 1 molécule d'α-dinitrochlorobenzène et de 2 molécules de phénylhydrazine en solution alcoolique; le produit de la réaction est repris par l'acide chlorhydrique faible, qui dissout le chlorhydrate de phénylhydrazine formé : la masse solide qui reste est purifiée par cristallisation dans l'alcool bouillant. On obtient finalement de belles lamelles rouges, fusibles à 120° [Willgerodt et Ferko, *J. prakt. Chem.*, (2), 37, 345].

Le dinitrohydrazobenzène, chauffé avec de l'acide acétique cristallisable ou avec de l'alcool, donne du *dinitrosoazobenzène*. Traité à chaud par l'oxyde de mercure, en présence de l'alcool, il se convertit en *α-dinitroazobenzène* (voyez plus haut).

Le *trinitrohydrazobenzène*, chauffé avec de l'oxyde de mercure en présence de l'alcool, est oxydé et transformé en *trinitroazobenzène*; avec l'acide acétique cristallisable, il donne du *nitrosodinitroazobenzène*.

o-Nitro-m-chlorohydrazobenzène,

$$C^6H^5.AzH-AzH_{(1)}C^6H^3Cl_{(3)}(AzO^2)_{(6)},$$

— On l'obtient par l'action du dinitrochlorobenzène de M. Laubenheimer (3 grammes) sur la phénylhydrazine (3gr,3) en présence de l'alcool. Petits prismes rouges, fusibles à 139-140°. Avec l'oxyde de mercure à chaud, il donne l'*o-nitro-m-chloroazobenzène* (voyez plus haut) [Willgerodt et Ferko, *loc. cit.*].

p-Acétamidohydrazobenzène,

$$C^6H^5.AzH.AzH-C^6H^4.AzH(C^2H^3O).$$

— On le prépare en faisant agir une solution alcoolique de sulfure d'ammonium sur le p-acétamidoazobenzène. Lamelles jaunes, brillantes, fusibles à 146° en se décomposant. Exposé à l'air, il régénère l'acétamidoazobenzène [Schultz, *D. chem. G.*, **17**, 463].

Acide hydrazobenzène-sulfonique,

$$C^6H^5-AzH-AzH-C^6H^4.SO^3H, 2,5H^2O$$

[Limpricht, *D. chem. G.*, **11**, 1048]. — Aiguilles jaunes, très solubles dans l'eau, obtenues en chauffant l'acide hydrazobenzène-disulfonique avec de l'eau à 200-210°.

Le *sel de potassium* a pour formule

$$C^{12}H^{11}Az^2O^3SK, 4H^2O.$$

Le *sel de baryum*, $(C^{12}H^{11}Az^2O^3S)^2Ba, 4H^2O$, forme des lamelles jaunes, très solubles.

Le *sel de plomb*, $(C^{12}H^{11}Az^2O^3S)^2Pb$, cristallise avec $3H^2O$.

Le *chlorure*, $C^{12}H^{11}Az^2.SO^2Cl$, cristallise dans l'éther en petites lamelles jaunes, fusibles au-dessus de 240°.

Acide m-hydrazobenzène-disulfonique,

$$C^{12}H^{10}Az^2(SO^3H)^2, 3H^2O.$$

On l'obtient : en réduisant les acides m-azoxybenzène-disulfonique ou m-azobenzène-disulfonique par le chlorure stanneux, par la soude et le sulfate ferreux, ou par la poudre de zinc [Brunnemann, *Ann. Chem.*, **202**, 344. — Mahrenholtz et Gilbert, *ibid.*, 337]; en réduisant l'acide m-nitrobenzène-sulfonique par le zinc et la soude au bain-marie [Neumann, *D. chem. G.*, **21**, 3419]; en abandonnant pendant quelques jours un mélange équimoléculaire d'acide diazohydrazophénoldisulfonique et d'acide hydrazine-hydrazophénoldisulfonique ou d'acide m-hydrazine-benzène-sulfonique [Neumann, *ibid.*].

Prismes clinorhombiques qui se déshydratent à 175°. 100 grammes de la solution aqueuse renferment à 22° 0gr,0791 et à 25° 0gr,0819 d'acide supposé anhydre. Il est peu soluble dans l'eau chaude, presque insoluble dans l'alcool et dans l'éther. Il n'est attaqué ni par l'amalgame de sodium, ni par le sulfure d'ammonium, ni par le chlorure stanneux, ni par l'acide iodhydrique à 200°. L'acide chlorhydrique étendu le dédouble à 200° en benzidine et acide sulfurique.

Le *sel de sodium*, $C^{12}H^{10}Az^2O^6S^2Na^2, 3,5H^2O$, cristallise en grands prismes clinorhombiques jaunâtres.

Le *sel de potassium*, $C^{12}H^{10}Az^2O^6S^2K^2, 1,5H^2O$, est en prismes clinorhombiques.

Le *sel de calcium*, $C^{12}H^{10}Az^2O^6S^2Ca, 4H^2O$, forme des prismes clinorhombiques; 100 grammes de la solution aqueuse contiennent à 9° 3gr,886 du sel supposé anhydre.

Le *sel de baryum*, $C^{12}H^{10}Az^2O^6S^2Ba, 4H^2O$, cristallise en prismes. 100 grammes de la solution aqueuse renferment à 26° 0gr,9648 du sel supposé anhydre.

Le *sel de plomb*, $C^{12}H^{10}Az^2O^6S^2Pb, 4H^2O$, forme des cristaux orthorhombiques, peu solubles dans l'eau froide.

L'*amide*, $C^{12}H^{10}Az^2(SO^2.AzH^2)^2$, est en cristaux prismatiques; on l'obtient en réduisant par le chlorure stanneux l'amide m-azobenzène-disulfonique.

Acide m-hydrazobenzène-dithiosulfonique,

$$C^6H^4(SO^2.SH)-Az^2H^2-C^6H^4(SO^2.SH)$$

[R. Bauer, *Ann. Chem.*, **220**, 354]. — Il se produit, en même temps que l'acide m-azobenzène-dithiosulfonique, par l'action du sulfhydrate de baryum sur le chlorure m-azobenzène-disulfonique. Flocons amorphes, jaunâtres, à peine solubles dans l'eau, insolubles dans l'alcool. L'oxydation par le permanganate le convertit en acide benzène-sulfinique-azobenzène-sulfonique.

Le *sel de baryum*, $C^{12}H^{10}Az^2O^4S^4Ba, 2H^2O$, est en petites aiguilles, très peu solubles dans l'alcool et dans l'eau.

Acide α-hydrazobenzène-tétrasulfonique. — On l'obtient en réduisant par le chlorure stanneux l'acide α-azobenzène-tétrasulfonique [Reiche, *Ann. Chem.*, **203**, 68]. L'acide nitreux le convertit à chaud en acide benzène-m-disulfonique.

Le *sel de potassium*, $C^{12}H^8Az^2O^{12}S^4K^4, 2H^2O$, est en petites lamelles. Le *sel acide*,

$$C^{12}H^{10}Az^2O^{12}S^4K^2, 2,5H^2O,$$

forme des houppes rougeâtres.

Le *sel de baryum*, $C^{12}H^8Az^2O^{12}S^4Ba^2, 7,5H^2O$, est en fines aiguilles, très solubles dans l'eau, insolubles dans l'alcool.

Le *sel de plomb*, $C^{12}H^8Az^2O^{12}S^4Pb^2, 4H^2O$, est en grains cristallins, très solubles dans l'eau.

Acide β-hydrazobenzène-tétrasulfonique [Reiche, *ibid.*]. — On le prépare au moyen du chlorure stanneux et de l'acide β-azobenzène-tétrasulfonique. L'acide nitreux le convertit en acide diazobenzène-disulfonique, $C^{12}H^8Az^2(SO^3H)^2$.

Le *sel de baryum*, $C^{12}H^8Az^2O^{12}S^4Ba^2, 7,5H^2O$, cristallise en lamelles très solubles.

Acide m-hydrazobenzène-tétrasulfonique [Limpricht, *D. chem. G.*, **14**, 1543]. — On le prépare en chauffant pendant 10 minutes l'acide m-hydrazobenzène-disulfonique avec de l'acide sulfurique fumant. Sirop brunâtre, qui laisse à la longue déposer dans l'air sec des cristaux microscopiques.

Le *sel de potassium*, $C^{12}H^8Az^2O^{12}S^4K^4$, forme de petites aiguilles jaunâtres.

Le *sel de baryum*, $C^{12}H^8Az^2O^{12}S^4Ba^2, 14H^2O$, cristallise en grandes aiguilles, très solubles dans l'eau chaude.

Acide dibromohydrazobenzène-sulfonique,

$$C^6H^4Br.Az^2H^2.C^6H^3Br(SO^3H)$$

[Limpricht, *D. chem. G.*, **18**, 1425]. — Il se produit en petite quantité lorsqu'on oxyde par le permanganate de potassium l'acide m-dibromaniline-p-sulfonique.

Le *sel de potassium*, $C^{12}H^9Br^2Az^2O^3SK, H^2O$, forme de longues aiguilles.

Acide dibromohydrazobenzène-disulfonique,

$$C^6H^3Br(SO^3H)-Az^2H^2-C^6H^3Br(SO^3H), H^2O$$

[Jordan, *Ann. Chem.*, **202**, 367]. — Il se produit en même temps que l'acide tétrabromé dans l'action du brome sur l'acide hydrazobenzène-disulfonique. Fines aiguilles, très solubles dans l'eau, peu solubles dans l'alcool et dans l'éther.

Le *sel de potassium*, $C^{12}H^8Br^2Az^2O^6S^2K^2, H^2O$, est en petites lamelles jaunâtres, très solubles dans l'eau, peu solubles dans l'alcool. Le *sel acide*, $C^{12}H^9Br^2Az^2O^6S^2K, 2H^2O$, est semblable au sel neutre.

Le *sel de calcium*, $C^{12}H^8Br^2Az^2O^6S^2Ca, 3H^2O$, est en fines aiguilles.

Le *sel de baryum*, $C^{12}H^8Br^2Az^2O^6S^2Ba, 5H^2O$, est en petites lamelles, peu solubles dans l'eau froide et dans l'alcool, très solubles dans l'eau chaude.

Le *sel de plomb*, $C^{12}H^8Br^2Az^2O^6S^2Pb\ 4H^2O$, forme de petites lamelles.

Le *sel d'argent*, $C^{12}H^8Br^2Az^2O^6S^2Ag^2, 3,5H^2O$, est en prismes microscopiques, très solubles dans l'eau.

Traité par l'acide nitreux, l'acide dibromohydrazobenzène-disulfonique se convertit en petites aiguilles orthorhombiques, jaunes, renfermant $C^{12}H^8Br^2Az^4O^8S^2, 2H^2O$. Ce corps détone à 90°; chauffé avec de l'eau, il donne un dégagement d'azote.

Acide tétrabromohydrazobenzène-disulfonique, $C^{12}H^8Br^4Az^2O^6S^2$ [Jordan, *loc. cit.*]. — Ce composé se produit en même temps que l'acide dibromé décrit plus haut. Il cristallise en aiguilles renfermant $2H^2O$ lorsqu'on refroidit rapidement sa solution, et en lamelles contenant $4H^2O$ lorsqu'on l'abandonne à l'évaporation lente. Il est très soluble dans l'eau, peu soluble dans l'alcool et dans l'éther; il se décompose à 170°.

Le *sel acide d'ammonium*,

$$C^{12}H^7Br^4Az^2O^6S^2 . AzH^4, 2,5H^2O,$$

forme des croûtes cristallines, très peu solubles dans l'alcool.

Le *sel acide de potassium*,

$$C^{12}H^7Br^4Az^2O^6S^2K, 0,5H^2O,$$

est en prismes; par évaporation lente, on peut l'obtenir en pyramides renfermant $3H^2O$; il est presque insoluble dans l'alcool. Le *sel neutre*, $C^{12}H^6Br^4Az^2O^6S^2K^2, 3H^2O$, cristallise en prismes très solubles dans l'eau, peu solubles dans l'alcool.

Le *sel de calcium*, $C^{12}H^6Br^4Az^2O^6S^2Ca, 4,5H^2O$, est en petites aiguilles, très solubles dans l'eau, peu solubles dans l'alcool.

Le *sel de baryum*, $C^{12}H^6Br^4Az^2O^6S^2Ba$, cristallise en prismes renfermant tantôt $2H^2O$, tantôt $6H^2O$.

Le *sel de plomb*, $C^{12}H^6Br^4Az^2O^6S^2Pb, 6H^2O$, est en mamelons, très solubles dans l'eau, peu solubles dans l'alcool.

Le *sel d'argent*, $C^{12}H^6Br^4Az^2O^6S^2Ag^2, 2,5H^2O$, forme des lamelles microscopiques, à peine solubles dans l'eau; par dissolution dans l'acide nitrique dilué et chaud, il se convertit en un *sel acide*, $C^{12}H^7Br^4Az^2O^6S^2Ag, 1,5H^2O$, qui forme de petites aiguilles.

Traité par l'acide nitreux, l'acide tétrabromohydrazobenzène-disulfonique se convertit en petites lamelles jaunes, très peu solubles dans l'eau et dans l'alcool, et renfermant $C^{12}H^6Br^4Az^4O^8S^2$.

Acide amidohydrazobenzène-sulfonique,

$$C^6H^4(AzH^2) - Az^2H^2 - C^6H^4 . SO^3H$$

[Janovsky, *D. chem. G.*, **16**, 1488]. — On l'obtient en traitant l'acide p-nitroazobenzène-p-sulfonique par la quantité théorique de chlorure stanneux. Cristaux microscopiques, orthorhombiques, qui se décomposent, par l'action de l'étain et de l'acide chlorhydrique, en p-phénylène-diamine et acide aniline-p-sulfonique. 100 grammes d'eau à 97° en dissolvent $0^{gr},39$.

Le *sel de potassium* forme des cristaux dorés, peu solubles dans l'eau.

Le *sel de baryum*, $(C^{12}H^{12}Az^3O^3S)^2Ba, 4H^2O$, est en prismes bronzés, orthorhombiques.

Dérivés diazoïques.

Diazobenzène, $C^6H^5 - Az = AzOH$. — Voyez Dict., **2**, 873.

Ses sels présentent les réactions suivantes :

Lorsqu'on chauffe du nitrate de diazobenzène sec avec de l'alcool absolu, il se fait un peu de benzène et un mélange de phénate d'éthyle, d'o-nitrophénol et de dinitrophénol [Remsen et Orndorff, *Am. Journ.*, **9**, 389]. Si, au lieu d'alcool, on emploie du toluène, le produit principal de la réaction est l'o-nitrophénol. En chauffant du sulfate de diazobenzène sec avec du toluène, on obtient de l'acide phénol-p-sulfonique. L'acide acétique décompose à chaud le nitrate de diazobenzène avec formation d'acétate de phényle [Orndorff, *Am. Journ.*, **10**, 369].

Les éthers alcoylacétylacétiques convertissent le chlorure de diazobenzène en dérivés phénylhydraziniques des α-diacétones :

$$CH^3 - CO - CH(CH^3) - CO^2C^2H^5 + C^6H^5 . Az^2Cl$$
$$= CO^2 + C^2H^5Cl + CH^3 - CO - C(CH^3)Az^2H . C^6H^3$$

[Japp et Klingemann, *D. chem. G.*, **21**, 549].

Le diazobenzène argentique sec détone violemment par l'action du gaz sulfhydrique. Si l'on opère en présence de l'eau, le diazobenzène est mis en liberté. Le chloraurate paraît fournir dans les mêmes conditions du sulfure de phényle.

L'hydrogène sulfuré donne dans les solutions acides de diazobenzène un précipité rougeâtre, très explosif, qui se décompose bientôt spontanément en donnant de l'azote, du sulfure de phényle et un peu de disulfure de phényle [Graebe et Mann, *D. chem. G.*, **15**, 1683].

Le mercaptan éthylique donne avec le chlorure de diazobenzène une huile explosive qui paraît renfermer $C^6H^5 - Az^2 - SC^2H^5$ et qui se décompose rapidement avec formation de sulfure d'éthyle et de phényle [Stadler, *D. chem. G.*, **17**, 2078].

Le ferrocyanure de potassium donne, avec une solution de nitrate de diazobenzène, un précipité renfermant, entre autres produits, de l'azobenzène et du benzène-azobiphényle.

Sels du diazobenzène (Griess). — Le *sel de baryum*, préparé par double décomposition au moyen du sel de potassium, est cristallin et soluble dans un excès d'eau.

Le *chlorostannate*, $(C^6H^5 . Az^2Cl)^2SnCl^4$, cristallise en lamelles, assez solubles dans l'eau chaude, peu solubles dans l'alcool et dans l'éther [Griess, *D. chem. G.*, **18**, 965].

Le *cyanure*, $C^6H^5 . Az^2 . CAz, CAzH$, s'obtient en mélangeant peu à peu et à froid des solutions d'un sel de diazobenzène et de cyanure de potassium [Gabriel, *D. chem. G.*, **12**, 1638]. Prismes orangés, fusibles à 69°, qui se décomposent par ébullition avec l'eau, en perdant de l'acide cyanhydrique.

Le *ferrocyanure*, $(C^6H^5Az^2)^3FeCy^6H^3$, et le *nitrosoferrocyanure*,

$$(C^6H^5Az^2)FeCy^5(AzO)H, H^2O,$$

sont bien cristallisés et paraissent assez stables [Griess, *D. chem. G.*, **12**, 2120].

Le *picrate*, $C^6H^5 . Az^2 . OC^6H^2(AzO^2)^3$, est un précipité cristallin, jaune, insoluble dans l'eau, l'alcool, l'éther et le benzène.

Le *diazobenzène-sulfite de potassium*,

$$C^6H^5 . Az^2 . SO^3K,$$

s'obtient en mélangeant des solutions aqueuses de nitrate de diazobenzène et de sulfite de potassium légèrement alcalin, et en précipitant ensuite par la potasse [Fischer, *Ann. Chem.*, **190**, 73]. Cristaux jaunes qui détonent violemment par la chaleur. L'eau de brome le convertit en tribromophénol; une solution refroidie de brome dans l'acide bromhydrique donne au contraire du perbromure de diazobenzène [Fischer, *loc. cit.*, **199**. 304]. Les réducteurs (acide sulfureux, poudre de zinc et acide acétique) le convertissent en phénylhydrazine-sulfonate de potassium.

Le *phénylsulfinate de diazobenzène* (*diazobenzène-phénylsulfone*), $C^6H^5-Az^2-SO^2.C^6H^5$, s'obtient par double décomposition entre le nitrate de diazobenzène et le phénylsulfinate de sodium, ou bien en oxydant par l'oxyde mercurique la phénylbenzène-sulfazide (phénylhydrazine-phénylsulfone), $C^6H^5-Az^2H^2-SO^2-C^6H^5$ [Königs, *D. chem. G.*, **10**, 1532]. Lamelles orthorhombiques rougeâtres, fusibles avec décomposition à 75-76°, insolubles dans l'eau froide, très solubles dans l'alcool, l'éther, le chloroforme. L'eau bouillante le dédouble en azote et phénol.

PRODUITS DE SUBSTITUTION DU DIAZOBENZÈNE. — Voy. Dict., **2**, 875.

P-BROMODIAZOBENZÈNE. — Le *cyanure*,

$$C^6H^4Br.Az^2.CAz, CAzH,$$

s'obtient au moyen du cyanure de potassium et du nitrate de p-diazobenzène. Grains cristallins d'un rouge brun, fusibles à 127°,5 [Gabriel, *D. chem. G.*, **12**, 1638].

TRIBROMODIAZOBENZÈNE, $C^6H^2Br^3.Az^2.OH$ [Silberstein, *J. prakt. Chem.*, (2), **27**, 113].

Le *chlorure*, $C^6H^2Br^3.Az^2Cl$, s'obtient au moyen de l'acide chlorhydrique et du nitrate de tribromodiazobenzène. Il cristallise en prismes brillants, d'un jaune clair, qui détonent à 100° en donnant du brome, de l'azote et du chloro-tribromobenzène.

Le *bromure*, $C^6H^2Br^3.Az^2Br$, forme des lamelles orthorhombiques, brillantes, dorées, peu solubles dans l'eau, insolubles dans l'alcool et dans l'éther; chauffé avec de l'acide acétique, il se décompose en azote et tétrabromobenzène.

Le *perbromure*, $C^6H^2Br^3.Az^2Br^3$, forme des aiguilles prismatiques orangées.

Le *nitrate*, $C^6H^2Br^3.Az^2.AzO^3$, s'obtient en traitant par un courant d'acide azoteux un mélange d'alcool et de tribromaniline additionné au préalable d'acide azotique ($d=1,4$) jusqu'à dissolution complète; on précipite ensuite par l'éther. Lamelles brillantes, orthorhombiques, d'un jaune clair, détonant vers 55°, assez solubles dans l'eau et dans l'acide chlorhydrique, peu solubles dans l'acide acétique et dans l'alcool, presque insolubles dans l'éther, le chloroforme et le benzène. Chauffé avec de l'alcool, il se dédouble en azote, acide nitrique et tribromobenzène. Chauffé avec du benzène, il fournit du dibromo-p-diazophénol, du tétrabromobenzène et du nitrobenzène.

Le *sulfate*, $C^6H^2Br^3.Az^2.SO^4H$, forme des prismes assez solubles dans l'eau, peu solubles dans l'alcool et dans l'acide acétique, insolubles dans l'éther et dans le benzène. Chauffé avec de l'alcool, il donne du tribromobenzène; il se comporte de même avec l'acide acétique et avec l'aldéhyde benzylique.

ACIDE DIAZOPHÉNYLOXAMIQUE. — *Chlorure*,

$$CO^2H-CO-AzH-C^6H^4-Az^2Cl$$

[Griess, *D. chem. G.*, **18**, 963]. — Ce composé se produit par l'action de l'acide chlorhydrique concentré sur un mélange d'acide m-amidophényloxamique et de nitrite de potassium.

Le *perbromure*, $C^8H^6Az^3O^3.Br^3$, fournit par l'ammoniaque aqueuse un *acide triazophényloxamique*, $CO^2H-CO-AzH.C^6H^4Az^3$, cristallisé en aiguilles.

La réduction du chlorure par le chlorure stanneux fournit un *acide hydrazinique*,

$$CO^2H-CO-AzH-C^6H^4-AzH-AzH^2.$$

P-AMIDODIAZOBENZÈNE. — Ce composé se produit dans l'action du nitrite de potassium sur une solution chlorhydrique de p-phénylène-diamine [Griess, *D. chem. G.*, **17**, 607; **19**, 317].

Le *chloraurate*,

$$(AzH^2.HCl)C^6H^4.Az^2Cl.AuCl^3,$$

est un précipité insoluble dans l'eau.

P-DIAZOPHÉNYLHYDROXYLAMINE. — Le *chlorure*,

$$OH.AzH.C^6H^4.Az^2Cl,$$

se produit lorsqu'on abandonne pendant 12 heures une solution éthérée de nitrosophénylglycocolle avec 3 parties d'une solution alcoolique d'acide chlorhydrique [Fischer et Hepp, *D. chem. G.*, **20**, 2476]. Purifié par dissolution dans l'alcool et précipitation par l'éther, il forme des lamelles jaunes qui détonent par la chaleur.

Le *chloroplatinate*, $(C^6H^6Az^3OCl)^2PtCl^4$, est en petites lamelles jaunes.

P-PHÉNYLAMIDODIAZOBENZÈNE. — Le *sulfate*,

$$C^6H^5.AzH.C^6H^4.Az^2.SO^4H,$$

prend naissance par l'action du nitrite de sodium sur une solution sulfurique bien refroidie de p-amidodiphénylamine, ou de p-nitrosophénylaniline [Ikuta, *Ann. Chem.*, **243**, 281]. Il forme de longues aiguilles d'un jaune d'or, assez solubles dans l'eau chaude, qui se décomposent au-dessus de 120°. L'étain et l'acide chlorhydrique le transforment en p-amidodiphénylamine.

DIMÉTHYLAMIDODIAZOTRIBROMOBENZÈNE (*diméthylamidobenzène-azotribromobenzène*),

$$Az(CH^3)^2C^6H^4-Az^2-C^6H^2Br^3$$

[Silberstein, *J. prakt. Chem.*, (2), **17**, 124]. — Lamelles rougeâtres, fusibles à 161°, très solubles dans l'acide acétique chaud, peu solubles dans l'alcool bouillant, obtenues au moyen du nitrate de tribromodiazobenzène et d'une solution alcoolique de diméthylaniline.

BROMURE DE DIAZOPHÉNYLÈNE-URÉE,

$$CO\left\langle \begin{matrix} AzH_{(3)} \\ AzH_{(4)} \end{matrix} \right\rangle C^6H^3.Az^2_{(1)}Br$$

[Jentzsch, *J. prakt. Chem.*, (2), **38**, 137]. — Lamelles jaunâtres, obtenues par l'action de l'acide nitreux sur le sulfate d'amidophénylène-urée, et transformation en perbromure, puis en bromure.

M-BIS-DIAZOBENZÈNE. — *Chlorure*,

$$C^6H^4\left\langle \begin{matrix} Az^2Cl_{(1)} \\ Az^2Cl_{(3)} \end{matrix} \right.$$

[Griess, *D. chem. G.*, **19**, 317]. — On l'obtient par l'action de l'acide nitreux sur le chlorhydrate de m-phénylène-diamine; il est très instable.

Le *chloraurate*, $C^6H^4Az^4Cl^2.2AuCl^3$, est un précipité jaune, formé d'aiguilles microscopiques.

Le *chloroplatinate*, $C^6H^4Az^4Cl^2.PtCl^4$, est en petites lamelles jaunes, insolubles dans l'eau froide et dans l'alcool; il détone par la chaleur. Traité par le chlorhydrate de m-phénylène-diamine, il fournit un précipité brun, insoluble, renfermant $C^{18}H^{16}Az^6$.

P-BIS-DIAZOBENZÈNE. — *Chlorure*,

$$C^6H^4\left\langle \begin{matrix} Az^2Cl_{(1)} \\ Az^2Cl_{(4)} \end{matrix} \right.$$

[Griess, *loc. cit.*]. — On le prépare au moyen du chlorhydrate de p-phénylène-diamine et de l'acide nitreux.

Le *chloroplatinate*, $C^6H^4Az^4Cl^2.PtCl^4$, est un précipité cristallin, explosif.

DIAZOBENZÈNE-AZOBENZÈNE,

$$C^6H^5-Az^2-C^6H^4-Az^2OH$$

[Griess, *D. chem. G.*, **17**, 605]. — Ce corps prend naissance par l'action de l'acide azoteux sur l'amidoazobenzène. Il donne un *perbromure* que l'ammoniaque convertit en benzène-azo-triazobenzène.

TRIAZOBENZÈNE (*diazobenzène-imide*) (voyez Dict., 2, 876). — Outre le procédé de préparation indiqué, ce composé peut encore être obtenu : en chauffant la nitrosophénylhydrazine avec de la potasse étendue [Fischer, *Ann. Chem.*, **190**, 92] ou avec de l'acide chlorhydrique alcoolique [Fischer et Hepp, *D. chem. G.*, **19**, 2995] ; par l'action du carbonate de sodium sur un mélange de sulfate de diazobenzène et de chlorhydrate d'hydroxylamine (Fischer) ; par l'action de chlorure stanneux sur une solution chlorhydrique de chlorure de diazobenzène [Culmann et Gasiorowski, *J. prakt. Chem.*, (2), **40**, 99].

Soumis à une ébullition prolongée avec de l'acide chlorhydrique, le triazobenzène se décompose en donnant de l'azote et un mélange d'o- et de p-chloraniline.

p-Nitrotriazobenzène (voyez Dict., **2**, 876). — M. Gasiorowski [*J. prakt. Chem.*, (2), **40**, 116] l'a obtenu par l'action du mélange nitrosulfurique sur le triazobenzène.

m-Amidotriazobenzène, $C^6H^4(AzH^2)Az^3$ [Griess, *D. chem. G.*, **18**, 963]. — Il prend naissance par l'ébullition de l'acide triazophényloxamique avec de la potasse concentrée. C'est une huile jaunâtre, à odeur d'amandes amères, volatile avec la vapeur d'eau, détonant par la chaleur, très soluble dans l'alcool et dans l'éther.

Le *chlorhydrate*, $C^6H^6Az^4 . HCl$, est en lamelles rhombiques.

p-Amidotriazobenzène, $C^6H^4(AzH^2)Az^3$ [Griess, *D. chem. G.*, **21**, 1559]. — Même préparation que pour le dérivé méta. Longues lamelles fusibles à 65°, très peu solubles dans l'eau, très solubles dans l'alcool, l'éther, le chloroforme, détonant par la chaleur, volatiles avec la vapeur d'eau.

Le *chlorhydrate*, $C^6H^6Az^4 . HCl$, forme des aiguilles ou des lamelles très solubles dans l'eau.

Le *chloroplatinate*, $(C^6H^6Az^4 . HCl)^2PtCl^4$, est en aiguilles jaune clair, très peu solubles dans l'eau froide.

P-DIAZOTRIAZOBENZÈNE.

$$\begin{matrix} Az \searrow \\ \| \quad\; Az . C^6H^4 . Az^2 . OH \\ Az \nearrow \end{matrix}$$

[Griess, *D. chem. G.*, **21**, 1560]. — On l'obtient par l'action du nitrite de sodium sur le chlorhydrate de p-amidotriazobenzène.

Le *chloroplatinate*, $(C^6H^4Az^6Cl)^2PtCl^4$, est en longues aiguilles ou en lamelles.

Le *perbromure*, $C^6H^4Az^5Br^3$, forme des aiguilles rougeâtres.

Dérivés diazoamidés.

DIAZO-AMIDOBENZÈNE, $C^6H^5 - Az^2 - AzH - C^6H^5$ (voyez Dict., **2**, 876 et Suppl., **1**, 1198). — On peut le préparer : en dissolvant l'aniline (2 molécules) dans de l'acide chlorhydrique (3 molécules), ajoutant du nitrite de sodium (1 molécule) en refroidissant, puis une solution concentrée d'acétate de sodium [B. Fischer, *D. chem. G.*, **17**, 641] ; en ajoutant peu à peu du nitrite de sodium (18 parties) à une dissolution d'aniline (50 parties) dans l'acide sulfurique étendu (SO^4H^2 = 15 parties ; H^2O = 1500 parties), maintenue à 25-30° [Städel et Bauer, *D. chem. G.*, **19**, 1953].

Il fond à 96° [Fischer et Wimmer, *D. chem. G.*, **17**, 641].

Traité en solution benzénique par l'oxychlorure de carbone, il donne de la *di-phényldiazobenzène-urée*,

$$CO\left[Az \begin{matrix} \swarrow Az^2C^6H^5 \\ \searrow C^6H^5 \end{matrix}\right]^2$$

en cristaux insolubles dans le benzène et dans la ligroïne, solubles avec décomposition dans l'alcool et dans l'acide acétique, décomposables par l'eau chaude avec formation d'azote, de phénol et de diphénylurée.

Chauffé avec de la p-toluidine et du chlorhydrate de p-toluidine, il donne de l'o-amidoazotoluène [Zincke et Jänke, *D. chem. G.*, **21**, 548].

DIAZOBENZÈNE-DIPHÉNYLURÉE.

$$\begin{matrix} C^6H^5 . Az^2 \searrow \\ C^6H^5 \longrightarrow \nearrow \end{matrix} Az - CO - AzH - C^6H^5$$

[Goldschmidt et Molinari, *D. chem. G.*, **21**, 2559]. — Cristaux fusibles à 125°, obtenus en mélangeant des solutions dans la ligroïne de diazo-amidobenzène et de phénylcarbimide. Ce corps se décompose par ébullition avec de l'alcool. L'acide sulfurique étendu et bouillant le dédouble avec formation de phénol, d'azote et de diphénylurée symétrique ; il se forme en même temps de la phénylcarbimide et du diazo-amidobenzène, ou plutôt les produits de dédoublement de ces deux corps.

Diazobenzène-p-bromophényl-phénylurée,

$$\begin{matrix} C^6H^5Az^2 \searrow \\ C^6H^4Br \nearrow \end{matrix} Az - CO - AzH . C^6H^5$$

[Goldschmidt et Molinari, *D. chem. G.*, **21**, 2569]. — Cristaux fusibles à 115°, obtenus au moyen du cyanate de phényle et du p-bromodiazo-amidobenzène. Par ébullition avec l'acide sulfurique dilué, elle donne de la phénylbromophénylurée

$$C^6H^5 - AzH - CO - AzH . C^6H^4Br.$$

DIAZOBENZÈNE-PHÉNYL-P-CRÉSYLURÉE,

$$\begin{matrix} C^6H^5 . Az^2 \searrow \\ C^6H^5 \longrightarrow \nearrow \end{matrix} Az - CO - AzH . C^6H^4 . CH^3$$

[Goldschmidt et Molinari, *ibid.*]. — Même préparation. Aiguilles microscopiques, fusibles à 134°. L'acide sulfurique étendu et bouillant décompose cette urée avec formation d'aniline, de p-toluidine, de phénylcrésylurée, de dicrésylurée, d'azote et de phénol.

Diazobenzène-p-bromophényl-p-crésylurée,

$$\begin{matrix} C^6H^5Az^2 \searrow \\ C^6H^4Br \nearrow \end{matrix} Az - CO - AzH - C^6H^4 . CH^3$$

[Goldschmidt et Molinari, *ibid.*]. — Cristaux fusibles à 138°, obtenus au moyen de l'isocyanate de p-crésyle et du p-bromodiazo-amidobenzène.

TRIBROMODIAZOAMIDOBENZÈNE,

$$C^6H^2Br^3 - Az^2 - AzH . C^6H^5$$

[Silberstein, *J. prakt. Chem.*, (2), **21**, 121]. — Prismes jaunes, brillants, fusibles à 104°, obtenus par l'action d'une solution alcoolique d'aniline sur le nitrate de tribromodiazobenzène. Peu soluble dans l'alcool froid, très soluble dans l'alcool chaud, le benzène et l'éther, ce corps se décompose par l'ébullition avec l'acide acétique en donnant de la tribromaniline.

HEXABROMODIAZOAMIDOBENZÈNE,

$$C^6H^2Br^3 . Az^2 . AzH . C^6H^2Br^3$$

(Silberstein). — Il se forme en petite quantité, en même temps que le nitrate de tribromodiazobenzène, par l'action prolongée de l'acide azoteux sur un mélange de tribromaniline et d'alcool. Petites aiguilles fusibles avec décomposition à 158°, très solubles dans l'alcool, très peu solubles dans l'éther, très solubles dans le chloroforme et dans le benzène chaud.

M-NITRODIAZOAMIDOBENZÈNE,

$$C^6H^5 - Az^2 - AzH . C^6H^4(AzO^2).$$

— Prismes jaunes, épais, fusibles à 131°, obtenus au moyen du chlorure de m-nitrodiazobenzène, de l'aniline et de l'acétate de sodium [Goldschmidt et Molinari, *D. chem. G.*, **21**, 2572].

Diazobenzène-m-nitrophényl-phénylurée,

$$\begin{matrix} C^6H^5Az^2 - \\ C^6H^4(AzO^2) \end{matrix} > Az - CO - AzH \, . \, C^6H^5.$$

— Fines aiguilles, fusibles à 104°, obtenues par l'action de l'isocyanate de phényle sur une solution éthérée de m-nitrodiazo-amidobenzène. Par ébullition avec du benzène, ce corps se dédouble en azote et p-nitrophénylcarbimide [Goldschmidt et Molinari, *D. chem. G.*, **21**, 2573].

P-NITRODIAZOAMIDOBENZÈNE,

$$C^6H^4(AzO^2) - Az^2 - AzH \, . \, C^6H^5.$$

— Aiguilles jaunes et soyeuses, préparées à l'aide de l'aniline et du chlorure de p-nitrodiazobenzène [Nœlting et Binder, *D. chem. G.*, **20**, 3013]. Ce corps fond en se décomposant à 148°. Par ébullition avec l'acide sulfurique dilué, il donne du phénol et de la p-nitraniline; le brome le convertit en bromonitraniline et bromure de diazobenzène. Chauffé avec un excès de phénol et un peu de soude solide, il donne de la p-nitraniline et de l'oxyazobenzène. Chauffé avec de l'aniline et du chlorhydrate d'aniline, il fournit de la p-nitraniline, de l'amido-azobenzène et du p-nitro-amidobenzène.

Diazobenzène-p-nitrophényl-phénylurée,

$$\begin{matrix} C^6H^5Az^2 - \\ C^6H^4(AzO^2) \end{matrix} > Az - CO - AzH \, . \, C^6H^5$$

(Goldschmidt et Molinari). — Aiguilles fusibles à 115°, qui se décomposent, par ébullition avec le benzène, en phénylcarbimide et p-nitrodiazo-amidobenzène.

M-BROMOBENZÈNE-DIAZO-AMIDO-M-NITROBENZÈNE,

$$C^6H^4Br - Az^2 - AzH \, . \, C^6H^4(AzO^2)$$

[Goldschmidt et Molinari, *loc. cit.*]. — Aiguilles jaunes, fusibles à 106°, assez solubles dans l'éther, obtenues au moyen du chlorure de m-nitrodiazobenzène et de la m-bromaniline en présence d'acétate de sodium.

p-Bromobenzène-diazo-amido-m-nitrobenzène [Goldschmidt et Molinari, *ibid.*]. — Même préparation. Aiguilles jaunes, fusibles à 155°

p-Bromobenzène-diazo-amido-p-nitrobenzène [Goldschmidt et Molinari, *ibid.*]. — Lamelles orangées, brillantes, fusibles à 184°

M-BROMODIAZOBENZÈNE-M-NITROPHÉNYL-PHÉNYLURÉE,

$$\begin{matrix} C^6H^4Br \, . \, Az^2 - \\ C^6H^4(AzO^2) \end{matrix} > Az - CO - AzH \, . \, C^6H^5$$

[Goldschmidt et Molinari *D. chem. G.*, **21**, 2576]. — Aiguilles fusibles à 128°, obtenues au moyen de l'isocyanate de phényle et du m-bromobenzène-diazo-amido-m-nitrobenzène en présence d'éther. L'ébullition avec l'acide sulfurique le détruit avec formation de m-nitrocarbanilide.

p-Bromodiazobenzène-m-nitrophényl-phénylurée [Goldschmidt et Molinari, *ibid.*]. — Aiguilles microscopiques, fusibles à 134°, obtenues par le même procédé que le corps précédent.

p-Bromodiazobenzène-p-nitrophényl-phénylurée [Goldschmidt et Molinari, *ibid.*]. — Même préparation. Petits cristaux fusibles à 129°.

M-M-DINITRODIAZO-AMIDOBENZÈNE,

$$C^6H^4(AzO^2)_{(3)} - Az^2_{(1)} - AzH_{(1)} - C^6H^4(AzO^2)_{(3)}$$

[Meldola et Streatfield, *D. chem. G.*, **19**, 3244]. — Petits prismes rouge-rubis, fusibles à 195°,5, obtenus par l'action de l'acide azoteux sur la m-nitraniline. Ce corps est peu soluble dans l'eau et dans l'éther, insoluble dans les alcalis, soluble dans l'alcool et dans l'acide acétique. L'acide chlorhydrique concentré le dédouble à froid en chlorure de m-nitrodiazobenzène et m-nitraniline, et à 100° en m-chloronitrobenzène et m-nitraniline [Meldola et Streatfield, *Chem. Soc.*, **51**, 441].

m-m-Dinitrodiazo-éthylamidobenzène,

$$C^6H^4(AzO^2) - Az^2 - Az(C^2H^5) - C^6H^4(AzO^2)$$

[Meldola et Streatfield, *loc. cit.*]. — On l'obtient par l'action de l'iodure d'éthyle et de la potasse sur le composé précédent, ou encore au moyen du chlorure de m-nitrodiazobenzène et du chlorhydrate de m-nitro-éthylaniline. Petites aiguilles d'un blanc jaunâtre, fusibles à 119°.

M-P-DINITRODIAZO-AMIDOBENZÈNE,

$$C^6H^4(AzO^2)_{(3)} - Az^2_{(1)} - AzH_{(1)} - C^6H^4(AzO^2)_{(4)}$$

[Meldola et Streatfield, *D. chem. G.*, **19**, 3240]. — Même préparation que plus haut. Aiguilles jaunes, fusibles avec décomposition partielle à 212-213°. L'acide chlorhydrique concentré le dédouble à froid en chlorures de m- et de p-nitrodiazobenzène et m- et p-nitranilines, et à 100° en azote, m- et p-nitrochlorobenzènes.

m-p-Dinitrodiazo-éthylamidobenzène,

$$C^6H^4(AzO^2) - Az^2 - Az(C^2H^5) - C^6H^4(AzO^2).$$

— Petites aiguilles jaunes, fusibles avec décomposition à 151-155°, obtenues en traitant le composé précédent par l'iodure d'éthyle et la potasse.

Les mêmes auteurs ont obtenu les deux composés isomériques

$$C^6H^4(AzO^2)_{(3)} - Az^2_{(1)} - Az(C^2H^5)_{(1)} - C^6H^4(AzO^2)_{(4)}$$

et

$$C^6H^4(AzO^2)_{(4)} - Az^2_{(1)} - Az(C^2H^5)_{(1)} - C^6H^4(AzO^2)_{(3)}$$

en traitant le chlorure de m-nitrodiazobenzène par le chlorhydrate de p-nitro-éthylaniline, ou le chlorure de p-nitrodiazobenzène par le chlorhydrate de m-nitro-éthylaniline. Le premier de ces composés fond à 174-175°; le second à 187°.

P-P-DINITRODIAZO-AMIDOBENZÈNE [Meldola et Streatfield, *Chem. Soc.*, **49**, 627]. — On l'obtient par l'action de l'acide nitreux sur une solution alcoolique de p-nitraniline. Petites aiguilles jaunes, fusibles à 224°,5, peu solubles dans l'alcool bouillant et dans l'éther.

Le *sel de cadmium*, $(C^{12}H^8Az^5O^4)^2Cd$, s'obtient en houppes d'un bleu d'acier, en précipitant une solution alcoolique de dinitrodiazo-amidobenzène par le chlorure de cadmium ammoniacal.

Le *sel de cobalt*, $(C^{12}H^8Az^5O^4)^2Co$, ressemble au précédent.

Le *sel de cuivre*, $(C^{12}H^8Az^5O^4)^2Cu$, est un précipité brun-chocolat.

Le *sel d'argent*, $C^{12}H^8Az^5O^4Ag$, est un précipité pulvérulent d'un rouge clair.

Le *dérivé éthylique*,

$$C^6H^4(AzO^2) - Az^2 - Az(C^2H^5) - C^6H^4(AzO^2),$$

cristallise dans l'alcool en petites aiguilles jaunes, fusibles à 191-192°, insolubles dans les alcalis.

P-P-CHLORONITRO-DIAZO-AMIDOBENZÈNE,

$$C^6H^4Cl - Az^2 - AzH - C^6H^4(AzO^2)$$

[Meldola et Streatfield, *Chem. Soc.*, **53**, 673]. — Octaèdres brillants, jaune d'ocre, fusibles avec décomposition à 181°, obtenus par l'action du chlorhydrate de p-chloraniline sur le chlorure de p-nitrodiazobenzène.

O-DIBROMO-P-DINITRO-DIAZO-AMIDOBENZÈNE,

$$C^6H^3Br(AzO^2) - Az^2 - AzH - C^6H^3Br(AzO^2)$$

[Meldola et Streatfield, *Chem. Soc.*, 53, 669]. — Fines aiguilles orangées, peu solubles dans l'alcool, fusibles à 202°, obtenues par l'action du nitrite de sodium sur une solution alcoolo-chlorhydrique d'o-bromo-p-nitraniline.

MÉTHYLDIAZO-AMIDOBENZÈNE,

$$C^6H^5-Az^2-Az(CH^3)-C^6H^5.$$

— On l'obtient par l'action de l'iodure de méthyle sur un mélange d'éthylate de sodium et de diazo-amidobenzène en solution alcoolique [Friswell et Greene, *D. chem. G.*, 19, 2035]. Liquide huileux, non volatil. L'acide chlorhydrique le décompose à froid en diazobenzène et méthylaniline. L'ébullition avec l'acide sulfurique étendu donne du phénol et de la méthylaniline; le chlorure stanneux en solution chlorhydrique bouillante fournit de la phénylhydrazine et de la méthylaniline [Nœlting et Binder, *D. chem. G.*, 20, 3017].

p-Nitrobenzène-diazométhylamidobenzène,

$$C^6H^4(AzO^2)-Az^2-Az(CH^3)-C^6H^5$$

[Nœlting et Binder, *D. chem. G.*, 20, 3017]. — Aiguilles rouges, fusibles à 134°, obtenues au moyen de la méthylaniline et du chlorure de p-nitrodiazobenzène.

m-Nitrobenzène-diazo-méthylamido-m-nitrobenzène, $C^6H^4(AzO^2)-Az^2-Az(CH^3)-C^6H^4(AzO^2)$ [Meldola et Streatfield, *Chem. Soc.*, 53, 667]. — Petites aiguilles jaunes, fusibles à 127-128°, obtenues en traitant le m-m-dinitrodiazo-amidobenzène par un mélange d'iodure de méthyle, d'alcool et de potasse. L'acide chlorhydrique concentré le décompose à froid en chlorure de m-nitrodiazobenzène et m-nitrométhylaniline, et à chaud en m-nitrométhylaniline et m-chloronitrobenzène.

m-Nitrobenzène-diazo-méthylamido-p-nitrobenzène [Meldola et Streatfield, *ibid.*]. — Petites aiguilles jaunes, fusibles à 148°, obtenues par l'action de l'iodure de méthyle, de la potasse et de l'alcool sur le m-p-dinitrodiazo-amidobenzène.

p-Nitrobenzène-diazo-méthylamido-m-nitrobenzène (Meldola et Streatfield). — Petites aiguilles jaunes, fusibles à 168°, préparées au moyen du chlorure de p-nitrodiazobenzène et du chlorhydrate de m-nitrométhylaniline.

m-Nitrobenzène-diazo-méthylamido-p-nitrobenzène (Meldola et Streatfield). — Petites aiguilles jaunes, fusibles à 176-177°, obtenues au moyen du chlorure de m-nitrodiazobenzène et du chlorhydrate de p-nitrométhylaniline.

p-Nitrobenzène-diazo-méthylamido-p-nitrobenzène (Meldola et Streatfield). — Petites aiguilles jaunes, fusibles à 219°, obtenues par le p-p-dinitrodiazo-amidobenzène, l'iodure de méthyle et la potasse alcoolique.

p-Bromobenzène-diazo-méthylamido-bromobenzène, $C^6H^4Br-Az^2-Az(CH^3)-C^6H^4Br$ (Meldola et Streatfield). — Aiguilles fusibles à 100-100°,5, obtenues par le p-dibromodiazo-amidobenzène, la potasse alcoolique et l'iodure de méthyle.

p-Bromobenzène-diazo-méthylamido-m-nitrobenzène, $C^6H^4Br-Az^2-Az(CH^3)-C^6H^4(AzO^2)$ [Meldola et Streatfield, *Chem. Soc.*, 55, 425].

Le *dérivé* α, préparé au moyen de la p-bromométhylaniline et du chlorure de m-nitrodiazobenzène, cristallise dans l'alcool en petites aiguilles d'un jaune d'ocre, fusibles à 144°. L'acide chlorhydrique concentré le dédouble à froid en p-bromo-éthylaniline et chlorure de p-nitrodiazobenzène.

Le *dérivé* β, obtenu à l'aide du chlorure de p-bromodiazobenzène et de la m-nitrométhylaniline, cristallise dans l'alcool en longues aiguilles jaunes, fusibles à 160,5-161°. L'acide chlorhydrique concentré le dédouble à froid en p-bromodiazobenzène et m-nitrométhylaniline.

Le *dérivé* γ, préparé au moyen de l'iodure de méthyle, de la potasse alcoolique et du p-bromo-m-nitrodiazo-amidobenzène,

$$C^6H^4Br-Az^2-AzH.C^6H^4(AzO^2),$$

cristallise dans l'alcool en aiguilles jaunes, fusibles à 125-127°,5. L'acide chlorhydrique concentré le dédouble à froid avec formation de chlorure de p-bromodiazobenzène, de chlorure de m-nitrodiazobenzène, de p-bromométhylaniline et de m-nitrométhylaniline.

p-Bromobenzène-diazo-méthylamido-p-nitrobenzène, $C^6H^4Br-Az^2-Az(CH^3)-C^6H^4(AzO^2)$ [Meldola et Streatfield, *Chem. Soc.*, 55, 418].

Le *dérivé* α, préparé au moyen de la p-bromométhylaniline et du chlorure de p-nitrodiazobenzène, cristallise dans l'alcool en petites aiguilles orangées, fusibles à 151-151°,5. L'acide chlorhydrique concentré le dédouble à froid en p-bromométhylaniline et chlorure de p-nitrodiazobenzène.

Le *dérivé* β, préparé au moyen du chlorure de p-bromodiazobenzène et de la p-nitrométhylaniline, cristallise dans l'alcool en petits cristaux jaunes, fusibles avec décomposition à 163-164°, très peu solubles dans l'alcool bouillant. L'acide chlorhydrique concentré le dédouble à froid en chlorure de p-bromodiazobenzène et p-nitrométhylaniline.

Le *dérivé* γ, obtenu à l'aide de l'iodure de méthyle, de la potasse alcoolique et du p-bromo-p-nitro-diazo-amidobenzène, forme des aiguilles jaunes, microscopiques, qui fondent en se décomposant à 150-151°,5. L'acide chlorhydrique concentré le détruit à froid avec formation de chlorure de p-bromodiazobenzène, de chlorure de p-nitrodiazobenzène, de p-bromométhylaniline et de p-nitrométhylaniline.

p-Chlorobenzène-diazo-éthylamido-p-chlorobenzène, $C^6H^4Cl-Az^2-Az(C^2H^5)-C^6H^4Cl$ [Meldola et Streatfield, *Chem. Soc.*, 53, 671]. — Aiguilles jaune-paille, fusibles à 85°,5, préparées au moyen du p-dichlorodiazo-amidobenzène, de l'iodure d'éthyle et de la potasse alcoolique à 100°.

m-Chlorobenzène-diazo-éthylamido-p-nitrobenzène, $C^6H^4Cl-Az^2-Az(C^2H^5)-C^6H^4(AzO^2)$ [Meldola et Streatfield, *Chem. Soc.*, 53, 674]. — Longues lamelles brillantes, d'un jaune d'ocre, fusibles à 106°, obtenues par le chlorure de m-nitrodiazobenzène et le chlorhydrate de p-chloro-éthylaniline.

p-Chlorobenzène-diazo-éthylamido-m-nitrobenzène (Meldola et Streatfield). — Longues aiguilles d'un jaune pâle, fusibles à 129°,5, préparées au moyen du chlorure de p-chlorodiazobenzène et du chlorhydrate de m-nitro-éthylaniline.

p-Bromobenzène-diazo-éthylamido-m-nitrobenzène, $C^6H^4Br-Az^2-Az(C^2H^5)-C^6H^4(AzO^2)$ [Meldola et Streatfield, *Chem. Soc.*, 55, 428].

Le *dérivé* α se produit par l'action de la p-bromo-éthylaniline sur le chlorure de m-nitrodiazobenzène; il cristallise dans l'alcool en longues aiguilles jaune d'ocre, fusibles à 110°. L'acide chlorhydrique concentré le dédouble à froid en p-bromo-éthylaniline et chlorure de m-nitrodiazobenzène.

Le *dérivé* β s'obtient au moyen de la m-nitro-éthylaniline et du chlorure de p-bromodiazobenzène; il cristallise dans l'alcool en aiguilles jaunes et brillantes, fusibles à 135-136°. L'acide chlorhydrique concentré le dédouble à froid en chlorure de p-bromodiazobenzène et m-nitro-éthylaniline.

Le *dérivé* γ s'obtient en traitant le p-bromo-m-nitrodiazo-amidobenzène par l'iodure d'éthyle et la potasse alcoolique; il cristallise dans l'alcool en aiguilles microscopiques, jaune d'ocre, fusibles à 96-117°. L'acide chlorhydrique concentré le décompose à froid avec formation de p-bromo-éthylaniline, de m-nitro-éthylaniline, de chlorure de p-bromodiazobenzène et de chlorure de m-nitrodiazobenzène.

p-Bromobenzène-diazo-éthylamido-p-nitrobenzène,

$C^6H^4Br - Az^2 - Az(C^2H^5) - C^6H^4(AzO^2)$

[Meldola et Streatfield, *Chem. Soc.*, **55**, 423].

Le *dérivé* α s'obtient au moyen de la p-bromo-éthylaniline et du chlorure de p-nitrodiazobenzène; il cristallise dans l'alcool en aiguilles orangées, brillantes, fusibles à 139-140°. L'acide chlorhydrique concentré le dédouble à froid en p-bromo-éthylaniline et chlorure de p-bromodiazobenzène.

Le *dérivé* β prend naissance par l'action de la p-nitro-éthylaniline sur le chlorure de p-bromodiazobenzène; il forme des aiguilles orangées, fusibles à 124-125°. L'acide chlorhydrique concentré le dédouble à froid en p-nitro-éthylaniline et chlorure de p-bromodiazobenzène.

Le *dérivé* γ se produit au moyen du p-bromo-p-nitrodiazo-amidobenzène, de l'iodure d'éthyle et de la potasse alcoolique; il cristallise dans l'alcool en aiguilles microscopiques orangées, fusibles à 115-116°. L'acide chlorhydrique concentré le décompose à froid en donnant de la p-bromo-éthylaniline, de la p-nitro-éthylaniline, du chlorure de p-nitrodiazobenzène et du chlorure de p-bromodiazobenzène.

Bis-diazobenzène-méthylamine,

$CH^3 - Az(Az^2 . C^6H^5)^2$

[Goldschmidt et Badl, *D. chem. G.*, **22**, 934]. — Longues aiguilles jaune clair, fusibles à 112-113°, obtenues au moyen du chlorure de diazobenzène et d'une solution aqueuse de méthylamine. Ce corps est très soluble dans l'éther et dans le benzène, peu soluble dans l'alcool. L'ébullition avec l'acide sulfurique étendu le décompose en aniline, méthylaniline, phénol, alcool méthylique, azote et amido-azobenzène. La réduction par la poudre de zinc et l'acide acétique fournit de la méthylamine et de la phénylhydrazine. L'ébullition avec le chlorhydrate d'aniline en présence d'alcool donne de l'amido-azobenzène.

Diazobenzène-éthylamine,

$C^6H^5 - Az^2 - AzH . C^2H^5$

[Griess, *Ann. Chem.*, **137**, 66]. — On l'obtient au moyen de l'éthylaniline et du perbromure de diazobenzène.

Bis-diazobenzène-éthylamine,

$C^2H^5 . Az(Az^2 . C^6H^5)^2$

[Goldschmidt et Badl, *D. chem. G.*, **22**, 939]. — Prismes jaunes, fusibles à 70-71°, obtenus au moyen de l'éthylamine et du chlorure de diazobenzène.

Bis-diazobenzène-allylamine,

$C^3H^5Az(Az^2 . C^6H^5)^2$

(Goldschmidt et Badl). — Aiguilles jaunes, fusibles à 74°, préparées au moyen de l'allylamine et du chlorure de diazobenzène.

Méthylphénylamidobenzène-azo-tribromobenzène,

$Az(CH^3)(C^6H^5) - C^6H^4 - Az^2 - C^6H^2Br^3$

[Silberstein, *J. prakt. Chem.*, (2), **27**, 125]. — Grandes lamelles d'un brun rougeâtre, fusibles à 138°, peu solubles dans l'alcool chaud, assez solubles dans l'acide acétique bouillant, préparées par l'action de la méthyldiphénylamine sur le nitrate de tribromodiazobenzène.

Benzène-diazopipéridine,

$C^6H^5 - Az^2 - Az - C^5H^{10}$.

— Voyez Pipéridine.

Pyrrol-diazo-p-diméthylamidobenzène,

$C^4H^4Az - Az^2 - C^6H^4Az(CH^3)^2$.

— Voyez Pyrrol.

Diazobenzène-éthylazide (*benzène-diazo-éthylhydrazine*),

$C^6H^5 - Az^2 - AzH . AzH . C^2H^5$.

— On l'obtient par l'action des sels de diazobenzène sur une solution aqueuse et refroidie d'éthylhydrazine [E. Fischer, *Ann. Chem.*, **199**, 306]. Huile soluble dans l'éther, très instable. Les acides la décomposent avec formation de phénol, d'azote et d'éthylhydrazine; l'oxyde mercurique la détruit instantanément; la poudre de zinc et l'acide acétique en présence d'alcool la dédoublent quantitativement en phénylhydrazine et éthylhydrazine.

Acide diazo-méthylamidobenzène-sulfonique,

$C^6H^4(SO^3H) - Az^2 - Az(CH^3) - C^6H^5$

[Bernthsen et Goske, *D. chem. G.*, **20**, 927]. — Il se produit, en même temps que l'acide méthylamido-azobenzène-sulfonique, dans l'action de l'acide p-diazobenzène-sulfonique sur une solution chlorhydrique de méthylaniline.

Le *sel de sodium*, $C^{13}H^{12}Az^3O^3SNa$, cristallise dans l'eau chaude en lamelles presque incolores.

L'acide chlorhydrique concentré le décompose à chaud avec formation d'azote, de méthylaniline et d'acide phénol-p-sulfonique.

Acide diazoamidobenzène-disulfonique,

$C^6H^4(SO^3H) - Az^2 - AzH - C^6H^4(SO^3H)$

[Hybbeneth, *Ann. Chem.*, **221**, 206].

L'*amide*, $C^{12}H^9Az^3(SO^2 . AzH^2)^2$, se produit par l'action de l'acide nitreux sur un mélange d'aniline-m-sulfonamide et d'acide nitrique. C'est une poudre jaune, formée d'aiguilles microscopiques, fusibles avec décomposition à 183°. L'acide chlorhydrique concentré la décompose à froid en chlorobenzène-sulfonamide et aniline-m-sulfonamide.

Homophtalimide-diazobenzène,

$C^9H^6O^2 . Az - Az^2 - C^6H^5$

[Gabriel, *D. chem. G.*, **20**, 1205]. — Aiguilles orangées, fusibles à 258-260°, obtenues par l'action du chlorure de diazobenzène sur une solution alcaline d'homophtalimide.

Dérivés azoxiques.

Azoxybenzène,

$$C^6H^5 - \underset{\diagdown\,O\,\diagup}{Az - Az} - C^6H^5$$

— Voyez Dict., **2**, 879 et Suppl., **1**, 295.

M. Klinger, [*D. chem. G.*, **15**, 186] emploie l'alcool méthylique dans la préparation de ce corps: On dissout 10 parties de sodium dans 250 parties d'alcool méthylique; on ajoute à cette solution 30 parties de nitrobenzène, on chauffe pendant 5 ou 6 heures et on chasse l'alcool par distillation.

M. Moltschanowsky [*Journ. Soc. Chim. russe*, **14**, 224] remplace le sodium par un amalgame contenant 3,8 0/0 de sodium.

100 parties d'une solution alcoolique de ce corps, saturée à 16°, contiennent 17,5 parties d'azoxybenzène.

Chauffé avec de l'acide sulfurique, il se transforme en son isomère l'*oxyazobenzène* (benzène-azophénol),

$C^6H^5 - Az^2 - C^6H^4 . OH$.

Chaleur de formation de l'azoxybenzène = $-57^{cal},6$ [Petit, *C. R.*, **106**, 1668].

Le *m-dichloroazoxybenzène* se dissout à 18° dans 350 parties d'alcool à 85°. Avec l'acide sulfurique fumant, il fournit du m-dichloroxyazobenzène et un peu de m-dichloroazobenzène [Schultz, *D. chem. G.*, 17, 464].

Le *p-dichloroazoxybenzène* est transformé par le chlorure stanneux en dichlorobiphénylène-diamine,

$$\begin{array}{c} C^6H^3Cl \,.\, AzH^2 \\ | \\ C^6H^3Cl \,.\, AzH^2 \end{array}$$

Le *tétrachloroazoxybenzène symétrique* est obtenu en traitant le m-dichloro-m-nitrobenzène par une solution alcoolique de sulfhydrate de potassium.

o-Nitroazoxybenzène, $C^{12}H^9(AzO^2)Az^2O$. — On l'obtient, en même temps que le dérivé para, par la nitration de l'azoxybenzène (Zinine). Il forme des aiguilles ou des prismes jaunes, fusibles à 49°, très solubles dans l'éther et dans le benzène, moins solubles dans l'alcool.

p-Nitroazoxybenzène. — Fines aiguilles jaunes, fusibles à 153°. Le sulfure d'ammonium alcoolique le convertit successivement en amidoazoxybenzène, amidoazobenzène, aniline et phénylène-diamine.

La nitration de l'azoxybenzène, en solution acétique et à la température de 75°, a fourni à MM. Janovsky et Erb un *nitroazoxybenzène* isomérique, fusible à 127°, que l'amalgame de sodium convertit en hexazoxybenzène [*D. chem. G.*, 20, 361].

m-Dinitroazoxybenzène,

$$C^6H^4(AzO^2) - Az^2O - C^6H^4(AzO^2)$$

[Klinger et Pitschke, *D. chem. G.*, 18, 2552]. — On fait bouillir pendant 48 heures un mélange de méthylate de sodium et de m-dinitrobenzène en solution méthylique, et on fait cristalliser le produit dans un mélange d'alcool et de benzène. Longues aiguilles, fusibles à 141-142°, très peu solubles dans l'alcool froid, plus solubles dans l'éther et dans le sulfure de carbone, très solubles dans le benzène. Chauffé à 140° avec de l'acide sulfurique concentré, ce corps se convertit en m-dinitro-oxyazobenzène,

$$C^6H^4(AzO^2) - Az^2 - C^6H^3(AzO^2)(OH).$$

Hexazoxybenzène, $C^{24}H^{18}Az^6O$ [Janovsky et Erb, *loc. cit.*]. — Il prend naissance par l'action de l'amalgame de sodium et de l'alcool sur l'o-nitroazobenzène ou sur le nitroazoxybenzène. Lamelles orangées, presque insolubles dans l'alcool, l'éther et l'acétone, très solubles dans le toluène bouillant. L'acide nitrique fumant le dissout en un liquide bleu-violacé.

o-Diamido-azoxybenzène

$$C^6H^4(AzH^2) - Az^2O - C^6H^4(AzH^2).$$

— Le *dérivé benzoylé*, $C^{12}H^{10}Az^4O(C^7H^5O)^2$, s'obtient en réduisant par le zinc et l'ammoniaque la benzo-nitranilide [Mixter, *Am. Journ.*, 6, 26]. Il forme des cristaux jaune clair, fusibles à 195°, insolubles dans l'eau, peu solubles dans l'alcool chaud.

m-Diamido-azoxybenzène. — Le *dérivé benzoylé*, $C^{12}H^{10}Az^4O(C^7H^5O)^2$, s'obtient par la même méthode que le composé précédent [Mixter, *Am. Journ.*, 5, 5]. Poudre jaune clair, fusible vers 272°, insoluble dans l'alcool, l'éther et le benzène.

p-Diamido-azoxybenzène. — On l'obtient en saponifiant par la potasse le dérivé diacétylé correspondant [Mixter, *Am. Journ.*, 5, 3]. Aiguilles jaunes, fusibles à 182-184°, solubles dans l'alcool, moins solubles dans l'eau bouillante. Réduit par l'étain et l'acide chlorhydrique, ce corps fournit de la p-phénylène-diamine.

Le *chloroplatinate*, $C^{12}H^{12}Az^4O \,.\, 2HCl \,.\, PtCl^4$, est en longues aiguilles d'un brun rouge.

Le *dérivé diacétylé*,

$$C^6H^4(AzH \,.\, C^2H^3O) - Az^2O - C^6H^4(AzH \,.\, C^2H^3O)$$

s'obtient en réduisant la p-nitro-acétanilide par la poudre de zinc et l'ammoniaque en présence d'alcool faible. Fines aiguilles d'un jaune d'or, fusibles à 275-278°, très peu solubles dans l'alcool froid.

Le *dérivé dibenzoylé*,

$$C^6H^4(AzH \,.\, C^7H^5O) - Az^2O - C^6H^4(AzH \,.\, C^7H^5O),$$

se prépare par la même méthode, au moyen de la benzo-p-nitranilide [Mixter, *Am. Journ.*, 5, 284]. Cristaux jaunes, fusibles à 310°, insolubles dans l'alcool.

Acides azoxybenzène-sulfoniques. — *Acide o-azoxybenzène-sulfonique*,

$$C^6H^5 - Az^2O - C^6H^4 \,.\, SO^3H$$

[Limpricht, *D. chem. G.*, 18, 1421]. — Il se produit en petite quantité dans l'oxydation de l'aniline-o-sulfonate de potassium au moyen du permanganate de potassium.

Le *sel de potassium*, $C^{12}H^9Az^2O^4SK$, est une poudre brun-rouge, soluble dans l'alcool.

Acide m-azoxybenzène-sulfonique [Limpricht, *ibid.*]. — Même préparation. Lamelles rouge-brun, déliquescentes, fusibles à 66-70°.

Le *sel de potassium*, $C^{12}H^9Az^2O^4SK, xH^2O$, cristallise en longues lamelles.

Acide p-azoxybenzène-sulfonique [Limpricht, *ibid.*]. — Même préparation. Houppes rouges, fusibles au-dessous de 100°, très solubles dans l'eau.

Le *sel de potassium*, $C^{12}H^9Az^2O^4SK, 2H^2O$, est en petits cristaux jaune-citron.

Acide o-bromoazoxybenzène-m-sulfonique,

$$C^6H^5 - Az^2O_{(1)} - C^6H^3Br_{(2)}(SO^3H)_{(5)}$$

[Limpricht, *loc. cit.*]. — Poudre brun-rouge, obtenue par l'oxydation de l'acide o-bromaniline-m-sulfonique au moyen du permanganate de potassium.

Le *sel de potassium*, $C^{12}H^8BrAz^2O^4SK, 2H^2O$, est en petites lamelles rouges hexagonales, solubles dans 2 ou 3 parties d'eau.

Acide dibromoazoxybenzène-p-sulfonique,

$$C^6H^4Br - Az^2O - C^6H^3Br(SO^3H)$$

[Limpricht, *ibid.*]. — Même préparation, au moyen de l'acide m-dibromaniline-m-sulfonique.

Le *sel de potassium*, $C^{12}H^7Br^2Az^2O^4SK, 2H^2O$, est en petites houppes d'un jaune pâle, solubles dans 2 parties d'eau et dans 8 ou 10 parties d'alcool à 95 0/0.

Acide m-azoxybenzène-disulfonique,

$$C^6H^4(SO^3H) - Az^2O - C^6H^4(SO^3H)$$

[Brunnemann, *Ann. Chem.*, 202, 340]. — On l'obtient en faisant bouillir sous pression un mélange d'acide m-nitrobenzène-sulfonique et de potasse alcoolique. Aiguilles jaunes, microscopiques, fusibles à 125°, très solubles dans l'eau, l'alcool et l'éther. L'amalgame de sodium (ou le sulfure d'ammonium) le transforme en acide azobenzène-disulfonique; le chlorure stanneux, en acide hydrazobenzène-disulfonique.

Le *sel d'ammonium*,

$$C^{12}H^8Az^2O^7S^2(AzH^4)^2, 2H^2O,$$

est en prismes brunâtres, clinorhombiques.

Le *sel de potassium*, $C^{12}H^8Az^2O^7S^2K^2, 4H^2O$,

est en aiguilles orangées, très solubles dans l'eau, moins solubles dans l'alcool.

Le *sel de calcium*, $C^{12}H^{8}Az^{2}O^{7}S^{2}Ca, 3.5H^{2}O$, est en aiguilles jaunes, peu solubles dans l'alcool, assez solubles dans l'eau.

Le *sel de baryum*, $C^{12}H^{8}Az^{2}O^{7}S^{2}Ba, H^{2}O$, forme des prismes orthorhombiques rougeâtres, insolubles dans l'alcool. 100 grammes de la solution aqueuse renferment 0gr,842 du sel supposé anhydre, à la température de 20°.

Le *sel de plomb*, $C^{12}H^{8}Az^{2}O^{7}S^{2}Pb, H^{2}O$, est en aiguilles microscopiques jaunes, très peu solubles dans l'alcool. 100 grammes de la solution aqueuse renferment à 21° 2gr,5188 du sel supposé anhydre.

Le *chlorure*, $C^{12}H^{8}Az^{2}O(SO^{2}Cl)^{2}$, est en aiguilles clinorhombiques rougeâtres, fusibles à 138°, très solubles dans le benzène et dans l'éther.

L'*amide*, $C^{12}H^{8}Az^{2}O(SO^{2}AzH^{2})^{2}$, cristallise en prismes clinorhombiques jaunes, fusibles à 273°, très peu solubles dans l'eau bouillante, plus solubles dans l'alcool.

Dérivés sulfoniques et sulfiniques.

BENZÈNE-SULFONES. — Voyez DIPHÉNYLSULFONE.

BENZÈNE-DISULFOXYDE [Syn. *Phényldisulfoxyde*, $C^{6}H^{5}.SO^{2}.S.C^{6}H^{5}$. — On l'obtient en chauffant l'acide benzène-sulfinique avec de la phénylhydrazine et de l'acide chlorhydrique concentré [Escales, *D. chem. G.*, **18**, 893]. Cristaux clinorhombiques, facilement solubles dans l'éther, le benzène bouillant et l'alcool.

ACIDE BENZÈNE-HYPOSULFUREUX OU BENZÈNE-THIOSULFONIQUE. — L'éther éthylique de cet acide, $C^{6}H^{5}.SO^{2}.S.C^{2}H^{5}$, se forme à l'aide du sel de potassium de l'acide et du bromure d'éthyle; ce mode de formation est général pour tous les éthers des acides thiosulfoniques des carbures $C^{n}H^{2n-6}$. L'éther dont il est question ici se présente sous la forme d'une huile épaisse, insoluble dans l'eau, miscible en toutes proportions à l'alcool, à l'éther et au benzène; il se transforme sous l'action du zinc et de l'acide sulfurique en éthylmercaptan et thiophénol; chauffé avec du zinc et de l'alcool, il donne un sel de zinc de l'acide sulfinique et du mercaptide de zinc : la même décomposition a lieu par ébullition avec une solution de potasse (d = 1,2).

ACIDE BENZÈNE-SULFINIQUE, $C^{6}H^{5}.SO^{2}H$ (voyez Suppl., **1**, 308). — On peut le préparer en chauffant le benzène avec le composé $AlCl^{3}.SO^{2}$, préparé lui-même par l'action de l'acide sulfureux sur le chlorure d'aluminium chauffé, et en traitant par l'acide chlorhydrique aqueux le produit de la réaction [Adrianowsky, *Journ. Soc. Chim. russe*, **11**, 119]. La réaction est la suivante

$$C^{6}H^{6} + AlCl^{3}.SO^{2} = C^{6}H^{5}.SO^{2}.AlCl^{2} + HCl;$$
$$2C^{6}H^{5}.SO^{2}.AlCl^{2} + 3H^{2}O$$
$$= 4HCl + Al^{2}O^{3} + 2C^{6}H^{5}.SO^{2}H.$$

Chauffé avec de la phénylhydrazine, l'acide benzène-sulfinique donne du dioxydisulfure de phényle et de la phénylsulfone-phénylhydrazine [Escales, *D. chem. G.*, **18**, 893] :

$$3C^{6}H^{5}.SO^{2}H + C^{6}H^{5}Az^{2}H^{3}$$
$$= (C^{6}H^{5})^{2}S^{2}O^{2} + C^{6}H^{5}.AzH.AzH.SO^{2}.C^{6}H^{5}$$
$$+ 2H^{2}O.$$

L'*éther éthylique*, $C^{6}H^{5}.SO^{2}C^{2}H^{5}$, se produit par l'action du chlorocarbonate d'éthyle sur le sel de potassium [Otto et Rössing, *D. chem. G.*, **18**, 2495] :

$$C^{6}H^{5}.SO^{2}Na + Cl.CO^{2}C^{2}H^{5}$$
$$= CO^{2} + NaCl + C^{6}H^{5}.SO^{2}.C^{2}H^{5}.$$

On peut aussi le préparer par l'action du gaz chlorhydrique à chaud sur une solution alcoolique de l'acide. C'est un liquide non distillable, insoluble dans l'eau, miscible à l'alcool, à l'éther, au benzène, etc. Traité par l'eau et l'amalgame de sodium, il se saponifie.

ACIDE BENZÈNE M-DISULFINIQUE, $C^{6}H^{4}(SO^{2}H)^{2}$ [Pauly, *D. chem. G.*, **9**, 1595]. — Liquide huileux, à peine soluble dans l'éther, très soluble dans l'eau et dans l'alcool, obtenu en traitant le chlorure m-benzène-disulfonique par la poudre de zinc et l'eau.

Le *sel de baryum* a pour composition

$$C^{6}H^{4}O^{4}S^{2}Ba.$$

ACIDES BENZÈNE-SULFONIQUES. — ACIDE BENZÈNE-SULFONIQUE, $C^{6}H^{5}-SO^{3}H$. — Voyez Dict., **1**, 536, **2**, 914 et Suppl., **1**, 1222.

D'après M. Hübner [*Ann. Chem.*, **223**, 240], cet acide cristallise avec 1 molécule d'eau en grandes lames; anhydre, il fond à 40-42°.

L'*éther méthylique*, $C^{6}H^{5}.SO^{3}.CH^{3}$, prend naissance par l'action du méthylate de sodium parfaitement sec sur le chlorure benzène-sulfonique en présence d'éther. C'est un liquide ayant à 17° une densité de 1,272 [Hübner, *loc. cit.*].

L'*éther éthylique*, $C^{6}H^{5}.SO^{3}.C^{2}H^{5}$, peut être obtenu par l'oxydation du benzène-sulfinate d'éthyle au moyen du permanganate de potassium en solution acétique [Otto et Rössing, *D. chem. G.*, **19**, 1225]. Il vaut mieux le préparer par l'action de l'éthylate de sodium exempt d'alcool sur une solution éthérée de chlorure benzène-sulfonique [Hübner, *loc. cit.*]. Sa densité = 1,22 à 17° (Hübner).

L'*éther propylique*, $C^{6}H^{5}.SO^{3}.C^{3}H^{7}$, est un liquide ayant à 17° une densité de 1,1785 [Hübner, *ibid.*].

Le *chlorure*, $C^{6}H^{5}.SO^{2}Cl$, réagit violemment sur le peroxyde de plomb à 180°, en donnant du sulfate de plomb et du chlorobenzène [Wallach, *Ann. Chem.*, **214**, 219]. Avec le benzène-sulfonate d'argent, il paraît fournir l'*anhydride*

$$(C^{6}H^{5}.SO^{2})^{2}O$$

[Hübner, *loc. cit.*].

L'*amide*, $C^{6}H^{5}.SO^{2}.AzH^{2}$, fond, d'après M. Hybbeneth, à 156° [*Ann. Chem.*, **221**, 206].

La *méthylamide*, $C^{6}H^{5}-SO^{2}.AzH.CH^{3}$, prend naissance par l'action de la méthylamine sur le chlorure [Van Romburgh, *Rec. P.-B.*, **3**, 16]. C'est un liquide que l'acide nitrique concentré convertit en *nitrométhylamide*,

$$C^{6}H^{5}-SO^{2}.Az(AzO^{2})(CH^{3});$$

ce dernier composé cristallise dans l'acool en aiguilles fusibles à 43-44°.

La *diméthylamide*, $C^{6}H^{5}-SO^{2}.Az(CH^{3})^{2}$, obtenue au moyen du chlorure et de la diméthylamine, se présente en cristaux fusibles à 47-48°, insolubles dans l'eau froide, peu solubles dans la ligroïne bouillante, solubles dans l'alcool, l'éther, le chloroforme, le sulfure de carbone. Traitée par l'acide nitrique (d = 1,48), elle fournit de la nitrodiméthylamine $(AzO^{2})Az(CH^{3})^{2}$.

L'*éthylamide*, $C^{6}H^{5}-SO^{2}.AzH.C^{2}H^{5}$, préparée au moyen de l'éthylamine et du chlorure benzène-sulfonique, forme de grands cristaux transparents, fusibles à 58°. Traitée par 8 fois son poids d'acide nitrique (d = 1,48), elle fournit l'*éthylnitroamide*, $C^{6}H^{5}-SO^{2}.Az(AzO^{2})(C^{2}H^{5})$, en aiguilles fusibles à 43-44°, volatiles avec la vapeur d'eau, très solubles dans l'alcool, l'éther, le chloroforme, le sulfure de carbone et le benzène; ce dérivé peut aussi être préparé par l'action de l'acide nitrique sur la diéthylamide. L'acide sulfurique concentré la dissout avec formation d'acide benzène-sulfonique.

Diéthylamide, $C^6H^5-SO^2.Az(C^2H^5)^2$ (Van Romburgh). — Grands cristaux fusibles à 42°, obtenus au moyen du chlorure benzène-sulfonique et de la diéthylamine.

ACIDE BENZÈNE-O-DISULFONIQUE. — Voyez Suppl., 1, 1237.

ACIDE BENZÈNE-M-DISULFONIQUE. — Voyez Suppl., 1, 1237.

Le *chlorure*, $C^6H^4(SO^2Cl)^2$, peut être obtenu en chauffant pendant quelques instants le benzène-sulfonate de sodium avec du chlorure de pyrosulfuryle [Heumann et Köchlin, *D. chem. G.*, 16, 483].

ACIDE BENZÈNE-TRISULFONIQUE, $C^6H^3(SO^3H)^3$ (voyez Suppl., 1, 1240). — Il convient pour le préparer de chauffer à feu nu un mélange de m-benzène disulfonate de potassium et d'acide sulfurique concentré, jusqu'à ce qu'il ne se dégage plus d'acide sulfurique [Jackson et Wing, *D. chem. G.*, 19, 899]. Fondu avec de la potasse, il donne de l'acide phénoldisulfonique, puis de l'acide oxyphénolsulfonique; si l'on opère avec de la soude, on obtient de la phloroglucine.

Le *chlorure*, $C^6H^3(SO^2Cl)^3$, fond à 184°.

L'*amide*, $C^6H^3(SO^2.AzH^2)^3$, fond à 306° (Jackson et Wing).

ACIDES BROMOBENZÈNE-SULFONIQUES. — Outre les trois acides ortho, méta et para décrits Suppl., 1, il existerait, d'après M. Limpricht [*D. chem. G.*, 14, 1360], un acide isomérique avec eux, amorphe et donnant des sels amorphes : ce composé a été obtenu par l'action de l'acide bromhydrique concentré sur le dérivé diazoïque de l'acide hydrazobenzène-disulfonique,

$$C^6H^3 \langle {SO^3 \atop AzH} \rangle Az.Az \langle {SO^3 \atop AzH} \rangle C^6H^3.$$

Le *chlorure* forme de petits cristaux fusibles à 185-187°.

L'*amide* est en aiguilles fusibles avec décomposition à 225-230°.

ACIDE P-DIBROMOBENZÈNE-SULFONIQUE,

$$C^6H^3Br^2_{(2.5)}(SO^3H)_{(1)}.$$

L'*anhydride*, $(C^6H^3Br^2-SO^2)^2O$, s'obtient en chauffant le p-dibromobenzène avec le triple de son poids d'acide pyrosulfurique; on verse le produit de la réaction dans l'eau glacée et on le lave successivement à l'eau, à l'alcool, à l'éther et au benzène. Il est amorphe. L'eau bouillante l'attaque difficilement, mais les alcalis le transforment rapidement à chaud en acide p-dibromobenzène-sulfonique [Rosenberg, *D. chem. G.*, 19, 653].

ACIDE TRIBROMOBENZÈNE-SULFONIQUE,

$$C^6H^2Br^3_{(2.4.5)}SO^3H_{(1)}.$$

L'*anhydride* se produit dans les mêmes conditions que l'anhydride précédent, auquel il ressemble en tout point [Rosenberg, *loc. cit.*].

ACIDE TRINITROBENZÈNE-SULFONIQUE,

$$C^6H^2(AzO^2)^3_{(2.4.6)}(SO^3H)_{(1)}, 2H^2O$$

[Willgerodt, *J. prakt. Chem.*, (2), 32, 117]. — On fait bouillir une solution alcoolique de chlorure de picryle avec un excès de bisulfite de sodium; on décompose le sel obtenu au moyen de l'acide sulfurique et on épuise par l'éther. Grands cristaux qui fondent à 100° dans leur eau de cristallisation, puis se solidifient et fondent une seconde fois vers 185°. Il est très soluble dans l'eau, l'alcool, l'éther, peu soluble dans le chloroforme, insoluble dans le benzène.

Le *sel de sodium*, $C^6H^2(AzO^2)^3SO^3Na$, est en grands cristaux très solubles dans l'eau, moins solubles dans l'alcool.

ACIDE P-CHLORONITROBENZÈNE-SULFONIQUE,

$$C^6H^3Cl_{(3)}(AzO^2)_{(2)}(SO^3H)_{(1)}$$

[Laubenheimer, *D. chem. G.*, 15, 597]. — On l'obtient en faisant bouillir pendant plusieurs jours du chloro-o-dinitro-benzène avec du sulfite de sodium.

Le *sel de sodium*, $C^6H^3Cl(AzO^2)(SO^3Na), 2H^2O$, est en aiguilles brillantes, solubles dans 15p,8 d'eau à 5°,3, moins solubles dans l'alcool.

L'*amide*, $C^6H^3Cl(AzO^2)(SO^2.AzH^2)$, cristallise en lamelles quadrangulaires, fusibles à 158-159°, peu solubles dans l'eau, assez solubles dans l'alcool.

ACIDE TRIBROMONITROBENZÈNE-SULFONIQUE,

$$C^6HBr^3_{(2.4.5)}AzO^2_{(3)}SO^3H_{(1)}, 3H^2O$$

[Spiegelberg, *Ann. Chem.*, 197, 284]. — On le prépare en chauffant l'acide tribromobenzène-sulfonique correspondant avec de l'acide sulfurique très concentré. Aiguilles clinorhombiques, fusibles à 125° à l'état hydraté et à 140-141° à l'état anhydre.

Le *sel d'ammonium*,

$$C^6HBr^3(AzO^2)(SO^3.AzH^4),$$

est en aiguilles. 100 grammes de la solution aqueuse en renferment 1gr,6547 à 6°,5.

Le *sel de potassium*, $C^6HBr^3(AzO^2)(SO^3K)$, est en lamelles. 100 grammes de la solution aqueuse en renferment 1gr,1788 à 8°.

Le *sel de calcium*, $(C^6HBr^3AzO^5S)^2Ca, 4,5H^2O$, est en lamelles. 100 grammes de la solution aqueuse à 8° contiennent 1gr,912 de sel supposé anhydre.

Le *sel de baryum*, $(C^6HBr^3AzO^5S)^2Ba, 3H^2O$, est en aiguilles. 100 grammes de la solution aqueuse à 9° contiennent 0gr,6686 de sel supposé anhydre.

Le *sel de plomb*, $(C^6HBr^3AzO^5S)^2Pb, 6H^2O$, forme des prismes. 100 grammes de la solution aqueuse à 7° contiennent 0gr,8459 de sel supposé anhydre.

Le *sel d'argent* répond à la formule

$$C^6HBr^3AzO^5SAg, H^2O.$$

100 grammes de la solution aqueuse à 7° contiennent 0gr,4536 du sel supposé anhydre.

Le *chlorure*, $C^6HBr^3(AzO^2)(SO^2Cl)$, cristallise dans l'éther en lamelles fusibles à 143°.

L'*amide*, $C^6HBr^3(AzO^2)(SO^2.AzH^2)$, est en petites lamelles, peu solubles dans l'eau bouillante, très solubles dans l'alcool, qui brunissent à 250°.

ACIDE TÉTRABROMONITROBENZÈNE-SULFONIQUE,

$$C^6Br^4_{(2.4.5.6)}(AzO^2)_{(3)}(SO^3H)_{(1)}$$

[Spiegelberg, *Ann. Chem.*, 197, 297]. — On l'obtient en nitrant l'acide tétrabromosulfonique correspondant. Fines aiguilles, fusibles à 171-173°.

Le *sel d'ammonium*, $C^6Br^4AzO^5S.AzH^4$, est en lamelles. 100 grammes de la solution aqueuse à 16° en renferment 0gr,4567.

Le *sel de potassium* répond à la formule, $C^6Br^4AzO^5SK, H^2O$. 100 grammes de la solution aqueuse à 11° contiennent 0gr,1738 du sel supposé anhydre.

Le *sel de calcium* a pour formule

$$(C^6Br^4AzO^5S)^2Ca, H^2O.$$

100 grammes de sa solution aqueuse à 13° contiennent 2gr,7537 du sel supposé anhydre.

Le *sel de baryum*, $(C^6Br^4AzO^5S)^2Ba$, cristallise avec $4H^2O$ en prismes ou avec $9H^2O$ en aiguilles. 100 grammes de la solution à 12° contiennent 0gr,2168 du sel supposé anhydre.

Le *sel de plomb*, $(C^6Br^4AzO^5S)^2Pb, 2H^2O$, est en lamelles microscopiques. 100 grammes de la solution à 11° contiennent 0gr,0424 du sel supposé anhydre.

Le *chlorure*, $C^6Br^4(AzO^2)SO^2Cl$, cristallise dans l'éther en prismes fusibles à 172-173°.

L'*amide*, $C^6Br^4(AzO^2)(SO^2.AzH^2)$, forme des lamelles microscopiques, qui brunissent à 260°.

E. Burcker

BENZÈNE (CONSTITUTION). — Les controverses sur la constitution du benzène[1] et des hydrocarbures qui s'y rattachent n'ont pas discontinué depuis la publication de l'article important qu'Henninger a consacré à ce sujet dans le Suppl. 1 du Dict. [voyez AROMATIQUES (COMBINAISONS)]. On a même vu naître de nouvelles formules, auxquelles d'ailleurs il n'y a pas lieu de s'arrêter longtemps, leurs auteurs paraissant avoir fait appel plutôt à leur imagination qu'à l'étude sérieuse des faits et ayant parfois même perdu de vue le sens habituel des symboles chimiques.

Tel est le symbole proposé par M. Sachse [*D. chem. G.*, **21**, 2530; *Bull. Soc. Chim.*, (2), **50**, 681], qui a pour but de mettre la formule de M. Kekulé d'accord avec les considérations de stéréochimie. Celles-ci, comme on sait, nous montrent l'atome de carbone se comportant comme un tétraèdre régulier dont les 4 sommets seraient les points d'attraction, les centres de fonctionnement des valences; les tétraèdres peuvent s'unir deux à deux par 1, 2 ou 3 sommets, ces divers cas répondant à ce qu'on a appelé les liaisons simples, doubles et triples. Si légitime que soit ce point de départ, l'auteur s'en écarte immédiatement en représentant le benzène comme formé de six tétraèdres réguliers placés sur six des faces d'un octaèdre régulier dont deux faces parallèles resteraient libres. On voit que trois tétraèdres ont ainsi un sommet commun, ce qui n'a aucun sens dans le système qui représente les saturations de valences par le contact de deux sommets. Il est difficile d'ailleurs de reconnaître l'hexagone de M. Kekulé dans cette figure qui obscurcit précisément la notion fondamentale sur laquelle repose ce symbole.

M. T. Herrmann [*D. chem. G.*, **21**, 1949; *Bull. Soc. Chim.*, (3), **1**, 34] tient encore moins compte des idées reçues sur la valence en représentant le benzène par un cube au centre des faces duquel seraient placés les atomes de carbone formant ainsi un octaèdre régulier; les atomes d'hydrogène seraient placés sur les sommets de l'hexagone que l'on obtient en coupant le cube par un plan passant par son centre et par les milieux de deux arêtes non parallèles. On passerait du benzène à l'hexaméthylène en ajoutant 6 atomes d'hydrogène sur les milieux des arêtes du cube encore vacantes.

M. J. Thomsen [*D. chem. G.*, **19**, 2944; *Bull. Soc. Chim.*, (2), **47**, 776], convaincu qu'il faut donner au benzène une formule dans l'espace et non une formule plane, et rejetant le symbole prismatique à cause de la transformation du benzène en hexaméthylène, propose de placer les 6 atomes de carbone aux sommets d'un octaèdre régulier, en rattachant chacun d'eux à celui qui lui est diamétralement opposé par un lien coïncidant avec l'un des axes quaternaires de l'octaèdre et à deux atomes voisins par deux liaisons disposées suivant deux arêtes de l'octaèdre (fig. 61).

Cette figure n'est en définitive qu'une transformation de la formule diagonale de M. Claus, avec cette différence que son auteur admet que les liaisons qui se rompent dans la tranformation du benzène en hexaméthylène, sont trois liaisons correspondant aux arêtes de l'octaèdre, les trois autres pareilles étant conservées (fig. 62). Il paraîtrait plus naturel d'admettre avec M. Claus

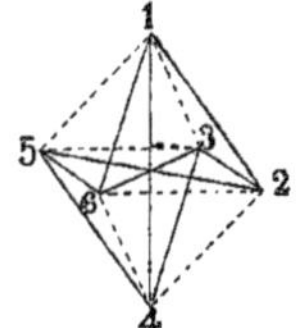

Fig. 61.

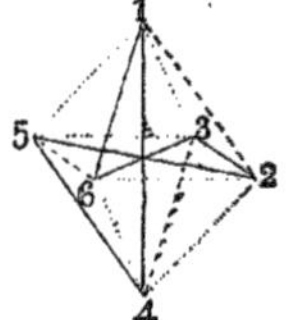

Fig. 62.

que ce sont les liaisons diagonales du symbole de ce savant, correspondant aux liaisons axiales de M. Thomsen, qui disparaissent. On ne voit, en effet, pas de raison pour que des éléments semblables soient traités différemment et des éléments dissemblables de la même manière.

M. Baeyer lui-même, à qui on doit les progrès les plus grands faits dans cette question tant au point de vue théorique qu'à celui de l'expérience, puisqu'il a précisé dans ses beaux mémoires sur les acides hydrotéréphtalique et hydrophtalique les relations qui existent entre le benzène et l'hexaméthylène, conformant ses idées à celles émises par M. Armstrong [*Journ. Chem. Soc.*, 1887, 582], avait modifié la formule de M. Kekulé de manière à lui donner un sens nouveau et difficile à mettre d'accord avec les notions ayant cours sur la nature de la valence. Il supposait que, dans le benzène et dans certains de ses dérivés, les atomes de carbone formant l'anneau sont rattachés entre eux par de simples liaisons et que les troisièmes valences, celles qui ne sont pas saturées par l'hydrogène ou par des radicaux ou atomes univalents, sont dirigées vers le centre de la molécule et s'y neutralisent. En même temps les 6 atomes d'hydrogène, au lieu d'être situés dans le même plan que les centres de gravité des atomes de carbone, seraient placés dans un plan parallèle. C'est ce qu'il a appelé la formule *centrique* du benzène [*Ann. Chem.*, **245**, 121; *D. chem. G.* **23**, 1285]. Le carbone fonctionne alors en fait comme trivalent et, ainsi que le fait remarquer le savant auteur, la formule revient à l'hexagone primitif de M. Kekulé, dans lequel il n'est tenu compte que de simples liaisons.

Cette formule, plaçant tous les atomes d'hydrogène d'un côté de la molécule benzénique, tandis que dans celle de M. Kekulé ils se trouvent situés dans le plan même de celle-ci, il en résulterait forcément l'existence d'isoméries géométriques pour les dérivés hydrogénés du naphtalène. Or M. Bamberger dans ses recherches sur les dérivés du tétrahydrure de naphtalène, pas plus que M. Baeyer lui-même (communication personnelle) dans d'autres qu'il a faites sur les produits de réduction des acides naphtoïques, n'en ont rencontré de pareilles.

M. Baeyer a, par suite, provisoirement abandonné la formule centrique, ou plutôt il en a modifié le sens primitif en disant [*D. chem. G.*, **23**, 1285] que le benzène se rapproche, dans ses combinaisons les plus stables, d'un état dans lequel l'anneau se comporte comme parfaitement symétrique en raison de l'énergie de la pression intérieure. Lorsque cette pression diminue, les doubles liaisons apparaissent de plus en plus nettement, ainsi que cela se voit dans le naphtalène et dans la phloroglucine.

1. Nous emploierons désormais le nom de *benzène* au lieu de celui de benzine pour nous conformer à la convention faite au Congrès de Chimie réuni à Paris en 1889, suivant laquelle la terminaison *ène* est attribuée aux hydrocarbures, les terminaisons *ine* et *ol* restant réservées respectivement aux composés azotés basiques et aux alcools.

La différence entre les liaisons simples et doubles dépendrait de la pression intérieure et, celle-ci diminuant, cette différence se manifesterait d'une manière de plus en plus évidente. C'est là une traduction des faits à laquelle il semble que la formule centrique n'ajoute pas grand'chose, car il nous paraît bien difficile de comprendre ce que signifient ces valences qui se paralysent à distance sans fonctionner à la façon ordinaire. Cette notion vague semble être surtout en contradiction avec la manière précise et géométrique qui s'introduit de concevoir l'arrangement des molécules et la liaison des atomes entre eux, et nous espérons réussir à montrer plus bas qu'il n'est pas nécessaire d'y avoir recours pour comprendre les propriétés spéciales du benzène et de ses dérivés.

Néanmoins M. Bamberger, dans une discussion aussi étendue que vive qu'il a soutenue contre M. Claus sur la constitution du naphtalène, pour lequel il propose une formule renfermant deux anneaux *centriques*, va jusqu'à admettre que c'est l'existence de ces liaisons centriques, appelées par lui aussi *potentielles*, qui serait la caractéristique des combinaisons aromatiques [*Ann. Chem.*, 257, 47].

En ce qui concerne les anciennes formules, leurs tenants sont restés fidèles chacun à son point de vue, plus ou moins modifié par la découverte de faits nouveaux.

M. Ad. Claus maintient la supériorité de la formule dite diagonale, tout en admettant que dans certains cas les liaisons diagonales ou para peuvent se transformer en liaisons ortho ou que, comme il dit, pour l'addition de 2 éléments univalents, ce ne sont pas toujours les atomes de carbone en position *para* dont les valences centrales sont utilisées, mais que les atomes de carbone en *ortho* ou en *méta* peuvent tout aussi bien fonctionner pour cela.

Il représente ceci d'une manière singulière par une sorte de compromis entre sa formule et la formule à doubles liaisons (fig. 63 et 64) :

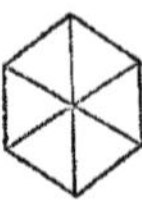
Fig. 63.

Fig. 64.

[*J. prakt. Chem.*, (2), 37, 459; 42, 34, 60].

Nous avons quelque peine à saisir le sens de cette dernière représentation, qui ne semble imaginée que pour tourner au bénéfice de la formule diagonale des faits qui lui sont contraires.

M. Claus applique des formules analogues au naphtalène pour le cas de réactions d'addition (fig. 65 et 66) :

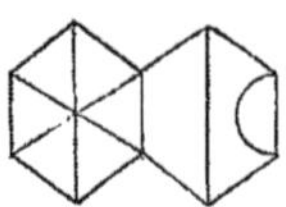
Fig. 65.

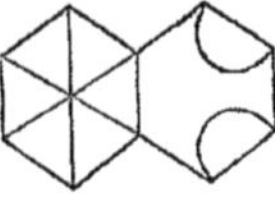
Fig. 66.

On ne voit pas en quoi la première diffère de sa formule dissymétrique (fig. 67)

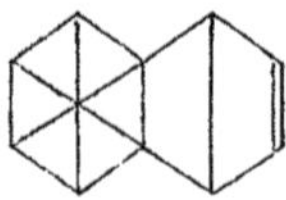
Fig. 67.

qui a contre elle de supposer l'existence de plus de deux dérivés monosubstitués du naphtalène.

M. Ladenburg [*Ann. Chem.*, 246, 382; *D. chem. G.*, 23, 1007, 2692], tout en admettant que dans certains cas la formule prismatique n'exprime les faits que d'une manière peu simple et qu'il peut être nécessaire d'employer l'hexagone concurremment avec le prisme, particulièrement quand il s'agit de passer du benzène au naphtalène, défend son point de vue en attaquant celui de ses adversaires.

Il critique, avec raison pensons-nous, la formule centrique de M. Baeyer, en montrant qu'elle se confond avec la formule diagonale de M. Claus, ce qui est vrai, tout au moins, comme le fait remarquer M. Baeyer [*Ann. Chem.*, 251, 285], si l'on suppose, avec M. Claus, qu'il est possible que la suppression d'une liaison diagonale transforme les deux autres en doubles liaisons.

M. Ladenburg repousse d'ailleurs la formule diagonale parce que, d'après lui, elle ne s'accorde pas avec l'existence de 3 dérivés disubstitués du benzène, puisque les 3 liaisons qui unissent l'atome de carbone 1 avec les atomes 2, 6 et 4 doivent être par nature égales, les 4 valences du carbone l'étant entre elles.

La réponse qui a été faite à plusieurs reprises à cette objection, en disant que les valences peuvent être égales tout en s'exerçant à des distances différentes, ne nous paraît pas fondée. Elle semble tenir à une confusion entre l'attraction des graves et celle toute différente qui est cause de la combinaison chimique. Nous ne connaissons pas jusqu'ici de valences fonctionnant à des distances différentes, et il semble bien évident que, si elles pouvaient fonctionner ainsi, elles deviendraient par là même différentes. Actuellement, nous admettons qu'elles s'exercent au contact, au moins dans la représentation que nous en faisons, et des valences égales doivent être exprimées par des lignes géométriquement égales, si l'on veut que la représentation géométrique ait un sens net et répondant à l'idée représentée.

Enfin à l'occasion d'un travail sur l'existence de 2 β-picolines isomériques, M. Ladenburg montre que si, comme il pense qu'il est probable, on peut compter cinq dérivés monosubstitués de la pyridine, la formule de MM. Körner et Dewar pour ce composé se trouve démontrée, et que les doubles liaisons interviendraient donc pour occasionner une différence entre les atomes ou groupes substitués à l'hydrogène. M. Ladenburg étend cette conséquence, comme il avait déjà fait antérieurement, au benzène et en conclut qu'en admettant l'existence des doubles liaisons, il devrait y avoir 5 dérivés disubstitués isomériques du benzène.

L'objection de M. Ladenburg est celle faite dès l'origine à la formule à doubles liaisons de M. Kekulé, seulement appuyée sur une analogie et sur des faits positifs, quoique incomplètement établis, pour une partie des isomères. Nous ferons toutefois remarquer que, dans la pyridine, il intervient 1 atome d'azote et que ceci change complètement les conditions de symétrie : l'atome de carbone qui est lié à l'azote par une double liaison n'est pas dans les mêmes conditions que celui qui n'y est rattaché que par une simple liaison. L'extension au benzène des faits relatifs à la pyridine ne semble donc pas entièrement légitime.

Les faits sur lesquels s'appuie M. Ladenburg viennent d'ailleurs d'être contredits par M. C. Stoehr [*D. chem. G.*, 23, 3151], qui affirme l'identité des deux β-picolines, celle obtenue par synthèse et celle préparée en partant de la strychnine.

Dans l'article du Suppl., 1, que nous avons cité plus haut, Henninger a conclu en faveur de la formule prismatique et a même pensé apporter comme preuve irréfutable une série de déductions fondées sur les faits seuls. Le raisonnement sur lequel il s'appuyait, et dont la marche est due à M. Demarçay, mais dont divers points avaient déjà été mis en lumière par M. Ladenburg dans sa Théorie des combinaisons aromatiques, conduit en effet à la formule prismatique; mais c'est à une condition, c'est que l'on admette *a priori* ce qu'il s'agit précisément de démontrer, c'est-à-dire qu'il n'existe pas de doubles liaisons dans la molécule du benzène et que l'hexagone à doubles liaisons de M. Kekulé est impuissant à rendre compte des faits. Il est vrai qu'en regardant celui-ci on peut être porté à croire que les deux positions 2 et 6 ne sont pas équivalentes. M. Kekulé lui-même, pour répondre aux objections de ses adversaires, a imaginé que les doubles liaisons pouvaient être mobiles et se faire à partir de l'atome 1 tantôt avec l'atome 2, tantôt avec l'atome 6, de manière à produire ainsi une sorte de symétrie qui ne résulterait que de l'alternance rapide des liaisons; mais c'est là, comme le fait remarquer Henninger, une manière de rendre le carbone trivalent qui ne saurait être admise, à moins de transformer complètement la notion de valence.

Si le reproche ci-dessus signalé peut être adressé à la formule à doubles liaisons de M. Kekulé (nous espérons montrer plus bas comment on peut y répondre), on peut en faire à la formule prismatique d'autres qui nous paraissent beaucoup plus graves. Et d'abord elle représente par des signes différents des choses considérées comme égales. D'après M. Ladenburg, et il a parfaitement raison, les valences du carbone étant égales entre elles, les simples liaisons d'un atome de carbone avec deux ou plusieurs autres doivent être égales. Le savant chimiste s'appuie même sur ce fait pour combattre la formule diagonale de M. Claus, dans laquelle les liaisons de 1 avec 2, 6 et 4 devraient être d'égale valeur et qui par conséquent n'admettrait que deux dérivés disubstitués. Le raisonnement est juste; il nous paraît condamner la formule diagonale. Mais puisque les trois liaisons qui rattachent le carbone 1 aux carbones 3, 5 et 4 sont égales en tant que simples liaisons, pourquoi les représenter les unes par les arêtes d'un des triangles de base, l'autre par une arête verticale du prisme, qui peuvent bien être égales en longueur mais qui ne le seront jamais par le rôle qu'elles jouent dans la molécule? Or, comme nous l'avons déjà dit, pour représenter des valeurs égales tout doit être égal, ou la représentation est incomplète.

Le symbole laisse donc à désirer à cet égard, bien qu'il satisfasse aux autres conditions que doit remplir toute formule du benzène et qui ont été fort bien tracées par Henninger.

Mais c'est lorsqu'on veut passer d'une part aux dérivés d'addition du benzène, d'autre part aux composés tels que le naphtalène qui renferment deux ou plusieurs groupes benzéniques soudés entre eux, que l'on tombe sur des difficultés qui sont telles qu'elles paraissent devoir la faire écarter.

Pour passer du benzène à son hexahydrure, que M. Baeyer a montré être identique à l'hexaméthylène, ou à son hexachlorure, il faut avec la formule prismatique supposer que des neuf liaisons simples qu'elle comporte trois peuvent se rompre, et pour que la molécule ne s'en aille pas en morceaux, il faut que ce soit une liaison parallèle à l'arête du prisme et deux liaisons parallèles appartenant aux deux bases et non contiguës à la première liaison qui disparaissent (fig. 68). On ne voit en aucune façon pourquoi la rupture des liaisons se fait ainsi.

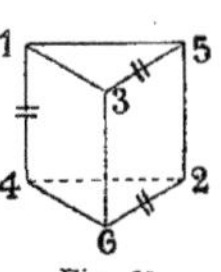

Fig. 68.

De plus, ainsi que le fait remarquer M. Baeyer, dans ce changement, des liaisons para au nombre de trois qui existent dans la formule prismatique, 1-4, 3-6, 2-5, deux se métamorphosent en liaisons ortho, ce qui est en contradiction avec les faits observés dans l'hydrogénation des acides téréphtaliques [*Ann. Chem.*, **245**, 108].

On n'est pas moins embarrassé quand on veut construire la molécule du naphtalène avec un prisme benzénique auquel viendraient s'unir 4 groupes CH. La réunion des deux groupes doit être faite en ortho et, d'après ce qu'ont montré MM. Graebe, Atterberg, Reverdin et Nœlting, les deux groupes peuvent chacun devenir un noyau benzénique, si celui-ci n'existe pas déjà comme tel dans la molécule. Il faudrait donc faire intervenir deux prismes ayant 2 atomes de carbone 1 et 2 communs. Comment comprendre qu'il n'y ait pas en même temps coïncidence des atomes 4 et 5 des deux groupes, ce qui paraît physiquement impossible? Le groupement moléculaire devrait donc se transformer complètement, ce qui ne semble pas compatible avec les synthèses comme celle de l'α-naphtol réalisée par MM. Fittig et Erdmann en chauffant à l'ébullition l'acide isophénylcrotonique.

Il est un autre ordre de considérations qui fournit un argument grave contre le schéma prismatique, si on lui donne une existence réelle, représentative de la molécule, et non pas seulement de certaines réactions, ce qui est bien évidemment la pensée des auteurs et des adhérents de ce symbole, sans quoi ils se seraient contentés de celui de M. Kekulé.

Si, dis-je, ce symbole représente la molécule chimique, il en résulte forcément qu'il devrait exister des dérivés simples du benzène (c'est-à-dire des dérivés ne renfermant pas de groupements dissymétriques pouvant apporter avec eux le pouvoir rotatoire), disubstitués, trisubstitués et tétrasubstitués, qui auraient une formule dissymétrique non superposable (énantiomorphe) et qui par conséquent devraient avoir le pouvoir rotatoire ou former des racémiques provenant de l'union en proportions égales de deux composés symétriques de pouvoirs rotatoires égaux et inverses.

En effet, ce qui n'a été appliqué tout d'abord par MM. Le Bel et Van't Hoff qu'à 1 ou plusieurs atomes de carbone faisant partie de la molécule chimique, et ce qui n'était, en somme, qu'une manière simple de se rendre compte de la symétrie moléculaire, peut et doit s'appliquer à l'ensemble de la molécule. Si cette dernière est symétrique, le pouvoir rotatoire est absent; si elle n'admet aucun plan de symétrie, elle doit être active sur la lumière polarisée. C'est ainsi que se comprend l'existence de l'acide tartrique inactif, qui renferme 2 atomes de carbone asymétriques, mais placés de telle façon que malgré leur présence la molécule présente un plan de symétrie.

Il doit en être de même de la molécule benzénique modifiée par substitution : si celle-ci admet un plan de symétrie, elle doit être inactive; si elle n'en admet pas, elle doit faire dévier le plan de polarisation de la lumière qui la traverse.

M. Van't Hoff a le premier fait ressortir cette conséquence de la formule prismatique du benzène [*Dix années dans l'histoire d'une théorie*, Rotterdam, P. M. Bazendijk, 1887] et M. Le Bel a annoncé avoir essayé en vain de dédoubler l'o-toluidine [*Bull. Soc. Chim.*, (2), **38**, 98].

Il suffit de regarder la figure 69 d'un composé disubstitué pour voir que le composé ortho $X_{(1)}X_{(2)}$, qui devrait, suivant les raisonnements mêmes employés par Henninger pour établir la formule prismatique, être identique avec le composé $X_{(5)}X_{(4)}$ (fig. 70), ne lui est pas superposable, mais seulement symétrique et non superposable, ce qui, avec une identité générale des propriétés chimiques et physiques vis-à-vis des agents ordinaires, suppose une opposition de pouvoir rotatoire. L'acide salicylique, par exemple, son aldéhyde, etc., devraient exister sous deux

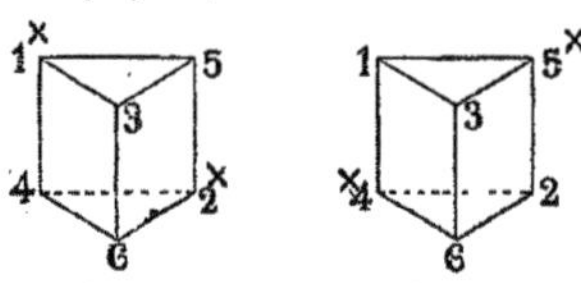

Fig. 69. Fig. 70.

modifications correspondant aux acides tartrique droit et gauche; or on n'en a jamais constaté le pouvoir rotatoire dans ces composés et il est difficile ici de se réfugier derrière une existence constante de racémiques, qui peut s'alléguer avec raison quand il s'agit de produits artificiels, mais non quand il s'agit de produits naturels comme l'essence de Gaultheria.

Il en est de même des composés trisubstitués X (1 . 3 . 4) (fig. 72) et X (2 . 3 . 5) (fig. 71) et des composés quadrisubstitués 1.2.3.4 et 2.3 4.5.

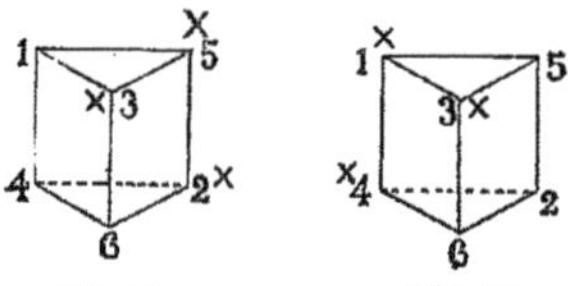

Fig. 71. Fig. 72.

M. Lewkowitsch [*D. chem. G.*, **16**, 1576; *Bull. Soc. Chim.*, (2), **41**, 525; *Chem. Soc.*, **53**, 781; *Bull. Soc. Chim.*, (3), **1**, 713] s'est le premier aperçu de l'existence d'un carbone asymétrique, le carbone 5, dans les dérivés trisubstitués du benzène A_1, B_2, C_3, si on lui attribue la formule prismatique.

Nous ferons remarquer que ce n'est pas seulement le carbone 5 de la formule prismatique qui serait asymétrique, mais aussi les atomes de carbone 4 et 6, qui sont liés chacun avec 1 atome d'hydrogène et avec 3 atomes de carbone diversement saturés.

Les conditions indiquées par l'auteur sont suffisantes pour produire l'asymétrie de 1 et même, comme nous venons de le dire, de 3 atomes de carbone, et par suite de la molécule; mais elles ne sont pas nécessaires, et il suffit que la substitution soit faite avec 2 atomes ou radicaux différents en 1 et 2 pour que les carbones 5 et 4 soient asymétriques.

D'ailleurs, comme nous l'avons fait voir plus haut, le remplacement des hydrogènes 1 et 2 par deux atomes ou radicaux différents n'est pas même nécessaire pour que la molécule soit asymétrique, en admettant la constitution figurée par le symbole prismatique.

M. Lewkowitsch a essayé sans succès de dédoubler soit par leur transformation en sels de cinchonine, soit par l'action du *Penicillium glaucum*, les composés suivants, qui appartiennent à la série dont il vient d'être question :

Acide β-m-homosalicylique,

$$C^6H^3(CH^3)_1(CO^2H)_2(OH)_3 ;$$

Acide β-o-homo-m-hydrobenzoïque,

$$C^6H^3(OH)_1(CH^3)_2(CO^2H)_3 ;$$

Acide méthoxytoluique,

$$C^6H^3(OCH^3)_1(CH^3)_2(CO^2H)_3 ;$$

Acide α-nitro-o-toluique,

$$C^6H^3(AzO^2)_1(CH^3)_2(CO^2H)_3.$$

En regard de ces objections graves, les partisans de la formule prismatique n'ont à opposer à celle de M. Kekulé, à liaisons alternativement doubles et simples, que la difficulté de concevoir qu'il n'y ait qu'une seule série de dérivés ortho et que les positions 2 et 6 soient équivalentes par rapport à 1.

Il nous semble que, plutôt que de se débattre avec les difficultés qui viennent d'être exposées, il est beaucoup plus simple d'admettre que l'existence de ces liaisons diverses n'introduit aucune différence entre la valeur des atomes substitués, ce qui est d'ailleurs la simple expression d'un fait, et que la formule ainsi comprise satisfait désormais à toutes les conditions posées pour le benzène et ses dérivés. M. Baeyer, dans l'étude très étendue et très importante qu'il a faite des dérivés d'hydrogénation du benzène, est arrivé à une conclusion analogue, et se sert maintenant de formules qui ne sont que celle de M. Kekulé traduite dans le langage stéréochimique.

Il a montré que les produits d'hydrogénation du benzène sont des dérivés de l'hexaméthylène.

Il l'a fait de deux manières différentes : soit en partant de composés saturés de la série grasse qu'il a réussi à transformer en composés aromatiques; soit en prenant des composés aromatiques et en les transformant par hydrogénation en combinaisons hexaméthyléniques.

Il a montré d'abord [*D. chem. G.*, **18**, 3454 et **19**, 159] que l'éther malonique, chauffé avec le sodium à 145° jusqu'à transformation en une masse jaune dure, qui est lavée à l'éther et décomposée par l'acide sulfurique, fournit un composé éthéré formé par la soudure de 3 molécules d'éther malonique, avec élimination de 3 molécules d'alcool, et qui n'est autre chose que l'éther d'un acide tricarbonique de la phloroglucine. En effet, saponifié par la potasse, il se dédouble en alcool, acide carbonique et phloroglucine.

D'autre part, l'éther succinosuccinique a été transformé par M. Herrmann par l'action du brome en un composé qu'il a nommé éther quinone-dihydrodicarbonique, et qui n'est autre chose que l'éther p-dioxytérephtalique. C'est ce qu'avait déjà dit M. Geuther [*Ann. Chem.*, **219**, 125] et c'est ce qu'a prouvé M. Baeyer [*D. chem. G.*, **19**, 428].

Lorsqu'on chauffe de petites quantités d'éther succinosuccinique avec de l'acétate d'ammonium, on obtient un produit, fusible à 181°, qui est le dérivé diimidé de l'éther succinosuccinique; ce dernier, traité par le brome en solution dans l'acide sulfurique concentré, fournit l'acide diamidotéréphtalique avec perte de 2 atomes d'hydrogène. Enfin l'acide amidé en solution chlorhydrique est transformé en un composé diazoïque, qui est chauffé avec une solution chlorhydrique de chlorure cuivreux.

Le produit chloré ainsi obtenu, traité à froid par l'amalgame de sodium, a fourni l'acide téréphtalique.

On a donc passé ainsi de l'anneau hexaméthylénique contenu dans l'éther succinosuccinique à l'anneau benzénique que renferme l'acide téréphtalique, par une suite de réactions régulières et sans que les positions relatives des atomes soient changées.

M. Baeyer s'est ensuite proposé de remonter, par une marche inverse, des dérivés benzéniques à des dérivés hexaméthyléniques correspondants, et c'est ce qui lui a réussi pour l'acide téréphtalique [*Ann. Chem.*, **245**, 103 et **251**, 257; *D. chem. G.*, **19**, 1803] et pour l'acide phtalique [*Ann. Chem.*, **258**, 145].

L'acide hexahydrotéréphtalique peut être obtenu par la fixation directe de 6 atomes d'hydrogène sur l'acide téréphtalique. Néanmoins, si ce dernier fixe facilement à froid 2 atomes d'hydrogène dégagés par l'action de l'amalgame de sodium sur l'eau et à chaud 4 atomes, il ne prend que difficilement les deux derniers, et on obtient l'acide hexahydrogéné plus facilement par fixation d'acide bromhydrique sur l'acide tétrahydrophtalique et réduction de l'acide bromohexahydrophtalique obtenu.

Les divers acides ainsi préparés ne présentent plus les caractères des composés aromatiques, mais ceux des corps non saturés ou saturés de la série grasse. Les uns, les acides dihydrogénés ou tétrahydrogénés, fixent facilement le brome et l'acide bromhydrique et sont attaquables au permanganate de potassium. L'acide hexahydrotéréphtalique, ou plutôt les deux acides hexahydrogénés isomériques qui sont obtenus dans ces réactions et qui sont sans doute des isomères géométriques, se comportent à la façon des acides saturés de la série grasse.

M. Baeyer a préparé et étudié les 10 acides di-, tétra- et hexahydrogénés dont on pouvait prévoir l'existence en tenant compte des doubles liaisons et de l'isomérie dans l'espace[1] et montré que les formules qu'il leur attribue correspondent bien à leur mode de formation et à leurs propriétés. Il a montré de plus que les dérivés ortho, méta et para du benzène donnent des dérivés de l'hexaméthylène dans lesquels les atomes ou groupes substituants se trouvent encore dans les positions 1.2, 1.3 et 1.4. C'est ce qui résulte de la transformation de l'acide succinosuccinique en acides dioxytéréphtalique et téréphtalique, ainsi que de celle de l'éther malonique en éther phloroglucine-tricarbonique.

Par la comparaison avec l'acide muconique, il a fait voir que la manière de se comporter des acides hydrotéréphtaliques est tout à fait pareille à celle des acides non saturés de la série grasse et qu'il n'y a par conséquent pas de raison d'y admettre autre chose que des liaisons doubles ordinaires.

L'acide muconique en effet,

$$CO^2H-CH=CH-CH=CH-CO^2H,$$

fournit le composé

$$CO^2H-CH^2-CH=CH-CH^2-CO^2H,$$

de même que l'acide téréphtalique donne

$$CO^2H.HC\begin{matrix}<CH=CH>\\<CH=CH>\end{matrix}CH.CO^2H.$$

Il n'est donc pas nécessaire pour expliquer cette dernière addition d'admettre l'existence, dans l'acide téréphtalique, d'une liaison para, que personne n'ira chercher dans l'acide muconique [Baeyer et Rupe, *Ann. Chem.*, **256**, 1; Baeyer et Herb, *ibid.*, **258**, 1].

Pour l'acide phtalique, le travail n'a pas encore été poussé aussi loin que pour l'acide téréphtalique, et des 7 acides dihydrophtaliques possibles un seul est connu; des 6 acides tétrahydrogénés, 4. Les deux acides hexahydrogénés ont été obtenus.

M. Baeyer fait ressortir l'analogie frappante qui existe entre les propriétés de l'acide Δ^1 tétrahydrophtalique[1] et celles de l'acide diéthylmaléique symétrique (pyrocinchonique) et de l'acide citraconique; puis des acides hexahydrophtaliques et des deux acides diméthylsucciniques symétriques, désignés à tort, nous semble-t-il, par M. Zelinski sous les noms de fumaroïde et maléinoïde. Nous ferons remarquer qu'il s'agit sans doute d'un inactif et d'un racémique, car nous avons là deux carbones asymétriques pareils à ceux de l'acide tartrique, mais pas de doubles liaisons, et la comparaison avec les acides fumarique et maléique est au moins fort éloignée [Bischoff, *D. chem G.*, **22**, 389. — Zelinski, *ibid.*, 646].

La même remarque s'applique aux acides hexahydrophtaliques, que MM. Baeyer et Astié appellent également fumaroïde et maléinoïde, alors que les conditions pour l'existence de ces derniers ne nous paraissent pas remplies [Baeyer et Astié, *Ann. Chem.*, **258**, 145].

En effet, dans les acides fumarique et maléique, les points d'attache des groupes CO^2H et des atomes d'hydrogène qui complètent la saturation des atomes de carbone auxquels les carboxyles sont attachés, se trouvent dans un plan de symétrie de la molécule, ce qui a lieu encore pour les acides hexahydrotéréphtaliques, mais non plus pour les acides hexahydrophtaliques. Deux acides isomériques, ayant la composition de ce dernier et sans action sur la lumière polarisée, ne pourront être qu'un inactif par constitution possédant un plan de symétrie dans la molécule, et un racémique formé par l'union de deux acides droit et gauche non superposables. Nous pensons qu'il serait fâcheux pour la clarté du discours de confondre le mode d'isomérie des acides fumarique et maléique, qui ne peut pas être accompagné du pouvoir rotatoire quoique pouvant être ramené à la considération des positions *cis* et *trans*, avec celui dans lequel, comme il vient d'être dit pour les acides hexahydrophtaliques et comme l'a fort bien vu M. Baeyer, les mêmes conditions de positions *cis* et *trans* peuvent donner naissance à des corps ayant le pouvoir rotatoire et à un isomère inactif.

Nous voyons donc que le grand nombre de faits intéressants accumulés par M. Baeyer et par ses élèves, en montrant la relation naturelle et simple qui existe entre les composés hexaméthyléniques et les composés benzéniques, vient appuyer puissamment la formule hexagonale du benzène à doubles liaisons, telle qu'elle a été proposée il y a vingt-cinq ans par M. Kekulé.

Nous avons dit plus haut qu'il suffit, pour écarter les difficultés qui ont arrêté tant de chimistes et donné naissance à tant de formules diverses pour le benzène, d'admettre que l'existence de doubles liaisons et de simples liaisons alternatives n'a pas d'influence sur les relations entre les atomes d'hydrogène du benzène ou les atomes ou groupes qui leur sont substitués. M. Kekulé, qui avait lui-même signalé la difficulté, indique aussi la solution en disant [*Ann. Chem.*,

1. M. Baeyer a fait, pour le moment, abstraction des composés isomériques énantiomorphes qui peuvent se former et qui, identiques de propriétés dans la plupart des cas, peuvent être traités comme des corps uniques.

1. M. Baeyer se sert de la notation Δ accompagnée de 1 ou 2 chiffres pour indiquer les doubles liaisons et leur position, en désignant par le chiffre la position de l'atome ou des atomes de carbone par lesquels commencent les liaisons. $\Delta^{1.5}$ par exemple s'appliquera à un composé dihydrogéné dans lequel deux doubles liaisons subsistent entre les atomes 1 et 2 et 5 et 6.

162, 85] « qu'il a plusieurs fois eu l'occasion de faire remarquer que plusieurs savants attachent trop d'importance à la différence possible entre les composés 1,2 et 1,6 ».

Il y a d'ailleurs une hypothèse très simple, qui permet de faire tomber l'objection élevée contre la formule de M. Kekulé.

Il est très plausible d'admettre que la réaction qu'exercent l'un sur l'autre deux atomes fixés sur une chaîne de carbone dépende de la distance de ces atomes, et que, les distances devenant égales, toutes choses égales d'ailleurs, les actions soient égales. Or il est facile de satisfaire à cette condition avec un anneau formé de 6 tétraèdres réguliers réunis alternativement par une double liaison et par une simple liaison. Cet anneau, en raison de la nature des éléments qui le constituent, aura dans un même plan tous les centres de gravité des 6 tétraèdres, les 6 sommets libres, et les 3 points auxquels se fait la simple liaison. Pour que les 6 sommets libres, ceux qui dans le benzène servent de support aux 6 atomes d'hydrogène, soient équidistants, il faut que les angles de l'hexagone symétrique YXY'X'..., formé par l'intersection du plan qui contient les centres de gravité avec les plans des 6 tétraèdres les plus rapprochés du centre de l'anneau, soient alternativement de 148°36′ et de 91°24′ (voyez fig. 73).

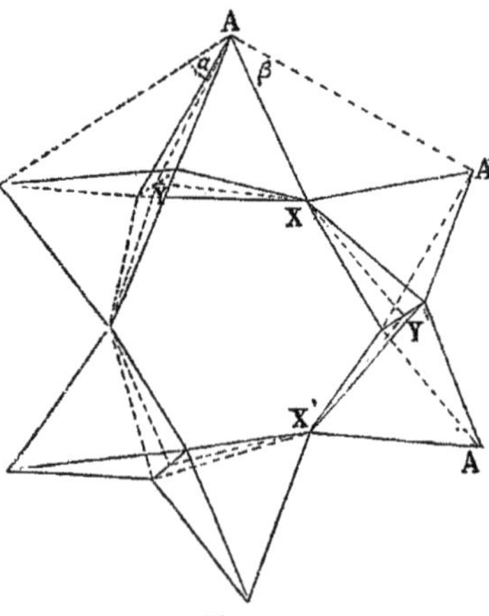

Fig. 73.

L'hexagone de carbone n'interviendrait ici, pour ainsi dire, que comme un support inerte des atomes d'hydrogène. Il faut remarquer d'ailleurs que chaque atome d'hydrogène se trouve en relation avec un atome de carbone, qui est saturé en outre par une double liaison avec un deuxième atome de carbone et par une simple liaison avec un troisième. Tout est donc aussi égal que possible entre eux, si l'on fait abstraction de la position des doubles liaisons.

Néanmoins il ressort de cette position que deux orthodérivés du benzène dans lesquels les 2 atomes de carbone qui portaient les atomes d'hydrogène, remplacés par des atomes ou groupes univalents, sont unis par une simple ou par une double liaison, tout en étant identiques comme propriétés à tous autres égards, resteraient différenciés en ce qui concerne les dérivés d'addition. Les premiers ne pourraient pas donner de dérivés symétriques, les deuxièmes pourraient en donner, l'hydrogénation, par exemple, portant sur les 2 atomes de carbone qui servent de support aux atomes ou groupes substitués. Il est possible que l'expérience vienne démontrer l'existence de ces différences, et ces serait le meilleur argument en faveur de l'hypothèse que nous venons d'exposer.

Si l'on admet ce point de départ, on voit disparaître les difficultés qui ont donné lieu à tant de symboles divers et peu satisfaisants.

Les relations qui existent entre le benzène et ses composés d'addition ressortent de la manière la plus claire, et les applications des considérations stéréochimiques deviennent faciles.

D'ailleurs les objections faites à l'existence de doubles liaisons dans le benzène semblent avoir été plutôt suscitées par l'aspect de la formule de M. Kekulé, mise en regard avec l'existence d'un seul orthodérivé, que par les propriétés de l'hydrocarbure lui-même. Celui-ci est susceptible, comme on le sait depuis Mitscherlich, d'additionner 6 atomes de chlore et de donner ainsi un composé saturé. Cette addition se fait un peu plus difficilement pour le chlore, et avec une difficulté plus grande encore pour le brome, que sur les hydrocarbures à doubles liaisons de la série grasse; mais, en considérant les hydrocarbures éthyléniques eux-mêmes, l'addition ne se fait pas pour tous avec la même facilité. D'ailleurs il semble que ce fait est suffisamment expliqué par la grande symétrie de la molécule benzénique, et par le grand dégagement de chaleur qui correspond à sa formation à partir de l'acétylène. On sait que toujours à une symétrie plus grande de la molécule correspond une stabilité plus grande. On peut même remarquer que, quand cette symétrie est troublée en quelque mesure, la stabilité s'en ressent aussitôt. Les hydrures du benzène n'ont pas encore été étudiés d'une manière suffisante pour qu'on puisse y chercher des exemples de ce fait; mais le naphtalène, dont les hydrures sont un peu mieux connus, nous montre, à côté du carbure primitif dont la stabilité est relativement grande, des hydrures intermédiaires extraordinairement oxydables, puisque l'air suffit pour les attaquer, et un hydrure saturé, le décahydrure, dont la symétrie est redevenue comparable à celle du naphtalène et dont la stabilité est analogue.

Nous avons indiqué plus haut les observations faites par M. Baeyer sur les acides dihydro- et tétrahydrotéréphtaliques, qui fixent le brome et sont attaqués par le permanganate, alors que l'acide hexahydrogéné est beaucoup plus stable, de même que l'acide téréphtalique lui-même.

Quand on fait agir le chlore au soleil sur le benzène, on obtient, comme on sait, l'hexachlorure de benzène ou plutôt des hexachlorures isomériques, et même, en ne transformant qu'une faible partie du benzène, ce sont ces chlorures que l'on obtient et non les chlorures intermédiaires qui devraient être formés par la fixation de 1 ou de 2 molécules de chlore sur le benzène et qui ne sont pas encore connus. Cela prouve que ces derniers sont plus facilement attaquables que le benzène lui-même, et que la suppression d'une ou de deux doubles liaisons, diminuant la symétrie de la molécule, en a aussi diminué la stabilité.

Puisque nous venons de parler des hexachlorures de benzène, nous ne pouvons pas négliger de faire remarquer ici que l'existence des deux isomères, celui connu de longue date et celui découvert il y a quelques années par M. J. Meunier [*Ann. Chim. Phys.*, (6), 10, 223], trouve son explication dans la formule qui représente l'anneau hexaméthylénique comme formé de 6 tétraèdres réguliers réunis par de simples liaisons.

Comme on le voit dans la figure 73 et comme M. Baeyer l'a fait ressortir le premier, les points d'attache des atomes d'hydrogène à chaque atome de carbone se trouvent situés aux extrémités d'une arête du tétraèdre qui est perpendiculaire au plan passant par les sommets reliés entre eux. Pour chaque tétraèdre, un des atomes d'hydrogène se trouve d'un côté de ce plan et l'autre de l'autre côté, de part et d'autre des points A, B, C, etc., positions que M. Baeyer a désignées par les noms de *cis* et de *cistrans*, de sorte que les composés où toutes les substitutions se font d'un même côté du plan sont désignés par *cis*, et ceux où elles se font partie d'un côté, partie de l'autre, le sont par *cistrans* ou simplement par *trans*. Il n'y a naturellement pas à distinguer celles qui se font tout entières d'un côté ou tout entières de l'autre, puisque la figure est susceptible de retournement.

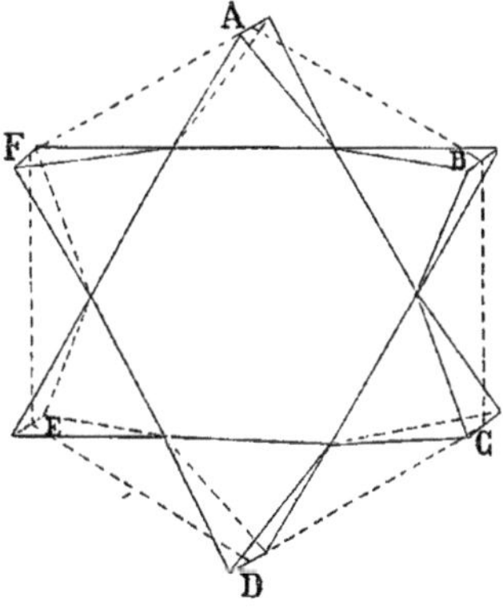

Fig. 74

Si l'on applique ces notions à un composé dérivé du benzène par addition de chlore par exemple, on voit que des 8 stéréo-isomères dont la formule permet de prévoir l'existence (en admettant qu'à chaque atome de carbone il se rattache 1 atome d'hydrogène et 1 de chlore), 2 seulement peuvent se former[1], le composé dont tous les atomes de chlore sont situés d'un même côté du plan qui renferme les sommets liés des tétraèdres, et celui qui a 4 atomes de chlore rattachés d'un même côté du plan à 4 tétraèdres consécutifs, et les 2 autres de l'autre côté du plan.

Il est naturel d'admettre que les 2 benzènes hexachlorés isomériques correspondent à ces 2 formules. Il doit en être de même sans doute pour les acides hexahydromelliques isomériques de M. Baeyer.

On peut même remarquer que, si les ruptures des doubles liaisons de la molécule benzénique s'opéraient avec une égale facilité des deux manières dont chacune peut se faire, il devrait se produire 1 partie du composé *cis* pour 3 parties du composé *trans*. Cela a lieu, ainsi que le prouve l'expérience, lorsque les deux composés qui peuvent prendre naissance par l'addition d'une molécule de chlore, de brome, etc., ne diffèrent que par leur pouvoir rotatoire. Cela ne sera plus nécessairement vrai quand les isomères formés différeront par d'autres propriétés et ne seront plus simplement énantiomorphes; mais on a ainsi au moins une idée des quantités relatives des isomères qui peuvent se produire.

Or on a réussi à séparer, dans deux expériences faites avec le benzène pur, et en utilisant la différence de solubilité des deux hexachlorures dans le chloroforme, 1 partie d'hexachlorure octaédrique pour 4 et pour 3,5 parties d'hexachlorure clinorhombique.

Il y a encore une autre remarque importante qui parle en faveur des formules que nous proposons pour les deux hexachlorures, en assignant à l'octaédrique la formule *cis* et au clinorhombique la formule *trans*. Si nous considérons la symétrie de ces formules, nous voyons que l'une d'entre elles (*cis*) a une symétrie hexagonale ou sénaire et que l'autre a une symétrie clinorhombique puisqu'elle n'admet qu'un seul plan et un axe de symétrie.

Or la forme cristalline de l'hexachlorure ordinaire est clinorhombique; celle de l'hexachlorure de M. Meunier a été décrite par ce jeune savant comme octaédrique et appartenant au type cubique; mais lorsqu'on l'examine en lumière polarisée, on voit que les octaèdres, dont les angles correspondent d'ailleurs sensiblement à ceux de l'octaèdre régulier, sont formés de 8 pyramides groupées, ayant leurs sommets au centre de l'octaèdre et leurs bases sur ses faces, et sont constituées par une matière biréfringente à 1 axe, dont l'axe est parallèle pour chaque pyramide à la normale à la base triangulaire menée par le centre de l'octaèdre.

Il y a là une coïncidence qui ne paraît pas pouvoir être fortuite, et qui se joint à la stabilité plus grande du composé, déjà signalée par M. Meunier, à sa solubilité moindre, à son point de fusion plus élevé, et aux considérations qui ont été exposées plus haut, pour nous porter à attribuer à cet hexachlorure la formule dans laquelle tous les atomes de chlore sont placés du même côté du plan passant par les liaisons simples.

Le schéma que nous admettons pour le benzène permet de comprendre aisément le changement qui se produit dans la symétrie de la molécule benzénique, lorsqu'elle se transforme en quinone. Il y a rupture de 2 doubles liaisons et formation d'une nouvelle liaison double placée symétriquement à celle qui subsiste. L'existence de ces doubles liaisons est prouvée par les expériences de M. Nef [*J. prakt. Chem.*, (2), **42**, 166], qui a obtenu, par l'action du brome sur la quinone en solution chloroformique, un di- et un tétrabromure que le zinc, en présence de l'acide acétique, transforme en hydroquinone.

Nous avons fait remarquer plus haut que la formule du naphtalène se dérive difficilement de la formule prismatique du benzène; cela est vrai surtout si, dans le prisme, on transforme les points situés aux sommets en tétraèdres liés chacun avec les 3 tétraèdres voisins.

On sait déjà qu'il n'en est pas de même pour la formule de M. Kekulé, ni pour la formule diagonale de M. Claus; dans celle-ci les liaisons diagonales semblent être plus ou moins sciemment considérées comme d'une nature différente des autres, et le passage du benzène à ses dérivés d'addition se fait facilement. Le naphtalène aussi peut être sans difficulté rapproché du benzène, ainsi que cela résulte encore des discussions récentes sur ce sujet, qui ont eu lieu entre

1. Ceci est vrai si l'on admet, comme l'on y est conduit naturellement par l'aspect des formules et par la plupart des faits connus, que l'addition de 2 atomes univalents s'opère simultanément d'un même côté de la molécule. M. Herb [*Ann. Chem.*, 258, 35] a observé dans la fixation du brome sur l'éther méthylique Δ^2 tétrahydrophtalique la formation de 3 composés isomériques, qui pourraient répondre à un mode de fixation différent. Néanmoins il n'est pas encore évident que ce soit là qu'il faille chercher la cause de cette isomérie.

M. Claus [*J. prakt. Chem.*, (2), **42**, 24 et 458] et M. Bamberger [*Ann. Chem.*, **257**, 1; *J. prakt. Chem.*, (2), **42**, 188], celui-ci soutenant que le naphtalène ne contient un noyau benzénique qu'après qu'il a été modifié par addition, et M. Claus admettant au contraire la préexistence de ce noyau.

Si l'on applique à ces cas les considérations qui nous ont servi plus haut, on voit d'abord que la formule diagonale de M. Claus ne se prête pas à la construction avec des tétraèdres; on voit en outre que, si l'on prend la figure benzénique (73) et si l'on veut y greffer une sorte d'anse formée de 2 couples de tétraèdres unis par une double liaison, on ne peut pas obtenir une figure symétrique sans déformation de la molécule benzénique. En se reportant à la figure 73, on reconnaît que les distances AA' et XX' ne sont pas égales. Le calcul montre que, dans l'hypothèse admise, le rapport de AA' : XX' est sensiblement 5 : 4. Ceci permet de comprendre à la fois l'analogie des propriétés existant entre le naphtalène et le benzène d'une manière générale et les différences qui ont été signalées avec raison et qui séparent par exemple les naphtols des phénols. On comprend aussi que, suivant les observations de M. Bamberger, l'addition de 4 atomes d'hydrogène à 4 des atomes de carbone de la molécule de naphtalène entraîne une transformation qui imprime à l'anneau non modifié de celle-ci un caractère analogue à celui d'un benzène ayant subi la substitution de 2 radicaux alcooliques à 2 atomes d'hydrogène placés dans la position ortho. L'anneau hydrogéné prend au contraire le caractère des composés de la série grasse. Ainsi, par exemple, un naphtol par hydrogénation de l'anneau qui ne porte pas le groupe oxhydryle devient un vrai phénol, qui ne donne plus d'éther mixte par l'action de l'acide chlorhydrique et de l'alcool à 150°. Les naphtoquinones se comportent vis-à-vis de la phénylhydrazine avec élimination d'eau et formation de composés azotés; il n'en est pas de même de la quinone benzénique, qui agit simplement sur la phénylhydrazine comme un oxydant. La tétrahydronaphtoquinone se comporte exactement comme la benzoquinone et est réduite en hydronaphtoquinone, etc.

Ces modifications peuvent fort bien se comprendre par la disparition des doubles liaisons dans un des deux anneaux et les changements de forme qui en sont la conséquence pour l'autre.

Ajoutons encore les observations suivantes de M. Brühl [*D. chem. G.*, **20**, 2288; *Zeits. physik. Chem.*, **1**, 307; *Bull. Soc. Chim.*, (2), **49**, 190] sur le pouvoir réfringent moléculaire du benzène du naphtalène et de l'hexahydrure de naphtalène. Le pouvoir réfringent moléculaire $\frac{P}{d}\frac{n^2-1}{n^2+2}$ est la somme des pouvoirs réfringents des éléments ($C = 2{,}48$, $H = 1{,}04$) pour la raie C ou α de l'hydrogène, augmentés de termes qui représentent l'influence des liaisons multiples. Ce terme est de 1,78 pour une liaison éthylénique.

En comparant le pouvoir réfringent observé pour le benzène, 25,93, avec celui calculé pour la somme des éléments, 21,12, on trouve une différence de 4,81, c'est-à-dire bien rapprochée de ce qu'exigeraient 3 doubles liaisons.

La même comparaison faite pour le naphtalène indiquerait l'existence de 5 liaisons doubles au moins.

Dans l'hexahydronaphtalène, il ne resterait que 2 doubles liaisons.

Il nous semble que toutes ces considérations justifient l'emploi qui est fait dans cet ouvrage de la formule de M. Kekulé pour le benzène, et de celle de M. Erlenmeyer pour le naphtalène; d'ailleurs dans le Suppl. 1, malgré la préférence donnée en théorie à la formule prismatique, on n'avait pas agi autrement, par raison de commodité.

Il faudra seulement que ces symboles soient remplacés par ceux des figures (73 et 74) quand il s'agira d'interpréter des isoméries géométriques. Ch. Friedel.

BENZÈNE-AZOACÉTONE. — Ce composé, dont la constitution est exprimée par la formule

$$CH^3-CO-CH=Az-AzH-C^6H^5,$$

ce qui en fait l'hydrazone de l'aldéhyde

$$CH^3-CO-CHO,$$

correspondant à l'acétol, pourrait également être appelé *acétonylidène-phénylhydrazone*[1].

On obtient la benzène-azoacétone au moyen de l'acétylphénylhydrazone-glyoxylate d'éthyle (voyez ACIDE BENZÈNE-AZOACÉTYLACÉTIQUE).

On chauffe doucement 5 grammes de cet éther avec 5 grammes de soude dissoute dans l'alcool dilué. Il se forme d'abord de fines aiguilles d'acétylphénylhydrazone-glyoxylate de sodium, puis ce sel se dissout, et à 70-80° la benzène-azoacétone commence à se déposer en flocons jaune-brun qui possèdent une odeur particulière. La solution alcaline, additionnée d'eau, en laisse précipiter une nouvelle quantité, et la séparation est complète après addition d'acide chlorhydrique.

On peut encore préparer le même composé en chauffant l'acide acétylphénylhydrazone-glyoxylique à 170-180°; ce corps perd dans ces conditions de l'acide carbonique. En reprenant le résidu par l'eau bouillante, on obtient la benzène-azoacétone.

La benzène-azoacétone cristallise dans l'alcool bouillant en prismes brillants ou en aiguilles de couleur jaune de cuir. Elle est peu soluble dans l'eau, qui l'abandonne en aiguilles fusibles à 148-149°.

Elle possède une odeur particulière, caractéristique, perceptible surtout à chaud.

Les divers agents d'oxydation la transforment en substances résineuses [Von Richter et Münzer, *D. chem. G.*, **17**, 1928].

Additionnée de méthylate de sodium, puis d'iodure de méthyle, la benzène-azoacétone donne naissance à un *dérivé monométhylé*

$$CH^3-CO-CH=Az-Az\begin{cases}C^6H^5\\CH^3\end{cases}$$

qui cristallise dans l'alcool méthylique en aiguilles aplaties, fusibles à 64°. Traité par la phénylhydrazine, ce dérivé méthylé fournit une combinaison $C^{16}H^{18}Az^4$, en aiguilles jaunes, fusibles à 151-152°.

L'éthylate de sodium donne de même un *dérivé éthylé*, $C^{11}H^{14}Az^2O$, qui cristallise en prismes fusibles à 55°.

Traitée par l'anhydride acétique, la benzène-azoacétone fournit un *dérivé monacétylé*, fusible à 93°, qui réagit sur la phénylhydrazine en donnant une hydrazide non transformable en dérivé pyrazolique [Japp et Klingemann, *D. chem. G.*, **20**, 3192; *Ann. Chem.*, **247**, 190].

Additionnée d'éthylate de sodium, puis de monochloracétate d'éthyle, la benzène-azoacétone

1. Si l'on convient d'appeler *alcool pyruvique* l'acétol $CH^3-CO-CH^2OH$, et *aldéhyde pyruvique* l'aldéhyde correspondante, on pourrait donner à la benzène-azoacétone le nom d'*aldéhydrazone pyruvique*, qui indique que ce corps est l'hydrazone dérivée de l'aldéhyde pyruvique. On donnerait le nom de *cétohydrazones* aux hydrazones dérivées des acétones.

donne un acide $C^{11}H^{12}Az^2O^3$, qui cristallise en aiguilles jaunes, fusibles à 161-162° en se décomposant. Cet acide a pour constitution

$$CH^3-CO-CH=Az-Az\begin{matrix}\nearrow C^6H^5\\ \searrow CH^2.CO^2H\end{matrix}$$

En effet, réduit par l'amalgame de sodium ou par l'étain et l'acide chlorhydrique, il donne de l'acide anilidoacétique,

$$C^6H^5-AzH-CH^2-CO^2H,$$

fusible à 126-127°.

La benzène-azoacétone se combine avec la phénylhydrazine en donnant une *dihydrazide* identique avec celle que M. von Pechmann a obtenue avec le méthylgloxal et qui a pour formule

$$CH=Az-AzH-C^6H^5$$
$$CH^3-C=Az-AzH-C^6H^5$$

Ces différentes réactions montrent bien que la benzène-azoacétone est un dérivé de la phénylhydrazine et non un dérivé du diazobenzène, en d'autres termes que c'est une hydrazide et non un dérivé azoïque mixte [Japp et Klingemann, *D. chem. G.*, **20**, 3398]. A. Béhal.

BENZÈNE-AZOACÉTOPHÉNONE [Syn. *Benzoylméthane-azobenzène*].

$$C^6H^5-Az^2-CH^2-CO-C^6H^5$$

[Bamberger et Calman, *D. chem. G.*, **18**, 2563]. — Ce composé se produit, en même temps que l'éther benzène-azoacétylacétique, lorsqu'on mélange, à une température inférieure à 0°, une solution aqueuse neutre de chlorure de diazobenzène avec une solution de benzoylacétate d'éthyle dans 1 molécule de soude; on recueille le précipité qui se forme, on le saponifie par la potasse alcoolique et on précipite par l'eau la solution ainsi obtenue.

Fines aiguilles d'un jaune d'or, fusibles à 128°,5, très solubles dans l'alcool bouillant et dans l'acide acétique.

Le *dérivé o-nitré*,

$$C^6H^4(AzO^2)-Az^2-CH^2.CO.C^6H^5,$$

s'obtient par le même procédé, au moyen du chlorure d'o-nitrodiazobenzène. Il cristallise en aiguilles d'un jaune d'or, fusibles à 140-141°, assez solubles dans l'alcool.

M-NITROTOLUÈNE-AZOACÉTOPHÉNONE,

$$C^6H^3(CH^3)(AzO^2)-Az^2-CH^2-CO-C^6H^5.$$

— Même préparation au moyen du chlorure de m-nitro-p-diazotoluène. Aiguilles brillantes, d'un jaune citron.

L'*oxime*,

$$C^6H^2(AzO^2)(CH^3)-Az^2-CH^2-C(AzOH)-C^6H^5,$$

fond à 174°.

BENZÈNE-AZO-ACÉTYLACÉTIQUE (ACIDE) [Syn. *Acide phénylhydrazone-acétylglyoxylique*],

$$CH^3-CO-\underset{\underset{Az.AzH.C^6H^5}{\|}}{C}-CO^2H$$

Ce composé, considéré d'abord comme un dérivé azoïque, ainsi que semblait le démontrer son mode de formation, doit être envisagé, d'après les travaux de MM. Japp et Klingemann, comme un dérivé hydrazinique, c'est-à-dire comme une combinaison résultant de l'union de la phénylhydrazine et d'un corps à fonction acétonique avec élimination d'eau. Comme l'atome de carbone qui entre en réaction lorsqu'on fait réagir l'éther acétylacétique sodé sur les sels de diazobenzène, possède 1 atome d'hydrogène, il faut qu'il y ait migration de cet atome d'hydrogène pour que le composé formé dérive d'une acétone: c'est ce que montre l'équation suivante :

$$CH^3-CO-CHNa-CO^2C^2H^5+C^6H^5-Az=Az.AzO^3$$
$$=AzO^3Na+CH^3-CO-\underset{\underset{Az.AzH.C^6H^5}{\|}}{C}-CO^2C^2H^5$$

[Japp et Klingemann, *D. chem. G.*, **20**, 3398; *Ann. Chem.*, **247**, 190] (voyez DÉRIVÉS AZOÏQUES MIXTES, Suppl., 2, 392).

Préparation. — On dissout 1 molécule d'éther acétylacétique dans 1 molécule de potasse diluée et on y ajoute une solution très étendue de nitrate de diazobenzène. Ce sel diazoïque est lui-même obtenu en dissolvant 4 molécules d'aniline dans 3 molécules d'acide nitrique et en ajoutant à cette liqueur 1 molécule de nitrite de potassium en solution aqueuse.

La solution du sel diazoïque étant mélangée avec celle de l'acétylacétate d'éthyle sodé, on ajoute une solution diluée de potasse; on filtre le liquide pour séparer une résine rouge, et on acidule la liqueur filtrée par l'acide sulfurique étendu. Il se fait alors un volumineux précipité jaune, qu'on recueille et qu'on lave à l'eau froide. On le purifie par cristallisation dans l'alcool.

On obtient ainsi des lamelles jaunes, à éclat satiné, entrelacées, transparentes et apparaissant au microscope sous la forme de tables.

Ce composé se dissout en jaune dans l'alcool et dans les alcalis. Il est soluble dans l'acide sulfurique concentré; ses sels sont jaune clair. Il fond à 154-155°.

La réaction qui lui a donné naissance est la suivante :

$$C^6H^5.Az^2.AzO^3+CH^3.CO.CHK.CO^2C^2H^5+H^2O$$
$$=AzO^3K+C^{10}H^{10}Az^2O^3+C^2H^5OH$$

[V. Meyer, *D. chem. G.*, **10**, 2075].

Cet acide acétylphénylhydrazone-glyoxylique, possédant encore un carbonyle acétonique, se combine avec la phénylhydrazine en donnant une *dihydrazone* (osazone),

$$CH^3-C(Az^2H.C^6H^5)-C(Az^2H.C^6H^5)-CO^2H$$

fusible à 209° [Japp et Klingemann, *Ann. Chem.*, **247**, 190].

Le *sel de potassium* se présente sous la forme de petites lamelles brillantes, d'un jaune clair, à éclat satiné. Il se décompose presque complètement à 190°.

Les sels des métaux lourds se préparent par double décomposition au moyen du sel de potassium : les *sels de baryum*, *de plomb*, *de cuivre* sont des précipités jaunes; le *sel d'argent* est caséeux, jaune clair; à l'état sec, il est peu sensible à la lumière; il fait explosion par la chaleur [J. Züblin, *D. chem. G.*, **11**, 1417].

L'*éther éthylique*,

$$CH^3-CO-C(Az^2H.C^6H^5)-CO^2C^2H^5,$$

se forme dans la préparation de l'acide. Il est contenu dans la résine rouge que nous avons signalée plus haut; on peut l'extraire de cette résine au moyen de l'alcool et on le décolore par le noir animal [Züblin, *loc. cit.*].

Pour le préparer, on ajoute à l'éther acétylacétique (1 molécule) une molécule de sodium dissous dans l'alcool absolu, puis on additionne le composé pâteux ainsi formé de 1 molécule de chlorure de diazobenzène dissous dans l'eau, en prenant la précaution de refroidir soigneusement.

La solution se colore en brun et il se sépare une huile fortement colorée, dont on achève la précipitation par addition d'eau. Cette huile se concrète et on la purifie par cristallisation dans l'alcool.

Le composé ainsi obtenu fond à 75°. Il se saponifie très facilement par les alcalis en donnant les sels correspondants. L'acide chlorhydrique ne donne pas de réaction nette. Il en est de même de la réduction au moyen de l'étain et de l'acide chlorhydrique [Von Richter et Münzer, *D. chem. G.*, **17**, 1927].

La phénylhydrazine en solution acétique transforme à 120-130° l'éther benzène-azoacétylacétique en *1-phényl-3-azobenzène-4-méthylpyrazolone*, fusible à 155° :

$$C^{12}H^{14}Az^2O^3 + C^6H^8Az^2$$
$$= C^2H^6O + H^2O + C^{16}H^{14}Az^4O$$

[Japp et Klingemann, *Ann. Chem.*, **247**, 190].
A. Béhal.

BENZÈNE-AZO-ACÉTYLACÉTONE. — On prépare ce corps en mélangeant une solution aqueuse d'acétylacétone sodée avec du chlorure de diazobenzène. Il se sépare un précipité jaune, qu'on sèche sur des plaques poreuses et qu'on fait cristalliser dans l'alcool bouillant. On obtient ainsi de très belles aiguilles jaunes, longues parfois de plusieurs centimètres, et fusibles à 90° [Beyer et Claisen, *D. chem. G.*, **21**, 1702].

Ce composé, que l'on peut considérer comme un dérivé azoïque ou comme un dérivé hydrazinique, répond à l'un ou à l'autre des deux schémas suivants :

$$C^6H^5-Az=Az-CH(CO.CH^3)^2,$$
Benzène-azoacétylacétone.

$$C^6H^5-AzH-Az=C=(CO.CH^3)^2.$$
Diacétylcétophénylhydrazone.

La benzène-azoacétylacétone se combine avec la phénylhydrazine : on chauffe au bain d'huile le mélange des deux corps à la température de 130-140° tant qu'il se dégage de la vapeur d'eau ; on dissout le produit dans un peu d'alcool et l'on verse la solution dans de l'acide chlorhydrique aqueux. Il se sépare une huile qui cristallise bientôt : on fait recristalliser dans l'alcool contenant un peu d'acide chlorhydrique. Le corps ainsi obtenu forme de belles aiguilles jaunes, fusibles à 63-64° : c'est le *benzène-azophényl-diméthylpyrazol*, qui a pris naissance suivant l'équation

$$C^6H^5.Az^2.CH\left\langle{CO.CH^3 \atop CO.CH^3}\right. + AzH^2.AzH.C^6H^5$$

$$= 2H^2O + \begin{array}{c} C^6H^5-Az=Az-C \text{——} C-CH^3 \\ \qquad\qquad \| \qquad \| \\ CH^3-C \qquad Az \\ \diagdown Az \diagup \\ | \\ C^6H^5 \end{array}$$

[Beyer et Claisen, *D. chem. G.*, **21**, 1702].

La formation du dérivé pyrazolique tendrait à faire considérer la benzène-azoacétylacétone comme un dérivé azoïque mixte. A. Béhal.

BENZÈNE-AZO-ACÉTYLÉTHYLIQUE (ALDÉHYDE), $C^{10}H^{10}Az^2O^2$. — On dissout dans l'eau le dérivé sodé brut de l'aldéhyde acétyléthylique et on y ajoute une solution diluée de chlorure de diazobenzène, en prenant la précaution de refroidir le mélange au moyen de glace.

Il se sépare un composé cristallin, qu'on purifie en le dissolvant dans l'alcool bouillant ; on obtient par le refroidissement de petits prismes très minces, d'un rouge foncé, fusibles à 118°.

Ce dérivé donne avec l'acétate de cuivre en solution alcoolique une combinaison cuprique.

Mise en contact avec 1 molécule de phénylhydrazine, l'aldéhyde benzène-azoacétyléthylique réagit avec élévation de température : il se sépare de l'eau et il se produit des cristaux jaune-orangé qui peuvent être obtenus très purs du premier coup si l'on opère avec des solutions alcooliques.

Cristallisée dans l'alcool bouillant, cette hydrazide forme des aiguilles fusibles à 218°. Elle fournit un *dérivé acétylé*, en aiguilles jaunâtres, fusibles à 112° : il suffit de la chauffer pendant 3 heures dans un ballon muni d'un réfrigérant ascendant avec de l'anhydride acétique et de traiter la solution par l'eau glacée.

L'aldéhyde benzène-azoacétyléthylique, mise en contact avec une solution d'acide phénylhydrazine-p-sulfonique, donne un précipité cristallin jaune, formé par le sel de sodium de l'hydrazide sulfonée : ce produit teint en bain acide et donne une nuance analogue à celle de la tartrazine.

La constitution de l'aldéhyde benzène-azo-acétyléthylique n'est pas encore établie d'une façon définitive. Envisagée comme un dérivé azoïque mixte (et c'est ainsi que la considèrent MM. Beyer et Claisen), elle répondrait à la formule

$$C^6H^5-Az=Az-HC\left\langle{CO.CH^3 \atop CHO}\right.$$

Considérée au contraire comme une hydrazide, elle aurait pour constitution :

$$C^6H^5-AzH-Az=C\left\langle{CO.CH^3 \atop CHO}\right.$$

MM. Japp et Klingemann envisagent les composés obtenus dans des réactions analogues comme des hydrazides appartenant au type qui correspond à cette seconde formule. A. Béhal.

BENZÈNE-AZOANILINE. — Voyez DIAZO-AMIDOBENZÈNE.

BENZÈNE-α-AZOBUTYRIQUE (ACIDE), $C^{10}H^{12}Az^2O^2$. — On obtient cet acide en saponifiant par la soude alcoolique le benzène-α-azobutyrate d'éthyle.

Il cristallise dans le benzène en aiguilles jaunes, soyeuses, fusibles à 152°.

Hydrogéné par les moyens ordinaires, il donne naissance à l'acide *benzène-hydrazobutyrique*. Cet acide cristallise dans l'alcool méthylique en petites aiguilles blanches, fusibles vers 165°.

Le *benzène-α-azobutyrate d'éthyle*,

$$C^{10}H^{11}Az^2O^2.C^2H^5,$$

s'obtient en traitant l'éther éthylacétylacétique sodé par le chlorure de diazobenzène [Japp et Klingemann, *D. chem. G.*, **20**, 2943].

Il est probable que ce composé est un dérivé hydrazinique du propionylformiate d'éthyle, comme semblent le démontrer les expériences de MM. Japp et Klingemann. Sa formule serait alors

$$C^6H^5-AzH-Az=C\left\langle{CO^2C^2H^5 \atop C^2H^5}\right.$$

A. Béhal.

BENZÈNE-AZODIBENZOYLMÉTHANE

$$\begin{array}{c} C^6H^5-CO-CH-CO-C^6H^5 \\ | \\ Az=Az-C^6H^5 \end{array}$$

— On obtient ce dérivé en précipitant une solution hydroalcoolique constamment refroidie de dibenzoylméthane sodé par une solution diluée de chlorure de diazobenzène. Le corps formé se précipite sous la forme d'une poudre cristalline orangée. On le purifie par cristallisation dans l'alcool. On obtient ainsi de beaux prismes rouge-orangé, fusibles à 153-154°.

Chauffé à 120-125° pendant 1 demi-heure avec son poids de phénylhydrazine, le benzène-azo-dibenzoylméthane s'y combine avec élimination d'eau. Le produit de la réaction est repris par le benzène : la solution benzénique, agitée avec de l'acide sulfurique dilué pour enlever la phénylhydrazine en excès, donne par évaporation des cristaux que l'on fait recristalliser dans l'alcool.

Le composé qui se forme dans ces conditions est le *benzène-azotriphénylpyrazol*,

$$\begin{array}{l} C^6H^5-Az=Az-C \;—\; C-C^6H^5 \\ \qquad\qquad\qquad \| \qquad \| \\ \qquad\quad C^6H^5-C \quad Az \\ \qquad\qquad\qquad \diagdown \;\diagup \\ \qquad\qquad\qquad Az-C^6H^5 \end{array}$$

Il forme de beaux prismes orangés, fusibles à 156-157°, insolubles dans les alcalis [Beyer et Claisen, *D. chem. G.*, **21**, 1703]. A. Béhal.

BENZÈNE-α-AZOPROPIONIQUE (ACIDE),

$$C^6H^5-AzH-Az=C\begin{cases}CH^3\\CO^2H\end{cases}$$

— Ce composé devrait porter le nom d'*acide phénylhydrazone-pyruvique*; il a été en effet reconnu identique avec le produit préparé au moyen de la phénylhydrazine et de l'acide pyruvique.

Préparation. — On mélange molécules égales de phénylhydrazine et d'acide pyruvique en dissolution dans cinq fois leur volume d'éther et l'on refroidit. On sépare le produit formé, et on le fait recristalliser dans l'alcool [E. Fischer et Jourdan, *D. chem. G.*, **16**, 2241 et **17**, 578].

On l'obtient encore en saponifiant le benzène-α-azopropionate d'éthyle au moyen de la potasse ou de la soude caustique en solution alcoolique. L'acide est mis en liberté au moyen de l'acide chlorhydrique, puis cristallisé dans le benzène bouillant.

L'acide α-phénylhydrazone-pyruvique forme des aiguilles jaunâtres qui fondent à 182° en dégageant des gaz. Il est soluble dans l'alcool, très soluble dans l'éther, le sulfure de carbone, le chloroforme et la ligroïne.

Il forme avec les bases des sels qu'il est difficile d'obtenir à l'état de pureté, et qui ne cristallisent pas bien.

L'acide α-phénylhydrazone-pyruvique, chauffé jusqu'à ce qu'il ne dégage plus de gaz, fournit une masse semi-liquide qui renferme un mélange d'éthylidène-phénylhydrazone et de l'osazone résineuse du biacétyle,

$$CH^3-C(Az^2H.C^6H^5)-C(Az^2H.C^6H^5)-CH^3,$$

à peu près insoluble dans tous les dissolvants. La réaction qui donne naissance à ce dernier corps peut être représentée par l'équation

$$2\,C^9H^{10}Az^2O^2 = C^{16}H^{18}Az^4 + 2\,CO^2 + H^2.$$

Traité par l'amalgame de sodium en proportion ménagée, l'acide benzène-α-azopropionique donne l'acide α-phénylhydrazine-propionique,

$$C^6H^5-AzH-Az=C\begin{cases}CH^3\\CO^2H\end{cases} + H^2$$

$$= C^6H^5-AzH-AzH-CH\begin{cases}CH^3\\CO^2H\end{cases}$$

Si l'on épuise l'action de l'amalgame de sodium, on obtient de l'aniline et de l'alanine,

$$C^6H^5-AzH=Az=C\begin{cases}CH^3\\CO^2H\end{cases} + H^4$$

$$= C^6H^5-AzH^2 + CH^3-CH(AzH^2)-CO^2H$$

[Japp et Klingemann, *D. chem. G.*, **20**, 2942].

L'acide benzène-α-azopropionique se dissout dans l'acide sulfurique en donnant une coloration jaune qui devient rapidement rouge foncé, puis qui passe au bleu à mesure que la solution sulfurique absorbe la vapeur d'eau de l'atmosphère.

Les acides minéraux étendus et bouillants sont sans action sur ce composé.

L'éther éthylique,

$$C^6H^5-AzH-Az=C\begin{cases}CH^3\\CO^2C^2H^5\end{cases}$$

prend naissance lorsque l'on fait réagir la phénylhydrazine sur le produit d'addition de l'acide cyanhydrique et du pyruvate d'éthyle [Gerson, *D. chem. G.*, **19**, 2968]. Il suffit pour cela de laisser en contact les deux corps pendant douze heures à la température de 60°, puis d'évaporer le liquide. MM. Japp et Klingemann [*D. chem. G.*, **20**, 2942] ont obtenu le même éther en faisant réagir le chlorure de diazobenzène sur la combinaison sodée de l'éther méthylacétylacétique : il se sépare un groupe acétyle dans cette réaction.

Le meilleur procédé de préparation consiste à chauffer l'acide (1 partie) pendant 3 ou 4 heures avec 9 parties d'alcool absolu et 1 partie d'acide sulfurique. Lorsque la réaction est terminée, on laisse refroidir et on précipite la solution par l'eau [Fischer et Jourdan, *D. chem. G.*, **16**, 2241; *Ann. Chem.*, **236**, 142].

Cet éther forme des aiguilles plates, fusibles à 117°. Il est soluble dans l'alcool, l'éther et la ligroïne. Il distille en petite quantité sans se décomposer.

ACIDE BENZÈNE-HYDRAZOPROPIONIQUE [Syn. *Acide phénylhydrazine-α-propionique*],

$$C^6H^5-AzH-AzH-CH\begin{cases}CH^3\\CO^2H\end{cases}$$

— Cet acide a été obtenu par MM. Fischer et Jourdan (voyez plus haut) en hydrogénant au moyen de l'amalgame de sodium en solution aqueuse l'acide benzène-α-azopropionique. Il se forme dans cette réaction un peu d'aniline. On acidifie la solution alcaline par l'acide chlorhydrique étendu, on recueille l'acide précipité, et on le fait cristalliser dans l'alcool bouillant.

Il forme de fines aiguilles blanches, fusibles à 72° [Japp et Klingemann, *D. chem. G.*, **20**, 3284]. Il est peu soluble à froid dans l'eau, l'alcool et l'éther. Il se dissout dans les alcalis et dans l'acide chlorhydrique concentré.

Il réduit les solutions alcalines de cuivre et de mercure et régénère alors l'acide hydrazone-pyruvique. Soumis à une hydrogénation énergique, il donne de l'aniline et de l'alanine.

A. Béhal.

BENZÈNE-AZOSALICYLIQUE (ALDÉHYDE), $C^6H^5-Az^2-C^6H^3(OH)(CHO)$ [Tummeley, *Ann. Chem.*, **251**, 182]. — Ce composé se produit lorsqu'on ajoute du chlorure de diazobenzène à une solution aqueuse, concentrée et légèrement alcaline d'aldéhyde salicylique ; on redissout le précipité dans la soude faible et on précipite par l'acide acétique.

Cette aldéhyde cristallise dans l'alcool en lamelles ou en aiguilles d'un jaune de soufre, fusibles à 128°, très solubles dans l'alcool bouillant, l'éther, le chloroforme, le sulfure de carbone et le benzène.

Le *dérivé acétylé* fond à 103°.

L'*oxime* fond à 147°.

L'*hydrazone* fond à 200°.

ALDÉHYDE BENZÈNE-M-SULFONIQUE-AZOSALICYLIQUE, $C^6H^4(SO^3H)-Az^2-C^6H^3(OH)(CHO)$. — Même préparation que précédemment, au moyen du dérivé diazoïque de l'acide aniline-m-sulfonique. Lamelles rouges, fusibles au-dessus de 270°, très solubles dans l'eau et dans l'alcool, peu solubles dans l'acide chlorhydrique, insolubles dans l'éther.

Le *sel de sodium*, $C^{13}H^{9}Az^{2}O^{5}SNa, 2H^{2}O$, cristallise dans l'alcool en lamelles rouges.

Le *sel de baryum*, $(C^{13}H^{9}Az^{2}O^{5}S)^{2}Ba, 5H^{2}O$, forme des lamelles bronzées, brillantes, peu solubles dans l'eau.

ALDÉHYDE BENZÈNE-P-SULFONIQUE-AZOSALICYLIQUE. — Même préparation, au moyen du dérivé diazoïque de l'acide aniline-p-sulfonique. Ce corps cristallise dans l'eau en aiguilles rouges et dans l'alcool en lamelles brunes qui renferment 1 molécule d'alcool; ces dernières deviennent anhydres à 110° en prenant une couleur rouge-cinabre et fondent à 232-235°. Cette aldéhyde est très soluble dans l'eau et dans l'alcool, insoluble dans l'éther, peu soluble dans l'acide sulfurique faible.

Traitée en solution sodique neutre par l'eau de brome, elle se décompose avec formation d'aldéhyde dibromosalicylique.

Le *sel de sodium*, $C^{13}H^{9}Az^{2}O^{5}S.Na, 2H^{2}O$, cristallise dans l'alcool en aiguilles rouges assez solubles dans l'eau.

Le *sel basique de baryum*,

$$C^{13}H^{8}Az^{2}O^{5}SBa, 3H^{2}O,$$

est en petites aiguilles rouges, très peu solubles dans l'eau bouillante; on l'obtient en faisant bouillir une solution de l'acide avec du carbonate de baryum. Le *sel neutre*,

$$(C^{13}H^{9}Az^{2}O^{5}S)^{2}Ba, 5H^{2}O,$$

obtenu en précipitant par le chlorure de baryum une solution aqueuse de l'acide, cristallise en fines aiguilles jaunes.

L'*oxime*,

$$C^{6}H^{4}(SO^{3}H) - Az^{2} - C^{6}H^{3}(OH)(CH.AzOH),$$

n'a pas été isolée; on obtient son *sel de sodium*, $C^{13}H^{10}Az^{3}O^{5}SNa$, en lamelles jaunes, très solubles dans l'alcool, peu solubles dans l'eau, en abandonnant pendant 24 heures un mélange de chlorhydrate d'hydroxylamine, de carbonate de sodium et du sel de sodium de l'acide benzène-p-sulfonique-azoaldéhydosalicylique.

L'*hydrazone*,

$$C^{6}H^{4}(SO^{3}H) - Az^{2} - C^{6}H^{3}(OH)(CH.Az^{2}H.C^{6}H^{5}),$$

fournit un *sel de sodium*, $C^{19}H^{15}Az^{4}O^{4}SNa$, que l'on prépare comme celui de l'oxime; ce sel cristallise dans l'alcool en aiguilles orangées, peu solubles dans l'eau chaude, plus solubles dans l'alcool.

BENZÈNE-DINAPHTOL. — Voyez BENZYLIDÈNE-DINAPHTOL.

BENZÈNE-PENTACARBONIQUE (ACIDE),

$$C^{11}H^{6}O^{10} = C^{6}H(CO^{2}H)^{5}.$$

— Cet acide a été obtenu par oxydation du pentaméthylbenzène à l'aide du permanganate de potassium : On ajoute 5 grammes de pentaméthylbenzène à une solution aqueuse de 25 grammes de permanganate et on abandonne le mélange à la température ambiante. Au bout de 3 ou 4 mois, la solution est entièrement décolorée. On filtre, on concentre et on traite par l'acide acétique pour décomposer une petite quantité de carbonate qui a pris naissance dans l'oxydation. On évapore et on reprend par l'alcool, qui dissout l'acétate de potassium; on obtient une sorte d'huile, insoluble dans l'alcool, et qui est le sel de potassium de l'acide benzène-pentacarbonique. Ce liquide, abandonné longtemps à lui-même, se remplit de petits cristaux prismatiques minces et finit par cristalliser presque entièrement dans l'air sec.

Ce sel de potassium donne avec l'azotate d'argent un précipité blanc, amorphe, de benzène-pentacarbonate d'argent.

Pour isoler l'acide, on décompose le sel d'argent par l'acide chlorhydrique, on filtre et on évapore à plusieurs reprises avec addition d'eau pour chasser l'excès d'acide chlorhydrique. Le résidu de l'évaporation est amorphe. Sa composition correspond à la formule $C^{11}H^{6}O^{10}, 6H^{2}O$.

L'acide benzène-pentacarbonique fond en se décomposant, laisse un résidu charbonneux et donne un sublimé cristallisé et de l'eau.

Les *sels d'argent, de baryum, de plomb, de zinc* sont blancs, amorphes. Le *sel d'aluminium* est un précipité blanc, qui devient grenu à chaud. Le *sel de fer* est jaune-brun, amorphe. Le *sel de cuivre* est vert clair, amorphe. Le *sel de calcium* cristallise à la longue en groupes presque sphériques de petites aiguilles [Friedel et Crafts, *Bull. Soc. Chim.*, (2), 34, 627; *Ann. Chim. Phys.*, (6), 1, 473]. Léon Roux.

BENZÈNE-TÉTRACARBONIQUES (ACIDES). — Voyez ACIDES PRÉHNITIQUE, MELLOPHANIQUE et PYROMELLIQUE.

BENZÈNE-TRICARBONIQUES (ACIDES). — Voyez ACIDES HÉMIMELLIQUE, TRIMELLIQUE et TRIMÉSIQUE.

BENZÉNYLAMIDOPHÉNOL. — Voyez PHÉNO-β-FURAZOLS.

BENZÉNYLAMIDO-THIOCRÉSOL. — Voyez PHÉNO-β-THIAZOLS.

BENZÉNYLAMIDO-THIO-NAPHTOL [Syn. *Benzénylamido-naphtyl-mercaptan*],

$$C^{17}H^{11}AzS = C^{10}H^{6} \langle {}^{Az}_{S} \rangle C - C^{6}H^{5}$$

[P. Jacobsen, *D. chem. G.*, 20, 1895; *Bull. Soc. Chim.*, (2), 48, 750. — A. W. Hofmann, *D. chem. G.*, 20, 1798].

Dérivé α. — On chauffe pendant environ 2 heures (Hofmann) 2 parties de naphtylbenzamide avec 1 partie de soufre : il se dégage de l'eau et de l'hydrogène sulfuré; le produit de la réaction, dissous dans l'alcool, est précipité par l'eau en aiguilles fusibles à 100-101° (102,5-103° suivant M. Jacobsen), volatiles à une température élevée.

M. Jacobsen a obtenu cette même combinaison en faisant couler une solution alcaline d'α-thiobenzo-naphtalide dans la quantité théorique d'une solution de ferricyanure de potassium.

Le benzényl-amido-α-naphtyl-mercaptan est difficilement soluble dans l'alcool froid, facilement soluble dans l'alcool chaud, ainsi que dans l'éther froid, le benzène, l'acide sulfurique et l'acide acétique.

Fondu avec les alcalis, il donne de l'acide benzoïque et de l'amido-naphtyl-mercaptan.

Dérivé β. — Il a été obtenu par M. Hofmann dans les mêmes conditions que le dérivé α; il fond à 107°; sa solution alcoolique présente une fluorescence verte. Il ne se distingue de son isomère que par des propriétés basiques un peu plus développées.

Le *chloroplatinate*, $(C^{17}H^{11}AzS.HCl)^{2}PtCl^{4}$, est en aiguilles jaune d'or, difficilement solubles.

F. Reverdin.

BENZÉNYLAMIDOXIME [Syn. *Benzoxamidine, amide benzhydroxamique, phénylcarbamidoxime*], $C^{6}H^{5} - C(AzH^{2})(AzOH)$.

Modes de formation. — Ce composé prend naissance :

1° Lorsqu'on abandonne pendant plusieurs jours un mélange de chlorhydrate de benzamidine et de chlorhydrate d'hydroxylamine avec la quantité de soude nécessaire pour saturer l'acide de ce dernier sel, le tout en solution aqueuse [A. Pinner, *D. chem. G.*, **17**, 185].

2° Dans l'action du chlorhydrate d'hydroxylamine sur l'oxéthylbenzimide :

$$C^6H^5-C\begin{matrix}\nearrow AzH \\ \searrow OC^2H^5\end{matrix} + AzH^3O.HCl$$
$$= C^2H^6O + C^6H^5-C(AzH^2)(AzOH)HCl$$

[Lossen, *D. chem. G.*, **17**, 1588. — Pinner, *ibid.*, **17**, 1693].

3° Dans l'action du benzonitrile sur une solution alcoolique d'hydroxylamine à 60-80° [Tiemann, *D. chem. G.*, **17**, 128. — Tiemann et Krüger, *ibid.*, **17**, 1685].

4° Dans l'action d'une solution alcoolique bouillante de thiobenzamide sur l'hydroxylamine :

$$C^6H^5-CS.AzH^2 + AzH^3O$$
$$= H^2S + C^6H^5-C(AzH^2)(AzOH)$$

[Tiemann, *D. chem. G.*, **19**, 1668].

Préparation. — Une solution alcoolique de chlorhydrate d'hydroxylamine est additionnée de la quantité équivalente de carbonate de sodium en solution aqueuse, puis de 1 molécule de benzonitrile, et d'assez d'eau pour que le tout donne une solution limpide. On chauffe à 80° pendant 18 heures; on chasse ensuite l'alcool et on purifie le résidu, d'abord par cristallisation dans l'eau, puis par dissolution dans le benzène et précipitation par la ligroïne [Tiemann, *D. chem. G.*, **17**, 128. — Tiemann et Krüger, *ibid.*, **17**, 1685].

Propriétés. — La phénylcarbamidoxime se présente en cristaux incolores, du système clinorhombique : $a : b : c = 2{,}5023 : 1 : 1{,}0774$; $\beta = 89°36'$ [Fock, *D. chem. G.*, **19**, 1479].

Elle fond à 79-80° et peut être distillée dans le vide sans s'altérer. Elle est peu soluble dans l'eau froide, très soluble dans l'alcool, l'éther, le chloroforme, le benzène, insoluble dans la ligroïne.

L'acide chlorhydrique la décompose à 200° en acide benzoïque et sel ammoniac. L'amalgame de sodium la convertit à une température peu élevée en ammoniaque et aldéhyde benzylique [Tiemann et Nägeli, *D. chem. G.*, **18**, 1086].

Chauffée brusquement à 170°, elle donne du benzonitrile et de l'ammoniaque. L'acide azoteux la transforme en benzamide, avec dégagement de protoxyde d'azote.

Sa solution aqueuse donne avec le chlorure ferrique une coloration rouge. Elle ne réduit pas la liqueur de Fehling, mais elle réduit à chaud le nitrate d'argent ammoniacal avec formation d'un miroir métallique.

Elle fournit des combinaisons avec les acides et avec les bases et donne des dérivés de substitution soit dans le groupe oxime, soit dans le groupe amide, soit dans les deux groupes à la fois.

Elle paraît douée de propriétés toxiques assez prononcées; à la dose de 0gr,1, elle tue un lapin [P. Krüger, *loc. cit.*].

Elle se combine avec le sulfure de carbone en présence de la potasse alcoolique, et donne de beaux prismes jaunes, fusibles à 160°, ayant pour formule $C^8H^6Az^2S^2$, auxquels on doit vraisemblablement attribuer la constitution.

$$C^6H^5-C\begin{matrix}\nearrow AzS \searrow \\ \searrow AzH \nearrow\end{matrix}CS$$

[E. Schubart, *D. chem. G.*, **22**, 2442].

Traitée en solution alcoolique ou benzénique par un courant de cyanogène, elle fournit un dérivé cristallisé en aiguilles plates, fusibles avec décomposition à 116° et répondant à la formule

$$C^6H^5-C\begin{matrix}\nearrow AzOH \\ \searrow AzH-C\begin{matrix}\nearrow AzH \\ \searrow AzH\end{matrix}\end{matrix}$$

Ce corps se décompose par les acides et par les alcalis en régénérant l'amidoxime [O. Nordenskjöld, *D. chem. G.*, **23**, 1462].

Elle s'unit au chloral en solution aqueuse, pour donner une combinaison de la formule $C^7H^8Az^2O.C^2HCl^3O$; celle-ci est une poudre cristalline, fusible à 135°, insoluble dans l'eau, très soluble dans l'alcool et dans l'éther. Chauffée pendant longtemps avec de l'eau, elle se dédouble en chloral et phénylcarbamidoxime [E. Falck, *D. chem. G.*, **19**, 1485].

Traitée à froid par le chlorure de diazobenzène ou par le diazobenzène-sulfonate de sodium, la phénylcarbamidoxime se convertit en *diphénylamidocarbhydrazoxime* (*benzénylhydrazoxime-amidobenzylidène*),

$$C^6H^5-C\begin{matrix}\nearrow AzO \searrow \\ \searrow AzH \nearrow\end{matrix}C(AzH^2)-C^6H^5.$$

La réaction est la suivante :

$$2\,C^6H^5-C(AzH^2)(AzOH) + 2\,C^6H^5Az^2Cl$$
$$= Az^2O + 2\,HCl + C^6H^5Az^2.AzHC^6H^5$$
$$+ C^{14}H^{13}Az^3O$$

[J. Stieglitz, *D. chem. G.*, **22**, 3148].

Elle se combine à une température peu élevée avec les aldéhydes pour fournir les *dérivés hydrazoximiques* [Tiemann, *D. chem. G.*, **22**, 2412].

Nous étudierons successivement dans cet article : les combinaisons que forme la benzénylamidoxime avec les acides et avec les bases; ses dérivés de substitution dans le noyau aromatique (chlorés, bromés, nitrés, amidés, etc.); ses dérivés par substitution dans le groupe oxime; ses dérivés par substitution dans le groupe amide; ses dérivés par substitution dans les deux groupes oxime et amide à la fois (composés azoximiques et hydrazoximiques); enfin ses homologues.

SELS [Tiemann, Krüger, *loc. cit.*].

Le *chlorhydrate*, $C^7H^8Az^2O.HCl$, cristallise en grands prismes groupés en étoiles.

Le *chloroplatinate* est très instable.

Le *sulfate acide*, $C^7H^8Az^2O.SO^4H^2$, se présente en grands prismes.

Le *sulfate neutre*, $(C^7H^8Az^2O)^2SO^4H^2$, est une masse amorphe.

Le *sel de sodium*, $C^6H^5-C(AzH^2)(AzONa)$, se produit quand on mélange des solutions alcooliques d'éthylate de sodium et de phénylcarbamidoxime; on le précipite par addition d'éther sous la forme d'une masse blanche cristalline, qui se décompose très rapidement au contact de l'air humide en soude et phénylcarbamidoxime.

Le *sel de potassium* s'obtient en évaporant dans le vide une solution de phénylcarbamidoxime dans la potasse aqueuse; c'est une masse cristalline qui, après dessiccation à 100°, a pour composition $C^6H^5-C(AzH^2)(AzOK)$.

Le *sel de cuivre*, $C^6H^5-C(AzH^2)(AzO.CuOH)$, est un précipité amorphe, vert foncé; on l'obtient en mélangeant des solutions aqueuses de sulfate de cuivre et de l'amidoxime; la précipitation est plus complète si l'on opère en présence d'ammoniaque.

Le *sel d'argent* se précipite à l'état cristallin par le mélange de solutions de nitrate d'argent, de phénylcarbamidoxime et d'ammoniaque; il ne tarde pas à se détruire avec formation d'un miroir métallique et de benzonitrile.

DÉRIVÉS PAR SUBSTITUTION DANS LE NOYAU AROMATIQUE.

m-NITROPHÉNYLCARBAMIDOXIME (*m-nitrobenzénylamidoxime*),

$$C^6H^4 \begin{matrix} \nearrow C_{(1)}(AzH^2)(AzOH) \\ \searrow AzO^2_{(3)} \end{matrix}$$

[M. Schöpff, *D. chem. G.*, 18, 1063]. — On l'obtient en chauffant pendant quelques heures à 100° un mélange de m-nitrobenzonitrile et d'hydroxylamine en solution aqueuse. Belles aiguilles orangées, solubles dans les acides, les alcalis, l'eau bouillante, l'alcool, l'éther, le chloroforme, le benzène, insolubles dans la ligroïne, fusibles à 174°. Sa solution aqueuse réduit le nitrate d'argent ammoniacal et donne des précipités avec la plupart des sels des métaux lourds.

Le *chlorhydrate*, $C^7H^7Az^3O^3 . HCl$, est une masse cristalline, qu'on obtient en traitant une solution éthérée de l'amidoxime par le gaz chlorhydrique.

Le *chloroplatinate*, $(C^7H^7Az^3O^3 . HCl)^2PtCl^4$, forme de beaux prismes orangés.

Le *sel de sodium* est une masse cristalline soluble dans l'alcool, insoluble dans l'éther.

p-NITROPHÉNYLCARBAMIDOXIME (*p-nitrobenzénylamidoxime*),

$$C^6H^4 \begin{matrix} \nearrow C_{(1)}(AzH^2)(AzOH) \\ \searrow AzO^2_{(4)} \end{matrix}$$

[J. Weise, *D. chem. G.*, 22, 2418]. — Même préparation que pour le dérivé précédent, au moyen du nitrile p-nitrobenzoïque. Aiguilles jaunes, fusibles à 169°, volatiles sans décomposition, insolubles dans la ligroïne, solubles dans l'eau et dans l'alcool, peu solubles dans le benzène, l'éther et le chloroforme. Sa solution aqueuse donne avec le chlorure ferrique une coloration rouge et réduit à chaud le nitrate d'argent ammoniacal avec formation de miroir.

Le *chlorhydrate*, $C^7H^7Az^3O^3 . HCl$, cristallise en belles aiguilles blanches, hygroscopiques, fusibles avec décomposition à 185°.

m-AMIDOPHÉNYLCARBAMIDOXIME (*m-amidobenzénylamidoxime*),

$$C^6H^4 \begin{matrix} \nearrow C_{(1)}(AzH^2)(AzOH) \\ \searrow AzH^2_{(3)} \end{matrix}$$

[M. Schöpff, *D. chem. G.*, 18, 2472]. — C'est le produit obtenu en réduisant le dérivé nitré correspondant par le chlorure stanneux et l'acide chlorhydrique à la température ordinaire. Lorsque la réduction est terminée, on précipite l'étain par l'hydrogène sulfuré, on évapore la liqueur à cristallisation, puis on décompose le chlorhydrate par le carbonate de sodium et on épuise par l'éther. On obtient ainsi une masse jaune, confusément cristalline.

Le *chlorhydrate*, $C^7H^9Az^3O . 2HCl$, forme des des cristaux prismatiques, solubles dans l'alcool, insolubles dans l'éther; il se dissocie par la dessiccation dans le vide.

p-AMIDOPHÉNYLCARBAMIDOXIME (*p-amidobenzénylamidoxime*),

$$C^6H^4 \begin{matrix} \nearrow C_{(1)}(AzH^2)(AzOH) \\ \searrow AzH^2_{(4)} \end{matrix}$$

[J. Weise, *D. chem. G.*, 22, 2428]. — On l'obtient en réduisant par le chlorure stanneux et l'acide chlorhydrique le dérivé nitré correspondant. Belles lamelles jaunes, qui brunissent à 160° et fondent en se décomposant d'une manière subite à 174°. Ce corps est très soluble dans l'alcool, peu soluble dans l'eau chaude, le benzène, l'éther, presque insoluble dans la ligroïne.

Le *chlorhydrate*, $C^7H^9Az^3O . HCl$, est en beaux cristaux prismatiques, hygroscopiques solubles dans l'alcool, insolubles dans l'éther.

o-OXYPHÉNYLAMIDOXIME (*salicénylamidoxime*),

$$C^6H^4(OH)_{(2)} - C_{(1)}(AzH^2)(AzOH)$$

[A. Spilker, *D. chem. G.*, 22, 2774]. — On l'obtient en chauffant dans un appareil à reflux un mélange d'alcool, de thio-amide salicylique, de chlorhydrate d'hydroxylamine et de carbonate de sodium, tant qu'il se dégage de l'hydrogène sulfuré. On acidule alors par l'acide chlorhydrique, on chasse l'alcool par évaporation, on filtre, et on neutralise par le carbonate de sodium. On fait cristalliser le précipité dans le benzène, et on obtient finalement des aiguilles épaisses, incolores, fusibles à 98-99°, solubles dans les acides, les alcalis, l'alcool, l'éther, le chloroforme, insolubles dans la ligroïne.

En solution aqueuse, ce corps donne par le chlorure ferrique une coloration intense d'un rouge violacé, et par les sels de cuivre un précipité verdâtre; il réduit le nitrate d'argent avec formation de miroir.

Le *chlorhydrate*, $C^7H^8Az^2O^2 . HCl$, fond à 175°; il est très soluble dans l'eau sans être déliquescent.

Le *chloroplatinate*, $(C^7H^8Az^2O^2 . HCl)^2PtCl^4$, forme des cristaux indistincts, solubles dans l'alcool et dans l'eau.

Le *sel monosodique*

$$C^6H^4(OH) - C(AzH^2)(AzONa),$$

est une poudre blanche cristalline, extrêmement déliquescente; on l'obtient en mélangeant molécule à molécule de l'éthylate de sodium et de l'amidoxime.

Le *sel disodique*,

$$C^6H^4(ONa) - C(AzH^2)(AzONa),$$

obtenu par le même procédé, est aussi une poudre blanche cristalline et déliquescente.

Le *sel de cuivre* répond à la formule

$$[C^6H^6(OH) - C(AzH^2)(AzO-)]^2Cu.$$

Dérivé dibromé,

$$C^6H^2Br^2(OH)_{(2)} - C_{(1)}(AzH^2)(AzOH).$$

— On l'obtient au moyen de la thio-amide dibromosalicylique, par le même procédé que ci-dessus. Lamelles satinées, fusibles à 180°, très solubles dans les acides, les alcalis, l'alcool, l'éther, peu solubles dans le chloroforme, le benzène, la ligroïne. Sa solution alcoolique colore en rouge le chlorure ferrique, précipite en vert les sels cuivriques, et réduit à chaud le nitrate d'argent avec formation de miroir

Le *sel cuivrique* a pour composition

$$(C^7H^5Br^2Az^2O^2)^2Cu.$$

Acide sulfonique,

$$C^6H^3(OH)_{(2)}(SO^3H) - C_{(1)}(AzH^2)(AzOH).$$

— On chauffe à 150° un mélange d'o-oxyphénylamidoxime et de 10 parties d'acide sulfurique fumant; on précipite ensuite par l'eau et on fait recristalliser dans l'alcool à 50 pour 100.

Cristaux blancs, brillants, durs, infusibles, et se décomposant au-dessus de 250°, insolubles dans l'alcool absolu, l'éther, le chloroforme, le benzène, peu solubles dans l'eau bouillante, l'alcool dilué et chaud, les alcalis.

Les *sels alcalins* et *alcalino-terreux* sont très solubles.

Le *sel de baryum*, $(C^7H^7Az^2O^5S)^2Ba$, forme des cristaux blancs indistincts, solubles dans l'eau bouillante.

o-Méthoxyphénylcarbamidoxime (*méthylsalicénylamidoxime*),

$C^6H^4(OCH^3) - C(AzH^2)(AzOH)$

[J.-A. Miller, *D. chem. G.*, **22**, 2800]. — On l'obtient au moyen du nitrile méthylsalicylique. Aiguilles brillantes, fusibles à 123°.

ACIDE PHÉNYLCARBAMIDOXIME-M-CARBONIQUE (*benzénylamidoxime-m-carbonique*),

$C^6H^4 \begin{cases} C_{(1)}(AzH^2)(AzOH) \\ CO^2H_{(3)} \end{cases}$

[G. Müller, *D. chem. G.*, **19**, 1495]. — On l'obtient en chauffant à 80-100° un mélange de chlorhydrate d'hydroxylamine, de carbonate de sodium, d'alcool faible et d'acide m-cyanobenzoïque. Il forme des cristaux fusibles à 200°, très solubles dans l'eau bouillante et dans l'alcool, peu solubles dans l'éther, insolubles dans le chloroforme et dans le benzène. Sa solution ammoniacale neutre précipite par les sels de cuivre, de plomb, de zinc et d'argent.

L'*éther éthylique*, $C^8H^7Az^2O^3 . C^2H^5$, cristallise en aiguilles fusibles à 118°, peu solubles dans l'eau, très solubles dans l'alcool, l'éther, le benzène, la ligroïne et le chloroforme.

ACIDE PHÉNYLCARBAMIDOXIME-P-CARBONIQUE (*benzénylamidoxime-p-carbonique*),

$C^6H^4 \begin{cases} C_{(1)}(AzH^2)(AzOH) \\ CO^2H_{(4)} \end{cases}$

[G. Müller, *D. chem. G.*, **18**, 2486; **19**, 1491]. — Même préparation que pour le composé précédent, au moyen de l'acide p-cyanobenzoïque. Cristaux peu solubles dans l'eau, l'alcool absolu, l'éther et le benzène, assez solubles dans l'alcool dilué, se ramollissant vers 220° et fondant au-dessus de 330°. La solution ammoniacale neutre précipite par les sels de cuivre et d'argent.

L'*éther éthylique*, $C^8H^7Az^2O^3 . C^2H^5$, forme des cristaux solubles dans l'eau bouillante et fusibles à 135°.

DÉRIVÉS PAR SUBSTITUTION DANS LE GROUPE OXIME.

PHÉNYLCARBAMIDO-MÉTHYLOXIME (*benzénylamidoxime méthylique*), $C^6H^5 - C(AzH^2)(AzO . CH^3)$ [Krüger, *D. chem. G.*, **18**, 1056]. — On l'obtient par l'action de l'iodure de méthyle sur le sel sodique de la phénylcarbamidoxime. Ce corps cristallise en prismes fusibles à 57°, presque insolubles dans l'eau froide, très solubles dans l'alcool, l'éther, le chloroforme, le benzène et l'eau bouillante. Il distille à 230°.

Traité en solution chlorhydrique par le nitrite de sodium à la température ordinaire, il se convertit en *chlorure phénylcarbo-méthyloximique* (*chlorure benzénylméthoximique*),

$C^6H^5 - CCl(AzO . CH^3)$,

liquide huileux, bouillant à 225°, volatil avec la vapeur d'eau, insoluble dans l'eau, très soluble dans l'alcool, l'éther la ligroïne, le benzène, le chloroforme.

PHÉNYLCARBAMIDO-ÉTHYLOXIME,

$C^6H^5 - C(AzH^2)(AzO . C^2H^5)$

[Krüger, *loc. cit.*]. — Lamelles fusibles à 67°. Traité en solution chlorhydrique par le nitrite de sodium, ce corps se convertit en *chlorure phénylcarbo-éthyloximique*, $C^6H^5 - CCl(AzO . C^2H^5)$; ce dernier régénère la phénylcarbamido-éthyloxime par l'action de l'ammoniaque à 160-180°, et se transforme par l'éthylate de sodium en α-éthylbenzhydroxamate d'éthyle,

$C^6H^5 - C(AzOC^2H^5)(OC^2H^5)$.

Traitée en solution sulfurique par le nitrite de sodium, la phénylcarbamido-éthyloxime se transforme en benzhydroximate d'éthyle,

$C^6H^5 - C(AzOC^2H^5)(OH)$.

m-Nitrophénylcarbamido-éthyloxime,

$C^6H^4(AzO^2)_{(3)} - C_{(1)}(AzH^2)(AzO . C^2H^5)$

[M. Schöpff, *D. chem. G.*, **18**, 1064]. — Cristaux prismatiques d'un jaune clair, fusibles à basse température, volatils sans altération.

Le *chlorhydrate*, $C^9H^{11}Az^3O^3 . HCl$, forme des cristaux solubles dans l'alcool, insolubles dans l'éther.

p-Nitrophénylcarbamido-éthyloxime,

$C^6H^4(AzO^2)_{(4)} - C_{(1)}(AzH^2)(AzO . C^2H^5)$

[J. Weise, *D. chem. G.*, **22**, 2419]. — Grands cristaux prismatiques jaunes, fusibles à 59-60°, peu solubles dans la ligroïne et dans le benzène, assez solubles dans l'eau chaude, très solubles dans l'alcool et dans l'éther.

Le *chlorhydrate* forme des cristaux blancs, solubles dans l'alcool, insolubles dans l'éther. Traitée en solution sulfurique et à basse température par le nitrite de sodium, la p-nitrophénylcarbamido-éthyloxime se convertit avec dégagement d'azote en *nitrite p-nitrophénylcarbo-éthyloximique* (*nitrite p-nitrobenzényléthoximique*), $C^6H^4(AzO^2)_{(4)} - C_{(1)}(AzO . C^2H^5)(O . AzO)$, flocons d'un jaune clair, explosifs, très instables, détonant à 55°, solubles dans l'alcool et dans l'éther, insolubles dans l'eau. Il se produit en même temps de l'acide p-nitrobenzoïque [J. Weise, *D. chem. G.*, **22**, 2427].

o-Oxyphénylcarbamido-éthyloxime (*salicénylamidoxime éthylique*),

$C^6H^4(OH)_{(2)} - C_{(1)}(AzH^2)(AzO . C^2H^5)$

[Spilker, *D. chem. G.*, **22**, 2785]. — Liquide incolore, huileux, bouillant à 278° sous la pression ordinaire et à 220° sous 150 millimètres; insoluble dans l'eau, ce corps est miscible en toutes proportions avec l'alcool, l'éther, le benzène et le chloroforme. Sa solution alcoolique donne avec le chlorure ferrique une coloration violette, et avec l'eau de brome un précipité blanc.

Traitée en solution chlorhydrique par le nitrite de sodium, l'o-oxyphénylcarbamido-éthyloxime se convertit en *chlorure o-oxyphénylcarbo-éthyloximique* (*chlorure salicényléthoximique*),

$C^6H^4(OH) . CCl(AzOC^2H^5)$,

liquide huileux, incolore, bouillant à 178° sous 20 millimètres et à 233-234° sous la pression atmosphérique. Ce chlorure est soluble dans l'alcool, l'éther, le benzène, la ligroïne, insoluble dans l'eau et dans les acides; les alcalis le dissolvent en le décomposant; il donne avec le chlorure ferrique une coloration violette et avec l'eau de brome un précipité blanc.

o-Éthoxyphénylcarbamido-éthyloxime,

$C^6H^4(OC^2H^5) - C(AzH^2)(AzO . C^2H^5)$

[Spilker, *ibid.*, 2786]. — On la prépare en traitant par l'iodure d'éthyle un mélange d'o-oxyphénylcarbamidoxime (1 molécule) et d'éthylate de sodium (2 molécules). C'est un liquide incolore, huileux, doué d'une odeur aromatique faible, bouillant à 195° sous une pression de 180 millimètres; elle se comporte vis-à-vis des dissolvants comme le composé précédent.

PHÉNYLCARBAMIDO-BENZYLOXIME (*benzénylamidoxime benzylique*) [Krüger, *D. chem. G.*, **18**, 1056]. — Cristaux fusibles à 90°.5, appartenant au système clinorhombique : $a : b : c = 0{,}8546$:

1 : 0,2620 ; β = 82° 19′ [Fock, *D. chem. G.*, 19, 1480].

Traitée en solution chlorhydrique par le nitrite de sodium, la phénylcarbamido-benzyloxime se convertit en *chlorure phénylcarbo-benzyloximique*, $C^6H^5-CCl(AzOC^7H^7)$, liquide huileux, lourd, non volatil sans décomposition.

m-Nitrophénylcarbamido-benzyloxime,

$$C^6H^4 \begin{cases} C_{(1)}(AzH^2)(AzO.C^7H^7) \\ AzO^2_{(3)} \end{cases}$$

[M. Schöpff, *D. chem. G.*, 18, 1065]. — Lamelles jaunes, fusibles à 58°, insolubles dans la ligroïne, solubles dans l'éther, le benzène, le chloroforme. Ce corps fournit un *chlorhydrate* cristallisé.

PHÉNYLCARBAMIDO-ÉTHYLÈNE-OXIME (*éthylène-bis-phénylcarbamidoxime*),

$$[C^6H^5-C(AzH^2)(Az.O-)]^2C^2H^4$$

[E. Falck, *D. chem. G.*, 19, 1484]. — On chauffe pendant quelques heures au bain-marie un mélange d'alcool, de phénylcarbamidoxime (2 molécules), d'éthylate de sodium (2 molécules) et de bromure d'éthylène (1 molécule). On chasse ensuite l'alcool et on reprend le produit par l'éther, qui dissout le dérivé éthylénique. On achève la purification par un lavage à la potasse faible, suivi d'une cristallisation dans l'alcool dilué. Lamelles blanches, fusibles à 155-156°, presque insolubles dans l'eau, solubles dans l'alcool, l'éther, le benzène, la ligroïne, les acides, insolubles dans les alcalis.

Ce composé fournit un *chlorhydrate* et un *chloroplatinate* bien cristallisés.

PHÉNYLCARBAMIDO-CARBONYLOXIME (*carbonyl-bis-phénylcarbamidoxime*),

$$[C^6H^5-C(AzH^2)(AzO-)]^2CO$$

[E. Falck, *D. chem. G.*, 18, 2470]. — On l'obtient par le mélange de solutions benzéniques d'oxychlorure de carbone et de phénylcarbamidoxime. Purifié par lavage à l'eau et cristallisation dans l'alcool, ce corps se présente en lamelles blanches, fusibles à 128-129°, insolubles dans l'eau, presque insolubles dans le benzène, très solubles dans l'alcool et dans l'éther. Chauffé avec de la potasse, il se convertit en phényloxycarbhydrazoxime.

p-Nitrophénylcarbamidocarbonyloxime (*carbonyl-bis-p-nitrophénylcarbamidoxime*, *carbonyl-di-p-nitrobenzénylamidoxime*),

$$\begin{matrix} C^6H^4 \begin{cases} AzO^2_{(4)} \\ C_{(1)}(AzH^2)AzO \end{cases} \\ C^6H^4 \begin{cases} C_{(1)}(AzH^2)AzO \\ AzO^2_{(4)} \end{cases} \end{matrix} \Big\rangle CO$$

[J. Weise, *D. chem. G.*, 22, 2423]. — Même préparation, au moyen de la p-nitrophénylcarbamidoxime. Aiguilles jaunes, fusibles à 232°, insolubles dans la ligroïne, peu solubles dans le benzène et dans l'éther, assez solubles dans l'eau chaude, très solubles dans l'alcool. Chauffé pendant quelques instants avec un alcali, ce corps se convertit en p-nitrophényloxycarbhydrazoxime (p-nitrobenzényl-imidoxime-carbonyle).

PHÉNYLCARBAMIDO-ACÉTYLOXIME,

$$C^6H^5-C(AzH^2)(AzO.C^2H^3O)$$

[O. Schulz, *D. chem. G.*, 18, 1082]. — On mélange à froid et en agitant fréquemment, des solutions éthérées de chlorure d'acétyle et de phénylcarbamidoxime ; il se fait un précipité qu'on lave successivement à l'éther, à l'alcool et à l'eau, et qu'on fait ensuite cristalliser dans l'alcool bouillant. On obtient finalement des lamelles ou des prismes fusibles à 96°.

L'ébullition avec l'eau convertit ce composé en phénylméthylcarbazoxime (benzénylazoxime-éthényle),

$$C^6H^5-C \lessgtr^{AzO}_{Az} > C-CH^3.$$

o-Oxyphénylcarbamido-acétyloxime (*acétylsalicénylamidoxime*),

$$C^6H^4(OH)_{(2)}C_{(1)}(AzH^2)(AzO.C^2H^3O)$$

[A. Spilker, *D. chem. G.*, 22, 2780]. — On mélange en refroidissant de l'anhydride acétique avec de l'o-oxyphénylcarbamidoxime ; on lave ensuite à l'eau, et on purifie par dissolution dans l'alcool et précipitation par l'eau.

Lamelles blanches, satinées, fusibles à 117°, peu solubles dans l'eau, le chloroforme, le benzène, très solubles dans l'alcool, l'éther, les acides et les alcalis.

Sa solution dans l'alcool dilué donne par le chlorure ferrique une coloration d'un rouge violacé, et par l'eau de brome un précipité blanc ; elle ne précipite pas les sels de plomb, de cuivre ou d'argent.

Le *dérivé acétylé*,

$$C^6H^4(OC^2H^3O)-C(AzH^2)(AzO.C^2H^3O),$$

s'obtient en traitant par un excès de chlorure d'acétyle le dérivé disodique de l'o-oxyphénylcarbamidoxime. Il forme des cristaux qui n'ont pas été obtenus à l'état de pureté.

PHÉNYLCARBAMIDO-PROPIONYLOXIME,

$$C^6H^5-C(AzH^2)(AzO.C^3H^5O)$$

[O. Schulz, *loc. cit.*]. — Même préparation que pour le corps précédent. Cristaux fusibles à 93°, qui se convertissent par ébullition avec l'eau en phényléthylcarbazoxime.

PHÉNYLCARBAMIDO-BUTYRYLOXIME,

$$C^6H^5-C(AzH^2)(AzO.C^4H^7O)$$

[O. Schulz, *ibid.*]. — Même préparation. Fines aiguilles brillantes, fusibles à 96°, donnant par l'action de l'eau bouillante la phénylpropylcarbazoxime.

PHÉNYLCARBAMIDO-BENZOYLOXIME,

$$C^6H^5-C(AzH^2)(AzO.C^7H^5O)$$

[Krüger, *D. chem. G.*, 18, 1058]. — On mélange des quantités équivalentes de phénylcarbamidoxime et de chlorure de benzoyle, puis on précipite par l'eau. Fines aiguilles blanches, fusibles à 140°, solubles dans l'alcool, l'éther, le chloroforme, les acides, insolubles dans les alcalis.

Chauffé au-dessus de son point de fusion, ce corps se convertit en diphénylcarbazoxime (dibenzénylazoxime).

o-Oxyphénylcarbamido-benzoyloxime (*benzoylsalicénylamidoxime*),

$$C^6H^4(OH)_{(2)}-C_{(1)}(AzH^2)(AzO.C^7H^5O)$$

[A. Spilker, *D. chem. G.*, 22, 2779]. — Même préparation que pour le composé précédent, au moyen de l'o-oxyphénylcarbamidoxime. Aiguilles fusibles à 173°, très solubles dans l'alcool, l'éther, le chloroforme, le benzène, insolubles dans la ligroïne, l'eau, les acides, solubles dans les alcalis.

L'ébullition avec l'eau lui fait perdre 1 molécule d'eau et la convertit en o-oxyphényl-phénylcarbazoxime.

Sa solution ne précipite pas par les sels cuivriques, mais elle donne par le chlorure ferrique une coloration d'un rouge violacé, et par l'eau de brome un précipité

Le *dérivé benzoylé*,

$$C^6H^4(OC^7H^5O)_{(2)}-C_{(1)}(AzH^2)(AzO.C^7H^5O),$$

s'obtient en traitant à froid par un excès de chlorure de benzoyle le sel disodique de l'o-oxyphényl-carbamidoxime. Il se présente en cristaux blancs, indistincts, fusibles à 127°, insolubles dans les acides; les alcalis le convertissent lentement à froid, rapidement à chaud, en phénylcarbamido-benzoyloxime; il se dissout aisément dans l'alcool, l'éther, le benzène, le chloroforme; sa solution ne donne pas de coloration par le chlorure ferrique, mais elle précipite par l'eau de brome. Chauffé au-dessus de son point de fusion, ou soumis à la distillation dans un courant de vapeur d'eau, il perd 1 molécule d'eau et se convertit en dérivé benzoylé de l'o-oxyphényl-phénylcarbazoxime.

PHÉNYLCARBAMIDOXIME-CARBONATE D'ÉTHYLE,

$$C^6H^5 - C(AzH^2)(AzO . CO^2C^2H^5)$$

[E. Falck, *D. chem. G.*, 18, 2467]. — On verse goutte à goutte du chlorocarbonate d'éthyle dans une solution chloroformique de phénylcarbamidoxime; on filtre pour séparer le chlorhydrate d'amidoxime qui a pris naissance; on évapore la solution et on fait cristalliser le résidu par dissolution dans l'alcool et précipitation par l'eau. Longues aiguilles brillantes, fusibles à 127°, solubles dans l'alcool, l'éther, le chloroforme, le benzène, insolubles dans les alcalis à froid. Chauffé avec de l'eau ou avec de la soude diluée, ce corps perd 1 molécule d'alcool et se convertit en phényloxycarbhydrazoxime (benzényl-imidoxime-carbonyle).

m-Nitrophénylcarbamidoxime-carbonate d'éthyle, $C^6H^4(AzO^2) - C(AzH^2)(AzO . CO^2C^2H^5)$ [M. Schöppf, *D. chem. G.*, 18, 1066]. — Même préparation que précédemment, en employant une solution alcoolique de m-nitrophénylcarbamidoxime. Aiguilles blanches, fusibles à 152-153°, solubles dans l'eau chaude, l'alcool, l'éther, le benzène, insolubles dans la ligroïne.

p-Nitrophénylcarbamidoxime-carbonate d'éthyle, $C^6H^4(AzO^2) - C(AzH^2)(AzO . CO^2C^2H^5)$ [J. Weise, *D. chem. G.*, 22, 2422]. — Même préparation. Petites aiguilles blanches, fusibles à 169°, insolubles dans la ligroïne, peu solubles dans l'eau, très solubles dans l'alcool, l'éther, le benzène, le chloroforme.

Par ébullition avec les alcalis ou même avec l'eau, ce corps perd 1 molécule d'alcool et se transforme en p-nitrophényl-oxycarbhydrazoxime (p-nitrobenzényl-imidoxime-carbonyle).

o-Oxyphénylcarbamidoxime-carbonate d'éthyle (*salicénylamidoxime-carbonate d'éthyle*),

$$C^6H^4(OH)_{(2)} - C_{(1)}(AzH^2)(AzO . CO^2C^2H^5)$$

[J.-A. Miller, *D. chem. G.*, 22, 2799]. — On l'obtient par l'action du chlorocarbonate d'éthyle (1 molécule) sur l'o-oxyphénylcarbonate d'éthyle (2 molécules) à la température ordinaire. Aiguilles blanches, fusibles à 96°

ACIDE PHÉNYLCARBAMIDOXIME-OXALIQUE (*benzénylamidoxime-oxalique*),

$$C^6H^5 - C(AzH^2)(AzO . CO . CO^2H)$$

[A. Wurm, *D. chem. G.*, 22, 3131]. — Cet acide se produit à l'état d'éther lorsqu'on mélange à la température de 5-10° du chloroxalate d'éthyle avec une solution chloroformique de phénylcarbamidoxime; on abandonne le mélange pendant une demi-heure à une température inférieure à 20°, puis on filtre, et on lave le précipité à l'eau froide pour lui enlever le chlorhydrate de phénylcarbamidoxime formé dans la réaction. La partie du précipité qui est insoluble dans l'eau constitue l'éther phénylcarbamidoxime-oxalique.

L'acide lui-même, obtenu en saponifiant l'éther par l'eau à 100°, cristallise en lamelles fusibles à 159°.

L'éther éthylique, $C^9H^7Az^2O^4 . C^2H^5$, cristallise dans l'alcool en aiguilles blanches et brillantes, qui se décomposent subitement à 118°; il est insoluble dans l'eau, le chloroforme, le benzène, la ligroïne, peu soluble dans l'éther, très soluble dans l'alcool.

ACIDE PHÉNYLCARBAMIDOXIME-ACÉTIQUE (*benzénylamidoxime-glycolique*),

$$C^6H^5 - C(AzH^2)(AzO - CH^2 . CO^2H)$$

[H. Koch, *D. chem. G.*, 22, 3161]. — On l'obtient à l'état de sel de sodium en faisant bouillir pendant 3 heures un mélange de phénylcarbamidoxime (1 molécule), d'éthylate de sodium (2 molécules) et de monochloracétate d'éthyle (1 molécule); la solution filtrée et évaporée fournit le sel sodique en beaux cristaux.

L'acide cristallise dans l'alcool faible en aiguilles blanches, fusibles à 123-124°, très solubles dans l'alcool et dans l'éther, peu solubles dans l'eau.

Le *sel de sodium*, $C^9H^9Az^2O^3Na$, est soluble dans l'eau et dans l'alcool, insoluble dans l'éther.

L'anhydride,

$$C^6H^5 - C \begin{matrix} \nearrow AzO - CH^2 \\ \searrow AzH - CO \end{matrix}$$

se produit lorsqu'on fait bouillir l'acide avec de l'acide chlorhydrique, ou plus simplement lorsqu'on le chauffe pendant quelques heures à 130-140°. Il cristallise dans l'eau bouillante en aiguilles incolores, fusibles à 148°, très solubles dans l'alcool, l'éther, l'acide acétique, peu solubles dans l'eau froide. Le permanganate de potassium le décompose à la température ordinaire avec formation de benzonitrile.

DÉRIVÉS PAR SUBSTITUTION DANS LE GROUPE AMIDE.

PHÉNYLCARBOXIME-URÉE (*benzényluramidoxime*),

$$C^6H^5 - C(AzOH) - \begin{matrix} AzH \\ AzH^2 \end{matrix} > CO$$

[E. Falck, *D. chem. G.*, 19, 1486]. — On obtient cette combinaison en mélangeant des solutions aqueuses concentrées de cyanate de potassium et de chlorhydrate de phénylcarbamidoxime: l'urée se dépose à l'état cristallin; on la purifie par cristallisation dans l'eau bouillante.

Longues aiguilles blanches, fusibles à 125°, peu solubles dans l'eau, très solubles dans l'alcool, l'éther, le benzène, la ligroïne.

o-Oxyphénylcarboxime-urée (*salicénymluramidoxime*),

$$C^6H^4(OH)_{(2)} - C_{(1)}(AzOH) - \begin{matrix} AzH \\ AzH^2 \end{matrix} > CO$$

[Spilker, *D. chem. G.*, 22, 2789]. — On l'obtient en mélangeant des solutions aqueuses concentrées de cyanate de potassium et de chlorhydrate d'o-oxyphénylcarbamidoxime, et on purifie par dissolution dans l'alcool et précipitation par l'eau. Lamelles blanches et brillantes, fusibles avec décomposition à 148°, très solubles dans les acides, les alcalis, l'alcool, le benzène, peu solubles dans l'eau, le chloroforme, l'éther. Sa solution donne avec le chlorure ferrique une coloration rouge-violacé extrêmement intense.

a-PHÉNYLCARBOXIME-*b*-PHÉNYLURÉE (*benzénylphényluramidoxime*),

$$C^6H^5 - C(AzOH) - \begin{matrix} AzH \\ C^6H^5 - AzH \end{matrix} > CO$$

[P. Krüger, *D. chem. G.*, 18, 1059]. — On chauffe au bain-marie un mélange en proportions moléculaires de carbanile et de phénylcarbamidoxime, et on fait cristalliser le produit de la réaction dans l'eau bouillante. Lamelles blanches, fusibles à 115°, insolubles dans l'eau froide, très solubles dans l'alcool, l'éther, le benzène. Ce corps est indifférent; il se dissout difficilement dans les acides et dans les alcalis.

a-o-Oxyphénylcarboxime-b-phénylurée (*salicénylphénylluramidoxime*),

$$C^6H^4(OH)_{(2)} - C_{(1)}(AzOH) - AzH \diagdown CO \quad C^6H^5 - AzH \diagup$$

[Spilker, *D. chem. G.*, **22**, 2788]. — Ce corps se produit par l'union directe de l'isocyanate de phényle avec l'o-oxyphénylcarbamidoxime. Purifié par dissolution dans l'alcool et précipitation par l'eau, il forme des lamelles satinées, fusibles à 119° avec décomposition et formation de diphénylurée. Insoluble dans l'eau, assez soluble dans le benzène et dans le chloroforme, ce corps est très soluble dans l'alcool et dans l'éther; sa solution alcoolique donne avec l'eau de brome un précipité blanc et avec le chlorure ferrique une coloration violacée.

a-Phénylcarboxime-*b*-phénylsulfo-urée (*benzénylphénylsulfo-uramidoxime*),

$$C^6H^5 - C(AzOH)AzH \diagdown CS \quad C^6H^5 - AzH \diagup$$

[P. Krüger, *D. chem. G.*, **18**, 1060]. — Même préparation, au moyen de la phénylcarbamidoxime et du phénylsénevol. Lamelles jaunâtres, fusibles à 163°, très solubles dans l'alcool, l'éther et le benzène.

a-o-Oxyphénylcarboxime-o-phénylsulfo-urée,

$$C^6H^4(OH)_{(2)} - C_{(1)}(AzOH) - AzH \diagdown CS \quad C^6H^5 - AzH \diagup$$

[Spilker, *D. chem. G.*, **22**, 2788]. — Ce composé prend naissance par l'union directe du phénylsénevol et de l'o-oxyphénylcarbamidoxime; il n'a pas été isolé à l'état de pureté.

Phénylcarbo-phénylamidoxime (*benzénylanilidoxime*), $C^6H^5 - C(AzOH)(AzH.C^6H^5)$ [H. Müller, *D. chem. G.*, **19**, 1669]. — On chauffe au bain-marie un mélange d'alcool, de thiobenzanilide, de chlorhydrate d'hydroxylamine et de carbonate de sodium tant qu'il se dégage de l'hydrogène sulfuré. On évapore à sec; on reprend le résidu par l'acide chlorhydrique; on précipite la solution acide par la soude, et on fait cristalliser plusieurs fois dans l'eau bouillante.

Fines aiguilles blanches, fusibles à 136°, solubles dans l'eau bouillante, l'alcool, l'éther, le chloroforme, le benzène, peu solubles dans la ligroïne, solubles dans les acides et dans les alcalis.

Le *chlorhydrate*, $C^{13}H^{12}Az^2O.HCl$, est soluble dans l'alcool, insoluble dans l'éther. Il donne un *chloroplatinate* bien cristallisé.

La phénylcarbophénylamidoxime se combine à froid avec le chloral pour donner des cristaux fusibles à 128-130°, ayant pour formule

$$C^{13}H^{12}Az^2O.C^2HCl^3O.$$

Ce dérivé est insoluble dans la ligroïne, soluble dans l'alcool, l'éther, le chloroforme, le benzène. Il se dédouble en ses deux générateurs par ébullition avec l'eau ou avec les acides [Müller, *D. chem. G.*, **22**, 2402].

Phénylcarbo-phénylamido-éthyloxime (*benzénylanilidoxime éthylique*),

$$C^6H^5 - C(AzH.C^6H^5)(AzO.C^2H^5)$$

[Müller, *D. chem. G.*, **19**, 1672]. — On chauffe au bain-marie un mélange d'iodure d'éthyle, de phénylcarbophénylamidoxime et d'éthylate de sodium; on évapore à sec, on reprend par l'acide chlorhydrique et on précipite la solution acide par la soude ou par l'ammoniaque. Précipité blanc, fusible à 56°, se colorant rapidement en rouge.

Phénylcarbophénylamidobenzoyloxime (*benzoylbenzénylanilidoxime*),

$$C^6H^5 - C(AzH.C^6H^5)(AzO.C^7H^5O)$$

[Müller, *D. chem. G.*, **19**, 1670]. — On l'obtient par l'action du chlorure de benzoyle sur la phénylcarbophénylamidoxime. Aiguilles blanches et brillantes, fusibles à 116°, insolubles dans l'eau, la ligroïne, les alcalis, peu solubles dans l'acide chlorhydrique, solubles dans l'alcool, l'éther, le benzène, le chloroforme.

Phénylcarboxime-phénylurée (*benzényluranilidoxime*),

$$C^6H^5 - C(AzOH) \diagdown Az - \diagdown CO \quad C^6H^5 \diagup AzH^2 \diagup$$

[Müller, *D. chem. G.*, **19**, 1671]. — On mélange des solutions aqueuses concentrées de cyanate de potassium et de chlorhydrate de phénylcarbophénylamidoxime, et on fait cristalliser le précipité ainsi obtenu dans l'alcool dilué. Aiguilles jaunâtres, fusibles à 165-167°, insolubles dans l'eau, les acides, les alcalis, solubles dans l'alcool, l'éther, le chloroforme.

Phénylcarbo-o-crésylamidoxime (*benzényl-o-toluidoxime*),

$$C^6H^5 - C(AzH_{(1)} - C^6H^4 - CH^3_{(2)})(AzOH)$$

[J. Stieglitz, *D. chem. G.*, **22**, 3160]. — On l'obtient en chauffant un mélange d'alcool, de thiobenzo-o-toluide et de chlorhydrate d'hydroxylamine; il est avantageux d'opérer en présence d'un excès d'alcali. Belles aiguilles hexagonales, fusibles à 147°, très solubles dans les acides, les alcalis, l'alcool, le chloroforme, l'éther, le benzène.

Phénylcarbo-p-crésylamidoxime (*benzényl-p-toluidoxime*),

$$C^6H^5 - C(AzH_{(1)} - C^6H^4 - CH^3_{(4)})(AzOH)$$

[H. Müller, *D. chem. G.*, **22**, 2406]. — On chauffe au bain-marie un mélange d'alcool, de thiobenzo-p-toluide, de chlorhydrate d'hydroxylamine et de carbonate de sodium, tant qu'il se dégage de l'hydrogène sulfuré. On évapore à sec, on reprend par l'acide chlorhydrique et on précipite la solution acide par le carbonate de sodium. Après cristallisation dans l'alcool faible, on obtient de longues aiguilles blanches, fusibles à 176°, assez solubles dans l'alcool, l'éther, le chloroforme et le benzène.

Le *chlorhydrate*, $C^{14}H^{14}Az^2O.HCl$, forme de belles aiguilles blanches, peu solubles dans l'eau.

DÉRIVÉS PAR SUBSTITUTION SIMULTANÉE DANS LES DEUX GROUPES AMIDE ET OXIME

Phényl-méthyl-furo-m-diazol (*phénylméthylcarbazoxime*, *benzénylazoxime-éthényle*),

$$C^6H^5 - C \lessgtr^{AzO}_{Az} \gtrless C - CH^3$$

[P. Krüger, *D. chem. G.*, **18**, 1059. — O. Schultz, *ibid.*, **18**, 1084]. — Ce composé prend naissance par l'action de l'anhydride acétique sur la phénylcarbamidoxime en solution éthérée. Il forme des aiguilles blanches, fusibles à 41°, volatiles avec la vapeur d'eau, et bout sans altération à 254°.

m-Nitrophényl-méthyl-furo-m-diazol (*m-nitrobenzénylazoxime-éthényle*),

$$C^6H^4(AzO^2)_{(1)} - C_{(3)} \lessgtr^{AzO}_{Az} \gtrless C - CH^3$$

[M. Schöpff, *D. chem. G.*, **18**, 1066]. — On l'obtient au moyen de l'anhydride acétique et de la m-nitrophénylcarbamidoxime. Aiguilles blanches, fusibles à 109°, volatiles sans altération, solubles dans l'alcool et dans l'éther, légèrement solubles dans l'eau.

p-Nitrophényl-méthyl-furo-m-diazol (*p-nitrobenzénylazoxime-éthényle*),

$$C^6H^4(AzO^2)_{(4)} - C_{(1)} \lesseqgtr^{AzO}_{Az} \geqslant C - CH^3$$

[G. Weise, *D. chem. G.*, **22**, 2420]. — Lamelles argentines, fusibles à 144°, volatiles avec la vapeur d'eau, peu solubles dans l'eau, très solubles dans l'alcool, l'éther, le benzène.

o-Oxyphényl-méthyl-furo-m-diazol (*salicénylazoxime*)

$$C^6H^4(OH)_{(2)} - C_{(1)} \lesseqgtr^{AzO}_{Az} \geqslant C - CH^3$$

[A. Spilker, *D. chem. G.*, **22**, 2781]. — On l'obtient en chauffant à 125° l'o-oxyphénylcarbamidoacétyloxime, ou plus simplement en chauffant à l'ébullition pendant quelques heures un mélange d'o-oxyphénylcarbamidoxime et d'anhydride acétique.

Fines aiguilles soyeuses, fusibles à 77°, volatiles avec la vapeur d'eau, très solubles dans l'alcool, l'éther, le chloroforme, le benzène, les alcalis, assez solubles dans l'eau.

La solution alcoolique donne avec le chlorure ferrique une coloration bleu-violacé intense, avec le sulfate de cuivre un précipité jaune-verdâtre, avec l'eau de brome un précipité blanc.

Le *dérivé acétylé*,

$$C^6H^4(OC^2H^3O) - C \lesseqgtr^{AzO}_{Az} \geqslant C - CH^3,$$

prend naissance dans l'action du chlorure d'acétyle en excès sur le dérivé disodique de l'oxyphénylcarbamidoxime. Il forme des aiguilles blanches, fusibles à 74°, très solubles dans l'alcool, l'éther, le chloroforme et la ligroïne. Sa solution donne par l'eau de brome un précipité blanc.

PHÉNYL-ÉTHYL-FURO-M-DIAZOL (*phényléthylcarbazoxime, benzénylazoxime-propényle*),

$$C^6H^5 - C \lesseqgtr^{AzO}_{Az} \geqslant C - C^2H^5$$

[O. Schulz, *D. chem. G.*, **18**, 1085. — H. Zimmer, *ibid.*, **22**, 3143]. — Ce composé prend naissance par l'action de l'anhydride propionique sur la phénylcarbamidoxime, ainsi que par l'oxydation de la phényléthylcarbhydrazoxime (voyez plus loin) au moyen du permanganate de potassium en solution acétique. C'est une huile presque incolore, douée d'une odeur aromatique, bouillant à 255° (Schulz), à 230-235° (Zimmer), incristallisable, soluble dans l'alcool, insoluble dans l'eau.

PHÉNYL-PROPYL-FURO-M-DIAZOL (*phénylpropylcarbazoxime, benzénylazoxime-butényle*),

$$C^6H^5 - C \lesseqgtr^{AzO}_{Az} \geqslant C - C^3H^7$$

[O. Schulz, *D. chem. G.*, **18**, 1085]. — Liquide huileux, bouillant à 265°, obtenu au moyen de la phénylcarbamidoxime et de l'anhydride butyrique normal.

PHÉNYL-ISOPROPYL-FURO-M-DIAZOL (*phénylisopropylcarbazoxime, benzénylazoxime-isobuténylе*),

$$C^6H^5 - C \lesseqgtr^{AzO}_{Az} \geqslant C - CH(CH^3)^2$$

[Zimmer, *D. chem. G.*, **22**, 3144]. — On l'obtient en oxydant la phénylisopropylcarbhydrazoxime par une solution acétique très étendue de permanganate de potassium. C'est un liquide huileux, soluble dans l'alcool, l'éther, le chloroforme, insoluble dans l'eau, bouillant à 253-255°. Elle distille avec la vapeur d'eau. Les acides et les alcalis sont sans action sur elle.

PHÉNYL-ISOBUTYL-FURO-M-DIAZOL (*phénylisobutylcarbazoxime, benzénylazoxime-isoaményle*),

$$C^6H^5 - C \lesseqgtr^{AzO}_{Az} \geqslant C - CH^2 - CH(CH^3)^2$$

[Zimmer, *loc. cit.*]. — Même préparation que pour le composé précédent, au moyen de la phénylisobutyl-carbhydrazoxime. Liquide huileux presque incolore, bouillant à 257°, volatil avec la vapeur d'eau, soluble dans l'alcool, l'éther, le benzène, le chloroforme, insoluble dans l'eau; les acides et les alcalis sont sans action.

DIPHÉNYL-FURO-M-DIAZOL (*diphénylcarbazoxime, dibenzénylazoxime*),

$$C^6H^5 - C \lesseqgtr^{AzO}_{Az} \geqslant C - C^6H^5$$

[P. Krüger, *D. chem. G.*, **18**, 1058]. — Ce composé prend naissance lorsqu'on traite la phénylcarbamidoxime par l'acide benzoïque, l'anhydride benzoïque, le chlorure de benzoyle, ou le phénylchloroforme. Il cristallise dans l'alcool en longues et fines aiguilles asbestoïdes, fusibles à 108°, sublimables sans altération, volatiles avec la vapeur d'eau, très solubles dans l'alcool, l'éther, le benzène, le chloroforme, presque insolubles dans l'eau, même à l'ébullition.

m-Nitrophényl-phényl-furo-m-diazol (*m-nitrobenzénylazoxime-benzényle*),

$$C^6H^4(AzO^2)_{(3)} - C_{(1)} \lesseqgtr^{AzO}_{Az} \geqslant C - C^6H^5$$

[M. Schöpff, *D. chem. G.*, **18**, 1067]. — On traite la m-nitrophénylcarbamidoxime par le chlorure de benzoyle en chauffant légèrement; on lave à la soude, puis on dissout dans l'alcool et on précipite par l'eau. Aiguilles blanches, fusibles à 160°, sublimables sans altération, insolubles dans l'eau, solubles dans l'alcool, l'éther, le benzène, insolubles dans la ligroïne; les acides et les alcalis sont sans action.

p-Nitrophényl-phényl-furo-m-diazol (*p-nitrobenzénylazoxime-benzényle*),

$$C^6H^4(AzO^2)_{(4)} - C_{(1)} \lesseqgtr^{AzO}_{Az} \geqslant C - C^6H^5$$

[J. Weise, *D. chem. G.*, **22**, 2421]. — Même préparation que pour le dérivé précédent. On purifie par lavage à l'ammoniaque et cristallisation dans l'alcool. Petites aiguilles blanches, fusibles à 198°, sublimables sans altération, détonant lorsqu'on les chauffe brusquement. Ce corps est insoluble dans l'eau et dans la ligroïne, très soluble dans l'alcool absolu, l'éther, le benzène, l'acide acétique cristallisable; les acides et les alcalis sont sans action sur lui.

DI-M-NITROPHÉNYL-FURO-M-DIAZOL (*di-m-nitrophénylcarbazoxime, m-nitrobenzénylazoxime-m-nitrobenzényle*),

$$(AzO^2)_{(3)}C^6H^4 - C_{(1)} \lesseqgtr^{AzO}_{Az} \geqslant C_{(1)} - C^6H^4(AzO^2)_{(3)}$$

[J. Stieglitz, *D. chem. G.*, **22**, 3158]. — On traite à froid par l'acide sulfurique concentré la di-m-nitrophényl-amidocarbhydrazoxime,

$$(AzO^2)_{(3)}C^6H^4 . C_{(1)} \lesseqgtr^{AzO}_{AzH} \gt C_{(1)}(AzH^2) . C^6H^4(AzO^2)_{(3)}$$

Ce composé se dissout rapidement; on n'a plus qu'à précipiter par l'eau.

On peut aussi traiter, d'après la méthode ordinaire, la m-nitrophénylcarbamidoxime par le chlorure de m-nitrobenzoyle.

Ce composé cristallise dans l'alcool en fines aiguilles blanches et nacrées, très solubles dans l'acide acétique bouillant, assez solubles dans l'alcool chaud, peu solubles dans l'éther, le benzène, le chloroforme, fusibles à 168° et sublimables sans altération.

M-AMIDOPHÉNYL-PHÉNYL-FURO-M-DIAZOL (*m-amidophényl-phénylcarbazoxime*, *m-amidobenzénylazoxime-benzényle*),

$$(AzH^2)_{(3)}C^6H^4-C_{(1)} \lesssim {AzO \atop Az} \gtrsim C-C^6H^5$$

[M. Schöpff, *D. chem. G.*, 18, 2473]. — On l'obtient en chauffant le dérivé nitré correspondant avec une solution alcoolique de sulfure d'ammonium, en tube scellé, à 100°, pendant 3 heures. Le produit est ensuite soumis à l'ébullition avec de l'acide chlorhydrique tant qu'il se dépose du soufre; puis la solution acide est filtrée et précipitée par l'ammoniaque. On achève la purification par cristallisation dans l'alcool ou par sublimation.

Aiguilles blanches, fusibles à 143°, insolubles dans l'eau, la ligroïne, les alcalis, très solubles dans l'alcool, l'éther, le benzène, le chloroforme.

Le *chlorhydrate*, $C^{14}H^{11}Az^3O \cdot HCl$, est très peu soluble dans l'eau, même à l'ébullition.

Le *chloroplatinate*, $(C^{14}H^{11}Az^3O \cdot HCl)^2PtCl^4$, est peu soluble dans l'alcool; le *chloraurate* et le *chlorostannate* sont insolubles dans l'eau.

Le *dérivé benzoylé*,

$$(AzH \cdot C^7H^5O)C^6H^4-C \lesssim {AzO \atop Az} \gtrsim C-C^6H^5$$

cristallise dans l'alcool dilué en aiguilles fusibles à 213°, solubles dans l'éther, le chloroforme, le benzène, insolubles dans la ligroïne, les acides et les alcalis.

M-OXYPHÉNYL-PHÉNYL-FURO-M-DIAZOL (*m-oxyphényl-phénylcarbazoxime*, *m-oxybenzénylazoxime-benzényle*),

$$C^6H^4(OH)-C \lesssim {AzO \atop Az} \gtrsim C-C^6H^5$$

[M. Schöpff, *D. chem. G.*, 18, 2475]. — On traite par le nitrite de sodium le dérivé m-amidé en présence d'acide chlorhydrique, en chauffant doucement et en agitant le mélange jusqu'à dissolution complète. La liqueur filtrée à ce moment laisse déposer des cristaux qui paraissent constituer le chlorure diazoïque. Si l'on porte à l'ébullition, il se dégage de l'azote, et l'on obtient par le refroidissement un dépôt de flocons jaunes constituant le composé hydroxylé. On le purifie par cristallisation dans l'alcool. On obtient ainsi des aiguilles jaunes, fusibles à 163°, solubles dans l'éther, le benzène, le chloroforme et les alcalis, sublimables sans altération.

L'*éther éthylique*,

$$C^6H^4(OC^2H^5)-C \lesssim {AzO \atop Az} \gtrsim C-C^6H^5,$$

est une masse cristalline, fusible à 71°, insoluble dans les alcalis.

PHÉNYL-O-OXYPHÉNYL-FURO-M-DIAZOL (*phényl-o-oxyphénylcarbazoxime*, *benzénylazoxime-salicényle*),

$$C^6H^5-C \lesssim {AzO \atop Az} \gtrsim C_{(1)}-C^6H^4(OH)_{(2)}$$

[H. Zimmer, *D. chem. G.*, 22, 3147]. — On l'obtient en oxydant par le permanganate de potassium la phényl-o-oxyphénylcarbhydrazoxime. Ce corps fond à 128°; il est soluble dans l'alcool, l'éther, le chloroforme, le benzène.

O-OXYPHÉNYL-PHÉNYL-FURO-M-DIAZOL (*o-oxyphényl-phénylcarbazoxime*, *salicénylazoxime-benzényle*),

$$C^6H^4(OH)_{(2)}-C_{(1)} \lesssim {AzO \atop Az} \gtrsim C-C^6H^5$$

[A. Spilker, *D. chem. G.*, 22, 2780] — On met en suspension dans une solution de chlorure de calcium à 20 0/0 de l'o-oxyphénylcarbamido-benzoyloxime et on soumet ce mélange à la distillation dans un courant de vapeur d'eau. L'azoxime est peu à peu entraînée et se dépose en flocons blancs; après cristallisation dans l'alcool bouillant, ce corps fond à 128°; il est soluble dans les alcalis, l'alcool, l'éther, le chloroforme, insoluble dans l'eau et dans les acides. La solution alcoolique donne avec le chlorure ferrique une coloration violette, intense mais fugace; avec le sulfate de cuivre, un précipité verdâtre; avec l'eau de brome, un précipité blanc.

Ce corps peut aussi être préparé par l'action d'une température de 180° sur l'oxyphénylcarbamidobenzoyloxime.

Le *dérivé benzoylé*,

$$C^6H^4(OC^7H^5O)_{(2)}-C_{(1)} \lesssim {AzO \atop Az} \gtrsim C-C^6H^5$$

s'obtient par les mêmes procédés, au moyen du dérivé benzoylé de l'oxyphénylcarbamido-benzoyloxime; on le prépare encore par l'action simultanée du chlorure de benzoyle et de l'éthylate de sodium sur le composé précédent. Il cristallise en aiguilles blanches, fusibles à 120°, insolubles dans l'eau, dans les acides et dans les alcalis, solubles dans l'éther, le benzène et le chloroforme. Sa solution donne par l'eau de brome un précipité blanc.

Le *dérivé méthylé*,

$$C^6H^4(OCH^3)_{(2)}-C_{(1)} \lesssim {AzO \atop Az} \gtrsim C-C^6H^5$$

se prépare au moyen du chlorure de benzoyle et de l'o-méthoxyphénylcarbamidoxime [J.-A. Miller, *D. chem. G.*, 22, 2801]. Après cristallisation dans l'alcool, il fond à 117°.

PHÉNYL-BENZYL-FURO-M-DIAZOL (*phénylbenzylcarbazoxime*, *benzénylazoxime-phényléthényle*),

$$C^6H^5-C \lesssim {AzO \atop Az} \gtrsim C-CH^2 \cdot C^6H^5.$$

— On l'obtient en oxydant à chaud par une solution acétique diluée de permanganate de potassium la phénylbenzylcarbhydrazoxime. Cristaux fusibles à 118°, insolubles dans l'eau, peu solubles dans l'éther et dans le benzène, très solubles dans l'alcool et dans le chloroforme. Les acides et les alcalis sont sans action sur ce composé [H. Zimmer, *D. chem. G.*, 22, 3142].

PHÉNYL-ACÉTONYL-FURO-M-DIAZOL (*phénylacétonylcarbazoxime* *benzénylazoxime-acététhényle*),

$$C^6H^5-C \lesssim {AzO \atop Az} \gtrsim C-CH^2 \cdot CO \cdot CH^3$$

[F. Tiemann, *D. chem. G.*, 22, 2414]. — On chauffe à l'ébullition dans un appareil à reflux, un mélange en proportions moléculaires de phénylcarbamidoxime et d'acétylacétate d'éthyle; au bout d'une heure, on lave le produit dans un courant de vapeur d'eau, puis on le dissout dans la potasse, on filtre, on précipite par l'acide chlorhydrique et on fait recristalliser dans l'eau bouillante. On obtient ainsi de petits prismes courts, épais, fusibles à 86°, très solubles dans l'alcool, l'éther, le benzène, l'acétone, solubles dans les alcalis, insolubles dans les acides. Ce corps a pris naissance suivant l'équation

$$C^7H^8Az^2O + C^6H^{10}O^3$$
$$= C^2H^6O + H^2O + C^{11}H^{10}Az^2O^2.$$

Soumis à l'ébullition avec les alcalis, le phénylacétonyl-furo-m-diazol se décompose avec formation de phénylméthyl-furo-m-diazol :

$$C^{11}H^{10}Az^2O^2 + H^2O = C^2H^4O^2 + C^9H^8Az^2O.$$

L'*oxime*,

$$C^6H^5 - C \lesssim \frac{AzO}{Az} \gtrsim C - CH^2 - C(AzOH) - CH^3,$$

cristallise en aiguilles blanches, fusibles à 80°, solubles dans l'alcool, l'éther, le benzène, l'eau bouillante, presque insolubles dans la ligroïne.

L'*hydrazone*,

$$C^6H^5 - C \lesssim \frac{AzO}{Az} \gtrsim C - CH^2 - C(Az^2H \cdot C^6H^5) - CH^3,$$

forme de fines aiguilles jaunes, fusibles à 126°, insolubles dans la ligroïne et dans l'eau, solubles dans l'alcool, l'éther, le benzène et l'acétone.

p-Nitrophényl-acétonyl-furo-m-diazol (*p-nitrobenzénylazoxime-acététhényle*),

$$C^6H^4(AzO^2)_{(4)} - C_{(1)} \lesssim \frac{AzO}{Az} \gtrsim C - CH^2 \cdot CO \cdot CH^3$$

[J. Weise, *D. chem. G.*, **22**, 2427]. — On chauffe à l'ébullition, pendant quelques heures, un mélange de p-nitrophénylcarbamidoxime et d'éther acétylacétique en excès ; puis on verse le tout dans l'eau. Le produit qui se dépose est purifié par cristallisation dans l'eau bouillante, puis dans l'alcool faible. On obtient finalement de belles paillettes d'un jaune d'or, fusibles à 140°, presque insolubles dans l'eau, insolubles dans la ligroïne, peu solubles dans le benzène, très solubles dans l'alcool et dans l'éther.

Chauffé avec un alcali, ce composé se dédouble immédiatement en acide acétique et p-nitrophényl-méthyl-furo-m-diazol.

Di-phényl-bi-furo-m-diazol (*bi-phénylcarbazoxime, dibenzényldiazoxime-oxalène*),

$$C^6H^5 - C \lesssim \frac{AzO}{Az} \gtrsim C - C \lesssim \frac{OAz}{Az} \gtrsim C - C^6H^5$$

[A. Wurm, *D. chem. G.*, **22**, 3138]. — On chauffe pendant 3 heures à 40° un mélange de chloroforme, de phénylcarbamidoxime sodique et de chlorure phényl-furo-m-diazol-carbonique (voyez plus loin). On filtre le liquide, on l'évapore et on fait recristalliser le résidu dans l'alcool en présence de noir animal. On obtient finalement des lamelles jaunâtres, fusibles à 142°, très solubles dans l'éther, l'alcool, la ligroïne, peu solubles dans le chloroforme, insolubles dans le benzène.

Ce composé est isomérique avec le *diphénylbifuro-m-diazol* (oxalène-diazoxime-dibenzényle),

$$C^6H^5 - C \lesssim \frac{OAz}{Az} \gtrsim C - C \lesssim \frac{AzO}{Az} \gtrsim C - C^6H^5,$$

qui sera décrit avec la bicarbamidoxime (oxalène-diamidoxime).

Acide phényl-furo-m-diazol-carbonique (*benzénylazoxime-méthénylcarbonique*),

$$C^6H^5 - C \lesssim \frac{AzO}{Az} \gtrsim C - CO^2H$$

[A. Wurm, *D. chem. G.*, **22**, 3132]. — On l'obtient à l'état d'éther dans l'action du chloroxalate d'éthyle sur la phénylcarbamidoxime en solution chloroformique, en même temps que le phénylcarbamidoxime-oxalate d'éthyle (voyez plus haut). Ce dernier se dépose à l'état insoluble, tandis que le phényl-furo-m-diazol-carbonate d'éthyle reste en solution dans le chloroforme et se dépose en cristaux par évaporation de ce dissolvant.

L'acide cristallise en lamelles nacrées, fusibles à 98°, solubles dans l'éther, l'alcool, l'eau bouillante, insolubles dans la ligroïne et dans le chloroforme.

Le *sel de potassium*, $C^9H^5Az^2O^3K$, cristallise en longues aiguilles.

Le *sel de calcium*, $(C^9H^5Az^2O^3)^2Ca, H^2O$, forme de petits prismes, peu solubles dans l'eau froide

Le *sel d'argent*, $C^9H^5Az^2O^3Ag$, est une poudre blanche, soluble dans l'ammoniaque et dans l'acide acétique ; il noircit rapidement à la lumière.

Le *sel de cuivre*, $(C^9H^5Az^2O^3)^2Cu$, est une poudre d'un bleu verdâtre clair.

Le *sel de plomb*, $C^9H^5Az^2O^3 \cdot PbOH$, est une poudre blanche.

L'*éther éthylique*, $C^9H^5Az^2O^3 \cdot C^2H^5$, cristallise en belles aiguilles, fusibles à 51°. Outre le procédé de préparation indiqué plus haut, ce composé peut être obtenu par l'action de la chaleur sur le phénylcarbamidoxime-oxalate d'éthyle.

L'*éther méthylique*, $C^9H^5Az^2O^3 \cdot CH^3$, forme de petites lamelles fusibles à 38°, insolubles dans l'eau, solubles dans l'alcool, l'éther, le chloroforme, le benzène, la ligroïne. Il bout à 216°.

L'*éther benzylique*, $C^9H^5Az^2O^3 \cdot C^7H^7$, forme de longues aiguilles, fusibles à 105°.

L'*amide*,

$$C^6H^5 - C \lesssim \frac{AzO}{Az} \gtrsim C - CO \cdot AzH^2$$

cristallise dans l'alcool en aiguilles fusibles à 173°, insolubles dans l'eau et dans les alcalis, solubles dans l'alcool, l'éther, le benzène, le chloroforme.

Le *chlorure*,

$$C^6H^5 - C \lesssim \frac{AzO}{Az} \gtrsim C - COCl,$$

se produit par l'action de l'oxychlorure de phosphore sur le sel de potassium bien desséché. C'est un liquide incolore, lourd, bouillant à 153-155°, très soluble dans le chloroforme et dans le benzène, moins soluble dans l'éther. Il réagit sur le sel de sodium de la phénylcarbamidoxime pour donner le di-phényl-bi-furo-m-diazol.

Acide phényl-furo-m-diazol-propionique (*benzénylazoxime-propényl-ω-carbonique*),

$$C^6H^5 - C \lesssim \frac{AzO}{Az} \gtrsim C - CH^2 - CH^2 - CO^2H$$

[O. Schulz, *D. chem. G.*, **18**, 2459]. — On chauffe à 100° un mélange en proportions moléculaires de chlorure de succinyle et de phénylcarbamidoxime ; lorsque la réaction, d'abord tumultueuse, est calmée, on laisse refroidir, on reprend par la soude faible, on filtre et on précipite par l'acide chlorhydrique. Après cristallisation dans l'eau bouillante, on obtient des lamelles rhombiques, blanches, fusibles à 120°.

Les *sels alcalins* sont très solubles dans l'eau.

Le *sel d'argent*, $C^{11}H^9Az^2O^3Ag$, est une poudre cristalline blanche.

Le *sel de cuivre*, $(C^{11}H^9Az^2O^3)^2Cu$, est une poudre bleu-verdâtre, finement grenue.

Le *sel de plomb*, $C^{11}H^9Az^2O^3 \cdot PbOH$, est un précipité grenu, qui se résinifie par l'action de l'eau bouillante.

Le *sel de baryum*, $(C^{11}H^9Az^2O^3)^2Ba, H^2O$, forme des prismes courts, paraissant clinorhombiques.

Le *sel de calcium*, $(C^{11}H^9Az^2O^3)^2Ca, 7H^2O$, est en longues aiguilles brillantes.

Le *chlorure*,

$$C^6H^5 - C \lesssim \frac{AzO}{Az} \gtrsim C - CH^2 - CH^2 - COCl,$$

n'a pas été obtenu à l'état de pureté ; il se décompose vers 128°.

L'*éther éthylique*, $C^{11}H^9Az^2O^3 . C^2H^5$, est une huile jaunâtre, à odeur aromatique, bouillant à 255°.

L'*amide*,

$$C^6H^5-C \begin{smallmatrix} \leqslant AzO \geqslant \\ \leqslant Az \geqslant \end{smallmatrix} C-CH^2-CH^2-CO . AzH^2,$$

cristallise en fines aiguilles, fusibles à 168°.

ACIDE O-OXYPHÉNYL-FURO-M-DIAZOL-PROPIONIQUE (*salicénylazoxime-propényl-ω-carbonique*),

$$C^6H^4(OH)_{(2)}-C_{(1)} \begin{smallmatrix} \leqslant AzO \geqslant \\ \leqslant Az \geqslant \end{smallmatrix} C-CH^2-CH^2-CO^2H$$

[J.-A. Miller, *D. chem. G.*, 22, 2800]. — On le prépare au moyen de l'anhydride succinique et de l'o-oxyphénylcarbamidoxime. Cristaux fusibles à 116-117°.

ACIDE PHÉNYL-FURO-M-DIAZOL-O-BENZOÏQUE (*benzénylazoxime-benzényl-o-carbonique*),

$$C^6H^5-C \begin{smallmatrix} \leqslant AzO \geqslant \\ \leqslant Az \geqslant \end{smallmatrix} C_{(1)}-C^6H^4-COOH_{(2)}$$

[O. Schulz, *D. chem. G.*, 18, 2463]. — On fond un mélange d'anhydride phtalique et de phénylcarbamidoxime; on reprend le produit par la soude, on filtre, on précipite par l'acide chlorhydrique, et on fait cristalliser dans l'alcool bouillant. On obtient ainsi des aiguilles blanches et brillantes, fusibles à 151°, très solubles dans le chloroforme, l'alcool, l'éther, assez solubles dans le benzène, presque insolubles dans la ligroïne et dans l'eau.

Les *sels alcalins* et *alcalino-terreux* sont très solubles dans l'eau.

Le *sel d'argent*, $C^{15}H^9Az^2O^3Ag$, est une poudre cristalline blanche.

Le *sel de cuivre*, $(C^{15}H^9Az^2O^3)^2Cu$, est un précipité bleu-verdâtre.

Le *sel de plomb*, $C^{15}H^9Az^2O^3 . PbOH$, est un précipité grenu blanc.

Le *sel de baryum*, $(C^{15}H^9Az^2O^3)^2Ba, 4H^2O$, cristallise en aiguilles microscopiques.

Le *sel de calcium*, $(C^{15}H^9Az^2O^3)^2Ca$, est une masse cristalline blanche.

Le *chlorure*, $C^{15}H^9Az^2O^2Cl$, est une huile jaunâtre, qui se décompose par la distillation en donnant du benzonitrile, du sel ammoniac et de la cyaphénine.

L'*éther éthylique*, $C^{15}H^9Az^2O^3 . C^2H^5$, est une huile jaune qui se décompose par la distillation, même dans le vide.

L'*amide*, $C^{15}H^9Az^2O^2 . AzH^2$, forme des aiguilles microscopiques, mates, fusibles à 160°.

PHÉNYL-MÉTHYL-DIHYDRO-FURO-M-DIAZOL (*phénylméthylcarbhydrazoxime*, *éthylidène-benzénylamidoxime*),

$$C^6H^5-C \begin{smallmatrix} \leqslant AzO \geqslant \\ \leqslant AzH \geqslant \end{smallmatrix} CH-CH^3$$

[F. Tiemann, *D. chem. G.*, 22, 2412]. — On chauffe doucement pendant quelque temps un mélange d'aldéhyde éthylique et de phénylcarbamidoxime en solution aqueuse. Il se dépose bientôt des prismes rhombiques, fusibles à 82°, et répondant à la formule ci-dessus.

Ce corps est peu soluble dans l'eau, même bouillante, très soluble dans l'alcool, l'éther, l'acétone, le benzène.

Le *chlorhydrate*, $C^9H^{10}Az^2O . HCl$, s'obtient à l'état cristallisé par l'action du gaz chlorhydrique sur une solution éthérée de l'hydrazoxime.

Le *chloroplatinate*, $(C^9H^{10}Az^2O . HCl)^2PtCl^4$, est soluble dans l'alcool; l'eau le dissocie.

Oxydé par le permanganate de potassium, le phényl-méthyl-dihydro-furo-m-diazol se convertit en phényl-méthyl-furo-m-diazol.

p-Nitrophényl-méthyldihydro-furo-m-diazol (*éthylidène-p-nitrobenzénylamidoxime*)

$$C^6H^4(AzO^2)_{(4)}-C_{(1)} \begin{smallmatrix} \leqslant AzO \geqslant \\ \leqslant AzH \geqslant \end{smallmatrix} CH-CH^3$$

[J. Weise, *D. chem. G.*, 22, 2424]. — Même préparation, au moyen de la p-nitrophénylcarbamidoxime. Grandes aiguilles groupées en étoiles, fusibles à 153°, très solubles dans l'alcool, l'éther, le benzène, le chloroforme, insolubles dans la ligroïne.

L'acide chlorhydrique concentré dédouble à froid ce composé en aldéhyde et p-nitrophénylcarbamidoxime.

La soude le transforme en un composé jaune, fusible à 252°, dont la constitution n'a pu être établie avec certitude.

p-Nitrophényl-chlorométhyl-dihydro-furo-m-diazol (*chloréthylidène-p-nitrobenzénylamidoxime*)

$$C^6H^4(AzO^2)_{(4)}-C_{(1)} \begin{smallmatrix} \leqslant AzO \geqslant \\ \leqslant AzH \geqslant \end{smallmatrix} CH-CH^2Cl$$

[J. Weise, *D. chem. G.*, 22, 2426]. — On chauffe dans un appareil à reflux un mélange d'eau, de p-nitrophénylcarbamidoxime et d'éther dichloré,

$$C^2H^5-O-CHCl-CH^2Cl;$$

ce dernier corps se décompose en donnant de l'aldéhyde monochloré qui réagit sur l'amidoxime. On obtient facilement de petites lamelles jaunes, brillantes, fusibles à 176°, insolubles dans la ligroïne, peu solubles dans le benzène et dans l'éther, très solubles dans l'alcool. Ce corps est décomposé à chaud par les acides et par les alcalis.

PHÉNYL-ÉTHYL-DIHYDRO-FURO-M-DIAZOL (*phényléthylcarbhydrazoxime*, *benzénylhydrazoxime-propylidène*),

$$C^6H^5-C \begin{smallmatrix} \leqslant AzO \geqslant \\ \leqslant AzH \geqslant \end{smallmatrix} CH-C^2H^5$$

[H. Zimmer, *D. chem. G.*, 22, 3142]. — C'est le produit de l'action de l'aldéhyde propylique sur la phénylcarbamidoxime en solution aqueuse. Cristaux fusibles à 64°.

Le *chlorhydrate*, $C^{10}H^{12}Az^2O . HCl$, s'obtient par l'action du gaz chlorhydrique sur une solution éthérée de l'hydrazoxime.

PHÉNYL-ISOPROPYL-DIHYDRO-FURO-M-DIAZOL (*phénylisopropylcarbhydrazoxime*, *benzénylhydrazoxime-isobutylidène*),

$$C^6H^5-C \begin{smallmatrix} \leqslant AzO \geqslant \\ \leqslant AzH \geqslant \end{smallmatrix} CH-CH(CH^3)^2$$

[Zimmer, *ibid.*]. — Même préparation, au moyen de l'aldéhyde isobutylique. Aiguilles soyeuses, fusibles à 96°.

Le *chlorhydrate* répond à la formule

$$C^{11}H^{14}Az^2O . HCl.$$

PHÉNYL-ISOBUTYL-DIHYDRO-FURO-M-DIAZOL (*phénylisobutylcarbhydrazoxime*, *benzénylhydrazoxime-isoamylidène*),

$$C^6H^5-C \begin{smallmatrix} \leqslant AzO \geqslant \\ \leqslant AzH \geqslant \end{smallmatrix} CH-CH^2-CH(CH^3)^2$$

[Zimmer, *ibid.*]. — Cristaux fusibles à 83°, peu solubles dans l'eau bouillante et dans la ligroïne, solubles dans l'alcool, l'éther, le chloroforme, le benzène.

Ce corps fournit un *chlorhydrate*,

$$C^{12}H^{16}Az^2O . HCl.$$

PHÉNYL-BENZYL-DIHYDRO-FURO-M-DIAZOL (*phényl-*

benzylcarbhydrazoxime, benzénylhydrazoxime-phényléthylidène),

$$C^6H^5-C\begin{smallmatrix}\leqslant AzO \\ \leqslant AzH\end{smallmatrix}>CH-CH^2-C^6H^5$$

[H. Zimmer, *D. chem. G.*, **22**, 3141]. — On chauffe à l'ébullition un mélange d'alcool, d'aldéhyde phényléthylique et de phénylcarbamidoxime; on obtient par le refroidissement de fines aiguilles blanches, fusibles à 136°, solubles dans l'éther, le chloroforme et le benzène.

Le *chlorhydrate*, $C^{15}H^{14}Az^2O.HCl$, est un précipité cristallin, obtenu au moyen du gaz chlorhydrique et d'une solution benzénique de l'hydrazoxime.

PHÉNYL-O-OXYPHÉNYL-DIHYDRO-FURO-M-DIAZOL (*phényl-o-oxyphénylcarbhydrazoxime, benzénylhydrazoxime-salicidène*),

$$C^6H^5-C\begin{smallmatrix}\leqslant AzO \\ \leqslant AzH\end{smallmatrix}>CH_{(1)}-C^6H^4(OH)_{(2)}$$

[H. Zimmer, *loc. cit.*]. — Même préparation, au moyen de l'aldéhyde salicylique. Belles aiguilles blanches, fusibles à 155°.

DIPHÉNYL-AMIDO-DIHYDRO-FURO-M-DIAZOL (*diphénylamidocarbhydrazoxime, benzénylhydrazoxime-amidobenzylidène*),

$$C^6H^5-C\begin{smallmatrix}\leqslant AzO \\ \leqslant AzH\end{smallmatrix}>C(AzH^2)-C^6H^5$$

[J. Stieglitz, *D. chem. G.*, **22**, 3148]. — On agite une solution éthérée de phénylcarbamidoxime (2 molécules) avec une solution aqueuse de chlorure de diazobenzène (1 molécule); ou bien on mélange des solutions aqueuses de diazobenzène-sulfonate de sodium et de phénylcarbamidoxime. Le nouveau corps se précipite en flocons jaunes, qu'on purifie par cristallisation dans l'alcool; il se fait en même temps du diazoamidobenzène. La réaction est donc la suivante :

$$2C^6H^5-C(AzH^2)(AzOH)+2C^6H^5Az^2Cl$$
$$=Az^2O+2HCl+C^6H^5Az^2.AzH.C^6H^5$$
$$+C^{14}H^{13}Az^3O.$$

On peut aussi préparer le diphénylamidodihydro-furo-m-diazol en oxydant la phénylcarbamidoxime par le ferricyanure de potassium en solution alcaline :

$$4C^6H^5-C(AzH^2)(AzOH)+2Fe^2Cy^{12}K^6+4KOH$$
$$=4FeCy^6K^4+5H^2O+Az^2O+2C^{14}H^{13}Az^3O.$$

Ce corps cristallise en lamelles rhombiques, incolores, fusibles à 124-125° avec décomposition en benzonitrile et phénylcarbamidoxime; il est insoluble dans l'eau, dans la ligroïne, peu soluble dans l'éther, assez soluble dans l'alcool chaud, le benzène, le chloroforme. Les alcalis le décomposent à l'ébullition, avec formation de benzonitrile et de phénylcarbamidoxime; l'acide acétique cristallisable le convertit à chaud en diphényl-furo-m-diazol.

Le *chlorhydrate*, $C^{14}H^{13}Az^3O.HCl$, cristallise en petites aiguilles microscopiques, solubles dans l'eau, fusibles à 144-145°; il se décompose vers 150°.

Le *chloroplatinate*,

$$(C^{14}H^{13}Az^3O.HCl)^2PtCl^4, 2H^2O,$$

est un précipité amorphe, d'un jaune clair; il fond à 125°,5 et se décompose à 130-140°.

Le *picrate* est un précipité d'un jaune d'or, fusible à 148-149°.

Di-m-nitrophényl-amido-dihydro-furo-m-diazol (*di-m-nitrophénylamidocarbhydrazoxime, m-nitrobenzénylhydrazoxime-amido-m-nitrobenzylidène*),

$$C^6H^4(AzO^2)_{(3)}-C_{(1)}\begin{smallmatrix}\leqslant AzO \\ \leqslant AzH\end{smallmatrix}>C_{(1)}(AzH^2)-C^6H^4(AzO^2)_{(3)}$$

[J. Stieglitz, *D. chem. G.*, **22**, 3157]. — On prépare ce composé par les mêmes procédés que le précédent, en partant de la m-nitrophénylcarbamidoxime. Il fond à 150-151°; il est insoluble dans l'eau, l'éther, les acides, les alcalis, à peu près insoluble dans l'alcool, le benzène, le chloroforme.

Traité à froid par l'acide sulfurique concentré, il perd les éléments d'une molécule d'ammoniaque et se transforme en di-m-nitrophénylcarbazoxime.

PHÉNYL-CÉTO-DIHYDRO-FURO-M-DIAZOL (*phényloxycarbhydrazoxime, benzénylimidoxime-carbonyle*),

$$C^6H^5-C\begin{smallmatrix}\leqslant AzO \\ \leqslant AzH\end{smallmatrix}>CO$$

[E. Falck, *D. chem. G.*, **18**, 2468]. — Ce composé prend naissance par l'action du chlorocarbonate d'éthyle sur la phénylcarbamidoxime, suivant l'équation

$$2C^7H^8Az^2O+CO\begin{smallmatrix}< Cl \\ < OC^2H^5\end{smallmatrix}$$
$$=C^7H^8Az^2O.HCl+C^2H^6O+C^8H^6Az^2O^2.$$

Il cristallise dans l'eau bouillante en longues aiguilles blanches, fusibles à 197°, peu solubles dans l'eau froide, très solubles dans l'eau chaude, l'alcool et l'éther. Il se dissout dans les alcalis et en est précipité sans altération par les acides. Sa solution aqueuse décompose à chaud les carbonates alcalino-terreux avec dégagement d'acide carbonique.

Sa solution ammoniacale neutre donne avec le nitrate d'argent un précipité blanc cristallin; avec l'acétate de plomb, un précipité blanc soluble dans un excès de réactif; avec le sulfate de cuivre, un précipité vert renfermant

$$(C^8H^5Az^2O^2)^2Cu$$

Diphényl-céto-dihydro-furo-m-diazol (*phényloxycarbo-phénylazoxime, benzénylphénylimidoxime-carbonyle*),

$$C^6H^5-C\begin{smallmatrix}\leqslant AzO\text{——} \\ \leqslant Az(C^6H^5)\end{smallmatrix}>CO$$

[H. Müller, *D. chem. G.*, **19**, 1670; **22**, 2401]. — Ce composé se produit par l'action du chlorocarbonate d'éthyle sur une solution chloroformique de phénylcarbophénylamidoxime, ou encore par l'action d'une solution benzénique d'oxychlorure de carbone sur le même corps. Il cristallise dans l'alcool étendu et bouillant en longues aiguilles blanches, fusibles à 166-167°, insolubles dans l'eau, peu solubles dans la ligroïne, très solubles dans l'alcool, l'éther, le chloroforme, le benzène.

p-Nitrophényl-céto-dihydro-furo-m-diazol (*p-nitrophényloxycarbhydrazoxime, p-nitrobenzénylimidoxime-carbonyle*),

$$C^6H^4(AzO^2)_{(4)}-C_{(1)}\begin{smallmatrix}\leqslant AzO \\ \leqslant AzH\end{smallmatrix}>CO$$

[J. Weise, *D. chem. G.*, **22**, 2422]. — Même préparation, au moyen de la p-nitrophénylcarbamidoxime. Petites aiguilles jaunes, fusibles à 286°, insolubles dans la ligroïne, à peine solubles dans l'eau bouillante, assez solubles dans l'alcool, l'éther et le benzène.

Sa solution est fortement acide. En solution ammoniacale neutre, ce corps précipite à chaud le sulfate de cuivre.

Phényl-crésyl-céto-dihydro-furo-m-diazol (*phé-

nyloxycarbo-p-crésylazoxime, *benzényl-p-toluylimidoxime-carbonyle*),

$$C^6H^5-C \lesssim \begin{matrix} AzO \\ Az_{(4)} \end{matrix} > CO$$
$$C^6H^4-CH^3_{(1)}$$

[H. Müller, *D. chem. G.*, **22**, 2407]. — On l'obtient au moyen du chlorocarbonate d'éthyle et de la phénylcarbo-p-crésylamidoxime en solution chloroformique. Aiguilles jaunes, fusibles à 163°, insolubles dans l'eau, solubles dans l'alcool, l'éther, le chloroforme et la ligroïne.

HOMOLOGUES
DE LA PHÉNYLCARBAMIDOXIME.

O-CRÉSYLCARBAMIDOXIME (*o-homobenzénylamidoxime*), $C^6H^4(CH^3)_{(2)}-C_{(1)}(AzH^2)(AzOH)$ [L. H. Schubart, *D. chem. G.*, **22**, 2438]. — On prépare ce composé au moyen du nitrile o-toluique. Il se présente en aiguilles jaunâtres, fusibles à 149°,5, appartenant au système clinorhombique : $a : b : c = 1,11701 : 1 : 1,0170$; $\beta = 78°5'30''$ [Fock, *loc. cit.*]. Il est très soluble dans l'alcool, l'éther et le benzène.

o-Crésylcarbamido-éthyloxime (*o-homobenzénylamidoxime éthylique*),

$$C^6H^4(CH^3)_{(2)}-C_{(1)}(AzH^2)(AzO\,.\,C^2H^5)$$

[Schubart, *ibid.*]. — Cristaux prismatiques blancs, fusibles à 140°, solubles dans l'alcool, l'éther, le benzène, obtenus au moyen de l'iodure d'éthyle et du dérivé sodique de l'amidoxime.

o-Crésylcarbamidobenzoyloxime (*benzoyl-o-homobenzénylamidoxime*),

$$C^6H^4(CH^3)_{(2)}-C_{(1)}(AzH^2)(AzO\,.\,C^7H^5O)$$

[Schubart, *ibid.*]. — Aiguilles fusibles à 145°, obtenues par l'action du chlorure de benzoyle sur l'o-crésylamidoxime en présence de la soude.

o-Crésylcarbamido-o-toluyloxime (*o-homobenzoyl-o-homobenzénylamidoxime*),

$$C^6H^4(CH^3)_{(2)}-C_{(1)}(AzH^2)(AzO\,.\,CO_{(1)}\,.\,C^6H^4\,.\,CH^3_{(2)})$$

[J. Stieglitz, *D. chem. G.*, **22**, 3156]. — Obtenu au moyen du chlorure d'o-toluyle et de l'o-crésylcarbamidoxime, ce corps se présente en aiguilles blanches, fusibles à 117-118°, très solubles dans l'alcool, l'éther, le chloroforme, le benzène.

o-Crésyl-phényl-furo-m-diazol (*o-crésylphénylcarbazoxime*, *o-homobenzénylazoxime-benzényle*),

$$C^6H^4(CH^3)-C \lesssim \begin{matrix} AzO \\ Az \end{matrix} \gtrsim C-C^6H^5$$

[Schubart, *loc. cit.*]. — On dissout dans l'acide sulfurique l'o-crésylcarbamidobenzoyloxime en évitant toute élévation de température, et on précipite par l'eau. Longues aiguilles blanches, fusibles à 80°, solubles dans l'alcool, l'éther, le benzène, le chloroforme.

Di-o-crésyl-furo-m-diazol (*di-o-crésylcarbazoxime*, *di-o-homobenzénylazoxime*),

$$C^6H^4(CH^3)-C \lesssim \begin{matrix} AzO \\ Az \end{matrix} \gtrsim C-C^6H^4(CH^3)$$

[Stieglitz, *loc. cit.*]. — On le prépare en chauffant à 180° l'o-crésylcarbamido-o-toluyloxime. Fines aiguilles soyeuses, fusibles à 58-59°, volatiles avec la vapeur d'eau et avec l'alcool.

Di-o-crésyl-amido-dihydro-furo-m-diazol (*di-o-crésylamidocarbhydrazoxime*, *o-homobenzénylhydrazoxime-amido-o-homobenzylidène*),

$$C^6H^4(CH^3)-C \lesssim \begin{matrix} AzO \\ AzH \end{matrix} > C(AzH^2)-C^6H^4(CH^3)$$

[Stieglitz, *ibid.*]. — On l'obtient par l'action du diazobenzène-sulfonate de sodium sur l'o-crésylcarbamidoxime. Petits prismes blancs, fusibles à 109-110°.

P-CRÉSYLCARBAMIDOXIME (*p-homobenzénylamidoxime*)

$$C^6H^4(CH^3)_{(4)}-C_{(1)}(AzH^2)(AzOH)$$

[L. H. Schubart, *D. chem. G.*, **19**, 1487]. — On l'obtient en chauffant pendant quelques heures à 80-90° un mélange de nitrile p-toluique et d'hydroxylamine en solution alcoolique, et en faisant cristalliser dans l'eau bouillante le produit de la réaction. Lamelles blanches, fusibles à 145-146°.

Le *chlorhydrate*, $C^8H^{10}Az^2O\,.\,HCl$, cristallise en prismes incolores, fusibles à 186-187°.

Le *sel de sodium*, $C^8H^9Az^2ONa$, est une masse cristalline très hygroscopique.

o-Nitro-p-crésylcarbamidoxime (*p-méthyl-o-nitrobenzénylamidoxime*),

$$C^6H^3(CH^3)_{(4)}(AzO^2)_{(2)}-C_{(1)}(AzH^2)(AzOH)$$

[J. Weise, *D. chem. G.*, **22**, 2430]. — Longues aiguilles jaunes, fusibles à 161°, peu solubles dans le benzène, l'éther, le chloroforme, assez solubles dans l'alcool chaud.

Le *chlorhydrate*, $C^8H^9Az^3O^3\,.\,HCl$, est une masse blanche cristalline.

o-Amido-p-crésylcarbamidoxime (*p-méthyl-o-amidobenzénylamidoxime*),

$$C^6H^3(CH^3)(AzH^2)-C(AzH^2)(AzOH)$$

[J. Weise, *ibid.*]. — On réduit le composé précédent par le chlorure stanneux et l'acide chlorhydrique. Flocons bruns, fusibles à 166°.

p-Crésylcarbamidométhyloxime (*p-homobenzénylamidoxime méthylique*),

$$C^6H^4(CH^3)-C(AzH^2)(AzO\,.\,CH^3)$$

[Schubart, *loc. cit.*]. — Aiguilles fusibles à 85°, solubles dans tous les réactifs usuels.

p-Crésylcarbamido-éthyloxime,

$$C^6H^4(CH^3)-C(AzH^2)(AzO\,.\,C^2H^5).$$

— Aiguilles fusibles à 64°. Traité en solution chlorhydrique par le nitrite de sodium, ce corps se convertit en *chlorure p-crésyléthoximique*, $C^7H^7-CCl(AzOC^2H^5)$, huile jaune, soluble dans l'éther et dans l'alcool, bouillant vers 200°. Si l'on opère en solution bromhydrique, on obtient de même le *bromure p-crésyléthoximique*,

$$C^7H^7-CBr(AzOC^2H^5),$$

liquide huileux se décomposant vers 155° [Schubart, *D. chem. G.*, **19**, 1489; **22**, 2434].

p-Crésylcarbamidobenzoyloxime,

$$C^6H^4(CH^3)-C(AzH^2)(AzO\,.\,C^7H^5O)$$

[Schubart, *loc. cit.*]. — Cristaux blancs, fusibles à 173°.

p-Crésylcarbamidoxime-carbonate d'éthyle (*p-homobenzénylamidoxime-carbonate d'éthyle*),

$$C^6H^4(CH^3)-C(AzH^2)(AzO\,.\,CO^2C^2H^5)$$

[Schubart, *D. chem. G.*, **22**, 2436]. — On l'obtient en mélangeant du chlorocarbonate d'éthyle avec une solution chloroformique de l'amidoxime. Aiguilles fusibles à 130°.

p-Crésylcarboxime-urée (*p-homobenzényluramidoxime*),

$$C^6H^4(CH^3)-C(AzOH)(AzH\,.\,CO\,.\,AzH^2)$$

[Schubart, *ibid.*]. — Fines aiguilles blanches, fusibles à 170°, obtenues en mélangeant des solutions aqueuses de chlorhydrate de p-crésylcarbamidoxime et de cyanate de potassium.

a-p-Crésylcarboxime-b-phénylurée (*p-homobenzényl-phénylluramidoxime*),

$$C^7H^7-C(AzOH)(AzH.CO.AzH.C^6H^5)$$

[Schubart, *ibid.*]. — On l'obtient par l'union directe de l'isocyanate de phényle et de l'amidoxime. Cristaux floconneux, blancs, fusibles à 155°.

a-p-Crésylcarboxime-b-phénylsulfo-urée (*p-homobenzénylphénylthio-uramidoxime*),

$$C^7H^7-C(AzOH)(AzH.CS.AzH.C^6H^5)$$

[Schubart, *ibid.*]. — On la prépare au moyen du phénylsénevol et de l'amidoxime. Aiguilles fusibles à 190°.

p-Crésyl-méthyl-furo-m-diazol (*p-crésylméthylcarbazoxime, p-homobenzénylazoxime-éthényle*).

$$C^6H^4(CH^3)-C\lessgtr\begin{matrix}AzO\\Az\end{matrix}\gtrless C-CH^3$$

[Schubart, *ibid.*]. — On fait bouillir la p-crésylcarbamidoxime avec de l'anhydride acétique; on neutralise par le carbonate de sodium et on distille dans un courant de vapeur d'eau. Prismes blancs, fusibles à 80°.

p-Crésyl-phényl-furo-m-diazol (*p-crésylphénylcarbazoxime, p-homobenzénylazoxime-benzényle*),

$$C^7H^7-C\lessgtr\begin{matrix}AzO\\Az\end{matrix}\gtrless C-C^6H^5$$

[Schubart, *D. chem. G.*, **19**, 1490]. — C'est le produit qui prend naissance par l'action de la chaleur sur la p-crésylcarbamidobenzoyloxime. Longues aiguilles blanches, fusibles à 103°.

Di-p-crésyl-furo-m-diazol (*di-p-crésylcarbazoxime, di-p-homobenzénylazoxime*),

$$C^7H^7-C\lessgtr\begin{matrix}AzO\\Az\end{matrix}\gtrless C-C^7H^7.$$

— On chauffe la p-crésylcarbamidoxime avec de l'acide acétique cristallisable : la carbazoxime se dépose en longues aiguilles blanches, fusibles à 135° [Schubart, *D. chem. G.*, **22**, 2437].

Acide p-crésyl-furo-m-diazol-propionique (*p-crésylcarbazoxime-propionique, homobenzénylazoxime-propényl-ω-carbonique*),

$$C^7H^7-C\lessgtr\begin{matrix}AzO\\Az\end{matrix}\gtrless C-CH^2-CH^2-CO^2H$$

[Schubart, *loc. cit.*]. — C'est le produit de la fusion d'un mélange d'anhydride succinique et de crésylcarbamidoxime. Fines aiguilles blanches, fusibles à 138°,5.

p-Crésyl-acétonyl-furo-m-diazol (*p-crésylacétonylcarbazoxime, p-homobenzénylazoxime-acététhényle*),

$$C^7H^7-C\lessgtr\begin{matrix}AzO\\Az\end{matrix}\gtrless C-CH^2-CO-CH^3$$

[Schubart, *ibid.*]. — L'éther acétylacétique convertit la p-crésylcarbamidoxime en aiguilles fusibles à 97°, répondant à cette formule.

p-Crésyl-méthyl-dihydro-furo-m-diazol (*p-crésylméthylcarbhydrazoxime, éthylidène-p-homobenzénylamidoxime*),

$$C^7H^7-C\lessgtr\begin{matrix}AzO\\AzH\end{matrix}\gtrless CH-CH^3$$

[Schubart, *ibid.*]. — Préparé au moyen de l'aldéhyde éthylique et de la crésylamidoxime, ce corps fond à 127°,5.

p-Crésyl-céto-dihydro-furo m-diazol (*p-crésyloxycarbhydrazoxime, p-homobenzénylimidoxime-carbonyle*),

$$C^7H^7-C\lessgtr\begin{matrix}AzO\\AzH\end{matrix}\gtrless CO$$

[Schubart, *ibid.*]. — Action du chlorocarbonate d'éthyle à chaud sur l'amidoxime sans dissolvant. Aiguilles blanches, fusibles à 220°.

p-Crésyl-céthio-dihydro-furo-m-diazol (*p-crésylsulfocarbhydrazoxime*)

$$C^6H^4(CH^3)-C\lessgtr\begin{matrix}AzS\\AzH\end{matrix}\gtrless CS$$

[Schubart, *D. chem. G.*, **22**, 2441]. — On chauffe dans un appareil à reflux un mélange de sulfure de carbone, de p-crésylcarbamidoxime et de potasse alcoolique; on évapore à sec, on reprend par la potasse et on précipite par l'acide chlorhydrique; on fait enfin recristalliser dans l'alcool bouillant. Aiguilles jaunes, fusibles à 165°, solubles dans l'alcool, l'éther, le chloroforme, le benzène, insolubles dans la ligroïne.

BENZYLCARBAMIDOXIME (*phényléthénylamidoxime*),

$$C^6H^5-CH^2-C(AzH^2)(AzOH)$$

[Knudsen, *D. chem. G.*, **18**, 1068]. — On l'obtient au moyen du cyanure de benzyle et de l'hydroxylamine. Cristaux prismatiques, fusibles à 67°.

Le *chlorhydrate*, $C^8H^{10}Az^2O.HCl$, est en prismes vitreux, fusibles à 155°.

Benzylcarbamido-éthyloxime (*phényléthénylamidoxime éthylique*),

$$C^6H^5-CH^2-C(AzH^2)(AzO.C^2H^5)$$

[Knudsen, *ibid.*]. — Prismes fusibles à 58°. Traitée en solution chlorhydrique par le nitrite de sodium, cette substance se convertit en un liquide huileux qui paraît être le *chlorure benzyléthoximique*, $C^6H^5-CH^2-CCl(AzO.C^2H^5)$; si l'on opère cette réaction à chaud, on n'obtient que de la phénylacétamide et de l'alcool, avec dégagement de protoxyde d'azote.

Benzylcarbamidobenzyloxime (*phényléthénylamidoxime benzylique*),

$$C^6H^5-CH^2-C(AzH^2)(AzO.CH^2.C^6H^5)$$

[Knudsen, *ibid.*]. — Prismes compacts, fusibles à 55°, obtenus par l'action simultanée du chlorure de benzyle et de l'éthylate de sodium sur l'amidoxime.

Benzylcarbamido-acétyloxime (*acétylphénylamidoxime*), $C^6H^5.CH^2.C(AzH^2)(AzO.C^2H^3O)$ [Knudsen, *ibid.*]. — Cristaux fusibles à 124°, obtenus en traitant à froid l'amidoxime par l'anhydride acétique.

Benzylcarbamidobenzoyloxime (*benzoylphényléthénylamidoxime*),

$$C^6H^5.CH^2.C(AzH^2)(AzO.C^7H^5O)$$

[Knudsen, *ibid.*]. — Même préparation, au moyen du chlorure de benzoyle. Cristaux prismatiques, fusibles à 144°

a-Benzylcarboxime-b-phénylurée (*phényléthényl-phénylluramidoxime*),

$$C^6H^5.CH^2.C(AzOH)(AzH.CO.AzH.C^6H^5)$$

[Knudsen, *ibid.*]. — On chauffe à l'ébullition un mélange de cyanate de phényle et de benzylcarbamidoxime en solution chloroformique. Lamelles argentines, fusibles à 123°.

a-Benzylcarbo-éthyloxime-b-phénylurée (*phényléthényl-phénylluramidoxime éthylique*),

$$C^6H^5.CH^2.C(AzO.C^2H^5)(AzH.CO.AzH.C^6H^5)$$

[Knudsen, *D. chem. G*, **18**, 2482]. — Fines aiguilles blanches, fusibles à 148°, obtenues par union directe de l'isocyanate de phényle avec la benzylcarbamido-éthyloxime, au bain-marie.

Benzyl-méthyl-furo-m-diazol (*benzylméthyl-carbazoxime, phényléthénylazoxime-éthényle*),

$$C^6H^5 . CH^2 . C \lesseqgtr {AzO \atop Az} \gtreqless C . CH^3$$

[Knudsen, *loc. cit.*, **18**, 1071]. — Liquide huileux, bouillant à 262°, volatil avec la vapeur d'eau, préparé en faisant bouillir avec de l'eau la benzylcarbamidoacétyloxime.

Benzyl-phényl-furo-m-diazol (*benzylphényl-carbazoxime, phényléthénylazoxime-benzényle*),

$$C^6H^5 . CH^2 \lesseqgtr {AzO \atop Az} \gtreqless C . C^6H^5$$

Knudsen, *ibid.*]. — Belles aiguilles blanches, fusibles à 82°, obtenues par le même procédé, au moyen de la benzylcarbamidobenzoyloxime.

Acide benzyl-furo-m-diazol-propionique (*benzylcarbazoxime-propionique, phényléthénylazoxime-propényl-ω-carbonique*),

$$C^6H^5 . CH^2 . C \lesseqgtr {AzO \atop Az} \gtreqless C . CH^2 . CH^2 . CO^2H$$

[Knudsen, *D. chem. G.*, **18**, 2483]. — C'est le produit obtenu par la fusion d'un mélange d'anhydride succinique et de benzylcarbamidoxime. Lamelles fusibles à 59-60°.

Le *sel de cuivre*, $(C^{12}H^{11}Az^2O^3)^2Cu$, est un précipité bleu verdâtre obtenu au moyen du sulfate de cuivre et d'une solution ammoniacale neutre de l'acide.

Le *sel d'argent*, $C^{12}H^{11}Az^2O^3Ag$, est un précipité blanc.

BENZYLIDÉNOL-CARBAMIDOXIME (*phényloxéthénylamidoxime*),

$$C^6H^5-CHOH-C(AzH^2)(AzOH)$$

[Tiemann, *D. chem. G.*, **17**, 126. — F. Gross, *ibid.*, **18**, 1074]. — On abandonne pendant quelques jours à la température de 25-30° un mélange d'alcool, de chlorhydrate d'hydroxylamine, de carbonate de sodium et de cyanhydrine de l'aldéhyde benzylique. On évapore ensuite et on fait cristalliser dans l'alcool bouillant. Cristaux fusibles à 158-159°.

Le *chlorhydrate* a pour formule

$$C^8H^{10}Az^2O^2 . HCl.$$

Le *sel de sodium*, $C^{16}H^{19}Az^4O^4Na$, cristallise en aiguilles.

Benzylidénol-carbamido-éthyloxime (*phényloxéthénylamidoxime éthylique*),

$$C^6H^5 . CHOH-C(AzH^2)(AzO . C^2H^5)$$

[Gross, *loc. cit.*]. — Fines aiguilles blanches, fusibles à 89°, solubles dans l'eau chaude, l'alcool, l'éther, le benzène, les acides, insolubles dans les alcalis.

Benzylidénol-carbamidobenzyloxime (*phényloxéthénylamidoxime benzylique*),

$$C^6H^5 . CHOH-C(AzH^2)(AzO . C^7H^7)$$

[Gross, *ibid.*]. — Aiguilles blanches, microscopiques, fusibles à 102-103°.

Benzylidénol-carbamido-acétyloxime (*acétylphényloxéthénylamidoxime*),

$$C^6H^5 . CHOH-C(AzH^2)(AzO . C^2H^3O).$$

— Petits cristaux blancs, fusibles à 140° avec décomposition, obtenus par l'action de l'anhydride acétique à froid sur l'amidoxime.

Acétylbenzylidénol-carbamido-acétyloxime (*diacétylphényl-oxéthénylamidoxime*),

$$C^6H^5 . CH(OC^2H^3O)-C(AzH^2)(AzO . C^2H^3O).$$

— Prismes blancs, courts, fusibles à 113°, préparés au moyen du chlorure d'acétyle à chaud.

Benzylidénol-carbamido-benzoyloxime (*benzoylphényl-oxéthénylamidoxime*),

$$C^6H^5 . CHOH-C(AzH^2)(AzO . C^7H^5O).$$

— On traite l'amidoxime par le chlorure de benzoyle en chauffant doucement. Fines aiguilles blanches, fusibles avec décomposition à 148-149°.

Acétylbenzylidénol-carbamido-benzoyloxime (*benzoylacétyl-phényloxéthénylamidoxime*),

$$C^6H^5-CH(OC^2H^3O)-C(AzH^2)(AzO . C^7H^5O).$$

— Par l'action du chlorure d'acétyle sur le précédent, au bain-marie. Cristaux fusibles à 165°.

Benzylidénol-carbamidoxime-carbonate d'éthyle (*phényloxéthénylamidoxime-carbonate d'éthyle*),

$$C^6H^5 . CHOH-C(AzH^2)(AzO . CO^2C^2H^5)$$

[Gross, *D. chem. G.*, **18**, 2479]. — On chauffe au bain-marie un mélange en proportions moléculaires de chlorocarbonate d'éthyle et de benzylidénolcarbamidoxime. Petites aiguilles blanches, fusibles à 106-107°.

Di-benzylidénolcarbamidoxime-carbonyle,

$$[C^6H^5 . CHOH-C(AzH^2)(AzO-)]^2CO.$$

— On traite l'amidoxime par une solution benzénique d'oxychlorure de carbone. Lamelles argentines, fusibles à 131°, solubles dans l'acide chlorhydrique, insolubles dans les alcalis.

Benzylidénol-carboxime-urée (*phényloxéthényl-uramidoxime*),

$$C^6H^5 . CHOH-C(AzOH)(AzH . CO . AzH^2).$$

— Par l'action du cyanate de potassium sur le chlorhydrate de l'amidoxime en solution aqueuse. Lamelles ou aiguilles à éclat vitreux, fusibles à 127°.

a-Benzylidénol-carboxime-b-phénylurée (*phényloxéthénylphényluramidoxime*),

$$C^6H^5 . CHOH-C(AzOH)(AzH . CO . AzH . C^6H^5).$$

— Par l'union directe de l'amidoxime et de l'isocyanate de phényle. Petites aiguilles blanches, fusibles à 155°.

a-Benzylidénol-carbo-éthyloxime-b-phénylurée (*phényloxéthényl-phényluramidoxime éthylique*),

$$C^6H^5 . CHOH-C(AzO . C^2H^5)(AzH . CO . AzH . C^6H^5)$$

— Même préparation, au moyen de la benzylidénol-carbamido-éthyloxime. Fines lamelles blanches, fusibles à 119°.

Benzylidénol-méthyl-furo-m-diazol (*benzylidénol-méthylcarbazoxime, phényloxéthényl-azoxime-éthényle*),

$$C^6H^5 . CHOH-C \lesseqgtr {AzO \atop Az} \gtreqless C-CH^3.$$

— On l'obtient en chauffant au bain-marie la benzylidénol-carbamido-acétyloxime avec un excès d'eau. Belles aiguilles, fusibles à 65°.

Acétylbenzylidénol-méthyl-furo-m-diazol (*acétylbenzylidénol-méthylcarbazoxime, acétylphényl-oxéthényl-azoxime-éthényle*),

$$C^6H^5 . CH(OC^2H^3O)-C \lesseqgtr {AzO \atop Az} \gtreqless C-CH^3.$$

— On chauffe au bain-marie l'amidoxime avec un excès de chlorure d'acétyle ou d'anhydride acétique, en présence d'acétate de sodium; on reprend par l'éther, on lave la solution éthérée à la soude;

on l'évapore ensuite et on fait cristalliser dans l'alcool dilué. Fines aiguilles blanches, fusibles à 52°.

XYLYLCARBAMIDOXIME (*xylénylamidoxime*),

$$C^6H^3(CH^3)^2_{(2.4)}-C_{(1)}(AzH^2)(AzOH)$$

[E. Oppenheimer, *D. chem. G.*, **22**, 2442]. — C'est le produit de l'action de l'hydroxylamine sur le xylonitrile. Aiguilles blanches, fusibles à 178°, peu solubles dans l'eau froide, très solubles dans l'eau chaude, l'alcool, l'éther, le chloroforme.

Ce corps forme avec le chloral une combinaison ayant pour formule $C^9H^{12}Az^2O . C^2HCl^3O$; celle-ci cristallise en longues houppes blanches, fusibles à 112°.

Xylylcarbamido-éthyloxime (*xylénylamidoxime éthylique*), $C^8H^9-C(AzH^2)(AzO . C^2H^5)$ — Aiguilles blanches, fusibles à 172°.

Xylylcarbamido-acétyloxime (*acétylxylénylamidoxime*), $C^8H^9-C(AzH^2)(AzO . C^2H^3O)$. — Petites aiguilles blanches, fusibles à 189°.

Xylylcarbamido-benzoyloxime (*benzoylxylénylamidoxime*), $C^8H^9-C(AzH^2)(AzO . C^7H^5O)$. — Beaux cristaux blancs, fusibles à 158°.

Xylylcarbamidoxime-carbonate d'éthyle (*xylénylamidoxime-carbonate d'éthyle*),

$$C^8H^9-C(AzH^2)(AzO . CO^2C^2H^5).$$

— Aiguilles blanches, fusibles à 142°.

Xylylcarboxime-urée (*xylényluramidoxime*), $C^8H^9-C(AzOH)(AzH . CO . AzH^2)$. — Houppes cristallines blanches, fusibles à 155°.

a-Xylylcarboxime-b-phénylurée (*xylénylphényluramidoxime*),

$$C^8H^9-C(AzOH)(AzH . CO . AzH . C^6H^5).$$

— Houppes cristallines d'un jaune clair, fusibles à 138°.

a-Xylylcarboxime-b-phénylsulfo-urée (*xylényl-phénylthio-uramidoxime*),

$$C^8H^9-C(AzOH)(AzH . CS . AzH . C^6H^5).$$

— Cristaux d'un jaune clair, fusibles à 150°.

Xylyl-méthyl-furo-m-diazol (*xylylméthylcarbazoxime, xylénylazoxime-éthényle*)

$$C^8H^9-C \lesssim {AzO \atop Az} \gtrsim C-CH^3.$$

— Cristaux fusibles à 89°.

Xylyl-phényl-furo-m-diazol (*xylylphénylcarbazoxime, xylénylazoxime-benzényle*),

$$C^8H^9-C \lesssim {AzO \atop Az} \gtrsim C-C^6H^5.$$

— Houppes cristallines jaunâtres, fusibles à 98°.

Acide xylyl-furo-m-diazol-propionique (*xylylcarbazoxime-propionique, xylénylazoxime-propényl-ω-carbonique*),

$$C^8H^9 . C \lesssim {AzO \atop Az} \gtrsim C . CH^2 . CH^2 . CO^2H.$$

— Longues aiguilles blanches, fusibles à 112°.

Xylyl-céto-dihydro-furo-m-diazol (*xylyloxycarbhydrazoxime, xylénylimidoxime-carbonyle*),

$$C^8H^9-C \lesssim {AzO \atop AzH} \gtrsim CO.$$

— Aiguilles fusibles à 82°.

CINNAMÉNYLCARBAMIDOXIME (*phénylallénylamidoxime*),

$$C^6H^5-CH=CH-C(AzH^2)(AzOH)$$

[H. Wolff, *D. chem. G.*, **18**, 1507; **22**, 2395]. — C'est le produit de l'union de l'hydroxylamine avec le nitrile cinnamique. Prismes fusibles à 93°.

Le *chlorhydrate* répond à la formule

$$C^9H^{10}Az^2O . HCl.$$

Le *chloroplatinate*, $(C^9H^{10}Az^2O . HCl)^2PtCl^4$, cristallise en aiguilles solubles dans l'alcool.

Cinnaménylcarbamido-méthyloxime (*phénylallénylamidoxime méthylique*),

$$C^6H^5-CH=CH-C(AzH^2)(AzO . CH^3),$$

— Cristaux fusibles à 98°.

Cinnaménylcarbamido-éthyloxime (*phénylallénylamidoxime éthylique*),

$$C^6H^5-CH=CH-C(AzH^2)(AzO . C^2H^5).$$

— Cristaux fusibles à 83°.

Traité en solution sulfurique par le nitrite de sodium, ce corps se convertit en *nitrite cinnaménylcarbéthoximique*,

$$C^6H^5-CH=CH-C(AzO . C^2H^5)O . AzO.$$

Aiguilles blanches très instables, fusibles à 61°.

Si l'on opère en solution chlorhydrique, on obtient le *chlorure cinnaménylcarbéthoximique*, $C^6H^5-CH=CH-C(AzO . C^2H^5)Cl$, huile incristallisable, soluble dans l'éther, l'alcool, le benzène, le chloroforme, et donnant avec le brome un produit d'addition cristallisable,

$$C^6H^5-CHBr-CHBr-C(AzO . C^2H^5)Cl.$$

Cinnaménylcarbamido-benzoyloxime (*benzoylphénylallénylamidoxime*),

$$C^8H^7-C(AzH^2)(AzO . C^7H^5O).$$

— Fines aiguilles, fusibles à 160°.

Cinnaménylcarbamidoxime-carbonate d'éthyle (*phénylallénylamidoxime-carbonate d'éthyle*), $C^8H^7-C(AzH^2)(AzO . CO^2C^2H^5)$. — Cristaux fusibles à 101°, très altérables.

Cinnaménylcarboxime-urée (*phénylallényluramidoxime*),

$$C^8H^7-C(AzOH)(AzH . CO . AzH^2).$$

— Aiguilles soyeuses, fusibles à 158-159°, donnant en solution chlorhydrique par le chlorure de platine un précipité cristallin de la formule

$$(C^{10}H^{11}Az^3O^2 . HCl)^2PtCl^4.$$

a-Cinnaménylcarboxime-b-phényl-urée (*phénylallényl-phényluramidoxime*),

$$C^8H^7-C(AzOH)(AzH . CO . AzH . C^6H^5).$$

— Aiguilles fusibles à 158-159°.

a-Cinnaménylcarbo-éthyloxime-b-phénylurée (*phénylallényl-phényluramidoxime éthylique*),

$$C^8H^7-C(AzO . C^2H^5)(AzH . CO . AzH . C^6H^5).$$

— Aiguilles blanches, fusibles à 155-156°.

Cinnaménylméthyl-furo-m-diazol (*cinnaménylméthylcarbazoxime, phénylallényl-azoxime-éthényle*),

$$C^8H^7-C \lesssim {AzO \atop Az} \gtrsim C-CH^3.$$

— Cristaux fusibles à 78° et sublimables sans altération.

Cinnaménylphényl-furo-m-diazol (*cinnaménylphénylcarbazoxime, phénylallényl-azoxime-benzényle*),

$$C^8H^7-C \lesssim {AzO \atop Az} \gtrsim C-C^6H^5.$$

— Aiguilles blanches, fusibles à 102°, difficilement volatiles avec la vapeur d'eau.

Acide cinnaményl-furo-m-diazol-propionique (*cinnaménylcarbazoxime-propionique, phényl-allénylazoxime-propényl-ω-carbonique*),

$$C^8H^7-C \lessgtr \frac{AzO}{Az} \gtrless C-CH^2.CH^2.CO^2H.$$

— On l'obtient en fondant un mélange en proportions moléculaires d'anhydride succinique et de cinnaménylcarbamidoxime. Longs prismes blancs, fusibles à 114°.

Le *sel d'argent*, $C^{13}H^{11}Az^2O^3Ag$, est une poudre blanche, qui se dissout partiellement dans l'eau bouillante, en se décomposant.

Cinnaménylcéto-dihydro-furo-m-diazol (*phénylallénylimidoxime-carbonyle*),

$$C^8H^7-C \lessgtr \frac{AzO}{Az} \gtrless CO.$$

— On l'obtient par l'action de la chaleur sur le cinnaménylcarbamidoxime-carbonate d'éthyle, ou plus simplement par l'action du chlorocarbonate d'éthyle à chaud sur la cinnaménylcarbamidoxime. Fines aiguilles blanches, fusibles à 199-200°.

PHÉNYLPROPYLÉNOL-CARBAMIDOXIME (*phénylvinyloxéthénylamidoxime*. — C'est le produit obtenu par l'union de l'hydroxylamine avec la cyanhydrine de l'aldéhyde cinnamique. Aiguilles blanches, dures, qui commencent à se décomposer à 136° et fondent en un liquide noir à 141°.

Ad. Fauconnier.

BENZÉNYLAMIDOXYLYLMERCAPTAN — Voyez PHÉNO-β-THIAZOLS.

BENZÉNYLDIAMIDOBENZÈNE. — Voyez PHÉNO-β-PYRAZOLS.

BENZÉNYLIQUE (GLYCÉRINE) [Syn. *benzényl-triol*], $C^6H^5-C(OH)^3$ [Limpricht, *Ann. Chem.*, **135**, 80; *Bull. Soc. Chim.*, (2), **5**, 127].

— L'*éther triéthylique*, $C^6H^5-C(OC^2H^5)^3$, se produit lorsqu'on chauffe au bain-marie pendant quelques heures un mélange de phénylchloroforme et d'éthylate de sodium. C'est un liquide incolore, bouillant à 220-225°, présentant une odeur agréable d'éther benzoïque.

L'*éther triacétique*, $C^6H^5-C(OC^2H^3O)^3$, se produit à la longue lorsqu'on abandonne à la température ordinaire un mélange d'acétate d'argent, d'éther et de phénylchloroforme; il est cristallisé.

L'*éther trichlorhydrique* n'est autre que le phénylchloroforme (voyez ce mot).

BENZÉRYTHRÈNE. — Voyez PÉTROLES, PICÈNE et TRIPHÉNYLBENZÈNE.

BENZHYDRAZOÏNE. — La benzhydrazoïne est un produit de condensation de l'hydrazobenzène avec l'aldéhyde benzylique. Sa formule de structure est la suivante :

$$C^6H^5-CH \begin{matrix} \diagup Az-C^6H^5 \\ | \\ \diagdown Az-C^6H^5 \end{matrix}$$

On l'obtient en chauffant un mélange de 1 molécule d'hydrazobenzène avec un peu plus de 1 molécule d'aldéhyde benzylique. On maintient la température à 120-150° jusqu'à cessation du dégagement de vapeur d'eau. On entraîne l'aldéhyde benzylique inattaquée par un courant de vapeur d'eau, on dissout le résidu dans l'alcool bouillant et on ajoute de l'eau jusqu'à ce qu'il se produise un léger trouble persistant. Par le refroidissement, la benzhydrazoïne cristallise en belles lamelles d'un jaune brun, fusibles à 55° [Cornelius et Homolka, *D. chem. G.*, **19**, 2239].

m-Méthylbenzhydrazoïne. — Aiguilles orangées, fusibles à 64°, restant assez longtemps en surfusion.

o-Nitrobenzhydrazoïne. — Magnifiques lamelles orangées, fusibles à 66°.

o-Oxybenzhydrazoïne. — Lamelles brun-jaune, fusibles à 58°.

G. de Bechi.

BENZHYDROL, $C^6H^5-CH.OH-C^6H^5$. — La méthode la plus commode pour préparer les *éthers du benzhydrol* consiste à faire réagir les alcools en présence de potasse sur le diphénylbromométhane, $(C^6H^5)^2CHBr$. La potasse alcoolique fournit ainsi l'*éther éthylique*

$$(C^6H^5)^2CH.OC^2H^5,$$

liquide bouillant à 288°. En remplaçant l'alcool éthylique par l'alcool isoamylique, on obtient l'*éther isoamylique*, $(C^6H^5)^2CH.OC^5H^{11}$, liquide bouillant à 310° avec décomposition partielle [Friedel et Balsohn, *Bull. Soc. Chim.*, (2), **33**, 339].

Éther benzhydrolique,

$$(C^6H^5)^2CH-O-CH(C^6H^5)^2.$$

— Le bromure $(C^6H^5)^2CHBr$, soumis à l'ébullition avec de l'eau, se transforme en éther benzhydrolique; la réaction est plus rapide à 160°.

D'après MM. Thörner et Zincke [*D. chem. G.*, **11**, 1398], on obtient l'éther benzhydrolique en fondant la *benzopinacone*,

$$\begin{matrix}(C^6H^5)^2=C.OH \\ | \\ (C^6H^5)^2=C.OH\end{matrix}$$

qui, dans ces conditions, se dédouble en benzophénone et benzydrol, lequel, en perdant de l'eau, donne l'éther benzhydrolique. Ces auteurs n'admettent pas cette interprétation, pourtant fort simple, à cause de la transformation du produit formé en β-benzopinacoline par le chlorure d'acétyle. Ils attribuent à l'éther benzhydrolique la formule $C^{26}H^{20}O$, qui diffère par 2 atomes d'hydrogène en moins de la formule généralement admise et beaucoup plus probable.

Acétate benzhydrolique, $(C^6H^5)^2CH.OC^2H^3O$. — Contrairement aux assertions antérieures, ce corps affecte à la température ordinaire l'état solide; il cristallise en prismes aplatis, orthorhombiques, fusibles à 41°,5 [Vincent, *Bull. Soc. Chim.*, (2), **35**, 304]. En présence d'acide acétique, il reste longtemps en surfusion.

L'acétate benzhydrolique se forme également par l'action de l'acétate de potassium sur le diphénylbromométhane (Friedel et Balsohn).

DIAMIDOBENZHYDROL, $C^{13}H^9(OH)(AzH^2)^2$. — On obtient ce corps par l'action de l'amalgame de sodium sur une solution alcoolique de β-diamidobenzophénone [Staedel, *Ann. Chem.*, **218**, 351]. Il cristallise en lamelles brillantes, fusibles à 128-129°, douées de propriétés basiques nettement accentuées.

Le *chlorhydrate*,

$$C^{13}H^9(OH)(AzH^2)^2.2HCl, 2H^2O,$$

ainsi que le *sulfate*,

$$C^{13}H^9(OH)(AzH^2)^2.SO^4H^2, 2H^2O,$$

cristallisent en aiguilles blanches.

Acétyldiamidobenzhydrol. — On prépare ce corps en faisant agir l'anhydride acétique sur le diamidobenzhydrol. Il cristallise dans l'alcool en cristaux confus, fusibles à 220° et très peu solubles dans l'alcool.

Tétraméthyldiamidobenzhydrol,

$$[C^6H^4.Az(CH^3)^2]^2CH.OH.$$

— On l'obtient en chauffant pendant quelques heures dans un appareil à reflux une solution alcoolique de tétraméthyldiamidobenzophénone avec de l'amalgame de sodium; on filtre, on évapore l'alcool et on traite le résidu par l'eau; le tétraméthyldiamidobenzhydrol reste à l'état insoluble. On le purifie par cristallisation dans l'éther [Michler et Dupertuis, *D. chem. G.*, **9**, 1900].

Le tétraméthyldiamidobenzhydrol forme des cristaux incolores, fusibles à 96°; il est doué de propriétés basiques.

La solution dans l'alcool ou dans l'acide acétique est d'un bleu intense.

DÉRIVÉS CARBOXYLIQUES DU BENZHYDROL. — On connaît actuellement deux acides carboxyliques dérivant du benzhydrol.

L'*acide benzhydrol-dicarbonique*,

$$HO-CH<\begin{matrix}C^6H^4.CO^2H\\C^6H^4.CO^2H\end{matrix}$$

et l'*acide benzhydrol-tricarbonique*,

$$\begin{matrix}HO\\CO^2H\end{matrix}>C<\begin{matrix}C^6H^4.CO^2H\\C^6H^4.CO^2H\end{matrix}$$

Ces deux corps ne peuvent exister à l'état libre; aussitôt qu'on essaye de les mettre en liberté, ils se transforment immédiatement en *anhydrides lactoniques*.

ACIDE BENZHYDROL-DICARBONIQUE. — On prépare ce corps en chauffant pendant 2-5 minutes à 125-130° 1 partie d'acide diphtalylique avec 10 parties de lessive de potasse à 50 0/0 :

$$C^{16}H^{10}O^6 + H^2O = C^{15}H^{12}O^5 + CO^2.$$

La solution alcaline de l'acide benzhydrol-dicarbonique, traitée par le permanganate de potassium, fournit de l'acide benzophénone-dicarbonique. Avec l'acide iodhydrique et le phosphore, on obtient successivement, suivant le degré de réduction, l'*acide diphénylméthane-dicarbonique* $C^{15}H^{12}O^4$, l'*acide anthranol-carbonique* $C^{15}H^{10}O^3$ et l'*acide α hydro anthracène carbonique* $C^{15}H^{12}O^2$.

Le *sel de baryum* est un précipité insoluble, ayant pour formule $C^{15}H^{10}O^5Ba.H^2O$.

ANHYDRIDE BENZHYDROL-DICARBONIQUE,

$$\begin{matrix}CO^2H-C^6H^4-CH-C^6H^4\\ \quad\quad\quad\quad | \quad\quad |\\ \quad\quad\quad\quad O - CO\end{matrix}$$

— Ce corps se forme lorsqu'on essaye de mettre en liberté l'acide précédent. On l'obtient également en chauffant l'anhydride benzhydrol-dicarbonique,

$$C^{16}H^{10}O^6 = C^{15}H^{10}O^4 + CO^2,$$

ou en traitant par le zinc en poudre et l'acide acétique cristallisable l'anhydride de l'acide benzophénone-o-dicarbonique $CO(C^6H^4.CO^2H)^2$.

Par cristallisation dans l'alcool, on obtient des cristaux rhomboédriques, fusibles à 203°, très peu solubles dans l'eau, très solubles dans l'alcool absolu, solubles dans l'éther et dans le chloroforme. La soude caustique le transforme en acide benzhydrol-dicarbonique.

L'anhydride benzhydrol-dicarbonique se combine à la phénylhydrazine, mais non à l'hydroxylamine. Chauffé au-dessus de son point de fusion, il fournit un sublimé pulvérulent, $C^{15}H^{10}O^4$, fusible à 171-172°, difficilement soluble dans l'ammoniaque et dans le carbonate de sodium, aisément soluble dans la soude caustique; les acides précipitent l'anhydride fusible à 203°.

L'anhydride benzhydrol-dicarbonique renfermant un carboxyle joue le rôle d'un acide monobasique. On a préparé quelques sels de ce corps, qui possèdent les propriétés suivantes :

Sel de baryum, $(C^{15}H^9O^4)^2Ba, 2,5H^2O$. — Précipité pulvérulent, insoluble dans l'eau.

Sel de cuivre, $(C^{15}H^9O^4)^2Cu, 3H^2O$. — Précipité bleu-verdâtre, insoluble dans l'eau, soluble en bleu dans la soude caustique.

Sel d'argent, $C^{15}H^9O^4Ag$. — Précipité insoluble.

Éther méthylique, $C^{15}H^9O^4.CH^3$. — Lamelles fusibles à 154-155°.

Éther éthylique, $C^{15}H^9O^4.C^2H^5$. — Aiguilles fusibles à 99,5°.

Amide, $C^{15}H^9O^3.AzH^2$. — Elle cristallise en aiguilles fusibles à 158-160°, peu solubles dans l'alcool froid, assez solubles dans l'eau bouillante.

Anhydride dinitrobenzhydrol-dicarbonique, $C^{15}H^8(AzO^2)^2O^4$. — On chauffe pendant quelques heures au bain-marie l'anhydride benzhydrol-dicarbonique avec un mélange d'acide nitrique (d = 1,42) et d'acide sulfurique concentré; on précipite par l'eau et on purifie par cristallisation dans l'acide acétique. On obtient ainsi de petits cristaux fusibles à 270-280°, qui, par l'action de l'alcool en présence d'acide chlorhydrique, se transforment en un *éther* $C^{15}H^7(AzO^2)^2O^4.C^2H^5$, qui cristallise dans l'alcool et fond à 146-148°.

ANHYDRIDE BENZHYDROL-TRICARBONIQUE,

$$\begin{matrix}\quad\quad\quad\quad\quad CO^2H\\ \quad\quad\quad\quad\quad |\\CO^2H-C^6H^4-C-C^6H^4\\ \quad\quad\quad\quad | \quad |\\ \quad\quad\quad\quad O-CO\end{matrix}$$

[Grabe et Juillard, *Ann. Chem.*, **242**, 238]. — On chauffe pendant 2-3 minutes à 110-115° 12 grammes d'acide diphtalylique $C^{16}H^{10}O^6$, avec 100 grammes de soude caustique à 40 0/0; par addition d'acide chlorhydrique à la liqueur, on provoque le dépôt de l'anhydride en cristaux microscopiques, peu solubles dans l'eau froide et dans le chloroforme, solubles dans l'éther, très peu solubles dans l'alcool concentré.

Il fond à 170° en se décomposant, mais perd de l'acide carbonique déjà à 140-150°, en se transformant en anhydride benzhydrol-dicarbonique. L'acide iodhydrique et le phosphore le transforment à 170° en acide diphénylméthane-tricarbonique, $C^{16}H^{12}O^6$.

Traité par l'alcool méthylique et l'acide chlorhydrique, il donne un *éther diméthylique*, $C^{16}H^8O^6(CH^3)^2$, qui forme des cristaux brillants, fusibles à 147-148°.

L'*éther diéthylique*, $C^{16}H^8O^6(C^2H^5)^2$, cristallise en prismes fusibles à 108°, très solubles dans l'alcool.

G. de Bechi.

BENZHYDROXAMIQUE (ACIDE). — Voyez HYDROXYLAMINE.

BENZHYDRYLAMINES. — BENZHYDRYLAMINE,

$$(C^6H^5)^2CH.AzH^2.$$

— *Modes de formation*. — Ce corps prend naissance, en même temps que la dibenzhydrylamine et le benzhydrol, par l'action de l'ammoniaque sur le diphénylméthane bromé $(C^6H^5)^2CHBr$ [Friedel et Balsohn, *Bull. Soc. Chim.*, (2), **33**, 587].

On l'obtient également en traitant la benzophénone-oxime en solution acétique par l'amalgame de sodium :

$$(C^6H^5)^2C = Az.OH + 2H^2$$
$$= (C^6H^5)^2CH.AzH^2 + H^2O$$

[Goldschmidt, *D. chem. G.*, **19**, 3233].

Enfin on obtient la formylbenzhydrylamine par l'action du formiate d'ammonium à une température élevée sur la benzophénone [Leuckart et Bach, *D. chem. G.*, **19**, 2128].

Préparation. — On chauffe pendant 4 ou 5 heures à 200-220° 1 partie de benzophénone avec 1,5 partie de formiate d'ammonium solide; la réaction est presque quantitative et est exprimée par l'équation

$$(C^6H^5)^2CO + 3HCO.OAzH^4 = (CO.OAzH^4)^2 + CO + 2H^2O + (C^6H^5)^2CH-AzH.COH$$ [1].

On reprend par l'eau et on purifie le produit par cristallisation dans l'alcool. Le dérivé formique est saponifié par une dissolution alcoolique d'acide chlorhydrique, et la base mise en liberté par la soude caustique.

Propriétés. — La benzhydrylamine est un liquide incolore, bouillant sans décomposition à 288-289° et absorbant avec avidité l'acide carbonique de l'air.

Le *chlorhydrate* cristallise en longues aiguilles, fusibles à 270°.

Le *sulfate* forme de fines aiguilles, peu solubles dans l'eau froide, plus solubles à chaud.

Le *chloroplatinate* se présente en aiguilles ou en lamelles d'un jaune légèrement orangé, qui ont pour formule

$$[(C^6H^5)^2CH.AzH^2.HCl]^2PtCl^4, 2H^2O.$$

Le *carbonate* fond à 91°.

Formylbenzhydrylamine,

$$(C^6H^5)^2CH.AzH.COH.$$

— Ce corps, dont on a donné plus haut le mode de préparation, cristallise dans l'alcool en prismes fusibles à 132°, et bout sans décomposition au-dessus de 360°. L'acide chlorhydrique alcoolique le scinde en acide formique et benzhydrylamine.

Benzhydrylurée,

$$(C^6H^5)^2CH.AzH.CO.AzH^2.$$

— Ce corps se forme par l'action de l'isocyanate de potassium sur le chlorhydrate de benzhydrylamine. Il est soluble dans l'alcool, l'éther et l'eau bouillante et fond à 143°.

DIBENZHYDRYLAMINE, $[(C^6H^5)^2CH]^2AzH$. — On prépare la dibenzhydrylamine par l'action de l'ammoniaque sur le diphénylméthane bromé. Voici comment il convient d'opérer : On fait digérer pendant 48 heures le diphénylméthane bromé $(C^6H^5)^2CHBr$ avec un excès d'ammoniaque aqueuse concentrée. Le résidu solide est repris par l'alcool et purifié par des cristallisations répétées dans ce dissolvant. La dibenzhydrylamine cristallise en fines aiguilles, fusibles à 136°, solubles dans le benzène, peu solubles dans l'alcool froid, très solubles dans l'alcool chaud. Elle ne jouit en aucune façon de propriétés basiques et résiste à l'action de l'iodure de méthyle et à celle du chlorure d'acétyle à 100°.

En solution dans le benzène, elle donne avec l'acide picrique une combinaison très peu soluble, qui cristallise en petites lames hexagonales symétriques, allongées parallèlement à deux de leurs côtés et d'un beau jaune d'or [Friedel et Balsohn, *loc. cit.*]. G. de Bechi.

BENZHYDRYLBENZOÏQUES (ACIDES). — Ce nom a été donné à tort aux acides *benzhydrol-carboniques*.

ACIDES O- ET P-BENZHYDRYLBENZOÏQUES. — Voyez Suppl., 1, 269.

ACIDE M-BENZHYDRYLBENZOÏQUE,

$$C^6H^5.CHOH.C^6H^4.CO^2H.$$

— On l'obtient en traitant par l'amalgame de sodium l'acide m-benzoylbenzoïque.

1. Nous reproduisons ici l'équation telle qu'elle a été donnée par les auteurs; pour qu'elle fût juste, il faudrait faire disparaître le terme CO du second membre.

Il est en fines aiguilles soyeuses, fondant à 121°, décomposables par la chaleur, solubles dans l'alcool, l'éther et le benzène; il est un peu plus soluble dans l'eau que l'acide m-benzoylbenzoïque. Les oxydants le transforment en acide benzoylbenzoïque; l'amalgame de sodium, l'acide iodhydrique, en acide m-benzylbenzoïque.

Le *sel de sodium*, $C^{14}H^{11}O^3Na, 4H^2O$, est en fines aiguilles, fondant à 80° dans leur eau de cristallisation, plus solubles dans l'alcool que dans l'eau.

Le *sel de calcium*, $(C^{14}H^{11}O^3)^2Ca, 5H^2O$, est pulvérulent, très soluble dans l'eau et dans l'alcool.

Le *sel d'argent*, $C^{14}H^{11}O^3Ag, H^2O$, est un précipité pulvérulent, un peu soluble dans l'eau chaude, et cristallise dans ce dissolvant en fines aiguilles [Senff, *Ann. Chem.*, **220**, 242; *Bull. Soc. Chim.*, (2), **42**, 520]. Paul Adam.

BENZHYDRYLE. — Ce nom a été donné à tort au résidu monovalent de l'alcool benzylique $C^6H^5-CH(OH)-$, qui doit en réalité être appelé *benzylidénol*. Quant au benzhydryle lui-même, c'est le radical du benzhydrol $(C^6H^5)^2=CH-$ qui doit porter ce nom.

BENZHYDRYLPHÉNOL (*oxybenzhydrol, benzylidénol-phénol*),

$$C^6H^5-CH.OH-C^6H^4.OH$$

— On le prépare en faisant digérer pendant quelques heures à froid 3 parties de benzoylphénol avec 200 parties d'eau et de l'amalgame de sodium à 3 0/0. En acidifiant légèrement le liquide, on voit le benzylidénolphénol se séparer sous la forme d'aiguilles incolores. On le purifie par cristallisation dans l'eau bouillante.

Le benzylidénolphénol cristallise en fines aiguilles soyeuses, fusibles à 161°, peu solubles dans le benzène et dans l'eau froide, solubles dans l'eau bouillante, dans l'alcool et dans l'éther. Il jouit de propriétés phénoliques nettement caractérisées et se dissout aisément dans les alcalis. Le chlorure ferrique colore en rouge ses dissolutions aqueuses et alcooliques [Döbner, *Ann. Chem.*, **210**, 252]. G. de Bechi.

BENZHYDRYLPHTALIQUES (ACIDES). — Ce nom a été improprement donné aux *acides benzylidénol-phtaliques*.

ACIDE BENZHYDRYLISOPHTALIQUE,

$$C^6H^5-CH{<}^{OH}_{C^6H^3{<}^{CO^2H}_{CO^2H}}$$

— Ce corps n'existe pas à l'état libre; lorsqu'on cherche à l'isoler de ses sels, il se transforme immédiatement en anhydride,

$$\begin{array}{l} C^6H^5-CH-C^6H^3-CO^2H \\ \quad\quad\;\; | \quad\quad | \\ \quad\quad\;\; O - CO \end{array}$$

[Lincke, *D. chem. G.*, **9**, 1763].

On prépare l'anhydride benzhydryl-isophtalique en chauffant une dissolution d'acide benzoylisophtalique dans l'alcool étendu avec du zinc et de l'acide chlorhydrique; on évapore l'alcool, on filtre et on transforme en un sel de baryum d'où on isole l'anhydride par addition d'un acide minéral

L'anhydride benzhydryl-isophtalique cristallise dans l'alcool étendu en fines aiguilles, fusibles à 206-207°, solubles dans l'éther, le chloroforme et l'alcool.

Ce corps renfermant un carboxyle joue le rôle d'un acide monobasique. En présence d'un excès de base, il fournit des sels bibasiques qui ne sont stables qu'en solution alcoolique, l'eau les décomposant en alcalis libres et en sels monobasiques.

Le *sel de calcium*, $(C^{15}H^9O^4)^2Ca$, est soluble dans l'eau; l'alcool le précipite sous la forme d'une gelée qui devient grenue au bout de quelque temps.

Sel de baryum. $(C^{15}H^9O^4)^2Ba, 2,5H^2O$.— Il cristallise dans l'eau bouillante en belles aiguilles brillantes, peu solubles dans l'alcool étendu.

Sel d'argent, $C^{15}H^9O^4Ag$. — Il forme une poudre blanche insoluble.

Éther éthylique, $C^{15}H^9O^4 . C^2H^5$. — On le prépare par l'action de l'iodure d'éthyle sur le sel d'argent. Il cristallise en lamelles brillantes ou en prismes, fusibles à 114-115°, solubles dans l'alcool, l'éther et le chloroforme.

ACIDE BENZHYDRYLTÉRÉPHTALIQUE. — Ce corps est probablement l'acide qui a été obtenu par Weber [*Jahresb.*, 1878, 403] en faisant agir le zinc et l'acide chlorhydrique sur l'acide benzoyltéréphtalique. Le produit de réduction fournit un sel de calcium $C^{30}H^{18}O^8Ca, 3H^2O$, qui se présente sous la forme d'une poudre grenue.

G. de Bechi.

BENZHYDRYLPROPIONIQUE (ACIDE) [Syn. *Acide phényloxybutyrique*]. — Ce corps, auquel on aurait dû donner le nom d'*acide benzylidénolpropionique*, se prépare en réduisant au moyen de l'amalgame de sodium l'acide benzoylpropionique,

$$C^6H^5-CO-CH^2-CH^2-CO^2H$$

[Burcker, *Ann. Chim. Phys.*, (5), **26**, 455. — Von Pechmann, *D. chem. G.*, **15**, 889].

On l'obtient encore par l'action du carbonate de sodium sur l'acide phénylbromobutyrique,

$$C^6H^5.CHBr.CH^2.CH^2.CO^2H$$

[Jayne, *Ann.*, *Chem.*, **216**, 103].

Enfin, en faisant bouillir l'acide phénylisocrotonique,

$$C^6H^5-CH=CH-CH^2-CO^2H$$

ou l'acide phénylparaconique,

$$\begin{array}{l} C^6H^5-CH-CH\begin{cases}CO^2H\\ CH^2\end{cases} \\ \quad\quad\;\; | \qquad\qquad\;\; | \\ \quad\quad\;\; O\text{———}CO \end{array}$$

avec de l'acide sulfurique étendu, on obtient l'anhydride de l'acide phényloxybutyrique ou *phénylbutyrolactone*,

$$\begin{array}{l} C^6H^5-CH-CH^2-CH^2 \\ \quad\quad\;\; | \qquad\qquad\; | \\ \quad\quad\;\; O\text{————}CO \end{array}$$

[Erdmann, *Ann. Chem.*, **227**, 259 et **228**, 178].

D'après ces divers modes de formation, la formule de structure de l'acide phényloxybutyrique est la suivante :

$$C^6H^5.CH(OH).CH^2.CH^2.CO^2H.$$

Préparation. — On fait digérer pendant quelque temps de l'acide benzoylpropionique, mis en suspension dans l'eau, avec de l'amalgame de sodium. Il convient de ne pas trop prolonger l'action du réducteur si on veut éviter la formation d'acide benzylpropionique.

Il est toutefois préférable d'opérer la réduction de l'acide benzoylpropionique au moyen du zinc et de l'acide chlorhydrique. On dissout l'acide dans de l'alcool à 85° et on introduit dans la liqueur de la grenaille de zinc. On ajoute de temps en temps de l'acide chlorhydrique concentré. Lorsqu'il se forme des flocons blancs, la réduction est achevée; on filtre, on évapore à sec et on reprend par une dissolution de potasse; on précipite par un acide, on épuise par l'éther ou par le chloroforme et on répète ces opérations un certain nombre de fois. On évapore le dissolvant et on abandonne le sirop obtenu à une température inférieure à 15°. Il se forme des cristaux que l'on exprime dans du papier à filtre et qu'on purifie par cristallisation dans l'alcool.

Propriétés. — L'acide phényloxybutyrique fond à 30-31° (Burcker), à 75° (Jayne). Il brunit rapidement à l'air. Il bout vers 230-235° en se transformant en anhydride (phénylbutyrolactone). Cette décomposition commence déjà vers 70°. Il est soluble dans l'alcool, l'éther, le chloroforme et l'eau bouillante. Toutefois ce dernier liquide l'altère rapidement à 80°, surtout en présence d'acide chlorhydrique.

L'acide phényloxybutyrique, traité par les oxydants, régénère l'acide benzoylpropionique qui lui a donné naissance.

Chauffé à 150° avec un excès d'acide iodhydrique, il se transforme en acide benzylpropionique; ce dernier n'est pas le produit ultime de la réaction : en élevant la température, on obtient des produits dus à une réduction plus avancée de la molécule.

Le *sel de sodium* et le *sel de potassium* se présentent sous la forme de gommes incristallisables.

Le *sel de calcium* renferme 3 molécules d'eau de cristallisation. Il constitue des mamelons formés par la réunion de cristaux microscopiques.

Le *sel barytique* forme des plaques jaunâtres cristallines, renfermant 1 molécule d'eau.

Le *sel d'argent* est un précipité blanc caillebotté, devenant violet à la lumière; il est soluble dans l'eau bouillante, et cristallise par le refroidissement en fines aiguilles (Burcker).

ANHYDRIDE PHÉNYLOXYBUTYRIQUE (*phénylbutyrolactone*),

$$\begin{array}{l} C^6H^5-CH-CH^2-CH^2 \\ \quad\quad\;\; | \qquad\qquad\; | \\ \quad\quad\;\; O\text{————}CO \end{array}$$

— Ce corps cristallise dans le sulfure de carbone en tables rhomboïdales et dans l'alcool en aiguilles aplaties. Il fond à 37° et bout à 306° (Jayne). Il se dissout difficilement dans l'eau bouillante, facilement dans les dissolvants organiques usuels. Soumis à l'ébullition avec les carbonates alcalins, il régénère l'acide phényloxybutyrique. Il se combine avec les hydracides en donnant des produits de substitution de l'acide phénylbutyrique. L'ammoniaque le transforme en acide phénylamidobutyrique.

G. de Bechi.

BENZIDINE [Syn. *p-Diamidobiphényle*].

— *Modes de formation*. — En chauffant de l'azobenzène avec de l'acétone en présence de chlorure de zinc, on obtient des quantités considérables de benzidine [Engler et Schestopal, *D. chem. G.*, **20**, 482].

Préparation. — A une solution alcoolique bouillante de 70 grammes d'azobenzène on ajoute peu à peu une solution chlorhydrique de 35 grammes d'étain; on élimine l'alcool par distillation, et on ajoute au résidu de l'acide chlorhydrique étendu; le sulfate de benzidine se précipite, tandis que l'isomère dérivé du δ-diamidobiphényle reste en solution. On décompose le sulfate de benzidine par l'ammoniaque et on purifie la base par quelques cristallisations dans l'eau [Schmidt et Schulz, *Ann. Chem.*, **207**, 330].

Pour la préparation industrielle de la benzidine voyez COLORANTES (MATIÈRES).

Propriétés. — La benzidine cristallise en lamelles volumineuses, brillantes, fusibles à 122° [Wald. *D. chem. G.*, **10**, 139]. Contrairement aux indications des Traités de Chimie, elle est très peu soluble dans l'eau bouillante et relativement peu soluble dans l'éther. 1 partie de benzidine se dissout dans 105-106 parties d'eau bouillante et dans 2450 parties d'eau à 12°. La solubilité du sulfate de benzidine est encore moindre. 1 partie de ce sel exige pour se dissoudre 3030 parties d'eau à 12°; l'addition d'une petite quantité d'acide sulfurique à la solution aqueuse du sel favorise le dépôt de ce dernier. En ce qui concerne la solubilité de la benzidine dans l'éther, 1 partie de benzidine exige pour se dissoudre 45 parties d'éther anhydre [Schiff et Vanni, *Gazz. chim. ital.*, **20**, 525 et 535. — Hirsch, *D. chem. G.*, **23**, 3224].

La benzidine, soumise à l'action d'un mélange de peroxyde de manganèse et d'acide sulfurique bouillant, fournit une grande quantité de quinone.

Une solution sulfocarbonique de benzidine donne une réaction des plus caractéristiques par addition d'eau de brome très étendue : l'eau de brome se colore d'abord en un bleu intense, puis en vert foncé; par addition d'un excès d'eau de brome, le liquide aqueux est décoloré, tandis que le sulfure de carbone se colore en rouge foncé [Claus et Risler, *D. chem. G.*, **14**, 82].

La benzidine, traitée par la paraldéhyde en présence d'acide chlorhydrique, fournit de la p-diquinaldine $(C^{10}H^8Az)^2$ [E. Hinz, *Ann. Chem.*, **242**, 326].

En traitant l'azotate de benzidine par l'acide nitreux, on obtient un dérivé diazoïque, qui par ébullition avec l'eau fournit le γ-biphénol.

La benzidine, chauffée à 160-360° avec du perchlorure d'antimoine en excès, fournit principalement du perchlorobenzène, à côté d'une petite quantité de perchlorobiphényle [Merz et Weith, *D. chem. G.*, **16**, 2874].

En chauffant un mélange de benzidine, de nitrobenzène, de glycérine et d'acide sulfurique, on obtient de l'α-biquinoléyle, $C^{18}H^{12}Az^2$.

Une solution de benzidine, même très étendue, additionnée de dichromate de potassium, donne un abondant précipité d'un bleu foncé, formé de chromate de benzidine. La diphényline, isomère de la benzidine, donne la même réaction [Julius, *Mon. f. Chem.*, 5, 193].

Le ferricyanure de potassium, ajouté à une solution aqueuse étendue de benzidine, détermine la formation d'un précipité d'un bleu foncé. Cette réaction est très sensible [Barzilowsky, *Journ. Soc. chim. russe*, **17**, 366].

Sels de benzidine. — La dissociation du dichlorhydrate de benzidine par l'eau a été étudiée en détail par M. P. Petit [*C. R.*, **107**, 839].

Ce sel est décomposé par l'eau en acide chlorhydrique et en un *sel monobasique*,

$$C^{12}H^{12}Az^2 . HCl,$$

qui cristallise en longues aiguilles dans l'acide chlorhydrique étendu (Schmidt et Schultz).

Chromate, $C^{12}H^{12}Az^2 . CrO^4H^2$. — On l'obtient, en ajoutant du dichromate de potassium à une solution aqueuse bouillante de benzidine, sous la forme d'un précipité volumineux formé de fines aiguilles enchevêtrées. Ce sel est insoluble dans les dissolvants usuels; l'eau bouillante le dissocie à la longue.

Citrate, $(C^{12}H^{12}Az^2)^3 . 2C^6H^8O^7$. — Poudre amorphe, soluble dans l'eau bouillante, l'alcool et l'acide acétique, insoluble dans l'éther et dans le benzène [Schneider, *D. chem. G.*, **21**, 664].

Cyanure, $C^{12}H^{12}Az^2(CAz)^2$. — En faisant passer un courant de cyanogène à travers une solution alcoolique saturée à froid de benzidine, on voit se déposer au bout de quelque temps une poudre rouge, amorphe, insoluble dans l'eau, peu soluble dans l'alcool, l'éther, le benzène, plus soluble dans la ligroïne. Traitée par les acides, elle se transforme en benzidine et en acide oxalique [Wittenstein, *D. chem. G.*, **3**, 723].

Benzidine et urée. — Ces corps s'unissent avec dégagement d'ammoniaque lorsqu'on les chauffe à 100-120° :

$$C^{12}H^{12}Az^2 + 2CO(AzH^2)^2$$
$$= 2AzH^3 + C^{14}H^{10}Az^4O^2.$$

Le produit de la réaction est cristallisé et insoluble dans les dissolvants usuels. On le purifie en le dissolvant dans l'acide sulfurique concentré et en le précipitant par l'eau [Schiff, *D. chem. G.*, **11**, 833].

PRODUITS DE SUBSTITUTION DE LA BENZIDINE.

Nous allons décrire successivement :

1° Les produits substitués dans le noyau benzénique;

2° Les produits substitués dans le groupe amidogène;

3° Les produits renfermant l'atome ou le radical substituant dans le noyau et dans l'amidogène à la fois.

Dérivés substitués dans le noyau benzénique.

BENZIDINES CHLORÉES. — On connaît deux benzidines dichlorées :

$$\begin{array}{l} C^6H^3Cl(AzH^2) \\ | \\ C^6H^3Cl(AzH^2) \end{array}$$

Le dérivé *méta* a été décrit Suppl., **1**, 656. Il a été obtenu par M. Schultz en traitant le *m-dichloro-azobenzène*

$$C^6H^4 \begin{array}{l} < Cl \\ < Az - Az \end{array} \begin{array}{l} Cl > \\ > \end{array} C^6H^4$$

par le chlorure stanneux [*D. chem. G.*, **17**, 465]. La réaction a lieu à froid.

p-Dichlorobenzidine. — On obtient ce corps par l'action du chlorure stanneux sur le p-dichloro-azobenzène.

On laisse digérer pendant quelques jours le p-dichloro-azobenzène avec de l'alcool, du chlorure stanneux et quelques gouttes d'acide sulfurique; peu à peu tout entre en dissolution. On précipite l'étain par la soude caustique, on filtre, on évapore et on reprend le résidu par l'acide sulfurique étendu; on filtre et on précipite la base par l'ammoniaque; on purifie par transformation en sulfate; on reprécipite par l'ammoniaque et on fait cristalliser le produit dans l'alcool étendu. On obtient ainsi des lamelles fusibles à 60°, ressemblant à de la benzidine.

La p-dichlorobenzidine se dissout en violet dans l'acide sulfurique concentré; le chlorure sulfurique donne une coloration d'un rouge de sang; le chlorure de chaux, une liqueur jaune [Schultz, *loc. cit.*].

p-DIBROMOBENZIDINE. — Ce corps se forme comme le dérivé chloré correspondant. Il cristallise en lamelles rougeâtres, fusibles à 108°, solubles dans l'alcool absolu. Le nitrite d'éthyle le transforme en un dérivé ayant pour formule

$$C^{12}H^7Br^2Az^3 = \begin{array}{l} C^6H^3Br . Az = \\ | \\ C^6H^3Br . AzH \end{array} \Big\rangle Az.$$

Ce dérivé azimidé cristallise dans l'acide acétique en aiguilles brillantes d'un violet brun, fusibles à 206°, peu solubles dans l'alcool, plus solubles dans l'acide acétique.

Mononitrobenzidine,

$$\begin{array}{l} C^6H^4(AzH^2)_{(4)} \\ | \\ C^6H^3(AzO^2)_{(2)}(AzH^2)_{(4)} \end{array}$$

— On dissout 28gr,2 de sulfate de benzidine dans 300 grammes d'acide sulfurique concentré, en chauffant légèrement pour activer la dissolution ; on refroidit à 10-20°, et on ajoute 10gr,1 de nitrate de potassium par petites portions ; on agite pendant quelques heures ; on additionne le liquide de 3 volumes d'eau. Par le refroidissement, il se sépare des cristaux formés par le sulfate

$$(C^{12}H^{11}Az^3O^2 . SO^4H^2)^2, H^2O.$$

Cette substance perd son eau en se décomposant. On la purifie par cristallisation dans l'eau bouillante additionnée de noir animal ; on isole la base en ajoutant de l'ammoniaque à la solution bouillante du sulfate ; par le refroidissement, il se dépose des aiguilles ressemblant à l'acide chromique et fusibles à 143°.

Traitée par l'acide nitreux, la nitrobenzidine fournit un *dérivé diazoïque* qui est susceptible de fournir des matières colorantes par association avec les phénols, les amines aromatiques et leurs dérivés ; les couleurs ainsi obtenues n'ont qu'une faible affinité pour le coton non mordancé [Täuber, *D. chem. G.*, **23**, 796].

o-Dinitrobenzidine. — Ce corps a été obtenu par M. Strakosch (Dict., **2**, 886) en nitrant la diacétylbenzidine. M. Bandrowski l'a préparé en chauffant à 130° la dinitrodiphtalylbenzidine avec 6-10 parties d'acide sulfurique concentré [Bandrowski, *Mon. f. Chem.*, **8**, 471]. Enfin MM. Brunner et Witt ont répété les expériences de M. Strakosch en les complétant.

L'o-dinitrobenzidine cristallise dans l'alcool en agrégats rouges semi-sphériques, fusibles à 218-221° (M. Strakosch indique un point de fusion supérieur, 300°). Elle est très peu soluble dans l'alcool, plus soluble dans le phénol [Brunner et Witt, *D. chem. G.*, **20**, 1024]. Ses sels sont décomposables par l'eau. Traitée par le chlorure stanneux et l'acide chlorhydrique, elle se transforme en une diamidobenzidine possédant tous les caractères des o-diamines. Traitée par le nitrite d'éthyle, elle fournit du m-dinitrobiphényle. Sa constitution est exprimée par la formule

AzH² — ⬡ — ⬡ — AzH²
AzO² AzO²

Le *chlorhydrate*, $C^{12}H^{10}Az^4O^4 . HCl$, cristallise en lamelles d'un jaune foncé ; chauffé, ou traité par l'eau, il perd la totalité de son acide chlorhydrique.

m-Dinitrobenzidine [Täuber, *D. chem. G.*, **23**, 795]. — On dissout 28gr,2 (1/10 de molécule) de sulfate de benzidine dans 300 grammes d'acide sulfurique concentré ; on chauffe légèrement pour activer la dissolution ; on refroidit à 10-20°, et on ajoute à la liqueur claire, lentement et en agitant, 20gr,2 de nitrate de potassium. On agite pendant quelques heures, on verse dans 3 parties d'eau, on filtre et on additionne la liqueur d'ammoniaque ou de carbonate de sodium ; le précipité est filtré, redissous dans l'acide chlorhydrique chaud et étendu, décoloré par le noir animal, et précipité de nouveau par l'ammoniaque ; on achève la purification par des cristallisations répétées dans l'alcool.

La m-dinitrobenzidine cristallise en lamelles jaunes, fusibles à 214°, solubles dans les acides minéraux étendus. Le *sulfate* est peu soluble dans l'eau froide.

Sa formule de structure est la suivante :

AzO²
AzH² — ⬡ — ⬡ — AzH²
AzO²

Soumise à l'action de l'acide nitreux, elle se transforme en un *dérivé diazoïque* dont les dérivés colorés ne teignent pas le coton (Täuber).

Isodinitrobenzidine. — Ce corps, qui est peut-être identique avec la m-dinitrobenzidine, a été obtenu par M. Bandrowski [*loc. cit.*] en même temps que l'o-dinitrobenzidine. Il cristallise dans l'alcool étendu en aiguilles d'un jaune de safran, fusibles à 196-197°, solubles dans l'alcool et dans les acides étendus.

m-Amidobenzidine,

$$\begin{array}{l} C^6H^4(AzH^2) \\ | \\ C^6H^3(AzH^2)^2 \end{array}$$

— Ce corps s'obtient par la réduction de la m-nitrobenzidine au moyen de l'étain et de l'acide chlorhydrique ; le chlorhydrate est précipité par l'acide chlorhydrique concentré sous la forme d'une poudre cristalline blanche qu'on redissout dans l'eau ; en ajoutant un excès d'ammoniaque à la liqueur, on voit se déposer de longues aiguilles incolores, fusibles à 134°, constituées par la m-amidobenzidine.

Ce corps, traité par l'acide nitreux, donne lieu à la formation de matières colorantes brunes comme la phénylène-diamine (Täuber).

Le *chlorhydrate* a pour formule

$$C^{12}H^{13}Az^3 . 3HCl.$$

o-Diamidobenzidine (*tétramidobiphényle*),

$$\begin{array}{l} C^6H^3(AzH^2)^2 \\ | \\ C^6H^3(AzH^2)^2 \end{array}$$

— On mélange de l'o-dinitrobenzidine avec la quantité de chlorure stanneux nécessaire pour la réduction, on ajoute de l'acide chlorhydrique et on chauffe au bain-marie jusqu'à ce qu'une prise d'essai ne donne plus de précipité par addition d'eau ; on ajoute alors de l'étain pour ramener le tout à l'état de sel stanneux, on étend d'eau et on précipite l'étain par l'hydrogène sulfuré ; on filtre et on concentre la liqueur dans une atmosphère d'hydrogène sulfuré. Le chlorhydrate de diamidobenzidine se sépare en aiguilles blanches, qu'on lave à l'alcool chargé d'acide chlorhydrique. Par addition d'ammoniaque à la dissolution aqueuse du chlorhydrate, on obtient la base libre sous la forme de lamelles argentines, ressemblant à la benzidine, solubles dans l'eau bouillante. Ce corps n'est guère stable ; il noircit rapidement à l'air et n'a pu être isolé à l'état pur.

La diamidobenzidine présente tous les caractères des o-diamines. Elle se combine en solution acétique avec la phénanthrène-quinone et donne un dérivé qui se sublime en belles aiguilles jaunes, solubles en violet dans l'acide sulfurique concentré. L'isatine fournit un corps cristallisé de couleur orangée ; le benzile donne une azine jaunâtre, infusible à 270°, soluble en rouge-fuchsine dans l'acide sulfurique concentré [Brunner et Witt, *D. chem. G.*, **20**, 1025].

Chlorhydrate, $C^{12}H^6(AzH^2 HCl)^4, 2H^2O$. — Ce sel, dont on a indiqué plus haut le mode de préparation, se présente sous la forme d'aiguilles blanches, très solubles dans l'eau ; chauffé, il se décompose en perdant son eau de cristallisation. Sa solution aqueuse, traitée par le nitrite de sodium, se colore d'abord en brun; il se précipite ensuite un corps azimidé, insoluble dans l'eau, soluble sans décomposition dans l'acide chlorhydrique.

Par addition de chlorure de platine à la dissolution aqueuse du chlorhydrate, on obtient un *chloroplatinate* cristallisé en aiguilles qui se décomposent rapidement.

Sulfate, $C^{12}H^{10}(AzH^2)^4 . SO^4H^2$. — En ajoutant de l'acide sulfurique étendu à une dissolution du chlorhydrate, on obtient un précipité du sulfate basique, formé de fines aiguilles; on filtre, on lave à l'eau jusqu'à neutralisation et on sèche le produit à 120°.

Le sulfate basique est très peu soluble dans l'eau, l'alcool et l'éther; l'eau bouillante le dissout mieux; la solution s'oxyde à l'air en prenant une coloration d'un rouge brun.

M-DIAMIDOBENZIDINE,

$$\begin{array}{l} C^6H^3(AzH^2)^2 \\ | \\ C^6H^3(AzH^2)^2 \end{array}$$

— Ce corps s'obtient par la réduction de la m-dinitrobenzidine fusible à 214°, au moyen de l'étain et de l'acide chlorhydrique. On élimine l'étain par un courant d'hydrogène sulfuré, on évapore, on redissout le chlorhydrate dans l'eau, on décolore par le noir animal et on additionne la liqueur filtrée d'un excès d'acide chlorhydrique concentré. Il se précipite un *chlorhydrate*, renfermant 4 H Cl, très soluble dans l'eau; la solution aqueuse de ce sel, ajoutée à un excès d'ammoniaque, fournit des lamelles ressemblant à la benzidine, fusibles à 165°, qui ont une grande tendance à se résinifier. Ce corps, traité par l'acide nitreux, fournit des matières colorantes brunes de la famille du brun Bismarck; cette réaction le rattache aux m-diamines.

Les sels de la m-diamidobendizine sont tous solubles dans l'eau (Täuber).

La m-diamidobenzidine, chauffée en vase clos à 180-190° pendant 10 heures avec 6 parties d'acide chlorhydrique concentré, fournit du diamidocarbazol

AzH²

AzH

AzH²

[Täuber, *D. chem. G.*, **23**, 3266].

Ce diamidocarbazol diffère de celui qu'on prépare par la réduction du dinitrocarbazol obtenu en nitrant le carbazol en solution acétique [Badische Anilin und Sodafabrick, brevet allemand 46 428].

OXYBENZIDINES — On ne connaît que les éthers des dioxybenzidines; on les prépare en réduisant les éthers des nitrophénols.

Ainsi le *nitro-anisol*, $C^6H^4(AzO^2)_{(1)}(OCH^3)_{(2)}$, réduit en liqueur alcaline fournit de la *dianisidine*

OCH³ OCH³

AzH² AzH²

[Bayer, brevet allemand 38801, du 18 novembre 1885].

La dianisidine n'a pas été décrite. Elle est employée en grande quantité dans la fabrication des couleurs de benzidine.

Son dérivé tétrazoïque est soluble dans l'eau; associé à l'acide α-naphtol-sulfonique, il fournit une matière colorante bleue, la *benzo-azurine* (voyez MATIÈRES COLORANTES).

La dianisidine, chauffée avec de la glycérine, de l'o-nitrophénol et de l'acide sulfurique, fournit du *diméthyldioxybiquinoléyle*, corps basique fusible à 100° et doué d'une odeur stupéfiante particulière [Bayer, brevet allemand 38 790, du 21 mai 1886].

Diphénétidine,

$$\begin{array}{l} C^6H^3(AzH^2)(OC^2H^5) \\ | \\ C^6H^3(AzH^2)(OC^2H^5) \end{array}$$

— La diphénétidine ou o-diamidobiphénéthol s'obtient, comme l'anisidine, par transposition moléculaire de l'o-hydrazophénéthol. Elle cristallise dans l'eau bouillante en aiguilles ou en lamelles fusibles à 117° et distillant avec décomposition partielle. Elle est très oxydable à l'air, peu soluble dans l'eau bouillante, très soluble dans l'alcool et dans l'éther.

Le *chlorhydrate* forme des aiguilles ou des lamelles peu stables à l'air, qui se décomposent par la fusion. Les oxydants tels que le chlorure ferrique colorent la solution en rouge.

Le *chlorostannate* cristallise en lamelles rhombiques.

Le *chloroplatinate* paraît renfermer 3 molécules d'eau de cristallisation; il est décomposable par l'eau.

Le *sulfate* forme des aiguilles brillantes, solubles dans l'eau et se décomposant à 100°.

Le *nitrate* cristallise en aiguilles incolores.

DÉRIVÉS SULFONÉS DE LA BENZIDINE. — On connaît actuellement de nombreux dérivés sulfonés de la benzidine. Tous ces corps ont été préparés en vue d'applications industrielles, et beaucoup d'entre eux jouent un rôle important dans la fabrication des couleurs directes pour coton [Griess et Duisberg, *D. chem. G.*, **22**, 2459].

Acide benzidine-monosulfonique,

$$\begin{array}{l} C^6H^4(AzH^2) \\ | \\ C^6H^3(AzH^2)(SO^3H) \end{array}$$

— Ce corps se forme par l'action de l'acide sulfurique fumant ou ordinaire sur la benzidine, à côté de dérivés disulfonés et de dérivés de la benzidine-sulfone,

$$SO^2 \begin{array}{l} \diagup C^6H^3 . AzH^2 \\ \quad | \\ \diagdown C^6H^3 . AzH^2 \end{array}$$

Le meilleur procédé pour préparer l'acide benzidine-sulfonique consiste à chauffer à 170° du sulfate acide de benzidine. Ce procédé est appliqué industriellement de la manière suivante: On prépare une pâte liquide avec du sulfate de benzidine et de l'eau; on ajoute 1,5 molécule d'acide sulfurique concentré et on évapore en agitant constamment la masse; le sulfate acide ainsi obtenu est pulvérisé et exposé dans un four de boulanger, sur des plaques en tôle émaillée, à une température de 170°. Au bout de 24 heures l'opération est achevée et la masse s'est fortement colorée; on la broie, on l'épuise par un alcali, on filtre et on ajoute de l'acide acétique; on obtient ainsi un précipité cristallin grisâtre, très peu soluble dans l'eau bouillante et insoluble dans l'alcool et dans l'éther; chauffé, il se décompose en donnant un sublimé de benzidine et un résidu charbonneux.

L'acide benzidine-monosulfonique a pour formule de structure

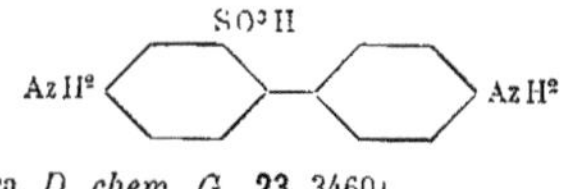

$$\begin{array}{c} SO^3H \\ AzH^2 \langle \bigcirc \rangle - \langle \bigcirc \rangle AzH^2 \end{array}$$

[Zehra, *D. chem. G.*, **23**, 3460].

Chlorhydrate,

$$\begin{array}{l} C^6H^3(AzH^2)(SO^3H) \\ | \\ C^6H^4 . AzH^2 . HCl \end{array}$$

— On obtient ce composé en dissolvant l'acide monosulfonique dans un mélange bouillant de 1 partie d'acide chlorhydrique concentré et de 3 parties d'eau. Par le refroidissement, le chlorhydrate se sépare en prismes grisâtres qui se dissocient par l'eau bouillante.

En revanche, le sel résiste parfaitement à une température de 150°.

Sel de baryum, $(C^{12}H^{11}Az^2SO^3)^2Ba, 5H^2O$. — Il cristallise dans l'eau en lamelles ou en aiguilles assez solubles dans l'eau bouillante.

Le *dérivé tétrazoïque* de l'acide benzidine-monosulfonique s'obtient par l'action du nitrite de sodium sur une dissolution alcaline de l'acide sulfoné additionnée d'un excès d'acide chlorhydrique. Ce dérivé tétrazoïque est soluble dans l'eau; associé aux phénols, aux amines et à leurs dérivés, il fournit des matières colorantes azoïques teignant directement le coton sans l'intervention de mordants.

Diacétylbenzidine-m-sulfonate de sodium,

$$\begin{array}{l} C^6H^3(AzH . C^2H^3O)(SO^3Na) \\ | \\ C^6H^4(AzH . C^2H^3O) \end{array}$$

— On le prépare en chauffant au réfrigérant à reflux parties égales de benzidine-sulfonate de sodium et d'anhydride acétique.

En reprenant par l'eau bouillante le produit de la réaction, on voit le sel acétylé se déposer par le refroidissement de la liqueur en longues aiguilles incolores. Ce corps est peu soluble dans l'eau froide et facilement soluble dans l'eau bouillante. Les acides minéraux le saponifient avec formation d'acide acétique.

Acide m-dinitrodiacétylbenzidine-sulfonique,

$$\begin{array}{l} C^6H^2_{(1)}(AzH . C^2H^3O)_{(4)}(AzO^2)_{(5)}(SO^3H)_{(3)} \\ | \\ C^6H^3(AzH . C^2H^3O)_{(4)}(AzO^2)_{(5)} \end{array}$$

— On dissout 1 partie du sel précédent dans 5 parties d'acide sulfurique concentré; on refroidit à 5° et on ajoute la quantité théorique d'un mélange d'acide nitrique et d'acide sulfurique; l'addition doit se faire rapidement, en évitant toutefois l'élévation de température. Lorsque la réaction est achevée, on verse sur de la glace; le dérivé nitré se sépare sous la forme d'une masse gélatineuse, soluble dans l'eau et dans l'alcool.

Le *sel de potassium* cristallise en petites aiguilles jaunes, solubles dans l'eau bouillante, peu solubles dans l'eau froide.

Acide m-dinitrobenzidine-m-sulfonique,

$$\begin{array}{l} C^6H^2_{(1)}(AzH^2)_{(4)}(AzO^2)_{(5)}(SO^3H)_{(3)} \\ | \\ C^6H^3(AzH^2)_{(4)}(AzO^2)_{(5)} \end{array}$$

— On chauffe au bain-marie le dérivé nitroacétylé avec une petite quantité d'acide sulfurique étendu. Le corps obtenu est rouge foncé, peu soluble dans l'eau bouillante, soluble dans les acides minéraux étendus.

Le *sel de potassium*, $C^{12}H^9Az^4O^7SK, H^2O$, cristallise en aiguilles d'un jaune clair, peu solubles dans l'eau bouillante.

Le *sel de sodium* et le *sel d'ammonium* jouissent de propriétés analogues.

Le nitrite de sodium en solution acide fournit un *dérivé tétrazoïque*, soluble dans l'eau en jaune, qui se combine au β-naphtol en donnant une matière colorante d'un noir bleu à reflets cuivrés; cette dernière est peu soluble dans l'eau et teint la laine sur bain acétique en rouge grenat.

Acide m-diamidobenzidine-m-sulfonique,

$$\begin{array}{l} C^6H^2_{(1)}(AzH^2)_{(4)}(AzH^2)_{(3)}(SO^3H)_{(5)} \\ | \\ C^6H^3_{(1)}(AzH^2)_{(4)}(AzH^2)_{(3)} \end{array}$$

— Ce corps se forme quand on réduit par l'étain et l'acide chlorhydrique le dérivé nitré correspondant; on filtre, on redissout dans l'eau, on précipite l'étain par l'hydrogène sulfuré et on ajoute de l'acide chlorhydrique en excès. On obtient ainsi le *chlorhydrate* $C^{12}H^{14}Az^4SO^3 . 2HCl$, sous la forme de flocons blancs constitués par de petites aiguilles. Ce chlorhydrate est doué d'une stabilité remarquable, même en solution aqueuse.

On n'a pu préparer de chloroplatinate, le chlorure de platine oxydant rapidement la substance.

Le *sulfate* est analogue au chlorhydrate; le *picrate* cristallise dans l'eau ou dans l'alcool, dans lesquels il est peu soluble, en petites aiguilles d'un jaune clair.

Les sels de ce dérivé tétramidé sont solubles dans les alcalis; par addition d'un excès de lessive de potasse concentrée, on obtient un *sel de potassium* en petits cristaux.

Le nitrite de sodium paraît donner une *azimide* qui se dépose en flocons jaunes; le chlorure ferrique produit une coloration intense et le dépôt d'une matière noire.

En ajoutant une dissolution acide de croconate de sodium à une dissolution de la diamine, on obtient une *azine* ayant pour formule

$$\begin{array}{l} SO^3H_{(5)} - C^6H^2_{(1)} \langle {Az_{(3)} \atop Az_{(4)}} \rangle C^5O^3H^2 \\ \qquad\qquad\quad | \\ \qquad\qquad\quad C^6H^3_{(1)} \langle {Az_{(3)} \atop Az_{(4)}} \rangle C^5O^3H^2 \end{array}$$

C'est un produit noir, cristallin, peu soluble dans l'eau bouillante, soluble dans les solutions alcalines étendues; la potasse concentrée précipite de ces dissolutions une poudre noire cristalline, formée par un sel de potassium [Zehra, *D. chem. G.*, **23**, 3459].

Ces propriétés de l'acide diamidobenzidine-sulfonique prouvent que les groupes amidogène sont en ortho l'un par rapport à l'autre, de sorte que le produit se rattache par sa constitution aux o-diamines.

Acide benzidine-m-disulfonique. — Ce corps a été décrit (Suppl., **1**, 656). Le meilleur mode de préparation consiste à chauffer pendant 36-48 heures à 210° le sel acide résultant du mélange de 1 partie de sulfate de benzidine avec 2 parties d'acide sulfurique concentré. On sépare l'acide monosulfoné par l'acide acétique. Le rendement atteint 90 0/0.

Acide benzidine-o-disulfonique. — On obtient ce corps en réduisant l'acide m-nitrobenzène-sulfonique en milieu alcalin. Il a pour formule de constitution

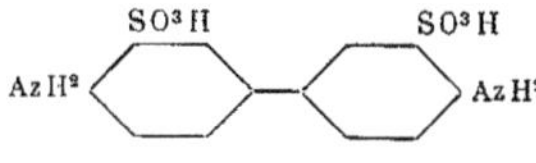

$$\begin{array}{c} SO^3H \qquad\qquad SO^3H \\ AzH^2 \langle \bigcirc \rangle - \langle \bigcirc \rangle AzH^2 \end{array}$$

Son *dérivé tétrazoïque*, associé aux phénols et aux amines, fournit des matières colorantes ne teignant en aucune façon le coton non mordancé; il se distingue donc par là nettement de son isomère de la série méta.

Chauffé sous une pression de 40 atmosphères avec les alcalis caustiques, il fournit un corps qui est probablement un oxyde de diamidobiphénylène,

$$O \left\langle \begin{array}{l} C^6H^3 . AzH^2 \\ | \\ C^6H^3 . AzH^2 \end{array} \right.$$

[F. Bayer, brevet allemand 48709, du 24 mars 1889].

Acide benzidine-trisulfonique,

$$\begin{array}{l} C^6H^2(AzH^2)(SO^3H)^2 \\ | \\ C^6H^3(AzH^2)(SO^3H) \end{array}$$

— On chauffe à 160-171° du sulfate de benzidine avec de l'acide sulfurique fumant, jusqu'à ce qu'une prise d'essai ne précipite plus que très légèrement par l'eau; on verse le liquide dans 5 volumes d'eau; l'acide benzidine-disulfonique se sépare; on filtre et on neutralise le liquide filtré par le carbonate de baryum. Le sel barytique de l'acide trisulfoné est soluble dans l'eau froide, tandis que le sel de l'acide tétrasulfoné y est peu soluble; par addition d'acide chlorhydrique à la dissolution du sel barytique, l'acide benzidine-trisulfonique se sépare sous la forme de lamelles brillantes non hygroscopiques, quoique très solubles dans l'eau. Ce corps se dissout peu dans l'alcool; l'éther le précipite de ses dissolutions alcooliques.

Le *sel de baryum,*

$$\left[\begin{array}{l} C^6H^2(AzH^2)(SO^3)^2 \\ | \\ C^6H^3(AzH^2)SO^3 \end{array} \right]^2 Ba^3 , 12H^2O,$$

cristallise en prismes blancs, solubles dans l'eau bouillante, moins solubles dans l'eau froide; sa solution aqueuse concentrée est précipitée par l'addition d'alcool.

Acide benzidine-tétrasulfonique,

$$\begin{array}{l} C^6H^2(AzH^2)(SO^3H)^2 \\ | \\ C^6H^2(AzH^2)(SO^3H)^2 \end{array}$$

— Cet acide, dont on a indiqué plus haut le mode de préparation, cristallise en aiguilles blanches, très solubles dans l'eau froide, solubles dans l'alcool concentré.

Le *sel de baryum,* $C^{12}H^8Az^2(SO^3)^4Ba^2$, cristallise en aiguilles insolubles dans l'alcool, peu solubles dans l'eau, même à chaud.

BENZIDINE-SULFONE ET DÉRIVÉS SULFONÉS.

BENZIDINE-SULFONE,

$$SO^2 \left\langle \begin{array}{l} C^6H^3 . AzH^2 \\ | \\ C^6H^3 . AzH^2 \end{array} \right.$$

— On ajoute peu à peu 1 partie de sulfate de benzidine à un excès d'acide sulfurique fumant (à 20 0/0 d'anhydride) et on chauffe au bain-marie jusqu'à ce qu'une prise d'essai, additionnée de soude caustique et filtrée, ne laisse plus déposer de benzidine par le refroidissement de la liqueur. On verse sur de la glace et on laisse reposer pendant 12 heures; la benzidine-sulfone se dépose à l'état de sulfate; on filtre, on fait bouillir le dépôt avec de la soude caustique et on épuise le résidu par l'alcool bouillant; la partie insoluble est dissoute dans l'acide chlorhydrique étendu et chaud, filtrée et précipitée par la soude caustique [Griess et Duisberg, *loc. cit.*].

La benzidine-sulfone forme une poudre d'un jaune pur, constituée par des aiguilles microscopiques, presque insolubles dans l'eau bouillante, insolubles dans l'alcool, l'éther et le benzène; elle fond au-dessus de 350° et ne peut être distillée sans décomposition.

La benzidine-sulfone est douée de propriétés basiques faibles. Ses sels sont décomposables par l'eau. Elle résiste à l'action de la potasse et de l'acide chlorhydrique concentrés, même à une température élevée. L'acide sulfurique fumant la transforme à 130-160° en acides mono- et disulfonés; à 200° la matière se carbonise et se transforme partiellement en dérivés sulfonés de la benzidine.

Chlorhydrate.

$$SO^2 \left\langle \begin{array}{l} C^6H^3 . AzH^2 . HCl \\ | \\ C^6H^3 . AzH^2 . HCl \end{array} \right.$$

— Ce corps cristallise dans l'acide chlorhydrique, dans lequel il est assez soluble à chaud, en lamelles presque blanches, qui se colorent en jaune sous l'action de l'eau, par suite de la formation de base libre.

Sulfate,

$$SO^2 \left\langle \begin{array}{l} C^6H^3 . AzH^2 \\ | \\ C^6H^3 . AzH^2 \end{array} \right. SO^4H^2 , 1,5 H^2O.$$

— Ce sel cristallise en aiguilles blanches ou grisâtres, ou en lamelles allongées peu solubles dans l'eau bouillante chargée d'acide sulfurique, plus solubles dans l'acide chlorhydrique étendu. L'eau le scinde en ses composants.

Le *chloroplatinate* cristallise en lamelles d'un jaune foncé, insolubles dans l'eau.

La benzidine-sulfone, soumise à l'action de la soude en fusion à 180°, fournit de la *monoxybenzidine,* d'après l'équation

$$C^{12}H^{10}Az^2SO^2 + 2NaOH$$
$$= C^{12}H^{11}Az^2(OH) + SO^3Na^2.$$

— Cette base est grise, peu soluble dans l'eau, soluble dans la soude caustique; elle forme avec les acides sulfurique et chlorhydrique des sels peu solubles dans l'eau.

La benzidine-sulfone, traitée par l'acide nitreux, se transforme en un *dérivé tétrazoïque* amorphe, de couleur brune; ce dernier, traité par le chlorure stanneux et l'acide chlorhydrique, fournit une *hydrazine* qui cristallise en petites aiguilles jaunes peu solubles dans l'eau. Ce corps, soumis à l'ébullition avec le sulfate de cuivre, donne lieu à un dégagement d'azote avec formation de *biphénylène-sulfone,*

$$\begin{array}{l} C^6H^4 \\ | \\ C^6H^4 \end{array} \Big\rangle SO^2,$$

fusible à 228°.

Les matières colorantes azoïques dérivées de la benzidine-sulfone sont d'une nuance beaucoup plus bleue que celles que l'on obtient à l'aide de la benzidine. Ainsi cette dernière, transformée en dérivé tétrazoïque et associée à l'acide naphtionique, fournit un rouge (rouge Congo); la sulfone donne au contraire, avec le même corps, un violet.

ACIDE BENZIDINE-SULFONE-SULFONIQUE,

$$SO^2 \left\langle \begin{array}{l} C^6H^3(AzH^2) \\ | \\ C^6H^2(AzH^2)(SO^3H) \end{array} \right. , 2H^2O.$$

— Par l'action de l'acide sulfurique fumant sur la benzidine-sulfone au-dessus de 100°, on obtient un mélange d'acides mono-, di-, tri- et tétra-sulfonés que l'on sépare de la manière suivante : On verse la masse sur de la glace et on laisse reposer pendant quelque temps; les acides mono- et disulfoné se séparent; on filtre: par addition de sel marin à la liqueur filtrée, on précipite les acides tri- et tétra-sulfoné.

Le mélange des deux acides mono- et disulfoné est dissous dans la soude caustique; le liquide filtré est additionné d'acide acétique; l'acide monosulfonique seul se dépose; la liqueur mère, précipitée par un grand excès d'acide chlorhydrique ou sulfurique, fournit l'acide benzidine-sulfone-disulfonique.

On peut obtenir ces acides à l'état de pureté en les transformant en sels de calcium ou de sodium et en soumettant ces sels à des cristallisations répétées.

L'acide benzidine-sulfone-sulfonique est très peu soluble dans l'eau bouillante et se dépose totalement en petites aiguilles d'un jaune clair par le refroidissement de la liqueur. L'alcool n'en dissout que des traces. Sa saveur, d'abord amère, est ensuite sucrée.

Les solutions étendues de ses sels, additionnées d'acide chlorhydrique, fournissent un précipité gélatineux d'un jaune verdâtre.

Sel de calcium,

$$\left[SO^2 \begin{cases} C^6H^3(AzH^2) \\ | \\ C^6H^2(AzH^2).SO^3 \end{cases}\right]^2 Ca, 8,5\,H^2O.$$

— Ce corps cristallise en petites aiguilles jaunes, solubles dans l'eau et dans l'alcool bouillants, peu solubles dans l'eau froide.

Sel de baryum,

$$\left[SO^2 \begin{cases} C^6H^3(AzH^2) \\ | \\ C^6H^2(AzH^2).SO^3 \end{cases}\right]^2 Ba, 3,5\,H^2O.$$

— Ce sel ressemble au précédent; il est moins soluble dans l'eau et cristallise en petites aiguilles d'un jaune d'or.

ACIDE BENZIDINE-SULFONE-DISULFONIQUE,

$$SO^2 \begin{cases} C^6H^2(AzH^2)(SO^3H) \\ | \\ C^6H^2(AzH^2)(SO^3H) \end{cases}, 1,5\,H^2O.$$

— Cet acide est en aiguilles jaunes, solubles dans l'eau bouillante, peu solubles dans l'alcool, insolubles dans les acides sulfurique ou chlorhydrique étendus.

Le *sel de calcium* renferme 7 molécules d'eau; il cristallise en aiguilles jaunes, insolubles dans l'alcool, peu solubles dans l'eau froide, solubles dans l'eau bouillante.

Le *sel de baryum* forme des aiguilles renfermant 4,5 molécules d'eau, insolubles dans l'alcool, très peu solubles dans l'eau bouillante.

Le *sel de sodium* cristallise en longues aiguilles jaunes, peu solubles dans l'eau froide, très solubles dans l'eau bouillante.

L'acide nitreux transforme l'acide benzidine-sulfone-disulfonique en un *dérivé tétrazoïque* jaune qui, associé aux amines, aux phénols et à leurs dérivés, fournit de belles matières colorantes teignant le coton sans mordant. Les dérivés des phényl-naphtylamines fournissent de belles matières colorantes d'un bleu indigo, teignant même la laine en nuances résistant au foulon et connues sous le nom de *sulfonazurines* (voyez MATIÈRES COLORANTES).

ACIDE BENZIDINE-SULFONIQUE

$$\begin{matrix} C^6H^4 - AzH^2 \\ | \\ C^6H^4 - AzH.SO^3H \end{matrix}$$

— Ce corps diffère des acides benzidine-sulfoniques décrits précédemment par la position du groupe SO^3H qui est relié à l'azote au lieu d'être dans le noyau. On l'obtient en faisant agir le bisulfite d'ammonium sur l'azobenzène [Spiegel, *D. chem. G.*, **18**, 1481].

On chauffe en vase clos au bain-marie de l'azobenzène avec un grand excès de bisulfite d'ammonium et de l'alcool; tout se dissout d'abord, mais au bout de quelque temps il se sépare des cristaux blancs en forme de choux-fleurs. Au bout de quelques heures, la réaction est achevée; on filtre, on lave à l'eau et à l'alcool et on dissout dans une lessive étendue et bouillante de carbonate de sodium; on filtre et on précipite par un acide.

L'acide benzidine-sulfonique est amorphe, doué de propriétés acides bien caractérisées. Il fournit des sels alcalins qui se présentent en cristaux incolores.

Il renferme certainement le reste SO^3H uni à l'azote, ce qui ressort de la réaction suivante: On le dissout dans l'acide sulfurique concentré; au début la dissolution est claire; elle ne tarde pas à se troubler en s'échauffant et à laisser déposer du sulfate de benzidine.

ALCOYLBENZIDINES.

DIMÉTHYLBENZIDINE. — *Dérivé hexanitré*,

$$\begin{matrix} C^6H(AzO^2)^3(AzH.CH^3) \\ | \\ C^6H(AzO^2)^3(AzH.CH^3) \end{matrix} \quad (?)$$

— D'après M. van Romburgh, la trinitrométhylaniline obtenue par M. Mertens [*D. chem. G.*, **19**, 2126] en faisant bouillir l'isodinitrodiméthylaniline avec de l'acide nitrique fumant, aurait la formule ci-dessus et se rattacherait à la série de la benzidine [*Rec. P.-B.*, **5**, 243].

Ce corps cristallise en lamelles qui se décomposent avec explosion au-dessus de 220°; il est insoluble dans l'alcool, soluble dans le phénol et dans l'aniline.

La potasse bouillante le décompose avec dégagement de méthylamine.

TÉTRAMÉTHYLBENZIDINE, $[C^6H^4.Az(CH^3)^2]^2$. — Ce corps, décrit Suppl., **1**, 656, se forme, d'après M. Giraud, par l'action du chlorure d'aluminium à l'air sur la diméthylaniline [*Bull. Soc. Chim.*, (3), **1**, 692].

Tétranitrotétraméthylbenzidine. — C'est, d'après M. van Romburgh, le corps obtenu en ajoutant de la diméthylaniline à de l'acide nitrique étendu (1 partie d'acide nitrique, 1 partie d'eau) sans refroidir [Mertens, *loc. cit.*]. On épuise par l'alcool le précipité qui prend naissance et on fait cristalliser le résidu dans le phénol.

La tétranitrotétraméthylbenzidine,

$$\begin{matrix} C^6H^2(AzO^2)^2Az(CH^3)^2 \\ | \\ C^6H^2(AzO^2)^2Az(CH^3)^2 \end{matrix}$$

cristallise en magnifiques lamelles d'un brun doré, qui se décomposent vers 250°.

Diamidotétraméthylbenzidine,

$$C^{12}H^6(AzH^2)^2\left(Az \begin{matrix} CH^3 \\ CH^3 \end{matrix}\right)^2$$

— On l'obtient en réduisant par l'étain et l'acide chlorhydrique la dinitrobenzidine fusible à 188°; on élimine l'étain par l'hydrogène sulfuré et on purifie le chlorhydrate par plusieurs cristallisations.

La base, isolée par l'ammoniaque et purifiée par cristallisation dans l'alcool, forme de belles lamelles douées d'un éclat argentin, fusibles à 168°, solubles à chaud dans l'alcool, insolubles dans l'eau [Michler et Pattinson, *D. chem. G.*, **17**, 118]. Le chlorure ferrique la colore en violet; le dichromate de potassium et l'acide sulfurique donnent une coloration d'un rouge brun, virant au rouge par addition d'eau; le permanganate et l'acide chlorhydrique donnent au bout de quelque temps une coloration rouge.

Le *chlorhydrate*, $C^{16}H^{22}Az^4 . 2HCl$, cristallise en aiguilles peu solubles dans l'eau.

Le *chloroplatinate*, $C^{16}H^{22}Az^4 . 2HCl . PtCl^4$, forme une poudre d'un jaune clair.

L'*iodhydrate*, $C^{16}H^{22}Az^4 . 2HI$, cristallise en aiguilles peu solubles dans l'eau froide.

PENTAMÉTHYLBENZIDINE. — L'*iodure*,

$$C^{12}H^8[Az(CH^3)^2]^2CH^3I,$$

obtenu par l'iodure de méthyle et la benzidine, fond à 263°.

Le *chlorure* forme des cristaux solubles dans l'eau et dans l'alcool, fusibles à 228°.

DIPHÉNYLBENZIDINE. — *Di-o-nitrophénylbenzidine,*

$$\begin{array}{l} C^6H^4-AzH-C^6H^4 . AzO^2 \\ | \\ C^6H^4-AzH-C^6H^4 . AzO^2 \end{array}$$

— On ajoute de la benzidine à une solution alcoolique d'o-chloronitrobenzène; le liquide se colore en rouge foncé; on achève la réaction en faisant bouillir pendant quelques heures; on ajoute de l'eau et on purifie le produit par cristallisation dans l'acide acétique étendu. On obtient de fines aiguilles, fusibles à 240°, solubles dans l'acide sulfurique concentré en une liqueur rougeâtre qui devient rouge foncé par addition d'une trace d'un nitrite [Schöpff, *D. chem. G.*, 22, 904].

RÉACTIONS COLORÉES DES ALCOYLBENZIDINES. — Si on soumet la diéthylbenzidine à l'action des vapeurs d'eau de brome, elle se colore en un bleu verdâtre; par addition d'une petite quantité d'eau de brome, la base prend une coloration d'un bleu indigo très intense; une plus grande quantité d'eau de brome donne une coloration d'un brun jaunâtre.

La tétraméthylbenzidine se colore par l'eau de brome en un vert feuille intense; la substance formée se dissout dans l'eau avec cette même coloration.

La benzidine donne avec l'eau de brome une coloration d'abord bleu-indigo, puis violette [Schiff et Vanni, *Gazz. chim. ital.*, 20, 525].

BENZIDIDES ET DÉRIVÉS.

DIFORMYLBENZIDINE, $(C^6H^4 . AzH . CHO)^2$. — On prépare ce corps en traitant l'hydrazobenzène ou la benzidine par l'acide formique; le produit obtenu est purifié par cristallisation dans le nitrobenzène bouillant. C'est une poudre cristalline grise, fusible à une température élevée, sublimable sans décomposition, à peu près insoluble dans les dissolvants usuels [Stern, *D. chem. G.*, 17, 379].

ACÉTYLBENZIDINE,

$$\begin{array}{l} C^6H^4 . AzH^2 \\ | \\ C^6H^4 . AzH . C^2H^3O \end{array}$$

— Elle se forme en même temps que le dérivé diacétylé quand on fait bouillir pendant longtemps 1 partie de benzidine avec 10 parties d'acide acétique cristallisable [Schmidt et Schultz, *Ann. Chem.*, 207, 332].

L'acétylbenzidine cristallise dans l'alcool étendu en longues aiguilles, fusibles à 199°, solubles dans l'alcool, insolubles dans l'éther. Elle se combine avec les acides en donnant des sels amorphes ou gélatineux, très peu solubles dans l'eau.

DIACÉTYLBENZIDINE, $(C^6H^4 . AzH . C^2H^3O)^2$. — Elle cristallise en aiguilles fusibles à 317°, peu solubles dans les dissolvants usuels, solubles dans 12 parties d'acide acétique cristallisable [Hirsch, *D. chem. G.*, 23, 3225]. Elle ne se combine pas avec les acides et ne peut être sublimée sans décomposition.

Diacétyldinitrobenzidine,

$$C^{12}H^6(AzO^2)^2(AzH . C^2H^3O)^2.$$

— On ajoute peu à peu 1 partie de benzidine à 10 parties d'acide nitrique fumant refroidi avec de la glace; on précipite par l'eau, on lave et on sèche. On obtient ainsi une poudre cristalline d'un jaune clair, fusible au-dessus de 300°, assez soluble dans l'éther et dans l'alcool bouillant [Brunner et Witt, *D. chem. G.*, 20, 1024].

DIBENZOYLBENZIDINE, $(C^6H^4 . AzH . C^7H^5O)^2$. — En traitant l'hydrazobenzène à chaud par le chlorure de benzoyle, on voit se former une masse de couleur foncée, insoluble dans l'eau, qui, traitée par l'alcool, laisse pour résidu une poudre blanche cristalline, insoluble dans les dissolvants usuels. Purifiée par cristallisation dans le nitrobenzène bouillant, la dibenzoylbenzidine se présente en lamelles nacrées, fusibles à une température élevée et sublimables sans décomposition [Stern, *D. chem. G.*, 17, 379].

Dibenzoyldibromobenzidine,

$$(C^6H^3Br . AzH . C^7H^5O)^2.$$

— On l'obtient en traitant par du chlorure de benzoyle en excès la dibromobenzidine fusible à 89°. Par cristallisation dans l'alcool, on obtient de fines aiguilles, fusibles à 195°, qui présentent un cas curieux d'isomérie physique. Si on refroidit rapidement le produit en fusion, il se solidifie et fond à 99°; si l'on continue à chauffer, le produit se solidifie vers 130° et fond de nouveau à 195°. L'élévation du point de fusion se produit également par cristallisation dans l'alcool [Lellmann, *D. chem. G.*, 15, 2835].

CARBONYLBENZIDINE (*biphénylène-urée*),

$$CO \begin{array}{l} \diagup AzH-C^6H^4 \\ \quad\quad\quad | \\ \diagdown AzH-C^6H^4 \end{array}$$

— On obtient ce corps en faisant passer un courant d'oxychlorure de carbone à travers une dissolution chloroformique de benzidine. On le purifie par une sublimation et par un traitement à l'alcool [Michler et Zimmermann, *D. chem. G.*, 14, 2178].

Ce corps est amorphe; il se colore en brun à 260° et se sublime au-dessus de 300° en se décomposant en partie.

BIPHÉNYLÈNE-BICARBIMIDE,

$$\begin{array}{l} CO=Az-C^6H^4 \\ \quad\quad\quad | \\ CO=Az-C^6H^4 \end{array}$$

— On prépare ce corps en chauffant à 230-250° de la benzidine dans un courant de chlorure de carbonyle [Snape, *Chem. Soc.*, 49, 256].

Le produit de la réaction est distillé dans un courant du même gaz à 310°. Il cristallise en longues aiguilles, fusibles à 122°, solubles dans l'éther. Par ébullition avec de l'alcool, il se convertit en *biphénylène-diuréthane,*

$$\begin{array}{l} C^2H^5O . CO-AzH-C^6H^4 \\ \quad\quad\quad\quad\quad\quad | \\ C^2H^5O . CO-AzH-C^6H^4 \end{array}$$

Ce dernier composé prend également naissance par l'action du chlorocarbonate d'éthyle sur la benzidine [Schiff et Vanni, *Gazz. chim. ital.*, 20, 525]; il cristallise en barbes de plume, fusibles à 226-230°.

La biphénylène-bicarbimide, traitée par le phénol, fournit le *biphénylène-dicarbamate de phényle*.

$$C^{14}H^{10}Az^2O^4(C^6H^5)^2,$$

qui cristallise dans l'acide acétique en lamelles fusibles à 240°, peu solubles dans les dissolvants usuels.

AMIDOBIPHÉNYLYL-CARBAMATE D'ÉTHYLE,

$$\begin{array}{l} C^6H^4 . AzH . CO^2C^2H^5 \\ | \\ C^6H^4 . AzH^2 \end{array}$$

— En faisant réagir 3 molécules de benzidine sur 2 molécules de chlorocarbonate d'éthyle, on voit se former, en même temps que la diuréthane, une autre substance qui reste dans l'eau mère alcoolique. Par évaporation, on obtient une masse gélatineuse qui, au bout de quelques jours, se transforme au contact de l'alcool en un agrégat de petites aiguilles, constituées par le chlorhydrate

$$\begin{array}{l} C^6H^4 . AzH . CO^2C^2H^5 \\ | \\ C^6H^4 . AzH^2 . HCl \end{array}$$

Ce corps, décomposé par le carbonate de sodium, fournit la base libre : cette dernière cristallise dans l'éther en aiguilles groupées en étoiles, fusibles à 90-91° et assez altérables.

Le *chloroplatinate* est une poudre orangée.

Le *dérivé acétylé*,

$$\begin{array}{l} C^6H^4 . AzH . CO^2C^2H^5 \\ | \\ C^6H^4 . AzH . C^2H^3O \end{array}$$

obtenu par l'action de l'anhydride acétique à chaud, cristallise en petites aiguilles incolores, ne jouissant plus de propriétés basiques.

Une solution alcoolique d'amidobiphényl-carbamate d'éthyle donne avec l'aldéhyde salicylique un précipité jaune, se ramollissant à 155° et fusible à 170°. Ce composé a pour formule

$$\begin{array}{l} C^6H^4 . AzH . CO^2C^2H^5 \\ | \\ C^6H^4 - Az = CH - C^6H^4 . OH \end{array}$$

Avec le glyoxal, on obtient un composé

$$C^{12}H^8 \begin{array}{l} \swarrow AzH . CO^2C^2H^5 \\ \searrow AzH - CH \\ \quad\quad\;\; | \\ \quad\quad\; OH \end{array} \!\!\!\text{———}\!\!\! \begin{array}{r} C^2H^5CO^2 . AzH \searrow \\ CH - AzH \swarrow \\ | \quad\quad\quad\; \\ OH \quad\quad\quad \end{array} C^{12}H^8$$

qui constitue une poudre jaune assez altérable à l'air, soluble dans l'alcool et insoluble dans l'eau [Schiff et Vanni, *loc. cit.*].

BIPHÉNYLÈNE-DIPHÉNYLDIURÉE,

$$\begin{array}{l} C^6H^4 . AzH . CO . AzH . C^6H^5 \\ | \\ C^6H^4 . AzH . CO . AzH . C^6H^5 \end{array}$$

— On prépare ce composé en mélangeant des solutions éthérées de benzidine et de cyanate de phényle ; le précipité obtenu est purifié par cristallisation dans l'aniline bouillante. Aiguilles rayonnées, fusibles au-dessus de 300° [Kühn, *D. chem. G.*, **18**, 1478].

SULFOCARBOBENZIDINE (*biphénylène-sulfo-urée*),

$$\begin{array}{l} C^6H^4 - AzH \searrow \\ | \quad\quad\quad\quad\quad CS. \\ C^6H^4 - AzH \swarrow \end{array}$$

— On l'obtient en faisant bouillir la benzidine avec du sulfure de carbone et de l'alcool [Borodine, *Jahresb.*, 1860, 356]. C'est une poudre cristalline, insoluble dans les dissolvants usuels, soluble sans altération dans l'acide sulfurique concentré. Ce corps ne donne pas de sénevol par l'action de l'acide chlorhydrique ou de l'anhydride phosphorique.

Biphénylène-diallyl-disulfo-urée,

$$C^{12}H^8(AzH . CS . AzH . C^3H^5)^2.$$

— Longues aiguilles brillantes, obtenues par l'action de l'allylsénevol sur la benzidine en dissolution alcoolique [Schiff, *D. chem. G.*, **11**, 833].

OXALYLBENZIDINE,

$$\begin{array}{l} C^6H^4 - AzH - CO \\ | \quad\quad\quad\quad\quad\;\; | \\ C^6H^4 - AzH - CO \end{array}$$

— On l'obtient en chauffant l'oxalate de benzidine à 200-210° [Borodine, *Jahresb.*, 1860, 356]. C'est une poudre amorphe, insoluble dans l'eau et dans l'alcool, que les alcalis scindent à l'ébullition en benzidine et acide oxalique.

DIPHTALIMIDOBIPHÉNYLES,

$$\begin{array}{l} C^6H^4 - Az \begin{array}{l}\swarrow CO \searrow \\ \searrow CO \swarrow\end{array} C^6H^4 \\ C^6H^4 - Az \begin{array}{l}\swarrow CO \searrow \\ \searrow CO \swarrow\end{array} C^6H^4 \end{array}$$

— On connaît deux composés isomériques répondant à cette formule.

Dérivé para-para. — On l'obtient en chauffant pendant 2-3 heures à 120-130° 1 molécule d'hydrazobenzène avec 2 molécules d'anhydride phtalique. On traite le produit de la réaction par l'alcool et le benzène ; le dérivé ortho-para se dissout ; le résidu, constitué par le dérivé para-para, est purifié par cristallisation dans le nitrobenzène bouillant. On obtient ainsi des aiguilles soyeuses jaunes, fusibles au-dessus de 360° et se sublimant presque sans décomposition dans un courant d'acide carbonique. Ce corps est presque insoluble dans tous les dissolvants usuels ; l'acide sulfurique concentré et chaud le scinde nettement en acide phtalique et benzidine.

Dérivé ortho-para. — Ce corps, plus soluble que le précédent, cristallise en lamelles fusibles à 193-195° [Bandrowski, *D. chem. G.*, **17**, 1181. Gabriel, *ibid.*, **11**, 2262].

Diphtalimidodibromobiphényle,

$$[C^6H^4(CO)^2Az]^2(C^6H^3Br)^2.$$

— On prépare ce produit en chauffant un mélange de dibromobenzidine et d'anhydride phtalique. On épuise le produit de la réaction par l'alcool et on fait cristalliser le résidu dans le nitrobenzène bouillant et dans l'acide acétique. On obtient ainsi de petits cristaux fusibles à 300-301° (Gabriel).

Diphtalimidodinitrobiphényle,

$$(C^6H^3 . AzO^2)^2Az^2(C^8H^4O^2)^2.$$

— On dissout le di-p-phtalimidobiphényle dans l'acide nitrique fumant ; on précipite par l'eau et on fait cristalliser le résidu dans un mélange de nitrobenzène et d'alcool. On obtient une substance insoluble dans les dissolvants usuels, soluble dans le nitrobenzène. L'acide sulfurique concentré scinde ce composé en acide phtalique et en deux dinitrobenzidines, fusibles l'une à 218-221° et l'autre à 196-197° (Bandrowski).

PHTALYLDIÉTHYLBENZIDINE,

$$\begin{array}{l} C^6H^4 - Az(C^2H^5) - CO \searrow \\ | \quad\quad\quad\quad\quad\quad\quad\quad\quad\quad\quad C^6H^4. \\ C^6H^4 - Az(C^2H^5) - CO \swarrow \end{array}$$

— On chauffe graduellement à 150-160° des quantités équimoléculaires d'anhydride phtalique et de diéthylbenzidine. Le produit de la réaction est traité par de l'alcool froid qui enlève les impuretés colorées ; le résidu est dissous dans l'alcool bouillant. Par le refroidissement, il se dépose une poudre cristalline qu'on fait cristalliser dans l'éther acétique bouillant. On obtient en définitive de petits cristaux jaunâtres, fusibles à 250° en se décomposant, insolubles à froid dans les acides et dans les alcalis.

Acide diéthylbenzidine-phtalique,

$$\begin{array}{l} C^6H^4-AzH\,.\,C^2H^5 \\ \mid \\ C^6H^4-Az(C^2H^5)-CO-C^6H^4-CO^2H \end{array}$$

— Cet acide prend naissance par l'action de la potasse caustique alcoolique sur le corps précédent; par addition d'acide chlorhydrique à la liqueur alcaline, on sépare une poudre blanche soluble dans l'alcool, qui tend à le scinder en éthylbenzidine et acide phtalique; avec l'eau bouillante, la décomposition est immédiate.

Le *sel de baryum* est en flocons blancs, insolubles dans l'eau.

Acide tétréthylbenzidine-diphtalique. — On chauffe pendant une demi-heure à 150° un mélange de 1 molécule de tétréthylbenzidine et de 2 molécules d'anhydride phtalique; on dissout dans l'alcool le produit de la réaction et on précipite par l'eau; l'acide obtenu est une poudre blanche, ayant pour formule $C^{36}H^{36}Az^2O^6$, soluble dans l'alcool; les alcalis étendus le scindent à l'ébullition en tétréthylbenzidine et acide phtalique [Schiff et Vanni, *Gazz. chim. ital.*, 20, 521].

Acide benzidinocitrique,

$$\begin{array}{l} C^6H^4-AzH-CO \searrow \\ \mid \qquad\qquad\qquad\quad C^3H^4 \begin{cases} OH \\ CO^2H \end{cases} \\ C^6H^4-AzH-CO \nearrow \end{array}$$

— On chauffe pendant 4 ou 5 heures à 140-150° des quantités équivalentes de benzidine et d'acide citrique cristallisé. Après refroidissement, on traite la masse pulvérisée par l'eau bouillante qui enlève la benzidine, et on dissout le résidu dans l'alcool étendu et bouillant. Le nouvel acide se dépose par le refroidissement sous la forme d'une poudre cristalline, se carbonisant sans fondre au-dessus de 300°.

Les sels sont amorphes; le *sel d'argent* a pour formule

$$(C^{12}H^8\,.\,Az^2H^2)\,C^6H^5O^5Ag$$

[Schneider, *D. chem. G.*, 21, 663].

Acide benzidino-opianique. — On l'obtient en mélangeant des solutions aqueuses bouillantes de benzidine et d'acide opianique,

$$C^6H^2(OCH^3)^2(CO^2H)(CHO),$$

et en faisant bouillir pendant quelques instants. Il se forme par élimination de 2 molécules d'eau aux dépens de 2 molécules d'acide opianique et de 2 molécules de benzidine [Bistrzycki, *D. chem. G.*, 21, 2522]. Le précipité blanc qui se dépose est formé d'aiguilles microscopiques; on filtre et on lave à l'alcool.

L'acide benzidino-opianique est insoluble dans les dissolvants usuels; il est infusible à 320° et ne se dissout qu'à chaud dans les alcalis.

COMBINAISONS DE LA BENZIDINE AVEC LES ALDÉHYDES.

Ces composés ont été étudiés par M. H. Schiff [*D. chem. G.*, 11, 832; *Ann. Chem.*, 201, 361; 239, 357; *Gazz. chim. ital.*, 20, 531].

Dérivé de l'aldéhyde éthylique (amidophényl-quinaldine),

$$AzH^2-C^6H^4-C^6H^3 \begin{cases} Az = C-CH^3 \\ \qquad\quad \mid \\ CH = CH \end{cases}$$

— On ajoute une solution alcoolique d'aldéhyde éthylique à une solution alcoolique de benzidine à 2 0/0; il se dépose une poudre blanche, jaunissant à l'air, presque insoluble dans les dissolvants usuels.

Di-isobutylidène-benzidine, $C^{12}H^8Az^2(C^4H^8)^2$. — On l'obtient sous la forme d'une poudre jaunâtre, en ajoutant de l'aldéhyde isobutylique à une solution alcoolique de benzidine. Elle est très soluble dans le benzène et se liquéfie même dans sa vapeur. Elle n'a pu être obtenue cristallisée et fond à 230° en se décomposant.

Di-œnanthylidène-benzidine,

$$C^{12}H^8Az^2(C^7H^{14})^2.$$

— On dissout 3 grammes de benzidine dans 150 grammes d'alcool et on ajoute 4 grammes d'aldéhyde œnanthylique; il se dépose au bout de peu de temps des mamelons blancs, jaunissant à l'air, très solubles dans le benzène et fusibles à 112-115°.

Di-furfurylidène-benzidine, $C^{12}H^8(AzC^5H^4O)^2$. — On abandonne à la température ordinaire pendant 12 heures une dissolution de 1 partie de furfurol et de 1 partie de benzidine dans 50 parties d'alcool. Il se dépose de petites aiguilles d'un jaune clair, insolubles dans l'eau, peu solubles dans l'alcool froid, plus solubles dans l'alcool bouillant et dans le benzène. Ce corps se combine avec les acides pour donner des sels peu stables, dont les dissolutions sont d'un rouge carmin. Le *chlorhydrate* cristallise en lamelles à éclat cuivré. Le *chloroplatinate* forme une poudre cristalline jaune, très peu soluble dans l'alcool [Schiff, *Ann. Chem.*, 201, 361].

En évaporant une dissolution alcoolique de 2 molécules de furfurol, 1 molécule de benzidine et 2 molécules de chlorhydrate d'aniline, on obtient des cristaux à éclat bronzé, ayant pour formule

$$(C^5H^4O^2)^2\,.\,(C^{12}H^{12}Az^2)\,.\,(C^6H^5\,.\,AzH^2)^2\,.\,2HCl.$$

Ce corps se dissout en violet dans l'alcool [Schiff, *Ann. Chem.*, 239, 357].

Glyoxal-benzidine, $C^{12}H^{12}Az^2\,.\,C^2H^2O^2$. — Le glyoxal et la benzidine se combinent sans élimination d'eau. Le produit obtenu constitue une poudre cristalline jaunâtre, peu soluble dans les dissolvants usuels, soluble en bleu indigo dans l'acide sulfurique concentré [Schiff, *D. chem. G.*, 11, 832].

Di-salicylidène-benzidine,

$$C^{12}H^8Az^2(C^7H^5\,.\,OH)^2.$$

— On dissout 3 grammes de benzidine dans 100 centimètres cubes d'alcool et on y ajoute 4 centimètres cubes d'aldéhyde salicylique dissoute dans une petite quantité d'alcool. Au bout de quelques minutes, le liquide se prend en une masse cristalline jaune, qu'on purifie par cristallisation dans le benzène bouillant. On obtient ainsi des aiguilles brillantes, incolores, fusibles à 264° et se colorant à l'air en jaune d'or [Schiff et Vanni, *Gazz. chim. ital.*, 20, 531].

Di-benzylidène-benzidine, $C^{12}H^8Az^2(C^7H^6)^2$. — On l'obtient en chauffant de l'aldéhyde benzylique avec de l'hydrazobenzène ou de l'azobenzène en présence de chlorure de zinc [P.-T. Cleve, *Bull. Soc. Chim.*, (2), 45, 188. — Barzilowski, *Journ. Soc. Chim. russe*, 17, 366], ou bien en dissolvant dans 200 grammes d'alcool 5 grammes de benzidine et 6 grammes d'aldéhyde benzylique.

La benzylidène-benzidine cristallise en écailles argentées, fusibles à 232°, solubles dans l'acide sulfurique en un jaune vif virant au rouge de sang par l'addition de traces d'acide nitrique fumant (Schiff et Vanni).

Avec l'aldéhyde m-nitrobenzylique, on obtient la *m-nitrobenzylidène-benzidine*, qui cristallise dans le benzène bouillant en petits cristaux orangés, fusibles à 234°.

Di-cuminilydène-benzidine,

$$C^{12}H^8Az^2(C^{10}H^{12})^2.$$

— Elle se dépose sous la forme d'une poudre jaune par le mélange de solutions alcooliques de

1 molécule de benzidine et de 2 molécules d'aldéhyde cuminique, et cristallise dans le benzène bouillant en écailles brillantes, fusibles à 268° (Schiff et Vanni).

Dicinnamylidène-benzidine, $C^{12}H^8Az^2(C^9H^8)^2$. — Cette substance se forme par l'union de l'aldéhyde cinnamique et de la benzidine. Elle cristallise dans le benzène en lamelles volumineuses, brillantes, fusibles à 260-261°.

Le *chlorhydrate*, $C^{30}H^{24}Az^2 . 2HCl$, cristallise dans l'alcool en prismes rouges [Schiff, *Ann. Chem.*, **239**, 385].

P-DIOXYBENZIDINE (*biphénylène-dihydroxylamine*),

$$\begin{array}{l} C^6H^4 . AzH . OH \\ | \\ C^6H^4 . AzH . OH \end{array}$$

— Ce corps se forme à côté d'autres substances lorsqu'on fait bouillir avec de l'alcool le composé $AzH(OH)C^6H^4Az^2Cl$, obtenu lui-même par l'action de l'acide chlorhydrique alcoolique sur le nitrosophénylglycocolle [Fischer et Hepp, *D. chem. G.*, **20**, 247]. La dioxybenzidine est une huile volatile avec la vapeur d'eau, qui réduit la solution ammoniacale d'argent avec formation de miroir. L'étain et l'acide chlorhydrique la transforment nettement en benzidine.

ISOMÈRES DE LA BENZIDINE

(*Diamidobiphényles*).

On connaît actuellement 6 isomères de la benzidine. Ce sont : deux *o-diamido-biphényles*, renfermant l'un les deux groupes amidogène dans le même noyau, l'autre dans les deux noyaux ; le *m-diamidobiphényle*, la *diphényline*, la *γ-benzidine* et l'*isobenzidine*.

O-DIAMIDOBIPHÉNYLES. — 1° En traitant le nitro-p-benzamidobiphényle

$$C^6H^5 - C^6H^3 \begin{array}{l} \diagup AzO^2 \\ \diagdown AzH . C^7H^6O \end{array}$$

par l'étain et l'acide acétique, on obtient un corps ayant pour formule

$$C^6H^5 - C^6H^3 \begin{array}{l} \diagup Az \\ \diagdown AzH \end{array} \gtrdot C - C^6H^5$$

qu'on peut envisager comme un anhydride du monobenzoyl-o-diamidobiphényle [Hübner, *Ann. Chem.*, **209**, 347].

Cet anhydride cristallise dans l'alcool en lamelles fusibles à 197-198°, presque insolubles dans l'eau bouillante, solubles dans l'alcool bouillant et encore plus solubles dans l'acide acétique.

Il forme des sels peu solubles dans l'eau, plus solubles dans l'alcool.

Le *chlorhydrate*, $C^{19}H^{14}Az^2 . HCl$, cristallise en fines aiguilles.

Le *chloroplatinate* est une poudre formée d'aiguilles microscopiques jaunâtres.

Le *sulfate*, $(C^{19}H^{14}Az^2)^2SO^4H^2$, cristallise en aiguilles très peu solubles dans l'eau.

2° On prépare le second o-diamidobiphényle en réduisant par l'étain et l'acide chlorhydrique, en présence d'une petite quantité d'alcool, le dinitrobiphényle dérivé de la *m-dinitrobenzidine*,

$$\begin{array}{l} C^6H^3_{(1)}(AzH^2)_{(4)}(AzO^2)_{(2)} \\ | \\ C^6H^3_{(1)}(AzH^2)_{(4)}(AzO^2)_{(2)} \end{array}$$

Le *chlorhydrate* est soluble dans l'eau, peu soluble dans l'acide chlorhydrique ; la dissolution aqueuse additionnée d'ammoniaque fournit une huile se solidifiant rapidement et constituée par la base libre.

Cette dernière cristallise dans l'alcool étendu en fines aiguilles incolores, fusibles à 81° et pouvant être distillées presque sans décomposition.

Le *sulfate* est soluble dans l'eau, ainsi que dans l'alcool aqueux.

L'o-diamidobiphényle, chauffé pendant 15 heures à 200°, avec 5 ou 6 parties d'acide chlorhydrique à 15 0/0, se transforme quantitativement en carbazol :

$$C^{12}H^{12}Az^2 + 2HCl$$

$$= AzH^4Cl + HCl + \begin{array}{l} C^6H^4 \diagdown \\ | \qquad\quad AzH. \\ C^6H^4 \diagup \end{array}$$

Le dérivé diazoïque de l'o-diamidobiphényle fournit des matières colorantes n'ayant aucune affinité pour le coton non mordancé.

o-Diacétamidobiphényle,

$$\begin{array}{l} C^6H^4 . AzH . C^2H^3O \\ | \\ C^6H^4 . AzH . C^2H^3O \end{array}$$

— On fait bouillir pendant 20 heures l'o-diamidobiphényle avec 8 parties d'acide acétique cristallisable. Par cristallisation dans l'alcool, on obtient de petits prismes incolores, fusibles à 161°. Ce corps distille presque sans décomposition. Il paraît donc avoir peu de tendance à former une base anhydridique renfermant le groupement

$$\begin{array}{l} - AzH \gtrdot \\ - Az = \end{array} C - CH^3.$$

La constitution de l'o-diamidobiphényle est probablement la suivante :

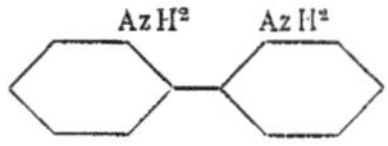

AzH² AzH²

[Täuber, *D. chem. G.*, **24**, 198].

M-DIAMIDOBIPHÉNYLE. — On obtient cette substance en traitant le m-dinitrobiphényle par l'étain et l'acide chlorhydrique ; lorsque la réduction est terminée, ce que l'on reconnaît par la solubilité complète dans l'eau d'une prise d'essai, on étend d'eau, on précipite l'étain par l'hydrogène sulfuré, on filtre et on concentre. Le produit obtenu par le refroidissement de la liqueur est soumis à l'action de l'anhydride acétique et de l'acétate de sodium ; le dérivé acétylé ainsi obtenu est ensuite saponifié par ébullition avec l'acide sulfurique ; on n'a plus qu'à décomposer le sulfate par un alcali. On obtient ainsi le m-diamidobiphényle sous la forme d'une huile incolore, se solidifiant lentement, peu soluble dans l'eau, soluble dans l'éther.

Le m-diamidobiphényle a pour formule

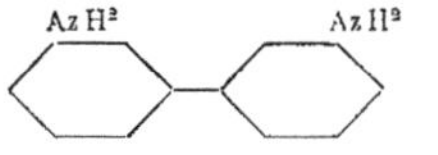

AzH² AzH²

Il donne par l'action de l'acide nitreux un dérivé tétrazoïque, qui se combine facilement avec l'acide naphtionique pour donner une matière colorante qui teint en orangé le coton non mordancé sur bain de savon. Toutefois l'affinité de cette matière colorante pour le coton est loin d'atteindre celle du rouge Congo, que l'on prépare avec le dérivé tétrazoïque de la benzidine et l'acide naphtionique. On voit donc qu'au point de vue des propriétés tinctoriales la position des groupes amidogène dans la molécule du biphényle joue un rôle des plus importants [Brunner et Witt, *D. chem. G.*, **20**, 1028].

Chlorhydrate, $C^{12}H^8(AzH^2 . HCl)^2$. — On l'obtient par l'action de l'acide chlorhydrique sur la solution éthérée de la base. Il cristallise en belles aiguilles blanches, aisément solubles dans l'eau et dans l'alcool. Sa solution alcoolique fournit un *chloroplatinate*, $C^{12}H^8(AzH^2.HCl)^2.PtCl^4$, en grains d'un jaune paille infusibles à 270°.

Sulfate, $C^{12}H^8(AzH^2)^2.SO^4H^2$. — Il prend naissance lorsqu'on chauffe le dérivé diméthylique avec de l'acide sulfurique à 50 0/0 et cristallise par le refroidissement en longues aiguilles, insolubles dans l'eau froide, peu solubles dans l'alcool et dans l'eau bouillante.

m-Diacétamidobiphényle,

$$C^{12}H^8(AzH.C^2H^3O)^2.$$

— Ce corps, dont on a indiqué plus haut le mode de préparation, cristallise dans l'alcool à 50 0/0 en longues aiguilles légèrement colorées, fusibles à 257-258°, solubles dans le phénol et dans l'acide acétique cristallisable, peu solubles dans l'alcool et insolubles dans l'eau (Brunner et Witt).

M-DIAMIDODIOXYBIPHÉNYLE,

AzH² AzH²
OH —⟨ ⟩—⟨ ⟩— OH

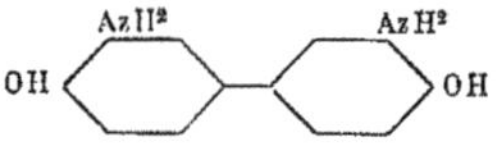

— En traitant le biphénol en solution acétique par la quantité calculée d'acide nitrique, on obtient un dérivé dinitré fusible à 272° (Kunze), à 280° (Schütz), dont la réduction par l'étain et l'acide chlorhydrique fournit le m-diamidodioxybiphényle [Kunze, *D. chem. G.*, **21**, 3331. — H. Schütz, *ibid.*, **21**, 3531].

Cette base cristallise en lamelles incolores qui se décomposent sans fondre à une température élevée. Sa solution alcoolique ammoniacale prend à l'air une coloration verte.

Le *chlorhydrate*, $C^{12}H^6(OH)^2(AzH^2)^2.2HCl$, cristallise en aiguilles incolores, très solubles dans l'eau. Sa solution, traitée par le nitrite de sodium, fournit le *dérivé bis-diazoïque*,

$$Az \lessgtr {}^{O}_{Az} > C^6H^3 - C^6H^3 < {}^{O}_{Az} \gtrless Az,$$

en aiguilles rouges, explosives. Réduit par le chlorure stanneux et l'acide chlorhydrique, ce dernier fournit une *hydrazine*

$$\begin{matrix} OH \\ Az^2H^3 \end{matrix} > C^6H^3 - C^6H^3 < \begin{matrix} OH \\ Az^2H^3 \end{matrix}$$

qui cristallise en aiguilles fusibles à 140°.

Le *sulfate* et le *picrate* cristallisent en fines aiguilles.

Le *dérivé acétylé*,

$$\begin{matrix} C^6H^3(OH)(AzH.C^2H^3O) \\ | \\ C^6H^3(OH)(AzH.C^2H^3O) \end{matrix}$$

se présente en aiguilles blanches, fusibles à 210° et solubles dans les alcalis. Chauffé au-dessus de son point de fusion, il perd 2 molécules d'eau et se convertit en prismes incolores, fusibles à 193-195°, et ayant pour formule

$$CH^3 - C \lessgtr {}^{O}_{Az} > C^6H^3 - C^6H^3 < {}^{O}_{Az} \gtrless C - CH^3.$$

Le *dérivé benzoylé* cristallise en lamelles incolores, fusibles à 206°.

M-DIAMIDODIÉTHOXYBIPHÉNYLE,

$$\begin{matrix} C^6H^3(OC^2H^5)(AzH^2) \\ | \\ C^6H^3(OC^2H^5)(AzH^2) \end{matrix}$$

— Ce composé prend naissance par la réduction du m-dinitrodiéthoxybiphényle fusible à 192-193° (voyez BIPHÉNYLE) au moyen de l'étain et d'un mélange d'acides chlorhydrique et acétique. Il n'a pas été isolé, mais son étude a été faite au point de vue des matières colorantes qu'on peut en dériver.

Son dérivé diazoïque s'unit aux composés aromatiques en donnant des corps qui ne teignent pas le coton non mordancé. Ce fait démontre que le m-diamidodiéthoxybiphényle ne se rattache pas à la série de la benzidine, ce qui ressort d'ailleurs de son mode de formation [Hirsch, *D. chem. G.*, **22**, 335].

DIPHÉNYLINE (*biphényline*, *δ-diamidobiphényle*, *β-benzidine*). — Ce corps a été décrit Suppl., **1**, 656. Le procédé de préparation de cette base a été amélioré par M. O.-W. Fischer [*Mon. f. Chem.*, **6**, 546].

On dissout 70 parties d'azobenzène dans de l'alcool et on ajoute peu à peu à la liqueur bouillante une dissolution de 53 parties d'étain dans l'acide chlorhydrique concentré; on distille l'alcool, on précipite la benzidine à l'état de sulfate par l'acide sulfurique étendu, et on filtre. Le liquide filtré est additionné de soude caustique et épuisé par le benzène; la liqueur benzénique, traitée par l'acide chlorhydrique aqueux, lui abandonne la diphényline ainsi qu'une certaine quantité d'aniline, qui se dissolvent à l'état de chlorhydrates. On évapore la dissolution acide au bain-marie : par le refroidissement, le chlorhydrate de diphényline, beaucoup moins soluble que le chlorhydrate d'aniline, se sépare. On le redissout dans une petite quantité d'eau bouillante et on le précipite de cette solution par l'addition de son volume d'acide chlorhydrique concentré : 500 grammes d'azobenzène fournissent ainsi 100 grammes de chlorhydrate de diphényline.

La diphényline se forme encore quand on chauffe l'acide diamido-p-biphénylcarbonique

$$\begin{matrix} C^6H^4.AzH^2 \\ | \\ C^6H^3 < \begin{matrix} AzH^2 \\ CO^2H \end{matrix} \end{matrix}$$

avec de la chaux, ou lorsqu'on réduit par le chlorure stanneux l'iso-amidonitrobiphényle [Strasser et Schultz, *Ann. Chem.*, **240**, 193. — Schmidt et Schultz, *ibid.*, **207**, 330 et 354].

La diphényline cristallise en longues aiguilles fusibles à 45° et distille sans décomposition à 363°. Sa constitution est exprimée par la formule

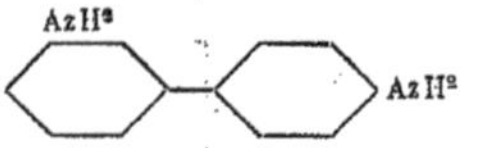

AzH²
⟨ ⟩—⟨ ⟩— AzH²

Chauffée avec de la glycérine et du nitrobenzène en présence d'acide sulfurique concentré, la diphényline fournit le δ-biquinoléyle.

L'action de l'acide chromique permet de distinguer nettement la diphényline de la benzidine. Tandis que cette dernière donne en solution aqueuse un précipité bleu, caractéristique, une dissolution de diphényline fournit dans les mêmes conditions d'abord une coloration jaune, puis un précipité noir. En dissolution sulfurique, on observe d'abord une coloration intense d'un noir verdâtre, puis un précipité noir (O.-W. Fischer).

Dichlorhydrate, $C^{12}H^8(AzH^2.HCl)^2$. — Ce sel est très soluble dans l'eau et cristallise facilement d'une liqueur acide. Il ne paraît pas se combiner au chlorure de platine. Sa chaleur de formation, d'après M. Petit, est de 48,9 calories.

Le *monochlorhydrate*, $C^{12}H^{12}Az^2.HCl$, cristallise en lamelles. Sa chaleur de formation est de 27 calories; sa chaleur de dissolution, de — 7,5 calories.

Sulfate, $C^{12}H^{12}Az^2.SO^4H^2$. — Ce sel cristallise en prismes anorthiques, très solubles dans l'eau : additionné avec précaution d'un alcali, il fournit un précipité d'un sel basique,

$$(C^{12}H^{12}Az^2)^2SO^4H^2,$$

assez soluble dans l'eau et très soluble dans les acides [Fock, *Jahresb.*, 1882, 551].

Diacétyldiphényline, $C^{12}H^8(AzH . C^2H^3O)^2$. — Cristaux incolores, fusibles à 202°.

Tétraméthyldiphényline,

$$\begin{array}{l} C^6H^4 - Az(CH^3)^2 \\ | \\ C^6H^4 - Az(CH^3)^2 \end{array}$$

— On chauffe en vase clos à 180°, pendant 2 heures, 1 molécule de chlorhydrate de diphényline avec de l'alcool méthylique. On dissout le produit de la réaction dans l'acide chlorhydrique étendu et on ajoute de la potasse. On épuise par l'éther, on évapore le dissolvant et on fait bouillir le résidu avec 3 volumes d'anhydride acétique pour transformer la diphényline inattaquée ainsi que la base diméthylée en dérivés acétiques. On soumet finalement le produit à la distillation fractionnée, en recueillant à part ce qui passe à 333-345°. On obtient ainsi une huile jaunâtre, se solidifiant par le refroidissement et constituée par la tétraméthyldiphényline. On achève la purification par cristallisation dans l'alcool absolu [Reuland, *D. chem. G.*, **22**, 3015].

La tétraméthyldiphényline forme des prismes volumineux, fusibles à 51-52°, à odeur de poisson, qui deviennent phosphorescents lorsqu'on les broie, en dégageant une lueur bleue. Ses solutions sont précipitées par le chlorure de platine ; le précipité ne tarde pas à se décomposer. Le chloranile les colore en bleu.

Le *picrate*, $C^{12}H^8Az^2(CH^3)^4 . C^6H^2(AzO^2)^3OH$, cristallise dans l'alcool en belles aiguilles ressemblant à l'acide chromique, fusibles à 199-200° et se décomposant à 204°.

Si on chauffe pendant 6 heures à 100° une solution méthylique de tétraméthyldiphényline avec 2 molécules d'iodure de méthyle, on voit se déposer, par l'évaporation lente de la liqueur, des aiguilles rosées d'un *iodométhylate de tétraméthyldiphényline*,

$$\begin{array}{l} C^6H^4Az(CH^3)^2 \\ | \\ C^6H^4Az(CH^3)^2 \end{array} . CH^3I.$$

Ce corps fond à 184°, est soluble dans l'eau et dans l'alcool et presque insoluble dans l'éther.

Le *di-iodométhylate*, $C^{12}H^8Az^2(CH^3)^4 . 2CH^3I$, s'obtient d'une manière analogue. Il cristallise dans l'alcool étendu en beaux cristaux fusibles à 196° (Reuland).

Sulfocarbodiphényline (*biphénylène-sulfo-urée*),

$$CS \begin{array}{l} \diagup AzH - C^6H^4 \\ \quad\quad\quad\quad | \\ \diagdown AzH - C^6H^4 \end{array}$$

— On prépare ce corps en faisant bouillir pendant 10 ou 20 heures au réfrigérant à reflux 1 partie de diphényline avec 3 parties d'alcool absolu et 3 parties de sulfure de carbone, jusqu'à cessation du dégagement d'hydrogène sulfuré. On évapore et on lave le résidu à plusieurs reprises avec de l'alcool bouillant et de l'éther.

La sulfocarbodiphényline fond à 238°. Elle résiste à l'acide chlorhydrique concentré et bouillant.

Diphtalyldiphényline,

$$\begin{array}{l} C^6H^4 - Az = C \begin{array}{c} \diagup C^6H^4 \diagdown \\ \diagdown - O - \diagup \end{array} CO \\ \\ C^6H^4 - Az = C \begin{array}{c} \diagup - O - \diagdown \\ \diagdown C^6H^4 \diagup \end{array} CO \end{array}$$

— On chauffe pendant 2 heures à 115-120° un mélange intime de 1 molécule de diphényline avec 2 molécules d'anhydride phtalique. On épuise le produit de la réaction par l'eau bouillante, et on le fait cristalliser à plusieurs reprises dans l'acide acétique. La diphtalyldiphényline cristallise en lamelles brillantes, fusibles à 255-257°.

Difurfurylidène-diphényline,

$$\begin{array}{l} C^6H^4 - Az = C^5H^4O \\ | \\ C^6H^4 - Az = C^5H^4O \end{array}$$

— On dissout 3 grammes de diphényline dans 100 grammes d'alcool absolu et on ajoute 3 grammes de furfurol. Au bout de 20 heures, il s'est déposé des lamelles brillantes jaunes, qu'on purifie par cristallisation dans l'alcool absolu. Le produit pur fond à 137°. Sa solution alcoolique donne avec les acides minéraux des composés d'un rouge magnifique.

Dibenzylidène-diphényline,

$$\begin{array}{l} C^6H^4 - Az = CH . C^6H^5 \\ | \\ C^6H^4 - Az - CH . C^6H^5 \end{array}$$

— On chauffe pendant quelques heures au bain-marie 1 molécule de diphényline avec 2 molécules d'aldéhyde benzylique. On obtient un composé qui a une très grande tendance à se résinifier et qui cristallise dans un mélange d'alcool et de benzène en aiguilles jaunes, soyeuses, fusibles à 232-233° ; les rendements sont très faibles.

Di-m-nitrobenzylidène-diphényline,

$$\begin{array}{l} C^6H^4 - Az = CH_{(1)} - C^6H^4 - AzO^2_{(3)} \\ | \\ C^6H^4 - Az = CH_{(1)} - C^6H^4 - AzO^2_{(3)} \end{array}$$

Même préparation au moyen de l'aldéhyde m-nitrobenzylique. Petits cristaux jaunes, fusibles à 184-185°.

On a obtenu de la même manière le *dérivé di-p-nitré*, fusible à 208°.

Di-o-oxybenzylidène-diphényline,

$$\begin{array}{l} C^6H^4Az = CH_{(1)} - C^6H^4 - OH_{(2)} \\ | \\ C^6H^4Az = CH_{(1)} - C^6H^4 - OH_{(2)} \end{array}$$

— On chauffe au bain-marie 1 molécule de diphényline avec 2 molécules d'aldéhyde salicylique ; le produit est purifié par des cristallisations répétées dans l'alcool absolu. Lamelles jaunes, fusibles à 145°.

Dérivés azoïques de la diphényline. — L'acide nitreux transforme la diphényline en un *dérivé tétrazoïque*, qui s'unit au β-naphtol et à la résorcine, pour donner des corps azoïques dont les formules sont

$$[C^6H^4Az^2 . C^{10}H^6(OH)]^2 \text{ et } [C^6H^4Az^2 . C^6H^3(OH)^2]^2.$$

Le dérivé du naphtol fond à 243-245° et se dissout en rouge dans l'acide sulfurique concentré. Le dérivé de la résorcine forme une poudre d'un brun rouge [Reuland, *loc. cit.*].

Éthoxydiphényline (?),

$$\begin{array}{l} C^6H^4 . AzH^2 \\ | \\ C^6H^3(AzH^2)(OC^2H^5) \end{array}$$

— Ce corps a été préparé par M. Bohn [*D. chem. G.*, **23**, 3256], par transposition moléculaire du dérivé benzoïque du benzène-azo-éthoxybenzène,

$$C^6H^5 - Az = Az - C^6H^4 . OC^2H^5.$$

Le corps ainsi obtenu ne fournit pas de matières colorantes teignant le coton non mordancé. Il se rattache probablement à la diphényline.

γ-BENZIDINE. — Ce corps se forme quand on soumet pendant quelques mois le dibromodiamidobiphényle (obtenu par réduction du p-dibromodinitrobiphényle), à l'action de l'amalgame de sodium à 5 0/0 [Strasser et Schultz, *Ann. Chem.*, **210**, 194].

La γ-benzidine forme une masse ressemblant à de la térébenthine, bouillant au-dessus de 360°. Sa constitution est, suivant MM. Strasser et Schultz

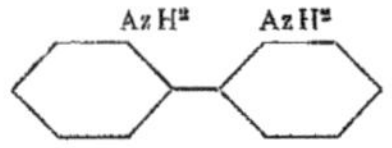

AzH² AzH²

Cette formule serait au contraire, d'après M. Taüber, celle de l'o-diamidobiphényle (voyez plus haut).

En solution alcoolique, la γ-benzidine possède une magnifique fluorescence bleue.

Cette base paraît donner, comme la diphénylìne, des sels neutres et des sels basiques; aucun de ces sels n'a pu être obtenu à l'état cristallisé. Elle ne forme pas de chloroplatinate. Le chlorure de chaux produit dans ses solutions un précipité rouge volumineux; l'eau de chlore donne un précipité vert sale; l'eau de brome, un précipité blanc.

ISOBENZIDINE, $C^{12}H^{12}Az^2$. — Ce corps prend naissance lorsqu'on fait passer des vapeurs d'aniline à travers un tube chauffé au rouge; le produit brut est soumis à la distillation fractionnée. La partie bouillant au-dessus de 200° est traitée par l'éther, filtrée et soumise à l'action d'un courant de gaz chlorhydrique; il se dépose du chlorhydrate d'isobenzidine. On filtre, on fait cristalliser dans l'eau, on met la base en liberté et on l'entraîne par un courant de vapeur d'eau surchauffée. Le produit obtenu est transformé de nouveau en chlorhydrate et ce sel est enfin décomposé par l'ammoniaque. On achève la purification par une cristallisation dans une grande quantité d'eau bouillante. On obtient ainsi des lamelles irisées, fusibles à 125°, ressemblant beaucoup à la benzidine.

L'eau de chlore colore la solution aqueuse d'isobenzidine en vert; au bout de quelque temps, il se forme un précipité brun.

L'isobenzidine se dissout difficilement dans le sulfure de carbone; cette solution se colore en rouge par le brome. Le ferricyanure de potassium n'agit pas sur l'isobenzidine; l'acide nitrique concentré la colore en un noir verdâtre foncé sans la dissoudre. Toutes ces réactions diffèrent notablement de celles de la benzidine [Bernthsen, *D. chem. G.*, **19**, 420].

Le *chlorhydrate*, $C^{12}H^{12}Az^2 . 2HCl$, cristallise en petites lamelles peu solubles. Le *sulfate* est également peu soluble dans l'eau.

HOMOLOGUES DE LA BENZIDINE.

O-MÉTHYLBENZIDINE,

$$\begin{array}{l} C^6H^4(AzH^2) \\ | \\ C^6H^3(CH^3)(AzH^2) \end{array}$$

— On prépare ce corps en réduisant à chaud par le zinc en poudre une dissolution de 1 partie de nitrobenzène et de 4 parties d'o-nitrotoluène dans 25 parties d'alcool, additionnée de 1 demi-partie de soude caustique. L'excès de nitrotoluène est nécessaire si on veut éviter la formation de la benzidine, qu'on sépare difficilement de la méthylbenzidine qu'il s'agit de préparer. Au bout de quelques heures d'ébullition, la réaction est achevée; il se sépare un magma gris ou jaune clair; on ajoute de l'eau, on distille l'alcool et on neutralise avec précaution par l'acide chlorhydrique, de manière à dissoudre l'hydrate de zinc. On filtre, on dissout le résidu dans l'acide chlorhydrique étendu et chaud et on précipite le liquide filtré par le sulfate de sodium. On décompose les sulfates par ébullition avec le carbonate de sodium et on sépare les bases par des cristallisations répétées dans l'eau bouillante. La méthylbenzidine est plus soluble que la benzidine, plus soluble elle-même que la tolidine formée en même temps [Hirsch, *D. chem. G.*, **23**, 3224].

La méthylbenzidine cristallise dans l'eau bouillante en lamelles irisées, fusibles à 115°. Sous l'eau, le produit fond vers 90° et se solidifie à 82°.

La constitution de l'o-méthylbenzidine peut être déduite de son mode de formation. Elle est exprimée par la formule

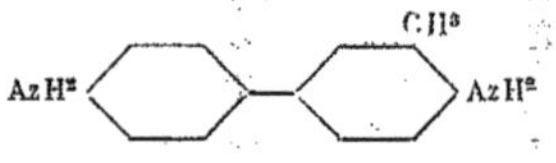

CH³
AzH² AzH²

Diacétylméthylbenzidine,

$$\begin{array}{l} C^6H^4(AzH . C^2H^3O) \\ | \\ C^6H^3(CH^3)(AzH . C^2H^3O) \end{array}$$

— On l'obtient en chauffant parties égales de méthylbenzidine et d'anhydride acétique. Elle fond à 310° et se dissout dans 6 parties d'acide acétique cristallisable.

BENZYLIDÈNE-MÉTHYLBENZIDINE. — On la prépare en mélangeant des solutions alcooliques de méthylbenzidine et d'aldéhyde benzylique. Elle cristallise dans l'alcool en lamelles jaunes, irisées, fusibles à 217° (Hirsch).

ÉTHOXYMÉTHYLBENZIDINE,

$$\begin{array}{l} C^6H^4(AzH^2) \\ | \\ C^6H^2(CH^3)(OC^2H^5)(AzH^2) \end{array}$$

— Pour préparer cette substance, on part du *benzène-azo-p-crésylol,*

$$C^6H^5 - Az = Az - C^6H^3(OH)(CH^3),$$

qu'on transforme successivement en *éther éthylique,* $C^6H^5 . Az = Az . C^6H^3(OC^2H^5)(CH^3)$, par le bromure d'éthyle et l'éthylate de sodium, puis en *dérivé hydrazoïque*

$$C^6H^5 - AzH - AzH - C^6H^3(OC^2H^5)(CH^3),$$

par réduction au moyen de l'hydrogène sulfuré en solution alcoolique ammoniacale.

Ce dérivé hydrazoïque, traité par de l'acide chlorhydrique de concentration moyenne, se dissout d'abord; au bout de quelque temps, il se sépare un chlorhydrate qu'on purifie par cristallisation dans l'acide chlorhydrique étendu. Pour obtenir la base libre, on décompose le chlorhydrate par l'ammoniaque. Après cristallisation dans la ligroïne, on obtient de fines aiguilles blanches, fusibles à 107°, très peu solubles dans l'eau, peu solubles dans la ligroïne, très solubles dans l'alcool et dans l'éther.

La constitution de cette base est la suivante :

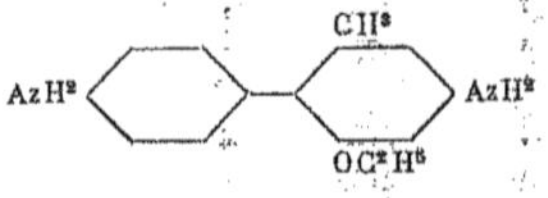

CH³
AzH² AzH²
OC²H⁵

[Nœlting et Werner, *D. chem. G.*, **23**, 3263].

Son dérivé diazoïque fournit des matières colorantes qui teignent le coton non mordancé, tout en ayant moins d'affinité pour les fibres végétales que les dérivés correspondants de la benzidine.

DIMÉTHYLÉTHOXYBENZIDINE,

$$\begin{array}{l} C^6H^3(CH^3)(AzH^2) \\ | \\ C^6H^2(CH^3)(AzH^2)(OC^2H^5) \end{array}$$

— On prépare cette base d'une manière analogue à la précédente, en partant de l'*o-toluène-azo-p-crésylol*,

$$CH^3-C^6H^4-Az_{(1)}=Az_{(1)}-C^6H^4 \begin{array}{l} \diagup CH^3_{(5)} \\ \diagdown OH_{(2)} \end{array}$$

qu'on transforme successivement en éther éthylique et en dérivé hydrazoïque, comme il a été dit ci-dessus. La transformation de ce dernier en dérivé biphénylique s'effectue au moyen de l'acide sulfurique étendu et bouillant; on filtre à chaud et on abandonne le liquide à la cristallisation.

La base libre cristallise dans l'alcool étendu en fines aiguilles blanches, fusibles à 75°, peu solubles dans l'eau, solubles dans l'alcool, l'éther et le chloroforme, et ayant pour constitution

OC²H⁵

AzH² ⬡—⬡ AzH²

CH³ CH³

Les matières colorantes qui en dérivent teignent le coton non mordancé (Nœlting et Werner).

G. de Bechi.

BENZIDINE-CARBONIQUE (ACIDE). — On ne connaît qu'un acide carboxylé dérivé de la benzidine : c'est *l'acide benzidine-tétracarbonique*, décrit par MM. Claus et Hemmann [*D. chem. G.*, **16**, 1759].

En faisant bouillir l'acide azophtalique avec une solution concentrée de chlorure stanneux, on obtient une poudre volumineuse d'un jaune clair, qui est constituée par *l'anhydride benzidine-tétracarbonique*,

$$\begin{array}{l} C^6H^2(AzH^2) \begin{array}{l} \diagup CO \diagdown \\ \diagdown CO \diagup \end{array} O \\ | \\ C^6H^2(AzH^2) \begin{array}{l} \diagup CO \diagdown \\ \diagdown CO \diagup \end{array} O \end{array}$$

Ce corps est insoluble dans l'eau, l'alcool et l'éther, ainsi que dans les acides étendus; il se dissout dans les alcalis en donnant une liqueur brune, qui renferme probablement des sels à 4 atomes de métal. Ces derniers ne sont pas stables: quand on essaye de les isoler, on obtient des sels acides.

Le *sel de potassium*,

$$\begin{array}{l} C^6H^2(AzH^2) \begin{array}{l} \diagup CO \diagdown \\ \diagdown CO \diagup \end{array} O \\ | \\ C^6H^2(AzH^2) \begin{array}{l} \diagup CO^2K \\ \diagdown CO^2K \end{array} \end{array} + 5H^2O,$$

cristallise en prismes volumineux d'un jaune d'ambre, efflorescents, et perd entièrement son eau de cristallisation à 110° en donnant un sel anhydre très hygroscopique.

Le *sel de sodium* a une formule analogue à celle du sel potassique. Il n'a pas été obtenu en cristaux, mais bien sous la forme d'agrégats spongieux, formés d'aiguilles microscopiques.

Le *sel d'argent acide*, $C^{16}H^8Az^2O^7Ag^2$, obtenu en précipitant une solution de l'un des sels précédents par le nitrate d'argent, constitue une poudre d'un jaune clair, facilement décomposable.

Le *sel de plomb*, $C^{16}H^8Az^2O^7Pb$, est une poudre d'un jaune de soufre, amorphe et insoluble dans l'eau.

On a pu obtenir un *sel d'argent normal*, répondant à la formule $C^{16}H^8Az^2O^8Ag^4$, en opérant de la manière suivante : On dissout l'anhydride benzidine-tétracarbonique dans un excès d'ammoniaque et on abandonne la liqueur à l'air jusqu'à disparition de l'odeur ammoniacale; on précipite alors le liquide par le nitrate d'argent. Le sel ainsi obtenu ressemble, comme propriétés physiques, au sel acide à 2 atomes d'argent.

Enfin on a préparé un *sel ammoniacal monobasique* $C^{16}H^9Az^2O^7 . AzH^4$, en opérant comme il suit : On évapore la dissolution ammoniacale de l'anhydride jusqu'à ce que ce dernier commence à se déposer en flocons; on redissout alors le précipité par l'addition de quelques gouttes d'ammoniaque concentrée et on abandonne le liquide au repos; par le refroidissement, le sel monoammonique cristallise en beaux prismes jaunes, transparents.

ANHYDRO-IMIDE BENZIDINE-DICARBONIQUE,

$$\begin{array}{l} C^6H^3 \begin{array}{l} \diagup CO \diagdown \\ \diagdown AzH \diagup \end{array} \\ | \\ C^6H^3 \begin{array}{l} \diagup CO \diagdown \\ \diagdown AzH \diagup \end{array} \end{array}$$

— Lorsqu'on chauffe l'anhydride benzidine-tétracarbonique, il fond au-dessus de 300°, en se décomposant avec dégagement d'acide carbonique et de vapeur d'eau, et en donnant un sublimé formé d'aiguilles d'un jaune clair, fusibles à 283° et constituées par l'anhydro-imide benzidine-dicarbonique. Ce corps est très stable; l'eau à 160-200° ne l'altère pas. Il se dissout dans les alcalis en donnant une liqueur jaune foncé, très oxydable, qui fournit par évaporation une poudre brune soluble dans l'eau. Les acides précipitent de cette solution un corps d'un rouge brun, soluble dans l'alcool et fusible à 235° en se décomposant.

G. de Bechi.

BENZILCARBONIQUES (ACIDES).

ACIDE BENZIL-O-CARBONIQUE,

$$C^6H^5 . CO . CO . C^6H^4 . CO^2H$$

[C. Graebe et P. Juillard, *D. chem. G.*, **21**, 2003]. — Cet acide a été obtenu en dissolvant l'acide désoxybenzoïne-o-carbonique dans une solution de carbonate de sodium et oxydant par la quantité calculée de permanganate de potassium. La solution alcaline et jaune est traitée par un acide; on obtient un précipité en partie gommeux et en partie cristallisé. On dissout dans l'eau bouillante ou dans l'alcool faible et on voit par refroidissement se déposer deux sortes de cristaux, qui sont d'un jaune de soufre ou d'un blanc éblouissant. Cette coloration jaune de certains cristaux n'est pas due à des impuretés; elle dépend plutôt des conditions de la cristallisation.

Dans cette oxydation de l'acide désoxybenzoïne-o-carbonique, il se forme en effet deux stéréo-isomères, dont l'un se présente sous la forme de cristaux jaunes et dont l'autre constitue des cristaux blancs. M. Graebe [*D. chem. G.*, **23**, 1344], en reprenant l'étude de ces produits, a en outre fait les observations suivantes :

1° La modification jaune présente vis-à-vis de l'alcool concentré, de l'alcool à 50 0/0 et du chloroforme une solubilité deux fois plus grande que la modification blanche.

2° En faisant cristalliser lentement et à une basse température un mélange des deux modifications, ou même le dérivé jaune seul, on n'obtient que du produit blanc. Le meilleur dissolvant à employer dans ce cas est le chloroforme.

3° La modification jaune s'obtient en chauffant l'acide blanc, ou un mélange des deux, à une température de 140-150°. Dans ces conditions, le mélange fond, le point de fusion du corps jaune étant 141°,5 et celui du dérivé blanc 125-130°. A cette température de 140-150°, tout le produit blanc est transformé en jaune. Cette transformation s'effectue encore très facilement quand on chauffe l'acide blanc en tube scellé, à une température de 160-180°, avec du benzène. Par refroidissement lent, on obtient de beaux cristaux jaunes.

4° Les deux modifications blanche et jaune possèdent le même poids moléculaire, qui a été déterminé par la méthode de M. Raoult. Le dissolvant employé a été l'acide acétique cristallisable.

5° Quand on dissout l'acide blanc ou l'acide jaune dans les alcalis, on obtient toujours une solution jaune. Par addition d'un acide aux liqueurs, on met en liberté les composés avec leur couleur primitive, si l'on a eu soin d'éviter toute élévation de température dans le cours des opérations.

6° Les deux modifications de l'acide benzil-o-carbonique, traitées par une lessive concentrée de soude ou de potasse, fournissent une liqueur rouge et un dépôt du sel de sodium ou de potassium d'un seul et même *acide benzhydroldicarbonique* :

$$C^6H^5.CO.CO.C^6H^4.CO^2H + 2KHO$$
$$= \begin{matrix} CO^2K - C^6H^4 \\ C^6H^5 \end{matrix} > C < \begin{matrix} OH \\ CO^2K \end{matrix} + H^2O.$$

Si l'on ajoute de l'acide chlorhydrique à la solution aqueuse de ce sel, on obtient un précipité gommeux qui, dissous dans l'alcool, donne par évaporation spontanée du dissolvant de beaux cristaux d'acide benzhydroldicarbonique.

Ce nouvel acide est soluble dans l'alcool, l'éther et le benzène, peu soluble dans l'eau.

Chauffé, il perd 1 molécule d'eau et 1 molécule d'acide carbonique pour se transformer en *phénylphtalide* fondant à 115° :

$$\begin{matrix} CO^2H - C^6H^4 \\ C^6H^5 \end{matrix} > C < \begin{matrix} OH \\ CO^2H \end{matrix}$$
$$= C^6H^4 < \begin{matrix} CO \\ CH \\ | \\ C^6H^5 \end{matrix} > O + CO^2 + H^2O.$$

7° Les deux acides ne donnent naissance qu'à un seul et même éther éthylique jaune, fondant à 71°. Cet éther a été obtenu par éthérification directe des acides et par action de l'iodure d'éthyle sur les sels d'argent. Le résultat est le même, qu'on opère à 100° ou à une basse température.

8° Quelle que soit la température à laquelle on fait agir l'hydroxylamine sur ces acides, on obtient toujours la même *acétoxime*, dont le point de fusion est situé à 166°. Ce composé possède la constitution

$$C^6H^5.CO.C(AzOH).C^6H^4.CO^2H$$

ou $C^6H^5.C(AzOH).CO.C^6H^4.CO^2H.$

Chauffée à 100°, elle ne perd pas d'eau. Traitée par la phénylhydrazine, elle fournit une *hydrazone*.

Cette acétoxime peut être convertie en une *dioxime* qui, en perdant de l'eau, donne aussitôt naissance à un *anhydride*

$$\begin{matrix} C^6H^5.C & — & C.C^6H^4.CO^2H \\ \| & & \| \\ Az & -O- & Az \end{matrix}$$

La propriété que possède cet anhydride de donner naissance à des éthers et à des sels prouve que le groupement carboxylique ne participe point à la formation de la fonction anhydride.

9° Les solutions des deux modifications jaune et blanche dans des quantités calculées de carbonate de sodium, additionnées de chlorhydrate de phénylhydrazine, fournissent la même hydrazone. La constitution de ce dérivé, qui est jaune, montre que l'un des carbonyles est entré en réaction avec la phénylhydrazine sans qu'il y ait eu formation d'un anhydride.

M. Graebe [*D. chem. G.*, 23, 1349] ainsi que MM. V. Meyer et K. Auwers [*ibid.*, 2079] considèrent les deux modifications de l'acide benzil-o-carbonique comme des formes stéréo-isomériques, analogues aux modifications qu'affectent les benziloximes. Les schémas suivants permettraient d'après les auteurs de se rendre compte de cette isomérie :

$$\begin{matrix} C^6H^5 & & O \\ & \diagdown\ /\!\!/ & \\ & C & \\ & | & \\ & C & \\ & /\ \diagdown\!\!\diagdown & \\ CO^2H.C^6H^4 & & O \end{matrix} \qquad \begin{matrix} C^6H^5 & & O \\ & \diagdown\ /\!\!/ & \\ & C & \\ & | & \\ & C & \\ & /\!\!/\ \diagdown & \\ O & & C^6H^4.CO^2H \end{matrix}$$

Cette interprétation nous paraît insuffisante. Les deux schémas ne présentent aucune différence admissible dans les idées stéréochimiques.

Acide tétrachlorobenzilcarbonique. — M. Haas, en partant de l'acide tétrachlorodésoxybenzoïne-carbonique, a obtenu un acide tétrachlorobenzil-carbonique, qui existe également sous les deux modifications blanche et jaune [*D. chem. G.*, 23, 1349].

ACIDE BENZIL-P-CARBONIQUE,

$$C^6H^5.CO.CO.C^6H^4.CO^2H.$$

— Parmi les produits de l'action du brome sur la méthyldésoxybenzoïne, il se trouve un dérivé pentabromé de la formule

$$C^6H^5.CBr^2.CO.C^6H^4.CBr^3.$$

Quand on chauffe ce composé à 160° avec de l'eau, il se transforme en acide benzil-p-carbonique,

$$C^6H^5.CBr^2.CO.C^6H^4.CBr^3 + 3H^2O$$
$$= C^6H^5.CO.CO.C^6H^4.CO^2H + 5HBr.$$

Cet acide constitue des lamelles incolores, qui se décomposent sans fondre à 280-300°.

Acide dibromobenzil-p-carbonique,

$$C^6H^5.CBr^2.CO.C^6H^4.CO^2H.$$

— Cet acide prend naissance lorsqu'on chauffe à 160° la méthyldésoxybenzoïne avec 5 molécules de brome et de l'eau ;

$$C^6H^5.CH^2.CO.C^6H^4.CH^3 + 5Br^2 + 2H^2O$$
$$= C^6H^5.CBr^2.CO.C^6H^4.CO^2H + 8HBr.$$

Il se forme encore quand on chauffe à la même température la dibromo-p-méthyldésoxybenzoïne avec 3 molécules de brome et de l'eau :

$$C^6H^5.CBr^2.CO.C^6H^4.CH^3 + 3Br^2 + 2H^2O$$
$$= C^6H^5.CBr^2.CO.C^6H^4.CO^2H + 6HBr.$$

Cet acide se présente sous la forme d'aiguilles jaunes, fondant à 218°. Chauffé à 180° avec de l'eau, il ne se décompose pas; mais si l'on opère en présence de la quantité théorique de magnésie et qu'on porte la température à 190°, l'acide dibromé se convertit partiellement en acide benzil-p-carbonique [Bucher, *D. chem. G.*, 22, 2819].

A. Haller.

BENZILE,

$$C^{14}H^{10}O^2 = C^6H^5 . CO . CO . C^6H^5.$$

— Indépendamment des modes de formation signalés Dict., **1**, 550 et Suppl., **1**, 314, le benzile a encore été obtenu en chauffant à 150° du bromure de stilbène avec de l'eau [Limpricht et Schwanert, *Ann. Chem.*, **145**, 338] :

$$3\,C^{14}H^{12}Br^2 + 2\,H^2O = C^{14}H^{10}O^2 + 2\,C^{14}H^{12} + 6\,HBr.$$

Il se produit également quand on chauffe le bromure de tolane avec de l'eau à 200° [Limpricht et Schwanert, *D. chem. G.*, **4**, 380] :

$$2\,C^{14}H^{10}Br^2 + 2\,H^2O = C^{14}H^{10}O^2 + C^{14}H^{10} + 4\,HBr.$$

MM. Liebermann et Homeyer [*D. chem. G.*, **12**, 1975], puis Zinine [*Jahresb.*, 1880, 614], l'ont préparé en chauffant à 165° le tétrachlorure de tolane avec de l'acide sulfurique concentré, ou bien en portant à la température de 230-250° un mélange d'acide acétique cristallisable et du même chlorure.

Enfin M. Klinger l'a obtenu, comme produit secondaire, dans la préparation de l'isobenzile au moyen du chlorure de benzoyle et de l'amalgame de sodium en présence de l'éther [*D. chem. G.*, **16**, 995].

On le prépare généralement, d'après le procédé de Zinine, par l'oxydation de la benzoïne au moyen de l'acide azotique.

Propriétés. — Le benzile bout à 346-348° (corr.) en se décomposant partiellement [Wittenberg et V. Meyer, *D. chem. G.*, **16**, 501].

Les solutions dans l'éther, abandonnées à la lumière solaire, fournissent des cristaux de benzilbenzoïne, tandis qu'il reste en dissolution de l'aldéhyde benzylique, de l'acide benzoïque et de l'acide benzilique [H. Klinger, *D. chem. G.*, **19**, 1866].

Traité par l'amalgame de sodium et l'eau, il est transformé en hydrobenzoïne, $C^{14}H^{14}O^2$ [Zincke et Forst, *D. chem. G.*, **8**, 797].

Chauffé avec de l'oxyde de plomb, il se convertit en benzophénone [Wittenberg et V. Meyer, *loc. cit.*].

Une solution bouillante d'acide chlorhydrique fumant ne l'altère pas, même au bout de 8 jours de traitement [Levy et Schultz, *Ann. Chem.*, **210**, 164].

Le perchlorure de phosphore le transforme en chlorobenzile, $C^{14}H^{10}OCl^2$ (Zinine).

Il se dissout avec une coloration d'un violet intense dans la potasse alcoolique ; cette coloration disparaît quand on chauffe, et il se forme de l'acide benzilique, $C^{14}H^{12}O^3$. Pour obtenir cette réaction caractéristique, il convient, d'après MM. Liebermann et Homeyer [*loc. cit.*], de dissoudre 4 parties de benzile dans un excès d'alcool absolu, d'ajouter à la solution 1 partie de potasse caustique et de chauffer.

Une solution de potasse alcoolique étendue et froide transforme le benzile en éthylbibenzile, $C^{30}H^{24}O^4$.

Le benzile se combine directement avec l'ammoniaque et avec 2 molécules d'acide cyanhydrique.

Quand on traite le benzile par l'ammoniaque, on obtient, indépendamment de l'imabenzile, de la benzilimide et du benzilam, de la *lophine*. Cette dernière se forme surtout en grandes quantités lorsqu'on fait réagir pendant longtemps l'alcali sur le benzile (Zincke, Henius).

Lorsqu'on fait bouillir pendant une demi-heure du benzile avec de l'éthylène-diamine et de l'alcool, on obtient de la *diphényldihydropyrazine* (diphényldihydro-p-diazine) :

$$\begin{matrix} C^6H^5 . CO \\ | \\ C^6H^5 . CO \end{matrix} + \begin{matrix} H^2Az - CH^2 \\ | \\ H^2Az - CH^2 \end{matrix} = 2\,H^2O + \begin{matrix} C^6H^5 - C = Az - CH^2 \\ | \qquad\qquad | \\ C^6H^5 - C = Az - CH^2 \end{matrix}$$

[Mason, *D. chem. G.*, **20**, 268].

Ce composé se présente sous la forme de prismes fondant à 160-161° et se dédouble, quand on le chauffe avec les acides concentrés, en benzile et éthylène-diamine.

Si l'on chauffe un mélange d'une solution de benzile (1 molécule) et d'une solution de carbonate de guanidine (1 molécule), il se produit du *benzile-monoguanyle* :

$$\begin{matrix} C^6H^5 - CO \\ | \\ C^6H^5 - CO \end{matrix} + \begin{matrix} H^2Az \\ H^2Az \end{matrix} > C = AzH = \begin{matrix} C^6H^5 \\ | \\ C^6H^5 . CO - C = Az - C \end{matrix} \begin{matrix} \leqslant AzH \\ \leqslant AzH^2 \end{matrix} + H^2O$$

[Wense, *ibid.*, **19**, 762]. Ce corps se présente sous la forme de lamelles oblongues et insolubles dans l'alcool.

Si l'on emploie dans la réaction ci-dessus 2 molécules de guanidine, il se forme du *benzile-diguanyle* (Wense) :

$$\begin{matrix} C^6H^5 . CO \\ | \\ C^6H^5 . CO \end{matrix} + 2\left[\begin{matrix} H^2Az \\ H^2Az \end{matrix} > C = AzH\right] = \begin{matrix} C^6H^5 . C = Az . C \begin{matrix} \leqslant AzH^2 \\ \leqslant AzH \end{matrix} \\ | \\ C^6H^5 . C = Az . C \begin{matrix} \leqslant AzH \\ \leqslant AzH^2 \end{matrix} \end{matrix} + 2\,H^2O.$$

Ce corps a une réaction très alcaline et absorbe l'acide carbonique de l'air.

Quand on chauffe à 200° en tube scellé du benzile avec un excès d'aniline, il se produit de l'*anilbenzile*.

Le benzile se combine avec la phénylhydrazine pour fournir la *benzildihydrazone*. Quand on chauffe ce composé avec de l'alcool à une température de 200-210°, ou lorsqu'on le soumet à la distillation sèche, il se scinde en aniline et en *triphényltriazone* (ou *triphénylosotriazone*) :

$$\begin{matrix} C^6H^5 . C = Az . AzH . C^6H^5 \\ C^6H^5 . C = Az . AzH . C^6H^5 \end{matrix} = AzH^2 . C^6H^5 + \begin{matrix} C^6H^5 - C = Az \\ C^6H^5 - C = Az \end{matrix} > Az . C^6H^5.$$

Ce composé cristallise en lamelles nacrées fondant à 122° [K. Auwers et V. Meyer, *D. chem. G.*, **21**, 2806].

Avec la m-nitrophénylhydrazine, le benzile donne naissance à de la *monobenzil-m-nitrophénylhydrazone*, aiguilles orangées, fusibles à 158° [Bischler, *D. chem. G.*, **22**, 2814].

On obtient la *benzilméthylphénylhydrazone*,

$$C^6H^5 - CO - \underset{\underset{\displaystyle Az . Az \begin{matrix} \leqslant CH^3 \\ \leqslant C^6H^5 \end{matrix}}{\|}}{C} - C^6H^5$$

en chauffant le benzile pendant quelques heures au bain-marie avec un léger excès de méthylphénylhydrazine. L'huile rouge qui se forme est lavée avec de l'acide sulfurique très étendu et chaud, puis avec de l'eau ; on la fait ensuite cristalliser dans l'alcool.

Aiguilles jaunes, très solubles dans l'alcool chaud, dans la ligroïne et dans l'éther, fusibles à 55-56° et se décomposant au delà de 200°. L'acide chlorhydrique ne la décompose que par une ébullition prolongée. L'acide sulfurique concentré la décompose déjà à froid [Kohlrausch, *Ann. Chem.*, **253**, 16].

La *benzilméthylphénylosazone*,

$$\begin{array}{c} C^6H^5-C \;—\; C-C^6H^5 \\ \;\;\;\;\;\| \;\;\;\;\;\;\; \| \\ \;\;\;\;Az \;\;\;\; Az \\ \;\;\;\;\;| \;\;\;\;\;\;\; | \\ \begin{array}{l}CH^3\\C^6H^5\end{array}\!\!>Az \;\;\; Az<\!\!\begin{array}{l}CH^3\\C^6H^5\end{array} \end{array}$$

a été préparée en chauffant 1 molécule de benzile avec 2,5 molécules de méthylphénylhydrazine à la température de 200°. Au bout de 2 heures, il se produit une huile troublée par des gouttelettes d'eau; on la fait bouillir avec de l'acide sulfurique étendu, puis, quand toute la base en excès est éliminée, on laisse refroidir. L'huile se prend en une masse de cristaux rouges, qu'on fait cristalliser dans l'alcool.

Aiguilles jaunes, fondant à 179-180° en brunissant, et se décomposant vers 210-220° en dégageant des gaz. Ce corps est peu soluble dans l'alcool et dans l'acétone. L'acide chlorhydrique fumant ne l'attaque qu'à la longue et à chaud [Kohlrausch, *loc. cit.*].

Le benzile fournit avec les acides naphtylhydrazine-sulfoniques 1-8 et 1-5 des matières colorantes d'un jaune plus ou moins clair [Erdmann, *Ann. Chem.*, **247**, 337].

Il fournit également des matières colorantes avec les acides dihydrazine-stilbène-disulfonique et dihydrazine-biphényl-disulfonique [*D. chem. G.*, **22**, *Ref.*, 119].

Il se combine avec l'hydroxylamine pour fournir la benzilmonoxime; avec le chlorhydrate d'hydroxylamine, il donne, en présence d'alcool méthylique et de quelques gouttes d'acide chlorhydrique, de la benzildioxime (voyez plus loin).

Lorsqu'on chauffe le benzile avec de l'aldéhyde p-oxybenzylique et de l'ammoniaque concentrée, il se produit de la p-oxylophine [F. Japp et H.-H. Robinson, *D. chem. G.*, **15**, 1269] :

$$C^6H^5.CO.CO.C^6H^5 + C^6H^4\!<\!\begin{array}{l}OH\\CHO\end{array} + 2\,AzH^3$$
$$= \begin{array}{l} C^6H^5-C-AzH \\ \;\;\;\;\;\;\;\;\;\;\;\;\| \\ C^6H^5-C-Az= \end{array}\!\!>C-C^6H^4.OH + 3\,H^2O.$$

Chauffé avec de l'aldéhyde benzylique et de l'ammoniaque, le benzile fournit encore de la lophine [Radziszewski, *D. chem. G.*, **15**, 1494] :

$$C^6H^5.CO.CO.C^6H^5 + C^6H^5.CHO + 2\,AzH^3$$
$$= 3\,H^2O + \begin{array}{c} C^6H^5-C \;—\; C.C^6H^5 \\ \;\;\;\;\;\;\;\;\;\;\;\|\;\;\;\;\;\;\;\;\| \\ \;\;\;\;\;\;\;\;\;\;Az\;\;\;\;Az \\ \;\;\;\;\;\;\;\;\;\;\;\;\diagdown\;\diagup \\ \;\;\;\;\;\;\;\;\;\;\;\;CH.C^6H^5 \end{array}$$

Le benzile se combine avec l'aldéhyde salicylique et l'ammoniaque, pour donner naissance au dérivé dibenzoylé de la dioxystilbène-diamine $C^{14}H^{10}(OH)^2(AzH.C^7H^5O)^2$ [Japp et Hooker, *Chem. Soc.*, **45**, 673] :

$$2\,C^6H^4\!<\!\begin{array}{l}OH\\CHO\end{array} + C^{14}H^{10}O^2 + 2\,AzH^3$$
$$= C^{28}H^{24}Az^2O^4 + 2\,H^2O.$$

Avec le furfurol et l'ammoniaque, il se forme une combinaison analogue $C^{10}H^8O^2(AzH.C^7H^5O)^2$.

Quand on broie le benzile sous l'alcool avec un peu de cyanure de potassium, on obtient une solution d'un brun rouge qui, au bout de quelque temps, se prend en masse. Une addition d'eau détermine la précipitation d'un corps solide mélangé d'une huile. Le corps solide est constitué par de la benzoïne; quant au corps liquide, il se compose d'un mélange d'éther benzoïque et d'aldéhyde benzylique. Si l'on substitue l'alcool méthylique à l'alcool éthylique, on obtient du benzoate de méthyle. Enfin si l'on opère au sein d'une solution concentrée de carbonate de sodium, il se forme de l'aldéhyde benzylique et de l'acide benzoïque [F. Jourdan, *D. chem. G.*, **16**, 659].

Quand on fait agir une solution alcoolique de benzile sur une solution aqueuse d'un mélange d'acétate de sodium et de chlorhydrate de tétra-amidobenzène symétrique, on obtient un mélange de *diamidodiphénylquinoxaline* et de *tétraphényldiquinoxaline*,

$$\begin{array}{ccccc} & CH & & Az & \\ H^2Az.C & & C & & C.C^6H^5 \\ H^2Az.C & & C & & C.C^6H^5 \\ & CH & & Az & \end{array}$$

Diamidodiphénylquinoxaline.

$$\begin{array}{ccccc} & Az & & Az & \\ C^6H^5.C & & C & & C.C^6H^5 \\ C^6H^5.C & & C & & C.C^6H^5 \\ & Az & & Az & \end{array}$$

Tétraphényldiquinoxaline

[R. Nietzki et Ed. Müller, *D. chem. G.*, **22**, 445].

Lorsqu'on chauffe à 100°, pendant 24 heures, un mélange en proportions moléculaires de benzile et d'α-β-diméthylquinoléine, on obtient un produit de condensation fondant à 176° et dont les solutions salines possèdent une fluorescence verte très intense. Ce dérivé a pour formule

$$\begin{array}{ccccc} & CH & & CH & \\ HC & & C & & C.CH^3 \\ HC & & C & & C-CH=C.C^6H^5 \\ & CH & & Az & \;\;\;\;\;\;\;\;\;\;\;\;\;\;\;\;| \\ & & & & \;\;\;\;\;\;\;\;\;\;\;\;\;CO.C^6H^5 \end{array}$$

Si l'on chauffe le mélange pendant plusieurs heures à 180°, il se produit un isomère $C^{25}H^{19}AzO$ de ce corps. Ce composé forme de beaux cristaux jaunes, fusibles à 240°. Il se dissout à peine dans la plupart des dissolvants [G. Rohde, *D. chem. G.*, **22**, 267].

L'alcool éthylique est sans action sur le benzile à une température de 200°; mais si l'on opère en présence d'une petite quantité d'acide cyanhydrique, il se forme de l'aldéhyde benzylique et du benzoate d'éthyle [Michael et Palmer, *D. chem. G.*, **18**, *Ref.*, 701] :

$$C^6H^5.CO.CO.C^6H^5 + C^2H^6O + CAzH$$
$$= C^6H^5.CHO + C^6H^5.CO^2C^2H^5 + CAzH.$$

Quand on dissout le benzile dans l'alcool et qu'on ajoute à la dissolution un excès d'acide cyanhydrique, puis qu'on sature le mélange par l'acide chlorhydrique gazeux en maintenant la température à 0°, on obtient, après plusieurs semaines de repos et addition subséquente d'eau, une masse visqueuse. On fait bouillir ce produit avec une dissolution de carbonate de sodium, on filtre et on dissout la partie insoluble dans l'alcool. On obtient ainsi des tables ou des aiguilles brillantes, d'un jaune pâle, répondant à la formule

$C^{16}H^{12}Az^2O$. Ce corps fond à 196-197°. Il est difficilement soluble dans l'eau bouillante et dans le benzène, très soluble dans l'alcool bouillant. Il se dissout dans l'acide chlorhydrique concentré et chaud, sans se décomposer, même quand on chauffe à 170°. La potasse caustique ne l'attaque pas [Japp et Miller, *Chem. Soc.*, **51**, 30].

Si l'on fait passer un courant d'acide chlorhydrique sec dans une solution alcoolique de benzile additionnée d'un excès d'acide cyanhydrique et qu'on abandonne le mélange au repos, on obtient au bout de quelque temps le corps répondant à la formule $C^{16}H^{12}Az^2O$ et un acide

$$C^6H^5-C(OH)(CAz)-C(OH)(CO^2H)-C^6H^5$$

cristallisant au sein de l'eau en prismes fusibles à 196°. Cet acide est soluble dans le carbonate de sodium [Japp et Miller, *loc. cit.* et *D. chem. G.*, **16**, 2416; **20**, *Ref.*, 17].

Quand on ajoute du cyanure de potassium à une solution éthérée de benzile et qu'on additionne peu à peu d'acide chlorhydrique concentré la liqueur refroidie, on obtient, après évaporation de l'éther et cristallisation dans le benzène, du dihydrocyanure de benzile ou nitrile de l'acide diphényltartrique (Zinine) [Jacoby, *D. chem. G.*, **19**, 1519]:

$$C^6H^5.CO.CO.C^6H^5+2CAzH$$
$$=C^6H^5-C\begin{matrix}\diagup OH\\ \diagdown CAz\end{matrix}-C\begin{matrix}\diagup OH\\ \diagdown CAz\end{matrix}-C^6H^5.$$

Le benzile se combine en présence de la potasse avec les acétones (voyez plus loin).

Il s'unit également aux nitriles par l'intermédiaire de l'acide sulfurique (voyez Combinaisons avec les nitriles).

COMBINAISONS DU BENZILE AVEC LES ALCOOLS.

Éthyldibenzile (*éthyldibenzoïne* $C^{30}H^{26}O^4$ de Limpricht et Schwanert), $C^{30}H^{24}O^4$. — Ce composé se produit en même temps que d'autres combinaisons lorsqu'on chauffe le benzile [Jena, *Ann. Chem.*, **155**, 79], la benzoïne [Limpricht et Schwanert, *D. chem. G.*, **4**, 336] ou l'acétylbenzoïne, ces deux dernières en présence de l'air [Jena et Limpricht, *Ann. Chem.*, **155**, 92], avec une solution alcoolique de potasse :

$$2C^{14}H^{10}O^2+C^2H^5.OH=C^{30}H^{24}O^4+H^2O.$$

MM. Owens et Japp [*D. chem. G.*, **18**, 175] recommandent le procédé de préparation suivant : On dissout 10 grammes de potasse caustique dans 2 litres et demi d'alcool et on ajoute à cette solution 200 grammes de benzile finement pulvérisé. On agite et on abandonne le mélange à l'abri du contact de l'air. Le nouveau composé commence à se déposer au bout de 1 ou 2 jours et on en obtient la totalité au bout de 15 jours. La poudre cristalline qui se dépose est recueillie, lavée avec de l'éther pour éliminer le benzile non entré en réaction, puis mise à cristalliser dans le benzène et enfin dans l'alcool. Les cristaux qui se déposent au sein de ce dernier dissolvant sont petits, brillants et renferment 1 molécule d'alcool de cristallisation qui ne se dégage qu'à 120°. Le produit exempt d'alcool fond à 200-201°. Les solutions benzéniques le laissent déposer sous la forme de tables obliques microscopiques, qui renferment 1 molécule de benzène de cristallisation et qui, exposées à l'air, s'effleurissent et deviennent opaques.

L'éthyldibenzile est insoluble dans l'eau, difficilement soluble dans l'alcool froid.

Le chlorure d'acétyle est sans action sur ce corps. MM. Limpricht et Schwanert ont cependant décrit un composé acétylé fondant à 145°. MM. Japp et Owens [*loc. cit.*] expliquent ce désaccord par la propriété que possède l'éthyldibenzile de se combiner à l'acide acétique pour former un produit d'addition fondant vers 130°. Ce composé, exposé à l'air ou chauffé, perd de l'acide acétique, et son point de fusion s'élève peu à peu jusqu'à 200°, température à laquelle fond l'éthylbenzile.

Les eaux mères benzéniques provenant de la purification de l'éthyldibenzile renferment encore un autre produit de condensation, qui cristallise en aiguilles jaunes, fusibles à 232° [F. Japp et Owens, *loc. cit.*]. Ce produit a pour formule $C^{46}H^{34}O^4$ et paraît se former suivant l'équation

$$3C^{14}H^{10}O^2+2C^2H^6O=C^{46}H^{34}O^4+4H^2O.$$

Combinaison avec l'alcool isopropylique, $C^{31}H^{28}O^4$ [F. Japp et Raschen, *D. chem. G.*, *Ref.*, **20**, 59; *Chem. Soc.*, **49**, 832]. — Ce composé se produit quand on ajoute 10 grammes de benzile pulvérisé à une solution de 2 grammes de potasse dans 100 centimètres cubes d'alcool isopropylique. On agite jusqu'à dissolution du benzile et on abandonne au repos pendant plusieurs mois. Les cristaux qui se déposent sont lavés à l'éther et à l'eau et dissous dans l'alcool.

Cristaux rhomboédriques brillants, fusibles à 147-148° en se ramollissant au préalable, difficilement solubles dans l'alcool.

Ce corps résulte de la condensation de 1 molécule d'alcool isopropylique et de 2 molécules de benzile, avec élimination de 1 atome d'oxygène. Sa formation ne présente par conséquent pas d'analogie avec celle de l'éthyldibenzile.

DÉRIVÉS AMMONIACAUX DU BENZILE.

Laurent (Dict., **1**, 551), en faisant passer un courant d'ammoniaque dans une solution alcoolique de benzile, a obtenu trois corps appelés par lui *imabenzile* $C^{14}H^{11}AzO$, *benzilimide* $C^{28}H^{22}Az^2O^2$, et *benzilam* $C^{28}H^{18}Az^2$. M. Henius a repris l'étude de ces corps, et a déterminé les meilleures conditions dans lesquelles chacun d'eux se produit. Il a également essayé d'en établir la constitution et est arrivé à leur attribuer d'autres formules que celles admises par Laurent [*D. chem. G.*, **16**, 891; *Ann. Chem.*, **228**, 339]. M. Fr. Japp a de son côté étudié les produits de Laurent, et ses recherches l'ont conduit à interpréter d'une façon un peu différente les résultats de M. Henius [*D. chem. G.*, **16**, 2636].

Imabenzile, $C^{42}H^{32}Az^2O^4$ (Henius), $C^{35}H^{28}Az^2O^3$ (Japp et Wynne). — Ce composé se produit le plus facilement quand on additionne une solution alcoolique concentrée et bouillante de benzile de plusieurs fois son volume d'ammoniaque à 30 0/0. On abandonne pendant quelque temps au repos ; on filtre, on lave le précipité d'abord avec de l'eau, puis avec de l'alcool et de l'éther, enfin on sèche à l'air ; rendement 80-90 0/0 (Henius) :

$$3C^{14}H^{10}O^2+2AzH^3=C^{42}H^{32}Az^2O^4+2H^2O.$$

Il se forme en même temps une petite quantité de benzilimide et de benzilam. D'après MM. Japp et Wynne, il se produit en outre de l'acide benzoïque [*D. chem. G.*, **19**, *Ref.*, 601; *Chem. Soc.*, **49**, 473]. Aussi ces auteurs traduisent-ils la réaction par l'équation

$$3C^{14}H^{10}O^2+2AzH^3$$
$$=C^{35}H^{28}Az^2O^3+C^6H^5.CO^2H+H^2O.$$

Propriétés. — L'imabenzile, cristallisé au sein de l'alcool méthylique, se présente sous la forme de cristaux brillants appartenant au système orthorhombique [Fletcher, *Chem. Soc.*, **49**, 476]. Il fond en se décomposant entre 158 et 170° (Henius), à 194° (Japp et Wynne). Les produits de ce dédoublement sont la benzilimide, le benzilam et le benzile (J. et W.). D'après M. Henius, il se formerait en outre de l'aldéhyde benzylique et de la lophine.

L'imabenzile est presque insoluble dans l'éther, soluble dans l'alcool quand on fait bouillir pendant longtemps, facilement soluble dans l'acide acétique cristallisable et bouillant. Ces deux dernières dissolutions ne renferment plus d'imabenzile, mais ses produits de décomposition, la benzilimide, le benzile et l'ammoniaque. Il en est de même quand on le fait bouillir avec de l'acide sulfurique étendu et bouillant.

L'acide sulfurique concentré et froid le transforme en benzilam, aldéhyde benzylique, acide benzoïque et ammoniaque. Chauffé pendant peu de temps avec de l'anhydride acétique, il se dédouble en benzilimide et benzile; si l'on continue à chauffer, on n'obtient plus que du benzile.

La potasse alcoolique et l'ammoniaque alcoolique lui font subir un dédoublement analogue. Avec ce dernier réactif, il se forme en outre, au bout de quelque temps, de la lophine.

Dissous dans l'acide azotique fumant, l'imabenzile fournit deux *dérivés nitrés*, dont l'un cristallise en aiguilles jaunes, fondant de 275 à 280°. La formule en fait un dérivé tétranitré de l'imabenzile, $\mathrm{C^{42}H^{28}(AzO^2)^4Az^2O^4}$.

L'imabenzile, oxydé au moyen du mélange chromique, fournit de l'aldéhyde benzylique, de la benzilimide et de l'acide benzoïque (Henius).

BENZILIMIDE

$$\mathrm{C^{21}H^{17}AzO^2} = \begin{array}{l}\mathrm{C^6H^5 . C . O —}\\ \quad\quad\ \ \Vert \\ \mathrm{C^6H^5 . C . AzH}\end{array} \Big> \mathrm{C(OH) . C^6H^5}$$

(Japp et Henius). — Le meilleur procédé de préparation consiste à chauffer du benzile à 100°, en tube scellé, pendant 3 heures, avec une solution alcoolique d'ammoniaque. L'imabenzile qui se forme d'abord disparaît pour faire place à la benzilimide, qui se dépose par le refroidissement en flocons cristallins qu'on dissout dans l'alcool. Elle cristallise au sein de ce dissolvant en houppes soyeuses, ayant l'aspect de l'amiante et fondant à 137-139°. Ce corps est plus stable que l'imabenzile: il cristallise dans l'acide acétique bouillant sans se décomposer. L'anhydride acétique le décompose au bout d'un certain temps, en donnant une solution jaunâtre renfermant du benzilam. L'acide sulfurique concentré agit de même. L'acide azotique est sans action à froid; à chaud, il se forme des produits résineux. Le mélange chromique l'oxyde en donnant de l'acide benzoïque.

BENZILAM [Syn. *Azobenzile*],

$$\mathrm{C^{21}H^{15}AzO} = \begin{array}{l}\mathrm{C^6H^5 . C . O}\\ \quad\quad\ \ \Vert \\ \mathrm{C^6H^5 . C . Az}\end{array} \Big> \mathrm{C . C^6H^5}$$

— Le benzilam de Laurent est identique avec l'azobenzile de M. Zincke [Japp, Zincke, Henius, *loc. cit.*].

M. Henius [*loc. cit.*] le prépare en triturant dans un mortier de l'imabenzile avec de l'acide sulfurique concentré jusqu'à dissolution complète. On verse ensuite la masse verdâtre dans de l'eau froide. Après repos, le liquide se prend en une bouillie d'aiguilles cristallines, qu'on recueille et qu'on lave à l'eau. Le produit est ensuite dissous dans l'alcool bouillant et la solution décolorée au charbon animal. Après filtration, il se dépose par refroidissement des cristaux de benzilam, qu'on recueille pour les séparer du benzile qui se dépose ultérieurement.

MM. Japp et Wilson [*Chem. Soc.*, **49**, 829] conseillent de faire bouillir le benzile avec de l'acétate d'ammonium.

M. Leuckart a obtenu le benzilam, en même temps qu'un peu de lophine, en chauffant à 215-220°, dans un appareil à reflux, un mélange de 2,5 parties de formiate d'ammonium et de 1 partie de benzile. Le produit est chauffé avec de l'eau, puis mis à cristalliser dans l'alcool. On obtient ainsi un rendement de 70 0/0 du poids du benzile employé.

Comme M. Japp, l'auteur admet que, dans cette réaction, une partie du benzile se trouve partiellement réduit en aldéhyde benzylique qui, en présence de l'ammoniaque provenant du formiate, agit sur le benzile suivant l'équation

$$\begin{array}{l}\mathrm{C^6H^5 . CO}\\ \quad\quad\ \ | \\ \mathrm{C^6H^5 . CO}\end{array} + \mathrm{C^6H^5 . CHO + AzH^3}$$

$$= \begin{array}{l}\mathrm{C^6H^5 . CO}\\ \quad\quad\ \ \Vert \\ \mathrm{C^6H^5 . CAz}\end{array} \Big> \mathrm{C . C^6H^5 + 2\,H^2O}$$

[Leuckart, *J. prakt. Chem.*, (2), **41**, 331].

Propriétés. — Cristallisé au sein d'un mélange d'éther et d'alcool, le benzilam constitue de gros prismes rhombiques, fondant à 113-114° (Henius), 104° (Laurent). Il bout sans se décomposer. Sa densité de vapeur = 10,3 (théorie = 10,2) [Japp, *D. chem. G.*, **16**, 2638]; elle correspond bien à la formule adoptée et non à celle

$$\mathrm{C^{43}H^{32}Az^2O^2}$$

donnée primitivement par M. Henius, ni à celle $\mathrm{C^{42}H^{30}Az^2O^2}$ indiquée par M. Zincke.

Le benzilam se dissout dans l'acide et dans l'anhydride acétique sans se décomposer. Le mélange chromique le transforme quantitativement en acide benzoïque (Japp). Traité par de l'acide azotique fumant, il fournit deux dérivés nitrés qui sont identiques avec ceux obtenus avec l'imabenzile.

Le premier est un *dérivé mononitré* qui fond à 178-182° et qui, oxydé par le mélange chromique, fournit les acides benzoïque et p-nitrobenzoïque.

L'autre est le *dérivé dinitré* fondant à 275-280°. Chauffé à 240° avec de l'acide chlorhydrique concentré, il se scinde en ammoniaque, aldéhyde benzylique et acide benzoïque (Leuckart).

ANILBENZILE,

$$\mathrm{C^{20}H^{15}AzO = C^6H^5 . Az{=}\overset{\displaystyle \mathrm{CO . C^6H^5}}{\overset{|}{\mathrm{C}}} . C^6H^5}.$$

— Ce composé a été découvert par M. Voigt [*J. prakt. Chem.*, (2), **34**, 24] en chauffant du benzile à 200°, en tube scellé, avec un excès d'aniline :

$$\begin{array}{l}\mathrm{C^6H^5.CO}\\ \quad\quad\ | \\ \mathrm{C^6H^5.CO}\end{array} + \mathrm{H^2Az.C^6H^5} = \begin{array}{l}\mathrm{C^6H^5.C{=}Az.C^6H^5}\\ \quad\quad\ | \\ \mathrm{C^6H^5.CO}\end{array} + \mathrm{H^2O}.$$

M. Bandrowski le prépare en chauffant pendant quelques heures, à 130°, un mélange de benzile et d'aniline. Quand la réaction est terminée, on ajoute un peu d'alcool, on agite et on verse le tout dans un vase plat. Au bout de quelques instants, il se dépose des cristaux jaunes, qu'on purifie par cristallisation dans l'alcool [*Mon. f. Chem.*, **9**, 687].

Propriétés. — L'anilbenzile se présente sous la forme de longs prismes jaunes, appartenant au système triclinique et fondant à 105°.

Chauffé avec de la potasse alcoolique, il se colore en violet foncé.

L'acide azotique étendu est sans action sur lui à froid, mais l'acide concentré le dédouble en aniline et benzile et le mélange devient foncé.

L'acide sulfurique étendu ne l'attaque pas à froid, mais à chaud il le scinde en ses composants. L'acide concentré et froid le dissout en donnant une solution d'un rouge de sang qui passe au brun rouge, puis au vert sale et enfin au vert foncé. Quand on ajoute de l'eau à la solution, il se dépose un précipité d'un vert sale.

Une solution de perchlorure de fer est décolorée à chaud par l'anilbenzile; en même temps, il se forme un précipité rouge-brun.

O-TOLUIDYLBENZILE,

$$C^{21}H^{17}AzO = C^6H^4(CH^3)Az = \underset{\displaystyle CO-C^6H^5}{\overset{|}{C}} - C^6H^5$$

[Bandrowski, *loc. cit.*]. — On chauffe à 160° parties égales de benzile et d'o-toluidine et on purifie par quelques cristallisations dans l'alcool.

Propriétés. — Grosses tables fondant à 104°, très solubles dans l'éther et dans le benzène, peu solubles dans l'alcool.

P-TOLUIDYLBENZILE, $C^{21}H^{17}AzO$. — Préparé comme le précédent, ce corps cristallise en longs prismes fondant à 116-117°.

L'acide azotique étendu ou concentré est sans action sur lui à froid. A chaud, l'acide concentré le dédouble en benzile et p-toluidine.

L'acide sulfurique étendu ne l'attaque pas à froid. L'acide concentré le dissout en fournissant un liquide d'un vert émeraude, qui passe au bleu foncé au bout de 12 heures. Si l'on ajoute de l'eau, il se forme un précipité d'un beau bleu foncé, qui est insoluble dans les dissolvants usuels.

DI-P-TOLUIDYLBENZILE,

$$\begin{array}{l} C^6H^5-C=Az\,.\,C^7H^7 \\ \quad\ \ | \\ C^6H^5-C=Az\,.\,C^7H^7 \end{array}$$

[Bandrowski, *loc. cit.*]. — Ce composé se trouve dans les eaux mères de la préparation du p-toluidylbenzile. Il cristallise au sein de l'alcool en tables tricliniques, analogues à l'anilbenzile, et fondant à 161°. Il est plus soluble dans l'alcool que le p-toluidylbenzile.

α-NAPHTYLIMIDOBENZILE,

$$\begin{array}{l} C^6H^5-CO \\ \quad\ \ | \\ C^6H^5-C=Az\,.\,C^{10}H^7 \end{array}$$

[Bandrowski, *loc. cit.*]. — On chauffe pendant environ 4 heures, à une température de 160°, un mélange de 1 molécule de benzile et de 2 molécules d'α-naphtylamine. On ajoute ensuite à la masse noirâtre de l'alcool, puis de l'éther. La bouillie cristalline qui se forme est recueillie et traitée par de l'alcool bouillant, qui dissout l'α-naphtylimidobenzile, tandis que le di-α-naphtylimidobenzile reste à l'état insoluble.

Purifié par des cristallisations répétées dans l'alcool, l'α-naphtylimidobenzile se présente sous la forme de belles aiguilles d'un jaune d'or, fondant à 138-139°, peu solubles dans la ligroïne et dans l'alcool, facilement solubles dans l'éther et dans le benzène. L'éther l'abandonne sous la forme de gros cristaux rhombiques.

DI-α-NAPHTYLIMIDOBENZILE,

$$\begin{array}{l} C^6H^5-C=Az\,.\,C^{10}H^7 \\ \quad\ \ | \\ C^6H^5-C=Az\,.\,C^{10}H^7 \end{array}$$

— Comme il a été dit plus haut, ce composé se forme en même temps que le dérivé monosubstitué.

Il cristallise dans un mélange de ligroïne et de benzène en belles aiguilles d'un jaune foncé, qui fondent à 218-219°. Il est insoluble dans l'alcool froid ou chaud, peu soluble dans l'éther et dans la ligroïne, très soluble dans le benzène.

Combinaisons résultant de l'action simultanée de l'ammoniaque et d'une aldéhyde sur le benzile.

DIPHÉNYLGLYOXALINE,

$$\begin{array}{l} C^6H^5-C\,.\,AzH \diagdown \\ \qquad\ \ \| \qquad\qquad\ \ CH \\ C^6H^5-C\,.\,Az = \diagup \end{array}$$

[Japp, *Chem. Soc.*, **51**, 559]. — Ce composé se produit quand on chauffe une solution alcoolique de benzile avec de l'aldéhyde méthylique et de l'ammoniaque. Cristallisé au sein de l'alcool bouillant, il constitue de longs cristaux clinorhombiques, fondant à 227°.

Le *chloroplatinate*, $(C^{15}H^{12}Az^2\,.\,HCl)^2PtCl^4$, se présente sous la forme d'un précipité amorphe d'un jaune clair, qui se transforme en aiguilles microscopiques.

Méthyldiphénylglyoxaline,

$$\begin{array}{l} C^6H^5-C\,.\,AzH \diagdown \\ \qquad\ \ \| \qquad\qquad\ \ C\,.\,CH^3 \\ C^6H^5-C\,.\,Az = \diagup \end{array}$$

[Japp et Wynne, *Chem. Soc.*, **49**, 464; *D. chem. G.*, **19**, *Ref.*, 600]. — On la prépare en dissolvant, à une température de 40°, 20 grammes de benzile et 8gr,5 d'aldéhyde éthylique dans la plus petite quantité possible d'alcool, et saturant la solution de gaz ammoniac. On abandonne le mélange pendant 24 heures et on étend d'eau. Le précipité qui se forme est dissous dans l'acide chlorhydrique bouillant et étendu, puis la liqueur est additionnée d'ammoniaque. La base qui se dépose est ensuite dissoute dans le benzène. Par évaporation de la dissolution, on obtient des cristaux orthorhombiques (Fletcher), fondant à 235°. Cette base est facilement soluble dans l'alcool et dans l'éther, insoluble dans l'eau.

Le *chloroplatinate*, $(C^{16}H^{14}Az^2\,.\,HCl)^2PtCl^4$, constitue un précipité jaune, composé d'aiguilles microscopiques.

Isobutyldiphénylglyoxaline,

$$\begin{array}{l} C^6H^5-C-AzH \diagdown \qquad\qquad\qquad\ \diagup CH^3 \\ \qquad\ \ \| \qquad\qquad C-CH^2-CH \\ C^6H^5-C-Az = \diagup \qquad\qquad\qquad\ \diagdown CH^3 \end{array}$$

[Japp et Wynne, *loc. cit.*]. — Une solution alcoolique de 20 grammes de benzile et de 8,2 grammes d'aldéhyde isoamylique est saturée, à la température de 40°, par de l'ammoniaque gazeuse. La base qui se forme est isolée comme ses homologues inférieurs. Cristallisée au sein du benzène, elle constitue des aiguilles d'un éclat soyeux, fondant vers 223°.

Le *chloroplatinate*, $(C^{19}H^{20}Az^2\,.\,HCl)^2PtCl^4$, est un précipité d'un jaune brun.

TÉTRAPHÉNYLGLYCOSINE,

$$\begin{array}{l} C^6H^5-C\,.\,AzH \diagdown \qquad\quad \diagup AzH-C-C^6H^5 \\ \qquad\ \ \| \qquad\qquad C-C \qquad\qquad\quad \| \\ C^6H^5-C\,.\,Az = \diagup \qquad\quad \diagdown Az\ —\ C-C^6H^5 \end{array} \ (?)$$

[Japp et Cleminshaw, *Chem. Soc.*, **151**, 553]. — Ce composé se produit quand on fait passer un courant d'ammoniaque dans une solution alcoolique de benzile et de glyoxal maintenue à la température de 40°. On abandonne au repos pendant 12 heures; le précipité est lavé avec de l'acide chlorhydrique étendu.

Il cristallise au sein de l'alcool en aiguilles fondant au-dessus de 300°. Il est très soluble dans l'acide acétique cristallisable, peu soluble dans l'alcool. Les solutions possèdent une fluorescence bleue.

COMBINAISON DU FURFUROL-AMMONIAQUE AVEC LE BENZILE, $C^{24}H^{20}Az^2O^4$ [Japp et Hooker, *D. chem. G.*, 17, 2410]. — Une solution alcoolique chaude de 20 grammes de benzile et de 18 grammes de furfurol est saturée par de l'ammoniaque. Au commencement du traitement, il se dépose une poudre très dense; plus tard, le liquide se remplit de fines aiguilles. On filtre et on traite par de l'alcool qui ne dissout que les aiguilles, tandis que la poudre reste insoluble. Pour purifier celle-ci, on la dissout dans le phénol bouillant et on ajoute de l'alcool à la solution.

Le précipité qui se forme est soumis au même traitement jusqu'à purification complète. On finit par obtenir une poudre blanche, soluble dans le phénol bouillant et fondant au-dessus de 300°.

Le produit soluble dans l'alcool est séparé par cristallisation. On l'isole sous la forme d'aiguilles très fines, réunies en groupes et fondant à 246°. Ce corps a la même composition que le produit pulvérulent, et tous deux se forment suivant l'équation

$$C^{14}H^{10}O^2 + 2\,C^5H^4O^2 + 2\,AzH^3 = C^{24}H^{20}Az^2O^4 + 2\,H^2O.$$

DIBENZOYLBICINNYLÈNE-DIAMINE,

$$\begin{array}{l} C^6H^5.CH{=}CH.CH.AzH.CO.C^6H^5 \\ C^6H^5.CH{=}CH.CH.AzH.CO.C^6H^5 \end{array}$$

[Japp et Wynne, *Chem. Soc.*, 49, 468]. — On sature une solution alcoolique de 100 grammes de benzile et de 63 grammes d'aldéhyde cinnamique maintenue à 40°, avec de l'ammoniaque gazeuse. Il se dépose de la dibenzoylbicinnylène-diamine; on filtre la liqueur encore chaude, pour recueillir ce produit, et, par refroidissement, on obtient du cinnimabenzile.

La dibenzoylbicinnylène-diamine cristallise en prismes microscopiques, fondant à 264°. Elle est facilement soluble dans le phénol bouillant et insoluble dans l'alcool. Chauffée à 150° avec une solution méthylique de potasse (10 0/0), elle fournit de l'acide benzoïque et de la benzénylbicinnylène-diamine.

BENZÉNYLBICINNYLÈNE-DIAMINE,

$$\begin{array}{l} C^6H^5.CH{=}CH.CH.AzH \\ \qquad\qquad\qquad\;| \\ C^6H^5.CH{=}CH.CH.Az{=} \end{array} \Big> C.C^6H^5.$$

— Le produit de l'action de la potasse sur la dibenzoylbicinnylène-diamine est évaporé et le résidu est lavé avec de l'eau. La partie insoluble est dissoute dans le benzène et la solution abandonnée à la cristallisation. Petits cristaux fusibles à 207°. Ce corps constitue une anhydrobase monoacide.

Le *chloroplatinate*,

$$(C^{23}H^{22}Az^2.HCl)^2PtCl^4,\ 2\,H^2O,$$

constitue des aiguilles jaunes, d'un éclat soyeux.

CINNIMABENZILE, $C^{37}H^{30}Az^2O^3$ [Japp et Wynne, *loc. cit.*]. — Produit secondaire de la préparation de la dibenzoylbicinnylène-diamine :

$$2\,C^{14}H^{10}O^2 + C^6H^5.CH{=}CH.CHO + 2\,AzH^3 = C^{37}H^{30}Az^2O^3 + 2\,H^2O.$$

Il se présente sous la forme d'aiguilles ou de prismes courts, fondant à 188°. Chauffé avec une solution alcoolique de potasse, il se dédouble en acide benzoïque et cinnidimabenzile.

Une solution étendue d'acide sulfurique le décompose en benzilimide, acide benzoïque, aldéhyde cinnamique et ammoniaque.

CINNIDIMABENZILE, $C^{30}H^{26}Az^2O^2$ [Japp et Wynne]. — On le prépare en chauffant à 100° le composé précédent avec une solution méthylique de potasse à 10 0/0 :

$$C^{37}H^{30}Az^2O^3 + KHO = C^{30}H^{26}Az^2O^2 + C^6H^5.CO^2K.$$

Poudre cristalline fondant à 283°. Insoluble dans les dissolvants ordinaires, elle se dissout dans le phénol bouillant.

DIHYDROXYSTILBÈNE-DIAMINE,

$$\begin{array}{l} HO.C^6H^4-CH-AzH^2 \\ HO.C^6H^4-CH-AzH^2 \end{array}$$

[Japp et Hooker, *Chem. Soc.*, 45, 673]. — Ce corps a été préparé par la saponification de son dérivé benzoylé. Le produit de la réaction est traité par de l'ammoniaque et le précipité qui se forme est mis à cristalliser à plusieurs reprises dans le benzène.

On l'obtient plus facilement en chauffant à 120°, en tube scellé, la diacétyldihydroxystilbène-diamine avec de l'acide chlorhydrique concentré [Japp et Hooker, *Chem. Soc.*, 45, 682]. Cristallisé dans le benzène, il se présente sous la forme de petites tables brillantes, fondant à 180°,5, peu solubles dans l'eau, solubles dans l'alcool, l'éther, le chloroforme et les alcalis, très solubles dans le benzène bouillant.

Traité à froid par de l'anhydride acétique, il fournit la *diacétyldihydroxystilbène-diamine*; à 150°, il donne un *dérivé tétracétylé*.

Le *chloroplatinate*,

$$C^{14}H^{16}Az^2O^2.2\,HCl.PtCl^4,\ 4\,H^2O,$$

cristallise en grosses tables d'un jaune orangé.

Le *picrate* est un précipité de petits cristaux microscopiques, insolubles dans l'eau.

Dibenzoyldihydroxystilbène-diamine,

$$\begin{array}{l} HO.C^6H^4-CH-AzH.C^7H^5O \\ \qquad\qquad\quad\;| \\ HO.C^6H^4-CH-AzH.C^7H^5O \end{array}$$

— Quand on fait passer un courant d'ammoniaque dans une solution chaude et alcoolique de parties équivalentes d'aldéhyde salicylique et de benzile, on voit se former un précipité qu'on fait cristalliser dans l'alcool. On obtient ainsi une poudre, constituée par des aiguilles microscopiques fondant au-dessus de 300° en se décomposant :

$$C^{14}H^{10}O^2 + 2\,C^6H^4\Big<{}^{CHO}_{OH} + 2\,AzH^3 = C^{28}H^{24}Az^2O^4 + 2\,H^2O.$$

Ce corps est presque insoluble dans l'alcool, l'éther, l'acide acétique, assez soluble dans le phénol bouillant. Une lessive de soude le saponifie difficilement à chaud. Cette saponification se fait plus facilement quand on le chauffe à 210° avec de l'acide chlorhydrique à 33 0/0.

Diacétyldihydroxystilbène-diamine,

$$\begin{array}{l} OH.C^6H^4-CH-AzH.C^2H^3O \\ OH.C^6H^4-CH-AzH.C^2H^3O \end{array}$$

— On la prépare comme il a été indiqué ci-dessus, ou bien encore en chauffant pendant quelques instants 8 grammes de diacétyldiacétoxystilbène-diamine avec 15 grammes de potasse et 75 grammes d'eau. On ajoute ensuite de l'acide chlorhydrique à la liqueur; on lave le précipité avec de l'alcool chaud, puis on le dissout dans le phénol bouillant. L'alcool précipite de cette solution une poudre cristalline, fondant au-dessus de 300° et insoluble dans l'alcool.

Diacétyldiacétoxystilbène-diamine,

$$\begin{array}{l} C^2H^3O^2 - C^6H^4 - CH - AzH\,.\,C^2H^3O \\ \qquad\qquad\qquad\quad | \\ C^2H^3O^2 - C^6H^4 - CH - AzH\,.\,C^2H^3O \end{array}$$

— Ce corps se forme quand on chauffe pendant longtemps la dibenzoyldihydroxystilbène-diamine avec un excès d'anhydride acétique. Il cristallise dans l'alcool en prismes minces, qui retiennent 1 molécule d'alcool et qui fondent à 216-219°. Il est facilement soluble dans l'alcool bouillant. Chauffé avec une lessive de potasse, il fournit d'abord le dérivé diacétylé, puis la dihydroxystilbène-diamine.

Dibenzoyldiacétoxystilbène-diamine,

$$\begin{array}{l} C^2H^3O^2.C^6H^4 - CH - AzH.C^7H^5O \\ \qquad\qquad\qquad | \\ C^2H^3O^2.C^6H^4 - CH - AzH.C^7H^5O \end{array}$$

— Ce corps se produit quand on chauffe pendant 6 heures 1 partie de dibenzoyldihydroxystilbène-diamine avec 2 parties d'anhydride acétique [Japp et Hooker, *loc. cit.*]. Aussitôt que la solution est claire, on laisse refroidir. On lave avec de l'alcool les cristaux qui se déposent, et on les fait cristalliser dans l'acide acétique. Tables fondant à 225-227°, peu solubles dans l'alcool bouillant. Bouilli avec une solution étendue de potasse caustique, ce composé se scinde en acide acétique et dibenzoyldihydroxystilbène-diamine.

Dibenzoyldibenzoxystilbène-diamine,

$$\begin{array}{l} C^7H^5O^2 - C^6H^4 - CH - AzH\,.\,C^7H^5O \\ \qquad\qquad\qquad\quad | \\ C^7H^5O^2 - C^6H^4 - CH - AzH\,.\,C^7H^5O \end{array}$$

[Japp et Hooker, *loc. cit.*]. — On prépare ce dérivé en chauffant la dibenzoyldihydroxystilbène-diamine avec de l'anhydride benzoïque. Tables microscopiques fondant à 246-248°. Bouilli avec une solution étendue de potasse caustique, il fournit de la dibenzoyldihydroxystilbène-diamine et de l'acide benzoïque.

COMBINAISONS DU BENZILE AVEC L'HYDRATE D'HYDRAZINE.

HYDRAZOBENZILE,

$$\begin{array}{l} C^6H^5\,.\,CO\,.\,C - C^6H^5 \\ \qquad\qquad\quad \| \\ \qquad\qquad\; Az^2H^2 \end{array}$$

— On obtient ce composé en faisant agir l'hydrate d'hydrazine sur le benzile :

$$AzH^2 - AzH^2.H^2O + C^6H^5.CO.CO.C^6H^5$$
$$= \begin{array}{c} C^6H^5 - C - CO\,.\,C^6H^5 \\ \diagup\;\diagdown \\ AzH - AzH \end{array} + 2H^2O$$

Il fond à 151°. Soumis à la distillation, il perd de l'azote et se transforme en benzylphénylcétone $C^6H^5.CH^2.CO.C^6H^5$.

C'est une base peu énergique. Quand on l'agite à froid au sein du benzène avec de l'oxyde mercurique, il fournit une combinaison *cétazoïque*, combinaison qu'on peut envisager comme une acétone dans laquelle l'oxygène est remplacé par le groupement $(Az{=}Az)''$:

$$\begin{array}{c} C^6H^5.C - CO.C^6H^5 + HgO \\ \diagup\;\diagdown \\ HAz - AzH \end{array}$$
$$= H^2O + \begin{array}{c} C^6H^5.C - CO.C^6H^5 \\ \diagup\;\diagdown \\ Az = Az \end{array} + Hg$$

La *cétazophénylcétone* (ou *monocétazobenzile*) cristallise par le refoidissement de sa solution benzénique en cristaux d'un jaune d'or; purifiée par cristallisation dans l'éther anhydre, elle se présente sous la forme de tables transparentes, brillantes, d'un rouge brique. Elle fond à 63° en dégageant des gaz. Chauffée au-dessus de son point de fusion, elle déflagre. Les acides la décomposent avec dégagement d'azote. L'eau bouillante opère la même décomposition. Traitée en solution éthérée par l'iode, elle donne lieu à une réaction tumultueuse avec élimination d'azote.

DIHYDRAZOBENZILE,

$$\begin{array}{ccc} C^6H^5.C & \text{———} & C.C^6H^5 \\ \diagup\;\diagdown & & \diagup\;\diagdown \\ HAz \quad AzH & & HAz \quad AzH. \end{array}$$

— Ce dérivé se prépare comme le composé décrit plus haut. Il fond à 147°. Quand on agite à froid sa solution benzénique avec de l'oxyde mercurique, on n'obtient point de combinaison dicétazoïque, mais du tolane et de l'azote :

$$\begin{array}{l} (Az^2H^2)C - C^6H^5 \\ \qquad\quad\;\, | \\ (Az^2H^2)C - C^6H^5 \end{array} + 2HgO$$
$$= \begin{array}{l} C - C^6H^5 \\ ||| \\ C - C^6H^5 \end{array} + 2H^2O + Hg + Az^4.$$

[Th. Curtius, *D. chem. G.*, **22**, 2161].

COMBINAISONS DU BENZILE AVEC L'HYDROXYLAMINE.

BENZILMONOXIMES, $C^{14}H^{11}AzO^2$. — Il existe deux composés répondant à cette formule. Tous deux s'obtiennent simultanément dans l'action de l'hydroxylamine ou de son chlorhydrate sur le benzile. On les désigne par les lettres α et γ.

Ces deux oximes ont même fonction. L'une et l'autre sont susceptibles de fournir des éthers composés qui, par saponification, régénèrent l'oxime avec ses propriétés primitives.

Toutes deux se scindent, sous l'influence de l'acide chlorhydrique concentré, à 100°, en benzile et chlorhydrate d'hydroxylamine, avec traces d'acide benzoïque et d'ammoniaque.

Toutes deux se combinent à la phénylhydrazine pour donner naissance à des hydrazones amorphes et de couleur jaune.

La monoxime α fournit avec l'hydroxylamine la benzildioxime α.

Le dérivé γ se combine avec l'hydroxylamine pour donner la dioxime γ.

Elles renferment donc toutes deux les mêmes groupes d'éléments, et ne diffèrent entre elles que par l'orientation de ces groupes dans la molécule.

Enfin la modification α, fondant à 137-138°, est moins stable que la modification γ, qui fond à 113-114°, et peut être convertie en cette dernière sous l'influence de la chaleur.

De ce qui précède, il résulte que les deux formules de constitution suivantes, qu'on pourrait attribuer aux deux oximes, sont à rejeter :

$$\begin{array}{l} C^6H^5 \\ | \\ C - O \\ \| \quad | \\ C - AzOH \\ | \\ C^6H^5 \end{array} \qquad\qquad \begin{array}{c} C^6H^5 \\ | \\ O \begin{array}{c} \diagup C \diagdown \\ | \\ \diagdown C \diagup \end{array} AzOH \\ | \\ C^6H^5 \end{array}$$

Les schémas suivants ont été proposés par MM. K. Auwers et V. Meyer, qui considèrent ces deux oximes comme stéréochimiquement isomériques :

$$\begin{array}{cc} C^6H^5-C=AzOH & C^6H^5-C=AzOH \\ | & | \\ C^6H^5-C=O & O=C-C^6H^5 \\ \text{Monoxime } \gamma. & \text{Monoxime } \alpha. \end{array}$$

Cette interprétation, qui fait reposer l'isomérie sur le voisinage des groupements unis à l'axe formé par les 2 atomes de carbone, est encore des plus douteuses. Celle de M. A. Werner, qui fait dépendre l'isomérie de l'orientation dans l'espace des éléments ou groupes d'éléments combinés à l'azote, nous paraît plus admissible.

D'après cet auteur, la *monoxime* α, fournissant sous l'influence de l'hydroxylamine de la benzildioxime α, est représentée par la formule

$$\begin{array}{c} C^6H^5.C-C-C^6H^5 \\ \| \quad \| \\ HOAz \ O \end{array}$$

La *monoxime* γ, qui, traitée par l'hydroxylamine, donne naissance à la dioxime γ, aurait au contraire pour formule

$$\begin{array}{c} C^6H^5 \ C —— C-C^6H^5 \\ \| \qquad \| \\ AzOH \quad O \end{array}$$

On ne comprend d'ailleurs pas nettement le sens de ces formules, à moins d'admettre qu'elles indiquent que l'azote est lié au carbone dans les deux cas d'une manière différente.

Cette manière de représenter ces deux monoximes offre sur celle de MM. Auwers et Meyer l'avantage de rendre compte de la non-existence d'une troisième monoxime, qu'on a en vain cherché à préparer [Hantzsch et A. Werner, *D. chem. G.*, **23**, 25. — A. Werner, *Dissert. inaug.*, Zurich, 1890, 29].

Remarque. — Dans leur premier mémoire MM. Auwers et V. Meyer désignent la monoxime fondant à 113° par la lettre β [*D. chem. G.*, **22**, 542]. C'est à la suite de recherches ultérieures, qui leur ont démontré la facilité avec laquelle cette monoxime se transforme en benzildioxime γ, qu'ils l'ont désignée par la lettre γ [*loc. cit.*, 709].

Benzilmonoxime α,

$$\begin{array}{c} C^6H^5-C=AzOH \\ | \\ O=C-C^6H^5 \end{array} \quad \text{ou} \quad \begin{array}{c} C^6H^5-C-C-C^6H^5 \\ \| \quad \| \\ OHAz \ O \end{array}$$

— Cette oxime a été préparée pour la première fois par MM. Wittenberg et V. Meyer, qui l'obtinrent en faisant agir l'hydroxylamine libre sur le benzile à la température ordinaire [*D. chem. G.*, **16**, 503].

Plus tard, MM. V. Meyer et L. Oelkers l'obtinrent par la méthode de M. Claisen, en faisant agir de l'éthylate de sodium et de l'azotite d'amyle sur la désoxybenzoïne [*D. chem. G.*, **21**, 1304. — Günther, *Ann. Chem.*, **252**, 66]. La réaction est la suivante :

$$\begin{array}{l} C^6H^5.CO.CH^2.C^6H^5 + C^2H^5.ONa + C^5H^{11}O.AzO \\ = C^6H^5.CO.C-C^6H^5 + C^2H^5.OH + C^5H^{11}.OH \\ \qquad\qquad \| \\ \qquad\quad AzONa \end{array}$$

Elle se forme aussi quand on fait passer lentement un courant d'acide azoteux, provenant de la décomposition de l'azotite de sodium par l'acide sulfurique, dans une solution de désoxybenzoïne sodée [V. Meyer et L. Oelkers, *loc. cit.*].

MM. K. Auwers et V. Meyer conseillent d'opérer de la façon suivante : On dissout 10 grammes de benzile dans environ 30 fois son poids d'alcool ordinaire, on laisse refroidir, et on ajoute au mélange une solution aqueuse de 3gr,5 de chlorhydrate d'hydroxylamine et de 4 grammes de soude caustique. Il faut éviter un excès du sel d'hydroxylamine, car il se formerait de la benzildioxime. On abandonne le mélange à lui-même jusqu'à ce qu'une portion du liquide ne donne plus de précipité huileux par addition d'eau. On verse ensuite dans l'eau, on filtre pour séparer le benzile non entré en réaction et on acidule. Il se sépare une émulsion huileuse, qui ne tarde pas à se prendre en une masse d'aiguilles ou de lamelles microscopiques, constituées par un mélange des deux monoximes α et γ. Quelques cristallisations dans l'alcool permettent de séparer ces deux isomères l'un de l'autre, le dérivé α étant beaucoup moins soluble que le dérivé γ.

On peut aussi faire digérer à une douce chaleur les deux oximes, préalablement desséchées, avec du benzène en quantité insuffisante pour dissoudre le tout. Dans ces conditions l'oxime α reste insoluble. On peut considérer le produit comme à peu près pur, lorsque, sous le microscope, il est uniquement composé de lamelles auxquelles sont mélangés de rares prismes ou aiguilles.

Après plusieurs cristallisations dans l'alcool à 30°, on obtient la monoxime α dans un état de pureté parfaite.

La solution benzénique renferme l'oxime γ, qu'on peut extraire par évaporation et par quelques cristallisations [*D. chem. G.*, **22**, 543].

Propriétés. — Cristallisée au sein de l'alcool étendu et chaud, la monoxime α se présente sous la forme de tablettes carrées à éclat nacré. Dans le benzène bouillant, elle se dépose en longues lamelles pointues, ne renfermant pas de benzène de cristallisation comme le fait son isomère γ.

Elle fond à 137-138° (Auwers et V. Meyer), à 134-135° [E. Beckmann, *D. chem. G.*, **22**, 517]. L'alcool froid, l'éther, le chloroforme, l'acide acétique la dissolvent facilement. Elle est moins soluble dans le benzène et dans le sulfure de carbone, très peu soluble dans la ligroïne. Les alcalis étendus la dissolvent également en jaune et les acides la précipitent de ces dissolutions. Les sels alcalins de l'oxime sont insolubles dans la soude ou dans la potasse concentrées.

La monoxime α se combine à l'hydroxylamine pour fournir la benzildioxime α [H. Goldschmidt et V. Meyer, *D. chem. G.*, **16**, 1616. — K. Auwers et V. Meyer, *ibid.*, **22**, 547].

Chauffée en tube scellé à 100°, pendant 8 heures, avec de l'alcool absolu, elle se convertit en son isomère γ.

Cette même transformation s'effectue quand on dissout la monoxime dans un mélange d'acide acétique cristallisable et d'anhydride acétique et qu'on sature par de l'acide chlorhydrique gazeux et sec, en ayant soin d'éviter toute élévation de température [K. Auwers et V. Meyer, *loc. cit.*].

Quand on traite sa solution éthérée par du perchlorure de phosphore, elle se décompose en acide benzoïque et chlorure de benzoyle [Günther, *Ann. Chem.*, **252**, 67].

D'après M. Günther, l'acide chlorhydrique la décompose également en acide benzoïque et ammoniaque. MM. K. Auwers et V. Meyer [*loc. cit.*] trouvent qu'il se produit surtout du benzile et du chlorhydrate d'hydroxylamine quand on chauffe l'α-monoxime avec de l'acide chlorhydrique à 100°.

Réduite en solution alcoolique par de l'amalgame de sodium à 2,5 0/0 et de l'acide acétique, elle fournit de la *diphényloxéthylamine*

[N. Polonowska, *D. chem. G.*, 21, 488] :

$$C^6H^5 . CO . \underset{\underset{AzOH}{\|}}{C} - C^6H^5 + 3H^2$$

$$= C^6H^5 . CHOH . CH(AzH^2) . C^6H^5 + H^2O.$$

Réduite au moyen du protochlorure d'étain et de l'acide chlorhydrique, elle se convertit, d'après M. Braun, [*D. chem. G.*, 22, 559], en une base qu'il considère comme une α-amidoacétone, de la formule $C^6H^5 . CO . CH(AzH^2) . C^6H^5$.

Enfin, d'après MM. Braun et V. Meyer [*ibid.*, 21, 19], les réducteurs acides la transforment en *tétraphénaldine*. Ce corps, qui a pour formule

```
              Az
$C^6H^5 - C  /   \  C - C^6H^5$
$C^6H^5 - C  \   /  C - C^6H^5$
              Az
```

peut aussi être appelé, en adoptant la nomenclature qui sera exposée à l'article CHAINES FERMÉES, *tétraphényl-p-diazine*.

Lorsqu'on fait digérer au bain-marie une solution alcoolique de benzile avec du chlorhydrate de benzylhydroxylamine, on obtient, au bout de peu de temps, un précipité cristallin de benzil-benzyloxime, fondant à 114-115°, et qui diffère du produit fondant à 94° qu'on peut préparer par benzylation directe de la monoxime α [K. Auwers et V. Meyer, *ibid.*, 22, 565].

La monoxime α est sans action sur la lumière polarisée.

BENZILMONOXIME γ,

$$\begin{matrix} C^6H^5 . C = AzOH \\ | \\ C^6H^5 . C = O \end{matrix} \quad \text{ou} \quad \begin{matrix} C^6H^5 . C & — & C . C^6H^5 \\ \| & & \| \\ AzOH & & O \end{matrix}$$

— Elle se trouve dans les eaux mères de la préparation de la monoxime α.

Pour l'obtenir directement, on fait digérer au bain-marie une solution convenablement concentrée de benzile dans l'alcool aqueux avec une quantité de chlorhydrate d'hydroxylamine un peu inférieure à la quantité théorique. Lorsqu'une prise d'essai étendue d'eau donne un précipité huileux soluble dans les alcalis, on verse le tout dans un excès d'eau et on redissout dans un alcali. La solution filtrée est ensuite acidulée et le précipité est mis à cristalliser dans le benzène [K. Auwers et V. Meyer, *D. chem. G.*, 22, 542]. M. E. Beckmann semble avoir obtenu le même dérivé dans des circonstances semblables [*ibid.*, 517].

Propriétés. — Cristallisée au sein du benzène, la monoxime γ se présente sous la forme de prismes ou d'aiguilles renfermant une demi-molécule de benzène de cristallisation, et fondant à 70°. Exposée à l'air, elle perd de son poids et finit par fondre à 113-114°.

Si l'on cherche à la faire cristalliser dans l'alcool, on obtient une huile qui ne tarde pas à se prendre en une masse de fines aiguilles, fusibles à 90-95° et mélangées de cristaux durs fondant à 113°. Reprises par le benzène, ces aiguilles fournissent l'oxime avec son point de fusion 113°.

La γ-benzilmonoxime se dissout facilement dans la plupart des dissolvants ; toutefois elle est presque insoluble dans l'eau et difficilement soluble dans la ligroïne.

Elle se combine à l'hydroxylamine pour donner la benzildioxime γ.

L'acide chlorhydrique la décompose en benzile et chlorhydrate d'hydroxylamine, avec de petites quantités d'acide benzoïque et d'ammoniaque.

Elle est sans action sur la lumière polarisée.

ÉTHERS BENZYLIQUES DES BENZILMONOXIMES α ET γ. — Les recherches de M. Beckmann [*D. chem. G.*, 22, 429, 514, 1531] sur l'isomérie de structure des aldoximes benzyliques ont déterminé MM. K. Auwers et M. Dittrich [*D. chem. G.*, 22, 1996] à reprendre l'étude des benzilmonoximes α et γ.

M. Beckmann a démontré l'isomérie de structure des deux aldoximes benzyliques de trois manières :

1° En chauffant les éthers benzylés des deux aldoximes benzyliques α et β avec de l'acide chlorhydrique : il obtint ainsi deux benzylhydroxylamines différentes, que MM. Behrend et Leuchs [*ibid.*, 613] reconnurent comme ayant les formules

$$C^6H^5 . CH^2 . OAzH^2, \qquad C^6H^5 . CH^2 . AzH . OH.$$

α-Benzylhydroxylamine. β-Benzylhydroxylamine.

2° En faisant la synthèse des éthers benzyliques des deux aldoximes benzyliques au moyen de l'aldéhyde benzylique et des benzylhydroxylamines α et β.

3° En mettant en évidence la manière différente dont se comportent ces deux éthers benzyliques vis-à-vis de l'acide iodhydrique concentré. La phénylcarbobenzyloxime α fournit, quand on la chauffe avec cet acide, de l'iodure de benzyle et de l'iodure d'ammonium, tandis que son isomère β donne dans les mêmes conditions de la benzylamine.

L'isomérie de structure de ces deux éthers, et par suite des deux aldoximes benzyliques, est donc démontrée et peut se traduire par les formules

$$C^6H^5 . CH = AzOH, \qquad C^6H^5 . CH \begin{matrix} \diagup AzH \\ | \\ \diagdown O \end{matrix}$$

Aldoxime benzylique α. Aldoxime benzylique β.

Remarque. — M. A. Werner, en invoquant l'hypothèse stéréochimique appliquée à l'azote, attribue aux deux aldoximes benzyliques de M. Beckmann les deux formules de constitution

$$\begin{matrix} H - C - C^6H^5 \\ \| \\ Az - OH \end{matrix} \quad \text{et} \quad \begin{matrix} H - C - C^6H^5 \\ \| \\ HO - Az \end{matrix}$$

β- ou Isobenzaldoxime. α-Benzaldoxime.

La présence du groupe OH dans chacun de ces corps ayant été mise en évidence par la propriété qu'ils possèdent l'un et l'autre de fournir un composé d'addition avec l'isocyanate de phényle, la formule donnée par M. Beckmann à la β-benzaldoxime ne semble plus répondre aux faits [A. Werner, *Dissert. inaug.*, Zurich, 1890, 30].

L'isomérie stéréochimique des benzilmonoximes pouvant être mise en doute par suite des résultats obtenus par M. Beckmann, MM. K. Auwers et M. Dittrich ont soumis ces corps à de nouvelles recherches. Les résultats auxquels ils sont arrivés leur ont permis de conclure :

1° Que les deux benzilmonoximes connues sont bien des isomères stéréochimiques, dont les éthers benzyliques correspondent à l'éther benzylique de l'aldoxime benzylique α. On peut représenter ces deux éthers par les formules :

$$\begin{matrix} C^6H^5 . CO \\ | \\ C^6H^5 . C = AzOC^7H^7 \end{matrix} \qquad \begin{matrix} C^6H^5 - C = AzOC^7H^7 \\ | \\ OC - C^6H^5 \end{matrix}$$

Dérivé α. Dérivé γ.

ou

$$\begin{matrix} C^6H^5 . C & — & C - C^6H^5 \\ \| & & \| \\ C^7H^7OAz & & O \end{matrix} \qquad \begin{matrix} C^6H^5 - C & — & C - C^6H^5 \\ \| & & \| \\ AzOC^7H^7 & & O \end{matrix}$$

Dérivé α. Dérivé γ.

2° Que dans l'action de la β-benzylhydroxylamine sur le benzile il se forme un isomère de structure analogue à l'éther benzylique de l'aldoxime benzylique β :

$$\begin{array}{l} C^6H^5.CO \\ \quad\ | \diagup Az\,C^7H^7 \\ C^6H^5.C\ \ | \\ \qquad \diagdown O \end{array}$$

Remarque. — Ces auteurs intervertissent les schémas des benzilmonoximes qu'on avait adoptés dans les mémoires précédents (l'α devient γ, et réciproquement). Ils ont cependant soin d'ajouter qu'il est impossible d'établir avec certitude quel est celui des schémas qui convient à l'un ou à l'autre de ces isomères et qu'il y a peut-être lieu de les intervertir. C'est ce que nous avons fait dans la suite, pour conserver les mêmes formules dans l'ensemble de notre description des benziloximes.

α-Benzilmonoximate de benzyle,

$$\begin{array}{c} C^6H^5.C=Az\,O\,C^7H^7 \\ | \\ O=C-C^7H^5 \end{array} \quad \text{ou} \quad \begin{array}{l} C^6H^5.C - C-C^6H^5 \\ \qquad\ \ \| \quad\ \ \| \\ C^7H^7O\,Az\ \ O \end{array}$$

[K. Auwers et M. Dittrich, *D. chem. G.*, **22**, 1996]. — Une solution de 1 molécule de benzilmonoxime α et de 1 atome de sodium dans l'alcool absolu est chauffée au bain-marie avec 1 molécule de chlorure de benzyle. Quand le mélange ne présente plus de réaction alcaline, on évapore l'alcool et on essore le résidu solide. On le lave ensuite avec un peu d'alcool pour le débarrasser des eaux mères, puis on le fait digérer avec de l'eau pour enlever le chlorure de sodium. Après avoir essoré et lavé à l'eau la partie insoluble, on la fait cristalliser dans l'alcool.

On peut aussi appliquer à la préparation de ce dérivé la méthode de MM. Japp et Klingemann : A une solution alcoolique de 1 molécule de benzilmonoxime α et de 2 molécules de chlorure de benzyle, préalablement chauffée dans un appareil à reflux, on ajoute goutte à goutte 2 molécules d'éthylate de sodium. On élimine ensuite le chlorure de benzyle et l'alcool benzylique en faisant passer un courant de vapeur d'eau. On obtient ainsi une huile qu'on dissout dans l'éther. La solution éthérée fournit par évaporation une masse cristalline, qu'on essore et qu'on dissout ensuite dans l'alcool. Dans les eaux mères provenant de cette préparation se trouvent de petites quantités d'un corps cristallisant en aiguilles et qui est l'*anhydride* $C^{21}H^{15}AzO$.

Le benzilmonoximate de benzyle α cristallise en prismes fondant à 94°, peu solubles dans l'alcool froid, plus solubles dans l'alcool bouillant. Il se comporte de la même façon vis-à-vis de la ligroïne et de l'acide acétique cristallisable. Le benzène, l'éther et le chloroforme le dissolvent assez bien. Il ne se combine pas avec l'acide chlorhydrique

Chauffé en tube scellé, à 100°, avec une solution concentrée de cet acide, il se transforme en son isomère γ. Cette même transformation s'effectue quand on fait passer un courant d'acide chlorhydrique sec dans une solution éthérée de benzilmonoximate de benzyle α.

L'acide iodhydrique concentré le dédouble à chaud en benzile, iodure d'ammonium et iodure de benzyle :

$$C^6H^5.CO.C(AzOC^7H^7).C^6H^5 + 4\,HI$$
$$= C^6H^5.CO.CO.C^6H^5 + C^7H^7I + AzH^4I + I^2.$$

Cette réaction prouve que, dans cette molécule, le benzyle est combiné à l'oxygène du groupe oximique et non à l'azote, car dans ce dernier cas il y aurait eu formation de benzylamine.

Chauffé à 200° avec de l'alcool, le benzilmonoximate de benzyle ne subit aucune transformation.

γ-Benzilmonoximate de benzyle,

$$\begin{array}{r} O=C-C^6H^5 \\ | \quad\qquad \\ C^7H^7O\,Az\,C.C^6H^5 \end{array} \quad \text{ou} \quad \begin{array}{l} C^6H^5.C \ \text{———}\ C.C^6H^5 \\ \qquad\ \ \| \qquad\qquad \| \\ \qquad Az\,O\,C^7H^7\ \ O \end{array}$$

[K. Auwers et M. Dittrich, *loc. cit.*]. — On obtient ce composé :

1° En chauffant en tube scellé, à 100°, pendant plusieurs heures, le dérivé α avec de l'acide chlorhydrique concentré.

2° En faisant passer un courant d'acide chlorhydrique sec dans une solution éthérée, maintenue à 0°, de ce même isomère α.

3° En faisant agir du chlorure de benzyle sur un mélange de benzilmonoxime γ et d'éthylate de sodium et terminant la préparation comme celle du dérivé α.

4° En traitant un mélange de 2 molécules de chlorure de benzyle et de 1 molécule de benzilmonoxime γ par de l'éthylate de sodium, dans les conditions recommandées pour la préparation du benzilmonoximate de benzyle α; dans cette opération, il se forme également, comme produit secondaire, de l'anhydride $C^{21}H^{15}AzO$.

5° En abandonnant à la température ambiante une solution alcoolique de 1 molécule de benzile à laquelle on ajoute 1 molécule de chlorhydrate de benzylhydroxylamine α. Au bout de 24 heures, il se dépose des cristaux de benzilmonoximate de benzyle γ. Les liqueurs mères renferment du benzile et un corps exempt d'azote, fusible à 175°. En faisant cette préparation à la température du bain-marie, on obtient un rendement supérieur; il ne se forme pas de produits secondaires.

6° Enfin le même éther prend naissance quand on ajoute au mélange ci-dessus de l'alcali pour mettre en liberté la benzylhydroxylamine α :

$$\underset{\text{Benzile.}}{C^6H^5.CO.CO.C^6H^5} + \underset{\text{Benzylhydroxylamine } \alpha.}{C^6H^5.CH^2.OAzH^2}$$

$$= \underset{\text{Benzilmonoximate de benzyle } \gamma.}{\begin{array}{l} C^6H^5.CO.C-C^6H^5 \\ \qquad\qquad\ \ \| \\ \qquad C^7H^7O\,Az \end{array}} + H^2O$$

Cristallisé au sein de l'alcool, ce corps se présente sous la forme de beaux prismes terminés par des pyramides. Point de fusion = 114°. Il se comporte vis-à-vis des dissolvants comme son isomère α.

Il ne se combine pas avec l'acide chlorhydrique. A 100°, cet acide est sans action sur lui, même quand on le chauffe pendant quelques instants en tube scellé. Il n'en est pas de même quand la durée de la chauffe est de 200 heures. Dans ces conditions, il se décompose en donnant du benzile, de l'acide benzoïque, du chlorhydrate d'hydroxylamine et du sel ammoniac. Il ne se forme pas trace d'α- ou de β-benzylhydroxylamine. Ces faits prouvent que le benzilmonoximate de benzyle est bien un dérivé de la benzylhydroxylamine α. Vis-à-vis de l'acide iodhydrique, ce dérivé se comporte comme son isomère α, en donnant du benzile, de l'iodure de benzyle, de l'iodure d'ammonium et de l'iode.

Iso-benzilmonoximate de benzyle,

$$\begin{array}{l} C^6H^5-CO \\ \qquad\ | \diagup Az.C^7H^7 \\ C^6H^5-C\ \ | \\ \qquad\ \diagdown O \end{array}$$

[K. Auwers et M. Dittrich, *loc. cit.*]. — Cet isomère de structure des benzilmonoximates de benzyle α et γ se forme, en même temps que l'anhydride décrit plus loin, quand on traite une solution alcoolique d'un mélange de benzile et de chlorhydrate de benzylhydroxylamine β par de la soude caustique ou par du carbonate de sodium. On obtient d'abord l'anhydride, puis les eaux mères évaporées fournissent une huile qui, broyée avec de l'alcool absolu, se prend en une masse cristalline. Ce produit, dissous dans de l'alcool dilué et chaud, se dépose par le refroidissement en cristaux qu'on reprend par de l'éther. L'anhydride, $C^{21}H^{15}AzO$, entre en dissolution, tandis que l'iso-benzilmonoximate de benzyle reste insoluble. On le fait cristalliser dans l'alcool. Le rendement est très faible.

Ce composé se présente sous la forme de fines aiguilles, qui fondent à 137°. Il se dissout notablement dans l'alcool, mais peu dans l'éther. Il se combine avec l'hydroxylamine en donnant naissance à un dérivé isonitrosé soluble dans les alcalis. Cette réaction prouve que ce corps renferme un groupement carbonyle.

L'acide chlorhydrique concentré ne l'attaque qu'à 120°. Parmi les produits du dédoublement se trouvent un gaz brûlant avec une flamme bordée de vert, de l'acide benzoïque, du benzile et le chlorhydrate d'une base qui, mise en liberté par un alcali, cristallise en fines aiguilles fondant à 85°. Ni le chlorure de benzyle, ni les chlorhydrates d'ammoniaque, d'hydroxylamine, de benzylhydroxylamine α et β, n'ont été rencontrés parmi ces produits de décomposition.

Anhydride, $C^{21}H^{15}AzO$. — Ce composé se forme en petite quantité quand on applique à la préparation des benzilmonoximates de benzyle α et γ la méthode d'éthérification de MM. Japp et Klingemann.

Il prend aussi naissance lorsqu'on chauffe en tube scellé, à 130°, du chlorhydrate de benzylhydroxylamine β et du benzile. Au produit de la réaction on ajoute goutte à goutte de l'eau : il se dépose des cristaux qu'on dissout dans l'alcool.

Ce corps se produit encore quand on ajoute 3 molécules de soude caustique à une solution alcoolique d'un mélange de 1 molécule de benzile et de 1 molécule de chlorhydrate de benzylhydroxylamine β :

$$C^6H^5.CO.CO.C^6H^5 + C^6H^5.CH^2.AzH.OH$$
$$= C^{21}H^{15}AzO + 2H^2O.$$

Au bout de 12 heures, on verse dans l'eau. Il se dépose une huile jaune qu'on dissout dans l'éther. On évapore, et on broie le résidu huileux avec de l'alcool absolu et un peu d'acide chlorhydrique concentré. La masse cristalline qui se forme est essorée et purifiée par cristallisation dans l'alcool. Les liqueurs mères renferment de petites quantités d'un corps qui ne se combine pas avec l'acide chlorhydrique.

Enfin, si dans l'opération précédente on substitue à la soude caustique du carbonate de sodium, la réaction n'a pas lieu à froid. Elle ne se produit qu'en chauffant pendant longtemps à la température du bain-marie. En ajoutant de l'eau au mélange, on obtient de même une huile qui se comporte comme celle isolée dans la préparation précédente. Les liqueurs mères fournissent par évaporation un résidu qui, à la suite d'une série de cristallisations dans l'alcool étendu, a été reconnu très nettement comme un mélange de deux corps, dont l'un est l'anhydride et l'autre l'iso-benzilmonoximate de benzyle.

L'anhydride, $C^{21}H^{15}AzO$, cristallise en larges aiguilles plates, fondant à 114°. Il est très soluble dans l'alcool, moins soluble dans l'éther.

Traité par l'acide chlorhydrique concentré, il fournit un chlorhydrate que l'eau décompose déjà à froid.

Le chlorhydrate d'hydroxylamine est sans action sur lui à la température de 130°.

L'acide chlorhydrique ne l'attaque qu'à 150°, en donnant un gaz combustible, du benzile et du sel ammoniac. Il ne se trouve point de chlorure de benzyle ni de chlorhydrate d'hydroxylamine parmi les produits de décomposition.

Chauffé à 200° avec une solution d'acide iodhydrique concentré, ce corps ne fournit point d'iodure de benzyle. Il en résulte que dans cet anhydride le benzyle se trouve directement uni à l'azote, et non à l'oxygène comme dans les benzilmonoximates de benzyle α et γ.

Acétylbenzilmonoximes, $C^{16}H^{13}AzO^3$. — On prépare ces éthers acétiques en chauffant pendant quelques instants les monoximes avec la quantité équivalente d'anhydride acétique, faisant bouillir pendant quelque temps avec de l'eau et laissant refroidir. On détermine la prise en masse de l'huile qui s'est déposée, en la frottant contre les parois du vase avec une baguette de verre. Il suffit enfin de faire cristalliser dans l'alcool.

L'acétylbenzilmonoxime α cristallise en larges prismes plats, fondant à 61-62°. Ce corps est insoluble dans l'eau, soluble dans la plupart des autres dissolvants, sauf dans la ligroïne qui le dissout difficilement. Chauffé à 40° avec de la soude caustique, il régénère la monoxime α.

L'acétylbenzilmonoxime γ ressemble à son isomère; elle cristallise en aiguilles qui fondent à 78-79°. La soude la saponifie en régénérant la monoxime γ.

Carbanilidobenziloximes. — *Carbanilido-α-benzilmonoxime*,

$$\begin{array}{l} C^6H^5-CO \\ \quad\;| \\ C^6H^5.C.AzO.CO.AzH.C^6H^5 \end{array}$$

— Une dissolution de benzilmonoxime α dans le benzène est chauffée doucement avec de l'isocyanate de phényle. Par refroidissement, on obtient de petits prismes brillants, qui, après cristallisation dans le benzène, fondent à 114°.

Exposé à la lumière, ce corps jaunit superficiellement. Chauffé doucement avec une liqueur alcaline étendue, il se scinde en aniline et monoxime.

Carbanilido-γ-benzilmonoxime,

$$\begin{array}{lcr} C^6H^5-C & \text{———————} & C-C^6H^5 \\ \quad\;\| & & \| \\ \quad\;O & C^6H^5.HAz.OC.OAz & \end{array}$$

La γ-benzilmonoxime réagit très facilement sur la phénylcarbimide. Le produit obtenu cristallise dans le benzène avec 1 demi-molécule de benzène.

On ne peut éliminer ce benzène de cristallisation qu'en chauffant le produit à 100°.

Ce corps cristallise en aiguilles brillantes, fondant à 143°. La lumière le jaunit. Les alcalis le dédoublent comme son isomère α [H. Goldschmidt, *D. chem. G.*, **22**, 3110].

Benzildioximes [Syn. *Diphénylglyoximes, acides diphénylacétoximiques*],

$$C^6H^5.C(AzOH).C(AzOH).C^6H^5.$$

— Ce composé existe sous trois modifications isomériques, α, β, γ, que MM. K. Auwers et Victor Meyer représentent par les trois formules dans l'espace suivantes, pour lesquelles nous ferons les mêmes observations que plus haut :

L'α-dioxime correspond à l'α-monoxime.

La γ-dioxime correspond à la γ-monoxime.

Il n'existe pas de monoxime β correspondant à la dioxime β.

C'est en s'appuyant sur la théorie de MM. Le Bel

et Van't Hoff, qu'ils modifient partiellement, que les auteurs proposent ces schémas :

$$\alpha:\ \begin{array}{c} C^6H^5 \\ | \\ AzOH \\ \diagdown | \diagup \\ C \\ | \\ C \\ \diagup | \diagdown \\ AzOH \quad C^6H^5 \end{array} \qquad \beta:\ \begin{array}{c} AzOH \quad C^6H^5 \\ \diagdown | \diagup \\ C \\ | \\ C \\ \diagup | \diagdown \\ C^6H^5 \quad AzOH \end{array} \qquad \gamma:\ \begin{array}{c} AzOH \quad C^6H^5 \\ \diagdown | \diagup \\ C \\ | \\ C \\ \diagup | \diagdown \\ AzOH \quad C^6H^5 \end{array}$$

Nous avons vu, à propos de l'histoire des benzilmonoximes, qu'en adoptant l'interprétation de M. A. Werner sur la constitution de ces corps, il ne pouvait exister de troisième isomère. Cela ne serait pas vrai pour les dioximes si l'on invoquait une différence dans la manière dont l'azote est rattaché au carbone : on aurait alors 3 dioximes différentes.

Ce savant a également invoqué l'hypothèse stéréochimique appliquée à l'azote pour donner de nouvelles formules de constitution des 3 benzildioximes. En se basant sur la propriété que possèdent ces trois oximes de fournir le même anhydride $C^{14}H^{10}Az^2O^2$ fondant à 94°, et de pouvoir se convertir plus ou moins facilement en la dioxime la plus stable, qui est la dioxime β, M. Werner représente la dioxime γ par le schéma

$$\begin{array}{ccc} C^6H^5 . C & \text{———} & C . C^6H^5 \\ \| & & \| \\ AzOH & & HOAz \end{array}$$

Dans cette formule, le voisinage des deux oxhydryles rend compte de la facilité avec laquelle ce corps fournit l'anhydride signalé. Cette déshydratation s'opère, en effet, rien qu'en saponifiant les éthers acétique et benzoïque de cette dioxime.

La benzildioxime α, se transformant moins facilement en son isomère β que l'oxime γ, peut être considérée comme intermédiaire entre le dérivé γ et le dérivé β. Aussi l'auteur le représente-t-il par le schéma

$$\begin{array}{ccc} C^6H^5 . C & \text{——} & C - C^6H^5 \\ \| & & \| \\ AzOH & & AzOH \end{array}$$

Enfin la dioxime β, qui représente l'isomère le plus stable, aurait, d'après M. Werner, la configuration

$$\begin{array}{ccc} C^6H^5 - C & \text{—} & C - C^6H^5 \\ \| & & \| \\ HOAz & & AzOH \end{array}$$

[Hantzsch et Werner, *D. chem. G.*, **23**, 25. — A. Werner, *Dissert. inaug.*, Zurich, 1890, 29].

La forme β ne peut être convertie en α ou en γ [*D. chem. G.*, **22**, 705-709].

Benzildioxime α. $C^{14}H^{12}O^2$ [Goldschmidt et V. Meyer, *D. chem. G.*, **16**, 1616. — Auwers et V. Meyer, *ibid.*, **21**, 793]. — Quand on dissout du benzile dans de l'alcool méthylique ou dans de l'alcool éthylique bouillant, qu'on ajoute à la solution un excès de chlorhydrate d'hydroxylamine avec quelques gouttes d'acide chlorhydrique et qu'on chauffe le tout au bain-marie, il se dépose au bout de 1 heure ou 1 heure et demie une poudre lourde, blanche et cristalline, dont le volume augmente rapidement. Pour favoriser la réaction et obtenir un rendement considérable, il convient de filtrer toutes les deux heures, et de réchauffer le liquide, après y avoir ajouté une nouvelle quantité d'hydroxylamine. La dioxime qui se dépose ainsi est la modification α. Les eaux mères renferment son isomère β mélangé avec de la monoxime. On évapore ces eaux mères pour séparer par cristallisation la majeure partie de cette monoxime, puis on y ajoute un excès de chlorhydrate d'hydroxylamine et on fait digérer au bain-marie. On dissout enfin le précipité qui se forme, dans de l'alcool concentré et bouillant; il reste un peu du dérivé α insoluble, tandis que le liquide filtré abandonne par le refroidissement la modification β.

On peut encore préparer la dioxime α en combinant l'hydroxylamine à la monoxime α [K. Auwers et V. Meyer, *D. chem. G.*, **22**, 547].

Propriétés. — La benzildioxime α est une poudre cristalline blanche, qui, sous le microscope, se présente sous la forme d'un agrégat de lamelles rhombiques. Elle fond vers 237°, est insoluble dans l'eau et très peu soluble dans l'acide acétique cristallisable, l'éther et l'alcool. Ce dernier la dissout dans la proportion de 0,05 pour 100 parties à la température de 17°. Elle se dissout dans une lessive concentrée de soude caustique, d'où les acides la précipitent sans altération. L'ammoniaque la dissout très difficilement; la solution fournit avec l'azotate d'argent un précipité jaune.

Elle se transforme en la modification isomérique β : 1° quand on la chauffe avec de l'alcool à la température de 170° (H. Goldschmidt); 2° quand on la chauffe avec de l'eau à 200°; 3° quand on l'abandonne avec du chlorure d'acétyle pendant quelques heures; dans ce dernier cas c'est sous la forme de dérivé diacétique que se produit la dioxime β; 4° quand on sature de gaz chlorhydrique une dissolution de 1 partie de dioxime dans un mélange de 10 parties d'acide acétique cristallisable et de 2 parties d'anhydride acétique, et qu'on abandonne le liquide à la température ambiante. Dans ce cas encore, on obtient, au bout de 1 ou 2 jours, le dérivé diacétique de la β-dioxime [Günther, *Ann. Chem.*, **252**, 48].

Quand on ajoute une solution légèrement alcaline de ferricyanure de potassium à une dissolution très étendue d'α-diphénylglyoxime dans la soude caustique, on obtient un corps répondant à la formule

$$C^{14}H^{10}Az^2O^2 = \begin{array}{l} C^6H^5 - C{=}AzO \\ \qquad\ \ |\qquad\ \ | \\ C^6H^5 - C{=}AzO \end{array}$$

[Koreff, *D. chem. G.*, **19**, 183; Auwers et V. Meyer, *ibid.*, **21**, 804].

Ce même composé se forme quand on oxyde une solution éthérée de la dioxime au moyen de l'acide azoteux, ou bien quand on traite par le même acide une solution éthérée de benzildioxime α ou de peroxyde d'azobenzényle [Beckmann, *D. chem. G.*, **22**, 1592].

Ce corps cristallise en aiguilles plates, fondant à 114°. Quand on le chauffe avec précaution, il se sublime sans décomposition. Chauffé davantage, il se convertit en phénylcarbimide. Cette réaction a été mise à profit par MM. Meyer et Demuth pour préparer cet isocyanate [*Ann. Chem.*, **256**, 51]. L'étain et l'acide chlorhydrique le font passer à l'état d'anhydride fondant à 94°. Il en est de même du phosphore et de l'acide iodhydrique. La β-benzildioxime fournit dans les mêmes conditions le même dérivé $C^{14}H^{10}Az^2O$.

Lorsqu'on abandonne à elle-même une solution de benzildioxime α dans l'acide acétique cristallisable saturé d'acide chlorhydrique, cette oxime se convertit partiellement en son isomère β et en un nouvel anhydride $C^{14}H^{10}Az^2O$, fondant à 108°.

Cet anhydride s'obtient d'ailleurs plus facilement en chauffant au bain-marie un mélange d'acide sulfurique et de dioxime α, ou en faisant agir à froid sur la même oxime le perchlorure, le perbromure, ou l'oxychlorure de phosphore [Günther, *Ann. Chem.*, **252**. 49]. La dioxime β, placée dans les mêmes conditions, ne fournit point cet anhydride.

Lorsqu'on chauffe la dioxime α avec un mélange de perchlorure et d'oxychlorure de phosphore, on obtient un produit chloré, $C^{14}H^{10}Az^2Cl^2$, qui cristallise dans le pétrole en prismes verdâtres, très réfringents et fusibles à 122°. Ce produit chloré, traité par l'azotate d'argent, fournit un sel qui, décomposé par l'acide sulfhydrique, donne naissance à un troisième anhydride, $C^{14}H^{19}Az^2O$, fondant à 135-136° et cristallisant soit en fines aiguilles, soit en lamelles.

On peut d'ailleurs isoler le sel d'argent qui se forme en traitant le chlorure par l'azotate. Il suffit d'épuiser le précipité par de l'alcool bouillant. La solution abandonne par refroidissement des cristaux qui ont pour composition

$$C^{14}H^{10}Az^2O \,.\, AzO^3Ag.$$

M. Günther [*loc. cit.*, 64] attribue au chlorure, à l'anhydride et à la combinaison moléculaire de celui-ci avec l'azotate d'argent les formules de constitution suivantes :

```
   C⁶H⁵            C⁶H⁵             C⁶H⁵
    |               |                |
ClC = Az          / C = Az         / C = Az
      |         O     |          O     |    AzO³Ag
ClC = Az          \ C = Az         \ C = Az
    |               |                |
   C⁶H⁵            C⁶H⁵             C⁶H⁵
```

Lorsqu'on introduit dans l'eau le produit de l'action, à haute température, du perchlorure de phosphore sur la benzildioxime α, on obtient de la dibenzamide, de la dibenzénylazoxime et du chlorure $C^{14}H^{10}Az^2Cl^2$ [Günther, *loc. cit.*, 65].

La benzildioxime α, chauffée avec de la soude caustique et de la poudre de zinc, fournit de la tétraphénaldine, du benzile, du bibenzyle (?) et un certain nombre d'autres produits non étudiés, parmi lesquels se trouve une base fondant à 150° environ, et qui est peu soluble dans l'alcool et dans l'éther [K. Auwers et V. Meyer, *D. chem. G.*, **21**, 3525].

Quand on traite une solution alcoolo-acétique de benzildioxime α par de l'amalgame de sodium, on obtient de la stilbène-diamine [Grossmann, *D. chem. G.*, **22**, 2305].

Benzildioxime β, $C^{14}H^{12}Az^2O^2$. — Cette dioxime peut s'obtenir soit en partant directement du benzile, soit en partant de ses deux isomères α et γ.

Dans le premier cas, on chauffe à 170°, en tube scellé, un mélange de chlorhydrate d'hydroxylamine, d'alcool et d'acide chlorhydrique. Au bout de quelques heures, on obtient un liquide clair avec un faible précipité de chlorure d'ammonium. A l'ouverture du tube, il se dégage un peu de chlorure d'éthyle; on étend d'eau et on voit se déposer un corps blanc, qu'on soumet à une série de cristallisations dans l'alcool étendu et bouillant [H. Goldschmidt, *D. chem. G.*, **16**, 2177].

Pour la préparer au moyen de la dioxime α, il suffit de chauffer celle-ci avec de l'alcool ou du benzène, à la température de 180° [*loc. cit.*]; ou bien on transforme le dérivé α en éther diacétique au moyen d'une solution d'acide chlorhydrique dans un mélange d'acide acétique cristallisable et d'anhydride acétique (mélange de Beckmann). On obtient dans ces conditions la diacétylbenzildioxime β, qui fournit par saponification la β-dioxime [Günther, *Ann. Chem.*, **252**, 48].

Enfin la γ-dioxime, chauffée à 100° avec de l'alcool absolu, se transforme presque intégralement en β-dioxime [K. Auwers et V. Meyer, *D. chem. G.*, **22**, 713].

Propriétés. — La β-benzildioxime cristallise au sein de l'alcool avec 1 molécule d'alcool de cristallisation [*loc. cit.*, 712] en aiguilles fines, brillantes, qui, par dessiccation au bain-marie, deviennent blanches et opaques. Elle fond à 206-207° en se décomposant, est un peu soluble dans l'eau bouillante, très soluble dans l'éther, l'acide acétique et l'alcool. 100 parties de ce dernier en dissolvent 15ᵖ,26 à la température de 17°.

Des trois dioximes, la β-dioxime est la plus stable; ainsi, tandis que les deux dioximes α et γ se transforment facilement en leur isomère β, celle-ci ne peut être convertie en dérivé α ou γ.

Chauffée à 100°, en tube scellé, avec une solution concentrée d'acide chlorhydrique, elle se scinde nettement, et pour ainsi dire quantitativement, en benzile et chlorhydrate d'hydroxylamine. L'isomère α subit un dédoublement analogue dans les mêmes conditions, mais il se produit en moins de temps. Il en est de même de l'isomère γ, qui par contre exige plus de temps pour se décomposer.

Bouillie avec une solution alcaline de ferricyanure de potassium, ou traitée en solution éthérée (Beckmann) par l'acide azoteux, la β-dioxime fournit le même dérivé $C^{14}H^{10}Az^2O$ que ses isomères α et γ.

Réduite au moyen de l'amalgame de sodium et de l'acide acétique, elle fournit, comme son isomère α, de la tétraphénaldine (tétraphényl-p-diazine), $C^4(C^6H^5)^4Az^2$ [N. Polonowska, *D. chem. G.*, **21**, 491]. Bouillie avec de la soude caustique et de la poudre de zinc, elle fournit les mêmes produits de réduction que la dioxime α [*loc. cit.*, **22**, 3525]. Chauffée à 220-240° avec de l'eau, elle se convertit en anhydride, $C^{14}H^{10}Az^2O$, fondant à 94° (Auwers et Meyer). Le même anhydride se forme quand on la chauffe en tube scellé avec du sulfate de cuivre anhydre [Günther, *Ann. Chem.* **252**, 52].

Traitée par l'acide acétique cristallisable saturé d'acide chlorhydrique, la β-benzildioxime fournit un autre anhydride, $C^{14}H^{16}Az^2O$, qui fond à 108°. L'acide sulfurique ne lui fait pas subir cette transformation, contrairement à ce qui se produit avec l'α-benzildioxime [Günther, *loc. cit.*].

Quand on introduit la β-benzildioxime dans un mélange à parties égales de perchlorure et d'oxychlorure de phosphore, il se produit une réaction très vive, avec formation d'oxanilide. Le même dédoublement s'effectue quand on chauffe en tube scellé une solution d'anhydride phosphorique et de β-dioxime dans le benzène [Günther, *loc. cit.*, 58].

Combinaison de la phénylhydrazine avec la β-benzildioxime,

```
C⁶H⁵ - C (AzOH)
        |           H²Az . AzH . C⁶H⁵.
C⁶H⁵ - C (AzOH)
```

— On prépare ce composé en dissolvant la dioxime dans l'alcool et y ajoutant une molécule de phénylhydrazine. On chauffe pendant quelque temps et on laisse refroidir. Il se dépose des aiguilles blanches, fondant à 149-150°. Ce dérivé se dissout dans l'alcool et est insoluble dans l'eau. La soude caustique concentrée le dissout également, mais la solution laisse déposer au bout de peu de temps, quand on chauffe, de la phénylhydrazine.

L'acide sulfurique concentré le dédouble en benzildioxime et sulfate de phénylhydrazine [M. Polonowsky, *D. chem. G.*, **21**, 183].

BENZILDIOXIME γ, $C^{14}H^{12}Az^2O^2$ [K. Auwers et V. Meyer, *D. chem. G.*, **22**, 547 et 709]. — Ce troisième isomère de la benzildioxime se prépare en dissolvant dans une quantité suffisante d'eau froide 1 partie de benzilmonoxime γ (point de fusion 113-124°) et ajoutant à la dissolution 2 parties de chlorhydrate d'hydroxylamine. Au bout de quelque temps, il se dépose des cristaux brillants et durs, qui sont constitués par le sel de sodium de la dioxime γ. Après 1 ou 2 jours on peut considérer la réaction comme terminée. On étend d'eau, on filtre s'il y a lieu, et on acidule la liqueur avec de l'acide chlorhydrique étendu, en ayant soin d'éviter toute élévation de température. Le précipité, d'un blanc rougeâtre, a l'aspect d'une résine qui ne tarde pas à se prendre en une masse cristalline. C'est un mélange des trois dioximes, dans lequel la variété γ domine. Le produit, essoré et pressé, est ensuite agité avec 10 fois son poids d'alcool froid, qui dissout les oximes γ et β, mais laisse l'α insoluble. La solution alcoolique, soumise à l'évaporation spontanée, fournit des cristaux qui, après une nouvelle cristallisation dans l'alcool, peuvent être obtenus chimiquement purs. Dans tous ces traitements, il faut éviter avec soin l'emploi de la chaleur.

Propriétés. — La γ-benzildioxime cristallise en fines aiguilles d'un éclat soyeux, qui présentent le curieux caractère suivant : si l'on porte quelques-uns de ces cristaux, préalablement desséchés entre des doubles de papier, sur un verre de montre chauffé au bain-marie, on constate qu'ils fondent, pour se prendre aussitôt en une masse cristalline et dure ; chauffe-t-on maintenant un fragment de cette masse dans un tube capillaire, il entre en fusion à 164-166°, pour se solidifier immédiatement après ; enfin continue-t-on à chauffer le tube, la matière entre en fusion une troisième fois, à la température de 200°, en se décomposant.

La γ-benzildioxime, cristallisée dans l'alcool, paraît contenir une molécule d'alcool de cristallisation, qu'elle perd facilement au contact de l'air. Le produit, en subissant la première fusion, perd cet alcool et donne la γ-dioxime sèche, qui, chauffée, fond à 164-166° en se transformant aussitôt en dérivé α, lequel, chauffé au delà, fond à 207° (point de fusion du produit β) en subissant une décomposition.

La γ-dioxime est insoluble dans l'eau froide et dans la ligroïne, très soluble au contraire dans les autres dissolvants. Ainsi elle est beaucoup plus soluble dans l'alcool que son isomère β. Les alcalis la dissolvent aussi très facilement. Les acides la précipitent de ces dissolutions sous la forme d'une masse résineuse qui, au bout de peu de temps, prend un aspect cristallin.

Pour transformer la γ-benzildioxime en son isomère β, il n'est pas nécessaire de chauffer à 164°. Une température de 130-140°, et même celle de 100°, suffisent pour opérer cette transformation.

Les conditions les meilleures sont les suivantes : On chauffe une dissolution de l'oxime dans l'alcool absolu, en tube scellé, à la température de 100° : à côté de la β-dioxime, on observe la formation d'un peu de dioxime α.

Les alcalis opèrent cette même transformation à chaud.

Enfin le mélange de Beckmann (acide acétique cristallisable, anhydride acétique et acide chlorhydrique) convertit au bout de quelques jours la γ-dioxime en β-diacétyldioxime fondant à 124-125°. Chauffée à 100° avec de l'acide chlorhydrique concentré, la γ-dioxime se transforme d'abord en son isomère β, puis subit son dédoublement en benzile et chlorhydrate d'hydroxylamine.

Oxydée au moyen du ferricyanure de potassium, la γ-dioxime fournit le même produit d'oxydation fondant à 113-114° que les dioximes α et β :

$$\begin{matrix} C^6H^5-C=AzOH \\ | \\ C^6H^5-C=AzOH \end{matrix} + O = H^2O + \begin{matrix} C^6H^5.C=Az-O \\ | \quad\quad | \\ C^6H^5.C-Az-O \end{matrix}$$

Aux benzildioximes se rattachent plusieurs produits de déshydratation isomériques entre eux. L'un seulement d'entre ces corps constitue un véritable anhydride de la benzildioxime. Les deux autres ont une constitution différente, qui ne répond pas à celle d'un anhydride.

ANHYDRIDE BENZILDIOXIMIQUE,

$$\begin{matrix} C^6H^5.C=Az \searrow \\ | \quad\quad\quad O. \\ C^6H^5.C=Az \nearrow \end{matrix}$$

— Ce composé prend naissance quand on chauffe à 200-220°, en tube scellé, l'α- ou la β-benzildioxime avec de l'eau. Au bout de quelques heures, le produit de la réaction se présente sous la forme d'une masse cristalline ou d'une huile épaisse, qu'il suffit de frotter avec une baguette de verre contre les parois du tube pour la faire cristalliser. Dans cette opération, le dérivé α se transforme d'abord en dérivé β, qui fournit ensuite l'anhydride par déshydratation [K. Auwers et V. Meyer, *D. chem. G.*, **21**, 811].

On l'obtient aussi en chauffant le diacétate de la benzildioxime α avec de l'alcool à une température de 170-190°, ou encore en chauffant en tube scellé, pendant plusieurs heures, de la potasse alcoolique et les acétates des trois benzildioximes α, β ou γ [*loc. cit.*, **22**, 716].

M. Günther [*Ann. Chem.*, **252**, 52] l'a en outre préparé en déshydratant les deux dioximes α et β au moyen du sulfate de cuivre anhydre.

MM. Auwers et V. Meyer [*D. chem. G.*, **22**, 716] ont constaté qu'il se forme également quand on chauffe la benzildioxime γ à 180° avec de l'eau, ou qu'on saponifie à froid par la potasse aqueuse les éthers diacétylé, dipropionylé et diisobutyrylé de la dioxime γ.

Cristallisé au sein de l'alcool, cet anhydride constitue des aiguilles feutrées, dures et plates, fondant à 94°.

Il est modérément soluble dans l'alcool froid, très soluble dans l'éther et dans l'acide acétique cristallisable.

Il est très stable. Bouilli pendant plusieurs heures avec une solution alcaline, ou chauffé en tube scellé avec de l'acide chlorhydrique, il reste inaltéré. Traité pendant 3 ou 4 heures par du phosphore et de l'acide iodhydrique concentré, à la température de 200-220°, il n'est pas attaqué d'une façon notable, mais à 230° il est converti en bibenzyle [Auwers et V. Meyer, *loc. cit.*].

DIBENZÉNYLAZOXIME (*diphénylcarbazoxime*),

$$C^6H^5.C \begin{matrix} \nearrow Az-O \searrow \\ \searrow Az= \nearrow \end{matrix} C.C^6H^5$$

[Günther, *Ann. Chem.*, **252**, 48]. — Cet isomère de l'anhydride benzildioximique véritable s'obtient : 1° en abandonnant à elle-même une solution de dibenzildioxime α dans l'acide acétique saturé d'acide chlorhydrique ; il se produit en même temps de la benzildioxime β ; 2° en chauffant au bain-marie un mélange de dioxime α et d'acide sulfurique concentré ; 3° en faisant agir à froid les perchlorure, perbromure ou oxychlorure de phosphore sur la même dioxime α ; 4° en chauffant au bain-marie un mélange d'anhydride phosphorique et de benzène tenant en dissolution la benzildioxime α.

Cet anhydride cristallise dans l'alcool en longues aiguilles d'un éclat argenté, qui fondent à 108°.

L'acide sulfurique concentré et l'acide chlorhydrique ne l'attaquent point à 180°. Les agents oxydants comme le permanganate de potassium, ainsi que les réducteurs (zinc et acide acétique cristallisable), sont sans action sur lui.

Chauffé à 210° avec de la baryte, il se dédouble en acide benzoïque et ammoniaque.

L'acide iodhydrique concentré opère le même dédoublement à la température du bain-marie.

En se basant sur ses propriétés et sur la synthèse de ce corps, l'auteur lui attribue la formule de constitution donnée plus haut.

Ce corps est en effet identique avec la *dibenzénylazoxime* obtenue par MM. F. Tiemann et P. Krüger, en chauffant au-dessus de son point de fusion la benzénylamidobenzoyloxime, préparée par l'action du chlorure de benzoyle sur la benzénylamidoxime (voyez Suppl., 2, 469).

Isodibenzénylazoxime,

```
        Az — Az
        ||    ||
C6H5 . C      C - C6H5.
        \    /
          O
```

— On dissout à chaud du perchlorure de phosphore dans de l'oxychlorure et, après refroidissement, on introduit dans le mélange de la benzildioxime α. On épuise le produit coloré en rouge avec de l'éther de pétrole, qui dissout l'oxychlorure de phosphore et un chlorure $C^{14}H^{10}Az^2Cl^2$.

On chasse l'éther et on distille l'oxychlorure dans le vide. On obtient ainsi une huile plus ou moins colorée qui ne tarde pas à cristalliser. Les cristaux ainsi obtenus sont dissous dans l'alcool et la liqueur est additionnée d'une solution chaude d'azotate d'argent. Il se forme un précipité constitué par un mélange de chlorure d'argent et d'une combinaison $C^{14}H^{10}Az^4O . AzO^3Ag$. Ce précipité est décomposé par un courant d'acide sulfhydrique et le produit est épuisé par l'éther. Par évaporation de ce dissolvant, on obtient le composé $C^{14}H^{10}Az^2O$, soit sous la forme de fines aiguilles, soit sous la forme de tables fondant à 135-136°.

Chauffé à 160° avec du phosphore rouge et de l'acide iodhydrique, il se dédouble en acide benzoïque et ammoniaque. L'acide chlorhydrique effectue le même dédoublement [Günther, *Ann. Chem.*, **252**, 60].

Dérivés alcoylés des benzildioximes.

Les benzildioximes α et β sont susceptibles de fournir des dérivés alcoylés isomériques, si l'on a soin d'opérer dans des conditions telles qu'il ne puisse y avoir transformation du composé α en oxime plus stable β [K. Auwers et V. Meyer, *D. chem. G.*, **21**, 3514].

La méthylation des 2 oximes fournit 2 séries de dérivés parallèles :

A l'α-dioxime correspondent :

1° L'éther diméthylique normal [α_2] ;
2° Un isomère non éthéré de celui-ci [α_1] ;
3° Une base de la formule $C^{16}H^{14}Az^2$;
4° Du benzile.

A la β-dioxime correspondent :

1° L'éther diméthylique normal [β_2] ;
2° Un isomère non éthéré de celui-ci [β_1] ;
3° Une base $C^{16}H^{14}Az^2$ identique avec celle dérivée de l'oxime α ;
4° Du benzile.

Méthylation de la benzildioxime α. — 10 grammes de dioxime α sont additionnés de 50 grammes d'iodure de méthyle et d'une quantité suffisante d'alcool méthylique. On chauffe le mélange au bain-marie et on y ajoute peu à peu, dans le cours de plusieurs heures, une solution de 7gr,5 de sodium dans de l'alcool méthylique. Le produit de la réaction, versé dans l'eau, fournit une huile d'un vert pâle qui se sépare. Dans le cas où le liquide ne possède pas de réaction alcaline, on l'alcalinise et on l'agite à plusieurs reprises avec de l'éther. Lorsqu'on n'a pas pris trop d'éther au commencement, il arrive qu'il se sépare des cristaux qui restent en suspension dans l'eau et qu'on enlève par filtration. La liqueur éthérée fournit par évaporation un sirop visqueux, qu'on broie avec de l'alcool étendu. On peut séparer ainsi une nouvelle quantité de cristaux, qui sont constitués par le dérivé (α_1). Pour l'obtenir pur, il suffit de le faire cristalliser dans l'alcool bouillant.

La solution alcoolique du sirop, dont on sépare les cristaux ci-dessus, est concentrée, et le résidu sirupeux est délayé dans de l'acide chlorhydrique très concentré, qu'on y introduit goutte à goutte. Au bout d'un instant, le tout se prend en masse ; on continue d'ajouter l'acide jusqu'à ce qu'on obtienne une bouillie homogène, qu'on essore et qu'on lave avec de l'acide très concentré. On obtient ainsi, d'une part, une portion solide jaune, constituée par une combinaison peu stable du corps (α_2) et d'acide chlorhydrique, et d'autre part un liquide F_1.

La masse cristalline jaune est lavée à plusieurs reprises avec de l'éther chaud qui en dissout une partie, tandis qu'il reste un produit cristallin blanc. Appelons la solution éthérée F_2.

Ce produit blanc, traité par de l'ammoniaque aqueuse, se prend aussitôt en une masse sirupeuse qui, peu de temps après, devient cristalline. Dissous dans l'éther, ce dernier produit fournit facilement l'éther diméthylique normal (α_2) en beaux cristaux fondant à 109-110°.

La liqueur filtrée F_2 fournit, par un traitement approprié, du benzile.

Quant à la liqueur F_1, on l'étend d'eau ; la solution est ensuite épuisée avec de l'éther, puis additionnée d'un excès d'alcali. Il se dépose ainsi une base huileuse qui ne tarde pas à se solidifier partiellement. Après un nouveau traitement à l'acide et à l'alcali, on finit par obtenir une solution éthérée qui abandonne cette base sous la forme de cristaux fusibles à 158-159°.

Les quantités de ces différents produits qui se forment sont les suivantes : 6 ou 7 0/0 du corps (α_1), 25 0/0 du dérivé (α_2), 3 0/0 de la base et 13 ou 14 0/0 de benzile, soit en tout 50 0/0 du produit primitivement employé. Le reste est converti en produits complexes qu'il n'a pas été possible de saisir.

Méthylation de la β-dioxime [*D. chem. G.*, **21**, 3517]. — On a employé les mêmes proportions et suivi le même mode opératoire que pour la méthylation de l'oxime α. On a dû néanmoins introduire quelques modifications dans la séparation des différents dérivés.

Le produit de la méthylation est versé dans l'eau ; on alcalinise et on épuise avec de l'éther. La liqueur éthérée est ensuite agitée à plusieurs reprises avec de l'eau acidulée d'acide chlorhydrique. On décante et on étend le liquide acide avec de l'eau. S'il se produit un trouble, on épuise de nouveau avec de l'éther. La solution est ensuite rendue alcaline et agitée avec de l'éther. Par évaporation spontanée de la liqueur éthérée, on obtient des cristaux qui fondent à 157-158°, et qui sont constitués par une base identique avec celle qui prend naissance au moyen de la dioxime α.

La solution éthérée primitive, dont on a séparé la base par addition d'acide chlorhydrique, est mise en contact avec du chlorure de calcium, puis traitée par un courant lent d'acide chlorhydrique sec. Il se sépare alors de la liqueur, d'abord des produits visqueux, puis, après qu'on les a éliminés par filtration, des cristaux jaunâtres, et finalement des prismes incolores et brillants. Aussitôt qu'il ne se dépose plus de cristaux, on filtre et on évapore l'éther. On obtient comme résidu une masse cristalline K.

Les cristaux précipités par l'acide chlorhydrique sont constitués par une combinaison peu stable du corps (β_2) avec l'acide. Pour isoler ce corps à l'état pur, on traite la combinaison par de l'ammoniaque; la résine qui se forme est ensuite dissoute dans l'éther, et la solution lavée avec de l'acide chlorhydrique très étendu pour enlever des impuretés. On dessèche à nouveau la liqueur éthérée et on la traite par de l'acide chlorhydrique gazeux et sec. Les cristaux formés sont traités une seconde fois par de l'ammoniaque, et la résine qui se dépose est triturée avec une baguette de verre pour déterminer sa cristallisation. Après plusieurs cristallisations dans l'alcool étendu ou dans l'éther, on finit par obtenir un corps pur, fondant d'une façon constante à 88-89°.

La masse cristalline K, après plusieurs cristallisations fractionnées, fournit du benzile et le corps (β_1), qui fond à 72-73° et qui ressemble beaucoup à son isomère (α_1).

Le processus de la méthylation de la β-dioxime est donc le même que celui de la dioxime α.

Toutefois les rendements sont différents : les auteurs ont obtenu en moyenne 35 0/0 du produit (β_1) et peu de benzile, tandis que la base et l'éther (β_2) se forment environ dans les mêmes proportions que dans le cas de la dioxime α. En résumé, les produits cristallisés obtenus s'élèvent à environ 70 0/0 du poids des matières premières employées.

Les corps (α_1) (α_2) (β_1) (β_2) ont même composition et sont isomériques. Les dérivés (α_2) et (β_2) ont un caractère faiblement basique et peuvent être considérés comme les vrais éthers diméthyliques des deux dioximes, tandis que les composés (α_1) et (β_1) sont neutres et possèdent une autre constitution. Les corps (α_1) et (α_2) ont une structure différente, tandis que (α_1) et (β_1) sont stéréochimiquement isomériques.

Composé (α_1), $C^{16}H^{16}Az^2O^2$. — Petits prismes brillants, fondant à 165-168°. Insoluble dans l'eau, ce corps se dissout difficilement dans la ligroïne, l'alcool, l'éther et l'acide acétique cristallisable, facilement dans le benzène, le chloroforme et le sulfure de carbone.

Réduit au moyen du phosphore et de l'acide iodhydrique, il fournit du bibenzyle.

Chauffé avec de l'alcool à 240-250°, il ne subit aucune décomposition, ni transformation isomérique.

L'acide chlorhydrique concentré transforme ce composé (α_1) en son isomère (β_1), quand on chauffe le mélange en tube scellé à la température de 100°. A 170°, il se forme de l'acide benzoïque. Cette réaction prouve que ni le composé (α_1) ni son isomère (β_1) ne peuvent être considérés comme des éthers méthyliques normaux des dioximes.

La constitution de ces composés n'a pas encore été établie.

Composé (α_2) (*α-benzildiméthyloxime*),

$C^{16}H^{16}Az^2O^2$.

— Prismes tricliniques, durs, très brillants et à pouvoir dispersif très grand. Cristallisé au sein de l'éther, ce corps fond à 109-110°. Il est insoluble dans l'eau froide, peu soluble dans la ligroïne, assez soluble dans l'alcool et dans l'éther; le benzène, le chloroforme, le sulfure de carbone et l'acide acétique cristallisable le dissolvent très facilement.

Il se combine avec 1 molécule d'acide chlorhydrique pour former un produit d'addition peu stable, que l'eau dissocie déjà à froid. Il est toutefois stable dans l'air sec, même à la température de 100°, et cristallise en prismes courts et brillants, qui fondent à 157-158° en se décomposant.

Le composé (α_2) fournit du bibenzyle par réduction avec le phosphore et l'acide iodhydrique. L'alcool le décompose à 170-180°, en donnant un liquide foncé dans lequel il n'a pas été possible de trouver trace du dérivé β.

Chauffé à 100° avec de l'acide chlorhydrique concentré, le composé (α_2) se scinde en benzile et chlorhydrate de méthylhydroxylamine.

Composé (β_1), $C^{16}H^{16}Az^2O^2$. — Aiguilles brillantes et plates. Cristallisé au sein de l'alcool, ce composé fond à 72-73°. Il est insoluble dans l'eau froide, assez soluble dans l'alcool, très soluble dans la ligroïne et dans l'acide acétique cristallisable. L'éther, le chloroforme, le benzène et le sulfure de carbone le dissolvent en toutes proportions. Le phosphore et l'acide iodhydrique le transforment en bibenzyle.

L'acide chlorhydrique concentré le dédouble à 150-170° en acide benzoïque et chlorure d'ammonium. On ne peut donc considérer ce dérivé comme l'éther diméthylique de la benzildioxime β.

Composé (β_2) (*β-benzildiméthyloxime*). — Fines aiguilles blanches, réunies en rosettes, ou prismes courts et durs. Déposé lentement au sein de la solution éthérée, il fond à 88-89°. Il est insoluble dans l'eau froide, très peu soluble dans la ligroïne, plus soluble dans l'alcool et dans l'éther; le benzène, le chloroforme, le sulfure de carbone et l'acide acétique cristallisable le dissolvent très facilement.

Il forme avec l'acide chlorhydrique une combinaison analogue à celle que fournit le dérivé (α_2). Elle fond à une température un peu plus basse, à 130°.

Le phosphore et l'acide iodhydrique le réduisent en bibenzyle. L'acide chlorhydrique concentré le dédouble à 100° en benzile et chlorhydrate de méthylhydroxylamine.

Ce composé peut donc être regardé comme l'éther diméthylique de la benzildioxime β.

Base $C^{16}H^{14}Az^2$. — Comme il a été dit plus haut, cette base se forme comme produit secondaire dans la méthylation des deux dioximes α et β. Elle cristallise dans l'alcool étendu en longues aiguilles fines et d'un éclat soyeux, ou en tables minces et nacrées. Sa solution éthérée l'abandonne en cristaux rhombiques et brillants, bien définis. Ce corps est insoluble dans l'eau, difficilement soluble dans l'éther et dans la ligroïne. L'alcool, le benzène et le sulfure de carbone le dissolvent facilement, et le chloroforme très facilement. Il fond à 158-159°.

La formation de son azotate est caractéristique. Mélange-t-on une solution étendue du chlorhydrate de la base avec une solution chaude d'azotate de potassium, il se dépose par refroidissement des aiguilles plates et dures du nitrate. Ajoute-t-on à une solution froide et étendue de ce sel une solution d'azotite de sodium, on n'obtient pas de dérivé nitrosé, mais on régénère la base.

La base est monoacide. Elle forme en effet avec le chlorure de platine un composé double, qui cristallise en lamelles brillantes, d'un jaune d'or, répondant à la formule $(C^{16}H^{14}Az^2 . HCl)^2PtCl^4$.

On connaît deux bases répondant à la formule $C^{16}H^{14}Az^2$. Ce sont la *méthyldiphénylglyoxaline* fondant à 235° et la *diphényldihydro-p-diazine*. Cette dernière fond à peu près à la même température (160-161°), mais elle est plus soluble dans l'éther que la base en question. De plus les acides la dédoublent aisément en ses composants éthylène-diamine et benzile, tandis que le composé étudié plus haut est très stable vis-à-vis des acides.

Nature de l'isomérie des dérivés diméthylés des benzildioximes α et β.

On connaît deux tribenzylhydroxylamines. L'une est basique et se combine avec l'acide chlorhydrique, et l'autre est indifférente vis-à-vis de cet acide. On peut les représenter par les deux formules

(I)

$$Az \begin{cases} OC^7H^7 \\ C^7H^7 \\ C^7H^7 \end{cases}$$

(II)

$$Az \begin{cases} \nearrow O \\ \nearrow C^7H^7 \\ - C^7H^7 \\ \searrow C^7H^7 \end{cases}$$

M. V. Meyer [*D. chem. G.*, **22**, 709] compare les éthers méthyliques des benzildioximes à ces deux dérivés.

Les composés méthyliques (α_2) et (β_2), c'est-à-dire ceux qui se combinent à l'acide chlorhydrique et qui, sous l'influence du même acide, se scindent en benzile et chlorhydrate de méthylhydroxylamine, sont des dérivés normaux des oximes. Ils correspondent à la tribenzylhydroxylamine I.

Abstraction faite de leur isomérie stéréochimique, on peut les représenter par la formule

$$\begin{matrix} C^6H^5 . C = AzOCH^3 \\ | \\ C^6H^5 . C = AzOCH^3 \end{matrix}$$

Les dérivés (α_1) et (β_1), indifférents vis-à-vis de l'acide chlorhydrique, ne se comportant plus comme des oximes, correspondent à la tribenzylhydroxylamine II et, abstraction faite de leur isomérie stéréochimique, peuvent être représentés par le schéma

$$\begin{matrix} C^6H^5 . C = Az \lessgtr {O \atop CH^3} \\ | \\ C^6H^5 . C = Az \lessgtr {CH^3 \atop O} \end{matrix}$$

L'auteur fait toutefois remarquer qu'on pourrait aussi admettre pour ces derniers la formule

$$\begin{matrix} C^6H^5 - C - Az - OCH^3 \\ \| \quad | \\ C^6H^5 - C - Az - OCH^3 \end{matrix}$$

En résumé, les dérivés (α_1) et (β_1), stéréochimiquement isomériques, ont une structure différente de celle des composés (α_2) et (β_2), qui eux aussi sont des isomères stéréochimiques.

Dérivés benzyliques de la benzildioxime α [K. Auwers et V. Meyer, *D. chem. G.*, **22**, 564]. — En benzylant cette dioxime, on obtient deux corps répondant à la formule $C^{28}H^{24}Az^2O^2$. D'après leurs propriétés, ces composés sont les analogues des dérivés diméthylés de la dioxime α.

L'une de ces substances, (α_2), se combine à l'acide chlorhydrique et fond à 104-105°; chauffée à 100° avec le même acide, elle fournit du benzile.

L'autre, (α_1), ne donne pas de chlorhydrate; elle fond à 153-154° et n'est pas attaquée par l'acide chlorhydrique à la température de 100°. Celui-ci la convertit en son isomère β.

Dérivés benzyliques de la benzildioxime β [Auwers et Meyer, *ibid.*]. — Comme nous venons de le voir, on obtient un de ces dérivés en partant de l'isomère α.

On peut d'ailleurs préparer directement cet éther en benzylant la benzildioxime β. Ce corps fond à 59-60°. On n'a pas encore réussi à préparer l'isomère.

Ce qui a été dit au sujet de l'isomérie des dérivés méthylés peut également s'appliquer aux dérivés benzylés (voyez plus haut).

Dérivés obtenus par l'action des anhydrides des acides sur les benzildioximes.

Les trois benzildioximes α, β, γ sont susceptibles de fournir des dérivés diacétylés, dipropionylés et diisobutyrylés, dérivés qui, dans chaque série, se distinguent nettement l'un de l'autre par un ensemble de propriétés. Il semble donc que dans ces composés chacune des benzildioximes conserve son arrangement moléculaire primitif, son individualité.

Diacétylbenzildioximes (*benzildiacétoximes*),

$$C^{14}H^{10}Az^2O^2(C^2H^3O)^2.$$

— Le *dérivé α* s'obtient en chauffant la dioxime α avec 2 ou 3 fois son poids d'anhydride acétique et laissant refroidir. Il se dépose en prismes courts, épais et doués d'un éclat vitreux. Le rendement est théorique. La réaction s'accomplit également à froid [Auwers et Meyer, *D. chem. G.*, **21**, 798].

Ce composé fond à 147-148°; il est insoluble dans l'eau, difficilement soluble dans l'alcool froid et dans l'acide acétique cristallisable (100 parties en dissolvent 1p,7 à 17°) et à peine soluble dans l'éther.

Une solution aqueuse et froide de potasse caustique le dédouble en α-diphénylglyoxime et acétate de potassium.

Le *dérivé β* se prépare comme son isomère α. Il en diffère par son point de fusion qui est plus bas (124-125°), par sa plus grande solubilité dans l'alcool et dans l'acide acétique cristallisable et aussi par sa forme cristalline. Il se présente sous la forme d'aiguilles fines, qui se déposent de leurs dissolutions en agrégats concentriques. Il se comporte comme son isomère avec la potasse, en régénérant la β-dioxime [Auwers et Meyer, *D. chem. G.*, **21**, 799].

Le *dérivé γ* s'obtient en baignant la γ-dioxime dans le double de son poids d'anhydride acétique. Le tout entre en dissolution avec dégagement de chaleur. On abandonne pendant la durée d'une nuit, et on broie le produit avec de l'eau froide. Il se sépare un corps solide, qu'on fait cristalliser dans l'alcool froid.

La γ-diacétylbenzildioxime cristallise en fines aiguilles blanches, qui fondent à 114-115°. Elle est insoluble dans l'eau, assez soluble dans l'alcool froid et dans l'éther, facilement soluble dans le benzène, le sulfure de carbone, l'acide acétique cristallisable et le chloroforme. La ligroïne la dissout par contre très difficilement.

Abandonné avec une solution aqueuse de potasse, ou bien chauffé au bain-marie avec de la potasse alcoolique, ce dérivé diacétylé régénère non pas la dioxime γ primitive, mais l'anhydride $C^{14}H^{10}Az^2O$, fusible à 94° [Auwers et Meyer, *D. chem. G.*, **22**, 716].

Dipropionylbenzildioximes (*benzildipropionoximes*),

$$C^{14}H^{10}Az^2O^2(C^3H^5O)^2.$$

— La *combinaison α* se prépare comme le dérivé diacétylé. Lamelles minces et brillantes, fusibles à 103-104°, assez solubles dans l'alcool, très solubles dans l'éther et dans l'acide acétique cristallisable.

Le *dérivé β* constitue des prismes obliques, durs et blancs, fondant à 121°. Il est soluble dans l'éther. L'alcool le dissout difficilement et l'acide acétique cristallisable modérément [K. Auwers et V. Meyer, *D. chem. G.*, **21**, 801].

Le *dérivé γ* se prépare comme le dérivé acétylé γ. Il ressemble d'ailleurs à ce dernier et fond à 86-87°. A l'égard des dissolvants, il se comporte encore comme la diacétylbenzildioxime γ [K. Auwers et V. Meyer, *D. chem. G.*, **22**, 714].

Diisobutyrylbenzildioximes, $C^{22}H^{24}Az^2O^4$. —

Le *composé* α se produit quand on chauffe pendant quelques instants la benzildioxime α avec 2 ou 3 fois son poids d'anhydride butyrique. On abandonne la solution pendant quelque temps dans un endroit frais ou dans un mélange réfrigérant, jusqu'à ce que les cristaux se déposent. Il faut éviter de chauffer trop longtemps, le produit se résinifiant. Cristallisé au sein de l'alcool, ce dérivé constitue des aiguilles plates et brillantes. Il se dissout facilement dans l'alcool, l'éther et l'acide acétique. Son point de fusion est situé vers 121-122°.

Le *dérivé* β se prépare comme son isomère. Il cristallise en petits prismes épais, de forme quadratique, très solubles dans l'alcool, l'éther et l'acide acétique. Il fond à 88-89°, mais se ramollit déjà à quelques degrés au-dessous de cette température [*D. chem. G.*, **21**, 803].

Le *dérivé* γ se prépare comme les éthers acétique et propionique γ. Toutefois le mélange de l'oxime et de l'anhydride ne se solidifie pas, même dans un mélange réfrigérant. Pour l'isoler, on lave le produit huileux dissous dans l'éther avec une solution aqueuse de carbonate d'ammonium, on décante et on évapore l'éther. L'huile qui reste est de nouveau lavée avec du carbonate d'ammonium, puis séparée et dissoute dans l'alcool froid. Par évaporation lente du dissolvant, on obtient des prismes microscopiques et brillants qui fondent à 89-92°. Ce corps est insoluble dans l'eau, peu soluble dans la ligroïne, très soluble dans les autres dissolvants.

Bien que son point de fusion se confonde avec celui du dérivé β, le composé γ se distingue de son isomère par la manière dont il se comporte vis-à-vis de la potasse aqueuse. Celle-ci le dédouble en anhydride $C^{14}H^{10}Az^2O$ et isobutyrate de potassium.

DICARBANILIDO-BENZILDIOXIMES. — *Dicarbanilido-α-benzildioxime*,

$$\begin{array}{lcl} C^6H^5-C & \text{———————} & C.C^6H^5 \\ \quad\| & & \quad\| \\ AzO.CO.AzH.C^6H^5 & & AzO.CO.AzH.C^6H^5 \end{array}$$

— On met en suspension la benzildioxime α dans le benzène et on y ajoute 2 molécules de phénylcarbimide. On chauffe jusqu'à disparition de l'odeur du cyanate de phényle et on laisse refroidir.

Houppes blanches qui, sous le microscope, se présentent sous la forme de tables longues et incolores. Ce corps fond à 180° et se dissout à peine dans les dissolvants ordinaires. Chauffé doucement avec des solutions alcalines, il se dédouble en benzildioxime α et aniline.

Dicarbanilido-β-benzildioxime,

$$\begin{array}{rl} C^6H^5.C-C & C^6H^5 \\ \| & \| \\ C^6H^5.HAz.OC.OAz & AzO.CO.AzH.C^6H^5 \end{array}$$

— Ce corps se prépare comme son isomère. Il cristallise dans le benzène en petits prismes, et dans l'alcool en gros cristaux qui fondent vers 187°. Il se comporte vis-à-vis des alcalis comme son isomère α.

Dicarbanilido-γ-benzildioxime,

$$\begin{array}{lcl} C^6H^5.C & \text{———————} & C.C^6H^5 \\ \quad\| & & \quad\| \\ AzO.CO.AzH.C^6H^5 & & C^6H^5.HAz.CO.OAz \end{array}$$

— La γ-benzildioxime réagit très facilement sur l'isocyanate de phényle. Le nouveau composé se présente sous la forme d'aiguilles blanches, qui fondent vers 175°. Cristallisé au sein du benzène, il forme avec ce dernier un produit d'addition.

Les alcalis le dédoublent comme ses isomères. Mais indépendamment de la dioxime et de l'aniline il se forme de l'anhydride benzildioximique,

$$\begin{array}{l} C^6H^5-C=Az\diagdown \\ \qquad\quad | \qquad\qquad O, \\ C^6H^5-C=Az\diagup \end{array}$$

qui fond à 94° [H. Goldschmidt, *D. chem. G.*, **22**, 3111].

COMBINAISONS DU BENZILE AVEC LES ACÉTONES.

En traitant un mélange de benzile et d'acétone par une solution aqueuse de potasse caustique, MM. F.-R. Japp et N.-H.-J. Miller [*D. chem. G.*, **18**, 179] ont obtenu trois combinaisons :

1° L'*acétone-benzile*, qui se forme quand on fait agir une petite quantité de potasse sur du benzile dissous dans un excès d'acétone. C'est un produit d'addition de l'acétone avec le benzile :

$$C^{14}H^{10}O^2 + C^3H^6O = C^{17}H^{16}O^3.$$

2° Le *déhydro-acétone-benzile*, qui se produit quand on emploie, indépendamment de certaines conditions, un excès de potasse :

$$C^{14}H^{10}O^2 + C^3H^6O = C^{17}H^{14}O^2 + H^2O.$$

3° Le *déhydro-acétone-dibenzile*, qui résulte de l'action d'une petite quantité de potasse sur l'acétone en présence d'un excès de benzile. C'est un produit de condensation de 2 molécules de benzile avec 1 molécule d'acétone :

$$2C^{14}H^{10}O^2 + C^3H^6O = C^{31}H^{24}O^4 + H^2O.$$

ACÉTONE-BENZILE,

$$\begin{array}{l} C^6H^5.C(OH).CH^2.CO.CH^3 \\ \qquad\quad | \\ C^6H^5.CO \end{array}$$

— Ce composé se produit quand on traite 50 grammes de benzile finement pulvérisé par 30 grammes d'acétone pure (isolée de sa combinaison avec le bisulfite) et 1 demi-centimètre cube d'une solution de potasse (d = 1,27). On bouche le flacon et on agite jusqu'à dissolution complète. La liqueur, d'une couleur rougeâtre, est abandonnée à elle-même. Si au bout de 2 ou 3 jours il ne s'est pas déposé de cristaux, on prélève une portion du liquide et on l'abandonne à l'évaporation. Les cristaux qui se forment sont alors introduits dans le flacon et déterminent la cristallisation du reste du produit. Au bout d'une semaine environ, on refroidit dans la glace et on recueille les cristaux sur un filtre. On les lave avec de l'éther exempt d'alcool et on les dissout dans ce même liquide.

Gros prismes à base carrée, incolores, facilement solubles dans l'éther et dans l'alcool bouillant, peu solubles dans l'alcool froid. Ils fondent à 78°. Pulvérisé et desséché sous une cloche à acide sulfurique, le produit devient électrique. Chauffé à 200°, il se scinde en benzile et acétone. Oxydé par un mélange de dichromate de potassium et d'acide sulfurique, il fournit de l'acide benzoïque et de l'acide acétique. Il se combine avec l'ammoniaque pour donner de l'acétone-benzilimide $C^{17}H^{17}AzO^2$, et avec l'hydroxylamine pour fournir une combinaison $C^{17}H^{17}AzO^3$. Traité par l'acétone et par un excès de potasse concentrée, il donne naissance au déhydro-acétone-benzile. Avec une solution alcoolique de potasse, il fournit le déhydro-acétone-dibenzile.

Acétone-benzilimide, $C^{17}H^{17}AzO^2$ [Japp et Miller, *loc. cit.*] — On dissout 2 grammes d'acétone-benzile dans de l'éther et on sature la solution de gaz ammoniac sec. Il se dépose des cristaux pendant l'opération et le reste du produit est obtenu en abandonnant le mélange à lui-même. Les cristaux sont lavés à l'éther et dissous dans l'alcool bouillant. L'imide se dépose sous la forme de lamelles cristallines et incolores. Elle fond vers 176°. Pendant sa fusion, le corps prend une coloration rouge et émet des gaz. Exposés à l'air, ces cristaux prennent au bout de quelque temps une coloration d'un rouge de girofle; traités par de l'acide chlorhydrique ou oxalique, ils laissent déposer une masse résineuse rougeâtre.

Ce corps prend naissance suivant l'équation

$$C^{17}H^{16}O^3 + AzH^3 = C^{17}H^{17}AzO^2 + H^2O.$$

La formation de cette substance répond à celle de l'acétone-phénanthrène-quinone-imide que MM. Japp et Streatfield ont obtenue dans des conditions identiques.

Acétone-benziloxime, $C^{17}H^{17}AzO^3$. — La préparation d'une oxime au moyen de l'acétone-benzile avait pour but de mettre en évidence la présence de deux groupes carbonyle dans ce composé.

Quand on ajoute une solution concentrée et aqueuse de chlorhydrate d'hydroxylamine, préalablement additionnée d'une quantité équivalente de carbonate de sodium, à une solution alcoolique d'acétone-benzile, on obtient, par addition d'eau, un précipité qui, après des cristallisations répétées dans l'alcool bouillant, se présente sous la forme de petits cristaux incolores, fondant à 146°. Ce corps est assez soluble dans le benzène, peu soluble dans l'éther. Comme la formule l'indique, il résulte de la combinaison de 1 molécule d'hydroxylamine avec 1 molécule d'acétone-benzile :

$$C^{17}H^{16}O^3 + AzH^2.OH = C^{17}H^{17}AzO^3 + H^2O.$$

M. Ceresole a d'ailleurs démontré que seuls les composés qui renferment deux groupes carbonyle contigus sont susceptibles de s'unir à 2 molécules d'hydroxylamine [*D. chem. G.*, **17**, 812].

DÉHYDRO-ACÉTONE-BENZILE [Syn. *Anhydro-acétone-benzile*],

$$\begin{array}{l} C^6H^5-C \lessgtr {CH^2 \atop CH^2} \gtrless CO \\ \quad\;\; | \\ C^6H^5-CO \end{array}$$

ou

$$\begin{array}{l} C^6H^5.C=CH.CO.CH^3 \\ \quad\;\; | \\ C^6H^5.CO. \end{array}$$

— On introduit 100 grammes d'acétone pure, 150 grammes de benzile en poudre fine et 1 centimètre cube de lessive de potasse (d = 1,27) dans un ballon, et on agite jusqu'à dissolution complète du benzile; on ajoute alors 20 ou 30 centimètres cubes de la solution de potasse, on agite de nouveau vigoureusement et on abandonne le tout pendant 1 jour. Au bout de ce temps, la couche surnageant la lessive alcaline est prise en masse. On pulvérise le produit, on le lave avec de l'éther et on le fait cristalliser dans l'alcool ou dans le benzène bouillant, jusqu'à ce que le point de fusion soit constant. La solution alcoolique abandonne de gros prismes d'un jaune serin, tandis que la solution benzénique donne des aiguilles jaunes réunies en houppes. Ce corps fond à 147°. Quand on l'oxyde par l'acide chromique, une partie seulement se trouve attaquée; l'autre partie, isolée et purifiée, est blanche et fond à 149°.

Le déhydro-acétone-benzile, traité par le brome en solution dans le chloroforme, fournit un *dérivé bromé*, $C^{17}H^{13}BrO^2$, qui cristallise au sein de l'acide acétique cristallisable en fines aiguilles fondant à 172° en se décomposant (Japp et Miller).

Il se combine avec 1 molécule de phénylhydrazine pour donner le composé

$$C^{17}H^{14}O.Az^2H.C^6H^5,$$

qui se dépose de sa solution alcoolique en aiguilles jaunes, fusibles à 197° avec décomposition, difficilement solubles dans l'alcool bouillant [Japp et Burton, *Chem. Soc.*, **51**, 422].

Le déhydro-acétone-benzile, chauffé avec de l'acide iodhydrique, se transforme en un corps $C^{17}H^{14}O$, qui cristallise dans l'eau en aiguilles et dans l'alcool en longs prismes minces fondant à 110°. Ce composé se combine au brome et à la phénylhydrazine. Chauffé avec cette dernière et avec de l'alcool, en tube scellé, à 100°, il fournit la combinaison $C^{17}H^{14}.Az^2H.C^6H^5$, qui cristallise en aiguilles courtes et jaunes, fondant à 170-180° en se décomposant [Japp et Burton, *loc. cit.*].

Le déhydro-acétone-benzile, chauffé à 130° avec du phosphore et de l'acide iodhydrique, donne un carbure $C^{17}H^{18}$.

L'étain et l'acide chlorhydrique le transforment en un produit de réduction $C^{34}H^{34}O^2$.

Lorsqu'on l'abandonne pendant 24 heures dans une dissolution alcoolique et concentrée d'acide chlorhydrique et qu'on ajoute ensuite de l'eau au liquide, on voit se déposer un dérivé chloré, $C^{17}H^{15}ClO$, qui cristallise dans l'alcool en aiguilles plates, d'un éclat soyeux et fondant à 128°. Ce composé, chauffé à 100° avec une solution alcoolique d'ammoniaque, fournit une combinaison répondant à la formule $C^{34}H^{24}O^2$ [Japp et Burton, *loc. cit.*].

Chauffé avec de l'acide sulfurique étendu, le déhydro-acétone-benzile fournit un corps répondant à la formule $C^{34}H^{24}O^2$ et qui se trouve être identique avec celui qui se produit quand on traite le dérivé chloré $C^{17}H^{15}ClO$ par l'ammoniaque. Ce composé $C^{34}H^{24}O^2$ cristallise dans le benzène en prismes brillants, retenant quelquefois du benzène. Exempt de cet hydrocarbure, il fond à 195-200° en se décomposant. Il est difficilement soluble dans l'alcool, ne se combine pas avec la phénylhydrazine et se décompose, quand on le chauffe, en oxyde de carbone et en un composé de la formule $C^{33}H^{24}O$:

$$C^{34}H^{24}O^2 = CO + C^{33}H^{24}O.$$

Ce nouveau corps cristallise dans le benzène en tables carrées renfermant 1 molécule de benzène. Il fond à 162-163°, est difficilement soluble dans l'alcool bouillant, et fournit avec la phénylhydrazine un dérivé $C^{33}H^{24}.Az^2H.C^6H^5$, qui cristallise en aiguilles d'un jaune pâle, difficilement solubles dans l'alcool [Japp et Burton, *Chem. Soc.*, **51**, 425].

Quand on fait bouillir le déhydro-acétone-benzile avec de l'acide azotique étendu, il se dédouble en benzile, et acides oxalique, benzoïque et p-nitrobenzoïque (Japp et Burton).

Oxydé au moyen du mélange chromique, il fournit de l'acide benzoïque, mais pas d'acide acétique [Japp et Miller, *D. chem. G.*, **18**, 186].

Quand on chauffe sa solution acétique avec de l'acide chromique également dissous dans l'acide acétique, on le transforme en acides carbonique et β-benzoylhydrocinnamique :

$$C^{17}H^{14}O^2 + 3O = C^{16}H^{14}O^3 + CO^2.$$

L'anhydride acétique est sans action sur le déhydro-acétone-benzile [Japp et Miller, *loc. cit.*].

Méthylanhydro-acétone-benzile, $C^{18}H^{16}O^2$ [Japp et Burton, *Chem. Soc.*, **51**, 431]. — Ce composé se produit quand on abandonne pendant plusieurs jours à la température de 20-25° un mélange de 70 grammes de benzile pulvérisé, 25 grammes de méthyléthylcétone et 10 centimètres cubes de potasse caustique (d = 1,27). Il cristallise au sein de l'alcool en prismes minces, fondant à 179°.

Diméthylanhydroacétone-benzile, $C^{19}H^{18}O^3$ [Japp et Burton, *loc. cit.*]. — On l'obtient en faisant agir sur un mélange de 60 grammes de benzile et de 25 grammes de diéthylcétone 10 centimètres cubes de lessive de potasse (d=1,27). Sa solution alcoolique l'abandonne sous la forme de tables épaisses et rhombiques, fondant à 150°.

Éthylanhydroacétone-benzile, $C^{19}H^{18}O^2$ [Japp et Burton, *loc. cit.*]. — On l'obtient comme le corps précédent, en partant de la méthylpropylcétone. Cristallisé dans l'alcool, il constitue de petites aiguilles fondant à 156°.

Amylanhydroacétone-benzile, $C^{22}H^{24}O^2$ [Japp et Burton, *loc. cit.*]. — On le prépare au moyen du benzile, de la méthylhexylcétone et de la potasse caustique. Fines aiguilles, d'un éclat soyeux, fondant à 150°,5.

DÉHYDRO-ACÉTONE-DIBENZILE [Syn. *Anhydro-acétone-dibenzile*], $C^{31}H^{24}O^4$ [Japp et Miller, *loc. cit.*, 186]. — 50 grammes de benzile pulvérisé finement sont introduits dans un ballon avec 20 grammes d'acétone pure et 1 demi-centimètre cube de potasse caustique (d=1,27). On agite le mélange jusqu'à dissolution complète du benzile. Après 24 heures de repos, le contenu presque solide du ballon est agité avec de l'éther. On dissout ainsi une petite quantité d'acétone-benzile, tandis qu'il reste à l'état insoluble une poudre blanche cristalline, qu'on lave à l'éther et qu'on fait cristalliser à plusieurs reprises dans le benzène, jusqu'à ce que le point de fusion soit fixe à 194-195° :

$$2\,C^{14}H^{10}O^2 + C^3H^6O = C^{31}H^{24}O^4 + H^2O.$$

Cette combinaison est identique avec celle qu'on obtient en faisant agir une solution alcoolique de potasse caustique sur l'acétone-benzile.

Le déhydro-acétone-dibenzile est pour ainsi dire insoluble dans l'alcool froid; l'alcool, même bouillant, en dissout fort peu. Son meilleur dissolvant est le benzène, au sein duquel il se dépose au bout d'un temps très long, en cristaux parfaitement nets et incolores. Il cristallise dans l'alcool avec 1 molécule d'alcool de cristallisation, qu'il perd seulement vers 120°.

ACÉTOPHÉNONE-BENZILE,

$$\begin{array}{l} C^6H^5-C(OH).CH^2.CO.C^6H^5 \\ \quad\;\; | \\ C^6H^5-CO \end{array}$$

— Molécules égales de benzile pulvérisé et d'acétylbenzène sont agitées avec un excès de potasse caustique concentrée, et abandonnées ensuite au repos. Au bout de quelques jours, le mélange se prend en masse. On recueille le produit et on le lave avec de l'eau; on le traite ensuite par l'éther, qui en dissout la presque totalité; il ne reste qu'un faible résidu jaune, constitué par du déhydro-acétophénone-benzile. La solution éthérée, soumise à l'évaporation spontanée, laisse déposer des prismes obliques, fusibles à 102°, solubles dans l'alcool bouillant et dans l'éther. Chauffé au-dessus de son point de fusion, ce corps fournit de l'acétylbenzène [Japp et Miller, *loc. cit.*, 187].

DÉHYDROACÉTOPHÉNONE-BENZILE [Syn. *Anhydro-acétophénone-benzile*, α-β-*dibenzoylstyrène*, α-β-*dibenzoylcinnamène*],

$$\begin{array}{l} C^6H^5.C=CH.CO.C^6H^5 \\ \quad\;\; | \\ C^6H^5.CO \end{array}$$

— Quand on chauffe un mélange de benzile, d'acétylbenzène et de potasse caustique, on n'obtient point d'acétophénone-benzile, mais du déhydroacétophénone-benzile. La purification du produit se fait comme ci-dessus; seulement l'éther, au lieu de dissoudre la nouvelle combinaison, n'enlève que le benzile non entré en réaction et des traces d'une huile rougeâtre. La partie insoluble est dissoute dans l'alcool bouillant, qui par refroidissement laisse déposer le composé $C^{22}H^{16}O^2$ sous la forme de houppes d'aiguilles fines et jaunes, qui fondent à 129°. Ce corps résulte de la condensation de 1 molécule de benzile avec 1 molécule d'acétylbenzène :

$$C^{14}H^{10}O^2 + C^6H^5.CO.CH^3 = C^{22}H^{16}O^2 + H^2O.$$

Il est peu soluble dans l'alcool froid et dans l'éther, facilement soluble dans l'alcool bouillant.

L'α-β-dibenzoylstyrène, chauffé à 310° dans un bain de vapeur de diphénylamine, se transforme en deux corps : l'un cristallise dans l'alcool en longues aiguilles brillantes, fondant à 117-118°; l'autre, peu soluble dans l'alcool, cristallise en aiguilles fines et blanches, fondant à 197-198°.

Le premier de ces corps est considéré par MM. Fr. Japp et F. Klingemann comme de la *triphénylcrotolactone*, donnant sous l'influence de la potasse l'acide *α-diphényl-β-benzoylpropionique* :

$$\begin{array}{l} (C^6H^5)^2C - CH \\ \quad\quad\; | \quad\;\; \| \\ \quad\;\; CO \quad C.C^6H^5 \\ \quad\quad\; \diagdown \; \diagup \\ \quad\quad\;\; O \end{array} + H^2O$$

$$= \begin{array}{l} (C^6H^5)^2C - CH^2 \\ \quad\quad\; | \quad\quad | \\ \quad CO^2H \;\; COC^6H^5 \end{array}$$

Le second de ces dérivés est envisagé comme un isomère stéréochimique de la triphénylcrotolactone.

Quand on soumet l'α-β-dibenzoylstyrène à la distillation sèche, il se convertit en un composé $C^{21}H^{16}O$, qui se présente sous la forme d'aiguilles jaunes, fondant à 92-93°. Il se dégage en même temps de l'oxyde de carbone :

$$C^{22}H^{16}O^2 = C^{21}H^{16}O + CO.$$

Les auteurs attribuent au corps $C^{21}H^{16}O$ la constitution suivante :

$$\begin{array}{l} (C^6H^5)^2C - CH \\ \quad\quad\; | \quad\;\; \| \\ \quad\quad\; O - C.C^6H^5 \end{array}$$

[Fr. Japp et F. Klingemann, *D. chem. G.*, 22, 2880; *Chem. Soc.*, 1890, 685].

Quand on traite sa solution chloroformique par du brome, on ne voit pas se dégager d'acide bromhydrique, et on obtient après évaporation du dissolvant de gros cristaux bien définis, de couleur rougeâtre et possédant une odeur de brome. Ce *dérivé bromé* répond à la formule

$$C^{22}H^{16}O^4Br^5.$$

On n'a pas réussi à le faire recristalliser. Chauffé dans un tube capillaire, il brunit vers 70°, puis devient plus clair vers 80°, pour fondre à 110-115°. Abandonné dans un dessiccateur renfermant de la chaux, il perd la presque totalité de son brome et se convertit en déhydro-acétophénone-benzile [Japp et Miller, *loc. cit.*, 189. — Japp et Klingemann, *Chem. Soc.*, 1890, 712].

Si l'on abandonne une solution de déhydro-acétophénone-benzile dans l'alcool saturé d'acide chlorhydrique, on obtient un *composé chloré*

$C^{22}H^{15}ClO$, qui, cristallisé dans l'alcool, se présente sous la forme de fines aiguilles fondant à 115° [Japp et Burton. *Chem. Soc.*, **51**, 430].

MM. R. Japp et F. Klingemann considèrent ce produit comme du triphénylchlorofurfurane formé en vertu de l'équation

$$\begin{array}{l} C^6H^5.C{=}CH.CO.C^6H^5 \\ \quad\;\; | \\ C^6H^5.CO \end{array} + HCl$$

$$= \begin{array}{l} C^6H^5.CH.CHCl.CO.C^6H^5 \\ \quad\;\; | \\ C^6H^5.CO \end{array}$$

$$= H^2O + \begin{array}{c} C^6H^5-C \;-\; CCl \\ \| \qquad\quad \| \\ C^6H^5-C \quad C-C^6H^5 \\ \diagdown \;\; \diagup \\ O \end{array}$$

Réduit au sein d'une solution alcoolique bouillante, au moyen de l'amalgame de sodium, il fournit du triphénylfurfurane fondant à 92-93° [*D. chem. G.*, **21**, 2934].

Quand on chauffe l'anhydroacétophénone-benzile avec de l'acide iodhydrique fumant, on obtient une combinaison $C^{22}H^{16}O$, qui cristallise dans l'alcool en longs prismes plats, fondant à 92-93° [Japp et Burton, *loc. cit.*]. Ce composé est regardé par MM. Japp et Klingemann comme du triphénylfurfurane [*D. chem. G.*, 21, 2933] :

$$\begin{array}{l} C^6H^5.C{=}CH.CO.C^6H^5 \\ \quad\;\; | \\ C^6H^5.CO \end{array} + H^2$$

$$= \begin{array}{c} C^6H^5.C \;-\; CH \\ \qquad\quad\;\; \| \\ C^6H^5.C \quad C.C^6H^5 \\ \diagdown \;\; \diagup \\ O \end{array} + H^2O.$$

Quand on dissout l'anhydro-acétophénone-benzile dans l'alcool bouillant et qu'on ajoute à la liqueur une solution alcoolique d'ammoniaque, on voit se déposer par refroidissement de beaux cristaux incolores et transparents, ayant pour formule $C^{22}H^{17}AzO$.

Chauffé, ce corps fond nettement vers 180°, pour redevenir aussitôt solide par suite d'une transformation isomérique. Cette transformation s'effectue aussi quand on fait bouillir la substance avec de l'acide acétique cristallisable, de l'acide sulfurique étendu ou de l'alcool.

Ce nouveau corps est peu soluble dans l'alcool bouillant, plus soluble dans l'alcool amylique et dans l'acide acétique cristallisable. Il se présente en aiguilles blanches, fondant à 221° [Japp et Klingemann, *D. chem. G.*, **21**, 2931]. Ces deux composés se forment en vertu de la réaction

$$C^{22}H^{16}O^2 + AzH^3 = C^{22}H^{17}AzO + H^2O.$$

La constitution du premier n'est pas encore établie; les auteurs lui donnent le nom provisoire de *dibenzoylcinnamène-imide*.

Le second de ces composés est considéré comme de la *3-diphényl-5-phénylpyrrolone* et constituerait une lactame,

$$\begin{array}{c} (C^6H^5)^2C \;-\; CH \\ | \qquad\quad \| \\ CO \quad C.C^6H^5 \\ \diagdown \;\; \diagup \\ AzH \end{array}$$

Soumis à l'action de la méthylamine en solution alcoolique, l'α-β-dibenzoylstyrène donne naissance à de la *1-méthyl-3-diphényl-5-phénylpyrrolone*, cristallisant en prismes tricliniques, fusibles à 143° :

$$C^{22}H^{16}O^2 + AzH^2.CH^3 = \begin{array}{c} (C^6H^5)^2C \;-\; CH \\ | \qquad\quad \| \\ CO \quad C.C^6H^5 \\ \diagdown \;\; \diagup \\ Az.CH^3 \end{array}$$

L'éthylamine, la propylamine, l'allylamine, en réagissant sur l'α-β-dibenzoylstyrène en solution alcoolique, fournissent dans les mêmes conditions des *éthyl-, propyl-, allyl-triphénylpyrrolones* dont la constitution est analogue à celle du dérivé méthylé.

Le premier de ces composés fond à 122-123°.

Le dérivé propylé cristallise en prismes rhombiques, fondant à 104-105°. Une autre préparation a fourni des prismes clinorhombiques fondant à 95-98°.

Le composé allylé cristallise en prismes clinorhombiques, dont le point de fusion est situé à 110-112° [F. Japp et F. Klingemann, *D. chem. G.*, **22**, 2882; *Chem. Soc.*, 1890, 700].

L'anhydro-acétophénone-benzile, chauffé pendant 3 heures et demie à 100°, en tube scellé, avec 2 molécules de phénylhydrazine, fournit une *hydrazone*, $C^{28}H^{22}Az^2$, qui cristallise en aiguilles courtes et jaunes. Ce composé fond entre 220 et 255° en se décomposant. Il est pour ainsi dire insoluble dans la plupart des dissolvants [Japp et Huntly, *D. chem. G.*, **24**, 551].

MM. Japp et Klingemann considèrent cette combinaison comme de l'anilidotriphénylpyrrol :

$$\begin{array}{c} C^6H^5-C \;-\; CH \\ \| \qquad\quad \| \\ C^6H^5-C \quad C.C^6H^5 \\ \diagdown \;\; \diagup \\ Az.AzH.C^6H^5 \end{array}$$

Parmi les produits de la réaction de la phénylhydrazine sur l'α-β-dibenzoylstyrène, ces auteurs ont réussi à isoler deux autres corps, dont l'un cristallise en aiguilles jaunes, fondant à 173-174° et répondant à la formule $C^{28}H^{22}AzO^2$. Il est probablement constitué par une *monohydrazone de l'α-β-dibenzoylcinnamène* $C^{22}H^{16}O(Az^2H.C^6H^5)$. L'autre se présente sous la forme d'aiguilles incolores, fondant à 206° et ayant pour formule $C^{21}H^{16}Az^2$. Sa formation peut s'expliquer par la réaction

$$C^{22}H^{16}O^2 + C^6H^5.AzH.AzH^2$$
$$= C^{21}H^{16}Az^2 + C^6H^5.CHO + H^2O.$$

Les auteurs considèrent ce composé comme du triphénylpyrazol 1.3.4 ou 1.4.5, car il diffère du triphénylpyrazol 1.3.5 obtenu par MM. Knorr et Laubmann en partant du dibenzoylméthane et de la phénylhydrazine.

Le chlorhydrate d'hydroxylamine, en réagissant sur l'α-β-dibenzoylstyrène, donne naissance à un composé $C^{15}H^{11}AzO$. Il y a également élimination d'un groupe benzoyle :

$$C^{22}H^{16}O^2 + AzH^2.OH$$
$$= C^{15}H^{11}AzO + C^6H^5-CHO + H^2O.$$

Ce corps fond à 73-75° et diffère du diphénylisoxazol de M. Claisen, bien qu'il en ait la composition [Japp et Klingemann, *D. chem. G.*, **22**, 2886; *Chem. Soc.*, 1890, 710].

Benzilbenzoïne,

$$2(C^6H^5.CO.CO.C^6H^5)-C^6H^5.CHOH.CO.C^6H^5$$

[H. Klinger, *D. chem. G.*, **19**, 1866]. — On prépare ce dérivé en abandonnant à la lumière directe du soleil une dissolution de 16 grammes de benzile dans 200 centimètres cubes d'éther aqueux.

Après 4 ou 6 heures d'insolation, il se dépose des aiguilles groupées en étoiles, fondant à 134-135°. Au bout de 3 ou 4 jours la moitié environ du benzile se trouve transformée en benzilbenzoïne. Les eaux mères sont colorées en brun jaune et renferment des quantités notables d'aldéhyde benzylique, d'acide benzoïque et d'acide benzilique.

Poudre blanche, cristalline, sans éclat, d'un jaune verdâtre par transparence.

Ce corps fond à 134-135°, en se dédoublant en benzile et benzoïne. Il est insoluble dans l'alcool et dans l'éther. Bouilli avec du benzène ou de l'alcool, il se scinde encore en benzile et benzoïne. Lorsqu'on chauffe à l'ébullition un mélange de benzilbenzoïne et de potasse aqueuse étendue, on voit se produire une coloration d'un violet foncé qui s'éclaircit peu à peu à l'air. La liqueur filtrée laisse déposer du benzile et de la benzoïne, et les eaux mères renferment de l'aldéhyde benzylique et des acides benzoïque et benzilique. Opère-t-on dans un courant d'hydrogène, les mêmes réactions se produisent, à l'exception de la coloration.

DIPHÉNYLPYRRYLCROTOLACTONE. — Quand on chauffe au bain-marie molécules égales de benzile et d'α-acétylpyrrol avec une solution aqueuse et concentrée de potasse caustique, on obtient un liquide jaune foncé, qui, par refroidissement, laisse déposer un produit insoluble, d'un aspect cristallin et noirâtre. On le dissout dans le benzène bouillant, on décolore au charbon et on fait cristalliser. On obtient ainsi des lamelles cristallines fondant à 184° et répondant à la formule $C^{20}H^{15}AzO^2$.

La liqueur alcaline au sein de laquelle s'est déposé le produit $C^{20}H^{15}AzO^2$, abandonnée à elle-même, fournit au bout de quelque temps des cristaux aciculaires presque incolores d'un sel de potassium qui, traité par un acide, fournit un nouveau corps $C^{20}H^{17}AzO^3$. Ce composé, purifié par cristallisation dans le benzène, puis dans l'alcool, se présente sous la forme de cristaux durs, incolores, presque insolubles dans l'eau, solubles dans l'alcool et dans le benzène. Ce corps fond à 216° et se comporte comme un acide monobasique.

Le benzile forme donc avec l'α-acétylpyrrol deux produits de condensation qui diffèrent entre eux par une molécule d'eau. Le produit qu'on peut considérer comme l'anhydride du second prend naissance en vertu de la réaction

$$\underset{\text{Benzile.}}{C^{14}H^{10}O^2} + \underset{\alpha\text{-Acétylpyrrol.}}{C^6H^7AzO} = H^2O + C^{20}H^{15}AzO^2.$$

Ce corps, en présence de la potasse, est saponifié et fournit le sel de potassium du second dérivé :

$$C^{20}H^{15}AzO^2 + KHO = C^{20}H^{16}AzO^3K.$$

Le premier de ces composés est considéré comme de la *diphénylpyrrylcrotolactone*, tandis que le second est l'acide correspondant, c'est-à-dire l'acide *α-diphényl-β-pyrroylpropionique* :

```
(C⁶H⁵)²C — CH
        |    ||
        CO   C . C⁴H⁴Az     + H²O
          \  /
           O
```

Diphénylpyrrylcrotolactone.

```
    (C⁶H⁵)²C ——— CH²
            |      |
=          CO²H   CO . C⁴H⁴Az
```

Acide α-diphényl-β-pyrroylpropionique.

[A. Angeli, *D. chem. G.*, **23**, 1355].

COMBINAISONS DU BENZILE AVEC LES NITRILES.

Le benzile se combine avec les nitriles, en présence de l'acide sulfurique, pour fournir des composés formés en vertu de la réaction suivante [Japp et Tresidder, *D. chem. G.*, **16**, 2652] :

$$C^{14}H^{10}O^2 + 2R.CAz + H^2O$$
$$= C^{14}H^{10}O(HAz.CO.R)^2.$$

Benzile et propionitrile,

$$C^{14}H^{10}O(HAz.CO.C^2H^5)^2.$$

— On met en suspension 1 molécule de benzile pulvérisé dans 4 fois son poids d'acide sulfurique concentré et on y ajoute, en ayant soin d'éviter toute élévation de température, 2 molécules de priopionitrile. Le benzile entre en dissolution; on abandonne au repos et on étend d'eau. Le précipité qui se forme est recueilli, lavé avec de l'éther pour enlever le benzile non entré en réaction, puis dissous dans l'alcool bouillant. Après plusieurs cristallisations, on obtient un produit fondant à 207° et se présentant sous la forme d'aiguilles brillantes et incolores. Bouilli avec de l'acide sulfurique étendu, ce corps se décompose en benzile, acide propionique et ammoniaque :

$$C^{20}H^{22}Az^2O^3 + 3H^2O$$
$$= C^{14}H^{10}O^2 + 2C^3H^6O^2 + 2AzH^3.$$

Benzile et benzonitrile,

$$C^{14}H^{10}O(AzH.CO.C^6H^5)^2.$$

— On le prépare comme le dérivé ci-dessus. Le précipité qui se forme par addition d'eau à la solution est constitué par un mélange de deux substances, qu'on sépare en se basant sur leur différence de solubilité dans l'alcool bouillant. La substance soluble dans l'alcool s'y dépose en prismes obliques qui, après plusieurs cristallisations et dessiccation à 120°, fondent à 176° et répondent à la formule

$$(C^{28}H^{22}Az^2O^3)^2, C^2H^6O.$$

Ce corps s'est formé suivant la réaction

$$C^{14}H^{10}O^2 + 2C^6H^5.CAz + H^2O$$
$$= C^{14}H^{10}O(HAz.CO.C^6H^5)^2.$$

La partie insoluble dans l'alcool bouillant a pour formule $C^{28}H^{22}AzO^3$. On la dissout dans le phénol bouillant et on la précipite de cette dissolution par addition d'alcool. Après quelques cristallisations dans le benzène bouillant, on obtient des prismes plats, carrés et microscopiques, fondant vers 237°. Ce corps est à peu près insoluble dans tous les dissolvants, excepté dans les carbures benzéniques.

Sa formation peut se traduire par l'équation

$$2C^{14}H^{10}O^2 + C^7H^5Az + H^2O$$
$$= C^{28}H^{21}AzO^3 + C^6H^5.CO^2H.$$

Chauffé à 150° avec de l'acide chlorhydrique, ce corps se décompose en benzile, acide benzoïque et ammoniaque. L'anhydride acétique est sans action sur lui, même à la température de 150°

DÉRIVÉS NITRÉS ET IMIDÉS DU BENZILE.

MONONITROBENZILE, $C^6H^5.CO.CO.C^6H^4(AzO^2)$. — Zinine, en traitant la benzoïne par l'acide azotique, avait obtenu un dérivé mononitré auquel il avait attribué le point de fusion 110°. Réduit par l'étain et l'acide chlorhydrique, ce composé fournit l'amidodiéthoxybenzoïne [*Ann. Chem., Suppl.*, **3**, 154].

M. J. Hausmann n'a pas réussi à reproduire le composé de Zinine. Il a obtenu un composé fondant à 141-142° en introduisant rapidement 10 grammes de benzoïne dans 15 centimètres cubes d'acide azotique (d = 1,52) et versant, au bout de 15 minutes, le produit dans l'eau froide. Il se dépose une huile légèrement jaunâtre et visqueuse. On la sépare et on la traite par environ 75 centimètres cubes d'acide azotique concentré. On chauffe le tout jusqu'à dissolution complète et jusqu'à ce qu'une portion du produit, déposée sur un verre de montre, donne des cristaux jaunâtres exempts d'huile. A ce moment, on laisse refroidir, tout en remuant le liquide avec une baguette de verre. Après refroidissement complet, on filtre sur de l'asbeste, on étend les cristaux sur des plaques de porcelaine poreuse, et on fait cristalliser à plusieurs reprises dans l'alcool. 20 grammes de benzoïne fournissent environ 9 grammes de dérivé nitré.

Le mononitrobenzile cristallise dans l'alcool bouillant en petites aiguilles fines et jaunes ou en lamelles qui fondent à 141-142°. Il est peu soluble dans l'alcool, plus soluble dans l'éther et dans le chloroforme [*D. chem. G.*, **23**, 534].

Mononitrobenzildioxime α,

$$\begin{array}{l} C^6H^4(AzO^2)-C=AzOH \\ \qquad\qquad\quad | \\ \qquad\quad C^6H^5-C=AzOH \end{array}$$

— On chauffe au bain-marie 1 molécule de nitrobenzile avec 2,5 molécules de chlorhydrate d'hydroxylamine dissous dans de l'alcool absolu. Le liquide clair qui se forme laisse déposer au bout de 2 heures un corps blanc et cristallisé. On filtre et on lave avec de l'eau et de l'alcool étendu. Les eaux mères laissent déposer au bout de quelque temps une nouvelle portion de dioxime.

Ce composé est peu soluble dans l'alcool, l'éther, le benzène. La soude le dissout en donnant une liqueur d'un jaune foncé. Il fond à 225° en se décomposant.

Chauffé en tube scellé, à 100°, avec de l'acide chlorhydrique concentré, il se dédouble partiellement en ses composants, nitrobenzile et chlorhydrate d'hydroxylamine.

Mononitrobenzildioxime β. — Ce corps prend naissance lorsqu'on chauffe à 160-170° le dérivé α, en tube scellé, avec de l'alcool absolu. On ajoute de l'eau au liquide alcoolique; il se dépose une huile qui ne tarde pas à se prendre en masse. On fait cristalliser dans un mélange de benzène et de ligroïne. Aiguilles cristallines, très solubles dans l'alcool, fondant à 185°. La soude les dissout en jaune. L'acide chlorhydrique dédouble ce corps, moins facilement que son isomère, en ses composants [Hausmann, *loc. cit.*].

m-Dinitrobenzile,

$$\begin{array}{l} CO_{(1)}-C^6H^4(AzO^2)_{(3)} \\ | \\ CO_{(1)}-C^6H^4(AzO^2)_{(3)} \end{array}$$

[C. Lintner, *Dissert. inaugur.*, Munich, 1882, 17]. — On obtient ce composé en chauffant à 160-170° du tétrachlorure de tolane dinitré avec un excès d'acide sulfurique concentré, jusqu'à ce que la mousse qui se forme au début ait disparu. On laisse refroidir et on verse dans l'eau. Le précipité brunâtre qui se dépose est purifié par cristallisation dans l'alcool.

Aiguilles feutrées d'un jaune clair, fondant à 119°. D'après l'auteur, ce produit serait identique à celui de Zagoumenny (Dict., **1**, 551). Ce corps se dissout facilement dans l'alcool bouillant, l'éther, le benzène, le chloroforme et le sulfure de carbone.

L'étain et l'acide chlorhydrique le réduisent.

Oxydé au moyen du permanganate de potassium, il fournit de l'acide m-nitrobenzoïque.

La potasse alcoolique le dédouble également en donnant de l'acide m-nitrobenzoïque.

p-Dinitrobenzile,

$$\begin{array}{l} CO_{(1)}.C^6H^4(AzO^2)_{(4)} \\ | \\ CO_{(1)}.C^6H^4(AzO^2)_{(4)} \end{array}$$

[C. Lintner, *ibid.*, 26]. — Ce corps prend naissance quand on dissout à une douce chaleur de l'α-dibromure de tolane dans de l'acide azotique. On l'obtient sous la forme de gros flocons jaunes quand on verse la solution acide dans l'eau. On lave avec une solution de carbonate de sodium, on dessèche et on fait cristalliser dans l'acide acétique bouillant, puis dans le benzène.

Lamelles d'un jaune d'or, fondant à 208°. L'alcool et le benzène dissolvent difficilement ce composé, tandis que le chloroforme et l'éther le dissolvent assez facilement. Il est insoluble dans l'éther de pétrole.

L'étain et l'acide chlorhydrique le réduisent.

La potasse alcoolique le transforme en acide p-nitrobenzoïque.

Ce dérivé paraît être identique avec l'isodinitrobenzile.

Isodinitrobenzile, $C^{14}H^8(AzO^2)^2O^2$ [Goloubeff, *Soc. Chim. russe*, **13**, 29]. — Ce composé se produit quand on oxyde la γ- ou l'α-dinitrodésoxybenzoïne au moyen de l'acide chromique et de l'acide acétique. Cristallisé dans l'alcool, il constitue de grosses tables jaunes, fondant à 205° en brunissant faiblement. Il est soluble dans 2389,8 parties d'alcool froid et dans 119,4 parties d'alcool à 95° bouillant, très soluble dans le benzène bouillant et dans l'acide acétique, insoluble dans l'eau et dans l'éther. Exposé à la lumière, il se colore en vert. L'étain et l'acide chlorhydrique le transforment en *tolane diimidé* $C^{14}H^{10}Az^2$.

Le dinitrobenzile a été le point de départ de la préparation de matières colorantes, brevetées par MM. Poirrier et Rosenstiehl [*Moniteur scientifique*].

On prépare le dinitrobenzile en partant de la benzoïne, qu'on traite directement par l'acide nitrique. Celui-ci oxyde d'abord la benzoïne en benzile, lequel subit ultérieurement l'action nitrante de l'acide azotique. On réduit le produit nitré par la soude caustique et la poudre de zinc et on transforme les dérivés amidés ainsi obtenus en composés polyazoïques au moyen de l'azotite de sodium et de l'acide chlorhydrique.

Les dérivés azoïques sont ensuite copulés avec les acides naphtioniques, β-naphtol-α-disulfonique, α-naphtol-β-disulfonique, ou encore avec des solutions alcalines de naphtylène-diamine, de diphénylamine, ou d'α-naphtylamine.

On obtient ainsi une série de matières colorantes rouges, rouge-violet, rouge-brun, jaune-orange et brunes, qui teignent le coton en bain alcalin, la laine et la soie en bain neutre, alcalin ou acide. Les mordants leur donnent plus de stabilité.

Tolane diimidé,

$$\begin{array}{l} C.C^6H^4.AzH \\ \| \qquad\quad | \qquad ? \\ C.C^6H^4.AzH \end{array}$$

— On le prépare en faisant agir sur une solution de 1 partie d'isodinitrobenzile dans 25 parties d'alcool à 90 0/0, de l'étain et 10 parties d'alcool saturé d'acide chlorhydrique. Il se présente sous la forme de tables minces et rhombiques, se sublimant à 250° sans fondre au préalable. Il fond néanmoins vers 380°, se dissout dans 1321 parties d'alcool froid et dans 269g,5 d'alcool (95 0/0) bouillant; ces solutions ont une fluorescence violette. Il se dissout dans 821 parties d'acide acétique cristallisable et bouillant, et est pour ainsi dire insoluble dans l'acide froid. Il est difficilement soluble dans l'éther, le chloroforme et le benzène, insoluble dans l'eau. Une solution alcoolique et bouillante de potasse le décompose. L'acide sulfurique étendu et l'acide chlorhydrique concentré sont sans action sur lui.

L'acide azotique (d = 1,3) le transforme en un corps amorphe de couleur indigo.

Il ne se combine pas avec les acides, mais donne avec le chlorure de benzoyle un dérivé disubstitué.

Dibenzoyldiimidotolane, $C^{14}H^{8}(AzC^{7}H^{5}O)^{2}$ [Goloubeff, *Soc. Chim. russe*, **16**, 581]. — Ce composé se produit quand on chauffe le tolane diimidé avec du chlorure de benzoyle. On agite le produit de la réaction avec une solution de carbonate de sodium, on dessèche, on lave à l'alcool et on fait cristalliser dans le toluène. Ses solutions dans un mélange de 1 volume de toluène et de 3 volumes d'alcool à 90° le laissent déposer sous la forme d'aiguilles d'un jaune pâle, fondant à 239,5-240°,5. Il est assez soluble dans le benzène bouillant, peu soluble dans l'alcool. Une solution alcoolique et bouillante de potasse le saponifie.

Quand on dissout 1 partie de ce dérivé dibenzoylé dans 100 parties de benzène bouillant et qu'on ajoute à la solution 2 volumes d'alcool à 90°, en ayant soin de remuer, on obtient des aiguilles répondant à la formule

$$C^{28}H^{18}Az^{2}O^{2}.C^{6}H^{6}.$$

Ce composé perd au contact de l'air son benzène de cristallisation.

ISOBENZILES.

Il existe deux isomères du benzile, qui s'obtiennent par deux méthodes différentes et qui se distinguent nettement par un ensemble de propriétés.

Modification a. — On l'a obtenue en chauffant pendant plusieurs jours de l'aldéhyde benzylique pure avec de l'amalgame de sodium et en dirigeant dans le mélange un courant d'acide carbonique. Le produit est ensuite traité par de l'éther et la solution abandonnée à l'évaporation. On obtient comme résidu un liquide d'une densité de 1,104 à 40° et bouillant à 314°. L'acide azotique l'oxyde difficilement. Ce corps ne se combine pas avec le bisulfite de sodium [Alexeieff, *Ann. Chem.*, **129**, 347. — Church, *ibid.*, **128**, 296].

Modification b. — Elle se produit quand on traite une solution de chlorure de benzoyle dans l'éther anhydre par de l'amalgame de sodium [Briegel, *Ann. Chem.*, **135**, 172. — Iena, *ibid.*, **155**, 104]. M. Iena ayant contesté les résultats de M. Briegel, M. H. Klinger [*D. chem. G.*, **16**, 995] reprit l'étude de ce corps et en donna la préparation suivante : A 5 ou 6 parties d'amalgame de sodium à 5 0/0 en poudre, on ajoute assez d'éther pour le couvrir, puis on introduit peu à peu 1 partie de chlorure de benzoyle. La réaction est quelquefois fort énergique; aussi convient-il d'opérer dans un ballon muni d'un réfrigérant ascendant. On chauffe ensuite le mélange pendant 2 ou 3 jours au bain-marie. Au bout de ce temps, on sépare les parties solides du liquide, on les lave avec de l'éther, et on agite les solutions éthérées avec une lessive de soude. La liqueur éthérée est évaporée et le résidu est distillé dans un courant de vapeur d'eau. Il passe de l'acide benzoïque et de l'alcool benzylique, tandis qu'il reste un résidu qu'on traite par la soude. La partie insoluble dans la soude est ensuite dissoute dans l'éther; cette dissolution éthérée donne par addition d'alcool un précipité floconneux. La solution éthéro-alcoolique est évaporée; le résidu est repris par l'éther et additionné d'alcool. Après avoir séparé par filtration le précipité qui s'est formé, on évapore le liquide au bain-marie; on obtient finalement un résidu sirupeux d'un jaune de miel, qu'on abandonne au repos pendant quelques jours. On le dissout dans aussi peu d'éther que possible et on additionne la solution d'alcool. Il se dépose peu à peu des lamelles cristallines et blanches d'isobenzile, tandis que les eaux mères renferment de l'acide benzoïque, de l'anhydride benzoïque et du benzile ordinaire.

L'isobenzile cristallise dans l'alcool en lamelles brillantes ou en aiguilles qui fondent à 155-156°. Dans l'éther, il se dépose en cristaux clinorhombiques plus compacts [Hintze, *D. chem. G.*, **19**, 1863]. Il arrive souvent que les cristaux obtenus au sein de l'alcool fondent à 145°, mais, une fois fondus, ils acquièrent le point de fusion indiqué plus haut. L'isobenzile se dissout facilement dans le sulfure de carbone; mais la solution se prend subitement en un magma d'aiguilles cristallines, qui se redissolvent quand on ajoute une nouvelle quantité de sulfure de carbone et qu'on chauffe. Ces aiguilles fondent également à 155-156°. Traité par la potasse alcoolique, l'isobenzile donne la même réaction que le benzile; seulement la coloration violette est plus intense, plus durable et se produit plus rapidement. Avec un excès de potasse, la coloration disparaît, et la liqueur renferme, à côté d'une petite quantité d'une substance huileuse, de notables quantités d'acide benzilique [Klinger, *D. chem. G.*, **19**, 1863] :

$$n(C^{6}H^{5}.CO.CO.C^{6}H^{5}) + nH^{2}O$$
$$= n(C^{6}H^{5})^{2}C(OH).CO^{2}H.$$

Quand on traite sa solution sulfocarbonique par du brome, l'isobenzile se décompose en bromure de benzoyle et benzile :

$$(C^{7}H^{5}O)^{4} + Br^{2} = C^{14}H^{10}O^{2} + 2C^{7}H^{5}OBr.$$

L'acide azotique concentré lui fait subir un dédoublement analogue : il se produit du benzile, de l'acide benzoïque et de l'acide nitrobenzoïque [H. Klinger, *loc. cit.*].

L'isobenzile ne se combine pas avec l'hydroxylamine, même lorsqu'on opère à 130°. Chauffé pendant 11 heures avec du chlorhydrate d'hydroxylamine et de l'alcool absolu, il donne de la β-benzildioxime. MM. Auwers et V. Meyer [*D. chem. G.*, **21**, 809] en concluent que, dans ces conditions, l'isobenzile se transforme partiellement en benzile, qui se combine alors à l'hydroxylamine pour fournir le dérivé dioximique β. Les mêmes auteurs attribuent à l'isobenzile la formule de constitution

```
           O
          / \
C⁶H⁵ - C — C - C⁶H⁵
          \ /
           O
```

et ne le considèrent plus comme une dicétone, mais le rapprochent du bibutyryle de M. Freund et du bivaléryle de M. Brühl. Ces deux composés ne se comportent en effet pas comme des dicétones vis-à-vis de l'hydroxylamine. Pour donner un autre appui à leur manière de voir, ils se fondent sur ce que les α-dicétones, même celles de la série grasse (comme le biacétyle), sont colorées en jaune, comme le benzile, tandis que l'isobenzile ainsi que le bibutyryle et le bivaléryle sont blancs.

HOMOLOGUES DU BENZILE.

ANISILE. — Voyez Suppl., 2, 285.

ANISIL-BENZILE [Syn. *Méthoxybenzile*],

$$CH^3O . C^6H^4 . CO . CO . C^6H^5$$

[G. Krebs. *Dissert. inaug.*, Fribourg, 1883. 22]. — Ce corps s'obtient en oxydant une solution acétique chaude d'anisoïne-benzoïne au moyen de l'acide chromique.

On le prépare le plus facilement en dissolvant 10 parties d'anisoïne-benzoïne dans 10 parties d'alcool à 70° et ajoutant à la liqueur bouillante de la liqueur de Fehling, jusqu'à ce que la couleur bleue ne disparaisse plus. On filtre bouillant, et on étend d'eau. L'anisil-benzile se précipite : il suffit de le faire cristalliser dans l'alcool.

Aiguilles d'un jaune clair, fondant à 55-57°, solubles dans l'alcool, l'éther, le chloroforme, insolubles dans l'eau. L'acide sulfurique concentré colore ce composé en orangé.

Fondu avec de la potasse, il fournit de l'acide anisil-benzilique.

DI-P-MÉTHYLBENZILE [Syn. *p-Tolile*],

$$CH^3 . C^6H^4 . CO . CO . C^6H^4 . CH^3$$

[R. Stierlin, *D. chem. G.*, 22, 381]. — On fait bouillir au bain-marie 1 partie de toluoïne avec 2 parties d'acide azotique concentré; il se produit une réaction très vive, et la bouillie cristalline est transformée en une huile. Au bout de 1 heure et demie ou 2 heures, l'oxydation est terminée; on verse le produit dans de l'eau froide et on filtre. Après avoir lavé les cristaux avec de la soude caustique, puis avec de l'acide chlorhydrique et de l'eau, on les fait cristalliser dans l'alcool bouillant.

Lamelles jaunâtres, fondant à 104-105°, solubles dans l'éther, le benzène et l'acide acétique. Une solution de p-tolile dans l'alcool absolu, chauffée avec de la potasse caustique, prend une belle coloration violette.

Quand on traite le tolile par du chlorhydrate d'hydroxylamine, dans les mêmes conditions que le benzile, on obtient deux dioximes isomériques.

α-TOLILDIOXIME,

$$\begin{array}{c} CH^3 . C^6H^4 - C \text{—} C - C^6H^4 . CH^3 \\ \quad\quad\quad \| \quad\; \| \\ \quad\quad HOAz \;\; AzOH \end{array}$$

— Lamelles blanches et minces, ou aiguilles, fondant à 217°. Ce corps est peu soluble dans l'alcool, l'éther et l'acide acétique cristallisable.

α-*Tolildiacétoxime*,

$$\begin{array}{c} CH^3 . C^6H^4 - C \text{—} C - C^6H^4 . CH^3 \\ \quad\quad\quad \| \quad\; \| \\ C^2H^3O . OAz \;\; AzO . C^2H^3O \end{array}$$

— Prismes blancs, fondant à 133-134°.

β-TOLILDIOXIME, $C^{16}H^{16}Az^2O^2$. — Ce corps cristallise en fines aiguilles, fondant à 225° et se dissolvant aisément dans l'alcool.

β-*Tolildiacétoxime*, $C^{20}H^{20}Az^2O^4$. — Elle se distingue de son isomère par son point de fusion situé à 144°.

A. Haller.

BENZILIQUE (ACIDE) [Syn. *Acide diphénylglycolique*], $(C^6H^5)^2C(OH) . CO^2H$ (voyez Dict., 1, 552 et Suppl., 1, 269). — L'acide benzilique prend naissance quand on traite l'isobenzile par la potasse alcoolique [Klinger, *D. chem. G.*, 19, 1863]. On peut aussi l'obtenir en chauffant dans un courant d'air un mélange de 15 grammes de benzoïne, 20 grammes de potasse caustique et 250-300 centimètres cubes d'eau. Au bout de 5 heures, la dissolution est complète; après refroidissement, on agite avec de l'éther. La solution aqueuse est ensuite traitée par un excès de potasse : il se forme un précipité de benzilate de potassium, qu'on recueille et qu'on lave avec de la lessive alcaline. Ce sel, qui est en paillettes nacrées, est ensuite décomposé par un acide (Klinger).

M. Em. Fischer [*ibid.*, 14, 326] fait fondre le benzile avec 5 fois son poids de potasse. Au bout de peu de temps, on obtient une masse solide de benzilate de potassium, qu'on traite comme précédemment. Le rendement en acide benzilique est à peu près quantitatif.

L'acide benzilique fond à 149-150° (K.).

Fondu avec la potasse, il fournit de l'acide carbonique et du benzhydrol :

$$(C^6H^5)^2C(OH) . CO^2H = CO^2 + (C^6H^5)^2CHOH.$$

D'après M. Iena [*D. chem. G.*, 2, 385], l'acide benzilique, chauffé à 180°, fournit de l'acide dibenzilique,

$$2(C^6H^5)^2C(OH) . CO^2H = C^{28}H^{22}O^5 + H^2O,$$

en même temps que de l'éthyldibenzoïne, de la benzophénone et d'autres produits.

D'après MM. Klinger et Standke [*ibid.*, 22, 1213], l'acide benzilique se décomposerait dans ces conditions principalement en eau, oxyde de carbone et benzophénone,

$$(C^6H^5)^2C(OH) . CO^2H = (C^6H^5)^2CO + H^2O + CO,$$

tandis qu'une autre partie se transformerait en une substance résineuse d'un rouge noirâtre, de laquelle il n'a pas été possible d'isoler un produit cristallin.

M. Iena [*loc. cit.*] ajoute que l'anhydride phosphorique transforme également l'acide benzilique en acide dibenzilique et probablement en benzile. MM. Klinger et Standke ont constaté que, dans ces conditions, on obtient un corps résineux et brun qui ne renferme pas de benzile et dont on extrait très difficilement de l'acide dibenzilique. Comme cette combinaison ne possède point de fonction acide, les auteurs l'appellent *benzilide* et la considèrent comme une lactide ou une glycolide :

$$(C^6H^5)^2C \left\langle \begin{array}{c} CO - O \\ O - CO \end{array} \right\rangle C(C^6H^5)^2.$$

La benzilide fond à 196°; elle cristallise dans l'alcool en longues aiguilles blanches et dans le benzène en beaux prismes quadratiques ($a : c = 1 : 0,99281$) de la formule $C^{28}H^{20}O^4, C^6H^6$, qui s'effleurissent rapidement au contact de l'air.

Le chlorure d'acétyle est sans action sur la benzilide. La potasse alcoolique régénère l'acide benzilique. Elle se dissout dans l'acide sulfurique concentré avec une belle couleur rouge, qui disparaît par addition d'eau.

En faisant agir le perchlorure de phosphore sur l'acide benzilique, M. Cahours a obtenu un chlorure distillant à 270° et répondant à la formule $(C^6H^5)^2C(OH) . COCl$. MM. Klinger et Standke ne pensent pas qu'un tel chlorure distille sans décomposition; d'après leurs recherches, il se formerait de la benzophénone et du chlorure de benzophénone dans le cours de la distillation.

Le produit de l'action du perchlorure de phosphore sur l'acide benzilique serait un mélange des chlorures de l'acide benzilique et de l'acide diphénylacétique chloré. Ce produit, broyé avec du carbonate d'ammonium, fournit l'*amide benzilique*, $(C^6H^5)^2C(OH) . COAzH^2$, qui cristallise dans le chloroforme en tables ou en prismes fondant à 154-155°. Cette amide, chauffée pendant longtemps avec de la potasse caustique, se décompose en ammoniaque et acide benzilique.

Traité à froid par l'acide sulfurique concentré, l'acide benzilique fournit une solution d'un rouge cramoisi, en perdant 1 molécule d'oxyde de carbone pour 2 molécules d'acide. Parmi les produits formés, on a isolé une poudre blanche, amorphe, électrique, fondant vers 109° et possédant encore la propriété de donner la réaction benzilique avec l'acide sulfurique concentré. Ce corps a la composition d'un *éther benzhydrolbenzilique* :

$$(C^6H^5)^2C \left\langle \begin{smallmatrix} O \\ CO^2 \end{smallmatrix} \right\rangle C(C^6H^5)^2.$$

Il résiste à l'action des alcalis, des agents oxydants et du perchlorure de phosphore. Chauffé avec de l'oxyde de cuivre, il fournit de la benzophénone; avec la chaux sodée, il donne du tétraphényléthane. A côté de ce dérivé, il se forme en outre un beau corps cristallisé, $C^{21}H^{13}O^2$, fondant à 256-257° et que la potasse alcoolique convertit en un acide fusible à 232°.

Quand on fait agir l'acide sulfurique concentré sur l'acide benzilique à une température de 100°, on obtient des acides sulfoniques, grâce à la formation desquels la liqueur prend une coloration rouge-cramoisi. Les sels de sodium de ces acides cristallisent très bien. Les auteurs, en se basant sur un certain nombre de leurs analyses, croient que les réactions s'accomplissent de la façon suivante :

$$2C^{14}H^{12}O^3 + SO^3 = C^{26}H^{20}SO^5 + 2H^2O + 2CO,$$
$$2C^{14}H^{12}O^3 + SO^3 = C^{27}H^{20}SO^6 + 2H^2O + CO.$$

Éthers benziliques. — D'après MM. Klinger et Standke [*loc. cit.*], la préparation de ces éthers, d'après la méthode qui consiste à faire passer un courant d'acide chlorhydrique dans une solution de l'acide benzilique dans l'alcool à éthérifier, ne réussirait pas et donnerait lieu à la formation d'éthers diphénylchloracétiques,

$$(C^6H^5)^2CCl.CO^2.C^nH^{2n+1}.$$

M. Bickel au contraire, d'accord avec M. Iena, admet que l'éthérification peut se faire dans les conditions ci-dessus. L'huile qu'on obtient se prend en une masse cristalline exempte de chlore quand on y ajoute un cristal de l'éther à préparer [*D. chem. G.*, 22, 1539].

Benzilate de méthyle, $(C^6H^5)^2C(OH).CO^2CH^3$. — On peut l'obtenir par double décomposition entre le benzilate de sodium et l'iodure de méthyle. Il fond à 74-75° et est clinorhombique ($a:b:c = 1,89478:1:1,4874$; $\beta = 76°\,27'$) (Hintze).

L'aniline bouillante est sans action chimique sur cet éther, qui garde le même point de fusion, mais dont les cristaux deviennent asymétriques :

$$a:b:c = 0,51312:1:0,76642;\quad \alpha = 75°7'30'';$$
$$\beta = 96°41'40'';\quad \gamma = 79°54'40'';\quad A = 73°32';$$
$$\beta = 99°36'40''.$$

Benzilate d'éthyle, $(C^6H^5)^2C(OH).CO^2C^2H^5$. — On le prépare comme l'éther méthylique. Prismes ou aiguilles fondant à 34°.

Benzilate de benzyle,

$$(C^6H^5)^2C(OH).CO^2C^7H^7.$$

— Obtenu avec le sel de potassium et le chlorure de benzyle, ce corps cristallise en cristaux clinorhombiques ($a:b:c = 0,58491:1:0,43101$; $\beta = 58°8'$). Il fond à 75-76°.

Acétylbenzilate de méthyle,

$$(C^6H^5)^2C \left\langle \begin{smallmatrix} O.C^2H^3O \\ CO^2CH^3 \end{smallmatrix} \right.$$

[Bickel, *loc. cit.*]. — Obtenu en traitant le benzilate de méthyle par le chlorure d'acétyle, cet éther fond à 122°.

Acétylbenzilate d'éthyle,

$$(C^6H^5)^2C \left\langle \begin{smallmatrix} O.C^2H^3O \\ CO^2C^2H^5 \end{smallmatrix} \right.$$

— On le prépare comme l'éther méthylique. Il fond à 65°. Ces deux éthers se dissolvent dans l'acide sulfurique en donnant une liqueur d'un jaune orangé, qui devient rouge lorsqu'on la chauffe doucement.

Acide éthylbenzilique, $C^{14}H^{11}(C^2H^5)O^3$. — Cet acide se forme, en même temps que l'éthylbenzoïne et l'hydrobenzoïne, quand on chauffe à 150° un mélange de 4 parties de benzoïne, 1 partie de soude caustique et 15 parties d'alcool à 92°. On évapore le produit et on traite le résidu par de l'eau. L'éthylbenzilate de sodium entre en dissolution, tandis que l'éthylbenzoïne et l'hydrobenzoïne restent insolubles. La solution aqueuse est acidulée par l'acide chlorhydrique, qui précipite le nouveau corps.

Masse d'un jaune clair, ressemblant à la térébenthine, insoluble dans l'eau, facilement soluble dans l'alcool et dans l'éther. Elle est également insoluble dans une solution aqueuse de carbonate de sodium ou d'ammonium, peu soluble dans la potasse aqueuse, mais facilement soluble dans la potasse alcoolique [Limpricht et Iena, *Ann. Chem.*, **155**, 96].

Acide anisil-benzilique (*méthoxybenzilique*),

$$\begin{matrix} CH^3O-C^6H^4 \\ C^6H^5 \end{matrix} \!\!>\! C \!\left\langle \begin{smallmatrix} OH \\ CO^2H \end{smallmatrix} \right.$$

[G. Krebs, *Dissert. inaug.*, Fribourg, 1883, 23]. — On l'obtient en chauffant l'anisil-benzile pendant une demi-heure avec une solution de potasse alcoolique.

Il vaut mieux opérer en fondant 10 parties de potasse avec 5 parties d'eau, évaporant et ajoutant 1 partie d'anisil-benzile. On reprend par l'eau et on acidule. Le procédé le plus avantageux consiste à chauffer à 250-300°, pendant 10 minutes, 8 parties de potasse caustique, 3 parties d'eau et 1 gramme d'anisil-benzile.

Aiguilles blanches, réunies en étoiles, qui rougissent un peu à la lumière. Cet acide fond à 145-146°; il est facilement soluble dans l'alcool, l'éther et le benzène. L'acide sulfurique le colore en rouge écarlate, puis en rouge pourpré. Chauffé, il devient d'un bleu violet. A. Haller.

BENZIMIDAZOL. — Voyez Phénopyrrodiazols.

BENZOCUMIDINE. — Voyez Cumène.

BENZOCYANIDINE, $C^{24}H^{19}AzO^2$ [Frankland et Louis, *Chem. Soc.*, 37, 742]. — Ce composé se produit en petite quantité dans l'action du chlorure de benzyle sur le zinc-éthyle en présence d'éther. Il cristallise dans l'alcool en longues aiguilles, fusibles à 123-124°. Chauffé à 150° avec de l'acide chlorhydrique concentré, il fournit du chlorure d'ammonium et de l'acide benzoïque.

BENZOFURFURANIQUES (COMPOSÉS). — Nous décrirons sous ce nom les composés obtenus synthétiquement dans l'action de l'éther acétylchloracétique sur les phénols sodés, ainsi que leurs dérivés immédiats. Le noyau même des plus simples de ces composés, le *benzofurfurane*,

CH
CH CH
CH CH
CH O

a été décrit depuis longtemps déjà [R. Fittig et G. Ebert, *Ann. Chem.*, **216**, 169; *Bull. Soc. Chim.*, (2), **40**, 135] sous le nom de *coumarone*; mais comme cette formule de la coumarone n'a pu être vérifiée synthétiquement, et que l'on n'est pas encore parvenu à transformer la coumarone elle-même en dérivés benzofurfuraniques qui en sont des homologues supérieurs substitués, ni inversement à repasser des composés benzofurfuraniques à la coumarone, nous ne comprendrons dans cet article que les corps obtenus synthétiquement au moyen de l'éther acétylchloracétique, et nous renverrons l'étude de la coumarone à celle des dérivés de la coumarine au moyen de laquelle elle a été obtenue.

C'est M. Hantzsch qui a réussi à opérer la synthèse d'un noyau analogue au naphtalène, mais dans lequel un des anneaux benzéniques serait remplacé par un anneau furfuranique. Il suffit pour cela de faire agir l'éther acétylchloracétique sur le phénate de sodium. La réaction se produit en deux phases, de la façon suivante : Il y a d'abord élimination de chlorure de sodium et soudure des deux radicaux ainsi formés :

I. $C^6H^5 \cdot ONa + Cl\text{-}CH(CO\text{-}CH^3)\text{-}CO^2C^2H^5$

$= NaCl + C^6H^5 \cdot O\text{-}CH(CO\text{-}CH^3)\text{-}CO^2C^2H^5$

Le composé ainsi formé perd ensuite 1 molécule d'eau en donnant l'*éther benzo-β-méthylfurfurane-α-carbonique* :

II. $C^6H^5 \cdot O\text{-}CH(CO\text{-}CH^3)\text{-}CO^2C^2H^5$

$= H^2O + C^6H^4 \langle {}^{C\text{-}CH^3}_{O} \rangle C\text{-}CO^2C^2H^5$

On pourrait admettre aussi qu'il se fait d'abord le composé

$C^6H^4(OH)\text{-}CH(CO\text{-}CH^3)\text{-}CO^2C^2H^5$

qui, perdant ensuite une molécule d'eau, fournirait l'éther benzo-α-méthylfurfurane-β-carbonique

$C^6H^4 \langle {}^{C\text{-}CO^2C^2H^5}_{O} \rangle C\text{-}CH^3$

mais ce qui prouve l'exactitude de la première explication à l'exclusion de la seconde, c'est que le composé transitoire, traité par la potasse, se dédouble en acide acétique et acide phénoxyacétique, $C^6H^5O \cdot CH^2 \cdot CO^2H$, sans fournir d'acide oxyphénylacétique :

$$C^6H^4 \langle {}^{OH}_{CH^2 \cdot CO^2H}$$

Cette réaction de l'éther acétylchloracétique sur les phénols sodés est absolument générale : avec les polyphénols, elle peut avoir lieu une ou plusieurs fois, de telle sorte que l'on peut obtenir des noyaux résultant de la juxtaposition de 2 ou de 3 anneaux furfuraniques à 1 molécule de benzène.

Ces composés étant obtenus par une même synthèse, nous les décrirons en les rapportant aux phénols auxquels ils se rattachent et dans l'ordre où ils se dérivent les uns des autres.

DÉRIVÉS DU PHÉNOL. — ACIDE BENZO-β-MÉTHYLFURFURANE-α-CARBONIQUE (*acide β-méthylcoumarilique*),

$$C^{10}H^8O^3 = C^6H^4 \langle {}^{C\text{-}CH^3}_{O} \rangle C\text{-}CO^2H.$$

Préparation. — On dissout le phénol dans la quantité théorique d'éthylate de sodium, on sèche le produit à 110° dans un courant d'hydrogène et on y ajoute de l'éther acétylacétique monochloré (obtenu lui-même par l'action du chlorure de sulfuryle sur l'éther acétylacétique). La réaction a lieu avec dégagement de chaleur, et il est souvent nécessaire de refroidir. Lorsque la masse est entièrement dissoute, on chauffe pendant quelques instants au bain-marie jusqu'à réaction neutre, on verse le produit dans un grand excès d'eau et on épuise par l'éther. Celui-ci abandonne par évaporation une huile noirâtre que l'on ne peut ni distiller, ni faire cristalliser, et qui doit être l'*éther acétylphénoxyacétique.*

Ce corps se dissout dans les alcalis, et ne peut en être précipité sans altération; on ne peut donc le purifier. On le dissout peu à peu en refroidissant dans son volume d'acide sulfurique concentré; après quelques heures, on verse le produit dans l'eau et on épuise par l'éther : on obtient finalement des cristaux que l'on décolore au noir animal et que l'on purifie par cristallisation dans le benzène.

L'*éther benzo-β-méthylfurfurane-α-carbonique* ainsi préparé cristallise en tables rhombiques fusibles à 51° et bout sans décomposition à 290°. Le persulfure de phosphore ne le transforme pas en dérivé du thiophène, mais en *éther benzo-β-méthylfurfurane-α-thiocarbonique*, $C^9H^7O \cdot CO \cdot SC^2H^5$, qui cristallise en aiguilles jaunes, très solubles dans l'éther, peu solubles dans l'alcool et fusibles à 90-91°.

Chauffé à 300° avec de l'ammoniaque en solution alcoolique, en présence de chlorure de zinc, l'éther benzométhylfurfurane-carbonique fournit seulement l'*amide* correspondante,

$$C^9H^7O \cdot COAzH^2.$$

Ce corps se dissout dans l'eau chaude et fond à 145°.

En solution aqueuse, les alcalis n'altèrent pas l'éther benzo-β-méthylfurfurane-α-carbonique; mais la potasse alcoolique le saponifie rapidement.

L'*acide benzo-β-méthylfurfurane-α-carbonique*, $C^{10}H^8O^3$, ainsi obtenu cristallise dans l'alcool à 50°, en aiguilles pelucheuses ou en prismes brillants, selon la rapidité de la cristallisation. On peut le sublimer en le chauffant doucement; mais, chauffé brusquement, il fond à 188-189°, et se décompose en perdant de l'acide carbonique. Il est sans action sur le persulfure de phosphore.

Le *sel de potassium*, $C^{10}H^7O^3K, H^2O$, cristallise en aiguilles qui perdent leur eau à 110°.

Le *sel d'ammonium* cristallise aussi avec 1 molécule d'eau; mais, en la perdant, il perd aussi de l'ammoniaque.

Le *sel de baryum*, $(C^{10}H^7O^3)^2Ba, 3H^2O$, est soluble dans l'eau chaude et se déshydrate à 130°.

Le *sel d'argent* cristallise anhydre.

BENZO-β-MÉTHYLFURFURANE (*méthylcoumarone*), C^9H^8O. — Ce corps, obtenu dans la décomposition de l'acide précédent par la chaleur, se présente sous la forme d'une huile incolore, insoluble dans les alcalis, bouillant à 188-189°. Il est facilement volatil avec la vapeur d'eau et possède une odeur analogue à celle du naphtalène, mais plus agréable.

Il est sans action sur l'hydroxylamine et sur la phénylhydrazine. Le persulfure de phosphore et l'ammoniaque ne l'attaquent point non plus.

On l'a soumis à l'oxydation dans l'espoir de transformer le groupe méthyle en carboxyle et d'arriver ainsi à la coumarone, mais sans aucun résultat. L'oxydation est nulle ou bien elle brûle complètement la molécule [A. Hantzsch, *D. chem. G.*, 19, 1290 et 2400; *Bull. Soc. Chim.*, (2), 47, 726 et 905].

ACIDE P-NITROBENZO-β-MÉTHYLFURFURANE-α-CARBONIQUE. — M. G. Nuth a étudié de même l'action de l'éther acétylchloracétique sur les nitrophénols et obtenu les dérivés nitrés correspondants. La réaction ne se produit qu'avec le p-nitrophénol et encore beaucoup plus difficilement qu'avec le phénol. On obtient ainsi l'*éther p-nitrobenzo-β-méthylfurfurane-α-carbonique*,

AzO^2 — C . CH^3 — C . $CO^2C^2H^5$ — O

qui, après cristallisation dans l'éther, fond à 74°. La potasse aqueuse l'attaque lentement; la potasse alcoolique le saponifie même à froid.

L'*acide* libre, purifié par cristallisation dans l'éther, se présente sous la forme de courtes aiguilles jaunes, fusibles à 178°. Il est peu soluble dans l'eau froide, assez soluble dans l'eau chaude, l'alcool et l'éther.

Le *sel d'argent*,

$$C^{10}H^6AzO^5Ag, 0,5H^2O,$$

est blanc, mais il s'altère à la lumière; il est assez soluble dans l'eau chaude. Les autres sels des métaux lourds sont peu solubles dans l'eau.

Avec l'o- et le m-nitrophénol, les rendements sont si faibles, que les dérivés correspondants n'ont pu être étudiés [G. Nuth, *D. chem. G.*, 20, 1332; *Bull. Soc. Chim.*, (2), 48, 431].

DÉRIVÉS DU P-CRÉSOL. — ACIDE P-MÉTHYLBENZO-β-MÉTHYLFURFURANE-α-CARBONIQUE. — En traitant le p-crésol sodé par l'éther acétylchloracétique, on obtient l'*éther p-méthylbenzo-β-méthylfurfurane-α-carbonique*,

CH^3 — CH^3 — $CO^2C^2H^5$ — O

qui fond à 55° et bout sans décomposition à 298-300° sous une pression de 728 millimètres.

L'*acide* correspondant est identique avec l'*acide diméthylcoumarilique*, obtenu synthétiquement par l'action de la potasse sur le dérivé bromé de la diméthylcoumarine. Il fond à 224-225° et se décompose à une température un peu plus élevée. Distillé avec de la chaux sodée, il fournit le *p-méthylbenzo-β-méthylfurfurane* (diméthylcoumarone), qui bout à 210° sous une pression de 728 millimètres [A. Hantzsch et E. Lang, *D. chem. G.*, 19, 1298; *Bull. Soc. Chim.*, (2), 47, 714].

DÉRIVÉS DE LA PYROCATÉCHINE. — La pyrocatéchine, qui théoriquement devrait donner de même deux dérivés, l'un contenant un seul anneau furfuranique et l'autre deux, a fourni seulement ce dernier composé, et avec un faible rendement.

L'*éther o-benzo-di-β-méthyl-difurfurane-di-α-carbonique*,

CH^3 — C — $C^2H^5O^2C$-C — O — C-CH^3 — C-$CO^2C^2H^5$ — O

cristallise dans l'alcool en prismes courts, dans l'éther en fines aiguilles, fusibles à 155°.

L'*acide* correspondant cristallise anhydre.

Son *sel de baryum* renferme 2 molécules d'eau.

L'éther et l'acide donnent, quand on les chauffe avec de l'acide sulfurique concentré, une coloration verte qui, par une plus grande élévation de température, devient gris d'acier [G. Nuth, *loc. cit.*].

DÉRIVÉS DE LA RÉSORCINE. — Avec la résorcine, la série des dérivés est plus complète. Des deux composés monofurfuraniques renfermant l'oxhydryle en position méta ou ana (si l'on applique à ces composés, comme il est naturel de le faire, la nomenclature de la quinoléine) on connaît le premier et en outre les deux dérivés difurfuraniques que prévoit la théorie.

L'*éther m-oxybenzo-β-méthylfurfurane-α-carbonique* (*m-oxy-β-méthylcoumarilique*),

HO — CH^3 — $CO^2C^2H^5$ — O

se produit directement dans la réaction de l'éther acétylchloracétique sur la résorcine monosodée, sans qu'il soit nécessaire de traiter par l'acide sulfurique le produit de la réaction. Il cristallise en aiguilles blanches, fusibles à 178°, très solubles dans l'éther, beaucoup moins solubles dans l'alcool et dans le benzène, solubles dans les alcalis avec une fluorescence d'un bleu clair, qui disparaît au bout de quelque temps par suite de la saponification.

L'*acide* correspondant,

$$C^8H^3O \begin{cases} OH \\ CH^3 \\ CO^2H \end{cases}, 0,5H^2O,$$

forme des aiguilles assez solubles dans l'eau chaude; il perd son eau de cristallisation à 110°, et fond à 226° en perdant de l'acide carbonique.

Le *m-oxybenzo-β-méthylfurfurane* (*m-oxy-β-méthylcoumarone*) qui en résulte est très soluble dans les divers dissolvants (éther, alcool, benzène, eau bouillante) et fond à 96-97°. Il est peu volatil avec la vapeur d'eau, mais il se sublime facilement à basse température. Il s'oxyde peu à peu à l'air en se colorant en vert. Tous ces corps donnent avec l'acide sulfurique une coloration violette.

Éthers m-benzo-di-β-méthyl-difurfurane-di-

α-carboniques. — En ajoutant de l'acide sulfurique concentré à la liqueur mère d'où s'est déposé l'éther précédent, ou mieux en traitant par l'éther acétylchloracétique la résorcine disodée (la réaction est alors extrêmement vive), on obtient, après lavage à l'eau et épuisement à l'éther, des cristaux fusibles à 186°; les eaux mères de ce corps laissent déposer des aiguilles beaucoup plus petites, fusibles à 140°. Ces deux produits présentent la même composition

$$C^{18}H^{18}O^{6}$$

et doivent être représentés par les deux formules

CH³ — CH³ ; CO²C²H⁵ — CO²C²H⁵ ; O — O

et

II. CH³ ; CO²C²H⁵ ; O ; O ; CH³ ; CO²C²H⁵

qui correspondent à l'anthracène et au phénanthrène, sans que jusqu'ici on puisse décider auquel appartient l'une ou l'autre des deux formules.

L'éther fusible à 186° est beaucoup moins soluble dans les divers dissolvants que son isomère; il se produit en quantité d'autant plus considérable que la température s'est élevée davantage dans la réaction.

Ces deux éthers sont saponifiés facilement par la potasse alcoolique. Les *acides* correspondants sont peu solubles dans l'eau et dans l'éther, plus solubles dans l'alcool, et forment de petits cristaux fusibles avec décomposition au delà de 310°. Leurs sels présentent à peu près identiquement les mêmes propriétés.

Le *m-benzo-di-β-méthyldifurfurane* provenant de l'éther fusible à 140° forme une huile qui bout à 270° sous une pression de 720 millimètres et qui se prend dans un mélange réfrigérant en cristaux fusibles à 27° [A. Hantzsch, *D. chem. G.*, **19**, 2927; *Bull. Soc. Chim.*, (2), **47**, 726].

DÉRIVÉS DE L'HYDROQUINONE — De même que la pyrocatéchine, l'hydroquinone a fourni un seul dérivé difurfuranique, alors qu'elle pourrait théoriquement donner un dérivé contenant un anneau furfuranique et deux dérivés disubstitués.

Si l'on fait réagir une seule molécule d'éther acétylchloracétique sur l'hydroquinone monosodée, la moitié seulement de l'hydroquinone est attaquée, et il se forme le composé résultant de la déshydratation du corps intermédiaire

$$C^{6}H^{4}\left\langle\begin{matrix}OCH\left\langle\begin{matrix}CO^{2}C^{2}H^{5}\\CO.CH^{3}\end{matrix}\right.\\OCH\left\langle\begin{matrix}CO.CH^{3}\\CO^{2}C^{2}H^{5}\end{matrix}\right.\end{matrix}\right.$$

Cet *éther p-benzo-di-β-méthyl-difurfurane-di-α-carbonique* cristallise en lamelles verdâtres brillantes, très peu solubles, même à l'ébullition, dans les divers dissolvants.

On n'a pu déterminer non plus si la chaîne des noyaux est normale comme dans l'anthracène, ou si elle correspond au phénanthrène. L'éther dont il s'agit répond donc à l'une ou à l'autre des deux formules

O ; CO²C²H⁵ ; CH³ ; CH³ ; CO²C²H⁵ ; O

ou

O ; CO²C²H⁵ ; CH³ ; O ; CH³ ; CO²C²H⁵

L'*acide* correspondant,

$$C^{10}H^{2}O^{2}\left\langle\begin{matrix}(CH^{3})^{2}\\(CO^{2}H)^{2}\end{matrix}\right., H^{2}O,$$

forme une masse verdâtre, amorphe, insoluble dans tous les dissolvants. Son point de fusion est extrêmement élevé.

Tous les sels sont insolubles, sauf les sels alcalins; celui *de baryum* renferme 2 molécules d'eau; le *sel d'argent* est anhydre.

Le *p-benzo-di-β-méthyl-difurfurane* s'obtient dans la distillation du sel de potassium avec de la chaux. C'est une huile épaisse, se prenant par le refroidissement en une masse cristalline, fusible à 108°, très soluble dans les dissolvants organiques habituels.

Ces trois dérivés donnent, quand on les chauffe avec de l'acide sulfurique, une coloration bleu intense [G. Nuth, *loc. cit.*].

DÉRIVÉS DE LA PHLOROGLUCINE. — D'après sa formule, la phloroglucine peut théoriquement donner naissance à 1 dérivé dioxybenzofurfuranique, à 2 dérivés isomériques oxybenzodifurfuraniques et à 1 dérivé trifurfuranique. On n'a isolé que le premier et le dernier de ces composés.

L'*éther m-ana-dioxybenzo-β-méthylfurfurane-α-carbonique,*

OH ; CH³ ; OH ; CO²C²H⁵ ; O

se produit surtout lorsque la réaction a lieu en présence d'alcool : la condensation se fait alors, comme dans le cas de la résorcine, sans qu'il soit nécessaire de traiter le produit brut par l'acide sulfurique. Purifié par cristallisation dans l'alcool, ce corps fond à 242°. Sa solution alcaline présente une fluorescence bleue, qu'elle perd par l'action de la chaleur.

L'*acide* correspondant, précipité par l'acide sulfurique, est une masse pâteuse. On le purifie par lavage à l'éther et par cristallisation dans l'alcool aqueux. Il contient 1 molécule d'eau qu'il perd à 120°, et fond en se décomposant à 281°.

La plupart de ses sels sont solubles dans l'eau. Chauffé avec de l'acide sulfurique, il donne une coloration bleu-indigo.

Les *éthers dioxybenzofurfurane-carboniques* n'ont pas été isolés à l'état de pureté.

Au contraire, l'*éther benzo-tri-β-méthylfurfurane-tri-α-carbonique* se produit facilement avec la phloroglucine trisodée, et la réaction est très vive.

Il ne peut avoir que la formule symétrique

$CO^2C^2H^5$ CH^3 O O COC^2H^5 CH^3 CH^3 O $CO^2C^2H^5$

On le purifie par cristallisation dans le chloroforme ou dans un mélange d'alcool et de benzène : le *dérivé dioxybenzofurfuranique*, beaucoup plus soluble, reste dans les eaux mères. Il cristallise en petites aiguilles d'un blanc de neige, groupées en sphères. Il ne fond pas sans décomposition : déjà à 260° il se colore en brun et forme à 296° un liquide noir. Il est peu soluble dans tous les dissolvants, sauf dans le chloroforme chaud. La potasse aqueuse l'attaque difficilement, mais la potasse alcoolique le saponifie aisément.

L'*acide* correspondant, $C^{18}H^{12}O^9, H^2O$, est très peu soluble dans l'alcool et dans l'éther.

Les sels, sauf les sels alcalins, sont insolubles et en général gélatineux.

Le *sel de baryum*, $(C^{18}H^9O^9)^2Ba^3, 7H^2O$, est cependant microcristallin.

Le *benzo-tri-β méthyl-trifurfurane* s'obtient en petite quantité dans la distillation sèche de l'acide précédent. Purifié par lavage à la potasse et cristallisation dans l'éther, il forme des aiguilles fusibles à 115-120°, très solubles dans les dissolvants usuels. Il brunit à l'air et donne, quand on le chauffe avec de l'acide sulfurique, une coloration d'un vert sale [E. Lang, *D. chem. G.*, **19**, 2934; *Bull. Soc. Chim.*, (2), **47**, 724].

O. Saint-Pierre.

BENZOFUROÏNE, $C^{12}H^{10}O^3$. — On prépare ce composé en faisant bouillir pendant 15 ou 20 minutes avec 4 parties de cyanure de potassium un mélange de 18 parties de furfurol, 20 parties d'aldéhyde benzylique, 60 parties d'alcool et 20 parties d'eau. La benzofuroïne se sépare par l'addition d'eau sous la forme d'une masse cristalline jaune-brun, qu'on fait recristalliser successivement dans l'alcool chaud, l'eau bouillante, le benzène et l'alcool chaud.

La benzofuroïne fond à 137-139°. Sa constitution peut être représentée par l'une des deux formules

$$C^6H^5\text{-}CO\text{-}CH.OH\text{-}C^4H^3O,$$

ou

$$C^6H^5\text{-}CH.OH\text{-}CO\text{-}C^4H^3O.$$

Benzofurile, $C^{12}H^8O^3$. — C'est le produit obtenu en traitant la benzofuroïne par une solution cupropotassique faible, vers 50°; on étend ensuite d'eau et on épuise par l'éther; on reprend l'extrait éthéré par l'alcool, on étend d'assez d'eau pour qu'il ne se sépare rien à l'ébullition, on traite par le noir animal et on filtre à chaud. Le benzofurile cristallise en fines aiguilles jaunes, volatiles, fusibles à 41°.

Le *tétrabromure*, $C^{12}H^8O^3Br^4$, cristallise en aiguilles jaunes, solubles dans le chloroforme, peu solubles dans l'alcool, fusibles à 127-128° et se décomposant à 160°.

Acide benzofurilique, $C^{12}H^{10}O^4$. — Les alcalis étendus dissolvent à froid le benzofurile en le transformant en acide benzofurilique. Pour l'isoler, on neutralise par l'acide sulfurique étendu ; on enlève une résine qui se sépare, et on agite la liqueur filtrée avec de l'éther. L'extrait éthéré fournit par cristallisation dans la ligroïne des prismes courts et incolores, fusibles à 108° et se décomposant un peu au-dessus de cette température.

L'acide benzofurilique sec se dissout dans l'acide sulfurique concentré avec une coloration rouge-sang qui passe bientôt au brun ; l'acide sirupeux, tel que l'abandonne l'éther, se dissout dans l'acide sulfurique avec une coloration rouge-violet, et l'eau précipite alors de cette solution une matière colorante d'un bleu noir, soluble dans l'acide sulfurique en bleu et dans les alcalis en brun [G. Fischer, *D. chem. G.*, **13**, 1298; *Ann. Chem.*, **211**, 233; *Bull. Soc. Chim.*, (2), **35**, 694; **38**, 302].

Ad. Fauconnier.

BENZOÏDES (OXY-). — La *tétra-p-oxybenzoïde* a été obtenue par M. Piutti dans l'action de l'oxychlorure de phosphore sur l'acide p-oxybenzoïque :

$$4\,C^7H^6O^3 - 3\,H^2O = C^{28}H^{18}O^9.$$

Poudre blanche, insoluble dans les dissolvants ordinaires. La potasse la transforme en acide p-oxybenzoïque.

M. Pellizzari, en faisant agir l'oxychlorure de phosphore sur l'acide m-oxybenzoïque à 40-50°, a obtenu de la *di-m-oxybenzoïde*, $C^{14}H^{10}O^5$, soluble dans l'alcool bouillant, et de l'*octo-m-oxybenzoïde*, insoluble dans ce dissolvant. Ces produits de condensation n'ont pas de réaction acide et ne colorent pas le perchlorure de fer [*Bull. Soc. Chim.*, (2), **39**, 472].

m-Chlorobenzoïde. — Obtenue par l'action de l'ammoniaque sur le chlorure de m-chlorobenzoyle, elle cristallise en aiguilles qui fondent à 133° [Hübner, *Ann. Chem.*, **222**, 67].

Amidobenzoïde,

$$C^{14}H^{10}Az^2O^2 = C^6H^4 \begin{matrix} \diagup CO - AzH \diagdown \\ \diagdown AzH - CO \diagup \end{matrix} C^6H^4.$$

— M. Piutti l'a obtenue [*D. chem. G.*, **16**, 13] en chauffant l'acide m-amidobenzoïque avec de l'aniline à 200°; il se produit en même temps une polyamidobenzoïde $(C^{14}H^{10}Az^2O^2)^x$, dont on la sépare à l'aide de l'alcool bouillant. Elle fond à 225°; chauffée avec de la potasse, elle se transforme en acide m-amidobenzoïque.

E. Burcker.

BENZOÏNE [Syn. *Phényloxybenzylcétone*], $C^{14}H^{12}O^2 = C^6H^5.CHOH.CO.C^6H^5$ (voyez Dict., **1**, 548 et Suppl., **1**, 314). — M. Zincke [*Ann. Chem.*, **198**, 151] a modifié le procédé de Zinine pour la préparation de cette substance : On chauffe pendant quelque temps 200 grammes d'aldéhyde benzylique pure et exempte d'acide cyanhydrique avec une solution de 20 grammes de cyanure de potassium (titrant 94-95 0/0) dans 800 grammes d'alcool à 50°. Après refroidissement, on recueille le précipité de benzoïne, et on soumet le liquide filtré à un nouveau traitement au cyanure de potassium. On filtre de nouveau, et on traite une troisième fois le liquide par le cyanure. On obtient ainsi en benzoïne 90 ou 95 0/0 du poids de l'aldéhyde employée.

La benzoïne, soumise à des distillations répétées, se décompose partiellement; au bout de trois distillations, elle fournit beaucoup d'aldéhyde benzylique, avec du benzile, de la désoxybenzoïne et de l'eau [Zinine, *Jahresb.*, 1880, 613] :

$$\underset{\text{Benzoïne.}}{3\,C^{14}H^{12}O^2}$$

$$= \underset{\text{Aldéhyde benzylique.}}{2\,C^6H^5.CHO} + \underset{\text{Benzile.}}{C^{14}H^{10}O^2} + \underset{\text{Désoxybenzoïne.}}{C^{14}H^{12}O} + H^2O.$$

Les mêmes produits se forment quand on fait passer des vapeurs de benzoïne à travers un tube chauffé au rouge [Zinine, *D. chem. G.*, **6**, 120].

Lorsqu'on dirige ses vapeurs sur de l'oxyde de plomb chauffé, il se produit du benzile et de la benzophénone [Wittenberg et V. Meyer, *D. chem. G.*, **16**, 502].

Les oxydants, comme le permanganate de potassium ou le mélange chromique, la transforment en aldéhyde benzylique et acide benzoïque [Zincke, *D. chem. G.*, **4**, 839].

Elle réduit à froid la liqueur de Fehling [E. Fischer, *Ann. Chem.*, **211**, 215].

Quand on chauffe la benzoïne à 200° avec de l'alcool absolu additionné d'un peu d'acide cyanhydrique, on obtient de l'aldéhyde benzylique :

$$C^6H^5.CO.CHOH.C^6H^5 + C^2H^6O = C^6H^5.CH\begin{smallmatrix}\diagup OC^2H^5\\ \diagdown OH\end{smallmatrix} + C^6H^5.CHO;$$

$$C^6H^5.CH\begin{smallmatrix}\diagup OC^2H^5\\ \diagdown OH\end{smallmatrix} = C^6H^5.CHO + C^2H^6O.$$

Il se produit en même temps de l'éther benzoïque qui, dans les conditions indiquées, se forme aux dépens de l'aldéhyde benzylique [A. Michael et G. Palmer, *D. chem. G.*, **18**, *Ref.*, 701].

Quand on fait agir le cyanure de potassium sur une dissolution d'acétophénone et de benzoïne en proportions moléculaires, on obtient de la *désylacétophénone* :

$$C^6H^5.CO.CH\begin{smallmatrix}\diagup C^6H^5\\ \diagdown OH\end{smallmatrix} + C^6H^5.CO.CH^3 = C^6H^5.CO.CH\begin{smallmatrix}\diagup C^6H^5\\ \diagdown CH^2.CO.C^6H^5\end{smallmatrix} + H^2O.$$

Cette désylacétophénone est considérée par l'auteur comme le dérivé saturé correspondant à l'anhydro-acétophone-benzile ou α-β-dibenzoylstyrène de MM. Japp et Miller.

Si l'on emploie dans cette réaction de l'acétone ordinaire au lieu d'acétophénone, il se forme un produit de constitution inconnue, $C^{24}H^{20}O^2$, ne répondant pas à la désylacétone cherchée [Smith, *Chem. Soc.*, 1890, 643].

La benzoïne, dissoute dans une solution étendue de potasse, se décompose lentement quand on la fait bouillir en présence d'une atmosphère d'hydrogène. Mais si l'on chauffe cette solution dans un courant d'air, elle prend une coloration d'un violet foncé, pour devenir incolore plus tard, le produit s'étant totalement transformé, d'abord en benzile, puis en acide benzilique [Klinger, *D. chem. G.*, **19**, 1868] :

$$\text{I.}\quad C^6H^5.CHOH.CO.C^6H^5 + O = C^6H^5.CO.CO.C^6H^5 + H^2O;$$

$$\text{II.}\quad C^6H^5.CO.CO.C^6H^5 + O + H^2O = (C^6H^5)^2C(OH).CO^2H.$$

Réduite au moyen de la poudre de zinc et de l'acide acétique, la benzoïne fournit les deux désoxybenzoïne-pinacones α et β, du stilbène et de la désoxybenzoïne. Emploie-t-on de l'acide à 50 0/0, il se forme en outre de l'hydrobenzoïne [Blank, *Ann. Chem.*, **248**, 8].

Lorsque le réducteur employé est alcalin (amalgame de sodium, solution alcoolique de potasse), il se forme principalement de l'hydrobenzoïne.

Traitée par le perchlorure de phosphore, la benzoïne fournit du chlorobenzile et du dichlorure de tolane [Redsko, *D. chem. G.*, **22**, *Ref.*, 760].

La benzoïne n'est guère attaquée à l'ébullition par l'acide sulfurique étendu (1/15 à 1/20); mais, chauffée en tube scellé avec le même acide, elle fournit du benzile avec un peu de lépidène. L'acide sulfurique concentré ou fumant la transforme en benzile et il se dégage en même temps de l'acide sulfureux [Zinine, *Jahresb.*, 1880, 613].

Chauffée en solution alcoolique avec de l'aldéhyde benzylique et de l'ammoniaque, elle fournit, à côté de produits secondaires, de l'amarine [Radziszewski, *D. chem. G.*, **15**, 1495] :

$$C^6H^5.CHOH.CO.C^6H^5 + C^6H^5.CHO + 2AzH^3 = C^{21}H^{18}Az^2 + 3H^2O.$$

Avec l'ammoniaque alcoolique, elle donne du *benzoïnam*, $C^{28}H^{24}Az^2O$, de la *tétraphénylazine*, $C^{28}H^{20}Az^2$, de la *lophine*, etc. (Erdmann; Laurent) [Japp et Wilson, *Chem. Soc.*, **49**, 825].

A 200°, elle se combine, avec perte d'eau, avec les bases aromatiques primaires. Ainsi, avec l'aniline elle fournit l'*anilbenzoïne*, $C^{20}H^{17}AzO$ [Voigt, *J. prakt. Chem.*, (2), **34**, 2].

Traitée par la sulfo-urée, la benzoïne ne fournit point de diphénylthiazylamine [Traumann, *Ann. Chem.*, **249**, 39].

Éthylbenzoïne. — Voyez Suppl., **1**, 314.

Isobutylbenzoïne, $C^6H^5-CH.OC^4H^9-CO-C^6H^5$ [Päpcke, *D. chem. G.*, **21**, 1337]. — Ce corps a été obtenu en chauffant à 150°, en tube scellé, de la benzoïne sodée, de l'alcool et du bromure d'isobutyle. C'est une huile légèrement jaunâtre, distillant sans se décomposer à 240-251° sous une pression de 110 millimètres. Sa densité = 1,10. Chauffée à 200° avec de l'acide chlorhydrique concentré, elle fournit du benzile et un éther chlorhydrique. Traitée par de l'éthylate de sodium et du chlorure de benzyle, elle reste inaltérée.

Son *oxime*, $C^{18}H^{21}AzO^2$, obtenue par les procédés ordinaires, est huileuse.

Acétate de benzoïne (voyez Suppl., **1**, 314). — Ce corps fond à 83° (Päpcke) et non à 75°. L'acide azotique le transforme en deux dérivés nitrés. Chauffé à 200° avec de l'aniline, il fournit de l'anilbenzoïne et de l'acétanilide [Voigt, *J. prakt. Chem.*, (2), **34**, 10].

Nitrobenzoate de benzoïne,

$$C^6H^5.CH[OC^7H^4(AzO^2)O].CO.C^6H^5$$

(Zinine). — Voyez Dict., **1**, 549.

Succinate de benzoïne, $(C^{14}H^{11}O^2)^2C^4H^4O^2$ [Lukanine, *D. chem. G.*, 5, 331. — Limpricht et Schwanert, *Ann. Chem.*, **155**, 92]. — Obtenu en chauffant de la benzoïne avec du chlorure de succinyle, cet éther constitue des lamelles fondant à 129°, solubles dans l'alcool, l'éther et le sulfure de carbone.

Phénylcarbamate de benzoïne,

$$CO\begin{smallmatrix}\diagup AzH.C^6H^5\\ \diagdown OC^{14}H^{11}O\end{smallmatrix}$$

[Gumpert, *J. prakt. Chem.*, (2), **32**, 280]. — Lamelles fondant à 160°, préparées avec la benzoïne et la phénylcarbimide.

DÉRIVÉS AMMONIACAUX DE LA BENZOÏNE. — BENZOÏNAM, $C^{28}H^{24}Az^2O$ (voyez Dict., **1**, 549). — Il se décompose quand on le fond [Japp et Wilson, *Chem. Soc.*, **49**, 825]. Il se dissout dans une solution alcoolique d'acide chlorhydrique, et l'ammoniaque le précipite de cette dissolution. Cette solution, traitée par le chlorure de platine, permet d'obtenir un *chloroplatinate* qui se précipite quand on ajoute de l'eau.

TÉTRAPHÉNYL-P-DIAZINE (*ditolane-azotide, benzoïnimide*),

$$\begin{matrix}C^6H^5.C-Az-C.C^6H^5\\ \| \quad\; | \quad\; \|\\ C^6H^5.C-Az-C.C^6H^5\end{matrix}$$

— Ce corps, découvert par M. Erdmann [*Ann. Chem.*, **135**, 181] dans les eaux mères alcooliques de la préparation du benzoïnam, et appelé par lui *benzoïnimide*, a été de nouveau préparé par MM. Japp et Wilson [*loc. cit*]., qui opèrent de la façon suivante : On neutralise 100 grammes d'acide acétique cristallisable et chaud par du carbonate d'ammonium solide; à cette solution on ajoute 100 grammes de benzoïne et on chauffe, en ayant soin de remuer continuellement jusqu'à ce que tout l'acétate d'ammonium soit volatilisé. Le produit encore chaud est ensuite versé dans un excès d'alcool, broyé, puis jeté sur filtre. Après l'avoir lavé avec de l'alcool bouillant, on le dissout dans une solution alcoolique saturée d'acide chlorhydrique et on le précipite de cette dissolution par l'alcool bouillant.

Ce dérivé a encore été préparé en chauffant à 230° un mélange de benzoïne et de formiate d'ammonium. On fait cristalliser dans l'alcool.

La formation de ce composé dans ces conditions serait précédée de celle d'une base qui, par condensation, fournirait la benzoïnimide :

$$\text{I.}\quad \begin{matrix} C^6H^5.CHOH \\ | \\ C^6H^5-CO \end{matrix} + HCO^2.AzH^4 = \begin{matrix} C^6H^5.CHOH \\ | \\ C^6H^5.CH.AzH^2 \end{matrix} + CO^2 + H^2O;$$

$$\text{II.}\quad \begin{matrix} C^6H^5.CHOH \\ | \\ C^6H^5.CH.AzH^2 \end{matrix} + \begin{matrix} H^2Az.CH.C^6H^5 \\ | \\ HOCH.C^6H^5 \end{matrix} = \begin{matrix} C^6H^5.C-Az-C.C^6H^5 \\ \| \quad | \quad \| \\ C^6H^5.C-Az-C.C^6H^5 \end{matrix} + 2H^2O + 3H^2$$

[Leuckart, *J. prakt. Chem.*, (2), **41**, 333].

Cristallisé au sein du benzène, ce corps se présente sous la forme d'aiguilles plates, fondant à 246°. Il est peu soluble dans l'alcool, facilement soluble dans le benzène bouillant, dans l'alcool saturé d'acide chlorhydrique, d'où il est précipité par un excès d'alcool. Il est insoluble dans l'eau et dans l'éther. Il se sublime sans décomposition. L'acide sulfurique le colore en rouge. Chauffé avec de la chaux sodée, il fournit de la diphénanthrylène-azotide.

BENZOÏNIDAM, $C^{28}H^{22}AzO^2$ (Erdmann). — Ce corps se produit surtout quand on abandonne pendant plusieurs semaines, à froid et à l'abri du contact de l'air, une solution de benzoïne dans l'ammoniaque alcoolique [Japp et Wilson, *loc. cit.*]. On l'isole des corps qui se forment en même temps par des lavages.

Le benzoïnidam se présente sous la forme de petites tables ou de prismes fondant à 199°. Il est un peu plus soluble dans l'alcool que la ditolane-azotide. L'acide sulfurique concentré ne le colore pas.

ANILBENZOÏNE (*phénylimido-phényl-benzylidénol-méthane*).

$$C^{20}H^{17}AzO = C^6H^5.CH(OH).C \lessgtr^{Az.C^6H^5}_{C^6H^5}$$

[Voigt, *J. prakt. Chem.*, (2), **34**, 2]. — Ce corps se produit quand on chauffe pendant 3 ou 4 heures, à 200°, un mélange de 10 grammes de benzoïne et de 5 grammes d'aniline :

$$C^{14}H^{12}O^2 + AzH^2.C^6H^5 = C^{20}H^{17}AzO + H^2O.$$

La masse est broyée avec de l'alcool, recueillie sur un filtre et mise à cristalliser dans l'alcool. Aiguilles fondant à 99°, facilement solubles dans l'acétone, le chloroforme et le benzène, peu solubles dans l'alcool froid.

L'anilbenzoïne fournit avec l'acide acétique un *dérivé acétylé* et avec l'acide nitreux un *composé nitrosé*. Bouillie avec les acides minéraux, elle se décompose partiellement avec formation d'aniline. L'étain et l'acide chlorhydrique, la poudre de zinc et l'acide acétique, la réduisent en désoxybenzoïne. Chauffée avec de la poudre de zinc, elle donne de l'aniline, de l'aldéhyde benzylique et un peu de désoxybenzoïne. L'amalgame de sodium la transforme en hydrobenzoïne-anilide. Chauffée avec une solution alcoolique de potasse, elle se colore en un violet pourpre. Les combinaisons avec les acides sont peu stables.

Nitrosoanilbenzoïne,

$$C^{20}H^{16}Az^2O^2 = C^6H^5.CHOH.C \lessgtr^{Az.C^6H^4(AzO)}_{C^6H^5}$$

(Voigt). — Ce dérivé se forme quand on ajoute de l'acide chlorhydrique à une solution alcoolique d'anilbenzoïne et d'azotite de sodium. Lamelles brillantes, fondant à 140° en se décomposant. Il est difficilement soluble dans l'alcool froid et dans l'éther, plus soluble dans l'acétone et dans le benzène. Il fournit la réaction des dérivés nitrosés.

Acétylanilbenzoïne,

$$C^{22}H^{19}AzO^2 = C^6H^5.CH(OC^2H^3O).C \lessgtr^{Az.C^6H^5}_{C^6H^5}$$

[Voigt, *loc. cit.*]. — On la prépare en chauffant l'anilbenzoïne avec de l'anhydride acétique. Elle cristallise dans le benzène en aiguilles microscopiques, fondant à 153°, solubles dans l'alcool, l'éther et le benzène, très solubles dans l'acétone.

Bromanilbenzoïne,

$$C^{20}H^{16}BrAzO = C^6H^5.CHOH.C \lessgtr^{Az.C^6H^4Br}_{C^6H^5} \ (?)$$

[Voigt, *loc. cit.*]. — On introduit goutte à goutte du brome dans une solution éthérée d'anilbenzoïne. Prismes jaunes, fondant à 167-168°.

Hydrobenzoïne-anilide,

$$C^{20}H^{19}AzO = C^6H^5.CH(OH).CH \lessgtr^{AzH.C^6H^5}_{C^6H^5}$$

(Voigt). — Ce corps prend naissance quand on introduit de l'amalgame de sodium dans une solution alcoolique d'anilbenzoïne maintenue à 70°. Lorsque la réaction est terminée, on étend d'eau et on fait cristalliser le précipité dans l'alcool.

Fines aiguilles, fondant à 119°, facilement solubles dans l'alcool bouillant, moins solubles dans l'éther et dans le benzène, très peu solubles dans l'eau bouillante. L'hydrobenzoïne-anilide se combine avec l'acide sulfurique pour fournir un sulfate assez stable, fondant à 177°.

O-TOLUIDYLBENZOÏNE (*o-crésylimido phényl-benzylidénol-méthane*),

$$C^{21}H^{19}AzO = C^6H^5.CHOH.C \lessgtr^{Az.C^7H^7}_{C^6H^5}$$

[Bandrowski, *Mon. f. Chem.*, 9, 693]. — On chauffe parties égales d'o-toluidine et de benzoïne à 150° pendant trois quarts d'heure. Après refroidissement, on agite le produit avec un peu d'alcool froid, et on verse le mélange sur une assiette en verre. Au bout de quelques instants, il se dépose des cristaux jaunes qui, purifiés par cristallisation dans l'alcool, se présentent sous la forme d'aiguilles fines, soyeuses, de couleur jaune-citron, difficilement solubles dans l'alcool, facilement solubles dans l'éther. Ce corps fond à 141°.

P-TOLUIDYLBENZOÏNE, $C^{21}H^{19}AzO$ [Voigt, *loc. cit.*]. — Ce composé prend naissance quand on chauffe à 200-210° un mélange de benzoïne et de p-toluidine. Il cristallise en longues aiguilles jaunes, fondant à 144°. Le permanganate de potassium le dédouble en acide benzoïque et p-toluidine. Quand on le fait bouillir avec de la potasse alcoolique, il se produit de l'acide benzoïque.

Nitrotoluidylbenzoïne,

$$C^{21}H^{18}Az^2O^3 = C^6H^5.CH(OH).C \lessgtr^{Az.C^7H^6(AzO^2)}_{C^6H^5} \ (?)$$

— On chauffe 1 partie de p-crésylbenzoïne avec 30 parties d'acide azotique, jusqu'à ce que la masse rouge-brique qui surnage commence à se liquéfier [Voigt, *loc. cit.*, 18]. On verse alors le produit dans l'eau et on fait cristalliser le précipité d'abord dans l'alcool, puis dans un mélange d'alcool et d'acétone. Cristaux rouges, fondant à 153°, peu solubles dans l'alcool froid, assez solubles dans l'acétone.

Dinitrotoluidylbenzoïne,

$$C^{21}H^{17}Az^3O^5 = C^6H^5.CHOH.C \lessgtr \begin{matrix} Az.C^7H^5(AzO^2)^2 \\ C^6H^5 \end{matrix}$$

(Voigt). — Ce produit se forme quand on chauffe 1 partie de p-crésylbenzoïne avec 30 parties d'acide azotique ($d = 1,2$) jusqu'à ce que la masse qui surnage soit devenue brune. On verse ensuite dans l'eau froide; le précipité qui se forme est lavé avec de l'alcool bouillant, puis mis à cristalliser dans l'acétone. Houppes d'un jaune d'or, fondant à 195°. Ce corps est assez soluble dans l'acétone.

Hydrobenzoïne-toluide,

$$C^{21}H^{21}AzO = C^6H^5.CH(OH).CH \lessgtr \begin{matrix} AzH.C^7H^7 \\ C^6H^5 \end{matrix}$$

(Voigt). — On la prépare en introduisant de l'amalgame de sodium dans un mélange chaud de p-crésylbenzoïne et d'alcool. Elle cristallise dans l'alcool en fines aiguilles fondant à 140°, peu solubles dans l'alcool froid, assez solubles dans l'éther.

β-Naphtylimidobenzoïne (*β-naphtylimido-phényl-benzylidénol-méthane*),

$$C^{24}H^{19}AzO = C^6H^5.CHOH.C \lessgtr \begin{matrix} Az.C^{10}H^7 \\ C^6H^5 \end{matrix}$$

— Ce dérivé se forme quand on chauffe à 210-220° de la β-naphtylamine et de la benzoïne [Voigt, *loc. cit.*, 22]. Cristallisé au sein de l'alcool, il fond à 130°. Il est peu soluble dans l'alcool froid, un peu plus soluble dans l'éther et dans le benzène.

α-Benzoïne-oxime,

$$C^{14}H^{13}AzO^2 = C^6H^5.C(AzOH).CHOH.C^6H^5$$

[Wittenberg et V. Meyer, *D. chem. G.*, **16**, 504]. — Cette oxime a été obtenue, comme les composés analogues, au moyen de l'hydroxylamine et de la benzoïne. MM. Goldschmidt et Polonowska la préparent en chauffant pendant 1 heure 5 grammes de benzoïne, dissous dans 20 centimètres cubes d'alcool, avec une solution aqueuse de 4 grammes de chlorhydrate d'hydroxylamine et de 2gr,2 de soude caustique. La liqueur est ensuite traitée par l'eau et le précipité est mis à cristalliser dans le benzène. On obtient ainsi des prismes microscopiques, fondant à 151-152°. On l'obtient encore en chauffant l'oxime β avec de l'alcool aqueux et un peu d'alcali, ou en faisant passer un courant d'acide chlorhydrique dans la solution éthérée de l'oxime β [A. Werner, *D. chem. G.*, **23**, 2335].

Quand on réduit une solution alcoolique de cette oxime au moyen de l'amalgame de sodium à 2.5 0/0 et de l'acide acétique, on la transforme en diphényloxéthylamine :

$$C^6H^5.C(AzOH).CHOH.C^6H^5 + 2H^2$$
$$= H^2O + C^6H^5.CH(OH).CH(AzH^2).C^6H^5.$$

Cette base constitue des aiguilles blanches, transparentes et fusibles à 165° [*D. chem. G.*, **20**, 492].

β-Benzoïne-oxime. — On prépare ce composé en dissolvant 1 molécule de benzoïne dans de l'alcool bouillant et refroidissant brusquement, de façon à avoir un précipité aussi divisé que possible. On étend le liquide de 3 fois son volume d'eau et on y ajoute 1 molécule de chlorhydrate d'hydroxylamine, 1 demi-molécule de carbonate de sodium, enfin 1 molécule de soude caustique. On abandonne à la température ordinaire. La benzoïne précipitée se dissout peu à peu et a disparu au bout de 2 ou 3 jours. On verse le tout dans l'eau et on sature par l'acide acétique : le précipité, d'abord laiteux, se prend au bout de quelques jours en agrégats cristallins. Ces cristaux sont traités par de l'éther, qui dissout la majeure partie et laisse à l'état insoluble une petite quantité de monoxime α, fondant à 151°. La solution éthérée est évaporée et le résidu huileux repris par l'alcool. On précipite la liqueur par l'eau et on reprend encore une fois le produit par l'éther. On répète ces traitements 2 ou 3 fois et on obtient finalement un produit pur.

Aiguilles blanches, fondant à 98-99°. Le poids moléculaire, déterminé par la méthode de M. Raoult, a été reconnu identique avec celui du dérivé α.

Évaporée avec une solution alcoolique d'acide chlorhydrique, la β-benzoïne-oxime régénère la benzoïne et l'hydroxylamine. Chauffée à 160° avec du benzène, elle se décompose. Avec l'alcool, elle fournit à 180° de la benzoïne-oxime α, ainsi que des produits de décomposition. Sa solution éthérée, saturée d'acide chlorhydrique, donne par évaporation l'oxime α, avec un autre produit.

La meilleure manière de la transformer en oxime α consiste à la chauffer pendant 2 ou 3 heures, dans un appareil à reflux, avec de l'alcool étendu légèrement alcalinisé [A. Werner, *D. chem. G.*, **23**, 2333; *Dissert. inaug.*, Zurich, 1890, 33].

Combinaison $C^{34}H^{28}O^3$. — On dissout 10 grammes de potasse caustique dans 1 litre d'alcool, on y ajoute 40 grammes de benzoïne finement pulvérisée et 20 grammes d'acétone. On abandonne le mélange dans un vase ouvert en agitant de temps à autre. Le nouveau composé se sépare peu à peu sous la forme d'aiguilles déliées et soyeuses. On le purifie par cristallisation dans le benzène. Les eaux mères renferment en outre du benzilate de potassium. Le corps $C^{34}H^{28}O^3$ se forme en vertu de la réaction

$$2C^{14}H^{12}O^2 + 2C^3H^6O + O = C^{34}H^{28}O^3 + 4H^2O.$$

Cristallisé au sein de l'alcool bouillant, ce composé fond à 249-250° [Japp et Raschen, *Chem. Soc.*, **57**, 783].

Benzoïne-p-dialdéhyde (*benzoïne-di-p-méthal*),

$$C^{16}H^{12}O^4 = \underset{(1)}{CHO}.C^6H^4.\underset{(4)}{CH(OH)}.\underset{(4)}{CO}.C^6H^4.\underset{(1)}{CHO}.$$

— Cette dialdéhyde a été préparée pour la première fois par M. E. Grimaux en traitant l'aldéhyde téréphtalique par le cyanure de potassium [*C. R.*, **83**, 826].

M. Oppenheimer [*D. chem. G.*, **19**, 1814] conseille d'opérer de la façon suivante : A une solution saturée et froide d'aldéhyde téréphtalique dans l'alcool, on ajoute une dissolution également saturée et froide de cyanure de potassium. Le précipité qui se forme est recueilli et lavé avec de l'eau à laquelle on a ajouté une goutte d'acide sulfurique.

La formation de ce corps présente la plus grande analogie avec celle de la benzoïne elle-même. Remarquons cependant qu'une seule des fonctions aldéhyde de chacune des molécules d'aldéhyde téréphtalique entre en réaction pour donner naissance à la liaison benzoïnique :

$$CHO.C^6H^4.CHO + CHO.C^6H^4.CHO$$
$$= CHO.C^6H^4.CHOH.CO.C^6H^4.CHO.$$

La benzoïne-dialdéhyde constitue une poudre

amorphe, fondant à 170-174°. Elle est insoluble dans l'eau et dans l'éther, peu soluble dans l'alcool bouillant. Elle réduit à froid les solutions alcalines de nitrate d'argent et se combine avec la phénylhydrazine. Quand on la dissout dans de la soude, elle fournit du glycol p-xylylénique, $C^6H^4(CH^2OH)^2$, de l'acide benzoïne-dicarbonique, de l'acide téréphtalique et un troisième acide non déterminé.

Le permanganate de potassium l'oxyde et la transforme en acide benzoïne-dicarbonique.

ACIDE BENZOÏNE-DI-P-CARBONIQUE,

$$CO^2H_{(1)} . C^6H^4 . CHOH_{(4)} . CO_{(4)} . C^6H^4 . CO^2H_{(1)}.$$

— On prépare cet acide en oxydant à froid une solution alcaline de benzoïne-dialdéhyde par la quantité théorique de permanganate de potassium [Oppenheimer, *loc. cit.*]. La solution filtrée est ensuite acidulée par l'acide chlorhydrique et le précipité est dissous dans l'eau bouillante. On obtient ainsi des aiguilles courtes et enchevêtrées, qui ne fondent pas, mais qui se subliment quand on les chauffe. Réduit au moyen de l'amalgame de sodium, cet acide se convertit en acide hydrobenzoïne-dicarbonique, $C^{16}H^{14}O^6$.

L'acide benzoïne-dicarbonique se combine avec la phénylhydrazine.

L'*éther diméthylique* fond à 126° (Oppenheimer).

DI-P-MÉTHYLBENZOÏNE (*p-toluoïne*),

$$CH^3 . C^6H^4 . CO . CHOH . C^6H^4 . CH^3$$

[R. Stierlin, *D. chem. G.*, 22, 280]. — On chauffe pendant 2 heures un mélange de 10 parties d'aldéhyde p-méthylbenzylique avec 2 parties de cyanure de potassium dissous dans 30 parties d'alcool à 50°; après refroidissement, on agite vigoureusement le liquide jusqu'à ce qu'il se précipite un corps jaunâtre. On recueille ce produit et on le lave avec de l'eau.

Cristallisé dans l'alcool, cet homologue de la benzoïne constitue des prismes colorés en jaune, peu solubles dans l'eau bouillante, se dissolvant facilement dans l'alcool, l'éther, le benzène, l'acide acétique cristallisable et le chloroforme. Il fond à 88-89° et ne distille pas sans décomposition.

L'acide sulfurique fumant le colore en vert.

La toluoïne fournit avec les chlorures d'acétyle et de benzoyle des combinaisons cristallines, blanches, très solubles dans l'alcool et dans l'éther.

Le *dérivé acétylé*, $C^{16}H^{15}O^2(C^2H^3O)$, fond à 100°.

Le *dérivé benzoylé*, $C^{16}H^{15}O^2(C^7H^5O)$, fond à 119°.

A. Haller.

BENZOÏQUE (ACIDE). — La présence de cet acide a été signalée dans certaines plantes. M. Lœw l'a trouvé dans les fruits de l'airelle.

Quand on le prépare à l'aide du benjoin, il faut employer celui de Siam, dans lequel l'acide benzoïque ne se trouve pas mélangé avec l'acide cinnamique. On fait digérer la résine avec 3 ou 4 parties d'acide acétique et on verse la solution dans 4 parties d'eau bouillante; la résine se précipite et la solution filtrée laisse déposer par refroidissement de l'acide benzoïque pur.

L'acide benzoïque se produit encore :

1° Par la saponification du dicyanostilbène;

2° Lorsqu'on chauffe le phénylchloroforme, $C^6H^5-CCl^3$, avec de l'eau sous pression.

L'acide benzoïque obtenu par sublimation n'est pas pur; il contient une foule de corps, parmi lesquels on a reconnu les benzoates de méthyle et de benzyle, la vanilline, le gaïacol, la pyrocatéchine.

Pour le purifier, on le fait recristalliser en le dissolvant dans l'eau bouillante et en le décolorant à l'aide du noir animal, ou bien en le faisant bouillir avec de l'acide nitrique étendu.

Propriétés. — La plus petite impureté abaisse beaucoup le point de fusion de l'acide benzoïque et augmente sa solubilité dans l'eau.

Sa chaleur de combustion à pression constante est égale à 771^cal^,7 [Stohmann, Kleber et Langbein, *J. prakt. Chem.*, (2), 40, 128 202; *D. chem. G.*, 22, *Ref.*, 631].

Quand on le fait fondre avec 6 parties de potasse, il donne de l'acide salicylique, de l'acide α-oxyisophtalique, les acides p- et m- oxybenzoïques, p- et m- biphénylcarboniques $C^{13}H^{10}O^2$ et du triphénylbenzène [Barth et Schreder, *Mon. f. Chem.*, 3, 799].

Lorsqu'on additionne l'acide benzoïque, dissous dans 5 ou 10 fois son poids d'acide sulfurique, de 3 fois son poids d'eau oxygénée à 200 volumes, dissoute également dans l'acide sulfurique, on observe la formation des acides salicylique, di- et trioxybenzoïques; si on opère à 200° avec de l'eau oxygénée plus faible, il se forme surtout de l'acide p-oxybenzoïque [Hanriot, *C. R.*, 102, 1250].

En chauffant l'acide benzoïque avec du chlorure d'acétyle à 200°, on obtient du chlorure de benzoyle, de l'anhydride benzoïque, de l'acide acétique et de l'anhydride acétique [Anschütz, *Ann. Chem.*, 226, 7].

Le benzoate d'argent et le brome réagissent en donnant du bromure d'argent et de l'acide m-bromobenzoïque. A 150° l'iode agit vivement sur le benzoate d'argent sec : il se forme de l'iodure d'argent et de l'acide m-iodobenzoïque [Birnbaum et Reinherz, *D. chem. G.*, 15, 456; *Bull. Soc. Chim.*, (2), 38, 312].

Chaleur de combustion de l'acide benzoïque : 6^cal^,345 (Berthelot et Recoura); 6^cal^,3221 (Louguinine).

BENZOATES MÉTALLIQUES. — Voyez Dict., 1, 546 et Suppl., 1, 313.

Le *benzoate de baryum* est décomposé à une température relativement basse par le méthylate, l'amylate et le phénate de sodium, avec formation de carbonate alcalin et de benzène [J. Mai, *D. chem. G.*, 22, 2135].

ÉTHERS BENZOÏQUES. — *Benzoate de méthyle*, $C^6H^5-CO^2CH^3$. — Voyez Dict., 1, 547.

Sa chaleur de combustion est égale à 943^cal^,976 [Stohmann, Rodatz et Herzberg, *J. prakt. Chem.*, (2), 36, 4]. Sa chaleur spécifique moyenne entre les températures t_0 et t_1 est donnée par l'expression

$$C_{(t_0-t_1)} = 0,3630 + 0,000375\,(t_0 + t_1)$$

[R. Schiff, *Ann. Chem.*, 234, 316].

Benzoate d'éthyle, $C^6H^5 . CO^2C^2H^5$. — Sa chaleur de combustion est égale à 1099^cal^,307 [Stohmann, Rodatz et Herzberg, *loc. cit.*]. Sa chaleur spécifique moyenne entre les températures t_0 et t_1, est égale à

$$C_{(t_0-t_1)} = 0,374 + 0,000375\,(t_0 + t_1)$$

[R. Schiff, *loc. cit.*].

Il se combine avec le chlorure d'aluminium en donnant des cristaux presque insolubles dans le sulfure de carbone et dans la ligroïne, très solubles dans le benzène et ayant pour formule $C^7H^5O^2 . C^2H^5 . AlCl^3$ [Gustavson, *Journ. Soc. chim. russe*, 16, 241].

Le benzoate d'éthyle ne réagit pas à la température ordinaire sur le chlorhydrate d'hydroxylamine, ni sur l'hydroxylamine libre; mais si l'on opère en présence d'un excès d'éthylate de sodium, il se convertit immédiatement en acide benzhydroxamique [A. Jeanrenaud, *D. chem. G.*, 22, 1272].

Benzoate de chloréthyle,

$$C^6H^5 . CO^2 . CH^2 . CH^2Cl.$$

— Liquide bouillant à 260-270°, obtenu par l'action du gaz chlorhydrique sur un mélange d'acide benzoïque et de glycol [Simpson, *Ann. Chem.*, **113**, 121].

Benzoate de propyle, $C^6H^5 . CO^2C^3H^7$. — Chaleur de combustion = 1255^cal^,010 [Stohmann, Rodatz et Herzberg, *loc. cit.*]. Chaleur spécifique moyenne dans l'intervalle $t_0 - t_1$:

$$C_{(t_0-t_1)} = 0,383 + 0,000375\,(t_0 + t_1)$$

[R. Schiff, *loc. cit.*].

Benzoate chlorisopropylique,

$$C^6H^5 . CO^2-CH \begin{array}{l} \diagup CH^3 \\ \diagdown CH^2Cl \end{array}$$

[Morley et Green, *D. chem. G.*, **17**, 3015]. — On l'obtient au moyen du chlorure de benzoyle et de l'alcool chlorisopropylique.

C'est un liquide ayant une densité de 1,172 à 19° et de 1,149 à 45°.

Benzoate d'isobutyle. — Sa densité est 1,0018 à 15°. Sa chaleur de combustion = 1411^cal^,972 [Stohmann, Rodatz et Herzberg, *J. prakt. Chem.*, (2), **36**, 6]. D'après M. Kahlbaum [*Siedetemp. und Druck*, 91], ses points d'ébullition aux diverses pressions sont les suivants :

Pressions en millimètres.	Points d'ébullition.
8,4	106°,4
13,74	115°,8
15,08	118°,2
36,78	138°,5
65,1	151°,8
755	234°
760	237°

Benzoate d'isoamyle, $C^6H^5 . CO^2C^5H^{11}$. — On peut l'obtenir en chauffant à 300° un mélange d'acétate d'isoamyle et de benzoate d'éthyle.

Sa chaleur de combustion est 1570^cal^,048 [Stohmann, Rodatz et Herzberg, *loc. cit.*].

Il bout aux températures suivantes (Kahlbaum) :

Pressions en millimètres.	Points d'ébullition.
10,14	125°,0
17,82	136°
47,18	163°,9
65,5	172°,1
760	262°

Benzoate d'hexyle, $C^6H^5 . CO^2 . C^6H^{11}$. — Liquide bouillant à 272°; d = 0,9985 à 17° [Frentzel, *D. chem. G.*, **16**, 745].

PRODUITS DE SUBSTITUTION DE L'ACIDE BENZOÏQUE.

ACIDES BROMOBENZOÏQUES, $C^6H^4Br . CO^2H$.

ACIDE ORTHO. — Il se forme à l'aide de l'acide o-amidobenzoïque par substitution de Br à AzH^2. Cette substitution se fait en transformant d'abord les acides amidobenzoïques en dérivés diazoïques, dans lesquels on remplace alors Az par Br. On l'obtient aussi par l'oxydation de l'o-bromobiphényle, $C^{12}H^9Br$, à l'aide de l'acide chromique et de l'acide acétique [Schultz, Schmidt et Strasser, *Ann. Chem.*, **207**, 353].

Le *nitrile*, $C^6H^4Br . CAz$, s'obtient en distillant un mélange intime d'acide o-bromobenzoïque et de sulfocyanate de plomb; il cristallise en aiguilles blanches, fusibles à 51°, très solubles dans l'alcool et dans l'eau bouillante, volatiles avec la vapeur d'eau, et bouillant à 251-253° sous une pression de 754 millimètres [Schöppf, *D. chem. G.*, **23**, 3436].

Le *chlorure*, $C^6H^4Br . COCl$, bout sans altération à 241-243° sous 757 millimètres.

L'*amide*, $C^6H^4Br . CO . AzH^2$, cristallise en longues aiguilles, fusibles à 156° (Schöppf).

ACIDE PARA. — On l'obtient en oxydant le p-bromotoluène par l'acide chromique [Jackson et Lowery, *Am. chem. Journ.*, **3**, 246; *Bull. Soc. Chim.*, (2), **39**, 236].

L'*éther éthylique*, $C^6H^4Br . CO^2C^2H^5$, est un liquide bouillant à 236° sous une pression de 713 millimètres [Elbs, *J. prakt. Chem.*, (2), **34**, 341].

L'*éther phénylique*, $C^6H^4Br . CO^2C^6H^5$, cristallise en houppes nacrées, fusibles à 117°, très solubles dans l'alcool, l'éther, le chloroforme, le sulfure de carbone, le benzène, moins solubles dans la ligroïne [Jackson et Rolfe, *Am. Journ.*, **9**, 86].

Le *chlorure*, $C^6H^4Br . COCl$, bout avec décomposition partielle à 245-247°; il cristallise en aiguilles fusibles à 30°, très solubles dans le benzène et dans la ligroïne (Jackson et Rolfe).

L'*amide*, $C^6H^4Br . CO . AzH^2$, forme de petites lamelles nacrées, rectangulaires, fusibles à 186°, insolubles dans l'eau froide, le benzène, la ligroïne, le sulfure de carbone, solubles dans l'eau bouillante, l'alcool et l'éther (Jackson et Rolfe).

L'*anilide*, $C^6H^4Br . CO . AzH . C^6H^5$, cristallise en lamelles fusibles à 197° [Hübner, *D. chem. G.*, **10**, 1707].

Le *nitrile*, $C^6H^4Br . CAz$, obtenu par la distillation d'un mélange d'acide p-bromobenzoïque et de sulfocyanate de plomb, cristallise en aiguilles blanches, fusibles à 113°; il peut être sublimé et distille sans altération à 235-237° (Schöppf).

ACIDE MÉTA. — Il peut être obtenu, comme il a été dit plus haut, par l'action du brome sur le benzoate d'argent, ou à l'aide de l'acide m-amidobenzoïque par substitution de Br à AzH^2.

On peut préparer aussi cet acide en partant de la m-nitraniline, que l'on transforme d'abord en m-bromaniline, puis en nitrile par le cyanure de cuivre [Sandmeyer, *D. chem. G.*, **18**, 1492].

L'*éther méthylique*, $C^6H^4Br . CO^2CH^3$, se présente en lamelles fusibles à 31-32° [Meyer et Ador, *Ann. Chem.*, **159**, 14].

L'*éther éthylique*, $C^6H^4Br . CO^2C^2H^5$, est liquide et bout à 259° [Engler, *D. chem. G.*, **4**, 707].

L'*éther phénylique*, $C^6H^4Br . CO^2C^6H^5$, forme des cristaux orthorhombiques, fusibles à 65°.

Le *chlorure*, $C^6H^4Br . COCl$, est un liquide bouillant à 239° [Müller, *Zeit. f. Chem.*, **7**, 301].

L'*amide*, $C^6H^4Br . CO . AzH^2$, cristallise dans l'alcool aqueux en lamelles fusibles à 150°, sublimables sans altération, peu solubles dans l'eau, assez solubles dans l'alcool [Engler, *D. chem. G.*, **4**, 708].

Le *nitrile*, $C^6H^4Br . CAz$, forme des cristaux aigus, fusibles à 38°, solubles dans l'alcool et dans l'éther; il bout à 225° (Sandmeyer; Schöppf).

ACIDE M-P-DIBROMOBENZOÏQUE,

$$C^6H^3Br^2_{(3.4)}CO^2H_{(1)}.$$

— Cet acide, décrit Suppl., **1**, 316, peut être obtenu en chauffant en tubes scellés avec du brome les acides p-bromo-m-nitrobenzoïque [Hübner, *Ann. Chem.*, **222**, 184], p-nitrobenzoïque ou o-dinitrobenzoïque [Halberstadt, *D. chem. G.*, **14**, 908 et 2215].

Cet acide est fusible à 223° et cristallise en fines aiguilles incolores, très solubles dans l'éther et dans l'alcool, moins solubles dans l'eau.

ACIDE O-M-DIBROMOBENZOÏQUE,

$$C^6H^3Br^2_{(2.3)}CO^2H_{(1)}$$

[Hübner, *Ann. Chem.* **222**, 105]. — Il prend naissance par la substitution de 1 atome de brome au groupe amidogène dans l'acide m-bromo-o-amidobenzoïque; il paraît identique avec l'acide décrit Suppl., **1**, 317, sous le nom d'acide de Hübner et Smith.

Il cristallise en aiguilles soyeuses, fusibles à 147°.

Le *sel de potassium* cristallise mal; il est très soluble dans l'eau.

Le *sel de strontium*, $(C^7H^3Br^2O^2)^2Sr, 4H^2O$, forme de longues aiguilles, très solubles dans l'eau.

Le *sel de baryum*, $(C^7H^3Br^2O^2)^2Ba, 4,5H^2O$, est en petites aiguilles groupées en mamelons. 100 parties de sa solution aqueuse saturée à 16° renferment 4g,2225 du sel supposé anhydre.

Le *sel de cuivre*, $C^7H^3Br^2O^2 . CuOH$, est un précipité d'un vert sale.

ACIDE DI-M-BROMOBENZOÏQUE,

$$C^6H^3Br^2_{(3.5)}CO^2H_{(1)}.$$

— Il se produit lorsqu'on décompose par l'acide bromhydrique le dérivé diazoïque fourni par l'acide bromo-amidé [Hübner, *Ann. Chem.*, **222**, 67].

Il se forme aussi par l'action du brome sur l'acide p-nitrobenzoïque en tubes scellés à 270-290° [Halberstadt, *D. chem. G.*, **14**, 907].

Il paraît identique avec l'acide décrit Suppl., **1**, 317, sous le nom d'acide de Beilstein et Geitner.

On peut encore l'obtenir en oxydant le dibromotoluène correspondant [Neville et Winther, *D. chem. G.*, **13**, 967].

Il cristallise dans l'alcool en lamelles, fusibles à 209° (Beilstein et Geitner), à 213-214° (Hübner), sublimables sans altération, extrêmement solubles dans l'alcool, très solubles dans l'acide acétique, très peu solubles dans l'eau et dans le benzène.

Le *sel de sodium* cristallise avec 1 molécule d'eau.

Le *sel de calcium*, $(C^7H^3Br^2O^2)^2Ca, 6H^2O$, est assez peu soluble dans l'eau. Suivant M. Hübner, il ne renferme que $5H^2O$.

Les *sels de baryum*, $(C^7H^3Br^2O^2)^2Ba, 4H^2O$, et *de cadmium*, $(C^7H^3Br^2O^2)^2Cd, 4H^2O$, sont peu solubles dans l'eau.

M. Angerstein [*Ann. Chem.*, **158**, 10] a obtenu, en chauffant à 200-230° un mélange d'acide benzoïque, de brome et d'eau, un acide fusible à 223-227°, auquel il attribue la constitution du précédent.

ACIDE TRIBROMOBENZOÏQUE, $C^6H^2Br^3 . CO^2H$. — Aux acides décrits Suppl., **1**, 317, il faut encore ajouter le suivant : M. Smith [*D. chem. G.*, **10**, 1706] a transformé l'acide dibromobenzoïque fusible à 229° en dérivé nitré; puis, en traitant ce dérivé par le brome, il a obtenu un acide tribromé qui cristallise en petites aiguilles fusibles à 195°, à peine solubles dans l'eau.

Le *sel de baryum*, $(C^7H^2Br^3O^2)^2Ba, 5H^2O$, est très soluble.

ACIDE PENTABROMOBENZOÏQUE, $C^6Br^5 . CO^2H$. — Voyez Suppl., **1**, 317.

Le *nitrile*, $C^6Br^5 . CAz$, a été obtenu par MM. Merz et Weith [*D. chem. G.*, **16**, 2892] en chauffant un mélange de benzonitrile et de brome avec un peu d'iode, d'abord à 150°, puis à 200° et enfin à 360°. Il fond au-dessus de 300° et se sublime sans altération. Il est peu soluble dans l'alcool, l'éther, le benzène, le sulfure de carbone. L'acide chlorhydrique est sans action sur lui à 200°.

ACIDES CHLOROBENZOÏQUES. — On peut obtenir les trois acides o-, m- et p-chlorobenzoïques en oxydant l'éthylbenzène monochloré qui prend naissance par l'action de l'éthylène sur le chlorure de phényle en présence du chlorure d'aluminium; cet éthylbenzène chloré est un mélange des trois isomères ortho, méta et para [Istrati, *Bull. Soc. Chim.*, (2), **42**, 113].

ACIDE O-CHLOROBENZOÏQUE, $C^6H^4Cl_{(2)} . CO^2H_{(1)}$. — Voyez Dict., **1**, 555 et Suppl., **1**, 318.

L'*éther éthylique* est un liquide bouillant à 238-242° (Kekulé), à 243° [Glütz, *Ann. Chem.*, **143**, 196].

Le *chlorure*, $C^6H^4Cl . COCl$, bout à 235-238° [Emmerling, *D. chem. G.*, **8**, 880].

L'*amide*, $C^6H^4Cl . CO . AzH^2$, cristallise en longues aiguilles fusibles à 139°, très peu solubles dans l'eau froide, très solubles dans l'eau bouillante, l'alcool et l'éther (Kekulé).

L'*anilide*, $C^6H^4Cl . CO . AzH . C^6H^5$, se présente en aiguilles fusibles à 114°, à peine solubles dans l'eau chaude, très solubles dans l'alcool, l'éther et le benzène [Hübner, *Ann. Chem.*, **222**, 194].

La *p-nitranilide*,

$$C^6H^4Cl . CO . AzH . C^6H^4(AzO^2),$$

forme des aiguilles jaunes, fusibles à 180°, insolubles dans l'eau (Hübner).

La *p-toluide*, $C^6H^4Cl . CO . AzH . C^6H^4 . CH^3$, fond à 131°; elle est très soluble dans l'alcool et insoluble dans l'eau [Schreib, *D. chem. G.*, **13**, 465].

La *nitrotoluide*,

$$C^6H^4Cl . CO . AzH_{(1)} . C^6H^3(AzO^2)_{(2)}(CH^3)_{(4)},$$

forme des cristaux d'un jaune verdâtre, fusibles à 139°, très solubles dans l'acide acétique, peu solubles dans l'alcool, insolubles dans l'eau (Schreib).

Traitée par l'acide nitrique fumant à chaud, elle donne une *dinitrotoluide*, fusible à 228°, puis une *trinitrotoluide*, fusible à 239° (Schreib).

ACIDE M-CHLOROBENZOÏQUE, $C^6H^4Cl_{(3)}CO^2H_{(1)}$. — Voyez Suppl., **1**, 318.

Le *sel de calcium*, $(C^7H^4ClO^2)^2Ca, 3H^2O$, est en petites aiguilles [Limpricht et Uslar; *Ann. Chem.*, **102**, 260], solubles dans 82,6 parties d'eau à 12° [Beilstein et Schlun, *Ann. Chem.*, **133**, 143].

Le *sel de baryum*, $(C^7H^4ClO^2)^2Ba, 4H^2O$, est en petites aiguilles [Hübner, *Ann. Chem.*, **222**, 92], très solubles dans l'eau (Limpricht et Uslar).

Les *sels de plomb* et *d'argent*, $C^7H^4ClO^2Ag$, sont des précipités blancs (Limpricht et Uslar).

Le *chlorure*, $C^6H^4Cl . COCl$, prend naissance par la distillation sèche du chlorure sulfonique (Limpricht et Uslar) :

$$C^6H^4(SO^2Cl)COCl = SO^2 + C^6H^4Cl . COCl.$$

Il se produit aussi par l'action d'un excès de perchlorure de phosphore sur l'acide quinique [Graebe, *Ann. Chem.*, **138**, 200].

C'est un liquide bouillant à 225°.

L'*amide*, $C^6H^4Cl . CO . AzH^2$, fond à 132-133° d'après M. Hübner [*Ann. Chem.*, **222**, 94].

Le *nitrile*, $C^6H^4Cl . CAz$, prend naissance : lorsqu'on distille l'amide sulfonique avec un excès de perchlorure de phosphore (Limpricht et Uslar); par substitution d'un atome de chlore à l'amidogène dans le nitrile m-amidobenzoïque [Griess, *D. chem. G.*, **2**, 370]. Il cristallise en aiguilles fusibles à 39°, volatiles avec la vapeur d'eau, insolubles dans l'eau, très solubles dans l'alcool et dans l'éther.

ACIDE P-CHLOROBENZOÏQUE. — Une bonne méthode de préparation de cet acide consiste à partir de la p-toluidine, que l'on convertit par la méthode de M. Sandmeyer en p-chlorotoluène; on n'a plus qu'à oxyder ce dernier composé au moyen de permanganate de potassium [B. Demuth et M. Dittrich, *D. chem. G.*, **23**, 3609].

ACIDES DICHLOROBENZOÏQUES. — La théorie fait prévoir l'existence de 6 acides dichlorobenzoïques : on en a préparé 4. Par l'action directe du chlore sur l'acide benzoïque (chlorate de potassium ou chlorure de chaux et acide chlorhydrique), on obtient 2 acides dichlorobenzoïques : l'un est l'acide α de M. Beilstein; l'autre, décrit Suppl., **1**, sous le nom d'*acide β-dichlorobenzoïque*, a été considéré comme ayant la constitution

$$C^6H^3Cl^2_{(2.3)}CO^2H_{(1)}.$$

Il n'est pas prouvé, comme l'a admis M. Beilstein, que ce dernier soit produit par l'action du chlore sur l'acide ortho; la chloruration de ce dernier, d'après les règles générales de la substitution, donnerait plutôt l'acide $C^6H^3Cl^2_{(2.5)}CO^2H_{(1)}$.

Acide m-p-dichlorobenzoïque,

$$C^6H^3Cl^2_{(3.4)}CO^2H_{(1)}.$$

— On peut le préparer en traitant le dichlorotoluène correspondant, pendant 2 jours, en tubes scellés, par un mélange de 4 volumes d'acide nitrique et de 9 volumes d'eau; il se sublime en longues aiguilles, fusibles à 201°.

Cet acide a été décrit Suppl., **1**, 319, sous le nom d'*acide α-dichlorobenzoïque*.

Acide o-p-dichlorobenzoïque,

$$C^6H^3Cl^2_{(2.4)}CO^2H_{(1)}.$$

— On l'obtient par l'oxydation du dichlorotoluène correspondant; il se sublime en aiguilles flexibles, fusibles à 158°.

Acide o-m-dichlorobenzoïque,

$$C^6H^3Cl^2_{(2.5)}CO^2H_{(1)}.$$

— Ce composé prend naissance : dans l'action du chlore sur l'acide o-chlorobenzoïque [Beilstein, *Ann. Chem.*, **179**, 285]; par l'action de l'eau sur le dichlorophénylchloroforme [Schultz, *Ann. Chem.*, **187**, 268]; dans l'oxydation de l'éthyldichlorobenzène $C^6H^3Cl^2_{(2.5)}C^2H^5_{(1)}$ [Istrati, *Ann. Chim. Phys.*, (6), **6**, 479]; par la substitution d'un atome de chlore à l'amidogène dans l'acide o-chloro-m-amidobenzoïque [Hübner, *Ann. Chem.*, **222**, 201]; par l'oxydation du dichlorotoluène correspondant au moyen de l'acide nitrique dilué, à 140° [Lellmann et Klotz, *Ann. Chem.*, **231**, 319].

On le prépare, d'après le procédé de M. Beilstein, en chauffant pendant 3 jours à 180° un mélange de 25 centimètres cubes d'acide chlorhydrique (d = 1,2), de 4 grammes d'acide o-chlorobenzoïque et de 2,5 grammes de dichromate de potassium; on le purifie par transformation en sel de baryum.

Fines aiguilles fusibles à 156°, solubles dans 1193 parties d'eau à 11°, volatiles avec la vapeur d'eau et distillant à 301°.

Le *sel d'ammonium*, $C^7H^3Cl^2O^2.AzH^4$, et le *sel de potassium*, $C^7H^3Cl^2O^2K, 2H^2O$, sont confusément cristallisés.

Le *sel de calcium*, $(C^7H^3Cl^2O^2)^2Ca, 2H^2O$, est en aiguilles très solubles dans l'eau.

Le *sel de baryum*, $(C^7H^3Cl^2O^2)^2Ba$, cristallise avec $3H^2O$; 100 parties d'eau à 14°,4 dissolvent 2,513 parties de ce sel supposé anhydre.

Le *sel de plomb*, $(C^7H^3Cl^2O^2)^2Pb, H^2O$, est presque insoluble dans l'eau, peu soluble dans l'alcool bouillant.

Le *sel de fer*, $(C^7H^3Cl^2O^2)^2Fe$, est un précipité blanc.

Le *sel de cuivre*, $(C^7H^3Cl^2O^2)^2Cu, 2H^2O$, est un précipité bleu clair.

Le *sel d'argent*, $C^7H^3Cl^2O^2Ag$, est un précipité blanc.

L'*éther éthylique*, $C^7H^3Cl^2O^2.C^2H^5$, est un liquide bouillant à 271°; sa densité à 0° est 1,3278.

L'*amide*, $C^7H^3Cl^2O.AzH^2$, cristallise en aiguilles fusibles à 155°, assez solubles dans l'eau bouillante.

L'*anilide*, $C^6H^3Cl^2.CO.AzH.C^6H^5$, se présente en grands prismes, fusibles à 240°, solubles dans l'alcool, le benzène et l'acide acétique.

Acide m-m-dichlorobenzoïque,

$$C^6H^3Cl^2_{(3.5)}CO^2H_{(1)}.$$

— On le prépare en oxydant le dichlorotoluène correspondant par l'acide nitrique dilué, à la température de 170°. Il forme des aiguilles fusibles à 182-182°,5, très solubles dans l'alcool.

Acide o-o-dichlorobenzoïque,

$$C^6H^3Cl^2_{(2.6)}CO^2H_{(1)}.$$

— Il a été décrit Suppl., **1**, 319, sous le nom d'*acide γ-dichlorobenzoïque*.

Acide α-trichlorobenzoïque,

$$C^6H^2Cl^3_{(2.4.5)}CO^2H_{(1)}.$$

— Voyez Suppl., **1**, 320.

Acide β-trichlorobenzoïque,

$$C^6H^2Cl^3_{(3.4.5)}CO^2H_{(1)}$$

(voyez Suppl., **1**, 320). — Cet acide prend naissance par la décomposition du trichlorophénylchloroforme par la soude [Claus et Bücher, *D. chem. G.*, **20**, 1626]. Il cristallise en fines aiguilles, fusibles à 203°, très solubles dans l'alcool, l'éther, le benzène, presque insolubles dans l'eau froide, volatiles avec la vapeur d'eau et sublimables sans altération.

Le *chlorure*, $C^6H^2Cl^3.COCl$, se présente en prismes fusibles à 36°, très solubles dans l'éther, le benzène et le sulfure de carbone.

L'*amide*, $C^6H^2Cl^3.CO.AzH^2$, forme de fines aiguilles, fusibles à 176°, très solubles dans l'alcool et dans l'éther, solubles dans le benzène bouillant.

Acide trichlorobenzoïque,

$$C^6H^2Cl^3_{(2.3.4)}CO^2H_{(1)}.$$

— Il se produit par l'oxydation de l'aldéhyde trichlorobenzylique correspondante au moyen du permanganate de potassium [Seelig, *Ann. Chem.*, **237**, 150]. Aiguilles fusibles à 129° et assez solubles dans l'eau.

Acide tétrachlorobenzoïque,

$$C^6HCl^4_{(2.3.4.5)}CO^2H_{(1)}.$$

— Il prend naissance : lorsqu'on chauffe à 230° un mélange d'acide o-dichlorobenzoïque avec 6 fois son poids de chlorure antimonique [Beilstein, *Ann. Chem.*, **179**, 186]; lorsqu'on chauffe à 180-200° l'acide o-m-dichlorobenzoïque, ou l'acide m-p-dichlorobenzoïque avec un mélange de peroxyde de manganèse et d'acide chlorhydrique fumant [Claus et Bücher, *D. chem. G.*, **20**, 1626].

Il forme de longues aiguilles, fusibles à 165°.

Le *sel de baryum*, $(C^7HCl^4O^2)^2Ba, 4H^2O$, cristallise dans l'alcool en belles aiguilles.

Acide tétrachlorobenzoïque,

$$C^6HCl^4_{(2.3.4.6)}CO^2H_{(1)}.$$

— Il a été décrit Suppl., **1**, 320. Il fond à 187°.

Acide pentachlorobenzoïque, $C^6Cl^5.CO^2H$. — Il se forme en même temps que l'acide tétrachloré quand on traite les acides m-p- et o-p-dichlorés par le chlore, en tubes scellés, à 180-200°. Cet acide fond à 199-200° et forme un sel de baryum qui cristallise avec $4H^2O$ [Claus et Bücher, *loc. cit.*].

Le *nitrile*, $C^6Cl^5.CAz$, se produit par l'action du chlorure antimonique sur le benzonitrile à 360°. Il forme des aiguilles fusibles à 210°, peu solubles dans l'alcool froid et dans l'éther, très solubles dans l'alcool bouillant, le chloroforme, le sulfure de carbone. L'acide chlorhydrique ne l'attaque pas, même à 200° [Merz et Weith, *D. chem. G.*, **16**, 2885].

ACIDES FLUOBENZOÏQUES. — ACIDE P-FLUOBENZOÏQUE, $C^6H^4Fl.CO^2H$. — On l'obtient en transformant l'acide p-amidobenzoïque en dérivé diazoamidé à l'aide de l'acide azoteux en solution alcoolique, puis en décomposant ce dérivé diazoamidé par un grand excès d'acide fluorhydrique concentré et chaud : l'acide fluobenzoïque se dépose par le refroidissement en lamelles nacrées, fusibles à 180-181°, solubles dans l'alcool, l'éther et le benzène.

Le *sel de calcium*, $(C^7H^5FlO^2)^2Ca, 3H^2O$, forme des prismes très solubles dans l'eau bouillante. Chauffé au rouge avec de la chaux, il donne du phénol, ainsi que du fluorure et du carbonate de calcium.

Le *sel de baryum*, $(C^7H^5FlO^2)^2Ba, 4H^2O$, est peu soluble dans l'eau froide.

Le *sel d'argent*, $C^7H^5FlO^2Ag$, cristallise en lamelles.

L'*éther éthylique*, $C^7H^5FlO^2.C^2H^5$, cristallise; il peut être distillé.

ACIDE M-FLUOBENZOÏQUE. — On le prépare de la même façon, en partant de l'acide m-amidobenzoïque. Lamelles fusibles à 123-124°.

Le *sel de sodium*, $C^7H^5FlO^2Na, H^2O$, cristallise en houppes.

Les *sels de calcium*, $(C^7H^5FlO^2)^2Ca, 3H^2O$, et *de baryum*, $(C^7H^5FlO^2)^2Ba, 3H^2O$, forment des lamelles nacrées, très solubles dans l'eau bouillante.

Le *sel d'argent*, $C^7H^5FlO^2Ag$, cristallise dans l'eau chaude en aiguilles.

L'*éther méthylique* est un liquide incolore, d'une odeur agréable, bouillant à 192-194°.

ACIDE O-FLUOBENZOÏQUE. — On le prépare en partant de l'acide anthranilique, que l'on dissout dans la plus petite quantité possible de nitrite d'éthyle; on y ajoute un excès d'éther absolu saturé de vapeurs nitreuses; il se sépare de petits cristaux d'acide diazoamidoanthranilique, que l'on décompose lentement par l'acide fluorhydrique. L'acide o-fluobenzoïque formé se sépare sous la forme d'aiguilles presque incolores, fusibles à 117-118°, solubles dans l'alcool et dans l'éther, plus solubles dans l'eau bouillante que ses isomères méta et para.

Les *sels de calcium*, $(C^7H^5FlO^2)^2Ca, 2H^2O$, et *de baryum* $(C^7H^5FlO^2)^2Ba, 2H^2O$, forment des lamelles très solubles dans l'eau.

Les acides fluobenzoïques ont un point de fusion moins élevé que les acides chlorés correspondants [Paterno et Oliveri, *Gaz. chim. ital.*, **12**, 85].

Les trois acides fluobenzoïques se transforment dans l'organisme en acides hippuriques correspondants : l'*acide o-fluohippurique* fond à 121-122°, l'acide *méta* à 152-153° et l'acide *para* à 161-162°. Ces trois acides, bouillis avec de l'acide chlorhydrique concentré, se scindent en glycocolle et en un acide fluobenzoïque correspondant [Coppola, *Gaz. chim. ital.*, **13**, 521].

ACIDE DIFLUOBENZOÏQUE, $C^6H^3Fl^2.CO^2H$. — Le perfluorure de chrome, Cr^2Fl^6, en agissant sur l'acide benzoïque, donne naissance à cet acide : On fait agir sur l'acide benzoïque le produit de l'action de l'acide sulfurique sur un mélange de dichromate et de fluorure de potassium ; la réaction est très vive. L'acide difluobenzoïque ressemble beaucoup à l'acide benzoïque; il fond à 232° et se sublime en aiguilles à peu près insolubles dans l'eau froide, très peu solubles dans l'eau bouillante.

Le *sel de baryum*, $(C^7H^3Fl^2O^2)^2Ba$, est anhydre.

Le *sel de calcium*, $(C^7H^3Fl^2O^2)^2Ca$, cristallise en longues aiguilles, solubles dans 200 parties d'eau froide [Jackson et Hartshorn, *D. chem. G.*, **18**, 1993].

ACIDE IODOBENZOÏQUE. — ACIDE O-IODOBENZOÏQUE, $C^6H^4I.CO^2H$. — Cet acide, décrit Suppl., **1**, 320, peut être préparé par l'action du cyanure de potassium sur le m-iodonitrobenzène en présence d'alcool, à 200° [Richter, *D. chem G.*, **4**, 554].

Le *sel de calcium* a pour composition

$$(C^7H^4IO^2)^2Ca, 2H^2O.$$

Le *sel de baryum*, $(C^7H^4IO^2)^2Ba, 6H^2O$, forme de grandes aiguilles, très solubles dans l'eau.

ACIDE M-IODOBENZOÏQUE. — Il prend naissance par l'action de l'iode sur le benzoate d'argent [Birnbaum et Reinherz, *D. chem. G.*, **15**, 456]. On peut aussi l'obtenir en chauffant sous pression un mélange d'acide benzoïque, d'iodate de potassium et d'acide sulfurique dilué [Peltzer, *Ann. Chem.*, **136**, 201].

On le prépare en dissolvant de l'acide m-amidobenzoïque dans un excès d'acide sulfurique dilué, ajoutant une solution concentrée d'iodure de potassium, et faisant passer dans le mélange bouillant un courant d'acide azoteux [Grothe, *J. prakt. Chem.*, (2), **18**, 324].

Le *sel de sodium* cristallise avec 1 molécule d'eau; les *sels de magnésium* et *de calcium* avec $2H^2O$, le *sel de baryum* avec $4H^2O$.

L'*éther éthylique*, $C^7H^4IO^2.C^2H^5$, est liquide.

Le *nitrile*, $C^6H^4I.CAz$, obtenu en remplaçant l'amidogène par l'iode dans le nitrile m-amidobenzoïque, cristallise en aiguilles fusibles à 41° [Griess, *D. chem. G.*, **2**, 370].

ACIDE P-IODOBENZOÏQUE. — Il prend naissance lorsqu'on oxyde le propylbenzène iodé,

$$C^6H^4I_{(4)}(C^3H^7)_{(1)},$$

par l'acide chromique en solution acétique [Louis, *D. chem. G.*, **16**, 111] ou l'isobutylbenzène iodé, $C^6H^4I(C^4H^9)$, par l'acide azotique (d = 1,12) à 200°; il forme des lamelles incolores, fusibles à 262° [Pahl, *D. chem. G.*, **17**, 1232].

L'*éther méthylique*, $C^7H^4IO^2.CH^3$, cristallise en longues aiguilles, fusibles à 115°.

L'*éther éthylique*, $C^7H^4IO^2.C^2H^5$, reste liquide à 0°.

ACIDES CYANOBENZOÏQUES. — ACIDE O-CYANOBENZOÏQUE, $CAz-C^6H^4-CO^2H$. — Lorsqu'on traite le chlorure o-diazobenzoïque par le cyanure de cuivre, on obtient une huile qui paraît être l'acide o-cyanobenzoïque; il se transforme à la longue en son isomère, l'imide phtalique, $C^6H^4(CO)^2AzH$ [Sandmeyer, *D. chem. G.*, **18**, 1499].

L'*éther éthylique*, $C^6H^4(CAz)CO^2.C^2H^5$, préparé d'après la méthode de M. Sandmeyer, au moyen de l'o-amidobenzoate d'éthyle, cristallise en aiguilles fusibles à 70°, très solubles dans l'alcool, l'éther, la benzène, la ligroïne. L'hydroxylamine le convertit en phtalimide [G. Müller, *D. chem. G.*, **19**, 1498].

ACIDE M-CYANOBENZOÏQUE. — On l'obtient par l'action du cyanure de cuivre sur le chlorure m-diazobenzoïque [Sandmeyer, *loc. cit.*].

Aiguilles microscopiques, fusibles à 217°, facilement solubles dans l'alcool, l'éther et l'eau bouillante. Il se transforme en ammoniaque et acide isophtalique quand on le chauffe avec de la soude [Brömme, *D. chem. G.*, **20**, 524]. En le mélangeant avec du benzène et en introduisant le mélange dans l'acide sulfurique fumant, on obtient un corps cristallisé brun, qui est une combinaison de 2 molécules d'acide m-cyanobenzoïque avec 1 molécule d'eau [Brömme, *loc. cit.*].

Le *sel de calcium*, $(C^8H^4AzO^2)^2Ca, 3H^2O$, est très soluble dans l'eau chaude.

Le *sel de baryum*, $(C^8H^4AzO^2)^2Ba, 3,5\,H^2O$, est assez soluble dans l'eau.

Les *sels de zinc*, $(C^8H^4AzO^2)^2Zn$, et *d'argent*, $C^8H^4AzO^2Ag$, sont des précipités insolubles.

L'*éther méthylique*, $C^8H^4AzO^2 . CH^3$, fond à 65°.

L'*éther éthylique*, $C^8H^4AzO^2 . C^2H^5$, forme de fines aiguilles, fusibles à 56°, peu solubles dans l'eau chaude, très solubles dans l'alcool et dans l'éther.

L'*amide*, $C^8H^4O . AzH^2$, est soluble dans l'alcool et dans l'éther; elle forme des cristaux fusibles au-dessus de 300°.

ACIDE P-CYANOBENZOÏQUE. — M. Sandmeyer l'a préparé en mélangeant une solution d'acide p-amidobenzoïque dans l'acide azotique avec une solution d'azotite de sodium, et en traitant la liqueur par une solution chaude de sulfate de cuivre mélangée de cyanure de potassium; on l'isole par l'acide chlorhydrique.

Ce corps est très instable : il se transforme rapidement en acide téréphtalamique [Sandmeyer, *loc. cit.*].

ACIDES NITROBENZOÏQUES. — Les trois acides nitrobenzoïques peuvent être préparés au moyen des nitranilines correspondantes. On additionne d'eau et d'acide chlorhydrique la nitraniline pulvérisée, et on ajoute peu à peu une dissolution de nitrite de sodium; on agite jusqu'à ce qu'il se dépose des flocons jaunes du dérivé diazoïque formé; on verse peu à peu ce dérivé dans une dissolution de sulfate de cuivre additionnée de cyanure de potassium : il se produit une réaction violente. On filtre après refroidissement; le nitrobenzonitrile ainsi obtenu est porté à l'ébullition pendant une demi-heure, avec une dissolution de soude caustique, et le sel de sodium de l'acide nitrobenzoïque est décomposé par l'acide chlorhydrique; l'acide est ensuite purifié par cristallisation dans l'alcool [Sandmeyer, *D. chem. G.*, **18**, 1492].

ACIDE O-NITROBENZOÏQUE (voyez Suppl., **1**, 321). — On peut préparer cet acide par l'oxydation de l'o-nitrotoluène au moyen du permanganate de potassium [Widnmann, *Ann. Chem.*, **193**, 225] ou du ferricyanure de potassium en solution alcaline [Noyes, *D. chem. G.*, **16**, 53]. On peut aussi l'obtenir en traitant par l'acide sulfurique concentré un mélange intime d'acide benzoïque et de salpêtre [Liebermann, *D. chem. G.*, **10**, 862]; mais il est alors mélangé de ses deux isomères méta et para. M. Nœlting [*D. chem. G.*, **17**, 385] l'obtient à l'état de pureté en oxydant par le permanganate de potassium le chlorure d'o-nitrobenzyle.

Le *sel d'argent*, $C^7H^4AzO^4Ag$, forme des cristaux très solubles dans l'eau bouillante. Traité par le chlorure d'acétyle, il fournit l'anhydride acétyl-o-nitrobenzoïque [Bischoff et Rach, *D. chem. G.*, **17**, 2799].

L'*éther trichloronitrophénylique*,

$$C^6H^4(AzO^2)CO^2 . C^6HCl^3(AzO^2),$$

se produit en petite quantité par l'action du mélange nitrosulfurique sur le benzoate trichlorophénylique; il se présente en cristaux brillants, fusibles à 106°,1 [Daccomo, *D. chem. G.*, **18**, 1165].

L'*éther tribromonitrophénylique*,

$$C^6H^4(AzO^2)CO^2 . C^6HBr^3(AzO^2),$$

s'obtient par un procédé analogue. Il forme de petites aiguilles, fusibles à 215° (Daccomo).

Le *chlorure d'o-nitrobenzoyle* $C^6H^4(AzO^2)COCl$ est un liquide jaunâtre, qui se prend à basse température en une masse cristalline. On ne peut le distiller, même dans le vide [Claisen et Shadwell, *D. chem. G.*, **12**, 351. — Claisen et Thompson, *ibid.*, 1943].

Le *cyanure d'o-nitrobenzoyle*,

$$C^6H^4(AzO^2)CO . CAz,$$

prend naissance par l'action du cyanure d'argent sur le chlorure précédent à 100° (Claisen et Shadwell). Il cristallise dans la ligroïne en prismes fusibles à 54°.

L'*anhydride o-nitrobenzoïque*,

$$[C^6H^4(AzO^2)CO]^2O,$$

se présente en aiguilles fusibles à 135°, très peu solubles dans l'eau et dans l'éther, plus solubles dans l'alcool et dans l'acide acétique. Il détone quand on le chauffe rapidement.

L'*amide*, $C^6H^4(AzO^2)CO . AzH^2$, fond à 176°, d'après MM. Bischoff et Siebert [*Ann. Chem.*, **239**, 109].

La *dinitranilide*,

$$C^6H^4(AzO^2)CO . AzH . C^6H^3(AzO^2)^2,$$

est un des produits de la nitration de la benzo-m-nitranilide. Elle fond à 178° [Schwartz, *D. chem. G.*, **10**, 1708].

Le *nitrile o-nitrobenzoïque*, $C^6H^4(AzO^2)CAz$, peut être obtenu : au moyen de l'amide et de l'anhydride phosphorique [Bärthlein, *D. chem. G.*, **10**, 1713]; au moyen du chlorure d'o-nitrodiazobenzène et du cyanure cuprosopotassique [Sandmeyer, *D. chem. G.*, **18**, 1494]. Il forme des aiguilles soyeuses, fusibles à 109°, très solubles dans l'eau bouillante, l'alcool, le chloroforme, le sulfure de carbone, le benzène, l'acide acétique, peu solubles dans la ligroïne [Gabriel et Meyer, *D. chem. G.*, **14**, 2338].

ACIDE M-NITROBENZOÏQUE. — Voyez Suppl., **1**, 322.

L'*éther trichlorophénylique*,

$$C^7H^4AzO^4 . C^6H^2Cl^3,$$

prend naissance par l'action de l'acide nitrique ($d = 1,48$) sur le benzoate trichlorophénylique. Il cristallise dans l'éther en aiguilles ou en grands prismes clinorhombiques, fusibles à 131-132° [Daccomo, *D. chem. G.*, **18**, 1165].

L'*éther dibromophénylique*,

$$C^6H^4(AzO^2)CO^2 . C^6H^3Br^2,$$

est en petites aiguilles, fusibles à 90-100°. On l'obtient en nitrant le benzoate dibromophénylique.

L'*éther o-nitrophénylique*,

$$C^6H^4(AzO^2)CO^2 . C^6H^4(AzO^2),$$

se produit par l'action de l'acide nitrique ($d = 1,48$) sur le benzoate o-nitrophénylique. Il cristallise dans l'alcool en aiguilles fusibles à 126° [Neumann, *D. chem. G.*, **18**, 3320].

L'*éther m-nitrophénylique*, obtenu par la même méthode, fond à 129°; il est très soluble dans le chloroforme, peu soluble dans l'alcool froid, l'éther, la ligroïne [Neumann, *ibid.*, **19**, 2980].

L'*éther p-nitrophénylique* cristallise en longues aiguilles soyeuses, fusibles à 135°,5, peu solubles à froid dans l'alcool et dans l'acide acétique; on le prépare par la même méthode que ses isomères [Neumann, *ibid.*, **19**, 2020].

L'*éther o-p-dinitrophénylique*,

$$C^6H^4(AzO^2)CO^2 . C^6H^3(AzO^2)^2,$$

se prépare par la nitration des éthers o- ou p-mononitrés; il cristallise dans l'acide acétique en petites aiguilles, fusibles à 161°, extrêmement peu solubles dans l'alcool, l'éther et la ligroïne, peu solubles dans le chloroforme et dans l'acide acétique, très solubles à chaud dans le benzène et dans l'acétone [Neumann, *D. chem. G.*, **18**, 3322; **19**, 2021].

L'*éther m-p-dinitrophénylique* forme de petites aiguilles d'un jaune clair, fusibles à 149°, peu solubles dans l'éther et dans la ligroïne [Neumann, *D. chem. G.*, **19**, 2980].

L'*éther trichloronitrophénylique*,

$$C^6H^4(AzO^2)CO^2 . C^6HCl^3(AzO^2),$$

s'obtient par l'action du mélange nitrosulfurique sur le benzoate trichlorophénylique; il cristallise en grandes tables fusibles à 146°,3 [Daccomo, *D. chem. G.*, **18**, 1165].

L'*éther tribromonitrophénylique*,

$$C^6H^4(AzO^2)CO^2 . C^6HBr^3(AzO^2),$$

obtenu par la même méthode que le précédent, cristallise en petites aiguilles brillantes, fusibles à 153°,8. 100 parties d'alcool à 95 0/0 en dissolvent 0g,253 à 14°,2 et 2g,706 à l'ébullition [Daccomo, *loc. cit.*].

Le *chlorure de m-nitrobenzoyle*,

$$C^6H^4(AzO^2)COCl,$$

se prend à basse température en cristaux fusibles à 35°; il bout à 275-278° [Hugh, *D. chem. G.*, **7**, 1267].

Le *cyanure de m-nitrobenzoyle*,

$$C^6H^4(AzO^2)CO . CAz,$$

prend naissance : par la distillation du chlorure avec du cyanure d'argent [Claisen et Thompson, *D. chem. G.*, **12**, 1943]; par l'action de l'acide sulfurique sur un mélange de salpêtre et de cyanure de benzoyle [Thompson, *ibid.*, **14**, 1186]. C'est une huile jaunâtre, bouillant à 230-231°,5 sous 142-147 millimètres, plus dense que l'eau, insoluble dans ce liquide, miscible à l'alcool, à l'éther et au benzène.

La potasse concentrée le dédouble en cyanure de potassium et acide m-nitrobenzoïque; l'acide chlorhydrique fumant le transforme en acide nitrobenzoylformique.

L'*anhydride m-nitrobenzoïque*,

$$[C^6H^4(AzO^2)CO]^2O,$$

a été décrit Dict., **1**, 564.

L'*anhydride acétyl-m-nitrobenzoïque*,

$$\begin{matrix} CH^3 . CO \\ C^6H^4(AzO^2)CO \end{matrix} \Big\rangle O$$

prend naissance par l'action du chlorure d'acétyle sur le m-nitrobenzoate d'argent. Il forme de longs prismes, fusibles à 130-132°, détonant par la chaleur, très solubles dans l'alcool, l'éther et l'eau bouillante.

L'eau est sans action sur lui à chaud, mais les acides le dédoublent en acides acétique et m-nitrobenzoïque [L. Liebermann. *D. chem. G.*, **10**, 863].

L'*amide m-nitrobenzoïque*,

$$C^6H^4(AzO^2)CO . AzH^2,$$

obtenue au moyen de l'ammoniaque et du chlorure de m-nitrobenzoyle, forme des aiguilles fusibles à 140-142° [Beilstein et Reichenbach, *Ann. Chem.*, **132**, 141].

L'*anilide*, $C^6H^4(AzO^2)CO . AzH . C^6H^5$, se produit par l'action de l'aniline sur l'acide à 100-120°; elle forme des lamelles. fusibles à 144°, très solubles dans l'alcool, l'éther, le benzène, très peu solubles dans l'eau, et sublimables sans altération [Engler et Volkhausen, *D. chem. G.*, **8**, 35].

La *m-nitranilide*,

$$C^6H^4(AzO^2)CO . AzH . C^6H^4(AzO^2),$$

cristallise dans l'alcool amylique en aiguilles fusibles à 187°, insolubles dans l'eau froide et dans l'éther, solubles dans l'eau bouillante [Hugh, *D. chem. G.*, **7**, 1268. — Engler et Volkhausen, *loc. cit.*].

La *m-p-dinitranilide*,

$$C^6H^4(AzO^2)CO . AzH_{(1)} . C^6H^3(AzO^2)_{(2.4)},$$

prend naissance par la nitration de l'o- ou de la p-nitranilide benzoïque; elle fond à 165° [Schwartz, *D. chem. G.*, **10**, 1708].

La *p-toluide*,

$$C^6H^4(AzO^2)CO . AzH . C^6H^4 . CH^3,$$

obtenue par l'action du chlorure de m-nitrobenzoyle sur une solution benzénique de p-toluidine, cristallise en aiguilles fusibles à 172°, insolubles dans l'eau, peu solubles dans l'alcool [Hübner, *Ann. Chem.*, **210**, 335].

La *nitro-p-toluide*,

$$C^6H^4(AzO^2)CO . AzH . C^6H^3(AzO^2)CH^3,$$

prend naissance par la nitration du composé précédent en solution acétique (Hübner). Longues aiguilles soyeuses, fusibles à 188°,5, insolubles dans l'eau, peu solubles dans l'alcool, très solubles dans le chloroforme et dans l'acide acétique.

La *mésidide*,

$$C^6H^4(AzO^2)CO . AzH . C^6H^2(CH^3)^3,$$

cristallise en prismes fusibles à 205° [Schack, *D. chem. G.*, **10**, 1711]. Elle fournit un *dérivé nitré*, $C^6H^4(AzO^2)CO . AzH . C^6H(AzO^2)(CH^3)^3$, qui fond à 207°.

Le *m-nitrobenzonitrile*, $C^6H^4(AzO^2)CAz$, peut être obtenu : par la nitration du benzonitrile [Beilstein et Kuhlberg, *Ann. Chem.*, **146**, 336]; par l'action de l'anhydride phosphorique sur la m-nitrobenzamide [Engler, *ibid.*, **149**, 297]; par l'action du cyanure cuprosopotassique sur le chlorure de m-nitrodiazobenzène [Sandmeyer, *D. chem. G.*, **18**, 1494]. Il cristallise en aiguilles fusibles à 115°, peu solubles dans l'eau, très solubles dans l'alcool, l'éther, le chloroforme, l'acide acétique.

Acide p-nitrobenzoïque, $C^6H^4(AzO^2)CO^2H$. — Voyez Suppl., **1**, 322.

Un bon procédé de préparation de cet acide consiste à oxyder le p-nitrotoluène par le permanganate de potassium [Michael et Norton, *D. chem. G.*, **10**, 580], ou par l'acide chromique [Skraup et Schlosser, *Mon. f. Chem.*, **2**, 519].

L'*éther méthylique*, $C^6H^4(AzO^2)CO^2 . CH^3$, cristallise en lamelles fusibles à 95° (Beilstein et Wilbrand).

L'*éther éthylique*, $C^6H^4(AzO^2)CO^2 . C^2H^5$, forme des cristaux anorthiques, fusibles à 57°.

Le *chlorure*, $C^6H^4(AzO^2)COCl$, se présente en fines aiguilles, fusibles à 75°; il bout à 202-205° sous 105 millimètres [Gevekoht, *Ann. Chem.*, **221**, 335].

L'*amide*, $C^6H^4(AzO^2)CO . AzH^2$, est en aiguilles fusibles à 197-198°.

L'*anilide*, $C^6H^4(AzO^2)CO . AzH . C^6H^5$, forme de petites lamelles, fusibles à 204°, à peine solubles dans l'eau, assez solubles dans l'alcool et dans l'éther.

Le *nitrile*, $C^6H^4(AzO^2)CAz$, peut être obtenu : par l'action de l'anhydride phosphorique sur l'amide [Engler, *Ann. Chem.*, **149**, 208]; par l'action du cyanure cuprosopotassique sur le chlorure de p-diazobenzène [Sandmeyer, *D. chem. G.*, **18**, 1492]. Il cristallise en lamelles fusibles à 147°, peu solubles dans l'eau et dans l'alcool froid, très solubles dans l'alcool chaud, le chloroforme et l'acide acétique.

ACIDE M-M-DINITROBENZOÏQUE,

$$C^6H^3(AzO^2)^2_{(3.5)}CO^2H_{(1)}.$$

— Cet acide, décrit Suppl., 1, 322, peut être obtenu en oxydant le dinitrotoluène symétrique $C^7H^6(AzO^2)^2$ à l'aide de l'acide chromique [Städel, *D. chem. G.*, 14, 898], ou bien en faisant bouillir l'acide benzoïque avec 9 fois son poids d'acide sulfurique concentré, additionné d'un tiers de son volume d'acide azotique.

Il forme de minces lamelles, quadratiques ou clinorhombiques, fusibles à 202° [Tiemann et Judson, *D. chem. G.*, 3, 224], à 204-205° [Mouretoff, *Zeit. f. Chem.*, 6, 641], solubles dans 53 parties d'eau bouillante, très solubles dans l'alcool et dans l'acide acétique.

Le *sel de sodium*, $C^6H^3(AzO^2)^2CO^2Na$, forme de grands cristaux jaunes, assez solubles dans l'eau [Henniges, *Jahresb.*, 1882, 902].

Le *sel de potassium*, $C^7H^3Az^2O^6K$, est en grandes lames clinorhombiques, très solubles [Bertram, *ibid.*, 1882, 368].

Le *sel de calcium*, $(C^7H^3Az^2O^6)^2Ca.H^2O$, est en longues aiguilles soyeuses, très solubles.

Le *sel de baryum*, $(C^7H^3Az^2O^6)^2Ba, H^2O$ (Hübner) ou $5H^2O$ (Mouretoff), forme de petits cristaux assez solubles dans l'eau chaude.

Le *sel de magnésium*, $(C^7H^3Az^2O^6)^2Mg, 8H^2O$, est en lamelles très solubles.

Le *sel de plomb*, $(C^7H^8Az^2O^6)^2Pb, H^2O$, est en longues aiguilles, peu solubles dans l'eau.

Le *sel de manganèse*, $(C^7H^8Az^2O^6)^2Mn, 2H^2O$, cristallise en longues aiguilles.

Le *sel d'argent*, $C^7H^8Az^2O^6Ag$, cristallise dans l'eau bouillante en fines aiguilles.

L'*éther éthylique*, $C^7H^8Az^2O^6.C^2H^5$, cristallise en longues aiguilles, fusibles à 91° [Beilstein et Kourbatoff, *Ann. Chem.*, 202, 223], à 94° [Hübner, *ibid.*, 222, 75], assez solubles dans l'alcool bouillant.

L'*amide*, $C^6H^3(AzO^2)^2CO.AzH^2$, cristallise en lamelles fusibles à 177° (Mouretoff).

ACIDES BROMONITROBENZOÏQUES. — ACIDE O-BROMO-M-NITROBENZOÏQUE,

$$C^6H^3Br_{(2)}(AzO^2)_{(3)}CO^2H_{(1)}.$$

— Il se produit lorsqu'on chauffe à 130° l'o-bromo-m-nitrotoluène avec de l'acide azotique dilué [Scheufelen, *Ann. Chem.*, 231, 181].

Le *nitrile*, $C^6H^3Br_{(2)}(AzO^2)_{(5)}CAz_{(1)}$, obtenu par la nitration du nitrile o-bromobenzoïque, cristallise dans l'eau bouillante en aiguilles fusibles à 117°, sublimables, volatiles avec la vapeur d'eau [Schöpff, *D. chem. G.*, 23, 3439].

ACIDE O-BROMO-P-NITROBENZOÏQUE,

$$C^6H^3Br_{(2)}(AzO^2)_{(4)}CO^2H_{(1)}$$

— On l'obtient en chauffant à 130-140° l'o-bromo-p-nitrotoluène avec de l'acide azotique étendu (1 volume d'acide de 1,5 de densité et 2,5 volumes d'eau). Longues aiguilles prismatiques, fusibles à 163-164°, facilement solubles dans l'éther [Scheufelen, *Ann. Chem.*, 231, 172].

ACIDE α-M-BROMO-O-NITROBENZOÏQUE,

$$C^6H^4Br_{(3)}(AzO^2)_{(2)}CO^2H_{(1)}.$$

— Voyez Suppl., 1, 323.

ACIDE β-M-BROMO-O-NITROBENZOÏQUE,

$$C^6H^4Br_{(3)}(AzO^2)_{(6)}COH^2_{(1)}.$$

— Voyez Suppl., 1, 324.

ACIDE M-BROMO-M-NITROBENZOÏQUE,

$$C^6H^4Br_{(3)}(AzO^2)_{(5)}CO^2H_{(1)}.$$

— On le prépare en dissolvant l'acide m-nitro-m-amidobenzoïque dans l'acide acétique, ajoutant à la solution de l'acide bromhydrique (d = 1,49) et y faisant passer à froid un courant d'acide azoteux [Hübner, *Ann. Chem.*, 222, 166]. Il cristallise dans l'eau en longues aiguilles, dans l'alcool en lamelles hexagonales, très solubles dans l'éther, moins solubles dans le sulfure de carbone, le chloroforme et le benzène.

Le *sel de potassium*, $C^7H^4BrAzO^4K, 0,5H^2O$, est en longues aiguilles jaunâtres.

Le *sel de magnésium*, $(C^7H^4BrAzO^4)^2Mg, H^2O$, forme de fines aiguilles, très solubles dans l'eau bouillante.

Le *sel de calcium*, $(C^7H^4BrAzO^4)^2Ca, H^2O$, est en prismes peu solubles dans l'eau froide.

Le *sel de strontium*, $(C^7H^4BrAzO^4)^2Sr$, se présente en aiguilles peu solubles.

Le *sel de baryum*, $(C^7H^4BrAzO^4)^2Ba$, ressemble au précédent.

Le *sel de zinc*, $(C^7H^4BrAzO^4)^2Zn, 4,5H^2O$, cristallise en fines aiguilles peu solubles dans l'eau froide. Il en est de même du *sel de cadmium*, $(C^7H^4BrAzO^4)^2Cd, 4,5H^2O$.

Le *sel de plomb*, $(C^7H^4BrAzO^4)^2Pb$, est un précipité amorphe.

Le *sel d'argent*, $C^7H^4BrAzO^4Ag$, cristallise dans l'eau bouillante en longues aiguilles très peu solubles à froid.

ACIDE P-BROMO-M-NITROBENZOÏQUE,

$$C^6H^3Br_{(4)}(AzO^2)_{(3)}CO^2H_{(1)}.$$

— Voyez Suppl., 1, 324.

Le *chlorure*, $C^6H^3BrAzO^2.COCl$, cristallise en aiguilles, qui, d'après M. Grohmann [*D. chem. G.*, 23, 3446], fondent à 51-53°; ce corps est soluble dans le benzène, le chloroforme, l'acétone, peu soluble dans la ligroïne.

L'*amide*, $C^6H^3BrAzO^2.CO.AzH^2$, cristallise dans l'alcool en aiguilles incolores, fusibles à 156°, solubles dans l'alcool, l'éther, l'acétone, insolubles dans l'eau, le chloroforme, la ligroïne, le benzène et le sulfure de carbone (Grohmann).

L'*anilide*, $C^6H^3BrAzO^2.CO.AzH.C^6H^5$, forme des lamelles brillantes, fusibles à 197°, très solubles dans l'alcool et dans l'acide acétique. D'après M. Schöpff [*D. chem. G.*, 22, 3284], elle se présente en aiguilles ou en lamelles quadratiques, orangées, fusibles à 155°; suivant M. Grohmann [*loc. cit.*], elle cristallise dans le système clinorhombique.

La *dinitroanilide*,

$$C^6H^3Br(AzO^2).CO.AzH.C^6H^3(AzO^2)^2,$$

obtenue par la nitration du composé précédent, se présente en longues aiguilles, fusibles à 214°, presque insolubles dans l'alcool bouillant [Raveill, *Ann. Chem.*, 222, 178].

Le *nitrile*, $C^6H^3Br_{(4)}(AzO^2)_{(3)}CAz_{(1)}$, obtenu par la nitration du nitrile p-bromobenzoïque, cristallise en aiguilles blanches, fusibles à 120°, solubles dans l'eau bouillante, l'alcool, l'acétone, peu solubles dans le chloroforme et dans le benzène, presque insolubles dans la ligroïne [M. Schöpff, *D. chem. G.*, 23, 3439].

ACIDE DI-M-BROMO-O-NITROBENZOÏQUE,

$$C^6H^2Br^2_{(3.5)}(AzO^2)_{(2)}CO^2H_{(1)}.$$

— On l'obtient en chauffant l'acide dibromé avec de l'acide azotique fumant (d = 1,53) [Hübner, *Ann. Chem.*, 222, 173]. Longues aiguilles fusibles à 233-234°, presque insolubles dans l'eau, difficilement solubles dans le benzène, facilement solubles dans l'éther et dans l'alcool chaud.

Le *sel de potassium*, $C^7H^2Br^2AzO^4K$, cristallise en lamelles brillantes, peu solubles dans l'eau froide.

Le *sel de calcium*, $(C^7H^2Br^2AzO^4)^2Ca$, est en fines aiguilles jaunâtres, peu solubles dans l'eau.

Le *sel de baryum*, $(C^7H^2Br^2AzO^4)^2Ba, 4H^2O$, se présente en aiguilles peu solubles dans l'eau froide, très solubles dans l'eau chaude.

Le *sel d'argent*, $C^7H^2Br^2AzO^4Ag$, est un précipité amorphe blanc.

ACIDE M-P-DIBROMO-O-NITROBENZOÏQUE,

$$C^6H^2Br^2_{(3.4)}(AzO^2)_{(2\text{ ou }6)}CO^2H_{(1)}.$$

— Voyez Suppl., **1**, 324.

Le *sel de potassium*, $C^7H^2Br^2AzO^4K$, cristallise en aiguilles.

Le *sel de magnésium*, $(C^7H^2Br^2AzO^4)^2Mg$, forme des aiguilles peu solubles.

Le *sel de calcium*, $(C^7H^2Br^2AzO^4)^2Ca, 3{,}5H^2O$, est en petites aiguilles très peu solubles.

Le *sel de plomb*, $(C^7H^2Br^2AzO^4)^2Pb$, est un précipité insoluble dans l'eau [Hübner, *Ann. Chem.*, **222**, 188].

ACIDES CHLORONITROBENZOÏQUES. — ACIDE O-CHLORO-M-NITROBENZOÏQUE,

$$C^6H^3Cl_{(2)}(AzO^2)_{(5)}CO^2H_{(1)}.$$

— Voyez Suppl., **1**, 324.

Le *sel d'ammonium*, $C^7H^3ClAzO^4 . AzH^4$, est en grandes lames, assez solubles dans l'eau.

Le *sel de sodium*, $C^7H^3ClAzO^4Na$, forme des aiguilles jaunes.

Le *sel de strontium*, $(C^7H^3ClAzO^4)^2Sr, 4{,}5H^2O$, cristallise en grandes aiguilles, très solubles dans l'eau.

Le *sel de cadmium*, $(C^7H^3ClAzO^4)^2Cd, 5H^2O$, se présente en aiguilles très solubles.

Le *sel de plomb*, $(C^7H^3ClAzO^4)^2Pb$, est en longues aiguilles jaunâtres, très peu solubles dans l'eau [Hübner, *Ann. Chem.*, **222**, 196].

ACIDE O-CHLORO-P-NITROBENZOÏQUE,

$$C^6H^3Cl_{(2)}(AzO^2)_{(4)}CO^2H_{(1)}.$$

— On l'obtient par l'oxydation de l'o-chloro-p-nitrotoluène à l'aide d'une solution alcaline de permanganate de potassium; il fond à 136-137° et est très soluble dans l'eau [Wachendorff, *Ann. Chem.*, **185**, 275].

ACIDE M-CHLORO-O-NITROBENZOÏQUE,

$$C^6H^3Cl_{(5)}(AzO^2)_{(6)}CO^2H_{(1)}.$$

— Cet acide a été indiqué Suppl., **1**, 324, comme ayant la constitution $C^6H^3Cl_{(3)}(AzO^2)_{(2)}CO^2H_{(1)}$. Il fond à 137-138°.

Le *sel de potassium*, $C^7H^3ClAzO^4K, 2{,}5H^2O$, se présente en grandes lames tétragonales.

Le *sel de calcium*, $(C^7H^3ClAzO^4)^2Ca, H^2O$, cristallise dans l'eau en aiguilles, et dans l'alcool en prismes.

Le *sel de baryum*, $(C^7H^3ClAzO^4)^2Ba$, est en aiguilles très solubles.

Le *sel de plomb*, $(C^7H^3ClAzO^4)^2Pb$, cristallise dans l'eau bouillante en aiguilles très peu solubles [Hübner, *Ann. Chem.*, **222**, 95].

L'*éther éthylique*, $C^7H^3ClAzO^4 . C^2H^5$, fond à 282°.

L'*anilide*, $C^6H^3ClAzO^2 . CO . AzH . C^6H^5$, se présente en aiguilles fusibles à 164°.

ACIDE M-CHLORO-O-NITROBENZOÏQUE,

$$C^6H^3Cl_{(3)}(AzO^2)_{(2)}CO^2H_{(1)}.$$

— Cet acide, dont l'existence a été indiquée Suppl., **1**, 324, cristallise en longues aiguilles ou en lames hexagonales, fusibles à 235°, très solubles dans l'éther, extrêmement peu solubles dans l'eau [Hübner, *Ann. Chem.*, **222**, 96].

L'*anilide*, $C^6H^3ClAzO^2 . CO . AzH . C^6H^5$, cristallise dans l'alcool en lames fusibles à 186°.

ACIDE M-CHLORO-M-NITROBENZOÏQUE,

$$C^6H^3Cl_{(3)}(AzO^2)_{(5)}CO^2H_{(1)}.$$

Il se produit lorsqu'on traite l'acide m-amido-m-nitrobenzoïque par l'acide azoteux en présence d'acide chlorhydrique à chaud. Petites aiguilles fusibles à 147°, peu solubles dans l'eau, facilement solubles dans l'alcool et dans l'éther [Hübner, *loc. cit.*].

ACIDE P-CHLORO-O-NITROBENZOÏQUE,

$$C^6H^3Cl_{(4)}(AzO^2)_{(2)}CO^2H_{(1)}.$$

— On l'obtient en chauffant le p-chloro-o-nitrotoluène avec de l'acide azotique (d = 1,1) à 185° en tube scellé [Varnholt, *J. prakt. Chem.*, (2), **36**, 30]. Il forme de longues aiguilles, fusibles à 138-139°.

On peut préparer les acides chloronitrobenzoïques au moyen des chloronitro-anilines : il suffit de transformer ces bases en nitriles par la méthode de M. Sandmeyer et de saponifier ensuite les nitriles ainsi obtenus [Claus et Kurz, *J. prakt. Chem.*, (2), **37**, 196].

ACIDE P-CHLORO-M-NITROBENZOÏQUE,

$$C^6H^3Cl_{(4)}(AzO^2)_{(3)}CO^2H_{(1)}.$$

— On l'obtient soit par la nitration de l'acide p-chlorobenzoïque, soit par l'oxydation du chloronitrotoluène correspondant.

Il se présente en petites aiguilles, fusibles à 178-180°, peu solubles dans l'eau froide, assez solubles dans l'eau bouillante [Hübner, *Ann. Chem.*, **222**, 182].

Le *sel de sodium* est en longues aiguilles brillantes, très peu solubles dans l'alcool absolu.

Le *sel de magnésium* répond à la formule $(C^7H^3ClAzO^4)^2Mg, 5H^2O$.

Le *sel de calcium*, $(C^7H^3ClAzO^4)^2Ca, 5{,}5H^2O$, est en aiguilles jaunâtres.

Le *sel de baryum*, $(C^7H^3ClAzO^4)^2Ba, 4H^2O$, forme de petites aiguilles très peu solubles dans l'eau froide.

L'*éther éthylique*, $C^7H^3ClAzO^4 . C^2H^5$, cristallise dans l'alcool en longues aiguilles jaunes, fusibles à 59°, très solubles dans l'alcool, le benzène, l'acide acétique.

L'*anilide*, $C^6H^3ClAzO^2 . CO . AzH . C^6H^5$, se présente en prismes fusibles à 131°, très solubles dans l'alcool, l'acide acétique et le benzène.

ACIDE O-CHLORODINITROBENZOÏQUE,

$$C^6H^2Cl_{(2)}(AzO^2)^2_{(3.5)}CO^2H_{(1)}\ (?).$$

— On l'obtient par l'action de l'acide azotique sur l'acide o-chlorobenzoïque. Petites aiguilles fusibles à 238°, facilement solubles dans l'eau, l'alcool, l'éther, difficilement solubles dans le benzène [Hübner, *Ann. Chem.*, **222**, 201].

ACIDE DICHLORONITROBENZOÏQUE,

$$C^6H^2Cl^2_{(2.5)}(AzO^2)_{(?)}CO^2H_{(1)}.$$

— On dissout l'acide o-m-dichlorobenzoïque dans de l'acide nitrique bouillant, et on ajoute peu à peu de l'acide sulfurique concentré (1 partie pour 3 parties d'acide nitrique). Lamelles fusibles à 214-215°, assez peu solubles dans l'eau bouillante, sublimables sans altération [Claus et Bücher, *D. chem. G.*, **20**, 1624].

Le *sel de baryum*, $(C^7H^2Cl^2AzO^4)^2Ba, 4H^2O$, cristallise en petites aiguilles.

ACIDE DICHLORONITROBENZOÏQUE,

$$C^6H^2Cl^2_{(3.4)}(AzO^2)_{(?)}CO^2H_{(1)}$$

[Claus et Bücher, *ibid.*]. — On l'obtient par la nitration de l'acide m-p-dichlorobenzoïque. Petites aiguilles fusibles à 160°, assez solubles dans l'eau.

ACIDES AMIDOBENZOÏQUES,

$$C^6H^4 \begin{array}{l} \diagup CO^2H \\ \diagdown AzH^2 \end{array}$$

ACIDE O-AMIDOBENZOÏQUE (*acide anthranilique*). — On peut l'obtenir à l'aide de l'acide isatoïque (anthranilcarbonique), qui perd de l'acide carbonique quand on le chauffe avec de l'eau, de l'acide chlorhydrique, de l'acide sulfurique dilué ou de l'acide azotique; avec du sulfate ferreux et de la soude; ou bien encore avec de l'acide acétique et de la poudre de zinc [Schmidt, *J. prakt. Chem.*, (2), 36, 370].

L'acide anthranilique se produit encore dans l'oxydation de l'α-biquinoléyle à l'aide du permanganate de potassium, en même temps que d'autres acides, dont on le sépare à l'aide de l'éther, dans lequel il est très soluble [Weidel, *Mon. f. Chem.*, 7, 280].

L'anthranile (voyez plus bas), chauffé avec de l'eau à 130°, donne de l'acide anthranilique.

On obtient encore l'acide anthranilique en faisant bouillir la phtalylhydroxylamine avec une solution alcoolique de potasse (1 molécule) [Cohn, *Ann. Chem.*, 205, 302] :

$$C^6H^4 \begin{array}{l} \diagup CO \diagdown \\ \diagdown CO \diagup \end{array} AzOH + H^2O$$
$$= CO^2 + C^6H^4(AzH^2)CO^2H.$$

Lamelles orthorhombiques, fusibles à 144-145°, très solubles dans l'eau et dans l'alcool, sublimables sans altération. Il se dédouble par distillation en acide carbonique et aniline.

L'éther éthylique, $C^7H^6AzO^2 . C^2H^5$, se produit à l'état de chlorhydrate lorsqu'on traite par un courant de gaz chlorhydrique une solution alcoolique d'acide anthranilcarbonique [Kolbe, *J. prakt. Chem.*, (2), 30, 474]. C'est un liquide bouillant à 260°.

Le *chlorhydrate*, $C^9H^{11}AzO^2 . HCl$, cristallise en aiguilles fusibles à 170°, qui se dissocient par l'eau.

L'éther o-oxyphénylique, $C^7H^6AzO^2 . C^6H^4(OH)$, s'obtient en chauffant à 120-140° un mélange d'anthranile et de pyrocatéchine [Meyer et Bellmann, *J. prakt. Chem.*, (2), 33, 22]. Il cristallise en aiguilles fusibles à 136°, très solubles dans l'alcool et dans l'éther, peu solubles dans l'eau.

En faisant agir le chlorodinitrobenzène,

$$C^6H^3Cl_{(1)}(AzO^2)^2_{(2.4)},$$

sur l'acide anthranilique en solution alcoolique, ajoutant de l'ammoniaque et chauffant au réfrigérant ascendant, on voit se déposer des cristaux du sel ammoniacal d'un *acide dinitrophényl-o-amidobenzoïque*,

$$C^6H^4 \begin{array}{l} \diagup AzH_{(1)} - C^6H^3(AzO^2)^2_{(2.4)} \\ \diagdown CO^2 . AzH^4_{(6)} \end{array}$$

Cet acide fond à 262-264°.

L'acide chloré correspondant est obtenu d'une manière analogue, en faisant agir le chlorodinitrobenzène sur l'acide m-chloro-o-amidobenzoïque de Hübner. Aiguilles rouges, fusibles à 280-282° [Jourdan, *D. chem. G.*, 18, 1444].

Anthranile (anhydride de l'acide o-amidobenzoïque),

$$C^6H^4 \begin{array}{l} \diagup CO \\ \ \ | \\ \diagdown AzH \end{array}$$

— On l'obtient en traitant une dissolution acétique d'aldéhyde o-nitrobenzylique par l'étain [Friedländer et Henriques, *D. chem. G.*, 15, 2105]; on étend d'eau, on neutralise par le carbonate de sodium et on distille dans un courant de vapeur d'eau. Il se produit encore lorsqu'on fait bouillir avec de l'eau l'acide o-nitrophényloxyacrylique [Schillinger et Wleügel, *D. chem. G.*, 16, 2222].

L'anthranile se produit encore lorsqu'on chauffe l'aldéhyde o-nitrobenzylique avec du sulfate ferreux ammoniacal.

Liquide incolore, très mobile, peu soluble dans l'eau, facilement soluble dans l'alcool, bouillant à 210-216° en se décomposant. Il se transforme à l'air et à la lumière en produits résineux noirs. Il est facilement soluble à froid dans les acides minéraux concentrés, d'où l'eau le précipite. L'anhydride acétique le transforme à froid en acide acétylanthranilique.

En réduisant l'anthranile au moyen de l'étain et de l'acide chlorhydrique, on obtient de l'alcool o-amidobenzylique.

L'anthranile est une base faible. Il réduit à chaud les sels d'or et d'argent et forme avec le chlorure mercurique une combinaison instable $C^7H^5AzO . HgCl^2$.

Chauffé à 140° en tubes scellés avec le chlorocarbonate d'éthyle, il donne naissance à un *acide anthranilcarbonique*,

$$C^6H^4 \begin{array}{l} \diagup CO \\ \ \ | \\ \diagdown Az - CO^2H \end{array}$$

qui cristallise en aiguilles blanches, fusibles à 230° en se décomposant.

Amide o-amidobenzoïque,

$$C^6H^4(AzH^2) . CO . AzH^2$$

[Kolbe, *J. prakt. Chem.*, (2), 30, 475]. — Lamelles fusibles à 108°, obtenues par l'action de l'ammoniaque sur l'acide anthranilcarbonique. Ce corps fond à 108° et distille en se décomposant partiellement vers 300°; il est très soluble dans l'alcool et dans l'eau bouillante, peu soluble dans l'éther et dans le benzène.

Anilide, $C^6H^4(AzH^2)CO . AzH . C^6H^5$ [Kolbe, *ibid.*]. — Aiguilles fusibles à 126°, peu solubles dans le benzène, assez solubles dans l'eau, très solubles dans l'alcool, l'éther, le chloroforme, obtenues par l'action de l'aniline sur l'acide anthranilcarbonique à 60°.

o-Amidobenzonitrile, $C^6H^4(AzH^2)CAz$ [Bärthlein, *D. chem. G.*, 10, 1714]. — Obtenu par la réduction de l'o-nitrobenzonitrile au moyen de l'étain et de l'acide chlorhydrique en solution acétique, ce corps forme des aiguilles jaunâtres, fusibles à 103°, très solubles dans l'eau, l'alcool et l'éther.

Acide o-anilidobenzoïque,

$$C^6H^4(AzH . C^6H^5)CO^2H$$

[Claus et Nicolaysen, *D. chem. G.*, 18, 2709]. — On oxyde par le permanganate de potassium le chlorométhylate de phénylacridine, on filtre et on précipite par l'acide chlorhydrique. Petites aiguilles fusibles à 222°, insolubles dans l'eau, à peine solubles à froid dans l'alcool absolu, très solubles dans l'éther et dans le chloroforme.

Le *sel de sodium*, $C^{13}H^{10}AzO^2Na, 4H^2O$, cristallise en lamelles. Il en est de même du *sel de baryum*, $(C^{13}H^{10}AzO^2)^2Ba, 5H^2O$.

Acide o-p-dinitrophényl-o-amidobenzoïque,

$$C^6H^4[AzH_{(1)} . C^6H^3(AzO^2)^2_{(2.4)}]CO^2H_{(2)}$$

[Jourdan, *D. chem. G.*, 18, 1448]. — On le prépare en chauffant l'acide anthranilique avec un mélange de chloro-o-p-dinitrobenzène et d'alcool ammoniacal. Fines aiguilles orangées, fusibles à 262-264°, presque insolubles dans l'eau, le benzène, la ligroïne, à peine solubles à froid dans l'alcool et dans l'acide acétique.

Le *sel de baryum*, $(C^{13}H^8Az^3O^6)^2Ba$, est un précipité cristallin, peu soluble, d'un rouge cinabre foncé.

Acide o-chlorodinitrophénylamidobenzoïque,

$$C^6H^4[AzH_{(1)} . C^6H^2Cl_{(4)}(AzO^2)^2_{(2.6)}]CO^2H_{(2)}$$

[Jourdan, *ibid.*]. — On neutralise par l'ammoniaque une solution alcoolique d'acide anthranilique et de dichlorodinitrobenzène,

$$C^6H^2Cl^2_{(1.4)}(AzO^2)^2_{(2.6)}.$$

Petits prismes rouge-rubis, à reflet verdâtre, fusibles à 254-256°, insolubles dans l'eau, solubles dans l'alcool chaud et dans l'acide acétique.

Acide o-chlorodiamidophénylamidobenzoïque

$$C^6H^4[AzH_{(1)} - C^6H^2Cl_{(4)}(AzH^2)^2_{(2.6)}]CO^2H_{(2)}$$

[Jourdan, *ibid.*]. — Petites aiguilles obtenues en réduisant le corps précédent par l'étain et l'acide chlorhydrique. Ce composé se ramollit vers 235° et fond en se décomposant à 245°. Il est peu soluble dans l'eau bouillante, l'éther et l'alcool chaud, à peine soluble dans le benzène et dans la ligroïne. Sa solution chlorhydrique donne avec le chlorure ferrique une coloration brun-violacé.

Acide o-acétamidobenzoïque,

$$C^6H^4\left\langle \begin{matrix} CO^2H \\ AzH . C^2H^3O \end{matrix} \right.$$

— Ce composé prend naissance : par l'oxydation au moyen du permanganate de potassium de l'o-acétotoluide [Bedson, *Chem. Soc.*, 37, 752], du méthylkétol [Jackson, *D. chem. G.*, **14**, 885] ou de la quinaldine [Dœbner et Miller, *D. chem. G.*, **15**, 3077]; par l'action de l'anhydride acétique sur l'acide o-amidobenzoïque (Jackson); par l'oxydation de l'acétylpseudo-isatine par l'acide chromique en solution acétique [Meyer et Bellmann, *J. prakt. Chem.*, (2), **33**, 31].

Il cristallise en longues aiguilles orthorhombiques, fusibles à 179-180° (Jackson), à 185° (Dœbner et Miller), peu solubles dans l'eau froide, très solubles dans l'eau bouillante, le benzène, l'éther, l'alcool chaud, l'acide acétique.

Le *sel de plomb*, $(C^9H^8AzO^3)^2Pb$, est un précipité floconneux, peu soluble dans l'eau bouillante, soluble dans l'acide acétique.

Le *sel d'argent*, $C^9H^8AzO^3Ag$, cristallise dans l'eau bouillante en fines aiguilles.

L'amide, $C^6H^4(AzH . C^2H^3O)CO . AzH^2$, obtenue par l'action de l'anhydride acétique sur l'o-amidobenzamide, cristallise dans l'alcool en aiguilles brillantes, fusibles à 170-171° [Weddige, *J. prakt. Chem.*, (2), 31, 124 et **36**, 142].

Maintenue pendant longtemps à sa température de fusion, elle perd 1 molécule d'eau et fournit un composé $C^9H^8Az^2O$, fusible à 232-233°.

Acide diacétyl-o-amidobenzoïque,

$$C^6H^4[Az(C^2H^3O)^2]CO^2H$$

[Bedson, *loc. cit.*]. — Cristaux incolores, fusibles à 220°, obtenus en faisant bouillir l'acide o-amidobenzoïque avec de l'anhydride acétique.

Le *sel d'argent*, $C^{11}H^{10}AzO^4Ag$, est un précipité caséeux.

Acide o-chloracétamidobenzoïque,

$$C^6H^4(AzH . CO . CH^2Cl)CO^2H$$

[Jackson, *D. chem. G.*, **14**, 888]. — Mamelons obtenus par l'action du perchlorure de phosphore sur l'acide o-acétamidobenzoïque.

Acide o-dichloracétamidobenzoïque,

$$C^6H^4(AzH . CO . CHCl^2)CO^2H$$

[Jackson, *ibid.*]. — Il se produit dans les mêmes conditions que le précédent. Aiguilles jaunâtres, fusibles vers 173°.

Le *sel d'argent*, $C^9H^6Cl^2AzO^3Ag$, est un précipité caséeux, qui devient peu à peu cristallin.

Acide o-formamidobenzoïque,

$$C^6H^4(AzH . CHO)CO^2H, 0,5 H^2O.$$

— On l'obtient en faisant bouillir pendant plusieurs heures poids égaux d'acide isatoïque et d'acide formique; ou bien en chauffant de l'acide anthranilique avec de l'acide formique. Fines aiguilles fusibles à 168°, très solubles dans l'alcool, peu solubles dans le benzène, qui, chauffées à 130° avec de l'eau, se décomposent en acide carbonique, acide formique et aniline [Meyer et Bellmann, *J. prakt. Chem.*, (2), **33**, 23].

En même temps que ce composé, se produit un corps de la formule $C^{31}H^{20}Az^4O^6$. On isole ce dernier en utilisant son insolubilité dans l'éther et dans l'eau, et sa solubilité dans l'acide chlorhydrique concentré. Purifié par cristallisation dans l'alcool, il forme des rhomboèdres fusibles à 280° en se décomposant. Il donne par le perchlorure de phosphore un dérivé chloré, qui fournit par les alcools méthylique et éthylique des composés ayant pour formules $C^{16}H^{16}Az^2O^5$ (fusible à 200°) et $C^{17}H^{18}Az^2O^5$ (fusible à 170°).

Acide anthranilcarbonique. — Voyez ACIDE ISATOÏQUE.

Acide o-oxalylamidobenzoïque (*oxalylanthranilique, cynurique*),

$$C^6H^4\left\langle \begin{matrix} CO^2H \\ AzH . CO . CO^2H \end{matrix} \right. , H^2O$$

ou

$$C^6H^4\left\langle \begin{matrix} CO^2H \\ AzH . C(OH)^2 . CO^2H \end{matrix} \right.$$

— Il prend naissance : dans l'oxydation par le permanganate de potassium en solution alcaline du carbostyrile [Friedländer et Ostermayer, *D. chem. G.*, **15**, 332], de l'acétyltétrahydroquinoléine [Hoffmann et Königs, *ibid.*, **16**, 734], de la cynurine et de l'acide cynurénique [Kretschy, *Mon. f. Chem.*, **4**, 157]; lorsqu'on chauffe un mélange à parties égales d'acide oxalique sec et d'acide o-amidobenzoïque, d'abord à 115-135°, puis à 145-150° [Kretschy, *Mon. f. Chem.*, **5**, 30]; dans l'oxydation de la bromoquinoléine par le permanganate de potassium [Claus et Collischonn, *D. chem. G.*, **19**, 2767].

Il cristallise dans l'éther en aiguilles qui se déshydratent à 100° et qui fondent en se décomposant à 188-189°. Il se dissout à 10° dans 890 parties d'eau; il est assez soluble à froid dans l'alcool et dans l'éther. Le chlorure ferrique colore en rouge carmin ses solutions étendues et précipite ses solutions saturées. L'ébullition avec les acides ou avec les alcalis le dédouble en acides oxalique et anthranilique.

Le *sel d'ammonium*, $C^9H^5AzO^5(AzH^4)^2$, forme des aiguilles microscopiques.

Le *sel de potassium*, $C^9H^6AzO^5K$, est amorphe et peu soluble dans l'eau.

Le *sel de calcium*, $C^9H^5AzO^5Ca, 2,5 H^2O$, se présente en grains cristallins peu solubles.

Le *sel acide de baryum*,

$$(C^9H^6AzO^5)^2Ba , H^2O,$$

est un précipité peu soluble, formé d'aiguilles microscopiques. Le *sel neutre*,

$$C^9H^5AzO^5Ba , H^2O,$$

forme un précipité pulvérulent, microcristallin.

Le *sel de cuivre*, $(C^9H^5AzO^5Cu)^2CuO, 4H^2O$, est un précipité pulvérulent d'un bleu verdâtre; il perd $2H^2O$ à 100°.

Le *sel d'argent*, $C^9H^5AzO^5Ag^2$, est un précipité gélatineux, peu soluble dans l'eau bouillante.

L'éther monoéthylique,

$$C^6H^4(CO^2H)(CO . CO^2C^2H^5),$$

se produit dans l'oxydation de l'éther indoxylique

$$C^6H^4 \begin{matrix} \diagup CO \diagdown \\ \diagdown AzH \diagup \end{matrix} C(OH) . CO^2C^2H^5$$

par le mélange chromique [Baeyer, *D. chem. G.*, **15**, 778]. Il cristallise dans l'alcool en aiguilles fusibles à 180-181°. L'ébullition avec l'acide chlorhydrique le dédouble en alcool, acide oxalique et acide anthranilique.

Acide o-benzamidobenzoïque,

$$C^6H^4(AzH . C^7H^5O)CO^2H.$$

— On l'obtient : par l'action du chlorure de benzoyle sur l'acide o-amidobenzoïque; par l'oxydation de la benzo-o-toluide par le permanganate de potassium en solution alcaline [Brückner, *Ann. Chem.*, **205**, 130]; par l'oxydation de l'α-phénylquinoléine au moyen du permanganate en solution acide [Döbner et Miller, *D. chem. G.*, **19**, 1196]. Il cristallise dans l'alcool en longues aiguilles, fusibles à 182°, insolubles dans l'eau, très solubles dans l'alcool et dans l'éther.

Le *sel de sodium*, $C^{14}H^{10}AzO^3Na, 4H^2O$, forme de longues aiguilles brillantes.

Le *sel de magnésium*, $(C^{14}H^{10}AzO^3)^2Mg, 4H^2O$, est en petites aiguilles peu solubles dans l'eau. Il en est de même des *sels de calcium*,

$$(C^{14}H^{10}AzO^3)^2Ba, 3H^2O,$$

et *de baryum*, $(C^{14}H^{10}AzO^3)^2Ba, 3H^2O$.

Le *sel d'argent*, $C^{14}H^{10}AzO^3Ag$, est presque insoluble dans l'eau [Friedländer et Wleügel, *D. chem. G.*, **16**, 2229].

Benzoylanthranile,

$$C^6H^4 \begin{matrix} \diagup CO \\ | \\ \diagdown Az . C^7H^5O \end{matrix}$$

— Il prend naissance par l'action du chlorure de benzoyle sur l'anthranile [Friedländer et Wleügel, *D. chem. G.*, **16**, 2229] ou sur l'acide anthranilcarbonique [Meyer, *J. prakt. Chem.*, (2), **30**, 486 et **33**, 19].

Il cristallise dans un mélange de benzène et de ligroïne en longues aiguilles, fusibles à 122-123°, insolubles dans l'eau et dans la ligroïne, très solubles dans l'alcool. Les alcalis le convertissent à chaud en sels de l'acide o-benzamidobenzoïque.

Action du cyanogène sur l'acide o-amidobenzoïque. — Une solution aqueuse d'acide o-amidobenzoïque, soumise à l'action d'un courant de cyanogène, se transforme en *dicyanamidobenzoyle*,

$$C^6H^4 \begin{matrix} \diagup AzH - C - CAz \\ \qquad \quad \| \\ \diagdown CO — Az \end{matrix}$$

[Griess, *D. chem. G.*, **11**, 1986]. Si l'on opère en solution alcoolique, le produit de la réaction est l'*éthoxylcyanamidobenzoyle*,

$$C^6H^4 \begin{matrix} \diagup AzH - C - OC^2H^5 \\ \qquad \quad \| \\ \diagdown CO — Az \end{matrix}$$

[Griess, *D. chem. G.*, **2**, 415].

ACIDE M-AMIDOBENZOÏQUE (voyez Dict., **1**, 560 et Suppl., **1**, 326). Les dérivés amidés des acides p-chloro-m-nitrobenzoïque et o-chloro-m-nitrobenzoïque, traités par l'amalgame de sodium, donnent naissance à l'acide m-amido-benzoïque.

Anhydride m-amidobenzoïque,

$$C^6H^4 \begin{matrix} \diagup AzH^2 \quad CO^2H \diagdown \\ \diagdown CO — AzH — \diagup \end{matrix} C^6H^4.$$

— Poudre grise, insoluble dans l'eau, la potasse, l'acide chlorhydrique concentré, soluble dans l'acide sulfurique concentré, obtenue en chauffant l'acide m-amidobenzoïque à 200° dans un courant de gaz chlorhydrique [Harbordt, *Ann. Chem.*, **123**, 289].

Amide m-amidobenzoïque,

$$C^6H^4(AzH^2)CO . AzH^2, H^2O.$$

— Grands cristaux jaunes, fusibles à 75°, solubles dans l'eau, l'alcool et l'éther [Beilstein et Reichenbach, *Ann. Chem.*, **232**, 144].

Cette amide forme avec les acides des sels cristallisés (Chancel). Tels sont le *chlorhydrate*, $C^7H^8Az^2O . HCl$; le *chloroplatinate*,

$$(C^7H^8Az^2O . HCl)^2PtCl^4;$$

le *nitrate*, $C^7H^8Az^2O . AzO^3H$.

La *combinaison nitro-argentique*,

$$C^7H^8Az^2O . AzO^3Ag,$$

cristallise en aiguilles.

Anilide m-amidobenzoïque,

$$C^6H^4(AzH^2)CO . AzH . C^6H^5.$$

— On l'obtient : en réduisant la m-nitrobenzanilide par l'étain et l'acide chlorhydrique en solution alcoolique [Engler et Wolkhausen, *D. chem. G.*, **8**, 35]; en faisant bouillir un mélange d'acide m-amidobenzoïque et d'aniline [Schiff et Piutti, *Gazz. chim. ital.*, **13**, 337]. Elle cristallise dans l'eau chaude en longues aiguilles, fusibles à 114° (E. et W.), à 129° (S. et P.), très solubles dans l'alcool, peu solubles dans l'eau froide.

Le *chlorhydrate*, $C^{13}H^{12}Az^2O . HCl$, cristallise en aiguilles.

Le *sulfate*, $(C^{13}H^{12}Az^2O)^2SO^4H^2$, forme des lamelles peu solubles dans l'eau froide.

Nitrile m-amidobenzoïque, $C^6H^4(AzH^2)CAz$.

— On l'obtient : en réduisant le m-nitrobenzonitrile par l'étain et l'acide chlorhydrique en solution alcoolique [Hofmann, *D. chem. G.*, **1**, 196], ou par l'étain et l'acide acétique [Fricke, *ibid.*, **7**, 1321]; par la distillation de l'acide m-uramidobenzoïque avec le quart de son poids d'anhydride phosphorique [Griess, *ibid.*, **8**, 861]. Il cristallise en longues aiguilles fusibles à 53-54° et distille sans décomposition à 288-290°. Il est peu soluble dans l'eau, très soluble dans l'alcool, l'éther et le chloroforme. La réduction par le fer et l'acide acétique le convertit en benzonitrile.

Le *chlorhydrate*, $C^7H^6Az^2 . HCl$, cristallise en prismes très solubles et donne avec le chlorure de platine un sel double renfermant

$$(C^7H^6Az^2 . HCl)^2PtCl^4.$$

La combinaison argentique, $(C^7H^6Az^2)^2AzO^3Ag$, cristallise en lamelles.

L'acide m-amidobenzoïque s'unit facilement aux aldéhydes avec élimination d'eau pour former des corps dans lesquels les deux atomes d'hydrogène des groupes amide sont remplacés par le reste bivalent C^nH^{2n} des aldéhydes. Ces dérivés sont remarquables en ce que, traités par de l'acide azotique concentré additionné d'une trace de dichromate de potassium, ils donnent une coloration rouge-violacé très intense. Avec l'aldéhyde salicylique en solution aqueuse à 60°, il se forme un produit qui se dépose après quelques heures en aiguilles jaunâtres groupées en sphères; cette combinaison a pour formule

$$C^6H^4 \begin{matrix} \diagup Az = CH . C^6H^4 . OH \\ \diagdown CO^2H \end{matrix}$$

c'est l'acide *o-oxybenzylidène-amidobenzoïque*; il est soluble dans l'alcool et dans le benzène, et fond à 190° en un liquide orangé.

L'acide m-amidobenzoïque forme avec l'aldéhyde éthylique une masse caillebottée incristallisable, se colorant en rouge ; c'est l'*acide éthylidène-amidobenzoïque*,

$$C^6H^4\left\langle\begin{matrix}Az=CH.CH^3\\CO^2H\end{matrix}\right.$$

Il donne des combinaisons semblables avec les aldéhydes isobutylique, isoamylique, œnanthylique, benzylique.

Avec l'isatine, la combinaison s'effectue quand on fait bouillir les solutions alcooliques des deux corps : le produit

$$C^6H^4\left\langle\begin{matrix}Az=C\left\langle\begin{matrix}C^6H^4\\CO\end{matrix}\right\rangle AzH\\CO^2H\end{matrix}\right.$$

se dépose en cristaux jaunes, solubles dans l'alcool bouillant, à peine solubles dans l'eau, fusibles à 251-253° en se décomposant [H. Schiff, *Ann. Chem.*, **210**, 114].

Le chlorure de cyanogène réagit déjà à froid sur une solution alcoolique d'acide m-amidobenzoïque pour former l'acide *m-cyanamidobenzoïque*, $C^6H^4(AzH.CAz)_{(3)}CO^2H_{(1)}$, qui cristallise avec une demi-molécule d'eau en aiguilles blanches, soyeuses, à peu près insolubles dans l'eau froide, plus solubles dans l'eau chaude, solubles dans l'éther et dans le chloroforme, presque insolubles dans le benzène et se décomposant au-dessus de 140°. Chauffé avec de l'eau de baryte à 140° ou avec une solution de soude, ce corps se scinde en ammoniaque, acide carbonique et acide amidobenzoïque. Il donne un précipité brun avec les sels de cuivre. Chauffé avec de l'acide chlorhydrique étendu, il se transforme en acide *m-uramidobenzoïque* $C^8H^8Az^2O^3$; avec le sulfhydrate d'ammoniaque, il forme de l'acide *thio-uramidobenzoïque*,

$$AzH^2.CS.AzH.C^6H^4.CO^2H.$$

L'aniline forme avec l'acide cyanamidobenzoïque la *phénylbenzocréatine*,

$$AzH=C\left\langle\begin{matrix}AzH.C^6H^5\\AzH.C^6H^4.CO^2H\end{matrix}\right.$$

qui cristallise en mamelons solubles dans l'eau bouillante, presque insolubles dans l'alcool et dans l'éther, fusibles à 143° en se décomposant [Traube, *D. chem.G.*, **15**, 2113].

L'acide m-amidobenzoïque peut donner naissance à un corps de nature albuminoïde [Grimaux, *Bull. Soc. Chim.*, (2), **42**, 74]. Ce *colloïde amidobenzoïque* est obtenu en chauffant l'acide pendant 1 heure avec 1 fois et demie son poids de perchlorure de phosphore, puis traitant la masse par l'eau bouillante jusqu'à ce que le résidu insoluble présente l'aspect d'une poudre blanche et friable ; cette poudre, qui paraît être un anhydride provenant de l'union, avec perte d'eau, de plusieurs molécules d'acide amidobenzoïque, est arrosée d'ammoniaque, dans laquelle elle se gonfle d'abord, pour se dissoudre ensuite. La solution est évaporée dans le vide à froid ; on obtient finalement des plaques translucides, jaunâtres, inodores, insipides, qui ressemblent absolument, par l'ensemble de leurs réactions, à l'albumine du sérum.

Acide éthylène-di-m-benzamique,

$$C^2H^4(AzH.C^6H^4.CO^2H)^2$$

[Schiff et Parenti, *Ann. Chem.*, **226**, 244]. — On fait bouillir pendant quelques heures un mélange de bromure d'éthylène, d'alcool et d'acide m-amidobenzoïque ; on évapore le produit de la réaction, on le lave à l'eau chaude et on le fait cristalliser dans l'alcool.

Poudre cristalline, fusible à 222-225°, à peine soluble dans l'eau, très soluble dans l'alcool et dans les alcalis.

Le *sel de cuivre*, $C^{16}H^{14}Az^2O^4Cu, H^2O$, est une poudre bleu-verdâtre, légèrement soluble dans l'eau chaude.

Chauffé à 100° avec un mélange d'alcool, d'iodure d'éthyle et de potasse, l'acide éthylène-dibenzamique fournit des cristaux prismatiques, fusibles à 98-100°, insolubles dans l'eau, et renfermant

$$C^2H^4[Az(C^2H^5)C^6H^4.CO^2C^2H^5]^2.$$

Acide m-benzylamidobenzoïque,

$$C^6H^4(AzH.C^7H^7)CO^2H$$

[Claus et Glyckherr, *D. chem. G.*, **16**, 1285]. — C'est un des produits de l'oxydation du chlorobenzylate de quinoléine par une solution étendue et chaude de permanganate de potassium. Il cristallise en longues aiguilles ou en prismes épais, fusibles à 176°.

Le *chlorhydrate* forme de grandes lames fusibles à 104-106°.

Le *chloroplatinate*, $(C^{14}H^{13}AzO^2.HCl)^2PtCl^4$, se présente en lamelles orangées, fusibles à 158°.

Acide m-formamidobenzoïque,

$$C^6H^4(AzH.CHO)CO^2H$$

[Schiff, *Ann. Chem.*, **232**, 145 ; *D. chem. G.*, **19**, *Ref.*, 205]. — Aiguilles solubles dans l'alcool et dans l'eau bouillante, peu solubles dans l'éther et dans le benzène, fondant à 225° et se décomposant un peu au-dessus de cette température en acide formique et anhydrides complexes de l'acide m-amidobenzoïque.

Acide benzylformylamidobenzoïque,

$$C^6H^4[Az(CHO)(C^7H^7)]CO^2H.$$

— Il se produit en même temps que le composé précédent et cristallise en fines aiguilles ou en grandes lamelles, fusibles à 196°, très peu solubles dans l'eau bouillante, très solubles dans l'alcool chaud.

Acide m-acétamidobenzoïque,

$$C^6H^4(AzH.C^2H^3O)CO^2H.$$

— On l'obtient en chauffant à 160° un mélange d'acide acétique et d'acide m-amidobenzoïque, ou en faisant réagir à 100° le chlorure d'acétyle sur le m-amidobenzoate de zinc [Foster, *Ann. Chem.*, **117**, 165]. Poudre cristalline, formée d'aiguilles microscopiques, fusibles à 238-240° [Aschan, *D. chem. G.*, **17**, 429], sublimables, presque insolubles dans l'eau et dans l'éther, très solubles dans l'alcool chaud.

Le *sel de sodium*, desséché à 120°, a pour composition $C^9H^8AzO^3Na$.

Le *sel de calcium*, $(C^9H^8AzO^3)^2Ca, 3H^2O$, cristallise en lamelles orthorhombiques, peu solubles dans l'eau froide.

Le *sel de baryum*, $(C^9H^8AzO^3)^2Ba, 3H^2O$, est en fines aiguilles, très solubles dans l'eau.

Acide butyramidobenzoïque,

$$C^6H^4(AzH.C^4H^7O)CO^2H$$

[Schiff, *loc. cit.*]. — Aiguilles groupées en mamelons, fondant à 208-209°.

Acide œnanthamidobenzoïque,

$$C^6H^4(AzH.C^7H^{13}O)CO^2H$$

(Schiff). — Aiguilles incolores, fusibles à 202°.

Acide benzamidobenzoïque,

$$C^6H^4(AzH.C^7H^5O)CO^2H$$

(Schiff). — Petits prismes, fusibles à 248°.

L'*anilide* cristallise en lamelles fusibles à 225°.

Acide m-carbodibenzamique (*urée-diben-*

zoïque, carboxamidobenzoïque, carbonylamidobenzoïque),

$$CO(AzH \,.\, C^6H^4 \,.\, CO^2H)^2.$$

— Il se produit : lorsqu'on chauffe à 200° l'acide m-uramidobenzoïque [Griess, *Zeit. f. Chem.*, **3**, 650] ; lorsqu'on chauffe à 175° un mélange en proportions moléculaires d'acides m-uramidobenzoïque et m-amidobenzoïque [Traube, *D. chem. G.*, **15**, 2128]; par l'action de l'oxyde de mercure et de l'eau sur l'acide sulfo-urée-dibenzamique [Rathke et Schäfer, *Ann. Chem.*, **169**, 103] ; lorsqu'on chauffe l'acide uréthane-benzoïque au-dessus de son point de fusion [Wachendorff, *D. chem. G.*, **11**, 701]; par l'action de l'oxychlorure de carbone sur l'acide amidobenzoïque en suspension dans le benzène [Sarauw, *D. chem. G.*, **15**, 437] ; par l'action du chlorure de cyanogène sur l'acide m-amidobenzoïque en fusion [Traube, *D. chem. G.*, **15**, 2117].

Le meilleur procédé de préparation consiste à chauffer pendant quelques heures à 130° un mélange d'urée (1 molécule) et d'acide m-amidobenzoïque (2 molécules) ; on lave le produit à l'eau et à l'alcool, on le dissout dans l'ammoniaque et on le précipite par le chlorure de baryum à l'état de sel barytique [Traube, *D. chem. G.*, **15**, 2128].

Aiguilles microscopiques, presque insolubles dans l'eau, l'alcool, l'éther et le benzène.

Le *sel de baryum*, $C^{15}H^{10}Az^2O^5Ba, 3H^2O$, cristallise en lamelles.

Le *sel de plomb*, $C^{15}H^{10}Az^2O^5Pb$, est un précipité amorphe.

Le *sel d'argent* est un précipité floconneux presque insoluble.

L'*éther éthylique*, $C^{15}H^{10}Az^2O^5(C^2H^5)^2$, prend naissance par la distillation de l'acide m-uramidobenzoïque. Il cristallise en petites aiguilles fusibles à 160°,5 (Wachendorff), à 162° [Griess, *J. prakt. Chem.*, (2), **4**, 294]; on peut le distiller en opérant sur de petites quantités de matière.

La *diamide*, $CO(AzH \,.\, C^6H^4 \,.\, CO \,.\, AzH^2)^2$, prend naissance par l'action de l'urée sur l'amide m-amidobenzoïque à 140°. C'est une poudre très peu soluble dans l'alcool, qui se décompose au-dessus de 270° [Schiff, *Ann. Chem.*, **232**, 140].

Acide uréthane-benzoïque,

$$C^6H^4(AzH \,.\, CO^2C^2H^5)CO^2H.$$

— Voyez Suppl., **1**, 1637.

Acide sulfo-urée-dibenzoïque,

$$CS(AzH \,.\, C^6H^4 \,.\, CO^2H)^2$$

— Il prend naissance : par l'action du sulfure de carbone sur une solution alcoolique bouillante d'acide m-amidobenzoïque [Merz et Weith, *D. chem. G.*, **3**, 812]; dans l'action du sulfochlorure de carbone sur l'acide m-amidobenzoïque à 100°; par l'action de la sulfo-urée sur l'acide m-amidobenzoïque à 130° [Rathke et Schäfer, *Ann. Chem.*, **169**, 101].

Il cristallise en fines aiguilles, presque insolubles dans l'eau, peu solubles dans l'alcool et dans le sulfure de carbone, qui se décomposent au-dessus de 300° avec dégagement d'hydrogène sulfuré.

Il se dédouble par ébullition avec l'acide chlorhydrique en acides amidobenzoïque et sénevol-benzoïque; le sulfochlorure de carbone le convertit à 140° en acide sénevol-benzoïque.

Le *sel de baryum*, $C^{15}H^{10}Az^2O^4SBa$, est une masse grenue.

Acide sénevol-benzoïque (*isosulfocyanobenzoïque*), $CS{=}Az \,.\, C^6H^4 \,.\, CO^2H$. — Il se produit par l'action de l'acide chlorhydrique bouillant, ou du sulfochlorure de carbone à 140°, sur l'acide sulfo-urée-benzoïque. Poudre amorphe, insoluble dans l'eau, très peu soluble dans l'alcool, l'éther, le sulfure de carbone, qui se décompose au-dessus de 300°. Soumis à l'ébullition avec de l'oxyde de mercure et de l'eau, il paraît donner le composé $COAz \,.\, C^6H^4 \,.\, CO^2H$. Il s'unit avec l'aniline pour donner la phényl-oxybenzoyl-sulfo-urée.

Action du cyanogène sur l'acide m-amidobenzoïque. — Une solution aqueuse d'acide m-amidobenzoïque, soumise à l'action d'un courant de cyanogène, fournit un mélange de *cyanure d'acide amidobenzoïque* et d'*acide cyanocarbimido-amidobenzoïque*. Si l'on opère en solution alcoolique, les produits de la réaction sont : le *cyanure d'acide amidobenzoïque*, l'*acide carbimidamidobenzoïque* et l'*acide éthoxycarbimidamidobenzoïque*.

Cyanure d'acide amidobenzoïque

$$(C^7H^7AzO^2 \,.\, CAz)^2.$$

— Le précipité qui se forme dans la réaction du cyanogène sur une solution aqueuse d'acide amidobenzoïque est filtré et lavé successivement à l'eau, puis à l'acide chlorhydrique étendu et froid : le résidu insoluble ainsi obtenu forme des cristaux indistincts, jaunes, à peine solubles dans l'alcool et dans l'éther [Griess, *D. chem. G.*, **11**, 1985]. Ce corps se combine avec les alcalis [Griess et Leibius, *Ann. Chem.*, **113**, 332]. Il se décompose par la distillation en eau, acide carbonique, ammoniaque, cyanure d'ammonium et nitrile m-amidobenzoïque [Griess, *D. chem. G.*, **1**, 191. — Hofmann, *ibid.*, 194]. L'alcool le décompose à 130° avec formation d'ammoniaque, d'acide amidobenzoïque et d'*acide oxalamidobenzoïque* [Griess, *D. chem. G.*, **16**, 336]. Soumis à l'ébullition avec de la potasse ou avec de l'acide chlorhydrique, il donne de la benzoglycocyamine avec un peu d'acides oxalique et amidobenzoïque (Griess).

Acide cyanocarbimidamidobenzoïque,

$$CO^2H \,.\, C^6H^4 \,.\, AzH \,.\, C(AzH) \,.\, CAz.$$

— On l'obtient en même temps que le précédent, dont on le sépare par dissolution dans l'acide chlorhydrique étendu; cette solution est ensuite sursaturée par l'ammoniaque, puis précipitée par l'acide chlorhydrique.

Lamelles très peu solubles dans l'eau froide, très solubles dans l'alcool bouillant, se décomposant par ébullition avec l'eau.

Ce corps présente une réaction acide; il se combine avec les alcalis et avec les acides. Chauffé avec de l'aniline, il donne de la phénylbenzoglycocyamine et de l'acide cyanhydrique. Les acides étendus et froids le transforment à la longue en acide carboxamidocarbimidamidobenzoïque. L'acide nitreux le convertit en acide cyanocarboxamidobenzoïque.

Acide diméthylamidobicarbimidobenzoïque,

$$CO^2H \,.\, C^6H^4 \,.\, AzH \,.\, C(AzH) \,.\, C(AzH) \,.\, Az(CH^3)^2.$$

— On abandonne à la température ordinaire, pendant 4 ou 5 jours, un mélange d'acide cyanocarbimidamidobenzoïque et de diméthylamine en solution aqueuse à 10 0/0 :

$$C^9H^7Az^3O^2 + AzH(CH^3)^2 = C^{11}H^{14}Az^4O^2.$$

Lamelles brillantes hexagonales, peu solubles dans l'eau froide [Griess, *D. chem. G.*, **18**, 2413], donnant un *chlorhydrate* de la formule

$$C^{11}H^{14}Az^4O^2 \,.\, HCl.$$

Soumis à l'ébullition avec du carbonate de sodium, cet acide se décompose suivant l'équation

$$C^{11}H^{14}Az^4O^2 + 2H^2O$$

$$= AzH^3 + AzH(CH^3)^2 + \begin{array}{l} CO \,.\, AzH \,.\, C^6H^4 \,.\, CO^2H \\ | \\ CO \,.\, AzH^2 \end{array}$$

Acide carboxamidocarbimidamidobenzoïque,

$$CO^2H . C^6H^4 . AzH . C(AzH) . CO . AzH^2 , H^2O$$

[Griess, *D. chem. G.*, 18, 2411]. — Il se produit quand on abandonne pendant 1 mois un mélange d'acide cyanocarbimidamidobenzoïque avec de l'acide chlorhydrique étendu de son poids d'eau. Il forme de petits cristaux prismatiques, assez solubles dans l'eau bouillante. L'ébullition avec l'eau le dédouble en ammoniaque et acide oxalamidobenzoïque.

Le *chloraurate*,

$$C^9H^9Az^3O^3 . HCl . AuCl^3 , 1,5 H^2O,$$

forme des aiguilles jaunes et brillantes.

Acide cyanocarboxamidobenzoïque,

$$CO^2H . C^6H^4 . AzH . CO . CAz.$$

— Il se produit par l'action de l'acide azoteux sur une solution chlorhydrique froide d'acide cyanocarbimidamidobenzoïque :

$$CO^2H . C^6H^4 . AzH . C(AzH) . CAz + AzO^2H$$
$$= H^2O + Az^2 + CO^2H . C^6H^4 . AzH . CO . CAz.$$

Lamelles brillantes, presque insolubles dans l'eau froide, se décomposant par l'eau bouillante en acides carbonique, cyanhydrique et carboxamidobenzoïque [Griess, *D. chem. G.*, 18, 2415].

L'ammoniaque aqueuse le dédouble immédiatement en acides uramidobenzoïque et cyanhydrique. Traité par une solution aqueuse d'hydroxylamine, il fournit l'*amidoxime* correspondante,

$$CO^2H . C^6H^4 . AzH . CO . C\begin{matrix} \nearrow AzOH \\ \searrow AzH^2 \end{matrix}$$

Aiguilles peu solubles dans l'eau chaude et donnant un sel barytique de la formule

$$(C^9H^8Az^3O^4)^2Ba , 4 H^2O.$$

Acide carbimidamidobenzoïque (*guanidodibenzoïque*, $C(AzH)(AzH . C^6H^4 . CO^2H)^2$ [Griess, *Zeit. f. Chem.*, 3, 534; *Ann. Chem.*, 172, 172]. — Un courant de cyanogène passant dans une solution alcoolique d'acide m-amidobenzoïque fournit immédiatement un précipité jaune; la liqueur filtrée donne à son tour au bout de quelques semaines un précipité blanc cristallin, formé par un mélange d'acides carbimidamidobenzoïque et éthoxycarbimidamidobenzoïque; on traite ce mélange par l'eau bouillante, qui ne dissout que le premier de ces deux corps. On achève la purification en dissolvant ce composé dans l'acide chlorhydrique étendu et chaud, sursaturant la solution par l'ammoniaque et précipitant par l'acide acétique.

Le même composé prend aussi naissance dans l'action de l'oxyde de mercure et de l'ammoniaque sur l'acide sulfo-urée-dibenzoïque.

Précipité de ses solutions alcalines par l'acide acétique, l'acide carbimidamidobenzoïque est amorphe; il devient peu à peu cristallin; il est très soluble dans l'acide chlorhydrique étendu et chaud. Il se combine avec les acides et avec les bases.

Le *sel de baryum*, $(C^{15}H^{12}Az^3O^4)^2Ba$, forme des aiguilles peu solubles dans l'eau froide, assez solubles dans l'eau chaude.

Le *chlorhydrate*, $C^{15}H^{13}Az^3O^4 . HCl$, est très soluble dans l'eau, peu soluble dans l'acide chlorhydrique; il forme avec le chlorure de platine un sel double ayant pour formule

$$(C^{15}H^{13}Az^3O^4 . HCl)^2PtCl^4.$$

Acide éthoxycarbimidamidobenzoïque,

$$CO^2H . C^6H^4 . AzH . C(AzH)(OC^2H^5) , 0,5 H^2O.$$

— On a indiqué plus haut la façon dont on l'obtient et la manière dont on le sépare de l'acide carbimidamidobenzoïque. Il cristallise en aiguilles très peu solubles dans l'eau chaude, solubles dans l'alcool et dans l'éther. L'ébullition avec les acides ou avec les alcalis le convertit en alcool et acide uramidobenzoïque; l'acide nitreux le transforme en acide uréthane-benzoïque.

Acide cyanamidobenzoïque,

$$CO^2H . C^6H^4 . AzH . CAz , 0,5 H^2O$$

[Traube, *D. chem. G.*, 15, 2113]. — On l'obtient par l'action du chlorure de cyanogène sur une solution alcoolique froide d'acide m-amidobenzoïque, ou encore en faisant bouillir l'acide m-thio-uramidobenzoïque avec une solution ammoniacale de nitrate d'argent.

Il cristallise en aiguilles nacrées, qui se déshydratent à 100-115° et qui se décomposent au-dessus de 140°. Presque insoluble dans l'eau froide et dans le benzène, il est soluble dans l'eau bouillante, le chloroforme, l'éther, très soluble dans l'alcool bouillant. Soumis à une ébullition prolongée avec la soude, il se dédouble en acide carbonique, ammoniaque et acide amidobenzoïque; l'eau de baryte lui fait subir la même décomposition à 140°. Par ébullition avec de l'acide chlorhydrique, il se convertit en acide m-uramidobenzoïque. Il s'unit avec l'aniline pour donner la phénylbenzocréatine.

Sa solution sodique neutre fournit par le sulfate de cuivre un précipité brun, insoluble dans l'eau et dans l'alcool, soluble dans l'ammoniaque, et formé par le mélange des deux sels

$$(C^8H^5Az^2O^2)^2Cu \quad \text{et} \quad C^8H^4Az^2O^2Cu.$$

Le *sel d'argent*, $C^8H^5Az^2O^2Ag$, est un précipité blanc gélatineux.

ACIDE P-AMIDOBENZOÏQUE (*amidodracylique*). — On l'obtient en chauffant l'acide p-acétamidobenzoïque avec de l'acide chlorhydrique concentré [Kayser, *D. chem. G.*, 18, 2943].

Acide triméthylamidobenzoïque

$$\overbrace{Az(CH^3)^3 . C^6H^4 . CO}^{O} , H^2O.$$

— Par l'action de l'iodure de méthyle, de la potasse et de l'esprit de bois sur l'acide p-amidobenzoïque à froid. Lamelles fusibles à 255°, perdant leur eau de cristallisation à 100°, solubles dans l'eau [Michael et Wing, *Am. Journ.*, 7, 195].

Le *chloroplatinate*, $(C^{10}H^{13}AzO^2 . HCl)^2PtCl^4$, cristallise en grands prismes rouges.

L'*iodhydrate*, $C^{10}H^{13}AzO^2 . HI$, forme de petites lamelles tétragonales, fusibles à 233°.

Acide diéthyl-p-amidobenzoïque. — Voyez Suppl., 1, 327.

L'*éther éthylique*, $(C^2H^5)^2Az . C^6H^4 . CO^2C^2H^5$, se produit à froid par l'action de l'iodure d'éthyle sur un mélange d'acide p-amidobenzoïque, d'alcool et de potasse [Michael et Wing, *Am. Journ.*, 7, 197]. Il cristallise dans un mélange réfrigérant et bout à 312-314°; il est très soluble dans l'alcool et dans l'éther, insoluble dans l'eau.

Acide diallylamidobenzoïque,

$$Az(C^3H^5)^2 . C^6H^4 . CO^2H.$$

— Il se forme à froid par l'action de l'iodure d'allyle sur l'acide p-amidobenzoïque en présence de potasse et d'alcool [Michael et Wing, *loc. cit.*]. Petits prismes jaunes, fusibles à 127°, insolubles dans l'eau, très solubles dans l'alcool bouillant.

Acide méthylphénylamidobenzoïque,

$$Az(CH^3)(C^6H^5) . C^6H^4 . CO^2H$$

[Michler et Sarauw, *D. chem. G.*, 14, 2180]. —

On l'obtient à l'état de chlorure en chauffant à 100° une solution benzénique de méthyldiphénylamine préalablement saturée d'oxychlorure de carbone. Lamelles fusibles à 184°. L'acide chlorhydrique concentré le décompose à 200° en acide carbonique, chlorure de méthyle et diphénylamine.

Le *sel de baryum*, $(C^{14}H^{12}AzO^2)^2Ba$, forme des lamelles nacrées.

Le *sel d'argent*, $C^{14}H^{12}AzO^2Ag$, est un précipité amorphe.

Acide p-carbodibenzamique,

$$CO(AzH.C^6H^4.CO^2H)^2$$

[Griess, *J. prakt. Chem.*, (2), **5**, 370]. — Petites aiguilles, insolubles dans la plupart des dissolvants usuels, obtenues en même temps que l'acide p-uramidobenzoïque par la fusion d'un mélange d'urée et d'acide p-amidobenzoïque.

Le *sel de baryum*, $C^{15}H^{10}Az^2O^5Ba$, est grenu.

Acide p-formamidobenzoïque,

$$C^6H^4(AzH.CHO)CO^2H$$

[Zehra, *D. chem. G.*, **23**, 3633]. — On l'obtient en dissolvant l'acide p-amidobenzoïque dans de l'acide formique concentré (d = 1,2). Aiguilles blanches, fusibles avec décomposition à 268°, très solubles dans l'alcool bouillant, presque insolubles dans l'eau.

Acide amido-succinique-p-benzoïque,

$$C^6H^4(AzH.CO.CH^2.CH^2.CO^2H)CO^2H$$

[Michael, *D. chem. G.*, **10**, 577]. — On l'obtient en oxydant la p-crésylsuccinimide par une solution étendue de permanganate de potassium. Il forme des aiguilles jaunâtres, fusibles à 225-226°, peu solubles dans l'eau froide, assez solubles dans l'alcool, très solubles à chaud dans l'alcool et dans l'eau. L'ébullition avec l'acide chlorhydrique concentré le dédouble en acides succinique et p-amidobenzoïque.

Le *sel de baryum* cristallise en lamelles.

Le *sel d'argent*, $C^{11}H^{10}AzO^5Ag$, est un précipité floconneux.

Acide p-benzamidobenzoïque,

$$C^6H^4(AzH.C^7H^5O)CO^2H$$

[Brückner, *Ann. Chem.*, **205**, 127]. — Préparé par l'oxydation de la benzo-p-toluide au moyen d'une solution acétique d'acide chromique, ce corps cristallise en petites aiguilles, fusibles à 278°, peu solubles dans l'eau chaude, plus solubles dans l'alcool, l'éther et l'acide acétique.

Les *sels de calcium*, $(C^{14}H^{10}AzO^3)^2Ca$, et *de baryum*, $(C^{14}H^{10}AzO^3)^2Ba$, sont des précipités insolubles.

Le *sel d'argent* cristallise dans l'eau bouillante en lamelles nacrées peu solubles.

Amide p-amidobenzoïque,

$$C^6H^4(AzH^2)CO.AzH^2, 0,25H^2O.$$

— Grands cristaux jaunes, fusibles à 178-179°, obtenus en réduisant par le sulfure d'ammonium la p-nitrobenzamide [Beilstein et Reichenbach, *Ann. Chem.*, **132**, 144].

Nitrile p-amidobenzoïque, $C^6H^4(AzH^2)CAz$. — On l'obtient : en réduisant le p-nitrobenzonitrile par le zinc et l'acide chlorhydrique en solution alcoolique [Engler, *Ann. Chem.*, **149**, 302] ou par l'étain et l'acide acétique [Fricke, *D. chem. G.*, **7**, 1322] ; en distillant l'acide p-uramidobenzoïque avec de l'anhydride phosphorique [Griess, *D. chem. G.*, **8**, 861].

Aiguilles fusibles à 74° (Engler), à 86° (Griess), à 110° (Fricke), très solubles dans l'alcool, l'éther et l'eau bouillante, distillables avec décomposition partielle.

Le *chlorhydrate*, $C^7H^6Az^2.HCl$, cristallise en lamelles.

Le *chloroplatinate*, $(C^7H^6Az^2.HCl)^2PtCl^4$, forme des aiguilles très peu solubles.

ACIDES DIAMIDOBENZOÏQUES. — Voyez Dict., **1**, 563 ; **2**, 699 et Suppl., **1**, 328.

ACIDE γ-DIAMIDOBENZOÏQUE,

$$C^6H^3(AzH^2)^2_{(3.5)}CO^2H_{(1)}.$$

— Voyez Dict., **2**, 699 et Suppl., **1**, 329.

Acide glycodiamidobenzoïque,

$$C^6H^{10}O^5 < \begin{matrix} AzH \\ AzH \end{matrix} > C^6H^3.CO^2H$$

[Griess et Harrow, *D. chem. G.*, **20**, 2210]. — On mélange des solutions aqueuses, concentrées et bouillantes de glucose (2 molécules) et d'acide diamidobenzoïque, on maintient la liqueur à 90° pendant quelques heures, puis on évapore à cristallisation. Petites aiguilles argentines, presque insolubles dans l'alcool et dans l'éther, très peu solubles dans l'eau froide. Ce corps se décompose en fondant. Il possède le pouvoir rotatoire droit.

Le *sel de baryum*, $(C^{13}H^{15}Az^2O^7)^2Ba$, est précipité de sa solution aqueuse par l'alcool à l'état amorphe.

Le *chlorhydrate*, $C^{13}H^{16}Az^2O^7.HCl$, forme de petites lamelles très solubles dans l'alcool et dans l'eau.

Acide maltodiamidobenzoïque,

$$C^{12}H^{20}O^{10} < \begin{matrix} AzH \\ AzH \end{matrix} > C^6H^3.CO^2H$$

[Griess et Harrow, *D. chem. G.*, **20**, 2212]. — Aiguilles ou lamelles microscopiques, obtenues, comme le composé précédent, en substituant la maltose à la glucose. Il est peu soluble dans l'eau froide, presque insoluble dans l'alcool et dans l'éther ; il ne réduit pas la liqueur de Fehling.

Le *sel de baryum*, $(C^{19}H^{25}Az^2O^{12})^2Ba$, est une masse gommeuse, très soluble dans l'eau.

ACIDE β-DIAMIDOBENZOÏQUE,

$$C^6H^3(AzH^2)^2_{(3.4)}CO^2H_{(1)}$$

[*loc. cit.*]. — Il fond à 210-211°.

Son *chlorhydrate*, $C^7H^8Az^2O^2.HCl, 1,5H^2O$, cristallise en aiguilles [Salkowski, *Ann. Chem.*, **173**, 57].

Acide anhydroacétyldiamidobenzoïque (*acide phéno-β-pyrazol-α-méthyl-3-carbonique*),

$$CO^2H.C^6H^3 < \begin{matrix} AzH \\ Az \end{matrix} \gtrless C.CH^3, H^2O$$

[Kaiser, *D. chem. G.*, **18**, 2944]. — On l'obtient en ajoutant de l'étain à une solution acétique bouillante d'acide m-nitro-p-acétamidobenzoïque ou d'acide p-nitro-m-acétamidobenzoïque. Il cristallise en aiguilles qui se déshydratent à 100° et qui fondent en se décomposant à 301-302°. Il est presque insoluble dans l'éther, le chloroforme et le benzène, peu soluble dans l'alcool chaud, très soluble dans l'acide acétique bouillant.

Le *sel de potassium*, $C^9H^7Az^2O^2K$, forme des aiguilles microscopiques déliquescentes.

Le *chlorhydrate*, $C^9H^8Az^2O^2.HCl, 0,5H^2O$, est en fines aiguilles extrêmement solubles dans l'eau.

Le *chloroplatinate*,

$$(C^9H^8Az^2O^2.HCl)^2PtCl^4, 2H^2O,$$

cristallise en aiguilles d'un jaune d'or.

Acide m-amido-p-phénylamidobenzoïque,

$$C^6H^3(AzH^2)_{(3)}(AzH.C^6H^5)_{(4)}CO^2H_{(1)}$$

[M. Schöppf, *D. chem. G.*, 22, 3286]. — On le prépare en réduisant l'acide nitré correspondant (voyez plus loin) par le sulfure d'ammonium alcoolique, à la température de 120°.

Il cristallise dans l'eau en petites aiguilles blanches, qui rougissent légèrement à l'air; il fond à 153°; il est très soluble dans l'alcool, l'acétone, le chloroforme, moins soluble dans le benzène, insoluble dans la ligroïne. L'acide sulfurique concentré le dissout avec une coloration rosée, qui passe au rouge foncé par l'addition d'une trace d'acide nitrique.

Le *chlorhydrate*, $C^{13}H^{12}Az^2O^2 . HCl$, cristallise dans l'alcool absolu en aiguilles qui se dissocient par l'eau.

Chauffé au-dessus de son point de fusion, l'acide m-amido-p-phénylamidobenzoïque se décompose avec perte d'acide carbonique et formation d'o-amidodiphénylamine $C^6H^5 . AzH . C^6H^4 . AzH^2$.

L'acide nitreux le convertit en *acide phénylazimidobenzoïque*,

$$C^6H^5 - Az \langle \overset{Az}{\underset{Az}{|}} \rangle C^6H^3 . CO^2H.$$

Ce dernier cristallise dans l'alcool en aiguilles roses, fusibles à 272°.

L'*éther m-amido-p-phénylamidobenzoïque*, $C^{13}H^{11}Az^2O^2 . C^2H^5$, s'obtient par la réduction de l'éther nitré correspondant au moyen du sulfure d'ammonium. Il cristallise en lamelles blanches, fusibles à 76-77°.

Acide m-amido-p-(o)crésylamido-benzoïque, $C^6H^3(AzH^2)_{(3)}(AzH_{(1)} . C^6H^4 . CH^3_{(2)})_{(4)}CO^2H_{(1)}$ [Heidensleben, *D. chem. G.*, 23, 3452]. — On le prépare en réduisant l'acide m-nitro-p-crésylamidobenzoïque par le sulfure d'ammonium en solution alcoolique, à la température de 120°. Il cristallise dans l'alcool en lamelles blanches, fusibles à 167°, très solubles dans l'acétone, l'alcool et le benzène.

L'*éther éthylique*, $C^{14}H^{13}Az^2O^2 . C^2H^5$, préparé par la réduction de l'éther nitro-crésylamidobenzoïque, forme des aiguilles microscopiques, fusibles à 115°, très solubles dans l'alcool, l'éther, le chloroforme, moins solubles dans le benzène. Il forme un *chlorhydrate*, qui se présente en aiguilles incolores et brillantes, brunissant rapidement à l'air.

Acide-m-amido-p-(p)crésylamido-benzoïque,

$$C^6H^3(AzH^2)_{(3)}(AzH_{(1)} . C^6H^4 . CH^3_{(4)})_{(4)}CO^2H_{(1)}$$

[Heidensleben, *loc. cit.*]. — Même préparation que pour l'acide précédent. Aiguilles d'un brun clair, fusibles à 185°,5, insolubles dans l'eau, très solubles dans l'alcool et dans l'acétone.

Traité par l'acide nitreux, ce corps fournit un *dérivé azimidé*, $C^6H^3(Az^3 . C^7H^7)(CO^2H)$, fusible à 271°.

L'*éther éthylique*, $C^{14}H^{13}Az^2O^2 . C^2H^5$, cristallise en aiguilles incolores, bleuissant à l'air, très solubles dans l'alcool, l'éther, le chloroforme, moins solubles dans le benzène, et fusibles à 145°.

Acide m-amido-p-(α)naphtylamidobenzoïque, $C^6H^3(AzH^2)_{(3)}(AzH . C^{10}H^7)_{(4)}CO^2H_{(1)}$ [Heidensleben, *ibid.*]. — Préparé par la réduction du composé nitré correspondant au moyen du sulfure d'ammonium alcoolique à 120°, cet acide cristallise dans l'alcool en aiguilles blanches, qui se décomposent à 90°; il est très soluble dans l'alcool, l'éther, le chloroforme, le benzène, insoluble dans l'eau.

Acide dibenzylidène-amidobenzoïque,

$$CO^2H . C^6H^3(Az = CH . C^6H^5)^2$$

[Ladenburg, *D. chem. G.*, 11, 594]. — On l'obtient en oxydant par le permanganate de potassium une solution acétique de *tolubenzaldéhydine*,

$$CH^3 - C^6H^3 \langle \overset{Az}{\underset{Az - CH^2 . C^6H^5}{\diagdown}} \rangle C - C^6H^5$$

Il cristallise en prismes fusibles à 253,5-254°,5, peu solubles dans l'eau et dans l'acide acétique, assez solubles dans l'acide chlorhydrique étendu.

Le *sel de calcium*, $(C^{21}H^{15}Az^2O^2)^2Ca$, se présente en aiguilles ou en prismes à six pans, peu solubles dans l'eau froide, assez solubles dans l'alcool [Ladenburg et Rügheimer, *D. chem. G.*, 11, 1657].

Le *sel d'argent*, $C^{21}H^{15}Az^2O^2Ag$, est un précipité floconneux.

Acide di-carboxyméthyl-amido-benzoïque,

$$C^6H^3(AzH . CO^2CH^3)^2_{(3.4)}CO^2H_{(1)}$$

[A. Zehra, *D. chem. G.*, 23, 3630]. — On prépare ce dérivé en traitant par le chlorocarbonate de méthyle une solution acétique d'acide m-p-diamidobenzoïque. Il cristallise en aiguilles soyeuses, assez solubles dans l'alcool chaud, insolubles dans l'eau, qui se ramollissent à 300° et fondent en se décomposant à 340-350°.

Sa solution ammoniacale fournit par le nitrate d'argent un précipité gélatineux.

Acide carbonyl-diamidobenzoïque,

$$CO \langle \begin{matrix} AzH_{(3)} \\ AzH_{(4)} \end{matrix} \rangle C^6H^3 . CO^2H_{(1)}$$

[Zehra, *ibid.*]. — On l'obtient par l'action du chlorure de carbonyle en solution benzénique sur une solution acétique d'acide diamidobenzoïque. Il cristallise dans l'acide acétique bouillant en aiguilles ou en lamelles microscopiques, insolubles dans l'eau, l'alcool, le cumène, l'éther; il se ramollit à 360°.

Acide m-p-diacétamidobenzoïque,

$$C^6H^3(AzH . C^2H^3O)^2_{(3.4)}CO^2H_{(1)}$$

[Zehra, *ibid.*]. — Petites aiguilles blanches, fusibles avec décomposition à 218°, insolubles dans l'eau, très solubles dans l'alcool bouillant.

ACIDE δ-DIAMIDOBENZOÏQUE (*acide de Voit*),

$$C^6H^3(AzH^2)^2_{(3.5)}CO^2H_{(1)}, H^2O.$$

— On peut l'obtenir par la réduction de l'acide p-dinitrophtalique, fusible à 227°, par l'étain et l'acide chlorhydrique [Merz et Weith, *D. chem. G.*, 15, 2708].

Il cristallise en longues aiguilles, qui perdent à 110° leur molécule d'eau de cristallisation et qui fondent à 228° lorsqu'on les chauffe lentement, à 236° lorsqu'on les chauffe rapidement [Hübner, *Ann. Chem.*, 222, 85].

Sa solution aqueuse se colore en jaune par les moindres traces d'acide azoteux. Cette réaction, extrêmement sensible, est utilisée par M. Griess pour le dosage colorimétrique de ce dernier acide.

Amide diamidobenzoïque,

$$C^6H^3(AzH^2)^2CO . AzH^2$$

[Mourcotoff, *Zeit. f. Chem.*, 6, 642]. — On l'obtient en réduisant par le sulfure d'ammonium la dinitrobenzamide correspondante. Grandes aiguilles brunâtres, assez solubles dans l'eau chaude, peu solubles dans l'eau froide.

Le *chlorhydrate*, $C^7H^9Az^3O . 2HCl$, est en aiguilles soyeuses.

Le *picrate* est un précipité cristallin, jaune, soluble dans 735 parties d'eau froide.

Le *dérivé diacétylé*,

$$C^6H^3(AzH \cdot C^2H^3O)^2CO \cdot AzH^2, H^2O,$$

cristallise en longues aiguilles, solubles dans l'eau bouillante, qui se déshydratent à 100° et qui fondent au-dessus de 265°.

Acide diuréide-benzoïque,

$$C^6H^3(AzH \cdot CO \cdot AzH^2)^2CO^2H$$

[Griess, *D. chem. G.*, **2**, 47]. — Petits cristaux jaunes, très peu solubles dans l'alcool et dans l'eau chaude, obtenus par la fusion d'un mélange d'urée et d'acide diamidobenzoïque.

Le *sel de baryum*, $(C^9H^9Az^4O^4)^2Ba$, forme des mamelons très solubles dans l'eau bouillante, peu solubles dans l'eau froide.

ACIDE α-DIAMIDOBENZOÏQUE,

$$C^6H^4(AzH^2)^2_{(3.6)}CO^2H_{(1)}.$$

— On peut l'obtenir en réduisant, par l'étain et l'acide chlorhydrique, l'acide dinitrophtalique fusible à 200° [Merz et Weith, *D. chem. G.*, **15**, 2708].

Le *chlorhydrate*, $C^7H^8Az^2O^2 \cdot 2HCl$, cristallise en petites aiguilles [Kolbe, *J. prakt. Chem.*, (2), **30**, 480].

ACIDE DIÉTHYLAMIDO-AMIDOBENZOÏQUE,

$$C^6H^3(AzH^2)_{(x)}[Az(C^2H^5)^2]_{(3)}CO^2H_{(1)}$$

[Griess, *D. chem. G.*, **10**, 527]. — On l'obtient soit en nitrant l'acide m-diéthylamidobenzoïque, puis en réduisant le dérivé nitré par l'étain et l'acide chlorhydrique, soit en dédoublant l'acide benzène-azo-m-diéthyl-amidobenzoïque par les réducteurs (sulfure d'ammonium, étain et acide chlorhydrique). Aiguilles ou prismes grisâtres, assez peu solubles dans l'alcool bouillant.

ACIDES TRIAMIDOBENZOÏQUES. — ACIDE TRIAMIDOBENZOÏQUE,

$$C^6H^2(AzH^2)^3_{(2.3.5)}CO^2H_{(1)}.$$

— Il se produit par le dédoublement de l'acide benzène-p-sulfonique-azo-m-diamidobenzoïque sous l'action de l'étain et de l'acide chlorhydrique :

$$SO^3H_{(4)} - C^6H^4 - Az^2_{(1)} - C^6H^2(AzH^2)^2CO^2H + 2H^2$$
$$= AzH^2_{(1)} \cdot C^6H^4 \cdot SO^3H + (AzH^2)^3C^6H^2 \cdot CO^2H$$

[Griess, *D. chem. G.*, **15**, 2199].

Cristaux incolores, qui brunissent à l'air humide, insolubles dans l'alcool et dans l'éther, solubles dans l'eau bouillante. La dissolution aqueuse se décompose rapidement à l'air en se colorant en rouge; cette décomposition a lieu immédiatement par addition de perchlorure de fer.

Le *sulfate*, $C^7H^9Az^3O^2 \cdot SO^4H^2$, est en petites aiguilles, insolubles dans l'alcool, très difficilement solubles dans l'eau bouillante.

ACIDE TRIAMIDOBENZOÏQUE,

$$C^6H^2(AzH^2)^3_{(3.4.5)}CO^2H_{(1)}.$$

— On l'obtient par la réduction de l'acide chrysanisique (dinitro-p-amidobenzoïque) à l'aide de l'étain et de l'acide chlorhydrique [Salkowski, *Ann. Chem.*, **163**, 12]. Fines aiguilles, solubles dans l'eau bouillante, insolubles dans l'alcool. Il se combine aux bases et aux acides. Si, à une solution sulfurique de l'acide, on ajoute une trace d'acide azotique, il se produit au bout d'un certain temps une belle coloration bleu foncé.

Le *sel de calcium*, $(C^7H^8Az^3O^2)^2Ca$, forme des croûtes cristallines brunâtres.

Le *sel de zinc*, $(C^7H^8Az^3O^2)^2Zn, 6H^2O$, est en agrégats cristallins d'un brun clair.

Le *chlorhydrate*, $C^7H^9Az^3O^2 \cdot HCl, 0,5H^2O$, cristallise en aiguilles grises, à reflet argentin, extrêmement solubles dans l'eau et dans l'alcool.

Le *chlorostannate*,

$$C^7H^9Az^3O^2 \cdot 2HCl \cdot 2SnCl^2, 3,5H^2O,$$

est en cristaux clinorhombiques, très solubles dans l'eau et dans l'alcool.

Le *sulfate*, $C^7H^9Az^3O^2 \cdot SO^4H^2, H^2O$, forme des lamelles brun clair, insolubles dans l'alcool, peu solubles dans l'eau bouillante.

ACIDES CHLORO-AMIDOBENZOÏQUES. — ACIDE O-CHLORO-M-AMIDOBENZOÏQUE,

$$C^6H^3Cl_{(2)}(AzH^2)_{(3)}CO^2H_{(1)}.$$

— On l'obtient en chauffant l'imide de l'acide m-diazobenzoïque avec de l'acide chlorhydrique [Griess, *D. chem. G.*, **19**, 313]. Prismes fusibles à 186°. Chauffé pendant quelque temps au-dessus de son point de fusion, il se transforme en une masse bleue.

ACIDE M-CHLORO-O-AMIDOBENZOÏQUE,

$$C^6H^3Cl_{(3)}AzH^2_{(6)}CO^2H_{(1)}.$$

— Voyez Dict., **1**, 563 et Suppl., **1**, 328.

Acide dinitrophénylamidochlorobenzoïque,

$$C^6H^3Cl_{(3)}[AzH_{(6)} \cdot C^6H^3(AzO^2)^2_{(1.3)}]CO^2H_{(1)}$$

[Jourdan, *D. chem. G.*, **18**, 1450]. — On l'obtient en chauffant un mélange d'acide chloro-amidobenzoïque, de chloro-o-p-dinitrobenzène, d'alcool et d'ammoniaque en excès. Il cristallise dans l'alcool en fines aiguilles rougeâtres, peu solubles, fusibles à 280-282°.

Le *sel d'argent*, $(C^{13}H^7ClAz^3O^6)^2Ca$, est un précipité soluble dans l'eau chaude.

ACIDE M-CHLORO-O-AMIDOBENZOÏQUE,

$$C^6H^3Cl_{(3)}(AzH^2)_{(2)}CO^2H_{(1)}.$$

— On l'obtient en faisant agir l'acide chlorhydrique bouillant sur l'acide monochloro-anthranilcarbonique [Dorsch, *J. prakt. Chem.*, (2), **33**, 50].

Il cristallise dans l'alcool en longues aiguilles fusibles à 204°, très solubles dans l'alcool, l'acétone, l'acide acétique, l'éther, le benzène, moins solubles dans le chloroforme, très peu solubles dans l'eau.

L'*amide*, $AzH^2 \cdot C^6H^3Cl \cdot CO \cdot AzH^2$, se forme par l'action de l'ammoniaque chaude sur l'acide chloroanthranil-carbonique.

Larges aiguilles, fusibles à 172°, très solubles dans l'alcool, l'acétone, l'acide acétique, moins solubles dans l'eau, l'éther, le chloroforme et le benzène.

ACIDE CHLORO-ANTHRANIL-CARBONIQUE,

$$C^6H^3Cl \begin{cases} CO \\ | \\ Az \cdot CO^2H \end{cases}$$

[Dorsch, *loc. cit.*]. — Il prend naissance lorsqu'on oxyde la chloro-isatine par l'acide chromique en solution acétique. Lamelles rectangulaires, nacrées, fusibles avec décomposition à 265-268°, insolubles dans l'eau, l'éther, le chloroforme, le benzène, peu solubles dans l'alcool, l'acétone, l'acide acétique. L'ébullition avec l'acide chlorhydrique concentré le dédouble en acides carbonique et chloro-anthranilique.

ACIDE CHLORO-O-AMIDOBENZOÏQUE,

$$C^6H^3Cl_{(3\text{ ou }6)}AzH^2_{(2)}CO^2H_{(1)}.$$

Acide méthylamidochlorobenzoïque,

$$C^6H^3Cl(AzH \cdot CH^3)CO^2H$$

[La Coste et Bodewig, *D. chem. G.*, **18**, 431]. —

Fines aiguilles, fusibles à 178°, très solubles dans l'alcool, très peu solubles dans l'eau, obtenues en saponifiant par la potasse alcoolique l'acide méthylformylamido-chlorobenzoïque.

Acide méthylformylamido-chlorobenzoïque,

$$C^6H^3Cl[Az(CH^3)(CHO)]CO^2H$$

[La Coste et Bodewig, *ibid.*]. — C'est un des produits de l'oxydation du chlorométhylate de m-chloroquinoléine par le permanganate de potassium à froid. On sursature par l'acide chlorhydrique la liqueur filtrée, on filtre de nouveau au bout de 12 heures et on traite le précipité par le carbonate de sodium qui dissout l'acide et qui laisse insoluble la *méthylpseudochloro-isatine* formée en même temps. On lave la solution alcaline au chloroforme et on la précipite enfin par l'acide chlorhydrique.

Il cristallise dans l'alcool en fines aiguilles ou en lamelles, fusibles avec décomposition à 201-202°, peu solubles à froid dans l'alcool, l'éther, le chloroforme, très peu solubles dans l'eau. Chauffé avec de l'acide chlorhydrique étendu, il se dédouble en acides formique et méthylamido-chlorobenzoïque; l'acide chlorhydrique concentré le décompose avec production d'acide carbonique et de méthylchloramine.

ACIDE O-CHLORO-M-AMIDOBENZOÏQUE,

$$C^6H^3Cl_{(2)}(AzH^2)_{(3)}CO^2H_{(1)}$$

[Hübner et Biedermann, *Ann. Chem.*, **147**, 264. — Hübner, *ibid.*, **222**, 198]. — Obtenu par la réduction de l'acide chloronitré correspondant au moyen de l'étain et de l'acide chlorhydrique, il cristallise dans l'eau en petites aiguilles fusibles à 212°, très solubles dans l'eau et dans l'alcool. L'hydrogénation par l'amalgame de sodium le transforme en acide m-amidobenzoïque.

Le *sel de plomb*, $(C^7H^5ClAzO^2)^2Pb, 1,5H^2O$, cristallise en aiguilles brunâtres, peu solubles dans l'eau et dans l'alcool.

Le *sel de cuivre*, $(C^7H^5ClAzO)^2Cu . CuO$, est un précipité vert foncé.

Le *chlorhydrate*, $C^7H^6ClAzO^2 . HCl$, forme de petites aiguilles très solubles dans l'eau.

Le *nitrate*, $C^7H^6ClAzO^2 . AzO^3H$, est en aiguilles très solubles.

Le *sulfate*, $C^7H^6ClAzO^2 . SO^4H^2$, forme de grandes aiguilles peu solubles dans l'eau froide.

ACIDE M-CHLORO-M-AMIDOBENZOÏQUE.

$$C^6H^3Cl_{(3)}(AzH^2)_{(5)}CO^2H_{(1)}.$$

— Préparé par la réduction de l'acide m-chloro-m-nitrobenzoïque à l'aide de l'étain et de l'acide chlorhydrique, il se présente en aiguilles fusibles à 216°, facilement solubles dans l'alcool et dans l'éther, peu solubles dans l'eau.

Traité par le nitrite d'éthyle, il se convertit en acide m-chlorobenzoïque.

Le *sel de baryum*, $(C^7H^5ClAzO^2)^2Ba, 4H^2O$, forme de longues aiguilles très solubles.

Le *sel de cuivre*, $(C^7H^5ClAzO^2)^2Cu$, est un précipité vert.

Le *sel d'argent*, $C^7H^5ClAzO^2Ag$, cristallise dans l'eau bouillante en aiguilles peu solubles

ACIDE P-CHLORO-M-AMIDOBENZOÏQUE,

$$C^6H^3Cl_{(4)}(AzH^2)_{(3)}CO^2H_{(1)}.$$

— On l'obtient en réduisant par l'étain et l'acide chlorhydrique l'acide chloronitré correspondant [Hübner et Biedermann, *Ann. Chem.*, **147**, 258]. Il se produit aussi, en même temps que l'acide o-chloro-o-amidobenzoïque décrit plus haut, lorsqu'on fait bouillir avec de l'acide chlorhydrique l'imido-m-diazobenzoïque [Griess, *D. chem. G.*, **19**, 315].

Il forme de petites aiguilles fusibles à 212°, assez solubles dans l'eau bouillante, peu solubles dans l'eau froide. Réduit par l'amalgame de sodium, il donne de l'acide m-amidobenzoïque.

Le *sel de plomb*, $(C^7H^5ClAzO^2)^2Pb$, forme de longues aiguilles.

Le *sel de cuivre*, $(C^7H^5ClAzO^2)^2Cu$, est en petits cristaux verts, très peu solubles dans l'eau.

Le *sulfate*, $C^7H^6ClAzO^2 . SO^4H^2$, cristallise en petites aiguilles très peu solubles dans l'eau froide [Hübner, *Ann. Chem.*, **222**, 184].

ACIDE DICHLORO-O-AMIDOBENZOÏQUE,

$$AzH^2 . C^6H^2Cl^2 . CO^2H.$$

— Obtenu par action de l'acide chlorhydrique concentré à chaud sur l'acide dichloro-anthranil-carbonique [Dorsch, *loc. cit.*], il forme de petites aiguilles, fusibles en se décomposant à 222-224°, solubles dans tous les dissolvants, excepté dans l'eau.

L'*amide*, $C^6H^2Cl^2(AzH^2)CO . AzH^2$, se produit par l'action prolongée de l'ammoniaque à 100° sur l'acide dichloro-anthranil-carbonique. Elle cristallise dans un mélange d'alcool et d'acétone en aiguilles courtes et larges, très peu solubles, fusibles avec décomposition à 284°.

Acide dichloro-anthranil-carbonique,

$$C^6H^2Cl^2 \left\langle \begin{matrix} CO \\ | \\ Az . CO^2H \end{matrix} \right.$$

[Dorsch, *ibid.*]. — Il se produit dans l'oxydation de la dichlorisatine par l'acide chromique en solution acétique. Prismes jaunes, fusibles avec décomposition à 254-256°, très solubles dans l'acide acétique et dans l'acétone, moins solubles dans le chloroforme et dans l'alcool, très peu solubles dans l'éther et dans le benzène.

ACIDE TRICHLORO-AMIDOBENZOÏQUE,

$$C^6HCl^3(AzH^2)CO^2H$$

[Beilstein et Kuhlberg, *Ann. Chem.*, **152**, 140]. — Fines aiguilles fusibles à 210°, obtenues par la réduction de l'acide trichloronitrobenzoïque par l'étain et l'acide chlorhydrique.

Le *sel de baryum*, $(C^7H^3Cl^3AzO^2)^2Ba, 3H^2O$, est en petites aiguilles assez solubles dans l'eau bouillante.

ACIDE TÉTRACHLORO-AMIDOBENZOÏQUE (*tétrachloro-anthranilique*), $AzH^2 . C^6Cl^4 . CO^2H$. — On l'obtient en réduisant l'acide tétrachloro-o-nitrobenzoïque par l'étain et l'acide chlorhydrique. Chauffé vers 300° avec 4 fois son poids d'acide acétique, cet acide donne de la tétrachloraniline.

L'*amide* se forme par l'action de l'ammoniaque aqueuse sur l'acide dichloro-anthranil-carbonique.

ACIDES BROMO-AMIDOBENZOÏQUES. — ACIDE M-BROMO-O-AMIDOBENZOÏQUE,

$$C^6H^3Br_{(3)}(AzH^2)_{(2)}CO^2H_{(1)}.$$

— Il a été été obtenu par l'action de l'acide chlorhydrique à l'ébullition sur l'acide monobromo-isatoïque (bromo-anthranil-carbonique) [Dorsch, *loc. cit.*].

On peut aussi le préparer en réduisant par l'étain et l'acide chlorhydrique l'acide bromonitré correspondant [Hübner, Philipp et Ohly, *Ann. Chem.*, **143**, 241]. Il cristallise en longues aiguilles fusibles à 208°, volatiles sans décomposition, très peu solubles dans l'eau, assez solubles dans l'alcool, l'éther, le chloroforme, le benzène, l'acide acétique, très solubles dans l'acétone. Traité par l'amalgame de sodium, ou par l'étain et l'acide chlorhydrique à refus, il se transforme en acide o-amidobenzoïque.

Le *sel de baryum*, $(C^7H^5BrAzO^2)^2Ba, 4H^2O$, cristallise en petites aiguilles très solubles.

Le *sel de cuivre* est un précipité bleu clair, insoluble dans l'eau.

L'*amide*, $AzH^2 . C^6H^3Br . CO . AzH^2$, se produit par l'action de l'ammoniaque aqueuse à chaud sur l'acide bromo-isatoïque (Dorsch).

Cristaux fusibles à 177°, très solubles dans l'alcool, l'acétone, l'acide acétique, moins solubles dans l'eau et dans le benzène, insolubles dans l'éther.

Acide acétamidobromobenzoïque,

$$C^6H^3Br(AzH . C^2H^3O)CO^2H$$

[Jackson, *D. chem. G.*, **14**, 886]. — Fines aiguilles, fusibles à 214-215°, obtenues par l'action de l'acide bromé sur l'acide o-acétamidobenzoïque.

Acide m-bromo-anthranil-carbonique (m-bromo-isatoïque),

$$C^6H^3Br \begin{cases} CO \\ | \\ Az . CO^2H \end{cases}$$

[Dorsch, *J. prakt. Chem.*, (2), **33**, 33]. — On l'obtient en traitant l'acide anthranil-carbonique par le double de son poids de brome en solution acétique à la température de 80-100°. Il se produit aussi dans l'oxydation de la bromisatine par l'acide chromique en solution acétique à la température de 0°.

Il cristallise dans un mélange d'alcool et d'acétone en lamelles nacrées, fusibles à 270-275°, insolubles dans l'eau, l'éther, le chloroforme, le benzène, peu solubles dans l'alcool et dans l'acide acétique, assez solubles dans l'acétone. Il se dédouble, par ébullition avec l'acide chlorhydrique, en acides carbonique et m-bromo-o-amidobenzoïque. L'ammoniaque le convertit à chaud en acide carbonique et en bromo-o-amidobenzamide. Une solution acétique de brome fournit à 100° de l'acide dibromo-o-amidobenzoïque.

ACIDE M-BROMO-O-AMIDOBENZOÏQUE,

$$C^6H^3Br_{(5)}(AzH^2)_{(2)}CO^2H_{(1)}.$$

— On l'obtient en réduisant l'acide bromonitré correspondant par le zinc et l'acide sulfurique [Hübner, Philipp et Ohly, *Ann. Chem.*, **143**, 244] ou mieux par l'étain et l'acide chlorhydrique [Hübner et Petermann, *ibid.*, **149**, 134]. Aiguilles fusibles à 171-172°, assez peu solubles dans l'eau. L'amalgame de sodium le transforme en acide anthranilique; il en est de même de l'étain et de l'acide chlorhydrique à la longue. L'acide nitreux fournit de l'acide m-bromosalicylique.

Le *sel de baryum*, $(C^7H^5BrAzO^2)^2Ba, H^2O$, est en aiguilles très solubles, groupées en mamelons.

Le *sel de cuivre*, $(C^7H^5BrAzO^2)^2Cu$, est un précipité d'un bleu pâle, insoluble dans l'eau.

ACIDE O-BROMO-M-AMIDOBENZOÏQUE,

$$C^6H^3Br_{(2)}(AzH^2)_{(5)}CO^2H_{(1)}.$$

— On l'obtient en réduisant par l'étain et l'acide acétique l'acide bromonitré correspondant [Burghard, *D. chem. G.*, **8**, 560]. Il cristallise en larges aiguilles, fusibles à 180° [Smith, *ibid.*, **10**, 1706].

ACIDE M-BROMO-M-AMIDOBENZOÏQUE,

$$C^6H^3Br_{(3)}(AzH^2)_{(5)}CO^2H_{(1)}.$$

— On le prépare en réduisant à chaud par l'étain et l'acide chlorhydrique l'acide bromonitré correspondant [Hübner, *Ann. Chem.*, **222**, 169]. Il cristallise dans l'alcool en aiguilles fusibles à 215°, presque insolubles dans l'eau, peu solubles dans le benzène, très solubles dans l'alcool.

Le *sel de calcium*, $(C^7H^5BrAzO^2)^2Ca, 5,5 H^2O$, est en longues aiguilles assez solubles dans l'eau.

Le *sel de baryum*, $(C^7H^5BrAzO^2)^2Ba, 4 H^2O$, est en fines aiguilles très solubles dans l'eau, peu solubles dans l'alcool.

Le *chlorhydrate*, $C^7H^6BrAzO^2 . HCl$, forme de petits prismes peu solubles dans l'eau froide.

Le *sulfate* est en cristaux ayant pour composition $(C^7H^6BrAzO^2)^2SO^4H^2$.

ACIDE P-BROMO-M-AMIDOBENZOÏQUE,

$$C^6H^3Br_{(4)}AzH^2_{(3)}CO^2H_{(1)}$$

[Hübner, *Ann. Chem.*, **222**, 179]. — On l'obtient en réduisant l'acide bromonitré correspondant. Petites aiguilles fusibles à 225°. L'amalgame de sodium le convertit en acide m-amidobenzoïque; un mélange d'acide bromhydrique et de nitrite d'éthyle, en acide m-p-dibromobenzoïque.

Le *sel de plomb*, $(C^7H^5BrAzO^2)^2Pb$, est un précipité insoluble.

Le *sel de cuivre*, $(C^7H^5BrAzO^2)^2Cu$, est un précipité vert, insoluble dans l'eau.

Le *chlorhydrate*, $C^7H^6BrAzO^2 . HCl$, est en longues aiguilles qui se dissocient par l'eau.

ACIDES DIBROMO-AMIDOBENZOÏQUES. — ACIDE DIBROMO-O-AMIDOBENZOÏQUE,

$$C^6H^2Br^2(AzH^2)_{(2)}CO^2H_{(1)}.$$

— La réduction par l'étain et l'acide chlorhydrique de l'acide dibromonitrobenzoïque fusible à 162° fournit un acide dibromo-amidobenzoïque qui cristallise dans l'alcool faible en aiguilles fusibles à 196°; l'amalgame de sodium le convertit en acide o-amidobenzoïque.

ACIDE DIBROMO-O-AMIDOBENZOÏQUE,

$$C^6H^2Br^2_{(3.4)}(AzH^2)_{(2 \text{ ou } 6)}CO^2H_{(1)}.$$

— On l'obtient : en réduisant par l'étain et l'acide chlorhydrique l'acide dibromo-o-nitrobenzoïque fusible à 162° [Hübner, *Ann. Chem.*, **222**, 189]; par l'action du brome sur l'o-nitrotoluène chauffé à 170° : il faut admettre que, dans cette réaction, le dibromonitrotoluène formé subit une transformation isomérique et se convertit en acide dibromo-anthranilique [Wachendorff, *Ann. Chem.*, **185**, 281. — Greiff, *D. chem. G.*, **13**, 288]; par l'action du brome sur une solution acétique d'acide anthranil-carbonique à 100° [Dorsch, *J. prakt. Chem.*, (2), **33**, 36].

Il cristallise dans l'alcool en aiguilles fusibles à 225-226°, très peu solubles dans l'eau, le chloroforme, l'éther et le benzène, assez solubles dans l'alcool, l'acide acétique et l'acétone. Réduit par l'amalgame de sodium, il donne de l'acide anthranilique.

Le *sel de calcium*, $(C^7H^4Br^2AzO^2)^2Ca, 4,5 H^2O$, forme des aiguilles peu solubles dans l'eau. Il en est de même des *sels de strontium*,

$$(C^7H^4Br^2AzO^2)^2Sr, 2 H^2O,$$

et *de baryum*,

$$(C^7H^4Br^2AzO^2)^2Ba, 4 H^2O.$$

Le *sel de cuivre*, $(C^7H^4Br^2AzO^2)^2Cu$, est un précipité vert, insoluble dans l'eau.

L'*amide*, $C^6H^2Br^2(AzH^2)CO . AzH^2$, prend naissance par l'action de l'ammoniaque sur l'acide dibromo-anthranil-carbonique à 100° (Dorsch). Elle cristallise dans un mélange d'alcool et d'acétone en longues lamelles nacrées, fusibles à 196-197°, très peu solubles dans l'eau.

Acide dibromo-anthranil-carbonique,

$$C^6H^2Br^2 \begin{cases} CO \\ | \\ Az . CO^2H \end{cases}$$

[Dorsch, *loc. cit.*]. — On l'obtient en oxydant la dibromisatine par l'acide chromique en solution acétique.

Il cristallise dans un mélange d'alcool et d'acétone en prismes rouge clair, fusibles à 255°, insolubles dans l'eau, peu solubles dans l'éther, l'alcool, le chloroforme, le benzène, assez solubles dans l'acide acétique et dans l'acétone.

ACIDE M-M-DIBROMO-O-AMIDOBENZOÏQUE,

$$C^6H^2Br^2_{(3.5)}(AzH^2)_{(2)}CO^2H_{(1)}$$

[Hübner, *Ann. Chem.*, **222**, 175]. — On réduit l'acide nitrodibromé correspondant par l'étain et l'acide chlorhydrique. Aiguilles fusibles à 225°, presque insolubles dans l'eau, assez solubles dans l'acide acétique. L'amalgame de sodium le transforme en acide anthranilique.

Le *sel de calcium*, $(C^7H^4Br^2AzO^2)^2Ca, 4H^2O$, cristallise en aiguilles presque insolubles dans l'eau froide; il en est de même du *sel de baryum*,

$$(C^7H^4Br^2AzO^2)^2Ba, 4H^2O.$$

Le *sel de cuivre*, $(C^7H^4Br^2AzO^2)^2Cu$, est un précipité cristallin, d'un vert clair, insoluble dans l'eau.

ACIDE M-M-DIBROMO-P-AMIDOBENZOÏQUE

$$C^6H^2Br^2_{(3.5)}(AzH^2)_{(4)}CO^2H_{(1)}$$

[Beilstein et Geitner, *Ann. Chem.*, **139**, 1]. — Il prend naissance par l'action de l'eau de brome sur une solution aqueuse d'acide p-amidobenzoïque. Aiguilles brunâtres, insolubles dans l'eau, peu solubles dans l'alcool, qui se décomposent par la fusion. L'amalgame de sodium donne de l'acide p-amidobenzoïque; le nitrite d'éthyle fournit de l'acide m-m-dibromobenzoïque.

Le *sel d'ammonium* renferme

$$C^7H^4Br^2AzO^2 . AzH^4, 2H^2O.$$

Le *sel de sodium* cristallise avec $5H^2O$; le *sel de calcium* avec $5H^2O$.

Le *sel de baryum*, $(C^7H^4Br^2AzO^2)^2Ba, 4H^2O$, forme de longues aiguilles presque insolubles dans l'eau.

ACIDES TRIBROMO-AMIDOBENZOÏQUES. — ACIDE TRIBROMO-O-AMIDOBENZOÏQUE,

$$C^6HBr^3(AzH^2)_{(2)}CO^2H_{(1)}.$$

— Il se forme par l'action du brome à 100° sur l'acide isatoïque en dissolution dans l'acide acétique [Dorsch, *loc. cit.*]. Aiguilles fusibles à 119°, sublimables sans altération, presque insolubles dans l'eau, solubles dans le benzène, très solubles dans l'éther, le chloroforme, l'alcool, l'acétone, l'acide acétique.

ACIDE TRIBROMO-M-AMIDOBENZOÏQUE,

$$C^6HBr^3_{(2.4.6)}(AzH^2)_{(3)}CO^2H_{(1)}$$

(voyez Suppl., 1, 328). — Cet acide se décompose par la distillation en acide carbonique et tribromaniline; il fournit par réduction de l'acide tribromobenzoïque symétrique.

Le *sel de sodium* a pour composition

$$C^7H^3Br^3AzO^2Na, 4H^2O.$$

Le *sel de baryum*, $(C^7H^3Br^3AzO^2)^2Ba, 6H^2O$, cristallise en lamelles très solubles dans l'eau [Beilstein et Geitner, *Ann. Chem.*, **139**, 6].

ACIDE TÉTRABROMO-O-AMIDOBENZOÏQUE,

$$AzH^2 . C^6Br^4 . CO^2H.$$

— Il prend naissance par l'action d'une solution acétique de brome sur l'acide anthranil-carbonique à 100°. Aiguilles fusibles à 115°, très solubles dans l'alcool absolu, sublimables sans altération [Dorsch, *loc. cit.*].

ACIDE TRIBROMODIAMIDOBENZOÏQUE,

$$C^6Br^3_{(2.4.6)}(AzH^2)^2_{(3.5)}(CO^2H)_{(1)}$$

[Griess, *Ann. Chem.*, **154**, 332]. — On l'obtient par l'action de l'eau de brome sur l'acide diamidobenzoïque correspondant. Il cristallise dans l'alcool faible en longues aiguilles, très solubles dans l'alcool et dans l'eau chaude. Il ne se combine pas avec les acides.

Le *sel d'argent* répond à la formule

$$C^7H^4Br^3Az^2O^2Ag.$$

ACIDES IODOAMIDOBENZOÏQUES. — ACIDE DIIODO-P-AMIDOBENZOÏQUE,

$$C^6H^2I^2(AzH^2)CO^2H.$$

— On l'obtient en faisant passer du protochlorure d'iode en vapeur dans une solution chlorhydrique faible d'acide p-amidobenzoïque [Michael et Norton, *Am. Journ.*, **1**, 264].

Il cristallise en lamelles fusibles au-dessus de 300°, insolubles dans l'eau, l'alcool, l'acide acétique, peu solubles dans l'acétate d'éthyle, un peu plus solubles dans le nitrobenzène. Il ne se combine pas avec les acides.

Le *sel de sodium*, $C^7H^4I^2AzO^2Na, 5H^2O$, forme de longues aiguilles insolubles dans l'eau froide, assez solubles dans l'eau chaude.

Le *sel de baryum*, $(C^7H^4I^2AzO^2)^2Ba, 4H^2O$, est en aiguilles très peu solubles dans l'eau froide.

Le *sel d'argent*, $C^7H^4I^2AzO^2Ag$, est un précipité floconneux, peu soluble dans l'alcool et dans l'eau.

ACIDES NITROAMIDOBENZOÏQUES. — ACIDE α-M-NITRO-O-AMIDOBENZOÏQUE,

$$C^6H^3(AzO^2)_{(3)}(AzH^2)_{(2)}CO^2H_{(1)}.$$

— Voyez Suppl., **1**, 328.

Le *sel de potassium*, $C^7H^5Az^2O^4K$, est en cristaux rouge-brique, insolubles dans l'alcool.

Le *sel de calcium*, $(C^7H^5Az^2O^4)^2Ca, 2H^2O$, forme des aiguilles brun clair, peu solubles dans l'eau froide.

Le *sel de strontium* a pour composition

$$(C^7H^5Az^2O^4)^2Sr, 2H^2O.$$

Le *sel de baryum*, $(C^7H^5Az^2O^4)^2Ba, 2H^2O$, est en longues aiguilles rouge-pourpre, peu solubles dans l'eau froide.

Le *sel de plomb*, $C^7H^5Az^2O^4 . PbOH$, est un précipité jaune.

Le *sel de cuivre*, $(C^7H^5Az^2O^4)^2Cu$, est un précipité jaune insoluble.

Le *sel d'argent*, $C^7H^5Az^2O^4Ag$, est un précipité d'un brun clair.

Le *chlorhydrate*, $C^7H^6Az^2O^4 . HCl$, cristallise en aiguilles.

L'*éther éthylique*, $C^7H^5Az^2O^4 . C^2H^5$, forme des lamelles jaunes, fusibles à 204° [Hübner, *Ann. Chem.*, **195**, 37].

ACIDE β-M-NITRO-O-AMIDOBENZOÏQUE,

$$C^6H^3(AzO^2)_{(5)}(AzH^2)_{(2)}CO^2H_{(1)}$$

— Voyez Suppl., **1**, 328.

Le *sel de potassium* a pour formule

$$C^7H^5Az^2O^4K, 2H^2O.$$

Le *sel de calcium*, $(C^7H^5Az^2O^4)^2Ca, 3H^2O$, est en aiguilles brunâtres.

Le *sel de plomb*, $(C^7H^5Az^2O^4)^2Pb, 2H^2O$, forme des aiguilles jaune-paille, très peu solubles dans l'eau.

Le *chlorhydrate*, $C^7H^6Az^2O^4 . HCl$, cristallise en longues aiguilles qui se dissocient par l'eau.

L'*amide*, $C^6H^3Az^2O^2 . CO . AzH^2$, déjà décrite Suppl., **1**, 328, a été obtenue par Kolbe en chauffant l'acide nitro-anthranil-carbonique avec de l'ammoniaque [*J. prakt. Chem.*, (2), **30**, 479].

Acide m-nitro-o-phénylamidobenzoïque,

$$C^6H^3(AzO^2)_{(5)}(AzH \,.\, C^6H^5)_{(2)}CO^2H_{(1)}$$

[M. Schöppf, *D. chem. G.*, **23**, 3441]. — Ce composé prend naissance lorsqu'on porte à l'ébullition un mélange d'aniline et d'acide m-nitro-o-bromobenzoïque. Il cristallise en petites aiguilles jaune-paille, sublimables sans altération, fusibles à 247-248°.

Le *sel de sodium*, $C^{13}H^9Az^2O^4Na, 2H^2O$, cristallise en aiguilles jaunes: on peut l'obtenir en cristaux anhydres, de couleur rouge-brique, par l'action du sodium sur une solution alcoolique de l'acide.

Le *sel de baryum*, $(C^{13}H^9Az^2O^4)^2Ba, 5H^2O$, cristallise dans l'alcool en aiguilles orangées.

Les *sels de plomb* et *de calcium* sont des précipités cristallins orangés; le *sel de cuivre* est d'un jaune verdâtre; le *sel d'argent* est un précipité jaune; le *sel de mercure* est orangé.

L'éther éthylique, $C^{13}H^9Az^2O^4 \,.\, C^2H^5$, cristallise dans l'alcool en lamelles jaunes, fusibles à 121°.

Le *nitrile*, $C^6H^3(AzO^2)(AzH \,.\, C^6H^5)CAz$, préparé au moyen de l'aniline et du nitrile o-bromo-m-nitrobenzoïque, cristallise en aiguilles jaune-citron, fusibles à 170°, très solubles dans l'alcool, peu solubles dans l'eau bouillante.

Acide nitroanthranil-carbonique,

$$C^6H^3(AzO^2)\begin{cases} CO \\ | \\ Az \,.\, CO^2H \end{cases}$$

[Kolbe, *loc. cit.*]. — On l'obtient en abandonnant pendant quelques heures à la température ordinaire une solution d'acide anthranil-carbonique dans l'acide nitrique (d = 1,48). Il cristallise dans un mélange d'alcool et d'acétone en lamelles nacrées, fusibles avec décomposition à 220-230°, presque insolubles dans l'eau, peu solubles dans l'alcool, insolubles dans l'éther. Il se décompose lentement par l'ébullition avec l'eau en acides carbonique et m-nitro-o-amidobenzoïque; cette réaction est rapide en présence d'acide chlorhydrique. Chauffé avec de l'ammoniaque, il donne de l'amide nitro-amidobenzoïque. Réduit par l'étain et l'acide chlorhydrique, il donne de l'acide p-diamidobenzoïque. Avec le brome, il fournit des dérivés bromés de l'acide anthranilique.

ACIDE O-NITRO-M-AMIDOBENZOÏQUE,

$$C^6H^3(AzO^2)_{(2)}(AzH^2)_{(3)}CO^2H_{(1)}$$

[Griess, *D. chem. G.*, **5**, 198, **11**, 1734]. — Il se produit lorsqu'on fait bouillir avec de l'eau l'acide α-dinitro-m-uramidobenzoïque,

$$C^8H^6(AzO^2)^2Az^2O^3 = Az^2O + CO^2 + C^7H^6Az^2O^4.$$

Aiguilles ou prismes jaunes, peu solubles dans l'eau chaude, assez solubles dans l'alcool bouillant. Réduit par l'étain et l'acide chlorhydrique, il donne de l'acide p-diamidobenzoïque; soumis à l'ébullition avec de la potasse, il donne de l'acide o-nitro-m-oxybenzoïque; traité par le nitrite d'éthyle, il se convertit en acide o-nitrobenzoïque.

Le *sel de baryum*, $(C^7H^5Az^2O^4)^2Ba, 3H^2O$, est en aiguilles rougeâtres, très solubles dans l'eau.

ACIDE-O-NITRO-M-AMIDOBENZOÏQUE,

$$C^6H^3(AzO^2)_{(2)}(AzH^2)_{(3)}CO^2H_{(1)}.$$

— On l'obtient en faisant bouillir avec de l'eau l'acide γ-dinitro-m-uramidobenzoïque [Griess, *D. chem. G.*, **2**, 435], ou en chauffant avec de la baryte l'acide nitro-acétamidobenzoïque correspondant [Kaiser, *ibid.*, **18**, 2915]. Longues aiguilles d'un jaune d'or, fusibles à 156-157°, insolubles dans la ligroïne, très solubles dans l'acétone, l'eau bouillante, l'alcool et l'éther. Réduit par l'étain et l'acide chlorhydrique, il donne l'acide o-m-diamidobenzoïque [Griess, *D. chem. G.*, **5**, 198]. Chauffé avec de la potasse, il se dédouble en ammoniaque et acide o-nitro-m-oxybenzoïque. Traité par le nitrite d'éthyle, il fournit de l'acide o-nitrobenzoïque [Griess, *D. chem. G.*, **11**, 934].

Le *sel de potassium*, $C^7H^5Az^2O^4K, 2H^2O$ cristallise en lamelles d'un rouge foncé.

Le *sel de baryum*, $(C^7H^5Az^2O^4)^2Ba, 7H^2O$, est en aiguilles très solubles dans l'eau.

Le *dérivé acétylé*,

$$C^6H^3(AzO^2)(AzH \,.\, C^2H^3O)CO^2H,$$

prend naissance dans l'action de l'acide nitrique refroidi à 0° sur l'acide m-acétamidobenzoïque. Il cristallise en aiguilles ou en lamelles, fusibles avec décomposition à 240-241°, très solubles dans l'alcool chaud, l'acide acétique et l'acétone.

Le *sel de calcium*, $(C^9H^7Az^2O^5)^2Ca, 6H^2O$, est en grandes lamelles très solubles dans l'eau chaude.

Le *sel de baryum*, $(C^9H^7Az^2O^5)^2Ba, H^2O$, forme de petites aiguilles peu solubles dans l'eau froide.

ACIDE M-NITRO-M-AMIDO-BENZOÏQUE,

$$C^6H^3(AzO^2)_{(5)}(AzH^2)_{(3)}CO^2H_{(1)}$$

[Hübner, *Ann. Chem.*, **222**, 81]. — Il prend naissance par la réduction de l'acide di-m-nitrobenzoïque au moyen du sulfure d'ammonium. Il cristallise dans l'eau en petits prismes d'un jaune d'or, fusibles à 208°, très solubles dans l'acide acétique chaud, moins solubles dans l'éther, le sulfure de carbone et le benzène. Traité par le nitrite d'éthyle, il donne de l'acide m-amidobenzoïque.

Le *sel d'ammonium*, $C^7H^5Az^2O^4 \,.\, AzH^4, 3H^2O$, forme de longues aiguilles d'un jaune clair, très solubles dans l'eau, peu solubles dans l'alcool.

Le *sel de sodium*, $C^7H^5Az^2O^4Na, H^2O$, est en longues aiguilles rouges.

Le *sel de calcium*, $(C^7H^5Az^2O^4)^2Ca, 5,5H^2O$, forme de grands prismes d'un gris jaunâtre, très solubles dans l'eau.

Le *sel de baryum*, $(C^7H^5Az^2O^4)^2Ba, 4H^2O$, cristallise en lamelles d'un jaune d'or, peu solubles dans l'eau.

Le *sel de plomb*, $(C^7H^5Az^2O^4)^2Pb, 3,5H^2O$, est en aiguilles orangées, peu solubles.

Le *sel d'argent*, $C^7H^5Az^2O^4Ag, H^2O$, est en courtes aiguilles jaunes, très peu solubles.

L'éther éthylique, $C^7H^5Az^2O^4 \,.\, C^2H^5$, forme de longues aiguilles jaunes, fusibles à 155°, peu solubles dans l'eau, très solubles dans l'alcool.

Acide m-nitro-m-éthylamidobenzoïque,

$$C^6H^3(AzO^2)(AzH \,.\, C^2H^5)CO^2H$$

[Rollwage, *D. chem. G.*, **10**, 1704]. — Petites aiguilles jaunes, fusibles à 208°, très peu solubles dans l'eau, obtenues par l'action du bromure d'éthyle sur l'acide m-nitro-m-amidobenzoïque.

Le *sel de baryum*, $(C^9H^9Az^2O^4)^2Ba, 4H^2O$, est en aiguilles orangées.

ACIDE P-NITRO-M-AMIDOBENZOÏQUE,

$$C^6H^3(AzO^2)_{(4)}(AzH^2)_{(3)}CO^2H_{(1)}.$$

— On l'obtient en faisant bouillir avec de l'eau l'acide β-dinitro-m-uramidobenzoïque [Griess, *D. chem. G.*, **2**, 435], ou bien en saponifiant par la baryte l'acide p-nitro-m-acétamidobenzoïque [Kaiser, *ibid.*, **18**, 2947]. Lamelles rouges, fusibles avec décomposition à 298°, peu solubles dans l'eau, assez solubles dans l'alcool. Réduit par l'étain et l'acide chlorhydrique, il se convertit en acide o-diamidobenzoïque [Griess, *D. chem. G.*, **8**, 198]. Soumis à l'ébullition avec de la potasse, il se dédouble en ammoniaque et acide p-nitro-m-oxybenzoïque. Traité par le nitrite d'éthyle, il donne de l'acide p-nitrobenzoïque [Griess, *D. chem. G.*, **11**, 1734].

Le *sel de calcium*, $(C^7H^5Az^2O^4)^2Ca, H^2O$, est en cristaux d'un rouge foncé, peu solubles dans l'eau bouillante.

Le *sel de baryum*, $(C^7H^5Az^2O^4)^2Ba, 2H^2O$, est en grands prismes orangés, peu solubles dans l'eau chaude.

L'*éther éthylique*, $C^7H^5Az^2O^4 . C^2H^5$, est en longues aiguilles rouges, fusibles à 139°, très solubles dans l'alcool, l'éther, le chloroforme et l'acétone.

Le *dérivé acétylé*,

$$C^6H^3(AzO^2)(AzH . C^2H^3O)CO^2H,$$

se produit dans l'action de l'acide nitrique refroidi à 0° sur l'acide m-acétamidobenzoïque [Kaiser, *D. chem. G.*, **18**, 2946]. Lamelles jaunes, fusibles à 205-206°, peu solubles dans l'eau froide, assez solubles dans l'alcool bouillant, l'acide acétique et l'acétone.

Le *sel de calcium*, $(C^9H^7Az^2O^5)^2Ca, 7H^2O$, est en aiguilles jaunes, très solubles dans l'eau chaude. Il en est de même du *sel de baryum*, $(C^9H^7Az^2O^5)^2Ba, 7H^2O$.

Acide m-nitro p-amidobenzoïque,

$$C^6H^3(AzO^2)_{(3)}(AzH^2)_{(4)}CO^2H_{(1)}$$

(voyez Suppl., **1**, 328). — Il se produit dans l'action de l'ammoniaque sur l'acide nitro-anisique à 140-170° [Salkowski, *Ann. Chem.*, **173**, 53]. Il fond à 284°.

Le *dérivé formique*,

$$C^6H^3(AzO^2)_{(3)}(AzH . CHO)_{(4)}CO^2H_{(1)},$$

se produit par l'action de l'acide nitrique fumant (d = 1,52) sur l'acide p-formamidobenzoïque à la température ordinaire. Il cristallise en aiguilles jaunâtres, fusibles avec décomposition à 221°, insolubles dans l'eau, assez solubles dans l'alcool bouillant.

Chauffé à 100° avec de l'eau, il se convertit en acide p-nitrobenzoïque.

Réduit en solution acétique, il se transforme en acide phéno-pyrazol-carbonique,

AzH
HO²C — CH
Az

[A. Zehra, *D. chem. G.*, **23**, 3634].

Le *dérivé acétylé*,

$$C^6H^3(AzO^2)(AzH . C^2H^3O)CO^2H,$$

prend naissance dans l'action de l'acide nitrique refroidi à 0° sur l'acide p-acétamidobenzoïque [Kaiser, *D. chem. G.*, **18**, 2943]. Lamelles jaunes, fusibles à 220-221°, très peu solubles dans l'eau froide, très solubles dans l'alcool chaud.

Le *sel de calcium*, $(C^9H^7Az^2O^5)^2Ca, 2H^2O$, est en aiguilles jaunes, peu solubles dans l'eau bouillante.

Le *sel de baryum*, $(C^9H^7Az^2O^5)^2Ba, 6{,}5H^2O$, forme de petites lamelles jaunes, très solubles dans l'eau chaude.

L'*amide*, $C^6H^3(AzO^2)_{(3)}(AzH^2)_{(4)}(CO . AzH^2)_{(1)}$, prend naissance par l'action de l'ammoniaque alcoolique sur la p-bromo-m-nitrobenzamide à la température de 180°. Elle cristallise en aiguilles jaune-citron, fusibles à 227°, solubles dans l'acétone, l'acide acétique, peu solubles dans l'alcool bouillant, insolubles dans l'eau, le benzène, le chloroforme, l'éther de pétrole [Grohmann, *D. chem. G.*, **23**, 3449].

L'*éther éthylique*,

$$C^6H^3(AzO^2)_{(3)}(AzH^2)_{(4)}(CO^2C^2H^5)_{(1)},$$

s'obtient en chauffant à 150° un mélange d'ammoniaque alcoolique et de p-bromo-m-nitrobenzoate d'éthyle.

Il se présente en cristaux jaunes, fusibles à 145°, solubles dans l'alcool, le benzène, le chloroforme, l'acétone, l'éther, l'aniline, l'acide acétique, insolubles dans l'éther de pétrole.

Acide m-nitro-p-phénylamidobenzoïque,

$$C^6H^3(AzO^2)_{(3)}(AzH . C^6H^5)_{(4)}(CO^2H)_{(1)}$$

[M. Schöpff, *D. chem. G.*, **22**, 3282, **23**, 3443]. — Ce composé prend naissance lorsqu'on fait bouillir pendant quelque temps un mélange d'acide p-bromo-m-nitrobenzoïque avec le double de son poids d'aniline. Purifié par des lavages à l'alcool dilué et par quelques cristallisations dans l'acide acétique et dans l'alcool, il se présente en aiguilles orangées ou rouge-grenat, fusibles à 254°, très solubles dans l'acétone, l'alcool amylique, le chloroforme, moins solubles dans le benzène, insolubles dans la ligroïne.

Réduit par le sulfure d'ammonium, il se transforme en acide m-amido-p-phénylamidobenzoïque.

Le *sel de sodium*, $C^{13}H^9Az^2O^4Na, H^2O$, cristallise en aiguilles orangées; on peut l'obtenir en lamelles rouges, anhydres, par l'addition de sodium métallique à une solution alcoolique de l'acide.

Le *sel de baryum*, $(C^{13}H^9Az^2O^4)^2Ba, 3H^2O$, se présente en aiguilles orangées.

Le *sel de calcium* forme de petites aiguilles jaunes; le *sel de plomb* est un précipité cristallin jaune; le *sel de cuivre* est un précipité floconneux jaune; le *sel de fer* forme de fines aiguilles orangées; le *sel d'argent* se présente en flocons orangés.

L'*éther éthylique*, $C^{13}H^9Az^2O^4 . C^2H^5$, forme de beaux cristaux hexagonaux, dérivant du système rhomboédrique, fusibles à 123°, solubles dans l'alcool, très solubles dans l'acétone, le chloroforme, le benzène, peu solubles dans l'éther, presque insolubles dans la ligroïne. On peut le préparer en chauffant à 130° un mélange d'aniline et de p-bromo-m-nitrobenzoate d'éthyle (Grohmann).

Le *nitrile*, $C^6H^3(AzO^2)_{(3)}(AzH . C^6H^5)_{(4)}CAz_{(1)}$, prend naissance par l'action de l'aniline sur le nitrile p-bromo-m-nitrobenzoïque. Il cristallise dans l'alcool en aiguilles ou en lamelles rouge-brique, fusibles à 126°, très solubles dans l'acétone, le chloroforme, le benzène, peu solubles dans la ligroïne (Grohmann).

L'*amide*, $C^6H^3(AzO^2)(AzH . C^6H^5)CO . AzH^2$, cristallise en aiguilles jaunes, fusibles à 187°.

L'*anilide*,

$$C^6H^3(AzO^2)(AzH . C^6H^5)(CO . AzH . C^6H^5),$$

forme de larges aiguilles écarlates, fusibles à 215-216°, solubles dans l'alcool, le benzène, le chloroforme, l'acétone, l'acide acétique, insolubles dans l'eau et dans l'éther de pétrole (Grohmann).

Acide m-nitro-p-(p)crésylamidobenzoïque,

$$C^6H^3(AzO^2)_{(3)}(AzH_{(1)} . C^6H^4 . CH^3_{(4)})_{(4)}CO^2H_{(1)}$$

[M. Schöpff, *D. chem. G.*, **22**, 3288. — E. Heidensleben, *ibid.*, **23**, 3453]. — On le prépare en faisant bouillir un mélange de p-toluidine et d'acide p-bromo-m-nitrobenzoïque. Masse cristalline rouge, fusible à 257°.

Le *sel de sodium*, $C^{14}H^{11}Az^2O^4Na$, préparé par l'action du sodium sur une solution alcoolique de l'acide, forme des aiguilles rouge foncé; au contact de l'eau, il s'hydrate en donnant des aiguilles d'un rouge clair.

L'éther éthylique, $C^{14}H^{11}Az^2O^4 . C^2H^5$, cristallise en belles lamelles brillantes, d'un jaune foncé, fusibles à 115°, très solubles dans l'alcool, l'éther et le benzène.

Acide m-nitro-p-(o)crésylamidobenzoïque,

$$C^6H^3(AzO^2)_{(3)}(AzH_{(1)} . C^6H^4 . CH^3_{(2)})_{(4)}CO^2H_{(1)}$$

[Heidenslebeu, *loc. cit.*]. — Même préparation que pour l'acide précédent. Aiguilles d'un jaune brun, fusibles à 210-211°, solubles dans l'alcool, le chloroforme, le benzène, l'éther, l'acide acétique.

Le *sel de sodium*, $C^{14}H^{11}Az^2O^4Na, H^2O$, cristallise en belles aiguilles d'un rouge foncé.

L'éther éthylique, $C^{14}H^{11}Az^2O^4 . C^2H^5$, forme de belles lamelles brillantes, d'un jaune clair, fusibles à 106°, très solubles dans l'alcool, l'éther, le chloroforme et le benzène.

Acide m-nitro-p-oxyphénylamidobenzoïque,

$$C^6H^3(AzO^2)_{(3)}(AzH . C^6H^4 . OH)_{(4)}CO^2H_{(1)}$$

[Schöpff, *D. chem. G.*, **22**, 3288]. — Petites aiguilles brunâtres, fusibles à 260-261°, obtenues au moyen de l'amidophénol et de l'acide m-nitro-p-bromobenzoïque, à la température de 120°.

Acide m-nitro-p-(β)naphtylamidobenzoïque,

$$C^6H^3(AzO^2)_{(3)}(AzH . C^{10}H^7)_{(4)}CO^2H_{(1)}$$

[Heidensleben, *D. chem. G.*, **23**, 3456]. — On le prépare en faisant bouillir un mélange d'acide m-nitro-p-bromobenzoïque, de β-naphtylamine et d'alcool ou de glycérine. Il se présente en cristaux d'un rouge de brique, solubles dans l'alcool, l'acétone, l'acide acétique, peu solubles dans le benzène et dans le chloroforme, insolubles dans l'eau.

Le *sel de sodium*, $C^{17}H^{11}Az^2O^4Na$, est un composé rouge, amorphe, soluble dans l'eau.

L'éther éthylique, $C^{17}H^{11}Az^2O^4 . C^2H^5$, cristallise en fines aiguilles d'un jaune d'or, fusibles à 127°,5, solubles dans l'alcool, l'acétone, l'acide acétique et le chloroforme.

Acide m-nitro-p-(α)naphtylamidobenzoïque,

$$C^6H^3(AzO^2)_{(3)}(AzH . C^{10}H^7)_{(4)}CO^2H_{(1)}$$

[Heidensleben, *loc. cit.*, 3457]. — Même préparation que pour l'acide précédent. Poudre amorphe, d'un rouge brun, très soluble dans la plupart des dissolvants neutres, insoluble dans l'eau froide.

Le *sel de sodium* est en flocons amorphes d'un rouge brun.

L'éther éthylique, $C^{17}H^{11}Az^2O^4 . C^2H^5$, cristallise en belles lamelles d'un rouge brun, fusibles à 109°, très solubles dans l'alcool, le benzène, l'acide acétique, le chloroforme.

ACIDES DINITROAMIDOBENZOÏQUES. — ACIDE DI-NITRO-O-AMIDOBENZOÏQUE,

$$C^6H^2(AzO^2)^2_{(3.5)}(AzH^2)_{(2)}CO^2H_{(1)}$$

[Salkowski, *Ann. Chem.*, **173**, 45]. — On l'obtient à l'état d'éther méthylique en chauffant avec de l'ammoniaque l'éthyldinitrosalicylate de méthyle :

$$C^6H^2(AzO^2)^2(OC^2H^5)CO^2CH^3 + AzH^3$$
$$= C^2H^6O + C^6H^2(AzO^2)^2(AzH^2)CO^2CH^3.$$

Houppes brillantes d'un jaune d'or, fusibles à 256°, peu solubles dans l'alcool. Il se décompose par ébullition avec de la soude en ammoniaque et acide dinitrosalicylique.

Le *sel d'ammonium*, $C^7H^4Az^3O^6 . AzH^4, H^2O$, est en longues aiguilles jaunes.

L'éther méthylique, $C^7H^4Az^3O^6 . CH^3$, forme des aiguilles ou des lamelles jaunes, fusibles à 165°, très peu solubles dans l'alcool chaud.

L'éther éthylique, $C^7H^4Az^3O^6 . C^2H^5$, cristallise en lamelles jaunes, fusibles à 135°, peu solubles dans l'alcool bouillant.

ACIDE DI-M-NITRO-P-AMIDOBENZOÏQUE,

$$C^6H^2(AzO^2)^2_{(3.5)}AzH^2_{(4)}CO^2H_{(1)}.$$

— Voyez ACIDE CHRYSANISIQUE.

ACIDES BROMONITROAMIDOBENZOÏQUES. — ACIDE BROMONITRO-O-AMIDOBENZOÏQUE,

$$C^6H^2Br(AzO^2)(AzH^2)CO^2H.$$

— On l'obtient en chauffant l'acide nitroanthranil-carbonique avec de l'acide acétique et du brome à 100° [Dorsch, *J. prakt. Chem.*, (2), **33**, 40]. Longues aiguilles jaunes, fusibles à 276° en se décomposant, insolubles dans le chloroforme et dans le benzène, solubles dans l'eau chaude et dans l'éther, très solubles dans l'alcool, l'acétone, l'acide acétique.

ACIDE DIBROMONITRO-O-AMIDOBENZOÏQUE,

$$C^6HBr^2(AzO^2)(AzH^2)CO^2H$$

[Dorsch, *ibid.*]. — Il se produit en même temps que l'acide précédent. Il cristallise dans l'acétone en lamelles d'un jaune d'or, fusibles à 203°, presque insolubles dans l'eau, peu solubles dans l'éther, le chloroforme, le benzène, très solubles dans l'alcool, l'acide acétique et l'acétone.

ACIDE TRIBROMONITRO-O-AMIDOBENZOÏQUE,

$$C^6Br^3(AzO^2)(AzH^2)CO^2H$$

[Dorsch, *ibid.*]. — Aiguilles fusibles à 196°, obtenues en même temps que les deux acides précédents. Ce corps est très soluble dans l'acétone, l'alcool, l'éther, le chloroforme, le benzène et l'acide acétique.

ACIDES URAMIDOBENZOÏQUES. — ACIDE O-URAMIDOBENZOÏQUE,

$$AzH^2 . CO . AzH . C^6H^4 . CO^2H.$$

— Ce composé se produit par l'action du cyanate de potassium sur le chlorhydrate d'acide o-amidobenzoïque [Griess, *J. prakt. Chem.*, (2), **5**, 371].

Soumis à la nitration, il donne un *dérivé dinitré*, qui se décompose par ébullition avec l'eau en ammoniaque, acide carbonique et acide m-nitro-o-amidobenzoïque [Griess, *D. chem. G.*, **11**, 1730].

ACIDE M-URAMIDOBENZOÏQUE,

$$AzH^2 . CO . AzH . C^6H^4 . CO^2H$$

(voyez Dict., **2**, 703). — On peut l'obtenir : par l'action de l'acide amidobenzoïque sur l'urée en fusion [Griess, *D. chem. G.*, **2**, 47]; en faisant bouillir l'acide m-cyanamidobenzoïque avec de l'acide chlorhydrique dilué [Traube, *D. chem. G.*, **15**, 2117]; par l'action de l'ammoniaque aqueuse sur l'acide cyanocarboxamidobenzoïque [Griess, *D. chem. G.*, **18**, 2415]. Enfin, il apparaît dans l'urine après ingestion d'acide m-amidobenzoïque [Salkowski, *Zeits. physiol. Chem.*, **7**, 113].

Acide méthyluramidobenzoïque,

$$AzH(CH^3) . CO . AzH . C^6H^4 . CO^2H.$$

— On l'obtient par l'action d'une solution de méthylamine sur l'acide cyanocarboxamidobenzoïque [Griess, *loc. cit.*]. Aiguilles très difficilement solubles dans l'eau bouillante, plus solubles dans l'alcool.

Acide amidoéthyl-uramidobenzoïque,

$$AzH^2 . C^2H^4 . AzH . CO . AzH . C^6H^4 . CO^2H.$$

— Prismes très solubles dans l'ammoniaque, peu solubles dans l'eau froide, obtenus avec l'acide cyanocarboxamidobenzoïque et l'éthylène-diamine (Griess).

Le *chlorhydrate* répond à la formule

$$C^{10}H^{13}Az^3O^3 . HCl , 2,5 H^2O.$$

Acide phényluramidobenzoïque,

$$AzH(C^6H^5) . CO . AzH . C^6H^4 . CO^2H.$$

— On fait réagir à 100° la phénylcarbimide sur l'acide m-amidobenzoïque; le produit résultant est traité par la soude, et la solution sodique précipitée par l'acide chlorhydrique : l'acide est recristallisé dans l'alcool. Prismes fusibles à 270° en se décomposant, insolubles dans l'eau, peu solubles dans l'éther, solubles dans l'alcool et dans les alcalis [Kühn, *D. chem. G.*, **17**, 2882].

Acide m-nitro-m-uramidobenzoïque,

$$C^6H^3(AzO^2)_{(5)}(AzH.CO.AzH^2)_{(3)}CO^2H_{(1)} , H^2O.$$

— On l'obtient par l'action du cyanate de potassium sur l'acide m-nitro-m-amidobenzoïque (1.3.5) à 50-60°; on sursature par l'acide acétique et on ajoute un excès d'acide chlorhydrique étendu. Le précipité qui se forme est un mélange d'acide m-nitro-m-uramidobenzoïque et d'acide diuramidobenzoïque; on les sépare en épuisant le précipité par l'eau bouillante, qui dissout facilement l'acide nitro-uramidobenzoïque. Aiguilles jaunes, facilement solubles dans l'eau bouillante et dans l'alcool, moins solubles dans l'éther. Traité à froid par l'acide nitrique fumant (d = 1,5), il fournit l'acide uramidodinitrobenzoïque [Griess, *D. chem. G.*, **17**, 2183].

Le *sel de baryum*, $(C^8H^6Az^3O^5)^2Ba, 5H^2O$, se présente en mamelons jaunes, assez solubles dans l'eau froide.

Acide m-diuramido-m-nitrobenzoïque,

$$(AzH^2 . CO)^2Az_{(5)} . C^6H^3(AzO^2)_{(3)} CO^2H_{(1)}.$$

— Il se forme en même temps que le précédent et se présente en aiguilles ou en lamelles presque insolubles dans l'eau bouillante, l'alcool et l'éther; il cristallise avec 2 molécules d'eau [Griess, *loc. cit.*]

Acide β-azimido-uramidobenzoïque,

$$AzH^2 . CO . Az \langle \begin{matrix} Az_{(3)} \\ | \\ Az_{(4)} \end{matrix} \rangle C^6H^3 . CO^2H_{(1)}$$

[Griess, *D. chem. G.*, **15**, 1881]. — Ce composé prend naissance par l'action du nitrite de potassium sur l'acide β-amido-m-uramidobenzoïque ou sur l'acide amido-p-uramidobenzoïque. Il cristallise en aiguilles microscopiques, presque insolubles dans l'eau froide et se décomposant par l'eau bouillante en acide carbonique, ammoniaque et acide β-azimidobenzoïque.

Acide m-thio-uramidobenzoïque,

$$AzH^2 . CS . AzH . C^6H^4 . CO^2H.$$

— Une solution aqueuse de sulfate d'acide m-amidobenzoïque, traitée par le sulfocyanate de potassium, fournit du sulfocyanate d'acide amidobenzoïque, $C^7H^7AzO^2 . SCAzH$: ce sel, chauffé au bain-marie avec de l'eau, se transforme peu à peu en acide m-thio-uramidobenzoïque, avec lequel il est isomérique [Arzruni, *D. chem. G.*, **4**, 407].

L'acide m-thio-uramidobenzoïque prend aussi naissance lorsqu'on abandonne pendant quelques jours un mélange de sulfure d'ammonium et d'acide m-cyanamidobenzoïque :

$$\begin{aligned} &CAz . AzH . C^6H^4 . CO^2H + H^2S \\ &= AzH^2 . CS . AzH . C^6H^4 . CO^2H \end{aligned}$$

[Traube, *D. chem. G.*, **15**, 2128].

Aiguilles fusibles en se décomposant à 187°, très peu solubles dans l'eau froide et dans l'alcool, très solubles dans l'eau chaude : la solution aqueuse chaude donne des précipités par le chlorure de baryum, le nitrate de plomb et le nitrate d'argent.

Acide m-éthylthio-uramidobenzoïque,

$$AzH(C^2H^5) . CS . AzH . C^6H^4 . CO^2H$$

[Aschan, *D. chem. G.*, **17**, 430]. — On l'obtient en faisant bouillir un mélange d'acide amidobenzoïque, d'alcool et d'isosulfocyanate d'éthyle. Il cristallise dans l'alcool en petits prismes qui fondent en se décomposant à 194-195°.

Acide m-allylthio-uramidobenzoïque,

$$AzH(C^3H^5) . CS . AzH . C^6H^4 . CO^2H$$

[Aschan, *ibid.*]. — Lamelles brillantes, fusibles avec décomposition à 189°, préparées au moyen de l'acide amidobenzoïque et de l'isosulfocyanate d'allyle en présence d'alcool.

Acide m-phénylthio-uramidobenzoïque,

$$AzH(C^6H^5) . CS . AzH . C^6H^4 . CO^2H.$$

[Aschan, *ibid.*]. — Même préparation que pour les deux composés précédents. Fines aiguilles fusibles avec décomposition à 260-262°, très solubles dans l'alcool, l'éther, peu solubles dans le benzène et dans la ligroïne. L'anhydride acétique bouillant le décompose avec formation d'isosulfocyanate de phényle, d'acide acétamidobenzoïque et d'un composé fusible à 159-160° dont la formule paraît être $C^{14}H^{11}Az^2O^2S(C^2H^3O)$.

Un composé qui paraît isomérique avec l'acide phénylthio-uramidobenzoïque a été obtenu par MM. Merz et Weith, en chauffant une solution alcoolique d'acide m-amidobenzoïque avec de l'isosulfocyanate de phényle [*D. chem. G.*, **3**, 244] et par MM. Rathke et Schäfer en faisant réagir l'aniline sur l'acide sénevol-benzoïque [*Ann. Chem.*, **169**, 106]. Ce composé forme de fines aiguilles, fusibles à 190-191°, peu solubles dans l'eau froide, très solubles dans l'alcool et dans l'éther.

Acide p-uramidobenzoïque,

$$AzH^2 . CO . AzH . C^6H^4 . CO^2H$$

[Griess, *J. prakt. Chem.*, (2), **5**, 369]. — Longues lamelles presque insolubles dans l'eau froide, assez solubles dans l'alcool bouillant, obtenues soit par l'action du cyanate de potassium sur le chlorhydrate d'acide p-amidobenzoïque, soit par la fusion d'un mélange d'acide p-amidobenzoïque et d'urée.

Le *sel de baryum*, $(C^8H^7Az^2O^3)^2Ba$, forme des lamelles très solubles dans l'eau.

Acide dinitro-p-uramidobenzoïque,

$$AzH^2 . CO . AzH . C^6H^2(AzO^2)^2CO^2H$$

[Griess, *D. chem. G.*, **5**, 855]. — Cristaux jaunâtres, indistincts, peu solubles dans l'eau, l'alcool et l'éther, obtenus par la nitration du précédent.

Acides azo- et diazobenzoïques. — Voyez Suppl., 1, 329.

Acide o-azobenzoïque (*benzoïque-o-azo-benzoïque*), $CO^2H . C^6H^4 . Az = Az . C^6H^4 . CO^2H$ (voyez Suppl., 1, 329). — Cet acide prend naissance lorsqu'on dissout dans l'eau de baryte ou dans le carbonate de sodium l'éther isatogénique $C^9H^4AzO^4 . C^2H^5$ ou le biisatogène

$$C^{16}H^8Az^2O^4$$

[Baeyer, *D. chem. G.*, **15**, 55].

Le *sel d'argent*, $C^{14}H^8Az^2O^4Ag^2$, est un précipité rougeâtre, amorphe.

L'*éther diéthylique*, $C^{14}H^8Az^2O^4(C^2H^5)^2$, se

produit par l'action de l'amalgame de sodium sur l'o-nitrobenzoate d'éthyle. Il cristallise en aiguilles d'un rouge vif, fusibles à 138-139°, peu solubles dans l'alcool chaud, plus solubles dans l'éther [Fittica, *J. prakt. Chem.*, (2), **17**, 216].

Acide dibromo-o-azobenzoïque,

$$C^{14}H^8Br^2Az^2O^4, 0,5 H^2O.$$

— On l'obtient en même temps que l'acide bromo-amidobenzoïque, en traitant par le zinc et l'acide sulfurique en solution alcoolique l'acide β-o-nitro-m-bromobenzoïque. C'est une masse jaunâtre et poisseuse, insoluble dans l'eau [Hübner, Philipp et Ohly, *Ann. Chem.*, **143**, 243].

ACIDE M-AZOBENZOÏQUE (*benzoïque-m-azo-benzoïque*), $CO^2H . C^6H^4 . Az^2 . C^6H^4 . CO^2H$ (voyez Suppl., **1**, 330). — On l'obtient par l'action de l'amalgame de sodium sur le m-nitrobenzoate de sodium [Strecker, *Ann. Chem.*, **129**, 134]. Il convient, pour le préparer, de réduire l'acide m-nitrobenzoïque par le zinc et l'ammoniaque à la température de 60°; la réduction terminée, on ajoute de l'alcool, on porte à l'ébullition et on précipite par l'acide chlorhydrique; on termine par des lavages à l'eau bouillante [Goloubeff, *J. Soc. Chim. russe*, **6**, 196].

Poudre amorphe, à peine jaunâtre, se décomposant par la fusion, très peu soluble dans l'éther et dans l'eau, soluble dans 413 parties d'alcool à 88 0/0 bouillant. Réduit par l'étain et l'acide chlorhydrique, il donne de l'acide m-diamidobiphénique, $C^{12}H^6(AzH^2)^2(CO^2H)^2$.

Le *sel de calcium*, $C^{14}H^8Az^2O^4Ca$, est un précipité cristallin, jaune-citron, à peine soluble dans l'eau bouillante.

Le *sel de baryum*, $C^{14}H^8Az^2O^4Ba, 5H^2O$, est un précipité grenu, jaune, formé de petites lamelles microscopiques, presque insolubles dans l'eau froide et dans l'alcool, solubles dans 833 parties d'eau bouillante. Il perd $4H^2O$ à 100° et retient à 140° une demi-molécule d'eau.

Le *sel d'argent*, $C^{14}H^8Az^2O^4Ag^2$, est un précipité pulvérulent d'un jaune clair.

Le *sel de cuivre* fournit par la distillation sèche de l'azobenzène, $C^{12}H^{10}Az^2$ [Claus, *D. chem. G.*, **8**, 41].

L'*éther diéthylique*, $C^{14}H^8Az^2O^4(C^2H^5)^2$, s'obtient en réduisant par l'amalgame de sodium une solution alcoolo-acétique de m-nitrobenzoate d'éthyle. Il forme des aiguilles d'un jaune d'or, fusibles à 97° (Fittica), à 90-92° (Goloubeff), non volatiles, très solubles dans l'alcool et dans l'éther.

Deux composés isomériques avec cet éther prennent naissance par l'action de l'iodure d'éthyle sur le m-azobenzoate d'argent [Goloubeff, *J. Soc. Chim. russe*, **6**, 251 et **16**, 412]. L'un est neutre, confusément cristallin, et fond à 74-76°. L'autre cristallise en aiguilles incolores, fonctionne comme acide bibasique et donne des sels bien cristallisés.

Acide diiodo-m-azobenzoïque, $C^{14}H^8I^2Az^2O^4$. — Il se forme en même temps que l'acide diiodo-amidobenzoïque lorsqu'on traite une solution alcoolique d'acide m-amidobenzoïque par l'iode et l'oxyde mercurique; on l'isole en précipitant sa solution alcoolique par l'acétate de plomb [Benedikt, *D. chem. G.*, **8**, 386]. Poudre rouge, amorphe, soluble dans l'acide chlorhydrique concentré en bleu et dans les alcalis en rouge brun.

Acide dinitro-m-azobenzoïque,

$$C^{14}H^8(AzO^2)^2Az^2O^4$$

[Goloubeff, *J. Soc. Chim. russe*, **6**, 197]. — On l'obtient par la nitration de l'acide m-azobenzoïque. Il cristallise dans l'alcool en aiguilles jaunes, qui détonent sans fondre à 250°; il se dissout dans 168 parties d'alcool à 94 0/0 bouillant et dans 935 parties d'alcool froid.

Le *sel de sodium* répond à la formule

$$C^{14}H^6Az^4O^8Na^2.$$

Le *sel de potassium*, $C^{14}H^6Az^4O^8K^2, 3H^2O$, est en aiguilles solubles dans 22 parties d'eau froide.

Le *sel de baryum*, $C^{14}H^6Az^4O^8Ba$, est un précipité cristallin, très peu soluble dans l'eau bouillante.

L'*éther diéthylique*, $C^{14}H^6Az^4O^8(C^2H^5)^2$, préparé au moyen du sel d'argent et de l'iodure d'éthyle, cristallise en aiguilles minces, fusibles à 104°, très solubles à chaud dans l'acide acétique et dans l'alcool.

Acide m-diméthylamido-m-azobenzoïque,

$$CO^2H . C^6H^4 . Az^2 . C^6H^3[Az(CH^3)^2]CO^2H$$

[Griess, *D. chem. G.*, **10**, 258]. — Précipité brun rougeâtre, devenant peu à peu cristallin, obtenu au moyen du nitrate m-diazobenzoïque et de l'acide m-diméthylamidobenzoïque.

ACIDE P-AZOBENZOÏQUE,

$$CO^2H . C^6H^4 . Az^2 . C^6H^4 . CO^2H$$

(voyez Dict., **1**, 1188). — On peut le préparer par l'action de la potasse alcoolique sur le nitrobenzile, qui se dédouble dans ces conditions en acides oxybenzoïque et p-azobenzoïque [Rodzianko, *J. Soc. Chim. russe*, **20**, 28].

L'*éther diéthylique*, $C^{14}H^8Az^2O^4(C^2H^5)^2$, forme des aiguilles d'un beau rouge, fusibles à 88°.

Acide nitro-p-azobenzoïque, $C^{14}H^9(AzO^2)Az^2O^4$ [Rodzianko, *loc. cit.*]. — On le prépare en chauffant doucement 1 partie d'acide p-azobenzoïque avec 16 parties d'acide nitrique (d = 1,535). On le purifie par des lavages à l'eau et par quelques cristallisations dans l'acide acétique et dans l'alcool. Lamelles microscopiques d'un jaune clair, insolubles dans l'eau, l'éther, le benzène, solubles dans l'acide acétique, solubles dans 26p,2 d'alcool bouillant et dans 280p,4 d'alcool froid. Ce corps se décompose sans fondre à 270°.

Les sels neutres sont convertis par l'eau en sels acides.

Le *sel de sodium*, $C^{14}H^8Az^3O^6Na, 4H^2O$, est en lamelles d'un jaune d'or, peu solubles dans l'eau froide.

Le *sel acide de potassium*, $C^{14}H^8Az^3O^6K, 3H^2O$, est en fines aiguilles d'un jaune clair, peu solubles. Le *sel neutre*, $C^{14}H^7Az^3O^6K^2, 3H^2O$, forme de fines aiguilles jaunes.

Le *sel acide de calcium*,

$$(C^{14}H^8Az^3O^6)^2Ca, 5H^2O,$$

cristallise en petites lamelles prismatiques d'un jaune clair, peu solubles dans l'eau. Le *sel neutre*, $C^{14}H^7Az^3O^6Ca$, est en lamelles jaune foncé, peu solubles.

Le *sel acide de baryum*,

$$(C^{14}H^8Az^3O^6)^2Ba, 4H^2O,$$

forme de petites lamelles orthorhombiques d'un jaune clair, presque insolubles dans l'eau froide. Le *sel neutre*, $C^{14}H^7Az^3O^6Ba$, est en aiguilles jaunes, peu solubles.

Le *sel d'argent*, $C^{14}H^7Az^3O^6Ag^2$, est une poudre jaune, amorphe, insoluble dans l'eau, et détone par la chaleur.

Acide dinitro-p-azobenzoïque,

$$C^{14}H^8(AzO^2)^2Az^2O^4$$

[Rodzianko, *loc. cit.*]. — On chauffe pendant un quart d'heure environ 1 partie d'acide p-azobenzoïque avec 30 parties d'acide nitrique (d = 1,535) et on purifie le produit en opérant comme pour l'acide mononitré. Poudre cristalline jaune, qui se décompose sans fondre à 257°. Il est insoluble dans l'eau, l'éther, le benzène, soluble dans 16g,5 d'alcool bouillant et dans 160g,3 d'alcool froid, soluble dans l'acide acétique.

Le *sel de sodium*, $C^{14}H^6Az^4O^8Na^2, 4H^2O$, se présente en lamelles jaunes, très solubles dans l'eau.

Le *sel de potassium*, $C^{14}H^6Az^4O^8K^2, 4H^2O$, est en aiguilles jaunes, longues et brillantes, très solubles.

Le *sel de calcium*, $C^{14}H^6Az^4O^8Ca, 5H^2O$, forme des aiguilles d'un brun clair, presque insolubles dans l'eau.

Le *sel de baryum*, $C^{14}H^6Az^4O^8Ba, 5H^2O$, est en aiguilles jaune foncé, presque insolubles dans l'eau.

Le *sel d'argent*, $C^{14}H^6Az^4O^8Ag^2$, est une poudre amorphe, jaune foncé, presque insoluble dans l'eau.

Acide nitrométhane-m-azobenzoïque,

$$CH^2(AzO^2) . Az^2 . C^6H^4 . CO^2H$$

[Griess, *D. chem. G.*, **18**, 961]. — On mélange une solution aqueuse de nitrate m-diazobenzoïque avec une solution potassique étendue de nitrométhane; on précipite ensuite par l'acide chlorhydrique. Il cristallise dans l'eau en lamelles rougeâtres, très peu solubles dans l'eau bouillante, assez solubles dans l'éther et dans l'alcool chaud.

Acide m-azobenzoïque-acétylacétique,

$$CH^3 - CO - CH \begin{cases} CO^2H \\ Az^2 . C^6H^4 . CO^2H \end{cases}$$

[Griess, *D. chem. G.*, **18**, 962]. — Petites lamelles ou aiguilles, insolubles dans l'eau bouillante, très solubles dans l'alcool chaud, obtenues au moyen du sulfate m-diazobenzoïque, de l'éther acétylacétique et de la potasse.

Acide m-azobenzoïque-malonique,

$$(CO^2H)^2CH . Az^2 . C^6H^4 . CO^2H$$

[Griess, *ibid.*]. — Aiguilles ou lamelles microscopiques, très solubles dans l'alcool bouillant, préparées au moyen du nitrate m-diazobenzoïque, de l'éther malonique et de la potasse.

Acide benzène-azo-p-benzoïque,

$$C^6H^5 . Az^2 . C^6H^4 . CO^2H$$

[Mentha et Heumann, *D. chem. G.*, **19**, 3023]. — On l'obtient en saponifiant par la potasse le nitrile correspondant (voyez plus bas). Longs prismes bruns, à éclat adamantin, assez solubles dans l'alcool chaud, l'éther et le benzène bouillant, se décomposant au-dessus de 210°.

Le *sel de potassium*, $C^{13}H^9Az^2O^2K$, cristallise en aiguilles brun clair, très solubles dans l'eau.

Le *sel de baryum*, $(C^{13}H^9Az^2O^2)^2Ba$, est en aiguilles brunâtres, peu solubles dans l'eau, un peu plus solubles dans l'alcool.

Le *nitrile* (*cyanoazobenzène*),

$$C^6H^5 . Az^2 . C^6H^4 . CAz,$$

s'obtient par la méthode de M. Sandmeyer en partant du p-amidoazobenzène; on en fait le dérivé diazoïque, que l'on traite ensuite par un mélange de sulfate de cuivre et de cyanure de potassium. On purifie le produit par sublimation et par cristallisation dans l'alcool. Courtes aiguilles brunes, fusibles à 100-101°, insolubles dans l'eau, très solubles dans l'alcool chaud, l'éther et le benzène.

Acide diméthylamidobenzène-m-azobenzoïque, $(CH^3)^2Az . C^6H^4 . Az^2 . C^6H^4 . CO^2H$ [Griess, *D. chem. G.*, **10**, 527]. — Mamelons rougeâtres, obtenus au moyen de la diméthylaniline et du nitrate m-diazobenzoïque.

Acide benzène-sulfonique-p-azo-m-diamidobenzoïque,

$$C^6H^4(SO^3H)_{(1)} - Az^2_{(4)} - C^6H^2(AzH^2)^2_{(3.5)}CO^2H_{(1)}$$

[Griess, *D. chem. G.*, **15**, 2199]. — Aiguilles ou petites lamelles d'un brun rougeâtre, obtenues au moyen de l'acide m-diamidobenzoïque et de l'acide p-diazobenzène-sulfonique. Ce corps est très peu soluble dans l'eau, l'alcool froid, l'éther; il est très instable et se décompose par ébullition avec l'eau. Réduit par l'étain et l'acide chlorhydrique, il donne les acides aniline-p-sulfonique et α-triamidobenzoïque.

Acide benzène-azo-m-diméthylamidobenzoïque, $C^6H^5 . Az^2 . C^6H^3[Az(CH^3)^2]CO^2H$ [Griess, *D. chem. G.*, **10**, 527]. — Aiguilles rouge de sang obtenues par l'action de l'acide m-diméthylamidobenzoïque sur une solution aqueuse concentrée de nitrate de diazobenzène :

$$C^6H^5 . Az^2 . AzO^3 + 2CO^2H . C^6H^4 . Az(CH^3)^2$$
$$= C^6H^5 . Az^2 . C^6H^3[Az(CH^3)^2]CO^2H$$
$$+ CO^2H . C^6H^4 . Az(CH^3)^2 . AzO^3H.$$

Acide benzène-azo-m-diéthylamidobenzoïque.

$$C^6H^5 . Az^2 . C^6H^3[Az(C^2H^5)^2]CO^2H$$

[Griess, *ibid.*]. — Même préparation que pour le précédent. Lamelles rhombiques ou hexagonales d'un rouge rubis, à reflet violacé, fusibles à 125°, assez solubles dans l'alcool bouillant, presque insolubles dans l'alcool froid, l'éther et l'eau bouillante. Les réducteurs (étain et acide chlorhydrique, sulfure d'ammonium) le dédoublent en aniline et acide diéthylamidobenzoïque.

Le *sel de baryum*, $(C^{17}H^{18}Az^3O^2)^2Ba$, est en courtes aiguilles orangées.

Le *sel d'argent*, $C^{17}H^{18}Az^3O^2Ag$, est un précipité confusément cristallin, d'un rouge foncé.

Acide phénylène-diamine-azobenzène-m-azobenzoïque,

$$C^6H^2(AzH^2)^2(Az^2 . C^6H^5) . Az^2 . C^6H^4 . CO^2H$$

[Griess, *D. chem. G.*, **16**, 2032]. — Précipité brun-rouge, confusément cristallin, à peine soluble dans les dissolvants neutres, obtenu au moyen de la chrysoïdine et du sulfate m-diazobenzoïque.

Acide phénol-m-azobenzoïque,

$$C^6H^4(OH) . Az^2 . C^6H^4 . CO^2H.$$

— On l'obtient : en mélangeant une solution alcaline de phénol avec du nitrate m-diazobenzoïque et en précipitant ensuite par l'acide chlorhydrique [Griess, *D. chem. G.*, **14**, 2033]; en chauffant un mélange de phénol et d'acide m-amidobenzoïque [Heumann et Œconomidès, *D. chem. G.*, **20**, 907]. — Petites aiguilles ou petites lamelles rougeâtres, fusibles à 220°, douées d'une saveur amère, très peu solubles dans l'eau bouillante, très solubles dans l'alcool et dans l'éther. La réduction par l'étain et l'acide chlorhydrique le dédouble en p-amidophénol et acide m-amidobenzoïque.

Le *sel de baryum*, $(C^{13}H^9Az^2O^3)^2Ba, 3,5H^2O$, est en fines aiguilles d'un jaune clair, assez solubles dans l'eau bouillante et dans l'alcool chaud.

Phénol-azo-m-benzamide,

$$C^6H^4(OH) . Az^2 . C^6H^4 . CO . AzH^2$$

[Schulze, *Ann. Chem.*, **251**, 165]. — On l'obtient en chauffant un mélange de phénol et de diazoamidobenzamide :

$$C^6H^5.OH + AzH^2.CO.C^6H^4.Az^2.AzH.C^6H^4.CO.AzH^2$$
$$= C^{13}H^{11}Az^3O^2 + C^6H^4(AzH^2)CO . AzH^2.$$

Poudre cristalline brunâtre, fusible à 195°, soluble dans l'alcool, le phénol, les alcalis, l'aniline, à peine soluble dans l'éther, le sulfure de carbone, le chloroforme.

Acide p-nitrophénol-o-azobenzoïque,

$$C^6H^3(AzO^2)(OH) . Az^2 . C^6H^4 . CO^2H$$

[Griess, *D. chem. G.*, **17**, 340]. — Il prend naissance par l'action du p-nitrophénol en solution alcaline concentrée sur le nitrate o-diazobenzoïque; on précipite par l'acide acétique et on fait cristalliser dans l'alcool. Petites lamelles détonant par la chaleur, insolubles dans l'éther, assez solubles dans l'alcool froid. L'ébullition avec l'eau le décompose en azote, p-nitrophénol et acide salicylique.

Acide o-phénolsulfonique-m-azobenzoïque,

$$C^6H^3(OH)(SO^3H) . Az^2 . C^6H^4 . CO^2H, 0,5\ H^2O$$

[Griess, *D. chem. G.*, **14**, 2033]. — On verse du nitrate m-diazobenzoïque dans une solution alcaline d'acide o-phénol-sulfonique et on acidule par l'acide acétique : il se précipite un sel acide de potassium, qu'on purifie par quelques cristallisations et qu'on décompose ensuite par l'acide chlorhydrique.

Grains cristallins d'un brun-rouge, très solubles dans l'eau et dans l'alcool, peu solubles dans l'éther. La réduction par l'étain et l'acide chlorhydrique le dédouble en acides m-amidobenzoïque et amidophénol-sulfonique.

Le *sel de potassium*, $C^{13}H^9Az^2O^6SK, H^2O$, cristallise en aiguilles ou en lamelles jaunes, assez solubles dans l'eau bouillante.

Le *sel de baryum*, $(C^{13}H^9Az^2O^6S)^2Ba$, forme de petites aiguilles, des lamelles ou des grains jaunes. Le *sel basique*, $C^{13}H^8Az^2O^6SBa, H^2O$, est un précipité cristallin d'un jaune foncé.

Acide β-naphtol-m-azobenzoïque,

$$C^{10}H^6(OH) . Az^2 . C^6H^4 . CO^2H$$

[Griess, *D. chem. G.*, **14**, 2035]. — On l'obtient par l'action du nitrate m-diazobenzoïque sur une solution alcaline de β-naphtol; on étend d'eau et on précipite par l'acide chlorhydrique. Aiguilles ou lamelles d'un rouge doré, fusibles à 235°, insolubles dans l'eau bouillante, peu solubles dans l'alcool froid et dans l'éther, très solubles dans l'alcool bouillant. L'acide sulfurique concentré le dissout en donnant une coloration orangée, qui paraît violacée sous une faible épaisseur. L'ébullition avec l'étain et l'acide chlorhydrique le dédouble en amidonaphtol et acide m-amidobenzoïque.

Le *sel de potassium*, $C^{17}H^{11}Az^2O^3K . 2H^2O$, cristallise en aiguilles ou en lamelles rougeâtres, très solubles dans l'eau bouillante.

Le *sel de baryum*, $(C^{17}H^{11}Az^2O^3)^2Ba, 3,5\ H^2O$, est un précipité écarlate, formé d'aiguilles microscopiques.

L'éther éthylique, $C^{17}H^{11}Az^2O^3 . C^2H^5$, cristallise en aiguilles ou en longues lamelles rougeâtres à reflets mordorés, fusibles à 104°, sublimables, très solubles dans l'éther et dans l'alcool chaud.

L'amide, $C^{16}H^{11}Az^2O . CO . AzH^2$, forme de fines aiguilles d'un orangé foncé, insolubles dans l'eau, très peu solubles dans l'éther et dans l'alcool bouillant : elle se décompose par la fusion; les alcalis la dissolvent à chaud avec formation d'acide naphtolazobenzoïque.

Acide β-naphtolsulfonique-m-azobenzoïque,

$$C^{10}H^5(OH)(SO^3H) . Az^2 . C^6H^4 . CO^2H$$

[Griess, *D. chem. G.*, **14**, 2036]. — On l'obtient par l'action de l'acide β-naphtol-sulfonique en solution alcaline sur le nitrate m-diazobenzoïque. Aiguilles ou lamelles d'un rouge-brun foncé à reflets verdâtres, insolubles dans l'éther, peu solubles dans l'alcool bouillant et dans l'eau froide, très solubles dans l'eau bouillante. L'étain et l'acide sulfurique le dédoublent à l'ébullition en acide sulfurique et m-amidobenzoylamidonaphtol; le sulfure d'ammonium le convertit en acides m-amidobenzoïque et amidonaphtolsulfonique.

Le *sel de baryum*, $(C^{17}H^{11}Az^2O^6S)^2Ba, 4H^2O$, est un précipité orangé, formé de fines aiguilles.

Acide β-naphtol-α-disulfonique-m-azobenzoïque, $C^{10}H^4(OH)(SO^3H)^2 - Az^2 - C^6H^4 . CO^2H$ [Griess, *ibid.*]. — On dissout dans l'eau le β-naphtol-α-disulfonate de potassium, et on y ajoute de l'ammoniaque, puis du nitrate m-diazobenzoïque; on étend d'eau, on acidule fortement par l'acide chlorhydrique, on porte à l'ébullition et on précipite par le chlorure de baryum. On lave le précipité et on le décompose enfin par la quantité équivalente d'acide sulfurique. Il cristallise dans l'alcool bouillant en aiguilles microscopiques orangées, très solubles dans l'eau froide et dans l'alcool, insolubles dans l'éther. Il teint en orangé la soie et la laine. Le sulfure d'ammonium le transforme en acides m-amidobenzoïque et amidonaphtol-disulfonique.

Le *sel de baryum*, $C^{17}H^{10}Az^2O^9S^2Ba, 6H^2O$, est un précipité volumineux, rouge, qui par la dessiccation se convertit en grains cristallins. Le *sel basique*, $(C^{17}H^9Az^2O^9S^2)^2Ba^3, 12H^2O$, est formé d'aiguilles microscopiques rouges.

Acide β-naphtol-α-disulfonique-m-azobenzoïque-sulfonique,

$$C^{10}H^4(OH)(SO^3H)^2 - Az^2 - C^6H^3(SO^3H)(CO^2H)$$

[Griess, *D. chem. G.*, **14**, 2038]. — Obtenu par l'action de l'acide m-diazobenzoïque-sulfonique sur une solution alcaline d'acide β-naphtol-α-disulfonique, il cristallise en aiguilles orangées brillantes, très solubles dans l'eau froide et dans l'alcool, insolubles dans l'éther et dans l'acide chlorhydrique.

Le *sel de baryum*, $(C^{17}H^9Az^2O^{12}S^3)^2Ba^3, 3H^2O$, est un précipité gommeux, qui se convertit par l'ébullition avec l'eau en aiguilles jaunes, très peu solubles dans l'eau chaude.

Le *sel basique*, $C^{17}H^8Az^2O^{12}S^3Ba^2, 5H^2O$, est un précipité cristallin, grenu, presque insoluble.

Acide β-naphtol-azohippurique. — Voyez ACIDE HIPPURIQUE.

Acide résorcine-m-azobenzoïque,

$$C^6H^3(OH)^2 - Az^2 - C^6H^4 . CO^2H$$

[Griess, *D. chem. G.*, **14**, 2034]. — On ajoute du nitrate m-diazobenzoïque à une solution alcaline de résorcine et on précipite par l'acide chlorhydrique. Lamelles brun-jaunâtre, assez solubles dans l'alcool bouillant. L'ébullition avec l'étain et l'acide chlorhydrique le transforme en amidorésorcine et acide m-amidobenzoïque.

ACIDE M-DIAZOAMIDOBENZOÏQUE (*benzoïque-diazoamidobenzoïque*),

$$\begin{array}{l} Az_{(1)} - C^6H^4 - CO^2H_{(3)} \\ \| \\ Az - AzH_{(1)} - C^6H^4 - CO^2H_{(3)} \end{array}$$

— Ce composé a été décrit Dict., **1**, 562.

L'éther diméthylique, $C^{14}H^9Az^3O^4(CH^3)^2$, s'obtient par l'action de l'acide azoteux sur une solution éthérée de m-amidobenzoate de méthyle. Il forme des cristaux jaunes, fusibles à 160° [Griess, *Ann. Chem.*, **117**, 12].

L'éther diéthylique, $C^{14}H^9Az^3O^4(C^2H^5)^2$, cristallise en fines aiguilles d'un jaune d'or, fusibles à 144°, assez solubles dans l'alcool bouillant et dans l'éther (Griess).

L'amide,

$$AzH^2 . CO . C^6H^4 . Az{=}Az . AzH . C^6H^4 . CO . AzH^2,$$

s'obtient par l'action de l'acide azoteux sur une solution alcoolique refroidie de m-amidobenzamide. Poudre cristalline, insoluble dans l'éther et dans le chloroforme, à peine soluble dans l'eau, soluble dans l'alcool. Chauffée avec du phénol, elle se dédouble en m-amidobenzamide et en phénolazobenzamide [Schulze, *Ann. Chem.*, **251**, 163].

Benzoylamidobenzamide-diazoamidobenzoyl-amidobenzamide,

$$\begin{array}{l} Az-C^6H^4.CO.AzH.C^6H^4.CO.AzH^2 \\ \| \\ Az-AzH.C^6H^4.CO.AzH.C^6H^4.CO.AzH^2 \end{array}$$

— Cristaux jaunes, très peu solubles dans l'alcool, obtenus par l'action de l'acide azoteux sur la m-amidobenzoyl-m-amidobenzamide [Schulze, *loc. cit.*].

ACIDE P-DIAZOAMIDOBENZOÏQUE (*benzoïque-diazo-amidobenzoïque*),

$$\begin{array}{l} Az_{(1)}-C^6H^4.CO^2H_{(4)} \\ \| \\ Az-AzH_{(1)}-C^6H^4.CO^2H_{(4)} \end{array}$$

[Wilbrand et Beilstein, *Ann. Chem.*, **128**, 269]. — Poudre cristalline orangée, très peu soluble dans l'alcool bouillant, obtenue par l'action de l'acide azoteux sur une solution alcoolique d'acide p-amidobenzoïque.

ACIDE M-DIAZO-P-AMIDOBENZOÏQUE,

$$\begin{array}{l} Az_{(1)}-C^6H^4.CO^2H_{(3)} \\ \| \\ Az-AzH_{(1)}-C^6H^4.CO^2H_{(4)} \end{array}$$

[Griess, *Jahresb.*, 1864, 353]. — Il prend naissance dans l'action de l'acide p-amidobenzoïque sur le nitrate m-diazobenzoïque.

ACIDE P-DIAZO-M-AMIDOBENZOÏQUE,

$$\begin{array}{l} Az-C^6H^4.CO^2H_{(4)} \\ \| \\ Az-AzH_{(1)}-C^6H^4.CO^2H_{(3)} \end{array}$$

(Griess). — Même préparation que pour le précédent.

Acide dichlorodiazoamidobenzoïque,

$$\begin{array}{l} Az_{(1)}-C^6H^3Cl_{(3)}.CO^2H_{(6)} \\ \| \\ Az-AzH_{(1)}-C^6H^3Cl_{(3)}.CO^2H_{(6)} \end{array}$$

[Hübner et Cunze, *Ann. Chem.*, **135**, 114]. — Poudre cristalline orangée, obtenue par l'action de l'acide azoteux sur une solution alcoolique d'acide o-chloro-m-amidobenzoïque.

ACIDE BENZÈNE-DIAZOAMIDOBENZOÏQUE,

$$C^6H^5-Az^2-AzH-C^6H^4.CO^2H$$

[Griess, *Ann. Chem.*, **137**, 62]. — Grains cristallins jaunes, très solubles dans l'éther, peu solubles dans l'alcool, obtenus par l'action du nitrate de diazobenzène sur l'acide m-amidobenzoïque. L'acide chlorhydrique le dédouble en azote, phénol et acides amidobenzoïque, m-chlorobenzoïque et oxybenzoïque.

Le *chloroplatinate*,

$$C^{13}H^{11}Az^3O^2.2HCl.PtCl^4,$$

forme des lamelles arrondies d'un blanc jaunâtre.

L'*éther éthylique*,

$$C^6H^5-Az^2-AzH-C^6H^4.CO^2C^2H^5,$$

se présente en aiguilles ou en lamelles jaunes, très solubles dans l'alcool et dans l'éther. Il donne un *chloroplatinate*,

$$C^{15}H^{15}Az^3O^2.2HCl.PtCl^4.$$

Acide benzène-diazo-amidobenzoïque isomérique, $C^6H^5-Az^2-AzH.C^6H^4.CO^2H$. — Ce composé, très peu soluble dans l'éther, le chloroforme et le benzène, a été obtenu par M. Sarauw dans l'action du nitrate m-diazobenzoïque sur une solution alcoolique d'aniline.

Acide p-bromobenzène-diazo-m-amidobenzoïque, $C^6H^4Br.Az^2.AzH.C^6H^4.CO^2H$ [Griess, *Jahresb.*, 1866, 453]. — Agrégats sphériques d'aiguilles, obtenus au moyen du nitrate de diazo-p-bromobenzène et de l'acide m-amidobenzoïque.

ACIDE M-AMIDOTRIAZOBENZOÏQUE,

$$C^6H^3Az_{(5)}\left\langle\begin{array}{c}Az\\ \|\\ Az\end{array}\right|(AzH^2)_{(3)}CO^2H_{(1)}$$

[Griess, *D. chem. G.*, **21**, 1562]. — On chauffe pendant longtemps une solution chlorhydrique d'acide diamidobenzoïque (1.3.5) avec de l'acide oxalique; on obtient ainsi l'acide amido-oxalamidobenzoïque,

$$C^6H^3(AzH^2)(AzH.CO.CO^2H)CO^2H.$$

Celui-ci est à son tour traité en solution chlorhydrique par le nitrite de sodium, et le produit de cette réaction est précipité par un mélange de brome et d'acide bromhydrique. On obtient ainsi le *perbromure diazo-oxalamidobenzoïque*,

$$C^6H^3(Az^2Br^3)(AzH.CO.CO^2H)CO^2H.$$

Il suffit de le dissoudre dans l'ammoniaque et de traiter la solution par l'acide chlorhydrique pour voir se précipiter l'*acide triazo-oxalamidobenzoïque*, $C^6H^3Az^3(AzH.CO.CO^2H)CO^2H$, en mamelons jaunâtres assez solubles dans l'eau bouillante. On n'a plus qu'à faire bouillir ce dernier avec de la potasse pour obtenir l'acide cherché :

$$\begin{array}{l} C^6H^3Az^3(AzH.CO.CO^2H)CO^2H + H^2O \\ \quad = C^2O^4H^2 + C^6H^3Az^3(AzH^2)CO^2H. \end{array}$$

On concentre la solution alcaline, on précipite par l'acide chlorhydrique et on fait cristalliser dans l'eau bouillante. Aiguilles à peine jaunâtres, assez solubles dans l'eau bouillante, très solubles dans l'alcool et dans l'éther, détonant par la chaleur.

Le *chlorhydrate*, $C^7H^6Az^4O^2.HCl$, cristallise en petites aiguilles très solubles dans l'eau froide, insolubles dans l'acide chlorhydrique.

Le *chloroplatinate*, $(C^7H^6Az^4O^2.HCl)^2PtCl^4$, se présente en mamelons d'un blanc jaunâtre.

ACIDE M-DIAZOBENZOÏQUE. — Le *nitrate*,

$$CO^2H.C^6H^4.Az^2.AzO^3,$$

s'obtient en traitant par l'acide azoteux, à 0°, un mélange d'acide m-amidobenzoïque et d'acide nitrique étendu. Il cristallise en prismes peu solubles dans l'eau froide.

Le *chloroplatinate*,

$$(CO^2H.C^6H^4.Az^2.Cl)^2PtCl^4,$$

cristallise en prismes jaunes.

Le *chloraurate* répond à la formule

$$(C^7H^5Az^2O^2.Cl)AuCl^3$$

[Griess, *J. prakt. Chem.*, (2), **1**, 102].

Le *perbromure*, $C^7H^5Az^2O^2Br^3$, s'obtient sous la forme d'un précipité d'abord huileux, qui ne tarde pas à cristalliser en prismes jaunes, en ajoutant à une solution aqueuse du nitrate un mélange de brome et d'acide bromhydrique [Griess, *Ann. Chem.*, **135**, 121].

Le *nitrate de diazobenzoate d'éthyle*,

$$C^6H^4(CO^2C^2H^5)Az^2 . AzO^3,$$

s'obtient par l'action de l'acide azoteux sur un mélange d'acide nitrique et de m-amidobenzoate d'éthyle.

Le *chloraurate* correspondant,

$$C^9H^9Az^2O^2 . Cl . AuCl^3,$$

cristallise en prismes d'un jaune d'or.

Le *nitrate de diazobenzamide*,

$$C^6H^4(CO . AzH^2)Az^2 . AzO^3,$$

préparé par la même méthode, cristallise en aiguilles [Griess, *ibid.*].

Le *chloroplatinate* correspondant répond à la formule $(C^7H^6Az^3O . Cl)^2PtCl^4$.

Le *nitrate de diazobenzonitrile*,

$$C^6H^4(CAz)Az^2 . AzO^3,$$

s'obtient par la même méthode [Griess, *D. chem. G.*, **2**, 370] (action de l'acide azoteux sur un mélange de m-amidobenzonitrile et d'acide nitrique) : il cristallise en aiguilles peu solubles dans l'eau et explosives.

Le *perbromure* correspondant, $C^7H^4Az^3 . Br^3$, cristallise en prismes rougeâtres, indistincts.

Le *nitrate d'acide tribromodiazobenzoïque*,

$$C^6HBr^3_{(2.4.6)}(CO^2H)_{(1)}Az^2_{(3)} . AzO^3,$$

cristallise en aiguilles très solubles dans l'eau [Beilstein et Geitner, *Ann. Chem.*, **139**, 8].

ACIDE P-DIAZOBENZOÏQUE. — Voyez Suppl., **1**, 329.

Le *nitrate de l'amide*,

$$C^6H^4(CO . AzH^2)Az^2 . AzO^3,$$

s'obtient par l'action de l'acide azoteux sur une solution de nitrate de p-amidobenzamide [Griess, *Zeit. f. Chem.*, **2**, 1].

Acide nitro-p-diazobenzoïque,

$$C^6H^3(AzO^2) \begin{smallmatrix} \diagup Az \diagdown \\ \diagdown CO^2 \diagup \end{smallmatrix} Az$$

[Salkowski, *Ann. Chem.*, **173**, 63]. — Petites lamelles jaune clair, presque insolubles dans l'alcool, obtenues par l'action de l'acide azoteux sur une solution alcoolique d'acide m-nitro-p-amidobenzoïque.

Acide p-amidodiazobenzoïque,

$$C^6H^3(AzH^2) \begin{smallmatrix} \diagup Az \diagdown \\ \diagdown CO^2 \diagup \end{smallmatrix} Az, 3H^2O$$

[Griess, *D. chem. G.*, **5**, 200, **17**, 604]. — Longues aiguilles ou fines lamelles jaunes, obtenues par l'action de l'acide azoteux sur l'acide p-diamidobenzoïque, assez solubles dans l'eau chaude, insolubles dans l'éther.

Le *chlorhydrate*, $C^{14}H^{10}Az^6O^4 . HCl$, est en lamelles hexagonales.

Le *chloroplatinate*,

$$(C^{14}H^{10}Az^6O^4 . HCl)^2PtCl^4,$$

est en petites lamelles orthorhombiques, jaunes, peu solubles dans l'eau.

Le *chloraurate*, $C^{14}H^{10}Az^6O^4 . HCl . AuCl^3$, est en aiguilles jaune foncé, insolubles dans l'eau.

ACIDE NITRO-AMIDODIAZOBENZOÏQUE (*azo-amido-chrysanisique*). — Voyez ACIDE CHRYSANISIQUE.

ACIDE M-TRIAZOBENZOÏQUE, $C^6H^4Az^3 . CO^2H$. — Lamelles fusibles à 185°, obtenues par l'ammoniaque aqueuse et le perbromure

$$C^6H^4(CO^2H)Az^2Br^3$$

[Griess, *Zeit. f. Chem.*, **3**, 164].

Nitrile m-triazobenzoïque,

$$C^6H^4 \left(Az \begin{smallmatrix} \diagup Az \\ \| \\ \diagdown Az \end{smallmatrix} \right) (CAz)$$

(Griess). — Longues aiguilles jaunes, fusibles à 57°, presque insolubles dans l'eau, très solubles dans l'alcool chaud, obtenues par l'action de l'ammoniaque aqueuse sur le perbromure du nitrile diazobenzoïque $C^6H^4(CAz)Az^2 . Br^3$.

ACIDE DIAZOTRIAZOBENZOÏQUE [Griess, *D. chem. G.*, **21**, 1563].

Le *nitrate*, $C^6H^3(Az^3)_{(3)}(CO^2H)_{(1)}Az^2_{(5)} . AzO^3$, forme des prismes blancs, peu solubles; on l'obtient en traitant par l'acide azoteux une solution concentrée d'acide m-amidotriazobenzoïque. Il se décompose par l'eau bouillante, avec dégagement d'azote.

Le *perbromure*, $C^6H^3Az^3(CO^2H)Az^2 . Br^3$, forme des cristaux jaunes; on le prépare en traitant la solution aqueuse du nitrate par un mélange de brome et d'acide bromhydrique.

Le *chloroplatinate*, $(C^7H^4Az^5O^2 . Cl)^2PtCl^4$, forme des grains cristallins jaunes, très peu solubles dans l'eau.

ACIDE M-BISTRIAZOBENZOÏQUE (*hexa-azobenzoïque*), $C^6H^3(Az^3)^2_{(3.5)}CO^2H_{(1)}$. — On le prépare en traitant par l'ammoniaque aqueuse le perbromure d'acide diazotriazobenzoïque; on le précipite de sa solution ammoniacale par addition d'acide chlorhydrique et on le purifie par cristallisation dans l'alcool faible en présence du noir animal. Petites aiguilles blanches, presque insolubles dans l'eau bouillante, très solubles dans l'éther et dans l'alcool chaud, détonant violemment par la chaleur.

Le *sel de baryum*, $(C^7H^3Az^6O^2)^2Ba$, est un précipité formé de petites aiguilles blanches, presque insolubles dans l'eau; il renferme de l'eau de cristallisation qui n'a pas été déterminée et qui se dégage à 100°.

ACIDES AZOXYBENZOÏQUES,

$$O \begin{smallmatrix} \diagup Az - C^6H^4 . CO^2H \\ | \\ \diagdown Az - C^6H^4 . CO^2H \end{smallmatrix}$$

— Voyez Suppl., **1**, 330.

ACIDE O-AZOXYBENZOÏQUE. — Il prend naissance : par l'action de la potasse bouillante sur l'alcool o-nitrobenzylique, qui se dédouble dans ces conditions en o-nitrotoluène et acide o-azoxybenzoïque [Jaffé, *Zeit. physiol. Chem.*, **2**, 57]; par l'action d'une solution aqueuse concentrée et bouillante de cyanure de potassium sur l'aldéhyde o-nitrobenzylique [Homolka, *D. chem. G.*, **17**, 1903]. Il fond en se décomposant à 237-242°.

ACIDE M-AZOXYBENZOÏQUE. — M. Schultz [*Ann. Chem.*, **196**, 18] a donné pour le préparer le procédé suivant : On fait bouillir pendant 1 jour un mélange d'acide m-nitrobenzoïque (1 partie), d'alcool (6 parties) et de soude NaOH (1 partie); on distille ensuite l'alcool et on acidule le résidu par l'acide chlorhydrique; on redissout le précipité dans l'ammoniaque et on précipite par le chlorure de calcium : on n'a plus qu'à filtrer et à aciduler la liqueur par l'acide chlorhydrique.

Aiguilles ou lamelles microscopiques, insolubles dans l'eau, peu solubles dans l'alcool et dans l'éther. La réduction par l'étain et l'acide chlorhydrique le transforme en acide diamidobiphénique. $C^{14}H^8(AzH^2)^2O^4$.

ACIDES DIAZOXYBENZOÏQUES,

$$O \left\langle \begin{smallmatrix} Az \\ | \\ Az \end{smallmatrix} \right\rangle C^6H^3 . CO^2H,$$

ACIDE M-DIAZOXYBENZOÏQUE,

$$O\left\langle\begin{matrix}Az_{(3)}\\ |\\ Az_{(5)}\end{matrix}\right\rangle C^6H^3 . CO^2H_{(1)}.$$

— Il prend naissance : par l'action de l'amalgame de sodium sur l'acide m-dinitrobenzoïque [Michler, *Ann. Chem.*, **175**, 153]; par l'action de la potasse bouillante sur l'acide nitro-amidobenzoïque correspondant [Griess, *D. chem. G.*, **20**, 408]. Poudre noire, amorphe, brillante, détonant par la chaleur, insoluble dans l'alcool, l'éther, le benzène, l'acide acétique, soluble dans les alcalis. La réduction par l'étain et l'acide chlorhydrique le transforme en acide m-diamidobenzoïque.

Le *sel de baryum*, $(C^7H^3Az^2O^3)^2Ba$, est un précipité noir, amorphe.

Le *sel de zinc*, $(C^7H^3Az^2O^3)^2Zn$, est un précipité brun foncé.

Le *sel d'argent*, $C^7H^3Az^2O^3Ag$, est un précipité noir, volumineux.

Acide nitro-diazoxybenzoïque,

$$C^7H^3(AzO^2)Az^2O^3$$

(Michler). — Poudre rouge amorphe, obtenue par la nitration du précédent. Il n'est soluble que dans les alcalis. L'étain et l'acide chlorhydrique ne l'attaquent pas.

ACIDE O-P-DIAZOXYBENZOÏQUE,

$$O\left\langle\begin{matrix}Az_{(2)}\\ |\\ Az_{(4)}\end{matrix}\right\rangle C^6H^3 . CO^2H_{(1)}$$

(Michler). — On l'obtient par l'action de l'amalgame de sodium sur l'acide dinitrobenzoïque correspondant; il se présente en flocons noirs, volumineux; il n'est pas attaqué par l'étain et l'acide chlorhydrique.

Le *sel de baryum* répond à la formule

$$(C^7H^3Az^2O^3)^2Ba.$$

ACIDES HYDRAZINE-BENZOÏQUES,

$$AzH^2 . AzH . C^6H^4 . CO^2H.$$

— Voyez ce mot Suppl., 2.

ACIDES HYDRAZOBENZOÏQUES,

$$\begin{matrix}AzH . C^6H^4 . CO^2H\\ |\\ AzH . C^6H^4 . CO^2H\end{matrix}$$

— Voyez Suppl., 1, 330.

Acide o-hydrazobenzoïque. — Il fond à 205° [Homolka, *D. chem. G.*, **17**, 1904].

Acide m-hydrazobenzoïque (voyez Dict., **1**. 559). — On peut l'obtenir en réduisant l'acide m-azobenzoïque par un mélange de potasse et de sulfate ferreux à l'ébullition, par le zinc et l'ammoniaque ou par l'amalgame de sodium, mais non par le zinc et l'acide chlorhydrique. Ses solutions alcalines absorbent l'oxygène de l'air et régénèrent l'acide m-azobenzoïque.

Le *sel de baryum*, $C^{14}H^{10}Az^2O^4Ba$, forme des cristaux orangés, peu solubles dans l'eau.

Acide p-hydrazobenzoïque. — Voyez Dict., **1**, 1188.

DÉRIVÉS SULFONÉS DE L'ACIDE BENZOÏQUE. — Voyez Dict., **3**, 79 et Suppl. **1**, 330.

Acide benzoïque-o-sulfonique,

$$C^6H^4\begin{matrix}\diagup SO^2H_{(2)}\\ \diagdown CO^2H_{(1)}\end{matrix}$$

[Fahlberg et Barge, *D. chem. G.*, **22**, 754. — Remsen et Dohme, *Am. chem. Journ.*, **11**, 332 et *D. chem. G.*, **22**, *Ref.*, 662].

Cet acide prend naissance, d'après MM. Remsen et Dohme, lorsqu'on chauffe au bain-marie l'anhydride o-sulfonamidobenzoïque (saccharine) avec un excès d'acide chlorhydrique; suivant MM. Fahlberg et Barge, au contraire, c'est le sel mono-ammonique de cet acide qui prend naissance dans ces conditions :

$$C^6H^4\begin{matrix}\diagup SO^2 \diagdown\\ \diagdown CO \diagup\end{matrix}AzH + 2H^2O = C^6H^4\begin{matrix}\diagup SO^3 . AzH^4\\ \diagdown CO^2H\end{matrix}$$

L'acide lui-même forme des cristaux prismatiques renfermant $3H^2O$ (F. et B.), $4H^2O$ (R. et D.), très solubles dans l'alcool et dans l'eau, insolubles dans l'éther; il fond à 68-69° et retient à 125-128° une demi-molécule d'eau (R. et D.); il se décomposerait à 100-105° d'après MM. Fahlberg et Barge.

Le *sel de baryum*,

$$C^6H^4\begin{matrix}\diagup CO^2 \diagdown\\ \diagdown SO^3 \diagup\end{matrix}Ba, 2H^2O,$$

cristallise en beaux prismes orthorhombiques. Le *sel acide* contient $4,5H^2O$ (R. et D.).

Le *sel neutre de calcium* forme de beaux prismes efflorescents, qui contiennent $5H^2O$; le *sel acide* se présente en lamelles clinorhombiques, qui renferment $6H^2O$.

Le *sel neutre d'ammonium*,

$$C^6H^4(CO^2AzH^4)(SO^3AzH^4),$$

cristallise en petits losanges.

Le *sel neutre de potassium*,

$$C^6H^4(CO^2K)(SO^3K), 2H^2O,$$

est en petites aiguilles blanches.

Le *sel d'argent*, $C^6H^4(CO^2Ag)(SO^3Ag)$, forme de petits prismes clinorhombiques. Il en est de même du *sel double*, $C^6H^4(CO^2Ag)(SO^3 . AzH^4)$.

Le *sel de cuivre*,

$$C^6H^4\begin{matrix}\diagup CO^2 \diagdown\\ \diagdown SO^3 \diagup\end{matrix}Cu, 3,5H^2O,$$

cristallise en belles aiguilles bleu foncé, qui se décomposent à 180°.

Le *chlorure*, $C^6H^4(COCl)(SO^2Cl)$, cristallise dans l'éther en prismes orthorhombiques fusibles à 73°.

Traité à froid par les alcools, il donne des éthers-chlorures de la formule

$$C^6H^4(CO^2R)(SO^2Cl);$$

à l'ébullition, il donne les éthers-acides

$$C^6H^4(CO^2R)(SO^3H).$$

L'*éther méthylique acide* forme des cristaux indistincts; il fournit un *sel barytique*,

$$[C^6H^4(CO^2CH^3)(SO^3-)]^2Ba, 3,5H^2O,$$

cristallisé en aiguilles.

L'*éther éthylique acide* fournit de même un *sel barytique*, répondant à la formule

$$[C^6H^4(CO^2C^2H^5)(SO^3-)]^2Ba, 4H^2O,$$

et cristallisé en aiguilles (R. et D.).

L'*anhydride*,

$$C^6H^4\begin{matrix}\diagup SO^2 \diagdown\\ \diagdown CO \diagup\end{matrix}O,$$

peut être préparé par l'action du chlorure d'acétyle sur l'acide libre, ou par l'action du perchlorure de phosphore sur le sel dipotassique. Il cristallise dans l'éther ou dans le benzène en grandes lamelles clinorhombiques, fusibles à 118-119° (F. et B.), à 128° (R. et D.), qui, à l'air humide, se convertissent rapidement en acide (R. et D.).

Traité en solution benzénique par un courant

de gaz ammoniac, il fournit un précipité blanc, de benzamidosulfonate d'ammonium,

$$C^6H^4 \begin{matrix} \diagup CO \,.\, AzH^2 \\ \diagdown SO^3 \,.\, AzH^4 \end{matrix}$$

(F. et B.).

Acide o-sulfonamidobenzoïque,

$$C^6H^4 \begin{matrix} \diagup SO^2 \,.\, AzH^2_{(2)} \\ \diagdown CO^2H_{(1)} \end{matrix}$$

— On l'obtient en oxydant l'o-crésyl-sulfonamide par le ferricyanure de potassium en solution alcaline [Noyes, *Am. Journ.*, **8**, 178]. Petites aiguilles, ou quelquefois gros prismes, fusibles à 165-167°; il se transforme à 180° en anhydride,

$$C^6H^4 \begin{matrix} \diagup SO^2 \diagdown \\ \diagdown CO \diagup \end{matrix} AzH;$$

il est facilement soluble dans l'eau, l'alcool et l'éther.

Le *sel de magnésium*,

$$(C^7H^6AzO^4S)^2Mg, 6,5H^2O,$$

est en longues aiguilles.

Le *sel de baryum*, $(C^7H^6AzO^4S)^2Ba, 4,5H^2O$, forme des aiguilles très solubles dans l'éther [Fahlberg et Remsen, *D. chem. G.*, **12**, 473]. Suivant M. Noyes [*loc. cit.*], ce sel cristallise avec $9H^2O$ en aiguilles épaisses, qui perdent dans l'air sec $7H^2O$ et qui se déshydratent complètement à 120°; on pourrait aussi l'obtenir, par le refroidissement de ses solutions aqueuses très concentrées, en aiguilles épaisses renfermant seulement $2H^2O$.

Le *sel d'argent*, $C^7H^6AzO^4SAg$, est un précipité amorphe, qui cristallise en lamelles dans l'eau bouillante (Fahlberg et Remsen).

L'*éther méthylique* peut être préparé par l'action successive du perchlorure de phosphore, puis de l'alcool méthylique sur la saccharine; il fond à 124° [Remsen et Dohme, *D. chem. G.*, **22**, *Ref.*, 663].

L'*éther propylique* est une huile incolore, incristallisable (Remsen et Dohme).

L'*éther éthylique*,

$$AzH^2 . SO^2 . C^6H^4 . CO^2C^2H^5,$$

s'obtient par l'action du gaz chlorhydrique sur une solution alcoolique de l'anhydride [Fahlberg et List, *D. chem. G.*, **20**, 1601], ou par l'action d'un mélange d'iodure d'éthyle et d'éthylate de sodium sur l'acide. Il forme de longues aiguilles, qui fondent à 83° en perdant de l'alcool et en régénérant l'anhydride; il est peu soluble dans l'eau, très soluble dans l'alcool et dans l'éther. La potasse alcoolique le transforme à froid en anhydride; l'eau bouillante lui fait lentement subir la même transformation; les acides bouillants agissent de même, mais plus rapidement.

L'*anilide*, $C^6H^4(SO^2 . AzH^2)(CO . AzH . C^6H^5)$, peut être préparée par l'union directe de l'aniline avec la saccharine, ou par l'action de l'aniline sur l'éther méthylique à chaud; elle forme des aiguilles blanches, fusibles à 189° (R. et D.).

L'*o-toluide* cristallise en aiguilles fusibles à 193°; la *p-toluide*, en aiguilles fusibles à 207° (R. et D.).

L'*anhydride* (*saccharine*),

$$C^6H^4 \begin{matrix} \diagup CO \diagdown \\ \diagdown SO^2 \diagup \end{matrix} AzH,$$

se produit en même temps que l'acide benzoïque-o-sulfonique dans l'oxydation de l'o-crésylsulfonamide, $CH^3 . C^6H^4 . SO^2 . AzH^2$, au moyen du permanganate de potassium au bain-marie [Fahlberg et Remsen, *loc. cit.*]. Cristaux fusibles avec décomposition partielle à 220°, sublimables, très peu solubles dans l'eau froide, très solubles dans l'eau bouillante, l'alcool et l'éther. Sa saveur est très sucrée.

Chauffé avec de l'acide chlorhydrique, il se dédouble à 150° en ammoniaque et acide benzoïque-o-sulfonique. Le perchlorure de phosphore est sans action. La fusion avec de la potasse donne de l'acide salicylique.

Le *sel de sodium*,

$$C^6H^4 \begin{matrix} \diagup CO \diagdown \\ \diagdown SO^2 \diagup \end{matrix} AzNa, 2H^2O,$$

est en grandes lames très solubles dans l'eau [Fahlberg et List, *D. chem. G.*, **20**, 1597].

Le *sel de potassium*, $C^7H^4AzO^3SK, H^2O$, forme de petits prismes très solubles dans l'eau [Remsen et Palmer, *Am. Journ.*, **8**, 224].

Le *sel de baryum*, $(C^7H^4AzO^3S)^2Ba$, cristallise avec $4H^2O$ suivant M. Noyes [*loc. cit.*], avec $3H^2O$ d'après MM. Remsen et Palmer; il est très soluble dans l'eau et se déshydrate à 125°.

Le *sel d'argent*, $C^7H^4AzO^3SAg$, cristallise en fines aiguilles, peu solubles dans l'eau bouillante.

L'*éther éthylique*,

$$C^6H^4 \begin{matrix} \diagup CO \diagdown \\ \diagdown SO^2 \diagup \end{matrix} Az . C^2H^5,$$

prend naissance par l'action de l'iodure d'éthyle à 120° sur le sel de sodium préalablement déshydraté [Fahlberg et List, *loc. cit.*]. Il cristallise en grandes aiguilles, fusibles à 93-94°, insipides, assez solubles dans l'eau bouillante, très solubles dans l'alcool et dans l'éther. L'acide chlorhydrique le dédouble à 150° en éthylamine et acide benzoïque-o-sulfonique. La potasse alcoolique le convertit à l'ébullition en acide éthylsulfonamidobenzoïque.

L'*éther méthylique*, préparé au moyen de l'iodure d'éthyle et des sels de potassium ou d'argent, cristallise en longues aiguilles, fusibles à 131-132° [Brackett, *Am. chem. Journ.*, **9**, 406; *D. chem. G.*, **21**, *Ref.*, 100].

L'*éther diméthylique*,

$$C^6H^4 \begin{matrix} \diagup C(OCH^3)^2 \diagdown \\ \diagdown SO^2 \text{———} \diagup \end{matrix} AzH,$$

forme des cristaux peu solubles, fusibles à 330°: on l'obtient en traitant par l'alcool méthylique le produit de la réaction du perchlorure de phosphore sur la saccharine à 90-100°, qui se présente sous la forme d'une masse semi-liquide, paraissant constituer le chlorure

$$C^6H^4 \begin{matrix} \diagup CCl^2 \diagdown \\ \diagdown SO^2 \diagup \end{matrix} AzH$$

(Brackett).

L'action du perchlorure de phosphore sur la saccharine à 160° fournit au contraire l'o-chlorobenzonitrile, $C^6H^4Cl . CAz$ (Remsen et Dohme)

Acide o-éthylsulfonamidobenzoïque,

$$C^6H^4(SO^2 . AzH . C^2H^5)CO^2H$$

[Fahlberg et List, *D. chem. G.*, **20**, 1599]. — Il se produit par l'action de la potasse alcoolique bouillante sur l'éther éthylique de l'anhydride sulfonamidobenzoïque. Aiguilles assez solubles dans l'eau, très solubles dans l'alcool et dans l'éther, qui se ramollissent à 102° et fondent à 116°.

Le *sel de sodium*, $C^9H^9AzO^4SNa^2$, cristallise en aiguilles.

Le *sel de potassium*, $C^9H^9AzO^4SK^2$, forme des lamelles nacrées, extrêmement solubles dans l'eau.

Le *sel de cuivre*, $(C^9H^{10}AzO^4S)^2Cu, 2H^2O$, est en prismes d'un vert foncé, peu solubles dans l'eau.

Le *sel d'argent*, $C^9H^{10}AzO^4SAg$, cristallise en petites aiguilles très solubles dans l'eau.

Acide benzamido-sulfonique,

$$C^6H^4 \begin{cases} CO.AzH^2_{(1)} \\ SO^3H_{(2)} \end{cases}$$

[Fahlberg et Barge, *D. chem. G.*, **22**, 758]. — Cet acide se produit à l'état de sel ammoniacal par l'action de l'ammoniaque sèche sur une solution benzénique d'*anhydride benzoïque-o-sulfonique* :

$$C^6H^4 \begin{cases} CO \\ SO^2 \end{cases} O + 2AzH^3 = C^6H^4 \begin{cases} CO.AzH^2 \\ SO^3.AzH^4 \end{cases}$$

Il se présente en cristaux prismatiques, très solubles dans l'eau et dans l'alcool, et renfermant 1 molécule d'eau.

Le *sel d'ammonium*,

$$C^6H^4(CO.AzH^2)(SO^3.AzH^4),$$

cristallise dans l'alcool en fines aiguilles blanches, fusibles à 255-256°, très solubles dans l'eau. Chauffé à 170° avec de l'acide chlorhydrique concentré, il se convertit en benzoïque-sulfonate d'ammonium, $C^6H^4(CO^2H)(SO^3.AzH^4)$.

Le *sel d'argent*, $C^6H^4(CO.AzH^2)(SO^3Ag), H^2O$, forme des lamelles clinorhombiques brillantes.

Acide benzoïque-m-sulfonique. — Voyez Dict., 3, 79 et Suppl., 1, 330.

Combinaisons avec les éthers sulfuriques [Stengel, *Ann. Chem.*, **218**, 257]. — L'acide benzoïque-m-sulfonique donne avec les éthers sulfuriques des produits d'addition. Pour les préparer, on additionne le benzoate-sulfonate de sodium de 2 molécules d'acide sulfurique, on évapore au bain-marie et on abandonne le résidu pendant quelques jours avec l'alcool correspondant à la combinaison cherchée; on filtre pour séparer le sulfate de sodium, on chasse l'alcool, on étend le résidu du double de son volume d'eau et on neutralise par le carbonate de baryum : on obtient ainsi le sel barytique de la combinaison cherchée.

Ces combinaisons paraissent d'ailleurs exister sous deux modifications isomériques (α et β), que l'on sépare à l'état de sels barytiques, les sels β étant plus solubles que les sels α.

Combinaison avec le sulfate de méthyle. Série α. — Le *sel de sodium*,

$$C^7H^4O^5SNa^2.SO^4(CH^3)^2,$$

est anhydre.

Le *sel de baryum*,

$$C^7H^4O^5SBa.SO^4(CH^3)^2, 3,5H^2O,$$

est en lamelles clinorhombiques; il se décompose lorsqu'on le chauffe avec de l'eau à 150°.

Le *sel de plomb*, $C^7H^4O^5SPb.SO^4(CH^3)^2$, est très instable.

Le *sel de cuivre*, $C^7H^4O^5SCu.SO^4(CH^3)^2, H^2O$, est très soluble.

Série β. — Le *sel de baryum*,

$$C^7H^4O^5SBa.SO^4(CH^3)^2,$$

se distingue de son isomère α en ce qu'il cristallise à l'état anhydre.

Combinaison avec le sulfate d'éthyle. — Le *sel de sodium*, $C^7H^4O^5SNa^2.SO^4(C^2H^5)^2$, est très soluble dans l'eau.

Le *sel de baryum*,

$$C^7H^4O^5SBa.SO^4(C^2H^5)^2, 3,5H^2O,$$

cristallise en longues aiguilles. 100 parties d'eau en dissolvent 20 parties à 12° et 31 parties à 21°.

Le *sel de plomb*,

$$C^7H^4O^5SPb.SO^4(C^2H^5)^2, 2,5H^2O,$$

est en petites aiguilles soyeuses, très instables.

Le *sel de cuivre*,

$$C^7H^4O^5SCu.SO^4(C^2H^5)^2, 2,5H^2O,$$

cristallise en petites lamelles bleu clair.

Combinaison avec le sulfate de propyle. — Le *sel de baryum*,

$$C^7H^4O^5SBa.SO^4(C^3H^7)^2, 7H^2O,$$

cristallise en aiguilles brillantes; 100 parties d'eau à 19° en dissolvent 10p,8.

L'*éther mono-éthylique*, $C^7H^5O^5S.C^2H^5$, se produit à l'état de sel ammoniacal par l'action de l'ammoniaque alcoolique sur l'éther diéthylique ou sur le chlorure; il paraît cristallisable; tous ses sels sont solubles.

Le *sel d'ammonium*, $C^7H^4O^5S(C^2H^5)(AzH^4)$, forme de grandes lames tricliniques, fusibles à 185°, très solubles dans l'alcool et dans l'eau, insolubles dans l'éther. Soumis à la distillation sèche, il donne de l'eau, de l'acide sulfureux, de l'acide benzoïque et du benzonitrile.

Le *sel de baryum* cristallise en lamelles orthorhombiques.

L'*éther diéthylique*, $C^7H^4O^5S(C^2H^5)^2$, prend naissance par l'action de l'alcool absolu sur le chlorure. C'est un sirop non distillable, miscible à l'eau en toutes proportions.

Acide m-sulfonamidobenzoïque,

$$C^6H^4(SO^2.AzH^2)_{(3)}CO^2H_{(1)}.$$

— On l'obtient en chauffant à 100° avec de la potasse concentrée la benzamide-sulfonamide ou le sel d'ammonium du sulfobenzoate monoéthylique [Limpricht et Uslar, *Ann. Chem.*, **108**, 36]. On peut aussi l'obtenir par l'action de l'anhydride sulfurique sur le benzonitrile, et par action subséquente de l'eau [Engelhardt, *Ann. Chem.*, **108**, 343]. Il se produit dans l'oxydation de la m-toluène-sulfonamide par le permanganate de potassium, l'acide chromique [Palmer, *Am. Journ.*, **4**, 148], ou par le ferricyanure de potassium et la potasse [Noyes et Walker, *ibid.*, **8**, 188].

Houppes cristallines, fusibles avec décomposition à 246-247°, à peine solubles dans l'eau froide, plus solubles dans l'éther, très solubles dans l'alcool.

Le *sel de calcium* renferme $(C^7H^6AzO^4S)^2Ca$ après dessiccation à 123°.

Le *sel de baryum*, $(C^7H^6AzO^4S)^2Ba$, cristallise avec 4 molécules d'eau.

Le *sel d'argent*, $C^7H^6AzO^4SAg$, est en longues aiguilles assez solubles dans l'eau bouillante.

Le *sel basique*, $C^7H^5AzO^4SAg^2$, est un précipité amorphe.

L'*éther éthylique*, $C^7H^6AzO^4S.C^2H^5$, peut être préparé soit au moyen du sel d'argent et de l'iodure d'éthyle, soit par l'action de l'acide chlorhydrique sur une solution alcoolique de l'acide, soit enfin par l'action de l'ammoniaque alcoolique sur une solution alcoolique du dichlorure benzoïque-sulfonique : dans ce dernier cas, il se produit simultanément de l'éthylsulfobenzoate d'ammonium (Limpricht et Uslar). Cristaux clinorhombiques [Kiferstein, *Ann. Chem.*, **106**, 387], très solubles dans l'alcool chaud et dans l'éther, peu solubles dans l'eau bouillante.

Le *chlorure*, $C^6H^4(SO^2.AzH^2)COCl$, obtenu par l'action du perchlorure de phosphore sur l'acide à 150-200°, est une huile jaune de succin; il se décompose par la distillation en m-chlorobenzonitrile et acide sulfureux.

L'*amide*, $C^6H^4(SO^2.AzH^2)(CO.AzH^2)$, obtenue par l'action de l'ammoniaque concentrée sur le chlorure, cristallise dans l'alcool absolu à l'état anhydre et dans l'eau avec 1 molécule d'eau. Elle fond à l'état anhydre à 170°. Elle est très soluble à chaud dans l'alcool et dans l'eau, moins soluble à froid dans les mêmes réactifs. Le perchlorure de phosphore la transforme à chaud en une *imide chlorée*, $C^6H^4(SO^2.AzH^2)CCl=AzH$, qui se décompose par la distillation en donnant du m-chlorobenzonitrile; l'action du perchlorure de phosphore sur cette imide chlorée fournit du m-chlorobenzonitrile, du chlorure de soufre et de l'oxychlorure de phosphore; l'eau et l'ammoniaque la convertissent en sulfonamidobenzonitrile.

Phénylsulfonamidobenzanilide,

$$C^6H^4(SO^2.AzH.C^6H^5)(CO.AzH.C^6H^5).$$

— On l'obtient en traitant le dichlorure par l'aniline (Limpricht et Uslar). Petits cristaux très solubles dans l'alcool chaud et dans l'éther, peu solubles dans l'eau chaude.

Sulfonamidobenzonitrile,

$$C^6H^4(SO^2.AzH^2)CAz$$

[Wallach et Huth, *D. chem. G.*, **9**, 428]. — On a vu plus haut ses modes de formation. Cristaux fusibles à 151-152°, solubles dans la potasse, qui les transforme à chaud en ammoniaque et acide sulfonamidobenzoïque (Limpricht et Uslar).

Acide benzoïque-p-sulfonique. — On l'obtient en traitant l'acide p-diazoamidobenzoïque par une solution alcoolique d'acide sulfureux [Wiesinger et Vollbrecht, *D. chem. G.*, **10**, 1715].

Aiguilles non déliquescentes, fusibles avec décomposition vers 200°. La fusion avec la potasse le convertit en acide p-oxybenzoïque; chauffé avec du formiate de sodium, il donne de l'acide téréphtalique.

Le *sel de sodium*, $C^7H^5O^5SNa, 2,5H^2O$, cristallise en longs prismes.

Le *sel de calcium* est une poudre amorphe, un peu plus soluble dans l'eau froide que dans l'eau chaude.

Le *sel de baryum*, $(C^7H^5O^5S)^2Ba, 3H^2O$, forme de longues aiguilles plates, très peu solubles dans l'eau froide. Le *sel basique*, $C^7H^4O^5SBa, 2H^2O$, est en petites aiguilles assez solubles

Acide p-sulfonamidobenzoïque

$$C^6H^4(SO^2.AzH^2)CO^2H.$$

— Il se décompose sans fondre à 280° [Palmer, *Am. Journ.*, **4**, 164]. Il est presque insoluble dans l'eau froide, peu soluble dans l'eau chaude, très soluble dans l'alcool. L'anhydride sulfurique ou l'acide nitrique fumant le transforment en acide benzoïque-p-sulfonique.

Le *sel de baryum*, $(C^7H^6AzO^4S)^2Ba$, cristallise avec $5H^2O$ en aiguilles groupées en sphères, ou avec $2H^2O$ en lamelles, très solubles dans l'eau à froid et à chaud [Noyes, *Am. Journ.*, **7**, 145].

Le *sel d'argent* a pour formule $C^7H^6AzO^4SAg$. Le *sel basique*, $C^7H^5AzO^4SAg^2$, se produit lorsqu'on traite l'acide par le nitrate d'argent ammoniacal [Walker, *ibid.*, **8**, 182].

Acides benzoïques-disulfoniques. — Voyez Dict., **3**, 80.

L'acide décrit sous les noms d'*acide disulfobenzoïque* 1 ou d'*acide α* est l'acide benzoïque-m-disulfonique $C^6H^3(SO^3H^2)_{(3.5)}CO^2H_{(1)}$.

L'acide décrit sous les noms d'*acide* 2 ou d'*acide β* a pour structure $C^6H^3(SO^3H)^2_{(2.4)}CO^2H_{(1)}$ [Fahlberg, *Am. Journ.*, **2**, 188. — Fahlberg et List, *D. chem. G.*, **21**, 246].

Acide disulfonamidobenzoïque,

$$C^6H^3(SO^2.AzH^2)^2_{(2.4)}(CO^2H)_{(1)}$$

[Fahlberg, *loc. cit.*]. — On obtient son sel de potassium en oxydant par le permanganate de potassium l'α-toluène-disulfonamide.

Il cristallise en aiguilles vitreuses, microscopiques, extrêmement solubles dans l'alcool et dans l'eau, peu solubles dans l'éther, fusibles à 182-183° et se décomposant à 250-260°. Sa saveur est acidule.

Le *sel de baryum*, $(C^7H^7Az^2O^6S^2)^2Ba, 5H^2O$, cristallise en grands prismes clinorhombiques.

Le *sel de cuivre*, $(C^7H^7Az^2O^6S^2)^2Cu, 2H^2O$, forme des aiguilles soyeuses d'un bleu clair.

Le *sel d'argent*, $C^7H^7Az^2O^6S^2Ag$, est en aiguilles blanches, assez altérables à la lumière.

Le *sel de calcium*, $(C^7H^7Az^2O^6S^2)^2Ca$, est un sirop très soluble dans l'eau froide, moins soluble dans l'alcool.

L'*éther éthylique*, $C^7H^7Az^2O^6S^2(C^2H^5)$, forme des aiguilles soyeuses, fusibles à 198-200°, peu solubles dans l'eau froide, assez solubles dans l'eau chaude, très solubles dans l'alcool et dans l'éther.

L'*anhydride*,

$$C^6H^3(SO^2.AzH^2)_{(4)} < \begin{matrix} SO^2_{(2)} \\ CO_{(1)} \end{matrix} > AzH,$$

cristallise en petites lamelles rhombiques, fusibles avec décomposition à 285°, peu solubles dans l'eau froide, presque insolubles dans l'acide chlorhydrique concentré, très solubles dans l'alcool et dans l'éther. Le perchlorure de phosphore ne l'attaque pas. Soumis à une longue ébullition avec de l'acide chlorhydrique étendu, il donne de l'ammoniaque et de l'acide sulfonamido-benzoïque-sulfonique; si l'on opère en tube scellé à 150-170°, les produits de la réaction sont le sel ammoniac et l'acide benzoïque-disulfonique.

Les sels sont amorphes. Le *sel de potassium*, $C^7H^4Az^2O^5S^2K^2$, est déliquescent.

Le *sel de baryum*, $(C^7H^5Az^2O^5S^2)^2Ba, 3,5H^2O$, cristallise en aiguilles groupées en mamelons.

Le *sel de cuivre*, $(C^7H^5Az^2O^5S^2)^2Cu, 4H^2O$, forme des aiguilles bleues microscopiques.

Le *sel d'argent*, $C^7H^5Az^2O^5S^2Ag$, est confusément cristallin [Fahlberg et List, *D. chem. G.*, **20**, 1602; **21**, 246].

Acide sulfonamidobenzoïque-sulfonique,

$$C^6H^3(SO^2.AzH^2)_{(4)}(SO^3H)_{(2)}(CO^2H_{(1)})$$

[Fahlberg, *Am. Journ.*, **2**, 193]. — On l'obtient en faisant bouillir pendant 4 ou 5 heures l'anhydride précédent avec de l'acide chlorhydrique. Grands cristaux fusibles à 165°, très solubles dans l'eau et dans l'alcool, moins solubles dans l'acide chlorhydrique, insolubles dans l'éther.

Le *sel de potassium*, $C^7H^6AzO^7S^2K$, est en cristaux rhombiques, très solubles dans l'eau.

Acides chlorobenzoïques-sulfoniques. — Voyez Suppl., **1**, 331.

Acide m-chlorobenzoïque-sulfonique,

$$C^6H^3Cl_{(3)}(SO^3H)_{(5)}CO^2H_{(1)}.$$

— On l'obtient par l'action de l'anhydride sulfurique sur l'acide m-chlorobenzoïque. Longues aiguilles, solubles dans l'eau, l'alcool et l'éther. Distillé avec 2 molécules de perchlorure de phosphore, il donne du chlorure de dichlorobenzoyle, $C^7H^3Cl^2OCl$ [Otto, *Ann. Chem.*, **123**, 216].

Le *sel acide de potassium*,

$$C^7H^4ClO^5SK, 1,5H^2O,$$

est en petites aiguilles peu solubles dans l'eau et dans l'alcool. Le *sel neutre*, $C^7H^3ClO^5SK^2, 3H^2O$, forme de petites aiguilles très solubles dans ces dissolvants.

Le *sel de calcium*, $(C^7H^4ClO^5S)^2Ca$, cristallise avec 3 molécules d'eau.

Le *sel acide de baryum* a pour formule

$$(C^7H^4ClO^5S)^2Ba, 4H^2O.$$

Le *sel neutre*, $C^7H^3ClO^5SBa, 2H^2O$, est en cristaux indistincts.

Le *sel neutre de plomb*, $C^7H^3ClO^5SPb, 3H^2O$, forme de fines aiguilles, peu solubles dans l'eau froide. Le *sel acide* est beaucoup plus soluble dans l'eau.

L'*amide*, $C^6H^3Cl(SO^2.AzH^2)(CO.AzH^2)$, obtenue au moyen du chlorure et de l'ammoniaque alcoolique, forme des grains cristallins, très solubles dans l'éther et dans l'alcool absolu.

Acide p-chlorobenzoïque-m-sulfonique,

$$C^6H^3Cl_{(4)}(SO^3H)_{(3)}CO^2H_{(1)}.$$

— Voyez Suppl., 1, 331.

Le *chlorure*, $C^6H^4Cl(SO^3H)COCl$, cristallise dans l'éther en longues aiguilles fusibles à 140-150°. Traité par l'alcool absolu, il fournit l'*éther*, $C^6H^3Cl(SO^3H)(CO^2C^2H^5)$, en longues aiguilles fusibles à 130-160°; par l'ammoniaque alcoolique, il donne le *sel* $C^6H^3Cl(SO^3.AzH^4)(CO.AzH^2)$, en fines aiguilles fusibles à 230° [Cöllen et Böttinger, *D. chem. G.*, 9, 1248].

ACIDES BROMOBENZOÏQUES-SULFONIQUES. — Voyez Dict., 3, 80 et Suppl., 1, 331.

Acide p-bromobenzoïque-o-sulfonique,

$$C^6H^3Br_{(4)}(SO^3H)_{(2)}(CO^2H)_{(1)}.$$

— Voyez Dict., 3, 80.

Anhydride sulfonamidobromobenzoïque,

$$C^6H^3Br\left<\begin{matrix}SO^2\\CO\end{matrix}\right>AzH$$

[Remsen et Bayley, *Am. Journ.*, 8, 229]. — On le prépare en oxydant par le permanganate de potassium l'amide p-bromotoluène-o-sulfonique, ou bien en traitant par l'ammoniaque le chlorure p-bromobenzoïque-o-sulfonique. Longues aiguilles fusibles à 217°, commençant à se sublimer dès 200°, très solubles dans l'alcool et dans l'eau chaude, insolubles dans l'acide chlorhydrique.

Le *sel de calcium*, $(C^7H^3BrAzO^3S)^2Ca, 7,5H^2O$, cristallise en étoiles.

Le *sel de baryum*, $(C^7H^3BrAzO^3S)^2Ba, 7,5H^2O$, est en fines aiguilles soyeuses, peu solubles dans l'eau.

Le *sel d'argent*, $C^7H^3BrAzO^3SAg$, cristallise dans l'eau bouillante en très petites aiguilles.

Le *dérivé éthylique*, $C^7H^3BrAzO^3S.C^2H^5$, se produit par l'action successive du perchlorure de phosphore, puis de l'alcool, sur l'anhydride. Cristaux rhombiques, fusibles à 199-199°,5, insolubles dans l'acide chlorhydrique et dans le carbonate de potassium; la potasse caustique le convertit en anhydride.

L'action de l'iodure d'éthyle sur le sel d'argent de l'anhydride fournit un dérivé éthylique qui paraît isomérique avec le précédent.

Acide p-bromobenzoïque-disulfonique,

$$C^6H^2Br(SO^3H)^2CO^2H.$$

— Il se produit par l'oxydation de l'acide p-bromocrésyl-disulfonique à l'aide de l'acide azotique très concentré [Kornatzky, *Ann. Chem.*, 221, 195].

Le *sel de potassium*, $C^7H^2BrO^8S^2K^3, H^2O$, est en lamelles très solubles dans l'eau, insolubles dans l'alcool à 95 0/0.

Le *sel de baryum*, $(C^7H^2BrO^8S^2)^2Ba^3, 12H^2O$, forme de grandes lamelles jaunes, à éclat vitreux, très peu solubles dans l'eau froide, insolubles dans l'alcool.

Le *chlorure*, obtenu par l'action du perchlorure de phosphore sur le sel de potassium à 150°, cristallise dans l'éther en lamelles rhombiques, fusibles à 151°.

L'*amide* forme de petits prismes, fusibles au-dessus de 250°, peu solubles dans l'eau froide, très solubles dans l'ammoniaque.

ACIDES NITROBENZOÏQUES-SULFONIQUES. — Voyez Suppl., 1, 331.

Acide p-nitrobenzoïque-o-sulfonique,

$$C^6H^3(AzO^2)_{(4)}(SO^3H)_{(2)}(CO^2H)_{(1)}.$$

— On l'obtient en chauffant une solution du sel de calcium de l'acide p-nitro-o-crésyl-sulfonique avec du permanganate de potassium [Hart, *Am. Journ.*, 1, 350].

Le *sel de potassium*, $C^7H^4AzO^7SK, H^2O$, est en aiguilles longues et fines, assez solubles dans l'eau froide. Le *sel neutre*, $C^7H^3AzO^7SK^2$, forme des prismes épais et courts, assez solubles dans l'eau froide.

Le *sel de baryum*, $C^7H^3AzO^7SBa$, est en lamelles brillantes.

Anhydride p-nitro-o-sulfonamidobenzoïque,

$$C^6H^3(AzO^2)\left<\begin{matrix}SO^2\\CO\end{matrix}\right>AzH$$

[Noyes, *Am. Journ.*, 8, 169]. — On l'obtient en oxydant par le permanganate de potassium, au bain-marie, l'amide p-nitrotoluène-o-sulfonique. Petites lamelles ou aiguilles, fusibles à 209°, peu solubles dans l'eau froide, l'alcool et l'éther. Le sulfure d'ammonium le convertit en anhydride amidosulfonamidobenzoïque.

Le *sel de potassium*, $C^7H^3Az^2O^5SK$, est en fines lamelles; 100 parties d'eau en dissolvent 0p,96 à 18°,5.

Le *sel de baryum*, $(C^7H^3Az^2O^5S)^2Ba, 3H^2O$, cristallise en prismes courts, qui se déshydratent à 145°.

Le *sel d'argent*, $C^7H^3Az^2O^5SAg$, est un précipité insoluble dans l'eau.

Acide nitrobenzoïque-m-sulfonique. — Voyez Suppl., 1, 331

Acide o-nitrobenzoïque-p-sulfonique,

$$C^6H^3(AzO^2)_{(2)}(SO^3H)_{(4)}(CO^2H)_{(1)}.$$

— On le prépare en oxydant par le permanganate de potassium l'o-nitrotoluène-p-sulfonate de calcium [Hart, *Am. Journ.*, 1, 352]. Le sulfure d'ammonium le convertit en acide o-amido-benzoïque-p-sulfonique.

Le *sel de potassium*, $C^7H^4AzO^7SK$, est en lamelles prismatiques, peu solubles dans l'eau chaude.

Le *sel de baryum*, $(C^7H^4AzO^7S)^2Ba, 2H^2O$ est en grains cristallins, peu solubles dans l'eau froide.

Acide m-nitrobenzoïque-p-sulfonique,

$$C^6H^3(AzO^2)_{(3)}(SO^3H)_{(4)}(CO^2H)_{(1)}, 2H^2O.$$

— On l'obtient en traitant par un mélange d'acides nitrique et sulfurique fumants l'acide p-sulfonamidobenzoïque [Remsen, *Ann. Chem.*, 178, 288. — Hart, *Am. Journ.*, 1, 343]. Il cristallise dans l'eau en prismes courts et épais, fusibles à 131°, très solubles dans l'eau, très peu solubles dans l'alcool, presque insolubles dans l'éther, le sulfure de carbone, le chloroforme. Le sulfure d'ammonium le convertit en acide m-amido-benzoïque-p-sulfonique.

Le *sel de potassium*, $C^7H^4AzO^7SK, 0,5H^2O$, est en longues aiguilles soyeuses, assez solubles dans l'eau froide.

Le *sel de calcium*, $C^7H^3AzO^7SCa, 5H^2O$, est en grands cristaux prismatiques, difficilement solubles dans l'eau.

Le *sel de baryum*, $(C^7H^4AzO^7S)^2Ba, 6H^2O$, forme de longues aiguilles prismatiques, qui perdent dans l'air sec 3 molécules d'eau. Le *sel neutre*, $C^7H^3AzO^7SBa, 4H^2O$, est en aiguilles groupées autour d'un centre, assez solubles dans l'eau froide; il perd dans l'air sec sensiblement 3 molécules d'eau.

Le *sel de cuivre*, $C^7H^3AzO^7SCu, 5H^2O$, est en petits cristaux d'un bleu verdâtre, qui perdent dans l'air sec 2 molécules d'eau.

ACIDES AMIDOBENZOÏQUES-SULFONIQUES,

$$C^6H^3(AzH^2) \lessgtr {SO^3H \atop CO^2H}$$

Acide p-amido-benzoïque-o-sulfonique,

$$C^6H^3(AzH^2)_{(4)}(SO^3H)_{(2)}CO^2H_{(1)}$$

[Hart, *Am. Journ.*, **1**, 351]. — On l'obtient en réduisant par le sulfure d'ammonium le sel potassique de l'acide nitré correspondant. Longues aiguilles très peu solubles dans l'eau froide, presque insolubles dans l'alcool et dans l'éther.

Le *sel de baryum*, $C^7H^5AzO^5SBa, H^2O$, cristallise en fines aiguilles, peu solubles dans l'eau.

Anhydride p-amido-o-sulfonamidobenzoïque,

$$C^6H^3(AzH^2) \lessgtr {SO^2 \atop CO} \gtrless AzH$$

[Noyes, *Am. Journ.*, **8**, 172]. — Il se produit par la réduction, au moyen du sulfure d'ammonium, du sel de potassium de l'acide p-nitro-o-sulfonamidobenzoïque. Fines aiguilles, fusibles avec décomposition à 283-285°, insolubles dans l'eau froide, peu solubles dans l'alcool et dans l'éther; ses solutions présentent une fluorescence d'un bleu foncé et une saveur sucrée.

Le *sel de potassium*, $C^7H^5Az^2O^3SK, 8H^2O$, forme des croûtes cristallines très solubles dans l'eau, peu solubles dans l'alcool, qui perdent dans l'air sec 7 molécules d'eau; il se présente aussi en longues aiguilles renfermant seulement 1 molécule d'eau de cristallisation.

Le *sel de baryum*, $(C^7H^5Az^2O^3S)^2Ba, 6H^2O$, est en fines aiguilles, très solubles dans l'eau; il perd dans l'air sec 3 molécules d'eau.

Le *sel d'argent*, $C^7H^5Az^2O^3SAg, H^2O$, est un précipité amorphe; il cristallise dans l'eau bouillante en aiguilles anhydres.

Acide amidobenzoïque-m-sulfonique. — Voy. Suppl., **1**, 331.

Acide m-amidobenzoïque-sulfonique,

$$C^7H^7AzO^5S, H^2O.$$

— Longues lamelles tétragonales assez solubles dans l'eau chaude, obtenues par l'action de l'acide sulfurique fumant sur l'acide m-amidobenzoïque, à la température de 170° [Griess, *J. prakt. Chem.*, (2), **5**, 244].

Le *sel de baryum*, $C^7H^5AzO^5SBa, 2H^2O$, cristallise en lamelles ou en prismes à huit pans, très peu solubles dans l'eau.

Acide o-amidobenzoïque-p-sulfonique,

$$C^6H^3(AzH^2)_{(2)}(SO^3H)_{(4)}(CO^2H)_{(1)}.$$

— Lamelles jaunâtres rhombiques, peu solubles dans l'eau froide, presque insolubles dans l'éther et dans le chloroforme, obtenues par la réduction de l'o-nitro-p-sulfobenzoate de potassium au moyen du sulfure d'ammonium. Les solutions étendues présentent une fluorescence bleue [Hart, *Am. Journ.*, **1**, 353].

Acide m-amidobenzoïque-p-sulfonique,

$$C^6H^3(AzH^2)_{(3)}(SO^3H)_{(4)}(CO^2H)_{(1)}.$$

— On l'obtient en réduisant par le sulfure d'ammonium l'acide nitré correspondant. Lamelles hexagonales, peu solubles dans l'eau bouillante, presque insolubles dans l'alcool, l'éther, le sulfure de carbone [Hart, *Am. Journ.*, **1**, 347].

Le *sel de baryum*, $C^7H^5AzO^5SBa, 3H^2O$, forme des aiguilles épaisses; sa solution présente une fluorescence bleue (Griess).

Acide m-chloro-o-amidobenzoïque-sulfonique,

$$C^6H^2Cl_{(3)}(AzH^2)_{(2)}(SO^3H)(CO^2H)_{(1)}.$$

— Il prend naissance par l'action de l'acide sulfurique fumant sur l'acide m-chloro-o-amidobenzoïque [Cunze et Hübner, *Ann. Chem.*, **135**, 113].

Le *sel de baryum*, $C^7H^4ClAzO^5SBa$, est en mamelons.

ACIDE P-PHÉNYLSULFONE-BENZOÏQUE,

$$C^6H^5.SO^2.C^6H^4.CO^2H$$

[Michael et Adair, *D. chem. G.*, **11**, 119]. — On l'obtient en oxydant par le permanganate de potassium la phényl-p-crésylsulfone. Petits prismes fusibles au-dessus de 300°, insolubles dans l'eau froide, très peu solubles dans l'eau chaude, plus solubles dans l'alcool chaud et surtout dans le nitrobenzène bouillant.

Les *sels de plomb* et *de cuivre* sont des précipités amorphes.

Le *sel d'argent*, $C^{13}H^9O^4SAg$, est un précipité floconneux.

Acide sulfone-di-p-benzoïque,

$$SO^2_{(1)}(C^6H^4.CO^2H_{(4)})^2$$

(Michael et Adair). — On le prépare en oxydant par le permanganate de potassium la p-dicrésylsulfone. Petits prismes fusibles au-dessus de 300°, insolubles à froid dans l'alcool, le benzène, l'acide acétique, assez solubles dans le nitrobenzène bouillant.

Le *sel de baryum* est un précipité cristallin; le *sel d'argent* est amorphe.

Acide sulfone-diamidobenzoïque,

$$SO^2[C^6H^3(AzH^2)(CO^2H)]^2$$

[Michael et Norton, *D. chem. G.*, **10**, 581]. — Il prend naissance dans l'action de l'acide sulfurique fumant sur l'acide p-amidobenzoïque à la température de 170-190°. Cristaux fusibles au-dessus de 350°, très solubles dans l'eau chaude, peu solubles dans l'alcool, l'éther et le chloroforme.

Le *sel de plomb* est presque insoluble.

Le *sel d'argent*, $C^{14}H^{10}Az^2O^6SAg^2$, forme de petites lamelles presque insolubles dans l'eau froide.

ACIDE SÉLÉNOBENZOÏQUE, $C^6H^5.CSe.OH$. — L'*amide*, $C^6H^5.CSe.AzH^2$, prend naissance par l'action de l'hydrogène sélénié sur une solution alcoolique ammoniacale de benzonitrile; elle cristallise dans l'éther en longues aiguilles dorées [Dechend, *D. chem. G.*, **7**, 1273]. L'iode la convertit en un composé insoluble dans l'eau, soluble dans l'alcool, paraissant avoir pour formule

$$C^{14}H^{10}Az^2Se.$$

PRODUITS D'ADDITION DE L'ACIDE BENZOÏQUE.

ACIDE DIHYDROBENZOÏQUE,

```
        CH²
   HC ╱    ╲ CH²
   HC ‖     │ CH
       ╲  ╱
      C.CO²H
```

[Eichengrün et Einhorn, *D. chem. G.*, **23**, 2886]. — On le prépare en oxydant une solution alcoolique d'aldéhyde dihydrobenzylique par un mélange d'oxyde d'argent, d'ammoniaque et de soude caustique à la température de 60-70°. La réaction terminée, on acidule par l'acide chlorhydrique, on filtre et on épuise le liquide par l'éther : celui-ci abandonne l'acide dihydrobenzoïque sous la forme d'une huile jaunâtre, qu'on purifie par distillation dans un courant de vapeur d'eau. Après cristallisation dans l'eau alcoolisée bouillante, il se présente en cristaux incolores, groupés en barbes de plume, fusibles à 94-95°. Son odeur est agréable et rappelle celle de la cannelle.

L'acide dihydrobenzoïque ne réduit par la liqueur de Fehling; il réduit au contraire le nitrate d'argent ammoniacal.

Les *sels de plomb* et *d'argent* sont peu solubles.

Les *sels alcalins* et *alcalino-terreux* sont très solubles dans l'eau et cristallisables.

Le *sel de cuivre* est un précipité d'un vert clair, soluble en vert dans l'ammoniaque.

E. Burcker.

BENZONAPHTALIDE [Syn. *Benzoylnaphtalide*]. — Voyez Naphtylamine.

BENZONAPHTONE, $(C^9H^4O)^x$ [F. R. Japp et J. Miller, *Chem. Soc.*, **39**, 220; *D. chem. G.*, **14**, 1569; *Bull. Soc. Chim.*, (2), **38**, 521]. — En chauffant vers 160° un mélange de naphtoquinone et de 3 parties d'acide benzoïque, on obtient un composé présentant la formule ci-dessus. Ce dernier cristallise en aiguilles microscopiques rouge-brun. Il est insoluble dans tous les dissolvants, à l'exception de l'aniline qui en dissout à l'ébullition une petite quantité. Il fond au-dessus de 360°.

Le permanganate de potassium l'attaque avec formation d'acide phtalique; le mélange chromique ne donne pas d'acide benzoïque; le zinc-éthyle est sans action; l'acide iodhydrique à 250° ne l'attaque pas.

BENZONITRILE, C^6H^5-CAz. — Voyez Dict., **1**, 565 et Suppl., **1**, 334.

Il prend naissance :

Lorsqu'on fait passer de la formanilide en vapeur sur de la poudre de zinc chauffée dans un courant d'hydrogène [Gasiorowski et Merz, *D. chem. G.*, **18**, 1002];

Dans l'action du chlorure de cyanogène sur le benzène, en présence du chlorure d'aluminium [Friedel et Crafts, *Ann. Chim. Phys.*, (6), **1**, 528];

Par l'action du bromure de cyanogène sur le benzène à 200-240° [Merz et Weith, *D. chem. G.*, **10**, 756];

Par l'action déshydratante de l'anhydride acétique sur l'aldoxime benzylique [Lach, *D. chem. G.*, **17**, 1751];

Par l'action du sodium sur un mélange de bromobenzène et de chlorure cyanurique en solution éthérée [Klason, *J. prakt. Chem.*, (2), **35**, 83].

Le meilleur procédé de préparation consiste à chauffer à 190° un mélange de sulfocyanate de plomb avec 2 molécules d'acide benzoïque, et à distiller ensuite le nitrile qui a pris naissance dans cette réaction [Krüss, *D. chem. G.*, **17**, 1767].

Chauffé avec de l'acide sulfurique fumant, le benzonitrile fournit un mélange d'acides benzoïque-sulfonique et benzène-disulfonique. Si l'on effectue la réaction à la température ordinaire, c'est la cyaphénine qui prend naissance.

Une dissolution de benzonitrile dans l'acide sulfurique fumant fournit par addition d'eau de la dibenzamide.

Chauffé à 180-190° avec du chlorhydrate de diphénylamine, le benzonitrile fournit de l'isodiphénylbenzamidine.

Une solution alcoolique de benzonitrile, traitée à chaud par le sodium, donne du cyanure de sodium, du benzène, de la benzylamine et de l'acide benzoïque [Bamberger et Lodter, *D. chem. G.*, **20**, 1709].

Le benzonitrile donne avec un certain nombre de chlorures métalliques des combinaisons cristallines qui se décomposent au contact de l'eau ou de l'alcool [Henke, *Ann. Chem.*, **106**, 284]. Tels sont les composés :

$2C^7H^5Az.BiCl^3$, cristaux jaune clair, sublimables.
$2C^7H^5Az.SnCl^4$, cristaux d'un blanc jaunâtre.
$C^7H^5Az.AuCl^3$, cristaux bruns, non sublimables.
$2C^7H^5Az.PtCl^4$.

Le benzonitrile, traité par les chlorures d'acides gras en présence du chlorure d'aluminium, fournit des dérivés alcoyldiphényliques de la triazine encore inconnue [Krafft et Hansen, *D. chem. G.*, **22**, 803]. C'est ainsi qu'on obtient :

Avec le chlorure d'acétyle, la *méthyldiphényltriazine*,

```
           C.C⁶H⁵
         /        \\
       Az          Az
       ||          |
C⁶H⁵.C             C.CH³
         \        //
            Az
```

avec le chlorure de propionyle, l'*éthyldiphényltriazine*, $(C^6H^5)^2(C^2H^5)(CAz)^3$; avec le chlorure de butyryle, la *propyldiphényltriazine*,

$$(C^6H^5)^2(C^3H^7)(CAz)^3;$$

avec le chlorure d'heptoyle, l'*hexyldiphényltriazine*, $(C^6H^5)^2(C^6H^{13})(CAz)^3$; avec le chlorure de palmityle, la *pentadécyldiphényltriazine*,

$$(C^6H^5)^2(C^{15}H^{31})(CAz)^3.$$

Lorsqu'on fait réagir le sodium sur un mélange de benzonitrile et de nitriles d'acides gras en solution éthérée, on obtient toute une série de nitriles imidés de la formule générale

$$C^6H^5-C(AzH)-CR-CAz$$

[E. von Meyer, *J. prakt. Chem.*, (2), **39**, 325].

Ad. Fauconnier.

BENZOPHÉNONE [Syn. *Diphénylcétone*, *benzoylbenzène*]. — Voyez Dict., **1**, 566 et Suppl., **1**, 335.

Benzophénone allotropique. — On a indiqué Suppl., **1**, 335, l'existence d'une modification allotropique de la benzophénone; cette modification, fusible à 26°, est instable et se convertit en benzophénone ordinaire dès qu'elle est mise en contact avec cette dernière.

M. V. Meyer [*D. chem. G.*, **22**, 550] a indiqué les conditions dans lesquelles on peut réaliser la transformation inverse de la benzophénone ordinaire (fusible à 48°) en benzophénone instable. D'après ce savant, il suffit de soumettre à la distillation la benzophénone ordinaire pour réaliser sa transformation; on doit toutefois prendre certaines précautions : on doit éviter de laisser dans le col du ballon à distiller des particules de benzophénone ordinaire, surtout au voisinage du tube de dégagement; on doit opérer avec un ballon assez spacieux, afin que les vapeurs de benzophénone ne pénètrent pas trop vite dans le tube de dégagement; enfin, une bonne précaution consiste à maintenir la benzophénone en ébullition pendant quelque temps avant de la distiller.

Le produit recueilli, lorsqu'on observe ces diverses précautions, reste liquide pendant quelques jours à la température ordinaire; refroidi à 0°, il se convertit plus ou moins rapidement en une masse cristalline, fusible à 26-27°.

Il suffit de triturer la benzophénone instable avec une baguette de verre, ou de la mettre en contact avec une trace de benzophénone ordinaire, pour la voir se transformer immédiatement, et avec un grand dégagement de chaleur, dans la modification fusible à 48°.

Les deux modifications de la benzophénone fournissent d'ailleurs par les divers réactifs des dérivés identiques.

Propriétés. — Le tableau suivant, dû à M. Crafts [*Bull. Soc. Chim.*, (2), **39**, 282], donne les points d'ébullition de la benzophénone sous diverses pressions évaluées en millimètres (mercure réduit à 0°) :

Points d'ébullition.	Pressions.	Points d'ébullition.	Pressions.
303°,7	723,95	305°,2	746,24
303°,8	724,77	305°,3	747,79
303°,9	726,29	305°,4	749,36
304°,0	727,80	305°,5	750,91
304°,2	730,86	305°,6	752,47
304°,3	732,38	305°,7	754,03
304°,4	733,92	305°,8	755,60
304°,5	735,45	305°,9	757,17
304°,6	736,93	306°,0	758,74
304°,7	738,52	306°,1	760,32
304°,8	740,06	306°,2	761,90
304°,9	741,60	306°,3	763,48
305°,0	743,14	306°,4	765,06
305°,1	744,69		

Cette table peut être utilisée pour la vérification des thermomètres, ou pour leur graduation.

La benzophénone a une chaleur de combustion moléculaire égale à $1557^{cal},556$ [Stohmann, Rodatz et Herzberg, *J. prakt. Chem.*, (2), **36**, 357].

L'action de la chaleur sur la benzophénone a été soigneusement étudiée par MM. Barbier et Roux [*Bull. Soc. Chim.*, (2), **46**, 270]. Lorsqu'on fait passer des vapeurs de benzophénone dans un tube de cuivre de 1 mètre de longueur chauffé au rouge clair (vers 1000°), on recueille un mélange de benzène, de biphényle, de p-diphénylbenzène, d'un corps présentant le point d'ébullition et l'odeur de l'aldéhyde benzylique, et enfin de produits bouillant au-dessus de 450° et qui seraient des polyphénylènes; il se dégage en même temps des gaz formés d'hydrogène et d'oxyde de carbone.

Si l'on opère au rouge blanc, dans un tube de porcelaine, la décomposition de la benzophénone est totale et donne seulement de l'hydrogène, de l'oxyde de carbone et du charbon.

Action des réactifs. — L'ammoniaque est sans action sur la benzophénone [Pauly, *Ann. Chem.*, **187**, 198].

Chauffée pendant 10 heures avec un excès de diméthylaniline et son poids de chlorure de zinc, elle donne du *diméthylamidotriphénylméthane* $(C^6H^5)^2=CH-C^6H^4.Az(CH^3)^2$ [Döbner et Petschoff, *Ann. Chem.*, **242**, 333; *D. chem. G.*, **21**, *Ref.*, 16].

L'hydroxylamine réagit en solution neutre, acide ou alcaline sur la benzophénone, et fournit la *diphénylcarboxime* $(C^6H^5)^2C(=AzOH)$ (voyez plus loin).

Le sulfure d'ammonium convertit la benzophénone en une *thiopinacone*,

$$(C^6H^5)^2=C(SH)-C(SH)=(C^6H^5)^2.$$

Pour préparer ce composé, on mélange une solution alcoolique de benzophénone avec une solution alcoolique saturée de sulfure d'ammonium, puis on sature le tout par l'acide sulfhydrique et on abandonne en vase clos, pendant quelques jours, à une douce température : le nouveau corps se dépose en aiguilles qui, après lavage à l'eau et cristallisation dans l'alcool bouillant, fondent à 151° [C. Engler, *D. chem. G.*, **11**, 922].

Le même composé peut être obtenu par l'action du pentasulfure de phosphore (12 parties) sur la benzophénone (1 partie) à la température de 100° [Japp et Raschen, *Chem. Soc.*, **49**, 478; *Bull. Soc. Chim.*, (2), **48**, 190]. Si au contraire on effectue cette réaction à la température de 140-150° et en employant seulement 2 parties de pentasulfure de phosphore pour 1 partie de benzophénone, on obtient un composé fusible à 226-227°, ayant pour formule $C^{26}H^{20}P^2S^5$: l'acide chromique, en solution acétique bouillante, ramène ce corps à l'état de benzophénone [Japp et Raschen, *ibid.*].

Mélangée avec 2 molécules de mercaptan phénylique, et traitée par un courant de gaz chlorhydrique, en présence de chlorure de zinc, la benzophénone se convertit en *benzophénone-phénylmercaptol* (disulfure de phényle et de diphénométhylène), $(C^6H^5)^2C(SC^6H^5)^2$. Ce composé cristallise en prismes courts et brillants, fusibles à 139°, peu solubles dans l'alcool et dans l'éther [E. Baumann, *D. chem. G.*, **18**, 888].

Elle se combine avec l'éthylène-thioglycol, pour fournir le *disulfure d'éthylène et de diphénométhylène*,

$$C^2H^4 \begin{matrix} \diagup S \diagdown \\ \diagdown S \diagup \end{matrix} C(C^6H^5)^2.$$

grandes lamelles fusibles à 106° [Fasbender, *D. chem. G.*, **21**, 1477].

Elle se combine également avec l'acide thioglycolique, en présence du chlorure de zinc, en donnant l'*acide diphénométhylène-dithioglycolique*, $(C^6H^5)^2C(SCH^2-CO^2H)^2$, aiguilles fusibles avec décomposition à 175-176° [Bongartz, *D. chem. G.*, **21**, 483].

Traitée par le chlorure d'acétyle en présence de poudre de zinc, la benzophénone fournit, suivant les proportions relatives des corps mis en expérience, de l'α- ou de la β-benzopinacoline (voyez plus loin) [C. Paal, *D. chem. G.*, **17**, 911].

Chauffée pendant 4 ou 5 heures à 200-220° avec 1 fois et demie son poids de formiate d'ammonium, elle donne de l'oxyde de carbone, de l'acide carbonique, du carbonate d'ammonium et de la *formyl-benzhydrylamine* $(C^6H^5)^2CH-AzH.CHO$ [Leuckart et Bach, *D. chem. G.*, **19**, 2129].

Le sodium métallique se dissout dans une solution éthérée de benzophénone, avec formation d'un composé cristallisé, instable, qui aurait pour formule

$$(C^6H^5)^2C \begin{matrix} \diagup ONa \\ \diagdown Na \end{matrix}$$

Ce corps est converti par l'eau en benzhydrol,

$$(C^6H^5)^2C \begin{matrix} \diagup ONa \\ \diagdown Na \end{matrix} + 2H^2O$$
$$= 2NaOH + (C^6H^5)^2CH.OH,$$

et par l'acide carbonique humide en acide benzilique :

$$(C^6H^5)^2C \begin{matrix} \diagup ONa \\ \diagdown Na \end{matrix} + CO^2 + H^2O$$
$$= NaOH + (C^6H^5)^2C \begin{matrix} \diagup OH \\ \diagdown CO^2Na \end{matrix}$$

[E. Beckmann, *D. chem. G.*, **22**, 914].

DÉRIVÉS CHLORÉS, BROMÉS, NITRÉS, AMIDÉS DE LA BENZOPHÉNONE.

p-Chlorobenzophénone, $C^6H^5-CO-C^6H^4Cl$. — Ce composé prend naissance par l'action de l'anhydride phosphorique sur un mélange d'acide benzoïque et de chlorobenzène, à la température de 180-200°. Purifié par distillation et par cristallisation dans l'alcool éthéré, il se présente en larges aiguilles brillantes, très solubles dans l'alcool bouillant et dans l'éther, fusibles à 75,5-76°, et distillant au-dessus de 300° [Kollarits et Merz, *D. chem. G.*, **6**, 547].

On peut aussi le préparer par l'action du

chlorure de benzoyle sur le chlorobenzène [Beckmann et Wegerhoff, *Ann. Chem.*, **252**, 6], ou mieux encore au moyen du chlorure de p-chlorobenzoyle et du benzène [Demuth et Dittrich, *D. chem. G.*, **23**, 3609].

Bromobenzophénone, C^6H^5-CO-C^6H^4Br [Kollarits et Merz, *ibid.*]. — Même préparation que pour le composé précédent. Masse cristalline, fusible à 81°,5 et bouillant sans altération.

m-Dibromobenzophénone, CO$(C^6H^4Br)^2$ [Demuth et Dittrich, *D. chem. G.*, **23**, 3614]. — On l'obtient en chauffant pendant 4 heures à 150° un mélange de benzophénone (1 mol.), de brome (2 mol.) et d'eau avec une trace d'iode. Purifiée par des lavages à l'eau alcalinisée et par quelques cristallisations dans l'alcool, elle se présente en larges aiguilles brillantes, fusibles à 141°.

Cyanobenzophénones. — Voyez plus loin nitriles benzophénone-carboniques.

NITROBENZOPHÉNONES.

o-Nitrobenzophénone,

$$C^6H^5-CO_{(1)}-C^6H^4(AzO^2)_{(2)}$$

[R. Geigy et W. Kœnigs, *D. chem. G.*, **18**, 2403]. — On l'obtient en traitant une solution acétique bouillante d'o-nitrodiphénylméthane par une solution acétique d'acide chromique, jusqu'à ce qu'une prise d'essai versée dans l'eau se prenne en une masse solide. On chasse alors par distillation la majeure partie de l'acide acétique employé, on précipite par l'eau, on épuise le précipité par l'ammoniaque, puis par la soude bouillante, et enfin par l'eau; on achève la purification par quelques cristallisations dans l'alcool. On obtient finalement de gros cristaux incolores, peu solubles dans l'alcool absolu, et fusibles à 105°.

Réduit par l'étain et l'acide chlorhydrique, ce corps donne l'*o-amidobenzophénone*.

m-Nitrobenzophénone. — Ce composé peut être préparé par l'oxydation du m-nitrodiphénylméthane au moyen d'un mélange d'acide sulfurique et de dichromate de potassium à l'ébullition [P. Becker, *D. chem. G.*, **15**, 2092]. On peut aussi le préparer par l'action du chlorure d'aluminium sur un mélange de benzène et de chlorure de m-nitrobenzoyle, au bain-marie; le produit de la réaction est purifié par quelques lavages à la soude, suivis d'une cristallisation dans l'alcool [R. Geigy et W. Kœnigs, *D. chem. G.*, **16**, 2401].

Ce composé forme des aiguilles jaunes, fusibles à 92° (B.), à 94-95° (G. et K.). La réduction par le chlorure stanneux la convertit en *m-amidobenzophénone*.

p-Nitrobenzophénone. — On traite par l'acide chromique une solution acétique de p-nitrodiphénylméthane maintenue à l'ébullition jusqu'à ce qu'une prise d'essai se prenne en masse par refroidissement. On verse alors le produit dans l'eau et on le fait cristalliser dans l'alcool bouillant. Petites aiguilles blanches, fusibles à 138°, peu solubles dans la ligroïne et dans le sulfure de carbone, assez solubles dans l'alcool et dans l'eau, très solubles dans le benzène [A. Basler, *D. chem. G.*, **16**, 2717].

Dinitrobenzophénones, CO$(C^6H^4.AzO^2)^2$ (voyez Dict., **1**, 567 et Suppl., **1**, 335). — On doit admettre l'existence de 4 dinitrobenzophénones, dont la constitution est d'ailleurs inconnue. La nitration directe de la benzophénone fournit deux dérivés dinitrés isomériques, désignés par les lettres α et β; l'oxydation des deux dinitrodiphénylméthanes fournit deux autres dinitrobenzophénones, désignées par les lettres α et γ; enfin, les deux α-dinitrobenzophénones, quoique présentant les mêmes constantes physiques, sont isomériques et non identiques [Staedel, *D. chem. G.*, **11**, 744. — Staedel et Sauer, *ibid.*, **11**, 1747. — Staedel, *Ann. Chem.*, **218**, 339; *Bull. Soc. Chim.*, (2), **41**, 198].

α-Dinitrobenzophénones. — 1° On ajoute peu à peu la benzophénone à 8 ou 10 fois son poids d'acide nitrique (d=1,53) refroidi; puis on chauffe à 60° pendant quelques heures; on précipite ensuite par l'eau et on fait cristalliser dans l'acide acétique; l'α-dinitrobenzophénone cristallise la première; son isomère β se dépose ensuite.

2° On oxyde par l'acide chromique en solution acétique le dinitrodiphénylméthane fusible à 183°.

Les deux α-dinitrobenzophénones cristallisent en aiguilles fusibles à 189-190°. La réduction au moyen de l'étain et de l'acide chlorhydrique convertit la première en γ-diamidobenzophénone, et l'autre en α-diamidobenzophénone.

β-Dinitrobenzophénone. — On vient de voir qu'elle prend naissance dans la nitration directe de la benzophénone. Elle se présente en lamelles fusibles à 148-149°. Par réduction au moyen du sulfure d'ammonium, ou de l'étain et de l'acide chlorhydrique, elle donne la β-diamidobenzophénone.

γ-Dinitrobenzophénone. — On l'obtient en oxydant par une solution acétique d'acide chromique le dinitrodiphénylméthane fusible à 118°. Elle forme des cristaux fusibles à 195-196°.

Tétranitrobenzophénone, $C^{13}H^6O(AzO^2)^4$ [W. Staedel, *Ann. Chem.*, **218**, 339; *Bull. Soc. Chim.*, (2), **41**, 198]. — On la prépare en chauffant une solution acétique de tétranitrodiphénylméthane avec la quantité calculée d'acide chromique; elle se dépose en petits cristaux, fusibles à 225° et détonant à une température plus élevée; elle est très peu soluble dans l'acide acétique bouillant, insoluble dans le benzène.

AMIDOBENZOPHÉNONES.

o-Amidobenzophénone (*o-benzoylaniline*),

$$C^6H^5-CO-C^6H^4(AzH^2).$$

— L'o-nitrobenzophénone est dissoute dans l'alcool, et la solution traitée à l'ébullition par l'étain et l'acide chlorhydrique (d=1,19) jusqu'à ce qu'une prise d'essai soit entièrement soluble dans l'acide chlorhydrique aqueux. On décante alors la liqueur alcoolique, on l'étend d'eau et on la précipite par la soude diluée; le précipité est lavé à l'eau, puis cristallisé dans l'alcool bouillant. On obtient ainsi des lamelles brillantes, d'un jaune clair, fusibles à 105-106°, très solubles à chaud dans les acides dilués, l'alcool et l'éther.

Chauffée pendant quelques heures dans un appareil à reflux, avec de l'acide sulfurique faible et de la paraldéhyde, l'o-amidobenzophénone fournit de l'*o-benzoylquinaldine*,

-CH³
Az
C⁶H⁵-CO

Chauffée avec de l'acétone et de la potasse alcoolique, elle fournit de la *γ-phénylquinaldine*,

C⁶H⁵
-CH³
Az

[R. Geigy et W. Kœnigs, *D. chem. G.*, **18**, 2403].

Chauffée à 200° avec de l'eau et du chlorure de zinc, elle se dédouble en aniline et acide benzoïque [Kœnigs et Nef, *D. chem. G.*, **19**, 2431].

M-AMIDOBENZOPHÉNONE [R. Geigy et W. Kœnigs, *D. chem. G.*, **18**, 2401]. — On l'obtient en réduisant une solution alcoolique de m-nitrobenzophénone par le chlorure stanneux et l'acide chlorhydrique; l'opération est terminée lorsqu'une prise d'essai est entièrement soluble dans l'eau. On chasse l'alcool par distillation, et l'on obtient à l'état cristallisé le chlorostannate de la base. On dissout ce sel dans l'eau, on précipite la solution par la soude, et on épuise le précipité par l'éther; la solution éthérée, lavée à l'acide chlorhydrique faible, lui cède la base, qu'on précipite par la soude et qu'on fait enfin cristalliser dans l'eau bouillante. On obtient ainsi de fines aiguilles jaunes, fusibles à 87°, peu solubles dans l'eau, assez solubles dans l'alcool et dans l'éther.

Le *chlorhydrate* fond à 187°; il forme de longues aiguilles incolores, qui se dissocient par l'eau.

Le *chloroplatinate* cristallise en mamelons orangés.

Le *picrate* est en mamelons jaunes.

Le *chloraurate* est huileux.

Traitée à chaud et en solution sulfurique par le nitrite de sodium, la m-amidobenzophénone fournit de l'azote et un composé fusible à 116°, qui paraît être la m-oxybenzophénone.

P-AMIDOBENZOPHÉNONE [O. Doebner, *D. chem. G.*, **13**, 1013. — Doebner et Weiss, *ibid.*, **14**, 1836]. — On l'obtient par l'action de la potasse alcoolique bouillante sur le benzoylphtalanile. Elle cristallise dans l'alcool dilué en lamelles incolores et brillantes, fusibles à 124°, peu solubles dans l'eau froide, très solubles dans l'eau chaude, l'alcool, l'éther, l'acide acétique.

L'acide nitreux convertit la p-amidobenzophénone en p-oxybenzophénone. La fusion avec le chlorure de zinc la transforme en un composé indifférent $C^{13}H^9Az$, fusible à 118°, qui aurait pour constitution

$$\begin{array}{c} C^6H^5 - C - C^6H^4 \\ \| \quad / \\ Az \end{array}$$

Le *chlorhydrate* forme de grands cristaux solubles dans l'eau.

Le *chloroplatinate*, $(C^{13}H^{11}AzO \cdot HCl)^2PtCl^4$, est en aiguilles jaunes, peu solubles dans l'eau froide.

Le *sulfate*, $(C^{13}H^{11}AzO)^2SO^4H^2$, cristallise en longues aiguilles, très peu solubles dans l'eau

Le *dérivé acétylé*,

$$C^6H^5-CO-C^6H^4-AzH \cdot C^2H^3O,$$

cristallise dans l'alcool étendu et bouillant en longues aiguilles, fusibles à 153°, insolubles dans l'eau, solubles dans l'éther, l'acide acétique, le benzène.

Le *dérivé benzoylé*,

$$C^6H^5-CO-C^6H^4-AzH \cdot C^7H^5O,$$

forme des lamelles incolores et soyeuses, fusibles à 152°, insolubles dans l'eau, très solubles dans l'alcool bouillant.

Le *dérivé phtalique* ou *benzoylphtalanile*

$$C^6H^5-CO-C^6H^4-Az \begin{smallmatrix} CO \\ CO \end{smallmatrix} C^6H^4,$$

se produit par l'action du chlorure de benzoyle sur le phtalanile,

$$C^6H^5-Az \begin{smallmatrix} CO \\ CO \end{smallmatrix} C^6H^4,$$

en présence d'un peu de chlorure de zinc et à la température de 180°. Il cristallise dans l'acide acétique en grandes aiguilles incolores, insolubles dans l'eau, peu solubles dans l'alcool et dans l'éther, fusibles à 183°.

Benzophénone-carbylamine (*benzoylophénylisonitrile*), $C^6H^5-CO-C^6H^4-AzC$ [Doebner et Weiss, *loc. cit.*]. — On chauffe dans un appareil à reflux un mélange de p-amidobenzophénone, de chloroforme et de potasse alcoolique; la réaction terminée, on chasse l'alcool et on traite le résidu simultanément par l'eau et par l'éther. Ce dernier abandonne par évaporation la carbylamine sous la forme d'aiguilles incolores, fusibles à 118-119°, peu solubles dans l'eau bouillante et dans la ligroïne, très solubles dans l'alcool, l'éther, le chloroforme, le benzène, volatiles avec la vapeur d'eau.

Benzophénone-uréthane (*benzoylophényluréthane*), $C^6H^5-CO-C^6H^4-AzH \cdot CO^2C^2H^5$ [Doebner et Weiss, *loc. cit.*]. — Une solution éthérée d'amidobenzophénone est placée dans un appareil à reflux et additionnée peu à peu de chlorocarbonate d'éthyle; la réaction a lieu à froid; en évaporant l'éther, on obtient l'uréthane en lamelles brillantes, fusibles à 189°, presque insolubles dans l'eau froide, très solubles dans l'alcool bouillant, l'éther, le chloroforme, l'acide acétique chaud.

Benzophénone-sulfo-urée (*dibenzoylophénylsulfo-urée*),

$$[C^6H^5-CO-C^6H^4 \cdot AzH]^2CS$$

[Doebner et Weiss, *loc. cit.*]. — On chauffe au bain-marie un mélange d'amidobenzophénone, d'alcool et de sulfure de carbone, en présence d'une trace de potasse caustique. Au bout de quelques jours, la masse laisse déposer par refroidissement des lamelles incolores, fusibles à 166°, répondant à la formule ci-dessus. Ce corps est insoluble dans l'eau, peu soluble même à l'ébullition dans l'alcool, l'éther, le benzène, le sulfure de carbone, assez soluble dans le chloroforme.

DIMÉTHYLAMIDOBENZOPHÉNONE,

$$C^6H^5-CO-C^6H^4-Az(CH^3)^2$$

[Doebner, *D. chem. G.*, **13**, 2225. — Doebner et Weiss, *ibid.*, **14**, 1837]. — On chauffe à 250° pendant quelques heures la base du vert malachite, $C^6H^5-C(OH)[C^6H^4-Az(CH^3)^2]^2$, avec de l'acide chlorhydrique concentré, et on épuise par l'éther le produit de la réaction. Après cristallisation dans l'alcool, on obtient de grandes lamelles incolores, fusibles à 90°.

Ce corps ne présente pas de propriétés basiques.

L'*iodométhylate*, $C^6H^5-CO-C^6H^4-Az(CH^3)^3I$, s'obtient par l'action de l'iodure de méthyle en excès sur l'amidobenzophénone en présence d'alcool méthylique et à 100°. Il cristallise dans l'eau bouillante en grandes lames satinées, qui se décomposent à 181° en iodure de méthyle et diméthylamidobenzophénone.

M. O. Fischer [*D. chem. G.*, **10**, 958; *Bull. Soc. Chim.*, (2), **29**, 252] a obtenu une diméthylamidobenzophénone isomérique avec la base que nous venons de décrire, en chauffant pendant 6 ou 8 heures vers 200°, en tubes scellés, un mélange d'acide benzoïque, de diméthylaniline et d'anhydride phosphorique. Cette base bout à 330-335°; elle cristallise dans l'éther de pétrole en aiguilles blanches, groupées en rosettes, assez solubles dans la plupart des dissolvants usuels et fusibles à 38°.

Traitée par l'acide nitrique fumant, elle donne un *dérivé dinitré*, qui cristallise en mamelons fusibles à 142°.

Elle donne avec le brome un *dérivé bromé* qui se présente en aiguilles.

Traitée en solution chlorhydrique par le nitrite de sodium, elle fournit un *dérivé nitrosé*,

$$C^6H^5-CO-C^6H^3(AzOH)[Az(CH^3)^2],$$

liquide huileux rougeâtre, qui, réduit par l'étain et l'acide chlorhydrique, régénère la diméthylamidobenzophénone [E. Bischoff, *D. chem. G.*, **22**, 340].

MM. Meister, Lucius et Brüning ont breveté un procédé industriel permettant de préparer la diméthylamidobenzophénone [Brevets 41751, 42853, 44077; *D. chem. G.*, **21**, *Ref.*, 73, 270 et 768]. Ce procédé consiste à traiter la méthylbenzanilide $C^6H^5-CO-AzH.CH^3$ ou l'éthylbenzanilide par des agents de chloruration, tels que l'oxychlorure ou le perchlorure de phosphore; on obtient ainsi les chlorures $C^6H^5-CCl^2-AzH.CH^3$ ou $C^6H^5-CCl^2-AzH.C^2H^5$. On fait réagir ces chlorures sur la diméthylaniline : cette réaction fournit des matières colorantes orangées ou brunes, qui se décomposent par ébullition avec les acides étendus, avec formation de méthylamine ou d'éthylamine et de diméthylamidobenzophénone. La méthode ainsi brevetée est d'un emploi très général et permet de préparer à peu près tous les dérivés di- ou tétra-alcoylés de la benzophénone.

BENZOPHÉNONE-HYDRAZINE [Syn. *Benzoylophénylhydrazine*], $C^6H^5-CO-C^6H^4-AzH-AzH^2$ [Ruhemann et F. Blackmann, *Chem. Soc.*, **55**, 612; *D. chem. G.*, **22**, *Ref.*, 749]. — On la prépare en traitant par l'acide nitreux l'amidobenzophénone et en réduisant ensuite par les méthodes habituelles le dérivé diazoïque ainsi obtenu. Elle se présente en cristaux fusibles à 127°, très altérables à l'air.

Le *chlorhydrate* est très soluble dans l'alcool et dans l'eau chaude, insoluble dans l'acide chlorhydrique.

Le *dérivé acétylé* fond à 154-155°.

L'*urée*,

$$CO\begin{array}{l}\diagup AzH^2\\ \diagdown AzH-AzH.C^6H^4.CO.C^6H^5,\end{array}$$

fond à 215°.

La *sulfo-urée* correspondante fond à 203°.

Le *dérivé benzylidénique*,

$$C^6H^5.CO.C^6H^4.AzH-Az=CH.C^6H^5,$$

fond à 188°.

Le *dérivé isopropylique*,

$$C^6H^5.CO.C^6H^4.AzH-Az=C(CH^3)^2,$$

fond à 140°.

L'*acide benzophénone-hydrazone-pyruvique*,

$$C^6H^5.CO.C^6H^4.AzH-Az=C\begin{array}{l}\diagup CH^3\\ \diagdown CO^2H\end{array}$$

fond à 210°; son *éther éthylique*, à 145°. Chauffé à 220° avec du chlorure de zinc, cet éther fournit l'*acide benzoylindol-carbonique*,

$$C^6H^5.CO.C^6H^3\begin{array}{l}\diagup CH \diagdown\\ \diagdown AzH \diagup\end{array}C.CO^2H,$$

fusible à 284-285°.

DIÉTHYLAMIDOBENZOPHÉNONE,

$$C^6H^5.CO.C^6H^4.Az(C^2H^5)^2$$

[Doebner, *Ann. Chem.*, **217**, 265]. — Elle prend naissance par le dédoublement du tétréthyldiamidotriphénylcarbinol au moyen de l'acide chlorhydrique concentré à 180°; il se produit en même temps de la diéthylaniline.

Elle cristallise dans l'alcool dilué en longues aiguilles, fusibles à 153°, insolubles dans l'eau et dans l'éther de pétrole, très solubles dans l'alcool, le benzène, l'acide acétique.

Cette base a été également préparée par MM. Meister, Lucius et Brüning d'après leur méthode indiquée plus haut. On part de la méthylbenzamide $C^6H^5-CO-AzH.CH^3$, que l'on convertit au moyen de l'oxychlorure de phosphore en chlorure $C^6H^5-CCl^2-AzH.CH^3$. Ce chlorure est ensuite chauffé avec de la diéthylaniline, et le produit de cette réaction est enfin dédoublé en méthylamine et diéthylamidobenzophénone par ébullition avec les acides dilués.

DIAMIDOBENZOPHÉNONES, $CO(C^6H^4.AzH^2)^2$.

α-DIAMIDOBENZOPHÉNONE. — On la prépare en réduisant par l'étain et l'acide chlorhydrique l'α-dinitrobenzophénone dérivée du diphénylméthane.

Si l'on emploie comme réducteur la poudre de zinc et l'acide chlorhydrique, on obtient de petites aiguilles brunes, solubles seulement dans l'aniline et dans l'acide acétique, et ayant pour formule $C^{13}H^{12}Az^2O^2$ [W. Staedel, *Ann. Chem.*, **218**, 339; *Bull. Soc. Chim.*, (2), **41**, 199].

La p-rosaniline, $C^{19}H^{19}Az^3O$, et la rosaniline, $C^{20}H^{21}Az^3O$, se dédoublent lorsqu'on les soumet à une ébullition prolongée avec l'acide chlorhydrique, en donnant de l'aniline ou de l'o-toluidine, et une diamidobenzophénone qui serait identique avec la précédente [Wichelhaus, *D. chem. G.*, **19**, 110; **22**, 988].

L'α-diamidobenzophénone cristallise en petites aiguilles blanches, fusibles à 172° (Staedel); elle se colore en rose au contact de l'air et fond à 237° (Wichelhaus).

Le *chlorhydrate*, $C^{13}H^{12}Az^2O.HCl$, se présente en grandes lames aplaties.

Le *chlorostannate*,

$$C^{13}H^{12}Az^2O, 2HCl.2SnCl^2,$$

est en cristaux très solubles dans l'eau acidulée.

Le *sulfate*, $C^{13}H^{12}Az^2O.SO^4H^2$, cristallise en fines aiguilles (Staedel), en grandes aiguilles plates d'un brun clair (Wichelhaus).

Réduite en solution alcoolique par l'amalgame de sodium, cette base se convertit en diamidobenzhydrol. Elle se combine avec les phénols (résorcine, naphtols), pour donner des matières colorantes.

β-DIAMIDOBENZOPHÉNONE. — Voy. FLAVINE, Dict. 1, 567.

Le *dérivé acétylé*, $C^{13}H^8O(AzH.C^2H^3O)^2$, est en aiguilles incolores, fusibles à 226°,5 [Staedel, *D. chem. G.*, **11**, 744].

γ-DIAMIDOBENZOPHÉNONE. — C'est le produit de réduction par l'étain et l'acide chlorhydrique de l'α-dinitrobenzophénone dérivée de la benzophénone.

Elle cristallise dans l'alcool dilué en lamelles brillantes, fusibles à 131°.

Le *chlorhydrate*, $C^{13}H^{12}Az^2O.HCl$, peu soluble dans l'acide chlorhydrique concentré, se dissocie par l'eau.

Le *dérivé acétylé*, $C^{13}H^8O(AzH.C^2H^3O)^2$, cristallise en tables très réfringentes qui fondent à 165° [W. Staedel, *Ann. Chem.*, **218**, 339; *Bull. Soc. Chim.*, (2), **41**, 199].

TRIMÉTHYLDIAMIDOBENZOPHÉNONE,

$$CO\begin{array}{l}\diagup C^6H^4-Az(CH^3)^2\\ \diagdown C^6H^4-AzH.CH^3\end{array}$$

[Wichelhaus, *D. chem. G.*, **19**, 108]. — Cette base prend naissance dans le dédoublement du violet de méthyle (pentaméthyltriamidotriphénylcarbinol) au moyen de l'acide chlorhydrique bouillant; il se produit en même temps de la diméthylaniline :

$$C(OH)\begin{array}{l}\diagup [C^6H^4-Az(CH^3)^2]^2\\ \diagdown C^6H^4-AzH.CH^3\end{array}$$

$$=C^6H^5.Az(CH^3)^2+CO\begin{array}{l}\diagup C^6H^4-Az(CH^3)^2\\ \diagdown C^6H^4-AzH.CH^3\end{array}$$

Elle cristallise dans l'alcool en petites aiguilles blanches, groupées en mamelons et fusibles à 156°.

TÉTRAMÉTHYLDIAMIDOBENZOPHÉNONE,

$$CO[C^6H^4-Az(CH^3)^2]^2.$$

— On obtient cette base en traitant la diméthylaniline par un courant de gaz phosgène à la température ordinaire; il se produit d'abord du *chlorure diméthylamidobenzoïque*,

$$C^6H^4 \begin{matrix} \diagup COCl \\ \diagdown Az(CH^3)^2 \end{matrix}$$

puis de la tétraméthyldiamidobenzophénone, mélangée d'*hexaméthyltriamidodibenzoylbenzène*, $C^6H^3[Az(CH^3)^2][CO-C^6H^4-Az(CH^3)^2]^2$. On purifie la base par transformation en chlorhydrate, précipitation par la soude et cristallisation dans l'alcool [Michler, *D. chem. G.*, **9**, 716, 1899].

Cette base a aussi été préparée d'après le procédé breveté par MM. Meister, Lucius et Brüning [Brevets 41751, 42853, 44077; *D. chem. G.*, **21**, *Ref.*, 73, 270, 768]. On part de l'acide diméthylamidobenzoïque; celui-ci est transformé en chlorure, et le chlorure est lui-même converti en amide mono- ou disubstituée. On traite ensuite par le perchlorure ou par l'oxychlorure de phosphore; puis on fait réagir le composé chloré ainsi obtenu sur la diméthylaniline : il ne reste plus qu'à dédoubler par les acides dilués ou par les alcalis le produit de condensation. Cette méthode est générale et s'applique aux autres dérivés tétra-alcoylés de la diamidobenzophénone.

La tétraméthyldiamidobenzophénone cristallise en lamelles blanches, argentines, fusibles à 172-172°,5 [Fehrmann, *D. chem. G.*, **20**, 2845], à 179° (Michler), à 173-174° (Meister, Lucius et Brüning), à 174° [Graebe, *D. chem. G.*, **20**, 3262]. Elle distille en se décomposant au-dessus de 360° (Graebe). Elle est très soluble dans l'alcool et dans l'éther.

Chauffée à 150°, avec du chlorure d'ammonium et du chlorure de zinc, elle se transforme en chlorhydrate d'auramine,

$$[C^6H^4 . Az(CH^3)^2]^2C=AzH . HCl.$$

Soumise à la distillation avec 3 fois son poids de chaux sodée, elle se dédouble en diméthylaniline et acide p-diméthylamidobenzoïque [Bischoff, *D. chem. G.*, **22**, 341].

Réduite à chaud par l'amalgame de sodium en présence d'alcool, elle se transforme en tétraméthyldiamidobenzhydrol, $CHOH[C^6H^4 . Az(CH^3)^2]^2$ [Michler et Dupertuis, *D. chem. G.*, **9**, 1899].

Le *chlorhydrate*, $C^{17}H^{20}Az^2O . 2HCl$, cristallise dans l'alcool en petits prismes blancs.

Le *chloroplatinate*, $C^{17}H^{20}Az^2O . 2HCl . PtCl^4$, est un précipité cristallin d'un jaune clair, insoluble dans l'eau, peu soluble dans l'alcool.

Le *picrate*, $C^{17}H^{20}Az^2O . C^6H^3O(AzO^2)^3$, cristallise dans l'alcool bouillant en prismes rouge-pourpre, fusibles à 156-157°.

L'*iodométhylate*, $CO[C^6H^4 . Az(CH^3)^3I]^2$, s'obtient en chauffant pendant 4 heures à 110-120° un mélange de tétraméthyldiamidobenzophénone, d'alcool méthylique et d'iodure de méthyle. Il cristallise dans l'alcool en lamelles d'un jaune clair, fusibles à 105°, peu solubles dans l'éther, le benzène, l'eau froide et l'alcool.

Il se décompose à 150° en ses deux générateurs.

Traité au bain-marie par l'oxyde d'argent et l'eau, il fournit des lamelles jaunes, déliquescentes, inaltérables, paraissant constituer l'*hydrate*

$$CO[C^6H^4 . Az(CH^3)^3OH]^2$$

[Nathansohn et Müller, *D. chem. G.*, **22**, 1878].

La tétraméthyldiamidobenzophénone forme avec le trinitrobenzène symétrique deux produits d'addition : l'un, fusible à 123°, renferme

$$C^{17}H^{20}Az^2O . C^6H^3(AzO^2)^3;$$

il cristallise en lamelles d'un violet foncé; l'autre a pour composition $C^{17}H^{20}Az^2O . 2C^6H^3(AzO^2)^3$; il cristallise en longues aiguilles violacées, fusibles à 100°.

Elle donne aussi avec le m-dinitrobenzène un composé de la formule

$$C^{17}H^{20}Az^2O . 2C^6H^4(AzO^2)^2,$$

qui cristallise en lamelles rouges [Van Romburgh, *Rec. P.-B.*, **6**, 365; *D. chem. G.*, **21**, *Ref.*, 290].

Nitrosotétraméthyldiamidobenzophénone,

$$CO[C^6H^4-Az(CH^3)^2]\left[C^6H^2(AzOH)\left(Az \begin{matrix} \diagup CH^3 \\ \diagdown CH^3 \end{matrix}\right)\right]$$

[E. Bischoff, *D. chem. G.*, **21**, 2452; **22**, 337]. — La tétraméthyldiamidobenzophénone, traitée en solution chlorhydrique par le nitrite de sodium, fournit un *dérivé nitrosé* qui cristallise dans l'alcool bouillant en lamelles brillantes d'un jaune d'or, fusibles à 158-159°, peu solubles dans l'éther, très solubles dans l'alcool chaud, le benzène, le chloroforme.

Le *chlorhydrate*, $C^{17}H^{19}Az^3O^2 . 2HCl$, est un précipité blanc, caséeux, très altérable, qu'on obtient par l'action du gaz chlorhydrique sur une solution benzénique de la base.

Le *chloromercurate* est un précipité blanc cristallin.

Le *picrate*, $C^{17}H^{19}Az^3O^2 . C^6H^3O(AzO^2)^3$, forme de fines aiguilles orangées, fusibles à 150-152°, très solubles dans l'alcool bouillant, peu solubles dans l'eau chaude.

La *phénylhydrazone*, $C^{23}H^{25}Az^5O$, se présente en fines aiguilles rouge-brique, insolubles dans l'eau, solubles dans l'alcool bouillant, le benzène, l'acide chlorhydrique, et fusibles à 148°.

Réduite par l'étain et l'acide chlorhydrique, la base nitrosée régénère la tétraméthyldiamidobenzophénone.

Traitée par le phénol et l'acide sulfurique, elle donne une coloration intense d'un bleu verdâtre, qui, par addition d'eau et de potasse en excès, passe au bleu (réaction de Liebermann).

Tétraméthyldiamido-tétrabromobenzophénone,

$$CO[C^6H^2Br^2 . Az(CH^3)^2]^2$$

[Nathansohn et Müller, *D. chem. G.*, **22**, 1883]. — On la prépare en ajoutant du brome à une solution acétique de tétraméthyldiamidobenzophénone. Ce dérivé cristallise dans l'alcool bouillant en fines aiguilles jaunâtres, fusibles à 172°, peu solubles dans le benzène et dans l'éther.

Tétraméthyldiamido-nitrobenzophénone,

$$CO \begin{matrix} \diagup C^6H^4 . Az(CH^3)^2 \\ \diagdown C^6H^3(AzO^2)Az(CH^3)^2 \end{matrix}$$

[Nathansohn et Müller, *D. chem. G.*, **22**, 1883]. — La tétraméthyldiamidobenzophénone est dissoute dans de l'acide sulfurique moyennement concentré, et cette solution est additionnée de la quantité calculée d'azotate de potassium; on chauffe ensuite pendant quelques heures au bain-marie, puis on précipite par un excès d'eau légèrement alcalinisée par l'ammoniaque. On fait enfin cristalliser dans l'alcool bouillant. Fines aiguilles brillantes, d'un jaune clair, fusibles à 144°, peu solubles dans l'éther.

DIBENZOYL-DIMÉTHYL-DIAMIDOBENZOPHÉNONE,

$$CO[C^6H^4-Az(CH^3)(C^7H^5O)]^2$$

[Nathansohn et Müller, *D. chem. G.*, **22**, 1877].

— On chauffe au bain d'huile, à 190°, parties égales de tétraméthyldiamidobenzophénone et de chlorure de benzoyle, pendant 3 heures environ; lorsqu'il ne se dégage plus de chlorure de méthyle, on laisse refroidir, on lave le produit à la soude, puis à l'eau, et on le fait cristalliser dans l'alcool bouillant. On obtient ainsi de petites lamelles brunâtres, fusibles à 102°, presque insolubles dans l'éther et dans l'eau, peu solubles dans le benzène chaud, solubles dans l'alcool bouillant.

ISO-TÉTRAMÉTHYLDIAMIDOBENZOPHÉNONE,

$$CO[C^6H^4-Az(CH^3)^2]^2$$

[W. Michler et G. Moro, *D. chem. G.*, **12**, 1168]. — Le chlorure trichlorométhane-sulfonique,

$$CCl^3.SO^2Cl,$$

se combine énergiquement avec la diméthylaniline a la température du bain-marie; il se dégage de l'acide sulfureux; le produit de la réaction, lavé dans un courant de vapeur d'eau, cède à l'éther l'iso-tétraméthyldiamidobenzophénone, sous la forme de beaux cristaux rhomboédriques, fusibles à 152°, très solubles dans l'alcool et dans l'éther.

Le *chloroplatinate*, $(C^{17}H^{20}Az^2O.HCl)^2PtCl^4$, est bien cristallisé.

TÉTRANITRO-DIMÉTHYL-DINITRAMIDOBENZOPHÉNONE

$$\begin{array}{c} AzO^2 \\ CH^3 \end{array}\!\!>\!Az-C^6H^2(AzO^2)^2-CO-C^6H^2(AzO^2)^2-Az\!<\!\!\begin{array}{c} AzO^2 \\ CH^3 \end{array}$$

— Ce composé prend naissance lorsqu'on fait bouillir la tétraméthyldiamidobenzophénone avec de l'acide nitrique (d = 1,48); il se produit aussi par l'action de l'acide nitrique sur le composé décrit plus haut et résultant de la combinaison de 2 molécules de trinitrobenzène avec 1 molécule de tétraméthyldiamidobenzophénone [Van Romburgh, *Rec. P.-B.*, **6**, 251, 365; *D. chem. G.*, **20**, *Ref.*, 692; **21**, *Ref.*, 290]. On peut aussi l'obtenir par l'action de l'acide nitrique concentré et bouillant sur la tétraméthyldiamidothiobenzophénone [Baither, *D. chem. G.*, **20**, 3296].

Il forme des cristaux d'un jaune clair, fusibles à 210° avec décomposition, insolubles dans le benzène, le toluène, l'alcool, le sulfure de carbone, peu solubles dans l'acétone.

L'ébullition avec la potasse le décompose avec formation de méthylamine.

L'ébullition avec le phénol le convertit en *tétranitrodiméthyl-diamidobenzophénone*,

$$CO[C^6H^2(AzO^2)^2(AzH.CH^3)]^2,$$

petits cristaux d'un jaune d'or, fusibles avec décomposition vers 225° [Van Romburgh, *loc. cit.*].

DIMÉTHYLDIÉTHYL-DIAMIDOBENZOPHÉNONE,

$$CO[C^6H^4.Az(CH^3)^2][C^6H^4.Az(C^2H^5)^2].$$

— Cristaux fusibles à 94°, obtenus par la méthode déjà indiquée de MM. Meister, Lucius et Brüning [*loc. cit.*].

DIMÉTHYL-MÉTHYLPHÉNYL-DIAMIDOBENZOPHÉNONE,

$$CO[C^6H^4.Az(CH^3)^2][C^6H^4.Az(CH^3)(C^6H^5)].$$

— Cristaux fusibles à 141-142°, obtenus par le même procédé.

TÉTRÉTHYLDIAMIDOBENZOPHÉNONE,

$$CO[C^6H^4.Az(C^2H^5)^2]^2.$$

— Cette base se produit, en même temps que l'hexaéthyltriamidodibenzoylbenzène, dans l'action de l'oxychlorure de phosphore sur la diéthylaniline [W. Michler et A. Gradmann, *D. chem. G.*, **9**, 1914]. On peut aussi la préparer par la méthode de MM. Meister, Lucius et Brüning.

Elle cristallise dans l'alcool en petites lamelles fusibles à 95-96°.

Le *chloroplatinate*, $C^{21}H^{28}Az^2O.2HCl.PtCl^4$, est un précipité cristallin d'un jaune d'or.

TÉTRAMÉTHYLTRIAMIDOBENZOPHÉNONE,

$$CO\begin{array}{l}<C^6H^4-Az(CH^3)^2\\ \diagdown C^6H^3(AzH^2)[Az(CH^3)^2]\end{array}$$

[Nathansohn et Müller, *D. chem. G.*, **22**, 1884]. — On l'obtient en réduisant la tétraméthyldiamidonitrobenzophénone par le chlorure stanneux et l'acide chlorhydrique au bain-marie; la réduction terminée, on précipite l'étain par l'hydrogène sulfuré, puis la base par l'ammoniaque.

Flocons incristallisables d'un jaune clair, fusibles à 82°.

Le *picrate*, $C^{17}H^{21}Az^3O.C^6H^3O(AzO^2)^3$, est un précipité cristallin d'un jaune clair, presque insoluble dans le benzène et dans l'éther, très soluble dans l'alcool bouillant.

Le *chloroplatinate*, $(C^{17}H^{21}Az^3O.HCl)^2PtCl^4$, est un précipité cristallin d'un rouge clair, très soluble dans l'alcool bouillant, insoluble dans l'eau et dans l'éther, peu soluble dans le benzène.

DÉRIVÉS DE LA BENZOPHÉNONE PAR SUBSTITUTION DANS LE GROUPE CARBONYLE.

DIPHÉNYLCARBOXIME, $C(=Az.OH)(C^6H^5)^2$. — Lorsqu'on mélange une solution alcoolique de benzophénone avec une solution aqueuse d'hydroxylamine (chlorhydrate d'hydroxylamine et quantité équivalente de soude), et qu'on abandonne le mélange à lui-même pendant 8 jours, on obtient, en distillant l'alcool, un résidu laiteux qui se prend bientôt en cristaux constituant la diphénylcarboxime [A. Janny, *D. chem. G.*, **15**, 2782]. La préparation est plus facile si, au lieu d'employer l'hydroxylamine libre, on opère avec le chlorhydrate de cette base en solution dans l'alcool faible, à l'ébullition, et en ayant soin de maintenir la liqueur constamment acide par des additions d'acide chlorhydrique [V. Meyer, *D. chem. G.*, **16**, 823]. Elle est également plus rapide si l'on opère au contraire en présence d'un excès d'alcali [K. Auwers, *D. chem. G.*, **22**, 606].

M. Beckmann [*D. chem. G.*, **19**, 989] recommande de chauffer au bain-marie pendant une journée un mélange de 30 grammes de benzophénone, 150 grammes d'alcool à 90 0/0 et 30 grammes de chlorhydrate d'hydroxylamine, acidulé par quelques gouttes d'acide chlorhydrique.

La diphénylcarboxime cristallise en aiguilles soyeuses, fusibles à 139,5-140°, très solubles dans l'acétone et dans l'éther, moins solubles dans la ligroïne, le benzène, le chloroforme, très peu solubles dans les alcalis et dans les acides concentrés. Abandonnée à l'air, elle s'altère peu à peu.

L'acide chlorhydrique bouillant la décompose en benzophénone et hydroxylamine (Janny).

Traitée en solution alcoolique, à la température de 60°, par l'amalgame de sodium, en présence d'acide acétique, elle se convertit en benzhydrylamine,

$$(C^6H^5)^2CH.AzH^2$$

[H. Goldschmidt, *D. chem. G.*, **19**, 3233].

Traitée à froid par le perchlorure de phosphore en solution dans l'oxychlorure, elle se convertit avec élévation de température en chlorure phénylimidobenzoïque $C^6H^5-CCl=Az.C^6H^5$ [Beckmann, *D. chem. G.*, **19**, 988].

L'acide sulfurique concentré la transforme à 100° en benzanilide [Beckmann, *D. chem. G.*, **20**,

1508]. Une solution d'acide chlorhydrique dans un mélange d'acide et d'anhydride acétiques lui fait subir à 100° la même transformation; il en est de même du chlorure d'acétyle à 100°. L'anhydride acétique à 180° donne de l'acétanilide et de l'acide benzoïque [Beckmann, *D. chem. G.*, **20**, 2580].

La phénylhydrazine la convertit en *benzophénone-phénylhydrazone*, avec mise en liberté d'hydroxylamine :

$$(C^6H^5)^2C(AzOH) + AzH^2 . AzH . C^6H^5$$
$$= AzH^2 . OH + (C^6H^5)^2C = Az^2H . C^6H^5$$

[F. Just, *D. chem. G.*, **19**, 1206].

Le *sel sodique*, $(C^6H^5)^2C = AzONa$, est une masse cristalline, que l'on obtient en mélangeant une solution éthérée de diphénylcarboxime avec la quantité théorique d'éthylate de sodium, évaporant, et lavant le résidu à l'éther.

Le *chlorhydrate*, $(C^6H^5)^2C = AzOH . HCl$, est un précipité cristallin, obtenu par l'action du gaz chlorhydrique sur une solution éthérée de phénylcarboxime.

L'*éther méthylique*, $(C^6H^5)^2C = AzO . CH^3$, forme de beaux cristaux d'un jaune clair, fusibles à 92°. On le prépare en chauffant dans un appareil à reflux un mélange de diphénylcarboxime, d'alcool, d'éthylate de sodium et d'iodure de méthyle.

L'*éther éthylique*, $(C^6H^5)^2C = AzO . C^2H^5$, préparé par le même procédé, est un liquide incristallisable, bouillant avec décomposition partielle à 276-279°.

L'*éther benzylique*, $(C^6H^5)^2 = AzO . C^7H^7$, forme des cristaux blancs, fusibles à 55-56°.

L'*éther acétique*, $(C^6H^5)^2C = AzO . C^2H^3O$, s'obtient en chauffant la diphénylcarboxime avec un excès de chlorure d'acétyle, tant qu'il se dégage de l'acide chlorhydrique; il se présente en beaux cristaux blancs, fusibles à 55°, assez solubles dans le chloroforme, peu solubles dans l'alcool et dans la ligroïne [E. Spiegler, *Mon. f. Chem.*, **5**, 203; *Bull. Soc. Chim.*, (2), **42**, 650].

PHÉNYL-P-CHLOROPHÉNYL-CARBOXIMES (*p-chlorobenzophénone-oximes*).

$$\begin{matrix} C^6H^5 \\ C^6H^4Cl \end{matrix} > C = AzOH.$$

— On connaît actuellement deux oximes isomériques dérivées de la p-chlorobenzophénone; on ne sait encore à peu près rien de la nature de leur isomérie, et on les désigne par les lettres α et β.

α-Phényl-p-chlorophénylcarboxime. — Obtenue pour la première fois par MM. Beckmann et Wegerhoff [*Ann. Chem.*, **252**, 7], cette oxime se présente en cristaux compacts, fusibles à 155-156° [Demuth et Dittrich, *D. chem. G.*, 23, 3610]. On l'obtient seule lorsqu'on effectue sans précautions spéciales la réaction de l'hydroxylamine sur la p-chlorobenzophénone; si au contraire on a soin de refroidir fortement les substances mises en réaction, on obtient un mélange des deux oximes α et β, que l'on peut aisément séparer l'une de l'autre par quelques cristallisations dans l'alcool dilué. Enfin, l'oxime β, chauffée à sec à la température du bain-marie pendant quelques heures, se convertit en son isomère α; si l'on opère en présence d'alcool, la transformation n'a pas lieu (Demuth et Dittrich).

Chauffée pendant 8 heures à 100° avec de l'acide chlorhydrique concentré, elle régénère la p-chlorobenzophénone (Demuth et Dittrich).

Soumise à l'action successive du perchlorure de phosphore et de l'eau, ou chauffée à 100° avec une dissolution de gaz chlorhydrique dans un mélange d'acide et d'anhydride acétiques, elle se convertit en *p-chlorobenzanilide* (Beckmann et Wegerhoff).

Le *dérivé acétylé*, $C^{13}H^9ClAzO(C^2H^3O)$, se présente en cristaux durs, d'aspect rhomboédrique, fusibles à 147-148°, peu solubles dans l'alcool. Traité par la potasse concentrée, il régénère l'oxime α.

Le *dérivé benzylique*, $C^{13}H^9ClAzO . C^7H^7$, cristallise dans l'alcool en prismes courts, fusibles à 74-75°.

β-Phényl-p-chlorophénylcarboxime. — Elle se produit, comme on l'a indiqué plus haut, en même temps que son isomère, dans l'action de l'hydroxylamine sur la p-chlorobenzophénone à basse température. Purifiée par quelques cristallisations dans l'alcool dilué, elle se présente en longs prismes à quatre pans, fusibles à 95°.

Chauffée à sec au bain-marie pendant quelques heures, elle se transforme en son isomère; cette transformation n'a pas lieu si l'on opère en présence de l'alcool.

Chauffée à 100° avec de l'acide chlorhydrique concentré, elle régénère la p-chlorobenzophénone.

Le *dérivé acétylé*, $C^{13}H^9ClAzO . C^2H^3O$, cristallise en longues et fines aiguilles, fusibles à 105-106°, très solubles dans l'alcool. Traité à froid par la potasse concentrée, il régénère l'oxime β.

Le *dérivé benzylique*, $C^{13}H^9ClAzO . C^7H^7$, cristallise dans l'alcool en longues aiguilles, fusibles à 98-99°.

DI-M-BROMOPHÉNYLCARBOXIME (*dibromobenzophénone-oxime*), $(C^6H^4Br)^2C(AzOH)$ [Demuth et Dittrich, *D. chem. G.*, **23**, 3615]. — On la prépare par l'action de l'hydroxylamine en solution alcoolique sur la m-dibromobenzophénone : que l'on opère à froid ou à chaud, en solution alcaline ou acide, on obtient toujours le même produit.

Elle cristallise dans l'alcool en fines aiguilles, fusibles avec décomposition à 181-182°, peu solubles dans les alcalis, encore moins solubles dans les acides.

Chauffée avec du benzène à 150°, elle régénère la m-dibromobenzophénone.

Traitée en solution éthérée par le gaz chlorhydrique, elle n'est pas altérée.

DI-NITROPHÉNYL-CARBOXIME,

$$C(AzOH)(C^6H^4 . AzO^2)^2$$

[F. Münchmeyer, *D. chem. G.*, **20**, 510]. — On chauffe pendant une journée, dans un appareil à reflux, 1 molécule de β-dinitrobenzophénone avec 3 molécules de chlorhydrate d'hydroxylamine et 3 molécules de soude en solution alcoolique concentrée; la réaction terminée, on chasse l'alcool, on précipite par l'eau, et on fait cristalliser dans l'alcool bouillant en présence du noir animal. Petites aiguilles d'un jaune d'or, fusibles à 205-207°.

DI-AMIDOPHÉNYL-CARBOXIME,

$$C(AzOH)(C^6H^4 . AzH^2)^2$$

[F. Münchmeyer, *D. chem. G.*, **20**, 511]. — On chauffe au bain-marie un mélange de β-diamidobenzophénone, de chlorhydrate d'hydroxylamine et d'alcool en présence de quelques gouttes d'acide chlorhydrique. On chasse l'alcool, on précipite le résidu par l'ammoniaque et on fait cristalliser dans l'éther. Ce corps fond à 177-178°.

TÉTRAMÉTHYLDIAMIDO-DIPHÉNYLCARBOXIME,

$$C(AzOH)[C^6H^4 . Az(CH^3)^2]^2$$

[F. Münchmeyer, *D. chem. G.*, **19**, 1852]. — Même préparation que pour le composé précédent. Cristaux fusibles à 98-99°.

BENZOPHÉNONE-PHÉNYLHYDRAZONE,

$$(C^6H^5)^2C = Az . AzH . C^6H^5.$$

— Ce composé se produit lorsqu'on chauffe au bain-marie un mélange de benzophénone et de phénylhydrazine en solution alcoolique [E. Fischer, *D. chem. G.*, 17, 576]. Il prend aussi naissance, dans les mêmes conditions, par l'action de la phénylhydrazine sur la diphénylcarboxime [F. Just, *D. chem. G.*, 19, 1206]. Il cristallise en aiguilles incolores, fusibles à 137°.

β-DINITROBENZOPHÉNONE-PHÉNYLHYDRAZONE,

$$(C^6H^4 . AzO^2)^2C = Az . AzH . C^6H^5$$

[F. Münchmeyer, *D. chem. G.*, 20, 510]. — Poudre cristalline rouge, fusible à 219-220°, insoluble dans l'eau bouillante, peu soluble dans l'alcool chaud, soluble dans l'acide acétique.

β-DIAMIDOBENZOPHÉNONE-PHÉNYLHYDRAZONE,

$$(C^6H^4 . AzH^2)^2C = Az . AzH . C^6H^5$$

[Münchmeyer, *loc. cit.*]. — Ce corps cristallise dans l'alcool bouillant en belles aiguilles jaunes, fusibles à 183°.

TÉTRAMÉTHYLDIAMIDOBENZOPHÉNONE-PHÉNYLHYDRAZONE,

$$[C^6H^4.Az(CH^3)^2]^2C[Az^2H.C^6H^5]$$

[J. H. Ziegler, *D. chem. G.*, 20, 1111]. — On ajoute du chlorhydrate de phénylhydrazine à une solution chlorhydrique de tétraméthyldiamidobenzophénone; on porte à l'ébullition, puis on neutralise par la soude. On obtient par cristallisation du produit dans un mélange de benzène et d'alcool des aiguilles fusibles à 174-175°, assez solubles dans l'alcool chaud, très solubles dans l'éther, l'acide acétique, le chloroforme, le sulfure de carbone, la ligroïne et le benzène.

Nitroso-tétraméthyldiamido-benzophénone-phénylhydrazone,

$$C\begin{cases} C^6H^4 . Az(CH^3)^2 \\ C^6H^3(AzOH)\left(Az < \begin{matrix} CH^3 \\ CH^3 \end{matrix}\right) \\ Az . AzH . C^6H^5 \end{cases}$$

[E. Bischoff, *D. chem. G.*, 22, 338]. — On l'obtient par l'action de la phénylhydrazine sur la nitrosotétraméthyldiamidobenzophénone. Elle cristallise dans l'alcool bouillant en fines aiguilles rouge-brique, fusibles à 148°.

P-DICYANOBENZOPHÉNONE-TRIPHÉNYLHYDRAZONE. — Voyez NITRILE BENZOPHÉNONE-P-DICARBONIQUE.

THIOBENZOPHÉNONE [Syn. *Sulfobenzophénone*], $CS(C^6H^5)^2$. — M. Bergreen [*D. chem. G.*, 21, 340] prépare ce composé par l'action du sulfochlorure de carbone, $CSCl^2$, sur le benzène en présence du chlorure d'aluminium. C'est une huile rougeâtre, non distillable même dans le vide, très soluble dans l'éther, le benzène, l'alcool bouillant. L'hydroxylamine la convertit en diphénylcarboxime; la phénylhydrazine, en benzophénone-phénylhydrazone.

Il est probable que le composé décrit Suppl., 1, 336 sous le nom de *sulfobenzophénone* est en réalité un polymère de ce corps.

TÉTRAMÉTHYLDIAMIDO-THIOBENZOPHÉNONE,

$$CS[C^6H^4 . Az(CH^3)^2]^2$$

[O. Baither, *D. chem. G.*, 20, 1731, 3289. — Fehrmann, *ibid.*, 20, 2857. — Graebe, *ibid.*, 20, 3266]. — Ce composé prend naissance lorsqu'on traite par l'hydrogène sulfuré une solution alcoolique d'auramine chauffée à 60° :

$$[C^6H^4 . Az(CH^3)^2]^2C = AzH + H^2S$$
$$= AzH^3 + [C^6H^4 . Az(CH^3)^2]^2CS.$$

On peut substituer à l'auramine la phénylauramine, la p-crésylauramine ou l'éthylène-auramine; l'ammoniaque est alors remplacée dans la réaction par l'aniline, la p-toluidine ou l'éthylènediamine.

On l'obtient encore par l'action du sulfure de carbone sur l'auramine :

$$[C^6H^4 . Az(CH^3)^2]^2C = AzH + CS^2$$
$$= CSAzH + CS[C^6H^4 . Az(CH^3)^2]^2.$$

Avec la phénylauramine et le sulfure de carbone, la réaction ne s'accomplit qu'à 150°.

On peut aussi la préparer par l'action du sulfochlorure de carbone sur la diméthylaniline.

Elle cristallise en lamelles d'un rouge rubis, à reflets bleus; sa poudre est vert-cantharide. Elle fond à 202°. 100 parties d'alcool en dissolvent 0g,072 à 18°; 100 parties d'éther, 0g,27; 100 parties de chloroforme, 4g,58. 100 parties de sa solution sulfocarbonique saturée à 17° en contiennent 1g,15. Elle est très soluble dans le benzène et dans l'acide acétique, insoluble dans l'eau et dans la ligroïne, soluble dans l'acide chlorhydrique. Sa solution acétique est verte; sa solution sulfocarbonique, rouge foncé avec fluorescence verte.

Elle forme un *chlorhydrate*, qui se présente en cristaux bleus, instables.

L'ébullition avec les acides la décompose en hydrogène sulfuré et tétraméthyldiamidobenzophénone. L'acide nitrique la détruit à l'ébullition avec formation de trinitrodiméthylaniline fusible à 201°. L'hydroxylamine la convertit en tétraméthyldiamidophénylcarboxime.

Le brome en solution acétique la détruit, avec formation d'un composé non sulfuré qui se décompose à 93°.

Par distillation avec la poudre de zinc, elle donne de la diméthylaniline et du tétraméthyldiamidodiphénylméthane.

L'*iodométhylate*, $C^{17}H^{20}Az^2S . CH^3I$, se présente en lamelles brillantes vert-cantharide; il commence à se décomposer à 108°. Il se dissout dans l'eau en bleu avec une fluorescence rouge; dans l'alcool, en vert. Ce corps teint la soie en vert.

Le sulfochlorure de carbone et le chlorure de benzyle transforment la tétraméthyldiamidothiobenzophénone en tétraméthyldiamidodiphényl-dichlorométhane.

Le chlorure de benzoyle fournit avec elle un produit d'addition $CS[C^6H^4.Az(CH^3)^2]^2.C^7H^5OCl$, qui forme des cristaux verts, fusibles à 175-200°, insolubles dans l'eau froide, solubles en vert jaunâtre dans l'acide acétique et dans le benzène, solubles avec décomposition dans l'eau chaude et dans l'alcool.

Le chlorure d'acétyle fournit de même un produit d'addition, $C^{17}H^{20}Az^2S . C^2H^3OCl$, en cristaux brunâtres, qui commencent à se décomposer à 160°, et qui présentent vis-à-vis des dissolvants les mêmes propriétés que le dérivé précédent.

Chauffée pendant 2 jours avec un mélange d'anhydride acétique et d'acétate de sodium, la tétraméthyldiamidothiobenzophénone donne un composé $C^{38}H^{46}Az^4O^4S$.

L'aniline la convertit à 150° en tétraméthyldiamidobenzophénone; le chlorhydrate d'aniline à 150°, en phénylauramine.

La phénylhydrazine la transforme également en tétraméthyldiamidobenzophénone.

CHLORURE DE BENZOPHÉNONE [Syn. *Diphényldichlorométhane*]. — Voyez Suppl., 1, 335.

TÉTRAMÉTHYLDIAMIDODIPHÉNYL-DICHLOROMÉTHANE, $CCl^2[C^6H^4 . Az(CH^3)^2]^2$ [Baither, *D. chem. G.*, 20, 1731 et 3291]. — On chauffe au bain-marie un mélange de chlorure de benzyle et de tétraméthyldiamidothiobenzophénone en solution sulfocarbonique. On obtient ainsi une poudre cristalline d'un gris verdâtre, qui se décompose au-dessus de 160°. Ce corps est soluble dans l'acide acétique et dans l'alcool. L'eau le décompose en acide chlorhydrique et tétraméthyldiamidobenzophénone.

Si, au lieu d'opérer comme on vient de l'indiquer, on emploie le chlorosulfure de carbone en solution chloroformique, on obtient des cristaux blancs, renfermant $CCl^2[C^6H^4.Az(CH^3)^2]^2.CHCl^3$. Ce corps se décompose par l'eau en régénérant la tétraméthyldiamidobenzophénone.

ACIDES BENZOPHÉNONE-SULFONIQUES.

Voyez Suppl., **1**, 336, ACIDE et CHLORURE BENZOPHÉNONE-DISULFONIQUES et BENZOPHÉNONE-SULFONE.

ACIDES BENZOPHÉNONE-CARBONIQUES.

ACIDES BENZOPHÉNONE-MONOCARBONIQUES,

$$C^6H^5-CO-C^6H^4-CO^2H.$$

— Voyez ACIDES BENZOYLBENZOÏQUES.

ACIDES BENZOPHÉNONE-DICARBONIQUES.

ACIDES DISSYMÉTRIQUES,

$$C^6H^5-CO-C^6H^3(CO^2H)^2.$$

— Voyez ACIDES BENZOYLPHTALIQUES.

ACIDE BENZOPHÉNONE-O-DICARBONIQUE,

$$CO(C^6H^4-CO^2H)^2$$

[Graebe et Juillard, *Ann. Chem.*, **242**, 243]. — Cet acide prend naissance lorsqu'on oxyde par le permanganate de potassium une solution alcaline d'acide diphénylméthane-dicarbonique, ou de lactone benzhydrol-dicarbonique.

Il se présente en cristaux peu solubles dans l'eau froide, très solubles dans l'alcool, l'éther, l'acide acétique. Il fond en se décomposant à 150-155° et se convertit à 200° en anhydride.

Le permanganate en solution alcaline le transforme lentement en acide phtalique.

Il se combine avec l'hydroxylamine et avec la phénylhydrazine.

Le *sel de baryum*, $C^{15}H^8O^5Ba, 5H^2O$, cristallise en prismes brillants. 100 parties d'eau à 13° en dissolvent $0^g,286$. Soumis à la distillation sèche, il donne de l'anthraquinone.

L'*éther méthylique*, $C^{15}H^8O^5(CH^3)^2$, cristallise en lamelles très solubles dans l'alcool et fusibles à 85-86°.

L'*éther éthylique*, $C^{15}H^8O^5(C^2H^5)^2$, forme de longs prismes clinorhombiques, fusibles à 73-74°.

L'*anhydride*,

$$C^6H^4 \langle {CO^2 \atop \overline{\quad\quad}} \rangle C \langle {CO^2 \atop \overline{\quad\quad}} \rangle C^6H^4,$$

se produit par l'action d'une température de 200° sur l'acide; il prend aussi naissance lorsqu'on soumet l'acide à une longue ébullition avec de l'eau, ou lorsqu'on précipite par l'acide chlorhydrique une solution alcoolique saturée de l'acide.

Il cristallise dans l'alcool en lamelles fusibles à 212°, sublimables sans altération, insolubles dans l'eau et dans l'éther, peu solubles dans l'alcool froid, assez solubles dans le benzène et dans le chloroforme. Il se dissout dans les alcalis en régénérant l'acide.

Réduit par l'acide acétique et la poudre de zinc, il se convertit en lactone benzhydrol-dicarbonique. Chauffé à 170° avec de l'acide iodhydrique et du phosphore, il se transforme en acide diphénylméthane-dicarbonique mélangé d'un peu d'acide hydroanthracène-carbonique. Si l'on emploie un excès de phosphore et qu'on chauffe à 190°, il se produit de l'hexahydrométhylanthracène.

Chauffé à 190° avec de l'acide sulfurique fumant, il donne un acide anthraquinone-sulfonique que la fusion avec la potasse transforme en alizarine.

L'*imide*, $C^{15}H^9AzO^3$, se produit par l'action de la chaleur sur l'o-benzophénone-dicarbonate d'ammonium; elle prend aussi naissance par l'action de l'ammoniaque sur une solution alcoolique de l'anhydride précédent. Elle cristallise en lamelles fusibles à 251-252°, insolubles dans l'eau, très solubles dans l'alcool, les alcalis et les carbonates alcalins. Le permanganate en solution alcaline la transforme en acide phtalique.

La *diimide*, $C^{15}H^{10}Az^2O^2$, se produit par l'action de l'ammoniaque alcoolique à 130-140° sur l'amide ou sur l'anhydride. Elle cristallise en aiguilles ou en prismes, fusibles à 284-286°, solubles dans l'acide acétique, presque insolubles dans l'eau et dans l'alcool froid. Une longue ébullition avec l'acide chlorhydrique la dédouble en anhydride et ammoniaque.

Anhydrodicarboxyphénylcarboxime,

$$(C^6H^4.CO^2H)C \lessgtr {C^6H^4 \atop Az} \rangle CO^2.$$

— Cristaux fusibles à 213-214°, obtenus par l'action de l'acide benzophénone-o-dicarbonique sur le chlorhydrate d'hydroxylamine en présence d'alcool dilué.

En même temps que ce composé, se produit un autre dérivé fusible à 146-149° et ayant pour composition $C^{15}H^8AzO^4.C^2H^5$.

Hydrazone, $(C^6H^4.CO^2H)^2C(OH)Az^2H^2C^6H^5$. — Longs prismes jaunes, assez solubles dans l'alcool, insolubles dans l'éther, fusibles à 155° en perdant 2 molécules d'eau et en donnant le composé

$$CO \langle {O \text{—} \atop C^6H^4} \rangle C \langle {C^6H^4-CO \atop Az^2H(C^6H^5)} \rangle O.$$

Ce dernier, qui peut aussi être préparé au moyen de la phénylhydrazine et de l'anhydride benzophénone-dicarbonique, fond à 230°.

ACIDE BENZOPHÉNONE-P-DICARBONIQUE,

$$CO(C^6H^4.CO^2H)^2$$

[Drömme, *D. chem. G.*, **20**, 521]. — On l'obtient en saponifiant par la potasse alcoolique le nitrile correspondant (voyez plus loin). Il cristallise dans l'eau bouillante en étoiles microscopiques, peu solubles dans l'alcool, le benzène, l'éther. Il se sublime sans fondre. Il se dissout dans 50 000 parties d'eau bouillante.

Sa solution ammoniacale neutre donne : par les sels ferriques, un précipité cristallin jaune; par les sels de baryum et de calcium, des précipités blancs; par les sels de cuivre, un précipité bleu clair; par les sels de cobalt, un précipité rouge clair.

Le *sel d'argent*, $C^{15}H^8O^5Ag^2.Ag^2O$, est un précipité blanc, insoluble dans l'eau.

L'*éther méthylique*, obtenu au moyen du sel d'argent et de l'iodure de méthyle, forme de grandes et belles aiguilles, fusibles à 138°, insolubles dans l'eau, assez solubles dans l'alcool.

Le *nitrile* (ou di-p-cyanobenzophénone) prend naissance dans la distillation sèche du p-cyanobenzoate de calcium; il se forme en même temps du benzonitrile. Purifié par cristallisation dans l'alcool en présence du noir animal, il se présente en mamelons fusibles à 204°,5, sublimables sans altération, très solubles dans l'alcool, l'éther, le benzène, le sulfure de carbone, moins solubles dans l'eau chaude et dans la ligroïne.

Chauffé pendant 2 jours au bain-marie avec un excès de chlorhydrate de phénylhydrazine et de l'acétate de sodium, il fournit un dérivé ayant pour formule

$$C^6H^5.AzH.Az=C \begin{cases} C^6H^4.C \lessgtr {Az.AzH.C^6H^5 \atop AzH^2} \\ C^6H^4.C \lessgtr {AzH^2 \atop Az.AzH.C^6H^5} \end{cases}$$

Ce dernier cristallise dans l'alcool dilué en mamelons fusibles à 212°, sublimables sans altération, peu solubles dans l'eau chaude et dans la ligroïne, très solubles dans l'alcool, l'éther, le benzène, le sulfure de carbone.

ACIDE BENZOPHÉNONE-DICARBONIQUE *de constitution inconnue*, $CO(C^6H^4.CO^2H)^2$. — Cet acide, découvert par M. Zeidler [*D. chem. G.*, **7**, 1185], a été mentionné Suppl., **1**, 336. MM. Ador et Crafts ont réussi à le purifier en le transformant en sel de potassium [*D. chem. G.*, **10**, 2175]. C'est un corps amorphe, qui fond et se sublime au-dessus de 300°.

Le *sel d'argent* répond à la formule

$$CO(C^6H^4.CO^2Ag)^2.$$

OXYBENZOPHÉNONES.

P-OXYBENZOPHÉNONE (*p-benzoylphénol*),

$$C^6H^5.CO.C^6H^4.OH.$$

— Il se produit à l'état d'éther benzoïque : lorsqu'on chauffe avec du zinc métallique le produit de la réaction du chlorure de benzoyle (2 molécules) sur le phénol (1 molécule) [S. Grucarevic et V. Merz, *D. chem. G.*, **6**, 1245]; lorsqu'on chauffe un mélange de benzoate de phényle, d'oxyde de zinc et de phénylchloroforme [Doebner et Stackmann, *D. chem. G.*, **10**, 1969].

Il prend naissance lorsqu'on fond avec de la potasse l'oxydiphénylphtalide,

$$C^6H^4 \left\langle \begin{matrix} CO \\ \\ C \left\langle \begin{matrix} C^6H^5 \\ C^6H^4.OH \end{matrix} \right. \end{matrix} \right\rangle O$$

[Von Pechmann, *D. chem. G.*, **13**, 1614].

Il se produit encore par l'action du nitrite de potassium sur une solution sulfurique de p-amidobenzophénone [Doebner et Weiss, *D. chem. G.*, **14**, 1840].

Préparation. — 1° On mélange 30 grammes de phénol avec 20 grammes d'oxyde de zinc, on ajoute goutte à goutte 20 grammes de phénylchloroforme et on termine la réaction au bain-marie; on épuise ensuite la masse par l'éther, on filtre la solution éthérée, on l'évapore; on lave le résidu de cette évaporation dans un courant de vapeur d'eau, qui entraîne du phénol inattaqué et du benzoate de phényle formé dans la réaction, et on fait enfin cristalliser dans l'acide acétique [Doebner et Stackmann, *D. chem. G.*, **9**, 1919].

2° On chauffe 30 grammes de phénol avec 45 grammes de chlorure de benzoyle tant qu'il se dégage de l'acide chlorhydrique; on ajoute alors encore 45 grammes de chlorure de benzoyle et on porte la masse à 180° en y ajoutant de temps à autre une trace de chlorure de zinc fondu. Le produit de la réaction est ensuite saponifié par la potasse alcoolique [Doebner, *Ann. Chem.*, **210**, 249].

Propriétés. — Le benzoylphénol cristallise en paillettes ou en prismes fusibles à 134°, peu solubles dans l'eau froide, très solubles dans l'eau bouillante, l'alcool, l'éther, l'acide acétique. Il se dissout dans les alcalis et est précipité de ces solutions par les acides.

La fusion avec la potasse le convertit en benzène et acide p-oxybenzoïque. La réduction par l'amalgame de sodium en présence de l'eau le transforme en benzhydrylphénol,

$$C^6H^5-CHOH-C^6H^4.OH.$$

Par distillation avec de la poudre de zinc, il donne du diphénylméthane [Doebner et Stackmann, *D. chem. G.*, **10**, 1969; **11**, 2268].

Chauffé avec du trichlorure de phosphore, ou bien avec du phénol et de l'acide sulfurique, il fournit une matière colorante ayant l'aspect et les propriétés générales de la coralline, et dont la constitution est

$$\begin{matrix} O & \diagdown & & \diagup & C^6H^5 \\ \vdots & & C & & \\ H^4C^6 & \diagup & & \diagdown & C^6H^4.OH \end{matrix}$$

[Caro et Graebe, *D. chem. G.*, **11**, 1350].

L'*éther méthylique*,

$$C^6H^5-CO-C^6H^4.OCH^3,$$

se produit dans l'oxydation du p-benzylphénate d'éthyle au moyen du permanganate de potassium en solution alcaline. Il forme des cristaux fusibles à 61-62° [E. Rennie, *Chem. Soc.*, **41**, 220; *D. chem. G.*, **15**, 1581].

L'*éther éthylique* prend naissance par l'action du chlorure de benzoyle sur une solution sulfocarbonique de phénate d'éthyle, en présence du chlorure d'aluminium. Il ne paraît pas avoir été étudié [Gattermann, *D. chem. G.*, **22**, 1130].

L'*éther acétique*,

$$C^6H^5-CO-C^6H^4.OC^2H^3O,$$

s'obtient en chauffant dans un appareil à reflux le benzoylphénol avec de l'anhydride acétique, précipitant par l'eau et faisant cristalliser dans l'alcool. Il forme de longues aiguilles, fusibles à 81°, peu solubles dans l'eau, très solubles dans l'éther, le benzène, l'acide acétique [Doebner et Stackmann, *D. chem. G.*, **10**, 969].

L'*éther benzoïque*, $C^6H^5-CO-C^6H^4.OC^7H^5O$, dont on a indiqué plus haut plusieurs modes de préparation, cristallise en lamelles blanches et brillantes, insipides et inodores, fusibles à 112°,5, peu solubles dans l'alcool froid et dans l'eau, très solubles dans le benzène et dans l'acide acétique [Grucarevic et Merz; Doebner et Stackmann].

DIOXYBENZOPHÉNONES.

O-DIOXYBENZOPHÉNONE, $CO(C^6H^4.OH)^2$ [R. Richter, *J. prakt. Chem.*, (2), **28**, 273-309; *Bull. Soc. Chim.*, (2), **42**, 280. — C. Graebe et A. Feer, *D. chem. G.*, **19**, 2607; *Bull. Soc. Chim.*, (2), **47**, 718]. — On fond l'oxyde de diphénylène-cétone (anhydride de l'o-dioxybenzophénone) avec la moitié de son poids de potasse caustique, et on interrompt l'opération lorsque le produit se prend en une masse brunâtre; on verse alors dans l'eau, on précipite par l'acide chlorhydrique et on fait cristalliser dans la ligroïne. On obtient ainsi des prismes brillants, fusibles à 59-60°, très solubles dans l'alcool, l'éther, le chloroforme. Ce corps distille entre 330 et 340° en perdant de l'eau et en régénérant partiellement l'oxyde de diphénylène-cétone. Il donne avec le chlorure ferrique une coloration brun-rouge.

Le *dérivé hydrazinique*,

$$(C^6H^4.OH)^2C=Az^2H.C^6H^5,$$

est en lamelles incolores, fusibles à 152°, solubles dans la potasse.

L'*oxime* se présente en longues aiguilles blanches, fusibles à 99°.

La *combinaison potassique*, $CO(C^6H^4.OK)^2$, est en beaux cristaux orthorhombiques, d'un jaune clair; elle se dissout dans le carbonate de potassium, mais elle est précipitée de cette solution par un excès de gaz carbonique.

La *combinaison barytique*, $CO(C^6H^4.O)^2Ba$, est un précipité cristallin jaune.

La *combinaison ammonique* forme des lamelles jaunes et brillantes.

L'*éther monométhylique*, $C^{13}H^9O^3.CH^3$, cristallise en lames jaunes, fusibles à 69°.

L'*éther diméthylique*, $C^{13}H^8O^3(CH^3)^2$, forme des prismes brillants, fusibles à 104°. La potasse alcoolique est sans action sur lui à 150°.

L'*oxime* correspondante,

$$(C^6H^4 . OCH^3)^2C=AzOH,$$

fond à 188°.

L'*éther diéthylique*, $CO(C^6H^4 . OC^2H^5)^2$, est en aiguilles incolores, fusibles à 109°.

La *phénylhydrazone* correspondante,

$$(C^6H^4 . OC^2H^5)^2C=Az^2H . C^6H^5$$

forme des lamelles fusibles à 114°.

L'*éther diacétique*, $CO(C^6H^4 . OC^2H^3O)^2$, cristallise en prismes à six pans, fusibles à 96°.

L'*éther dibenzoïque*, $CO(C^6H^4 . OC^7H^5O)^2$, se présente en prismes jaunâtres, fusibles à 104°.

L'acide chlorhydrique décompose à 200° l'o-dioxybenzophénone en phénol et acide carbonique. L'acide iodhydrique, en présence de phosphore rouge, la convertit à 150-160° en anhydride du dioxyphénylméthane, $CH^2(C^6H^4)^2O$.

Anhydride (*oxyde de diphénylène-cétone*, *oxyde de carbonyldiphénylène*),

$$CO\left\langle\begin{matrix}C^6H^4\\C^6H^4\end{matrix}\right\rangle O$$

[Richter, *loc. cit.* — R. Seifert, *J. prakt. Chem.*, (2), **31**, 462-481; *Bull. Soc. Chim.*, (2), **45**, 605]. — On prépare ce composé en soumettant à la distillation un mélange de phosphate de phényle et de salicylate de sodium, ou plus simplement le salicylate de phényle. Il se produit dans le premier cas du gaz carbonique, du phénol et de l'acide phénylbenzoïque. Le produit de la distillation est lavé à la soude et purifié par cristallisation dans l'alcool à 50 0/0. On obtient finalement de longues aiguilles blanches, fusibles à 170-171° (Seifert), à 173-174° (Richter), peu solubles dans l'éther et dans l'alcool froid, presque insolubles dans l'eau, assez solubles dans le benzène et dans le chloroforme.

On peut aussi le préparer en oxydant par l'acide chromique l'oxyde de méthylène-diphényle, $CH^2(C^6H^4)^2O$ [Merz et Weith, *D. chem. G.*, **14**, 192].

Outre les deux procédés de préparation qu'on vient d'indiquer, l'oxyde de diphénylène-cétone prend naissance dans un grand nombre de réactions : distillation d'un mélange de phosphate de phényle et de m- ou de p-oxybenzoate de sodium; action de l'oxychlorure de phosphore sur l'éthylsalicylate de potassium; distillation des salicylates neutre et basique de sodium avec de l'anhydride phosphorique; décomposition par la chaleur de l'o-chlorobenzoate de sodium; réaction du chlorure d'o-chlorobenzoyle sur le salicylate basique de sodium; action de l'oxychlorure de phosphore sur l'o-phénylbenzoate de sodium (Richter).

La fusion avec la potasse dédouble l'oxyde de phénylène-cétone en phénol et acide salicylique. L'acide iodhydrique bouillant le convertit en oxyde de méthylène-diphényle, $CH^2(C^6H^4)^2O$; il en est de même de la poudre de zinc au rouge. Les oxydants, acide chromique, permanganate de potassium, le transforment en eau et acide carbonique.

L'amalgame de sodium à 3 0/0 fournit un dérivé cristallisé, fusible vers 200°, ayant pour formule $C^{26}H^{18}O^5$ et se dédoublant par les alcalis ou par l'anhydride acétique en oxyde de méthylène-diphényle et dioxybenzophénone.

Le brome, en présence de l'eau, donne deux produits de substitution : le *dérivé monobromé* fond à 130°; le *dérivé dibromé*, à 210°.

L'acide nitrique fumant fournit à chaud un mélange de deux *dérivés dinitrés* $CO[C^6H^3(AzO^2)]^2O$, fusibles l'un à 145-150°, l'autre à 260°.

L'acide sulfurique concentré paraît donner un *acide disulfonique*.

L'hydroxylamine et la phénylhydrazine sont sans action sur l'oxyde de diphénylène-cétone [Spiegler, *D. chem. G.*, **17**, 808].

O-P-DIOXYBENZOPHÉNONE (*salicylphénol*),

$$CO(C^6H^4 . OH)^2.$$

— Voy. Suppl., **1**, 1412, SALICYLPHÉNOL.

P-DIOXYBENZOPHÉNONE, $CO(C^6H^4 . OH)^2$. — On obtient ce composé, à l'état d'éther benzoïque, en oxydant par l'acide chromique l'éther benzoïque du dioxyphénylméthane $CH^2(C^6H^4 . OH)^2$ [Gail, *D. chem. G.*, **11**, 746; *Bull. Soc. Chim.*, (2), **31**, 370].

Il se produit par l'action de l'acide azoteux sur l'α-diamidobenzophénone et par l'ébullition avec de l'acide sulfurique étendu du dérivé diazoïque ainsi formé [Staedel, *Ann. Chem.*, **218**, 339-361; *Bull. Soc. Chim.*, (2), **41**, 200]; par l'action de l'eau sur l'aurine à 250° [Graebe et Caro, *D. chem. G.*, **11**, 1348] ou sur la rosaniline à 270° [Liebermann, *D. chem. G.*, **6**, 951; **11**, 1435]; par la fusion de la phtaléine du phénol avec de la potasse [Baeyer et Burkhardt, *D. chem. G.*, **11**, 1299; *Bull. Soc. Chim.*, (2), **32**, 45].

La p-dioxybenzophénone cristallise en longues aiguilles, fusibles à 206°; elle distille sans décomposition; elle est soluble dans les alcalis, l'alcool méthylique, l'acétone, l'acide acétique chaud, l'eau bouillante, presque insoluble dans l'eau froide, le benzène, le chloroforme, le sulfure de carbone.

Sa solution aqueuse n'est pas colorée par les sels ferriques.

La fusion avec la potasse la dédouble en acide carbonique et phénol.

Chauffée avec du trichlorure de phosphore, elle donne de l'aurine.

La soude et la poudre de zinc la transforment en un produit très instable, qui paraît être un *dioxybenzhydrol*.

Le *dérivé tétrabromé*, $CO(C^6H^2Br^2 . OH)^2$, forme de longues aiguilles ou des cristaux grenus, fusibles à 213-214°; il distille sans décomposition; peu soluble dans l'alcool, l'esprit de bois, l'acide acétique, l'acétone, le chloroforme, le sulfure de carbone, il se dissout aisément dans les alcalis. La solution ammoniacale donne par le chlorure de baryum un précipité cristallin renfermant $C^{13}H^4Br^4O^3Ba$.

L'*éther diméthylique*, $CO(C^6H^4 . OCH^3)^2$, s'obtient par l'oxydation de l'acide anisilique à l'aide d'une solution acétique bouillante d'acide chromique

$$C(C^6H^4 . OCH^3)^2(OH)CO^2H + O$$
$$= CO^2 + H^2O + CO(C^6H^4 . OCH^3)^2,$$

ou par l'action de l'iodure de méthyle sur la dioxybenzophénone en présence de potasse et d'alcool [M. Bösler, *D. chem. G.*, **14**, 328]. Il cristallise en aiguilles fusibles à 144°, très solubles dans l'alcool bouillant, le chloroforme et le benzène; il distille sans altération.

Traité par le brome en solution chloroformique, il fournit un *dérivé dibromé*, $C^{15}H^{12}Br^2O^3$, en aiguilles fusibles à 181°, peu solubles dans l'alcool, très solubles dans le benzène et dans le chloroforme.

L'*éther éthylique*, $C^{13}H^9O^3 . C^2H^5$, forme des cristaux compacts, fusibles à 146-147°, solubles dans les alcalis (Gail).

L'*éther diéthylique*, $C^{13}H^8O^3(C^2H^5)^2$, est en aiguilles insolubles dans les alcalis, fusibles à 131°; on l'obtient soit par l'action de l'iodure d'éthyle sur la dioxybenzophénone en présence de potasse, soit par l'oxydation du diéthoxyphénylméthane au moyen de l'acide chromique (Gail).

L'*éther diacétique*, $C^{13}H^8O^3(C^2H^3O)^2$, forme de

longues aiguilles, fusibles à 148° (Baeyer et Burkhardt), à 152° (Gail); il distille sans décomposition.

Son *dérivé bromé*, $C^{13}H^4Br^4O^3(C^2H^3O)^2$, prend naissance par l'action de l'anhydride acétique sur la tétrabromo-dioxybenzophénone; il forme de longues aiguilles (Baeyer et Burkhardt).

L'éther dibenzoïque, $C^{13}H^8O^3(C^7H^5O)^2$, se présente en lamelles blanches et brillantes, fusibles à 181-182°, solubles dans l'acide acétique et dans le benzène chaud, peu solubles dans l'alcool et dans l'éther. On l'obtient en oxydant par l'acide chromique une solution acétique de l'éther dibenzoïque du dioxydiphénylméthane (Gail).

Dioxyphénylcarboxime,

$$C(C^6H^4 . OH)^2(AzOH).$$

— On chauffe au bain-marie pendant 2 jours la dioxybenzophénone avec un excès d'hydroxylamine libre en solution alcoolique. C'est une huile jaune, qui se prend à la longue en une masse cristalline [Spiegler, *Mon. f. Chem.*, **5**, 199].

β-Dioxybenzophénone, $CO(C^6H^4 . OH)^2$ [Staedel, *Ann. Chem.*, **218**, 356; *Bull. Soc. Chim.*, (2), **41**, 200]. — On la prépare en traitant une solution acide de β-diamidobenzophénone par le nitrite de sodium, et faisant aussitôt bouillir avec de l'acide sulfurique étendu, pour détruire le dérivé diazoïque. Elle cristallise en étoiles fusibles à 161-162°; elle se dissout dans la potasse, et en est précipitée par l'acide carbonique. La fusion avec la potasse la dédouble en phénol et acide p-oxybenzoïque.

L'éther acétique, $C^{13}H^8O^3(C^2H^3O)^2$, est en lamelles fusibles à 89-90°.

L'éther benzoïque, $C^{13}H^8O^3(C^7H^5O)^2$, forme des lamelles, très solubles dans l'alcool et fusibles à 101-102°.

Benzoylpyrocatéchine,

$$CO \begin{cases} C^6H^5 \\ C^6H^3(OH)^2 \end{cases}$$

[Doebner, *Ann. Chem.*, **210**, 261]. — On l'obtient à l'état d'éther dibenzoïque par l'action du chlorure de benzoyle sur la pyrocatéchine en présence d'un peu de chlorure de zinc. Elle cristallise avec 1,5 molécule d'eau, en aiguilles qui se déshydratent à 110° et qui fondent à 145°.

Elle se dissout dans les alcalis en donnant une solution d'un jaune foncé.

Sa solution alcoolique donne par le chlorure ferrique une coloration d'un vert intense, qui passe au rouge-sang par l'addition d'une goutte de carbonate d'ammonium. Sa solution ammoniacale réduit à froid le nitrate d'argent et donne à chaud un miroir d'argent métallique.

L'éther dibenzoïque, $C^{13}H^8O^3(C^7H^5O)^2$, fond à 95°.

Benzoylrésorcine,

$$CO \begin{cases} C^6H^5 \\ C^6H^3(OH)^2 \end{cases}$$

— Voyez Suppl., **1**, 1378.

TRIOXYBENZOPHÉNONES.

Salicylrésorcine,

$$CO \begin{cases} C^6H^4 . OH \\ C^6H^3(OH)^2 \end{cases}$$

[Michael, *Am. chem. Journ.*, **5**, 81; *Bull. Soc. Chim.*, (2), **42**, 40]. — On chauffe pendant 5 heures à 195°, puis pendant 10 heures à 200°, un mélange de 8 parties d'acide salicylique et de 15 parties de résorcine. Le produit de la réaction est versé dans l'acide chlorhydrique faible et abandonné pendant 12 heures; le dépôt ainsi obtenu est lavé avec une solution faible de bicarbonate de sodium, puis cristallisé dans l'alcool aqueux en présence de noir animal, et enfin dans un mélange de ligroïne et de chloroforme.

Lamelles brillantes, jaune clair, fusibles à 133-134°, très solubles dans l'alcool chaud et dans le benzène. La potasse aqueuse et bouillante est sans action sur ce composé, mais les alcalis en fusion le dédoublent en résorcine et acide salicylique. L'amalgame de sodium donne le benzhydrol correspondant.

L'anhydride acétique fournit un *dérivé acétylé*.

Anhydride,

$$CO \begin{cases} C^6H^4 \text{———} \\ C^6H^3(OH) \end{cases} O$$

[Michael, *loc. cit.*]. — On fond 20 grammes de résorcine avec 20 grammes d'acide salicylique, et on ajoute au mélange fondu 15 grammes de chlorure de zinc pulvérisé. On maintient le tout en fusion pendant 2 heures et on jette la masse dans 250 grammes d'eau. On purifie par des lavages à la soude, puis à l'acide chlorhydrique, et par cristallisation dans l'acide acétique et dans l'alcool.

Longues aiguilles jaune clair, fusibles à 146-147°, peu solubles dans l'eau bouillante. La fusion avec la potasse dédouble ce composé en résorcine et acide salicylique.

Une solution alcoolique saturée et bouillante de cet anhydride, traitée par un excès de méthylate de sodium, fournit par refroidissement des aiguilles jaunes, qui après dessiccation à 110° renferment $C^{13}H^7O^3Na . NaOH$. Ce dérivé se dissocie par des lavages à l'alcool ou à l'eau, sans donner de produits nettement définis.

Si l'on emploie une solution aqueuse de soude pour la préparation, on obtient des aiguilles jaunes contenant $C^{13}H^7O^3Na$.

Le *dérivé acétylé*, $C^{13}H^8O^3 . C^2H^3O$, s'obtient en chauffant pendant 3 heures à 110° l'anhydride précédent avec un mélange d'anhydride acétique et d'acétate de sodium. Il cristallise dans l'alcool en aiguilles prismatiques blanches, fusibles à 167-168°, solubles dans l'eau et dans l'alcool chaud, peu solubles dans l'alcool froid.

TÉTRAOXYBENZOPHÉNONES.

Acide euxanthonique $CO[C^6H^3(OH)^2]^2$. — Voyez Euxanthone.

HEXAOXYBENZOPHÉNONES.

On ne connaît pas d'hexaoxybenzophénone, mais seulement le premier anhydride d'une hexaoxybenzophénone symétrique, l'*anhydropyrogallolcétone*.

Anhydropyrogallolcétone,

$$CO \begin{cases} C^6H^2(OH)^2 \\ C^6H^2(OH)^2 \end{cases} O$$

[Buchka, *Ann. Chem.*, **209**, 249-272; *D. chem. G.*, **14**, 1326; *Bull. Soc. Chim.*, (2), **37**, 429]. — Ce composé se produit, en même temps que de l'acide benzoïque, quand on fond avec de la soude la galléine,

$$\begin{array}{l} \quad C \begin{cases} C^6H^2(OH) \text{—} O \\ \quad > O \\ C^6H^2(OH) \text{—} O \end{cases} \\ C^6H^4 \quad O \\ \quad CO \end{array}$$

La réaction est terminée quand le produit se dissout dans l'eau avec une couleur brun clair. On précipite par un acide et on fait cristalliser dans l'eau bouillante.

Poudre cristalline brun clair, soluble dans l'alcool et dans l'acétone, insoluble dans le benzène et dans le chloroforme.

Le *dérivé tétracétylé*, $C^{13}H^{4}O^{6}(C^{2}H^{3}O)^{4}$, cristallise dans le benzène en petits cubes incolores, fusibles à 237°.

HOMOLOGUES DE LA BENZOPHÉNONE.

Voyez les mots : PHÉNYLCRÉSYLCÉTONES, DICRÉSYLCÉTONES, PHÉNYL-XYLYLCÉTONES, BENZOYLMÉSITYLÈNE, BENZOYLPSEUDOCUMÈNE, BENZOYLDURÈNE, DIXYLYLCÉTONE, etc. Ad. Fauconnier.

BENZOPINACOLINES. — Voyez Suppl., **1**, 337.

α-BENZOPINACOLINE. — Ce composé se produit dans l'action du zinc et de l'acide chlorhydrique sur la benzopinacone [Zincke et Thörner, *D. chem. G.*, **11**, 68]; dans l'action du zinc et de l'acide sulfurique dilué sur une solution alcoolique de benzophénone [Zincke et Thörner, *ibid.*, 1396]; dans l'action simultanée du chlorure d'acétyle et de la poudre de zinc sur une solution éthérée de benzophénone [Paal, *D. chem. G.*, **17**, 911]; dans l'oxydation du tétraphényléthylène par le mélange chromique [A. Behr, *D. chem. G.*, **5**, 277].

Le meilleur procédé de préparation est l'oxydation du tétraphényléthylène au moyen de l'acide chromique.

L'α-benzopinacoline n'est pas attaquée par les alcalis, soit en fusion, soit en solution alcoolique bouillante.

La phénylhydrazine est également sans action sur elle.

L'acide iodhydrique bouillant la transforme en tétraphényléthane.

Le sodium attaque sa solution amylique bouillante : il fournit l'éther de l'alcool β-benzopinacolique :

$$\begin{array}{c} (C^6H^5)^2 = CH - C = (C^6H^5)^2 \\ | \\ O \\ | \\ (C^6H^5)^2 = CH - C = (C^6H^5)^2 \end{array}$$

Traitée en solution acétique bouillante par quelques gouttes d'acide nitrique (d = 1,40), l'α-benzopinacoline se convertit en β-benzopinacoline.

Toutes ces réactions conduisent à admettre pour l'α-benzopinacoline une formule double de celle de la β-pinacoline, qu'on peut représenter par le schéma

$$\begin{array}{ccc} & O & \\ & / \quad \backslash & \\ (C^6H^5)^2 = C & & C = (C^6H^5)^2 \\ | & & | \\ (C^6H^5)^2 = C & & C = (C^6H^5)^2 \\ & \backslash \quad / & \\ & O & \end{array}$$

[M. Delacre, *Communication particulière*].

β-BENZOPINACOLINE. — Elle prend naissance en même temps que son isomère α et peut en être séparée par des cristallisations dans l'alcool.

M. Zagoumenny a indiqué [*Bull. Soc. Chim.*, (2), **34**, 329] le procédé suivant pour obtenir exclusivement la β-benzopinacoline : Une solution acétique saturée à froid de benzopinacone est additionnée d'une petite quantité d'acide chlorhydrique suffisante pour produire un trouble, puis soumise à l'ébullition pendant 1 heure environ : la β-benzopinacoline se dépose par le refroidissement.

On peut encore préparer la β-benzopinacoline en oxydant le tétraphényléthylène symétrique au moyen du permanganate de potassium, ou encore en traitant par quelques gouttes d'acide nitrique (d = 1,40) une solution acétique bouillante d'α-benzopinacoline.

Les réducteurs énergiques la transforment en tétraphényléthane symétrique,

$$(C^6H^5)^2 = CH - CH = (C^6H^5)^2.$$

La phénylhydrazine est sans action sur elle.

Sous l'action du zinc-éthyle, elle fixe 2 atomes d'hydrogène en donnant l'*alcool β-benzopinacolique*,

$$\begin{array}{c} (C^6H^5)^2 = C(OH) \\ | \\ (C^6H^5)^2 = CH \end{array}$$

Ces résultats doivent faire rejeter la formule dissymétrique $(C^6H^5)^3 \equiv C - CO - C^6H^5$, anciennement admise pour la β-benzopinacoline, et conduire à adopter pour ce composé la formule symétrique qu'on attribuait à son isomère α :

$$\begin{array}{c} (C^6H^5)^2 = C \diagdown \\ \quad | \quad O. \\ (C^6H^5)^2 = C \diagup \end{array}$$

Le dédoublement de l'α-benzopinacoline en 2 molécules de β-benzopinacoline, indiqué plus haut, s'exprimerait alors par l'équation

$$\begin{array}{ccc} & O & \\ & / \quad \backslash & \\ (C^6H^5)^2 = C & & C = (C^6H^5)^2 \\ | & & | \\ (C^6H^5)^2 = C & & C = (C^6H^5)^2 \\ & \backslash \quad / & \\ & O & \end{array}$$

$$= 2\ \begin{array}{c} (C^6H^5)^2 = C - C = (C^6H^5)^2 \\ \backslash \quad / \\ O \end{array}$$

[M. Delacre, *Bull. Soc. Chim.*, (3), **4**, 470; *Bull. Acad., roy. Belg.*, (3), **20**, 99; *Communication particulière*].

BENZOPINACOLIQUE (ALCOOL β-)

$$\begin{array}{c} (C^6H^5)^2 = C\,.\,OH \\ | \\ (C^6H^5)^2 - CH \end{array}$$

[M. Delacre, *Bull. Acad. roy. Belg.*, (3), **20**, 108]. — Ce composé se produit par l'hydrogénation de la β-benzopinacoline au moyen du zinc-éthyle. On ajoute d'abord un peu d'éther pour faciliter le mélange, on évapore le réactif et on chauffe la masse d'abord à 70°, puis graduellement à 130-140°. Au bout de 3 jours de chauffe, on laisse refroidir, on délaye le produit dans un peu d'éther anhydre et on le verse dans de l'eau acidulée par l'acide chlorhydrique; on recueille la partie insoluble, et on la fait cristalliser par dissolution dans le benzène et addition de ligroïne à la solution.

Après deux ou trois cristallisations dans l'alcool bouillant, l'alcool β-benzopinacolique se présente en petits cristaux blancs, lamellaires, clinorhombiques, fusibles à 151°, et présentant un éclat nacré.

L'*éther acétique*,

$$\begin{array}{c} (C^6H^5)^2 = C\,.\,OC^2H^3O \\ | \\ (C^6H^5)^2 = CH \end{array}$$

peut être préparé en traitant à froid par le chlorure d'acétyle une solution éthérée d'alcool benzopinacolique préalablement additionnée d'un peu de sodium. Dissous dans l'alcool chaud, il se dépose lentement en cristaux qui se ramollissent à 127° et qui fondent à 131°.

La potasse alcoolique dédouble l'alcool benzopinacolique en aldéhyde benzylique et triphénylméthane :

$$\begin{array}{c} (C^6H^5)^2 = C\,.\,OH \\ | \\ (C^6H^5)^2 = CH \end{array} = C^6H^5\,.\,CHO + (C^6H^5)^3CH.$$

L'oxydation ménagée par une solution acétique d'acide chromique donne la β-benzopinacoline,

$$\begin{matrix}(C^6H^5)^2 = C \diagdown \\ \quad\quad\quad\quad | \;\; O. \\ (C^6H^5)^2 = C \diagup\end{matrix}$$

L'anhydride acétique et le chlorure d'acétyle agissent à chaud comme déshydratants et fournissent le tétraphényléthylène.

ÉTHER β-BENZOPINACOLIQUE,

$$\begin{matrix}(C^6H^5)^2 = C - O - C = (C^6H^5)^2 \\ | \quad\quad\quad | \\ (C^6H^5)^2 = CH \quad HC = (C^6H^5)^2\end{matrix}$$

[M. Delacre, *Communication particulière*]. — Ce composé prend naissance par l'action du sodium sur une solution amylique bouillante d'α-benzopinacoline,

$$\begin{matrix}(C^6H^5)^2 = C - O - C = (C^6H^5)^2 \\ | \quad\quad\quad | \\ (C^6H^5)^2 = C - O - C = (C^6H^5)^2\end{matrix}$$

Il cristallise en aiguilles fusibles à 208-209°.

La solution acétique bouillante n'est pas attaquée par l'addition de quelques gouttes d'acide nitrique (d = 1,40).

Le chlorure d'acétyle, le trichlorure de phosphore le dédoublent en β-benzopinacoline et tétraphényléthane :

$$\begin{matrix}(C^6H^5)^2 = C - O - C = (C^6H^5)^2 \\ | \quad\quad\quad | \\ (C^6H^5)^2 = CH \quad HC = (C^6H^5)^2\end{matrix}$$

$$\begin{matrix} O \\ \diagup \; \diagdown \\ = (C^6H^5)^2 = C - C = (C^6H^5)^2 \\ + (C^6H^5)^2 = CH - CH = (C^6H^5)^2.\end{matrix}$$

Ce dédoublement est en tout point comparable à celui de l'α-benzopinacoline en 2 molécules de β-benzopinacoline sous l'action des mêmes réactifs. Ad. Fauconnier.

BENZOPINACONE,

$$(C^6H^5)^2C(OH) - C(OH)(C^6H^5)^2$$

(voyez Dict., 1, 567 et Suppl., 1, 337). — M. Zagoumenny [*Journ. Soc. Chim. russe*, 12, 426] prépare la benzopinacone en faisant bouillir pendant un quart d'heure un mélange de benzophénone, d'acide acétique et de tournure de zinc.

D'après ce savant, la benzopinacone fond à 168° ; elle se dissout dans 39 parties d'alcool à 95 0/0 bouillant, dans 26 parties de benzène bouillant, dans 11p,5 d'acide acétique bouillant.

La fusion la convertit en un mélange de benzhydrol et de benzophénone.

L'ébullition avec la potasse alcoolique lui fait immédiatement subir le même dédoublement; il en est de même de l'action de l'anhydride acétique à la température de 180-200°.

Le trichlorure de phosphore, les chlorures d'acétyle et de benzoyle lui font perdre de l'eau et la convertissent en β-benzopinacoline. Il en est de même de l'acide acétique à 180-200°, de l'acide iodhydrique concentré à 170-180°, de l'acide chlorhydrique concentré à 200°, de l'acide sulfurique dilué à 180-200°.

DITHIOBENZOPINACONE,

$$C^6H^5)^2C(SH) - C(SH)C^6H^5)^2,$$

ou peut-être

$$\begin{matrix}(C^6H^5)^2CH - S \\ \quad\quad\quad\quad | \\ (C^6H^5)^2CH - S\end{matrix}$$

— Ce composé prend naissance par l'action du chlorure dérivé de la benzophénone $(C^6H^5)^2CCl^2$ sur le sulfhydrate de potassium alcoolique [A. Behr, *D. chem. G.*, 5, 970]; par l'action du chlorure de benzhydryle sur le sulfhydrate de potassium, ou de la benzophénone sur le sulfure d'ammonium en présence d'alcool [C. Engler, *D. chem. G.*, 11, 922]; par l'action du pentasulfure de phosphore sur le benzhydrol [C. Engler, *ibid.*], ou sur la benzophénone [F. Japp et J. Raschen, *Chem. Soc.*, 49, 478; *Bull. Soc. Chim.*, (2), 48, 190]. Il cristallise dans l'alcool en fines aiguilles fusibles à 151°, très solubles dans le sulfure de carbone.

Chauffé avec de l'alcool et de la poudre de cuivre, il se convertit en tétraphényléthane.

L'acide chromique le transforme en benzophénone.

BENZOQUINONE. — Voyez QUINONE.

BENZOTÉTRAZINE. — Voyez PHÉNOTÉTRAZINE.

BENZOTHIAZOL. — Voyez PHÉNO-β-THIAZOL.

BENZOTRIAZINE. — Voyez PHÉNOTRIAZINE.

BENZOTRIPHÉNAZINE. — Voyez PHÉNO-TRI-P-DIAZINE.

BENZOXAZOL. — Voyez PHÉNO-β-FURAZOL.

BENZOYL. — Pour les mots qui ne se trouvent pas ici à leur ordre alphabétique, voyez le mot qui suit ce préfixe.

BENZOYLACÉTIQUE (ACIDE)

$$C^6H^5.CO.CH^2.CO^2H.$$

1° L'éther de cet acide a été obtenu pour la première fois par M. Baeyer [*D. chem. G.*, 15, 2075] en dissolvant l'éther phénylpropiolique dans l'acide sulfurique concentré, laissant reposer et versant ensuite sur de la glace :

$$\begin{aligned}&C^6H^5.C \equiv C.CO^2C^2H^5 + H^2O \\ &= C^6H^5.CO.CH^2.CO^2C^2H^5.\end{aligned}$$

2° MM. Baeyer et Perkin [*D. chem. G.*, 17, 66] ont préparé cet acide en abandonnant pendant 12 heures, à la température ordinaire, une solution d'acide déhydrobenzoylacétique dans de la potasse alcoolique :

$$C^{18}H^{12}O^4 + 2H^2O = 2C^9H^8O^3.$$

3° L'éther éthylique se produit lorsqu'on fait bouillir l'éther diazoacétique avec de l'aldéhyde benzylique et du toluène [E. Buchner et Th. Curtius, *D. chem. G.*, 18, 2373] :

$$\begin{aligned}&CHAz^2.CO^2C^2H^5 + C^6H^5.CHO \\ &= C^9H^7O^3.C^2H^5 + Az^2.\end{aligned}$$

4° MM. A. Michael et G.-M. Browne l'ont également préparé en traitant l'éther α-bromocinnamique d'abord par de l'acide sulfurique concentré, puis par de la glace [*D. chem. G.*, 19, 1393] :

$$\begin{aligned}&C^6H^5.CBr = CH.CO^2C^2H^5 + H^2O \\ &= C^6H^5.CO.CH^2.CO^2C^2H^5 + HBr.\end{aligned}$$

En employant l'acide poly-β-bromocinnamique au lieu de l'éther α-bromocinnamique, M. Stockmeier a obtenu par le même procédé l'acide benzoylacétique [*Dissertation*, 84].

5° MM. Claisen et Lowmann sont arrivés à préparer de grandes quantités d'éther benzoylacétique en traitant l'éther benzoïque par l'éthylate de sodium desséché à 200° dans un courant d'hydrogène, puis chauffant le tout au bain-marie avec de l'éther acétique, ou bien en chauffant simplement un mélange d'éthers benzoïque et acétique avec du sodium [*D. chem. G.*, 20, 651].

MM. Claisen et Lowmann expriment cette réaction par les deux équations successives :

$$C^6H^5 . CO^2C^2H^5 + C^2H^5ONa$$

$$= C^6H^5 . C \begin{cases} OC^2H^5 \\ OC^2H^5 \\ ONa \end{cases}$$

$$\text{(II)} \quad C^6H^5 . C \begin{cases} OC^2H^5 \\ \boxed{OC^2H^5 + H^2} \\ ONa \end{cases} CH . CO^2C^2H^5$$

$$= C^6H^5 . CONa = CH . CO^2C^2H^5 + 2C^2H^5 . OH.$$

6° M. Claisen l'a encore obtenu en substituant, dans la réaction ci-dessus, aux éthers benzoïque et acétique, un mélange d'acétylbenzène et d'éther carbonique [*D. chem. G.*, **20**, 656] :

$$C^6H^5 . CO . CH^3 + CO(OC^2H^5)^2$$
$$= C^6H^5 . CO . CH^2 . CO^2C^2H^5 + C^2H^5 . OH.$$

7° Enfin M. A. Haller a reproduit cet éther en partant de la cyanacétophénone. Celle-ci, abandonnée avec de l'alcool saturé d'acide chlorhydrique, fournit du chlorhydrate d'éther imidobenzoylacétique qui, chauffé avec de l'alcool aqueux, se dédouble en chlorure d'ammonium et éther benzoylacétique [*Bull. Soc. Chim.*, (2), **48**, 25] :

$$C^6H^5 . CO . CH^2 . C \begin{cases} AzH . HCl \\ OC^2H^5 \end{cases} + H^2O$$
$$= C^6H^5 . CO . CH^2 . CO^2C^2H^5 + AzH^4Cl.$$

Préparation. — On prépare cet acide en abandonnant à la température ordinaire de l'éther benzoylacétique pur avec une solution étendue de soude caustique. Au bout de 24 heures, on filtre, on refroidit avec de la glace et on sursature par l'acide sulfurique étendu. On agite avec de l'éther, on distille au bain-marie et on abandonne le résidu sous un dessiccateur [Baeyer et Perkin, *D. chem. G.*, **16**, 2129. — Perkin, *Chem. Soc.*, **45**, 174].

Propriétés. — L'acide benzoylacétique, obtenu par cristallisation dans un mélange de benzène et de ligroïne, constitue des aiguilles microscopiques qui fondent à 103-104° en perdant de l'acide carbonique. Il est très soluble dans l'alcool et dans l'éther, peu soluble dans l'eau et dans la ligroïne. Sa solution dans l'alcool étendu colore les sels ferriques en un beau violet.

Chauffé avec les alcalis, il fournit de l'acide benzoïque et de l'acétylbenzène.

Il se dissout en jaune dans l'acide sulfurique; la coloration disparaît quand on chauffe la solution. Sous l'influence de la chaleur, il se décompose en acide carbonique et acétylbenzène, qu'il soit seul ou en présence d'acide sulfurique.

Benzoylacétate d'argent. — Précipité amorphe, un peu soluble dans l'eau (Perkin).

Les autres sels de l'acide benzoylacétique sont difficiles à obtenir purs, à cause de leur tendance à se décomposer en acétylbenzène et acide carbonique. Les *sels d'ammonium, de calcium* et *de baryum* sont très solubles; le premier donne avec les sels de cuivre et de plomb des précipités amorphes.

Benzoylacétate de méthyle,

$$C^6H^5 . CO . CH^2 . CO^2CH^3.$$

— On obtient cet éther comme l'éther éthylique, en partant du phénylpropiolate de méthyle. Traité par l'éthylate de sodium, il fournit un *dérivé sodé* $C^6H^5.CO.CHNa.CO^2CH^3$, poudre amorphe très stable, facilement soluble dans l'eau et dans l'alcool bouillant [Perkin et Calman, *Chem. Soc.*, **49**, 154].

Benzoylacétate d'éthyle,

$$C^6H^5 . CO . CH^2 . CO^2C^2H^5.$$

— Nous avons donné plus haut ses modes de formation. Pour le préparer, on ajoute goutte à goutte 100 grammes d'éther phénylpropiolique à 2 ou 3 kilogrammes d'acide sulfurique concentré et refroidi à 0°, en ayant soin de remuer constamment le mélange, de façon que la température ne dépasse pas +3°. L'opération dure environ 2 ou 3 heures. Le liquide, d'un brun clair, est ensuite versé sur de la glace, et la masse trouble ainsi formée est épuisée par l'éther. La liqueur éthérée, après avoir été agitée avec une solution de carbonate de sodium, est abandonnée sur du carbonate de potassium sec. On chasse ensuite l'éther et on obtient l'éther benzoylacétique brut sous la forme d'une huile jaunâtre. Pour l'obtenir complètement pur, on l'agite avec de la soude caustique étendue et, après avoir filtré sur un filtre mouillé, on sursature par l'acide sulfurique et on épuise par l'éther. La solution éthérée laisse par évaporation de l'éther benzoylacétique pur [A. Baeyer et W.-H. Perkin junior, *D. chem. G.*, **16**, 2128].

M. Perkin junior [*Jahresb.*, 1884, 1260], revenant sur cette préparation, ajoute que l'acide sulfurique ordinaire est trop concentré et qu'il convient d'y ajouter quelques gouttes d'eau par kilogramme d'acide.

Un procédé plus avantageux pour la préparation de cet éther est celui de MM. L. Claisen et O. Lowmann [*loc. cit.*], procédé qui a du reste été breveté par MM. Meister, Lucius et Brüning [*D. chem. G.*, **20**, *Ref.*, 666]. Il consiste à chauffer au bain-marie un mélange de 140 grammes (1 molécule) d'éthylate de sodium desséché à 200° dans un courant d'hydrogène et de 300 grammes d'éther benzoïque (1 molécule), jusqu'à ce que le mélange, d'abord liquide, soit transformé en une espèce de gâteau brun et compact. On incorpore alors soigneusement 350 grammes d'éther acétique, et on chauffe le tout au bain-marie pendant 1 ou 2 jours. Le produit, additionné de 150 grammes d'acide acétique cristallisable, puis d'eau, laisse déposer une huile qu'on lave avec du carbonate de sodium, qu'on dessèche sur du carbonate de potassium et qu'on soumet enfin à la distillation fractionnée sous une pression de 20 millimètres. Il passe d'abord de l'éther acétylacétique, puis, vers 110-120°, une certaine quantité d'éther benzoïque, et enfin, vers 165-175°, de l'éther benzoylacétique pur. Le rendement est d'environ 33 0/0 de l'éther benzoïque employé.

L'éther benzoylacétique est un liquide huileux, incolore, non solidifiable à 0° et possédant une odeur analogue à celle de l'éther acétylacétique. Il distille sans décomposition notable à 165-175°, sous une pression de 20 millimètres (Claisen et Lowmann). Chauffé brusquement, il passe à la pression ordinaire entre 265-270° en se décomposant partiellement. Soumis à l'ébullition pendant 7 ou 8 minutes, il se décompose en alcool et acide déhydrobenzoylacétique. Chauffé plus longtemps à la même température, il fournit, indépendamment de ce dernier acide, des produits plus condensés qui en constituent des polymères. On a en effet isolé deux corps, dont l'un cristallise dans l'alcool en cristaux fusibles à 273-275°, et fournit par saponification de l'acide benzoylacétique. Ce corps a pour formule $(C^9H^6O^2)^3$; il se dissout dans l'acide sulfurique concentré, en donnant une solution jaune que la chaleur ne décolore pas; il fournit avec l'éthylate de sodium un dérivé sodé que l'acide carbonique décompose. A côté de ce dérivé $(C^9H^6O^2)^3$ s'en trouve un autre $(C^9H^6O^2)^4$, qui est insoluble dans la plupart des dissolvants et qui fond au-dessus de 300°.

Ce dernier corps se dissout également dans l'éthylate de sodium, en donnant un dérivé qui n'est pas décomposé par l'acide carbonique [Perkin junior, *Jahresb.*, 1885, 1517]. Les solutions d'éther benzoylacétique dans l'alcool étendu sont colorées en rouge violet par le perchlorure de fer.

Chauffé avec l'acide sulfurique étendu, il se décompose en alcool, acide carbonique et acétylbenzène. D'après M. Roser, il fournit en outre de l'acide benzoïque quand on emploie de l'acide sulfurique concentré [*Ann. Chem.*, **247**, 133] :

$$C^6H^5.CO.CH^2.CO^2C^2H^5 + H^2O$$
$$= C^6H^5.CO.CH^3 + CO^2 + C^2H^6O.$$

Dans la plupart de ses réactions, l'éther benzoylacétique se comporte comme l'éther acétylacétique. Comme l'éther acétylacétique, il échange facilement l'hydrogène du groupe méthylène contre du sodium pour donner le *dérivé*

$$C^6H^5.CO.CHNa.CO^2C^2H^5,$$

qui, traité par les iodures alcooliques ou les chlorures d'acides, fournit toute une série d'éthers benzoylacétiques substitués.

Ce dérivé sodé peut être obtenu pur en ajoutant de l'éthylate de sodium à une solution éthérée d'éther benzoylacétique. Il se dépose dans ces conditions sous la forme d'un précipité cristallin [Curtius, *Thèse inaug.*, Munich, 74]. Ce sel donne avec les sels de baryum, d'argent, de cuivre et de plomb des précipités amorphes (Perkin).

La *combinaison cuivrique*,

$$\begin{array}{l} C^6H^5.CO.CH.CO^2C^2H^5 \\ \qquad\qquad > Cu \\ C^6H^5.CO.CH.CO^2C^2H^5 \end{array}$$

se prépare en ajoutant, goutte à goutte, à 30 grammes d'éther benzoylacétique étendu du double de son volume d'alcool, une solution très étendue de 15gr,5 d'acétate de cuivre. On neutralise ensuite l'acide acétique mis en liberté avec 155 centimètres cubes d'une solution normale double de soude caustique. Le sel de cuivre cristallise en aiguilles soyeuses d'un vert pâle, qui, cristallisées une deuxième fois dans le benzène, fondent à 180°. Ce sel est peu soluble dans l'éther et dans l'alcool bouillant, mais il se dissout facilement à chaud dans le benzène, le chloroforme et le sulfure de carbone. Il est pour ainsi dire insoluble dans la ligroïne.

Quand on mélange 24 grammes de ce sel avec 50 grammes d'une solution à 20 0/0 de gaz phosgène dans le toluène, en ayant soin de refroidir, et qu'on abandonne le tout pendant 6 semaines, on obtient, après un traitement à l'eau pour enlever le chlorure de cuivre, une solution toluique qui, étendue d'éther et évaporée dans un courant d'air chaud, fournit au bout de quelques jours des cristaux incolores, fondant à 140° en se décomposant. Ce corps constitue l'*éther diphénylpyrone-dicarbonique*, l'analogue de l'éther *diméthylpyrone-dicarbonique* obtenu en partant de l'éther acétylacétique. Sa formation et sa constitution peuvent se représenter de la façon suivante :

$$\begin{array}{cc} C^6H^5.CO & CO.C^6H^5 \\ | & | \\ C^2H^5CO^2.CH & CH.CO^2C^2H^5 \\ \diagdown & \diagup \\ & Cu \end{array} + COCl^2$$

$$= H^2O + CuCl^2 + \begin{array}{ccc} & O & \\ & \diagup \quad \diagdown & \\ C^6H^5.C & & C.C^6H^5 \\ \| & & \| \\ C^2H^5CO^2.C & & C.CO^2C^2H^5 \\ & \diagdown \quad \diagup & \\ & CO & \end{array}$$

Cette combinaison se dissout facilement dans le chloroforme, le benzène, la ligroïne et l'alcool bouillant. Elle est peu soluble dans l'éther et dans l'alcool froid, et presque insoluble dans l'eau, les alcalis et les acides étendus [F. Feist. *D. chem. G.*, **23**, 3736].

L'éther benzoylacétique se combine à la phénylhydrazine pour fournir la 1-3-*diphénylpyrazolone* [L. Knorr et C. Klotz, *D. chem. G.*, **20**, 2545] :

$$C^6H^5.CO.CH^2.CO^2C^2H^5 + H^2Az.AzH.C^6H^5$$

$$= \begin{array}{l} C^6H^5.C - CH^2 \\ \quad\;\; \| \qquad\quad > CO \\ Az - Az - C^6H^5 \end{array} + C^2H^6O + H^2O.$$

Quand on chauffe au bain-marie 1 molécule d'éther benzoylacétique dissous dans 8 ou 9 fois son poids d'acide acétique cristallisable, avec 1 molécule de chlorhydrate d'hydroxylamine finement pulvérisé, jusqu'à solution complète, on obtient, après un traitement approprié, de la *phénylisoxazolone* [L. Claisen et Zedel, *D. chem. G.*, **24**, 140. — Hantzsch, *ibid.*, 502] :

$$C^6H^5.CO.CH^2.CO^2H + AzH^2.OH$$
$$= \begin{array}{l} C^6H^5-C-CH^2.CO^2H + H^2O \\ \qquad\;\; \| \\ \qquad AzOH \end{array}$$

$$\begin{array}{l} C^6H^5.C.CH^2.CO^2H \\ \qquad \| \\ \quad AzOH \end{array} = \begin{array}{l} C^6H^5.C.CH.CO \\ \qquad \| \qquad | \\ \qquad Az - O \end{array} + H^2O.$$

M. Hantzsch obtient le même dérivé, dans des conditions de rendement plus avantageuses, en dissolvant l'éther benzoylacétique dans un excès de liqueur alcaline étendue et y ajoutant le sel d'hydroxylamine. La liqueur s'échauffe ; on l'abandonne à elle-même et on sursature par un acide.

Enfin la réaction s'effectue encore plus facilement si l'on mélange molécules égales de chlorhydrate d'hydroxylamine et d'éther benzoylacétique, et qu'on ajoute un peu d'eau, puis de l'alcool jusqu'à solution complète du mélange. Dans ces conditions, le mélange s'échauffe et fournit par refroidissement des cristaux bien nets de phénylisoxazolone [*D. chem. G.*, **24**, 503].

Lorsqu'on abandonne pendant longtemps de l'éther benzoylacétique avec une solution aqueuse d'un mélange d'hydroxylamine et d'ammoniaque, on voit se déposer des lamelles brillantes de la combinaison ammoniacale de la phénylisoxazolone. M. Hantzsch [*loc. cit.*] lui attribue l'une ou l'autre des deux formules

$$\text{(I)} \quad \begin{array}{l} C^6H^5.C.CH^2.C \begin{smallmatrix} < OH \\ \diagdown AzH^2 \end{smallmatrix} \\ \qquad \| \qquad\quad | \\ \qquad Az \;—\; O \end{array}$$

$$\text{(II)} \quad \begin{array}{l} C^6H^5.C.CH = COAzH^4 \\ \qquad \| \qquad\quad | \\ \qquad Az \;—\; O \end{array}$$

La première de ces formules en ferait une combinaison analogue aux aldéhydates d'ammoniaque, et la seconde le sel ammoniacal du véritable phényloxy-isoxazol.

Traité par l'amalgame de sodium, le benzoylacétate d'éthyle se transforme en acide β-phényllactique,

$$C^6H^5.CHOH.CH^2.CO^2H,$$

et en une résine qui, après purification, se présente sous la forme de cristaux prismatiques fondant à 102° et répondant à la formule $(C^8H^4O)^4$.

Traité par un mélange d'oxychlorure et de perchlorure de phosphore, l'éther benzoylacétique fournit de l'acide α-chlorocinnamique fondant à 142° (Perkin),

$$C^6H^5 . CH = CCl . CO^2H.$$

D'après M. Roser [*loc. cit.*], cet acide chlorocinnamique donnerait, par l'acide sulfurique concentré, de l'acétylbenzène. Il aurait donc la formule

$$C^6H^5 . CCl = CH . CO^2H.$$

Mis en présence d'aldéhyde benzylique et d'acide chlorhydrique, l'éther benzoylacétique fournit de l'éther benzylidène-benzoylacétique (Perkin) :

$$C^6H^5 . CHO + C^6H^5 . CO . CH^2 . CO^2C^2H^5$$
$$= C^6H^5 . CO . C \begin{matrix} \lessgtr CH . C^6H^5 \\ CO^2C^2H^5 \end{matrix} + H^2O.$$

L'éther benzoylacétique sodé, traité par l'iode, donne de l'éther dibenzoylsuccinique (Perkin)

$$2\,C^6H^5 . CO . CHNa . CO^2C^2H^5 + I^2$$
$$= \begin{matrix} C^6H^5 . CO . CH . CO^2C^2H^5 \\ C^6H^5 . CO . CH . CO^2C^2H^5 \end{matrix} + 2\,NaI.$$

Traité par l'éther monochloracétique, le même dérivé sodé fournit l'éther benzoylsuccinique (Perkin) :

$$C^6H^5 . CO . CHNa . CO^2C^2H^5 + CH^2Cl . CO^2C^2H^5$$
$$= C^6H^5 . CO . CH \begin{matrix} \diagup CH^2 . CO^2C^2H^5 \\ \diagdown CO^2C^2H^5 \end{matrix} + NaCl.$$

Quand on fait passer dans une solution alcoolique d'éther benzoylacétique sodé un courant de chlorure de cyanogène, on obtient l'éther benzoylcyanacétique, corps qui possède une fonction acide nettement caractérisée [A. Haller, *C. R.*, **105**, 1270].

Ce même dérivé sodé, traité par du thiophosgène, fournit l'éther *thiocarbonylbenzoylacétique* :

$$C^6H^5 . CO . CHNa . CO^2C^2H^5 + CSCl^2$$
$$= NaCl + HCl + C^6H^5 . CO . \underset{\underset{CS}{\|}}{C} . CO^2C^2H^5.$$

Ce corps cristallise en aiguilles jaunes, fondant à 162-164° [H. Bergreen, *D. chem. G.*, **21**, 351].

Quand on ajoute à 1 molécule d'éther benzoylacétique dissoute dans l'éther 1 molécule de brome, en ayant soin de maintenir le liquide à la température de 0°, on voit se dégager de l'acide bromhydrique et on obtient, après évaporation de l'éther, un produit bromé, visqueux et incolore, qui n'a pas été analysé [G. Bender, *D. chem. G.*, **24**, 2495].

En chauffant pendant plusieurs jours un mélange en proportions moléculaires d'éther benzoylacétique et d'aniline, on obtient une huile épaisse, constituée par l'*éther* β-*phénylamidophénylacrylique* :

$$C^6H^5 . CO . CH^2 . CO^2C^2H^5 + AzH^2 . C^6H^5$$
$$= C^6H^5 . \underset{\underset{AzH . C^6H^5}{|}}{C} = CH . CO^2C^2H^5 + H^2O$$

[Conrad et Limpach, *D. chem. G.*, **21**, 521].

M. L. Knorr, en abandonnant à la température ordinaire de l'aniline et du benzoylacétate de méthyle dans les mêmes proportions que ci-dessus, a obtenu au bout de quelques semaines des prismes brillants de β-*phénylamidophénylacrylate de méthyle* [*Ann. Chem.*, **245**, 372].

Enfin, en chauffant le même mélange à 150° dans un autoclave, on obtient l'*anilide* β-*phénylamidophénylacrylique*,

$$C^6H^5 . \underset{\underset{AzH . C^6H^5}{|}}{C} = CH . CO . AzH . C^6H^5$$

et de la *benzoylacétanilide*.

Quand on abandonne pendant une semaine un mélange de chlorhydrate d'oxy-isobutyramidine, d'éther benzoylacétique et de lessive de soude, on obtient de l'*oxy-isopropyl-phényloxypyrimidine* (*oxy-isopropyl-phényl-oxy-m-diazine*),

$$(CH^3)^2 - C(OH) - C \begin{matrix} \diagup Az - C . C^6H^5 \\ \\ \diagdown Az - C . OH \end{matrix} \begin{matrix} \diagdown \\ CH \\ \diagup \end{matrix}$$

[Pinner, *D. chem. G.*, **22**, 2626].

En abandonnant pendant plusieurs jours de l'éther benzoylacétique avec du chlorhydrate de p-éthoxybenzamidine

$$C^6H^4(OC^2H^5) C \begin{matrix} \lessgtr AzH^2 . HCl \\ AzH \end{matrix}$$

et de la lessive de soude, on voit se former de l'éthoxyphényl-phényloxypyrimidine (éthoxyphényl-phényl-oxy-m-diazine),

$$C^6H^4(OC^2H^5) C \begin{matrix} \diagup Az - C . C^6H^5 \\ \\ \diagdown Az - C . OH \end{matrix} \begin{matrix} \diagdown \\ CH \\ \diagup \end{matrix}$$

[Pinner, *D. chem. G.*, **23**, 2955].

L'éther benzoylacétique se condense également avec les phénols en présence des agents déshydratants, comme l'acide sulfurique. Il se forme dans ces conditions des coumarines substituées [H. von Pechmann et C. Duisberg, *D. chem. G.*, **16**, 2126] :

$$C^6H^5 . CO . CH^2 . CO^2C^2H^5 + C^6H^4 \begin{matrix} \diagup OH \\ \diagdown OH \end{matrix}$$
$$= C^6H^3 \begin{matrix} \diagup OH \\ - O\,CO \\ | \quad | \\ C^6H^5 - C = CH \end{matrix} + H^2O + C^2H^6O$$

β-Phénylombelliférone.

L'éther benzoylacétique est encore susceptible de donner lieu à d'autres condensations, qui ressemblent à celles qui se produisent avec l'éther acétylacétique. Quand on chauffe 1 molécule d'éther avec 1 molécule de succinate de sodium sec et 2 molécules d'anhydride acétique, on obtient l'éther acide de l'acide *phénythronique*, fondant à 112°,5 :

$$\begin{matrix} C^6H^5 . CO \\ | \\ C^2H^5O . CO . CH^2 \end{matrix} + \begin{matrix} CH^2 . CO^2H \\ | \\ CH^2 . CO^2H \end{matrix}$$
$$= \begin{matrix} C^6H^5 . C(OH) . CH . CO^2H \\ | \qquad\qquad | \\ C^2H^5CO^2 . CH^2 \qquad CH^2 . CO^2H \end{matrix}$$
$$= \begin{matrix} C^6H^5 . C - CH . CO^2H \\ \| \qquad | \\ C^2H^5CO^2 . C \qquad CH^2 \\ \diagdown \diagup \\ CO \end{matrix} + 2\,H^2O.$$

Cet éther, saponifié par la baryte, fournit l'acide phénythronique, fondant à 192-193° [Fittig et Schlœsser, *D. chem. G.*, **21**, 2133. — Schlœsser, *Ann. Chem.*, **250**, 266].

Il y a cependant des cas où cet éther ne se comporte pas comme l'éther acétylacétique. On sait, depuis les travaux de M. Hantzsch, que ce dernier éther, mis en présence d'aldéhydate d'ammoniaque, fournit des produits de condensation appartenant à la série pyridique. L'éther benzoylacétique (2 molécules), mélangé avec de l'aldéhydate d'ammoniaque (1 molécule), donne naissance à un produit solide qui cristallise dans l'alcool et dont les cristaux fondent à 82°. M. Engelmann [*Ann. Chem.*, **231**, 6] considère ce corps comme de l'éther *éthylidène-dibenzoylacétique*, formé en vertu de la réaction

$$\begin{matrix} C^6H^5.CO.CH^2.CO^2C^2H^5 \\ C^6H^5.CO.CH^2.CO^2C^2H^5 \end{matrix} + CH^3.CHO$$

$$= \begin{matrix} C^6H^5.CO.CH.CO^2C^2H^5 \\ | \\ CH^3.CH \\ | \\ C^6H^5.CO.CH.CO^2C^2H^5 \end{matrix} + H^2O.$$

Comme on le voit, l'ammoniaque n'intervient pas dans cette réaction.

Enfin, traité par l'acide sulfurique concentré, l'éther benzoylacétique ne fournit que de l'acide benzoylacétique, et non un produit de condensation comme le fait l'éther acétylacétique (Engelmann).

Éther benzoyl-nitrosoacétique,

$$C^6H^5.CO.C(AzOH).CO^2C^2H^5$$

[Baeyer et Perkin, *D. chem. G.*, **16**, 2132]. — On dissout de l'éther benzoylacétique dans une solution étendue de soude caustique, on y ajoute de l'azotite de sodium, puis de l'acide sulfurique étendu, on alcalinise de nouveau et on recommence la même série d'opérations.

Cet éther nitrosé cristallise en longues aiguilles lorsqu'il s'est déposé au sein d'une solution alcoolique. Il fond à 125°, se dissout en jaune dans les alcalis, et se précipite intact de ses dissolutions quand on les traite immédiatement par un acide. Si au contraire on abandonne à elle-même pendant quelque temps la solution alcaline, le dérivé azoté se décompose avec formation d'acide benzoylglycolique,

$$C^6H^5.CO.CHOH.CO^2H.$$

Cet acide est très soluble dans l'eau chaude et cristallise par refroidissement en petits prismes. Il se dissout aussi dans les solutions alcalines, d'où les acides le précipitent sans altération.

ACIDE P-NITROBENZOYLACÉTIQUE,

$$C^6H^4(AzO^2)CO.CH^2.CO^2H$$

[W.-H. Perkin junior et G. Bellenot, *D. chem. G.*, **17**, 326; *Chem. Soc.*, **49**, 443]. — On prépare cet acide en dissolvant de l'éther p-nitrophénylpropiolique dans 10 fois son poids d'acide sulfurique concentré et en chauffant le mélange à 35°, jusqu'à ce qu'une prise d'essai se dissolve complètement dans une solution étendue de soude caustique. La solution brunâtre est alors versée sur de la glace pour éviter toute élévation de température. L'acide se sépare ainsi sous la forme d'une masse amorphe, blanche, qu'on filtre, qu'on lave à l'eau, et qu'on fait enfin cristalliser dans le benzène. La réaction est la suivante :

$$C^6H^4(AzO^2)C \equiv C.CO^2C^2H^5 + 2H^2O$$
$$= C^6H^4(AzO^2)CO.CH^2.CO^2H + C^2H^5.OH.$$

Propriétés. — Cristallisé dans le benzène, cet acide constitue des aiguilles à peu près incolores, fusibles à 135° en perdant de l'acide carbonique. Il est très soluble dans le benzène, l'alcool, l'éther, le chloroforme et le sulfure de carbone, peu soluble dans la ligroïne.

Sa solution alcoolique est colorée en un brun violet par quelques gouttes de perchlorure de fer. Cette coloration est un peu plus rouge que celle obtenue avec l'acide benzoylacétique.

Chauffé seul ou avec de l'acide sulfurique étendu, il se décompose en acétyl-p-nitrobenzène et acide carbonique :

$$C^6H^4(AzO^2)CO.CH^2.CO^2H$$
$$= CO^2 + C^6H^4(AzO^2)CO.CH^3.$$

Il se dissout facilement dans les alcalis, en fournissant des sels instables.

Sel d'argent. — Précipité amorphe d'un jaune clair, obtenu en traitant le sel de sodium par l'azotate d'argent. Il se colore rapidement au contact de l'air.

Sel de cuivre. — Précipité amorphe d'un vert clair, qui détone lorsqu'on le chauffe à 170°.

p-Nitrobenzoylacétate d'éthyle,

$$C^6H^4(AzO^2)CO.CH^2.CO^2C^2H^5.$$

— On le prépare en saturant d'acide chlorhydrique une solution d'acide p-nitrobenzoylacétique pur dans de l'alcool absolu. Il faut éviter que la température s'élève au-dessus de 10°, car il se forme de l'acétyl-p-nitrobenzène.

On abandonne le mélange pendant 2 ou 3 heures et on le verse sur de la glace. Il se sépare une huile d'un jaune clair, qu'on dissout dans l'éther. Après évaporation de ce dissolvant, on obtient un liquide huileux, qui ne tarde pas à se prendre en masse et qui est constitué par un mélange d'acétyl-p-nitrobenzène et d'éther p-nitrobenzoylacétique. Pour obtenir celui-ci, on dissout le produit dans le benzène et on précipite la nitroacétone au moyen de la ligroïne. On filtre et on abandonne à la cristallisation.

L'éther p-nitrobenzoylacétique cristallise dans le benzène en aiguilles d'un jaune clair. Quand il s'est déposé au sein d'un mélange de 1 partie de benzène et de 2 parties de ligroïne, il se présente sous la forme de tables clinorhombiques [Haushofer, *Chem. Soc.*, **49**, 447]. Il fond à 49-50° [*D. chem. G.*, **17**, 326], à 74-76° [*Chem. Soc.*, **49**, 443]. Il est très soluble dans l'alcool bouillant, l'éther et le benzène, peu soluble dans la ligroïne. Sa solution alcoolique est colorée en un beau violet par l'addition de perchlorure de fer.

Comme l'éther benzoylacétique, l'éther p-nitrobenzoylacétique est susceptible de fournir un dérivé sodé quand on le traite par de l'éthylate de sodium.

Le *sel sodique*,

$$C^6H^4(AzO^2)CO.CHNa.CO^2C^2H^5,$$

constitue des aiguilles d'un jaune orangé, douées d'une saveur amère. Il se dissout difficilement dans l'eau sans se décomposer.

p-Nitrobenzoylacétate de méthyle,

$$C^6H^4(AzO^2)CO.CH^2.CO^2CH^3.$$

— On le prépare comme l'éther éthylique. Prismes clinorhombiques [Haushofer, *loc. cit.*, 445] fondant à 106-107°, peu solubles dans l'alcool froid, très solubles dans le chloroforme, le benzène et la ligroïne. Sa solution alcoolique est colorée en brun violet par le chlorure ferrique.

Le *sel de sodium*,

$$C^6H^4(AzO^2)CO.CHNa.CO^2CH^3,$$

constitue des cristaux jaunes, qui se dissolvent dans l'eau sans se décomposer.

p-Nitrobenzoyl-nitrosoacétate d'éthyle,

$$C^6H^4(AzO^2)CO.C(AzOH).CO^2C^2H^5.$$

— Ce composé a été obtenu par l'action d'un courant de vapeurs nitreuses sur l'éther p-nitrobenzoylacétique pur, dissous dans de l'éther anhydre [Perkin et Bellenot, *Chem. Soc.*, **49**, 449].

Il cristallise dans l'alcool étendu en aiguilles

qui fondent vers 220° en se décomposant. Il est très soluble dans la soude, l'alcool, l'éther et l'acétone, peu soluble dans le benzène et dans la ligroïne.

COMPOSÉS OBTENUS PAR L'ACTION DES IODURES, BROMURES, CHLORURES ALCOOLIQUES, SUR L'ÉTHER BENZOYLACÉTIQUE SODÉ.

Ces composés se préparent en suivant une méthode analogue à celle employée pour obtenir les produits de substitution de l'éther acétylacétique.

On dissout du sodium dans 8 ou 10 fois son poids d'alcool absolu; à cette solution on ajoute peu à peu, et en évitant toute élévation de température, la quantité théorique de l'éther benzoylacétique (ou d'un de ses homologues). Le produit sodé qui se forme dans ces conditions est ensuite additionné du poids théorique de l'iodure ou du bromure alcoolique, et chauffé au bain-marie jusqu'à ce qu'une prise d'essai, étendue d'eau, ne présente plus de réaction alcaline. Les équations suivantes rendent compte des réactions :

$$C^6H^5.CO.CH^2.CO^2C^2H^5 + C^2H^5ONa$$
$$= C^6H^5.CO.CHNa.CO^2C^2H^5 + C^2H^5OH,$$
$$C^6H^5.CO.CHNa.CO^2C^2H^5 + RI$$
$$= NaI + C^6H^5.CO.CHR.CO^2C^2H^5.$$

On étend ensuite d'eau et on épuise par l'éther. La solution éthérée abandonne le dérivé cherché sous la forme d'une huile plus ou moins colorée, qu'on peut saponifier pour en extraire l'acide, ou soumettre à la distillation fractionnée dans le vide.

Ces éthers se décomposent par la distillation à la pression ordinaire [Baeyer et Perkin junior, *D. chem. G.*, **16**, 2130; *Chem. Soc.*, **47**, 240].

Ils se comportent vis-à-vis des alcalis comme leurs analogues dérivés de l'éther acétylacétique : suivant la concentration de la potasse, ils subissent le dédoublement acide ou le dédoublement acétonique :

$$\text{(I)}\quad C^6H^5.CO.CHR.CO^2C^2H^5 + 2KOH$$
$$= C^6H^5.CO^2K + R.CH^2.CO^2K + C^2H^5.OH,$$
$$\text{(II)}\quad C^6H^5.CO.CHR.CO^2C^2H^5 + 2KOH$$
$$= C^6H^5.CO.CH^2R + CO^3K^2 + C^2H^5.OH.$$

ACIDE MÉTHYLBENZOYLACÉTIQUE,

$$C^6H^5.CO.CH(CH^3).CO^2H$$

[Perkin et Calman, *Chem. Soc.*, **49**, 156]. — L'éther de cet acide constitue une huile à odeur aromatique, bouillant à 226-227° sous une pression de 225 millimètres et à 235° sous 300 millimètres. Traité par le perchlorure de phosphore, il fournit l'éther α-méthyl-β-chlorocinnamique,

$$C^6H^5.CCl = C(CH^3).CO^2C^2H^5.$$

Cet acide possède un isomère : c'est l'*acide o-méthobenzoylacétique* (*o-toluylacétique*),

$$C^6H^4 \begin{matrix} \diagup CH^3 \\ \diagdown CO.CH^2.CO^2H \end{matrix}$$

dont on obtient l'éther en faisant bouillir une solution alcoolique d'o-toluyl-imido-acétate d'éthyle avec un peu d'acide chlorhydrique :

$$C^6H^4 \begin{matrix} \diagup CH^3 \\ \diagdown CO.CH^2.C \begin{matrix} \leqslant AzH \\ \diagdown OC^2H^5 \end{matrix} \end{matrix} + HCl + H^2O$$
$$= C^6H^4 \begin{matrix} \diagup CH^3 \\ \diagdown CO.CH^2.CO^2C^2H^5 \end{matrix} + AzH^4Cl.$$

Cet éther ressemble à son homologue inférieur, l'éther benzoylacétique. Il possède la même odeur; il est un peu soluble dans les alcalis, et donne avec les sels ferriques une coloration violette [A. Haller, *C. R.*, **108**, 1116].

ACIDE ÉTHYLBENZOYLACÉTIQUE,

$$C^6H^5.CO.CH(C^2H^5).CO^2H$$

[Baeyer et Perkin, *D. chem. G.*, **16**, 2130]. — Le produit brut de la réaction de l'iodure d'éthyle sur l'éther benzoylacétique sodé est abandonné pendant quelques jours avec une solution de potasse alcoolique, jusqu'au moment où une prise d'essai étendue d'eau ne se trouble plus que très légèrement. On sépare le sel de potassium de l'éther non saponifié, on sursature par l'acide sulfurique étendu et on agite avec de l'éther. La solution éthérée abandonne après évaporation l'acide imprégné d'une huile. On étend les cristaux sur de la porcelaine dégourdie et on fait ensuite cristalliser dans l'alcool.

Petites aiguilles fondant à 112-115° en se décomposant partiellement, facilement solubles dans l'alcool, l'éther et le benzène. Chauffé avec de l'acide sulfurique étendu, ce corps se décompose en dégageant de l'acide carbonique.

L'*éther éthylique*,

$$C^6H^5.CO.CH(C^2H^5).CO^2C^2H^5,$$

a été obtenu par distillation fractionnée dans le vide. Il bout à 210-211° sous une pression de 90 millimètres, à 223-224° sous 150 millimètres et à 231-235° sous 225 millimètres.

Quand on le fait bouillir avec de la potasse alcoolique, il subit deux sortes de dédoublements, comme l'éther acétylacétique. Plus la solution alcaline est concentrée, plus les produits de dédoublement sont riches en acides; tandis que lorsque la solution est pauvre en potasse, on n'obtient qu'une acétone et de l'acide carbonique :

$$\text{(I)}\quad C^6H^5.CO.CH \begin{matrix} \diagup C^2H^5 \\ \diagdown CO^2C^2H^5 \end{matrix} + 2KOH$$
$$= C^6H^5.CO^2K + C^2H^5.CH^2.CO^2K + C^2H^5.OH$$
$$\text{(II)}\quad C^6H^5.CO.CH \begin{matrix} \diagup C^2H^5 \\ \diagdown CO^2C^2H^5 \end{matrix} + 2KOH$$
$$= C^6H^5.CO.CH^2.C^2H^5 + C^2H^5.OH + CO^3K^2.$$

Dans le premier cas, on obtient de l'acide butyrique normal et de l'acide benzoïque; dans le second cas, de l'acide carbonique et de la propylphénylcétone bouillant à 220-222°.

Acide éthyl-p-nitrobenzoylacétique,

$$C^6H^4 \begin{matrix} \diagup AzO^2 \\ \diagdown CO.CH(C^2H^5).CO^2H \end{matrix}$$

[W. H. Perkin et Bellenot, *D. chem. G.*, **18**, 951]. — On ne connaît que l'éther de cet acide; tous les essais tentés pour saponifier ce dernier sont restés sans résultat.

L'éther, obtenu comme tous ses analogues, constitue des lamelles nacrées, incolores, fondant à 39-40°.

ACIDE DIÉTHYLBENZOYLACÉTIQUE,

$$C^6H^5.CO.C(C^2H^5)^2.CO^2H.$$

— L'éther de cet acide s'obtient suivant le procédé décrit, en partant de l'éther éthylbenzoylacétique. C'est une huile épaisse, brune, qui fournit l'acide par saponification. Celui-ci constitue une masse cristalline, fusible à 128-130°, qu'on sépare difficilement de traces d'acide benzoïque.

Bouilli avec une solution étendue de potasse, il se dédouble en acide carbonique et diéthylbenzoyl-méthane :

$$C^6H^5.CO.C(C^2H^5)^2.CO^2H + KOH$$
$$= C^6H^5.CO.CH(C^2H^5)^2 + CO^3K^2.$$

ACIDE PROPYLBENZOYLACÉTIQUE,

$$C^6H^5 . CO . CH(C^3H^7) . CO^2H$$

[Perkin et Calman, *Chem. Soc.*, 49, 160].—L'éther éthylique de cet acide constitue un liquide qui bout à 238-239° sous 225 millimètres et à 250-252° sous 300 millimètres. Bouilli avec une solution alcoolique de potasse, il fournit de la butylphénylcétone. Traité par le perchlorure de phosphore, il donne de l'éther α-propyl-β-chlorocinnamique,

$$C^6H^5 . CCl = C(C^3H^7) . CO^2C^2H^5.$$

ACIDE ISOPROPYLBENZOYLACÉTIQUE

$$C^6H^5 . CO . CH(C^3H^7) . CO^2H$$

[Perkin et Calman, *loc. cit.*]. — Son éther éthylique est liquide et bout à 236-237° sous une pression de 225 millimètres.

La potasse alcoolique le décompose à chaud avec formation d'isobutylphénylcétone [Calman, *Dissert. inaug.*, Erlangen, 1885, 15].

ACIDE ISOBUTYLBENZOYLACÉTIQUE,

$$C^6H^5 . CO . CH(C^4H^9) . CO^2H.$$

— On ne connaît que l'éther, qui bout à 246-247° sous une pression de 225 millimètres.

Chauffé avec de la potasse alcoolique, il donne de l'isoamylphénylcétone [Calman, *loc. cit.*, 16].

ACIDE ALLYLBENZOYLACÉTIQUE,

$$C^6H^5 . CO . CH(C^3H^5) . CO^2H$$

[Baeyer et Perkin, *D. chem. G.*, 16, 2132. — Perkin, *Chem. Soc.*, 49, 185]. — Cet acide est isomérique avec l'acide tétraméthylène-benzoylcarbonique. Son éther a été préparé d'après la méthode générale décrite plus haut. On le saponifie à froid par une solution étendue de potasse alcoolique et on obtient ainsi l'acide sous la forme d'une masse cristalline, difficile à débarrasser d'un peu d'acide benzoïque qui l'accompagne. Il fond à 122-125° et est soluble dans presque tous les véhicules, sauf dans l'eau. Chauffé avec une solution étendue de potasse alcoolique, il se dédouble en acide carbonique et en allylbenzolyméthane :

$$C^6H^5 . CO . CH(C^3H^7) . CO^2H + H^2O$$
$$= C^6H^5 . CO . CH^2 . C^3H^5 + CO^2.$$

L'éther éthylique,

$$C^6H^5 . CO . CH(C^3H^7) . CO^2 . C^2H^5,$$

est encore liquide à 0°. Il bout à 220° sous 100 millimètres, à 226-227° sous 130 millimètres et à 240-241° sous 225 millimètres [Perkin, *Chem. Soc.*, 47, 241].

Cet éther peut aussi être saponifié par 20 fois son poids d'acide sulfurique concentré.

En solution acétique, il se combine au brome.

Acide allyl-o-nitrobenzoylacétique.

$$C^6H^4 \begin{cases} AzO^2 \\ CO . CH(C^3H^5) . CO^2H \end{cases}$$

[Perkin et Bellenot, *Chem. Soc.*, 49, 451]. — L'éther éthylique de cet acide cristallise dans l'alcool en lamelles d'un éclat soyeux qui fondent à 45-46°. On n'a pas réussi à le saponifier. Des solutions même étendues de potasse alcoolique le décomposent, avec mise en liberté d'acide p-nitrobenzoïque.

Cet éther est isomérique avec l'éther p-nitrobenzoyltétraméthylène-carbonique. Il s'en distingue nettement par la forme de ses cristaux et aussi par la manière dont il se comporte vis-à-vis des alcalis qui le décomposent, et qui saponifient au contraire son isomère l'acide p-nitrobenzoyltétraméthylène-carbonique.

ACIDE BENZYLBENZOYLACÉTIQUE,

$$C^6H^5 . CO . CH(C^7H^7) . CO^2H$$

[Perkin et Calman, *Chem. Soc.*, 49, 155]. — L'éther obtenu d'après la méthode générale est un liquide bouillant à 250-255° sous une pression de 50 millimètres.

Acide benzyl-p-nitrobenzoylacétique,

$$C^6H^4(AzO^2) . CH(C^7H^7) . CO^2H$$

[Perkin et Bellenot, *Chem. Soc.*, 49, 446]. — L'éther éthylique a été préparé en chauffant à 150° un mélange d'éther p-nitrobenzoylacétique sodé, de chlorure de benzyle et d'alcool.

Il cristallise dans l'alcool en tables fondant à 57°.

ACIDE BENZYLIDÈNE-BENZOYLACÉTIQUE,

$$C^6H^5 . CO . C(CH . C^6H^5) . CO^2H$$

[Perkin, *Chem. Soc.*, 47, 259]. — Dans un mélange d'éther benzoylacétique et d'aldéhyde benzylique maintenu à 0°, on fait passer un courant d'acide chlorhydrique jusqu'à saturation. On abandonne ensuite le liquide à lui-même pendant 24 heures et on dissout le produit dans l'éther. La solution est lavée avec de l'eau, puis avec du carbonate de sodium et desséchée sur du carbonate de potassium. On chasse l'éther et on soumet le résidu à une rectification dans le vide. Il passe d'abord de l'acétylbenzène, puis de l'éther benzylidène-benzoylacétique.

On peut obtenir le même composé en chauffant à 180-200°, en tube scellé, un mélange d'aldéhyde benzylique et d'éther benzoylacétique additionné d'un excès d'anhydride acétique.

L'éther benzylidène-benzoylacétique cristallise dans l'éther en prismes clinorhombiques fondant à 98-99°. Il est peu soluble dans l'esprit de bois.

Chauffé à 160° avec de l'acide chlorhydrique étendu, il se scinde en acide carbonique, acétylbenzène et aldéhyde benzylique :

$$C^6H^5 . CO . C(CH . C^6H^5) . CO^2C^2H^5 + 2H^2O$$
$$= C^6H^5 . CO . CH^3 + C^6H^5 . CHO + CO^2$$
$$+ C^2H^5 . OH.$$

Il se dissout dans l'acide sulfurique en donnant une coloration jaune, qui disparaît au bout de quelque temps et rapidement quand on chauffe. Cet éther n'a pu être saponifié.

ÉTHER PHÉNACYLBENZOYLACÉTIQUE,

$$C^6H^5 . CO . CH \begin{cases} CO^2C^2H^5 \\ CH^2 . CO . C^6H^5 \end{cases}$$

[S. Kapf et C. Paal, *D. chem. G.*, 21, 1485]. — Cet éther résulte de l'action du bromacétylbenzène sur une solution alcoolique d'éther benzoylacétique sodé. Après avoir chauffé le mélange pendant quelque temps, on y ajoute de l'eau et on enlève au moyen de l'éther l'huile qui se sépare. La solution éthérée, après avoir été séchée sur du carbonate de potassium, fournit par évaporation une masse cristalline, qu'il suffit de laver avec un peu d'alcool pour la débarrasser d'une petite quantité de produits huileux qui la souillent :

$$C^6H^5 . CO . CHNa . CO^2C^2H^5 + C^6H^5 . CO . CH^2Br$$
$$= NaBr + C^6H^5 . CO . CH \begin{cases} CO^2C^2H^5 \\ CH^2 . CO . C^6H^5 \end{cases}$$

Ce composé cristallise dans l'éther, ou dans un mélange de benzène et de ligroïne, en gros cristaux transparents, fondant à 55-58°, et qui ne distillent pas sans décomposition, même dans le vide. Il est insoluble dans l'eau, mais soluble dans presque tous les dissolvants.

L'éther phénacylbenzoylacétique pulvérisé, abandonné avec une solution étendue de potasse caustique, subit deux dédoublements parallèles. Par l'un d'eux, il se forme du benzoate et du benzoylpropionate de potassium. Par l'autre, il se produit du carbonate de potassium et du biphénacyle, qui est identique avec la diphényléthylène-dicétone de MM. Nœlting et Kohn [*D. chem. G.*, **19**, 146], de MM. Claus et Werner [*ibid.*, **20**, 1374], et de M. Holleman [*ibid.*, **20**, 3359]. Ces dédoublements peuvent se traduire par les équations suivantes :

$$C^6H^5.CO.CH(CO^2.C^2H^5).CH^2.CO.C^6H^5 + 2KOH$$
$$= C^6H^5.CO.CH^2.CH^2.CO^2K + C^6H^5.CO^2K + C^2H^5.OH;$$

$$C^6H^5.CO.CH(CO^2C^2H^5).CH^2.CO.C^6H^5 + KOH$$
$$= C^6H^5.CO.CH(CO^2K).CH^2.CO.C^6H^5 + C^2H^5.OH;$$

$$C^6H^5.CO.CH(CO^2K).CH^2.CO.C^6H^5 + KOH$$
$$= C^6H^5.CO.CH^2.CH^2.CO.C^6H^5 + CO^3K^2.$$

MM. Kapf et C. Paal ont pris d'abord ce biphénacyle pour de l'éther diphénacylbenzoylacétique, et ce n'est que dans un mémoire ultérieur qu'ils ont reconnu leur erreur [*D. chem. G.*, **21**, 3053].

Si, au lieu d'employer une solution étendue de potasse, on fait agir une lessive concentrée et alcoolique sur de l'éther phénacylbenzoylacétique dissous dans l'alcool, le dédoublement a lieu suivant l'équation

$$C^6H^5.CO.CH(CO^2C^2H^5).CH^2.CO.C^6H^5 + KOH$$
$$= H^2O + C^2H^5.OH + C^6H^5.CO.CH(CO^2K).C{\equiv}C.C^6H^5$$

Les auteurs donnent à ce nouvel acide le nom d'acide *phénylacétylène-benzoylacétique*. Sa description sera faite plus loin.

Le même acide se forme aussi quand on soumet l'éther phénacylbenzoylacétique à la distillation :

$$C^6H^5.CO.CH(CO^2C^2H^5).CH^2.CO.C^6H^5$$
$$= C^6H^5.CO.CH(CO^2H).C{\equiv}C.C^6H^5 + C^2H^5.OH.$$

Lorsqu'on chauffe l'éther phénacylbenzoylacétique avec des acides étendus, on le transforme en éther α-α'-diphénylfurfurane-β-carbonique [Kapf et Paal, *D. chem. G.*, **21**, 3054],

$$C^6H^5.CO.CH(CO^2C^2H^5).CH^2.CO.C^6H^5$$
$$= H^2O + \begin{array}{c} O \\ C^6H^5.C \quad C.C^6H^5 \\ \| \quad\quad \| \\ C^2H^5CO^2.C - C \end{array}$$

Traité par l'ammoniaque alcoolique, l'éther phénacylbenzoylacétique fournit d'abord l'amide α-α'-diphénylpyrrol-β-carbonique, laquelle sous l'influence de l'eau se scinde en acide et ammoniaque [*loc. cit.*] :

$$C^6H^5.CO.CH(CO^2C^2H^5).CH^2.CO.C^6H^5 + 2AzH^3$$
$$= 2H^2O + C^6H^5.C \lessgtr \begin{array}{c} C(CO.AzH^2) - CH \\ AzH \end{array} \gtrless C.C^6H^5 + C^2H^5.OH$$
$$= C^6H^5.C \lessgtr \begin{array}{c} C(CO^2H) - CH \\ AzH \end{array} \gtrless C.C^6H^5 + AzH^3$$
$$+ C^2H^5.OH + H^2O.$$

Si l'on fait bouillir l'éther phénacylbenzoylacétique avec de l'acide acétique cristallisable et de l'acétate d'ammonium, on obtient l'*éther diphénylpyrrol-carbonique*.

Si, dans cette réaction, on substitue l'aniline à l'acétate d'ammonium, il se forme l'*éther α-α'-diphényl-Az-phényl-pyrrol-β-carbonique* :

$$C^6H^5.CO.CH(CO^2C^2H^5).CH^2.CO.C^6H^5 + C^6H^5.AzH^2$$
$$= \begin{array}{c} Az.C^6H^5 \\ C^6H^5.C \quad C.C^6H^5 \\ \| \quad\quad \| \\ C^2H^5CO^2.C - CH \end{array} + 2H^2O$$

Cet éther fournit par saponification l'acide correspondant, qui, distillé avec de la chaux, donne naissance au triphénylpyrrol [*loc. cit.*].

Lorsqu'on chauffe l'éther phénacylbenzoylacétique avec de l'acide acétique cristallisable et du pentasulfure de phosphore, en tubes scellés, à 150-200°, on obtient un corps fondant à 216° et que MM. Kapf et C. Paal considèrent comme l'acide diphénylthiophène-carbonique [*loc. cit.*, 3059].

ACIDE PHÉNYLACÉTYLÈNE-BENZOYLACÉTIQUE,

$$C^6H^5.CO.CH(CO^2H).C{\equiv}C.C^6H^5.$$

— Nous avons vu plus haut que cet acide est un produit de déshydratation de l'acide phénacylbenzoylacétique. Pour le préparer, il suffit d'ajouter à une solution concentrée de potasse alcoolique une solution alcoolique et chaude d'éther phénacylbenzoylacétique. Le mélange s'échauffe et ne tarde pas à laisser déposer une bouillie cristalline du sel de potassium, qu'on filtre et qu'on lave avec de l'alcool et de l'éther. On dissout ce sel dans l'eau chaude et on acidule : il se dépose un précipité jaune et dense, qu'on fait cristalliser dans l'eau ou dans l'acide acétique.

Cet acide prend également naissance quand on distille l'acide phénacylbenzoylacétique dans le vide (40 millimètres). Il passe vers 270-280° un produit qui ne tarde pas à cristalliser. Le rendement est faible, la majeure partie se transformant en une masse épaisse, poisseuse et non distillable.

L'acide phénylacétylène-benzoylacétique cristallise dans l'alcool en aiguilles soyeuses et jaunes. Les solutions benzéniques le déposent en lamelles. Il fond à 135°, et distille, quand on le chauffe avec précaution, en se décomposant partiellement. Il est insoluble dans l'eau, peu soluble dans la ligroïne, très soluble dans l'alcool bouillant, l'éther, le benzène, l'acide acétique cristallisable.

L'acide phénylacétylène-benzoylacétique fournit

avec le brome un produit de substitution, cristallisant en aiguilles blanches et fondant à 200°; mais il ne donne point de produit d'addition. Cet acide résiste également à l'action des réducteurs alcalins ou acides.

Quand on traite sa solution chloroformique par du pentachlorure de phosphore et qu'on verse le mélange dans de l'alcool méthylique, on obtient des aiguilles orangées d'un éther méthylique qui renferme du chlore.

Il se combine à l'hydroxylamine, pour fournir une oxime difficile à purifier.

Chauffé pendant une demi-heure, au bain-marie, avec un excès de phénylhydrazine, il fournit, après un traitement à l'acide acétique, une masse cristalline, grumeleuse et jaune, constituant une *hydrazone* fondant à 100° [*D. chem. G.*, **21**, 3059] :

$$\begin{array}{l} C^6H^5 . C \equiv C \\ \qquad\qquad\quad | \\ C^6H^5 . CO . CH . CO^2H \end{array} + 2\, C^6H^5 . AzH . AzH^2$$

$$\begin{array}{l} \qquad C^6H^5 . C \equiv C \\ \qquad\qquad\qquad\quad | \\ = C^6H^5 . C . CH . CO . Az^2H^2 . C^6H^5 + 2\, H^2O. \\ \qquad\qquad\ \ \| \\ \qquad\quad Az^2H . C^6H^5 \end{array}$$

Si l'on fait passer un courant d'acide chlorhydrique dans une solution, maintenue chaude, d'acide phénylacétylène-benzoylacétique dans de l'alcool absolu saturé d'acide chlorhydrique, la couleur d'abord jaune du liquide disparaît bientôt. Il se produit dans ces conditions de l'acide α-α'-diphénylfurfurane-carbonique :

$$\begin{array}{l} C^6H^5 . CO . CH . C \equiv C . C^6H^5 + H^2O \\ \qquad\qquad\quad | \\ \qquad\qquad CO^2H \end{array}$$

$$\begin{array}{l} = C^6H^5 . CO . CH . CH^2 . CO . C^6H^5 \\ \qquad\qquad\qquad\ \ | \\ \qquad\qquad\quad CO^2H \end{array}$$

$$= \begin{array}{c} HO^2C{-}C \ - \ CH \\ \| \qquad\quad \| \\ C^6H^5{-}C \qquad C{-}C^6H^5 \\ \diagdown \ \diagup \\ O \end{array} + H^2O.$$

Si l'on chauffe l'acide phénylacétylène-benzoylacétique à 100°, en tube scellé, avec un excès d'acide chlorhydrique, on voit se dégager de l'acide carbonique et l'on obtient du diphénylfurfurane,

$$\begin{array}{c} CH - CH \\ \| \qquad \| \\ C^6H^5{-}C \qquad C{-}C^6H^5. \\ \diagdown \ \diagup \\ O \end{array}$$

Le *phénylacétylène-benzoylacétate de potassium*,

$$\begin{array}{l} C^6H^5 . CO . CH - CO^2K \\ \qquad\qquad\qquad | \\ \qquad C^6H^5 . C \equiv C \end{array} \quad 2H^2O,$$

obtenu comme il a été indiqué plus haut, constitue des aiguilles longues, fines, flexibles et jaunes, quand il a cristallisé au sein de l'eau. Les cristaux déposés au sein de sa solution alcoolique se présentent en aiguilles courtes et jaunes. Il est peu soluble dans l'eau froide, plus soluble dans l'eau chaude et dans l'alcool. Il est insoluble dans un excès d'alcali.

Sa solution aqueuse donne avec les chlorures de calcium et de baryum des précipités jaunes et insolubles, avec le sulfate de manganèse et le chlorure mercurique des précipités volumineux de couleur chamois, avec le sulfate de cuivre un précipité d'un vert jaune, avec le nitrate d'argent un précipité blanc noircissant rapidement.

DÉRIVÉS OBTENUS PAR L'ACTION DES CHLORURES DES RADICAUX NÉGATIFS SUR L'ÉTHER BENZOYLACÉTIQUE SODÉ.

Ces dérivés se préparent comme les composés alcoylés. On traite l'éther benzoylacétique sodé, en suspension dans l'éther, par la quantité théorique du chlorure acide et on chauffe jusqu'à ce que la réaction soit complète. Dans bien des cas, il n'est pas nécessaire d'employer le dérivé sodé pur, le traitement pouvant se faire au sein de l'alcool absolu.

Acide dibenzoylacétique,

$$\begin{array}{l} C^6H^5 . CO \diagdown \\ C^6H^5 . CO \diagup \end{array} CH . CO^2H$$

[Ad. Baeyer et W.-H. Perkin, *D. chem. G.*, **16**, 2133. — W.-H. Perkin, *Chem. Soc.*, **47**, 426]. — L'éther s'obtient en traitant le benzoylacétate d'éthyle sodé, en suspension dans l'éther, par le chlorure de benzoyle. On peut aussi faire agir le même chlorure sur un mélange d'éther benzoylacétique sodé et d'alcool absolu. On évapore l'éther ou l'alcool et on obtient une huile épaisse, qu'on abandonne avec une solution concentrée de potasse caustique; au bout de quelques jours, la saponification est complète; on acidule par l'acide sulfurique étendu et on voit se précipiter une huile qui ne tarde pas à cristalliser. Après cristallisation dans l'alcool, l'acide se présente sous la forme de fines aiguilles enchevêtrées, fondant à 109°, difficilement solubles dans l'eau et dans l'alcool, très solubles dans l'éther et dans le benzène.

Sa solution alcoolique est colorée en rouge sale par le perchlorure de fer.

Chauffé avec de l'acide sulfurique étendu, il se dédouble en acide carbonique, acétylbenzène et acide benzoïque :

$$\begin{array}{l} C^6H^5 . CO \diagdown \\ C^6H^5 . CO \diagup \end{array} CH . CO^2H + H^2O$$

$$C^6H^5 . CO . CH^3 + C^6H^5 . CO^2H + CO^2.$$

Si l'on fait bouillir l'acide dibenzoylacétique avec de l'eau ou si on le chauffe seul, on le dédouble en acide carbonique et dibenzoylméthane :

$$\begin{array}{l} C^6H^5 . CO \diagdown \\ C^6H^5 . CO \diagup \end{array} CH . CO^2H$$

$$= \begin{array}{l} C^6H^5 . CO \diagdown \\ C^6H^5 . CO \diagup \end{array} CH^2 + CO^2.$$

Le *dibenzoylméthane* cristallise dans l'alcool méthylique en grosses tables appartenant au système rhombique (Haushofer). Il fond à 81° et paraît distiller sans décomposition au-dessus de 200°. Il est très soluble dans les alcalis; les acides le précipitent intact de ses dissolutions.

Cette acétone, renfermant un groupe méthylène compris entre deux groupes carbonyle, échange facilement de l'hydrogène contre du sodium. Le dérivé sodé ainsi obtenu, traité par le chlorure de benzoyle, a fourni à MM. Baeyer et Perkin [*loc. cit.*] le *tribenzoylméthane* :

$$C^6H^5 . CO . CHNa . CO . C^6H^5 + C^6H^5 . COCl$$

$$= C^6H^5 . CO . CH \begin{array}{l} \diagup CO . C^6H^5 \\ \diagdown CO . C^6H^5 \end{array} + NaCl.$$

Cette nouvelle acétone se présente sous la forme de fines aiguilles, fondant à 224-225° et se sublimant sans se décomposer notablement.

L'acide dibenzoylacétique forme une série de sels. Le *sel d'ammonium* est très soluble dans l'eau et se dissocie quand on fait bouillir sa solution. Il donne avec les sels de cuivre, d'argent, de zinc, de plomb, de nickel, de fer et d'étain des précipités colorés et caractéristiques.

Le *sel d'argent* a pour formule

$$(C^6H^5 . CO)^2CH . CO^2Ag.$$

Chauffé avec de l'iodure d'éthyle, il fournit le *dibenzoylacétate d'éthyle*,

$$(C^6H^5 . CO)^2 . CH . CO^2C^2H^5,$$

huile épaisse, possédant une faible odeur de fruit.

ACIDE BENZYLIDÈNE-DIBENZOYLACÉTIQUE,

$$\begin{matrix} C^6H^5 . CO . CH < \begin{matrix} CO^2H \\ \end{matrix} \\ > CH . C^6H^5 \\ C^6H^5 . CO . CH < CO^2H \end{matrix}$$

[E. Buchner et L. Curtius, *D. chem. G.*, **18**, 2374]. — Les éthers de cet acide ont été préparés par l'action de l'aldéhyde benzylique sur les éthers diazoacétiques.

Lorsque l'opération se fait dans un milieu indifférent, comme le toluène, on n'obtient que de l'éther benzoylacétique. Si, au contraire, on chauffe simplement le mélange des deux corps ci-dessus, la réaction va plus loin et donne naissance à l'éther benzylidène-dibenzoylacétique :

$$\text{(I)} \quad \underset{\text{Aldéhyde benzylique.}}{C^6H^5.CHO} + \underset{\text{Éther diazoacétique.}}{CHAz^2 . CO^2R}$$

$$= \underset{\text{Éther benzoylacétique.}}{C^6H^5 . CO . CH^2 . CO^2R} + Az^2;$$

$$\text{(II)} \quad 2C^6H^5 . CO . CH^2 . CO^2R + C^6H^5 . CHO$$

$$= \begin{matrix} C^6H^5 . CO . CH < CO^2R \\ > CH . C^6H^5 \\ C^6H^5 . CO . CH < CO^2R \end{matrix} + H^2O$$

Éther benzylidène-dibenzoylacétique.

Préparation. — A 3 molécules d'aldéhyde benzylique chauffée dans un ballon à 160-170°, on ajoute peu à peu 2 molécules d'éther diazoacétique. Chaque goutte de ce dernier détermine un violent dégagement d'azote. Lorsque tout l'éther a été ajouté, on maintient le mélange à 160° jusqu'à ce qu'il ne se dégage plus de gaz. Il convient de ne pas employer plus de 10 grammes d'éther diazoïque pour chaque opération.

Le contenu du ballon, qui se présente sous la forme d'une masse épaisse et rougeâtre, se prend, au bout de quelques jours de repos dans un mélange réfrigérant, en une bouillie cristalline qu'on étend sur des plaques de porcelaine poreuse. Il suffit, pour obtenir le produit pur, de le faire cristalliser à plusieurs reprises dans l'alcool.

Cet éther diffère nettement du corps obtenu par M. Perkin en faisant agir l'acide chlorhydrique sur un mélange d'éther benzoylacétique et d'aldéhyde benzylique, et qu'il a appelé *éther benzylidène-benzoylacétique* (voyez page 586). Ce composé, qui a pour formule

$$C^6H^5 . CO . C \lessgtr \begin{matrix} CH . C^6H^5 \\ CO^2C^2H^5 \end{matrix}$$

se dissout en jaune dans l'acide sulfurique concentré, et la coloration disparaît quand on chauffe le mélange, tandis que les éthers benzylidène-dibenzoylacétiques donnent, dans les mêmes conditions, une coloration d'un rose tirant sur le rouge, qui passe au brun foncé quand on chauffe.

Les éthers benzylidène-dibenzoylacétiques se distinguent encore de l'éther de M. Perkin en ce que, traités par les alcoolates alcalins, ils fournissent des dérivés sodés de la formule

$$\begin{matrix} CO^2R \\ | \\ C^6H^5 . CO - CNa > \\ C^6H^5 . CO - CNa > \\ | \\ CO^2R \end{matrix} CH . C^6H^5,$$

qui, traités par les acides, ne régénèrent plus les éthers, mais l'acide benzylidène-dibenzoylacétique. Ces éthers en solution alcoolique ne sont pas colorés par le perchlorure de fer.

L'acide benzylidène-dibenzoylacétique s'obtient, comme nous venons de le voir, en dissolvant dans l'eau les dérivés sodés des éthers, acidulant et épuisant par l'éther.

Il cristallise dans l'alcool en longs prismes étroits, fondant à 130°. Il est soluble dans l'éther et dans l'alcool bouillant. Il dégage en brûlant une odeur de jacinthe.

Benzylidène-dibenzoylacétate de méthyle,

$$\begin{matrix} C^6H^5 . CO . CH < CO^2CH^3 \\ > CH . C^6H^5 \\ C^6H^5 . CO . CH < CO^2CH^3 \end{matrix}$$

— Il cristallise en prismes transparents, fusibles à 113°, insolubles dans l'eau, peu solubles dans l'alcool froid, très solubles dans l'alcool bouillant et dans l'éther.

Son *dérivé disodé*,

$$\begin{matrix} C^6H^5 . CO . CNa < CO^2CH^3 \\ > CH . C^6H^5 \\ C^6H^5 . CO . CNa < CO^2CH^3 \end{matrix}$$

se forme quand on traite une solution éthérée du corps ci-dessus par de l'alcool sodé ; au bout de quelque temps, il se dépose sous la forme de cristaux incolores qui, redissous dans l'alcool bouillant, cristallisent en aiguilles groupées autour d'un centre.

Benzylidène-dibenzoylacétate d'éthyle,

$$\begin{matrix} C^6H^5 . CO . CH < CO^2C^2H^5 \\ > CH . C^6H^5 \\ C^6H^5 . CO . CH < CO^2C^2H^5 \end{matrix}$$

— Il cristallise dans l'alcool ou dans l'éther en belles lamelles fondant à 103° et se comporte vis-à-vis des dissolvants comme l'éther méthylé.

Son *dérivé disodé* s'obtient comme celui de son homologue inférieur. Ce sont des aiguilles incolores.

ACIDE TRIBENZOYLACÉTIQUE,

$$(C^6H^5 . CO)^3C . CO^2H$$

[W.-H. Perkin junior, *Chem. Soc.*, **47**, 249]. — On ne connaît que l'éther de cet acide. Il s'obtient en traitant avec précaution l'éther dibenzoylacétique par l'éthylate de sodium et le chlorure de benzoyle. C'est une huile jaune et épaisse qui, par saponification, se décompose en fournissant de l'acide benzoïque. Elle se dissout dans une solution alcoolique de potasse ; l'eau la précipite de cette dissolution. Bouillie avec de l'acide sulfurique étendu, elle se scinde en acétylbenzène et en un acide solide qui est probablement l'acide benzoïque

ACIDE BENZÈNE-AZOBENZOYLACÉTIQUE,

$$C^6H^5 . HAz . Az = C \lessgtr \begin{matrix} CO . C^6H^5 \\ CO^2H \end{matrix}$$

[R. Stierlin, *D. chem. G.*, **21**, 2120. — Calman, *Dissert. inaug.*, Erlangen, 1885, 28]. — On obtient l'éther de cet acide en ajoutant du chlorure de diazobenzène à une solution aqueuse et étendue d'éther benzoylacétique potassé. Il faut avoir soin de maintenir les liquides à une température très basse pendant toute la durée de l'opération. La solution, colorée en jaune brun, laisse déposer au bout de peu de temps une huile brune qu'on dissout dans l'éther. Celui-ci abandonne par évaporation une huile qui ne tarde pas à se prendre en une masse cristalline, qu'on purifie par quelques cristallisations dans l'alcool : le nouveau corps se présente sous la forme de prismes d'un jaune de miel et très brillants. Il fond à 65° et est très soluble dans l'alcool, l'éther et le benzène, insoluble dans l'eau. La soude caustique l'attaque difficilement, mais finit par le dissoudre. Il se dissout aussi dans l'acide sulfurique en un liquide d'un brun rougeâtre.

La réaction qui lui donne naissance,

$$C^6H^5.CO.CHK.CO^2C^2H^5 + C^6H^5Az^2Cl$$
$$= C^6H^5.CO.\underset{\substack{|\\ Az=Az-C^6H^5}}{CH}-CO^2C^2H^5$$

semblerait lui assigner la constitution ci-dessus ; mais il résulte des travaux de MM. Japp et Klingemann d'une part, et de M. V. Meyer de l'autre, qu'il faut considérer les dérivés de ce genre comme des hydrazones. On admet donc pour cet éther la formule

$$C^6H^5.HAz.Az=C\begin{cases}CO.C^6H^5\\CO^2C^2H^5\end{cases}$$

[*D. chem. G.*, **20**, 192 ; **21**, 11].

Par saponification de l'éther, on obtient l'acide. Celui-ci cristallise dans l'alcool étendu en fines aiguilles jaunes et brillantes, fondant à 142°, très solubles dans l'alcool, l'éther et le benzène, insolubles dans l'eau. Lorsqu'il est récemment préparé, il se dissout facilement dans l'ammoniaque. Il n'en est pas de même lorsqu'il est sec.

Les *sels de sodium, de baryum* et *de cuivre* sont d'un jaune clair.

Le *sel d'argent* constitue un précipité caséeux.

Lorsqu'on fait bouillir pendant 2 heures l'éther benzène-azobenzoylacetique avec une solution étendue de potasse caustique, on voit se former au sein du liquide des lamelles cristallines d'un jaune brun, qu'on filtre et qu'on fait cristalliser à plusieurs reprises dans de l'alcool étendu. Ce corps a pour formule

$$C^6H^5.CO.CH=Az.AzH.C^6H^5$$

et s'est formé suivant l'équation

$$C^6H^5.HAz.Az=C\begin{cases}CO.C^6H^5\\CO^2C^2H^5\end{cases}+2KOH$$
$$=C^6H^5.HAz.Az=CH.CO.C^6H^5+CO^3K^2$$
$$+C^2H^6O.$$

Il est très soluble dans l'alcool, l'éther et le benzène, peu soluble dans l'eau bouillante.

Sa solution alcoolique étendue l'abandonne en lamelles brillantes, fondant à 129°. Ces cristaux possèdent une odeur spéciale, qui augmente quand on les chauffe.

En chauffant pendant longtemps l'éther benzène-azoacétylacétique avec de l'acétate de phénylhydrazine, on obtient un dépôt d'aiguilles rouges qui, après cristallisation dans le benzène, fondent à 169°. Ce corps est soluble dans l'alcool et dans le benzène, insoluble dans l'eau et dans une lessive de soude froide. Chauffé avec une lessive chaude, il finit par se dissoudre en se décomposant.

Ce corps répond à la formule $C^{21}H^{16}Az^4O$ et constitue un dérivé *pyrazolonique*, formé suivant la réaction

$$\begin{array}{l}C^6H^5\\|\\CO\\|\\C=Az.AzH.C^6H^5\\|\\CO^2C^2H^5\end{array} + H^2Az.Az\begin{cases}H\\C^6H^5\end{cases}$$

$$=H^2O+C^2H^5.OH+\begin{array}{c}Az.C^6H^5\\ \diagup\quad\diagdown\\ Az\qquad CO\\ \|\qquad |\\ C^6H^5.C - C=Az.AzH.C^6H^5\end{array}$$

Si, au lieu d'employer, dans cette réaction, de la phénylhydrazine, on se sert de l'acide phénylhydrazine-sulfonique, $Az^2H^3.C^6H^4.SO^3H$, et d'acétate de sodium, on obtient un beau corps cristallisé, d'un rouge foncé, qui paraît être le sel de sodium de l'acide sulfonique du même dérivé pyrazolonique.

Éther p-nitrobenzène-azobenzoylacétique,

$$C^6H^5.CO.\underset{\substack{\|\\ Az.AzH_{(1)}.C^6H^4(AzO^2)_{(4)}}}{C}.CO^2C^2H^5$$

— On le prépare comme le dérivé précédent, en substituant au chlorure de diazobenzène le chlorure de p-nitrodiazobenzène.

Lamelles ou prismes très brillants, de couleur jaune, fusibles à 114° solubles dans l'alcool, l'éther et le benzène.

Acide o-nitrobenzène-azobenzoylacétique,

$$C^6H^5\ CO.\underset{\substack{\|\\ Az.AzH_{(1)}.C^6H^4(AzO^2)_{(2)}}}{C}.CO^2.C^2H^5$$

— On le prépare à l'état d'éther comme le dérivé p-nitré, en ajoutant de l'azotate de diazo-o-nitrobenzène à de l'éther benzoylacétique sodé. Le produit de la réaction est recueilli, lavé et mis en digestion avec de la potasse alcoolique au bain-marie. Il se dépose des cristaux d'o-nitrophénylazo-acétylbenzène. On les sépare par filtration, après quoi on sursature le liquide par l'acide sulfurique.

Cristallisé dans l'acide acétique, cet acide se présente sous la forme de longues aiguilles enchevêtrées, d'un éclat soyeux et de couleur jaune. Il fond à 177°.

Chauffé seul ou avec une solution alcoolique de potasse, il se dédouble en acide carbonique et o-nitrobenzène-azo-acétophénone, fondant à 140-141° [Calman, *Dissert. inaug.*, Erlangen, 1885, 26].

Lorsqu'on traite le sel ammoniacal de cet acide par une solution de chlorhydrate d'hydroxylamine, on voit se précipiter des aiguilles jaunes, à éclat soyeux, fondant à 142° et constituant l'*oxime* $C^{15}H^{12}Az^4O^5$.

ACIDE P-TOLUÈNE-AZOBENZOYLACÉTIQUE,

$$C^6H^5.CO.\underset{\substack{\|\\ Az.AzH.C^6H^4.CH^3}}{C}.CO^2C^2H^5$$

[R. Stierlin, *loc. cit.*]. — Cet acide se prépare comme son homologue inférieur, au moyen du chlorure de p-diazotoluène.

Cristallisé dans l'alcool étendu, il se présente en fines aiguilles d'un éclat soyeux, fondant à 169-170°. Bouilli avec une solution étendue de soude caustique, il se dédouble comme son homologue inférieur, en donnant une acétone.

$$C^6H^5.CO.CH{=}Az.AzH.C^6H^4.CH^3,$$

qui possède également une odeur particulière.

Acide m-nitrotoluène-p-azobenzoylacétique.

```
C⁶H⁵ . CO . C . CO²C²H⁵
            ‖
            Az . AzH . C⁶H³(AzO²)(CH³)
```

[Calman, *loc. cit.*, 30]. — Ce corps prend naissance quand on ajoute à une solution neutre de chlorure de m-nitro-p-diazotoluène une solution potassique d'éther benzoylacétique. On l'isole comme son homologue inférieur.

Ce dérivé cristallise dans l'acide acétique bouillant en aiguilles soyeuses fondant à 194°. Il est à peu près insoluble dans l'alcool et dans l'acide acétique froid, peu soluble dans ces liquides bouillants.

Comme ses homologues, il se dédouble sous l'influence des alcalis, en donnant de l'acide carbonique et une acétone nitrée.

ACIDE DÉHYDROBENZOYLACÉTIQUE, $C^{18}H^{11}O^4$. — Ce composé, envisagé d'abord par M. Perkin comme un *acide diphénylpyrone-carbonique*, aurait au contraire, d'après M. Feist [*D. chem. G.*, **23**, 3728], la formule

```
              O
            /   \
C⁶H⁵ . C         CO
       ‖         |
       C         CH . CO . C⁶H⁵
            \   /
              CO
```

ce qui en fait la *3-benzoyl-6-phényl-2-cétopyrone*.

On obtient cet acide en chauffant pendant 7 ou 8 minutes l'éther benzoylacétique à une température voisine de son point d'ébullition [A. Baeyer et Perkin, *D. chem. G.*, **17**, 64. — Perkin, *Chem. Soc.*, **47**, 278]. — Le produit se colore d'abord en brun, puis en noir, en émettant des vapeurs d'alcool et d'acétylbenzène. Par le refroidissement, on a une masse cristalline qu'on dissout dans l'alcool. La dissolution, décolorée au charbon animal, fournit le produit pur.

Il se forme encore quand on fait passer des vapeurs d'éther benzoylacétique à travers un tube chauffé au rouge.

Cet acide présente vis-à-vis de l'éther benzoylacétique les mêmes relations que l'acide déhydracétique vis-à-vis de l'éther acétylacétique :

$$2C^6H^5.CO.CH^2.CO^2C^2H^5 = 2C^2H^6O + C^{18}H^{12}O^4$$

Éther benzoylacétique.

$$2CH^3.CO.CH^2.CO^2C^2H^5 = 2C^2H^6O + C^8H^8O^4.$$

Éther acétylacétique.

L'acide déhydrobenzoylacétique cristallise dans l'alcool en longues aiguilles jaunes, fondant à 171-172°. Il se dissout facilement dans le benzène, le sulfure de carbone, moins aisément dans l'alcool et dans l'éther de pétrole. Il est assez soluble dans l'alcool bouillant.

Sa solution alcoolique est colorée en rouge orangé par le perchlorure de fer. Sa solution ammoniacale fournit avec le même réactif un précipité d'un rouge écarlate foncé, et avec le sulfate ferreux un précipité d'un violet noir.

Il ne donne pas de produit d'addition avec le brome. Chauffé avec de la chaux sodée, il fournit de l'acétylbenzène. Il se combine avec la phénylhydrazine pour donner des cristaux d'un jaune intense. L'anhydride acétique est sans action sur lui.

Il se dissout dans l'acide sulfurique concentré en donnant une solution d'un vert olive qui, chauffée passe au violet et donne le spectre d'absorption de l'indigo. La coloration disparaît quand on étend d'eau.

L'acide déhydrobenzoylacétique, chauffé en tube scellé, à 230-260°, pendant 15 heures, avec un grand excès d'acide chlorhydrique concentré, fournit par le refroidissement une masse blanche pulvérulente, ou quelquefois des aiguilles d'un blanc rougeâtre, qui, après cristallisation dans le benzène, fondent à 138,5-139°,5. M. Feist [*loc. cit.*] considère ce corps comme de la 2-6-*diphénylpyrone*, identique à celle qui prend naissance quand on chauffe l'acide diphénylpyrone-carbonique. Il admet que, dans cette réaction, l'acide déhydrobenzoylacétique se convertit, par suite d'une transformation moléculaire, en son isomère l'acide diphénylpyrone-carbonique, qui se scinde ensuite en acide carbonique et diphénylpyrone :

```
              O
            /   \
C⁶H⁵ . C         CO
       ‖         |
       C         CH . CO . C⁶H⁵
            \   /
              CO
```

Acide déhydrobenzoylacétique.

```
                 O
               /   \
   C⁶H⁵ . C         C . C⁶H⁵
=         ‖         ‖
          HC        C . CO²H
               \   /
                 CO
```

Acide 2-6-diphénylpyrone-3-carbonique.

```
                   O
                 /   \
         C⁶H⁵ . C     C . C⁶H⁵
= CO² +         ‖     ‖
                HC    CH
                 \   /
                   CO
```

Quand on chauffe l'acide déhydrobenzoylacétique en tube scellé, à 160°, avec un grand excès d'une solution alcoolique d'ammoniaque, on le convertit en *α-α'-diphénylpyridone*,

```
C⁶H⁵ . C – AzH . C . C⁶H⁵
       ‖         ‖
       CH – CO – CH
```

fondant à 267° [F. Feist, *loc. cit.*].

Abandonné pendant quelque temps avec une solution alcoolique concentrée de potasse, cet acide fournit de l'acide benzoylacétique.

Bouilli avec la même solution, il se décompose en acétylbenzène, acide acétique, acide carbonique et acide benzoïque :

$$C^{18}H^{12}O^4 + 3H^2O = C^6H^5.CO.CH^3 + C^6H^5.CO^2H + CH^3.CO^2H + CO^2.$$

Traité par l'amalgame de sodium, il fournit un acide $C^{18}H^{12}O^3$ et un autre produit, en plus grande quantité, qui répond à la formule

$$C^{18}H^{14}O^4.$$

Toutefois la majeure partie de l'acide déhydrobenzoylacétique se trouve transformée, dans cette réduction, en produits huileux (parmi lesquels se trouve de l'aldéhyde benzylique) et en corps résineux.

L'acide $C^{18}H^{12}O^{3}$ cristallise difficilement en tables incolores, se dissolvant dans l'acide sulfurique concentré en donnant une coloration orangé foncé, qui passe au vert brun quand on chauffe. Il donne un sel de sodium cristallisé.

Le second de ces acides, $C^{18}H^{14}O^{4}$, cristallise en aiguilles jaunes, qui se dissolvent dans les alcalis.

M. Feist attribue à l'acide $C^{18}H^{14}O^{4}$ l'une ou l'autre des deux formules

```
          O
        /   \
C6H5 . C     CO
       ||    ||
      HC     CH . CHOH . C6H5
        \   /
          CO
```

ou

```
          O
        /   \
C6H5 . C     CO
       ||    |
      HC     CH . CO . C6H5
        \   /
         CH . OH
```

tandis que l'acide $C^{18}H^{12}O^{3}$, qui en diffère par 1 molécule d'eau en moins, peut se représenter par l'une ou l'autre des formules

```
          O
        /   \
C6H5 . C     CO
       ||    |
      HC     C = CH . C6H5
        \   /
          CO
```

ou

```
          O
        /   \
C6H5 . C     CO
       ||    |
      HC     C . CO . C6H5
        \   /
          CH
```

Le *déhydrobenzoylacétate d'argent* constitue un précipité floconneux.

Éther déhydrobenzoylacétique,

$$C^{18}H^{11}O^{4}(C^{2}H^{5}).$$

— Cet éther se produit quand on chauffe le sel d'argent ci-dessus avec de l'iodure d'éthyle.

Il cristallise dans le benzène en aiguilles brillantes et incolores, fondant à 159°. Il est assez soluble dans l'alcool, l'acétone, le sulfure de carbone et le benzène, peu soluble dans l'éther et dans la ligroïne. Sa solution alcoolique donne avec le perchlorure de fer une coloration d'un rouge brun. Il est distillable sans décomposition notable. Traité par de l'éthylate de sodium, il fournit une combinaison sodique d'un jaune intense.

Acide chlorodéhydrobenzoylacétique

$$C^{18}H^{11}ClO^{3}.$$

— On le prepare en traitant un mélange d'acide déhydrobenzoylacétique et d'oxychlorure de phosphore par du perchlorure de phosphore.

Il cristallise dans l'alcool méthylique en tables brunâtres, fondant à 150-151°, peu solubles dans l'alcool, l'éther, le benzène et la ligroïne, assez solubles dans l'alcool méthylique bouillant et dans l'acide acétique cristallisable. Sa solution alcoolique chaude est colorée en rouge violet par le perchlorure de fer.

Cet acide n'est pas décomposé par l'eau et ne se dissout que difficilement dans les alcalis, en fournissant une liqueur jaunâtre qui, par addition d'un acide, laisse déposer un précipité amorphe et incolore.

L'acide chlorodéhydrobenzoylacétique, chauffé à 130-150° dans un tube ouvert et large, avec 3 fois son poids d'acide sulfurique moyennement concentré, dégage de l'acide chlorhydrique et brunit. Si l'on cesse de chauffer quand le produit ne fournit plus de cristaux par le refroidissement, et qu'on verse le liquide dans 3 fois son volume d'eau glacée, on voit se former un précipité jaune, floconneux, constitué par un mélange d'acide *diphénylpyrone-carbonique* et de *diphényl-pyrone*. On filtre, et on épuise le liquide filtré avec de l'éther. Le précipité est ensuite dissous dans de l'alcool ammoniacal et la solution est étendue d'eau. La diphénylpyrone se sépare en flocons. On filtre et on verse la liqueur sur un mélange de neige et d'acide chlorhydrique. L'acide diphénylpyrone-carbonique se dépose d'abord sous la forme d'une émulsion laiteuse, mais il ne tarde pas à se précipiter en flocons blancs, qu'on lave à l'eau et qu'on fait cristalliser dans le benzène.

Cet acide est isomérique avec l'acide déhydrobenzoylacétique. M. Feist [*D. chem. G.*, 23, 3728] lui attribue une constitution analogue à celle de l'acide diméthylpyrone-carbonique, et le considère comme le véritable acide diphénylpyrone-monocarbonique, tandis que l'acide déhydrobenzoylacétique ne serait autre chose que de la *6-phényl-3-benzoylpyronone* (6-phényl-3-benzoyl-2-cétopyrone) :

```
          O
        /   \
C6H5 . C     CO
       ||    |
      HC     CH . CO . C6H5
        \   /
          CO
```

Acide déhydrobenzoylacétique
(6-phényl-3-benzoylpyronone).

```
          O
        /   \
C6H5 . C     C . C6H5
       ||    ||
      HC     C . CO2H
        \   /
          CO
```

Acide diphénylpyrone-carbonique.

La facilité avec laquelle l'acide diphénylpyrone-carbonique perd de l'acide carbonique pour donner naissance à de l'α-α'-diphénylpyrone vient à l'appui de cette manière de voir :

```
          O
        /   \
C6H5 . C     C . C6H5
       ||    ||
      HC     C . CO2H
        \   /
          CO

                    O
                  /   \
= CO2 +  C6H5 . C      C . C6H5
                ||     ||
               HC      CH
                  \   /
                    CO
```

L'acide diphénylpyrone carbonique fond à 201°

en se décomposant brusquement. Il se dissout très facilement dans le chloroforme, passablement dans les alcools méthylique et éthylique, peu dans l'éther froid et dans le benzène et en très petite quantité dans l'eau et dans les acides étendus.

Il se dissout lentement à froid dans les alcalis et dans les carbonates alcalins, plus facilement à chaud.

L'alcool ammoniacal le dissout facilement et le transforme en partie en acide *diphénylpyridone-carbonique*,

$$\begin{array}{ccc} C^6H^5 . C - AzH . C - C^6H^5 \\ \| \qquad\qquad \| \\ HC \qquad\quad C . CO^2H \\ \diagdown CO \diagup \end{array}$$

qui fond à 237-240°.

L'acide diphénylpyrone-carbonique est un acide monobasique, ainsi que l'ont démontré les titrages directs.

Sel ammoniacal, $C^{18}H^{11}O^4.AzH^4$. — Cristaux blancs et étoilés, fondant à 135° en se boursouflant.

Sel de baryum, $(C^{18}H^{11}O^4)^2Ba, 6H^2O$. — Obtenu par double décomposition entre le chlorure de baryum et le sel ammoniacal, il constitue une masse volumineuse, soluble dans l'eau bouillante.

Sel d'argent, $C^{18}H^{11}O^4Ag . AzO^3Ag$. — Ce sel double prend naissance quand on ajoute de l'azotate d'argent à une solution du sel ammoniacal. Il se présente sous la forme d'une masse blanche caséeuse, qui se dissout dans l'eau chaude sans se décomposer.

La lumière, est sans action sur lui. L'acide azotique ne le dissout pas facilement, mais il est soluble dans l'alcool.

Une solution neutre du sel ammoniacal donne avec l'acétate ou le sulfate de cuivre un précipité d'un vert pâle, avec les sulfates de nickel, de zinc, de manganèse et avec le bichlorure de mercure des précipités blancs et floconneux. L'acétate de plomb fournit un précipité épais et blanc, soluble dans l'acide acétique; le chlorure d'étain, un précipité pulvérulent jaune. Le perchlorure de fer donne un précipité floconneux et blanc, qui prend au bout de quelque temps une couleur d'un vert clair.

Si l'on ajoute avec précaution du sulfate ferreux à une solution du sel ammoniacal, il se produit d'abord un précipité rose, qui devient d'abord blanc, puis prend une couleur d'un bleu violet quand on chauffe. Ces deux dernières réactions sont caractéristiques pour cet acide et le distinguent de son isomère l'acide déhydrobenzoylacétique [F. Feist, *loc. cit.*]. A. Haller.

BENZOYLACÉTIQUE-O-CARBONIQUE (ACIDE),

$$C^6H^4 \begin{array}{l} \diagup CO . CH^2 . CO^2H \\ \diagdown CO^2H \end{array}$$

[S. Gabriel et A. Michael, *D. chem. G.*, 10, 1553]. — Ce composé se produit lorsqu'on dissout à froid l'acide phtalylacétique,

$$C^6H^4 \begin{array}{l} \diagup CO \diagdown \\ \diagdown CO \diagup \end{array} CH . CO^2H,$$ [1]

dans un excès de soude. Il cristallise dans l'eau tiède en larges aiguilles vitreuses, renfermant 1 molécule d'eau de cristallisation; il se décompose à 90° en eau, acide carbonique et acide acétophénone-carbonique. L'ébullition avec les alcalis ou avec l'eau lui fait subir le même dédoublement.

Le *sel d'argent*, $C^{10}H^8O^6Ag^2$, est un précipité blanc, cristallin, grenu.

L'hydroxylamine réagit à froid sur l'acide benzoylacétique-carbonique en solution alcaline, suivant l'équation

$$C^{10}H^8O^5 + AzH^3O = 2H^2O + C^{10}H^7AzO^4.$$

Le dérivé ainsi formé se présente en cristaux fusibles à 158-159°, assez solubles dans l'alcool, peu solubles dans l'eau bouillante, solubles dans l'ammoniaque et dans les alcalis. Ce corps, dont la constitution paraît être la suivante :

$$C^6H^4 \begin{array}{l} \diagup - C \begin{array}{l} \diagup CH^2 . CO^2H \\ \diagdown Az \end{array} \\ \qquad\qquad\quad | \\ \diagdown CO - O \end{array}$$

a été appelé *anhydride β-isonitrosopropionique-o-benzoïque*.

Son *sel d'argent*, $C^{10}H^6AzO^4Ag$, est une poudre blanche microcristalline, qui détone par la chaleur [Gabriel, *D. chem. G.*, 16, 1993].

Chauffé avec une solution alcoolique d'acétate de phénylhydrazine, l'acide benzoylacétique-o-carbonique fournit un dérivé ayant pour formule

$$\begin{array}{c} C - CH^2 . CO^2H \\ C^6H^4 \diagup \quad \diagdown Az^2 . C^6H^5 \\ \diagdown \diagup \\ CO \end{array}$$

Ce dérivé cristallise dans l'alcool en lamelles brillantes, fusibles avec décomposition à 160°.

Il forme un *sel de calcium*,

$$(C^{16}H^{11}Az^2O^3)^2Ca, 3H^2O,$$

qui cristallise en fines aiguilles; le *sel de baryum* est une poudre cristalline; le *sel d'argent* est amorphe [W. Roser, *D. chem. G.*, 18, 803].

ACIDE MÉTHYLAMIDOPHTALYLACÉTIQUE,

$$C^6H^4 \begin{array}{l} \diagup CO . CH^2 . CO^2H \\ \diagdown CO . AzH . CH^3 \end{array}$$

[S. Gabriel, *D. chem. G.*, 18, 2452]. — On traite l'acide phtalylacétique par une solution aqueuse de méthylamine à 33 0/0 refroidie à 0°, on filtre et on sursature par l'acide chlorhydrique.

Poudre cristalline blanche, fusible avec décomposition à 145°, soluble sans altération dans les alcalis.

L'acide sulfurique concentré le convertit à froid en *acide phtalométhimidylacétique*,

$$\begin{array}{c} C = CH . CO^2H \\ C^6H^4 \diagup \quad \diagdown Az . CH^3 \\ \diagdown \diagup \\ CO \end{array}$$

Ad. Fauconnier.

BENZOYLACÉTONE [Syn. *Acétylbenzoylméthane, acétonylphénylcétone, phénacyl-méthylcétone*],

$$C^6H^5-CO-CH^2-CO-CH^3.$$

— Ce composé prend naissance lorsqu'on fait bouillir avec de l'eau l'éther benzoylacétylacétique [Fischer et Kuzel, *D. chem. G.*, 16, 2239] :

$$CH^3-CO-CH(CO . C^6H^5)-CO^2C^2H^5 + H^2O$$
$$= CO^2 + C^2H^6O + C^6H^5-CO-CH^2-CO-CH^3.$$

Il se produit en même temps de l'acétylbenzène.

1. Nous avons conservé la formule et le nom donnés par les auteurs à l'acide phtalylacétique. En réalité le composé est probablement *l'acide phtalidène-acétique*,

$$\begin{array}{c} C = CH . CO^2H \\ C^6H^4 \diagup \quad \diagdown O \\ \diagdown \diagup \\ CO \end{array}$$

On isole ces deux corps du produit brut de la réaction par distillation dans un courant de vapeur d'eau, et on les sépare l'un de l'autre au moyen de la soude à 1 0/0 qui ne dissout que la benzoylacétone; on isole enfin cette dernière de sa solution alcaline en la précipitant par l'acide carbonique [Fischer et Büloff, *D. chem. G.*, 18, 2132].

La benzoylacétone prend aussi naissance par l'action de l'éthylate de sodium sec et exempt d'alcool sur un mélange d'acétone et de benzoate d'éthyle [Claisen, *D. chem. G.*, 20, 655], ou sur un mélange d'acétylbenzène et d'acétate d'éthyle refroidi à 0° [Beyer et Claisen, *ibid.*, 20, 2180].

La benzoylacétone cristallise en petits prismes fusibles à 60-61°, peu solubles dans l'eau froide, très solubles dans l'alcool et dans l'éther, solubles dans la soude caustique, moins solubles dans le carbonate de sodium, insolubles dans le bicarbonate. Elle bout sans altération notable à 262-264° [Claisen et Lowman, *D. chem. G.*, 21, 1150]; elle est volatile avec la vapeur d'eau. Le chlorure ferrique la colore en un rouge intense.

Soumise à l'ébullition avec les alcalis, ou avec l'acide sulfurique concentré, elle se décompose avec formation d'acétylbenzène.

Le *dérivé sodique*, $C^{10}H^9O^2Na$, traité par l'iode, fournit le diacétyldibenzoyléthane,

$$\begin{matrix} C^7H^5O \\ C^2H^3O \end{matrix} > CH - CH < \begin{matrix} C^7H^5O \\ C^2H^3O \end{matrix}$$

Chauffé avec de l'alcool à 150°, il donne de l'acétylbenzène, de l'acétate d'éthyle, du benzoate d'éthyle et du benzoate de sodium.

Le *dérivé cuprique*, $(C^{10}H^9O^2)^2Cu$, est un précipité cristallin d'un vert pâle, assez soluble à chaud dans l'alcool et dans le benzène; il cristallise dans ce dissolvant en aiguilles d'un vert clair.

La *combinaison argentique*, $C^{10}H^9O^2Ag$, est un précipité cristallin, presque insoluble dans l'eau.

Benzoylacétonamine, $C^{10}H^{11}AzO$ [Fischer et Büloff, *D. chem. G.*, 18, 2134. — Beyer et Claisen, *ibid.*, 20, 2180]. — Aiguilles clinorhombiques, fusibles à 143°, obtenues par l'action de l'ammoniaque alcoolique sur la benzoylacétone à froid :

$$C^{10}H^{10}O^2 + AzH^3 = H^2O + C^{10}H^{11}AzO.$$

Ce corps distille sans altération; il est soluble dans l'eau bouillante et dans les acides minéraux dilués. L'ébullition avec les acides le dédouble en ammoniaque et benzoylacétone.

Benzoylacétonanilide, $C^{16}H^{15}AzO$ [Beyer, *D. chem. G.*, 20, 1770, 2180]. — Lamelles fusibles à 110°, obtenues par l'action de l'aniline sur la benzoylacétone à 150°. Chauffé avec de l'acide sulfurique concentré, ce corps se convertit en α-méthyl-γ-phénylquinoléine.

Isonitrosobenzoylacétone (*acétylbenzoylcarboxime*),

$$C^6H^5-CO-C(AzOH)-CO-CH^3.$$

— Elle prend naissance par l'action de l'acide nitreux sur une solution alcoolique de benzoylacétone préalablement additionnée de 1 atome de sodium [Ceresole, *D. chem. G.*, 17, 815]. On la purifie par précipitation au moyen de l'eau, dissolution dans la soude, précipitation par l'acide carbonique et cristallisation dans l'eau bouillante. Elle se présente en longues aiguilles, fusibles à 123,5-124°, insolubles dans l'eau et dans la ligroïne, très solubles dans l'éther, le chloroforme, le sulfure de carbone, l'acétone, le benzène, solubles en jaune dans les alcalis. Chauffée avec de l'acide chlorhydrique concentré, elle se décompose avec mise en liberté d'hydroxylamine.

Isonitrosobenzoylacétoxime (*benzoylméthylbicarboxime*),

$$C^6H^5-CO-C(AzOH)-C(AzOH)-CH^3$$

[Ceresole, *loc. cit.*]. — C'est le produit obtenu en faisant bouillir pendant 24 heures une solution alcoolique d'isonitrosobenzoylacétone avec un mélange d'hydroxylamine (2 molécules) et de chlorhydrate d'hydroxylamine (2 molécules). Purifiée par dissolution dans l'éther et par cristallisation dans l'eau bouillante, elle forme de petites aiguilles qui fondent à 178° et se décomposent à 179°; elle est insoluble dans l'eau, soluble en jaune dans les alcalis.

Oximidobenzoylacétone,

$$\begin{matrix} C^6H^5-C-CH=C-CH^3 \\ \| \qquad\qquad | \\ Az \;—\; O \end{matrix}$$

[Ceresole, *loc. cit.* — Claisen et Lowman, *D. chem. G.*, 21, 1150]. — Houppes cristallines, fusibles à 67-68°, obtenues en chauffant pendant quelques heures un mélange de benzoylacétone et de chlorhydrate d'hydroxylamine en solution alcoolique. Ce corps est volatil avec la vapeur d'eau; il est insoluble dans l'eau, les acides et les alcalis, très soluble dans le chloroforme, l'acétone, le benzène, le sulfure de carbone, moins soluble dans la ligroïne.

Benzène-azo-benzoylacétone,

$$C^6H^5-Az^2-CH < \begin{matrix} CO-CH^3 \\ CO-C^6H^5 \end{matrix}$$

[Beyer et Claisen, *D. chem. G.*, 21, 1705]. — Prismes rougeâtres, fusibles à 99°, obtenus au moyen du chlorure de diazobenzène et du sel sodique de la benzoylacétone.

o-Nitrobenzoylacétone,

$$C^6H^4(AzO^2)-CO-CH^2-CO-CH^3$$

[Gevekoht, *Ann. Chem.*, 221, 332]. — On fait bouillir pendant 4 heures l'éther o-nitrobenzoylacétylacétique avec 5 fois son poids d'acide sulfurique à 30 0/0; on laisse refroidir, on épuise par l'éther, et on agite la solution éthérée avec de la soude; la liqueur alcaline est alors acidulée et épuisée de nouveau par l'éther; le résidu de l'évaporation de l'éther est enfin purifié par dissolution dans le chloroforme et par cristallisation dans la ligroïne. Cristaux jaunâtres, fusibles à 55°, presque insolubles dans l'eau, peu solubles dans la ligroïne, très solubles dans l'alcool, l'éther et les alcalis.

Chauffé à 100° avec le double de son poids de phénylhydrazine, ce corps se convertit en *phénylméthyl-nitrophényl-pyrazol* $C^{16}H^{13}Az^3O^2$, fusible à 120°.

Benzoylacétone-méthylphénylhydrazone,

$$C^{10}H^{10}O=Az^2(C^6H^5)(CH^3)$$

[Kohlrausch, *D. chem. G.*, 22, *Ref.*, 671]. — Aiguilles jaunes, fusibles à 103-104°, obtenues au moyen de la méthylphénylhydrazine et de la benzoylacétone. Chauffée à 150° avec du chlorure de zinc, elle se transforme en *méthylphénylacétylindol*, $C^{17}H^{15}AzO$, fusible à 136°.

Ad. Fauconnier.

BENZOYLACÉTONITRILE [Syn. *Cyanacétophénone, cyanacétylbenzène*],

$$C^6H^5.CO.CH^2.CAz$$

[A. Haller, *Bull. Soc. Chim.*, (2), 48, 23]. — M. A. Haller a le premier préparé ce corps, en faisant bouillir, dans un ballon muni d'un réfrigérant ascendant, l'éther benzoylcyanacétique avec environ 50 fois son poids d'eau. On arrête la réaction quand il ne se dégage plus d'acide carbonique et on filtre le liquide bouillant.

Le benzoylacétonitrile se dépose par le refroidissement en cristaux blancs. Le dédoublement de l'éther benzoylcyanacétique se fait suivant l'équation

$$C^6H^5.CO.CH(CAz).CO^2C^2H^5 + H^2O$$
$$= C^2H^6O + CO^2 + C^6H^5.CO.CH^2.CAz.$$

M. E. von Meyer a obtenu le monobenzoylacétonitrile en agitant l'imidobenzoylcyanométhane de M. Holtzwart [*J. prakt. Chem.*, (2), **39**, 243], avec de l'acide chlorhydrique étendu :

$$C^6H^5.C(AzH).CH^2.CAz + H^2O + HCl$$
$$= AzH^4Cl + C^6H^5.CO.CH^2.CAz.$$

Le précipité volumineux qui se forme est dissous dans l'éther acétique, et la solution additionnée d'éther de pétrole abandonne des cristaux d'un blanc de neige [*J. prakt. Chem.*, (2), **42**, 267].

MM. L. Claisen et R. Stock [*D. chem. G.*, **24**, 130] ont préparé la cyanacétophénone en traitant l'aldoxime benzoyléthylique par l'anhydride acétique et en chauffant le mélange à feu nu. Dans ces conditions, il se produit une réaction assez énergique et le mélange brunit. On verse dans l'eau et on ajoute environ 3 parties de soude caustique pour 1 partie d'oxime employée. L'huile n'entre en dissolution que lorsqu'on a chauffé le liquide : d'où les auteurs concluent qu'elle est surtout constituée par de l'isoxazol qui, sous l'influence de l'alcali, se transforme en cyanacétophénone. Quand la dissolution est complète, on filtre et on acidule par l'acide acétique.

Il se dépose un produit huileux, qui ne tarde pas à se prendre en une masse cristalline. On fait cristalliser dans l'eau bouillante. Dans cette réaction, la cyanacétophénone prend naissance suivant l'équation

$$C^6H^5.CO.CH^2.CH{=}AzOH$$
$$= H^2O + C^6H^5.CO.CH^2.CAz.$$

Au lieu de passer par l'oxime, les auteurs conseillent de partir directement de l'aldéhyde benzoyléthylique et d'opérer de la façon suivante :

17 grammes d'aldéhyde benzoyléthylique sodée (1 molécule) dissous dans 100 centimètres cubes d'eau sont additionnés de 4 grammes de soude caustique (1 molécule) dissous dans 20 centimètres cubes d'eau; après avoir ajouté une solution concentrée de 7 grammes de chlorhydrate d'hydroxylamine (1 molécule), on chauffe le tout au bain-marie pendant une journée. La solution prend une couleur jaune-rougeâtre et laisse déposer un peu d'acétylbenzène.

On laisse refroidir; l'huile qui se dépose est séparée et la solution est acidulée au moyen de l'acide acétique. Le précipité qui se forme est recueilli et mis à cristalliser dans l'eau bouillante.

Enfin MM. L. Claisen et R. Stock [*loc. cit.*, 135] ont constaté que la cyanacétophénone se produit encore quand on chauffe pendant plusieurs heures, au bain-marie, son isomère le *phénylisoxazol* avec des alcalis étendus, ou quand on le traite par de l'éthylate de sodium :

$$\begin{array}{c} \quad O \\ \quad / \quad \backslash \\ C^6H^5-C \qquad Az \\ \quad \| \qquad \| \\ \quad HC - CH \end{array} + C^2H^5.ONa$$
$$= C^6H^5.CO.CHNa.CAz + C^2H^5.OH.$$

D'après les auteurs, ce procédé est le meilleur pour obtenir de la cyanacétophénone pure, en partant de l'aldéhyde benzoyléthylique.

Le cyanacétylbenzène est peu soluble dans l'eau froide et dans l'éther de pétrole, soluble dans l'eau bouillante, l'alcool et l'éther. Ses solutions dans ces derniers dissolvants jaunissent facilement. Il cristallise dans l'eau en longues aiguilles blanches et aplaties, fondant à 80°,5 et se sublimant facilement en longues aiguilles soyeuses. Il ne peut pas être distillé sans décomposition.

Le benzoylacétonitrile a une réaction nettement acide (il renferme un groupe méthylène compris entre CO et CAz) et est facilement soluble dans les alcalis.

Bouilli avec une solution concentrée de potasse caustique, il se dédouble en benzoate et acétate de potassium :

$$C^6H^5.CO.CH^2.CAz + 2KOH + H^2O$$
$$= AzH^3 + C^6H^5.CO^2K + CH^3.CO^2K.$$

Quand on le dissout dans de l'alcool absolu saturé d'acide chlorhydrique et refroidi à 0°, il ne tarde pas à se prendre en une masse d'aiguilles enchevêtrées constituant le *chlorhydrate de benzoylimido-acétate d'éthyle*,

$$\text{(I)}\quad C^6H^5.CO.CH^2.CAz + C^2H^5.OH + 2HCl$$
$$= C^6H^5.CO.CH^2.C\begin{cases} AzH^2.HCl \\ OC^2H^5 \\ Cl \end{cases}$$

$$\text{(II)}\quad C^6H^5.CO.CH^2.C\begin{cases} AzH^2.HCl \\ OC^2H^5 \\ Cl \end{cases}$$
$$= HCl + C^6H^5.CO.CH^2.C\begin{cases} AzH.HCl \\ OC^2H^5 \end{cases}$$

Ce composé fond à 140°; il est insoluble dans l'eau et dans l'éther. Sa poudre irrite fortement les muqueuses.

Quand on le dissout dans l'alcool aqueux et qu'on chauffe légèrement la dissolution, il se décompose peu à peu en chlorure d'ammonium et en éther benzoylacétique :

$$C^6H^5\ CO.CH^2.C\begin{cases} AzH.HCl \\ OC^2H^5 \end{cases} + H^2O$$
$$= AzH^4Cl + C^6H^5.CO.CH^2.CO^2C^2H^5$$

Le chlorhydrate de benzoylimido-acétate d'éthyle, traité par l'ammoniaque aqueuse, fournit l'éther imidé :

$$C^6H^5.CO.CH^2.C\begin{cases} AzH.HCl \\ OC^2H^5 \end{cases} + AzH^3$$
$$= C^6H^5.CO.CH^2.C\begin{cases} AzH \\ OC^2H^5 \end{cases} + AzH^4Cl.$$

Cette base est très soluble dans l'éther et dans l'alcool; elle cristallise en prismes ou en tables à base carrée fondant à 89°,5. Traitée par l'azotite de potassium et l'acide sulfurique étendu, elle fournit un *dérivé nitrosé*,

$$C^6H^5.CO.CH^2.C\begin{cases} Az(AzO) \\ OC^2H^5 \end{cases}$$

fondant à 117° et donnant très nettement la réaction de M. Liebermann.

Quand on prolonge l'action d'un excès d'une solution alcoolique saturée de gaz chlorhydrique sur le cyanacétylbenzène, on le décompose en éther benzoïque, éther acétique et ammoniaque :

$$C^6H^5.CO.CH^2.CAz + 3C^2H^5.OH + 2HCl$$
$$= C^6H^5.CO^2C^2H^5 + CH^3.CO^2C^2H^5$$
$$+ C^2H^5Cl + AzH^4Cl.$$

Combinaison argentique,

$$C^6H^5.CO.CHAg.CAz.$$

— On l'obtient sous la forme d'un précipité blanc quand on ajoute une solution d'azotate d'argent à une dissolution hydroalcoolique de cyanacétylbenzène neutralisée par la soude ou par l'ammoniaque.

Ce sel est insoluble dans l'eau et dans l'alcool, mais soluble dans l'ammoniaque. Il noircit à la lumière (Haller).

Benzène-azo-benzoylacétonitrile [Syn. *Benzène-azo-cyanacétylbenzène*],

$$C^6H^5.CO.\underset{\underset{Az^2C^6H^5}{\|}}{C}H.CAz$$

— On obtient ce composé en ajoutant une solution alcoolique de cyanacétylbenzène sodé à une solution froide de chlorure de diazobenzène. Le précipité jaune qui se forme est recueilli, lavé et dissous dans l'alcool bouillant.

Aiguilles d'un jaune d'or, fondant à 135°,7 (corr.), solubles dans l'alcool chaud, l'éther, le benzène et les alcalis [A. Haller, *C. R.*, **108**, 1116].

Dibenzoylacétonitrile,

$$\begin{matrix}C^6H^5.CO\\C^6H^5.CO\end{matrix}\!\!>CH.CAz$$

[E. von Meyer, *J. prakt. Chem.*, (2), **42**, 267]. — Ce composé prend naissance lorsqu'on ajoute à 4 grammes de sodium recouvert d'éther sec une solution éthérée de 15 grammes d'acétonitrile et de 25 grammes de chlorure de benzoyle. On modère la réaction en refroidissant le mélange avec de l'eau. Quand elle est terminée, on ajoute une nouvelle quantité de sodium et on fait digérer le tout jusqu'à disparition du métal. On filtre et on dissout dans l'eau la partie insoluble. La solution est agitée avec de l'éther pour enlever les parties huileuses, puis acidulée par l'acide sulfurique. Le précipité volumineux qui se forme est dissous dans l'alcool bouillant, et la liqueur décolorée au charbon animal et abandonnée à la cristallisation. Le rendement en dibenzoylacétonitrile est très variable, la réaction étant très compliquée. Le sodium, en réagissant sur l'acétonitrile, donne naissance à du méthane, du cyanure de potassium et de l'acétonitrile sodé :

$$2CH^3.CAz + Na^2$$
$$= CH^4 + CAzNa + CH^2Na.CAz.$$

Le cyanure de méthyle sodé, en présence du chlorure de benzoyle, fournit d'abord du monobenzoylacétonitrile, qui, en réagissant sur le sodium, se convertit en monobenzoylacétonitrile sodé. Ce dernier corps, subissant à son tour l'action du chlorure de benzoyle, donne naissance au dibenzoylacétonitrile.

Aiguilles soyeuses et brillantes, fondant à 156°,5. Ce corps est stable vis-à-vis des alcalis, même à l'ébullition. L'acide sulfurique étendu de son poids d'eau le décompose à chaud en acide carbonique, acide benzoïque, acétylbenzène et ammoniaque :

$$\begin{matrix}C^6H^5.CO\\C^6H^5.CO\end{matrix}\!\!>CH.CAz + 3H^2O$$
$$= CO^2 + C^6H^5.CO.CH^3 + C^6H^5.CO^2H + AzH^3.$$

Le dibenzoylacétonitrile se dissout facilement dans l'ammoniaque.

Le *sel d'argent*,

$$\begin{matrix}C^6H^5.CO\\C^6H^5.CO\end{matrix}\!\!>CAg.CAz,$$

s'obtient par double décomposition entre une solution ammoniacale du nitrile et l'azotate d'argent. Chauffé à 100° avec de l'iodure de méthyle et de l'éther, ce sel donne naissance à un corps qui cristallise en aiguilles fondant à 214° et qui constitue probablement le *méthyldibenzoylacétonitrile*,

$$\begin{matrix}C^6H^5.CO\\C^6H^5.CO\end{matrix}\!\!>C(CH^3)CAz$$

Il se forme en même temps du dibenzoylacétonitrile.

o-Méthobenzoylacétonitrile (*o-méthylcyanacétylbenzène*),

$$C^6H^4\!<\!\begin{matrix}CH^3\\CO.CH^2.CAz\end{matrix}$$

— Ce dérivé prend naissance quand on fait bouillir l'o-toluylcyanacétate d'éthyle avec de l'eau :

$$C^6H^4\!<\!\begin{matrix}CH^3\\CO.CH(CAz)CO^2C^2H^5\end{matrix} + H^2O$$
$$= C^6H^4\!<\!\begin{matrix}CH^3\\CO.CH^2\ CAz\end{matrix} + CO^2 + C^2H^5.OH.$$

Par le refroidissement de la liqueur, il se dépose sous la forme d'aiguilles qu'on purifie par cristallisation dans l'éther. On obtient ainsi de gros cristaux blancs, très nets et ayant l'aspect de prismes rhombiques avec modifications sur les angles. Ce corps fond à 74°,4; il est soluble dans l'alcool et dans les alcalis, insoluble dans l'éther de pétrole. Exposé à la lumière, il jaunit au bout de quelque temps.

Sa solution dans l'alcool chlorhydrique, abandonnée dans une enceinte froide, laisse déposer au bout de quelque temps de fines aiguilles d'un *chlorhydrate d'éther imidé*, formé suivant la réaction

$$C^6H^4\!<\!\begin{matrix}CH^3\\CO.CH^2.CAz\end{matrix} + C^2H^5.OH + HCl$$
$$= C^6H^4\!<\!\begin{matrix}CO.CH^2.C\!<\!\begin{matrix}AzH.HCl\\OC^2H^5\end{matrix}\\CH^3\end{matrix}$$

Ce chlorhydrate, broyé avec de l'ammoniaque, fournit l'*éther imidé*, qui cristallise dans l'alcool en beaux prismes ou en tables rectangulaires fondant à 116°,3. Ce corps, qu'on peut appeler *o-toluyl-imido-acétate d'éthyle*,

$$C^6H^4\!<\!\begin{matrix}CH^3\\CO.CH^2.C\!<\!\begin{matrix}AzH\\OC^2H^5\end{matrix}\end{matrix}$$

est soluble dans l'alcool et dans l'éther, insoluble dans les alcalis. Quand on le fait bouillir avec de l'alcool aqueux, légèrement acidulé d'acide chlorhydrique, il ne tarde pas à se décomposer en chlorure d'ammonium et éther o-toluylacétique [A. Haller, *C. R.*, **108**, 104 et 1116].

Benzène-azo-o-toluylacétonitrile [Syn. *Benzène-azo-cyanacétyl-o-méthylbenzène*],

$$C^6H^4\!<\!\begin{matrix}CH^3\\CO.\underset{\underset{Az^2C^6H^5}{|}}{C}H-CAz\end{matrix}$$

— On le prépare comme son homologue inférieur.

Petits cristaux à base rhombe, de couleur jaune, solubles dans l'alcool bouillant, l'éther et les alcalis. Il fond à 124°,7 et fournit avec la soude une combinaison qui cristallise en aiguilles ou en paillettes jaunes [A. Haller, *loc. cit.*].

A. Haller.

BENZOYLACÉTYLACÉTIQUE (ACIDE) — La préparation de l'éther éthylique de cet acide, autrefois indiquée par M. Bonné (Suppl., **1**, 37), a été étudiée de nouveau par M. W. James [*Ann. Chem.*, **226**, 220]. Il a constaté qu'il est bon de diluer le chlorure de benzoyle dans 2 fois son volume d'éther avant de le faire réagir sur l'éther sodacétylacétique ; dans ces conditions, il est inutile de refroidir le mélange avec de la glace.

Le *benzoylacétylacétate d'éthyle*,

$$\begin{matrix} C^6H^5-CO \\ CH^3-CO \end{matrix} > CH-CO^2C^2H^5,$$

possède les propriétés d'un acide assez fort, décomposant les acétates. Quand on l'agite avec une solution concentrée d'acétate de cuivre, on voit se former un précipité cristallin, d'un beau bleu, qui a pour formule $(C^{13}H^{13}O^4)^2Cu$. Ce sel de cuivre fond en se décomposant entre 180 et 190° ; il se dissout aisément dans le benzène et dans un mélange d'alcool et d'éther, beaucoup moins facilement dans un mélange de benzène et d'alcool. Sa solution benzénique l'abandonne en beaux cristaux bleus.

Le benzoylacétylacétate d'éthyle se combine à la phénylhydrazine avec élimination de 2 molécules d'eau [L. Knorr, *D. chem. G.*, **18**, 310. — L. Knorr et A. Blank, *ibid.*, **18**, 311]. La réaction est la suivante :

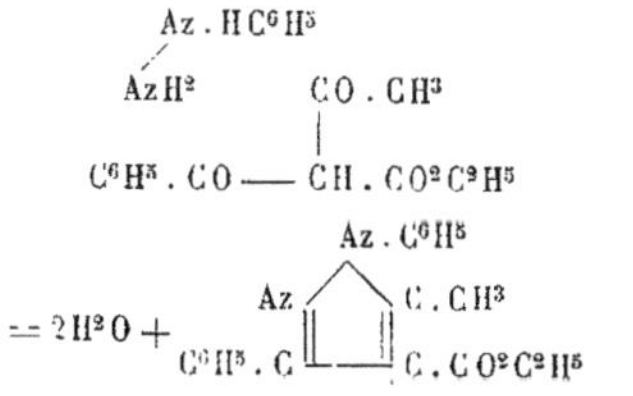

$$\begin{array}{lll} Az.HC^6H^5 & & \\ \quad / & & \\ AzH^2 & & CO.CH^3 \\ & & \quad | \\ C^6H^5.CO & — & CH.CO^2C^2H^5 \end{array}$$

$$= 2H^2O + \begin{array}{ccc} & Az.C^6H^5 & \\ Az & & C.CH^3 \\ C^6H^5.C & — & C.CO^2C^2H^5 \end{array}$$

Le nouveau corps est donc le 1-3-*diphényl-5-méthyl-pyrazol-4-carbonate d'éthyle*. Ce corps sera décrit à l'article *α-pyrazol*.

L. Bouveault.

BENZOYLACÉTYLÉTHANE [Syn. *Acétophénone-acétone, phénacylacétone*],

$$C^6H^5-CO-CH^2-CH^2-CO-CH^3$$

[Paal, *D. chem. G.*, **16**, 2869 ; **17**, 914]. — Ce composé se produit lorsqu'on chauffe un mélange d'alcool absolu et d'acide phénacylacétylacétique :

$$CH^3-CO-CH(CH^2.CO.C^6H^5)-CO^2H$$
$$= CO^2 + C^{11}H^{12}O^2.$$

C'est une huile jaunâtre, plus dense que l'eau, peu soluble dans l'eau froide, insoluble dans les alcalis, qui se décompose par la distillation, même dans le vide, et n'est pas volatile avec la vapeur d'eau.

Le benzoylacétyléthane, chauffé avec du pentasulfure de phosphore, donne du méthylphénylthiophène ; chauffé à 150° avec de l'ammoniaque alcoolique, il donne du méthylphénylpyrrol. Il ne se combine pas avec le bisulfite de sodium. L'amalgame de sodium le résinifie. L'anhydride acétique le convertit à 100° en un mélange de méthylphénylfurfurane et de déhydro-acétophénone-acétone.

Déhydro-acétophénone-acétone, $C^{11}H^{10}O$. — Ce composé se produit en petite quantité, en même temps que son isomère le méthylphénylfurfurane, lorsqu'on chauffe à 100° un mélange à poids égaux de phénacylacétone et d'anhydride acétique ; on l'isole par distillation dans un courant de vapeur d'eau. Il cristallise dans l'alcool en longues et fines aiguilles, fusibles à 82-83°, volatiles sans décomposition, très solubles dans l'alcool, peu solubles dans le sulfure de carbone ; cette dernière propriété permet de le séparer d'avec le méthylphénylfurfurane.

Oxime, $C^{11}H^{13}AzO^2$. — Longues aiguilles brillantes, fusibles à 122-123°, solubles dans les acides et dans les alcalis.

Hydrazone, $C^{17}H^{18}Az^2O$. — Prismes fusibles à 105°, très solubles dans l'éther et dans le benzène, presque insolubles dans la ligroïne, obtenus par l'action de la phénylhydrazine sur une solution éthérée d'acétophénone-acétone, à froid.

Anhydro-hydrazone, $C^{17}H^{16}Az^2$. — Lamelles jaunes, brillantes, fusibles à 154-155°, très peu solubles dans l'alcool chaud, plus solubles dans le benzène, obtenues par l'action de la phénylhydrazine à chaud sur l'acétophénone-acétone ou sur la déhydro-acétophénone-acétone.

BENZOYLACRYLIQUE (ACIDE),

$$C^6H^5.CO-CH=CH-CO^2H$$

[H. v. Pechmann, *D. chem. G.*, **15**, 885]. — Cet acide prend naissance par l'action de l'anhydride maléique sur le benzène en présence du chlorure d'aluminium. Il cristallise dans l'eau bouillante en fines lamelles satinées, qui renferment de l'eau de cristallisation et qui fondent à 64° ; une première fusion élève le point de fusion à 96-97°. Le benzène l'abandonne en lamelles, le toluène en aiguilles fusibles à 99°.

Chauffé avec les alcalis ou les carbonates alcalins, l'acide benzoylacrylique se dédouble en acétylbenzène et acide glycolique, glyoxylique ou oxalique. Chauffé avec du phénol et de l'acide sulfurique, il donne une matière colorante rouge.

Les chlorures de phosphore, le chlorure d'acétyle, l'anhydride acétique le transforment en un produit de condensation $(C^{10}H^6O^2)^x$.

Dibromure (*acide benzoyldibromopropionique*,

$$C^6H^5.CO-CHBr-CHBr-CO^2H.$$

— On l'obtient en mélangeant des solutions chloroformiques de brome et d'acide benzoylacrylique. L'alcool l'abandonne en cristaux fusibles à 135°. Chauffé avec de l'acide sulfurique concentré, il perd du brome et de l'acide bromhydrique et donne de fines aiguilles jaunes, fusibles à 100-101°, volatiles avec la vapeur d'eau.

Dérivé $(C^{10}H^6O^2)^x$. — On chauffe dans un appareil à reflux, ou à 150-160° en tubes scellés, un mélange d'acide benzoylacrylique avec le double de son poids d'anhydride acétique ; il se dépose des aiguilles ou des lamelles rouges, présentant la composition ci-dessus, qui commencent à se sublimer à 270°.

Ce corps est insoluble dans les alcalis, soluble dans l'acide sulfurique concentré. Il donne par distillation avec de la poudre de zinc un hydrocarbure qui se combine avec l'acide picrique.

BENZOYLALLOPHANIQUE (ÉTHER),

$$AzH(C^7H^5O)-CO-AzH-CO^2C^2H^5$$

[Kretzschmar, *D. chem. G.*, **8**, 104]. — Ce composé prend naissance par l'action du chlorure de benzoyle sur l'uréthane à la température de 150-160°, suivant l'équation

$$2CO\begin{matrix} \diagup AzH^2 \\ \diagdown OC^2H^5 \end{matrix} + C^6H^5.COCl$$
$$= HCl + C^2H^6O$$
$$+ C^6H^5.CO.AzH.CO.AzH.CO^2C^2H^5.$$

— Il forme de beaux cristaux, fusibles vers 163°.

BENZOYLANILINE. — Voyez AMIDOBENZOPHÉNONES, Suppl., 2, 568.

BENZOYLBENZÈNE - TÉTRACARBONIQUE (ACIDE), $C^6H^5.CO-C^6H(CO^2H)^4$. — Cet acide, qui n'a pas été obtenu à l'état de pureté, paraît prendre naissance lorsqu'on oxyde le benzoylisodurène par le permanganate de potassium, soit à chaud, soit à froid [Essner et Gossin, *Bull. Soc. Chim.*, (2), **42**, 173]. La réaction est la suivante

$$C^6H^5.CO.C^6H(CH^3)^4 + 6O^2$$
$$= 4H^2O + C^6H^5.CO.C^6H(CO^2H)^4.$$

BENZOYLBENZOÏQUES (ACIDES),

$$C^6H^5.CO.C^6H^4.CO^2H.$$

— Les trois acides benzoylbenzoïques sont connus.

ACIDE O-BENZOYLBENZOÏQUE. — C'est l'acide β-benzoylbenzoïque de Zincke (Suppl., **1**, 338). Outre les modes de préparation indiqués, ce corps se forme lorsqu'on oxyde par le dichromate de potassium et l'acide sulfurique :

1° L'o-crésylphénylcétone, $C^6H^5-CO-C^6H^4-CH^3$ [Behr et van Dorp, *D. chem. G.*, **7**, 17].

2° Le dibenzylbenzène, $C^6H^4(CH^2.C^6H^5)^2_{(1.3)}$ [Zincke, *ibid.*, **9**, 32].

3° Le biphénylène-phénylméthane,

$$\begin{matrix} C^6H^4 \diagdown \\ | \quad\quad CH-C^6H^5 \\ C^6H^4 \diagup \end{matrix}$$

[Hemilian, *ibid.*, **11**, 838. — Voyez aussi Hanriot et Saint-Pierre, *Bull. Soc. Chim.*, (3), **1**, 776].

4° Le méthronol,

$$C^6H^4 \begin{matrix} \diagup CH(C^6H^5)-CH.CH^3 \\ \quad\quad\quad\quad | \\ \diagdown CH^2 \text{———} CH.CH^3 \end{matrix}$$

hydrocarbure obtenu par l'action de l'acide sulfurique étendu sur l'acide phénylméthacrylique [Erdmann, *Ann. Chem.*, **227**, 253].

Le meilleur mode de préparation est celui de MM. Friedel et Crafts : On ajoute peu à peu 150 grammes de chlorure d'aluminium à une dissolution, faite à chaud, de 100 grammes d'anhydride phtalique récemment fondu dans 1 litre de benzène : au bout de 3 heures, la réaction est terminée. On décante le benzène, on décompose le résidu solide par l'acide chlorhydrique, on lave à l'eau, on chauffe avec du carbonate de sodium; on précipite la solution filtrée par un acide et on fait cristalliser dans le xylène. On a un rendement de 60 0/0 de l'anhydride phtalique employé [Von Pechmann, *D. chem. G.*, **13**, 1608; *Bull. Soc. Chim.*, (2), **36**, 86].

L'acide benzoylbenzoïque, chauffé à 180-200° avec de l'anhydride phosphorique, se transforme en anthraquinone (Behr et van Dorp; Baeyer) :

$$C^6H^5.CO.C^6H^4.CO^2H$$
$$= H^2O + C^6H^4 \begin{matrix} \diagup CO \diagdown \\ \diagdown CO \diagup \end{matrix} C^6H^4.$$

On passe ainsi facilement de cet acide au groupe de l'anthracène.

Le composé

$$CO^2H.C^6H^4.CO.C^6H^3(OH)^2,$$

décrit Suppl., **1**, 835, sous le nom de *monorésorcine-phtaléine*, peut être considéré comme un dérivé de l'acide benzoylbenzoïque; il se combine à nouveau avec les phénols pour donner de nouvelles phtaléines.

1 partie de phénol, chauffée pendant 1 ou 2 heures à 115-120° avec 2 parties d'acide benzoylbenzoïque et 3 parties de tétrachlorure d'étain, donne la phtaléine,

$$\begin{matrix} C^6H^4-C \begin{matrix} \diagup C^6H^5 \\ \diagdown C^6H^4.OH \end{matrix} \\ | \quad\quad | \\ CO-O \end{matrix}$$

Il en est de même avec la résorcine et avec le pyrogallol.

En présence du chlorure d'aluminium, l'acide benzoylbenzoïque donne avec le benzène la phtalophénone,

$$C^6H^4 \begin{matrix} \diagup C(C^6H^5)^2 \diagdown \\ \diagdown CO \diagup \end{matrix} O$$

[Von Pechmann, *D. chem. G.*, **13**, 1608 et **14**, 1863; *Bull. Soc. Chim.*, (2), **36**, 86 et **37**, 249].

La poudre de zinc transforme l'acide benzoylbenzoïque en anthracène [Gresly, *Ann. Chem.*, **234**, 234; *Bull. Soc. Chim.*, (2), **47**, 206].

L'amalgame de sodium donne d'abord l'acide o-benzhydrolcarbonique,

$$C^6H^5.CHOH.C^6H^4.CO^2H,$$

puis l'acide benzylbenzoïque.

Le dérivé *hydrazinique* de l'acide o-benzoylbenzoïque,

$$C^6H^4 \begin{matrix} \diagup C \diagdown \\ \diagdown C.C^6H^5 \diagup \end{matrix} Az^2.C^6H^5,$$

cristallise dans l'acide acétique en aiguilles fondant à 180-182°, insolubles dans l'eau, solubles dans l'alcool [W. Roser, *D. chem. G.*, **18**, 802; *Bull. Soc. Chim.*, (2), **46**, 110].

ANHYDRIDE O-BENZOYLBENZOÏQUE,

$$(C^6H^5.CO.C^6H^4.CO)^2O.$$

— Ce corps s'obtient par la décomposition à 200° de l'anhydride acétyl-benzoylbenzoïque. Il cristallise dans l'alcool en prismes incolores, fondant à 120°.

Cet anhydride, dissous dans le benzène et traité par le chlorure d'aluminium, fournit la *diphénylphtalide* (Von Pechmann).

ANHYDRIDE ACÉTYL-BENZOYLBENZOÏQUE,

$$C^6H^5.CO.C^6H^4.CO \diagdown \\ \quad\quad\quad\quad CH^3.CO \diagup O.$$

— On chauffe pendant 2 ou 3 heures au bain-marie 1 partie d'acide benzoylbenzoïque et 2 parties d'anhydride acétique, puis on fait cristalliser dans l'alcool. Ce corps fond à 111°. Il est insoluble dans les alcalis, qui le décomposent à l'ébullition en acides benzoylbenzoïque et acétique.

Acide benzoylchlorobenzoïque,

$$C^6H^5.CO.C^6H^3Cl.CO^2H.$$

— On chauffe à l'ébullition un mélange de benzène (50 grammes), d'anhydride chlorophtalique (5 grammes) et de chlorure d'aluminium (15 grammes). L'acide cristallise dans le système clinorhombique, en aiguilles blanches fondant à 170°, très solubles dans l'éther, le chloroforme, l'alcool, l'acide acétique, très peu solubles dans le sulfure de carbone, à peine solubles dans la ligroïne [Rée, *Ann. Chem.*, **233**, 216; *Bull. Soc. Chim.*, (2), **47**, 535].

Acide benzoyldichlorobenzoïque,

$$C^6H^5.CO.C^6H^2Cl^2.CO^2H.$$

— On introduit peu à peu 55 grammes de chlorure d'aluminium dans un mélange de 25 grammes d'anhydride dichlorophtalique (fondant à 150° et bouillant à 340°) et de 150 grammes de benzène. On laisse reposer pendant 12 heures, on chauffe peu à peu jusqu'à 70°, et on décompose par l'eau. On évapore la solution benzénique, on neutralise par la soude et on concentre. Le résidu est repris par l'alcool et traité par l'acide chlorhydrique.

Ce corps cristallise dans l'alcool faible en aiguilles fondant à 150°. Il se résinifie facilement.

Le toluène donne par le même procédé un composé analogue, *l'acide toluyldichlorobenzoïque*,

$$C^6H^2Cl^2 \left< \begin{matrix} CO \cdot C^6H^4 \cdot CH^3 \\ CO^2H \end{matrix} \right.$$

fondant à 156° [A. Le Royer, *Ann. Chem.*, **238**, 350; *Bull. Soc. Chim.*, (2), **49**, 530].

Acide benzoyltétrachlorobenzoïque,

$$C^6H^5 \cdot CO \cdot C^6Cl^4 \cdot CO^2H.$$

— On porte lentement à l'ébullition un mélange de 1 partie d'anhydride tétrachlorophtalique, 5 ou 6 parties de benzène, et 1 partie et demie de chlorure d'aluminium. On projette dans l'eau glacée. On chauffe l'acide avec de l'eau et on le dissout dans la soude. On fait cristalliser le sel de sodium et on décompose par l'acide chlorhydrique.

On obtient ainsi des aiguilles blanches, fondant à 200°, non sublimables, presque insolubles dans l'eau et dans le chloroforme, peu solubles dans le benzène froid, très solubles dans l'alcool et dans l'éther acétique.

Par fusion avec la soude, ce corps donne de l'acide benzoïque.

L'acide iodhydrique et le phosphore donnent à 180° l'acide benzyltétrachlorobenzoïque, à 220-230° le tétrachloro-anthracène.

L'acide sulfurique ou l'anhydride phosphorique donnent la tétrachloro-anthraquinone.

L'acide chlorhydrique est sans action à 220°.

Le perchlorure de phosphore à 150° donne le chlorure

$$C^6Cl^4 \left< \begin{matrix} CO \cdot C^6H^5 \\ COCl \end{matrix} \right.$$

cristallisant dans le chloroforme en aiguilles jaunes, fusibles à 183°.

Sel de sodium, $C^{14}H^5Cl^4O^3Na, 4H^2O$. — Lamelles brillantes, peu solubles dans l'eau (1,7 0/0).

Sel de potassium, $C^{14}H^5Cl^4O^3K, 1,5H^2O$. — Un peu plus soluble.

Sels de cuivre : 1° $(C^{14}H^5Cl^4O^3)^2Cu, 2H^2O$. — Lamelles vert clair, obtenues par précipitation d'une solution neutre de l'acide par le sulfate de cuivre;

2° $(C^{14}H^5Cl^4O^3)^2Cu.CuO$. — Aiguilles bleues obtenues par le sulfate de cuivre et une solution ammoniacale de l'acide [Kircher, *Ann. Chem.*, **238**, 338; *Bull. Soc. Chim.*, (2), **49**, 532].

L'éther méthylique fond à 92°; *l'éther éthylique*, à 90°.

ACIDE M-BENZOYLBENZOÏQUE. — Cet acide se forme de plusieurs manières :

1° En oxydant le benzyltoluène par le mélange chromique (Rotering). M. Senff [*Ann. Chem.*, **220**, 236; *Bull. Soc. Chim.*, (2), **42**, 520] a perfectionné le procédé : après l'oxydation, on réduit par l'amalgame de sodium, on fait cristalliser le mélange de m- et de p-benzhydrylbenzoates de sodium, puis on oxyde à nouveau. Les eaux mères du sel de sodium donnent par réoxydation l'acide p-benzoylbenzoïque.

2° On réussit mieux en oxydant le benzyltoluène bromé, obtenu par le brome à 120-130° (Senff).

3° On traite un mélange de benzène et de chlorure d'isophtalyle par le chlorure d'aluminium (Ador).

4° On chauffe un mélange d'anhydride benzoïque et de chlorure de benzoyle avec un peu de chlorure de zinc [Dœbner, *Ann. Chem.*, **210**, 277].

5° M. Senff remplace l'anhydride benzoïque de la préparation précédente par le benzoate d'éthyle.

6° On traite un mélange de benzène et d'acide bromo-m-toluique, $C^6H^4(CH^2Br)CO^2H$, par le chlorure d'aluminium (Senff).

L'acide m-benzoylbenzoïque fond à 161°. Des traces d'acide para, fondant à 194°, abaissent le point de fusion à 140°.

Il cristallise dans l'acide acétique ordinaire en aiguilles soyeuses, et se sublime en lamelles. Il est soluble dans l'eau bouillante, l'alcool, l'éther; peu soluble dans le benzène.

La chaux sodée donne du benzène; la potasse fondante, de l'acide benzoïque.

Le *sel de baryum*, $(C^{14}H^9O^3)^2Ba, 2H^2O$, est une poudre cristalline.

Le *sel de calcium* renferme $2H^2O$.

Ces deux sels sont solubles dans l'eau et dans l'alcool.

Le *sel d'argent* est anhydre, amorphe et insoluble.

L'*éther méthylique* est en prismes brillants fondant à 61°.

ACIDE P-BENZOYLBENZOÏQUE. — Voyez Suppl., 1, 337

Paul Adam.

BENZOYLBUTYLIQUE (ALCOOL),

$$C^6H^5 \cdot CO \cdot CH^2 \cdot CH^2 \cdot CH^2 \cdot CH^2OH$$

[W. H. Perkin, *Chem. Soc.*, **51**, 733]. — Ce composé prend naissance lorsqu'on fait bouillir avec de l'eau l'acide phényldéhydrohexone-carbonique (ancien acide benzoyltétraméthylène-carbonique) :

$$\begin{matrix} & O & \\ & \diagup \quad \diagdown & \\ C^6H^5-C & & CH^2 \\ \| & & | \\ CO^2H-C & & CH^2 \\ & \diagdown \quad \diagup & \\ & CH^2 & \end{matrix} + H^2O$$

$$= CO^2 + C^6H^5 \cdot CO \cdot CH^2 \cdot CH^2 \cdot CH^2 \cdot CH^2OH.$$

L'éther le fournit en cristaux qui, abandonnés dans le vide, perdent 1 molécule d'eau en donnant un anhydride appelé par M. Perkin *phényldéhydrohexone*.

PHÉNYLDÉHYDROHEXONE,

$$C^6H^5-C=CH-CH^2-CH^2-CH^2 \quad (\text{le dernier } CH^2 \text{ lié au premier C par } O)$$

[Perkin, *D. chem. G.*, **16**, 1792; *Chem. Soc.*, **51**, 731]. — Ce corps, appelé d'abord *benzoyltétraméthylène*, se produit par la déshydratation spontanée de l'alcool benzoylbutylique, ou encore par l'action de la chaleur (200°) sur l'acide phényldéhydrohexone-carbonique.

C'est un liquide huileux, bouillant à 258-260°. Il ne fixe pas le brome, mais il se combine facilement avec l'acide bromhydrique pour donner la *phénylbromobutylcétone*, ou éther bromhydrique de l'alcool benzoylbutylique.

PHÉNYLBROMOBUTYLCÉTONE,

$$C^6H^5 \cdot CO \cdot CH^2 \cdot CH^2 \cdot CH^2 \cdot CH^2Br.$$

— Ce composé cristallise dans la ligroïne en lamelles fusibles à 61°. La potasse alcoolique lui enlève 1 molécule d'acide bromhydrique et régénère la phényldéhydrohexone.

La *phényldibromobutylcétone*,

$$C^6H^5 \cdot CO \cdot CH^2 \cdot CH^2 \cdot CHBr \cdot CH^2Br,$$

se produit par l'action du brome en solution acétique sur l'allylacétophénone [Baeyer et Perkin, *D. chem. G.*, **16**, 2132. — Perkin, *Chem. Soc.*, **45**, 188]. C'est un liquide épais.

Le *dérivé tribromé*, $C^6H^5-CO-C^4H^6Br^3$, prend naissance par l'action d'une solution acétique de brome sur le corps précédent, à chaud (Perkin). Il cristallise dans l'alcool dilué en prismes à 4 pans, fusibles à 121-122°, très solubles dans l'alcool, l'éther, le sulfure de carbone, le chloroforme.

Ad. Fauconnier.

BENZOYLBUTYRYLMÉTHANE. — Voyez BUTYRYLACÉTOPHÉNONE.

BENZOYLCARBAMIQUE (ACIDE),

$$C^6H^5.CO.AzH.CO^2H.$$

Éther éthylique, $C^6H^5.CO.AzH.CO^2C^2H^5$ [Lössner, *J. prakt. Chem.*, (2), 10, 254; *Beilstein's Handbuch*, 2, 754]. — On l'obtient en faisant bouillir le benzoylthiocarbamate d'éthyle en solution alcoolique avec de l'oxyde de plomb; il cristallise en aiguilles courtes, fusibles à 110°. La potasse le décompose à chaud en ammoniaque, alcool, acide carbonique et acide benzoïque.

ACIDE BENZOYLTHIOCARBAMIQUE,

$$C^6H^5.CO.AzH.CO.SH.$$

L'*éther méthylique*,

$$C^6H^5.CO.AzH.CO.SCH^3,$$

prend naissance par l'action de l'alcool méthylique sur le sulfocyanate de benzoyle [Miquel, *Ann. Chim. Phys.*, (5), 11, 330]. — Il cristallise en fines aiguilles, fusibles à 97°, peu solubles dans l'eau, très solubles dans l'alcool. L'eau le décompose à 100° en alcool méthylique, benzamide, acides sulfhydrique et carbonique.

Traité en solution éthérée par le méthylate de sodium, il fournit un précipité cristallin,

$$C^9H^8O^2SNa.$$

L'*éther éthylique*,

$$C^6H^5.CO.AzH.CO.SC^2H^5,$$

se produit par l'action du chlorure de benzoyle sur le sulfocyanate de potassium en solution dans l'alcool absolu [Lössner, *loc. cit.*], ou mieux par l'action de l'alcool absolu sur le sulfocyanate de benzoyle (Miquel). Il se présente en longues aiguilles jaunes, prismatiques, peu solubles dans l'eau, très solubles dans l'alcool et dans l'éther. L'ébullition avec les alcalis le décompose en alcool, acide benzoïque, sulfocyanate de potassium, ammoniaque, acides carbonique et sulfhydrique. Par la chaleur sèche, il donne du benzonitrile, de l'acide carbonique et du mercaptan.

Il forme un *sel de potassium*, $C^{10}H^{10}AzO^2SK$, en petites aiguilles très solubles dans l'alcool et dans l'eau.

L'*éther isoamylique*,

$$C^6H^5.CO.AzH.CO.SC^5H^{11},$$

préparé au moyen de l'alcool isoamylique et du sulfocyanate de benzoyle, se présente en petits prismes solubles dans l'alcool et dans l'eau (Miquel).

L'*éther phénylique*,

$$C^6H^5.CO.AzH.CO.SC^6H^5,$$

se produit à la longue par l'action du phénol sur le sulfocyanate de benzoyle. Il forme des aiguilles microscopiques, insolubles dans l'eau, solubles dans l'alcool et dans l'éther, et fusibles à 93°.

Ad. Fauconnier.

BENZOYLCARBINOL [Syn. *Oxyacétophénone, acétophénone-alcool*].

$$C^8H^8O^2 = C^6H^5.CO.CH^2OH$$

(voyez Suppl., 1, 339 et 1216). — La meilleure méthode de préparation de cet alcool consiste à saponifier par la soude son éther acétique, qu'on obtient en chauffant avec de l'acétate de potassium une solution alcoolique de bromacétylbenzène [H. Hunnius, *D. chem. G.*, 10, 2006; *Bull. Soc. Chim.*, (2), 30, 444]. On le purifie par cristallisation dans l'éther de pétrole [P. Plöchl et I. Blümlein, *D. chem. G.*, 16, 1290; *Bull. Soc. Chim.*, (2), 41, 69].

Traité en solution éthérée refroidie à 0° par le cyanure de potassium et l'acide chlorhydrique, le benzoylcarbinol fixe les éléments de l'acide cyanhydrique et fournit le nitrile

$$C^6H^5.C(OH)\begin{cases}CH^2OH\\CAz\end{cases}$$

de l'acide atroglycérique

$$C^6H^5.C(OH)\begin{cases}CH^2OH\\CO^2H\end{cases}$$

(voyez ACIDE ATROGLYCÉRIQUE) [Plöchl et Blümlein, *loc. cit.*].

Acétoxime (*alcool phényl-isonitroso-éthylique*),

$$C^6H^5.C(AzOH).CH^2OH.$$

— On dissout le benzoylcarbinol dans l'alcool, on ajoute un excès de chlorhydrate d'hydroxylamine, puis de la soude et on fait bouillir à reflux pendant un jour. On distille l'alcool et on épuise le résidu par l'éther.

L'acétoxime du benzoylcarbinol est insoluble dans l'éther de pétrole, soluble dans l'eau, l'alcool, l'éther, le benzène bouillant. Elle cristallise dans ce dernier dissolvant sous la forme de lamelles brillantes, fusibles à 70°. Les acides la décomposent à chaud en séparant de l'hydroxylamine [V. Meyer et E. Nägeli, *D. chem. G.*, 16, 1622; *Bull. Soc. Chim.*, (2), 40, 448].

Phénylhydrazone,

$$C^6H^5.C(Az^2H.C^6H^5).CH^2OH.$$

— On dissout le benzoylcarbinol (1 partie) dans l'eau bouillante, puis on ajoute du chlorhydrate de phénylhydrazine (1 partie) et de l'acétate de sodium (1p,5). L'hydrazone se sépare sous la forme d'une huile jaune qui ne tarde pas à cristalliser. On dissout le produit dans l'éther et on le précipite par la ligroïne.

Ce composé est en aiguilles fusibles à 112°, presque insolubles dans l'eau froide, peu solubles dans l'eau chaude, solubles dans l'éther et dans l'alcool. Il se dissout facilement dans l'acide chlorhydrique concentré.

Chauffé pendant quelques minutes à 150° avec 5 fois son poids de chlorure de zinc fondu, il perd de l'ammoniaque; la masse traitée par l'eau abandonne un corps amorphe, fondant vers 140° en se décomposant et possédant la composition d'un *oxyphénylindol*, $C^{14}H^{11}AzO$.

En dissolvant l'hydrazone (1 partie) dans l'alcool à 50 0/0, ajoutant du chlorhydrate de phénylhydrazine (2 parties) et de l'acétate de sodium (3 parties) et chauffant ensuite pendant 10 heures au bain-marie, on voit se séparer par le refroidissement l'*osazone* correspondante,

$$C^6H^5.C(Az^2H.C^6H^5).CH(Az^2H.C^6H^5)_2$$

sous la forme de lamelles jaunes, fusibles à 152°, insolubles dans l'eau froide, solubles dans l'éther, le benzène et l'alcool chaud [H. Laubmann, *Ann. Chem.*, 243, 244; *Bull. Soc. Chim.*, (3), 1, 622].

Léon Roux.

BENZOYLCARBONIQUE (ACIDE). — Voyez ACIDE PHÉNYLGLYOXYLIQUE.

BENZOYL-O-CARBONIQUE-ÉTHANE-TRICARBONIQUE (ACIDE),

$$C^6H^4 \begin{cases} CO^2H \\ CO - C(CO^2H)^2 \\ \qquad\;\; | \\ \qquad CH^2 - CO^2H \end{cases}$$

[Wislicenus, *Ann. Chem.*, **242**, 23; *Bull. Soc. Chim.*, (3), **1**, 575].

Le *chloracétate d'éthyle* réagit à 100° sur l'oxéthylphtalylmalonate d'éthyle sodé

$$\begin{array}{l} \quad CO \\ C^6H^4 \langle \;\rangle O \\ \quad C(OC^2H^5) - CNa(CO^2C^2H^5)^2 \end{array}$$

pour donner un éther de la formule

$$\begin{array}{l} \quad CO \\ C^6H^4 \langle \;\rangle O \\ \quad C(OC^2H^5) - C(CO^2C^2H^5)^2 \\ \qquad\qquad\quad | \\ \qquad\qquad CH^2 - CO^2C^2H^5 \end{array}$$

Traité par la potasse alcoolique à 10 0/0, ce dernier donne le sel dipotassique de l'acide benzoyl-o-carbonique-éthane-tricarbonique,

$$C^6H^4 \begin{cases} CO^2K \\ CO - C(CO^2H)^2 \\ \qquad\;\; | \\ \qquad CH^2 - CO^2K \end{cases}$$

L'acide lui-même, que M. Wislicenus appelle à tort *benzoyl-o-carbonéthényltricarbonique*, se décompose, dès qu'on cherche à le mettre en liberté par l'acide chlorhydrique, en donnant de l'acide phtalique et de l'acide éthane-tricarbonique (éthényltricarbonique) :

$$C^{13}H^{10}O^9 + H^2O = C^8H^6O^4 + C^5H^6O^6.$$

Le *sel d'argent*, $C^{13}H^6O^9Ag^4$, est un précipité amorphe. Ad. Fauconnier.

BENZOYLCROTONIQUE (ACIDE),

$$C^{11}H^{10}O^3 = C^6H^5 . CO . C^3H^4 . CO^2H.$$

— On prépare cet acide en faisant réagir l'anhydride citraconique sur le benzène, en présence du chlorure d'aluminium. Purifié par plusieurs cristallisations dans l'eau bouillante, il se présente sous la forme de cristaux aigus, brillants, fusibles à 113°.

Chauffé à l'ébullition avec de l'eau de baryte, il se dédouble en propiophénone

$$CH^3 . CH^2 . CO . C^6H^5$$

et glyoxylate de baryum, ce dernier corps se décomposant à son tour en glycolate et oxalate de baryum.

M. von Pechmann attribue à cet acide la formule

$$C^6H^5 - CO - C(CH^3) = CH - CO^2H,$$

qui rend compte de son dédoublement par les alcalis. Mais cette formule ne doit être admise qu'avec réserve, puisqu'on ne connaît pas avec certitude la constitution de l'acide citraconique duquel dérive l'acide benzoylcrotonique [H. von Pechmann, *D. chem. G.*, **15**, 881; *Bull. Soc. Chim.*, (2), **38**, 77].

BENZOYLDINAPHTYLAMINE. — Voyez Naphtylamine.

BENZOYLDURÈNE [Syn. *Durylbenzoyle*, *phényldurylcétone*],

$$C^6H^5 . CO - C^6H(CH^3)^4$$

[Friedel et Crafts, *Ann. Chim. Phys.*, (6), **1**, 511]. — Ce composé prend naissance par l'action du chlorure d'aluminium sur un mélange de durène et de chlorure de benzoyle chauffé à 120°. Purifié par distillation, il cristallise dans l'alcool en petits prismes aciculaires, qui fondent à 119° et se solidifient à 117°,2. Il distille à 343-343°,5 sous une pression de 725 millimètres.

Par fusion avec de la potasse, le benzoyldurène donne de l'acide benzoïque et du durène.

Traité par un mélange à poids égaux d'acides azotique et sulfurique concentrés, il donne un *dérivé nitré*.

Traité à la température ordinaire par un excès de brome, il fournit du bromure de benzoyle, de l'acide bromhydrique, du dibromodurène et du *benzoyldurène pentabromé*, $C^{17}H^{13}Br^5O$, fusible à 224-225°.

La réduction par l'acide iodhydrique et le phosphore, à 200-240°, transforme le benzoyldurène en *benzyldurène*, $C^6H^5 . CH^2 . C^6H(CH^3)^4$; ce dernier cristallise en aiguilles fusibles à 60°,5 et bouillant vers 310°.

Dibenzoyldurène, $C^6(CH^3)^4(CO . C^6H^5)^2$. — Ce composé se produit en même temps que le benzoyldurène. Il cristallise dans le benzène en petits prismes fusibles à 269-270°, sublimables à une température plus élevée, et distillant au-dessus de 380° avec décomposition partielle et perte d'eau.

La potasse fondante le convertit en durène et acide benzoïque. Ad. Fauconnier.

BENZOYLE (CHLORURE DE), $C^6H^5 . COCl$ (voyez Dict., **1**, 568 et Suppl., **1**, 339). — Il se prend dans un mélange réfrigérant en une masse cristalline fusible à — 1° [Lieben, *Ann. Chem.*, **178**, 43]. Il bout à 193,9-194°,1 sous une pression de 742mm,2; sa densité à 20° est 1,2122 par rapport à l'eau à 4°; son indice de réfraction pour la raie D est 1,55369 [Brühl, *Ann. Chem.*, **235**, 11].

M. Seelig a breveté, pour la préparation du chlorure de benzoyle, un procédé fondé sur l'action du chlore sur l'acétate de benzyle à la température de 170-180°; cette réaction peut être exprimée de la manière suivante :

$$CH^3 . CO^2 - CH^2 . C^6H^5 + 2Cl^2$$
$$= 2HCl + C^6H^5 . COCl + CH^3 . COCl.$$

On sépare les deux chlorures l'un de l'autre par la distillation fractionnée [Brevet allemand 41065, du 8 janvier 1887; *D. chem. G.*, **21**, *Ref.*, 77].

L'action de l'amalgame de sodium sur une solution éthérée de chlorure de benzoyle fournit un mélange de benzile et d'isobenzile [Klinger, *D. chem. G.*, **16**, 955].

Le chlorure de benzoyle s'unit avec le chlorure de titane pour donner des cristaux jaunes, fusibles à 65° et renfermant $C^7H^5OCl . TiCl^4$ [Bertrand, *Bull. Soc. Chim.*, (2), **34**, 631].

Le chlorure de benzoyle réagit à 200° sur l'anhydride arsénieux pour donner des aiguilles hygroscopiques, fusibles à 75° et renfermant

$$(C^6H^5 . CO)^3AsO^3;$$

avec le trisulfure d'arsenic, on obtient de même un composé de la formule $(C^6H^5 . CO)^3AsS^3$ [Pohl, *D. chem. G.*, **22**, 973].

Le chlorure de benzoyle permet d'isoler dans un mélange un alcool polyatomique quelconque : il suffit d'agiter la solution aqueuse et alcalinisée par la soude caustique avec un excès de chlorure de benzoyle : il se sépare bientôt un éther benzoïque de l'alcool; quand on opère avec certaines précautions, la séparation est quantitative [E. Baumann, *D. chem. G.*, **19**, 3221].

Cette réaction n'est pas particulière aux alcools polyatomiques : elle s'étend aux diamines, qui pouvent être isolées par le même procédé [Von Udranszky et E. Baumann, *ibid.*, **21**, 2744].

BENZOYLE (CYANURE DE) [Syn. *Benzoylformonitrile*], $C^6H^5 . CO . CAz$ (voyez Dict., **1**, 569). — Il prend naissance par l'action déshydratante du chlorure d'acétyle ou de l'anhydride acétique sur l'isonitroso-acétophénone (benzoylcarboxime).

Il se prend dans un mélange réfrigérant en lamelles fusibles à 32-33° [Hübner et Buchka, *D. chem. G.*, **10**, 480].

Traité en solution éthérée par le zinc-éthyle, il fournit de l'éthylphénylcétone, du cyanure de zinc, de l'acide benzoïque et de la benzocyanidine, $C^{24}H^{19}AzO^2$ [Frankland et Louis, *Chem. Soc.*, **37**, 742].

Une dissolution de cyanure de benzoyle dans l'acide sulfurique concentré fournit, par l'addition de nitrate de potassium, de l'acide m-nitrobenzoïque et une petite quantité de nitrile nitrobenzoylformique, $C^6H^4(AzO^2) . CO . CAz$ [Thompson, *D. chem. G.*, **14**, 1186].

Le cyanure de benzoyle réagit sur l'hydroxylamine, en donnant, comme le chlorure de benzoyle, de l'acide dibenzhydroxamique [Müller, *D. chem. G.*, **16**, 1621]. Avec la phénylhydrazine, il se comporte d'une façon analogue et fournit de l'acide cyanhydrique et de la benzoylphénylhydrazine,

$$C^6H^5 . CO . AzH . AzH . C^6H^5$$

[Hausknecht, *ibid.*, **22**, 329].

BENZOYLE (FLUORURE DE),

$$C^6H^5 . COFl$$

(voyez Dict., **1**, 1659). — M. Guenez [*C. R.*, **111**, 681] prépare ce composé en chauffant à 190° en tube scellé un mélange équimoléculaire de fluorure d'argent et de chlorure de benzoyle.

C'est un liquide incolore, doué d'une odeur irritante qui rappelle celle du chlorure de benzoyle; il bout à 145°, et brûle avec une flamme fuligineuse bordée de bleu. Il est plus dense que l'eau, qui le décompose lentement à froid en acides benzoïque et fluorhydrique. Il attaque le verre avec formation d'anhydride benzoïque et de fluorure de silicium.

BENZOYLÈNE-GUANIDINE. — Voyez Guanidine.

BENZOYLETHYLACÉTONE,

$$C^6H^5-CO-CH(C^2H^5)-CO-CH^3$$

[Claisen et Lowman, *D. chem. G.*, **21**, 1152]. — Liquide bouillant à 265-270°, obtenu par l'action de l'iodure d'éthyle sur le sel de sodium de la benzoylacétone (voyez ce mot, Suppl., **2**, 593).

BENZOYL-ÉTHYLIQUE (ALDÉHYDE), $C^6H^5 . CO . CH^2 . CHO$ [L. Claisen et L. Fischer, *D. chem. G.*, **20**, 2191; **21**, 1135]. — Ce composé n'est autre chose que l'aldéhyde correspondant à l'acide benzoylacétique, comme la cyanacétophénone en est le nitrile :

$$\underset{\text{Acide benzoylacétique.}}{C^6H^5 . CO . CH^2 . CO^2H,} \quad \underset{\text{Aldéhyde benzoyléthylique.}}{C^6H^5 . CO . CH^2 . CHO,}$$

$$\underset{\text{Benzoylacétonitrile ou cyanacétophenone.}}{C^6H^5 . CO . CH^2 . CAz.}$$

On la prépare en ajoutant à une solution refroidie de sodium (1 atome) dans 20 ou 30 fois son poids d'alcool absolu un mélange d'acétylbenzène (1 molécule) et d'éther formique (1 molécule). On abandonne le tout pendant 2 ou 3 jours dans un endroit frais, on filtre, on essore et on lave finalement avec de l'alcool, puis avec de l'éther. On obtient ainsi le dérivé sodique de l'aldéhyde benzoyléthylique,

$$C^6H^5 . CO . CHNa . CHO,$$

qui prend naissance suivant l'équation

$$C^6H^5 . CO . CH^3 + HCO . OC^2H^5 + C^2H^5ONa$$
$$= C^6H^5 . CO . CHNa . CHO + 2 C^2H^5OH.$$

Pour obtenir l'aldéhyde libre, il suffit de traiter la solution aqueuse de ce sel par de l'acide chlorhydrique ou par de l'acide acétique. Il se précipite une huile, légèrement colorée en jaune, qu'on dissout dans l'éther. La solution éthérée, soumise à l'évaporation, abandonne un liquide huileux, qui devient de plus en plus épais et qui finit par se transformer en un sirop visqueux constituant sans doute un produit de condensation. Agitée avec une solution concentrée de bisulfite de sodium, cette aldéhyde peut aussi être enlevée à sa solution éthérée sous la forme d'une combinaison cristalline.

La *combinaison sodée*,

$$C^6H^5 . CO . CHNa . CHO,$$

est assez stable lorsqu'elle est sèche et peut se conserver pendant longtemps dans des vases fermés. Exposée à l'air, elle se colore en jaune. Elle se dissout dans l'eau froide sans se décomposer; mais cette solution, maintenue à 100° pendant quelque temps, finit par se troubler, en fournissant de l'acétylbenzène et du formiate de sodium :

$$C^6H^5 . CO . CHNa . CHO + H^2O$$
$$= C^6H^5 . CO . CH^3 + HCO^2Na.$$

Additionnée d'acide acétique et d'alcool, elle donne avec le perchlorure de fer une coloration d'un jaune rougeâtre intense. Une réaction plus caractéristique est celle que fournit le sulfate ferreux. Si l'on ajoute du sulfate ferreux à une solution hydroalcoolique très étendue de ce sel, on obtient d'abord une coloration d'un violet foncé, puis, après addition d'une nouvelle quantité de sel de fer, on voit se former un précipité d'un rouge bordeaux qui, au miscroscope, présente l'apparence d'une masse d'aiguilles feutrées.

Les *sels de calcium* et *de strontium* sont des précipités blancs.

Le chlorure mercurique fournit un précipité blanc, passant rapidement au jaune. Le nitrate mercureux donne un précipité noir de mercure métallique.

Le *sel d'argent* est un précipité blanc-jaunâtre, qui est assez stable dans le milieu liquide, tandis qu'il noircit rapidement quand il est à l'état sec.

Les *sels de cadmium, de zinc, de plomb* sont des précipités blancs; le *sel de nickel*, un précipité d'un vert clair; celui *de cobalt*, un précipité rouge, etc.

Le *sel de cuivre*, $(C^9H^7O^2)^2Cu$, s'obtient en additionnant d'acétate de cuivre une solution hydroalcoolique étendue du composé sodique. Au bout de quelques minutes, on voit se déposer des prismes brillants, d'un vert-olive foncé, qui paraissent se décomposer si on les abandonne pendant longtemps au sein du liquide où ils ont pris naissance.

Une propriété caractéristique de l'aldéhyde benzoyléthylique consiste dans la facilité avec laquelle elle se combine aux amines aromatiques primaires, pour fournir des combinaisons analogues à la benzylidène-aniline :

$$C^6H^5 . CO . CH^2 . CHO + AzH^2 . R$$
$$= C^6H^5 . CO . CH^2 . CH = AzR + H^2O,$$

La résistance qu'opposent ces nouveaux composés à se transformer, sous l'influence des agents déshydratants, en bases quinoléiques, fait douter qu'ils possèdent réellement la constitution ci-dessus.

L'aptitude de cette aldéhyde à se combiner aux amines secondaires ajoute encore aux doutes qu'on doit avoir sur la constitution de ces dérivés et porte à lui attribuer des formules analogues à celles qui sont données plus bas.

Anilide de l'aldéhyde benzoyléthylique,

$$C^9H^7O . AzH . C^6H^5.$$

— Elle se précipite sous la forme d'une bouillie cristalline et jaune, quand on ajoute à une solution de l'aldéhyde sodée une dissolution de n'importe quel sel d'aniline. Cristallisée au sein de l'alcool, cette anilide constitue des cristaux prismatiques ou feuilletés, de couleur jaune, fondant à 140-141°. Elle est difficilement soluble dans l'alcool froid, très soluble dans l'alcool bouillant.

La *p-toluide*, $C^9H^7O.AzH.C^7H^7$, se prépare de la même manière. Cristallisée au sein de l'acide acétique cristallisable, elle se présente sous la forme de petits cristaux d'un jaune intense et fond vers 160-163°.

La *β-naphtalide*, $C^9H^7O.AzH.C^{10}H^7$, constitue de petits cristaux bronzés et fondant à 180-181°. Elle est difficilement soluble dans la plupart des dissolvants.

La *méthylanilide*,

$$C^9H^7O . Az \begin{matrix} \diagup CH^3 \\ \diagdown C^6H^5 \end{matrix}$$

se dépose sous la forme de cristaux feuilletés et blancs quand on ajoute à la solution aqueuse de l'aldéhyde sodée, d'abord de l'acide acétique cristallisable, puis de la méthylaniline, et qu'on abandonne le tout à lui-même pendant quelque temps. Les premiers cristaux qui se forment fondent à 93°; mais, après une série de cristallisations, ils fondent à 103°.

La *benzylanilide*

$$C^9H^7O . Az \begin{matrix} \diagup C^7H^7 \\ \diagdown C^6H^5 \end{matrix}$$

a été préparée de la même manière. Cristaux d'un blanc jaunâtre, fondant à 130°.

Combinaison ammoniacale, $C^{18}H^{15}AzO^2$. — On prépare cette combinaison en ajoutant à une solution éthérée de l'aldéhyde une dissolution d'acétate d'ammonium dans l'acide acétique cristallisable et en abandonnant le mélange à lui-même pendant quelques jours. Il se dépose des cristaux jaunes, difficilement solubles dans la plupart des dissolvants, et qu'on n'arrive à dissoudre que dans le toluène ou dans le xylène. Prismes très déliés, d'un jaune clair, fondant à 219-220°. Ce corps paraît se former suivant l'équation

$$2(C^6H^5 . CO . CH^2 . CHO) + AzH^3 = C^{18}H^{15}AzO^2 + 2H^2O.$$

Aldéhyde benzène-azo-benzoyléthylique,

$$C^6H^5 . CO . \underset{\displaystyle Az^2 . C^6H^5}{CH} . CHO$$

ou

$$C^6H^5-CO-\underset{\displaystyle Az-AzH . C^6H^5}{\overset{}{C}}\!\!=\; -CHO$$

— On ajoute à une solution aqueuse d'aldéhyde benzoyléthylique sodée une solution étendue de chlorure de diazobenzène, en ayant soin de maintenir le mélange à une température voisine de 0°.

Il se dépose une masse cristalline jaune, qu'on fait cristalliser dans l'alcool. On obtient des prismes dont la couleur peut varier du jaune au rouge foncé, suivant la concentration de la solution alcoolique, et qui fondent à 103°.

Phénylhydrazone de l'aldéhyde benzoyléthylique,

$$C^6H^5 . CO . CH^2 . CH = Az . AzH . C^6H^5.$$

— On la prépare en ajoutant à de la phénylhydrazine une solution éthérée de l'aldéhyde. L'hydrazone ne tarde pas à se déposer sous la forme d'une masse cristalline, fondant à 118-120°. Ce composé, soumis à la distillation, perd de l'eau et se transforme en une huile épaisse, qui passe à 334-336° et qui est constituée par du *diphénylpyrazol*, formé en vertu de la réaction

$$C^6H^5 . CO . CH^2 . CHO + H^2Az . AzH . C^6H^5$$

$$= \begin{matrix} & Az . C^6H^5 & \\ & \diagup \quad \diagdown & \\ C^6H^5 . C & & Az \\ \| & & \| \\ CH & - & CH \end{matrix} + 2H^2O.$$

Ce produit est identique avec celui que MM. Claisen et Beyer [*D. chem. G.*, **20**, 2186] ont obtenu en partant de l'acide pyruvique.

Oxime de l'aldéhyde benzoyléthylique,

$$C^6H^5 . CO . CH^2 . CH(AzOH)$$

[L. Claisen et R. Stock, *D. chem. G.*, **24**, 130]. — On la prépare en mélangeant, à la température ordinaire, des solutions aqueuses de chlorhydrate d'hydroxylamine et du sel sodique de l'aldéhyde benzoyléthylique. Elle cristallise dans le benzène en prismes incolores, fusibles à 86-87°, très solubles dans l'alcool, l'esprit de bois, l'éther et le chloroforme, peu solubles dans la ligroïne et dans le sulfure de carbone, assez solubles à chaud dans l'eau et dans le benzène.

Ses solutions alcalines sont jaunes et sont décomposées par l'acide carbonique

Sa solution alcoolique donne avec le chlorure ferrique une coloration d'un vert foncé qui, par l'addition d'acétate de sodium, passe au bleu foncé.

Chauffée au bain-marie avec un excès de soude caustique, la benzoyléthylaldoxime se convertit avec perte d'eau en cyanacétophénone :

$$C^6H^5 . CO . CH^2 . CH(AzOH) + NaOH = 2H^2O + C^6H^5 . CO . CHNa . CAz.$$

L'anhydride acétique lui fait subir la même transformation à une température peu élevée.

Le chlorure d'acétyle la convertit au contraire avec dégagement de chaleur en *phénylisoxazol* (phénylfurazol),

$$\begin{matrix} & O & \\ & \diagup \quad \diagdown & \\ C^6H^5-C & & Az \\ \| & & \| \\ CH & - & CH \end{matrix}$$

Si, au lieu d'effectuer à froid la réaction du chlorhydrate d'hydroxylamine sur l'aldéhyde benzoyléthylique sodée, on opère à chaud et en solution neutre, on voit se déposer un dérivé peu soluble dans la plupart des dissolvants usuels et répondant à la formule $C^{18}H^{17}Az^3O^3$. Ce corps, qui a pris naissance suivant l'équation

$$2C^9H^8O^2 + 3AzH^3O = 4H^2O + C^{18}H^{17}Az^3O^3,$$

cristallise dans l'acétate d'amyle bouillant, en belles aiguilles blanches, fusibles à 197-198°.

A. Haller.

BENZOYLFORMIQUE (ACIDE). — Voyez Acide Phénylglyoxylique.

BENZOYLHYDROCINNAMIQUE (ACIDE β-),

$$C^6H^5-\underset{\displaystyle C^6H^5-CO}{\underset{|}{CH}}-CH^2-CO^2H$$

[Japp et Miller, *D. chem. G.*, 18, 184]. — On l'obtient en oxydant par l'acide chromique une solution acétique de déhydracétone-benzile; le mélange est chauffé à l'ébullition pendant une demi-heure, puis versé dans l'eau et épuisé par l'éther. La solution éthérée, lavée au carbonate de sodium, lui cède l'acide β-benzoylhydrocinnamique; on l'isole par l'action de l'acide chlorhydrique et par un épuisement à l'éther; on achève la purification par quelques cristallisations dans le benzène bouillant.

Aiguilles incolores, peu solubles dans l'eau bouillante, assez solubles dans le benzène chaud. Ce corps fond à 152° et se décompose un peu au-dessus de cette température, en perdant de l'acide carbonique.

L'acide benzoylhydrocinnamique ne réagit pas sur l'hydroxylamine; l'amalgame de sodium est sans action sur lui : ces deux faits semblent difficiles à concilier avec la formule de structure donnée plus haut.

Le *sel d'argent*, $C^{16}H^{13}O^3Ag$, est une poudre blanche, très fortement électrique lorsqu'elle est sèche.

Le *sel de baryum*, $(C^{16}H^{13}O^3)^2Ba, 2H^2O$, cristallise en longs prismes incolores.

G. de Bechi.

BENZOYLISODURÈNE,

$$C^6H^5.CO.C^6H(CH^3)^4$$

[Essner et Gossin, *Bull. Soc. Chim.*, (2), 42, 170]. — Ce composé prend naissance par l'action du chlorure d'aluminium sur un mélange d'isodurène et de chlorure de benzoyle à la température ordinaire. Il se présente en cristaux fusibles à 62-63° et distille vers 300°.

La potasse le dédouble en isodurène et acide benzoïque

L'acide sulfurique concentré le dissout en donnant un *acide sulfonique* peu soluble dans l'eau, très soluble dans l'éther.

L'acide cyanhydrique s'unit au benzoylisodurène pour fournir un composé qui paraît être le *nitrile phénylisodurylglycolique*,

$$C^6H(CH^3)^4-C(OH)<\begin{matrix}CAz\\C^6H^5\end{matrix}$$

L'acide iodhydrique fumant fournit à 250° du *benzylisodurène*, $C^6H(CH^3)^4.CH^2.C^6H^5$.

L'hydrogénation par l'amalgame de sodium paraît donner du *phénylisodurylcarbinol*,

$$C^6H(CH^3)^4-CHOH-C^6H^5.$$

L'oxydation par le permanganate de potassium, à froid ou à chaud, donne l'*acide benzoylbenzène-tétracarbonique*, $C^6H(CO^2H)^4.CO.C^6H^5$.

Ad. Fauconnier.

BENZOYLISOVALÉRYLMÉTHANE [Syn. *Valérylacétophénone*],

$$C^6H^5-CO-CH^2-CO-C^4H^9$$

[Stylos, *D. chem. G.*, 20, 2181]. — Liquide huileux, bouillant à 183-184° sous une pression de 30 millimètres, obtenu par l'action de l'acétylbenzène sur l'isovalérate de sodium en présence d'éthylate de sodium.

BENZOYL-LACTIQUE (ACIDE). — Voyez Dict., 2, 184.

BENZOYLMALAMIQUE (ACIDE). — Voyez ACIDE MALIQUE.

BENZOYLMÉSITYLÈNE,

$$C^6H^5.CO.C^6H^2(CH^3)^3.$$

[E. Louïse, *Ann. Chim. Phys.*, (6), 6, 200]. — Ce composé peut être préparé par l'oxydation du benzylmésitylène au moyen de l'acide chromique en solution acétique ou du mélange de dichromate de potassium et d'acide sulfurique. On l'obtient plus aisément par l'action du chlorure d'aluminium sur un mélange de mésitylène et de chlorure de benzoyle à la température de 105°.

Il cristallise en prismes clinorhombiques, fusibles à 35°,5, insolubles dans l'eau, solubles dans l'acétone, le pétrole, le chloroforme, l'acide acétique, l'alcool et l'éther; il bout à 318-320°.

La potasse fondante le dédouble en mésitylène et acide benzoïque; l'anhydride phosphorique fournit les mêmes produits et en outre un hydrocarbure fusible à 113-114°, dont la composition n'a pu être établie.

L'hydrogène naissant fournit, suivant les conditions, soit un mélange de mésitylène et de toluène, soit du phénylmésitylénylcarbinol.

L'oxydation ménagée par le dichromate de potassium et l'acide sulfurique fournit comme produits principaux les deux acides o- et p-benzoylmésityléniques, $C^6H^5-CO-C^6H^2(CH^3)^2CO^2H$.

Traité à froid par l'acide pyrosulfurique, le benzoylmésitylène donne un *acide monosulfonique*, incristallisable, $C^{16}H^{16}SO^4$ [Elbs, *J. prakt. Chem.*, (2), 35, 465; *Bull. Soc. Chim.*, (2), 48, 739].

Traité par un mélange d'acide nitrique fumant et d'acide pyrosulfurique, il fournit un mélange de deux *dérivés nitrés* isomériques,

$$C^{16}H^{13}O(AzO^2)^3,$$

fusibles l'un à 188°, l'autre à 145° [Elbs, *ibid.*].

DIBENZOYLMÉSITYLÈNE, $C^6H(CH^3)^3(CO.C^6H^5)^2$. — On le prépare en traitant par le chlorure d'aluminium, à la température de 150°, un mélange de benzoylmésitylène et d'un excès de chlorure de benzoyle. Il forme des prismes clinorhombiques incolores, fusibles à 19°, solubles dans l'éther, l'alcool, le pétrole, l'acétone, le chloroforme; il distille vers 300°.

TRIBENZOYLMÉSITYLÈNE, $C^6(CH^3)^3(CO.C^6H^5)^3$. — On l'obtient en traitant par le chlorure d'aluminium, à la température de 198°, un mélange de chlorure de benzoyle et de benzoylmésitylène ou de dibenzoylmésitylène. Il se présente en petits prismes clinorhombiques, ambrés, fusibles à 215-216°, presque insolubles dans l'alcool froid, solubles dans l'alcool bouillant, l'éther, le benzène, le chloroforme et l'acétone.

BENZOYLMÉSITYLÉNIQUES (ACIDES),

$$C^6H^5-CO-C^6H^2(CH^3)^2CO^2H$$

[E. Louïse, *Ann. Chim. Phys.*, (6), 6, 218]. — L'oxydation ménagée du benzoylmésitylène par le dichromate de potassium et l'acide sulfurique fournit comme produits principaux les acides o- et p-benzoylmésityléniques, suivant l'équation

$$C^6H^5-CO-C^6H^2(CH^3)^3+O^3$$
$$=H^2O+C^6H^5-CO-C^6H^2(CH^3)^2CO^2H.$$

Le mélange des deux acides est lavé à l'eau froide, puis dissous dans la potasse et précipité par l'acide sulfurique. On effectue la séparation des deux acides en les transformant en sels de magnésium; le sel de l'acide para est presque insoluble dans l'eau froide et peut être isolé à l'état de pureté par quelques cristallisations.

ACIDE O-BENZOYLMÉSITYLÉNIQUE,

$$C^6H^5-CO_{(1)}-C^6H^2(CH^3)^2_{(2.4)}CO^2H_{(6)}.$$

— Il se présente en cristaux efflorescents, fusibles

à 185°, peu solubles dans l'eau bouillante, solubles dans le chloroforme, l'éther, l'acétone, le benzène.

Le *sel de potassium*, $C^{16}H^{13}O^3K$, cristallise difficilement en aiguilles blanches, d'apparence soyeuse, qui s'accolent les unes aux autres.

Le *sel d'ammonium*, $C^{16}H^{13}O^3 . AzH^4$, forme une masse cristalline, incolore, transparente, efflorescente; chauffé légèrement, il perd son ammoniaque.

Le *sel d'argent*, $C^{16}H^{13}O^3Ag$, est un précipité blanc cristallin, peu altérable à la lumière, soluble dans l'eau bouillante, qui l'abandonne par refroidissement en petites aiguilles incolores.

Le *sel de baryum*, $(C^{16}H^{13}O^3)^2Ba$, est une masse gommeuse et transparente.

Le *sel de magnésium* est une masse sirupeuse, extrêmement soluble dans l'eau.

Le *sel de zinc*, $(C^{16}H^{13}O^3)^2Zn$, cristallise difficilement dans l'eau bouillante en prismes incolores.

Le *sel de cuivre*, $(C^{16}H^{13}O^3)^2Cu$, est un précipité bleuâtre, amorphe, pulvérulent, insoluble à chaud et à froid dans l'eau et dans l'alcool.

Chauffé à feu nu, l'acide o-benzoylmésitylénique perd 1 molécule d'eau et se convertit en 2-4-*diméthylanthraquinone*,

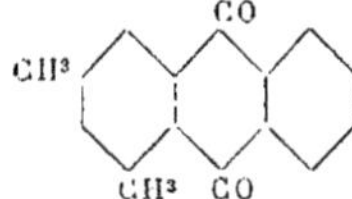

ce qui fixe sa constitution.

Acide p-benzoylmésitylénique,

$$C^6H^5 - CO_{(1)} - C^6H^2(CH^3)^2_{(2.6)}CO^2H_{(4)}.$$

— Il cristallise en aiguilles très fines, insolubles dans l'eau froide, solubles dans l'eau bouillante, très solubles dans l'éther, l'acétone, le chloroforme, l'acide acétique, fusibles à 160°.

Le *sel de potassium*, $C^{16}H^{13}O^3K$, et le *sel de sodium* se présentent en mamelons blancs et soyeux.

Le *sel de lithium* est en petits cristaux nettement définis.

Le *sel d'ammonium*, $C^{16}H^{13}O^3 . AzH^4$, cristallise en lamelles minces et brillantes, efflorescentes; il se dissocie par l'ébullition avec l'eau.

Le *sel d'argent*, $C^{16}H^{13}O^3Ag$, cristallise dans l'eau bouillante en petites aiguilles incolores, peu altérables à la lumière.

Le *sel de baryum*, $(C^{16}H^{13}O^3)^2Ba, 2H^2O$, cristallise en longues aiguilles, solubles dans l'eau bouillante, presque insolubles dans l'eau froide et dans l'alcool.

Le *sel de calcium*, $(C^{16}H^{13}O^3)^2Ca$, cristallise dans l'eau chaude en longs filaments soyeux.

Le *sel de strontium*, $(C^{16}H^{13}O^3)^2Sr$, forme des aiguilles blanches, groupées en barbes de plume.

Le *sel de magnésium*, $(C^{16}H^{13}O^3)^2Mg, 6H^2O$, cristallise dans l'eau bouillante en paillettes blanches et brillantes.

Le *sel de cuivre* est une poudre cristalline bleuâtre, presque insoluble dans l'eau froide, un peu soluble dans l'alcool.

Le *sel de cobalt*, $(C^{16}H^{13}O^3)^2Co$, est en petites paillettes rose fleur de pêcher, solubles dans l'alcool.

Les *sels de fer* et *de plomb* sont amorphes.

Ad. Fauconnier.

BENZOYLMÉTHYLIQUE (ALDÉHYDE) [Syn. *Benzoylméthylal*, *phénylglyoxal*]

$$C^6H^5 . CO . CHO$$

[H. v. Pechmann, *D. chem. G.*, **20**, 2904. — H. Müller et H. v. Pechmann, *ibid.*, **22**, 2556]. — Cette aldéhyde se produit par l'hydratation de la combinaison bisulfitique de la benzoylcarboxime (nitrosoacétophénone), suivant l'équation

$$C^6H^5 . CO . CH = AzSO^3H + 2H^2O$$
$$= SO^4H . AzH^4 + C^6H^5 . CO . CHO.$$

Pour la préparer, on dissout la benzoylcarboxime dans 4 fois son poids d'une solution de bisulfite de sodium à 35 0/0; la combinaison se fait avec dégagement de chaleur, et le dérivé bisulfitique se dépose par refroidissement sous la forme d'une masse cristalline jaunâtre. Ce dérivé est essoré et chauffé dans un appareil distillatoire avec 11 fois son poids d'acide sulfurique à 17 0/0, jusqu'à ce qu'il ait passé environ un quart de la masse. Le résidu laisse déposer par le refroidissement des cristaux constituant l'*hydrate du benzoylméthylal*, $C^6H^5 . CO . CH(OH)^2$.

Cet hydrate fond à 73°; chauffé au-dessus de son point de fusion, il perd de l'eau et donne l'aldéhyde anhydre.

L'hydrate est volatil avec la vapeur d'eau; il se dissout dans 35 parties d'eau à 20°.

L'aldéhyde anhydre bout sans altération vers 142° sous 125 millimètres de pression, et se prend dans le récipient en une masse vitreuse incristallisable; au contact de l'air humide, elle régénère l'hydrate.

L'hydrate réduit la solution ammoniacale d'argent, mais non la liqueur de Fehling; il colore en rouge la solution sulfureuse de fuchsine; il donne, avec le benzène ordinaire et l'acide sulfurique, une liqueur brune qui passe peu à peu au violet sale.

Les alcalis convertissent l'aldéhyde benzoylméthylique en acide phénylglyoxylique (benzoylformique); il en est de même de l'acide nitrique.

L'*hydrazone*, $C^6H^5 - C(Az^2H . C^6H^5) - CHO$, se produit par le mélange d'une solution aqueuse de l'aldéhyde avec une solution acétique diluée de phénylhydrazine; elle cristallise en lamelles jaunes, fusibles à 142-143°, très solubles dans la plupart des dissolvants organiques.

Elle est isomérique avec le composé, fusible à 128,5-129°, qui prend naissance par l'action du chlorure de diazobenzène sur l'éther benzoylacétique, et qui a été envisagé successivement comme la *phénylazoacétophénone*,

$$C^6H^5 . CO . CH^2 . Az^2C^6H^5$$

[Bamberger, *D. chem. G.*, **18**, 2564], puis comme l'*hydrazone benzoylméthylique*,

$$C^6H^5 . CO . CH(Az^2H . C^6H^5)$$

[R. Stierlin, *D. chem., G.*, **21**, 2122].

L'*osazone*,

$$C^6H^5 - C(Az^2H . C^6H^5) - CH(Az^2H . C^6H^5),$$

se produit soit lorsqu'on chauffe l'aldéhyde avec 2 molécules d'acétate de phénylhydrazine en solution aqueuse, soit plus simplement lorsqu'on chauffe la benzoylcarboxime avec un excès de phénylhydrazine.

Elle cristallise en aiguilles jaunes, fusibles à 151-152°. Elle est identique avec le produit obtenu par M. Laubmann au moyen de la phénylhydrazine et du benzoylcarbinol [*Ann. Chem.*, **243**, 247].

Action de l'ammoniaque. — Lorsqu'on traite par l'ammoniaque une solution aqueuse, même très étendue, d'aldéhyde benzoylméthylique, on voit se déposer des flocons blancs, qui cristallisent dans l'alcool dilué en lamelles brillantes, fusibles à 192-193°, répondant à la formule $C^{22}H^{17}Az^3O$ ou peut-être $C^{22}H^{19}Az^3O$. Ce corps est soluble dans les alcalis, d'où les acides le précipitent sans altération.

Action de l'hydroxylamine. — Une solution aqueuse d'hydroxylamine convertit à chaud l'aldéhyde benzoylméthylique en une poudre blanche fusible à 219°, soluble dans les alcalis, insoluble dans les acides, et ayant pour composition $C^{16}H^{13}Az^3O^3$. Ce dérivé prendrait naissance suivant l'équation

$$2C^8H^6O^2 + 3AzH^3O = 4H^2O + C^{16}H^{13}Az^3O^3.$$

Ad. Fauconnier.

BENZOYLNAPHTALIDE. — Voyez NAPHTYLAMINE.

BENZOYLNAPHTOL (α-). — MM. Gattermann, Ehrhardt et Maisch ont décrit *l'éther éthylique* d'un benzoyl-α-naphtol qu'ils ont obtenu par l'action du chlorure de benzoyle sur le naphtolate d'éthyle en présence du chlorure d'aluminium, et auquel ils attribuent la constitution

OC^2H^5

$CO.C^6H^5$

Ce composé cristallise en aiguilles fusibles à 74-75°.

BENZOYLOPHÉNYLHYDRAZINE,

$$C^6H^5.CO.C^6H^4-AzH.AzH^2$$

[S. Ruhemann et F. Blackmann, *Chem. Soc.*, **28**, 612; *D. chem. G.*, 22, *Ref.*, 749; *Bull. Soc. Chim.*, (3), 3, 906]. — On prépare cette base en hydrogénant le dérivé diazoïque de la p-amidobenzophénone.

On mélange 20 grammes de p-amidobenzophénone avec 400 parties d'acide chlorhydrique, on y ajoute à froid la quantité théorique de nitrite de sodium, puis on filtre, et on traite la liqueur par une solution refroidie de 90 grammes de chlorure stanneux dans 20 grammes d'acide chlorhydrique. Il se forme immédiatement un précipité constituant un chlorostannate; celui-ci est recueilli, essoré et redissous dans l'eau tiède : l'addition d'acide chlorhydrique à la liqueur détermine le dépôt du chlorhydrate de benzoylophénylhydrazine.

La base, obtenue en précipitant à chaud le chlorhydrate par l'acétate de sodium, forme des cristaux fusibles à 127°, qui s'altèrent assez rapidement à l'air; elle est très soluble dans l'alcool l'éther et le benzène.

Le *chlorhydrate* est très soluble à chaud dans l'eau et dans l'alcool, insoluble dans l'éther et dans l'acide chlorhydrique concentré. Il réduit la liqueur de Fehling.

Le *dérivé acétylé*,

$$C^6H^5.CO.C^6H^4-AzH.AzH.CO.CH^3,$$

fond à 154-155°.

La *benzoylophénylhydrazine-urée* (*benzoylophényl-semicarbazide*),

$$C^6H^5.CO.C^6H^4-AzH.AzH.CO.AzH^2,$$

fond en se décomposant à 215°,5; on l'obtient par double décomposition entre le chlorhydrate de l'hydrazine et le cyanate de potassium.

L'α-benzoylophénylhydrazine-b-phénylsulfo-urée (*benzoylophényl-phénylsulfo-semicarbazide*),

$$C^6H^5.CO.C^6H^4-AzH.AzH.CS.AzH.C^6H^5,$$

préparée par l'union directe de la base et du phénylsénevol en solution éthérée, fond en se décomposant à 203°.

La benzoylophénylhydrazine réagit sur les aldéhydes et sur les acétones comme la phénylhydrazine.

Avec l'aldéhyde benzylique, on obtient la *benzylidène-benzoylophénylhydrazine*,

$$C^6H^5.CO.C^6H^4-AzH.Az=CH.C^6H^5,$$

en cristaux fusibles à 188°, peu solubles dans l'alcool chaud.

L'acétone fournit l'*isopropylidène-benzoylophénylhydrazine*,

$$C^6H^5.CO.C^6H^4-AzH.Az=C(CH^3)^2,$$

fusible à 125° très soluble dans l'alcool et dans l'acétone.

L'acide pyruvique donne un dérivé fusible avec décomposition à 210°. Ce dernier fournit un *sel de baryum* cristallisé, un *sel d'argent* très instable et un *éther*

$$C^6H^5.CO.C^6H^4-AzH.Az=C\begin{matrix}\diagup CH^3\\ \diagdown CO^2C^2H^5\end{matrix}$$

qui fond sans se décomposer à 145°.

Chauffé au bain d'huile à 220° avec son poids de chlorure de zinc fondu, cet éther se convertit en *acide benzoylindol-carbonique*,

$$C^6H^5.CO.C^6H^3\begin{matrix}\diagup CH \diagdown\\ \diagdown AzH \diagup\end{matrix}C.CO^2H,$$

cristaux fusibles avec décomposition à 284-285°, très solubles dans l'alcool, peu solubles dans l'eau. Maintenu pendant quelque temps à 280-290°, cet acide perd de l'acide carbonique et se transforme en *benzoylindol*, fusible à 144-145°.

Ad. Fauconnier.

BENZOYLOXYMYRISTIQUE (ACIDE),

$$C^{14}H^{27}(C^6H^5O)O^3.$$

— Obtenu par l'action du chlorure de benzoyle sur l'acide oxymyristique, cet acide cristallise dans l'alcool en paillettes fusibles à 68°, presque insolubles dans l'alcool froid, peu solubles dans l'alcool chaud.

Son *sel d'argent* est un précipité noircissant à la lumière [R. Müller, *D. chem. G.*, **14**, 2482].

BENZOYLPHTALIQUE (ACIDE). — On prépare l'acide benzoylphtalique en oxydant l'α-naphtylphénylcétone, $C^{10}H^7-CO-C^6H^5$, par un mélange de dichromate de potassium et d'acide sulfurique [Rospendowsky, *C. R.*, **102**, 872]. Il se fait une vive réaction, accompagnée d'un dégagement de gaz carbonique. L'acide formé est repris par le carbonate de sodium et précipité de cette solution concentrée par un excès d'acide sulfurique. Il se forme par refroidissement de petits cristaux brunâtres qui se réunissent à la surface du liquide. Pour purifier ces cristaux, on les dissout dans une grande quantité d'eau bouillante et on traite la solution par un excès d'acétate de plomb. Il se forme des flocons cristallins, que l'on recueille et que l'on décompose à chaud par l'hydrogène sulfuré. On décolore la solution par le noir animal, on la concentre et finalement on purifie le produit obtenu par plusieurs cristallisations dans l'eau bouillante.

L'acide benzoylphtalique,

$$C^6H^5.CO_{(3)}.C^6H^3\begin{matrix}\diagup CO^2H_{(1)}\\ \diagdown CO^2H_{(2)}\end{matrix}$$

forme de belles lamelles blanches, fusibles à 155°, très solubles dans l'alcool et dans l'éther.

Ses *sels de baryum* et *d'argent* sont très solubles dans l'eau.

Traité par la chaux au rouge, il donne de la benzophénone.

Quand on traite l'α-benzoylnaphtoquinone,

$$C^6H^5.CO.C^6H^3\begin{matrix}\diagup CO.CH\\ \quad\ \ \Vert\\ \diagdown CO.CH\end{matrix}$$

par l'acide azotique étendu, on obtient un corps fusible à 121-128°, qui possède la composition d'un acide benzoylphtalique hydraté, $C^{15}H^{10}O^5, H^2O$; avec la β-benzoylnaphtoquinone, on obtient un acide fusible à 164-165° qui donne un anhydride fusible à 150-151° [O. Kegel, *Ann. Chem.*, **247**, 178].

Acide benzoyltéréphtalique. — On l'obtient en traitant à 170-180° la phényl-p-xylylcétone,

$$C^6H^5-CO-C^6H^3(CH^3)^2,$$

par l'acide azotique étendu (d = 1,15) [Elbs, *J. prakt. Chem.*, (2), **35**, 479], ou bien en oxydant le benzylcymène, $C^6H^5.CH^2.C^{10}H^{13}$, par un mélange d'acide sulfurique et de dichromate de potassium [Weber, *Inaug. Dissert.*, Marburg, 1878]. Le produit brut est desséché à l'air, puis traité par le toluène, qui ne dissout que les impuretés. On le transforme ensuite en sel de baryum que l'on purifie par des cristallisations successives, ou bien par précipitation de sa solution aqueuse au moyen de l'alcool.

Cet acide est insoluble dans l'eau et dans le toluène, très soluble dans l'alcool et dans l'éther. Il fond au-dessus de 290°.

Le *sel de baryum*, $C^{15}H^8O^5Ba, 5H^2O$, se présente en cristaux grenus, peu solubles dans l'eau.

Le *sel de calcium*, $C^{15}H^8O^5Ca, H^2O$, offre des propriétés analogues.

L'acide benzoyltéréphtalique, traité par le zinc et l'acide chlorhydrique, donne un acide dont le sel de calcium, $C^{30}H^{18}O^8Ca, 3H^2O$, forme une poudre confusément cristalline. Par l'amalgame de sodium, il donne un acide *benzyltéréphtalique* dont le sel de baryum, $C^6H^5.CH^2.C^6H^3(CO^2)^2Ba$, est une poudre blanche, soluble dans l'eau et dans l'alcool.

Ch. Cloëz.

BENZOYLPROPIONIQUE (ACIDE),

$$C^6H^5.CO.CH^2.CH^2.CO^2H.$$

— Cet acide a été obtenu par M. Burcker dans l'action de l'anhydride succinique sur le benzène en présence du chlorure d'aluminium [*Bull. Soc. Chim.*, (2), **35**, 17].

Après traitement par l'eau du produit de la réaction, l'acide se trouve en partie dans le benzène, en partie dans la solution aqueuse à l'état de sel d'aluminium.

On peut encore l'obtenir dans la réduction de l'acide benzoylacrylique,

$$C^6H^5-CO-CH=CH-CO^2H$$

[von Pechmann, *D. chem. G.*, **15**, 881]; ou bien en chauffant l'acide β-benzoylisosuccinique un peu au-dessus de son point de fusion [Kues et Paal, *D. chem. G.*, **18**, 3323] :

$$C^6H^5-CO-CH^2-CH{<}{CO^2H \atop CO^2H}$$
$$= C^6H^5-CO-CH^2-CH^2-CO^2H + CO^2;$$

ou encore en traitant l'acide benzoylsuccinique par l'acide sulfurique étendu et bouillant :

$$C^6H^5-CO-\underset{\displaystyle CH^2-CO^2H}{\underset{|}{CH}}-CO^2H$$
$$= CO^2 + C^6H^5.CO.CH^2.CH^2.CO^2H$$

[W.-H. Perkin, *Chem. Soc.*, **47**, 262].

Enfin, si l'on fait réagir le chlorure d'aluminium sur un mélange de chlorure de succinyle et de benzène dissous dans le sulfure de carbone, on peut obtenir le chlorure de l'acide benzoylpropionique, à condition de n'employer que la quantité théorique d'hydrocarbure : le moindre excès de benzène détermine la formation d'une diacétone $C^6H^5-CO-CH^2-CH^2-CO-C^6H^5$ [Ad. Claus, *D. chem. G.*, **20**, 1374].

M. Auger [*Bull. Soc. Chim.*, (2), **47**, 658 et **49**, 345] a obtenu dans cette réaction un mélange de *diacétone succinylène-diphénylique*

$$C^6H^5-CO-CH^2-CH^2-CO-C^6H^5$$

et de *diphénylsuccinide*

$$C^6H^4{<}{C(C^6H^5)^2 \atop CO}{>}O$$

En remplaçant dans cette réaction le benzène par ses homologues supérieurs, on peut se procurer toute une série d'acides benzoylpropioniques substitués dans le noyau (Claus).

Propriétés. — L'acide benzoylpropionique se présente sous la forme de cristaux nacrés, insolubles dans l'eau froide, solubles dans l'eau chaude, l'alcool, le benzène et l'éther, fusibles à 116° et se décomposant à une température plus élevée.

Le *sel de baryum* est anhydre et bien cristallisé; le *sel de fer* constitue un volumineux précipité couleur de chair (Burcker).

Le *sel d'argent* est cristallin et peu soluble dans l'eau bouillante, qui le décompose partiellement.

L'acide benzoylpropionique se combine avec la phénylhydrazine : l'*hydrazone*

$$C^6H^5-\underset{\displaystyle Az^2H.C^6H^5}{\underset{\|}{C}}-CH^2-CH^2-CO^2H$$

cristallise en fines aiguilles, blanches et soyeuses, fusibles à 63-65°, solubles dans les carbonates alcalins, les acides, l'alcool et le benzène (Kues et Paal).

L'anhydride acétique transforme l'acide benzoylpropionique en un *anhydride mixte* cristallisant en lames fusibles à 91° (Pechmann).

Action de l'hydrogène. — Cette action a été étudiée par M. Burcker d'abord, puis par M. von Pechmann : ces deux auteurs sont arrivés à des résultats absolument discordants.

D'après M. Burcker, lorsque l'on traite l'acide benzoylpropionique soit par l'amalgame de sodium, soit par le zinc et l'acide chlorhydrique en présence d'alcool, on le transforme en acide *benzylidénol-propionique*,

$$C^6H^5-CH.OH-CH^2-CH^2-CO^2H$$

[Burcker, *Bull. Soc Chim.*, (2), **37**, 5].

D'après M. von Pechmann [*D. chem. G.*, **15**, 881], l'acide benzylidénol-propionique ne pourrait être mis en liberté; il se transformerait immédiatement en un anhydride interne, la *phénylbutyrolactone*,

$$\begin{matrix} CH^2-CH-C^6H^5 \\ | \qquad {>}O \\ CH^2-CO \end{matrix}$$

Cette lactone se prépare en dissolvant l'acide benzoylpropionique dans la soude étendue et traitant la solution par la quantité théorique d'amalgame de sodium. Au bout de quelques heures de contact, on acidule; il se précipite une huile que l'on décante et que l'on traite par l'ammoniaque étendue.

La partie insoluble est dissoute dans l'éther. On évapore le dissolvant et l'on distille le résidu. La lactone passe à 305-320° et se solidifie bientôt en une masse cristalline, fusible à 34-35°, soluble dans tous les liquides organiques, sauf dans l'eau, même bouillante.

Enfin, d'après le même auteur, lorsque l'on fait bouillir l'acide benzoylpropionique avec de l'acide acétique à 50 0/0 et de la poudre de zinc, on n'obtient plus ni lactone, ni acide benzylidénol-propionique, mais un corps très bien cristallisé, fusible à 165°, volatil sans décomposition et insoluble dans les alcalis. L'étude de ce corps n'a pas été poursuivie. Ch. Cloëz.

BENZOYLPROPIONIQUE-O-CARBOXIQUE (ACIDE),

$$C^6H^4 \begin{matrix} \diagup CO-CH^2-CH^2-CO^2H \\ \diagdown CO^2H \end{matrix}$$

ou plutôt

$$\begin{matrix} & C = C^2H^3 . CO^2H \\ C^6H^4 & \diamond \; O \\ & CO \end{matrix}$$

Acide α-benzoylpropionique-o-carbonique. — L'acide phtalylpropionique,

$$C^6H^4 \begin{matrix} \diagup CO \diagdown \\ \diagdown CO \diagup \end{matrix} C^2H^3-CO^2H,$$

se dissout à froid dans la soude en fixant 1 molécule d'eau et en se transformant en acide α-benzoylpropionique-o-carbonique. Ce dernier n'a pas été isolé : il régénère l'acide phtalylpropionique dès qu'on cherche à le mettre en liberté.

La réduction de l'α-benzoylpropionate-o-carbonate de sodium au moyen de l'amalgame de sodium conduit à la lactone benzylidénol-propionique-o-carbonique (acide phtalidylpropionique),

$$\begin{matrix} & CO \\ C^6H^4 & \diamond \; O \\ & CH-CH^2-CH^2-CO^2H \end{matrix}$$

[Gabriel et Michael, *D. chem. G.*, **11**, 1016, 1680].

Acide β-benzoylpropionique-o-carbonique [W. Roser, *D. chem. G.*, **17**, 2770; **18**, 3117]. — On le prépare en traitant à chaud par l'eau, par les alcalis ou par les carbonates alcalins la lactone

$$\begin{matrix} C^6H^4 & - & C & - & CH^2 & - & CH^2 \\ | & & \diagup \diagdown & & & & | \\ CO & - & O \quad O & - & - & & CO \end{matrix}$$

Par évaporation de la solution aqueuse, on obtient un sirop qui se prend peu à peu en une masse confusément cristalline. En dissolvant cette masse dans l'éther et en ajoutant de la ligroïne jusqu'à trouble persistant, on voit bientôt l'acide se déposer en prismes hexagonaux, brillants, fusibles à 137°, très solubles dans l'eau et dans l'alcool. Si l'on chauffe une de ces solutions au bain-marie, l'acide régénère la lactone qui lui avait donné naissance.

Le *sel d'argent*, $C^{11}H^8O^5Ag^2$, est insoluble et amorphe.

Le *sel de calcium*, $C^{11}H^8O^5Ca$, est plus soluble dans l'eau froide que dans l'eau bouillante; il est insoluble dans l'alcool.

Le *sel de baryum*, $C^{11}H^8O^5Ba$, forme de petits prismes brillants, peu solubles dans l'eau.

Action de la phénylhydrazine [Roser, *D. chem. G.*, **18**, 802]. — Cet acide peut donner un *dérivé hydrazinique*,

$$\begin{matrix} CO-C^6H^4-C-CH^2-CH^2-CO^2H \\ \| \\ Az^2C^6H^5 \end{matrix}$$

soluble dans l'alcool, et cristallisant en aiguilles fusibles à 210°.

Pour l'obtenir, on dissout la dilactone dans une lessive de soude, on décompose la solution par l'acide acétique, et on la chauffe avec la quantité théorique de phénylhydrazine. On voit bientôt se former un précipité floconneux, que l'on purifie par cristallisation dans l'alcool.

Ce corps est un acide, dont le *sel de baryum*, bien cristallisé, est peu soluble dans l'eau.

Le *sel de calcium*, $(C^{17}H^{13}Az^2O^3)^2Ca, H^2O$, est également très peu soluble.

Le *sel d'argent*, $C^{17}H^{13}Az^2O^3Ag$, est amorphe et insoluble.

Dilactone. — La dilactone,

$$\begin{matrix} C^6H^4 & - & C & - & CH^2 & - & CH^2 \\ | & & \diagup \diagdown & & & & | \\ CO & - & O \quad O & - & - & & CO \end{matrix}$$

se prépare en chauffant à 240-250° un mélange de 3 parties d'anhydride phtalique, 3 parties d'acide succinique, 1 partie d'acétate de sodium, et en faisant cristalliser le produit dans l'eau bouillante. On obtient ainsi de fines aiguilles brillantes, fusibles à 120°, peu solubles dans l'eau froide, très solubles dans l'alcool bouillant.

Cette dilactone, chauffée pendant quelque temps à 260°, se décompose en anhydride carbonique et *éthylidène-phtalide*,

$$\begin{matrix} & C = CH-CH^3 \\ C^6H^4 & \diamond \; O \\ & CO \end{matrix}$$

L'ammoniaque dissout la dilactone; la solution, incolore à froid, devient violette à chaud, puis rouge : les acides peuvent alors précipiter du liquide de longues aiguilles constituant l'acide β-*phtalimidylpropionique*,

$$\begin{matrix} & C = CH-CH^2-CO^2H \\ C^6H^4 & \diamond \; AzH \\ & CO \end{matrix}$$

Si, au lieu d'ammoniaque aqueuse, on emploie de l'ammoniaque alcoolique, on obtient, par évaporation au bain-marie et cristallisation du résidu dans l'eau bouillante, de belles lamelles fusibles à 205° et constituant la *phtalimidyl-propiolactone*,

$$\begin{matrix} & CO & & \\ C^6H^4 & \diamond \; AzH & & \\ & C-CH^2-CH^2 & & \\ & | \qquad\quad | & & \\ & O \;-\!-\!-\; CO & & \end{matrix}$$

Si l'on réduit une solution alcaline de dilactone par l'amalgame de sodium, et que l'on traite ensuite par l'acide chlorhydrique, on voit se précipiter une huile lourde qui ne tarde pas à se solidifier. Par cristallisation dans l'eau, on obtient des lamelles brillantes, fusibles à 121°, constituant probablement l'acide *phtalidyl-β-propionique*,

$$\begin{matrix} & CO \\ C^6H^4 & \diamond \; O \\ & CH-CH^2-CH^2-CO^2H \end{matrix}$$

Enfin, si on réduit la dilactone en chauffant pendant 4 ou 5 heures à 180-190° un mélange de 1 gramme de ce corps avec 0gr,5 de phosphore rouge et 5 centimètres cubes d'acide iodhydrique concentré, on obtient principalement de l'acide γ-*phénylbutyrique-o-carbonique*,

$$C^6H^4 \begin{matrix} \diagup CH^2-CH^2-CH^2-CO^2H \\ \diagdown CO^2H \end{matrix}$$

Ch. Cloëz.

BENZOYLPROPIONYLMÉTHANE [Syn. *Propionylacétophénone*],

$$C^6H^5-CO-CH^2-CO-C^2H^5$$

[Stylos, *D. chem. G.*, **20**, 2181]. — Ce corps prend naissance par l'action de l'acétylbenzène sur le propionate d'éthyle en présence de l'éthylate de sodium. C'est un liquide bouillant à 276-277° sous la pression normale, et à 170-172° sous une pression de 30-31 millimètres. Sa densité à 15° est 1,081.

BENZOYLPROPYLIQUE (ALDÉHYDE),

$$C^6H^5 . CO . CH^2 . CH^2 . CHO$$

[E. Burcker, *Ann. Chim. Phys.*, (5), **26**, 469]. — La phénylpropylcétone s'unit au chlorure de chromyle en présence du chloroforme, pour donner un précipité brun-marron répondant à la formule $C^{10}H^{12}O . 2CrO^2Cl^2$.

Ce composé organo-chromique se décompose par l'eau, avec dégagement de chaleur et formation d'acide chlorhydrique et d'aldéhyde benzoylpropylique, suivant l'équation

$$C^6H^5 . CO . CH^2 . CH^2 . CH \begin{matrix} \diagup OCr(OH)Cl^2 \\ \diagdown OCr(OH)Cl^2 \end{matrix} + H^2O$$

$$= 4HCl + Cr^2O^4 + C^6H^5 . CO . CH^2 . CH^2 . CHO.$$

Cette aldéhyde est un liquide incolore, qui brunit rapidement à l'air; son odeur est assez agréable; sa saveur, brûlante; elle est insoluble dans l'eau, très soluble dans l'éther, l'alcool, le chloroforme. Sa densité est 1,005 à 0° et 0,998 à 15°.

Elle bout vers 245° sous 775 millimètres de pression.

Elle réduit à froid le nitrate d'argent ammoniacal, mais ne paraît pas se combiner avec le bisulfite de sodium.

Au contact de l'air, elle se transforme peu à peu en acide benzoylpropionique.

L'hydrogène naissant la convertit en *glycol phénylbutylénique*,

$$C^6H^5 - CHOH - CH^2 - CH^2 - CH^2OH.$$

Ad. Fauconnier.

BENZOYLPSEUDOCUMÈNE (*Pseudocumylphénylcétone*),

$$C^6H^2(CH^3)^3 - CO - C^6H^5$$

[Elbs, *J. prakt. Chem.*, (2), **35**, 465; *Bull. Soc. Chim.*, (2), **48**, 740]. — Ce composé prend naissance par l'action du chlorure d'aluminium sur un mélange de pseudocumène et de chlorure de benzoyle. C'est un liquide huileux, incristallisable, bouillant à 328–329°.

Soumis à une ébullition prolongée pendant plusieurs jours, ce corps se charbonne en partie, et fournit une petite quantité de cristaux fusibles à 180°, qui paraissent être une triméthylanthraquinone.

Traité par l'acide sulfurique fumant à la température de 100°, le benzoylpseudocumène donne un mélange d'acides benzoïque et pseudocumènesulfonique.

Traité par un mélange d'acide nitrique fumant et d'acide sulfurique, il fournit un mélange de deux *dérivés trinitrés*, $C^{16}H^{13}O(AzO^2)^3$, fusibles l'un à 155° et l'autre à 185°.

Oxydé par l'acide nitrique ou par le permanganate de potassium, il fournit un *acide benzoyltrimellique*, $C^6H^2(CO^2H)^3(CO . C^6H^5)$, qui ne paraît pas avoir été isolé à l'état de pureté.

Ad. Fauconnier.

BENZOYLPYRUVIQUE (ACIDE). — Lorsque l'on traite par le sodium un mélange d'éther oxalique et d'acétylbenzène, on obtient du *benzoylpyruvate d'éthyle* :

$$C^6H^5 . CO . CH^3 + \begin{matrix} CO . OC^2H^5 \\ | \\ CO . OC^2H^5 \end{matrix}$$

$$= C^6H^5 . CO . CH^2 . CO . CO^2C^2H^5 + C^2H^5 . OH.$$

Cet éther peut être saponifié par la potasse en solution dans l'alcool absolu; l'acide est ensuite précipité par addition d'acide chlorhydrique [Beyer et Claisen, *D. chem. G.*, **20**, 2178].

Pour obtenir rapidement d'assez grandes quantités d'acide benzoylpyruvique, il faut opérer de la manière suivante [Brömme et Claisen, *D. chem. G.*, **21**, 1132] : On mélange 1 molécule d'éther oxalique et 1 molécule d'acétylbenzène, on y ajoute rapidement une solution chaude de 2 atomes de sodium dans l'alcool absolu et l'on chauffe le tout pendant une demi-heure environ au bain-marie. On chasse l'alcool par évaporation. Le résidu, dissous dans l'eau glacée, est traité par l'acide acétique : on sépare ainsi une petite quantité d'oxalyldiacétophénone. Le liquide filtré, traité par l'acide chlorhydrique, fournit un abondant précipité d'acide benzoylpyruvique. Le rendement atteint jusqu'à 70 0/0 de la théorie.

La production de l'acide benzoylpyruvique, dans les conditions précédentes, peut s'expliquer ainsi : L'éther oxalique, traité par 2 molécules d'éthylate de sodium, donne un produit d'addition

$$\begin{matrix} C^2H^5O \diagdown & & \diagup OC^2H^5 \\ C^2H^5O - & C - C & - OC^2H^5 \\ NaO \diagup & & \diagdown ONa \end{matrix}$$

qui se combine à l'acétylbenzène avec élimination d'alcool et se transforme alors en

$$C^6H^5 - CO - CH = C(ONa) - C \begin{matrix} \diagup OC^2H^5 \\ - OC^2H^5 \\ \diagdown ONa \end{matrix}$$

L'addition d'eau glacée décompose cet éther en donnant du sodium-benzoylpyruvate de sodium, $C^6H^5 - CO - CH = C(ONa) - CO^2Na$. L'acide chlorhydrique met enfin l'acide en liberté (Brömme et Claisen).

L'acide benzoylpyruvique cristallise en beaux prismes jaunâtres, fusibles à 156-158° avec décomposition partielle et dégagement de gaz carbonique. Par cristallisation dans le benzène chaud, on l'obtient anhydre; mais, si on le fait cristalliser dans l'alcool étendu et qu'on le fasse simplement sécher à l'air, il renferme 1 molécule d'eau, et répond alors à la formule

$$C^6H^5 - CO - CH^2 - C(OH)^2 - CO^2H.$$

Il déplace l'acide acétique de ses sels. Avec les alcalis, il donne deux séries de composés : 1° les sels neutres, ne renfermant que 1 atome de métal et dont les solutions sont incolores; 2° les sels basiques, contenant 2 atomes de métal et dont les solutions sont jaunâtres.

Les premiers de ces composés sont assez stables en présence de l'eau chaude; les seconds au contraire se décomposent rapidement en oxalate et acétylbenzène.

Le *sel neutre de sodium* précipite le plus grand nombre des sels métalliques; avec le sulfate ferreux, il donne, en solution concentrée, un précipité bleu caractéristique; si les solutions sont étendues, on n'obtient qu'une coloration violet-rouge. En mélangeant des solutions peu concentrées du sel de sodium et de sublimé corrosif, on voit peu à peu se précipiter de jolis petits prismes incolores et brillants.

En chauffant pendant plusieurs heures à 100° un mélange équimoléculaire d'acide benzoylpyruvique et d'aniline en solution alcoolique, on obtient de l'acide *benzoylanilidopyruvique*,

$$C^6H^5 - CO - CH^2 - C(AzC^6H^5) - CO^2H,$$

qui, par refroidissement, se dépose en prismes jaune-citron, fusibles à 168-170° en se décomposant partiellement.

Benzoylpyruvate d'éthyle. — Nous avons indiqué plus haut le mode d'obtention théorique de l'éther benzoylpyruvique. Pour préparer ce corps, on dissout 1 atome de sodium dans 15 fois son poids d'alcool; on refroidit la solution à 0° et l'on y ajoute d'abord 1 molécule d'acétylbenzène, puis, en agitant fortement, 1 molécule d'éther oxalique. Au bout de 12 heures, on obtient un dépôt abondant du dérivé sodique

$$C^6H^5-CO-CHNa-CO-CO^2C^2H^5.$$

Ce sel est bien lavé à l'éther, séché rapidement sur une plaque de porcelaine dégourdie, puis dissous dans l'eau glacée. Cette solution, traitée par l'acide carbonique, se trouble et laisse bientôt déposer des cristaux jaunâtres, que l'on purifie par dissolution et cristallisation dans l'éther de pétrole. On obtient ainsi de longs prismes, fusibles à 43°.

Cet éther se colore en rouge de sang par le chlorure ferrique. Avec l'acétate de cuivre en solution alcoolique faible, il donne un lacis de fines aiguilles, solubles dans l'alcool et contenant

$$(C^{12}H^{11}O^4)^2Cu.$$

Une lessive de soude étendue transforme cet éther en alcool, acétylbenzène et oxalate de sodium. L'ammoniaque alcoolique donne de l'acétylbenzène, de l'oxamide et de l'alcool

L'éther benzoylpyruvique, chauffé pendant 2 heures avec une solution de phénylhydrazine dans l'acide acétique cristallisable, se transforme en *diphénylcarboxéthylpyrazol.* Ch. Cloëz.

BENZOYLSUCCINIQUE (ACIDE),

$$C^6H^5-CO-CH(CO^2H)-CH^2-CO^2H.$$

— Cet acide n'est guère connu qu'à l'état d'éther éthylique.

Pour le préparer, on dissout dans 30 grammes d'alcool absolu 2gr,5 de sodium; quand la dissolution est opérée, on ajoute 20 grammes d'éther benzoylacétique, $C^6H^5-CO-CH^2-CO^2C^2H^5$, puis 12 grammes de monochloracétate d'éthyle. On chauffe le mélange pendant 2 heures au bain-marie dans un ballon muni d'un réfrigérant à reflux. On distille ensuite l'alcool, puis on ajoute de l'eau au résidu et on l'agite avec de l'éther. En évaporant ce dernier on obtient l'*éther éthylique* de l'acide benzoylsuccinique,

$$C^6H^5-CO-CH(CO^2C^2H^5)-CH^2-CO^2C^2H^5.$$

Cet éther forme un liquide épais, qu'on peut distiller dans le vide en petite quantité et en opérant rapidement; il bout à 260-265° sous 160 millimètres. L'eau de baryte en solution concentrée le décompose à l'ébullition en acide succinique, acide benzoïque et alcool.

Chauffé avec de l'acide sulfurique concentré, il donne de l'*acide benzoylpropionique*,

$$C^6H^5-CO-CH^2-CH^2-CO^2H,$$

de l'acide carbonique et de l'alcool.

Le perchlorure de fer colore sa solution alcoolique en un rouge vineux.

Le sodium donne avec cet éther un dérivé sodé,

$$C^6H^5-CO-CNa(CO^2C^2H^5)-CH^2-CO^2C^2H^5,$$

amorphe, légèrement soluble dans l'alcool absolu [Perkin, *Chem. Soc.*, 47, 273].

ACIDE β-BENZOYL-ISOSUCCINIQUE,

$$C^6H^5-CO-CH^2-CH(CO^2H)^2.$$

— On obtient l'éther éthylique correspondant en faisant réagir le bromacétylbenzène sur l'éther malonique sodé :

$$C^6H^5-CO-CH^2Br+CHNa(CO^2C^2H^5)^2$$
$$=C^6H^5-CO-CH^2-CH(CO^2C^2H^5)^2+NaBr.$$

On mélange à froid molécules égales des deux corps préalablement dissous dans l'alcool. On laisse en contact pendant quelques minutes; on ajoute de l'eau et on reprend par l'éther. On évapore ce dernier. On saponifie le résidu de cette évaporation par la potasse à 6 0/0 en opérant à froid. On filtre enfin la solution alcaline, et on ajoute peu à peu de l'acide sulfurique dilué en excès. On sépare les cristaux par le filtre et l'on reprend les liqueurs mères par l'éther. On fait recristalliser l'acide obtenu dans l'acide acétique, puis dans l'eau bouillante.

Cet acide se présente sous la forme d'aiguilles réunies en boules, fusibles à 178-179°, avec décomposition en acide carbonique et acide benzoylpropionique, solubles dans l'éther, l'alcool et l'eau chaude, insolubles dans le benzène, la ligroïne et le chloroforme.

Il donne un *sel d'argent*, $C^{11}H^8O^5Ag^2$, stable à la lumière et légèrement soluble dans l'eau bouillante.

La phénylhydrazine réagit sur cet acide en solution éthérée, en donnant de fines aiguilles, qui fondent à 120° en perdant de l'acide carbonique. Ce composé répond à la formule

$$\begin{array}{l}C^6H^5-\underset{\|}{C}-CH^2-CH(CO^2H)^2\\ \quad Az-AzH-C^6H^5\end{array}$$

Il est soluble dans les alcalis et dans les acides minéraux, difficilement soluble dans l'éther, insoluble dans le benzène.

L'hydroxylamine réagit également sur l'acide benzoylisosuccinique, mais elle donne un produit très instable [Bischoff, *D. chem. G.*, 16, 1044. — Kues et Paal, *ibid.*, 18, 3324]. A. Béhal.

BENZOYLTRIMÉTHYLÈNE-CARBONIQUE (ACIDE)

$$\begin{array}{c}C^6H^5.CO-C-CO^2H\\ \diagup\ \diagdown\\ CH^2-CH^2\end{array}$$

[W. Perkin junior, *D. chem. G.*, 16, 2138]. — On l'obtient à l'état d'éther par la réaction du bromure d'éthylène sur le benzoylacétate d'éthyle, en présence du sodium, à la température de 100°.

L'acide cristallise dans l'éther en prismes clinorhombiques (Haushofer), fusibles à 148-149° avec perte d'acide carbonique, très solubles dans l'éther, le chloroforme, le benzène, le sulfure de carbone.

Le *sel d'argent*, $C^{11}H^9O^3Ag$, est un précipité floconneux blanc.

L'*éther éthylique*, $C^{11}H^9O^3.C^2H^5$, est une huile incolore, bouillant à 280-283°

Chauffé à 200°, l'acide benzoyltriméthylène-carbonique perd 1 molécule d'acide carbonique et donne du *benzoyltriméthylène*,

$$C^6H^5.CO-CH\begin{array}{l}\diagup CH^2\\ \ \ |\\ \diagdown CH^2\end{array}$$

Liquide huileux, bouillant a 230-239°,5.

ACIDE P-NITROBENZOYLTRIMÉTHYLÈNE-CARBONIQUE

$$\begin{array}{c}C^6H^4(AzO^2)-CO-C-CO^2H\\ \diagup\ \diagdown\\ CH^2-CH^2\end{array}$$

[W. Perkin et G. Bellenot, *D. chem. G.*, 18, 958]. — On prépare l'éther correspondant en chauffant à 100° un mélange d'alcool, de bromure d'éthylène et de p-nitrobenzoylsodacétate d'éthyle.

L'acide cristallise en belles aiguilles incolores, fusibles à 176°.

Le *sel d'argent*, $C^{11}H^8AzO^5Ag$, est un précipité blanc, amorphe.

L'*éther éthylique*, $C^{11}H^8AzO^5.C^2H^5$, cristallise en grands prismes d'un jaune d'or, fusibles à 84°.

BENZOYLUVITIQUE (ACIDE),

$$C^6H^5-CO-C^6H^2(CH^3)(CO^2H)^2$$

[K. Elbs, *J. prakt. Chem.*, (2), 35, 489]. — L'oxydation du benzoylmésitylène au moyen de l'acide nitrique (d=1,1), à la température de 200°, fournit un mélange de plusieurs acides, d'où l'on peut isoler, par la cristallisation fractionnée et par la précipitation fractionnée à l'état de sel argentique, un composé répondant à la formule ci-dessus.

Cet acide cristallise dans l'eau bouillante en fines aiguilles blanches, fusibles à 245°, solubles dans l'éther.

Le *sel d'argent* a pour formule $C^{16}H^{10}O^{5}Ag^{2}$.

BENZYL. — Pour les mots qui ne se trouvent pas ici à leur ordre alphabétique, voyez le mot qui suit ce préfixe.

BENZYLACÉTONE [Syn. *Phénylo-éthyl-méthylcétone*],

$$C^6H^5-CH^2-CH^2-CO-CH^3.$$

— Cette acétone se produit lorsqu'on soumet à une ébullition prolongée un mélange de benzylacétylacétate d'éthyle et de potasse alcoolique [L. Ehrlich, *Ann. Chem.*, **187**, 15]; la réaction peut être exprimée par l'équation

$$\begin{array}{l} CH^3-CO-CH-CO^2C^2H^5 \\ \qquad\quad | \\ \qquad\; CH^2-C^6H^5 \end{array} + 2KOH$$

$$= CO^3K^2 + C^2H^6O + CH^3.CO.CH^2.CH^2.C^6H^5$$

On peut aussi la préparer en soumettant à la distillation sèche un mélange d'acétate et d'hydrocinnamate de calcium [Jackson, *D. chem. G.*, **14**, 890].

C'est un liquide bouillant à 235-236°. Sa densité à 23° est 0,989.

Le mélange chromique la convertit en acides carbonique, acétique et benzoïque.

La *combinaison bisulfitique*,

$$C^{10}H^{12}O.SO^3NaH, H^2O,$$

cristallise en lamelles peu solubles dans l'eau et dans l'alcool.

Le *dérivé dibromé*,

$$C^6H^5.CHBr.CHBr.CO.CH^3,$$

est identique avec le *dibromure de benzylidène-acétone* (voyez ce mot).

Dérivé isonitrosé,

$$C^6H^5-CH^2-C(AzOH)-CO-CH^3.$$

— Voyez Benzylacétylcétone.

BENZYLACÉTONYLCÉTONE [Syn. *Phénylacétylacétone*],

$$C^6H^5-CH^2-CO-CH^2-CO-CH^3$$

[E. Fischer et Bülow, *D. chem. G.*, **18**, 2137]. — On l'obtient en faisant bouillir pendant 6 heures l'éther phénacétylacétylacétique obtenu lui-même par l'action du chlorure de phénylacétyle sur l'éther acétylacétique avec 10 fois son poids d'eau. C'est un liquide bouillant à 266-269°, sous une pression de 748 millimètres. Elle est peu soluble dans l'eau froide, très soluble dans l'alcool, l'éther, le chloroforme, le benzène, les alcalis aqueux. Elle forme avec l'acide iodhydrique une combinaison qui cristallise en longues aiguilles, et qui se décompose par l'eau.

Le *dérivé argentique*, $C^{11}H^{11}O^2Ag$, est un précipité floconneux.

BENZYLACÉTOPHÉNONE [Syn. *Phénylo-éthyl-phénylcétone*],

$$C^{15}H^{14}O = C^6H^5.CH^2.CH^2.CO.C^6H^5.$$

— Cette acétone se forme par hydrogénation de la benzylidène-acétophénone. On dissout la benzylidène-acétophénone dans l'acide acétique et on ajoute de la poudre de zinc par petites portions; on chauffe pendant 3 ou 4 heures, on précipite le produit de la réaction par l'eau, on le lave et on le reprend par l'éther afin de séparer un produit de condensation presque insoluble dans ce dissolvant; on évapore l'éther et on distille le résidu. L'acétone passe au-dessus de 360° et se solidifie rapidement. Après quelques cristallisations dans l'alcool, elle se présente sous la forme de lamelles brillantes, fusibles à 72-73°, insolubles dans l'eau, extrêmement solubles dans l'alcool et dans l'éther.

Oxydée par le permanganate de potassium, la benzylacétophénone fournit de l'acide carbonique et de l'acide benzoïque.

Bien que ce corps ne diffère de la désoxybenzoïne $C^6H^5.CH^2.CO.C^6H^5$ que par CH^2 en plus, le chlorure de benzyle, en présence de l'éthylate de sodium, ne réagit pas sur lui.

Acétoxime, $C^6H^5.CH^2.CH^2.C(AzOH).C^6H^5$. — On mélange la benzylacétophénone (1 molécule) avec du chlorhydrate d'hydroxylamine (2 molécules) en solution hydroalcoolique, on ajoute la quantité correspondante de potasse et on fait bouillir à reflux pendant 2 jours. L'acétoxime, après cristallisation dans l'alcool étendu, est en fines aiguilles fusibles à 87°, insolubles dans l'eau, très solubles dans l'alcool et dans l'éther.

Benzyl-isonitroso-acétophénone (*benzylbenzoylcarboxime*), $C^6H^5.CH^2.C(AzOH).CO.C^6H^5$. — On dissout du sodium (2 atomes) dans 20 fois son poids d'alcool, on ajoute peu à peu du nitrite d'amyle (2 molécules), puis la benzylacétophénone en quantité théorique. Au bout de 2 jours, on voit se former un précipité jaune; on traite par l'eau, on agite avec de l'éther et on évapore la solution éthérée. La liqueur aqueuse, traitée par l'acide acétique, abandonne une nouvelle quantité d'isonitrosoacétone.

Après quelques cristallisations dans l'alcool, ce dérivé isonitrosé est en cristaux jaunâtres, fusibles à 125-126°, facilement solubles dans l'alcool et dans l'éther. Il se dissout dans les alcalis et est précipité par addition d'acide [W. Schneidewind, *D. chem. G.*, **21**, 1323; *Bull. Soc. Chim.*, (2), **50**, 392].

Léon Roux.

BENZYLACÉTYLACÉTIQUE (ACIDE),

$$CH^3-CO-CH(C^7H^7)-CO^2H.$$

— On traite l'éther éthylique de cet acide par un peu plus de 1 molécule de potasse caustique en solution à 2,5 0/0 et l'on agite jusqu'à dissolution de la couche huileuse. On abandonne le mélange à lui-même pendant 24 heures, puis on l'acidifie par l'acide sulfurique et l'on épuise par l'éther. L'éther, évaporé lentement, abandonne le nouvel acide, qu'on étend d'eau et qu'on neutralise par le carbonate de baryum. On fait cristalliser le sel barytique pour le purifier, puis on le décompose par la quantité correspondante d'acide sulfurique; on épuise de nouveau par l'éther, on évapore l'éther et on abandonne le résidu au-dessus de l'acide sulfurique.

L'acide benzylacétylacétique est un liquide fortement acide, d'une odeur aromatique, qui se dissout aisément dans l'eau; par l'ébullition sa solution aqueuse se transforme en acide carbonique et *benzylacétone* :

$$\begin{array}{l} CH^3-CO-CH-CO^2H \\ \qquad\quad | \\ \qquad\; CH^2-C^6H^5 \end{array}$$

$$= CO^2 + CH^3-CO-CH^2-CH^2-C^6H^5.$$

Le *sel de baryum*, $(C^{12}H^{11}O^3)^2Ba$, est très soluble dans l'eau, mais non hygroscopique; l'ébullition de sa solution aqueuse le transforme en carbonate de baryum et benzylacétone. La distillation sèche donne le même résultat.

Ses solutions concentrées donnent avec le nitrate d'argent un précipité blanc, qui se colore à la lumière et qui se redissout au bout de quelque temps.

Le chlorure ferrique produit dans les solutions du sel de baryum un précipité brun, soluble dans l'alcool.

Enfin l'acide nitreux, réagissant sur cette même solution, donne un corps cristallisé, fondant à 80-81° et constituant la *benzylnitrosoacétone*,

$$CH^3-CO-C(AzOH)-CH^2-C^6H^5.$$

Benzylacétylacétate d'éthyle,

$$CH^3-CO-CH(C^7H^7)-CO^2C^2H^5$$

— Cet éther sert à obtenir l'acide que nous venons de décrire (voyez Suppl., 1, 35). M. Conrad a modifié son procédé de préparation [*D. chem. G.*, 11, 1056]. Il traite l'acétylacétate d'éthyle par l'éthylate de sodium en solution alcoolique et le chlorure de benzyle; il obtient ainsi l'éther benzylacétylacétique avec un rendement presque théorique.

Quand on traite cet éther par 6 ou 8 fois son poids d'acide sulfurique concentré et qu'on verse la solution dans l'eau froide, il se dépose une poudre blanche qui présente, d'après M. von Pechmann [*D. chem. G.*, 16, 516], la constitution d'un acide *dihydronaphtoïque*

$$C^{11}H^{12}O^3 = H^2O + C^{11}H^{10}O^2.$$

Cet acide, distillé avec de la chaux sodée, donne un hydrocarbure $C^{10}H^{10}$, bouillant à 199-201°, qui serait identique avec le dihydronaphtalène de M. Berthelot :

$$C^{11}H^{10}O^2 = C^{10}H^{10} + CO^2.$$

Cette interprétation de la réaction a été contredite par M. W. Roser [*D. chem. G.*, 20, 1574]. Il ne se formerait pas de dérivé du naphtalène, mais bien l'*acide β-méthylindonaphtène-α-carbonique*[1],

$$C^6H^5\Big\langle{}^{CO-CH^3}_{CH^2}\Big\rangle CH-CO^2H$$

$$= H^2O + C^6H^4\Big\langle{}^{C-CH^3}_{CH^2}\Big\rangle C-CO^2H.$$

Il s'ensuit que le dihydronaphtalène de M. von Pechmann serait un *méthylindonaphtène*.

Quand on traite l'éther benzylacétylacétique par le brome, il se fait un *dérivé monobromé*. Si l'on soumet ce nouveau dérivé aux réactions qui fournissent l'acide tétrique en partant de l'acide méthylacétylacétique bromé, on obtient un *acide phényltétrique* [R. Moscheles et H. Cornelius, *D. chem. G.*, 21, 2609].

Acide méthylbenzylacétylacétique. — L'*éther éthylique* de cet acide, déjà décrit Suppl., 1, 36, peut être préparé en traitant l'éther méthylacétylacétique sodé par le chlorure de benzyle [Conrad et Bischoff, *Ann. Chem.*, 204, 180]. On peut également l'obtenir au moyen de l'éther benzylacétylacétique, de l'éthylate de sodium et de l'iodure de méthyle [M. Conrad, *D. chem. G.*, 11, 1058].

1. Il semble que, puisqu'on compare le nouveau noyau à l'indol, en l'appelant *indonaphtène*, il soit naturel de suivre la nomenclature des dérivés de l'indol :

β α AzH — Indol.   β α CH² — Indonaphtène.

Il faudrait inventer un signe spécial pour désigner les substitutions dans le groupe CH^2 ; on dirait alors acide *β-méthylindonaphtène-α-carbonique* pour le composé que nous venons de décrire.

Acide éthylbenzylacétylacétique. — On obtient l'*éther éthylique* de cet acide en traitant l'éther benzylacétylacétique par l'éthylate de sodium en solution alcoolique et l'iodure d'éthyle [M. Conrad, *loc. cit.*]. C'est un liquide incolore, bouillant à 295-298°. L. Bouveault.

BENZYLACÉTYLACÉTIQUE-O-CARBONIQUE (ACIDE). — L'*éther éthylique*,

$$C^6H^4\Big\langle{}^{CH^2-CH\langle{}^{CO-CH^3}_{CO^2C^2H^5}}_{CO^2H}$$

se forme par l'action de la poudre de zinc sur l'éther phtalylacétylacétique en solution acétique, au bain-marie [C. Bulow, *Ann. Chem.*, 236, 184; *Bull. Soc. Chim.*, (2), 47, 600]. La solution étendue d'eau laisse déposer le produit de réduction en faisceaux d'aiguilles incolores, fusibles à 92°, très solubles dans l'eau bouillante, l'alcool, l'éther, le chloroforme, l'acide acétique.

Le *sel d'argent* est cristallisable; il fond à 120-121°.

L'*hydrazone*,

$$C^6H^4\Big\langle{}^{CH^2-CH\langle{}^{C(Az^2H.C^6H^5)-CH^3}_{CO^2C^2H^5}}_{CO^2H}$$

cristallise en fines aiguilles jaunâtres, fusibles à 235°, solubles dans l'alcool. Maintenue à 100°, elle perd les éléments de l'eau et de l'alcool et se transforme en un composé $C^{18}H^{16}Az^2O^3$, qui forme de petits cristaux fusibles à 229°.

Traité par la baryte bouillante, l'acide benzylacétate-d'éthyle-o-carbonique se convertit en *acide benzylacétone-o-carbonique*,

$$C^6H^4\Big\langle{}^{CH^2-CH^2-CO-CH^3}_{CO^2H}$$

Ce dérivé cristallise en fines aiguilles fusibles à 114°, solubles dans les dissolvants usuels.

BENZYLACÉTYLCÉTONE [Syn. *Méthylbenzylbicétone, méthylphénylacétylcétone, benzylpyruvyle*],

$$C^6H^5-CH^2-CO-CO-CH^3.$$

MONOXIME (*isonitrosobenzylacétone, acétylbenzylcarboxime*), $C^6H^5-CH^2-C(AzOH)-CO-CH^3$. — On l'obtient par l'action de l'acide nitreux sur le benzylacétylacétate de baryum [Ceresole, *D. chem. G.*, 15, 1876]. Elle se présente en aiguilles fusibles à 80-81°, sublimables avec décomposition partielle, insolubles dans la ligroïne, très solubles dans les alcalis en donnant une liqueur jaune [V. Meyer et Ceresole, *D. chem. G.*, 15, 3072]. Elle se dissout dans l'acide nitrique fumant; cette solution passe au rouge de sang par l'addition de lessive de soude.

Le *sel d'argent* est instable [Ceresole, *D. chem. G.*, 16, 836].

L'*éther benzylique*,

$$C^6H^5-CH^2-C(AzO.C^7H^7)-CO-CH^3,$$

s'obtient par l'action simultanée de l'éthylate de sodium et du chlorure de benzyle sur une solution alcoolique d'acétylbenzylcarboxime. C'est une huile épaisse, incristallisable, d'un jaune clair, volatile avec la vapeur d'eau et se décomposant entièrement par la distillation.

DIOXIME (*acideméthylbenzylacétoximique, méthylbenzylglyoxime, benzylméthylbicarboxime*), $C^6H^5-CH^2-C(AzOH)-C(AzOH)-CH^3$ [Schramm, *D. chem. G.*, 16, 181]. — Petites aiguilles fusibles à 180-181°, obtenues en traitant à chaud une solution alcoolique d'isonitrosobenzylacétone par un excès de chlorhydrate d'hydroxylamine.

L'*éther diacétique*,

$$C^6H^5-CH^2-C(AzO.C^2H^3O)-C(AzO.C^2H^3O)-CH^3$$

forme des cristaux fusibles à 80° [Schramm, *ibid.*, 2188].

BENZYLACÉTYLSUCCINIQUE (ÉTHER),

$$CH^3-CO-C(C^7H^7)\begin{matrix}\nearrow CO^2C^2H^5\\ \searrow CH^2-CO^2C^2H^5\end{matrix}$$

[M. Conrad, *D. chem. G.*, **11**, 1058]. — On le prépare au moyen de l'acétylsuccinate d'éthyle, de l'éthylate de sodium et du chlorure de benzyle. Il bout à 310°. Sa densité à 15° est 1,088 par rapport à l'eau à 16°,5.

BENZYLAMINES. — Voyez Dict., **1**, 574 et Suppl., **1**, 341.

BENZYLAMINE, $C^6H^5-CH^2.AzH^2$.

Modes de formation et préparation. — Suivant M. E. Letts [*D. chem. G.*, **5**, 94], on obtient de la benzylamine par la fusion du cyanurate de benzyle avec un alcali :

$$(CO.AzC^7H^7)^3 + 3H^2O = 3CO^2 + 3C^7H^7.AzH^2.$$

M. C. Rudolph [*D. chem. G.*, **12**, 1297] recommande comme procédé de préparation de décomposer la benzylacétamide par la potasse alcoolique.

D'après MM. F. Tiemann et L. Friedländer, la distillation sèche de l'acide phénylamido-acétique, $C^6H^5-CH(AzH^2)-CO^2H$, fournit de l'acide carbonique et de la benzylamine; il se produit en même temps du benzylcarbamate de benzylammonium,

$$CO\begin{matrix}\nearrow AzH.CH^2.C^6H^5\\ \searrow OAzH^3.CH^2.C^6H^5\end{matrix}$$

On peut aussi préparer la benzylamine par la méthode de M. Hofmann, en traitant la phénylacétamide, $C^6H^5-CH^2-CO.AzH^2$ (1 molécule), par le brome (1 molécule), agitant la masse avec une solution de potasse à 5 0/0 (4 molécules) et soumettant ensuite le tout à la distillation dans un courant de vapeur d'eau qui entraîne la base; il se produit en même temps que la benzylamine une certaine quantité de benzylamine monobromée, qu'on peut transformer en benzylamine par l'action de l'amalgame de sodium. Les rendements définitifs s'élèvent à 60 0/0 de la théorie [A. W. Hofmann, *D. chem. G.*, **18**, 2738].

Cette méthode a été modifiée par MM. Hoogeverff et Van Dorp, qui traitent la phénylacétamide par le mélange fait à l'avance de brome et de potasse; dans ces conditions, on évite la formation de benzylamine bromée [*Rec. P.-B.*, **5**, 253].

L'hydrogénation de l'hydrobenzamide au moyen du sodium et de l'alcool absolu, à chaud, fournit du toluène et de la benzylamine [O. Fischer, *D. chem. G.*, **19**, 748].

La benzylamine prend aussi naissance par l'hydrogénation de la benzylidène-phénylhydrazone au moyen de l'amalgame de sodium et de l'acide acétique, à la température de 30-40° [J. Tafel, *D. chem. G.*, **19**, 1928].

Elle se produit en petite quantité, en même temps que la dibenzylamine et que la tribenzylamine, lorsqu'on fait bouillir un mélange d'aldéhyde benzylique et de formiate d'ammonium; outre les trois bases mentionnées, cette réaction donne encore naissance à de la benzylformamide et à de la dibenzylformamide [R. Leuckart et E. Bach. *D. chem. G.*, **19**, 2128].

On peut préparer la benzylamine avec des rendements avantageux en chauffant à 130° un mélange en proportions convenables de glycocolle en poudre et d'aldéhyde benzylique; lorsque le dégagement d'acide carbonique a cessé, on élimine l'excès d'aldéhyde par distillation dans un courant de vapeur d'eau, puis on alcalinise et on recommence à distiller dans un courant de vapeur. La benzylamine est seulement mélangée d'une trace de méthylamine [Th. Curtius et G. Lederer, *D. chem. G.*, **19**, 2462].

La benzylphtalimide, chauffée à 200° pendant 2 heures avec de l'acide chlorhydrique fumant, se dédouble en benzylamine et acide phtalique [S. Gabriel, *D. chem. G.*, **20**, 2227].

Propriétés. — La chaleur de combustion à volume constant de la benzylamine est 967^{cal},6 [P. Petit, *C. R.*, **107**, 266].

La benzylamine est transformée dans l'organisme en acide hippurique, et cette transformation est quantitative [U. Mozzo, *Atti d. R. Acc. d. Lincei*, 1889, **2**, 133; *D. chem. G.*, **23**, *Ref.*, 179].

Sels. — Le *chlorhydrate*, $C^7H^9Az.HCl$, décrit Dict., **1**, 574, fond à 240° [Spica, *D. chem. G.*, **10**, 889], à 246° [Curtius et Lederer, *loc. cit.*], à 255,5-258° [Hoogewerff et Van Dorp, *Rec. P.-B.*, **5**, 253].

Le *nitrite* paraît se produire par double décomposition entre le chlorhydrate de la base et le nitrite de sodium; mais ce sel est extrêmement instable et il se détruit immédiatement avec dégagement d'azote [T. Curtius, *D. chem. G.*, **17**, 958].

Le *succinate*, $(C^7H^7.AzH^2)^2C^4H^6O^4$, s'obtient en saturant par la base une solution aqueuse de l'acide; il fond à 144-145° et se dissout dans l'eau en toutes proportions [E. Werner, *Chem. Soc.*, **28**, 627; *Bull. Soc. Chim.*, (3), **3**, 908].

CHLOROBENZYLAMINE $C^6H^4Cl-CH^2.AzH^2$. — Voyez Suppl., **1**, 342.

Le *chlorhydrate*, $C^7H^8ClAz.HCl$, est en petites aiguilles très solubles dans l'eau et dans l'alcool, peu solubles dans l'acide acétique, fusibles à 239-241° [Jackson et Field, *Am. Journ.*, **2**, 95].

Le *chloroplatinate*, $(C^7H^8ClAz.HCl)^2PtCl^4$, est assez soluble dans l'alcool et dans l'eau.

Le *bromhydrate*, $C^7H^8ClAz.HBr$, fond en se décomposant à 225-230°.

Le *carbonate* cristallise en lamelles fusibles à 114-115°.

BROMOBENZYLAMINES, $C^6H^4Br-CH^2.AzH^2$.

o-Bromobenzylamine [Jackson et White, *Am. Journ.*, **2**, 317; *D. chem. G.*, **13**, 1218]. — Liquide huileux, insoluble dans l'eau, soluble dans l'éther et attirant l'acide carbonique de l'air.

Le *chlorhydrate*, $C^7H^8BrAz.HCl$, fond à 208°; le *chloroplatinate*, $(C^7H^8BrAz.HCl)^2PtCl^4$, est en aiguilles orangées, peu solubles dans l'alcool et dans l'eau; le *carbonate* forme des cristaux solubles dans l'eau et dans l'alcool, fusibles à 95°.

p-Bromobenzylamine [Jackson et Lowery, *Am. Journ.*, **3**, 250]. — Liquide huileux, volatil avec la vapeur d'eau, attirant rapidement l'acide carbonique de l'air. On l'obtient par l'action de l'ammoniaque alcoolique sur le bromure de p-bromobenzyle, à froid.

Le *chlorhydrate*, $C^7H^8BrAz.HCl$, forme des aiguilles fusibles avec décomposition à 260°; il est très soluble dans l'eau et dans l'alcool chaud, presque insoluble dans l'éther.

Le *bromhydrate* est soluble dans l'eau.

Le *chloroplatinate*, $(C^7H^8BrAz.HCl)^2PtCl^4$, se présente en lamelles orangées, solubles dans l'alcool et dans l'eau bouillante.

Le *carbonate* cristallise en prismes fusibles à 131-133°, solubles dans l'alcool et dans l'eau.

IODOBENZYLAMINES, $C^6H^4I-CH^2.AzH^2$.

o-Iodobenzylamine [Mabery et Robinson, *Am. Journ.*, **4**, 103; *Bull. Soc. Chim.*, (2), **40**, 310]. — Liquide obtenu au moyen de l'ammoniaque alcoolique et du bromure d'o-iodobenzyle. Cette base attire rapidement l'acide carbonique de l'air.

Le *chloroplatinate*, $(C^7H^8IAz.HCl)^2PtCl^4$, forme des prismes microscopiques d'un jaune clair, très peu solubles dans l'eau, assez solubles dans l'alcool bouillant.

p-Iodobenzylamine [Jackson et Mabery, *Am. Journ.*, **2**, 257]. — Liquide obtenu au moyen du bromure de p-iodobenzyle et de l'ammoniaque alcoolique à 120°. Cette base absorbe l'acide carbonique de l'air pour donner un *carbonate* cristallisé, fusible à 113°.

Le *chlorhydrate* est en aiguilles blanches, très solubles dans l'alcool et dans l'eau, fusibles à 240°

Le *chloroplatinate* répond à la formule

$$(C^7H^8IAz \,.\, HCl)^2PtCl^4.$$

o-NITROBENZYLAMINE, $C^6H^4(AzO^2)-CH^2 \,.\, AzH^2$ [S. Gabriel, *D. chem. G.*, **20**, 2228]. — On chauffe pendant 2 heures à 190–200° un mélange d'o-nitrobenzylphtalimide et d'acide chlorhydrique fumant; le produit est repris par l'eau, filtré pour éliminer l'acide phtalique, et concentré : on obtient ainsi le chlorhydrate d'o-nitrobenzylamine. La base est un liquide huileux, très soluble dans l'eau, insoluble dans la potasse; elle attire l'acide carbonique de l'air pour former un carbonate cristallisé; elle se décompose entièrement par la distillation.

Le *chlorhydrate*, $C^7H^8Az^2O^2 \,.\, HCl$, cristallise en longues aiguilles brillantes, très solubles dans l'eau, peu solubles dans l'acide chlorhydrique.

Le *chloroplatinate*,

$$(C^7H^8Az^2O^2 \,.\, HCl)^2PtCl^4, 2H^2O,$$

forme des prismes jaune de succin.

Le *picrate* est en aiguilles fines et peu solubles.

p-NITROBENZYLAMINE,

$$C^6H^4(AzO^2)-CH^2 \,.\, AzH^2$$

[A. Hafner, *D. chem. G.*, **23**, 337]. — On la prépare par la même méthode que la base précédente, en partant de la p-nitrobenzylphtalimide. C'est un liquide huileux, très alcalin, qui, au contact de l'air, se transforme rapidement en carbonate cristallisé.

Le *chlorhydrate*, $C^7H^8Az^2O^2 \,.\, HCl$, forme des lamelles incolores, peu solubles dans l'alcool, qui commencent à se décomposer à 220°.

Le *nitrate* cristallise en aiguilles jaune-citron, peu solubles dans l'eau, qui se décomposent vers 200°.

Le *chloroplatinate*, $(C^7H^8Az^2O^2 \,.\, HCl)^2PtCl^4$, est en cristaux orangés.

L'*urée*, $C^6H^4(AzO^2)CH^2-AzH \,.\, CO \,.\, AzH^2$, préparée au moyen du chlorhydrate de la base et du cyanate d'argent, cristallise en aiguilles fusibles à 196-197°, insolubles dans l'eau et dans le benzène, très solubles dans l'alcool et dans l'acide acétique.

Le *thiosulfocarbamate*,

$$CS \begin{cases} AzH \,.\, CH^2 \,.\, C^6H^4 \,.\, AzO^2 \\ SH \,.\, AzH^2 \,.\, CH^2 \,.\, C^6H^4 \,.\, AzO^2 \end{cases}$$

se produit par l'union directe de la p-nitrobenzylamine avec le sulfure de carbone. C'est une masse cristalline jaunâtre, fusible à 193°. Chauffé avec un excès d'alcool, il perd de l'acide sulfhydrique et se transforme en *sulfo-urée*,

$$CS(AzH \,.\, CH^2 \,.\, C^6H^4 \,.\, AzO^2)^2,$$

aiguilles brunâtres, fusibles avec décomposition à 202°.

Chauffée avec de l'oxyde mercurique et de l'alcool, cette sulfo-urée se convertit en *di-p-nitrobenzylurée*, $CO(AzH \,.\, CH^2 \,.\, C^6H^4 \,.\, AzO^2)^2$, aiguilles argentines peu solubles dans l'alcool, qui commencent à se décomposer à 224° et qui fondent à 234°.

Le *p-nitrobenzylcarbamate d'éthyle*,

$$CO \begin{cases} OC^2H^5 \\ AzH \,.\, CH^2 \,.\, C^6H^4 \,.\, AzO^2 \end{cases}$$

se produit par l'action du chlorocarbonate d'éthyle sur la p-nitrobenzylamine. Il cristallise dans l'éther en aiguilles soyeuses, fusibles à 116-117°.

o-AMIDOBENZYLAMINE, $C^6H^4(AzH^2)-CH^2 \,.\, AzH^2$ [S. Gabriel, *loc. cit.*]. — On l'obtient en réduisant la base nitrée précédente par l'étain et l'acide chlorhydrique. C'est une masse cristalline radiée, qui attire rapidement l'acide carbonique de l'air; elle se dissout dans l'eau en lui communiquant une réaction alcaline et est lentement entraînée à la distillation par un courant de vapeur. Elle distille à 253-260°, en se décomposant fortement et en perdant de l'ammoniaque.

Le *chlorhydrate basique*, $C^7H^{10}Az^2 \,.\, HCl$, cristallise dans l'alcool en houppes incolores. Il en est de même du *chlorhydrate neutre*,

$$C^7H^{10}Az^2 \,.\, 2HCl;$$

ce dernier présente une réaction acide au papier et donne un *chloroplatinate* bien cristallisé.

Le *picrate*, $C^7H^{10}Az^2 \,.\, C^6H^3Az^3O^7$, cristallise dans l'alcool en aiguilles jaune-citron.

Le *dérivé diacétylé*, $C^7H^8Az^2(OC^2H^3O)^2$, cristallise dans le chloroforme en fines aiguilles, fusibles à 136-137°, peu solubles dans l'éther, solubles dans l'eau chaude. Il donne un *chloroplatinate* en cristaux rougeâtres,

$$[C^7H^8Az^2(OC^2H^3O)^2 \,.\, HCl]^2PtCl^4.$$

o-CYANOBENZYLAMINE, $C^6H^4(CAz)-CH^2 \,.\, AzH^2$ [S. Gabriel, *loc. cit.* et *D. chem. G.*, **23**, 2489]. — C'est le produit de l'action de l'acide chlorhydrique fumant sur l'o-cyanobenzylphtalimide; elle se produit aussi, à l'état de chlorhydrate, dans l'action de l'ammoniaque alcoolique sur le chlorure d'o-cyanobenzyle à la température ordinaire; c'est une masse cristalline presque incolore, soluble dans l'eau froide, et attirant rapidement l'acide carbonique de l'air. Sa réaction est alcaline.

Le *picrate*, $C^8H^8Az^2 \,.\, C^6H^3Az^3O^7$, est un précipité cristallin jaune, peu soluble.

Le *chlorhydrate*, $C^8H^8Az^2 \,.\, HCl, H^2O$, cristallise en aiguilles brillantes.

Le *chloroplatinate* est une poudre cristalline peu soluble.

Traitée en solution chlorhydrique par le nitrite de sodium, la cyanobenzylamine fournit de la nitrosophtalimidine. Le mécanisme de cette réaction serait le suivant :

$$C^6H^4 \begin{cases} CAz \\ CH^2 \,.\, AzH^2 \end{cases} + AzO^2H$$

$$= H^2O + Az^2 + C^6H^4 \begin{cases} CAz \\ CH^2OH \end{cases}$$

$$C^6H^4 \begin{cases} CAz \\ CH^2OH \end{cases} = C^6H^4 \begin{cases} CO \\ CH^2 \end{cases} AzH.$$

Phtalimidine.

ACIDE BENZYLAMINE-P-CARBONIQUE,

$$C^6H^4(CO^2H)-CH^2 \,.\, AzH^2$$

[H. K. Günther, *D. chem. G.*, **23**, 1060]. — Ce composé prend naissance lorsqu'on chauffe à 200° pendant 3 heures l'acide p-carboxybenzylphtalamique,

$$C^6H^4 \begin{cases} CO^2H \\ CO \,.\, AzH \,.\, CH^2 \,.\, C^6H^4 \,.\, CO^2H \end{cases}$$

avec 4 fois son poids d'acide chlorhydrique concentré. Il cristallise dans l'eau et dans l'acide acétique en houppes jaunes, insolubles dans l'éther, l'alcool, le benzène, la ligroïne et l'acétone.

Le *chlorhydrate* forme de longues aiguilles orthorhombiques : $a : b : c = 0,5742 : 1 : 0,9630$.

Le *chloroplatinate*, $(C^8H^9AzO^2 \,.\, HCl)^2PtCl^4$, est un précipité jaune, amorphe.

Le *chloraurate* cristallise en prismes peu solubles.

o-OXYBENZYLAMINE (*salicylamine*),

$$C^6H^4(OH)-CH^2 \,.\, AzH^2$$

[H. Goldschmidt et H.-W. Ernst, *D. chem. G.*, **23**, 2744. — F. Tiemann, *ibid.*, 3016]. — Cette base prend naissance par l'action de l'acide chlorhydrique concentré sur le chlorhydrate d'o-anisamine à la température de 150° :

$$C^6H^4(OCH^3)CH^2 . AzH^2 . HCl + HCl$$
$$= CH^3Cl + C^6H^4(OH)CH^2 . AzH^2 . HCl.$$

On peut aussi la préparer en réduisant par la poudre de zinc et l'acide sulfurique dilué l'acide salicyl-m-hydrazone-benzoïque :

$$C^6H^4(OH)CH = Az^2H . C^6H^4 . CO^2H + 2H^2$$
$$= C^6H^4(OH)CH^2 . AzH^2 + AzH^2 . C^6H^4 . CO^2H.$$

Elle se présente en cristaux blancs, fusibles à 121° (G. et E.), à 125° (T), solubles dans le benzène, l'eau, l'alcool, l'éther, les alcalis, insolubles dans la ligroïne, sublimables sans altération.

Sa solution aqueuse donne avec le chlorure ferrique une coloration bleu-violacé, qui passe au rouge foncé lorsqu'on la chauffe.

Le *chlorhydrate*, $C^7H^9AzO . HCl$, cristallise en aiguilles incolores.

Le *chloroplatinate*,

$$(C^7H^9AzO . HCl)^2PtCl^4, 2H^2O,$$

est un précipité formé d'aiguilles d'un jaune d'or, assez solubles dans l'eau et fusibles avec décomposition à 197°.

L'*oxalate* forme des lamelles blanches et brillantes, peu solubles dans l'alcool.

L'*urée*, $C^6H^4(OH)CH^2-AzH . CO . AzH^2$, obtenue au moyen du chlorhydrate de la base et du cyanate de potassium, cristallise dans l'alcool en prismes incolores, fusibles à 170°.

La *phénylurée*,

$$C^6H^4(OH)CH^2-AzH . CO . AzH . C^6H^5,$$

forme des aiguilles fusibles à 155°.

O-MÉTHOXYBENZYLAMINE (*o-anisamine*),

$$C^6H^4(OCH^3)CH^2-AzH^2$$

[H. Goldschmidt et H. W. Ernst, *D. chem. G.*, **23**, 2742]. — On obtient cette base en réduisant l'aldoxime o-méthoxybenzylique par l'amalgame de sodium, l'alcool et l'acide acétique.

C'est un liquide incolore, bouillant à 224° sous une pression de 724 millimètres ; elle attire rapidement l'acide carbonique de l'air pour donner un carbonate cristallisé.

Le *chlorhydrate*, $C^8H^{11}AzO . HCl$, forme des cristaux prismatiques, fusibles à 150°.

Le *chloroplatinate*,

$$(C^8H^{11}AzO . HCl)^2PtCl^4, 2H^2O,$$

cristallise dans l'eau bouillante en longues lamelles d'un jaune d'or, fusibles à 187°.

L'*urée*, $C^6H^4(OCH^3)CH^2-AzH . CO . AzH^2$, cristallise en longues aiguilles blanches, fusibles à 127°.

La *phénylurée*,

$$C^6H^4(OCH^3)CH^2-AzH . CO . AzH . C^6H^5,$$

forme des aiguilles blanches, fusibles à 145°, très solubles dans l'alcool et dans l'éther.

P-OXYBENZYLAMINE, $C^6H^4(OH)CH^2-AzH^2$ [H. Salkowski, *D. chem. G.*, **22**, 2143]. — On la prépare en traitant par le nitrite de potassium une solution chlorhydrique de p-amidobenzylamine.

Elle cristallise en lamelles rhombiques, brillantes, renfermant 1 molécule d'eau, et fond vers 95° en se décomposant.

Le *chlorhydrate*, $C^7H^9AzO . HCl$, forme des lamelles brillantes.

Le *chloroplatinate*,

$$(C^7H^9AzO . HCl)^2PtCl^4, 2H^2O,$$

est en aiguilles groupées en étoiles.

MÉTHYLBENZYLAMINE, $C^6H^5 . CH^2-AzH . CH^3$ [H. Zaunschirm, *Ann. Chem.*, **245**, 279 ; *D. chem. G.*, **21**, *Ref.*, 632 ; *Bull. Soc. Chim.*, (3), **1**, 760]. — Liquide bouillant à 184-185°, obtenu par l'action de l'amalgame de sodium sur la benzylidène-méthylamine, $C^6H^5-CH=Az . CH^3$.

DIMÉTHYLBENZYLAMINE, $C^6H^5 . CH^2-Az(CH^3)^2$ [E. Jackson et Wing, *Am. Journ.*, **9**, 78 ; *D. chem. G.*, **20**, *Ref.*, 504]. — Liquide incolore, bouillant à 183-184°, obtenu en mélangeant une solution alcoolique de diméthylamine avec du chlorure de benzyle.

Le *chloroplatinate* se présente tantôt en prismes orangés épais, tantôt en longs cristaux lancéolés jaunes.

MÉTHYLÈNE-DIBENZYLAMINE,

$$CH^2(AzH . CH^2 . C^6H^5)^2$$

[K. Kempff, *Ann. Chem.*, **256**, 219 ; *D. chem. G.*, **23**, *Ref.*, 243]. — On chauffe pendant 18 heures à 100° en tube scellé un mélange de chlorure de méthylène (2 parties) et de benzylamine (5 parties) ; on reprend le produit par l'eau et on l'épuise par l'éther. Ce liquide abandonne par évaporation une huile qui laisse peu à peu déposer la méthylène-dibenzylamine en aiguilles rhombiques, fusibles à 45-46°, et distillant avec décomposition à 225-230°.

Le *chlorhydrate*, $C^{15}H^{18}Az^2 . 2HCl$, fond à 240-242°.

Le *bromhydrate*, $C^{15}H^{18}Az^2 . 2HBr$, et l'*iodhydrate*, $C^{15}H^{18}Az^2 . 2HI$, cristallisent en lamelles.

Le *sulfate*, $C^{15}H^{18}Az^2 . SO^4H^2, 2H^2O$, se présente en prismes.

Le *phosphate*, $C^{15}H^{18}Az^2 . PO^4H^3$, forme des aiguilles fusibles à 228-233°.

Le *chloroplatinate*, $C^{15}H^{18}Az^2 . 2HCl . PtCl^4$, est en lamelles.

Le *chloraurate*, $C^{15}H^{18}Az^2 . 2HCl . AuCl^3$, cristallise en aiguilles.

L'*oxalate*, $C^{15}H^{18}Az^2 . 2C^2O^4H^2$, fond à 134-136°.

Le *picrate*, $C^{15}H^{18}Az^2 . C^6H^3Az^3O^7$, se présente en aiguilles.

Tous ces sels sont très solubles dans l'eau et dans l'alcool chaud, insolubles dans l'éther.

ÉTHYLBENZYLAMINE, $C^6H^5 . CH^2-AzH . C^2H^5$ [Zaunschirm, *loc. cit.*]. — On l'obtient en hydrogénant la benzylidène-éthylamine,

$$C^6H^5-CH=Az . C^2H^5,$$

par l'amalgame de sodium. Elle distille à 191-194°, possède l'odeur de la benzylamine, et fume au contact de l'acide chlorhydrique. Ses sels sont solubles dans l'eau et dans l'alcool.

Le *chloroplatinate* cristallise en aiguilles orangées.

L'éthylbenzylamine réagit avec dégagement de chaleur sur le sulfure de carbone pour donner l'*éthylbenzylthiosulfocarbamate d'éthylbenzylammonium*,

$$CS \begin{cases} Az(C^2H^5)(CH^2 . C^6H^5) \\ SH . AzH(C^2H^5)(CH^2 . C^6H^5) \end{cases}$$

cristaux fusibles à 114°, solubles dans le sulfure de carbone, peu solubles dans l'éther (Zaunschirm).

DIÉTHYLBENZYLAMINE, $C^6H^5 . CH^2-Az(C^2H^5)^2$. — Cette base prend naissance dans l'action de l'iodure d'éthyle sur la benzylamine à 130° [A. Ladenburg et O. Struve, *D. chem. G.*, **10**, 47], ainsi que dans l'action du chlorure de benzyle sur la diéthylamine à 100° [V. Meyer, *ibid.*, **10**, 310]. C'est un liquide bouillant à 209° (L. et S.), à 211-212° (M.).

SELS DE TRIÉTHYLBENZYLAMMONIUM [Ladenburg et Struve, *D. chem. G.*, **10**, 45. — Ladenburg, *ibid.*, 561, 1152. — V. Meyer, *ibid.*, 360, 964]. — La triéthylamine et le chlorure de benzyle s'unissent, lorsqu'on les chauffe à 100° en tube scellé, pour donner le *chlorure* $Az(C^2H^5)^3(C^7H^7)Cl$, masse cristalline blanche, soluble dans l'eau, qui se décompose par la distillation sèche en triéthylamine et chlorure de benzyle.

Le *chloroplatinate*,

$$[Az(C^2H^5)^3(C^7H^7)Cl]^2PtCl^4,$$

cristallise dans l'eau bouillante en prismes peu solubles dans l'eau froide.

Soumis à l'action successive de l'oxyde d'argent et de l'acide iodhydrique, le chlorure précédent se convertit en un *iodure* $Az(C^2H^5)^3(C^7H^7)I$, qui est instable et qui se décompose par la distillation avec l'acide iodhydrique en iodure de benzyle et iodhydrate de triéthylamine. Évaporée au contact de l'air (qui agit comme oxydant), la solution de cet iodure fournit un *periodure* $Az(C^2H^5)^3(C^7H^7)I^3$, en prismes noirs et brillants, fusibles à 87°.

Si l'on abandonne à la température ordinaire dans un dessiccateur la solution de l'iodure précédent, elle se prend en une masse cristalline blanche, qui constituerait un *iodure isomérique* $Az(C^2H^5)^2(C^7H^7)(C^2H^5)I$, identique avec le sel que l'on peut obtenir par l'union directe de l'iodure d'éthyle et de la diéthylbenzylamine. Cet iodure isomérique diffère du précédent en ce que sa solution, soumise à l'ébullition avec de l'acide iodhydrique, ne perd pas d'iodure de benzyle.

Les faits précédents, observés par M. Ladenburg, sont formellement contestés par M. V. Meyer. Suivant ce dernier auteur, on obtient dans tous les cas un seul et même iodure de triéthylbenzylammonium, qui résiste à l'ébullition avec l'acide iodhydrique, et qui fournit un periodure ayant la formule indiquée plus haut.

M. Le Bel n'a pas pu démontrer l'existence du sel isomérique décrit par M. Ladenburg; il admet néanmoins que ce corps est théoriquement possible.

PROPYLBENZYLAMINE. $(C^6H^5.CH^2)(C^3H^7)AzH$ [Zaunschirm, *loc. cit.*]. — Liquide bouillant à 210°. On l'obtient en traitant par l'amalgame de sodium la benzylidène-propylamine,

$$C^6H^5-CH=Az(C^3H^7).$$

ISOBUTYLBENZYLAMINE, $(C^6H^5.CH^2)(C^4H^9)AzH$ [Zaunschirm, *ibid.*]. — Même préparation. Liquide bouillant à 217-220°.

AMYLBENZYLAMINE, $(C^6H^5.CH^2)(C^5H^{11})AzH$ [Zaunschirm, *ibid.*]. — Même préparation. Liquide bouillant à 240°.

PHÉNYLBENZYLAMINE. — Voyez BENZYLANILINE, Suppl., 2, 620.

MÉTHYLPHÉNYLBENZYLAMINE,

$$(CH^3)(C^6H^5)(C^7H^7)Az$$

[Nœlting, *Jahresb.*, 1873, 702]. — Cette base bout à 305-306°.

SELS DE DIMÉTHYLPHÉNYLBENZYLAMMONIUM. — Voyez Suppl., 1, 1197.

DIPHÉNYLBENZYLAMINE. — Voyez Suppl., 1, 1196.

BENZYL-P-CRÉSYLAMINE,

$$C^6H^5.CH^2.AzH.C^6H^4.CH^3$$

[L. Kohler, *Ann. Chem.*, **241**, 358; *Bull. Soc. Chim.*, (2), **49**, 993]. — On l'obtient en réduisant par l'amalgame de sodium et l'alcool la benzylidène-p-crésylamine. C'est une masse cristalline, soluble dans l'éther et dans l'alcool, et distillant sans altération à 312-313°.

Le *dérivé nitrosé*, $C^{14}H^{14}Az^2O$, fond à 53°.

O-NITROBENZYL-P-CRÉSYLAMINE,

$$C^6H^4(AzO^2)CH^2-AzH-C^6H^4.CH^3$$

[Lellmann et Stickel, *D. chem. G.*, **19**, 1609]. — On chauffe pendant une demi-heure au bain-marie un mélange de chlorure d'o-nitrobenzyle (1 partie) et de p-toluidine (4 parties); on laisse refroidir, on lave à l'acide acétique pour éliminer l'excès de toluidine, et on fait cristalliser dans l'alcool bouillant.

Cristaux jaunes, fusibles à 72°, peu solubles dans la ligroïne, solubles dans les autres dissolvants usuels.

Le *chlorhydrate*, $C^{14}H^{14}Az^2O^2.HCl$, cristallise en aiguilles.

Le *chloroplatinate* est peu soluble.

Le *sulfate* est en fines lamelles brillantes.

Le *dérivé acétylé*,

$$[C^6H^4(AzO^2)CH^2][C^6H^4.CH^3]Az.C^2H^3O,$$

forme des cristaux fusibles à 65°, solubles dans le chloroforme et dans l'éther.

BENZYL-P-AMIDODIMÉTHYLANILINE,

$$C^6H^5.CH^2-AzH-C^6H^4.Az(CH^3)^2$$

[L. Kohler, *Ann. Chem.*, **241**, 358; *Bull. Soc. Chim.*, (2), **49**, 993]. — On la prépare en réduisant par l'alcool et l'amalgame de sodium la benzylidène-p-amidodiméthylaniline. Elle forme des lamelles jaunâtres, fusibles à 48°, très solubles dans l'alcool, l'éther, le benzène, la ligroïne, et distillant sans décomposition.

Le *dérivé nitrosé*, $C^{15}H^{17}Az^3O$, cristallise en aiguilles jaunes, fusibles à 127-128°.

BENZYL-P-NAPHTYLAMINE, $C^{17}H^{15}Az$ [Kohler, *ibid.*]. — Elle cristallise dans l'éther en prismes fusibles à 68°, insolubles dans l'eau, solubles dans l'alcool, le benzène, la ligroïne.

Le *dérivé nitrosé*, $C^{17}H^{14}Az^2O$, forme des aiguilles jaunes, fusibles à 111-112°.

DIAZOBENZÈNE-BENZYLAMINE (*benzène-diazobenzylamine*),

$$C^6H^5.CH^2-AzH-Az=Az.C^6H^5$$

[H. Goldschmidt et J. Holm, *D. chem. G.*, **21**, 1016]. — Ce composé prend naissance lorsqu'on mélange à froid des solutions aqueuses de chlorure de diazobenzène (1 molécule) et de benzylamine (2 molécules); il cristallise dans l'éther en lamelles transparentes d'un jaune clair, fusibles à 72°, très solubles dans l'alcool, l'éther et le benzène. L'acide chlorhydrique dilué le décompose à froid avec dégagement d'azote; la décomposition est plus rapide à chaud et donne lieu à la formation simultanée de phénol, de benzylamine, de chlorure de benzyle et d'aniline.

Chauffée au bain-marie avec du benzène et de l'isocyanate de phényle, cette base fournit de longues aiguilles blanches, fusibles à 119°, constituant la *diazobenzène-benzylphénylurée*,

$$C^6H^5.CH^2-Az\begin{cases}Az^2.C^6H^5\\CO.AzH.C^6H^5\end{cases}$$

Ce composé se dédouble par ébullition avec l'acide chlorhydrique en azote, phénol et benzylphénylurée.

P-DIAZOTOLUÈNE-BENZYLAMINE (*toluène-p-diazobenzylamine*),

$$C^6H^5.CH^2-AzH-Az=Az.C^6H^4.CH^3$$

[Goldschmidt et Holm, *loc. cit.*]. — Même préparation que pour le composé précédent. Lamelles jaunâtres, fusibles à 77°, très solubles dans le benzène, l'alcool et l'éther. L'acide chlorhydrique décompose ce corps avec production d'azote, de p-crésol, de benzylamine, de p-toluidine et de chlorure de benzyle.

Cette base se combine avec le phénylsénevol pour donner de fines aiguilles blanches, fusibles à 115-116°, constituant la *p-diazotoluène-benzylphénylurée*,

$$C^6H^5.CH^2-Az\begin{cases}Az^2.C^6H^4.CH^3\\CO.AzH.C^6H^5\end{cases}$$

qui se décompose par l'ébullition avec l'acide chlorhydrique en azote, p-crésol et benzylphénylurée.

o-Diazotoluène-benzylamine. — Huile jaunâtre qui n'a pu être purifiée.

β-Diazonaphtalène-benzylamine (*β-naphtalène-diazobenzylamine*),

$$C^6H^5 . CH^2 - AzH - Az = Az - C^{10}H^7.$$

— Cristaux brunâtres, fusibles à 110°, solubles dans l'éther et dans le benzène.

p-Amidobenzylamine, $C^6H^4(AzH^2) - CH^2 . AzH^2$ [H. Amsel et A. W. Hofmann, *D. chem. G.*, **19**, 1287]. — On l'obtient par l'action de l'étain et de l'acide chlorhydrique sur la p-nitrobenzylacétamide, $C^6H^4(AzO^2) - CH^2 . AzH . C^2H^3O$. Le produit de la réduction, privé d'étain par l'hydrogène sulfuré, fournit par évaporation le chlorhydrate de la base.

L'amidobenzylamine est un liquide huileux, bouillant à 268-270°. Sa densité est 1,08 à 20°. Elle attire l'acide carbonique de l'air. Elle est insoluble dans l'éther, assez soluble dans l'eau et surtout dans l'alcool.

Elle forme avec le nitrate d'argent une combinaison cristallisée en grandes lamelles.

Le *chlorhydrate*, $C^7H^{10}Az^2 . 2HCl$, cristallise en belles aiguilles, très solubles dans l'eau, peu solubles dans l'alcool, insolubles dans l'éther.

Le *chloroplatinate*, $(C^7H^{10}Az^2 . 2HCl)^2PtCl^4$, est en belles aiguilles.

Le *chlorostannate* cristallise en octaèdres.

Le *sulfate* est très soluble dans l'eau. Le *nitrate* et l'*oxalate* se présentent en longues aiguilles blanches.

L'*urée*,

$$C^6H^4 \begin{cases} AzH - CO - AzH^2 \\ CH^2 - AzH - CO - AzH^2 \end{cases}$$

s'obtient par double décomposition entre le cyanate de potassium et le chlorhydrate de la base; elle cristallise dans l'eau bouillante en petites aiguilles groupées en étoiles, fusibles avec décomposition à 197°.

La *sulfo-urée*,

$$C^6H^4 \begin{cases} AzH - CS - AzH^2 \\ CH^2 - AzH - CS - AzH^2 \end{cases}$$

se prépare par la même méthode, au moyen du sulfocyanate de potassium. Elle cristallise dans l'alcool absolu en aiguilles fusibles à 176°.

Oxybenzylphénylamines. — Voyez Benzylaniline, Suppl., **2**, 620.

o-Oxybenzyl-p-crésylamine (*oxybenzyltoluidine*), $C^6H^4(OH) - CH^2 - AzH - C^6H^4 . CH^3$ [O. Emmerich, *Ann. Chem.*, **241**, 343; *Bull. Soc. Chim.*, (2), **49**, 994]. — On l'obtient par l'hydrogénation, au moyen de l'alcool et de l'amalgame de sodium, de l'oxybenzylidène-p-toluidine. Elle cristallise dans l'alcool en aiguilles ou en lamelles blanches, fusibles à 116°.

Le *chlorhydrate* fond à 147°.

Le *chloroplatinate*,

$$[C^6H^4(OH)CH^2 . AzH . C^7H^7 . HCl]^2PtCl^4,$$

cristallise en aiguilles rougeâtres.

L'*o-méthoxybenzyl-p-toluidine*,

$$C^6H^4(OCH^3)CH^2 - AzH - C^7H^7,$$

forme des aiguilles blanches, fusibles à 110°.

La *tétranitro-oxybenzylcrésylamine*,

$$C^{14}H^{11}AzO(AzO^2)^4,$$

se présente en belles aiguilles jaunes, fusibles à 168°.

p-Oxybenzyl-p-crésylamine,

$$C^6H^4(OH)CH^2 - AzH - C^6H^4 . CH^3.$$

— Même préparation que pour la base précédente, au moyen de la p-oxybenzylidène-p-toluidine. Aiguilles blanches, fusibles à 186°.

Le *chloroplatinate* est cristallisé et répond à la formule

$$[C^6H^4(OH)CH^2 - AzH - C^7H^7 . HCl]^2PtCl^4.$$

o-Oxybenzyl-β-naphtylamine,

$$C^6H^4(OH)CH^2 - AzH - C^{10}H^7.$$

— Belles lamelles, fusibles à 147°.

Le *chlorhydrate* cristallise en aiguilles blanches, fusibles à 188°.

Le *dérivé nitrosé*, $C^7H^7O - Az(AzO) - C^{10}H^7$, se présente en lamelles blanches et brillantes, fusibles avec décomposition à 165°.

La *méthoxybenzyl-naphtylamine*,

$$C^6H^4(OCH^3)CH^2 - AzH - C^{10}H^7,$$

fond à 92° et distille entre 220 et 225°.

p-Oxybenzyl-β-naphtylamine,

$$C^6H^4(OH)CH^2 - AzH - C^{10}H^7.$$

— Cette base fond à 117°.

Le *dérivé nitrosé*, $C^7H^7O - Az(AzO) - C^{10}H^7$, est en lamelles hexagonales, fusibles à 142°.

Dibenzylamine, $(C^6H^5 - CH^2)^2AzH$. — Voyez Dict., **1**, 575 et Suppl., **1**, 341.

La dibenzylamine est un des produits qui prennent naissance lorsqu'on fait bouillir un mélange de formiate d'ammonium et d'aldéhyde benzylique.

Dichlorobenzylamine,

$$(C^6H^4Cl - CH^2)^2AzH$$

(voyez Suppl., **1**, 342). — D'après MM. Jackson et Field [*Am. Journ.*, **2**, 94], l'action du chlorure de p-chlorobenzyle sur l'ammoniaque ne fournit qu'une des dichlorodibenzylamines décrites par M. Berlin, celle que cet auteur a désignée par la lettre α; les composés isomériques seraient dus à la présence du chlorure d'o-chlorobenzyle dans le réactif employé.

Dibromobenzylamines, $(C^6H^4Br - CH^2)^2AzH$.

Di-o-bromobenzylamine [Jackson et White, *Am. Journ.*, **2**, 318]. — Cristaux rhombiques, fusibles à 36°, insolubles dans l'eau, solubles dans l'alcool.

Le *chlorhydrate*, $C^{14}H^{13}Br^2Az . HCl$, est en aiguilles fusibles à 166°, peu solubles dans l'eau, plus solubles dans l'alcool.

Le *chloroplatinate*, $(C^{14}H^{13}Br^2Az . HCl)^2PtCl^4$, est un précipité jaune, à peine cristallin, peu soluble dans l'alcool et dans l'eau.

Di-p-bromobenzylamine [Jackson et Lowery, *Am. Journ.*, **3**, 251]. — Cristaux fusibles à 50°, très solubles dans l'alcool et dans l'éther.

Le *chlorhydrate*, $C^{14}H^{13}Br^2Az . HCl$, est en houppes rhombiques, fusibles à 283°, presque insolubles dans l'eau froide, un peu plus solubles dans l'eau bouillante et dans l'alcool.

Le *chloroplatinate*, $(C^{14}H^{13}Br^2Az . HCl)^2PtCl^4$, est une poudre jaune, presque insoluble dans l'alcool et dans l'eau.

Di-p-iodobenzylamine, $(C^6H^4I - CH^2)^2AzH$ [Mabery et Jackson, *D. chem. G.*, **11**, 58]. — Elle se produit, en même temps que la tri-p-iodotribenzylamine, dans l'action de l'ammoniaque alcoolique bouillante sur le bromure de p-iodobenzyle; elle est plus soluble dans l'alcool que la base tertiaire et peut en être séparée par quelques cristallisations. Elle se présente en aiguilles blanches, fusibles à 76°, insolubles dans l'eau, peu solubles dans l'alcool, très solubles dans l'alcool bouillant, l'éther, le benzène, le sulfure de carbone.

Le *chlorhydrate* forme des lamelles blanches, peu solubles dans l'eau, l'alcool, le benzène, très olubles dans le sulfure de carbone et dans l'acide acétique.

Le *chloroplatinate*, $(C^{14}H^{13}I^{2}Az.HCl)^{2}PtCl^{4}$, forme des cristaux d'un jaune clair, présentant la forme des cristaux de givre, presque insolubles dans l'eau et dans l'alcool.

Di-o-cyanobenzylamine, $[C^{6}H^{4}(CAz)-CH^{2}]^{2}AzH$ [A. W. Day et S. Gabriel, *D. chem. G.*, **23**, 2488]. — Cette base se produit à l'état de chlorhydrate, en même temps que l'o-cyanobenzylamine, lorsqu'on abandonne pendant quelques jours à la température ordinaire un mélange de chlorure d'o-cyanobenzyle et d'ammoniaque alcoolique. Elle cristallise en fines aiguilles, fusibles à 125°.

Le *chlorhydrate*, $(C^{8}H^{6}Az)^{2}AzH.HCl$, se présente en aiguilles peu solubles dans l'acide chlorhydrique.

Le *chloroplatinate*,

$$(C^{16}H^{13}Az^{3}.HCl)^{2}PtCl^{4},2H^{2}O,$$

est une poudre cristalline peu soluble, d'un jaune rougeâtre.

Le *picrate* fond vers 195°.

Di-o-oxybenzylamine, $[C^{6}H^{4}(OH)-CH^{2}]^{2}AzH$. — Cette base prend naissance par l'hydrogénation de l'hydrosalicylamide, $[C^{6}H^{4}(OH)CH]^{3}Az^{2}$, au moyen de l'alcool et du sodium [O. Emmerich, *Ann. Chem.*, **241**, 343; *Bull. Soc. Chim.*, (2), **49**, 994].

Elle cristallise en belles aiguilles blanches, fusibles à 170°.

Le *chlorhydrate* est en lamelles fusibles à 144°.

Le *chloroplatinate*, $(C^{14}H^{15}AzO^{2}.HCl)^{2}PtCl^{4}$, forme des aiguilles rougeâtres, groupées en étoiles.

Sels de diéthyldibenzylammonium. — L'*iodure*, $(C^{6}H^{5}.CH^{2})^{2}(C^{2}H^{5})^{2}AzI$, se produit aisément par l'action de l'iodure de benzyle sur la diéthylbenzylamine; il cristallise dans l'eau bouillante en aiguilles brillantes, peu solubles dans l'eau froide. Il se décompose par ébullition avec l'acide iodhydrique concentré, en perdant de l'iodure de benzyle [V. Meyer, *D. chem. G.*, **10**, 314].

Phényl-dibenzylamine, $(C^{6}H^{5}.CH^{2})^{2}(C^{6}H^{5})Az$. — Voyez Benzylaniline, Suppl., 2, 621.

Tribenzylamine, $[C^{6}H^{5}.CH^{2})^{3}Az$ (voyez Dict., **1**, 575). — On peut préparer la tribenzylamine en chauffant lentement au bain d'huile un mélange d'aldéhyde benzylique avec un peu plus de son poids de formiate d'ammonium; il se fait à 180° une réaction qui donne naissance à du carbonate d'ammonium, à de la tribenzylamine et à quelques autres produits qui n'ont pas été déterminés. La tribenzylamine peut être ainsi préparée à un état de pureté parfaite, grâce à quelques cristallisations dans l'éther et dans l'alcool.

La tribenzylamine cristallise en lamelles appartenant au système clinorhombique [Panebianco, *Jahresb.*, 1878, 476; *D. chem. G.*, **11**, 2032].

Distillée sur du sodium, elle se décompose et fournit du benzène, du toluène, du cyanure de sodium, de la lophine, et quelques autres produits qui n'ont pas été isolés à l'état de pureté [E. Jackson et J.-F. Wing, *D. chem. G.*, **19**, 900].

Chauffée à 100° dans un courant de gaz chlorhydrique, elle se décompose en donnant du chlorure d'ammonium et du chlorure de benzyle [Ch. Lauth, *C. R.*, **76**, 1211].

Chauffée avec du chlorure de benzyle, elle se décompose à 150°; il se fait dans cette réaction des chlorhydrates de dibenzylamine et de tribenzylamine [A. Marquardt, *D. chem. G.*, **19**, 1030].

Le *chlorhydrate*, $C^{21}H^{21}Az.HCl$, cristallise dans le système hexagonal; il fond à 227°.

Le *chloroplatinate* appartient au type clinorhombique (Panebianco).

Le *bromhydrate*, $C^{21}H^{21}Az.HBr$, fond à 208° (Rohde).

Le *bromhydrate de bromure*,

$$C^{21}H^{21}Az.Br^{2}.HBr,$$

s'obtient en traitant par le brome une solution éthérée de la base (Limpricht). Il est amorphe, et se décompose par ébullition avec l'eau en acide bromhydrique, aldéhyde benzylique et dibenzylamine.

L'*iodhydrate*, $C^{21}H^{21}Az.HI$, fond à 178° (Rohde).

Le *nitrate*, $C^{21}H^{21}Az.AzO^{3}H$, forme des cristaux rhombiques, fusibles avec décomposition à 120°, insolubles dans l'eau, peu solubles dans l'alcool (Panebianco). Chauffé à 220-240°, il donne de l'eau, du toluène, du nitrotoluène, de la dibenzylamine et de l'aldéhyde benzylique.

Le *sulfate* est en cristaux clinorhombiques, fusibles à 106-107°, insolubles dans l'eau, solubles dans l'alcool (Panebianco).

L'*alun*, $Al^{2}(SO^{4})^{3}.(C^{21}H^{21}Az)SO^{4}H^{2},24H^{2}O$, est en cristaux réguliers qui fondent à 110° dans leur eau de cristallisation et qui se décomposent vers 120°.

Tri-p-chlorobenzylamine,

$$(C^{6}H^{4}Cl.CH^{2})^{3}Az$$

(voyez Suppl., **1**, 342). — D'après MM. Jackson et Field [*Am. Journ.*, **2**, 92], cette base fond à 78°,5; elle se décompose, par la distillation avec de l'eau de brome, en dibenzylamine et aldéhyde chlorobenzylique.

Le *chlorhydrate*, $C^{21}H^{18}Cl^{3}Az.HCl$, fond à 196°.

Le *chloroplatinate* répond à la formule

$$(C^{21}H^{18}Cl^{3}Az.HCl)^{2}PtCl^{4}.$$

Tribromobenzylamines, $(C^{6}H^{4}Br.CH^{2})^{3}Az$.

Tri-o-bromobenzylamine [Jackson et White, *Am. Journ.*, **2**, 319]. — Cette base fond à 121,5-122°, elle est presque insoluble dans l'eau et dans l'alcool, assez soluble dans la ligroïne bouillante, l'éther et le benzène.

Le *chloroplatinate*, $(C^{21}H^{18}Br^{3}Az.HCl)^{2}PtCl^{4}$, est un précipité jaune, insoluble dans l'eau.

Tri-p-bromobenzylamine [Jackson et Lowery, *Am. Journ.*, **3**, 251]. — Fines aiguilles, fusibles à 76-78° ou à 92°, suivant qu'elles ont cristallisé dans l'éther ou dans la ligroïne.

Le *bromhydrate*, $C^{21}H^{18}Br^{3}Az.HBr$, forme des houppes fusibles à 270°, solubles dans l'éther, presque insolubles dans l'alcool, insolubles dans l'eau.

Tri-p-iodobenzylamine, $(C^{6}H^{4}I.CH^{2})^{3}Az$ [Mabery et Jackson, *D. chem. G.*, **11**, 57]. — On l'obtient, en même temps que la dibenzylamine diiodée, dans l'action du bromure de p-iodobenzyle sur l'ammoniaque alcoolique. Elle cristallise dans l'éther en aiguilles blanches, fusibles à 114°,5, insolubles dans l'eau et dans l'alcool, très solubles dans l'éther, le benzène, le sulfure de carbone.

Elle ne donne pas de chlorhydrate cristallisé; mais le *chloroplatinate* est un précipité jaune, formé d'aiguilles presque insolubles dans l'alcool et dans l'eau, et ayant pour formule

$$(C^{21}H^{18}I^{3}Az.HCl)^{2}PtCl^{4}.$$

Trinitrobenzylamines,

$$[C^{6}H^{4}(AzO^{2}).CH^{2})^{3}Az.$$

— Le composé décrit sous ce nom Suppl., **1**, 341, est le *dérivé para*. D'après M. Marquardt [*D. chem. G.*, **19**, 1030], ce dérivé peut être préparé directement au moyen de la tribenzylamine, en dissolvant à froid cette base dans un mélange de 2 parties d'acide nitrique concentré et de 5 parties d'acide sulfurique, et en versant ensuite le tout dans l'eau. Ce dérivé trinitré fondrait à 159°, et non à 163°.

La *tri-o-nitrobenzylamine* a été préparée par MM. E. Lellmann et C. Stickel [*D. chem. G.*, **19**, 1605], en chauffant en tubes scellés un mélange d'ammoniaque aqueuse et de chlorure d'o-nitrobenzyle. Elle cristallise dans le benzène en longues aiguilles jaunâtres, fusibles à 157°. Elle forme avec les acides des sels que l'eau décompose.

Sels de méthyltribenzylammonium. — *Iodure*, $(C^7H^7)^3(CH^3)AzI$ [A. Marquardt, *D. chem. G.*, **19**, 1027]. — On le prépare par l'union directe de la tribenzylamine et de l'iodure de méthyle, lentement à froid, rapidement au bain-marie. Il cristallise en aiguilles blanches, fusibles à 184°, assez solubles dans l'eau chaude et dans l'alcool.

Hydrate, $(C^7H^7)^3(CH^3)Az.OH$ (Marquardt). — On l'obtient en traitant l'iodure par l'oxyde d'argent et l'eau. C'est une masse cristalline, très alcaline, très soluble dans l'eau, mais non déliquescente, qui fond en se décomposant en tribenzylamine et alcool méthylique.

Chloroplatinate, $(C^{22}H^{24}AzCl)^2PtCl^4$. — C'est un précipité orangé, insoluble dans l'alcool et dans l'eau froide, soluble dans l'eau chaude et fusible à 197° (Marquardt).

Méthylsulfate,

$$SO^4 \begin{cases} CH^3 \\ Az(C^7H^7)^3(CH^3) \end{cases}$$

[P. Claësson et C.-F. Lundvall, *D. chem. G.*, **13**, 1703]. — On l'obtient en chauffant pendant quelques heures à 100° en tubes scellés un mélange de tribenzylamine, de benzène et de sulfate de méthyle. Il cristallise en houppes ou en prismes groupés en étoiles.

Iodure d'éthyltribenzylammonium,

$$(C^7H^7)^3(C^2H^5)AzI$$

[Marquardt, *loc. cit.*]. — Cristaux rhombiques, incolores, assez solubles dans l'alcool et dans l'eau bouillante, fusibles à 190°. On prépare ce sel en chauffant à 100° un mélange d'iodure d'éthyle et de tribenzylamine; si l'on opère à une température plus élevée, il se produit de l'iodure de benzyle.

Iodure d'isopropyltribenzylammonium,

$$(C^7H^7)^3(C^3H^7)AzI$$

[Marquardt, *ibid.*]. — On le prépare en chauffant à 120° la tribenzylamine avec de l'iodure d'isopropyle. Il cristallise en aiguilles peu solubles dans l'eau bouillante, fusibles à 170°.

L'iodure de propyle normal réagit à chaud sur la tribenzylamine, en donnant un mélange d'*iodures de benzyltripropylammonium* et de *tétrapropylammonium* qu'on n'est pas parvenu à séparer l'un de l'autre (Marquardt).

BENZYLAMIDES.

Benzylacétamide, $C^6H^5.CH^2-AzH(C^2H^3O)$. — Ce composé prend naissance lorsqu'on fait bouillir pendant quelques minutes un mélange de benzylamine et d'acide acétique anhydre [J. Strakosch, *D. chem. G.*, **5**, 697]; elle se produit aussi par l'action du chlorure de benzyle sur 2 molécules d'acétamide [C. Rudolph, *D. chem. G.*, **12**, 1297]. Elle cristallise dans l'éther de pétrole en lamelles incolores, très solubles dans l'alcool et dans l'éther, moins solubles dans la ligroïne, fusibles à 30° (Strakosch), à 57° (Rudolph), à 60-61° [Amsel et Hofmann, *D. chem. G.*, **19**, 1286]. Elle bout sans altération à 300° (R.), au-dessus de 300° (A. et H.).

La potasse alcoolique la dédouble en benzylamine et acide acétique (Rudolph).

o-Nitrobenzylacétamide,

$$C^6H^4(AzO^2)CH^2.AzH(C^2H^3O)$$

[Gabriel, *D. chem. G.*, **20**, 2229]. — Aiguilles incolores, fusibles à 97-99°, obtenues en chauffant au bain-marie un mélange d'o-nitrobenzylamine, d'anhydride acétique et d'acétate de sodium.

p-Nitrobenzylacétamide,

$$C^6H^4(AzO^2)CH^2.AzH(C^2H^3O)$$

[Amsel et Hofmann, *loc. cit.*]. — On la prépare en dissolvant à froid la benzylacétamide dans de l'acide nitrique fumant, versant dans l'eau et précipitant par l'ammoniaque. On peut aussi l'obtenir en chauffant dans un appareil à reflux un mélange de chlorhydrate de p-nitrobenzylamine, d'acétate de sodium et d'anhydride acétique [Hafner, *D. chem. G.*, **23**, 238]. Elle cristallise dans l'eau bouillante en aiguilles presque blanches, fusibles à 125°, solubles dans l'alcool, moins solubles dans l'éther et dans le benzène.

Oxydée par le mélange chromique, elle donne de l'acide p-nitrobenzoïque.

o-Oxybenzylacétamide,

$$C^6H^4(OH)CH^2.AzH(C^2H^3O)$$

[Goldschmidt et Ernst, *D. chem. G.*, **23**, 2745]. — Obtenue par l'action de l'anhydride acétique bouillant sur l'o-oxybenzylamine, elle cristallise en aiguilles incolores, fusibles à 140°, solubles dans les alcalis, et donne par le chlorure ferrique une coloration bleue.

Soumise à une ébullition prolongée avec un mélange d'anhydride acétique et d'acétate de sodium, elle paraît fournir un mélange des deux dérivés

$$C^6H^4(OC^2H^3O)CH^2.Az(C^2H^3O)$$

et

$$C^6H^4 \begin{cases} O \text{———} \\ CH^2.Az \end{cases} \geqslant C-CH^3.$$

o-Méthoxybenzylacétamide,

$$C^6H^4(OCH^3)CH^2.AzH(C^2H^3O)$$

[Goldschmidt et Ernst, *loc. cit.*, 2743]. — Elle cristallise dans l'alcool en aiguilles incolores, fusibles à 97°.

o-Nitrobenzylacétotoluide,

$$C^6H^4(AzO^2)CH^2.Az(C^6H^4.CH^3)(C^2H^3O)$$

[Lellmann et Stickel, *D. chem. G.*, **19**, 1610]. — On chauffe pendant 3 heures à 130° un mélange d'anhydride acétique et d'o-nitrobenzyl-p-toluidine; on lave au carbonate de sodium et on fait cristalliser dans le chloroforme. Cristaux jaunâtres, fusibles à 65°.

p-Nitrobenzylbenzamide,

$$C^6H^4(AzO^2)CH^2-AzH.CO.C^6H^5$$

[A. Hafner, *D. chem. G.*, **23**, 339]. — On la prépare en chauffant à 140-150° un mélange de chlorhydrate de p-nitrobenzylamine et de chlorure de benzoyle. Elle cristallise dans l'alcool en aiguilles soyeuses, fusibles à 155-156°.

Dibenzylformamide, $(C^6H^5-CH^2)^2Az.CHO$. — Ce composé paraît prendre naissance lorsqu'on chauffe à 180° un mélange d'aldéhyde benzylique et de formiate d'ammonium [R. Leuckart, *D. chem. G.*, **18**, 2342]. On peut le préparer par double décomposition entre le chlorhydrate de dibenzylamine et le formiate d'ammonium [Leuckart et E. Bach, *D. chem. G.*, **19**, 2128]. Il fond à 52° et bout en se décomposant au-dessus de 360°.

Dibenzyloxamide, $C^2O^2(AzH.CH^2.C^6H^5)^2$ [Strakosch, *D. chem. G.*, **5**, 694]. — On l'obtient en faisant bouillir un mélange de benzylamine et d'oxalate d'éthyle. Elle cristallise dans l'alcool en houppes blanches, satinées, insolubles dans l'eau et dans l'éther, fusibles à 216°.

DIBENZYLSUCCINAMIDE, $C^4H^4O^2(AzH.CH^2.C^6H^5)^2$ [E. Werner, *Chem. Soc.*, **28**, 627; *Bull. Soc. Chim.*, (3), **3**, 908]. — Lames brillantes, fusibles à 205-206°, obtenues en faisant bouillir pendant quelques heures un mélange de benzylamine et de succinate d'éthyle en solution alcoolique.

Benzylsuccinamide,

$$C^2H^4 \begin{cases} CO.AzH.CH^2.C^6H^5 \\ CO.AzH^2 \end{cases}$$

[Werner, *ibid.*]. — Prismes microscopiques, fusibles à 189°, obtenus en chauffant en tubes scellés pendant quelques heures un mélange de benzylsuccinimide et d'ammoniaque alcoolique.

Benzylsuccinimide,

$$C^2H^4 \left\langle \begin{matrix} CO \\ CO \end{matrix} \right\rangle Az.CH^2.C^6H^5$$

[Werner, *ibid.*]. — On l'obtient par l'action du chlorure de benzyle sur la succinimide en présence de potasse alcoolique. Cristaux fusibles à 98-99° et distillant sans altération au-dessus de 300°.

Acide benzylsuccinamique,

$$C^2H^4 \begin{cases} CO^2H \\ CO.AzH.CH^2.C^6H^5 \end{cases}$$

— On le prépare en chauffant le composé précédent avec de l'hydrate de baryte. Gros prismes obliques, fusibles à 139°.

Le *sel d'argent* est une poudre cristalline, à aspect micacé, insoluble dans l'eau et dans l'alcool.

Le *sel de baryum* cristallise facilement.

BENZYLPHTALIMIDE,

$$C^6H^5.CH^2.Az \left\langle \begin{matrix} CO \\ CO \end{matrix} \right\rangle C^6H^4$$

[S. Gabriel, *D. chem. G.*, **20**, 2227]. — On chauffe pendant quelques heures à 170-180° un mélange de chlorure de benzyle et de phtalimide potassée; on lave ensuite à l'eau, puis au carbonate de sodium, et on fait cristalliser dans l'alcool bouillant. Longues aiguilles, fusibles à 115-116°. Chauffé à 200° avec de l'acide chlorhydrique fumant, ce corps se dédouble en acide phtalique et benzylamine.

o-Nitrobenzylphtalimide,

$$C^6H^4(AzO^2).CH^2.Az \left\langle \begin{matrix} CO \\ CO \end{matrix} \right\rangle C^6H^4.$$

— On chauffe un mélange de phtalimide potassée et de chlorure d'o-nitrobenzyle, d'abord à 100°, puis à 130°, jusqu'à ce que la masse, d'abord pâteuse, soit devenue complètement solide. Il faut éviter d'élever la température jusqu'à 140°, sous peine de voir le produit se décomposer violemment. On lave au carbonate de sodium, puis à l'alcool bouillant et on fait cristalliser dans l'acide acétique. Beaux prismes brillants, fusibles à 217,5-219° [Gabriel, *loc. cit.*].

o-Cyanobenzylphtalimide,

$$C^6H^4(CAz).CH^2.Az \left\langle \begin{matrix} CO \\ CO \end{matrix} \right\rangle C^6H^4$$

[Gabriel, *D. chem. G.*, **20**, 2231]. — On chauffe à 100-120° un mélange de phtalimide potassée et de chlorure d'o-cyanobenzyle; on lave à l'eau bouillante et on fait cristalliser dans l'acide acétique bouillant. Grands prismes fusibles à 181-182°.

Ad. Fauconnier.

BENZYLANILINE [Syn. *Phénylbenzylamine*],

$$C^6H^5.CH^2-AzH-C^6H^5$$

(voyez Dict., 2, 862 et Suppl., 1, 1193). — Le dérivé nitré de M. Strakosch, décrit Suppl., 1, 1193, est le dérivé para.

o-NITROBENZYLANILINE. — On chauffe au bain-marie du chlorure d'o-nitrobenzyle (1 molécule) avec de l'aniline (2 molécules) en solution alcoolique. On chasse l'alcool, on lave à l'acide acétique et on chauffe le résidu avec de l'acide chlorhydrique. On obtient des aiguilles renfermant $C^{13}H^{12}Az^2O^2.HCl, 3H^2O$. Ce sel perd son eau à 60°. Le *chloroplatinate* est cristallin.

La base libre est en aiguilles rougeâtres, brillantes, fondant à 44°, très solubles dans l'alcool, l'éther, le chloroforme, le benzène, peu solubles dans l'éther de pétrole.

Abandonnée à elle-même en tube scellé, cette base perd son éclat, et fond à 57°, sans changer de composition. Les cristaux fondant à 57° sont clinorhombiques; ceux qui fondent à 44° sont tricliniques.

En même temps que le corps précédent, il se fait de la *di-o-nitrobenzylaniline,*

$$[C^6H^4(AzO^2)CH^2]^2Az.C^6H^5$$

(voyez plus loin).

Dérivé benzoylé,

$$C^6H^4(AzO^2)CH^2-Az(COC^6H^5)(C^6H^5),$$

— L'o-nitrobenzylaniline, traitée par l'anhydride benzoïque à 120°, donne la *benzoyl-o-nitrobenzylaniline*, fondant à 101°, très soluble dans le chloroforme, moins soluble dans l'alcool, l'éther, l'acide acétique cristallisable.

Une solution acétique de ce dérivé, chauffée pendant 3 heures avec de l'étain et de l'acide chlorhydrique, donne la *phénylbenzylène-benzénylamidine* (*phéno-dihydro-diphényl-m-diazine*),

$$C^6H^4 \begin{cases} Az=C.C^6H^5 \\ \quad\quad\ | \\ CH^2-Az.C^6H^5 \end{cases}$$

formée par déshydratation de l'amine,

$$C^6H^4 \begin{cases} AzH^2 \quad OC.C^6H^5 \\ \quad\quad\quad\quad | \\ CH^2 ——— Az.C^6H^5 \end{cases}$$

Cette amidine est en aiguilles blanches, fusibles à 114°,5, très solubles dans l'alcool, l'éther, le chloroforme, le benzène, peu solubles dans la ligroïne.

Le *chlorhydrate*, $C^{20}H^{16}Az^2.HCl$, cristallise en fines aiguilles soyeuses [Lellmann et Stickel, *D. chem. G.*, **19**, 1604; *Bull. Soc. Chim.*, (2), **47**, 254].

BENZYLNITROSOANILINE,

$$C^6H^5.CH^2-Az(C^6H^5)(AzO).$$

— On ajoute peu à peu de l'azotite de sodium à de la benzylaniline dissoute dans 12 fois son poids d'alcool acidulé par l'acide sulfurique. On verse la solution dans 4 fois son volume d'eau et on fait cristalliser le précipité dans l'alcool. On obtient des aiguilles jaunâtres, fondant à 58°, solubles dans l'alcool, l'éther, etc. [Antrick, *Ann. Chem.*, **227**, 360]

OXYBENZYLANILINES. — L'*o-oxybenzylaniline*, $C^6H^4(OH)CH^2-AzH-C^6H^5$, s'obtient en réduisant par l'alcool et l'amalgame de sodium à 3 0/0 l'*o-oxybenzylidène-aniline*,

$$C^6H^4(OH)-CH=Az-C^6H^5.$$

Cette base fond à 106°; elle est peu soluble dans l'eau, soluble dans l'alcool et dans l'éther.

Le *chlorhydrate* fond à 131°; le *chloroplatinate*, $[C^6H^4(OH)CH^2-AzH.C^6H^5.HCl]^2PtCl^4$, est en belles aiguilles rougeâtres, fondant avec décomposition à 184°.

L'o-oxybenzylaniline, traitée par un mélange d'acides nitrique et sulfurique, se dissout avec formation d'un *dérivé tétranitré*, précipitable par l'eau et soluble dans l'alcool. Il fond à 66°.

La *p-oxybenzylaniline* est en aiguilles blanches, fusibles à 208° [O. Emmerich, *Ann. Chem.*, **241**, 343 : *Bull. Soc. Chim.*, (2). **49**, 994].

DIBENZYLANILINE, $(C^6H^5.CH^2)^2Az.C^6H^5$. — On chauffe au bain-marie 150 parties de chlorure de benzyle, 54 parties d'aniline, et 30 parties de soude. Après refroidissement, on exprime la masse, on traite par la vapeur d'eau, et on lave à l'eau chaude. On fait enfin cristalliser dans l'alcool bouillant. On obtient ainsi des aiguilles incolores, fondant à 67° et bouillant vers 300° avec décomposition partielle.

Le *chlorhydrate*, $(C^6H^5)(C^7H^7)^2Az.HCl, H^2O$, est décomposé par l'eau. On peut obtenir un *chloroplatinate* en lamelles orangées.

La *combinaison picrique* fond à 131-132°.

MONONITRODIBENZYLANILINE,

$$C^6H^4(AzO^2) - Az(C^7H^7)^2.$$

— On traite la dibenzylaniline, dissoute dans 30 fois son poids d'acide acétique cristallisable, par l'acide azotique en quantité théorique. On a soin de refroidir. Au bout de quelque temps, il se dépose des cristaux, qu'on purifie par dissolution dans l'alcool bouillant. La mononitrodibenzylaniline cristallise en aiguilles jaunes, fusibles à 130°, n'ayant pas de propriétés basiques.

P-AMIDODIBENZYLANILINE,

$$C^6H^4(AzH^2) - Az(C^7H^7)^2.$$

— On chauffe à 50° le dérivé nitré avec de l'étain et de l'acide chlorhydrique jusqu'à décoloration, puis on verse dans l'eau froide : le chlorhydrate de l'amine se sépare en lamelles incolores, qui rougissent à l'air.

La base libre est en aiguilles incolores, fondant à 89-90°. Elle est très oxydable. L'acide chlorhydrique la scinde à 175° en chlorure de benzyle et p-phénylène-diamine.

P-NITROSODIBENZYLANILINE,

$$C^6H^4(AzO) - Az(C^7H^7)^2.$$

— On dissout 5 parties de dibenzylaniline dans 4.5 parties d'acide chlorhydrique concentré ; on ajoute au mélange 2 volumes d'alcool et 1 volume d'acide chlorhydrique, et on introduit peu à peu, en agitant constamment, 5 parties de nitrite d'amyle. Après quelques heures, on verse dans l'eau et on ajoute du carbonate de sodium jusqu'à réaction faiblement alcaline ; on fait cristalliser dans le sulfure de carbone.

On obtient ainsi des lamelles vertes, à reflets d'un bleu d'acier, fusibles à 91-92°, solubles dans le sulfure de carbone et dans l'éther, peu solubles dans l'alcool.

Par réduction, ce corps donne la p-amidodibenzylaniline.

DI-O-NITROBENZYLANILINE,

$$[C^6H^4(AzO^2)CH^2]^2AzC^6H^5.$$

— Ce corps se forme en même temps que le dérivé mononitré (voyez plus haut). Il cristallise en aiguilles d'un vert jaunâtre, fondant à 206°, insolubles dans les dissolvants neutres ordinaires et dans l'acide chlorhydrique étendu [Lellmann et Stickel, *loc. cit.*]. Paul Adam.

BENZYLANTHRACÈNE. — Voyez Suppl., 2. 311.

Dihydrure de benzylanthracène,

$$C^6H^4 \begin{matrix} \diagup CH^2 \diagdown \\ \diagdown CH \diagup \end{matrix} C^6H^4 \quad \text{avec} \quad CH - CH^2 - C^6H^5$$

[Bach, *D. chem. G.*, **23**, 1567, 2527]. — On obtient ce corps en chauffant pendant quelque temps au réfrigérant ascendant une solution alcoolique de benzylanthracène avec la quantité calculée d'amalgame de sodium. Il se forme encore si on traite en vase clos le benzyloxanthranol par le phosphore et l'acide iodhydrique concentré.

Le dihydrure de benzylanthracène cristallise dans l'alcool absolu en jolies aiguilles prismatiques, fusibles à 110-111° et se dissolvant en vert foncé dans l'acide sulfurique chaud.

BENZYLANTHRANOL,

$$C^6H^4 \begin{matrix} \diagup C(OH) \diagdown \\ \diagdown C \text{———} \diagup \end{matrix} C^6H^4, \quad C - CH^2 - C^6H^5$$

— On fait agir à froid la quantité calculée d'amalgame de sodium sur une solution alcoolique de *bromobenzylène-anthrone* (*monobromodéhydrobenzyloxanthranol*),

$$C^6H^4 \begin{matrix} \diagup CO \diagdown \\ \diagdown C \diagup \end{matrix} C^6H^4, \quad C = CBr - C^6H^5$$

Le liquide prend une couleur orangée et, par addition d'eau et de quelques gouttes d'acide chlorhydrique, laisse déposer un précipité formé de flocons jaunâtres, qu'on purifie par cristallisation dans le benzène.

Le benzylanthranol cristallise en aiguilles jaunes, fusibles à 183-184°, solubles dans l'alcool, l'éther et l'acide acétique. L'acide sulfurique le dissout en donnant une liqueur orangée.

Il s'oxyde à l'air et se transforme en benzyloxanthranol.

Benzyl-dihydroanthranol,

$$C^6H^4 \begin{matrix} \diagup CH(OH) \diagdown \\ \diagdown CH \text{———} \diagup \end{matrix} C^6H^4, \quad CH - CH^2 - C^6H^5$$

— On prépare ce corps en réduisant le benzyloxanthranol par la poudre de zinc et l'ammoniaque, ou en faisant bouillir une solution alcoolique de benzyloxanthranol avec la quantité calculée d'amalgame de sodium. Par addition d'eau, on obtient une masse visqueuse que l'on reprend par le benzène ; en ajoutant de la ligroïne, on voit se séparer des lamelles jaunâtres, décomposables à 130-140°. Le benzyldihydroanthranol est peu stable ; il s'oxyde en partie à l'air en se transformant en anthraquinone ; l'acide sulfurique concentré le dissout en donnant une liqueur jaune, qui vire rapidement au vert.

Soumis à l'ébullition avec de l'acide acétique dilué, le benzyldihydroanthronol se scinde nettement en eau et benzylanthracène.

Chlorure de benzyloxanthranol,

$$C^6H^4 \begin{matrix} \diagup CO \diagdown \\ \diagdown CCl \diagup \end{matrix} C^6H^4, \quad CCl - CH^2 - C^6H^5$$

— On fait agir la quantité calculée de pentachlorure de phosphore sur le benzyloxanthranol sec et en poudre ; on ajoute 4 ou 6 parties d'éther de pétrole et on filtre. On évapore et on purifie le produit par cristallisation dans l'éther de pétrole.

On obtient ainsi des lamelles incolores, fusibles à 95-102°, se décomposant à l'air humide. La solution benzénique est douée d'une belle fluorescence bleue. L'acide sulfurique concentré donne une solution rouge.

ÉTHOXYBENZYLÈNE-ANTHRONE.

$$C^6H^4 \langle {CO \atop C} \rangle C^6H^4$$
$$\| $$
$$C(OC^2H^5)-C^6H^5$$

— On chauffe dans un appareil à reflux de la bromobenzylène-anthrone en solution alcoolique, avec la quantité calculée d'éthylate de sodium récemment préparé. Il se sépare du bromure de sodium : on verse le liquide rouge dans l'eau froide et on ajoute quelques gouttes d'acide chlorhydrique. L'éthoxybenzylène-anthrone se sépare sous la forme d'une poudre cristalline jaune, que l'on purifie par cristallisation dans l'alcool absolu.

On obtient ainsi des lamelles jaunes, fusibles avec décomposition à 171-173°, solubles dans l'éther, l'alcool, le benzène et l'acide acétique: l'acide sulfurique concentré les dissout également, en donnant une liqueur d'un rouge de sang.

AMIDOBENZYLÈNE-ANTHRONE,

$$C^6H^4 \langle {CO \atop C} \rangle C^6H^4$$
$$|$$
$$C(AzH^2)-C^6H^5$$

— Pour préparer cette substance, on fait passer un courant de gaz ammoniac sec dans une solution benzénique de bromobenzylène-anthrone. Il se sépare une huile d'un brun orangé, que l'on traite par l'alcool; l'huile se solidifie alors. On filtre, on lave à l'eau pour éliminer le bromure d'ammonium formé dans la réaction, et on purifie le produit en le dissolvant dans le benzène et en le précipitant par l'éther de pétrole.

L'amidobenzylène-anthrone forme des flocons orangés, amorphes, fusibles à 150-152° et solubles dans l'acide sulfurique concentré, en donnant une liqueur d'un rouge violacé clair.

G. de Bechi.

BENZYLBENZÈNE. — Voyez DIPHÉNYLMÉTHANE.

BENZYLBENZÉNYLAMINE,

$$\begin{matrix} C^6H^5-CH^2 \\ C^6H^5-CH \end{matrix} \Big\rangle Az$$

[F. Walder, *D. chem. G.*, **19**, 1632]. — Cette base, qu'on devrait appeler *benzyl-benzylidène-amine*, se produit, à l'état de chlorhydrate, par l'action du trichlorure de phosphore sur la dibenzylhydroxylamine, d'après les équations successives :

$$\text{(I)} \quad 3(C^6H^5-CH^2)^2AzOH + PCl^3 = PH^3O^3 + 3(C^6H^5.CH^2)^2AzCl;$$

$$\text{(II)} \quad (C^6H^5.CH^2)^2AzCl = \begin{matrix} C^6H^5-CH^2 \\ C^6H^5-CH \end{matrix} \Big\rangle Az.HCl.$$

La base libre constitue une huile d'un jaune clair, bouillant sans altération vers 300°; elle est insoluble dans l'eau, très soluble dans l'alcool et dans l'éther et présente une odeur ammoniacale.

Le *chlorhydrate*, $C^{14}H^{13}Az.HCl$, forme de grandes lamelles, fusibles à 251°, assez solubles dans l'alcool et dans l'eau bouillante.

Le *chloroplatinate* est en petits cristaux d'un jaune d'or.

BENZYLBENZÉNYLDIAMIDOTOLUÈNE. — Voyez TOLUÈNE.

BENZYLBENZOÏQUES (ACIDES),

$$C^6H^5-CH^2-C^6H^4-CO^2H.$$

ACIDE O-BENZYLBENZOÏQUE. — C'est l'acide β de MM. Zincke et Rotering (voyez Suppl., **1**, 343).

Acide o-benzyltétrachlorobenzoïque,

$$C^6H^5-CH^2-CCl^4-CO^2H.$$

— On chauffe pendant 5 ou 6 heures à 180-190° l'acide benzoyltétrachlorobenzoïque avec de l'acide iodhydrique bouillant à 127° et du phosphore rouge. On lave le produit de la réaction à l'eau, on le dissout dans le carbonate de sodium, et on précipite par l'acide chlorhydrique. On redissout le corps dans l'alcool et on le reprécipite par l'eau. On obtient ainsi de fines aiguilles, fondant à 156-157°, insolubles dans l'eau, peu solubles dans le chloroforme, très solubles dans l'alcool, le benzène et l'éther.

Le *sel d'argent* est un précipité cristallin.

Le *sel de sodium*, $C^{14}H^7Cl^4O^2Na, 4H^2O$, est en fines aiguilles [Kircher, *Ann. Chem.*, **238**, 338; *Bull. Soc. Chim.*, (2), **49**, 533].

ACIDE M-BENZYLBENZOÏQUE. — On chauffe pendant 3 heures à 170° l'acide m-benzhydrolcarbonique avec de l'acide iodhydrique concentré. On l'obtient encore en oxydant le m-benzyltoluène au moyen de l'acide azotique, ou en traitant un mélange de benzène et d'acide m-toluique par le chlorure d'aluminium.

Il se présente en courtes aiguilles, fondant à 107-108°, peu solubles dans l'eau froide, solubles dans l'alcool, l'éther, le chloroforme.

L'oxydation par le dichromate transforme ce corps en acide m-benzoylbenzoïque.

Le *sel d'argent*, anhydre, est un précipité pulvérulent, un peu soluble dans l'eau chaude et dans l'alcool, d'où il se dépose en fines aiguilles.

Le *sel de baryum* renferme $4H^2O$. Il est en cristaux barbelés, assez solubles dans l'eau et dans l'alcool.

Le *sel de calcium* renferme H^2O. C'est une poudre cristalline, soluble dans l'eau et dans l'alcool [Senff, *Ann. Chem.*, **220**, 245; *Bull. Soc. Chim.*, (2), **42**, 520].

ACIDE P-BENZYLBENZOÏQUE. — C'est l'acide α de M. Zincke (voyez Suppl., **1**, 342). Paul Adam.

BENZYLBENZYLIQUES (COMBINAISONS). — Ce sont celles qui renferment le groupe $C^6H^5-CH^2-C^6H^4-CH^2-$.

L'alcool $C^6H^5-CH^2-C^6H^4-CH^2OH$ n'a pas été décrit.

BENZYLBIPHÉNYLES.

MONOBENZYLBIPHÉNYLE,

$$C^{19}H^{16} = C^6H^5.CH^2.C^6H^4.C^6H^5.$$

— On chauffe à 100° un mélange de biphényle (5 parties) et de chlorure de benzyle (4 parties) avec du zinc en poudre. Il se produit une réaction violente, en même temps que la masse se colore fortement. La réaction calmée, on chauffe aussi longtemps qu'il se dégage de l'acide chlorhydrique; on sépare du liquide chaud l'excès de zinc et on distille. Il passe d'abord jusqu'à 310° du chlorure de benzyle et du biphényle; on recueille ensuite environ la moitié du produit restant. On obtient ainsi une huile qui abandonne peu à peu de fines lamelles cristallines. Le liquide, séparé des cristaux, est distillé à plusieurs reprises dans le vide; on sépare chaque fois les cristaux qui prennent naissance dans le produit distillé lorsqu'on l'abandonne au repos, et l'on finit ainsi par amener sous forme solide la presque totalité de la masse. Les cristaux qui se séparent en dernier lieu se présentent sous la forme d'aiguilles transparentes, faciles à distinguer des lamelles qui se forment d'abord. Les lamelles constituent le *p-benzylbiphényle*, les aiguilles un *isobenzylbiphényle* (vraisemblablement le composé ortho).

p-Benzylbiphényle. — On le purifie par cristallisation dans l'alcool. Il se présente sous la forme de lamelles, fusibles à 85°, bouillant à 285-286° sous la pression de 100 millimètres, assez solubles dans l'alcool, très solubles dans l'éther et dans le benzène.

Oxydé par l'acide chromique en solution acétique, il se transforme en *p-benzoylbiphényle* (voyez plus bas).

Avec le brome et l'acide nitrique, il ne fournit que des produits résineux.

Il ne se combine pas avec l'acide picrique.

Il ne se dissout pas dans l'acide sulfurique à froid. A chaud, il y a dégagement d'anhydride sulfureux, en même temps que l'acide sulfurique se colore en un violet intense.

Isobenzylbiphényle (*ortho ?*). — On l'obtient : par le refroidissement de ses dissolutions, à l'état d'huile; par leur évaporation lente, sous la forme d'aiguilles clinorhombiques, fusibles à 54° et bouillant à 283-287° sous la pression de 110 millimètres. Il est plus soluble dans les dissolvants que le p-benzylbiphényle.

Le mélange chromique ne l'attaque pas. L'acide chromique en solution acétique le brûle complètement. Il donne avec le brome un produit de substitution huileux, d'où se séparent à la longue des cristaux.

Il ne se combine pas avec l'acide picrique.

Avec l'acide sulfurique, il se comporte comme son isomère, mais en colorant l'acide en brun rouge [G. Goldschmiedt, *Mon. f. Chem.*, **2**, 432; *Bull. Soc. Chim.*, (2), **36**, 621].

p-Benzoylbiphényle (*phénylbenzophénone*), $C^6H^5 . CO . C^6H^4 . C^6H^5$. — Cette acétone, qui se forme quand on oxyde le p-benzylbiphényle par l'acide chromique en solution acétique, cristallise dans l'alcool sous la forme de lamelles brillantes, fusibles à 104°, solubles dans l'alcool, très solubles dans le chloroforme et dans le benzène.

L'amalgame de sodium la réduit facilement en p-benzylbiphényle.

Chauffée avec le mélange chromique, elle se transforme en acide p-benzoylbenzoïque [G. Goldschmiedt, *loc. cit.*].

D'après M. Wolf, lorsqu'on fait réagir le chlorure de benzoyle sur le biphényle en présence du chlorure d'aluminium, on obtient un mélange de benzoylbiphényle et de *dibenzoylbiphényle*. On enlève le premier en traitant le mélange par une petite quantité d'alcool bouillant; on épuise ensuite le résidu par une quantité suffisante d'alcool chaud, d'où se sépare par refroidissement le dibenzoylbiphényle. Le benzoylbiphényle ainsi obtenu est en cristaux fusibles à 106°, très solubles dans l'alcool chaud, le benzène et l'éther [N. Wolf, *D. chem. G.*, **14**, 2031; *Bull. Soc. Chim.*, (2), **37**, 262].

Dibenzylbiphényle,

$$C^{26}H^{22} = (C^6H^5 . CH^2)^2 C^{12}H^8.$$

— Cet hydrocarbure s'obtient en chauffant à 160-170° le dibenzoylbiphényle avec de l'acide iodhydrique et du phosphore; il cristallise dans l'alcool en lamelles brillantes, fusibles à 113° (Wolf).

Dibenzoylbiphényle, $(C^6H^5 . CO)^2 C^{12}H^8$. — Cette acétone, dont le mode de préparation est indiqué plus haut, cristallise sous la forme d'aiguilles incolores, fusibles à 218°, peu solubles à froid, très solubles à chaud dans l'alcool et dans le benzène, très solubles dans l'éther, et se dissolvant dans l'acide sulfurique avec une coloration rouge.

La chaux sodée, à 350°, la transforme en un acide qui cristallise en aiguilles fusibles à 212°, peu solubles dans l'eau, très solubles dans l'alcool [N. Wolf, *loc. cit.*]. Léon Roux.

BENZYLBIPHÉNYLYLCÉTONE,

$$C^6H^5 . CH^2 - CO - C^6H^4 . C^6H^5$$

[V. Päpcke, *D. chem. G.*, **21**, 1339]. — Ce composé prend naissance par l'action du chlorure de phénylacétyle sur le biphényle en présence du chlorure d'aluminium. On le purifie par des lavages à l'acide chlorhydrique, à la soude et à l'eau, suivis d'une distillation et de quelques cristallisations dans l'acide acétique et dans l'alcool bouillant. Il se présente en lamelles brillantes, fusibles à 150°.

Traitée par le chlorure de benzyle et l'éthylate de sodium en solution alcoolique, cette acétone fournit un dérivé benzylé, la *bibenzylyl-biphénylyl-cétone*,

$$\begin{array}{ccc} C^6H^5 - CH - CO - C^6H^4 \\ | \quad\quad\quad\quad\quad | \\ C^6H^5 - CH^2 \quad\quad C^6H^5 \end{array}$$

longues aiguilles blanches, fusibles à 158°, peu solubles dans l'alcool.

L'oxime correspondant à ce dernier composé, la *bibenzylyl-biphénylyl-carboxime*,

$$\begin{array}{ccc} C^6H^5 - CH - C(AzOH) - C^6H^4 \\ | \quad\quad\quad\quad\quad | \\ C^6H^5 - CH^2 \quad\quad C^6H^5 \end{array}$$

s'obtient par l'action du chlorhydrate d'hydroxylamine en solution chlorhydrique à la température de 160°; elle forme de fines aiguilles, assez solubles dans l'alcool, fusibles à 175°.

Le sulfochlorure de carbone réagit sur la benzylbiphénylylcétone dans les mêmes conditions que le chlorure de benzyle, en donnant le composé

$$C^6H^5 - C(CS) - CO - C^6H^4 . C^6H^5,$$

en flocons cristallins, fusibles vers 320°, insolubles dans l'alcool et dans l'éther, très peu solubles dans le chloroforme.

Ce dérivé se dissout dans l'acide sulfurique concentré, en donnant une solution verte qui, au contact de l'air humide, passe bientôt au violet, puis au rouge.

BENZYLCARBINOL [Syn. *Alcool phényléthylique*],

$$C^6H^5 . CH^2 . CH^2OH$$

[B. Radziszewski, *D. chem. G.*, **9**, 372]. — On l'obtient en réduisant l'aldéhyde phényléthylique, en solution dans l'alcool aqueux, par l'amalgame de sodium à 2 0/0, en ayant soin de maintenir la solution neutre par des additions d'acide sulfurique. La réduction terminée, on chasse l'alcool au bain-marie, on sépare la couche insoluble dans l'eau, on la sèche sur le carbonate de potassium et on la rectifie. Liquide incolore, doué d'une odeur faible, bouillant sans altération à 212°. Sa densité à 21° est 1,0337.

L'éther acétique, $C^6H^5 . CH^2 . CH^2 . OC^2H^3O$, est un liquide incolore, bouillant à 224°.

BENZYLCARBYLAMINE,

$$C^6H^5 . CH^2 . AzC$$

[W. Schneidewind, *D. chem. G.*, **21**, 1329]. — On chauffe pendant quelques heures dans un appareil à reflux un mélange d'iodure de benzyle, de cyanure d'argent et de toluène; on filtre; on lave le produit solide à l'éther, et on le traite par une solution concentrée et chaude de cyanure de potassium. La carbylamine vient surnager; on la recueille, on la sèche et on la distille. Elle bout à 231°.

La benzylcarbylamine se dissout avec dégagement de chaleur dans l'acide chlorhydrique, en se transformant successivement en benzylformamide, puis en benzylamine et acide formique.

Traitée par le chlorure de benzyle en présence d'éthylate de sodium, la benzylcarbylamine se convertit en benzylamine, et non en benzylcarbylamine benzylée. Cette réaction négative démontre que le groupement fonctionnel des carbylamines n'introduit pas dans la molécule organique le caractère acide que lui donne au contraire le groupement isomérique caractéristique des nitriles.

BENZYLCINNAMIQUE (ACIDE),

$$C^6H^5-CH=C\begin{cases}CH^2.C^6H^5\\CO^2H\end{cases}$$

— On prépare cet acide en chauffant à 160° le phénylsulfone-dibenzylacétate d'éthyle avec de la potasse alcoolique. La réaction est exprimée par l'équation suivante :

$$C^6H^5.SO^2.C\begin{cases}CH^2.C^6H^5\\CH^2.C^6H^5\\CO.OC^2H^5\end{cases}+2KOH$$

$$=C^{16}H^{13}O^2K+C^6H^5.SO^2K+C^2H^5.OH+H^2O$$

[Michael et Palmer, *Am. chem. Journ.*, 7, 69].

M. Oglialoro [*Gazz. chim. ital.*, 20, 162; *D. chem. G.*, 23, *Ref.*, 335] l'a également obtenu en chauffant à 160° pendant 6 heures un mélange d'hydrocinnamate de sodium, d'aldéhyde benzylique et d'anhydride acétique.

L'acide benzylcinnamique cristallise dans l'acide acétique en longues aiguilles, fusibles à 157°, insolubles dans l'eau et dans la ligroïne, peu solubles dans l'alcool, l'éther, le chloroforme et le benzène; l'amalgame de sodium le transforme en acide dibenzylacétique.

Le *sel de sodium* est cristallin et très soluble dans l'eau.

BENZYLCRÉSOL,

$$C^6H^5-CH^2-C^6H^3\begin{cases}CH^3_{(1)}\\OH_{(4)}\end{cases}$$

— MM. Paterno et Mazzara ont obtenu un benzylcrésol en faisant réagir le chlorure de benzyle sur le p-crésol en présence de copeaux de zinc. C'est un liquide bouillant vers 240° sous la pression de 40 millimètres, et ne distillant pas sans décomposition à la pression ordinaire. On n'a pas réussi à le solidifier dans un mélange réfrigérant à — 20°.

L'*éther acétique* bout à 245-246° sous une pression de 40 millimètres.

Traité par le sodium et l'anhydride carbonique, il fournit un *acide benzylcrésotique*,

$$\begin{matrix}C^6H^5-CH^2\\CO^2H\end{matrix}>C^6H^2\begin{cases}CH^3_{(1)}\\OH_{(4)}\end{cases}$$

qui, après cristallisation dans l'eau bouillante, fond à 164-166° [*D. chem. G.*, 11, 1384, 2030].

Chauffé avec de l'acide chloracétique en présence de potasse, ce benzylcrésol donne de l'acide *benzylcrésoxyacétique*,

$$C^6H^5-CH^2-C^6H^3\begin{cases}CH^3_{(1)}\\O.CH^2.CO^2H_{(4)}\end{cases}$$

qui cristallise en aiguilles solubles dans l'alcool et dans l'éther, fusibles à 109-111°.

De même, avec l'acide α-chloropropionique, on obtient l'acide *benzylcrésoxy-α-propionique*,

$$C^6H^5-CH^2-C^6H^3\begin{cases}CH^3_{(1)}\\O_{(4)}-CH\begin{cases}CH^3\\CO^2H\end{cases}\end{cases}$$

soluble dans l'eau bouillante et fusible, après purification, à 115° [G. Mazzara, *Gazz. chim. ital.*, 11, 436 et 12, 261; *Bull. Soc Chim.*, (2), 39, 87].

O. Saint-Pierre.

BENZYLCRÉSOTIQUE (ACIDE),

$$C^6H^2(CH^3)(C^7H^7)(OH)(CO^2H).$$

— On obtient ce corps par l'action de l'acide carbonique et du sodium sur le benzylcrésol,

$$C^6H^3(CH^3)(C^7H^7)(OH),$$

en opérant à une température de 135-140°, qu'il ne faut pas dépasser si on veut éviter la formation d'acide crésotique. On traite le produit de la réaction par l'eau; on précipite par l'acide chlorhydrique; on reprend par le carbonate d'ammonium et on précipite par un acide; finalement, on purifie le précipité par cristallisation dans l'eau bouillante [Paterno et Mazzara, *Gazz. chim. ital.*, 8, 304].

L'acide benzylcrésotique cristallise en petites aiguilles, fusibles à 164-166°; il colore les sels ferriques en bleu violet.

BENZYLCRÉSYLACÉTIQUES (ACIDES),

$$\begin{matrix}CH^3-C^6H^4-CH-CO^2H\\ \quad\quad\quad\;\; |\\ \quad\quad\quad CH^2-C^6H^5\end{matrix}$$

[V. Päpcke, *D. chem. G.*, 22, 1331]. — Les trois acides isomériques ont été préparés par la même méthode.

On traite par le brome le xylène correspondant à l'acide que l'on veut obtenir (ortho, méta, para); et l'on convertit le bromure ainsi préparé en nitrile crésylacétique correspondant, par double décomposition au moyen du cyanure de potassium. On mélange ensuite ce nitrile avec une solution d'éthylate de sodium dans l'alcool absolu, et on y ajoute peu à peu la quantité calculée de chlorure de benzyle; la réaction commence à froid; on l'achève au bain-marie. On isole le nitrile substitué en ajoutant de l'eau à la masse et épuisant par l'éther; on n'a plus qu'à laver à l'acide chlorhydrique et à distiller. Le nitrile donne par saponification l'acide correspondant.

ACIDE O-BENZYLCRÉSYLACÉTIQUE. — Grands cristaux fusibles à 95°,5.

Le *sel d'argent* est un précipité blanc, caséeux, ayant l'aspect du chlorure d'argent et se colorant comme lui en violet à la lumière.

o-Benzylcrésylacétonitrile. — C'est une huile jaunâtre, bouillant à 340-350° avec décomposition partielle; il distille sans altération dans le vide.

ACIDE M-BENZYLCRÉSYLACÉTIQUE. — Masse cristalline blanche, fusible à 79-80°.

Le *sel d'argent* est semblable au sel de l'acide ortho.

Le *nitrile* forme de belles lamelles rectangulaires, qui fondent à 53° et qui distillent avec décomposition à 350-360°.

ACIDE P-BENZYLCRÉSYLACÉTIQUE. — Mamelons cristallins, très solubles dans l'alcool et dans l'éther, fusibles à 105°.

Le *sel d'argent*, $C^{16}H^{15}O^2Ag$, est semblable aux sels des acides ortho et méta.

Le *nitrile*, $C^{16}H^{15}Az$, cristallise dans l'alcool en longues aiguilles blanches, insolubles dans l'eau, fusibles à 79°. Il distille au-dessus de 300°.

BENZYLCRÉSYLCÉTONE (PARA) [Syn. *p-Méthyldésoxybenzoïne*],

$$C^{15}H^{14}O=C^6H^5.CH^2.CO.C^6H^4.CH^3.$$

— On prépare cette acétone en traitant le toluène, en présence du chlorure d'aluminium, par le chlorure de phénylacétyle, $C^6H^5.CH^2.COCl$. Elle cristallise sous la forme de fines lamelles incolores, fusibles à 107°,5, solubles dans l'alcool et dans l'éther, très solubles dans le benzène et dans le chloroforme, et bout sans décomposition au-dessus de 360°.

L'oxydation par l'acide nitrique étendu donne un mélange d'acides p-toluique et p-phtalique.

L'hydrogénation par l'acide iodhydrique et le phosphore à 160° transforme la benzylcrésylcétone en benzylcrésylméthane, $C^{15}H^{16}$.

L'hydrogénation, en liqueur alcoolique, à l'aide du sodium, fournit l'alcool correspondant, le *benzylcrésylcarbinol*, en même temps qu'un acide

$C^{19}H^{20}O^2$, qui cristallise en aiguilles fusibles à 92°,5, insolubles dans l'eau, solubles dans l'alcool, l'éther et le benzène, et qui est probablement un homologue de l'acide diéthylcarbobenzoïque.

P-BENZYLCRÉSYLCARBINOL,

$$C^6H^5.CH^2.CHOH.C^6H^4.CH^3.$$

— Ce composé, très soluble dans l'alcool, l'éther et le benzène, cristallise en aiguilles fusibles à 66° et distille sans décomposition au-dessus de 360°.

Chauffé avec de l'acide sulfurique étendu de 4 parties d'eau, il se transforme en méthylstilbène, $C^6H^5-CH=CH-C^6H^4-CH^3$, fusible à 117° [W. Mann, *D. chem. G.*, **14**, 1646; *Bull. Soc. Chim.*, (2), **37**, 155]. Léon Roux.

BENZYLCRÉSYLMÉTHANE (PARA) [Syn. *Phénylcrésyléthane*],

$$C^{15}H^{16}=C^6H^5.CH^2.CH^2.C^6H^4.CH^3.$$

— Cet hydrocarbure a été obtenu en traitant, à 160-170°, la benzyl-p-crésylcétone

$$C^6H^5.CH^2.CO.C^6H^4.CH^3$$

par le phosphore et l'acide iodhydrique. Facilement soluble dans l'alcool et dans l'éther, très soluble dans le benzène et dans le chloroforme, il se sépare de ses dissolutions sous la forme d'une huile qui se solidifie à la longue. Il fond à 27° et bout vers 286° [W. Mann, *D. chem. G.*, **14**, 1646; *Bull. Soc. Chim.*, (2) **37**, 155].

BENZYLCYMÈNE,

$$C^{17}H^{20}=C^6H^5-CH^2-C^6H^3\begin{cases}CH^3\\C^3H^7\end{cases}$$

— Un benzylcymène, ou plus vraisemblablement un mélange de plusieurs benzylcymènes isomériques, a été obtenu par M. G. Mazzara [*Gazz. chim. ital.*, **8**, 508] et par M. K. Weber [*Jahresb.*, 1878, 402] en faisant réagir la poudre de zinc sur un mélange de cymène et de chlorure de benzyle. On emploie parties égales de chlorure de benzyle et de cymène et on ajoute, pour 100 grammes du mélange, une pincée de zinc en poudre. On chauffe aussi longtemps qu'il se dégage de l'acide chlorhydrique et on distille le produit brut.

Le benzylcymène est un liquide incolore, insoluble dans l'eau, soluble dans l'alcool, l'éther, le benzène, le chloroforme. Il bout à 296-297° (Mazzara), à 308° (Weber). Son poids spécifique est 0,987 à 0° (M.) et 0,9685 à 15° (W.).

Il donne, par oxydation à l'aide du mélange chromique, l'*acide benzyltéréphtalique* (W).

L'acide sulfurique fumant le transforme, à la température du bain-marie, en *acide disulfonique* $C^{17}H^{18}(SO^3H)^2$.

BENZYLDURÈNE,

$$C^{17}H^{20}=C^6H^5.CH^2.C^6H(CH^3)^4.$$

— Cet hydrocarbure, qui a été obtenu par la réduction du benzoyldurène (voir DURYLBENZOYLE, Suppl., **1**, 672, et BENZOYLDURÈNE, Suppl., **2**, 601), peut être préparé directement au moyen du chlorure de benzyle et du durène.

On chauffe au réfrigérant ascendant un mélange de durène (10 parties), de chlorure de benzyle (7 parties), de sulfure de carbone (50 parties), avec une très petite quantité de chlorure d'aluminium. La réaction terminée, on lave à l'eau, on filtre et on distille. La portion bouillant de 300 à 350° est purifiée par plusieurs cristallisations dans l'acide acétique, d'où le benzyldurène se sépare sous la forme de paillettes blanches, très solubles dans l'acide acétique, le chloroforme, l'éther, le sulfure de carbone, moins solubles dans l'alcool, fusibles vers 145° et bouillant à 325-327° [Beaurepaire, *Bull. Soc. Chim.*, (2), **50**, 678].

BENZYLE (CYANURE DE). — Voyez PHÉNYLACÉTONITRILE.

BENZYLÈNE. — MM. Gladstone et Tribe ont donné le nom de *benzylène* à deux corps de constitution inconnue, répondant à la formule $(C^7H^6)^n$, et qu'ils ont obtenus par l'action du couple zinc-cuivre sur le bromure de benzyle.

On s'est encore servi du mot *benzylène* pour désigner le radical bivalent du toluène, les deux valences n'étant point prises au même atome de carbone : ainsi le corps

$$C^6H^4\begin{cases}AzH_{(2)}\\|\\CH^2_{(1)}\end{cases}$$

a reçu le nom de *benzylène-imide*.

BENZYLÈNES. — Si l'on fait réagir le couple zinc-cuivre sur l'o- ou sur le p-bromotoluène, on constate qu'il n'y a pas de réaction; si l'on se sert au contraire du bromure de benzyle

$$C^6H^5-CH^2Br,$$

la réaction est extrêmement violente et l'on ne peut opérer que sur de petites quantités de substance.

On prend 15 grammes de bromure, 10 grammes de couple zinc-cuivre, et l'on chauffe au bain-marie jusqu'à ce qu'il ne se dégage plus d'acide bromhydrique. On reprend la masse par l'éther, qui dissout le bromure de zinc et un carbure $(C^7H^6)^n$ différant du stilbène. C'est le corps désigné provisoirement sous le nom d'*α-benzylène*. Il est amorphe et se présente sous forme résineuse; il fond à 42° et distille vers le rouge en se décomposant. Le résidu insoluble dans l'éther, repris par le benzène, abandonne par évaporation un second carbure, le *β-benzylène*, également amorphe et résineux.

Le chlorure de benzyle paraît se comporter comme le bromure; mais, si l'on effectue ces réactions en présence de l'éther, on obtient du bibenzyle et du toluène, ce dernier provenant de l'action de l'eau sur le bromure de zinc-benzyle, $C^6H^5-CH^2.ZnBr$, formé d'abord et dissous dans l'éther. On observe en effet que l'éther additionné d'eau laisse déposer de l'hydrate de zinc.

En solution alcoolique, ou en présence de l'eau, le bromure de benzyle donne lieu à la formation des mêmes produits, bibenzyle et toluène [Gladstone et Tribe, *Chem. Soc.*, **47**, 448].

MM. Friedel et Crafts [*Bull. Soc. Chim.*, (2), **43**, 53] ont montré que, par l'action du chlorure d'aluminium sur le chlorure de benzyle dissous dans le sulfure de carbone, on obtient un composé solide, blanc, insoluble dans tous les dissolvants, et ayant une composition exprimée par la formule $(C^7H^6)^n$. A. Béhal.

BENZYLÈNE-IMIDES. — O-BENZYLÈNE-IMIDE,

$$C^6H^4\begin{cases}AzH_{(2)}\\|\\CH^2_{(1)}\end{cases}$$

— On obtient cette imide en chauffant le chlorure de benzyle nitré avec une solution chlorhydrique de chlorure stanneux.

Elle forme une poudre amorphe, de couleur jaune-grisâtre, soluble dans l'acide acétique et dans le chloroforme. La solution chlorhydrique possède une couleur rouge de vin sombre et est fluorescente.

Ce composé donne un *chloroplatinate*,

$$(C^7H^7Az.HCl)^2PtCl^4,$$

qui se présente sous la forme d'une poudre rouge-brunâtre amorphe [Lellmann et Stickel, *D. chem. G.*, **19**, 1612].

p-Benzylène-imide,

$$C^6H^4 \begin{matrix} \diagup AzH_{(4)} \\ | \\ \diagdown CH^2_{(1)} \end{matrix}$$

— On la prépare en chauffant le chlorure de p-nitrobenzyle avec une solution chlorhydrique de chlorure stanneux. La p-benzylène-imide forme une poudre brune amorphe, qui se combine avec le chlorure de platine en donnant un sel double, rouge-brun, amorphe et insoluble, $(C^7H^7Az.HCl)^2PtCl^4$ [Lellmann et Stickel, *D. chem. G.*, 19, 1612]. A. Béhal.

BENZYLFLUORÈNE,

$$C^{20}H^{16} = \begin{matrix} C^6H^5-CH^2-C^6H^3 \diagdown \\ | \quad CH^2. \\ C^6H^4 \diagup \end{matrix}$$

— On chauffe un mélange de fluorène et de chlorure de benzyle avec de la poudre de zinc, puis on distille. Il passe à une température élevée une matière huileuse, qui se solidifie au bout de quelque temps et qui constitue le benzylfluorène. Purifié par cristallisation dans l'alcool, ce corps se présente sous la forme de paillettes fusibles à 102° [G. Goldschmiedt, *Mon. f. Chem.*, 2, 432; *Bull. Soc. Chim.*, (2), 36, 621].

BENZYLFLUORYLCÉTONE,

$$C^{21}H^{16}O = C^{13}H^9.CO.CH^2.C^6H^5.$$

— Cette acétone se forme, mais assez difficilement et en petite quantité (environ 5 0/0 du poids du carbure employé), quand on traite le fluorène par le chlorure de phénylacétyle en présence du chlorure d'aluminium.

Elle cristallise en petites tables, fusibles à 156°, peu solubles dans l'éther et dans l'alcool froid.

Traitée par le chlorure de benzyle et l'éthylate de sodium, la benzylfluorylcétone fournit un *dérivé benzylé*,

$$\begin{matrix} C^{13}H^9.CO.CH.C^6H^5 \\ | \\ CH^2.C^6H^5 \end{matrix}$$

en fines aiguilles feutrées, presque insolubles dans l'éther, très peu solubles dans l'alcool même bouillant.

Traitée par l'oxysulfure de carbone et l'éthylate de sodium, la benzylfluorylcétone fournit une poudre orangée, insoluble dans l'éther et dans l'alcool, très soluble dans le chloroforme et dans le benzène, mais incristallisable, et qui constitue probablement le dérivé

$$\begin{matrix} C^{13}H^9.CO.C.C^6H^5 \\ \| \\ CS \end{matrix}$$

[V. Paepcke, *D. chem. G.*, 21, 1331; *Bull. Soc. Chim.*, (3), 1, 120]. Léon Roux.

BENZYL-HOMO-O-PHTALIQUE (ACIDE α-)

$$C^6H^4 \begin{matrix} \diagup CO^2H \\ \diagdown CH(C^7H^7)-CO^2H \end{matrix}$$

[G. Eichelbaum, *D. chem. G.*, 21, 2679]. — On le prépare en saponifiant par l'acide chlorhydrique à 200-220° le nitrile correspondant. Il cristallise dans l'eau bouillante en petites aiguilles fusibles à 154°, solubles dans l'alcool et dans le benzène, insolubles dans l'éther, la ligroïne, le chloroforme. Il est légèrement volatil avec la vapeur d'eau et distille au-dessus de 300°.

α-Benzyl-homo-o-phtalonitrile,

$$C^6H^4 \begin{matrix} \diagup CAz \\ \diagdown CH(C^7H^7)-CAz \end{matrix}$$

— On l'obtient en ajoutant peu à peu du chlorure de benzyle à une solution de nitrile homophtalique dans la potasse alcoolique, chauffée dans un appareil à reflux. On évapore l'alcool, on chasse l'excès de chlorure de benzyle par distillation dans un courant de vapeur d'eau, et on fait cristalliser dans l'éther.

Lamelles incolores et brillantes, fusibles à 109-110°, insolubles dans l'eau, les acides, les alcalis, la ligroïne, peu solubles dans l'alcool froid, solubles dans l'alcool chaud, le benzène, l'acétone, le chloroforme. Ce corps bout sans décomposition au-dessus de 300°; il n'est pas entraîné par la vapeur d'eau.

α-Benzyl-homo-o-phtalamide,

$$C^6H^4 \begin{matrix} \diagup CO.AzH^2 \\ \diagdown CH(C^7H^7)-CO.AzH^2 \end{matrix}$$

— On dissout le nitrile précédent dans le double de son poids d'acide sulfurique concentré; on abandonne la solution pendant quelques heures à une température moyenne, puis on la verse dans l'eau: on obtient ainsi une poudre cristalline qu'on fait recristalliser dans l'alcool bouillant.

Petites lamelles soyeuses, insolubles dans l'eau et dans les alcalis, solubles dans l'alcool, le benzène, le chloroforme, fusibles avec perte d'ammoniaque à 224°.

α-Benzyl-homo-o-phtalimide,

$$C^6H^4 \begin{matrix} \diagup CO \text{———} AzH \\ \quad\quad\quad | \\ \diagdown CH(C^7H^7)-CO \end{matrix}$$

— On chauffe pendant 6 heures à 100° l'α-benzyl-homo-o-phtalonitrile avec de l'acide chlorhydrique (d = 1,19). On voit les lamelles se transformer peu à peu en longues aiguilles. Après cristallisation dans l'alcool ou dans l'acide acétique, ce corps fond à 176°; il est insoluble dans les acides, l'eau, l'éther, le chloroforme, l'acétone, la ligroïne, soluble dans les alcalis, l'acide acétique, l'alcool, le benzène; il distille sans décomposition au-dessus de 300°.

Chauffée à 200° avec de l'oxychlorure de phosphore, la benzyl-homophtalimide se convertit en *benzylchloroxyisoquinoléine*,

	CH		CH–C⁷H⁷	
CH		C		CO
CH		C		Az
	CH		CCl	

ou

	CH		C–C⁷H⁷	
CH		C		CCl
CH		C		AzH
	CH		CO	

Ad. Fauconnier.

BENZYLHYDROXYLAMINE. — Voyez Hydroxylamine.

BENZYLIDÈNE. — On donne le nom de *benzylidène* au radical bivalent $C^6H^5-CH=$, n'existant pas à l'état libre.

Tous les dérivés de l'aldéhyde benzylique peuvent être considérés comme des composés benzylidéniques, l'aldéhyde benzylique étant elle-même un oxyde de benzylidène.

Pour la description des dérivés benzylidéniques, voyez les mots Aldéhyde Benzylique et Toluène.

BENZYLIDÈNE-ACÉTONE [Syn. *Phénylo-éthylényl-méthylcétone, α-acétylstyrolène, α-acétylstyrène, méthylcinnaménylcétone, benzalacétone, acétylcinnamène*],

$$C^6H^5-CH=CH-CO-CH^3.$$

Formation. — Ce composé se forme dans un assez grand nombre de réactions.

Lorsqu'on distille un mélange d'acétate et de cinnamate de calcium, on observe la production d'une petite quantité de benzylidène-acétone [Engler et Leist, *D. chem. G.*, **6**, 254].

On l'obtient encore en chauffant à 100° pendant 8 jours un mélange de 1 molécule d'acétone, 1 molécule d'aldéhyde benzylique et 2 molécules d'anhydride acétique en présence du chlorure de zinc [Claisen et Claparède, *D. chem. G.*, **14**, 2460].

La benzylidène-acétone se forme encore en petite quantité lorsqu'on fait réagir l'aldéhyde cinnamique sur le sodium et l'iodure de méthyle à 120-130°.

Préparation. — On mélange 10 parties d'essence d'amandes amères, 20 parties d'acétone, 900 parties d'eau et 10 parties d'une solution de soude à 10 0/0. On laisse en contact pendant deux ou trois jours à froid. On épuise par l'éther, on distille ce dissolvant, et on rectifie dans le vide. La réaction est la suivante :

$$C^6H^5-CHO + CH^3-CO-CH^3$$
$$= H^2O + C^6H^5-CH=CH-CO-CH^3$$

[Claisen, *D. chem. G.*, **14**, 2468. — Claisen et Ponder, *Ann. Chem.*, **223**, 139].

On obtient ainsi 75 0/0 du poids de l'aldéhyde benzylique. Il se forme un peu de dibenzylidène-acétone.

Propriétés. — La benzylidène-acétone forme de grosses tables très brillantes, fusibles à 41-42°. Elle possède une odeur de coumarine. Elle bout à 259-262° sous la pression ordinaire et à 151-153° sous 25 millimètres. Sa densité = 1,008.

Elle se dissout facilement dans l'alcool, l'éther, le benzène, le pétrole, le chloroforme. Elle est soluble dans l'acide sulfurique en donnant une coloration rouge.

L'amalgame de sodium la transforme en un alcool saturé, $C^6H^5-CH^2-CH^2-CHOH-CH^3$.

Elle se combine avec le bisulfite de sodium et avec la phénylhydrazine.

Elle fixe directement le brome pour donner un *dibromure*, $C^6H^5-CHBr-CHBr-CO-CH^3$, qui cristallise dans l'alcool en aiguilles incolores, fusibles à 124-125° et se décomposant un peu plus haut.

Mise en contact avec de l'aldéhyde benzylique et de l'acide sulfurique, la benzylidène-acétone donne de la dibenzylidène-acétone (voyez Suppl., **2**, 34).

Traitée par une solution d'hypochlorite ou d'hypobromite, cette acétone donne naissance à de l'acide cinnamique et à du chloroforme ou du bromoforme :

$$C^6H^5-CH=CH-CO-CH^3 + 3\,ClONa$$
$$= 2\,NaOH + C^6H^5-CH=CH-CO^2Na + CHCl^3.$$

DÉRIVÉS NITRÉS. — *o-Nitrobenzylidène-acétone*,

$$(AzO^2)_{(1)}C^6H^4-CH_{(2)}=CH-CO-CH^3.$$

— On l'obtient en chauffant 2 parties d'anhydride acétique avec 1 partie de la combinaison que forme l'acétone avec l'aldéhyde o-nitrobenzylique :

$$(AzO^2)C^6H^4-CHOH-CH^2-CO-CH^3.$$

On maintient l'ébullition tant qu'il y a formation d'indigo par addition de soude. On distille alors l'anhydride et on fait cristalliser dans l'éther [Baeyer et Drewsen, *D. chem. G.*, **15**, 2856].

L'action du mélange nitrosulfurique sur la benzylidène-acétone donne naissance à ce même dérivé o-nitré, mais il est alors accompagné du dérivé p-nitré.

On emploie 1 partie de l'acétone et 5 parties d'un mélange nitrosulfurique renfermant 1 partie d'acide azotique (d = 1,46) et 2 parties d'acide sulfurique.

On obtient encore l'o-nitrobenzylidène-acétone en chauffant avec de l'acide sulfurique l'o-nitrocinnaményl-acétylacétate d'éthyle ou l'o-nitrocinnaményl-acétonylcétone :

$$C^6H^4(AzO^2)CH=CH-CO-CH^2-CO-CH^3 + H^2O$$
$$= CH^3-CO^2H + C^{10}H^9AzO^3$$

[Fischer et Kuzel, *D. chem. G.*, **16**, 36].

Pour la préparer, on traite, comme il a été dit plus haut, la benzylidène-acétone par le mélange nitrosulfurique. On précipite la solution par l'eau et on dissout le précipité dans l'alcool bouillant. La p-nitrobenzylidène-acétone cristallise en premier lieu. Le dérivé ortho reste en solution [Drewsen, *D. chem. G.*, **16**, 1954].

Ce composé cristallise en mamelons incolores, formés d'aiguilles, tantôt longues, tantôt courtes, généralement plates, fusibles à 60°.

Il est très soluble dans l'alcool, l'éther, le benzène, le chloroforme, insoluble dans la ligroïne.

L'o-nitrobenzylidène-acétone, réduite par le chlorure stanneux, donne de la méthylquinoléine.

La solution alcoolique d'o-nitrobenzylidène-acétone, mélangée avec de la potasse, puis acidulée au bout d'un certain temps par de l'acide chlorhydrique, donne, si on la chauffe ou si on la traite par un alcali, du bleu d'indigo.

p-Nitrobenzylidène-acétone, $C^{10}H^9AzO^3$. — Ce composé s'obtient, comme nous l'avons vu plus haut, dans la nitration de la benzylidène-acétone, ou encore dans l'action de l'eau bouillante sur le produit d'addition de l'aldéhyde benzylique p-nitrée avec l'acétone.

On peut encore employer dans cette opération, comme agent déshydratant, l'acide ou l'anhydride acétique. Ce composé fond à 110° [Baeyer et Becker, *D. chem. G.*, **16**, 1969].

BENZYLIDÈNE-ACÉTOXIME [Syn. *Phénylo-éthylényl-méthylcarboxime, méthyl-cinnamény l-carboxime*], $C^6H^5-CH=CH-C(AzOH)-CH^3$. — On obtient cette oxime en combinant l'hydroxylamine avec la benzylidène-acétone. On chauffe le mélange des deux corps pendant plusieurs heures. Ce composé forme, en se déposant de sa solution alcoolique, des aiguilles brillantes, fusibles à 115-116°. Il bout sans s'altérer à 220° sous 100 millimètres. Il se décompose par la distillation à l'air avec formation d'ammoniaque.

Cette oxime est très difficilement soluble dans l'eau froide. Elle se dissout facilement dans l'alcool et dans l'éther [Jacoby, *D. chem. G.*, **19**, 1518. — Zelinsky, *ibid.*, **20**, 1923].

Les essais tentés pour obtenir une quinoléine avec la benzylidène-acétoxime n'ont pas réussi jusqu'ici.

Le brome donne avec la benzylidène-acétoxime un *dibromure*,

$$C^6H^5-CHBr-CHBr-C(AzOH)-CH^3.$$

On opère en présence du sulfure de carbone. Ce composé fond à 144-145° en se décomposant.

Le chlorure d'acétyle donne un *dérivé acétylé*, fusible à 90-91° et soluble dans l'éther.

A. Béhal.

BENZYLIDÈNE-ACÉTOPHÉNONE [Syn. *Cinnaményl-phényl-cétone*],

$$C^{15}H^{12}O = C^6H^5-CH=CH-CO-C^6H^5.$$

— Cette acétone résulte de la condensation de l'aldéhyde benzylique avec l'acétylbenzène :

$$C^6H^5.CHO + CH^3.CO.C^6H^5$$
$$= C^6H^5-CH=CH-CO-C^6H^5 + H^2O.$$

Cette condensation s'effectue lorsqu'on ajoute goutte à goutte de l'acide sulfurique concentré à un mélange fortement refroidi d'aldéhyde benzylique, d'acétophénone et d'acide acétique cristallisable, ou encore lorsqu'on chauffe à 160° avec de l'anhydride acétique un mélange d'aldéhyde benzylique et d'acétophénone.

On peut encore saturer par un courant d'acide chlorhydrique gazeux un mélange fortement refroidi d'acétophénone et d'aldéhyde benzylique. Abandonné à lui-même pendant 12 heures, le produit finit par se prendre en une masse cristalline, constituée par le chlorhydrate de benzylidène-acétophénone. Ce corps, chauffé à 110°, fond en perdant peu à peu de l'acide chlorhydrique et en se transformant en benzylidène-acétophénone, qui se concrète par le refroidissement et qu'on purifie par cristallisation dans l'éther de pétrole.

On peut enfin abandonner en contact pendant quelques jours, et à basse température, un mélange d'acétophénone (12 grammes), d'aldéhyde benzylique (10gr,5) et de méthylate de sodium à 20 0/0 (3 centimètres cubes). Le tout se prend en une masse cristalline de benzylidène-acétophénone. Le rendement en acétone est d'environ 90 0/0.

La benzylidène-acétophénone cristallise dans l'éther de pétrole : par refroidissement, en grands prismes transparents, jaunâtres; par évaporation, en lames hexagonales volumineuses, appartenant au système orthorhombique. Elle est assez soluble dans l'éther, le chloroforme, le benzène, moins soluble dans l'alcool froid. Elle fond à 57-58° et bout à 345-348°.

Oxydée par l'acide nitrique étendu, cette acétone fournit de l'acide benzoïque et un peu d'acide benzoylformique, $C^6H^5.CO.CO^2H$. Chauffée à 180-200° avec de l'acide chlorhydrique, elle se dédouble partiellement en aldéhyde benzylique et acétophénone. Traitée par l'acide iodhydrique et le phosphore à 190°, elle se transforme en dibenzylméthane, $C^6H^5.CH^2.CH^2.CH^2.C^6H^5$.

Chlorhydrate, $C^6H^5.C^2H^3Cl.CO.C^6H^5$. — Ce corps prend naissance dans la préparation de la benzylidène-acétophénone au moyen de l'acide chlorhydrique. Purifié par cristallisation dans l'alcool bouillant, il se présente sous la forme de lamelles rhombiques, incolores, fusibles à 119-120°, mais en perdant les éléments de l'acide chlorhydrique et en se transformant en benzylidène-acétophénone.

Dibromure, $C^6H^5.CHBr.CHBr.CO.C^6H^5$. — Ce composé, qui se forme quand on ajoute du brome à la benzylidène-acétophénone en solution dans le chloroforme, cristallise en prismes courts, incolores, fusibles à 156-157°, assez solubles dans l'alcool chaud, très peu solubles dans l'alcool froid [L. Claisen et A. Claparède, *D. chem. G.*, **14**, 2460; *Bull. Soc. Chim.*, (2), **37**, 507. — L. Claisen, *D. chem. G.*, **20**, 655; *Bull. Soc. Chim.*, (2), **48**, 393].

Léon Roux.

BENZYLIDÈNE-ACÉTYLACÉTIQUE (ÉTHER),

$$CH^3-CO-\underset{\underset{CH.C^6H^5}{\|}}{C}-CO^2C^2H^5$$

[Claisen et Matthews, *Ann. Chem.*, **218**, 177]. — Ce corps, dont on a indiqué le mode de formation Suppl., **2**, 54, se prépare par l'action du gaz chlorhydrique sur un mélange refroidi à 0° d'aldéhyde benzylique et d'éther acétylacétique; on abandonne le produit à lui-même pendant 3 ou 4 jours, puis on le chauffe au bain-marie dans un courant de gaz carbonique, et on le distille enfin dans le vide.

Il cristallise dans l'alcool en lamelles anorthiques, brillantes, fusibles à 59-60°; il bout avec décomposition à 295-297° sous la pression normale et sans altération à 180-182° sous une pression de 17 millimètres.

La potasse alcoolique le dédouble en ses deux générateurs.

Il se dissout dans l'acide sulfurique concentré en donnant une coloration d'un jaune clair, qui passe au rouge foncé par la chaleur; si on verse alors dans l'eau la liqueur rouge, on voit se précipiter un corps floconneux, d'un blanc jaunâtre, soluble en violet dans la soude.

Le *dibromure*,

$$CH^3-CO-CBr(CHBr.C^6H^5)-CO^2C^2H^5,$$

a été décrit Suppl., **2**, 54.

L'éther benzylidène-acétylacétique forme avec l'acide chlorhydrique deux combinaisons, ayant vraisemblablement pour formules

$$CH^3-CO-CH(CHCl.C^6H^5)-CO^2C^2H^5$$

et $$CH^3-CO-CCl(CH^2.C^6H^5)-CO^2C^2H^5.$$

On les obtient simultanément en abandonnant à lui-même, pendant quelques jours, un mélange d'aldéhyde benzylique et d'éther acétylacétique préalablement saturé de gaz chlorhydrique; on sature de nouveau par l'acide chlorhydrique, on abandonne encore pendant quelques jours et on précipite finalement par l'eau glacée : on sépare les deux isomères par cristallisation dans la ligroïne.

Le plus soluble (*composé α*) forme des cristaux prismatiques, fusibles à 40-41°, très solubles dans l'alcool, l'éther, le chloroforme, le sulfure de carbone; il se décompose à l'air humide en perdant de l'acide chlorhydrique.

Le *dérivé β* se présente en petits rhomboèdres ou en lamelles anorthiques, fusibles à 71-72°, très solubles dans l'éther, le chloroforme, le sulfure de carbone, moins solubles dans l'alcool. De même que son isomère, il se décompose à l'air humide, en perdant de l'acide chlorhydrique.

BENZYLIDÈNE-ANILINE, $C^{13}H^{11}Az$ (voyez Dict., **1**, 578). — La benzylidène-aniline se produit quand on chauffe l'aldéhyde benzylique avec de la diphénylsulfo-urée symétrique. L'équation suivante rend compte de sa production dans ces conditions :

$$6C^7H^6O + 3CS(AzH.C^6H^5)^2$$
$$6C^6H^5.CH=Az.C^6H^5 + 2H^2O + 2CO^2$$
$$+ H^2S + CS^2$$

[Schiff, *Ann. Chem.*, **148**, 336].

Cette base s'obtient encore à l'état de chlorhydrate quand on chauffe la nitrosobenzylaniline avec de l'alcool saturé d'acide chlorhydrique; ce dernier enlève à la nitrosamine de l'acide azoteux, qui agit ensuite comme oxydant sur la benzylaniline :

$$AzH\genfrac{}{}{0pt}{}{\diagup C^6H^5}{\diagdown CH^2-C^6H^5} + Az^2O^3$$

$$= Az\genfrac{}{}{0pt}{}{\diagup C^6H^5}{\diagdown CH-C^6H^5} + 2AzO + H^2O$$

[Fischer, *Ann. Chem.*, **241**, 331].

La benzylidène-aniline cristallise soit en mamelons, soit en aiguilles jaunes, suivant qu'elle a été obtenue par l'évaporation de sa solution éthérée ou sulfocarbonique. Elle fond à 48-49° [Tiemann et Piest, *D. chem. G.*, **15**, 2029] et bout sans décomposition vers 300° [Hinsberg, *D. chem. G.*, **20**, 1587]. Elle est entraînée par la vapeur d'eau.

La benzylidène-aniline, chauffée avec les acides, se décompose partiellement en aniline et aldéhyde benzylique. Traitée, en solution alcoolique, par l'amalgame de sodium, elle se transforme en benzylaniline [Fischer, *Ann. Chem.*, **241**, 328].

Si à une dissolution alcoolique de benzylidène-aniline on ajoute une solution aqueuse concentrée de cyanure de potassium, et que, dans le mélange refroidi, on fasse tomber goutte à goutte de l'acide chlorhydrique fumant, on obtient le *nitrile phénylanilidoacétique*,

$$C^6H^5.CH(AzH.C^6H^5).CAz$$

[Tiemann et Piest, *D. chem. G.*, **15**, 2029].

La benzylidène-aniline s'unit aux acides pour former des sels. Le *chlorhydrate* s'obtient en ajoutant de l'éther sec à une dissolution de benzylidène-aniline dans l'alcool saturé d'acide chlorhydrique. Il forme des cristaux tabulaires, brillants, insolubles dans l'éther, et qui, au contact de l'eau, se dédoublent instantanément en aniline et aldéhyde benzylique. Le chlorhydrate ne donne pas de chloroplatinate.

La benzylidène-aniline, traitée en solution benzénique par une solution sulfocarbonique de brome, fixe 2 atomes de ce métalloïde et donne un composé jaune, paraissant amorphe et répondant à la formule $C^{13}H^{11}AzBr^2$ [Hantzsch, *D. chem. G.*, **23**, 2773].

Ce corps fond en se décomposant à 142°; il est insoluble dans l'éther, l'eau et le benzène, très peu soluble dans l'acide acétique, un peu plus soluble dans l'alcool froid. L'alcool bouillant le dissout et le décompose pour la majeure partie en aldéhyde benzylique et p-bromaniline; une portion du bromure échappe à la décomposition et cristallise par le refroidissement en petites aiguilles.

L'ammoniaque aqueuse, le carbonate et l'acétate de sodium, l'éthylate de sodium, la pyridine, dédoublent également le bromure de benzylidène-aniline en aldéhyde benzylique et p-bromaniline.

La benzylidène-aniline fixe également 2 atomes d'iode. L'*iodure* ainsi formé cristallise en belles aiguilles brunes, fusibles avec décomposition vers 110°; les réducteurs la dédoublent en iode et benzylidène-aniline [Hantzsch, *ibid.*].

On connaît un polymère de la benzylidène-aniline : on l'obtient en chauffant cette base à 180-200°, ou en dédoublant sous l'influence de la chaleur le nitrile phénylanilidoacétique [Tiemann et Piest, *loc. cit.*].

Ce polymère a pour formule $C^{26}H^{22}Az^2$. Il est plus soluble dans l'alcool et moins facilement cristallisable que la benzylidène-aniline. Ses sels sont peu solubles dans l'eau, facilement solubles dans l'alcool. Il forme un chloroplatinate (Schiff).

Dérivé nitré, $C^7H^6=Az.C^6H^4(AzO^2)$. — On le prépare au moyen de l'aldéhyde benzylique et de la nitraniline. Il forme des aiguilles fusibles à 66° [Lajorenko, *Jahresb.*, 1870, 760].

H. Gautier.

BENZYLIDÈNE-AZINE [Syn. *Benzaldazine*],

$$C^6H^5-CH=Az-Az=CH-C^6H^5.$$

— MM. Curtius et Jay [*J. prakt. Chem.*, (2), **39**, 27; *Bull. Soc. Chim.*, (3), **2**, 834] ont préparé ce composé par l'action de l'aldéhyde benzylique sur une solution aqueuse d'hydrazine, à la température ordinaire.

La benzylidène-azine cristallise en longs prismes brillants, d'un jaune de soufre, fusibles à 93°. Soumise à la distillation, elle se dédouble en azote et stilbène. Traitée par le sodium en présence d'alcool, elle fixe de l'hydrogène et se transforme en benzylamine; si au lieu de sodium métallique on emploie l'amalgame, c'est la dibenzylhydrazine symétrique qui prend naissance.

o-Oxybenzylidène-azine,

$$C^6H^4(OH).CH=Az-Az=CH.C^6H^4(OH).$$

— Même préparation, au moyen de l'aldéhyde salicylique; lamelles argentines, fusibles à 205°.

o-Nitrobenzylidène-azine,

$$C^6H^4(AzO^2).CH=Az-Az=CH.C^6H^4(AzO^2).$$

— Même préparation, au moyen de l'aldéhyde o-nitrobenzylique; aiguilles d'un jaune clair, fusibles à 181°.

BENZYLIDÈNE - DIACÉTYLACÉTIQUE (ACIDE),

$$\begin{array}{ccc} & C^6H^5 & \\ & | & \\ & CH & \\ & \diagup \quad \diagdown & \\ CO^2H-CH & & CH-CO^2H \\ | & & | \\ CH^3-CO & & CO-CH^3 \end{array} = C^{15}H^{16}O^6.$$

— L'*éther diéthylique* de cet acide prend naissance quand on chauffe un mélange de 1 molécule d'aldéhyde benzylique et de 2 molécules d'éther acétylacétique en présence d'une amine grasse primaire. Il ne se trouve pas d'azote dans le produit obtenu, mais cette réaction ne se fait pas quand on n'emploie pas d'amine.

Le benzylidène-diacétylacétate diéthylique forme des aiguilles incolores, fondant à 152-153° [A. Hantzsch, *D. chem. G.*, **18**, 2583].

Il donne avec le brome un *dérivé monobromé*, $C^{19}H^{23}BrO^6$, qui fond à 159°.

Dans la réaction où prend naissance le benzylidène-diacétylacétate diéthylique, ou quand on fait passer dans la solution éthérée de ce produit un courant d'acide chlorhydrique sec, il se fait un autre corps qui diffère de celui-ci par 1 molécule d'eau en moins :

$$C^{19}H^{14}O^6 = H^2O + C^{19}H^{22}O^5.$$

Le nouveau corps forme de beaux prismes incolores, fondant à 87-88°. Il a pour constitution

$$\begin{array}{ccc} & C^6H^5 & \\ & | & \\ & CH & \\ H^5C^2O^2C-C & & C-CO^2C^2H^5 \\ CH^3-C & & C-CH^3 \\ & O & \end{array}$$

L'auteur le nomme le *déhydrobenzylidène-diacétylacétate diéthylique*. L. Bouveault.

BENZYLIDÈNE-DINAPHTOL,

$$C^{27}H^{20}O^2 = C^6H^5.CH(C^{10}H^6.OH)^2$$

[Claisen, *Ann. Chem.*, **237**, 261; *Bull. Soc. Chim.*, (2), 47, 720. — Trczinski, *D. chem. G.*, **17**, 499].

L'*oxyde de benzylidène-β-dinaphtyle*,

$$C^6H^5-CH \begin{smallmatrix} \diagup C^{10}H^6 \diagdown \\ \diagdown C^{10}H^6 \diagup \end{smallmatrix} O,$$

se forme lorsqu'on chauffe un mélange de β-naphtol et d'aldéhyde benzylique en solution acétique ou en présence d'acide sulfurique. On l'obtient plus aisément en chauffant en tube scellé à 200° pendant 1 ou 2 jours 14g,4 de β-naphtol, 5g,3 d'aldéhyde benzylique et 12 parties d'acide acétique cristallisable, ou bien en chauffant au bain-marie 2 molécules de β-naphtol et 1 molécule d'aldéhyde benzylique avec de l'acide acétique cristallisable additionné de quelques centimètres cubes d'acide sulfurique ou d'acide chlorhydrique fumant, jusqu'à ce que le mélange se concrète en une masse cristalline. On lave ces cristaux avec de l'acide acétique cristallisable et on les fait cristalliser de nouveau dans ce même véhicule.

L'oxyde de benzylidène-β-dinaphtyle cristallise en prismes courts ou en lamelles brillantes, fusibles à 189-190°. Il est peu soluble dans l'alcool, l'éther, le benzène, l'acide acétique froid, assez soluble dans l'acide acétique chaud, le chloroforme et le sulfure de carbone; il est complètement insoluble dans les alcalis; sa solution dans l'acide sulfurique concentré prend, lorsqu'on la chauffe, une coloration rouge clair, avec une fluorescence verte.

Acide mélinoïne-trisulfonique,

$$C^{34}H^{20}O^{12}S^3? = C^{34}H^{17}O^3(SO^3H)^3\ (?)$$

— Ce composé a été obtenu par M. Trczinski [*D. chem. G.*, **16**, 2839] en chauffant un mélange d'aldéhyde benzylique ou p-oxybenzylique, de β-naphtol et d'acide sulfurique, ou bien encore en chauffant l'oxyde de benzylidène-β-dinaphtyle avec de l'acide sulfurique. Il est insoluble dans l'alcool absolu, assez soluble dans l'eau, soluble dans l'acide sulfurique avec une fluorescence verte. Sa solution aqueuse est précipitée par les acides minéraux F. Reverdin.

BENZYLIDÈNE-DINAPHTYLACÉTAL

$$C^{24}H^{20}O^2 = C^6H^5-CH(OC^{10}H^7)^2$$

[Claisen, *Ann. Chem.*, **237**, 261; *Bull Soc. Chim.*, (2), **47**, 720].

On mélange 7g,2 de β-naphtol, 5g,3 d'aldéhyde benzylique et 30 parties d'acide acétique, et on ajoute au mélange bien refroidi 2 parties d'acide chlorhydrique fumant; puis on laisse digérer le tout à basse température pendant plusieurs jours. Il se dépose des croûtes cristallines qu'on traite par le sulfure de carbone, d'abord à froid, puis à chaud, jusqu'à ce que le produit présente le point de fusion constant de 203-205°.

Ce composé se présente en lamelles peu solubles dans le chloroforme et dans le sulfure de carbone; il se dissout dans l'acide sulfurique concentré, à froid ou à une température peu élevée, avec une coloration rouge intense. Chauffé pendant plusieurs heures au bain-marie avec de l'acide acétique et un peu d'acide chlorhydrique, ou chauffé seul pendant peu de temps au bain d'air à 210°, il se transforme en oxyde de benzylidène-β-dinaphtyle. F. Reverdin.

BENZYLIDÈNE-DIPIPÉRYLE. — Voyez PIPÉRIDINE.

BENZYLIDÈNE-DITHIOACÉTIQUE (ACIDE) [Syn. *Acide benzylidène-dithioglycolique*]. — Ce corps, nommé improprement *dithioacétylbenzaldéhyde*, se produit par la combinaison de l'aldéhyde benzylique avec l'acide thiacétique; il peut être considéré comme un mercaptal. Ce serait la fonction mercaptan qui éliminerait de l'eau avec l'oxygène de l'aldéhyde, comme le montre l'équation suivante :

$$C^6H^5-CHO + 2CH^2(SH)CO^2H$$
$$= H^2O + C^6H^5-CH\begin{cases} S-CH^2-CO^2H \\ S-CH^2-CO^2H \end{cases}$$

On mélange l'aldéhyde benzylique avec l'acide thiacétique; le mélange s'échauffe. On fait alors barboter un courant d'acide chlorhydrique; la température s'élève de nouveau : on continue jusqu'à saturation. On laisse refroidir et on voit se déposer des cristaux, qu'on exprime et qu'on fait cristalliser dans l'éther bouillant. On obtient ainsi 10 0/0 du rendement théorique.

Ce composé forme de fines aiguilles, fusibles à 147-148°. Oxydé au moyen d'une solution de permanganate au 1/500, l'acide benzylidène-dithioacétique donne la *benzylidène-diméthyldisulfone*, $C^6H^5-CH(SO^2.CH^3)^2$, en aiguilles fusibles à 163°, insolubles dans l'éther [Bongartz, *D. chem. G.*, **19**, 1934 et **21**, 479].

Acide m-nitrobenzylidène-dithioacétique,

$$(AzO^2)C^6H^4-CH(S.CH^2.CO^2H)^2.$$

— On obtient cet acide en remplaçant, dans la préparation précédente, l'aldéhyde benzylique par l'aldéhyde m-nitrobenzylique.

Ce corps cristallise dans l'eau bouillante en aiguilles microscopiques, fusibles à 129-130°. Oxydé par le permanganate à 1/500, il donne la *m-nitrobenzylidène-diméthyldisulfone,*

$$(AzO^2)_{(3)}C^6H^4-CH_{(1)}(SO^2.CH^3)^2,$$

fusible à 181-182°.

Si l'on remplace dans cette préparation l'aldéhyde benzylique m-nitrée par l'aldéhyde benzylique o-nitrée, on obtient l'acide *o-nitrobenzylidène-dithioglycolique*. Ce composé cristallise dans le chloroforme et fond à 122-123°.

L'aldéhyde benzylique p-nitrée donne dans les mêmes conditions l'acide *p-nitrobenzylidène-dithioglycolique*. Ce composé se dépose de sa solution aqueuse en lamelles brillantes, fusibles à 161-162°.

Ce dérivé, oxydé par le permanganate de potassium, donne une *p-nitrobenzylidène-diméthyldisulfone*, fusible à 239-240° [Bongartz, *loc. cit.*].

BENZYLIDÈNE - ISOPROPYLIDÈNE - ACÉTONE,

$$C^6H^5-CH=CH-CO-CH=C(CH^3)^2$$

[L. Claisen et A. Claparède, *D. chem. G.*, **14**, 351]. — On sature par le gaz chlorhydrique un mélange en proportions moléculaires d'oxyde de mésityle et d'aldéhyde benzylique; on abandonne pendant quelques jours, puis on traite par l'eau; il se sépare une huile qu'on sèche et qu'on rectifie dans le vide. On obtient finalement une huile jaunâtre, à odeur de fraises, bouillant à 178-179° sous une pression de 14 millimètres.

BENZYLIDÈNE-LÉVULIQUES (ACIDES).

ACIDE β-BENZYLIDÈNE-LÉVULIQUE,

$$C^6H^5-CH=C\begin{cases} CO-CH^3 \\ CH^2-CO^2H \end{cases}$$

[H. Erdmann, *D. chem. G.*, **18**, 3441; **21**, 635; *Ann. Chem.*, **254**, 182; *D. chem. G.*, **22**, *Ref.*, 814. — E. Erlenmeyer, *D. chem. G.*, **23**, 74]. — Cet acide se produit par l'action de la chaleur sur un mélange d'acide lévulique cristallisé, d'aldéhyde benzylique et d'acétate de sodium fondu. On peut aussi le préparer en agitant à froid un mélange d'acide lévulique (1 mol.), de soude (2 mol.) et d'aldéhyde benzylique (1 mol.) avec de l'eau jusqu'à disparition de l'aldéhyde; ou mieux encore en ajoutant de l'alcool au mélange précédent et en le chauffant au bain-marie jusqu'à ce qu'une prise d'essai fournisse par l'addition d'acide chlorhydrique un précipité cristallin.

Après purification par transformation en sel de baryum ou de plomb, il se présente en cristaux fusibles à 125°, solubles à 100° dans 30-40 parties d'eau, et à la température ordinaire dans 200 parties d'eau.

Les *sels de calcium*, $(C^{12}H^{11}O^3)^2Ca, 3,5H^2O$, *de baryum*, $(C^{12}H^{11}O^3)^2Ba, 5H^2O$, *de magnésium*, $(C^{12}H^{11}O^3)^2Mg$, *de cadmium*, $(C^{12}H^{11}O^3)^2Cd, 2H^2O$, sont cristallisés; le *sel d'argent*, $C^{12}H^{11}O^3Ag$, est amorphe.

L'éther méthylique, $C^{12}H^{11}O^3.CH^3$, bout en se décomposant partiellement à 180-250° sous 38 millimètres de pression.

L'acide benzylidène-lévulique se dissout dans l'acide sulfurique concentré avec une coloration rouge intense. L'ébullition avec l'acide sulfurique dilué ou avec la potasse concentrée le décompose avec formation d'aldéhyde benzylique.

Réduit par l'amalgame de sodium et l'eau, l'acide benzylidène-lévulique fournit de la benzyl-γ-valérolactone et de l'acide benzyl-lévulique.

Soumis à la distillation sèche, il se convertit en *2-acétyl-4-oxynaphtalène*,

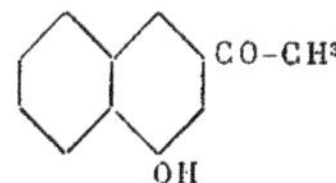

Le *dibromure*, $C^{12}H^{12}O^3Br^2$, s'obtient par l'addition d'une solution acétique de brome à une solution acétique de l'acide. Il cristallise en beaux prismes blancs, qui brunissent à 150° et qui fondent en se décomposant à 153°.

Il se dissout dans l'acide sulfurique concentré, en donnant une liqueur jaune, qui passe au bleu verdâtre lorsqu'on le chauffe.

ACIDE δ-BENZYLIDÈNE-LÉVULIQUE,

$$C^6H^5-CH=CH-CO-CH^2-CH^2-CO^2H$$

[Erdmann, *Ann. Chem.*, **258**, 129 ; *D. chem. G.*, **23**, *Ref.*, 576]. — On obtient ce composé en traitant l'acide lévulique par l'aldéhyde benzylique en solution alcaline. Il fond à 120°.

L'*oxime*,

$$C^6H^5-CH=CH-C(AzOH)-CH^2-CH^2-CO^2H,$$

cristallise en prismes jaunes, fusibles à 148-149°.

Acide m-chlorobenzylidène-lévulique,

$$C^{12}H^{11}ClO^3.$$

— Cristaux fusibles à 128°, obtenus par la condensation de l'aldéhyde m-chlorobenzylique avec l'acide lévulique en solution alcaline (Erdmann).

ACIDE β-δ-DIBENZYLIDÈNE-LÉVULIQUE,

$$C^6H^5-CH=C\begin{cases}CO-CH=CH.C^6H^5\\CH^2-CO^2H\end{cases}$$

[Erdmann, *loc. cit.*]. — C'est le produit obtenu par l'action de l'aldéhyde benzylique sur l'acide β-benzylidène-lévulique en solution alcaline. Il fond à 146°.

BENZYLIDÈNE - NAPHTYLAMINE. — Voyez NAPHTYLAMINE.

BENZYLIDÈNE-RHODANINIQUE (ACIDE).

$$C^6H^5-CH=\underset{\substack{|\\CO.S.CAz}}{C}-SH$$

— Cet acide prend naissance dans l'action de l'aldéhyde benzylique sur l'acide rhodaninique,

$$\underset{\substack{|\\CO.S.CAz}}{CH^2}-SH$$

[Nencki et Sieber, *D. chem. G.*, **17**, 2278].

Pour le préparer, on dissout 10 grammes d'acide rhodaninique dans 500 grammes d'alcool. On ajoute peu à peu 30 grammes d'acide sulfurique, on chauffe au bain-marie et l'on verse goutte à goutte 15 grammes d'aldéhyde benzylique dans le mélange. On précipite ensuite la solution par l'eau et l'on purifie par cristallisation dans l'eau bouillante. On obtient ainsi de belles aiguilles, fusibles à 200°, que les alcalis décomposent totalement.

On ne connaît de cet acide que le *sel d'argent*, précipité amorphe et jaunâtre, qui s'obtient en précipitant une solution alcoolique de l'acide par une solution alcoolique de nitrate d'argent.

Dérivés nitrés. — En remplaçant, dans la préparation de cet acide, l'aldéhyde benzylique par un de ses dérivés nitrés, il est facile d'obtenir des acides *nitrobenzylidène-rhodaniniques* [Bondzynski, *Mon. f. Chem.*, **8**, 361].

Avec l'aldéhyde o-nitrée et l'acide rhodaninique, on obtient de beaux cristaux, fusibles à 188-189°, insolubles dans l'eau, très solubles dans l'alcool.

Avec l'aldéhyde p-nitrée, on obtient de longues aiguilles jaunes, fusibles à 250-252° en éprouvant une décomposition partielle.

Dérivés amidés. — Ces dérivés nitrés, traités en solution alcoolique par l'ammoniaque et le sulfate ferreux, se transforment en dérivés amidés.

L'acide *o-amidobenzylidène-rhodaninique* forme des cristaux brillants, d'un rouge vif, qui jaunissent à 200° et se décomposent à 265°.

L'anhydride acétique le transforme en deux dérivés : le *dérivé monoacétylé* cristallise en longues aiguilles jaunes, fusibles à 280° en se décomposant totalement ; le *dérivé diacétylé* cristallise en prismes allongés, fusibles à 189°.

Action de l'acide sulfurique. — Si l'on chauffe un mélange de 4 parties d'acide sulfurique et de 1 partie d'acide benzylidène-rhodaninique, cet acide absorbe de l'oxygène et se transforme en acide *benzylidène-rhodanine-oxysulfonique*,

$$C^{10}H^7AzS^2O^5 = \begin{matrix}CH-C^6H^4-SO^3H\\ \|\\ C(OH)-CO-SCAz\end{matrix}$$

Ce corps est un acide énergique, très soluble dans l'eau et dans l'alcool ; ses sels alcalins sont bien cristallisés et ne sont pas décomposés par les acides minéraux [Ginsburg et Bondzynski, *D. chem. G.*, **19**, 119].

Ch. Cloëz.

BENZYLIDÉNIQUES (AMINES). — L'aldéhyde benzylique possède la propriété de s'unir avec les amines primaires grasses ou aromatiques, en donnant naissance à des corps désignés improprement sous le nom d'*amines benzylidéniques*. La réaction qui leur donne naissance est la suivante :

$$C^6H^5-CHO + AzH^2R = C^6H^5-CH=Az-R.$$

En réalité ces corps ne sont point des amines, mais des imides dérivées des aldéhydes. Ils renferment en effet le radical imide monosubstitué.

Préparation. — Ces amines benzylidéniques se préparent toutes de la même façon : On mélange molécules égales d'aldéhyde benzylique et d'amine, et l'on chauffe pendant un temps plus ou moins long, jusqu'à ce que la déshydratation soit complète. On isole les produits soit par distillation, soit par cristallisation.

Ces imides, hydrogénées par l'amalgame de sodium, fixent H^2 et donnent naissance à des amines secondaires :

$$C^6H^5-CH=AzR + H^2 = C^6H^5-CH^2-Az\begin{cases}R\\H\end{cases}$$

[Fischer, *Ann. Chem.*, **241**, 328. — Zaunschirm, *Ann. Chem.*, **245**, 279].

BENZYLIDÈNE-MÉTHYLAMINE, $C^6H^5.CH=Az.CH^3$. — On mélange l'aldéhyde benzylique avec une solution aqueuse concentrée de méthylamine et l'on distille. C'est un liquide bouillant à 180° (Zaunschirm).

BENZYLIDÈNE-ÉTHYLAMINE, $C^6H^5.CH=Az.C^2H^5$. — Obtenue avec la méthylamine et l'aldéhyde benzylique, elle forme une huile insoluble dans l'eau, bouillant à 195° sous 749 millimètres. Hydrogénée par l'amalgame de sodium, elle donne l'éthylbenzylamine, bouillant à 194° sous 740 millimètres (Zaunschirm.)

BENZYLIDÈNE PROPYLAMINE,

$$C^6H^5-CH=Az-C^3H^7.$$

— Liquide bouillant à 208-210° sous 741 millimètres.

BENZYLIDÈNE-ISOBUTYLAMINE,

$$C^6H^5-CH=Az-C^4H^9.$$

— Ce corps bout à 217-218° sous 753 millimètres.

BENZYLIDÈNE-ISOAMYLAMINE,

$$C^6H^5-CH=Az-C^5H^{11}.$$

— C'est une huile possédant à peine l'odeur d'amine [Schiff, *Ann. Chem.*, **140**, 93].

BENZYLIDÈNE-O-TOLUIDINE,

$$C^6H^5-CH=Az_{(2)}-C^6H^4-CH^3_{(1)}.$$

— On l'obtient en mélangeant de l'aldéhyde benzylique avec de l'o-toluidine. On isole l'imide par distillation. Ce corps bout à 314°. Il reprend facilement de l'eau pour donner les corps générateurs.

Si on fait tomber goutte à goutte l'o-benzylidène-toluidine dans un tube de fer chauffé au rouge, on obtient du toluène, du benzonitrile, de l'hydrogène et de l'α-phénylindol [Étard, *C. R.*, 95, 730].

BENZYLIDÈNE-P-TOLUIDINE,

$$C^6H^5-CH=Az_{(4)}-C^6H^4-CH^3_{(1)}.$$

— Obtenu en chauffant à 100° la p-toluidine avec l'aldéhyde benzylique, ce corps fond au-dessous de 100° et bout à 326° sous 723 millimètres. Il forme une masse cristalline jaunâtre qui, chauffée à 160°, se transforme en une base isomérique. Cette dernière cristallise en aiguilles fusibles à 120-125°; elle forme un *chloroplatinate*, $(C^{28}H^{26}Az^2 . HCl)^2PtCl^4$. Réduite par l'amalgame de sodium et l'alcool, elle donne naissance à la benzyl-p-toluidine [Schiff, *Ann. Chem.*, **140**, 96. — Mazzara, *Jahresb.*, 1880, 566. — Köller, *Ann. Chem.*, **241**, 258].

Dérivé dibromé,

$$C^6H^5-CH=Az-C^6H^2Br^2-CH^3.$$

— On fait réagir à 0° le brome en solution dans le sulfure de carbone sur la benzylidène-p-toluidine. C'est un composé jaune-serin, fusible à 160-165°. Il se dissout facilement dans l'alcool froid. Cette solution alcoolique s'altère si on la chauffe. Le corps est peu soluble dans l'éther.

Chauffé avec de l'eau, il se décompose en donnant de la dibromotoluidine. Il s'altère à l'air et à la lumière.

BENZYLIDÈNE-DI-ÉTHYLPHÉNYLAMINE,

$$C^6H^5-CH\left(Az \begin{matrix} \diagup C^6H^5 \\ \diagdown C^2H^5 \end{matrix}\right)^2$$

— Ce corps s'obtient au moyen de l'éthylaniline et de l'essence d'amandes amères. Il est résineux. Il ne se combine pas avec les acides, mais il donne avec les chlorures mercurique et platinique des précipités floconneux [Schiff, *Ann. Chem.*, *Suppl.*, **3**, 363].

BENZYLIDÈNE-PHÉNYLDIAMINE,

$$C^6H^5-CH \begin{matrix} \diagup AzH-C^6H^5 \\ \diagdown AzH^2 \end{matrix}$$

— On obtient ce composé en traitant une solution alcoolique d'imidobenzophénylamide,

$$C^6H^5-C(AzH)(AzH . C^6H^5),$$

par l'amalgame de sodium. On opère en refroidissant soigneusement et en saturant l'alcali libre au moyen d'acide acétique.

La benzylidène-phényldiamine se dépose de l'alcool aqueux en cristaux indistincts, fusibles à 114,5-115°. Elle distille sans décomposition. Elle est insoluble dans l'eau, extrêmement soluble dans l'alcool.

Le *chlorhydrate*, $C^{13}H^{14}Az^2 . HCl$, se dépose de sa solution aqueuse en prismes tétragonaux, fusibles à 223-224°,5.

Le *chloroplatinate* donne des cristaux en forme de longues lances ou en lames [Bernthsen et Szymansky, *D. chem. G.*, **13**, 918].

DIBENZYLIDÈNE-ÉTHYLÈNE-DIAMINE,

$$(C^6H^5-CH=Az)^2C^2H^4.$$

— On l'obtient en chauffant à 120° 1 molécule d'éthylène-diamine avec 2 molécules d'essence d'amandes amères. L'éther l'abandonne sous la forme de tables fusibles à 53-54°, insolubles dans l'eau, très solubles dans l'alcool et dans le benzène.

Les acides concentrés la dédoublent en aldéhyde benzylique et éthylène-diamine [Mason, *D. chem. G.*, **20**, 270].

BENZYLIDÈNE-ÉTHYLÈNE-DIANILINE,

$$C^6H^5-CH \begin{matrix} \diagup Az(C^6H^5) \\ \diagdown Az(C^6H^5) \end{matrix} \rangle C^2H^4.$$

— On chauffe ensemble de l'éthylène-dianiline, $C^2H^4(AzH-C^6H^5)^2$, avec de l'aldéhyde benzylique. On obtient ainsi des aiguilles fusibles à 137°.

Ce corps distille sans décomposition; au contact de l'acide chlorhydrique concentré, il se dédouble en ses générateurs [Moos, *D. chem. G.*, 20, 732]. A. Béhal.

BENZYLIDÉNOL-ACÉTIQUE-O-CARBONIQUE (ACIDE). — On obtient l'anhydride de cet acide, improprement appelé par la plupart des auteurs *benzhydrylacétique-carbonique*, en réduisant par l'amalgame de sodium l'acide phtalylacétique.

Les formules suivantes font ressortir les rapports qui existent entre ces substances :

$$C^6H^4 \begin{matrix} \diagup CO \\ \diagdown CO \end{matrix} \rangle CH . CO^2H$$

Acide phtalylacétique[1].

$$C^6H^4 \begin{matrix} \diagup CH(-CH^2-CO^2H) \\ \diagdown CO \end{matrix} \rangle O$$

Anhydride benzylidénol-acétique-o-carbonique (acide phtalidylacétique).

$$C^6H^4 \begin{matrix} \diagup CH(OH) . CH^2 . CO^2H \\ \diagdown CO^2H \end{matrix}$$

Acide benzylidénol-acétique-o-carbonique.

[Gabriel et Michael, *D. chem. G.*, **10**, 1558 et 2200].

L'acide lui-même n'est pas stable; lorsqu'on essaye de le mettre en liberté, il se transforme immédiatement en anhydride.

Ce dernier renferme 1 molécule d'eau de cristallisation; il forme des aiguilles brillantes, fusibles à 150-151°, solubles dans l'alcool et dans l'eau bouillante. Il ne se combine ni au brome ni à l'hydrogène.

Ses sels prennent naissance par dissolution de l'anhydride dans les bases énergiques.

Le *sel de baryum*,

$$C^6H^4 \begin{matrix} \diagup CH(OH) . CH^2 . CO^2 \\ \diagdown CO^2 \text{———} Ba \end{matrix}, H^2O,$$

s'obtient en précipitant sa solution aqueuse par l'alcool.

Le *sel d'argent*,

$$C^6H^4 \begin{matrix} \diagup CH(OH) . CH^2 . CO^2Ag \\ \diagdown CO^2Ag \end{matrix}$$

est un précipité amorphe, blanc, un peu soluble dans l'eau.

On a également préparé un sel d'argent de

1. Nous avons conservé la formule et le nom donnés par les auteurs à l'acide phtalylacétique. Ce composé doit évidemment être en réalité l'*acide phtalidène-acétique*,

$$C^6H^4 \langle \begin{matrix} C=CH-CO^2H \\ \\ CO \end{matrix} \rangle$$

l'acide phhtalidylacétique. Ce sel d'argent renferme 1 atome d'argent et cristallise en aiguilles soyeuses.

Les sels de l'acide benzylidénol-acétique-o-carbonique, chauffés à 220-240°, ou traités à chaud par un excès d'alcali, se transforment en sels de l'acide cinnamique-o-carbonique, en perdant les éléments de 1 molécule d'eau :

$$C^6H^4 \begin{cases} CH=CH-CO^2H \\ CO^2H \end{cases}$$

Acide cinnamique-o-carbonique.

Par contre l'acide cinnamique-o-carbonique se transforme par simple fusion en acide phtalidylacétique par migration de l'atome d'hydrogène du carboxyle directement relié au noyau benzénique.

G. de Bechi.

BENZYLIDÉNOL-PROPIONIQUE-O-CARBONIQUE (ACIDE). — Cet acide, improprement appelé par certains auteurs *benzhydrylpropionique-o-carbonique*, n'est pas connu à l'état libre.

Son *anhydride*, l'*acide phtalidylpropionique*,

$$C^6H^4 \begin{cases} CH \searrow - C^2H^4 . CO^2H \\ \qquad\quad O \\ CO \nearrow \end{cases}$$

se forme lorsqu'on réduit par l'amalgame de sodium une solution alcaline d'acide phtalylpropionique,

$$C^6H^4 \begin{cases} CO \\ CO \end{cases} CH . CH^2 . CO^2H.$$ [1]

La réaction a lieu à froid et est terminée au bout de quelques heures; on précipite par l'acide chlorhydrique et on fait cristalliser le produit dans l'alcool étendu.

L'anhydride benzylidénol-propionique-o-carbonique cristallise en aiguilles douées d'un éclat vitreux, se ramollissant à 135° et fusibles à 140°. Il est peu soluble dans l'eau, soluble dans l'alcool et dans les dissolvants usuels. C'est un acide monobasique.

Le *sel d'argent* est un précipité cristallin blanc.

Le *sel de baryum* s'obtient en saturant l'acide par la quantité calculée de carbonate de baryum [Gabriel et Michael, *D. chem. G.*, **2**, 1681].

L'acide benzylidénol-propionique-o-carbonique peut donner des sels bibasiques. On a préparé le *sel de baryum*,

$$C^6H^4 \begin{cases} CH(OH) . CH^2 . CH^2 . CO^2 \\ CO^2 \text{———————} Ba \end{cases}$$

en faisant bouillir l'acide phtalidylpropionique avec un excès d'eau de baryte, précipitant l'excès de base par l'acide carbonique, filtrant et additionnant la liqueur d'alcool : c'est un précipité blanc.

G. de Bechi.

BENZYLIQUE (ALCOOL),

$$C^6H^5-CH^2 . OH$$

(voyez Dict., **1**, 579 et Suppl., **1**, 343). — Aux procédés de préparation précédemment indiqués, il convient d'ajouter les suivants :

1° En chauffant dans un appareil à reflux un mélange de chlorure de benzyle et de carbonate de potassium (1 molécule) avec 8 ou 10 parties d'eau, on obtient de l'alcool benzylique [J. Meunier, *Bull. Soc. Chim.*, (2), **38**, 159].

1. L'acide phtalylpropionique doit évidemment avoir pour formule de structure

$$C^6H^4 \begin{cases} C=C^2H^3-CO^2H \\ \quad\; \rangle O \\ CO \end{cases}$$

et être appelé par conséquent *acide phtalidène-propionique*.

2° La potasse aqueuse convertit à l'ébullition l'aldéhyde benzylique en un mélange d'alcool benzylique et de benzoate de potassium. On fait bouillir jusqu'à émulsion persistante un mélange d'aldéhyde benzylique (10 parties), d'hydrate de potassium (9 parties) et d'eau (6 parties), et on abandonne le mélange pendant 12 heures; le benzoate de potassium cristallise; on ajoute de l'eau jusqu'à dissolution complète de ce sel, et on épuise par l'éther; on n'a plus qu'à distiller l'éther sans le dessécher. Le rendement est de 92 0/0 de la théorie [R. Meyer, *D. chem. G.*, **14**, 2394].

Propriétés. — L'alcool benzylique se dissout à 17° dans 25 fois son poids d'eau [R. Meyer, *D. chem. G.*, **14**, 2395].

Chauffé à 140° avec du phosphore et de l'acide iodhydrique, il se convertit en toluène [Graebe, *D. chem. G.*, **8**, 1055].

Chauffé avec de l'anhydride borique, il donne à 100-120° de l'oxyde de benzyle, et à une température plus élevée une résine, $C^{14}H^{12}$ (Cannizzaro).

Le chlorure de bore donne de l'acide chlorhydrique, du chlorure de benzyle et du bibenzyle [C. Councler, *D. chem. G.*, **10**, 1657].

L'alcool benzylique se combine avec le chlorure de calcium; la combinaison est lente à froid, mais si l'on chauffe, on voit le produit se prendre en masse par le refroidissement [R. Meyer, *D. chem. G.*, **14**, 2395].

Alcools chlorobenzyliques. — Voyez Suppl., **1**, 343.

Alcools bromobenzyliques. — *Alcool o-bromobenzylique*, $C^6H^4Br-CH^2 . OH$ [Jackson et White, *Am. Journ.*, **2**, 316]. — Aiguilles plates, fusibles à 80°, volatiles avec la vapeur d'eau, solubles dans l'eau bouillante, la ligroïne, l'alcool et l'éther. Le permanganate de potassium le convertit en acide o-bromobenzoïque.

Alcool m-bromobenzylique. — Liquide incristallisable, obtenu en chauffant à 130° un mélange de bromure de m-bromobenzyle et d'eau [Jackson et White, *Jahresb.*, 1880, 481].

Alcool p-bromobenzylique [Jackson et Lowery, *Am. Journ.*, **3**, 246]. — On le prépare en faisant bouillir avec de l'eau le bromure de p-bromobenzyle. Aiguilles plates, fusibles à 77°, difficilement volatiles avec la vapeur d'eau, solubles dans l'eau bouillante, l'alcool, l'éther, le benzène, le sulfure de carbone.

Alcool p-iodobenzylique, $C^6H^4I-CH^2 . OH$ [Mabery et Jackson, *D. chem. G.*, **11**, 56]. — On le prépare en saponifiant soit l'acétate correspondant par l'ammoniaque aqueuse, soit le bromure par l'eau bouillante, et en faisant recristalliser dans le sulfure de carbone. Houppes blanches et soyeuses, à odeur désagréable, fusibles à 71°,75, peu solubles dans l'eau, très solubles dans l'alcool, l'éther, le benzène, le sulfure de carbone.

Alcools nitrobenzyliques. — *Alcool o-nitrobenzylique*, $C^6H^4(AzO^2)-CH^2 . OH$. — Cet alcool prend naissance dans le dédoublement de l'acide uronitrotoluique par l'acide sulfurique étendu [Jaffé, *Zeit. physiol. Chem.*, **2**, 55].

On peut aussi le préparer en traitant par la soude concentrée l'aldéhyde o-nitrobenzylique, qui est dédoublée à froid par ce réactif en alcool nitrobenzylique et acide nitrobenzoïque [Friedländer et Roques, *D. chem. G.*, **14**, 2804].

Il se présente en aiguilles jaunâtres, fusibles à 74°, peu solubles dans l'eau, solulbes dans la plupart des dissolvants organiques. L'oxydation par le mélange chromique le transforme en acide o-nitrobenzoïque.

La distillation avec la potasse fournit de l'o-nitrotoluène et de l'acide o-azoxybenzoïque.

Il se combine avec le benzène en présence de l'acide sulfurique, et donne de l'o-nitrodiphénylméthane [R. Geigy et W. Königs, *D. chem. G.*, **18**, 2403].

Alcool m-nitrobenzylique, $C^6H^4(AzO^2)-CH^2.OH$ (voyez Dict., **1**, 579). — M. P. Becker [*D. chem. G.*, **15**, 2090] le prépare en employant le procédé indiqué par M. Meyer pour obtenir l'alcool benzylique : il abandonne pendant 12 heures un mélange de 2 parties d'aldéhyde m-nitrobenzylique, 1 partie de potasse et 6 parties d'eau; on n'a plus qu'à épuiser par l'éther pour isoler l'alcool.

Alcool p-nitrobenzylique. — Voyez Suppl., **1**, 343.

Alcool o-amidobenzylique,

$$C^6H^4(AzH^2)-CH^2.OH$$

[P. Friedländer et R. Henriques, *D. chem. G.*, **15**, 2109]. — Ce composé prend naissance lorsqu'on réduit par le zinc et l'acide chlorhydrique l'anthranile, l'anhydride o-nitrobenzylique ou l'alcool o-nitrobenzylique. Il cristallise dans le benzène en aiguilles blanches qui brunissent à l'air. Il fond à 82° et se décompose à une température plus élevée; il est soluble dans l'alcool, le benzène, le chloroforme, l'acide acétique, l'eau, l'éther, insoluble dans la ligroïne.

Il forme avec les acides des sels cristallisés; le *chloroplatinate* est assez soluble dans l'eau.

Alcool p-amidobenzylique,

$$C^6H^4(AzH^2)_{(4)}-CH^2.OH_{(1)}$$

[O. Fischer et G. Fischer, *D. chem. G.*, **24**, 724]. — On l'obtient à l'état de chlorhydrate en traitant par le chlorure stanneux et l'acide chlorhydrique l'acétate de p-nitrobenzyle (voyez plus loin). On doit opérer rapidement, afin d'éviter la formation de produits de condensation mal définis

Il cristallise dans l'alcool en belles lamelles incolores, brillantes, fusibles à 95°; il est très oxydable et réduit le nitrate d'argent.

Le *chlorhydrate*, $C^7H^9AzO.HCl$, cristallise en fines aiguilles incolores, très solubles dans l'eau et dans l'alcool. Chauffé à 100-120°, il se colore en jaune et prend la propriété de teindre la soie en jaune en présence de l'alcool; au contact de l'eau, le sel jaune redevient incolore.

Le *bromhydrate*, $C^7H^9AzO.HBr$, cristallise en aiguilles incolores; il se comporte à 100° comme le chlorhydrate.

L'*oxalate*, $C^7H^9AzO.2C^2H^2O^4$, se présente en aiguilles incolores, peu solubles dans l'alcool, fusibles avec décomposition à 173°.

Le *dérivé acétylé*,

$$C^6H^4(AzH.C^2H^3O)(CH^2.OC^2H^3O),$$

forme de fines aiguilles incolores, fusibles à 188°, très solubles dans l'alcool et dans l'acide acétique, peu solubles dans l'eau, l'éther, le benzène, le chloroforme.

Le *dérivé benzoylé*,

$$C^6H^4(AzH.C^7H^5O)-CH^2.OH,$$

préparé à froid au moyen du chlorure de benzoyle, d'après la méthode de M. Baumann, cristallise en belles lamelles argentines, fusibles à 223°, presque insolubles dans l'alcool, l'éther, le benzène, l'eau, la ligroïne, solubles dans l'acide acétique bouillant.

L'alcool p-amidobenzylique forme avec les aldéhydes des produits de condensation résultant de l'union de 1 molécule de chacun des deux corps mis en expérience avec élimination de 1 molécule d'eau.

Alcool p-benzylidène-amidobenzylique

$$C^6H^4<\begin{matrix}CH^2.OH\\Az=CH-C^6H^5\end{matrix}$$

— On chauffe au bain-marie pendant 1 demi-heure un mélange en proportions moléculaires d'aldéhyde benzylique et d'alcool amidobenzylique, puis on fait cristalliser dans l'alcool.

Fines aiguilles grisâtres, fusibles à 95°, que les acides minéraux dédoublent en aldéhyde et alcool amidobenzylique.

Alcool p-salicylidène-amidobenzylique,

$$C^6H^4<\begin{matrix}CH^2.OH\\Az=CH-C^6H^4.OH\end{matrix}$$

— Même préparation que pour le composé précédent. Aiguilles orangées, à éclat soyeux, fusibles à 163°, presque insolubles dans l'eau, l'éther et l'alcool, solubles dans le chloroforme.

Alcool p-cinnamidène-amidobenzylique,

$$C^6H^4<\begin{matrix}CH^2.OH\\Az=CH-CH=CH-C^6H^5\end{matrix}$$

— Même préparation. Lamelles incolores, fusibles à 155°, peu solubles dans l'eau, l'alcool, l'éther, le benzène, solubles dans le chloroforme bouillant.

ÉTHERS-OXYDES.

Éther benzylisobutylique,

$$C^6H^5.CH^2-O-C^4H^9.$$

— Il se produit dans l'action du gaz chlorhydrique sur un mélange d'aldéhyde benzylique et d'alcool isobutylique [Claus et Trainer, *D. chem. G.*, **19**, 3006]; mais il est plus facile de le préparer en chauffant pendant quelques heures dans un appareil à reflux un mélange de chlorure de benzyle (1 molécule), d'alcool isobutylique (2 molécules) et de potasse solide [G. Errera, *Gazz. chim. ital.*, **18**, 1887; *D. chem. G.*, **21**, *Ref.*, 85].

C'est un liquide incolore, à odeur de fruits, bouillant à 211,5-212°,5, sous une pression de 743 millimètres. L'acide nitrique (d = 1,51) le décompose suivant l'équation

$$C^6H^5.CH^2-O-C^4H^9+3AzO^3H$$
$$=C^6H^5-CHO+C^4H^9AzO^3+2AzO^2+2H^2O.$$

Éther benzylisoamylique, $C^6H^5.CH^2-O-C^5H^{11}$ [Errera, *loc. cit.*]. — Liquide incolore, à odeur de fruits, bouillant à 236,5-237° sous une pression de 748 millimètres.

Éther benzylphénylique, $C^6H^5.CH^2-O-C^6H^5$. — Voyez Suppl., **1**, 344.

Éther benzyl-o-nitrophénylique,

$$C^6H^5.CH^2-O-C^6H^4(AzO^2)$$

[G. Kumpf, *D. chem. G.*, **17**, 1075; *Bull. Soc. Chim.*, (2), **43**, 523]. — On l'obtient en faisant bouillir dans un appareil à reflux un mélange de chlorure de benzyle et d'o-nitrophénate de potassium en présence d'alcool. La réaction achevée, on chasse l'alcool, on lave le résidu à l'eau et on le fait cristalliser dans l'alcool ou dans l'acide acétique. Masse cristalline, fusible à 29°.

Éther benzyl-p-nitrophénylique. — Même préparation que pour le précédent. Prismes incolores, fusibles à 106°, peu solubles dans l'alcool, l'éther, l'acide acétique.

Éther benzyl-o-p-dinitrophénylique,

$$C^6H^5.CH^2-O-C^6H^3(AzO^2)^2.$$

— On l'obtient en broyant à froid de l'iodure de benzyle avec le sel d'argent du dinitrophénol correspondant; la réaction a lieu avec un dégagement de chaleur considérable. Il cristallise dans l'acide acétique en lamelles fusibles à 149°. La potasse alcoolique le dédouble en dinitrophénol et alcool benzylique; l'ammoniaque alcoolique donne au bain-marie de l'alcool benzylique et de la dinitraniline [Kumpf, *loc. cit.*].

Éther benzyl-o-o-dinitrophénylique,

$$C^6H^5 . CH^2-O-C^6H^3(AzO^2)^2$$

[Kumpf. *ibid.*]. — Même préparation. Prismes incolores, fusibles à 76°, peu solubles dans l'alcool et dans l'éther, très solubles dans le benzène et dans l'acide acétique.

Éther benzyl-trinitrophénylique,

$$C^6H^5 . CH^2-O-C^6H^2(AzO^2)^3$$

[Kumpf, *ibid.*]. — On le prépare comme les précédents, avec l'iodure de benzyle et le picrate d'argent. Il cristallise en aiguilles jaunâtres, fusibles à 147°, peu solubles dans l'alcool et dans l'éther. L'ammoniaque alcoolique le transforme en alcool benzylique et trinitraniline. L'acide acétique bouillant le décompose en acide picrique et acétate de benzyle.

Éther p-nitrobenzyl-phénylique,

$$C^6H^4(AzO^2)CH^2-O-C^6H^5$$

[Kumpf, *ibid.*]. — On l'obtient au moyen du phénate de potassium et du chlorure de p-nitrobenzyle. Il cristallise en lamelles incolores, fusibles à 91°.

Éther p-nitrobenzyl-p-nitrophénylique,

$$C^6H^4(AzO^2)CH^2-O-C^6H^4(AzO^2)$$

(Kumpf). — On l'obtient par la nitration directe de l'éther benzyl-p-nitrophénylique. Il cristallise dans l'acide acétique en aiguilles incolores, fusibles à 183°.

Éther p-nitrobenzyl-o-nitrophénylique,

$$C^6H^4(AzO^2)CH^2-O-C^6H^4(AzO^2).$$

— Même préparation que pour le précédent. Aiguilles fusibles à 129°.

Éther p-nitrobenzyl-o-p-dinitrophénylique,

$$C^6H^4(AzO^2)CH^2-O-C^6H^3(AzO^2)^2.$$

— Cristaux fusibles à 201°, obtenus dans la nitration de l'éther p-nitrobenzylphénylique, ainsi que dans la nitration de l'éther p-nitrobenzyl-o-nitrophénylique (Kumpf). D'après M. Staedel [*D. chem. G.*, **14**, 899], ce corps fond à 198°.

Éther p-nitrobenzyl-o-o-dinitrophénylique,

$$C^6H^4(AzO^2)CH^2-O-C^6H^3(AzO^2)^2.$$

— Préparé par la nitration de l'éther benzyl-o-o-dinitrophénylique, il forme de longues aiguilles incolores, fusibles à 137°. L'ammoniaque alcoolique le scinde en dinitraniline et alcool p-nitrobenzylique.

Éther p-nitrobenzyl-trinitrophénylique,

$$C^6H^4(AzO^2)CH^2-O-C^6H^2(AzO^2)^3.$$

— Cristaux rhombiques, fusibles à 108°, obtenus par la nitration de l'éther benzyltrinitrophénylique. L'ammoniaque alcoolique le scinde à froid en trinitraniline et alcool p-nitrobenzylique.

Éther benzyl-p-bromo-o-nitrophénylique,

$$C^6H^5 . CH^2-O_{(1)}-C^6H^3(AzO^2)_{(2)}Br_{(4)}$$

[G. Roll et O. Hölz, *J. prakt. Chem.*, (2), **32**, 56; *Bull. Soc. Chim.*, (2), **45**, 804]. — On chauffe pendant plusieurs heures dans un appareil à reflux un mélange de chlorure de benzyle, d'alcool et de bromonitrophénate de potassium. Il cristallise en longues aiguilles jaunes, fusibles à 83°,5, insolubles dans l'eau, peu solubles dans le benzène, l'éther, le chloroforme, très solubles dans l'alcool et dans l'acide acétique cristallisable.

Éther benzyl-dibromonitrophénylique,

$$C^6H^5 . CH^2-O_{(1)}-C^6H^2(Br)^2_{(4.6)}(AzO^2)_{(2)}.$$

— Même préparation. Grands cristaux rhombiques d'un jaune clair, fusibles à 64°,5, solubles dans l'alcool, l'éther, le benzène, le chloroforme, l'acide acétique.

Éther benzyl-o-bromo-p-nitrophénylique,

$$C^6H^5 . CH^2-O_{(1)}-C^6H^3(AzO^2)_{(4)}Br_{(6)}.$$

— Même préparation. Belles lamelles incolores et brillantes, fusibles à 125°,5, très solubles dans l'alcool, l'éther, le benzène, le chloroforme, l'acide acétique.

Éther benzyl-o-o-dibromo-p-nitrophénylique,

$$C^6H^5 . CH^2-O_{(1)}-CH^2Br^2_{(2.6)}(AzO^2)_{(4)}.$$

— Fines aiguilles presque incolores, fusibles à 93°,5; mêmes dissolvants que pour les composés précédents [Roll et Hölz, *loc. cit.*].

Éther benzylique, $C^6H^5 . CH^2-O-CH^2 . C^6H^5$ (voyez Dict., **1**, 580). — D'après M. C. W. Lowe [*Ann. Chem.*, **241**, 374; *D. chem. G.*, **20**, *Ref.*, 645], cet éther se produit, en même temps qu'un peu de toluène et d'aldéhyde benzylique, lorsqu'on traite par le chlorure de benzyle un mélange tiède d'éther, d'alcool benzylique et de sodium. Il bout à 295-298°, avec décomposition partielle, en donnant du toluène, de l'aldéhyde benzylique et un hydrocarbure résineux. Sa densité à 16° est 1,0359; son pouvoir réfringent, 1,5525.

Acide oxyde-de-benzyle-p-dicarbonique,

$$O\begin{matrix}\nearrow CH^2 . C^6H^4 . CO^2H \\ \searrow CH^2 . C^6H^4 . CO^2H\end{matrix}$$

[H. K. Günther, *D. chem. G.*, **23**, 1062]. — Ce composé se produit lorsqu'on fait bouillir le chlorure de p-cyanobenzyle avec de la potasse tant qu'il se dégage de l'ammoniaque. C'est un précipité cristallin, insoluble dans l'éther, l'acétone, le chloroforme, le benzène, très soluble dans les alcalis.

Le *sel d'argent* répond à la formule

$$C^{16}H^{12}O^5Ag^2.$$

Éther benzyl-o-crésylique,

$$C^6H^5 . CH^2-O-C^6H^4 . CH^3$$

[W. Staedel, *D. chem. G.*, **14**, 898]. — On l'obtient en chauffant au bain-marie un mélange de chlorure de benzyle et d'o-crésylate de potassium. Huile incristallisable, incolore, bouillant à 285-290°.

Traité par l'acide nitrique (d = 1,5) à 0°, il donne un *dérivé trinitré* fusible à 145°, que l'ammoniaque alcoolique dédouble en alcool p-nitrobenzylique et dinitrotoluidine fusible à 208°.

Éther nitrobenzyl-dinitro-o-crésylique,

$$C^6H^4(AzO^2)CH^2-O-C^6H^2(CH^3)(AzO^2)^2$$

[Staedel, *Ann. Chem.*, **217**, 177]. — On l'obtient en nitrant l'éther benzyl-o-crésylique. Fines aiguilles fusibles à 145°, insolubles dans l'éther, assez solubles dans le benzène et dans l'alcool bouillant. L'ammoniaque alcoolique le dédouble en alcool p-nitrobenzylique et dinitro-o-toluidine fusible à 209°.

Éther benzyl-p-crésylique,

$$C^6H^5 . CH^2-O-C^6H^4 . CH^3$$

[W. Staedel, *D. chem. G.*, **14**, 898]. — Même préparation que pour le précédent. Il cristallise dans l'alcool, suivant la concentration, en houppes blanches et soyeuses, en lamelles ou en longues aiguilles hexagonales, fusibles à 41°, très solubles dans l'alcool, l'éther et le benzène.

Éther benzyl-nitro-p-crésylique,

$$C^6H^5 . CH^2 - O_{(1)} - C^6H^3(AzO^2)_{(2)}(CH^3)_{(4)}$$

[P. Frische, *Ann. Chem.*, **224**, 137; *Bull. Soc. Chim.*, (2), **44**, 127]. — On l'obtient en traitant le nitrocrésylate de potassium ou d'argent par le chlorure ou par l'iodure de benzyle. Cristaux fusibles à 54°, très solubles dans l'éther, la ligroïne et le benzène. L'ammoniaque alcoolique ne l'attaque que lentement à 200°, avec production de nitro-p-toluidine.

Éther benzyl-dinitro-p-crésylique,

$$C^6H^5 . CH^2 - O_{(1)} - C^6H^2(AzO^2)^2_{(2.6)}(CH^3)_{(4)}$$

[Frische, *ibid.*]. — Même préparation. Il cristallise en lamelles jaunâtres, qui fondent à 109° et qui brunissent à la lumière. L'ammoniaque alcoolique le dédouble à 100° en alcool benzylique et dinitrotoluidine.

Éther p-nitrobenzyl-p-crésylique,

$$C^6H^4(AzO^2)_{(4)}CH^2 - O_{(1)} - C^6H^4(CH^3)_{(4)}$$

[Frische, *ibid.*]. — Même préparation. Il cristallise dans l'alcool en lamelles jaunâtres, fusibles à 91°. L'ammoniaque alcoolique est sans action sur lui à 180-200°.

Éther p-nitrobenzyl-m-nitro-p-crésylique,

$$C^6H^4(AzO^2)CH^2 - O - C^6H^3(AzO^2)(CH^3)$$

(Frische). — Aiguilles soyeuses, fusibles à 163°, très solubles dans le benzène, peu solubles dans l'alcool, l'éther, la ligroïne. L'ammoniaque alcoolique est sans action sur lui à 100° et le charbonne à 140°.

Éther p-nitrobenzyl-dinitro-p-crésylique,

$$C^6H^4(AzO^2)CH^2 - O - C^6H^2(AzO^2)^2CH^3$$

(Frische). — On l'obtient au moyen de l'iodure de p-nitrobenzyle et du dinitro-p-crésylate d'argent, ou encore par la nitration des éthers benzyl-p-crésylique, benzylnitrocrésylique, benzyldinitrocrésylique ou nitrobenzylnitrocrésylique. Cristaux fusibles à 186°,5. L'ammoniaque alcoolique le dédouble à 80-100° en alcool p-nitrocrésylique et dinitrotoluidine.

Éther benzyl-m-crésylique,

$$C^6H^5 . CH^2 - O - C^6H^4 . CH^3$$

(Staedel). — Lamelles satinées, fondant à 43° et distillant à 300-305°, très solubles dans l'alcool, l'éther, le benzène.

Éther benzyl-β-naphtylique,

$$C^6H^5 . CH^2 - O - C^{10}H^7.$$

— Lamelles brillantes, fusibles à 99°, très solubles dans l'alcool et dans l'éther [Staedel, *Ann. Chem.*, **217**, 48].

Éther benzyl-α-nitroso-β-naphtylique.

$$C^6H^5 . CH^2 - O - C^{10}H^6(AzO)$$

[W. Böttcher, *D. chem. G.*, **11**, 634]. — Cristaux clinorhombiques d'un jaune clair, fusibles à 98°, obtenus au moyen du chlorure de benzyle et de l'α-nitroso-β-naphtol potassé, en présence d'alcool.

ÉTHERS SIMPLES.

Chlorure de benzyle, $C^6H^5 - CH^2Cl$. — Voyez Dict., **1**, 580 et Suppl., **1**, 344.

D'après M. Schramm [*D. chem. G.*, **18**, 608], le meilleur mode opératoire pour la préparation du chlorure de benzyle consiste à traiter le toluène par le chlore, à la lumière solaire directe; dans ces conditions, la température où l'on effectue l'opération serait sans importance.

Points d'ébullition sous pression réduite (Kahlbaum).

Pressions en millimètres de mercure.	Points d'ébullition.	Pressions en millimètres de mercure.	Points d'ébullition.
8,16	63°,0	47,80	93°,3
17,00	73°,9	62,00	98°,8
22,14	78°,2	76,10	103°,0
26,74	81°,8	92,00	100°,2
28,64	83°,6	760,00	179°,0
40,00	89°,9		

Chauffé avec de l'eau à 200°, le chlorure de benzyle fournit différents produits, parmi lesquels on a caractérisé l'anthracène et le benzyltoluène [Van Dorp, *D. chem. G.*, **5**, 1070]. D'après M. Zincke [*D. chem. G.*, **7**, 276], ces deux carbures ne prennent naissance qu'au moment où on soumet à la distillation le produit de la réaction; ils se forment par la décomposition pyrogénée d'un chlorure $C^{14}H^{13}Cl$, qui est le produit direct de la réaction et qui se détruit en donnant du chlorure de benzyle, du toluène, de l'acide chlorhydrique et un résidu que la distillation décompose en anthracène et benzyltoluène. Outre ces divers produits, il se formerait encore un peu d'aldéhyde benzylique et d'anthraquinone.

Chauffé en vase clos à 160° avec du cuivre métallique, le chlorure de benzyle fournit du bibenzyle. On obtient le même résultat en opérant en vase ouvert, dans une atmosphère d'acide carbonique; mais au contact de l'air on n'obtient que des produits résineux [A. Onufrowicz, *D. chem. G.*, **17**, 836].

Le chlorure d'aluminium réagit sur le chlorure de benzyle en présence du sulfure de carbone, pour donner un composé blanc, insoluble dans tous les dissolvants et répondant à la formule $(C^7H^6)^n$ [Friedel et Crafts, *Bull. Soc. Chim.*, (2), **43**, 53].

Le chlorure de chromyle se combine avec le chlorure de benzyle en présence du sulfure de carbone et donne un précipité brun, ayant pour formule $C^6H^5 . CH^2Cl . CrO^2Cl^2$. Ce corps se décompose au contact de l'eau en donnant de l'aldéhyde benzylique. Chauffé à 170-180°, il perd de l'acide chlorhydrique et fournit le corps

$$C^6H^5 . CHCl - O - CrOCl$$

[Étard, *Ann. Chim. Phys.*, (5), **22**, 236].

Traité par le brome en présence d'un peu d'iode et dans l'obscurité, le chlorure de benzyle se convertit en un mélange de bromure de p-bromobenzyle et de chlorure de p-chlorobenzyle.

La chloruration du bromure de benzyle, à basse température, fournit les mêmes produits [O. Srpek, *Mon. f. Chem.*, **11**, 429; *Bull. Soc. Chim.*, (3), **5**, 415].

Chlorure de p-chlorobenzyle, $C^6H^4Cl - CH^2Cl$. — Ce corps est contenu dans le produit décrit sous ce nom Dict., **3**, 461. D'après MM. Jackson et Field [*D. chem. G.*, **11**, 905], il cristallise en aiguilles ou en prismes brillants, fusibles à 29°. Très volatil, il se sublime à la température ordinaire; il est insoluble dans l'eau, soluble dans l'alcool chaud, l'éther, le benzène, le sulfure de carbone, l'acide acétique. L'ébullition avec l'eau le transforme en alcool p-chlorobenzylique et acide chlorhydrique.

Chlorure de dichlorobenzyle. — Voyez Dict., **3**, 461.

Chlorure de trichlorobenzyle. — Voyez Dict., **3**, 461.

Chlorure de tétrachlorobenzyle. — Voyez Dict., **3**, 461.

Chlorure de pentachlorobenzyle. — Voyez Dict., **3**, 461.

Chlorure d'o-nitrobenzyle, $C^6H^4(AzO^2) - CH^2Cl$.

— Il prend naissance, en même temps que le dérivé p-nitré, dans la nitration du chlorure de benzyle [Nœlting, *D. chem. G.*, **17**, 385. — G. Kumpf, *ibid.*, **17**, 1074]. On le prépare aisément au moyen du perchlorure de phosphore et de l'alcool o-nitrobenzylique [Gabriel et O. Borgmann, *D. chem. G.*, **16**, 2066]. Il convient, pour obtenir de bons rendements, de dissoudre l'alcool dans 10 fois son poids de chloroforme, d'ajouter peu à peu la quantité calculée de perchlorure de phosphore, de traiter ensuite par l'eau, et enfin de distiller la solution chloroformique [R. Geigy et W. Kœnigs, *D. chem. G.*, **18**, 2402].

Ce composé forme des cristaux fusibles à 48-49°. Oxydé par le permanganate de potassium, il donne de l'acide o-nitrobenzoïque. Réduit par le chlorure stanneux, il donne de l'o-benzylène-imide.

Chlorure de m-nitrobenzyle,

$C^6H^4(AzO^2)-CH^2Cl.$

— On le prépare en traitant l'alcool m-nitrobenzylique par le perchlorure de phosphore; la réaction terminée, on distille le produit dans le vide. Ce chlorure passe à 173-183° sous une pression de 30-35 millimètres; il cristallise dans l'éther de pétrole en longues aiguilles d'un jaune clair, fusibles à 45-47°, très solubles dans l'alcool, l'éther, le benzène.

Traité par le cyanure de potassium en solution acétique, il se convertit en nitrile m-nitrophénylacétique [S. Gabriel et O. Borgmann, *D. chem. G.*, **16**, 2064].

Chlorure de p-nitrobenzyle,

$C^6H^4(AzO^2)-CH^2Cl$

(voyez Dict., **1**, 581 et **3**, 464). — M. Strakosch recommande d'effectuer la nitration du chlorure de benzyle à — 15° [*D. chem. G.*, **6**, 1056]. On peut aussi le préparer par l'action du chlore sur le p-nitrotoluène chauffé à 150-200° [Wachendorff, *D. chem. G.*, **8**, 1101; **9**, 1345].

Chauffé avec une solution aqueuse ou alcoolique de pyrogallol en présence d'un alcali, le chlorure de p-nitrobenzyle se convertit en p-nitrotoluène [Pellizzari, *Gazz. chim. ital.*, **14**, 481; *Bull. Soc. Chim.*, (2), **45**, 675].

Chlorure d'o-cyanobenzyle, $C^6H^4(CAz)-CH^2Cl$ [S. Gabriel et R. Otto, *D. chem. G.*, **20**, 2222]. — On l'obtient par l'action du chlore sur l'o-cyanotoluène à l'ébullition. Cristaux clinorhombiques incolores, fusibles à 60-61°,5, bouillant à 252° sous 758,5 millimètres de pression, solubles à chaud dans l'eau et dans l'alcool. Ses vapeurs attaquent fortement les muqueuses.

Chlorure de p-cyanobenzyle,

$C^6H^4(CAz)-CH^2Cl$

[W. Mellinghoff, *D. chem. G.*, **22**, 3208]. — Obtenu par l'action du chlore sur le p-cyanotoluène maintenu en ébullition, ce corps cristallise dans l'alcool en prismes orthorhombiques incolores ($a:b:c = 0,7495:1:0,4314$), fusibles à 79°,5, peu solubles dans l'eau bouillante, assez solubles dans l'alcool, l'éther, le chloroforme et le benzène. Il bout à 263° sous une pression de 756 millimètres.

Bromure de benzyle, $C^6H^5-CH^2Br$ (voyez Dict., **1**, 580 et Suppl., **1**, 344). — D'après M. Schramm [*D. chem. G.*, **18**, 608], le meilleur procédé de préparation de ce composé consiste à laisser couler goutte à goutte du brome dans du toluène exposé à la lumière solaire directe.

L'action du couple zinc-cuivre sur le bromure de benzyle est extrêmement vive [Gladstone et Tribe, *Chem. Soc.*, **47**, 448; *Bull. Soc. Chim.*, (2), **46**, 366]. Le produit de la réaction est formé de deux carbures $(C^7H^6)^n$ différents du stilbène, l'un soluble et l'autre insoluble dans l'éther, tous deux amorphes; le premier de ces corps fond vers 42° et distille vers le rouge en se décomposant. Si l'on effectue la réaction du couple zinc-cuivre sur le bromure de benzyle en présence d'éther, on obtient du toluène et du bibenzyle.

Bromure d'o-bromobenzyle, $C^6H^4Br-CH^2Br$ (voyez Dict., **3**, 461). — D'après MM. Jackson et White [*Am. Journ.*, **2**, 315, 391], ce corps cristallise à 0° en lamelles rhombiques, fusibles à 30°; il est volatil avec la vapeur d'eau; il se décompose par la distillation. Traité par le sodium en présence d'éther, il donne de l'anthracène, du phénanthrène, du bibenzyle, du bicrésyle, etc.

Bromure de p-bromobenzyle, $C^6H^4Br-CH^2Br$ (voyez Dict., **3**, 461). — Suivant M. Schramm [*D. chem. G.*, **17**, 2922, **18**, 350], on peut le préparer à froid en traitant par le brome le p-bromotoluène exposé à la lumière; la réaction ne se produit pas dans l'obscurité.

Bromure d'o-iodobenzyle, $C^6H^4I-CH^2Br$ [Mabery et Robinson, *Am. Journ.*, **4**, 101; *Bull. Soc. Chim.*, (2), **40**, 310]. — On chauffe l'o-iodotoluène à 190-200° et on y ajoute peu à peu son poids de brome. Le produit de la réaction est lavé à la soude et distillé dans un courant d'acide bromhydrique; on refroidit à 0° le produit de la distillation, et on fait recristalliser dans la ligroïne.

Prismes aplatis, très longs, fusibles à 52-53°, sublimables à une température plus élevée, très solubles dans l'éther, l'alcool chaud, le benzène, le sulfure de carbone, le chloroforme, peu solubles à froid dans la ligroïne.

L'oxydation par l'acide nitrique dilué le transforme en acide o-iodobenzoïque.

L'ébullition avec le cyanure de potassium en présence d'alcool le convertit en nitrile o-iodophénylacétique; l'ammoniaque alcoolique donne de l'o-iodobenzylamine.

Bromure de p-iodobenzyle, $C^6H^4I-CH^2Br$ [Mabery et Jackson, *D. chem. G.*, **11**, 55; *Am. Journ.*, **1**, 103, **2**, 205]. — Obtenu par l'action du brome à 115-150° sur le p-iodotoluène, ce corps forme des aiguilles plates, fusibles à 78°,75, sublimables sans altération, difficilement volatiles avec la vapeur d'eau; il est peu soluble à froid dans l'alcool et dans l'acide acétique, assez soluble dans l'alcool chaud l'éther, le benzène, le sulfure de carbone.

Bromure de m-nitrobenzyle,

$C^6H^4(AzO^2)-CH^2Br$

[Wachendorff, *D. chem. G.*, **9**, 1345; *Ann. Chem.*, **185**, 259; *Bull. Soc. Chim.*, (2), **28**, 33]. — Il se produit, en même temps que le bromure de m-nitrobenzylidène, par l'action du brome à chaud sur le m-nitrotoluène. Il cristallise dans l'alcool bouillant en fines aiguilles ou en lamelles fusibles à 57-58°.

Bromure de p-nitrobenzyle,

$C^6H^4(AzO^2)-CH^2Br$

[Wachendorff, *loc. cit.*]. — On chauffe à 125-130° en tubes scellés un mélange de brome et de p-nitrotoluène; après cristallisation du produit dans l'alcool bouillant, on obtient des aiguilles feutrées et soyeuses, fusibles à 99-100°, solubles dans l'acide acétique, l'éther et l'alcool. Ce corps irrite vivement les yeux.

Iodure de benzyle, $C^6H^5-CH^2I$ (voyez Suppl., **1**, 344). — D'après M. G. Kumpf [*Ann. Chem.*, **224**, 126], on peut le préparer aisément par double décomposition entre l'iodure de potassium et le chlorure de benzyle, en présence d'alcool et à chaud; au bout d'une demi-heure, on le précipite par l'eau et on le fait cristalliser dans l'alcool.

Iodure d'o-nitrobenzyle, $C^6H^4(AzO^2)-CH^2I$ [Kumpf, *loc. cit.*]. — On le prépare en chauffant un mélange d'iodure de potassium, d'alcool et de chlorure d'o-nitrobenzyle. Lamelles rhombiques fusibles à 75°.

Iodure de p-nitrobenzyle, $C^6H^4(AzO^2)-CH^2I$ [Kumpf, *ibid.*]. — Même préparation. Longues aiguilles fusibles à 127°.

ÉTHERS COMPOSÉS.

Azotate de benzyle. — Voyez Suppl., **1**, 344.

Azotate de p-nitrobenzyle,

$$C^6H^4(AzO^2)-CH^2.AzO^3$$

[Staedel, *Ann. Chem.*, **217**, 214].— On le prépare par double décomposition au moyen du chlorure de p-nitrobenzyle et du nitrate d'argent. Fines aiguilles fusibles à 71°, peu solubles dans l'eau, très solubles dans l'alcool. Le mélange chromique le convertit en acide p-nitrobenzoïque. Chauffé avec de l'alcool et un peu d'acide sulfurique, il donne du p-nitrobenzoate d'éthyle.

Acétate de benzyle, $C^6H^5-CH^2(OC^2H^3O)$ (voyez Dict., **1**, 580). — M. Tiemann [*D. chem. G.*, **19**, 355] a indiqué pour la préparation de cet éther le procédé suivant : On chauffe pendant 12 heures dans un appareil à reflux un mélange d'aldéhyde benzylique, de poudre de zinc et d'acide acétique; on verse le liquide dans l'eau, on neutralise par le carbonate de sodium ou par le carbonate de calcium et on épuise par l'éther; la solution éthérée est enfin lavée au bisulfite de sodium, puis distillée.

M. Seelig a breveté le procédé de préparation suivant [Brevet allemand 41507; *D. chem. G.*, **21**, *Ref.*, 77] : On chauffe le chlorure de benzyle avec de l'acétate de potassium et de l'acide acétique cristallisable, soit dans un appareil à reflux, soit sous pression; on n'a plus ensuite qu'à rectifier.

L'acétate de benzyle bout à 206°; son odeur rappelle celle des poires. Sa densité est 1,0570 à 16°,5 [Conrad et Hodgkinson, *Ann. Chem.*, **193**, 320].

Le chlore n'attaque pas l'acétate de benzyle à la température ordinaire; à 150-170°, il le convertit en un mélange de chlorures d'acétyle et de benzoyle :

$$C^6H^5-CH^2.O.CO.CH^3+2Cl^2$$
$$=C^6H^5.COCl+CH^3.COCl+2HCl.$$

Cette réaction a fait l'objet d'un brevet pour la préparation de ces deux chlorures d'acides [Seelig, *J. prakt. Chem.*, (2), 39, 157; *Bull. Soc. Chim.*, (3), 3, 27; Brevet allemand 41065, *D. chem. G.*, **21**, *Ref.*, 77].

Si l'on opère la chloruration en présence du chlorure ferrique, l'attaque se produit à froid et donne naissance au chlorure de p-chlorobenzyle (Seelig).

Le brome transforme à froid l'acétate de benzyle en un mélange de bromures d'o- et de p-bromobenzyle; il se produit en même temps un peu de bromures d'acétyle et de benzoyle (Seelig).

Le gaz chlorhydrique attaque lentement à 180° l'acétate de benzyle, avec formation d'acide acétique et de chlorure de benzyle (Seelig).

Le sodium n'agit que très lentement à froid sur l'acétate de benzyle; mais à 120° l'attaque est tumultueuse et donne lieu à un dégagement d'hydrogène. Le produit de la réaction renferme du cinnamate de benzyle [Conrad et Hodgkinson, *D. chem. G.*, **10**, 254; *Ann. Chem.*, **193**, 298; *Bull. Soc. Chim.*, (2), **28**, 399 et **32**, 205].

Acétate de p-chlorobenzyle,

$$C^6H^4Cl-CH^2(OC^2H^3O).$$

— Liquide bouillant à 240° [Beilstein et Kuhlberg, *Ann. Chem.*, **147**, 344].

Acétate de dichlorobenzyle,

$$C^6H^3Cl^2-CH^2(OC^2H^3O).$$

— Liquide bouillant à 259° (Beilstein et Kuhlberg).

Acétate de p-bromobenzyle,

$$C^6H^4Br-CH^2(OC^2H^3O).$$

— Liquide bouillant avec décomposition à 250-260° [Jackson et Lowery, *Am. Journ.*, **3**, 246].

Acétate de p-iodobenzyle. — Liquide huileux, facilement saponifiable par l'eau; il n'a pas été obtenu à l'état de pureté [Mabery et Jackson, *D. chem. G.*, **11**, 56].

Acétate de p-nitrobenzyle,

$$C^6H^4(AzO^2)-CH^2(OC^2H^3O)$$

(voyez Dict., **1**, 580). — D'après MM. Beilstein et Kuhlberg [*Ann. Chem.*, **147**, 351], on peut le préparer par la nitration directe de l'acétate de benzyle; son point de fusion serait situé à 78°.

Chloracétate de benzyle,

$$C^6H^5-CH^2(OC^2H^2ClO)$$

[K. Seubert, *D. chem. G.*, **21**, 281]. — On le prépare en saturant de gaz chlorhydrique un mélange d'alcool benzylique et d'acide monochloracétique. C'est un liquide incolore, épais, bouillant à 147°,5 sous une pression de 9 millimètres. Son odeur est agréable et rappelle celle de la jacinthe. Sa densité à 4° = 1,2223; son indice de réfraction = 1,5246 à 18°; son pouvoir réfringent spécifique = 0,6326; son pouvoir réfringent moléculaire = 78,98.

Dichloracétate de benzyle,

$$C^6H^5-CH^2(OC^2HCl^2O)$$

[Seubert, *ibid.*]. — Même préparation. Liquide incolore, épais, à odeur d'orange, bouillant à 179° sous 60 millimètres. Densité = 2,8932 à 4°,1; indice de réfraction à 17°,7 $[n]_D$ = 1,5268; pouvoir réfringent spécifique = 0,6034; pouvoir réfringent moléculaire = 87,62.

Trichloracétate de benzyle,

$$C^6H^5-CH^2(OC^2Cl^3O)$$

[Seubert, *ibid.*]. — Même préparation. Liquide incolore, épais, bouillant à 178°,5 sous 50 millimètres. Densité = 1,3887 à 4°,2. Indice de réfraction $[n]_D$ = 1,5288 à 18°,8. Pouvoir réfringent spécifique = 0,5807; pouvoir réfringent moléculaire = 96,25.

Propionate de benzyle, $C^6H^5-CH^2(OC^3H^5O)$ [Conrad et Hodgkinson, *loc. cit.*]. — Liquide bouillant à 219-220°; d = 1,0360 à 16°,5 par rapport à l'eau à 17°,5. Le sodium l'attaque énergiquement, mais seulement à 130°, en donnant du toluène, de l'acide propionique, de l'acide phénylcrotonique et du benzylpropionate de benzyle.

Butyrate de benzyle, $C^6H^5-CH^2(OC^4H^7O)$ [Conrad et Hodgkinson, *loc. cit.*]. — On l'obtient en chauffant au bain-marie un mélange de chlorure de benzyle et de butyrate de potassium; c'est un liquide aromatique, bouillant à 235°. Le sodium le convertit en phénylvalérate de benzyle.

Isobutyrate de benzyle, $C^6H^5-CH^2(OC^4H^7O)$ [Hodgkinson, *Ann. Chem.*, **201**, 166; *Bull. Soc. Chim.*, (2), **35**, 310]. — Même préparation que pour le précédent. Liquide bouillant à 228°; d = 1,0160 à 18°. Le sodium l'attaque à chaud avec dégagement d'hydrogène et formation d'acides benzoïque et isobutyrique, et de benzylisobutyrate de benzyle.

Oxalate de benzyle, $(C^6H^5-CH^2.O)^2C^2O^2$ [Beilstein et Kuhlberg, *loc. cit.*]. — On l'obtient par double décomposition au moyen du chlorure de benzyle et de l'oxalate d'argent. Il cristallise dans l'alcool en houppes cristallines, fusibles à 80°,5, solubles dans l'alcool bouillant; il distille en se décomposant partiellement.

Oxamate de benzyle,

$$\begin{array}{l} CO.OCH^2.C^6H^5 \\ | \\ CO.AzH^2 \end{array}$$

[Wallach et Liebmann, *D. chem. G.*, **13**, 506]. — Le chlorure correspondant à l'oxamate d'éthyle,

$$\begin{array}{l} CO.OC^2H^5 \\ | \\ CCl^2-AzH^2 \end{array}$$

se dissout dans l'alcool benzylique; puis il se fait subitement une réaction très vive; il se dégage un mélange d'acide chlorhydrique et de chlorure d'éthyle, et l'on obtient une masse cristalline répondant à la formule ci-dessus. Après cristallisation dans l'alcool bouillant, ce corps se présente en longues aiguilles blanches, inodores, fusibles à 134-135°.

CARBAMATE DE BENZYLE,

$$CO\begin{cases} AzH^2 \\ O.CH^2.C^6H^5 \end{cases}$$

— Ce composé prend naissance par l'action du chlorure de cyanogène solide sur l'alcool benzylique [Cannizzaro, *D. chem. G.*, **3**, 518]. Il cristallise en grandes lamelles, fusibles à 86°, très solubles dans l'éther, peu solubles dans l'eau bouillante.

Le *benzylcarbamate de benzylammonium*,

$$CO\begin{cases} AzH-CH^2.C^6H^5 \\ O.AzH^3-CH^2.C^6H^5 \end{cases}$$

prend naissance lorsqu'on soumet à la distillation sèche le phénylglycocolle [Tiemann et Friedländer, *D. chem. G.*, **14**, 1970]. Il cristallise dans l'alcool en lamelles brillantes, fusibles à 99°, très solubles dans l'eau, volatiles avec la vapeur d'eau.

ISOCYANATE DE BENZYLE, $C^6H^5.CH^2-AzCO$. — On l'obtient par double décomposition au moyen du cyanate d'argent et du chlorure de benzyle [Letts, *D. chem. G.*, **5**, 91. — Strakosch, *ibid.*, 692] ou du bromure de benzyle [Ladenburg et Struve, *D. chem. G.*, **10**, 46]. C'est un liquide à odeur pénétrante, qui se convertit rapidement en cyanurate.

CYANURATE DE BENZYLE, $(C^7H^7-AzCO)^3$. — Aiguilles fusibles à 157°, insolubles dans l'eau, peu solubles dans l'éther, assez solubles dans l'alcool; ce corps bout au-dessus de 320°.

SULFOCYANATE DE BENZYLE, $C^6H^5.CH^2-SCAz$. — On le prépare au moyen du chlorure de benzyle et du sulfocyanate de potassium en présence d'alcool [Henry, *D. chem. G.*, **2**, 637. — Barbaglia, *ibid.*, **5**, 689]. Il cristallise dans l'alcool en grands prismes transparents, très solubles dans l'éther et dans le sulfure de carbone, peu solubles dans l'alcool, insolubles dans l'eau bouillante. Il fond à 36-38° (H.), à 41° (B.) et distille à 256° (H.) à 230-235° (B.).

Il donne avec l'acide bromhydrique gazeux et sec une combinaison cristallisée, insoluble dans l'éther, qui se détruit au contact de l'eau (Henry). Oxydé par l'acide nitrique, il se transforme en acide benzoïque et aldéhyde benzylique (Barbaglia).

Le *dérivé nitré*, $C^6H^4(AzO^2)CH^2-SCAz$, peut être obtenu soit par l'action de l'acide nitrique sur le composé précédent, soit par l'action du chlorure de nitrobenzyle sur le sulfocyanate de potassium [Henry, *loc. cit.*]; il cristallise dans l'alcool en petites aiguilles qui se volatilisent vers 70°.

Sulfocyanate d'o-cyanobenzyle,

$$C^6H^4(CAz)CH^2-SCAz$$

[Day et Gabriel, *D. chem. G.*, **23**, 2479]. — On l'obtient par double décomposition au moyen du sulfocyanate de potassium et du chlorure d'o-cyanobenzyle en présence d'alcool. Il cristallise en aiguilles incolores, fusibles à 86°.

ISOSULFOCYANATE DE BENZYLE, $C^6H^5.CH^2-AzCS$ [Hofmann, *D. chem. G.*, **1**, 201]. — Liquide bouillant à 243°, obtenu par combinaison du sulfure de carbone et de la benzylamine et action successive du chlorure mercurique et de l'alcool sur le thiosulfocarbamate ainsi formé.

Isosulfocyanate de p-oxybenzyle,

$$C^6H^4(OH)CH^2-AzCS$$

[H. Salkowski, *D. chem. G.*, **22**, 2143]. — On le prépare en chauffant doucement un mélange de p-oxybenzylamine et de sulfure de carbone en solution alcoolique, en traitant ensuite le produit de la réaction par le chlorure mercurique et en épuisant par l'éther. C'est un liquide huileux, soluble dans les alcalis, insoluble dans l'eau.

SÉLÉNIOCYANATE DE BENZYLE, $C^6H^5.CH^2-SeCAz$ [Jackson, *Ann. Chem.*, **179**, 15]. — Prismes ou aiguilles, fusibles à 71°,5, obtenus par l'action du chlorure de benzyle sur une solution alcoolique de séléniocyanate de potassium, à froid.

Ad. Fauconnier.

BENZYLIQUE ALDÉHYDE [Syn. *Hydrure de benzoyle, benzylal*] (voyez Dict., **1**, 570, et Suppl., **1**, 331; voyez aussi l'article ALDÉHYDES). On l'obtient :

1° En faisant agir le chlorure de chromyle, CrO^2Cl^2, sur le toluène [Étard, *Ann. Chim. Phys.*, (5), **22**, 225];

2° En faisant agir à chaud une solution de potasse à 10 0/0 sur le chlorure de benzylidène, $C^6H^5-CHCl^2$ [Meunier, *Bull. Soc. Chim.*, (2), **38**, 160];

3° En chauffant le chlorure de benzylidène avec de l'oxyde de plomb [Bigot, *Bull. Soc. Chim.*, (2), **48**, 610];

4° Par action de l'acide oxalique déshydraté à 130° sur le même chlorure [Anschütz, *Ann. Chem.* **226**, 18];

5° En chauffant la dibenzylhydroxylamine, $(C^6H^5-CH^2)^2AzOH$, avec de l'acide acétique saturé de gaz chlorhydrique [Walder, *D. chem. G.*, **19**, 1629].

Réactions. — Quelques-unes ont été indiquées à l'article ALDÉHYDES. L'aldéhyde benzylique ne réduit pas la liqueur de Fehling (différence avec les aldéhydes de la série grasse) [Tollens, *D. chem. G.*, **14**, 1950].

L'amalgame de sodium, agissant sur un mélange d'aldéhyde benzylique et d'éther formique chloré, donne du carbonate d'isohydrobenzoïne, $CO^3.C^{14}H^{12}$, et un corps huileux.

Par l'action de l'anhydride isobutyrique sur l'aldéhyde benzylique, il se forme un carbure, le β-*buténylbenzène*, qui, par oxydation, se transforme en acides acétique et benzoïque [Perkin, *Chem. Soc.*, **35**, 136].

L'aldéhyde benzylique agit à 250-270° sur la phénanthrène-quinone en donnant naissance à un corps $C^{33}H^{24}O$; distillé avec de la poudre de zinc, ce corps donne du phénanthrène [Japp et Wilcock, *Chem. Soc.*, **37**, 661; *Bull. Soc. Chim.*, (2), **37**, 175].

Lorsqu'on fait agir le chlorure d'acétyle sur l'aldéhyde benzylique en présence de la poudre de zinc, on obtient la diacétine de l'hydrobenzoïne, $C^{14}H^{12}(C^2H^3O^2)^2$ [Paal, *D. chem. G.*, **16**, 636]. De même avec le chlorure de benzoyle on obtient les dibenzoates d'hydrobenzoïne et d'isohydrobenzoïne. Le premier cristallise en petites aiguilles blanches fusibles à 246°; le second fond à 151° [Paal, *D. chem. G.*, **17**, 909].

L'aldéhyde benzylique réagit sur l'éther malonique en présence de l'acide chlorhydrique en produisant l'*éther benzylidène-malonique*,

$$C^6H^5-CH=C(CO^2C^2H^5)^2.$$

On peut aussi préparer ce composé en chauffant à 150° en tubes scellés un mélange d'aldéhyde benzylique et d'éther malonique avec de l'anhydride acétique [Claisen et Crismer, *Ann. Chem.*, **218**, 129].

Avec l'acide sulfurique, l'aldéhyde benzylique donne un dérivé sulfonique $C^7H^6SO^4$.

L'aldéhyde benzylique et le nitrométhane agissent l'un sur l'autre à 160° en présence du chlorure de zinc : il se forme du phényl-nitro-éthylène, $C^6H^5-CH=CH-AzO^2$, fusible à 56-57° et identique avec le nitrostyrène de Simon. Avec le nitroéthane, on obtient de même le phényl-nitro-propylène,

$$C^6H^5-CH=C{<}\begin{matrix}CH^3\\AzO^2\end{matrix}$$

fusible à 64° [Priebs, *Ann. Chem.*, **225**, 319].

En soumettant l'aldéhyde benzylique à l'action du chlore en présence d'agents déshydratants, on obtient de l'aldéhyde benzylique m-chlorée.

En chauffant l'hydrazobenzène avec l'aldéhyde benzylique en présence du chlorure de zinc, on obtient la benzylidène-benzidine $C^{12}H^8(Az.C^7H^6)^2$, qu'on peut aussi préparer à l'aide de la benzidine et de l'aldéhyde benzylique [Cleve, *Bull. Soc. Chim.*, (2), **45**, 188].

La lépidine dérivée de la cinchonine forme avec l'aldéhyde benzylique, en présence du chlorure de zinc, une base solide, fusible à 92°, la *benzylidène-lépidine*, $C^{17}H^{13}Az$ [Dœbner et Miller, *D. chem. G.*, **18**, 1646].

Lorsqu'on fait agir le formiate d'ammonium sur l'aldéhyde benzylique à température élevée, on obtient principalement de la tribenzylamine,

$$(C^6H^5.CH^2)^3Az,$$

fusible à 91°; comme produits accessoires, il se forme de la benzylamine, de la formylbenzylamine, de la dibenzylamine, de la formyldibenzylamine [R. Leuckart, *D. chem. G.*, **18**, 2341 et **19**, 2128].

L'éthylate de sodium agit à froid sur l'aldéhyde benzylique en fournissant du benzoate d'éthyle. Le méthylate de sodium donne à chaud de l'acide benzoïque et de l'alcool benzylique; si on opère en présence d'acide acétique cristallisable, on obtient du benzoate de benzyle, de l'alcool benzylique et du benzoate de méthyle. Le benzoate de benzyle se forme par polymérisation de l'aldéhyde benzylique : on peut l'obtenir sans formation de produits accessoires en chauffant pendant quelques jours au bain-marie l'aldéhyde benzylique avec du sodium dissous dans l'alcool benzylique et de l'acide acétique cristallisable. Le benzoate de benzyle, $C^6H^5.CO.OCH^2.C^6H^5$, est isomérique avec la benzoïne, qui se forme par la condensation de 2 molécules d'aldéhyde benzylique [Claisen, *D. chem. G.*, **20**, 646].

En chauffant vers 160° un mélange d'aldéhyde benzylique et de sulfocyanate d'ammonium, on obtient le *benzylidène-thiobiuret*, $C^9H^9Az^3S^2$, prismes jaunes, fusibles à 237° [Brodsky, *Mon. f. Chem.*, **8**, 27].

Molécules égales de cyanhydrine d'aldéhyde benzylique et d'urée donnent naissance à 100° à la phénylcyanométhylurée,

$$C^6H^5-CH{<}\begin{matrix}CAz\\AzH-CO-AzH^2\end{matrix}$$

prismes facilement solubles dans l'eau, fusibles à 178° en se décomposant [Pinner et Lifschütz, *D. chem. G.*, **20**, 2355].

Il se forme du stilbène, $C^{14}H^{12}$, quand on chauffe à 250° un mélange d'aldéhyde benzylique, d'acide α-toluique et d'acétate de sodium.

Avec l'acide hippurique, l'anhydride acétique et l'aldéhyde benzylique, on obtient l'anhydride de l'acide benzoylimidocinnamique,

$$C^6H^5.C^2H^2(Az.C^7H^5O)CO^2H.$$

Les carbures C^nH^{2n-6}, chauffés vers 180° avec de l'aldéhyde benzylique en présence du chlorure de zinc, se transforment en carbures C^nH^{2n-22}. Ces produits de condensation ne se forment pas si l'on remplace le chlorure de zinc par l'acide sulfurique; mais à l'aide de ce dernier corps on peut obtenir les dérivés nitrés des carbures C^nH^{2n-22} en remplaçant l'aldéhyde benzylique par son dérivé nitré.

En faisant agir l'acide hypophosphoreux sur l'aldéhyde benzylique, on obtient deux acides, l'*acide benzylidénol-hypophosphoreux*, monobasique et diatomique, $C^6H^5-CH.OH-PHO.OH$; et l'*acide dibenzylidénol-hypophosphoreux*, monobasique et triatomique,

$$\begin{matrix}C^6H^5-CH.OH\\ |\\ PO.OH\\ |\\ C^6H^5-CH.OH\end{matrix}$$

[Ville, *Bull. Soc. Chim.*, (2), **50**, 604; *Thèses Fac. Sciences Paris*, n° 706, 1890].

Les produits de condensation de l'aldéhyde benzylique avec les acétones se forment facilement en présence d'une solution de soude : selon la proportion d'aldéhyde employée, on obtient avec l'acétone ordinaire les produits

$$C^6H^5-CH=CH-CO-CH^3$$

ou $\quad C^6H^5-CH=CH-CO-CH=CH-C^6H^5$.

L'oxygène aldéhydique de l'aldéhyde benzylique se combine avec 2 des atomes d'hydrogène d'un groupe méthyle lorsque ce dernier est lié directement au carbonyle acétonique : par suite, l'acétophénone, qui ne contient qu'un groupe méthyle, ne pourra se combiner qu'avec 1 seule molécule d'aldéhyde benzylique, tandis que l'acétone ordinaire pourra se combiner avec 2 molécules d'aldéhyde [Claisen et Claparède, *D. chem. G.*, **14**, 349 et 2460].

L'aldéhyde benzylique se combine avec la glucose pour former un composé $C^7H^6O.C^6H^{12}O^6$ [Schiff, *Ann. Chem.*, **244**, 22], en masses amorphes, insolubles dans l'alcool et dans l'éther et que l'eau décompose en ses générateurs.

L'aldéhyde benzylique forme des combinaisons avec l'acide m-amidobenzoïque : lorsqu'on la traite par une solution aqueuse de cet acide saturée de gaz sulfureux, on obtient un bisulfite d'acide benzaldéhydo-m-amidobenzoïque,

$$C^{14}H^{15}AzSO^6$$

[Schiff, *Ann. Chem.*, **210**, 120, 124].

En faisant bouillir l'aldéhyde benzylique avec du furfurol en présence de l'alcool et du cyanure de potassium, on obtient un composé $C^{12}H^{10}O^3$, cristallisant en prismes fusibles à 137-139°, qui par oxydation donnent de l'acide benzoïque ou de l'aldéhyde benzylique [E. Fischer, *Ann. Chem.* **211**, 228].

On a déjà signalé à l'article Aldéhydes la formation d'acétals (mannitoïdes) obtenus par M. Meunier par l'action des aldéhydes benzylique et amylique sur la mannite déshydratée. M. Maquenne

[*C. R.*, **107**, 585 et 658] a formé de même un acétal dibenzoïque de la perséite en traitant ce corps par l'aldéhyde benzylique en présence d'alcool saturé d'acide chlorhydrique; le corps obtenu est analogue à ceux de M. Meunier : il résiste à l'action des alcalis et est décomposé par les acides étendus et bouillants.

Dérivés chlorés.

ALDÉHYDE O-CHLOROBENZYLIQUE,

$$C^6H^4Cl_{(2)} . (CHO)_{(1)}.$$

— On peut la préparer en oxydant l'acide o-chlorocinnamique à l'aide du permanganate de potassium [Stuart, *Chem. Soc.*, **53**, 140]. Sa densité est 1,29 à 8°; elle ne se combine pas avec le bisulfite de sodium.

MM. Erdmann et Kirchhoff [*Ann. Chem.*, **247**, 368] recommandent, pour préparer ce composé, de partir de l'o-chlorotoluène; on transforme ce corps en chlorure d'o-chlorobenzylidène et on saponifie ce dernier par ébullition avec de l'acide sulfurique.

D'après MM. Erdmann et Schwechten [*Ann. Chem.*, **260**, 55], le seul procédé qui permette de purifier complètement l'aldéhyde o-chlorobenzylique consiste à la régénérer de son oxime par l'action de l'acide sulfurique. A l'état de pureté, elle bout à 213-214° et se prend dans un mélange réfrigérant en belles aiguilles blanches, fusibles à 3-4°,5.

L'*oxime*, $C^6H^4Cl-CH=AzOH$, cristallise dans l'alcool en prismes réfringents, fusibles à 75-76°, appartenant au système clinorhombique : $a : b : c = 0,49926 : 1 : 0,48256$.

Traitée en solution éthérée par un courant de gaz chlorhydrique, cette oxime donne un *chlorhydrate*, qui forme des cristaux fusibles à 75-76°.

Chauffée à l'ébullition avec un mélange d'anhydride acétique et d'acétate de sodium, l'aldéhyde o-chlorobenzylique fournit un *acétal*, qui cristallise dans l'alcool ou dans le chloroforme en fines aiguilles blanches, fusibles à 205-206° (Erdmann et Schwechten).

ALDÉHYDE M-CHLOROBENZYLIQUE,

$$C^6H^4Cl_{(3)} . CHO_{(1)}$$

[Erdmann et Schwechten, *loc. cit.*, 58]. — On l'obtient par la méthode de M. Sandmeyer en opérant comme il suit : On traite l'aldéhyde m-nitrobenzylique (50 parties) par un mélange de chlorure stanneux (225 parties) et d'acide chlorhydrique fumant (300 parties) à la température de 0°; lorsque la réduction est terminée, on ajoute de l'eau, puis peu à peu du carbonate de sodium (23 parties de carbonate et 90 parties d'eau). Le chlorure diazoïque ainsi obtenu est alors versé dans une solution chlorhydrique de chlorure cuivreux : on n'a plus qu'à distiller dans un courant de vapeur d'eau et à rectifier au thermomètre après dessiccation.

A l'état de pureté, l'aldéhyde m-chlorobenzylique cristallise en longs prismes fusibles à 5-10°; elle bout à 213-214°.

Chauffée au bain-marie avec une solution d'hydroxylamine, dans une atmosphère d'acide carbonique, elle fournit une *oxime* α, C^7H^6ClAzO, qui cristallise dans l'alcool à 96 0/0 en grands prismes aigus, fusibles à 70-71°.

Cette oxime α, traitée en solution éthérée par un courant de gaz chlorhydrique, subit une transformation isomérique et fournit le *chlorhydrate de l'oxime* β, en petits cristaux blancs, fusibles en jaunissant à 130-140°.

L'*oxime* β, isolée de son chlorhydrate par la soude, cristallise dans l'alcool dilué en beaux prismes brillants, qui fondent à 115-116° en se transformant en oxime α.

Chauffées avec de l'acide sulfurique étendu, les deux oximes régénèrent l'aldéhyde m-chlorobenzylique.

ALDÉHYDE P-CHLOROBENZYLIQUE,

$$C^6H^4Cl_{(4)} . CHO_{(1)}.$$

— On peut la préparer soit en faisant bouillir le bromure de p-chlorobenzyle avec de l'eau et du nitrate de plomb dans un courant de gaz carbonique [Jackson et White, *D. chem. G.*, **11**, 1047], soit en oxydant par l'acide nitrique ($d = 1,51$) l'éther éthyl-p-chlorobenzylique [Errera, *Gazz. chim. ital.*, **17**, 209].

A l'état de pureté, elle fond à 47°,5 et bout à 213-214° [Erdmann et Schwechten, *loc. cit.*, 63].

Elle forme des produits de condensation avec les bases aromatiques : chauffée au bain-marie avec de la diméthylaniline, à l'abri de l'air, elle donne une leucobase; il en est de même avec la diéthylaniline et avec la diphénylamine [Kaeswurm, *D. chem. G.*, **19**, 742].

L'*α-oxime*, C^7H^6ClAzO, s'obtient en chauffant au bain-marie, dans une atmosphère d'acide carbonique, un mélange d'aldéhyde et d'hydroxylamine en solution aqueuse. Elle forme des cristaux blancs, solubles dans l'alcool, très solubles dans l'éther et fusibles à 106-107°.

Traitée en solution éthérée par le gaz chlorhydrique, l'α-oxime subit une transformation isomérique et fournit le *chlorhydrate de l'oxime* β. Ce sel cristallise en beaux prismes brillants, fusibles avec décomposition à 100-110°; abandonné dans l'air sec, il perd de l'acide chlorhydrique.

L'*oxime* β, isolée de son chlorhydrate par la soude, cristallise dans l'alcool en beaux prismes qui fondent à 140° en se transformant en oxime α.

ALDÉHYDE O-P-DICHLOROBENZYLIQUE,

$$C^6H^3Cl^2_{(2.4)} . CHO_{(1)}$$

[Erdmann et Schwechten, *loc. cit.*, 68]. — On l'obtient en chauffant à 40-50° un mélange de chlorure d'o-p-dichlorobenzylidène (préparé luimême par l'action du chlore sur l'o-p-dichlorotoluène bouillant) et d'acide sulfurique fumant à 10 0/0 d'anhydride.

A l'état de pureté, elle cristallise en prismes d'un blanc de neige, fusibles à 70-71°, et bout entre 231 et 245°.

L'*oxime* correspondante, $C^7H^5Cl^2AzO$, cristallise en longues aiguilles soyeuses, fusibles à 136-137°. Traitée en solution éthérée par le gaz chlorhydrique, elle fournit un *chlorhydrate* fusible à 133°,5.

Traitée par un mélange d'anhydride acétique et d'acétate de sodium, l'aldéhyde o-p-dichlorobenzylique fournit un *acétal*, cristallisé en lamelles fusibles à 221-222°, peu solubles dans la plupart des dissolvants usuels.

ALDÉHYDE O-M-DICHLOROBENZYLIQUE,

$$C^6H^3Cl^2_{(2.5)} . CHO_{(1)}.$$

— MM. Erdmann et Schwechten [*loc. cit.*] la préparent par la même méthode que son isomère ortho-para. Elle se présente en cristaux fusibles à 57-58° (Gnehm), très volatils avec la vapeur d'eau, très solubles dans le sulfure de carbone, l'acide acétique, le chloroforme, le benzène, la ligroïne, l'éther et l'alcool (E. et S.), et bout à 230-233° (G.).

En la traitant par le mélange nitrosulfurique, on obtient l'aldéhyde o-nitrodichlorobenzylique qui, traitée par l'ammoniaque et le sulfate ferreux, donne l'aldéhyde amidodichlorobenzylique [Gnehm, *D. chem. G.*, **17**, 752].

La *combinaison bisulfitique* est une masse cristalline blanche, très soluble dans l'eau.

L'*oxime*, $C^7H^5Cl^2AzO$, cristallise dans l'alcool faible en petites aiguilles blanches, fusibles à 124-125°. Traitée en solution éthérée par le gaz chlorhydrique, elle fournit un *chlorhydrate* qui se présente en aiguilles extrêmement solubles dans l'éther.

ALDÉHYDE M-P-DICHLOROBENZYLIQUE

$$C^6H^3Cl^2_{(3.4)} . CHO_{(1)}$$

[Erdmann et Schwechten, *loc. cit.*, 72]. — Elle se produit à froid par l'action de l'acide sulfurique fumant à 10 0/0 d'anhydride sur le chlorure de m-p-dichlorobenzylidène. A l'état de pureté, elle fond à 43-44° et bout à 247-248°.

L'*oxime* α cristallise dans l'eau chaude en petits prismes blancs microscopiques, fusibles à 114-115°. Traitée en solution éthérée par le gaz chlorhydrique, elle subit une transformation isomérique et fournit le *chlorhydrate de l'oxime* β, en cristaux blancs qui fondent en jaunissant à 150°.

L'*oxime* β, préparée en décomposant son chlorhydrate par la soude, cristallise en fines aiguilles, qui fondent à 120° en régénérant l'oxime α.

ALDÉHYDE TRICHLOROBENZYLIQUE,

$$C^6H^2Cl^3_{(2.4.5)} . CHO_{(1)}.$$

— Elle se produit dans l'action de l'eau à 260° sur le chlorure de trichlorobenzylidène [Beilstein et Kuhlberg, *Ann. Chem.*, **152**, 238]. On peut aussi la préparer en traitant le même chlorure par le double de son poids d'acide sulfurique fumant. Fines aiguilles fusibles à 112-113°, volatiles avec la vapeur d'eau, insolubles dans l'eau bouillante, très solubles dans l'alcool, l'éther, le sulfure de carbone, le benzène, le chloroforme, et ne s'oxydant presque pas au contact de l'air [Seelig, *Ann. Chem.*, **237**, 147].

ALDÉHYDE TRICHLOROBENZYLIQUE,

$$C^6H^2Cl^3_{(2.3.4)} . CHO_{(1)}.$$

— On chauffe au bain-marie pendant une demi-heure un mélange de chlorure de trichlorobenzylidène avec 8 fois son poids d'acide sulfurique fumant; on verse la masse dans l'eau glacée, on reprend le précipité par l'éther et on lave la solution éthérée avec du bisulfite de sodium; on décompose enfin la combinaison bisulfitique par une solution de carbonate de sodium et on épuise la solution alcaline par l'éther [Seelig, *loc. cit.*]. Fines aiguilles, fusibles à 90°. Le permanganate de potassium la transforme en acide trichlorobenzoïque.

Dérivés bromés.

ALDÉHYDE O-BROMOBENZYLIQUE,

$$C^6H^4Br_{(2)} . CHO_{(1)}.$$

— On l'obtient en chauffant un mélange de bromure d'o-bromobenzyle et d'azotate de plomb en présence de l'eau [Jackson et White, *Am. Journ.*, 3, 32]. Cristaux fusibles à 21-22°, bouillant à 230° et s'oxydant facilement à l'air.

ALDÉHYDE P-BROMOBENZYLIQUE,

$$C^6H^4Br_{(4)} . CHO_{(1)}.$$

— Action de l'acide nitrique (d = 1,51) sur l'éther éthyl-p-bromobenzylique, $C^6H^4Br . CH^2 . OC^2H^5$. Longues aiguilles blanches, fusibles à 57° [Jackson et White, *loc. cit.*].

ALDÉHYDE M-BROMOBENZYLIQUE. — Huile incolore, plus dense que l'eau, obtenue comme l'aldéhyde ortho.

Dérivés iodés.

Les *aldéhydes p- et o-iodobenzyliques* se préparent par des méthodes analogues. La première se présente en aiguilles blanches, fusibles à 73°; la deuxième fond à 37° [Jackson et White, *loc. cit.* — Stuart, *loc. cit.*].

Dérivés nitrés.

ALDÉHYDE O-NITROBENZYLIQUE,

$$C^6H^4(AzO^2)_{(2)} . CHO_{(1)}.$$

— Elle se produit en petite quantité, en même temps que son isomère méta, par l'action du mélange nitrosulfurique sur l'aldéhyde benzylique [Rudolph, *D. chem. G.*, **13**, 310]; elle prend aussi naissance par l'oxydation de l'aldoxime o-nitrobenzylique au moyen du mélange chromique [Gabriel et Meyer, *D. chem. G.*, **14**, 829], ou par l'oxydation de l'o-nitrocinnamate d'éthyle au moyen de l'acide nitrique ou du permanganate de potassium [Friedländer et Henriques, *D. chem. G.*, **14**, 2803. — Einhorn, *D. chem. G.*, **17**, 119]. Ce dernier procédé donne de bons résultats. On met en suspension 50 grammes d'acide o-nitrocinnamique dans 2,5 litres d'eau; on neutralise avec de la soude, on filtre et on refroidit la solution filtrée avec de la glace; on y ajoute ensuite 1 litre de benzène et par petites portions 1225 centimètres cubes d'une solution de permanganate de potassium saturée à froid. On agite vivement après chaque addition de permanganate. Lorsque l'oxydation est terminée, on ajoute une solution chaude de 150 grammes de bisulfite de sodium, puis de l'acide chlorhydrique pour dissoudre le précipité manganique; on sépare la solution benzénique et on la distille après filtration.

Longues aiguilles jaunâtres, fusibles à 45-46°, facilement solubles dans l'alcool et dans l'éther, peu solubles dans l'eau.

Lorsque à une solution d'aldéhyde o-nitrobenzylique dans l'acétone on ajoute de l'eau jusqu'à trouble persistant, puis un alcali étendu, il se produit une coloration d'abord jaune, puis verte, et il se sépare ensuite de l'indigo; de même avec l'aldéhyde o-nitrobenzylique et l'aldéhyde, et avec l'acide pyruvique [A. Baeyer et V. Drewsen, *D. chem. G.*, **15**, 2856].

La réduction de l'aldéhyde o-nitrobenzylique donne naissance à l'anthranile : si, dans cette opération, on emploie un excès de sulfate ferreux, on n'obtient plus que de l'aldéhyde-o-amidobenzylique [Friedländer et Henriques, *loc. cit.*].

L'aldéhyde o-nitrobenzylique, traitée à chaud par une solution concentrée de cyanure de potassium, donne l'acide o-azoxybenzoïque de Griess, $C^{14}H^{10}Az^2O^5$ [Homolka, *D. chem. G.*, **17**, 1902].

L'aldéhyde o-nitrobenzylique donne des produits de condensation avec les bases aromatiques: avec la diméthylaniline en présence du chlorure de zinc, il y a formation d'une nitroleucobase cristallisée, qui, traitée par l'acide sulfurique et le bioxyde de plomb, donne le vert à l'aldéhyde o-nitrée; il en est de même avec la diéthylaniline [O. Fischer et Schmidt, *D. chem. G.*, **17**, 1889].

Lorsqu'on chauffe à 60° pendant 8 heures un mélange d'acide acétique, d'aldéhyde o-nitrobenzylique et d'acide malonique, on obtient un produit de condensation, qu'on isole en ajoutant de l'eau et en épuisant par l'éther : c'est l'*acide nitrobenzylidène-malonique*,

$$C^6H^4(AzO^2) . CH = C(CO^2H)^2.$$

Ce corps, traité à froid par l'acide azotique, donne de l'acide p-nitrobenzoïque [Stuart, *Chem. Soc.*, **47**, 155].

ALDÉHYDE M-NITROBENZYLIQUE,

$C^6H^4(AzO^2)_{(2)}.CHO_{(1)}$.

— Pour la préparer, on peut dissoudre 110 grammes de nitrate de potassium dans de l'acide sulfurique concentré et y ajouter 100 grammes d'aldéhyde benzylique, en refroidissant constamment de façon que la température ne dépasse pas 5° [Friedländer et Henriques, *D. chem. G.*, **14**, 2802. — Ehrlich, *ibid.*, **15**, 2010].

Par l'action de l'aldéhyde éthylique sur l'aldéhyde m-nitrobenzylique, on obtient une combinaison moléculaire de la formule

$C^6H^4(AzO^2).CH(OH).CH^2.CHO, CH^3.CHO$;

la même réaction a lieu avec l'aldéhyde p-nitrobenzylique; les deux combinaisons perdent l'aldéhyde éthylique par ébullition avec de l'eau et donnent les aldéhydes m- et p-nitrocinnamiques [Göhring, *D. chem. G.*, **18**, 371, 719].

L'aldéhyde m-nitrobenzylique réagit sur l'éther acétylacétique en présence de l'ammoniaque, en donnant l'*éther m-nitrophényl-dihydrolutidine-dicarbonique*,

$C^6H^4(AzO^2).C^5H^2Az(CH^3)^2(CO^2C^2H^5)^2$;

l'aldéhyde p-nitrée fournit le dérivé correspondant; l'aldéhyde o-nitrée se comporte de même, mais en outre elle fournit un second composé renfermant $C^{19}H^{22}Az^4O^5$ [Lepetit, *D. chem. G.*, **20**, 1338].

L'aldéhyde m-nitrobenzylique donne avec le benzène, en présence de l'acide sulfurique, le m-nitrotriphénylméthane, et avec le toluène le m-nitrophényldicrésylméthane.

En agissant sur le chlorhydrate d'aniline en présence du chlorure de zinc, l'aldéhyde m-nitrobenzylique donne le m-nitrodiamidotriphénylméthane [O. Fischer, *D. chem. G.*, **13**, 605]

Introduite dans l'économie, l'aldéhyde m-nitrobenzylique se retrouve dans l'urine sous la forme d'acide m-nitrohippurique [Sieber et Smirnoff, *Mon. f. Chem.*, **8**, 91].

ALDÉHYDE P-NITROBENZYLIQUE,

$C^6H^4(AzO^2)_{(4)}.CHO_{(1)}$.

— Pour l'obtenir, on fait bouillir pendant plusieurs heures 10 parties de chlorure de p-nitrobenzyle,

$C^6H^4(AzO^2).CH^2Cl$,

avec 60 parties d'eau, 14 parties d'azotate de plomb et 10 parties d'acide azotique (d = 1,33). L'aldéhyde, mise en liberté de sa combinaison avec le bisulfite de sodium, cristallise dans l'éther en aiguilles incolores [O. Fischer, *D. chem. G.*, **13**, 670]. C'est le procédé de MM. Grimaux et Lauth pour la préparation de l'aldéhyde benzylique à l'aide du chlorure de benzyle.

L'aldéhyde p-nitrobenzylique peut être obtenue encore :

1° En traitant le nitrotoluène par le chlorure de chromyle [von Richter, *D. chem. G.*, **19**, 1060];

2° En chauffant l'acide p-nitrophényl-nitroacrylique, $C^9H^6(AzO^2)^2O^2$, avec du dichromate de potassium et de l'acide acétique [Baeyer, *D. chem. G.*, **14**, 2317];

3° En faisant bouillir l'éther éthylique de cet acide avec beaucoup d'eau [Friedländer et Mähly, *Ann. Chem.*, **229**, 212];

4° En dissolvant 103,5 parties de p-nitrocinnamate d'éthyle dans 1400 parties d'acide sulfurique et en ajoutant peu à peu 135g,5 de nitrate de potassium à 60-70°; on laisse reposer pendant 6 heures et on verse dans 10 parties d'eau glacée; on recueille le précipité et on l'abandonne pendant 6 heures avec une solution de carbonate de sodium, puis on le lave et on le fait cristalliser dans l'eau bouillante [Basler, *D. chem. G.*, **16**, 2714].

Longs prismes, fusibles à 106°, très solubles dans l'alcool et dans le benzène, moins solubles dans l'eau et dans l'éther. Elle se transforme en acide p-nitrobenzoïque par l'action du mélange chromique [Fischer, *D. chem. G.*, **14**, 2525] ou lorsqu'on la fait bouillir avec une solution concentrée de cyanure de potassium [Homolka, *ibid.*, **17**, 1903].

Elle se convertit par l'action de l'hydroxylamine à une douce chaleur en aldoxime p-nitrobenzylique, $C^6H^4(AzO^2).CH{=}Az.OH$ [Gabriel et Herzberg, *D. chem. G.*, **16**, 2000].

Dérivés amidés.

ALDÉHYDE O-AMIDOBENZYLIQUE,

$C^6H^4(AzH^2)_{(2)}.CHO_{(1)}$.

— On l'obtient en traitant l'aldoxime o-amidobenzylique par le chlorure ferrique [Gabriel, *D. chem. G.*, **15**, 2004]; ou encore par l'action du sulfate ferreux et de l'ammoniaque sur l'anthranile [Friedländer, *loc. cit.*]; ou enfin par l'action du sulfate ferreux et de l'ammoniaque sur l'aldéhyde o-nitrobenzylique [Friedländer, *D. chem. G.*, **17**, 456].

Lamelles brillantes, fusibles à 39-40°, solubles dans l'alcool, l'éther, le chloroforme. Par oxydation, elle se transforme en aldéhyde salicylique. Elle donne facilement des produits de condensation (bases quinoléiques) avec les aldéhydes et les acétones [Friedländer et Göhring, *D. chem. G.*, **16**, 1833].

Le *dérivé acétylé*, $C^6H^4(AzH.C^2H^3O).CHO$, s'obtient en chauffant pendant quelques instants un mélange de l'aldéhyde avec de l'anhydride acétique [Friedländer et Göhring, *D. chem. G.*, **17**, 456]. Il cristallise dans l'eau en longues aiguilles, fusibles à 70-71°, très solubles dans la plupart des dissolvants usuels.

L'aldéhyde o-amidobenzylique, traitée en solution aqueuse concentrée par l'acide chlorhydrique étendu, fournit un dérivé de la formule

$C^6H^4(AzH^2).CH{=}Az.C^6H^4.CHO$

(Friedländer et Göhring). Ce corps se précipite en flocons jaunes qui, traités par un mélange d'alcool et de chloroforme, se transforment en lamelles presque incolores; il fond à 188-189° lorsqu'on le chauffe rapidement, et se convertit en une substance résineuse si on le chauffe lentement.

L'acide chlorhydrique concentré le dédouble en régénérant l'aldéhyde o-amidobenzylique. Ce composé fonctionne comme une base faible.

Le *chlorhydrate*, $C^{14}H^{12}Az^2O.HCl$, est en prismes épais d'un rouge brique; il se décompose par l'eau.

Le *chloroplatinate*, $(C^{14}H^{12}Az^2O.HCl)^2PtCl^4$, forme de petits agrégats sphériques rouges.

Aldéhyde dichloro-o-amidobenzylique,

$$C^6H^2Cl^2 \begin{cases} AzH^2 \\ CHO \end{cases}$$

— On l'obtient en traitant l'aldéhyde o-dichloronitrobenzylique par l'ammoniaque et le sulfate ferreux [Gnehm, *D. chem. G.*, **17**, 752]. On la purifie par distillation dans un courant de vapeur d'eau et cristallisation dans l'alcool faible ou dans la ligroïne. Aiguilles jaunes, fusibles à 77-78°. Elle donne avec l'acétone et la soude de la quinaldine dichlorée.

ALDÉHYDE M-AMIDOBENZYLIQUE,

$C^6H^4(AzH^2)_{(3)}.CHO_{(1)}$.

— On l'obtient en traitant l'aldéhyde m-nitrobenzylique par le zinc et l'acide acétique [Tiemann et Ludwig, *D. chem. G.*, **15**, 2044].

L'aldéhyde m-amidobenzylique fournit un dérivé de la formule $C^{23}H^{17}Az^3O$. Pour l'obtenir, on verse une solution alcoolique d'aldéhyde m-nitrobenzylique dans une solution chaude de sulfate ferreux, préalablement sursaturée par l'ammoniaque [Gabriel, *D. chem. G.*, **16**, 1999] : on filtre bouillant; le nouveau corps se dépose par le refroidissement; on le purifie par dissolution dans l'acide chlorhydrique, précipitation par la soude et cristallisation dans l'acide acétique. Ce composé peut également être préparé par l'action du chlorure ferrique acide sur l'aldoxime m-amidobenzylique. Il cristallise en fines aiguilles d'un blanc jaunâtre, solubles dans l'acide chlorhydrique; sa solution chlorhydrique, additionnée de chlorure platinique, fournit le chloroplatinate de l'aldéhyde m-amidobenzylique

ALDÉHYDE P-AMIDOBENZYLIQUE,

$$C^6H^4(AzH^2)_{(4)}.CHO_{(1)}.$$

— L'aldoxime p-amidobenzylique se décompose bientôt en solution acide en laissant déposer un produit rouge, tantôt amorphe, tantôt cristallisé. On peut se servir de ce produit pour préparer à l'état de pureté l'aldéhyde p-amidobenzylique : il suffit de le dissoudre dans l'eau chaude, d'alcaliniser par la soude, d'épuiser par l'éther et d'évaporer le dissolvant. On obtient ainsi des lamelles fusibles à 69,5-71°,5 [Gabriel et Herzberg, *D. chem. G.*, **16**, 2002]. Le composé ainsi préparé est soluble dans l'eau; il ne tarde pas à se transformer en un composé isomérique, qui n'est plus soluble dans l'eau et qui ne fond pas encore à 100° : ces deux modifications isomériques fournissent par ébullition avec l'acide chlorhydrique un même *chlorhydrate*, en cristaux rouges qui se décomposent par l'eau.

Le *dérivé acétylé*, $C^6H^4(AzH.C^2H^3O)CHO$, s'obtient par l'action d'un mélange d'anhydride acétique et d'acétate de sodium sur la modification soluble de l'aldéhyde (Gabriel et Herzberg). Il cristallise dans l'eau chaude en longues aiguilles brillantes, fusibles à 154,5-155°.

Aldéhyde p-diméthylamidobenzylique,

$$C^6H^4 \begin{cases} Az(CH^3)^2 \\ CHO \end{cases}$$

— Elle provient du traitement de l'alcool diméthylamido-phényltrichloréthylique par une solution alcoolique de potasse :

$$Az(CH^3)^2-C^6H^4-CHOH-CCl^3$$
$$= CHCl^3 + Az(CH^3)^2-C^6H^4-CHO.$$

Lamelles fusibles à 73° [Bössneck, *D. chem. G.*, **16**, 366; **19**, 1520].

Lorsqu'on fait passer un courant de gaz chlorhydrique dans un mélange de diméthylaniline et d'aldéhyde diméthylamidobenzylique, on obtient de l'*hexaméthyl-leucaniline.*

Aldéhyde p-diéthylamidobenzylique,

$$Az(C^2H^5)^2-C^6H^4-CHO.$$

— On l'obtient par une réaction analogue :

$$Az(C^2H^5)^2-C^6H^4-CHOH-CCl^3$$
$$= CHCl^3 + Az(C^2H^5)^2-C^6H^4-CHO.$$

Elle cristallise dans l'eau en aiguilles fusibles à 41° [Bössneck, *D. chem. G.*, **19**, 396].

Dérivés sulfoniques.

ACIDE M-BENZALDÉHYDO-SULFONIQUE,

$$C^6H^4 \begin{cases} CHO_{(1)} \\ SO^3H_{(3)} \end{cases}$$

— On verse goutte à goutte de l'aldéhyde benzylique dans le double de son volume d'acide sulfurique fumant, en évitant que la température s'élève au-dessus de 50°; on verse ensuite la masse dans l'eau et on isole le nouvel acide à l'état de sel de baryum ou de calcium [Wallach et Wüsten, *D. chem. G.*, **16**, 150].

L'acide libre forme des aiguilles blanches déliquescentes. Il fournit par oxydation l'acide benzoïque-m-sulfonique.

Le *sel de sodium*, $C^7H^5O^4SNa$, cristallise en mamelons blancs, anhydres [E. Kafka, *D. chem. G.*, **24**, 791].

Ce sel sodique se combine à la température du bain-marie avec l'hydroxylamine pour donner le *benzaldoximo-sulfonate de sodium,*

$$C^6H^4(CH{=}AzOH)(SO^3Na),$$

en lamelles blanches, brillantes, très solubles dans l'eau, peu solubles dans l'alcool.

Il se combine de même avec la phénylhydrazine. Le *phénylhydrazobenzylidène-sulfonate de sodium,*

$$C^6H^4 \begin{cases} CH=Az^2H.C^6H^5 \\ SO^3Na \end{cases}$$

cristallise en belles aiguilles incolores, peu solubles dans l'eau froide, très solubles dans l'eau bouillante, l'alcool et l'acide acétique.

Le *diphénylhydrazobenzylidène-sulfonate de sodium,*

$$C^6H^4 \begin{cases} CH=Az^2(C^6H^5)^2 \\ SO^3Na \end{cases}$$

se présente en belles lamelles nacrées, peu solubles dans l'alcool et dans l'eau froide, très solubles dans l'eau chaude.

L'*α-naphtylamidobenzylidène-sulfonate de sodium,*

$$C^6H^4 \begin{cases} CH=Az.C^{10}H^7 \\ SO^3Na \end{cases}$$

s'obtient en chauffant au bain-marie un mélange d'α-naphtylamine et de benzaldéhydo-sulfonate de sodium en solution alcoolique faible; il cristallise en prismes jaunâtres, très solubles dans l'eau, peu solubles dans l'alcool.

Benzylidène-sulfonate-naphtionate de sodium,

$$C^6H^4 \begin{cases} CH=Az.C^{10}H^6.SO^3Na \\ SO^3Na \end{cases}$$

[Kafka, *ibid.*]. — Petites aiguilles blanches, assez solubles dans l'eau, peu solubles dans l'alcool, obtenues en chauffant au bain-marie un mélange de naphtionate et de benzaldéhydo-sulfonate de sodium en solution aqueuse.

p-Phénylène-diamido-dibenzylidène-sulfonate de sodium,

$$C^6H^4(Az=CH_{(1)}.C^6H^4.SO^3Na_{(3)})^2_{(1.4)}$$

(Kafka). — Aiguilles jaunâtres, très solubles dans l'eau, peu solubles dans l'alcool, obtenues en chauffant au bain-marie un mélange de p-phénylène-diamine et de benzaldéhydo-sulfonate de sodium en présence d'alcool étendu.

m-p-Crésylène-diamidobenzylidène-sulfonate de sodium,

$$CH^3_{(1)}-C^6H^4 \begin{cases} AzH_{(3)} \\ AzH_{(4)} \end{cases} CH_{(1)}.C^6H^4.SO^3Na_{(3)}$$

(Kafka). — On chauffe au bain-marie pendant une demi-heure un mélange de chlorhydrate d'o-crésylène-diamine, de benzaldéhydo-sulfonate de sodium et d'acétate de sodium en solution aqueuse; on concentre et on précipite par l'alcool. Poudre cristalline, d'un rouge de chair, peu soluble dans l'eau et dans l'alcool.

Di-α-naphtylénol-benzylidène-sulfonate de baryum,

$$\left[\begin{matrix} C^{10}H^6(OH) \\ C^{10}H^6(OH) \end{matrix} \right\rangle CH.C^6H^4.SO^3-\Big]^2 Ba.$$

— On chauffe au bain-marie, pendant 7 heures,

un mélange de benzaldéhydo-sulfonate de baryum (10 parties), d'α-naphtol (11 parties), d'acide acétique cristallisable (60-70 parties) et d'acide chlorhydrique à 25 0/0 (8 ou 9 parties). On filtre pour éliminer le chlorure de baryum, qui se dépose; on lave le produit à l'éther pour éliminer l'excès de naphtol, puis on précipite par l'acide sulfurique le baryum encore dissous. Après ébullition avec du noir animal, on sature par le carbonate de baryum et on évapore à cristallisation.

Ce composé est très soluble dans l'eau, insoluble dans l'alcool absolu. Il s'unit aux corps diazoïques pour donner des matières colorantes.

ALDÉHYDE THIOBENZYLIQUE, C^6H^5-CHS. — Ce corps existe sous deux modifications.

La *modification amorphe* a été décrite autrefois par Laurent. M. Klinger [*D. chem. G.*, **15**, 863] a repris l'étude de ce composé. Il recommande de le préparer en soumettant à l'action du gaz sulfhydrique une solution alcoolique d'aldéhyde benzylique parfaitement pure; on lave le précipité à l'alcool bouillant, puis au carbonate de sodium; on le dissout ensuite dans le benzène ou dans le chloroforme et on précipite la solution par l'alcool ou par l'éther. On obtient ainsi une poudre blanche, qui se ramollit à 83-85° et qui se décompose à une température plus élevée. Ce corps est insoluble dans l'eau et dans l'alcool froid, très soluble dans le benzène et dans le chloroforme. Chauffé avec du cuivre, il donne du sulfure de cuivre et du stilbène. L'ébullition avec du sulfhydrate de potassium alcoolique le convertit en acide thiosulfobenzoïque et disulfure de bibenzyle. Les chlorures d'acides, l'iode ou l'iodure d'éthyle le transforment en la seconde modification.

La *modification cristallisée* se prépare en ajoutant une trace d'iode à la solution benzénique concentrée et chaude du corps précédent [Klinger, *D. chem. G.*, **10**, 1877]. On voit se déposer au bout de quelques minutes des cristaux renfermant $C^7H^6S.C^6H^6$, qui, chauffés à 135-140°, perdent leur benzène. On obtient finalement des aiguilles fusibles avec décomposition à 226°, très solubles dans l'acide acétique chaud, peu solubles dans l'alcool, le benzène, le chloroforme. Chauffé avec de la poudre de cuivre, ce corps fournit du sulfure de cuivre et du stilbène. Le sulfhydrate de potassium alcoolique ne l'attaque que très difficilement.

Combinaison, $(C^7H^6S)^2H^2S$. — C'est un des produits de l'action du sulfhydrate de potassium alcoolique sur le chlorure de benzylidène [Klinger, *D. chem. G.*, **15**, 864]. Liquide rouge, épais, insoluble dans l'eau et dans les alcalis, peu soluble dans l'alcool, très soluble dans l'éther, le chloroforme et le benzène. L'acide nitrique étendu le convertit en acide sulfurique et aldéhyde benzylique.

Benzylidène-méthylmercaptal,

$$C^6H^5-CH(SCH^3)^2$$

[Bongartz, *D. chem. G.*, **21**, 487]. — Liquide obtenu par l'action du gaz chlorhydrique sur un mélange de mercaptan méthylique et d'aldéhyde benzylique.

Benzylidène-éthylmercaptal,

$$C^6H^5.CH(SC^2H^5)^2$$

[Baumann, *D. chem. G.*, **18**, 885]. — Même préparation que pour le précédent. Liquide insoluble dans l'eau, non volatil sans décomposition, très stable vis-à-vis des acides et des alcalis.

Benzylidène-p-bromophénylmercaptal,

$$C^6H^5-CH(SC^6H^4Br)^2$$

[Baumann, *ibid.*]. — On l'obtient par l'action du gaz chlorhydrique sur un mélange d'aldéhyde benzylique et de p-bromothiophénol; après lavage au carbonate de sodium, il cristallise dans l'alcool et dans l'éther en aiguilles soyeuses, fusibles à 79-80°.

Aldéhyde p-chlorothiobenzylique,

$$C^6H^4Cl-CHS$$

[Beilstein et Kuhlberg, *Ann. Chem.*, **147**, 353]. — Poudre d'un rose pâle, insoluble dans l'alcool, très soluble dans le benzène, obtenue par l'action du gaz sulfhydrique sec sur une solution alcoolique d'aldéhyde p-chlorobenzylique.

ALDÉHYDE SÉLÉNOBENZYLIQUE, C^6H^5-CHSe [Cole, *D. chem. G.*, **8**, 1165]. — On la prépare en traitant le chlorure de benzylidène par une solution alcoolique de séléniure de potassium. Elle cristallise dans l'alcool en aiguilles jaunes, fusibles à 70°, insolubles dans l'eau, très solubles dans l'alcool et dans l'éther. Elle n'est pas attaquée par l'ammoniaque, ni par un mélange d'acides cyanhydrique et chlorhydrique.

ALDÉHYDE DIHYDROBENZYLIQUE,

```
        CH²
   HC ⁄   ⁄ CH²
   HC ‖   │ CH
        C-CHO
```

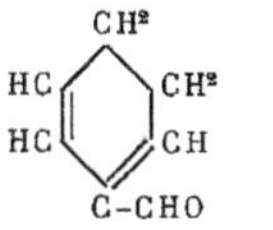

[Eichengrün et Einhorn, *D. chem. G.*, **23**, 2880]. — Ce composé prend naissance dans le dédoublement du bromhydrate de dibromure d'anhydroecgonine par le carbonate de sodium à la température de 60°. On l'isole par distillation dans un courant de vapeur d'eau.

C'est un liquide incolore, qui brunit peu à peu à la lumière; son odeur est piquante et provoque le larmoiement. Elle bout sans altération à 120-121° sous une pression de 120 millimètres et distille avec décomposition partielle à 180-190° à la pression ordinaire. Elle demeure liquide à —20°. Sa densité est 1,0327 à 0° et 1,0202 à 14°,5.

Elle présente toutes les réactions des aldéhydes: elle se combine avec la phénylhydrazine, avec l'hydroxylamine, avec le bisulfite de sodium, réduit la solution ammoniacale d'argent, le permanganate, la liqueur de Fehling, ramène au rouge la solution sulfureuse de fuchsine, etc.

Au contact prolongé de l'air ou même de l'oxygène, elle ne se transforme pas en acide dihydrobenzoïque, mais elle s'épaissit et se résinifie peu à peu. Oxydée par l'oxyde d'argent à la température de 60-70°, elle se convertit en acide dihydrobenzoïque, $C^6H^7.CO^2H$.

La *combinaison bisulfitique*,

$$C^7H^8O.SO^3NaH,$$

est une masse cristalline, très soluble dans l'eau, insoluble dans l'alcool et dans l'éther: au moment où elle se produit, une certaine quantité de l'aldéhyde dihydrobenzylique s'oxyde et se transforme en aldéhyde benzylique.

Lorsqu'on décompose cette combinaison bisulfitique par les acides, on voit se régénérer l'aldéhyde dihydrobenzylique; si au contraire on effectue la décomposition par les carbonates alcalins, c'est de l'aldéhyde benzylique qui est mise en liberté.

L'*hydrazone*, $C^7H^8=Az^2H.C^6H^5$, cristallise dans l'alcool en lamelles clinorhombiques jaunes, fusibles à 127-128°, très altérables à la lumière, très solubles dans l'alcool, l'éther, l'acide acétique, l'acétate d'éthyle, moins solubles dans le benzène et dans la ligroïne.

L'*oxime*, $C^7H^8=AzOH$, paraît constituée par un mélange de deux dérivés isomériques: l'un, α, est liquide à la température ordinaire; l'autre, β, fond à 43-44° : tous deux sont très solubles dans l'alcool, l'éther, l'acide acétique, l'acétate d'éthyle; le benzène et la ligroïne dissolvent bien le dérivé β, mais non le dérivé α. E. Burcker.

BENZYLIQUE (MERCAPTAN) [Syn. *Benzylmercaptan*]. — Voyez Dict., 1, 582 et Suppl., 1, 435.

Mercaptan p-chlorobenzylique,

$$C^6H^4Cl-CH^2.SH.$$

— Obtenu au moyen du chlorure de p-chlorobenzyle et du sulfhydrate de potassium en présence d'alcool, ce corps se présente en cristaux fusibles à 84-85° [Beilstein, *Ann. Chem.*, **116**, 347]. Suivant MM. Jackson et White, il fond à 19-20° [*Am. Journ.*, **2**, 167].

Le *sel mercurique*, $(C^7H^6ClS)^2Hg$, forme des aiguilles incolores, peu solubles dans l'alcool bouillant.

Mercaptan p-bromobenzylique,

$$C^6H^4Br-CH^2.SH$$

[Jackson et Hartshorn, *Am. Journ.*, **5**, 268]. — Il prend naissance par l'action du sulfhydrate de potassium sur le bromure de p-bromobenzyle en présence d'alcool. C'est une masse cristalline, volatile avec la vapeur d'eau, douée d'une odeur désagréable, et soluble dans la plupart des dissolvants usuels, à l'exception de l'eau et de l'acide acétique.

Le *sel mercurique*, $(C^7H^6BrS)^2Hg$, est une masse nacrée, très soluble dans l'éther et dans le sulfure de carbone, peu soluble dans l'alcool, le benzène, l'acide acétique; chauffé, il se décompose sans fondre.

Mercaptan p-nitrobenzylique,

$$C^6H^4(AzO^2)-CH^2.SH$$

[Strakosch, *D. chem. G.*, **5**, 698]. — On l'obtient au moyen du chlorure de p-nitrobenzyle et du sulfure d'ammonium en présence d'alcool. Il forme des lamelles fusibles à 140°, solubles dans l'alcool et dans l'éther. Soumis à l'action prolongée du sulfure d'ammonium ou de l'ammoniaque, il se convertit en disulfure de p-nitrobenzyle.

Mercaptan o-cyanobenzylique,

$$C^6H^4(CAz)-CH^2.SH$$

[Day et Gabriel, *D. chem. G.*, **23**, 2431]. — On peut le préparer par double décomposition entre le sulfhydrate de potassium et le chlorure d'o-cyanobenzyle, ou par l'action de l'acide sulfurique sur l'isosulfocyanate d'o-cyanobenzyle à 50-70° :

$$C^6H^4(CAz)CH^2-SCAz + 2H^2O$$
$$= CO^2 + AzH^3 + C^8H^7AzS.$$

Il est insoluble dans l'ammoniaque, soluble dans les alcalis avec formation de sels alcalins.

L'*éther méthylique*, $C^6H^4(CAz)CH^2.SCH^3$, préparé au moyen du sel de potassium et de l'iodure de méthyle, est une huile jaune clair, bouillant à 288° sous 757 millimètres. L'ébullition avec l'acide chlorhydrique le convertit en *sulfure de méthyle et de benzyle-o-carboxylé*,

$$C^6H^4(CO^2H)CH^2-S-CH^3,$$

aiguilles incolores, fusibles à 138°.

ORTHOTHIOFORMIATE DE BENZYLE, $CH(SC^7H^7)^3$ — Voyez Suppl., 1, 1549.

THIOBENZOATE DE BENZYLE, $C^6H^5.CH^2-S(C^7H^5O)$ [R. Otto et R. Lüders, *D. chem. G.*, **13**, 1285]. — Ce composé prend naissance lorsqu'on chauffe vers 120-130° molécules égales de chlorure de benzoyle et de mercaptan benzylique. Il forme des cristaux incolores, brillants, asymétriques, insolubles dans l'eau, très solubles à chaud dans l'acide acétique, le benzène, l'alcool, l'éther.

La potasse alcoolique le dédouble en acide benzoïque et mercaptan benzylique. Le permanganate de potassium le transforme en un mélange d'acides benzoïque et benzène-sulfonique.

ACIDE BENZYLTHIOGLYCOLIQUE,

$$C^6H^5.CH^2-S-CH^2.CO^2H$$

[S. Gabriel, *D. chem G.*, **12**, 1641]. — On l'obtient en mélangeant à chaud des solutions alcalines de benzylmercaptan et d'acide chloracétique, et en précipitant ensuite par l'acide chlorhydrique. Il cristallise dans l'eau bouillante en lamelles fusibles à 58-59°.

Le *sel d'argent*, $C^9H^9O^2SAg$, forme de fines aiguilles solubles dans l'eau bouillante.

L'*éther éthylique* est un liquide bouillant à 275-290°.

L'*amide*, $C^7H^7-S-CH^2.COAzH^2$, se présente en larges lamelles rectangulaires, fusibles à 97°.

CYANAMIDOBENZYLMERCAPTAN [Syn. *Amido-imido-thioformiate de benzyle*],

$$C^7H^7-S-C(AzH)(AzH^2)$$

[Bernthsen et Klinger, *D. chem. G.*, **12**, 575]. — Ce corps se produit à l'état de chlorhydrate par l'union directe de la sulfo-urée avec le chlorure de benzyle. Il cristallise en petites aiguilles, très altérables, fusibles à 71-72°, peu solubles dans l'eau, très solubles dans l'alcool, l'éther et les acides dilués. Il se décompose un peu au-dessus de son point de fusion en dicyanodiamide et benzylmercaptan.

Le *chlorhydrate*, $C^8H^{10}Az^2S.HCl$, cristallise dans l'eau en petites aiguilles fusibles à 166-168°, assez solubles dans l'alcool.

Le *chloroplatinate*, $(C^8H^{10}Az^2S.HCl)^2PtCl^4$, se présente en beaux prismes assez solubles dans l'eau.

SULFURE DE BENZYLE, $(C^7H^7)^2S$. — Voyez Dict., 1, 582 et Suppl., 1, 345.

Sulfure de p-chlorobenzyle, $(C^6H^4Cl-CH^2)^2S$ [Pauly, *Ann. Chem.*, **167**, 187. — Jackson et White, *Am. Journ.*, **2**, 166]. — Obtenu par l'action du sulfure de potassium sur le chlorure ou sur le bromure de p-chlorobenzyle, ce corps forme de longues aiguilles fusibles à 42°, solubles dans l'alcool froid, très solubles dans l'éther, le benzène, le sulfure de carbone. Il se décompose par la distillation, en donnant du chlorotoluène, de l'acide chlorhydrique et un corps de la formule $C^{14}H^8S^2$.

Sulfure de p-bromobenzyle, $(C^6H^4Br-CH^2)^2S$ [Jackson et Hartshorn, *Am. Journ.*, **5**, 267]. — Grandes lamelles, fusibles à 58-59°, préparées au moyen du bromure de p-bromobenzyle et du sulfure de sodium en présence d'alcool. Peu soluble dans l'alcool, la ligroïne, l'acide acétique, ce corps se dissout aisément dans l'éther, le benzène, le sulfure de carbone.

Sulfure d'o-nitrobenzyle, $[C^6H^4(AzO^2)CH^2]^2S$. — Une solution alcoolique de chlorure d'o-nitrobenzyle, additionnée d'ammoniaque et traitée au bain-marie par un courant d'hydrogène sulfuré, laisse bientôt déposer un précipité cristallin de sulfure d'o-nitrobenzyle, en même temps que les eaux mères se colorent en rouge. Si l'on prolonge l'action du gaz sulfhydrique, on voit se déposer du soufre, mélangé d'un composé organique sulfuré fusible vers 100°; les eaux mères fournissent par concentration des cristaux de disulfure d'o-nitrobenzyle [R. Jahoda, *Mon. f. Chem.*, **10**, 874; *Bull. Soc. Chim.*, (3), **4**, 280].

Le sulfure d'o-nitrobenzyle cristallise en lamelles blanches, clinorhombiques, fusibles à 124°, insolubles dans l'eau, peu solubles dans l'alcool froid, très solubles dans l'alcool bouillant, le chloroforme, le benzène, l'acide acétique.

Réduit par l'étain et l'acide chlorhydrique

bouillant, il se convertit en sulfure d'o-amidobenzyle; oxydé au bain-marie par l'acide nitrique (d = 1,3), il donne l'oxysulfure d'o-nitrobenzyle; chauffé à 150° en tube scellé avec de l'acide nitrique fumant, il se transforme en o-nitrobenzylsulfone.

Sulfure d'o-amidobenzyle,

$$[C^6H^4(AzH^2)CH^2]^2S$$

[Jahoda, *loc. cit.*]. — Ce composé cristallise en fines aiguilles soyeuses, légèrement jaunâtres, fusibles à 70°, solubles dans l'alcool et dans l'éther.

Le *chlorhydrate*, $(C^7H^8Az.HCl)^2S, 2H^2O$, forme de petits cristaux d'un rouge rubis.

Oxysulfure d'o-nitrobenzyle,

$$[C^6H^4(AzO^2)CH^2]^2SO.$$

— On a indiqué plus haut son mode de formation. On l'isole du produit de la réaction en neutralisant par le carbonate de sodium et en épuisant par l'éther. C'est une poudre blanche, fusible à 162-164°, très soluble dans l'alcool et dans l'éther.

Ce composé paraît former avec l'acide nitrique une combinaison cristallisée.

Sulfure de benzyle et d'o-p-dinitrophényle. — Voyez Mercaptan Phénylique, Suppl., **2**.

Benzyldiméthylsulfine (iodure de),

$$C^7H^7-S(CH^3)^2I$$

[Cahours, *Ann. Chim. Phys.*, (5), **10**, 26. — Schöller, *D. chem. G.*, **7**, 1274]. — Ce composé prend naissance dans l'action de l'iodure de méthyle sur le sulfure de benzyle à 100°. C'est une huile rougeâtre, donnant par le chlorure de platine un *chloroplatinate* $[C^7H^7(CH^3)^2SCl]^2PtCl^4$ en belles aiguilles orangées.

Benzyldiéthylsulfine (iodure de) [Schöller, *loc. cit.*]. — Ce composé se produit à la longue dans l'action de l'iodure d'éthyle sur le sulfure de benzyle à 100°.

Le *chloroplatinate*, $[C^7H^7(C^2H^5)^2SCl]^2PtCl^4$, cristallise en aiguilles.

Platosobenzylsulfine [Blomstrand et Löndahl, *J. prakt. Chem.*, (2), **38**, 497; *Bull. Soc. Chim.*, (3), **2**, 826].

Chlorure, $Pt[S(C^7H^7)^2Cl]^2$. — Cristaux d'un jaune verdâtre, fusibles à 159°.

Bromure, $Pt[S(C^7H^7)^2Br]^2$. — Cristaux fusibles à 139°.

Iodure, $Pt[S(C^7H^7)^2I]^2$. — Prismes obliques, rouges, fusibles à 129°.

Nitrate basique, $Pt[S(C^7H^7)^2]^2OH.AzO^3$. — Sirop incristallisable.

Nitrite, $Pt[S(C^7H^7)^2AzO^2]^2$. — Cristaux fusibles à 126°.

Platinobenzylsulfine [*ibid.*]. — *Chlorure*, $PtCl^2(S(C^7H^7)^2Cl)^2$. — Prismes jaunes, fusibles avec décomposition à 172°.

Disulfure de benzyle, $(C^7H^7.S)^2$. — On le prépare commodément en mélangeant une solution aqueuse de sulfhydrate de potassium avec une solution alcoolique bouillante de chlorure de benzylidène : il se dépose un mélange de chlorure de potassium et de disulfure de benzyle, et il reste en solution du thiosulfobenzoate de potassium. La réaction peut être représentée par les deux équations successives :

$$C^6H^5-CHCl^2+2KSH$$
$$=2KCl+H^2S+C^6H^5-CHS;$$

$$3C^6H^5-CHS+KSH$$
$$=C^6H^5-CS^2K+[C^6H^5-CH^2S]^2$$

[Fleischer, *Ann. Chem.*, **140**, 234. — Böttinger, *D. chem. G.*, **12**, 1053. — H. Klinger, *D. chem. G.*, **15**, 861].

Le disulfure de benzyle fond à 69-70°. Mêlé avec une solution alcoolique de nitrate d'argent, il fournit un précipité cristallin blanc, renfermant $(C^7H^7.S)^2.AzO^3Ag$. Ce corps est très soluble dans l'eau, assez soluble dans l'alcool; il ne se colore que lentement en jaune verdâtre à la lumière.

Disulfure de p-chlorobenzyle, $(C^6H^4Cl-CH^2S)^2$ [Jackson et White, *loc. cit.*]. — Aiguilles fusibles à 59°, très solubles dans l'alcool, l'éther, le benzène, le sulfure de carbone.

Disulfure de p-bromobenzyle, $(C^6H^4Br-CH^2S)^2$ [Jackson et Hartshorn, *loc. cit.*]. — Aiguilles fusibles à 87-88°, peu solubles dans l'alcool et dans l'acide acétique, très solubles dans l'éther, le benzène, le sulfure de carbone.

Disulfure d'o-nitrobenzyle,

$$[C^6H^4(AzO^2)CH^2S]^2$$

[Jahoda, *Mon. f. Chem.*, **10**, 874; *Bull. Soc. Chim.*, (3), **4**, 280]. — Ce composé prend naissance, ainsi qu'on l'a vu plus haut, par l'action prolongée du gaz sulfhydrique sur une solution alcoolo-ammoniacale de chlorure d'o-nitrobenzyle, à la température du bain-marie. Il forme des cristaux jaunes, fusibles à 47°, volatils avec la vapeur d'eau, et présentant une odeur extrêmement pénétrante.

La réduction par l'étain et l'acide chlorhydrique paraît le transformer en un mercaptan.

Disulfure de p-nitrobenzyle,

$$[C^6H^4(AzO^2)CH^2S]^2$$

[Strakosch, *loc. cit.*]. — Cristaux jaunes, microscopiques, fusibles à 89°, solubles dans l'alcool et dans l'éther.

Disulfure d'o-cyanobenzyle,

$$[C^6H^4(CAz)CH^2.S]^2$$

[Day et Gabriel, *D. chem. G.*, **23**, 2485]. — On l'obtient en oxydant par le ferricyanure de potassium une solution alcaline d'o-cyanobenzylmercaptan. Il cristallise dans l'alcool en longs prismes fusibles à 124°.

Ad. Fauconnier.

BENZYLIQUES (ALDOXIMES) [Syn. *Benzaldoximes*].

Benzaldoxime α [Syn. *Phénylcarboxime*],

$$C^6H^5-CH=Az-OH.$$

Préparation. — On dissout l'aldéhyde benzylique dans l'alcool et on y ajoute une solution aqueuse d'hydroxylamine, préparée en décomposant le chlorhydrate de cette base par le carbonate de sodium.

On emploie un léger excès d'hydroxylamine et on abandonne la solution dans un vase rempli d'acide carbonique pour éviter l'oxydation. Au bout de 24 heures, on épuise par l'éther. On évapore le dissolvant et on obtient un liquide qui distille au-dessus de 200° sans décomposition lorsqu'on opère sur 1 ou 2 grammes de matière.

Cette oxime est liquide et se dissout facilement dans l'alcool et dans l'éther [Petraczek, *D. chem. G.*, **15**, 2785; *Bull. Soc. Chim.*, (2), **39**, 525].

L'hydrobenzamide réagit sur le chlorhydrate d'hydroxylamine avec formation de chlorhydrate d'ammoniaque et de benzaldoxime :

$$3AzH^2.OH.HCl+(C^6H^5.CH)^3Az^2$$
$$=2AzH^4Cl+3C^6H^5.CH=AzOH+HCl.$$

On peut faire réagir les deux substances à sec ou en les dissolvant dans l'alcool. Il vaut mieux opérer par cette dernière méthode en opérant à froid; on obtient de bons rendements en se servant d'alcool absolu et de produits bien secs [B. Lachowicz, *D. chem. G.*, **22**, 2887].

En traitant la benzénylamidoxime,

$$C^6H^5-C\begin{smallmatrix}\nearrow AzOH\\ \searrow AzH^2\end{smallmatrix}$$

par l'amalgame de sodium en solution aqueuse, MM. Tiemann et Krüger [*D. chem. G.*, 17, 1685] ont observé la formation de la benzaldoxime :

$$C^6H^5-C\begin{matrix}\nearrow AzOH\\ \searrow AzH^2\end{matrix}+H^2$$
$$=C^6H^5-CH=AzOH+AzH^3.$$

Lorsque l'on oxyde la β-dibenzhydroxylamine au moyen du dichromate de potassium, on obtient un corps qui, soumis à une ébullition prolongée avec l'alcool, se transforme quantitativement en benzaldoxime [R. Behrend et E. König, *D. chem. G.*, 23, 1773].

Sel sodique [Syn. *Phénylcarboximate de sodium*],

$$C^6H^5-CH=AzONa, H^2O.$$

— On dissout $0^{gr},5$ de sodium dans l'alcool absolu et on y ajoute $2^{gr},5$ d'oxime : il se précipite une masse d'un blanc jaunâtre, qu'on sèche dans le vide en présence d'acide sulfurique.

Ce sel perd 1 molécule d'eau à 90°. Il est facilement soluble dans l'eau, d'où il peut se déposer en magnifiques cristaux.

Ce dérivé sodé fait la double décomposition avec les sels solubles des métaux lourds. Traité par les acides dilués, il régénère l'oxime [Petraczek, *D. chem. G.*, 16, 824].

Réactions. — La benzaldoxime, traitée en solution éthérée par l'acide chlorhydrique gazeux, laisse déposer un *chlorhydrate* cristallisé, $C^7H^7AzO.HCl$, qui est peu soluble dans l'eau froide.

La benzaldoxime se transforme facilement en benzylamine sous l'influence de l'amalgame de sodium. Pour opérer cette réduction, on traite la benzaldoxime dissoute dans l'alcool et additionnée d'acide acétique par de l'amalgame de sodium à 2,5 0/0 et on chauffe à 60° en maintenant la liqueur acide par des additions d'acide acétique. On épuise la solution acide par l'éther pour enlever les impuretés, puis on alcalinise et on répète le traitement à l'éther. Ce dernier abandonne la benzylamine ; le rendement est satisfaisant [Goldschmidt, *D. chem. G.*, 19, 3232 ; *Bull. Soc. Chim.*, (2), 47, 793].

La benzaldoxime, distillée avec de l'anhydride acétique, donne du benzonitrile :

$$C^6H^5-CH=AzOH+(C^2H^3O)^2O$$
$$=C^6H^5-CAz+2C^2H^4O^2$$

[Lach, *D. chem. G.*, 17, 1571].

En opérant avec un mélange d'acide acétique, d'anhydride acétique et d'acide chlorhydrique gazeux, M. Beckmann obtient de la benzamide et du benzonitrile [*D. chem. G.*, 22, 429].

La benzaldoxime se combine avec le bisulfite de sodium. Si, par exemple, on agite cette oxime avec une solution de bisulfite à 30 0/0, on constate que la masse s'échauffe et laisse déposer des cristaux incolores. Ceux-ci, lavés à l'eau, puis à l'alcool et à l'éther, sont redissous dans l'eau et précipités de la solution aqueuse par addition d'alcool. On obtient par refroidissement de fines aiguilles incolores ayant pour formule

$$C^6H^5-CH(SO^3Na)-AzH(SO^3Na), 3H^2O.$$

Ce corps, séché dans le vide, perd son eau de cristallisation.

Il est très soluble dans l'eau et insoluble dans l'alcool froid.

Les acides dilués et les carbonates alcalins le décomposent rapidement à chaud ; l'eau bouillante agit de la même façon ; les alcalis le décomposent à froid [H. von Pechmann, *D. chem. G.*, 20, 2541].

La benzaldoxime, oxydée par une solution aqueuse et alcaline de ferricyanure de potassium, donne naissance au *peroxyde d'azobenzényle*,

$$\begin{matrix}C^6H^5-CH=AzO\\ \mid\\ O\\ \mid\\ C^6H^5-CH=AzO\end{matrix}$$

et à la *dibenzénylazoxime* (*diphényl-furo-m-diazol*),

$$C^6H^5-C\begin{matrix}\nearrow\!\!\!\!/ Az-O\\ \quad\quad\mid\\ \searrow Az=C-C^6H^5\end{matrix}$$

Voici comment on obtient ces deux corps : On dissout l'oxime dans une lessive alcaline très diluée et on ajoute une solution de ferricyanure alcaline et très étendue, par petites portions, jusqu'à léger excès de ce réactif. On obtient ainsi un précipité, qu'on sèche sur des plaques poreuses. On le dissout dans le chloroforme et on le précipite par l'alcool.

Ce corps est le peroxyde d'azobenzényle. Il se présente sous la forme de rectangles microscopiques incolores, gras au toucher, fusibles à 105° et se colorant en jaune à la lumière.

Le sulfhydrate d'ammoniaque en solution alcoolique le réduit et le transforme en α-benzaldoxime.

La solution aqueuse d'où l'on a extrait le peroxyde d'azobenzényle, agitée avec de l'éther, lui abandonne la dibenzénylazoxime fusible à 108°, de l'acide benzoïque et du benzylal [Beckmann, *D. chem. G.*, 22, 1588].

L'acide azoteux, préparé au moyen de l'acide arsénieux et de l'acide azotique, agit sur la benzaldoxime en solution éthérée en donnant du peroxyde d'azobenzényle : le rendement est de 50 0/0 [Beckmann, *loc. cit.*]. En poussant l'action de l'acide nitreux jusqu'à refus, on obtient le corps

$$\begin{matrix}C^6H^5-C & - & C-C^6H^5\\ \| & & \|\\ Az & & Az\\ \mid & & \mid\\ O & - & O\end{matrix}$$

fusible à 114-115°.

Carbanilidobenzaldoxime,

$$C^6H^5-CH=Az-O-CO.AzH.C^6H^5,$$

— On dissout dans le benzène molécules égales de benzaldoxime et de cyanate de phényle. Le mélange s'échauffe ; on distille le benzène et on fait cristalliser le résidu dans le benzène, l'alcool ou l'éther

Le corps ainsi obtenu fond à 135-136°. Il se décompose un peu au-dessus de son point de fusion en donnant de l'acide carbonique, de la diphénylurée et du benzonitrile :

$$2[C^6H^5-CH=AzO.CO.AzH.C^6H^5]$$
$$=CO^2+H^2O+2C^6H^5.CAz+(C^6H^5.AzH)^2CO$$

Les alcalis en solution aqueuse donnent de la benzaldoxime et de l'aniline. La potasse alcoolique fournit de la benzaldoxime et du phénylcarbonate d'éthyle [Goldschmidt, *D. chem. G.*, 22, 3112].

Éther méthylique [Syn. *Phénylcarboximate de méthyle*, *phénylcarbo-méthyloxime*],

$$C^6H^5-CH=AzOCH^3.$$

— On dissout dans l'alcool absolu $1^{gr},5$ de sodium, on ajoute 8 grammes d'oxime, puis 10 grammes d'iodure de méthyle et on chauffe pendant plusieurs heures dans un ballon muni d'un réfrigérant ascendant. On évapore l'alcool, on reprend par l'éther et on agite la liqueur éthérée avec de la soude pour enlever l'oxime qui n'aurait pas réagi. On décante l'éther, on évapore et on obtient ainsi un liquide huileux, bouillant à 190-192° et possédant une odeur de fruit très agréable.

Cet éther est décomposé par les acides concentrés avec formation d'aldéhyde benzylique et de méthylhydroxylamine AzH^2-O-CH^3

Éther éthylique [Syn. *Phénylcarboximate d'éthyle, phénylcarbo-éthyloxime*],

$$C^6H^5-CH=AzOC^2H^5.$$

— On le prépare comme le dérivé éthylique; c'est une huile insoluble dans l'eau, bouillant à 208-209°.

Traité par l'acide chlorhydrique concentré, il donne de l'aldéhyde benzylique et de l'éthylhydroxylamine $AzH^2 . OC^2H^5$.

En dissolvant cet éther dans 5 fois son poids d'acide chlorhydrique concentré et en chauffant pendant 5 heures à 100°, M. Beckmann a obtenu de l'acide benzoïque, du chlorure d'éthyle et du chlorure d'ammonium. La réaction ici a été plus profonde et l'hydroxylamine a oxydé l'aldéhyde benzylique.

L'*éther propylique* forme une huile bouillant à 225-226°; l'*éther isobutylique* bout à 237-239°.

Éther benzylique (*phénylcarbo-benzyloxime*), $C^6H^5-CH=AzOC^7H^7$. — On fait réagir à la température ordinaire le dérivé sodé sur le chlorure de benzyle en solution alcoolique. Au bout de quelques jours la réaction est terminée. L'addition d'eau à la solution alcoolique en précipite une huile qu'on rassemble au moyen de l'éther et qui est incristallisable (Beckmann).

Cet éther, chauffé à 100° pendant 5 heures avec de l'acide chlorhydrique concentré, a donné de l'aldéhyde benzylique, de l'acide benzoïque, de la benzylhydroxylamine, du chlorure de benzyle et du sel ammoniac [Beckmann, *D. chem. G.*, **22**, 1531; *Bull. Soc. Chim.*, (3), **3**, 266].

o-Nitro-α-benzaldoxime [Syn. *o-Nitrophénylcarboxime, nitrosométhyl-o-nitrobenzène*],

$$AzO^2-C^6H^4-CH=AzOH.$$

— Ce corps a été obtenu en partant de l'acide phénylacétique.

On introduit 10 grammes d'acide phénylacétique dans un mélange de 60 grammes d'acide azotique fumant et de 60 grammes d'acide sulfurique. On verse le tout, après réaction, dans 250 grammes d'eau, on lave le précipité et on le chauffe avec 60 grammes de sulfure d'ammonium en solution concentrée : on obtient ainsi de l'acide p-amido-o-nitrophénylacétique (voy. Suppl., **1**, 1185).

Traité par le nitrite d'amyle et l'acide chlorhydrique, celui-ci fournit le dérivé

$$C^6H^3 \begin{cases} CH=AzOH_{(1)} \\ AzO^2_{(2)} \\ Az=AzCl_{(4)} \end{cases}$$

Ce dernier, soumis à l'ébullition avec de l'alcool absolu, donne l'o-nitrobenzaldoxime.

On obtient plus facilement ce dérivé en abandonnant un mélange d'aldéhyde o-nitrobenzylique et d'hydroxylamine en solution alcoolique [Gabriel, *D. chem. G.*, **15**, 3057].

Les oxydants (chlorure ferrique, dichromate et permanganate de potassium) donnent de l'aldéhyde o-nitrobenzylique.

Chauffée avec de l'anhydride acétique et de l'acétate de sodium sec, la benzaldoxime o-nitrée se convertit en o-nitrobenzonitrile.

Chauffée en tube scellé, pendant 1 heure, avec un mélange de potasse, d'alcool méthylique et d'iodure de méthyle, elle donne naissance à l'*éther méthylique*,

$$AzO^2-C^6H^4-CH=AzOCH^3.$$

Ce dernier fond à 58°; il est peu soluble dans l'eau, même à chaud [Gabriel et R. Meyer, *D. chem. G.*, **14**, 2332; *Bull. Soc. Chim.*, (2) 37, 268].

o-Amido-α-benzaldoxime [Syn. *Nitrosométhylamidobenzène*], $AzH^2-C^6H^4-CH=AzOH$. — On l'obtient en réduisant à chaud le dérivé nitré précédent par le sulfure d'ammonium concentré.

Ce corps cristallise en aiguilles brillantes, incolores, fusibles à 132-133°, très solubles dans l'alcool, l'éther, l'acide acétique et le sulfure de carbone, peu solubles dans l'eau froide, le benzène et l'éther.

Il est soluble dans les acides et dans les alcalis; traité par la potasse et l'alcool méthylique, il donne l'*o-amidophényl-carbométhyloxime*,

$$AzH^2-C^6H^4-CH=AzOCH^3.$$

Ce composé est huileux, mais il donne un *chlorhydrate* cristallisé.

Le *dérivé acétylé*,

$$AzH(C^2H^3O)-C^6H^4-CH=AzOCH^3,$$

forme des prismes rectangulaires peu solubles dans l'eau, fusibles à 109° [Gabriel et R. Meyer, *loc. cit.*].

m-Nitro-α-benzaldoxime [Syn. *m-Nitrophénylcarboxime, nitrosométhyl-m-nitrobenzène*],

$$C^6H^4(AzO^2)-CH=AzOH.$$

— M. Gabriel a obtenu cette oxime au moyen de l'acide p-amido-m-nitrophénylacétique (voyez Suppl., **1**, 1185).

Traité par le nitrite d'amyle et l'acide chlorhydrique, cet acide se comporte comme son isomère ortho et donne le corps

$$C^6H^3 \begin{cases} CH=AzOH \\ AzO^2 \\ Az=AzCl \end{cases}$$

qui, par l'action ultérieure de l'alcool bouillant, fournit la m-nitrobenzaldoxime.

On prépare encore cette oxime en mettant en présence l'aldéhyde benzylique et l'hydroxylamine en solution alcoolique.

Ce corps cristallise dans l'eau en longues aiguilles incolores, fusibles à 115-118°, solubles dans l'alcool, l'éther, l'acide acétique, le benzène, peu solubles dans l'eau et dans le sulfure de carbone, solubles dans les alcalis.

Oxydé par le dichromate de potassium et l'acide sulfurique, il donne l'aldéhyde m-nitrobenzylique [Gabriel, *D. chem. G.*, **15**, 834 et 3057; *Bull. Soc. Chim.*, (2). **38**, 319 et **39**, 531].

Cette oxime, chauffée avec de l'iodure de méthyle en présence de potasse, donne le *dérivé méthylé* $AzO^2-C^6H^4-CH=AzOCH^3$, aiguilles incolores, fusibles à 63-63°,5, qui, traitées par l'acide chlorhydrique à 160-170°, donnent du chlorure de méthyle, de l'acide benzoïque et du chlorure d'ammonium. Si l'on opère à l'ébullition, on obtient de l'aldéhyde nitrobenzylique et du chlorhydrate de méthylhydroxylamine.

La m-nitrobenzaldoxime se dissout dans une solution de soude chaude et moyennement concentrée, et donne par refroidissement un *sel sodique* qui forme de longues aiguilles orangées, répondant à la formule

$$C^6H^4(AzO^2)CH=AzONa, 2H^2O.$$

L'eau le dissocie.

Le perchlorure de phosphore agit vivement à froid sur la m-nitrobenzaldoxime, et donne du m-nitrobenzonitrile [Gabriel, *D. chem. G.*, **16**, 517; *Bull. Soc. Chim.*, (2), **41**, 69].

Éther benzylique. — On l'obtient en traitant la m-nitrobenzaldoxime par l'éthylate de sodium, puis par le chlorure de benzyle.

Carbanilido-m-nitrobenzaldoxime,

$$C^6H^4(AzO^2)CH=AzO.CO.AzH.C^6H^5.$$

— On l'obtient en mélangeant molécules égales de cyanate de phényle et de l'oxime, tous deux dissous dans l'éther. Elle forme des cristaux jaunes, fusibles à 105°, facilement solubles dans l'alcool et dans l'éther [Goldschmidt, *D. chem. G.*, **23**, 2170].

M-AMIDO-α-BENZALDOXIME [Syn. *m-Amidophénylcarboxime*],

$$C^6H^4(AzH^2)CH=AzOH.$$

— On la prépare en réduisant par l'oxyde ferreux le dérivé nitré correspondant. Elle cristallise en aiguilles enchevêtrées, fusibles à 88°.

Elle donne un *chloroplatinate* qui forme des lamelles orangées.

Oxydée par le perchlorure de fer, cette oxime donne naissance à un corps qui paraît avoir pour formule $C^{28}H^{17}Az^3O$ et qui, traité par l'acide chlorhydrique et le chlorure de platine, donne le chloroplatinate de l'aldéhyde m-amidobenzylique [S. Gabriel, *D. chem. G.*, **16**, 1997; *Bull. Soc. Chim.*, (2), **42**, 1907].

P-NITRO-α-BENZALDOXIME [Syn. *Aldoxime p-nitrobenzylique, p-nitrophénylcarboxime*], $C^6H^4(AzO^2)CH=AzOH$. — On l'obtient en traitant à une douce chaleur l'aldéhyde p-nitrobenzylique par l'hydroxylamine.

Elle se présente en longues aiguilles, fusibles à 128°,5, peu solubles dans l'eau froide et dans le benzène, assez solubles dans l'alcool, l'éther et l'acide acétique.

Les alcalis la dédoublent en aldéhyde et hydroxylamine.

Traitée par le sulfure d'ammonium qui réduit le groupe nitré, elle donne naissance à la p-amidobenzaldoxime [S. Gabriel et M. Herzberg, *D. chem. G.*, **16**, 2000; *Bull. Soc. Chim.*, (2), **41**, 512].

P-AMIDO-α-BENZALDOXIME [Syn. *p-Amidophénylcarboxime*],

$$C^6H^4(AzH^2)CH=AzOH.$$

— On l'obtient en réduisant la p-nitrobenzaldoxime au moyen du sulfure d'ammonium. Elle se présente en cristaux fusibles à 124°, solubles dans l'eau, l'alcool, l'éther et les alcalis.

Les acides la dissolvent à froid, mais la solution ne tarde pas à laisser déposer des aiguilles rouges à reflets bleus. En même temps la liqueur se charge d'hydroxylamine. Ces aiguilles, traitées par la soude à chaud, abandonnent à l'éther de l'aldéhyde p-amidobenzylique.

L'aldéhyde p-acétamidobenzylique, traitée par l'hydroxylamine, donne naissance à l'*aldoxime p-acétamidobenzylique,*

$$C^6H^4(AzH.C^2H^3O)CH=AzOH.$$

Ce corps se présente en lamelles blanches, fusibles à 205-206° [S. Gabriel et M. Herzberg, *D. chem. G.*, **16**, 2000; *Bull. Soc. Chim.*, (2), **41**, 513].

BENZALDOXIME β [Syn. *Isobenzaldoxime, phénylisocarboxime, β-phénylcarboxime*]. — On prépare ce corps au moyen de la benzaldoxime α, en opérant comme il suit : On se sert de benzaldoxime tout à fait pure; on fait un mélange de 10 parties d'acide sulfurique pur et de 1 partie d'eau que l'on congèle; on ajoute alors 2g,5 d'oxime et on attend que le mélange se soit liquéfié; on verse aussitôt la solution sulfurique sur de la glace et on épuise immédiatement par l'éther. Les liqueurs éthérées sont agitées avec une solution de carbonate de sodium, puis l'éther est évaporé.

On peut encore se servir de l'acide chlorhydrique pour transformer la benzaldoxime α en son isomère β. A cet effet, on dirige dans la solution éthérée de l'oxime un courant de gaz chlorhydrique. Il se forme un chlorhydrate qui correspond à l'oxime β, et qui, décomposé par une solution aqueuse de carbonate de sodium, fournit l'isobenzaldoxime.

Le composé ainsi obtenu fond à 128-130°; mais, maintenu à cette température, il se transforme peu à peu en benzaldoxime α. L'acide sulfurique dilué produit immédiatement la même transformation à la température ordinaire.

Du reste, avec le temps ou sous l'influence de traces d'impuretés la transformation moléculaire se produit également.

Ce corps est soluble dans l'eau et cristallise dans ce liquide en aiguilles très fines et enchevêtrées [Beckmann, *D. chem. G.*, **20**, 1509 et 2766].

La grandeur moléculaire, déterminée au moyen de la méthode de M. Raoult, à l'aide de l'acide acétique comme dissolvant, conduit à la formule C^7H^7AzO.

La β-benzaldoxime, oxydée par le ferricyanure, donne les mêmes produits que son isomère α, du peroxyde d'azobenzényle et de la dibenzénylazoxime. L'acide nitreux agit sur la β-benzaldoxime comme sur le dérivé α [Beckmann, *D. chem. G.*, **22**, 1588].

La β-benzaldoxime, traitée par un mélange d'acide et d'anhydride acétiques, en présence d'acide chlorhydrique gazeux, donne de la benzamide et du benzonitrile.

Le *chlorhydrate*, $C^7H^7AzO.HCl$, est hygroscopique, et perd son acide chlorhydrique au contact de l'air.

β-Benzaldoxime sodée, C^7H^6AzONa. — On prépare ce dérivé comme son isomère α. Il s'en distingue en ce qu'il est très soluble dans l'alcool. Précipité de sa solution alcoolique par un grand excès d'éther, il se présente en aiguilles blanches.

Éther éthylique, $C^7H^6AzO.C^2H^5$. — Préparé comme son isomère α, il ne présente aucune différence notable avec ce dernier. Sa décomposition par l'acide chlorhydrique donne naissance aux mêmes produits; cependant l'attaque est moins rapide.

Éther benzylique, $C^7H^6AzO.C^7H^7$. — Obtenu par le même procédé que son isomère α, il s'en distingue en ce que la réaction est instantanée.

De plus, ce corps, précipité par l'éther, cristallise en aiguilles enchevêtrées, présentant l'aspect de l'ouate et fusibles à 81-82°.

On obtient ce même éther benzylique en mettant le chlorhydrate de benzylhydroxylamine β, $C^7H^7.AzH.OH$, en solution aqueuse, en présence de benzylal et de carbonate de potassium.

Chauffé à 100° avec de l'acide chlorhydrique dans les mêmes conditions que son isomère α, il donne un *chlorhydrate* fusible à 147-148°.

Si l'on fait réagir à chaud l'éther benzylique de l'isobenzaldoxime sur le cyanate de phényle, on obtient de la *benzylphényl-urée,*

$$C^6H^5.AzH.CO.AzH.C^7H^7,$$

fusible à 168° [Goldschmidt, *D. chem. G.*, **23**, 2746].

Le chlorure de benzoyle, le chlorure d'acétyle et l'oxychlorure de phosphore réagissent sur l'éther benzylique de la β-benzaldoxime, en donnant naissance, par une transformation isomérique, à la *benzylbenzamide,*

$$C^6H^5.CO.AzH.C^7H^7,$$

fusible à 105° [Beckmann, *D. chem. G.*, **23**, 333].

L'acide iodhydrique réagit sur l'éther benzylique en donnant de la benzylamine et un peu d'acide benzoïque.

L'éther benzylique de l'isobenzaldoxime réagit à froid en solution benzénique sur le cyanate de phényle et donne un produit d'addition cristallisant en aiguilles fusibles à 121°. Ce composé est stable; mais il se dédouble en peu de temps lorsqu'on le chauffe avec de l'acide chlorhydrique en tube scellé.

Ce dérivé carbanilidé, traité par une solution d'éthylate de sodium, donne par perte d'acide carbonique un composé possédant une fonction basique, peu soluble dans l'eau et répondant à la formule $C^{20}H^{18}Az^2$. Ce corps est peut-être une benzylphénylbenzamidine,

$$C^6H^4 \begin{cases} CH^2-AzH \\ \quad C-C^6H^5 \\ Az-C^6H^5 \end{cases}$$

ou plutôt un dérivé quinazolique, la 1-2-*diphényltétrahydrophéno-m-diazine*,

$$C^6H^4 \begin{cases} CH-AzH \\ \quad CH-C^6H^5 \\ AzC^6H^5 \end{cases}$$

(Beckmann).

L'ammoniaque en solution alcoolique réagit sur le dérivé carbanilidé du β-phénylcarbobenzyloxime, en donnant une huile épaisse qui se solidifie à l'air en perdant un corps volatil. Les cristaux obtenus sont formés de benzylidène-anilide, $C^6H^5-CH=Az-C^6H^5$.

Carbanilido-isobenzaldoxime [Syn. *Carbanilido-β-benzaldoxime*], $C^{14}H^{12}Az^2O^2$. — On dissout dans l'éther 1 molécule d'isobenzaldoxime et on y ajoute 1 molécule de cyanate de phényle également en solution éthérée. Il se forme un précipité volumineux qu'on essore et qu'on fait cristalliser dans l'alcool froid.

On obtient ainsi de petites tables, d'aspect quadratique, fusibles à 74-75° en se décomposant. Ce composé, chauffé dans le benzène bouillant, se transforme en un dérivé isomérique, fusible à 94° en se décomposant.

Mis en contact pendant quelques heures à froid avec une solution de soude, le dérivé fusible à 74-75° donne de la diphénylurée, de l'aniline et de l'isobenzaldoxime.

Le corps fondant à 94° donne de la diphénylurée, de l'aniline et du benzonitrile.

La carbanilido-isobenzaldoxime (94°), traitée en solution benzénique par quelques bulles d'acide chlorhydrique, se transforme en carbanilidobenzaldoxime α. Une trace de cyanate de phényle produit la même transformation [Goldschmidt, *D. chem. G.*, **22**, 3122]. On n'a pas pu jusqu'ici retourner du dérivé fusible à 94° au dérivé fusible à 71° [Beckmann, *D. chem. G.*, **23**, 3319].

M-NITRO-ISOBENZALDOXIME [Syn. *m-Nitro-β-phénylcarboxime*. — On l'obtient au moyen de la m-nitrobenzaldoxime α. On fait passer de l'acide chlorhydrique gazeux dans la solution éthérée de l'oxime et l'on décompose le chlorhydrate au moyen du carbonate de sodium. Le précipité obtenu donne par cristallisation dans l'éther des aiguilles fusibles à 116-118°.

Il est moins soluble dans l'éther que son isomère et présente le même point de fusion que ce dernier.

Éther méthylique,

$$AzO^2-C^6H^4-CH \genfrac{}{}{0pt}{}{\diagup Az-CH^3}{\diagdown O} \quad (?)$$

— On prépare cet ether a la manière ordinaire en opérant avec la m-nitro-isobenzaldoxime, l'éthylate de sodium et l'iodure de méthyle. Après un contact de 24 heures, on distille dans un courant de vapeur d'eau. Le liquide passé à la distillation est épuisé par l'éther : il fournit une petite quantité de cristaux fusibles à 40°, qui sont constitués par un dérivé isomérique de celui que nous décrivons.

Le résidu de la distillation, alcalinisé et épuisé par l'éther, donne un composé qui, après cristallisation dans le benzène en présence du noir animal, se présente en prismes jaunes, fusibles à 117°.

Ce corps donne facilement un *chlorhydrate*.

L'acide iodhydrique le décompose à chaud avec formation de méthylamine.

Si l'on opère, pour obtenir l'éther méthylique, non pas avec le dérivé sodique, mais avec le dérivé argentique de la m-nitro-β-benzaldoxime (que l'on prépare en traitant le dérivé sodé par le nitrate d'argent, lavant et séchant le précipité), on n'obtient plus le même dérivé. En effet, l'iodure de méthyle réagit à froid sur ce sel argentique en donnant un éther fusible à 69° et réellement différent par le point de fusion et par la forme cristalline du produit fusible à 63°,5 qu'on obtient avec la m-nitrobenzaldoxime α.

Traité par l'acide chlorhydrique en solution éthérée, le composé fusible à 69° se transforme en son isomère fusible à 63°,5 [Goldschmidt, *D. chem. G.*, **23**, 2170].

Éther benzylique, — Obtenu avec l'éthylate de sodium et le chlorure de benzyle, ce corps cristallise de sa solution alcoolique en lamelles ou en aiguilles jaunes, fusibles à 148°, peu solubles dans l'éther et dans l'alcool.

Traité en solution éthérée par l'acide chlorhydrique, il donne un sel blanc.

Chauffé avec l'acide iodhydrique, il donne de la benzylamine. Il résulte de là, à moins qu'il ne se soit produit une transposition moléculaire, que le groupe benzyle est attaché à l'azote, comme l'indique la formule suivante :

$$AzO^2-C^6H^4-\underset{\diagdown O \diagup}{CH-Az}-C^7H^7$$

Carbanilido-m-nitro-β-benzaldoxime,

$$C^{14}H^{11}Az^3O^4.$$

— On l'obtient en mélangeant en solution éthérée molécules égales de cyanate de phényle et de m-nitro-isobenzaldoxime.

Ce corps forme de petites aiguilles réunies en rognons, presque insolubles dans l'éther et fusibles à 75° en se décomposant.

L'acide chlorhydrique le transforme instantanément en son isomère α, fusible à 105° [Goldschmidt, *D. chem. G.*, **23**, 2170].

CONSTITUTION DES BENZALDOXIMES. — La constitution des dérivés des benzaldoximes ne semble pas établie encore d'une façon certaine. Il faut, en effet, probablement distinguer, dans ces composés, des isoméries d'ordre chimique et des isoméries d'ordre stéréochimique.

L'éther benzylique de la benzaldoxime α, traité par l'acide chlorhydrique, donne de l'aldéhyde benzylique et de la benzylhydroxylamine α,

$$C^6H^5.CH^2.O.AzH^2.$$

Au contraire, l'éther benzylique de la benzaldoxime β donne dans les mêmes conditions une benzylhydroxylamine β, où le groupe benzylique est fixé directement à l'atome d'azote, comme le prouve sa transformation en benzylamine. Il résulte de là que l'isomère β doit avoir pour formule

(I) $C^6H^5-CH-Az-C^7H^7$ (avec O lié à CH et à Az)

ou (II) $C^6H^5-CH=Az-C^7H^7$. (O lié à Az par double liaison)

Cela conduirait à attribuer à l'oxime α la formule

$$C^6H^5-CH=Az-OH$$

et à l'oxime β l'une ou l'autre des formules

(I) $C^6H^5-CH=Az-H$ (O lié à Az par double liaison) ou (II) $C^6H^5CH-Az-H$. (O lié à CH et à Az)

La formule (I) de l'oxime β rend mieux compte de la transformation facile de ce corps en son isomère; sous l'influence des acides, il se formerait par exemple le composé

$$C^6H^5-CH=Az\begin{smallmatrix}<H\\<SO^4H\end{smallmatrix}\ (\text{Az}-OH)$$

qui, par décomposition, donnerait l'oxime α :

$$C^6H^5.CH=Az.OH+SO^4H^2.$$

Elle explique aussi la fixation possible de residus alcooliques sur l'atome d'azote et montre pourquoi ces dérivés ne se transforment plus si facilement en leurs isomères.

Mais, tandis que jusqu'ici on n'a obtenu avec l'α-benzaldoxime qu'un seul dérivé de substitution, on a pu, au contraire, avec la β-benzaldoxime, obtenir deux dérivés. C'est ainsi que l'action de l'isocyanate de phényle fournit deux composés, fusibles l'un à 74° et l'autre à 94°, tandis que l'α-benzaldoxime ne donne qu'un seul dérivé fusible à 134°; de même la m-nitro-β-benzaldoxime a donné deux dérivés méthylés, fusibles l'un à 117° et l'autre à 69°, tandis que la m-nitro-α-benzaldoxime n'a donné qu'un seul dérivé méthylé, fusible à 63-63°,5.

On peut se rendre parfaitement compte de ces faits en admettant une isomérie chimique : l'α-benzaldoxime aurait 1 atome d'azote trivalent et ne pourrait alors donner naissance qu'à un seul dérivé de substitution, dans lequel le résidu alcoolique serait fixé à l'atome d'oxygène. Ainsi, l'α-benzaldoxime benzylée répondrait au schéma suivant :

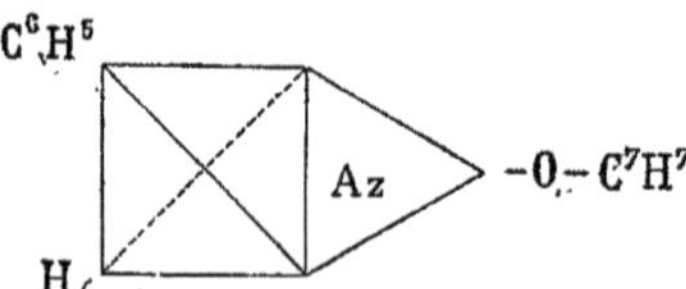

Fig. 75.

On voit qu'il ne peut y avoir stéréochimiquement qu'un seul isomère.

On a représenté l'atome d'azote trivalent par un triangle équilatéral; les valences seraient dirigées du centre de ce triangle vers ses angles.

La β-benzaldoxime aurait, au contraire, 1 atome d'azote quintivalent et pourrait donner naissance à 2 isomères stéréochimiques, dans lesquels le résidu alcoolique serait fixé, non plus à l'oxygène, mais à l'atome d'azote.

Voici, par exemple, les 2 dérivés méthylés de la m-nitro-β-benzaldoxime :

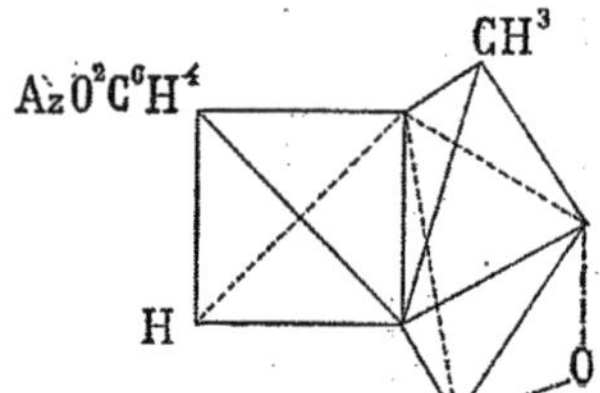

Fig. 76. — 1er isomère.

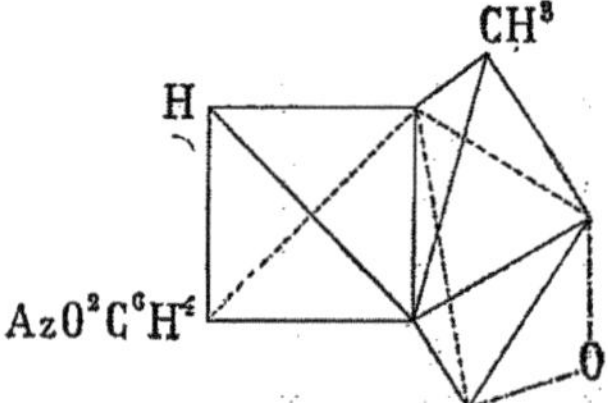

Fig. 77. — 2e isomère.

On a représenté l'atome d'azote quintivalent par un hexaèdre, constitué de telle façon que les 3 valences équivalentes de l'azote soient représentées par les sommets de la base de la double pyramide triangulaire, formant le triangle équilatéral 1.2.3, les sommets 4 et 5 représentant les valences supplémentaires de l'azote quintiva-

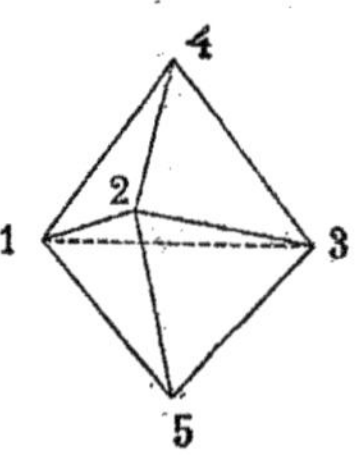

Fig. 78.

lent. L'atome d'azote est situé au centre, et la direction du centre aux angles solides de l'hexaèdre donne la direction des attractions maxima ou des valences. On n'a fait entrer en réaction dans l'explication antérieure que les valences égales de l'azote trivalent; on conçoit facilement que, si l'on faisait entrer en réaction par exemple les valences 4 et 1, on pourrait obtenir des isoméries dues à l'atome d'azote lui-même. L'expérience montrera si ces arrangements sont possibles, car rien ne semble *a priori* devoir faire rejeter cette façon de voir.

Quant à expliquer pourquoi l'isomère β retourne au type α, rien de plus simple : il suffit de remarquer que, l'atome d'azote quintivalent redevenant trivalent, il peut y avoir sur le même atome d'azote un équilibre nouveau donnant naissance aux dérivés de l'α-benzaldoxime plus stable. Cette transposition moléculaire, dans notre explication, n'a rien qui puisse nous étonner : il suffit de rappeler avec quelle facilité les oximes se transforment en amides, et même éprouvent parfois des changements plus considérables dans leurs molécules, comme, par exemple, détacher un méthyle d'une chaîne carbonée. Tel est le cas de l'oxime correspondant à l'acide acétylpropionique, qui, sous l'influence de la chaleur, donne de la succinimide méthylée :

$$CH^3-C(AzOH)-CH^2-CH^2-CO^2H$$
$$= H^2O + CO-CH^2-CH^2-CO$$
$$\searrow Az \swarrow$$
$$|$$
$$CH^3$$

Une fois ces prémisses posées, nous voyons qu'avec cette conception nous ne pouvons obtenir que deux dérivés isomériques de la benzaldoxime β ; que, dans ces dérivés, le produit de substitution est fixé à l'azote qu'il y a possibilité de retourner au type α : toutes prévisions qui concordent avec les faits.

Avec cette théorie, les deux dérivés carbanilidés de la β-benzaldoxime deviennent :

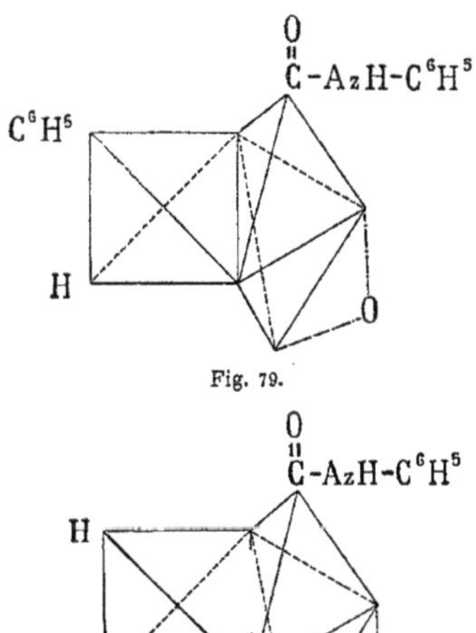

Fig. 79.

Fig. 80.

Si l'on ne veut pas accepter l'atome d'azote quintivalent, on voit que l'azote trivalent pourrait donner naissance à des isomères stéréochimiques. En effet, en examinant les deux schémas ci-dessous des β-nitrobenzaldoximes méthylées, où l'azote est bien trivalent, on remarque que ces deux corps sont isomériques :

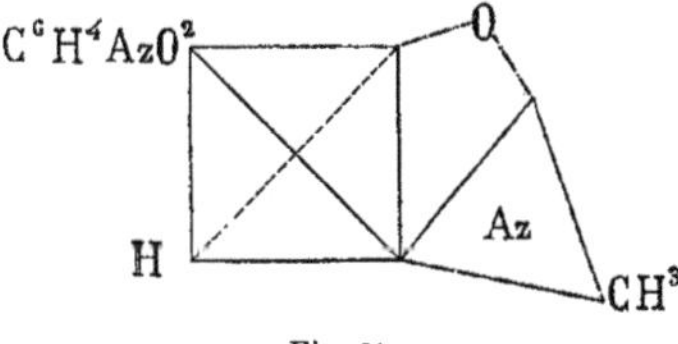

Fig. 81.

De plus, on doit pouvoir obtenir avec eux des corps doués du pouvoir rotatoire, tandis que si l'azote est quintivalent, le carbone échangeant 2 valences avec l'atome d'azote, on peut faire passer un plan de symétrie par l'atome d'oxygène, le méthyle, le phényle nitré et l'atome d'hydro-

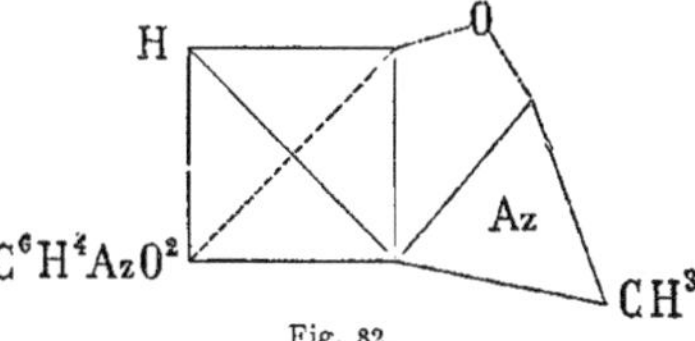

Fig. 82.

gène (voyez fig. 76), ce qui exclut la possibilité du pouvoir rotatoire.

La recherche du pouvoir rotatoire déterminerait donc celle des deux formules que l'on doit accepter.

On voit du reste que dans l'une et l'autre hypothèse on doit avoir un isomère stéréochimique de la β-benzaldoxime, ce qui porterait à 3 le nombre des isomères de l'oxime benzylique. Cette oxime n'a pas encore été signalée jusqu'à présent.

On ne fait que donner ici l'indication des mémoires qui ont trait à la constitution des benzaldoximes. Leur exposé entraînerait, en effet, dans des détails qu'il nous paraît peu utile de mentionner [Hantzsch et Werner, *D. chem. G.*, **23**, 11, 1243, 2764, 2769. — Goldschmidt, *D. chem. G.*, **23**, 2170. — Behrend et Leuchs, *D. chem. G.*, **22**, 613. — V. Meyer, *D. chem. G.*, **23**, 598. — Beckmann, *D. chem. G.*, **23**, 3319. — Behrend, *D. chem. G.*, **23**, 454].

A. Béhal.

BENZYLISOBUTYRIQUE (ACIDE). — L'*éther benzylique*,

$$C^6H^5.CH^2-C(CH^3)^2-CO^2.CH^2.C^6H^5,$$

prend naissance lorsqu'on chauffe avec du sodium l'isobutyrate de benzyle. C'est un liquide bouillant à 200-210° sous une pression de 40 millimètres et à 280-285° sous la pression ordinaire. Sa densité à 18° est 1,0285.

Cet éther n'est que difficilement saponifié par les alcalis. La chaux sodée le décompose à 200° en toluène, acide benzoïque et acide isobutyrique.

Chauffé avec un excès de sodium, il donne du toluène, de l'acide benzoïque et un composé $C^{14}H^{16}O$ bouillant à 280° dans le vide et vers 350° à la pression ordinaire, et dont la constitution n'a pas été établie [W. R. Hodgkinson, *Ann. Chem.*, **201**, 166 ; *Bull. Soc. Chim.*, (2), **35**, 310].

BENZYLISODURÈNE,

$$C^6H^5.CH^2.C^6H(CH^3)^4$$

[Essner et Gossin, *Bull. Soc. Chim.*, (2), **42**, 172]. — Cet hydrocarbure s'obtient en chauffant pendant 6 heures à 250° un mélange de benzoylisodurène et d'acide iodhydrique fumant. C'est un liquide incolore, distillant dans un courant de vapeur d'eau, et bouillant avec décomposition partielle vers 300°.

BENZYL-LÉVULIQUE (ACIDE),

$$C^6H^5.CH^2-CH\begin{cases}CO-CH^3\\CH^2-CO^2H\end{cases}$$

[H. Erdmann, *Ann. Chem.*, **254**, 182 ; *D. chem. G.*, **22**, *Ref.*, 814]. — On l'obtient en hydrogénant l'acide β-benzylidène-lévulique par l'eau et l'amalgame de sodium à chaud. Il cristallise dans l'alcool en aiguilles fusibles à 98-99°, et distille à 230-235° sous une pression de 40 millimètres.

Les *sels de calcium*, $(C^{12}H^{13}O^3)^2Ca, 3H^2O$, et *d'argent* sont cristallisés.

L'*oxime*, $C^{12}H^{15}AzO^3$, est instable.

Soumis à de nombreuses distillations dans le vide, l'acide benzyl-lévulique se transforme peu à peu en lactone benzylangélique.

Réduit par l'amalgame de sodium en solution alcaline, il donne de l'*acide β-benzyl-γ-oxyvalérique*, $CH^3-CHOH-CH(C^7H^7)-CH^2-CO^2H$.

Un acide isomérique avec le précédent, l'*acide δ-benzyl-lévulique*,

$$C^6H^5-CH=CH-CO-CH^2-CH^2-CO^2H,$$

a été obtenu par M. Erdmann [*Ann. Chem.*, **258**, 129; *D. chem. G.*, **23**, *Ref.*, 576] en réduisant l'acide δ-benzylidène-lévulique. Il fond à 87-88°.

BENZYLMALONIQUE-O-CARBONIQUE (ACIDE),

$$C^6H^4 \begin{matrix} \diagup CO^2H \\ \diagdown CH^2-CH(CO^2H)^2 \end{matrix}$$

[Wislicenus, *Ann. Chem.*, **242**, 32; *Bull. Soc. Chim.*, (3), **1**, 574]. — Cet acide prend naissance à l'état d'éther diéthylique lorsqu'on ajoute peu à peu de la poudre de zinc à un mélange d'éther phtalylmalonique (1 partie), d'eau (1 partie) et d'acide acétique (20 parties); on termine la réaction en chauffant pendant quelques heures, puis on verse le tout dans l'eau bouillante : l'éther diéthylique cristallise par le refroidissement. On le saponifie par la potasse alcoolique.

L'acide cristallise en petits prismes vitreux, peu solubles dans l'eau froide; il se ramollit à 160°, fond à 170° en perdant de l'acide carbonique et se décompose à 190° en donnant de l'acide hydrocinnamique-carbonique.

Le *sel d'argent* est un précipité cristallin, très peu soluble dans l'eau bouillante.

L'*éther monoéthylique*,

$$C^6H^4(CO^2H)-CH^2-CH(CO^2H)(CO^2C^2H^5),$$

peut être obtenu à l'état de sel de potassium par la saponification incomplète de l'éther diéthylique : c'est un liquide huileux. Son *sel de potassium*, $C^{13}H^{12}O^6K^2$, cristallise en lamelles brillantes. Son *sel d'argent*, $C^{13}H^{12}O^6Ag^2$, forme de petits prismes solubles dans l'eau bouillante.

L'*éther diéthylique*,

$$C^6H^4(CO^2H)-CH^2-CH(CO^2C^2H^5)^2,$$

se présente en longues aiguilles très fines, fusibles à 86°, très solubles dans l'alcool et dans l'éther, solubles à 17° dans 2230 parties d'eau. Son *sel de sodium*, $C^{15}H^{17}O^6Na$, est une masse confusément cristalline, déliquescente, insoluble dans l'éther. Son *sel d'argent*, $C^{15}H^{17}O^6Ag$, cristallise dans l'eau bouillante en petites aiguilles.

L'*éther triéthylique*,

$$C^6H^4(CO^2C^2H^5)-CH^2-CH(CO^2C^2H^5)^2,$$

se produit par l'action de l'iodure d'éthyle sur le sel d'argent de l'éther diéthylique. C'est un liquide visqueux, bouillant à 250° sous une pression de 45 millimètres.

BENZYLMÉSITYLÈNE,

CH³ (hexagone) CH²-C⁶H⁵ ; CH³ ; CH³ $= C^{16}H^{18}$

— Pour préparer cet hydrocarbure, on ajoute du chlorure de benzyle (20 parties) à un excès de mésitylène (120 parties) et on y introduit peu à peu 3 parties de chlorure d'aluminium en chauffant à 100°. Le produit de la réaction, décomposé par l'eau avec précaution, donne à la distillation d'abord du mésitylène, puis un hydrocarbure qui passe entre 295 et 305°. Après purification, ce corps bout à 300-303° et fond à 36-37°. Il cristallise en aiguilles blanches et brillantes, solubles dans les hydrocarbures, l'alcool, l'éther, l'acétone et l'acide acétique [E. Louïse, *C. R.*, **95**, 1163; *Ann. Chim. Phys.*, (6), **6**, 176].

Il se produit encore dans la réduction du benzoylmésitylène par l'amalgame de sodium, en même temps que du phénylmésitylène-carbinol [Louïse, *Bull. Soc. Chim.*, (2), **45**, 231].

Soumis à la décomposition pyrogénée, le benzylmésitylène a donné de l'anthracène, du phénanthrène et deux diméthylanthracènes, fusibles l'un à 218-219°, et l'autre à 71°. Ces deux hydrocarbures ont été décrits *Suppl.*, **2**, 307 [E. Louïse, *Bull. Soc. Chim.*, (2), **44**, 177].

Chauffé à 180° avec de l'acide iodhydrique (d = 1,50) et du phosphore rouge, le benzylmésitylène se décompose en donnant du toluène et du mésitylène.

Traité à 0° par l'acide nitrique (d = 1,50), il fournit entre autres produits un *dérivé trinitré*, $C^{16}H^{15}(AzO^2)^3$, en prismes jaunes, obliques, fusibles à 185°, très peu solubles dans l'éther, l'alcool, l'acétone, solubles dans un mélange d'acétone et de chloroforme.

L'oxydation par l'acide chromique le convertit en benzoylmésitylène.

DIBENZYLMÉSITYLÈNE,

$$C^6H(CH^3)^3(CH^2.C^6H^5)^2$$

[Louïse, *loc. cit.*]. — Ce carbure peut être préparé par l'action du chlorure d'aluminium sur un mélange chauffé à 155° de benzylmésitylène avec un excès de chlorure de benzyle.

Il fond à 131° et distille à 355°. Un mélange d'alcool et d'éther l'abandonne en petits cristaux prismatiques; un mélange d'alcool et de benzène fournit des cristaux brillants, renfermant du benzène de cristallisation. Son meilleur dissolvant est un mélange d'alcool et de chloroforme.

O. Saint-Pierre.

BENZYLMÉTHYLACÉTIQUE (ACIDE),

$$\begin{matrix} C^6H^5.CH^2 \\ CH^3 \end{matrix} \Big\rangle CH-CO^2H$$

[Conrad et Hodgkinson, *Ann. Chem.*, **193**, 312; *Bull. Soc. Chim.*, (2), **32**, 205. — Conrad et Bischoff, *Ann. Chem.*, **204**, 181]. — Cet acide se produit à l'état d'éther benzylique dans l'action du sodium sur le propionate de benzyle. On l'obtient aussi dans la décomposition par la potasse de l'éther méthylbenzylacétylacétique :

$$CH^3-CO-C(CH^3)(C^7H^7)-CO^2C^2H^5+2H^2O$$
$$=C^2H^6O+C^2H^4O^2+CH^3-CH(C^7H^7)-CO^2H.$$

L'acide méthylbenzylmalonique lui donne naissance, en se décomposant par la chaleur :

$$\begin{matrix} CH^3 \\ C^7H^7 \end{matrix} \Big\rangle C(CO^2H)^2 = CO^2 + \begin{matrix} CH^3 \\ C^7H^7 \end{matrix} \Big\rangle CH-CO^2H.$$

Enfin l'acide phénylméthacrylique se convertit par fixation d'eau en acide benzylméthylacétique.

Il cristallise en lamelles fusibles à 37° et bout à 272°. 100 parties d'eau en dissolvent 0g,309 à 15°.

Le *sel d'argent*, $C^{10}H^{11}O^2Ag$, est un précipité cristallin.

L'*éther benzylique*, $C^{10}H^{11}O^2.C^7H^7$, est un liquide incristallisable, bouillant à 320-325°. Sa densité à 16°,5 est 1,046.

Le *dérivé dibromé*, $C^{10}H^{10}Br^2O^2$, obtenu par l'action du brome sur l'acide phénylméthacrylique, fond à 135°.

L'*amide*,

$$\begin{matrix} C^6H^5.CH^2 \\ CH^3 \end{matrix} \Big\rangle CH-CO.AzH^2,$$

cristallise dans l'eau bouillante en aiguilles fusibles à 109°, solubles dans l'alcool et dans l'éther [L. Edeleano, *D. chem. G.*, **20**, 618].

BENZYLMÉTHYLCÉTONE [Syn. *Phénylacétone*],

$$C^6H^5\text{-}CH^2\text{-}CO\text{-}CH^3 = C^9H^{10}O.$$

— Cette acétone prend naissance :

1° Dans la distillation sèche d'un mélange de phénylacétate et d'acétate de calcium [Radziszewski, *D. chem. G.*, **3**, 198];

2° Dans l'action du zinc-méthyle sur le chlorure de phénylacétyle [Popoff, *D. chem. G.*, **5**, 500].

3° Dans l'action du chlorure de chromyle sur le propylbenzène [Von Miller et Rohde, *D. chem. G.*, **23**, 1070].

Elle constitue un liquide incolore, bouillant à 215°; son poids spécifique à 3° est 1,010. Elle se combine aisément avec le bisulfite de sodium. L'oxydation la transforme en un mélange d'acides benzoïque et acétique. La réduction au moyen de l'amalgame de sodium fournit du *méthylbenzylcarbinol*, $C^6H^5\text{-}CH^2\text{-}CHOH\text{-}CH^3$, de l'*a-phényl-b-méthyléthylène*, $C^6H^5\text{-}CH{=}CH\text{-}CH^3$, du *stilbène*, $C^6H^5\text{-}CH{=}CH\text{-}C^6H^5$, de l'acide carbonique, de l'oxyde de carbone et du méthane [Errera, *Gazz. chim. ital.*, **16**, 316].

Quand on la chauffe avec de l'acide sulfurique concentré, elle se dédouble en acides acétique et benzylsulfonique :

$$C^6H^5\text{-}CH^2\text{-}CO\text{-}CH^3 + SO^4H^2$$
$$= CH^3\text{-}CO^2H + C^6H^5\text{-}CH^2\text{-}SO^3H.$$

Si au lieu d'opérer à chaud on opère à froid, obtient un dérivé sulfoné,

$$CH^3\text{-}CO\text{-}CH^2\text{-}C^6H^4\text{-}SO^3H$$

[Krekeler, *D. chem. G.*, **19**, 2625].

L'*hydrazone*,

$$C^6H^5\text{-}CH^2\text{-}\underset{\underset{Az\,.\,AzH\,.\,C^6H^5}{\|}}{C}\text{-}CH^3$$

cristallise dans l'alcool dilué en fines aiguilles jaunes, fusibles à 83°. Traitée en solution dans l'acide sulfurique concentré par une trace de chlorure ferrique, elle donne une coloration d'un rouge violacé (Radziszewski; Miller et Rohde).

Si on traite par de l'acide nitrique fumant la benzylméthylcétone, soigneusement refroidie à 0°, et qu'on verse le mélange dans l'eau glacée, on voit se séparer un liquide : on neutralise par le carbonate de sodium et on agite avec de l'éther. Après évaporation de l'éther, on traite le *dérivé nitré* ainsi obtenu par l'ammoniaque et la poudre de zinc; il se fait un vif dégagement de chaleur; on termine la réaction en chauffant au réfrigérant ascendant et on distille ensuite dans la vapeur d'eau. On obtient dans cette réaction du *méthylkétol* (α-méthylindol). Le rendement est de 15 0/0 de l'acétone employée :

$$C^6H^4\begin{cases}CH^2\text{-}CO\text{-}CH^3\\AzO^2\end{cases} + 3H^2$$

$$= 3H^2O + C^6H^4\begin{cases}CH\\AzH\end{cases}\!\!>C\text{-}CH^3$$

[O. Jackson, *D. chem. G.*, **14**, 879].

L. Bouveault.

BENZYLMÉTHYLGLYCOLIQUE (ACIDE) [Syn. *Benzyloxypropionique*],

$$\begin{matrix}C^7H^7\\CH^3\end{matrix}\!>C(OH)\text{-}CO^2H$$

[S. Gabriel et A. Michael, *D. chem. G.*, **12**, 814]. — On chauffe à 100° en vase clos un mélange de cyanure de potassium, d'alcool et de la combinaison bisulfitique de la benzylméthylcétone; on obtient ainsi un liquide brun qu'on fait bouillir avec de l'acide chlorhydrique, après quoi on évapore l'alcool, on lave le résidu dans un courant de vapeur d'eau pour entraîner l'excès d'acétone, et on épuise par l'éther.

On obtient finalement de longs prismes incolores et vitreux, répondant à la formule ci-dessus.

Ce corps fond à 97-99°; il est très soluble dans l'alcool et dans l'eau tiède.

Chauffé à 150° avec de l'acide iodhydrique et du phosphore rouge, il se convertit en acide benzylméthylacétique.

BENZYLNAPHTALÈNES,

$$C^6H^5\text{-}CH^2\text{-}C^{10}H^7.$$

1-BENZYLNAPHTALÈNE [Syn. *α-Benzylnaphtalène*],

$CH^2\text{-}C^6H^5$ (formule développée : noyau naphtalénique substitué en position 1)

— Cet hydrocarbure prend naissance par l'action du chlorure de benzyle sur le naphtalène en présence de la poudre de zinc [Froté, *C. R.*, **76**, 639. — P. Miquel, *Bull. Soc. Chim.*, (2), **26**, 2], ou en présence du chlorure d'aluminium, pourvu qu'on effectue la réaction à la température de 80-90°, ou enfin du chlorure de zinc à 150° [Vincent et Roux, *Bull. Soc. Chim.*, (2), **40**, 164].

Les conditions suivantes ont été indiquées par M. Miquel comme les plus avantageuses au point de vue de la préparation [*loc. cit.*] : On introduit dans un ballon un mélange de naphtalène (140 parties) et de poudre de zinc (20 parties), puis du chlorure de benzyle (100 parties); on chauffe doucement, et dès que la réaction se déclare, on plonge le ballon dans l'eau froide : on obtient ainsi un liquide sirupeux, que l'on soumet à la distillation. La fraction passant au-dessus de 310° se solidifie dans le récipient; on la purifie en la redistillant et en la faisant cristalliser dans un mélange d'alcool et d'éther, ou d'alcool et de sulfure de carbone.

Le 1-benzylnaphtalène se présente en lamelles brillantes, incolores, d'apparence orthorhombique, fusibles à 58°,6, très solubles dans le benzène, le chloroforme, l'éther, l'alcool bouillant, solubles dans 60 parties d'alcool ordinaire à la température de 15°.

Il distille sans altération vers 345°. Sa densité à 0° est 1,165 (Vincent et Roux).

Chauffé dans un appareil à reflux avec 10 fois son poids d'acide nitrique étendu, il se convertit en 1-naphtylphénylcétone (Vincent et Roux).

Le *picrate* cristallise en belles aiguilles jaunes, fusibles avec décomposition au-dessus de 100°; il est décomposé par l'eau bouillante.

Le *dérivé monobromé*, $C^{17}H^{13}Br$, s'obtient par l'action du brome sur une solution sulfocarbonique du carbure; il est sirupeux.

Le *dérivé trinitré*, $C^{17}H^{11}(AzO^2)^3$, s'obtient en dissolvant à froid le benzylnapthtalène dans l'acide nitrique fumant, et en versant ensuite la masse dans l'eau. C'est une poudre jaune, amorphe, soluble dans l'éther et dans l'acide acétique.

L'*acide sulfonique*, $C^{17}H^{13}.SO^3H$, s'obtient en chauffant à 140° pendant quelques heures le benzylnaphtalène avec un mélange à parties égales d'acide sulfurique ordinaire et d'acide fumant. Il est incristallisable.

Les *sels de cuivre, d'argent, de plomb*, sont gommeux et incristallisables.

Le *sel d'ammonium* se dissocie par l'évaporation de ses solutions.

Le *sel de potassium*, $C^{17}H^{13}SO^3K, H^2O$, cristallise en fines aiguilles, très solubles dans l'eau, un peu solubles dans l'alcool. Par fusion avec la potasse, il fournit un phénol qui n'a pu être purifié.

2-BENZYLNAPHTALÈNE (β-*benzylnaphtalène*). — On prépare ce composé en chauffant à 160° un mélange de naphtalène et de chlorure de benzyle et en y projetant par petites portions du chlorure d'aluminium [Vincent et Roux, *loc. cit.*]. On purifie par distillation et par cristallisation dans l'alcool bouillant.

Le 2-benzylnaphtalène cristallise en octaèdres ou en prismes clinorhombiques, très solubles dans le benzène, le chloroforme, l'alcool bouillant, solubles dans 44 parties d'alcool à 15°, fusibles à 55-55°,5 et distillant vers 345°. Sa densité à 0° est 1,176.

Oxydé par 10 fois son poids d'acide nitrique étendu et bouillant, il se convertit en 2-naphtylphénylcétone.

Avec le dichromate de potassium et l'acide sulfurique, il ne se produit que de l'acide benzoïque; avec une solution acétique d'acide chromique, le carbure est entièrement brûlé. F. Reverdin.

BENZYLNAPHTYLAMINE. — Voyez NAPHTYLAMINE.

BENZYLNAPHTYLCÉTONE,

$$C^6H^5.CH^2-CO-C^{10}H^7$$

[C. Graebe et H. Bungener, *D. chem. G.*, 12, 1078]. — On l'obtient par l'action du chlorure d'aluminium sur un mélange de naphtalène et de chlorure de phénylacétyle. Lamelles fusibles à 57°, très solubles dans l'alcool et dans l'éther.

La réduction par l'acide iodhydrique et le phosphore à 150-160° fournit du *benzylnaphtylméthane*, $C^6H^5.CH^2-CH^2-C^{10}H^7$

BENZYLNAPHTYLMÉTHANE,

$$C^6H^5.CH^2.CH^2.C^{10}H^7.$$

— Cet hydrocarbure a été préparé par MM. Graebe et Bungener [*D. chem. G.*, 12, 1079] en réduisant la benzylnaphtylcétone par l'acide iodhydrique et le phosphore à 160°.

Lorsqu'on fait passer ce composé à travers un tube chauffé au rouge, il se transforme en chrysène, $C^{18}H^{12}$.

BENZYLOXYBENZOÏQUE (ACIDE),

$$C^6H^5.CH^2-C^6H^3{<}^{OH}_{CO^2H}$$

[Paterno et Filetí, *Gazz. chim. ital.*, 3, 121; *D. chem. G.*, 6, 757; *Bull. Soc. Chim.*, (2), 20, 464]. — Cet acide prend naissance par l'action simultanée du sodium et du gaz carbonique sur le p-benzylphénol. Il cristallise dans l'eau bouillante en fines aiguilles incolores, fusibles à 139-140°, solubles dans l'alcool et dans l'éther.

Le *sel d'argent* cristallise dans l'eau bouillante en petites aiguilles.

BENZYL-β-OXYBUTYRIQUE (ACIDE α-),

$$CH^3-CHOH-CH(CH^2.C^6H^5)-CO^2H$$

[L. Ehrlich, *D. chem. G.*, 8, 1034; *Ann. Chem.*, 187, 26; *Bull. Soc. Chim.*, (2), 25, 300]. — Cet acide se produit lorsqu'on traite par l'amalgame de sodium en présence d'alcool le benzylacétylacétate d'éthyle.

Il cristallise dans le benzène en petites aiguilles, fusibles à 152-153° très solubles dans l'alcool et dans l'éther.

Le *sel de baryum*, $(C^{11}H^{13}O^3)^2Ba, 2H^2O$, cristallise en mamelons solubles dans l'eau.

Le *sel de zinc*, $C^{11}H^{13}O^3.ZnOH$, est un précipité floconneux, soluble dans l'alcool.

Le *sel de cuivre*, $C^{11}H^{13}O^3.CuOH$, est un précipité d'un bleu verdâtre.

BENZYL-γ-OXYVALÉRIQUE (ACIDE β-),

$$CH^3-CHOH-CH(C^7H^7)-CH^2-CO^2H.$$

[H. Erdmann, *Ann. Chem.*, 254, 182; *D. chem. G.*, 22, *Ref.*, 815]. — Cet acide s'obtient par l'action prolongée de l'amalgame de sodium sur une solution alcaline et concentrée d'acide β-benzyl-lévulique.

Il cristallise en prismes fusibles à 55-56° et renfermant 1 molécule d'eau.

L'ébullition avec les acides minéraux le convertit en *benzyl-γ-valérolactone*,

$$\underbrace{CH^3-CH-CH(C^7H^7)-CH^2-CO,}_{O}$$

fusible à 86°.

La distillation dans le vide lui fait perdre de l'eau et le transforme en une masse cristalline fusible à 75-76°.

L'ébullition de la lactone avec de l'eau de chaux ou avec de l'eau de baryte fournit des sels cristallisés qui paraissent être des mélanges de sels neutres et de sels basiques de l'acide benzyloxyvalérique.

BENZYLPHÉNANTHRÈNE,

$$C^{21}H^{16}=C^6H^5.CH^2-\begin{matrix}C^6H^3-CH\\ |\qquad\ \ \|\\ C^6H^4-CH\end{matrix}$$

— On chauffe avec de la poudre de zinc un mélange de phénanthrène et de chlorure de benzyle; puis on distille. Il passe à température élevée une huile qui cristallise par le refroidissement. On exprime le corps ainsi obtenu et on le purifie par cristallisation dans le benzène.

Le benzylphénanthrène est en aiguilles brillantes, fusibles à 155-156°, très peu solubles dans l'alcool, plus solubles dans le benzène.

L'oxydation par l'acide chromique en solution acétique ne fournit que de l'acide benzoïque et de la phénanthrène-quinone [G. Goldschmiedt, *Mon. f. Chem.*, 2, 432; *Bull. Soc. Chim.*, (2), 36, 621].

BENZYLPHÉNOL,

$$C^6H^5-CH^2-C^6H^4.OH.$$

— On ne connaît que deux corps répondant à cette formule.

O-BENZYLPHÉNOL (?) — Ce composé reste dans les eaux mères de la préparation du p-benzylphénol. Sa constitution n'est pas établie avec certitude.

Traité à chaud par l'acide azotique, il donne des cristaux jaunes de *dinitrobenzylphénol* fondant à 81-82°.

Le *sel de potassium* du dérivé nitré

$$C^{13}H^9(AzO^2)^2OK, H^2O$$

forme des aiguilles jaune-orangé. Le *sel de baryum* est peu soluble dans l'eau.

Ce benzylphénol se dissout dans l'acide sulfurique à chaud. En précipitant par l'eau et en neutralisant par le carbonate de baryum, on obtient l'acide *benzylphénol-sulfonique*,

$$C^{13}H^{10}(OH)SO^3H.$$

Le *sel de potassium* est en aiguilles. Il renferme $2,5H^2O$. Traité en solution aqueuse et froide par le brome, il se transforme en *bromobenzylphénol-sulfonate de potassium*, cristallisant en prismes brillants.

Le même sel de potassium, traité par l'acide

azotique, donne le *nitrobenzylphénolsulfonate de potassium* $C^{13}H^9(AzO^2)(OH)SO^3K$, en lames brillantes.

Ce sel nitré, agité avec du brome, fournit le *bromonitrobenzylphénol*, $C^{13}H^9Br(AzO^2)OH$, en lames jaune-paille, fondant à 105-110° [Rennie, [*Chem. Soc.*, **49**, 406].

P-BENZYLPHÉNOL. — On obtient ce corps :

1° En chauffant du phénol, du chlorure de benzyle et du zinc [Paterno, *Gazz. chim. ital.*, **2**, 2, et **3**, 121; *Bull. Soc. Chim.*, (2), **17**, 77].

2° En traitant par l'acide sulfurique un mélange de phénol, d'alcool benzylique et d'acide acétique [Paterno et Fileti, *Gazz. chim. ital.*, **3**, 382].

3° En chauffant un mélange de phénol, d'alcool benzylique et de chlorure de zinc [Liebmann, *D. chem. G.*, **14**, 1842; *Bull. Soc. Chim.*, (2) **36**, 145].

4° On obtient l'acétate en traitant un mélange d'acétate de phényle et de chlorure de benzyle par le chlorure d'aluminium [Perkin et Hodgkinson, *Chem. Soc.*, **36**, 721; *Bull. Soc. Chim* (2), **37**, 155].

5° On traite le p-nitrodiphénylméthane par l'étain et l'acide chlorhydrique, on transforme en dérivé azoïque et on décompose par l'eau [Basler, *D. chem. G.*, **16**, 2714; *Bull. Soc. Chim.* (2), **42**, 434].

Le benzylphénol constitue des aiguilles ou des lamelles fondant à 84°, bouillant à 325-330° sous la pression atmosphérique et à 175-180° sous 5 millimètres.

Il se dissout dans les alcalis fixes, mais non dans l'ammoniaque.

Distillé avec de l'anhydride phosphorique, il donne du benzène, du phénol et de l'anthracène.

L'*éther méthylique*, $C^{13}H^{11}.OCH^3$, obtenu en chauffant un mélange d'anisol de chlorure de benzyle et de zinc, est liquide. Il bout à 305° à la pression ordinaire, à 155° sous 4 millimètres. L'acide iodhydrique le scinde en iodure de méthyle et benzylphénol.

Oxydé par le dichromate, il donne de l'acide benzoïque; par le permanganate, une acétone cristallisée, $C^6H^5-CO-C^6H^4.OCH^3$ [Paterno. — Rennie, *Chem. Soc.*, **41**, 37 et 227].

L'*éther phosphorique*, $PO^4(C^{13}H^{11})^3$, obtenu par le perchlorure de phosphore et le benzylphénol, est en cristaux fondant à 93-94°, peu solubles dans l'éther, solubles dans l'alcool, le chloroforme [Paterno et Fileti, *Gazz. chim. ital.*, **3**, 125].

L'*acétate*, $C^{13}H^{11}.OC^2H^3O$, est liquide ($d_{16} = 1,1043$) et bout à 317° (Paterno et Fileti).

ACIDE BENZYLPHÉNOXYACÉTIQUE,

$$C^6H^5-CH^2-C^6H^4.OCH^2-CO^2H.$$

— On traite par la potasse ($d = 1,35$) un mélange de benzylphénol et d'acide chloracétique; on laisse digérer pendant quelque temps, puis on acidifie et on sépare l'acide du précipité par le carbonate d'ammonium.

Ce sont de fines aiguilles, fondant à 100°, peu solubles dans l'eau froide, assez solubles dans l'alcool et dans l'éther [Mazzara, *Gazz. chim. ital.*, **11**, 437].

ACIDE α-BENZYLPHÉNOXYPROPIONIQUE,

$$C^6H^5-CH^2-C^6H^4.OCH(CH^3)CO^2H.$$

— On traite, à chaud, le benzylphénate de potassium par la quantité équivalente d'α-chloropropionate de sodium. Quand la masse a acquis une consistance pâteuse, on la dissout dans l'eau et on précipite par l'acide chlorhydrique. Il se sépare une masse huileuse qui se solidifie ensuite. On la dissout dans le carbonate d'ammonium pour séparer le phénol inattaqué, et on précipite par l'acide chlorhydrique. On termine la préparation par une cristallisation dans l'alcool dilué.

L'acide α-benzylphénoxypropionique forme des paillettes brillantes, fusibles à 100-102°, très solubles dans l'alcool et dans l'éther.

Le *sel de baryum*, $(C^{16}H^{15}O^3)^2Ba, H^2O$, est un précipité floconneux, formé d'aiguilles microscopiques, fondant dans l'eau chaude.

Le *sel de plomb*, $(C^{16}H^{15}O^3)^2Pb.0,5H^2O$, de même aspect que le précédent, est très peu soluble dans l'eau. L'eau chaude le transforme en une masse plastique.

Le *sel d'argent* est décomposé par l'eau bouillante [Mazzara, *Gazz. chim. ital.*, **12**, 261; *Bull. Soc. Chim.*, (2), **39**, 87].

DÉRIVÉ BROMÉ, $C^{13}H^9Br^2.OH$ (?) — On traite une solution de benzylphénol dans le sulfure de carbone par un excès de brome. Ce corps est amorphe et fond à 175°. Insoluble dans l'alcool et dans l'éther, il se dissout dans le chloroforme et dans le sulfure de carbone [Paterno et Fileti).

DÉRIVÉS NITRÉS. — *o-Nitro-p-benzylphénol*.

$$C^6H^3(OH)_{(1)}(AzO^2)_{(2)}-(CH^2.C^6H^5)_{(4)}.$$

— On verse peu à peu de l'acide azotique concentré dans une solution bien refroidie de benzylphénol dans l'acide acétique cristallisable.

Il forme des prismes jaune d'or, fondant à 74-75°, distillant dans la vapeur d'eau.

Le *sel de potassium*, $C^{13}H^{10}AzO^3K.0,5H^2O$, est en longues aiguilles rouge-brique.

Dinitro-benzylphénol,

$$C^6H^5.CH^2-C^6H^2(AzO^2)^2OH.$$

— On traite une solution acétique du corps précédent par un volume égal d'acide azotique concentré et on chauffe; ou bien on chauffe l'acide benzylphénol-sulfonique (voyez plus loin) avec de l'acide azotique étendu.

Ce corps fond à 87-88°. L'acide sulfurique et le dichromate de potassium le transforment en acide benzoïque. L'ébullition avec l'acide azotique étendu donne le dérivé trinitré et de l'acide picrique.

Le *sel de potassium* est en aiguilles jaune-orangé.

Le *sel de baryum*, peu soluble dans l'eau bouillante, s'en sépare en prismes jaunes.

Trinitrobenzylphénol,

$$C^6H^4(AzO^2)_{(4)}CH^2-C^6H^2(AzO^2)^2_{(2.6)}OH_{(1)}(?)$$

— On traite une solution d'un benzylphénol-sulfonate alcalin par un excès d'acide azotique; au bout de quelques heures, on précipite par l'eau et on fait cristalliser le précipité dans l'alcool.

Fines aiguilles jaune pâle, fondant à 148°, très peu solubles dans l'alcool froid, assez solubles dans l'alcool bouillant.

Par oxydation au moyen du mélange chromique, on obtient de l'acide p-nitrobenzoïque.

Le *sel de potassium* est en petites aiguilles rouge-orangé, anhydres.

Bromonitrobenzylphénol,

$$C^6H^5.CH^2_{(1)}-C^6H^2Br_{(3)}(AzO^2)_{(5)}(OH)_{(4)}.$$

— On traite le benzylphénol bromé ou le bromobenzylphénol-sulfonate de potassium par l'acide azotique, ou bien une solution acétique de nitrobenzylphénol ou de nitrobenzylphénol-sulfonate de potassium par le brome.

Ce sont des lames brillantes, jaunes, fondant à 64-65°.

Chauffé en solution acétique avec de l'acide azotique, ce corps donne le bromodinitrophénol,

$$C^6H^2(OH)_{(1)}Br_{(2)}(AzO^2)^2_{(4.6)},$$

fondant à 118°, ce qui détermine sa constitutions

O-AMIDO-P-BENZYLPHÉNOL,

$$C^6H^5 . CH^2 - C^6H^3(AzH^2)OH.$$

— On réduit l'o-nitrobenzylphénol par l'étain et l'acide chlorhydrique. Ce corps cristallise et donne un chlorhydrate.

DÉRIVÉS SULFONIQUES. — On prépare l'*acide benzylphénol-sulfonique*, $C^{13}H^{10}(OH)SO^3H$, en dissolvant le benzylphénol dans un léger excès d'acide sulfurique; on chauffe pendant quelque temps à 100° et on étend d'eau. On extrait le benzylphénol libre par l'éther et on sature la solution par l'ammoniaque.

Cet acide contient de l'eau de cristallisation. L'acide et ses sels sont colorés en violet par le perchlorure de fer.

Les sels sont en général peu solubles dans l'eau. Les *sels d'ammonium* et *de baryum* renferment H^2O; le *sel de potassium* est anhydre. Traité par le brome, il donne l'*acide bromobenzylphénol-sulfonique*, $C^{13}H^9(OH)(SO^3H)Br$. En traitant le même sel par un mélange à volumes égaux d'acide azotique et d'eau, on obtient l'acide *nitrobenzylphénol-sulfonique*,

$$C^{13}H^9(AzO^2)(OH)SO^3H,$$

dont le sel de potassium, en cristaux jaunes, est peu soluble [Rennie, *Chem. Soc.*, **44**, 35 et 221].

L'*acide benzylphénol-disulfonique*,

$$C^{13}H^9(OH)(SO^3H)^2,$$

s'obtient en chauffant 1 partie de benzylphénol avec 1p,5 d'acide sulfurique. Cet acide et ses sels sont amorphes (Paterno et Fileti).

Paul Adam.

BENZYLPHÉNYLACÉTIQUE (ACIDE),

$$C^6H^5 - CH \begin{matrix} \diagup CH^2 . C^6H^5 \\ \diagdown CO^2H \end{matrix}$$

[E. Meyer, *D. chem. G.*, **21**, 1308]. — On prépare cet acide en saponifiant par la potasse alcoolique le nitrile correspondant. Il cristallise dans l'eau bouillante en aiguilles blanches et brillantes, fusibles à 91°, très solubles dans l'alcool et dans l'éther, et distille sans altération à 330-340°.

Le *sel d'argent*, $C^{15}H^{13}O^2Ag$, est une poudre blanche, insoluble, qui noircit à la lumière.

Le *sel de calcium*, $(C^{15}H^{13}O^2)^2Ca, 2H^2O$, cristallise en belles aiguilles blanches, très solubles à chaud dans l'eau et dans l'alcool.

Le *sel de baryum*, $(C^{15}H^{13}O^2)^2Ba$, est en aiguilles blanches, très solubles dans l'alcool et dans l'eau.

Le *sel de zinc*, $(C^{15}H^{13}O^2)^2Zn$, forme également des cristaux solubles dans l'eau et dans l'alcool.

L'*éther méthylique*, $C^{15}H^{13}O^2 . CH^3$, cristallise en aiguilles blanches, fusibles à 34°.

L'*éther éthylique*, $C^{15}H^{13}O^2 . C^2H^5$, est un liquide huileux, bouillant à 325°.

L'*éther propylique*, $C^{15}H^{13}O^2 . C^3H^7$, est une huile jaune, qui distille sans altération à 338-339°.

L'*amide*, $C^{14}H^{13} . COAzH^2$, se présente en aiguilles blanches, solubles dans l'alcool et dans l'éther, fusibles à 133-134°.

BENZYLPHÉNYLACÉTONITRILE,

$$C^6H^5 - CH(C^7H^7)CAz.$$

— On l'obtient en chauffant à 120° un mélange de phénylacétonitrile (cyanure de benzyle), d'éthylate de sodium et de chlorure de benzyle; on l'isole du produit de la réaction en le dissolvant dans l'éther et en le soumettant à la distillation fractionnée.

Il se présente en aiguilles blanches, fusibles à 58°, solubles dans l'éther et dans l'alcool, et bouillant vers 335°.

On n est pas parvenu à introduire dans ce composé un second radical benzylique.

Dans la préparation du benzylphénylacétonitrile, il se produit une petite quantité d'un composé qui cristallise dans l'éther en belles aiguilles soyeuses, fusibles à 182°, et ayant pour composition $C^{22}H^{22}Az^2$.

Ce composé paraît être le dérivé benzylique de l'amidine correspondant à l'acide benzylphénylacétique,

$$C^6H^5 - CH(C^7H^7) - C \begin{matrix} \lessgtr AzH \\ \diagdown AzH . C^7H^7 \end{matrix}$$

On pourrait appeler ce corps *benzylamido-benzylphénylacétimide*.

Ad. Fauconnier.

BENZYLPHÉNYLCÉTONE. — Voyez DÉSOXYBENZOÏNE.

BENZYLPHOSPHINES. — BENZYLPHOSPHINE, $C^6H^5 . CH^2 - PH^2$ [Hofmann, *D. chem. G.*, **5**, 101]. — On chauffe pendant 6 heures à 160° un mélange de chlorure de benzyle (2 molécules), d'iodure de phosphonium (2 molécules) et d'oxyde de zinc (1 molécule). On obtient ainsi un mélange de mono- et de di-benzylphosphines qu'on purifie par distillation dans un courant de vapeur d'eau; on rectifie ensuite dans un courant d'hydrogène : la benzylphosphine distille, tandis que la dibenzylphosphine reste dans le résidu.

Liquide doué d'une odeur caractéristique, bouillant à 180°, insoluble dans l'eau, soluble dans l'alcool et dans l'éther, plus dense que l'eau. Ce corps s'oxyde rapidement à l'air.

L'*iodhydrate*, $C^7H^7 - PH^2 . HI$, forme des lamelles peu solubles.

ISOBENZYL-PHÉNYL-PHOSPHINE,

$$(C^6H^5 . CH^2)(C^6H^5)PH$$

(ou peut-être $C^{26}H^{24}P^2$). — MM. Michaelis et Gleichmann ont donné ce nom au produit qu'ils ont obtenu en chauffant avec de la grenaille de zinc un mélange de chlorure de benzyle (2 parties) et de chlorure de phosphényle (1 partie) [*D. chem. G.*, **15**, 1961; *Bull. Soc. Chim.*, (2), **39**, 220] : la réaction est énergique et se continue d'elle-même avec dégagement d'acide chlorhydrique. Lorsqu'elle est terminée, on décante le liquide, qui est du chlorure de benzyle en excès, et on traite par la soude la masse résineuse solide, qui constitue un sel double zincique : la soude laisse insoluble une masse pâteuse qu'on lave à l'eau, et qu'on purifie par dissolution dans l'alcool, précipitation par l'eau et cristallisation dans l'acide acétique à 50 0/0. On obtient finalement de longues aiguilles, déliées et brillantes, fusibles à 170-171°.

Les iodures alcooliques sont sans action sur ce corps, qui se distingue ainsi des phosphines secondaires. L'anhydride acétique ne réagit pas sur lui; il en est de même des oxydants faibles. L'acide chromique donne de l'acide benzoïque et de l'acide phosphorique; la chaux sodée fournit à chaud de l'acide phosphorique, du toluène et du benzène.

Le chlore fournit une masse visqueuse jaune, que la soude convertit en un oxyde ayant pour formule $C^{13}H^{13}PO$ (ou peut-être $C^{26}H^{22}P^2O^2$). Cet oxyde cristallise dans l'alcool en longues aiguilles fusibles à 154-155°; il est insoluble dans les alcalis. Cette réaction distingue encore l'isobenzylphénylphosphine des phosphines secondaires, qui fournissent dans ces conditions des acides phosphiniques.

BENZYL-DIÉTHYL-PHOSPHINE, $C^6H^5 . CH^2 - P(C^2H^5)^2$ [N. Collie, *Chem. Soc.*, **53**, 723; *D. chem. G.*, **21**, *Ref.*, 712]. — Lorsqu'on soumet à la distillation sèche le chlorure de benzyltriéthylphosphonium, il se produit de l'éthylène et du chlorhydrate de benzyldiéthylphosphine, qui distille en se dissociant et qui se reconstitue dans le récipient; la décomposition de ce sel par la soude fournit la phosphine, sous la forme d'un liquide bouillant à 250-255°, doué d'une odeur pénétrante. Ce corps forme une combinaison avec le sulfure de carbone.

Le *chlorhydrate*, $C^{11}H^{17}P . HCl$, est en cristaux solubles dans l'eau; il distille à 325-330°.

L'*oxyde*, $C^7H^7-P(C^2H^5)^2O$, se produit lorsqu'on soumet à la distillation l'hydrate de dibenzyldiéthylphosphonium. Il se présente en longues aiguilles, et bout à 328-330°. Traité par le sodium, il perd son oxygène et fournit la benzyldiéthylphosphine.

SELS DE BENZYLTRIÉTHYLPHOSPHONIUM [Hofmann, *Ann. Chem., Suppl.*, 1, 323. — N. Collie, *loc. cit.*]. — Le *chlorure*, $C^7H^7-P(C^2H^5)^3Cl, H^2O$, s'obtient en chauffant à 120-130° un mélange de chlorure de benzylidène, d'alcool et de triéthylphosphine:

$$3\,P(C^2H^5)^3 + C^6H^5 . CHCl^2 + H^2O$$
$$= P(C^2H^5)^3O + P(C^2H^5)^3HCl$$
$$+ C^7H^7 . P(C^2H^5)^3Cl$$

Il prend aussi naissance par l'action du chlorure de benzyle sur la triéthylphosphine. Il se présente en cristaux fusibles à 178°, très solubles dans l'eau. Il se décompose au-dessus de 360°, en éthylène et chlorhydrate de benzyldiéthylphosphine.

L'*hydrate*, obtenu par l'action de l'oxyde d'argent sur le chlorure, est un liquide fortement alcalin, qui se décompose par la chaleur en toluène et oxyde de triéthylphosphine.

Le *chloroplatinate*, $(C^{13}H^{22}P.Cl)^2PtCl^4$, cristallise en lamelles peu solubles.

Le *bromure*, $C^{13}H^{22}P.Br$, forme des aiguilles.

Le *sulfate* se décompose par la distillation en oxyde de triéthylphosphine, stilbène et acide sulfureux.

L'*acétate* donne, dans les mêmes conditions, de l'acide carbonique, du toluène et de l'oxyde de triéthylphosphine. L'*oxalate* fournit les mêmes produits, et en outre de l'oxyde de carbone.

BENZYL-DIPHÉNYL-PHOSPHINE. — Le *chlorure*, $(C^6H^5 . CH^2)(C^6H^5)^2PCl^2$, prend naissance lorsqu'on chauffe pendant quelques heures à 180° un mélange de chlorure diphénylphosphoreux, $(C^6H^5)^2PCl$, et de chlorure de benzyle, dans des tubes scellés préalablement remplis d'acide carbonique. Il se dépose en longues aiguilles à peine jaunâtres, fusibles à 187°, insolubles dans l'éther et dans le benzène. L'eau ou l'alcool le convertissent rapidement en oxyde de benzyl-diphényl-phosphine [C. Dörken, *D. chem. G.* 21 1506].

L'*oxyde*, $(C^7H^7)(C^6H^5)^2PO$, se produit lorsqu'on fait bouillir avec de l'eau le chlorure précédent, ou encore le chlorure de benzyldiphénylphénoxylphosphonium [Michaelis et La Coste, *D. chem. G.* 18, 2116]. La réaction est la suivante :

$$(C^6H^5)^2(C^7H^7)P(OC^6H^5)Cl + H^2O$$
$$= HCl + C^6H^5 . OH + (C^6H^5)^2(C^7H^7)PO.$$

Il cristallise en aiguilles blanches, groupées en faisceaux, fusibles à 192-193°, très solubles dans l'alcool bouillant.

Oxyde de nitrobenzyl-dinitrophényl-phosphine, $(C^7H^6 . AzO^2)(C^6H^4 . AzO^2)^2PO$ [Dörken, *loc. cit.*]. — On dissout l'oxyde précédent dans un mélange d'acide nitrique fumant (10 parties) et d'acide sulfurique concentré (25 parties), sans refroidir; on précipite ensuite par l'eau; puis on lave le produit à l'alcool bouillant et on le fait cristalliser dans l'acide acétique.

Poudre cristalline blanche, fusible à 206°, insoluble dans l'alcool et dans l'éther. Traité par l'étain et l'acide chlorhydrique, ce corps paraît fournir un composé amidé qui n'a pas été étudié.

SELS DE BENZYLTRIPHÉNYLPHOSPHONIUM [Michaelis et de Soden, *Ann. Chem.*, 229, 320; *Bull. Soc. Chim.*, (2), 46, 373]. — *Chlorure*,

$$(C^6H^5 . CH^2)(C^6H^5)^3PCl.$$

— Ce composé se produit aisément par l'union du chlorure de benzyle avec la triphénylphosphine. Il forme de petits cristaux blancs, efflorescents, renfermant 1 molécule d'eau; il fond à 288°. La soude bouillante le décompose en toluène et oxyde de triphénylphosphine. Il fait la double décomposition avec les solutions concentrées des sels de potassium et fournit ainsi les autres sels de benzyltriphénylphosphonium.

Bromure. — Il est moins soluble que le chlorure et cristallise en prismes fusibles à 275°.

Iodure. — Prismes incolores, fusibles à 253°.

Azotate, $C^{25}H^{22}P . AzO^3$. — Il cristallise dans l'eau bouillante en longues aiguilles blanches, qui fondent en se décomposant à 203°; il se dissout dans 304 parties d'eau froide.

Dichromate, $(C^{25}H^{22}P)^2Cr^2O^7$. — Précipité rouge-orangé, qui cristallise dans l'acide acétique en aiguilles rouges; il se décompose à 172-174°.

Sulfocyanate. — Précipité cristallin blanc, fusible à 189°.

Picrate. — Précipité orange, qui cristallise dans l'acide acétique en longues aiguilles, fusibles à 148°

Chlorure de benzyl-diphényl-phénoxyl-phosphonium, $(C^6H^5 . CH^2)(C^6H^5)^2(C^6H^5O)PCl$ [Michaelis et La Coste, *D. chem. G.*, 18, 2115]. — On chauffe pendant quelque temps la diphénylphénoxylphosphine avec un excès de chlorure de benzyle; le produit d'addition ainsi obtenu se dépose sous la forme d'une poudre cristalline jaunâtre, insoluble dans l'éther; il se ramollit à 194° et fond à 232-236°. L'ébullition avec l'eau le dédouble en acide chlorhydrique, phénol et oxyde de benzyl-diphényl-phosphine.

ACIDE BENZYLPHOSPHINIQUE,

$$C^6H^5 . CH^2-PO(OH)^2$$

[S. Litthauer, *D. chem. G.*, 22, 2144]. — On chauffe pendant 4 ou 5 heures à 100° en tube scellé un mélange d'iodure de phosphonium (10 grammes) et d'aldéhyde benzylique (5 grammes). Le produit de la réaction, chauffé doucement avec de l'eau, laisse déposer un mélange d'acide dibenzylphosphinique et d'oxyde de tribenzylphosphine, et cède au liquide l'acide benzylphosphinique. On filtre, on concentre et on fait cristalliser dans l'acide acétique. Beaux prismes groupés en étoiles, fusibles à 166°, solubles dans l'alcool, insolubles dans l'éther, le benzène, la ligroïne, le chloroforme.

Le *sel d'argent*, $C^7H^7PO^3Ag^2$, est un précipité blanc, cristallin.

Acide nitrobenzylphosphinique,

$$C^6H^4(AzO^2)CH^2-PO(OH)^2$$

[S. Litthauer, *ibid.*]. — On dissout l'acide benzylphosphinique dans de l'acide nitrique fumant refroidi à 0°, et on précipite par l'eau glacée. Belles aiguilles jaunâtres, peu solubles dans l'éther, solubles dans l'alcool, se décomposant sans fondre vers 217°.

Acide oxybenzylphosphinique,

$$C^6H^5-CH . OH-PO(OH)^2$$

[Fossek, *Mon. f. Chem.*, 7, 20; *Bull. Soc. Chim.*, (2), 46, 541]. — On mélange molécules égales de trichlorure de phosphore et de benzylal, et au bout de quelques jours on traite la masse par 20 fois son poids d'eau. Cristaux fusibles à 173°, très solubles dans l'eau, l'éther, l'alcool, l'acide acétique, peu solubles dans le chloroforme, insolubles dans le benzène et dans l'éther de pétrole.

Le *sel de baryum*, $(C^7H^8PO^4)^2Ba$, forme de belles lamelles soyeuses; le *sel neutre*,

$$C^7H^7PO^4Ba,$$

est un précipité peu soluble dans l'eau chaude.

DIBENZYLPHOSPHINE, $(C^6H^5.CH^2)^2PH$ [Hofmann, *D. chem. G.*, **5**, 103]. — Ce corps prend naissance en même temps que la benzylphosphine et peut en être séparé par la distillation, le dérivé monosubstitué étant seul volatil; il cristallise dans l'alcool en aiguilles fusibles à 205°, insolubles dans l'éther et dans l'eau, peu solubles dans l'alcool froid.

DIBENZYL-ÉTHYL-PHOSPHINE, $(C^6H^5.CH^2)^2(C^2H^5)P$ [N. Collie, *loc. cit.*]. — On l'obtient par la distillation du chlorure de dibenzyldiéthylphosphonium; c'est un liquide bouillant à 320-330°.

SELS DE DIBENZYLDIÉTHYLPHOSPHONIUM [N. Collie, *ibid.*]. — *Chlorure*, $(C^6H^5.CH^2)^2(C^2H^5)^2P.Cl$. — Cristaux obtenus par l'union du chlorure de benzyle et de la benzyldiéthylphosphine.

Chloroplatinate, $[(C^7H^7)^2(C^2H^5)^2PCl]^2PtCl^4$. — Aiguilles solubles dans l'alcool, presque insolubles dans l'eau.

ACIDE DIBENZYLPHOSPHINIQUE [Syn. *Dibenzylhyphosphoreux*],

$$(C^6H^5.CH^2)^2PO.OH$$

[Litthauer, *loc. cit.*]. — Ce composé se dépose à l'état de mélange avec l'oxyde de tribenzylphosphine lorsqu'on traite par l'eau le produit de la réaction du benzylal sur l'iodure de phosphonium : on l'isole en épuisant ce mélange par la potasse et en précipitant la solution alcaline par l'acide chlorhydrique. Après cristallisation dans l'alcool, il forme de grandes houppes argentines, fusibles à 191°, insolubles dans l'eau, peu solubles dans l'éther, le chloroforme, le benzène, la ligroïne, assez solubles dans l'acide nitrique chaud. C'est un acide faible, qui ne décompose pas les carbonates.

Le *sel de potassium* $C^{14}H^{14}PO^2K$, est soluble dans l'alcool.

Le *sel d'argent* $C^{14}H^{14}PO^2Ag$, est un précipité blanc cristallin.

L'éther méthylique, $C^{14}H^{14}PO^2.CH^3$, cristallise dans la ligroïne en prismes soyeux, groupés en faisceaux, fusibles à 75°.

Acide di-nitrobenzylphosphinique,

$$(C^7H^6.AzO^2)^2PO.OH$$

[Litthauer, *ibid.*]. — On dissout l'acide dibenzylphosphinique dans de l'acide nitrique fumant refroidi à 0°, puis on précipite par l'eau glacée et on fait cristalliser dans l'acide acétique bouillant. Beaux cubes jaunâtres, fusibles à 210-212°.

Acide di-oxybenzylphosphinique,

$$(C^6H^5-CH.OH)^2PO.OH$$

[J. Ville, *Bull. Soc. Chim.*, (2), **50**, 604]. — Il prend naissance par l'action de l'acide hypophosphoreux sur le benzylal; il cristallise en lamelles radiées, blanches, très peu solubles dans l'eau, le chloroforme, le benzène, assez solubles dans l'alcool, l'éther, l'alcool méthylique, fusibles vers 165°. Il se décompose par la chaleur avec production d'hydrogène phosphoré. L'acide sulfurique étendu le détruit vers 130°, avec formation de benzylal et d'acide hypophosphoreux qui s'oxyde en partie.

Le *sel d'argent*, $(C^7H^7O)^2PO^2Ag$, est un précipité blanc, cristallin, insoluble dans l'acide azotique, soluble dans l'ammoniaque; il noircit à la lumière.

L'éther éthylique, $(C^7H^7O)^2PO^2C^2H^5$, cristallise en prismes brillants, peu solubles dans l'eau, l'éther, le chloroforme, solubles dans l'alcool. La potasse le décompose à chaud avec formation de phosphate alcalin et de benzylal.

L'éther diacétyléthylique,

$$(C^6H^5-CH.OC^2H^3O)^2PO^2C^2H^5,$$

s'obtient en traitant le précédent par un excès de chlorure d'acétyle à la température du bain-marie. Il cristallise par évaporation de sa solution éthérée.

TRIBENZYLPHOSPHINE, $(C^6H^5-CH^2)^3P$ [Letts et N. Collie, *Trans. Royal Soc. Edinburgh*, **30**, 181; *Beilstein's Handbuch*, **3**, 1323]. — Ce composé paraît prendre naissance dans l'action du chlorure de benzyle ou du chlorure de tétrabenzylphosphonium sur le phosphure de sodium.

SELS DE TRIBENZYLÉTHYLPHOSPHONIUM [N. Collie, *Chem. Soc.*, **53**, 725]. — Le *chlorure*,

$$(C^7H^7)^3(C^2H^5)PCl, H^2O,$$

est cristallisé; on l'obtient par l'union du chlorure de benzyle et de la dibenzyléthylphosphine.

Le *chloroplatinate*, $(C^{23}H^{26}PCl)^2PtCl^4$, est soluble dans l'alcool et insoluble dans l'eau.

OXYDE DE TRIBENZYLPHOSPHINE, $(C^6H^5-CH^2)^3PO$. — Lorsqu'on chauffe du chlorure de benzylidène à 130° dans un appareil à reflux, et qu'on y ajoute peu à peu son poids d'iodure de phosphonium, il se fait une vive réaction; il se dégage de l'hydrogène phosphoré, de l'acide chlorhydrique et de l'acide iodhydrique et il se produit une substance résineuse, demi-solide, d'un jaune rougeâtre, qui, soumise à une longue ébullition avec de l'alcool, ou chauffée avec de l'eau en tube scellé à haute température, se décompose avec formation d'oxyde de tribenzylphosphine [F. Fleissner, *D. chem. G.*, **13**, 1665].

L'oxyde de tribenzylphosphine prend encore naissance lorsqu'on traite le chlorure de tétrabenzylphosphonium par la potasse alcoolique; lorsqu'on soumet à la distillation sèche l'hydrate de tétrabenzylphosphonium; lorsqu'on fait réagir le chlorure de benzyle sur le phosphure de sodium (Letts et N. Collie). Il se produit également lorsqu'on chauffe à 100° un mélange de benzylal et d'iodure de phosphonium.

Aiguilles brillantes, fusibles à 213°, sublimables avec décomposition partielle, insolubles dans l'eau, solubles dans l'alcool, l'éther, le chloroforme, le benzène.

Il forme avec le chlorure d'acétyle une combinaison cristalline, qui renferme

$$C^{21}H^{21}PO.C^2H^3OCl,$$

et qui se dédouble par la chaleur en ses composants.

Les réducteurs sont sans action sur l'oxyde de tribenzylphosphine; l'acide nitrique fournit un *dérivé trinitré*; l'acide sulfurique, un *acide sulfoné*. Traité en solution alcoolique par les chlorures métalliques, il fournit des sels doubles, peu solubles dans l'alcool froid et se dissociant par l'eau (Fleissner).

Le *chloroplatinate*, $(C^{21}H^{21}PO)^3PtCl^4$, forme des aiguilles jaunes.

Le *chloropalladite*, $(C^{21}H^{21}PO)^3PdCl^2$, est une masse cristalline d'un brun rougeâtre.

Le *chloroferrate*, $(C^{21}H^{21}PO)^2Fe^2Cl^6$, se présente en prismes d'un jaune de soufre.

Le *chloromercurate*, $(C^{21}H^{21}PO)^3HgCl^2$, est en beaux prismes incolores.

Le *chlorocobaltate*, $(C^{21}H^{21}PO)^3CoCl^2$, forme des aiguilles bleues.

L'*iodozincate*, $(C^{21}H^{21}PO)^2ZnI^2$, est en fines lamelles (L. et C.).

Traité en solution acétique chaude par le brome, l'oxyde de tribenzylphosphine donne une poudre cristalline jaune, peu stable, ayant pour formule $(C^{21}H^{21}PO)^5Br^8$.

Soumis à l'action du gaz chlorhydrique, il fournit le composé $(C^{21}H^{21}PO)^4 . 3HCl$, dissociable par l'eau bouillante (N. Collie).

Oxyde de tri-p-nitrobenzylphosphine,

$$[C^6H^4(AzO^2)-CH^2]^3PO$$

[N. Collie, *Chem. Soc.*, **55**, 225]. — Ce composé se produit par l'action de l'acide nitrique fumant sur une solution sulfurique d'oxyde de tribenzylphosphine; il est amorphe, fond vers 100°, n'est pas attaqué par l'acide chromique et donne de l'acide p-nitrobenzoïque par le permanganate de potassium en solution alcaline.

Acide trisulfoné, $[C^6H^4(SO^3H)-CH^2]^3PO$ [N. Collie, *ibid.*]. — Il prend naissance lorsqu'on chauffe à 160-170° un mélange d'oxyde de tribenzylphosphine et d'acide sulfurique concentré.

Le *sel de baryum*, $C^{21}H^{19}S^3PO^{10}Ba$, est amorphe.

Sulfure de tribenzylphosphine,

$$(C^6H^5-CH^2)^3PS$$

[Letts et N. Collie, *loc. cit.*]. — On l'obtient en chauffant le disulfate de tétrabenzylphosphonium; il cristallise dans l'alcool en longues et fines aiguilles, fusibles à 205-206°.

SELS DE TÉTRABENZYLPHOSPHONIUM. — *Chlorure*, $(C^6H^5 . CH^2)^4PCl$. — Ce composé peut être obtenu en faisant digérer l'iodure correspondant avec du chlorure d'argent récemment précipité [B. Ledermann, *D. chem. G.*, **21**, 405]. On peut aussi le préparer par l'action du chlorure de benzyle sur le phosphure de sodium [Letts et N. Collie, *Trans. Royal Soc. Edinburgh*, **30**, 190; *Beilstein's Handbuch*, **3**, 1324]. A cet effet on chauffe dans un appareil à reflux 40 grammes de sodium avec 200 grammes de xylène; lorsque le métal est fondu, on ajoute peu à peu 30 grammes de phosphore en petits fragments; on agite le mélange, puis on distille le xylène au bain d'huile, et l'on fait couler peu à peu du chlorure de benzyle dans le résidu. Lorsque la réaction est achevée, on élève la température à 180-200°, puis on laisse refroidir et on verse le produit dans l'eau acidulée par l'acide chlorhydrique; la partie du produit insoluble dans ce réactif est épuisée par l'eau bouillante, et la solution aqueuse ainsi obtenue précipitée par un dixième de son volume d'acide chlorhydrique concentré.

Le chlorure de tétrabenzylphosphonium cristallise en aiguilles fusibles à 224°; il commence à se volatiliser à cette température et se décompose à une température un peu plus élevée en acide chlorhydrique, toluène et stilbène. Il est insoluble dans les acides minéraux dilués, très soluble dans l'alcool et dans le chloroforme; ce dernier dissolvant l'abandonne en cristaux rhombiques, renfermant 1 molécule de chloroforme. 100 parties d'eau en dissolvent 0g,35.

Soumis à l'ébullition avec la potasse alcoolique, il donne du toluène et de l'oxyde de tribenzylphosphine.

Le *bromure*, $(C^7H^7)^4PBr$, s'obtient en traitant à chaud l'iodure par le bromure d'argent et l'eau. Il cristallise en aiguilles soyeuses, fusibles à 216-217°.

L'*iodure*, $(C^7H^7)^4PI$, s'obtient en chauffant à 100° pendant quelques heures un mélange d'iodure de phosphonium (1 molécule) et d'alcool benzylique (3 molécules). La réaction commence à froid. Il se présente en aiguilles fusibles à 191°, très peu solubles dans l'eau, assez solubles dans l'alcool, l'éther et le chloroforme. Abandonné pendant longtemps avec ses eaux mères, qui renferment de l'acide iodhydrique et de l'iodure de benzyle, il donne des polyiodures.

L'*hydrate*, $(C^7H^7)^4P . OH$, n'a pu être préparé en chauffant l'iodure avec de l'oxyde d'argent et de l'eau. Il se produit au contraire lorsqu'on traite le sulfate par le carbonate de baryum, et cristallise en grandes lamelles rhomboédriques renfermant de l'eau de cristallisation; il est très soluble dans l'eau et dans l'alcool; ce dernier dissolvant l'abandonne en cristaux renfermant 1 molécule d'alcool. Il fond à 190°. La distillation sèche le décompose en toluène et oxyde de tribenzylphosphine.

Le *sulfate*, $(C^{28}H^{28}P)^2SO^4$, s'obtient en faisant digérer à chaud une solution alcoolique de l'iodure avec du sulfate d'argent. Il forme de belles lames rhombiques blanches, solubles dans l'eau et renfermant $6H^2O$.

Le *sulfate acide*, $C^{28}H^{28}P . SO^4H$, prend naissance par l'action de l'acide sulfurique concentré sur le chlorure; il forme des tables rhomboédriques, qui se décomposent par la distillation sèche en donnant du sulfure de tribenzylphosphine.

Le *nitrate*, $C^{28}H^{28}P . AzO^3$, forme des cristaux blancs; on l'obtient par double décomposition entre l'iodure et le nitrate d'argent.

Le *chloroplatinate*, $(C^{28}H^{28}PCl)^2PtCl^4$, est un précipité cristallin jaune.

Le *chloromercurate*, $C^{28}H^{28}PCl . HgCl^2, H^2O$, est un précipité insoluble dans l'alcool.

Le *chlorostannate*, $(C^{28}H^{28}PCl)^2SnCl^4$, et le *chlorocadmate* sont également peu solubles.

Le *chloraurate* répond à la formule

$$C^{28}H^{28}PCl . AuCl^3.$$

Le *picrate*, $C^{28}H^{28}P . C^6H^2O(AzO^2)^3$, forme de beaux cristaux jaunes.

L'*oxalate*, $C^{28}H^{28}P . C^2O^4H, H^2O$, cristallise en longues aiguilles.

Ad. Fauconnier

BENZYLPHTALIQUES (ACIDES),

$$C^{15}H^{12}O^4 = C^6H^5 . CH^2 . C^6H^3 \begin{cases} CO^2H \\ CO^2H \end{cases}$$

Acide benzyl-m-phtalique,

$$C^6H^5 . CH^2 . C^6H^3 \begin{cases} CO^2H_{(1)} \\ CO^2H_{(3)} \end{cases}$$

— Cet acide se forme par l'action de l'amalgame de sodium sur l'acide benzoyl-m-phtalique (Suppl., **1**, 345) en solution hydroalcoolique; il faut chauffer de temps en temps et continuer l'opération pendant 7 ou 8 jours. On précipite ensuite par l'acide chlorhydrique et on purifie l'acide obtenu en le transformant en sel de baryum.

L'acide benzyl-m-phtalique est une poudre cristalline, presque insoluble dans l'eau, peu soluble dans le chloroforme et dans le toluène, soluble dans l'alcool, l'éther, l'acétone. Il fond à 242-243°.

Le *sel de baryum*, $C^{15}H^{10}O^4Ba$, est une poudre cristalline, blanche, plus soluble à froid qu'à chaud.

Le *sel de calcium*, $C^{15}H^{10}O^4Ca, H^2O$, ressemble au sel de baryum.

Le *sel d'argent* est un précipité blanc.

L'*éther diéthylique*, $C^{15}H^{10}O^4(C^2H^5)^2$, est une huile épaisse et incolore [Zincke et Blatzbecker, *D. chem. G.*, **9**, 1761; *Bull. Soc. Chim.*, (2), **28**, 209].

Acide benzyl-p-phtalique,

$$C^6H^5 . CH^2 . C^6H^3 \begin{cases} CO^2H_{(1)} \\ CO^2H_{(4)} \end{cases}$$

— On l'obtient en réduisant par l'amalgame de sodium l'acide benzoyl-p-phtalique. Son *sel de baryum* est une poudre soluble dans l'eau et dans l'alcool [Weber, *Jahresb.*, 1878, 403].

Léon Roux.

BENZYLPROPIONIQUE (ACIDE) [Syn. *Phénylbutyrique*],

$C^6H^5.CH^2.CH^2.CH^2.CO^2H.$

— On l'obtient en chauffant l'acide phénylyoxybutyrique avec de l'acide iodhydrique à 150° [Burcker, *Ann. Chim. Phys.*, (5), **26**, 459] ou en agitant pendant longtemps l'acide phénylisocrotonique, $C^{10}H^{10}O^2$, avec de l'amalgame de sodium à chaud [Jayne, *Ann. Chem.*, **216**, 108].

Il cristallise dans l'eau chaude en lamelles minces, fusibles à 47°,5 et bouillant vers 290°. Il est assez soluble dans l'eau chaude, plus soluble dans l'alcool et dans l'éther.

Le *sel de calcium*, $(C^{10}H^{11}O^2)^2Ca$, est une masse amorphe, très soluble dans l'eau et se décomposant à 100°.

Le *sel de baryum* cristallise en lamelles.

BENZYLSUCCINIQUE (ACIDE),

$$\begin{array}{l}CH^2-CO^2H\\ |\\ CH(C^7H^7)-CO^2H\end{array}$$

[A. Baeyer et W.-H Perkin jun., *D. chem. G.*, **17**, 449]. — Lorsqu'on chauffe à 150° en tube scellé un mélange d'éther éthane-tétracarbonique (acétylène-tétracarbonique), d'alcool, d'éthylate de sodium et de chlorure de benzyle, on obtient un éther qui fournit par saponification un acide huileux, l'*acide benzyléthane-tricarbonique*. Ce dernier se décompose par la chaleur en perdant de l'acide carbonique et en donnant l'acide benzylsuccinique, sous la forme de cristaux peu solubles dans le chloroforme, fusibles à 161° [C.-A. Bischoff et N. Mintz, *D. chem. G.*, **23**, 653]. Cet acide est peu soluble dans l'eau froide, très soluble dans l'eau bouillante.

Les *sels de zinc, d'argent, de cuivre, de calcium, de plomb*, sont peu solubles ; ceux *de baryum* et *de strontium* sont assez solubles; ceux *de cobalt* et *de nickel* se déposent quand on chauffe leur solution.

L'*anhydride*, $C^{11}H^{10}O^3$, fond à 99°.

BENZYLSULFINIQUE (ACIDE),

$C^6H^5.CH^2.SO^2H$

[Otto et Lüders, *D. chem. G.*, **13**, 1287]. — On le prépare en traitant le chlorure benzylsulfonique par la poudre de zinc ou par l'amalgame de sodium en présence d'eau. L'acide libre n'a pas été obtenu à l'état de pureté; il est instable et se détruit en perdant de l'acide sulfureux dès qu'on cherche à l'isoler de ses sels.

Le *sel de sodium*, $C^7H^7.SO^2Na$, cristallise dans l'alcool bouillant en petites lamelles blanches et soyeuses.

BENZYLSULFONE, $(C^6H^5.CH^2)^2SO^2$ (voy. Suppl., **1**, 345). — Outre le procédé de préparation indiqué, ce corps prend naissance : par l'oxydation de l'oxysulfure de benzyle au moyen du permanganate de potassium en solution acétique [Otto et Lüders, *D. chem. G.*, **13**, 1284]; par l'action du chlorure de benzyle sur le benzylsulfinate de sodium [Otto, *D. chem. G.*, **13**, 1277]. Les oxydants le dédoublent facilement en acides benzoïque et sulfurique.

p-Chlorobenzylsulfone, $(C^6H^4Cl.CH^2)^2SO^2$ (voyez Dict., 3, 464). — Ce composé peut aussi être préparé en oxydant le sulfure de p-chlorobenzyle par l'acide chromique en solution acétique [Jackson et White, *Am. Journ.*, **2**, 166].

p-Chlorobenzyldisulfone, $(C^6H^4Cl.CH^2)^2S^2O^2$ [Jackson et White, *loc. cit.*]. — Ce composé se produit par l'action de l'acide chromique en solution acétique sur le disulfure de p-chlorobenzyle; il fond à 120°.

p-Bromobenzylsulfone, $(C^6H^4Br.CH^2)^2SO^2$ [Jackson et Hartshorn, *Am. Journ.*, **5**, 267]. — Aiguilles fusibles à 189°, obtenues en oxydant par l'acide chromique une solution acétique de sulfure de p-bromobenzyle. Ce corps est très soluble dans l'éther et dans le sulfure de carbone, peu soluble dans l'alcool, l'acide acétique, le benzène, la ligroïne.

o-Nitrobenzylsulfone, $[C^6H^4(AzO^2)CH^2]^2SO^2$. — On l'obtient par l'action de l'acide nitrique fumant, à 150°, sur le sulfure ou sur l'oxysulfure d'o-nitrobenzyle. Aiguilles blanches et soyeuses, fusibles à 200° [R. Jahoda, *Mon. f. Chem.*, **10**, 874; *Bull. Soc. Chim.*, (3), **4**, 280].

CHLOROBENZYL-PHÉNYLSULFONE,

$C^6H^5.CHCl-SO^2-C^6H^5$

[Otto, *J. prakt. Chem.*, (2), **40**, 517]. — Ce corps prend naissance, entre autres produits, dans l'action du chlorure de benzylidène sur le phénylsulfinate de sodium au bain-marie; il forme de petites aiguilles brillantes.

BENZYL-P-CRÉSYLSULFONE,

$C^6H^5.CH^2-SO^2-C^6H^4.CH^3$

[Otto, *D. chem. G.*, **13**, 1278]. — Fines aiguilles fusibles à 144-145°, obtenues en traitant le p-crésylsulfinate de sodium par le chlorure de benzyle. Ce corps est très soluble dans l'alcool chaud, l'acide acétique, le benzène.

Chlorobenzyl-p-crésylsulfone,

$C^6H^5.CHCl-SO^2-C^6H^4.CH^3$

[Otto, *J. prakt. Chem.*, (2), **40**, 518]. — C'est un des produits de l'action du chlorure de benzylidène sur le p-crésylsulfinate de sodium. Ce corps cristallise dans l'acide acétique bouillant en petites aiguilles jaunâtres, satinées, fusibles à 203°.

Ad. Fauconnier.

BENZYLSULFONIQUE (ACIDE),

$C^6H^5.CH^2.SO^3H.$

— Cet acide peut être préparé en oxydant par l'acide nitrique le disulfure de benzyle [Barbaglia, *D. chem. G.*, **5**, 688]; on l'obtient plus facilement en faisant bouillir du chlorure de benzyle avec une solution de sulfite de potassium [Böhler, *Ann. Chem.*, **154**, 50] ou de sulfite de sodium [G. Mohr, *Ann. Chem.*, **221**, 215]. On le purifie par transformation en sel barytique.

L'acide libre forme des cristaux hygroscopiques.

Le *sel de potassium*, $C^7H^7.SO^3K,H^2O$, est en aiguilles rhombiques.

Le *sel de calcium*, $(C^7H^7.SO^3)^2Ca,2H^2O$, forme des lamelles cristallines.

Le *sel de baryum*, $(C^7H^7.SO^3)^2Ba,2H^2O$, cristallise en lamelles peu solubles.

Le *sel neutre de plomb*, $(C^7H^7.SO^3)^2Pb$, cristallise également en lamelles; le *sel basique*, $(C^7H^7.SO^3)^2Pb.Pb(OH)^2$, est un précipité cristallin.

Le *sel d'argent*, $C^7H^7.SO^3Ag$, forme des houppes cristallines.

Le *chlorure*, $C^6H^5.CH^2.SO^2Cl$, s'obtient en traitant le sel de potassium par le perchlorure de phosphore [Pechmann, *D. chem. G.*, **6**, 534. — Otto et Lüders, *ibid.*, **13**, 1286]. Il cristallise en prismes fusibles à 86°, très solubles dans l'éther et dans le benzène bouillant. Il se décompose par la chaleur en acide sulfureux et chlorure de benzyle.

L'*amide*, $C^6H^5.CH^2.SO^2.AzH^2$, forme de petits prismes fusibles à 105° (P.), à 162° (O. et L.), assez solubles dans l'eau et dans l'alcool.

ACIDE P-CHLOROBENZYLSULFONIQUE,

$C^6H^4Cl.CH^2.SO^3H$

[Böhler, *loc. cit.* — Jackson et White, *Am. Journ.*, **2**, 159]. — On l'obtient en faisant bouillir le chlorure de p-chlorobenzyle avec du sulfite de potassium.

Le *sel de sodium*, $C^7H^6Cl.SO^3Na$, est en grandes lames asymétriques, peu solubles dans l'alcool, très solubles dans l'eau.

Les *sels de potassium, de baryum* et *de plomb* ont été décrits Dict., **3**, 464.

Le *chlorure*, $C^7H^6Cl.SO^2Cl$, fond à 85°,5 ; il est soluble dans l'alcool et dans l'éther.

ACIDE P-BROMOBENZYLSULFONIQUE,

$$C^6H^4Br.CH^2.SO^3H.$$

— Ce corps se produit dans l'action de l'acide bromhydrique bouillant sur le dérivé diazoïque

$$C^6H^4 \begin{matrix} \diagup Az = Az \diagdown \\ \diagdown CH^2 - SO^3 \diagup \end{matrix}$$

[Mohr, *Ann. Chem.*, **221**, 222] ou encore par l'action du sulfite de potassium sur le bromure de p-bromobenzyle [Jackson et Hartshorn, *Am. Journ.*, **5**, 264].

Le *sel de potassium*, $C^7H^6Br.SO^3K$, cristallise en lamelles ; 100 parties d'eau en dissolvent 6g,6.

Le *sel de calcium*, $(C^7H^6Br.SO^3)^2Ca$, est en longues lamelles très solubles dans l'eau.

Le *sel de baryum*, $(C^7H^6Br.SO^3)^2Ba, H^2O$, est en aiguilles.

Le *sel de plomb*, $(C^6H^6Br.SO^3)^2Pb$, est en longues aiguilles.

Le *chlorure*, $C^7H^6Br.SO^2Cl$, se présente en cristaux fusibles à 107° (M.), à 115° (J. et W.), très solubles dans l'éther et dans le benzène, peu solubles dans l'alcool, le sulfure de carbone, l'acide acétique et la ligroïne.

ACIDE NITROBENZYLSULFONIQUE,

$$C^6H^4(AzO^2).CH^2.SO^3H.$$

— L'acide nitrique fumant convertit l'acide benzylsulfonique en un mélange de deux acides o- et p-mononitrés dont la séparation n'a pas été possible : ce mélange cristallise par évaporation [G. Mohr, *Ann. Chem.*, **221**, 215 ; *Bull. Soc. Chim.*, (2), **52**, 592].

L'action de l'acide nitrique fumant sur le benzylsulfonate de baryum paraît fournir le dérivé p-nitré [Böhler, *Ann. Chem.*, **154**, 55 ; *Bull. Soc. Chim.*, (2), **11**, 160]. Ce sel est en aiguilles ayant pour formule $(C^7H^6AzO^5S)^2Ba.2H^2O$; le *sel neutre de plomb* forme également des aiguilles renfermant $(C^7H^6AzO^5S)^2Pb, 3H^2O$; le *sel basique de plomb*, $C^7H^6AzO^5S.Pb(OH)$, est en cristaux peu solubles.

Le *chlorure p-nitrobenzylsulfonique*,

$$C^6H^4(AzO^2).CH^2.SO^2Cl,$$

est le produit principal de l'action du perchlorure de phosphore sur le mélange des acides nitrés. C'est une huile incristallisable, qui se décompose vers 150° en acide sulfureux et chlorure de p-chlorobenzyle.

L'*amide*, $C^6H^4(AzO^2)CH^2.SO^2.AzH^2$, est un mélange des dérivés ortho et para, qu'on ne peut séparer entièrement. Le composé ortho est formé de lamelles fusibles entre 140 et 160° ; le dérivé para, de prismes fusibles à 204°.

ACIDE DINITROBENZYLSULFONIQUE,

$$C^6H^3(AzO^2)^2.CH^2.SO^3H$$

[Mohr, *loc. cit.*]. — Il se forme en petite quantité en même temps que l'acide mononitré.

Le *sel de potassium*, $C^7H^5Az^2O^7SK$, est très soluble et est précipité par l'alcool en lamelles jaunes anhydres.

Le *sel de baryum*, $(C^7H^5Az^2O^7S)^2Ba, 4H^2O$, cristallise en mamelons jaunes, très solubles et explosibles.

Le *sel de plomb*, $(C^7H^5Az^2O^7S)^2Pb, 4H^2O$, cristallise en aiguilles jaunes, groupées en mamelons.

ACIDE P-AMIDOBENZYLSULFONIQUE,

$$C^6H^4(AzH^2).CH^2.SO^3H$$

[Mohr, *loc. cit.*]. — Ce composé prend naissance dans la réduction de l'acide nitré (mélange de para et d'ortho) et peut être isolé à l'état de pureté par quelques cristallisations ; il forme des prismes peu solubles dans l'eau froide.

Le *sel de potassium*, $C^7H^8AzO^3SK, 2.5H^2O$, est très soluble dans l'eau, insoluble dans l'alcool.

Le *sel de baryum*, $(C^7H^8AzO^3S)^2Ba, 8H^2O$, cristallise en prismes rhombiques.

Le *sel de plomb* est en fines aiguilles.

L'acide azoteux convertit cet acide amidé, en présence de l'eau, en un *dérivé diazoïque*

$$C^6H^4 \begin{matrix} \diagup Az = Az \diagdown \\ \diagdown CH^2 - SO^3 \diagup \end{matrix}$$

qui cristallise en aiguilles incolores. Ce composé ne se produit pas en présence de l'alcool.

ACIDE DIAMIDOBENZYLSULFONIQUE,

$$C^6H^3(AzH^2)^2.CH^2.SO^3H$$

[Mohr, *ibid.*]. — On l'obtient en réduisant l'acide dinitré par le sulfure d'ammonium, et en précipitant par l'acide acétique. Il cristallise dans l'eau bouillante en aiguilles incolores.

ACIDE AMIDONITROBENZYLSULFONIQUE,

$$C^6H^3(AzH^2)(AzO^2).CH^2.SO^3H$$

[Mohr, *ibid.*]. — C'est un produit secondaire de la réduction de l'acide nitré. Il cristallise en aiguilles peu solubles dans l'eau froide.

Le *sel de potassium* est en cristaux fusiformes, anhydres, d'un rouge pourpre, très solubles dans l'eau, insolubles dans l'alcool.

Le *sel de baryum*, $(C^7H^7Az^2O^5S)^2Ba.2H^2O$, forme de fines aiguilles jaunes, insolubles dans l'alcool.

ACIDE P-AZOBENZYLSULFONIQUE (*benzylsulfonique-p-azo-benzylsulfonique*),

$$Az^2(C^6H^4.CH^2.SO^3H)^2$$

[Mohr, *ibid.*]. — On l'obtient en traitant l'acide nitré par la potasse alcoolique, ou mieux l'acide amidé par le permanganate de potassium.

Le *sel de potassium* cristallise en lamelles orangées, insolubles dans l'alcool et renfermant $0,5H^2O$.

Le *sel de baryum*, $(1,5H^2O)$, est en petites aiguilles peu solubles dans l'eau.

Le *sel d'argent*, $C^{14}H^{12}Az^2O^6S^2Ag^2.H^2O$, est en aiguilles solubles dans l'eau bouillante.

Le *chlorure* se présente en lamelles fusibles à 149°, solubles dans le benzène.

ACIDE P-OXYBENZYLSULFONIQUE,

$$C^6H^4(OH)CH^2.SO^3H$$

[Mohr, *loc. cit.*]. — C'est le produit de l'action de l'eau bouillante sur le dérivé diazoïque

$$C^6H^4 \begin{matrix} \diagup Az = Az \diagdown \\ \diagdown CH^2 - SO^3 \diagup \end{matrix}$$

Il cristallise en aiguilles déliquescentes ; il donne par le chlorure ferrique une coloration bleu-violet ; ses sels partagent cette propriété.

Le *sel de potassium*, $C^7H^7O^4SK, 0,5H^2O$, cristallise en prismes durs.

Le *sel de baryum*, $(C^7H^7O^4S)^2Ba, 7,5H^2O$, est en prismes efflorescents.

ACIDE P-OXÉTHYL-BENZYLSULFONIQUE,

$$C^6H^4(OC^2H^5)CH^2.SO^3H$$

[Mohr, *ibid.*]. — Composé sirupeux, obtenu par l'action de l'alcool sur le dérivé diazoïque mentionné plus haut.

Le *sel de baryum*,

$$[C^{6}H^{4}(OC^{2}H^{5})CH^{2}.SO^{3}]^{2}Ba,2H^{2}O,$$

cristallise en mamelons; il en est de même du *sel de potassium*. Ad. Fauconnier.

BENZYLTARTRONIQUE (ACIDE). — Voyez Acide Tartronique.

BENZYLTHYMOL. — Voyez Thymol.

BENZYLTOLUÈNES,

$$C^{14}H^{14} = C^{6}H^{5}.CH^{2}.C^{6}H^{4}.CH^{3}$$

(voyez Suppl., 1, 346). — Le benzyltoluène, préparé par M. Zincke, est un mélange de p- et d'o-benzyltoluènes, ce dernier étant en moindre quantité dans le mélange.

En traitant par la poudre de zinc un mélange de benzène et de chlorure de xylyle,

$$CH^{3}.C^{6}H^{4}.CH^{2}Cl,$$

prepare à l'aide du xylène commercial, M. Barbier a obtenu un benzyltoluène (phénylxylène) bouillant à 283-286° ($d = 1,01$ à 0°), et qui est aussi un mélange de plusieurs isomères [P. Barbier, *C. R.*, 79, 660].

On obtient également un mélange d'isomères en faisant réagir le chlorure de benzyle sur le toluène en présence du chlorure d'aluminium [Friedel et Crafts, *Ann. Chim. Phys.*, (6), 1, 481].

Les dérivés nitrés, amidé et sulfonique décrits Suppl., 1 doivent être rattachés au *p-benzyltoluène*.

o-Benzyltoluène. — *Dinitro-o-benzyltoluène*, $C^{14}H^{12}(AzO^{2})^{2}$. — Par la nitration du benzyltoluène brut, on obtient, en même temps que le dinitro-p-benzyltoluène fusible à 137°, un dinitro-o-benzyltoluène fusible à 100° [Zincke, *D. chem. G.*, 7, 986].

m-Benzyltoluène. — C'est le seul benzyltoluène qui ait été obtenu à peu près pur.

Il a été préparé par MM. Ador et Rilliet en réduisant par l'acide iodhydrique et le phosphore la m-phénylcrésylcétone (voyez Suppl., 1, 1200).

On l'obtient plus facilement à l'aide du chlorure de m-xylyle, $CH^{3}.C^{6}H^{4}.CH^{2}Cl$. On dissout ce chlorure dans 7 ou 8 fois son poids de benzène, on ajoute du chlorure d'aluminium et on chauffe jusqu'à ce que le dégagement d'acide chlorhydrique cesse. On traite par l'eau et on distille. On recueille la portion passant de 260 à 280°, on la fait bouillir sur du sodium et on rectifie [P. Senff, *Ann. Chem.*, 220, 225; *Bull. Soc. Chim.*, (2), 42, 520].

Le m-benzyltoluène est un liquide incolore, bouillant à 275° (Senff), à 268-270° (Ador et Rilliet). Sa densité à 17°,5 est 0,997 (S.).

Le brome à chaud donne un *dérivé monobromé*.

Le mélange chromique transforme le m-benzyltoluène en m-crésylphénylcétone,

$$C^{6}H^{5}.CO.C^{6}H^{4}.CH^{3},$$

et acide m-benzoylbenzoïque,

$$C^{6}H^{5}.CO.C^{6}H^{4}.CO^{2}H,$$

fusible à 161°. L'oxydation par l'acide nitrique étendu et bouillant fournit le même acide, ainsi qu'une petite quantité d'acide p-benzoylbenzoïque (Senff). Le benzyltoluène obtenu par M. Senff renferme donc une petite quantité de p-benzyltoluène.

Dinitro-m-benzyltoluène, $C^{14}H^{12}(AzO^{2})^{2}$. — On l'obtient en chauffant à 90° le m-benzyltoluène avec un excès d'acide nitrique ($d = 1,14$). On traite par l'eau, on lave le précipité avec de l'éther froid et on fait cristalliser dans l'alcool. Facilement soluble dans l'alcool bouillant, le benzène et l'acide acétique, le dinitro m-benzyltoluène cristallise dans ce dernier dissolvant en longues aiguilles, fusibles à 141°.

Traité par l'acide chromique en solution acétique, il se transforme en *dinitro-m-crésyphénylcétone*, $C^{14}H^{10}O(AzO^{2})^{2}$; ce composé cristallise dans l'acide acétique en prismes courts, dans l'alcool en aiguilles fusibles à 145° [Senff, *loc. cit.*].

Léon Roux.

BENZYLXYLÈNES,

$$C^{15}H^{16} = C^{6}H^{5}.CH^{2}.C^{6}H^{3}(CH^{3})^{2}.$$

Benzyl-m-xylène (voyez Suppl., 1, 345). — Cet hydrocarbure, liquide bouillant vers 290°, a été préparé par M. Sœllscher en réduisant par l'acide iodhydrique et le phosphore la diméthylbenzophénone correspondante (benzoyl-m-xylène) [*D. chem. G.*, 15, 1680].

Benzyl-p-xylène. — Cet hydrocarbure a été obtenu au moyen du p-xylène, du chlorure de benzyle et du zinc en poudre. C'est un liquide bouillant à 293,5-294°,5 [Zincke, *D. chem. G.*, 5, 799].

BERBAMINE, $C^{18}H^{19}AzO^{3},2H^{2}O$. — La berbamine est un alcaloïde qui a été retiré des racines du *Berberis vulgaris*.

On peut extraire de ces mêmes racines l'oxyacanthine et la berbérine.

Préparation. — Les eaux mères de la préparation du sulfate d'oxyacanthine (voyez ce mot) sont précipitées par l'azotate de sodium. Le précipité est recueilli, puis décomposé par l'ammoniaque. L'alcaloïde mis en liberté est dissous dans l'alcool, qui l'abandonne sous la forme de petites lamelles. Il renferme alors 2 molécules d'eau de cristallisation. Il perd cette eau à 100°, et fond à 156° lorsqu'il est anhydre.

L'éther dissout facilement la berbamine et l'abandonne par évaporation sous la forme de petits mamelons anhydres.

Cet alcaloïde donne un *chlorhydrate* et un *sulfate* qui sont bien cristallisés. Traités par l'ammoniaque ou par la soude, ces sels dissous dans l'eau laissent précipiter la berbamine sous la forme de flocons blancs.

Le *chloroplatinate*, $(C^{18}H^{19}AzO^{3}.HCl)^{2}PtCl^{4}$, est un précipité jaune, cristallisé, renfermant 5 ou 6 molécules d'eau [Hesse, *D. chem. G.*, 19, 3190].

A. Béhal.

BERBÉRAL. — C'est un des produits obtenus par M. Perkin junior dans l'oxydation de la berbérine au moyen du permanganate de potassium [*Chem. Soc.*, 57, 991; *D. chem. G.*, 24, *Ref.*, 157]. Ce composé répond à la formule $C^{20}H^{17}AzO^{7}$ et fond à 149°. Soumis à l'ébullition avec l'acide sulfurique dilué, il se dédouble en fixant 1 molécule d'eau et fournit un mélange d'*anhydride amido-éthyl-pipéronylcarbonique*, $C^{10}H^{9}AzO^{3}$, et d'*acide pseudo-opianique*, $C^{10}H^{10}O^{5}$.

BERBÉRILIQUE (ACIDE), $C^{20}H^{19}AzO^{9}$. — Ce composé prend naissance dans l'oxydation de la berbérine au moyen du permanganate de potassium [W. Perkin jun., *Chem. Soc.*, 1890, 1, 991; *D. chem. G.*, 24, *Ref.*, 157]. Il fond à 177-182° et aurait pour constitution

$$(C^{2}H^{3}O)^{2}C^{6}H^{2} \begin{matrix} \diagup CO^{2}H \\ \diagdown CO.AzH.CH^{2} \end{matrix} \begin{matrix} CO^{2}H \diagdown \\ .CH^{2} \diagup \end{matrix} C^{6}H^{2}.O^{2}.CH^{2}$$

Soumis à l'ébullition avec l'acide sulfurique dilué, il fixe 1 molécule d'eau et se dédouble en acides hémipinique et amido-éthyl-pipéronylcarbonique.

La chaleur lui fait perdre 1 molécule d'eau et

le transforme en *acide anhydroberbérilique*, $C^{20}H^{17}AzO^{8}$, fusible à 237°.

BERBÉRINE, $C^{20}H^{17}AzO^{4}$ (voyez Dict., **1**, 582 et Suppl., **1**, 346). — La berbérine a été extraite de la racine de *Berberis aquifolium repens* (*Oregon gnape root*) par M. Parsons [*Pharm. Journ. Transact.*, 1882, 46]. Les racines, réduites en petits morceaux, sont épuisées par l'eau acidulée par l'acide sulfurique. La berbérine se dépose par évaporation et refroidissement. Les eaux mères de la préparation, additionnées de carbonate de sodium, abandonnent un alcaloïde amorphe, que l'auteur désigne sous le nom d'*oxyacanthine* et que l'action des acides semble transformer en berbérine.

M. J.-F. Eykmann [*Rec. P.-B.*, **3**, 202] a également extrait la berbérine du ligneux et des racines de l'*Orixa japonica*, de la famille des Rutacées.

Le mode le plus facile de préparation de la berbérine consiste à traiter par l'acide sulfurique dilué les extraits d'*Hydrastis canadensis* ou de *Berberis aquifolium*, que l'on trouve dans le commerce. Ces mélanges laissent déposer au bout de 48 heures du sulfate de berbérine, qu'on purifie aisément par dissolution dans l'eau bouillante ou dans l'alcool faible, et précipitation par l'acide sulfurique dilué.

Les eaux mères obtenues au moyen de l'extrait d'*Hydrastis* fournissent, lorsqu'on les sursature par l'ammoniaque, un dépôt résineux, d'un jaune brun, d'où l'on extrait facilement de beaux cristaux d'*hydrastine*, au moyen de l'éther acétique. Les eaux mères obtenues au moyen du *Berberis aquifolium* renferment à l'état de sulfate une nouvelle base de la formule $C^{14}H^{19}AzO^{4}$ [E. Schmidt, *Arch. Pharm.* (3), **25**, 141; *Bull. Soc. Chim.*, (2), **48**, 452].

La berbérine a pour formule $C^{20}H^{17}AzO^{4}$. Cette composition, déjà indiquée par Perrins en 1861, a été vérifiée par M. E. Schmidt [*D. chem. G.*, **16**, 2589; *Bull. Soc. Chim.*, (2), **42**, 426] et par M. W. Perkin junior [*Chem. Soc.*, **55**, 63; *Bull. Soc. Chim.*, (3), **2**, 635]. Cristallisée dans l'eau et séchée à l'air, la berbérine donne un hydrate à 5,5 molécules d'eau; séchée à 100°, elle ne retient plus que $2,5H^{2}O$ [W. Perkin, *loc. cit.*]. M. E. Schmidt [*loc. cit.*] décrit un hydrate

$$C^{20}H^{17}AzO^{4}, 4H^{2}O.$$

D'après M. Gaze [*Arch. Pharm.*, (3), **28**, 604], la berbérine préparée en partant de la *berbérine-acétone* (voyez plus loin) cristallise en aiguilles jaunes renfermant $C^{20}H^{17}AzO^{4}, 6H^{2}O$; cet hydrate perdrait par compression dans du papier une demi-molécule d'eau, et retiendrait $2H^{2}O$ par la dessiccation dans l'air sec ou à 100°. Au contraire la berbérine préparée par la décomposition du sulfate à l'aide de la baryte cristalliserait en aiguilles renfermant $5,5H^{2}O$ et deviendrait anhydre à 100°. Enfin, la berbérine provenant du sulfate par l'action de la baryte attirerait l'acide carbonique de l'air sans former avec lui de combinaison définie, tandis que la berbérine provenant de la combinaison acétonique ne présenterait pas cette dernière propriété.

Le *chlorhydrate*, $C^{20}H^{17}AzO^{4}.HCl, 2H^{2}O$, cristallise en magnifiques aiguilles jaunes, qu'on ne peut dessécher à 100° sans les altérer partiellement [W. Perkin junior, *loc. cit.*]. D'après M. E. Schmidt [*Arch. Pharm.*, (3), **25**, 141; *Bull. Soc. Chim.*, (2), **48**, 452], ce chlorhydrate contient 4 molécules d'eau de cristallisation, qu'il perd à 100°. Sa densité à 19°,4 = 1,397 [F. Clarke, *D. chem. G.*, **12**, 1399].

L'*azotate*, $C^{20}H^{17}AzO^{4}.AzO^{3}H$, forme des aiguilles brillantes d'un jaune d'or, qui se décomposent à 155° (E. Schmidt). D'après M. Marfori [*Ann. di Chim. e Farmacol.*, 1888, 153; *Bull. Soc. Chim.*, (3), **2**, 533], qui l'obtient en ajoutant de l'acide nitrique (d = 1,185) à une dissolution alcoolique froide de berbérine, il brunit vers 190-200° et se charbonne sans fondre à 250-260°.

Le *sulfate*, $C^{20}H^{17}AzO^{4}.SO^{4}H^{2}$, cristallise en fines aiguilles jaunes et brillantes [E. Schmidt, *loc. cit.*].

Le *chloraurate*, $C^{20}H^{17}AzO^{4}.HCl.AuCl^{3}$, est en petites aiguilles brunes (E. Schmidt).

Le *chloroplatinate*, $(C^{20}H^{17}AzO^{4}.HCl)^{2}PtCl^{4}$, forme de petites aiguilles jaunes (E. Schmidt) dont la densité à 19° = 1,758 (F. Clarke). Ces deux sels sont peu solubles dans l'eau et dans l'alcool.

Composés d'addition. — Une solution alcoolique tiède de berbérine (chlorhydrate ou sulfate), traitée par le sulfure jaune d'ammonium, laisse bientôt déposer en abondance des aiguilles jaunes et brillantes ayant pour formule $(C^{20}H^{17}AzO^{4})^{2}H^{2}S^{6}$, que M. E. Schmidt [*loc. cit.*] nomme *hydro-hexasulfure de berbérine*. Abandonné à l'air, ce composé brunit en répandant l'odeur des polysulfures d'hydrogène et se convertit finalement en une masse jaune, constituée par un mélange de soufre et de sulfate de berbérine. Il est insoluble dans l'eau et dans l'alcool, qui le décomposent à l'ébullition (E. Schmidt).

D'après M. Gaze [*loc. cit.*], le produit préparé à l'aide du sulfure jaune d'ammonium aurait pour formule $(C^{20}H^{17}AzO^{4})^{2}H^{2}S^{5}$; pour obtenir le composé décrit par M. Schmidt, il faudrait employer du sulfure d'ammonium jaune-brun.

Berbérine-chloroforme, $C^{20}H^{17}AzO^{4}.CHCl^{3}$. — Une solution de sulfate ou de chlorhydrate de berbérine est additionnée d'une quantité de soude insuffisante pour précipiter la base; la liqueur brune ainsi obtenue est épuisée par le chloroforme et ce liquide abandonné à l'évaporation. Le résidu de l'évaporation est lavé à l'alcool froid, puis redissous dans le chloroforme, et cette dernière solution est enfin mélangée à chaud avec son volume d'alcool. La combinaison de berbérine et de chloroforme se dépose bientôt en beaux cristaux brillants, presque incolores, à peine solubles dans l'eau, l'alcool et les acides dilués. Ce composé jaunit lentement à la lumière. Il ne perd pas de son poids à 100°, brunit à 170° et se décompose à 179°.

L'acide chlorhydrique le dissout à chaud avec formation d'oxychlorure de carbone, de chlorhydrate de berbérine et d'une matière floconneuse noire. L'acide sulfurique concentré le dissout en un liquide jaune, avec dégagement d'oxychlorure de carbone. L'acide nitrique le dissout et la solution laisse bientôt déposer une huile d'un rouge de sang (E. Schmidt).

Berbérine-dichloroforme, $C^{20}H^{17}AzO^{4}.2CHCl^{3}$ [R. Gaze, *Arch. Pharm.*, (3), **28**, 604]. — On dissout à chaud la combinaison $C^{20}H^{17}AzO^{4}.CHCl^{3}$ dans un petit excès de chloroforme et on ajoute de l'alcool à la liqueur: on voit se former de longs cristaux prismatiques qui perdent à 100° une molécule de chloroforme et qui répondent à la formule indiquée.

Berbérine-bromoforme, $C^{20}H^{17}AzO^{4}.CHBr^{3}$ (R. Gaze). — La berbérine récemment précipitée se dissout dans le bromoforme; il suffit d'évaporer la solution à basse température pour obtenir des cristaux ayant la composition indiquée. Ce corps est instable et se détruit par l'action des dissolvants neutres. Le chloroforme le transforme immédiatement en berbérine-chloroforme.

Berbérine-acétone, $C^{20}H^{17}AzO^{4}.C^{3}H^{6}O$ (R. Gaze). — On chauffe au bain-marie jusqu'à dissolution complète un mélange de sulfate de berbérine (5 gr.), d'eau (100 gr.) et d'acétone (50 gr.); on filtre chaud, on ajoute de la soude jusqu'à réaction alcaline et on laisse refroidir. On obtient ainsi une poudre cristalline d'un jaune citron. Ce corps se décompose par les acides dilués avec mise en liberté d'acétone et formation du sel de berbérine correspondant à l'acide employé. Chauffé au bain-marie avec un grand excès d'alcool additionné préalablement d'un dixième de son volume de chloroforme, il se décompose avec mise en liberté de berbérine. On peut, suivant M. Gaze, utiliser cette réaction pour préparer la berbérine à l'état de pureté parfaite.

Berbérine-alcool, $C^{20}H^{17}AzO^4 . C^2H^6O$. (Gaze). — Masse cristalline jaune, obtenue en abandonnant à basse température une dissolution de berbérine dans un mélange d'alcool et d'éther : l'eau dédouble ce composé en ses deux générateurs.

Action des réactifs. — *Potasse.* — Si l'on distille 1 molécule de berbérine avec 5 molécules de potasse en plaque, on constate qu'il se dégage de l'hydrogène et de l'ammoniaque et qu'il passe une huile lourde ; on l'a caractérisée par son chloroplatinate comme étant de la quinoléine [O. Bernheimer, *Gazz. chim. ital.*, **13**, 339 ; *Bull. Soc. Chim.*, (2), **41**, 591].

La partie non distillée contient du berbérate de potassium (W. Perkin junior).

Bromures et iodures alcooliques. — La berbérine récemment précipitée, agitée à froid avec du bromure d'éthylène en présence d'un excès de soude, se convertit en *bromhydrate de berbérine*, $C^{20}H^{17}AzO^4 . HBr, 2H^2O$.

Le chlorure d'éthylène fournit dans les mêmes conditions du *chlorhydrate de berbérine*.

Au contraire, l'iodure d'éthyle donne, par un traitement analogue, un produit d'addition,

$$C^{20}H^{17}AzO^4 . C^2H^5I,$$

qui cristallise dans l'alcool faible en aiguilles orangées. Traitée par l'oxyde d'argent en présence de l'eau, cette combinaison donne un composé cristallisable qui paraît renfermer un mélange de l'hydrate $C^{20}H^{17}AzO^4 . C^2H^5OH$ et du carbonate correspondant. Soumis à l'action de l'acide chlorhydrique, cet hydrate impur se convertit en aiguilles jaunes renfermant

$$C^{20}H^{17}AzO^4 . C^2H^5Cl.$$

L'iodure d'amyle s'unit avec la berbérine dans les mêmes conditions que l'iodure d'éthyle : l'*iodo-amylate*, $C^{20}H^{17}AzO^4 . C^5H^{11}I$, cristallise dans l'alcool faible en aiguilles jaunes (Gaze).

Brome. — Une solution aqueuse de sulfate de berbérine donne, par l'addition d'un excès d'eau de brome, un précipité jaune, amorphe, renfermant, $C^{20}H^{17}AzO^4 . Br^4 . HBr, H^2O$. Par des lavages à l'alcool froid, ce corps perd 2 atomes de brome. Le nouveau composé ainsi formé,

$$C^{20}H^{17}AzO^4 . Br^2 . HBr,$$

traité par l'alcool chaud, perd à son tour ses 2 atomes de brome et se convertit en bromhydrate de berbérine (Gaze).

Acide iodhydrique. — Chauffée avec de l'acide iodhydrique, d'après la méthode de M. Zeisel, la berbérine perd 2 groupes méthyle, contenus dans la molécule à l'état de méthoxyle (Gaze).

Réducteurs. — La réduction de la berbérine par le zinc granulé et l'acide sulfurique donne naissance à l'*hydroberbérine*, $C^{20}H^{21}AzO^4$, que nous décrirons plus loin (E. Schmidt). L'acide iodhydrique la transforme en *berbériline* (voyez plus loin).

Oxydants. — En oxydant la berbérine par l'acide nitrique, M. Weidel l'a convertie en acide berbérique [*D. chem. G.*, **12**, 410 ; *Bull. Soc. Chim.*, (2), **33**, 93].

En opérant l'oxydation au moyen d'un excès de permanganate de potassium en solution alcaline et à la température du bain-marie, on obtient un résultat différent. Le produit de la réaction est filtré, puis saturé par l'acide sulfurique et enfin épuisé par l'éther. Ce liquide abandonne par évaporation des cristaux d'acide hémipinique :

OCH³

CH³O — [noyau] — CO²H

CO²H

et une poudre brune d'où l'on a pu extraire un acide qui semble être l'acide nicotianique (pyridine-β-carbonique) (E. Schmidt).

M. W. Perkin jun. [*loc. cit.*] a obtenu dans cette même opération une petite quantité d'un acide azoté qu'il croit être l'acide berbéronique.

Le même auteur, en ménageant l'oxydation et en opérant sur de petites quantités, a obtenu d'autres produits :

1° Un acide $C^{20}H^{19}AzO^9$, dont le sel de baryum est cristallisé. On le sépare par dissolution dans le carbonate de sodium, précipitation fractionnée par l'acide sulfurique et lavage à l'alcool méthylique bouillant.

2° Le résidu insoluble dans le carbonate de sodium est traité par l'acide acétique bouillant : il se dépose des cristaux qu'on fait recristalliser et qui ont pour composition $C^{20}H^{17}AzO^8$. Ils fondent à 236-237°. Cette substance est très soluble dans l'acide acétique bouillant, bien moins soluble à froid, peu soluble dans les alcools éthylique et méthylique, le benzène, le toluène, le pétrole léger et l'acétone, même à l'ébullition. Elle est insoluble dans les carbonates alcalins, mais non pas dans les alcalis, ni dans l'ammoniaque, ce qui permet la préparation d'un *dérivé diargentique*, $C^{20}H^{15}AzO^8Ag^2, 4H^2O$. On obtient également un beau *sel de cuivre* par le même procédé.

3° De la liqueur mère acétique on peut séparer, par dilution avec l'eau, une autre substance, $C^{20}H^{17}AzO^7$, qui fond à 150° ; elle est insoluble dans les alcalis.

4° La solution qui a abandonné le mélange des composés précédents donne par évaporation un autre acide, isomérique avec le premier et fondant 38° plus haut.

5° Enfin, on trouve également de l'acide hémipinique, $C^{10}H^{10}O^6$, fusible à 159-160° ; ce qui semble indiquer que l'acide hémipinique peut exister sous deux modifications transformables l'une dans l'autre, dont la seconde fond à 177-178° [W. Perkin junior, *loc. cit.*].

L'acide nitrique concentré a donné à M. Weidel l'acide berbérique. En employant l'acide nitrique étendu, M. Marfori [*loc. cit.*] a obtenu des produits beaucoup plus condensés. On chauffe au bain-marie vers 75°, pendant 6 ou 7 heures, 1 partie de berbérine avec 10 parties d'acide nitrique (d = 1,16). On laisse reposer pendant 12 heures, on filtre à la trompe et on lave successivement à l'eau acidulée, à l'eau distillée et à l'alcool. On sèche, on dissout dans l'eau bouillante, on décolore par le noir animal et on précipite par l'addition d'une solution très concentrée de nitrate d'argent. Le *sel d'argent* qui se précipite a pour formule $C^{16}H^{13}AzO^6Ag$. L'auteur le nomme *berbérinate d'argent*.

L'acide libre s'obtient par l'addition d'acide chlorhydrique à la solution aqueuse du sel d'argent. Il cristallise en aiguilles d'un jaune d'or, infusibles, se décomposant à 210°. Il est coloré en rouge de sang par le réactif de Fröhde, ainsi que par une solution de vanadate d'ammonium dans l'acide sulfurique concentré.

Le liquide acide d'où s'est séparé l'acide berbérinique précipite par l'eau et fournit une substance qui cristallise dans l'alcool à 50 0/0 en mamelons microscopiques de couleur rouge sombre, et se décomposant sans fondre à 150-155°. Ce corps a pour formule $C^{20}H^{15}(AzO^{2})^{2}AzO^{6}$: c'est une *dioxydinitroberbérine.*

Enfin, si on sature par l'ammoniaque le liquide acide et qu'on ajoute de la baryte au liquide filtré, on obtient un précipité abondant, qui fournit de la pyridine par la distillation sèche et qui est probablement le sel barytique de l'acide berbérinique.

Action physiologique. — Cette action a été étudiée par M. Chourinoff [*Inaug. Dissert.*, Saint-Petersbourg, 1885] et par M. A. Curci [*Ann. di Chim. e Farm.*, (4), **4**, 32]. L'un et l'autre sont d'accord pour en faire un antipyrétique, augmentant d'abord, puis ralentissant les mouvements respiratoires. C'est un poison des centres nerveux. D'après M. Chourinoff, elle s'élimine par les urines. M. Curci prétend qu'elle réduit l'hémoglobine.

Hydroberbérine, $C^{20}H^{21}AzO^{4}$. — M. E. Schmidt a modifié quelque peu la préparation de ce corps autrefois indiquée par Hlasiwetz et Gilm. On chauffe au bain-marie 3 parties de berbérine, 100 parties d'eau, 10 parties d'acide sulfurique, 20 parties d'acide acétique et un grand excès de zinc granulé. Au bout de 3 ou 4 heures, le liquide, d'abord brun et mousseux, est passé au jaune vineux; on filtre rapidement et on traite par un grand excès d'ammoniaque; l'hydroberbérine se dépose sous la forme d'un précipité blanc-grisâtre, tandis que l'hydrate de zinc reste dissous à la faveur de l'excès d'ammoniaque. Il n'y a plus qu'à laver le précipité à l'ammoniaque et à le faire cristalliser dans l'alcool bouillant pour obtenir l'hydroberbérine en petites aiguilles blanches, fusibles à 167° et présentant toutes les propriétés indiquées par Hlasiwetz et Gilm [*D. chem. G.*, **16**, 2589; *Bull. Soc. Chim.*, (2), **42**, 426; *Arch. Pharm.*, (2), **25**, 141; *Bull. Soc. Chim.*, (2), **48**, 453].

L'hydroberbérine est une base tertiaire. Elle s'unit aux iodures alcooliques en donnant des sels d'ammoniums quaternaires (Schmidt). M. Gaze a étudié quelques-uns de ces dérivés.

L'*iodométhylate*, $C^{20}H^{21}AzO^{4}.CH^{3}I, H^{2}O$, forme des cristaux jaunâtres, très solubles dans l'eau, moins solubles dans l'alcool, fusibles à 228-235°.

Le *chlorométhylate*, $C^{20}H^{21}AzO^{4}.CH^{3}Cl.3H^{2}O$, s'obtient en traitant l'iodométhylate par le chlorure d'argent et l'eau, au bain-marie; il se déshydrate à 100-105°. Il se combine avec les chlorures d'or et de platine.

Le *chloraurate*, $C^{20}H^{21}AzO^{4}.CH^{3}Cl.AuCl^{3}$, se présente en petits cristaux orangés fusibles à 198-199°.

Le *chloroplatinate*,

$$(C^{20}H^{21}AzO^{4}.CH^{3}Cl)^{2}PtCl^{4},$$

est une poudre jaune, amorphe, peu soluble dans l'alcool et dans l'eau.

Le *nitrate*, $C^{20}H^{21}AzO^{4}.CH^{3}.AzO^{3}, H^{2}O$, cristallise en aiguilles jaunâtres qui se décomposent à 251-252°; on l'obtient au moyen du nitrate d'argent et du chlorure précédent.

L'*hydroxyde*, $C^{20}H^{21}AzO^{4}.CH^{3}.OH, 4H^{2}O$, se produit par l'action de l'oxyde d'argent et de l'eau sur l'iodométhylate, au bain-marie. C'est une poudre cristalline jaunâtre, fusible, après dessiccation, à 162-164°, très soluble dans le chloroforme, l'éther de pétrole, l'acétate d'éthyle, l'esprit de bois, l'alcool éthylique. Chauffé à 100° dans un courant d'hydrogène, ce composé se transforme en *méthylhydroberbérine*. $C^{21}H^{23}AzO^{4}$.

L'*iodéthylate*, $C^{20}H^{21}AzO^{4}.C^{2}H^{5}I, H^{2}O$, forme des cristaux prismatiques jaunâtres, fusibles à 218-219°; il n'est pas attaqué par la potasse au bain-marie. Dans la préparation de ce composé se forme un *periodure*, $C^{20}H^{21}AzO^{4}.C^{2}H^{5}I.I^{2}$, qu'on isole par l'évaporation des eaux mères sous la forme de cristaux brillants, d'un brun foncé, presque insolubles dans l'alcool bouillant.

Le *chloréthylate*,

$$C^{20}H^{21}AzO^{4}.C^{2}H^{5}Cl, 2,5H^{2}O,$$

se présente en belles aiguilles incolores; on l'obtient par l'action du chlorure d'argent sur l'iodoéthylate. Il retient une demi-molécule d'eau à 105°, fond à 138-140° dans cette eau, puis se solidifie à une température un peu plus élevée et fond une seconde fois en se décomposant à 225°.

Le *nitrate*, $C^{20}H^{21}AzO^{4}.C^{2}H^{5}.AzO^{3}, H^{2}O$, cristallise en aiguilles jaunâtres qui fondent en se décomposant à 243-244°.

Le *chloraurate*, $C^{20}H^{21}AzO^{4}.C^{2}H^{5}Cl.AuCl^{3}$, fond à 179-180°; on peut le faire cristalliser dans l'eau alcoolisée bouillante.

Le *chloroplatinate*,

$$(C^{20}H^{21}AzO^{4}.C^{2}H^{5}Cl)^{2}PtCl^{4},$$

cristallise dans un mélange bouillant d'alcool et d'acide chlorhydrique en petites aiguilles orangées, qui fondent en se décomposant à 227-228°.

L'*hydroxyde*, $C^{20}H^{21}AzO^{4}.C^{2}H^{5}.OH, 4H^{2}O$, se produit par l'action de l'oxyde d'argent en présence d'alcool sur l'iodéthylate au bain-marie; il cristallise dans l'acétone sous la forme d'une poudre incolore, très amère, fusible à 158-161°. Chauffé à 100°, il se convertit en *éthylhydroberbérine*, $C^{22}H^{25}AzO^{4}$.

Action du brome. — Une solution chloroformique d'hydroberbérine, traitée à une température inférieure à 0° par une solution chloroformique de brome, fournit un précipité amorphe d'un brun rougeâtre, qui, après lavage au chloroforme, a pour composition $C^{20}H^{21}AzO^{4}.Br^{4}.HBr$. Chauffé pendant longtemps à 100°, ce corps perd du brome et de l'acide bromhydrique et paraît se transformer en une *dibromohydroberbérine*. On peut faire cristalliser le bromhydrate de perbromure dans le chloroforme, et on l'obtient alors en aiguilles brillantes, rougeâtres, qui ne fondent pas encore à 270°.

Chauffé avec de la potasse alcoolique au bain-marie, le bromhydrate de perbromure donne du bromure de potassium et un composé qui cristallise dans l'acétate d'éthyle en aiguilles d'un jaune citron, fusibles à 148-151°, insolubles dans l'eau, solubles dans l'alcool bouillant, et paraissant avoir la composition d'une *monobromohydroberbérine* (Gaze).

Méthylhydroberbérine, $C^{21}H^{23}AzO^{4}, H^{2}O$. — Ce composé, dont on a indiqué plus haut le mode de formation, cristallise dans un mélange de chloroforme et d'éther en fines aiguilles incolores, fusibles avec décomposition à 224-226°.

Le *sulfate*, $C^{21}H^{23}AzO^{4}.SO^{4}H^{2}, 1,5H^{2}O$, est cristallisé et soluble dans l'eau.

Le *chloraurate*,

$$C^{21}H^{23}AzO^{4}.HCl.AuCl^{3}, 2H^{2}O,$$

commence à fondre vers 130°.

Éthylhydroberbérine, $C^{22}H^{25}AzO^{4}, 4H^{2}O$. — Elle cristallise dans un mélange d'alcool, de chloroforme et d'acétate d'éthyle en aiguilles incolores, qui perdent $2H^{2}O$ à 100° et qui fondent en se décomposant à 233-235°. Chauffée au bain-marie avec de l'iodure d'éthyle, cette base se convertit en iodéthylate d'hydroberbérine (Gaze).

Le *chloraurate*, $C^{22}H^{25}AzO^{4}.HCl.AuCl^{3}$, est une poudre amorphe, rougeâtre, fusible à 181-182°.

Le *chloroplatinate*, $(C^{22}H^{25}AzO^{4}.HCl)^{2}PtCl^{4}$, est un précipité orangé, amorphe, qui fond à 218-219°.

Constitution de la berbérine. — La berbérine possède une structure assez complexe, qui n'a pas encore été fixée. Mais les produits de dédoublement de la berbérine, sous l'influence de l'hydratation ou de l'oxydation, ont été étudiés avec soin et complètement déterminés.

La potasse fondue décompose la berbérine avec formation de quinoléine; il est donc fort probable que le noyau de la molécule est la quinoléine. Son oxydation s'accorde d'ailleurs parfaitement avec cette conjecture. En effet, comme les dérivés quinoléiques, elle fournit, suivant la substance oxydante employée, soit un acide bibasique aromatique, l'acide hémipinique, soit un acide carbopyridique, l'acide berbéronique.

On sait d'ailleurs que la berbérine contient 2 groupements méthoxyle, et 2 seulement, car l'action de l'acide iodhydrique la transforme en un corps en C^{18}, la berbéroline. Il est donc fort probable qu'il existe dans la berbérine le noyau

CH³O C
CH³O C C
C C
C
C Az

ce noyau étant transformé à l'oxydation en acide hémipinique

OCH³
CH³O CO²H
H CO²H
H

ou en acide berbéronique

CO²H
H CO²H
CO²H H
Az

La présence des deux carboxyles en β et γ indique à cet endroit la présence de deux chaînes latérales qui doivent contenir les 2 atomes d'oxygène restants, soit à l'état de carbonyles, soit à l'état d'oxhydryles.

Dans un récent mémoire [*Chem. Soc.*, **57**, 991; *D. chem. G.*, **24**, *Ref.*, 157], M. Perkin attribue à la berbérine la formule de structure

H²C—O.C
O.C CH
H³CO.C C C CH
H³CO.C C C
HC C Az CH²
CH CH CH²

qui en fait un dérivé de l'isoquinoléine.

L. Bouveault.

BERBÉRIQUE (ACIDE), $C^8H^8O^4$. — Cet acide qui, d'après Hlasiwetz et Gilm, prend naissance dans l'action de la potasse en fusion sur la berbérine, a été étudié par M. W. Perkin jun. [*Chem. Soc.*, **55**, 63; *Bull. Soc. Chim.*, (3), **2**, 635].

Cet auteur a trouvé que cet acide se dédouble en acide carbonique et homopyrocatéchine :

$$C^8H^8O^4 = CO^2 + C^7H^8O^2.$$

On ne connaît pas encore les positions relatives du groupe CO^2H et des groupes OH et CH^3.

BERBÉROLINE, $C^{18}H^{13}AzO^4$. — M. W. Perkin jun. [*Chem. Soc.*, **55**, 63; *Bull. Soc. Chim.*, (3), **2**, 635] a obtenu cet alcaloïde en faisant réagir l'acide iodhydrique fumant sur la berbérine.

Cette base forme avec l'acide sulfurique un sulfate peu soluble dans l'eau froide, que l'eau de chlore précipite avec une coloration d'un violet foncé, tandis que l'acide nitrique y fait naître une coloration violette que l'échauffement fait passer au rouge brun. Quand on veut mettre la base en liberté à l'aide d'un alcali, elle se colore en brun en s'oxydant.

Les solutions de berbéroline réduisent le chlorure de platine, le chlorure d'or et la solution ammoniacale d'oxyde d'argent. La berbéroline contient le noyau

OH C
OH C C
C C C
C
C Az

C'est à sa fonction diphénolique qu'elle doit sa facile oxydation.

L. Bouveault.

BERBÉRONIQUE (ACIDE), $C^8H^5AzO^6$. — L'acide berbéronique a été découvert par M. Weidel [*D. chem. G.*, **12**, 410; *Bull. Soc. Chim.*, (2), **33**, 93], dans l'oxydation de la berbérine par l'acide nitrique. Il prend également naissance dans l'oxydation de la berbérine par le permanganate de potassium, mais en petite quantité.

Il a été étudié, ainsi que ses sels, par M. H. Fürth [*Mon. f. Chem.*, **2**, 416; *Bull. Soc. Chim.*, (2), **36**, 628].

Il répond à la formule $C^8H^5AzO^6,H^2O$. Il fond à 243°. Il donne avec le sulfate ferreux une coloration rouge; il précipite par le sulfate de cuivre, le nitrate d'argent, l'acétate de plomb; il forme avec l'acide chlorhydrique une combinaison cristalline.

Sels. — Avec la potasse, l'acide berbéronique fournit 3 sels: un *sel neutre*, $C^8H^2AzO^6K^3,4,5H^2O$; un *sel monacide*, $C^8H^3AzO^6K^2,3H^2O$; un *sel diacide*, $C^8H^4AzO^6K,1,5H^2O$. Ces trois sels présentent avec les sels ferreux la même coloration que l'acide lui-même.

L'acide berbéronique est donc un acide tribasique et par suite un acide tricarbopyridique.

Action de la chaleur. — Chauffé au bain d'huile, dans un courant d'hydrogène, à 215°, l'acide berbéronique se décompose avec formation d'un sublimé blanc, fusible à 228°, qui n'est autre que l'acide nicotianique.

Chauffé à 245° dans les mêmes conditions, il fournit un sublimé d'acide isonicotianique, fusible à 307°.

Le berbéronate monacide de potassium, chauffé au bain d'huile à 250°, fournit un sublimé d'acide nicotianique; le berbéronate diacide de potassium fournit à 275° de l'acide isonicotianique.

Chauffé en tube scellé à 140° avec de l'acide acétique, l'acide berbéronique perd de l'acide carbonique et se transforme en un nouvel acide, cristallisé en prismes microscopiques fondant à 263-264°, insolubles dans l'eau froide et dans l'alcool et ayant pour composition $C^7H^5AzO^4$. Cet acide est précipité par le nitrate d'argent, l'acétate de plomb, l'acétate de cuivre; il ne donne pas de coloration avec le sulfate ferreux. Il forme avec la potasse un sel monacide et un sel neutre. C'est donc un acide bibasique. Ce serait, d'après M. Fürth, le 6e acide dicarbopyridique.

M. J. Weber a démontré [*Ann. Chem.*, **241**, 1;

Bull. Soc. Chim., (2), **49**, 1018] que l'acide berbéronique se dédouble en acide cinchoméronique ou pyridine-β-γ-dicarbonique et acide carbonique. L'acide berbéronique est donc un acide carbocinchoméronique. Or il peut exister 3 acides carbocinchoméroniques :

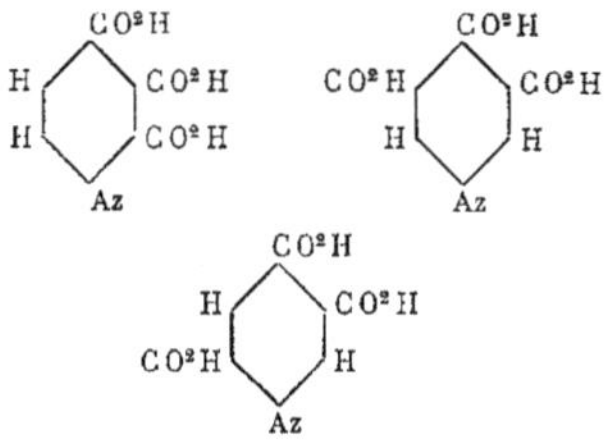

```
          CO²H                      CO²H
     H  /    \  CO²H        CO²H  /    \  CO²H
     H  \    /  CO²H           H  \    /  H
          Az                        Az

                    CO²H
               H  /    \  CO²H
            CO²H  \    /  H
                    Az
```

M. J. Weber a fait la synthèse des deux premiers, qui sont l'un et l'autre différents de l'acide berbéronique. L'acide berbéronique est donc le troisième. L. Bouveault.

BERGAMASQUITE (Min.). — Variété de hornblende sodifère et exempte de magnésie.

BERGÉNITE, $C^8H^{10}O^5, H^2O$ (anc. Bergénin). — Découverte en 1850 par Garreau dans les rhizomes du saxifrage de Sibérie (*Bergenia siberica*), la bergénite a été étudiée surtout par M. Morelle [*Thèses de l'École de pharmacie de Nancy*, 1882; *C. R.*, **93**, 646], qui recommande le mode de préparation suivant :

On épuise par l'eau tiède, à 80° au plus, les rhizomes du saxifrage, préalablement réduits en pulpe, et on précipite l'extrait par l'acétate neutre de plomb pour éliminer les tannins; le liquide, filtré et débarrassé par l'acide sulfhydrique de l'excès de plomb qu'il renferme, est ensuite concentré sur le bain-marie jusqu'au quart environ de son volume primitif : la bergénite cristallise peu à peu; on la purifie par une seconde cristallisation dans l'alcool. Il est préférable, après le traitement à l'acétate neutre, de précipiter la bergénite par le sous-acétate de plomb; on décompose ensuite le dérivé plombique, en suspension dans l'eau, par l'hydrogène sulfuré.

Le rendement est de 5 à 10 grammes par kilogramme de racines.

La bergénite se présente sous la forme de petits cristaux brillants, dérivés d'un prisme orthorhombique de 91°15'; elle est peu soluble dans l'eau, plus soluble dans l'alcool, insoluble dans l'éther et dans le benzène. Ses solutions sont amères.

100 grammes d'eau dissolvent

0gr,121 de bergénite à	0°
0gr,159 —	19°
0gr,645 —	58°
9gr,386 —	100°

100 grammes d'alcool dissolvent

1gr,59 de bergénite à	15°
7gr,35 —	78°

Densité = 1,5445.

La bergénite est lévogyre; pour des dissolutions aqueuses à 0,5 0/0 environ, on a trouvé $[\alpha]_D = -51°,60$.

Chauffée doucement dans le vide, la bergénite subit la fusion aqueuse vers 130°, puis elle se déshydrate, redevient solide et se décompose à 230° sans fondre de nouveau. A 120° la bergénite se déshydrate lentement sans changer d'état.

La bergénite anhydre a pour composition $C^8H^{10}O^5$; elle reprend 1 molécule d'eau et en même temps tous ses caractères primitifs par simple dissolution dans l'eau.

Ce corps est neutre au tournesol, mais il donne des dérivés métalliques; ceux-ci sont instables et ne présentent pas de composition définie. Le sous-acétate de plomb précipite immédiatement la bergénite de ses dissolutions aqueuses; après lavage et dessiccation à froid dans le vide, le composé qui se forme présente la composition $(C^8H^9O^6)^2Pb^3, 4H^2O$.

Les solutions alcalines de bergénite se colorent rapidement à l'air en absorbant de l'oxygène : la teinte violette qui se développe ainsi vire au jaune orangé par addition d'acide.

Tous ces caractères paraissent montrer dans la bergénite une fonction de polyphénol, qui rattache évidemment ce corps à la série aromatique.

La bergénite réduit lentement à froid l'azotate d'argent ammoniacal; par une ébullition prolongée avec la liqueur de Fehling, elle précipite de l'oxyde cuivreux; mais elle ne semble pas être aldéhyde, car elle ne fixe pas l'hydrogène naissant de l'amalgame de sodium et ne donne pas d'acide défini par oxydation. L'acide nitrique bouillant la transforme en acide oxalique; à froid, le mélange nitrique donne un dérivé nitré fort instable, qui se décompose au contact de l'eau avec une effervescence due au peroxyde d'azote.

L'acide sulfurique dissout la bergénite et la décompose peu à peu, même à froid, en la colorant en brun. Il ne paraît pas se former dans cette réaction d'acide bergénite-sulfoné.

L'acide chlorhydrique concentré et chaud détruit la bergénite en la carbonisant.

Les acides minéraux étendus ne produisent aucune réaction comparable au dédoublement des saccharoses.

Les acides organiques donnent des éthers, dont quelques-uns cristallisent bien.

Bergénite monoacétique, $C^8H^9O^4(C^2H^3O^2)$. — On prépare ce corps en chauffant la bergénite avec un excès d'acide acétique cristallisable pendant 48 heures à 100°; on évapore ensuite la dissolution dans le vide et on reprend le résidu par l'éther, qui dissout la bergénite monoacétique et l'abandonne par évaporation. Petits cristaux blancs, très solubles dans l'eau, l'alcool et l'éther, saponifiables par ébullition avec l'acide sulfurique étendu.

Bergénite triacétique, $C^8H^7O^2(C^2H^3O^2)^3$. — Paillettes nacrées, insolubles dans l'eau, solubles dans l'alcool, l'éther, l'acide acétique et le chlorure d'acétyle, fusibles à 200°. On l'obtient en traitant la bergénite par le chlorure d'acétyle à 100°, et précipitant par l'eau la dissolution obtenue.

Bergénite pentacétique, $C^8H^5(C^2H^3O^2)^5$. — Fines aiguilles blanches, réunies en une masse feutrée, insolubles dans l'eau, solubles dans l'alcool et dans l'éther. On la prépare en traitant la bergénite triacétique par l'anhydride acétique à 280°; après 12 heures de chauffe, on précipite par l'eau et on fait cristalliser le produit dans l'alcool absolu.

Bergénite monovalérique, $C^8H^9O^4(C^5H^9O^2)$. — Elle se forme par l'action directe de l'acide valérique sur la bergénite à 175°. C'est un corps amorphe, soluble dans l'alcool et dans l'éther.

Bergénite tribenzoïque, $C^8H^7O^2(C^7H^5O^2)^3$. — Substance cristalline blanche, soluble dans l'alcool et dans l'éther, insoluble dans l'eau, très aisément saponifiable. On l'obtient en chauffant la bergénite avec du chlorure de benzoyle.

Il résulte de toutes ces données que la bergénite renferme 5 oxhydryles et qu'elle ne possède pas la fonction aldéhydique qui caractérise les sucres réducteurs; mais il nous semble au moins prématuré de conclure que cette substance est un alcool pentatomique comparable à la quercite $C^6H^{12}O^5$. L'action des alcalis sur la bergénite est semblable à celle qu'exercent les mêmes corps sur les oxybenzènes, et il nous paraît plus exact de la ranger parmi les phénols ou tout au moins parmi les alphénols. De nouvelles recherches sont évidemment nécessaires pour élucider cette question.

La bergénite possède la plupart des propriétés de la *waldivine* de M. Tanret et est peut-être un de ses isomères optiques. L. Maquenne.

BERNARDINITE (Min.) (Stillmann). — Résine fossile, voisine du succin, en masses poreuses presque blanches, renfermant 23 0/0 d'oxygène, en partie soluble dans l'alcool, presque entièrement soluble dans la potasse. Densité = 1,166. Abondante dans le comté de San-Bernardino (Californie).

BERTRANDITE (Min.) (Baret-Damour). — Orthosilicate de glucinium hydraté,

$$2\,SiO^4Gl^2, H^2O.$$

Petits cristaux transparents, d'un éclat vitreux, incolores ou légèrement jaunâtres, excessivement rares; trouvés seulement dans les pegmatites, à Petit-Port et à Barbin, près Nantes, à la Villeder (Morbihan), à Pisek (Bohême) et au mont Antero (Colorado).

Caractères. — Inattaquable aux acides. Au chalumeau, blanchit sans fondre. Dureté = 6,5; densité = 2,57.

Forme cristalline. — Prisme orthorhombique : $mm = 121°20'$; $e^1g^1 = 120°25'$. Faces habituelles : $mpg^1g^3h^1h^3e^1e^{1/3}e^{1/2}$. Macles : $g^2e^{1/3}$.

BERYLLONITE (Min.) (Dana). — Phosphate double de sodium et de glucinium, PO^4GlNa ou $2\,GlO \cdot Na^2O \cdot P^2O^5$ (en écrivant la glucine GlO); ce corps serait donc constitué à la façon de la triplite, $PO^4[Fe, Mn]Li$, et de la herdérite,

$$PO^4Gl\,(CaFl).$$

Cristaux tabulaires, atteignant 3 centimètres, transparents, incolores ou blanc-jaunâtre; cassure conchoïdale; éclat vitreux (nacré sur la base); trouvés dans un filon de granulite altérée, avec les minéraux habituels de cette roche, au pied du Mackean Mountain, près Stoneham (Maine, États-Unis)

Caractères. — Soluble dans les acides. Au chalumeau, décrépite, puis fond en colorant la flamme en jaune, avec une zone verte à la partie inférieure. Dureté = 5,5 à 6. Densité = 2,845.

Forme cristalline. — Prisme orthorhombique : $pb^{1/2} = 47°51',5$; $pe^{1/3} = 47°40'$. Faces prédominantes, h^1g^1m et un nombre prodigieux de facettes dans les zones mm, ph^1, pg^1, pm, etc. Macles multiples suivant m. Clivages : p parfait, h^1 difficile, g^3 interrompu, g^1 traces.

L. Bourgeois.

BÉTAÏNES (voyez Suppl., 1, 347). — Les bétaïnes sont des composés à fonction mixte, à la fois acide et hydrate d'ammonium quaternaire. Elles renferment donc le groupement caractéristique

$$\equiv Az \begin{matrix} \diagup R'' - CO^2H \\ \diagdown OH \end{matrix}$$

Mais comme il y a élimination de 1 molécule d'eau entre les deux groupes OH et CO^2H, les bétaïnes peuvent être considérées plus exactement comme les anhydrides des acides-hydrates d'ammoniums quaternaires, et caractérisées, par suite, par le groupement

$$\equiv Az - R'' - CO \quad (Az \text{ lié à } O \text{ de } CO)$$

Si l'on traite les bétaïnes par les acides, par les hydracides par exemple, on revient au premier type et l'on obtient de véritables sels répondant à la formule

$$\equiv Az \begin{matrix} \diagup R'' - CO^2H \\ \diagdown A' \end{matrix}$$

dans laquelle A' représente un radical d'acide.

Tantôt les trois atomicités de l'azote sont saturées par trois radicaux monovalents, comme dans la *bétaïne ordinaire*

$$(CH^3)^3 \equiv Az - CH^2 - CO \quad (Az \text{ lié à } O)$$

ou dans la *triméthylbenzobétaïne*

$$(CH^3)^3 \equiv Az - C^6H^4 - CO \quad (Az \text{ lié à } O)$$

tantôt elles le sont par un seul radical trivalent. C'est ce qui a lieu pour la *pyridine-bétaïne*

$$C^5H^5 \equiv Az - CH^2 - CO \quad (Az \text{ lié à } O)$$

et pour la *quinoléine-bétaïne*.

Il peut arriver enfin que le groupement oxycarboné soit relié au radical trivalent lui-même : il reste alors une atomicité libre qui peut être saturée par un radical alcoolique monovalent. C'est ce qui a lieu, par exemple, dans la *méthyl-bétaïne nicotianique*,

$$\begin{matrix} C^5H^4 - CO \\ ||| \quad\quad | \\ CH^3 - Az - O \end{matrix}$$

Préparation. — Deux méthodes générales permettent de préparer les bétaïnes :

La première, qui est celle de M. Liebreich, consiste à faire réagir un acide chloré, ou son éther, sur une amine trisubstituée :

$$(R')^3Az + ClR'' - CO^2H$$
$$= (R')^3 \equiv Az \begin{matrix} \diagup R'' - CO^2H \\ \diagdown Cl \end{matrix}$$

On obtient ainsi un chlorhydrate de bétaïne qui, traité par l'oxyde d'argent, fournit la bétaïne elle-même.

Cette méthode donne en général d'assez bons résultats, au moins avec la triméthylamine; mais en même temps que la bétaïne il se forme de l'hydrate de tétraméthylammonium et ce corps peut, dans certains cas, constituer le produit principal de la réaction. Si l'on traite, par exemple, l'éther bromo-isovalérique par la triméthylamine, on obtient de l'hydrate de tétraméthylammonium, de l'acide diméthylacrylique et seulement une très faible proportion de bétaïne. Enfin les rendements en bétaïne sont plus faibles encore lorsqu'on remplace la triméthylamine par la triéthylamine : c'est ainsi qu'avec la triéthylamine et l'éther α-bromopropionique le produit principal de la réaction est l'acide lactique; on n'obtient que des traces de bétaïne; avec l'acide α-bromobutyrique, ou avec son éther, il ne se forme pas de bétaïne, mais seulement de l'acide α-oxybutyrique [E. Duvillier, *C. R.*, **104**, 1520; *Bull. Soc. Chim.*, (2), **48**, 3; (3), **2**, 139; (3), **3**, 507].

La seconde méthode, qui est celle de M. Griess, revient à faire réagir sur un acide amidé un iodure alcoolique, en présence de la potasse :

$$3\,R'I + AzH^2 - R'' - CO^2H$$
$$= 2\,HI + (R')^3 \equiv Az \begin{matrix} \diagup R'' - CO^2H \\ \diagdown I \end{matrix}$$

(voyez Suppl., 1, 347). D'après MM. Kœrner et Menozzi [*Gazz. chim. ital.*, 13, 350; *Bull. Soc. Chim.*, (2), 41, 649], on obtiendrait tout d'abord dans cette réaction un sel de potassium de la formule

$$(R')^3 \equiv Az \langle {R'' - CO^2K \atop I}$$

qui, traité par l'acide iodhydrique ioduré, fournirait le *periodure* signalé par M. Griess.

Cette méthode, qui dans certains cas fournit d'assez bons résultats, ne conduit pas toujours non plus à la bétaïne cherchée, surtout lorsqu'on fait réagir sur un acide amidé l'iodure d'éthyle. C'est ainsi qu'en traitant les acides α-amidopropionique et α-amidobutyrique par l'iodure d'éthyle, on n'obtient que les acides diéthylamidopropionique et diéthylamidobutyrique [E. Duvillier, *Bull. Soc. Chim.*, (3), 3, 503].

Suivant M. Duvillier, on a au contraire d'excellents résultats lorsqu'on modifie la méthode de M. Griess et qu'on fait réagir l'iodure alcoolique (iodure de méthyle ou d'éthyle) sur le sel de zinc de l'acide amidé, en présence d'oxyde de zinc :

$$[AzH^2 - R'' - CO^2]^2Zn + 8R'I + 2ZnO$$
$$= 2\left[(R')^3 \equiv Az \langle {R'' - CO^2R' \atop I}\right] + 3ZnI^2 + 2H^2O.$$

On chauffe le mélange en vase clos pendant 15 ou 20 heures à 100 ou 110°; on traite par l'eau, qui sépare l'éther formé; par ébullition avec l'eau, ce dernier est saponifié avec la plus grande facilité; on traite par le sulfure de baryum pour se débarrasser du zinc, par l'acide sulfurique pour précipiter la baryte, et par l'oxyde d'argent pour éliminer l'iode. On obtient finalement un liquide qui, additionné d'acide chlorhydrique et de chlorure de platine, abandonne la bétaïne à l'état de chloroplatinate [E. Duvillier, *C. R.*, 110, 640].

TRIMÉTHYLBÉTAÏNE ACÉTIQUE (*bétaïne ordinaire, triméthylglycocolle*),

$$C^5H^{11}AzO^2, H^2O$$
$$= (CH^3)^3 \equiv Az - CH^2 - CO, H^2O$$
(Az et CO reliés par O)

(voyez Suppl., 1, 347). — La bétaïne a été rencontrée dans les feuilles et dans les tiges du *Lycium barbarum* [Marmé et Husemann, *Ann. Chem.*, *Suppl.*, 2, 383 et 3, 245; *Jahresb.*, 1875, 828]: dans les graines du cotonnier [Ritthausen et Weger, *J. prakt. Chem.*, (2), 30, 32]; dans la vesce commune (*Vicia sativa*) [E. Schulze, *D. chem. G.*, 21, 1827].

Pour extraire la bétaïne de la mélasse, MM. Frühling et Schulz proposent de neutraliser presque complètement les solutions de mélasse par l'acide sulfurique. On évapore à consistance sirupeuse, on reprend par un mélange d'alcool et d'acide sulfurique, on évapore à sec, on dissout le résidu dans l'alcool absolu et on sature par un courant d'acide chlorhydrique sec : le chlorhydrate de bétaïne, peu soluble dans ces conditions, se sépare. Pour avoir la bétaïne, on traite son chlorhydrate en solution aqueuse par l'oxyde d'argent, on filtre, on évapore à sec et on reprend par l'alcool absolu [R. Frühling et I. Schulz, *D. chem. G.*, 10, 1070; *Bull. Soc. Chim.*, (2), 29, 155].

Chloromercurate,

$$(C^5H^{11}AzO^2 . HCl)^2HgCl^2.$$

— Petites tables quadratiques, épaisses, très solubles dans l'eau et dans l'alcool (Marmé et Husemann).

Periodure, $C^5H^{11}AzO^2 . HI . I^2$ (?). — Ce periodure, qui prend naissance dans la préparation de la bétaïne par la méthode de M. Griess, se précipite sous la forme d'aiguilles brunes quand on ajoute de l'acide iodhydrique ioduré à une solution de bétaïne (Griess).

Sel de potassium, $C^5H^{11}AzO^2KI, 2H^2O$. — Ce corps s'obtient directement par l'action de l'iodure de méthyle et de la potasse sur le glycocolle. Il se présente sous la forme de grands prismes très solubles dans l'eau, fusibles à 138-139° en perdant leur eau de cristallisation. Les cristaux, privés de leur eau, ne fondent qu'à 226° en se décomposant [Kœrner et Menozzi, *Gazz. chim. ital.*, 13, 350; *Bull. Soc. Chim.*, (2), 41, 694].

Iodobismuthate, $4(C^5H^{11}AzO^2) . 3HI . 2BiI^3$. — Fines aiguilles jaune-orangé [Kraut, *Ann. Chem.*, 210, 310; *Bull. Soc. Chim.*, (2), 38, 201].

Iodométhylate,

$$(CH^3)^3 \equiv Az \langle {CH^2 . CO^2 . CH^3 \atop I}$$

— On l'obtient en traitant l'amidoacétate d'argent par l'iodure de méthyle [Kraut, *Ann. Chem.*, 182, 172; *Bull. Soc. Chim.*, (2), 27, 376].

TRIÉTHYLBÉTAÏNE ACÉTIQUE (*triéthylglycocolle*),

$$C^8H^{17}AzO^2 = (C^2H^5)^3 \equiv Az - CH^2 - CO$$
(Az et CO reliés par O)

— Voyez Suppl., 1, 348.

Chloroplatinate,

$$(C^8H^{17}AzO^2 . HCl)^2PtCl^4, 2H^2O.$$

— Il cristallise avec 2 molécules d'eau [Kraut, *Ann. Chem.*, 182, 175].

Iodobismuthates. — On précipite l'iodhydrate par une solution d'iodure double de bismuth et de potassium et on fait recristalliser dans l'alcool bouillant. On obtient par refroidissement des tables quadrangulaires rouge-orangé, répondant à la formule $3(C^8H^{17}AzO^2 . HI)2BiI^3$.

L'eau mère abandonne ensuite un autre iodobismuthate en cristaux déliés, de la formule

$$C^8H^{17}AzO^2 . HI . BiI^3$$

[Kraut, *Ann. Chem.*, 210, 310; *Bull. Soc. Chim.*, (2), 38, 201].

Chloréthylate,

$$C^{10}H^{22}AzO^2Cl = (C^2H^5)^3 \equiv Az \langle {CH^2 . CO^2 . C^2H^5 \atop Cl}$$

(voyez Suppl., 1, 348). — Son *chloroplatinate*, $(C^{10}H^{22}AzO^2Cl)^2PtCl^4$, cristallise en rhomboèdres, et son *chloraurate*, $C^{10}H^{22}AzO^2Cl . AuCl^3$, en aiguilles fusibles à 100° [A.-W. Hofmann, *C. R.*, 54, 252].

Iodoéthylate,

$$(C^2H^5)^3 \equiv Az \langle {CH^2 . CO^2 . C^2H^5 \atop I}$$

— Il s'obtient par l'action d'un excès d'iodure d'éthyle sur l'amidoacétate d'argent [Kraut, *Ann. Chem.*, 182, 172; *Bull. Soc. Chim.*, (2), 27, 376].

TRIMÉTHYLBÉTAÏNES PROPIONIQUES (*homobétaïnes*), $C^6H^{13}AzO^2$.

Triméthylbétaïne α-propionique (*triméthylalanine*),

$$(CH^3)^3 \equiv Az - \overset{CH^3}{\overset{|}{C}H} - CO$$
(Az et CO reliés par O)

(voyez Suppl., 1, 349). — On l'obtient en faisant réagir sur l'alanine l'iodure de méthyle et la potasse [Kœrner et Menozzi, *loc. cit.* — J. Weiss,

Arch. Pharm., **228**, 186; *D. chem. G.*, **23**, *Ref.*, 348]. Suivant MM. Kœrner et Menozzi, il se forme ainsi le sel de potassium de l'iodhydrate de bétaïne.

Triméthylbétaïne β-propionique,

$$(CH^3)^3 \equiv Az - CH^2 - CH^2 - CO \quad \text{(Az–O)}$$

— D'après MM. Kœrner et Menozzi, l'action de l'iodure de méthyle et de la potasse sur la β-alanine ne fournit pas de bétaïne : il se fait de la triméthylamine, du fumarate et probablement du fumaramate de potassium.

Mais on peut l'obtenir, suivant M. Weiss, en chauffant l'acide β-iodopropionique avec une solution aqueuse de triméthylamine. Cette bétaïne donne un *chloroplatinate* et un *chloraurate* bien cristallisés.

TRIÉTHYLBÉTAÏNE α-PROPIONIQUE,

$$C^9H^{19}AzO^2 = (C^2H^5)^3 \equiv Az - CH(CH^3) - CO \quad \text{(Az–O)}$$

— Cette bétaïne prend naissance, mais seulement en très faible quantité, par l'action de la triéthylamine sur l'éther α-bromopropionique : 200 grammes d'éther bromopropionique fournissent seulement 2 grammes de chlorhydrate de bétaïne, aiguilles ou tables jaune-orangé qui s'effleurissent à l'air. Le produit principal de la réaction est l'acide lactique; il se forme en outre un peu d'hydrate de tétréthylammonium [E. Duvillier, *C. R.*, **104**, 1520].

TRIMÉTHYLBÉTAÏNE α-BUTYRIQUE,

$$C^7H^{15}AzO^2 = (CH^3)^3 \equiv Az - CH(CH^2-CH^3) - CO \quad \text{(Az–O)}$$

— On obtient cette bétaïne en faisant réagir la triméthylamine (1,5 molécule) en solution alcoolique sur l'éther α-bromobutyrique. On abandonne le mélange à lui-même pendant quelques jours et on achève la réaction en chauffant en vase clos pendant 12 heures à 100°. On traite par la baryte, puis par l'acide sulfurique et enfin par l'oxyde d'argent. Après avoir concentré fortement, on obtient un liquide sirupeux, qui finit par se prendre en masse. On reprend par l'alcool et on fait cristalliser à plusieurs reprises dans ce dissolvant. Cette bétaïne est en cristaux volumineux et transparents, qui répondent à la formule

$$C^7H^{15}AzO^2, H^2O.$$

Elle perd son eau de cristallisation à 120°. Elle est extrêmement soluble dans l'eau, très soluble dans l'alcool, insoluble dans l'éther; elle n'a pas de réaction alcaline et possède une saveur amère.

Chloroplatinate, $(C^7H^{15}AzO^2.HCl)^2PtCl^4, H^2O$. — Prismes jaune-orangé, très peu solubles dans l'alcool et perdant leur eau de cristallisation à 100°.

Chloraurate. — Lamelles cristallines [E. Duvillier, *C. R.*, **104**, 1520].

TRIMÉTHYLBÉTAÏNE α-ISOVALÉRIQUE,

$$C^8H^{17}AzO^2 = (CH^3)^3 \equiv Az - CH(CH{=}(CH^3)^2) - CO \quad \text{(Az–O)}$$

— On chauffe à 100-110°, en vase clos, un mélange d'iodure de méthyle (4 parties), d'amidoisovalérate de zinc (1 partie) et d'oxyde de zinc (1 partie). Après 16 ou 18 heures, l'amidovalérate et l'oxyde de zinc ont disparu et les matras renferment un liquide sirupeux, qu'on fait bouillir avec de l'eau et qu'on traite ensuite par le sulfure de baryum, puis par l'acide sulfurique et enfin par l'oxyde d'argent. En ajoutant de l'acide chlorhydrique, puis du chlorure de platine, on obtient la bétaïne sous la forme de *chloroplatinate*, $(C^8H^{17}AzO^2.HCl)^2PtCl^4, 4H^2O$, prismes obliques, jaune-orangé, médiocrement solubles dans l'eau chaude, peu solubles dans l'eau froide, insolubles dans l'alcool.

Le *chloraurate* est en paillettes cristallines, peu solubles dans l'eau [E. Duvillier, *C. R.*, **110**, 640].

TRIMÉTHYLBÉTAÏNE CAPROÏQUE (*triméthyl-leucine*),

$$C^9H^{19}AzO^2 = (CH^3)^3 \equiv Az - CH((CH^2)^3-CH^3) - CO \quad \text{(Az–O)}$$

— On traite la leucine

$$C^5H^{10} \begin{matrix} \diagup CO^2H \\ \diagdown AzH^2 \end{matrix}$$

par l'iodure de méthyle (3 mol.) et la potasse (3 mol.). On évapore à sec et on reprend par l'alcool absolu. On obtient ainsi le composé

$$C^5H^{10} \begin{matrix} \diagup CO^2K \\ \diagdown Az(CH^3)^3I \end{matrix}$$

Ce sel de potassium est transformé par l'acide iodhydrique ioduré en *periodure*, et ce dernier, par l'acide sulfhydrique, en *iodhydrate* de bétaïne

$$(CH^3)^3 \equiv Az \begin{matrix} \diagup C^5H^{10}-CO^2H \\ \diagdown I \end{matrix}$$

Cet iodhydrate, traité par l'oxyde d'argent, fournit la bétaïne correspondante.

Cette bétaïne possède une réaction fortement alcaline. Chauffée vers 120-130°, elle se scinde en triméthylamine et en un corps non azoté, de la formule $C^6H^{10}O^2$.

Chloroplatinate,

$$(C^9H^{19}AzO^2.HCl)^2PtCl^4, H^2O.$$

— Précipité cristallin, jaune-orangé, facilement soluble dans l'eau chaude, peu soluble dans l'eau froide et perdant son eau de cristallisation à 100°.

Chloraurate, $C^9H^{19}AzO^2.HCl.AuCl^3$. — Cristaux jaunes, fusibles à 163°, très peu solubles dans l'eau froide.

Iodhydrate, $C^9H^{19}AzO^2.HI$. — Petits prismes très solubles dans l'eau, peu solubles dans l'alcool froid, fusibles à 191°, en se décomposant avec formation de triméthylamine.

Sel potassique, $C^9H^{19}AzO^2.KI$. — Fines aiguilles, très solubles dans l'eau, médiocrement solubles dans l'alcool froid, et se décomposant au-dessus de 250° avec production de triméthylamine [Kœrner et Menozzi, *Gazz. chim. ital.*, **13**, 350; *Bull. Soc. Chim.*, (2), **41**, 649].

DIMÉTHYLPHÉNYLBÉTAÏNE ACÉTIQUE (*phénylbétaïne, diméthylphénylglycocolle*),

$$C^{10}H^{13}AzO^2 = (C^6H^5)(CH^3)(CH^3) \equiv Az - CH^2 - CO \quad \text{(Az–O)}$$

[J. Zimmermann, *D. chem. G.*, **12**, 2206; *Bull. Soc. Chim.*, (2), **34**, 430. — H. Silberstein, *D.*

chem. G., **17**, 2660; Bull. Soc. Chim., (2), **45**, 530]. — On obtient son *chlorhydrate* en faisant réagir l'acide monochloracétique sur la diméthylaniline :

$$\begin{matrix} C^6H^5 \\ (CH^3)^2 \end{matrix} \gtrless Az + CH^2Cl \,.\, CO^2H$$

$$= \begin{matrix} C^6H^5 \\ (CH^3)^2 \end{matrix} \gtrless Az \lessgtr \begin{matrix} CH^2 - CO^2H \\ Cl \end{matrix}$$

On ajoute de la diméthylaniline à une solution éthérée d'acide monochloracétique. On laisse digérer à une douce température, on chasse l'éther et on fait bouillir le résidu avec 2 ou 3 fois son poids d'eau. On obtient ainsi une liqueur rouge qu'on concentre et qu'on précipite par l'éther : il se sépare de longues aiguilles blanches de *chlorhydrate de phénylbétaïne*.

Ce chlorhydrate, traité par l'oxyde d'argent, fournit la bétaïne correspondante, composé alcalin, déliquescent.

Le *chloroplatinate* est en cristaux orangés.

Éther éthylique,

$$\begin{matrix} C^6H^5 \\ (CH^3)^2 \end{matrix} \gtrless Az \lessgtr \begin{matrix} CH^2 - CO^2C^2H^5 \\ Cl \end{matrix}$$

— On l'obtient en chauffant à 100° pendant 4 heures le monochloracétate d'éthyle avec de la diméthylaniline. Il forme de longues aiguilles déliquescentes, donnant un *chloroplatinate* de la formule $[C^{10}H^{13}AzO^2(C^2H^5)Cl]^2PtCl^4$ (Zimmermann).

Dérivé dichloré. — L'acide trichloracétique, chauffé au bain-marie avec de la diméthylaniline, se scinde nettement en acide carbonique et chloroforme. Cependant, en modérant l'action, on parvient à isoler des cristaux prismatiques, assez instables, constituant probablement le *chlorhydrate de phényldichlorobétaïne* :

$$\begin{matrix} C^6H^5 \\ (CH^3)^2 \end{matrix} \gtrless Az \lessgtr \begin{matrix} CCl^2 - CO^2H \\ Cl \end{matrix}$$

Dans les mêmes conditions, l'acide dichloracétique paraît se scinder en acide carbonique et chlorure de méthylène, sans donner de bétaïne (Silberstein).

Dérivé amidé. — On obtient son *chlorure*,

$$\begin{matrix} C^6H^5 \\ (CH^3)^2 \end{matrix} \gtrless Az \lessgtr \begin{matrix} CH^2 - CO \,.\, AzH^2 \\ Cl \end{matrix}$$

en faisant digérer dans l'alcool un mélange de diméthylaniline (1 molécule) et d'acétamide chlorée (1 molécule). On concentre, on précipite par l'éther et on purifie par des cristallisations dans l'alcool. Ce chlorure se décompose, sous l'action de la chaleur, en chlorure de méthyle et phénylméthylamido-acétamide,

$$\begin{matrix} C^6H^5 \\ CH^3 \end{matrix} > Az - CH^2 \,.\, CO \,.\, AzH^2.$$

La diéthylaniline et la méthyldiphénylamine ne paraissent pas donner de composés bétaïniques lorsqu'on les traite par l'acétamide chlorée (Silberstein).

TRIMÉTHYLBÉTAÏNES BENZOÏQUES (*triméthylbenzobétaïnes*),

$$C^{10}H^{13}AzO^2 = (CH^3)^3 \equiv Az - C^6H^4 - CO, \quad \text{(Az lié à O du CO)}$$

BÉTAÏNE DÉRIVÉE DE L'ACIDE M-AMIDOBENZOÏQUE. — C'est le composé décrit au Suppl., **1**, 349.

Dérivé hydroxylé (*triméthyloxybenzobétaïne*),

$$(CH^3)^3 \equiv Az - C^6H^3(OH) - CO, \quad \text{(Az lié à O du CO)}$$

— On traite l'acide amidosalicylique

$$C^6H^3 \begin{cases} CO^2H_{(1)} \\ OH_{(2)} \\ AzH^2_{(5)} \end{cases}$$

par l'iodure de méthyle et la potasse en solution dans l'alcool méthylique.

La triméthyloxybenzobétaïne est soluble dans l'eau, d'où elle cristallise en longues aiguilles répondant à la formule $C^{10}H^{13}AzO^3, 4H^2O$. Elle est très soluble dans l'alcool, insoluble dans l'éther. Elle possède une saveur très amère. Le perchlorure de fer colore sa solution aqueuse en violet rouge. Ses sels sont bien cristallisés.

Chlorhydrate, $C^{10}H^{13}AzO^3 \,.\, HCl$. — Lamelles aiguës, groupées en mamelons, très solubles dans l'eau.

Chloroplatinate,

$$(C^{10}H^{13}AzO^3 \,.\, HCl)^2PtCl^4, 4H^2O.$$

— Petits prismes jaunes, assez solubles dans l'eau chaude.

Iodhydrate, $C^{10}H^{13}AzO^3 \,.\, HI, H^2O$. — Prismes ou longues aiguilles, solubles dans l'eau froide, très solubles dans l'eau chaude.

Periodure et perbromure. — On les obtient en ajoutant à une solution aqueuse de la base une solution d'iode dans l'acide iodhydrique, ou de brome dans l'acide bromhydrique. L'iodure cristallise en petites aiguilles brun-rouge ; le bromure en petites aiguilles jaunes.

Lorsqu'on fond la triméthyloxybenzobétaïne, elle subit une transposition moléculaire et se transforme en *diméthylamidosalicylate de méthyle*, $(CH^3)^2Az \,.\, C^6H^3(OH) \,.\, CO^2CH^3$, prismes rhombiques jaunâtres, qui, par ébullition avec l'acide chlorhydrique, donnent l'acide diméthylamidosalicylique, $(CH^3)^2Az \,.\, C^6H^3(OH) \,.\, CO^2H$, petites aiguilles blanches, peu solubles dans l'eau [P. Griess, D. chem. G., **12**, 2307; Bull. Soc. Chim., (2), **34**, 431].

BÉTAÏNE DÉRIVÉE DE L'ACIDE P-AMIDOBENZOÏQUE. — On prépare ce composé comme la bétaïne dérivée de l'acide m-amidobenzoïque, en traitant par l'iodure de méthyle et la potasse l'acide p-amidobenzoïque en solution dans l'alcool méthylique. Elle cristallise sous la forme de tables, répondant à la formule $C^{10}H^{13}AzO^2, H^2O$, solubles dans l'eau et dans l'alcool. Elle perd son eau de cristallisation à 100° et fond à 255°.

Chloroplatinate, $(C^{10}H^{13}AzO^2 \,.\, HCl)^2PtCl^4$. — Grands prismes rouges.

Iodhydrate, $C^{10}H^{13}AzO^2 \,.\, HI$. — Petites tables quadrangulaires, fusibles à 233° [Michael et Wing, Am. Journ., **7**, 195].

BUTYRANILBÉTAÏNE. — M. Balbiano [D. chem. G., **13**, 312; Bull. Soc. Chim., (2), **34**, 575] a décrit, sous le nom de *β-butyranilbétaïne*, un corps auquel il attribue la formule de constitution

$$C^6H^5 - AzH^2 - CH(CH^3) - CH^2 - CO, \quad \text{(Az lié à O du CO)}$$

et qui prend naissance en même temps que l'acide β-anilidobutyrique,

$$CH^3 \,.\, CH(AzH \,.\, C^6H^5) \,.\, CH^2 \,.\, CO^2H,$$

lorsqu'on chauffe avec de l'aniline l'éther β-chlorobutyrique. Mais ce composé, en admettant qu'il possède réellement la constitution indiquée, ne saurait être considéré comme une véritable bétaïne.

PYRIDINE-BÉTAÏNE,

$$C^7H^7AzO^2 = C^5H^5 \equiv Az - CH^2 - CO, \quad \text{(Az lié à O du CO)}$$

— Voyez Suppl., **1**, 1322.

MÉTHYLBÉTAÏNE NICOTIANIQUE,

$$C^7H^7AzO^2 = \begin{matrix} C^5H^4-CO \\ \vert\vert\vert \quad \vert \\ CH^3-Az - O \end{matrix}$$

— On chauffe pendant quelques heures à 150° le nicotianate de potassium, $C^5H^4Az_{(1)}CO^2K_{(3)}$ avec un excès d'iodure de méthyle. On obtient ainsi le composé

$$\begin{matrix} C^5H^4-CO^2 . CH^3 \\ \vert\vert\vert \\ CH^3-Az . I \end{matrix}$$

qui ne peut être isolé; mais en le traitant par le chlorure d'argent on le transforme en chlorhydrate; on isole ce dernier à l'état de chloroplatinate qu'on décompose par la potasse concentrée; on traite l'huile qui se sépare par l'oxyde d'argent et on obtient finalement la base libre [A. Hantzsch, *D. chem. G.*, **19**, 31; *Bull. Soc. Chim.*, (2), **46**, 449].

Cette bétaïne est identique avec la *trigonelline* que M. Jahns a extraite des graines de fénugrec (*Trigonella fœnum græcum*). On épuise les graines par l'alcool à 70 0/0. La solution alcoolique est concentrée et le résidu précipité par l'acétate de plomb et la soude. La liqueur, filtrée et privée de plomb, est concentrée à consistance de sirop, puis précipitée par l'iodure double de bismuth et de potassium en présence d'acide sulfurique. Le précipité est recueilli et décomposé par la soude; la liqueur, filtrée et neutralisée exactement par l'acide sulfurique, est additionnée de chlorure mercurique jusqu'à ce que le précipité qui prend naissance passe du jaune clair au rougeâtre (on précipite ainsi de la choline). La liqueur filtrée, étant alors acidulée par l'acide sulfurique, laisse déposer de l'iodomercurate de trigonelline [E. Jahns, *D. chem. G.*, **18**, 2518; *Bull. Soc. Chim.*, (2), **46**, 628].

La méthylbétaïne nicotianique est très soluble dans l'eau et dans l'alcool chaud, peu soluble dans l'alcool froid, insoluble dans l'éther, le chloroforme et le benzène. Elle cristallise dans l'alcool en prismes incolores, hygroscopiques, et dans l'eau en aiguilles répondant à la formule

$$C^7H^7AzO^2, H^2O,$$

mais perdant leur eau de cristallisation vers 100°. Hydratée, elle fond à 130°; anhydre, à 218°; elle se décompose à une température un peu plus élevée. Les solutions de potasse ou de baryte, qui sont sans action à froid, la décomposent à l'ébullition. Quand on la chauffe dans un courant d'acide chlorhydrique, elle se dédouble en chlorure de méthyle et acide nicotianique. Le perchlorure de fer colore sa solution aqueuse en rouge.

Elle donne avec les acides minéraux des sels bien cristallisés. Le *nitrate* est en lamelles, le *sulfate* en aiguilles. Le *chlorhydrate* est en lamelles très solubles dans l'eau, peu solubles dans l'alcool. Le *chloroplatinate*,

$$(C^7H^7AzO^2 . HCl)^2PtCl^4, H^2O,$$

est en prismes solubles dans l'eau, presque insolubles dans l'alcool.

Chloraurates. — Si l'on traite le chlorhydrate par un excès de chlorure d'or et si l'on fait recristalliser le précipité dans l'acide chlorhydrique dilué et chaud, on obtient des lamelles fusibles à 198° et répondant à la formule

$$C^7H^7AzO^2 . HCl . AuCl^3.$$

En faisant cristalliser le composé précédent dans l'eau bouillante faiblement acidulée par l'acide chlorhydrique, on obtient de fines aiguilles, fusibles à 186°, répondant à la formule

$$(C^7H^7AzO^2)^4 3HCl . 3AuCl^3.$$

MÉTHYLBÉTAÏNE PICOLIQUE,

$$C^7H^7AzO^2 = \begin{matrix} C^5H^4-CO_{(2)} \\ \vert\vert\vert \quad \vert \\ CH^3 . Az_{(1)}-O \end{matrix}$$

— On prépare ce composé au moyen de l'acide picolique, de la même manière que le précédent.

La méthylbétaïne picolique est en cristaux déliquescents. Elle donne un *chloroplatinate*,

$$(C^7H^7AzO^2 . HCl)^2PtCl^4$$

[Hantzsch, *loc. cit.*].

MÉTHYLBÉTAÏNE COLLIDINE-CARBONIQUE,

$$C^{10}H^{13}AzO^2 = \begin{matrix} C^5H(CH^3)^3-CO \\ \vert\vert\vert \quad \vert \\ CH^3-Az ——— O \end{matrix}$$

— On l'obtient de la même manière que les composés précédents, au moyen de l'acide collidine-carbonique.

Cette bétaïne cristallise avec 3 molécules d'eau, qu'elle perd à 100°. Les alcalis ne l'attaquent pas, même à chaud.

Le *chlorhydrate*, $C^{10}H^{13}AzO^2 . HCl, H^2O$, cristallise facilement.

Le *chloroplatinate* est difficile à obtenir cristallisé [Hantzsch, *loc. cit.*].

MÉTHYLBÉTAÏNE CINCHOMÉRONIQUE. — Voyez ACIDE APOPHYLLÉNIQUE, Suppl., **2**, 352.

QUINOLÉINE-BÉTAÏNE,

$$C^{11}H^9AzO^2 = C^9H^7 \equiv Az-CH^2-CO \\ \qquad\qquad\qquad\qquad \vert \\ \qquad\qquad\qquad ——— O$$

— Voyez Suppl., **1**, 1353.

QUINOLÉINE-BENZYLBÉTAÏNE,

$$C^{17}H^{13}AzO^2 = \begin{matrix} C^9H^6-CO \\ \vert\vert\vert \quad \vert \\ C^7H^7-Az - O \end{matrix}$$

— En chauffant à 150°, en tubes scellés, l'acide cinchonique (1 mol.) avec du bromure de benzyle (1 mol.), on obtient le bromhydrate

$$\begin{matrix} C^9H^6-CO^2H \\ \vert\vert\vert \\ C^7H^7-Az-Br \end{matrix}$$

que l'eau bouillante décompose en acide bromhydrique et quinoléine-benzylbétaïne.

Cette bétaïne cristallise en tables quadratiques, répondant à la formule $C^{17}H^{13}AzO^2, 3H^2O$. Elle est soluble dans l'eau et dans l'alcool, insoluble dans l'éther et dans le chloroforme. Elle fond à 83-84° dans son eau de cristallisation, se solidifie vers 110°, pour fondre de nouveau, mais en se décomposant, à 190°. Sa saveur est extrêmement amère. Le perchlorure de fer colore sa solution en rouge.

Le *bromhydrate* est en aiguilles soyeuses, fusibles à 130°, solubles dans l'eau et dans l'alcool, insolubles dans l'éther [A. Claus et P. Stegelitz, *D. chem. G.*, **19**, 920; *Bull. Soc. Chim.*, (2), **46**, 462].

SULFOBÉTAÏNES.

Les sulfobétaïnes dérivent des acides amidosulfoniques comme les bétaïnes ordinaires des acides amidocarboniques. Les sulfobétaïnes sont donc caractérisées soit par le groupement

$$\begin{matrix} \equiv Az-R''-SO^2 \\ \vert \qquad\quad \vert \\ \text{———} O \end{matrix}$$

soit par le groupement

$$\begin{matrix} R'''' - SO^2 \\ \vert\vert\vert \qquad \vert \\ R'-Az - O \end{matrix}$$

On les obtient, comme les bétaïnes ordinaires, en faisant réagir les iodures alcooliques sur les acides amidosulfoniques.

BÉTAÏNE ÉTHYLSULFAMIQUE (*anhydride triéthylsulfamique*),

$$C^6H^{15}AzSO^3 = (C^2H^5)^3 \equiv Az - SO^2 - O \text{ (fermé sur Az)}$$

— Ce composé, qui peut être considéré comme une bétaïne, et qu'on obtient par la combinaison directe de l'anhydride sulfurique avec la triéthylamine, se présente sous la forme de cristaux tabulaires, brillants, fusibles à 91°,5, très solubles dans l'alcool, l'acétone et l'eau chaude, peu solubles dans l'eau froide et dans l'éther, se décomposant par ébullition avec l'eau en triéthylamine et acide sulfurique [Beilstein et Wiegand, *D. chem. G.*, **16**, 1267 ; *Bull. Soc. Chim.*, (2), **41**, 55].

TAUROBÉTAÏNE,

$$C^5H^{13}AzSO^3 = (CH^3)^3 \equiv Az - CH^2 . CH^2 . SO^2 - O \text{ (fermé sur Az)}$$

— Voyez Suppl., **1**, 1513.

TRIMÉTHYLBENZOSULFOBÉTAÏNE (*sulfanilobétaïne*),

$$C^9H^{13}AzSO^3 = (CH^3)^3 \equiv Az - C^6H^4 - SO^2 - O \text{ (fermé sur Az)}$$

— Voyez Suppl., **1**, 1232.

MÉTHYLSULFOBÉTAÏNE PYRIDIQUE,

$$C^6H^7AzSO^3 = \begin{matrix} C^5H^4 - SO^2 \\ ||| \quad\quad | \\ CH^3 - Az - O \end{matrix}$$

— On chauffe à 160° le pyridine-sulfonate de potassium avec de l'iodure de méthyle. On obtient ainsi le composé

$$\begin{matrix} C^5H^4 - SO^3 . CH^3 \\ ||| \\ CH^3 - Az - I \end{matrix}$$

qui se saponifie facilement par l'eau et donne la sulfobétaïne $C^6H^7AzSO^3$.

Cette bétaïne est un corps cristallisé, qui ne paraît pas se combiner avec les acides, ni donner de chloroplatinate. Les alcalis la décomposent avec formation de méthylamine [A. Hantzsch, *D. chem. G.*, **19**, 31 ; *Bull. Soc. Chim.*, (2), **46**, 449].

MÉTHYLSULFOBÉTAÏNE OXYQUINOLÉIQUE (*bétaïne oxyquinoléine-sulfonique*),

$$C^{10}H^9AzSO^4 = \begin{matrix} C^9H^5(OH) - SO^2 \\ ||| \quad\quad\quad | \\ CH^3 - Az - O \end{matrix}$$

— Cette bétaïne, qui dérive de l'acide o-oxyquinoléine-ana-sulfonique, prend naissance lorsqu'on chauffe à 180° le sel d'argent de cet acide avec de l'iodure de méthyle, ou mieux encore lorsqu'on chauffe à 110°, avec de l'iodure de méthyle, une solution chlorhydrique d'acide oxyquinoléine-sulfonique.

Cette bétaïne est en fines aiguilles, qui se décomposent sans fondre vers 250° [A. Claus et M. Posselt, *J. prakt. Chem.*, (2), **41**, 32 ; *Bull. Soc. Chim.*, (3), **4**, 309].

ÉTHYLQUINOLÉINE-SULFOBÉTAÏNE,

$$C^{11}H^{11}AzSO^3 = \begin{matrix} C^9H^6 - SO^2 \\ ||| \quad\quad | \\ C^2H^5 - Az - O \end{matrix}$$

— On l'obtient en chauffant à 200° le sel d'argent de l'acide quinoléine-p-sulfonique avec du bromure d'éthyle.

Cette bétaïne est soluble dans l'eau et cristallise avec $2H^2O$. Les alcalis et l'oxyde d'argent ne la décomposent pas. Elle donne un *chloromercurate*, $C^{11}H^{11}AzSO^3 . HgCl^2$, qui cristallise dans l'eau chaude en longues aiguilles. Elle se combine de même avec le chlorure de cadmium.

Chauffée avec une solution d'iode dans l'iodure de potassium, elle fournit le composé

$$C^{11}H^{11}AzSO^3KI^3,$$

aiguilles brunes à éclat métallique, que l'eau détruit en mettant de l'iode en liberté et en régénérant la bétaïne.

Avec le brome et le bromure de potassium, on obtient le composé $C^{11}H^{11}AzSO^3KBr^3$, aiguilles jaunes très instables, décomposables par l'eau [A. Claus et P. Stegelitz, *D. chem. G.*, **19**, 920 ; *Bull. Soc. Chim.*, (2), **46**, 462].

BENZYLQUINOLÉINE-SULFOBÉTAÏNE,

$$C^{16}H^{13}AzSO^3 = \begin{matrix} C^9H^6 - SO^2 \\ ||| \quad\quad | \\ C^7H^7 - Az - O \end{matrix}$$

— On l'obtient en faisant digérer pendant quelque temps, au bain-marie, le sel d'argent de l'acide quinoléine-p-sulfonique avec du chlorure ou du bromure de benzyle.

Cette bétaïne se présente sous la forme de gros cristaux clinorhombiques, qui répondent à la formule $C^{16}H^{13}AzSO^3, 2H^2O$, et qui perdent à 100° leur eau de cristallisation. Elle est soluble dans l'eau et dans l'éther. Elle forme avec l'acide chlorhydrique un sel très instable et donne un *chloroplatinate* qui se dissocie par le lavage. Avec les alcalis au contraire, elle fournit des composés que ne détruisent ni les alcalis, ni la vapeur d'eau à haute température.

Chauffée avec une solution d'iode dans l'iodure de potassium, elle donne le composé $C^{16}H^{13}AzSO^3KI^3$, en aiguilles d'un bleu métallique qui perdent de l'iode à 100° [A. Claus et P. Stegelitz, *D. chem. G.*, **19**, 920 ; *Bull. Soc. Chim.*, (2), **46**, 462].

PHOSPHOBÉTAÏNES.

— Voyez Suppl., **1**, 349.

TRIMÉTHYLPHOSPHOBENZOBÉTAÏNE,

$$C^{10}H^{13}PO^2 = (CH^3)^3 \equiv P - C^6H^4 - CO - O \text{ (fermé sur P)}$$

— Voyez Suppl., **1**, 1253.

BASES ACIDES-AMMONIQUES.

M. Griess a décrit récemment, sous le nom de *bases acides-ammoniques*, des composés analogues aux bétaïnes et dérivant des acides phénylène-oxamique et phénylène-succinamique, par la substitution de 3 groupes méthyle à 3 atomes d'hydrogène.

OXAMATES D'AMIDOPHÉNYLTRIMÉTHYLAMMONIUM.

OXAMATE DE M-AMIDOPHÉNYLTRIMÉTHYLAMMONIUM,

$$C^{11}H^{14}Az^2O^3 = \begin{matrix} AzH - C^6H^4 - Az \equiv (CH^3)^3 \\ | \quad\quad\quad\quad\quad | \\ CO - CO - O \end{matrix}$$

— On fait digérer pendant 8 jours 2 parties d'iodure de méthyle avec 1 partie d'acide m-amidophényloxamique, $CO^2H . CO . AzH . C^6H^4 . AzH^2$ (voyez Suppl., **1**, 1209), dissous dans l'alcool méthylique renfermant de la potasse caustique. On acidifie la liqueur par l'acide iodhydrique, on chasse l'alcool et on concentre au bain-marie. L'iodure d'oxalamido-triméthylphénylammonium cristallise par le refroidissement ; purifié par une nouvelle cristallisation dans l'eau bouillante, il se présente en longues aiguilles blanches renfermant 1 molécule d'eau.

Traité par le carbonate d'argent, cet iodhydrate fournit la base libre.

Celle-ci cristallise dans l'eau en tables ou en prismes répondant à la formule

$$C^{11}H^{14}Az^2O^3\,,\;3{,}5\,H^2O,$$

solubles dans l'alcool, insolubles dans l'éther, possédant une saveur fortement amère et fusibles à 115°. A température élevée, elle se transforme, avec dégagement de gaz, en une base volatile, soluble dans l'alcool et cristallisant en lamelles quadratiques.

Chloroplatinate, $(C^{11}H^{14}Az^2O^3 . HCl)^2PtCl^4$. — Aiguilles ou petits prismes jaune pâle, peu solubles dans l'eau froide.

Periodure. — Précipité de cristaux microscopiques d'un brun noir, qu'on obtient en traitant la base en solution aqueuse par une dissolution d'iode dans l'acide iodhydrique.

OXAMATE DE P-AMIDOPHÉNYLTRIMÉTHYLAMMONIUM. — Cette base s'obtient de la même manière que la précédente, au moyen de l'acide p-amidophényloxamique. Elle cristallise en lamelles brillantes ou en aiguilles répondant à la formule

$$C^{11}H^{14}Az^2O^3\,,\;2{,}5\,H^2O,$$

très solubles dans l'eau chaude, peu solubles dans l'eau froide et dans l'alcool, insolubles dans l'éther. Sa saveur est légèrement amère. Elle donne un *chloroplatinate* et un *chloraurate* bien cristallisés.

SUCCINAMATE D'AMIDOPHÉNYLTRIMÉTHYLAMMONIUM,

$$C^{13}H^{18}Az^2O^3 = \begin{array}{l} AzH - C^6H^4 - Az \equiv (CH^3)^3 \\ \;| \qquad\qquad\qquad\quad | \\ C^4H^4O^2 \text{———} O \end{array}$$

— En chauffant avec de l'acide succinique une solution de chlorhydrate de m-phénylène-diamine, on obtient l'acide m-amidophénylsuccinamique,

$$OH . C^4H^4O^2 - AzH - C^6H^4 - AzH^2,$$

que l'iodure de méthyle transforme, comme précédemment, en *iodure de succinamidotriméthylphénylammonium*.

La base libre est en tables hexagonales, très solubles dans l'eau froide et répondant à la formule $C^{13}H^{18}Az^2O^3 , 1{,}5H^2O$ [P. Griess, *D. chem. G.*, 18, 2408; *Bull. Soc. Chim.*, (2), 46, 87].

Léon Roux.

BÉTEL (ESSENCE DE). — L'essence de bétel, préparée en soumettant les feuilles de bétel à la distillation dans un courant de vapeur d'eau, a été étudiée successivement par M. J.-F. Eykmann [*D. chem. G.*, 22, 2736] et, par MM. J. Bertram et E. Gildemeister [*J. prakt. Chem.*, (2), 39, 349]. Ces savants sont arrivés à des résultats qui diffèrent sensiblement les uns des autres; cette divergence paraît due à ce fait que M. Eykmann a étudié l'essence préparée avec des feuilles fraîches, tandis que le produit examiné par MM. Bertram et Gildemeister avait été préparé au moyen de feuilles sèches.

ESSENCE DE FEUILLES FRAICHES. — L'essence préparée avec des feuilles fraîches est un liquide d'un jaune verdâtre, qui se colore peu à peu en brun à l'air; elle est faiblement lévogyre; sa densité est 0,959 à 27°; sa saveur est brûlante.

Traitée par la potasse, elle lui cède un phénol, le *chavicol*; la partie insoluble dans la potasse est constituée par un mélange de terpènes.

CHAVICOL, $C^9H^{10}O$. — C'est un liquide incolore, huileux, incristallisable, bouillant à 237°; il se dissout en toutes proportions dans l'alcool, l'éther, le chloroforme, l'éther de pétrole. Il est soluble dans la potasse, peu soluble dans l'eau et dans l'ammoniaque. Sa densité est 1,041 à 13° et 1,034 à 22°; son indice de réfraction $[n]_D = 1{,}54682$.

Par oxydation au moyen du permanganate de potassium, il donne de l'acide oxalique. Sa solution aqueuse saturée prend par le chlorure ferrique une coloration bleue qui disparaît par addition d'alcool.

Le pouvoir antiseptique du chavicol est environ 5 fois plus considérable que celui du phénol, et 2 fois plus que celui de l'eugénol.

L'*éther éthylique*, $C^9H^9O . C^2H^5$, est un liquide incolore, à odeur d'anis, bouillant à 231-233°. Sa densité à 19° est 0,955; son indice de réfraction $[n]_D = 1{,}51600$. Oxydé au moyen du mélange chromique, il fournit de l'acide p-éthoxybenzoïque.

L'*éther méthylique*, $C^9H^9O . CH^3$, bout à 226°. Sa densité à 26° est 0,967. Son indice de réfraction $[n]_D = 1{,}5322$. Oxydé par le permanganate de potassium à froid, il donne de l'acide anisique et un acide qui paraît être l'acide p-méthoxyphénylacétique.

Il résulte des faits qui précèdent que le chavicol aurait pour formule

$$C^6H^4 \begin{array}{l} \diagup OH_{(1)} \\ \diagdown CH^2 - CH = CH^2_{(4)} \end{array}$$

TERPÈNES. — Parmi les terpènes contenus dans l'essence de feuilles fraîches de bétel, M. Eykmann a isolé : 1° un carbure à odeur de citron, bouillant à 173-176°, ayant à 13° une densité de 0,848 et un pouvoir rotatoire $[\alpha]_D = -5°20'$; ce carbure ne donne ni bromure, ni chlorhydrate cristallisé; 2° un sesquiterpène, $C^{15}H^{24}$, bouillant vers 260°; celui-ci a une densité de 0,917 à 13° et un indice de réfraction $[n]_D = 1{,}50400$.

ESSENCE DE FEUILLES SÈCHES. — L'essence préparée avec les feuilles sèches de bétel est un liquide brunâtre, ayant à 15° une densité de 1,024; elle renferme environ 70 0/0 d'un phénol, le *bételphénol*, et des terpènes.

BÉTELPHÉNOL, $C^{10}H^{12}O^2$. — C'est un liquide incolore, huileux, très réfringent, ayant à 15° une densité de 1,067; il ne peut être distillé à la pression ordinaire que lorsqu'il est pur, et il bout alors à 254-255°; il distille dans le vide à 131-132° (sous 13 millimètres). Son indice de réfraction est $[n]_D = 1{,}54066$ (Eykmann).

Sa solution alcoolique donne avec le chlorure ferrique une coloration intense d'un bleu verdâtre.

Le *dérivé acétylé* bout à 275-277° à la pression ordinaire et à 150° sous 11 millimètres; il cristallise vers — 20° en une masse fusible à — 5°.

Le *dérivé benzoylé* cristallise en fines lamelles fusibles à 49-50°.

L'*éther méthylique* bout à 247-248° et serait identique avec le méthyleugénol.

L'oxydation du dérivé acétylé par le permanganate de potassium fournit de l'*acide acétylisovanillique* (*acétyl-p-méthylprotocatéchique*),

$$C^6H^3(CO^2H)_{(1)}(OC^2H^3O)_{(3)}(OCH^3)_{(4)}.$$

Il résulterait des faits précédents que le bételphénol aurait pour structure

$$C^6H^3(C^3H^5)_{(1)}(OH)_{(3)}(OCH^3)_{(4)}.$$

D'après M. Eykmann [*loc. cit.*], le bételphénol serait un *o-méthoxychavicol*,

$$C^6H^3(CH^2-CH=CH^2)_{(1)}(OH)_{(3)}(OCH^3)_{(4)}.$$

TERPÈNES. — Parmi les terpènes contenus dans l'essence de feuilles sèches de bétel, MM. Bertram et Gildemeister ont isolé un produit bouillant entre 250 et 275°, présentant une couleur jaune clair, une odeur agréable de thé, et donnant par l'acide chlorhydrique un chlorhydrate cristallisé et fusible à 117-118°; ce composé est peut-être identique avec le sesquiterpène contenu dans les essences de cubèbe, de sabine et de patchouli.

Ad. Fauconnier.

BEURRE. — On sait que le beurre est formé par des glycérides d'acides gras fixes et d'acides gras volatils; les premiers contiennent surtout les acides palmitique, oléique, stéarique et myristique; les seconds, les acides butyrique, caproïque, caprylique et caprique. Ces derniers glycérides sont généralement compris sous le nom de *butyrine*; ce sont eux qui donnent au beurre son odeur particulière. Les beurres de diverses provenances n'ont pas la même composition dans leurs glycérides à acides volatils, ni sans doute aussi dans leurs glycérides à acides fixes : le rapport en équivalents des acides volatils (butyrique et caproïque) est sensiblement constant pour une même espèce de beurre et égal à 2,1 pour les beurres de Normandie, 2,4 pour les beurres du Cantal, 1,8 pour les beurres de Bretagne, etc. [Duclaux, *le Lait*, p. 329]. M. Duclaux a été amené à conclure que les beurres des diverses régions sont foncièrement différents les uns des autres, au lieu d'être à peu près identiques comme on l'avait cru jusqu'ici, et qu'aucun soin, aucune méthode de fabrication ne pourront permettre d'obtenir en Normandie du beurre de Bretagne, ou en Bretagne du beurre de Normandie.

Le beurre est entièrement soluble dans l'éther, le sulfure de carbone, l'éther de pétrole. On sait que l'alcool absolu bouillant en dissout 3g,5 (Chevreul); cette solubilité dans l'alcool décroît rapidement avec la température et à mesure que le degré de dilution de l'alcool augmente; l'alcool à 60° n'en dissout plus que des traces : c'est la butyrine qui forme la majeure partie des matériaux du beurre solubles dans l'alcool. L'alcool méthylique agit comme l'alcool éthylique [Duclaux, *loc. cit.*].

Altération du beurre. — Beurre rance. — On connaît peu les causes qui provoquent et les phénomènes qui caractérisent la rancissure du beurre; on y constate une augmentation d'acidité et la présence de l'acide butyrique, surtout en été; cette question importante a été élucidée autant qu'elle pouvait l'être par les travaux de M. Duclaux, que je vais résumer, en renvoyant pour les détails à l'excellent ouvrage *le Lait*, que ce savant a publié en 1887.

Le beurre s'altère sous l'influence de l'air et de la lumière diffuse ou directe, et sous l'action des microbes et des végétaux cryptogamiques dont les filaments envahissent rapidement le beurre fait sans soin et qui provient de crème aigrie. Le beurre très frais renferme déjà des acides volatils libres (butyrique et caproïque), en faible proportion il est vrai, 1 ou 2 décigrammes par kilogramme; ils augmentent à mesure que le beurre vieillit, et cette augmentation est due à la saponification de la matière grasse qui forme les glycérides à acides volatils : les glycérides à acides fixes résistent donc mieux dans le beurre que les glycérides à acides volatils, à la saponification sous l'action du temps.

A la lumière diffuse et à l'air, le beurre perd peu à peu sa saveur et son odeur et acquiert une saveur suiffeuse, qui va en augmentant de plus en plus. La matière colorante est attaquée aussi et le beurre blanchit : l'oxygène est absorbé très lentement, et il se dégage de l'acide carbonique dû à l'oxydation des produits de décomposition des glycérides à acides fixes. On constate toujours la formation, au bout d'un certain temps, d'acide formique et d'acide oxyoléique; c'est ce dernier acide qui, en se combinant aux alcalis provenant de la décomposition des matières albuminoïdes, donne au beurre ancien une teinte foncée, quelquefois noirâtre. Le beurre ainsi décomposé est plus soluble dans l'alcool concentré que le beurre frais, les acides et la glycérine résultant de la saponification des corps gras étant plus solubles dans ce véhicule que les corps gras eux-mêmes.

L'action de la lumière diffuse sur le beurre exposé en large surface à l'air est de provoquer une oxydation rapide, à la suite de laquelle la matière grasse se saponifie peu à peu, en commençant par les glycérides à acides volatils et en passant ensuite aux glycérides à acides fixes : les acides volatils disparaissent peu à peu; les acides fixes se transforment en des produits d'oxydation tels que ceux cités plus haut.

L'action des rayons solaires est en tous points semblable à celle de la lumière diffuse; elle en diffère par sa plus grande intensité et par ce fait qu'il y a oxydation beaucoup plus active des glycérides à acides fixes et de leurs produits de saponification, et par suite production plus grande d'acides formique, oxyoléique et carbonique.

Donc, *très lentement à l'obscurité, plus rapidement à la lumière diffuse et très rapidement au soleil, la matière grasse dans le beurre se saponifie sous l'influence de l'oxygène, et se dédouble en éléments qui sont atteints à leur tour et transformés en produits nouveaux, tous plus oxydés, en allant de l'acide oxyoléique à l'acide formique et à l'acide carbonique.*

Par l'action des mucédinées (par exemple, du *penicillium*), la saponification des glycérides à acides volatils se fait la première, et les acides mis en liberté sont en partie brûlés par la plante et disparaissent en partie par évaporation. La butyrine se saponifie plus facilement que la caproïne, et ces deux glycérides plus facilement que ceux des acides gras proprement dits. Mais au bout d'un certain temps la présence de l'acide butyrique, qui est un poison pour le pénicillium, entrave et arrête complètement l'action de la plante. En somme, la décomposition est très lente, et l'action des microbes est la même que celle de l'air et de la lumière; mais cette action se trouve arrêtée dès que le milieu contient une certaine proportion d'acide libre.

Toutes ces transformations de la matière grasse s'accomplissent avec beaucoup de lenteur; mais, malgré cette lenteur, les beurres, aliments très délicats, perdent tout de suite leurs qualités lorsque la plus petite quantité d'acide est mise en liberté [Duclaux, *loc. cit.*].

Analyse des beurres. — On dose successivement l'eau, la matière grasse, le chlorure de sodium, les impuretés, constituées par la caséine et le sucre de lait qui peuvent s'y trouver par suite d'un lavage incomplet.

La proportion d'eau, qui est en moyenne de 11 à 14 0/0, se détermine en chauffant un poids connu de beurre, 20 grammes, dans une capsule au bain-marie jusqu'à ce qu'elle ne perde plus de son poids.

La matière grasse (85-90 0/0) est enlevée au beurre desséché à l'aide de l'éther ou du sulfure de carbone; on lave jusqu'à ce que le dissolvant évaporé ne laisse plus de résidu.

Le chlorure de sodium (4-5 0/0), qui n'existe que dans les beurres salés et qui se trouve inégalement réparti dans la masse, est enlevé à l'aide de l'eau tiède, en opérant sur l'échantillon qui a servi aux dosages précédents; on en détermine ensuite la proportion à l'aide d'une solution titrée d'azotate d'argent, avec le chromate de potassium comme indicateur.

La différence de la somme des poids de ces divers produits avec le poids de beurre employé donne celui des impuretés (sucre de lait, caséine), que l'on pourrait du reste déterminer directement, ainsi que les cendres, en opérant sur des poids de beurre plus considérables (50-100 grammes), parce qu'elles existent d'ordinaire en petite quantité.

Falsifications du beurre. — Lorsque la somme des poids de l'eau, du sel, de la matière grasse est inférieure à 97 0/0 du poids du beurre, on a le droit de soupçonner une addition de matières étrangères, qui d'ordinaire sont les suivantes : borax, alun, verre soluble, craie, argile, plâtre, amidon, farine, pulpe de pommes de terre, fécule, rocou, safran, curcuma, dérivés azoïques (ces quatre dernières substances employées comme matières colorantes), corps gras naturels, tels que suif, axonge, graisse d'oie, etc., corps gras industriels, margarine et beurre de margarine.

Les procédés à employer pour la recherche de la plupart de ces substances ont été indiqués à l'article Beurre, Dict., **1**, 586 : elles se retrouvent soit dans les cendres, soit dans le résidu du traitement par l'éther ou par le sulfure de carbone du beurre préalablement desséché.

La falsification à l'aide des corps gras est aujourd'hui la plus fréquente : j'indiquerai le procédé employé pour la reconnaître, procédé basé sur ce fait que les beurres purs donnent en moyenne 87,5 0/0 d'acides gras fixes, tandis que les graisses animales en contiennent 95,5 0/0, c'est-à-dire 8 0/0 en plus ; la recherche de la falsification se trouve donc ramenée au dosage des acides gras fixes, qui se fait le plus rapidement et le plus exactement par la méthode suivante, due à M. Dalican :

On fait fondre à l'étuve, à 70-75°, dans un verre de Bohême, 50 ou 60 grammes de beurre ; lorsque la masse est limpide, on agite pour séparer complètement les impuretés (caséine et sel) et on décante la partie claire sur un filtre de papier Berzelius. De ce produit filtré, on prend exactement 10 grammes pour l'analyse et on les fait couler dans un verre de Bohême de 250 ou 300 centimètres cubes, que l'on place au bain-marie à 70-75° ; on y verse ensuite, en agitant continuellement, une solution alcoolique de soude préparée en ajoutant 6 grammes de soude caustique pure, dissous dans 6 ou 8 grammes d'eau distillée, à 80 centimètres cubes d'alcool à 80°. Après 30 ou 40 minutes de chauffage, la saponification est ordinairement effectuée ; la solution alcoolique de savon doit être limpide et ne doit pas se troubler par l'addition de quelques gouttes d'eau. On verse alors sur le produit 150 centimètres cubes d'eau distillée pour dissoudre le savon, puis en plusieurs fois 20 grammes d'acide chlorhydrique étendu de 4 fois son volume d'eau, en agitant chaque fois. Au bout de 25 à 30 minutes, pendant lesquelles on a maintenu le flacon au bain-marie, les acides gras libres viennent nager à la surface. On refroidit alors le flacon et on décante sur un filtre, afin de ne rien perdre du produit ; on lave 2 ou 3 fois pour enlever toute acidité, et on place les acides gras dans une capsule tarée où l'on introduit aussi les petites parcelles qui peuvent se trouver sur le filtre ; la capsule est ensuite chauffée à 100-110° jusqu'à ce qu'elle ne perde plus de poids. Du poids des acides gras ainsi obtenus on déduit la proportion des graisses étrangères ajoutées, par une simple proportion. Les beurres purs donnant en moyenne 87,5 0/0 d'acides gras et les graisses animales 95,5 (différence = 8), si l'analyse a donné par exemple 90 0/0, poids supérieur de 2,5 à la moyenne, on a

$$\frac{8}{100} = \frac{2,5}{x}, \qquad x = \frac{100 \times 2,5}{8} = 31,25,$$

c'est-à-dire que le beurre examiné renfermait 31,25 0/0 de graisses étrangères.

Le calcul ci-dessus peut être évité par l'emploi de tables qui se trouvent dans les *Documents sur les falsifications* publiés par M. Ch. Girard (p. 382).

Dans le liquide résultant de l'opération précédente, on peut déterminer la proportion des acides volatils d'après M. Duclaux [*loc. cit.*].

Souvent, pour conserver le beurre, on y introduit de l'acide salicylique. La recherche de ce corps se fait facilement en traitant à plusieurs reprises 20 grammes de beurre, par exemple, par une solution de bicarbonate de sodium ; les liqueurs réunies contenant le salicylate de sodium sont traitées par de l'acide sulfurique en excès, puis agitées avec de l'éther ; la solution éthérée laisse par évaporation un résidu qui donne avec les persels de fer la coloration violette caractéristique de l'acide salicylique.

Toute analyse de beurre doit être complétée par un examen microscopique, qui permettra de reconnaître souvent, non seulement l'addition d'amidon, de fécule, etc., mais encore celle des corps gras animaux naturels et industriels : ces derniers présentent d'ordinaire des amas cristallins que l'on ne voit pas dans le beurre pur [Husson, *le Lait, la Crème et le Beurre*, p. 203].

Voici, pour terminer et d'après M. Girard [*loc. cit.*], la composition moyenne que doit présenter le beurre pur :

	grammes 0/0
Eau	10 à 15
Matières insolubles dans l'éther	2 à 3
Cendres	0,10 à 0,20
Acides gras	87 à 87,5

E. Burcker.

BHRECKITE (Min.) (Heddle). — Sorte de chlorite riche en chaux et en magnésie, des montagnes de Ben Bhreck (Écosse).

BIACÉTÉNYLCARBONIQUES (ACIDES). — Acide biacétényldicarbonique [Syn. *Acide biacétylène-dicarbonique, acide bipropargylique*],

$$CO^2H-C\equiv C-C\equiv C-CO^2H.$$

— Voyez Suppl., **2**, 89.

Acide biacéténylmonocarbonique,

$$CH\equiv C-C\equiv C-CO^2H.$$

— La solution aqueuse d'acide biacétényldicarbonique se décompose lorsqu'on la chauffe, et donne, en perdant de l'acide carbonique, un acide qui est probablement l'acide biacéténylmonocarbonique. Cet acide est soluble dans l'éther et cristallisable ; il est très sensible à la lumière et donne par condensation un acide qui est l'acide tétracétylène-dicarbonique (voyez ce mot, Suppl., **2**, 89) [A. Baeyer, *D. chem. G.*, **18**, 674 et 2269 ; *Bull. Soc. Chim.*, (2), **45**, 752 et **46**, 63.

A. Béhal.

BIACÉTÉNYLE [Syn. *Diacétylène*],

$$CH\equiv C-C\equiv CH.$$

— Le biacétényle s'obtient en partant de l'acide biacétényldicarbonique.

On traite cet acide par une solution ammoniacale de chlorure cuivreux. Il se forme un précipité rouge, dont la précipitation se fait surtout si l'on élève la température au-dessus de 30°.

Cette combinaison, chauffée avec une solution concentrée de cyanure de potassium, laisse dégager un gaz qui est le biacétényle.

Il précipite en rouge foncé la solution ammoniacale de chlorure cuivreux, et en jaune la solution ammoniacale d'argent. Le composé argentique ainsi obtenu est très explosif, même à l'état humide.

Diiodobiacétényle, $CI \equiv C - C \equiv CI$. — Le dérivé argentique du biacétényle, délayé dans l'eau et traité par une solution d'iode dans l'iodure de potassium, donne naissance à un précipité jaune pâle, qu'on peut isoler au moyen de l'éther.

Ce composé est cristallisé, possède une odeur d'iodoforme et fond à 101°. Chauffé dans un tube, il fait explosion avec formation d'un éclair rouge très remarquable.

Conservé à l'air, le dérivé iodé se transforme en une masse brune, cristalline, insoluble dans tous les liquides. Ce composé, soumis à l'action de la chaleur, fait explosion sans formation d'éclair et laisse un résidu de charbon très poreux.

Traité par le chlorure cuivreux ammoniacal, il régénère le biacétényle cuivreux.

BIACÉTYLE ET HOMOLOGUES [Syn. *Diacétyle, diméthyl-α-dicétone*], $CH^3-CO-CO-CH^3$. — Le biacétyle est le premier terme de la série des α-diacétones.

Préparation. — La méthode qui sert à la préparation du biacétyle, et qui s'applique également à celle de ses homologues qui sont aromatiques, repose sur la réaction suivante :

Les isonitrosoacétones de la formule

$$\begin{array}{l} R-CO \\ \quad | \\ R'-C=AzOH \end{array}$$

se combinent avec le bisulfite de sodium pour donner les composés

$$\begin{array}{l} R-CO \\ \quad | \\ R'-C.AzSO^3H \end{array}$$

Ceux-ci, traités par l'acide sulfurique étendu et bouillant, se dédoublent en sulfate acide d'ammonium et α-diacétone :

$$\begin{array}{l} R-CO \\ \quad | \\ R'-C-AzSO^3H \end{array} + 2H^2O = SO^4HAzH^4 + \begin{array}{l} R-CO \\ \quad | \\ R'\ \ CO \end{array}$$

Pour obtenir le biacétyle, il convient d'opérer de la manière suivante : 1 partie en poids d'isonitroso-éthylméthylcétone,

$$CH^3-CO-C(AzOH)-CH^3,$$

est mélangée avec 8 parties de bisulfite de sodium à 40 0/0 ; au bout d'une demi-journée, la solution limpide est additionnée de 10 parties d'acide sulfurique dilué (environ 15 0/0) et soumise à la distillation au bain de sable ; le liquide distillé est traité par le carbonate de calcium, redistillé, puis saturé de sel marin et distillé une troisième fois. On obtient ainsi un liquide qui se sépare en deux couches : la couche supérieure est séchée et rectifiée au thermomètre [Von Pechmann, *D. chem. G.*, **20**, 3162 ; *Bull. Soc. Chim.*, (2), **49**, 489].

On peut simplifier cette méthode en soumettant simplement la nitrosoacétone à la distillation avec de l'acide sulfurique dilué à 15 0/0 ; il convient seulement de ne pas employer plus de 50 grammes de nitrosoacétone à chaque opération : On mélange 50 grammes d'éther méthylacétylacétique avec la quantité théorique de soude très étendue (3 0/0), puis on ajoute la quantité nécessaire de nitrite de sodium, et on acidifie par l'acide sulfurique. La réaction terminée, on sature au moyen d'un grand excès de carbonate de sodium et on distille pour chasser l'alcool provenant du dédoublement de l'éther acétylacétique. Le résidu, débarrassé d'alcool, est, après refroidissement, saturé par l'acide sulfurique étendu ; on y ajoute alors peu à peu 250 grammes d'acide sulfurique concentré et on distille : le biacétyle est ensuite extrait du liquide distillé comme précédemment. On obtient ainsi de 40 à 45 0/0 du rendement théorique [Von Pechmann, *D. chem. G.*, **21**, 1411].

Le biacétyle prend également naissance quand on soumet à la distillation sèche l'acide kétipique,

$$\begin{array}{l} CO-CH^2-CO^2H \\ | \\ CO-CH^2-CO^2H \end{array}$$

[R. Fittig, *D. chem. G.*, **20**, 203 et 3184 ; *Ann. Chem.*, **249**, 200].

Propriétés. — Le biacétyle est un liquide verdâtre, dont la vapeur présente la coloration du chlore, et possède une odeur très prononcée, rappelant celle de la quinone.

Il bout à 87,5-88° sans décomposition. Il est un peu plus léger que l'eau : sa densité à 22° est 0,9734. Il se dissout à cette température dans un peu moins de 4 fois son poids d'eau ; il est miscible à l'alcool et à l'éther en toutes proportions [Fittig et Daimler, *Ann. Chem.*, **249**, 200] ; il se combine aux bisulfites alcalins, mais cette combinaison est incristallisable.

Le biacétyle se combine avec l'eau en donnant un hydrate cristallisé, insoluble dans l'eau, l'alcool et l'éther ; mais il faut pour cela un contact prolongé ; cet hydrate a pour formule $3C^4H^6O^2, 2H^2O$. Il paraît également donner avec l'alcool une combinaison distillant à 74-75°, qui constitue un liquide jaune et qui aurait pour formule $C^4H^6O^2, 2C^2H^6O$ [Von Pechmann, *D. chem. G.*, **21**, 1411].

RÉACTIONS DU BIACÉTYLE. — *Action de la phénylhydrazine* [Von Pechmann, *D. chem. G.*, **20**, 3164 et **21**, 1413. — Japp et Klingemann, *ibid.*, **21**, 549. — Fittig, Daimler et Keller, *Ann. Chem.*, **249**, 203]. — Le biacétyle en solution aqueuse, additionné d'une solution acétique de phénylhydrazine, donne un précipité floconneux, qui cristallise dans l'acide acétique ou dans l'alcool étendus en petits prismes brillants, fusibles à 133°, solubles dans l'alcool, l'éther, l'acide acétique et le benzène, et dont la composition répond à celle de l'*hydrazone* du biacétyle,

$$\begin{array}{l} CH^3-CO \\ \qquad | \\ CH^3-C=Az-AzH.C^6H^5 \end{array}$$

Si on emploie un excès de phénylhydrazine et qu'on chauffe pendant quelque temps au bain-marie, on obtient un précipité solide qui, après cristallisation dans l'acide acétique, fond à 242-243° en se décomposant, et qui est l'*osazone* du biacétyle,

$$\begin{array}{l} CH^3-C=Az-AzH.C^6H^5 \\ \qquad | \\ CH^3-C=Az-AzH.C^6H^5 \end{array}$$

Cette substance se dissout difficilement dans la plupart des dissolvants ; c'est le benzène qui en dissout la plus grande quantité.

Lorsqu'on oxyde l'osazone du biacétyle, en chauffant au bain-marie 4 parties d'osazone et 4 parties de dichromate de potassium dissous dans 20 parties d'eau et 5 parties d'acide acétique à 50 0/0 pendant une demi-heure environ, et jusqu'à ce qu'il se produise un dégagement gazeux, on obtient l'*osotétrazone* du biacétyle. Cette substance cristallise en aiguilles rouges, fusibles à 169° en se décomposant ; elle a pour formule

$$\begin{array}{l} CH^3-C=Az-Az-C^6H^5 \\ \qquad |\qquad\quad | \\ CH^3-C=Az-Az-C^6H^5 \end{array}$$

Les agents réducteurs et la phénylhydrazine la transforment de nouveau en osazone [Von Pechmann, *D. chem. G.*, **21**, 2751].

On peut transformer cette osotétrazone en *osotriazone*,

$$\begin{matrix} CH^3-C=Az \\ | \\ CH^3-C=Az \end{matrix} \rangle AzC^6H^5,$$

en la chauffant avec 6 ou 7 fois son poids d'eau et 1,5 fois son poids d'acide chlorhydrique concentré, jusqu'à ce que toute la masse dissoute ait fourni une huile brune qu'on distille dans la vapeur d'eau.

Le rendement en osotriazone est meilleur si on ajoute au mélange une fois et demie son poids de chlorure ferrique à 50 0/0.

On peut encore déshydrater l'hydrazoxime (voyez plus loin) par un des chlorures de phosphore :

$$\begin{matrix} CH^3-C=AzOH \\ | \\ CH^3-C=Az-AzH-C^6H^5 \end{matrix}$$

$$= H^2O + \begin{matrix} CH^3-C=Az \\ | \\ CH^3-C=Az \end{matrix} \rangle AzC^6H^5.$$

L'osotriazone ainsi obtenue est une huile incolore, bouillant à 255° sous la pression normale; elle se solidifie dans un mélange réfrigérant et fond alors à 35°. Ce corps est presque insoluble dans l'eau, très soluble dans les autres dissolvants, et résiste à tous les agents de réduction; les oxydants n'agissent qu'après une ébullition prolongée; avec le permanganate en solution alcaline, on obtient un acide cristallisé qui paraît bibasique.

L'acide nitrique concentré n'agit pas à froid; en présence d'acide sulfurique, on obtient un *dérivé nitré*, fusible à 227° [Von Pechmann, *loc. cit.*].

Action de l'hydroxylamine. — La *monoxime* du biacétyle est identique avec la méthyl-nitrosoéthylcétone, $CH^3-CO-C(AzOH)-CH^3$; car si on fait agir l'hydroxylamine sur cette nitrosoacétone, on obtient la *dioxime* du biacétyle; cette dernière substance se prépare de la manière suivante, en partant du biacétyle : Une solution aqueuse de biacétyle (1 molécule) est mélangée avec 2 molécules de chlorhydrate d'hydroxylamine. On ajoute ensuite 1 molécule de carbonate de sodium; après quelque temps, il se forme un précipité blanc, formé de petites aiguilles incolores, qui augmente rapidement par l'agitation. Ce composé est insoluble dans l'eau et est obtenu directement à l'état de pureté; il est soluble dans l'alcool et dans l'éther, et fond, en se sublimant partiellement, à 234°,5; il possède la composition correspondant à la dioxime du biacétyle,

$$\begin{matrix} CH^3-C & \text{———} & C-CH^3 \\ \| & & \| \\ AzOH & & AzOH \end{matrix}$$

L'ébullition avec l'acide sulfurique étendu le transforme en biacétyle [Fittig, Daimler et Keller, *Ann. Chem.*, **249**, 204].

Réduite par le sodium et l'alcool, au bain-marie, cette dioxime se convertit en diméthyléthylène-diamine,

$$CH^3-CH(AzH^2)-CH(AzH^2)-CH^3$$

[Angeli, *D. chem. G.*, **23**, 1358].

Hydrazoxime,

$$\begin{matrix} CH^3-C=AzOH \\ | \\ CH^3-C=Az-AzH.C^6H^5 \end{matrix}$$

— Ce composé s'obtient en partant de la nitrosoéthylméthylcétone, $CH^3-CO-C(AzOH)-CH^3$, par l'action de la phénylhydrazine; il cristallise dans l'alcool absolu en gros cristaux presque incolores, fusibles à 158°. Le trichlorure de phosphore lui enlève 1 molécule d'eau et le transforme en osotriazone du biacétyle. L'acide chlorhydrique concentré le convertit en biacétyle et hydrazone du biacétyle avec un peu d'osazone [Von Pechmann et Wehsarg, *D. chem. G.*, **21**, 2997].

Action de l'ammoniaque. — L'ammoniaque réagit facilement sur le biacétyle, qu'elle décolore instantanément. Pour isoler le produit principal de la réaction, on ajoute de l'ammoniaque ordinaire à une solution aqueuse refroidie de biacétyle : on laisse digérer à froid, puis on chauffe au bain-marie pendant 1 heure, pour se débarrasser de l'ammoniaque. Si on sature alors la solution par du carbonate de potassium sec, on voit se séparer une huile facilement soluble dans l'éther, qui donne avec l'acide chlorhydrique un précipité d'un blanc de neige, qu'on fait recristalliser dans l'alcool ou dans l'alcool éthéré.

La base libre cristallise dans l'éther ou dans la ligroïne en petites aiguilles d'un blanc de neige, qui fondent à 132,5-133° et qui distillent sans décomposition à 271°.

Cette base a pour formule $C^9H^{10}Az^2$. Elle est monoacide. Elle n'est pas attaquée par l'acide nitreux. Elle réagit facilement sur le chlorure de benzyle, sans séparation d'acide chlorhydrique, et s'unit à l'iodure de méthyle.

On obtient la même base avec l'aldéhyde-ammoniaque et le biacétyle.

L'étude de cette base montre qu'elle possède la constitution d'une *triméthylglyoxaline*,

$$\begin{matrix} CH^3-C=Az \\ | \\ CH^3-C=Az \end{matrix} \rangle CH-CH^3,$$

et sa formation s'explique par les équations suivantes :

$$\begin{matrix} CH^3-CO \\ | \\ CH^3-CO \end{matrix} + H^2O = CH^3-CO^2H + CH^3-CHO,$$

$$\begin{matrix} CH^3-CO \\ | \\ CH^3-CO \end{matrix} + CH^3-CHO + 2AzH^3$$

$$= \begin{matrix} CH^3-C=Az \\ | \\ CH^3-C=Az \end{matrix} \rangle CH-CH^3 + 3H^2O$$

[Von Pechmann, *D. chem. G.*, **21**, 1417].

La triméthylglyoxaline précipite les solutions ammoniacales d'argent et de cuivre. D'après MM. Fittig et Daimler, le *composé argentique* a pour formule $C^6H^9Az^2Ag$ et le *dérivé cuprique* $C^6H^8Az^2Cu$.

Cette dernière formule est bien peu vraisemblable et doit probablement être doublée.

Action des amines aromatiques. — L'aniline agit facilement sur le biacétyle à la température du bain-marie; on obtient après 1 ou 2 heures de chauffe un résidu solide qui, après cristallisation dans l'alcool, fond à 139° : c'est la *dianilide* du biacétyle

$$\begin{matrix} CH^3-C=Az.C^6H^5 \\ | \\ CH^3-C=Az.C^6H^5 \end{matrix}$$

Ce composé est facilement soluble dans l'éther, beaucoup moins soluble dans l'alcool et dans l'éther de pétrole; les alcalis ne l'attaquent pas, mais les acides le dédoublent facilement en ses composants [Von Pechmann, *loc. cit.*].

Les o-diamines s'unissent très facilement au biacétyle et à ses homologues, pour donner des bases du groupe de la quinoxaline.

Si on laisse agir, à une douce chaleur, une solution de crésylène-diamine dans l'acide acétique faible avec la quantité équivalente d'une solution aqueuse de biacétyle, on obtient un composé qui bout à 270-271° sans décomposition et qui fond à 91° : c'est une *triméthylquinoxaline*,

$$\begin{array}{l} CH^3-C=Az \diagdown \\ \quad\;\; | \qquad\qquad\; C^6H^3-CH^3 \\ CH^3-C-Az \diagup \end{array}$$

[Von Pechmann, *loc. cit.*].

D'après M. Nietzki [*D. chem. G.*, **22**, 443], quand on traite de la même manière le tétramidobenzène symétrique, on obtient, si l'on emploie le biacétyle et le tétramidobenzène molécule à molécule, une *diméthyldiamido-quinoxaline*,

$$\begin{array}{l} H^2Az \qquad\quad Az = C-CH^3 \\ \qquad\; C^6H^2 \qquad\quad | \\ H^2Az \qquad\quad Az = C-CH^3 \end{array}$$

qui se sublime entre 130 et 140°.

Si on emploie un excès de biacétyle, on obtient une *tétraméthyldiquinoxaline*,

$$\begin{array}{l} CH^3-C = Az \qquad\quad Az = C-CH^3 \\ \quad\;\; | \qquad\qquad C^6H^2 \qquad\quad | \\ CH^3-C = Az \qquad\quad Az = C-CH^3 \end{array}$$

qui fond vers 300° en se sublimant.

Action de l'acide cyanhydrique [Fittig, Daimler et Keller, *Ann. Chem.*, **249**, 208]. — Le biacétyle s'unit facilement à l'acide cyanhydrique pour donner une *mono-* ou une *dicyanhydrine*; la seconde seulement a été étudiée. Pour la préparer, on mélange à la quantité théorique de biacétyle une solution à 18 0/0 environ d'acide cyanhydrique et on laisse digérer à une douce chaleur pendant 24 heures, puis on épuise par l'éther; on obtient un composé cristallisé, qu'on purifie par des lavages au chloroforme. Il se forme toujours en même temps une petite quantité d'une substance amorphe qui est la monocyanhydrine.

La *dicyanhydrine*, ou nitrile de l'acide diméthyltartrique,

$$\begin{array}{l} CH^3-C \begin{cases} CAz \\ OH \end{cases} \\ \qquad\;\; | \\ CH^3-C \begin{cases} CAz \\ OH \end{cases} \end{array}$$

est très hygroscopique; son point de fusion, difficile à déterminer, est de 110° environ. Elle est très facilement soluble dans l'eau, l'alcool et l'éther, mais peu soluble ou insoluble dans le chloroforme, le sulfure de carbone, l'éther de pétrole et le benzène. Chauffée avec de l'eau, elle se dédouble déjà à 100° en biacétyle et acide cyanhydrique.

Cette dicyanhydrine se dissout dans l'acide chlorhydrique concentré à froid; après 24 heures, on chauffe la solution pendant quelque temps au bain-marie, au réfrigérant ascendant, puis on évapore à sec, et, après avoir chassé le chlorure d'ammonium, on obtient un acide qui cristallise parfaitement dans l'eau, en retenant 1 molécule d'eau de cristallisation; privé de cette eau, il fond à 178-179° en se décomposant; son analyse et celle de ses sels montrent que c'est de l'acide diméthyltartrique,

$$\begin{array}{l} \qquad\qquad CO^2H \\ \qquad\quad \diagup \\ CH^3-C-OH \\ \qquad\; | \\ CH^3-C-OH \\ \qquad\quad \diagdown \\ \qquad\qquad CO^2H \end{array}$$

Action des alcalis. — Traité par une solution alcaline, le biacétyle réagit sur lui-même avec élimination d'eau, en donnant un produit de condensation auquel M. von Pechmann [*D. chem. G.*, **21**, 1419] donne le nom de *diméthylquinogène*, à cause de sa facile tranformation en p-xyloquinone.

La réaction est la suivante :

$$\begin{array}{l} CH^3-CO-CO-CH^3 \\ CH^3-CO-CO-CH^3 \\ \qquad\qquad\quad CH^3-C-CO-CH^3 \\ = H^2O + \qquad\;\; \| \\ \qquad\qquad\quad HC-CO-CO-CH^3 \end{array}$$

C'est une huile soluble dans la plupart des dissolvants organiques; elle possède un goût amer; elle se combine à la phénylhydrazine pour donner une *trihydrazone*, $C^8H^{10}(Az^2H . C^6H^5)^3$, qui cristallise en prismes orangés, fusibles à 204-205°.

Si, au lieu d'employer une petite quantité d'alcali, on en a, dans la préparation du diméthylquinogène, employé un excès, et qu'on ait chauffé pendant quelque temps, on obtient, par épuisement au benzène, un corps cristallisé qui se sublime en aiguilles jaunes, fusibles à 123°, constituant la *p-xyloquinone*,

$$\begin{array}{l} \qquad\qquad\quad CH^3-C-CO-CH^3 \\ \qquad\qquad\qquad\;\; \| \\ \qquad\qquad\quad HC-CO-CO-CH^3 \\ \qquad\qquad\quad CH^3-C-CO-CH \\ = H^2O + \qquad\;\; \| \qquad\quad\;\; \| \\ \qquad\qquad\quad HC-CO-C-CH^3 \end{array}$$

Cette réaction est générale pour les α-diacétones de la formule $X-CH^2-CO-CO-Y$.

Hydrogénation du biacétyle [Von Pechmann, *D. chem. G.*, **21**, 1421, **22**, 2214]. — L'hydrogène naissant se fixe facilement sur le biacétyle, mais on obtient des produits différents suivant la manière dont on opère l'hydrogénation. Avec la poudre de zinc et l'acide acétique à froid, on obtient presque uniquement une *pinacone du biacétyle*,

$$\begin{array}{l} CH^3-COH-CO-CH^3 \\ \qquad\;\; | \\ CH^3-COH-CO-CH^3 \end{array}$$

solide, fusible à 96°, soluble dans tous les dissolvants, et qui réduit à froid la liqueur de Fehling.

Si au contraire on chauffe une solution aqueuse de biacétyle avec de la poudre de zinc et de l'acide sulfurique, on obtient, après épuisement à l'éther, un liquide incolore, bouillant à 141-142°, qui a pour formule $CH^3-CHOH-CO-CH^3$. Ce composé réduit énergiquement la liqueur de Fehling, comme tous les composés à fonction mixte alcool-acétone. Chauffé avec un excès de phénylhydrazine, il donne l'osazone du biacétyle.

La meilleure manière d'obtenir ce produit d'hydrogénation, ainsi que ses homologues, est la suivante [von Pechmann, *D. chem. G.*, **23**, 2421] : On chauffe au réfrigérant ascendant et au bain-marie un mélange de 30 grammes de zinc et de 280 grammes d'acide sulfurique dilué au cinquième, et on ajoute, au moyen d'un entonnoir à robinet, 20 grammes de biacétyle; quand la couleur de la vapeur du biacétyle a complètement disparu, on laisse refroidir et on épuise un grand nombre de fois par l'éther.

Le liquide obtenu bout, après plusieurs rectifications, à 141-142°; sa densité à 15° est 1,0021. Il donne avec la phénylhydrazine une *hydrazone* fusible à 83-84°.

$$\begin{array}{l} CH^3-C=Az^2H . C^6H^5 \\ \qquad\;\; | \\ CH^3-CHOH \end{array}$$

Un excès de phénylhydrazine donne à froid un

mélange d'hydrazone et d'osazone du biacétyle; le mécanisme de la formation de l'hydrazone du biacétyle est probablement le suivant :

$$\underset{\displaystyle Az^2H \,.\, C^6H^5}{CH^3-\overset{\|}{C}-CHOH-CH^3} + C^6H^5Az^2H^3$$

$$= \underset{\displaystyle Az^2 \,.\, HC^6H^5}{CH^3-\overset{\|}{C}-CO-CH^3} + C^6H^5 \,.\, AzH^2 + AzH^3$$

L'*acétylméthylcarbinol*,

$$CH^3-CO-CHOH-CH^3,$$

ainsi obtenu se transforme spontanément au bout de quelques semaines, et plus rapidement en présence de quelques substances neutres, le zinc granulé par exemple, en un mélange de deux composés solides, l'un fusible à 127-128°, l'autre fondant mal vers 96-98°.

Ces deux substances ont la composition de l'acétylméthylcarbinol; la distillation les fait repasser à l'état liquide; ils distillent comme le produit primitif à 141-142°; la densité de vapeur correspond à la formule $C^4H^8O^2$, mais la méthode cryoscopique leur donne un poids moléculaire double de celui qu'exige cette formule.

Les homologues du biacétyle s'hydrogènent aussi par le même procédé; en partant de la *méthyléthyl-α-dicétone* (voyez plus bas ACÉTYLPROPIONYLE), $CH^3-CO-CO-C^2H^5$, on obtient l'*acétyléthylcarbinol*,

$$CH^3-CO-CHOH-C^2H^5,$$

liquide bouillant à 152-153°, qui possède les propriétés déjà décrites pour son homologue inférieur. Sa densité à 17°,5 est 0,9722.

La phénylhydrazine agit sur lui en donnant une hydrazone liquide, puis l'osazone de la dicétone correspondante, et enfin l'α-hydrazone de l'acétylpropionyle, ce qui fixe la formule de ce composé; elle est bien $CH^3-CO-CHOH-C^2H^5$.

Par une hydrogénation plus prolongée, on arrive au *glycol* correspondant,

$$CH^3-CHOH-CHOH-C^2H^5,$$

qui bout à 186-187°. Ce glycol paraît être identique avec celui que MM. Wagner et Saytzeff ont obtenu au moyen du dibromure de méthyléthyléthylène. L'oxydation ménagée de ce glycol ramène à la dicétone α. Il paraît probable que l'oxydation des glycols obtenus par M. Fossek [*Mon. f. Chem.*, 5, 119] permettra de préparer les dicétones correspondantes.

DÉRIVÉS CHLORÉS ET BROMÉS. — L'action du brome en solution dans le sulfure de carbone sur le biacétyle donne naissance à un *dérivé dibromé*, $C^4H^4Br^2O^2$ [Fittig, Daimler et Keller, *loc. cit.*]. C'est un solide fusible à 116-117°, facilement soluble dans le sulfure de carbone, le chloroforme et l'éther de pétrole bouillant; il a probablement pour formule

$$\begin{matrix} CO-CH^2Br \\ | \\ CO-CH^2Br \end{matrix}$$

En employant un excès de brome en solution sulfocarbonique et en chauffant légèrement, on obtient un *dérivé tétrabromé*, qui fond à 96-97°.

La phénylhydrazine donne avec ce composé une *osazone*, $C^{16}H^{14}Br^2Az^4O$, fusible à 190° [Keller, *D. chem. G.*, 23, 35]. Le tétrabromobiacétyle a probablement pour formule

$$\begin{matrix} CO-CHBr^2 \\ | \\ CO-CHBr^2 \end{matrix}$$

MM. S. Levy et Jedlicka [*D. chem. G.*, 21, 318] ont montré qu'en soumettant l'acide chloranilique en suspension dans l'eau à l'action d'un mélange de chlorate de potassium et d'acide chlorhydrique, on obtient des cristaux ayant pour formule $C^4H^2Cl^4O^2$, fusibles à 83-84°, solubles dans l'alcool et bouillant à 201-203° sous une pression de 740 millimètres; ils envisagent ce corps comme le *tétrachlorobiacétyle* symétrique.

MM. S. Levy et Witte [*Ann. Chem.*, 254, 83 et 274] ont obtenu, par l'action de l'o-phénylène-diamine sur ce composé, une *tétrachlorodiméthylquinoxaline*,

$$\begin{matrix} CHCl^2-C=Az\diagdown \\ | \qquad\qquad\quad C^6H^4. \\ CHCl^2-C=Az\diagup \end{matrix}$$

La phénylhydrazine donne une *osazone* qui a pour formule $C^{16}H^{14}Cl^2Az^4O$.

L'éthylène-diamine fournit un composé solide, fusible à 223°, qui résulte de l'action de 1 molécule d'éthylène-diamine sur 2 molécules de tétrachlorobiacétyle, et qui a pour formule $C^{10}H^{10}Cl^6Az^2O^4$.

L'ammoniaque donne l'*amide oxyde-de-trichloropropylène-carbonique*,

$$\begin{matrix} \quad O \\ CHCl^2-C \diagup\diagdown CHCl \\ | \\ CO \,.\, AzH^2 \end{matrix}$$

[S. Levy, *Ann. Chem.*, 254, 374].

L'action de l'acide cyanhydrique sur le biacétyle tétrachloré conduit à une *dicyanhydrine* fusible à 135-137° et à une *monocyanhydrine* fondant à 110-111°.

Le chlorure d'acétyle, en réagissant sur ce dernier composé, donne un *dérivé diacétylé*,

$$\begin{matrix} CHCl^2-C\begin{matrix}\diagup CAz \\ \diagdown OC^2H^3O\end{matrix} \\ | \\ CHCl^2-C\begin{matrix}\diagup OC^2H^3O \\ \diagdown CAz\end{matrix} \end{matrix}$$

peu soluble dans l'eau bouillante et fondant à 163°.

L'acide chlorhydrique transforme ce dinitrile en *imide de l'acide diméthyltartrique tétrachloré*,

$$\begin{matrix} CHCl^2-C(OH)-CO\diagdown \\ | \qquad\qquad\qquad AzH, \\ CHCl^2-C(OH)-CO\diagup \end{matrix}$$

qui fond à 239°. Enfin l'action de l'acide sulfurique sur la dicyanhydrine en solution acétique la convertit en *diamide diméthyltartrique tétrachlorée*,

$$\begin{matrix} CHCl^2-COH-CO \,.\, AzH^2 \\ CHCl^2-COH-CO \,.\, AzH^2 \end{matrix}$$

qui fond à 183°.

Action de l'urée. — L'urée réagit sur le biacétyle en solution aqueuse, en donnant le *diméthylglycoluryle*,

$$CO\begin{matrix}\diagup AzH-C(CH^3)-AzH\diagdown \\ | \\ \diagdown AzH-C(CH^3)-AzH\diagup\end{matrix}CO,$$

qui ne fond pas encore à 290°.

Ce composé est difficilement soluble dans l'eau, mais il se dissout facilement dans l'alcool bouillant; l'acide azotique le convertit en un *dérivé dinitré*,

$$CO\begin{matrix}\diagup AzH-C(CH^3)-Az(AzO^2) \\ | \\ \diagdown AzH-C(CH^3)-Az(AzO^2)\end{matrix}CO$$

qui se décompose vers 230°.

HOMOLOGUES DU BIACÉTYLE [Von Pechmann et R. Otte, *D. chem. G.*, 22, 2115]. — Les homologues du biacétyle s'obtiennent par la méthode qu'a employée M. von Pechmann pour la préparation du biacétyle, par l'ébullition des nitroso-acétones avec de l'acide sulfurique dilué (voyez plus haut *Préparation du biacétyle*).

Acétylpropionyle [Syn. *Méthyléthyl-α-dicétone*], $CH^3-CO-CO-C^2H^5$. — L'acétylpropionyle est un liquide jaune, bouillant à 108°, dont la densité, rapportée à celle de l'eau à 4°, est 0,9485; il se combine avec la phénylhydrazine en donnant deux *hydrazones*, fusibles l'une à 102-103° et l'autre à 116-117°.

Il donne de même deux *hydrazoximes* isomériques, fusibles l'une à 131°,5 et l'autre à 128°, et une seule *osazone* fondant à 166-167°. Pour désigner ces composés, nous affecterons de la lettre α les modifications portant sur le carbonyle lié au méthyle et de la lettre β les dérivés du second carbonyle.

L'*α-monoxime* est identique avec la nitroso-diéthylcétone, $CH^3-C(AzOH)-CO-CH^2-CH^3$.

La *β-oxime* fond à 54°.

La *dioxime* fond à 170°.

Acétylbutyryle (*méthylpropyl-α-dicétone*), $CH^3-CO-CO-C^3H^7$. — On le prépare en partant de la nitrosobutylméthylcétone,

$$CH^3-CO-\underset{\substack{\| \\ AzOH}}{C}H-CH^2-CH^2-CH^3$$

C'est un liquide bouillant à 128°; sa densité = 9,9343.

L'*α-hydrazone* fond à 113-114°.

La *β-hydrazone*, à 108-109°.

L'*osazone*, à 136-137°.

La *β-monoxime*, à 49°,5.

La *dioxime*, à 168°

L'*α-β-hydrazoxime*, à 130°,5.

Acétylisobutyryle (*méthylisopropyl-α-dicétone*),

$$CH^3-CO-CO-CH\begin{matrix}\diagup CH^3\\ \diagdown CH^3\end{matrix}$$

— La matière première de la préparation de ce composé est la nitroso-isobutylméthylcétone,

$$CH^3-CO-\underset{\substack{\| \\ AzOH}}{C}-CH\begin{matrix}\diagup CH^3\\ \diagdown CH^3\end{matrix}$$

C'est un liquide bouillant à 115-116°; sa *β-monoxime*, qui est la nitrosoacétone précédente, fond à 75°.

Méthylisobutyl-α-dicétone (*acétylisovaléryle*),

$$CH^3-CO-CO-CH^2-CH\begin{matrix}\diagup CH^3\\ \diagdown CH^3\end{matrix}$$

— On la prépare au moyen de la nitrosoamylméthylcétone. C'est une huile jaune, bouillant à 138°. Sa densité = 0,9082.

L'*α-hydrazone* fond à 98°.

L'*osazone*, à 116-117°.

La *β-monoxime*, à 42°.

La *dioxime*, à 171-172°.

L'*α-β-hydrazoxime*, à 150°,5.

Méthylamyl-α-dicétone,

$$CH^3-CO-CO-CH^2-CH^2-CH\begin{matrix}\diagup CH^3\\ \diagdown CH^3\end{matrix}$$

— Liquide bouillant à 163°, dont la densité = 0,8814.

L'*α-hydrazone* fond à 99-100°.

L'*osazone*, à 114°.

La *β-monoxime*, à 38°.

La *dioxime*, à 172-173°.

L'*α-β-hydrazoxime*, à 131°,5.

Méthylallyl-α-dicétone. $CH^3-CO-CO-C^3H^5$. — Liquide bouillant à 128-130°; on la prépare en partant de la méthylnitrosocrotonylcétone,

$$CH^3-CO-\underset{\substack{\| \\ AzOH}}{C}-C^3H^5$$

obtenue elle-même en partant de l'éther allylacétylacétique.

La *β-monoxime* fond à 46°.

La *dioxime*, à 153°.

L'*α-β-hydrazoxime*, à 137°.

α-dicétones mixtes [Von Pechman et Müller, *D. chem. G.*, **22**, 2127]. — Toutes ces dicétones sont des liquides huileux, incristallisables, plus lourds que l'eau, qui ne les dissout pas; elles distillent sans décomposition et se comportent comme les acétones ordinaires vis-à-vis des bisulfites, de la solution sulfureuse de fuchsine, de la phénylhydrazine et de l'hydroxylamine.

Méthylphényl-α-dicétone (*acétylbenzoyle*), $CH^3-CO-CO-C^6H^5$. — On prépare cette diacétone en partant de la nitroso-éthylphénylcétone, qu'on obtient elle-même au moyen de l'éther benzoylacétique-α-méthylé.

C'est un liquide jaune, bouillant à 164-165° sous pression réduite (116 millimètres) et à 216° sous la pression normale. Sa densité à 14° est 1,1041 par rapport à l'eau à 4°; il est soluble dans environ 380 fois son poids d'eau à 20°.

La phénylhydrazine donne avec cette dicétone une *hydrazone* fusible à 143-145°, qui cristallise en aiguilles jaunes, solubles dans l'alcool, le benzène et le chloroforme.

L'*osazone*,

$$\begin{matrix}CH^3-C=Az^2H.C^6H^5\\ |\\ C^6H^5-C=Az^2H.C^6H^5\end{matrix}$$

fond à 202°.

La *dioxime*,

$$\begin{matrix}CH^3-C=AzOH\\ |\\ C^6H^5-C=AzOH\end{matrix}$$

est un solide incolore, cristallisé, fusible à 235-236°. L'action de la crésylène-diamine donne la quinoxaline,

$$\begin{matrix}CH^3-C=Az\diagdown\\ |\qquad\qquad\\ C^6H^5-C=Az\diagup\end{matrix}C^6H^3-CH^3,$$

qu'on obtient facilement en traitant une solution éthérée de dicétone par la crésylène-diamine et faisant bouillir pendant quelques instants.

Cette base fond à 46-48° et distille dans le vide sans décomposition.

L'action de la soude faible produit une condensation de 2 molécules de diacétone avec perte de 2 molécules d'eau, et donne naissance à la p-diphénylquinone,

$$\begin{matrix}CH^3-CO-CO-C^6H^5\\ C^6H^5-CO-CO-CH^3\end{matrix}$$

$$=2H^2O+\begin{matrix}HC-CO-C-C^6H^5\\ \|\qquad\qquad\|\\ C^6H^5-C-CO-CH\end{matrix}$$

Pour préparer cette quinone, on dissout la diacétone dans la soude faible, on ajoute du ferricyanure de potassium, et on abandonne pendant 12 heures; on chauffe ensuite au bain-marie pendant une demi-heure, et on épuise au benzène. Pour purifier le produit brut, on le chauffe avec un mélange de 6 parties d'alcool et de 3 parties d'acide azotique, jusqu'à ce que la couleur soit devenue jaune, puis on fait cristalliser dans l'acide acétique.

La p-diphénylquinone fond à 214°

ÉTHYLPHÉNYL-α-DICÉTONE (*propionylbenzoyle*),

$$CH^3-CH^2-CO-CO-C^6H^5.$$

— On la prépare en partant de la nitrosopropylphénylcétone, qu'on obtient au moyen de l'éther benzoylacétique α-éthylé.

C'est un liquide bouillant à 238-240°, qui s'altère à l'humidité en donnant de l'acide benzoïque et peut-être de l'aldéhyde propylique.

MÉTHYLBENZYL-α-DICÉTONE (*phénylbiacétyle*),

$$CH^3-CO-CO-CH^2-C^6H^5.$$

— La matière première est la nitroso-acétone,

$$CH^3-CO-C(AzOH)-CH^2-C^6H^5,$$

obtenue en partant de l'éther benzylacétylacétique.

Cette dicétone est un liquide jaune, distillant à 175-176°, dont la densité à 14° est 1,0721.

Elle donne une *osazone*,

$$\begin{array}{c} CH^3-C=Az^2H.C^6H^5 \\ | \\ C^6H^5-CH^2-C=Az^2H.C^6H^5 \end{array}$$

fusible à 172-173°.

La même méthode de préparation, appliquée aux acétones nitrosées en α et dans le chaînon terminal, conduit à des α-céto-aldéhydes (voyez CÉTO-ALDÉHYDES). Par exemple, la nitrosométhylphénylcétone,

$$C^6H^5-CO-CH(AzOH),$$

donne naissance à l'aldéhyde benzoylméthylique,

$$C^6H^5-CO-CHO.$$

A. Combes.

BIALLYLE, C^6H^{10}. — Le biallyle se forme en quantité notable dans la préparation du propylène au moyen de l'iodure d'allyle et du couple zinc-cuivre [G. Griner, *Bull. Soc. Chim.*, (2), 48, 770].

Action du brome. — En faisant agir le brome sur le biallyle, on obtient une masse cristallisable, fusible à 46°, et présentant un mélange de deux espèces de cristaux, fusibles les uns à 64-65°, les autres à 54-56°. Tous deux possèdent la formule $C^6H^{10}Br^4$. L'auteur considère que le biallyle préparé par l'action du sodium sur l'iodure d'allyle est un mélange de deux isomères, le biallyle $CH^2=CH-CH^2-CH^2-CH=CH^2$ et le bipropénylé $CH^3-(CH)^4-CH^3$ [A. Sabanéeff, *Bull. Soc. Chim.*, (2), 45, 182].

D'autre part, MM. Ciamician et Anderlini [*D. chem. G.*, 22, 2497 et 3326], en faisant passer dans du brome pur, maintenu à 0°, du biallyle entraîné par un courant d'air, ont obtenu deux tétrabromures. Le premier fond à 63°. Il est soluble dans l'éther de pétrole. L'autre est liquide; on le trouve dans le dissolvant qui a servi à faire cristalliser le premier. Il distille entre 135 et 140° sous la pression de 8 millimètres. M. Ciamician estime que ce sont des isomères physiques, analogues à ceux du pyrrolylène et du pipérylène.

Action de l'acide bromhydrique. — Le biallyle se combine avec l'acide bromhydrique gazeux ou en solution. On obtient ainsi un composé $C^6H^{12}Br^2$ qui fond à 40° [G. Griner, *Rapport de l'École prat. des Hautes Études*, 1888-1889, 48].

Dans la même action M. Demjonoff [*D. chem. G.*, 23, *Ref.*, 326] a trouvé deux dérivés bromés $C^6H^{12}Br^2$.

L'un fond à 38-39° et bout à 210° sans décomposition; il a pour formule

$$CH^3-CHBr-(CH^2)^2-CHBr-CH^3.$$

Il est soluble dans l'éther et dans l'alcool.

L'autre est liquide. Il bout entre 212 et 220°.

Action de l'acide iodhydrique. — Lorsqu'on fait arriver de l'acide iodhydrique gazeux et sec dans du biallyle fortement refroidi, on obtient deux composés distincts, un *mono-iodhydrate* liquide, $C^6H^{11}I$, et un *diiodhydrate*, $C^6H^{12}I^2$, solide et fusible à 43°.

Le mono-iodhydrate liquide donne, sous l'action de la potasse alcoolique, un isomère du biallyle, C^6H^{10}, bouillant exactement entre 65 et 66°. La formule de ce composé serait

$$CH^3-CH=CH-CH^2-CH=CH^2.$$

Il prendrait naissance d'après l'équation

$$CH^3-CHI-CH^2-CH^2-CH=CH^2+KOH$$
$$=KI+H^2O+CH^3-CH=CH-CH^2-CH=CH^2.$$

Cet isomère se combine avec le brome en donnant un mélange de *tétrabromures*.

L'un d'eux, qui est liquide, est converti par la potasse alcoolique en un carbure acétylénique qui bout à 80° et ne se solidifie pas à 50°. C'est un isomère du bipropargyle et du benzène C^6H^6.

Le diiodhydrate solide (fusible à 43°) donne également avec la potasse alcoolique un hydrocarbure C^6H^{10} bouillant à 80°. Ce dernier fixe 4 atomes de brome en produisant un mélange de *tétrabromures* $C^6H^{10}Br^4$. Jusqu'à présent on a pu en isoler trois. L'un d'eux fond à 64-65°, le deuxième à 150°, le dernier vers 180°. La potasse alcoolique réagit sur ces trois bromures en donnant le même hydrocarbure solide, C^6H^6, isomérique avec le benzène et le bipropargyle.

Cet isomère, $CH^3-C\equiv C-C\equiv C-CH^3$, a déjà été obtenu par M. Griner en oxydant l'allylénure cuivreux. Il fond à 63°,5 (voyez l'article ALLYLÈNE, Suppl., 2, 178) [G. Griner, *Bull. Soc. Chim.*, (3), 1, 83 et 2, 786].

Action de l'acide hypochloreux. — Le biallyle se combine avec l'acide hypochloreux pour donner la dichlorhydrine de l'érythrite hexylique,

$$C^6H^{10}(OH)^2Cl^2$$

(voyez DIALLYLE, Suppl., 1, 624). On opère le mélange à très basse température; on décompose l'excès d'acide par le bisulfite de sodium, on neutralise par la soude, on filtre et on épuise le liquide par l'éther, qui s'empare de la dichlorhydrine à peu près pure. Cette dernière est dissoute dans l'éther et traitée par la potasse sèche et pulvérisée. On chauffe pendant quelque temps au réfrigérant ascendant, on filtre et on évapore l'éther. Il reste un liquide bouillant vers 180°. Sa formule est $C^6H^{10}O^2$.

D'après l'auteur, le biallyle

$$CH^2=CH-CH^2-CH^2-CH=CH^2$$

fixe 2 molécules d'acide hypochloreux, pour donner le composé

$$CH^2OH-CHCl-(CH^2)^2-CHCl-CH^2OH.$$

Ce dernier, sous l'action de la potasse, perd 2 molécules d'acide chlorhydrique et donne le corps

$$\begin{array}{c} CH^2-CH-CH^2-CH^2-CH-CH^2, \\ \diagdown\ \diagup \qquad\qquad \diagdown\ \diagup \\ O \qquad\qquad\qquad O \end{array}$$

qui est un *dioxyde de biallyle* ou un dioxyde hexylénique.

C'est un liquide mobile, neutre, un peu plus lourd que l'eau, qui ne le dissout point. Il est incolore; son odeur est faible et agréable. Il se combine avec l'acide chlorhydrique et précipite les sels de cuivre et de magnésium.

Chauffé pendant 3 jours à 100° avec de l'eau, il s'y dissout incomplètement. La portion soluble est acide; on la neutralise par la baryte, on évapore jusqu'à consistance sirupeuse et on reprend par l'alcool. On obtient, après avoir évaporé le dissolvant, un liquide jaunâtre, hygroscopique, peu soluble dans l'éther, soluble dans l'eau et dans l'alcool. Lorsqu'on le distille sous la pression de 240 millimètres, il se décompose. L'analyse lui attribuerait la formule $C^6H^{10}(OH)^2O$ du premier anhydride de l'hexylérythrite. Mais cet anhydride ne fixe plus l'eau. Il se comporte en cela comme l'isomannide $C^6H^8(OH)^2O^2$ et le dioxyde hydraté $C^6H^{10}O(OH)^2$ (voyez GLYCÉRINE) préparé en partant de l'épichlorhydrine-α. Par l'action des déshydratants, il régénère le dioxyde $C^6H^{10}O^2$ à l'état de pureté [S. Przybytek, *D. chem. G.*, **17**, *Ref.*, 314 et **18**, 1350].

OXYDATION ET HYDRATATION DU BIALLYLE. — M. Sorokine [*D. chem. G.*, **12**, 2374] a oxydé le biallyle :

1° Au moyen du mélange chromique ;

2° Par le permanganate de potassium en solution neutre ;

3° Par le même composé en solution acide.

Dans le premier cas, il a obtenu de l'acide carbonique, de l'acide acétique et un peu d'acide succinique.

Dans le second cas, il se forme de l'acide carbonique, de l'acide acétique, de l'acide oxalique et de l'acide succinique.

Dans le troisième cas, il s'est produit de l'acide succinique et un peu d'acide carbonique et d'acide acétique.

La présence de l'acide acétique peut s'expliquer de la façon suivante : Le biallyle s'hydrate d'abord en donnant le glycol de Wurtz, qui se transforme par oxydation en acide acétique (voyez DIALLYLE, Suppl., **1**, 624).

On sait que M. Tollens a attribué au biallyle la formule $CH^3-CH=CH-CH=CH-CH^3$, tandis que d'après M. Henry elle serait

$$CH^2=CH-CH^2-CH^2-CH=CH^2.$$

On admet généralement que, dans l'oxydation des hydrocarbures non saturés, le dédoublement de la molécule se fait aux doubles liaisons. Dans ces conditions, la formule qu'indique M. Tollens expliquerait la formation de l'acide acétique et de l'acide oxalique, mais celle de l'acide succinique ne peut s'expliquer qu'en admettant la formule de M. Henry [Sorokine, *loc. cit.*].

Le biallyle, par l'action du permanganate de potassium, fixe 4 oxhydryles en donnant 2 *hexylérythrites* : Dans un flacon de 5 litres on place 1 litre d'eau et 30 grammes de biallyle et on y verse peu à peu, en agitant, 77 grammes de permanganate dissous dans 2 litres d'eau. Le liquide filtré est concentré, traité par l'acide carbonique et repris par de l'alcool éthéré. Cette solution renferme des sels ; on l'évapore, on traite le résidu par l'eau et l'acide sulfurique et on agite avec de l'éther, qui s'empare de l'acide acétique et des autres acides qui ont été mis en liberté par l'acide sulfurique. On neutralise exactement par la potasse la solution aqueuse, on la concentre et on la reprend par l'alcool éthéré. Cette dernière solution, par addition d'éther, laisse cristalliser peu à peu un corps fusible à 95°,5 ; c'est une hexylérythrite $C^6H^{10}(OH)^4$. On en obtient ainsi 1 gramme environ. Ces cristaux sont hygroscopiques ; leur saveur est sucrée, ils sont solubles dans l'alcool, insolubles dans l'éther.

Les eaux mères de cette hexylérythrite renferment une petite quantité d'une matière qui cristallise sous une autre forme. Elle est très avide d'eau et possède la composition d'un alcool tétratomique en C^6. Ce serait un isomère du précédent [Wagner, *D. chem. G.*, **21**, 3343].

CONSTITUTION DU BIALLYLE. — En présence des nombreuses isoméries que présentent les dérivés du biallyle, plusieurs chimistes ont considéré ce corps comme un mélange d'hydrocarbures C^6H^{10}. Mais, d'après les récents travaux de M. Griner, il semble que l'on se trouve en présence d'isoméries physiques. C'est aussi l'opinion de M. Ciamician.

OXYDE DE BIALLYLE, $C^6H^{10}O$. — *Préparation.* — On verse peu à peu du biallyle dans de l'acide sulfurique maintenu à 0°, en agitant constamment le mélange. On ajoute ensuite assez de glace pour produire un abaissement de température. On neutralise par la potasse en présence de la glace. Il se sépare une huile qui surnage. On la décante et on la distille : elle bout à 93° ; c'est l'oxyde de biallyle.

Si l'on traite le mélange acide par du carbonate de calcium pur, le liquide, après filtration, renferme le sel de calcium

$$(C^6H^{11}.SO^3)^2Ca.$$

On peut également obtenir les sels de baryum et de potassium. Ils sont très solubles dans l'eau, surtout celui de potassium.

L'oxyde de biallyle,

$$CH^3-\underbrace{CH-CH^2-CH^2-CH}_{O}-CH^3,$$

ne se combine ni avec le bisulfite de sodium, ni avec l'hydroxylamine. Il ne déplace pas la magnésie de ses sels. Il ne réduit pas le nitrate d'argent ammoniacal. Dissous dans l'acide chlorhydrique, il s'échauffe sans s'y combiner. Si l'on élève la température du mélange jusqu'à 150°, en opérant en tubes scellés, il se forme de la dichlorhydrine, passant entre 170 et 180°.

Avec le perchlorure de phosphore, il ne donne pas de composé défini. Le brome en excès se combine énergiquement avec l'oxyde de biallyle ; il se forme, entre autres produits, un *dibromure* $C^6H^{12}Br^2$.

L'oxyde ne se combine pas avec l'eau, même à la température de 180°. Il est identique avec l'oxyde du pseudo-hexylglycol de Wurtz. Pour vérifier cette identité, on a déshydraté ce dernier par l'acide sulfurique et obtenu le même oxyde [A. Béhal, *Bull. Soc. Chim.*, (2), **48**, 43].

A. Bigot.

BIAMYLE. — Voyez Dict., **1**, 1147, et Suppl., **1**, 625.

BIAMYLÈNE [Syn. *Diamylène, décylène*], $C^{10}H^{20}$ (voyez Dict., **1**, 1147, et Suppl., **1**, 625). — M. Hartwig [*J. prakt. Chem.*, (2), **23**, 449] a trouvé que l'huile de vin, résidu de la préparation de l'oxyde d'éthyle, renferme, entre autres produits, du biisoamylène, $C^{10}H^{20}$, bouillant à 156,5-158°, et provenant vraisemblablement de l'alcool amylique contenu dans l'alcool éthylique servant à cette préparation.

En opérant avec du biamylène obtenu avec la partie de l'amylène commercial soluble dans l'acide sulfurique, M. Tugolessoff [*D. chem. G.*, **14**, 2063] a obtenu un produit qui présente tous les caractères du *rutilène* de M. Bauer. Il opère pour cela de la façon suivante : Il dissout le biamylène dans l'éther et le combine au brome ; il chasse l'éther par la distillation, puis chauffe pendant 8 heures au bain-marie le bromure avec de la potasse alcoolique. Il réitère cette opération, puis distille un très grand nombre de fois, en recueillant ce qui passe à 147-153°.

Ce composé, traité par le brome, ne fournit qu'un *bromure*, $C^{10}H^{18}Br^2$, qui, traité par la potasse alcoolique, donne une huile bouillant à 145-150°, répondant à la formule $C^{10}H^{16}$ et qui est sans doute le térébène de M. Bauer. C'est un carbure gras, isomérique avec les térébènes. Oxydé, il ne donne pas d'acide téréphtalique. Le bromure, chauffé en tube scellé avec de l'amine, ne donne pas de cymène. A. Béhal.

BIANTHRYLE. — Cet hydrocarbure se forme lorsqu'on chauffe en vase clos à 100° l'anthrapinacone

$$\begin{matrix} C^6H^4 \langle {CH^2 - \atop C(OH)} \rangle C^6H^4 \\ | \\ C^6H^4 \langle {C(OH) \atop CH^2 -} \rangle C^6H^4 \end{matrix}$$

avec du chlorure d'acétyle.

Ce dernier agit simplement comme déshydratant, et le bianthryle prend naissance par élimination de 2 molécules d'eau.

La formule de structure du bianthryle est donc la suivante :

$$\begin{matrix} CH \\ C^6H^4 \langle | \rangle C^6H^4 \\ C \\ | \\ C \\ C^6H^4 \langle | \rangle C^6H^4 \\ CH \end{matrix}$$

[Schulze, *D. chem. G.*, **18**, 3035].

Un mode de préparation plus avantageux du bianthryle consiste à faire agir certains agents réducteurs sur l'anthraquinone [Liebermann et Gimbel, *D. chem G.*, 20, 1854].

Suivant les conditions de l'expérience, on obtient du bianthryle ou de l'anthranol,

$$C^6H^4 \langle {CH - \atop C(OH)} \rangle C^6H^4$$

qui est le produit d'une réduction moins avancée. Pour obtenir principalement le bianthryle on opère de la manière suivante : On délaye de l'anthraquinone dans l'acide acétique cristallisable, de manière à obtenir une pâte liquide, et on chauffe à l'ébullition. On ajoute en deux ou trois fois 40 parties d'étain granulé pour 10 parties d'anthraquinone, puis, en 2 portions, de l'acide chlorhydrique (la moitié du poids de l'acide acétique employé). On fait bouillir pendant 1 heure : le produit devient gris; on décante, on filtre et on lave à l'eau acidulée. Le résidu insoluble est enfin purifié par cristallisation dans le toluène.

Le bianthryle cristallise en lamelles jaunâtres, fusibles à 300°.

Tétrahydrure de bianthryle, $C^{28}H^{18}.H^4$. — On fait bouillir pendant quelques heures dans un appareil à reflux 2 grammes de bianthryle avec de l'alcool et 150 grammes d'amalgame de sodium à 4 0/0. On filtre et on fait cristalliser le produit dans le benzène.

Le tétrahydrure de bianthryle forme des aiguilles prismatiques blanches, fusibles à 248-249°, peu solubles dans l'alcool, solubles dans le benzène chaud.

La constitution de ce tétrahydrure peut être exprimée par la formule

$$\begin{matrix} C^6H^4 \langle {CH^2 \atop CH} \rangle C^6H^4 \\ | \\ C^6H^4 \langle {CH \atop CH^2} \rangle C^6H^4 \end{matrix}$$

Lorsqu'on essaye de pousser plus loin l'action des réducteurs sur le bianthryle, il y a scission de la molécule, qui revient ainsi à la série de l'anthracène. C'est ainsi que le bianthryle, traité par le phosphore et l'acide iodhydrique, ne fournit que du dihydrure d'anthracène, fusible à 106°.

Le brome réagit sur le tétrahydrure de bianthryle en solution sulfocarbonique, en le transformant nettement en anthracène dibromé, $C^{14}H^8Br^2$ [Sachse, *D. chem. G.*, **21**, 2512].

DICHLOROBIANTHRYLE, $C^{28}H^{16}Cl^2$. — Ce corps se forme lorsqu'on chauffe en vase clos à 180°, pendant 1 heure, du dinitrobianthryle avec de l'acide chlorhydrique (d = 1,19). Le produit obtenu est purifié par cristallisation dans l'acide acétique cristallisable.

On obtient ainsi des aiguilles enchevêtrées, d'un jaune d'or, infusibles à 300° et décomposables par la lumière. Ce corps est soluble dans le benzène, peu soluble dans l'acide acétique et très peu soluble dans l'alcool. Ses solutions possèdent une fluorescence bleue (Sachse).

Octochlorure de dichlorobianthryle,

$$C^{28}H^{16}Cl^2 . Cl^8.$$

— On fait passer lentement un courant de chlore bien desséché dans une solution chloroformique de bianthryle (1 : 30), jusqu'à ce que le poids du chlore absorbé soit égal au poids du bianthryle mis en œuvre. Le chlore est absorbé facilement avec un léger dégagement de chaleur et la dissolution perd toute fluorescence; on évapore le chloroforme à la température ordinaire, on ajoute à plusieurs reprises de la ligroïne pour enlever les dernières traces de chloroforme, et on reprend le produit par un mélange d'éther et de ligroïne. Le résidu insoluble est constitué par du tétrachlorure de dichloranthracène. La solution est précipitée par de la ligroïne en excès. On doit répéter ce traitement à plusieurs reprises.

A l'état de pureté, ce corps cristallise en lamelles microscopiques presque blanches [Sachse *D. chem. G.*, **21**, 1183].

L'octochlorure de dichlorobianthryle est très soluble dans le chloroforme, le benzène et l'éther, peu soluble dans l'alcool, l'acide acétique et la ligroïne. Ses solutions ne sont pas fluorescentes. Il commence à se décomposer sans fondre à 80° en dégageant de l'acide chlorhydrique. Cette décomposition a lieu, quoique avec lenteur, même à la température ordinaire.

Sa formule de structure est la suivante :

$$\begin{matrix} CBr \\ C^6H^4 \langle | \rangle C^6H^4(Cl^4) \\ C \\ | \\ C \\ C^6H^4 \langle | \rangle C^6H^4(Cl^4) \\ CBr \end{matrix}$$

HEXACHLOROBIANTHRYLE, $C^{28}H^{12}Cl^6$. — On obtient ce corps en faisant bouillir pendant 2 heures l'octochlorure de dichlorobianthryle avec de la potasse alcoolique. Le produit est purifié par cristallisation dans l'acide acétique.

Le bianthryle hexachloré forme des prismes microscopiques, d'un jaune verdâtre, fusibles à 308-310°, solubles dans le benzène, peu solubles dans l'alcool et dans l'acide acétique. Ses solutions sont nettement fluorescentes (Sachse).

DIBROMOBIANTHRYLE, $C^{28}H^{16}Br^2$. — On ajoute 2 molécules de brome à 1 molécule de bianthryle en solution sulfocarbonique refroidie. On chasse le sulfure de carbone, on fait bouillir la substance avec une petite quantité d'acide acétique cristallisable qui enlève le dibromanthracène formé dans la réaction, et on purifie le résidu par cristallisation dans le toluène. On obtient ainsi des prismes d'un jaune de miel, fusibles bien au-dessus de 300° [Liebermann et Gimbel, *D. chem. G.*, 20, 1855].

Octobromure de dibromobianthryle,

$C^{28}H^{16}Br^{2}.Br^{8}$.

— On traite le bianthryle par un excès de brome à la température ordinaire; on élimine le brome en excès par évaporation spontanée, on lave avec de la ligroïne et on dissout le produit dans le benzène. Le résidu insoluble est constitué par le tétrabromure de dibromanthracène. La solution benzénique est soumise à la précipitation fractionnée par la ligroïne; lorsque le précipité est d'un blanc pur, on filtre et on précipite le tout par de la ligroïne en excès; on filtre, on lave avec de la ligroïne bouillant à 50°, et on dessèche le produit à la température ordinaire.

On obtient ainsi des lamelles microscopiques, fusibles à 156-160° avec dégagement de brome, solubles dans le benzène et dans l'éther, peu solubles dans l'alcool et dans l'acide acétique. La potasse alcoolique transforme ce produit d'addition en un corps fusible au-dessus de 300°, qui est probablement le *bianthryle hexabromé*.

Dinitrobianthryle, $C^{28}H^{16}(AzO^{2})^{2}$. — On met 1 partie de bianthryle en suspension dans 5 parties d'acide acétique cristallisable, et on ajoute peu à peu 2 parties d'un mélange à volumes égaux d'acide nitrique (d = 1,48) et d'acide acétique cristallisable; on chauffe légèrement pendant quelques moments pour achever la réaction, on laisse refroidir et on filtre; on lave avec une petite quantité d'acide acétique, on dissout le produit desséché dans le benzène, et on précipite par la ligroïne [Gimbel, *D. chem. G.*, **20**, 2433].

Le dinitrobianthryle cristallise en aiguilles d'un jaune de soufre, fusibles à 337° en se décomposant, solubles dans le benzène et dans le chloroforme, peu solubles dans l'alcool et dans l'acide acétique. La lumière le décompose.

Par oxydation avec l'acide chromique, on obtient de l'anthraquinone.

Le brome attaque difficilement une solution acétique de dinitrobianthryle; à l'ébullition, il se forme du bianthryle dibromé [Sachse, *D. chem. G.*, **21**, 2513].

Ces réactions assignent au dinitrobianthryle la formule de structure

```
        AzO²
         |
        ,C,
C⁶H⁴  /  |  \  C⁶H⁴
       \ | /
        `C´
         |
        ,C,
C⁶H⁴  /  |  \  C⁶H⁴
       \ | /
        `C´
         |
        AzO²
```

Diamidobianthryle, $C^{28}H^{16}(AzH^{2})^{2}$. — Cette substance s'obtient par la réduction du dérivé dinitré. On chauffe à l'ébullition une dissolution de 1 partie de dinitrobianthryle dans 15 parties d'acide acétique cristallisable; l'addition d'étain en grenaille détermine une violente réaction; lorsqu'elle s'est calmée, on ajoute au liquide de l'acide chlorhydrique fumant en quantité suffisante pour provoquer un dégagement abondant d'hydrogène. Il se sépare alors un précipité jaune, cristallin, constitué par un chlorostannate; on filtre et on décompose ce produit par l'alcool bouillant. On ajoute de l'eau, qui précipite le dérivé diamidé sous la forme de lamelles d'un jaune d'or, qu'on purifie par cristallisation dans le benzène (Gimbel).

Le diamidobianthryle fond à 307-309° en se décomposant; il se dissout difficilement dans l'alcool, plus facilement dans le benzène, l'acide acétique et le chloroforme. Sa solution benzénique étendue est douée d'une fluorescence intense d'un vert jaunâtre.

Le diamidobianthryle est une base des plus faibles.

L'acide chromique le transforme à chaud en anthraquinone.

Traité par les réducteurs énergiques, le diamidobianthryle fournit du dihydrure d'anthracène, et non un amidoanthracène renfermant le groupe amidogène relié au carbone central (Sachse) (voyez Mésoanthramine.)

Le *chlorhydrate* est blanc et décomposable par l'eau.

Diacétamidobianthryle,

$C^{28}H^{16}(AzH.C^{2}H^{3}O)^{2}$.

— On chauffe un mélange de diamidobianthryle, d'acétate de sodium et d'anhydride acétique. Le produit obtenu est purifié par cristallisation dans l'acide acétique aqueux. Il forme des lamelles d'un jaune serin, peu solubles dans l'alcool, le benzène et le chloroforme.

Picrate de diamidobianthryle,

$C^{28}H^{16}(AzH^{2})^{2}.C^{6}H^{2}(AzO^{2})^{3}OH$.

— On l'obtient cristallisé en lamelles brunâtres, brillantes, en mélangeant une solution alcoolique d'acide picrique avec une solution benzénique de diamidobianthryle. Ce corps est peu stable; sa solution dans le benzène se décompose à chaud.

G. de Bechi.

BIBENZYLCARBONIQUES (ACIDES). — Plusieurs acides pourraient porter ce nom. Nous décrirons seulement les acides de la formule

$$C^{6}H^{5}-CH^{2}-CH^{2}-C^{6}H^{4}.CO^{2}H.$$

Leur isomère

$$C^{6}H^{5}-CH^{2}-\underset{\displaystyle CO^{2}H}{\underset{|}{C}H}-C^{6}H^{5}$$

est plus souvent désigné sous les noms d'*acide phénylbenzylacétique* ou *α-β-diphénylpropionique* (voyez ces mots, Dict., **2**, 911, et Suppl., **2**).

Acide bibenzyl-o-carbonique. — On l'obtient en réduisant à 190°, par le phosphore rouge et l'acide iodhydrique bouillant à 127°, l'un ou l'autre des acides o-désoxybenzoïne-carboniques,

$$C^{6}H^{5}-CH^{2}-CO-C^{6}H^{4}-CO^{2}H$$

ou

$$C^{6}H^{5}-CO-CH^{2}-C^{6}H^{4}-CO^{2}H.$$

On l'obtient plus facilement en chauffant pendant 1 heure au réfrigérant ascendant la benzylidène-phtalide

```
       C=CH-C⁶H⁵
C⁶H⁴ <>  O
       CO
```

avec 5 parties d'acide iodhydrique bouillant à 127° et 1 partie de phosphore rouge. On peut également employer la bromobenzylidène-phtalide,

```
       C=CBr-C⁶H⁵
C⁶H⁴ <>  O
       CO
```

L'acide bibenzylcarbonique fond à 130-131°,5. Insoluble dans l'eau, il se dissout facilement dans l'alcool. C'est un acide faible.

Le sel d'*argent* est instable; il dégage du bibenzyle quand on le chauffe [Gabriel et Michael, *D. chem. G.*, **11**, 1007 et **18**, 2433; *Bull. Soc. Chim.*, (2), **32**, 97 et **46**, 114].

Paul Adam.

BIBENZYLCARBOXYLIQUE (ACIDE). — On a plus particulièrement donné ce nom au corps

$$C^6H^5-CH^2-CH(C^6H^5)-CO^2H$$

obtenu par Wurtz. Pour ce corps en particulier, voyez ACIDE PHÉNYLBENZYLACÉTIQUE; pour ses isomères, voyez ACIDES BIBENZYLCARBONIQUES.

BIBENZYLDICARBONIQUES (ACIDES). — On connaît trois acides pouvant répondre à ce nom :

1° L'acide α-bibenzyldicarbonique,

$$\begin{array}{l} C^6H^5-CH-CO^2H \\ \qquad\ \ | \\ C^6H^5-CH-CO^2H \end{array}$$

2° L'acide β-bibenzyldicarbonique,

$$(C^6H^5)^2C^2H^2(CO^2H)^2,$$

de formule incertaine ;

3° L'acide bibenzyl-di-o-carbonique,

$$\begin{array}{l} CH^2-C^6H^4-CO^2H \\ | \\ CH^2-C^6H^4-CO^2H \end{array}$$

ACIDE α-BIBENZYLDICARBONIQUE. — C'est l'acide *diphénylsuccinique* de M. Franchimont (voyez Dict., 2, 911, et Suppl., 1, 1183).

Cet acide s'obtient, mélangé au suivant, en réduisant par l'amalgame de sodium l'anhydride stilbène-dicarbonique,

$$\begin{array}{l} C^6H^5-C-CO \diagdown \\ \qquad\quad \| \qquad\quad O, \\ C^6H^5-C-CO \diagup \end{array}$$

en solution alcaline très étendue (voyez STILBÈNE). On neutralise par l'acide chlorhydrique et on traite par le chlorure de baryum. Le sel de l'acide α se précipite, le sel β reste en solution.

L'acide α-bibenzyldicarbonique cristallise en prismes ou en aiguilles contenant 1 molécule d'eau. L'acide hydraté fond à 183°, puis il redevient solide à une plus haute température, et fond de nouveau à 222° en se transformant en *anhydride*.

Les *sels* de cet acide sont presque tous insolubles dans tous les dissolvants, sauf dans l'acide acétique.

Cet acide, chauffé à 200° avec de l'acide chorhydrique, se transforme intégralement en acide β. Distillé sur de la chaux, il se scinde en acide carbonique, bibenzyle et stilbène.

L'*éther diéthylique*, $C^{16}H^{12}O^4(C^2H^5)^2$, est en aiguilles argentées, fondant à 84-85°, très solubles dans l'alcool.

Dérivé dinitré, $C^{16}H^{12}(AzO^2)^2O^4,H^2O$. — On dissout l'acide bibenzyldicarbonique dans l'acide azotique fumant et froid. C'est une masse dure, amorphe, soluble dans l'eau et dans l'acide acétique cristallisable. Il fond au-dessous de 100°, perd son eau, redevient solide à 150° et fond de nouveau à 226°. Les oxydants donnent de l'acide p-nitrobenzoïque et un acide insoluble dans l'eau, très peu soluble dans l'alcool.

ANHYDRIDE, $C^{16}H^{12}O^3$. — Cet anhydride se forme par la fusion des deux acides α ou β. C'est une masse amorphe, jaunâtre, d'une fluorescence vert foncé. Il se dissout dans le chloroforme et cristallise par l'évaporation du dissolvant. Il est sublimable.

Il se combine lentement avec l'eau pour donner l'acide bibenzyldicarbonique.

ACIDE β-BIBENZYLDICARBONIQUE. — Cet acide, pour lequel on a proposé les formules

$$\begin{array}{l} C^6H^5-C(CO^2H)^2 \\ \qquad | \\ C^6H^5-CH^2 \end{array} \quad \text{et} \quad \begin{array}{l} C^6H^5-CH-C-(OH)^2 \\ \qquad\quad | \qquad\ \ \rangle O \\ C^6H^5-CH-CO \end{array}$$

se forme, comme on l'a vu plus haut, en même temps que l'acide α; il prend aussi naissance lorsqu'on traite l'acide α par l'acide chlorhydrique à 200°.

Il est en petites aiguilles fondant à 229°, insolubles dans l'eau, peu solubles dans le benzène et dans l'acide acétique cristallisable, solubles dans l'alcool.

Chauffé avec un excès d'eau de baryte, l'acide β se transforme en acide α; il se comporte vis-à-vis des oxydants, de la chaux, comme l'acide α.

Les *sels* sont beaucoup plus solubles que ceux de l'acide α.

L'*éther éthylique acide*, correspondant à l'éther α de M. Franchimont, n'a pu être préparé.

L'*éther diéthylique*, $C^{16}H^{12}O^4(C^2H^5)^2$, fond à 136°. Il est en petites aiguilles ternes, solubles dans l'alcool, sublimables.

L'*acide β-dinitrobibenzyldicarbonique*,

$$C^{16}H^{12}(AzO^2)^2O^4,$$

préparé comme le dérivé α, fond à 242°. Il est insoluble dans l'eau et donne par oxydation de l'acide p-nitrobenzoïque.

Chaleurs de combustion et de formation des acides α et β.

	Chaleur de combustion.	Chaleur de formation.
Acide α, $C^{16}H^{14}O^4$ H^2O(288)	1848^{cal},3	211^{cal},7
Acide β, $C^{16}H^{14}O^4$(270)	1822^{cal},9	168^{cal},1

[Ossipoff, *C. R.*, **109**, 223 et 476].

DÉRIVÉS DE CONSTITUTION DOUTEUSE. — *Nitrile* (α ou β), $(C^6H^5)^2C^2H^2(CAz)^2$. — Ce corps, obtenu par la réduction du dicyanostilbène (obtenu au moyen du brome et du cyanure de benzyle à 180°), ou par l'action de la potasse alcoolique sur le phénylbromacétonitrile $C^6H^5-CHBr-CAz$, forme de petites aiguilles fondant à 218°. Il donne, à la longue, par la potasse alcoolique, de l'ammoniaque et un produit résineux. L'acide chlorhydrique à 200° le transforme en acide β.

Bibenzyldicarbonide, $C^{16}H^{10}O^2$. — L'acide β-bibenzyldicarbonique, traité par l'acide sulfurique à 130° (ou l'acide α à une plus haute température), donne un produit que l'eau précipite sous la forme d'une masse floconneuse blanche, cristallisant dans l'alcool en prismes brillants, incolores, fusibles à 202°, et se décomposant à une température plus élevée.

L'ammoniaque et les alcalis n'ont pas d'action sur ce corps. L'ébullition prolongée avec la potasse concentrée donne un produit pulvérulent, très peu soluble dans l'eau, très soluble dans le chloroforme [Reimer, *D. chem. G.*, **13**, 747; **14**, 1799; *Bull. Soc. Chim.*, (2), **37**, 158].

ACIDE BIBENZYL-DI-O-CARBONIQUE,

$$CO^2H-C^6H^4-CH^2-CH^2-C^6H^4-CO^2H.$$

— On prépare cet acide en chauffant pendant 7 ou 8 heures à 180-200° un mélange de biphtalyle (6^{gr},6), de phosphore rouge (1 gramme) et d'acide iodhydrique (6 centimètres cubes) bouillant à 127°. On lave le produit avec de l'eau, on dissout dans le carbonate de sodium et on précipite par l'acide chlorhydrique [Graebe, *D. chem. G.*, **6**, 1055. Dobreff, *Ann. Chem.*, **239**, 65; *Bull. Soc. Chim.*, (2), **49**, 515].

On peut remplacer dans cette préparation le biphtalyle, $C^{16}H^8O^4$, par l'acide biphtalique $C^{16}H^{10}O^6$ (Dobreff); par l'anhydride de l'acide oxybibenzyldicarbonique,

$$CO^2H-C^6H^4-CH^2-CH.OH-C^6H^4-CO^2H$$

(Wislicenus; Hasselbach); par l'acide stilbène-dicarbonique, $CO^2H-C^6H^4-CH=CH-C^6H^4-CO^2H$ [Hasselbach, *Ann. Chem.*, **243**, 254].

Cet acide est en aiguilles microscopiques, fondant à 185-186° d'après M. Hasselbach, à 229° d'après M. Dobreff.

Le permanganate le transforme en acide biphtalique,

$$CO^2H-C^6H^4-CO-CO-C^6H^4-CO^2H(?)$$

Le *sel d'ammonium*, $C^{16}H^{12}O^4(AzH^4)^2$, est très soluble dans l'eau.

Le *sel d'argent* est un précipité amorphe.

Le *sel de baryum* et le *sel de calcium* sont en petites aiguilles blanches, très solubles dans l'eau.

En traitant le sel d'ammonium par un sel de cuivre, on obtient un *sel basique de cuivre*, $C^{16}H^{12}O^4Cu.CuO$, en flocons verts, peu solubles à froid.

Le *sel basique de plomb*, $C^{16}H^{12}O^4Pb.PbO$, préparé de la même manière, est insoluble dans l'eau.

Le *sel basique de zinc*, $C^{16}H^{12}O^4Zn.ZnO$, est gélatineux.

L'*éther méthylique*, $C^{16}H^{12}O^4(CH^3)^2$, préparé par l'action de l'acide chlorhydrique sur le mélange de l'alcool et de l'acide, fond à 100-101°. Il est insoluble dans l'eau, soluble dans l'alcool, le chloroforme, le sulfure de carbone.

L'*éther éthylique* fond à 69-71°. Traité en solution alcoolique par l'ammoniaque, il se transforme en cristaux fusibles à 65-68° et répondant à la formule

$$\begin{array}{l}CH^2-C^6H^4-CO.AzH^2\\ |\\ CH^2-C^6H^4-CO^2C^2H^5\end{array}$$

Acide dinitrobibenzyldicarbonique,

$$C^2H^4[C^6H^3(AzO^2)CO^2H]^2.$$

— On l'obtient en dissolvant l'acide bibenzyldicarbonique dans un excès d'acide azotique fumant et précipitant la solution par l'eau. Il est en cristaux microscopiques, qui se décomposent en fondant.

Le permanganate de potassium le transforme en acide β-nitrophtalique.

Les *sels de baryum* et *de calcium* détonent par la chaleur.

L'*éther éthylique*, $C^{16}H^{11}(AzO^2)^2O^4.C^2H^5$, fond à 60° [Dobreff, *loc. cit.*]. Paul Adam.

BIBENZYLE (*dibenzyle, diphényléthane*),

$$C^6H^5-CH^2-CH^2-C^6H^5.$$

— Aux modes de formation indiqués pour ce carbure Dict., **1**, 575 et Suppl., **1**, 638, il faut ajouter les suivants :

1° En faisant agir la poudre de zinc sur une solution éthérée d'aldéhyde benzylique et de chlorure d'acétyle, on obtient un corps $C^9H^8O^2$ fondant à 125-128°, qui, traité par l'acide iodhydrique et le phosphore, donne du bibenzyle [Paal, *D. chem. G.*, **15**, 1818; *Bull. Soc. Chim.*, (2), **39**, 237].

2° L'ébullition prolongée du succinate de phényle

$$\begin{array}{l}CH^2-CO^2C^6H^5\\ |\\ CH^2-CO^2C^6H^5\end{array}$$

donne une petite quantité de bibenzyle [R. Anschütz, *D. chem. G.*, **18**, 1945].

3° Ce carbure se forme, entre autres produits, dans l'action de l'acétylène sur le benzène en présence du chlorure d'aluminium [R. Varet et G. Vienne, *Bull. Soc. Chim.*, (2), **47**, 919].

4° Par le chlorure de benzyle et le cuivre à 160° (Onufrowicz).

5° La benzoïne réduite donne du bibenzyle [Päpcke, *D. chem. G.*, **21**, 1331].

6° La réduction du nitrile α-phénylcinnamique, $C^6H^5-CH=C(CAz)-C^6H^5$, par le sodium et l'alcool à l'ébullition, fournit du bibenzyle [Freund et Remse, *D. chem. G.*, **23**, 2859].

Chaleurs de combustion et de formation. — La chaleur de combustion du bibenzyle est par molécule (182 grammes) 1828^{cal},2 à volume constant et 1830^{cal},2 à pression constante. La chaleur de formation, à partir du diamant, est pour le carbure solide de 31^{cal},2 [Berthelot et Vieille, *Bull. Soc. Chim.*, (2), **47**, 919; *Ann. Chim. Phys.*, (6), **10**, 451].

Action du chlore. — Par la chloruration poussée à bout, au moyen du chlore et du perchlorure d'antimoine, le bibenzyle se transforme en benzène hexachloré et en perchlorure C^2Cl^6 (Merz et Weith).

DÉRIVÉS CHLORÉS. — Voyez STILBÈNE, Dict., **2**, 1676 et Suppl., **2**.

DÉRIVÉ NITRÉ. — On ajoute peu à peu du chlorure de p-nitrobenzyle à une solution fortement alcaline de chlorure stanneux chauffée à 80-90°; on obtient ainsi le corps

$$(AzO^2)C^6H^4-CH^2-CH^2-C^6H^4(AzO^2).$$

On le fait cristalliser dans l'acide acétique. Il forme des aiguilles jaunes, fondant à 179°.

DÉRIVÉ AMIDÉ. — Le corps précédent, réduit par l'étain et l'acide chlorhydrique, donne le chlorhydrate de *p-diamidobibenzyle*. La base libre fond à 134°.

Le *chlorhydrate* cristallise; le *sulfate* est peu soluble; le *chloroplatinate* est instable [W. Roser, *Ann. Chem.*, **238**, 363; *Bull. Soc. Chim.*, (2), **49**, 550].

TÉTRAMÉTHYLDIAMIDOBIBENZYLE (*tétraméthyldiamidodiphényléthane*),

$$(CH^3)^2Az.C^6H^4-CH^2-CH^2-C^6H^4.Az(CH^3)^2.$$

— On chauffe pendant 8 jours au bain-marie 188 parties de bromure d'éthylène et 242 parties de diméthylaniline. On obtient ainsi le bromhydrate du tétraméthyldiamidobibenzyle.

Cette base, $C^{18}H^{24}Az^2$, cristallise en fines aiguilles soyeuses, groupées en faisceaux. Elle fond à 50° et bout au-dessus de 300°. Elle est insoluble dans l'eau, très soluble dans l'éther, la ligroïne, l'alcool, l'esprit de bois chaud.

C'est une base faible; elle ne se combine pas à l'acide acétique.

L'*iodhydrate*, $C^{18}H^{24}Az^2.2HI$, se dissout dans l'eau et dans l'alcool. Il brunit à la lumière et se décompose à une température peu élevée. Si l'acide iodhydrique qui sert à préparer ce sel contient de l'iode, il se forme un produit d'addition et de substitution, $C^{18}H^{23}IAz^2.2HI.I^2$, qui cristallise en octaèdres d'un vert foncé; il est soluble dans l'éther anhydre et dans l'acide acétique chaud.

Le *chloroplatinate* de la base iodée,

$$C^{18}H^{23}IAz^2.2HCl.PtCl^4,$$

est peu soluble dans l'eau et dans l'alcool.

Le *dioxalate de tétraméthyldiamidobibenzyle*, $C^{18}H^{24}Az^2.2C^2O^4H^2$, est soluble dans l'eau tiède. Au-dessus de 80°, il se décompose au sein de sa solution en ses deux éléments constituants. Si on laisse la solution se refroidir, l'oxalate se forme de nouveau.

Le *picrate*, $C^{18}H^{24}Az^2.2C^6H^2(AzO^2)^3OH$, est jaune clair; il est très soluble dans l'alcool chaud et dans l'esprit de bois, peu soluble dans l'éther, le chloroforme, la ligroïne.

Cette base, oxydée par le perchlorure de fer, donne de la quinone et de l'aldéhyde [Schoop, *D. chem. G.*, 13, 2196; *Bull. Soc. Chim.*, (2), 36, 380].

Cette base ne peut donner de leucobase par oxydation.

L'*iodométhylate*,

$$(CH^3)^2Az \cdot C^6H^4 - CH^2 - CH^2 - C^6H^4 \cdot Az(CH^3)^3I,$$

obtenu en chauffant à 160° le tétraméthyldiamidobibenzyle avec de l'iodure de méthyle, de l'alcool méthylique et de la potasse, est en grandes aiguilles peu solubles dans l'alcool [Heumann et Wiernick, *D. chem. G.*, 20, 909; *Bull. Soc. Chim.*, (2), 48, 557.

M. Tröger [*J. prakt. Chem.*, (2), 36, 225; *Bull. Soc. Chim.*, (2), 49, 149] a également obtenu un *tétraméthyldiamidobibenzyle*,

$$\begin{matrix} CH^2 - C^6H^4 \cdot Az(CH^3)^2 \\ | \\ CH^2 - C^6H^4 \cdot Az(CH^3)^2 \end{matrix}$$

de la façon suivante : On mélange 40 ou 50 grammes de diméthylaniline avec 20 ou 30 grammes de sulfure de carbone, on ajoute assez d'alcool pour obtenir une solution limpide, puis on traite cette solution par la poudre de zinc et l'acide chlorhydrique; on termine l'opération en faisant bouillir le mélange au réfrigérant ascendant sous une pression supplémentaire de 25 ou 30 centimètres de mercure. Quand la réaction est terminée, on chasse au bain-marie le sulfure de carbone et l'alcool, on reprend par l'eau, on alcalinise par le carbonate de sodium, on fait bouillir pour chasser l'excès de diméthylaniline, et on abandonne au refroidissement. On épuise par l'éther et on obtient enfin le tétraméthyldiamidobibenzyle en lamelles nacrées, fondant à 87°.

La formation de cette base s'explique par les équations suivantes :

$$CS^2 + 2Zn + 4HCl = 2ZnCl^2 + H^2S + CH^2S;$$

$$2CH^2S + 2C^6H^5 \cdot Az(CH^3)^2 + H^2 = \begin{matrix} CH^2 - C^6H^4 \cdot Az(CH^3)^2 \\ | \\ CH^2 - C^6H^4 \cdot Az(CH^3)^2 \end{matrix} + 2H^2S.$$

Le *chloroplatinate*, $C^{18}H^{24}Az^2 \cdot 2HCl \cdot PtCl^4$, se présente en fines aiguilles d'un jaune rougeâtre.

Le *picrate*, $C^{18}H^{24}Az^2 \cdot 2C^6H^3Az^3O^7$, forme des cristaux fondant à 190°.

L'*iodométhylate*, $C^{18}H^{24}Az^2 \cdot CH^3I$, est en lamelles solubles dans l'eau bouillante.

Ce tétraméthyldiamidobibenzyle, chauffé en solution acétique avec de l'acide nitrique concentré, se change en aiguilles jaunes de *dinitro-nitrosodiméthylaniline* :

$$\begin{matrix} CH^2 - C^6H^4 \cdot Az(CH^3)^2 \\ | \\ CH^2 - C^6H^4 \cdot Az(CH^3)^2 \end{matrix} + 8AzO^3H$$

$$= 2CO^2 + 8H^2O + 2AzO + 2C^6H^2(AzO)(AzO^2)^2Az(CH^3)^2.$$

Paul Adam.

BIBUTÉNYLE [Przybytek, *D. chem. G.*, 20, 3242]. — Le *biisobuténylе*

$$\begin{matrix} CH^2 \\ CH^3 \end{matrix} > C - CH^2 - CH^2 - C < \begin{matrix} CH^2 \\ CH^3 \end{matrix}$$

s'obtient en traitant par le sodium le chlorure

$$CH^3 - C \lessgtr \begin{matrix} CH^2 \\ CH^2Cl \end{matrix}$$

produit principal de l'action du chlore sur l'isobutylène.

Le chlorure est introduit, avec un léger excès de sodium, dans des tubes que l'on ferme à la lampe et qui sont abandonnés à la température ordinaire pendant 2 ou 3 mois. Au bout de ce temps, on les chauffe pendant une vingtaine de jours à 40-50°; la réaction est alors terminée. On ouvre les tubes, on sépare par filtration le chlorure de sodium formé, et on isole aisément par distillation fractionnée le biisobuténylе, bouillant à 113-114° sous la pression normale. 245 grammes de chlorure fournissent 149 grammes d'hydrocarbure.

Cet hydrocarbure se combine avec l'acide hypochloreux : il se produit alors une *dichlorhydrine* $C^8H^{14}(OH)^2Cl^2$, que la potasse transforme en *dioxyde de biisobuténylе*,

$$\begin{matrix} & CH^3 & & CH^3 & \\ & | & & | & \\ CH^2 - & C & - (CH^2)^2 - & C & - CH^2 \\ \diagdown & & \diagup \quad \diagdown & & \diagup \\ & O & & O & \end{matrix}$$

liquide incolore, très mobile, bouillant à 170-180° sous une pression de 125 millimètres. Cet oxyde peut fixer $2H^2O$: on prépare ainsi l'*octyléry-thrite*, $C^8H^{14}(OH)^4$.

C. Cloëz.

BIBUTYLÈNES. — Voyez Octylènes.

BICARBAMIDOXIME (*oxalène-diamidoxime*),

$$\begin{matrix} C(AzH^2)(AzOH) \\ | \\ C(AzH^2)(AzOH) \end{matrix}$$

[E. Fischer, *D. chem. G.*, 22, 1931. — F. Tiemann, *ibid.*, 22, 1936. — W. Zinkeisen, *ibid.*, 22, 2946]. — Ce composé prend naissance par l'action du cyanogène sur une solution aqueuse d'hydroxylamine refroidie à 0°. On le prépare en chauffant à l'ébullition une solution alcoolique de chlorhydrate d'hydroxylamine et en y ajoutant peu à peu de la cyananiline. Lorsque le composé s'est dissous, on ajoute une solution aqueuse concentrée de carbonate de sodium, en quantité équivalente au chlorhydrate d'hydroxylamine employé. On n'a plus qu'à filtrer, concentrer le liquide, et faire recristalliser le résidu dans l'eau bouillante en présence du noir animal.

La bicarbamidoxime se présente en aiguilles blanches, fusibles avec décomposition à 196°, peu solubles dans l'alcool, insolubles dans l'éther, le chloroforme, le benzène, la ligroïne, très solubles dans l'eau bouillante.

Sa solution aqueuse donne : avec le sulfate de cuivre, un précipité floconneux vert-gazon; avec le chlorure ferrique, une coloration rouge foncé; avec la liqueur de Fehling, un précipité d'un vert sale.

Elle forme avec l'acide chlorhydrique un sel qui cristallise en prismes blancs, insolubles dans l'alcool et dans l'éther.

Bicarbamido-diéthyloxime (*oxalène-diamidoxime diéthylique*),

$$\begin{matrix} C(AzH^2)(AzO \cdot C^2H^5) \\ | \\ C(AzH^2)(AzO \cdot C^2H^5) \end{matrix}$$

— On l'obtient en chauffant à l'ébullition un mélange de bicarbamidoxime, d'iodure d'éthyle et d'éthylate de sodium. Fines aiguilles blanches, fusibles à 114-115°, peu solubles dans l'eau bouillante, très solubles dans l'alcool, l'éther, le chloroforme, le benzène, la ligroïne. Elle fournit un *chlorhydrate* bien cristallisé.

Bicarbamido-diacétyloxime (*diacétyloxalène-diamidoxime*),

$$\begin{matrix} C(AzH^2)(AzO \cdot C^2H^3O) \\ | \\ C(AzH^2)(AzO \cdot C^2H^3O) \end{matrix}$$

— On dissout à chaud la bicarbamidoxime dans de l'anhydride acétique, et on obtient par refroidissement des aiguilles blanches, fusibles à 184-187°, insolubles dans le chloroforme, l'éther, la ligroïne, peu solubles dans le benzène, très solubles dans l'alcool. Chauffé au-dessus de son point de fusion, ce corps se convertit en bicarbazoxime-diméthyle.

Bicarbamido-dibenzoyloxime (*dibenzoyloxalène-diamidoxime*),

$$\begin{matrix} C(AzH^2)(AzO\,.\,C^7H^5O) \\ | \\ C(AzH^2)(AzO\,.\,C^7H^5O) \end{matrix}$$

— On chauffe la bicarbamidoxime avec du chlorure de benzoyle tant qu'il se dégage de l'acide chlorhydrique, puis on laisse refroidir et on traite par le carbonate de sodium; on termine par des lavages à l'eau et par une cristallisation dans un mélange d'alcool et de chloroforme.

Lamelles jaunâtres, fusibles à 217°, insolubles dans l'eau, l'éther, le benzène, la ligroïne, peu solubles dans l'alcool, très solubles dans le chloroforme.

Bicarbamidoxime-dicarbonate d'éthyle (*oxalène-diamidoxime-dicarbonate d'éthyle*),

$$\begin{matrix} C(AzH^2)(AzO\,.\,CO^2C^2H^5) \\ | \\ C(AzH^2)(AzO\,.\,CO^2C^2H^5) \end{matrix}$$

— On chauffe pendant 20 minutes au bain-marie un mélange de chlorocarbonate d'éthyle (2 molécules) et de bicarbamidoxime (1 molécule); le produit de la réaction est lavé à l'eau froide, puis cristallisé dans l'eau bouillante en présence du noir animal. Longues aiguilles blanches, fusibles à 168°, peu solubles dans l'eau chaude, solubles dans l'alcool et dans l'éther.

Bicarbophényldiamidoxime (*oxalène-anilidoxime-amidoxime*),

$$\begin{matrix} C(AzOH)(AzH^2) \\ | \\ C(AzOH)(AzH\,.\,C^6H^5) \end{matrix}$$

— Ce composé est un produit secondaire de la préparation de la bicarbamidoxime au moyen du chlorhydrate d'hydroxylamine et de la cyananiline : on le sépare de ce corps par quelques cristallisations dans l'eau bouillante. Il se présente en lamelles plates, hexagonales, fusibles vers 180°.

Bicarboxime-diurée (*oxalène-diuramidoxime*),

$$\begin{matrix} C(AzOH)(AzH\,.\,CO\,.\,AzH^2) \\ | \\ C(AzOH)(AzH\,.\,CO\,.\,AzH^2) \end{matrix}$$

— Une solution chlorhydrique de bicarbamidoxime (1 molécule), additionnée d'une solution concentrée de cyanate de potassium (2 molécules), fournit un dépôt d'aiguilles blanches répondant à la formule ci-dessus. Ce corps fond en se décomposant à 191-192°; il est insoluble dans l'éther, le benzène, le chloroforme, très soluble dans l'alcool, les acides et les alcalis.

Bicarbophényldiamido-dibenzoyloxime (*dibenzoyloxalène-anilidoxime-amidoxime*). — On chauffe au bain-marie un mélange de bicarbophényldiamidoxime et de chlorure de benzoyle tant qu'il se dégage de l'acide chlorhydrique; on lave le produit de la réaction au carbonate de sodium et on le fait recristalliser dans l'alcool faible. Fines aiguilles blanches, fusibles à 189°, insolubles dans l'eau et dans la ligroïne, solubles dans l'alcool, le benzène, le chloroforme.

Diméthyl-bifuro-m-diazol (*bicarbazoxime-diméthyle, oxalène-diazoxime-diéthényle*),

$$\begin{matrix} C \lesseqgtr \begin{matrix} AzO \\ Az \end{matrix} \gtreqless C-CH^3 \\ | \\ C \lesseqgtr \begin{matrix} AzO \\ Az \end{matrix} \gtreqless C-CH^3 \end{matrix}$$

— On l'obtient en chauffant pendant longtemps un mélange d'anhydride acétique et de bicarbamidoxime; on lave le produit au carbonate de sodium et on le fait cristalliser dans l'eau bouillante. Aiguilles blanches, fusibles à 164-165°, insolubles dans l'éther et dans la ligroïne, peu solubles dans l'eau chaude et dans le benzène, assez solubles dans l'alcool et dans le chloroforme.

Diphényl-bifuro-m-diazol (*bicarbazoxime-diphényle, oxalène-diazoxime-dibenzényle*),

$$\begin{matrix} C \lesseqgtr \begin{matrix} AzO \\ Az \end{matrix} \gtreqless C-C^6H^5 \\ | \\ C \lesseqgtr \begin{matrix} AzO \\ Az \end{matrix} \gtreqless C-C^6H^5 \end{matrix}$$

— Même préparation au moyen du chlorure de benzoyle. Fines aiguilles blanches, fusibles à 246°, insolubles dans l'eau, l'alcool, l'éther, l'acide chlorhydrique, les alcalis, solubles dans le benzène, le chloroforme, l'acide acétique, l'acide sulfurique, sublimables sans altération.

Acide bifuro-m-diazol-dipropionique (*bicarbazoxime-dipropionique, oxalène-diazoxime-dipropényl-di-ω-carbonique*),

$$\begin{matrix} C \lesseqgtr \begin{matrix} AzO \\ Az \end{matrix} \gtreqless C-CH^2-CH^2-CO^2H \\ | \\ C \lesseqgtr \begin{matrix} AzO \\ Az \end{matrix} \gtreqless C-CH^2-CH^2-CO^2H \end{matrix}$$

— On chauffe à 140-150° un mélange de bicarbamidoxime et d'anhydride succinique; on reprend par la soude diluée, on précipite par l'acide chlorhydrique et on fait cristalliser dans l'eau bouillante. Longues aiguilles jaunâtres, presque incolores, fusibles vers 200°, insolubles dans l'éther, le benzène, la ligroïne, très solubles dans l'alcool et dans le chloroforme.

La solution ammoniacale neutre précipite en blanc par les sels de plomb et d'argent, et en bleu verdâtre par les sels de cuivre.

Méthyl-furo-m-diazolcarbophénylamidoxime (*méthylcarbazoxime-carbophénylamidoxime, oxalène-anilidoxime-azoxime-éthényle*),

$$\begin{matrix} C \lesseqgtr \begin{matrix} AzO \\ Az \end{matrix} \gtreqless C-CH^3 \\ | \\ C \lesseqgtr \begin{matrix} AzOH \\ AzH\,.\,C^6H^5 \end{matrix} \end{matrix}$$

— On dissout à chaud la bicarbophényldiamidoxime dans l'anhydride acétique; on laisse refroidir; on lave le dépôt à l'eau froide et on le fait recristalliser dans l'eau alcoolisée bouillante. Fines aiguilles blanches, fusibles à 172°, peu solubles dans l'eau bouillante, solubles dans l'alcool, l'éther, le benzène, les acides et les alcalis.

Ad. Fauconnier.

BICARVACROL,

$$\begin{matrix} C^6H^2(CH^3)_{(1)}(OH)_{(2)}(C^3H^7)_{(4)} \\ | \\ C^6H^2(CH^3)_{(1)}(OH)_{(2)}(C^3H^7)_{(4)} \end{matrix}$$

[Dianine, *J. Soc. Chim. russe*, **14**, 141; *Beilstein's Handbuch*, **2**, 637]. — On prépare ce composé en oxydant le carvacrol au moyen de l'oxyde de fer en solution neutre; à cet effet, on mélange le carvacrol avec une solution aqueuse titrée d'alun de fer, et on y ajoute peu à peu une solution titrée de carbonate de sodium, de manière à mettre l'oxyde de fer en liberté. On obtient ainsi un précipité qu'on épuise par l'éther. Ce liquide fournit par évaporation un résidu que l'on soumet à la distillation dans un courant de vapeur d'eau, qu'on purifie ensuite par dissolution dans la potasse et précipitation par l'acide chlorhydrique, et qu'on fait enfin cristalliser dans un mélange d'alcool (1 volume) et d'eau (5 volumes).

Le bicarvacrol cristallise en longues aiguilles soyeuses, fusibles à 154°, insolubles dans l'eau, très solubles dans l'alcool, l'éther et le benzène.

BICÉTYLE, $C^{32}H^{66} = (C^{16}H^{33})^2$. — Le bicétyle a été préparé en traitant par le sodium l'iodure de cétyle en solution dans l'éther. On reprend successivement par l'alcool, puis par l'eau et on fait cristalliser le résidu dans l'acide acétique bouillant.

Le bicétyle est insoluble dans l'alcool et dans l'éther. Il fond à 70°. Il bout à 310° sous la pression de 15 millimètres et au delà de 360° sous la pression ordinaire, sans se décomposer. Son poids spécifique à l'état liquide et à 70° est 0,781.

L'acide sulfurique ne le dissout ni ne le noircit à 150° [Sorabji, *Chem. Soc.*, **41**, 37. — Krafft, *D. chem. G.*, **19**, 2218].

BICRÉSOL,

$$\begin{array}{l} C^6H^3_{(1)}(CH^3)_{(3)}(OH)_{(4)} \\ | \\ C^6H^3_{(1)}(CH^3)_{(3)}(OH)_{(4)} \end{array}$$

[A. Gerber, *D. chem. G.*, **21**, 749. — Hobbs, *ibid.*, 1067. — A. Deninger, *ibid.*, 1639]. — Ce composé prend naissance lorsqu'on fait bouillir avec de l'eau une solution de chlorure de tétrazobicrésyle : On mélange 21gr,2 d'o-tolidine avec 200 centimètres cubes d'eau et 45 grammes d'acide chlorhydrique (d = 1,19) ; on y ajoute à froid 14 grammes de nitrite de sodium, puis on acidule fortement par l'acide sulfurique, et on chauffe progressivement la masse à l'ébullition jusqu'à ce qu'il ne se dégage plus d'azote. On filtre après refroidissement, et on purifie par dissolution dans un lait de chaux et précipitation par l'acide chlorhydrique.

Belles aiguilles presque incolores, fusibles à 160-161° (G.), à 156-157° (H.), peu solubles dans l'eau bouillante, très solubles dans l'alcool, l'éther et l'acide acétique.

Le *dérivé dinitré*, $C^{14}H^{12}Az^2O^6$, prend naissance lorsqu'on fait bouillir avec de l'acide nitrique le sulfate de tétrazobicrésyle (Gerber), ou l'acide bicrésol-dicarbonique (Deninger). Il cristallise dans l'acide acétique en belles aiguilles d'un jaune d'or, fusibles à 272-273°, insolubles dans l'eau, l'alcool, l'éther, peu solubles dans les hydrocarbures benzéniques, très solubles dans le phénol et dans l'aniline (Gerber), sublimables sans altération (Deninger). Il donne avec le chlorure ferrique une coloration bleue.

Il forme avec les alcalis des sels qui cristallisent en aiguilles groupées en étoiles : les *sels de potassium* et *de sodium* sont rouge-violacé ; le *sel d'ammonium* est orangé ; tous trois donnent des solutions orangées.

Il forme avec la pyridine une combinaison cristallisée en aiguilles orangées, insolubles dans l'alcool et dans l'éther (Deninger). Ce composé se dissocie par l'eau, ainsi que lorsqu'on l'abandonne dans l'air sec.

Éther éthylique, $C^{14}H^{12}(OC^2H^5)^2$. — Il prend naissance par l'action de l'acide nitreux sur une solution alcoolique d'o-tolidine [Schultz, *D. chem. G.*, **17**, 468] ou par l'action de l'iodure d'éthyle sur l'o-bicrésol [Hobbs, *loc. cit.*]. Il forme des lamelles brillantes, peu solubles dans l'alcool froid, fusibles à 156°.

Éther propylique. — Lamelles blanches, fusibles à 115°, très solubles dans l'alcool bouillant, peu solubles dans l'alcool froid.

Éther amylique. — Prismes ou aiguilles, fusibles à 69°, très solubles dans l'alcool, l'éther et l'alcool amylique.

Éther acétique, $C^{14}H^{12}(OC^2H^3O)^2$. — Longues aiguilles, fusibles à 131°.

Éther benzoïque, $C^{14}H^{12}(OC^7H^5O)^2$. — Longues aiguilles, fusibles à 185° (Hobbs).

ACIDE BICRÉSOL-DICARBONIQUE,

$$\begin{array}{l} C^6H^2_{(1)}(CH^3)_{(3)}(OH)_{(4)}CO^2H_{(2)} \\ | \\ C^6H^2_{(1)}(CH^3)_{(3)}(OH)_{(4)}CO^2H_{(2)} \end{array} (?)$$

[Deninger, *loc. cit.*]. — On chauffe à 160°, dans des autoclaves, pendant 4 heures, un mélange de bicrésolate de sodium parfaitement sec et d'anhydride carbonique liquide. On reprend par l'eau, on précipite par l'acide chlorhydrique et on fait cristalliser dans l'alcool étendu et bouillant.

Petites aiguilles blanches, infusibles à 290°, insolubles dans l'eau chaude, peu solubles dans l'alcool, l'éther et le chloroforme.

Les sels alcalins sont solubles dans l'eau et incristallisables ; les sels des métaux lourds sont insolubles et amorphes.

L'acide bicrésol-dicarbonique donne, comme tous les acides o-oxycarboxylés, une coloration bleue par addition de chlorure ferrique.

Il forme avec la pyridine un sel qui se dissout à chaud dans un excès de base et qui cristallise par refroidissement. On peut utiliser ce composé pour purifier l'acide.

L'*acide diacétyl-bicrésol-dicarbonique*,

$$C^{16}H^{12}O^4(OC^2H^3O)^2,$$

cristallise en aiguilles blanches, qui se décomposent sans fondre à 163°. Il est insoluble dans l'eau, peu soluble dans l'alcool, soluble dans l'éther, et donne avec le chlorure ferrique une coloration bleue.

BICRÉSYLES [*dicrésyles, ditolyles*]. — Il y a 6 hydrocarbures $CH^3-C^6H^4-C^6H^4-CH^3$ théoriquement possibles ; mais si on en a décrit un nombre égal, ils ne sont pas encore parfaitement connus. Cette incertitude provient de la connaissance imparfaite que nous avons des produits d'oxydation : parmi les 9 acides possibles $CH^3-C^6H^4-C^6H^4-CO^2H$, nous n'en connaissons que 2, et nous ne connaissons que 4 acides $CO^2H-C^6H^4-C^6H^4-CO^2H$ sur 6 que prévoit la théorie.

O-O-BICRÉSYLE. — Il a été déjà décrit parmi les hydrocarbures liquides. Il est peu connu, quoiqu'on connaisse bien son produit d'oxydation, l'acide biphénique : c'est qu'il est difficile de l'obtenir à l'état de pureté (voyez Suppl., **1**, 640).

Mercaptan-bicrésylique (*disulfhydrate d'o-bicrésylène*),

$$\begin{array}{l} C^6H^3(CH^3)(SH) \\ | \\ C^6H^3(CH^3)(SH) \end{array}$$

[Leuckart, *J. prakt. Chem.*, (2), **41**, 179 ; *Bull. Soc. Chim.*, (3), **4**, 569]. — On l'obtient en faisant réagir le xanthate de potassium, à 70°, sur le composé diazoïque qui prend naissance par l'action d'un mélange de nitrite de sodium et d'acide chlorhydrique sur le sulfate d'o-tolidine. Le composé huileux ainsi obtenu est soumis à l'ébullition avec la potasse alcoolique et la solution alcaline précipitée par l'acide chlorhydrique.

Belles lamelles jaunâtres, fusibles à 113°, très solubles dans l'alcool, l'éther, le benzène, les alcalis.

L'éther diméthylique fond à 118°

M-M-BICRÉSYLE,

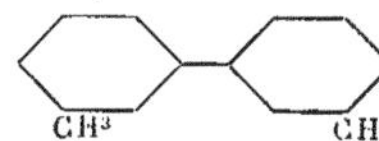

— Ce corps a été préparé en partant de la tolidine de M. Pétrieff :

AzH² CH³ CH³ AzH²

Cette base, traitée en solution alcoolique par l'acide azoteux, donne divers produits, l'éther diéthylique du bicrésol

$$\begin{array}{c} C^6H^3(CH^3)(OC^2H^5) \\ | \\ C^6H^3(CH^3)(OC^2H^5) \end{array}$$

et le *m-m-bicrésyle* bouillant à 281-282°; ce corps donne par oxydation l'acide isophtalique et par une oxydation ménagée un acide biphényl-dicarbonique fondant à 193° [G. Schultz, *D. chem. G.*, **17**, 463; *Bull. Soc. Chim.*, (2), **43**, 503].

M. Stolle [*D. chem. G.*, **21**, 1096; *Bull. Soc. Chim.*, (2), **50**, 187] a préparé le m-m-bicrésyle également en partant de la tolidine de M. Pétrieff, ou, ce qui revient au même, au moyen du zinc en poudre et de l'o-bicrésol de M. Schultz préparé à l'aide de la tolidine.

C'est un liquide bouillant à 286° sous 716 millimètres de pression, d'une densité de 0,9993.

Dérivé dichloré, $(C^6H^3Cl.CH^3)^2$. — On prépare ce corps au moyen de la tolidine. Il cristallise dans l'alcool en feuillets blancs, fondant à 51°. Par oxydation, il donne un acide chlorotoluique, $C^6H^3Cl_{(1)}(CH^3)_{(3)}(CO^2H)_{(4)}$, fondant à 205°.

Chauffé avec 2 molécules de perchlorure de phosphore à 200°, il donne une substance huileuse qui, par ébullition avec l'acide azotique étendu, fournit l'acide dichlorobiphényl-dicarbonique,

$$\begin{array}{c} C^6H^3Cl.CO^2H \\ | \\ C^6H^3Cl.CO^2H \end{array}$$

soluble dans l'eau bouillante et fondant à 267-268°.

Le *dibromobicrésyle*, $(C^6H^3Br.CH^3)^2$, est en aiguilles jaunes, fondant à 58-59°.

Le dérivé *diiodé* fond à 99-100° (Stolle).

O-M-BICRÉSYLE,

CH³ CH³

— Ce carbure a été obtenu en traitant à froid par l'acide azoteux et l'alcool l'o-m-tolidine,

AzH² CH³ CH³ AzH²

Il est liquide et bout à 270°. Il se dissout facilement dans l'alcool et dans l'éther.

L'acide chromique le transforme en acide isophtalique [Schultz, *D. chem. G.*, **17**, 471].

P-P-BICRÉSYLE (voyez Suppl., **1**, 640). — Sa densité à l'état liquide est donnée par la formule

$$d_t = 0,91721 - 0,00071\,(t - 121)$$

[A. Schiff, *Ann. Chem.*, **223**, 262].

La chloruration complète, au moyen du perchlorure d'antimoine, le transforme en méthane perchloré CCl^4 et biphényle perchloré $C^{12}Cl^{10}$ (Merz et Weith).

O-P-BICRÉSYLE,

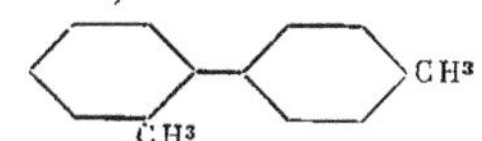

(voyez Suppl., **1**, 640). — Ce produit se trouve dans les carbures liquides obtenus en faisant passer un mélange de toluène et de benzène dans un tube chauffé au rouge. Il bout à 272-280°.

DÉRIVÉS BROMÉS. — On connait deux dérivés monobromés, qu'on sépare par l'alcool. Le premier cristallise par le froid.

1° *α-Bromobicrésyle*,

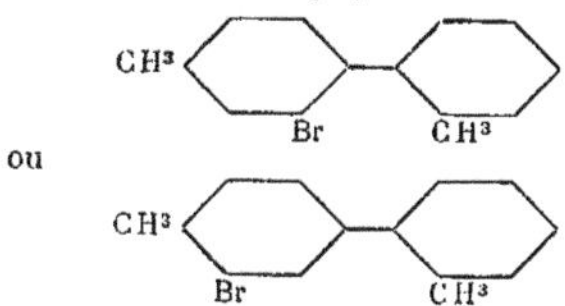

— C'est un corps solide, fondant à 93-95°, très peu soluble dans l'alcool froid, soluble dans l'éther et dans le benzène. Oxydé par l'acide chromique en solution acétique, il fournit de l'acide bromotéréphtalique.

2° *β-Bromobicrésyle*,

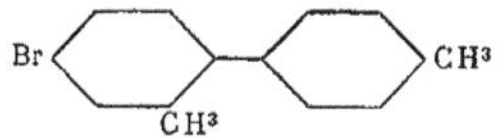

— C'est un liquide, donnant par oxydation l'acide bromé $C^{14}H^9BrO^2$ et ensuite l'acide bromophtalique $C^6H^3Br_{(4)}(CO^2H)^2_{(1.2)}$.

Dibromobicrésyle, $C^{14}H^{12}Br^2$. — Il forme de longues aiguilles soyeuses, fondant à 152°, peu solubles dans l'alcool, ce qui permet de le séparer des dérivés monobromés.

L'acide chromique en solution acétique donne une acétone, $C^{14}H^6Br^2O^2$, fondant à 166°, insoluble dans l'ammoniaque, soluble dans l'alcool, et un corps fondant à 197°, insoluble dans les alcalis et paraissant avoir pour composition

$$C^{14}H^6Br^2O^4$$

[Carnelley et Thomson, *Chem. Soc.*, **37**, 707 et **47**, 591].

BICRÉSYLE FONDANT A 91°. — Ce carbure a été obtenu en traitant la p-tolidine fusible à 103° (de constitution inconnue) par l'acide azoteux et l'alcool.

Il est en fines aiguilles fondant à 91°, très solubles dans l'alcool et dans l'éther, distillant dans la vapeur d'eau.

L'oxydation donne un acide fondant à 273° [G. Schultz, *D. chem. G.*, **17**, 472].

Par exclusion, et en admettant que la constitution des autres bicrésyles soit bien établie, ce carbure ne peut être que le *m-p-bicrésyle*.

BICRÉSYLES LIQUIDES. — MM. Varet et Vienne [*Bull. Soc. Chim.*, (2), **47**, 919] ont obtenu, entre autres produits, des bicrésyles liquides non déterminés, par l'action de l'acétylène sur le benzène en présence du chlorure d'aluminium.

Paul Adam.

BICRÉSYLINE [Syn. *Dicrésyline*, *ditolyline*],

H³C AzH² CH³ AzH²

[Nœlting et Werner, *D. chem. G.*, **23**, 3253]. — Ce composé prend naissance par l'action de l'acide chlorhydrique concentré et bouillant sur l'o-hydrazotoluène,

$$C^6H^4(CH^3)-AzH-AzH-C^6H^4(CH^3);$$

il se produit en même temps de l'azotoluène, de la tolidine et de l'o-toluidine.

Purifiée par transformation en chlorhydrate, la bicrésyline se présente en flocons blancs.

Le *chlorhydrate*,

$$\begin{array}{l} C^6H^3(CH^3)(AzH^2)-HCl \\ | \\ C^6H^3(CH^3)(AzH^2)-HCl \end{array}$$

cristallise en aiguilles blanches, peu solubles dans l'acide chlorhydrique, très solubles dans l'eau. Le *sulfate* est également très soluble dans l'eau.

Traitée en solution chlorhydrique par une goutte d'eau de brome, la bicrésyline donne une coloration d'un vert sale, qui passe peu à peu au rouge violacé; l'o-tolidine, isomérique avec elle, fournit dans les mêmes conditions une coloration bleue, qui passe bientôt au vert.

BICUMINYLE,

$$C^6H^4(C^3H^7).CO-CO.C^6H^4(C^3H^7).$$

— Ce composé prend naissance par l'action ménagée du chlore sec sur la cuminoïne,

$$C^9H^{11}-CHOH-CO-C^9H^{11}$$

[Bösler, *D. chem. G.*, **14**, 325]. Il vaut mieux le préparer en oxydant la cuminoïne par la quantité théorique d'acide chromique en solution acétique [Widmann, *ibid.*, 610].

Il cristallise dans la ligroïne en prismes d'un jaune de soufre, fusibles à 84°, distillant sans altération, très solubles dans l'alcool, l'éther, le benzène, le chloroforme, moins solubles dans la ligroïne.

Soumis à l'ébullition avec la potasse alcoolique, il se convertit en *acide cuminilique*,

$$C^{20}H^{24}O^3.$$

BIDÉCÈNE, $C^{20}H^{36}$ [A. Renard, *C. R.*, **106**, 1086]. — Il constitue, avec le bitérébenthylène, la portion de l'huile de résine qui est inattaquable par l'acide sulfurique ordinaire. Pour l'isoler, on traite le mélange des deux hydrocarbures par l'acide sulfurique ou par l'acide nitrique fumant. Le bitérébenthylène est transformé soit en dérivé sulfonique soluble dans l'eau, soit en dérivé nitré qui reste dissous dans l'acide nitrique; la portion non attaquée, lavée à la soude et rectifiée sur du sodium, fournit le bidécène pur.

Huile incolore, non fluorescente, bouillant à 330-335°. Sa densité à + 12° = 0,9362. Son pouvoir rotatoire = — 2° pour une colonne de 10 centimètres et pour la lumière du sodium. Il est inaltérable à l'air. Les acides sulfurique fumant, nitrique fumant, chlorhydrique, le brome, sont sans action sur lui à la température ordinaire.

Cet hydrocarbure, par sa composition et par ses propriétés, peut donc être considéré comme un polymère du décène, $C^{10}H^{18}$, ce qui en fait un homologue supérieur du biheptène, $C^{14}H^{24}$, et du bioctène, $C^{16}H^{28}$, qui résultent de la polymérisation par l'acide sulfurique de l'heptène C^7H^{12} et de l'octène C^8H^{14}.

BIDÉCYLE. — Le bidécyle est une paraffine normale, $C^{20}H^{42}$, que l'on obtient en traitant l'iodure de décyle par le sodium. La réaction est très vive au début, mais il est nécessaire pour la terminer de chauffer à 150°. L'excès de sodium est enlevé à la pince, ou détruit par addition d'alcool; le produit de la réaction est ensuite traité par une petite quantité d'eau, qui dissout l'iodure de sodium formé, et le résidu est purifié par cristallisation dans l'alcool éthéré.

Le bidécyle fond à 36°,7 et distille à 205° sous une pression de 15 millimètres. Son poids spécifique, à la température de 36°,7, est de 0,7776 par rapport à l'eau à 4° [F. Krafft, *D. chem. G.*, **19**, 2218].

BIDÉSYLE,

$$\begin{array}{l} C^6H^5-CO-CH \text{——} CH-CO-C^6H^5 \\ \quad\quad\quad\quad | \quad\quad\quad | \\ \quad\quad\quad C^6H^5 \quad\ C^6H^5 \end{array}$$

[Knövenagel, *D. chem. G.*, **21**, 1356]. — Ce composé prend naissance, en même temps que l'éther désylmalonique, par l'action d. bromomalonate d'éthyle sur la désoxybenzoïne sodée en solution alcoolique; il se produit également par l'action de la bromodésoxybenzoïne sur la désoxybenzoïne sodée.

Il cristallise dans le benzène en aiguilles fusibles à 254-255°, insolubles dans l'alcool, l'éther, les acides et les alcalis.

Il ne se combine pas avec l'hydroxylamine.

ISOBIDÉSYLE, $C^{28}H^{22}O^2$ [Knövenagel, *loc. cit.*]. — On obtient ce composé, isomérique avec le précédent, en ajoutant peu à peu une solution éthérée d'iode à une solution alcoolo-éthérée de désoxybenzoïne sodée. Il cristallise dans l'alcool en aiguilles fusibles à 160-161°, très solubles dans l'éther et dans l'alcool chaud, peu solubles dans la ligroïne; il se décompose par la distillation avec formation de désoxybenzoïne et d'aldéhyde benzylique.

Soumis à l'ébullition avec un mélange de chlorhydrate d'hydroxylamine et de potasse alcoolique, l'isobidésyle fournit une combinaison amorphe, fusible à 110-120°, très soluble dans l'alcool, l'éther et le benzène, presque insoluble dans la ligroïne, et ayant pour formule

$$C^{56}H^{47}Az^3O^4.$$

Chauffés à 150° avec de l'ammoniaque alcoolique, les deux bidésyles se transforment en un même tétraphénylpyrrol, fusible à 211-212° [J.-C. Garrett, *D. chem. G.*, **21**, 3107. — H.-C. Fehrlin, *ibid.*, **22**, 553].

MM. Magnanini et Angeli ont constaté la complète identité du bidésyle avec l'hydro-oxylépidène [*D. chem. G.*, **22**, 853].

BIEBERITE (Min.). — Voyez RHODALOSE, Dict., 2, 1353.

BIELZITE (Min.). — Résine fossile.

BIGUANIDE [Syn. *Diguanide, guanylguanidine*). — Voyez GUANIDINE.

BIHYDROQUINONE [Syn. *Dihydroquinone*], $C^{12}H^{10}O^4$. — On l'obtient en fondant l'hydroquinone avec un excès de soude caustique, en même temps qu'une *oxyhydroquinone* et qu'un *hexaoxybiphényle*. Pour isoler la bihydroquinone, on épuise par l'éther le produit brut de la réaction préalablement acidifié par l'acide sulfurique; le résidu obtenu par évaporation de la solution éthérée est dissous dans l'eau, et la solution aqueuse filtrée est soumise à la précipitation, d'abord par l'acétate de plomb légèrement acide, puis par le sous-acétate de plomb. Le premier précipité renferme l'oxyhydroquinone et l'hexaoxybiphényle; le dernier contient la bihydroquinone. On le décompose par l'hydrogène sulfuré et on purifie la bihydroquinone par quelques cristallisations.

La bihydroquinone cristallise en grandes lamelles assez solubles dans l'eau, beaucoup plus solubles dans l'alcool et dans l'éther, et fond à 237° en se colorant en brun.

Par l'addition de chlorure ferrique, sa solution aqueuse se colore en rouge et laisse déposer des aiguilles verdâtres de la *biquinhydrone* correspondante, $C^{24}H^{16}O^{8}$. Si on emploie un excès de chlorure ferrique, on obtient la *biquinone*, qui cristallise par le refroidissement de sa solution aqueuse en aiguilles jaunes assez altérables, fondant à 186-187° [L. Barth et J. Schreder, *Mon. f. Chem.*, 5, 589; *Bull. Soc. Chim.*, (2), 44, 219].

DIAMIDOTÉTRAMÉTHYLBIHYDROQUINONE,

$$\begin{array}{l} C^6H^2(OCH^3)^2AzH^2 \\ | \\ C^6H^2(OCH^3)^2AzH^2 \end{array}$$

— M. A. Baessler a préparé l'*éther tétraméthylique* de la *diamidobihydroquinone* en chauffant à l'abri de l'air un mélange d'acide chlorhydrique et d'hydrazodiméthylhydroquinone, ou un mélange d'alcool, d'azodiméthylhydroquinone et de chlorure stanneux en solution très acide. Le chlorhydrate ainsi obtenu, précipité par la potasse, fournit la base libre. On la purifie en la chauffant avec un peu d'acide chlorhydrique et de noir animal, puis neutralisant par l'ammoniaque la liqueur filtrée.

La base fond à 210° et se dissout facilement dans le chloroforme et dans le sulfure de carbone à froid, dans le benzène et dans l'alcool chauds, difficilement dans l'eau et dans la ligroïne.

Le *chlorhydrate*, $C^{16}H^{20}Az^2O^4.2HCl$, très soluble dans l'eau, est presque insoluble dans l'acide chlorhydrique concentré.

L'anhydride acétique convertit la base en un *dérivé diacétylé*, fusible à 251°.

Si on la chauffe avec un excès de phénylsénevol en solution alcoolique, à la température de 60° environ, elle se transforme en une *phénylsulfo-urée* correspondante,

$$\begin{array}{l} C^6H^2 \begin{cases} (OCH^3)^2 \\ AzH.CS.AzH.C^6H^5 \end{cases} \\ | \\ C^6H^2 \begin{cases} AzH.CS.AzH.C^6H^5 \\ (OCH^3)^2 \end{cases} \end{array}$$

qui se dépose par le refroidissement de la solution alcoolique en flocons incolores, fusibles à 184°, solubles dans les acides sulfurique et chlorhydrique concentrés [A. Baessler, *D. chem. G.*, 17, 2126; *Bull. Soc. Chim.*, (2), 44, 224].

DIMÉTHYLBIHYDROQUINONE (*dioxybicrésol*),

$$\begin{array}{l} C^6H^2(CH^3)(OH)^2 \\ | \\ C^6H^2(CH^3)(OH)^2 \end{array}$$

L'*éther diéthylique*,

$$\begin{array}{l} C^6H^2(CH^3)(OH)(OC^2H^5) \\ | \\ C^6H^2(CH^3)(OH)(OC^2H^5) \end{array}$$

a été obtenu par MM. Nœlting et Werner [*D. chem. G.*, 23, 3248] en réduisant par l'hydrogène sulfuré une solution alcoolo-ammoniacale bouillante du composé quinonique correspondant (voy. plus loin). On peut aussi employer comme réducteur l'acide sulfureux.

Fines aiguilles blanches, fusibles à 132-133°, sublimables sans altération, peu solubles dans l'eau, assez solubles dans la plupart des dissolvants organiques usuels.

Le *dérivé quinonique*,

$$\begin{array}{l} C^6H^2(CH^3)(OC^2H^5)-O \\ | \qquad\qquad\qquad\qquad | \\ C^6H^2(CH^3)(OC^2H^5)-O \end{array}$$

s'obtient en oxydant par l'acide sulfurique et le dichromate de sodium une solution acétique de diéthylhydrotoluquinone, $C^6H^3(CH^3)(OC^2H^5)^2_{(1.4)}$. Il forme de longues aiguilles enchevêtrées, d'un noir verdâtre, fusibles à 139°. Sa poussière est rouge-brunâtre.

O. Saint-Pierre.

BI-ISOCROTYLE [Przybytek, *J. Soc. phys. chim. russe*, 1888, 1, 506; *D. chem. G.*, 21, *Ref.*, 709]. — Le *bi-isocrotyle*,

$$C^8H^{14} = \frac{CH^3}{CH^3} > C=CH-CH=C < \frac{CH^3}{CH^3}$$

se prépare en traitant le bromure d'isocrotyle $(CH^3)^2C=CHBr$ par le sodium en présence d'éther et en tubes scellés. La réaction est très vive au début, et pour fermer les tubes il faut refroidir énergiquement leur contenu.

On abandonne les tubes pendant 4 ou 5 jours à eux-mêmes, puis on les chauffe pendant 10 jours à 30-40°. A l'ouverture des tubes, il se dégage de l'isobutylène, et l'éther contient un liquide bouillant en majeure partie à 120-150°; il est impossible d'avoir un point d'ébullition plus fixe, à cause de la facilité avec laquelle le carbure se polymérise. Ainsi les portions qui distillent à 125-130° fondent à 4°,5; après plusieurs mois, ce même produit fond à 12°; après un an, son point de fusion s'est élevé à 22°.

Le liquide qui passe à 125-130°, d'après sa composition et sa densité de vapeur, est bien le *bi-isocrotyle*, C^8H^{14}. A 18°, sa densité est de 0,7726.

Il s'oxyde rapidement à l'air et se combine au brome en donnant un *tétrabromure* liquide.

Avec l'acide hypochloreux en solution aqueuse, on obtient un liquide incolore ayant pour formule $C^8H^{14}(OH)OCl$; le carbure a donc fixé 1 molécule d'acide hypochloreux et de plus il s'est oxydé; ce liquide, traité par les alcalis, donne le *dioxyde*, $C^8H^{14}O^2$, que l'eau transforme en *octylérythrite*, $C^8H^{14}(OH)^4$.

Ch. Cloëz.

BI-ISOPROPÉNYLE,

$$\frac{CH^3}{CH^2} \geq C-C \leq \frac{CH^3}{CH^2}$$

[Mariutza, *J. Soc. phys. chim. russe*, 1889, 1, 434; *D. chem. G.*, 22, *Ref.*, 761]. — Cet hydrocarbure prend naissance lorsqu'on chauffe à 100° un mélange d'acide chlorhydrique à 0,1 0/0 et de *diméthylisopropénylcarbinol*,

$$\frac{CH^3}{CH^3} > C(OH)-C \leq \frac{CH^3}{CH^2}$$

C'est un liquide très mobile, bouillant à 68-69°.

Si l'on emploie dans la préparation un acide trop concentré, ou si l'on élève trop la température, on n'obtient plus de bi-isopropényle, mais un produit de condensation de cet hydrocarbure, bouillant au-dessus de 100°.

M. Couturier [*Bull. Soc. Chim.*, (3), 4, 30] a obtenu, en déshydratant la pinacone par l'acide sulfurique, l'anhydride phosphorique ou l'anhydride acétique, un carbure qui paraît identique avec le précédent, et auquel il a donné le nom de β-*bipropylène*.

Le bi-isopropényle ne se combine ni au chlorure cuivreux ammoniacal, ni au nitrate d'argent ammoniacal. Il donne avec le brome un *tétrabromure*, $C^6H^{10}Br^4$, en cristaux blancs, solubles dans l'éther, moins solubles dans l'alcool froid.

BILE. — COMPOSITION CHIMIQUE DE LA BILE (voyez Dict., 1, 597 et Suppl., 1, 350). — M. Jacubowitsch a effectué une série d'analyses de *bile de nouveau-nés* ou de *jeunes enfants*. Tous les échantillons analysés provenaient de sujets chez lesquels l'examen microscopique du tissu hépatique ne révélait aucune altération pathologique. La quantité de bile varie chez les divers sujets de 0gr,133 à 0gr,335 pour les nouveau-nés, de 1gr,12 à 5gr,32 chez les enfants de 1 an. La réaction est neutre ou faiblement acide. Les matériaux solides sont relativement plus abondants que chez l'adulte et oscillent chez le nouveau-né entre 10 et 14 0/0, chez l'enfant âgé de 1 an entre 8,8 et 14,5 0/0. La proportion des sels minéraux est, en général, durant les premiers âges de la vie, plus faible que chez l'adulte, mais la richesse relative en fer est plus grande (voyez plus bas). La bile des nouveau-nés est remarquablement riche en urée (jusqu'à 1,1 0/0); mais au bout de quelques mois la proportion tombe à 0,44-0,40 0/0. La richesse en cholestérine ne varie guère, tandis que la teneur en lécithine et en corps gras va en augmentant rapidement et passe de 0,51-0,95 0/0 (nouveau-né) à 3,09-14,8 0/0 (adulte). La proportion de mucine est au contraire augmentée, mais va en diminuant rapidement jusqu'à la fin de la première année. L'acide glycocholique fait totalement défaut dans la bile du nouveau-né et dans celle du nourrisson. La richesse en acide taurocholique est en général moindre que chez l'adulte. Ce n'est que chez les enfants nouveau-nés, ou âgés de 1 jour seulement, qu'elle est notablement plus grande (de 1,4 à 2,25 0/0) [Jacubowitsch, *Maly's Jahresb.*, **16**, 297].

On doit à MM. G.-F. Yeo et E.-F. Herroun une nouvelle analyse de bile humaine. La bile, recueillie par une fistule chirurgicale, provenait d'un malade atteint d'obstruction cancéreuse du canal cholédoque [*ibid.*, **14**, 326. — Voyez aussi De Burgh Birch et Harry Spong, *ibid.*, **18**, 208].

La richesse moyenne de la *bile de chien* en matériaux solides, en soufre et en azote total a été déterminée par M. Spiro, pendant une période de plus de deux mois, sur un animal porteur d'une fistule biliaire. Le résidu sec a oscillé entre 4,09 et 7,88 0/0. Il contenait, pour la très grande majorité des échantillons examinés, de 2,82 à 3,10 0/0 de soufre et, en moyenne, de 7,23 à 10,66 0/0 d'azote total. Aucune relation nette ne put être saisie entre la quantité de soufre absorbée et celle que contenait la bile, tandis qu'au contraire la proportion de soufre éliminée par les urines s'adaptait très rapidement aux variations alimentaires. Le processus chimique qui aboutit à la production de l'acide taurocholique conserve donc, dans l'ensemble des phénomènes de mutation de la matière, une certaine indépendance [P. Spiro, *Maly's Jahresb.*, **10**, 328].

On ne possède que des données très vagues sur la proportion de *bilirubine* contenue dans la bile. M. Vossius a essayé de combler cette lacune en suivant l'élimination de la bilirubine, chez un chien porteur d'une fistule cholécystique, à l'aide de la méthode spectrophotométrique de M. Vierordt [voyez Suppl., **2**, 908. — Lambling, *Arch. de physiol.*, juillet, 1888]. Le rapport d'absorption, déterminé à l'aide de trois solutions de bilirubine légèrement alcalines, fut trouvé égal en moyenne à 0,001513 pour la région spectrale du rouge (l'auteur ne donne pas d'indication plus précise). Le poids moyen de matière colorante éliminé dans les 24 heures fut de 0gr,11 [Vossius, *Arch. f. exp. Path.*, **11**, 426; *Maly's Jahresb.*, **9**, 246. — Stadelmann, *Arch. f. exp. Path.*, **15**, 237; *Maly's Jahresb.*, **12**, 293].

On a souvent avancé que la bile est une des principales voies d'élimination du fer, et cette opinion est d'autant plus généralement admise qu'elle s'accorde mieux avec le rôle que l'on attribue au foie dans la destruction des globules rouges. La matière colorante du sang se transformerait en bilirubine et son fer, devenu libre, s'éliminerait par la bile. Or, d'après MM. Hamburger et Bunge, les cendres de la bile ne contiendraient au contraire que des traces de fer, soit, chez le chien, de 0,8 à 0,9 milligrammes par jour. La bile élimine donc moins de fer que l'urine ou que le suc gastrique [Hoppe-Seyler, *Physiol. Chem.*, Berlin, 1881, 305. — Hamburger, *Zeit. physiol. Chem.*, **4**, 248. — Bunge, *Lehrb. physiol. Chem.*, Leipzig, 1887, 89].

Les analyses de *gaz de la bile* n'ont donné jusqu'à présent que des résultats discordants. M. J. Charles a repris ces déterminations en analysant, à l'aide d'un appareil spécial, la bile recueillie directement dans le canal cholédoque. Il a trouvé en moyenne, les volumes gazeux étant rapportés à la pression de 1 mètre de mercure :

	Lapin.	Chien.
Acide carbonique éliminé par le vide....................	12,75 0/0	15,69 0/0
Acide carbonique déplacé par l'acide phosphorique......	96,56	36,20
Acide carbonique total.	109,31 0/0	51,89 0/0

[Charles, *Maly's Jahresb.*, **11**, 329].

Un grand nombre de substances étrangères, introduites dans l'économie, s'éliminent par la bile. En pratiquant des injections rectales sur des chiens porteurs de fistules biliaires, M. Peiper a observé que le salicylate de sodium apparaît dans la bile déjà au bout de 30 minutes, tandis que l'iodure de potassium n'est éliminé qu'après 6-8 heures [Peiper, *Maly's Jahresb.*, **12**, 299]. Le bromure, l'iodure et le chlorate de potassium, l'arsenic, le plomb, le fer, le mercure, la caféine, l'essence de térébenthine, le terpinol, la terpine, la fuchsine, la cochenille, introduits dans l'estomac ou injectés sous la peau, se retrouvent également dans la bile. Au contraire, l'acide benzoïque, l'acide hippurique, l'urée, l'antipyrine, la kairine, la quinine, la strychnine ne semblent pas s'éliminer par cette voie [L. Prévost et P. Binet, *Revue médicale de la Suisse romande*, mai-juillet 1888; *C. R.*, **106**, 1690].

L'albumine, la glucose, l'alcool, injectés sous la peau, apparaissent très rapidement dans la bile [D. Baldi, *Maly's Jahresb.*, **14**, 323]

On ne peut que renvoyer ici aux mémoires originaux pour tout ce qui concerne l'influence exercée sur la composition de la bile par divers états physiologiques ou pathologiques, tels que l'inanition, la fièvre [Wilishanin, *Maly's Jahresb.*, **16**, 298. — G. Pisenti, *ibid.*, 300], ou par des agents thérapeutiques, tels que diverses eaux alcalines, le bicarbonate de sodium en capsules ou dissous dans un grand volume d'eau, le calomel, etc. [S. Lewascheff et S. Klikowitsch, *ibid.*, **13**, 296. — S. Lewascheff, *ibid.*, **14**, 327. — D. Baldi, *ibid.*, 329].

L'action des agents dits cholagogues sur la sécrétion biliaire a été longuement étudiée par M. Rutherford [*Trans. of the roy. Soc. of Edimbourg*, **29**, 1880] et par MM. L. Prévost et P. Binet [*loc. cit.*].

Parmi ces agents, nous citerons les graisses, et tout spécialement l'huile d'olives, qui à doses élevées produit des effets cholagogues intenses et prolongés, ce qui expliquerait les heureux résultats obtenus récemment à l'aide de cet agent dans le traitement de la lithiase biliaire et des coliques hépathiques [S. Rosenberg, *Pflüger's Arch.*, **46**, 334].

MM. Mac Munn et Krukenberg ont reuni quelques données sur la composition de la bile des invertébrés [Mac Munn, *Maly's Jahresb.*, **13**, 319]. — Krukenberg, *ibid.*, **11**, 375].

ACIDES DE LA BILE DE BŒUF.

ACIDE GLYCOCHOLIQUE. — *Préparation.* — Les variétés de bile auxquelles le procédé de préparation de M. Hüfner (traitement par l'éther et l'acide chlorhydrique) n'est pas applicable, contiennent d'ordinaire une plus forte proportion d'acide taurocholique. Mais ce n'est pas cet excès qui empêche la cristallisation de l'acide glycocholique, comme s'en est assuré M. Hüfner à l'aide de mélanges artificiels de glycocholate et de taurocholate de sodium [Hüfner, *J. prakt. Chem.*, (2), **25**, 97; *Bull. Soc. Chim.*, (2), **38**, 365].

La cause de ces différences réside dans la proportion absolue d'acide glycocholique, qui est en moyenne de 2 à 5,8 0/0 dans les biles qui se prennent en masse très rapidement, de 0,9 à 1,8 0/0 dans celles qui cristallisent lentement. Les échantillons de bile qui ne donnent aucune cristallisation ne renferment en général pas d'acide glycocholique, ou du moins une quantité à peine supérieure à celle qui peut rester en dissolution grâce à la présence de l'acide taurocholique mis en liberté par l'acide chlorhydrique [Fr. Emich, *Mon. f. Chem.*, **3**, 330; *Bull. Soc. Chim.*, (2), **39**, 553. — J. Marschall, *Zeit. physiol. Chem.*, **11**, 233]. Le rendement serait meilleur en remplaçant l'éther par le benzène (Fr. Emich), plus élevé aussi avec les biles jaunes qu'avec les vertes (J. Marschall).

Propriétés. — 1000 parties d'eau dissolvent : 0g,33 à 20°; 1g,02 à 60°; 2g,35 à 80°; 8g,5 à 100°.

1000 parties d'alcool de différentes concentrations dissolvent à 20° : alcool à 1 0/0, 0g,35; alcool à 2 0/0, 0g,49; alcool à 10 0/0, 1 partie; alcool à 20 0/0, 2g,75; alcool à 30 0/0, 16g,74; alcool à 50 0/0, 275g,3 d'acide glycocholique.

A 29°, 1000 parties d'éther dissolvent 0g,93; 1000 parties de benzène, 0g,09; 1000 parties de chloroforme, 0g,11.

L'acide taurocholique augmente la solubilité de l'acide glycocholique dans l'eau; on en jugera par les chiffres suivants, rapportés à 1000 parties de la solution d'acide taurocholique : une solution à 1 0/0 dissout 0g,56; une solution à 5 0/0, 3g,7; une solution à 10 0/0, 6g,9 d'acide glycocholique à 20° [Fr. Emich, *loc. cit.*].

L'acide glycocholique fond à 132-134°; entre 140 et 150°, il perd 2,6 0/0 d'eau; à 160-170°, la perte s'élève à 4,5 0/0. Le départ de 1 molécule d'eau exigerait 3,9 0/0.

L'acide glycocholique peut être titré en solution aqueuse ou alcoolique à l'aide de la coralline employée comme indicateur; lorsque cette matière indique la neutralité du liquide, on a employé 1 équivalent d'alcali pour 1 équivalent d'acide.

La transformation de l'acide glycocholique en acide glycocholonique s'obtient aisément en faisant bouillir pendant 24 heures au réfrigérant à reflux une solution aqueuse saturée à chaud d'acide glycocholique. Le rendement est d'environ 22 0/0. L'acide obtenu est à peu près insoluble dans l'eau et fond à 183-184°.

Réaction de Pettenkofer. — Cette réaction est présentée par les acides glycocholique et taurocholique, cholalique et choléique, mais non par les acides déhydrocholique, bilianique et isobilianique. La substance qui entre ici en réaction avec les acides biliaires est, d'après M. Mylius, le furfurol, qui se forme aux dépens du sucre sous l'action de l'acide sulfurique. Une goutte de furfurol dans 1 litre d'eau donne encore avec l'acide cholalique une coloration rouge très nette. Les alcools isopropylique, isobutylique, allylique, le triméthylcarbinol, le diméthylcarbinol, l'alcool amylique, l'acide oléique, le pétrole donnent également au contact d'un mélange de furfurol et d'acide sulfurique des colorations rouges plus ou moins intenses [Mylius, *Bull. Soc. Chim.*, (2), **49**, 311. — L. von Udranszky, *Zeit. physiol. Chem.*, **12**, 355].

Action des acides glycocholique et taurocholique sur les matières albuminoïdes. — Cette question présente un certain intérêt au point de vue de la physiologie de la digestion. On a admis jusqu'à ces dernières années que la bile précipite par ses acides biliaires toutes les matières albuminoïdes du chyme stomacal, c'est-à-dire non seulement les albumines et les syntonines, mais aussi les peptones, et, conséquemment, que le travail de dissolution opéré par le suc gastrique se trouve ainsi en partie annulé. Cette contradiction n'est qu'apparente, car MM. Maly et Emich ont démontré que le précipité extrêmement ténu que produit l'acide taurocholique dans les solutions de peptone est uniquement formé par l'acide taurocholique lui-même. Au contraire, l'albumine et la syntonine sont totalement précipitées en gros flocons, à tel point que le liquide filtré ne donne plus aucun trouble avec les réactifs les plus sensibles de l'albumine. Le précipité contient de l'acide taurocholique.

Cet acide constitue donc un excellent réactif pour séparer quantitativement les albuminoïdes des peptones, réactif d'autant plus précieux que le tannin et l'acide phosphotungstique, qui sont aussi sensibles, précipitent à la fois les peptones et les albuminoïdes. La propeptone ou hémialbumose se comporte comme la peptone. L'acide taurocholique opère de même une séparation complète de la gélatine et de la gélatine-peptone.

Une solution aqueuse et saturée d'acide glycocholique (à 0,33 p. 1000) n'est troublée ni par la peptone, ni par la propeptone. Si l'on emploie une solution de glycocholate sodique plus concentrée, qu'on y ajoute de la peptone et puis un acide, on obtient un précipité, cristallisé ou amorphe, formé d'acide glycocholique, sans peptone. Quant à l'albumine, elle n'est que très incomplètement précipitée par le mélange de glycocholate et d'acide. Un mélange des deux acides de la bile humaine se comporte avec la peptone, la propeptone et l'albumine comme l'acide taurocholique [R. Maly et F. Emich, *Mon. f. Chem.*, **4**, 89. — Emich, *ibid.*, **6**, 95; *Bull. Soc. Chim.*, (2), **41**, 269 et **45**, 372].

Action antiseptique des acides biliaires. — Cette action, déjà soupçonnée par MM. Bidder et Schmidt au cours de leurs classiques recherches sur les chiens porteurs de fistules biliaires, a été directement démontrée par MM. Maly et Emich [*loc. cit.*].

L'acide taurocholique, à la dose de 0,2 à 0,5 0/0, empêche la putréfaction d'une infusion de chair ou de pancréas, les fermentations alcoolique et lactique. Cette dernière est du reste plus sensible encore à l'action de cet acide : 0,25 0/0 déjà suffisent pour l'arrêter complètement. L'acide glycocholique est d'une manière générale beaucoup moins actif. Ainsi avec 2 0/0 d'acide glycocholique on ne parvient pas à arrêter complètement la putréfaction du liquide pancréatique.

L'action des deux acides sur les ferments solubles comporte les mêmes différences. La digestion pepsique est totalement suspendue par 0,2 0/0 d'acide taurocholique, tandis que 0,5 et 1 0/0 d'acide glycocholique sont sans action, ce qui est d'ailleurs en rapport avec l'action respective qu'exercent les deux acides sur les matières albuminoïdes. L'action saccharifiante du suc pancréatique est annulée par les deux acides à la dose de 0,1 0/0. Enfin l'émulsine n'agit plus sur l'amygdaline lorsque la liqueur renferme 0,5 0/0 d'acide taurocholique, tandis qu'une proportion double d'acide glycocholique reste sans effet. Le mélange des deux acides biliaires de la bile humaine produit sensiblement les mêmes effets. Ces résultats ont été confirmés par MM. Chittenden et Cummins [*Am. Journ.*, **7**, 36; *Maly's Jahresb.*, **15**, 319] et par M. Limbourg [*Zeit. physiol. Chem.*, **13**, 196].

Ce pouvoir antiseptique n'appartient qu'aux

acides biliaires libres et non à leurs sels. C'est pour cette raison que la bile en nature, qui est neutre ou alcaline, se putréfie si rapidement, qu'elle soit d'ailleurs débarrassée ou non de son mucus, tandis qu'en milieu même très faiblement acide elle arrête toute fermentation bactérienne des matières albuminoïdes. Or l'acidité du chyme stomacal persiste manifestement jusqu'à une assez grande distance du pylore.

Dans le duodénum, cette acidité est à elle seule suffisante pour suspendre l'action des micro-organismes qui pullulent dans nos aliments (voyez Suc gastrique). Plus loin, lorsqu'elle va en s'atténuant et tend à devenir insuffisante, la présence de la bile peut suffire encore pour assurer pendant quelque temps encore l'antisepsie du bol intestinal et retarder le phénomène de la putréfaction pancréatique [Maly et Emich, *loc. cit.* — Lindberger, *Maly's Jahresb.*, **14**, 334. — Gley et Lambling, *Rev. biol. du Nord de la France*, **1**, 5].

Acide cholalique. — *Préparation.* — Depuis que M. Latchinoff a montré que la bile de bœuf fournit sous l'action de la baryte, à côté de l'acide cholalique, un acide analogue, l'*acide choléique*, il est possible de faire un choix raisonné parmi les divers procédés de préparation qui ont été proposés. Voici celui que recommande M. F. Mylius [*Zeit. physiol. Chem.*, **12**, 262; *Bull. Soc. Chim.*, (2), **49**, 834] : On soumet à l'ébullition pendant 24 heures de la bile de bœuf fraîche additionnée du cinquième de son poids d'une lessive de soude à 30 0/0, en restituant au fur et à mesure à la masse l'eau évaporée : cette opération a pour but de dédoubler les acides complexes dont la décomposition fournit l'acide cholalique. Le liquide alcalin ainsi obtenu est saturé par l'acide carbonique, évaporé à siccité presque complète, et le résidu est repris par l'alcool fort. Celui-ci laisse insoluble le carbonate de sodium et la mucine et dissout le cholalate, le choléate et le stéarate de sodium. On transforme alors ces composés en sels de baryum ; le choléate et le stéarate de sodium sont insolubles dans l'eau, tandis que le cholalate se dissout dans 30 fois son poids d'eau. A cet effet, la solution alcoolique des sels de sodium est étendue d'eau, de façon à ne plus titrer que 20 0/0 d'alcool au maximum, puis précipitée complètement par une solution étendue de chlorure de baryum. Le liquide filtré, traité par l'acide chlorhydrique, laisse déposer l'acide cholalique sous la forme d'une masse d'abord emplastique, puis cristalline, que l'on purifie par quelques dissolutions dans l'alcool. Ce produit contient 1 molécule d'alcool de cristallisation. Comme cette combinaison est décomposée par l'eau, il importe de se servir d'alcool absolu, sous peine de diminuer considérablement le rendement en produit cristallisé.

Composition. — Strecker avait attribué à l'acide cristallisé dans l'alcool la formule

$$C^{24}H^{40}O^5, 2,5\,H^2O,$$

cette eau de cristallisation étant déterminée d'après la perte de poids subie par le corps à 120°. Mais M. Mylius a montré, en recueillant les produits qui se dégagent à 120-130°, que la véritable composition de ces cristaux est $C^{24}H^{40}O^5, C^2H^6O$. Ces cristaux ont la forme d'octaèdres et appartiennent, non au système quadratique comme le croyait Kopp, mais au système orthorhombique [Kopp, *Ann. Chem.*, **67**, 6. — Schotten, *Zeit. physiol. Chem.*, **10**, 175]. Bouillis avec de l'eau, ils se transforment en une poudre blanche, qui constitue l'acide cholalique anhydre, $C^{24}H^{40}O^5$, fusible à 195° [Mylius, *D. chem. G.*, **19**, 369; *Bull. Soc. Chim.*, (2), **46**, 873]. Les cristaux que M. Latchinoff a obtenus, en précipitant par l'eau une solution alcoolique d'acide cholalique, et auxquels il attribuait 1,5 molécule d'eau de cristallisation, contiennent en réalité à la fois de l'eau et de l'alcool [Latchinoff, *D. chem. G.*, **18**, 317. — Mylius, *loc. cit.*]. La combinaison en cristaux prismatiques, $C^{24}H^{40}O^5, H^2O$, décrite par Strecker, peut être obtenue très aisément en faisant cristalliser l'acide cholalique dans l'acide acétique bouillant et dilué.

M. Latchinoff a essayé récemment de remplacer la formule de Strecker, $C^{24}H^{40}O^5$, par l'expression $C^{25}H^{42}O^5$, et s'est engagé à ce sujet dans un débat très vif et non encore terminé avec M. Mylius, qui de son côté maintient, avec M. Schotten, la formule de Strecker. Certes la détermination précise d'un groupe méthylène en plus ou en moins est chose difficile quand il s'agit de corps à poids moléculaire aussi élevé ; et, pour cette raison, l'on ne saurait considérer cette question de la formule brute de l'acide cholalique comme entièrement résolue. Mais M. Latchinoff s'efforce de justifier la formule qu'il propose par une interprétation si singulière de ses résultats analytiques, qu'il paraît plus naturel de conserver, quant à présent, la formule de Strecker. Ainsi, pour M. Latchinoff, l'alcoolate de l'acide cholalique aurait pour formule $C^{25}H^{42}O^5, \frac{1}{8}H^2O, \frac{7}{8}C^2H^6O$, et à 105° $C^{25}H^{42}O^5, \frac{1}{8}H^2O$. L'hydrate prismatique

$$C^{25}H^{42}O^5, H^2O$$

se transformerait à 140° dans le composé

$$C^{25}H^{42}O^5, \tfrac{1}{4}H^2O$$

[Latchinoff, *D. chem. G.*, **18**, 309; **20**, 1043 et 3274; *Bull. Soc. Chim.*, (2), **46**, 489; **49**, 885].

Ajoutons que l'expression $C^{25}H^{40}O^5$, autrefois proposée par Mulder, a été défendue par M. Hammarsten et adoptée pendant quelque temps par M. Latchinoff [Hammarsten, *Bull. Soc. Chim.*, (2), **36**, 635. — Latchinoff, *D. chem. G.*, **12**, 1518].

Propriétés. — La forme cristalline la plus caractéristique de l'acide cholalique est celle que présente son alcoolate, $C^{24}H^{40}O^5, C^2H^6O$, qui est en tétraèdres ou en octaèdres brillants, assez volumineux et fusibles, après dessiccation complète, à 194° (Schotten).

L'acide cholalique donne des combinaisons cristallines avec d'autres alcools que l'alcool éthylique.

Le *méthylate*, $C^{24}H^{40}O^5, CH^4O$, est en tétraèdres incolores, qui perdent leur alcool à 120°.

Le *propylate*, $C^{24}H^{40}O^5, C^3H^8O$, s'obtient, de même que le précédent, par cristallisation dans l'alcool (primaire).

Le glycol fournit un composé,

$$C^{24}H^{40}O^5, C^2H^6O^2,$$

en cristaux incolores qui se détruisent à 120°.

L'acide cholalique se combine aussi molécule à molécule avec les isosulfocyanates d'éthyle et d'allyle [Mylius, *D. chem. G.*, **20**, 1698; *Bull. Soc. Chim.*, (2), **49**, 58].

On obtient un *acide iodocholalique* en dissolvant 2 parties d'acide cholalique et 1 partie d'iode dans 40 parties d'alcool, puis en ajoutant 20 parties d'une solution d'iodure de potassium à 5 0/0. Si l'on verse ensuite progressivement de l'eau, on voit se déposer peu à peu un magma de fines aiguilles, d'un bleu indigo par transmission, d'un jaune d'or par réflexion, solubles en jaune dans l'éther alcoolique. Ce composé, qui renferme $(C^{24}H^{40}O^5I)^4KI, xH^2O$, est le sel de potassium d'un acide complexe, que l'on peut obtenir à l'état de liberté, en substituant dans la préparation l'acide iodhydrique à l'iodure de potassium. Cet acide iodocholalique, $(C^{24}H^{40}O^5I)^4HI$, présente le même aspect que son sel de potassium.

Cette réaction est peu sensible. Elle ne réussit qu'avec l'acide cholalique pur, mais elle permet de le distinguer non seulement des acides glycocholique, hyoglycocholique et taurocholique, mais aussi des acides choléique, désoxycholalique, déhydrocholalique et bilianique, qui ne fournissent aucune combinaison bleue avec l'iode [F. Mylius, *Zeit. physiol. Chem.*, **11**, 306; *D. chem. G.*, **20**, 683; *Bull. Soc. Chim.*, (2), **48**, 461].

Le *cholalate de magnésium* cristallise en aiguilles microscopiques, très solubles dans l'eau froide. Une solution concentrée et froide de ce sel se prend en un magma de cristaux dès qu'on la chauffe, et s'éclaircit de nouveau par le refroidissement.

Le *cholalate de baryum*, $(C^{24}H^{39}O^5)^2Ba, 7H^2O$, cristallise par l'évaporation de sa solution aqueuse en petites aiguilles réunies en gerbes, qui se dissolvent dans 30 parties d'eau froide (Schotten).

L'acide cholalique, bouilli pendant plusieurs heures avec de l'anhydride acétique en grand excès, fournit un *dérivé acétylé* [Schotten, *Zeit. physiol. Chem.*, **11**, 275].

En faisant passer jusqu'à refus un courant d'acide chlorhydrique dans une solution d'acide cholalique dans l'acide acétique cristallisable, et en traitant par l'eau après quelques heures, on obtient un précipité d'*acide acétylcholalique*,

$$C^{24}H^{39}(C^2H^3O)O^5.$$

Un dérivé *triacétylcholalique*, d'abord envisagé par M. Mylius comme un acide diacétylé, s'obtient en laissant reposer pendant quelques heures un mélange d'acide cholalique et d'un poids double d'anhydride acétique. C'est une poudre blanche, cristalline, très soluble dans l'alcool, l'éther, le benzène, insoluble dans l'eau. Sa saveur est très amère. Il fonctionne comme un acide et fournit des sels moins solubles que ceux de l'acide cholalique. L'acide cholalique contient donc 3 hydroxyles alcooliques [Mylius, *D. chem. G.*, **19**, 2000 et **20**, 1979; *Bull. Soc. Chim.*, (2), **46**, 876 et **49**, 58].

La *cholalamide*, $C^{24}H^{39}O^4.AzH^2$, s'obtient en chauffant pendant 3 ou 4 heures, à 250°, 1 partie d'éther cholalique avec 4 parties d'ammoniaque alcoolique. Cristallisée dans l'eau, cette amide renferme $3H^2O$ qu'elle perd à 110°, et fond à 130°. A 180°, la masse fondue se prend en cristaux rayonnés, qui se liquéfient de nouveau à 228° sans décomposition. Cristallisée dans l'alcool, elle est anhydre et fond progressivement entre 130 et 140°.

La *diméthylcholalamide* prend naissance par l'action de la diméthylamine en solution aqueuse sur l'acide cholalique à 250°; elle fond à 170-171°.

Anhydrides cholaliques. — La facilité avec laquelle l'acide cholalique se convertit, sous l'action de la chaleur, en anhydrides extrêmement complexes, se comprend aisément si l'on se rappelle que cet acide renferme 3 hydroxyles alcooliques et 1 carboxyle, puisqu'il est monobasique. Mais l'étude de ces anhydrides n'a fait aucun progrès sensible, malgré les nouvelles recherches de M. Latchinoff et de M. Mylius [Latchinoff, *D. chem. G.*, **20**, 1043, 1968; *Bull. Soc. Chim.*, (2), **49**, 58. — Mylius, *D. chem. G.*, **20**, 1968; *Bull. Soc. Chim.*, (2), **49**, 56 et 58].

M. Schotten a obtenu par la distillation sèche de l'acide cholalique un anhydride,

$$C^{23}H^{39}.CO.O.CO.C^{23}H^{39},$$

sous la forme d'un liquide huileux, qui ne donne plus la réaction de Pettenkofer. Cette huile se dissout dans les alcalis; les acides la reprécipitent en masse granuleuse. Ce produit se distingue des anhydrides précédemment décrits par sa résistance absolue à l'action des alcalis, qui sont impuissants à le transformer en acide cholalique [Schotten, *Zeit. physiol. Chem.*, **10**, 174].

Produits d'oxydation et de réduction de l'acide cholalique. — L'étude détaillée de ces produits a permis d'aboutir enfin à des conclusions assez précises sur la fonction de l'acide cholalique, et d'expliquer en même temps, au moins en partie, les résultats contradictoires obtenus par les premiers chercheurs. Ainsi l'*acide cholanique*, signalé par Tappeiner parmi les produits d'oxydation de l'acide cholalique sous l'action du dichromate de potassium et de l'acide sulfurique, provient en réalité d'un nouvel acide, l'*acide choléique*, extrait par M. Latchinoff de l'acide cholalique brut, et ce fait explique les rendements si différents (de 50 à 0 0/0) obtenus dans la préparation de l'acide cholanique au moyen de l'acide cholalique brut. Le produit d'oxydation de l'acide cholalique, dans ces conditions, est l'*acide bilianique*, découvert dans l'intervalle par M. Cleve. En outre, par une oxydation plus ménagée des acides cholalique et choléique, on a obtenu des produits intermédiaires, les acides *déhydrocholalique* de M. Hammarsten et *déhydrocholéique* de M. Latchinoff. On connaît donc maintenant la double série que voici :

Acide cholalique.	Acide choléique.
— déhydrocholalique.	— déhydrocholéique.
— bilianique	— cholanique.

M. Mylius a obtenu en outre un produit de réduction de l'acide cholalique et des acides bilianique et cholanique bruts, l'*acide désoxycholalique*. De son côté, M. Latchinoff a isolé un *acide isobilianique* et un acide *isocholanique*.

On connaît aussi un produit d'oxydation de l'acide cholanique. C'est l'ancien *acide choloïdanique* de Redtenbacher, que M. Latchinoff a décrit pendant quelque temps sous le nom d'*acide choléocamphorique*. Cet acide s'obtient également par l'oxydation directe de l'acide choléique. On l'avait trouvé aussi, mais en proportions nécessairement très variables, parmi les produits d'oxydation de l'acide cholalique impur. En outre, M. Cleve a découvert, à côté de l'acide choloïdanique, un acide *pseudocholoïdanique*. Ajoutons que M. Latchinoff donne à ces deux acides des dénominations inverses. Ces composés seront étudiés plus loin. Enfin M. Egger a décrit aussi un *acide bilique* comme produit de l'action du mélange chromique sur l'acide cholalique.

Les *acides palmitique* et *stéarique*, considérés par Tappeiner comme se produisant dans l'action du dichromate de potassium et de l'acide sulfurique sur l'acide cholalique, préexistaient dans l'acide employé. Il en est de même de l'acide acétique signalé par Tappeiner et qui provient de l'alcool de cristallisation de l'acide cholalique [Suppl., **1**, 352. — Latchinoff, *D. chem. G.*, **12**, 1518 et **13**, 1911; *Bull. Soc. Chim.*, (2), **34**, 58 et **35**, 305. — Koutcheroff, *D. chem. G.*, **12**, 2325; *Bull. Soc. Chim.*, (2), **34**, 61. — P.-T. Cleve, *Bull. Soc. Chim.*, (2), **35**, 373].

Enfin, ni M. Cleve ni M. Latchinoff n'ont pu retrouver l'*acide cholestérique* décrit par Tappeiner [Suppl., **1**, 352. — Latchinoff, *Bull. Soc. Chim.*, (2), **34**, 58. — Cleve, *ibid.*, **35**, 373]. — M. Cleve signale simplement l'*acide cholestérique* de Redtenbacher parmi les produits d'oxydation de l'acide cholalique par l'acide azotique [Redtenbacher, *Ann. Chem.*, **57**, 145. — Cleve, *Bull. Soc. Chim.*, (2), **35**, 373].

Nous donnons d'abord ci-après la description des acides dérivés de l'acide cholalique. L'acide choléique et ses dérivés seront étudiés plus loin.

Acide déhydrocholalique. — On ajoute très lentement, de façon à éviter une trop forte élévation de température, une solution à 10 0/0 d'acide chromique dans l'acide acétique cristallisable à une solution aqueuse d'acide cholalique à 10-15 0/0. Il faut, d'après M. Latchinoff, 0g,9 d'acide chromique pour 1 partie d'acide cholalique. Lorsque l'addition d'acide chromique n'élève plus la température de la masse, on verse le produit dans un excès d'eau. L'acide déhydrocholalique se dépose en fines aiguilles réunies en mamelons. On le purifie par lavage à l'eau, dissolution dans une solution bouillante de carbonate de sodium et précipitation de la solution filtrée par l'acide acétique. Le précipité, lavé à l'eau, puis dissous dans l'eau bouillante, se sépare par le refroidissement en aiguilles blanches, brillantes, fusibles à 228° (non corr.), peu solubles à froid dans l'eau, l'alcool et l'éther, solubles dans l'alcool chaud.

L'acide déhydrocholalique est dextrogyre; il présente une saveur amère. Il ne donne pas la réaction de Pettenkofer. Il est monobasique et renferme, d'après M. Hammarsten, $C^{25}H^{36}O^5$.

Les *sels de potassium, de sodium, de baryum, de calcium, de cuivre* et *de plomb* cristallisent facilement. Les sels des métaux alcalins sont solubles dans l'eau et dans l'alcool et, par addition d'éther à leur solution alcoolique, ils cristallisent comme la bile de Plattner.

Le *sel sodique* correspond à la formule $C^{25}H^{35}O^5Na$, et présente en solution aqueuse un pouvoir rotatoire spécifique $[\alpha]_D = +27°,64$.

Les *sels de baryum*, $(C^{25}H^{35}O^5)^2Ba$, et *de calcium*, $(C^{25}H^{35}O^5)^2Ca$, sont moins solubles dans l'eau chaude que dans l'eau froide. Ils sont cristallisés en prismes.

Le *sel de cuivre* est en prismes quadratiques qui, séchés à 110-115°, renferment une demi-molécule d'eau.

Le *sel de plomb*, $(C^{25}H^{35}O^5)^2Pb, 0,5H^2O$, cristallise en tables hexagonales.

L'*éther éthylique*, $C^{25}H^{35}O^5 . C^2H^5$, obtenu par l'action de l'iodure d'éthyle sur le sel de plomb à 115-120°, est en fines aiguilles, solubles dans l'alcool.

L'*éther méthylique*, $C^{25}H^{35}O^5 . CH^3$, cristallise également en aiguilles [Hammarsten, *Bull. Soc. Chim.*, (2), **36**, 635. — Latchinoff, *D. chem. G.*, **18**, 3039; *Bull. Soc. Chim.*, (2), **46**, 489].

Oxydé par le mélange chromique, l'acide déhydrocholalique se transforme en acide bilianique [Latchinoff, *loc. cit.*]. Son hydrogénation par l'amalgame de sodium n'a pas donné d'acide présentant la réaction de Pettenkofer (Hammarsten).

L'acide déhydrocholalique, $C^{25}H^{36}O^5$, renferme donc 6 atomes d'hydrogène de moins que l'acide cholalique, si l'on représente ce dernier acide par la formule de M. Latchinoff, $C^{25}H^{42}O^5$.

Si l'on veut, conformément aux analyses de M. Mylius, attribuer à l'acide déhydrocholalique la formule $C^{24}H^{34}O^5$ et conserver, comme on l'a fait plus haut, à l'acide cholalique la formule de Strecker, $C^{24}H^{40}O^5$, on doit encore envisager l'acide déhydrocholalique comme de l'acide cholalique ayant perdu 6 atomes d'hydrogène.

M. Mylius a montré que l'acide déhydrocholalique renferme 3 *groupes aldéhydiques* ou *acétoniques*. En effet, si l'on mélange une solution neutre de déhydrocholalate de sodium avec une solution d'hydroxylamine à 50-60°, on voit se déposer au bout de quelques instants des lamelles microscopiques incolores, fusibles sans décomposition à 270° et qui représentent une *trioxime* de l'acide déhydrocholalique,

$$C^{24}H^{34}O^2(AzOH)^3$$

(avec la formule de M. Mylius). En outre, l'acide déhydrocholalique, dissous dans du phénylmercaptan et traité par un courant de gaz chlorhydrique, se transforme en acide *phénylmercaptan-déhydrocholalique*, $C^{24}H^{34}O^4(SC^6H^5)^2$.

Ce composé a pris naissance suivant l'équation

$$C^{24}H^{34}O^5 + 2\,C^6H^5 . SH$$
$$= H^2O + C^{24}H^{34}O^4(SC^6H^5)^2$$

[*Bull. Soc. Chim.*, (2), **45**, 464].

Or on sait par les recherches de M. Baumann que seules les aldéhydes et les acétones ont la propriété de se combiner avec les mercaptans [*Bull. Soc. Chim.*, (2), **45**, 464]. On remarquera que des 3 atomes d'oxygène qui dans l'acide déhydrocholalique entrent en jeu dans la formation de la trioxime, un seul est remplacé par deux restes de mercaptan.

La combinaison d'acide déhydrocholalique et de mercaptan possède encore la propriété d'entrer en réaction avec la phénylhydrazine pour donner des aiguilles incolores, presque insolubles dans l'acide acétique et dans l'alcool et répondant à la formule

$$C^{24}H^{34}O^{4}(SC^6H^5)^2(Az^2H . C^6H^5)^2.$$

Ce corps se décompose à 210-220°.

L'action directe de la phénylhydrazine sur l'acide déhydrocholalique n'a pas fourni de produits analysables [F. Mylius, *D. chem. G.*, **20**, 1989; *Bull. Soc. Chim.*, (2), **49**, 58].

On verra plus loin que les propriétés de l'acide bilianique, produit d'oxydation de l'acide déhydrocholalique, permettent de conclure à l'existence de deux groupes aldéhydiques et d'un groupe acétonique dans l'acide déhydrocholalique.

Acide bilianique. — En oxydant l'acide cholalique par le dichromate de potassium et l'acide sulfurique, d'après le procédé de Tappeiner (Suppl., **1**, 352), on obtient une masse résineuse qui contient un peu d'acide cholanique si l'on est parti d'un acide cholalique brut, incomplètement débarrassé d'acide choléique, mais qui est formée en grande partie d'acide bilianique [P.-T. Cleve, *Bull. Soc. Chim.*, (2), **35**, 373 et 429; **38**, 136]. En transformant la masse en sel barytique, et mettant les acides en liberté, M. Cleve a pu séparer l'acide bilianique par des cristallisations fractionnées dans l'acide acétique. Il vaut mieux transformer l'acide bilianique brut, tel qu'il résulte directement de l'oxydation de l'acide cholalique, en un sel barytique acide, à l'aide duquel on prépare l'éther éthylique. Celui-ci, saponifié, fournit l'acide bilianique pur [Latchinoff, *D. chem. G.*, **19**, 474; *Bull. Soc. Chim.*, (2), **46**, 874].

Cet acide se produit aussi par l'oxydation de l'acide déhydrocholalique à l'aide du mélange chromique. On lui a attribué les formules que voici:

$C^{25}H^{36}O^9$	(Cleve).
$C^{25}H^{36}O^8, \frac{1}{4}H^2O$	(Latchinoff).
$C^{24}H^{34}O^8$	(Mylius).

M. Latchinoff considère ce quart de molécule d'eau non comme eau de cristallisation, mais comme faisant partie de la molécule même.

Voici, d'après M. Cleve, les principales propriétés de cet acide:

L'acide bilianique se dissout très peu dans l'eau froide, plus facilement dans l'eau bouillante, d'où il se dépose en cristaux à éclat adamantin, parfois aussi en globules brillants ou en minces écailles. Il est soluble dans l'alcool. Cette solution est dextrogyre et le pouvoir rotatoire, d'après une détermination de M. K. Angström, est $[\alpha] = 47°,4$ pour l'acide cristallisé avec 4 molécules d'eau.

L'acide bilianique est soluble aussi dans l'acide acétique, qui l'abandonne sous la forme d'une masse savonneuse ou fibreuse, devenant cristalline au bout d'un certain temps. Ces cristaux, qui ont souvent 5 ou 6 millimètres de long, appartiennent au système rhombique. Rapport des axes : $a:b:c = 0{,}93:1:0{,}77$.

L'acide bilianique n'a pas la saveur amère de l'acide cholalique. Il ne donne pas la réaction de Pettenkofer.

L'acide azotique le dissout avec facilité; à chaud, il se produit un abondant dégagement de vapeurs rutilantes. Lorsqu'on ajoute de l'eau, la majeure partie des produits d'oxydation (probablement de l'acide cholestérique) reste en dissolution. L'acide cholanique se comporte tout autrement.

Le *bilianate de calcium*, $(C^{25}H^{33}O^{9})^{2}Ca^{3}, 5H^{2}O$, est assez soluble dans l'eau froide; mais la solution chauffée laisse déposer des aiguilles flexibles et microscopiques, qui disparaissent par le refroidissement. On l'obtient en traitant l'acide par un lait de chaux.

Le *bilianate de baryum* est en prismes transparents, réunis en masses sphéroïdales.

Le *bilianate neutre de plomb*, $(C^{25}H^{33}O^{9})^{2}Pb^{3}$, est amorphe ou cristallisé en tables et en écailles microscopiques.

Le *sel acide de plomb*, $(C^{25}H^{34}O^{9})^{2}Pb^{2}$, est en tablettes hexagonales brillantes.

Le *bilianate neutre d'argent*, $C^{25}H^{33}O^{9}Ag^{3}$, obtenu par double décomposition entre le sel de calcium et l'azotate d'argent, est un précipité blanc, formé d'écailles microscopiques peu altérables à la lumière.

Le *sel acide d'argent*, $C^{25}H^{34}O^{9}Ag^{2}$, est formé d'aiguilles incolores, peu solubles et inaltérables à la lumière.

M. Latchinoff a préparé en outre un *éther diéthylique*, qui se présente en aiguilles fusibles à 192-193°, peu solubles dans l'éther, et un *éther triéthylique*, qui forme des lamelles à éclat adamantin, fusibles à 126-127°.

Ces combinaisons démontrent la fonction d'acide tribasique de l'acide bilianique. Cet acide renferme en outre 2 groupes acétoniques, comme l'a démontré M. Mylius par l'existence d'un acide isonitrosobilianique et d'un dérivé phénylhydrazinique [F. Mylius, *D. chem. G.*, 20, 1968; *Bull. Soc. Chim.*, (2), 49, 58].

L'*acide isonitrosobilianique*,

$$C^{24}H^{34}O^{6}(AzOH)^{2},$$

(en prenant la formule de M. Mylius) est en lamelles brillantes, presque insolubles dans l'eau et dans l'alcool absolu, solubles dans l'alcool dilué. On l'obtient en chauffant un mélange d'acide bilianique, de chlorhydrate d'hydroxylamine et de lessive de soude.

Le *dérivé phénylhydrazinique*,

$$C^{24}H^{34}O^{6}(Az^{2}H \,.\, C^{6}H^{5})^{2}$$

est en aiguilles incolores.

RELATIONS ENTRE LES ACIDES CHOLALIQUE, DÉHYDROCHOLALIQUE ET BILIANIQUE [Mylius, *loc. cit.*]. — L'acide cholalique est monobasique. Il contient donc un groupe carboxyle et, en outre, comme le démontre l'existence du dérivé triacétylé, 3 hydroxyles alcooliques. Comme il ne contient que 5 atomes d'oxygène en tout, ces 24 atomes de carbone sont nécessairement unis directement les uns aux autres, sans que nulle part l'oxygène puisse servir de lien aux divers groupements carbonés de la molécule. Ces 24 atomes de carbone ne sont pas associés en série linéaire, car l'acide cholalique contient, outre son groupe carboxylique, trois groupements alcooliques, dont deux sont primaires, et le troisième secondaire. En effet, le passage de l'acide cholalique à l'acide déhydrocholalique ne peut s'expliquer que par l'oxydation de 3 groupements alcooliques :

$$C^{24}H^{40}O^{5} + 3O = 3H^{2}O + C^{24}H^{34}O^{5} \text{ (Mylius).}$$

De ces 3 groupements alcooliques, 2 sont primaires et 1 secondaire. En effet, l'acide déhydrocholalique, qui est monobasique, contient en sus de son groupe carboxylique 3 groupes acétoniques ou aldéhydiques.

De ces 3 groupes, 2 sont nécessairement aldéhydiques, car par oxydation l'acide déhydrocholalique, monobasique, se transforme en acide bilianique, qui est tribasique, comme le démontre en particulier l'analyse de son sel d'argent. Il suit de là que la relation de ces deux acides peut être représentée par les schémas :

$$C^{21}H^{31}O \left\{ \begin{array}{l} CO^{2}H \\ CHO \\ CHO \end{array} \right. \qquad C^{21}H^{31}O^{2} \left\{ \begin{array}{l} CO^{2}H \\ CO^{2}H \\ CO^{2}H \end{array} \right.$$

Acide déhydrocholalique. Acide bilianique.

Quant au troisième groupe aldéhydique ou acétonique de l'acide déhydrocholalique, on doit bien admettre qu'il est acétonique, puisque l'oxydation ne l'a pas transformé en carboxyle et qu'on le retrouve du reste dans l'acide bilianique.

La transformation de l'acide cholalique en acide déhydrocholalique ne peut donc s'expliquer que par la transformation de 3 groupes alcooliques en 2 groupes aldéhydiques et 1 groupe acétonique. Par suite l'acide cholalique lui-même est 2 fois alcool primaire et 1 fois alcool secondaire, et l'on peut, avec M. Mylius, représenter l'état actuel de nos connaissances sur la constitution de ces trois acides par les formules suivantes :

$$C^{20}H^{31} \left\{ \begin{array}{l} CO.OH \\ (CH^{2}.OH)^{2} \\ CH.OH \end{array} \right. \qquad C^{20}H^{31} \left\{ \begin{array}{l} CO.OH \\ (CHO)^{2} \\ CO \end{array} \right.$$

$C^{24}H^{40}O^{5}$ Acide cholalique. $C^{24}H^{34}O^{5}$ Acide déhydrocholalique.

$$C^{19}H^{31} \left\{ \begin{array}{l} (CO.OH)^{3} \\ (CO)^{2} \end{array} \right.$$

$C^{24}H^{34}O^{8}$

Acide bilianique.

L'un des deux groupes acétoniques de l'acide bilianique se forme aux dépens du noyau $C^{20}H^{31}$ au cours de l'oxydation de l'acide déhydrocholalique.

ACIDE ISOBILIANIQUE, $C^{25}H^{36}O^{8}$. — M. Latchinoff a isolé ce nouvel acide de l'acide bilianique brut (qui en renferme environ 7-8 0/0) en mettant à profit la faible solubilité de son sel de baryum, qui est difficilement dissous par l'eau froide. Pour le purifier, on prépare d'abord le sel potassique, qui est également très peu soluble et que l'on transforme en isobilianate d'argent, puis en éther méthylique. L'éther est saponifié par la baryte, et l'acide, précipité de la solution du sel barytique par l'acide chlorhydrique, est recristallisé dans l'alcool faible.

L'acide isobilianique cristallise de sa solution dans l'alcool faible en aiguilles aplaties, fusibles avec décomposition à 234-237°. Il est difficilement soluble dans l'eau, un peu plus soluble dans l'alcool, très soluble dans l'éther, et se comporte, sous ce rapport, à peu près comme son analogue l'acide isocholanique.

L'acide isobilianique déshydraté renferme, d'après M. Latchinoff, un quart de molécule d'eau de moins que l'acide bilianique, que ce chimiste formule $C^{25}H^{36}O^{8}, \frac{1}{4}H^{2}O$. L'acide cristallisé a pour formule $C^{25}H^{36}O^{8}, H^{2}O$ (eau de cristallisation).

Le *sel acide de potassium*, $C^{25}H^{35}O^{8}K$, est en paillettes rhombiques, d'un éclat soyeux, difficilement solubles à froid dans l'alcool et dans l'eau.

Le *sel neutre de baryum*,

$$(C^{25}H^{33}O^{8})^{2}Ba^{3}, 6H^{2}O,$$

est amorphe, d'aspect gommeux, difficilement soluble dans l'eau, insoluble dans l'alcool.

Le *sel neutre argentique*, $C^{25}H^{33}O^8Ag^3$, s'obtient par double décomposition, sous la forme d'un précipité amorphe.

L'éther méthylique neutre, $C^{25}H^{33}O^8(CH^3)^3$, cristallise de sa solution dans l'alcool faible en belles aiguilles fusibles à 98°.

L'éther éthylique n'a pu être obtenu à l'état cristallisé [Latchinoff, *D. chem. G.*, **19**, 1529; *Bull. Soc. Chim.*, (2), **46**, 491].

ACIDE DÉSOXYCHOLALIQUE, $C^{24}H^{40}O^4$. — M. Mylius a isolé cet acide d'un échantillon de bile abandonné à la putréfaction depuis un temps considérable. L'acide cholalique avait complètement disparu; mais du magma cristallin précipité par l'acide acétique M. Mylius put retirer, après 4 ou 5 cristallisations dans l'acide acétique, un acide se présentant sous la forme d'aiguilles blanches, rayonnées, ayant l'aspect de l'acide choléique, mais fondant environ 20° plus bas que cet acide (160-170° au lieu de 185-190°).

L'évaporation spontanée de la solution alcoolique de cet acide fournit un sirop qui, en quelques heures, se transforme en une masse cristalline rayonnée.

Cet acide renferme, d'après M. Mylius, $C^{24}H^{40}O^4$. Il se distingue de l'acide choléique par sa grande solubilité dans l'alcool, par les propriétés de ses sels de baryum et de plomb, et il est difficile d'admettre, avec M. Latchinoff, qu'il ne diffère de l'acide choléique que par une certaine quantité d'eau de cristallisation.

Il diffère également de l'acide cholalique par sa solubilité dans l'alcool, sa faible solubilité dans l'acide acétique, sa saveur franchement amère.

Cet acide est monobasique.

Le *sel de sodium* est facilement soluble dans l'eau, mais un excès d'alcali le précipite sous la forme d'une huile, caractère qui le sépare nettement du cholalate de sodium.

Le *sel d'ammonium* chauffé laisse un résidu d'acide libre.

Le *sel barytique*, $(C^{24}H^{39}O^4)^2Ba$, cristallise facilement de sa solution alcoolique. Sa solution, même très étendue, dans l'ammoniaque est précipitée à froid par le chlorure de baryum, tandis que la précipitation du cholalate ne s'obtient qu'avec des solutions concentrées et chaudes.

L'acide désoxycholalique provient de la réduction de l'acide cholalique pendant la putréfaction de la bile, ainsi que M. Mylius s'en est assuré directement, en abandonnant pendant quelques jours à 30-40° un mélange d'eau, d'acide cholalique et de pancréas. Il contient un atome d'oxygène de moins que l'acide cholalique $C^{24}H^{40}O^5$, et sa formule en ferait un homologue inférieur de l'acide choléique $C^{25}H^{42}O^4$ [Mylius, *D. chem. G.*, **19**, 369; *Bull. Soc. Chim.*, (2), **46**, 872. — P. Latchinoff, *D. chem. G.*, **20**, 1043; *Bull. Soc. Chim.*, (2), **49**, 56].

ACIDE CHOLÉIQUE [*acide choléinique*]. — Cet acide, qui se produit en même temps que l'acide cholalique dans la saponification de la bile de bœuf sous l'action des alcalis, a été extrait par M. Latchinoff du cholalate de baryum brut. Le choléate étant très peu soluble dans l'eau, on isole les fractions les moins solubles et on les dissout dans l'alcool chaud. Par refroidissement, on obtient un magma cristallin qui, redissous dans l'eau bouillante et traité par l'acide chlorhydrique, fournit l'acide choléique.

On s'assure de la pureté du produit en le faisant recristalliser dans de l'alcool fort. L'acide cholalique fournit dans ces conditions de volumineux tétraèdres, tandis que l'acide choléique est en prismes.

Ces cristaux sont anhydres et appartiennent à une des formes hémiédriques du système rhombique ($a : b : c = 1 : 0,5057 : 1,85979$). Ils sont fusibles à 185-190° et ne brunissent pas encore à 225°.

Par évaporation des eaux mères alcooliques, on obtient un acide choléique hydraté,

$$C^{25}H^{42}O^4, 1,5H^2O,$$

fusible à 135-140° et répondant à 175° à la formule $C^{25}H^{42}O^4, \frac{1}{n}H^2O$. Cet hydrate affecte la forme de prismes carrés terminés par des pyramides allongées, ou de doubles pyramides à base carrée accolées par la base. Ils appartiennent au système quadratique, $a : c = 1 : 2,48282$.

L'acide choléique se dissout à 20° dans 22 000 parties d'eau, dans 750 parties d'éther absolu, dans 25 parties d'alcool à 75 0/0 et dans 14,1 parties d'alcool à 98,5 0/0.

Il est dextrogyre; en solution à 6 0/0 dans l'alcool à 98°,5 et à la température de 20°, on a $[\alpha]_D = +56°40'$.

D'après M. Latchinoff, l'acide choléique contiendrait deux hydroxyles alcooliques. Oxydé au moyen de l'acide chromique en solution acétique, il perd 4 atomes d'hydrogène et se transforme en acide déhydrocholéique, $C^{25}H^{38}O^4$. Sous l'action du dichromate de potassium et de l'acide sulfurique, il se transforme en acide cholanique (Latschinoff).

Le *sel de baryum*, $(C^{25}H^{41}O^4)^2Ba, 6H^2O$, se dissout dans 1200 parties d'eau. Sa solubilité augmente rapidement avec la température.

Le *sel d'argent* a pour formule $C^{25}H^{41}O^4Ag$ [Latchinoff, *D. chem. G.*, **18**, 3039; **19**, 1140; **20**, 1043 et 1053; *Bull. Soc. Chim.*, (2), **46**, 489 et 876; **49**, 56].

La bile de bœuf fraîche fournit environ 1 partie d'acide choléique pour 3,3 parties d'acide cholalique.

Produits d'oxydation de l'acide choléique. — ACIDE DÉHYDROCHOLÉIQUE, $C^{25}H^{38}O^4$. — M. Latchinoff a obtenu cet acide en oxydant l'acide choléique au moyen de l'acide chromique, d'après le procédé employé par M. Hammarsten pour la préparation de l'acide déhydrocholalique. Il faut environ 0gr,75 d'acide chromique pour 1 partie d'acide choléique. Le rendement est de 60 à 70 0/0.

Cet acide se présente sous la forme de tables irrégulières, brillantes, d'aspect gras, ayant l'apparence de l'acide benzoïque sublimé, fusibles à 182-183° (non corr.).

Il est un peu moins soluble dans l'eau et dans l'alcool que son analogue l'acide déhydrocholalique. Le mélange chromique le transforme en acide cholanique.

Les sels sont en général moins solubles dans l'eau que ceux de l'acide déhydrocholalique, mais l'alcool les dissout facilement.

Le *sel de calcium* se précipite déjà à froid lorsqu'on ajoute une solution de chlorure de calcium à la solution aqueuse de l'acide. C'est un précipité gélatineux, volumineux, encore plus difficilement soluble à chaud qu'à froid.

Le *sel de baryum* est un peu plus soluble dans l'eau. L'alcool chaud le dissout aisément. Par concentration de la solution ou par addition d'eau, on précipite le sel sous la forme d'aiguilles associées en amas irréguliers [Latchinoff, *D. chem. G.*, **18**, 3039; **20**, 1043; *Bull. Soc. Chim.*, (2), **46**, 489; **49**, 56].

ACIDE CHOLANIQUE (voyez Suppl., **1**, 352). — Il se produit par l'oxydation de l'acide choléique ou de l'acide déhydrocholéique sous l'action du mélange chromique. M. Cleve l'a obtenu en très petite quantité en oxydant un acide cholalique impur au moyen de l'acide azotique.

Pour le préparer, on ajoute à 1 partie d'acide choléique 2 parties de dichromate de potassium, 3 parties d'acide sulfurique et 8 parties d'eau. La réaction, qui commence à froid, est achevée à la température du bain-marie. L'acide cholanique produit, isolé d'après le procédé indiqué par Tappeiner (Suppl., 1, 352), est transformé en éther diéthylique, que l'on saponifie par la baryte. Le sel barytique ainsi obtenu est toujours mêlé d'isocholanate de baryum, que l'on élimine en mettant à profit sa faible solubilité dans l'eau froide. On peut achever la purification en transformant l'acide en éther diéthylique, que l'on saponifie par la baryte [Latchinoff, *D. chem. G.*, **18**, 3039; **19**, 474, 1529; *Bull. Soc. Chim.*, (2), **46**, 489].

L'acide cholanique cristallise en grandes lamelles ou en prismes aplatis. 1 partie d'acide cholanique se dissout, à la température ordinaire, dans 10693 parties d'eau, dans 3726 parties d'éther absolu et dans 73 parties d'alcool à 98°,5 [Latchinoff, *D. chem. G.*, **15**, 713 et **19**, 1529].

L'acide cholanique renferme, d'après M. Latchinoff, $C^{25}H^{38}O^7, \frac{1}{4}H^2O$ (ce quart de molécule d'eau figurant non comme eau de cristallisation, mais comme faisant partie de la molécule même), tandis que précédemment Tappeiner et M. Cleve avaient respectivement adopté les expressions

$$C^{20}H^{28}O^6 \quad \text{et} \quad C^{24}H^{36}O^7.$$

En outre, ces deux chimistes donnent sur les cholanates des indications qui diffèrent sur plus d'un point de celles de M. Latchinoff [Tappeiner, Suppl., **1**, 352. — Cleve, *Bull. Soc. Chim.*, (2), **35**, 432 et **38**, 131]. Comme ces travaux sont antérieurs à la découverte des acides choléique et isocholanique, il est permis de croire que le produit analysé par M. Latchinoff présentait de plus grandes garanties de pureté.

L'acide azotique transforme l'acide cholanique en un mélange d'*acides choloïdanique* et *pseudocholoïdanique*. M. Latchinoff avait primitivement admis que, dans cette réaction, l'acide cholanique, pour lequel il adoptait alors la formule de Tappeiner, $C^{20}H^{28}O^6$, se transforme par simple hydratation en *acide choléocamphorique*, $C^{10}H^{16}O^4$ (voyez Acide Choloïdanique), et réciproquement que par perte d'eau l'acide choléocamphorique repasse à l'état d'acide cholanique. Mais M. Cleve a montré qu'une telle relation d'hydrate à anhydride ne peut exister entre ces deux composés [Latchinoff, *D. chem. G.*, **12**, 1518; **13**, 1052; **19**, 1521; *Bull. Soc. Chim.*, (2), **34**, 58; **46**, 490. — P.-T. Cleve, *Bull. Soc. Chim.*, (2), **38**, 131].

L'acide cholanique est tribasique.

Le *cholanate neutre de baryum*,

$$[(C^{25}H^{35}O^7)^2Ba^3, 0,5H^2O], 12H^2O,$$

se présente en lamelles groupées circulairement, solubles dans 24g,25 d'eau à 18°; son pouvoir rotatoire, à la même température, est

$$[\alpha]_D = +49°,37.$$

En traitant une solution alcoolique d'acide cholanique par le tiers de la quantité équivalente de baryte, on obtient un précipité volumineux qui est un mélange des sels mono- et dibarytiques.

L'*éther diéthylique*, $C^{25}H^{36}O^7(C^2H^5)^2, \frac{1}{4}H^2O$, se produit par l'action de l'iodure d'éthyle sur le cholanate de plomb à la température du bain-marie; il fond à 130-131°. Ce composé avait été précédemment décrit par M. Latchinoff comme éther tétréthylique.

L'*éther diméthylique*, $C^{25}H^{36}O^7(CH^3)^2, \frac{1}{4}H^2O$, cristallise en aiguilles fusibles à 174-176°.

Ces éthers possèdent encore la fonction acide : ils forment des sels alcalins très solubles dans l'eau, des sels de baryum et de plomb peu solubles; tels sont les suivants :

$$[C^{25}H^{35}O^7(C^2H^5)^2]^2Ba \quad \text{et} \quad [C^{25}H^{35}O^7(C^2H^5)^2]^2Pb.$$

L'*éther triéthylique*, $C^{25}H^{35}O^7(C^2H^5)^3, \frac{1}{4}H^2O$, obtenu au moyen du cholanate d'argent et de l'iodure d'éthyle, cristallise en fines aiguilles, fusibles à 75-76°.

L'*éther triméthylique*, $C^{25}H^{35}O^7(CH^3)^3, \frac{1}{4}H^2O$, fond à 121°.

Ces éthers ne sont qu'incomplètement saponifiés à l'ébullition par la baryte ou par la soude, qui les transforment en éthers diacides [Latchinoff, *D. chem. G.*, **19**, 474; *Bull. Soc. Chim.*, (2), **46**, 874].

Il semble qu'entre les acides choléique, déhydrocholéique et cholanique il existe les mêmes relations qu'entre les acides cholalique, déhydrocholalique et bilianique. Par oxydation, l'acide choléique perd d'abord 4 atomes d'hydrogène et se transforme en acide déhydrocholéique, qui par addition de 3 atomes d'oxygène passe à l'état d'acide cholanique.

Acide isocholanique. — L'acide cholanique brut, obtenu par l'oxydation de l'acide choléique, contient toujours, d'après M. Latchinoff, 7 ou 8 0/0 d'acide isocholanique, qui peut être séparé de l'acide cholanique grâce à la faible solubilité de son sel de baryum dans l'eau chaude et dans l'eau froide. On purifie l'acide isocholanique en opérant comme pour l'acide isobilianique.

Cet acide cristallise de sa solution dans l'alcool faible en fines écailles, à éclat nacré. Ces cristaux sont anhydres, inaltérables à l'air et fusibles avec légère décomposition à 247-248° (non corr.). Ils renferment $C^{25}H^{38}O^7$ et se distinguent donc de l'acide cholanique par un quart de molécule d'eau en moins; « mais comme le rôle de ce quart de molécule reste jusqu'à présent inexpliqué, il semble permis de considérer ces deux acides comme isomériques » [Latchinoff, *D. chem. G.*, **19**, 1529; *Bull. Soc. Chim.*, (2), **46**, 491].

L'acide isocholanique se dissout à la température de 18-20° dans 4500 parties d'eau, dans 550 parties d'éther absolu et dans 11 parties d'alcool à 94°. Sa solubilité augmente notablement à chaud. En solution alcoolique, et pour une concentration de 1gr,9327 pour 100 centimètres cubes de dissolvant, son pouvoir rotatoire spécifique est $[\alpha]_D = +73°,3$.

Les isocholanates présentent une composition analogue à celle des cholanates.

Le *sel neutre de potassium*, $C^{25}H^{35}O^7K^3$, s'obtient facilement en neutralisant une solution alcoolique de l'acide par une solution titrée de potasse. Sa solution aqueuse concentrée l'abandonne sous la forme de sphérules constitués par un amas d'aiguilles capillaires, inaltérables à l'air, solubles dans l'alcool étendu, difficilement solubles dans l'alcool concentré.

Le *sel acide de potassium*, $C^{25}H^{37}O^7K$, caractérisé par sa faible solubilité, s'obtient en neutralisant par la potasse les 2/5 d'une solution de l'acide libre, puis ajoutant les trois autres cinquièmes de l'acide. Le sel acide se précipite aussitôt sous la forme d'un dépôt cristallin, lourd, soluble à 17° dans 304 parties d'eau, difficilement soluble dans l'alcool fort. Sa solubilité augmente notablement à chaud; par le refroidissement, il se dépose en fines aiguilles, réunies en gerbes. L'acide cholanique ne donne pas de sel analogue.

Le *sel de baryum*, $(C^{25}H^{35}O^7)^2Ba^3$, est amorphe, soluble dans 300 parties d'eau froide, moins soluble encore dans l'eau chaude, insoluble dans l'alcool. Sa solution ne se trouble pas sous l'action d'un courant d'acide carbonique, tandis que le cholanate de baryum donne un abondant précipité.

L'*éther méthylique*, $C^{25}H^{35}O^7(CH^3)^3$, qui s'obtient par l'action de l'iodure de méthyle sur le sel de plomb, cristallise en belles paillettes, fusibles à 135-136°, peu solubles dans l'alcool et dans l'éther; la soude le transforme à la température du bain-marie en *acide méthylisocholanique*,

$$C^{25}H^{37}O^7(CH^3).$$

L'*éther éthylique*, $C^{25}H^{35}O^7(C^2H^5)^3$, cristallise de sa solution dans l'alcool faible en fines aiguilles, aplaties, groupées circulairement, fusibles à 43-50°. Il est un peu plus soluble que le précédent dans l'alcool et dans l'éther [Latchinoff, *D. chem. G.*, **15**, 713 et **19**, 1529; *Bull. Soc. Chim.*, (2), **46**, 491].

Acide choloïdanique (*choléidanique*, *choléocamphorique*). — Cet acide, obtenu d'abord par Theyer et Schlosser en 1844 par l'action de l'acide azotique sur la bile, puis retrouvé par Redtenbacher parmi les produits de l'oxydation de l'acide choloïdique (mélange d'acide cholalique et de dyslysine), a été considéré pendant quelque temps par M. Latchinoff comme isomérique avec l'acide camphorique et décrit par ce chimiste sous le nom d'*acide choléocamphorique*, $C^{10}H^{16}O^4$. Mais M. Cleve ayant démontré que l'acide étudié par M. Latchinoff contenait de l'acide cholanique, cette dénomination et les rapports $C^{10}H^{16}O^4$ furent abandonnés [Theyer et Schlosser, *Ann. Chem.*, **50**, 243. — Redtenbacher, *ibid.*, **57**, 145. — Latchinoff, *D. chem. G.*, **12**, 1518 et **13**, 1052; *Bull. Soc. Chim.*, (2), **34**, 58. — Cleve, *ibid.*, **38**, 131].

L'acide choloïdanique, tel que Redtenbacher l'avait décrit, fut retrouvé plus tard par M. Cleve parmi les produits d'oxydation de l'acide cholalique, à côté d'un peu d'acide cholanique (ce qui indique que l'acide cholalique employé contenait de l'acide choléique). Mais M. Cleve lui attribue la formule $C^{17}H^{26}O^7$ et en fait un acide tribasique. En outre, en oxydant l'acide cholanique par l'acide azotique, ce chimiste a obtenu un acide que Tappeiner avait déjà étudié et qu'il considérait comme identique avec l'acide choloïdanique, mais pour lequel M. Cleve propose au contraire le nom d'*acide pseudocholoïdanique*, $C^{16}H^{24}O^7$.

D'autre part, en oxydant l'acide cholanique par l'acide azotique, M. Latchinoff a obtenu un mélange de deux acides, un *acide choloïdanique*, $C^{25}H^{38}O^{11}$, qui semble être identique avec l'acide pseudocholoïdanique de M. Cleve, et un *acide pseudocholoïdanique*, $C^{25}H^{36}O^{10}$, qui semble au contraire se rapprocher de l'acide choloïdanique de M. Cleve [Cleve, *Bull. Soc. Chim.*, (2), **38**, 131. — Latchinoff, *D. chem. G.*, **19**, 1521; *Bull. Soc. Chim.*, (2), **46**, 490].

1° L'acide choloïdanique de M. Cleve, $C^{17}H^{26}O^7$, cristallise de sa solution dans l'eau bouillante en aiguilles minces et flexibles. Il semble être tribasique.

Le *sel acide d'argent*, $C^{17}H^{23}O^7Ag^2$, est en aiguilles microscopiques, inaltérables à la lumière.

Le *sel de plomb*, $(C^{17}H^{24}O^7)^2Pb \cdot PbO$, est amorphe.

2° L'acide choloïdanique de M. Latchinoff,

$$C^{25}H^{38}O^{11},$$

s'obtient en faisant bouillir pendant quelques heures de l'acide cholanique avec de l'acide azotique ($d = 1{,}28$). On transforme le produit obtenu en sel de baryum, que l'on purifie par des précipitations successives à l'aide de l'alcool. Le rendement est de 53 0/0. L'acide cristallise de sa solution dans l'eau bouillante en aiguilles tellement fines, que la solution se prend par le refroidissement en une gelée. Il est peu soluble dans l'eau froide et dans l'éther, beaucoup plus soluble dans l'alcool. Sa saveur est amère. Il est dextrogyre.

Cet acide est pentabasique et ses sels cristallisent difficilement.

Le *sel de baryum*, $(C^{25}H^{33}O^{11})^2Ba^5, 20H^2O$, se dépose à l'état cristallisé lorsqu'on chauffe au bain-marie sa solution aqueuse saturée à froid. L'évaporation spontanée de sa solution le fournit en gros cristaux prismatiques.

Le *sel d'argent*, $C^{25}H^{33}O^{11}Ag^5$, est amorphe, ainsi que les *sels de cuivre* et *de plomb*.

Le *choloïdanate d'éthyle* ne cristallise pas. Dissous dans la soude, il fournit un *acide éthylcholoïdanique*, cristallisable dans l'acétone.

Acide pseudocholoïdanique (voyez acide Choloïdanique).

1° L'acide pseudocholoïdanique de M. Cleve,

$$C^{16}H^{24}O^7,$$

est difficilement soluble dans l'eau bouillante, qui l'abandonne par le refroidissement en aiguilles flexibles, présentant beaucoup de ressemblance avec l'acide choloïdanique. Il est assez soluble dans l'acide acétique. Le *sel de plomb* est amorphe; le *sel d'argent* est en aiguilles blanches microscopiques.

2° L'acide pseudocholoïdanique de M. Latchinoff, $C^{25}H^{36}O^{10}$, se produit en moindre proportion que l'acide choloïdanique (28 0/0 seulement). On le purifie en préparant, à l'aide du sel de plomb et de l'iodure d'éthyle, l'acide éthylpseudocholoïdanique, qui cristallise facilement. On saponifie ce composé à l'aide de la baryte et on transforme le sel barytique en un sel de plomb, que l'on décompose par l'hydrogène sulfuré.

L'acide se dissout assez facilement dans l'eau bouillante, plus facilement dans l'alcool étendu et chaud, qui l'abandonne en croûtes cristallines, composées de petites sphères. M. Latchinoff l'envisage comme la lactone de l'acide choloïdanique, $C^{25}H^{38}O^{11} - H^2O$.

Le *sel acide de baryum*, $C^{25}H^{34}O^{10}Ba, 10H^2O$, est assez soluble dans l'eau bouillante, qui le laisse déposer en aiguilles aplaties. Le *sel neutre de baryum* et le *sel d'argent* sont amorphes.

L'*acide éthylpseudocholoïdanique*,

$$C^{25}H^{34}(C^2H^5)^2O^{10}, \tfrac{1}{2}H^2O,$$

cristallise en aiguilles fusibles à 245-247° et fournit un *sel de baryum*, $C^{25}H^{32}(C^2H^5)^2O^{10}Ba, H^2O$, qui est en prismes associés en sphérules.

L'*éther méthylique neutre*, $C^{25}H^{32}O^{10}(CH^3)^4$, cristallise dans l'alcool en aiguilles aplaties, fusibles à 127-128°.

L'*acide méthylpseudocholoïdanique* est en aiguilles fusibles à 194-196° [Latchinoff, *D. chem. G.*, **19**, 1521; *Bull. Soc. Chim.*, (2), **46**, 490].

Acide bilique [Syn. *Acide bilinique*]. — M. Egger a obtenu cet acide en oxydant avec ménagement l'acide cholalique au moyen du dichromate de potassium et de l'acide sulfurique étendu.

Il se présente en petites aiguilles incolores, groupées en mamelons. Il est peu soluble dans l'eau froide, plus soluble dans l'éther et très soluble dans l'alcool.

Il renferme $C^{16}H^{22}O^6$; chauffé rapidement, il fond à 190°. Il ne donne pas la réaction de Pettenkofer.

L'acide bilique est bibasique et ses sels paraissent être amorphes. Il offre de grandes analogies avec l'acide cholestérique de Tappeiner. Cet acide n'est qu'incomplètement défini.

ACIDES DE LA BILE DE PORC.

D'après les recherches encore inachevées de M. S. Jolin, la bile de porc contiendrait deux acides glycocholiques : l'*acide α-hyoglycocholique*, difficilement cristallisable, auquel M. Jolin conserve la formule $C^{27}H^{43}AzO^5$, autrefois établie par Strecker, et un nouvel acide, l'*acide β-hyoglycocholique*, $C^{26}H^{43}AzO^5$, amorphe, emplastique, tous deux fournissant par leur dédoublement du glycocolle et, respectivement, les acides α-hyocholalique, $C^{25}H^{40}O^4$, et β-hyocholalique, $C^{24}H^{40}O^4$. Ces deux acides glycocholiques se distinguent principalement par la solubilité de leurs sels de sodium dans les dissolutions salines ($NaCl, SO^4Na^2$,...). Une solution de sulfate de sodium saturée à froid précipite le sel de l'acide α; celui de l'acide β, qui forme d'ailleurs la partie la plus importante de la bile de porc, reste en dissolution et se sépare par concentration sous la forme d'une huile brunâtre, qui se prend à basse température en une masse poisseuse, soluble dans l'alcool, insoluble dans l'éther.

La bile de porc contiendrait aussi au moins un *acide hyotaurocholique*, que M. S. Jolin n'a fait qu'entrevoir [S. Jolin, *Zeit. physiol. Chem.*, **12**, 512 et **13**, 205; *Bull. Soc. Chim.*, (2), **49**, 312].

ACIDES DE LA BILE HUMAINE.

La bile humaine, saponifiée par l'hydrate de baryte, fournit, d'après M. H. Bayer, un acide cholalique différent de celui de la bile de bœuf, l'*acide anthropocholalique*, $C^{18}H^{28}O^4$. Mais, par un examen chimique et cristallographique très soigné, M. Schotten a démontré récemment l'identité absolue des deux acides, qui renferment l'un et l'autre $C^{24}H^{40}O^5$ [H. Bayer, *Zeit. physiol. Chem.*, **2**, 358 et **3**, 292. — C. Schotten, *ibid.*, **10**, 174 et **11**, 268; *Bull. Soc. Chim.*, (2), **48**, 457].

Les résultats différents obtenus par M. Bayer s'expliquent par ce fait que l'acide cholalique retiré de la bile humaine est accompagné d'un autre acide que M. Schotten prit d'abord pour de l'acide choléique, mais qui est en réalité spécial à la bile humaine. C'est l'*acide fellique*, $C^{23}H^{40}O^4$.

Acide fellique. — Cet acide est assez difficile à isoler de l'acide cholalique, car ses sels de baryum et de magnésium cristallisent avec les cholalates correspondants, qui ne peuvent être éliminés que par des lavages réitérés à l'eau bouillante. L'acide peut ensuite être précipité par addition d'acide chlorhydrique à la solution alcoolique de l'un ou l'autre sel.

L'évaporation ou la précipitation par l'eau de sa solution alcoolique le fournit en flocons blancs, amorphes; l'évaporation d'une solution alcolique additionnée d'éther, en lamelles rectangulaires, devenant électriques par le frottement. Sa saveur est amère. Il présente le pouvoir rotatoire droit. A l'état amorphe, il fond à 120°, puis se décompose en donnant des vapeurs à odeur de térébenthine. Il donne la réaction de Pettenkofer, mais avec une coloration rouge foncé ou tirant vers le bleu.

Le *fellate de baryum*, $(C^{23}H^{39}O^4)^2Ba, 4H^2O$, est soluble dans l'alcool dilué, d'où l'eau le précipite en longues aiguilles groupées en étoiles. Il se dissout dans 700 ou 800 parties d'eau froide ou bouillante.

Le *fellate de magnésium*,

$$(C^{23}H^{39}O^4)^2Mg, 2,5H^2O,$$

est à peu près insoluble dans l'eau. L'eau le sépare de sa solution alcoolique en aiguilles blanches, soyeuses, paraissant appartenir au système du prisme rectangulaire.

MATIÈRES COLORANTES BILIAIRES.

Bilirubine. — Une solution chloroformique de bilirubine, traitée par 1 ou 2 volumes d'une solution de sulfodiazobenzène (1 gramme d'acide sulfanilique, 15 centimètres cubes d'acide chlorhydrique et 0gr,1 de nitrite de sodium dans 1 litre), puis additionnée d'alcool jusqu'à ce que la liqueur soit redevenue claire, se colore en rouge. En ajoutant goutte à goutte de l'acide chlorhydrique, on produit une coloration violette qui passe au bleu. L'addition ménagée d'un peu d'une lessive alcaline fournit deux couches séparées par un anneau rouge, une supérieure bleue, une inférieure alcaline d'un vert bleuâtre [Ehrlich, *Zeit. analyt. Chem.*, **23**, 276].

Pour la recherche de la bilirubine dans un liquide quelconque, on additionne ce dernier de 5 ou 6 volumes d'alcool absolu et on filtre rapidement. On ajoute ensuite goutte à goutte le réactif diazoïque (200 centimètres cubes d'une solution chlorhydrique d'acide sulfanilique + 5 centimètres cubes d'une solution de nitrite de sodium à 0,5 0/0). Le liquide, d'abord jaune, devient ensuite rouge. L'addition d'acide chlorhydrique, puis de soude, produit les phénomènes de coloration indiqués plus haut [Ehrlich, *Maly's Jahresb.*, **17**, 444]. La bilirubine seule présente cette réaction.

MM. Morrigia et Capranica ont annoncé que la bilirubine en solution chloroformique se transforme intégralement en biliverdine sous l'action des rayons solaires et sans intervention aucune de l'oxygène atmosphérique. Ce résultat, qui est en contradiction avec des expériences très concluantes de M. Maly (Suppl., **1**, 355), s'explique peut-être, comme le fait remarquer M. Andreasch, par la présence du phosgène dans le chloroforme employé. Déjà Stædeler avait signalé cette cause d'erreur [Morrigia, *Maly's Jahresb.*, **12**, 301. — S. Capranica, *ibid.*, 302].

D'après M. Thudichum, la matière colorante verte observée dans cette réaction par M. Capranica n'est pas de la biliverdine, mais un mélange de trois corps qui se dissolvent, l'un dans l'éther avec une coloration verte, le second dans le chloroforme avec la même coloration, le troisième dans l'alcool qui devient brun-verdâtre. Ces corps seraient des dérivés chlorés résultant de l'action qu'exercent sur la bilirubine les produits de décomposition du chloroforme exposé à la lumière solaire [Thudichum, *Maly's Jahresb.*, **15**, 322].

La fermentation ammoniacale de l'urine détruit en peu de jours la bilirubine contenue dans les urines ictériques [Salkowski, *Zeit. physiol. Chem.*, **12**, 211; *Bull. Soc. Chim.*, (2), **49**, 889].

Biliverdine. — Elle a été signalée par M. Krukenberg parmi les matières colorantes des coquilles d'œufs de certains oiseaux, des coquilles de plusieurs mollusques gastéropodes (*Haliotis californis*, *Turbo orlearius*, *T. radiatus*, etc.) [Krukenberg, *Maly's Jahresb.*, **13**, 322 et 324], par M. Mac Munn dans le mésoderme de l'*Actinia mesembryanthemum* [*ibid.*, **15**, 323]. Mais cette production de biliverdine par les invertébrés est loin d'être établie avec certitude.

Dans une bile recueillie chez une femme par une fistule d'origine chirurgicale, M. Mac Munn ne put trouver que de la biliverdine; la bilirubine manquait totalement.

Autres matières colorantes. — La bilirubine (en solution chloroformique), la biliverdine (en solution alcaline ou alcoolique) et la bile en nature (bile de porc, de bœuf, de chien, d'homme) ne présentent en général au spectroscope aucune bande caractéristique. L'absorption croît régulièrement du rouge au violet [Vierordt, *Maly's Jahresb.*, **4**, 80. — Heynsius et Campbell,

Pflüger's Arch., 4, 540]. mais cette règle n'est pas absolue. D'autres matières colorantes peuvent, à l'état normal ou pathologique, modifier notablement ce spectre.

1° MM. E. Wertheimer et E. Meyer ont trouvé sur plus de 60 chiens adultes une bile présentant les caractères spectroscopiques suivants : Dans le rouge apparaît une bande allant de $\lambda = 675$ à $\lambda = 653$, c'est-à-dire qu'elle est située entre B et C, bordant et même recouvrant parfois C. Son bord droit est assez net, tandis que son bord gauche se confond parfois, pour des biles concentrées, avec l'extrémité obscure du spectre. Entre C et D et tout près de D ($\lambda = 615$-590 environ), on voit une seconde bande moins apparente et pouvant facilement passer inaperçue. Sous l'action de l'ammoniaque, ces deux bandes se déplacent presque immédiatement vers la droite, la première allant maintenant de $\lambda = 665$ à $\lambda = 638$ et se détachant nettement de l'extrémité obscure du spectre, la seconde débordant largement la raie D ($\lambda = 605$-582 environ). Ces caractères sont exactement ceux que MM. Heynsius et Campbell [*loc. cit.*, 525] attribuent à la *bilicyanine* en solution neutre ou alcaline. Ce corps serait le même que celui que Stokwis a décrit sous le nom de *cholé-verdine*. En effet, s'il est bleu en solution acide (comme dans la réaction de Gmelin avec l'acide nitrique nitreux), il est vert en solution alcaline [E. Wertheimer et E. Meyer, *Arch. de Physiol.*, (5), 1, 440].

2° La bile, prise dans la vésicule de 1 à 3 heures après la mort, présente très souvent le spectre de l'*oxyhémoglobine*, dont le passage dans la bile est dû à l'action exercée par ce liquide, après la mort, sur les vaisseaux sanguins de la paroi vésicale. D'après MM. Wertheimer et Meyer, ce phénomène est constant chez le chien, même lorsqu'on prend la précaution d'ouvrir la vésicule au thermocautère.

Durant la vie, l'oxyhémoglobine apparaît aussi dans la bile chez les animaux refroidis ou intoxiqués par l'aniline, les toluidines, etc. [E. Wertheimer et E. Meyer, *C. R. Soc. biol.*, décembre 1888, janvier et juillet 1889. — Wallez, *Thèse*, Lille, 1889].

3° La bile du mouton et celle du bœuf contiennent fréquemment un pigment caractérisé par quatre bandes d'absorption qui occupent les positions suivantes : I, $\lambda = 649$; II, $\lambda = 613$-585; III, $\lambda = 577,5$-$561,5$; IV, $\lambda = 537$-$521,5$. M. Mac Munn a donné à ce pigment le nom de *cholohématine*. Les réducteurs, tel que le sulfure d'ammonium, font apparaître le spectre si caractéristique de l'hémochromogène. MM. Wertheimer et Meyer ont observé d'une façon constante le spectre à 4 bandes de la cholohématine pour la bile de mouton; celle du bœuf ne présente ce phénomène qu'environ 1 fois sur 4 ou 5. De plus, sur environ 50 échantillons de bile de mouton, ces auteurs ont constaté que 1 fois sur 5 ou 6 le pigment en question semble être d'une nature différente, puisque les bandes III et IV ne sont nullement modifiées par l'agent réducteur : en d'autres termes que le spectre de l'hémochromogène n'apparaît pas.

M. Mac Munn a essayé d'isoler la cholohématine en agitant avec du chloroforme la bile préalablement débarrassée de mucus. Le résidu abandonné par le chloroforme est vert et se dissout dans l'alcool avec une coloration brun-olive, qui passe au vert en présence des acides minéraux. En même temps le spectre se modifie. M. Mac Munn considère ce pigment comme un produit de réduction de l'hématine, puisque, en traitant à basse température l'hématine par l'amalgame de sodium, on obtient un corps présentant exactement le spectre de la cholohématine [Mac Munn, *Journ. of Physiol.*, 6, 22-39; *Maly's Jahresb.*, 15, 322. — E. Wertheimer et E. Meyer, *Arch. de Physiol.* (5), 1, 602].

4° Chez les chiens intoxiqués par l'aniline ou artificiellement refroidis, on constate parfois que la bile présente, outre les deux bandes de l'oxyhémoglobine, une bande située dans le rouge orangé, très étroite, mais très foncée, correspondant à $\lambda = 620$-625, c'est-à-dire au milieu de l'espace qu'occupe la première bande de la méthémoglobine en solution acide. Ce spectre ressemble assez à celui qu'offrirait une solution assez concentrée d'oxyhémoglobine mélangée à une faible quantité de méthémoglobine. Le sulfure d'ammonium fait apparaître aussitôt la bande de l'hémoglobine, mais la bande dans le rouge ne disparaît pas, contrairement à ce qui se passe, en pareil cas, pour celle de la méthémoglobine [E. Wertheimer et E. Meyer, *loc. cit.*, 600].

La bile normale des jeunes chiens présente parfois un spectre identique à celui qui vient d'être décrit, mais sur lequel le sulfure d'ammonium n'exerce aucune action, c'est-à-dire qu'on voit persister, en présence du réducteur, non seulement la bande située dans le rouge, mais encore les deux bandes de la région D — E. De même les alcalis n'ont aucune influence sur ce spectre. La matière colorante qui donne un tel spectre n'est donc ni de l'hémoglobine, ni de la méthémoglobine. MM. Wertheimer et Meyer lui ont donné provisoirement le nom de *cholométhémoglobine*.

FORMATION DES PRINCIPES BILIAIRES.

ACIDES BILIAIRES. — La copule azotée des acides biliaires, c'est-à-dire le glycocolle et la taurine, se forme évidemment aux dépens des matières albuminoïdes. Les expériences de dédoublement des matières albuminoïdes de M. Schützenberger ne laissent aucun doute en ce qui concerne le glycocolle. Quant à la taurine, elle révèle suffisamment, par son caractère de principe sulfuré, son origine albuminoïde.

La production de ces deux corps semble néanmoins être assez indépendante de l'ensemble des phénomènes de désassimilation des albuminoïdes, ainsi que M. Spiro et M. Kunkel l'ont démontré sur des chiens porteurs de fistules biliaires. Lorsque la proportion d'albumine ingérée par l'animal était portée de 1 à 8, la quantité d'azote et de soufre éliminée par la bile variait à peine du simple au double [Kunkel, *Maly's Jahresb.*, 6, 192. — Spiro, *ibid.*, 10, 328].

Quant au reste cholalique, non azoté, il ne provient pas nécessairement des albuminoïdes, mais on ne peut faire à ce sujet que des hypothèses toutes gratuites.

Le lieu de production des acides biliaires est évidemment le foie. On sait que ces acides font défaut dans le sang à l'état normal. Or, si on lie chez un chien le canal cholédoque, on constate que les éléments de la bile, et notamment les acides biliaires, passent par les lymphatiques du foie dans le canal thoracique, et de là dans le sang. Si au contraire on lie en même temps le canal cholédoque et le canal thoracique, on voit ce dernier se remplir de lymphe, mais on ne trouve plus dans le sang trace d'acides biliaires [E. Fleischl, in *Bunge's Lehrb. der physiol. Chem.*, Leipzig, 1889, 332]. — Ces résultats ont été confirmés par MM. Minkowski et Naunyn, qui ont réussi à pratiquer chez des oiseaux l'extirpation du foie. Cette opération ne réussit pas chez les mammifères, à cause de la stase sanguine qu'elle produit dans le système porte; mais les oiseaux la supportent, par la raison qu'il existe chez eux une communication entre la veine porte et la veine rénale, et qu'après l'extirpation du foie le système porte communique encore par le rein avec la veine cave inférieure. Or MM. Minkowski et Naunyn, en opérant sur des oies, n'ont jamais pu observer l'accumulation des acides biliaires dans le sang après l'extirpation du foie [Minkowski et Naunyn, *Arch. f. exp. Pathol.*, **21**, 6].

MATIÈRES COLORANTES. — La production des matières colorantes biliaires n'a été constatée jusqu'à présent avec certitude que chez les vertébrés. Il semble que ces substances n'apparaissent dans la série animale qu'avec les globules sanguins. M. Hoppe-Seyler les a vainement recherchées chez le plus dégradé des mammifères, l'amphioxus, qui ne possède pas de globules et chez lequel existe cependant une glande hépatique, sorte de diverticulum en cul-de-sac du canal intestinal, donnant l'image assez exacte du premier stade embryonnaire du foie chez les vertébrés supérieurs [Hoppe-Seyler, *Pflüger's Arch.*, **14**, 399].

Les relations qui existent entre les matières colorantes de la bile et celles du sang ont déjà été signalées (voyez Suppl., **1**, 353). MM. Nencki et Sieber ont essayé de les préciser récemment : en adoptant pour l'hématine une nouvelle formule, très voisine de celle de la bilirubine, ces auteurs essayent de résumer le phénomène dans l'équation de transformation que voici :

$$\underset{\text{Hématine.}}{C^{32}H^{32}Az^4O^4Fe} + 2\,H^2O - Fe = \underset{\text{Bilirubine.}}{C^{32}H^{36}Az^4O^6}$$

D'après M. Hoppe-Seyler, toute tentative de ce genre serait actuellement prématurée [M. Nencki et N. Sieber, *D. chem. G.*, **17**, 2267. — Hoppe-Seyler, *ibid.*, **18**, 601 ; *Bull. Soc. Chim.*, (2), **45**, 90 et 738].

Quoi qu'il en soit, l'origine hématique des pigments biliaires est nettement démontrée par de nombreuses observations. L'identité de l'hématoïdine des vieux foyers sanguins avec la bilirubine, aujourd'hui bien établie, en fournit une preuve directe. D'autre part, par l'action de l'acide bromhydrique sur l'hématine, MM. Nencki et Sieber ont obtenu une *hématoporphyrine* $C^{16}H^{18}Az^2O^3$, qui serait un isomère de la bilirubine, si toutefois on veut revenir pour cette dernière à l'ancienne formule de Strecker en C^{16}, et que les réducteurs transforment en une substance présentant les réactions spectrales et les propriétés de fluorescence de l'urobiline [Nencki et Sieber, *Mon. f. Chem.*, **9**, 115].

En injectant à des pigeons leur propre sang sous la peau, M. Langhans a pu constater, dès le deuxième ou le troisième jour, la disparition de l'hémoglobine du caillot, et son remplacement par la bilirubine et la biliverdine. Chez le chien, ce phénomène ne se produit guère, à la suite d'injections sous-cutanées, que vers le neuvième jour, mais au contraire dès la trente-sixième heure déjà, à la suite d'injections de sang dans la cavité péritonéale (Quincke). Enfin M. von Recklinghausen, en observant au microscope du sang de grenouille maintenu dans la chambre humide, à l'abri de la putréfaction, pendant 3-10 jours, a vu le sérum prendre une coloration vert-pré, suivie peu à peu de la production d'aiguilles d'un brun rouge, ressemblant absolument aux cristaux d'hématoïdine. Par addition de papaïne ou de pancréatine en solution glycérique, M. von Recklinghausen a pu provoquer à volonté ce verdissement du sérum [Langhans, *Virchow's Arch.*, **49**, 66. — H. Quincke, *ibid.*, **95**, 125. — Cordua, *Ueber den Resorptions-mechanismus von Blutergüssen*, Berlin, 1877. — F. von Recklinghausen, *Handb. der allgem. Path. d. Kreislaufes und der Ernährung*, Stuttgart, 1883, 434].

Les observations cliniques confirment entièrement ces expériences de laboratoire. Toute extravasation de sang dans les tissus par une cause quelconque (hémorrhagies cérébrales, infarctus pulmonaires, hématocèle, ecchymoses étendues, hémorrhagies péritonéales à la suite de grossesses extra-utérines, etc.) amène l'élimination par les urines de quantités considérables d'urobiline, matière colorante dont les relations avec la bilirubine sont nettement établies.

Il est donc certain que les pigments biliaires peuvent se produire dans les tissus, directement aux dépens de l'hémoglobine. C'est aux dépens de la même matière première que le foie élabore à l'état normal les matières colorantes biliaires. Ce fait ressort avec une netteté suffisante des expériences de MM. Vossius, Stadelmann, etc., encore que quelques-unes d'entre elles prêtent à des interprétations contradictoires [voyez la bibliographie de cette question in : Minkowski et Naunyn, *Arch. f. exp. Path.*, **21**, 9].

Enfin on a admis aussi dans ces dernières années que les pigments biliaires peuvent prendre naissance au sein de la masse sanguine elle-même. On constate en effet que la bilirubine apparaît fréquemment dans les urines chaque fois que l'on provoque la dissolution des globules et le passage de l'hémoglobine dans le plasma (par exemple, par injection dans les veines de grandes quantités d'eau, d'éther, de chloroforme, etc.). Mais la question se pose ici de déterminer si le foie n'intervient pas dans la transformation en bilirubine de l'hémoglobine ainsi dissoute. M. Vossius a constaté, à l'aide de la méthode spectrophotométrique, que la bilirubine injectée dans le sang passe aussitôt dans la bile ; au contraire, en injectant de l'hémoglobine dans les veines, M. Stadelmann a vu l'excrétion de la bilirubine par la bile n'augmenter qu'après 2 ou 3 heures. En outre, cette augmentation s'est prolongée durant 20 ou 24 heures. Ce retard indique, suivant M. Stadelmann, que l'élaboration de ce surplus de bilirubine s'est faite dans le foie.

On touche ici à un problème de chimie pathologique qui a été fréquemment agité dans ces dernières années. On s'est demandé en effet si, dans l'ictère, les matières colorantes qui infiltrent les tissus sont toujours d'origine hépatique : en d'autres termes, si l'ictère implique toujours un trouble dans les fonctions du foie ; et de divers côtés on a séparé de l'ictère ordinaire, produit *mécaniquement* par stase biliaire (*ictère hépatogène*), l'ictère *chimique* (ictère *hématogène*, *anhépatogène*), résultant d'une production exagérée de pigments biliaires, aux dépens de l'hémoglobine des globules transsudée dans le plasma et transformée sur place en bilirubine. C'est dans cette catégorie des ictères chimiques que l'on a fait rentrer ceux qui accompagnent certains empoisonnements (par le chloroforme, l'éther, les morilles, l'hydrogène arsénié, la crésylène-diamine, etc...) ou quelques maladies infectieuses graves (fièvres typhoïde, malaria, pyohémie). Dans ces divers cas, on a pu constater le passage de l'hémoglobine dans le sang, soit par l'examen direct du sang, soit par l'hémoglobinurie intense qui souvent accompagne l'ictère. Des travaux très nombreux qui ont été faits dans cette direction, nous ne retiendrons qu'une expérience de MM. Minkowski et Naunyn. On extirpe le foie à une oie (voyez plus haut, p. 706) et on la soumet, en même temps qu'une oie normale, à des inhalations d'hydrogène arsénié. L'animal normal élimine, une demi-heure après, une urine chargée de biliverdine, et cette élimination, très abondante, se prolonge pendant deux jours. L'urine de l'animal opéré ne contient, au contraire, un peu de biliverdine qu'immédiatement après les inhalations, mais une demi-heure plus tard on n'y trouve plus que de l'hémoglobine, sans traces de matières colorantes biliaires. Cette expérience démontre évidemment que l'ictère produit chez l'animal normal est d'origine hépatique. En général, on tend à admettre aujourd'hui que l'ictère a toujours cette origine, et que les ictères dits « hématogènes » sont en réalité des ictères par stase biliaire, due à une polycholie brusque et exagérée [voyez l'exposé d'ensemble fait sur cette question par MM. Minkowski et Naunyn, *loc. cit.*; voyez aussi Quincke, *Virchow's Arch.*, **95**, 125].

Les destinées du fer qui devient libre au cours de la transformation de l'hématine en bilirubine sont encore inconnues. La bile ne contient le fer qu'à l'état de traces (voyez p. 696), mais le tissu hépatique lui-même, totalement débarrassé de sang par lavage des vaisseaux, est très riche en fer, et semble contenir ce métal sous la forme de combinaisons dont les unes sont analogues aux albuminates métalliques, c'est-à-dire cèdent facilement leur fer aux liquides acides, tandis que les autres sont des sortes de nucléines ferrugineuses (voyez HÉMATOGÈNE, HÉPATINE). On doit à M. Zaleski un travail critique et expérimental très étendu sur cette question [St. Zaleski, *Zeit. physiol. Chem.*, **10**, 453].

ROLE PHYSIOLOGIQUE DE LA BILE.

A défaut d'une théorie complète, on possède aujourd'hui sur cette question, si discutée et si obscure encore il y a quelques années, un ensemble de données précises et assez bien coordonnées.

Il est certain, tout d'abord, que la bile n'est pas, comme on l'a soutenu parfois, un produit de simple excrétion, reflétant comme l'urine, par exemple, toutes les oscillations qui se produisent dans l'alimentation et dans les mutations de matière. Les expériences de M. Spiro et de M. Kunkel, citées plus haut, sont à cet égard tout à fait démonstratives. Du reste, et bien qu'en physiologie il faille n'user qu'avec beaucoup de réserve de ce genre de raisonnement, il eût été surprenant, en se plaçant à un point de vue téléologique, qu'un produit de pure excrétion vînt se déverser tout à côté de sucs digestifs, et surtout si loin de l'extrémité inférieure du tube intestinal. La structure très particulière de la glande hépatique plaide également contre cette conclusion. Enfin on remarquera que les matériaux solides de la bile subissent dans l'intestin une résorption presque totale. L'excrétion proprement dite, par la voie biliaire, est très faible.

Un plus grand nombre de physiologistes ont accordé à la bile un rôle digestif. M. Bunge fait remarquer ici très justement que la sécrétion de la bile commence dès le 3e mois de la vie intra-utérine, tandis que les autres glandes annexées au tube digestif n'entrent en activité qu'après la naissance. Ce fait assigne évidemment à la bile une place à part parmi tous les sucs digestifs [Zweifel, *Unt. über den Verdauungsapparat des Neugeborenen*, Berlin, 1874. — W. Preyer, *Specielle Physiol. des Embryo*, Leipzig, 1885. — Bunge, *Lehrbuch d. physiol. Chem.*, Leipzig, 1889, 193].

Action de la bile sur les aliments simples. — L'étude de l'action que la bile exerce *in vitro* sur les aliments simples ne fournit pas, sur le rôle digestif de cette humeur, les conclusions décisives auxquelles a conduit un examen analogue des autres liquides digestifs. Voici en effet ce que l'on constate à ce sujet :

La bile n'exerce aucune action digestive sensible sur les matières albuminoïdes. Son action sur les matières amylacées est tout à fait négligeable. Elle n'est sensible que si l'on agit sur de l'amidon cuit, et l'on sait que, dans ces conditions, l'extrait aqueux de tous nos tissus manifeste un faible pouvoir diastasique. Quelques légères différences ont été observées à ce sujet sur la bile des mammifères domestiques [Maly, in *Hermann's Handb. d. Physiol.*, **5**, 1re partie, 177, Leipzig, 1880].

Enfin, la bile possède le pouvoir d'émulsionner les corps gras liquides, mais l'émulsion est peu durable et, sous ce rapport, la bile est infiniment moins active que le suc pancréatique. Il n'en est plus de même lorsque la bile a été agitée préalablement avec un acide gras libre, ou plus simplement avec une graisse neutre en état de rancissement avancé. Marcet a montré le premier que dans ces conditions il se forme, aux dépens des sels alcalins de la bile, des savons qui ont pour effet de rendre l'émulsion beaucoup plus stable. Ainsi 2 parties de bile, préalablement agitées avec de l'acide palmitique fondu, donnent, avec 1 partie d'huile d'olive, une émulsion qui, même au bout de 2 jours, ne laisse pas apparaître la moindre couche d'huile. Or on sait que dans l'intestin les graisses neutres sont dédoublées par le suc pancréatique en acides gras libres et en glycérine. Dans l'expérience que l'on vient de citer, la bile peut être remplacée par une simple solution de carbonate ou de phosphate de sodium, ce qui indique qu'elle n'intervient dans le phénomène que par l'élément alcalin de ses sels. A ce propos, M. Maly fait très justement ressortir la disproportion qui apparaît ici entre la complexité de composition du liquide biliaire et l'extrême simplicité des agents chimiques (carbonate de sodium, phosphate de sodium) qui peuvent être substitués à la bile dans la production du phénomène de l'émulsion.

En résumé, la bile, après l'intervention du suc pancréatique, peut contribuer activement à l'émulsion des graisses. Mais dans cette action, qui est celle d'un sel alcalin facilement décomposable, on ne saisit rien de spécifique, nous voulons dire rien qui soit en rapport avec la nature spéciale des principes biliaires [Marcet, *The medical Times and Gazette*, nouv. sér., **17**, 209. — Brücke, *Sitzungsb. d. Wiener Akad. Math.-nat. Classe*, **61**, 2e part., 362. — J. Steiner, *Du Bois Reymond's Arch.*, 1874, 286. — J. Gad, *ibid.*, 1878, 181. — M. von Frey, *ibid.*, 1881, 382. — G. Quincke, *Pflüger's Arch.*, **19**, 129. — Maly, in *Hermanns Handb. d. Physiol.*, **5**, 1re part., 183].

Rôle de la bile dans la digestion et dans l'absorption. — L'expérimentation physiologique, tout en vérifiant nettement ces conclusions, fournit en même temps quelques données nouvelles. Dans leurs classiques recherches sur les chiens porteurs de fistules biliaires, Bidder et Schmidt ont montré par l'analyse des excréments que, malgré l'absence de bile, la digestion de la viande et des hydrocarbonés est à peu près complète, que celle des graisses, au contraire, est réduite au 1/5 ou au 1/7 de ce qu'elle était avant l'opération [Bidder et Schmidt, *Die Verdauungssäfte und der Stoffwechsel*, Mitau u. Leipzig, 1852, 219]. Par une expérience des plus élégantes et qui est la contrepartie d'une observation classique de Cl. Bernard, M. Dastre a montré récemment que la bile n'intervient utilement dans la digestion des graisses que lorsque son action s'ajoute à celle du suc pancréatique. Cl. Bernard avait fait cette remarque, que chez le lapin, dont le canal cholédoque s'ouvre dans le duodénum au-dessus de l'orifice du canal pancréatique, les chylifères ne sont laiteux, c'est-à-dire gorgés de graisses, qu'en dessous de l'orifice du canal pancréatique, tandis qu'ils restent transparents au niveau de la portion du duodénum qui ne reçoit que la bile. M. Dastre, renversant les termes de l'expérience, lia chez le chien le canal cholédoque et pratiqua une fistule cholécysto-intestinale, par laquelle il fit couler la bile dans l'intestin au-dessous de l'orifice du canal pancréatique. Après un fort repas de graisse, on trouva que les chylifères n'étaient laiteux qu'à partir du niveau où la bile ajoutait son action à celle du suc pancréatique [Dastre, *C. R. Soc. biol.*, 1887, 728 et 787].

Bidder et Schmidt ont établi néanmoins, par l'analyse du chyle du canal thoracique, qu'en l'absence de la bile l'absorption des graisses n'est pas complètement suspendue.

Ces résultats sont conformes à ce que l'on sait sur le pouvoir émulsif de la bile. Mais il est possible que la bile intervienne aussi dans l'acte même de l'absorption. En effet, Wistinghausen a montré que de l'huile, séparée d'une solution aqueuse de bile ou d'un liquide alcalin par une membrane animale, passe sans l'intervention d'aucune pression à travers la membrane lorsque celle-ci est préalablement bien imbibée de bile; qu'une forte pression est, au contraire, nécessaire lorsque la membrane est imbibée d'eau. Il est facile de constater, d'autre part, que des gouttelettes de graisse s'étalent à la surface de la bile [Wistinghausen, *Experimenta quædam endosmotica*, etc. Dissert., Dorpat, 1851, trad. par J. Steiner, *Du Bois Reymond's Arch.*, 1873, 317. — Voy. aussi les résultats différents obtenus par M. Gröper, *ibid., physiol. Abth.*, 1889, 505]. Cette expérience est très instructive, mais l'épithélium intestinal ne doit pas être assimilé à une membrane morte; ses cellules interviennent par leur activité propre et peut-être la bile agit-elle ici comme un stimulant physiologique de cette activité. M. Thanhofer a cru observer, sur le duodénum de la grenouille, que les cellules épithéliales des villosités émettent des prolongements, sortes de pseudopodes animés de mouvements analogues à ceux des cils vibratiles et qui poussent vers l'intérieur de la cellule des globules graisseux parvenus à leur contact. Les villosités qui présentaient ce phénomène avec le plus de netteté étaient fortement imbibées de bile. Mais cette observation n'a pu être vérifiée, et d'après M. Haidenhain on ne saurait, sans dépasser les faits, rien affirmer en dehors de ces deux choses : 1° la bile contribue à l'émulsion des corps gras; 2° par l'intermédiaire de la bile, les graisses peuvent *mouiller* la surface intestinale, ce qui doit favoriser leur absorption [L. V. Thanhofer, *Pflüger's Arch.*, **8** 406. — Haidenhain, *ibid.*, **43**, *Supplementheft*, 91].

Quoi qu'il en soit, le rôle prépondérant de la bile dans la digestion et dans l'absorption des graisses est aujourd'hui nettement établi, et il n'est pas sans intérêt de rappeler à ce propos que les graisses figurent précisément parmi les cholagogues les plus efficaces que nous connaissions (voyez plus haut).

Rôle antiseptique de la bile. — La bile a peut-être un autre rôle plus général. On a signalé précédemment les propriétés antiseptiques des acides biliaires, et spécialement de l'acide taurocholique. Ce sont encore les recherches de Bidder et Schmidt qui ont fourni sur ce sujet les premières indications. Ces auteurs avaient signalé, outre la voracité des chiens porteurs de fistules biliaires, l'odeur repoussante de leurs excréments, la quantité considérable de gaz intestinaux fétides qu'ils éliminent. Les animaux sont paresseux, maigres; leurs poils tombent. Ils présentent tous les signes d'une altération profonde de la nutrition, d'une véritable intoxication, et ces phénomènes semblent indiquer que l'influence exercée par la bile s'étend à l'ensemble même des actes digestifs. Cette action générale s'explique, d'après M. Maly par le rôle d'antiseptique que jouent dans l'intestin les acides biliaires, et spécialement l'acide taurocholique (voyez plus haut). Grâce à la présence de ces acides, les phénomènes putréfactifs que nous voyons succéder si rapidement à la digestion pancréatique *in vitro* des albuminoïdes, seraient réduits à un minimum, et l'organisme se trouverait ainsi préservé de la résorption de produits toxiques d'origine microbienne. Ainsi s'expliquerait le cortège d'accidents observés par Bidder et Schmidt sur les chiens privés de bile, et ce fait que très souvent ces animaux, malgré leur effrayante voracité, finissent par succomber dans le marasme et sans qu'il soit possible de trouver à l'autopsie de lésions bien apparentes [Maly, *Hermann's Handbuch. d. Physiol.*, **5**, 1re partie, 183].

Ces conclusions sont en parties contredites par des expériences très curieuses de M. Voit. Pour ce physiologiste, tous les accidents observés sur les chiens privés de bile sont dus uniquement à la non absorption de la graisse. Lorsqu'on nourrit ces animaux avec de la viande maigre et du pain, fournis en abondance, ils restent en bonne santé et maintiennent leur poids. Si on ajoute au contraire à leurs aliments 150 ou 200 grammes de graisse (quantité dont ils digèrent à l'état normal jusqu'aux 99 centièmes), on constate que les 3/5 passent dans les excréments. Mais bientôt se crée un cercle vicieux pathologique. Cette graisse non résorbée enrobe les autres aliments, les soustrait à l'action des sucs digestifs, si bien que l'absorption va en diminuant, et que le bol fécal, de plus en plus riche en albuminoïdes, devient le siège de phénomènes putrides de plus en plus intenses. L'animal tend à réduire ses pertes en augmentant la proportion d'aliments ingérés; mais comme il augmente en même temps la proportion absolue des graisses, les inconvénients signalés plus haut vont en s'aggravant, la diarrhée s'installe, et finalement l'animal meurt d'inanition lente [Voit, *Maly's Jahresb.*, **12**, 299].

L'inanition est-elle la seule cause directe de la mort? Il est permis d'en douter. Que la nonrésorption de la graisse et l'influence fâcheuse qu'elle exerce sur la digestion en général, puissent à la longue mettre l'animal en déficit, cela n'est pas douteux. Mais la fétidité de l'haleine des chiens opérés, la diarrhée chronique qui achève de troubler leurs fonctions digestives, l'état de marasme dans lequel ils tombent, semblent bien indiquer que les phénomènes de putréfaction intestinale, et les intoxications qui peuvent en résulter, prennent une part dans la pathogénie des symptômes observés. A la vérité, M. Röhmann, dans une série d'expériences qui semblent fort bien conduites, n'a constaté chez des chiens privés de bile aucune augmentation sensible dans la proportion des acides sulfoconjugués de l'urine, qui peuvent servir, comme on le sait, de mesure à l'intensité des phénomènes de putréfaction intestinale. Mais il est à remarquer que les animaux opérés par M. Röhmann n'ont présenté, même avec une alimentation assez riche en graisses, aucun des accidents si nettement observés par Bidder et Schmidt et par M. Voit, et, en particulier, ni selles diarrhéiques, ni production abondante de gaz fétides. La raison de cette différence nous échappe, mais il est certain que les deux séries d'expériences cessent par ce fait d'être comparables, et que de nouvelles recherches sont nécessaires [Röhmann, *Maly's Jahresb.*, **12**, 295].

Il ressort aussi des expériences de M. Voit ce fait inattendu, que la coloration gris-blanchâtre que prennent les excréments des chiens privés de bile, ou des ictériques, ne provient pas de l'absence de matières colorantes biliaires, mais de la nonabsorption des graisses. Si l'on épuise ces excréments par l'éther, la coloration brunâtre des selles, après une alimentation de viande, reparaît aussitôt. Chez ces mêmes animaux, les selles reprennent leur coloration et leur consistance poisseuse dès qu'on les nourrit avec de la viande bien dégraissée.

Notons enfin que de faibles proportions de bile suffisent pour arrêter la digestion salivaire ou pepsique. En outre, dans le duodénum, par ses acides biliaires mis en liberté par l'acide du suc gastrique, la bile précipite toutes les matières albuminoïdes non peptonisées, mais n'agit pas sur les peptones, comme on l'admettait jadis.

Quant à la digestion pancréatique des albuminoïdes, elle n'est pas influencée sensiblement par la bile, en milieu neutre ou alcalin [voyez plus haut. — Maly, *loc. cit.*, 182. — Chittenden et Cummins, *Maly's Jahresb.*, **15**, 319].

E. Lambling.

BINAPHTOL,

$$C^{20}H^{14}O^2 = \begin{array}{l} C^{10}H^6.OH \\ | \\ C^{10}H^6.OH \end{array}$$

(voyez Suppl., **1**, 649).

Dérivé α. — M. P. Julius [*Mon. Scient.*, 1887, 1065] recommande, pour la préparation de l'α-binaphtol, d'introduire une solution de 50 grammes d'α-naphtol et de 15 grammes de soude caustique dans 3^{lit},500 d'eau dans une solution de 80 grammes de perchlorure de fer et de 55 grammes d'acide chlorhydrique dans 1 litre d'eau. Il se forme un précipité, qu'on lave avec beaucoup d'eau et qu'on fait cristalliser dans l'alcool. On obtient ainsi une poudre cristalline, fusible à 296-299°. Le rendement atteint 70-75 0/0 de la théorie.

Éther diéthylique,

$$\begin{array}{l} C^{10}H^6.OC^2H^5 \\ | \\ C^{10}H^6.OC^2H^5 \end{array}$$

— Il se produit par l'action de l'iodure d'éthyle sur la solution alcoolique et alcaline de l'α-binaphtol, et cristallise dans un mélange de benzène et d'alcool absolu en tables brillantes, fusibles à 211° [Ostermayer et Rosenhek, *D. chem. G.*, **17**, 2453; *Soc. Bull. Chim.*, (2), **45**, 107].

Éther diméthylique,

$$\begin{array}{l} C^{10}H^6.OCH^3 \\ | \\ C^{10}H^6.OCH^3 \end{array}$$

— Tables brillantes, fusibles à 251°.

Dérivé β. — Ce composé peut être obtenu en chauffant pendant quelques heures à 230-240° parties égales de poudre de cuivre et de sulfure de β-naphtylénol [S. Onufrowicz, *D. chem. G.*, **21**, 3562].

Le meilleur procédé de préparation du β-binaphtol consiste à introduire la solution oxydante dans celle du β-naphtolate alcalin; on fait bouillir pendant une demi-heure, on filtre, on lave à l'eau bouillante et on fait cristalliser dans l'alcool. Aiguilles jaune pâle, brillantes, fusibles à 217°; rendement = 85-90 0/0 de la théorie.

Le β-binaphtol, traité par l'acide sulfurique, fournit un *acide disulfoné* et un *acide tétrasulfoné*. Le premier s'obtient en chauffant au bain-marie pendant 4 heures 20 grammes de binaphtol et 30 grammes d'acide sulfurique fumant; le second, en chauffant pendant 2 heures au bain-marie 20 grammes de β-binaphtol et 60 grammes d'acide sulfurique ordinaire.

En chauffant le sel de baryum de l'acide disulfoné avec son poids d'acide nitrique ordinaire à 50-60° jusqu'à dissolution, on voit se déposer par le refroidissement des cristaux jaune pâle de l'acide *dinitro-β-binaphtoldisulfonique*; ce dernier teint la soie et la laine en jolies nuances jaune-verdâtre, peu solides à la lumière.

Le β-binaphtol fournit, par distillation sur de la poudre de zinc, de l'α-binaphtyle, fusible à 154° [Walder, *D. chem. G.*, **15**, 2166; *Bull. Soc. Chim.*, (2), **39**, 481].

Il donne, par oxydation au moyen du permanganate de potassium en solution acide, l'*acide β-oxynaphtoylbenzoïque*,

$$C^6H^4 \begin{array}{l} < CO.C^{10}H^6.OH \\ < CO^2H \end{array}$$

[Walder, *Bull. Soc. Chim.*, (2), **40**, 143].

Picrate, $C^{20}H^{14}O^2[C^6H^3(AzO^2)^3O]^2$. — Aiguilles jaunes, fusibles à 174°, facilement solubles dans le benzène et dans l'alcool.

Éther diéthylique, $C^{20}H^{12}(OC^2H^5)^2$. — Il cristallise dans un mélange de benzène et d'alcool en aiguilles fusibles vers 90°, d'une odeur désagréable (Ostermayer et Rosenhek).

Éther diméthylique, $C^{20}H^{12}(OCH^3)^2$. — Pyramides doubles, fusibles à 190°.

Un troisième binaphtol prend naissance, d'après M. Kauffmann [*D. chem. G.*, **15**, 807], lorsqu'on fond 1 partie d'aldéhyde β-oxynaphtoïque avec 6 parties de potasse caustique; il se forme en même temps de l'acide oxynaphtoïque et du β-naphtol. Le binaphtol ainsi obtenu cristallise dans l'alcool en aiguilles fines et soyeuses, fusibles à 195°. Il est presque insoluble dans l'eau, facilement soluble dans les alcalis, mais insoluble dans le carbonate de sodium à froid, ce qui permet de le séparer de l'acide oxynaphtoïque. Il n'est pas coloré par le perchlorure de fer.

F. Reverdin.

BINAPHTYLCARBAZOL,

$$C^{20}H^{13}Az = \begin{array}{l} C^{10}H^6 \searrow \\ | \qquad\quad AzH. \\ C^{10}H^6 \nearrow \end{array}$$

α-Binaphtylcarbazol [Nietzki et Gall, *D. chem. G.*, **18**, 3252; *Bull. Soc. Chim.*, (2), **46**, 415]. — On le prépare en chauffant à l'ébullition une solution de chlorhydrate de binaphtyline

$$\begin{array}{l} C^{10}H^6.AzH^2 \\ | \\ C^{10}H^6.AzH^2 \end{array}$$

rendue fortement acide par de l'acide chlorhydrique; il se dépose des cristaux complètement insolubles dans l'eau; la réaction est achevée au bout de 1 heure. Le produit, purifié par cristallisation dans le benzène ou dans l'acide acétique, forme de longues aiguilles incolores; il cristallise dans l'alcool faible en lamelles argentées, fusibles à 216°.

Le binaphtylcarbazol se dissout en brun dans l'acide sulfurique concentré; une trace d'acide nitrique provoque dans cette solution une coloration d'un vert foncé.

Le *picrate*, $C^{20}H^{13}Az.C^6H^2(AzO^2)^3OH$, cristallise en aiguilles rouges, fusibles à 226°.

Chauffé à 220° avec de l'anhydride acétique, l'α-binaphtylcarbazol fournit un *dérivé acétylé*, qui cristallise dans l'acide acétique ou dans l'alcool en feuillets incolores, insolubles dans le benzène, fusibles au-dessus de 300°.

Le binaphtylcarbazol, traité en solution acétique par le nitrite de sodium, donne une *nitrosamine*,

$$\begin{array}{l} C^{10}H^6 \searrow \\ | \qquad\quad Az(AzO), \\ C^{10}H^6 \nearrow \end{array}$$

en feuillets jaunes, fusibles au-dessus de 300°.

β-Binaphtylcarbazol [C. Ris, *D. chem. G.*, **19**, 2240; *Bull. Soc. Chim.*, (2), **47**, 344]. — Il se forme lorsqu'on distille un mélange de 1 partie de thio-β-binaphtylamine

$$C^{10}H^{6} \diagup \begin{matrix} AzH \\ S \end{matrix} \diagdown C^{10}H^{6}$$

et de 2 parties de cuivre en poudre dans une atmosphère d'acide carbonique.

Le β-binaphtylcarbazol se présente sous la forme d'aiguilles incolores ou de prismes, fusibles à 170°, facilement solubles à chaud dans le benzène, peu solubles dans la plupart des autres véhicules. Ses solutions sont douées d'une fluorescence d'un bleu violet.

Picrate, $(C^{10}H^{6})^{2}AzH . C^{6}H^{2}(AzO^{2})^{3}OH$. — Aiguilles compactes presque noires, peu solubles, fusibles à 221°.

Dérivé acétylé, $(C^{10}H^{6})^{2}Az . C^{2}H^{3}O$. — Aiguilles jaune pâle, peu solubles, fusibles à 143°.

F. Reverdin.

BINAPHTYLE, $(C^{10}H^{7})^{2}$. — Les trois binaphtyles prévus par la théorie sont connus. Ils correspondent aux formules de constitution suivantes :

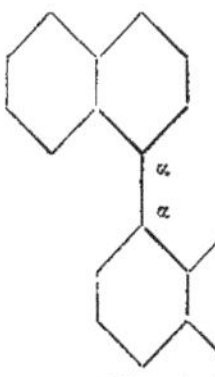

α-α-Binaphtyle.

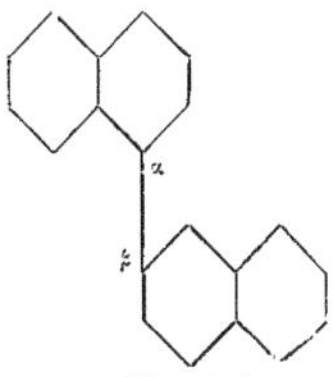

α-β-Binaphtyle.

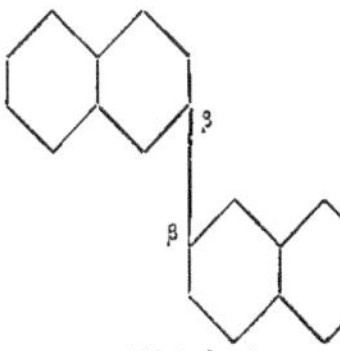

β-β-Binaphtyle

α-α-BINAPHTYLE. — Ce corps, fusible à 154°, a été décrit, ainsi que quelques-uns de ses dérivés, Dict., 2, 527. M. T. Leone, [*Gazz. chim. ital.*, **12**, 209; *Bull. Soc. Chim.*, (2), **39**, 183] l'a obtenu comme produit secondaire dans la préparation de l'amylnaphtalène par l'action du sodium sur un mélange d'α-bromonaphtalène et de bromure d'amyle en solution dans l'éther. M. O. Korn [*D. chem. G.*, **17**, 3019; *Bull. Soc. Chim.*, (2), **45**, 687] l'a préparé en chauffant la β-binaphtyldiquinone avec du zinc en poudre. Enfin, M. P. Julius [*D. chem. G.*, **19**, 2549; *Bull. Soc. Chim.*, (2), **47**, 722] l'a obtenu en distillant le β-binaphtol avec 10 ou 15 parties de zinc en poudre.

Son *picrate* cristallise dans le benzène en aiguilles brunes, fusibles à 145° et se décomposant à l'air [Walder, *D. chem. G.*, **15**, 2166; *Bull. Soc. Chim.*, (2), **39**, 481].

Mononitrobinaphtyle, $C^{20}H^{13}AzO^{2}$. — Il se forme (P. Julius) par l'action de l'acide nitrique (d = 1,30) sur une solution d'α-α-binaphtyle dans l'acide acétique, et cristallise dans le benzène en lamelles jaunes, fusibles à 188°; il donne avec l'acide sulfurique concentré et chaud une solution bleue d'où l'eau précipite des flocons bruns.

Dinitrobinaphtyle, $C^{20}H^{12}(AzO^{2})^{2}$. — Il s'obtient par l'action de l'acide nitrique concentré, à la température de 50-60°, sur une solution acétique de mononitrobinaphtyle; il cristallise dans le benzène en aiguilles fines, jaune pâle, fusibles vers 280°, très difficilement solubles dans la plupart des véhicules.

Diamidobinaphtyle, $C^{20}H^{12}(AzH^{2})^{2}$. — On l'obtient à l'état de chlorhydrate en mettant en suspension 10 grammes de dinitrobinaphtyle dans 200 centimètres cubes d'acide acétique cristallisable, et ajoutant au liquide d'abord une petite quantité d'acide chlorhydrique concentré, puis, par petites portions, 50 grammes de zinc en poudre. Le *chlorhydrate* se dépose en flocons; il cristallise dans l'eau additionnée d'acide chlorhydrique en aiguilles incolores, très solubles dans l'eau, peu solubles dans l'acide chlorhydrique concentré : ses solutions se colorent en vert au contact de l'air.

Le chlorhydrate de diamidobinaphtyle, traité par l'anhydride acétique et l'acétate de sodium, donne un *dérivé acétylé*, qui cristallise en aiguilles incolores, insolubles, fusibles au-dessus de 300°.

Lorsqu'on ajoute du perchlorure de fer à une solution de chlorhydrate de diamidobinaphtyle, on voit se précipiter des aiguilles bronzées, d'un brun foncé, constituant le *chlorhydrate de diimidobinaphtyle*, $C^{20}H^{16}Az^{2}Cl^{2}$; ce dernier, difficilement soluble dans l'eau froide, est partiellement décomposé par l'eau bouillante et régénère, sous l'influence des réducteurs, le composé primitif (Julius).

On connaît deux autres dérivés diamidés de l'α-α-binaphtyle, préparés tous deux par MM. Nietzki et Gall [*D. chem. G.*, **18**, 3252; *Bull. Soc. Chim.*, (2), **46**, 415], qui les ont désignés sous les noms de *naphtidine* et de *dinaphtyline*.

Naphtidine,

$$\begin{matrix} C^{10}H^{6} . AzH^{2} \\ | \\ C^{10}H^{6} . AzH^{2} \end{matrix}$$

— Pour préparer ce composé, on dissout l'azonaphtalène dans 45 parties d'acide acétique bouillant, et on ajoute une solution de 1 partie de chlorure stanneux et de 2 parties d'acide chlorhydrique dans 2 ou 3 parties d'eau jusqu'à décoloration. Le produit de la réaction, précipité par l'acide chlorhydrique concentré, est filtré et lavé à l'acide chlorhydrique faible; puis le chlorhydrate est décomposé par un alcali. La base cristallise dans l'alcool étendu en lamelles argentées, fusibles à 198°. C'est une base diacide dont les sels sont généralement peu solubles; les solutions de ses sels sont colorées en rouge par les oxydants.

Le *dérivé acétylé*, $C^{20}H^{14}Az^{2}(C^{2}H^{3}O)^{2}$, est presque insoluble et fond au-dessus de 300°.

Le sulfate du dérivé diazoïque de la naphtidine donne, par décomposition au moyen de l'alcool, de l'α-α-binaphtyle.

Dinaphtyline (*binaphtyline*),

$$\begin{matrix} C^{10}H^{6} . AzH^{2} \\ | \\ C^{10}H^{6} . AzH^{2} \end{matrix}$$

— Les mêmes auteurs ont obtenu ce troisième diamidobinaphtyle en chauffant à 70-80° l'hydrazonaphtalène avec de l'acide chlorhydrique étendu. Le produit de la réaction, précipité par l'acide chlorhydrique concentré, puis traité par les alcalis, donne la base, qui, après avoir été purifiée par cristallisation dans le benzène, se présente en lamelles fusibles à 273°.

Les sels de la dinaphtyline sont très solubles; lorsqu'on fait bouillir leurs solutions avec des acides, même faibles, on voit se dégager de l'ammoniaque et se former de la dinaphtylimide.

Le dérivé diazoïque de la dinaphtyline, décomposé par l'alcool, fournit de l'α-α-binaphtyle.

α-β-BINAPHTYLE. — Il se forme en même temps que ses deux isomères, lorsqu'on fait passer des vapeurs de naphtalène et de chlorures métalliques volatils ($SbCl^3$, $SnCl^4$) à travers un tube chauffé au rouge [Smith, *Chem. Soc.*, **35**, 225]. On sépare les différents isomères par des cristallisations fractionnées dans le benzène, après avoir extrait le produit distillé par la ligroïne à froid.

L'α-β-binaphtyle cristallise en tables hexagonales, fusibles à 76°, ou à 79-80° d'après M. Wegscheider [*D. chem. G.*, **23**, 3199]; il est facilement soluble dans la ligroïne, plus soluble dans l'alcool, l'éther et le benzène que le dérivé β-β.

Le *picrate* fond à 155-156°.

β-β-BINAPHTYLE (*isobinaphtyle*). — On l'obtient comme ses isomères. M. Smith le prépare, soit en faisant passer un mélange de naphtalène et de chloroforme ou de tétrachlorure de carbone à travers un tube chauffé au rouge, soit en faisant passer un mélange de naphtalène et de bromonaphtalène sur de la chaux sodée chauffée au rouge. Il se forme aussi, d'après M. Korn, lorsqu'on chauffe l'α-dinaphtylhydroquinone avec du zinc en poudre.

Le β-β-binaphtyle cristallise dans le benzène en tables douées d'une légère fluorescence bleue, fusibles à 187°; il distille au-dessus de 440°. Il est difficilement soluble dans l'alcool et dans l'éther, plus soluble dans le benzène bouillant et dans le sulfure de carbone.

Il donne, par oxydation avec le permanganate de potassium ou l'acide nitrique étendu, de l'acide phtalique, et avec l'acide chromique en solution acétique de l'*isobinaphtylquinone* [Staub et Smith, *Chem., Soc.*, **47**, 104; *Bull. Soc. Chim.*, (2), **45**, 686].

Chauffé pendant longtemps avec du pentachlorure d'antimoine à 350°, l'isobinaphtyle se décompose en *perchlorobenzène* et *perchloroéthane*, sans donner de perchlorobiphényle.

Le *picrate* forme des prismes microscopiques fusibles à 184°; il est décomposé par l'eau (Wegscheider).

Tétrachlorobinaphtyle, $C^{20}H^{10}Cl^4$. — Il est facilement soluble dans l'éther, moins soluble dans l'alcool.

Heptabromobinapthyle, $C^{20}H^7Br^7$. — On l'obtient par l'action du brome en excès sur le binaphtyle. Poudre amorphe, insoluble dans l'eau, facilement soluble dans l'éther, moins soluble dans l'alcool, fusible au-dessus de 100°.

Tétranitrobinaphtyle,

$$C^{20}H^{10}(AzO^2)^4.$$

— MM. Staub et Smith ont obtenu ce dérivé en introduisant peu à peu l'isobinaphtyle dans 12 parties d'acide nitrique (d = 1,50). Poudre amorphe, jaune, très peu soluble, fusible à 150° en se décomposant.

Tétra-amidobinaphtyle. — On le prépare par la réduction du précédent : c'est une poudre amorphe, grise, peu soluble dans l'alcool, plus soluble dans le toluène et dans l'acide acétique, fusible à 164-170° en se décomposant.

ACIDES ISOBINAPHTYL-MONOSULFONIQUES. — *Acide α*. — Il se forme en petite quantité, en même temps que l'acide β, lorsqu'on chauffe à 140-150° l'isobinaphtyle avec de l'acide sulfurique en excès.

Le *sel de baryum* cristallise en écailles jaunâtres, facilement solubles dans l'eau, assez solubles dans l'éther, peu solubles dans l'alcool.

Acide β. — M. Smith l'a obtenu en chauffant à 180-190° 4 parties d'isobinaphtyle avec 2 parties d'acide sulfurique. Il est, ainsi que ses sels, moins soluble que l'acide α.

ACIDES ISOBINAPHTYL-DISULFONIQUES. — En chauffant pendant 5 ou 6 heures, à 180-200°, 10 grammes d'isobinaphtyle avec 7 grammes d'acide sulfurique, MM. Smith et Takamatsa [*Chem. Soc.*, **39**, 553] ont constaté la formation de deux acides disulfonés, qu'ils ont séparés au moyen de leurs sels de baryum ou de plomb.

Acide α. — Son *sel de baryum*,

$$C^{20}H^{12}S^2O^6Ba, xH^2O$$

est une poudre cristalline, facilement soluble dans l'eau.

Acide β. — Son *sel de baryum* est une poudre cristalline, difficilement soluble dans l'eau.

ACIDE ISOBINAPHTYL-TÉTRASULFONIQUE. — On l'obtient par l'action de l'acide sulfurique fumant sur l'isobinaphtyle; il donne un *sel de plomb* cristallisant avec 6 molécules d'eau, facilement soluble dans l'eau, insoluble dans l'alcool, l'éther et le benzène, et perdant son eau de cristallisation vers 200°.

F. Reverdin.

BINAPHTYLÈNE,

$$C^{20}H^{12} = \begin{matrix} C^{10}H^{6\prime} \\ | \\ C^{10}H^{6\prime} \end{matrix}$$

OXYDE DE BINAPHTYLÈNE,

$$\begin{matrix} C^{10}H^{6} \\ | \\ C^{10}H^{6} \end{matrix} \Big\rangle O.$$

— Les deux modifications isomériques de cette combinaison ont été décrites Suppl., **1**, 649. On les a aussi obtenues soit en faisant bouillir pendant longtemps à l'air le naphtol correspondant [Merz et Weith, *D. chem. G.*, **14**, 195; *Bull. Soc. Chim.*, (2), **36**, 465], soit en soumettant à la distillation sèche le naphtolate de calcium correspondant [Niederhausern, *D. chem. G.*, **15**, 1121; *Bull. Soc. Chim.*, (2), **38**, 422].

M. H. Walder [*D. chem. G.*, **15**, 2166; *Bull. Soc. Chim.*, (2), **39**, 481] a préparé l'oxyde de β-binaphtylène en chauffant à 270°, pendant 6 ou 8 heures, 1 partie β-binaphtol avec 4 parties de chlorure de zinc. Le produit de la réaction, après avoir été traité par l'acide chlorhydrique et la lessive de soude diluée, est distillé, puis purifié par cristallisation dans l'alcool ou dans le benzène.

BINAPHTYLÈNE-IMIDE,

$$\begin{matrix} C^{10}H^{6} \\ | \\ C^{10}H^{6} \end{matrix} \Big\rangle AzH.$$

— On l'obtient en chauffant 1 partie de β-binaphtol avec 4 parties de chlorure de zinc ammoniacal à 320-330°, pendant 60 heures (Walder). Ce composé, doué de propriétés basiques très faibles, ne donne pas de sels et cristallise en aiguilles brillantes, fusibles à 159°.

Le *picrate*, $C^{20}H^{13}Az.C^6H^2(AzO^2)^3OH$, cristallise en aiguilles noires à reflets violets.

Le *dérivé acétylé*,

$$\begin{matrix} C^{10}H^{6} \\ | \\ C^{10}H^{6} \end{matrix} \Big\rangle Az.C^2H^3O,$$

forme des aiguilles soyeuses, solubles dans l'éther, peu solubles dans l'alcool, fusibles à 144°.

Binaphtylène-phénylimide,

$$\begin{matrix} C^{10}H^{6} \\ | \\ C^{10}H^{6} \end{matrix} \Big\rangle Az.C^6H^5.$$

— On chauffe 1 partie de β-binaphtol avec 4 parties de chlorozincate d'aniline à 280-330° pendant 10 ou 20 heures. Ce corps cristallise en prismes à éclat adamantin, fusibles à 144° (ou à 80° lorsqu'ils ont déjà été fondus), solubles dans le benzène et dans l'alcool, moins solubles dans l'acétone, l'alcool, l'acide acétique cristallisable, insolubles dans les acides minéraux dilués. Il se dissout en violet dans l'acide sulfurique concentré; le chlorure de fer le colore en rouge.

Le *picrate* est en aiguilles rouge-brun, fusibles à 169° (Walder). F. Reverdin.

BINAPHTYLÈNE-GLYCOL,

$$C^{22}H^{14}O^2 = \begin{array}{l} C^{10}H^6 - C.OH \\ \quad | \qquad \| \\ C^{10}H^6 - C.OH \end{array}$$

[G. Rousseau, *Ann. Chim. Phys.*, (5), **28**, 145, 198]. — Le binaphtylène-glycol prend naissance en même temps que d'autres produits dans l'action du chloroforme sur le β-naphtol en présence de soude caustique. On le prépare en introduisant dans un grand ballon, muni d'un réfrigérant ascendant, 300 grammes de β-naphtol, 200 grammes de soude caustique et 4 litres d'eau. On chauffe au bain-marie jusqu'à 60°, puis on ajoute par petites portions 200 grammes de chloroforme. Une vive réaction se déclare aussitôt. Le liquide passe successivement du bleu au vert, puis au jaune verdâtre, tandis qu'il se forme un dépôt jaune. Lorsque le liquide a pris une teinte jaune, ce qui arrive en général au bout de 1 heure de chauffe, on y ajoute de nouveau, par petites portions, 100 grammes de chloroforme et 150 grammes de soude caustique en solution dans une petite quantité d'eau. A chaque addition d'alcali, la liqueur prend une teinte verte, puis se décolore. On chauffe encore pendant 1 heure, puis on distille l'excès de chloroforme; on essore le précipité, on le lave rapidement à l'eau bouillante, puis on le traite par l'alcool bouillant, qui dissout une résine brune. On obtient finalement le glycol sous la forme d'une poudre d'un blanc gris, qu'on peut rendre tout à fait blanche par un dernier traitement à l'éther ou au benzène.

Le glycol pur se présente sous l'aspect de petits cristaux blancs, secs et rudes au toucher; il est entièrement insoluble dans l'eau, très peu soluble dans l'alcool, l'acide acétique, le sulfure de carbone, le benzène, le chloroforme, un peu plus soluble dans l'éther et dans l'éther de pétrole. Il est insoluble dans les alcalis. Chauffé au bain-marie avec de l'acide sulfurique concentré, il se dissout en donnant une liqueur d'un rouge de sang, qui laisse déposer par refroidissement des cristaux rouges à reflets dorés, constituant l'éther sulfurique.

En le chauffant légèrement avec le mélange chromique, on observe un dégagement d'acide carbonique et la formation d'un composé $C^{21}H^{12}O$, qui est peut-être la *binaphtylène-cétone*,

$$\begin{array}{l} C^{10}H^6 \searrow \\ \ | \qquad\quad CO, \\ C^{10}H^6 \nearrow \end{array}$$

et qui cristallise en aiguilles incolores et brillantes, fusibles à 188° et volatiles sans décomposition.

L'acide nitrique se combine directement avec le binaphtylène-glycol; l'acide nitrique ordinaire à 160-170°, ou l'acide nitrique fumant à 100°, fournissent des quantités insignifiantes d'un corps jaune.

Le glycol, chauffé à 320-330° avec 15 fois son poids de chaux sodée, donne de l'isobinaphtyle.

Traité par le brome, il fournit un composé

$$C^{22}H^{13}Br^3O;$$

avec les acides chlorhydrique, bromhydrique et iodhydrique il donne les combinaisons:

$$C^{22}H^{12}Cl(OH).HCl, 3H^2O,$$
$$C^{22}H^{12}Br(OH).HBr, 3H^2O,$$
$$C^{22}H^{12}(OH)I^3.$$

Tous ces dérivés fournissent, par ébullition avec l'alcool, l'éther $C^{22}H^{10}O$, qui se forme aussi par l'action du pentachlorure de phosphore sur le glycol à une température élevée.

Éther, $C^{22}H^{12}O$. — On l'obtient par l'action des déshydratants sur le glycol, par l'action ménagée des réducteurs sur les éthers simples du glycol, par la décomposition des éthers au moyen de l'alcool bouillant ou par la décomposition du chlorhydrate d'oxybinaphtylène-amine.

Le procédé le plus commode consiste à chauffer la bromhydrine du glycol, $C^{22}H^{13}BrO.HBr$, d'abord à 70°, puis à la faire bouillir pendant quelques minutes avec un grand excès d'alcool. Les cristaux qui se séparent par le refroidissement sont ensuite purifiés par cristallisation dans le benzène. On obtient ainsi de belles aiguilles de couleur ambrée, réunies en houppes, fusibles à 198°,5. L'éther est presque insoluble dans l'alcool froid, un peu plus soluble dans l'alcool bouillant, très soluble dans le benzène chaud.

Chauffé au bain-marie avec de l'acide sulfurique concentré, il se dissout avec une coloration d'un rouge orangé; l'addition d'eau le précipite de cette solution.

Il se combine à 150° avec l'acide bromhydrique pour donner la bromhydrine; chauffé à 180° avec de l'acide iodhydrique (bouillant à 127°) et un peu de phosphore, il fournit la combinaison

$$C^{22}H^{13}I^3O,$$

iodure d'iodhydrine. Il est difficilement transformé en alcool par les réducteurs.

Chlorhydrine, $C^{22}H^{13}ClO = C^{22}H^{12}Cl(OH)$. — On l'obtient en chauffant pendant plusieurs heures à 150-160° le binaphtylène-glycol avec 15-20 fois son poids d'acide chlorhydrique fumant. Elle cristallise avec 1 molécule d'acide chlorhydrique et 3 molécules d'eau, en aiguilles d'un rouge foncé, qui sont altérées à la longue par l'action de l'air humide.

Bromhydrine, $C^{22}H^{13}BrO = C^{22}H^{12}Br(OH)$. — On chauffe le binaphtylène-glycol pendant 1 heure à 100° avec un fort excès d'acide bromhydrique fumant. Il se dépose de magnifiques paillettes d'un vert métallique, possédant la composition $C^{22}H^{13}BrO.HBr, 3H^2O$; ces cristaux perdent leur eau de cristallisation, ainsi qu'une molécule d'acide bromhydrique, au-dessous de 100°.

La bromhydrine, chauffée avec de l'alcool, fournit l'éther $C^{22}H^{12}O$. Elle est transformée par le zinc et l'acide acétique en alcool $C^{22}H^{14}O$, et par l'ammoniaque alcoolique à froid en *oxybinaphtylène-amine* $C^{22}H^{12}(AzH^2)(OH)$.

Elle se dissout facilement à chaud dans l'acide acétique cristallisable; il se sépare de cette solution par le refroidissement des tables d'un vert bronzé renfermant $C^{22}H^{13}BrO, C^2H^4O^2$, qui perdent à 100° leur acide acétique de cristallisation.

Bromure de bromhydrine, $C^{22}H^{13}OBr^3$. — Elle prend naissance par l'action du brome sur une solution de binaphtylène-glycol dans le sulfure de carbone, ou par l'action du brome sur la bromhydrine. Elle se présente sous la forme de lamelles orangées, qui se décomposent sans fondre vers 280°. Elle est insoluble dans le chloroforme et dans le benzène, très peu soluble dans le sulfure de carbone, moins soluble dans l'acide acétique à chaud; elle se décompose lentement lorsqu'on la fait bouillir avec de l'alcool, pour donner l'éther $C^{22}H^{12}O$.

Iodhydrine, $C^{22}H^{13}I^3O$. — En faisant bouillir pendant 1 heure 1 partie de binaphtylène-glycol avec 12 parties d'acide iodhydrique ($d = 1,7$), on obtient la combinaison $C^{22}H^{12}I.OH.I^2$, qui prend aussi naissance lorsque chauffe à 180° l'éther $C^{22}H^{12}O$ avec de l'acide iodhydrique et un peu de phosphore rouge. Cette combinaison est peu soluble dans l'éther, le benzène et l'acide acétique, un peu plus soluble dans l'alcool et dans le sulfure de carbone. Elle se décompose au-dessus de 200°.

Éthers nitriques. — En chauffant le binaphtylène-glycol avec de l'acide nitrique (d = 1,2), on obtient de l'*éther dinitrique*, $C^{22}H^{12}(AzO^3)^2$, aiguilles rouges, fusibles en se décomposant à 190°, et de l'*éther mononitrique*, $C^{22}H^{12}(OH)(AzO^3)$, qui cristallise dans l'acide acétique avec 1 molécule d'acide acétique en une masse d'un rouge intense, fusible à 166° avec décomposition et dégagement de vapeurs nitreuses.

Ces deux éthers se transforment rapidement, sous l'action de l'alcool bouillant, en anhydride $C^{22}H^{12}O$.

Éther sulfurique. — On l'obtient en combinaison avec 1 molécule d'acide sulfurique et avec 1 molécule d'eau de cristallisation,

$$C^{22}H^{12}(OH)(SO^4H), SO^4H^2, H^2O,$$

en chauffant pendant 1 heure au bain-marie 1 partie de glycol avec 5 parties d'acide sulfurique à 66° Baumé.

Éther acétique. — On obtient un éther diacétique, $C^{22}H^{12}O^2(C^2H^3O)^2$, en chauffant le glycol au réfrigérant ascendant avec 8 ou 10 fois son poids d'anhydride acétique. Il cristallise en fines aiguilles soyeuses, peu solubles dans l'alcool, très solubles dans le benzène; les alcalis en solution aqueuse ne le saponifient pas.

OXYBINAPHTYLÈNE-AMINE, $C^{22}H^{12}(OH)(AzH^2)$. — On chauffe pendant 1 heure la bromhydrine du binaphtylène-glycol avec de l'ammoniaque alcoolique; on précipite le produit de la réaction par l'eau et on le fait cristalliser dans le benzène. On obtient ainsi des aiguilles brillantes, qui se décomposent sans fondre au-dessus de 200°; ce corps est peu soluble dans l'alcool et assez soluble dans le benzène chaud.

Cette amine est une base faible, sans réaction alcaline. Lorsqu'on chauffe son chlorhydrate avec un peu d'alcool, la solution prend une couleur rouge; si l'on emploie un excès d'alcool, on obtient l'éther $C^{22}H^{12}O$.

Le *bromhydrate*,

$$C^{22}H^{12}(OH)(AzH^2) . 2HBr,$$

est en magnifiques aiguilles dorées, à reflets verts.

Le *chlorhydrate*, peu stable, cristallise en lamelles; le *chloroplatinate* est un précipité cristallin d'une belle couleur orangée.

F. Reverdin.

BINDHEIMITE (Min.). — Voyez BLEINIÈRE, Dict., 1, 637.

BINONYLE, $C^{18}H^{38}$. — L'alcool nonylique, traité par l'acide iodhydrique, se transforme en iodure de nonyle, $C^9H^{19}I$. Ce dernier, sous l'action du sodium, double sa molécule : il se forme du binonyle, $C^{18}H^{38}$, et de l'iodure de sodium.

Le binonyle fond à 28°; il bout à 181°,5 sous la pression de 15 millimètres [F. Krafft, *D. chem. G.*, 19, 2218].

BIOCTYLES, $C^{16}H^{34}$.

BIOCTYLE NORMAL. — On l'obtient en traitant par le sodium un mélange de bromure d'éthyle et de bromure d'octyle normal, dissous dans le benzène. Il se forme en même temps du décane.

On le prépare encore en partant de l'alcool octylique. Ce dernier, sous l'action de l'acide iodhydrique, se transforme en iodure d'octyle, $C^8H^{17}I$, qui, traité par le sodium, fournit du bioctyle normal.

Le bioctyle fond vers 18°.3; il bout à 157°,5 sous la pression de 15 millimètres [Lachowicz, *Ann. Chem.*, 220, 168. — F. Krafft, *D. chem. G.*, 19, 2218].

ISOBIOCTYLE. — On l'obtient par l'action du sodium sur le bromure d'octyle secondaire. Sa formule est

$$\begin{array}{l} CH^3-(CH^2)^5-CH-CH^3 \\ \qquad\qquad\qquad\;\; | \\ CH^3-(CH^2)^5-CH-CH^3 \end{array}$$

Il bout à 262-263° [Lachowicz, *loc. cit.*].

BIOPHÈNE,

$$\begin{array}{c} S \\ HC \diagup \quad \diagdown CH \\ HC \,\|\quad\;\, \| CH \\ \diagdown \quad \diagup \\ S \end{array}$$

[L. E. Levi, *Chem. Soc.*, 62, 216; *D. chem. G.*, 24, *Ref.*, 9]. — Ce composé prend naissance par l'action du trisulfure de phosphore sur l'acide thiodiglycolique, $S(CH^2.CO^2H)^2$.

C'est un liquide huileux, bouillant à 165-170°, doué d'une odeur repoussante, et donnant, comme le thiophène, une coloration violette au contact de l'isatine et de l'acide sulfurique.

Traité par le chlorure d'acétyle en solution dans l'éther de pétrole et en présence du chlorure d'aluminium, le biophène fournit un dérivé acétylé, l'*acétobiénone*, $C^4H^3S^2.CO.CH^3$, liquide huileux, dense, légèrement coloré, et bouillant avec décomposition à 300°.

L'*hydrazone* correspondante,

$$C^4H^3S^2.C(Az^2H.C^6H^5).CH^3,$$

cristallise en belles aiguilles rouges, fusibles à 128°.

La *phénylbiénylcétone*, $C^4H^3S^2-CO-C^6H^5$, préparée au moyen du chlorure de benzoyle en présence du chlorure d'aluminium, fournit un *dérivé mononitré* $C^{11}H^7AzO^3S^2$, qui cristallise en longues aiguilles fusibles à 112°.

BIPHÉNACYLE [Syn. *Dibenzoyléthane*, *diphényléthylène-dicétone*, *phénacylo-acétylbenzène*], $C^6H^5-CO-CH^2-CH^2-CO-C^6H^5$. — Ce composé se produit en petite quantité dans l'action du chlorure de succinyle sur le benzène en présence du chlorure d'aluminium [Nœlting et Kohn, *D. chem. G.*, 19, 146. — Claus, *ibid.*, 20, 1374].

On peut le préparer en réduisant par la poudre de zinc et l'acide acétique un composé de la formule $C^{16}H^{10}Az^2O^4$, obtenu lui-même par l'action de l'acide nitrique fumant sur l'acétylbenzène à 30-40° [Hollemann, *D. chem. G.*, 20, 3361].

Enfin le biphénacyle est un des produits de la saponification de l'éther phénacylbenzoylacétique :

$$\begin{array}{l} C^6H^5-CO-CH-CO^2C^2H^5 + 2KOH \\ \qquad\qquad\quad | \\ C^6H^5-CO-CH^2 \\ \qquad\qquad = CO^3K^2 + C^2H^6O \\ \quad + C^6H^5-CO-CH^2-CH^2-CO-C^6H^5. \end{array}$$

Pour le préparer par cette méthode, on abandonne à la température ordinaire un mélange d'éther phénacylbenzoylacétique (1 molécule), d'alcool en quantité nécessaire pour le baigner complètement, et de potasse aqueuse à 8 0/0 (1,5 molécule). Au bout de 8 ou 10 jours, on filtre, et on lave le produit insoluble avec de l'acétate d'éthyle, pour éliminer l'éther non attaqué : le résidu de ce traitement constitue le biphénacyle; on le purifie par une cristallisation dans l'alcool ou dans un mélange de benzène et de ligroïne [Kapf et Paal, *D. chem. G.*, 22, 3056].

Le biphénacyle cristallise en grandes aiguilles, très solubles dans le chloroforme et dans le benzène, peu solubles dans l'alcool, l'éther, la ligroïne et l'éther de pétrole. Il fond à 140° (Claus), à 143° (Hollemann), à 144-145° (Kapf et Paal) et distille sans décomposition lorsqu'on opère sur de petites quantités de matière (K et P.). Il se dissout dans l'acide sulfurique concentré en donnant une coloration verte qui passe par la chaleur au rouge brun en prenant une fluorescence bleu-verdâtre; si l'on verse cette solution dans l'eau, on obtient une liqueur presque incolore, douée d'une fluorescence vert-émeraude.

La *dihydrazone*,

$$C^6H^5\text{-}C(Az^2H.C^6H^5)\text{-}CH^2\text{-}CH^2\text{-}C(Az^2H.C^6H^5)\text{-}C^6H^5,$$

s'obtient en chauffant à l'ébullition un mélange de phénylhydrazine et de biphénacyle et en ajoutant de l'acide acétique à la masse refroidie. Elle cristallise dans l'alcool en fines aiguilles blanches, très solubles dans l'éther, le benzène et l'acide acétique bouillant, qui brunissent à 170° et fondent vers 180°.

M. J. Culmann [*Ann. Chem.*, **258**, 235; *D. chem. G.*, **23**, *Ref.*, 581] a obtenu un composé qui renferme 2 atomes d'hydrogène de moins que cette dihydrazone, et auquel il attribue la formule

$$\begin{array}{c} C^6H^5-C-CH^2-CH^2-C-C^6H^5 \\ \quad\ \| \qquad\qquad\quad \| \\ \quad Az \qquad\qquad Az \\ \quad\ \diagdown \qquad\ \diagup \\ Az(C^6H^5)-Az(C^6H^5) \end{array}$$

dans l'action de la phénylhydrazine sur le bromacétylbenzène, suivant l'équation

$$2C^6H^5.CO.CH^2Br + 4C^6H^5.AzH.AzH^2$$
$$= 2C^6H^8Az^2.HBr + 2H^2O + C^{28}H^{24}Az^4.$$

Ce composé, appelé par M. Culmann *tétraphényltétracarbazone*, se décompose lorsqu'on le chauffe avec de l'acide sulfurique à 30 0/0, ou mieux avec une solution alcoolique d'acide chlorhydrique, en donnant de l'aniline, du biphénacyle et une base $C^{22}H^{17}Az^3$.

La *dioxime* du biacétyle,

$$C^6H^5\text{-}C(AzOH)\text{-}CH^2\text{-}CH^2\text{-}C(AzOH)\text{-}C^6H^5,$$

cristallise en aiguilles blanches et soyeuses ou en lamelles fusibles à 203-204°, peu solubles dans le benzène et dans la ligroïne, très solubles dans l'alcool, l'éther, les acides et les alcalis (K. et P.).

BIPHÉNOL-DICARBONIQUE (ACIDE),

$$C^6H^3(CO^2H)(OH)-C^6H^3(CO^2H)(OH).$$

— On place dans un autoclave 223 grammes de γ- ou p-biphénol disodé $(C^6H^4ONa)^2$ avec 200 grammes d'acide carbonique liquide et on élève lentement la température jusqu'à 200°. L'opération dure 9 heures. On dissout le produit dans l'eau, on filtre sur du noir animal, on lave à l'éther pour enlever le biphénol et on précipite par l'acide chlorhydrique.

On obtient ainsi des aiguilles microscopiques, peu solubles dans l'eau (1 litre d'eau dissout 0gr,052 d'acide), mais assez pour lui donner une saveur amère. Cet acide est presque insoluble dans le benzène et dans le chloroforme; il se dissout bien dans l'alcool et dans l'éther. Il fond à 131° en perdant de l'acide carbonique. Il ne distille pas dans la vapeur d'eau.

Le *sel de sodium* est coloré en bleu foncé par le perchlorure de fer, et laisse déposer des flocons d'un bleu indigo [Schmidt et Kretzschmar, *D. chem. G.*, **20**, 2703; *Bull. Soc. Chim.*, (2), **49**, 302].

Paul Adam.

BIPHÉNOLS [*diphénols, dioxybiphényles*], $OH.C^6H^4\text{-}C^6H^4.OH$ (voyez Dict., **2**, 830). — On a décrit cinq biphénols :

1° L'o-biphénol fondant à 98°.

2° L'α-biphénol fondant à 123°, peut-être identique avec le précédent.

3° Le β-biphénol fondant à 190°, qui est peut-être le m-m-biphénol.

4° Le γ- ou p-biphénol, fondant à 269-270°.

5° Le δ-biphénol fondant à 161° (o-p).

O-BIPHÉNOL (?),

[Formule développée : deux noyaux benzéniques liés, portant chacun OH en ortho]

— La constitution du corps décrit sous ce nom n'est pas établie avec certitude.

On l'aurait obtenu en faisant tomber du fluorène sur de la potasse chauffée à 400°. Il fond à 98° et donne du biphényle quand on le chauffe avec de la poudre de zinc [Hodgkinson et Matthews, *Chem. Soc.*, **43**, 168].

Remarquons que le fluorène n'est pas sûrement l'o-o-biphénylène-méthane; et, serait-il certain qu'il a cette constitution, on ne pourrait affirmer qu'à 400° il n'y ait pas eu transposition moléculaire.

α-BIPHÉNOL ET β-BIPHÉNOL. — Voyez Suppl., **1**, 651.

γ-BIPHÉNOL OU P-P-BIPHÉNOL (même renvoi). — Ce corps se forme quand on oxyde le phénol par l'acide permanganique [Dianine, *Bull. Soc. Chim.*, (2), **39**, 509].

Éther diéthylique, $C^{12}H^8(OC^2H^5)^2$. — On chauffe pendant 2 heures le γ-biphénol, en solution alcoolique, avec de l'iodure d'éthyle et un peu de potasse.

C'est un corps solide, fondant à 174-176°, insoluble dans l'eau, peu soluble dans l'alcool froid, soluble dans l'acide acétique cristallisable. Traité dans ce dissolvant par l'acide azotique, il donne un *dérivé dinitré* fondant à 192-193° [Hirsch, *D. chem. G.*, **22**, 335].

DÉRIVÉS NITRÉS ET AMIDÉS DU γ-BIPHÉNOL. — En faisant agir à froid l'acide azotique fumant sur une dissolution acétique de biphénol, on obtient le *di-m-nitrobiphénol*,

[Formule développée : OH–C⁶H³(AzO²)–C⁶H³(AzO²)–OH]

fondant à 280° et cristallisant en aiguilles jaune d'or. Le *dérivé diacétylé* cristallise en aiguilles d'un jaune paille, fondant à 215°. Le *dérivé benzoylé* est en lamelles incolores, fondant à 206°.

Diamidobiphénol. — Le chlorure stanneux transforme le dinitrobiphénol en *chlorhydrate de diamidobiphénol*, très soluble dans l'eau. Le *sulfate* et le *picrate* sont bien cristallisés.

La base libre est peu stable à l'air; elle fond au-dessus de 300° et est transformée par l'acide azoteux en un corps explosif, qui est probablement le *tétrazobiphénol*,

$$\begin{array}{l} C^6H^3 \begin{smallmatrix} \diagup O \diagdown \\ \diagdown Az \diagup \end{smallmatrix} Az \\ | \\ C^6H^3 \begin{smallmatrix} \diagup O \diagdown \\ \diagdown Az \diagup \end{smallmatrix} Az \end{array}$$

et qui cristallise en aiguilles d'un rouge foncé, douées d'un éclat métallique. Ce corps, dissous dans l'acide chlorhydrique, est réduit par le chlorure stanneux à l'état de *biphényldihydrazone*.

L'anhydride acétique transforme la diamine en un *dérivé diacétylé*, $C^{12}H^{6}(OH)^{2}(AzH.C^{2}H^{3}O)^{2}$, fondant à 210°.

Le chlorure d'acétyle à 150° agit autrement; il donne le *diéthényldiamidobiphénol* (*diméthyl-biphénofurazol*),

$$\begin{array}{l} C^{6}H^{3} \lt {}^{O}_{Az} \gt C-CH^{3} \\ | \\ C^{6}H^{3} \lt {}^{O}_{Az} \gt C-CH^{3} \end{array}$$

fondant à 195°. Ce même corps se forme aussi lorsqu'on chauffe au-dessus de son point de fusion (225°) le *tétracétyldiamidobiphénol*.

Dérivé tétranitré. — Si on emploie un grand excès d'acide azotique et si l'on chauffe, le γ-biphénol se transforme en un *dérivé tétranitré*, fondant à 225°, et dans lequel tous les groupes AzO^{2} sont en méta :

AzO² AzO²
OH [hexagone]—[hexagone] OH
AzO² AzO²

Le *dérivé diacétylé*

$$C^{12}H^{4}(AzO^{2})^{4}(OC^{2}H^{3}O)^{2}$$

fond à 236°.

Le *dérivé tétramidé* forme un *chlorhydrate*,

$$C^{12}H^{4}(OH)^{2}(AzH^{2})^{4}.4HCl,4H^{2}O,$$

qui ne peut être déshydraté sans décomposition.

La base libre, assez instable, peut être transformée par l'anhydride acétique bouillant en *hexacétyltétramidobiphénol*,

$$C^{12}H^{4}(AzH.C^{2}H^{3}O)^{4}(OC^{2}H^{3}O)^{2},$$

poudre blanche cristalline, fusible à 300°.

Quand on saponifie ce dérivé hexacétylé, on obtient le *tétracétyltétramidobiphénol*,

$$C^{12}H^{4}(AzH.C^{2}H^{3}O)^{4}(OH)^{2},$$

en aiguilles brillantes, fondant à 280°.

Le chlorure d'acétyle agit autrement sur le tétramidobiphénol. Il donne un produit insoluble dans les alcalis, qui aurait la formule d'un *di-méthyl-dioxy-biphéno-m-pyrazol* :

OH
[hexagone] — AzH ⟩ C-CH³
— Az = ⟩
(?)
[hexagone] — AzH ⟩ C-CH³
— Az = ⟩
OH

[E. Kunze, *D. chem. G.*, 21, 3331. — H. Schütz, *ibid.*, 3530; *Bull. Soc. Chim.*, (3), 2, 448 et 529].

Dérivés sulfoniques du γ-biphénol. — L'*acide biphénoldisulfonique*, $C^{12}H^{6}(OH)^{2}(SO^{3}H)^{2}$, se prépare en chauffant le biphénol avec de l'acide sulfurique fumant.

Le *sel de potassium* constitue des prismes peu solubles dans l'eau froide [Dœbner, *D. chem. G.*, 9, 130].

L'*acide trisulfonique*, $C^{12}H^{5}(OH)^{2}(SO^{3}H)^{3}$, s'obtient, en même temps que le suivant, quand on chauffe la solution de sulfate de tétrazobiphényle dans l'acide sulfurique faible. On sature la solution par la baryte, on évapore à siccité et on traite le résidu par l'eau chaude. Le trisulfonate seul se dissout.

Le *sel de baryum* est en mamelons.

Le *sel de plomb* est insoluble.

L'*acide tétrasulfonique*, $C^{12}H^{4}(OH)^{2}(SO^{3}H)^{4}$ (voyez plus haut), forme des lames ou des aiguilles, solubles dans l'eau et dans l'alcool.

Le *sel de baryum*, $C^{12}H^{6}O^{14}S^{4}Ba^{2}, 5H^{2}O$, est en prismes fort peu solubles.

Le *sel de plomb* est en aiguilles. Il existe un sous-sel amorphe (Griess).

Dérivés biphénoliques de constitution inconnue. — *Perchlorobiphénol*. — Le *perchlorobiphényle*, $C^{12}Cl^{10}$, chauffé à 140-160° avec de la soude alcoolique, échange 2 atomes de chlore contre 2 oxhydryles. On précipite la solution par l'acide chlorhydrique et on reprend le précipité granuleux par l'ammoniaque. Une partie seulement se dissout; on précipite par l'acide chlorhydrique et on fait cristalliser dans le benzène.

Le perchlorobiphénol, $C^{12}Cl^{8}(OH)^{2}$, est en tables quadratiques, fusibles à 233,5-234°,5. Le perchlorure de phosphore ne l'attaque pas à 230°.

L'*éther diméthylique*, $C^{12}Cl^{8}(OCH^{3})^{2}$, s'obtient en chauffant le perchlorobiphénol avec de l'alcool méthylique, de l'iodure de méthyle et de la potasse.

Il cristallise en longues aiguilles blanches, fondant à 226°.

L'*éther diacétique*, $C^{12}Cl^{8}(OC^{2}H^{3}O)^{2}$, s'obtient facilement en chauffant le perchlorobiphénol avec de l'anhydride acétique et de l'acétate de sodium. Il fond à 193-194° [A. Weber et C. Sœllscher, *D. chem. G.*, 16, 882; *Bull. Soc. Chim.*, (2), 40, 496].

Paul Adam.

BIPHÉNYL-CARBONIQUES (Acides),

$$C^{6}H^{5}-C^{6}H^{4}.CO^{2}H.$$

Les trois acides sont connus.

Acide biphényl-o-carbonique. — C'est l'acide phénylbenzoïque de Fittig (Dict., 2, 795). Cet acide se forme, en même temps que l'oxyde de diphénylène-cétone, $CO(C^{6}H^{4})^{2}O$, quand on distille un mélange de salicylate de sodium et de phosphate de phényle [Richter *J. prakt. Chem.*, (2), 28, 273].

M. Kaiser [*Ann. Chem.*, 258, 95; *D. chem. G.*, 23, *Ref.*, 344] l'a préparé par la méthode de M. Sandmeyer, en traitant par le cyanure cuproso-potassique le dérivé diazoïque obtenu au moyen de l'o-nitrobiphényle.

Chauffé lentement à 100° avec de l'acide sulfurique concentré, il donne de la biphénylène-cétone,

$$\begin{array}{l} C^{6}H^{4} \diagdown \\ | \quad\quad CO \\ C^{6}H^{4} \diagup \end{array}$$

[Græbe et Aubin, *D. chem. G.*, 20, 845].

Cet acide n'est pas attaqué, ou est au contraire brûlé complètement, par les oxydants.

Le *sel d'argent* est un précipité floconneux. Il cristallise dans l'eau bouillante en aiguilles incolores.

Le *sel de baryum*, $(C^{13}H^{9}O^{2})^{2}Ba, H^{2}O$, est aussi soluble à froid qu'à chaud; il forme facilement des dissolutions sursaturées.

Le *sel de calcium*, $(C^{13}H^{9}O^{2})^{2}Ca, 2H^{2}O$, est peu soluble. Il donne par la distillation de la biphénylène-cétone et très peu de biphényle.

Le *sel de potassium*, $C^{12}H^{9}.CO^{2}K, H^{2}O$, est en petits prismes, très solubles dans l'eau, insolubles dans la potasse concentrée.

L'*éther éthylique*, $C^{13}H^{9}O^{2}.C^{2}H^{5}$, se prépare en traitant par l'acide chlorhydrique une solution alcoolique de l'acide. C'est une huile incolore, épaisse, incongelable à — 20°, bouillant à 300-305°, soluble dans l'alcool et dans l'éther [A. Schmitz, *Ann. Chem.*, **193**, 115; *Bull. Soc. Chim.*, (2), **32**, 240].

Dérivé bromé. — L'*acide dibromobiphényl-carbonique*, $C^{13}H^8Br^2O^2$, obtenu par fusion de la β-dibromobiphénylène-cétone avec la potasse, est en aiguilles fusibles à 212°, solubles dans l'alcool, l'éther, le benzène.

Le *sel de baryum* est insoluble dans l'eau et dans l'alcool [Holm, *D. chem. G.*, **16**, 1082].

Dérivé nitré. — On traite l'acide par l'acide azotique fumant. L'*acide nitrobiphényl-carbonique*, $C^{12}H^8(AzO^2)CO^2H$, est insoluble dans l'eau, soluble dans l'alcool. Ses cristaux, qui fondent à 221-222°, sont clinorhombiques; ils présentent les faces m, p, $b^{1/2}$, $d^{1/2}$ et g^1. Inclinaison du prisme 65° 30′. Rapport des axes : 0,5478 : 1 : 0,3727.

Le *sel de baryum* est soluble et anhydre (Schmitz).

Acide biphényl-m-carbonique. — On obtient cet acide :

1° En oxydant l'isodiphénylbenzène par l'acide chromique [Schmidt et Schultz, *Ann. Chem.*, **203**, 132];

2° En chauffant l'acide benzoïque avec 6 fois son poids de potasse. Il se produit en même temps une certaine quantité de l'acide para. On verse le produit refroidi et concassé dans l'acide sulfurique dilué. La portion insoluble dans ce réactif, traitée par l'eau bouillante, donne une solution qui laisse déposer par refroidissement des cristaux jaunes, amorphes, que l'on traite par le benzène et qui constituent un mélange des deux acides méta et para. Pour séparer ces deux acides, on les dissout dans l'ammoniaque, et on ajoute du chlorure de baryum. Le sel méta est seul dissous.

L'acide fond à 160-161°. Il est très soluble dans l'éther, le benzène, l'acide acétique, la ligroïne. Il est insoluble dans l'eau.

Distillé sur la chaux, il donne du biphényle; par oxydation, il se transforme en acide isophtalique.

Le *sel d'ammonium* est instable et perd peu à peu son ammoniaque.

Le *sel d'argent* est un précipité blanc.

Le *sel de baryum* est en aiguilles qui perdent leur eau de cristallisation ($3,5H^2O$) à 180°. Ce sel est soluble, ce qui permet de séparer l'acide méta de l'acide para.

Le *sel de calcium* renferme $3H^2O$.

Le *sel de cuivre* est un précipité amorphe bleu-verdâtre.

Le *sel de sodium*, $C^{12}H^9.CO^2Na, 2H^2O$, est une masse confusément cristalline, qui perd son eau à 130°. Il est très soluble.

Le *sel de plomb* est insoluble dans l'eau.

L'*éther éthylique* est un liquide épais, bouillant sans décomposition [Barth et Schreder, *Mon. f. Chem.*, 3, 799; *Bull. Soc. Chim.*, (2), **39**, 475].

Acide biphényl-p-carbonique (voyez Suppl., **1**, 653). — Cet acide se forme :

1° En fondant l'acide benzoïque avec la potasse [Barth et Schreder, *loc. cit.*];

2° En oxydant le p-crésylbenzène (Carnelley);

3° Le nitrile de cet acide s'obtient en chauffant un mélange de cyanure et de biphénylsulfonate de sodium [Dœbner, *Ann. Chem.*, **172**, 111]. On peut aussi le préparer par la méthode de M. Sandmeyer, en partant du m-nitrobiphényle [J. Kaiser, *Ann. Chem.*, **257**, 95; *D. chem. G.*, **23**, *Ref.*, 344].

L'*éther éthylique* est en gros prismes fondant à 46°, solubles dans l'alcool.

Le *nitrile*, $C^{12}H^9.CAz$, fond à 84-85° et distille sans altération. L'alcool et l'éther le dissolvent facilement (Dœbner).

Acide bromobiphényl-p-carbonique,

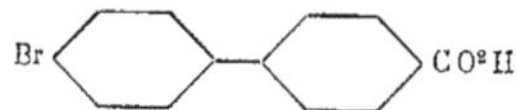

— On l'obtient par l'oxydation du p-bromocrésylbenzène, $C^6H^4(CH^3)_{(4)}-C^6H^4Br_{(4)}$, au moyen de l'acide chromique en solution acétique. Il fond à 193-194° et se dissout bien dans l'éther [Carnelley et Thomson, *Chem. Soc.*, **51**, 88].

Acides dibromobiphényl-p-carboniques,

$$C^6H^4Br.C^6H^3Br.CO^2H.$$

— Par l'oxydation du p-dibromocrésylbenzène au moyen de l'acide chromique en solution acétique, on obtient deux acides, qui doivent être : l'un

(I) 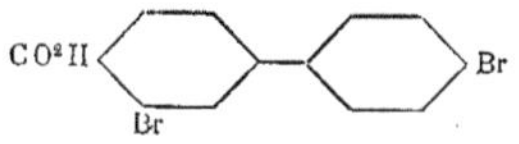 CO²H — Br — Br

l'autre

(II) 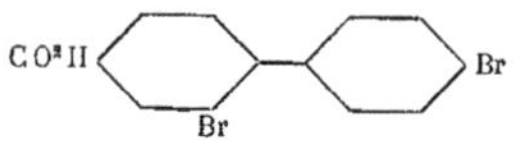 CO²H — Br — Br

Ces deux acides sont sublimables. L'un, l'acide α, fond à 202-204°; l'autre, l'acide β, fond à 231-232°. On ne sait lequel des deux répond à la formule I ou II (Carnelley et Thomson).

Acide dinitrobiphényl-p-carbonique,

CO²H — AzO² — AzO²

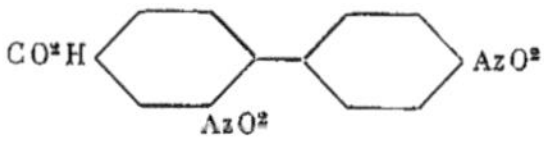

— On l'obtient en chauffant l'acide biphényl-p-carbonique avec 10 fois son poids d'acide nitrique fumant.

Il est en petites aiguilles fondant à 252°, peu solubles dans l'alcool, se dissolvant bien dans l'éther et dans l'acide acétique cristallisable.

Le *sel de baryum* est en petites aiguilles peu solubles.

L'*éther méthylique*, $C^{13}H^7Az^2O^6.CH^3$, forme des aiguilles aplaties, fusibles à 156°.

L'acide dinitré, réduit par le chlorure d'étain, fournit l'*acide diamidobiphényl-p-carbonique*,

$$C^6H^4(AzH^2)-C^6H^3(AzH^2)CO^2H,$$

soluble dans l'eau et donnant par distillation avec la chaux le β-*diamidobiphényle*,

$$C^6H^4(AzH^2)_{(2)}-C^6H^4(AzH^2)_{(4)}$$

[Strasser et Schultz, *Ann. Chem.*, **210**, 192].

Paul Adam.

BIPHÉNYL-DICARBONIQUES (ACIDES). — On connaît 5 acides

$$CO^2H.C^6H^4-C^6H^4.CO^2H$$

sur les 6 que prévoit la théorie; on ne connaît aucun des 6 acides possibles $C^6H^3(CO^2H)^2-C^6H^5$.

On étudiera successivement dans cet article :

1° L'acide *biphényl-di-o-carbonique* (*acide biphénique*);

2° L'acide *di-méta*;

3° L'acide *di-para*;

4° L'acide *ortho-para*;

5° L'acide *ortho-méta* (*acide isobiphénique*)

Acide biphényl-di-o-carbonique,

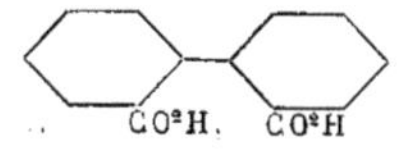

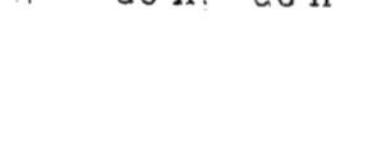

(voyez Dict., 2, 794 et Suppl., 1, 1163). — Distillé sur de la poudre de zinc, cet acide donne du biphényle. Les réactifs oxydants le brûlent complètement.

Éther monométhylique,

$$\begin{matrix} C^6H^4-CO^2.CH^3 \\ | \\ C^6H^4-CO^2.H \end{matrix}$$

— Obtenu par l'alcool et l'anhydride (voyez plus loin), il cristallise dans l'alcool méthylique en tables incolores, fondant à 110°, distillables sans altération. Il est soluble dans les carbonates alcalins; les alcalis caustiques le saponifient à l'ébullition.

L'*éther monoéthylique*, également très stable, fond à 88° (Graebe et Aubin).

L'acide biphényl-dicarbonique peut fournir par déshydratation (voyez Suppl., 1, 1164) soit l'anhydride

$$\begin{matrix} C^6H^4-CO \\ | \\ C^6H^4-CO \end{matrix} \rangle O,$$

soit l'acide biphénylène-cétone-carbonique

$$\begin{matrix} C^6H^4 \\ | \\ C^6H^3-CO^2H \end{matrix} \rangle CO$$

La production de l'anhydride est déterminée par l'action du chlorure d'acétyle à froid, de l'anhydride acétique à partir de 120°, du trichlorure de phosphore bouillant, du perchlorure de phosphore à 120°, ou du chlorure de zinc à chaud.

L'oxychlorure de phosphore donne à froid l'anhydride, et à l'ébullition l'acide cétone-carbonique (ou plutôt son chlorure).

L'acide biphénylène-cétone-carbonique se forme par l'action de l'acide sulfurique à 120° ou de l'acide pyrosulfurique à froid. Bien plus, l'acide sulfurique à chaud transforme l'anhydride en acide cétone-carbonique.

Anhydride biphényl-dicarbonique,

$$\begin{matrix} C^6H^4-CO \\ | \\ C^6H^4-CO \end{matrix} \rangle O.$$

— Il cristallise par le refroidissement en longues aiguilles fondant à 217°. Il est insoluble dans l'eau froide; l'eau bouillante le convertit lentement en acide. Il est sublimable, mais une surchauffe le dédouble en acide carbonique et biphénylène-cétone, $(C^6H^4)^2CO$. Il est insoluble dans les carbonates alcalins et même dans les alcalis à froid, lentement soluble à l'ébullition. L'ammoniaque à chaud le convertit en *biphénamate d'ammonium*. Les alcools méthylique et éthylique donnent à l'ébullition les éthers acides et à 200° les éthers neutres.

Chlorure biphényl-dicarbonique,

$$(C^6H^4.COCl)^2.$$

— On le prépare par l'action du trichlorure de phosphore sur l'anhydride à 180°; on le purifie par cristallisation dans le benzène. Il fond à 93-94° et distille sans décomposition.

Il est insoluble dans les carbonates alcalins. L'eau bouillante le transforme lentement en phénanthraquinone. Le zinc et l'acide chlorhydrique le convertissent en phénanthrahydroquinone,

$$\begin{matrix} C^6H^4-COH \\ | \quad\quad \| \\ C^6H^4-COH \end{matrix}$$

Acide biphénamique, $C^{12}H^8(CO.AzH^2)CO^2H$. — Mis en liberté de son sel d'ammonium (voyez plus haut), il cristallise dans l'alcool en prismes fusibles à 193°.

Il se convertit par distillation en *biphénimide,*

$$\begin{matrix} C^6H^4-CO \\ | \\ C^6H^4-CO \end{matrix} \rangle AzH,$$

aiguilles solubles dans l'alcool, fusibles à 219-220° et sublimables sans altération. Cette imide est insoluble dans les carbonates alcalins, soluble dans les alcalis caustiques. L'ammoniaque la transforme à chaud en *biphénamide,*

$$\begin{matrix} C^6H^4.CO.AzH^2 \\ | \\ C^6H^4.CO.AzH^2 \end{matrix}$$

fondant à 208-209° et régénérant l'imide à une température plus élevée.

Hydrazides biphényl-dicarboniques. — L'anhydride biphényl-dicarbonique s'unit à la phénylhydrazine sans élimination d'eau, avec élévation de température, pour donner le composé

$$\begin{matrix} C^6H^4.CO.Az^2H^2.C^6H^5 \\ | \\ C^6H^4.CO^2H \end{matrix}$$

Ce corps fond à 174°; il est insoluble dans l'eau, peu soluble dans l'éther, très soluble dans l'alcool. Chauffé à 250°, il perd 1 molécule d'eau et se transforme en *phénylhydrazide,*

$$C^{12}H^8(CO)^2Az.AzH.C^6H^5,$$

fondant à 150° [Graebe et Aubin, *D. chem. G.*, **20**, 845; *Ann. Chem.*, **247**, 257-288; *Bull. Soc. Chim.*, (2), **48**, 71 et (3), **1**, 817].

Dérivés bromés. — Le brome n'agit que très lentement à froid sur l'acide biphényl-dicarbonique. En chauffant pendant quelques jours, à 80-100°, 1 molécule d'acide avec 2 molécules de brome, on obtient surtout l'acide monobromé et le dibromure de cet acide. A une température plus élevée, on obtient de l'acide dibromé, et à 150-180° un mélange des 3 dérivés bromés dont on vient de parler. A 200°, on n'obtient que les acides monobromé et dibromé sans dibromure.

On sépare facilement ces 3 produits. Le dibromure est totalement insoluble dans l'alcool; les acides bromés y sont solubles; le sel de baryum du dérivé monobromé est beaucoup moins soluble que celui de l'acide dibromé.

Acide monobromobiphényl-dicarbonique,

$$\begin{matrix} C^6H^3Br.CO^2H \\ | \\ C^6H^4.CO^2H \end{matrix}$$

— Cet acide est facilement soluble dans l'alcool, l'éther, l'acide acétique cristallisable, peu soluble dans l'eau, le chloroforme et le benzène. Il fond à 235-236°. Il se sublime difficilement, en se décomposant en partie.

Il se scinde par la distillation sur la chaux éteinte, en acide carbonique et *bromobiphénylène-cétone.*

Le *sel de sodium* est amorphe, très soluble dans l'eau, insoluble dans l'alcool absolu.

Le *sel de baryum* cristallise avec 3 molécules d'eau; il est peu soluble.

Le *sel de cuivre* est amorphe et peu soluble.

Le *sel d'argent* est un précipité pulvérulent.

L'*éther diéthylique,* $C^{14}H^7BrO^4(C^2H^5)^2$, fond à 65°.

Dibromure de l'acide monobromobiphényl-dicarbonique, $C^{12}H^7Br(CO^2H)^2.Br^2$. — Il se forme toujours en même temps que l'acide monobromé, mais est très difficile à obtenir en partant de cet acide. Il cristallise dans l'alcool en aiguilles brillantes, fondant à 256° en se décomposant.

Chauffé à 200° en tube scellé, il se décompose en acides bromhydrique et carbonique et en acide dibromé ; il est peu soluble dans la plupart des dissolvants, mais les alcalis caustiques ou carbonatés le dissolvent. Ces solutions sont peu stables et se décomposent par la chaleur en bromure et dibromobiphényl-dicarbonate alcalins.

Le dibromure résiste mieux à l'action des acides.

Le *sel de sodium*, $C^{14}H^7Br^3O^4Na$, cristallise en lamelles soyeuses, anhydres, solubles dans l'eau et dans l'alcool.

Acide dibromobiphényl-dicarbonique,

$$C^{12}H^6Br^2(CO^2H)^2.$$

— Il est facilement soluble dans l'alcool, l'éther, l'acide acétique cristallisable. Il fond à 245° sans décomposition et se sublime difficilement, en paraissant former un anhydride.

Distillé sur de la chaux hydratée, il se scinde en acide carbonique et dibromobiphénylène-cétone. $C^{13}H^6Br^2O$.

Le *sel de calcium* cristallise avec 3 molécules d'eau, en lames solubles dans l'eau.

Le *sel de plomb* est un précipité pulvérulent.

Le *sel d'argent* est un peu plus soluble que celui de l'acide monobromé.

L'*éther diéthylique*, $C^{14}H^6Br^2O^4(C^2H^5)^2$, fond à 105-106°.

Cet acide dibromé n'est pas identique avec celui obtenu par M. Ostermayer en partant de la dibromophénanthrène-quinone (voyez Suppl., **1**, 1163) [Claus et Erler, *D. chem. G.*, **19**, 3149; *Bull. Soc. Chim.*, (2), **47**, 438].

Dérivé nitré. — On traite à l'ébullition la p-nitrophénanthrène-quinone par l'acide sulfurique et le dichromate de potassium. On obtient, par cristallisation dans l'eau bouillante, des aiguilles pointues, jaunâtres, fusibles à 217° et insolubles dans l'eau froide, constituant l'acide *p-nitrobiphényl-dicarbonique*,

$$\begin{array}{l} C^6H^4 . CO^2H \\ | \\ C^6H^3(AzO^2)_{(4)} . CO^2H \end{array}$$

[Strasburger, *D. chem. G.*, **16**, 2546 ; *Bull. Soc. Chim.*, (2), **42**, 604].

ACIDE BIPHÉNYL-DI-M-CARBONIQUE,

CO^2H CO^2H

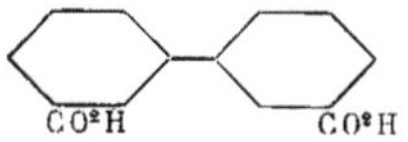

— L'acide o-nitrobenzoïque peut être converti en un acide diamidobiphényl-dicarbonique, dont la constitution est certainement

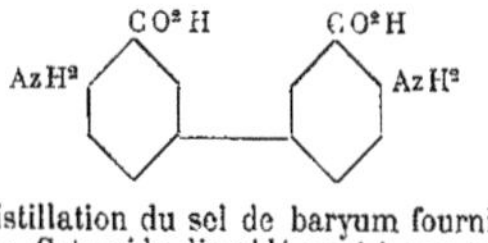

CO^2H CO^2H

AzH^2 AzH^2

car la distillation du sel de baryum fournit de la benzidine. Cet acide diamidé peut à son tour être transformé en *sulfate tétrazobiphényl-dicarbonique*, et ce dernier, traité par l'alcool, fournit l'acide *biphényl-di-m-carbonique* :

$$\begin{array}{l} C^6H^3 \begin{cases} CO^2H_{(3)} \\ Az{=}Az . SO^4H_{(4)} \end{cases} \\ | \qquad\qquad\qquad\qquad + 2\,C^2H^6O \\ C^6H^3 \begin{cases} CO^2H_{(3)} \\ Az{=}Az . SO^4H_{(4)} \end{cases} \end{array}$$

$$= \begin{array}{l} C^6H^4 . CO^2H_{(3)} \\ | \\ C^6H^4 . CO^2H_{(3)} \end{array} + 2\,C^2H^4O + 2\,Az^2 + 2\,SO^4H^2.$$

Cet acide est très peu soluble dans l'eau, même à chaud ; il cristallise dans l'alcool en lamelles fusibles à 340°, distillables sans décomposition ; par la distillation sèche, il donne du biphényle.

Le *sel de baryum* cristallise avec $3,5H^2O$ [P. Griess, *D. chem. G.*, **21**, 978 ; *Bull. Soc. Chim.*, (2), **50**, 53].

Dérivé dichloré. — On chauffe à 200°, avec du perchlorure de phosphore, le dichloro-m-bicrésyle (voyez Bicrésyles) et on obtient une substance huileuse qui, bouillie avec l'acide azotique étendu, donne l'acide

$$\begin{array}{l} C^6H^3Cl . CO^2H_{(3)} \\ | \\ C^6H^3Cl . CO^2H_{(3)} \end{array}$$

facilement soluble dans l'eau bouillante, et fusible à 263-268° [Stolle, *D. chem. G.*, **21**, 1096].

ACIDE BIPHÉNYL-DI-P-CARBONIQUE,

On obtient cet acide :

1° En oxydant le p-p-bi-crésyle par l'acide chromique en solution acétique [Dœbner, *D. chem. G.*, **9**, 272 ; *Bull. Soc. Chim.*, (2), **26**, 461] ;

2° En saponifiant par l'acide chlorhydrique à 180° le nitrile correspondant, obtenu lui-même par la distillation d'un mélange de cyanure de potassium et de biphényl-p-disulfonate de potassium [Dœbner, *Ann. Chem.*, **172**, 109 ; *D. chem. G.*, **9**, 129 ; *Bull. Soc. Chim.*, (2), **22**, 391 et **26**, 384].

Mais M. Dœbner, qui l'avait préparé par ces deux procédés, s'est trompé sur la constitution de cet acide, qui a été établie par MM. Schmidt et Schultz [*D. chem. G.*, **12**, 490 ; *Bull. Soc. Chim.*, (2), **32**, 534].

C'est une poudre amorphe, infusible, non sublimable, insoluble dans les dissolvants ordinaires.

Distillé sur la chaux, ce corps se scinde en acide carbonique et biphényle.

Les *sels* sont en général insolubles.

L'*éther diéthylique*, $C^{14}H^8O^4(C^2H^5)^2$, obtenu par le sel d'argent et l'iodure d'éthyle, est en prismes fondant à 112°, peu solubles dans l'alcool froid.

Le *nitrile*, $C^{12}H^8(CAz)^2$, forme des aiguilles minces, fusibles à 234°, sublimables, solubles dans l'alcool bouillant. Les alcalis en solution alcoolique ne l'attaquent que très lentement, en donnant d'abord l'*amide*, $C^{12}H^8(CO . AzH^2)^2$, puis l'acide.

ACIDE BIPHÉNYL-O-P-DICARBONIQUE,

$$\begin{array}{l} C^6H^4 . CO^2H_{(2)} \\ | \\ C^6H^4 . CO^2H_{(4)} \end{array}$$

— On l'obtient en saponifiant par la potasse le nitrile correspondant (voyez plus loin). Il cristallise dans l'alcool en lamelles blanches, fusibles à 251-252° [J. Reuland, *D. chem. G.*, **22**, 3018].

Le *sel d'argent*, $C^{14}H^8O^4Ag^2$, est un précipité blanc, floconneux, très soluble dans l'ammoniaque, qui se détruit par ébullition avec l'eau ou avec l'alcool en donnant de l'argent métallique. Il fond à 235-237°.

Le *sel de cuivre* est une poudre cristalline d'un bleu verdâtre, peu soluble dans l'eau.

Le *nitrile*, $C^{12}H^8(CAz)^2$, s'obtient, par la méthode de M. Sandmeyer, en faisant bouillir un mélange de cyanure cuprosopotassique avec le dérivé bis-diazoïque de la biphénylines. Purifié par dissolution dans l'éther et par cristallisation dans l'alcool étendu et bouillant, il se présente en lamelles jaunâtres, fusibles à 152-153°.

Le *dérivé monobromé*,

Br-(C6H3)(CO²H)-(C6H4)-CO²H

obtenu par l'oxydation du β-*bromobicrésyle* (*o-p-*) (voyez BICRÉSYLES), au moyen de l'acide chromique en quantité théorique, fond à 208°. Il se transforme par oxydation en acide bromophtalique [Carnelley et Thomson, *Chem. Soc.*, **47**, 591].

ACIDE BIPHÉNYL-O-M-DICARBONIQUE. — C'est l'acide *isodiphénique* de MM. Fittig et Liepmann (voyez Suppl., **1**, 832). Paul Adam.

BIPHÉNYLE (*diphényle*, *phényle*),

$$C^6H^5-C^6H^5$$

(voyez Dict., **2**, 883 et Suppl., **1**, 654). — MM. Goldschmiedt et Schmidt ont trouvé du biphényle dans le *stuppfett*, produit gras et résineux qui se condense dans l'extraction du mercure du minerai d'Idria.

MM. Friedel et Crafts ont obtenu, entre autres produits, du biphényle en chauffant le benzène avec un cinquième de son poids de chlorure d'aluminium à 200° [*Bull. Soc. Chim.*, (2), **39**, 306].

On peut transformer l'aniline en biphényle en opérant de la manière suivante : On dissout 31 grammes d'aniline dans un mélange de 40 grammes d'acide sulfurique concentré et de 150 grammes d'eau, et on y ajoute 23 grammes de nitrite de sodium; le dérivé diazoïque ainsi formé est alors additionné de 100 grammes d'alcool à 90 0/0, puis, par petites portions, de 50 grammes de cuivre en poudre : il faut avoir soin de bien agiter la masse pendant cette dernière opération. On voit se produire un vif dégagement d'azote, et la température s'élève à 30-40° ; on abandonne le produit à lui-même pendant une heure, puis on le soumet à la distillation dans un courant de vapeur d'eau. Il passe d'abord de l'alcool, puis un liquide huileux insoluble dans l'eau et enfin du biphényle. Les rendements en biphényle sont environ du cinquième de l'aniline employée [Gattermann et Ehrhardt, *D. chem. G.*, **23**, 1226].

Chaleur de combustion .

pour 1 gramme..	$9^{cal},7968$
pour 1 molécule	$1508^{cal},7$ à volume constant.
	$1510^{cal},1$ à pression constante.

[Berthelot et Vieille, *Ann. Chim. Phys.*, (6), **10**, 448].

Chaleur de formation :

C^{12} (diamant) + H^{10} = $C^{12}H^{10}$ cristallisé..	-37^{cal}
$2C^6H^6$ gazeux = $C^{12}H^{10}$ cristallisé + H^2..	-13^{cal}
Tous éléments gazeux, on aurait environ..	-25^{cal}

[Berthelot et Vieille, *Bull. Soc. Chim.*, (2), **47**, 865].

DÉRIVÉ FLUORÉ. — On emploie le procédé général de M. Wallach, qui consiste à décomposer par l'acide fluorhydrique les combinaisons diazoamidées mixtes [*Ann. Chem.*, 235, 255]. On prépare donc la diazopipéridide provenant de la benzidine,

$$C^5H^{10}=Az\ Az=Az\ C^6H^4\ C^6H^4\ Az=Az\ Az=C^5H^{10}.$$

L'acide fluorhydrique concentré la dédouble en donnant le *di-p-fluobiphényle*,

$$C^6H^6Fl_{(4)}-C^6H^4Fl_{(4)}.$$

Le rendement est de 10 0/0.

Le difluobiphényle fond à 87-89° et bout à 254-255°. Il est très soluble dans l'alcool et dans l'éther [Wallach et Heusler, *Ann. Chem.*, **243**, 219; *Bull. Soc. Chim.*, (3), **1**, 621].

DÉRIVÉS CHLORÉS. — *Pentachlorobiphényle*, $C^{12}H^5Cl^5$. — Ce corps se forme, entre autres produits, quand on chauffe le γ-biphénol avec du pentachlorure de phosphore. Il se sublime en longues aiguilles fondant à 179° et bouillant bien au-dessus de 360°.

Presque insoluble dans l'alcool, l'éther, le benzène, il se dissout dans l'acide acétique cristallisable [Dœbner, *D. chem. G.*, **9**, 130. — Schmidt et Schultz, *ibid.*, **12**, 490; *Bull. Soc. Chim.*, (2), **32**, 535].

Perchlorobiphényle, $C^6Cl^5-C^6Cl^5$. — On traite le biphényle par le chlore seul à chaud, puis par le perchlorure d'antimoine, d'abord à 200°, puis vers 300°. Le produit de la réaction est un liquide brun d'où se déposent de grandes tables ou des prismes; le liquide décanté, traité par l'acide chlorhydrique concentré, puis par l'acide tartrique, fournit le *perchlorobiphényle* pur en grains brillants, insolubles dans les dissolvants usuels. Traité par la potasse alcoolique, ce corps donne le perchlorobiphénol (voyez BIPHÉNOL) [Weber et Sœlscher, *D. chem. G.*, **16**, 882; *Bull. Soc. Chim.*, (2), **40**, 496].

Ce biphényle perchloré n'est pas attaqué par le magnésium ni par l'aluminium. Le sodium agit à 250-300° en présence de benzène : il se fait du charbon et du chlorure de sodium [Merz et Weith, *D. chem. G.*, **16**, 2869].

DÉRIVÉS BROMÉS. — *o-Bromobiphényle*,

$$C^6H^4Br-C^6H^5.$$

— Ce corps a été obtenu en partant de l'o-nitrobiphényle [Schultz, Schmidt et Strasser, *Ann. Chem.*, **207**, 353]. C'est un liquide présentant une odeur d'oranges, incristallisable à —20° et bouillant à 296-298°. Il donne par oxydation de l'acide o-bromobenzoïque.

Di-p-bromobiphényle (voyez Dict., **2**, 884). — Ce corps peut cristalliser en prismes ou en octaèdres; ces deux formes fondent à 162°, mais les prismes sont bien plus solubles dans l'alcool éthéré que les octaèdres [Carnelley et Thomson, *Chem. Soc.*, **47**, 588].

Tribromobiphényle, $C^6H^4Br-C^6H^3Br^2$. — Ce corps, obtenu par l'action d'un excès de brome sur le di-p-bromobiphényle, est en aiguilles soyeuses, fondant à 90°, très peu solubles dans l'alcool chaud. Il ne distille pas dans la vapeur d'eau (Carnelley et Thomson).

DÉRIVÉS HYDROXYLÉS. — *Dioxybiphényle*, $C^6H^4.OH-C^6H^4.OH$. — Voyez BIPHÉNOLS. Pour les autres composés voyez OXYBIPHÉNYLE.

DÉRIVÉ CHLOROBROMOHYDROXYLÉ,

$$\begin{array}{c} C^6HBrCl(OH)^2 \\ | \\ C^6HBrCl(OH)^2 \end{array}$$

— Corps fondant avec décomposition à 265°, obtenu en réduisant par l'étain et l'acide chlorhydrique la dichloroxyldichlorodibromobiphénoquinone

$$\begin{array}{c} C^6HBrCl(OCl)-O \\ | \qquad\qquad | \\ C^6HBrCl(OCl)-O \end{array}$$

dérivée de la dichlorotribromorésorcine

$$C^6HClBr^2(OCl)(OBr)$$

[Benedikt, *Mon. f. Chem.*, **4**, 223; *Bull. Soc. Chim.*, (2), **40**, 228].

DÉRIVÉS SULFURÉS. — *Phénylophénylmercaptan* [Syn. *Biphénylylmercaptan*], $C^{12}H^9.SH$. — On réduit le chlorure biphénylmonosulfonique, $C^{12}H^9.SO^2Cl$ (voyez plus loin), par l'étain et l'acide chlorhydrique; on distille le produit de la réduction dans un courant de vapeur d'eau; le mercaptan se condense en une masse blanche, entièrement soluble dans les alcalis, mais qui perd cette propriété à l'air en se transformant en bisulfure de biphénylyle.

Le mercaptan biphénylique est soluble dans l'alcool, l'acide acétique cristallisable, l'éther, très soluble dans le benzène et dans le sulfure de carbone. Il fond à 110-111°.

Traité en solution acétique par l'acétate de plomb, il donne un précipité rouge, cristallin, ayant pour formule $(C^{12}H^9S)^2Pb$.

Le composé *mercurique* est un précipité blanc cristallin.

Sulfure de biphénylyle, $(C^6H^5.C^6H^4)^2S$. — La distillation sèche du mercaptide de plomb,

$$(C^{12}H^9S)^2Pb,$$

donne une huile qui se prend rapidement en masse et qui cristallise dans l'acide acétique en grandes lames brillantes, fusibles à 171-172°, solubles dans l'alcool, l'acide acétique, l'éther, le benzène, le sulfure de carbone. La réaction est la suivante :

$$(C^{12}H^9S)^2Pb = PbS + (C^{12}H^9)^2S.$$

Bisulfure de biphénylyle, $C^{12}H^9$-S-S-$C^{12}H^9$. — C'est le produit d'oxydation à l'air du mercaptan biphénylique. On l'obtient plus facilement en oxydant ce mercaptan par l'acide azotique étendu.

C'est un corps jaunâtre, qui se dépose de sa solution dans l'acide acétique en aiguilles aplaties, incolores, fondant à 148-150°, assez solubles dans l'alcool et dans le sulfure de carbone, moins solubles dans l'éther et dans l'acide acétique.

Di-biphénylylsulfone, $(C^{12}H^9)^2SO^2$. — On oxyde le sulfure de biphénylyle, $(C^{12}H^9)^2S$, par une solution acétique de permanganate de potassium additionnée d'un peu d'acide chlorhydrique. Ce corps est en faisceaux de lamelles incolores, fondant à 214-216°, très solubles dans l'alcool, le sulfure de carbone, le benzène, peu solubles dans l'éther.

Acide biphénylsulfinique, $C^{12}H^9.SO^2H$. — On réduit par l'amalgame de sodium le chlorure biphénylmonosulfonique (voyez plus bas) en solution éthérée. Au bout de 12 ou 14 heures, il se forme une croûte blanche, qu'on dissout dans l'eau et qu'on précipite par l'acide chlorhydrique, sous la forme d'une poudre cristalline.

Cet acide se décompose à 70° et doit être séché sur l'acide sulfurique.

Oxydé par l'acide azotique étendu, il se transforme en acide sulfonique, et en une masse résineuse qui, après plusieurs cristallisations dans l'acide acétique chaud, donne de fines aiguilles blanches, fusibles à 178°, peu solubles dans l'éther, le benzène, le sulfure de carbone, et ayant pour formule

$$C^{36}H^{27}S^3O^7Az = (C^{12}H^9SO^2)^3AzO,$$

analogue au composé $(C^6H^5SO^2)^3AzO$ décrit par M. Kœnigs.

Chlorure biphénylsulfonique,

$$C^{12}H^9.SO^2Cl.$$

— On traite le biphénylsulfonate de potassium par le perchlorure de phosphore; le produit de la réaction se prend en une masse cristalline qu'on fait bouillir avec de l'eau. En faisant cristalliser plusieurs fois le résidu dans l'acide acétique cristallisable, on obtient des prismes colorés en jaune clair, fusibles à 115°, solubles dans l'alcool, l'éther et le sulfure de carbone.

Biphénylsulfonamide, $C^{12}H^9.SO^2.AzH^2$. — On chauffe à 100° le chlorure précédent, en tubes scellés, avec de l'ammoniaque alcoolique.

Cette sulfonamide est un agrégat de fines aiguilles fondant à 227-230°. Elle est très soluble dans l'éther et dans le sulfure de carbone, presque insoluble dans l'eau et dans le benzène.

Biphénylsulfonate d'éthyle, $C^{12}H^9.SO^3C^2H^5$. — Ce corps se forme comme produit secondaire dans la préparation de l'acide biphénylsulfinique (voyez plus haut). On le prépare également par l'action, à 100°, du biphénylsulfonate d'argent sur l'iodure d'éthyle en présence d'éther.

Il est en longues aiguilles incolores, fusibles à 73-74°, très solubles dans les dissolvants organiques ordinaires.

Sulfocyanate de biphénylyle, $C^{12}H^9.SCAz$. — On fait réagir à 100° l'iodure de cyanogène en solution éthérée sur le biphénylylmercaptide de plomb (voyez plus haut). Le produit, qui se dépose dans la couche éthérée en une masse de cristaux radiés, incolores, est extrait au moyen de l'acide acétique cristallisable bouillant. Il se dépose d'abord du bisulfure de biphénylyle, puis, par addition d'eau, des cristaux de sulfocyanate qui, après plusieurs cristallisations dans l'alcool étendu, fondent à 84° sans être parfaitement purs.

Acide biphénylyl-thioglycolique,

$$C^{12}H^9S.CH^2.CO^2H.$$

— On mélange deux solutions alcalines de biphénylylmercaptan et d'acide monochloracétique. Le sel peu soluble du nouvel acide se précipite; on le dissout dans une grande quantité d'eau bouillante, on le décompose par l'acide chlorhydrique, et on fait cristalliser le précipité dans l'alcool. Cet acide fond à 169-170°. Il est peu soluble dans l'eau et dans l'alcool, plus soluble dans le sulfure de carbone, le benzène et l'éther.

Disulfhydrate biphénylique, $C^{12}H^8(SH)^2$. — On réduit le chlorure disulfonique (voyez plus loin) par l'étain et l'acide chlorhydrique; on dissout le produit dans la soude et on le précipite par l'acide chlorhydrique, puis on le fait cristalliser dans l'eau bouillante.

M. Leuckart [*J. prakt. Chem.*, (2), **41**, 179; *Bull. Soc. Chim.*, (3), **4**, 569] prépare le *sulfure de biphénylène* par l'action du xanthate de potassium à 70° sur le chlorure bis-diazobiphénylique, obtenu lui-même en traitant le sulfate de benzidine par le nitrite de sodium et l'acide chlorhydrique. On obtient ainsi un composé huileux, qui, soumis à l'ébullition avec la potasse alcoolique, fournit le biphénylène-dimercaptide de sodium : on n'a plus qu'à aciduler par l'acide chlorhydrique pour obtenir des lamelles argentines, fusibles à 176°.

Ce corps se présente en lamelles incolores, fusibles à 176°, solubles dans l'alcool, l'éther, le sulfure de carbone, plus solubles dans le benzène.

Il donne un sel plombique rouge-brun, dont la distillation sèche fournit de faibles quantités d'un corps cristallisé.

L'éther diméthylique, $C^{12}H^8(SCH^3)^2$, préparé par l'action du chlorure ou de l'iodure de méthyle sur une solution alcoolique du mercaptan biphénylique, cristallise en lamelles jaunâtres, fusibles à 184° [Leuckart, *loc. cit.*].

L'éther diéthylique, $C^{12}H^8(SC^2H^5)^2$, forme de belles lamelles d'un blanc d'argent, fusibles à 135° (Leuckart).

Acide biphénylène-dithioglycolique,

$$C^{12}H^8(S.CH^2.CO^2H)^2.$$

— Obtenu en mélangeant deux solutions alcalines d'acide monochloracétique et de disulfhydrate biphénylique, ce corps fond à 252°. Il est peu soluble dans l'eau et dans l'alcool, presque insoluble dans le sulfure de carbone, le benzène et l'éther.

Chlorure biphényldisulfonique,

$$C^{12}H^{8}(SO^{2}Cl)^{2}.$$

— On prépare ce corps comme le chlorure monosulfonique, en employant un excès de perchlorure de phosphore. Il se dépose de sa solution dans l'acide acétique cristallisable en prismes d'un éclat vitreux, qui fondent en brunissant à 203°, et qui sont solubles dans l'alcool, l'éther, le benzène, moins solubles dans le sulfure de carbone.

Réduit en solution éthérée par l'amalgame de sodium, ce corps donne non l'acide disulfinique, mais l'acide monosulfinique.

Biphényldisulfonamide,

$$C^{12}H^{8}(SO^{2}.AzH^{2})^{2}.$$

— Même préparation que pour la monosulfonamide. Ce corps cristallise en fines aiguilles incolores, fusibles à 300°, peu solubles dans l'eau bouillante, l'alcool, le benzène, plus solubles dans le sulfure de carbone et dans l'éther [Gabriel et Deutsch, *D. chem. G.*, **13**, 386; *Bull. Soc. Chim.*, (2), **35**, 186].

Dérivés nitrés. — *Di-m-nitrobiphényle,*

$$C^{6}H^{4}(AzO^{2})_{(3)}-C^{6}H^{4}(AzO^{2})_{(3)}.$$

— On broie de la dinitrobenzidine avec de l'acide sulfurique concentré jusqu'à dissolution complète, et on ajoute de l'eau avec précaution, de manière à avoir un magma brun de sulfate; on refroidit avec de la glace, et on ajoute peu à peu, en agitant, du nitrite de sodium solide, jusqu'à ce que le liquide cesse de se troubler par addition d'eau. On ajoute alors 5 parties d'alcool absolu, et on fait bouillir jusqu'à cessation du dégagement d'azote; on étend d'eau, on filtre, on lave et on purifie par cristallisation dans l'alcool : le rendement est théorique.

Le dinitrobiphényle cristallise en petites aiguilles orangées, fondant à 197-198° [P. Brunner et Witt, *D. chem. G.*, **20**, 1023].

Dérivés bromonitrés. — *Isobromonitrobiphényle,*

$$C^{6}H^{4}Br_{(4)}-C^{6}H^{4}(AzO^{2})_{(2)}.$$

— C'est l'isomère du p-bromonitrobiphényle signalé Suppl., **1**, 655. Il est en prismes clinorhombiques, fondant à 65°. Il distille sans décomposition vers 300°. Par oxydation, il donne de l'acide p-bromobenzoïque (Schultz, Fock).

Dibromonitrobiphényle,

$$C^{6}H^{4}Br_{(4)}-C^{6}H^{3}Br_{(4)}(AzO^{2}).$$

— On dissout à chaud le di-p-bromobiphényle de Fittig dans l'acide acétique cristallisable; on ajoute un volume égal d'acide azotique (d=1,52). On précipite ensuite par l'eau, et on extrait le produit nitré par l'alcool à la température de 40 à 50°; on obtient ainsi des cristaux jaunâtres, très solubles dans l'alcool, le benzène et l'acide acétique cristallisable, fondant à 127°.

Dibromotrinitrobiphényle,

$$C^{6}H^{3}Br_{(4)}(AzO^{2})-C^{6}H^{2}Br_{(4)}(AzO^{2})^{2}.$$

— On dissout le dibromobiphényle de Fittig dans un grand excès d'acide azotique fumant (d=1,55), et on laisse reposer la solution pendant 24 heures. On traite par l'eau et on fait cristalliser le produit dans l'alcool chaud. On obtient de petites aiguilles incolores, peu solubles dans l'alcool, solubles dans le benzène, fondant à 177° [Lellmann, *D. chem. G.*, **15**, 2837].

Dérivés nitrosulfoniques. — *Acide p-nitrophényl-p-sulfonique,*

$$H^{4}(AzO^{2})_{(4)}-C^{6}H^{4}(SO^{3}H)_{(4)}.$$

— On dissout le p-nitrobiphényle dans 2 parties d'acide sulfurique et on le transforme, à une douce chaleur, en acide monosulfonique, qu'il est facile de purifier en le précipitant à l'état de sel de cuivre.

On peut encore dissoudre dans l'acide nitrique fumant le chlorure biphényl-p-sulfonique, et décomposer ensuite par l'eau, ce qui prouve que dans ce corps les deux groupes AzO^{2} et $SO^{3}H$ sont en position para.

Le *sel de sodium*, $C^{12}H^{8}AzSO^{5}Na$, cristallise en lames nacrées, anhydres, assez peu solubles dans l'eau.

Le *sel de baryum*,

$$(C^{12}H^{8}AzSO^{5})^{2}Ba, H^{2}O,$$

est en fines aiguilles blanches, qui perdent leur eau de cristallisation dans l'air sec. Il est soluble dans l'eau et dans l'alcool.

Le *sel de cuivre*,

$$(C^{12}H^{8}AzSO^{5})^{2}Cu, 4H^{2}O,$$

est en cristaux bleus, bien développés, d'aspect rhomboédrique.

L'*éther éthylique* fond à 168-169°.

Le *chlorure*, $C^{12}H^{8}(AzO^{2})SO^{2}Cl$, obtenu comme il est dit plus haut, se dépose au sein de l'acide acétique cristallisable en aiguilles fondant à 158°.

L'*amide* correspondante fond à 228°.

Acide nitrobiphényldisulfonique,

$$C^{12}H^{7}(AzO^{2})(SO^{3}H)^{2}.$$

— Le chlorure de cet acide s'obtient en versant 1 partie de chlorure disulfonique fondant à 203° (voyez plus haut) dans 10 parties d'acide azotique fumant, ajoutant ensuite 10 parties d'acide sulfurique, et maintenant la température au-dessous de 60°. On précipite par l'eau, et on fait cristalliser dans l'acide acétique.

Ce chlorure se présente en prismes gros et courts, jaunâtres, fondant à 130-131°.

Acide dinitrobiphényldisulfonique,

$$C^{12}H^{6}(AzO^{2})^{2}(SO^{3}H)^{2}.$$

— Si, dans la préparation précédente, on élève la température à 90-95°, on obtient le *chlorure dinitré* $C^{12}H^{6}(AzO^{2})^{2}(SO^{2}Cl)^{2}$, fondant à 166° [Gabriel et Dambergis, *D. chem. G.*, **13**, 1408].

Dérivés amidés. — o-Amidobiphényle,

$$C^{6}H^{5}-C^{6}H^{4}(AzH^{2})_{(2)}.$$

— On réduit l'o-nitrobiphényle par l'étain et l'acide acétique cristallisable. Ce corps est en aiguilles fondant à 44-45°.

Le *chlorhydrate* et le *chloroplatinate* cristallisent [Hübner, *Ann. Chem.*, **209**, 351].

Le *m-amidobiphényle* n'a pas été décrit.

p-Amidobiphényle,

$$C^{6}H^{5}-C^{6}H^{4}(AzH^{2})_{(4)}.$$

— Voyez Suppl., **1**, 655.

o-Nitro-amidobiphényle,

$$C^{6}H^{4}(AzH^{2})_{(4)}-C^{6}H^{4}(AzO^{2})_{(2)}.$$

— On traite à froid l'isodinitrobiphényle par une solution alcoolique de sulfure d'ammonium.

Ce corps forme des prismes fondant à 97-98°, presque insolubles dans l'eau, solubles dans l'alcool.

Les sels sont bien cristallisés [Schultz, Schmidt et Strasser, *Ann. Chem.*, **207**, 350].

Acide p-amidobiphénylsulfonique,

$$C^{12}H^{8}(AzH^{2})(SO^{3}H).$$

— On chauffe 1 partie d'amidobiphényle et 4 parties d'acide sulfurique à 130° pendant une demi-heure. Cet acide fond à 300° et se décompose. Il est presque insoluble dans l'eau froide.

Le *sel de sodium* est très peu soluble. Il cristallise avec 2 molécules d'eau.

Le *sel de baryum* renferme $4H^2O$.

Cet acide donne des matières colorantes; on le diazote, puis on fait agir les phénols en solution aqueuse.

Le *phénol-p-diazobiphénylsulfonate de sodium*,

$$HO \cdot C^6H^4 \cdot Az=Az \cdot C^{12}H^8 \cdot SO^2Na,$$

est une belle matière colorante jaune, facilement soluble dans l'eau chaude.

Le dérivé obtenu au moyen de la résorcine est rouge; avec l'hydroquinone, on a une teinte jaune ambré; l'α-naphtol donne une teinte rouge-brun foncé; le β-naphtol, un rouge brillant [Carnelley et Schleselmann, *Chem. Soc.*, **49**, 330; *Bull. Soc. Chim.*, (2), **50**, 189].

Formamidobiphényle,

$$C^6H^5 - C^6H^4(AzH \cdot COH)_{(4)}.$$

— On chauffe en tubes scellés, à 100°, un mélange d'amidobiphényle et de formiate d'éthyle. Ce corps est en aiguilles microscopiques, fondant à 172°, solubles dans l'éther, peu solubles dans l'alcool, presque insolubles dans l'eau.

Benzamidobiphényle,

$$C^6H^5 - C^6H^4(AzH \cdot C^7H^5O)_{(4)}.$$

— Ce corps fond à 230°.

Biphénylyl-uréthane,

$$CO \begin{cases} AzH_{(4)} \cdot C^6H^4 \cdot C^6H^5 \\ OC^2H^5 \end{cases}$$

— On traite une solution éthérée d'amidobiphényle par l'éther chloroxycarbonique. On filtre pour séparer le chlorhydrate d'amidobiphényle qui se forme dans la réaction; on évapore la solution, et on obtient la biphénylyl-uréthane en petites aiguilles, fondant à 110°.

Ce corps, distillé avec de l'anhydride phosphorique, donne une huile qui ne tarde pas à cristalliser et qui, purifiée par cristallisation dans l'éther anhydre, constitue l'*isocyanate de biphénylyle* ou biphénylyl-carbimide,

$$COAz_{(4)} \cdot C^6H^4 - C^6H^5.$$

Ce corps cristallise en petites aiguilles très solubles dans l'éther.

Biphénylyl-glycocolle,

$$C^6H^5 \cdot C^6H^4 \cdot AzH_{(5)} \cdot CH^2 \cdot CO^2H.$$

— On mélange des solutions éthérées d'amidobiphényle et d'acide monochloracétique, et on évapore au bain-marie. On obtient ainsi une masse cristalline de monochloracétate d'amidobiphényle. On fait bouillir pendant quelques instants avec de l'eau, on filtre à chaud et on voit le glycocolle cristalliser par le refroidissement en lamelles incolores, très solubles dans l'alcool et dans l'éther, peu solubles dans l'eau bouillante.

L'éther éthylique,

$$C^6H^5 \cdot C^6H^4 \cdot AzH \cdot CH^2 \cdot CO^2C^2H^5,$$

obtenu au moyen de l'éther chloracétique, fond à 95° [Zimmermann, *D. chem. G.*, **13**, 1963; *Bull. Soc. Chim.*, (2), **36**, 239].

DÉRIVÉS AMIDOSULFURÉS. — *Amidobiphénylyl-mercaptan*, $C^{12}H^8(AzH^2)_{(4)}SH$. — Il se forme par la réduction du chlorure p-nitrobiphénylsulfonique (voyez plus haut). Le *chlorhydrate* obtenu tout d'abord cristallise en lamelles nacrées; l'eau dédouble ce sel, en mettant la base en liberté sous la forme d'une matière amorphe, très oxydable. Une solution alcaline de ce mercaptan, ajoutée à une solution de monochloracétate de sodium, donne naissance au sel de l'acide *amidobiphénylyl-thioglycolique*

$$C^{12}H^8(AzH^2) - S \cdot CH^2 \cdot CO^2H.$$

Le chlorure mononitrodisulfonique,

$$C^{12}H^7(AzO^2)(SO^2Cl)^2,$$

donne également par réduction un *mercaptan*, $C^{12}H^7(AzH^2)_{(4)}(SH)^2$, en longues aiguilles fondant à 153° [Gabriel et Dambergis, *D. chem. G.*, **13**, 1408; *Bull. Soc. Chim.*, (2), **36**, 240).

Di-biphénylyl-sulfocarbamide (*di-biphénylyl-sulfo-urée*), $CS(AzH_{(4)} \cdot C^6H^4 \cdot C^6H^5)^2$. — On dissout l'amidobiphényle dans l'alcool absolu, on ajoute un excès de sulfure de carbone et un peu de soude caustique, et on chauffe pendant quelques heures au réfrigérant ascendant; il se dégage de l'hydrogène sulfuré et il se dépose des cristaux. On les fait bouillir avec de l'alcool et on les lave à l'éther.

On obtient ainsi de petites lamelles incolores, fondant à 228° insolubles dans les dissolvants ordinaires.

Biphénylyl-sénevol,

$$SCAz_{(4)} \cdot C^6H^4 - C^6H^5.$$

— On distille le corps précédent avec de l'anhydride phosphorique. Il passe une huile qui cristallise bientôt. Ce corps fond à 58°.

DÉRIVÉS DIAMIDÉS. — Voyez BENZIDINE, Suppl., **2**, 481 et 491.

Biphénylène-dicarbimide (*diisocyanate de biphénylène*),

$$CO = Az_{(4)} - C^6H^4 - C^6H^4 - Az_{(4)} = CO.$$

— On fait passer un courant d'oxychlorure de carbone dans du chlorhydrate de benzidine chauffé à 230-250°. Ce corps fond à 122°; il est presque insoluble dans l'eau froide et dans l'acide chlorhydrique. Il se dissout dans l'éther et se combine directement avec l'alcool.

Biphénylène-diuréthane,

$$CO^2C^2H^5 - AzH - C^6H^4 - C^6H^4 - AzH - CO^2C^2H^5.$$

— On fait bouillir la solution alcoolique du corps précédent. On peut aussi chauffer à 130°, au réfrigérant ascendant, la benzidine avec un excès de chlorocarbonate d'éthyle. Ce composé fond à 226-230°.

Biphénylène-dicarbamate de phényle,

$$CO^2C^6H^5 - AzH - C^6H^4 - C^6H^4 - AzH - CO^2C^6H^5.$$

— On chauffe à 140° la dicarbimide avec un léger excès de phénol. Ce corps, peu soluble dans les dissolvants ordinaires, cristallise dans l'acide acétique en tables fondant à 240° [Snape, *Chem. Soc.*, **49**, 254; *Bull. Soc. Chim.*, (2), **50**, 585].

Biphénylène-dihydrazine,

$$Az^2H^3 - C^6H^4 - C^6H^4 - Az^2H^3.$$

— On réduit le chlorure de diazobenzidine par le chlorure stanneux. La base, précipitée de son chlorhydrate, forme des lamelles incolores, fondant à 165-167°, non distillables, réduisant à froid les solutions alcalines de cuivre et brunissant à l'air.

Le *chlorhydrate* est en aiguilles groupées en étoiles; le *sulfate* et le *nitrate* se présentent en fines aiguilles blanches.

Le chlorhydrate, traité par une solution aqueuse de cyanate de potassium, fournit la *biphény-*

lène-disemi-carbazide (*diamidobiphényl-diurée*),

$$\begin{array}{l} C^6H^4-AzH-AzH.CO.AzH^2 \\ | \\ C^6H^4-AzH-AzH.CO.AzH^2 \end{array}$$

en cristaux fusibles avec décomposition à 300°, peu solubles dans la plupart des dissolvants.

Le *sulfate* de cette urée est en aiguilles incolores; le *chlorhydrate*, en petites lamelles.

Le chlorhydrate de biphénylène-dihydrazine, traité par une solution de nitrite de sodium, à une douce température, donne un précipité cristallin jaune, fusible à 112-113°, de *biphénylène-dinitrosohydrazine*,

$$\begin{array}{l} C^6H^4-Az(AzO)-AzH^2 \\ | \\ C^6H^4-Az(AzO)-AzH^2 \end{array}$$

L'acide pyruvique ajouté, en solution diluée, à une solution de chlorhydrate de la dihydrazine, donne l'*acide biphénylène-dihydrazone-pyruvique*,

$$\begin{array}{l} C^6H^4-Az^2H=C(CH^3)(CO^2H) \\ | \\ C^6H^4-Az^2H=C(CH^3)(CO^2H) \end{array}$$

en cristaux fondant avec décomposition à 197-198°.

La dihydrazine dissoute dans un excès d'acétone donne également un produit de condensation; on concentre fortement et on précipite par l'eau; on purifie par cristallisation dans l'éther. La *biphénylène-diacétone-hydrazone*,

$$\begin{array}{l} C^6H^4-Az^2H=C(CH^3)^2 \\ | \\ C^6H^4-Az^2H=C(CH^3)^2 \end{array}$$

fond à 197-199°. Ce corps est très altérable, et se décompose rapidement à l'air humide. L'acide chlorhydrique en régénère la biphénylène-dihydrazine.

La diacétone-hydrazone, chauffée à 220° avec 5 fois son poids de chlorure de zinc, donne lieu à une vive réaction qui se calme très rapidement; on laisse refroidir, on lave la masse à l'eau acidulée bouillante, et on distille dans le vide. On purifie le produit distillé par des lavages à l'éther et de nouvelles distillations dans le vide.

Le *diméthylindol biphénylique* ainsi obtenu,

$$\begin{array}{l} C^6H^3 \begin{smallmatrix} < CH \\ < AzH \end{smallmatrix} \geqslant C.CH^3 \\ | \\ C^6H^3 \begin{smallmatrix} < CH \\ < AzH \end{smallmatrix} \geqslant C.CH^3 \end{array}$$

fond à 270° et distille sans altération. Il est peu soluble dans l'eau, le benzène, le chloroforme, l'éther, assez soluble dans l'alcool et dans l'acide acétique [R. Arheidt, *Ann. Chem.*, 239, 206; *Bull. Soc. Chim.*, (2), 49, 785].

DÉRIVÉ TÉTRAMIDÉ. — La dinitrobenzidine,

$$\begin{array}{l} C^6H^3(AzO^2)_{(3)}(AzH^2)_{(4)} \\ | \\ C^6H^3(AzO^2)_{(3)}(AzH^2)_{(4)} \end{array}$$

chauffée au bain-marie avec du chlorure stanneux, de l'acide chlorhydrique et de l'étain, donne des aiguilles incolores d'un *chlorhydrate*

$$C^{12}H^6(AzH^2.HCl)^4, 2H^2O$$

soluble dans l'eau, qui, par addition d'acide sulfurique étendu, se transforme en un sulfate peu soluble.

La base libre

$$\begin{array}{l} C^6H^3(AzH^2)^2_{(3.4)} \\ | \\ C^6H^3(AzH^2)^2_{(3.4)} \end{array}$$

forme des lamelles d'un éclat argentin, se colorant très rapidement en noir.

Le nitrite de sodium colore la dissolution du chlorhydrate en brun; il se précipite un dérivé azimidé, soluble dans l'acide chlorhydrique concentré.

Le tétramidobiphényle se combine aux α-dicétones pour donner des azines [Brunner et Witt, *D. chem. G.*, 20, 1023].

DÉRIVÉS MÉTHYLIQUES. — *Monométhylbiphényles*. — Voyez CRÉSYLBENZÈNES.

Diméthylbiphényles. — Il peut en exister de deux sortes. Dans les uns, les deux groupes méthyle sont répartis dans les deux noyaux aromatiques (voyez BICRÉSYLES, Suppl., 2, 692). Dans les autres, les deux groupes méthyle sont attachés à un même noyau aromatique.

C'est probablement un corps de cette nature qu'obtint M. Adam par l'action du chlorure de méthyle sur le biphényle en présence du chlorure d'aluminium.

Ce carbure, $C^{12}H^8(CH^3)^2$, bout à 286°; sa densité = 1,025 à 0°; il donne par oxydation un acide infusible, non sublimable, et ne peut par conséquent être identique avec aucun des 6 bicrésyles possibles.

Il ne resterait donc, par exclusion, que la constitution $C^6H^5-C^6H^3(CH^3)^2$ [Adam, *Bull. Soc. Chim.*, (2), 47, 689 et 49, 97; *Ann. Chim. Phys.*, (6), 15, 575].

DÉRIVÉS ÉTHYLIQUES. — On traite le biphényle en présence de chlorure d'aluminium par le chlorure d'éthyle, l'éthylène, ou mieux le bromure d'éthyle. Avec ce dernier, il suffit d'employer un poids de chlorure d'aluminium égal au dixième du poids du carbure. La réaction est nette; commencée au bain-marie, elle se continue d'elle-même sans qu'il soit nécessaire de chauffer.

On obtient ainsi le *m-éthylbiphényle*,

$$C^6H^5-C^6H^4-C^2H^5_{(3)},$$

bouillant à 283-284° sous 763 millimètres, à 286-288° sous 776 millimètres; d = 1,043 à 0°.

Par oxydation au moyen de l'acide chromique, ce corps donne l'acide biphénylcarbonique, fondant à 161°, ce qui prouve que la position du groupe éthyle est en méta.

Par une oxydation ménagée, on obtient la biphénylyl-méthylcétone $C^6H^5-C^6H^4-CO-CH^3$.

Le brome se substitue à 180° dans le m-éthylbiphényle: le produit brut cristallise par le refroidissement. Les cristaux, lavés à l'éther, fondent à 103-104° et sont insolubles dans l'alcool. Ils répondent à la formule $C^{14}H^{12}Br^2$.

Le *diéthylbiphényle*, $C^{12}H^8(C^2H^5)^2$, bout à 304-310° et a pour densité 0,999 à 0° [Adam, *loc. cit.*].

BIPHÉNYLYL-MÉTHYLCÉTONE [Syn. *Phénylophényl-méthylcétone*],

$$C^6H^5.C^6H^4.CO.CH^3.$$

— On dissout dans 400 grammes de sulfure de carbone 245 grammes de biphényle et 300 grammes de chlorure d'acétyle. On introduit peu à peu ce mélange dans un ballon contenant 245 grammes de chlorure d'aluminium. La réaction se déclare à froid. On chauffe légèrement à la fin; on ajoute un peu d'eau, on chasse le sulfure de carbone au bain-marie, on sèche, on distille et on fait cristalliser dans l'acétone.

Ce corps forme des cristaux blancs, flexibles, légèrement nacrés. Il fond à 121° et bout à 325-327°. Il se dissout facilement dans les dissolvants organiques. Son odeur rappelle celle du méthylbenzoyle.

Oxydé, il donne l'acide biphényl-m-carbonique.

Traité en solution alcoolique concentrée par l'amalgame de sodium, il donne le *biphénylyl mé-*

thylcarbinol, $C^6H^5-C^6H^4-CH.OH-CH^3$, fondant à 85-86°, très soluble dans l'alcool, non distillable [Adam, *loc. cit.*].

BENZYL-BIPHÉNYLES. — Voyez Suppl., 2, 622.

PRODUITS D'ADDITION. — On dissout le biphényle dans l'alcool amylique, et on fait arriver la solution en un courant continu sur la quantité totale de sodium nécessaire à la réaction.

La *tétrahydrobiphényle*, $C^{12}H^{14}$, est une huile claire, épaisse, bouillant à 244°,8 sous 716 millimètres.

En solution dans le chloroforme, il absorbe le brome à basse température, avec un faible dégagement d'acide bromhydrique. Le produit de la réaction, purifié par lavage au carbonate de sodium et dessiccation dans le vide, constitue une huile jaune, incristallisable, soluble dans l'éther et dans le chloroforme, peu soluble dans l'alcool, ayant pour formule $C^{12}H^{14}Br^2$. Ce composé se détruit par la chaleur, avec perte d'acide bromhydrique.

Bouilli avec de la potasse alcoolique, il donne le *dihydrobiphényle*, $C^{12}H^{12}$, qui, purifié par distillation dans la vapeur d'eau, constitue un liquide presque incolore, bouillant à 247-249°.

Ce dihydrure, traité en solution dans le chloroforme par le brome, donne un *dibromure*

$$C^{12}H^{12}Br^2,$$

huile jaune incristallisable, que la potasse alcoolique dédouble à l'ébullition en biphényle et acide bromhydrique.

Dibromure de monobromotétrahydrobiphényle, $C^{12}H^9Br.H^4.Br^2$. — Quand on traite le tétrahydrobiphényle par un excès de brome en solution dans le chloroforme, il se produit à la fin de l'opération un abondant dégagement d'acide bromhydrique; on obtient par évaporation une huile et des aiguilles qui, purifiées par dissolution dans le benzène bouillant et précipitation par l'alcool, fondent à 134° et appartiennent au système orthorhombique.

Traité par la potasse alcoolique bouillante, ce dibromure se scinde en acide bromhydrique et *dihydrure de bromobiphényle*, $C^{12}H^9Br.H^2$, huile jaune qui se décompose par la chaleur en acide bromhydrique et biphényle.

Dibromure de monobromodihydrobiphényle, $C^{12}H^9Br.H^2.Br^2$. — C'est une huile qui donne, par ébullition avec la potasse alcoolique, un liquide incolore, bouillant à 282-286°, constitué par un mélange de biphényle et de monobromobiphényle [Bamberger et Lodter, *D. chem. G.*, 20, 3073; 21, 836]. Paul Adam.

BIPHÉNYLÈNE (*diphénylène*),

$$-C^6H^4-C^6H^4-.$$

— Voyez BIPHÉNYLE et BIPHÉNOLS pour les dérivés qui ne se trouvent pas ici.

Le corps $C^6H^4=C^6H^4$ n'a pas été décrit.

OXYDE DE BIPHÉNYLÈNE,

$$\begin{matrix} C^6H^4 \\ | \\ C^6H^4 \end{matrix} > O.$$

— Outre les modes de production indiqués Dict., 2, 895, on peut citer les suivants :

1° Distillation sèche de l'acide mucique [Klinkhardt, *J. prakt. Chem.*, (2), 25, 45];

2° Distillation du phénate de calcium [Niederhaüsern, *D. chem. G.*, 13, 1120];

3° Distillation du p-oxybenzoate de calcium (Goldschmiedt);

4° Distillation du phénol sur l'oxyde de plomb. C'est le meilleur mode de préparation. On chauffe 1 partie de phénol avec 1p,5 d'oxyde de plomb, d'abord modérément, puis plus fort; on agite le produit distillé avec de la soude et on distille la partie insoluble. On fait cristalliser dans l'alcool [Graebe, *Ann. Chem.*, 174, 190].

L'oxyde de biphénylène fond à 80° et bout à 288°. Il est insoluble dans l'eau, assez soluble dans l'alcool, très soluble dans l'éther, le benzène, l'acide acétique cristallisable. Il distille sans altération sur la poudre de zinc. L'acide iodhydrique est sans action à 250°.

Le *picrate*, $C^{12}H^8O.C^6H^3(AzO^2)^3O$, est en cristaux jaunes, fondant à 94° [Goldschmiedt et Schmidt, *Mon. f. Chem.*, 2, 14].

Acide disulfonique, $C^{12}H^6O(SO^3H)^2$. — On dissout l'oxyde dans l'acide sulfurique. C'est une masse cristalline, déliquescente.

Le *sel de baryum*, $C^{12}H^6O(SO^3)^2Ba, H^2O$, est en aiguilles. La solution possède une fluorescence bleue; le perchlorure de fer ne donne pas de coloration.

SULFURE DE BIPHÉNYLÈNE,

$$\begin{matrix} C^6H^4 \\ | \\ C^6H^4 \end{matrix} > S.$$

— Ce corps a été obtenu d'abord par Stenhouse en faisant passer le sulfure de phényle $(C^6H^5)^2S$ dans un tube chauffé [*Ann. Chem.*, 156, 332]. Mais Stenhouse s'est trompé sur la nature de ce produit et l'a considéré comme un isomère du sulfure de phényle. M. Graebe a prouvé qu'il a la formule ci-dessus [*D. chem. G.*, 7, 50; *Bull. Soc. Chim.*, (2), 22, 80].

Le sulfure de biphénylène est en longues aiguilles, fondant à 97°, bouillant à 332-333°. Il est très soluble dans l'alcool chaud, assez soluble dans l'alcool froid. L'éther et le benzène le dissolvent en grande quantité.

L'acide iodhydrique et le phosphore ne l'attaquent pas à 250-280°.

BIPHÉNYLÈNE-SULFONE,

$$\begin{matrix} C^6H^4 \\ | \\ C^6H^4 \end{matrix} > SO^2.$$

— On chauffe pendant longtemps le sulfure précédent avec un mélange de dichromate de potassium et d'acide sulfurique. Ce corps forme de longues aiguilles fondant à 230°, solubles dans le benzène, le sulfure de carbone, l'éther, l'alcool chaud. L'acide azotique, l'acide sulfurique concentrés ne l'attaquent pas à chaud (Græbe).

On peut aussi l'obtenir en faisant bouillir avec du sulfate de cuivre le dérivé hydrazinique qui résulte de la réduction, au moyen du chlorure stanneux et de l'acide chlorhydrique, du dérivé bis-diazoïque préparé par l'action du nitrite de sodium sur le chlorhydrate de benzidine-sulfone [Griess et Duisberg, *D. chem. G.*, 22, 2469].

Paul Adam.

BIPHÉNYLÈNE-ACÉTIQUE (ACIDE) (*diphénylène-acétique*), $(C^6H^4)^2=CH-CO^2H$. — Cet acide réagit déjà à froid sur le perchlorure d'antimoine. Il paraît donner comme termes ultimes de la chloruration du biphényle perchloré et du fluorène perchloré (Merz et Weith).

BIPHÉNYLÈNE-CÉTONE (*diphénylène-acétone*),

$$\begin{matrix} C^6H^4 \\ | \\ C^6H^4 \end{matrix} > CO$$

(voyez Dict., 2, 793; Suppl., 1, 658, 834 et 1164).

Modes de formation :

1° On oxyde l'alcool fluorénique (Barbier).

2° On oxyde la phénanthrène-quinone par le permanganate de potassium en solution alcaline (Anschütz et Japp).

3° On chauffe l'acide biphénylène-cétone-carbonique.

4° On chauffe le biphénylène-cétone-dicarbonate d'argent (Bamberger et Hoolker).

DICHLOROBIPHÉNYLÈNE-CÉTONE,

$$\begin{matrix} C^6H^3Cl \searrow \\ | \qquad\quad CO. \\ C^6H^3Cl \nearrow \end{matrix}$$

— On l'obtient en oxydant le dichlorofluorène par l'acide chromique. Il fond à 158° et distille sans altération [Hodgkinson et Matthews, *Chem. Soc.*, **43**, 170].

BROMOBIPHÉNYLÈNE-CÉTONE, $C^{12}H^7Br.CO$. — On connaît deux composés répondant à cette formule.

Le premier, ou *α-bromobiphénylène-cétone*, obtenu par l'oxydation du bromofluorène au moyen de l'acide chromique en solution acétique, est en aiguilles jaune foncé, fondant à 104° (Hodgkinson et Matthews).

Le second, ou *p-bromobiphénylène-cétone*, obtenu en chauffant l'acide bromobiphényldicarbonique avec de la chaux éteinte, est en lames jaune clair, fondant à 122°, peu solubles dans l'alcool froid, solubles dans l'éther et dans le benzène. Ce corps est sublimable. Par distillation sur la poudre de zinc, il se transforme en fluorène [Claus et Erler, *D. chem. G.*, **19**, 3155].

DIBROMO-BIPHÉNYLÈNE-CÉTONES, $C^{12}H^6Br^2.CO$. — On en a décrit trois.

α-dibromobiphénylène-cétone. — On oxyde le dibromofluorène fusible à 160° par l'acide chromique en proportion théorique. Ce corps cristallise dans l'alcool en longues aiguilles jaunes, solubles dans l'éther et dans le benzène et fondant à 142°,5.

β-dibromobiphénylène-cétone. — Si on a employé un excès d'acide chromique, ou si on oxyde le tribromofluorène, on obtient des aiguilles jaunes, fondant à 197-198°, solubles dans l'alcool, l'éther et le benzène chaud.

Ce corps donne, par fusion avec la potasse, l'acide dibromobiphénylcarbonique fondant à 212° [Holm, *D. chem G.*, **16**, 1081; *Bull. Soc. Chim.*, (2), **40**, 491].

γ-dibromobiphénylène-cétone. — Ce corps se forme par la fusion avec la potasse de l'acide α-dibromobiphénique (fondant à 245°). Il est en lames minces, jaune clair, fondant à 133°, sublimables en longues aiguilles (Claus et Erler).

NITROBIPHÉNYLÈNE-CÉTONE,

$$\begin{matrix} C^6H^4 \longrightarrow \searrow \\ | \qquad\qquad\quad CO. \\ C^6H^3(AzO^2)_{(3)} \nearrow \end{matrix}$$

— La biphénylène-cétone se dissout dans l'acide azotique fumant refroidi, et se transforme en un dérivé mononitré, précipitable par l'eau, et cristallisable dans l'alcool bouillant en aiguilles jaunes ou en lamelles. Ce corps fond à 220° et est sublimable.

Il se dissout dans l'acide sulfurique avec une couleur jaune.

DINITROBIPHÉNYLÈNE-CÉTONE,

$$\begin{matrix} C^6H^3(AzO^2)_{(3)} \searrow \\ | \qquad\qquad\quad CO. \\ C^6H^3(AzO^2)_{(3)} \nearrow \end{matrix}$$

— Si on chauffe la biphénylène-cétone avec de l'acide azotique fumant, on produit la dinitrobiphénylène cétone. On obtient le même corps en oxydant le dinitrofluorène, ou l'acide dinitrobiphénylène-glycolique, ou en nitrant l'alcool fluorénique.

Ce composé est insoluble dans l'eau, peu soluble dans l'alcool bouillant, plus soluble dans l'alcool amylique, le xylène, l'acide acétique. Ce dernier dissolvant l'abandonne par le refroidissement en longues aiguilles jaunes, fondant à 290°.

Réduit par l'étain et l'acide chlorhydrique, il donne une base formée de petites aiguilles brunes, fondant à 286° [G. Schultz, *Ann. Chem.*, **203**, 95; *Bull. Soc. Chim.*, (2), **35**, 393].

OXYBIPHÉNYLÈNE-CÉTONE, HEXAOXYBIPHÉNYLÈNE-CÉTONES. — Voyez Suppl., 2, OXYBIPHÉNYLÈNE-CÉTONE.

ACIDE BIPHÉNYLÈNE-CÉTONE-DISULFONIQUE,

$$\begin{matrix} C^6H^3(SO^3H) \searrow \\ | \qquad\qquad\quad CO. \\ C^6H^3(SO^3H) \nearrow \end{matrix}$$

— On chauffe l'acétone avec de l'acide sulfurique à 250-260°. Par fusion avec la potasse, ce corps donne l'acide dioxybiphénylcarbonique.

Le *sel de calcium*, $C^{13}H^6O(SO^3)^2Ca$, est une poudre amorphe jaune, qu'on précipite de sa solution aqueuse par l'alcool [Schmidt et Schultz, *Ann. Chem.*, **207**, 345].

BIPHÉNYLÈNE-ACÉTOXIME (*biphénylène-carboxime*),

$$\begin{matrix} C^6H^4 \searrow \\ | \qquad C(Az.OH). \\ C^6H^4 \nearrow \end{matrix}$$

— On chauffe pendant quelques heures au bain-marie une solution alcoolique de biphénylène-cétone avec un peu plus de 1 molécule de chlorhydrate d'hydroxylamine; on chasse l'alcool, on précipite par l'eau et on fait cristalliser le produit dans l'alcool bouillant. Ce corps est en cristaux d'une jaune clair, fondant à 192°.

Le *chlorhydrate*, $C^{13}H^9AzO.HCl$, forme un précipité cristallin qu'on obtient en traitant une solution éthérée de l'acétoxime par un courant de gaz chlorhydrique [E. Spiegler, *Mon. f. Chem.*, **5**, 195; *Bull. Soc. Chim.*, (2), **43**, 93].

CONSTITUTION. — Voyez BIPHÉNYLÈNE-MÉTHANES.

ISOBIPHÉNYLÈNE-CÉTONE, $C^{13}H^8O$? — Cet isomère de la biphénylène-cétone dérivée du phénanthrène se produit quand on verse goutte à goutte dans un tube de fer rempli de tournure de cuivre et chauffé le plus fort possible un mélange de sulfure de carbone et de phénol dans les proportions de 1 molécule du premier pour 2 molécules du second. Les produits volatils sont fractionnés. On recueille : au-dessous de 100°, de l'eau et du sulfure de carbone; de 100 à 235°, du phénol; de 235 à 350°, le nouveau corps; au-dessus, on n'a que des goudrons.

Pour avoir un bon rendement (1 0/0 du phénol) il convient de faire passer 25 grammes de phénol par heure. La réaction est la suivante :

$$2\,C^6H^5.OH + CS^2 + 4\,Cu$$
$$= C^{13}H^8O + 2\,Cu^2S + H^2O + H^2.$$

La fraction 235-350° est une masse cristalline d'un blanc jaunâtre qui, après cristallisation dans l'alcool, fond à 83°. Ce corps forme des aiguilles ou des lamelles groupées en barbes de plume, blanches, insolubles dans l'eau, peu solubles dans l'alcool froid, plus solubles à chaud, très solubles dans l'acide acétique.

Ce produit est stable; les oxydants, la potasse fondante, ne l'attaquent pas.

Le brome donne un dérivé, $C^{13}H^7BrO$, fondant à 104°.

L'acide azotique fumant donne à 70° un *dérivé nitré*, non analysé, insoluble dans l'eau, l'alcool et fondant à 225°.

L'amalgame de sodium donne un corps cristallin, fondant à 80°, répondant à la formule $C^{45}H^{30}O^2$ ou $C^{45}H^{32}O^2$ [Carnelley et Dunn, *D. chem. G.*, **21**, 2005; *Bull. Soc. Chim.*, (2), **50**, 376].

Paul Adam.

BIPHÉNYLÈNE-CÉTONE-CARBONIQUES (ACIDES),

$$\begin{array}{l} C^6H^4 \\ | \quad \rangle CO \\ C^6H^3 \, . \, CO^2H \end{array}$$

1° ACIDE BIPHÉNYLÈNE-CÉTONE-O-CARBONIQUE,

[Formule développée : biphénylène-cétone (CO) avec CO^2H]

— Voyez Suppl., **1**, 831.

2° ACIDE BIPHÉNYLÈNE-CÉTONE-CARBONIQUE (*dérivé du rétène*),

[Formule développée : biphénylène-cétone (CO) avec CO^2H (?)]

— On distille le sel d'argent de l'acide biphénylène-cétone-dicarbonique (voyez ce mot); on dissout le produit ainsi obtenu dans l'ammoniaque pour séparer la biphénylène-cétone, et on précipite par l'acide chlorhydrique.

Cet acide est en fines aiguilles jaune clair, infusibles à 275°, sublimables presque sans décomposition. Il est peu soluble dans l'eau. Il donne une combinaison avec l'hydroxylamine.

Le *sel d'argent* est un précipité floconneux.

ACIDE OXY-ISOPROPYL-BIPHÉNYLÈNE-CÉTONE-CARBONIQUE,

[Formule développée : biphénylène-cétone (CO) avec $C(OH)(CH^3)^2$ et CO^2H]

— On dissout 10 grammes de rétène-quinone dans 35 centimètres cubes d'acide sulfurique concentré : le liquide vert-olive est versé dans 8 ou 10 fois son volume d'eau; la pâte semi-liquide est filtrée, lavée et soumise à l'ébullition avec 400 centimètres cubes de potasse caustique à 25 0/0 et 25 grammes de permanganate de potassium; on fait passer en même temps un courant de vapeur dans le liquide; la rétène-cétone, $C^{16}H^{16}.CO$, passe à la distillation. Après une ébullition de 1 heure, on décompose le permanganate inattaqué par l'alcool, on filtre, on neutralise par l'acide chlorhydrique; après refroidissement, on décante, et on précipite par un acide minéral. On redissout le précipité dans un alcali, et à la liqueur chauffée au bain-marie on ajoute du permanganate de potassium, jusqu'à ce qu'une fraction du liquide, additionnée d'un acide, fournisse un précipité jaune clair, exempt de résines.

Le corps obtenu est lavé à l'eau bouillante et dissous dans l'eau de baryte bouillante. On élimine l'excès de baryte par l'acide carbonique. Finalement on obtient par évaporation le sel de baryum, qu'on décompose par l'acide chlorhydrique.

Cet acide est en lames d'un jaune d'or, fondant à 190° en se colorant en rouge, peu solubles dans l'eau froide et dans l'éther, plus solubles dans l'alcool, très solubles dans l'acide acétique cristallisable.

Le permanganate le transforme en acide oxalique; le dichromate de potassium, en acide biphénylène-cétone-dicarbonique. Fondu avec la potasse, il donne l'acide biphényltricarbonique.

Le *sel d'argent*, $C^{17}H^{13}O^4Ag$, est un précipité floconneux jaune.

Le *sel de baryum*, qui renferme 2 molécules d'eau, est en aiguilles soyeuses, d'un jaune d'or.

En chauffant pendant plusieurs heures une solution de ce sel de baryum avec du chlorhydrate d'hydroxylamine, on obtient des flocons jaunâtres, infusibles à 270°, peu solubles dans l'eau bouillante, le chloroforme, l'éther, constituant l'acide *oxy-isopropyl-biphénylène-carboxime-carbonique*,

$$HOAz=C \begin{array}{l} \diagup C^6H^4 \\ \quad | \\ \diagdown C^6H^2 \begin{array}{l} \diagup CO^2H \\ \diagdown C(OH) \begin{array}{l} \diagup CH^3 \\ \diagdown CH^3 \end{array} \end{array} \end{array}$$

[Bamberger et Hooker, *Ann. Chem.*, **229**, 188; *D. chem. G.*, **18**, 1024; *Bull. Soc. Chim.*, (2), **46**, 131].

3° ACIDE BIPHÉNYLÈNE-CÉTONE-CARBONIQUE (de M. Graebe). — C'est le corps décrit Suppl., **1**, 1164 sous le nom d'*anhydride biphénique*.

L'acide biphényldicarbonique donne avec les déshydratants, suivant les cas, soit l'anhydride

$$\begin{array}{l} C^6H^4-CO \diagdown \\ | \qquad\qquad O, \\ C^6H^4-CO \diagup \end{array}$$

soit l'acide biphénylène-cétone-carbonique,

$$\begin{array}{l} C^6H^4 \\ | \quad \rangle CO \\ C^6H^3-CO^2H \end{array}$$

Le chlorure d'acétyle à froid, l'anhydride acétique à partir de 100°, l'oxychlorure de phosphore à l'ébullition, l'acide sulfurique à chaud, l'acide pyrosulfurique à froid donnent l'acide cétone-carbonique.

Cet acide est en cristaux jaunes, fondant à 227°. Il est insoluble dans l'eau, très soluble dans l'alcool chaud.

Il peut distiller sans décomposition; surchauffé, il se dédouble en acide carbonique et biphénylène-cétone.

Fondu avec la potasse, il fournit l'acide biphényldicarbonique.

Réduit par le zinc et l'ammoniaque, il donne l'acide o-carbonique de l'alcool fluorénique; l'acide iodhydrique et le phosphore le convertissent en fluorène.

Les sels sont d'un jaune d'or.

Le *sel d'ammonium*, $C^{13}H^7O.CO^2AzH^4,H^2O$, est assez peu soluble dans l'eau froide.

Il en est de même du *sel de sodium*,

$$C^{13}H^7O.CO^2Na,6H^2O.$$

Le *sel d'argent* est très peu soluble.

L'*éther méthylique* fond à 132°; l'*éther éthylique* à 103°.

Le chlorure

$$\begin{array}{l} C^6H^4 \\ | \quad \rangle CO \\ C^6H^3-COCl \end{array}$$

distille à une température élevée et cristallise dans la ligroïne en cristaux jaunes fondant à 128°. Il n'est décomposé que lentement par l'eau.

Ce chlorure s'obtient en traitant l'acide par 1 molécule de pentachlorure de phosphore.

Si on emploie 2 molécules de ce réactif, on obtient le *trichlorure*,

$$\begin{matrix} C^6H^4 \\ | \\ C^6H^3 - COCl \end{matrix} > CCl^2$$

en cristaux incolores, fondant à 95°, solubles dans le benzène et dans la ligroïne. L'eau bouillante ne le décompose que très lentement. L'alcool le transforme à froid en *éther*,

$$\begin{matrix} C^6H^4 \\ | \\ C^6H^3 - CO^2C^2H^5 \end{matrix} > CCl^2$$

fondant à 74°. L'alcool bouillant donne l'éther biphénylène-cétone-carbonique,

$$\begin{matrix} C^6H^4 \\ | \\ C^6H^3 - CO^2C^2H^5 \end{matrix} > CO$$

Lorsqu'on fait bouillir le sel de sodium de l'acide biphénylène-cétone-carbonique avec du chlorhydrate d'hydroxylamine, on obtient, en précipitant par l'eau, l'*acétoxime*,

$$\begin{matrix} C^6H^4 \\ | \\ C^6H^3 - CO^2H \end{matrix} > C{=}AzOH$$

fondant à 263°. Ce corps est soluble dans les carbonates alcalins. Le *sel d'argent* est un précipité cristallin jaune.

L'acide, chauffé à 150-160° avec un excès de phénylhydrazine, donne l'*hydrazone*,

$$\begin{matrix} C^6H^4 \\ | \\ C^6H^3 . CO^2H \end{matrix} > C{=}Az^2H . C^6H^5$$

fondant à 205°, soluble dans les alcalis, précipitable par les acides [Graebe et Aubin, *D. chem. G.*, **20**, 815; *Ann. Chem.*, **247**, 257; *Bull. Soc. Chim.*, (2), **48**, 71 et (3), **1**, 817].

L'*amide biphénylène-cétone-carbonique*,

$$\begin{matrix} C^6H^4 \\ | \\ C^6H^3 - CO . AzH^2 \end{matrix} > CO$$

a été obtenue par M. Wegerhoff [*D. chem. G.*, **21**, 2367] par l'action de l'acide sulfurique concentré sur la phénanthrène-quinone-oxime à la température de 100°. Elle cristallise dans l'alcool absolu en fines aiguilles soyeuses d'un jaune clair, renfermant 1 demi-molécule d'alcool de cristallisation et fondant à 225°.

On peut aussi la préparer par l'action de l'ammoniaque sur le chlorure biphénylène-cétone-carbonique, ou encore par l'action de l'acide sulfurique concentré sur la biphénimide au bain-marie.

Paul Adam.

BIPHÉNYLÈNE - CÉTONE - DICARBONIQUE (ACIDE),

(formule développée : deux noyaux benzéniques liés, portant CO^2H, CO^2H et reliés par CO)

— On opère comme pour la préparation de l'acide oxy-isopropyl-biphénylène-cétone-carbonique, mais on ajoute 40 grammes de permanganate de potassium (voyez ACIDES BIPHÉNYLÈNE-CÉTONE-CARBONIQUES). Pour achever l'oxydation, on chauffe le mélange des acides obtenus avec 5 ou 8 parties de dichromate de potassium et de l'acide sulfurique à 25 0/0.

L'acide obtenu est lavé à l'eau et soumis à des cristallisations répétées dans l'acide acétique.

Il forme des aiguilles microscopiques d'un jaune de soufre, peu solubles dans l'eau, l'alcool, le chloroforme, le benzène, solubles dans l'acide acétique cristallisable, très solubles dans le nitrobenzène.

Fondu avec la potasse, il donne de l'acide biphényltricarbonique.

Le zinc et l'acide chlorhydrique ou l'amalgame de sodium le transforment en acide fluorène-dicarbonique.

La distillation sèche du sel d'argent donne la biphénylène-cétone et l'acide cétone-carbonique.

Chauffé avec de la chaux, cet acide donne du biphényle.

L'*oxime* se présente en flocons jaunes.

L'*éther méthylique*, obtenu par l'acide chlorhydrique et l'alcool, fond à 184°.

L'*éther éthylique* fond à 114°,5 [Bamberger et Hooker, *Ann. Chem.*, **229**, 151; *Bull. Soc. Chim.*, (2), **46**, 132].

Paul Adam.

BIPHÉNYLÈNE-GLYCOLIQUE (ACIDE),

$$\begin{matrix} C^6H^4 \\ | \\ C^6H^4 \end{matrix} > C < \begin{matrix} OH \\ CO^2H \end{matrix}$$

(voyez Suppl., **1**, 1163). — Par la chloruration poussée à bout, au moyen du perchlorure d'antimoine, cet acide donne du biphényle perchloré et du fluorène perchloré $C^{13}Cl^{10}$ [Merz et Weith, *D. chem. G.*, **16**, 2872].

BIPHÉNYLÈNE-MÉTHANES (*diphénylène-méthanes*). — On a décrit trois hydrocarbures

$$\begin{matrix} C^6H^4 \\ | \\ C^6H^4 \end{matrix} > CH^2,$$

désignés par les lettres α, γ et δ. La lettre β conviendrait au fluorène, qui, d'après M. Carnelley, ne serait pas identique avec le carbure provenant de la biphénylène-cétone ou du diphénylméthane et qui porte la lettre α. MM. Fittig et Schmitz ont prouvé l'identité des α- et β-biphénylène-méthanes [*Ann. Chem.*, **193**, 134] (voyez FLUORÈNE).

γ-BIPHÉNYLÈNE-MÉTHANE. — Ce carbure, qui existerait dans le goudron de houille [Hodgkinson et Matthews, *Chem. Soc.*, **43**, 164], a été préparé par M. Carnelley en faisant passer un mélange équimoléculaire de benzène et de toluène dans un tube chauffé au rouge sombre, rempli de pierre ponce. Il est en tables minces, fondant à 116° et bouillant à 295°, très solubles dans l'alcool et dans l'acide acétique chaud. La solution présente une faible fluorescence bleue.

Par oxydation au moyen de l'acide chromique, on obtient une quinone.

Le *picrate*, $C^{13}H^{10} . C^6H^3(AzO^2)^3O$, cristallise en aiguilles rouge de sang, fusibles à 79-81°.

Le brome en solution éthérée donne un *dibromobiphénylène-méthane*, $C^{13}H^8Br^2$, en aiguilles qui se transforment peu à peu en octaèdres. Ce corps, très peu soluble dans l'alcool et dans l'éther, fond à 160° [*Chem. Soc.*, **37**, 708].

δ-BIPHÉNYLÈNE-MÉTHANE. — Ce corps se forme en même temps que le précédent. On l'en sépare à l'aide de l'alcool, dans lequel il est beaucoup moins soluble que son isomère δ.

Il fond à 205° et bout à 320°. L'acide chromique le transforme en une quinone.

Paul Adam.

BIPHÉNYLÈNE-NAPHTAZINE. — *Acide biphénylène-naphtazine-sulfonique*,

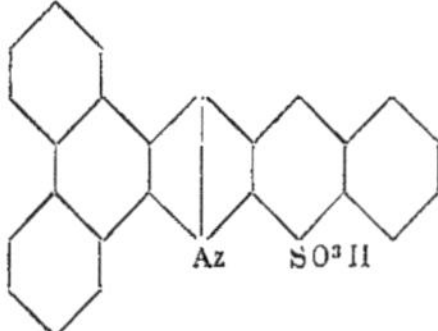

— On obtient ce corps en traitant une solution de phénanthrène-quinone par l'acide diamido-naphtalène-sulfonique, préparé lui-même par le rouge Congo, la poudre de zinc et l'ammoniaque.

Il cristallise en fines aiguilles d'un jaune citron, assez solubles dans l'eau absolument pure, bouillante. Une trace de sel le précipite de sa solution aqueuse. Il se dissout en violet dans l'acide sulfurique.

Le *sel de sodium* est en fines aiguilles jaunes.

Fondu avec la potasse, il donne le phénol correspondant, l'*eurhodol* (voyez ce mot) [Witt, *D. chem. G.*, **19**, 2791].

Paul Adam.

BIPHÉNYLÈNE - PHÉNYLMÉTHANE (*diphénylène-phénylméthane*),

$$\begin{matrix} C^6H^4 \\ | \\ C^6H^4 \end{matrix} \Big\rangle CH - C^6H^5.$$

— Outre les modes de préparation indiqués Suppl., **1**, 657, ce corps se forme encore dans l'action du chlorure d'aluminium sur l'alcool fluorénique dissous dans le benzène [Hemilian, *Bull. Soc. Chim.*, (2), **34**, 326].

Le perchlorure d'antimoine l'attaque déjà à froid, mais l'action est surtout énergique à 150-200°. On obtient en définitive du tétrachlorure de carbone et du benzène perchloré [Merz et Weith, *D. chem. G.*, **16**, 1869].

Dérivés bromés. — On traite une solution acétique chaude du carbure par le brome. Le *dibromo-biphénylène-phénylméthane* fond à 181-182°.

Si on fait agir le brome sur le carbure fondu, on obtient le *dérivé tribromé*, $C^{19}H^{11}Br^3$, en grains brillants, fondant à 167-171° [Behr, *D. chem. G.*, **5**, 971].

Constitution. — MM. Hanriot et Saint-Pierre, ayant obtenu un carbure qui paraît identique avec celui de M. Hemilian en chauffant le triphénylméthane avec du potassium à 300°, mettent en doute la formule écrite plus haut et proposent la formule $C^6H^4{=}C(C^6H^5)^2$, qui ferait de cet hydrocarbure le *phénylène-diphényl-méthane* [*Bull. Soc. Chim.*, (3), **1**, 776].

C'est d'ailleurs la formule que M. Hemilian avait d'abord attribuée à son carbure.

Paul Adam.

BIPHÉNYLPHTALOYLIQUE (ACIDE),

$$C^6H^5 . C^6H^4 . CO . C^6H^4 . CO^2H$$

[J. Kaiser, *Ann. Chem.*, **257**, 95; *D. chem. G.*, **23**, *Ref.*, 343]. — Il prend naissance par l'action du chlorure d'aluminium sur un mélange d'anhydride phtalique et de biphényle, au bain-marie. On le purifie par lavage à l'eau bouillante et par transformation en sel de calcium.

Il cristallise en aiguilles fusibles à 220°, solubles dans l'alcool, le benzène, le chloroforme et l'éther.

Les *sels de calcium* et *d'argent* sont amorphes.

L'*éther méthylique* est une poudre cristalline, fusible à 85-90°.

L'*hydrazone*,

$$C^{12}H^9 - \underset{\underset{Az^2 . C^6H^5}{\Vert}}{C} - C^6H^4 - CO$$

cristallise en aiguilles fusibles à 192-194°.

BIPHÉNYLTRICARBONIQUE (ACIDE),

$$C^6H^5 - C^6H^2(CO^2H)^3_{(2.3.6)}.$$

— On ajoute 1 partie d'acide biphénylène-cétone-dicarbonique dérivé du rétène à 6 ou 7 parties de potasse fondante, additionnée de quelques gouttes d'eau. Par addition d'acide chlorhydrique, on obtient un précipité qu'on redissout dans la baryte; on précipite l'excès de baryte par l'acide carbonique, on filtre et on traite finalement par l'acide chlorhydrique.

On peut encore fondre avec la potasse l'acide oxy-isopropyl-biphénylène-cétone-carbonique (voyez ACIDES BIPHÉNYLÈNE-CÉTONE-CARBONIQUES).

C'est un précipité blanc, insoluble dans l'eau, soluble dans l'alcool et surtout dans l'éther. Il ne fond ni ne s'altère à 270°.

La chaux à haute température le scinde en acide carbonique et biphényle.

Le *sel d'argent* chauffé se boursoufle comme les serpents de Pharaon [Bamberger et Hooker, *D. chem.*, *G.*, **18**, 1024; *Ann. Chem.*, **229**, 159; *Bull. Soc. Chim.*, (2), **46**, 131]. Paul Adam.

BIPHTALIQUE (ACIDE),

$$CO^2H - C^6H^4 - CO - CO - C^6H^4 - CO^2H.$$

Modes de formation. — 1° Par oxydation du biphtalyle (voyez Dict., **2**, 1015).

2° Par oxydation de l'*α-α-binaphtyl-β-diquinone*, $C^{20}H^{10}O^4$, au moyen du permanganate de potassium [Korn, *D. chem. G.*, **17**, 3021].

3° Par oxydation à l'aide du permanganate de potassium de l'acide bibenzyl-di-o-carbonique,

$$CO^2H . C^6H^4 . CH^2 . CH^2 . C^6H^4 . CO^2H$$

[Dobieff, *Ann. Chem.*, **239**, 98].

4° Par oxydation par le permanganate de potassium ou par le chlore de l'acide biphtalyl-lactonique, $C^{16}H^{10}O^5$ [Graebe et Schmalzigaug, *Ann. Chem.*, **228**, 140].

5° Enfin le dibromure de biphtalyle, traité par la potasse alcoolique, se scinde nettement en bromure de potassium et en acide biphtalique (Graebe et Schmalzigaug).

Préparation. — On chauffe 35 grammes de biphtalyle avec 80 grammes d'alcool à 95 0/0, on ajoute 50 grammes de potasse caustique à 33 0/0, puis 400 centimètres cubes d'eau et 50 centimètres cubes de lessive de potasse à 33 0/0; on ajoute ensuite peu à peu au liquide légèrement chauffé 21gr,5 de brome jusqu'à décoloration; le liquide est précipité par l'acide chlorhydrique.

On peut remplacer le brome par le chlore ou par le permanganate de potassium.

Si on veut éviter la préparation du biphtalyle, on opère de la manière suivante : On dissout 100 grammes d'anhydride phtalique dans 400 gr. d'acide acétique et 100 grammes d'anhydride acétique et on ajoute peu à peu 150 grammes de poudre de zinc; le dépôt de biphtalyle et d'hydrobiphtalyle obtenu par le refroidissement de la liqueur est traité par le brome et la potasse. On emploie 1,5 molécule de brome.

L'acide hydrobiphtalyl-lactonique formé dans la réaction est dissous dans le carbonate de sodium et chauffé pendant 2 ou 3 heures avec 2 molécules de permanganate de potassium [Graebe et Juillard, *Ann. Chem.*, 242, 221].

Propriétés. — L'acide biphtalique cristallise en aiguilles ou en lamelles microscopiques, fusibles à 270-272°. Chauffé avec les alcalis en dissolution concentrée, il se convertit en acide phtalique. L'acide iodhydrique et le phosphore le transforment en acide bibenzyl-di-o-carbonique, $C^{16}H^{14}O^4$. Avec l'anhydride acétique, on obtient l'*anhydride biphtalique*, $C^{16}H^8O^5$.

En exposant au soleil une solution de biphtalate d'ammonium additionnée d'alcool ou d'éther, on voit se former de l'acide biphtalyl-lactonique.

En chauffant pendant quelques instants à 110-115° de l'acide biphtalique avec de la soude caustique étendue, on obtient de l'acide benzhydrol-tricarbonique, $C^{16}H^{12}O^7$; si l'on opère avec de la potasse concentrée à la température de 125°, il se forme l'acide dicarbonique dérivé du benzhydrol, $C^{15}H^{12}O^5$.

Biphtalate de méthyle, $C^{16}H^8O^6(CH^3)^2$. — On obtient ce corps par l'action de l'iodure de méthyle sur le sel d'argent. Il cristallise dans l'alcool méthylique en tables d'un jaune citron, fusibles à 191-192° (Graebe et Juillard).

On a obtenu un isomère de ce corps, de constitution inconnue, par l'action de l'acide chlorhydrique sur une solution méthylique d'acide biphtalique. Ce corps fond à 275-276°; chauffé à 200° avec de l'alcool méthylique, il se transforme partiellement en éther diméthylique fusible à 191°. Il est peu soluble dans l'alcool méthylique, le benzène et le sulfure de carbone. Chauffé à 140-150° avec de l'acide chlorhydrique, il se scinde en chlorure de méthyle et acide biphtalique.

Biphtalate mono-éthylique, $C^{16}H^9O^6 . C^2H^5$. — On l'obtient en faisant passer un courant d'acide chlorhydrique à travers une dissolution alcoolique chaude d'acide biphtalique. Par cristallisation dans un mélange d'alcool et de chloroforme, on obtient des tables fusibles à 174°, solubles dans l'alcool, l'éther et le chloroforme.

Ce corps ne peut être envisagé comme un éther acide de l'acide biphtalique; il est en effet insoluble dans les alcalis. La potasse alcoolique à l'ébullition et l'acide chlorhydrique à 140° régénèrent l'acide biphtalique.

Biphtalate diéthylique, $C^{16}H^8O^6(C^2H^5)^2$. — On l'obtient en chauffant à 200° de l'acide biphtalique avec de l'alcool absolu, ou en faisant agir l'iodure d'éthyle sur le biphtalate d'argent. Il cristallise en aiguilles d'un jaune citron, fusibles à 154-155°.

Anhydride biphtalique, $C^{16}H^8O^5$. — On prépare cette substance en chauffant à 200° pendant 7 ou 8 heures 1 partie d'acide biphtalique avec 10 parties d'anhydride acétique [Graebe et Juillard, *loc. cit.*]. Il fond à 164,5-165°; il est soluble dans le chloroforme et très soluble dans l'acide acétique bouillant.

L'eau bouillante le transforme à la longue en acide biphtalique.

Action du chlorhydrate d'hydroxylamine sur l'acide biphtalique et sur son anhydride. — En chauffant au bain-marie de l'acide biphtalique, de l'alcool et du chlorhydrate d'hydroxylamine, on obtient un composé qui cristallise dans l'alcool étendu en tables allongées, fusibles à 150-152°, solubles à chaud dans les alcalis, et qui a pour formule

$$CO^2 \left\langle \begin{matrix} Az \\ C^6H^4 \end{matrix} \right\rangle C - CO . C^6H^4 . CO^2C^2H^5.$$

Si, au lieu de chauffer le mélange d'acide biphtalique, d'alcool et de chlorhydrate d'hydroxylamine au bain-marie, on élève la température à 180-190°, ou si on remplace l'acide par son anhydride et qu'on chauffe le mélange à 100°, il se forme un composé ayant pour formule

$$CO^2 \left\langle \begin{matrix} Az \\ C^6H^4 \end{matrix} \right\rangle C - C \left\langle \begin{matrix} Az \\ C^6H^4 \end{matrix} \right\rangle CO^2.$$

Ce dernier cristallise en fines aiguilles, fusibles à 285-286°, solubles sans décomposition dans la soude caustique, presque insolubles dans l'eau, l'alcool et le chloroforme (Graebe et Juillard)[1].

G. de Lechi.

BIPHTALYLE. — Voyez Dict., 2, 1014.

Modes de formation. — On obtient le biphtalyle en chauffant à 150° le chlorure de phtalyle avec de l'argent réduit (Ador).

La poudre de zinc agit à 130-140° sur l'anhydride phtalique maintenu en fusion, en donnant du phtalate de zinc et du biphtalyle, d'après l'équation

$$4\,C^6H^4 \left\langle \begin{matrix} CO \\ CO \end{matrix} \right\rangle O + 2Zn$$

$$= 2\,C^6H^4 \left\langle \begin{matrix} COO \\ COO \end{matrix} \right\rangle Zn + \begin{matrix} C^6H^4 \left\langle \begin{matrix} CO \\ C \end{matrix} \right\rangle O \\ \Vert \\ C^6H^4 \left\langle \begin{matrix} C \\ CO \end{matrix} \right\rangle O \end{matrix}$$

En opérant avec l'anhydride phtalique en dissolution dans l'acide acétique cristallisable, on obtient, à côté du biphtalyle, de la phtalide, de l'hydrobiphtalyle

$$\begin{matrix} C^6H^4 \left\langle \begin{matrix} CO \\ CH \end{matrix} \right\rangle O \\ | \\ C^6H^4 \left\langle \begin{matrix} CH \\ CO \end{matrix} \right\rangle O \end{matrix}$$

et l'anhydride de l'acide hydroxybiphtalique

$$CO^2H - C^6H^4 - CH^2 - CH \left\langle \begin{matrix} OH \\ C^6H^4 . CO^2H \end{matrix} \right.$$

[Wislicenus, *D. chem. G.*, 17, 2182].

Le biphtalyle se forme encore lorsqu'on chauffe pendant 8 ou 10 heures à 280-290° un mélange de 2 parties d'anhydride phtalique, 1 partie de phtalide et 0gr,5 d'acétate de sodium fondu. Le rendement atteint 55 0/0 du rendement théorique :

$$C^6H^4 \left\langle \begin{matrix} CO \\ CO \end{matrix} \right\rangle O + C^6H^4 \left\langle \begin{matrix} CH^2 \\ CO \end{matrix} \right\rangle O$$

$$= C^{16}H^8O^4 + H^2O$$

1. Quelques-uns des faits rapportés dans l'article ci-dessus s'accordent mal avec la formule adoptée par les auteurs; telle est la formation des éthers monométhylique et monéthylique par l'action de l'acide chlorhydrique en présence de l'alcool correspondant sur l'acide. MM. Graebe et Juillard l'ont fait remarquer dans leur mémoire et proposent, mais avec réserves, pour l'éther monéthylique, la formule

$$C^6H^4 \left\langle \begin{matrix} CO & \text{———} & C(OH) \\ & & | \\ CO^2.C^2H^5 & & O - CO \end{matrix} \right\rangle C^6H^4$$

Il semblerait plus naturel d'admettre que l'acide biphtalique lui-même est dissymétrique et ne renferme qu'un carboxyle

$$\begin{matrix} & & O & & \\ & \diagup & & \diagdown & \\ C^6H^4 \left\langle \begin{matrix} C \\ \diagdown \\ CO^2H \end{matrix} \right. & \begin{matrix} | \\ OH \end{matrix} & \text{———} & \begin{matrix} C \\ | \\ O - CO - \end{matrix} & \text{———} \; C^6H^4. \end{matrix}$$

Le deuxième oxhydryle serait acide, mais moins que celui du carboxyle, à cause du voisinage de l'oxygène lié au carbone. Il serait aussi plus facile de comprendre de la sorte la transformation du biphtalyle en acide biphtalique qui se produit par addition de O et de H^2O.

Une étude plus complète des dérivés serait nécessaire pour trancher la question. C. Friedel.

[Graebe et Guye, *Ann. Chem.*, **233**, 241; **242**, 220].

On obtient enfin le biphtalyle en chauffant à 216-218° de la phtalide avec de l'anhydride thiophtalique,

$$C^6H^4 \langle {CO \atop CS} \rangle O.$$

La réaction, qui est accompagnée d'un dégagement d'hydrogène sulfuré, commence déjà à 100° (Graebe et Guye).

Préparation. — Le mode de préparation le plus avantageux consiste dans l'action du zinc en poudre sur une solution acétique d'anhydride phtalique. On opère de la manière suivante : On chauffe au bain-marie jusqu'à dissolution 200 grammes d'anhydride phtalique avec 1 kilogramme d'acide acétique cristallisable et on ajoute par petites portions 300 grammes de poudre de zinc. La réaction est accompagnée d'un vif dégagement de chaleur et le liquide entre en ébullition. On filtre; par le refroidissement, le biphtalyle qui a pris naissance se sépare en fines aiguilles. On le purifie par cristallisation dans l'acide acétique [Wislicenus, *loc. cit.*].

Propriétés. — Le biphtalyle cristallise en petites aiguilles très déliées, fusibles à 334-335°; sa densité de vapeur est normale (8,9 au lieu de 9,2 qu'exige la théorie) [Graebe et Schmalzigaug, *Ann. Chem.*, **228**, 130]. Il est soluble dans l'acide acétique bouillant, presque insoluble à froid dans ce dissolvant. Soumis à la sublimation dans un courant d'air, il se décompose partiellement avec formation de divers produits, parmi lesquels on a caractérisé l'anhydride phtalique. La potasse caustique le transforme en acide biphtalylaldéhydique, l'acide nitrique le convertit en acide biphtalique. La poudre de zinc et la potasse caustique le transforment en acide hydrobiphtalyl-lactonique, $C^{16}H^{12}O^4$. Le brome donne un produit d'addition, $C^{16}H^8O^4 . Br^2$, qui cristallise dans le chloroforme en lamelles microscopiques commençant à fondre à 225°, solubles dans 60 parties de chloroforme froid et dans 30 parties de chloroforme bouillant.

La formation de ce dibromure s'explique difficilement avec la formule attribuée au biphtalyle par M. Ador, et prouve que ce corps doit être envisagé comme un dérivé lactonique. Le dibromure devient alors

$$CO \langle {C^6H^4 \atop -O-} \rangle CBr - CBr \langle {C^6H^4 \atop -O-} \rangle CO$$

(Graebe et Schmalzigaug).

Chlorure de biphtalyle, $C^{16}H^8O^4Cl^2$. — Il se produit quand on chauffe à 160° le biphtalyle avec du perchlorure de phosphore, qui passe à l'état de protochlorure, ou lorsqu'on traite l'acide biphtalyl-lactonique par le perchlorure de phosphore. On verse dans l'eau le produit de la réaction, on épuise le liquide par le chloroforme et on précipite la solution chloroformique par l'alcool. Par cristallisation dans le benzène, on obtient des lamelles fusibles à 245°, insolubles dans l'alcool; la potasse alcoolique le transforme aisément en acide biphtalique, $C^{16}H^{10}O^6$.

Tétrachloro-biphtalyle,

$$\begin{array}{cccc} C^6Cl^4 - C & = & C - C^6H^4 \\ | \quad\quad | & & | \quad\quad | \\ CO \;-\; O & & O - CO \end{array}$$

— On fait bouillir pendant 4 heures 1 partie d'anhydride phtalique avec 2 parties de tétrachlorophtalide; on épuise le produit de la réaction par l'acide acétique bouillant et on traite le résidu par le phénol à l'ébullition; la dissolution est ensuite précipitée par l'alcool étendu. Le biphtalyle tétrachloré constitue une poudre brunâtre, insoluble dans l'alcool, l'acide acétique et le toluène, soluble dans le chloroforme, l'aniline et le phénol [Graebe et Guye, *Ann. Chem.*, **233**, 245].

Nitrobiphtalyle, $C^{16}H^7O^4(AzO^2)$. — On chauffe pendant 7 ou 8 heures à 230° 2 parties de nitrophtalide avec 3 parties d'anhydride phtalique et 2 parties d'acétate de sodium fondu. On lave le produit de la réaction à l'eau et à l'alcool et on le fait cristalliser dans l'acide acétique.

Le nitrobiphtalyle se présente sous la forme d'aiguilles jaunâtres, fusibles à 170°, peu solubles dans l'alcool et dans le chloroforme, solubles dans l'acide acétique cristallisable. Il fixe directement 2 atomes de brome pour donner un produit d'addition (Graebe et Guye).

Oxybiphtalyle, $C^{16}H^7O^4(OH)$. — On chauffe pendant 10 heures à 200° un mélange de 1 partie de phtalide avec 2 parties d'acide α-oxyphtalique et 1 partie d'acétate de sodium fondu; on fait cristalliser le produit de la réaction dans l'acide acétique. L'oxybiphtalyle cristallise en petites aiguilles d'un brun rouge, infusibles à 374° (Graebe et Guye).

HYDROBIPHTALYLE,

$$\begin{array}{cccc} C^6H^4 - CH & — & CH - C^6H^4 \\ | \quad\quad | & & | \quad\quad | \\ CO \;-\; O & & O - CO \end{array}$$

— Dans la préparation du biphtalyle par l'action du zinc en poudre sur une solution acétique d'anhydride phtalique, on obtient de l'hydrobiphtalyle, qui reste dans la liqueur mère d'où s'est déposé le biphtalyle. On le précipite par addition d'eau; on le lave à l'eau et on le traite par le carbonate de sodium : les acides formés en même temps que le biphtalyle et l'hydrobiphtalyle se dissolvent; le résidu insoluble est purifié par cristallisation dans l'alcool absolu et bouillant, qui ne dissout presque pas l'hydrobiphtalyle.

L'hydrobiphtalyle forme des aiguilles fusibles à 228-229°, très solubles dans l'acide acétique bouillant, peu solubles dans l'acide acétique froid et dans l'alcool (Wislicenus).

BIPHTALYLIMIDE,

$$\begin{array}{cccc} C^6H^4 \;— & C & = C - C^6H^4 \\ | \quad\quad\quad | & & | \quad\quad | \\ C(AzH) - O & & O - CO \end{array}$$

— On connaît de nombreux modes de formation de cette substance :

1° Action de l'ammoniaque à chaud sur l'acide biphtalyl-lactonique, $C^{16}H^{10}O^5$ (Graebe et Schmalzigaug).

2° En chauffant de l'anhydride phtalique, de la phtalimidine et de l'acétate de sodium à 220-230° :

$$C^8H^4O^3 + C^8H^7AzO = C^{16}H^9AzO^3 + H^2O.$$

3° En chauffant à 220° la phtalimide avec de la phtalimidine et de l'acétate de sodium :

$$C^8H^5AzO^2 + C^8H^7AzO = C^{16}H^9AzO^3 + AzH^3.$$

4° En faisant bouillir pendant quelques heures un mélange de phtalide et de phtalimide :

$$C^8H^6O^2 + C^8H^5AzO^2 = C^{16}H^9AzO^3 + H^2O.$$

La biphtalylimide cristallise dans l'acide acétique en aiguilles solubles dans la soude caustique et fusibles au-dessus de 274°.

ACIDES DÉRIVÉS DU BIPHTALYLE. — Les corps décrits par M. Ador (Dict., **2**, 1015), *acide biphtalyl-aldéhydique, acide biphtalique*, etc., ont été récemment étudiés par quelques auteurs. Ces recherches ont établi la formule de structure de quelques-uns d'entre eux avec un certain degré de probabilité.

L'acide *biphtalyl-aldéhydique* a pour formule probable

$$CO^2H-C^6H^4-\overset{OH}{\underset{|}{C}}=C\begin{smallmatrix}-O-\\C^6H^4\end{smallmatrix}CO.$$

En même temps que cet acide, on obtient un roduit ayant probablement pour formule

$$C^{16}H^{12}O^6$$

et dont la constitution serait

$$CO^2H.C^6H^4-C(OH)-C(OH)-C^6H^4.CO^2H$$

[Graebe et Schmalzigaug, *D. chem. G.*, 15, 1674].

En réduisant le biphtalyle par l'ammoniaque et le zinc en poudre, on obtient un autre corps acide, ayant pour formule $C^{16}H^{12}O^4$ (ou un multiple de cette formule) et dont la structure est représentée par le schéma

$$CO^2H-C^6H^4-CH^2-CH\begin{smallmatrix}C^6H^4\\-O-\end{smallmatrix}CO.$$

Ce corps, appelé *acide hydrobiphtalyl-lactonique*, fond à 197-198°; il est soluble dans le chloroforme et dans l'alcool bouillant, peu soluble dans l'alcool froid, insoluble dans l'eau.

Le *sel d'argent*, $C^{16}H^{11}O^4Ag$, est blanc; le *sel de cuivre*, $(C^{16}H^{11}O^4)^2Cu$, est vert; tous deux sont insolubles dans l'eau (Graebe et Schmalzigaug).

Ce corps se forme également dans la préparation du biphtalyle par la réduction de l'anhydride phtalique au moyen de la poudre de zinc et de l'acide acétique (Wislicenus).

L'*acide biphtalyl-lactonique* (*acide biphtalyl-aldéhydique*),

$$CO^2H-C^6H^4-C\begin{smallmatrix}OH\\C\end{smallmatrix}\begin{smallmatrix}C^6H^4\\-O-\end{smallmatrix}CO$$

fournit par l'action de l'ammoniaque chaude un composé qui a pour formule $C^{16}H^9AzO^5$. Ce dérivé est infusible à 374°, fusible toutefois dans la vapeur de soufre; il est soluble dans l'acide acétique bouillant, peu soluble dans l'alcool, l'éther et le chloroforme.

Enfin l'acide $C^{16}H^{14}O^4$, obtenu par M. Graebe par la réduction du biphtalyle au moyen de l'acide iodhydrique, doit être envisagé comme un *acide bibenzyl-di-o-carbonique*,

$$CO^2H-C^6H^4-CH^2-CH^2-C^6H^4-CO^2H.$$

G. de Bechi.

BIPICOLYLE [Syn. *α-α-Diméthylbipyridyle*], $C^{12}H^{12}Az^2$. — Ce composé, obtenu à l'état impur d'abord par M. Anderson qui le décrivit sous le nom de *p-picoline* (voyez Dict., 2, 1020), a été étudié successivement par M. Ahrens [*D. chem. G.*, 21, 2930], puis par MM. Heuser et Stoehr [*J. prakt. Chem.*, (2), 42, 429]. Le travail de ces derniers auteurs a été effectué à l'aide de produits plus purs que ceux de leurs devanciers; aussi nous bornerons-nous à résumer ici les résultats obtenus par eux.

α-α-Diméthylbipyridyle,

$$CH^3-C^5H^3Az-C^5H^3Az-CH^3.$$

— On prépare cette base en abandonnant pendant plusieurs jours à la température ordinaire de l'α-picoline, bien pure et bouillant à 128°, avec la moitié de son poids de sodium métallique finement divisé. Lorsque le mélange est pris en une masse solide jaune hygroscopique, on le traite par l'eau froide : on obtient ainsi un liquide huileux surnageant une lessive alcaline; on recueille cette huile, on la sèche sur la potasse fondue et on la soumet à la distillation fractionnée. Le produit passant à 303-306° se prend dans le récipient en une masse cristalline jaune, qu'on purifie en la dissolvant dans l'alcool absolu et en traitant la solution alcoolique par le gaz chlorhydrique : le chlorhydrate de bipicolyle se dépose en cristaux blancs, d'où il est facile d'isoler la base à l'état de pureté.

L'α-α-diméthylbipyridyle cristallise dans l'eau bouillante en grandes lamelles blanches renfermant $4H^2O$; elle se déshydrate aisément dans l'air sec. Elle est très soluble dans l'alcool, le benzène, le chloroforme, moins soluble dans l'éther; sa solution aqueuse est légèrement alcaline.

A l'état hydraté, elle fond à 37-38°; anhydre, à 84°.

Le *chlorhydrate*, $C^{12}H^{12}Az^2.2HCl$, cristallise dans l'alcool bouillant en lamelles incolores et brillantes, très solubles dans l'eau, très peu solubles dans l'éther. Sa solution aqueuse présente une réaction acide.

Le *picrate*, $C^{12}H^{12}Az^2.2C^6H^3Az^3O^7$, est un précipité cristallin jaune, extrêmement peu soluble dans l'alcool et dans l'eau; il brunit à 230° et fond en se décomposant à 240°.

Le *chlorostannate* cristallise en longues aiguilles prismatiques, jaunes et brillantes, qui fondent à 179-180°.

Le *chlorozincate* forme de petites aiguilles solubles dans l'alcool.

Le *chloroplatinate*, $C^{12}H^{12}Az^2.2HCl.PtCl^4$, se présente en lamelles orangées, très peu solubles dans l'alcool et dans l'eau.

Le *chloraurate*, $C^{12}H^{12}Az^2.2HCl.2AuCl^3$, cristallise dans l'eau en aiguilles d'un jaune foncé, très peu solubles dans l'eau et dans l'alcool; il brunit au-dessus de 200° et fond à 209-210°.

Le *chloromercurate*,

$$C^{12}H^{12}Az^2.2HCl.6HgCl^2,$$

forme des lamelles brillantes, tétragonales, qui brunissent à 210° et qui fondent à 220°.

Soumis à l'oxydation par le permanganate de potassium, l'α-α-diméthylbipyridyle se convertit en *acide α-méthylbipyridyl-α-carbonique*,

$$C^5H^3Az(CH^3)-C^5H^3Az.CO^2H,\ 5H^2O.$$

Ce dernier cristallise en aiguilles jaunâtres, brillantes, qui se déshydratent dans l'air sec et qui fondent en se décomposant à 193°. Il est très soluble dans l'alcool et dans l'eau chaude, peu soluble dans l'eau froide. Sa solution aqueuse donne avec le sulfate ferreux une coloration orangée.

α-Méthylbipyridyle, $CH^3-C^5H^3Az-C^5H^4Az$. — On obtient cette base en chauffant l'acide précédent avec de l'acide acétique cristallisable à 180-190°. Elle cristallise dans l'eau bouillante sous la forme d'une masse incolore, fusible à 94°.

BIPIPÉRIDÉINE [Syn. *Dipipéridéine*],

$$C^{10}H^{18}Az^2.$$

— La connaissance des bases pipéridéiques ou tétrahydropyridiques est due aux travaux de MM. Hofmann et Ladenburg.

On les prépare par l'oxydation des bases pipéridiques correspondantes. Cette opération, qui réussit fort bien avec les homologues de la pipéridine, ne donne pas de résultats avec cette base elle-même.

On a tenté de préparer la pipéridéine par une voie détournée, en décomposant par la potasse alcoolique l'Az-chloropipéridine (voyez Pipéridine) [E. Lellmann, *D. chem. G.*, 21, 1921; *Bull. Soc. Chim.*, (2), 50, 711. — E. Lellmann et R. Schwaderer, *D. chem. G.*, 22, 1318 et 1328; *Bull. Soc. Chim.*, (3), 2, 302 et 306].

On chauffe au bain-marie, dans un ballon muni d'un réfrigérant ascendant, 560 grammes de potasse alcoolique à 10 0/0 et on y fait tomber goutte à goutte et en agitant 95 grammes de chloropipéridine Il se dépose du chlorure de potassium en abondance. On continue à chauffer tant qu'on perçoit l'odeur très vive de la chloropipéridine; on distille ensuite l'alcool aussi complètement que possible; en même temps que l'alcool, il passe une petite quantité de pipéridine régénérée. Il reste dans le ballon une huile brune et épaisse que l'eau débarrasse du sel minéral. On sépare l'huile de la solution aqueuse, qu'on agite avec de l'éther et on sèche le tout sur la potasse solide. Après qu'on a chassé l'éther, il reste un résidu qu'on distille dans le vide.

La presque totalité du produit distille entre 130 et 220° et forme une huile jaune qui ne tarde pas à se prendre en masse. Les cristaux ainsi obtenus fondent à 60-61° et, soumis à la distillation, n'ont pas de point d'ébullition fixe : la nouvelle base distille entre certaines limites de température, sans doute en se dissociant.

On pensait réaliser la réaction suivante :

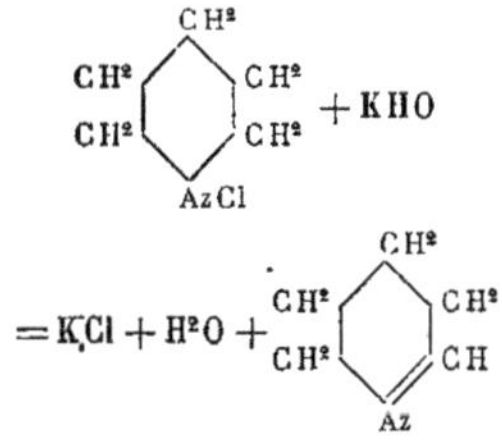

$$\begin{array}{c} CH^2 \\ CH^2 \quad\quad CH^2 \\ CH^2 \quad\quad CH^2 \\ AzCl \end{array} + KHO$$

$$= KCl + H^2O + \begin{array}{c} CH^2 \\ CH^2 \quad\quad CH^2 \\ CH^2 \quad\quad CH \\ Az \end{array}$$

En fait, le produit obtenu présente la composition indiquée par cette formule; mais le point d'ébullition si élevé de la substance rendait probable que l'on avait affaire à une base polymérisée, se dédoublant par la distillation.

Le poids moléculaire de cette substance, pris à 300° dans l'hydrogène, par la méthode de M. V. Meyer, a été trouvé égal à 89,2; dans le benzoate de méthyle à 200°, il devient égal à 172. Le poids moléculaire théorique pour C^5H^9Az est 83.

La méthode de M. Hofmann a donné 86,6 dans la vapeur d'aniline, 83,26 dans celle de nitrobenzène, 109,2 dans celle de pseudocumène.

Ces expériences montrent qu'à une température suffisamment élevée au-dessus du point d'ébullition la base est entièrement dédoublée.

Mais si l'on prend le poids moléculaire de la base cristallisée en employant la méthode de M. Raoult, on trouve 177 (théorie pour $C^{10}H^{18}Az^2 = 166$), ce qui montre que le poids moléculaire du corps à l'état solide est double de ce qu'il est à l'état de gaz.

Cette nouvelle base a été nommée *dipipéridéine*; nous l'appellerons *bipipéridéine*, parce qu'elle résulte du doublement d'un noyau.

Elle se dissout difficilement dans l'eau, très facilement dans l'alcool, l'éther, le benzène, l'acide acétique et le chloroforme, mais on n'a pu l'obtenir cristallisée par évaporation de ces dissolvants.

Une solution froide de bipipéridéine dans un alcali se trouble quand on la chauffe et redevient claire par le refroidissement.

La bipipéridéine se dissout dans tous les acides, mais elle n'attire pas l'acide carbonique de l'air et sa basicité n'est pas comparable à celle des pipéridéines. Une solution aqueuse de la base donne avec le chlorure de zinc un précipité blanc gélatineux et avec le chlorure mercurique un précipité blanc qui se réduit à l'ébullition.

Le *picrate*, le *chloraurate* et le *chloroplatinate* sont également huileux.

Constitution de la bipipéridéine. — Cette base n'est pas une base primaire, car elle ne donne pas la réaction des carbylamines. Elle n'est pas tertiaire, car elle se combine à l'isosulfocyanate de phényle à molécules égales, en donnant une sulfo-urée qui cristallise en belles aiguilles soyeuses et incolores, fondant à 143-144° en brunissant, très solubles dans l'alcool, peu solubles dans l'éther. Cette sulfo-urée se dissout dans les acides et est précipitée de ces dissolutions par les bases

Cette réaction montre que l'un des atomes d'azote est à l'état d'AzH, l'autre n'étant pas modifié.

Mais si l'on vient à chauffer cette sulfo-urée vers 200°, elle se dédouble en une nouvelle combinaison et en aniline, ce qui indique l'existence d'un second groupe AzH :

$$C^{10}H^{16}\begin{cases} AzH \\ AzH \end{cases} + C^6H^5.AzCS$$

$$= C^{10}H^{16}\begin{cases} AzH \\ Az.CS.AzH.C^6H^5, \end{cases}$$

$$C^{10}H^{16}\begin{cases} AzH \\ Az.CS.AzH.C^6H^5 \end{cases}$$

$$= AzH^2.C^6H^5 + C^{10}H^{16}\begin{cases} Az \\ Az \end{cases}CS.$$

Ces expériences permettent d'affirmer que la bipipéridéine contient 2 groupes AzH, et par suite la pipéridéine ne peut avoir que les constitutions exprimées par les formules

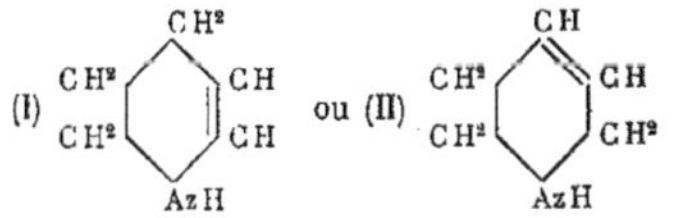

$$(I)\ \begin{array}{c} CH^2 \\ CH^2 \quad\quad CH \\ CH^2 \quad\quad CH \\ AzH \end{array} \quad ou\ (II)\ \begin{array}{c} CH \\ CH^2 \quad\quad CH \\ CH^2 \quad\quad CH^2 \\ AzH \end{array}$$

Il est probable que la polymérisation se fait au niveau des 2 doubles liaisons, suivant le schéma

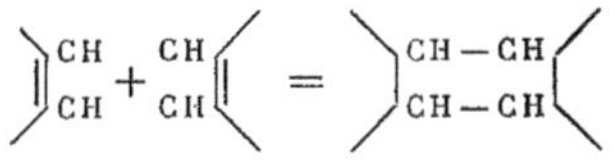

$$\begin{array}{c} CH \\ CH \end{array} + \begin{array}{c} CH \\ CH \end{array} = \begin{array}{c} CH - CH \\ CH - CH \end{array}$$

On se rend compte qu'il y aurait alors 4 formules possibles pour la bipipéridéine :

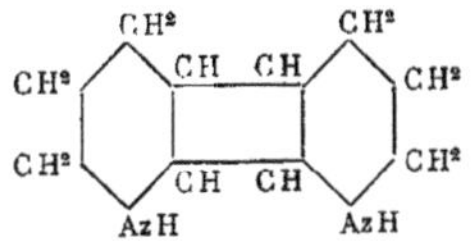

$$\begin{array}{ccc} CH^2 & & CH^2 \\ CH^2 \quad CH & CH & CH^2 \\ CH^2 \quad CH & CH & CH^2 \\ AzH & & AzH \end{array}$$

$$(II)\ \begin{array}{ccc} CH^2 & & AzH \\ CH^2 \quad CH & CH & CH^2 \\ CH^2 \quad CH & CH & CH^2 \\ AzH & & CH^2 \end{array}$$

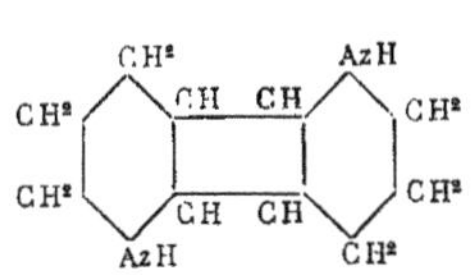

(III)

CH² CH²
CH² CH CH AzH
CH² CH CH CH²
AzH CH²

(IV)

CH² CH²
CH² CH CH CH²
CH² CH CH AzH
AzH CH²

La formule I semble la plus vraisemblable, à cause de la formation du produit de condensation. La sulfo-urée serait, avec cette hypothèse,

CH² CH²
CH² CH CH CH²
CH² CH CH CH²
Az AzH
CS.AzH.C^6H^5

Elle se dédoublerait par la chaleur suivant l'équation

CH² CH²
CH² CH CH CH²
CH² CH CH CH²
Az AzH
CS.AzH.C^6H^5

CH² CH²
CH² CH CH CH²
$= AzH^2.C^6H^5 +$
CH² CH CH CH²
Az Az
CS

Action des réactifs. — Quand on évapore jusqu'à siccité au bain-marie une solution faiblement acide de chlorhydrate de bipipéridéine, il reste une masse amorphe d'un brun jaune qui tombe rapidement en déliquescence. Si on abandonne cette solution au-dessus de l'acide sulfurique et de la chaux vive, il se dépose sur le bord du vase des cristaux incolores, qui finissent par gagner le tout. Ces cristaux ont pour composition

$$C^5H^9Az.HCl, H^2O;$$

chauffés lentement, ils fondent à 150°; chauffés rapidement, ils fondent à 80°. La détermination du poids moléculaire, effectuée par la méthode de M. Raoult, conduit à la même formule.

La dépolymérisation de la bipipéridéine se fait également quand on traite cette base par l'anhydride acétique. Il se fait de l'*acétylpipéridéine*, liquide bouillant à 219,5-220°,5.

Si l'on tente de remplacer l'atome d'hydrogène du groupe AzH par un radical alcoolique, le p-nitrobenzyle par exemple, on obtient des aiguilles d'un rouge de rubis, qui fondent à 120°,5 et qui appartiennent à la série bipipéridéique; le dédoublement n'a pas eu lieu.

Le sulfure de carbone réagit sur la bipipéridéine en donnant des aiguilles jaunes, fondant à 150° en dégageant des gaz. Les auteurs attribuent à ce produit la constitution

CH² CH²
CH² CH CH CH²
CH² CH CH CH²
Az Az<H H
CS S

Nous regardons comme plus probable la constitution

CH² CH²
CH² CH CH CH²
CH² CH CH CH²
Az AzH
CS SH

qui rend mieux compte du dégagement gazeux et heurte moins les idées généralement admises.

La bipipéridéine ne semble pas donner de nitrosamine; la réduction ne la transforme pas en pipéridine; l'oxydation donne une matière grisâtre, d'où l'on n'a pu extraire aucun composé défini.

Les tentatives faites pour obtenir des composés de la série bipipéridéique à l'aide d'autres pipéridines n'ont pas donné de résultats [E. Lellmann, *D. chem. G.*, **21**, 1000; *Bull. Soc. Chim.*, (3), **3**, 308]; mais on a obtenu, dans la série quinoléique, des corps qui peuvent être rapprochés de ceux que nous venons d'étudier (voyez Biquinoléine).

L. Bouveault.

BIPROPARGYLE,

$$C^6H^6 = CH{\equiv}C-(CH^2)^2-C{\equiv}CH.$$

— La chaleur de combustion du bipropargyle est plus grande que celle du benzène, ce qui indique un état de condensation plus grand pour le benzène que pour le bipropargyle [J. Thomsen, *D. chem. G.*, **15**, 328].

Le bipropargyle brut, soumis à un refroidissement énergique, se sépare en deux portions. L'une fond à —6°; la seconde est liquide. Le bipropargyle ordinaire serait un mélange de deux hydrocarbures. Celui qui est liquide paraît être identique avec le composé C^6H^6, préparé au moyen de l'isomère du biallyle et bouillant à 80° (voyez Biallyle, Suppl., 2. 684) [G. Griner, *Bull. Soc. Chim.*, (3), **1**, 83].

BI-PSEUDOCUMÉNOL,

$$\begin{matrix} C^6H(CH^3)^3.OH \\ | \\ C^6H(CH^3)^3.OH \end{matrix}$$

— Dans la préparation du cuménol par l'acide nitreux et la pseudocumidine, il se forme toujours des produits résineux, non volatils dans la vapeur d'eau et qui, par épuisement à l'alcool, abandonnent le bi-pseudocuménol. Toutefois le rendement est très faible (2,5 0/0 du poids de la cumidine employée).

On prépare beaucoup plus facilement ce composé en oxydant par le dichromate de potassium une solution acétique de pseudocuménol (rendement = 50 à 60 0/0). Il se produit aussi par l'oxydation du pseudocuménol au moyen de l'acide nitrique étendu ou du chlorure ferrique.

On le purifie par cristallisation dans l'acide acétique, qui l'abandonne sous la forme d'aiguilles blanches ou de petits prismes hexagonaux réguliers, fusibles à 172°. Il est insoluble dans l'eau, peu soluble à froid dans l'alcool et dans l'acide acétique, beaucoup plus soluble dans l'éther et dans le chloroforme. Les alcalis caustiques ne le dissolvent que difficilement.

Un fait digne de remarque est que les dérivés de substitution du pseudocuménol (bromé, nitré, éther méthylique), oxydés dans les mêmes conditions, ne donnent pas de produits de condensation.

Soumis à l'action du brome en solution acétique, le bi-pseudocuménol fournit un *dérivé dibromé*, $C^{18}H^{20}Br^2O^2$, qui forme des cristaux brillants fusibles à 186-187°, facilement solubles dans les dissolvants organiques, mais que les alcalis attaquent lentement.

On obtient l'*éther diméthylique*,

$$C^{18}H^{20}(OCH^3)^2,$$

en chauffant en tube scellé à 100° le bi-pseudocuménol avec la quantité théorique de potasse et d'iodure de méthyle en solution dans l'alcool méthylique. Purifié par cristallisation dans l'alcool, ce dérivé fond à 126° [K. Auwers, *D. chem. G.*, **17**, 2982 et **18**, 2659; *Bull. Soc. Chim.*, (2), **45**, 678 et **46**, 82].

O. Saint-Pierre.

BIPYRIDYLES. — Le bipyridyle,

$$C^5H^4Az - C^5H^4Az,$$

est à la pyridine C^5H^5Az, ce que le biphényle $C^6H^5-C^6H^5$ est au benzène C^6H^6. Tous les atomes de carbone d'une molécule de benzène sont identiques entre eux; aussi, quels que soient les 2 atomes de carbone qui échangent une atomicité pour la formation du biphényle, on aura le même composé. En un mot, il ne peut y avoir qu'un seul biphényle. Les choses se passent tout autrement dans le cas du bipyridyle.

Considérons 1 molécule de pyridine et désignons les différents atomes de carbone par des lettres grecques, en adoptant les conventions proposées par M. Ladenburg.

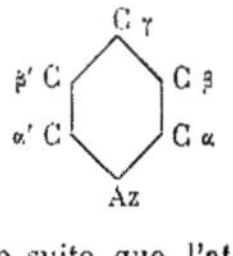

C γ
β' C — C β
α' C — C α
Az

On verra tout de suite que l'atome placé en α est identique avec celui placé en α', tandis qu'il est différent des atomes placés en β et en γ. Il y a donc dans le noyau pyridique 3 atomes de carbone différents, que nous désignerons, suivant leur position, par les lettres α, β et γ.

Si donc nous soudons ensemble 2 molécules de pyridine, la soudure pourra se faire d'autant de manières qu'il y a de combinaisons avec répétition possible de 3 objets deux à deux, c'est-à-dire 6. Il pourra donc exister 6 bipyridyles isomériques.

On connaît 4 d'entre eux avec leur constitution; il en existe un cinquième différent des autres, mais dont la constitution n'a pas encore été établie. Nous les étudierons successivement, en faisant suivre chacun d'entre eux de ses dérivés.

Nous désignerons chacun des bipyridyles isomériques par les deux lettres représentant les atomes de carbone qui réunissent les deux noyaux :

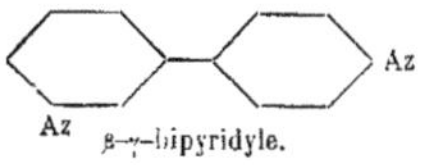

Az Az

β-γ-bipyridyle.

Az Az

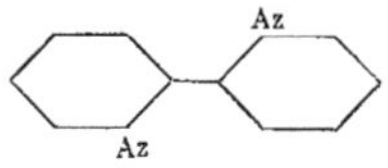

α-α-bipyridyle.

Si l'on a besoin de nommer un dérivé d'un bipyridyle quelconque, il faut pouvoir indiquer clairement quels sont les sommets qui sont substitués. Dans chacun des 2 noyaux pyridiques, nous emploierons les mêmes signes que s'il était seul; mais pour distinguer l'un de l'autre deux sommets homologues nous mettrons un indice au bas des lettres d'un même polygone :

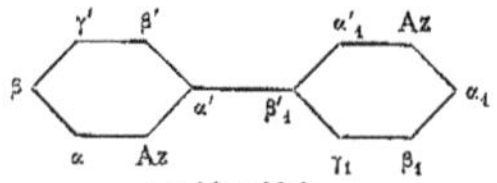

γ' β' α'₁ Az
β α' β'₁ α₁
α Az γ₁ β₁

α-β-bipyridyle

Par exemple, le corps

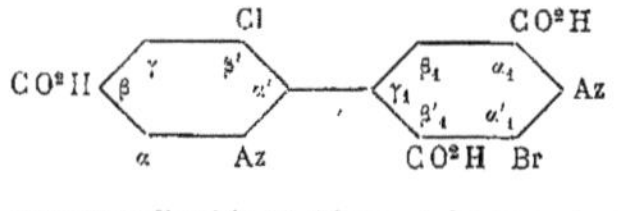

Cl CO^2H
CO^2H β γ β' α' — β₁ α₁ γ₁ β'₁ α'₁ Az
α Az CO^2H Br

se nommera l'*acide β'-chloro-α'₁-bromo-α'γ₁-bipyridyle-β-α₁-β'₁-tricarbonique.*

α-α-BIPYRIDYLE,

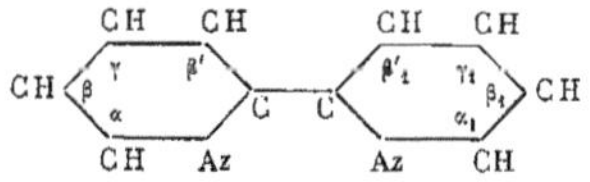

CH CH CH CH
CH β γ β' α C — C β'₁ γ₁ β₁ α₁ CH
CH Az Az CH

— Ce composé a été obtenu dans la distillation sèche du picolate de cuivre, mêlé à une assez grande quantité de pyridine. C'est une base énergique, très peu soluble dans l'eau, très soluble dans les autres dissolvants neutres. Il se présente en cristaux incolores, fusibles à 69°,5 et bout à 272°,5.

Ce bipyridyle donne un *chloroplatinate* jaune, bien cristallisé et très peu soluble; il fournit également un *iodométhylate*, $C^{10}H^8Az^2.2CH^3I$, sous la forme de cristaux d'un jaune citron, solubles dans l'alcool amylique, et un *picrate* en aiguilles jaunes, fusibles à 154,5-155°,5.

Cette base donne avec le sulfate ferreux une coloration d'un rouge vif; elle précipite les sels d'or, de platine, d'argent et de mercure.

Quand on réduit ce composé par l'alcool et le sodium, il fixe 12 atomes d'hydrogène et se transforme en *α-α-bi-hexahydropyridyle* ou *α-α-bipipéridyle* :

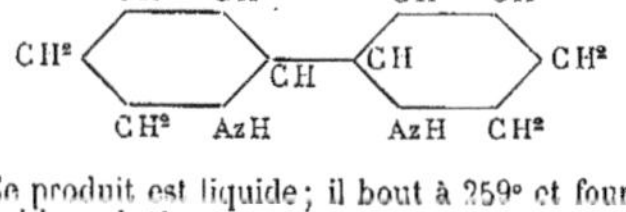

CH^2 CH^2 CH^2 CH^2
CH^2 CH — CH CH^2
CH^2 AzH AzH CH^2

Ce produit est liquide; il bout à 259° et fournit un *chloroplatinate*,

$$C^{10}H^{20}Az^2 . 2HCl . PtCl^4 , 2,5H^2O,$$

cristallisé en aiguilles jaunes.

Il donne également un *dérivé dinitrosé*,

$$C^{10}H^{18}(AzO)^2Az^2,$$

qui, après cristallisation dans l'alcool, fond à 159°

[F. Blau, *D. chem. G.*, 21, 1077; *Bull. Soc. Chim.*, (2), 50, 483; *Mon. f. Chem.*, 10, 375].

α-β-BIPYRIDYLE,

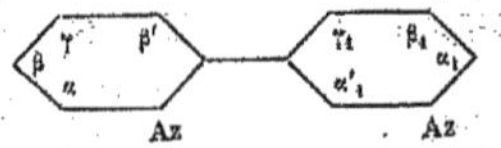

— Ce composé prend naissance dans la distillation sèche des sels de calcium d'un acide bipyridyldicarbonique et d'un acide monocarbonique que nous décrirons immédiatement après lui.

C'est un liquide huileux, insoluble dans l'eau et plus lourd qu'elle, possédant l'odour de la pyridine et bouillant à 287-289° (non corrigé).

Ce corps est soluble dans l'alcool; cette solution, additionnée d'acide picrique, donne un précipité cristallin jaune, fondant à 149°,5.

Le *chlorhydrate* cristallise en prismes déliquescents; le *chloroplatinate* est peu soluble dans l'eau et dans l'acide chlorhydrique, même à l'ébullition, et a pour formule

$$C^{10}H^8Az^2 . 2HCl . PtCl^4 , 0,5H^2O.$$

Ce corps peut être séché à 100° sans être altéré, mais l'ébullition avec l'eau le décompose.

Acide bipyridylmonocarbonique,

$$C^5H^4Az - C^5H^3Az . CO^2H.$$

— L'acide bipyridyldicarbonique, soumis à l'action de la chaleur, perd de l'acide carbonique et laisse pour résidu un acide monocarbonique, qui cristallise en aiguilles blanches, fusibles à 182,5-184°. Cet acide est soluble dans l'eau bouillante, très soluble dans l'alcool chaud et dans les acides minéraux dilués.

Sa solution aqueuse donne avec le chlorure ferrique une coloration rouge-brun, avec l'acétate de cuivre un précipité bleu foncé, cristallisé en aiguilles solubles dans un excès d'eau bouillante, avec le nitrate d'argent un précipité soluble dans un excès de réactif et dans un excès d'acide, avec l'eau de brome un précipité cristallin rougeâtre.

Le *sel de calcium*, $(C^{11}H^7Az^2O^2)^2Ca , 2H^2O$, cristallise en aiguilles brillantes, qui perdent leur eau à 220°.

Le *sel d'argent*, $C^{11}H^7Az^2O^2Ag , 0,5H^2O$, est soluble dans l'eau chaude et cristallisé.

Acide bipyridyldicarbonique,

CO²H CO²H Az

Az

ou

CO²H

Az CO²H Az

— Cet acide, qui sert de matière première pour la préparation des deux corps que nous venons de décrire, prend naissance dans l'oxydation de la phénanthroline par le permanganate de potassium étendu et froid :

CH CH
CH C C CH
CH C C CH + O⁴
CH Az CH Az

Phénanthroline.

CO²H CO²H
CH C C CH
= CH C C CH
CH Az CH Az

L'acide est isolé à l'état de sel d'argent insoluble; ce sel est ensuite décomposé par l'hydrogène sulfuré. La solution évaporée donne des cristaux de l'acide.

Cet acide se présente en grands cristaux incolores, appartenant au système triclinique, solubles dans l'eau chaude, peu solubles dans l'éther et dans le benzène, très solubles dans l'alcool froid. Il fond à 207° en se décomposant.

Ses solutions donnent: avec le sulfate ferreux, une coloration rouge de sang ou jaune-rougeâtre suivant la concentration; avec le chlorure ferrique et le carbonate de sodium, un précipité jaune devenant ensuite cristallin; avec l'eau de brome, une coloration jaune.

Le *sel neutre de potassium* est en cristaux incolores et déliquescents. Le *sel acide*,

$$C^{12}H^7Az^2O^4K , 0,5H^2O,$$

est très soluble dans l'eau; il se déshydrate à 100°.

Le *sel neutre de calcium*,

$$C^{12}H^6Az^2O^4Ca , 3H^2O,$$

s'obtient en ajoutant du chlorure de calcium à une solution ammoniacale de l'acide, évaporant à sec et lavant à l'eau.

Le *sel neutre de baryum*,

$$C^{12}H^6Az^2O^4Ba , 1,5H^2O,$$

très soluble à froid, se dépose à l'ébullition.

Le *sel neutre de cuivre*, $C^{12}H^6Az^2O^4Cu , 3H^2O$, est un précipité cristallin bleu.

Le *sel d'argent*, $C^{12}H^7Az^2O^4Ag , 4H^2O$, obtenu en solution nitrique, forme un précipité blanc, cristallisé en aiguilles.

Cet acide, dissous dans l'acide chlorhydrique, donne, après évaporation de la solution, une masse gommeuse qui, additionnée d'acide chlorhydrique concentré, laisse déposer au bout de quelques jours des prismes transparents, très solubles dans l'eau et ayant pour composition

$$C^{12}H^8Az^2O^4 . 2HCl.$$

La même solution, additionnée de chlorure de platine, laisse déposer au bout de quelques heures de grands prismes jaunes,

$$(C^{12}H^8Az^2O^4 . HCl)^2PtCl^4 , 6H^2O.$$

Les eaux-mères fournissent par évaporation dans le vide des lamelles orthorhombiques d'un jaune clair, dont la composition est

$$C^{12}H^8Az^2O^4 . 2HCl . PtCl^4 , 3H^2O.$$

Quand on chauffe cet acide ou son sel de calcium, on peut lui faire perdre 1 ou 2 molécules d'acide carbonique et, dans ce dernier cas, obtenir l'α-β-*bipyridyle*:

CO²H CO²H Az

Az

Az

= 2CO² +

Az

[Z. Skraup, *D. chem. G.*, **15**, 893. — Z. Skraup et G. Vortmann, *Mon. f. Chem.*, 3, 570; *Bull. Soc. Chim.*, (2), **38**, 338].

β-β-BIPYRIDYLE,

Az Az

— Ce corps se forme par la distillation sèche d'un acide bipyridyldicarbonique, dont nous allons décrire la formation, ou de son sel de calcium [Z. Skraup et G. Vortmann, *Mon. f. Chem.*, 4, 569; *Bull. Soc. Chim.*, (2), **40**, 510].

C'est un liquide jaune, très épais, bouillant à 291-292° sous la pression de 736 millimètres. Il se dissout en toute proportion dans l'eau avec dégagement de chaleur; il est très soluble dans l'alcool et peu soluble dans l'éther. Sa densité est 1,1857 à 0° et 1,1493 à 50°.

MM. T. Leone et V. Oliveri [*Gazz. chim. ital.*, **15**, 274; *Bull. Soc. Chim.*, (2), **47**, 74] ont obtenu, en décomposant par la chaleur l'acide pyridine-sulfonique, un corps possédant la composition d'un bipyridyle; ils considèrent ce produit comme identique à celui de MM. Skraup et Vortmann, malgré de très grandes différences dans les propriétés physiques. En effet, le bipyridyle de ces auteurs est cristallisé, fond à 68° et distille à 286-288°. Cette question n'a pas encore été élucidée.

Le *chlorhydrate* est en prismes blancs, assez solubles dans l'eau (Skraup).

Le *picrate* forme un précipité cristallin jaune clair, fusible à 232°, très peu soluble dans l'alcool froid (S.).

Le *chloroplatinate*, $C^{10}H^{8}Az^{2}.2HCl.PtCl^{4}$, est un précipité pulvérulent orangé, insoluble dans l'eau (Skraup et T. Leone).

L'oxydation du β-β-bipyridyle ne fournit que de l'acide nicotianique, ce qui établit sa constitution (Skraup).

NICOTIDINE. — La réduction par l'étain et l'acide chlorhydrique fixe sur le β-β-bipyridyle 6 atomes d'hydrogène [Skraup, *loc. cit.*].

On obtient une base $C^{10}H^{14}Az^{2}$, isomérique avec la nicotine et dérivant sans doute du même noyau, puisque la nicotine donne également à l'oxydation de l'acide nicotianique. Cette base a été nommée *nicotidine*.

C'est un liquide épais, d'un jaune clair, très soluble dans l'eau et dans l'alcool, peu soluble dans l'éther, doué d'une réaction fortement alcaline; son odeur rappelle celle de la ciguë.

Elle paraît attirer l'acide carbonique de l'air. Elle donne un *chlorhydrate* cristallisé, un *picrate* fusible à 202-203° et un *chloroplatinate*,

$$C^{10}H^{14}Az^{2}.2HCl.PtCl^{4}.$$

Comme son isomère la nicotine, la nicotidine est un poison violent. Ses propriétés physiologiques ont été étudiées par le professeur Exner, qui les résume ainsi : La nicotidine tue un lapin à la dose de 1 décigramme et une grenouille à la dose de 1 centigramme; elle provoque la contraction clonique des muscles et paraît exciter le système du grand sympathique, à en juger du moins par la dilatation de la pupille; elle amène la mort par le ralentissement des battements du cœur, qui s'arrête en diastole [Skraup, *loc. cit.*].

NICOTINE. — C'est probablement à cette place qu'il faudrait décrire la nicotine et ses dérivés de réduction. La nicotine est certainement un hexahydrobipyridyle et très probablement un *hexahydro-β-β-bipyridyle*.

La réduction de la nicotine par le sodium et l'alcool donne naissance à un bipipéridyle, $C^{10}H^{20}Az^{2}$, qui bout à 250-252° [Liebrecht, *D. chem. G.*, **18**, 2969 et **19**, 2587; *Bull. Soc. Chim.*, (2), **46**, 178 et **47**, 364]. On n'a pas pu comparer ce bipipéridyle avec le β-β-bipipéridyle qui n'est pas connu, et d'autre part on n'a pas réussi à transformer par oxydation la nicotine en un bipyridyle. Dans ces conditions, nous préférons renvoyer la description de ces divers corps à l'article NICOTINE.

Acide β-β-bipyridyl-α'-α'₁-dicarbonique,

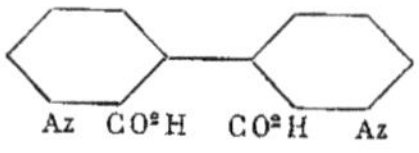

Az CO²H CO²H Az

— Cet acide, qui a servi à préparer le β-β-bipyridyle, est le produit unique de l'oxydation de la pseudophénanthroline au moyen du permanganate de potassium :

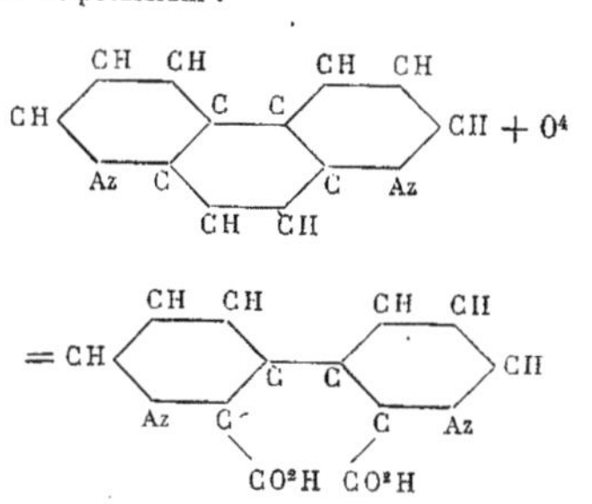

CH CH CH CH
CH C C CH + O⁴
Az C C Az
CH CH

CH CH CH CH
= CH C C CH
Az C C Az
CO²H CO²H

On neutralise par l'acide acétique le produit de la réaction, on précipite par l'acétate de cuivre, et on décompose le précipité par l'hydrogène sulfuré [Skraup et Vortmann, *loc. cit.*].

Cet acide cristallise en petits prismes renfermant 1 demi-molécule d'eau, qu'il perd à 100-105°; il est assez soluble dans l'eau chaude et dans les acides, très peu soluble dans l'alcool, presque insoluble dans l'éther et dans le chloroforme. Il fond à 213° en se décomposant.

Sa solution aqueuse donne avec le *sulfate ferreux* une coloration orangée et avec le *chlorure ferrique* un précipité floconneux blanc.

La solution ammoniacale neutre fournit les réactions suivantes : Chlorure de calcium, précipité cristallin, lent à se produire; chlorure de baryum, rien; sulfate ferreux, précipité floconneux rouge; chlorure ferrique, précipité floconneux brun; sulfate de nickel, précipité floconneux bleu clair; sels de cobalt, précipité floconneux rouge, soluble dans un excès de réactif; sulfate de zinc, sous-acétate de plomb, précipités floconneux blancs; sels mercureux et mercuriques, précipités pulvérulents blancs; acétate de cuivre, précipité bleu, amorphe à froid, cristallisant à chaud.

Le *sel neutre de potassium*,

$$C^{12}H^{6}Az^{2}O^{4}K^{2}, 5H^{2}O,$$

forme des lamelles très solubles dans l'eau; le *sel acide*, $C^{12}H^{7}Az^{2}O^{4}K, 2H^{2}O$, est en petits prismes.

Le *sel de calcium*, $C^{12}H^{6}Az^{2}O^{4}Ca, 5H^{2}O$, cristallise en aiguilles ou en lamelles peu solubles dans l'eau.

Le *sel neutre d'argent*,

$$C^{12}H^{6}Az^{2}O^{4}Ag^{2}, 0,5H^{2}O,$$

s'obtient par le mélange en proportions calculées de l'acide et de nitrate d'argent.

Le *sel de cuivre*, $C^{12}H^6Az^2O^4Cu, 3,5H^2O$, est insoluble dans l'eau, soluble dans l'acétate de cuivre.

Le *chlorhydrate*, $C^{12}H^8Az^2O^4.HCl, H^2O$, cristallise en prismes clinorhombiques, très solubles dans l'eau, peu solubles dans l'acide chlorhydrique concentré.

Le *chloroplatinate*,

$$(C^{12}H^8Az^2O^4.HCl)^2PtCl^4, 8H^2O,$$

forme des lamelles orangées, insolubles dans l'eau froide, presque insolubles dans l'acide chlorhydrique, très solubles dans l'eau bouillante, qui transforme ce sel en un mélange de cristaux rouges et de cristaux jaunes.

γ-γ-BIPYRIDYLE,

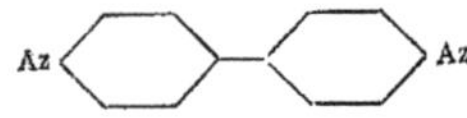

— Ce corps a été obtenu par M. Anderson par l'action du sodium sur la pyridine; cet auteur lui avait donné le nom de *dipyridine*. Il a déjà été décrit dans le cours de cet ouvrage (Dict., **2**, 1233; Suppl., **1**, 1322).

ISONICOTINE, $C^{10}H^{14}Az^2$. — La réduction par l'étain et l'acide chlorhydrique transforme le γ-γ-bipyridyle en un produit contenant 6 atomes d'hydrogène de plus, et que l'on a nommé *isonicotine*, à cause de son isomérie avec cette dernière base.

L'isonicotine forme de fines aiguilles blanches, très hygroscopiques, extrêmement solubles dans l'eau, l'alcool, l'esprit de bois, l'éther, le benzène, la ligroïne. Elle fond à 78° et bout au-dessus de 260°.

Les sels d'isonicotine sont très solubles et cristallisent difficilement.

Le *nitrate*, $C^{10}H^{14}Az^2.2AzO^3H$, est en aiguilles prismatiques presque incolores, à peine solubles dans l'alcool.

Le *chloroplatinate*,

$$C^{10}H^{14}Az^2.2HCl.PtCl^4, H^2O,$$

forme de belles lamelles orangées, qui perdent leur eau de cristallisation à 105°.

Le *chloromercurate*,

$$2C^{10}H^{14}Az^2.4HCl.3HgCl^2,$$

se présente en larges lamelles clinorhombiques incolores, assez solubles dans l'eau chaude.

L'*iodométhylate*, $C^{10}H^{14}Az^2.2CH^3I$, cristallise en aiguilles.

Injectée sous la peau, l'isonicotine produit une grande faiblesse musculaire, l'abolition des réflexes et l'accélération de la respiration; elle amène la mort au bout d'un temps variable (von Brücke) [H. Weidel et M. Rusto, *Mon. f. Chem.*, **3**, 830; *Bull. Soc. Chim.*, (2), **39**, 492].

γ-γ-BIPIPÉRIDYLE [F.-B. Ahrens, *D. chem. G.*, **21**, 2929]. — Si l'on réduit le bipyridyle de M. Anderson par le sodium et l'alcool à l'ébullition, on fixe non plus 6, mais 12 atomes d'hydrogène. On obtient un *bipipéridyle* qui se présente sous la forme d'aiguilles incolores ou d'une masse opaque et amorphe, fusible à 120-122°. Ce corps, insoluble dans l'eau, est très soluble dans l'alcool et dans l'éther; il est à peine volatil avec la vapeur d'eau. Il absorbe l'acide carbonique de l'air.

Le *chloroplatinate*, $C^{10}H^{20}Az^2.2HCl.PtCl^4$, est en petits cristaux microscopiques; il se détruit à 195° en brunissant.

Le *chloraurate* forme de petites aiguilles jaunes, très solubles dans l'eau bouillante. Il se détruit à 160°.

Le *picrate* est cristallisé; il brunit vers 200° et se décompose à 257°.

Le chlorure mercurique donne avec le chlorhydrate de cette base un précipité cristallin, très soluble dans l'eau bouillante. L'acide phosphotungstique donne un précipité blanc gélatineux. Le ferrocyanure de potassium donne un précipité jaune-verdâtre.

BIPYRIDYLE *de constitution inconnue*. — En dehors des bipyridyles dont la constitution est établie, il en existe un autre dont la structure n'a pas été déterminée. Il a été obtenu par M. C. Roth [*D. chem. G.*, **19**, 360; *Bull. Soc. Chim.*, (2), **46**, 449], en faisant passer lentement de la pyridine en vapeur dans un tube de verre chauffé au rouge. Il a extrait du produit de cette réaction pyrogénée un liquide bouillant de 280 à 282° et présentant la composition d'un bipyridyle qui ne serait identique à aucun de ceux que nous venons de décrire.

C'est une base peu soluble dans l'eau, très soluble dans l'alcool, l'éther et le chloroforme, fournissant avec les acides minéraux des sels cristallisés.

Le *chlorhydrate*, $C^{10}H^8Az^2.2HCl$, est très soluble dans l'eau; il se décompose vers 190 ou 200°.

Le *chloroplatinate*, peu soluble, a pour composition $C^{10}H^8Az^2.2HCl.PtCl^4$.

Le *picrate* est en petites aiguilles d'un jaune clair et fond à 208°.

HOMOLOGUES DES BIPYRIDYLES. — M. Anderson, après avoir obtenu sa dipyridine (γ-γ-bipyridyle) au moyen de la pyridine et du sodium, a employé avec la picoline le même procédé de synthèse. Il a obtenu un produit qui a déjà été décrit (Dict., **2**, 1020); il l'appelait *p-picoline*. Il est fort probable que ce produit est un mélange, car la picoline de M. Anderson était elle-même un mélange de plusieurs corps.

Ce travail a été repris successivement par M. Ahrens [*D. chem. G.*, **21**, 2930], puis par MM. Heuser et Stoehr [*J. prakt. Chem.*, (2), **42**, 429]. Ces auteurs ont obtenu un diméthylbipyridyle (bipicolyle), $C^{12}H^{12}Az^2$. Le produit décrit par M. Ahrens paraît être un mélange de plusieurs composés isomériques, car cet auteur avait employé une picoline impure. Le composé préparé par MM. Heuser et Stoehr paraît présenter de plus grandes garanties de pureté; il a été décrit (Suppl., **2**, 732) sous le nom de BIPICOLYLE.

En réduisant par l'amalgame de sodium et l'alcool le chlorure de benzylpyridylammonium, M. A.-W. Hofmann [*D. chem. G.*, **14**, 1505; *Bull. Soc. Chim.*, (2), **37**, 66] a obtenu un produit dont il a fait un *bidihydropyridyle dibenzylé*,

$$\begin{array}{l} C^5H^5.AzC^7H^7 \\ | \\ C^5H^5.AzC^7H^7 \end{array}$$

Ce composé est cristallisé.

Dans son travail sur la collidine symétrique, M. Hantzsch [*Ann. Chem.*, **215**, 1], en traitant l'iodhydrate de dihydrocollidine par l'acide nitreux, a obtenu, au lieu de collidine, une base qu'il a nommée *tétrahydrodicollidine* et qui sera, d'après notre nomenclature, l'*hexahydrobicollidyle*. Ce composé bout à 255-260°; ses sels cristallisent difficilement.

Enfin, M. Claus a décrit [*D. chem. G.*, **14**, 1941; *Bull. Soc. Chim.*, (2), **37**, 30] un acide bipyridyldicarbonique qu'il aurait obtenu par l'oxydation de sa diquinoléine fondant à 114°. Mais, comme on a établi depuis lors que cette diquinoléine est une amidophénylquinoléine [G. Jellinek, *Mon. f. Chem.*, 7, 351; *Bull. Soc. Chim.*, (2), **46**, 771], il est probable que le produit décrit par M. Claus appartient à une autre série.

M. Oechsner de Coninck [*C. R.*, **103**, 62] a préparé les iodométhylates de bipyridine, d'α- et de β-bipicoline, de β- et de γ-bilutidine; il a constaté que ces produits donnent des matières colorantes avec la potasse alcoolique.

L. Bouveault.

BIPYROCATÉCHINE, $C^{12}H^{10}O^4$. — Ce composé a été obtenu par MM. L. Barth et J. Schreder [*D. chem. G.*, **11**, 1336], en fondant avec de la potasse le dérivé disulfoné de l'α-biphénol. Le composé ainsi obtenu est très altérable à l'air et à la lumière et n'a pu être complètement purifié. Sublimé dans un courant d'hydrogène, il donne des cristaux incolores de la formule $C^{12}H^{10}O^4$; mais la plus grande partie est décomposée. Du reste sa constitution n'est pas établie avec certitude, et le nom de *bipyrocatéchine* a été donné à ce composé parce qu'il fournit avec le chlorure ferrique une coloration verte analogue à celle que donne la pyrocatéchine, et qui passe de même au violet, puis au rouge, par addition de soude caustique.

BIQUINOLÉINE, $C^{18}H^{14}Az^2$. — Le nom de *diquinoléine* (pour nous *biquinoléine*) a été donné par G. Williams à un produit qu'il obtenait en traitant la quinoléine par le sodium [*Chem. News*, **37**, 85 et **43**, 145; *Bull. Soc. Chim.*, (2), **31**, 474]. M. Weidel a montré que ce produit est en réalité l'*α-α-biquinoléyle* (voyez BIQUINOLÉYLES).

M. Claus croyait avoir obtenu le même produit en chauffant ensemble le chlorhydrate de quinoléine et l'aniline [*D. chem. G.*, **14**, 1939; *Bull. Soc. Chim.*. (2), **37**, 30]. M. G. Jellinek a montré que le produit qu'il avait entre les mains était en réalité l'*α-p-diphénylquinoléine* [*Mon. f. Chem.*, **7**, 351; *Bull. Soc. Chim.*, (2), **46**, 771].

Tétrahydrobiquinoléine. — Ce corps a été obtenu par la réduction de la quinoléine au moyen de l'alcool et de l'amalgame de sodium, ou du zinc et de l'ammoniaque, et dans la réduction d'une chloroquinoléine [Claus et Himmelmann, *D. chem. G.*, **13**, 2048. — Boutleroff et Wichnegradsky, *ibid.*, 2315. — A. Baeyer, *ibid.*, **12**, 460. — W. Kœnigs, *ibid.*, **14**, 99; *Bull. Soc. Chim.*, (2), **36**, 510].

M. Kœnigs [*loc. cit.*] obtint ce corps à l'état de pureté. Il est amorphe, légèrement coloré en jaune et fond à 161-162°. Il se dissout dans le benzène, mais il est précipité de cette solution par la ligroïne.

L'analyse lui assigne la composition C^9H^9Az; mais sa grande fixité a fait songer pour lui à une formule double et lui a fait donner par M. W. Kœnigs le nom de *tétrahydrodiquinoléine*.

Ces vues ont été vérifiées par M. Lellmann, [*D. chem. G.*, **22**, 1339; *Bull. Soc. Chim.*, (3), **3**, 307], qui a démontré, en prenant le poids moléculaire de cette substance par la méthode cryoscopique, que sa formule devait être doublée. Rapprochant ce corps de la *bipipéridéine*, il propose pour sa constitution le schéma

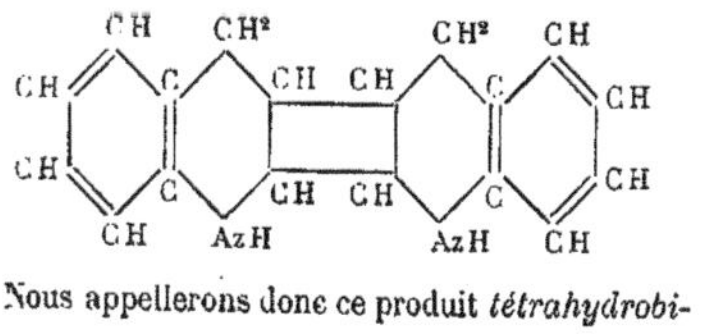

CH CH² CH² CH
CH C CH CH C CH
CH C CH CH C CH
CH AzH AzH CH

Nous appellerons donc ce produit *tétrahydrobiquinoléine*, en désignant par *biquinoléine* le produit qui serait représenté par le schéma

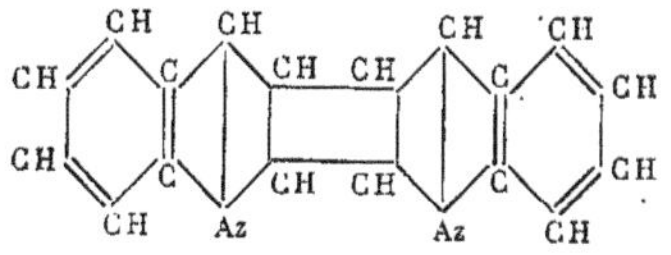

CH CH CH CH
CH C CH CH C CH
CH C CH CH C CH
CH Az Az CH

L. Bouveault.

BIQUINOLÉYLES, $C^{18}H^{12}Az^2$. — Nous appellerons *biquinoléyles* les corps formés par l'accouplement de deux restes de quinoléine auxquels on a enlevé 1 atome d'hydrogène. Ces corps ont été désignés par plusieurs autres noms : on les a appelés successivement *diquinoléines*, *diquinolines*, *diquinolyles*, *diquinolylines*.

On se rend compte qu'il peut y avoir un grand nombre de biquinoléyles, différant les uns des autres par la position des atomes de carbone qui échangent une atomicité entre les deux molécules. Il peut en exister $\frac{8 \times 7}{2}$, c'est-à-dire 28. On en connaît 9.

Nous employons pour la quinoléine la nomenclature de M. Lellmann, qui est actuellement d'un usage courant. Nous désignerons donc ses différents atomes de carbone comme il suit :

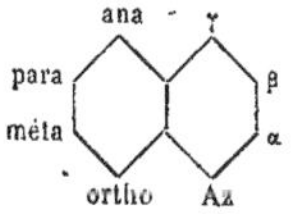

ana γ
para β
méta α
ortho Az

(dans l'écriture on remplace les mots *ortho*, *méta*, *para*, *ana*, par les lettres *o*, *m*, *p*, *a*).

On peut aussi, si on le veut, désigner les sommets de la quinoléine par la notation

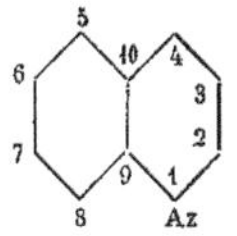

5
6 10 4
3
7 2
9 1
8 Az

Nous désignerons les différents biquinoléyles par les lettres représentant les deux sommets par lesquels se fait la liaison :

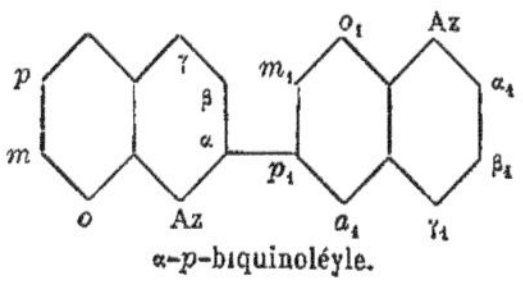

p γ o₁ Az
β m₁ α₁
m α p₁ β₁
o Az a₁ γ₁

α-*p*-biquinoléyle.

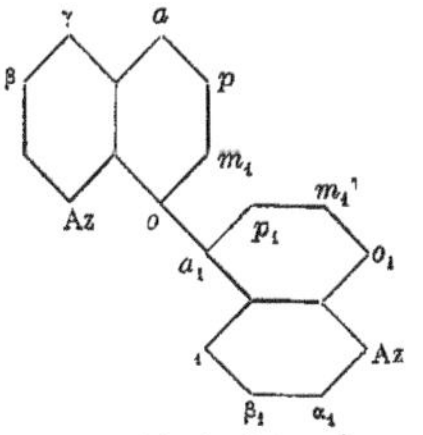

γ a
β p
m₁
Az o m₁'
p₁ o₁
a₁
Az
β₁ α₁

o-*a*-biquinoléyle.

Dans un biquinoléyle quelconque, les sommets garderont les notations qu'ils avaient dans la quinoléine; dans l'un des deux noyaux, toutes les lettres seront marquées de l'indice 1, comme cela a été fait dans les deux figures précédentes. On pourra de cette manière désigner clairement et sans aucune ambiguïté tous les dérivés de tous les biquinoléyles, quelque compliqués qu'ils soient. Exemple :

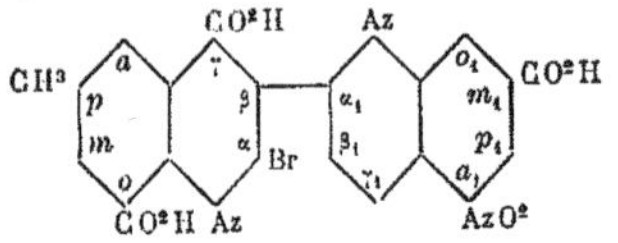

acide p-méthyl-α-bromo-a₁-nitro-βα-biquinoléyl-γ-o-m₁-tricarbonique.

α-α-BIQUINOLÉYLE (voyez Suppl., 1, 1362) [1],

$C^{18}H^{12}Az^2 =$ 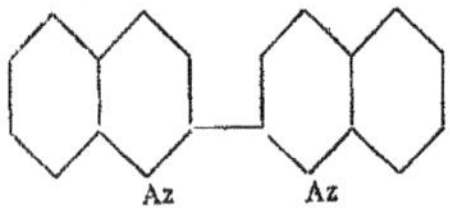

Préparation. — 1° On traite 1 kilogramme de quinoléine pure et chauffée au bain-marie par 80 grammes de sodium; la température s'élève à 105-106°, puis retombe à 100°; on chauffe alors progressivement jusqu'à 160° et on laisse refroidir au bout de 6 heures. En traitant la masse par l'éther, on dissout une petite quantité de biquinoléyle et environ 250 grammes de résines qui n'ont pas été étudiées. La partie insoluble dans l'éther est une combinaison cristalline de biquinoléyle et de tétrahydroquinoléine, qui se scinde par la distillation et dont la composition ne paraît pas constante [H. Weidel et G. Gläser, *Mon. f. Chem.*, 7, 308; *Bull. Soc. Chim.*, (2), 46, 776].

Les cristaux sont, après distillation de la tétrahydroquinoléine, essorés à la trompe et lavés à l'alcool, puis traités par l'acide chlorhydrique moyennement concentré, qui les dissout à chaud en se colorant en brun. On évapore et l'on obtient de longues aiguilles jaunes, qu'on purifie par cristallisation dans l'acide chlorhydrique faible et qu'on décompose ensuite par l'ammoniaque.

On obtient la nouvelle base sous la forme de lamelles ou d'aiguilles incolores, fusibles à 175°,5, appartenant au système clinorhombique. Cette base est insoluble dans l'eau, soluble dans l'éther, le benzène, le chloroforme et l'alcool chaud; elle distille au delà de 400°.

2° On obtient ce même composé dans l'action de l'oxygène sur la quinoléine. On dissout 50 grammes de quinoléine dans l'acide chlorhydrique concentré, on évapore et on dessèche le résidu à 150° dans un courant de gaz carbonique; on mélange alors le résidu solide avec 50 grammes de quinoléine sèche et 10 grammes d'asbeste platinée; puis on chauffe le mélange dans un courant d'oxygène d'abord à 170°, puis à 200°. La masse brunit et devient peu à peu assez épaisse pour empêcher le dégagement des bulles d'oxygène. On arrête alors l'opération et on reprend le produit par l'acide chlorhydrique dilué. La solution, séparée par filtration des matières résineuses, est alcalinisée par la potasse et distillée dans la vapeur d'eau, qui entraîne la quinoléine inaltérée. Le résidu de cette opération est de nouveau traité par l'acide chlorhydrique et la solution chlorhydrique soumise à des précipitations fractionnées par l'acétate de sodium. Les derniers précipités obtenus, purifiés par transformation en chlorhydrate et par des cristallisations de ce dernier dans l'alcool, fournissent finalement de grandes lames brillantes, fusibles à 173°, présentant la composition et les propriétés de l'α-α-biquinoléyle, $C^{18}H^{12}Az^2$. Le rendement est environ de 8 0/0 de la quinoléine employée [H. Weidel, *Mon. f. Chem.*, 8, 120; *Bull. Soc. Chim.*, (2), 48, 595].

L'α-α-biquinoléyle cristallise dans le système clinorhombique.

Le *chlorhydrate*, $C^{18}H^{12}Az^2 . 2HCl, 4H^2O$, forme de fines aiguilles presque incolores que l'eau décompose; chauffé à 100°, il perd HCl et laisse pour résidu un *monochlorhydrate*,

$$C^{18}H^{12}Az^2 . HCl.$$

Le *sulfate* a pour formule

$$C^{18}H^{12}Az^2 . SO^4H^2, H^2O.$$

Le *chloroplatinate*,

$$C^{18}H^{12}Az^2 . 2HCl . PtCl^4, H^2O,$$

se précipite en petites aiguilles microscopiques d'un jaune rougeâtre, presque insolubles dans l'eau et dans l'acide chlorhydrique.

Le *chloraurate*,

$$C^{18}H^{12}Az^2 . HCl . AuCl^3, 2H^2O,$$

forme de petites aiguilles d'un jaune clair, un peu plus solubles que le sel précédent.

Cette base ne se combine qu'avec 1 seule molécule d'iodure de méthyle, en donnant l'*iodométhylate*, $C^{18}H^{12}Az^2 . CH^3I$, qui cristallise dans l'eau chaude en petites aiguilles d'un jaune clair, appartenant au système orthorhombique. Ce corps est soluble dans l'alcool chaud, l'éther, le chloroforme, l'acide acétique cristallisable; il brunit à 200° et fond en se décomposant à 280-286° [H. Weidel, *Mon. f. Chem.*, 2, 491; *Bull. Soc. Chim.*, (2), 37, 227].

L'α-α-biquinoléyle se combine également avec 1 molécule de sulfate de méthyle, en donnant le composé $C^{18}H^{12}Az^2 . SO^4H . CH^3$ [R. Ostermayer, *D. chem. G.*, 18, 333].

Oxydé en solution acétique par le permanganate de potassium en solution aqueuse, l'α-α-biquinoléyle fournit l'*acide cyclothraustique*,

$$C^{17}H^{12}Az^2O^3,$$

l'*acide quinaldique*, $C^{10}H^7AzO^2$, l'*acide oxycinchoméronique*, $C^7H^5AzO^5$, l'*acide anthranilique*, $C^7H^7AzO^2$.

1. Dans un mémoire récent [*D. chem. G.*, 23, 2894], MM. Carlier et Einhorn ont annoncé avoir préparé, par l'action de l'aldéhyde o-amidobenzylique sur l'aldéhyde α-quinoléyléthylique, un biquinoléyle qui serait identique avec celui que nous décrivons ici. Ce mode de synthèse conduit à changer la formule de structure que l'on avait adoptée et à faire du biquinoléyle dont il s'agit un α-β-biquinoléyle. En effet, l'équation suivant laquelle il prend naissance ne peut être formulée que de la manière suivante :

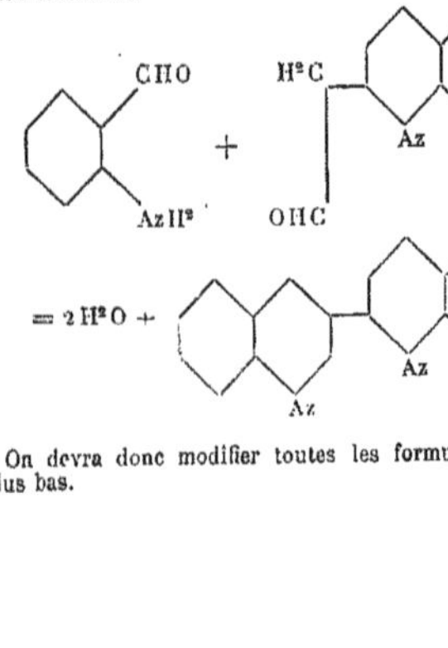

On devra donc modifier toutes les formules données plus bas.

La réaction qui donne l'acide cyclothraustique peut être représentée par le schéma suivant :

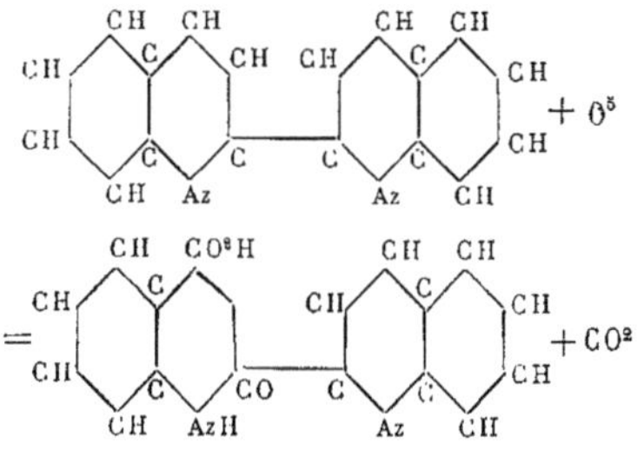

CH CH CH CH
CH C CH CH C CH
+ O^5
CH C C C C CH
CH Az Az CH

CH CO^2H CH CH
CH C CH C CH
= + CO^2
CH C CO C C CH
CH AzH Az CH

[H. Weidel et H. Strache, *Mon. f. Chem.*, **7**, 280; *Bull. Soc. Chim.*, (2), **46**, 768. — H. Weidel et J. Wilhelm, *Mon. f. Chem.*, **8**, 197; *Bull. Soc. Chim.*, (2), **49**, 46].

Dérivés sulfoniques. — L'action d'un mélange d'acide et d'anhydride sulfuriques sur l'α-α-biquinoléyle fournit un acide monosulfoné et deux acides disulfonés; les proportions relatives de ces trois corps varient avec le mode opératoire :

Lorsqu'on fait réagir sur le biquinoléyle un mélange de 20 parties d'acide et de 1 partie d'anhydride à la température de 180-190°, le produit principal est l'acide monosulfoné. On doit chauffer jusqu'à ce qu'une prise d'essai donne par l'eau un précipité entièrement soluble dans l'ammoniaque.

Si l'on emploie 4 parties d'acide et 1 partie d'anhydride, le produit principal de la réaction est l'acide 1-disulfonique; enfin si l'on emploie parties égales d'acide et d'anhydride sulfonique, c'est l'acide 2-disulfonique qui domine.

La réaction une fois terminée, on précipite le produit par un grand excès d'eau et on traite séparément le précipité et les eaux mères. Le précipité est dissous à chaud dans l'ammoniaque et additionné de baryte tant qu'il se précipite du sulfate de baryum; on filtre, on élimine l'excès de baryte par l'acide carbonique, puis l'excès d'ammoniaque par évaporation et on précipite enfin : d'abord par l'acétate de plomb, puis par le sous-acétate, enfin par le sous-acétate de plomb ammoniacal. Le premier précipité renferme l'acide monosulfonique, le second l'acide 1-disulfonique, le troisième l'acide 2-disulfonique.

Le liquide obtenu en traitant par l'eau le produit brut de la réaction est traité comme le précipité; on réunit les précipités plombiques correspondants et, comme les sels ainsi obtenus ne sont pas encore purs, on décompose chacun d'eux par le carbonate d'ammonium, puis on répète sur chaque liqueur le traitement primitif par les sels de plomb. On décompose finalement soit par le carbonate d'ammonium, soit par l'acide sulfhydrique.

Acide monosulfonique. — Il se présente en petites aiguilles microscopiques, presque insolubles dans l'eau, même à l'ébullition; il se dissout aisément dans les acides acétique, chlorhydrique et sulfurique concentrés.

Le *sel de potassium*, $C^{18}H^{11}Az^2.SO^3K.2H^2O$, forme de longues aiguilles blanches et brillantes, très solubles dans l'eau, peu solubles dans la potasse; il perd à 100° son eau de cristallisation.

Le *sel de cuivre*, $(C^{18}H^{11}Az^2.SO^3)^2Cu.H^2O$, est un précipité cristallin d'un vert jaunâtre; il se déshydrate entièrement à 120°.

Par la fusion avec 6 ou 8 fois son poids de potasse caustique, l'acide précédent se convertit en *oxy-α-α-biquinoléyle*, $C^{18}H^{12}Az^2O$; on doit éviter dans cette opération que la température dépasse 220°. On reprend par l'eau bouillante, on filtre et on neutralise par l'acide sulfurique. On purifie le nouveau produit en le dissolvant dans la potasse alcoolique. On obtient par la concentration de la solution des lamelles brillantes constituant le dérivé potassique. On décompose celui-ci par l'acide carbonique et on fait cristalliser l'oxy-α-α-biquinoléyle dans le xylène bouillant.

Il constitue des aiguilles d'un blanc jaunâtre, fusibles à 208°, insolubles dans l'eau, à peine solubles dans l'alcool, l'éther, le benzène, le chloroforme, même à l'ébullition, très solubles dans les acides concentrés et paraissant appartenir au système clinorhombique.

Le *sel de potassium*, $C^{18}H^{11}Az^2OK, H^2O$, forme des lamelles brillantes; il est très soluble dans l'alcool et se dissocie par l'eau.

Le *sel de plomb*, $(C^{18}H^{11}Az^2O)^2Pb$, est une poudre d'un jaune clair, insoluble dans l'eau.

Chauffé avec un mélange d'anhydride acétique et d'acétate de sodium fondu, l'oxybiquinoléyle donne un *dérivé acétylé*, $C^{18}H^{11}Az^2O.C^2H^3O$, qui cristallise dans l'éther acétique en fines aiguilles blanches, fusibles à 155-156°, insolubles dans l'eau, très solubles dans les autres dissolvants neutres.

Comme le biquinoléyle, l'oxy-α-α-biquinoléyle ne se combine qu'avec 1 seule molécule d'iodure de méthyle.

Acide α-α-biquinoléyl-1-disulfonique. — Cet acide forme de fines aiguilles incolores, insolubles dans l'eau.

Ses *sels d'ammonium* et *de sodium* sont solubles et bien cristallisés · son *sel de potassium* a pour formule

$$C^{18}H^{10}Az^2(SO^3K)^2, 5H^2O.$$

Le *sel de cuivre*,

$$C^{18}H^{10}Az^2(SO^3)^2Cu, 6H^2O,$$

forme de petits cristaux d'un bleu verdâtre, très peu solubles dans l'eau.

Fondu avec 8 fois son poids de potasse au-dessous de 220°, cet acide se convertit en *1-dioxy-biquinoléyle*. On purifie ce dernier comme le composé monohydraté. Il fond à 239°. Il est presque insoluble dans l'eau, l'éther, l'alcool, le benzène; il se dissout aisément dans les acides dilués et dans les alcalis.

Le *chlorhydrate*, $C^{18}H^{12}Az^2O^2.2HCl$, forme des aiguilles d'un jaune clair; il noircit à 285° et fond à 290-292°; il se dissocie par l'eau avec formation du *monochlorhydrate*,

$$C^{18}H^{12}Az^2O^2.HCl,$$

cristallisé en fines aiguilles jaunes.

Il donne un *dérivé diacétylé*,

$$C^{18}H^{10}Az^2(OC^2H^3O)^2,$$

en cristaux incolores et brillants, fusibles à 169-170°, très solubles dans les dissolvants neutres.

Acide α-α-biquinoléyl-2-disulfonique. — Il se présente en aiguilles très solubles dans l'eau et sans aucun éclat.

Le *sel de potassium*, $C^{18}H^{10}Az^2(SO^3K)^2$, est une poudre blanche microcristalline.

Le *sel de cuivre*, $C^{18}H^{10}Az^2(SO^3)^2Cu$, est un précipité amorphe d'un bleu verdâtre, très soluble dans l'eau, peu soluble dans l'alcool.

Par fusion avec la potasse vers 210°, il se convertit en *2-dioxy-α-α-biquinoléyle*, $C^{18}H^{12}Az^2O^2$, fines aiguilles fusibles au-dessus de 305°, très peu solubles dans les dissolvants neutres.

Son *dérivé diacétylé*, $C^{18}H^{10}Az^2(OC^2H^3O)^2$, se présente en lamelles incolores et brillantes, fusibles à 216°.

α-A-BIQUINOLÉYLE,

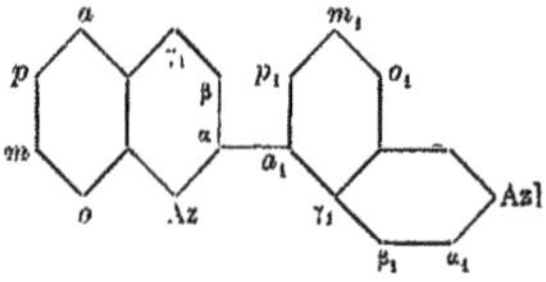

et α-M-BIQUINOLÉYLE,

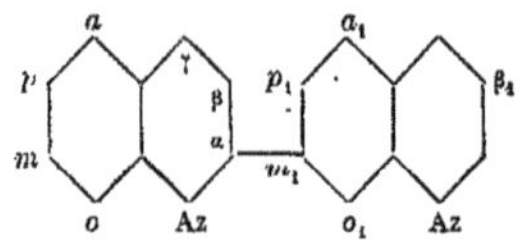

— Ces deux corps prennent naissance ensemble lorsque l'on chauffe, d'après la méthode de M. Skraup, un mélange de α-m-amidophényl-quinoléine,

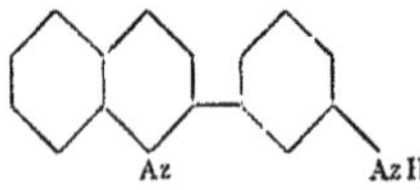

de glycérine, de nitrophénol et d'acide sulfurique.

Pour les isoler, on traite par l'eau le produit brut de la réaction; on filtre, on concentre et on précipite par la soude; le précipité, recueilli au bout de quelques heures, est purifié par cristallisation dans le benzène. Un biquinoléyle fusible à 159° cristallise le premier, l'autre reste dans les eaux mères; il peut être isolé par transformation en chlorhydrate. Cet autre biquinoléyle fond à 115°.

On sait que les deux biquinoléyles possèdent les deux formules qui ont été écrites plus haut, mais il est impossible jusqu'ici d'assigner à chacun sa formule.

BIQUINOLÉYLE *fusible à* 159°. — Il se présente en petites lamelles rectangulaires, peu solubles dans l'éther, l'alcool et le benzène; il ne peut être distillé sans altération.

Le *chlorhydrate*, $C^{18}H^{12}Az^2.2HCl, 2H^2O$, est en lamelles très solubles dans l'eau.

Le *sulfate* est en aiguilles groupées concentriquement.

Le *chloroplatinate*, $C^{18}H^{12}Az^2.2HCl.PtCl^4$, est une poudre cristalline peu soluble.

Le *picrate*, $C^{18}H^{12}Az^2(C^6H^3Az^3O^7)^2$, fond à 240°.

L'*iodométhylate*, $C^{18}H^{12}Az^2.CH^3I$, cristallise en aiguilles d'un jaune d'or, fusibles à 263°.

BIQUINOLÉYLE *fusible à* 115°. — Il forme des cristaux d'un jaune de miel, appartenant au système triclinique.

Le *chlorhydrate*, $C^{18}H^{12}Az^2.2HCl, 3H^2O$, est en lamelles très solubles.

Le *chloroplatinate*, $C^{18}H^{12}Az^2.2HCl.PtCl^4$, est une poudre cristalline peu soluble.

Le *picrate* et le *chromate* sont des précipités cristallins [W. von Miller et F. Kinkelin, *D. chem. G.*, 18, 1900; *Bull. Soc. Chim.*, (2), 46, 186].

P-MÉTHOXY-α-M-BIQUINOLÉYLE et P-MÉTHOXY-α-A-BIQUINOLÉYLE (*p-méthoxydiquinolyline*). — Ces deux composés prennent naissance en même temps et par le même mécanisme que nous venons de décrire, quand on applique la méthode de M. Skraup à l'α-m-amidophényl-p-méthoxy-quinoléine. On sépare les deux composés par cristallisation dans l'alcool.

p-Méthoxybiquinoléyle fondant à 151° (*p-méthoxy-α-diquinolyline*), $C^{19}H^{14}Az^2O$. — Cette substance est la moins soluble des deux dans l'alcool; elle se dépose de sa solution chaude dans ce dissolvant en cristaux clinorhombiques.

Son *sulfate* forme une poudre jaune, soluble dans l'eau, peu soluble dans l'alcool.

Son *chlorhydrate*, $C^{19}H^{14}Az^2O.2HCl, 2H^2O$, forme des aiguilles groupées autour d'un centre. Il perd à 100° ses 2 molécules d'eau et 1 molécule d'acide chlorhydrique.

Son *chloroplatinate*,

$$C^{19}H^{14}Az^2O.2HCl.PtCl^4, 2H^2O,$$

est un précipité cristallin; il se dissout dans l'acide chlorhydrique concentré et chaud; il s'en sépare avec la composition

$$(C^{19}H^{14}Az^2O.2HCl)^2PtCl^4.$$

L'*iodométhylate*, $C^{19}H^{14}Az^2O.CH^3I$, forme une poudre jaune, peu soluble dans l'eau et dans l'alcool.

p-Méthoxybiquinoléyle fondant à 120° (*p-méthoxy-β-diquinolyline*). — Il est très soluble dans l'alcool et dans le benzène, moins soluble dans l'éther.

Son *chlorhydrate* forme des aiguilles jaunes, très solubles dans l'alcool et contenant de l'eau de cristallisation.

Le *chloroplatinate* est amorphe et insoluble; il a pour composition $C^{19}H^{14}Az^2O.2HCl.PtCl^4$ [W. von Miller et F. Kinkelin, *D. chem. G.*, 20, 1924].

α-P-BIQUINOLÉYLE (*Py-α-B-4-diquinoléyle*),

$$C^{18}H^{12}Az^2.$$

— Ce composé prend naissance en même temps que l'α-p-amidophénylquinoléine, quand on traite par un courant d'oxygène un mélange d'aniline et de chlorhydrate de quinoléine.

On peut également l'obtenir par la méthode de M. Skraup, en chauffant à 180° un mélange d'α-p-amidophénylquinoléine, de glycérine, de nitrobenzène et d'acide sulfurique.

Ce corps se présente en cristaux fusibles à 144°, très solubles dans le benzène, l'alcool, le xylène, moins solubles dans l'éther. Il est volatil sans décomposition.

Le *chloroplatinate*, $C^{18}H^{12}Az^2.2HCl.PtCl^4$, est une poudre microcristalline, d'un blanc jaunâtre, presque insoluble dans l'acide chlorhydrique.

L'*iodométhylate*, $C^{18}H^{12}Az^2.CH^3I, H^2O$, se présente en petites aiguilles incolores, fusibles avec décomposition à 231-232°.

L'*acide monosulfonique*, $C^{18}H^{11}Az^2.SO^3H$, s'obtient en chauffant la substance à 160-180° avec 5 fois son poids d'acide sulfurique concentré; c'est une poudre blanche, presque insoluble dans l'eau.

Chauffé avec de la potasse à 220°, il se convertit en *oxy-α-p-biquinoléyle*, $C^{18}H^{12}Az^2O$, poudre cristalline, fusible à 186-187° [H. Weidel, *Mon. f. Chem.*, 8, 120; *Bull. Soc. Chim.*, (2), 48, 598].

γB-BIQUINOLÉYLES (*Py-3-B-α-diquinoléyle* et *Py-3-B-β-diquinolyle*), $C^{18}H^{12}Az^2$ (nous mettons γB devant biquinoléyle pour indiquer que la liaison des 2 molécules de quinoléine se fait par un carbone γ et par un autre situé dans un noyau benzénique, la synthèse de ces corps ne nous ayant pas donné d'autres renseignements).

En nitrant la γ-phénylquinoléine, on a obtenu 3 dérivés mononitrés; deux d'entre eux, réduits par le chlorure stanneux, ont donné deux amido-γ-phénylquinoléines, qui ont été traitées l'une et l'autre par la méthode de M. Skraup.

On a obtenu ainsi un γB-*biquinoléyle*, formant des cristaux d'un jaune clair et fondant à 122°.

C'est une base énergique, bouillant sans décomposition et dont les sels sont stables. Elle se dissout très facilement dans l'alcool, le chloroforme, le benzène, l'éther acétique, mais difficilement dans l'éther.

Son *sulfate* est déliquescent, mais insoluble dans l'alcool.

Le *picrate* fond à 261°.

On a obtenu au moyen de la seconde γ-amidophénylquinoléine un autre γβ-biquinoléyle qui fond à 116-117°, et dont le *picrate* fond à 248° [W. Kœnigs et J. Nef, *D. chem. G.*, **20**, 622; *Bull. Soc. Chim.*, (2), **48**, 157].

O-P-BIQUINOLÉYLE. — Ce corps a été obtenu en traitant la diphényline par la méthode de M. Skraup. C'est un corps peu stable, bouillant avec décomposition à une température élevée; il n'a pu être obtenu à l'état cristallisé.

Son *chlorhydrate* est déliquescent.

P-P-BIQUINOLÉYLE (*diquinoléine de la benzidine*),

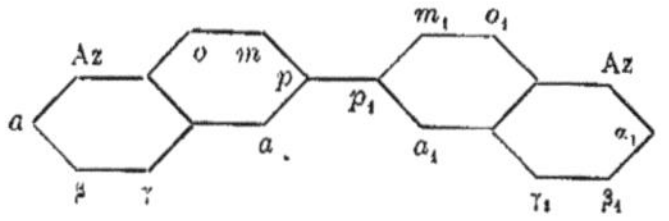

— Ce produit a été obtenu simultanément en traitant la benzidine par la méthode de M. Skraup, par MM. W. Roser [*D. chem. G.*, **17**, 1817; *Bull. Soc. Chim.*, (2), **44**, 247], E. Ostermayer et W. Henrichsen [*D. chem. G.*, **17**, 2444; *Bull. Soc. Chim.*, (2), **45**, 20] et O.-W. Fischer [*Mon. Chem.*, **5**, 417].

MM. Claus et Stegelitz [*D. chem. G.*, **17**, 2380; *Bull. Soc. Chim.*, (2), **15**, 112] l'ont également obtenu en appliquant la même méthode à l'azobenzène.

Tous ces savants étaient d'accord sur sa constitution, mais seul M. Roser ne le confondit pas avec l'*α-α-biquinoléyle* (alors α-diquinolyline), dont la constitution n'était pas encore établie et dont le point de fusion est très voisin du sien.

Préparation. — On chauffe au réfrigérant ascendant 24 grammes de nitrobenzène, 60 grammes de sulfate de benzidine, 140 grammes de glycérine et 100 grammes d'acide sulfurique. On fait durer l'ébullition 5 heures, puis on chasse le nitrobenzène par un courant de vapeur d'eau. Par le refroidissement, la masse se prend en une bouillie d'aiguilles incolores, baignant dans un liquide brun. On ajoute de l'eau et on alcalinise avec de la potasse; il se précipite une résine brune, que l'on sépare et que l'on traite par le benzène bouillant. Ce dissolvant abandonne après distillation une masse encore colorée en brun, qu'on dissout dans l'acide sulfurique et qu'on décolore par le noir animal. Le sulfate cristallise ensuite aisément. Le rendement est bon.

Le p-p-biquinoléyle est très peu soluble dans l'eau bouillante, très soluble dans le benzène, peu soluble dans l'éther et dans l'alcool. Cristallisé dans ce dernier, il forme de petites tables d'un jaune clair, fondant à 178° et distillant sans décomposition (Roser). Il fond à 176-177° (Ostermayer et Henrichsen), à 175-176° (O. Fischer), à 178° (corrigé) (Claus et Stegelitz)[1].

Son *chlorhydrate*, $C^{18}H^{12}Az^2 . 2HCl, 4H^2O$, forme de petites aiguilles soyeuses (O. Fischer).

Le *sulfate acide*, $C^{18}H^{12}Az^2 . 2SO^4H^2$, forme de longues aiguilles décomposables par l'eau; le *sulfate neutre*, $C^{18}H^{12}Az^2 . SO^4H^2, 3H^2O$, se décompose également par l'eau (O. Fischer); d'après M. Roser, il cristallise aisément en courtes aiguilles.

Le *nitrate* est presque insoluble dans l'eau froide.

Le *chromate*, $C^{18}H^{12}Az^2 . Cr^2O^7H^2$, est un précipité rouge.

Le *picrate*, $C^{18}H^{12}Az^2 . C^6H^3Az^3O^7$, est un précipité d'un jaune brillant.

Le p-p-biquinoléyle se combine aux éthers (chlorure, iodure, sulfate de méthyle) en en fixant 2 molécules, tandis que l'α-α-biquinoléyle ne fixe qu'une seule molécule de ces mêmes éthers [W. Roser, *D. chem G.*, **17**, 1817 et 2768. — Ostermayer, *ibid.*, **18**, 333].

Il donne un *chlorhydrate de chloro-iodure*, $C^{18}H^{12}Az^2 . 2ClI . 2HCl$, qui est insoluble dans l'eau et qui se présente sous la forme d'un précipité caséeux.

Le *chlorométhylate*, $C^{18}H^{12}Az^2(CH^3Cl)^2, 6H^2O$, forme de fines aiguilles blanches, se décomposant sans fondre à 260° [Ostermayer, *D. chem. G.*, **18**, 597].

L'*iodométhylate*, $C^{18}H^{12}Az^2 . CH^3I$, forme de petits cristaux jaunes (Fischer). L'iodure de méthyle en excès le transforme en *di-iodométhylate*, $C^{18}H^{12}Az^2 . 2CH^3I$, jolis cristaux jaunes, qui fondent au-dessus de 290°.

L'*iodéthylate*, $C^{18}H^{12}Az^2 . 2C^2H^5I$, cristallise dans l'eau en fines aiguilles; il fond à 270° (W. Roser).

Le *sulfométhylate*,

$$C^{18}H^{12}Az^2(SO^4H . CH^3)^2, 2H^2O,$$

se produit quand on chauffe en tubes scellés, à 180°, pendant 6 heures, le biquinoléyle avec de l'alcool et de l'acide sulfurique concentré. Il forme de belles aiguilles blanches, dont la solution possède une saveur amère (Ostermayer et Henrichsen).

Le *chloraurate*,

$$C^{18}H^{12}Az^2 . HCl . AuCl^3, 2H^2O,$$

est extrêmement peu soluble et forme de petites aiguilles jaunes (O. et H.).

Le *chloroplatinate*, $C^{18}H^{12}Az^2 . 2HCl . PtCl^4$, est un précipité d'un jaune orangé (Roser et Fischer).

Le *chlorostannite*, $C^{18}H^{12}Az^2 . 2HCl . SnCl^2$, forme de belles aiguilles incolores (Ostermayer).

Action du brome. — Le brome se fixe sur le *p-p-biquinoléyle* en solution alcoolique, en donnant deux produits d'addition, $C^{18}H^{12}Az^2Br^4$ (Roser et Ostermayer) et $C^{18}H^{12}Az^2Br^2$ (Ostermayer). Quand on chauffe à 180-200° en tubes scellés avec de l'acide chlorhydrique l'un ou l'autre de ces deux bromures, on obtient un dérivé de substitution, $C^{18}H^{11}Az^2Br$, cristallisé en fines aiguilles incolores (Ostermayer).

Acide p-p-biquinoléyl-disulfonique. — On peut obtenir cet acide en chauffant en tube scellé à 190° le p-p-biquinoléyle avec de l'acide sulfurique cristallisé (Roser). On peut également le préparer en partant de l'acide benzidine-disulfonique.

Il est presque complètement insoluble dans l'eau et forme de petites aiguilles blanches.

Le *sel de sodium*,

$$C^{18}H^{10}Az^2(SO^3Na)^2, 5H^2O,$$

cristallise dans l'alcool en petites aiguilles.

Le *sel de potassium* cristallise avec 1 molécule d'eau, qu'il perd à 110°.

Le *sel d'ammonium* se présente en fines aiguilles.

Le *sel de magnésium* forme également de petites aiguilles.

1. Le *p-p-biquinoléyle* cristallise dans le système clinorhombique. Les paramètres sont différents de ceux de l'*α-α-biquinoléyle*, qui cristallise dans le même système [W. Roser, *D. chem. G.*, 17, 2768].

Quand on fond avec de la potasse cet acide disulfoné, on le transforme en un *dioxy-p-p-biquinoléyle*, qui est très instable et qui se combine aux sels diazoïques en donnant des matières colorantes rouges.

DIOXYALCOYL-P-P-BIQUINOLÉYLES. — On obtient des bases dioxyalcoylées en traitant par la méthode de M. Skraup les benzidines dioxyalcoylées [F. Bayer et Cie, Elberfeld, brevet allemand 38790; *D. chem. G.*, 20, *Ref.*, 269].

En partant de l'éther diméthylique de la dioxybenzidine, on a obtenu une base cristallisée en fines aiguilles blanches, peu solubles dans l'eau; elle fond vers 100° et est volatile avec la vapeur d'eau. C'est un *diméthoxy-p-p-biquinoléyle*,

$$C^{20}H^{16}Az^2O^2.$$

Si on le réduit par l'étain et l'acide chlorhydrique, on le transforme en une base tétrahydrogénée, masse amorphe fondant au-dessus de 230°.

Base dérivant d'un tétraoxy-p-p-biquinoléyle. — M. Colson, en partant de l'éther diéthylique de l'hydroquinone, a obtenu une benzidine tétraoxéthylée,

OC²H⁵ OC²H⁵ — AzH² — AzH² — OC²H⁵ OC²H⁵ [structural formula]

Il a traité cette benzidine par la méthode de M. Skraup et a réussi à obtenir une base biquinoléique paraissant dériver d'un dioxybiphénylène qui aurait pour formule

$C^{22}H^{18}Az^2O^3 =$ [structural formula: Az, OC²H⁵, OC²H⁵ Az, O]

Ce corps est soluble dans 6 fois son poids d'acide chlorhydrique étendu et dans 10 fois son poids d'alcool à 92 0/0. Sa saveur est faiblement amère; il fond à 71°,5.

Cette base verdit fortement le perchlorure de fer concentré.

Son *chloroplatinate* est jaune clair, cristallin et soluble dans 50 fois son poids d'eau bouillante.

Son *chloraurate*, d'un beau jaune foncé, est insoluble dans l'eau froide [A. Colson, *Bull. Soc. Chim.*, (3), 1, 167].

α-α₁-DIMÉTHYL-P-P-BIQUINOLÉYLE ou *p-p-biquinaldyle* (*p-diquinaldine*), $C^{20}H^{16}Az^2$. — On obtient cette base en traitant la benzidine par la paraldéhyde et l'acide chlorhydrique fumant. La réaction se fait par digestion du mélange au bain-marie pendant 10 heures.

La nouvelle base cristallise en fines aiguilles fondant à 206-207°. Elle se dissout difficilement dans l'eau, l'éther et l'éther de pétrole, aisément dans l'alcool, le benzène, le chloroforme et l'acétone. Elle distille avec légère décomposition au-dessus de 360°.

Le *nitrate*, $C^{20}H^{16}Az^2 . 2AzO^3H$, forme des aiguilles incolores.

Le *chromate*, $C^{20}H^{16}Az^2 . Cr^2O^7H^2$, est en petites aiguilles jaunes.

Le *chloroplatinate*,

$$C^{20}H^{16}Az^2 . 2HCl . PtCl^4 , 2H^2O,$$

forme des flocons d'un jaune clair [E. Hinz, *Ann. Chem.*, 242, 321].

αγα₁γ₁-TÉTRAMÉTHYL-P-P-BIQUINOLÉYLE (*tétraméthyl-diquinolyline*),

[structural formula: Az, Az, CH³, CH³, CH³, CH³]

— Ce composé se produit quand on chauffe en tubes scellés à 180°, pendant 2 jours, 1 molécule de benzidine avec 3 molécules d'acide chlorhydrique fumant et 4 molécules d'acétone.

La réaction est analogue à celle qui donne naissance à l'α-γ-diméthylquinoléine en partant de l'aniline. Elle est représentée par l'équation

$$(C^6H^4 . AzH^2)^2 + 4CH^3 . CO . CH^3$$
$$= C^{22}H^{20}Az^2 + 4H^2O + 2CH^4.$$

La production du méthane a été constatée.

On obtient un meilleur rendement, qui peut atteindre 30 0/0, en employant un mélange équimoléculaire d'acétone et de paraldéhyde.

La nouvelle base est en lamelles blanches fondant à 232°; elle est insoluble dans l'eau, très soluble dans l'alcool, peu soluble dans l'éther.

Le *chlorhydrate*, $C^{22}H^{20}Az^2 . 2HCl$, est très soluble dans l'eau, moins soluble dans l'alcool.

Le *sulfate*, $C^{22}H^{20}Az^2 . SO^4H^2$, cristallise dans l'eau chaude en fines aiguilles, dans l'alcool en gros prismes rhombiques. Sa solution aqueuse possède une belle fluorescence bleue.

Le *dichromate*, $C^{22}H^{20}Az^2 . Cr^2O^7H^2$, est un précipité cristallin d'un beau rouge, soluble dans l'eau bouillante.

Le *chloroplatinate*, $C^{22}H^{20}Az^2 . 2HCl . PtCl^4$, est insoluble dans l'eau froide, mais soluble dans l'eau bouillante.

Le *picrate* est insoluble dans l'eau et dans l'alcool.

L'*iodométhylate*, $C^{22}H^{20}Az^2 . 2CH^3I$, est soluble dans l'eau et dans l'alcool; il fond à 270° en se décomposant.

L'*iodéthylate*, $C^{22}H^{20}Az^2 . 2C^2H^5I$, forme de belles aiguilles jaunes, très solubles dans l'alcool, peu solubles dans l'eau, insolubles dans l'éther. Il fond à 158° en se décomposant.

Le *chlorhydrate de chloro-iodure*,

$$C^{22}H^{20}Az^2 . 2ClI . 2HCl,$$

forme de petites aiguilles couleur de chair [C. Schestopal, *D. chem. G.*, 20, 2509; *Bull. Soc. Chim.*, (2), 49, 733].

α-α₁-BIQUINOLÉYLE (β-*diquinolyline*),

$$C^{18}H^{12}Az^2.$$

— Cette base a été trouvée par M. W. Kœnigs, accompagnant la quinoléine qui prend naissance dans la décomposition de l'acide cinchonique. M. Kœnigs la prit pour le carbazol [*D. chem. G.*, 12, 97; *Bull. Soc. Chim.*, (2), 33, 88]. Elle fournit par décomposition pyrogénée de la quinoléine.

Elle prend naissance :

1° Quand on chauffe pendant longtemps à 240° le produit de l'action du chlorure de benzoyle sur la quinoléine [F. Japp et C. Graham, *Chem. Soc.*, 1, 174].

2° Par la distillation sèche de l'acide o-quinoléine-sulfonique [O. Fischer et H. Van Loo, *D. chem. G.*, 17, 1899; *Bull. Soc. Chim.*, (2), 44, 246].

3° Quand on fait passer la quinoléine en vapeur dans un tube chauffé au rouge [F. Zimmermann et A. Müller, *D. chem. G.*, **17**, 1965; *Bull. Soc. Chim.*, (2), **44**, 247].

M. Weidel a démontré l'identité du produit de M. Kœnigs avec la β-diquinolyline de MM. Japp et Graham [*Mon. f. Chem.*, **2**, 491; *Bull. Soc. Chim.*, (2), **37**, 227].

MM. Fischer et Van Loo identifièrent leur produit avec celui obtenu par les méthodes précédentes et établirent sa constitution en le transformant par oxydation en acide *quinoléine-α-carbonique*.

L'α-α-biquinoléyle est insoluble dans l'eau, le benzène, l'alcool et l'éther froid, très soluble dans ces dissolvants chauds. Il se dépose de sa solution éthérée en prismes très beaux et incolores, fondant à 192-193°. Cette base est sublimable en belles lamelles irisées.

Le *chlorhydrate* cristallise en aiguilles groupées en étoiles.

Le *sulfate*, $C^{18}H^{12}Az^2 . SO^4H^2$, est très peu soluble dans l'eau froide et très soluble dans l'eau chaude, d'où il cristallise en aiguilles groupées autour d'un centre.

Le *picrate* cristallise dans le benzène en aiguilles jaunes peu solubles.

Le *chromate* est très peu soluble.

Jusqu'ici la constitution des différents dérivés des biquinoléyles que nous avons décrits était au moins partiellement connue. Nous allons décrire deux dérivés dont la constitution est complètement inconnue.

DIMÉTHYLBIQUINOLÉYLE, $C^{20}H^{16}Az^2$ (*diméthyldiquinolyline*). — MM. A. Bernthsen et W. Hess [*D. chem. G.*, **18**, 38] ont obtenu un produit répondant à cette formule, en décomposant par la chaleur l'iodométhylate de quinoléine. Cette substance se trouve dans les parties distillant aux environs de 334°. Elle forme de beaux prismes soyeux, fondant à 73°. Elle est très soluble dans l'alcool et dans l'éther, moins soluble dans l'éther de pétrole. Elle jouit de propriétés basiques.

DIMÉTHYLBIQUINOLÉYLE ou *biquinaldyle*,

$$C^{20}H^{16}Az^2.$$

— Quand on chauffe la quinaldine avec du soufre, il se dégage une grande quantité d'hydrogène sulfuré et il se forme plusieurs corps, dont l'un ne contient pas de soufre.

Ce dernier cristallise dans l'alcool bouillant sous la forme d'aiguilles, qui fondent à 160-162° et perdent de l'eau à 110°. Elles ont pour formule $C^{20}H^{16}Az^2, H^2O$ [W. von Miller, *D. chem. G.*, **21**, 1828]. L. Bouveault.

BIRÉSORCINE,

$$\begin{matrix} OH \\ OH \end{matrix} > C^6H^3 . C^6H^3 < \begin{matrix} OH \\ OH \end{matrix}$$

(voyez Suppl., **1**, 1385). — La birésorcine, chauffée au réfrigérant à reflux avec de la potasse caustique et de l'iodure d'éthyle, se transforme en un *éther tétréthylique*, $C^{12}H^6(OC^2H^5)^4$, que l'on isole en lavant à la potasse la solution éthérée du produit obtenu, et faisant cristalliser dans l'alcool le résidu de l'évaporation. Cet éther forme de grandes lames fusibles à 110°, insolubles dans l'eau, les acides et les alcalis, très peu solubles dans l'alcool froid, très solubles dans l'éther [W. Pukall, *D. chem. G.*, **20**, 1143; *Bull. Soc. Chim.*, (2), **48**, 553. — J. Herzig et S. Zeisel, *Mon. f. Chem.*, **10**, 144; *Bull. Soc. Chim.*, (3), **3**, 434].

L'*éther tétrabenzoïque* de la birésorcine se produit lorsque l'on traite la phloroglucine du commerce par la lessive de soude et le chlorure de benzoyle, en même temps que l'éther tribenzoïque de la phloroglucine.

On peut les séparer l'un de l'autre par cristallisation dans le benzène : le premier fond à 199° et cristallise en prismes groupés en étoiles, tandis que le dérivé de la phloroglucine forme des tables fusibles à 173° [Zd. Skraup, *Mon. f. Chem.*, **10**, 721; *Bull. Soc. Chim.*, (3), **4**, 74].

La birésorcine se dissout dans l'acide sulfurique concentré avec une coloration d'un jaune citron qui passe au bleu violacé par l'addition d'anhydride acétique : la coloration disparaît par l'addition d'un grand excès d'eau ou mieux d'un alcali. Cette réaction est extrêmement sensible et permet de reconnaître la présence de quelques dix-millièmes de birésorcine dans la résorcine [Herzig et Zeisel, *Mon. f. Chem.*, **11**, 421].

Acide birésorcine-dicarbonique,

$$C^{12}H^4(OH)^4(CO^2H)^2.$$

— Lorsque l'on chauffe en tube scellé avec de l'eau et du bicarbonate de potassium la birésorcine (ou même la phloroglucine préparée en fondant la résorcine avec de la potasse, et qui renferme toujours une certaine quantité de birésorcine), on obtient, après avoir acidifié, un acide absolument insoluble dans l'eau et stable sous l'influence de la chaleur (tandis que l'acide phloroglucine-carbonique est décomposé par l'eau chaude en acide carbonique et phloroglucine). C'est l'acide birésorcine-dicarbonique.

L'acide libre se décompose sans fondre au delà de 300°; il se dissout peu dans l'alcool, facilement dans l'éther.

Le *sel de potassium* est anhydre; celui *de baryum*, $C^{14}H^8O^8Ba, 6H^2O$, soluble dans l'eau, ne perd que 5 molécules d'eau à 100° et la dernière seulement à 150°.

Le *sel d'argent*, préparé par double décomposition, forme des flocons blancs, anhydres, inaltérables à la lumière [W. Will et K. Albrecht, *D. chem. G.*, **17**, 2105; *Bull. Soc. Chim.*, (2), **44**, 226] O. Saint-Pierre.

BISALICYLIQUE (ALDÉHYDE), $C^{14}H^{10}O^3$. — Ce composé, décrit Dict., **2**, 1397 sous le nom de *p-salicyle*, a été préparé par M. Gattermann [*Ann. Chem.*, **244**, 40] par l'action du chlorure de carbamyle, $AzH^2 . COCl$, sur l'aldéhyde salicylique.

M. W. P. Bradley [*D. chem. G.*, **22**, 1134] a constaté que le brome l'attaque en solution acétique, avec formation d'aldéhyde bromosalicylique, fusible à 104-105°, d'aldéhyde dibromosalicylique, fusible à 82-83°, et d'un *dérivé dibromé*, $C^{14}H^8Br^2O^3$, qui cristallise dans l'alcool éthéré en aiguilles ou en mamelons fusibles à 165-166°. Ce dérivé bromé peut aussi être préparé par l'action du chlorure d'acétyle sur l'aldéhyde bromosalicylique.

BISCHOFITE (Min.) (Ochsenius). — Chlorure de magnésium hydraté, $MgCl^2, 6H^2O$. Masses cristallines grenues, feuilletées, fibreuses, dans les dépôts salins de Leopoldshall (Anhalt).

Caractères. — Déliquescent, très soluble dans l'eau, etc. Dureté = 1,5 à 2; densité = 1,65.

BISMUTH. — M. Hjalmar Sjœgren a signalé plusieurs minéraux bismuthifères dans le Wermland (Suède) : du bismuth natif, associé à de la galène et à de la pyrite; deux sulfures doubles de plomb et de bismuth, la *bjelkite*, $Bi^2S^3 . 2PbS$, et la *galénobismuthite*, $Bi^2S^3 . PbS$.

Pour extraire le bismuth de ses alliages avec le plomb, on laisse refroidir lentement l'alliage fondu; le bismuth qui cristallise n'entraîne que peu de plomb; la teneur en plomb diminue encore par plusieurs cristallisations : ainsi un alliage à 15 0/0 de plomb est amené à n'en contenir que 0,4 0/0 [Ed. Mathey, *Chem. News*, **40**, 71].

Le bismuth renfermant du cuivre peut être

entièrement privé de cette impureté par la fusion avec du sulfure de bismuth ou avec du sulfure de sodium, à une température peu supérieure au point de fusion; le cuivre se sépare à l'état de sulfure [Ed. Mathey, *Proc. R. Soc.*, **43**, 172; *Chem. News*, **63**, 30].

Le bismuth commercial est souvent argentifère; on a trouvé 0,83 à 0,62 0/0 d'argent dans le bismuth de Bolivie et 0,188 à 0,075 dans celui de Saxe. Le bismuth argentifère peut être traité par pattinsonnage. Dans cette opération, 78 0/0 de l'argent s'accumulent dans le métal liquide et 22 0/0 se séparent avec le métal cristallisé [Cl. Winckler, *J. prakt. Chem.*, (2), **23**, 298]. L'argent peut se retrouver dans le sous-nitrate de bismuth à l'état de chlorure, qui est soluble dans le nitrate normal et se précipite par l'addition d'eau [R. Schneider, *J. prakt. Chem.*, (2), **23**, 75].

Pour enlever l'or au bismuth aurifère, M. Ed. Mathey le fond avec 2 0/0 de zinc; par le refroidissement, il se forme une croûte d'un alliage de zinc et de bismuth renfermant tout l'or.

Pour purifier le bismuth, M. J. Lœw se fonde sur la solubilité de l'oxyde de bismuth dans la soude en présence de la glycérine et sur sa réduction à l'état métallique par l'ébullition avec du glucose; l'arsenic reste dissous. Dans le cas de la présence du cuivre, on abandonne la solution alcaline, additionnée de glucose, dans l'obscurité: le cuivre se dépose à l'état d'oxydule. Le bismuth précipité ultérieurement est ensuite fondu sous une couche de noir de fumée.

Le bismuth fondu présente un maximum de densité vers 270° [Lüdeking, *Ann. Phys. Chem.*, (2), **34**, 21].

Lorsqu'on chauffe au rouge vif le bismuth dans un courant d'azote, il émet des vapeurs verdâtres qui se condensent en une poussière grise composée de globules microscopiques. Ce bismuth amorphe renferme 0,4 0/0 d'oxygène; il fond à 410°; d = 9,483 [Hérard, *C. R.*, **108**, 303].

Poids atomique. — La transformation du sous-nitrate de bismuth en oxyde, puis en sulfate, a conduit pour le poids atomique du bismuth au nombre 208,16; la réduction de l'oxyde par l'hydrogène, au nombre 208,6 (Marignac). M. J. Lœw est arrivé au nombre plus faible 207,33 (O = 15,96), par la conversion du bismuth en nitrate, puis en oxyde [*Zeit. anal. Chem.*, **22**, 495].

Le bismuth n'est pas sensiblement volatil à 1450°, mais il se réduit en vapeur à 1600-1700°. La densité de cette vapeur, observée par MM. Biltz et V. Meyer, a été trouvée de 11,983 et 10,125 (soit 169,4 et 143,17 pour H = 1). Densité théorique pour Bi = 7,2; pour Bi^2 = 14,4 [*D. chem. G.*, **22**, 726].

ALLIAGES DE BISMUTH. — M. J. Webster a breveté, sous le nom de *bronze de bismuth*, un alliage renfermant 1 0/0 de bismuth, 25 0/0 de cuivre, 24 0/0 de nickel et 50 0/0 d'antimoine. Cet alliage, qui résiste à l'eau de mer, est proposé comme métal pour canons, pour fils de clavecin et fils télégraphiques. On obtient un autre alliage en ajoutant, dans la proportion de 40 0/0, un premier alliage de 1 partie de bismuth et de 16 parties d'étain à 45 parties de cuivre, 25g,5 de zinc et 32g,7 de nickel [Brevet allemand 29020; *D. chem. G.*, **17**, *Ref.*, 511].

ATOMICITÉ. — D'après les combinaisons organométalliques du bismuth, ce métal fonctionne comme triatomique et comme pentatomique, par exemple dans le bismuth-triphényle et dans son chlorure $(C^6H^5)^3BiCl^2$ (voyez BISMUTH, *Combinaisons organiques*, p. 748).

CHLORURE DE BISMUTH, $BiCl^3$. — La formation du chlorure de bismuth dégage 90cal,6; celle de l'oxychlorure Bi + O + Cl + H^2O en dégage 88,3. La chaleur produite par la réaction de l'eau sur le chlorure de bismuth est de 7cal,83 [J. Thomsen, *D. chem. G.*, **16**, 41].

Une solution chlorhydrique de chlorure de bismuth saturée à 20° fournit à 0° des cristaux du chlorhydrate stable $(BiCl^3)^2HCl$, $3H^2O$ [R. Engel, *C. R.*, **106**, 1797].

Le chlorure de bismuth fondu donne des colorations, peu caractéristiques du reste, avec divers hydrocarbures aromatiques [Watson Smith, *D. chem. G.*, **13**, 1421]. Il donne avec le thymol et le phénol des colorations roses [Luc. Lévy, *C. R.*, **103**, 1195].

BROMURE DE BISMUTH. — Dissous dans une solution saturée de chlorure de potassium, il donne par évaporation sur l'acide sulfurique des lamelles cristallines renfermant $BiCl^3 . 2KBr , 1,5 H^2O$ [Atkinson, *Chem. Soc.*, **43**, 289].

IODURE DE BISMUTH. — Pour l'obtenir par voie humide, MM. S. Gott et Patt. Muir ajoutent une solution concentrée d'iodure de potassium à une solution légèrement acide d'azotate de bismuth, redissolvent le précipité dans l'acide iodhydrique, puis ajoutent de l'eau à la solution, mais de telle sorte que la précipitation soit incomplète. On doit chauffer le précipité à 100° pour le priver de l'iode libre. Densité = 5,65 [*Chem. Soc.*, **53**, 174].

M. Astre a décrit plusieurs *iodobismuthates de potassium* qui tous ont été purifiés par cristallisation dans l'éther acétique [*C. R.*, **110**, 1137]:

$BiI^3 . 2KI$. — Lamelles quadratiques brunes, obtenues en agitant une solution d'iodure de bismuth (1 mol.) dans l'éther acétique avec un excès (3 mol.) d'iodure de potassium pulvérisé, filtrant et évaporant.

$(BiI^3)^2 . 3KI$. — Aiguilles quadratiques, obtenues en agitant un mélange de 2 molécules d'iodure de potassium avec 3 atomes d'iode et un excès de bismuth et 55 centimètres cubes d'eau. Après 2 mois, on fait cristalliser le produit dans l'éther acétique.

$BiI^3 . 3KI$. — Lamelles d'un rouge de rubis, obtenues en broyant 1 molécule d'azotate de bismuth avec 4 molécules d'iodure de potassium et 50 centimètres cubes d'eau, et faisant cristalliser dans l'éther acétique.

L'iodure double de bismuth et de potassium précipite beaucoup d'amines organiques de leur solution iodhydrique. Les précipités sont amorphes ou cristallins, de composition variable, décomposables par l'eau, mais non par l'alcool. La solution de ce réactif doit être conservée dans l'obscurité [C. Kraut, *Ann. Chem.*, **210**, 310]. Les alcaloïdes sont également précipités (Magnini). L'iodure de bismuth est beaucoup plus stable que le chlorure et le bromure. L'eau ne le décompose immédiatement, avec formation d'oxyiodure rose cristallin, que par une forte dilution ou par l'ébullition (Patt. Muir).

FLUORURE DE BISMUTH. — En dissolvant l'hydrate de bismuth dans l'acide fluorhydrique, on obtient, après évaporation, une masse déliquescente grise de *trifluorhydrate*, $BiFl^3 . 3FlH$, qui perd de l'acide fluorhydrique sous l'influence de la chaleur. L'ébullition avec un excès d'eau le convertit en une poudre cristalline blanche de *fluorure de bismuthyle*, BiOFl; (d = 7,5). Le fluorure $BiFl^3$ est une poudre blanche, fusible sans décomposition; d = 5,32.

A côté du fluorhydrate de fluorure cité plus haut, on obtient une partie insoluble qui, lavée à l'eau froide, renferme $BiOFl . 2HFl$ ou $BiFl^3, H^2O$; ce composé perd 2HFl par l'eau bouillante; mais chauffé dans un creuset couvert il laisse un résidu de trifluorure [Patt. Muir, Hoffmeister et Robbs, *Chem. Soc.*, **39**, 21. — Gott et Patt. Muir, *ibid.*, **53**, 174].

Oxydes de bismuth. — La chaleur de formation de l'hydrate de bismuth, déduite de l'action de l'eau sur le trichlorure, est

$$Bi^2 + O^3 + 3H^2O = 137^{cal},74$$

(J. Thomsen).

L'oxyde de bismuth offre, d'après MM. Patt. Muir et Hutchinson, le même dimorphisme que l'oxyde d'antimoine et l'anhydride arsénieux. Ils ont observé la formation de tétraèdres microscopiques modifiés par les faces du cube, en précipitant à chaud l'acétate de bismuth par le cyanure de potassium et faisant bouillir le précipité, qui est d'un rouge brun, amorphe, avec de la potasse concentrée, qui se colore en rouge foncé. Le précipité devient gris noir et cristallise. C'est de l'oxyde Bi^2O^3, retenant un peu de potasse, de silice, de carbone et d'azote. Densité = 8,8; celle de l'oxyde prismatique est seulement 8,3 [*Chem. Soc.*, **55**, 143].

L'oxyde de bismuth n'est pas modifié par l'action de l'oxygène à une température élevée. L'hydrogène le réduit partiellement en Bi^2O^2 à 300° (Patt. Muir).

Tétroxyde de bismuth, Bi^2O^4. — L'hydrate $Bi^2O^4 . 2H^2O$ s'obtient en faisant passer à chaud du chlore dans de l'hydrate de bismuth en suspension dans la potasse (d = 1,35), puis faisant bouillir le précipité, devenu brun-chocolat, avec une lessive de chlorure de soude. Il est alors jaune-brun. Lavé et séché à 100°, il constitue l'hydrate $Bi^2O^4, 2H^2O$, qui perd son eau à 180°, pour la reprendre à l'air humide. Densité de l'hydrate = 5,68; du tétroxyde anhydre = 5,80.

L'oxyde Bi^2O^4 est réduit en sesquioxyde lorsqu'on le chauffe à 325°; un courant d'hydrogène le transforme en bismuthyle à 270° [Patt. Muir, Hoffmeister et Robbs, *Chem. Soc.*, **39**, 21; *Bull. Soc. Chim.*, (2), **38**, 498].

M. Léop. Schneider prépare le tétroxyde de bismuth en chauffant 1 partie de sesquioxyde avec 1 partie de chlorate de potassium jusqu'à incandescence, puis fondant le produit avec de la soude et lavant à l'eau la masse refroidie. Le résidu brunâtre, qui est un bismuthate de sodium, est traité par l'acide azotique à 5 0/0; celui-ci dissout la soude et laisse, avec dégagement d'oxygène, un résidu brun-rouge foncé, qui est l'*hydrate perbismuthique*, $2Bi^2O^4, H^2O$ [*Mon. f. Chem.*, **9**, 242].

Acide bismuthique, BiO^3H. — On l'obtient sous la forme d'une poudre écarlate en faisant passer un courant de chlore, à une température aussi élevée que possible, dans de l'hydrate de bismuth délayé dans de la potasse très concentrée; après lavage à l'eau chaude et à l'eau froide, on fait bouillir un instant le précipité avec de l'acide azotique concentré, puis on le lave et on le sèche. Il renferme BiO^3H ou $Bi^2O^5 . H^2O$, après dessiccation sur l'acide sulfurique; densité = 5,21. Séché à 100°, il perd 1 molécule d'eau, qu'il reprend à l'air humide; densité de Bi^2O^5 = 5,75 [Patt. Muir, Hoffmeister et Robbs, *loc. cit.*].

Le précipité brun constitue, avant le traitement par l'acide azotique, un bismuthate de potassium, de composition variable, d'une couleur variant du rouge brun au violet brun. Il renferme d'autant plus de potassium que la lessive de potasse était plus concentrée. Les lavages à l'eau froide, puis à l'eau chaude lui font prendre une couleur de plus en plus claire; après l'action de l'acide carbonique, le produit est brun-chocolat clair. Ces précipités sont anhydres.

Avec une lessive de potasse, saturée à chaud au point de cristalliser par le refroidissement, on obtient des combinaisons ocreuses ou rouges, constituant des bismuthates doubles de potassium et de bismuthyle, tels que

$$BiO \begin{matrix} \leqslant (OK)^2 \\ \leqslant O . BiO \end{matrix} \quad \text{et} \quad BiO \begin{matrix} < OK \\ \leqslant (O . BiO)^2 \end{matrix}$$

La variabilité de composition du bismuthate de potassium a été également constatée par MM. Patt. Muir et D.-J. Carnegie [*Chem. Soc.*, **51**, 77].

L'assertion de Bœdecker relative à la production d'acide bismuthique par l'azotate de bismuth et le cyanure de potassium (voyez Dict., **1**, 610) est complètement erronée; la coloration du produit obtenu était due à du sulfure de bismuth résultant de la présence de sulfocyanate de potassium dans le cyanure [C. Hoffmann, *Ann Chem.*, **223**, 110; *Bull. Soc. Chim.*, (2), **43**, 130].

L'acide bismuthique prend naissance lorsqu'on traite le sous-nitrate ou l'hydrate de bismuth par l'eau oxygénée en présence d'un alcali. Cette réaction permet de le préparer beaucoup plus facilement que par l'action du chlore. A une solution nitrique très étendue de sous-azotate de bismuth on ajoute de l'eau oxygénée, puis on fait tomber le mélange dans de l'ammoniaque concentrée; on y ajoute de temps en temps de l'eau oxygénée et après 24 heures on recueille le précipité, qui est d'un beau rouge; on le lave à l'ammoniaque et à l'eau, puis on le sèche dans le vide. C'est un précipité amorphe, insoluble dans les alcalis, décomposable par les acides avec dégagement d'oxygène (de chlore dans le cas de l'acide chlorhydrique). Il est également décomposé par l'eau oxygénée neutre. Le précipité renferme Bi^2O^5 à 110°; il est mélangé d'un peu de carbonate de bismuthyle accidentel [Hasenbroek, *D. chem. G.*, **20**, 213; *Bull. Soc. Chim.*, (2), **47**, 561].

Sulfure de bismuth. — Il n'est pas décomposé par le sel ammoniac, ce qui le distingue de divers autres sulfures, notamment du sulfure d'antimoine [Ph. de Clermont, *Bull. Soc. Chim.*, (2), **34**, 483].

Phosphure de bismuth. — Une solution étendue de chlorure de bismuth absorbe l'hydrogène phosphoré et fournit un corps noir renfermant, pour 210 de bismuth, 24,07 de phosphore et 15,6 de chlore. On obtient un composé analogue, sans doute le phosphure BiP, lorsqu'on fait passer de l'hydrogène phosphoré sur le chlorure de bismuth anhydre à 100°. Il se dégage de l'acide chlorhydrique [Cavazzi, *Gazz. chim. ital.*, **14**, 219].

SELS DE BISMUTH.

Azotate de bismuth. — Pour obtenir de l'azotate basique exempt d'arsenic, on introduit le bismuth arsénical en fragments dans 5 fois son poids d'acide azotique chauffé à 70 ou 90°; il se forme de l'arséniate de bismuth, insoluble dans une solution concentrée d'azotate, comme l'a constaté M. R. Schneider; on filtre sur de l'amiante et on précipite l'azotate normal par l'eau [*J. prakt. Chem.*, (2), **20**, 418].

Sulfates de bismuth. — *Sulfate normal*, $(SO^4)^3Bi^2$. — Aiguilles fines et brillantes, obtenues en projetant du sulfure de bismuth dans l'acide sulfurique concentré et chaud. Chauffé, ce sel perd de l'acide sulfurique; chauffé à 100° avec de l'eau, il prend $3H^2O$. Traité par l'eau froide, il donne l'hydrate $2(SO^4)^3Bi^2, 7H^2O$. Un grand excès d'eau le transforme en sulfate basique $SO^4(BiO)^2, H^2O$.

Une molécule de sulfate de bismuth absorbe $3^{mol},44$ de gaz chlorhydrique sec, avec dégagement de chaleur. Il se forme sans doute un chlorosulfate [C. Hensgen, *Rec. P.-B.*, **4**, 401].

Sulfate basique. — M. Athanasesco a obtenu le sel $2SO^3 . 3Bi^2O^3, 2H^2O$, en chauffant à 250°

du sulfate de sodium et du nitrate de bismuth avec de l'eau et un peu d'acide azotique. Ce sel est insoluble et indécomposable par l'eau [*C. R.*, **103**, 271].

Le sulfate de bismuth calciné n'est pas fluorescent dans le vide, sous l'influence de l'électricité; mais le sulfate de calcium renfermant des traces de bismuth offre une fluorescence orangée qui atteint son maximum pour une certaine dose de bismuth, puis qui disparaît [Lecoq de Boisbaudran, *C. R.*, **103**, 629, 1064; **105**, 206].

Phosphates de bismuth. — Le citrate ammoniacal de bismuth donne dans une solution de phosphate de sodium additionnée d'ammoniaque un précipité blanc renfermant $2PO^4Bi \cdot 3Bi^2O^3$. On obtient de même l'*arséniate* basique correspondant [Cavazzi, *Gazz. chim. ital.*, **14**, 289].

Antimoniates de bismuth. — M. Cavazzi a obtenu l'antimoniate, SbO^4Bi, H^2O, ou méta-antimoniate de bismuthyle, $SbO^3(BiO)$, et l'ortho-antimoniate de bismuthyle, $SbO^4(BiO)^3, H^2O$, en précipitant 2 ou 3 grammes de citrate de bismuth et d'ammonium par 6 grammes d'antimoniate de potassium dissous dans 100 centimètres cubes d'eau [*Gazz. chim. ital.*, **15**, 37]. Ed. Willm.

BISMUTH (ANALYSE). — Les sels de bismuth, additionnés de glycérine, donnent avec la soude un précipité d'hydrate, soluble dans un excès d'alcali; l'addition de glucose à la solution alcaline en précipite le bismuth métallique [J. Loew].

D'après M. H.-N. Warren, l'oxychlorure de bismuth est soluble, comme celui d'antimoine, dans le sel de Seignette; il ne peut donc pas en être distingué par ce réactif [*Chem. News*, **57**, 223].

L'hydrate de bismuth est transformé en acide bismuthique par l'eau oxygénée alcaline; la coloration rouge-brun du précipité permet de caractériser le bismuth (Hasenbroek).

Les sels de bismuth en solution neutre sont précipités par l'acétate de sodium à l'état d'acétate basique. Cette réaction est applicable à la séparation du plomb [H. Herzog, *Chem. News*, **58**, 129].

Les réactions que produit l'iodobismuthate de potassium avec les alcaloïdes peuvent servir à la recherche du bismuth. M. E. Léger utilise pour cela la cinchonine. Il dissout 1 gramme de cinchonine, transformée en nitrate, dans 100 centimètres cubes d'eau avec 2 grammes d'iodure de potassium. Le réactif donne, avec les sels de bismuth, un précipité orangé encore appréciable pour une solution qui ne renferme que $\frac{1}{500\,000}$ de bismuth. Il faut employer un excès de réactif et éviter un trop fort excès d'acide azotique, ainsi que la présence des acides chlorhydrique ou sulfurique libres [*Bull. Soc. Chim.*, (2), **50**, 91].

Dosage. — MM. Patt. Muir et Robbs dosent volumétriquement le bismuth en le précipitant, en solution acétique, par une solution titrée et en léger excès d'oxalate de potassium; on détermine cet excès à l'aide du permanganate de potassium [*Chem. Soc.*, **41**, 1].

M. A. von Reis dose également le bismuth en le précipitant à l'état d'oxalate double potassique, $(C^2O^4)^2BiK$. Pour faire ce dosage, on évapore la solution bismuthique pour chasser l'excès d'acide; on redissout le résidu dans l'acide acétique et on précipite la solution par l'oxalate de potassium; le précipité est lavé, calciné, puis lavé de nouveau pour enlever le carbonate potassique, après toutefois qu'on a réoxydé par l'azotate ammonique le bismuth qui a pu être réduit. Les résultats sont un peu faibles. Avec l'oxalate d'ammonium, une partie du bismuth reste dissoute [*D. chem. G.*, **14**, 1172].

Dosage électrolytique. — D'après MM. Alex. Classen et von Reis [*D. chem. G.*, **14**, 1622], l'électrolyse du bismuth en solution oxalique ou tartrique donne un dépôt spongieux, difficile à laver sans perte.

Pour obtenir un dépôt adhérent, il faut employer un courant très faible, de 0,01 à 0,05 ampère d'après M. Wieland [*loc. cit.*, **17**, 1612]. Voici comment il convient d'opérer, suivant MM. Al. Classen et Ludwig : Le sel de bismuth est pesé dans une capsule de platine tarée; on l'additionne d'oxalate de potassium (quelques centimètres cubes d'une solution au tiers); on chauffe et on ajoute de l'oxalate ammonique jusqu'à dissolution complète; on étend ensuite à 150 centimètres cubes et on électrolyse par un courant très faible, à une température maintenue à 70-80°. Après 16 heures, on acidule la solution par de l'acide oxalique et on poursuit l'électrolyse pendant 24 heures, jusqu'à ce qu'une goutte de la solution ne noircisse plus par l'hydrogène sulfuré. Le dépôt est cristallin et adhérent. Ce procédé permet de séparer le bismuth du zinc, du cobalt, du nickel et de l'urane [*D. chem. G.*, **19**, 326]. Ed. Willm.

BISMUTH (COMBINAISONS ORGANIQUES). — Les seules combinaisons de cet ordre connues jusqu'à ces dernières années étaient le bismuth-éthyle et le bismuth-triéthyle (voyez Dict., **1**, 610). M. A. Marquardt a fait connaître récemment les dérivés méthylés et les homologues supérieurs [*D. chem. G.*, **20**, 1516 et **21**, 2035]. MM. A. Michaelis et Polis, puis MM. A. Michaelis et A. Marquardt ont étudié les dérivés phényliques et crésyliques [*D. chem. G.*, **20**, 54; *Ann. Chem.*, **251**, 323].

Les combinaisons du bismuth avec les radicaux alcooliques se produisent facilement par l'action des combinaisons correspondantes du zinc sur le bromure de bismuth en solution éthérée :

$$2\,BiBr^3 + 3\,ZnR^2 = 2\,BiR^3 + 3\,ZnBr^2.$$

Un excès de la combinaison zincique est utile.

On distille l'éther dans un courant de gaz carbonique sec et on traite le résidu par la soude, dans une atmosphère d'hydrogène. La combinaison alcoylée du bismuth se sépare en une couche dense, qu'on décante et qu'on distille dans un gaz inerte. Le bismuth-méthyle est la plus stable des combinaisons de cet ordre et la stabilité va en diminuant avec le nombre d'atomes de carbone du radical. Ces combinaisons ne fixent pas les iodures alcooliques pour former des dérivés correspondant aux composés de phosphonium, de stibonium, etc.

Bismuth-triméthyle, $Bi(CH^3)^3$. — Liquide mobile, très réfringent, d'une densité de 2,30 à 18°, doué d'une odeur très désagréable et irritante. Il fume à l'air et s'y oxyde rapidement. Il est soluble dans l'éther, l'alcool, l'acide acétique, insoluble dans l'eau. Il bout sans décomposition à 110° dans un gaz inerte, mais à l'air il détone violemment. Il distille avec la vapeur d'eau, mais l'eau le décompose lentement. L'acide azotique concentré l'enflamme; l'acide chlorhydrique le transforme en chlorure de bismuth et méthane. Densité de vapeur = 8,99; théorie = 8,75.

Le bismuth-triméthyle ne forme pas de combinaison avec le chlore; au moins n'a-t-on pu l'isoler et la réaction est la suivante :

$$Bi(CH^3)^3 + Cl^2 = Bi(CH^3)^2Cl + CH^3Cl.$$

Le *chlorure de bismuth-diméthyle*, ainsi obtenu par l'action du chlore sec sur le bismuth-méthyle dissous dans l'éther de pétrole refroidi, se sépare sous la forme d'une poudre cristalline fusible à 116°, soluble dans l'alcool.

Le *bromure*, $Bi(CH^3)^2Br$, est une poudre blanche, inaltérable à l'air.

Chlorure de bismuth-monométhyle,

$Bi(CH^3)Cl^2$.

— On l'obtient en ajoutant peu à peu le bismuth-triméthyle à du chlorure de bismuth dissous dans l'acide acétique cristallisable :

$$Bi(CH^3)^3 + 2\,BiCl^3 = 3\,CH^3 . BiCl^2.$$

Il se sépare en lamelles blanches, fusibles à 142°, peu solubles dans l'alcool.

Le *bromure*, $CH^3 . BiBr^2$, préparé de même, mais en présence de l'éther, fond à 214°.

Ce bromure forme avec le bromure de zinc une combinaison qu'on obtient en ajoutant au produit de la réaction du zinc-méthyle sur le bromure de bismuth, en solution éthérée, une quantité de bromure de bismuth double de celle employée primitivement. Ce bromure double se dépose sous la forme d'une poudre cristalline jaune. Avec une quantité de bromure de bismuth égale à la primitive, on obtient un produit huileux, combinaison de $(CH^3)^2BiBr$ et de $ZnBr^2$.

L'*iodure*, $CH^3 . BiI^2$, s'obtient en chauffant à 150°, en tube scellé, un mélange d'iodure de méthyle et de bismuth-triméthyle

$$Bi(CH^3)^3 + 2\,CH^3I = CH^3 . BiI^2 + 2\,C^2H^6.$$

Il se présente en cristaux brillants rouge-brique, à reflets verts, noircissant à la lumière et fondant à 225° en s'altérant.

Oxyde de bismuth-monométhyle, $CH^3.BiO$. — Précipité volumineux, soluble dans la soude, insoluble dans l'eau et dans l'ammoniaque, que l'on obtient en précipitant par l'ammoniaque, en solution alcoolique, du bromure double de zinc et de bismuth-monométhyle.

Hydrate de bismuth-diméthyle.

$(CH^3)^2Bi(OH)$.

— Il résulte de l'action lente de l'eau sur le bromure double huileux de zinc et de bismuth-diméthyle. C'est une masse cristalline, s'enflammant spontanément à l'air après dessiccation. Il est décomposé par l'acide chlorhydrique d'après l'équation

$$(CH^3)^2Bi(OH) + 3\,HCl = BiCl^3 + H^2O + 2\,CH^4.$$

Le sulfure ammonique donne dans la solution alcoolique de ces deux oxydes de bismuth-méthyle des précipités volumineux orangés, solubles dans un excès de sulfure ammonique. Ces précipités se transforment très facilement en sulfure de bismuth et représentent évidemment les sulfures correspondant aux oxydes.

Bismuth-triéthyle. — On peut le préparer comme le bismuth-triméthyle. Il détone à 150° et pour le distiller, il faut opérer sous pression réduite; il distille à 107° sous une pression de 79 millimètres; il distille aussi dans un courant de vapeur d'eau. Dissous dans l'éther de pétrole et traité par le brome, il donne le *bromure de bismuth-diéthyle*, $(C^2H^5)^2BiBr$, matière pulvérulente très oxydable.

Bismuth-tri-isobutyle, $Bi(C^4H^9)^3$. — Liquide incolore, dense, fumant à l'air et s'y enflammant lorsqu'il est répandu sur du papier à filtre. Il se décompose par la distillation, même dans le vide partiel; il passe à 160-162° sous une pression de 74 millimètres. Il n'a pas donné de combinaison d'addition avec le chlore ou le brome. Ce dernier, ajouté à la solution éthérée du bismuth-isobutyle, refroidie par un mélange réfrigérant, fournit le *bromure* $(C^4H^9)^2BiBr$, qui, après distillation d'une partie de l'éther, cristallise par le froid en tables incolores, très oxydables.

Bromure de bismuth-mono-isobutyle,

$(C^4H^9)BiBr^2$.

— Il se dépose à la longue en prismes jaunes, d'apparence clinorhombique, d'une solution de $Bi(C^4H^9)^3$ et de $2\,BiBr^3$ dans l'éther anhydre. Il est peu soluble dans l'éther, soluble dans l'alcool et fond à 124°; il est inaltérable à l'air.

Dans la préparation du bismuth-isobutyle, on obtient en outre, si le zinc-butyle n'a pas été employé en quantité suffisante, un composé cristallin jaune, qui est un *hydrate de bismuth-isobutyle*; il est inflammable après dessiccation et n'a pas été autrement étudié.

Bismuth-tri-isoamyle, $Bi(C^5H^{11})^3$. — C'est un liquide distillant entre 190 et 200°, sous une pression de 70 millimètres, mais avec décomposition partielle; aussi n'a-t-il pas donné à l'analyse des résultats corrects.

Les *bromures*, $(C^5H^{11})^2BiBr$ et $(C^5H^{11})BiBr^2$, n'ont pas non plus été obtenus purs.

Bismuth-triphényle, $Bi(C^6H^5)^3$. — On l'obtient en traitant le bromobenzène (520 grammes) par un alliage de bismuth et de sodium à 10 0/0 de sodium (500 grammes) avec addition d'un peu d'éther acétique.

On fait bouillir pendant 50 heures dans un appareil à reflux; la réaction terminée, on filtre le liquide, on lave le résidu avec du benzène et on distille le liquide filtré sous pression réduite.

Le bismuth-triphényle reste à l'état fondu et cristallise par le refroidissement; on le purifie par cristallisation dans l'alcool, d'où il se dépose en aiguilles incolores clinorhombiques, fusibles à 82°, ou en tables du même système, fusibles à 75°, très solubles dans l'éther et dans la ligroïne, peu solubles dans l'alcool froid. Densité à 20° = 1,585. L'acide chlorhydrique concentré le dédouble à chaud en benzène et chlorure de bismuth. Le bismuth-triphényle fixe Cl^2 et Br^2 et se distingue ainsi des autres dérivés alcoylés du bismuth.

Chlorure de bismuth-triphényle, $(C^6H^5)^3BiCl^2$. — On fait passer un courant de chlore à travers une solution de triphénylbismuthine dans la ligroïne, et on purifie le produit précipité par cristallisation dans l'alcool bouillant. Il cristallise ainsi en prismes brillants, fusibles à 141°,5, très solubles dans le benzène, inattaquables par l'acide chlorhydrique concentré.

Bromure de bismuth-triphényle, $(C^6H^5)^3BiBr^2$. — On le prépare comme le chlorure et on le fait cristalliser dans un mélange d'alcool et de benzène. Il forme de longs prismes jaunes, fusibles à 122°, peu solubles dans l'alcool et dans l'éther, très solubles dans le benzène.

L'hydrogène sulfuré réagit sur ces deux composés en leur enlevant le chlore ou le brome et régénérant le bismuth-triphényle.

Azotate de bismuth-triphényle,

$(C^6H^5)^3Bi(AzO^3)^2$.

— Aiguilles incolores, solubles dans le chloroforme et dans le benzène, peu solubles dans l'alcool, obtenues en décomposant le chlorure ou le bromure en solution alcoolique par l'azotate d'argent, filtrant et concentrant.

Carbonate basique, $(C^6H^5)^3BiO, xCO^2$. — On l'obtient sous la forme d'un précipité volumineux amorphe, en décomposant le bromure en solution alcoolique par la soude alcoolique, saturant par l'acide carbonique pour précipiter l'excès de soude, puis lavant à l'eau pour dissoudre les sels de sodium.

Bromure de bismuth-diphényle, $(C^6H^5)^2BiBr$. — Il se précipite lorsqu'on mélange des solutions éthérées de bismuth-triphényle et de bromure de bismuth en proportions quelconques. Il est soluble dans l'alcool et dans le chloroforme; ce dernier l'abandonne par le refroidissement en cristaux mamelonnés jaunes, fusibles à 157-158°. Sa solution alcoolique donne avec le sulfure d'ammonium un précipité jaune, soluble dans un excès de sulfure et constituant évidemment le composé $[(C^6H^5)^2Bi]^2S$; ce composé est très altérable et tend à se transformer en sulfure de bismuth. L'addition d'ammoniaque à la solution alcoolique du bromure produit un précipité d'*hydrate* $(C^6H^5)^2BiOH$, qui se dédouble rapidement en hydrate de bismuth et bismuth-triphényle.

BISMUTH-TRI-P-CRÉSYLE, $Bi(C^6H^4 : CH^3)^3$. — On le prépare comme le composé phénylique, avec le toluène p-bromé. Il cristallise dans un mélange d'alcool et de chloroforme en longs prismes, fusibles à 120°.

Le *dichlorure*, $(C^7H^7)^3BiCl^2$, cristallise en aiguilles blanches qui fondent à 147°; le *dibromure*, $(C^7H^7)^3BiBr^2$, en aiguilles brillantes jaunes, fusibles à 111-112°.

L'*azotate*, $(C^7H^7)^3Bi(AzO^3)^2$, cristallise en aiguilles qui déflagrent avant de fondre.

BISMUTH-TRIXYLYLE, $[C^6H^3(CH^3)^2]^3Bi$ (1.3.4). — Il cristallise dans le chloroforme alcoolique en aiguilles feutrées, fusibles à 175°, peu solubles dans l'alcool froid.

Le *dichlorure*, $[C^6H^3(CH^3)^2]^3BiCl^2$, cristallise en prismes brillants; le *dibromure*, en fines aiguilles jaunes. Le premier fond à 161°, le second à 117°.

Ed. Willm.

BISMUTHOFERRITE (Min.) (Frenzel). — Silicate de fer et de bismuth,

$$2\,Fe^2O^3 . Bi^2O^3 . 4\,SiO^2.$$

Masses compactes, grenues ou terreuses, formées de très petits cristaux, paraissant clinorhombiques, vert-jaunâtre ou vert-olive, avec calcédoine, à Schneeberg (Saxe). Dureté = 3,5; densité = 4,48.

BITÉRÉBENTHYLE, $C^{20}H^{30}$ [Renard, *C. R.*, **105**, 865; **106**, 856]. — Cet hydrocarbure se trouve dans les huiles de résine provenant de la distillation sèche de la colophane. On le retire de ces huiles en les soumettant à un lavage à la soude, dans le but de les débarrasser des produits résineux qu'elles renferment, puis à un lavage à l'eau et enfin à quelques distillations fractionnées.

L'huile ayant une grande tendance à s'émulsionner avec les lessives alcalines, ou même avec l'eau, il est indispensable de toujours verser le produit dans l'alcali bouillant. Par le repos, l'huile remonte à la surface; on la dessèche en la maintenant pendant quelques instants à une température de 110-120°. Après trois ou quatre rectifications en présence du sodium, on obtient le bitérébenthyle sous la forme d'une huile incolore, bouillant à 333-336°. Sa densité à + 18° = 0,9688. Son pouvoir rotatoire, pour une colonne de 10 centimètres et pour la lumière du sodium, = + 59°. Son indice de réfraction = 1,53.

Étendu en couche mince au contact de l'air, le bitérébenthyle absorbe en 15 jours environ 1/10 de son poids d'oxygène et se transforme en une sorte de vernis poisseux.

Une solution acétique d'acide chromique l'oxyde, à l'ébullition, en acide carbonique et oxyde de carbone.

Le permanganate de potassium, en solution aqueuse, le convertit en acides carbonique, formique, acétique, propionique.

Versé dans de l'acide nitrique fumant bien refroidi, il s'y dissout sans dégagement de vapeurs nitreuses; par addition d'eau à la solution, on voit se séparer un *dérivé trinitré*, $C^{20}H^{27}(AzO^2)^3$, qui, après dessiccation dans le vide, se présente sous la forme d'une poudre jaune, soluble dans l'alcool et dans l'éther.

L'acide chlorhydrique gazeux le transforme en solution éthérée en un *sous-chlorhydrate*,

$$C^{20}H^{30}, 0,5\,HCl,$$

liquide qu'on peut isoler par évaporation dans le vide en présence de la potasse.

Le brome agit sur lui avec violence; en opérant au sein du sulfure de carbone à — 10°, on obtient un *dibromure*, $C^{20}H^{30}Br^2$, qui, par évaporation du dissolvant, se décompose en perdant de l'acide bromhydrique. En faisant agir directement l'hydrocarbure sur le brome sous l'eau, on obtient un *bromure de dérivé tétrabromé*, $C^{20}H^{26}Br^6$, masse amorphe d'un brun foncé, fusible au-dessous de 100°, soluble dans l'alcool et dans l'éther.

Quand on mélange peu à peu le bitérébenthyle avec de l'acide sulfurique ordinaire, on obtient une masse épaisse, qui, traitée au bout de quelques heures par l'eau et l'essence de pétrole, se sépare par le repos en trois couches : une couche inférieure, formée par une solution aqueuse de l'excès d'acide sulfurique, une couche intermédiaire, constituée par le dérivé sulfonique, et une couche supérieure, qui est une solution dans l'essence de l'hydrocarbure non attaqué. On peut soumettre ce carbure, après distillation, à l'action répétée de l'acide sulfurique; mais il reste toujours une certaine quantité d'huile non attaquée par l'acide et constituée par un mélange de bitérébenthylène et de bidécène.

Quant à la couche intermédiaire, après l'avoir séparée de l'eau acide qu'elle surnage, on la dissout dans l'eau et on la sature par l'ammoniaque. En ajoutant du chlorure de sodium, on voit le bitérébenthylsulfonate d'ammonium se séparer sous la forme de flocons jaunâtres qu'on lave à l'eau salée.

Acide bitérébenthylsulfonique, $C^{20}H^{29}(SO^3H)$. — On l'obtient en décomposant la solution aqueuse du sel d'ammonium par l'acide sulfurique; on agite avec du benzène, qui l'abandonne par évaporation sous la forme d'une masse brun-noirâtre. Il est soluble dans l'eau, l'alcool, l'éther, le benzène, insoluble dans l'essence de pétrole. Ses solutions sont très fluorescentes, brunes par transmission, vertes par réflexion. Le chlorure de sodium, l'acide sulfurique, le sulfate de sodium, le chlorure de calcium le séparent de sa solution aqueuse. Il décompose les carbonates alcalins et alcalino-terreux.

Le *sel d'ammonium* est soluble dans l'eau; sa solution présente une fluorescence très prononcée; le sel marin le sépare de sa solution aqueuse sous la forme de flocons jaunes, qui par le repos s'agglutinent très facilement.

Les *sels de baryum, de calcium, de cuivre, de plomb* sont insolubles dans l'eau et s'obtiennent par double décomposition sous la forme de précipités denses, s'agglutinant facilement par le repos. Ils sont solubles dans l'alcool, l'éther, le benzène et brûlent avec une flamme fuligineuse.

Action de la chaleur sur le bitérébenthyle. — Lorsqu'on fait tomber goutte à goutte le carbure dans un tube de fer chauffé au rouge sombre, visible seulement dans l'obscurité, il ne se forme à l'intérieur du tube qu'une quantité inappréciable de charbon; la proportion du liquide condensé est d'environ 80 0/0 du poids du bitérébenthyle employé et il se dégage une certaine quantité de gaz, formés en grande partie d'hydrogène, d'éthylène et de propylène.

Le liquide obtenu, soumis à la distillation, fournit au-dessous de 70° de l'amylène, de l'hexylène et des hydrures d'amyle et d'hexyle; le pentine, C^5H^8, fait défaut. Les portions recueillies vers 70-

80° paraissent renfermer un hexine, C^6H^{10}, comme semble l'indiquer la coloration bleu-indigo foncé que leur communique le gaz chlorhydrique.

Entre 100 et 110° on rencontre de l'heptine, C^7H^{12}, en quantités notables. Mais les produits les plus abondants distillent entre 150 et 180° et sont constitués par un mélange de cymène et de carbures térébéniques.

En résumé, le bitérébenthyle fournit, sous l'influence de la chaleur, une série de produits identiques à ceux qui constituent les essences de résine ou encore à ceux obtenus par M. Tilden dans la décomposition pyrogénée de l'essence de térébenthine. A. Haller.

BITÉRÉBENTHYLÈNE, $C^{20}H^{28}$ [A. Renard, *C. R.*, **106**, 856, 1086. — On le rencontre en petites quantités dans l'huile de résine, d'où l'on peut l'extraire en traitant l'huile, lavée à la soude et rectifiée, par un excès d'acide sulfurique. Le bitérébenthyle est transformé en acide bitérébenthylsulfonique, soluble dans l'eau, et en polymères qui restent en solution dans la portion d'huile non attaquée par l'acide. Celle-ci, soumise à la distillation, laisse comme résidu le bitérébenthyle polymérisé, sous la forme d'une masse dure, cassante, brunâtre, semi-transparente, semblable à la colophane. Quant aux produits distillés, traités de nouveau par l'acide sulfurique d'abord à froid, puis à 50°, lavés à la soude et rectifiés sur du sodium, ils fournissent un mélange de bitérébenthylène et de bidécène, bouillant de 330 à 350°, qu'on ne peut séparer complètement par la distillation fractionnée.

Le bitérébenthylène se rencontre surtout dans les produits les moins volatils, distillant de 340 à 350°.

On l'obtient plus facilement en traitant le bitérébenthyle par le brome en solution sulfocarbonique. Le dibromure ainsi obtenu, soumis à l'action de la chaleur, se décompose, perd de l'acide bromhydrique et se transforme en bitérébenthylène, qui passe à la distillation au delà de 300°. Lavé à la soude, puis à l'acide sulfurique afin d'éliminer la petite quantité de bitérébenthyle qu'il peut encore renfermer, enfin rectifié à deux ou trois reprises sur du sodium, ce carbure se présente sous la forme d'une huile épaisse, incolore, légèrement fluorescente, bouillant à 345-350°.

Sa densité à 12° = 0,9821. Son pouvoir rotatoire, pour une colonne de 10 centimètres et la lumière du sodium, = + 4°. Il est inaltérable à l'air; l'acide chlorhydrique est sans action sur lui. Le brome le convertit en un *dérivé tétrabromé*, masse épaisse, amorphe et foncée,

$$C^{20}H^{24}Br^4.$$

L'acide azotique fumant et bien refroidi le dissout sans dégagement de vapeurs nitreuses, en le transformant en un *dérivé trinitré*,

$$C^{20}H^{25}(AzO^2)^3,$$

qui se sépare, par addition d'eau, sous la forme de volumineux flocons jaunâtres.

L'acide sulfurique ordinaire et froid est sans action sur lui. L'acide sulfurique chaud, ou mieux l'acide fumant, le dissolvent en le transformant en un *acide sulfonique*, facile à isoler par la même méthode que celle employée pour la préparation de l'acide térébenthylsulfonique. Il possède d'ailleurs les mêmes propriétés que ce dernier et ne s'en distingue que par une fluidité plus grande.

Le *sel de calcium* a pour formule

$$(C^{20}H^{27}.SO^3)^2Ca.$$

A. Haller.

BITHYMOL,

$$C^6H^2(CH^3)_{(1)}(C^3H^7)_{(4)}(OH)_{(3)}$$
$$|$$
$$C^6H^2(CH^3)_{(1)}(C^3H^7)_{(4)}(OH)_{(3)}$$

— Ce composé a été obtenu pour la première fois par M. Dianine [*J. Soc. chim. russe*, **14**, 135; *Beilstein's Handbuch*, **2**, 637] en oxydant le thymol au moyen de l'oxyde de fer en solution neutre. A cet effet, il chauffait à 90-95° un mélange de thymol (1 partie) et d'eau (16 parties) et y ajoutait peu à peu et en agitant une solution étendue et titrée d'alun de fer, puis une solution titrée de carbonate de sodium en quantité nécessaire pour neutraliser exactement l'acide sulfurique de l'alun employé. On obtenait, en refroidissant le produit, un précipité cristallin qu'on lavait dans un courant de vapeur d'eau, et qu'on purifiait par dissolution dans la potasse, précipitation par l'acide chlorhydrique, enfin par cristallisation dans l'alcool.

Le composé ainsi obtenu serait identique, d'après MM. Messinger et Vortmann [*D. chem. G.*, **22**, 2317], au bithymol qui prend naissance lorsqu'on réduit par la potasse alcoolique et l'amalgame de sodium ou la poudre de zinc le composé iodé qui se produit par l'action de l'iodure de potassium ioduré sur une solution alcaline de thymol, et qu'on doit probablement envisager comme un di-iodure de bithymol (voyez Thymol).

Voici, d'après MM. Messinger et Pickersgill [*D. chem. G.*, **23**, 2761], le meilleur mode opératoire: On dissout l'iodure de bithymol dans l'éther, et on ajoute de la potasse alcoolique, puis de la poudre de zinc par très petites portions; lorsque le dégagement d'hydrogène, très vif au début, commence à se ralentir, on chauffe le tout au bain-marie dans un appareil à reflux, pendant plusieurs jours. On filtre et on chasse par évaporation la majeure partie de l'alcool jusqu'à ce qu'il se sépare un produit résineux. On filtre alors, et on neutralise par l'acide sulfurique; on obtient ainsi un volumineux précipité, qu'on purifie par des dissolutions dans la potasse et des précipitations par un acide, par un lavage dans un courant de vapeur d'eau, enfin par quelques cristallisations dans l'alcool étendu en présence du noir animal.

Le bithymol cristallise avec 1 molécule d'eau en prismes ou en aiguilles qui se déshydratent à 100° et qui fondent à 165°,5 (D.), à 160° (M. et P.), insolubles dans l'eau, très solubles dans l'alcool, l'éther et le benzène, solubles dans les alcalis avec une coloration orangée. Il ne donne pas de coloration par le chlorure ferrique.

L'*éther benzoïque*, $C^{20}H^{24}(OC^7H^5O)^2$, cristallise dans l'éther en lamelles blanches, épaisses, fusibles à 209-210°, très solubles dans le benzène et dans le chloroforme, peu solubles dans l'alcool, l'éther et la ligroïne.

L'*éther acétique*, $C^{20}H^{24}(OC^2H^3O)^2$, cristallise dans l'alcool en petites aiguilles plates, fusibles à 113-114°, très solubles dans l'alcool, l'éther, le benzène, la ligroïne et le chloroforme (M. et P.).

L'acide nitreux est sans action sur le bithymol: l'impossibilité d'obtenir un dérivé nitrosé doit faire supposer que les positions para (relativement aux hydroxyles) sont déjà occupées, et, par suite, conduit à attribuer au bithymol la formule de structure

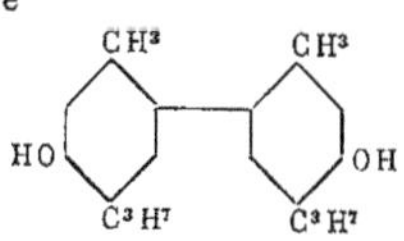

CH³ CH³
HO OH
C³H⁷ C³H⁷

[Messinger et Pickersgill, *loc. cit.*].

Ad. Fauconnier.

BIUNDÉCYLÉNIQUE (ACIDE), $C^{22}H^{40}O^4$. — Lorsqu'on soumet l'acide undécylénique à la distillation dans le vide après l'avoir préalablement chauffé au-dessus de 300°, en tube scellé, on voit au bout de quelque temps le thermomètre monter de 100° environ, et entre 265 et 275°, sous la pression de 15 millimètres, passer un corps qui se solidifie par le refroidissement. On comprime ces cristaux et on les fait cristalliser dans l'alcool faible à l'aide d'un mélange réfrigérant. Ils fondent à 29-30°. L'analyse leur attribue la formule $(C^{11}H^{20}O^2)^n$. Le *sel d'argent* a pour formule $C^{22}H^{39}O^4Ag$. Il résulte de là que la distillation de l'acide undécylénique donne naissance à un acide biundécylénique qui est monobasique.

Cet acide bout à 273° sous la pression de 15 millimètres. L'analyse de ses sels montre qu'il est monobasique.

Un excès de brome le transforme en un produit d'addition, $C^{22}H^{40}O^4Br^2$.

Chauffé en tube scellé entre 120 et 130° avec une solution de potasse, il se décompose. Un tiers environ se transforme en acide undécylique.

Lorsqu'on traite l'undécylénate d'argent par l'acide mono-iodo-undécylénique préparé par l'action de l'acide iodhydrique gazeux sur l'acide undécylénique, on obtient un acide biundécylénique, identique par ses propriétés avec celui décrit plus haut. La constitution de cet acide serait analogue à celle du butyrolactate d'éthyle de Wurtz,

$$CH^3-(CH^2)^2-CO-O-CH(CH^3)-CO.OC^2H^5.$$

Sa formule serait

$$CH^2=CH-(CH^2)^8-CO-O-(CH^2)^{10}-CO^2H$$

ou peut-être et plus vraisemblablement

$$CH^2=CH-(CH^2)^8-CO-O-CH(CH^3)-(CH^2)^8-CO^2H$$

[F. Krafft et Ph. Brunner, *D. chem. G.*, **17**, 2984. — Brunner, *ibid.*, **19**, 2224]. A. Bigot.

BIURET (voyez Dict., **1**, 618 et Suppl., **1**, 360). — Le biuret se forme, à côté de l'urée, de la guanidine et de l'ammélide, par électrolyse de l'ammoniaque liquide au moyen d'électrodes en charbon de cornue purifié au chlore [Millot, *Bull. Soc. Chim.*, (2), **46**, 243].

D'après M. Hofmann, 1 gramme de biuret se dissout dans 80gr,25 d'eau à 0°, dans 64gr,93 d'eau à 15° et dans 2gr,22 d'eau à 106°.

Le biuret, chauffé à 130° avec de l'iodure de méthyle et de l'alcool méthylique, donne de l'ammoniaque et un peu de méthylamine. L'hypobromite de sodium enlève au biuret 2 atomes d'azote [Herzig, *Mon. f. Chem.*, **2**, 405].

Lorsqu'on chauffe doucement un mélange de biuret et de phénylhydrazine, il se dégage de l'ammoniaque et par le refroidissement le tout se prend en masse. En traitant ce produit par l'eau ou par l'alcool, on en extrait du *phénylurazol*, $C^8H^7Az^3O^2$, sous la forme d'aiguilles fusibles à 260° :

$$AzH\left\langle\begin{matrix}CO.AzH^2\\CO.AzH^2\end{matrix}\right. + \begin{matrix}AzH^2\\|\\AzH.C^6H^5\end{matrix}$$

$$= 2AzH^3 + AzH\left\langle\begin{matrix}CO-AzH\\ \quad |\\CO-Az-C^6H^5\end{matrix}\right.$$

[Skinner et Ruhemann, *D. chem. G.*, **20**, 3372].

Chauffé avec son poids d'uréthane, d'abord à 130°, puis à 160-170°, le biuret se convertit en acide cyanurique :

$$C^2H^5Az^3O^2 + CO(AzH^2)(OC^2H^5)$$
$$= AzH^3 + C^2H^5OH + C^3H^3Az^3O^3.$$

On peut, dans cette réaction, remplacer l'uréthane par le cyanate de potassium; la réaction s'accomplit alors à 130° :

$$C^2H^5Az^3O^2 + COAzK = AzH^3 + C^3H^2Az^3O^3K$$

[Bamberger, *D. chem. G.*, **23**, 1862].

Cyanurate de biuret, $C^5H^8Az^6O^5$. — Ce sel se sépare immédiatement quand on fait cristalliser dans une grande quantité d'eau le biuret brut obtenu au moyen de l'urée. Chauffé à 160° avec de l'hydrate de baryte, il perd 2 molécules d'ammoniaque [Herzig, *Mon. f. Chem.*, **2**, 411].

BIURETS SUBSTITUÉS. — *Triéthylbiuret*,

$$C^2H^5.Az\left\langle\begin{matrix}CO.AzH.C^2H^5\\CO.AzH.C^2H^5\end{matrix}\right.$$

— C'est le produit huileux (Dict., **1**, 1126) obtenu par Limpricht et Habich en traitant l'éther cyanurique par l'eau de baryte.

Le triéthylbiuret est une huile épaisse, difficilement soluble dans l'eau, facilement soluble dans l'alcool et dans l'éther. Il se décompose par la distillation en éther cyanique et diéthylurée.

Éthylidène-biuret,

$$AzH\left\langle\begin{matrix}CO-AzH\\CO-AzH\end{matrix}\right\rangle CH-CH^3.$$

— Voyez ACIDE TRIGÉNIQUE.

Amylidène-biuret,

$$AzH\left\langle\begin{matrix}CO-AzH\\CO-AzH\end{matrix}\right\rangle CH-C^4H^9.$$

— Il se forme par l'action de l'acide cyanique sur l'aldéhyde isoamylique, de la même manière que l'acide trigénique au moyen de l'aldéhyde éthylique [Baeyer, *Ann. Chem.*, **114**, 164].

Carbonyldibiuret,

$$\left.\begin{matrix}AzH\left\langle\begin{matrix}CO-AzH^2\\CO-AzH\end{matrix}\right.\\AzH\left\langle\begin{matrix}CO-AzH\\CO-AzH^2\end{matrix}\right.\end{matrix}\right\rangle CO$$

(voyez Suppl., **1**, 360). — Le carbonyldibiuret se décompose par la chaleur en acide carbonique, ammoniaque, urée, acide cyanurique et ammélide. Par ébullition avec l'eau de baryte, il donne les mêmes produits, sauf l'ammélide [Schmidt, *J. prakt. Chem.*, (2), **5**, 47].

Biuret-dicyanamide,

$$AzH\left\langle\begin{matrix}CO-AzH-C(AzH)-AzH^2\\CO-AzH-C(AzH)-AzH^2\end{matrix}\right.$$

— M. Rasinski désigne sous ce nom une base faible présentant de grandes analogies avec l'amméline, et qu'il a obtenue par l'action de l'acétylurée sur le carbonate de guanidine. On maintient le mélange à 150° jusqu'à ce qu'il ne se dégage plus d'ammoniaque. Après refroidissement, on reprend par l'eau bouillante, on filtre et, en concentrant au bain-marie, on voit se déposer un précipité blanc, amorphe, soluble dans les acides minéraux, la potasse, la soude, insoluble dans l'ammoniaque. Cette base forme un *chlorhydrate*, un *sulfate*, un *nitrate* cristallisés, mais rapidement décomposables par l'eau [Rasinski *J. prakt. Chem.*, (2), **27**, 157].

D'après MM. A. Smolka et A. Friedreich [*Mon. f. Chem.*, **10**, 100], ce composé peut être obtenu en chauffant à 160-170° poids égaux d'urée et de carbonate de guanidine; ces auteurs admettent qu'il se produit d'abord de la dicyanodiamidine, qui se décompose ensuite suivant l'équation

$$2C^2H^6Az^4O = AzH^3 + C^4H^9Az^7O^2.$$

Phénylbiuret,

$$AzH \langle {CO . AzH . C^6H^5 \atop CO . AzH^2}$$

— Il se produit, en même temps que de la phosphanilide, quand on chauffe à une douce chaleur la phénylurée avec du trichlorure de phosphore. C'est un corps solide, difficilement soluble dans l'eau, facilement soluble dans l'alcool et dans l'éther. Chauffé avec de l'aniline, il se transforme en α-diphénylbiuret [Weith, *D. chem. G.*, **10**, 1744].

α-Diphénylbiuret,

$$AzH \langle {CO . AzH . C^6H^5 \atop CO . AzH . C^6H^5}$$

(voyez Dict., **2**, 879). — Il se forme par l'action de l'aniline sur l'éther thio-allophanique. En présence de l'aniline, sous l'influence de la chaleur, il forme de la diphénylurée symétrique [Salomon, *J. prakt. Chem.*, (2), **7**, 477].

Il se produit encore lorsqu'on fait digérer pendant 1 heure à 120° la monophénylurée avec un excès d'isocyanate de phényle. Après refroidissement, on reprend par l'alcool, qui abandonne par évaporation l'α-diphénylbiuret. Cette réaction est représentée par l'équation

$$COAzC^6H^5 + AzH^2 . CO . AzH . C^6H^5$$
$$= AzH \langle {CO . AzH . C^6H^5 \atop CO . AzH . C^6H^5}$$

[Kühn et Henschel, *D. chem. G.*, **21**, 504].

β-Diphénylbiuret,

$$C^6H^5 . Az \langle {CO . AzH . C^6H^5 \atop CO . AzH^2}$$

(voyez Dict., **2**, 880). — Il donne avec l'aniline de la diphénylurée symétrique.

Dibromodiphénylbiuret, $C^{14}H^{11}Br^2Az^3O^2$. — Il s'obtient par l'action, à la température ordinaire, de l'ammoniaque alcoolique sur l'éther di-p-bromophényl-di-isocyanique. C'est un corps solide, qui commence à se sublimer à 240°, mais sans fondre. Il est insoluble dans l'eau, difficilement soluble dans l'alcool froid, plus facilement dans l'alcool chaud et dans l'éther. Il se décompose vers 280° [Dennstedt, *D. chem. G.*, **13**, 230].

α-Triphénylbiuret,

$$C^6H^5 . Az \langle {CO . AzH . C^6H^5 \atop CO . AzH . C^6H^5}$$

(voyez Dict., **2**, 880). — On l'obtient en faisant digérer pendant 1 heure à 160° la diphénylurée symétrique avec un excès d'isocyanate de phényle. La masse refroidie est reprise par l'alcool, qui abandonne par évaporation le triphénylbiuret :

$$COAzC^6H^5 + CO(AzH . C^6H^5)^2$$
$$= C^6H^5 . Az \langle {CO . AzH . C^6H^5 \atop CO . AzH . C^6H^5}$$

Il fond à 147-148° et se décompose à une température plus élevée en régénérant la diphénylurée et l'isocyanate de phényle [Kühn et Henschel, *D. chem. G.*, **21**, 504].

β-Triphénylbiuret. — Voyez Dict., **2**, 880.

Phényl-di-p-crésylbiuret, $C^{22}H^{21}Az^3O^2$. — On dissout la di-p-crésylurée fusible à 259° dans un excès d'isocyanate de phényle et on fait digérer pendant une demi-heure à 170°. Repris par l'alcool, ce biuret fond à 140°.

Phénylbenzyl-p-crésylbiuret, $C^{22}H^{21}Az^3O^2$. — On fait digérer à 100° pendant 1 heure un mélange de benzyl-p-crésylurée fusible à 180° et d'isocyanate de phényle. Le produit de la réaction est précipité par l'éther de pétrole ; la masse résineuse ainsi obtenue, traitée par l'alcool étendu, lui cède le biuret fusible à 95-104°.

Diphényl-p-crésylbiuret, $C^{21}H^{19}Az^3O^2$. — On chauffe à 160-170° pendant 1 heure un mélange de diphénylurée et d'isocyanate de crésyle. Ce biuret fond à 214-216°.

o-p-Dicrésylbiuret, $C^{16}H^{17}Az^3O^2$. — On fait digérer à 150-160° la p-crésylurée fusible à 176° avec un excès d'isocyanate de crésyle. Cristallisé dans l'alcool, il forme des aiguilles blanches, fusibles à 216-224°.

p-Tricrésylbiuret, $C^{23}H^{23}Az^3O^2$. — Il s'obtient, comme le triphénylbiuret, au moyen de la dicrésylurée symétrique et de l'isocyanate de crésyle. Il fond à 155-156° et, à une température plus élevée, régénère ses deux composants [Kühn et Henschel, *D. chem. G.*, **21**, 505].

BIURETS SULFURÉS. — *Biuret monosulfuré* (*monothiobiuret*), $C^2H^5Az^3SO, H^2O$. — Ce biuret se produit quand on fait bouillir du sulfure d'ammonium avec de l'acide imidobicyanique :

$$AzH \langle {C=AzH \atop CO-AzH} + H^2S = AzH \langle {CS . AzH^2 \atop CO . AzH^2}$$

Il cristallise avec 1 molécule d'eau en baguettes ou en aiguilles aplaties. Il est soluble dans les solutions alcalines, dans l'ammoniaque et dans l'eau, à peine soluble dans l'éther. Traité par le sulfate de cuivre, il donne un précipité blanc.

Les solutions ammoniacales d'argent le décomposent en régénérant l'acide sulfhydrique et l'acide imidobicyanique [Wunderlich, *D. chem. G.*, **19**, 452].

THIOBIURETS SUBSTITUÉS. — *Phényldithiobiuret*, $C^8H^9Az^3S^2$. — Quand on met en présence l'aniline et l'acide persulfocyanique, ce dernier se dissout à chaud et fournit par refroidissement une masse solide grise, presque entièrement soluble dans l'alcool bouillant ; le phényldithiobiuret se sépare par évaporation de la solution alcoolique filtrée :

$$AzH \langle {CS-AzH \atop CS-S} + C^6H^5 . AzH^2$$
$$= AzH \langle {CS-AzH . C^6H^5 \atop CS-AzH^2} + S$$

[Glütz, *Ann. Chem.*, **154**, 44].

Il se forme aussi, par une réaction analogue à celle qui donne le monothiobiuret, quand on fait bouillir le sulfure d'ammonium avec de la phénylthiocarbamine-cyanamide, $C^8H^7Az^3S$ [Wunderlich, *D. chem. G.*, **19**, 452].

Il cristallise en lamelles nacrées, insolubles dans l'eau, facilement solubles dans l'alcool chaud et dans l'éther ; il se dissout aussi dans les alcalis.

Le *chlorhydrate*, $C^8H^9Az^3S^2 . HCl$, est en fines aiguilles peu solubles dans l'eau froide ; l'*azotate*, l'*oxalate* et le *sulfocyanate* sont également peu solubles dans l'eau.

Éthylphényldithiobiuret, $C^{10}H^{13}Az^3S^2$. — On l'obtient par la réaction de l'iodure d'éthyle sur un mélange d'une solution alcoolique de phényldithiobiuret et d'une solution aqueuse d'ammoniaque. Il cristallise dans l'alcool en tables rhombiques, fusibles à 109°. Soumis à l'action de la chaleur, il répand l'odeur du mercaptan [Tursini, *D. chem. G.*, **17**, 585].

Oxalyldiphényldithiobiuret,

$$AzH \langle {CS(Az . C^6H^5)-CO \atop CS(Az . C^6H^5)-CO}$$

— Quand on chauffe dans un appareil à reflux une solution benzénique de phényl-sulfo-urée additionnée de chlorure éthoxalique, il se dégage du chlorure d'éthyle et de l'ammoniaque; en faisant digérer le produit de la réaction avec de l'alcool, décolorant le liquide par le noir animal et évaporant lentement, on voit se déposer d'abord de la phényl-sulfo-urée non attaquée, puis de fines aiguilles d'oxalyldiphénylthiobiuret, fusibles à 215°

$$2[CS(AzH^2)(AzH.C^6H^5)] + C^2H^5O.C^2O^2Cl$$
$$= C^{16}H^{11}Az^3S^2O^2 + C^2H^5Cl + AzH^3 + H^2O.$$

Il se dissout à chaud dans les alcalis avec formation d'acides sulfhydrique et oxalique [Stojentin, *J. prakt. Chem.*, (2), **32**, 16].

Crésyldithiobiuret, $C^9H^{11}Az^3S^2$. — Ce composé se prépare comme le phényldithiobiuret, au moyen de la p-toluidine et de l'acide persulfocyanique. Il forme des aiguilles microscopiques fusibles à 158°; il se dissout dans les alcalis et peut être précipité de cette solution par l'addition d'un acide. Il se dissout à chaud dans le perchlorure de fer et se dépose par refroidissement à l'état de chlorhydrate, sous la forme d'une poudre cristalline [Tursini, *D. chem. G.*, **17**, 585].

Éthylcrésyldithiobiuret, $C^{11}H^{15}Az^3S^2$. — On l'obtient comme le dérivé correspondant du phényldithiobiuret. Il est en grosses aiguilles fusibles à 134°. Chauffé, il répand une odeur très prononcée de mercaptan (Tursini).

Acétylcrésyldithiobiuret, $C^{11}H^{13}Az^3S^2O$. — Ce produit se prépare par la réaction du crésyldithiobiuret sur le chlorure d'acétyle porté à l'ébullition. Il forme des aiguilles jaunes, fusibles avec décomposition à 166° [Tursini, *loc. cit.*].

Benzylidène-dithiobiuret,

$$AzH \begin{cases} CS-AzH \\ CS-AzH \end{cases} CH.C^6H^5.$$

— On chauffe au bain de sable vers 160°, pendant 1 heure et demie, un mélange de 70 grammes d'aldéhyde benzylique et de 100 grammes de sulfocyanate d'ammonium bien sec et finement pulvérisé. Lorsque la masse n'est plus que tiède, on la coule dans 20 fois son volume d'eau. On purifie le produit en le lavant d'abord à l'eau froide, puis avec un peu d'alcool tiède et en le faisant cristalliser deux fois dans l'alcool bouillant à 70 0/0.

Les cristaux obtenus sont jaunes et fondent à 237° en se décomposant presque aussitôt. Le corps est presque insoluble dans l'eau, peu soluble dans l'alcool et dans l'éther froids, assez soluble dans l'alcool chaud. Les alcalis dilués et l'acide sulfurique concentré le dissolvent à froid sans l'altérer.

Les oxydes métalliques ne lui enlèvent pas de soufre, mais donnent avec lui de véritables sels. Le *dérivé argentique*, $C^9H^7Az^3S^2Ag^2$, s'obtient en chauffant une solution alcoolique de benzylidène-dithiobiuret avec une solution alcoolique et légèrement acide de nitrate d'argent : c'est un précipité blanc, insoluble dans les acides et dans l'ammoniaque, jaunissant à la lumière.

Le *composé cuivrique* est un précipité verdâtre; le *composé plombique* est blanc.

Chauffé avec de l'eau de baryte, le benzylidène-dithiobiuret se décompose en donnant de l'aldéhyde benzylique, du sulfocyanate de baryum et de la sulfo-urée, laquelle se dédouble en ammoniaque, hydrogène sulfuré et acide carbonique :

$$C^9H^9Az^3S^2 + H^2O$$
$$= C^7H^6O + CAzSH + CSAz^2H^4.$$

D'après l'auteur, le benzylidène-dithiobiuret se formerait par le mécanisme suivant : Le sulfocyanate d'ammonium donnerait tout d'abord de la sulfo-urée; 2 molécules de ce composé s'uniraient avec élimination d'ammoniaque pour donner naissance au dithiobiuret; enfin l'aldéhyde benzylique réagirait sur le dithiobiuret d'après l'équation

$$AzH \begin{cases} CS.AzH^2 \\ CS.AzH^2 \end{cases} + C^6H^5.CHO$$
$$= H^2O + AzH \begin{cases} CS-AzH \\ CS-AzH \end{cases} CH.C^6H^5$$

[Brodsky, *Mon. f. Chem.*, 8, 27].

Diacétylbenzylidène-dithiobiuret,

$$C^9H^7Az^3S^2(C^2H^3O)^2.$$

— Il se produit quand on chauffe le composé précédent pendant une demi-heure avec de l'anhydride acétique. Purifié par cristallisation dans l'alcool chaud, il forme des lames jaunes, insolubles dans l'eau et dans le chloroforme, très solubles dans l'éther et dans l'alcool chaud. Il fond à 189° en se décomposant.

Il donne avec le nitrate d'argent un précipité jaune et avec le chlorure cuivrique un précipité brun [Brodsky, *loc. cit.*]. H. Gautier.

BIVINYLE [Syn. *Biéthényle*],

$$C^4H^6 = CH^2=CH-CH=CH^2.$$

— On fait passer de l'éthylène dans un tube chauffé au rouge. Les produits liquides et solides sont condensés. Les gaz sont dirigés dans une solution cupro-ammoniacale, puis dans le brome. Parmi les produits bromés, il s'en forme un solide, fusible à 115°,5, ayant pour formule

$$CH^2Br-CHBr-CHBr-CH^2Br.$$

C'est le *tétrabromure de bivinyle* [S.-H. Norton et A. Noye, *D. chem. G.*, 20, *Ref.*, 200].

BIXYLITONE. — Voyez XYLITONE.

BIXYLYLE. — On ne connaît jusqu'ici que :

1° Le *bi-m-xylyle*,

$$(CH^3)^2_{(2.4)}C^6H^3_{(1)}-C^6H^3_{(1)}(CH^3)^2_{(2.4)},$$

obtenu d'abord par M. Fittig par l'action du sodium sur le bromo-m-xylène (1.3.4), puis par M. Oliveri, en chauffant avec de l'acide sulfurique le xylène commercial [*Gazz. chim. ital.*, **12**, 158; *Bull. Soc. Chim.*, (2), **39**, 160].

2° Le *bi-p-xylyle*,

$$(CH^3)^2_{(2.5)}C^6H^3_{(1)}-C^6H^3_{(1)}(CH^3)^2_{(2.5)},$$

qui se produit lorsque l'on décompose par la chaleur le *mercure-p-xylyle* [O. Jacobsen, *D. chem. G.*, **14**, 2112; *Bull. Soc. Chim.*, (2), **37**, 262].

Ce dernier composé fond à 125°, tandis que son isomère est liquide et bout à 293-297°.

MM. E. Nœlting et Th. Stricker ont obtenu récemment un certain nombre de *diamidobixylyles*, qui se produisent par transposition moléculaire lorsque l'on chauffe l'hydrazoxylène correspondant seul ou avec de l'acide chlorhydrique moyennement concentré. Ils ont ainsi préparé les dérivés suivants :

$(CH^3)^2$	(AzH^2)	C^6H^2	$-C^6H^2$	(AzH^2)	$(CH^3)^2$		
(2.3)	(4)	(1)	(1)	(4)	(2.3)	en partant du nitro-o-xylène..........	(1.2.3)
(3.4)	(6)	(1)	(1)	(6)	(3.4)	— — —	(1.2.4)
(3.5)	(6)	(1)	(1)	(6)	(3.5)	en partant du nitro-m-xylène..........	(1.3.4)
(2.6)	(4)	(1)	(1)	(4)	(2.6)	— — —	(1.3.5)
(2.5)	(4)	(1)	(1)	(4)	(2.5)	en partant du nitro-p-xylène..........	(1.4.2)

Tous ces composés, transformés en dérivés diazoïques, puis copulés avec un acide sulfoné comme l'acide naphthionique, l'acide α-naphtol-α-sulfonique, l'acide naphtol-disulfonique, fournissent des matières colorantes teignant directement le coton en bain alcalin et dont la nuance varie du jaune au rouge et au violet [E. Nœlting et Th. Stricker, *Bull. Soc. Chim.*, (2), **50**, 66].

O. Saint-Pierre.

BJELKITE (Min.) (Nordenskiöld). — Variété de Cosalite (voyez ce mot, Dict., **1**, 977).

BLANCHIMENT. — Depuis quelques années, l'industrie du blanchiment des fibres textiles s'est enrichie de plusieurs appareils nouveaux, généralement de provenance anglaise, et offrant des avantages plus ou moins sérieux de rapidité et d'économie. Dans le blanchiment du coton, ces engins ont amené certaines modifications dans les procédés chimiques; mais les théories, si bien établies, il y a une cinquantaine d'années, par Auguste Scheurer-Rott, n'en ont subi aucune atteinte, et c'est toujours sur les expériences de nos aînés que sont fondés les modes opératoires qui ont été récemment mis au jour. La grande majorité des industriels attendent même des résultats plus concluants pour renouveler leur matériel et continuent à travailler d'après les procédés si sûrs et si rationnels de leurs prédécesseurs; néanmoins tout ce qui de nos jours semble constituer un progrès de quelque nature qu'il soit, doit provoquer l'attention et les recherches, et il est certain qu'aujourd'hui la lutte est ouverte entre le système de blanchiment ancien et les nouveaux procédés rapides.

Des produits chimiques jusque-là inutilisés se sont aussi introduits dans l'industrie qui nous occupe; ainsi le blanchiment de la laine emploie couramment aujourd'hui l'eau oxygénée, substance qui, il y a peu d'années encore, n'était considérée que comme un produit de laboratoire.

Des textiles nouveaux sont entrés dans la consommation, tels que la ramie, et surtout le jute; cette dernière matière, à une époque peu éloignée de nous, ne servait qu'à des usages grossiers, tels que la fabrication des sacs et des toiles d'emballage, tandis qu'aujourd'hui elle fournit des tissus de velours pour ameublement et tapis.

Ces fibres d'une nature particulière ont nécessité la mise en œuvre de procédés spéciaux de blanchiment.

Des industries absolument sans précédents se sont créées pour répondre à des besoins nouveaux. Ainsi a surgi le blanchiment des filés en cannettes, amené par l'obligation d'économiser les frais du dévidage et du recannettage des fils.

Enfin les matières premières de l'industrie textile, notamment la cellulose qui constitue la presque totalité des fibres végétales, ont été l'objet d'études plus complètes. Grâce aux travaux de MM. Kolb, Aimé Girard, Cross et Bevan et G. Witz, on est fixé à présent sur des réactions qui étaient autrefois enveloppées de mystère et qui, en se produisant accidentellement et sans cause apparente, faisaient le désespoir des blanchisseurs.

Notre tâche sera donc de rendre compte des engins mécaniques nouveaux qui ont paru depuis une quinzaine d'années, et des procédés chimiques fondés sur ces appareils.

Mais nous devons faire précéder cette description d'une courte notice sur les fibres textiles et sur leur façon de se comporter à l'égard des divers agents employés dans le blanchiment.

Pour cela nous diviserons notre étude en deux chapitres :

I. *Fibres végétales* : Coton, lin, chanvre, jute, ramie.

II. *Fibres animales*[1] : Laine et soie.

I. — FIBRES VÉGÉTALES.

Les fibres textiles végétales sont des agrégations de cellules ayant fait partie à un titre quelconque de l'organisme d'une plante. Elles se composent principalement de cellulose plus ou moins pure.

Les textiles végétaux les plus intéressants sont le coton, le lin, le chanvre, le jute et la ramie; ces deux derniers sont d'introduction relativement récente, car ce n'est que de l'année 1861 que date la première filature de jute établie sur le continent, et quant à la ramie, bien que les essais auxquels elle a donné lieu jusqu'à présent fassent concevoir de belles espérances, elle n'est pas encore entrée absolument dans la période manufacturière. Enfin, à la suite de ces différentes fibres, on peut citer l'alfa, un produit de notre colonie algérienne, qui a trouvé une application considérable dans la fabrication de la pâte à papier.

Tous ces filaments occupent des positions très diverses dans l'organisme végétal vivant. Le coton, par exemple, est l'enveloppe d'une graine; le lin, le chanvre, le jute et la ramie sont les fibres libériennes ou corticales des tiges de Linées, d'Urticées ou de Tiliacées, et dans l'alfa (une Graminée) la partie utile de la plante est constituée par les faisceaux fibro-vasculaires des feuilles.

De cette différence de situation dans le végétal vivant résultent aussi des différences dans la composition chimique des textiles bruts; on comprend facilement que des fibres provenant de tiges d'une certaine consistance soient plus mélangées de matières ligneuses que le coton, formé par des principes uniquement amylacés ou sucrés, filtrés pour ainsi dire par des organes d'une plus grande finesse.

Cette substance qui modifie les propriétés de la cellulose au point de faire douter souvent de son identité, a reçu le nom de *lignine*; certaines fibres en contiennent jusqu'à 30 0/0. Cette matière, assez peu connue du reste, a été étudiée par MM. Cross et Bevan, qui lui ont attribué une parenté avec la série aromatique. Du moins semble-t-elle pouvoir fournir, dans de certaines conditions, des composés de cette série et avoir des relations étroites avec le tannin.

Traitée successivement par le chlore et par les sulfites alcalins, elle se colore en rouge; cette réaction lui est commune avec l'acide gallique. Suivant MM. Cross et Bevan, la matière ligneuse ou lignine forme avec la cellulose une combinaison définie. Ces chimistes ont appelé *bastose* ce composé, qui constituerait à peu près exclusivement la fibre du jute. Cette fibre en effet semble ne pas pouvoir être purifiée sans désorganisation par les procédés de blanchiment ordinaires; mais ceci peut tenir à d'autres causes, que nous examinerons en parlant du jute en particulier. Sauf cette exception, on peut dire d'une façon générale que le blanchiment des textiles végétaux doit avoir pour but d'amener la fibre à l'état de cellulose aussi pure que possible.

Nous allons passer en revue successivement le coton, le lin, le chanvre, le jute et la ramie, ainsi que les procédés de blanchiment auxquels ces fibres ont donné lieu dans ces dernières années.

1. Il existe à la vérité des tissus formés de fibres minérales (asbeste et amiante); mais ces matières, bien que susceptibles de décoloration, ne sont employées que pour des usages spéciaux, à de hautes températures, et ne rentrent pas dans la catégorie qui nous occupe.

A. — COTON.

Le coton a paru pour la première fois en Égypte 500 ans avant Jésus-Christ, mais il semble avoir été connu et employé dans les Indes et au Pérou de toute antiquité. Jusque vers 1772 l'Europe tirait ce produit de l'Inde, et c'est à cette époque seulement que l'Angleterre commença à le travailler. En 1782 l'importation dans ce pays s'élevait à 33 000 balles. La culture du coton se fait aujourd'hui dans tous les pays chauds, mais ce sont les États-Unis d'Amérique qui produisent la majeure partie de ce qui se consomme en Europe. Cependant, depuis la guerre de Sécession, la culture du coton s'est accrue dans de notables proportions dans les Indes, et aujourd'hui ces pays rivalisent dans une large mesure avec l'Amérique pour l'exportation de ce textile. La production du coton dans le monde entier a été de 9 300 000 balles en 1886.

Le coton est formé par les filaments entourant la graine de différentes espèces de *Gossypium* (de la famille des Malvacées). Sur une vingtaine d'espèces de cette famille, cinq seulement sont d'un usage important : le *Gossypium barbadense* à fleurs jaunes, qui fournit les plus belles sortes commerciales de l'Inde; le *G. hirsutum* à fleurs blanches ou roses, particulier à l'Amérique; le *G. arboreum*, plante arborescente cultivée en Asie et en Égypte; le *G. herbaceum* (Grèce, Turquie d'Europe, Asie Mineure et Inde); le *G. religiosum* (Chine, Indes Orientales), qui donne des filaments jaunâtres (coton nankin).

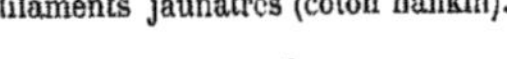

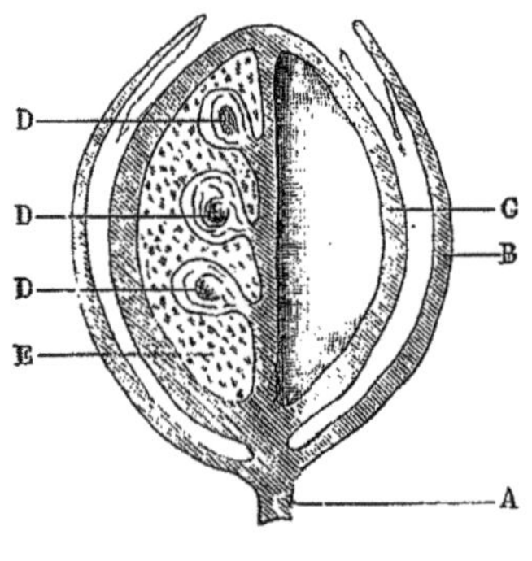

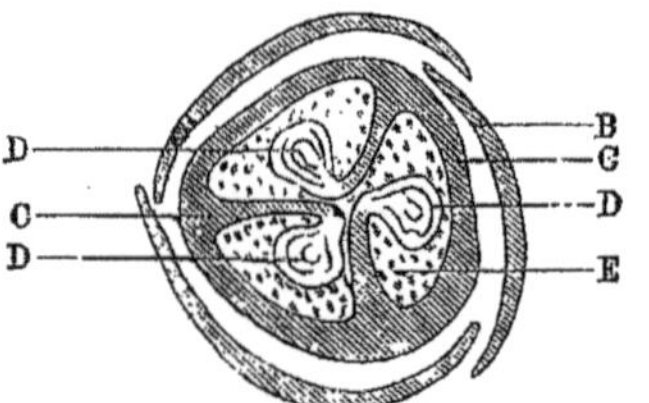

Fig. 83. — Coupe longitudinale et diagramme d'une capsule de coton égyptien.

A, tige; — B, calice; — C, capsule; — D, graine; — E, coton.

La plante fleurit en juin ou juillet et mûrit en septembre ou octobre, époque où se fait la récolte. Le fruit consiste en une capsule à 3 ou 4 loges; à l'angle interne de chacune d'elles se trouvent 3 graines et l'espace restant de l'ovaire est rempli de filaments adhérant à la semence, qui constituent le coton (fig. 83). Quand la semence est mûre, la capsule éclate et le coton se répand au dehors. Les filaments les plus longs répondent à la partie supérieure de la graine, les plus courts à la partie inférieure. Les cellules filamenteuses sont cylindriques dans leur jeunesse et ont des parois épaisses; leur croissance ultérieure se fait aux dépens des éléments emmagasinés dans ces parois, en sorte qu'après la maturité la fibre est devenue une cellule toujours cylindrique, mais à minces parois, remplie de protoplasma. En même temps que la maturité avance, les matières sucrées et astringentes dissoutes dans le protoplasma disparaissent presque entièrement; après que le coton a jailli de la capsule, ce liquide se dessèche tout à fait, l'enveloppe cellulaire s'aplatit, et ainsi se produit l'apparence si connue du coton vu au microscope, qui représente un ruban plus étroit d'un bout que de l'autre, généralement contourné en spirale et portant un bourrelet à chaque bord (voyez TEINTURE, Dict., 3, 256). Nous n'insistons pas sur les propriétés, toutes négatives au point de vue tinctorial, du coton non mûr ou coton mort; mais il est bon de dire que le coton trop mûr, c'est-à-dire abandonné à l'air par la plante dans les capsules ouvertes, se comporte aussi très mal à l'égard des matières colorantes.

Fig. 84. Fibre de coton traitée par l'oxyde de cuivre ammoniacal.

La longueur des fibres du coton est en moyenne de 25 millimètres; au-dessus, le coton prend le nom de *longue soie*; au-dessous, de *courte soie*. Les limites extrêmes sont 40^{mm},5 et 10^{mm},3. L'épaisseur des cellules est comprise entre 0^{mm},02 et 0^{mm},037. La tendance du filament à se contourner en spirale est moins marquée dans certaines sortes de *Gossypium conglomeratum*, mais en revanche elle se prononce surtout dans le *Gossypium herbaceum*. L'épaisseur de la paroi cellulaire varie entre 1/3 et 2/3 du diamètre total. La fibre est constituée par une cellule fermée, dont les enveloppes ne présentent pas trace de pores.

La surface intérieure du canal est presque toujours tapissée de restes de protoplasma desséché; la surface extérieure, sous l'influence de l'air et de la lumière, donne lieu à une couche extrêmement mince et très adhérente d'une substance qui n'est que de la cellulose transformée et que l'on appelle *cuticule*.

La partie principale de la paroi cellulaire est de la cellulose pure; la couche cuticulaire pourrait être de l'oxycellulose.

Quand on traite une fibre de coton par de l'oxyde de cuivre ammoniacal, la cellulose se gonfle rapidement et paraît se dissoudre, tandis que la cuticule reste insoluble. Si l'on effectue la réaction sous le microscope, on voit la couche intérieure de cellulose se gonfler et faire éclater la cuticule. Celle-ci tombe en lambeaux autour de la fibre, puis se rassemble en anneaux qui étranglent le tube gonflé et lui donnent l'apparence d'un boyau noué de place en place (fig. 84). Enfin la cellulose se dissout entièrement et il ne reste plus que des morceaux de cuticule qui nagent dans le liquide. Cette réaction est caractéristique pour le coton brut.

Pendant les traitements du blanchiment, cette couche cuticulaire disparaît et le coton blanchi ne prend plus le même aspect sous l'action de l'oxyde de cuivre ammoniacal.

La ténacité des fibres de coton isolées se mesure par un poids qui varie de 2gr,5 à 4gr,5.

Voici, d'après MM. Church et Hugo Müller, deux analyses immédiates du coton :

	I.	II.
Cellulose	91,15	91,35
Eau d'hydratation	7,56	7,00
Cire et graisse	0,51	0,40
Matière azotée (reste de protoplasme.)	0,67	0,50
Substance cuticulaire	»	0,75
Cendres	0,11	0,12

Outre ces différentes substances, certaines espèces de coton renferment encore de notables quantités de matière colorante (*Gossypium religiosum*).

La graisse du coton est de la même nature que celle de la semence de la plante : la présence de la cire dans la fibre explique pourquoi le coton brut se travaille mieux dans la filature à chaud qu'à froid.

Au blanchiment, le coton perd environ 5 0/0 de son poids; ce qui reste est de la cellulose hydratée pure. A l'air il disparaît 2 0/0 de cette eau d'hydratation et à 100° la fibre se dessèche entièrement. La perte de poids à cette température est de 5 à 7 0/0.

D'une manière générale, on peut dire que les fibres du coton et des autres textiles végétaux sont plus indifférentes et moins aptes à réagir que les fibres animales, mais que leurs réactions une fois déterminées sont plus vives et plus profondes; leur indifférence limite le nombre des matières dont disposent le blanchisseur et le teinturier, mais leur sensibilité à l'égard des substances réellement actives oblige à une plus grande précaution dans l'emploi de ces produits.

La paroi mince de la cellule confère au coton un très grand pouvoir osmotique : c'est ainsi que cette fibre est à même de séparer de leurs dissolutions un grand nombre de substances solubles, comme le tannin, et aussi de décomposer certains sels métalliques dont elle retient les oxydes. Ces matières peuvent jouer le rôle de mordant pendant la teinture.

Les parois épaisses et le canal étroit des fibres libériennes du chanvre et du lin s'opposent au contraire à une action de ce genre [O. N. Witt, *Technologie der Gespinnstfasern*].

Le blanchisseur de coton, pour débarrasser la fibre des matières étrangères qu'elle contient, ainsi que des substances diverses que le filateur et le tisseur y ajoutent pour faciliter leur travail, n'a donc à son service qu'un nombre assez restreint de produits chimiques.

Ces produits sont des alcalis ou des terres alcalines, comme la soude, le savon de colophane, la chaux; des acides, acide chlorhydrique ou sulfurique, et enfin des décolorants, comme l'hypochlorite de calcium.

Ces différentes substances peuvent toutes, dans certaines conditions, devenir nuisibles et altérer la fibre.

Les travaux de M. Aimé Girard et ceux plus récents de M. Witz, spécifiant les circonstances dans lesquelles ces altérations se produisent, ont rendu de très grands services à l'industrie.

Action des acides sur le coton. — Sous l'influence des acides minéraux concentrés, comme les acides sulfurique, chlorhydrique, phosphorique, le coton se transforme en un corps amyloïde, qui se gonfle par l'eau bouillante et qui bleuit par l'iode : c'est l'*hydrocellulose* de M. Aimé Girard.

Ce composé prend naissance quand on immerge à froid du coton dans de l'acide sulfurique à 45° B. Après 12 heures le coton n'a pas sensiblement changé d'aspect; au microscope, il se montre seulement un peu gonflé et détordu et il a pris des propriétés adhésives très prononcées. Pressé entre deux lames de verre, il se réduit en petits fragments irréguliers. On peut cependant le purifier par des lavages de l'acide sulfurique qu'il contient et le sécher à basse température; mais, une fois sec, il tombe en poussière au contact des doigts. L'analyse élémentaire démontre que la cellulose a fixé 1 molécule d'eau qui résiste à la dessiccation.

L'hydrocellulose s'oxyde avec une extrême facilité; maintenue pendant plusieurs jours à 50°, elle jaunit peu à peu; sa teneur en carbone diminue et sa richesse en oxygène augmente. Dans cet état, elle abandonne à l'eau un produit coloré qui réduit le tartrate de cuivre ammoniacal et le nitrate d'argent. Chauffée avec une solution de potasse à 1 pour 100, l'hydrocellulose s'oxyde et se dissout peu à peu, en produisant une liqueur franchement colorée et réductrice.

Une autre méthode de production de l'hydrocellulose consiste à imprégner le tissu d'une solution faible d'acide et à le soumettre à une température de 100°. La transformation de la cellulose en hydrocellulose se fait très rapidement. Si l'on prolonge l'action de la chaleur, le coton ne tarde pas à se carboniser. Dans ce cas, l'hydrocellulose apparaît comme produit intermédiaire avant la glucose, qui ne manque jamais de se produire dans l'action de l'acide sulfurique moyennement concentré sur la cellulose.

C'est sur la formation d'une couche d'hydrocellulose à la surface du papier qu'est fondée la préparation du papier parchemin, qui par son aspect rappelle absolument les membranes animales. On plonge le papier pendant un temps très court dans l'acide sulfurique : les fibres superficielles subissent une sorte de fusion qui les rend adhérentes et les soude à elles-mêmes. Par un contact très prolongé, le papier devient cassant.

On applique aussi cette réaction à la destruction des fibres végétales mélangées accidentellement aux tissus de laine. Cette opération, appelée *époutillage*, consiste à imbiber les tissus d'acide et à les chauffer à 125 ou 150°. La paille et le coton, changés en hydrocellulose, tombent en poussière et sont éliminés par un battage sans que la laine soit attaquée.

Les mêmes acides qui, à un certain degré de concentration, transforment le coton en hydrocellulose, sont sans action sur la fibre quand ils sont en dissolution suffisamment étendue; mais leur présence deviendrait dangereuse même à froid, s'ils venaient à se concentrer par la dessiccation. Ce fait est d'une haute importance dans le blanchiment du coton, où la dernière opération est généralement un passage en acide faible.

Si les fils ou tissus ne sont pas parfaitement lavés avant le séchage, on risque de voir les fâcheux effets de l'hydrocellulose se manifester sur la marchandise terminée.

Les acides organiques, oxalique, tartrique, citrique, en dissolution et à froid, n'agissent pas sur le coton; mais un tissu imprégné d'une solution d'acide oxalique à 2 0/0, puis séché et chauffé pendant 1 heure à 100°, est déjà légèrement altéré : à 4 0/0 l'action de l'acide oxalique est énergiquement destructive.

On objectera peut-être que dans les couleurs

d'impression qui subissent un vaporisage durant souvent une heure, on emploie ces acides à des doses tout aussi élevées sans attaquer la fibre; mais dans ces circonstances l'épaississant retient une partie notable de l'acide et protège la fibre contre les effets nuisibles de celui-ci (Hummel et Knecht).

L'acide acétique est absolument inoffensif pour la cellulose; aussi son emploi est-il considérable dans la teinture et l'impression.

L'acide nitrique faible agit sur le coton à la façon des autres acides minéraux étendus. L'acide nitrique concentré, en présence de l'acide sulfurique, donne des produits nitrés qui n'ont aucun rapport avec le sujet qui nous occupe, tandis que l'acide de concentration moyenne fournit avec le coton des dérivés d'oxydation intéressants.

Action des corps oxydants sur la cellulose. — MM. Cross et Bevan ont constaté que la fibre, par une ébullition prolongée avec de l'acide nitrique à 60 0/0, est lentement convertie en acide oxalique. Pendant la première partie de la réaction il se produit de l'hydrocellulose; mais la transformation finale en acide oxalique est précédée de l'apparition d'un corps soluble dans les alcalis dilués, que MM. Cross et Bevan ont appelé *oxycellulose* [*Chem. Soc.*, janvier 1883].

Peu avant ces recherches, M. G. Witz découvrait de son côté (sept. 1882) un dérivé oxydé de la cellulose, mais insoluble dans les alcalis faibles, auquel il donnait aussi le nom d'*oxycellulose*. Les deux produits portant le même nom doivent, à part la différence que nous avons signalée, être très voisins; mais l'oxycellulose de M. Witz a acquis de primo abord un intérêt pratique considérable: les travaux du chimiste de Rouen ont eu le mérite d'expliquer rationnellement des faits qui pendant des années avaient été la plaie des établissements de blanchiment, et dont la cause matérielle, à peine connue de quelques spécialistes, avait même échappé jusque-là à la plupart des hommes du métier.

M. Ch. Lauth (Dict., 1, 628) écrivait, il y a environ vingt-cinq ans : « Un autre genre d'accidents est celui que l'on observe dans les circonstances suivantes : un tissu blanchi, imprimé et soumis au vaporisage se colore en jaune. On attribue cette coloration à une faute commise dans le blanchiment; mais on n'a pu jusqu'ici l'éviter, ni s'en rendre compte. » Or c'est précisément la formation, dans de certaines conditions, de l'oxycellulose de M. Witz qui donne la clef de ces accidents, dont aucune théorie n'avait auparavant éclairé la nature. Le fait capital qui ressort des expériences de M. Witz est que sous l'influence de certaines matières oxydantes, et en particulier de l'hypochlorite de calcium concentré, la cellulose, sans changer sensiblement d'aspect, se transforme en une matière jouissant de propriétés nouvelles, qui se manifestent en pratique par un affaiblissement de la fibre et ne deviennent visibles que quand le mal est déjà irréparable.

Nous insisterons sur ce travail, qui, malgré certains détails inutiles, est dans sa partie essentielle un exemple du genre d'investigations auquel l'industriel est souvent obligé de se livrer, et un modèle de solution élégante d'une question jusque-là restée en suspens.

La circonstance qui donna lieu aux recherches dont le résultat a été la découverte de l'oxycellulose, fut un accident de fabrication qui se produisit, pendant l'été de 1882, dans l'usine Girard et Cie à Déville-lès-Rouen.

Des pièces ayant subi toutes les opérations du blanchiment étaient revenues percées d'une infinité de petits trous coupés comme à l'emporte-pièce. Diverses hypothèses se présentaient à l'esprit pour expliquer cet accident.

Les pièces, lavées dans un cours d'eau peu profond, avaient pu ramasser dans leurs plis quelques graviers, et ces corps durs, en passant entre les rouleaux des clapots avaient pu percer le tissu.

D'un autre côté, des étincelles qui se seraient attachées sur les pièces pendant l'opération du grillage[1] pouvaient avoir déterminé des brûlures.

Enfin ces trous pouvaient provenir de moisissures qui, comme nous le verrons plus loin, altèrent souvent la fibre jusqu'à la désorganiser entièrement. Mais l'aspect des trous écartait toute idée de déchirure par écrasement d'un corps dur, et d'ailleurs une pièce soumise au vaporisage montrait une auréole brunâtre autour de chaque trou. Dès lors la cause de l'accident devait être d'ordre chimique et non mécanique, et M. Witz fut amené à rechercher si la coloration des auréoles n'était pas due à des traces d'acide persistant dans le tissu, même après le blanchiment.

S'étant servi de violet d'aniline comme de réactif pour déceler un acide, il fut frappé de voir le contour des déchirures se teindre d'une façon intense, tandis que le reste de la toile demeurait à peu près incolore. Il essaya alors de reproduire ces trous en projetant sur un morceau de calicot des gouttes de différentes substances corrosives employées dans le blanchiment. Des taches furent faites avec de l'acide sulfurique à 31° B., de la soude caustique à 25° B., de la chaux en bouillie, du chlorure de chaux à 26° chlorométriques. Puis le tissu fut séché, vaporisé et énergiquement lavé. L'acide sulfurique seul avait fait des trous dans le tissu, mais ils n'étaient pas entourés de l'auréole brunâtre caractéristique; la soude et la chaux avaient simplement marqué leur place, mais ni l'acide, ni les alcalis n'avaient prédisposé sensiblement le tissu à se teindre en violet d'aniline.

Le chlorure de chaux seul avait occasionné des taches brunâtres qui se teignaient à froid en violet foncé et avait altéré la fibre. Il ne restait plus alors qu'à répéter l'expérience avec le même réactif plus concentré. En effet, en employant du chlorure sec, on reproduisit toutes les circonstances de l'accident, qui était bien dû à du chlorure de chaux en poudre projeté sur les pièces pendant le transvasement d'un baril. Ceci mettait en même temps sur la trace de la production des plaques jaunes après vaporisage signalées par M. Ch. Lauth, qui sont toujours accompagnées d'un affaiblissement de la fibre.

En effet, des taches de ce genre, plongées dans la dissolution d'une matière tinctoriale basique, se colorèrent dans toutes leurs dégradations avec une intensité proportionnelle.

Tous ces essais, purement industriels, amenèrent M. Witz à étudier la modification éprouvée par le coton et les circonstances dans lesquelles elle se produit.

Voici le résumé de ses recherches : Le coton, sous l'influence combinée de l'hypochlorite de calcium et de l'acide carbonique de l'air, subit une modification plus ou moins profonde. La fibre s'est contractée; elle a pris un ton d'un blanc mat et son toucher est plus sec; elle est devenue friable, et cela d'autant plus que la réaction a été poussée plus avant. Le coton ainsi modifié n'est pas un dérivé de substitution chloré, mais bien un produit d'oxydation de la cellulose, auquel convient de tous points le nom d'*oxycellulose*.

Dans cet état, le coton a acquis la propriété d'attirer fortement et à froid les matières colorantes basiques (fuchsine, violet de méthylaniline,

1. Avant d'entrer au blanchiment, les pièces sont passées rapidement sur des rampes à gaz, qui brûlent le duvet entourant les fils, sans toucher au fil lui-même.

bleu de méthylène, etc.), et l'intensité de la coloration est proportionnelle à la quantité d'oxycellulose formée, ce qui fait que ces matières colorantes sont un réactif aussi bien quantitatif que qualitatif du coton oxydé.

Avec les couleurs phénoliques ou acides (alizarine, campêche, éosine, couleurs sulfonées en général), l'effet est absolument inverse : l'oxycellulose se colore moins que la cellulose ordinaire, ou même ne se colore pas du tout.

Le coton oxydé décompose un grand nombre de sels métalliques en dissolution (alun, sulfate d'alumine, alun de chrome, chlorure stanneux) et en fixe l'oxyde, dont on peut constater le dépôt par une teinture d'épreuve en alizarine, campêche ou autre matière appropriée.

Lorsqu'on traite le coton oxydé par une solution bouillante de soude caustique, il prend une nuance jaune d'or qui se communique bientôt à la liqueur; mais il ne s'y dissout pas.

L'affaiblissement de la fibre augmente cependant. La cellulose modifiée, trempée pendant 1 minute dans le tartrate cupropotassique, précipite immédiatement du protoxyde de cuivre.

D'autres oxydants, tels que l'acide chromique, l'acide chlorique, etc., transforment aussi le coton en oxycellulose, que l'on peut reconnaître par la teinture en bleu méthylène.

Quelle que soit la constitution de ce corps, si toutefois il a une constitution bien définie, on devra noter avec le plus grand soin les circonstances dans lesquelles il prend naissance, afin de prévenir les accidents de blanchiment auxquels il pourrait donner lieu; ainsi il faut éviter tout excès dans l'emploi du chlorure de chaux et tenir les bains au minimum de concentration nécessaire (0°,5 B. par exemple en moyenne).

Il est important de ne pas laisser séjourner trop longtemps à l'air ou à la lumière les pièces imbibées du décolorant, dont l'action est exaltée par ces deux agents.

Enfin on devra veiller à ce que des grains de chlorure de chaux insuffisamment dissous ne viennent pas se coller aux pièces et produire des trous du genre de ceux observés à Déville.

Action des alcalis sur la cellulose. — Le coton, plongé dans des lessives alcalines concentrées, subit un retrait considérable qui favorise l'adhérence des matières colorantes. Cette réaction, brevetée autrefois par John Mercer, a été décrite à l'article Teinture (voyez Dict., 3).

La chaux diluée et les lessives faibles, telles qu'elles sont employées dans le blanchiment, sont sans action sur la cellulose, même à une température bien supérieure à 100°, pourvu que la fibre soit constamment immergée dans le liquide et par conséquent à l'abri du contact de l'air. On doit donc maintenir les pièces dans la lessive de façon à empêcher que des plis soulevés par les bouillons ne viennent flotter à la surface du liquide.

Suivant M. Witz, la soude caustique bouillante, au contact de l'air, transforme le coton en oxycellulose et l'affaiblit sensiblement.

Le bleu méthylène colore fortement les parties ainsi attaquées.

Trézal ou trézallage. — Quand on conserve longtemps à l'humidité des pièces apprêtées à la fécule, à l'amidon, à la dextrine, etc., il s'y développe des micro-organismes végétaux, qui forment sur le tissu des taches noires ou verdâtres, dont l'effet est bien connu dans les ateliers sous le nom de *trézal* ou *trézallage*. Ces taches sont toujours l'indice d'un affaiblissement de la fibre.

MM. Hummel et Knecht supposent que, pendant cette sorte de fermentation, il peut se développer des acides organiques, qui finissent par produire cette altération du coton.

C'est ici le lieu de parler d'essais entrepris pour étudier l'action de la chaleur sèche ou humide sur le coton et l'influence que certains sels exercent sur ce textile à des températures variant entre 70 et 100°.

Pendant cette même année 1882, qui paraît avoir été exceptionnellement féconde en occasions d'études sur la cellulose, la Société industrielle de Mulhouse avait reçu d'un important établissement de blanchiment de la région une communication relative à un cas d'affaiblissement de tissus dits *satinettes*, de provenance étrangère, qui se manifestait par un attendrissement des fils de chaîne sur un des côtés de la pièce. La trame ne semblait pas atteinte. Cette avarie fut attribuée d'abord au flambage, bien qu'une expérience tentée dans ce sens parût contredire cette hypothèse.

M. W. Grosseteste se livra à une série d'essais pour établir la limite de température à laquelle le coton commence à s'affaiblir par la chaleur. Pour cela il soumit des échantillons de tissus à des températures de 100, 150, 180 et 210°, dans des flacons remplis de sable fin et chauffés dans des bains d'eau, d'huile ou de paraffine. Une épreuve au dynamomètre permit de s'assurer que jusqu'à 150° le tissu n'est pas affaibli, bien qu'il commence à prendre une légère teinte ambrée; à 210° il est roussi et fortement altéré.

M. A. Scheurer reprit les mêmes expériences, mais par voie humide. Il constata que le coton résiste à l'eau surchauffée à la température de 150° pendant 8 heures, mais qu'à 160° la fibre après le même temps est considérablement affaiblie.

Restait à déterminer la température à laquelle le flambage expose le tissu.

MM. W. Grosseteste et A. Scheurer arrivèrent chacun de son côté à peu près au même résultat. Cette température est comprise entre 70 et 100°, suivant le système de grillage et la vitesse de la marche. Ce n'était donc pas au grillage qu'il fallait attribuer l'accident en question. D'ailleurs, comment expliquer une action qui affaiblirait la chaîne en respectant la trame? M. A. Scheurer, en examinant les pièces attaquées, put s'assurer que le parement renfermait des chlorures de zinc et de magnésium.

Des échantillons imbibés de dissolutions de divers sels, à des titres variant de 10 à 50 grammes par litre, et soumis après dessiccation à des températures de 110 à 140° pendant 1 heure, démontrèrent que le chlorure de zinc à 10 grammes par litre produit déjà un affaiblissement notable et à 50 grammes par litre une destruction complète du coton. Le chlorure de calcium n'agit pas au-dessous de 130° et l'affaiblissement n'est pas proportionnel à la concentration de la dissolution. Le chlorure de magnésium affaiblit le tissu entre 110 et 120° au titre de 50 grammes par litre; à 10 grammes, l'attaque ne commence qu'à 130°.

M. E. Engel essaya l'influence combinée du flambage et des sels métalliques sur le coton, et pour cela fit passer à la grilleuse, sur trois flammes, des tissus imprégnés des solutions de divers composés. Il reconnut que le chlorure de zinc et le chlorure de magnésium, tous deux à 50 grammes par litre, produisent une diminution, le premier des 3/5, et le second du 1/5 de la résistance initiale.

M. Witz, à son tour, se préoccupa de la question. Il trouva les parties attendries transformées en oxycellulose et parvint à reproduire un affaiblissement analogue à celui des satinettes étrangères en exposant à la lumière solaire des tissus imprégnés d'un encollage contenant de 0,6 à 1 0/0 de sulfate de cuivre et 2 0/0 de chlorure de zinc. Suivant l'intensité de la lumière, il lui fallut de

6 à 11 heures d'exposition pour arriver à ce résultat.

Quoi qu'il en soit, la conclusion qui s'impose est qu'il faut bannir soigneusement des parements de tisserand tout sel dissociable à basse température ou facilement réductible à la lumière solaire.

Cette observation n'est pas inutile, car nous trouvons dans un Manuel de Tissage la recette suivante, spécialement recommandée :

Fécule	2 kilogr.
Eau tiède	3 lit. 5
Empâter et ajouter :	
Eau bouillante	17 litres.
Sulfate de cuivre	0 kgr. 100

et l'on indique comme substitut de ce dernier le chlorure et le sulfate de zinc, le chlorure d'étain, etc.

Le but que l'on se propose en employant ces sels étant la conservation de l'empois, on tend aujourd'hui à remplacer ces produits par des antiseptiques organiques, comme le phénate de sodium, le salicylate de sodium, etc., et cela pour le plus grand avantage du tissu.

BLANCHIMENT DU COTON. — La théorie du blanchiment pour impression, c'est-à-dire des opérations qui ont pour but de réduire le coton à l'état de cellulose pure, a été donnée d'une façon très complète dans l'article BLANCHIMENT (voyez Dict., 1, 621). Nous nous contenterons d'en rappeler les traits les plus importants.

Les tissus contenant, outre les impuretés naturelles du coton, toutes celles qui ont été ajoutées pendant les travaux de la filature et du tissage, soit intentionnellement, comme les parements, soit accidentellement, comme l'huile et la graisse des machines, sont traités par une lessive de chaux dans le double but d'enlever les matières susceptibles de se dissoudre et de saponifier les corps gras. Après cette première manutention, les pièces sont passées en acide chlorhydrique faible, pour décomposer les savons de chaux formés et mettre les acides gras en liberté.

Une seconde lessive alcaline au savon de colophane dissout ces mêmes acides gras et ne laisse plus sur le coton qu'une partie de la matière colorante, qui donne une teinte fauve à la fibre. Cette matière est détruite par un bain d'hypochlorite de calcium, après lequel un passage final en acide étendu achève de purifier le tissu. Il va sans dire que chacune de ces opérations est suivie d'un lavage destiné à supprimer tout ce qui pouvait rester du réactif précédent.

M. A. Scheurer, dans un récent travail [*Bull. Soc. ind. Mulhouse*, juillet-août 1888], nous a donné la genèse de ce procédé, qui depuis un demi-siècle est demeuré classique dans les établissements de blanchiment, si bien que d'une usine à l'autre on ne trouve que des variations insignifiantes, portant sur la force des bains, la durée ou le redoublement de tel ou tel traitement, ou la forme des appareils. On va voir cependant que ce n'est pas sans peine que s'est formé cet enchaînement rationnel d'opérations dont chaque phase vient à point et porte pour ainsi dire en elle-même son explication.

En 1835 E. Schwartz, dans un mémoire présenté à la Société industrielle de Mulhouse, concluait après une série d'expériences au rejet de la lessive de chaux, inefficace, disait-il, comme dissolvant des corps gras et même nuisible chaque fois qu'elle n'est pas suivie d'un acidage. A cette époque, on donnait en moyenne après la chaux quatre lessives de soude caustique alternant avec des passages en hypochlorite de calcium.

Aug. Scheurer-Rott, dans un rapport sur le mémoire d'Ed. Schwartz, établit que les alcalis caustiques ne pouvaient en effet dissoudre convenablement les savons calcaires, à moins que ceux-ci ne fussent décomposés par un acide, et que, par conséquent, il valait mieux ne pas donner de lessive de chaux si on ne devait pas en compléter l'effet par un acidage subséquent.

En 1837, Dana de Boston contesta ces assertions et cita des faits d'où il ressortait que la lessive de chaux pouvait enlever complètement les taches de graisse. Seulement, Dana passait ses tissus après la chaux dans une lessive de carbonate de potassium. Cette circonstance, dont il n'avait pas apprécié l'importance, n'échappa pas à A. Scheurer-Rott, qui montra que les alcalis carbonatés échangent leur acide avec le savon calcaire, et ne laissent sur le tissu que du carbonate de calcium. Voici les conclusions qu'Aug. Scheurer-Rott tira des expériences entreprises pour répondre aux arguments de Dana :

1° Quand la lessive de sel de soude n'est pas précédée d'un lessivage en chaux, les résultats sont moins bons qu'avec la soude caustique;

2° La lessive au sel de soude précédée d'une lessive de chaux donne des résultats supérieurs à ceux qu'on obtient par la lessive de soude caustique précédée d'une lessive de chaux;

3° Un échantillon chargé de taches de graisse, soumis successivement à une lessive de chaux et à une lessive de carbonate de soude, donne lieu, lorsqu'on le passe dans un acide, à un dégagement d'acide carbonique dénotant la présence du carbonate de chaux; il y a donc entre le sel de soude et le savon de chaux une double décomposition, à laquelle la soude caustique ne pourrait donner lieu;

4° Le bouillissage en chaux est donc la base du blanchiment au sel de soude.

Aug. Scheurer proposa, pour compléter le blanchiment au sel de soude, de faire suivre la lessive de chaux d'un acidage, de préférence en acide chlorhydrique, dont le sel de chaux est soluble.

Ainsi se trouvaient établis les principes fondamentaux du blanchiment actuel.

Depuis lors, on ne peut citer comme modification aux procédés chimiques que l'application du savon de colophane, dont l'origine remonte à 1840, et comme amélioration mécanique, que l'introduction du blanchiment sous pression, qui a permis d'abréger la durée des opérations, et enfin l'emploi des pompes de circulation pour les lessives.

On ne s'étonnera pas de l'importance attachée par tous les créateurs du blanchiment actuel à l'enlèvement des corps gras fixés sur le tissu écru. On sait en effet que les graisses ont une très grande affinité pour les matières colorantes, et notamment pour celles de la garance, qui, il y a un demi-siècle, étaient le pivot autour duquel tournait la fabrication de l'indienne.

Or des taches de ce genre, dont les effets ne se montraient qu'après la teinture, c'est-à-dire après que la marchandise avait déjà coûté à son producteur une somme importante et qu'il était trop tard pour remédier au mal, occasionnaient au fabricant des pertes considérables. De nos jours, du reste, bien que les conséquences des taches de graisse dans le *blanc* soient moins graves en général qu'autrefois, l'enlèvement intégral des corps gras est toujours encore le critérium d'un bon blanchiment.

On préconise aujourd'hui, nous l'avons dit, un système de blanchiment sans chaux, fondé sur un nouvel appareil anglais (système Mather et Platt), que nous décrirons plus loin.

Bien que les opérations, telles qu'on les exécute actuellement dans tous les établissements, aient été réduites, on le croyait du moins, à leur plus simple expression par la nécessité de travailler au plus bas prix possible, la méthode anglaise, s'appuyant sur un nouvel engin, arrive à remplacer les deux lessives de chaux et de savon de colophane par une seule lessive de soude caustique et de savon de colophane mélangés.

Mais, pour permettre la comparaison de ces deux systèmes, nous allons décrire successivement la marche pratique de chacun d'eux.

La chaudière Mather et Platt seule demandera une notice spéciale; les appareils mécaniques figurés Dict., 1, 624 donnent encore une idée suffisamment exacte du matériel classique.

Voici la suite des opérations dans la méthode de blanchiment à la chaux :

1° Flambage des pièces cousues bout à bout;
2° Passage dans un clapot contenant de l'eau de chaux à 50 grammes par litre;
3° Encuvage dans la chaudière à lessive (chaux);
4° Cuisson de 12 heures;
5° Décuvage et lavage;
6° Passage en acide à 2° B.;
7° Lavage;
8° Encuvage en chaudière à lessive (savon de colophane);
9° Cuisson de 12 heures;
10° Raffleurage;
11° Cuisson de 3 heures;
12° Décuvage et lavage;
13° Chlorage;
14° Lavage;
15° Acidage final;
16° Lavage et séchage.

On voit combien ce traitement est semblable à celui qui est exposé Dict., 1, 629; aussi nous bornerons-nous à quelques brèves explications sur la partie opératoire de ces manutentions.

1° *Flambage (grillage ou roussissage).* — Cette opération est donnée à toutes les pièces avant l'entrée en chaux. Ces tissus passent sur 2, 3 ou 4 rampes à gaz qui brûlent le duvet en laissant les fils intacts; nous avons vu plus haut que la température de la fibre ne s'élève pas au-dessus de 100° au maximum. Cependant, comme il arrive souvent que des nœuds ou des coutures effilochées s'enflamment et continuent à brûler, les pièces passent à la suite des rampes sous un jet de vapeur ou d'eau qui éteint les flammèches. Cette humectation a aussi l'avantage de ramollir le parement et de préparer le tissu à absorber le lait de chaux.

2°, 3°, 4°, 5°. *Passage en chaux.* — Les pièces passent dans un clapot (voyez Dict., 1, 624, fig. 85) contenant un lait de chaux à 50 grammes par litre que l'on renouvelle à mesure qu'il est absorbé. Le tissu entre dans la chaux sans avoir été préalablement mouillé, et, après avoir fait dans la cuve du clapot plusieurs tours pendant lesquels il est alternativement exprimé et imbibé à nouveau, il arrive dans la chaudière à lessive, où un ouvrier l'empile régulièrement, de façon à permettre au liquide de circuler uniformément à travers la masse. On achève alors de remplir la cuve, dont on boulonne le couvercle et que l'on chauffe à 120° environ. L'opération dure de 8 à 12 heures, pendant lesquelles une pompe centrifuge ne cesse de soutirer le liquide dans le bas de la chaudière pour le déverser par le haut. Quand la cuisson est terminée, on laisse écouler le bain, que l'on remplace par de l'eau froide; puis on ouvre l'appareil, on décuve et on lave énergiquement. Les lavages se donnent le plus souvent dans des clapots semblables à celui qui sert au passage en chaux, mais placés sur un canal, de façon à faire baigner le tissu dans l'eau courante. Le même procédé de nettoyage s'emploie à la suite de toutes les manutentions, mais on a en général un clapot spécial pour chaque phase du traitement.

6° et 7°. *Passage en acide.* — On passe les pièces dans l'acide chlorhydrique à 2° B., en ayant soin d'entretenir au même degré acidimétrique le bain, qui tend à s'affaiblir en raison de l'eau et de la chaux que le tissu y amène constamment. Ce passage peut se faire dans un clapot ou dans une cuve; dans le premier cas il est continu et dans le second intermittent. On laisse généralement séjourner les tissus imbibés d'acide pendant un certain temps pour favoriser la réaction et on lave comme ci-dessus. Le coton, sorti de la chaux coloré en brun jaune, est alors revenu à un ton plus clair et plus rougeâtre.

8°, 9°, 10°, 11°, 12°. *Lessive en savon de colophane.* — Les pièces lavées sont encuvées une deuxième fois de la même façon que pour la lessive de chaux. Cependant, dans quelques établissements, on les fait passer auparavant par un clapot contenant un bain de cristaux de soude. Ce passage a pour but de donner au coton une réaction alcaline et d'empêcher la colophane de se précipiter sur la fibre.

Quand l'encuvage est terminé, on fait arriver dans la chaudière une dissolution de savon de colophane, préparée à raison de 75 kilogrammes de sel de soude et de 25 kilogrammes de colophane pour 1000 kilogrammes de coton et on donne 8 à 12 heures d'ébullition. Pendant l'opération, on fait circuler sans interruption la lessive dans la cuve, comme il a été dit pour la chaux. Toujours afin d'éviter la précipitation de la résine qui pourrait se produire sur le tissu par l'affusion subite d'une grande quantité d'eau froide, il est d'usage, après le traitement à la lessive de colophane, de vider la chaudière et de la remplir de nouveau d'une dissolution faible de cristaux de soude, que l'on fait bouillir pendant 3 heures avec les pièces : c'est ce qu'on appelle le *raffleurage*; puis on laisse refroidir et on lave.

13° et 14°. *Chlorage.* — Les tissus n'ont plus à ce moment qu'une couleur bise ou jaunâtre, qui doit disparaître au chlorage. Cette opération se pratique comme l'acidage, soit au clapot, soit à la cuve. Les pièces passent dans un bain monté avec de l'hypochlorite de calcium à 0°,5 B. et sont abandonnées à elles-mêmes pendant 1 heure, mais on doit avoir soin de ne pas les exposer à la lumière solaire. Lavage au clapot.

15° et 16°. *Acidage.* — Passage final en acide chlorhydrique à 1° B., pour enlever les dernières traces de chaux ou d'hypochlorite et séchage.

Dans ce qui précède nous ne nous sommes pas attaché à un système quelconque de chaudières à lessive (voyez Dict., 1, 625, fig. 87 et 88). Tous les modèles se valent à peu près aujourd'hui, grâce à la pompe de circulation. Le lecteur qui serait désireux d'étudier de plus près ces divers appareils pourra consulter un travail de M. E. Burnat sur le blanchiment à haute pression (*Bull. Soc. ind. Mulhouse*, 1868) et un mémoire de M. R. Bourcart (*Moniteur scientifique*, 1885) sur le blanchiment des tissus de coton.

Nous allons exposer maintenant le système de MM. Mather et Platt, en commençant par décrire leur appareil (fig. 85).

La pièce principale se compose d'un cylindre en tôle forte (A), posé horizontalement sur un fort bâti. Ce cylindre peut être fermé hermétiquement par une porte qui se manœuvre à l'aide d'un filet de vapeur agissant sur un contrepoids. Des wagonnets, au nombre de 2 ou 3, peuvent s'engager au moyen de rails dans ce cylindre et en remplir la capacité : chacun de ces wagonnets est chargé d'un millier de kilos de tissu imbibé de soude caustique, dans des conditions qui seront indiquées plus loin, et subit un vaporisage de plusieurs heures, pendant qu'une pompe puise dans le fond du cylindre une lessive de savon de

Fig. 85. — Appareil de MM. Mather et Platt.

A, corps de la chaudière. — B, wagonnet chargé de tissu. — C, porte de la chaudière, se soulevant à l'aide d'un contrepoids; cette porte est en forme de coin. — D, corps de pompe dans lequel se meut la tige servant de contrepoids à la porte. — E, pompe rotative pour la circulation des lessives.

colophane et la répand abondamment sur le contenu des wagonnets. Ceci étant donné, voici maintenant la méthode opératoire, que nous devons à l'obligeance de M. Horace Kœchlin, qui, au point de vue chimique, peut être considéré comme le créateur de ce procédé.

Les pièces grillées sont passées par un clapot dont la cuve contient de l'acide sulfurique à 2° B. On laisse les toiles en tas pendant une nuit, en prenant les précautions nécessaires pour les empêcher de sécher; pour cela on couvre la pile de calicot humide et on l'arrose de temps en temps d'acide dilué, puis on lave 2 fois au clapot.

Pour les pièces écrues qui ont servi de doublier d'impression et qui par cela même sont plus fortement chargées d'impuretés, on porte la force de l'acide à 5° et on donne 2 passages séparés par un intervalle de 3 ou 4 heures. Après le deuxième passage, les pièces séjournent une nuit sur l'acide avant d'être lavées. Suivant M. Horace Kœchlin, l'acide sulfurique présente non seulement l'avantage d'un prix moins élevé que celui de l'acide chlorhydrique, mais encore, à degré égal, est moins sujet à affaiblir la fibre.

Fig. 86. — Appareil de MM. Mather et Platt. Wagonnets en charge.

Dans un clapot pareil au clapot d'acidage, on imbibe les pièces de la dissolution suivante à la température de 60° :

Eau..........................	1 800 litres.
Soude caustique sèche à 72 0/0.	25 kilogr.
Bisulfite de sodium à 35° B....	5 litres.

et, au sortir de ce bain, on entasse la marchandise dans les wagonnets, que l'on introduit, une fois chargés, dans la chaudière en tôle (fig. 86).

Le liquide qui s'est écoulé des wagonnets pendant le chargement est remis dans le cylindre, dont on ferme la porte et où l'on fait arriver une lessive composée de :

Eau..........................	2 000 litres.
Colophane dissoute..........	20 kilogr.
Soude caustique à 72 0/0.....	30 —
Sel de soude.................	40 —

On donne alors la vapeur et on fait bouillir à 115° environ pendant 6 ou 9 heures. Durant ce laps de temps, une pompe puise sans interruption la lessive dans le fond de la cuve et la déverse sur les pièces, qui sont ainsi sans cesse traversées par un courant de liquide alcalin.

Une mise de ce genre comprend ordinairement 2500 kilos de coton en deux wagonnets.

Après le temps voulu, on ferme l'accès de la vapeur et on vide; puis on fait entrer de l'eau froide dans le cylindre jusqu'aux trois quarts de sa hauteur (un tube de verre indique le niveau du liquide dans l'appareil) et on lave pendant 1 heure à 40° environ, au moyen des pompes de circulation.

Cette opération du lavage est répétée une deuxième et une troisième fois dans les mêmes conditions, sauf que la troisième fois la circulation n'est plus prolongée au delà d'une demi-heure. On laisse la marchandise dans le wagonnet jusqu'au lendemain matin, puis on décuve et on lave les pièces au clapot. Après le lavage, elles sont empilées dans une cuve, où une pompe les arrose d'hypochlorite de calcium à 0°,25 pendant 5 heures. On lave deux fois sans décuver, en vidant le récipient et en le remplissant chaque fois d'eau pure.

On termine par un passage en acide sulfurique à 1°, on lave et on sèche.

En résumant les opérations d'une façon schématique, comme nous l'avons fait pour la méthode à la chaux, nous formons le tableau ci-après :

1° Passage en acide sulfurique à 2°;
2° Lavage;
3° Passage en soude caustique (saturation);
4° Empilage dans les wagonnets;
5° Cuisson de 9 heures;
6° Lavage dans le cylindre;
7° Lavage au clapot;
8° Chlorage;
9° Lavage;
10° Passage en acide sulfurique à 1° B;
11° Lavage et séchage.

Nous allons reprendre rapidement ces diverses manutentions.

1° et 2°. — Le passage en acide sulfurique sert à ramollir le parement et à lui faire subir un commencement de dissolution. On doit admettre aussi que l'acide, dans son action prolongée sur le tissu, entraîne les oxydes métalliques qui pouvaient être fixés accidentellement sur la fibre, cette opération étant la seule à laquelle on puisse réellement attribuer ce rôle, nécessaire cependant dans un blanchiment complet.

5°, 6° et 7°. — Le passage en soude, que les Anglais appellent la *saturation*, est un point important du procédé : c'est lui qui met en contact intime avec la fibre le liquide alcalin, et qui prépare la réaction qui s'achève plus tard sous l'influence du vaporisage et des aspersions de lessive de colophane.

Le bisulfite alcalin est là pour garantir le tissu contre une cause d'affaiblissement qui s'est présentée dans les premiers essais de l'appareil. Il est arrivé en effet que, par suite d'une interruption dans la circulation de la lessive, les tissus se sont trouvés exposés pendant un temps plus ou moins long à l'action de la soude qui se concentrait dans le fil, en présence de l'oxygène contenu dans l'atmosphère du cylindre et sous l'influence d'une température élevée : il en est résulté un affaiblissement de la toile. Le bisulfite, ramené bien entendu à l'état de sulfite neutre par un mélange avec la soude caustique, constitue un réducteur qui s'oppose à la formation de l'oxycellulose.

Quant à la lessive de colophane, nous verrons plus loin que, mélangée à la soude caustique, elle hâte la saponification et l'entraînement des corps gras.

8°, 9°, 10° et 11°. — Il n'y a rien qui distingue ces opérations de celles qui leur correspondent dans la marche classique. La seule différence est qu'ici l'acide chlorhydrique est remplacé par l'acide sulfurique, d'un prix moins élevé.

M. A. Scheurer [*Bull. Soc. ind. Mulhouse*, déjà cité] a étudié la saponification des corps gras sur le tissu, et, quelques-unes de ses expériences reproduisant à peu près les conditions du blanchiment à la chaux et du procédé anglais, nous allons noter quelques observations intéressantes à ce point de vue. Pour rendre les essais aussi concluants que possible, il s'agissait de faire un choix judicieux des corps gras sur lesquels devait porter l'examen. M. A. Scheurer a donné la préférence à l'huile de coton, comme faisant partie intégrante de la fibre à l'état de nature, et au suif, l'une des graisses le plus difficilement saponifiables et qui par conséquent représentait à peu près le maximum de la résistance.

Les essais ont été faits aux températures de 100 et de 120°, sur des morceaux de calicot que l'on avait tachés préalablement au moyen des corps gras ci-dessus.

Les agents de saponification étaient la soude caustique pure ou additionnée de colophane en diverses proportions, et la chaux.

Le traitement à 100° se donnait dans des vases ouverts où les échantillons flottaient librement, tandis que la cuisson à haute pression avait lieu dans des tubes de fer scellés, chauffés au bain d'huile et sans circulation des lessives ni déplacement des tissus. On verra plus loin combien cette dernière condition a dû exercer une influence défavorable sur le traitement à la soude caustique en particulier.

Nous extrayons des tableaux résumant ces expériences les chiffres suivants, qui sont surtout applicables au sujet qui nous occupe.

Blanchiment à 100°.

Quantité de réactif par litre d'eau.		Temps employé p la saponification. Huile de coton.	Suif.
Soude caustique anhydre. Colophane.	10 gr. 2,5	6 h.	6 h.
Soude caustique anhydre. Colophane.	5 gr. 2,5	18 h.	18 h.
Soude caustique anhydre.	10 gr.	18 h.	34 h.
— — —	5	18	34
Chaux caustique.	10	6	12
Blanchiment à 120°.			
Soude caustique anhydre. Colophane.	10 gr. 2,5	4 h.	8 h.
Soude caustique anhydre. Colophane.	5 gr. 2,5	4 h.	8 h.
Soude caustique anhydre.	10 gr.	4 h.	16 h.
— — —	5	4	16
Chaux caustique.	10	2	4

De ces résultats nous avons trois points à retenir :

Nous remarquons tout d'abord que la soude caustique additionnée de colophane, ou, ce qui revient au même, mélangée de savon de colophane, opère la saponification plus rapidement que la soude caustique pure. Ceci explique l'avantage qu'il y a à arroser de savon de résine, pendant le vaporisage, les pièces contenues dans les wagonnets Mather et Platt. M. A. Scheurer attribue cette propriété du savon à son action émulsionnante.

Le deuxième fait remarquable qui ressort de ces tableaux, c'est que la chaux, qui à 100° exige deux fois plus de temps pour saponifier le suif que le savon de colophane à 10 grammes de soude caustique par litre, en met au contraire moitié moins à 120°.

Enfin, troisième observation : la soude caustique additionnée de colophane, qui saponifie le suif en 6 heures à 100°, en met 8 à 120°.

Ces anomalies apparentes s'expliquent par les expériences de M. Scheurer, qui a constaté que la circulation des liquides a bien moins d'influence sur les résultats dans la saponification par la chaux que dans celle par le savon de colophane. En effet, la lessive calcique, soutirée en pleine marche, ne renferme plus que les 5/10 de la chaux primitivement introduite, dont 4/10 à l'état de sel neutre; le reste s'est accumulé sur la fibre. Cette concentration favorise la saponification et rend la circulation du liquide moins indispensable que dans le cas de la soude, dont l'action purement locale doit nécessairement s'épuiser si les points de contact avec le tissu ne sont pas constamment renouvelés. Or, dans les essais qui précèdent, les réactions à 100° ont eu lieu en vase ouvert et ont été favorisées, tant pour la soude que pour la chaux, par une agitation des tissus dans les bains, tandis que les réactions à 120° se sont produites en vase clos, les échantillons ne changeant pas de place au milieu de liquides également immobiles.

Nous pouvons donc admettre, d'après ce qui précède, que si l'on se place dans des conditions normales de circulation des lessives, l'accroissement de température de 100° à 120°, qui réduit de 12 heures à 4 la durée de saponification du suif par la chaux, bien loin de ralentir la réaction du savon de colophane sur ce même corps gras, devra avoir également sur elle une influence accélératrice, et que l'écart entre les deux résultats devra se réduire à très peu de chose, si même les termes ne se renversent pas. Néanmoins M. A. Scheurer considère le procédé à la chaux comme offrant plus de sécurité, les impuretés qui ont échappé à la première lessive devant nécessairement céder à la deuxième.

L'appareil anglais est appliqué, du reste, dans quelques maisons d'Alsace et de Normandie, au blanchiment classique, et dans ce cas la différence n'est plus qu'une question de mécanique par suite de laquelle le procédé à la chaux bénéficie de la division de la marchandise dans les wagons et des avantages de la circulation et du vaporisage.

Voici la marche suivie dans ce cas :

On passe les pièces au clapot dans une eau de chaux à 50 grammes par litre et on les empile dans les wagonnets que l'on introduit dans le cylindre. On y fait arriver alors 2000 litres d'eau et on chauffe à 115° environ pendant 5 ou 6 heures en faisant marcher les pompes de circulation; on lave et on donne un bain d'acide chlorhydrique à 2° B.; on lave et on passe au clapot dans la dissolution suivante :

Soude caustique à 70 0/0....	25 kilogr.
Bisulfite de sodium........	5 litres.
Eau......................	1 200 —

On fait tomber les pièces ainsi saturées dans les wagonnets et on remet dans le cylindre, où l'on fait couler la lessive de colophane ci-dessous :

Eau......................	1 500 litres.
Sel de soude..............	40 kilogr.
Colophane................	20 —

Après 6 heures de marche avec circulation, on lave et on termine, suivant le procédé déjà décrit, par un chlorage et un acidage.

En 1883 déjà, M. H. Kœchlin avait fait des essais de blanchiment au moyen de l'appareil de vaporisage continu de MM. Mather et Platt, mais il avait dû renoncer à ce procédé, qui augmentait dans une forte mesure les frais de fabrication. En effet, pour obtenir un bon résultat, il fallait localiser dans le tissu une quantité d'alcali suffisante pour produire la saponification sur place, car il n'était pas possible, étant donnée la forme de l'appareil, de renouveler les contacts par des affusions de lessive.

On ne pouvait donc réussir qu'en employant des lessives très concentrées et par conséquent très coûteuses. Nous donnons comme renseignement la marche de ce procédé, qui a été le point de départ du système actuel.

Passer les pièces au bouillon en acide sulfurique à 1 gramme par litre pendant 2 minutes, laver, saturer en soude caustique à raison de

Soude caustique à 38° B.........	1 litre.
Eau...........................	4 —
Bisulfite de sodium............	5/16

foularder 2 fois dans le bain ci-dessus, vaporiser 1 heure, passer à l'eau chaude, puis laver, chlorer et acider (Hor. Kœchlin).

Nous devons citer aussi, comme tentative heureuse pour abréger les opérations de blanchiment, un procédé qui est suivi depuis plusieurs années, pour quelques articles, dans un établissement de Rouen.

Les tissus sont passés au clapot dans un lait de chaux et empilés dans une chaudière à lessive ordinaire. On coule dans l'appareil une lessive de sel de soude Solway. Après cuisson, suivant M. E. Blondel, à qui nous devons cette communication, l'analyse des lessives montre que l'alcali caustique a été presque entièrement employé à la saponification des résines et des corps gras du tissu. Il n'en reste plus qu'un léger excès en liberté, ainsi qu'une faible quantité de carbonate de sodium non caustifié, et le carbonate de calcium est complètement entraîné au lavage.

On termine comme d'habitude par un chlorage et un acidage, suivis d'un passage en sulfite de sodium faible pour déchlorer à fond.

Les pièces ainsi traitées sont plus douces au toucher que celles qui ont passé par les opérations ordinaires, et se prêtent parfaitement à la teinture des rouges alizarine unis et des bleus méthylène.

Les pièces de coton, blanchies par l'un ou l'autre des procédés que nous venons d'indiquer, perdent en général de 12 à 15 0/0 de leur poids, suivant la quantité de parement qui a été employée au tissage.

Quelques genres façonnés, tels que les velours de coton, demandent à être blanchis au large, afin d'éviter les cassures.

Dans ce cas les tissus sont passés en chaux au foulard, et arrivent de là dans la chaudière à lessive, où un ouvrier les reçoit sur les bras sans les froisser et les empile de champ par étages.

Tous les bains qui se donnent au clapot dans le système ordinaire se donnent ici au foulard et les lavages se font au large par un cadre à roulettes placé sur la rivière.

MM. Schlumberger fils et Cie, à Mulhouse, ont employé pendant longtemps, pour le lessivage de ces tissus, un appareil spécial très ingénieusement combiné.

Cet appareil se compose d'une cuve cylindrique, munie suivant son axe d'un mandrin qui peut recevoir un mouvement circulaire; les tissus passent par une fente longitudinale ménagée dans la surface du cylindre et viennent s'enrouler autour du mandrin. Cette fente est rebouchée pendant la marche par un couvercle autoclave. Au-dessus du rouleau formé par le tissu et faisant corps avec lui, se trouve un plateau sur lequel se déverse la lessive et qui la distribue par une infinité de trous dont il est percé.

Ce système supprime la main de l'homme dans l'empilage des pièces et assure une meilleure pénétration des liquides alcalins.

Un constructeur anglais, M. J. Farmer, a établi sur les données de M. Auguste Lalance un appareil répondant au même but que celui de la maison Schlumberger fils. Le tissu traverse au large une cuve renfermant les différents bains de blanchiment, et dans laquelle les rouleaux de tension sont creux et percés d'un grand nombre de trous; des pompes aspirent les dissolutions à travers ces rouleaux qu'enveloppe le tissu et les forcent à traverser l'étoffe pendant qu'elle est en contact avec eux. Les liquides sont constamment renouvelés et leur action est multipliée par la pression. On obtient ainsi un blanchiment sans cassures et extrêmement rapide.

Cet appareil est le plus parfait qui ait été réalisé jusqu'à présent pour le blanchiment au large.

On a beaucoup parlé récemment d'un système de blanchiment électrolytique, dit procédé Hermitte. Cette méthode, qui n'est à vrai dire qu'un procédé de préparation du chlore, consiste dans l'électrolyse de solutions de chlorures alcalins et alcalino-terreux (de préférence du chlorure de magnésium), et dans l'emploi des bains ainsi obtenus comme agents décolorants. MM. Cross et Bevan ont étudié ce système et ont trouvé des rendements en chlore actif absolument merveilleux; leurs assertions ont été contestées par le Dr Hurter, et il en est résulté un échange d'arguments sur la valeur desquels la lumière n'est pas encore faite.

Nous avons dû citer ce procédé pour être complet, mais nous renvoyons pour plus amples renseignements au *Journ. of the chem. Industry* (mars 1887 et avril 1888) et au *Mon. scient.* (janvier et août 1888).

L'électricité a été appliquée aussi, et cela d'une façon très ingénieuse, au flambage des tissus (grilleuse électrique de Mather et Platt). Cet appareil est formé essentiellement d'une barre métallique qui peut être chauffée au besoin jusqu'au rouge blanc, au moyen d'une machine dynamo-électrique et sur laquelle passent les pièces à griller. Ce système présente des avantages au point de vue du réglage et de la mise en marche.

De plus il supprime les tuyaux de ventilation ou les cheminées que nécessite l'emploi du gaz ou celui des fourneaux à plaques.

Blanchiment du coton en écheveaux. — Le blanchiment des écheveaux a, quant au résultat final, une importance beaucoup moindre que celui des tissus.

En effet, il est facile de se rendre compte que les impuretés qui se traduisent par des taches ou des inégalités à la teinture, doivent marquer sur la surface unie d'une pièce d'une façon bien plus désastreuse que sur des écheveaux dont les fils, séparés plus tard par le tissage, vont se perdre dans la contexture de la toile et n'ont du reste jamais, même dans les meilleures conditions, l'homogénéité absolue de couleur que l'on exige d'un tissu.

Aussi, pour la plupart des nuances foncées, suffit-il de faire débouillir les cotons, c'est-à-dire de les passer pendant quelques heures à l'eau bouillante, afin de les humecter et d'enlever la plus grande partie des matières qui les souillent.

Pour des couleurs claires ou pour blanc, on se contente de donner au fil 1 ou 2 lessives d'une durée de 5 à 8 heures, dans des appareils assez semblables à ceux qui servent pour les pièces et qui peuvent contenir de 1000 à 2000 kilos de coton. La lessive se compose ordinairement de 3 à 4 kilos de soude pour 100 kilos de fil et, pour les matières très colorées, de 3 à 4 kilos de cristaux de soude et 1k,3 de chaux vive [Renard, *Traité des matières colorantes, du blanchiment et de la teinture du coton*]. Après la cuisson, on fait écouler la lessive et on lave le coton dans la chaudière même, jusqu'à ce que l'eau coule claire.

Ces appareils à lessive sont à haute pression ou à air libre et munis généralement d'une pompe de circulation.

Le lessivage est suivi d'un bain d'hypochlorite de calcium variant de 0,75 à 1°,5 B. Le chlorage est prolongé pendant 3 heures; puis on lave dans la cuve et on procède à l'acidage, c'est-à-dire que l'on passe les écheveaux dans l'acide chlorhydrique ou sulfurique à 1° B., après quoi l'on rince et l'on azure. Pour ce que l'on appelle les *grands blancs*, on plonge encore les cotons avant l'azurage dans un bain de savon de Marseille (7 à 8 kilos pour 100 litres d'eau), et on les tord sans les laver.

Depuis quelques années, l'industrie drapière fait un très grand usage de coton brut, destiné à être teint d'abord, puis filé avec la laine. Ces cotons sont assez rarement blanchis, la plus grande partie d'entre eux devant être teints en noir d'aniline; mais tous sont débouillis préalablement, comme nous l'avons dit pour les filés.

Souvent on se sert pour cela d'une eau alcaline pour dégraisser la fibre et on complète le lavage à la cuve en faisant couler de l'eau dans le panier de l'essoreuse pendant la marche. On termine par l'opération de l'échiquetage, qui a pour but de séparer les fibres réunies en pelotes par les traitements qu'elles ont subis.

Blanchiment du coton en cannettes. — Pour réaliser sur les opérations du dévidage des filés écrus et du recannetage après le blanchiment une économie qui peut dépasser 1 franc par kilo pour les numéros fins, on a imaginé de blanchir en cannettes les cotons destinés à être tissés en blanc. Pour cela on commence par passer dans chaque cannette une broche en celluloïd pour lui donner une certaine rigidité; puis on place les bobines ainsi embrochées dans un panier en gutta-percha, percé de trous, pouvant contenir environ 5 kilos de filés.

Les paniers chargés sont disposés dans une cuve étanche en maçonnerie ou en fonte, dans laquelle on fait le vide à 730 millimètres environ.

Quand la cuve est purgée d'air, on la met en communication avec une lessive contenant une dissolution de chlorure de chaux à 0°,5 ou 1° B. Le chlorure de chaux est absorbé et pénètre jusqu'au centre de la cannette; on fait écouler la solution décolorante en laissant rentrer l'air dans la cuve et on répète l'opération avec de l'eau, afin de laver les bobines; puis on ressort les paniers et on les met tels quels dans une essoreuse, dans laquelle on fait arriver de temps en temps un filet d'eau. Les paniers bien essorés sont replacés dans la cuve, où on leur fait absorber, toujours par le même procédé, une solution d'acide chlorhydrique de 0°,5 à 1° B.

On donne, comme après l'hypochlorite, un lavage énergique dans la cuve même et pendant l'essorage, puis on sèche à l'étuve.

Ce procédé a l'inconvénient de ne pas se prêter à l'azurage des fils, car toutes les matières colorantes, même les plus solubles, se déposent en plus grande quantité sur la surface de la cannette qu'à l'intérieur. De plus les liquides ne pénètrent sous l'influence de la pression atmosphérique jusqu'au fond des bobines que quand celles-ci sont entièrement sèches. Le bain acide a donc des chances de ne pas être uniformément réparti dans l'intérieur des cannettes, et il peut en résulter des inégalités. Cependant, telle qu'elle fonctionne, l'industrie du blanchiment en cannettes rend des services au tissage et lui vaut de sérieuses économies.

B. — LIN.

Le lin n'a pas comme le coton l'avantage de fournir pour ainsi dire sans préparation un textile applicable directement aux usages industriels. La fibre doit être séparée, non sans peine, des matières étrangères qui lui sont associées dans les tiges de la plante.

Le lin est le produit textile le plus anciennement connu en Europe. Il peut croître sous presque toutes les latitudes, mais il lui faut un climat doux, humide et égal. On place le lieu d'origine du lin dans le Caucase et peut-être faudrait-il remonter pour le trouver jusqu'à l'Extrême Orient.

Les grands pays de production sont en Europe : le nord de la France, la Belgique, la Hollande, le Danemark, la Westphalie, le Hanovre, la Saxe, la Silésie, la Moravie, la Bohême et les provinces russes de la Baltique.

Le lin appartient à la famille des Linées; la variété la plus généralement cultivée est le *Linum usitatissimum*. C'est une plante annuelle, à fleurs bleues, qui donne un fruit composé d'une capsule sphérique à 5 loges, renfermant 10 graines brunes et brillantes. Ces graines prennent un intérêt presque aussi considérable que les tiges, car elles sont la matière première d'une huile possédant au plus haut degré les qualités siccatives que l'on recherche pour la peinture et les vernis. Le lin des pays chauds donne beaucoup de graines, mais des fibres d'une qualité inférieure; c'est l'inverse pour les pays du Nord. Si l'on veut cultiver le lin pour en avoir la semence, on le laisse croître sans prendre de précautions particulières; si au contraire c'est la fibre qui est l'objectif, on le sème dru et rapproché, de façon à obtenir une plante droite très montée et sans ramifications. En Belgique et en Hollande, on couvre dans ce but la plantation d'une couche de branchages et l'on tend par-dessus des ficelles en croix, afin de diriger et de soutenir les pousses : c'est ce qu'on appelle le *lin ramé*, qui jouit d'une réputation méritée pour la longueur et la finesse de sa fibre. Dans ces circonstances, la plante étant soutenue par ses voisines ou par des appuis artificiels et n'ayant pas besoin d'acquérir la même rigidité que quand elle se développe à l'état isolé, le ligneux se forme moins abondamment et la fibre libérienne conserve toute sa souplesse en s'allongeant davantage.

Le lin se sème généralement au printemps, de février à avril, et se récolte de juin à septembre; c'est ce qu'on appelle le *lin d'été*, qui donne les meilleurs produits. Si l'on a en vue d'obtenir de la graine, on laisse mourir la plante sur pied; sinon on arrache le lin au moment où la partie de la tige la plus voisine du collet commence à jaunir.

On fait sécher les tiges sur pré et on les passe par des peignes en fer ou *drèges* afin d'enlever les graines et les feuilles. Ces peignes se composent d'une monture qui peut se fixer sur un billot de bois et dans laquelle s'enchâssent de 24 à 30 dents en fer, d'une longueur de 30 centimètres et écartées de 3 centimètres.

Avant cette opération, qu'on appelle *drégeage*, on assortit les tiges suivant leur longueur. Le lin drégé et séché à l'air porte le nom de *lin en paille* ou *en chaume*. Il contient à cet état de 20 à 27 0/0 de filasse brute et de 73 à 80 0/0 de ligneux et d'autres substances étrangères.

Pour tirer parti de cette filasse brute contenue dans le lin en chaume, la première condition est de dissoudre la matière gommeuse qui soude les éléments de la plante et fait adhérer les fibres entre elles. C'est le but du *rouissage*.

La tige du lin se compose de plusieurs couches de tissus végétaux, que nous allons énumérer en partant de l'intérieur : 1° la moelle centrale; 2° le ligneux proprement dit; 3° les fibres libériennes utilisables comme textiles; 4° l'écorce ou épiderme. Entre la 2° et la 3° couche se trouve une zone de ligneux en voie de formation ou *cambium*. La substance intracellulaire pénètre aussi bien le ligneux que le liber, et c'est elle qui réunit entre eux ces différents tissus et qui agglutine les fibres de la filasse. Suivant les recherches de J. Kolb, cette matière ne serait autre que la *pectose*; par les opérations du rouissage elle se transformerait en pectine soluble et en acide pectique insoluble qui resterait adhérent à la filasse et ne disparaîtrait qu'au blanchiment.

Cette élimination de la matière intracellulaire est produite par une fermentation qui, abandonnée à elle-même, dure généralement de 5 à 15 jours, mais qui peut être hâtée artificiellement.

Il y a plusieurs procédés de rouissage; nous allons citer les principaux : rouissage à l'eau; rouissage à la rosée; rouissage mixte; rouissage à l'eau tiède (procédé de Schenk, procédé américain).

Nous ne dirons rien du rouissage à l'eau, le plus répandu de tous. Il a été décrit (Dict., 1, 621).

Le rouissage à la rosée consiste à étendre les tiges en couches minces sur un pré, à les humecter et à les retourner de temps en temps. On reconnaît que l'opération est terminée quand une tige, séchée et courbée sur le doigt, se détache facilement de son écorce. Le rouissage à la rosée dure souvent 8 ou 10 semaines, mais par un temps humide il peut être terminé en 15 jours. Ce système fournit un produit très blanc; mais, à cause de la durée incertaine de l'opération, il est peu employé.

Dans le procédé mixte, le lin est d'abord soumis au rouissage à l'eau, puis exposé sur un pré comme dans la méthode précédente : c'est-à-dire qu'il subit dans l'eau la fermentation acide tumultueuse et à l'air la fermentation alcaline. Le tout dure de 2 à 5 semaines. Ce système donne avec une sécurité absolue de très beaux résultats à ceux qui recherchent plutôt la finesse et la souplesse de la fibre qu'une économie de main-d'œuvre.

Le procédé à l'eau tiède (procédé de Schenk, procédé américain) permet d'abréger considérablement l'opération, qui devient indépendante de la température extérieure et se prête à une exploitation industrielle. On soumet le lin pendant 80 ou 90 heures à l'action de l'eau, maintenue à 30° environ, dans de grandes cuves en bois, qu'on peut chauffer par des serpentins à vapeur et où les tiges sont placées en bottes de 5 kilos dans la position qu'elles ont en terre et maintenues immergées par des lattes. Quand la cassure indique que le rouissage est terminé, on renouvelle l'eau tiède pour laver le lin et on l'exprime fortement entre des rouleaux, pendant qu'il est encore plongé dans l'eau, afin de dégager toutes les parties mucilagineuses qui le souillent. Puis on le sèche à l'air dans des greniers ou sur le pré.

Une autre méthode qui donne à la filasse une teinte argentée, ainsi qu'une douceur et une souplesse remarquables, est celle qui est souvent employée en Belgique et qui consiste à garnir de feuillage et de boue argileuse exempte de fer les interstices que laissent entre elles les bottes de lin.

Tous les procédés fondés sur une désagrégation chimique de la matière intracellulaire, soit par des acides, soit par des alcalis, n'ont donné que des résultats incertains ou mauvais et ne sont pas employés. On se sert cependant quelquefois de solutions alcalines pour amener les déchets de peignage (étoupe) à un état de division qui permette de les filer.

Les tiges perdent au rouissage environ 25 0/0 de leur poids.

A la suite du rouissage et après que le lin a

été séché, il subit un certain nombre de manutentions purement mécaniques, qui ont pour but de détacher de la fibre le lin et l'écorce, dont l'adhérence a été en grande partie détruite par l'action de l'eau. Ces opérations ont reçu le nom de *broyage*, *teillage*, *espadage* et consistent à faire passer les tiges entre des sortes de mâchoires de diverses formes qui brisent l'écorce ou la chènevotte et qui détachent celles-ci par une friction.

On termine ce traitement par des passages répétés sur des peignes de plus en plus fins, qui doivent résoudre les faisceaux et séparer les fibres. Cette division ne se fait pas sans un déchet considérable.

Ce déchet est l'étoupe, qui est constituée par des filaments de longueur variable et enchevêtrés, et qui veut être filée par des procédés spéciaux, semblables à ceux en usage pour le coton.

100 kilos de tiges rouies donnent en moyenne, après 6 peignages, 8 0/0 de filasse et 12,50 d'étoupe.

Les lins peignés mécaniquement peuvent donner jusqu'à 17 0/0 de filasse contre 5,6 d'étoupe.

Les fibres du lin, composées de cellules agglutinées, ont souvent une très grande longueur (50 centimètres), mais les cellules élémentaires n'ont guère plus de 20 à 40 millimètres de longueur. Ce sont des cylindres transparents, terminés en pointe à leurs deux extrémités, qui réfléchissent fortement la lumière, ce qui explique l'éclat soyeux des tissus de lin, et qui offrent l'aspect de tubes de verre percés suivant leur axe d'un canal capillaire; souvent même ce canal est à peine apparent.

Ces cellules portent sur différents points des renflements et des fissures que l'on attribuait à des nœuds, mais qui proviennent en réalité de cassures ou d'écrasements. M. Vétillart les compare aux renflements que l'on produirait sur une tige d'osier en la pliant avec force.

Le diamètre moyen de la fibre est de $0^{mm},02$. Un rouissage exagéré, ainsi que certains réactifs, résolvent une partie des fibres en cellules élémentaires et augmentent dans une large mesure la quantité d'étoupe fournie par le peignage; l'usure produit le même effet, et cela explique la préférence que l'on accorde aux vieux tissus de lin pour les transformer en charpie; ces fibrilles spongieuses en forme de pinceaux se prêtent mieux en effet que les filaments de coton à absorber les liquides purulents. Leur contexture les rend aussi éminemment propres à la fabrication du papier.

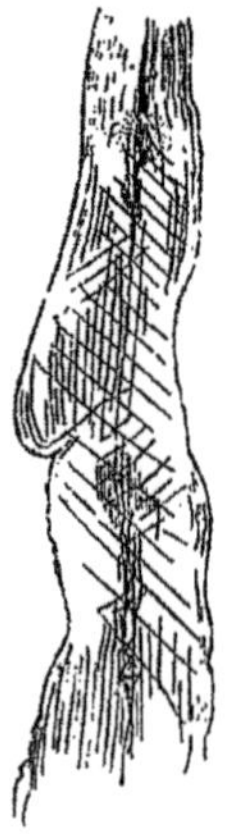

Fig. 87. Fibre de lin traitée par l'oxyde de cuivre ammoniacal.

La fibre de lin a une couleur blonde qui va jusqu'au gris argenté; le lin roui à l'argile est gris-bleuâtre.

La filasse insuffisamment rouie est verdâtre.

La ténacité de la fibre se mesure par 2400 mètres, c'est-à-dire que le poids de 2400 mètres de fil exerce sur celui-ci une traction capable de le rompre.

Les parties inférieures de la plante sont plus résistantes que les têtes.

L'ammoniure de cuivre fait gonfler les cellules de lin et y détermine des boursouflements, mais moins réguliers que ceux du coton dans les mêmes circonstances. La couche intérieure résiste plus longtemps à l'action du réactif, et nage pendant quelque temps dans la dissolution comme la cuticule du coton.

L'iode et l'acide sulfurique colorent les fibres élémentaires en bleu pur et le sulfate d'aniline les laisse incolores, ce qui prouve l'absence de lignine; en revanche, les restes de parenchyme demeurés adhérents prennent une coloration jaunâtre par le sulfate d'aniline.

Ces fibres se comportent donc chimiquement comme de la cellulose pure.

Voici, d'après M. Hugo Müller, deux analyses immédiates de filasse, que nous extrayons de l'ouvrage de M. O. Witt [*Chemische Technologie der Gespinnstfasern*] :

	I. Lin bleu de Lockeren.	II. Lin Wallon.
Cendre	0,70	1,32
Eau	8,65	10,70
Extrait aqueux	3,65	6,02
Graisse et cire	2,39	2,37
Cellulose	82,57	71,50
Matière intracellulaire (par différence.)	2,74	9,41

La consommation du lin en Europe se monte annuellement à environ 5 500 000 quintaux métriques.

La fibre, après toutes les opérations préliminaires que nous avons décrites, est prête pour la filature et le tissage. Elle en revient à l'état de filés ou de tissus, c'est-à-dire de matière à blanchir : c'est à ce point de vue que nous allons la considérer.

BLANCHIMENT DES TISSUS DE LIN. — La fibre retient encore après le rouissage une certaine quantité d'acide pectique dont le blanchiment devra la débarrasser, ainsi que des autres matières qui ont pu s'y fixer pendant les opérations mécaniques qu'elle a subies.

On peut dire d'une façon générale que le lin est bien plus difficile à décreuser et à décolorer que le coton.

Nous empruntons à l'excellent manuel de MM. Hummel et Knecht [*Die Färberei u. Bleicherei der Gespinnstfasern*] un aperçu du traitement appliqué en Irlande à 1500 kilos de linon, mouchoirs, etc. : les chaudières sont à basse pression :

1° Lessivage : 125 kilogrammes de chaux; cuisson, 14 heures; lavage, 40 minutes.

2° Acidage : acide chlorhydrique à 2° B.; séjour de 2 à 6 heures dans la dissolution; lavage, 40 minutes; détordage et repliage; lavage, 30 minutes.

3° Lessivage : 30 kilogrammes de soude caustique sèche et 30 kilogrammes de résine chauffées préalablement ensemble et dissous dans l'eau; eau, 2000 litres; cuisson, 8-10 heures; soutirage de la liqueur et addition de 15 kilogrammes de soude caustique sèche dissoute dans 2000 litres d'eau; cuisson, 6-7 heures; lavage, 40 minutes.

4° Exposition sur pré : 2 à 7 jours, suivant la température.

5° Chlorage : dissolution de chlorure de chaux à 0°,4 B.; séjour de 2 à 3 heures dans le bain; lavage, 40 minutes.

6° Acidage : acide sulfurique à 0°,4 B.; séjour de 2-3 heures dans la dissolution; lavage, 40 minutes.

7° Raffleurage : 8 à 13 kilogrammes de soude caustique sèche dissoute dans 2000 litres d'eau; cuisson, 4 à 5 heures; lavage, 40 minutes.

8° Exposition sur pré : 2-4 jou.

9° Chlorage : dissolution de chlorure de chaux à 0°,2 B.; 3-5 heures dans le bain; lavage, 40 minutes.

A ce moment on examine la marchandise. Les pièces dont le blanc est suffisamment pur sont acidées et les autres sont reprises comme il suit :

10° Friction au moyen de planches spéciales et d'une forte dissolution de savon vert.

11° Exposition sur pré : de 2 à 4 jours.

12° Chlorage : dissolution de chlorure de chaux 0°.1 B.; séjour de 2-3 heures dans le bain ; lavage, 40 minutes.

13° Acidage : acide sulfurique à 0°,7 B.; séjour de 2-3 heures dans la dissolution ; lavage, 40 minutes.

Les lavages se font habituellement dans une sorte de foulon composé d'une auge dans laquelle se trouve le tissu et d'un marteau qui le bat à coups répétés ; mais on se sert aussi, et avec avantage, de clapots du système employé pour le coton.

La friction (10) a pour but de détacher du tissu de petites particules d'une substance brune. On emploie pour cela une machine dont les organes essentiels sont deux lourdes planches qui reposent l'une sur l'autre par des surfaces striées ; la planche supérieure est animée d'un mouvement de va-et-vient, pendant que le tissu passe entre les deux dans une direction perpendiculaire au sens de ce mouvement.

Blanchiment du lin en fil. — Le lin en fil n'est souvent blanchi qu'incomplètement, et on distingue les produits par les désignations de *demi-blanc, trois-quarts de blanc, grand blanc*.

Voici, d'après les auteurs cités plus haut, la série des opérations pour 1000 kilogrammes de fil de lin (procédé irlandais) :

1° Lessivage : 100 kilogrammes de sel de soude ; cuisson, 3-4 heures ; lavage et essorage.

2° Chlorage : dissolution de chlorure de chaux à 0°,4 B. ; manœuvrer les écheveaux une demi-heure au tourniquet ; laver.

3° Acidage : acide sulfurique à 0,7° B. ; laisser séjourner 1 heure dans la dissolution ; laver.

4° Raffleurage : 20 à 50 kilogrammes de sel de soude ; cuisson de 1 heure ; lavage.

5° Chlorage : comme au n° 2 ; lavage.

6° Acidage : comme au n° 3 ; lavage et séchage.

Arrivé à ce point, le fil est dit demi-blanc. Pour l'amener au trois-quarts de blanc, on ajourne le séchage et on répète les opérations 4, 5 et 6 avec les modifications suivantes : Après le raffleurage, le fil est étendu pendant 8 jours sur le pré et, au lieu de le manœuvrer au tourniquet dans l'hypochlorite, on l'y laisse simplement plongé pendant 10 ou 12 heures.

Pour le grand blanc, les mêmes opérations sont répétées encore 1 ou 2 fois, et l'exposition sur pré se règle suivant l'état du temps. La force des dissolutions est diminuée pour ces traitements.

Les lessivages ont lieu dans des chaudières ouvertes ou à basse pression. Les chlorages se donnent dans des cuves en maçonnerie sur lesquelles sont placés des cadres qui portent les tourniquets. Ces cadres peuvent s'enlever et être portés sur d'autres cuves contenant de l'eau propre, destinée aux lavages.

L'hypochlorite de soude est employé dans beaucoup de blanchiments d'Irlande au lieu d'hypochlorite de chaux et permet de diminuer la force de l'acide ; il serait de même avantageux de remplacer l'acide sulfurique par de l'acide chlorhydrique.

Le lin roui renferme une quantité notable d'acide pectique provenant de la fermentation de la pectose qui est contenue dans le lin en tiges. Cet acide, fortement coloré en brun, est insoluble dans l'eau et se transforme par l'action des lessives en acide métapectique, qui est entraîné par les solutions alcalines.

La perte de poids au blanchiment varie de 15 à 36 0/0.

La décoloration du lin par le chlorure de chaux seul se fait très difficilement et ne pourrait avoir lieu que dans des bains très concentrés qui attaqueraient la fibre, tandis que l'intervention des lessives favorise considérablement l'action de l'hypochlorite.

Or une lessive n'enlève guère plus de 10 0/0 d'acide pectique à la fois : on devra donc faire alterner les passages en alcali et en chlorure, de façon à atteindre le résultat successivement et sans altérer le fil. Suivant J. Kolb, on reconnait que le lin est bien blanchi quand les fils plongés dans l'ammoniaque ne jaunissent plus.

L'ammoniaque est aussi un antichlore dont l'emploi donne toute sécurité au fabricant.

C. — CHANVRE.

Le chanvre (*Cannabis sativa*) est une plante annuelle dioïque de la famille des Urticées.

La plante atteint dans nos pays une hauteur de 2m,50. Sa croissance dans certaines contrées peut aller jusqu'à 3 et 4 mètres. Les fleurs, de couleur verdâtre, sont en grappes chez les individus mâles et en épis dans l'autre sexe.

On croit le chanvre originaire d'Asie, mais il est cultivé en Europe depuis la plus haute antiquité. Comme son développement se fait dans l'espace de 3 ou 4 mois, il réussit sous toutes les latitudes, aussi bien en Russie, où la température moyenne de l'été est de 15 à 17°, que dans les pays chauds.

Bien que le chanvre asiatique ait une ténacité presque double de celle du chanvre d'Europe, la culture de la plante en Orient se fait surtout en vue de récolter une résine douée de propriétés enivrantes, qui est sécrétée par les feuilles et les sommités fleuries du chanvre et avec laquelle on prépare le haschich.

Les Indiens espacent les plants de 2 à 3 mètres afin de faciliter l'accès de l'air et du soleil, ce qui favorise la production de la résine, mais en même temps permet le développement de rameaux nombreux, qui rendent la plante impropre aux usages textiles.

Dans nos régions, les semailles se font en mai et la récolte en août ou septembre. On reconnait que le chanvre est mûr quand les feuilles commencent à jaunir, ce qui a lieu pour le chanvre mâle 15 jours ou 3 semaines plus tôt que pour le chanvre femelle. Si l'on cherche surtout à récolter l'huile que l'on retire des graines, on laisse les individus femelles plus longtemps sur pied que les mâles ; mais la fibre perd en qualité et ne peut plus servir que pour la corderie. Généralement on ne fait le triage qu'après l'arrachage et on laisse mûrir en gerbes les plantes femelles pendant 8 ou 15 jours avant de retirer la graine. Séché à l'air, le chanvre mâle fournit environ 26 0/0 de fibre ; le chanvre femelle, 22 0/0. Sur cette quantité les trois quarts à peu près sont de la cellulose pure et le reste se compose de substance intracellulaire et de matières extractives.

Le chanvre subit à peu près le même travail préparatoire que le lin ; il est soumis aussi au rouissage, au teillage et au peignage ; et ces opérations se donnent au moyen d'appareils semblables.

Le chanvre peigné a une longueur de 0m,60 à 1m,20 ; mais les réactifs le réduisent en cellules élémentaires de 15 à 25 millimètres de long et d'un diamètre moyen de 0mm,022. Le chanvre du commerce a des fibres plus longues, mais aussi plus grossières que le lin ; elles se présentent en faisceaux assez difficiles à diviser par les moyens mécaniques et même par les réactions chimiques, car, après le blanchiment, ces groupes sont encore presque aussi fournis qu'auparavant. Les opérations par lesquelles la fibre a passé ont une grande influence sur sa couleur et sur son éclat.

Les chanvres gris clair sont les meilleurs; puis viennent les verdâtres, et enfin les jaunes, qui sont les plus ordinaires.

Vues au microscope, les cellules élémentaires du chanvre apparaissent moins transparentes et moins régulières que celles du lin. Souvent elles sont cannelées ou striées sur leur longueur, ce qui empêche de distinguer le canal central, qui cependant est plus large que celui du lin. Leur surface montre généralement des fibrilles, qui se détachent du corps de la cellule et qui sont probablement des nervures déchirées. La section transversale des fibres présente fréquemment un contour polygonal à angles vifs ou arrondis, quelquefois même rentrants. Les pointes des cellules sont généralement aplaties en forme de spatule, mais très rarement fourchues, malgré l'opinion de certains auteurs. Les fibres fortement pliées conservent, comme celles du lin, les traces du froissement. Le chanvre ne se blanchit qu'avec une certaine difficulté et la raideur de sa fibre fait qu'il se coupe facilement, malgré sa ténacité, sous l'action du fer à repasser; aussi doit-on réserver de préférence le chanvre pour des tissus grossiers et qui n'ont besoin d'être ni blanchis par des procédés intensifs, ni repassés au fer chaud pour l'usage. Mais la véritable application du chanvre, c'est la fabrication des cordes et des câbles, dans laquelle ses précieuses qualités trouvent leur meilleur emploi.

Les réactifs dénotent une certaine lignification de la fibre du chanvre : l'iode et l'acide sulfurique la colorent en vert et le sulfate d'aniline en jaune, indice d'un mélange de lignine et de cellulose. L'ammoniure de cuivre la colore en bleu ou en bleu verdâtre et la gonfle. La surface de la cellule laisse apercevoir dans cet état une série de fines rayures. La cuticule intérieure reste indissoute sous la forme d'un boyau roulé en spirale au milieu de la masse boursouflée.

Nous donnons les chiffres d'une analyse immédiate de chanvre italien, qualité supérieure, d'après M. Hugo Müller :

Cendre	0,82
Eau	8,88
Extrait aqueux	3,48
Graisse et cire	0,56
Cellulose	77,77
Substance intracellulaire et corps pectosique (par différence)	9,31

La consommation totale du chanvre en Europe est de 500 millions de kilogrammes par an, sur lesquels plus des 3/5 sont employés à la corderie; le reste sert en majeure partie à la fabrication de voiles, filets, etc., et le produit le plus fin seul est filé et tissé pour les usages domestiques; mais il n'est guère utilisé qu'à la fabrication du gros linge de campagne.

Le blanchiment industriel est donc peu appliqué à ces tissus, qui sont ordinairement blanchis sur pré par les producteurs eux-mêmes. Cependant les procédés et les appareils en usage pour le lin peuvent servir avec le même succès.

D. — JUTE.

De tous les textiles introduits en Europe depuis cinquante ans, le jute est celui qui a pris dans nos contrées la place la plus considérable. La consommation annuelle du jute est aujourd'hui d'environ 300 000 tonnes, dont 25 000 pour la France. L'Angleterre en reçoit à peu près 50 000 tonnes, et la majeure partie de ce qu'elle emploie passe à la fabrication des pâtes à papier.

L'Inde, qui produit le jute sur une très grande échelle, s'est mise à le filer et à le tisser; et aujourd'hui on compte dans ce pays 147 000 broches et 7000 métiers occupés à façonner ce textile. L'Inde, par le bas prix de la main-d'œuvre, est du reste très bien placée pour donner à la fibre les premières préparations, que les Américains, plus pratiques, ont trouvé moyen d'effectuer à l'aide de machines spéciales.

Les fibres du jute se tirent des tiges du *Corchorus capsularis* ou du *Corchorus olitorius*, de la famille des Tiliacées. La plante est annuelle et croît dans tous les pays chauds de l'Asie. En Amérique, elle est cultivée dans les États de Floride, de Mississipi, de Louisiane, de Texas, de Californie, etc.

On sème le jute en avril ou en mai, après la saison des pluies; il produit en juin ou en juillet des fleurs jaunes à 5 pétales et est mûr en septembre ou octobre.

Comme le chanvre et le lin, la fibre du jute perd en qualité au moment de la maturation de la graine : il faut donc la récolter avant cette époque. Les tiges atteignent une hauteur de 3 à 4 mètres et donnent des rendements qui vont quelquefois au décuple du rapport du chanvre et du lin.

Comme ces deux textiles, le jute est roui à l'eau courante ou dans des étangs. Au bout de quelques jours, les fibres peuvent être détachées d'un seul coup du ligneux et de l'écorce, puis elles sont séchées à l'air.

Avant la filature, le jute subit une préparation destinée à lui donner de l'élasticité et qui consiste à entasser les bottes de fibres dans une grande bâche, où on les arrose d'une préparation composée d'huile de poisson et d'huile minérale émulsionnées avec du savon.

Les meilleures qualités de jute ont une couleur jaune clair ou quelquefois gris d'argent; elles possèdent un éclat soyeux et un toucher doux et moelleux. Les sortes moyennes sont plus brunâtres et les qualités basses tirent sur le rouge. Les fibres de la récolte précédente ont moins d'éclat et de ténacité que celles de l'année. Ces deux propriétés sont d'ailleurs corrélatives.

Un excès de rouissage ou un séjour prolongé dans un lieu humide enlève aussi au jute une grande partie de sa force; cela tient à ce que le ligneux, qui entre pour plus de 25 0/0 dans la composition de la fibre, se modifie et se désagrège sous l'action de l'eau; et comme il constitue le ciment qui agglutine les cellules entre elles, et que ces cellules sont très courtes par elles-mêmes, sa désagrégation entraîne celle de la fibre tout entière. En effet les cellules élémentaires ne mesurent guère plus de 1 à 2 millimètres. Le maximum, qui se rencontre rarement, est de 5 millimètres.

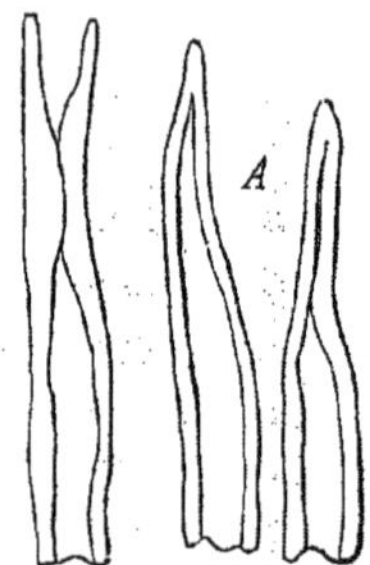

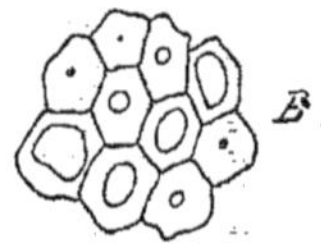

Fig 88.
Coupe et diagramme de fibres de jute.

Les cellules sont groupées en faisceaux difficilement divisibles. Elles ont des parois peu épaisses et sont traversées dans leur milieu par un canal relativement assez large. Ce canal n'est pas toujours parallèle aux contours extérieurs et n'est pas non plus exactement calibré. Les cellules ont un diamètre moyen de $0^{mm},022$ et se terminent en pointes aiguës ou arrondies.

Les coupes des fibres figurent des polygones à côtés droits et à angles vifs. L'ouverture centrale est ronde ou ovale.

MM. Cross et Bevan, qui ont étudié la fibre du jute au point de vue chimique, l'ont trouvée fortement lignifiée et ont été conduits à admettre que la cellulose y existe à l'état de combinaison définie avec la lignine. Ils ont donné à ce composé le nom de *corchorobastose*. L'acide sulfurique et l'iode le colorent fortement en jaune foncé, et le sulfate d'aniline en jaune d'or.

La corchorobastose a une certaine analogie de propriétés avec le coton imprégné de tannin. Elle attire les matières colorantes basiques et prend une coloration brunâtre quand on la traite par le chlore et par un sulfite alcalin. Cette substance a une tendance remarquable à absorber le chlore et à se transformer en produits de substitution chlorés. M. Albert Scheurer a pu faire absorber ainsi 12 litres de chlore à un échantillon de jute pesant 140 grammes. Ces combinaisons chlorées, dans lesquelles la cohésion des cellules est considérablement diminuée, ont une disposition à se désagréger d'elles-mêmes à la longue ou plus rapidement par l'action de la vapeur. On voit les résultats désastreux que pourrait donner un chlorage poussé trop loin sur un tissu destiné à être imprimé et vaporisé.

Les sulfites ont la propriété d'enrayer cette désagrégation de la fibre. MM. Cross et Bevan ont fondé sur l'emploi de ces agents un procédé de blanchiment rationnel, dont nous donnons ici le résumé [O. N. Witt, *Bull. Soc. ind. Mulhouse*, 1882. — Cross, *ibid.*].

1° Passage en sulfite de sodium : 4 heures à l'ébullition :

Eau	800 litres.
Sulfite de sodium cristallisé	20 kilogr.

2° Traitement alcalin : 4 heures entre 75 et 80° centigrades :

Eau	600 litres.
Silicate de sodium à 20°	12 lit. 5

3° Décoloration : 2 heures à 45° :

Eau	800 litres.
Hypochlorite de sodium à 10° B.	12 lit. 5

4° Passage en acide chlorhydrique à 2° B. additionné d'un peu de bisulfite de sodium ;
5° Lavage ;
6° Passage en bisulfite de sodium à 1° B. ;
7° Essorage et séchage au tambour.

On préfère généralement l'hypochlorite de sodium à l'hypochlorite de calcium, qui durcit la fibre. Il est essentiel aussi que le décolorant soit alcalin, pour éviter la formation de produits chlorés.

Le jute perd au blanchiment de 2 à 8 0/0 (Hummel et Knecht). Comme ce traitement ne peut être poussé à ses dernières limites, on n'arrive jamais au blanc pur et l'on doit s'arrêter à une nuance plus ou moins claire. Voici les résultats de trois analyses de jute par M. Hugo Müller :

JUTE	presque incolore	chamois	brun
Cendre	0,68	»	»
Eau	9,93	9,84	12,58
Extrait aqueux	1,03	1,63	3,94
Graisse et cire	0,39	0,32	0,45
Cellulose	64,24	63,05	61,74
Substance incrustante (bastine et corps de matière pectosique, par différence)	24,41	25,46	21,29

Les Indiens emploient depuis longtemps le jute à la fabrication de tissus communs pour sacs de café, de riz, etc. En Europe, on en fait en outre des peluches et des velours pour ameublement, sur lesquels on imprime des dessins riches, dont les couleurs sont merveilleusement rehaussées par l'éclat soyeux du textile. On tisse aussi quelquefois le jute avec la laine et la soie, mais le manque de ténacité de la fibre végétale déprécie singulièrement ces mélanges.

E. — RAMIE.

La Ramie, Rhéa, Chinagras, cultivée depuis fort longtemps en Chine, au Japon, aux Indes, à Siam et en général dans les contrées de l'Extrême Orient, n'est connue en Europe que depuis un temps relativement assez court. Le textile est constitué par les fibres libériennes d'une Urticée, le *Bœhmeria nivea, Bœhmeria candicans, Samium majus*. C'est une plante vivace, à tiges assez grosses, garnies de feuilles larges et ovales, d'un beau vert en dessus et couvertes sur leur face inférieure d'un duvet blanc et nacré. Elle n'a pas de ces poils glanduleux qui rendent si douloureux le contact des orties de nos pays. Mais la qualité de la fibre dépend beaucoup des soins apportés à la culture. La ramie demande un terrain léger et de fortes quantités d'engrais, car les récoltes répétées que l'on peut tirer du sol tendent à l'épuiser rapidement. La chaleur et l'humidité favorisent le développement de la plante. On la multiplie généralement par les boutures de racines, et dès la deuxième année elle pousse des rejetons qui atteignent en peu de temps 2 ou 3 mètres de hauteur. On coupe les tiges dès que le pied commence à jaunir. Elles ne tardent pas à repousser et on obtient ainsi trois et même souvent quatre et cinq récoltes par an.

On a cherché à cultiver la ramie en Égypte, en Algérie, en Espagne et même entre les 43° degrés de latitude nord et sud ; mais la culture n'en deviendra propice que du jour où l'on aura trouvé des moyens sûrs et économiques de préparer la fibre pour les usages textiles.

Les Chinois ne la cultivent guère qu'en petit et pour leurs besoins domestiques. Ils préparent eux-mêmes les tiges et séparent même avec leurs doigts les diverses couches de fibres qui ont des propriétés quelque peu différentes. Ils obtiennent ainsi la matière première de ces tissus que les Anglais appellent *grasscloths*, et qui dans le principe ont attiré l'attention de l'Europe sur ce textile inconnu.

La ramie ne supporte pas les opérations du rouissage et du teillage. Elle exige un traitement moins brutal et il faut pour ainsi dire la main de l'homme pour isoler les rubans de fibres du ligneux qui y adhère. Le bon marché de la main d'œuvre en Chine a donc seul permis jusqu'à présent le développement de l'industrie de la ramie dans ce pays.

L'ouvrier chinois fend la tige dans sa longueur, enlève l'épiderme et racle les fibres pour les débarrasser le mieux possible du parenchyme et des matières étrangères ; puis il détache l'écorce par une sorte de teillage, et par une immersion dans l'eau bouillante achève le nettoyage des rubans ; après cette opération, la filasse est séchée et peut être employée directement. Souvent on expose les tiges pendant quelques jours, sur le toit des maisons, au soleil et à la rosée, pour faciliter la séparation des fibres et du ligneux. Le résultat de ces traitements constitue la ramie commerciale; la Chine en exporte annuellement 3 500 000 kilogrammes.

Les remarquables qualités de la ramie, sa ténacité surtout, qui est au moins double de celle du meilleur chanvre et qui la rendrait si précieuse pour les usages de la marine, ont éveillé l'attention des particuliers et des gouvernements; mais le mode de préparation employé par les Chinois n'est évidemment pas applicable dans nos pays, et d'autre part la Chine fournit trop peu de matière pour suffire aux besoins d'une industrie spéciale qui consommerait la ramie un peu largement.

La filature et le tissage de ce textile ne pourront donc s'établir chez nous que quand le manufacturier sera assuré d'avoir à sa disposition une quantité de matière suffisante pour alimenter ses usines.

Il semble au premier abord que cette condition serait facile à remplir, étant donné que la culture de la ramie deviendrait bientôt rémunératrice si le planteur pouvait compter sur l'écoulement de ses produits; mais le filateur ne peut pas employer les tiges à l'état brut : il faut, comme pour les autres textiles, le lin, le chanvre, etc., que la fibre soit transformée préalablement en filasse, et c'est cette dernière opération qui a toujours été la pierre d'achoppement de l'industrie de la ramie.

Nous avons dit que la ramie ne supporte pas le rouissage. La matière intracellulaire qui réunit les cellules entre elles et qui les soude aux autres éléments histologiques de la plante, est bien plus sensible aux réactifs que celle des autres textiles en usage; et un rouissage, même peu prolongé, suffit pour réduire en une sorte de bouillie aussi bien les fibres elles-mêmes que les tissus qui leur sont juxtaposés.

De nombreux moyens mécaniques et chimiques ont été mis en avant pour la décortication de la ramie : de toutes les machines construites dans ce but, aucune ne semble jusqu'à présent avoir entièrement résolu le problème. L'opinion paraît cependant pencher plutôt du côté des machines à décortiquer en vert; en effet, pendant le séchage des tiges, il s'établit souvent une fermentation de nature à compromettre la qualité de la fibre; en revanche, ces machines ont contre elles la faiblesse de leur rendement : car, 100 kilogrammes de tiges vertes ne pouvant fournir en dernière analyse que 1^{kg},750 de filasse, on voit l'énorme disproportion entre les quantités de matière mises en œuvre et le résultat utile.

M. Sansone conseille, pour conserver les tiges fraîches, de les emmagasiner dans des silos en maçonnerie après les avoir humectées de sulfite de sodium, dans le but de prévenir la fermentation dont nous avons parlé. Il propose, pour séparer les fibres d'avec le bois, d'immerger les tiges dans un bain alcalin bouillant. Dans son procédé, les déchets de ligneux servent de combustible et l'alcali est fourni par les cendres. Cette organisation permet de préparer la filasse en toute saison avec un nombre restreint d'ouvriers.

Pour ouvrir la fibre, les Chinois se servent d'un mélange de savon et de lessive de cendres.

En Europe, on arrive au même résultat par un traitement à l'huile et aux alcalis, qui résout les fibres en cellules élémentaires de 20 à 22 centimètres de long. Cette opération, qui leur enlève 20 ou 25 0/0 de leur poids, s'appelle vulgairement le *blanchiment*. La ramie acquiert ainsi une blancheur éblouissante, un éclat soyeux, avec beaucoup de souplesse et de fermeté. La torsion de la filature lui fait perdre une grande partie de son éclat; le fameux grasscloth ne doit, dit-on, le sien qu'à ce fait que les fils n'en sont point tordus, mais sont attachés bout à bout par une sorte de colle.

Les fibres brutes importées de Chine forment des rubans épais et raides de 2 mètres de long, presque blancs ou légèrement colorés en jaune ou en vert, auxquels adhèrent même en certains endroits des plaques de liber.

Les cellules élémentaires ont de 60 à 250 millimètres de long sur un diamètre qui varie de 0^{mm},06 à 0^{mm},08; elles sont irrégulièrement cylindriques et s'amincissent graduellement vers les bouts, pour se terminer en spatule ou en pointes de sabre.

Le canal central, assez large par places, est garni d'une matière grenue; parfois la cellule est entièrement aplatie et le canal se réduit à une fente. Ces fibres sont de la cellulose pure. L'iode et l'acide sulfurique les colorent en bleu, et l'oxyde de cuivre ammoniacal les gonfle et les dissout sans résidu.

Nous donnons ci-dessous deux analyses de ramie par M. Hugo Müller :

	Chinagras.	Rhéa.
Cendres	2,87	5,63
Eau	9,05	10,15
Extrait aqueux	6,47	10,34
Graisse et cire	0,21	0,49
Cellulose	78,07	66,22
Substance intracellulaire et matières pectosiques (par différence)	6,10	12,70

En résumé, la ramie, que l'on cite partout comme le textile de l'avenir, n'est pas encore absolument entrée dans le mouvement commercial et manufacturier européen. Les encouragements ne lui manquent pas cependant : le gouvernement de l'Inde anglaise a fondé un prix de 125 000 francs pour la décortication de la ramie, et récemment encore le gouvernement français a institué au ministère de l'agriculture une commission de la ramie, qui a ouvert en août 1888 un concours international d'appareils et de procédés de décortication, mais tout cela sans un succès bien déterminé. Il est cependant inadmissible que l'on ne trouve pas avec le temps un moyen pratique d'utiliser ce beau textile, dont la culture réussirait si bien en Algérie.

Quoi qu'il en soit, en raison du grand intérêt qu'il présente, nous ne pouvions le passer sous silence dans cette étude.

Nous n'insisterons pas sur les autres fibres végétales que pourraient utiliser la filature et le tissage. Un grand nombre n'ont qu'un intérêt purement théorique; d'autres, telles que l'alfa, sont employées par des industries qui sortent de notre cadre; nous bornerons donc ici cette étude des textiles végétaux et des procédés qui servent à les blanchir. Le but que nous nous sommes proposé n'était du reste que de rendre compte brièvement des faits intéressants qui ont pu se produire depuis le moment où a paru le Dictionnaire, sans développer ce qui était déjà connu à cette époque.

Paul Richard.

II. — FIBRES TEXTILES D'ORIGINE ANIMALE.

Nous avons vu que les fibres végétales sont surtout formées par de la cellulose et appartiennent à la classe des hydrates de carbone. Les fibres animales au contraire représentent des substances azotées très complexes et dont la constitution est peu connue.

Ces matières sont peu attaquables par les acides

faibles et sont au contraire très sensibles à l'action des alcalis. Elles sont généralement plus faciles à teindre que les fibres végétales et les matières colorantes se comportent d'une manière différente avec les unes et les autres.

Ce groupe est constitué par la laine et par la soie, que nous étudierons successivement. Nous ajouterons quelques mots relativement à la soie marine, quoique cette matière textile soit peu en usage.

A. — LAINE.

La peau de tous les animaux à sang chaud est protégée par des cellules cornées qui prennent la forme de poils chez les mammifères et de plumes chez les oiseaux.

On donne spécialement le nom de *laine* à la toison qui recouvre certaines espèces de mammifères. Les principaux animaux producteurs de laine sont les moutons, les chèvres de Cachemire et d'Angora, les lamas (lama proprement dit, alpaga, vigogne), appartenant tous à l'ordre des Ruminants.

La laine se distingue du poil, avec lequel elle a du reste beaucoup d'analogie, par sa structure frisée et par la propriété qu'elle a de se feutrer, ainsi que par une élasticité et une douceur plus grandes. Chaque poil consiste en une agglomération de cellules adhérant entre elles et qui

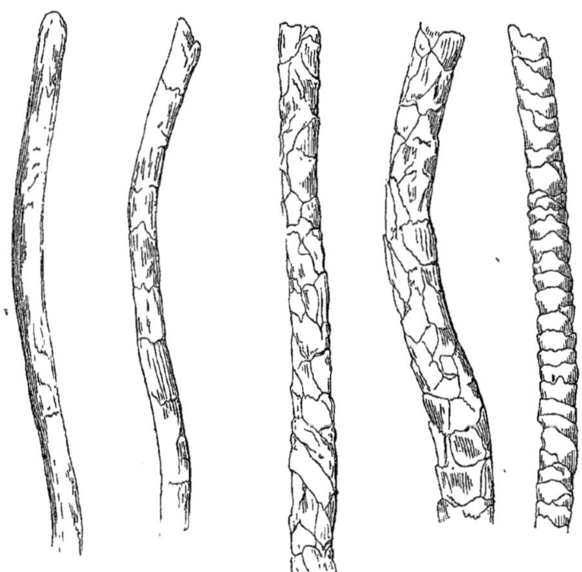

Fig. 89. — Laines de diverses qualités vues au microscope.

peuvent, suivant leur forme, leur groupement et leur situation, se partager en trois catégories. A l'extérieur se trouve une partie épithéliale composée d'écailles cornées et aplaties qui se recouvrent irrégulièrement les unes les autres et sont souvent disposées en entonnoirs ou en cornets autour de la fibre. Dans les cheveux et dans les poils, ces cellules ont des racines plus profondes que dans la laine et à peine proéminentes.

Ce qui distingue surtout le poil de la laine, c'est la propriété qu'a cette dernière de se feutrer par le frottement; cette propriété est due à la structure extérieure de la laine, dont les écailles pénètrent les unes dans les autres, de telle façon que les fibres ne peuvent plus se séparer sans déchirement et constituent une masse compacte. Sous ces écailles se trouve la substance corticale, formée de cellules allongées et fusiformes intimement liées entre elles, et auxquelles la laine doit sa ténacité et la plupart de ses propriétés utiles. Ces cellules ont plus d'affinité pour les matières colorantes que les écailles extérieures, et l'effet avantageux des bains de teinture acidifiés pourrait bien tenir à ce que les acides, en ouvrant les cellules épithéliales, permettent aux liquides colorés de pénétrer jusqu'à la substance fibreuse sous-jacente.

Enfin à l'intérieur du poil existe une partie médullaire, formée par des amas de cellules cubiques ou rhomboédriques.

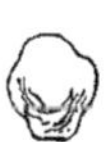

Fig. 90. — Section de diverses laines vues au microscope.

Cette couche, qui caractérise le poil et qui le rend raide et cassant, manque à peu près entièrement dans les belles qualités de laine.

La laine du mouton est produite par des racines disséminées irrégulièrement dans la peau de l'animal.

Ces racines, disposées par groupes, donnent naissance à des mèches de poils, collés ensemble par une abondante sécrétion d'une graisse particulière appelée *suint*.

On appelle *toison* l'ensemble de la laine fournie par un mouton. Le suint représente de 20 à 80 0/0 du poids total et la toison de laine est d'autant plus fine que le suint est plus abondant. Cette sécrétion est constituée par une émulsion de graisse dans du savon de potasse et par une certaine quantité d'humidité.

A ces produits viennent s'ajouter la poussière et les autres impuretés que l'animal ramasse dans la campagne. Le suint proprement dit est un mélange de cholestérine libre, de différents éthers des acides gras, de la cholestérine et de l'isocholestérine, et parfois de quelques acides gras libres.

La fibre de la laine peut absorber une quantité considérable d'eau sans paraître humide ou mouillée, c'est-à-dire qu'elle est très hygroscopique; exposée à l'air chaud et sec, elle retient de 8 à 12 0/0 d'eau; mais, abandonnée pendant un certain temps à l'air humide, elle peut en prendre jusqu'à 50 0/0. Cette humidité se loge probablement dans les espaces que laissent les cellules entre elles et qui normalement sont remplies d'air, et pénètre probablement ainsi la substance propre de ces cellules. Il est à remarquer que la laine humide n'est pas aussi facilement atteinte par les moisissures que les fibres végétales, ce qui peut en partie s'expliquer par la composition de la laine, qui contient beaucoup plus de carbone que la cellulose et beaucoup moins d'oxygène.

Dans la laine non lavée, la quantité d'eau est

Fig. 91. — Représentation schématique du feutrage de la laine.

en raison inverse de la substance grasse, tandis que dans la laine lavée elle est en rapport avec l'arrangement des cellules. La laine la plus douce, c'est-à-dire celle dans laquelle les cellules laissent le plus de vide entre elles, est aussi la plus hygroscopique.

Cette propriété de la laine d'absorber l'eau favoriserait considérablement la fraude, si l'on n'avait organisé, dans les principales places de vente, des établissements de *condition* où le degré d'humidité de chaque partie de marchandise est constaté administrativement. La laine y est séchée à une température de 105 à 110° et l'on admet généralement dans le commerce une tolérance de 18,25 0/0 d'humidité.

Si l'on trempe la laine dans l'eau chaude, elle se ramollit, se gonfle beaucoup et devient plastique, c'est-à-dire qu'elle conserve la forme qui lui a été donnée par pression ou par extension pendant le séchage. Cette propriété est utilisée fréquemment dans le travail de la laine, et particulièrement dans l'opération dite *crabbing* ou fixation de la laine.

L'éclat ou le lustre de la laine est très variable : les fibres lisses et raides ont généralement plus de lustre que les mérinos. Ces différences proviennent surtout de l'arrangement des écailles de la surface : plus celles-ci sont plates et peu divergentes, plus la laine a d'éclat.

Les laines de Lincoln et de Leicester ont un aspect plus soyeux que les mérinos. Les laines à éclat vitreux, qui sont plus dures et plus cornées, se teignent aussi plus difficilement. Les meilleures sortes sont incolores, tandis que les qualités ordinaires sont souvent jaunâtres, noires, brunes ou rougeâtres. Ces colorations sont produites par la présence d'un pigment organique dans les substances corticales disséminées soit autour de la masse, soit dans la masse même des cellules.

Ces deux cas se présentent en général simultanément; mais dans les laines colorées en brun ou en noir ce pigment est plutôt extérieur aux cellules, tandis que dans les variétés rouges et jaunes la matière colorante existe en plus grande quantité dans l'intérieur de la substance corticale. Ces matières sont beaucoup moins solides à la lumière qu'on ne pourrait le croire, et cela est du reste prouvé par l'apparence plus blanche des parties de la toison qui sont exposées à la lumière.

La valeur des laines dépend de leur douceur, de leur finesse, de leur longueur, de leur facilité à friser, de leur ténacité, de leur élasticité, de leur couleur et enfin de leur affinité pour les matières colorantes.

Les laines tondues sur le vif ne sont pas sensiblement supérieures à celles qui ont été coupées sur l'animal mort; mais si l'on a employé la chaux pour épiler les peaux, il en résulte une notable dépréciation. On trouve fréquemment dans les toisons des poils morts, séparés de leurs racines avant la tonte. Ces fibres sont plus dures et se teignent plus difficilement que leurs voisines. Il en est de même des laines provenant d'animaux malades ou morts de maladie.

La composition chimique des laines est sensiblement la même quelle que soit leur provenance.

L'analyse élémentaire donne les résultats moyens suivants (Hummel) :

Carbone	49,25
Hydrogène	7,57
Oxygène	26,66
Azote	15,86
Soufre	3,66

La laine bien purifiée se rapproche de la kératine, qui constitue aussi la substance de la corne et des plumes.

Il est du reste assez difficile d'arriver à une analyse exacte de la laine, car, pour la débarrasser de son eau hygroscopique, il faut la dessécher pendant longtemps à 200°, et dans ces conditions la kératine subit un commencement de décomposition qui s'annonce par une coloration jaune de la fibre.

La quantité de soufre est très variable et ce corps ne semble pas faire partie constituante de la laine, car, à l'aide de traitements répétés aux alcalis faibles ou à l'eau de chaux effectués avec des précautions convenables, on peut abaisser la teneur en soufre jusqu'à 0,46 0/0, et cela sans amener de changement sensible dans les propriétés de la laine.

Si l'on incinère la laine sur une lame de platine, elle se comporte, comme les matières protéiques : elle augmente de volume en dégageant des vapeurs de carbonate d'ammonium et en développant l'odeur caractéristique et bien connue de plume brûlée; puis elle fournit un charbon volumineux, mêlé de cendres.

La quantité de cendres des diverses sortes de

laines varie entre 0,06 et 3,3 0/0. Dans des conditions normales, le poids des cendres s'élève à environ 1 0/0 du poids de la laine sèche, dont 0,75 0/0 sont solubles dans l'eau; la partie insoluble est un silicate de calcium et de fer. La partie soluble se compose de carbonates, sulfates et phosphates de potassium, de sodium, de calcium, d'aluminium et de fer; certaines sortes de laines contiennent même de la magnésie.

La fonction chimique de la laine a donné lieu à bien des hypothèses et n'a pas encore été établie avec certitude; cependant la façon dont cette fibre se comporte avec les matières colorantes, ses réactions acides avec les couleurs basiques et avec les couleurs acides donnent lieu de la considérer comme un acide amidé. Le diazotage de la laine, qui a été tenté dans ces derniers temps avec un certain succès, semblerait démontrer la présence du groupe amidogène dans cette substance et autoriserait à lui attribuer une relation avec la série aromatique, qui seule jusqu'à présent a fourni des produits diazoïques se colorant par les phénols alcalins; mais les expériences n'ont pas encore été poussées assez loin pour permettre une affirmation positive sur ce point [Richard, *Bull. Soc. ind. Mulhouse*, 1888, 75, *Séances de comités* et *Mon. Scient.*, 1888, 1375].

Toutes les matières cornées en général, et la laine ne fait pas exception, subissent une modification radicale par l'influence des alcalis caustiques, qui les dissolvent avec dégagement d'ammoniaque. A chaud, cette réaction se fait très rapidement, et la dissolution colorée en jaune fournit par l'addition d'un acide un précipité gélatineux (probablement d'albumine) (?), avec mise en liberté d'hydrogène sulfuré. Des acides amidés de la série grasse doivent se produire en même temps dans cette réaction. Par un traitement aux alcalis caustiques très concentrés, et à plus forte raison par calcination avec ces mêmes réactifs à l'état solide, la plus grande partie de l'azote de la laine se dégage à l'état d'ammoniaque; le résidu se compose de sulfures alcalins, de leucine, de tyrosine, d'acides acétique, butyrique et valérique.

Les carbonates alcalins concentrés ont une action analogue, quoique notablement moins vive et moins complète. En dissolution faible, leur effet se borne à rendre la laine plus dure et moins élastique.

L'eau de baryte commence par fournir de l'*acide lanuginique*, $C^{19}H^{30}Az^{5}O^{10}$; si l'on prolonge le contact pendant 3 ou 4 jours à 160 ou 180°, on trouve dans les produits de la réaction de l'acide carbonique, de l'acide acétique, de l'acide oxalique, plusieurs acides amidés de la série grasse, de la tyrosine, du pyrrol et de la glucoprotéine.

L'action dissolvante des alcalis concentrés est utilisée pour récupérer l'indigo des chiffons de laine teints en bleu; la fibre se dissout et l'indigo peut être recueilli sur des filtres; cette réaction sert aussi à distinguer la laine des fibres végétales.

L'ammoniaque, surtout quand elle est diluée, n'a aucune action sur la laine à froid; une longue ébullition avec ce réactif finit cependant par être nuisible.

Le savon neutre, le carbonate d'ammonium et le borax sont de tous les composés alcalins les plus inoffensifs pour la laine.

L'action prolongée de l'eau bouillante produit une légère décomposition de la laine; sous pression et à 200°, l'eau la dissout entièrement.

La laine se dissout lentement aussi à chaud dans l'ammoniure de cuivre. Dans les mêmes circonstances le poil est détruit, mais n'entre pas en dissolution. C'est là une preuve de la différence physiologique qui existe entre ces deux substances et que l'industrie avait déjà constatée.

Les acides sulfurique et chlorhydrique étendus, soit à chaud, soit à froid, n'ont pour ainsi dire pas d'influence sur la laine, si ce n'est qu'ils font soulever la couche écailleuse épithéliale et que la fibre en paraît plus rude. A l'état concentré, ces acides détruisent la laine, quoique leur action soit beaucoup moins énergique qu'à l'égard des textiles végétaux. Cette propriété est utilisée pour détruire les fibres végétales accidentellement mêlées aux tissus de laine, ou pour retirer la laine pure des chiffons laine et coton. Dans ce dernier cas, les chiffons sont imbibés d'acide sulfurique, étendus et séchés à 110° dans une étuve. Le coton désagrégé est enlevé par un battage et la laine reste relativement intacte. Un autre procédé consiste à suspendre le tissu pendant quelques heures dans une atmosphère de gaz acide chlorhydrique chaud.

L'acide chlorhydrique concentré produit à froid une coloration bleue ou violette de la laine, comme de la plupart des substances albuminoïdes.

L'acide nitrique agit à peu près comme les acides cités plus haut; seulement il teint la laine en jaune, en formant de la xanthoprotéine. Des solutions étendues et chaudes d'acide nitrique servent souvent à décolorer des laines teintes, soit dans l'art du teinturier dégraisseur, soit même dans la teinture en pièces, pour le blanchiment des marchandises trop foncées ou tachées. Mais il ne faut pas que la concentration de l'acide dépasse 2 ou 3° B., ni que l'opération dure plus de 3 à 4 minutes.

L'acide sulfureux détruit le ton jaunâtre de la laine ordinaire et constitue l'un des meilleurs agents de blanchiment pour cette fibre, mais il s'y fixe opiniâtrément et devient un inconvénient sérieux dans la teinture de certaines nuances claires. Pour s'en débarrasser, il faut passer la laine dans une lessive légère de chlorure de chaux, puis dans l'acide sulfurique étendu, et la laver énergiquement.

Le bioxyde d'hydrogène atteint le même but en oxydant l'acide sulfureux.

Le chlorure de chaux ou l'eau de chlore exercent sur la laine une action spéciale : la fibre entre en combinaison avec le chlore et prend un toucher et un éclat qui la rapprochent de la soie. Son affinité pour les matières colorantes est considérablement augmentée, et les couleurs prennent sur la laine chlorée une intensité et un brillant extraordinaires.

La laine a la propriété de décomposer certains sels métalliques en dissolution. Si l'on chauffe ce textile avec des solutions de sulfate, de chlorure, ou de nitrate d'aluminium, d'étain, de cuivre, de fer ou de chrome, une certaine quantité de métal se fixe sur la fibre à l'état d'hydrate ou de sel basique, tandis qu'un sel acide ou même de l'acide libre reste en dissolution. C'est sur cette propriété qu'est fondé le procédé de mordançage de la laine.

Les sels alcalins sont sans action sur cette fibre.

Avant d'être livrée à l'industrie, la laine doit être débarrassée des matières étrangères, du suint et de la graisse qui l'accompagnent. Le suint est écarté par des lavages qui se donnent soit *à dos*, en soumettant l'animal à des aspersions et à des frictions répétées, soit *en toison* après la tonte. Dans le premier cas, il faut cependant éviter de pousser le lavage jusqu'à enlever la graisse, qui est nécessaire pour maintenir la toison dans un certain état de cohésion.

Les laines tondues sans lavage préalable subissent des traitements méthodiques à l'eau tiède, qui se charge des matières solubles constituant le suint (voyez ce mot). Cette matière se compose d'une trentaine de corps définis.

Les principaux composants sont les sels de potasse et d'ammoniaque; cependant cette quantité est insuffisante pour répondre à la teneur de 50 0/0 d'azote, que l'on constate dans le résidu solide du suint : on doit donc y admettre la présence d'un autre corps azoté. Les sels de sodium n'y existent qu'à l'état de traces.

Les eaux de désuintage sont exploitées industriellement pour en retirer la potasse.

Pour cela on les évapore à siccité, et on calcine le résidu, qui est presque exclusivement composé de carbonate de potassium.

100 kilogrammes de laine non lavée fournissent de 7 à 8 0/0 du produit brut, qui renferme jusqu'à 85 0/0 de carbonate pur.

La laine fournie annuellement par l'Angleterre représente plus de 13 millions de kilogrammes de potasse brute enlevée au sol, et dont une grande partie est perdue pour l'agriculture.

On a aussi, dans ces derniers temps, proposé d'utiliser le suint pour la préparation de l'acide acétique et de l'acide benzoïque (Buisine).

Depuis quelques années, on extrait des eaux de lavage du suint une matière grasse que l'on appelle *lanoline*; elle sert beaucoup en pharmacie pour la préparation de cérats : elle a la propriété de mieux pénétrer dans la peau que les autres matières grasses employées jusqu'à présent.

Les laines lavées sont soumises, à la filature même, à l'opération du dégraissage, qui consiste à les traiter dans des appareils spéciaux par des dissolutions de savon, afin de les débarrasser des matières grasses insolubles dans l'eau que les lavages précédents n'ont pu leur enlever.

Cependant, dans la dernière phase de cette opération, on restitue à la laine une certaine quantité d'huile pure, sans laquelle il serait impossible de la filer.

En 1881, la production en laine de tout l'univers était de 814 600 000 kilogrammes; celle de l'Europe seule, de 403 600 000 kilogrammes; en 1886, la production de la France seule a été de 53 000 000 de kilogrammes, provenant de 22 600 000 moutons.

La laine se blanchit ordinairement à l'état de fil ou de tissu, mais encore n'est-ce que dans le cas où elle doit être utilisée en blanc ou recevoir des couleurs très claires.

L'agent le plus employé est encore l'acide sulfureux gazeux ou en dissolution dans l'eau. Le bioxyde d'hydrogène donne un excellent rendement; malheureusement le prix de ce produit a été jusqu'ici un obstacle à sa généralisation.

Le blanchissage à l'acide sulfureux gazeux s'effectue dans des chambres particulières, dites *soufroirs*, dans lesquelles on suspend les écheveaux ou les pièces et où l'on développe du gaz sulfureux, en brûlant, dans des terrines en fonte, une quantité de soufre équivalant à 6 à 8 0/0 du poids de la laine. Après avoir allumé le soufre, on ferme bien hermétiquement la chambre, et on y abandonne la laine légèrement humectée pendant 6 ou 8 heures; après quoi les fils ou les tissus sont retirés et fortement lavés.

Pour les tissus légers, le soufrage peut s'effectuer d'une façon continue, en faisant circuler les pièces dans une chambre remplie d'une atmosphère d'acide sulfureux gazeux et chauffée. L'arrangement de cette chambre est analogue à celui de la machine à oxyder de MM. Mather et Platt, dont nous parlerons (voyez Impression).

Pour blanchir par voie humide, on plonge la laine pendant plusieurs heures dans une dissolution d'acide sulfureux ou de bisulfite de sodium à 50 grammes par litre, additionnée d'acide chlorhydrique; on préfère cependant faire passer alternativement les tissus ou les fibres dans des bains de bisulfite de sodium et d'acide chlorhydrique. L'action de l'acide sulfureux ainsi développé sur place est plus énergique et fournit de meilleurs résultats.

Quel que soit le procédé employé, un bon lavage doit toujours suivre l'opération du soufrage. La laine destinée à rester blanche est ensuite légèrement teintée en bleu à l'indigo en poudre, au carmin d'indigo ou au bleu d'aniline, afin de masquer la coloration jaune qui se régénère avec une grande facilité, car, le blanchiment par l'acide sulfureux étant probablement dû à ce que cet acide forme avec la matière colorante de la laine une combinaison incolore, tous les agents capables de détruire cette combinaison, comme les acides faibles et même l'air atmosphérique, tendent à faire reparaître la coloration naturelle de la fibre.

L'eau oxygenée, au contraire, détruit cette matière colorante et donne un blanc plus pur et plus stable que l'acide sulfureux.

En combinant les deux agents, on arrive, d'après M. Kœchlin, à produire un blanc sans reproche.

On prepare les pièces en les dégraissant d'abord; puis on monte un bain de bioxyde d'hydrogène en étendant le produit commercial (à 12 volumes) de 2 à 20 parties d'eau, suivant la nature de la marchandise et les circonstances, car les articles clairs ne demandent qu'un bain de force moyenne, tandis que les articles chargés et épais en nécessitent un plus concentré.

Pour que le bioxyde fournisse tout son rendement, il est indispensable d'alcaliniser la dissolution du commerce, qui est fortement acide. On se sert pour cela de silicate de sodium, dont on prend en volume le tiers de l'eau oxygénée.

Après avoir passé les pièces par ce bain, on les enroule et on les abandonne pendant 24 heures, puis on les lave, et on leur donne un passage dans un bain de bisulfite de sodium, monté avec du bisulfite à 35°, étendu de 2 à 20 fois son volume d'eau; après quoi le tissu est enroulé de nouveau, abandonné pendant 24 heures, déroulé, lavé et séché.

Les pièces blanchies au soufre et destinées à l'impression doivent encore être désoufrées. Pour cela on leur donne un léger bain d'hypochlorite de soude, suivi d'un passage en acide sulfurique faible. Ce bain doit être donné avec soin, car quand il est trop fort, la marchandise prend un ton jaune et un toucher rude. On lave et on sèche. Cette opération enlève la dernière trace de soufre et augmente beaucoup l'éclat des couleurs.

B. — SOIE.

La soie, sécrétion produite par les chenilles de Lépidoptères de certaines familles, diffère de la laine et des fibres végétales en ce que sa structure n'affecte pas la forme de cellules : elle se compose d'une fibre jaune pâle, verte, blanche ou brune, produite par la chenille avant de passer à l'état de chrysalide.

Les nombreuses variétés de soie peuvent se diviser en deux grandes classes : 1° les vraies soies ou soies de culture, provenant de vers élevés dans les magnaneries; elles sont de beaucoup les plus nombreuses et aussi les plus importantes; 2° les soies sauvages, provenant d'espèces non cultivées; ces dernières, surtout depuis qu'on est arrivé à les bien blanchir, ont pris une énorme importance, qui va toujours croissant.

Les soies de culture proviennent presque toutes du *Bombyx mori*, inconnu à l'état sauvage et domestiqué dès la plus haute antiquité dans la Chine et au Japon. Il y en a un nombre considérable de races et de variétés. Celles-ci ont été décrites précédemment (voir SOIE, Dict., 2, 1539).

Les soies sauvages proviennent de divers groupes. Nous indiquerons ici seulement les espèces principales :

1er groupe : les TUSSAH. — L'*Antherea paphia* (aussi *Antherea*, ou *Bombyx militta saturnia*, *Attacus mylitta*), ver à soie du chêne de l'Inde, vit principalement au Bengale, sur les jujubiers. Le cocon est gris-roussâtre, recouvert d'une bourre abondante. Cette qualité est la meilleure des soies sauvages. Se rapprochent beaucoup du précédent : l'*Antherea Frithii*, qui croît en Cochinchine ; l'*Antherea Andamana*, qui se trouve surtout aux îles Andaman ; l'*Antherea nebulosa*, dans l'Inde centrale, l'*Antherea Perroteti*, à Pondichéry ; l'*Antherea Pernyi* ou *Attacus Pernyi*, ou *Saturnia Pernyi* ou *Bombyx Pernyi*, Bombyx du chêne du nord de la Chine. On a réussi à faire filer quelques chenilles de cette espèce sur les chênes de nos pays. Son cocon est jaune-blanchâtre. C'est ce dernier qui donne la soie sauvage exportée en quantités énormes de Chine en Europe et à laquelle on donne à tort le nom de soie *tussah*.

Le *Telea polyphemus* ou *Bombyx polyphemus*, ver à soie du chêne et du peuplier de la Louisiane, est un des plus répandus dans le nord de l'Amérique et donne une soie blanche comparable à celle du *Bombyx Pernyi*.

L'*Antherea Faidherbia* (ou *Bauhinia Faidherbia*, ou *Bombyx Faidherbia*) se trouve au Sénégal et se nourrit de feuilles de jujubier.

Le *Bombyx Yama-Maï* (*Antherea Yama-Maï*, *Attacus Yama-Maï*), ver à soie du chêne du Japon, a été importé en France en 1862 et vit sur toutes nos espèces de chênes. Son éducation est très productive et son acclimatation est aujourd'hui un fait accompli en France, et notamment dans l'Ariège [Pennetier, *les Matières premières*]. Son cocon est gros, fermé aux deux bouts, et la soie qui le forme est verdâtre extérieurement et d'un magnifique blanc argenté dans les couches intérieures.

Le *Bombyx Confuci* se trouve en Chine et dans la province de Shanghaï.

2e groupe : les ACTIAS. — L'*Attacus selene* (*Bombyx selene*, *Bombyx luna*) se trouve aux États-Unis et se nourrit de feuilles de chêne, de saule, de bouleau, de prunier. On trouve dans l'Inde et à Ceylan un bombyx analogue, que l'on a appelé l'*Attacus luna*. L'*Actias leto* vient à Sikkim, et l'*Actias sinensis* se trouve dans le nord de la Chine.

3e groupe : les ERIAS. — L'*Attacus Atlas* (*Bombyx gigantea* ou *Bombyx Atlas*), un des plus grands papillons connus : l'envergure dépasse 16 centimètres. Originaire de la Chine et de l'Inde méridionale, il se nourrit des feuilles de l'épine-vinette. Son cocon pèse environ 9 grammes.

L'*Attacus Cynthia* (*Saturnia Cynthia*), ver à soie du vernis du Japon, vit en Chine et sur une espèce de poirier ; il a été importé en France en 1858 et se reproduit parfaitement, même à l'état sauvage. Le cocon est couleur feuille morte, très allongé, peu épais, ouvert inférieurement.

L'*Attacus ricini* (*Bombyx arrindia*, *Saturnia ricini*), ver à soie du ricin, a été importé en France en 1854. Le cocon est ouvert comme celui de l'*Attacus Cynthia* et d'autres encore dont la soie n'a pas été examinée.

4e groupe : les DIVERS. — L'*Ocinaria religiosa*, ou *Bombyx religiosa*, qui se trouve dans l'Inde sur les feuilles du figuier religieux, est la plus grande des chenilles à soie : la fibre est très résistante et sert à la confection d'engins de pêche. Le *Bombyx affinis* de l'Inde, le *Bombyx rhadama* qui vient de Madagascar, le *Theophila Huttoni* qui croît dans l'Inde et donne un beau cocon blanc, le *Theophila Bengalis* du Bengale et une foule d'autres qu'il serait trop long d'énumérer (voir Alfred Wailly, *Catalogue raisonné des séricigènes sauvages connus*, in *Bulletin mensuel de la Société nationale d'acclimatation de France*, 1886).

L'élevage, les modes de culture, bref les diverses phases de la sériciculture ayant déjà été largement décrites, nous allons voir quelles sont les diverses qualités et les diverses dénominations données aux soies.

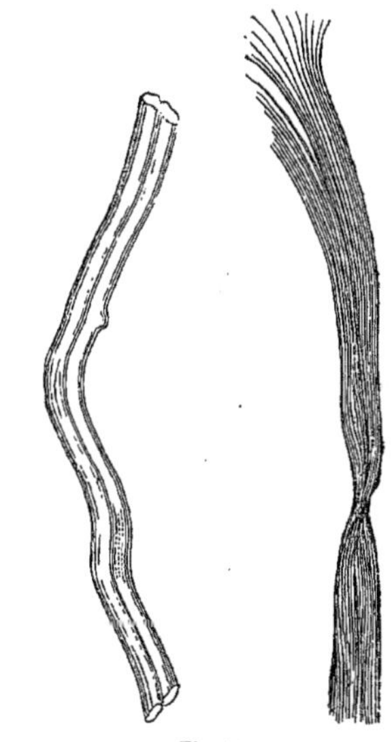

Fig. 92.
Fils de soie ordinaire et Tussah vus au microscope.

La transformation des cocons en fils utilisables comprend des manipulations variant avec l'emploi que l'on veut en faire.

On commence par étouffer les chrysalides en les exposant à une chaleur humide de 100°, et comme les soies de même qualité peuvent seules être travaillées ensemble, on fait un triage rigoureux. On trempe les cocons dans l'eau chaude qui ramollit le grez, puis on dévide la soie ; les brins, réunis au nombre de 3 à 20, sont mis au dévidoir, où ils restent agglutinés par la dessiccation de la substance gélatiniforme ramollie et prennent la forme d'un écheveau. Les brins obtenus sont tordus soit isolément, soit au moyen du moulin à soie. Dans le moulinage, les fils, en se tordant, sont, grâce au grez qui les enrobe, soudés intimement. Cette opération est utile dans certains cas, nuisible dans d'autres ; elle est excellente pour donner de la solidité ; mais quand il s'agit de teindre, ces fils doivent être *décreusés*, c'est-à-dire débarrassés de leur enduit de séricine au moyen du savon. Suivant que l'on veut teindre en nuances foncées ou claires ou avoir du blanc, on donne trois opérations.

Pour les nuances foncées, on agite simplement les écheveaux dans une eau de savon à la température de 85° ; la soie perd alors environ de 12 à 25 0/0 de son poids.

Pour les nuances claires, on fait bouillir dans une eau contenant 1/3 de son poids en savon.

Enfin, pour le blanc, on blanchit tout à fait, comme nous le verrons plus loin.

Le produit du dévidage donne la soie *grège*. Toute soie qui a subi une autre manipulation est dite *soie ouvrée*. La soie *crue* ou *écrue* est celle qui n'a été que moulinée, c'est-à-dire tordue et retordue au moulin. La soie *cuite* a été traitée par l'eau chaude pour faciliter le moulinage. La soie *décreusée* est celle qui est débarrassée de son grez par l'eau de savon bouillante. Les soies moulinées peuvent seules être soumises à la cuisson; si on voulait cuire des soies grèges, on ne pourrait plus les dévider pour les employer au tissage.

Nous avons vu que les fils de soie grège résultent de l'étirage direct des cocons et sont formés par la soudure « sans torsion » de 3 à 20 brins. La *soie plate*, destinée à la tapisserie, comprend jusqu'à 25 brins.

Les soies moulinées sont des soies grèges qui ont subi des préparations appropriées aux usages auxquels on les destine; elles sont formées d'un nombre différent de fils et sont plus ou moins tordues. D'après M. Pennetier [*les Matières premières*, 379], on distingue les espèces suivantes:

Le *poil* ou premier tors, résultant d'une forte torsion de droite à gauche d'un simple fil de soie grège, s'emploie dans la passementerie et dans la broderie.

La *trame* est produite par une légère torsion à droite de 2 ou 3 fils élémentaires non tordus de soie grège, et sert pour la trame des tissus.

L'*organsin* s'obtient en associant 2 ou 3 fils de soie grège; mais la manière dont ils sont réunis n'est pas la même que pour la trame: l'un des deux est tordu à gauche, l'autre à droite; on les réunit et on tord de nouveau le tout. L'organsin constitue généralement la chaîne des étoffes et est préparé avec la meilleure qualité de soie grège. Les fils sont ronds; ceux de la trame sont plus ou moins aplatis.

Le *marabout* est obtenu par deux moulinages successifs de 3 fils de soie grège très blanche, entre lesquels le fil est teint sans dégraissage préalable. Ce dernier est raide et dur.

La *soie ovale* ou *trame ovalée* est composée de 2 à 16 brins de soie grège faiblement moulinés à l'aide d'une machine nommée *ovale*, et qui sert pour fil à coudre, lacets et broderies.

La *grenadine*, soie grège formée de 2 fils tordus, d'abord isolément, puis ensemble, diffère de l'organsin par sa torsion beaucoup plus forte. La plus fine est réservée pour faire les blondes noires; la plus commune, pour faire des effilés et la grosse dentelle. Tordue davantage, elle prend le nom de *grenade*, *rondelettine*; faite avec des cocons de mauvaise qualité, on l'appelle *demi-grenade*.

La *floche* est formée de 2 gros fils isolément tordus à droite, puis retordus ensemble à gauche. La *mi-perlée* s'en différencie par une moindre torsion.

Le *cordonnet* est formé de 3 gros fils tordus à gauche, puis retordus ensemble. Le *berlin* est fait de même, mais plus tordu.

La *lisse* ou *lice* comprend 4 bouts très fortement tordus chacun, puis retordus ensemble; elle sert pour garnir les métiers à tisser.

L'*ondée* est formée de 2 bouts d'un diamètre très différent et composés d'un nombre variable de fils de soie grège, se trouvant par exemple dans les rapports de 2 à 8 ou de 10 à 60. Le bout le plus fin forme une sorte d'axe autour duquel tourne le plus gros.

La *fantaisie* est destinée à la bonneterie et à la fabrication des châles : elle est faite avec la bourre ou *frison*, c'est-à-dire avec la partie du cocon qui, ne pouvant être dévidée, est nettoyée, cardée ou peignée et enfin filée comme la laine ou le coton.

La *filoselle* est préparée de même avec la bourre ou avec des cocons avariés.

La *galette* ou *fleuret monté* est une fantaisie commune qui constitue la chaîne des galons d'or et d'argent.

Au lieu de traiter les déchets à l'eau de savon pour en faire la fantaisie, on les soumet à une sorte de pourriture ou fermentation dans des cuves remplies d'eau chaude. Ces déchets sont ensuite peignés. Les fils les plus larges valent naturellement le plus : on leur donne le nom de *traits* et ce genre de fils porte en général le nom de *schappe*. Ils peuvent servir pour chaîne et pour trame : on les utilise pour la fabrication des nouveautés, des tissus mélanges soie et coton, des lacets et des tissus élastiques pour chaussures, en alliance avec le caoutchouc.

La production de la soie, quoique ayant diminué considérablement depuis quelques années, donne lieu à un chiffre d'affaires des plus considérables. La France produit relativement peu, mais les qualités françaises sont de beaucoup les plus estimées.

TABLEAU DE LA PRODUCTION ANNUELLE DE LA SOIE EN KILOGRAMMES
(d'après Witt).

PAYS DE PROVENANCE.	1883-1884	884-1885	885-1886
France	611 000	488 000	489 500
Italie	3 379 000	2 961 000	2 820 000
Europe	4 944 400	4 277 000	4 206 500
Asie. { Nord de la Chine, Canton, Japon, Indes }	5 311 000	5 151 200	4 653 000
Production de tout le globe	10 255 400	9 428 200	8 859 000

Les propriétés et les caractères physiques de la soie les plus importants sont : la ténacité, la résistance, le brillant; elle est en outre très hygrométrique.

Le poids spécifique de la soie écrue est de 1,367 (Robinet); celui de la soie décreusée est de 1,357 (Persoz fils).

La ténacité est remarquable : ainsi M. Robinet évalue la ténacité moyenne d'un fil de soie de 1 millimètre carré de section à 43^{kg},620. D'après le même auteur, les soies fines, toutes proportions gardées, ont l'avantage sur les soies grosses pour la force et l'élasticité. L'élasticité est telle, qu'un fil de soie peut être allongé de 1/7 à 1/5 de sa longueur primitive sans se rompre. On utilise ces propriétés dans les opérations du chevillage, du secouage, du lisage, etc.

Les soies non décreusées possèdent plus de ténacité et d'élasticité que les autres. Après le décreusage, la ténacité diminue d'environ 30 0/0 et la perte d'élasticité peut aller jusqu'à 40 0/0.

La soie bien séchée et mouillée à nouveau se rétrécit d'environ 0,7; si le bain contient des substances minérales ou organiques, le rétrécissement est encore plus fort. Cet effet se produit fort souvent dans les teintures, et de là proviennent ces séries d'opérations, comme le lisage, le chevillage, qui ont pour but d'empêcher le raccourcissement ou de le diminuer.

Nous savons que la soie est très hygroscopique, mais il importe de remarquer que la soie décreusée ne se comporte pas comme la soie écrue.

D'après Persoz fils, les propriétés hygrométriques changent. Si en effet, dans un endroit sec, la soie écrue retient plus d'humidité que la soie décreusée, cet excédent va en diminuant à mesure que le local où se trouve la fibre est de plus en plus humide, et il arrive un moment où la soie décreusée finit par absorber plus d'eau que la soie écrue.

Une particularité spéciale à la soie est cette sorte de bruissement qui se produit quand on frotte des brins de soie les uns contre les autres; on lui a donné le nom de *cri* de la soie ou *craquant*. Il ne se produit que sur la soie préalablement cuite et est plus ou moins accentué, suivant le diamètre des fils, la torsion, la contexture des étoffes et principalement la nature du dernier bain auquel la soie a été soumise. L'usage d'un savon acide paraît nécessaire pour développer cette qualité. On l'obtient aussi par un léger passage soit en acide tartrique, soit en bichlorure d'étain.

L'explication de ce phénomène manque encore; cependant il n'est pas improbable que, par l'action du bain acide, la surface des fibres subisse une petite modification physique, c'est-à-dire devienne rugueuse et irrégulière, et que ce soit alors par le frottement de ces parties irrégulièrement rugueuses frottant l'une sur l'autre que se produise le cri. On est arrivé à donner au coton un craquant imitant parfaitement celui de la soie.

La soie se décolore par l'action de la lumière. Chauffée à 110°, elle perd toute son eau et n'est pas modifiée. Mais si on la chauffe à plus de 170°, elle se décompose, puis se carbonise. Un brin de soie placé dans une flamme brûle en fondant comme la laine, mais ne répand pas l'odeur caractéristique de corne brûlée avec autant d'intensité que cette dernière.

La soie est mauvais conducteur de la chaleur et de l'électricité. Aussi est-il important de maintenir à un certain degré d'humidité les salles des ateliers dans lesquelles on la travaille.

La soie est de toutes les fibres textiles celle qui est le moins attaquable par les moisissures; elle est très rarement endommagée par les insectes.

On sait que la soie a une grande affinité pour les matières colorantes substantives ou monogénétiques et aussi pour les couleurs d'aniline en général. Les couleurs naturelles prennent plus difficilement.

L'examen microscopique des fibres de soie teintes, d'après Gilet (de Lyon), a montré que le colorant pénètre dans la fibre suivant la solubilité du colorant, la durée de la teinture et l'élévation de la température. Si la soie ne reste que peu de temps dans le bain de teinture, ce n'est que la zone extérieure qui est colorée. Si au contraire la teinture dure longtemps, le colorant a pénétré jusqu'au centre de la fibre. Si l'on teint avec deux matières colorantes, soit simultanément, soit alternativement, on remarque que c'est le colorant le plus soluble qui a le plus pénétré. De cette façon on obtient naturellement une couleur binaire, mais l'examen de la fibre montre deux zones parfaitement caractérisées. La soie mordancée en oxyde de fer montre une coloration égale jaunâtre. Si l'on teint ensuite en bain de prussiate jaune acidulé, on voit à la surface du fil une couche de bleu, qui va en augmentant si l'on continue à teindre et si l'on élève la température. En passant la soie au tannin, on remarque le même effet.

La teinture sur soie écrue donne lieu aux mêmes observations; mais dans bien des cas, comme par exemple dans la teinture en noir des soies souples, on remarque que la couleur est principalement déposée sur la couche externe de gélatine (gomme de Roard). Celle-ci devient cassante par suite de la grande quantité de matières étrangères et la fibre prend l'aspect d'un fil garni de perles microscopiques.

Quant à la composition chimique de la soie, non seulement nos connaissances sont encore limitées, mais ce que nous savons est contestable. Rappelons-nous que dans la soie chaque brin est formé de deux parties distinctes par l'aspect, la composition et les propriétés. La couche externe (grez) se compose de principes albuminoïdes, séricine, corps gras, etc., et la fibre textile proprement dite se compose de fibroïne (voyez ce mot).

Le *grez* représente en poids environ le cinquième du brin, et lui donne le brillant. Il est insoluble dans l'eau froide et se ramollit par l'eau bouillante. Les sulfures alcalins, le silicate de sodium, le borate de sodium le dissolvent complètement. Remarquons aussi que les acides minéraux, même très dilués, à chaud, les solutions diluées de potasse, de soude et de leurs carbonates, le dissolvent également. Dans la pratique, on a constaté depuis longtemps que l'on ne peut substituer les alcalins au savon sans énerver la fibre et sans altérer ou diminuer le brillant.

D'après MM. Stadeler et Cramer, la fibre proprement dite est formée de 50 0/0 de fibroïne. D'après Mulder, il y en aurait 55 0/0. D'après M. Witt [*Technologie der Gespinntsfasern*, 1888, 58], la soie écrue contiendrait 66 0/0 de fibroïne. D'après M. Francezon [*les Arts textiles à l'Exposition*, Renouard, 1880, 3], les proportions entre la gomme (séricine) et la fibroïne ne peuvent jamais se rencontrer dans les conditions indiquées soit par Mulder, soit par Ludwig. D'après cet auteur, la soie ne contiendrait ni gomme (gélatine), ni albumine. Elle renferme néanmoins une substance qu'on n'a pu extraire que dans un état d'altération plus ou moins avancé et, par conséquent, on n'a jamais pu être fixé définitivement sur son organisation réelle. En effet, M. Francezon a institué toute une série d'expériences contradictoires, et il en résulte, d'après lui, que la composition chimique de la *gomme de soie* n'est pas connue, et qu'elle ne pourra l'être que quand on sera arrivé à l'extraire telle qu'elle existe réellement dans le cocon [voyez aussi *Études sur l'Exposition de* 1878, A. Renouard, 3, 3].

La soie est soluble dans une dissolution de chlorure de zinc; elle l'est également dans une dissolution ammoniacale d'oxyde de cuivre ou d'oxyde de nickel. M. Hummel [*The Dyeing of textile fabrics*, Manchester, 1887, 47] indique un dissolvant qui a la propriété de ne dissoudre ni la laine ni le coton, et qui par conséquent est très propre à permettre de distinguer la soie des autres fibres. Ce dissolvant est préparé comme suit : On dissout 16 grammes de sulfate de cuivre dans 150 ou 100 grammes d'eau distillée, on y ajoute 8 ou 10 grammes de glycérine pure ($d = 1{,}42$) et on y verse goutte à goutte de la soude caustique jusqu'à redissolution du précipité qui s'est formé au commencement. Il faut éviter un excès de soude et, par conséquent, s'arrêter juste au moment où la dernière goutte de soude a redissous ce précipité.

Le blanchiment de la soie (voyez Dict., 1, 634) a, depuis quelques années, subi de notables perfectionnements. Ainsi quelques manufacturiers emploient couramment l'eau oxygénée. On ne l'applique pas à toutes les sortes de soie, mais il en est quelques-unes où ce mode de traitement doit avoir la préférence; telles sont les soies destinées à être recouvertes de fils d'or ou d'argent. Comme il se fixe toujours par le blanchiment à l'acide sulfureux un peu de soufre sur la fibre, il y a formation inévitable de sulfure du métal au bout d'un temps indéterminé, tandis que par l'eau oxygénée cet accident ne peut se produire.

Les soies courtes, celles qui servent à faire les fantaisies ou les schappes, se blanchissent mieux à l'eau oxygénée. Les bains que l'on emploie sont composés de façon à contenir pour 10 kilogrammes de soie de 10 à 12 litres d'eau oxygénée (à 12 volumes). On ne doit pas omettre d'alcaliniser le bain avec de la soude caustique ou du silicate. Le bain peut être chauffé, mais avec prudence. Il est indispensable de donner une cuite avant cette opération.

Les soies sauvages sont blanchies comme il suit : On les fait d'abord tremper dans une solution tiède de carbonate de soude (environ 20 0/0 du poids de la soie), on chauffe le bain à 60° et on y laisse séjourner les soies pendant une nuit; le lendemain, on les sort et on leur donne un bouillon en savon; on donne ensuite le bain blanchisseur, en prenant de l'eau oxygénée qui doit titrer de 1,5 à 2 volumes. On consomme de cette façon environ 1200 à 1800 grammes d'eau oxygénée à 12 volumes par kilogramme de soie. On lisse les soies sur le bain, et si l'on n'a pas atteint le résultat voulu, on peut donner un second bain ou chauffer l'ancien. Il est bon de donner ensuite un bon savon, pour enlever la silice qui a pu se déposer, puis on azure soit au bleu, soit au violet.

Soie marine. — La soie marine, qui au point de vue chimique et morphologique a beaucoup d'analogie avec la soie des bombyx, est constituée par le *byssus* ou faisceau de filaments soyeux à l'aide duquel certains mollusques bivalves, tels que les Jambonneaux, adhèrent aux corps sous-marins. Les principaux producteurs sont le *Pinna nobilis*, le *Pinna rudis* et le *Pinna vexillum*.

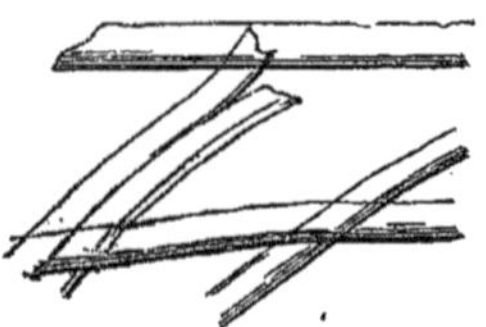

Fig. 93. — Soie marine vue au microscope.

Cette matière, a laquelle on donne aussi le nom de *poil de nacre*, est sécrétée par des glandes cutanées situées à la base du prolongement contractile de l'abdomen nommé pied, et est filée par une rainure de celui-ci (Pennetier). Elle se présente sous la forme de filaments jaunes, aplatis, à cassure nette. Certains brins ont jusqu'à 5 centimètres de longueur.

Au point de vue chimique, cette substance diffère de la soie en ce qu'elle ne se dissout pas dans l'ammoniure de cuivre, ni dans les alcalis, ni dans les acides : elle ne fait que s'y gonfler.

Si l'on traite la fibre par le chlore, elle se blanchit; mais aussitôt qu'elle est mise en contact avec de la potasse, la couleur brune reparaît. La couleur naturelle de la fibre est d'un beau brun doré, à reflets verdâtres, inaltérable. C'est une substance albumineuse, pouvant contenir un corps analogue à la kératine. Sa teneur en azote est de 12 à 13 0/0 [Schlossberger, *Thier. Chem.*, 248].

La culture et la récolte de cette soie constituaient déjà une certaine industrie dans l'antiquité. C'était principalement sur les côtes de la Sicile, de la Sardaigne et de la Corse que l'on récoltait le byssus.

Il en existe encore des manufactures à Palerme. Les tissus que l'on obtient sont remarquables par leur brillant, leur finesse, leur moelleux. Malheureusement, jusqu'à présent on n'est pas arrivé à teindre cette soie.

Soie artificielle. — On donne improprement le nom de *soie artificielle* à une fibre textile exclusivement chimique, et dont l'aspect extérieur a de l'analogie avec la soie naturelle.

Il y a deux modes de préparation de cette fibre : l'un est dû à M. Du Vivier, qui appelle son produit *soie française*; l'autre méthode est due à M. de Chardonnet, qui prépare la *nouvelle soie artificielle*.

Pour obtenir la soie française, on opère comme il suit : On prépare un coton trinitré, puis on fait les trois dissolutions suivantes :

1re solution : de gutta-percha dans le sulfure de carbone, à raison de 25 grammes de gutta pour 200 grammes de dissolvant.

2e solution : 10 grammes de gélatine ou ichtyocolle pour 200 centimètres cubes d'acide acétique cristallisable.

3e solution : solution de coton trinitrique dans l'acide acétique, à raison de 7 grammes de coton pour 100 centimètres cubes d'acide.

On mélange ces trois dissolutions à froid, en quantités telles, que le mélange contienne les éléments dans les proportions relatives suivantes:

Pyroxyle	4 grammes.
Ichtyocolle	1 —
Gutta	0,5 —

On ajoute au mélange 0gr,01 de glycérine et 1 goutte d'huile de ricin, puis on malaxe le tout dans un mélangeur. Le liquide visqueux est soumis à deux filtrations consécutives, puis passé à la filière. Le fil, une fois formé, subit encore les opérations suivantes : il passe dans un bain de soude pour enlever l'excès d'acide acétique, dans un bain d'albumine destiné à animaliser la matière, et enfin dans un bain de bichlorure de mercure à 54/000 qui coagule ce fil. Il est ensuite reçu dans une atmosphère d'acide carbonique gazeux, qui active la coagulation.

M. de Chardonnet procède de la façon suivante : Il traite d'abord de la cellulose par de l'acide nitrosulfurique, comme pour obtenir le fulmi-coton ; il la dissout ensuite dans un mélange d'alcool et d'éther additionné de perchlorure de fer ou de protochlorure d'étain et d'acide tannique. La solution, placée dans un autoclave, passe sous pression dans une filière percée d'un trou de 1/10 à 1/20 de millimètre; le fil sort dans une petite cuvette entourant la filière et renfermant de l'eau légèrement acidulée à l'acide nitrique; on donne aussi un bain de phosphate d'ammoniaque pour rendre la fibre moins combustible. Le filet qui s'échappe prend consistance et donne un fil qui peut être tiré, séché et enroulé.

La solution éthérée peut être colorée, et on obtient tout de suite la fibre à l'état coloré.

La fibre peut être dénitrée partiellement par l'action du sulfhydrate d'ammoniaque, ce qui la rend plus douce et moins combustible.

Ce fil est légèrement grisâtre, transparent, souple; il a l'éclat et le toucher de la soie; il est inattaquable par l'eau froide ou chaude et par les acides ou par les alcalis moyennement concentrés.

La densité de la soie artificielle, d'après une communication de M. de Chardonnet à la Société d'Encouragement, est comprise entre celle des grèges et celle des soies cuites : elle est de 1,490. La charge de rupture varie entre 25 et 35 kilogrammes par millimètre carré. Le diamètre des soies artificielles peut varier de 1 millième à 40 millièmes de millimètre.

La teinture peut se faire par les procédés ordinaires, sous la réserve de ne pas teindre dans des bains à haute température.

Bibliographie des fibres textiles.

BERNARDIN (de Melle), *Catalogue de 550 fibres textiles*, Gand, 1879. — BOUCHÉ und GROTHE, *Ramie, Chinagras und Nesselfaser*, Berlin, 1884. — BOWMANN, *the Structure of the wool fibre*, Manchester, 1885. — *Special Catalogue of exhibits; Colonial and Indian Exhibition*, 1886. — *Empire of India*, London, 1886. — *Bulletin de la Société Nationale d'acclimatation*, années 1880 et suivantes. — CROSS, BEVAN et KING, *Report on Indian fibres and fibrous substances*, London, 1887. — FORBES-ROYLE, *the fibrous Plants of India*, Bombay, 1855. — GAUTHIER, *Examen microscopique des fibres textiles*, Paris, 1875. — HÖHNEL, *die Microscopie der technisch verwendeten Faserstoffe*, Wien, 1887. — HUMMEL, *the Dyeing of textile fabriks*, London, 1885. — KNECHT, *die Färberei und Bleicherei der Gespinntsfasern*, Braunschweig, 1887. — LAMI (E.-O.), *Dictionnaire de l'Industrie*, Paris, 1885. — *L'Industrie textile*, revue mensuelle, depuis 1885. — MÜLLER (Hugo), *die Pflanzenfaser*, Braunschweig, 1877. — NATALIS-RONDOT, *l'Art de la soie*, Paris, 1885. — PENNETIER, *les Matières premières*, Paris, 1881. — PERSOZ (J.), *le Conditionnement de la soie*, Paris, 1877. — RENOUARD (A.), *Étude sur les lins*, Lille, 1874. — RENOUARD (A.), *Étude sur les textiles tropicaux*, Lille, 1882. — TODARO (A.), *Sulla Cultura dei cotoni*, Palermo, 1878. — TODARO (Agostino), *Monographia del genere gossypium*, Roma, 1878. — VÉTILLART, *Étude sur les fibres végétales*, Paris, 1876. — WAILLY (A.), *Catalogue raisonné des séricigènes connus*, Paris, 1882. — WARDLE, *the wild Silks of the Collection in the indian section of the South Kensington Museum*, London, 1881. — WARDLE (Thomas), *Descriptive Catalog of the silk section, Royal jubilee exhibition Manchester*, Manchester, 1887. — WIESNER (J.), *die Rohstoffe des Pflanzenreichs*, Leipzig, 1873. — WITT (Dr O.-N.). *Chemische Technologie der Gespinntsfasern*, Braunschweig, 1888.

J. Dépierre.

BLOMSTRANDITE (Min.) (Pajkull). — Niobotitanate d'uranyle hydraté. Petites masses noires, translucides, de Nohl (Suède); provient de l'altération de l'euxénite.

BOBIERRITE (Min.) (voyez Suppl., **1**, 361). — La véritable formule est $(PO^4)^2Mg^3, 8H^2O$, correspondant à celle de la vivianite, avec laquelle elle est isomorphe.

BOLIVITE (Min.) (Domeyko). — Serait un oxysulfure de bismuth en prismes rhombiques.

BORACITE (Min.) — *Forme cristalline.* — Les anomalies optiques de ce minéral (voyez Dict., **1**, 651) qui montre de nombreuses lamelles hémitropes suivant b^1 et a^1, avec biréfringence marquée, s'expliquent, suivant M. Mallard, en admettant que le système est orthorhombique avec des paramètres très voisins de 0,707 : 1 : 1. Douze individus s'associent pour constituer un pseudocube dans lequel les faces b^1, p et a^1 seraient en réalité h^1, m, e^1.

La boracite, chauffée à la température de 265°, devient isotrope et reprend par le refroidissement son action sur la lumière polarisée.

BORE. — La densité du bore amorphe n'a pas été déterminée, mais elle est supérieure à 1,84; à l'état cristallisé, elle est de 2,53 à 2,68 [Wöhler, *Ann. Chem.*, **141**, 268. — Hampe, *ibid.*, **183**, 75]. Son volume spécifique est d'environ 4,4.

Sous certains rapports, le bore montre des analogies avec le carbone et le silicium : propriétés physiques, existence d'un acide contenant du fluor, et existence probable d'un hydrure gazeux.

A beaucoup d'autres points de vue, il ressemble à l'azote et au phosphore, à cause de sa trivalence.

L'absorption d'une molécule de chlore par le chlorure de bore monophénylé rend probable la pentatomicité du bore [Michaelis et Becker, *D. chem. G.*, **13**, 58]. (Pour la pentatomicité du bore, voyez plus loin, *Oxychlorures*.)

Le bore est le premier membre du groupe III (loi de périodicité). Les suivants sont tous franchement métalliques; pourtant l'hydrate d'alumine se dissout dans la potasse et forme des aluminates. La composition de plusieurs dérivés du bore est analogue à celle des composés correspondants des autres membres du groupe III. De même que les autres composés des types M^2O^3 et $MX^3 (X = Cl, Br)$, le chlorure de bore $BoCl^3$ se combine directement avec l'oxychlorure de phosphore [Dict. de Watts, 1888, **1**, 524].

Les différences entre les fonctions chimiques du bore et celles des autres éléments du groupe auquel il appartient, semblent être plus éloignées que d'habitude entre le premier et les éléments suivants d'un même groupe.

Groupe III.

	2	3	4	5	6	7	8	9	10	11
Séries paires.....	Bo (11)		Sc (44)		Y (89)		La (139)		Yb (173)	
Séries impaires...		Al (27)		Ga (69)		In (114)		»		Tl (204)

Ces éléments sont tous métalliques, à l'exception du bore; mais le bore fonctionne comme un métal dans certaines réactions (voyez plus loin l'action de l'acide borique sur l'acide phosphorique, donnant naissance à un phosphate de bore).

M. Prokofieff a montré l'analogie du bore avec le radical C^2H^3 [*Bull. Soc. Chim.*, (2), **41**, 389].

Cette analogie se manifeste, d'après l'auteur, depuis l'acide borique anhydre Bo^2O^3 et l'acide acétique anhydre $(C^2H^3)^2O^3$, depuis le borax $Bo^4O^7Na^2$, et le sel qu'on obtient avec l'anhydride acétique et l'acétate de potassium

$$K^2(C^2H^3)^4O^7 = (C^2H^3O)^2O \cdot 2C^2H^3O^2K$$

jusqu'à l'azoture de bore $BoAz$ et à l'acétonitrile C^2H^3Az. M. Prokofieff a essayé sans succès de décomposer ce dernier corps par le bore, en espérant obtenir l'azoture de bore.

Les lignes principales dans le spectre d'émission sont pour le bore : 2496,2, 2497 et 3450,1 [Hartley, *Ann. Chem.*, **175**, 49].

Le bore amorphe se combine au cuivre si on le chauffe avec ce métal dans un creuset de porcelaine, placé dans un autre creuset en graphite, à une température supérieure à celle de la fusion du cuivre. La masse obtenue a la couleur de la pyrite et renferme le produit Bo^2Cu^3 [Sydney Marsden, *Chem. Soc.*, **37**, 672].

Présence dans la nature. — On a trouvé du bore dans les eaux de Royat. M. Carnot y a décelé la présence de l'acide borique en traitant les dépôts d'évaporation par l'acide sulfurique, puis en reprenant par l'alcool ; en enflammant cette solution, il a obtenu une flamme verte [Carnot, *Bull. Soc. Chim.*, (2), **32**, 114].

On le trouve encore à l'état de chloroborate de magnésium (boracite), de borosilicate de calcium (datolithe).

Dans un borate de Stassfurth [H. Staute, *D. chem. G.*, **17**, 1584 ; *Bull. Soc. Chim.*, (2), **44**, 198], la pinnoïte a été trouvée accompagnant la boracite. Elle est en rognons colorés en jaune, quelquefois en vert pistache, en rouge ou en gris, à cassure un peu fibreuse et présentant des reflets irisés. La forme cristalline n'a pu être déterminée, à cause de l'impossibilité d'isoler des cristaux. Densité = 2,27 ; dureté = 3 à 4. C'est un borate de magnésium, Bo^2O^4Mg, H^2O.

Enfin M. E. Becchi a signalé, il y a longtemps, la présence du bore dans les végétaux qui croissent dans les terrains boracifères [*Acc. dei Lincei*, séance du 15 juin 1879 ; *Bull. Soc. Chim.*, (3), **3**, 122]. Selon ce chimiste, les cendres des hêtres de la vallée de Vallombreuse (Toscane) renferment jusqu'à 1,30 pour 1000 d'acide borique.

La présence du bore dans les végétaux a aussi été signalée par M. von Lippmann [*D. chem. G.*, **21**, 3492 ; *Bull. Soc. Chim.*, (3), **2**, 251] et par M. Crampton [*D. chem. G.*, **22**, 1072 ; *Bull. Soc. Chim.*, (3), **2**, 251].

Préparation. — Ce métalloïde s'obtient à la façon du silicium, en réduisant par le magnésium soit l'anhydride borique, soit, ce qui vaut mieux, le borax. Il faut chauffer plus fort que pour la silice, et la réaction est moins vive. Le mieux est de chauffer dans un creuset de Hesse un mélange de 1 partie de poudre de magnésium avec 1 partie de borax pulvérisé parfaitement anhydre, qu'on recouvre d'une couche de borax seul. On lute le couvercle et on chauffe au charbon, sans recharger le fourneau. On épuise par l'eau chaude la masse refroidie, puis on fait bouillir avec de l'acide chlorhydrique concentré pour enlever la magnésie. Il reste une poudre grisâtre, mélangée d'azoture de bore amorphe, de borures de magnésium, etc. Ce corps, séché au bain-marie, puis chauffé avec de l'aluminium dans un creuset de charbon, fournit le bore graphitoïde en belles lames, avec un peu de bore adamatin [L. Gattermann, *D. chem. G.*, **22**, 186 ; *Bull. Soc. Chim.*, (3), **1**, 722.]

Borures. — M. Warren [*Chem. News*, **61**, 231 ; *D. chem. G.*, **23**, *Ref.*, 729], en fondant au rouge blanc, dans un creuset de fer, un mélange d'anhydride borique, d'argent en poudre et de magnésium également en poudre, a obtenu un *borure d'argent* renfermant 6 0/0 de bore. Ce composé présente une couleur jaunâtre et n'est que difficilement attaqué par l'acide nitrique.

D'après M. Cl. Winkler [*D. chem. G.*, **23**, 772], il existerait plusieurs *borures de magnésium*. En fondant au rouge vif un mélange intime d'anhydride borique (1 molécule) et de magnésium en poudre (3 atomes), on obtient une poudre noirâtre qui renferme le composé Bo^2Mg^9. Ce corps ne brûle pas à l'air ; il est décomposé par l'eau, lentement à froid, rapidement à chaud, avec dégagement d'un mélange d'hydrogène et d'hydrure de bore ; les acides, les alcalis, le chlorure d'ammonium le décomposent de même, mais plus rapidement.

En chauffant au rouge dans un courant d'hydrogène un mélange de borax parfaitement sec (1 molécule) et de magnésium (7 atomes), on voit se produire une vive réaction : il distille du sodium et il se produit un borure de magnésium, brunâtre et pyrophorique à chaud. La réaction serait la suivante :

$$3\,Bo^4O^7Na^2 + 21\,Mg$$
$$= 2\,Na^2 + 2\,BoO^2Na + 17\,MgO + 2\,Bo^5Mg^2.$$

Ce composé, après lavage à l'eau bouillante, se dissout dans l'acide chlorhydrique avec dégagement d'un gaz qui s'enflamme spontanément et qui brûle avec une flamme verte, et formation d'un résidu difficilement soluble qui serait un hydrure de bore solide Bo^8H.

Hydrure de bore gazeux. — On n'a pas obtenu l'hydrure de bore exempt d'hydrogène ; mais les expériences de M. Jones [*Chem. Soc.*, **35**, 41] et de MM. Jones et Taylor [*ibid.*, **39**, 213] laissent peu de doute sur l'existence du composé BoH^3. Pour le préparer, on mélange intimement dans un creuset de Hesse ou de fer 1 partie d'acide borique récemment chauffé et 2 parties de magnésium en poudre. On ferme solidement le couvercle et on chauffe à un feu ordinaire. Il se produit une réaction violente ; le creuset est quelquefois projeté hors du foyer.

La masse fondue, qui renferme un mélange de bore, de magnésium, de borure, d'azoture et d'oxyde de magnésium, est alors placée dans un petit ballon, dans lequel on ajoute, par un tube à entonnoir, de l'eau et de l'acide chlorhydrique. On recueille le gaz sur l'eau ou sur le mercure, après l'avoir séché sur le chlorure de calcium [Jones et Taylor, *Chem. Soc.*, **39**, 214].

Le gaz est formé d'hydrogène et de très peu d'hydrure. Pour l'analyser, on a brûlé par l'oxyde de cuivre des volumes égaux d'hydrogène et de ce gaz, et pesé l'eau formée dans les deux cas. L'excès de l'eau dans le second cas venait de l'hydrogène combiné au bore. On a ainsi trouvé que la formule était BoH^x, avec $x > 2$ et voisin de 3.

L'hydrure de bore est coloré, doué d'une odeur désagréable, peu soluble dans l'eau. Il ne paraît pas changer de composition dans ses dissolutions.

Il brûle avec une flamme verte en donnant de l'eau et de l'acide borique. Il se décompose en bore et en hydrogène par son passage à travers un tube chauffé au rouge sombre.

Il donne avec le nitrate d'argent un précipité noir contenant du bore et de l'argent, et qui se décompose par l'eau en donnant de l'hydrure de bore.

Il réagit sur le permanganate de potassium en produisant du peroxyde de manganèse et de l'acide borique.

Il se combine à l'ammoniaque pour donner un composé cristallin, de composition inconnue et décomposable par les acides.

Plusieurs savants ont fait des essais pour préparer cet hydrure gazeux ; ce sont : Wöhler et Deville [*Ann. Chim. Phys.*, (3), **52**, 88] ; Geuther [*Jahresb.*, 1865, 125] ; Gustavson [*Zeits. f. Chem.*, **6**, 521] ; Reinitzer [*Wienerakad. Sitz.*, **82**, 736].

M. Sabatier [*C. R.*, **112**, 865] a repris l'étude de l'hydrogène boré préparé par M. Jones ; d'après ses expériences, le gaz décrit par M. Jones est constitué par de l'hydrogène, renfermant une très petite quantité d'hydrure de bore. Ce dernier serait, d'après M. Sabatier, un gaz extrêmement fétide, brûlant avec une magnifique flamme verte ; il se détruit en ses éléments par la chaleur rouge et par l'étincelle électrique ; il attaque le mercure, qui le décompose immédiatement avec accroissement de volume.

Hydrure solide. — M. Reinitzer [*Mon. f. Chem.*, **1**, 792] a obtenu par l'action du potassium sur l'acide borique fondu dans un creuset d'acier, sous une couche de sel marin, un corps solide contenant une proportion d'hydrogène variant de 2,67 à 1,65 0/0. Le reste était du bore. Il aurait donc obtenu un hydrure de bore solide, dont la formule ne peut être établie [*Bull. Soc. Chim.*, (2), **36**, 153].

M. Rich. Lorenz a confirmé les expériences de M. Reinitzer relatives à l'existence de l'hydrure de bore solide.

M. Cl. Winckler [*D. chem. G.*, **23**, 772] a obtenu un hydrure de bore solide, auquel il a attribué la formule Bo^8H, en attaquant par l'acide chlorhydrique bouillant le borure de magnésium, Bo^5Mg^2 (voyez plus haut). Ce composé ressemble au bore amorphe; il est comme lui pyrophorique à chaud; il résiste à l'acide chlorhydrique, mais il se dissout dans l'eau régale, dans l'eau de brome et dans l'acide azotique. Il détone violemment quand on le chauffe avec du nitre ou avec du chlorate de potassium.

Azoture de bore. — On obtient ce produit en chauffant le composé $2\,BoCl^3 . 3\,AzH^3$ dans un courant de gaz ammoniac [Martius, *Ann. Chem.*, **109**, 80], ou encore en chauffant le trichlorure de bore avec de la méthylamine à 200° [Gustavson, *Zeitsch. f. Chem.*, **6**, 521].

Lorsqu'on le prépare en chauffant au rouge un mélange d'anhydride borique et de charbon dans une atmosphère d'azote, on observe que, toutes choses égales d'ailleurs, la pression augmente les rendements; les meilleurs résultats ont été obtenus sous une pression de 66 atmosphères [W. Hempel, *D. chem. G.*, **23**, 3391].

Chlorure de bore. — On l'obtient par réaction entre le chlorure de mercure, de plomb ou d'argent et le bore amorphe; par l'action de l'anhydride borique sur le perchlorure de phosphore prolongée à 150° pendant quelques jours[1] [Gustavson, *D. chem. G.*, **3**, 426; **4**, 975].

Avec le peroxyde d'azote, le chlorure de bore donne un composé renfermant

$$BoCl^3 . AzOCl . Bo^2O^3$$

et de l'oxygène [Geuther, *J. prakt. Chem.*, (2), **8**, 854].

Les composés $BoCl^3 . CAzCl$ et $BoCl^3 . CAzH$ ont été décrits [Martius, *Ann. Chem.*, **109**, 80. — Gautier, *C. R.*, **63**, 920].

Le chlorure de bore s'unit, au-dessous de 20°, à l'hydrogène phosphoré avec dégagement de chaleur pour donner un composé solide, blanc, ayant pour formule $BoCl^3 . PH^3$. Celui-ci s'altère rapidement à l'air; l'eau le décompose avec dégagement d'hydrogène phosphoré. Traité par l'ammoniaque à la température de 8°, il se convertit en un corps de la formule $2\,BoCl^3 . 9\,AzH^3$ [Besson, *C. R.*, **110**, 516].

On obtient du chlorure de bore lorsqu'on chauffe en tube scellé les chlorures de carbone de la série grasse avec du bore amorphe. Avec le perchlorométhane, on obtient beaucoup de chlorure de bore; avec l'éthylène perchloré la réaction marche moins bien; avec le benzène hexachloré on n'a rien obtenu [Chabrié, *C. R.*, **111**, 747].

Si on mélange le tétrachlorométhane avec du fluorure d'argent et du bore amorphe, on voit se produire des gaz fluorés et chlorés, contenant du bore et du carbone; il se fait en même temps un dépôt de ces deux derniers métalloïdes et une petite quantité d'argent métallique.

1. On peut encore placer le bore brut (exempt de magnésie) dans un tube à combustion et chauffer doucement, d'abord dans un courant d'hydrogène, puis dans un courant de chlore. On refroidit fortement le récipient, qui se remplit d'un liquide verdâtre. On agite celui-ci avec du mercure jusqu'à décoloration, puis on distille à la chaleur de la main. On obtient un bon rendement en chlorure de bore [Gattermann, *loc. cit.*].

M. Moissan a obtenu du fluorure de bore en traitant le chlorure de bore par le fluorure d'argent [*Bull. Soc. Chim.*, (3), **5**, 458; *J. Pharm. Chim.*, (5), **23**, 331].

Oxytrichlorure de bore, $BoOCl^3$. — M. Councler [*D. chem. G.*, **11**, 1106] a obtenu fréquemment, comme produit secondaire de la préparation du chlorure de bore, un liquide jaune-verdâtre, n'émettant pas de vapeurs à 100° et présentant la composition ci-dessus. L'eau ne décompose ce corps que lentement, en donnant de l'acide borique, de l'acide chlorhydrique et du chlore.

La chaleur produit la décomposition suivante :

$$3\,BoOCl^3 = Bo^2O^3 + BoCl^3 + 3\,Cl^2.$$

L'existence de ce composé tend à prouver que le bore peut fonctionner comme élément pentatomique. M. Rich. Lorenz [*Ann. Chem.*, **247**, 226; *Bull. Soc. Chim.*, (3), **1**, 784] n'a pas observé la formation de l'oxytrichlorure de bore décrit par M. Councler. Il en conclut que rien ne vient établir la quintivalence du bore.

Bromure de bore, $BoBr^3$. — On l'obtient en chauffant l'anhydride borique avec du tribromure de phosphore [Gustavson, *D. chem. G.*, **2**, 661]. Il forme une combinaison avec l'ammoniaque sèche [Nicklès, *C. R.*, **60**, 800. — Gautier, *C. R.*, **63**, 920].

Le bromure de bore se produit par l'action de l'anhydride borique sur les bromhydrines de la glycérine et du glycol à 250° en tube scellé (Chabrié). Cette réaction, étendue à d'autres bromhydrines, peut faire espérer d'obtenir des oxydes organiques qui seraient transformables dans les alcools polyatomiques correspondants [C. Chabrié, *loc. cit.*].

Iodure de bore. — Wöhler et Deville ont obtenu par l'action de l'iode sur le bore, à haute température, un corps qu'ils regardent comme un oxyiodure [*Ann. Chim. Phys.*, (3), **52**, 90].

L'iodure d'argent ne réagit pas sur le bore, même au point de fusion de l'argent.

Le triiodure de bore a été récemment obtenu par M. Moissan [*C. R.*, **112**, 717] par l'action de l'acide iodhydrique gazeux sur la vapeur de chlorure de bore, par l'action de l'iode sur le bore à 700 ou 800°, enfin par l'action du gaz iodhydrique sur le bore amorphe. C'est ce dernier moyen de préparation que M. Moissan préfère. Le bore est séché à 200°; le gaz iodhydrique est séché sur l'iodure de calcium poreux; on chauffe à la température de ramollissement du verre.

Le corps obtenu est purifié par cristallisation dans le sulfure de carbone; il se présente en lamelles nacrées, fusibles à 43°, bouillant à 210° sans décomposition. Sa densité à l'état liquide est de 3,3 à 50°.

Le triiodure de bore est soluble dans le sulfure de carbone, le tétrachlorure de carbone, le benzène, moins soluble dans les trichlorures d'arsenic et de phosphore.

L'eau le décompose en acide borique et acide iodhydrique. L'hydrogène ne réagit pas au rouge cerise sur l'iodure de bore.

Chauffé dans l'oxygène, cet iodure brûle en donnant de l'iode et de l'anhydride borique.

Le soufre fondu l'attaque; le phosphore réagit à froid; le silicium est sans action au rouge sombre.

On peut le distiller sur le sodium sans l'altérer; mais, au rouge, la réaction se fait avec incandescence.

Le magnésium l'attaque à 500°; l'aluminium ne réagit pas. L'argent est sans action à 500°; le fluorure d'argent réagit à froid. L'oxychlorure de phosphore est attaqué énergiquement.

Le chloroforme, la plupart des éthers et des

carbures d'hydrogène, les ammoniaques composées réagissent avec énergie sur cet iodure de bore.

Avec l'alcool anhydre, on obtient de l'iodure d'éthyle et de l'acide borique. Avec l'éther ordinaire, il se forme de l'iodure d'éthyle et de l'éther borique.

Pour l'analyser, on l'a traité par l'eau. L'iode a été dosé à l'état d'iodure d'argent; le bore, à l'état de borate de chaux.

Fluorure de bore, $BoFl^3$. — On le prépare en mélangeant 100 parties de fluoborate de potassium avec 15 ou 20 parties d'anhydride borique fondu et finement pulvérisé, et en chauffant le mélange avec de l'acide sulfurique concentré. On recueille sur le mercure [Schiff, *Ann. Chem.*, *Suppl.*, **5**, 172]. Il n'attaque pas le verre.

Avec l'ammoniaque, il forme un produit d'addition solide, de la formule $BoFl^3 . AzH^3$, indécomposable par sublimation. Il donne aussi les produits $BoFl^3 . 2AzH^3$ et $BoFl^3 . 3AzH^3$, liquides, décomposables par la chaleur, par l'air, par l'acide carbonique sec, en donnant du gaz ammoniac et le composé $BoFl^3 . AzH^3$ [G. Davy, 1812].

Selon Kuhlmann [*Ann. Chem.*, **39**, 320], le fluorure de bore se combine avec les oxydes d'azote.

Le fluorure de bore se combine à — 50° avec l'hydrogène phosphoré, en donnant un composé blanc, solide, ayant pour formule $2BoFl^3 . PH^3$. Ce corps se détruit à la température ordinaire en régénérant ses deux composants et en donnant en outre une petite quantité d'hydrogène et d'hydrure de phosphore solide [Besson, *C. R.*, **110**, 80].

Acide borique. — Lorsqu'on mélange avec de l'eau l'acide borique fondu et pulvérisé, il augmente beaucoup de volume et la température du mélange s'élève à 100°. Ce phénomène avait déjà été observé par Ebelmen et par M. de Luynes.

L'acide borique cristallisé se dissout dans l'eau avec abaissement de température. Un équivalent (62 grammes) à 15° absorbe 3187 calories, pour donner une solution saturée. Cette solution produit un très faible abaissement de température lorsqu'on l'étend d'eau. La chaleur dégagée par la combinaison de l'acide borique anhydre avec l'eau est de 63000 calories pour 1 équivalent d'acide borique et 3 équivalents d'eau, à 14°. La dissolution absorbe donc la moitié de la chaleur que dégage l'hydratation.

La chaleur spécifique de l'acide hydraté, calculée à l'aide de la formule de Person et de la chaleur spécifique de l'acide anhydre (0,23743), est 0,353516.

Voici les densités des acides boriques anhydre et hydraté :

	Acide anhydre.	Acide hydraté.
A 0°........	1,8766	1,5463
12°........	1,8476	1,5172
60°........	»	1,4165
80°........	1,6988	1,3828

La densité calculée pour l'acide hydraté est plus faible que la densité réelle, ce qui indique une diminution de volume produite par la combinaison.

Solubilité de l'acide borique. — Voici la quantité d'acide contenue dans 1 litre de solution :

	Acide anhydre.	Acide hydraté.
	gr.	gr.
A 0°........	11,00	16,47
12°........	16,50	29,20
20°........	22,49	39,92
40°........	39,50	69,91
62°........	64,50	114,16
80°........	95,00	168,15
102°........	164,50	291,16

L'acide borique est plus soluble dans l'acide chlorhydrique étendu que dans l'eau pure. Mais l'anhydride borique n'absorbe pas le gaz chlorhydrique, quelle que soit la température. Il n'y a donc pas combinaison [A. Ditte, *C. R.*, **85**, 1069; *Bull. Soc. Chim.*, (2), **30**, 171].

Selon M. Tchijevsky [*Bull. Soc. Chim.*, (2), **42**, 324], la volatilisation de l'acide borique est maxima lors de l'évaporation de l'eau d'hydratation qui entraîne 10 ou 15 0/0 de son poids de l'anhydride borique. En faisant passer la vapeur d'eau à travers des tubes contenant de l'anhydride borique et chauffés jusqu'à 110°, ou bien jusqu'à 150°, l'auteur a pu constater qu'il se déposait dans les tubes où se condensait la vapeur d'eau, dans le premier cas des cristaux d'acide borique, et dans le second des cristaux d'acide métaborique.

Action de l'acide borique sur les réactifs colorés. — D'après M. A. Joly [*Bull. Soc. Chim.*, (2), **43**, 607 et *C. R.*, **100**, 103], l'acide borique n'exerçant aucune action sur l'orangé Poirrier n° 3, ni sur l'hélianthine, etc., on a là un excellent moyen de faire avec le borax une solution alcaline normale dont le titre se conserve rigoureusement, sans altérer le vase de verre. En effet, dans une dissolution de borax, l'acide borique est déplacé par les acides minéraux, et lorsque le déplacement est complet, la teinte jaune vire au rouge.

Tous les indicateurs connus, en présence de l'acide borique, virent sous l'influence de la potasse avant la neutralisation complète de l'acide BoO^2H [Engel, *Bull. Soc. Chim.*, (2), **45**, 326].

Le borax se comporte comme un alcali vis-à-vis du tournesol, de l'orangé n° 3, de la phénacétoline et de la phénolphtaléine, et M. Robert Thomson [*Chem. News*, 1883, 135] a montré que l'orangé n° 3 permet de doser par un acide titré la quantité d'alcali combinée avec l'acide borique, aussi exactement que s'il s'agissait d'un carbonate alcalin.

Le bleu soluble au contraire ne commence à virer qu'après la neutralisation complète de l'acide BoO^2H. Il indique même la tendance de l'acide borique (BoO^3H^3) à se combiner avec 2 molécules de potasse. Aussi le borax, alcalin à tous les réactifs, est-il acide au bleu soluble.

Acide hydrofluoborique. — D'après M. Landolt [*C. R.*, **86**, 603], l'acide hydrofluoborique peut s'obtenir par l'action du fluorure de bore sur l'anéthol. C'est un liquide coloré, bouillant à 130° avec décomposition partielle.

Il réagit sur une petite quantité d'eau et donne de l'acide fluorhydrique aqueux et de l'acide borique.

Une solution d'acide hydrofluoborique s'obtient encore en dissolvant l'acide borique dans l'acide fluorhydrique aqueux dilué et refroidi.

Hydrofluoborates de calcium, de magnésium et d'aluminium. — Voyez Fluosels et métaux correspondants.

Boro-tungstates. — Voyez Tungsto-Borates, à l'article Tungstène.

Phosphate borique. — Lorsqu'on évapore à sec une solution renfermant les acides phosphorique et borique, puis qu'on calcine au rouge le résidu, enfin qu'on lave à l'eau chaude, on obtient un résidu pulvérulent, blanc, insipide, infusible, constituant un phosphate borique normal, $BoPO^4$ ou $Bo^2O^3 . P^2O^5$. Ce corps est sans action sur le tournesol; il est insoluble dans l'eau, indécomposable par l'eau même à l'ébullition, ainsi que par les lessives alcalines; mais il est aisément décomposé par les alcalis ou par les carbonates alcalins en fusion.

On n'a pu réussir à préparer des borophosphates [G. Meyer, *D. chem. G.*, **22**, 2919; *Bull. Soc. Chim.*, (3), **3**, 361].

C. Chabrié.

BORE (ANALYSE). — M. Rosenblatt a indiqué une méthode de détermination qualitative et quantitative du bore, à l'état d'acide borique, à l'aide de l'alcool méthylique [*Bull. Soc. Chim.*, (2), **47**, 169].

D'après M. Reinsch [*D. chem. G.*, **14**, 2325], l'acide borique en solution à 2 0/0, évaporé sur le porte-objet, laisse de petites lamelles ne présentant pas de croix sous le polarimètre; mais si on le neutralise par le bicarbonate de sodium, on voit se former, après dessiccation, des globules dans lesquels apparaît une croix qui est mobile avec le nicol. Le phénomène rappelle celui que présente la silice, mais la comparaison de types préparés d'avance ne permet pas la confusion.

M. Antony Guyard [*Bull. Soc. Chim.*, (2), **40**, 422] a proposé comme réactif alcalimétrique l'acide borique, plus facile à employer comme acide normal que l'acide sulfurique. On peut en effet avoir un produit d'une pureté absolue en faisant cristalliser l'acide borique du commerce et en le déshydratant dans un creuset de platine. On emploie comme indicateur l'hématoxyline, matière colorante du bois de campêche; celle-ci ne peut être conservée en dissolution, mais doit être préparée dans la journée.

BORE (COMPOSÉS ORGANIQUES).

Dichlorure de bore-phényle, $C^6H^5 . BoCl^2$. — Il fond à 0° et distille à 175°. On le prépare en chauffant le trichlorure de bore avec du mercure-diphényle à 200° [Michaelis et Becker, *D. chem. G.*, **15**, 180].

C'est un liquide fumant, peu coloré. Par l'action de l'eau, il donne de l'*acide phénylborique*, et par celle de l'alcool de l'éther phénylborique.

Dichlorure de bore-p-crésyle, $C^6H^4(CH^3)BoCl^2$. — Cristaux incolores, fusibles à 27°. On le prépare en chauffant le trichlorure de bore avec le mercure-di-p-crésyle [Michaelis et Becker, *D. chem. G.*, **15**, 185].

Émétique borique. — Quand on évapore à siccité à 100° une solution contenant 1 partie d'anhydride borique et 2 parties de tartrate acide de potassium dans 24 parties d'eau, et qu'on traite le résidu par l'alcool, on obtient un résidu blanc amorphe, insoluble dans l'alcool, mais très soluble dans l'eau.

Ce solide a pour formule $C^4H^4O^7KBo$. Ses réactions sont semblables à celles de l'émétique. C'est probablement le sel de potassium d'un acide $Bo . C^4H^4O^6 . OH$, analogue à l'acide

$$Sb . C^4H^4O^6 . OH$$

obtenu par MM. Clarke et Stallo [*D. chem. G.*, **13**, 1787]. [Meyrac, *J. de Pharm. et de Chim.*, **3**, 8. — Soubeiran, *ibid.*, **3**, 399; **11**, 560; **25**, 741; **35**, 241. — Duflos, *Schweigger's Journ. der Phys.*, **44**, 333. — Vogel, *J. de Pharm. et de Chim.*, **3**, 1. — Robiquet, *ibid.*, (3), **21**, 197. — Wackenroder, *Arch. Pharm.*, (2), **58**, 4; — Wittenstein, *Repertorium für die Pharm.*, (3), **6**, 1, 177. — Duve, *Jahresbericht über die Fortschritte der Chem.*, 1869, 540. — Biot, *Ann. Chim. Phys.*, (3), **11**, 82].

Borate de quinoïdine [J. Jobst, *D. chem. G.*, **13**, 50; *Bull. Soc. Chim.*, (2), **35**, 639]. — Ce composé a été signalé par M. Paveri, mais ce n'est que de l'acide borique avec des traces de la base retenue mécaniquement.

Borate d'allyle. — Voyez Dict., **1**, 108.

Borate d'isobutyle. — En chauffant de l'alcool isobutylique avec de l'anhydride borique à 160°, en vase clos, M. C. Councler [*D. chem. G.*, **10**, 1656; *Bull. Soc. Chim.*, (2), **30**, 513] a obtenu du borate d'isobutyle. Il suffit de rectifier deux fois le produit pour l'obtenir pur, sous la forme d'un liquide limpide et mobile, brûlant avec une flamme verte et bouillant à 212°. L'eau le décompose peu à peu. Sa constitution est représentée par la formule $Bo(OC^4H^9)^3$.

Monoborate triéthylénique [C. Councler, *D. chem. G.*, **11**, 1106; *Bull. Soc. Chim.*, (2), **31**, 550]. — Lorsqu'on fait passer du chlorure de bore gazeux à travers le glycol, celui-ci devient peu à peu assez épais pour empêcher le passage du gaz, et si l'on veut achever la réaction, il faut ajouter du chlorure de bore liquide.

Le produit formé est insoluble dans l'éther, soluble dans le chloroforme. Ce dissolvant l'abandonne par évaporation sous la forme d'une masse jaunâtre, composée de lamelles microscopiques.

Ce corps fond à 161°,7; l'eau le dédouble en glycol et acide borique. Il est incombustible, mais colore les flammes en vert. C'est le monoborate triéthylénique $Bo(O.C^2H^4.OH)^3$; l'action du chlorure de bore sur le glycol ne porte donc que sur l'un des deux hydroxyles.

Borate d'isopropyle, $Bo(OC^3H^7)^3$ [Councler, *ibid.*]. — C'est un liquide mobile, doué des caractères généraux du borate d'éthyle. On l'obtient en chauffant à 120° l'alcool isopropylique avec de l'anhydride borique.

On observe, pour son point d'ébullition situé à 140°, la même régularité que pour les autres éthers boriques. La différence qui s'observe entre les points d'ébullition des éthers boriques homologues est le triple de celle des points d'ébullition des alcools correspondants.

Anhydride borique et alcool caprylique secondaire [Councler, *ibid.*]. — L'éthérification paraît se produire à 170°; mais si l'on distille le produit avec de la vapeur d'eau, il ne passe que très peu de chose. Dans le vide, le produit distille, mais en se décomposant en partie. Si l'on distille au contact de l'air, il passe de la *méthylhexylcétone*, bouillant à 171°, et il reste de l'acide borique. Ce sont sans doute des produits d'oxydation du borate de capryle. C. Chabrié.

BORE (INDUSTRIE) [Suilliot, *Bull. Soc. Chim.*, (3), **1**, 546]. — Dans le traitement du carbonate de sodium par le borate de calcium, qui donne le borax, M. Suilliot sépare l'excès de soude par un courant d'acide carbonique.

M. David a montré que cette réaction doit se faire à 40° pour donner de très bons résultats. Ainsi perfectionné, le procédé de M. Suilliot fournit le borax à meilleur marché que le procédé à l'acide chlorhydrique.

Fabrication du borax en Allemagne au moyen de la boronatrocalcite [*Bull. Soc. Chim.*, (3), **1**, 220]. — Presque tout le borax fabriqué en Allemagne est tiré de la boronatrocalcite,

$$Na^2Bo^4O^7 . 2CaBo^4O^7, 18H^2O.$$

On trouve ce minéral en quantités considérables au nord du Chili, à Maricunga, à Pedernal et à Ascotan, ainsi que dans la République Argentine. Il renferme depuis 34 0/0 d'acide borique anhydre, comme par exemple à Ascotan, jusqu'à 12 et 13 0/0 dans d'autres districts. Le mode de transformation en borax qui a été indiqué par M. F. Witting est en réalité identique au procédé qui fut pour la première fois installé à Javel par Payen, et un peu plus tard par M. Boyer.

Seul le prix de la matière première a changé et a permis de faire concurrence à celle tirée de la Toscane (acide borique à 80 0/0 produit près de Livourne, directement, par la condensation des vapeurs chargées d'acide borique) et au borate de chaux de la Turquie découvert par M. Desmazures en 1869.

La boronatrocalcite est broyée, délayée dans 3 ou 4 fois son poids d'eau bouillante et saturée par le carbonate de sodium sec en léger excès.

La principale difficulté du travail est due à la présence d'une quantité souvent considérable de sulfate de calcium, qui donne du sulfate de sodium et du carbonate de calcium et rend ainsi les lavages lents, difficiles et coûteux.

Après l'ébullition, on laisse reposer et cristalliser. On lave les résidus à l'ébullition et on passe au filtre-presse. On concentre les eaux ou on s'en sert pour de nouvelles opérations.

On obtient ainsi le borax cru ou brut, qui est alors raffiné par une nouvelle dissolution dans l'eau pure, à laquelle on ajoute un peu d'hypochlorite de sodium pour détruire la coloration provenant de la matière organique.

Malgré tout le travail que donne cette épuration (traitements à chaud, nombreuses évaporations et lavages interminables), ce mode de traitement est préférable au traitement par les acides, qui détruit le matériel, occasionne une perte en soude utilisable, et produit de l'acide borique fort impur.

Ce fait avait déjà été constaté en France, il y a plus de quarante ans, par Payen; et ce chimiste ne dut alors son échec qu'à la difficulté de se procurer la matière première dans un pays où les moyens de communication étaient rares, mais nullement au procédé de fabrication, qui reste en 1888 ce qu'il était en 1850, si nous en croyons M. Witting. C. Chabrié.

BORNÉODAMBOSE, $C^6H^{12}O^6$. — M. A. Girard a donné ce nom au produit que l'on obtient en traitant la bornésite par l'acide iodhydrique bouillant. Très voisine de la dambose ou inosite inactive par l'ensemble de ses caractères, la bornéodambose est considérée par M. A. Girard comme une espèce chimique spéciale.

Ce corps cristallise en aiguilles prismatiques incolores, plus solubles dans l'eau que la racémo-inosite; il fond à 220-225°, n'agit pas sur la lumière polarisée et ne réduit pas la liqueur de Fehling.

Éther monométhylique [Syn. *Bornésite*],

$$C^6H^{11}O^5(OCH^3).$$

— Ce composé, isomérique avec la pinite, a été découvert par M. A. Girard dans le suc qui s'écoule par pression du caoutchouc brut de Bornéo.

La bornésite cristallise sous la forme de prismes rhombiques, fusibles vers 200°; elle se sublime un peu au-dessus de cette température, en subissant une décomposition partielle.

Très soluble dans l'eau, peu soluble dans l'alcool, la bornésite est infermentescible; elle ne réduit pas la liqueur de Fehling et dévie à droite le plan de polarisation : $[\alpha]_D = 32°$.

Le mélange nitrique la transforme en un dérivé explosif, cristallisable dans l'alcool, fusible à 30-35°.

L'acide iodhydrique, à l'ébullition, dégage 1 molécule d'iodure de méthyle et met en liberté la bornéodambose, $C^6H^{12}O^6$ [A. Girard, *C. R.*, 73, 426 et 77, 995]. L. Maquenne.

BORNÉOL. — Voyez CAMPHOL.

BORNÉSITE. — Voyez BORNÉODAMBOSE.

BORNITE (Min.) [Syn. *Cuivre panaché, phillipsite, érubescite*]. — Sulfoferrite cuivreux, FeS^3Cu^3 ou $3Cu^2S.Fe^2S^3$. Masses compactes ou concrétionnées, nodules, rarement cristaux bien formés, se rencontrant dans un grand nombre de filons et de gîtes cuivreux : Saxe, Mansfeld, Kupferberg, Redruth (Cornouailles), Monte Catini (Toscane), Chili, Bolivie, États-Unis, Canada, etc. Un des meilleurs minerais de cuivre. Épigénise souvent la chalcosine. Cassure conchoïde ou inégale; assez tendre; couleur rouge de cuivre ou brun tombac; reflets métalliques; colorations variées dans les tons bleus ou rouges.

Caractères. — Soluble dans l'acide chlorhydrique concentré, avec dépôt de soufre. Au chalumeau, devient plus foncé et reprend sa nuance par refroidissement; chauffé plus fort, sur le charbon, fournit un globule grisâtre, magnétique, cassant. Réactions du fer et du cuivre. Dureté = 3; poussière noire; densité = 4,9 à 5,1.

Forme cristalline. — Cubique. Formes : $p\, a^1\, b^1\, a^2$. Macles : a^1. Clivages : a^1 imparfait, p douteux. L. Bourgeois.

BOROCALCITE ET **BORONATROCALCITE** (Min.). — Voyez HAYÉSINE, Dict., 2, 6.

BOROMAGNÉSITE (Min.) — Voyez SZAJBELYITE.

BRACKEBUSCHITE (Min.) (Döring). — Orthovanadate hydraté de plomb, etc.,

$$(VO^4)^2[Pb, Mn, Fe, Zn, Cu]^3, H^2O,$$

voisin de la descloizite, en petits prismes noirs striés, de l'État de Cordoba (République Argentine).

BRANDTITE (Min.) (Nordenskiöld). — Arséniate calcico-manganeux hydraté,

$$(AsO^4)^2MnCa^2, 2H^2O.$$

de la mine Harstig, près Pajsberg (Suède).

BRASSIDIQUE (ACIDE), $C^{22}H^{42}O^2$. — On saponifie l'huile de colza par la potasse alcoolique, et on sépare les acides gras par l'acide sulfurique. On les dissout dans 3 fois leur poids d'alcool à 95° et on refroidit à 0°. Il se dépose de l'acide érucique, qui, après cristallisation dans l'alcool, fond à 34°. On chauffe ce dernier avec de l'acide azotique étendu jusqu'à ce qu'il fonde, et on ajoute peu à peu de l'azotite de sodium. Le produit solide ainsi obtenu est traité par l'alcool. Après deux cristallisations, l'acide brassidique qui s'est formé se dépose à l'état de pureté [C.-L. Reimer et W. Will, *D. chem. G.*, 19, 3320].

Propriétés. — L'acide brassidique, comme l'acide érucique, distille à la pression ordinaire en se décomposant légèrement. Il bout à 256° sous une pression de 10 millimètres et à 282° sous 30 millimètres [F. Krafft et H. Nœrdlinger, *D. chem. G.*, 22, 816].

Oxydé par le permanganate de potassium en solution alcaline, à la température de 80°, l'acide brassidique donne de l'acide isodioxybénique,

$$C^{22}H^{42}O^2(OH)^2.$$

Ce composé est isomérique avec l'acide dioxybénique obtenu en oxydant l'acide érucique; il cristallise en lamelles microscopiques, orthorhombiques, fusibles à 98-99°, insolubles dans l'eau, l'éther de pétrole, peu solubles dans l'éther et dans l'alcool froid, assez solubles à chaud dans le benzène, le chloroforme, le toluène, l'acide acétique, très solubles dans l'alcool chaud [R. Hazura, *Mon. f. Chem.*, 9, 460. — A. Grüssner et R. Hazura, *ibid.*, 10, 196; *Bull. Soc. Chim.*, (3), 3, 134].

Anhydride brassidique, $C^{44}H^{82}O^3$. — L'acide brassidique, chauffé avec du trichlorure de phosphore, donne par refroidissement un liquide oléagineux, peu soluble dans l'alcool froid. Ce dérivé cristallise dans l'alcool en lamelles fusibles vers 28-29°. Il se comporte comme l'anhydride érucique obtenu dans les mêmes conditions. Il est insoluble dans l'eau, mais soluble dans le benzène et dans l'éther. La potasse alcoolique le transforme rapidement en brassidate de potassium.

Brassidate d'éthyle, $C^{22}H^{41}O^2(C^2H^5)$. — L'acide brassidique, traité en solution alcoolique par un courant de gaz chlorhydrique, donne une huile insoluble, que l'on sépare et que l'on dissout dans l'éther. On ajoute de l'eau de baryte à cette solution et l'on agite fortement le mélange, pour éliminer à l'état de brassidate de baryum l'acide qui n'a pas été attaqué. L'éther fournit par oxydation le brassidate d'éthyle, en cristaux qui fondent vers 30° et qui distillent sans altération au-dessus de 360°.

L'érucate d'éthyle, $C^{22}H^{41}O^2(C^2H^5)$, au contact de l'acide azotique et de l'azotite de potassium, se convertit en brassidate d'éthyle.

Amide brassidique, $C^{22}H^{41}O(AzH^2)$. — On la prépare en faisant passer un courant de gaz ammoniac dans une solution éthérée d'anhydride brassidique maintenue à 0°. Le produit solide ainsi obtenu est assez soluble dans l'éther et dans le benzène, fort peu soluble dans l'alcool, insoluble dans l'eau. Ce corps fond à 90°.

Brassidanilide. — On l'obtient en faisant bouillir l'acide ou l'anhydride avec de l'aniline. Elle fond à 78°. Elle est peu soluble dans l'alcool, très soluble dans l'éther et dans le benzène.

Acétone brassidique. — Elle se forme dans la distillation sèche du brassidate de calcium [Reimer et Will, *loc. cit.*]. A. Bigot.

BRAVAISITE (Min.) (Mallard). — Sorte d'argile, $[Ca, Mg, K^2]O, Al^2O^3, \frac{8}{3}SiO^2, 4H^2O$, formée de fibres cristallines très fines, formant une couche dans le terrain houiller de Noyant (Allier). Densité = 2,6.

BRÉSILÉINE, $C^{16}H^{12}O^5, H^2O$.

Préparation. — On prépare avantageusement la brésiléine par un des deux procédés suivants :

1° On dissout 10 grammes de brésiline dans la moindre quantité possible d'alcool, on ajoute 400 grammes d'éther et on additionne le tout de 5 grammes d'acide nitrique concentré. On laisse reposer pendant un jour et demi, on distille les deux tiers de l'éther et on abandonne la liqueur à l'évaporation spontanée. Les cristaux qui se déposent sont lavés successivement à l'eau froide et à l'alcool bouillant [Buchka et Erck, *D. chem. G.*, **18**, 1142].

2° A une dissolution acétique à 30 0/0 de brésiline, refroidie avec de la glace, on ajoute la quantité équimoléculaire de nitrite de potassium pulvérisé ; on laisse reposer pendant quelques heures ; les cristaux qui se déposent sont lavés à l'eau et à l'acide acétique [Schall et Dralle, *D. chem. G.*, **23**, 1433].

La brésiléine préparée par ces deux procédés est de tous points identique au produit obtenu par l'oxydation d'une solution ammoniacale de brésiline à l'air, ou par l'action de la teinture d'iode sur une solution aqueuse de brésiline (voyez Suppl., **1**, 370) [Schall et Dralle, *D. chem. G.*, **22**, 1561 et **23**, 1434].

Propriétés. — La brésiléine cristallise en tables rhombiques, douées d'un éclat argentin, très peu solubles dans l'eau froide, plus solubles dans l'eau bouillante. Ces dissolutions sont d'un rose clair et possèdent une fluorescence orangée. Les alcalis la dissolvent en donnant une liqueur rouge, qui à l'air vire lentement au brun. Elle se dissout dans l'acide sulfurique concentré, avec formation de sulfate d'isobrésiléine. L'acide chlorhydrique la transforme à 100° en une chlorhydrine. Elle teint en violet gris les tissus mordancés au fer ; avec les mordants d'alumine on obtient des teintes rouges.

Tétraméthylbrésiléine, $C^{16}H^8O(OCH^3)^4$ (?). — Ce corps se prépare comme le dérivé correspondant de la brésiline ; il est amorphe, commence à fondre vers 60° et n'est complètement fondu qu'à 102-106°. Il n'a du reste pas été obtenu à l'état pur [Schall et Dralle, *D. chem. G.*, **23**, 1435].

Triacétylbrésiléine, $C^{16}H^9O^2(OC^2H^3O)^3$ (?). — En chauffant la brésiléine avec de l'anhydride acétique en présence de zinc en poudre et d'une trace de chlorure de zinc, on obtient un corps cristallisé en lamelles très brillantes, fusibles à 203-207° et brunissant déjà vers 192°. On obtient le même corps avec la brésiléine et le chlorure d'acétyle à 130°. Ce produit cristallise parfois avec 2 molécules d'acide acétique, qui sont éliminées par une ébullition prolongée avec l'eau (Schall et Dralle).

Brésiléine-dioxime, $C^{16}H^{10}O(OH)^2(AzOH)^2$. — En chauffant la brésiléine avec de l'alcool et de l'hydroxylamine, en présence d'une petite quantité d'acide chlorhydrique, on obtient l'oxime, sous la forme d'une substance très peu soluble dans l'alcool et dans l'acide acétique.

Brésiléine-phénylhydrazone,

$$C^{16}H^{12}O^4(Az^2H . C^6H^5), 3H^2O.$$

— On fait bouillir la brésiléine avec un grand excès de phénylhydrazine ; on traite le produit successivement par l'acide chlorhydrique et par l'ammoniaque pour éliminer les corps non entrés en réaction, et on reprend par l'alcool ; par addition d'acétate de sodium à la solution alcoolique, on obtient une poudre brune, infusible, soluble en brun dans les alcalis, plus soluble que la brésiléine dans l'alcool et dans l'acide acétique [Schall et Dralle, *D. chem. G.*, **23**, 1436].

Dérivés bromés [Schall et Drall, *D. chem. G.*, **22**, 1554].

Monobromure de tribromobrésiléine (*tétrabromobrésiléine*),

$$C^{16}H^8Br^4O^5 . 1,5C^2H^4O^2.$$

— On fait bouillir pendant quelques minutes 1 molécule de brésiline avec 2 ou 3 molécules de brome ; le corps formé se sépare en cristaux orangés ; il cède à l'ammoniaque 1 atome de brome et donne une dissolution violette.

Tribromure de tribromobrésiléine (*hexabromobrésiléine*),

$$C^{16}H^6Br^6O^5, 2C^2H^4O^2.$$

— On dissout 5 grammes de brésiline dans 100 grammes d'acide acétique, on filtre et on ajoute au liquide bouillant 25 grammes de brome dissous dans son poids d'acide acétique ; on prolonge l'ébullition pendant une demi-minute après l'addition du brome, et on obtient par le refroidissement des cristaux volumineux d'un rouge brun, qui ne perdent leur brome qu'à 170-180°. On peut les faire cristalliser dans l'éthylène perchloré C^2Cl^4 sans les décomposer notablement. Par contre l'eau et l'alcool les décomposent. Ce corps cède à l'ammoniaque aqueuse 3 atomes de brome.

Tétrabromure de tétrabromobrésiléine (*octobromobrésiléine*),

$$C^{16}H^4Br^8O^5, 2C^2H^4O^2.$$

— On le prépare comme le précédent, en employant 50 grammes de brome dissous dans son poids d'acide acétique.

Il forme des cristaux d'un rouge vif, cédant à l'ammoniaque 4 atomes de brome en donnant une dissolution d'un violet brun. Chauffé à 130-140°, il dégage abondamment du brome.

Pentabromure de tétrabromobrésiléine (*bromhydrate d'octobromobrésiléine*),

$$C^{16}H^5Br^9O^5, C^2H^4O^2.$$

— Cette substance se prépare comme le tétrabromure, en prolongeant l'action du brome pendant une demi-heure à l'ébullition. On obtient des cristaux d'un rouge brun, solubles en brun dans l'ammoniaque ; ces dissolutions présentent une légère teinte violette.

Tous ces corps, traités par la poudre de zinc et l'anhydride acétique, perdent une partie de leur brome en fixant de l'acétyle et en donnant des corps bruns, cristallisables dans l'acide acétique ou dans l'alcool étendu, et renfermant en moyenne 1 molécule d'eau de cristallisation.

ISOBRÉSILÉINE. — On obtient les sels de cette substance, qui paraît être un polymère de la brésiléine, en traitant cette dernière par les acides minéraux concentrés [Hummel et Perkin, *D. chem. G.*, **15**, 2343].

Le *sulfate acide*, $(C^{16}H^{11}O^4 . SO^4H)^3$(?), se prépare en dissolvant la brésiléine dans l'acide sulfurique concentré et froid, et en ajoutant peu à peu de l'acide acétique bouillant. Le sulfate acide se sépare alors sous la forme d'aiguilles rouges microscopiques, très peu solubles dans l'acide acétique, très solubles en rouge dans les alcalis; ces dissolutions deviennent brunes à l'air, beaucoup plus rapidement que celles de la brésiléine.

Le sulfate acide d'isobrésiléine, traité par l'alcool, perd de l'acide sulfurique et se transforme en un *sulfate basique*, $C^{16}H^{12}O^6(C^{16}H^{11}O^4 . SO^4H)^2$, corps d'un rouge écarlate, modérément soluble dans l'eau, l'alcool et l'acide acétique.

En chauffant la brésiléine pendant 8 ou 10 heures à 100° avec de l'acide chlorhydrique concentré, on obtient par évaporation du produit au bain-marie une masse brune cristalline, à reflets violets, constituée par une *chlorhydrine de l'isobrésiléine*, $C^{16}H^{11}O^4Cl$. Ce corps se dissout dans l'eau, qui le dissocie facilement en donnant un liquide orangé. Les alcalis le dissolvent également; ces dissolutions sont douées d'une fluorescence verte.

On a obtenu d'une manière analogue une *bromhydrine*, $C^{16}H^{11}O^4Br$, sous la forme de prismes microscopiques ressemblant au dichromate de potassium.

Les dérivés de l'isobrésiléine teignent les fibres mordancées en donnant des nuances d'une bien plus grande intensité que celles fournies par des quantités égales de brésiléine. Les colorations obtenues sont également plus stables; elles résistent en effet assez bien au savon, ainsi qu'à une solution étendue de chlorure de chaux (Hummel et Perkin). G. de Bechi.

BRÉSILINE. — Voyez Suppl., **1**, 370.

Propriétés et réactions — En traitant la brésiline par l'acide chlorhydrique et le chlorate de potassium, on obtient de l'acide isotrichloroglycérique.

En faisant passer un courant d'air à travers une solution alcaline de brésiline, on obtient divers produits d'oxydation : il se forme en premier lieu une substance douée de propriétés acides, ayant pour formule $C^{20}H^{14}O^9$ ou $C^{16}H^{10}O^7$ et fusible à 271°. Par une oxydation plus avancée on obtient l'*acide o-p-dioxybenzoïque* (β-résorcylique) [Schall et Dralle, *D. chem G.*, **21**, 3016 et **22**, 1564].

Par l'action de la potasse fondante sur la brésiline, il se forme de la résorcine, de l'acide acétique, de l'acide formique et de l'acide oxalique [Wiedemann, *D. chem. G.*, **17**, 195. — Dralle, *ibid.*, **17**, 375].

L'acide iodhydrique et le phosphore transforment la brésiline en *brésinol*.

DÉRIVÉS MÉTHYLÉS. — La brésiline paraît renfermer 4 oxhydryles. On connaît en effet un dérivé *triméthylique*, soluble dans la soude caustique, et un éther *tétraméthylique*, qui existe sous deux modifications présentant une isomérie physique. Ces corps ont été étudiés en détail par MM. Schall et Dralle [*D. chem. G.*, **20**, 3365, **21**, 3009, **22**, 1547 et **23**, 1430].

ÉTHER TRIMÉTHYLIQUE,

$$C^{16}H^{11}O^2(OCH^3)^3 . 0,75H^2O.$$

— Ce corps se forme en même temps que l'éther tétraméthylique par l'action de l'éthylate de sodium et de l'iodure de méthyle sur la brésiline. On le sépare de l'éther tétraméthylique en traitant le mélange par la soude caustique. Ce corps est insoluble dans le carbonate de sodium; la dissolution dans la soude caustique est incolore.

ÉTHER TÉTRAMÉTHYLIQUE, $C^{16}H^{10}O(OCH^3)^4$. — On dissout 100 grammes de brésiline dans l'alcool à 98 0/0 et on ajoute une solution de 30 grammes de sodium dans l'alcool absolu, puis 207 grammes d'iodure de méthyle, et on chauffe le tout pendant 40-50 heures à 60-70°. On verse le mélange dans 5 ou 6 litres d'eau, on filtre, on lave et on dissout le produit obtenu dans l'éther. La dissolution éthérée, traitée par la soude caustique à 1 ou 2 0/0, lui cède l'éther triméthylique formé dans la réaction. Par évaporation de la solution éthérée, on obtient l'éther tétraméthylique en prismes clinorhombiques, fusibles à 138-139°.

Lorsqu'on fond l'éther tétraméthylique et qu'on l'abandonne après refroidissement, il se transforme en une modification amorphe; cette dernière se forme également, quoique avec lenteur, quand on abandonne à l'air le produit fusible à 139° après l'avoir finement pulvérisé.

La modification amorphe fond vers 82-86° en régénérant le produit cristallisé fusible à 139°. Elle est beaucoup plus soluble que son isomère dans les dissolvants usuels. Ses dissolutions, au contact d'un cristal de la modification fusible à 139°, se transforment et régénèrent cet isomère plus stable.

La tétraméthylbrésiline, traitée à froid par l'acide nitrique (d = 1,205), donne une coloration d'un rouge de sang, virant au vert olive au bout de quelques minutes, en passant par le rouge brun.

Son poids moléculaire, déterminé d'après la méthode de M. Raoult, concorde avec la formule $C^{20}H^{22}O^5$.

DÉRIVÉS ACÉTYLÉS. — TRIACÉTYLBRÉSILINE,

$$C^{16}H^{11}O^5(C^2H^3O)^3.$$

— On fait bouillir pendant 5 à 10 minutes au réfrigérant à reflux la brésiline avec de l'anhydride acétique; on lave le produit obtenu à l'eau bouillante et on le fait cristalliser dans l'alcool.

La triacétylbrésiline forme de fines aiguilles incolores, fusibles à 105-106° [Buchka et Erck, *D. chem. G.*, **18**, 1139].

TÉTRACÉTYLBRÉSILINE, $C^{16}H^{10}O^5(C^2H^3O)^4$. — On chauffe à 130° la brésiline avec de l'anhydride acétique. Le produit obtenu cristallise dans l'alcool en aiguilles soyeuses, fusibles à 149-151° (Buchka et Erck).

TRIMÉTHYLACÉTYLBRÉSILINE,

$$C^{16}H^{10}O(OCH^3)^3(OC^2H^3O).$$

— Ce corps, préparé au moyen de l'éther triméthylique décrit plus haut, cristallise très facilement dans l'alcool; il brunit à 78° et fond complètement à 95-97° (Schall et Dralle).

DÉRIVÉS BROMÉS [Buchka et Erck, *D. chem. G.*, **18**, 1140. — Buchka, *ibid.*, **17**, 685. — Schall et Dralle, *ibid.*, **21**, 3009; **22**, 1547; **23**, 1428].

MONOBROMOBRÉSILINE, $C^{16}H^{13}BrO^5$. — On chauffe la tétracétylbromobrésiline avec de l'eau de baryte, puis on acidifie par l'acide chlorhydrique et on épuise par l'éther. On évapore le dissolvant et on fait cristalliser le produit dans de l'eau chargée d'acide sulfureux.

La monobromobrésiline cristallise en lamelles brillantes, d'un rouge clair, qui paraissent perdre de l'eau de cristallisation à 100°.

Éther tétraméthylique, $C^{16}H^9BrO(OCH^3)^4$. — A une dissolution au 1/5 de tétraméthylbrésiline dans l'acide acétique, on ajoute une dissolution de brome dans 10 parties d'acide acétique; on précipitant par l'eau, on obtient une substance blanche, qu'on purifie par cristallisation dans l'alcool étendu.

Ce dérivé cristallise en prismes d'un blanc de neige, de plusieurs centimètres de longueur, fusibles à 180-181°. Un excès de brome le transforme en un produit d'addition

$$C^{16}H^8Br^4O(OCH^3)^4$$

qui cristallise en aiguilles soyeuses, enchevêtrées, d'un brun rouge et cédant facilement 2 atomes de brome à l'ammoniaque ou au carbonate de sodium.

Bromotétracétylbrésiline,

$$C^{16}H^9BrO(OC^2H^3O)^4.$$

— A une dissolution de tétracétylbrésiline dans l'acide acétique cristallisable on ajoute peu à peu une dissolution acétique de brome; au bout d'une heure, on précipite par l'eau chargée d'acide sulfureux et on fait cristalliser dans l'alcool.

On obtient ainsi de fines aiguilles soyeuses, fusibles à 203-204°, saponifiables par la potasse, qui les dissout avec formation d'une liqueur rouge.

Dibromobrésiline, $C^{16}H^{12}Br^2O^5, 2H^2O$. — On fait digérer pendant quelques jours 3 molécules de brome avec 1 molécule de brésiline en solution dans l'acide acétique cristallisable : le dérivé tribromé (voyez plus loin) se dépose. On additionne la liqueur mère d'acide sulfureux; au bout de quelque temps le dérivé dibromé cristallise en lamelles d'un rouge clair, qu'on purifie par des cristallisations répétées dans l'acide sulfureux aqueux.

La dibromobrésiline forme des lamelles presque blanches, perdant leur eau de cristallisation à 150° et fusibles à 170-180° en un liquide d'un rouge de rubis. Ce corps s'oxyde facilement; la couleur de ses solutions alcalines est intermédiaire entre celles de la brésiline et de son dérivé tribromé.

Éther tétraméthylique, $C^{16}H^8Br^2O(OCH^3)^4$. — On fait agir pendant 12 heures à la température ordinaire une dissolution de brome dans 10 parties d'acide acétique cristallisable sur une dissolution à 20 0/0 de tétraméthylbrésiline dans l'alcool étendu. Il se sépare alors une poudre jaune, sablonneuse, cristalline, qui est purifiée par cristallisation dans l'alcool.

Ce dérivé dibromé est jaunâtre, fond à 215° et est insoluble dans les alcalis; il est moins soluble dans les dissolvants usuels que l'éther tétraméthylique monobromé et ne cède pas de brome à l'ammoniaque; c'est donc un véritable produit de substitution.

Dibromotétracétylbrésiline,

$$C^{16}H^8Br^2O(OC^2H^3O)^4, 2H^2O.$$

— On chauffe la dibromobrésiline avec de l'anhydride acétique et de l'acétate de sodium et on purifie le produit par cristallisation dans l'alcool, dans lequel il est peu soluble. On l'obtient alors sous la forme d'aiguilles fusibles à 185°; le corps anhydre fond à 220°.

Tribromobrésiline, $C^{16}H^{11}Br^3O^5$. — On fait agir à la température ordinaire 3 molécules de brome en solution acétique sur 10 molécules de brésiline également dissoute dans l'acide acétique; au bout d'une heure, on verse dans l'eau; il se sépare des flocons orangés; on chauffe au bain-marie en présence d'acide sulfureux; le corps prend alors un aspect cristallin; on filtre et on fait cristalliser deux fois dans l'alcool étendu additionné d'acide sulfureux.

La tribromobrésiline est insoluble dans l'eau bouillante; elle se colore en brun sans fondre à 197-200°; ses solutions alcalines sont d'une belle couleur violette, tandis que la brésiline se dissout dans les alcalis en rouge ponceau.

Tribromotétracétylbrésiline,

$$C^{16}H^7Br^3O(OC^2H^3O)^4.$$

— On connaît deux isomères de ce corps. L'un a été préparé par MM. Buchka et Erck [*D. chem. G.*, **18**, 1140] par l'action de la vapeur de brome sur la tétracétylbrésiline. Purifié par l'acide sulfureux et par cristallisation dans l'alcool, il forme de petites aiguilles blanches, s'oxydant facilement à l'air et fusibles à 145-147°. Les alcalis le saponifient en donnant une dissolution violette de tribromobrésiline.

Le second isomère a été obtenu par MM. Schall et Dralle [*D. chem. G.*, **22**, 1552] en soumettant la tribromobrésiline à l'action prolongée de l'anhydride acétique et de l'acétate de sodium. Après cristallisation dans l'alcool, il fond à 263°; il est très peu soluble dans l'alcool à 98 0/0. Sa formation est précédée de celle d'un dérivé *tribromotriacétylique*, $C^{16}H^8Br^3O^2(OC^2H^3O)^3$, qui fond à 147° et qui est peu soluble dans l'alcool.

Tétrabromobrésiline, $C^{16}H^{10}Br^4O^5$. — On prépare ce corps par l'action du brome en vapeur sur la brésiline; l'attaque est assez rapide et la brésiline se colore en un beau rouge foncé. On fait digérer le produit de la réaction avec de l'acide sulfureux, puis on le traite à plusieurs reprises par l'eau bouillante additionnée d'acide sulfureux; le produit est finalement cristallisé dans l'alcool en présence d'acide sulfureux.

La tétrabromobrésiline cristallise en fines aiguilles rougeâtres, solubles dans les alcalis en donnant une coloration violette peu stable.

Tétrabromotétracétylbrésiline,

$$C^{16}H^6Br^4O(OC^2H^3O)^4.$$

— On fait agir le chlorure d'acétyle et l'acétate de sodium sur la tétrabromobrésiline. Après cristallisation dans l'alcool, il fond à 220-222°.

Brésinol, $C^{16}H^{14}O^4$. — Ce corps est un produit de réduction de la brésiline. Il se forme lorsqu'on chauffe au réfrigérant à reflux, pendant plusieurs heures, la brésiline avec du phosphore rouge et de l'acide iodhydrique (d = 1,5) [Wiedemann, *D. chem. G.*, **17**, 194].

Il constitue une poudre d'un brun foncé, amorphe, peu soluble dans l'eau, l'éther et les acides étendus, insoluble dans le chloroforme et dans le benzène, soluble dans l'alcool et dans les alcalis.

Chauffé au rouge avec du zinc en poudre, il donne un hydrocarbure cristallisant facilement et paraissant avoir pour formule $C^{16}H^{14}$ ou $C^{16}H^{16}$.

Avec l'acide iodhydrique (d = 1,9) et le phosphore à 150° en vase clos, on obtient un corps ayant pour formule $C^{16}H^{24}O^3$ ou $C^{16}H^{26}O^3$, ressemblant comme aspect et comme propriétés au brésinol qui lui a donné naissance. Ce même corps se forme encore en partant de la brésiline.

G. de Bechi.

BRÖGGERITE (Min.). — Sorte de pechblende renfermant du thorium et d'autres métaux rares.

BROMAL, C^2HBr^3O (voyez Dict., **1**, 662 et Suppl., **1**, 371). — On peut l'obtenir en faisant agir le brome sur une solution de paraldéhyde dans l'éther acétique [Pinner, *Ann. Chem.*, **179**, 68], et plus facilement en faisant passer de la vapeur de brome dans de l'alcool absolu [Schäffer, *D. chem. G.*, **4**, 366].

Le bromal bout à 61°,6 sous une pression de $9^{mm},36$, à 72°,6 sous $19^{mm},22$, à 78° sous $25^{mm},84$, à 84°,8 sous $34^{mm},44$, à 98° sous 57 millimètres, à 113°,6 sous $113^{mm},96$, à 174° sous 760 millimètres [Kahlbaum, *Siedetemp. u. Druck*, 96].

Les composés bromés de l'éther donnent par décomposition une combinaison d'aldéhyde et de bromal C^2HBr^3O, C^2H^4O.

En chauffant le monochloracétal dans un appareil à reflux vers 100° et en y ajoutant du brome, on obtient le *chlorobromal*, $CClBr^2.CHO$, liquide incolore analogue au chloral, bouillant à 148-149°; d = 2,2793 [Jacobsen et Neumeister, *D. chem. G.*, 15, 600].

L'hydrate de chlorobromal, C^2HClBr^2O, H^2O, se présente sous la forme de prismes fusibles à 51-52°, que la potasse transforme en *chlorobromoforme*, $CHClBr^2$, liquide bouillant à 123-125°; d = 2,445.

L'alcoolate de chlorobromal,

$$C^2HClBr^2O, C^2H^6O,$$

est en aiguilles fusibles à 46°.

BROMALIDE.

$$C^5H^2Br^6O^3 = CBr^3-\overset{\frown O \frown}{CH-CO^2-CH}-CBr^3$$

(voyez Suppl., 1, 454). — Obtenu par l'action de l'acide sulfurique fumant sur le bromal, ce corps se présente en cristaux clinorhombiques, fusibles à 158°, insolubles dans l'eau, solubles dans l'éther; l'alcool le décompose rapidement [Wallach, *Ann. Chem.*, 193, 52].

BROMANILIQUE (ACIDE). — Voyez QUINONE.

BROME. — PROPRIÉTÉS PHYSIQUES. — D'après M. J. van der Plaats [*Rec. P.-B.*, 5, 34], les constantes physiques du brome absolument pur, préparé d'après la méthode de M. Stas, légèrement modifiée, sont :

Point de fusion......	— 7°,3
Point d'ébullition......	63°,05 (p = 760mm)
Densité à 0°..........	3°,1875

D'après M. Ramsay [*D. chem. G.*, 13, 2146], la densité du brome au point d'ébullition serait 2,9483; d'où l'on conclut :

Volume atomique..............	27,135
Volume spécifique..............	0,3392

Densité de vapeur. — La densité de vapeur du brome a fait l'objet de nombreuses recherches, dues principalement à M. Crafts et à M. V. Meyer.

M. Crafts a constaté une décroissance de la densité de vapeur du brome à partir de 1200° [*C. R.*, 90, 184].

En opérant avec le brome pur obtenu au moyen du bromure de platine, $PtBr^4$, MM. V. Meyer et Züblin ont reconnu qu'à une température correspondant à environ 1570°, la densité de vapeur du brome oscille entre 3,98 et 3,64, la densité normale étant 5,52 tandis que celle qui correspond à 2/3 Br^2 est égale à 3,64.

Ces expériences ont été faites dans des conditions d'une grande précision et à l'aide d'appareils spéciaux, dont la description est faite dans un ouvrage de M. Meyer [*Pyrochemische Untersuchungen*, 1885]. On a opéré sur du brome dilué avec de l'air, ou, à de plus hautes températures, avec des volumes différents d'azote pur. M. Meyer a tiré de cette étude les conclusions suivantes :

1° La vapeur de brome présente la densité normale à la température ordinaire quand elle est mélangée d'un grand excès d'air (voyez ci-dessous les observations de M. Jahn).

2° La vapeur de brome présente encore la densité normale 5,52 à 900°, même quand elle est diluée de 11 fois son volume d'azote.

3° La densité de vapeur n'est plus que de 4,3 à 1200° pour une dilution dans 5 volumes d'azote.

4° En chauffant au rouge blanc, on abaisse la densité de vapeur du brome mélangé d'azote jusqu'à 3,6.

M. Jahn a montré [*D. chem. G.*, 15, 1240] que la densité de la vapeur du brome non dilué est fortement supérieure à la densité normale jusque vers 228°, c'est-à-dire à 170° au-dessus de son point d'ébullition. C'est seulement alors qu'elle correspond à la molécule Br^2; mais si on prend sa densité après dilution avec 10 volumes d'air, on trouve la densité normale même à 50° au-dessous de son point d'ébullition [V. Meyer, *D. chem. G.*, 15, 2771].

L'étincelle électrique favorise, à une température relativement basse, la dissociation de la vapeur de brome [Thomson, *Chem. News*, 55, 252].

Poids moléculaire. — MM. Paterno et Nasini ont déterminé le poids moléculaire de plusieurs métalloïdes d'après la méthode de M. Raoult [*D. chem. G.*, 21, 2153]; pour le brome en solution aqueuse ou en solution acétique, ils sont arrivés à la formule Br^2.

Chaleur de volatilisation. — $6^{cal},99$ à 0° [Berthelot et Ogier, *Ann. Chim. Phys.*, (5), 30, 410.]

État naturel. — Le brome existe en bien moindre quantité dans l'eau de mer que l'incertitude des méthodes d'analyse, et notamment de séparation d'avec le chlore, ne l'avait fait croire jusqu'ici.

C'est ainsi que suivant les anciennes données on aurait :

	Brome pour 100 gr. de chlore. milligr.	Teneur de l'eau de mer en chlore.
Océan............	1 863	20,84 (V. Bibra).
—	597	17,76 (Figuier).
Méditerranée.....	2 107	20,49 (Usiglio).

D'après les recherches très étendues de M. Berglund (voir p. 792), effectuées à l'aide d'une méthode nouvelle (mise en liberté du brome mélangé au chlorure par l'action du bisulfate et du permanganate de potassium dans des conditions déterminées), la teneur en brome de l'eau des mers est à peu près identique partout :

	Brome pour 100 gr. de chlore. milligr.	Teneur de l'eau de mer en chlore.
Mer du Nord............	330	18,97
— — à 53m de profondeur.	344	19,18
Océan Atlantique............	337	19,96
— —	341	19,75
Golfe du Mexique............	341	19,96
Méditerranée............	343	20,67
Mer Adriatique............	341	21,17
Mer Baltique, à 25 kilomètres à l'est de Moën............	316	15,38
Mer Baltique, à 8 mètres de profondeur, près Gothenbourg	344	14,87

Les chiffres de M. Berglund sont en absolue concordance avec ceux obtenus par M. Dittmar sur les échantillons rapportés du voyage du *Challenger*.

On trouvera à l'article BROME (INDUSTRIE) des indications sur les nouvelles sources de brome qu'offre l'industrie des sels de Stassfurt et le traitement des eaux-mères des marais salants.

THERMOCHIMIE. — *Déplacement du chlore par le brome.* — Les chimistes avaient envisagé uniquement le déplacement du brome par le chlore. M. Berthelot a développé des observations dues à M. Potilitzine, et a fait voir que la réaction inverse, qui est facile à constater dans plusieurs cas, peut être interprétée par l'examen des données thermochimiques.

Lorsqu'on distille du brome sur certains chlorures, on constate une substitution du brome au chlore : l'importance du phénomène varie suivant la température de la réaction et la nature du chlorure métallique. Ainsi on a :

	Degrés de substitution.
KCl + 3 Br à froid................	Nul.
KCl + 19 Br au rouge sombre, 1 h. 1/4	7,8 0/0
$BaCl^2$ + 42 Br au rouge sombre, 4 h..	23,2 —
AgCl sec mais non fondu + 2 Br, *à froid*, 5 jours................	4 —
AgCl + 21 Br au rouge sombre, 3 h.	97 —

Ainsi la substitution inverse, minime avec le chlorure de potassium, est plus marquée avec le chlorure de baryum et davantage encore avec le chlorure d'argent. Ces faits sont d'accord avec les prévisions tirées de l'existence de composés secondaires :

$$Br \text{ gaz} + Cl = BrCl \text{ liquide} + 4^{cal},6.$$

Les décompositions dont il s'agit doivent être attribuées à la chaleur de formation du chlorure de brome et à celle de chlorobromures parfaitement déterminés et très stables [*Bull. Soc. Chim.*, (2), **39**, 58].

La décomposition du chlorure d'argent par le brome est confirmée par M. Julius [*Zeit. anal. Chem.*, **22**, 523].

Propriétés chimiques. — Le brome peut être chauffé avec le sodium même à 300° sans qu'il y ait aucune réaction [Merz et Weith, *D. chem. G.*, **22**, 867].

Hydrate de brome. — D'après M. Bakhuis Roozeboom [*Rec. P.-B.*, **3**, 73], il existe un hydrate de brome dissociable, $Br^2,10H^2O$, dont le poids spécifique = 1,49 :

Tension de dissociation = 50,5 millimètres à 0°,4
— — 760 — à 6°,2 (point critique).

Le point de congélation d'une solution de 3,02 parties de brome dans 100 parties d'eau est de 0°,37.

Une solution aqueuse de brome renferme :

A 0°.............	4,05 0/0 de brome.
3°.............	3,80	—
10°.............	3,33	—

La solution aqueuse de brome est bien plus stable à la lumière que l'eau de chlore. La décomposition est limitée par une réaction inverse reproduisant le brome et l'eau et motivée par les chaleurs dégagées [Pebal, *Ann. Chem.*, **231**, 151].

Action de l'acide chlorhydrique et des chlorures sur le brome. — Si l'on ajoute du brome pur à de l'acide chlorhydrique fumant (d = 1,153) ayant pour composition $HCl.4,6H^2O$, ce liquide s'y dissout en grande quantité. Au bout de quelques minutes d'agitation vers + 12°, 100 centimètres cubes de la liqueur primitive ont dissous 36gr,4 de brome. Cette dose augmente un peu avec le temps, jusque vers 40gr,1. A ce moment le rapport en poids entre le brome et l'acide chlorhydrique répond très sensiblement à la formule 2 HCl : Br.

On a ainsi un véritable *bromure d'acide chlorhydrique*, dont la formation est accompagnée d'un dégagement de chaleur.

Les chlorures très concentrés dissolvent également le brome en forte proportion. Ainsi, une solution de chlorure de baryum presque saturée à froid (450 grammes $BaCl^2.10H^2O$ + 1000 grammes d'eau) dissout 115 grammes de brome.

Le brome est retenu avec une certaine énergie par le liquide et ne peut être entraîné qu'avec difficulté.

Il en est de même en ce qui concerne le chlorure de strontium. Le chlorure d'argent fraîchement précipité et mis en suspension dans l'eau paraît également susceptible de se combiner au brome [Berthelot, *Bull. Soc. Chim.*, (2), **43**, 547].

Ces faits se rattachent à l'existence des chlorobromures décrits par MM. Berthelot et Ilosvay [*Ann. Chim. Phys.*, (5), **29**, 285].

ACIDE BROMHYDRIQUE. — *Propriétés physiques.* — M. Bakhuis Roozeboom a fait une étude approfondie des tensions de dissociation des hydrates HBr,H^2O et $HBr,2H^2O$ [*Rec. P.-B.*, **4**, 102 et 331, **5**, 323 et 363] :

HBr,H^2O Tension = 760 mill. à — 28°,5
$HBr,2H^2O$ Chaleur de fusion à — 15°,5 = 3cal,04

Contrairement à l'opinion de M. Berthelot [*Ann. Chim. Phys.*, (5), **14**, 369], la solubilité de l'acide bromhydrique dans l'eau croît avec l'abaissement de la température :

A — 25°, sous 760 millimètres, 100 parties d'eau dissolvent 255 parties de gaz bromhydrique.

A — 3°, la solution saturée possède exactement la composition $HBr,2H^2O$, soit 224,4 parties d'acide bromhydrique pour 100 parties d'eau. Cet hydrate fond à — 11°.

Densité des solutions aqueuses d'acide bromhydrique à différentes concentrations.

1 0/0......	1,0082	26 0/0......	1,219
2	1,0155	27	1,229
3	1,0230	28	1,239
4	1,0305	29	1,249
5	1,038	30	1,260
6	1,046	31	1,270
7	1,053	32	1,281
8	1,061	33	1,292
9	1,069	34	1,303
10	1,077	35	1,314
11	1,085	36	1,326
12	1,093	37	1,338
13	1,102	38	1,350
14	1,110	39	1,362
15	1,119	40	1,375
16	1,127	41	1,388
17	1,136	42	1,401
18	1,145	43	1,415
19	1,154	44	1,429
20	1,163	45	1,444
21	1,172	46	1,459
22	1,181	47	1,474
23	1,190	48	1,490
24	1,200	49	1,496
25	1,209	50	1,513

[Bill, *Pharm. Journ. Trans.*, 1882, 666].

Propriétés chimiques. — D'après MM. Bailey et Fowler, le gaz bromhydrique attaque le mercure dans l'obscurité comme à la lumière, qu'il soit ou ne soit pas mélangé d'oxygène [*Chem. Soc.*, **54**, 755].

Le gaz humide mélangé d'oxygène se décompose à la lumière solaire.

Au contact du phosphore rouge humide, il fournit un sublimé de bromure de phosphonium :

$$P^2 + 3H^2O + HBr = PH^4Br + PH^3O^3$$

[Richardson, *Chem. Soc.*, **51**, 801].

Préparation. — 1° *Par action directe de l'hydrogène sur le brome.* — Si l'on fait bouillir du brome dans un ballon traversé par un courant d'hydrogène sec, et si l'on fait passer ensuite le courant à travers un tube de verre chauffé au rouge sur une longueur de quelques centimètres, on voit les deux corps se combiner en ce point avec une belle flamme jaunâtre qui s'étend sur plusieurs centimètres.

MM. Merz et Holzmann, appliquant pratiquement cette expérience, recommandent d'opérer de la façon suivante pour obtenir des solutions fumantes et incolores d'acide bromhydrique :

Un courant rapide d'hydrogène chargé de

vapeurs de brome traverse un tube à combustion chauffé sur une grille, puis se rend dans un flacon de Woulf et reçoit alors un second courant d'hydrogène. Les gaz se rendent ensuite dans un second tube à combustion très court et enfin dans l'eau froide. L'emploi du flacon de Woulf et du second tube chauffé a pour but la condensation ou l'hydrogénation du brome qui a échappé à la réaction dans le premier tube. Il est avantageux de mettre des matières poreuses (coke ou pierre ponce) dans les tubes à combustion ; si l'on veut détruire toute trace de brome libre, on peut faire traverser aux gaz un tube rempli d'antimoine concassé [*D. chem. G.*, 22, 867].

2° *Par le phosphore.* — M. Crismer a fait connaître [*D. chem. G.*, 17, 651] quelques modifications importantes qui simplifient beaucoup la préparation de l'acide bromhydrique.

On pèse un fragment de phosphore blanc sous la paraffine liquide (la paraffine liquide est un corps huileux, récemment introduit dans les pharmacopées, constitué par un mélange d'hydrocarbures liquides de la série du méthane et bouillant entre 215 et 240° sous la pression réduite de 6 millimètres). On calcule la quantité de brome nécessaire pour le transformer en tribromure (10 grammes de phosphore exigent 77 grammes de brome et 18 grammes d'eau). On introduit le phosphore dans un petit ballon contenant de la paraffine liquide, puis on adapte un bouchon de liège muni d'un entonnoir à robinet renfermant le brome et d'un tube vertical faisant l'office de réfrigérant ascendant. Il faut avoir soin de refroidir le ballon pendant toute la durée de la réaction, puis, quand les dernières traces de brome se sont écoulées, on fait réagir l'eau goutte à goutte sur le tribromure formé. L'acide bromhydrique se dégage régulièrement en traversant un tube à double courbure renfermant un peu de phosphore rouge et de l'anhydride phosphorique pour dessécher les gaz. Vers la fin de la réaction, on chauffe le ballon au bain de sable pour expulser les dernières traces d'acide bromhydrique. Le rendement est presque théorique.

3° *Par l'acide phosphorique et le bromure de potassium.* — On chauffe 100 grammes de bromure de potassium avec 280 grammes d'acide phosphorique (d = 1,304) [Grüning, *D. chem. G.*, 16, 1672].

4° *Par le bromure de zinc.* — On attaque des bandes de zinc par le brome en présence de l'eau. On ajoute un léger excès de zinc, on filtre et on évapore à sec le bromure de zinc.

Pour obtenir l'hydrate stable $HBr, 5H^2O$, on distille un mélange de 225 parties de bromure de zinc, 180 parties d'eau, 196 parties d'acide sulfurique concentré, suivant l'équation

$$ZnBr^2 + 2SO^4H^2 + 10H^2O = Zn(SO^4H)^2 + 2HBr + 10H^2O$$

[Sommer, *Soc. chem. Ind.*, 3, 22]. H. Gall.

BROME (ANALYSE). — L'ancienne méthode de dosage et de séparation du chlore par les sels d'argent est d'une exécution délicate. On doit à MM. Vortmann et Berglund des méthodes permettant de séparer le brome par distillation après l'avoir mis en liberté à l'aide d'un réactif oxydant, sans action sur les chlorures.

Méthode de M. Vortmann [*D. chem. G.*, 15, 812 et 1106]. — On évapore le liquide renfermant le mélange de chlorure, de bromure et d'iodure avec de l'acide acétique à 3 0/0 et du bioxyde de manganèse.

Le bioxyde de manganèse, en présence de l'acide acétique étendu, n'agit que sur les iodures. L'iode est mis en liberté et peut être chassé par évaporation au bain-marie. On ajoute ensuite du bioxyde de plomb qui décompose les bromures, et le brome peut être chassé par évaporation au bain-marie.

Ces résultats sont contestés par M. Berglund [*Zeit. anal. Chem.*, 24, 196], d'après lequel la présence d'un sulfate, tout en favorisant la décomposition des bromures par le bioxyde de plomb et l'acide acétique à 3 0/0, n'est pas suffisante pour produire une réaction complète.

Méthode de M. Berglund. — Cette méthode a

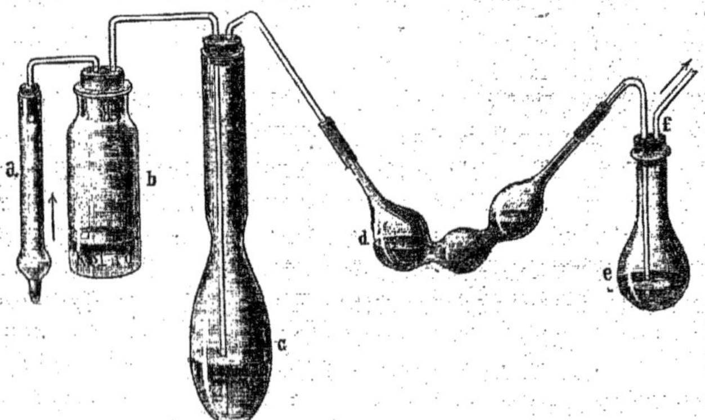

Fig. 94. — Appareil de M. Berglund pour le dosage du brome en présence du chlore.

servi au dosage du brome dans l'eau de mer de différentes provenances (voyez plus haut) ; elle est basée sur la décomposition des bromures par le permanganate et le bisulfate de potassium [*Zeit. anal. Chem.*, 24, 184] ; le brome mis en liberté est déplacé à l'aide d'un courant d'air, et absorbé à l'aide d'une solution de soude caustique.

Les réactifs nécessaires sont : Une solution de permanganate de potassium à 20 grammes par litre ; une solution de bisulfate de potassium par au 1/10 ; une solution de soude caustique à 20 grammes par litre.

La figure 94 représente l'appareil employé. Par le tube *a* rempli de coton entre un courant d'air aspiré en *f*, qui déplace d'abord et fait arriver dans le ballon *c* une solution de permanganate dont la quantité est réglée par la position du tube h dans le bouchon g; en e se trouve le liquide qui renferme le mélange de chlorure et de bromure à doser; d est un tube d'absorption ordinaire qui renferme la soude caustique destinée à absorber le brome.

La concentration du liquide du ballon c ne doit pas dépasser 1 gramme pour 50 centimètres cubes de liquide; celui-ci doit être neutralisé par la soude caustique ou par l'acide sulfurique, suivant qu'il est alcalin ou acide, et additionné d'un excès d'une dissolution de bisulfate de potassium (1 gramme à 2gr,5); on fait arriver un petit excès de solution de permanganate et on aspire le courant d'air à froid, à la vitesse d'environ 1/3 de litre à la minute.

Au bout de 1 heure, on introduit quelques gouttes d'ammoniaque dans le tube d'absorption afin de réduire l'hypobromite et de donner une indication sur la présence du brome libre dans le courant d'air, en produisant des fumées blanches si l'absorption n'était pas complète.

On dose enfin le bromure dans la soude caustique à l'aide du nitrate d'argent.

Quant au liquide du ballon c, on l'additionne d'alcool pour réduire le permanganate, on filtre et on dose le chlorure dans la solution filtrée.

Quand on opère sur plus de 1 gramme de substance et que le chlorure est en excès, une partie du chlore se dégage en même temps que le brome. Il faut, dans ce cas, évaporer après neutralisation exacte le liquide d'absorption et le soumettre à un nouveau déplacement, de façon à retenir les traces de chlore qui auraient été mises en liberté.

Quand le bromure est en grand excès, il faut avoir soin d'ajouter la solution de permanganate en plusieurs fois. On s'attache alors particulièrement à doser le chlorure qui reste dans le ballon.

Méthode de M. Dechan [*Chem. Soc.*, **49**, 682]. — Une solution de dichromate de potassium décompose les iodures à l'ébullition sans exercer aucune action sur les bromures ni sur les chlorures quand le milieu est neutre :

$$5\,Cr^2O^7K^2 + 6\,KI = 3\,I^2 + 8\,CrO^4K^2 + Cr^2O^3.$$

Quand on acidule par l'acide sulfurique étendu après avoir séparé l'iode, le brome est mis en liberté; on le recueille dans une solution d'iodure de potassium. Il faut avoir soin de ne pas évaporer au delà du tiers du volume primitif.

On dissout en général 0gr,4 du sel à doser dans 100 centimètres cubes d'eau; on ajoute 40 grammes de dichromate de potassium. On titre l'iode dégagé par l'hyposulfite de sodium. H. Gall.

BROME (INDUSTRIE). — Le brome s'accumule dans les eaux mères riches en chlorure de magnésium résultant de la fabrication du chlorure de potassium, soit dans les marais salants, soit à Stassfurt, où cette industrie est si considérablement développée.

La production du brome s'est élevée à Stassfurt de 750 kilogrammes en 1865, à 400 000 kilogrammes en 1885.

Les eaux mères des marais salants de l'Ohio (États-Unis) sont très riches en brome; la production a atteint 88 000 kilogrammes en 1873 et 135 000 kilogrammes en 1888.

La France possède une source importante de brome dans les eaux mères des marais salants de la Camargue, qui ne sont pas encore utilisées; les eaux obtenues au salin de Giraud, après séparation de la carnallite artificielle, peuvent fournir 7 ou 8 kilogrammes de brome par mètre cube. Les chiffres plus élevés publiés par M. Usiglio ne sont pas exacts et doivent être revisés. On a vu ci-dessus par les analyses de M. Berglund que la teneur en brome de l'eau de mer est sensiblement inférieure aux données publiées au moment où les méthodes de séparation du chlore et du brome étaient insuffisantes. L'eau de mer contient en moyenne 0gr,65 par litre [*D. chem. G.*, **18**, 2888].

Les eaux résiduelles du chlorure de magnésium de Stassfurt contiennent en moyenne :

Chlorure de potassium	1,25 0/0
Chlorure de sodium	0,95
Chlorure de magnésium	29,50
Bromure de magnésium	0,30
Sulfate de magnésium	2,22
Eau	65,78

On peut en retirer environ 3kg,500 de brome par mètre cube.

EXTRACTION DU BROME. — Les procédés de fabrication du brome sont tous basés sur le déplacement par le chlore.

Suivant que le chlore est préparé directement au sein du liquide ou, au contraire, que le chlore gazeux est produit séparément et mis en contact avec les eaux mères dans un appareil spécial, on distingue les deux méthodes suivantes :

1° Préparation directe du chlore au sein des eaux mères (bioxyde de manganèse, hypochlorites et chlorates, électrolyse);

2° Réaction sur les eaux mères du chlore gazeux produit spécialement.

1° PRÉPARATION DU CHLORE AU SEIN DU LIQUIDE. — *a. Bioxyde de manganèse.* — Ce procédé est le plus ancien qui ait été appliqué industriellement. Jusqu'en ces derniers temps, le chlorure de magnésium étant considéré comme un produit sans valeur, on a trouvé plus avantageux de faire agir directement le bioxyde de manganèse et l'acide sulfurique sur les eaux mères; le chlore naissant déplace le brome du bromure de magnésium :

$$MnO^2 + MgCl^2 + 2\,SO^4H^2$$
$$= SO^4Mn + SO^4Mg + 2\,H^2O + Cl^2.$$

La figure 95 représente l'appareil le plus couramment employé dans les fabriques de brome. Il se compose d'une cuve en grès ou en lave, de préférence en une seule pièce, d'une contenance de 3000 litres environ. Une saillie ménagée dans la paroi b permet de soutenir une grille, établie avec les mêmes matériaux, sur laquelle on étale environ 200 kilogrammes de manganèse tendre.

Le couvercle, équilibré à l'aide d'un contrepoids h, porte un trou d'homme f; on fait arriver la vapeur par un barboteur d; le tuyau c sert à l'introduction de l'acide sulfurique.

Les vapeurs de brome s'échappent par le tuyau de plomb l. Dans les établissements Würstenhagen, le couvercle est surmonté d'un dôme.

Le réservoir a, qui porte un flotteur, sert à échauffer au préalable le liquide à l'aide d'un serpentin. On conçoit que, malgré le désavantage de la moindre utilisation de la vapeur, on ait intérêt à activer les opérations, le rendement d'une opération sur 1 mètre cube de liquide n'étant guère que de 2kg,500 de brome dans ce genre d'appareils.

On vide par l'ouverture p; on prend de grandes précautions pour la ventilation; l'égout communique avec la cheminée.

Les vapeurs de brome se condensent dans le serpentin en grès i et se rendent dans un flacon de Woulf; l'eau chargée de chlorure de brome est décantée en o. Le récipient m renferme de la tournure de fer, qui condense avec une grande facilité les vapeurs de brome. Le bromure de fer est employé à la fabrication du bromure de potassium.

Cet appareil, considéré d'abord comme un grand progrès dans la fabrication du brome, paraît devoir céder la place aux appareils continus

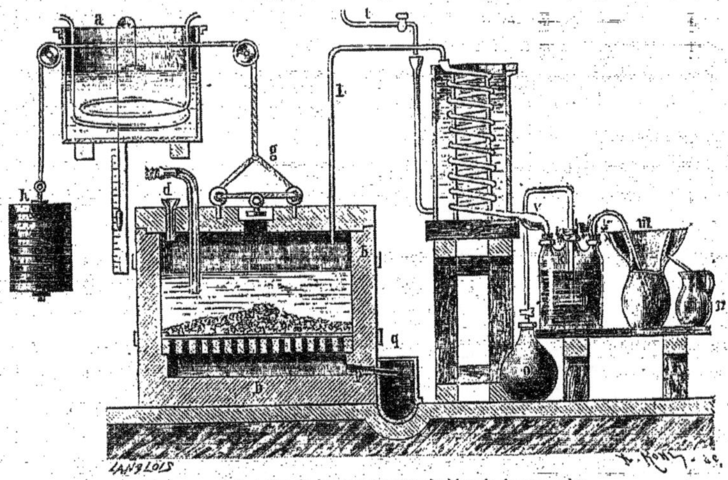

Fig. 95. — Préparation du brome au moyen du bioxyde de manganèse.

b. Hypochlorites et chlorates. — Les établissements Salzbergwerk de Neu-Stassfurt recommandent (brevet allemand de 1889) l'addition au liquide d'une dissolution d'hypochlorite ou de chlorate de magnésium, qui entre en réaction aussitôt qu'on a introduit la quantité nécessaire d'acide chlorhydrique :

$$(ClO^3)^2Mg + 6\,MgBr^2 + 12\,HCl$$
$$= 7\,MgCl^2 + 6\,H^2O + 6\,Br^2.$$

On prépare l'hypochlorite ou le chlorate de magnésium par l'action du chlore sur la magnésie.

Ce procédé, essayé dès 1884 à l'usine de Salindres pour le traitement des eaux mères de Camargue, est excellent; il laisse toute leur valeur aux eaux mères après l'extraction du brome. Il permet d'échauffer dans un appareil métallique les eaux mères additionnées de chlorate de magnésium et légèrement alcalines et de régler ensuite le dégagement du brome, avec la précision d'une opération de laboratoire, par l'addition de l'acide chlorhydrique. Il vaut mieux toutefois n'ajouter le réactif oxydant qu'au fur et à mesure de l'introduction de l'acide, afin d'éviter la production de dérivés oxygénés du chlore.

On peut utiliser ce procédé dans les appareils continus établis pour le traitement des eaux mères par le chlore préparé en dehors de l'appareil (voyez ci-dessous).

c. Électrolyse. — Les eaux mères riches en chlorure de magnésium sont un excellent conducteur du courant; l'électrolyse directe dans un bain traversé par un courant continu de liquide convenablement réglé donne du chlore à l'état naissant qui déplace le brome. On peut employer le charbon comme électrode si l'on opère à froid. Il suffit de chauffer ensuite le liquide pour recueillir la totalité du brome.

Ce procédé, très élégant, ne nous semble pas aussi avantageux que le précédent.

2° Emploi du chlore gazeux produit spécialement. — Les stills décrits plus haut sont de dimensions forcément assez limitées. On a dû se préoccuper de diminuer les frais relativement considérables de main-d'œuvre et l'on a été amené dans ces derniers temps à construire des appareils absolument différents, permettant l'utilisation méthodique du combustible et du chlore.

La figure 96 représente les nouveaux appareils de Stassfurt. La tour A est établie en grès aussi résistant que la pierre de Volvic. Les eaux mères arrivent en *a* et *b* et traversent la tour, remplie de sphères en grès inattaquables aux acides. Le brome condensé dans le serpentin P est recueilli dans les flacons à robinet *x*, ou de préférence dans des récipients en poterie. Les vapeurs non condensées traversent un grand cylindre en poterie *d* rempli de tournure de fer et arrosé par un courant d'eau froide. Les liquides sont recueillis en *v*, tandis que l'air se dégage en *t*.

Les eaux mères sortent de la tour par un tuyau Z, d'une section suffisante pour que le liquide ne le remplisse pas et que les vapeurs formées dans le réservoir B puissent pénétrer librement dans la tour. Dans ce réservoir sont disposées quatre dalles en grès percées de trous qui servent de chicanes et déterminent la circulation méthodique du liquide. Celui-ci est maintenu en ébullition à l'aide de la vapeur arrivant par le barboteur *r*. Le liquide remonte par le tuyau *bi* dans l'égout *k* et peut d'ailleurs être envoyé directement à la concentration finale pour la fabrication du chlorure de magnésium.

On attache une grande importance au réglage du courant de chlore, qui est proportionnel à la vitesse de passage des eaux mères dans la tour et à leur richesse.

Les nouveaux appareils ont permis d'augmenter sensiblement le rendement en brome et semblent beaucoup plus avantageux au point de vue du chauffage.

Purification du brome brut. — Le brome est purifié dans des cornues en verre d'une capacité de 15 kilogrammes, placées sur des capsules en fonte à double fond, chauffées à la vapeur.

En bonne marche, on compte sur une casse d'une cornue par 500 kilogrammes de brome distillé.

Le brome brut renferme presque toujours des dérivés organiques du brome, comme le bromoforme, formés aux dépens des matières organiques des eaux mères [Hamilton, *Chem. Soc.*, **39**, 48 et **41**, 36].

EMPLOIS DU BROME. — Les deux principaux débouchés du brome sont la pharmacie, qui consomme des quantités de plus en plus importantes de bromures, et la fabrication des couleurs d'aniline (éosine).

On a fait de grands efforts en Allemagne pour faciliter le transport du brome, qui s'effectue jusqu'ici exclusivement en flacons de verre après addition de 75 0/0 de kieselguhr.

Les « bâtons » de brome ainsi obtenus sont d'un maniement commode; on sépare facilement le brome par distillation.

On a recommandé l'emploi du brome sous cette forme comme désinfectant.

FABRICATION DU BROMURE DE POTASSIUM. — Le bromure de potassium est devenu un produit chimique important. L'Allemagne en fabrique 120 000 kilogrammes par an; on ne connaît pas le chiffre exact de la production des États-Unis, où cette fabrication est très développée. La France, où le brome a été découvert et qui possède dans les marais salants de la Camargue un véritable « minerai de brome », est tributaire de l'étranger.

La préparation du bromure de potassium est basée sur le traitement du bromure de fer par le carbonate de potassium.

1° *Préparation du bromure de fer.* — On a vu que le bromure de fer est obtenu dans la fabrication du brome quand on fait passer des vapeurs de brome sur la tournure de fer arrosée d'eau. On condense ainsi le brome avec facilité et on évite, grâce à cette préparation directe, des manipulations désagréables.

Ce sel est le point de départ de la fabrication des bromures.

Le bromure de fer, $FeBr^2, 6H^2O$, cristallise en

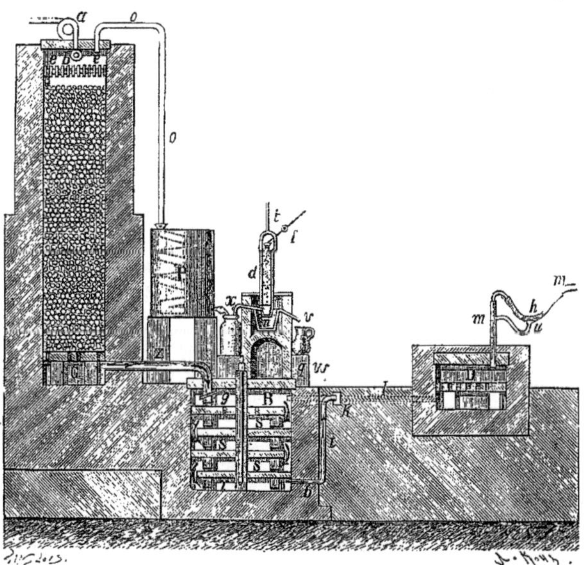

Fig. 96. — Préparation du brome à l'aide du chlore gazeux.

tables rhombiques. La solution se décompose à l'air et brunit en laissant déposer de l'oxybromure de fer; à chaud, elle absorbe du brome en donnant un mélange de bromure et de perbromure.

Le sel anhydre, chauffé à 170-200° avec du brome, donne du perbromure de fer [Scheufelen, *Ann. Chem.*, **231**, 155].

Le bromure de fer préparé à Stassfurt renferme environ 65 à 70 0/0 de brome, 0,2 à 0,4 0/0 de chlore, 17 0/0 de fer et 12 à 15 0/0 d'eau.

Il est très important dans la préparation du bromure de fer d'éviter l'échauffement des appareils de condensation du brome; les vapeurs de chlorure de brome, en arrivant sur la tournure de fer, rendraient ce bromure impropre à la fabrication des bromures alcalins.

La préparation du bromure de fer absorbe près de la moitié de la production du brome de Stassfurt. On condense souvent directement le brome dans la tournure de fer, en ayant soin de séparer la partie de la distillation qui renferme du chlorure de brome. On filtre la solution de bromure de fer sur du sable lavé à l'acide chlorhydrique; les eaux de lavage servent à une attaque ultérieure de la tournure de fer.

On chauffe la solution de bromure de fer dans une marmite en fonte, en y ajoutant une nouvelle portion de brome pour augmenter la teneur en brome. Souvent on purifie au préalable le brome employé à cette opération, en l'agitant à froid avec une solution de bromure de fer. Le chlore se combine au fer et peut être aisément séparé.

La solution de bromure de fer est évaporée dans des chaudières en fonte jusqu'à consistance sirupeuse et coulée sur des plateaux en tôle. La masse est cassée en morceaux après refroidissement et le produit emballé dans des fûts, puis expédié à deux usines allemandes qui ont le monopole de ce traitement

2° *Transformation du bromure de fer en bromure de potassium.* — Cette opération est basée sur le traitement du bromure de fer par le carbonate de potassium.

On introduit peu à peu le bromure de fer dans une solution concentrée de carbonate de potassium maintenue en ébullition dans une chaudière en fonte. Suivant la teneur en brome du bromure de fer, on emploie de 56 à 60,5 parties de carbonate alcalin, correspondant à 65 ou 70 0/0 de brome dans le bromure de fer.

Vers la fin de l'opération, on s'assure de la neutralité du liquide; la réaction peut être sans inconvénient légèrement alcaline.

On prolonge l'ébullition pour rendre le précipité plus dense et on passe au filtre-presse.

Le liquide filtré est évaporé à sec.

Le produit de l'évaporation est redissous dans une fois et demie son poids d'eau; on filtre pour séparer les impuretés et le sulfate de potassium qui pourraient s'être déposés.

On évapore à 50° B et on laisse cristalliser doucement dans des vases en fonte émaillée, recouverts; il est très important de soigner la cristallisation, de façon à obtenir les cristaux durs réclamés par le commerce.

Quand les eaux mères sont alcalines, on les traite par l'acide bromhydrique. Le chlorure de potassium étant très difficile à séparer, il est essentiel de partir d'un bromure de fer exempt de chlorure.

On sèche vers 50°, pour éviter le décrépitement, sur des plaques de porcelaine ou sur des tôles recouvertes de vernis au succin. H. Gall.

BROMITONIQUE (ACIDE). — Voyez ACIDE DIBROMOPROPIONIQUE.

BROMOFORME (voyez Dict., 1, 669 et Suppl., 1, 372). — L'acide malonique, chauffé avec du brome en tubes scellés à 145°, donne naissance à du bromoforme :

$$C^3H^4O^4 + 3Br^2 = 2CO^2 + 3HBr + CHBr^3$$

[Bourgoin, *Bull. Soc. Chim.*, (2), 34, 215].

Le mode le plus avantageux pour l'obtention de ce corps a été indiqué par Damoiseau [*C. R.*, 92, 42]; il consiste à faire agir le brome sur l'acide acétique cristallisable. On mélange 1 partie d'acide acétique cristallisable et 8 parties de brome et on fait pénétrer cette solution goutte à goutte dans un tube contenant du noir animal et chauffé entre 280 et 300° : il se forme de l'acide bromhydrique, qui est absorbé par l'eau contenue dans un flacon laveur, de l'acide carbonique, qui se dégage en même temps qu'un peu de brome, et du bromoforme que l'on rectifie par distillation.

Le bromoforme est un produit secondaire de la préparation du brome à l'aide des eaux mères des salines.

Quand on le traite par une solution alcoolique de potasse, il ne donne pas d'acide formique, mais de l'oxyde de carbone et de l'éthylène, d'après l'équation

$$\begin{aligned} CHBr^3 + 3KOH + C^2H^6O \\ = CO + C^2H^4 + 3KBr + 3H^2O \end{aligned}$$

[Hermann et Long, *Ann. Chem.*, 194, 23].

BRUCINE, $C^{23}H^{26}Az^2O^4$ (voy. Dict., 1, 671 et Suppl., 1, 372). — Lorsque l'on traite l'iodométhylate de brucine par l'acide azotique concentré, on obtient le *nitrate de mononitrobrucine*,

$$C^{23}H^{25}Az^2O^4(AzO^2).AzO^3H,$$

qui se dépose de sa solution aqueuse en grandes aiguilles brillantes, solubles dans l'eau, peu solubles dans l'alcool et dans l'éther. La base libre, précipitée du nitrate par le carbonate de sodium, forme de petites aiguilles jaunes, presque insolubles dans l'eau. Ce corps forme un *chloroplatinate*, $(C^{23}H^{25}Az^3O^6.HCl)^2PtCl^4$.

La réduction de la mononitrobrucine par l'étain et l'acide chlorhydrique étendu fournit, lorsque l'on a éliminé l'étain par l'hydrogène sulfuré, le *chlorhydrate d'amidobrucine*,

$$C^{23}H^{25}Az^2O^4(AzH^2).3HCl,$$

qui forme des prismes incolores, donnant avec le chlorure de platine un précipité jaune qui se décompose en charbonnant vers 250°. L'amidobrucine présente les réactions suivantes : le chlorure ferrique la colore en vert, puis en brun; une solution étendue de dichromate de potassium y produit une coloration violet foncé; enfin elle se dissout dans l'acide azotique concentré avec une coloration jaune, que le chlorure d'étain fait passer au rouge cramoisi [A. Hanssen, *D. chem. G.*, 19, 520].

L'action de l'acide azoteux sur la brucine en solution alcoolique fournit la *dinitrobrucine*,

$$C^{23}H^{24}(AzO^2)^2Az^2O^4,$$

poudre rouge grenue, peu soluble dans l'alcool, insoluble dans l'éther, assez soluble dans l'eau. L'ammoniaque la précipite de cette dernière solution, mais un excès de réactif la redissout; l'addition d'acide chlorhydrique à cette solution donne une coloration bleu foncé.

La dinitrobrucine forme un *chloroplatinate*,

$$(C^{23}H^{24}Az^4O^8.HCl)^2PtCl^4,$$

qui est une poudre jaune. Les agents réducteurs convertissent la dinitrobrucine en une base peu stable, se colorant rapidement au contact de l'air [Claus et Röhre, *D. chem. G.*, 14, 765].

M. Beckurts [*Arch. Pharm.*, (3), 28, 347; *Bull. Soc. Chim.*, (3), 5, 350] a décrit un *ferrocyanure acide de brucine*, qui forme des cristaux blancs, prismatiques, bleuissant rapidement à l'air et ayant pour formule $C^{23}H^{26}Az^2O^4.FeCy^6H^4$.

Le même auteur a étudié [*Arch. Pharm.*, (3), 28, 326; *Bull. Soc. Chim.*, (3), 5, 353] l'action du chlore et du brome sur la brucine.

Une solution de bromhydrate de brucine fournit, par l'addition d'eau de brome, un précipité violet, qui passe bientôt au brun, puis au jaune, et qui répond, après dessiccation, à la formule $C^{23}H^{26}Br^3Az^2O^4$. Ce corps est déliquescent. Sa solution alcoolique présente une réaction alcaline. Chauffé, il se décompose vers 150° en perdant du brome. Soumis à l'action de l'eau bouillante, il se dissout en un liquide acide, rouge-cerise, qui fournit par concentration d'abord des cristaux de bromhydrate de brucine, puis une matière hygroscopique, amorphe, d'un brun rouge, insoluble dans l'éther et dans le chloroforme, très soluble dans l'eau, et ayant la composition d'une *dibromobrucine*, $C^{23}H^{24}Br^2Az^2O^4$.

La brucine se dissout dans l'eau de chlore en donnant une solution rouge qui, soumise à l'évaporation, perd de l'acide chlorhydrique et fournit un résidu amorphe, d'un rouge brun, insoluble dans l'éther, le chloroforme, le benzène, l'alcool absolu, soluble dans l'eau, et ayant la composition d'une *dichlorobrucine*,

$$C^{23}H^{24}Cl^2Az^2O^4.$$

On peut utiliser cette dernière réaction pour reconnaître la strychnine en présence de la brucine : on traitera le mélange par l'eau de chlore, qui dissout la brucine à l'état de composé chloré; le résidu insoluble dans ce réactif sera soumis à la réaction colorée de la strychnine, par l'acide sulfurique et le dichromate de potassium.

La cacothéline (produit de l'action de l'acide

azotique à chaud sur la brucine), traitée par l'acide sulfureux, fournit des cristaux violets, peu solubles dans l'eau, formant un chloroplatinate. L'analyse de ces composés n'a pas permis d'en déterminer la formule. Les autres réducteurs, chlorure d'étain, sulfure d'ammonium, fournissent des composés analogues [Claus et Röhre, *D. chem. G.*, **14**, 765. — D. Lindo, *Chem. News*, **37**, 98. — Röhre, *D. chem. G.*, **11**, 741].

M. Sonnenschein avait annoncé (voyez Suppl., **1**, 372) que l'on peut convertir la brucine en strychnine par l'action de l'acide azotique. MM. Claus et Röhre ont contesté le fait, et M. Hanriot a montré que la transformation n'a pas lieu lorsque l'on se sert de brucine pure. La brucine commerciale renferme des quantités notables de strychnine, que l'on ne peut déceler par les réactions ordinaires de ce corps; et c'est la strychnine qui préexistait dans la brucine employée que M. Sonnenschein avait retrouvée [M. Hanriot, *Bull. Soc. Chim.*, (2), **41**, 233].

Toutefois la brucine et la strychnine paraissent dériver d'un même noyau, ainsi qu'il ressort des expériences de M. Hanssen. M. Shenstone, puis M. Hanssen, ont montré que la brucine renferme des groupes méthoxyle, car elle donne du chlorure de méthyle quand on la chauffe avec de l'acide chlorhydrique concentré. Il se produit en même temps un corps fusible à 284°, soluble dans les alcalis, colorant en bleu le chlorure ferrique, et régénérant l'iodométhylbrucine quand on le traite par l'iodure de méthyle et la potasse. L'existence de groupes méthoxyle dans la brucine permet de l'envisager comme une *diméthoxystrychnine*,

$$C^{21}H^{20}(OCH^3)^2Az^2O^2$$

[Shenstone, *D. chem. G.*, **16**, 797. — Hanssen, *ibid.*, **17**, 2266].

L'oxydation de la brucine par l'acide chromique et l'acide sulfurique étendu fournit un acide $C^{16}H^{18}Az^2O^4$, que l'on purifie en le transformant d'abord en sel de baryum, puis régénérant l'acide, le dissolvant dans l'acide chlorhydrique, et précipitant la dissolution par le chlorure de platine. Le chloroplatinate est purifié par cristallisation et décomposé par l'hydrogène sulfuré; la solution ainsi obtenue, traitée par l'oxyde d'argent pour éliminer l'acide chlorhydrique, laisse déposer l'acide, en beaux cristaux inaltérables à l'air, perdant 2 molécules d'eau de cristallisation à 105° et fondant à 283° en perdant de l'acide carbonique.

Ce composé se dissout dans les acides et dans les bases. Sa solution chlorhydrique fournit avec le chlorure de platine un *chloroplatinate* en beaux cristaux jaunes,

$$(C^{16}H^{18}Az^2O^4 . HCl)^2PtCl^4;$$

l'auteur n'a pu au contraire obtenir de sels définis avec les bases, ni aucun éther.

Ce composé renferme encore des groupes méthoxyle; car, chauffé à 180° avec de l'acide chlorhydrique concentré, il fournit du chlorure de méthyle.

La strychnine, oxydée par l'acide chromique dans les mêmes conditions, fournit le même acide, ce qui indique que ces deux corps renferment le même noyau fondamental [Hanssen, *D. chem. G.*, **17**, 2849; **18**, 777 et 1917].

La distillation sèche de la brucine fournit des bases pyridiques, parmi lesquelles on peut isoler la β-lutidine, l'α-collidine et la β-collidine, cette dernière base étant la plus abondante [OEchsner de Coninck, *Bull. Soc. Chim.*, (2), **36**, 642].

Lorsqu'on soumet à la distillation sèche un mélange de brucine avec le triple de son poids de chaux éteinte, on voit se dégager des gaz formés d'hydrogène, d'éthylène et d'ammoniaque, et on recueille un liquide homogène, incolore, prenant rapidement à l'air une coloration rouge-brun : ce liquide renferme des traces de scatol, de l'ammoniaque, de la méthylamine et des bases pyridiques parmi lesquelles on a pu caractériser la β-picoline et la β-éthylpyridine [L. Berend et C. Stoehr, *J. prakt. Chem.*, (2), **42**, 415; *Bull. Soc. Chim.*, (3), **5**, 516].

MM. Holst et Beckurts ont proposé de doser la strychnine dans la brucine commerciale de la façon suivante : On ajoute à une solution acide des deux bases du ferrocyanure de potassium titré; il se précipite un ferrocyanure de strychnine insoluble, $C^{21}H^{22}Az^2O^2 . FeCy^6H^4$, tandis que le ferrocyanure de brucine reste en solution. La fin de la réaction est indiquée par des touches successives sur un papier imprégné de chlorure ferrique, qui se colore en bleu dès que toute la strychnine est précipitée [Holst et Beckurts, *D. chem. G.*, **20**, *Ref.*, 603].

M. Gerock [*Arch. Pharm.*, (3), **27**, 158; *D. chem. G.*, **22**, *Ref.*, 168] propose, pour effectuer le même dosage, d'utiliser la facile oxydation de la brucine ou de son picrate par l'acide nitrique. On précipite le mélange des deux bases à l'état de picrate et, après avoir pesé le précipité convenablement desséché, on le fait digérer au bain-marie avec de l'acide nitrique (d = 1,05). Le picrate de brucine est ainsi détruit, tandis que le picrate de strychnine est simplement dissous et peut être précipité de la liqueur par neutralisation et addition d'acide acétique : on n'a donc plus qu'à peser ce picrate après lavage et dessiccation.

M. Hanriot.

BUNSENINE (Min.) (Krenner). — Voyez KRENNÉRITE.

BUTANE-HEXACARBONIQUE (ÉTHER),

$$\begin{array}{l} CO^2C^2H^5 - CH^2 - C = (CO^2C^2H^5)^2 \\ \qquad\qquad\qquad\quad | \\ CO^2C^2H^5 - CH^2 - C = (CO^2C^2H^5)^2 \end{array}$$

— Ce composé a été appelé improprement *éther butane-hexacarbonique*. On l'obtient en faisant réagir l'iode sur la combinaison sodée de l'*éther éthane-tricarbonique* (éthényl-tricarbonique) :

$$\begin{array}{l} 2\,CO^2C^2H^5 - CH^2 - CNa(CO^2C^2H^5)^2 + I^2 \\ \quad = 2\,NaI + C^{22}H^{34}O^{12} \end{array}$$

[Bischoff et Rach, *D. chem. G.*, **16**, 1046 et **17**, 2786].

On le prépare encore en faisant réagir l'éther éthane-tricarbonique sodé sur l'éther éthane-tricarbonique monochloré (Emmert) :

$$\begin{array}{l} CO^2C^2H^5 - CH^2 - CNa(CO^2C^2H^5)^2 \\ + CO^2C^2H^5 - CH^2 - CCl(CO^2C^2H^5)^2 \\ = NaCl + C^{22}H^{34}O^{12}. \end{array}$$

Ce composé se présente sous la forme de tables à six pans, fusibles à 56°,5.

BUTANE-PENTACARBONIQUE (ÉTHER),

$$\begin{array}{l} CH^2 - CO^2C^2H^5 \\ | \\ C(CO^2C^2H^5)^2 \\ | \\ CH - CO^2C^2H^5 \\ | \\ CH^2 - CO^2C^2H^5 \end{array}$$

— Ce composé prend naissance par l'action du chlorosuccinate d'éthyle sur une solution alcoolique d'éthane-tricarbonate d'éthyle en présence d'éthylate de sodium :

$$\begin{matrix} CH^2-CO^2C^2H^5 \\ | \\ CNa(CO^2C^2H^5)^2 \end{matrix} + \begin{matrix} CHCl-CO^2C^2H^5 \\ | \\ CH^2-CO^2C^2H^5 \end{matrix} = \begin{matrix} CH^2-CO^2C^2H^5 \\ | \\ C(CO^2C^2H^5)^2 \\ | \\ CH-CO^2C^2H^5 \\ | \\ CH^2-CO^2C^2H^5 \end{matrix} + NaCl.$$

C'est une huile incolore, épaisse, bouillant à 216-218° sous une pression de 16 millimètres. Sa densité à 20° est 1,14088 par rapport à l'eau à 4° [W. O. Emery, *D. chem. G.*, **23**, 3760].

BUTANES [Syn. *Hydrures de butyle*]. — Il n'y a que 2 butanes possibles avec la notation actuellement adoptée : l'un, l'*isopropylméthane*, $(CH^3)^2CH-CH^3$, est à chaîne bifurquée ; l'autre, le *propylméthane*, $CH^3-CH^2-CH^2-CH^3$, est à chaîne normale.

ISOPROPYLMÉTHANE [Syn. *α-Diméthyl-éthane*, *isobutane*, *triméthylformène*, *triméthylméthane*, *hydrure d'isobutyle*], $(CH^3)^2CH-CH^3$ (voyez Dict., **3**, 513). — On l'obtient en chauffant à 120° 9 parties d'iodure d'isobutyle avec 24 parties de chlorure d'aluminium [Köhnlein, *D. chem. G.*, **16**, 562].

Il est gazeux et liquéfiable à — 17°.

Traité par le chlore, l'isopropylméthane donne du *chlorure de butyle tertiaire*, $(CH^3)^3CCl$ [Boutleroff, *Jahresb.*, 1864, 497].

Si l'on fait agir le chlore en présence de la lumière diffuse et en refroidissant, on obtient du *chlorure d'isobutylène*, $C^4H^8Cl^2$, bouillant à 105-107°, du *trichloro-isobutane*, $C^4H^7Cl^3$, et du *pentachloro-isobutane*. Au soleil, il se forme de l'*hexachloro-isobutane*, $C^4H^4Cl^6$, composé liquide qui bout dans le vide vers 115°, et aussi de l'*α*- et du *β-heptachloro-isobutane*, $C^4H^3Cl^7$ [d'Ottreppe, *Jahresb.*, 1882, 441].

DÉRIVÉS MONOSUBSTITUÉS [Boutleroff, *Ann. Chem.*, **144**, 10]. — Ce carbure ne peut donner naissance qu'à 2 classes de dérivés monosubstitués ; l'une correspond à l'alcool butylique tertiaire, l'autre à l'isopropylcarbinol. La description de ces différents dérivés sera faite aux alcools correspondants.

DÉRIVÉS DISUBSTITUÉS. — Les dérivés disubstitués par un même élément ne peuvent exister qu'au nombre de 3 ; ils sont représentés par les schémas

$$\begin{matrix} CH^3 \\ CH^3 \end{matrix} > CX-CH^2X, \quad \begin{matrix} CH^2X \\ CH^3 \end{matrix} > CH-CH^2X,$$

$$\begin{matrix} CH^3 \\ CH^3 \end{matrix} > CH-CHX^2.$$

Chlorure d'isobutylidène, $(CH^3)^2CH-CHCl^2$. — Ce chlorure a été obtenu par M. Œconomidès [*Bull. Soc. Chim.*, (2), **35**, 498], en faisant réagir le perchlorure de phosphore sur l'aldéhyde isobutylique ; il se forme en même temps de l'isobutylène chloré.

C'est un liquide qui ne distille pas complètement sans décomposition ; il bout à 103-105° ; sa densité à 12° est 1,0111.

Chauffé avec une solution aqueuse d'ammoniaque, le chlorure d'isobutylidène fournit, entre autres produits, de l'*isobutylène chloré*, C^4H^7Cl.

Bromure d'isobutylène, $(CH^3)^2CBr-CH^2Br$ (voyez Suppl., **1**, 876). — La densité de ce bromure à 14° est 1,798.

Chauffé en tube scellé à 150° avec 20 volumes d'eau, il donne de l'aldéhyde isobutylique. Si l'on opère avec de l'oxyde de plomb et 15 ou 20 volumes d'eau, on obtient en outre un peu de glycol isobutylénique [Eltekoff, *J. Soc. Chim. russe*, **10**, 214].

Chauffé avec de la potasse alcoolique, le bromure d'isobutylène donne le *butylène bromé*,

$$(CH^3)^2C=CHBr.$$

Le bromure d'isobutylène est attaqué par le phénylmercaptide de sodium, avec mise en liberté d'isobutylène, suivant l'équation

$$(CH^3)^2CBr-CH^2Br + 2C^6H^5.SNa$$
$$= 2NaBr + (C^6H^5)^2S^2 + (CH^3)^2C=CH^2$$

[R. Otto, *D. chem. G.*, **23**, 1051].

Le sulfite d'ammonium réagit sur le bromure d'isobutylène en donnant de l'isobutane-disulfonate de baryum, de l'acide *α*-hydroxy-isobutane-sulfonique et un peu d'aldéhyde isobutylique [Guareschi et L. Garzino, *Ann. di Chim.*, 1887, 4 ; *Bull. Soc. Chim.*, (2), **49**, 488].

On fait bouillir pendant 9 ou 10 heures du bromure d'isobutylène avec une dissolution saturée de sulfite d'ammonium. Il se dégage de l'acide sulfureux, de l'ammoniaque et un gaz combustible, probablement du butylène. On sature par la baryte, on élimine l'excès de baryte par un courant d'acide carbonique, on filtre, on concentre et on ajoute de l'alcool à 95 0/0. Il se précipite de l'*isobutane-disulfonate de baryum*,

$$C^4H^8(SO^3)^2Ba.$$

Ce sel cristallise dans l'eau en aiguilles incolores ; décomposé par l'acide sulfurique, il fournit l'acide libre sous la forme d'un sirop incristallisable.

L'*acide α-hydroxy-isobutane-sulfonique* reste à l'état de sel de baryum en solution dans la liqueur alcoolique d'où l'on a précipité le sel précédent. On distille l'alcool, on précipite le bromure de baryum par le sulfate d'argent, on élimine l'excès d'argent par la baryte et enfin l'excès de baryte par l'acide carbonique. Le liquide, filtré et évaporé, donne un *sel de baryum* qui cristallise avec $1,5H^2O$; ce sel de baryum, traité par le carbonate de sodium, fournit un *sel de sodium* qui cristallise en lamelles très solubles dans l'eau.

Le bromure d'isobutylène réagit à la température du bain-marie sur une solution alcoolique de sulfhydrate de potassium, avec formation d'une petite quantité de *mercaptan isobutylénique*,

$$(CH^3)^2C(SH)-CH^2SH.$$

Le produit principal de la réaction est un hydrocarbure C^4H^6, qui se combine au brome avec un grand dégagement de chaleur en donnant un *dibromobutylène* $C^4H^6Br^2$, bouillant à 150° [Hagelberg, *D. chem. G.*, **23**, 1088].

Chauffé avec une solution aqueuse saturée de bisulfite de sodium, le bromure d'isobutylène se convertit en acide isobutane-disulfonique,

$$(CH^3)^2C(SO^3H)-CH^2(SO^3H)$$

[Hagelberg, *loc. cit.*].

DÉRIVÉS TRISUBSTITUÉS. — Il peut exister 5 séries de dérivés trisubstitués de l'isopropylméthane, en admettant que les 3 substitutions soient faites par un même élément.

Des 5 dérivés trichlorés pouvant exister, on n'en connaît que 2, et encore les positions des atomes de chlore de l'un d'eux ne sont-elles pas connues. C'est celui qui a été obtenu par l'action du chlore à froid et à la lumière diffuse sur l'isobutane (voyez plus haut).

Isopropylchloroforme,

$$C^3H^7-CCl^3.$$

— MM. Spring et Lecrenier [*Bull. Soc. Chim.*, (2), **48**, 626] l'ont obtenu, entre autres produits, par l'action du chlore sur les dérivés sulfurés de l'alcool isobutylique. Ce composé est liquide; traité par l'oxyde d'argent en présence de l'eau, en tube scellé, il donne de l'isobutyrate d'argent.

a-Diméthylbromo-b-dibromo-éthane,

$$(CH^3)^2CBr-CHBr^2.$$

— On l'obtient en combinant avec le brome le butylène bromé préparé au moyen de l'alcool de fermentation : c'est un liquide bouillant à 208-215° en se décomposant partiellement.

Traité par la potasse alcoolique, il donne un *butylène dibromé* bouillant à 140-150° et ayant probablement pour formule

$$(CH^3)^2C=CBr^2$$

[Caventou, *Bull. Soc. Chim.*, 1863, 167].

Tribromo-isobutane, $CH^3-CBr(CH^2Br)^2$. — Ce corps se produit en même temps que le bromure d'isobutylène, lorsqu'on traite l'isobutylène par le brome. C'est une huile jaune, bouillant à 173-183°; sa densité à 17=2,15. Traité par la soude alcoolique, il donne naissance à de l'isobutylène dibromé [Norton et J. Williams, *Am. Journ.*, **8**, 87].

Dinitrobromo-isobutane,

$$(CH^3)^2CH-C(AzO^2)^2Br.$$

— Voyez Suppl., **1**, 1083.

Nitrodibromo-isobutane. — Le nitro-isobutane, traité par le brome en présence des alcalis, donne naissance à du nitrobromo-isobutane et à du nitro-dibromo-isobutane, $(CH^3)^2CH-CBr^2(AzO^2)$. Ce dernier corps est une huile insoluble dans l'eau et dans les carbonates alcalins; il bout à 180-185° [Demole, *Ann. Chem.*, **175**, 140].

DÉRIVÉS TÉTRASUBSTITUÉS. — *Bromure d'isobutylène dibromé*, $(CH^3)^2CBr-CBr^3$. — L'isobutylène dibromé se combine avec le brome en donnant naissance à ce composé, qui est solide et qui se décompose sans fondre à 200° [Caventou, *loc. cit.*].

DÉRIVÉS HEXASUBSTITUÉS. — *Isobutanes hexachlorés*, $C^4H^4Cl^6$. — M. Prunier [*Bull. Soc. Chim.*, (2), **24**, 24] a obtenu, en faisant passer du chlore dans de l'iodure d'isobutyle chauffé dans un appareil à reflux, un isobutane hexachloré, liquide bouillant à 146-148° sous une pression de 45 à 50 millimètres (densité à 18° = 1,67).

M. Puchot [*Ann. Chim. Phys.*, (5), **28**, 553] a obtenu un autre isobutane hexachloré, en traitant le chlorure d'isobutylène par le chlore, d'abord à la lumière diffuse, puis au soleil. Ce corps est huileux et ne distille pas sans décomposition sous la pression ordinaire.

M. d'Ottreppe [*Jahresb.*, 1882, 441] a de même obtenu un dérivé hexachloré de l'isobutane, qui est liquide et qui bout dans le vide vers 115°.

Isobutane hexabromé, $C^4H^4Br^6$. — On prépare un corps de cette formule en chauffant en tube scellé, à 150-170°, 1 partie de bromure d'isobutyle avec 18 parties de bromure d'iode. Le composé obtenu dans ces conditions est solide; il fond à 108-109°; il cristallise en aiguilles dans l'alcool et en tables dans le sulfure de carbone.

Il est très soluble dans l'éther et dans le sulfure de carbone, légèrement soluble dans l'alcool bouillant, peu soluble dans l'alcool froid.

Le bromure d'iode l'attaque à 320-340° lorsque la température est longtemps soutenue; il se forme dans ces conditions un butylène hexabromé [Merz et Weith. *D. chem. G.*, **11**, 2245].

ISOBUTANES HEPTACHLORÉS. — Le chlore agit au soleil sur le chlorure d'isobutyle pour donner entre autres produits deux dérivés heptachlorés.

L'*α-heptachloro-isobutane* fond à 34-36° et bout dans le vide à 125-135°.

Le *β-heptachlorobutane* fond à 40-42° et bout dans le vide à 135-145° [d'Otreppe, *Jahresb.*, 1882, 441].

PROPYLMÉTHANE [Syn. *a-b-Diméthyléthane, propylformène, hydrure de butyle, biéthyle, butane normal, méthylpropyle*] (voyez ÉTHYLE, Dict., **1**, 1313). — On le trouve dans le pétrole brut [Ronalds, *Zeit. f. Chem.*, **1**, 523. — Lefebvre, *ibid.*, **5**, 185].

On le prépare en traitant l'iodure d'éthyle par l'amalgame de sodium [Löwig, *Jahresb.*, 1860, 397].

C'est un gaz qui se liquéfie à + 1° et dont la densité gazeuse est égale à 2,046 par rapport à l'air. A l'état liquide, sa densité à 0° est égale à 0,60.

Il est insoluble dans l'eau, mais l'alcool absolu en dissout 18^{vol},13 à 14°,2 et sous la pression de 744^{mm},8.

DÉRIVÉS MONOSUBSTITUÉS. — Il ne peut donner naissance par une seule substitution qu'à 2 dérivés : ainsi avec le chlore on obtient l'éther chlorhydrique de l'alcool butylique normal

$$CH^3-CH^2-CH^2-CH^2Cl,$$

et l'éther chlorhydrique du méthyl-éthyl-carbinol $CH^3-CHCl-CH^2-CH^3$ (voyez ALCOOLS BUTYLIQUES).

DÉRIVÉS DISUBSTITUÉS. — On peut concevoir avec la notation actuelle 6 séries de dérivés disubstitués du butane normal : 1 série correspondant à l'aldéhyde, 1 série correspondant à l'acétone, 4 séries correspondant aux glycols.

Dichlorobutane [Syn. *Chlorure de butylidène, méthyl-éthyl-dichlorométhane*],

$$CH^3-CH^2-CCl^2-CH^3.$$

— On l'obtient en faisant réagir le perchlorure de phosphore sur la *méthyl-éthyl-cétone*,

$$CH^3-CO-CH^2-CH^3.$$

C'est un liquide bouillant à 95-97°.

Traité par la potasse alcoolique, il donne du *butylène chloré* $CH^2=CCl-CH^2-CH^3$ et de l'*éthylacétylène* $CH^3-CH^2-C\equiv CH$ [Bruylants, *D. chem. G.*, **8**, 412].

Chlorure de diméthyléthylène,

$$CH^3-CHCl-CHCl-CH^3.$$

— Ce composé a été obtenu en faisant réagir le chlore sur le diméthyléthylène. Il bout à 112-114° [Chéchoukoff, *Bull. Soc. Chim.*, (2), **43**, 127].

Bromure de butylène normal,

$$CH^3-CH^2-CHBr-CH^2Br.$$

— Le bromure de butyle normal, traité par le brome, en tube scellé, à 150°, fournit du bromure de butylène [Linnemann, *Ann. Chem.*, **161**, 199].

Traité par le sodium, ce bromure régénère l'éthyléthylène.

Bromure de diméthyléthylène,

$$CH^3-CHBr-CHBr-CH^3,$$

(voyez Dict., **1**, 677). — A 0° la densité de ce composé est = 1,821.

Chauffé avec 15 ou 20 volumes d'eau et de l'oxyde de plomb à la température de 140-150°, il donne de la méthyl-éthyl-cétone [Eltekoff, *Journ. Soc. Chim. russe*, **10**, 219].

α-γ-Diiodobutane, $CH^3-CHI-CH^2-CH^2I$. — Ce corps a été obtenu par Wurtz [*Bull. Soc. Chim.*, (2), **41**, 362] en traitant par l'acide iodhydrique l'α-γ-butylène-glycol,

$$CH^3-CHOH-CH^2-CH^2OH.$$

Il bout dans le vide à 115-116°; sa densité à 0° = 2,291.

Acide butane-disulfonique,

$CH^3-C(SO^3H)^2-CH^2-CH^3$.

— On l'obtient à l'état de sel de sodium en traitant par l'iodure d'éthyle la combinaison sodée de l'éthylidène-disulfonate d'éthyle,

$CH^3-CNa(SO^3C^2H^5)^2$.

On opère en solution alcoolique, dans un appareil à reflux. On chasse l'alcool, on dissout le résidu dans l'eau, on neutralise par la soude, on précipite par l'alcool et on sèche à 160°; le sel ainsi obtenu répond à la formule $C^4H^8S^2O^6Na^2$ [Manzelius, *D. chem. G.*, **21**, 1550].

Butylpseudonitrol,

$CH^3-C(AzO^2)(AzO)-CH^2-CH^3$.

— Voyez Suppl., **1**, 1085.

On peut le préparer en traitant par l'acide azoteux la méthyléthylcarboxime,

$CH^3-C(AzOH)-C^2H^5$.

On obtient ainsi 33 0/0 du rendement théorique [Scholl, *D. chem. G.*, **21**, 506].

Acide butylnitrolique,

$CH^3-CH^2-CH^2-CH(AzO^2)(AzO)$.

— Voyez Suppl., **1**, 1084.

Bromonitrobutane,

$CH^3-CH^2-CH^2-CHBr(AzO^2)$.

— Voyez Suppl., **1**, 1083.

Dinitrobutane, $CH^3-CH^2-CH^2-CH(AzO^2)^2$. — Voyez Suppl., **1**, 1083.

Dérivés trisubstitués. — *Dibromonitrobutane*,

$CH^3-CH^2-CH^2-CBr^2(AzO^2)$.

— Voyez Suppl., **1**, 1083.

Dérivés tétrasubstitués. — *Tétrachlorobutane* [Syn. *Tétrachlorure d'érythrène, tétrachlorure de crotonylène*],

$CH^2Cl-CHCl-CHCl-CH^2Cl$.

— Voyez Suppl., **1**, 553.

Chlorure de trichlorobutyle,

$CH^3-CCl^2-CHCl-CH^2Cl$.

— M. Garzarolli a préparé ce corps en traitant l'alcool trichlorobutylique par le perchlorure de phosphore.

Il bout à 85° sous 10 millimètres. Il est plus lourd que l'eau et possède l'odeur du chlorhydrate de térébenthène [Garzarolli, *Ann. Chem.*, **213**, 372].

Tétrabromure d'isocrotonylène;

$CH^3-CH^2-CBr^2-CHBr^2$.

— Voyez Suppl., **1**, 553.

Tétrabromobutane [Syn. *Tétrabromure d'érythrène, tétrabromure de crotonylène, tétrabromhydrine de l'érythrite, tétrabromure de vinyléthylène*], $CH^2Br-CHBr-CHBr-CH^2Br$. — Voyez Dict., **2**, 100 et Suppl., **1**, 553.

M. Colson a obtenu ce tétrabromure par l'action du perbromure de phosphore sur l'érythrite et par l'action du brome sur les produits gazeux contenus dans les huiles de gaz comprimé [*Bull. Soc. Chim.*, (2), **48**, 52].

MM. Grimaux et Cloëz, presque en même temps, ont constaté l'identité du tétrabromure obtenu au moyen du carbure C^4H^6 des huiles du gaz comprimé avec la tétrabromhydrine de l'érythrite.

Ce composé est presque insoluble à froid dans l'alcool à 85°; il distille entre 260 et 270° en ne se décomposant que légèrement; mais l'action de la chaleur occasionne une transposition moléculaire sur une portion du dérivé bromé; on obtient en effet, en traitant par l'éther de pétrole le produit distillé un composé fusible à 37°,5, et qui est du tétrabromure de diméthylacétylène,

$CH^3-CBr^2-CBr^2-CH^3$

(Grimaux et Cloëz). MM. Ciamician et Magnaghi admettent qu'il y a là une isomérie d'ordre stéréochimique. MM. Grimaux et Cloëz paraissent, dans leur dernier mémoire, se ranger à cette opinion.

Le tétrabromure d'érythrène distille facilement avec la vapeur d'eau; traité par le brome, il donne deux hexabromobutanes.

La potasse alcoolique le transforme en un butylène dibromé qui se convertit en un produit de polymérisation aussitôt qu'il vient d'être isolé à l'état de pureté.

Le nitrate d'argent en solution nitrique donne naissance à un composé qui se rapproche de la formule $C^4H^3(AzO^3)Br^2(AzO^3)^2$.

Dérivés hexasubstitués. — *Hexabromobutane*, $C^4H^4Br^6$. — Le brome se combine avec l'érythrène dibromé pour donner d'abord un dibromure d'érythrène dibromé, puis un tétrabromure; ce composé forme des plaques nacrées, fusibles à 170° en noircissant [Grimaux et Cloëz, *Bull. Soc. Chim.*, (2), **48**, 35].

Hexabromobutane,

$CBr^3-CHBr-CHBr-CH^2Br$.

— M. Colson a obtenu ce composé en traitant la tétrabromhydrine de l'érythrite par le brome en tube scellé à 175-180°. Il se forme deux composés, l'un liquide, l'autre solide.

Le produit liquide a la formule ci-dessus. Il est très soluble dans l'éther et dans le chloroforme, peu soluble dans l'alcool; sa densité à 15° est voisine de 2,9.

Chauffé en tube scellé à 120-130° avec de la potasse aqueuse, il donne un acide qui est probablement l'acide érythrique; il se forme en même temps un produit résineux [Colson, *Bull. Soc. Chim.*, (2), **48**, 52].

Le produit solide est formé de paillettes nacrées, fusibles à 169°, solubles dans le chloroforme, peu solubles dans l'éther et dans l'alcool; sa densité est 3,4 [Colson, *loc. cit.*].

A. Béhal.

BUTANE-TRICARBONIQUE (ACIDE),

$$C^2H^5-\underset{\displaystyle CO^2H}{\overset{}{CH}}-CH\begin{matrix}\langle CO^2H \\ \langle CO^2H\end{matrix}$$

— Ce composé, appelé à tort *acide butényltricarbonique*, se produit à l'état d'éther éthylique quand on traite l'éther malonique sodé par l'éther α-bromobutyrique. On dissout 6 grammes de sodium dans 770 grammes d'alcool; on ajoute 480 grammes d'éther malonique, puis 585 grammes d'éther α-bromobutyrique. Il se forme immédiatement un précipité de bromure de sodium. On chauffe pendant 1 heure au bain-marie, puis on chasse l'alcool par distillation. On ajoute de l'eau, on décante l'éther, on le lave à l'eau, on le sèche sur du chlorure de calcium et on le distille. On obtient ainsi 70 à 78 0/0 du rendement théorique.

L'*éther éthylique* est un liquide jaune pâle, bouillant à 271-281° sous la pression normale, et à 184-193° sous 16 millimètres.

Traité par le chlore à chaud, l'éther butane-tricarbonique fournit un *dérivé monochloré*, $C^{13}H^{21}ClO^6$, liquide huileux, jaunâtre, à odeur piquante, bouillant à 292°. Saponifié par l'acide chlorhydrique, ce dérivé se convertit en *acide éthylmaléique*, $CO^2H-CH=C(C^2H^5)-CO^2H$ [Bischoff, *D. chem. G.*, **23**, 1936].

Pour obtenir l'acide, on saponifie l'éther par la potasse alcoolique, on chasse l'alcool et on traite le résidu par l'acide chlorhydrique. On extrait au moyen de l'éther un acide fusible à 119° et se décomposant vers 124°.

Cet acide est très soluble dans l'eau, l'alcool et l'éther, peu soluble dans le chloroforme.

Il se combine aux bases pour donner des sels bien définis.

Le *sel d'argent*, $C^7H^9O^6Ag.1,5H^2O$, est un précipité blanc amorphe. Il en est de même du *sel de baryum*, $(C^7H^7O^6)^2Ba^3$. On a décrit les trois *sels de calcium* : $(C^7H^9O^6)^2Ca$, prismes réunis en faisceaux; $C^7H^8O^6Ca.2,5H^2O$, poudre blanche cristalline, et $(C^7H^7O^6)^2Ca^3$, cristaux hygroscopiques.

Le *sel de strontium*, $(C^7H^7O^6)^2Sr^3,6H^2O$, est amorphe [Polko, *Ann. Chem.*, **242**, 113].

Il en est de même du *sel de zinc*,

$$(C^7H^7O^6)^2Zn^3,6H^2O.$$

Chauffé avec du brome et de l'eau d'abord à 50°, puis à 70°, l'acide butane-tricarbonique se décompose en donnant de l'acide carbonique et deux acides bromo-éthylsucciniques stéréo-isomériques, $CO^2H-CH(C^2H^5)-CHBr-CO^2H$, fusibles l'un à 111-116°, l'autre à 202°,5 [Bischoff, *D. chem., G.*, **23**, 3422].

ACIDE ISOBUTANE-TRICARBONIQUE,

$$\begin{array}{l} \quad\; CO^2H \\ \quad\;\; | \\ \begin{matrix}CH^3\\CH^3\end{matrix}\!>\!C-CH(CO^2H)^2. \end{array}$$

— On prépare l'éther isobutane-tricarbonique en faisant réagir l'éther α-bromisobutyrique sur l'éther malonique sodé. On opère comme plus haut; seulement on chauffe pendant 5 ou 6 heures au réfrigérant ascendant.

L'éther, séparé comme précédemment, bout à 272-275°. C'est un liquide dont le poids spécifique à 0° = 1,064.

Saponifié par la potasse alcoolique, l'éther fournit l'acide. Ce dernier fond à 100° et perd de l'acide carbonique au-dessus de cette température. Il est très soluble dans l'eau, l'alcool, l'éther, l'acétone, très peu soluble dans le chloroforme, le benzène, l'éther de pétrole et le sulfure de carbone. Chauffé en solution aqueuse pendant longtemps, il perd de l'acide carbonique.

Le *sel de potassium*, $C^7H^7O^6K^3,2H^2O$, cristallise en prismes quadratiques.

Le *sel argentique* est amorphe.

Le *sel tricalcique*, $(C^7H^7O^6)^2Ca^3,9H^2O$, forme de petits prismes.

Le *sel monocalcique*, $(C^7H^9O^6)^2Ca,2H^2O$, est en longues aiguilles lancéolées.

Le *sel tristrontique*, $(C^7H^7O^6)^2Sr^3,7H^2O$, est peu soluble dans l'eau [Barnstein, *Ann. Chem.*, **242**, 126].

A. Béhal.

BUTÉNYLBENZÈNE. — Voyez PHÉNYLBUTYLÈNE.

BUTÉNYLE. — On a donné le nom de *buténylе* aux résidus trivalents C^4H^7 dérivés du butane; de même, on donne le nom d'*isobuténylе* aux résidus trivalents dérivés de l'isobutane. Ces mots ne préjugent rien sur la position des valences libres. Elles peuvent être affectées à un seul, à 2 ou à 3 atomes de carbone.

BUTÉNYLGLYCÉRINE [Syn. *Glycérine butylique méthylglycérine, glycérine buténylique*],

$$CH^3-CHOH-CHOH-CH^2OH.$$

— On obtient cette glycérine en saponifiant la dibromhydrine correspondante, préparée elle-même en combinant l'alcool crotonique avec le brome.

Le dibromure d'alcool crotonique est chauffé à l'ébullition avec 20 parties d'eau pendant 30 heures. On distille pour séparer une portion de l'eau; il passe en même temps une aldéhyde et de l'alcool butylique.

Le résidu de la distillation contient la glycérine butylique. On l'additionne d'oxyde de plomb et on fait bouillir pour enlever un peu d'acide bromhydrique; on filtre, on évapore au bain-marie et on reprend par l'alcool absolu.

On obtient ainsi un liquide sirupeux, bouillant à 172-175° sous 27 millimètres : c'est la glycérine buténylique. Ce corps possède un goût sucré très franc.

Chauffée pendant 20 heures à 150° avec 7 fois son poids d'anhydride acétique, la buténylglycérine donne une *triacétine*, $C^4H^7(C^2H^3O^2)^3$. Cet éther bout à 153-155° sous 27 millimètres; il constitue un liquide insoluble dans l'eau et doué d'une odeur agréable.

Chauffée à 100° pendant 6 heures avec de l'acide iodhydrique fumant, la glycérine buténylique donne de l'iodure de butyle secondaire,

$$CH^3-CHI-CH^2-CH^3.$$

Traitée par l'iode en présence du phosphore, elle fournit de l'iodure de crotonyle, C^4H^7I.

Chauffée avec de l'acide oxalique, elle donne un produit que l'on peut envisager comme de l'alcool crotonylique [Lieben et S. Zeisel, *Mon. f. Chem.*, **1**, 818].

Monochlorhydrine, $C^4H^9O^2Cl$. — On sature la buténylglycérine par l'acide chlorhydrique pendant 6 ou 8 heures, et on chauffe le produit de l'opération à 100° pendant 36 heures; on recommence plusieurs fois cette opération : il se forme de la monochlorhydrine. Pour l'isoler, on additionne d'eau le produit de la réaction, on neutralise par le carbonate de baryum, on extrait au moyen de l'éther et on distille dans le vide. On obtient alors une huile incolore, bouillant à 134-136° sous 28 millimètres. Sa densité est 1,2324 à 17°; sa saveur est douceâtre; son odeur aromatique. Cette monochlorhydrine est soluble dans l'eau, l'alcool et l'éther [Zikes, *Mon. f. Chem.*, **6**, 348].

Épichlorhydrine, C^4H^7OCl. — On sature d'acide chlorhydrique à 100° un mélange à volumes égaux de buténylglycérine et d'acide acétique, et on distille dans le vide. Il passe de 118 à 120° un mélange d'acéto- et de diacéto-chlorhydrine. Ce produit, distillé avec un léger excès de soude, fournit la buténylépichlorhydrine, bouillant à 125°,5 sous 738 millimètres.

Sa densité à 0° = 1,098.

Dichlorhydrine, $C^4H^8OCl^2$. — On l'obtient en saturant l'épichlorhydrine à 0° par l'acide chlorhydrique. Elle bout à 105-107° sous 30 millimètres. Sa densité à 16° = 1,274. C'est une huile aromatique, incolore, difficilement soluble dans l'eau, miscible à l'alcool et à l'éther [Zikes, *loc. cit.*].

GLYCÉRINE ISOBUTÉNYLIQUE, $C^4H^7(OH)^3$. — Il peut exister 2 glycérines isobuténylіques : l'une d'elles a été décrite, mais on ne connaît point sa constitution.

M. Prunier [*Bull. Soc. Chim.*, (2), **42**, 261] a obtenu, par l'action du chlore sur l'iodure d'isobutyle, un propane trichloré, qui, chauffé avec de l'eau en tube scellé à 170°, donne naissance à de l'isobuténylglycérine, $C^4H^{10}O^3$.

Ce corps est liquide et distille à 240° sous 18 millimètres.

Chauffé avec de l'acide acétique, il donne plusieurs *acétines* qui, traitées par l'anhydride acétique, se transforment en *triacétine*,

$$C^4H^7(C^2H^3O^2)^3.$$

A. Béhal.

BUTÉNYLPYRIDINE (α-ISO-),

$$C^5H^4Az-CH=C(CH^3)^2$$

[Stoehr, *J. prakt. Chem.*, (2), 42, 420; *Bull. Soc. Chim.*, (3), 5, 508]. — On chauffe pendant 10 heures à 250-260° un mélange d'acétone (5 grammes) et d'α-picoline (8 grammes) avec un peu de chlorure de zinc. On acidule le produit de la réaction par l'acide chlorhydrique, on le lave à l'éther et on le soumet à la distillation dans un courant de vapeur d'eau. On alcalinise ensuite le résidu, on sèche sur la potasse fondue les bases qui se séparent et on les fractionne au thermomètre. Les produits passant entre 190 et 230° sont précipités par le chlorure mercurique, et le chloromercurate ainsi obtenu est purifié par cristallisation dans l'eau : on obtient finalement un sel fusible à 144-146°, d'où on régénère une base bouillant à 200°.

L'α-isobuténylpyridine est un liquide huileux, présentant une belle fluorescence bleue. Elle est peu soluble dans l'eau. Sa densité à 8° est 0,9715 par rapport à l'eau à 4°.

Le *chlorhydrate* cristallise en longs prismes brillants, fusibles à 140-141°, très solubles dans l'eau et dans l'alcool, insolubles dans le benzène.

Le *chloroplatinate*,

$$(C^9H^{11}Az.HCl)^2PtCl^4, 2H^2O,$$

se présente en belles aiguilles prismatiques, qui se déshydratent à 100°, brunissent à 160° et fondent en se décomposant à 163-164°.

Le *chloraurate*, $C^9H^{11}Az.HCl.AuCl^3$, forme de fines aiguilles, peu solubles dans l'eau, plus solubles dans l'alcool, fusibles à 136-137°. Il se décompose peu à peu, même à l'état sec, avec formation d'or métallique.

Le *chloromercurate*, $C^9H^{11}Az.HCl.3HgCl^2$, est en longues et fines aiguilles brillantes, fusibles à 144-145°, plus solubles dans l'acide chlorhydrique faible que dans l'eau pure.

Le *picrate* cristallise dans l'eau bouillante en aiguilles jaunes et brillantes, fusibles à 177°, peu solubles dans l'eau et dans l'alcool.

BUTÉNYLSTYROLÈNE [Syn. *Buténylcinnamène*],

$$C^{12}H^{14}=C^6H^5.C^2H^2.C^4H^7.$$

— On chauffe à 150° un mélange d'aldéhyde cinnamique (10 parties), d'anhydride isobutyrique (15 parties) et d'isobutyrate de sodium (7,5 parties) : il se dégage de l'acide carbonique. En distillant le produit de la réaction dans un courant de vapeur d'eau, on obtient une huile qu'on lave et qu'on rectifie d'abord sur de la potasse, puis sur du sodium.

Le butényIstyrolène est un liquide huileux, plus léger que l'eau, bouillant à 245-248°. Il s'oxyde rapidement à l'air en devenant visqueux. Il est altéré profondément par l'acide sulfurique et vraisemblablement polymérisé. Il fournirait avec l'acide picrique une combinaison cristallisée [W. H. Perkin, *Chem. Soc.*, 35, 136; *Bull. Soc. Chim.*, (2), 34, 694].

BUTINE-GLYCOL. — On a donné ce nom au glycol non saturé $CH^2=CH-CHOH-CH^2OH$, qui se forme dans la réduction de l'érythrite par l'acide formique (voyez Suppl., 1, 683).

BUTINES. — On donne le nom générique de *butines* aux carbures C^4H^6, quelle que soit leur fonction, pourvu que ces corps soient à chaîne ouverte. Ces carbures comprennent :

1° Deux carbures acétyléniques : l'un, l'*éthylacétylène* (ou isocrotonylène), $CH^3-CH^2-C\equiv CH$, est un carbure acétylénique proprement dit ; l'autre, le *diméthylacétylène*, $CH^3-C\equiv C-CH^3$, est un carbure acétylénique substitué, qu'on désigne parfois sous le nom impropre de *crotonylène*. Celui-ci est en effet identique à l'érythrène, comme l'a démontré Henninger [*Bull. Soc. Chim.*, (2), 34, 195].

2° Un carbure allénique, le *méthylallène*,

$$CH^3-CH=C=CH^2.$$

3° Un carbure biéthylénique le *biéthylène* (ou érythrène, ou encore crotonylène),

$$CH^2=CH-CH=CH^2.$$

Éthylacétylène, $CH^3-CH^2-C\equiv CH$ (voyez Isocrotonylène, Suppl., 1, 553.) — Ce carbure se combine au chlorure mercurique en solution aqueuse, pour donner un précipité blanc répondant, d'après M. Koutcheroff, à la formule

$$2C^4H^6.3HgO.3HgCl^2.$$

Ce précipité est très soluble dans l'acide chlorhydrique. La solution distillée donne un liquide bouillant à 80°, et qui n'est autre chose que la méthyléthylcétone $CH^3-CO-CH^2-CH^3$ [*D. chem. G.*, 17, 13].

L'éthylacétylène, chauffé à 170-180° avec de la potasse alcoolique, se transforme en diméthylacétylène, $CH^3-C\equiv C-CH^3$. Ni la potasse ni l'alcool employés seuls n'occasionnent cette transformation [Favorsky, *Bull. Soc. Chim.*, (2), 45, 247].

Diméthylacétylène, $CH^3-C\equiv C-CH^3$. — Le crotonylène de M. Caventou a été considéré souvent comme étant le diméthylacétylène, mais l'identification de la tétrachlorhydrine de l'érythrite avec le tétrachlorure de crotonylène doit faire considérer ce dernier carbure comme le biéthylène $CH^2=CH-CH=CH^2$.

Ce carbure peut se préparer au moyen du bromure d'a-b-diméthyléthylène (pseudobutylène) et de la potasse alcoolique.

Il se produit encore par la transformation isomérique de l'éthylacétylène sous l'influence de la potasse alcoolique (Favorsky).

Lorsqu'on agite vivement ce carbure avec de l'acide sulfurique renfermant 1 partie d'eau pour 3 à 5 parties d'acide, il y a condensation et formation d'*hexaméthylbenzène* ; il se forme en même temps un peu de méthyléthylcétone :

$$3CH^3-C\equiv C-CH^3=C^6(CH^3)^6;$$

$$CH^3-C\equiv C-CH^3+H^2O=CH^3-CO-CH^2-CH^3$$

[Almedingen, *Bull. Soc. Chim.*, (2), 37, 493 et 40, 26].

Traité par le sodium, ce carbure est ramené à l'état d'éthylacétylène.

Il bout exactement à 27-28°.

Dissous dans 2 volumes d'éther et additionné de brome à la température de 21° jusqu'à coloration persistante, il donne un *dibromure*, $C^4H^6Br^2$, qui ne se solidifie pas à —20°. Additionné de brome (1 molécule) à la température ordinaire, ce dibromure s'échauffe et donne au bout de 24 heures un *tétrabromure* cristallisé. Ce dernier, lavé à l'eau alcaline et exprimé dans du papier, donne naissance, par cristallisation dans la ligroïne, à deux modifications, suivant qu'on opère à froid ou à chaud.

Les cristaux préparés à froid deviennent laiteux à +15° et semblent s'altérer ; les autres ne présentent pas ce phénomène.

Les deux modifications fondent à 230° en se décomposant.

La grandeur moléculaire déterminée par la méthode de M. Raoult, en solution benzénique, est la même.

Les formes cristallines sont différentes, et M. Favorsky considère simplement comme dimorphes les deux variétés.

Les cristaux préparés à la température ordinaire appartiennent, d'après M. Fédéroff, au système quadratique : $a:c = 1:1,28$.

Les cristaux obtenus à froid sont rhombiques [Favorsky, *J. prakt. Chem.*, (3), **42**, 143].

MÉTHYLALLÈNE. — Voyez Suppl., **2**, 172.

ÉRYTHRÈNE. — Voyez ce mot, Suppl., 2.

BUTONES. — Le nom de *butone* est réservé aux corps de la formule C^4H^4, c'est-à-dire à des carbures hexavalents.

On ne connaît encore à l'état de liberté aucun de ces carbures, mais on a déjà décrit plusieurs de leurs dérivés : tels sont les dérivés hexachlorés et hexabromés des butanes.

BUTOXYQUARTÉNYLIQUES (ÉTHERS ISO-),

$$CH^2=C(OC^4H^{11})-CH^2-CO^2R$$

[E. Enke, *Ann. Chem.*, **256**, 201; *D. chem. G.*, **23**, *Ref.*, 242]. — En soumettant les éthers β-chloroquarténytiques, $CH^2=CCl-CH^2-CO^2R$, à l'action de l'isobutylate de sodium, on obtient toute une série d'*éthers isobutoxyquarténytiques.*

L'*éther méthylique* bout à 253°,7; sa densité est de 0,930.

L'*éther éthylique* bout à 247°,3; sa densité est 0,933 à 15°.

L'*éther propylique* bout à 251°,4; sa densité à 15° est 0,962.

L'*éther isobutylique* bout à 240°,8; sa densité à 15° est 0,927.

BUTYLACÉTYLACÉTIQUE (ÉTHER ISO-)

$$CH^3-CO-CH(C^4H^9)-CO^2C^2H^5.$$

Soumis à l'action de l'ammoniaque aqueuse, cet éther fournit un mélange d'*isobutylacétylacétamide*, $CH^3-CO-CH(C^4H^9)-COAzH^2$, fusible à 88°, et d'*isobutylamidocrotonate d'éthyle*, $CH^3-C(AzH^2)=C(C^4H^9)-CO^2C^2H^5$, fusible à 41-42° [T. Peters, *Ann. Chem.*, **257**, 339; *D. chem. G.*, **23**, *Ref.*, 468].

BUTYLAMIDOBUTYLBENZÈNE. — Voy. AMIDOBUTYLBENZÈNE, Suppl., **2**, 215.

BUTYLBENZÈNES. — Voyez PHÉNYLBUTYLE, Suppl., **1**, 1198.

On connaît quatre carbures $C^6H^5 . C^4H^9$:

Le butylbenzène normal,
L'α-isobutylbenzène,
Le β-isobutylbenzène,
Le triméthylphénylméthane.

BUTYLBENZÈNE NORMAL,

$$C^6H^5-CH^2-CH^2-CH^2-CH^3.$$

DÉRIVÉ CHLORÉ. — Le *δ-chlorobutylbenzène*,

$$C^6H^5-CHCl-CH^2-CH^2-CH^3,$$

se forme par l'action de l'acide chlorhydrique sur l'alcool $C^6H^5-CH.OH-CH^2-CH^2-CH^3$. C'est un liquide non distillable [Engler et Bethge, *D. chem. G.*, **7**, 1128; *Bull. Soc. Chim.*, (2), **24**, 322].

DÉRIVÉS BROMÉS. — *Butyl-p-bromobenzène*

$$C^6H^4Br-CH^2-CH^2-CH^2-CH^3$$

[J. Schramm, *D. chem. G.*, **24**, 1336]. — Liquide bouillant à 240-242°, obtenu par l'action du brome sur le butylbenzène en présence de l'iode.

Traité par 1 molécule de brome d'abord à la lumière à froid, puis dans l'obscurité à 100°, il se transforme en *γ-δ-dibromobutyl-p-bromobenzène*,

$$C^6H^4Br-CHBr-CHBr-CH^2-CH^3.$$

Ce dernier cristallise en aiguilles plates, fusibles à 76°,5 et se convertit, par oxydation au moyen d'une solution acétique de brome, en acide p-bromobenzoïque.

α-β-Dibromobutylbenzène,

$$C^6H^5-CH^2-CH^2-CHBr-CH^2Br.$$

— Ce corps s'obtient en traitant le phénylbutylène par le brome. C'est une huile épaisse, décomposable par la potasse alcoolique à chaud. La distillation sur la chaux vive donne du naphtalène. L'acide azotique étendu fournit l'acide bromohydrocinnamique, $C^6H^5-C^2H^3Br-CO^2H$ [Aronheim, *Ann. Chem.*, **171**, 229].

γ-δ-Dibromobutylbenzène,

$$C^6H^5-CHBr-CHBr-CH^2-CH^3.$$

— On traite par le brome le buténylbenzène,

$$C^6H^5-CH=CH-CH^2-CH^3.$$

C'est un corps fondant à 170° et donnant par la potasse alcoolique un bromobuténylbenzène,

$$C^6H^5-C^4H^6Br,$$

que le brome transforme en un tribromure huileux $C^6H^5-C^4H^6Br^3$ [Perkin, *Chem. Soc.*, **35**, 140].

δ-δ-Dibromobutylbenzène,

$$C^6H^5-CBr^2-CH^2-CH^2-CH^3.$$

— D'après M. Schramm [*D. chem. G.*, **18**, 1272], on obtiendrait ce corps en faisant agir au soleil 2 molécules de brome sur le butylbenzène.

DÉRIVÉS SULFONIQUES. — En traitant le butylbenzène par l'acide sulfurique légèrement fumant, on obtient 2 acides sulfoniques, qu'on sépare par la baryte. Le sel de l'acide α est le moins soluble. Les acides libres forment des cristaux indéterminés, déliquescents. L'acide α prédomine.

Sels de l'acide α. — Le *sel de baryum* est en petites lamelles anhydres. Le *sel de calcium* est plus soluble à froid qu'à chaud.

Sels de l'acide β. — Les *sels de baryum* et *de plomb* renferment $2H^2O$ [Balbiano, *Jahresb.*, 1877, 861].

DÉRIVÉS HYDROXYLÉS. — *Méthyl-phényloéthylcarbinol*, $C^6H^5-CH^2-CH^2-CH.OH-CH^3$. — On obtient ce corps en réduisant l'acétocinnamone par l'amalgame de sodium [Engler et Leist, *D. chem. G.*, **6**, 255].

Glycol phényl-αδ-butylénique,

$$C^6H^5 . CHOH-CH^2-CH^2-CH^2OH.$$

— Voyez Suppl., **1**, 1199.

DÉRIVÉS AMIDÉS. — Voyez AMIDOBUTYLBENZÈNE.

α-ISOBUTYLBENZÈNE,

$$C^6H^5-CH^2-CH\begin{matrix}CH^3\\CH^3\end{matrix}$$

— On obtient ce carbure : 1° en chauffant aussi rapidement que possible à 300° 1 partie de benzène, 1 partie d'alcool isobutylique et 4 parties de chlorure de zinc [Goldschmidt, *D. chem. G.*, **15**, 1066 et 1425].

2° En traitant le benzène par le chlorure d'isobutyle en présence du chlorure d'aluminium [Gossin, *Bull. Soc. Chim.*, (2), **38**, 99 et **41**, 416]. M. Schramm (voyez plus loin) prétend que cette réaction donne naissance au triméthylphénylméthane. D'ailleurs M. Gossin a obtenu 2 carbures $C^{10}H^{14}$, l'un, bouillant à 166-167°, qu'il considère comme l'isobutylbenzène, l'autre, bouillant à 152-155°, non étudié.

Oxydé par le dichromate de potassium, ce carbure se transforme en acide benzoïque. Distillé sur de la litharge, il donne du naphtalène.

DÉRIVÉS BROMÉS. — *α-β-Dibromo-isobutylbenzène,*

$$C^6H^5 - CHBr - CBr \begin{matrix} \diagup CH^3 \\ \diagdown CH^3 \end{matrix}$$

— On l'obtient en traitant par le brome l'isobuténylbenzène $C^6H^5 - CH = C(CH^3)^2$. Ce corps reste liquide à — 20°.

La potasse alcoolique le transforme en bromo-isobuténylbenzène, $C^{10}H^{11}Br$, corps huileux qui fixe du brome pour donner le *dérivé tribromé*

$$C^{10}H^{11}Br^3,$$

fondant à 63°,5. Ce dérivé se dissout bien dans l'éther et dans la ligroïne; il est peu soluble dans l'alcool froid et dans l'acide acétique [Perkin, *Chem. Soc.*, 35, 138].

Isobutylbromobenzène, $C^6H^4Br - C^4H^9$. — A l'abri de la lumière, le brome donne un dérivé monobromé, bouillant à 233°, soluble dans l'alcool, l'éther, le benzène.

En opérant au soleil, on obtient un corps qui se décompose à la distillation en fournissant un carbure bouillant à 180-185°, et qui fixe directement le brome en donnant un bromure huileux [Schramm, *Mon. f. Chem.*, 9, 842].

Le même bromure, $C^6H^4Br - C^4H^9$, s'obtient en traitant par l'acide azoteux une solution alcoolique de *p-amido-m-bromo-isobutylbenzène,*

$$C^{10}H^{12}Br . AzH^2.$$

Oxydé, il donne de l'acide m-bromobenzoïque [Gelzer, *D. chem. G.*, 21, 2941].

DÉRIVÉ IODÉ. — *P-iodo-isobutylbenzène,*

$$C^6H^4I_{(1)} - C^4H^9_{(4)}.$$

— On traite le chlorhydrate de diazo-isobutylbenzène par un grand excès d'acide iodhydrique et on chauffe à l'ébullition. On lave à la soude pour éliminer le phénol formé et on distille dans la vapeur d'eau.

C'est une huile rougeâtre, d'une odeur agréable, bouillant à 255-256°. Le rendement atteint 60 0/0 du rendement théorique. Oxydé, ce corps donne de l'acide p-iodobenzoïque [Puhl, *D. chem. G.*, 17, 1232; *Bull. Soc. Chim.*, (2), 44, 283].

DÉRIVÉ NITRÉ. — Le nitro-p-amido-isobutylbenzène, traité en solution alcoolique par l'acide azoteux, donne le *butyl m-nitrobenzène,*

$$C^6H^4(AzO^2) - C^4H^9,$$

liquide jaunâtre, bouillant à 250-252° sous 204 millimètres. L'oxydation le transforme en acide m-nitrobenzoïque [Gelzer, *loc. cit.*].

DÉRIVÉ SULFONIQUE. — L'*acide isobutylbenzène-sulfonique,*

$$C^6H^4(SO^3H) - CH^2 - CH \begin{matrix} \diagup CH^3 \\ \diagdown CH^3 \end{matrix}$$

se prépare en traitant le carbure par l'acide sulfurique fumant.

Le *sel de potassium* renferme 1 molécule d'eau.

Le *sel de baryum* est en lamelles brillantes.

L'*amide* fond à 137° [Kelbe et Pfeiffer, *D. chem. G.*, 19, 1718; *Bull. Soc. Chim.*, (2), 47, 701].

β-ISOBUTYLBENZÈNE,

$$C^6H^5 - CH \begin{matrix} \diagup CH^3 \\ \diagdown CH^2 - CH^3 \end{matrix}$$

— Ce corps se forme dans l'action du chlorure de butyle secondaire normal sur le benzène, en présence du chlorure d'aluminium.

DÉRIVÉ BROMÉ. — Dans l'obscurité, le brome se substitue dans le noyau, que l'on opère avec ou sans iode.

A la lumière, on obtient un dérivé liquide, non étudié [Schramm, *Mon. f. Chem.*, 9, 613 et 842].

TRIMÉTHYLPHÉNYLMÉTHANE,

$$C^6H^5 - C \begin{matrix} \diagup CH^3 \\ - CH^3 \\ \diagdown CH^3 \end{matrix}$$

— D'après M. Schramm [*loc. cit.*], le chlorure d'isobutyle donne avec le benzène et le chlorure d'aluminium un butylbenzène bouillant à 167° sous 736 millimètres, liquide à — 20°, dont la densité à 15° est 0,8718. Ce carbure, traité par le brome en présence de l'iode, donne un *dérivé monobromé* fondant à 13-14°, tandis que l'isobutylbenzène donne un bromobutylbenzène encore liquide à — 20°. Il y a donc transposition moléculaire.

Le même carbure est fourni par le chlorure de butyle tertiaire.

Dans l'obscurité, le brome donne un *dérivé bromé* distillant sans décomposition à 230° et fondant à 14°. Ce bromure n'est que difficilement attaqué par le permanganate et l'oxydation le brûle complètement.

Au soleil, l'attaque par le brome est insignifiante [Schramm, *loc. cit.*].

M. Tissier, de même que M. Schramm, en faisant agir le chlorure d'isobutyle sur le benzène en présence du chlorure d'aluminium, a obtenu le *triméthylphénylméthane*, en même temps qu'un *dibutylbenzène* et un *tributylbenzène* [*Bull. Soc. Chim.*, (3), 2, 785; 5, 2].

M. Senkowski a repris également cette étude [*D. chem. G.*, 23, 2412; *Bull. Soc. Chim.*, (3), 4, 864]. Il recommande de traiter 600 grammes de benzène et 200 grammes de chlorure d'isobutyle par 200 grammes de chlorure d'aluminium, en ayant soin de maintenir la température au-dessous de 4°. La réaction est plus lente, mais le rendement s'élève ainsi à 70 0/0.

Pour purifier le produit, on utilise sa résistance considérable à l'attaque par le brome, même sous l'influence de la lumière solaire. Les autres carbures (éthyl- propyl- et amylbenzènes) sont substitués dans la chaîne latérale et peuvent ainsi être facilement éliminés.

Traité à froid par l'acide azotique fumant, ce carbure donne une substance jaune, huileuse, à odeur de cumène, qui, par la distillation fractionnée, se scinde en deux portions. L'une, liquide, distille à une température plus basse que l'autre, qui est solide. Il est probable que le composé liquide appartient à la série ortho, tandis que le composé solide appartient à la série para.

o-Nitrophényl-triméthylméthane,

$$C^6H^4 \begin{matrix} \diagup AzO^2_{(1)} \\ \diagdown C(CH^3)^3_{(2)}. \end{matrix}$$

— C'est un liquide jaune, huileux, bouillant à 248°, insoluble dans l'eau, soluble dans l'alcool, l'éther et le benzène. Il a l'odeur du cumène.

o-Amidophényl-triméthylméthane,

$$C^6H^4 \begin{matrix} \diagup AzH^2_{(1)} \\ \diagdown C(CH^3)^3_{(2)} \end{matrix}$$

— On l'obtient par la réduction du précédent. Il est liquide, inodore, fortement réfringent, et bout à 233-235°. Sa densité à 15° est 0,9769. La lumière l'altère rapidement.

Les sels de cette base cristallisent et sont peu solubles.

Le *dérivé acétylé* fond à 159°. Il est soluble dans le benzène.

p-Nitrophényl-triméthylméthane — Ce corps fond vers 30° et bout à 275°.

p-Amidophényl-triméthylméthane. — Il bout à 240°. Sa densité à 15° est 0,9525. Ses sels sont encore moins solubles que ceux de son isomère.

Une trace de cette amine, dissoute dans l'acide sulfurique, donne une coloration verte par l'addition d'une solution de dichromate de potassium. Avec l'amine ortho, la coloration est bleuâtre.

Le chlorure ferrique donne avec les deux amines une coloration jaune-orangé.

Acide triméthylbenzène-p-sulfonique,

$$C^6H^4 \begin{cases} SO^3H \\ C(CH^3)^3 \end{cases}$$

— On l'obtient en traitant le carbure bien refroidi par l'acide sulfurique fumant à 77° B. Il fond à 62-63° et est très soluble dans l'eau.

Paul Adam.

BUTYLBENZOÏQUES (ACIDES). — On n'a encore décrit que deux acides butylbenzoïques, l'acide méta et l'acide para.

ACIDE M-ISOBUTYLBENZOÏQUE,

$$C^6H^4 \begin{cases} CH^2_{(1)} - CH \begin{cases} CH^3 \\ CH^3 \end{cases} \\ CO^2H_{(3)} \end{cases}$$

— On oxyde le m-isobutyltoluène par l'acide azotique (d = 1,265) étendu de 2 volumes d'eau.

Cet acide cristallise en longues aiguilles aplaties, fondant à 127°.

L'acide azotique étendu le transforme à 200° en acide isophtalique.

La distillation sur la chaux donne de l'isobutylbenzène.

Le *sel d'argent* est un peu soluble dans l'eau.

L'*amide* cristallise en aiguilles capillaires, fondant à 138°.

Acide isobutyl-nitro-benzoïque,

$$C^4H^9 - C^6H^3(AzO^2)CO^2H.$$

— Il cristallise dans l'éther de pétrole en petites aiguilles fondant à 140°. Son *éther méthylique* est liquide [W. Kelbe et Pfeiffer, *D. chem. G.*, **19**, 1723; *Bull. Soc. Chim.*, (2), **47**, 201].

ACIDE P-ISOBUTYLBENZOÏQUE,

$$C^6H^4 \begin{cases} CH^2_{(1)} - CH \begin{cases} CH^3 \\ CH^3 \end{cases} \\ CO^2H_{(4)} \end{cases}$$

Modes de formation. — On obtient le nitrile de cet éther :

1° En chauffant à 200° dans un courant d'acide carbonique l'isobutylphénylsénevol (voyez AMIDO-BUTYLBENZÈNE) avec du cuivre en poudre [Pahl, *D. chem. G.*, **17**, 1232; *Bull. Soc. Chim.*, (2), **42**, 284];

2° En chauffant le p-amido-isobutylbenzène avec de la poudre de zinc [Gasiorowski et Merz, *D. chem. G.*, **18**, 1010];

3° En distillant dans un courant d'hydrogène un mélange de phosphate tri-isobutylphénylique $PO^4(C^{10}H^{13})^3$ et de cyanure de potassium [Kreysler, *D. chem. G.*, **18**, 1706; *Bull. Soc. Chim.*, (2), **45**, 928].

On chauffe ensuite le nitrile à 160° pendant 6 heures avec de la potasse alcoolique concentrée; on dissout dans l'eau et on fait bouillir avec du carbonate d'ammonium; on filtre et on précipite par l'acide chlorhydrique. On purifie l'acide par sublimation.

L'acide se forme dans l'oxydation du p-isobutyltoluène au moyen de l'acide azotique étendu [Kelbe et Pfeiffer, *D. chem. G.*, **19**, 1723; *Bull. Soc. Chim.*, (2), **47**, 701].

Propriétés. — L'acide p-butylbenzoïque cristallise en aiguilles clinorhombiques, fondant à 161°, sublimables, peu solubles dans l'eau bouillante, solubles dans l'alcool et dans le benzène.

Le permanganate de potassium le transforme en acide téréphtalique.

Distillé avec de la chaux, il se scinde en acide carbonique et isobutylbenzène.

Le *sel d'argent* est un précipité blanc, floconneux.

Le *sel de baryum*, anhydre, est peu soluble dans l'eau froide.

Le *sel de calcium* ressemble au sel de baryum.

L'*éther méthylique*, $C^6H^4(C^4H^9)CO^2CH^3$, obtenu par l'action de l'iodure de méthyle sur le sel d'argent, est un liquide incolore, presque inodore, bouillant à 247°.

L'*amide*, obtenue en traitant l'acide successivement par le perchlorure de phosphore et par l'ammoniaque, fond à 171°. Elle cristallise dans l'eau en longues et fines aiguilles.

Le *nitrile*, $C^6H^4(C^4H^9)CAz$, préparé comme il a été dit plus haut, est un liquide épais, incolore, d'une odeur agréable, bouillant à 238° (Pahl), à 248-249° (Gasiorowski et Merz), à 243-245° (Kreysler).

ACIDE NITRO-P-ISOBUTYLBENZOÏQUE,

$$C^6H^3(C^4H^9)(AzO^2)CO^2H.$$

— Il cristallise dans l'eau en longues et fines aiguilles fondant à 161°.

Le *sel d'argent* est insoluble.

L'*éther méthylique* est liquide (Kelbe et Pfeiffer).

ACIDE BUTYLOXYBENZOÏQUE. — L'*acide p-isobutyloxybenzoïque* ou *p-isobutylsalicylique,*

$$C^6H^3(OH)_{(2)}(C^4H^9)_{(4)}CO^2H_{(1)},$$

se prépare en traitant l'isobutylphénate de sodium (voyez BUTYLPHÉNOL) desséché à 140° dans un courant d'hydrogène, par l'acide carbonique liquide. On maintient le mélange dans un autoclave refroidi, puis on chauffe pendant quelques heures à 130-160°.

L'*isobutylophényl-carbonate de sodium*

$$C^4H^9 - C^6H^4 - O - CO^2Na,$$

qui a pris naissance à froid, se convertit ainsi en butyloxybenzoate, qu'on décompose par l'acide chlorhydrique.

Cet acide se présente en longues aiguilles blanches et brillantes, très solubles dans l'alcool, l'éther, le chloroforme.

Sa solution aqueuse est colorée en violet par le perchlorure de fer.

Le *sel d'ammonium* est incristallisable et se dissocie facilement.

Le *sel de calcium*, $(C^{11}H^{13}O^3)^2Ca, 6H^2O$, forme de petits cristaux très solubles dans l'eau bouillante et dans l'alcool.

Le *sel de baryum*, $(C^{11}H^{13}O^3)^2Ba, 2H^2O$, est en aiguilles groupées en étoiles, solubles dans l'alcool et dans l'eau chaude.

L'*éther méthylique*, en prismes clinorhombiques, fond à 54° et bout à 286°.

L'*éther éthylique* est liquide et bout à 276°.

L'*éther phénylique*, $C^{11}H^{13}O^3 . C^6H^5$, obtenu en traitant à 130° 49 parties d'acide et 19 parties de phénol par 10 ou 12 parties d'oxychlorure de phosphore ajouté peu à peu, forme des cristaux blancs, fondant à 68°, solubles dans l'éther, l'alcool chaud et l'esprit de bois bouillant. Chauffé pendant longtemps, il se décompose en acide carbonique, phénol, butylphénol et en un corps $C^{17}H^{16}O^2$ fusible à 158° [Dobrzycki, *J. prakt. Chem.*, (2), **36**, 389; *Bull. Soc. Chim.*, (2), **49**, 278].

Paul Adam.

BUTYLBUTYRONE. — Voyez Dict., **1**, 685.

BUTYLCARBINAMINE,

$$(CH^3)^3C-CH^2.AzH^2$$

[M. Freund et F. Lenze, *D. chem. G.*, 23, 2867]. — On prépare cette base en réduisant par le sodium et l'alcool le triméthylacétonitrile,

$$(CH^3)^3C-CAz.$$

C'est un liquide alcalin, à odeur ammoniacale, attirant rapidement l'acide carbonique de l'air et bouillant à 82-83°.

Le *chlorhydrate*, $C^5H^{13}Az.HCl$, est cristallin.

Le *chloroplatinate*, $(C^5H^{13}Az.HCl)^2PtCl^4$, forme des lamelles jaunes.

Le *chloraurate*, $C^5H^{13}Az.HCl.AuCl^3$, se présente en petites aiguilles jaune-citron.

L'*urée*,

$$CO\begin{array}{l}\diagup AzH.CH^2.C(CH^3)^3\\ \diagdown AzH^2\end{array}$$

se produit par double décomposition au moyen du cyanate de potassium et du chlorhydrate de la base. Elle cristallise dans l'éther en aiguilles blanches, fusibles à 145°.

La *phénylurée*,

$$CO\begin{array}{l}\diagup AzH.CH^2.C(CH^3)^3\\ \diagdown AzH.C^6H^5\end{array}$$

obtenue par l'union du cyanate de phényle avec la base, forme des aiguilles blanches, fusibles à 155°.

La *phénylsulfo-urée*,

$$CS\begin{array}{l}\diagup AzH.CH^2.C(CH^3)^3\\ \diagdown AzH.C^6H^5\end{array}$$

fond à 136°; on la prépare en combinant l'amine avec le phénylsénevol.

La *dibutylcarbinoxamide*,

$$\begin{array}{l}CO-AzH.C^5H^{11}\\ |\\ CO-AzH.C^5H^{11}\end{array}$$

se produit par le mélange de solutions éthérées de butylcarbinamine et d'oxalate d'éthyle; elle forme des aiguilles fusibles à 165°.

BUTYLCARBINOL,

$$(CH^3)^3C-CH^2OH$$

[M. Freund et F. Lenze, *D. chem. G.*, 23, 2868]. — On prépare cet alcool en traitant par la quantité théorique de nitrite d'argent, à froid, une solution aqueuse de chlorhydrate de triméthylcarbinamine (voyez ce mot); on filtre, on distille, on sèche sur la potasse fondue le liquide ainsi obtenu et on le rectifie.

On obtient finalement un liquide incolore, un peu soluble dans l'eau, doué d'une odeur camphrée et bouillant à 102-103°. Sa densité à 20° est 0,8122.

BUTYLCHLORAL [Syn. *Aldéhyde butylique trichlorée*],

$$CH^3-CHCl-CCl^2-CHO.$$

— Le chloral butylique est un liquide qui bout à 164-165° sous 750 millimètres; sa densité à 20° = 1,3956.

Il donne, avec la fuchsine décolorée par l'acide sulfureux, une coloration violette [Schmidt, *D. chem. G.*, 14, 1849].

Ingéré, il passe dans l'urine sous la forme d'*acide urobutylchloralique*. Ce composé se dédouble sous l'influence des acides étendus en alcool butylique trichloré et en acide glycuronique :

$$C^{10}H^{15}Cl^3O^7 + H^2O = C^4H^7Cl^3O + C^6H^{10}O^7$$

[von Mering, *Bull. Soc. Chim.*, (2), 37, 583. — Külz, *Zeit. f. Biol.*, 20, 161].

Action des dérivés organométalliques du zinc. — Le chloral butylique, traité par le zinc-éthyle, le zinc-propyle ou le zinc-isobutyle en solution éthérée, fournit un produit cristallisé qui, décomposé par l'eau, donne de l'alcool butylique trichloré :

$$\begin{array}{l}C^3H^4Cl^3\\ |\\ CHO\end{array} + Zn\begin{array}{l}\diagup C^2H^5\\ \diagdown C^2H^5\end{array} = \begin{array}{l}C^3H^4Cl^3\\ |\\ CH^2.O.ZnC^2H^5\end{array} + C^2H^4$$

$$\begin{array}{l}C^3H^4Cl^3\\ |\\ CH^2.O.ZnC^2H^5\end{array} + H^2O = \begin{array}{l}C^3H^4Cl^3\\ |\\ CH^2OH\end{array} + ZnO + C^2H^6$$

[Garzarolli-Thurnlackh, *Bull. Soc. Chim.*, (2), 37, 310 et 504. — Garzarolli et Popper, *Ann. Chem.*, 223, 166].

Hydrate. — La densité de l'hydrate de chloral butylique, prise dans le benzène, a été trouvée égale à 1,695 [Schröder, *D. chem. G.*, 12, 562].

L'hydrate de butylchloral se dissocie sous l'influence de la chaleur en eau et butylchloral. Déjà la fusion provoque la séparation d'une certaine quantité d'eau saturée de butylchloral. La densité de vapeur est de 3,32, c'est-à-dire moitié moindre que ce qu'elle devrait être; on voit par là qu'il y a dissociation complète en eau et en butylchloral anhydre [Engel et Moitessier, *Bull. Soc. Chim.*, (2), 36, 224].

MM. Lieben et Zeisel ont obtenu l'hydrate de chloral butylique en traitant successivement par le chlore, puis par l'eau, l'aldéhyde crotonique monochlorée [*Mon. f. Chem.*, 4, 531; *Bull. Soc. Chim.*, (2), 40, 536].

Le *butylchloral* se combine avec l'iodure de phosphonium, PH^4I, avec élimination d'acide iodhydrique. On obtient de cette façon la *dihydroxybutylchloralphosphine*, $C^8H^{15}Cl^6PO^2$.

Ce composé fond à 96° et se décompose sous l'influence de la soude en donnant du propylène dichloré [J. de Girard, *Ann. Chim. Phys.*, (6), 2, 52; *Bull. Soc. Chim.*, (2), 42, 256].

BUTYLCHLORAL ISOMÉRIQUE. — L'aldéhyde crotonique dichlorée se combine avec l'acide chlorhydrique pour donner un isomère du chloral butylique, $C^4H^5Cl^3O$.

Ce corps est liquide et forme à — 78° une masse vitreuse; il est peu soluble dans l'eau, ne forme pas d'hydrate, mais se combine avec le bisulfite en dégageant de la chaleur. Oxydée, cette aldéhyde donne de l'acide trichlorobutyrique, fusible à 73-75°. Ce dernier corps possède l'odeur de l'acide monochloracétique et est soluble dans 20 parties d'eau. D'après la genèse de cette aldéhyde, elle répondrait à la formule

$$CH^2Cl-CH^2-CCl^2-CHO$$

[Conrad Natterer, *Mon. f. Chem.*, 4, 539; *Bull. Soc. Chim.*, (2), 40, 468].

Soumis à l'ébullition avec de l'eau en présence du carbonate de baryum pendant 30 heures, le butylchloral isomérique donne naissance à un composé $C^4H^6O^3$, qui réduit la liqueur de Fehling et la solution ammoniacale de nitrate d'argent [Natterer, *Mon. f. Chem.*, 5, 251; *Bull. Soc. Chim.*, (2), 43, 26].

Constitution du chloral butylique ordinaire. — MM. Lieben et Zeisel, en oxydant au moyen du mélange chromique le propylène dichloré que l'on obtient en décomposant le butylchloral par la soude, ont constaté qu'il se forme comme produit principal de l'acide acétique, ce qui montre la présence d'un groupe CH^3 dans le chloral butylique. Comme la genèse de l'aldéhyde monochlorocrotonique, obtenue en faisant réagir l'aldéhyde ordinaire sur l'aldéhyde monochlorée, fait voir que le chlore est en α, on a pour le chloral butylique le schéma suivant :

$$CH^3-CHCl-CCl^2-CHO$$

[Lieben et Zeisel, *Mon. f. Chem.*, 4, 531; *Bull. Soc. Chim.*, (2), 40, 536].

DÉRIVÉS DU CHLORAL BUTYLIQUE. — *Butylchloral-biuret*, $C^6H^8Cl^3Az^3O^2$. — Lorsque l'on fait digérer pendant un certain temps l'hydrate de butylchloral avec de l'alcool et de l'acide cyanhydrique concentré, on obtient le nitrile trichloroxyvalérique (voyez ACIDE VALÉRIQUE). Ce composé, chauffé avec de l'urée, donne du butylchloralbiuret et de la monochlorocrotonylurée.

Voici comment on opère : On chauffe à 100-105° des poids égaux d'urée et de cyanhydrine du butylchloral. La masse fondue donne lieu à un dégagement d'acide cyanhydrique. Il se dépose alors de gros cristaux en lamelles ; on chauffe finalement jusqu'à 120° et l'on maintient cette température jusqu'à ce que la masse entière soit devenue solide. Il faut en tout environ 3 ou 4 heures. On traite la masse par 10 fois son poids d'eau. Il reste un résidu cristallin, que l'on purifie par des lavages avec de l'ammoniaque diluée qui dissout des résines colorées.

Le composé ainsi préparé est purifié par cristallisation dans l'alcool faible. Il forme alors des prismes d'aspect quadratique, qui se décomposent sans fondre sous l'influence de la chaleur, en donnant une odeur très intense d'acétamide.

Le butychloralbiuret possède des propriétés acides faibles, ce que démontre sa solubilité dans la soude étendue.

Il est peu soluble dans l'alcool et dans l'acide acétique insoluble dans l'éther et dans la ligroïne.

Il répond à la formule de constitution suivante :

$$CH^3-CHCl-CCl^2-CH{<}{\begin{matrix}AzH-CO\\AzH-CO\end{matrix}}{>}AzH.$$

Le produit de la réaction primitive, repris par l'eau bouillante et évaporé jusqu'à cristallisation, laisse déposer des cristaux fusibles en se décomposant à 224-225°, et qui constituent la *monochlorocrotonylurée* (voyez CROTONYLURÉE) [Pinner et Lifschütz, *D. chem. G.*, 20, 2348; *Bull. Soc. Chim.*, (2), 49, 374]. A. Béhal.

BUTYLCRÉSOL (ISO-),

$$(CH^3)^2CH-CH^2_{(5)}-C^6H^3{<}{\begin{matrix}CH^3_{(1)}\\OH_{(2)}\end{matrix}}$$

— Ce composé a été préparé en partant de l'isobutylocrésylamine correspondante, obtenue elle-même par l'action de l'alcool isobutylique sur le chlorhydrate d'o-toluidine seul (en présence de chlorure de zinc on a le composé 1.2.3). On dissout la base dans l'acide chlorhydrique étendu et on ajoute peu à peu du nitrite de sodium en refroidissant à 0°, puis on chauffe dans un appareil à reflux jusqu'à ce que le dégagement d'azote soit terminé, et on distille enfin dans un courant de vapeur d'eau. On obtient ainsi une huile épaisse, bouillant à 235-237°, de couleur jaunâtre, qui se colore en brun à l'air.

L'eau n'en dissout que des traces ; mais elle est facilement soluble dans l'alcool, l'éther et les alcalis étendus [J. Effront, *D. chem. G.*, 17, 2324; *Bull. Soc. Chim.*, (2), 45, 469].

BUTYLÈNE-DIAMINES, $C^4H^8(AzH^2)^2$.

TÉTRAMÉTHYLÈNE-DIAMINE,

$$CH^2(AzH^2)-CH^2-CH^2-CH^2(AzH^2).$$

— Cette base prend naissance, en même temps qu'une petite quantité de *pyrrolidine* C^4H^8AzH, par la réduction du cyanure d'éthylène au moyen du sodium métallique [Ladenburg, *D. chem. G.*, 19, 780].

Elle a été rencontrée par M. Brieger dans les produits de la putréfaction de diverses sortes de poissons, et décrite par lui sous le nom de *putrescine* [*D. chem. G.*, 18, 1926]. MM. E. Baumann et L. von Udranszky l'ont retrouvée dans certaines urines pathologiques, en particulier dans certains cas de cystinurie, et ont pu l'isoler en mettant à profit l'insolubilité de son dérivé benzoylé [*D. chem. G.*, 21, 2746].

On peut aussi la préparer en réduisant par le sodium et l'alcool la *pyrrolhydroxylamine*, ou *dialdoxime succinique*,

$$\begin{matrix}CH^2-CH(AzOH)\\|\\CH^2-CH(AzOH)\end{matrix}$$

[Ciamician et Zanetti, *D. chem. G.*, 22, 1968].

Cette base est un liquide incolore, bouillant à 158-160°, qui se prend à basse température en une masse cristalline fusible à 23-24°. Elle présente une forte odeur de pipéridine, fume à l'air, et attire rapidement l'acide carbonique. Elle est soluble dans l'eau.

Le *sulfate* n'est pas déliquescent.

Le *chlorhydrate*, $C^4H^8(Az^2H^4)2HCl$, cristallise dans l'alcool à 85° en lamelles légèrement rosées. Soumis à la distillation avec de la potasse, il se décompose en donnant de l'ammoniaque et de la pyrrolidine [Ladenburg, *D. chem. G.*, 20, 442].

Le *chloroplatinate*, $C^4H^8(Az^2H^4).2HCl.PtCl^4$, cristallise en aiguilles.

Le *chloraurate* forme des prismes jaunes, peu solubles.

Le *picrate* se présente en fines aiguilles jaunes et soyeuses, peu solubles dans l'eau (Ladenburg).

Le *dérivé benzoylé*, $C^4H^8(AzH.CO.C^6H^5)^2$, peut être préparé en traitant à froid une solution aqueuse de la base par le chlorure de benzoyle en présence d'un excès d'alcali. Il cristallise en lamelles soyeuses, fusibles à 175°, insolubles dans l'eau, presque insolubles dans l'éther, assez solubles dans l'alcool chaud et sublimables sans altération [Baumann et Udranszky, *D. chem. G.*, 21, 2939].

DIMÉTHYL-ÉTHYLÈNE-DIAMINE,

$$\begin{matrix}CH^3-CH-AzH^2\\|\\CH^3-CH-AzH^2\end{matrix}$$

[A. Angeli, *D. chem. G.*, 23, 1357]. — On l'obtient en réduisant par le sodium et l'alcool la dioxime du biacétyle (voyez ce mot). La base libre n'a pas été isolée à l'état de pureté.

Le *chlorhydrate* est déliquescent.

Le *chloraurate*, $C^4H^{12}Az^2.2HCl.2AuCl^3$, forme des cristaux orangés, insolubles dans l'eau et fusibles à 238°.

L'*oxalate neutre*, $C^4H^{12}Az^2.C^2O^4H^2$, se présente en petits cristaux blancs, qui jaunissent à 235° et qui fondent en se décomposant à 237,5-238°.

BUTYLÈNE-DIPHÉNYLDIAMINE (ISO-),

$$\begin{matrix}{\begin{matrix}CH^3\\CH^3\end{matrix}}{>}C-AzH.C^6H^5\\|\\CH^2-AzH.C^6H^5\end{matrix}$$

— On chauffe à l'ébullition pendant 10 minutes 10 grammes de dibromure d'isobutylène bouillant à 147-149° et 40 grammes d'aniline. On chasse l'excès d'aniline par distillation dans le vide ; on lave le résidu à l'eau froide pour enlever le bromhydrate d'aniline et on reprend la masse sirupeuse par l'acide bromhydrique étendu et chaud. On obtient ainsi des cristaux blancs, qu'on lave à l'acide bromhydrique. Les alcalis mettent la base en liberté.

Cette amine est une huile incolore, peu mobile, insoluble dans l'eau, soluble dans l'alcool, l'éther, le chloroforme. Elle agit sur l'orangé de méthyle.

Le *chlorhydrate*, $C^4H^9(AzH.C^6H^5)^2.2HCl$, est en cristaux mamelonnés blancs, bleuissant à l'air, fusibles à 98°, solubles dans 10 fois leur poids d'eau froide.

Le *bromhydrate* commence à fondre à 122° en se décomposant. Il est soluble dans 5 fois son poids d'eau bouillante. L'eau le décompose partiellement. Il est plus soluble dans l'alcool que dans l'eau, insoluble dans l'éther.

L'*acétate* est incristallisable [Colson, *Bull. Soc. Chim.*, (2), 48, 800].

BUTYLÈNES. — ÉTHYLÉTHYLÈNE [Syn. *α-Butylène normal, éthylvinyle*],

$$CH^3-CH^2-CH=CH^2.$$

— M. Colson a trouvé ce carbure dans les huiles du gaz comprimé [*Bull. Soc. Chim.*, (2), 48, 52].

M. V. Meyer l'a obtenu par l'action de l'acide azoteux sur la butylamine normale; il se forme en même temps de l'alcool butylique [*D. chem. G.*, 10, 136].

MM. Favorsky et Debout [*J. prakt. Chem.*, (2), 42, 149] ont montré qu'il s'en produit une certaine quantité dans la préparation du pseudobutylène au moyen de l'alcool butylique et du chlorure de zinc.

A-B-DIMÉTHYLÉTHYLÈNE [Syn. *β-Butylène, pseudobutylène, diméthyléthylène symétrique*],

$$CH^3-CH=CH-CH^3.$$

— M. Colson a trouvé ce carbure dans les huiles de gaz comprimé : 6 litres de cette huile lui ont donné 50 grammes du bromure correspondant.

La trithio-aldéhyde, $(C^2H^4S)^3$, réagit sur le cuivre en produisant une certaine quantité de ce carbure [Eltekoff, *D. chem. G.*, 10, 1904].

On l'obtient encore en traitant l'acide méthyléthylacétique bromé, $C^5H^9BrO^2$, par une solution de soude [Pagenstecher, *Ann. Chem.*, 195, 113].

D'après M. Lieben [*Ann. Chem.*, 150, 108], son point d'ébullition serait de +1° sous 741mm,4. Sa densité à l'état liquide serait de 0,635 à —3°,5 [Puchot, *Bull. Soc. Chim.*, (2), 30, 188]. Il se solidifie lorsqu'on le soumet à l'action d'un mélange d'éther et d'acide carbonique dans le vide (de Luynes).

ISOBUTYLÈNE [Syn. *Diméthyléthylène dissymétrique, pseudobutylène de Boutleroff*], $(CH^3)^2C=CH^2$. — M. Colson a trouvé ce carbure dans les huiles du gaz comprimé; 6 litres d'huile fournissent environ 100 grammes du bromure correspondant [*Bull. Soc. Chim.*, (2), 48, 52].

L'isobutylène se produit par l'action du phénylmercaptide de sodium sur le bromure d'isobutylène, d'après l'équation

$$(CH^3)^2CBr-CH^2Br+2C^6H^5.SNa = 2NaBr+(C^6H^5)^2S^2+(CH^3)^2C=CH^2$$

[R. Otto, *D. chem. G.*, 23, 1051].

Le butylène obtenu par l'action de l'acide sulfurique sur l'alcool isobutylique ne constitue pas un corps homogène [Konovaloff, *Bull. Soc. Chim.*, (2), 34, 333]; il est formé pour les deux tiers d'isobutylène et le reste est un mélange de diméthyléthylène symétrique avec une petite quantité d'un hydrocarbure saturé, probablement le triméthylméthane. La formation du diméthyléthylène est due à une transformation isomérique, car l'alcool qui a servi à cette préparation, transformé en iodure, a donné plus de 90 0/0 de la quantité théorique d'isobutylène pur.

Séparation des différents butylènes. — M. Chéchoukoff [*Journ. Soc. Chim. russe*, 1886, 1204 et *Bull. Soc. Chim.*, (2), 42, 181] conseille d'opérer la séparation des butylènes formés dans le procédé de MM. Puchot ou Lermontoff de la façon suivante : On fait passer les butylènes dans de l'acide iodhydrique saturé à 0° et refroidi. L'absorption s'arrête quand la teneur en acide iodhydrique de la solution s'est abaissée au titre de l'hydrate stable, bouillant à 127°.

La couche huileuse du mélange des iodures est lavée et séchée, puis chauffée pendant quelque temps pour chasser les butylènes qui pourraient s'être dissous. On introduit alors goutte à goutte ce mélange dans un ballon muni d'un réfrigérant ascendant et contenant de l'eau bouillante ; dans ces conditions l'iodure tertiaire seul est décomposé, en donnant de l'isobutylène; l'iodure de butyle secondaire reste inaltéré et à l'état de pureté.

On peut encore décomposer à froid par l'eau l'iodure de butyle tertiaire, ce qui demande 10 à 12 jours; la décomposition a lieu tant que la solution ne renferme pas une quantité d'acide iodhydrique libre correspondant au titre de l'hydrate bouillant à 127°.

En distillant, on obtient l'iodure de butyle secondaire.

Action de l'oxygène. — L'isobutylène, oxydé en solution neutre par le permanganate de potassium, donne du glycol isobutylénique, bouillant à 177°.

Il se forme en même temps un peu d'acétone (1gr,5) et d'acide oxy-isobutyrique (4 grammes). Pour 11 litres d'isobutylène, le rendement en glycol a été de 22 grammes [Wagner, *D. chem. G.*, 21, 1230].

Action du chlore. — M. Puchot [*Ann. Chim. Phys.*, (5), 28, 508] a trouvé que le chlore à la lumière diffuse donne du chlorure de butylène bouillant de 126° à 129° et un trichlorobutane impur bouillant à 170° environ.

M. Chéchoukoff [*D. chem. G.*, 17, *Ref.*, 412 et *Journ. Soc. Chim. russe*, 1884, 478] a fait voir que le chlore sec ou humide réagissant sur le butylène gazeux donne naissance à deux produits chlorés non saturés, qu'il a appelés *chlorure d'isocrotyle* $(CH^3)^2-C=CHCl$, et *chlorure d'isobutényle*

$$\begin{matrix} CH^3 \\ CH^2Cl \end{matrix} > C=CH^2.$$

Action du brome. — MM. Norton et J. Williams [*Am. Journ.*, 9, 87], voulant préparer du bromure d'isobutylène en absorbant l'isobutylène par le brome, obtinrent en même temps une assez forte quantité d'une substance bouillant à 173-183° et qui était un tribromo-isobutane.

Hydratation. — Si l'on chauffe à 35-40° de l'isobutylène avec une solution aqueuse d'acide oxalique à 5 ou 10 0/0, on voit ce carbure se convertir peu à peu en triméthylcarbinol [Miklaschewsky, *Journ. Soc. Chim. russe*, 1880, 475; *D. chem. G.*, 24, *Ref.*, 269].

Action de l'acide nitrique. — M. Haitinger [*Mon. f. Chem.*, 2, 286] a signalé que l'action de l'acide nitrique soit sur le triméthylcarbinol, soit sur l'isobutylène, donne naissance à du butylène nitré; il se forme de plus dans cette réaction de l'isobutane dinitré, $C^4H^8(AzO^2)^2$.

Ce nitrobutylène, chauffé à 100° en tube scellé avec de l'acide chlorhydrique concentré, donne de l'ammoniaque, de l'hydroxylamine, de l'acide carbonique, de l'acide formique, de l'acide oxy-isobutyrique, et une substance volatile neutre.

Action des hydracides. — Les hydracides, en particulier l'acide iodhydrique, se fixent sur l'isobutylène en donnant des composés tertiaires;

(pour ces combinaisons, voyez les alcools correspondants).

Pour les dérivés d'addition avec les éléments halogènes, voyez BUTANES.

DÉRIVÉS HALOGÉNÉS DES BUTYLÈNES.

ISOBUTYLÈNE CHLORÉ [Syn. *Chlorure d'isocrotyle, a-diméthyl-b-chloro-éthylène*],

$$(CH^3)^2C=CHCl.$$

— On l'obtient en traitant le chlorure d'isobutylidène, $(CH^3)^2CH-CHCl^2$, par l'ammoniaque ou par la potasse alcoolique. Il se forme encore dans l'action directe du perchlorure de phosphore sur l'aldéhyde isobutylique [OEconomidès, *Bull. Soc. Chim.*, (2), **35**, 497].

L'action directe du chlore sur l'isobutylène donne naissance à un mélange de chlorures d'isobuténylе et d'isocrotyle: ce mélange forme plus des trois quarts des produits de la réaction [Chéchoukoff, *Bull. Soc. Chim.*, (2), **43**, 127]; il se forme d'autant plus de chlorure d'isobuténylе qu'on opère à une plus haute température.

Ce composé est liquide et bout de 62 à 65°. Sa densité à 12° est 0,9785.

Chauffé avec beaucoup d'eau à 80-90° en tube scellé, il donne de l'aldéhyde isobutylique et de l'acide chlorhydrique; chauffé avec de l'éthylate de sodium, il donne l'éther éthylisocrotonique qui bout à 92-94°.

ISOBUTYLÈNE CHLORÉ [Syn. *Chlorure d'isobuténylе, a-méthyl-chlorométhyl-éthylène*],

$$CH^3-C(CH^2Cl)=CH^2.$$

— On l'obtient dans la réaction du chlore sur l'isobutylène. Il se forme surtout à partir de 0° ou à une température plus élevée; à une température plus basse, c'est le chlorure d'isocrotyle qui prend naissance.

Il bout à 72-73°; sa densité est 0,955 à 0° et 0,933 à 20°. Il n'est pas soluble dans l'eau chaude. Traité par la potasse alcoolique, il donne un *éther éthylique*, bouillant de 78 à 85°.

Chauffé avec une solution aqueuse de carbonate de potassium, il donne naissance à l'*isopropénylcarbinol*, alcool primaire non saturé.

Traité par l'acide chlorhydrique à 100°, le chlorure d'isobuténylе se transforme en chlorure d'isobutylène, $(CH^3)^2CCl-CH^2Cl$, par fixation d'une molécule d'acide chlorhydrique.

PSEUDOBUTYLÈNE BROMÉ, $CH^3-CH=CBr-CH^3$. — En préparant le pseudobutylène par la méthode de MM. Le Bel et Greene (déshydratation de l'alcool isobutylique par le chlorure de zinc et absorption de l'isobutylène formé en même temps au moyen de l'acide sulfurique étendu de son demi-volume d'eau), M. Wislicenus a observé que ce carbure donne avec le brome un bromure bouillant à 156-158°, que la potasse alcoolique décompose avec production d'un pseudobutylène bromé bouillant à 87-88° et de crotonylène bouillant à 17-18°.

D'autre part, en combinant le crotonylène avec l'acide bromhydrique en solution concentrée, le même auteur a obtenu un pseudobutylène bromé bouillant à 83-84°: il admet que ce dernier est un isomère stéréochimique du précédent, dont il diffère par une saponification plus facile [Wislicenus et Holz, *Ann. Chem.*, **250**, 224].

MM. Favorsky et Debout [*J. prakt. Chem.*, (2), **42**, 149] ont démontré depuis que le pseudobutylène de MM. Wislicenus et Holz renfermait du butylène normal (éthyléthylène), dont la présence explique la formation de deux butylènes bromés isomériques par l'action de la potasse sur le mélange des bromures. D'après ces derniers auteurs, on ne saurait admettre comme démontrée l'existence de deux pseudobutylènes stéréoisomériques.

BUTYLÈNE BROMÉ [Syn. *Bromure d'isocrotyle; a-bromo-b-diméthyléthylène*, $(CH^3)^2C=CHBr$. — On l'obtient en traitant par la potasse alcoolique le bromure d'isobutylène, $(CH^3)^2CBr-CH^2Br$.

Il est liquide et bout à 91°. La potasse en solution concentrée ne l'attaque pas, même à 130°. La potasse ou la soude en solution alcoolique donnent à 170° de l'*éther éthylisocrotylique*,

$$C^4H^7.O.C^2H^5.$$

L'acide chromique en solution l'oxyde en donnant de l'acétone. L'oxyde d'argent humide le transforme à 100° en acide isobutyrique. L'ammoniaque n'a aucune action sur ce composé [Boutleroff, *Zeit. f. Chem.*, **6**, 524].

BUTYLÈNE BROMÉ *dérivé de l'acide angélique*. — On le prépare en chauffant avec de l'eau le sel de potassium de l'acide dibromovalérique, obtenu lui-même par l'action du brome sur l'acide angélique:

$$C^5H^7Br^2O^2K = C^4H^7Br + CO^2 + KBr.$$

C'est un liquide bouillant à 97° en se décomposant partiellement [Jaffé, *Ann. Chem.*, **135**, 300].

BUTYLÈNE BROMÉ *dérivé de l'acide méthyléthylacétique dibromé*. — Lorsque l'on chauffe l'acide méthyléthylacétique dibromé avec de l'eau ou mieux avec une solution de soude, on observe la formation de carbonate et de bromure alcalins et en même temps d'un butylène bromé. Ce corps est liquide et bout entre 86 et 88°; il se colore rapidement en jaune [Jaffé, *Ann. Chem.*, **135**, 300. — Pagenstecher, *ibid.*, **195**, 126].

BUTYLÈNE BROMÉ *dérivé du bromure de butylène*, $CH^3-CH^2-CHBr=CH^2$. — Il répond probablement à la formule ci-contre [voyez CROTONYLÈNE, Suppl., **1**, 553].

On l'obtient par l'action de la potasse alcoolique sur le bromure de butylène bouillant à 158° [Caventou, *Bull. Soc. Chim.*, (2), **19**, 145].

Il bout entre 82 et 92°. Il se combine au brome pour donner un butane tribromé.

BUTYLÈNE IODÉ [Syn. *Iodure de crotyle* ou *iodure de crotonyle*], C^4H^7I. — On le prépare au moyen de la glycérine buténylique. On dissout 1gr,9 d'iode dans 5gr,7 de glycérine buténylique, on chauffe légèrement et l'on ajoute 0gr,3 de phosphore en petits morceaux. On opère dans un courant de gaz carbonique.

On distille; on recueille de l'eau et une huile lourde qu'on traite par l'iode pour enlever le phosphore, qu'on lave et qu'on sèche ensuite sur le chlorure de calcium. On obtient ainsi un corps bouillant à 132-133°, possédant une odeur analogue à celle de l'iodure d'allyle et se combinant au mercure pour donner un composé cristallisé en aiguilles [Lieben et S. Zeisel, *Mon. f. Chem.*, **1**, 818].

DICHLOROBUTYLÈNE, $CH^3-CH=CH-CHCl^2$. — Voyez ALDÉHYDE CROTONIQUE.

DIBROMOBUTYLÈNE. — Voyez ÉRYTHRÈNE.

PENTACHLOROBUTYLÈNE, $C^4H^3Cl^5$. — L'action du chlore sur le triméthylcarbinol donne naissance à un composé de cette formule: c'est un liquide huileux, bouillant à 185-188° sous 460 millimètres [Lieben, *D. chem. G.*, **8**, 1017].

HEXABROMOBUTYLÈNE, $C^4H^2Br^6$. — En chauffant le butane hexabromé avec du bromure d'iode à 320-340°, on obtient un butylène hexabromé, en cristaux peu distincts, fusibles à 52-53°, solubles dans l'alcool et volatils avec la vapeur d'eau [Merz et Weith, *D. chem. G.*, **11**, 2245].

COMBINAISON $C^4H^8.AlBr^3$. — M. Gustavson a

observé dans un grand nombre de réactions la formation de combinaisons bromo-aluminiques et chloro-aluminiques répondant à la formule ci-dessus. Ainsi la combinaison bromo-aluminique se produit lorsqu'on dirige du gaz acide bromhydrique dans de l'hexane de pétrole bouillant à 67-70°, en présence de bromure d'aluminium; on l'obtient de même au moyen du bromure d'éthyle dans les mêmes conditions, et aussi en dirigeant un courant d'acide bromhydrique et d'éthylène sur du bromure d'aluminium chauffé à 60-70°.

Cette combinaison se forme avec une plus grande facilité à 100-110°. L'acide bromhydrique peut, dans cette réaction, être remplacé par du brome ou par un éther bromhydrique. Le liquide, ligroïne ou pétrole, employé dans cette réaction se décompose, en donnant surtout des carbures paraffiniques gazeux et une petite quantité de carbures éthyléniques. Si la réaction est faite à la température ordinaire, la quantité de carbures éthyléniques augmente.

Un mélange de méthane et d'acide bromhydrique passant sur du chlorure ou sur du bromure d'aluminium ne subit aucun changement, même à 150°.

Le corps $C^4H^8 . Al Cl^3$ est un liquide épais, de couleur orangée, qui ne cristallise pas, même à —15°. Poids spécifique = 2,05-2,10 à 0°. Ce corps se décompose à 120°, en dégageant des carbures gazeux. Il est insoluble dans le sulfure de carbone et dans la ligroïne, soluble dans le tétrachlorure de carbone, le bromoforme, le bromure d'éthyle, le bromure d'éthylène et l'hexabromure de carbone; ces solutions dégagent déjà à froid de l'acide bromhydrique. Il se mélange en toutes proportions au bromure d'éthyle. Il est décomposé par l'eau avec formation de carbures non saturés bouillant de 150 à 300° et au-dessus. L'éthylène est sans action sur lui, mais un mélange d'éthylène et d'acide bromhydrique donne déjà à 0° des hydrocarbures forméniques. Ces hydrocarbures se forment aussi par l'action du bromure d'éthyle seul.

Les bromures de méthyle, de propyle, d'isopropyle et d'isobutyle donnent avec lui des carbures forméniques, de l'acide bromhydrique et des combinaisons aluminiques plus riches en carbone que $C^4H^8 . Al Br^3$.

Il se combine directement avec 3 molécules de benzène, avec 3 molécules d'éther, et aussi avec l'acide sulfureux.

L'eau le décompose avec formation de carbures liquides saturés et non saturés, qui se résinifient en grande partie à l'air [Gustavson, *D. chem. G.*, 14, 2619; *Journ. Soc. Chim. russe*, 16, 95 à 214].

PRODUITS DE CONDENSATION DES BUTYLÈNES.

BI-ISOBUTYLÈNE. — Voyez OCTYLÈNES.

TRI-ISOBUTYLÈNE [Syn. *Diméthyl-dipseudobutyl-éthylène* $(CH^3)^2C=C[C\equiv(CH^3)^3]^2$. — Cette formule de constitution a été proposée par Boutleroff [*Bull. Soc. Chim.*, (2), 34, 538].

Préparation. — On dirige un courant lent d'isobutylène dans un mélange modérément refroidi de 5 parties d'acide sulfurique concentré et de 1 partie d'eau. Le produit huileux brut ainsi obtenu est lavé avec de l'eau alcalinisée par du carbonate de sodium, puis avec de l'eau et séché sur du chlorure de calcium. On le fait alors bouillir pendant longtemps avec du sodium métallique, puis on le distille. On obtient ainsi un produit bouillant à 177,5-179° sous 749 millimètres.

Propriétés. — C'est un liquide huileux, incolore, assez réfringent, dont la densité à 0°=0,774 et à 50°=0,746. Il ne se solidifie pas à la température de —30°.

Il absorbe très lentement l'oxygène de l'air à la température ordinaire, sans dégager d'acide carbonique. Cette même absorption se produit lorsqu'on le chauffe en tube scellé à 190° avec de l'air ou de l'oxygène.

Le brome réagit énergiquement; il y a décoloration immédiate, mais il ne tarde pas à se produire un dégagement abondant d'acide bromhydrique, indice de la formation d'un dérivé de substitution.

Les acides chlorhydrique et iodhydrique ne réagissent que difficilement, et l'on n'a pas réussi à obtenir de composés répondant aux formules $C^{12}H^{25}Cl$ et $C^{12}H^{25}I$.

L'oxydation par le mélange chromique donne les acides carbonique, acétique, triméthylacétique, un acide undécylique et en même temps de la diméthylcétone et des corps neutres oxygénés, probablement des acétones.

Le permanganate de potassium donne de l'acide acétique et de l'acide triméthylacétique, mais pas d'acide undécylénique, $C^{11}H^{22}O^2$.

Le chlore attaque le tri-isobutylène à la température de —16° et à l'abri de la lumière, en donnant le composé $C^{12}H^{22}Cl^2 . Cl^2$.

La chaleur de combustion (déterminée à pression constante) a été trouvée égale à 1858^{cal},9, ce qui donne pour la chaleur de formation à partir des éléments +97 calories [Malbot, *Bull. Soc. Chim.*, (2), 52, 481]. A. Béhal.

BUTYLÉNIQUE (MERCAPTAN ISO-)

$$(CH^3)^2C . SH - CH^2 . SH.$$

— Ce composé se produit en petite quantité lorsqu'on fait bouillir un mélange de bromure d'isobutylène et de sulfhydrate de potassium en solution alcoolique. On l'obtient aussi, à l'état de traces, en réduisant par le zinc et l'acide sulfurique le chlorure isobutane-disulfonique $C^4H^8(SO^2Cl)^2$.

C'est un liquide plus dense que l'eau, doué d'une odeur prononcée de mercaptan, volatil avec la vapeur d'eau. Sa solution dans l'alcool faible précipite en vert clair le sulfate de cuivre, en jaune le nitrate de plomb, en blanc le chlorure mercurique : ce dernier précipité est soluble dans l'alcool [Hagelberg, *D. chem. G.*, 23, 1088].

BUTYLÉNIQUES (GLYCOLS). — Voyez Suppl., 1, 375.

GLYCOL A-B-DIMÉTHYLÉTHYLÉNIQUE. — *Oxyde de diméthyléthylène*,

$$CH^3-\underset{\diagdown\ \ \underset{O}{}\ \ \diagup}{CH-CH}-CH^3$$

— Ce corps a été préparé par l'action de la potasse sur la monochlorhydrine du glycol correspondant, obtenue elle-même en fixant l'acide hypochloreux sur le butylène symétrique.

L'oxyde de diméthyléthylène bout à 56-57°; sa densité à 0°=0,8344. Mis en contact avec de l'eau, il s'y combine lentement à la température ordinaire pour régénérer le glycol correspondant. L'hydratation est beaucoup plus rapide à chaud [Eltekoff, *D. chem. G.*, 16, 398].

GLYCOL ISOBUTYLÉNIQUE,

$$(CH^3)^2C(OH) - CH^2 . OH.$$

— L'isobutylène, oxydé au moyen du permanganate en solution neutre, donne de l'isobutylène-glycol bouillant à 177°.

M. Wagner [*D. chem. G.*, 21, 1230] a obtenu pour 11 litres d'isobutylène 22 grammes de glycol.

MM. Henninger et Sanson [*C. R.*, 106, 208] ont trouvé l'isobutylène-glycol parmi les produits de la fermentation du sucre sous l'influence de la levure de bière, en présence d'un peu d'acide tartrique; 12 kilogrammes de sucre leur ont fourni

4 grammes d'isobutylène-glycol; la quantité de ce produit qui se forme et qu'on ne peut séparer par la distillation fractionnée a été évaluée à 38 grammes.

Ce glycol, distillé sur de l'acide sulfurique, donne de l'aldéhyde isobutylique.

Oxyde d'isobutylène [Syn. *Oxyde de diméthyléthylène*],

$$(CH^3)^2C-CH^2 \text{ — } O$$

— On l'obtient en traitant par la potasse la monochlorhydrine isobutylénique, préparée en combinant l'acide hypochloreux avec l'isobutylène.

L'oxyde de diméthyléthylène bout à 51-52°. Sa densité à 0° = 0,8312. Il se combine à froid avec l'eau pour régénérer le glycol [Eltekoff, *D. chem. G.*, **16**, 398].

A. Béhal.

BUTYLÉTHYLÈNE. — Voyez Hexylènes.

BUTYLGLYCIDIQUE (ACIDE) (*acide γ-méthylglycidique*):

$$CH^2-CH-CH^2-CO^2H \text{ — } O$$

— L'acide β-crotonique, traité par l'acide hypochloreux, donne de l'acide chloroxybutyrique, $C^4H^7ClO^3$. Ce dernier, sous l'action de la potasse alcoolique, se transforme en acide butylglycidique.

Propriétés. — Cet acide est liquide; il fixe l'acide chlorhydrique en donnant de l'acide β-chloroxybutyrique, fusible à 85°.

Il se combine lentement à froid avec l'eau; à chaud la réaction est instantanée et donne naissance à l'acide β-γ-dioxybutyrique.

Les sels de l'acide butylglycidique fixent également de l'eau.

Les *butylglycidates de sodium* et *de potassium* cristallisent dans l'alcool. Ceux *de baryum* et *de calcium* sont amorphes [Melikoff, *Journ. Soc. chim. russe*, **16**, 542].

L'*éther éthylique*, $C^4H^5O^3 . C^2H^5$, se produit par l'action de l'amalgame de sodium à 1 0/0 sur un mélange d'épichlorhydrine et de chloroformiate d'éthyle :

$$C^3H^5ClO + ClCO^2C^2H^5 + 2Na = 2NaCl + C^4H^5O^3 . C^2H^5$$

C'est un liquide à odeur piquante, bouillant à 145-150°; sa densité est 0,9931 à 21°,5. La potasse concentrée la décompose en acide carbonique, alcool et alcool allylique [Kelly, *D. chem. G.*, **11**, 2225].

A. Bigot.

BUTYLIDÈNE. — On donne le nom de *butylidène* au radical bivalent $CH^3-CH^2-CH^2-CH=$, de sorte que l'aldéhyde butylique est un oxyde de butylidène et que tous ses dérivés sont des dérivés butylidéniques; par exemple, le composé

$$CH^3-CH^2-CH^2-CHCl^2$$

est le chlorure de butylidène.

De même le radical $(CH^3)^2CH-CH=$, correspondant à l'aldéhyde isobutylique, est l'*isobutylidène*.

Cette terminaison *idène* avait été employée à l'origine pour désigner des carbures acétyléniques. Ainsi MM. Limpricht et Rubien avaient donné les noms de *caprylidène* et d'*œnanthylidène* aux carbures tétravalents dérivés de l'acétone caprylique et de l'aldéhyde œnanthylique.

Pour les dérivés butylidéniques, voyez Aldéhydes Butyliques.

BUTYLIQUES (ALCOOLS), $C^4H^{10}O$.

Alcool butylique normal [Syn. *Propylcarbinol*], $CH^3-CH^2-CH^2-CH^2OH$. — Rabuteau [*Bull. Soc. Chim.*, (2), **33**, 178] a signalé la présence de l'alcool butylique normal dans les huiles et dans les alcools de pomme de terre.

M. Ordonneau [*Bull. Soc. Chim.*, (2), **45**, 332] a trouvé que l'eau-de-vie de Cognac renferme l'alcool butylique normal comme produit principal contenu dans l'huile essentielle.

MM. Lieben et Zeisel [*Mon. f. Chem.*, **1**, 825], en réduisant l'aldéhyde crotonique par la limaille de fer et l'acide acétique, ont obtenu de l'alcool butylique normal en même temps que de l'aldéhyde butylique et de l'alcool crotonylique.

MM. Nacari et Pagliari [*Atti. d. R. Acad. d. Sc. di Torino*, **16**, 407-420] ont donné une table des tensions de vapeur de l'alcool butylique à diverses températures. Nous ne pouvons que renvoyer au mémoire original.

L'alcool butylique normal donne une réfraction moléculaire $M\alpha = 36,28$ [Brühl, *D. chem. G.*, **13**, 1521]. Il est soluble dans une solution concentrée d'acide chlorhydrique.

Propriétés chimiques. — L'oxydation le transforme en acide butyrique normal.

Déshydraté par le chlorure de zinc, suivant la méthode ordinaire, il donne naissance à 8/10 environ d'*a-b*-diméthyléthylène, $CH^3-CH=CH-CH^3$, et à 1/10 d'éthyléthylène,

$$CH^3-CH^2-CH=CH^2$$

[Le Bel et Greene, *Bull. Soc. Chim.*, (2), **35**, 438].

M. Niemilowicz a soumis l'alcool butylique normal à l'action d'un mélange d'acides sulfurique (d = 1,842) et bromhydrique (d = 1,490), de façon à mettre en présence le brome et le butylène, tous deux à l'état naissant, dans le sens de l'équation

$$CH^3-CH^2-CH^2-CH^2OH + SO^4H^2 + 2HBr = CH^3-CH^2-CHBr-CH^2Br + SO^2 + 3H^2O.$$

Cette réaction s'accompagne en réalité de réactions secondaires, mais elle atteint un maximum à la température de 50°. On obtient ainsi du bromure de butyle, un dibromure $C^4H^8Br^2$ bouillant à 153-154°, et qui n'est pas, par conséquent, du bromure normal, enfin un tribromure $C^4H^7Br^3$ bouillant à 145-150° sous 150 millimètres et se décomposant vers 220° à la pression ordinaire [Niemilowicz, *Mon. f. Chem.*, **10**, 813; *Bull. Soc. Chim.*, (3), **4**, 268].

Bromure de butyle, C^4H^9Br. — Le bromure de butyle, chauffé à 150° avec du brome en tube scellé, donne naissance à du butane dibromé, bouillant à 167°.

Chauffé à 240-260° avec du bromure d'iode, il donne de l'acide bromhydrique et de l'éthylène tétrabromé, C^2Br^4 [Merz et Weith, *D. chem. G.*, **11**, 2244].

Iodure de butyle, C^4H^9I. — L'iodure de butyle normal, chauffé avec du chlorure d'iode en tube scellé à 250°, est transformé entièrement en éthane perchloré, C^2Cl^6 [Krafft, *D. chem. G.*, **10**, 805].

Il réagit sur le nitrite d'argent pour donner du nitrobutane (voyez Suppl., **1**, 1083).

Nitrite de butyle,

$$CH^3-CH^2-CH^2-CH^2(OAzO).$$

— M. Giacomo Bertoni [*Gazz. chim. ital.*, **18**, 431] prépare ce nitrite en faisant réagir la trinitrine de la glycérine sur l'alcool butylique normal. C'est un liquide mobile, d'odeur désagréable, bouillant à 75°. Sa densité à 0° = 0,9114.

Nitrate de butyle, $C^4H^9 . O . AzO^2$. — Ce corps prend naissance lorsqu'on verse peu à peu 10 centimètres cubes d'alcool butylique normal dans 30 centimètres cubes d'un mélange fortement refroidi de 2 volumes d'acide sulfurique (d = 1,84) et de 1 volume d'acide azotique (d = 1,4); on le précipite par l'eau, on le sèche sur le chlorure de calcium et on le rectifie. C'est un liquide bouillant à 136°; sa densité à 0° est 1,048 [Bertoni, *Gazz. chim. ital.*, 20, 372; *D. chem. G.*, 23; *Ref.*, 491].

Cyanure de butyle [Syn. *Valéronitrile normal*], $C^4H^9.CAz$. — On l'obtient en traitant l'iodure de butyle normal par le cyanure de potassium. Il bout à 140°,4 sous 739,3 millimètres. Sa densité à 0° est égale à 0,816 [Lieben et Rossi, *Ann. Chem.*, 158, 171].

ALCOOL TRICHLOROBUTYLIQUE,

$$CH^3-CCl^2-CHCl-CH^2OH.$$

— On obtient cet alcool en chauffant l'acide urochloralique avec de l'acide chlorhydrique [Von Mering, *Zeit. physiol. Chem.*, 6, 493].

On peut le préparer au moyen du butylchloral. Pour cela, on combine le butylchloral avec le zinc-éthyle et on décompose la combinaison obtenue par de l'acide chlorhydrique étendu :

$$C^3H^4Cl^3.CHO + Zn(C^2H^5)^2$$
$$= C^3H^4Cl^3.CH^2.O.ZnC^2H^5 + C^2H^4;$$
$$C^3H^4Cl^3.CH^2.O.ZnC^2H^5 + H^2O$$
$$= C^3H^4Cl^3.CH^2OH + ZnO + C^2H^6$$

[Garzarolli, *Ann. Chem.*, 213, 369].

On peut, dans cette préparation, employer du zinc-propyle ou du zinc-isobutyle, puisque ces composés ne servent que comme agents d'hydrogénation.

Ce produit forme des prismes fusibles à 60-62°; il bout à 190-200° sous la pression ordinaire et à 120° sous 45 millimètres. Il est peu soluble dans l'eau, soit à froid, soit à chaud, mais il se dissout facilement dans l'alcool et dans l'éther.

Oxydé au moyen de l'acide nitrique, il fournit de l'acide trichlorobutyrique.

Traité par le zinc et l'acide chlorhydrique, il donne de l'alcool chlorocrotonylique, C^4H^7ClO.

Mis en présence du perchlorure de phosphore, il donne le tétrachlorure de méthylallène, et en même temps du phosphate α-α-β-trichlorobutylique $PO(C^4H^6Cl^3O)^3$.

Cet éther phosphorique forme des aiguilles incolores et minces, fusibles à 85°,4 [G. Norton et Noyes, *Am. Journ.*, 10, 430; *D. chem. G.*, 22, *Ref.*, 202].

ALCOOL DIBROMOBUTYLIQUE,

$$CH^3-CHBr-CHBr-CH^2OH.$$

— On l'obtient en combinant avec le brome l'alcool crotonylique, $CH^3-CH=CH-CH^2OH$.

Il forme une huile qu'on ne peut volatiliser sans décomposition; en effet, lorsqu'on la distille, même sous une pression de 50 millimètres, elle se décompose en acide bromhydrique et alcool bromocrotonylique, C^4H^7BrO.

Si on chauffe cet alcool avec de l'eau de baryte, il donne naissance à la buténylglycérine [Lieben et Zeisel, *Mon. f. Chem.*, 1, 828].

BUTYLAMINE, $CH^3-CH^2-CH^2-CH^2.AzH^2$. — Voyez Suppl., 1, 378.

MM. Linnemann et Zotta l'ont préparée en réduisant le butyronitrile par le zinc et l'acide sulfurique [*Ann. Chem.*, 162, 3]. M. Züblin l'a obtenue en réduisant le nitrobutane par l'étain et l'acide chlorhydrique [*D. chem. G.*, 10, 2083]. Enfin, M. Berg [*C. R.*, 112, 437] a constaté qu'elle se produit en même temps que la di- et la tributylamine par l'action de l'ammoniaque aqueuse saturée sur le chlorure de butyle en solution dans l'alcool à la température de 120°.

Sa densité est 0,7553 à 0° (Lieben et Rossi), 0,7401 à 20° (Linnemann et Zotta).

Le *chloroplatinate*, $(C^4H^9.AzH^2.HCl)^2PtCl^4$, forme des lamelles cristallines d'un jaune d'or, peu solubles dans l'eau froide.

DIBUTYLAMINE, $(C^4H^9)^2AzH$. — Elle bout à 160°. Traitée par l'acide nitreux, elle donne un mélange d'alcools butyliques normaux, primaire et secondaire, et du butylène normal.

Le *chloroplatinate*, $[(C^4H^9)^2AzH.HCl]^2PtCl^4$, forme de longues aiguilles jaunes, peu solubles dans l'eau [Meyer, *D. chem. G.*, 10, 130].

Le *chloraurate* cristallise en longues aiguilles fusibles vers 170° (Berg).

Le *dérivé nitrosé*, $(C^4H^9)^2Az.AzO$, bout à 234-237° (Meyer).

ISOPROPYLCARBINOL [Syn. *Alcool isobutylique, alcool butylique de fermentation*],

$$(CH^3)^2CH-CH^2OH.$$

— Chauffé avec du chlorure de zinc dans une bouteille à mercure, il fournit du diméthyléthylène symétrique et de l'isobutylène [Le Bel et Greene, *Bull. Soc. Chim.*, (2), 35, 438].

Chauffé avec du chlorure de zinc et de l'ammoniaque, il donne naissance à des butylamines [Merz et Gasiorowsky, *D. chem. G.*, 17, 623].

L'alcool isobutylique réagit sur l'aldéhyde éthylique, à 0°, en présence d'acide chlorhydrique, pour donner l'acétal di-isobutylique [Claus et Trainer, *D. chem. G.*, 19, 3008].

Si l'on chauffe brusquement à 300° un mélange de benzène, d'alcool isobutylique et de chlorure de zinc, on obtient du butylbenzène.

L'alcool isobutylique seul donne, avec le chlorure de zinc, des produits de condensation [Goldschmidt, *D. chem. G.*, 15, 1425].

M. Niemilowicz a étudié l'action d'un mélange d'acides sulfurique et bromhydrique sur l'alcool isobutylique, dans des conditions analogues à celles qu'on a indiquées plus haut pour l'alcool butylique normal.

La température de 40° est celle où l'on obtient les résultats les plus nets. Les produits de la réaction sont : le bromure d'isobutylène

$$(CH^3)^2CBr-CH^2Br$$

(30 0/0 du rendement théorique), et un tribromure $C^4H^7Br^3$ bouillant à 137° sous 100 millimètres, à 180° sous 340 millimètres, et se décomposant vers 200° à la pression atmosphérique [Niemilowicz, *Mon. f. Chem.*, 10, 813; *Bull. Soc. Chim.*, (3), 4, 268].

Lorsqu'on chauffe à 100-110° pendant une demi-heure poids égaux d'iode et d'alcool isobutylique, on obtient de l'iodure d'isobutyle en quantité telle, que cette réaction constitue le meilleur procédé connu pour préparer cet éther [J. Traube et O. Neuberg, *D. chem. G.*, 24, 520].

En portant à 230° un mélange d'alcool isobutylique et de chlorhydrate d'aniline, on obtient du chlorhydrate d'isobutylophénylamine,

$$C^6H^4 \begin{cases} C^4H^9 \\ AzH^2.HCl \end{cases}$$

[Studer, *D. chem. G.*, 14, 2186].

L'isobutylate de sodium réagit sur l'iodoforme pour donner de l'iodure de méthylène, de l'acide diméthylacrylique, de l'acide α-isobutoxy-isobutyrique, de l'acide formique, de l'acide isobutyrique, une octolactone, de l'isobutylène, de l'oxyde méthylisobutylique, de l'éther méthylène-di-isobutylique, enfin de l'aldéhyde α-oxy-isobutylique. L'iodure de méthylène et l'iode donnent sensiblement les mêmes produits [Gorboff et Kessler, *Bull. Soc. Chim.*, (2), 40, 101 et (3), 4, 546].

Fluorure de butyle, C^4H^9Fl. — On le prépare en traitant le butylsulfate de potassium par le fluorure acide de potassium.

C'est un gaz possédant une odeur éthérée, brûlant dans l'air ou dans l'oxygène avec une flamme violette.

Il détone dans l'eudiomètre en présence d'oxygène, en donnant de l'acide carbonique, de l'eau et de l'acide fluorhydrique :

$$C^4H^9Fl + 6\,O^2 = 4\,CO^2 + 4\,H^2O + HFl$$

[Seubert, *D. chem. G.*, **18**, 2648].

L'acide fluorhydrique, même en présence de fluorure de zinc, ne réagit pas sur l'alcool isobutylique pour donner du fluorure de butyle [Young, *Chem. Soc.*, **39**, 490].

Bromure d'isobutyle, $(CH^3)^2CH-CH^2Br$. — Une solution éthérée de bromure d'isobutyle, additionnée de sodium finement divisé, donne lieu à un dégagement assez lent de gaz. Si l'on abandonne le produit à lui-même et qu'on le traite ensuite par de l'eau glacée, on obtient du bi-isobutyle, bouillant à 106-107° [E. Hartmann, *D. chem. G.*, **24**, 1025].

Borate d'isobutyle, $Bo(OC^4H^9)^3$. — On prépare ce composé en chauffant en tube scellé, à 160-170°, l'alcool isobutylique avec de l'anhydride borique.

C'est un liquide mobile, bouillant à 212°. Il est décomposé peu à peu par l'ébullition avec l'eau.

Le pentasulfure de phosphore réagit violemment sur lui et semble donner l'éther sulfhydrique correspondant, $Bo(SC^4H^9)^3$. Ce composé, mis en contact avec l'eau, se décompose en isobutylmercaptan et acide borique.

L'ammoniaque n'attaque pas cet éther; il en est de même de l'aniline, qui, même à 200°, ne réagit pas [Councler, *J. prakt. Chem.*, (2), **18**, 382].

Cyanure d'isobutyle [Syn. *Isovaléronitrile*], C^4H^9-CAz (voyez ÉTHERS CYANHYDRIQUES, Dict., **1**, 1065). — Traité par le sodium, l'isovaléronitrile donne naissance à un produit de condensation

$$(C^4H^9-CAz)^3,$$

désigné sous le nom de *cyanobutine*; c'est un composé cristallisé qu'on peut distiller sans décomposition.

L'acide chlorhydrique en solution aqueuse à haute température, ou bien l'acide nitreux, transforment ce composé en une base oxygénée, fusible à 88-89° [Tröger, *J. prakt. Chem.*, (2), **37**, 407].

Éthers carboniques et chlorocarboniques. — Voyez CARBONE.

MERCAPTAN BUTYLIQUE. — L'action du chlore sur les dérivés sulfurés isobutyliques donne naissance à 3 produits principaux :

1° Du dichlorobutane $C^4H^8Cl^2$, donnant par l'oxyde d'argent et l'eau de l'acide isobutyrique; 2° du trichlorobutane; 3° du tétrachlorobutane [Spring et Lecrenier, *Bull. Soc. Chim.*, (2), **48**, 626].

ISOBUTYLAMINES. — On prépare l'isobutylamine pure en traitant l'amide isovalérique

$$(CH^3)^2CH-CH^2-COAzH^2$$

par le brome et un alcali. On obtient ainsi un rendement de 90 0/0 en amine : il se forme accessoirement un peu d'isobutyl-isovalérylurée. La butylamine ainsi obtenue bout à 65-67° [Hofmann, *D. chem. G.*, **15**, 769].

En chauffant pendant 8 heures à 260-280° un mélange de 1 partie d'alcool et de 2 ou 2.5 parties de chlorure de zinc ammoniacal, on obtient un mélange des diverses isobutylamines.

Le rendement en amines est de 1/2 à 2/3 de l'alcool employé. Il se forme surtout des amines primaires et secondaires. L'amine tertiaire forme environ 10 0/0 du produit total [Merz et Gasiorowsky, *D. chem. G.*, **17**, 623].

Si l'on remplace, dans la préparation des isobutylamines, le bromure d'isobutyle par le chlorure, et si l'on opère avec de l'ammoniaque dissoute soit dans l'eau, soit dans l'alcool isobutylique, on obtient l'amine tertiaire en assez grande quantité.

Avec l'ammoniaque aqueuse et en employant des proportions équimoléculaires, on obtient 1 partie d'amine primaire, 4 parties d'amine secondaire et 5 parties d'amine tertiaire.

On peut isoler ces bases de la façon suivante : On rectifie d'abord au moyen d'un appareil à boules et on effectue ainsi une première séparation approximative; la portion riche en mono-isobutylamine est transformée, suivant la méthode de M. Hofmann, en di-isobutyloxamide.

La portion riche en di-isobutylamine est traitée par l'éther oxalique. On sépare la tri-isobutylamine par distillation, puis on saponifie par la chaux. Le mono-isobutyloxamate de calcium

$$\left[\begin{array}{l} CO.AzH.C^4H^9 \\ | \\ CO.O \end{array}\right]^2 Ca$$

est moins soluble que le di-isobutyloxamate de calcium

$$\left[\begin{array}{l} COAz(C^4H^9)^2 \\ | \\ COO \end{array}\right]^2 Ca$$

[Malbot, *Bull. Soc. Chim.*, (2), **47**, 957].

On peut obtenir l'isobutylamine à l'état de pureté en décomposant par l'acide chlorhydrique l'isobutylphtalimide $C^8H^4O^2 = Az-CH^2.CH(CH^3)^2$ [A. Neumann, *D. chem. G.*, **23**, 999].

Chlorhydrate de di-isobutylamine,

$$(C^4H^9)^2AzH.HCl.$$

— Ce sel forme des lames transparentes, très solubles dans l'eau et dans l'alcool, peu solubles dans l'alcool isobutylique. Il se sublime vers 240°. Il donne un *chloroplatinate* en longs prismes cannelés d'un rouge sombre.

Chlorhydrate de tri isobutylamine,

$$(C^4H^9)^3Az.HCl.$$

— La tri-isobutylamine se combine très lentement à l'acide chlorhydrique, même concentré.

Le *chloroplatinate* forme de grands cristaux à facettes très brillantes, couleur de rubis, ou des prismes orangés [Malbot, *loc. cit.*].

Isobutyl-dibromopropyl-amine,

$$\begin{array}{l} C^4H^9 \\ C^3H^5Br^2 \end{array}\!\!> AzH.HBr.$$

— On ajoute peu à peu du brome en refroidissant à de l'isobutylallylamine dissoute dans de l'acide acétique. On ajoute ensuite un excès d'acide bromhydrique et on essore à la trompe le bromhydrate qui s'est déposé. Ce composé est peu soluble dans l'alcool.

La potasse met en liberté la base, sous la forme d'une huile incolore à odeur d'amine, indistillable, et se décomposant peu à peu même à froid. Elle donne un sel d'or qui se précipite d'abord à l'état liquide, mais qui finit par cristalliser [Paal, *D. chem. G.*, **21**, 3194].

Isobutyl-bromallyl-amine,

$$\begin{array}{l} C^4H^9 \\ C^3H^4Br \end{array}\!\!> AzH.$$

— On prépare ce composé en faisant bouillir dans un ballon muni d'un réfrigérant à reflux l'isobutyldibromopropylamine dissoute dans l'alcool dilué. On rend la solution alcaline et l'on distille avec la vapeur d'eau.

On peut encore traiter le composé précédent par la potasse alcoolique. On dilue avec de l'eau, et on ajoute du carbonate de potassium qui sépare la base. On la purifie en la transformant en *oxalate acide* insoluble dans l'alcool.

Cet oxalate fond à 230-231°; il forme des aiguilles.

La base se présente sous la forme d'une huile jaunâtre à odeur camphrée, qu'on ne peut pas distiller. Si l'on combine cette base avec l'acide bromhydrique concentré, on obtient un sel soluble dans l'eau et dans l'alcool et qui est isomérique avec le bromhydrate de l'isobutyldibromopropylamine; il s'en distingue surtout en ce que son sel d'or est cristallin [Paal, *loc. cit.*].

Alcool butylique secondaire [Syn. *Méthyléthylcarbinol*], $CH^3-CHOH-CH^2-CH^3$. — M. Alexejeff [*Bull. Soc. Chim.*, (2), **45**, 25] a fait des expériences sur la solubilité réciproque de l'alcool butylique secondaire et de l'eau. La courbe de solubilité présente deux maxima et deux minima. A 107° les deux liquides sont miscibles.

MM. Bougaieff et Wolkoff [*Bull. Soc. Chim.*, (2), **45**, 249] ont trouvé que l'alcool butylique secondaire ne subit pas de décomposition lorsqu'on le chauffe à 240-250° pendant 8 à 16 heures; mais la présence d'une trace minime d'un hydracide, surtout d'acide iodhydrique, ou même d'iodure de méthyle, provoque le dédoublement en donnant du diméthyléthylène symétrique et de l'eau.

Nitrite de butyle secondaire,

$$\begin{matrix}CH^3\\C^2H^5\end{matrix}\!>CH(O.AzO).$$

— On mélange la trinitrine de la glycérine avec de l'alcool butylique secondaire et l'on chauffe rapidement, en prenant soin de ne pas surchauffer pour éviter les explosions; puis on distille.

Ce composé bout à 68°; sa densité à 0° = 0,8981. Il est insoluble dans la glycérine [Bertoni, *Gazz. chim. ital.*, **18**, 431].

Butylamine secondaire [Syn. *Méthyléthylcarbinamine*],

$$\begin{matrix}C^2H^5\\CH^3\end{matrix}\!>CH.AzH^2.$$

— Ce composé a été obtenu par M. Jahn [*D. chem. G.*, **15**, 1288] dans l'action de l'ammoniaque sur l'iodure de butyle secondaire. Il ne se forme dans cette réaction que de la monamine, du butylène et de l'iodure d'ammonium (voyez Suppl., **1**, 382).

Alcool butylique tertiaire [Syn. *Alcool pseudobutylique, triméthylcarbinol*],

$$(CH^3)^3C.OH.$$

L'*α-diméthyléthylène*, $(CH^3)^2C=CH^2$, absorbé par l'acide iodhydrique, donne l'iodure tertiaire, qui, laissé au contact de l'eau pendant plusieurs jours, se dédouble en acide iodhydrique et alcool tertiaire [Dobbin, *Bull. Soc. Chim.*, (2), **35**, 223].

Chauffé à 160-170° avec un peu d'iodure de méthyle, le triméthylcarbinol est décomposé en butylène et eau. Il faut maintenir la température pendant 2 à 5 heures [Bougaieff et Wolkoff, *loc. cit.*].

M. d'Otreppe de Bouvette [*Bull. Acad. Roy. Belg.*, (3), **2**, 487; *D. chem. G.*, **15**, 946], en traitant le triméthylcarbinol à froid par le chlore, a obtenu du monochlorobutane $(CH^3)^3CCl$, du dichloro- et du trichlorobutane. M. Lloid, en opérant dans les mêmes conditions, mais en chauffant à la fin de l'opération, avait trouvé du butane pentachloré.

Bromure de butyle, $(CH^3)^3CBr$. — On dirige de l'isobutylène dans de l'acide bromhydrique (d = 1,7). On lave le produit huileux qui se sépare, on le sèche et on le rectifie.

Il bout à 72° sous 761 millimètres. Sa densité à 20° = 1,215. Il est inactif sur la lumière polarisée. A partir de 115°, il se dissocie en donnant de l'acide bromhydrique [Bakhuis Roozeboom, *D. chem. G.*, **14**, 2396].

Ce bromure s'obtient encore en chauffant à 240° le bromure d'isobutyle, $(CH^3)^2CH-CH^2Br$. Il se forme dans cette opération de l'isobutylène et de l'acide bromhydrique. Par le refroidissement, ces deux corps se recombinent pour donner le bromure tertiaire [Eltekoff, *D. chem. G.*, **8**, 1244].

On l'obtient encore en traitant le triméthylcarbinol par le pentabromure de phosphore (Reboul).

Le bromure de triméthométhyle, chauffé à l'ébullition avec de l'eau, donne de l'isobutylène et du triméthylcarbinol. En prolongeant l'action, on n'obtient que de l'isobutylène.

Le triméthylbromométhane, $(CH^3)^3CBr$, chauffé à l'ébullition avec une solution saturée de sulfate d'ammonium jusqu'à ce qu'il se forme à la surface une couche huileuse, donne naissance à un dégagement d'isobutylène; il se produit en même temps du triméthylcarbinol et un peu d'acide triméthylméthane-sulfonique [Guareschi et Garzino, *Gazz. chim. ital.*, 1887, 4].

Iodure de butyle, $(CH^3)^3CI$. — Ce corps, maintenu sec à la température de 15° avec de l'oxyde de zinc, donne de l'iodure de zinc, de l'eau et de l'isotributylène, $C^{12}H^{24}$, avec des traces imperceptibles d'isobutylène.

Chauffé avec du sodium au bain-marie, ce même iodure donne de l'isobutylène renfermant du butane (1,1 0/0) et de l'hydrogène (18,6 0/0). Il se forme en outre de l'isotributylène sans trace d'isodibutylène [Dobbin, *Bull. Soc. Chim.*, (2), **35**, 223].

Soumis à la distillation en présence de sulfure de zinc précipité et sec, l'iodure de butyle tertiaire fournit du *mercaptan butylique tertiaire*, avec un mélange de sulfure de butyle $(C^4H^9)^2S$ et de tri-isobutylène.

Le mercaptan butylique bout à 65-67° et cristallise dans un mélange réfrigérant. Il donne des précipités insolubles avec la plupart des sels des métaux lourds [Dobbin, *Chem. Soc.*, **57**, 639].

Nitrite de butyle, $(CH^3)^3C(OAzO)$. — L'action du nitrite d'argent sur l'iodure de butyle tertiaire donne une petite quantité d'éther nitreux, mais il se forme surtout du nitrobutane [Tcherniak, *D. chem. G.*, **7**, 962].

On prépare cet éther en mélangeant de la trinitrine de la glycérine avec un léger excès de triméthylcarbinol et en distillant; on obtient ainsi un liquide très mobile, jaunâtre, bouillant à 62,8-63°,2, dont la densité à 0° = 0,8914. Ce corps est le plus stable des éthers nitreux connus et peut être conservé assez longtemps sans s'altérer [Bertoni, *Gazz. chim. ital.*, **15**, 351; *Bull. Soc. Chim.*, (2), **47**, 193].

Nitrate de butyle, $C^4H^9(AzO^3)$. — M. Bertoni [*Gazz. chim. ital.*, **20**, 372; *D. chem. G.*, **23**, *Ref.*, 491] a préparé ce composé en versant goutte à goutte 10 centimètres cubes d'alcool pseudobutylique dans 30 centimètres cubes d'un mélange fortement refroidi de 2 volumes d'acide sulfurique (d = 1,84) et de 1 volume d'acide azotique (d = 1,4); on précipite cet éther par l'eau, on le sèche sur le chlorure de calcium et on le rectifie. C'est un liquide bouillant à 124°; sa densité est 1,0382.

Cyanate de butyle, $(CH^3)^3C.AzCO$. — Lorsqu'on fait réagir le cyanate d'argent sur l'iodure de butyle tertiaire, on obtient, en isolant les produits avec de la potasse, des amines; mais si l'on distille plusieurs fois l'iodure sur le cyanate d'argent, on peut séparer par distillation fractionnée du cyanate de butyle. Ce composé bout à 85°,5; sa densité = 0,6676.

L'acide chlorhydrique le transforme en triméthylcarbinamine.

Chauffé avec de l'eau, le cyanate de butyle tertiaire donne naissance à une *urée butylique tertiaire*,

$$CO \langle \begin{matrix} AzH - C(CH^3)^3 \\ AzH - C(CH^3)^3 \end{matrix}$$

Chauffé seul à 180°, il se décompose en *a*-diméthyl-éthylène et acide cyanique.

Triméthylcarbinamine [Syn. *Triméthylcarbinolamine*],

$$(CH^3)^3C \cdot AzH^2.$$

— On obtient cette amine comme résidu de la préparation de l'acide triméthylacétique, c'est-à-dire par l'action de l'acide chlorhydrique sur le valéronitrile correspondant, $(CH^3)^3C \cdot CAz$.

Sa densité à 0° = 0,7137, à 8° = 0,7054, à 15° = 0,06931; d'où l'on déduit pour son coefficient de dilatation 0,00217 entre 0° et 15°.

Dibutylamine, $(C^4H^9)^2AzH$. — Si l'on abandonne pendant quelques jours à la température ordinaire un mélange de butylamine et d'iodure tertiaire, une partie de la masse se transforme en *iodhydrate de dibutylamine*, $(C^4H^9)^2AzH \cdot HI$.

Si l'on élève la température, il se forme déjà à partir de 70° du butylène. On ne peut pas séparer la base secondaire par la potasse, car il y a formation d'amine primaire et de butylène.

Butylamylamine,

$$\begin{matrix} (CH^3)^3C \\ C^5H^{11} \end{matrix} \rangle AzH.$$

— On obtient l'*iodhydrate* $(C^4H^9)(C^5H^{11})AzH \cdot HI$ en laissant en contact à la température ordinaire la triméthylcarbinamine avec l'iodure d'amyle pendant une semaine.

Ce corps est cristallisé et possède une odeur d'amine; il se décompose spontanément. L'ébullition avec la soude ou même avec l'eau pure le dédouble en amylène et triméthylcarbinamine [Rudneff, *Bull. Soc. Chim.*, (2), **33**, 297].

A. Béhal.

BUTYLIQUES (ALDÉHYDES). — Aldéhyde butylique normale [Syn. *Aldéhyde butyrique, butyral, hydrure de butyryle*],

$$CH^3-CH^2-CH^2-CHO.$$

— L'aldéhyde butylique normale se combine au bisulfite de sodium, en donnant des groupes de cristaux rayonnés ayant pour formule

$$C^3H^7-CHOH-SO^3Na.$$

Cette combinaison est assez soluble dans l'eau, peu soluble dans l'alcool et insoluble dans l'éther [W. Juslin, *D. chem. G.*, **17**, 2504; *Bull. Soc. Chim.*, (2), **45**, 448].

En réduisant par le fer et l'acide acétique l'aldéhyde α-γ-dichlorocrotonique, M. Natterer [*Mon. f. Chem.*, **4**, 539] a obtenu de l'aldéhyde butylique normale.

M. Kahn [*D. chem. G.*, **18**, 3364] conseille, pour purifier l'aldéhyde butylique normale, d'employer la combinaison bisulfitique.

L'aldéhyde butylique, mélangée avec une solution d'ammoniaque (d = 0,96) et refroidie à 0°, donne des cristaux brillants et durs répondant à la formule $C^4H^8O \cdot AzH^3 \cdot 3.5H^2O$.

Ce corps est peu soluble dans l'eau et dans l'éther, plus soluble dans l'alcool. Il fond à 30-31°. Séché sur de la chaux à la température de 4°, il se déshydrate et donne une huile épaisse, d'odeur désagréable. L'acide chlorhydrique le décompose immédiatement en aldéhyde butylique et ammoniaque [A. Lipp, *Ann. Chem.*, **211**, 354-365].

L'aldéhyde butylique, chauffée à 100° en vase clos avec de l'acide cyanhydrique à 40 0/0 pendant 6 heures, donne le nitrile de l'acide α-oxyvalérique normal, $CH^3-CH^2-CH^2-CHOH-CAz$ (voyez Acide Valérique) [Menozzi, *Gazz. chim. ital.*, **14**, 16; *Bull. Soc. Chim.*, (2), **44**, 276. — Juslin, *D. chem. G.*, **17**, 2504].

Lorsqu'on fait réagir 1 molécule d'ammoniaque sur 1 molécule d'aldéhyde butylique et 2 molécules d'éther acétylacétique d'après le procédé de M. Hantzsch [*D. chem. G.*, **15**, 2192], on obtient l'éther de l'acide *propyl-lutidine-dicarbonique*, $(C^3H^7)(CH^3)^2C^5Az(CO^2C^2H^5)^2$ [Jaekle, *Ann. Chem.*, **246**, 32].

Le glyoxal réagit sur l'aldéhyde butylique normale en présence d'ammoniaque aqueuse pour donner naissance à un corps désigné sous le nom de *glyoxalbutyline*, $C^6H^{10}Az^2$ [Rieger, *Mon. f. Chem.*, 9, 603; *Bull. Soc. Chim.*, (3), **2**, 638].

Le chlorhydrate d'aniline, chauffé en solution chlorhydrique avec de l'aldéhyde butylique normale, donne de l'α-propyl-β-éthylquinoléine,

$$C^6H^4 \begin{matrix} \diagup Az = C - C^3H^7 \\ \qquad\quad | \\ \diagdown CH = C - C^2H^5 \end{matrix}$$

[Dœbner et Miller, *D. chem. G.*, **17**, 1712; *Bull. Soc. Chim.*, (2), **44**, 398].

Produits de condensation. — Si l'on chauffe l'aldéhyde butylique avec de l'acétate de sodium, on obtient un produit de condensation répondant à la formule $C^8H^{14}O$.

Les meilleurs rendements sont fournis par la soude caustique dans les conditions suivantes: On chauffe à 40° pendant 2 heures un mélange de 35 grammes d'aldéhyde, 600 grammes d'eau et 35 grammes d'une lessive de soude à 10 0/0, puis on abandonne le tout à la température ordinaire pendant 24 heures. On neutralise au bout de ce temps par l'acide sulfurique, on distille au bain-marie pour chasser l'aldéhyde non attaquée, puis on distille dans un courant de vapeur d'eau. On obtient un corps répondant probablement à la formule de l'*aldéhyde α-butylidène-butylique*:

$$CH^3-CH^2-C \begin{matrix} \diagup CHO \\ \diagdown\!\!\diagdown CH-(CH^2)^2-CH^3 \end{matrix}$$

Ce corps bout à 172-173°. Il réduit le nitrate d'argent ammoniacal en formant miroir; il se combine au bisulfite de sodium et à la phénylhydrazine. Il paraît fixer, à 0°, 2 atomes de brome.

Traitée par la limaille de zinc en solution acide, cette aldéhyde donne un mélange d'aldéhyde saturée et d'alcools saturé et non saturé correspondants.

L'aldéhyde saturée correspondante, $C^8H^{16}O$, est huileuse et bout à 160-162°; elle donne avec le nitrate d'argent ammoniacal un beau miroir, et ne se combine pas au brome, mais au bisulfite de sodium. On a du reste profité de cette propriété pour l'isoler. Oxydée par le mélange chromique, elle donne une trace d'un corps acétonique et un acide soluble dans l'eau et volatil avec l'eau, dont le sel d'argent paraît avoir pour formule $C^8H^{15}O^2Ag$.

Le mélange des deux alcools n'a pu être séparé [Raupenstrauch, *Mon. f. Chem.*, 8, 108; *Bull. Soc. Chim.*, (2), **48**, 512].

Aldéhyde β-chlorobutylique,

$$CH^3-CHCl-CH^2-CHO.$$

— L'aldéhyde crotonique fixe l'acide chlorhydrique en donnant un composé qui, par oxydation, fournit l'acide β-chlorobutyrique. M. Karetnikoff [*Bull.*

Soc. Chim., (2), 33, 536] pense que l'on doit considérer le composé d'addition comme l'aldéhyde β-chlorobutylique.

ALDÉHYDE α-γ-TRICHLOROBUTYLIQUE. — Voyez BUTYLCHLORAL.

ALDÉHYDE α-β-DIBROMOBUTYLIQUE,

$$CH^3-CHBr-CHBr-CHO.$$

— On l'obtient en traitant l'aldéhyde crotonique par le brome. C'est un composé huileux, qui ne se solidifie pas à —35° et qu'on ne peut volatiliser sans décomposition.

ALDÉHYDE α-CHLORO-α-β-DIBROMOBUTYLIQUE,

$$CH^3-CHBr-CClBr-CHO.$$

— On la prépare en traitant à froid l'aldéhyde α-chlorocrotonique par le brome [Pinner, *D. chem. G.*, 8, 1323]. C'est une huile qui forme avec l'eau un hydrate, $C^4H^5ClBr^2O, H^2O$, en fines aiguilles fusibles à 78°.

ALDÉHYDE α-γ-DICHLORO-α-β-DIBROMOBUTYLIQUE,

$$CH^2Cl-CHBr-CClBr-CHO.$$

— On l'obtient en traitant à froid par le brome l'aldéhyde α-γ-dichlorocrotonique,

$$CH^2Cl-CH=CCl-CHO.$$

Ce composé reste liquide à —30° et devient vitreux à — 78°. Traité par la soude ou par le carbonate de sodium, il se décompose en chlorure, bromure et formiate.

Il se combine avec le bisulfite de sodium, en donnant des cristaux peu solubles dans l'eau.

L'aldéhyde dichlorodibromobutylique forme avec l'eau un hydrate cristallisé,

$$C^4H^4Cl^2Br^2O, H^2O,$$

qui fond à 72° en perdant de l'eau; il est peu soluble dans l'eau [Natterer, *Mon. f. Chem.*, 4, 549].

ALDÉHYDE ISOBUTYLIQUE [Syn. *Aldéhyde isobutyrique, isobutyral, hydrure d'isobutyryle*], $(CH^3)^2CH-CHO$. — M. Fossek [*Mon. f. Chem.*, 4, 660] conseille, pour préparer cette aldéhyde, de laisser à froid l'aldéhyde brute en contact avec de l'acide sulfurique à 1 0/0, de façon qu'elle se polymérise. Dès que la polymérisation est complète, on lave les cristaux à l'eau, puis on les sèche, et on les fait bouillir pendant 1 heure dans un ballon muni d'un réfrigérant ascendant avec quelques gouttes d'acide sulfurique; enfin on distille. Le point d'ébullition est de 63°. Sa densité à 0° = 0,8057 et à 20° = 0,7898.

MM. Barbaglia et Gucci ont observé la production de cette aldéhyde, en même temps que d'autres produits, dans la distillation de l'isobutyrate calcique.

Le *chlorure d'isocrotyle*, $(CH^3)^2C=CHCl$, chauffé en tube scellé avec de l'eau, se transforme en aldéhyde isobutylique [Chéchoukoff, *Bull. Soc. Chim.*, (2), 41, 253].

Chauffée en tube scellé à 150° avec du soufre, l'aldéhyde isobutylique donne de la sulfo-aldéhyde isobutylique (thialdéhyde isobutylique), $(CH^3)^2CH-CHS$.

La paraldéhyde correspondante ne donne rien dans les mêmes conditions; si l'on opère à une température plus haute, elle se trouve transformée en aldéhyde isobutylique et réagit comme cette dernière.

A 180°, on observe la production d'une grande quantité d'hydrogène sulfuré, provenant peut-être de la réaction suivante :

$$(CH^3)^2CH-CHS + S^2 = \underset{\displaystyle CHS}{CH}\langle{}^{CH^2}_{CH^2}\rangle S + H^2S$$

[Barbaglia, *Gaz. chim. ital.*, 18, 85; *Bull. Soc. Chim.*, (3), 1, 372].

Si l'on dirige de l'acide chlorhydrique sec, pendant 5 heures, dans de l'aldéhyde isobutylique bien refroidie, on obtient deux couches. La couche inférieure représente le 1/10 ou le 1/12 du volume; de la couche supérieure : elle est constituée essentiellement par de l'acide chlorhydrique aqueux.

La couche supérieure, lavée et séchée sur le carbonate de potassium, puis rectifiée sur de petites quantités de potasse caustique, donne un corps bouillant à 230-231° sous 771,6 millimètres et ayant pour formule $C^8H^{14}O$. C'est une huile très épaisse, incolore (d = 0,9575 à 0°). Ce corps se résinifie sous l'influence des alcalis à chaud. Il réduit le nitrate d'argent ammoniacal. Il n'est point saturé et fixe le brome en solution éthérée [Œconomidès, *Bull. Soc. Chim.*, (2), 35, 209].

Si l'on fait réagir le gaz ammoniac sur une solution d'aldéhyde isobutylique dans le double de son poids d'éther, on observe une séparation d'eau; l'éther abandonne par évaporation de gros cristaux brillants, appartenant au système hexagonal et répondant à la formule $C^{28}H^{62}Az^6O$.

D'après la quantité d'eau séparée, la réaction peut se représenter par l'équation suivante :

$$7\,C^4H^8O + 6\,AzH^3 = (C^4H^8)^7Az^6H^6O + 6\,H^2O.$$

On peut obtenir le même produit en versant l'aldéhyde isobutylique dans un excès d'ammoniaque.

Les cristaux sont fusibles à 31-32°. Ils sont très peu solubles dans l'eau et possèdent une réaction alcaline. L'alcool et l'éther les dissolvent facilement. Les acides en séparent à froid de l'ammoniaque et régénèrent de l'aldéhyde isobutylique.

Ce produit distillé perd de l'eau, de l'ammoniaque, et donne un composé liquide, bouillant à 145-147° sous 715 millimètres, plus lourd que l'eau, soluble dans les acides et répondant à la formule $C^8H^{15}Az$ (voyez TRI-ISOBUTYLÈNE-DIAMINE).

L'acide cyanhydrique en solution à 30 0/0 attaque le produit de l'action de l'ammoniaque sur l'aldéhyde isobutylique, en donnant de l'amido-isovaléronitrile, 2 imido-valéronitriles et de l'oxy-isovaléronitrile, désigné sous le nom d'hydroxyvaléronitrile.

Ce dernier produit se forme quantitativement si l'on opère avec l'acide cyanhydrique absolu :

$$(CH^3)^2CH-CHO + CAzH$$
$$= (CH^3)^2CH-CHOH-CAz$$

[A. Lipp, *D. chem. G.*, 13, 905].

L'aldéhyde isobutylique réagit sur le glyoxal en présence d'ammoniaque, pour donner le glyoxal-isobutylène (voyez ce mot) [Rieger, *Mon. f. Chem.*, 9, 603; *Bull. Soc. Chim.*, (3), 2, 639].

L'aldéhyde isobutylique absorbe l'hydrogène phosphoré et le glycol chlorhydrique avec une grande avidité en donnant une masse butyreuse [Messinger et Engels, *D. chem. G.*, 21, 332].

L'iodure de phosphonium réagit sur l'aldéhyde isobutylique en donnant un composé phosphoré incristallisable [J. de Girard, *Thèse Fac. Sciences Paris*, 1884].

La potasse alcoolique, mise en contact avec l'aldéhyde isobutylique, donne naissance à de l'acide isobutyrique, à un acide $C^8H^{16}O^3$ et à du glycol di-isobutylénique [Fossek, *Mon. f. Chem.*, 4, 660].

La potasse donne, outre les corps précédents, de l'alcool isobutylique [Fossek, *Mon. f. Chem.*, 3, 622].

Le composé acide $C^8H^{16}O^3$, qui prend naissance par l'action de la potasse, se présente sous la forme d'une poudre cristalline blanche, fusible à

92°, très soluble dans l'alcool, moins soluble dans l'eau et dans l'éther.

Le sel d'argent est amorphe; celui de calcium est cristallisé, soluble dans l'eau et dans l'alcool; le sel de baryum se décompose à 120°.

Traitée par la potasse alcoolique en présence des aldéhydes éthylique, isoamylique ou benzylique, l'aldéhyde isobutylique fournit les glycols méthyl-isopropyl-éthylénique, isobutyl-isopropyl-éthylénique ou phényl-isopropyl-éthylénique (voir plus bas) [Swoboda et Fossek, *Mon. f. Chem.*, **11**, 383].

Le trichlorure de phosphore, ajouté peu à peu à l'aldéhyde isobutylique, réagit sur elle, en donnant un produit qui, décomposé par l'eau, fournit un acide $C^4H^{11}PO^4$, fondant à 168-169° et donnant un sel de baryum de la formule

$$(C^4H^{10}PO^4)^2Ba$$

[Fossek, *Mon. f. Chem.*, **5**, 121; *Bull. Soc. Chim.*, (2), **43**, 25].

M. Godefroy, en faisant agir la poudre de zinc et l'eau sur un composé $C^8H^{12}Cl^2O^2$, obtenu lui-même par l'action du chlore sur l'alcool en présence du dichromate de potassium, a isolé une aldéhyde chlorobutylique bouillant à 120-130°. Ce corps s'altérait rapidement, en donnant un sirop épais [*Bull. Soc. Chim.*, (2), **41**, 370; **42**, 65].

Aldéhyde iodo-isobutylique. — Ce composé s'obtient en faisant réagir l'iode et l'acide iodique sur l'aldéhyde isobutylique dissoute dans l'alcool. A froid, au bout de 8 jours, la réaction est terminée. On se débarrasse de l'iode en excès au moyen de l'argent réduit.

C'est un liquide incolore, mais s'altérant rapidement à la lumière. Sa densité à 10° = 2,29.

Cette aldéhyde n'est pas distillable même dans le vide, et s'altère à 100°.

Elle se combine au bisulfite de sodium.

L'aniline réagit sur elle, en donnant un corps incristallisable, désigné sous le nom d'*isobutylidène-diphényl-diamine iodée.*

Chauffée à 100° en tube scellé avec de l'acétate d'argent, elle donne de l'acétate d'isobutyle [Chautard, *Thèse Fac. Sciences Paris*, 1888].

Le perchlorure de phosphore réagit avec énergie sur l'aldéhyde isobutylique, en donnant du chlorure d'isobutylidène, qui dans la réaction même perd de l'acide chlorhydrique et se transforme en isobutylène chloré, $(CH^3)^2C=CHCl$ [Œconomidès, *Bull. Soc. Chim.*, (2), **35**, 497].

Si l'on fait réagir la potasse alcoolique, ou encore l'amalgame de sodium, sur un mélange d'aldéhydes éthylique et isobutylique, on obtient le *glycolméthyl-isopropyl-éthylénique,*

$$CH^3-CHOH-CHOH-C^3H^7.$$

Ce corps est liquide et bout à 204-208°; il cristallise vers 0°.

En remplaçant dans cette réaction l'aldéhyde éthylique par l'aldéhyde isoamylique, on obtient le *glycolisopropyl-isobutyl-éthylénique,*

$$C^3H^7-CHOH-CHOH-C^4H^9.$$

Ce corps forme de longues aiguilles fusibles à 80-82°.

Enfin, en se servant d'aldéhyde benzylique et d'aldéhyde isobutylique, on obtient le *glycolisopropylphényl-éthylénique,*

$$C^6H^5-CHOH-CHOH-C^3H^7.$$

Ce corps est soluble dans le benzène et fusible 81-82° [Fossek, *Mon. f. Chem.*, **5**, 119].

L'acétate de sodium en solution concentrée, chauffé en tube scellé à 150° pendant 60 ou 70 heures avec son volume d'aldéhyde isobutylique, donne naissance à deux corps. Le premier répond à la formule $C^8H^{14}O$; il bout à 149-157°. C'est un liquide incolore, mobile, à odeur éthérée, qui réduit le nitrate d'argent ammoniacal et qui se combine au bisulfite de sodium.

Il fixe 1 molécule de brome. Oxydé par le mélange chromique, il donne de l'acide acétique et de l'acide isobutyrique. Oxydé par l'oxygène de l'air, il donne de l'acide acétique et un acide qui paraît avoir pour formule $C^8H^{14}O^2$.

Le second produit de la réaction n'est pas distillable sous la pression ordinaire, mais il bout à 136-138° sous 18 millimètres.

C'est un liquide épais, de saveur amère, d'odeur faible et agréable. Il se combine au bisulfite de sodium et réduit le nitrate d'argent ammoniacal.

Il ne fixe pas le brome. Le mélange chromique l'oxyde en donnant de l'acide isobutyrique; il répond à la formule $C^8H^{16}O^2$ [Fossek, *Mon. f. Chem.*, **2**, 614].

L'éthylène-di-aniline réagit au bain-marie sur une molécule d'aldéhyde isobutylique pour donner un corps de la formule

$$\begin{matrix} CH^2Az \diagup C^6H^5 \\ | \quad\quad \diagdown CH-C^3H^7 \\ CH^2Az \diagdown C^6H^5 \end{matrix}$$

L'aldéhyde isobutylique, mélangée avec de l'éther acétylacétique et traitée par un courant de gaz chlorhydrique, donne naissance au composé désigné sous le nom d'*acétyl-butylidène-acétate d'éthyle,*

$$\begin{matrix} \quad\quad\quad\quad\quad CH^3-CO \\ \quad\quad\quad\quad\quad | \\ (CH^3)^2CH-CH=C-CO^2C^2H^5 \end{matrix}$$

C'est un liquide incolore, possédant une odeur de menthe et bouillant à 219-222° [Claisen et Matthews, *Ann. Chem.*, **218**, 170, 186; *Bull. Soc. Chim.*, (2), **40**, 473].

L'aldéhyde isobutylique ne réagit pas sur la quinaldine à 100°; mais, en présence du chlorure de zinc, la réaction est la suivante :

$$C^9H^6AzCH^3 + CHO-CH(CH^3)^2$$
$$= C^9H^6Az.CH^2.CHOH.CH(CH^3)^2.$$

Le composé ainsi obtenu, cristallisé dans l'éther, est fusible à 93° [J.-C. A. Brunner, *D. chem. G.*, **20**, 2041; *Bull. Soc. Chim.*, (2), **48**, 768].

Lorsqu'on fait bouillir un mélange d'aldéhyde isobutylique et d'éther acétylacétique avec une solution titrée d'ammoniaque alcoolique, on obtient l'*éther isopropyl-hydrolutidine-dicarbonique,*

$$C^5AzH^2(C^3H^7)(CH^3)^2(CO^2C^2H^5)^2.$$

Ce corps cristallise en prismes légèrement fluorescents, fusibles à 97° [Engelmann, *Bull. Soc. Chim.*, (2), **46**, 438], ou en grosses aiguilles incolores, fusibles à 95° [Moos, *D. chem. G.*, **20**, 732].

Un mélange d'aldéhyde isobutylique et d'aldéhyde éthylique, saturé à 0° par l'acide chlorhydrique gazeux, puis chauffé au bain-marie avec une solution chlorhydrique de chlorhydrate d'aniline, donne de la quinaldine et de l'isopropylquinoléine [W. von Miller, *D. chem. G.*, **20**, 1908; *Bull. Soc. Chim.*, (2), **49**, 46].

ACÉTALS ISOBUTYLIQUES. — *Acétal isobutylique (oxyde d'éthyle et d'isobutylidène),*

$$C^3H^7-CH\begin{matrix}\diagup OC^2H^5 \\ \diagdown OC^2H^5\end{matrix}$$

— Si dans un mélange bien refroidi, contenant poids égaux d'aldéhyde isobutylique et d'alcool absolu, on dirige un courant d'acide chlorhydrique, on observe la séparation de deux couches. La couche supérieure, lavée et séchée, renferme un mélange de *chloréthylate d'isobutylidène*,

$$(CH^3)^2CH-CH\langle^{Cl}_{OC^2H^5}$$

et d'acétal isobutylique. Ce mélange, chauffé à 100° avec de l'éthylate de sodium, donne l'acétal isobutylique. On traite par l'eau, on lave et on sèche, et l'on obtient ainsi un liquide bouillant à 134-136° (d = 0,9957 à 12°,4).

Si, dans l'opération préliminaire, on se sert d'éthylate de sodium contenant de la soude libre, on obtient un composé $C^{10}H^{20}O^2$, répondant probablement à la formule

$$(CH^3)^2C=CH \\ >O \\ (CH^3)^2CH-CH.OC^2H^5$$

En effet, ce corps, traité par le double de son volume d'acide chlorhydrique à 100°, donne une matière résineuse et du chlorure d'éthyle, ce qui indique la présence d'un groupe éthyle; en outre il fixe le brome par addition.

Ce composé bout sans décomposition à 123° sous la pression de 756mm,8; sa densité à 0° est = 0,9415 [OEconomidès, *Bull. Soc. Chim.*, (2), 35, 500 et **36**, 210].

Acétal isobutylglycolique (*oxyde d'éthylène et d'isobutylidène*),

$$(CH^3)^2CH-CH\langle^{OCH^2}_{OCH^2}$$

— Le glycol se mélange à l'aldéhyde isobutylique avec une légère élévation de température. Si l'on chauffe pendant 24 heures au bain-marie un mélange de 2 molécules du premier corps pour 1 molécule du second, on voit se former deux couches qui n'atteignent l'état d'équilibre qu'au bout de 3 jours.

En séparant ces 2 couches par décantation et en enlevant par le bisulfite de sodium l'aldéhyde isobutylique non combinée, on obtient un corps qui, lavé et séché, distille à 124-126° : c'est l'acétal isobutylglycolique.

Il se dissout dans 10 fois son poids d'eau. L'alcool et l'éther le dissolvent en très grande quantité. Le chlorure de calcium et la potasse le séparent de sa solution aqueuse.

L'eau, en tube scellé, au bain-marie, le saponifie à la longue, en régénérant le glycol et l'aldéhyde.

Le nitrate d'argent ammoniacal n'est pas réduit immédiatement, mais bien par une ébullition prolongée; si l'on opère en présence de soude, on obtient un miroir [Lochert, *Bull. Soc. Chim.*, (2), **48**, 716].

Isobutylaldoxime [Syn. *Isopropylcarboxime*], $(CH^3)^2CH-CH=AzOH$. — On l'obtient dans la réaction de l'hydroxylamine sur l'aldéhyde isobutylique. C'est un corps liquide, assez soluble dans l'eau, bouillant à 139° [Petraczek, *D. chem. G.*, **15**, 2785].

Ce composé dissous dans l'alcool, puis additionné peu à peu d'amalgame de sodium à 2,5 0/0, se transforme en isobutylamine. On maintient dans cette opération la liqueur acide par des additions successives d'acide acétique cristallisable [Goldschmidt, *D. chem. G.*, **19**, 3233].

A. Béhal.

BUTYLIQUES (OXYDES). — Éther butyl-isobutylique,

$$CH^3.CH^2.CH^2.CH^2-O-CH^2.CH(CH^3)^2.$$

— On l'obtient en faisant réagir le bromure de butyle normal sur l'alcool isobutylique sodé.

Il possède une odeur d'ananas, et bout à 131,5-132° sous 760 millimètres.

Sa densité à 15° = 0,763 [Reboul, *C. R.*, **108**, 39 et 162].

Éther butylbutylique secondaire,

$$CH^3.CH^2.CH^2.CH^2-O-CH\langle^{CH^3}_{C^2H^5}$$

— On l'obtient au moyen du bromure de butyle normal et de l'alcool butylique secondaire sodé.

Liquide à odeur d'ananas, bouillant à 131-131°,5 sous 760° millimètres; sa densité à 15° est 0,7687 (Reboul).

Éther butylbutylique tertiaire,

$$CH^3.CH^2.CH^2.CH^2-O-C(CH^3)^3.$$

— Préparé avec le bromure de butyle normal et le triméthylcarbinol sodé, il bout à 124-125° en se décomposant.

Il se forme en même temps du butylène et de l'alcool butylique tertiaire (Reboul).

Oxyde d'isobutyle.

$$[(CH^3)^2CH.CH^2]^2O.$$

— On le prépare en faisant réagir le bromure d'isobutyle sur l'alcool isobutylique sodé. Il bout à 122-122°,5. Sa densité à 15° = 0,7616 [Reboul, *C. R.*, **108**, 39 et 162].

Éther isobutyl-butylique secondaire,

$$(CH^3)^2CH.CH^2-O-CH\langle^{CH^3}_{C^2H^5}$$

— Obtenu au moyen du bromure d'isobutyle et du méthyléthylcarbinol sodé, ce corps bout à 121-122°. Sa densité est égale à 0,7652 à 15°.

Il se forme dans la préparation de l'isobutylène et il se régénère une certaine quantité d'alcool secondaire (Reboul).

A. Béhal.

BUTYLISOPHTALIQUE (Acide iso-),

$$(CH^3)^2CH-CH^2-C^6H^3(CO^2H)^2$$

[O. Dœbner, *D. chem. G.*, **23**, 2380 et **24**, 1749]. — On le prépare en chauffant un mélange d'aldéhyde isoamylique et d'acide pyruvique avec de l'hydrate de baryte; la réaction est la suivante :

$$C^4H^9.CHO+3CH^3.CO.CO^2H+H^2O \\ =C^6H^3(C^4H^9)(CO^2H)^2+H^2+3H^2O+C^2O^4H^2$$

Purifié par cristallisation dans l'acétone, l'acide isobutylisophtalique se présente en lamelles incolores, fusibles à 269°. L'oxydation par le mélange chromique le convertit en *acide trimésique*.

Le *sel de baryum*, $C^{12}H^{12}O^4Ba, 3H^2O$, forme des cristaux prismatiques, très solubles dans l'eau et hygroscopiques.

Le *sel de calcium*, $C^{12}H^{12}O^4Ca, 2H^2O$, se déshydrate à 130°. Soumis à la distillation sèche, il donne de l'acide carbonique et de l'isobutylbenzène.

Le *sel d'argent*, $C^{12}H^{12}O^4Ag^2$, est un précipité blanc, peu soluble.

BUTYLITACONIQUE (Acide iso-),

$$(CH^3)^2CH-CH^2-CH=C(CO^2H)-CH^2-CO^2H$$

[R. Fittig et Schneegans, *Ann. Chem.*, **255**, 97; *Bull. Soc. Chim.*, (3), 4, 44]. — C'est un des produits de la distillation sèche de l'acide isobutylparaconique (voyez ce mot). On l'isole en mettant à profit l'insolubilité de son sel de calcium.

On peut aussi le préparer par l'action de l'éthylate de sodium sur l'éther isobutyl-paraconique [Fittig et Kraencker, *Ann. Chem.*, **256**, 97].

Il forme de petits cristaux grenus, assez solubles dans l'eau chaude, fusibles à 160-165° si on les chauffe lentement et à 170° si on les chauffe brusquement.

Les *sels de calcium, de baryum* et *d'argent* sont amorphes.

L'*éther éthylique* bout à 268°.

L'amalgame de sodium est sans action sur une solution d'acide isobutylitaconique.

Si on traite une solution aqueuse de cet acide par du brome ajouté goutte à goutte jusqu'à coloration persistante, et qu'on soumette ensuite le produit à la distillation dans un courant de vapeur d'eau, il passe un liquide huileux bromé, et un produit soluble dans l'eau, l'*acide isobutaconique*,

$$(CH^3)^2CH-CH^2-CH-C(CO^2H)=CH-CO \quad [\text{CH et CO liés par } O]$$

Celui-ci est enlevé à sa solution par l'éther, qui l'abandonne en fines aiguilles fusibles avec décomposition à 165-170°; l'amalgame de sodium le convertit en acide isobutyl-paraconique.

BUTYLITAMALIQUE (ACIDE ISO-),

$$C^9H^{16}O^5$$

[Fittig et Schneegans, *Ann. Chem.*, **255**, 97; *Bull. Soc. Chim.*, (3), **4**, 44]. — On obtient les sels de cet acide en saturant à chaud par les oxydes métalliques l'acide isobutyl-paraconique (voyez ce mot).

Le *sel de baryum*, $C^9H^{14}O^5Ba$, insoluble dans l'alcool, se dépose à chaud en flocons amorphes.

Le *sel de calcium*, $C^9H^{14}O^5Ca$, et le *sel d'argent*, $C^9H^{14}O^5Ag^2$ sont incristallisables.

BUTYLLACTIQUE (ACIDE). — Voyez ACIDE OXY-ISOBUTYRIQUE.

BUTYLMALONIQUE (ACIDE). — Voyez ACIDE MALONIQUE.

BUTYLMÉTHYLÉTHYLÈNE. — Voyez HEPTYLÈNES.

BUTYLNAPHTALÈNE (ISO-),

$$C^{10}H^7 . C^4H^9.$$

— On l'obtient, d'après M. Wegscheider [*Mon. f. Chem.*, **5**, 236; *Bull. Soc. Chim.*, (2), **43**, 93], en ajoutant à 2 parties de naphtalène fondu 1 partie de chlorure d'isobutyle, puis à ce mélange et par petites portions du chlorure d'aluminium ($\frac{1}{12}$ du poids du naphtalène), en maintenant la température assez élevée pour que la masse reste liquide. On distille dans un courant de vapeur d'eau : il passe d'abord du naphtalène, puis de l'isobutylnaphtalène sous la forme d'une huile incolore, et enfin deux des modifications du binaphtyle, tandis qu'il reste dans la cornue de l'isobinaphtyle. L'isobutylnaphtalène est une huile incolore bouillant vers 280°; il distille difficilement avec la vapeur d'eau. Il se dissout dans l'éther et fournit une *combinaison picrique* cristallisée en aiguilles fines, fusibles à 96°, facilement solubles dans l'alcool.

Il ne se forme pas d'autre isomère dans cette réaction.

F. Reverdin.

BUTYLPARACONIQUE (ACIDE ISO-)

$$(CH^3)^2CH-CH^2-CH-CH(CO^2H)-CH^2-CO \quad [\text{CH et CO liés par } O]$$

[R. Fittig et A. Schneegans, *Ann. Chem.*, **255**, 97; *Bull. Soc. Chim.*, (3), **4**, 44]. — Cet acide se produit par l'action de l'anhydride acétique sur un mélange d'aldéhyde isoamylique et de succinate de sodium à 100-120°. On l'enlève par l'éther au produit de la réaction, après l'avoir mis en liberté au moyen de l'acide chlorhydrique.

Il cristallise en aiguilles soyeuses, peu solubles dans l'eau froide, solubles dans l'alcool, l'éther et le chloroforme. Il fond à 124-125° et peut être sublimé en lamelles brillantes.

Le *sel d'argent*, $C^9H^{13}O^4Ag$, est un précipité blanc très stable.

Le *sel de calcium*, $(C^9H^{13}O^4)^2Ca, 2H^2O$, forme de petites aiguilles, solubles dans l'alcool.

Le *sel de baryum*, $(C^9H^{13}O^4)^2Ba, 3H^2O$, cristallise en prismes orthorhombiques.

Le *sel de zinc*, $(C^9H^{13}O^4)^2Zn, 1,5H^2O$, se présente en aiguilles.

L'*éther éthylique* est une masse cristalline, fusible à 16-17° et bouillant à 293°. Traité par l'éthylate de sodium, il fournit de l'acide *isobutylitaconique*,

$$(CH^3)^2CH-CH^2-CH=C(CO^2H)-CH^2(CO^2H)$$

[Fittig et Kraencker, *Ann. Chem.*, **256**, 97].

BUTYLPHÉNOL,

$$C^{10}H^{14}O = C^6H^4 \begin{cases} CH^2_{(1)}-CH(CH^3)^2 \\ OH_{(4)} \end{cases}$$

— On ne connaît que le p-isobutylphénol, qui a été d'abord obtenu par M. Studer [*D. chem. G.*, **14**, 1474; *Bull. Soc. Chim.*, (2), **36**, 578] en traitant par l'azotite de sodium le chlorhydrate d'amidobutylbenzène.

On le prépare facilement en chauffant dans un appareil à reflux un mélange d'alcool isobutylique et de phénol en présence de chlorure de zinc. On reconnaît que la réaction est terminée à la production abondante de vapeurs blanches. On reprend par l'acide chlorhydrique étendu et on rectifie la couche insoluble. Le rendement est très bon : 100 grammes de phénol fournissent 105 grammes de butylphénol [Ad. Liebmann, *D. chem. G.*, **14**, 1842; *Bull. Soc. Chim.*, (2), **37**, 145].

On peut encore facilement le purifier en le distillant dans la vapeur d'eau (Studer).

Il se présente sous la forme de cristaux fusibles à 97,5-98°, peu solubles dans l'eau froide, assez solubles dans l'eau bouillante, doués d'une odeur douce et agréable. Il bout sans décomposition à 236-238° et ne donne pas de coloration avec le chlorure ferrique.

Traité par les chlorures acides, il fournit aisément les éthers correspondants : l'*acétate* est une huile incolore, bouillant à 245°; sa densité est 0,999 à 24°; le *benzoate* cristallise en lamelles blanches, fusibles à 83° et bouillant à 335°.

L'*éther méthylique*, ou *butylanisol*, s'obtient en chauffant le sel de potassium à 140° pendant 4 heures avec de l'iodure de méthyle. C'est une huile d'une densité de 0,9368 à 27°, qui bout à 215°; on la purifie par distillation dans un courant de vapeur d'eau [A. Studer, *D. chem. G.*, **14**, 2187; *Bull. Soc. Chim.*, (2), **37**, 243].

L'*éther éthylique*, ou *butylphénéthol*, bout à 241-242°. L'acide nitrique le transforme en un *dérivé nitré* volatil avec la vapeur d'eau et bouillant en se décomposant vers 300°. Traité par les agents réducteurs (fer et acide acétique ou étain et acide chlorhydrique), il donne une base volatile avec la vapeur d'eau [Ad. Liebmann, *D. chem. G.*, **15**, 1991; *Bull. Soc. Chim.*, (2), **39**, 235].

Le butylphénol, chauffé avec de l'acide sulfurique concentré ou de l'anhydride phosphorique, se décompose en donnant du phénol et de l'isobutylène (Studer, Liebmann).

Si au contraire on le traite à froid par l'acide disulfurique, on obtient un *acide sulfonique* très soluble dans l'eau et cristallisé en mamelons [Ad. Liebmann, *D. chem. G.*, **15**, 150; *Bull. Soc. Chim.*, (2), **37**, 467].

Le butylphénol, dissous dans l'acide acétique et additionné d'acide nitrique fumant (il faut avoir soin de refroidir), fournit un *dérivé dinitré*, qui cristallise dans l'alcool en aiguilles jaunâtres, fusibles à 93° et douées de propriétés acides énergiques [A. Studer, *loc. cit.*].

Si on opère la nitration au moyen d'acide étendu (d = 1,2), on obtient un *dérivé mononitré*, volatil avec la vapeur d'eau [Liebmann, *loc. cit.*].

Quand on chauffe pendant quelques jours à 330° le butylphénol avec du bromure de zinc ammoniacal et du bromure d'ammonium, on régénère l'*amidobutylbenzène*, obtenu déjà par M. Studer, ainsi qu'un peu de la base secondaire,

$$AzH(C^6H^4-C^4H^9)^2$$

[R. Lloyd, *D. chem. G.*, **20**, 1255; *Bull. Soc. Chim.*, (2), **48**, 388].

De même, le dérivé dinitré, chauffé avec de l'ammoniaque aqueuse, donne un composé qui, après cristallisation dans l'alcool, fond à 127° et se sublime facilement. C'est le *dinitro-amidobutylbenzène*,

$$C^4H^9-C^6H^2(AzO^2)^2(AzH^2).$$

Ce corps est très stable et ne se dissout pas dans l'eau, même à l'ébullition [A. Barr, *D. chem. G.*, **21**, 1544; *Bull. Soc. Chim.*, (2), **50**, 413].

L'isobutylphénate de sodium sec, abandonné pendant quelque temps à froid dans un autoclave avec de l'acide carbonique liquide, puis chauffé à 150°, se transforme en acide butyloxybenzoïque.

La constitution du butylphénol a été établie par ce fait que le perchlorure de phosphore le transforme en un dérivé chloré qui, soumis à l'oxydation, a fourni de l'acide p-chlorobenzoïque. C'est donc le dérivé para [L. v. Dobrzycki, *J. prakt. Chem.*, (2), **36**, 389; *Bull. Soc. Chim.*, (2), **49**, 279].

O. Saint-Pierre.

BUTYLPROPYLÉTHYLÉNIQUE (GLYCOL),

$$\begin{matrix} CH^3 \\ CH^3 \end{matrix}\!\!>CH-CH^2-CHOH$$
$$\begin{matrix} CH^3 \\ CH^3 \end{matrix}\!\!>CH \text{———} CHOH$$

M. Fossek [*Mon. f. Chem.*, **11**, 383] a obtenu ce composé en hydrogénant un mélange d'aldéhydes isoamylique et isobutylique en solution alcoolique, au moyen de l'amalgame de sodium. On peut aussi le préparer en laissant digérer un mélange équimoléculaire des aldéhydes avec de la potasse alcoolique. Le glycol butylpropyléthylénique forme de beaux cristaux blancs, fusibles à 80-81°, très solubles dans l'alcool, l'éther et l'eau bouillante; il bout à 135-140° sous 18 millimètres et à 231-232° sous la pression normale.

Chauffé à 200° pendant 18 heures avec 3 fois son poids d'anhydride acétique, ce glycol donne un *éther diacétique*, $C^{13}H^{24}O^4$, liquide incolore, bouillant à 240-242°.

Soumis à l'action de l'acide sulfurique, il fournit, suivant les conditions expérimentales, 2 pinacolines différentes. Si l'on opère avec de l'acide sulfurique concentré, à la température de 0°, et qu'on verse ensuite le produit de la réaction dans l'eau glacée, c'est l'α-pinacoline qui prend naissance; en opérant à l'ébullition avec de l'acide sulfurique étendu de 3 fois son poids d'eau, on obtient au contraire la β-pinacoline; enfin, l'acide sulfurique concentré donne naissance, à la température ordinaire, au mélange des deux pinacolines. On peut isoler ces pinacolines en traitant par l'eau le produit de la réaction, épuisant par l'éther et distillant la solution éthérée.

L'*α-pinacoline*, $C^9H^{18}O$, est un liquide incolore, mobile, bouillant à 150°.

La *β-pinacoline*, $C^{18}H^{36}O^2$, bout à 274°.

BUTYLTOLUÈNES. — P-ISOBUTYLTOLUÈNE,

$$C^6H^4\begin{matrix} \nearrow CH^3_{(1)} \\ \searrow C^4H^9_{(4)} \end{matrix}$$

— Ce corps se forme en petite quantité à côté du dérivé méta dans l'action du bromure d'isobutyle sur le toluène en présence de chlorure d'aluminium [Baur, *Chem. Zeit.*, 1890, n° 67].

Il se peut toutefois que l'on obtienne ainsi le triméthylcrésylméthane (voir p. 803, à l'article BUTYLBENZÈNES).

P-BUTYLTOLUÈNE,

$$C^6H^4\begin{matrix} \nearrow CH^3_{(1)} \\ \searrow C^4H^9_{(4)} \end{matrix}$$

— Ce corps est contenu dans l'huile de résine. L'isocymène brut, isolé des produits de la distillation sèche de la résine, est traité par l'acide sulfurique concentré, et le dérivé sulfoné ainsi obtenu transformé en sel de baryum; le sel de baryum est traité par l'alcool. Le dérivé du butyltoluène, plus soluble dans l'alcool que le cymène-sulfonate de baryum, reste dans les eaux mères. On le décompose en le chauffant en vase clos avec de l'acide sulfurique [Kelbe et Baur, *D. chem. G.*, **16**, 2562].

Le p-butyltoluène constitue un liquide incolore, très réfringent, doué d'une odeur agréable et bouillant à 176-178°. Oxydé par l'acide nitrique étendu, il fournit de l'acide p-toluique. Cette réaction démontre que le butyle occupe dans la molécule benzénique la position para par rapport au méthyle. Quant à la structure de la chaîne C^4H^9, elle est inconnue.

ACIDE P-BUTYLTOLUÈNE-SULFONIQUE,

$$C^6H^3(CH^3)_{(1)}(C^4H^9)_{(4)}(SO^3H).$$

— Le p-butyltoluène se dissout à 50° dans l'acide sulfurique concentré pour former un acide monosulfoné.

Le *sel sodique* renferme 2 molécules d'eau de cristallisation et se dissout aisément dans l'eau.

Le *sel de potassium*,

$$C^6H^3(CH^3)(C^4H^9)(SO^3K), 1,5H^2O,$$

se présente en petites lamelles brillantes, solubles dans l'eau froide.

Le *sel de baryum*,

$$(C^{11}H^{15}SO^3)^2Ba, H^2O,$$

cristallise en petites lamelles, solubles dans l'alcool à 50 0/0 bouillant.

Le *sel de cuivre* forme des cristaux d'un bleu clair, solubles dans l'eau.

Le *sel de plomb*,

$$(C^{11}H^{15}.SO^3)^2Pb, 3H^2O,$$

cristallise en lamelles brillantes, solubles dans l'eau bouillante.

Sulfonamide, $C^6H^3(CH^3)(C^4H^9)(SO^2.AzH^2)$. — On fait réagir le pentachlorure de phosphore sur le sel de baryum, et on soumet le produit de la réaction à l'action de l'ammoniaque aqueuse.

Ce corps cristallise en lamelles nacrées, volumineuses, fusibles à 113°, peu solubles dans l'eau bouillante.

Cette sulfonamide, soumise à l'ébullition avec la quantité calculée d'une solution aqueuse de permanganate de potassium, fournit un *acide sulfonamido-toluique*,

$$CO^2H-C^6H^3\begin{matrix} \nearrow CH^3 \\ \searrow SO^2.AzH^2 \end{matrix}$$

fusible à 242° (Kelbe et Baur).

En partant de l'huile de résine, les auteurs ont obtenu une fois, à côté de la sulfonamide fusible à 113°, un isomère fusible à 56-57° et cristallisant en larges aiguilles.

ISOBUTYLTOLUÈNE (*m-isobutyltoluène ?*). — En chauffant pendant quelques jours, à 300°, 5 grammes de toluène avec 4 grammes d'alcool isobutylique et 20 grammes de chlorure de zinc, on obtient un hydrocarbure liquide, bouillant à 190-195° et ayant la composition d'un butyltoluène, $C^{11}H^{16}$ [Goldschmidt, *D. chem. G.*, **15**, 1067].

M-ISOBUTYLTOLUÈNE,

$$C^6H^4 \begin{cases} CH^3_{(1)} \\ C^4H^9_{(3)} \end{cases}$$

— Ce corps est le plus important de la série. Il a reçu récemment des applications industrielles assez importantes. C'est lui en effet qui sert de base à l'industrie du *musc artificiel* (voyez ce mot).

Modes de formation. — Le m-isobutyltoluène est contenu dans les produits de distillation de la résine [Kelbe, *D. chem. G.*, **14**, 1240. — Kelbe et Baur, *ibid.*, **16**, 2560. — Renard, *Ann. Chim. Phys.*, (6), **1**, 250].

Il se produit lorsqu'on traite par le chlorure stanneux les dérivés diazoïques des deux isobutyltoluidines

$$C^6H^3(CH^3)_{(1)}(AzH^2)_{(2)}(C^4H^9)_{(5)}$$

et

$$C^6H^3(CH^3)_{(1)}(AzH^2)_{(2)}(C^4H^9)_{(3)}$$

[Effront, *D. chem. G.*, **17**, 2329].

On l'obtient également en traitant le toluène par le bromure d'isobutyle en présence de chlorure d'aluminium [Kelbe et Baur, *loc. cit.*].

En remplaçant le bromure d'isobutyle par le chlorure de butyle tertiaire,

$$CCl \begin{cases} CH^3 \\ CH^3 \\ CH^3 \end{cases}$$

on obtient également le m-isobutyltoluène. Par l'action du chlorure d'aluminium, il y a donc transposition moléculaire dans l'un ou dans l'autre cas, puisque le produit des deux réactions est identique. La formule de structure du m-isobutyltoluène est donc représentée par une des deux expressions suivantes :

$$\text{(noyau benzénique)} \; CH^3 \; ; \; CH-CH^2 \begin{cases} CH^3 \\ CH^3 \end{cases} \qquad \text{(noyau benzénique)} \; CH^3 \; ; \; C \begin{cases} CH^3 \\ CH^3 \\ CH^3 \end{cases}$$

[Baur, *Communication particulière*].

Préparation. — La fraction bouillant à 190-200° et provenant de la distillation de la résine de bois de sapin, est traitée à 100° par l'acide sulfurique concentré; l'acide sulfoné obtenu est transformé en sel de plomb, et ce dernier est décomposé en vase clos par l'acide chlorhydrique concentré.

Industriellement, on prépare l'isobutyltoluène en ajoutant peu à peu du chlorure d'aluminium à un mélange de toluène et de bromure d'isobutyle. On purifie le produit par la distillation fractionnée, pour éliminer une petite quantité du dérivé para formé en même temps.

Propriétés. — Le m-isobutyltoluène est liquide; il bout à 185-186°. L'acide chromique le convertit en acide isophtalique.

L'acide nitrique étendu le transforme en un acide renfermant le même nombre d'atomes de carbone, ayant probablement pour formule

$$C^6H^4 \begin{cases} CH^3 \\ CH^2.CH \begin{cases} CH^3 \\ CO^2H \end{cases} \end{cases}$$

ou plutôt

$$C^6H^4 \begin{cases} CH^3 \\ C \begin{cases} CO^2H \\ (CH^3)^2 \end{cases} \end{cases} \quad \text{ou} \quad C^6H^4 \begin{cases} CO^2H \\ C(CH^3)^3 \end{cases}$$

et cristallisant en aiguilles fusibles à 91-92° [Kelbe, *D. chem. G.*, **16**, 620].

Le m-isobutyltoluène se dissout à 50° dans l'acide sulfurique concentré en donnant un *dérivé sulfoné*.

ISOBUTYL-IODO-TOLUÈNE,

$$C^6H^3I_{(6)}(CH^3)_{(1)}(C^4H^9)_{(3)}.$$

— On obtient ce corps en partant de l'amido-isobutyltoluène $C^6H^3(CH^3)_{(1)}(C^4H^{11})_{(3)}(AzH^2)_{(6)}$.

On transforme cette amine en dérivé diazoïque et on ajoute à la liqueur refroidie avec de la glace un grand excès d'acide iodhydrique: le liquide se colore rapidement en jaune; il se dégage de l'azote et il se sépare une huile brune pesante. Au bout de quelques heures, on chauffe le liquide dans un appareil à reflux pour achever la réaction. On décante le liquide brun, on l'agite avec du cuivre en poudre pour retenir l'iode et on le traite par une lessive de potasse caustique qui enlève le crésylol formé dans la réaction. Finalement, on entraîne le produit à l'aide d'un courant de vapeur d'eau.

En répétant cette opération, on obtient un liquide incolore qui, refroidi avec de la glace, se prend en une masse cristalline, qu'on lave avec une petite quantité d'alcool.

L'isobutyltoluène iodé cristallise en longues aiguilles incolores, fusibles à 34-35°, bouillant à 264-265°. Il se colore rapidement en brun à la lumière et se dissout aisément dans l'éther, l'alcool et le chloroforme.

Traité par l'acide chromique, il est entièrement détruit, avec formation de résines. Chauffé à 200° avec de l'acide nitrique étendu, il se transforme en acide nitrocrésylisobutyrique,

$$CH^3 - C^6H^3 \begin{cases} AzO^2 \\ C^3H^6 - CO^2H \end{cases}$$

En employant un acide nitrique plus concentré, on obtient de l'acide nitrocrésylpropionique

$$CH^3 - C^6H^3 \begin{cases} AzO^2 \\ C^2H^4.CO^2H \end{cases}$$

[Effront, *D. chem. G.*, **17**, 2325].

MONONITRO-ISOBUTYLTOLUÈNE,

$$C^6H^3(CH^3)(C^4H^9)(AzO^2).$$

— On dissout l'hydrocarbure dans l'acide acétique cristallisable, on refroidit dans un mélange réfrigérant et on ajoute de l'acide nitrique fumant. On verse dans l'eau, on décante l'huile et on l'entraîne par un courant de vapeur d'eau [Baur, *Chem. Zeit.*, 1890, n° 67].

Le mononitro-isobutyltoluène est liquide; il se décompose à la distillation sous la pression ordinaire. Dans le vide, il passe inaltéré à 160-162° sous la forme d'une huile d'un jaune clair, douée d'une odeur désagréable et se colorant en brun au bout de quelque temps.

DINITRO-ISOBUTYLTOLUÈNE. — Ce corps n'a pas été obtenu à l'état de pureté. Lorsqu'on traite l'hydrocarbure refroidi par l'acide nitrique fumant (d = 1,52), et qu'on entraîne l'huile formée au bout de quelque temps par un courant de vapeur d'eau, on obtient un corps liquide d'un brun jaunâtre, doué d'une odeur désagréable, et qui est constitué par un mélange du dérivé mononitré et du dérivé dinitré.

TRINITRO-ISOBUTYLTOLUÈNE,

$$C^6H(CH^3)(C^4H^9)(AzO^2)^3.$$

— Ce corps constitue le *musc artificiel*. La préparation s'exécute de la manière suivante : A 5 parties d'un mélange refroidi de 1 partie d'acide nitrique fumant (d=1,5) et de 2 parties d'acide sulfurique fumant à 15 0/0 d'anhydride, on ajoute lentement 1 partie d'isobutyltoluène. Au bout de quelque temps, on chauffe le mélange pendant 24 heures au bain-marie; on précipite par l'eau, on filtre et on soumet le produit à une deuxième nitration. Enfin on purifie par cristallisation dans l'alcool.

Le trinitro-isobutyltoluène cristallise en belles aiguilles d'un blanc jaunâtre, fusibles à 96-97°, insolubles dans l'eau, solubles dans l'alcool, l'éther et le chloroforme. Il se combine avec le naphtalène en donnant des lamelles jaunâtres, fusibles à 89-90°, et ayant pour formule

$$[C^{11}H^{13}(AzO^2)^3]^2 . C^{10}H^8.$$

Ce corps est décomposé par la vapeur d'eau en naphtalène qui se volatilise, et en trinitro-isobutyltoluène qui reste comme résidu.

Le trinitro-isobutyltoluène n'est pas toxique.

ACIDE M-ISOBUTYLTOLUÈNE-SULFONIQUE,

$$C^6H^3(CH^3)(C^4H^9)(SO^3H).$$

— Le m-isobutyltoluène se dissout à 50° dans l'acide sulfurique concentré; on transforme l'acide en sel de plomb et on décompose celui-ci par l'hydrogène sulfuré; par addition d'acide chlorhydrique au liquide filtré et exposition dans le vide, on obtient l'acide sulfoné en lamelles hygroscopiques, fusibles à 75-76°.

Le *sel de sodium*,

$$C^6H^3(CH^3)(C^4H^9)(SO^3Na), H^2O,$$

obtenu par le sel de baryum et le sulfate de sodium, cristallise en aiguilles brillantes, solubles dans l'eau

Le *sel de potassium*,

$$C^6H^3(CH^3)(C^4H^9)(SO^3K), H^2O,$$

préparé par le sel de baryum et le carbonate de potassium, cristallise en lamelles volumineuses, nacrées, très solubles dans l'eau.

Le *sel de baryum*,

$$[C^6H^3(CH^3)(C^4H^9)(SO^3)]^2Ba, H^2O,$$

cristallise en lamelles brillantes, peu solubles dans l'eau froide, solubles dans l'eau bouillante, ainsi que dans l'alcool à 50 0/0, très peu solubles dans l'alcool absolu.

Le *sel de cuivre*, obtenu par le sel de baryum et le sulfate de cuivre, a pour formule

$$[C^6H^3(CH^3)(C^4H^9)(SO^3)]^2Cu, 4H^2O.$$

Il cristallise en lamelles, volumineuses d'un bleu clair, très solubles dans l'eau.

Le *sel de plomb*, $(C^{11}H^{15}SO^3)^2Pb, 3H^2O$, cristallise en lamelles volumineuses, nacrées, peu solubles dans l'eau froide.

Sulfonamide, $C^{11}H^{15}.SO^2.AzH^2$. — On l'obtient par l'action successive du perchlorure de phosphore et de l'ammoniaque alcoolique sur le sel de baryum.

Elle cristallise dans l'eau bouillante en petites lamelles nacrées, fusibles à 74-75°.

G. de Bechi.

BUTYLTOLUIQUES (ACIDES). — On connait actuellement 2 acides butyltoluiques, ayant les formules de structure suivantes :

$$\text{(noyau benzénique : } CH^3,\ CO^2H,\ \frac{CH^3}{CH^3}{>}CH{-}CH^2\text{)}$$

Acide isobutyl-o-toluique, fusible à 140°.

$$\text{(noyau benzénique : } CH^3,\ CO^2H,\ CH^2{-}CH{<}\frac{CH^3}{CH^3}\text{)}$$

Acide m-isobutyl-o-toluique, fusible à 132°.

On les prépare en saponifiant les nitriles correspondants par la potasse alcoolique [Effront, *D. chem. G.*, 17, 2333].

On chauffe pendant quelques jours à 160° en vase clos le nitrile avec un excès de potasse alcoolique; on entraîne le nitrile inattaqué par un courant de vapeur d'eau et on filtre; par addition d'acide chlorhydrique au liquide filtré, on obtient un précipité blanc, qu'on filtre et qu'on purifie par cristallisation dans l'alcool étendu.

Propriétés. — L'acide fusible à 140° cristallise en aiguilles blanches, insolubles dans l'eau froide, un peu solubles dans l'eau bouillante, solubles dans l'alcool et dans l'éther.

Le *sel d'argent* cristallise dans l'eau bouillante en lamelles incolores.

Cet acide est difficilement attaqué par le permanganate de potassium. L'acide azotique étendu (d=1,12) le transforme en acide trimellique, $C^6H^3(CO^2H)^3$.

L'acide isomérique fusible à 132° cristallise dans l'alcool en lamelles argentines, peu solubles dans l'eau bouillante, solubles dans l'alcool et dans l'éther.

Le *sel d'argent* cristallise dans l'eau bouillante en lamelles incolores.

Nitrile α-isobutyltoluique,

$$C^6H^3(CH^3)_{(1)}(CAz)_{(2)}(C^4H^9)_{(5)}.$$

— On peut préparer ce corps de deux manières différentes :

1° En chauffant à 250° un mélange du sénévol

$$(CSAz)_{(2)}.C^6H^3.(CH^3)_{(1)}(C^4H^9)_{(5)}$$

et de cuivre en poudre;

2° En chauffant l'isobutyl-o-formotoluide

$$C^6H^3(CH^3)_{(1)}(AzH.CHO)_{(2)}(C^4H^9)_{(5)}$$

avec du zinc en poudre. On chauffe pendant une demi-heure, au réfrigérant à reflux, dans un ballon traversé par un courant d'hydrogène, le dérivé formique avec un grand excès de poudre de zinc; on élève ensuite la température du bain d'huile, de manière à faire distiller le nitrile formé d'après l'équation

$$C^4H^9.C^7H^6.AzH.COH + Zn$$
$$= C^4H^9.C^7H^6.CAz + ZnO + H^2.$$

La formation du nitrile est précédée de celle de la carbylamine correspondante, facilement reconnaissable à l'odeur caractéristique de cette classe de corps.

On agite le nitrile brut avec une petite quantité d'acide chlorhydrique étendu, de manière à retenir l'amine régénérée, et on le soumet à la distillation fractionnée. On achève la purification par cristallisation dans l'éther de pétrole.

On l'obtient ainsi en longues aiguilles blanches, fusibles à 59-60° et bouillant à 248-249°.

Ce nitrile est insoluble dans l'eau, peu soluble dans l'éther de pétrole, soluble dans l'alcool et dans l'éther. Il est volatil à la température ordinaire et très altérable à l'air. Il est doué d'une forte odeur aromatique; ses vapeurs provoquent de violents maux de tête.

Nitrile β-isobutyltoluique,

$$C^6H^3(CH^3)_{(1)}(CAz)_{(2)}(C^4H^9)_{(3)}.$$

— On prépare ce corps comme son isomère, avec l'isobutylformotoluide correspondante et le zinc en poudre.

C'est une huile incolore, se solidifiant dans un mélange réfrigérant en une masse cristalline et bouillant à 242-244°. Il se dissout à froid avec facilité dans l'alcool et dans l'éther.

G. de Bechi.

BUTYLXYLÈNE. — On connaît un seul hydrocarbure répondant à la formule

$$C^6H^3(CH^3)^2(C^4H^9).$$

C'est l'*isobutyl-m-xylène*, que l'on prépare par l'action du chlorure d'aluminium sur un mélange de xylène et de bromure d'isobutyle [Baur, *Chem. Zeitung*, 1890, n° 67].

L'isobutyl-m-xylène est un liquide réfringent, bouillant à 200-202° sous la pression de 747 millimètres. Traité par un mélange d'acide nitrique et d'acide sulfurique fumants, il fournit un *dérivé trinitré*, $C^6(CH^3)^2(C^4H^9)(AzO^2)^3$, fusible à 110° et doué d'une forte odeur de musc, moins suave toutefois que l'odeur du trinitro-isobutyltoluène (musc artificiel).

BUTYRIQUES (ACIDES).

ACIDE BUTYRIQUE NORMAL [Syn. *Acide propylformique*],

$$CH^3-CH^2-CH^2-CO^2H.$$

Modes de formation. — MM. Cahours et Demarçay ont observé la production d'acide butyrique normal dans la distillation, dans un courant de vapeur d'eau surchauffée, des acides bruts provenant de la saponification des graisses neutres par l'acide sulfurique [*Bull. Soc. Chim.*, (2), **34**, 480].

M. Buisine [*Bull. Soc. Chim.*, (2), **48**, 639] a trouvé que les acides volatils du suint renferment environ 5 0/0 d'acide butyrique.

Le tartrate calcique, en présence de sels nutritifs, fermente lorsqu'on l'abandonne à l'air, en donnant, entre autres produits, de l'acide butyrique; le ferment ressemble au *Bacterium termo* [Kœnig, *Bull. Soc. Chim.*, (2), **37**, 94].

MM. Dehérain et Maquenne ont signalé dans les terres riches en matières organiques un ferment anaérobie qui, cultivé dans de l'eau sucrée additionnée de craie, produit de l'acide butyrique. En présence du sucre et du nitrate de potassium, ce microbe donne de l'acide butyrique en dégageant de l'azote et parfois du protoxyde d'azote [*Bull. Soc. Chim.*, (2), **39**, 49].

Si l'on réduit la butyrolactone par l'acide iodhydrique et qu'on soumette le produit à l'action de l'hydrogène naissant obtenu par l'amalgame de sodium, on obtient de l'acide butyrique normal [Saytzeff, *Bull. Soc. Chim.*, (2), **37**, 137].

Lorsqu'on fait passer de l'oxyde de carbone sur un mélange d'acétate et d'éthylate de sodium chauffés à 160°, on obtient du butyrate de sodium [Geuther, Fröhlich et Loos, *D. chem. G.*, **13**, 1357].

La chaleur de neutralisation de l'acide butyrique normal a été trouvée égale à 14cal,3 par M. Louguinine.

Propriétés chimiques. — L'acide butyrique, distillé sur de la poudre de zinc, donne de la butyrone, de la diméthylbutyrone, de l'hydrogène, du propylène et de l'oxyde de carbone [Hans Jahn, *D. chem. G.*, **13**, 2107; *Bull. Soc. Chim.*, (2), **36**, 328].

L'électrolyse de l'acide butyrique normal fournit de l'acide carbonique, de l'hydrogène, du propylène, du butane, et une petite quantité d'un hydrocarbure liquide, bouillant au-dessous de 100° et qui paraît être de l'hexane [Bunge, *Journ. Soc. chim. russe*, 1889, 525; *D. chem. G.*, **23**, *Ref.*, 114].

Le *butyrate de calcium* qui se dépose d'une solution aqueuse entre 60 et 80° a pour formule

$$(C^4H^7O^2)^2Ca, H^2O.$$

Ce sel présente un minimum de solubilité entre 60 et 80° :

A 0°	100 parties d'eau	dissolvent	19,40	de butyrate.
65-80°	—	—	15,00	—
100°	—	—	15,81	—

[O. Hecht, *Ann. Chem.*, **213**, 65].

BUTYRAMIDE, $CH^3-CH^2-CH^2-CO.AzH^2$. — Le meilleur procédé de préparation de ce corps consiste à chauffer en tube scellé à 230° environ le butyrate d'ammonium pendant 4 ou 5 heures; on le purifie ensuite par distillation : on obtient ainsi un rendement de 75 0/0 [Hofmann, *D. chem. G.*, **15**, 977].

β-Amidobutyramide,

$$CH^3-CH(AzH^2)-CH^2-CO.AzH^2.$$

— On prépare ce composé en chauffant à 80-90° en tube scellé l'éther β-chlorobutyrique avec une solution concentrée d'ammoniaque alcoolique.

C'est un liquide sirupeux, qui se dissout facilement dans l'eau et dans l'alcool, mais qui est très peu soluble dans l'éther.

Il donne un *chlorhydrate*, $C^4H^{10}Az^2O.HCl$, qui cristallise d'une façon peu nette.

Le *chloroplatinate*,

$$(C^4H^{10}Az^2O.HCl)^2PtCl^4,$$

se dépose de sa solution aqueuse en tables orangées; il est un peu soluble dans l'alcool [Balbiano, *D. chem. G.*, **13**, 212].

CHLORURE DE BUTYRYLE,

$$CH^3-CH^2-CH^2-COCl.$$

— On prépare le chlorure de butyryle en ajoutant à 96 parties d'acide butyrique 100 parties de trichlorure de phosphore et en distillant le mélange [Burcker, *Ann. Chim. Phys.*, (5), **26**, 468].

Il est préférable de laisser en contact pendant 24 heures, et de décanter la couche inférieure, formée d'acide phosphoreux [Hamonet, *Thèse Fac. Sciences Paris*, 1889].

Le chlorure de butyryle bout à 100-101°,5; sa densité à 20° = 1,0277 [Linnemann, *Ann. Chem.*, **161**, 179. — Brühl, *ibid.*, **203**, 19].

Le chlorure de butyryle réagit sur le chlorure d'aluminium en donnant un composé organométallique que l'eau détruit avec formation d'un corps solide, fusible à 107° et qui est l'anhydride de l'acide diacétonique butyryl-butyrylbutyrique,

$$C^{12}H^{18}O^3$$

[A. Combes, *Bull. Soc. Chim.*, (2), **47**, 146].

Le perchlorure de fer se combine à froid avec le chlorure de butyryle. Cette combinaison, chauffée à 40-50°, perd de l'acide chlorhydrique; le résidu traité par l'eau donne de la butyrone [Hamonet, *Bull. Soc. Chim.*, (2), **50**, 146].

Si l'on traite par l'alcool absolu la combinaison de chlorure ferrique et de chlorure de butyryle, on obtient l'*α-butyryl-butyrate d'éthyle*,

$$\begin{matrix} C^3H^7-CO \\ C^2H^5 \end{matrix} > CH-CO^2C^2H^5$$

[Hamonet, *Bull. Soc. Chim.*, (3), **1**, 226].

L'amalgame de sodium réagit sur le chlorure de butyryle en donnant le *bibutyryle*,

$$C^3H^7-CO-CO-C^3H^7$$

[Freund, *Ann. Chem.*, **118**, 35].

Le chlorure de butyryle réagit sur le zinc-propyle normal, dans les conditions propres à donner un alcool tertiaire, en formant un alcool secondaire, le *dipropylcarbinol*, $C^3H^7-CHOH-C^3H^7$ [Chtcherbakoff, *Bull. Soc. Chim.*, (2), **37**, 344].

Le chlorure de butyryle réagit à l'ébullition sur l'acétanilide sodée avec formation de *butyranilide*, fusible à 90° [Paal et Otten, *D. chem. G.*, **23**, 2589].

Bromure de butyryle, C^3H^7-COBr. — On l'obtient par la réaction du perbromure de phosphore sur l'acide butyrique. Il bout à 128° [Berthelot, *Jahresb.*, 1857, 344].

Butyrate d'éthyle, $C^3H^7-CO^2C^2H^5$. — L'action du sodium sur le butyrate d'éthyle donne naissance à une réaction très complexe.

Le sodium ne se dissout que très lentement et sans dégagement de gaz; il se forme divers sels de sodium, des éthers et des acétones.

Les sels de sodium sont ceux d'un acide *éthyl-* ou *éthylène-butyrique* $C^6H^{12}O^2$ ou $C^6H^{10}O^2$ et d'un acide *éthylidène-butylidène-butyrique* ou *éthylène-butylène-butyrique*, $C^{10}H^{16}O^2$, qui distille à 305-307° et qui cristallise en aiguilles fusibles à 52°,5. On observe, parmi les acétones, de la *butyrone*, de l'*éthylène-dipropylcétone* $C^9H^{16}O$ qui passe à 240-250°, de l'*éthylène-butylène-dipropylcétone* $C^{13}H^{22}O$ bouillant à 264-268°, enfin de l'*éthylène-dibutylène-dipropylcétone* $C^{17}H^{28}O$ qui distille à 300-304°. Enfin, il se produit encore les éthers des deux acides *éthylène-butylène-dibutyrique* $C^{14}H^{24}O^4$ et *dibutylène-dibutyrique* $C^{16}H^{28}O^4$; ces deux éthers ne peuvent être distillés sans décomposition [R. Brüggemann, *Ann. Chem.*, **246**, 129; *D. chem. G.*, **21**, *Ref.*, 630].

Mlle Wohlbrück [*D. chem. G.*, **20**, 2332] a trouvé que le sodium réagit sur le butyrate d'éthyle normal en donnant non du butyrylbutyrate d'éthyle, mais du *butyryléthylacétate d'éthyle*, suivant l'équation

$$C^2H^5-CH^2-CO^2C^2H^5 + C^2H^5-CHNa-CO^2C^2H^5 = C^2H^5ONa + C^2H^5-CH^2-CO-CH(C^2H^5)-CO^2C^2H^5.$$

Le butyrate d'éthyle réagit sur l'aldéhyde benzylique en présence du sodium, pour fournir l'*éther benzylidène-butyrique*,

$$CH^3-CH^2-C(CH.C^6H^5)-CO^2C^2H^5.$$

L'acide correspondant fond à 103-104° [Claisen, *D. chem. G.*, **23**, 978].

Acide butyrique-α-sulfonique,

$$CH^3-CH^2-CH(SO^3H)-CO^2H.$$

— On chauffe l'anhydride butyrique avec de l'acide sulfurique, d'abord doucement, puis plus fort, jusqu'à ce que tout l'acide sulfurique ait disparu. On fait bouillir avec de l'eau le produit ainsi obtenu pour entraîner l'acide butyrique en excès; le résidu, neutralisé par le carbonate d'argent, donne par refroidissement de beaux cristaux de butyrate-α-sulfonate d'argent [Franchimont, *Rec. P.-B.*, **7**, 25].

On peut aussi préparer l'acide butyrique-α-sulfonique en chauffant en tubes scellés à 130° l'acide crotonique avec du bisulfite d'ammonium ou de potassium.

Le *sel de baryum*, $C^4H^6SO^5Ba, 2H^2O$, est cristallin; l'alcool le précipite de ses solutions aqueuses.

Le *sel de plomb*, $C^4H^6SO^5Pb$, se comporte de même [Beilstein et E. Wiegand, *D. chem. G.*, **18**, 481].

Acide butyrique-β-sulfonique,

$$CH^3-CH(SO^3H)-CH^2-CO^2H.$$

— On fait réagir le sulfite d'ammonium sur l'éther β-chlorobutyrique; on saponifie l'éther sulfoné au moyen d'un alcali (voyez Suppl., **1**, 385).

Acide α-thiodibutyrique, $S(C^3H^6-CO^2H)^2$. — On traite l'α-bromobutyrate d'éthyle (2 molécules) par un mélange de sulfhydrate de potassium (1 molécule) et d'hydrate de potassium en solution alcoolique. La réaction commence à froid; on l'achève au bain-marie. Il se sépare une huile épaisse, à odeur pénétrante et désagréable, que l'on saponifie par la potasse alcoolique. On transforme le sel de potassium ainsi obtenu en sel de baryum; puis on décompose ce dernier par l'acide sulfurique et on concentre la solution: l'acide thiodibutyrique cristallise par refroidissement en aiguilles fusibles à 105°. Il est très soluble dans l'eau.

Le *sel de baryum*, $S[CH(C^2H^5)CO^2]^2Ba$, est une poudre cristalline peu soluble [J.-M. Lovén, *J. prakt. Chem.*, (2), **33**, 101; *Bull. Soc. Chim.*, (2), **46**, 530].

Acide γ-thiodibutyrique,

$$S(CH^2-CH^2-CH^2-CO^2H)^2$$

[Gabriel, *D. chem. G.*, **23**, 2493]. — On obtient cet acide en saponifiant par l'acide chlorhydrique fumant le nitrile correspondant (voyez Butyronitrile). Il se présente en cristaux fusibles à 99°.

Acide bi-γ-thiobutyrique,

$$\begin{array}{l} S-CH^2-CH^2-CH^2-CO^2H \\ | \\ S-CH^2-CH^2-CH^2-CO^2H \end{array}$$

[Gabriel, *D. chem. G.*, **23**, 2491]. — On obtient l'amide correspondante en dissolvant peu à peu le nitrile γ-sulfocyanobutyrique dans 4 fois son poids d'acide sulfurique concentré et bien refroidi; le mélange laisse bientôt dégager de l'acide sulfureux; on abandonne le produit pendant 24 heures, puis on le verse dans l'eau froide, on sursature par l'ammoniaque et on évapore à cristallisation.

La saponification de cette amide par l'acide chlorhydrique fournit l'acide bi-γ-thiobutyrique en lamelles fusibles à 108-109°.

L'*amide*, $S^2(C^4H^6O.AzH^2)^2$, se présente en aiguilles fusibles à 166-167°.

Acide sulfone-dibutyrique,

$$SO^2(C^3H^6.CO^2H)^2.$$

— On l'obtient en oxydant le thiodibutyrate de sodium par le permanganate de potassium au bain-marie. La réaction terminée, on acidule par l'acide sulfurique et on épuise par l'éther. On obtient ainsi des octaèdres quadratiques, fusibles à 152° [Lovén, *loc. cit.*].

Acide α-thiobutyrique,

$$CH^3-CH^2-CH.SH-CO^2H.$$

— On obtient l'acide α-thiobutyrique en ajoutant 2 molécules d'une solution concentrée de sulfhydrate de potassium à 1 molécule d'acide α-bromobutyrique. On met l'acide sulfuré en liberté au moyen d'un acide et on l'enlève à la solution aqueuse au moyen de l'éther.

On obtient par évaporation de ce véhicule un liquide visqueux d'odeur repoussante, soluble en toutes proportions dans l'eau, l'alcool et l'éther.

Les sels alcalins sont solubles dans l'eau et dans l'alcool.

Le sels des métaux terreux sont moins solubles dans l'eau et insolubles dans l'alcool.

Les sels des autres métaux sont insolubles [Duvillier, *C. R.*, **86**, 47].

ACIDE THIOBUTYRIQUE, $CH^3-CH^2-CH^2-CO.SH$. — On a préparé cet acide en faisant réagir le pentasulfure de phosphore sur l'acide butyrique.

Il est liquide et bout à 130°. Il possède une odeur insupportable. Il est peu soluble dans l'eau, mais il se dissout facilement dans l'alcool.

Le *sel de plomb*, $(C^4H^7OS)^2Pb$, se prépare par double décomposition. Il forme un précipité volumineux. soluble dans beaucoup d'eau bouillante, plus soluble dans l'alcool chaud, d'où il cristallise par refroidissement [Ulrich, *Ann. Chem.*, **109**, 280].

ACIDE α-CHLOROBUTYRIQUE,

$$CH^3-CH^2-CHCl-CO^2H.$$

— On l'obtient en décomposant par l'eau le chlorure de butyryle chloré.

C'est un liquide épais, difficilement soluble dans l'eau froide, très soluble dans l'eau chaude.

α-Monochlorobutyrate d'éthyle. — On le prépare en faisant réagir le chlorure de butyryle α-chloré sur l'alcool.

C'est un liquide bouillant à 156-160°. Sa densité à 17°,5 = 1,063.

Chlorure de butyryle-α-chloré,

$$CH^3-CH^2-CHCl-COCl.$$

— Il prend naissance par l'action du chlore sur le chlorure de butyryle en présence d'iode.

Il bout à 129-132°; sa densité à 17° = 1,257 [Markownikoff, *Ann. Chem.*, **153**, 241].

ACIDE β-CHLOROBUTYRIQUE,

$$CH^3-CHCl-CH^2-CO^2H.$$

— On prépare cet acide en oxydant l'aldéhyde β-chlorobutylique au moyen de l'acide azotique (d = 1,4) [Karetnikoff, *Bull. Soc. Chim.*, (2), **11**, 252].

On l'obtient encore en chauffant pendant 2 heures à 50-60° le cyanure d'allyle avec de l'acide chlorhydrique fumant [Pinner, *D. chem. G.*, **12**, 1056].

On peut aussi le préparer à l'état d'éther éthylique en décomposant par l'eau le *chlorhydrate d'imido-β-chlorobutyrate d'éthyle :*

$$CH^3-CHCl-CH^2-C\begin{matrix}\lessdot AzH.HCl\\ \lessdot OC^2H^5\end{matrix} + H^2O$$
$$= CH^3-CHCl-CH^2-CO^2C^2H^5 + AzH^4Cl.$$

Cet acide est instable; maintenu pendant quelque temps en ébullition avec de l'eau de baryte, il se dédouble en chlorure de baryum et acide crotonique :

$$2C^4H^7ClO^2 + Ba(OH)^2$$
$$= 2CH^3-CH=CH-CO^2H + BaCl^2 + 2H^2O.$$

β-Chlorobutyrate d'éthyle. — Cet éther est liquide et bout à 168-171°.

ACIDE γ-CHLOROBUTYRIQUE,

$$CH^2Cl-CH^2-CH^2-CO^2H.$$

— On l'obtient en décomposant par l'acide chlorhydrique le nitrile γ-chlorobutyrique.

C'est un liquide incolore, visqueux, de saveur brûlante, peu soluble dans l'eau, mais se dissolvant facilement dans l'alcool et dans l'éther. Il fond à 10-10°,5. Sa densité à 10° = 1,2498.

Chauffé, il dégage à partir de 180° de l'acide chlorhydrique; à 200° distille la *lactone γ-oxybutyrique,*

$$\underbrace{CH^2-CH^2-CH^2-CO}_{O}$$

Le *γ-chlorobutyrate de méthyle* s'obtient en traitant le nitrile γ-chloropropionique en solution méthylique par l'acide chlorhydrique gazeux.

Il bout à 173-174°; sa densité à 10° = 1,1894.

Le *γ-chlorobutyrate d'éthyle* bout à 183-184°. Sa densité = 1,1221.

Ces deux éthers possèdent une odeur de menthe et une saveur poivrée (Henry).

Chlorure de γ-chlorobutyryle,

$$CH^2Cl-CH^2-CH^2-COCl.$$

— On l'obtient en traitant l'acide correspondant par le trichlorure de phosphore.

Il bout à 173-174°. Sa densité à 10° = 1,2679.

L'ammoniaque réagit sur ce chlorure en donnant l'*amide* $CH^2Cl-CH^2-CH^2-COAzH^2$.

Ce composé est solide, non distillable, et fond à 88-90° [L. Henry, *C. R.*, **101**, 1158].

ACIDE α-β-DICHLOROBUTYRIQUE,

$$CH^3-CHCl-CHCl-CO^2H.$$

— On obtient cet acide en traitant l'acide crotonique en solution sulfocarbonique par un courant de chlore. On évapore la solution et on fait cristalliser dans l'éther. Il forme de grands prismes incolores, fusibles à 62,5-63°.

Traité à froid par le double de la quantité de soude nécessaire pour la saturation, il donne un *acide α-chloro-isocrotonique*; il se forme en même temps de l'*acide α-chlorocrotonique* :

$$2C^4H^6Cl^2O^2 + 4NaOH$$
$$= 2NaCl + 4H^2O + \underset{\text{α-Chlorisocrotonate de sodium.}}{CH^3=CH-CHCl-CO^2Na}$$
$$+ \underset{\text{α-Chlorocrotonate de sodium.}}{CH^3-CH=CCl-CO^2Na.}$$

Si l'on chauffe les sels neutres de l'acide α-β-dichlorobutyrique, on obtient de l'α-chloropropylène, de l'acide α-chlorocrotonique, un acide chloroisocrotonique sirupeux, et de l'aldéhyde propylique [Wislicenus, *D. chem. G.*, **20**, 1008].

M. Mélikoff [*Bull. Soc. Chim.*, (2), **47**, 166] a obtenu le même acide α-β-dichlorobutyrique en traitant l'acide β-oxy-α-chlorobutyrique par l'acide chlorhydrique à chaud; cependant il donne comme point de fusion 69°, chiffre notablement supérieur au précédent :

$$CH^3-CHOH-CHCl-CO^2H + HCl$$
$$= H^2O + CH^3-CHCl-CHCl-CO^2H.$$

Chlorure d'α-β-dichlorobutyryle. — M. Zeisel [*Mon. f. Chem.*, **7**, 359] a observé que, lorsqu'on soumet l'aldéhyde crotonique à l'action d'un courant de chlore, il se forme d'abord à froid et dans l'obscurité de l'aldéhyde dichlorobutylique; puis, si l'on continue l'action du chlore à la lumière et en chauffant à la fin, on obtient du *chlorure de dichlorobutyryle*. Ce composé fond à 57-59° et bout à 163,3-164°,3 sous 747 millimètres. Traité par l'eau, il se convertit en acide dichlorobutyrique, bouillant à 132-133° sous 27 millimètres.

Le *sel de baryum* est amorphe et très soluble dans l'eau.

Le *sel d'argent*, $C^4H^5Cl^2O^2Ag$, est confusément cristallin; il est soluble dans l'acide nitrique concentré.

α-β-Dichlorobutyrate de méthyle. — On l'obtient en traitant par l'alcool méthylique le chlorure de butyryle dichloré.

Il bout à 82,7-85°,7 sous 28 millimètres et à 174-180° sous la pression ordinaire; sa densité à 0° = 1,2809, à 41° = 1,2355.

ACIDE α-α-β-TRICHLOROBUTYRIQUE,

$$CH^3-CHCl-CCl^2-CO^2H.$$

— Voyez CHLORAL BUTYLIQUE.

ACIDE α-α-γ-TRICHLOROBUTYRIQUE,

$$CH^2Cl-CH^2-CCl^2-CO^2H.$$

— On obtient cet acide en oxydant à froid au moyen de l'acide nitrique fumant l'aldéhyde correspondante. C'est un corps cristallisé, fusible à 73-75°. On peut le distiller sans décomposition lorsqu'on opère sur de petites quantités. Il est soluble dans 20 parties d'eau.

On peut enlever facilement à ce composé son atome de chlore primaire en le traitant par un alcali; il se forme peut-être dans ce cas la butyrolactone dichlorée. Agité avec de l'eau et de la poudre de zinc, ou chauffé à 100° avec une solution d'iodure de potassium, il ne perd point de chlore. Chauffé pendant longtemps avec 100 parties d'eau, il donnerait naissance à un acide $C^4H^6O^4$ [Natterer, *Mon. f. Chem.*, 4, 551, 5, 256].

ACIDE α-BROMOBUTYRIQUE,

$$CH^3-CH^2-CHBr-CO^2H.$$

— On traite dans un appareil à reflux le chlorure de butyryle par la quantité théorique de brome en présence du sulfure de carbone. On chauffe jusqu'à décoloration. En traitant le résidu de l'opération soit par l'eau, soit par l'alcool, on obtient soit l'acide α-bromobutyrique, soit l'éther correspondant [Michael, *J. prakt. Chem.*, (2), **35**, 92].

On peut aussi ajouter à l'acide butyrique du phosphore rouge, puis 4 molécules de brome, et terminer la réaction en chauffant à reflux.

On obtient encore cet acide par l'action du brome sur le butyrate d'argent [Borodine, *Ann. Chem.*, **119**, 123].

Si l'on ajoute une solution aqueuse concentrée de méthylamine à de l'acide α-bromobutyrique, on obtient du bromhydrate de méthylamine et de l'*acide α-méthylamidobutyrique* [Duvillier *Bull. Soc. Chim.*, (2), 34, 204].

Si l'on remplace la méthylamine par de la diéthylamine, on obtient l'*acide α-diéthylamidobutyrique* [Duvillier, *Bull. Soc. Chim.*, (2), **43**, 615].

La triéthylamine agit comme la potasse ou la baryte et donne de l'acide α-oxybutyrique [Duvillier, *Bull. Soc. Chim.*, (2), **40**, 3].

Les sels de l'acide α-bromobutyrique cristallisent généralement mal.

Le *sel de plomb*, $(C^4H^6BrO^2)^2Pb$, se présente sous la forme d'une masse emplastique, assez soluble dans l'alcool.

Le *sel d'argent*, $C^4H^6BrO^2Ag$, est un précipité cristallin.

L'*éther méthylique*, $C^4H^6BrO^2 . CH^3$, bout à 165-172° [Duvillier, *Ann. Chim. Phys.*, (5), **17**, 555].

L'*éther méthylique*, $C^4H^6BrO^2 . C^2H^5$, a pour densité 1,345 à 12°.

Une solution alcoolique de potasse décompose cet éther en bromure de potassium, alcool et acide crotonique :

$$C^4H^6BrO^2 . C^2H^5 + KOH$$
$$= C^2H^6O + KBr + C^4H^6O^2.$$

Chauffé à 150-160° avec de la poudre d'argent, il donne du bromure d'éthyle, de l'alcool, du butyrate d'éthyle, deux composés isomériques avec l'acide subérique et de l'éther isocrotonique [Hell et Mülhäuser, *D. chem. G.*, **13**, 474].

Bromure d'α-bromobutyryle

$$C^3H^6Br-COBr.$$

— On l'obtient en chauffant à 100° le bromure de butyryle avec du brome : il bout à 172-174° [Kaschirsky, *Journ. Soc. chim. russe*, **13**, 88].

ACIDE β-BROMOBUTYRIQUE,

$$CH^3-CHBr-CH^2-CO^2H.$$

— On l'obtient en chauffant l'acide crotonique avec de l'acide bromhydrique saturé à 0°. Il se forme dans cette réaction beaucoup d'acide α-bromobutyrique [Hemilian, *Ann. Chem.*, **174**, 235].

ACIDE γ-BROMOBUTYRIQUE,

$$CH^2Br-CH^2-CH^2-CO^2H.$$

— On traite la lactone γ-oxybutyrique par l'acide bromhydrique en tube scellé à 100°.

C'est un composé solide, fusible à 32-33°.

L'*éther méthylique* correspondant bout à 186-187°. Sa densité = 1,450.

L'*éther éthylique* bout à 196-197°. Sa densité est 1,363 [L. Henry, *C. R.*, **102**, 368; *Bull. Soc. Chim.*, (2), **44**, 62].

ACIDE α-DIBROMOBUTYRIQUE,

$$CH^3-CH^2-CBr^2-CO^2H.$$

— Cet acide est soluble dans 30 ou 31 parties d'eau. Sa densité = 1,96. Il se décompose, lorsqu'on le chauffe à 120° en tube scellé avec de l'eau, en acide bromhydrique et acide α-bromocrotonique,

$$CH^3-CH=CBr-CO^2H.$$

L'eau de baryte et le carbonate d'argent provoquent à froid le même dédoublement [Erlenmeyer et Müller, *D. chem. G.*, **15**, 49].

L'acide α-dibromobutyrique, chauffé à l'ébullition pendant 70 ou 80 heures avec de l'argent en poudre, en présence de 4 ou 5 volumes de benzène, donne naissance à l'anhydride xéronique,

$$\begin{array}{l} C^2H^5-C-CO \diagdown \\ \quad\quad\;\; \| \quad\quad\;\; O \\ C^2H^5-C-CO \diagup \end{array}$$

[Otto, *Ann. Chem.*, **239**, 272].

ACIDE α-β-DIBROMOBUTYRIQUE,

$$CH^3-CHBr-CHBr-CO^2H.$$

— On obtient ce composé en fixant du brome sur l'acide crotonique. Pour cela, on mélange en refroidissant deux solutions sulfocarboniques des composants en proportions moléculaires [Körner, *Ann. Chem.*, **137**, 234]. La réaction du brome sur l'acide isocrotonique donne naissance au même produit [Kolbe, *J. prakt. Chem.*, (2), **25**, 396].

Le sulfure de carbone l'abandonne en cristaux clinorhombiques. L'éther fournit par évaporation de longues aiguilles, fusibles à 87° [Haushofer, *Jahresb.*, 1881, 705].

Il est un peu soluble dans l'eau froide, soluble dans l'alcool, l'éther, le benzène. Chauffé avec 10 parties d'eau, il se décompose en acides bromhydrique β-crotonique et α-bromo-β-oxybutyrique.

Traité à chaud par une solution de soude à 15 0/0, l'acide α-β-dibromobutyrique donne de l'acide carbonique, de l'acide bromhydrique, du β-bromopropylène, de l'acide β-bromocrotonique et de l'acide α-bromo-β-oxybutyrique.

Si, dans cette opération, on se sert d'une solution concentrée de soude, on décompose intégralement l'acide α-β-dibromobutyrique en acides bromhydrique et β-crotonique; remplace-t-on dans cette décomposition la potasse aqueuse par la potasse alcoolique, on obtient beaucoup d'acide α-bromocrotonique et un peu d'acide β-bromocrotonique.

L'acide dibromobutyrique, chauffé avec de l'iodure de potassium en solution aqueuse, donne un dépôt d'iode et de l'acide crotonique [Erlenmeyer et Müller, *D. chem. G.*, **15**, 49].

Le carbonate de sodium en solution aqueuse donne à chaud de l'aldéhyde propylique, de l'α-bromopropylène et de l'acide oxybutyrique bromé.

ACIDE α-α-β-TRIBROMOBUTYRIQUE,

$$CH^3-CHBr-CBr^2-CO^2H.$$

— On dissout l'acide α-bromocrotonique dans le sulfure de carbone, et on y ajoute peu à peu une solution sulfocarbonique de brome : on obtient par évaporation des cristaux fusibles à 111°. Ce corps est soluble dans l'eau, très soluble dans l'alcool, l'éther et le sulfure de carbone [Michael et Norton, *Am. Journ.*, **2**, 16].

ACIDE α-β-β-TRIBROMOBUTYRIQUE,

$$CH^3-CBr^2-CHBr-CO^2H.$$

— On l'obtient comme le corps précédent, en opérant avec l'acide β-bromocrotonique.

Ce corps cristallise dans l'alcool ou dans le benzène en tables rhombiques, fusibles à 114°, peu solubles dans l'eau, assez solubles dans l'alcool et dans le benzène [Michael et Norton, *loc. cit.*].

ACIDE α-IODOBUTYRIQUE, $CH^3-CH^2-CHI-CO^2H$. — Cet acide se forme lorsqu'on combine l'acide crotonique $CH^3-CH=CH-CO^2H$ avec de l'acide iodhydrique fumant. Pour cela on chauffe à 100° en tube scellé l'acide crotonique avec une solution d'acide iodhydrique saturée à 0°. Il se forme dans ces conditions un peu d'acide β-iodobutyrique [Hemilian, *Bull. Soc. Chim.*, (2), **22**, 183 et 147].

Il forme des cristaux clinorhombiques, fusibles à 110° [Fittig, *D. chem. G.*, **9**, 1194].

Éther éthylique, $CH^3-CH^2-CHI-CO^2C^2H^5$. — Ce composé se forme lorsqu'on chauffe l'éther α-bromobutyrique avec de l'iodure de potassium et de l'alcool.

Liquide faiblement jaunâtre, bouillant à 190-192° en se décomposant légèrement [Hell, *D. chem. G.*, **6**, 29].

ACIDE β-IODOBUTYRIQUE, $CH^3-CHI-CH^2-CO^2H$. — Il se forme en petites proportions dans l'opération précédente : il est liquide.

ACIDE γ-IODOBUTYRIQUE, $CH^2I-CH^2-CH^2-CO^2H$. — On fait passer un courant de gaz iodhydrique dans de la lactone γ-oxybutyrique refroidie, ou encore on agite ce dernier corps avec une solution bien refroidie d'acide iodhydrique : la combinaison se fait avec dégagement de chaleur et l'acide γ-iodobutyrique cristallise par refroidissement.

Il fond à 40-41°. Il est peu soluble dans l'eau, mais les liquides organiques le dissolvent facilement.

L'*éther méthylique* possède une odeur agréable et bout à 198-200° ; sa densité = 1,666 [L. Henry, *C. R.*, **102**, 638 ; *Bull. Soc. Chim.*, (2), **44**, 62].

ACIDE α-AMIDOBUTYRIQUE,

$$CH^3-CH^2-CH(AzH^2)-CO^2H.$$

— On obtient l'acide α-amidobutyrique en faisant réagir l'ammoniaque sur l'acide α-bromobutyrique. Ce corps se présente sous la forme de lamelles solubles dans 315 parties d'eau froide et dans 550 parties d'eau bouillante.

Il possède une saveur sucrée.

Le *sel de plomb*,

$$(C^4H^8AzO^2)^2PbO.Pb(OH)^2,$$

est peu soluble dans l'eau.

Le *sel de cuivre* forme de petites lamelles d'un bleu pâle, peu solubles dans l'eau, même à chaud.

Le *sel d'argent*, $C^4H^8AzO^2Ag$, cristallise en petits prismes.

L'acide iodhydrique et l'acide nitrique se combinent avec l'acide α-amidobutyrique, pour donner des sels bien cristallisés : le *chlorhydrate* forme des cristaux lanceolés, et l'*azotate*, des aiguilles.

ACIDE α-MÉTHYLAMIDOBUTYRIQUE,

$$CH^3-CH^2-CH(AzH.CH^3)-CO^2H.$$

— On ajoute lentement une solution aqueuse de méthylamine (2 ou 3 molécules) à de l'acide α-bromobutyrique. Après l'addition de la base, on chauffe au réfrigérant ascendant. On décompose par la baryte et on chasse la méthylamine par distillation. On précipite exactement la baryte par l'acide sulfurique, on concentre à consistance sirupeuse, on étend d'eau, on traite par le carbonate d'argent, on filtre, on concentre et on traite la masse par l'alcool à 94 0/0 bouillant, qui laisse déposer une poudre cristalline que l'on purifie par cristallisation dans l'alcool.

Ce corps est très soluble dans l'eau, peu soluble dans l'alcool froid, insoluble dans l'éther, très faiblement acide, et possède une saveur sucrée.

Il se sublime sans noircir, mais en se décomposant partiellement.

Il donne avec l'acide chlorhydrique un *chlorhydrate* confusément cristallisé [Duvillier, *Bull. Soc. Chim.*, (2), **34**, 204]. Ce sel est soluble dans l'alcool, très soluble dans l'eau ; il fond en se décomposant à 15°.

Le *chloroplatinate*, $(C^5H^{11}AzO^2.HCl)^2PtCl^4$, forme des cristaux rouge-orangé, très solubles dans l'eau et dans l'alcool ; il cristallise à froid avec $5H^2O$.

Le *sel de cuivre*, $(C^5H^{10}AzO^2)^2Cu, 2H^2O$, est en petits cristaux bleus, solubles dans l'alcool [Duvillier, *Ann. Chim. Phys.*, (5), **20**, 188].

ACIDE α-ÉTHYLAMIDOBUTYRIQUE,

$$CH^3-CH^2-CH(AzH.C^2H^5)-CO^2H.$$

— On opère comme pour le composé méthylé à l'aide de l'éthylamine.

Sa solubilité et ses caractères sont les mêmes que ceux du composé précédent.

Le *chlorhydrate*, $C^6H^{13}AzO^2.HCl$, forme des cristaux peu distincts, très hygroscopiques.

Le *chloroplatinate*, $(C^6H^{13}AzO^2.HCl)^2PtCl^4$, se présente sous la forme de cristaux rouge-orangé, très solubles dans l'eau et dans l'alcool.

Le *chloraurate*, $C^6H^{13}AzO^2.HCl.AuCl^3$, cristallise anhydre.

Le *sulfate*, $(C^6H^{13}AzO^2)^2SO^4H^2$, forme de fines aiguilles assez solubles dans l'alcool absolu, très solubles dans l'eau.

Le *sel de cuivre*, $(C^6H^{12}AzO^2)^2Cu, 2H^2O$, est en petites lamelles d'un bleu sombre, peu solubles dans l'eau froide [Duvillier, *loc. cit.*].

ACIDE α-PHÉNYLAMIDOBUTYRIQUE,

$$CH^3-CH^2-CH(AzH.C^6H^5)-CO^2H.$$

— On traite une solution éthérée d'aniline (2 molécules) par l'acide α-bromobutyrique. On fait cristalliser dans l'eau bouillante.

Grains cristallins rayonnés, peu solubles dans l'eau froide, l'alcool méthylique, l'alcool éthylique et l'éther.

Il est faiblement acide. Il réduit le nitrate d'argent et le nitrate mercureux. Il donne un *chlorhydrate* [Duvillier, *Bull. Soc. Chim.*, (2), **34**, 204].

Chauffé pendant 6 heures à 170-205° avec les deux tiers de son poids d'anhydride acétique l'acide α-anilidobutyrique donne un *dérivé acétylé* et deux composés fusibles, l'un à 163°, l'autre à 260° et ayant tous deux pour formule $C^{20}H^{22}Az^2O^2$ [Nastvogel, *D. chem. G.*, 23, 2014].

ACIDE α-DIÉTHYLAMIDOBUTYRIQUE,

$$CH^3-CH^2-CH[Az(C^2H^5)^2]-CO^2H.$$

— On le prépare au moyen de l'acide α-bromobutyrique et de la diéthylamine; on le purifie en le transformant en sel de cuivre ou de baryum.

Ce composé est très déliquescent. Il fond à 135°. Il est très soluble dans l'eau, moins soluble dans l'alcool, très peu soluble dans l'éther.

Le *sel de cuivre* est rouge-violacé, très soluble dans l'eau et dans l'alcool [Duvillier, *Bull. Soc. Chim.*, (2), 43, 615].

ACIDE β-AMIDOBUTYRIQUE,

$$CH^3-CH(AzH^2)-CH^2-CO^2H.$$

— On chauffe à 70-80° en tube scellé 1 volume de β-chlorobutyrate d'éthyle avec 9 volumes d'une solution concentrée d'ammoniaque alcoolique; on obtient ainsi l'*amide β-amidobutyrique*, que l'on chauffe avec de l'eau et de l'oxyde de plomb hydraté. Il se forme dans ces conditions de l'ammoniaque et de l'acide β-amidobutyrique, ou plutôt le sel de plomb correspondant; on met l'acide en liberté au moyen de l'acide sulfurique. Il cristallise en petites lamelles très déliquescentes [Balbiano, *D. chem. G.*, 13, 312].

α-OXYBUTYROCYAMINE,

$$CH^3.CH^2-CH(CO^2H)-AzH-C(AzH)(AzH^2).$$

— On laisse en contact à froid pendant environ 1 mois un mélange de 1 molécule d'acide α-amidobutyrique et de 1 molécule de cyanamide, auquel on ajoute un peu d'ammoniaque. On sépare les cristaux formés : les eaux mères peuvent servir à une nouvelle préparation.

L'oxybutyrocyamine est peu soluble dans l'eau froide, très peu soluble dans l'alcool et insoluble dans l'éther. Les acides dilués la dissolvent facilement à froid. Si l'on fait bouillir une solution de ce corps avec 2 ou 3 molécules d'acide sulfurique dilué pendant quelques heures, il se forme l'*α-butyrocréatinine* ou *α-oxybutyrocyamidine*, $C^5H^9Az^3O, H^2O$, que l'on peut isoler en éliminant l'acide sulfurique par le carbonate de baryum et en évaporant la solution. La cyamidine ainsi obtenue cristallise bien dans l'eau chaude et dans l'alcool, et perd son eau à 150° [Duvillier, *C. R.*, 91, 171].

Fines aiguilles, peu solubles dans l'eau froide et dans l'alcool, insolubles dans l'éther, très solubles dans les acides dilués.

Le *chlorhydrate*, $C^5H^{11}Az^3O^2.HCl$, est huileux.

Le *sulfate*, $(C^5H^{11}Az^3O^2)^2SO^4H^2, H^2O$, forme des cristaux ressemblant à ceux du sulfate de potassium.

Le chlorure et l'azotate mercuriques ne précipitent pas les solutions d'α-oxybutyrocyamine, si ce n'est par addition d'une goutte de potasse : ces combinaisons sont analogues à celles obtenues par M. Engel avec la créatine et la glycocyamine.

α-MÉTHYLBUTYROCRÉATININE [Syn. *Méthylamido-α-butyrocyamidine*], $C^6H^{11}Az^3O$. — On fait réagir une solution concentrée et légèrement ammoniacale de cyanamide sur l'acide α-méthylamidobutyrique, en suivant les indications de Strecker et de Rosengarten pour obtenir la créatine.

On obtient ainsi des cristaux solubles dans l'alcool et répondant à la formule

$$AzH=C\begin{cases}Az(CH^3)-CH-CH^2-CH^3\\ AzH \text{———} CO\end{cases}$$

[Duvillier, *Bull. Soc. Chim.*, (2), 39, 539; *C. R.*, 95, 456].

α-ÉTHYLAMIDOBUTYROCYAMIDINE, $C^7H^{13}Az^3O$. — On laisse en contact pendant longtemps de la cyanamide avec de l'acide α-éthylamidobutyrique.

Tables transparentes, très solubles dans l'eau et dans l'alcool [Duvillier, *Bull. Soc. Chim.*, (2), 42, 265].

BUTYLXANTHATES OU XANTHONATES. — Voyez CARBONE (SULFURE DE).

ACIDE γ-AMIDOBUTYRIQUE,

$$CH^2(AzH^2)-CH^2-CH^2-CO^2H$$

[Gabriel, *D. chem. G.*, 22, 3337]. — Cet acide prend naissance lorsqu'on fait bouillir pendant 3 heures dans un appareil à reflux la *γ-cyanopropylphtalimide* avec 10 fois son poids d'acide chlorhydrique à 27 0/0 :

$$\begin{aligned}C^8H^4O^2=Az.CH^2-CH^2-CH^2-CAz+4H^2O\\ =C^6H^4(CO^2H)^2+AzH^3\\ +AzH^2-CH^2-(CH^2)^2-CO^2H.\end{aligned}$$

Purifié par transformation en sel de baryum, puis en sel d'argent, il se présente en lamelles blanches, fusibles avec décomposition à 183-184°, très solubles dans l'eau.

Chauffé à 245°, il se convertit en *pyrrolidone*,

$$\begin{matrix}CH^2-CH^2\\ | \\ CH^2-CO\end{matrix}\!\!>AzH.$$

Cet acide est identique avec l'*acide pipéridique* [Gabriel, *loc. cit.*, 23, 1770].

ACIDE ISOBUTYRIQUE [Syn. *Acide isopropylformique*], $(CH^3)^2CH-CO^2H$. — Voyez Suppl., 1, 384 et 962.

M. Renard [*Bull. Soc. Chim.*, (2), 37, 252] a signalé la formation de l'acide isobutyrique dans les produits de la distillation de la colophane.

L'électrolyse de l'acide isobutyrique fournit à la température ordinaire de l'acide carbonique, de l'hydrogène, de l'oxygène et du propylène; à chaud, il ne se produit pas d'hydrocarbure.

L'électrolyse de l'isobutyrate de potassium donne une trace d'un hydrocarbure liquide qui n'a pu être identifié, faute de matière [Bunge, *Journ. Soc. chim. russe*, 1889, 525; *D. chem. G.*, 23, *Ref.*, 114].

Chlorure d'isobutyryle, $(CH^3)^2CH-COCl$. — Le perchlorure de fer réagit sur le chlorure d'isobutyryle, pour donner par une réaction peu nette des résines, de l'acide chlorhydrique, de l'oxyde de carbone et du chlorure de méthyle [Hamonet, *Bull. Soc. Chim.*, (3), 2, 342].

Isobutyrate d'éthyle, $(CH^3)^2CH-CO^2C^2H^5$. — L'action du sodium sur l'isobutyrate d'éthyle donne lieu à une réaction très complexe; il se forme d'après M. Brüggemann [*Ann. Chem.*, 246, 129; *D. chem. G.*, 21, *Ref.*, 631] : de l'isobutylisobutyrate d'éthyle, fusible à 18° et bouillant à 215°; un produit qui paraît être l'éthylisobutyrate d'éthyle; un mélange d'éthylidène-isobutyrate d'éthyle et d'isobutylène-isobutyrate d'éthyle; enfin de la di-isobutyrone, $C^{14}H^{24}O^2$, liquide jaune d'or, bouillant à 264-268°.

Presque en même temps, Mlle Wohlbrück [*D. chem. G.*, 20, 2332] a étudié cette même action du sodium sur l'isobutyrate d'éthyle, et a trouvé en opérant avec ce corps, additionné de son poids d'éther absolu, que le produit de la réaction passant de 180 à 200° renferme de l'*isobutyryl-diméthyl-acétate d'éthyle*,

$$(CH^3)^2CH-CO-C(CH^3)^2-CO^2C^2H^5.$$

Les produits solubles dans la soude renferment de l'acide oxycaprylique, $C^7H^{14}(OH)CO^2H$.

M. Hantzsch [*Ann. Chem.*, **249**, 54] a trouvé que le liquide obtenu dans la réaction précédente et bouillant à 181-187°,5 est, non pas de l'isobutyryldiméthylacétate d'éthyle, mais de l'éthoxycaprylate d'éthyle, c'est-à-dire l'éther éthylique correspondant à l'acide oxycaprylique de Mlle Wohlbrück :

$$(CH^3)^2CH-CH(OC^2H^5)-C(CH^3)^2-CO^2C^2H^5.$$

Isobutyrate de benzyle,

$$(CH^3)^2CH-CO^2.CH^2.C^6H^5.$$

— On fait bouillir pendant plusieurs jours 1 molécule d'isobutyrate de potassium avec 1 molécule de chlorure de benzyle et un peu d'alcool. On sépare par distillation l'éther formé. C'est un liquide doué d'une odeur agréable et distillant à 228°. Sa densité à 18° = 1,0160.

Traité par le sodium à la température de fusion de ce métal, il donne une vive réaction qui fournit plusieurs produits, parmi lesquels on trouve le *benzyl-isobutyrate de benzyle,*

$$C^6H^5-CH^2-C(CH^3)^2-CO^2.CH^2.C^6H^5,$$

et un composé répondant à la formule $C^{14}H^{16}O$ et dont la constitution n'est pas encore établie [Hodgkinson, *Bull. Soc. Chim.*, (2), **35**, 310].

Acide dibromo-isobutyrique,

$$\begin{matrix}CH^3\\CH^2Br\end{matrix}\!>\!CBr-CO^2H.$$

— On ajoute à une solution sulfocarbonique d'acide méthacrylique une solution sulfocarbonique de brome en quantité théorique. On ajoute lentement la solution de brome et l'on refroidit avec soin. On laisse en contact pendant 24 heures en vase fermé, puis l'on abandonne à l'évaporation spontanée. Ce composé forme de beaux prismes, fusibles à 48°.

Chauffé avec 10 parties d'eau dans un appareil muni d'un réfrigérant ascendant, il perd de l'acide carbonique : le produit volatil de la réaction est l'acide méthacrylique bromé, dont la formation peut s'exprimer par l'équation

$$C^3H^5Br^2.CO^2H = HBr + C^3H^4Br.CO^2H.$$

Le résidu de cette opération, repris par l'éther, lui cède un acide oxybutyrique bromé,

$$C^4H^7BrO^3.$$

Chauffé avec 10 parties d'eau et du carbonate de sodium, l'acide dibromo-isobutyrique se scinde en acide carbonique, acide bromhydrique et acétone :

$$C^3H^5Br^2.CO^2H + H^2O = 2HBr + CO^2 + C^3H^6O.$$

Il se forme en même temps un acide qui est probablement de l'acide oxybutyrique bromé. La soude moyennement concentrée le décompose en donnant de l'acide méthacrylique bromé [Kolbe, *J. prakt. Chem.*, (2), **25**, 369; *Bull. Soc. Chim.*, (2), **38**, 403].

Isobutyramide, $(CH^3)^2CH-CO.AzH^2$. — On obtient ce produit en chauffant pendant 5 ou 6 heures à 230°, en tube scellé, l'isobutyrate d'ammonium; on purifie l'isobutyramide en la distillant; le rendement est de 90 0/0.

L'isobutyramide fond à 128-129° [Hofmann, *D. chem. G.*, **15**, 977].

Isobutyrobromamide, $C^3H^7-CO.AzHBr$. — On ajoute à 2 molécules d'amide 1 molécule de brome et de la soude caustique. Il reste 1 molécule d'amide qui n'entre pas en réaction, mais cela est nécessaire pour éviter la production d'une huile brune dont il est difficile de se débarrasser.

Ce composé forme de grandes aiguilles incolores, transparentes, fusibles à 92°, très peu solubles dans l'eau froide, solubles dans l'éther.

La distillation le décompose en acide bromhydrique et en di-isobutyramide.

La potasse donne naissance à de l'isopropylamine :

$$C^3H^7-CO.AzHBr + KOH$$
$$= C^3H^7.AzH^2 + CO^2 + KBr.$$

Si l'on chauffe lentement l'isobutyrobromamide à sec avec du carbonate de sodium, on obtient du cyanate d'isopropyle,

$$C^3H^7-CO.AzHBr = C^3H^7-Az=CO + HBr.$$

Il se forme en même temps de la di-isopropylurée $CO(AzH.C^3H^7)^2$, provenant de l'action secondaire de l'isopropylamine sur le cyanate d'isopropyle [Hofmann, *loc. cit.*].

Di-isobutyramide, $(C^4H^7O)^2AzH$. — Le chlorure d'isobutyryle, en réagissant sur l'ammoniaque, donne naissance simultanément à de l'isobutyramide et à de la di-isobutyramide.

On sépare facilement ce dernier corps en se basant sur son insolubilité dans l'eau.

La di-isobutyramide cristallise en aiguilles fusibles à 174°, solubles dans l'alcool bouillant.

Elle se sublime déjà au-dessous de 100°.

Distillée vivement, elle donne de l'acide isobutyrique et de l'isobutyronitrile :

$$(C^4H^7O)^2AzH = C^4H^8O^2 + C^4H^7Az$$

[Hofmann, *loc. cit.*].

Acide α-amido-isobutyrique,

$$(CH^3)^2C(AzH^2)-CO^2H.$$

— On obtient cet acide en petite quantité en oxydant par le mélange chromique le sulfate de diacétonamine,

$$[CH^3-CO-CH^2-C(CH^3)^2-AzH^2]^2SO^4H^2;$$

il se forme dans cette réaction beaucoup d'acide β-amido-isovalérique,

$$(CH^3)^2C(AzH^2)-CH^2-CO^2H$$

[Heintz, *Ann. Chem.*, **198**, 46].

On obtient encore l'acide α-amido-isobutyrique en chauffant à 120°, pendant 10 heures, le chlorhydrate de diacétonamine avec de l'acide cyanhydrique en solution aqueuse; il se forme en même temps de la carbylodiacétonamine,

$$C^6H^{13}AzO.CAzH,$$

et des isomères de cette base [Heintz, *Ann. Chem.*, **189**, 231 et **192**, 343].

Pour le préparer, on traite le nitrile α-oxy-isobutyrique $(CH^3)^2C(OH)-CAz$ par l'ammoniaque alcoolique à 50-60°, puis on traite le produit d'abord à froid par l'acide chlorhydrique concentré, puis à chaud par l'acide chlorhydrique étendu [Tiemann et Friedländer, *D. chem. G.*, **14**, 1971].

On oxyde la diacétonamine par le mélange chromique. On distille la liqueur, on neutralise le résidu par la baryte et l'on soumet à l'ébullition avec du carbonate de potassium. On filtre la solution, on l'évapore à sec et on reprend le résidu par l'alcool absolu. On laisse ainsi à l'état insoluble l'acide amido-isobutyrique et le sulfate de potassium, tandis que l'acide β-amido-isovalérique se dissout. On prépare ensuite le sel de cuivre de cet acide en le mettant en contact avec de l'oxyde de cuivre fraîchement précipité. On isole enfin l'acide de ce sel.

L'acide libre forme des tables clinorhombiques [Haushofer, *Jahresb.*, 1881, 705], assez solubles dans l'eau, à peine solubles dans l'alcool, insolubles dans l'éther. Il se sublime vers 220° sans fondre. Si on le chauffe brusquement, il se décompose en isopropylamine et acide carbonique.

Le *sel de magnésium*, $(C^4H^8AzO^2)^2Mg$, forme des prismes déliquescents.

Le *sel de baryum*, $(C^4H^8AzO^2)^2Ba, 3H^2O$, cristallise en aiguilles.

Le *sel de cuivre*, $(C^4H^8AzO^2)^2Cu$, est en petites lamelles d'un violet foncé, assez solubles dans l'eau, très peu solubles dans l'alcool.

Le *sel d'argent*, $C^4H^8AzO^2Ag$, forme des aiguilles.

ACIDE α-THIO-DI-ISOBUTYRIQUE,

$$S(C^3H^6.CO^2H)^2.$$

— On l'obtient en traitant par le sulfure de potassium l'éther α-bromo-isobutyrique en solution alcoolique et en présence d'hydrate de potasse.

Si l'on opère avec l'acide α-bromobutyrique en solution alcaline et aqueuse, il ne se forme que de l'acide oxy-isobutyrique, $C^4H^8O^3$.

L'acide thio-di-isobutyrique forme de grands cristaux peu solubles dans l'eau froide, très solubles dans l'eau chaude.

Le *sel de baryum*, $C^8H^{12}SO^4Ba, 2H^2O$, cristallise en petites aiguilles presque insolubles dans l'eau [Lovén, *J. prakt. Chem.*, (2), 33, 101; *Bull. Soc. Chim.*, (2), 46, 530].

ACIDE SULFONE-DI-ISOBUTYRIQUE,

$$SO^2 \begin{cases} C(CH^3)^2CO^2H \\ C(CH^3)^2CO^2H \end{cases}$$

— On le prépare en oxydant l'acide thio-di-isobutyrique par le permanganate de potassium en solution alcaline.

Il forme des lamelles brillantes, fusibles à 182-186°, solubles dans l'éther.

Le *sel de baryum*, $C^8H^{12}SO^6Ba$, cristallise en aiguilles brillantes, peu solubles dans l'eau.

ACIDE DI-THIO-DI-ISOBUTYRIQUE, $(C^3H^6.CO^2H)^2S^2$. — On obtient cet acide à l'état d'éther éthylique, comme produit accessoire de la préparation de l'acide thio-di-isobutyrique. Pour cela, après avoir précipité par l'eau l'éther thio-di-isobutyrique, on épuise la solution aqueuse par l'éther et on additionne cet éther de sulfate de cuivre : il se forme un précipité jaune clair, paraissant renfermer $(C^3H^6-CO^2.C^2H^5)^2SCu$. On sépare ce précipité, on évapore les eaux mères, on saponifie le résidu par la potasse alcoolique et on acidule : l'acide di-thio-di-isobutyrique se précipite alors sous la forme de lamelles argentines, presque insolubles dans l'eau froide (Lovén). A. Béhal.

BUTYRONE [Syn. *Dipropylcétone, propylbutyryle*], $C^3H^7-CO-C^3H^7$. — On obtient la butyrone en faisant réagir le chlorure de butyryle sur le zinc-propyle et en décomposant le produit par l'eau glacée aussitôt que la réaction est terminée.

Elle se forme encore lorsqu'on oxyde le dipropylcarbinol [Chtcherbakoff, *Journ. Soc. chim. russe*, 13, 346].

On obtient de la butyrone, en même temps que de la diméthylbutyrone, de l'hydrogène, du propylène et de l'oxyde de carbone, lorsqu'on distille de l'acide butyrique sur du zinc [Jahn, *Bull. Soc. Chim.*, (2), 35, 320].

L'éthylpropylacétylène, hydraté au moyen de l'acide sulfurique ordinaire, donne naissance à de la butyrone; le rendement est voisin de 80 0/0 [Béhal, *Bull. Soc. Chim.*, (2), 48, 218].

On prépare facilement la butyrone au moyen du chlorure de butyryle et du perchlorure de fer. Pour cela, on mélange 1 molécule de chlorure ferrique avec 4 molécules de chlorure de butyryle; le liquide se colore en rouge foncé et laisse déposer des cristaux d'un jaune clair. On chauffe jusqu'à 45-50° et l'on arrête l'opération quand il commence à se dégager de l'acide carbonique en quantité notable. On décompose par l'eau, puis on lave l'huile noire ainsi obtenue avec une solution alcaline et on la distille. On réunit les eaux de lavage, que l'on fractionne à part. La butyrone est enfin soumise à la distillation fractionnée. Le rendement est de 34 à 35 0/0 de la quantité théorique. Les portions supérieures renferment une diacétone.

Le chlorure d'aluminium, dans les mêmes conditions, donne avec le chlorure de butyryle un peu de butyrone [Hamonet, *Bull. Soc. Chim.*, (2), 50, 355].

La butyrone, laissée en contact avec de l'iodure de propyle et du zinc granulé pendant une semaine, puis chauffée au bain-marie, donne naissance à du dipropylcarbinol. Le résultat de cette réaction est donc une hydrogénation [Ustinoff et Saytzeff, *J. prakt. Chem.*, (2), 34, 468].

Le zinc-éthyle, ou l'iodure d'éthyle en présence du zinc, réagissent sur la butyrone pour donner de l'éthyldipropylcarbinol [Menschikoff, *J. prakt. Chem.*, (2), 36, 347. — Tchebotareff et Saytzeff, *Bull. Soc. Chim.*, (2), 44, 532].

L'iodure de méthyle réagit en présence d'un grand excès de zinc pour donner le méthyldipropylcarbinol [Gataloff et Saytzeff, *J. prakt. Chem.*, (2), 23, 302].

La butyrone, traitée par le sodium en présence de l'eau, donne naissance à la pinacone correspondante $(C^3H^7)^2COH-COH(C^3H^7)^2$ [Kurtz, *Ann. Chem.*, 161, 216].

DIPROPYLCARBOXIME [Syn. *Dipropylacétoxime*], $C^3H^7-C(AzOH)-C^3H^7$. — On prépare ce composé en faisant réagir la dipropylcétone sur une solution alcaline d'hydroxylamine.

C'est un liquide incolore, bouillant à 190-195° et possédant une odeur forte et caractéristique.

Le chlorure d'acétyle réagit sur cette oxime en donnant un *éther acétique*,

$$C^3H^7-C(AzO.C^2H^3O)-C^3H^7,$$

liquide huileux, soluble dans l'éther, insoluble dans l'eau et possédant une odeur éthérée [V. Meyer et A. Warrington, *D. chem. G.*, 20, 500].

ISOBUTYRONE [Syn. *Di-isopropylcétone*],

$$(CH^3)^2CH-CO-CH(CH^3)^2.$$

— On prépare ce composé en distillant de l'isobutyrate de calcium; on le sépare des produits qui l'accompagnent par distillation fractionnée [Popoff, *D. chem. G.*, 6, 1255. — Münch, *Ann. Chem.*, 180, 327].

Cette acétone se forme encore lorsqu'on oxyde par le mélange chromique l'acide *oxy-isocaprylique*, $[(CH^3)^2CH-]^2C(OH)-CO^2H$ [Markownikoff, *Zeit. f. Chem.*, 6, 518].

Ce composé bout à 123-126°. Sa densité à 17° = 0,8254. Il réduit la solution ammoniacale d'argent, mais ne se combine pas au bisulfite de sodium. L'acide chromique l'oxyde en donnant de l'acide carbonique, de l'acide acétique et de l'acide isobutyrique.

Le perchlorure de phosphore donne un mélange de chlorures $C^7H^{14}Cl^2$ et $C^7H^{13}Cl$, que la potasse alcoolique transforme en tétraméthylallène [Henry, *D. chem. G.*, 8, 400].

Di-isopropylcétone chlorée [Syn. *Isobutyrone chlorée*], $C^7H^{13}ClO$. — Obtenu par l'action d'un courant de chlore sur l'isobutyrone refroidie par un mélange réfrigérant de sel et de glace, ce composé possède une odeur mixte de camphre et de térébenthine et bout à 141-142° [Barbaglia et Gucci, *D. chem. G.*, 13, 1570].

Di-isopropylcétone dichlorée, $C^7H^{12}Cl^2O$. — Elle se forme lorsque l'on fait passer du chlore dans de l'isobutyrone maintenue à la température ordinaire.

C'est un liquide doué d'une odeur de térébenthine, bouillant à 175-176° (Barbaglia et Gucci).

Di-isopropylcétone trichlorée, $C^7H^{11}Cl^3O$. — On fait passer un courant de chlore dans de l'isobutyrone chauffée à l'ébullition.

Ce composé distille vers 228-229° en se décomposant partiellement (Barbaglia et Gucci).

Di-isopropylcarboxime [Syn. *Di-isopropylacétoxime*], $(CH^3)^2CH-C(AzOH)-CH(CH^3)^2$. — On la prépare au moyen de l'hydroxylamine et de l'isobutyrone.

C'est un liquide incolore, à odeur forte et caractéristique, bouillant à 181-185°, qui se prend dans un mélange réfrigérant en cristaux fusibles à 6-8°.

Traitée avec précaution par un excès de chlorure d'acétyle à la température de 0°, la di-isopropylcarboxime donne un *dérivé acétylé*, qui se décompose à la température du bain-marie en donnant un corps isomérique avec la di-isopropylcarboxime.

Ce composé, purifié par cristallisation dans l'eau chaude, se présente en aiguilles incolores, très solubles dans l'eau, l'alcool, l'éther, sublimables sans altération. Il fond à 102° et bout sans décomposition à 210°.

L'acide chlorhydrique, chauffé en tube scellé avec ce composé isomérique, le dédouble en isopropylamine et acide isobutyrique.

Ce corps est l'*isobutyrisopropylamide*,

$$(CH^3)^2CH-CO-Az\langle^{CH(CH^3)^2}_{H}$$

On peut en effet réaliser sa synthèse en combinant le chlorure d'isobutyryle avec l'isopropylamine [V. Meyer et Warrington, *D. chem. G.*, **20**, 500].

Le chlorure d'acétyle a donc occasionné une transposition moléculaire. A. Béhal.

BUTYRONITRILE, $CH^3.CH^2.CH^2.CAz$ (voyez Dict., **1**, 686). — Chauffé dans un appareil à reflux, sous une pression de 20 centimètres de mercure, avec du sodium, le butyronitrile donne un dégagement de gaz non absorbables par le brome et paraissant contenir du propane ; en même temps, il triple sa molécule et se convertit en *cyanopropine*, $C^{12}H^{21}Az^3$ [E. von Meyer et Troeger, *J. prakt. Chem.*, (2), **37**, 396 ; *Bull. Soc. Chim.*, (2), **50**, 295].

Si, au lieu d'opérer à chaud, on effectue la réaction du sodium sur le butyronitrile dissous dans l'éther et maintenu à la température ordinaire, on obtient une huile épaisse, jaunâtre, bouillant à 279-280° et constituant un polymère double, dont la constitution est probablement la suivante :

$$C^3H^7-C(AzH)-C^3H^6-CAz$$

[Wache, *J. prakt. Chem.*, (2), **39**, 245 ; *Bull. Soc. Chim.*, (3), **3**, 130].

Enfin, si, au lieu d'opérer avec le sodium métallique, on emploie l'éthylate de sodium, et qu'on opère à 130-140°, on obtient en cyanopropine 27-28 0/0 du butyronitrile employé.

Le nitrile isobutyrique ne fournit pas, dans ces conditions, de produit de condensation [Schwarze, *J. prakt. Chem.*, (2), **42**, 1 ; *Bull. Soc. Chim.*, (3), **5**, 183].

γ-Chlorobutyronitrile,

$$CH^2Cl-CH^2-CH^2-CAz.$$

— On l'obtient par l'action de l'α-bromo-γ-chloropropane (chlorobromure de triméthylène),

$$CH^2Cl-CH^2-CH^2Br,$$

sur le cyanure de potassium en solution alcoolique. C'est un liquide incolore, mobile, doué d'une odeur faible et désagréable et d'une saveur piquante. Il bout à 195-197°. Sa densité à 10° est 1,1620. Il est insoluble dans l'eau, soluble dans l'alcool et dans l'éther [L. Henry, *C. R.*, **101**, 1158 ; *Bull. Soc. Chim.*, (2), **45**, 341].

Chauffé pendant une heure à 150-180° avec 1 molécule de phtalimide potassée, le γ-chlorobutyronitrile fournit de la γ-cyanopropylphtalimide, $C^8H^4O^2=Az.CH^2.CH^2.CH^2.CAz$ [Gabriel, *D. chem. G.*, **23**, 1770].

γ-Bromobutyronitrile, $CH^2Br-CH^2-CH^2-CAz$ [Gabriel, *D. chem. G.*, **22**, 336]. — On le prépare en abandonnant pendant quelques heures à 40° un mélange de bromure de triméthylène et de cyanure de potassium en dissolution dans l'alcool faible ; on termine la réaction en portant à l'ébullition et on précipite ensuite par l'eau.

Liquide incolore, huileux, bouillant avec faible décomposition à 205°.

Le γ-bromobutyronitrile réagit à 150° sur la phtalimide potassée, pour donner de la cyanopropylphtalimide.

γ-Sulfocyanobutyronitrile,

$$SCAz-CH^2-CH^2-CH^2-CAz.$$

— On chauffe pendant 2 heures dans un appareil à reflux un mélange de γ-chlorobutyronitrile et de sulfocyanate de potassium en solution alcoolique ; la réaction terminée, on chasse l'alcool et on précipite le résidu par l'eau.

Liquide presque incolore, inodore, bouillant vers 195° sous 30-40 millimètres et vers 220° sous 110-120 millimètres.

Traité avec précaution par 4 fois son poids d'acide sulfurique concentré, à basse température, il se décompose avec dégagement d'acides carbonique et sulfureux et formation de *bi-thiobutyramide*

$$\begin{array}{l}S-CH^2-CH^2-CH^2-CO.AzH^2\\|\\S-CH^2-CH^2-CH^2-CO.AzH^2\end{array}$$

Chauffé avec une solution alcoolique de sulfhydrate de potassium, le γ-chlorobutyronitrile fournit un composé $C^8H^{16}S^3$, qui cristallise en aiguilles rouge-grenat, fusibles à 113-114°. Ce corps est insoluble dans l'eau, assez soluble dans l'alcool chaud et dans l'éther. Sa constitution est peut-être la suivante, $S(C^4H^8S)^2$.

Ce corps donne avec l'iodure de méthyle un produit d'addition, $C^8H^{16}S^3.CH^3I$, qui forme des cristaux rougeâtres, fusibles à 103-104° [Gabriel, *D. chem. G.*, **23**, 2489].

γ-Thiodibutyronitrile,

$$S(CH^2.CH^2.CH^2.CAz)^2$$

[Gabriel, *ibid.*]. — On chauffe au bain-marie un mélange de γ-chlorobutyronitrile et de sulfure de potassium en solution alcoolique. Liquide épais, presque incolore, inodore, bouillant au-dessus de 300°.

Isobutyronitrile, $(CH^3)^2CH-CAz$. — Voyez Suppl., **1**, 962.

α-Amido-isobutyronitrile,

$$(CH^3)^2C(AzH^2)-CAz.$$

— Ce composé se produit dans l'action de l'ammoniaque alcoolique sur la cyanhydrine de l'acétone $(CH^3)^2C(OH)-CAz$, à la température de 50-60°. Il n'a pas été isolé à l'état de pureté [Tiemann et Friedländer, *D. chem. G.*, **14**, 1971].

BUTYRYLACÉTOPHÉNONES [Syn. *Butyrylo-acétylbenzènes*], $C^{12}H^{14}O^2$. — On ajoute de l'éthylate de sodium exempt d'alcool (1 molécule) à du butyrate ou à de l'isobutyrate d'éthyle

(2 molécules) et on traite le mélange refroidi par de l'acétylbenzène (1 molécule) :

$$C^6H^5.CO.CH^3 + C^3H^7.CO^2C^2H^5$$
$$= C^6H^5.CO.CH^2.CO.C^3H^7 + C^2H^5.OH.$$

On obtient une masse cristalline formée du sel de sodium de la butyryl- ou de l'isobutyrylacétophénone; on le lave à l'éther, on le dissout dans l'eau et on le décompose par l'acide acétique [C. Beyer et L. Claisen, *D. chem. G.*, 20, 2178; *Bull. Soc. Chim.*, (2), 49, 287].

Butyrylacétophénone,

$$C^6H^5.CO.CH^2.CO.CH^2.CH^2.CH^3.$$

— C'est une huile incolore, bouillant à 174° sous la pression de 24 millimètres. Sa densité à 15° est 1,061.

Isobutyrylacétophénone,

$$C^6H^5.CO.CH^2.CO.CH \langle {CH^3 \atop CH^3}$$

— C'est une huile incolore, bouillant à 170° sous la pression de 26 millimètres.

Ces acétones fournissent des composés cuivriques bien cristallisés [Stylos, *D. chem. G.*, 20, 2178; *Bull. Soc. Chim.*, (2), 49, 287].

BUTYRYLMÉTHYLURÉTHANE,

$$CO \langle {AzH.C^4H^7O \atop OCH^3}$$

[Franchimont et Klobbie, *Rec. P.-B.*, 8, 283]. — Cristaux fusibles à 107-108°, obtenus au moyen du chlorure de butyryle et de la méthyluréthane. Ce composé se dissout dans l'acide nitrique : si on neutralise immédiatement la dissolution, on peut récupérer la butyrylméthyluréthane; mais si on l'abandonne à elle-même pendant quelque temps, elle ne tarde pas à se décomposer, avec dégagement de protoxyde d'azote et d'acide carbonique.

BUTYRYL-α-NAPHTOL,

$$CH^3-CH^2-CH^2-CO-C^{10}H^6.OH$$

[Goldzweig et Kaiser, *J. prakt. Chem.*, (2), 43, 97]. — Ce composé prend naissance par l'action du chlorure de zinc sur un mélange d'acide butyrique et d'α-naphtol, à la température de 170°. Il cristallise dans l'éther en fines aiguilles soyeuses, grises, fusibles à 78°, douées d'une odeur aromatique agréable.

Il donne avec la phénylhydrazine et avec le chlorure de diazobenzène des dérivés bien cristallisés.

ISOBUTYRYL-α-NAPHTOL,

$$(CH^3)^2CH-CO-C^{10}H^6.OH$$

[Goldzweig et Kaiser, *ibid.*]. — Cristaux d'un jaune clair, fusibles à 79°, doués d'une odeur aromatique, obtenus en chauffant à 170° un mélange d'α-naphtol, de chlorure de zinc et d'acide isobutyrique.

BUTYRYLPHÉNOL,

$$C^4H^7O.C^6H^4.OH.$$

— Ce composé se produit en même temps que le butyrate de phényle, $C^4H^7O.OC^6H^5$, par l'action du chlorure de butyryle sur le phénol. Il fond à 91° et se dissout aisément dans l'ammoniaque et dans l'eau bouillante [W. H. Perkin, *Chem. Soc.*, 28, 546; *Bull. Soc Chim.*, (3), 3, 904].

ISOBUTYRYLPHÉNÉTHOL,

$$C^6H^4 \langle {O.C^2H^5 \atop CO-CH(CH^3)^2}$$

[Gattermann, Ehrardt et Maisch, *D. chem. G.*, 23, 1206]. — Il prend naissance par l'action du chlorure d'isobutyryle sur le phénéthol en présence du chlorure d'aluminium. Il cristallise dans l'éther en lamelles incolores, fusibles à 41°.

L'oxime, $C^6H^4(OC^2H^5)-C(AzOH)-CH(CH^3)^2$, se présente en longues aiguilles incolores, fusibles à 110-111°.

BUXINIDINE (PARA-). — On a décrit un certain nombre d'alcaloïdes extraits des feuilles et de l'écorce du *Buxus sempervirens* à l'aide de l'acide sulfurique étendu, et qui ont reçu des divers auteurs qui les ont étudiés des noms différents. M. Barbaglia admet l'existence de la *buxine*, de la *parabuxine*, de la *buxinidine* et de la *parabuxinidine*. Les trois premiers sont amorphes. La parabuxinidine cristallise en prismes microscopiques, insolubles dans l'eau, très solubles dans l'alcool; cette solution, même étendue, colore en rouge le papier de curcuma. La substance est très amère et brûle sans résidu; elle forme avec l'acide oxalique une combinaison cristallisée [Barbaglia, *D. chem. G.*, 17, 2655].

ERRATA DU PREMIER VOLUME.

Page 33, première colonne, ligne 4 en descendant :

Lire : $(CH^3)^2C(SC^2H^5)^2$ au lieu de $(CH^3)^2CS(C^2H^5)^2$.

Page 397, première colonne, paragraphe PROTOXYDE D'AZOTE :

Le tableau des pressions du gaz liquéfié à diverses températures se rapporte au bioxyde d'azote (décrit page 398) et non au protoxyde.

Page 715, première colonne, ligne 33 en remontant :

Lire : La dioxime du *biphénacyle* au lieu de la dioxime du *biacétyle*.

www.ingramcontent.com/pod-product-compliance
Ingram Content Group UK Ltd.
Pitfield, Milton Keynes, MK11 3LW, UK
UKHW021935200726
13855UKWH00007B/15